Contents (Main Headings)

Part A Basic Information
- A.1 Introductory Remarks ······························ 1
- A.2 Definitions of Quantities and Units ················ 5

Part B Properties of Basic Materials
- B.1 Elements ·· 19
- B.2 Solids ·· 23
- B.3 Gases and Liquids at Standard Temperature and Pressure ··· 42
- B.4 Fluids in Wider Range of Temperature and Pressure ··· 50
- B.5 High Temperature Melts ·························· 103

Part C Thermophysical Properties of Materials for Application Fields
- C.1 Energy ··· 113
- C.2 Chemical Engineering ·························· 155
- C.3 Metals and Metallurgy ························· 208
- C.4 Building Materials ····························· 229
- C.5 Electronics ···································· 254
- C.6 Ceramics・Glass ······························· 271
- C.7 Polymer Materials ····························· 305
- C.8 Advanced Materials ··························· 332
- C.9 Aerospace ···································· 338
- C.10 Air Conditioning, Refrigeration and Heat Pump ···· 404
- C.11 Low Temperature and Cryogenic Temperature ······ 475
- C.12 Food and Agricultural Materials ················ 514
- C.13 Materials for Living ·························· 536
- C.14 Nature ·· 563
- C.15 Biological Materials ·························· 581

Part D Search, Estimation and Measurement of Thermophysical Properties
- D.1 Uncertainty of Thermophysical Properties ········ 609
- D.2 Characterization of Materials ·················· 613
- D.3 Retrieve and Database of Thermophysical Properties ··· 618
- D.4 Guide to Prediction Methods of Thermophysical Properties ······································ 640
- D.5 Guide to Molecular Simulations ················ 657
- D.6 Guide to Measuring Methods of Thremophysical Properties ······································ 660
- D.7 Introduction to Heat Transfer ·················· 738

Index ··· 748
Material Index ··· 763
Organizations for Measurement Survice ················ 767
List of Handbooks ····································· 773

新編熱物性ハンドブック
Thermophysical Properties Handbook

日本熱物性学会編

養賢堂

序文

基盤情報としての熱物性情報
― そこに果たす熱物性ハンドブックの役割 ―

　産業の発展を茂る樹木に例えるならば，地下に張り巡らされた根が基礎技術と基盤情報である．雑木林のなかにひときわ抜きん出た大木を緑に茂らせ，美しく花咲かせるには，地下の根も常に網を伸張複雑化させて，十分な養分を供給し続けなければならない．熱物性情報は基盤情報の重要な要素であって，産業だけでなく日常生活のあらゆる面においても欠くことができない．

　1980年に，世界初の熱物性ハンドブックを作ろうという多くの科学技術分野の関係者の熱気を込めて初版が世に出されたのはつい昨日のようである．しかし，いつの間にか4半世紀が経過した．その間の科学技術や産業の発展，そして社会の変化は目を見張るものがある．熱物性ハンドブックが提供した信頼度を吟味した熱物性データも，この産業等の拡大発展に多少とも貢献したものと信じている．現在も常に新しい材料が登場し，ナノの世界から宇宙まで，視野がどんどん広がっている．熱物性情報というものは，科学技術や産業に先行して情報をそろえておく必要がある．熱物性ハンドブックはそれらの動向に合わせて改訂を続けていく必要がある．

　一方で，熱物性データの重要さについては，産業界や社会の理解も，この4半世紀でかなり深まったのは喜ばしい変化であった．先端の技術開発には，さらにその先を行くデータがあらかじめ準備されていなくてはならない．基盤となる熱物性データを先行的に整備しておく責任は，世界のトップを走る国に常に負わされている．

　この4半世紀のもうひとつの変化は，基盤情報の提供の仕方が大きく変化したことである．データブック参照の時代から，コンピューター検索データベース時代になり，現在はネット検索の時代，そして応用ソフトへのビルトイン時代になった．そのような時代に，敢えて印刷物で熱物性ハンドブックを作る意義はどこにあるであろうか．編集委員会でも議論された．現実の使われ方を見ると，コンピューター上の利用が主となるのは当然であるが，ハンディーな大きさで手元にあって信頼度の高いハンドブックの便利さと必要性はまだ大きいと考えられる．シミュレーションのための新しい考え方の応用ソフトなども，もとになる信頼できるデータがあって初めて可能になる．

　熱物性値の定義は難しいが，ここではさまざまな固体材料や流体に関する性質データ・状態データ・現象データのうちで，熱や熱現象に何らかの関係を有するものを対象として採り上げてある．扱う熱物性値は多様であるが，熱物性ハンドブックの中心は熱力学的状態に関する諸量，輸送現象にかかわる諸量に絞って考えられている．

　初版序文にあるように，本書の目的は，できるだけ広い範囲の熱物性データを網羅的に採り上げて，専門家でない人々にも手軽に利用していただくことを主眼にしている．また，データブックと言わずにハンドブックと名づけた理由は，熱物性値の解説や定義，検索・推算・測定の最小限の解説などを含める点にある．含めたデータは，ただ集めるのではなく，それぞれの分野の多数の専門家の評価を経たものとし，信頼度の高いと考えられるデータを掲載することを方針とした．

　今回の改訂は，熱物性情報という基盤的な性格も考えて，初版の内容の約3割の書き改めにとどめた．しかしながら初版のほとんどのデータは実質的にはまだ利用に耐えるものと考えている．その意味で，初版の作成時に実に献身的なご協力をいただいた初版執筆者の方々，ならびに初版の小林清志編集委員長はじめ委員の方々に心からの謝意を表したい．

　改訂版の執筆者ならびに編集委員会の方々には，改訂作業の着手以来，長い期間にわたりひとかたならぬご協力を賜った．厚くお礼を申し上げる次第である．また出版にご協力を頂いた株式会社養賢堂社長及川　清氏，専務三浦信幸氏にも感謝申し上げる．

　世の役に立つものをという志をもって奉仕的・献身的なご協力を頂いた多くの方々の努力が世に認められて，この熱物性ハンドブックがお役に立ってゆくことを願っている．

2008年3月　　編集委員長　長島　昭

執筆者一覧

編集委員長　　　長島　昭（慶應義塾大学名誉教授）
編集副委員長　　荒木信幸（静岡大学名誉教授）
編集幹事　　　　馬場哲也（(独)産業技術総合研究所）

編集委員

阿部宜之（(独)産業技術総合研究所）　　荒木信幸（静岡大学工学部名誉教授）
飯田嘉宏（横浜国立大学）　　　　　　　稲葉英男（岡山大学大学院自然科学研究科）
今石宣之（九州大学名誉教授）　　　　　上園正義（(財)建材試験センター）
上松公彦（慶應義塾大学理工学部）　　　大西　晃（(独)宇宙航空研究開発機構・宇宙科学
小口幸成（神奈川工科大学）　　　　　　　　　　　研究本部）
相良泰行（東京大学大学院農学生命科学研究科）　佐藤春樹（慶應義塾大学理工学部）
谷下一夫（慶應義塾大学理工学部）　　　十時　稔（滋賀女子短期大学生活学科）
長坂雄次（慶應義塾大学理工学部）　　　長島　昭（慶應義塾大学名誉教授）
八田一郎（(財)高輝度光科学研究センター）　馬場哲也（(独)産業技術総合研究所）
日比谷孟俊（慶應義塾大学システムデザイン・　藤井賢一（(独)産業技術総合研究所）
　　　　　マネジメントセンター）　　　藤本尊子（北海道教育大学札幌校）
牧野俊郎（京都大学大学院工学研究科）　三橋武文（(独)物質・材料研究機構）
横川晴美（(独)産業技術総合研究所）　　横山千昭（東北大学多元物質科学研究所）

執筆者

青木和夫	青木秀之	青木　宏	秋葉悦男	阿子島めぐみ	浅野耕太
朝比奈　正	阿部宜之	新井　優	荒木隆人	荒木信幸	飯田嘉宏
井川博行	石井順太郎	石田秀輝	市川英彦	伊藤猛宏	稲葉英男
井上　悟	今石宣之	伊牟田　守	岩田　稔	上園正義	上松公彦
氏平政伸	榎本清志	大岩　彰	大下誠一	大竹秀雄	大坪泰文
大中逸雄	大西　晃	岡路正博	岡田昌章	小川光惠	小口幸成
奥宮正太郎	奥山邦人	小野　晃	海道宣明	香川　澄	粕淵辰昭
加藤英幸	加藤義夫	金成克彦	鎌田佳伸	神本正行	神山隆之
亀岡孝治	亀山秀雄	城所俊一	幾世橋　広	倉野恭充	黒木勝一
黒田　輝	小坂岑雄	小林謙一	斎藤孝基	斉藤　図	齋藤喜康
酒井夏子	相良泰行	佐久間史洋	薩本弥生	佐藤春樹	佐藤　譲
坂爪伸二	澤田正剛	塩野圭介	渋川祥子	張　興	菅原征洋
須佐匡裕	高石吉登	高木利治	高田保之	高橋　浩	高橋カネ子
高橋千春	高橋満男	田川雅人	竹内正顯	竹越栄俊	竹歳尚之
田子　真	田尻耕治	太刀川純孝	田中明美	田中敏宏	田中　充
田中嘉之	谷下一夫	田村陽次郎	月向邦彦	遠山伸一	戸倉郁夫
十時　稔	長坂雄次	中島邦彦	長島　昭	西岡浩樹	西成勝好
八田一郎	服部和彦	馬場哲也	林　國郎	林　弘通	東　之弘
日比谷孟俊	平井　睦	平田哲夫	平林誠之	藤井賢一	藤本尊子
藤本哲夫	藤原　力	堀口　薫	前田知子	牧野俊郎	馬越　淳
増井良平	舛岡弘勝	増本博光	松尾成信	松永直樹	松藤幸男
松本充弘	三浦隆利	三橋武文	宮野秋彦	宮野則彦	宮本泰行
宮脇長人	村上和彦	森野美樹	矢田順三	山口勉功	山口耕司
山田昭政	山田悦郎	山田浩之	山田修史	山田　純	山田盛二
山田哲哉	山田雅彦	山根常幸	山村　力	山本　淳	横川晴美
横山千昭	吉田健司	吉田幹根	力石利生	渡辺博道	

（2007年12月現在）

目　次

A 編　基本事項

A.1 利用の手引き･････････1
　1.1 このハンドブックの全体構成･･･････1
　1.2 索引と換算表の使い方･･･････1
　　1.2.1 主要目次･････1
　　1.2.2 物質名索引･････1
　1.3 利用上の参考事項･･･････1
　　1.3.1 用　語･････1
　　1.3.2 不確かさ･････2
　　1.3.3 材料のキャラクタリゼーション･････2
　　1.3.4 熱物性データの信頼性･････2
　　1.3.5 有効数字･････2
　　1.3.6 温度目盛･････2
　　1.3.7 その他･････2
　　1.3.8 文献･････2
　　1.3.9 受託測定機関一覧･････2
　1.4 記号･･･････3
A.2 物性値の定義と単位･････････5

2.1 単位系･････････5
　2.1.1 量と単位･････5
　2.1.2 国際単位系の歩み･････5
　2.1.3 国際単位系（SI）の概要･････5
　　（a）SI 基本単位･････6
　　（b）SI 組立単位･････6
　　（c）固有の名称と記号が与えられた SI 組立単位
　　　･････6
　　（d）無次元量の単位･････7
　　（e）SI 接頭語･････7
　　（f）SI と併用される SI に属さない単位････7
　2.1.4 SI 単位の使い方･････9
　2.1.5 量の値の表現方法と四則演算･････10
　2.1.6 測定の不確かさに関する表現方法････12
　2.1.7 無次元量の値の記述方法･････12
2.2 物性値の定義･････････13
2.3 単位の換算･････････15

B 編　基本的物質の熱物性

B.1 元　素･････････19
　1.1 周期律表･･･････19
　1.2 基本物性･･･････20
B.2 固　体･････････23
　2.1 純金属の熱物性値･･･････23
　2.2 金属の熱伝導･･･････27
　　2.2.1 純金属の熱伝導･････27
　　　（a）熱伝導と電気伝導･････27
　　　（b）金属の熱伝導率の温度依存性･････28
　　　（c）欠陥や不純物の影響･････28
　　2.2.2 合金の熱伝導･････28
　　　（a）マティーセンの法則･････29
　　　（b）侵入型固溶成分の影響･････29
　　　（c）置換型固溶成分の効果･････29
　　　（d）ステンレス鋼の熱伝導率の温度依存性･30

　　　（e）規則合金の熱伝導に対する予想･････31
　　2.2.3 金属薄膜の熱伝導･････31
　2.3 非金属の熱伝導率・熱拡散率･･･････32
　　2.3.1 非金属の熱伝導率･････32
　　2.3.2 フォノン熱伝導率･････33
　2.4 熱容量･･･････36
　　（a）気体の熱容量･････36
　　（b）固体の熱容量･････37
　　（c）液体の熱容量･････38
　　（d）合金および化合物の熱容量･････38
　　（e）熱容量の温度表示式･････38
　2.5 熱膨張率･･･････39
　　2.5.1 熱膨張率の定義･････39
　　2.5.2 熱力学的考察；熱膨張率の低温における振る
　　　　舞い･････39

2.5.3 格子振動の非調和項（とグリューナイゼンの関係）……… 39
2.5.4 代表的な固体材料の室温における線膨張率値 ……… 40

B.3 流体（標準流体）……… 42

B.4 流体（広範囲表）……… 50
4.1 ヘリウムの熱物性値 ……… 50
4.2 アルゴンの熱物性値 ……… 53
4.3 水素の熱物性値 ……… 56
4.4 窒素の熱物性値 ……… 59
4.5 酸素の熱物性値 ……… 62
4.6 空気の熱物性値 ……… 65
4.7 一酸化炭素の熱物性値 ……… 68
4.8 二酸化炭素の熱物性値 ……… 70
4.9 水・水蒸気の熱物性値 ……… 72
4.10 重水の熱物性値 ……… 76
4.11 二酸化硫黄の熱物性値 ……… 78
4.12 六フッ化硫黄の熱物性値 ……… 81
4.13 メタンの熱物性値 ……… 83
4.14 エチレンの熱物性値 ……… 86
4.15 エタンの熱物性値 ……… 89
4.16 プロピレンの熱物性値 ……… 91
4.17 プロパンの熱物性値 ……… 93
4.18 n-ブタンの熱物性値 ……… 95
4.19 イソブタンの熱物性値 ……… 96
4.20 トルエンの熱物性値 ……… 99
4.21 メタノールの熱物性値 ……… 100
4.22 エタノールの熱物性値 ……… 101
4.23 湿り空気の熱物性値 ……… 102

B.5 高温融体 ……… 103
5.1 液体金属の熱物性値 ……… 103
5.2 溶融塩の熱物性値 ……… 105
5.2.1 はじめに ……… 105
5.2.2 測定方法および測定値の確かさ ……… 105
5.2.3 溶融塩の熱物性値 ……… 105
5.3 溶融半導体の熱物性値 ……… 111

C編　応用分野別の熱物性

C.1 エネルギー ……… 113
1.1 熱媒体および顕熱蓄熱材料の熱物性値 ……… 113
1.1.1 有機熱媒体 ……… 113
(a) 鉱油系熱媒体 ……… 113
(b) アルキルベンゼン系熱媒体 ……… 113
(c) ジフェニル系熱媒体 ……… 113
(d) トリフェニル系熱媒体 ……… 114
(e) アルキルナフタレン系熱媒体 ……… 114
(f) ベンジル系熱媒体 ……… 115
(g) シリコーン油系熱媒体 ……… 115
(h) パーフルオロ系熱媒体 ……… 115
(i) その他 ……… 115
1.1.2 溶融塩（硝酸塩）……… 115
1.1.3 液体金属 ……… 117
1.1.4 固体顕熱蓄熱材料 ……… 117
1.2 蓄熱材料の熱物性値 ……… 119
1.2.1 低温用潜熱蓄熱材料 ……… 119
(a) 水和塩 ……… 119
(b) 有機物 ……… 121
1.2.2 高温用潜熱蓄熱材料 ……… 121
1.3 リチウム電池および燃料電池材料の熱物性値（at 298 K）……… 125
1.3.1 リチウム二次電池材料の熱物性値 ……… 125
1.3.2 燃料電池材料の熱物性値（SOFC, PEFC）……… 126
1.4 熱電材料の熱物性値 ……… 128
1.5 水素貯蔵材料の熱物性値 ……… 131
1.6 太陽電池用材料の熱物性値 ……… 134
1.6.1 アモルファスシリコンの密度 ……… 134
1.6.2 太陽電池用カルコパイライト型化合物半導体の熱物性値 ……… 134
1.7 原子力材料の熱物性値 ……… 137
1.7.1 核分裂 ……… 137
(a) 核燃料 ……… 137
(b) 構造材 ……… 140
1.7.2 核融合 ……… 142
(a) 増殖材 ……… 142
1.7.3 核燃料サイクル ……… 145
(a) レーザ濃縮 ……… 145

  (b) ガラス固化体 ……………… 146
1.8 耐火物および高温断熱材の熱物性値
  …………………………………… 151
 1.8.1 耐火物の特徴 ……………… 151
 1.8.2 主要な耐火物品種 ………… 151
 1.8.3 耐火物の熱伝導率測定方法 … 151
 1.8.4 熱伝導率，比熱容量 ……… 152
 1.8.5 熱拡散率 …………………… 152

C.2 化学工学 …………………………… 155
2.1 混合流体の熱物性値 …………… 155
 2.1.1 希薄混合気体 ……………… 155
  (a) 密度 ………………………… 155
  (b) 定圧比熱 …………………… 155
  (c) 粘性率 ……………………… 155
  (d) 熱伝導率 …………………… 156
  (e) 拡散係数 …………………… 157
 2.1.2 混合液体と溶液 …………… 157
  (a) 密度 ………………………… 157
  (b) 定圧比熱 …………………… 159
  (c) 粘性率 ……………………… 159
  (d) 熱伝導率 …………………… 160
  (e) 拡散係数 …………………… 160
 2.1.3 高密度流体 ………………… 161
  (a) 密度 ………………………… 162
  (b) 定圧比熱 …………………… 164
  (c) 粘性率 ……………………… 165
  (d) 熱伝導率 …………………… 165
  (e) 拡散係数 …………………… 165
 2.1.4 潤滑油 ……………………… 165
  (a) 鉱油 ………………………… 166
  (b) 合成油 ……………………… 167
 2.1.5 相平衡性質 ………………… 169
  (a) 気液平衡 …………………… 169
  (b) 超臨界流体抽出 …………… 171
  (c) 固液平衡 …………………… 173
2.2 石油の熱物性値 ………………… 177
 2.2.1 キャラクタリゼーション … 177
  (a) 沸点 ………………………… 177
  (b) 特性係数 …………………… 177
  (c) 平均分子量 ………………… 177
  (d) 臨界定数 …………………… 177
  (e) 偏心係数 …………………… 177
  (f) 流動点 ……………………… 178
  (g) 粘度比重定数 ……………… 178
  (h) 屈析率截片 ………………… 178
  (i) 相関指数 …………………… 178
 2.2.2. 蒸気圧 ……………………… 178
 2.2.3 密度 ………………………… 179
 2.2.4 比熱 ………………………… 179
 2.2.5 エンタルピー ……………… 181
 2.2.6 粘性率 ……………………… 181
 2.2.7 表面張力 …………………… 182
 2.2.8 熱伝導率 …………………… 182
 2.2.9 発熱量 ……………………… 182
2.3 石炭の熱物性値 ………………… 183
 2.3.1 石炭 ………………………… 183
  (a) 密度 ………………………… 183
  (b) 比熱 ………………………… 183
  (c) エンタルピーおよびエントロピー … 184
  (d) 熱伝導率 …………………… 184
  (e) 有効熱拡散率 ……………… 184
  (f) 発熱量 ……………………… 185
 2.3.2 液化 ………………………… 185
  (a) 臨界温度，臨界圧力および偏心係数 … 185
  (b) 分子量 ……………………… 185
  (c) 蒸気圧 ……………………… 185
  (d) 比重および密度 …………… 185
  (e) 比熱 ………………………… 186
  (f) 蒸発潜熱 …………………… 186
  (g) 熱伝導率 …………………… 187
  (h) 粘性率 ……………………… 187
  (i) 表面張力 …………………… 188
 2.3.3 ガス化 ……………………… 188
2.4 粉粒体の熱物性値 ……………… 189
 2.4.1 まえがき …………………… 189
 2.4.2 空隙率ほか ………………… 189
 2.4.3 伝熱のモデルと解析 ……… 190
  (a) 粗な充填の場合 …………… 190
  (b) 密な充填の場合 …………… 190
  (c) その他 ……………………… 191
 2.4.4 推定の方法 ………………… 191
 2.4.5 データ集 …………………… 191
2.5 多孔質物質の熱物性値 ………… 195
 2.5.1 多孔質物質 ………………… 195
 2.5.2 多孔質物質の密度と比熱 … 195

- 2.5.3 分散空孔を含む多孔質物質の有効熱伝導率 ……………… 195
- 2.5.4 焼結または固結型多孔質物質の有効熱伝導率 ……………… 196
- 2.5.5 高空間率多孔質物質および繊維型多孔質物質の有効熱伝導率 ……… 197
- 2.5.6 自然対流が生じる多孔質物質内の伝熱 ……………………………… 197
- 2.6 燃焼 …………………………………… 198
  - 2.6.1 燃焼ガス ……………………… 198
    - (a) 燃焼ガスの組成 …………… 198
    - (b) 燃焼ガスの熱力学物性値 … 198
    - (c) 燃焼ガスの輸送物性値 …… 200
  - 2.6.2 放射物性 ……………………… 203
    - (a) ガス塊の有効厚さ ………… 203
    - (b) ガスの放射率 ……………… 204
    - (c) ガスの吸収率 ……………… 206
    - (d) 輝炎の放射率 ……………… 206

- C.3 金属材料・冶金 …………………… 208
  - 3.1 純金属の熱物性値 ………………… 208
  - 3.2 合金の熱物性値 …………………… 208
    - 3.2.1 鋳鉄 …………………………… 208
    - 3.2.2 炭素鋼および低合金鋼 ……… 209
    - 3.2.3 ステンレス鋼 ………………… 213
    - 3.2.4 その他の合金鋼 ……………… 214
    - 3.2.5 アルミニウム合金 …………… 214
    - 3.2.6 金属酸化物単結晶, アモルファス金属およびガラス類 ……… 216
      - (a) 金属酸化物単結晶 ………… 216
      - (b) アモルファス金属 ………… 216
      - (c) ガラス類 …………………… 217
  - 3.3 液体金属の熱物性値 ……………… 218
  - 3.4 溶融スラグおよびシリケートの熱物性値 ………………………… 218
    - 3.4.1 密度 …………………………… 218
    - 3.4.2 粘度 …………………………… 219
    - 3.4.3 溶融スラグの表面張力 ……… 220
    - 3.4.4 比熱容量・融解熱 …………… 221
    - 3.4.5 熱伝導率 ……………………… 223
    - 3.4.6 光学的性質 …………………… 224
      - (a) 屈折率 ……………………… 224
      - (b) 吸収係数 …………………… 224

- (c) 放射率 ……………………… 225
- C.4 建築材料 …………………………… 229
  - 4.1 窯業系材料 ………………………… 229
    - 4.1.1 セメント・モルタル・コンクリート … 229
      - (a) セメント …………………… 229
      - (b) モルタル …………………… 229
      - (c) コンクリート ……………… 229
    - 4.1.2 ALC …………………………… 230
    - 4.1.3 けい酸カルシウム板 ………… 231
    - 4.1.4 せっこうボード ……………… 232
    - 4.1.5 窯業系屋根葺き材料 ………… 232
  - 4.2 木質系材料 ………………………… 233
    - 4.2.1 木材 …………………………… 233
      - (a) 比熱 ………………………… 233
      - (b) 熱伝導率 …………………… 234
    - 4.2.2 合板 …………………………… 234
    - 4.2.3 パーティクルボード ………… 236
    - 4.2.4 繊維板 ………………………… 236
    - 4.2.5 木質セメント板 ……………… 237
      - (a) 木毛セメント板 …………… 237
      - (b) 木片セメント板 …………… 237
  - 4.3 繊維系材料 ………………………… 238
    - 4.3.1 ロックウール ………………… 238
    - 4.3.2 グラスウール ………………… 238
    - 4.3.3 セルロースファイバー ……… 239
    - 4.3.4 セラミックファイバー ……… 240
  - 4.4 発泡系材料 ………………………… 241
    - 4.4.1 硬質ウレタンフォーム ……… 241
    - 4.4.2 ポリスチレンフォーム ……… 242
    - 4.4.3 ポリエチレンフォーム ……… 242
    - 4.4.4 フェノールフォーム ………… 243
    - 4.4.5 その他の発泡系材料 ………… 243
    - 4.4.6 れんが類 ……………………… 243
  - 4.5 建築材料の熱伝導率と作用因子 … 245
    - 4.5.1 熱性能の宣言値および設計値 … 245
      - (a) 宣言値 ……………………… 245
      - (b) 設計値 ……………………… 245
      - (c) 欧州規格(EN)における設計値の例 … 247
    - 4.5.2 硬質ウレタンフォームの気泡内ガスのエージングと熱伝導率 … 247
    - 4.5.3 含水と熱伝導率 ……………… 247
  - 4.6 保温・断熱材の規格値 …………… 250

4.6.1 人造鉱物繊維保温材（JIS A 9504）····· 250
   （a）ウール ·· 250
   （b）保温板 ·· 250
   （c）フェルト ··· 250
   （d）波形保温板 ··· 250
   （e）保温帯 ·· 250
   （f）ブランケット ····································· 250
   （g）保温筒 ·· 250
4.6.2 無機多孔質保温材（JIS A 9510）······· 251
4.6.3 発泡プラスチック保温材（JIS A 9511）
               ·· 252
   （a）ビーズ法ポリスチレンフォーム保温材
               ·· 252
   （b）押出法ポリスチレンフォーム保温材·· 252
   （c）硬質ウレタンフォーム保温材 ········ 253
   （d）ポリエチレンフォーム保温材 ········ 253
   （e）フェノールフォーム保温材 ··········· 253
4.6.4 セラミックファイバーブランケット
    （JIS R 3311）···································· 253

C.5 エレクトロニクス ····························· 254
5.1 光・エレクトロニクス用結晶の
    熱物性値·· 254
5.2 Si の熱物性値 ··· 255
5.3 GaAs の熱物性値 ···································· 258
5.4 Ⅲ-Ⅳ, Ⅱ-Ⅵ, 多元系化合物半導体の
    熱物性値·· 260
5.5 配線用素材の物性 ···································· 263
5.6 封止用プラスチックス系素材の物性
    ··· 264
5.7 絶縁材の熱物性値 ···································· 268
5.8 半導体プロセスに多用される物質の
    蒸気圧··· 269
5.9 超伝導材料の熱物性値 ··························· 270

C.6 セラミックス・ガラス ······················ 271
6.1 融点および比熱 ·· 271
6.2 熱伝導率および熱拡散率 ······················· 274
6.3 セラミックスの熱膨張 ··························· 279
  6.3.1 熱膨張係数の温度変化と異方性 ··· 279
  6.3.2 多結晶集合体および複合体の熱膨張··· 279
  6.3.3 熱膨張のデータ ································ 282
6.4 ふく射性質 ··· 288

  6.4.1 '白い'セラミックス ························ 288
  6.4.2 '黒い'セラミックスと'金属的な'
      セラミックス ·································· 289
  6.4.3 内部構造と温度への依存性 ··········· 290
  6.4.4 全放射率 ··· 290
6.5 代表的なセラミックスの熱物性値 ········ 290
6.6 ガラス ·· 296
  6.6.1 ガラスの熱伝導率 ··························· 296
  6.6.2 ガラスの熱膨張率 ··························· 296
  6.6.3 ガラス材料の熱物性値 ··················· 298
6.7 炭素材料 ··· 300
  6.7.1 黒鉛材料 ··· 300
  6.7.2 ダイヤモンド ··································· 303
  6.7.3 フラーレン・カーボンナノチューブ ··· 304

C.7 高分子材料 ·· 305
7.1 樹脂固体のデータ利用上の留意点 ······· 305
  7.1.1 高分子（合成樹脂）の分類と種類····· 305
  7.1.2 熱物性値と文献 ································ 305
  7.1.3 熱物性値に影響する要因 ··············· 305
  7.1.4 樹脂の $P\text{-}V(H)\text{-}T$ 関係 ················· 306
  7.1.5 新規樹脂 ··· 308
7.2 熱可塑性樹脂 ··· 309
7.3 熱硬化性樹脂 ··· 309
7.4 エンジニアリングプラスチック ············ 309
7.5 ゴムの熱物性値 ·· 316
  7.5.1 密度 ·· 317
  7.5.2 熱膨張率 ··· 317
  7.5.3 比熱容量 ··· 317
  7.5.4 熱伝導率 ··· 318
  7.5.5 転移温度 ··· 319
7.6 複合材料およびフォームの熱物性値
    ··· 321
  7.6.1 はじめに ··· 321
  7.6.2 密度·· 321
  7.6.3 熱膨張係数 ······································· 321
  7.6.4 比熱容量 ··· 322
  7.6.5 熱伝導率 ··· 322
   （a）複合材料の熱伝導率 ····················· 323
   （b）断熱材料の有効熱伝導率 ············· 325
7.7 高分子融体の PVT 性質 ························ 327
7.8 高分子液体，インキおよび塗料の
    非ニュートン粘度 ···································· 329

C.8 新材料 ･･････････････････････ 332
8.1 半導体および周辺材料 ･････････････ 332
8.1.1 層間絶縁膜材料 ･････････････ 332
8.2 光エレクトロニクス関連材料: 光記録材料 ･･････････････････ 333
8.2.1 光記録材料とは ･････････････ 333
8.2.2 $Ge_2Sb_2Te_5$ 系について ･･････ 334
8.2.3 熱拡散率・熱伝導率・比熱容量 ･･ 334
8.2.4 光学定数とその温度依存性 ･････ 334
8.2.5 界面熱抵抗 ･･････････････････ 335
8.3 カーボン系材料 ････････････････ 335
8.3.1 カーボンナノチューブ ････････ 335
8.3.2 フラーレン ･････････････････ 337
8.3.3 ダイヤモンド薄膜 ･･･････････ 337

C.9 航空・宇宙 ････････････････････ 338
9.1 航空機機体 ･････････････････････ 338
9.1.1 構造・材料 ･･････････････････ 338
(a) 機体構造 ･･････････････････ 338
(b) 航空機機体要素の使用材料 ････ 339
(c) 熱設計上のポイント ･･････････ 340
9.1.2 材料の熱物性値 ･･････････････ 341
(a) 金属材料 ･･････････････････ 341
(b) 複合材料 ･･････････････････ 342
(c) 非金属材料 ････････････････ 343
9.2 航空機エンジン ････････････････ 345
9.2.1 エンジン構造・材料 ･･･････････ 345
(a) エンジンシステム ･･･････････ 345
(b) 使用材料 ･･････････････････ 346
9.2.2 材料の熱物性値 ･･････････････ 346
(a) 金属材料 ･･････････････････ 346
(b) 複合材料 ･･････････････････ 348
9.2.3 燃料 ････････････････････････ 349
9.2.4 潤滑油 ･････････････････････ 350
9.3 ロケット ･･････････････････････ 351
9.3.1 概要 ････････････････････････ 351
9.3.2 構造および材料 ･･････････････ 352
(a) 金属材料 ･･････････････････ 352
(b) ハニカムパネル ･････････････ 353
(c) 複合材料 ･･････････････････ 354
(d) 断熱材 ････････････････････ 355
9.4 ロケットエンジン ･･････････････ 358
9.4.1 概要 ････････････････････････ 358
(a) 液体ロケットエンジン ････････ 358
(b) 固体モータ ････････････････ 361
9.4.2 構造および材料 ･･････････････ 362
(a) 液体ロケットエンジン ････････ 362
(b) 固体モータ ････････････････ 364
9.4.3 断熱材 ･････････････････････ 364
9.4.4 推進薬 ･････････････････････ 364
9.5 宇宙機 ････････････････････････ 366
9.5.1 概要 ････････････････････････ 366
9.5.2 本体部 ･････････････････････ 367
(a) 構造および材料 ･････････････ 367
(b) 推進系および姿勢制御系 ･･････ 367
9.5.3 熱制御技術 ･･････････････････ 370
(a) 熱制御材料 ････････････････ 370
(b) 熱制御材料の劣化 ･･･････････ 373
(c) 機能性材料 ････････････････ 381
(d) 断熱材,サーマル・ダブラおよびサーマル・フィラ ･･･････････ 383
(e) 多層断熱材 ････････････････ 383
(f) 相変化物質 ････････････････ 387
(g) サーマル・ルーバおよび自律型吸放熱デバイス ･････････････････ 388
(h) ヒートパイプ,ループヒートパイプ ･･ 389
(i) 流体ループ ････････････････ 390
9.5.4 低温装置の熱設計 ････････････ 391
(a) 寒剤 ･･････････････････････ 391
(b) 冷凍機 ････････････････････ 392
(c) 断熱設計 ･･････････････････ 392
9.5.5 再突入飛翔体の熱防御 ････････ 395
(a) アブレータ ････････････････ 395
(b) 再使用型耐熱システム ････････ 397
9.5.6 熱設計用ソフトウェアツール ･･･ 401

C.10 空調,冷凍およびヒートポンプ ･･･ 404
10.1 アンモニアの熱物性値 ･･････････ 404
10.2 R11の熱物性値 ･･･････････････ 406
10.3 R12の熱物性値 ･･･････････････ 408
10.4 R22の熱物性値 ･･･････････････ 412
10.5 R13B1の熱物性値 ････････････ 415
10.6 R32の熱物性値 ･･･････････････ 417
10.6.1 R32の熱力学性質 ･･･････････ 417
10.6.2 R32の輸送性質 ･････････････ 418
(a) 粘性率 ････････････････････ 418

(b) 熱伝導率 ･････････････････････ 419
10.7 R125の熱物性値 ･･････････････････ 420
　10.7.1 R125の熱力学性質 ････････････ 420
　10.7.2 R125の輸送性質 ･･････････････ 421
　　(a) 粘性率 ･･････････････････････ 421
　　(b) 熱伝導率 ････････････････････ 422
10.8 R134aの熱物性値 ････････････････ 423
　10.8.1 R134aの熱力学性質 ･･････････ 423
　10.8.2 R134aの輸送性質 ････････････ 426
　　(a) 粘性率 ･･････････････････････ 426
　　(b) 熱伝導率 ････････････････････ 427
10.9 R143aの熱物性値 ････････････････ 428
　10.9.1 R143aの熱力学性質 ･･････････ 428
　10.9.2 R143aの輸送性質 ････････････ 432
　　(a) 粘性率 ･･････････････････････ 432
　　(b) 熱伝導率 ････････････････････ 433
10.10 R152aの熱物性値 ･･･････････････ 434
　10.10.1 R152aの熱力学性質 ････････ 434
　10.10.2 R152aの輸送性質 ･･････････ 437
　　(a) 粘性率 ･･････････････････････ 437
　　(b) 熱伝導率 ････････････････････ 437
10.11 混合冷媒の熱力学性質・輸送性質
　　　　････････････････････････････ 439
10.12 その他の代替冷媒の熱物性値 ････ 455
10.13 代表的な自然冷媒の熱物性値 ････ 460
10.14 アンモニア水溶液の熱物性値 ････ 464
　10.14.1 飽和アンモニア水溶液の密度，定圧比熱，
　　　　粘性率および熱伝導率 ････････ 465
　10.14.2 気液平衡線図とエンタルピー濃度線図
　　　　････････････････････････････ 465
　10.14.3 アンモニア水溶液の屈折率 ･･････ 466
10.15 臭化リチウム水溶液の熱物性値 ･･･ 467
　10.15.1 臭化リチウムの一般的性質と水への
　　　　溶解度 ･･････････････････････ 467
　　(a) 一般的性質 ･･････････････････ 467
　　(b) 水への溶解度 ････････････････ 467
　10.15.2 臭化リチウム水溶液の密度，定圧比熱，
　　　　粘性率，熱伝導率，物質拡散係数および
　　　　表面張力 ････････････････････ 467
　　(a) 密度 ････････････････････････ 467
　　(b) 定圧比熱 ････････････････････ 467
　　(c) 粘性率 ･･････････････････････ 467
　　(d) 熱伝導率 ････････････････････ 468

　　(e) 物質拡散係数 ････････････････ 468
　　(f) 表面張力 ････････････････････ 468
　10.15.3 臭化リチウム水溶液の沸点圧力，
　　　　デューリング式，エンタルピー ････ 468
　　(a) 沸点圧力 ････････････････････ 468
　　(b) デューリング式 ･･････････････ 468
　　(c) エンタルピー ････････････････ 468
10.16 湿り空気線図 ････････････････････ 469
10.17 ケミカルヒートポンプ関係 ･･･････ 470
　10.17.1 吸着剤系 ････････････････････ 470
　10.17.2 金属水素化物系 ･･････････････ 471
　10.17.3 アンモニア化合物系 ･･････････ 471
　10.17.4 気体水和物系 ･･･････････････ 472
　10.17.5 無機水酸化物系 ･････････････ 473
　10.17.6 無機水和物系 ･･･････････････ 473
　10.17.7 有機化合物系 ･･･････････････ 474

C.11 低温および極低温 ･････････････････ 475
11.1 ブラインの熱物性値 ･･････････････ 475
　11.1.1 ブライン ･･････････････････････ 475
　11.1.2 無機塩類の水溶液 ･･････････････ 475
　　(a) 塩化ナトリウム ･･････････････ 475
　　(b) 塩化カルシウム ･･････････････ 475
　11.1.3 有機化合物の水溶液 ････････････ 476
　　(a) エチレングリコール ･･････････ 476
　　(b) プロピレングリコール ････････ 476
　11.1.4 有機化合物 ････････････････････ 476
11.2 極低温流体の熱物性値 ････････････ 481
　11.2.1 ヘリウム4 ････････････････････ 481
　　(a) Ⅰ-領域のヘリウム4 ･･････････ 481
　　(b) Ⅱ-領域のヘリウム4 ･･････････ 482
　11.2.2 ネオン ････････････････････････ 482
　11.2.3 アルゴン ･･････････････････････ 482
　11.2.4 クリプトン ････････････････････ 482
　11.2.5 n-水素 ････････････････････････ 482
　11.2.6 窒素 ･･････････････････････････ 483
　11.2.7 酸素 ･･････････････････････････ 483
　11.2.8 空気 ･･････････････････････････ 483
　11.2.9 メタン ････････････････････････ 483
　11.2.10 エチレン ･･････････････････････ 483
　11.2.11 エタン ････････････････････････ 484
　11.2.12 プロパン ･･････････････････････ 484

11.3 低温および極低温機器金属材料の
　　　熱物性値 …………………………… 504
　11.3.1 純金属の比熱 ……………………… 504
　11.3.2 純金属の熱伝導率，温度伝導率および
　　　　 線膨張係数の推奨値 ……………… 504
　11.3.3 各種合金の比熱および熱伝導率 … 505
　11.3.4 純金属および合金の放射率 ……… 507
　11.3.5 金属材料熱伝導率の近似的推定法 … 507
11.4 低温および極低温関連機器非金属材料
　　　の熱物性値 ………………………… 509
11.5 低温および極低温断熱材の熱物性値
　　　 ……………………………………… 511
　11.5.1 非排気多孔質断熱材 ……………… 511
　11.5.2 真空粉体断熱材 …………………… 511
　11.5.3 真空多層断熱材 …………………… 512

C.12 食品・農産物 …………………………… 514
　（a） 比熱 …………………………………… 514
　（b） 熱伝導率 ……………………………… 514
　（c） 温度伝導率 …………………………… 514
12.1 穀物の熱物性値 …………………… 515
　12.1.1 比熱 ………………………………… 515
　12.1.2 熱伝導率および温度伝導率 ……… 515
12.2 青果物の熱物性値 ………………… 518
　12.2.1 比熱 ………………………………… 518
　12.2.2 熱伝導率と温度伝導率 …………… 518
　12.2.3 呼吸熱 ……………………………… 519
12.3 食肉の熱物性値 …………………… 521
12.4 牛乳および乳製品の熱物性値 …… 522
12.5 加工食品の熱物性値 ……………… 523
　12.5.1 比熱 ………………………………… 523
　12.5.2 熱伝導率 …………………………… 523
12.6 その他 ……………………………… 524
12.7 食品および農産物の熱物性の推算法
　　　 ……………………………………… 527
　12.7.1 比熱 ………………………………… 527
　12.7.2 熱伝導率 …………………………… 527
　12.7.3 温度伝導率 ………………………… 529
12.8 冷凍食品の熱物性と有効熱伝導率の
　　　推算法 ………………………………… 529
　12.8.1 はじめに …………………………… 529
　12.8.2 凍結食品の氷結率 ………………… 529
　12.8.3 凍結食品の密度 …………………… 530
　12.8.4 凍結食品の比熱 …………………… 530
　12.8.5 凍結食品の熱伝導率 ……………… 530
　12.8.6 おわりに …………………………… 533
12.9 参考文献 …………………………… 533

C.13 生活関連物質 …………………………… 536
13.1 食物の熱物性値 …………………… 536
　13.1.1 食品の熱伝達 ……………………… 536
　　（a） 熱伝導率と温度 …………………… 536
　　（b） 熱伝導率と水分 …………………… 537
　13.1.2 加熱 ………………………………… 537
　　（a） 食品内部の熱移動 ………………… 537
　　（b） 熱伝導 ……………………………… 539
　　（c） 対流熱伝達 ………………………… 539
　　（d） 熱放射 ……………………………… 539
　　（e） 状態変化を伴った熱移動 ………… 539
　13.1.3 冷凍 ………………………………… 540
　　（a） 貯蔵 ………………………………… 540
　　（b） 解凍 ………………………………… 541
　13.1.4 調理器具 …………………………… 542
　　（a） 鍋 …………………………………… 542
　　（b） オーブン …………………………… 543
　　（c） 電子レンジ ………………………… 545
　　（d） 電磁調理器 ………………………… 545
13.2 衣料の熱物性値 …………………… 546
　13.2.1 繊維素材 …………………………… 546
　13.2.2 集合体の有効熱伝導率 …………… 547
　　（a） 繊維集合体の有効熱伝導率 ……… 547
　　（b） 繊維束の熱伝導モデル …………… 547
　　（c） 繊維集合体の有効熱伝導率のおよそ
　　　　 の範囲 ……………………………… 549
　　（d） わた（繊維束）の有効熱伝導率に及ぼす
　　　　 放射の影響 ………………………… 549
　13.2.3 繊維の有効熱伝導率 ……………… 550
　13.2.4 衣服材料（布）の有効熱伝導率 …… 551
　　（a） 布の熱伝導率 ……………………… 551
　　（b） 布のかさ密度と熱伝導率 ………… 552
　　（c） 布の水分率と熱伝導率 …………… 552
　　（d） 布の温度伝導率 …………………… 552
　　（e） 布の比熱 …………………………… 552
　13.2.5 着衣の伝熱 ………………………… 553
　　（a） 着衣の伝熱と熱物性 ……………… 553
　　（b） 円筒モデルの着衣系熱伝達 ……… 554

(c) ふく射伝熱・・・・・・・・・・・・・・・・・・・・・555
　　(d) 透湿性・・・・・・・・・・・・・・・・・・・・・・・・556
13.3 住生活関連材料の熱物性値・・・・・・・・557
　13.3.1 畳・・・・・・・・・・・・・・・・・・・・・・・・・・・557
　13.3.2 カーテン・・・・・・・・・・・・・・・・・・・・558
　13.3.3 カーペット・・・・・・・・・・・・・・・・・・560
　13.3.4 繊維，紙および皮革・・・・・・・・・・・561
　　(a) 繊維・・・・・・・・・・・・・・・・・・・・・・・・・561
　　(b) 紙・・・・・・・・・・・・・・・・・・・・・・・・・・・561
　　(c) 皮革・・・・・・・・・・・・・・・・・・・・・・・・・561

C.14 自　然・・・・・・・・・・・・・・・・・・・・・・・・・・563
14.1 雪層の熱物性値・・・・・・・・・・・・・・・・・・563
　14.1.1 雪の密度・・・・・・・・・・・・・・・・・・・・・563
　14.1.2 雪の比熱・・・・・・・・・・・・・・・・・・・・・563
　14.1.3 雪の熱伝導率・・・・・・・・・・・・・・・・・563
　14.1.4 雪の温度伝導率・・・・・・・・・・・・・・・564
　14.1.5 雪層の光学特性・・・・・・・・・・・・・・・564
14.2 一般氷の熱物性値・・・・・・・・・・・・・・・・565
　14.2.1 一般氷の密度・・・・・・・・・・・・・・・・・565
　14.2.2 一般氷の比熱・・・・・・・・・・・・・・・・・565
　14.2.3 一般氷の熱伝導率・・・・・・・・・・・・・565
　14.2.4 一般氷の温度伝導率・・・・・・・・・・・566
　14.2.5 一般氷の吸収係数・・・・・・・・・・・・・566
　14.2.6 一般氷の潜熱量・・・・・・・・・・・・・・・566
　　(a) 融解潜熱・・・・・・・・・・・・・・・・・・・・・566
　　(b) 水溶液中における純氷の融解潜熱・・・・567
　　(c) 昇華潜熱・・・・・・・・・・・・・・・・・・・・・567
14.3 海氷の熱物性値・・・・・・・・・・・・・・・・・・568
　14.3.1 海氷の密度・・・・・・・・・・・・・・・・・・・568
　14.3.2 海氷の定圧比熱・・・・・・・・・・・・・・・568
　14.3.3 海氷の熱伝導率・・・・・・・・・・・・・・・568
　14.3.4 海氷の融解熱量・・・・・・・・・・・・・・・569
14.4 海水の熱物性値・・・・・・・・・・・・・・・・・・570
　14.4.1 海水の密度・・・・・・・・・・・・・・・・・・・570
　14.4.2 海水の比熱・・・・・・・・・・・・・・・・・・・571
　14.4.3 海水の熱伝導率・・・・・・・・・・・・・・・572
14.5 霜層の熱物性値・・・・・・・・・・・・・・・・・・573
　14.5.1 霜層の密度・・・・・・・・・・・・・・・・・・・573
　14.5.2 霜層の比熱・・・・・・・・・・・・・・・・・・・573
　14.5.3 霜層の熱伝導率・・・・・・・・・・・・・・・573

14.6 岩石の熱物性値・・・・・・・・・・・・・・・・・・574
　14.6.1 岩石の密度・・・・・・・・・・・・・・・・・・・575
　14.6.2 岩石の比熱・・・・・・・・・・・・・・・・・・・575
　14.6.3 岩石の熱伝導率・・・・・・・・・・・・・・・576
14.7 凍土の熱物性値・・・・・・・・・・・・・・・・・・576
　14.7.1 凍土の密度・・・・・・・・・・・・・・・・・・・576
　14.7.2 凍土の比熱・・・・・・・・・・・・・・・・・・・576
　14.7.3 凍土の熱伝導率・・・・・・・・・・・・・・・577
14.8 土壌の熱物性値・・・・・・・・・・・・・・・・・・578
　14.8.1 土壌の密度・・・・・・・・・・・・・・・・・・・578
　14.8.2 土壌の比熱・・・・・・・・・・・・・・・・・・・578
　14.8.3 土壌の熱伝導率・・・・・・・・・・・・・・・579
14.9 石炭の熱物性値・・・・・・・・・・・・・・・・・・580

C.15 生体・バイオ・医学・・・・・・・・・・・・・581
15.1 生体物質・・・・・・・・・・・・・・・・・・・・・・・・581
　15.1.1 生体物質の熱物性値の解釈・・・・・・・581
　15.1.2 生体物質の熱物性値の測定法・・・・・582
　　(a) 侵襲的方法・・・・・・・・・・・・・・・・・・・582
　　(b) 非侵襲的方法・・・・・・・・・・・・・・・・・583
　15.1.3 生体物質の熱的性質・・・・・・・・・・・583
　15.1.4 生体物質のガス拡散係数・・・・・・・・583
　15.1.5 生体物質の凍結に関連した熱物性値
　　　　　・・・・・・・・・・・・・・・・・・・・・・・・・・・587
　15.1.6 非侵襲温度計測を基にした熱物性計測：
　　　　　核磁気共鳴を応用した非侵襲温度計測
　　　　　・・・・・・・・・・・・・・・・・・・・・・・・・・・590
　　(a) はじめに・・・・・・・・・・・・・・・・・・・・・590
　　(b) MRIの温度依存パラメータ・・・・・・590
　　(c) 水プロトン化学シフトによる温度分布
　　　　可視化・・・・・・・・・・・・・・・・・・・・・・591
15.2 生体物理・・・・・・・・・・・・・・・・・・・・・・・・593
　15.2.1 タンパク質・・・・・・・・・・・・・・・・・・・593
　　(a) タンパク質の熱変性・・・・・・・・・・・593
　　(b) タンパク質の部分比容と部分圧縮率・・593
　15.2.2 脂質の熱特性・・・・・・・・・・・・・・・・・597
　15.2.3 澱粉の糊化特性・多糖の熱転移・・・599
　　(a) 澱粉の糊化特性・・・・・・・・・・・・・・・599
　　(b) 多糖の熱転移・・・・・・・・・・・・・・・・・601
　15.2.4 植物体のガラス転移・・・・・・・・・・・・606

D編　熱物性値の検索・推算・測定

D.1 熱物性値の不確かさ……609
- 1.1 不確かさの概念……609
- 1.2 不確かさの定義……609
  - 1.2.1 標準不確かさ……610
    - (a) Aタイプの評価……610
    - (b) Bタイプの評価……610
  - 1.2.2 偶然効果と系統効果の同等性……611
  - 1.2.3 合成標準不確かさ……611
  - 1.2.4 拡張不確かさ……611
- 1.3 表現方法の事例……612

D.2 材料のキャラクタリゼーション……613
- 2.1 化学組成……613
  - 2.1.1 主成分の分析……613
  - 2.1.2 微量成分の分析……614
  - 2.1.3 物性測定による純度測定……614
  - 2.1.4 マイクロビームアナリシス……615
- 2.2 結晶構造……615
  - 2.2.1 代表的な計測法……615
    - (a) ラウエ法……615
    - (b) 粉末法……615
    - (c) 4軸回折計……615
    - (d) ラングカメラ……616
    - (e) Δdマシン……616
  - 2.2.2 微組織と材料の性質……617

D.3 熱物性値の検索とデータベース……618
- 3.1 熱物性値のデータと文献の検索……618
  - 3.1.1 学術論文誌……618
  - 3.1.2 熱物性に関する汎用のデータブック……618
  - 3.1.3 特定の物性値に対するデータブック……619
  - 3.1.4 特定の物質に対するデータブック……619
- 3.2 熱物性値のデータベース……620
  - (a) 物質・材料に関する情報の共有……620
  - (b) 熱物性データ……620
  - (c) シミュレーションとデータベース……621
  - 3.2.1 分散型熱物性データベース……621
    - (a) 分散型データベース……621
    - (b) グラフ表示……621
    - (c) 物質・材料の階層表示……621
    - (d) 検索機能……622
    - (e) 収録データ……622
    - (f) インターネット公開……623
  - 3.2.2 高分子データベース PoLyInfo……623
    - (a) PoLyInfo について……623
    - (b) データベースの構成と収録データ……623
    - (c) PoLyInfo に収録されている熱物性データ……624
    - (d) 検索方法……624
    - (e) Pauling File（合金，金属間化合物および無機物質の基礎データベース）……624
  - 3.2.3 プロパス……625
    - (a) PROPATH の概要……625
    - (b) P-PROPATH……626
    - (c) A-PROPATH……626
    - (d) M-PROPATH……626
    - (e) F-PROPATH……626
    - (f) I-PROPATH……626
    - (g) E-PROPATH……626
    - (h) W-PROPATH……627
    - (i) 他言語での使用……627
    - (j) PROPATH の入手方法……627
  - 3.2.4 熱力学データベース……627
    - (a) 評価に定評のあるデータ集など……628
    - (b) 熱力学データベース……628
    - (c) 今後の展望……629
  - 3.2.5 REFPROP……629
    - (a) 概要……629
    - (b) 計算できる物質……630
    - (c) 計算モデル……630
    - (d) 線図の作成……631
    - (e) 計算精度……631
    - (f) あとがき……631
  - 3.2.6 海外のデータベース……631
    - (a) NIST/TRC データベース……632
    - (b) DECHEMA データベース……634
    - (c) その他のデータベース……634
  - 3.2.7 その他のデータベース……636

D.4 熱物性値の推算法の手引き ……… 640
4.1 純粋液体および気体の熱力学的性質
　……………………………………… 640
　4.1.1 推算法の概要 ………………… 640
　4.1.2 PVTおよび密度 ……………… 640
　　（a）液体 ……………………… 640
　　（b）気体 ……………………… 643
　4.1.3 エンタルピー ………………… 647
　　（a）液体 ……………………… 647
　　（b）気体 ……………………… 648
　4.1.4 熱容量および比熱 …………… 649
　　（a）液体 ……………………… 649
　　（b）気体 ……………………… 652
　4.1.5 まとめ ………………………… 654
4.2 純粋液体および気体の輸送性質の推算法 ………………………………… 655
　4.2.1 概要 …………………………… 655
　4.2.2 粘性率の推算法 ……………… 655
　4.2.3 熱伝導率の推算法 …………… 656
　4.2.4 拡散係数の推算法 …………… 656

D.5 分子シミュレーションの手引き …… 657
5.1 熱物性の分子シミュレーション …… 657
　5.1.1 概　要 ………………………… 657
　5.1.2 モンテカルロ法 ……………… 657
　5.1.3 分子動力学法 ………………… 657
　5.1.4 分子間相互作用のモデル …… 658

D.6 熱物性値の測定法の手引き ……… 660
6.1 温度測定 ……………………………… 660
　6.1.1 温度計の種類と特徴 ………… 660
　　（a）抵抗温度計 ……………… 660
　　（b）熱電対 …………………… 660
　　（c）放射温度計 ……………… 662
　　（d）その他の温度計 ………… 662
　6.1.2 測定誤差の要因 ……………… 662
　　（a）抵抗温度計 ……………… 662
　　（b）熱電対 …………………… 662
　　（c）放射温度計 ……………… 663
　　（d）ガラス製温度計 ………… 664
　　（e）圧力式温度計 …………… 664
　6.1.3 国際温度目盛 ………………… 664
　　（a）1990年国際温度目盛（ITS-90）…… 664
　　（b）0.65 Kから5.0 Kまで：ヘリウムの蒸気圧対温度式 ……………… 664
　　（c）30 Kからネオンの三重点（24.5561 K）まで：気体温度計 …………… 664
　　（d）平衡水素の三重点（13.8033 K）から銀の凝固点（961.78℃）まで：白金抵抗温度計 ………………………… 666
　　（e）銀の凝固点（961.78℃）以上の温度領域：プランクの放射則 ………… 667
　6.1.4 トレーサビリティー ………… 668
6.2 圧力測定 ……………………………… 669
　6.2.1 圧力の定義 …………………… 669
　　（a）静止流体の圧力 ………… 669
　　（b）運動流体の圧力 ………… 669
　6.2.2 圧力の種類 …………………… 669
　　（a）圧力の変動 ……………… 669
　　（b）圧力の表示方法 ………… 669
　　（c）圧力の単位 ……………… 669
　6.2.3 圧力計の分類 ………………… 670
　6.2.4 液柱形圧力計 ………………… 670
　　（a）液柱形圧力計の測定原理 … 670
　　（b）液柱形圧力計の特徴 …… 670
　　（c）液柱形圧力計の種類 …… 671
　6.2.5 重錘形圧力てんびん ………… 671
　　（a）重錘形圧力てんびんの測定原理 …… 671
　　（b）重錘形圧力てんびんの特徴 …… 671
　6.2.6 弾性圧力計一般 ……………… 672
　　（a）弾性圧力計の特徴 ……… 672
　　（b）弾性圧力計の種類 ……… 672
　　（c）弾性圧力計の選定方法 … 672
　6.2.7 機械式弾性圧力計 …………… 672
　　（a）ブルドン管圧力計 ……… 672
　　（b）その他 …………………… 672
　6.2.8 電気式弾性圧力計 …………… 672
　6.2.9 高精度弾性圧力計 …………… 673
　　（a）石英ブルドン管圧力計 … 673
　　（b）振動式圧力計 …………… 673
　6.2.10 その他の圧力計 ……………… 674
　　（a）電気抵抗線式圧力計 …… 674
　　（b）圧電式圧力計 …………… 674
6.3 固体の熱物性値の測定法の手引き … 674
　6.3.1 固体の比熱容量測定 ………… 674

(a) 断熱法－断続加熱方式（ネルンスト法）
　　　　‥‥‥‥‥‥‥‥‥‥‥‥‥ 674
　　(b) 断熱法－連続加熱方式 ‥‥‥‥ 675
　　(c) 熱緩和法 ‥‥‥‥‥‥‥‥‥‥ 675
　　(d) ac法 ‥‥‥‥‥‥‥‥‥‥‥‥ 675
　　(e) 示差走査熱量法－DSC ‥‥‥‥ 676
　　(f) 投下法 ‥‥‥‥‥‥‥‥‥‥‥ 676
　　(g) 高速通電加熱法 ‥‥‥‥‥‥‥ 677
　　(h) レーザフラッシュ法 ‥‥‥‥‥ 677
6.3.2 固体の熱伝導率および熱拡散率 ‥‥‥ 678
　　(a) 測定法の基本原理 ‥‥‥‥‥‥ 678
　　(b) 測定法の種類 ‥‥‥‥‥‥‥‥ 678
　　(c) 定常法による熱伝導率測定法 ‥ 678
　　(d) パルス状加熱法による熱拡散率測定法
　　　　‥‥‥‥‥‥‥‥‥‥‥‥‥ 679
　　(e) ステップ状加熱法による熱拡散率測定法
　　　　‥‥‥‥‥‥‥‥‥‥‥‥‥ 680
　　(f) 周期加熱法による熱拡散率測定法 ‥ 681
　　(g) 任意加熱法（ラプラス変換法）‥‥ 681
　　(h) 細線加熱法およびプローブ法 ‥‥ 682
　　(i) 直流通電加熱法 ‥‥‥‥‥‥‥ 683
6.3.3 薄膜およびナノマテリアルの熱伝導率
　　　および熱拡散率の測定法 ‥‥‥‥‥ 683
　　(a) 動的格子緩和法 ‥‥‥‥‥‥‥ 683
　　(b) ACカロリメトリによる距離変化法 ‥ 684
　　(c) 3ω法 ‥‥‥‥‥‥‥‥‥‥‥ 684
　　(d) SThM (Scanning Thermal Microscope)
　　　　‥‥‥‥‥‥‥‥‥‥‥‥‥ 684
　　(e) 周期加熱サーモリフレクタンス法 ‥ 685
　　(f) 「表面加熱・表面測温」型超高速サーモ
　　　　リフレクタンス法 ‥‥‥‥‥‥ 685
　　(g) 「裏面加熱・表面測温」型超高速サーモ
　　　　リフレクタンス法 ‥‥‥‥‥‥ 686
　　(h) 細線の熱伝導率測定 ‥‥‥‥‥ 686
6.3.4 固体の熱膨張率測定法 ‥‥‥‥‥‥ 686
　　(a) 光干渉法 ‥‥‥‥‥‥‥‥‥‥ 687
　　(b) X線回折法 ‥‥‥‥‥‥‥‥‥ 687
　　(c) 測微望遠鏡法 ‥‥‥‥‥‥‥‥ 688
　　(d) 押し棒式膨張計 ‥‥‥‥‥‥‥ 688
　　(e) 機械てこ法，光てこ法 ‥‥‥‥ 689
　　(f) 電気容量法 ‥‥‥‥‥‥‥‥‥ 689
　　(g) 歪みゲージ法 ‥‥‥‥‥‥‥‥ 690
6.3.5 固体の放射性質 ‥‥‥‥‥‥‥‥‥ 690

　　(a) 放射測定法 ‥‥‥‥‥‥‥‥‥ 690
　　(b) 反射測定法 ‥‥‥‥‥‥‥‥‥ 692
　　(c) 熱量測定法 ‥‥‥‥‥‥‥‥‥ 694
6.4 流体の熱物性値の測定法 ‥‥‥‥‥‥ 694
6.4.1 相平衡 ‥‥‥‥‥‥‥‥‥‥‥‥ 694
　　(a) 固気平衡（吸着平衡）‥‥‥‥‥ 695
　　(b) 低圧気液平衡 ‥‥‥‥‥‥‥‥ 695
　　(c) 高圧気液平衡 ‥‥‥‥‥‥‥‥ 695
6.4.2 蒸気圧 ‥‥‥‥‥‥‥‥‥‥‥‥ 697
6.4.3 流体のPvT性質 ‥‥‥‥‥‥‥‥ 698
6.4.4 流体の比熱およびエンタルピー ‥‥ 700
　　(a) 示差走査熱量計 ‥‥‥‥‥‥‥ 701
　　(b) 断熱法 ‥‥‥‥‥‥‥‥‥‥‥ 701
　　(c) 投下法 ‥‥‥‥‥‥‥‥‥‥‥ 701
　　(d) 周期的加熱法 ‥‥‥‥‥‥‥‥ 701
　　(e) 混合法 ‥‥‥‥‥‥‥‥‥‥‥ 701
　　(f) 熱交換法 ‥‥‥‥‥‥‥‥‥‥ 701
　　(g) フローカロリメトリー ‥‥‥‥ 701
6.4.5 流体の音速 ‥‥‥‥‥‥‥‥‥‥ 702
　　(a) 音速と熱物性 ‥‥‥‥‥‥‥‥ 702
　　(b) 音速測定法 ‥‥‥‥‥‥‥‥‥ 704
6.4.6 流体の熱伝導率 ‥‥‥‥‥‥‥‥ 704
　　(a) 流体の熱伝導率測定の留意点 ‥‥ 704
　　(b) 流体の熱伝導率の測定方法 ‥‥‥ 705
　　(c) 非定常細線法 ‥‥‥‥‥‥‥‥ 705
　　(d) 定常法 ‥‥‥‥‥‥‥‥‥‥‥ 708
　　(e) その他の測定方法 ‥‥‥‥‥‥ 709
6.4.7 流体の粘性率（粘度）‥‥‥‥‥‥ 710
　　(a) 細管法による粘度測定 ‥‥‥‥ 710
　　(b) 振動法による粘度測定 ‥‥‥‥ 713
　　(c) 落体法による粘度測定 ‥‥‥‥ 714
　　(d) 回転法による粘度測定 ‥‥‥‥ 714
　　(e) その他の方法による粘度測定 ‥‥ 715
　　(f) 粘度計の校正 ‥‥‥‥‥‥‥‥ 715
6.4.8 流体の拡散係数 ‥‥‥‥‥‥‥‥ 715
　　(a) Loschmidt法（閉管法）・拡散セル法 ‥ 716
　　(b) 二室法・隔壁セル法 ‥‥‥‥‥ 716
　　(c) Stefan法（蒸発管法）・キャピラリ・
　　　　リーク法 ‥‥‥‥‥‥‥‥‥ 716
　　(d) キャピラリ法（開管法）‥‥‥‥ 716
　　(e) Taylor法（クロマトグラフィ法）‥‥ 716
　　(f) 点源法 ‥‥‥‥‥‥‥‥‥‥‥ 716
　　(g) 拡散ブリッジ法 ‥‥‥‥‥‥‥ 716

（h）自己拡散係数の測定法 ･･････････････ 716
　6.4.9　表面張力および界面張力 ･････････････ 717
　　　（a）表面張力の定義 ････････････････････ 717
　　　（b）毛細管法 ･･････････････････････････ 717
　　　（c）泡圧法 ････････････････････････････ 717
　　　（d）懸滴法 ････････････････････････････ 718
　　　（e）静滴法 ････････････････････････････ 718
　　　（f）表面波法 ･･････････････････････････ 718
6.5　熱物性標準物質 ･･････････････････････････ 719
　6.5.1　固体標準物質 ････････････････････････ 719
　　　（a）熱膨張率 ･･････････････････････････ 719
　　　（b）比熱 ･･････････････････････････････ 720
　　　（c）熱伝導率および熱拡散率 ････････････ 723
　　　（d）放射率 ････････････････････････････ 726
　6.5.2　流体標準物質 ････････････････････････ 729
　　　（a）密度 ･･････････････････････････････ 729
　　　（b）液体および気体の熱伝導率の標準 ････ 731
　　　（c）粘性率 ････････････････････････････ 732
6.6　熱物性値測定法の規格 ････････････････････ 735

D.7　伝熱の初歩 ････････････････････････････ 738
7.1　伝導伝熱と対流伝熱 ･･････････････････････ 738
　7.1.1　伝導伝熱 ････････････････････････････ 738
　　　（a）熱伝導 ････････････････････････････ 738
　　　（b）Fourierの法則 ･････････････････････ 738
　　　（c）熱伝導方程式 ･･････････････････････ 738
　　　（d）伝導伝熱 ･･････････････････････････ 739
　　　（e）平板内の1次元定常伝導伝熱 ･･･････ 739
　　　（f）非均質媒質中での有効熱伝導 ････････ 740
　　　（g）熱伝達・熱通過 ････････････････････ 740

　　　（h）伝導伝熱の無次元数 ････････････････ 741
　7.1.2　対流伝熱 ････････････････････････････ 741
　　　（a）対流伝熱 ･･････････････････････････ 741
　　　（b）強制対流と自然対流 ････････････････ 741
　　　（c）（対流）熱伝達率 ･･･････････････････ 741
　　　（d）流れの無次元数 ････････････････････ 742
　　　（e）熱伝達の無次元量 ･･････････････････ 742
7.2　ふく射伝熱 ･･････････････････････････････ 743
　7.2.1　ふく射伝熱 ･･････････････････････････ 743
　　　（a）ふく射の放射・吸収・ふく射伝熱 ････ 743
　　　（b）分光量と波長積分量 ････････････････ 744
　　　（c）指向量と半球量 ････････････････････ 744
　　　（d）ふく射強度とふく射流束 ････････････ 744
　　　（e）黒体ふく射 ････････････････････････ 744
　7.2.2　表面のふく射性質 ････････････････････ 745
　　　（a）実在の物質のふく射性質 ････････････ 745
　　　（b）灰色体の仮定と完全拡散の仮定 ･･････ 745
　　　（c）放射率 ････････････････････････････ 745
　　　（d）反射率・透過率・吸収率 ････････････ 745
　　　（e）Kirchhoffの法則 ･･･････････････････ 746
　　　（f）ふく射性質のデータ ････････････････ 746
　　　（g）固体表面間のふく射伝熱 ････････････ 746
　7.2.3　半透過性媒質の性質 ･･････････････････ 747
　　　（a）吸収係数・散乱係数と放射係数 ･･････ 747
　　　（b）気体の放射率と吸収率 ･･････････････ 747

索引 ･･ 748
物質名索引 ････････････････････････････････････ 763
熱物性受託測定機関一覧 ････････････････････････ 767
ハンドブックリスト ････････････････････････････ 773

A編　基本事項

A.1　利用の手引き（Introductory Remarks）

1.1　このハンドブックの全体構成（Framing Principles）

熱物性ハンドブックは単なるデータブックとは異なり，広い分野の利用者が，それぞれ自分の分野およびそれ以外の関係データを探しやすいように配慮して作られている．全体は四つの部分から成り立っている．

A編は基本事項で，単位とその換算，各物性値の定義などが記載されている．

B編は，多くの分野に共通な基本的な物質・材料のデータを，固体，流体，高温融体に区分して記載し，B.1章において周期律表と単体元素の値を示した．

B.2章では純金属に関する熱物性値の一覧表を提示するとともに，固体の熱伝導，熱容量，熱膨張に関する概説を記載した．

流体については，B.3章で多くの性質について主として大気圧での値を，またB.4章では高圧での値を含めた広範囲表を特に重要と思われる物質について示した．

B.5章には高温融体の基本的な熱物性データを記載した．

C編では，応用分野別の熱物性データを示した．C.1章エネルギーからC.15生体・バイオ・医薬・医療まで，各応用分野で必要とされるデータを，その分野で使いやすい形に記した．したがって，用語や単位などもその分野特有のものを使っていることがあり，他分野の読者に若干なじみにくい場合がある．わかりにくい物質名などについては，索引に別名なども記載したので利用して頂きたい．

D編には，熱物性の不確かさ，材料のキャラクタリゼーション，熱物性値の探し方，データベース，推算法，分子シミュレーション測定方法およびその規格，標準物質について記した．なお，D.7章では，熱工学における熱物性値の位置づけの理解のために伝熱の初歩について解説した．

1.2　索引と換算表の使い方（Indices and Conversion Tables）

一般的な物質のデータを探したい場合はB編を，特定の分野で用いられるデータはC編を見て頂きたい．特定の物質を探すために，目次のほか，索引も利用できる．一つの物質のデータが数ヶ所に分けて記載されている場合もあるので，索引の利用をおすすめしたい．

1.2.1　主要目次

表紙裏の見返しに代表的な目次を設け，掲載ページを探しやすいように作成した．

1.2.2　物質名索引

巻末に詳細な物質名索引を付けた．同一物質について分野によって異なった名前があったり，また別の俗称があったりする場合には，できるだけそれらの名前からも引けるように配慮した．

単位の換算表は，やや詳しい表をA編2.3に掲げたが，特によく使われる換算だけを簡易換算表として裏表紙の見返しに掲げた．

1.3　利用上の参考事項（Notes for Users）

1.3.1　用語

熱物性に関連する用語あるいは術語は，分野により異なったものが用いられている．その統一は，今後の課題であり，現状では文部科学省の学術用語やJISの用語においても分野別の用語が指定されている状況にある．したがって，本熱物性ハンドブックにおいて完全な統一を図ることはむずかしく，また利用者の混乱をまねく恐れもあるので，下記の方針を採用した．

A編，B編およびD編では原則としては物理用語，

化学用語に従い，これに計測用語などを補った．

C編では，特定分野ごとの用語を用いることもやむを得ないが，可能であれば一般的な用語を括弧内に付記することとした．

物質名索引には，個別の専門分野で用いられる用語も含めて，さまざまな別名からも引けるよう配慮した．

1.3.2 不確かさ

測定の信頼性は，従来は「真の値」と測定値との差を表す「誤差」として理解されてきた．しかし「真の値」は本来知ることができない量であり，誤差を評価する具体的手順が提示されていなかったため，「誤差」の定量的表現は困難であった．このような状況を解決するために測定の信頼性を「不確かさ」により評価する方法に関する国際的合意がなされたので，可能な場合には熱物性値と不確かさを付記することとした．その詳細は「D-1 熱物性値の不確かさ」を御参照願いたい．

1.3.3 材料のキャラクタリゼーション

材料の物性値は，基礎物理定数のように一義的に定まるものではなく，その材料の化学的組成・構造・組織などに依存して変化する．材料の物性値などの物理特性や機能が再現できるまで，その材料の化学的組成・構造・組織を同定することをキャラクタリゼーションと呼んでいる．その具体的内容と方法に関しては「D-1 材料のキャラクタリゼーション」を御参照頂きたい．

1.3.4 熱物性データの信頼性

的確にキャラクタライズされた材料に対して不確かさが評価された測定を行うことにより，不確かさの評価された信頼性の高い熱物性データを得ることができる．

本熱物性ハンドブックには現時点での最も確からしい信頼性の高い熱物性データを収録することに努めたが，収録された値は測定法やデータ解析技術および材料の同定技術（キャラクタリゼーション）の進歩とともに，改訂されていくものと位置づけられる．

液体や気体の性質の表では，同じ物質について，高圧域の表から求める大気圧値と，大気圧での値だけを載せた表とが，完全には一致しないことがある．固体についても，C編の分野別の値が必ずしも互いに一致しない．これらの例では，その不一致の大きさが，その物性値の現状での信頼性を示していると考えられる．

1.3.5 有効数字

不確かさが与えられていない熱物性データの信頼性を推定するめやすとして，有効数字が重要な情報となる．大部分の表は有効数字に十分注意を払って作成されているが，推定される有効数字より若干多い目の桁数の数字を記したものもある．その場合，最後の桁の数字が1多いか少ないかといった議論は意味がない．

1.3.6 温度目盛

このハンドブックに収録したデータは，ほとんどは1968年国際実用温度目盛（IPTS-68）に準拠して測定あるいは計算されている．一部にはそれ以前の古い温度目盛によっているものもある．1990年以降は新しい温度目盛（ITS 90）が用いられることになったので，一部の熱物性データにはこの温度目盛への補正が必要となるものがある．ITS-90については下記文献を参照されたい．なお，熱伝導率，比熱容量など多くの物性値では，臨界点付近と極低温を除けば，温度目盛の変更による違いは無視できるほど小さい．

桜井弘久：計測と制御，29, 3 (1990) 270；および応用物理 59, 6 (1990)

1.3.7 その他

B編とC編の一部で，高圧液体の表中に実線を記入したものがある．この線は気相と液相の境界を示している．

1.3.8 文献

文献番号は，原則として節ごとに完結している．そのページの下あるいはすぐ続くページ下欄の文献を参照されたい．

1.3.9 受託測定機関一覧

平成18年2, 3月に国内の受託測定機関に対してアンケートを実施し，1990年発行の第1版に記載された受託測定機関一覧を改訂した．

1.4 記号 (Notations snd Units)

特に説明がない限り，主な熱物性値の用語，記号，単位は次のように用いている．

用語	英訳	記号	単位	
角度	(plane) angle	α, β, γ 等	ラジアン	rad
立体角	solid angle	Ω, ω	ステラジアン	sr
長さ	length	l	メートル	m
面積	area	A, S	平方メートル	m^2
体積	volume	V	立方メートル	m^3
時間	time	t	秒	s
速度	velocity	u, v, w	メートル毎秒	m/s
加速度	acceleration	a	メートル毎秒毎秒	m/s^2
重力加速度	gravitational acceleration	g	メートル毎秒毎秒	m/s^2
周波数	frequency	f	ヘルツ	Hz
振動数	frequency	ν	ヘルツ	Hz
波長	wavelength	λ	メートル	m
質量	mass	m	キログラム	kg
密度	density	ρ	キログラム毎立方メートル	kg/m^3
比体積 比容積	specific volume	v	立方メートル毎キログラム	m^3/kg
力	force	F	ニュートン	N
圧力	pressure	p, P	パスカル	Pa
表面張力	surface tension	σ	ニュートン毎メートル	N/m
粘性率 粘性係数 粘度	viscosity	η, μ	パスカル秒	Pa·s
動粘性率 動粘性係数 動粘度	kinematic viscosity	ν	平方メートル毎秒	m^2/s
温度伝導率 熱拡散率	thermal diffusivity	a	平方メートル毎秒	m^2/s
拡散係数	diffusion coefficient	D	平方メートル毎秒	m^2/s
熱力学温度 絶対温度	thermodynamic temperature	T	ケルビン	K
セルシウス温度 摂氏温度	Celsius temperature	t	セルシウス度	℃
温度差	temperature difference	$\Delta T, \Delta t$	ケルビン	K
体膨張係数	cubic expansion	α	毎ケルビン	K^{-1}

A.1 利用の手引き

用語	英訳	記号	単位	
線膨張係数	linear expansion coefficient	β	毎ケルビン	K^{-1}
エネルギー	energy	E	ジュール	J
仕事	work	W	ジュール	J
熱量	heat	Q	ジュール	J
内部エネルギー	internal energy	U	ジュール	J
エンタルピー	enthalpy	H	ジュール	J
動力 　仕事率 　出力	power	P	ワット	W
熱流束 　熱流密度	heat flux	q	ワット毎平方メートル	W/m^2
熱伝導率	thermal conductivity	λ	ワット毎メートル毎ケルビン	$W/(m \cdot K)$
熱伝達率	heat transfer coefficient	h	ワット毎平方メートル毎ケルビン	$W/(m^2 \cdot K)$
熱通過率 　熱貫流率	overall heat transfer coefficient	K	ワット毎平方メートル毎ケルビン	$W/(m^2 \cdot K)$
エントロピー	entropy	S	ジュール毎ケルビン	J/K
比内部エネルギー	pecific internal energy	u	ジュール毎キログラム	J/kg
比エンタルピー	specific enthalpy	h	ジュール毎キログラム	J/kg
潜熱	latent heat	l, r	ジュール毎キログラム	J/kg
比熱 　比熱容量	specific heat (capacity)	c, C	ジュール毎キログラム毎ケルビン	$J/(kg \cdot K)$
定圧比熱	specific heat (capacity) at constant pressure	c_p, C_p	ジュール毎キログラム毎ケルビン	$J/(kg \cdot K)$
定容比熱 　定積比熱	specic heat (capacity) at constant volume	c_v, C_v	ジュール毎キログラム毎ケルビン	$J/(kg \cdot K)$
比エントロピー	specific entropy	s	ジュール毎キログラム毎ケルビン	$J/(kg \cdot K)$
ガス定数 　気体定数	gas constant	R	ジュール毎キログラム毎ケルビン	$J/(kg \cdot K)$
ふく射率 　放射率	emissivity	ε		
電気抵抗	electric resistance	R	オーム	Ω
抵抗率 　比抵抗	specific resistance	ρ	オーム・メートル	$\Omega \cdot m$
導電率 　電気伝導率	electric conductivity	κ	ジーメンス毎メートル	S/m
誘電率	dielectric constant	ε	ファラド毎メートル	F/m
物質量 　（分子の数）	amount of substance	m	モル	mol
分子質量	molar mass	M	キログラム毎モル	kg/mol
分子量	molecular weight (relative molar mass)	M		
プラントル数	Prandtl number	Pr		

A.2 物性値の定義と単位 (Definitions of Quantities and Units)

2.1 単位系 (System of Units)

2.1.1 量と単位

　物性値は，量 (quantity) の一種であり，その値 (value) は値と同様に数字 (number) と単位 (unit) との積として表される．単位とは対象とする量のある基準の値のことであり，数字は「単位」に対する「量の値」の比を表す．一つの量はいくつかの異なる単位で表される場合がある．たとえば，ある粒子の速さ v が $v = 25\,\text{m/s} = 90\,\text{km/h}$ であったとすると，メートル毎秒 (m/s) とキロメートル毎時 (km/h) はどちらも速さという同じ量の値を表すのに用いられる単位である．単位としては，世界的な合意に基づいて明確に定義され，いつどこでも一定なものが用いられる．

　そのために，基本単位 (base unit) と呼ばれる少ない種類の単位によって単位系を定義し，その他全ての量の単位を組立単位 (derived unit) と呼ばれる基本単位のべき乗の積として定義する．これらに対応する量は同様に基本量 (base quantity) と組立量 (derived quantity) と呼ばれる．基本量から組立量を与える関係式は基本単位から組立単位を与える関係式を与える．基本単位は単位系全体の根幹をなすものなので，最初に基本単位を注意深く定義すること極めて重要である．

2.1.2 国際単位系の歩み

　現在，世界で最も広く普及している国際単位系 (SI) は，1875年に締結されたメートル条約に基づいて，加盟国によって構成される国際度量衡総会 (CGPM) で採択され，より優れた便利な単位系となるように改良が加えられてきた．その発端は，1948年の第9回CGPMにおいて，メートル条約加盟国が採用し得る唯一の実用単位系の確立を決議したことに始まる．その後，1960年に開催された第11回CGPMで，国際単位系 (Le Système international d'unités, The International System of Units)，略してSIと称する新しい実用単位系の採用を決議した．さらにその後，科学技術の進歩に伴ってSI単位の追加や定義および現示方法の改定があった．たとえば，1967～68年 (第13回CGPM)：基本単位である時間の単位「秒」の太陽年に基づくものから現在のセシウム133原子によるものへの定義の変更，1971年 (第14回CGPM)：基本単位としての物質量の単位「モル」の追加採用，1979年 (第16回CGPM)：光度の単位「カンデラ」の現在の定義への変更，1983年 (第17回CGPM)：長さの単位「メートル」のクリプトン86原子による波長標準から現在の光の速さによる定義への変更，1987年 (第18回CGPM)：国際実用温度目盛 (IPTS-68) に代わる新しい国際温度目盛 (ITS-90) への移行と，ジョセフソン効果による電圧の単位「ボルト」および量子ホール効果による電気抵抗の単位「オーム」の現示の決定 (両者とも実施が1990年1月1日) などがあげられる．最新のものはSI国際文書第8版 (2006) としてまとめられている．

　一方，1960年の第11回CGPMでSI採用が議決された後，国際標準化機構 (ISO) が1969年にSIの採用を決め，1971年からISOの規格に取り入れられるようになった．量とそれらの名称および記号，そしてそれらを関係づける関係式の多くは，国際標準化機構第12専門委員会 (ISO/TC 12) および国際電気標準会議第25専門委員会 (IEC/TC 25) によりまとめられた国際規格 ISO 31 および IEC 60027 に掲載されている．ISO 31 および IEC 60027 については現在，ISO および IEC が共同で改訂作業に当たっている．改訂された統合規格は ISO/IEC 80000「量と単位」と呼ばれる予定で，その中でSIで用いられる量および関係式を量の国際体系と呼ぶことが提案されている．わが国では，日本工業規格として JIS Z 8202-0：2000～JIS Z 8202-13：2000 に「量および単位」が，JIS Z 8203：2000 に「国際単位系 (SI) およびその使い方」が記載されている．

2.1.3 国際単位系 (SI) の概要

　組立単位は複数の基本単位をべき乗したものの積として定義される．このべき乗の積が1以外の数係数を伴わないとき，その組立単位は一貫性のある組立単位 (coherent derived units) と呼ばれる．SIにおける基本単位および一貫性のある組立単位は一貫性の

Table A-2-1-1　SI基本単位の名称，記号，および定義

基本量	SI基本単位の名称	単位記号	定義
長さ	メートル	m	メートルは，1秒の299 792 458分の1の時間に光が真空中を伝わる行程の長さである．
質量	キログラム	kg	キログラムは質量の単位であって，単位の大きさは国際キログラム原器の質量に等しい．
時間	秒	s	秒は，セシウム133の原子の基底状態の二つの超微細構造準位の間の遷移に対応する放射の周期の9 192 631 770倍の継続時間である．
電流	アンペア	A	アンペアは，真空中に1メートルの間隔で平行に配置された無限に小さい円形断面積を有する無限に長い二本の直線状導体のそれぞれを流れ，これらの導体の長さ1メートルにつき2×10^{-7}ニュートンの力を及ぼし合う一定の電流である．
熱力学温度	ケルビン	K	熱力学温度の単位，ケルビンは，水の三重点の熱力学温度の1/273.16である．
物質量	モル	mol	1. モルは，0.012キログラムの炭素12の中に存在する原子の数に等しい数の要素粒子を含む系の物質量であり，単位の記号はmolである． 2. モルを用いるとき，要素粒子が指定されなければならないが，それは原子，分子，イオン，電子，その他の粒子またはこの種の粒子の特定の集合体であってよい．
光度	カンデラ	cd	カンデラは，周波数540×10^{12}ヘルツの単色放射を放出し，所定の方向におけるその放射強度が1/683ワット毎ステラジアンである光源の，その方向における光度である．

ある単位の集合を形作り，一貫性のあるSI単位（coherent SI units）という名称が与えられる．一貫性のある単位が用いられるときには，その量を表す数値の間の関係式は量そのものの間の関係式と完全に同一の形をとる．したがって，一貫性のある単位の集合の中の単位だけを用いれば，単位間の変換係数は一切不要である．これがSIの一大長所となっている．

(a) SI基本単位

七つの基本量である長さ，質量，時間，電流，熱力学温度，物質量，光度の単位から構成される．これらの量は便宜的に独立であると考えられているが，それらの基本単位であるメートル，キログラム，秒，アンペア，ケルビン，モル，カンデラは多くの局面において互いに依存している．長さの定義は秒を，アンペアの定義はメートル，キログラム，秒を，モルの定義はキログラムを，カンデラの定義はメートル，キログラム，秒を取り込んでいる．

Table A-2-1-1に基本量とSI基本単位の名称，記号，および定義を示す．

(b) SI組立単位

組立単位とは，基本単位のべき乗の積である．一貫性のある組立単位とは，1以外の数値を含まない基本単位のべき乗の積である．SIの基本単位と一貫性のある組立単位は，一貫性のある集合を形成する．

Table A-2-1-2に基本単位を用いて表される一貫性のあるSI組立単位の例を示す．

(c) 固有の名称と記号が与えられたSI組立単位

利便性の観点から，いくつかの一貫性のある組立単位は固有の名称とそれらに与えられた独自の記号をもっている．そのような単位は22あり，それらをTable A-2-1-3に示す．これらの固有の名称と記号は，それら自体，基本単位や他の組立単位の名称と記号といっしょに，別の組立量の単位を表すために用いることができる．いくつかの例をTable A-2-1

Table A-2-1-2　基本単位を用いて表される一貫性のあるSI組立単位の例

組立量		一貫性のあるSI組立単位	
名称	記号	名称	記号
面積	A	平方メートル	m^2
体積	V	立方メートル	m^3
速さ，速度	v	メートル毎秒	m/s
加速度	a	メートル毎秒毎秒	m/s^2
波数	$\sigma, \tilde{v}$	毎メートル	m^{-1}
密度，質量密度	ρ	キログラム毎立方メートル	kg/m^3
面積密度	ρ_A	キログラム毎平方メートル	kg/m^2
比体積	v	立方メートル毎キログラム	m^3/kg
電流密度	j	アンペア毎平方メートル	A/m^2
磁界の強さ	H	アンペア毎メートル	A/m
量濃度[a]，濃度	c	モル毎立方メートル	mol/m^3
質量濃度	ρ, γ	キログラム毎立方メートル	kg/m^3
輝度	L_v	カンデラ毎平方メートル	cd/m^2
屈折率[b]	n	（数の）1	1
比透磁率[b]	μ_r	（数の）1	1

[a] 量濃度（amount concentration）は臨床化学の分野では物質濃度（substance concentration）ともよばれる．

[b] これらは無次元量あるいは次元1を持つ量であるが，そのことを表す単位記号である数字の1は通常は表記しない．

Table A-2-1-3　固有の名称と記号で表されるSI組立単位

組立量	名称	記号	他のSI単位による表し方	SI基本単位による表し方
平面角	ラジアン[b]	rad	1[b]	m/m
立体角	ステラジアン[b]	sr[c]	1[b]	m²/m²
周波数	ヘルツ[d]	Hz		s⁻¹
力	ニュートン	N		m kg s⁻²
圧力，応力	パスカル	Pa	N/m²	m⁻¹ kg s⁻²
エネルギー，仕事，熱量	ジュール	J	N m	m² kg s⁻²
仕事率，工率，放射束	ワット	W	J/s	m² kg s⁻³
電荷，電気量	クーロン	C		s A
電位差（電圧），起電力	ボルト	V	W/A	m² kg s⁻³ A⁻¹
静電容量	ファラド	F	C/V	m⁻² kg⁻¹ s⁴ A²
電気抵抗	オーム	Ω	V/A	m² kg s⁻³ A⁻²
コンダクタンス	ジーメンス	S	A/V	m⁻² kg⁻¹ s³ A²
磁束	ウェーバ	Wb	V s	m² kg s⁻² A⁻¹
磁束密度	テスラ	T	Wb/m²	kg s⁻² A⁻¹
インダクタンス	ヘンリー	H	Wb/A	m² kg s⁻² A⁻²
セルシウス温度	セルシウス度[e]	°C		K
光束	ルーメン	lm	cd sr[c]	cd
照度	ルクス	lx	lm/m²	m⁻² cd
放射性核種の放射能[f]	ベクレル[d]	Bq		s⁻¹
吸収線量，比エネルギー分与，カーマ	グレイ	Gy	J/kg	m² s⁻²
線量当量，周辺線量当量，方向線量当量，個人線量当量	シーベルト[g]	Sv	J/kg	m² s⁻²
酵素活性	カタール	kat		s⁻¹ mol

(a) SI接頭語は固有の名称と記号を持つ組立単位と組合せても使用できる．しかし接頭語を付した単位はもはやコヒーレントではない．
(b) ラジアンとステラジアンは数字の1に対する単位の特別な名称で，量についての情報をつたえるために使われる．実際には，使用する時には記号radおよびsrが用いられるが，習慣として組立単位としての記号である数字の1は明示されない．
(c) 測光学ではステラジアンという名称と記号srを単位の表し方の中に，そのまま維持している．
(d) ヘルツは周期現象についてのみ，ベクレルは放射性核種の統計的過程についてのみ使用される．
(e) セルシウス度はケルビンの特別な名称で，セルシウス温度を表すために使用される．セルシウス度とケルビンの単位の大きさは同一である．したがって温度差や温度間隔を表す数値はどちらの単位で表しても同じである．
(f) 放射性核種の壊変率（activity referred to a radionuclide）は，しばしば誤った用語で放射能（radioactivity）とよばれている（訳注：わが国ではactivityもradioactivityも放射能と訳されている）．
(g) 単位シーベルトについては度量衡委員会勧告2（CI-2002）を参照．

-4に示す．固有の名称とそれらの独自の記号は，頻繁に使われる基本単位の組み合わせを単に簡潔な形式で表記したものであるが，多くの場合，量の意味を明確にするのにも役立っている．SI接頭語をこれら固有の名称と記号とともに使用することはできるが，その場合その単位は一貫性のあるものとはいえなくなる．

（d）無次元量の単位

ある種の量は二つの同じ種類の量の比として定義され，このような量は無次元または数字の1で表される次元をもつ．そのような無次元量または次元1の量に対する一貫性のあるSI単位は数字の1である．これらの量の値は数のみで表され，一般に単位である数字の1は明示しない．このような量の例として屈折率，比透磁率，摩擦係数などがあげられる．また，単純な量の複雑な積が無次元になるように定義される量もある．レイノルズ数 $Re = \rho v l/\eta$ などの「特性数」はその例であり，ここで ρ は密度，η は粘度，v は速度，l は長さである．これら全ての単位は数字の1であり，無次元の組立単位をもつ．無次元量の他のグループには，分子数，縮退度，統計熱力学における分配関数など個数を表す数がある．

議論している量を特定し易くするために，単位1に固有の名称が与えられたものがある．ラジアンとステラジアンがこれに該当する．それぞれ平面角と立体角を表す一貫性のある組立単位としての使用が認められている（Table A-2-1-3参照）．

（e）SI接頭語

量の値を示す場合，その数値が使いやすい大きさであるとは限らないので，SI単位に乗じることができる10の整数乗で示されるSI接頭語が決められている．使用が認められている 10^{-24} から 10^{24} までの範囲のSI接頭語をTable A-2-1-5に示す．

国際単位系の基本単位の中で，質量の単位は，歴史的理由により，その名称の中に接頭語を含んでいる唯一のものである．質量の単位の10の整数乗倍を作る接頭語の名称と記号は，単位の名称「グラム」に接頭語の名称を，また単位記号「g」に接頭語の記号をそれぞれ附加する．10^{-6} kg = 1 mg（1ミリグラム）という表現は正しいが，1 μkg（1マイクロキログラム）としてはならない．

（f）SIと併用されるSIに属さない単位

Table A-2-1-6に日々の生活で広くSIと用いら

Table A-2-1-4 単位の中に固有の名称と記号を含む一貫性のあるSI組立単位の例

組立量	一貫性のある SI 組立単位		
	名称	記号	SI 基本単位による表し方
粘度	パスカル秒	Pa s	m^{-1} kg s^{-1}
力のモーメント	ニュートンメートル	N m	m^2 kg s^{-2}
表面張力	ニュートン毎メートル	N/m	kg s^{-2}
角速度	ラジアン毎秒	rad/s	m m^{-1} s^{-1} = s^{-1}
角加速度	ラジアン毎秒毎秒	rad/s^2	m m^{-1} s^{-2} = s^{-2}
熱流密度, 放射照度	ワット毎平方メートル	W/m^2	kg s^{-3}
熱容量, エントロピー	ジュール毎ケルビン	J/K	m^2 kg s^{-2} K^{-1}
比熱容量, 比エントロピー	ジュール毎キログラム 毎ケルビン	J/(kg K)	m^2 s^{-2} K^{-1}
比エネルギー	ジュール毎キログラム	J/kg	m^2 s^{-2}
熱伝導率	ワット毎メートル 毎ケルビン	W/(m K)	m kg s^{-3} K^{-1}
体積エネルギー	ジュール毎立方メートル	J/m^3	m^{-1} kg s^{-2}
電界の強さ	ボルト毎メートル	V/m	m kg s^{-3} A^{-1}
電荷密度	クーロン毎立方メートル	C/m^3	m^{-3} s A
表面電荷	クーロン毎平方メートル	C/m^2	m^{-2} s A
電束密度, 電気変位	クーロン毎平方メートル	C/m^2	m^{-2} s A
誘電率	ファラド毎メートル	F/m	m^{-3} kg^{-1} s^4 A^2
透磁率	ヘンリー毎メートル	H/m	m kg s^{-2} A^{-2}
モルエネルギー	ジュール毎モル	J/mol	m^2 kg s^{-2} mol^{-1}
モルエントロピー, モル熱容量	ジュール毎モル 毎ケルビン	J/(mol K)	m^2 kg s^{-2} K^{-1} mol^{-1}
照射線量 (X 線および γ 線)	クーロン毎キログラム	C/kg	kg^{-1} s A
吸収線量率	グレイ毎秒	Gy/s	m^2 s^{-3}
放射強度	ワット毎ステラジアン	W/sr	m^4 m^{-2} kg s^{-3} = m^2 kg s^{-3}
放射輝度	ワット毎平方メートル 毎ステラジアン	W/(m^2 sr)	m^2 m^{-2} kg s^{-3} = kg s^{-3}
酵素活性濃度	カタール毎立方メートル	kat/m^3	m^{-3} s^{-1} mol

Table A-2-1-5 SI 接頭語

乗数	名称	記号	乗数	名称	記号
10^1	デカ	da	10^{-1}	デシ	d
10^2	ヘクト	h	10^{-2}	センチ	c
10^3	キロ	k	10^{-3}	ミリ	m
10^6	メガ	M	10^{-6}	マイクロ	μ
10^9	ギガ	G	10^{-9}	ナノ	n
10^{12}	テラ	T	10^{-12}	ピコ	p
10^{15}	ペタ	P	10^{-15}	フェムト	f
10^{18}	エクサ	E	10^{-18}	アト	a
10^{21}	ゼタ	Z	10^{-21}	ゼプト	z
10^{24}	ヨタ	Y	10^{-24}	ヨクト	y

れているため, SI と併用することが認められているSI に属さない単位をまとめた. これらの使用は今後もずっと続くものと考えられ, SI 単位により正確な定義が与えられている. 時間と角度について古くから使われている単位を含む. また, ヘクタール, リットル, トンといった全世界で慣用的に日常使われる単位を含む. これらに対応する一貫性のある SI 単位とは 10 の整数乗分だけ異なっている. SI 接頭語は, これらの単位のいくつかと併用されるが, SI に属さない時間の単位とは併用されない.

Table A-2-1-7 に示した単位は, 基礎物理定数に関連するものであり, その数値が実験的に決定されるものである. したがって, 不確かさを伴う単位を含む. 天文単位以外の全ての単位は, 基礎物理定数と関連がある. 初めの三つの単位, 電子ボルト (記号 eV), ダルトン, 統一原子質量単位 (記号 Da または u) と天文単位 (記号 ua) は, SI に属さないが SI との併用が認められている. 電子ボルトとダルトンの値は, 電気素量 e およびアボガドロ定数 N_A にそれぞれ依存する.

基礎物理定数にもとづく単位系のなかで最も重要なものは, 高エネルギーや素粒子物理で用いられる自然単位系 (n.u.) と原子物理や量子化学で用いられる原子単位系 (a.u.) である.

自然単位系において力学の基本量は, 速さ, 作用と質量で, それぞれに対して基本単位は, 真空中の光の速さ c_0, 2π で割られたプランク定数, すなわち記号 $\hbar$ で表される換算プランク定数, および電子の質量 m_e である. 一般に, これらの単位には特別の名前や記号は与えられず, 単に, 速さの自然単位 (記号 c_0), 作用の自然単位 (記号 $\hbar$), および質量の自然単位 (記号 m_e) と呼ばれる. この単位系では時間は組立量であり, 時間の自然単位は基本単位の組み合わせ $\hbar/m_e c_0^2$ で表される組立単位である.

原子単位系では, 電荷, 質量, 作用, 長さ, およびエネルギーの五つの量のうち任意の四つを基本量にとる. 対応する基本単位はそれぞれ, 電気素量 e, 電子質量 m_e, 作用 $\hbar$, ボーア半径 (ボーア) a_0, ハートリーエネルギー (ハートリー) E_h である. この単位系でも時間は組立量であり, 時間の原子単位は組立単位で, 単位の組み合わせ $\hbar/E_h$ に等しい. ここで, $a_0 = \alpha/(4\pi R_\infty)$, α は微細構造定数, R_∞ はリュード

Table A-2-1-6　国際単位系と併用されるが，国際単位系に属さない単位

量	単位の名称	単位の記号	SI単位による値
時間	分	min	1 min = 60 s
	時[a]	h	1 h = 60 min = 3600 s
	日	d	1 d = 24 h = 86 400 s
平面角	度[b, c]	°	1° = (π/180) rad
	分	′	1′ = (1/60)° = (π/10 800) rad
	秒[d]	″	1″ = (1/60)′ = (π/648 000) rad
面積	ヘクタール[e]	ha	1 ha = 1 hm^2 = 10^4 m^2
体積	リットル[f]	L, l	1 L = 1 l = 1 dm^3 = 10^3 cm^3 = 10^{-3} m^3
質量	トン[g]	t	1 t = 10^3 kg

(a) この単位の記号については，第9回CGPM (1948; CR 70) の決議7に含まれている．

(b) ISO 31は平面角の単位，分および秒を用いるより，十進法による小数点以下の数値を使用して度で表すことを推奨している．しかし航法や測量の分野では，緯度の1分が地球表面で凡そ1海里の距離に相当することから，分を使う利点がある．

(c) 単位ゴン（gonまたはその別名grad）は(π/200) radの値をもつ平面角の単位である．したがって100ゴンが直角を表す．極から赤道までの距離がほぼ10 000 kmであるから，地球の中心から見た1センチゴンは地球表面で約1 kmに相当する．これが航法でゴンが使われる理由であるが，ゴンが使われることは稀である．

(d) 天文学で小さい平面角は，アーク秒（asまたは"の記号を使う），ミリアーク秒（mas），マイクロアーク秒（μas），ピコアーク秒（pas）で測られる．アーク秒は平面角「秒」の別名である．

(e) ヘクタールの名称と記号haは1879年の国際度量衡委員会（議事録1879, 41）で採択された．土地の面積を表すために使用される．

(f) 単位リットルとその記号の小文字のl（エル）は1879年の国際度量衡委員会（PV, 1879, 41）により採択された．もう一つの記号大文字のLは，小文字のlと数字の1との混同による危険を避けるために，第16回CGPM（1979, 決議6, CR 101, および *Metrologia*, 1980, **16**, 56-57）で採択された．

(g) 単位トンとその記号tは1879年の国際度量衡委員会で採択された（議事録1879, 41）．英語圏の国々では，この単位を通常「メートル系トン」と称している．

ベリ定数．そして，$E_h = e^2/(4\pi\varepsilon_0 a_0) = 2R_\infty hc_0 = \alpha^2 m_e c_0^2$，ここで，$\varepsilon_0$は電気定数であり，SIでは定義値となる．

これら合計10の自然単位と原子単位，そしてSI単位でのそれらの値をTable A-2-1-7に示した．これらの単位がSIとはまったく異なった量の体系を基礎にしているので，CIPMは国際単位系との併用を正式には認めていない．自然単位や原子単位は，それぞれ素粒子・原子物理や量子化学などの特定の分野でのみ使用される．それぞれの数値のあとの括弧の中に，最後の桁の標準不確かさを示す．

Table A-2-1-8, 9には，SI単位による正確な定義が与えられ，通商，法律，または特定の分野で使用される単位が含まれる．Table A-2-1-8に示した比の対数の単位であるネーパ，ベル，デシベルは，対象となる比の対数の性質を情報として伝える．ネーパNpは，自然対数ln = $\log_e$を使って表される量の数値を表すために使われる．ベルBとデシベルdB（1 dB = (1/10) B）は，比の対数の値（常用対数log = $\log_{10}$を使う）を表すために使われる．これらの単位の解釈をTable A-2-1-8の脚注(g)と(h)に示した．ネーパ，ベル，デシベルは国際単位系との併用がCIPMにより認められているが，SI単位とは考えられていない．

SI接頭語はTable A-2-1-8のなかの二つの単位と併用される．バール（ミリバール，mbar）とベル（特にデシベル）である．ベルは接頭語なしではほとんど用いられないので表にはデシベルも示した．

Table A-2-1-8, 9を区別したのは，Table A-2-1-9の単位が，古いCGS電気単位を含むCGS（センチメートル・グラム・秒）単位系に関係するという理由からである．力学の分野ではCGS単位系は上記三つの量およびそれに対応する基本単位（センチメートル，グラム，秒）で構成されていた．CGSの電気単位は，SIで使われるのと異なる形の定義方程式を使い，これら三つ基本単位のみから導き出される．この方法にいくつかの流儀があるため，いくつかの異なる単位系が作られた．すなわち，CGS静電単位系（CGS-ESU），CGS電磁単位系（CGS-EMU），およびCGSガウス単位系（CGS-Gaussian）である．特にCGSガウス単位系が物理学のある分野，特に古典的そして相対論的電磁気学においてもつ優位性についてはすでに認識されていた（第9回CGPM, 1948, 決議6）．Table A-2-1-9には，これらCGS単位とSIとの関係，固有の名称を与えられたCGS単位が与えられている．Table A-2-1-9の単位について，SI接頭語はこれらのうちのいくつかと併用される（たとえば，ミリダイン：mdyn，ミリガウス：mGなど）．

2.1.4　SI単位の使い方

単位の記号と数値の表記に関する一般原則は，まず1948年（第9回CGPM）で提案され，その後ISOやIECなど他の国際機関でも採用され，文書化の作業が進められてきた．その結果，現在では接頭語の記号

Table A-2-1-7 国際単位系に属さない単位で，SI単位で表される数値が実験的に得られるもの

量	単位の名称	単位の記号	SI単位による値[a]
SIとの併用が認められている単位			
エネルギー	電子ボルト[b]	eV	1 eV = 1.602 176 53 (14) × 10^{-19} J
質量	ダルトン[c]	Da	1 Da = 1.660 538 86 (28) × 10^{-27} kg
	統一原子質量単位	u	1 u = 1 Da
長さ	天文単位[d]	ua	1 ua = 1.495 978 706 91 (6) × 10^{11} m
自然単位系 (n.u.)			
速さ	速さの自然単位 （真空中の光の速さ）	c_0	299 792 458 m/s （定義値）
作用	作用の自然単位 （換算プランク定数）	h	1.054 571 68 (18) × 10^{-34} J s
質量	質量の自然単位 （電子質量）	m_e	9.109 3826 (16) × 10^{-31} kg
時間	時間の自然単位	$h/(m_e c_0^2)$	1.288 088 6677 (86) × 10^{-21} s
原子単位系 (a.u.)			
電荷	電荷の原子単位 （電気素量）	e	1.602 176 53(14) × 10^{-19} C
質量	質量の原子単位 （電子質量）	m_e	9.109 3826 (16) × 10^{-31} kg
作用	作用の原子単位 （換算プランク定数）	h	1.054 571 68 (18) × 10^{-34} J s
長さ	長さの原子単位，ボーア （ボーア半径）	a_0	0.529 177 2108 (18) × 10^{-10} m
エネルギー	エネルギーの原子単位， ハートリー （ハートリーエネルギー）	E_h	4.359 744 17 (75) × 10^{-18} J
時間	時間の原子単位	h/E_h	2.418 884 326 505 (16) × 10^{-17} s

(a) この表のなかの天文単位を除くすべての単位の「SI単位による値」は，基礎物理定数の2002年CODATA推奨値（P. J. Mohr, B. N. Taylor: Rev. Mod. Phys., 2005, **77**, 1-107）から採られている．各数値の最後の2桁の標準不確かさを括弧内に示す．

(b) 電子ボルトの大きさは，真空中において1Vの電位差を通過することにより電子が得る運動エネルギーである．電子ボルトは，しばしばSI接頭語を付して使われる．

(c) 単位ダルトン（Da）と統一原子質量（u）は，静止して基底状態にある自由な炭素原子 ^{12}C の質量の1/12に等しい質量の別名（記号）である．大きな分子の質量を表す場合あるいは原子分子の小さな質量差を表す場合に，しばしばSI接頭語と組み合わせて，キロダルトン：kDa，メガダルトン：MDa，あるいはナノダルトン：nDa，ピコダルトン：pDaなどの単位と記号が使われる．

(d) 天文単位は，ほぼ地球と太陽の平均距離に等しい．これは無限小の質量をもつ質点が太陽を中心として1日に平均0.017 202 098 95 rad（ガウス定数とよばれる）進むニュートン円形軌道を画くときの半径に等しい．天文単位の数値は D. D. McCarcy, G. Petit eds. IERS Technical Note 32 (2004, 12), E. M. Standish, Report of the IAU, 1995, 180-184 から採られている．

や名称を含む単位の記号や名称の他に，量の記号や量の値をどのように記述するのかについても一般的な合意が形成されている．

1) 単位記号には，その周囲の文書の様式とは関係なく，ローマン体（立体）を用いる．原則として単位記号は小文字で表し，その名称が人名に由来する場合は記号の最初の一文字は大文字で表す．たとえば，長さの単位：m（メートル），圧力の単位：Pa（パスカル），電気抵抗の単位：Ω（オーム）など．例外として，リットルについては数字の1と小文字のl（エル）とを区別するために，その単位記号として大文字のLと小文字のlの何れを用いてもよいことになっている．

2) 接頭語は単位の一部であり，単位記号の前に置く．空白（space）などで単位記号と分割してはならない．接頭語は決して単独で用いてはならない．また，合成接頭語をつくってはならない．たとえば，nm（ナノメートル）はよいが，mμm（ミリマイクロメートル）などとしてはならない．

3) 単位記号は数式の一部となる要素であり省略記号ではない．したがって，単位記号が文章の最後に現れる場合を除いて，通常の省略用語に付ける省略符としての記号（ピリオド）を単位記号に付けてはならない．また，単位記号に複数形（plural）を用いてはならない（単位の名称には複数形を用いてもよい）．単位の名称は数式の一部ではないので，単位記号と単位の名称とを一つの表現のなかで混ぜて使用してはならない．

4) 単位記号の積や商に関しては，通常の代数で用いられる演算方法と同じ規則が適用される．積は空白（space）または中点（half-high dot）で表し，接頭語が単位記号と間違えられないようにする．たとえば，N m，N・m など．商は水平の線，斜線，または負の指数で表される．たとえば，m/s, m s^{-1} など．多くの単位記号が混在するときは，たとえば括弧や負の指数を用いて，曖昧さを排除しなければならない．曖昧さを排除するための括弧がない場合，一つの表現のなかで斜線を複数回用いてはならない．たとえば，m kg/(s^3 A)，m kg s^{-3} A^{-1} は正し表し方であるが，m kg/s^3/A や m kg/s^{3}A は曖昧である．

2.1.5 量の値の表現方法と四則演算

量（quantity）の値（value）は，数字（number）と単位（unit）の積として表される．単位に掛かる数字は，

2.1 単位系

Table A-2-1-8 　国際単位系に属さないその他の単位

量	単位の名称	単位記号	SI単位による値
圧力	バール[a]	bar	1 bar = 0.1 MPa = 100 kPa = 10^5 Pa
	水銀柱ミリメートル[b]	mmHg	1 mmHg ≈ 133.322 Pa
長さ	オングストローム[c]	Å	1 Å = 10^{-1} nm = 100 pm = 10^{-10} m
距離	海里[d]	M	1 M = 1852 m
面積	バーン[e]	b	1 b = 100 fm^2 = (10^{-12} cm^2) = 10^{-28} m^2
速さ	ノット[f]	kn	1 kn = (1852/3600) m/s
比の対数	ネーパ[g, i]	Np	脚注 (j) 参照
	ベル[h, i]	B	脚注 (j) 参照
	デシベル[h, i]	dB	脚注 (j) 参照

(a) 単位バールとその記号は第9回CGPMの決議7(1948; CR, 70)に示されている. 1982年以降, 1バールは, すべての熱力学量を記載する際の基準圧力とされている. 1982より前は, 基準圧力は基準大気圧である1.013 25 バールまたは101 325 Paであった.

(b) いくつかの国では, 水銀柱ミリメートルの単位を血圧を測る際の法定単位としている.

(c) 単位オングストロームはX線結晶学や構造化学の分野で広く使用されている. すべての化学結合の長さが1ないし3オングストロームの範囲に入るからである. しかし国際度量衡委員会も国際度量衡総会もこの単位の使用を公式には認めていない.

(d) 海里は, 航海および航空における距離を表すのに使用される特別な単位である. 協約値として用いられる値は「国際海里」の名称のもとに, 1929年モナコでの第1回水路学臨時大会で採用された. しかしいまだに国際的に承認された記号はなく, M, NM, Nm, nmiなどが使用されている. この表ではMを用いた. この値は, 地球中心からみた角度1分に対応する地球表面の距離に相当するので, 緯度・経度を度・分の単位で測る際に便利であるという理由で採用され, 使われている.

(e) バーンは核物理学で断面積を表す単位として使われている.

(f) ノットは1時間に1海里進む速さである. 国際的に合意された記号はないが, knがよく使われる.

(g) $L_A = n$ Np とは, 正弦波信号の振幅を A_1, A_2 としたとき $\ln(A_2/A_1) = n$ であることを意味する. したがって, $L_A = 1$ Np のとき $A_2/A_1 = e$ である. L_A はネーパによる振幅比の対数 (neperian logarithmic amplitude ratio) またはネーパによる振幅レベル差 (neperian amplitude level difference) とよばれる.

(h) $L_X = m$ dB = $(m/10)$B とは X を平均2乗信号あるいはパワーに対応する量としたとき, $\lg(X/X_0) = m/10$ であることを意味する. したがって, $L_X = 1$ B のとき $X/X_0 = 10$, $L_X = 1$ dB のとき $X/X_0 = 10^{1/10}$ である. L_X は X_0 を基準とするパワーレベルとよばれる.

(i) これらの単位を使用するときは, 量の内容および基準とする値を特定しなければならない. これらはSI単位ではないが, 国際度量衡委員会によりSIと併用することが認められている.

(j) ネーパ, ベル, デシベルのSI単位による数値, またベル, デシベルとネーパの関係式は通常, 必要とされない. これらはどのように対数量を定義するかに依存する.

Table A-2-1-9 　国際単位系に属さない単位で, CGS単位系およびCGSガウス単位系に属するもの

量	単位の名称	単位記号	SI単位による値
エネルギー	エルグ[a]	erg	1 erg = 10^{-7} J
力	ダイン[a]	dyn	1 dyn = 10^{-5} N
粘度	ポアズ[a]	P	1 P = 1 dyn s cm^{-2} = 0.1 Pa s
動粘度	ストークス	St	1 St = 1 cm^2 s^{-1} = 10^{-4} m^2 s^{-1}
輝度	スチルブ[a]	sb	1 sb = 1 cd cm^{-2} = 10^4 cd m^{-2}
照度	フォト	ph	1 ph = 1 cd sr cm^{-2} = 10^4 lx
加速度	ガル[b]	Gal	1 Gal = 1 cm s^{-2} = 10^{-2} m s^{-2}
磁束	マクスウエル[c]	Mx	1 Mx = 1 G cm^2 = 10^{-8} Wb
磁束密度	ガウス[c]	G	1 G = 1 Mx cm^{-2} = 10^{-4} T
磁界の強さ	エルステッド[c]	Oe	1 Oe ≙ ($10^3/4\pi$) A m^{-1}

(a) この単位および記号は第9回CGPMの決議7 (1948; 報告70)に示されている.

(b) ガルは測地学および地球物理学で重力加速度を表すための加速度の特別な単位である.

(c) これらの単位は有理化されていない関係式に基礎を置いたいわゆる3元CGS電磁単位系の一部である. したがって4元4量の有理化された電磁気学の方程式に基礎をおいたSI単位に対応させるときは注意する必要がある. 磁束 Φ および磁束密度 B はCGSとSIで同様な式で定義されているので, 表のように対応するSIの数値を示すことができる. しかし, 磁場の場合は H(非有理化) = $4\pi \times H$(有理化)であるので, H(非有理化) = 1 Oe は H(有理化) = ($10^3/4\pi$) A m^{-1} に対応するという意味で, 表中に記号 ≙ が使われている.

その単位で表された量の数値 (numerical value) を表す. 量の数値はどの単位を選ぶかで決まる. したがって, ある特定の量を考えた場合, その値は単位に依存しないが, その数値は単位に依存して変化する.

量記号は一般にイタリック体(斜体)の単独の活字で表されるが, 下付きまたは上付きの添字, または括弧内に示す付随情報を伴って表されることもある. たとえば, C は熱容量に対して推奨される記号であり, C_m はモル熱容量, $C_{m,p}$ は定圧モル熱容量, $C_{m,V}$ は定積モル熱容量を表す.

さまざまな量に対して推奨される名称と記号はたとえば, ISO Standard 31 *Quantities and Units*, IUPAP SUNAMCO Red Book *Symbols, Units and Nomenclature in Physics*, およびIUPAC Green Book *Quantities, Units and Symbols in Physical Chemistry* などの規格や参考書に記載されている. しかし, 異なる量に対して同一の記号を用いるとかえって混乱するような場合は, 独自に選んだ別の記号を用いてもよいが, このような場合は, 新たに選んだ記号の意味を明確に定義することが必要である.

単位記号は数式の一部である. 数値と単位との積として量の値を表現する場合, 数値と単位は共に通常の代数演算の規則に従う. この記述方法のことを量の四則演算 (quantity calculus) または量の代数方程式 (algebra of quantities) と呼ぶ. たとえば, $T = 293$ K という式は $T/K = 293$ とも書ける. 表中の見出し欄(先頭行)をこのように量と単位との比で表せば, 表の内容を単位のない数値だけで表すことができる. たとえば, 温度 T に対する蒸気圧 p, および温度 T の逆数に対する蒸

気圧 p の自然対数の表を作成する場合，下の表の書式を用いることができる．

同様に図の軸については，その値が単位を伴わない単なる数となるように，それぞれの軸を下図のように命名するとよい．

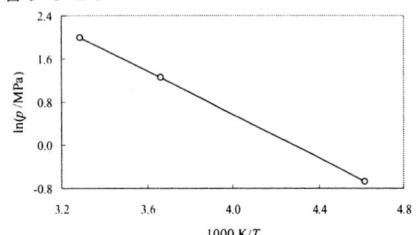

この例において，$10^3\,\mathrm{K}/T$ の代わりに代数として等価な kK/T または $10^3(T/\mathrm{K})^{-1}$ を用いてもよい．

T/K	$10^3\,\mathrm{K}/T$	p/MPa	$\ln(p/\mathrm{MPa})$
216.55	4.6179	0.5180	-0.6578
273.15	3.6610	3.4853	1.2486
304.19	3.2874	7.3815	1.9990

2.1.6 測定の不確かさに関する表現方法

ある量の推定値に割り当てられる不確かさは「計測における不確かさの表現のガイド」(Guide to the Expression of Uncertainty in Measurement, ISO, 1995) にしたがって評価し，表現する．ある量 x に付随する標準不確かさ（たとえば，包含係数 $k=1$ の推定標準偏差など）は記号 $u(x)$ で表される．下記の例は不確かさを表す便利な方法である．

$$m_n = 1.674\ 927\ 28(29) \times 10^{-27}\,\mathrm{kg}$$

ここで，m_n は量記号（この場合，中性子の質量）であり，括弧内の数は m_n の推定値の合成標準不確かさを推定値の最後の2桁で表したときの値である．この場合，$u(m_n) = 0.000\ 000\ 29 \times 10^{-27}\,\mathrm{kg}$ である．包含係数 k が1と異なる場合には，k の値を明示しなければならない．

2.1.7 無次元量の値の記述方法

平面角という量に対しては，その単位の名称である数字の1には記号 rad で表される特別な名称ラジアン(radian) が，立体角という量に対しては，その単位の名称である数字の1には記号 sr で表される特別な名称ステラジアン(steradian) が与えられている．対数を表す量に関しては，記号 Np で表される特別な名称ネーパ(neper)，記号 B で表されるベル(bel)，および記号 dB で表されるデシベル(decibel) が与えられている．

SI 接頭語を単位記号の1あるいは単位の名称である数字の1に付けることはできないので，非常に大きなまたは小さな無次元量を表す場合には，10のべき乗を用いて表す．

数学的記述において，国際的に認められている記号である%（パーセント）は数字の0.01を表す．したがって，%は無次元量を表すのに用いられる．数字と記号%の間には空白を挿入する．したがって，無次元量の値を表す場合には，名称であるパーセント(percent) ではなく記号である%を用いなければならない．

文章において%という記号は百分率の意味でよく用いられる．しかし，単位として質量パーセント(percentage by mass)，体積パーセント(percentage by volume)，または物質量パーセント(percentage by amount of substance) という慣用句を用いてはならない．

無次元の分率（たとえば，質量分率，体積分率，相対不確かさなど）の値を表す場合には，二つの同じ種類の単位の比を用いると便利である（例：$x = 2.5 \times 10^{-3} = 2.5\,\mathrm{mmol/mol}$）．

相対値の 10^{-6} や 10^6 分の1，または百万分の一を表す用語である ppm も，百分率を表すパーセントと同じような意味でしばしば用いられる．10億分率(parts per billion) や1兆分率(perts per trillion)，およびそれらの省略形である ppb や ppt などの用語もしばしば用いられるが，それらの意味は言語に依存する．したがって，ppb や ppt などの使用はできるだけ避けるべきである．米国においては，billion は 10^9 を，trillion は 10^{12} を表すのが一般的であるが，英国においては billion は 10^{12}，trillion は 10^{18} として解釈されることもある．

一般に，%や ppm などの用語を用いる場合には，値を記述しようとする無次元量が何なのかを明確にすることが必要である．

2.2 物性値の定義 (Definition of Thermophysical Properties)

圧縮率 (compressibility) K

温度一定のもとで物体に作用する圧力を δP だけ変化させたときに，体積 V が変化する割合を $\delta V/V$ としたときの $K = -(1/V)(\delta V/\delta P)_T$ で定められる K の値をいう．等温圧縮率ともいう．

エンタルピー (enthalpy) H

熱力学的な状態量の一つで，エルタルピー $H = U + pV$ によって定義される．ここに，U は内部エネルギーで，外部から加えられる熱量 Q と外部になす仕事 W を用いて熱力学の第1法則 $dU = \delta Q - \delta W$ によって定義される状態量，d は全微分，δ は微小変化量を示す．p は圧力，V は体積である．

エントロピー (entropy) S

熱力学的な立場からエントロピー S は，外部から系に加えられる熱量 δQ の全微分形式 $dS = \delta Q/T$ として定義される状態量である．ここに，T は熱力学温度である．また，統計力学的な立場からは，エネルギー，体積，粒子数などが与えられた系での可能なミクロな状態の数を W とすると，エントロピー S は $S = k \log W$ で表される．k はボルツマン定数である．

音速 (sound velocity) v

音波（広義には弾性波）が媒質中を単位時間に伝わる距離をいい，音速度ともいう．

温度伝導率 (thermal diffusivity) → 熱拡散率

界面張力 (interfacial tension) → 表面張力

拡散係数 (diffusion coefficient) D_i

フィックの拡散法則によって定義される．すなわち，等温系で x 方向の成分 i の濃度 C_i のこう配があるとき，単位面積，単位時間あたりの拡散量 J_i は濃度こう配に比例し，$J_i = -D_i(dC_i/dx)$ で与えられ，この比例係数 D_i を拡散係数といい，拡散の速さを規定する．

気化熱 (heat of vaporization) → 蒸発熱

凝固点 (freezing point)

一定の圧力のもとで液相状態にある物質が固相と平衡を保つときの温度をいう．一般に，融点と一致する．

屈折率 (refractive index) n

真空中の光速度 c と媒質中の光速度（位相速度）v との比 c/v をいう．光が屈折率 n_a の媒質 a から屈折率 n_b の媒質 b との境界面に入射して屈折するとき，入射角 θ_1 と屈折角 θ_2 との間には $\sin\theta_1/\sin\theta_2 = n_b/n_a = n_{ab}$（スネルの法則）が成り立つ．この n_{ab} を媒質 b の媒質 a に対する相対屈折率といい，これと区別するために，n_a, n_b を絶対屈折率と呼ぶこともある．

屈折率は光の波長によって異なる．

三重点 (triple point)

1成分系の物質が気相，液相，固相の3相に分かれて同時に存在し熱平衡にある状態のそのときの温度および圧力は，物質によって決まる一定の値をとる．この状態は温度－圧力の状態図上の1点で示され，この点を三重点という．水の三重点は熱力学温度の定義定点となっている．

蒸気圧 (vapor pressure)

気相と液相または固相が共存しているとき，気相（蒸気相）が示す圧力を蒸気圧という．蒸気張力ともいう．共存している2相が熱平衡にあるときには気相は特に飽和蒸気と呼ばれ，そのときの圧力を飽和蒸気圧という．

蒸気圧が飽和蒸気圧と同じ意味に用いられることが多い．

蒸発熱 (heat of vaporization)

与えられた温度のもとで液相と気相（蒸気相）が平衡にあるとき，液体が蒸気に変わるために要する熱量を蒸発熱または気化熱という．蒸気が液体に変化するときに放出される熱量（凝縮熱）に等しい．

潜熱 (latent teat) l

等温，等圧下で物質の状態をある状態（たとえば液相）から他の状態（たとえば気相）へ1次相転移によって変えるときに費やされる，あるいは得られる熱をいう．

定圧比熱容量 (specific heat capacity at constant pressure) c_p → 比熱容量

定容 (積) 比熱容量 (specific heat capacity at constant volume) c_v → 比熱容量

導電率 (electric conductivity) κ

液体および固体中の任意の点における電流密度 J と電場の強さ E の関係は多くの場合 $J = \kappa E$ によって表され，この比例係数 κ を導電率または電気伝導率という．電気抵抗の逆数を指すこともある．

動粘性率(kinematic viscosity) ν
粘性率をその条件における密度で除した値で，動粘度，動粘性係数ともいう．

熱拡散率(thermal diffusivity) a
物質の定圧比熱容量を c_p，密度を ρ，熱伝導率を λ としたときの $a=\lambda/c_p\rho$ で関係づけられる a の値をいう．温度伝導率ともいう．

熱伝達率(coefficient of heat transfer) h
伝熱特性を表す変数の一つで，単位面積・単位時間当りに移動する熱量 q（これを熱流束という）と，熱移動に関与する温度差 ΔT の関係は $q=h\Delta T$ によって表され，この比例係数 h の値をいう．

熱伝導率(thermal conductivity) λ
物体中に単位の温度こう配があるとき，単位時間中に単位断面積を通って流れる熱エネルギーをいう．また，フーリエの熱伝導の法則により，熱流束が温度こう配に比例するとしたときの，その比例係数をいう．

熱膨張率(coefficient of thermal expansion) α, β
→膨張率

熱容量(heat capacity) C
物体の温度を化学変化や相変化なしに単位温度上げるのに要する熱量をいう．

粘性率(viscosity) η
ニュートンの粘性法則によって定義される．流体の速度が流れと垂直な方向に変化している，いいかえれば速度こう配 D があるときに，流体の粘性によって流れの方向の速度差をなくすような速度こう配（ずり速度ともいう）に比例するずり応力 τ が生ずる．この $\tau=\eta D$ で表される比例係数 η を粘性率，または粘度，粘性係数ともいう．

比熱容量(specific heat capacity) c
単位質量の物質の温度を単位温度だけ上昇させるのに要する熱量をいう．圧力を一定にして求めた比熱を定圧（または等圧）比熱容量，体積を一定にして求めた比熱を定容（または定積，等容）比熱容量という．

比熱容量比(specific heat capacity ratio) γ
比熱比(specific heat ratio)ともいう．定圧比熱容量 c_p と定容比熱容量 c_v の比，$\gamma=c_p/c_v$ をいう．

表面張力(surface tension) σ
表面張力は液体の自由表面，すなわち液相-気相の境界面に働く力であり，その大きさは液体の表面に平行に液面上の単位長さの線に直角に作用する力として表される．また，その値は液面の単位面積当りの表面エネルギーに等しい．一方，液-液，固-気，固-液，固-固など2相の境界面でも同様の張力が作用し，これらを一般に界面張力(interfacial tension)という．

沸点(boiling point)
一定（一般には大気圧）の圧力のもとで液体が沸騰する，すなわち液体内部からも気化が行われる温度をいう．熱力学的には，その一定の圧力のもとにある飽和蒸気とその液相とが平衡に共存しているときの温度をいい，沸騰点ともいう．

プラントル数(Prandtl number) P_r
流体のある条件下における粘性率を η，定圧比熱を c_p，熱伝導率を λ，密度を ρ，動粘性率を ν，温度伝導率を a としたときの $P_r=\nu/a=\eta c_p/\lambda$ で関係づけられる P_r の値をいう．レイノルズ数などと同様な無次元数である．

放射率(emissivity) ε
物体の熱放射の放射発散度 M と同じ温度にある黒体の熱放射の放射発散度 M_0 との比 $\varepsilon=M/M_0$ をいう．また，波長をパラメータとした放射率を分光放射率，全波長範囲の放射で定義したものを全放射率という．

膨張率(expansion coefficient) α, β
ふく射率ともいう．圧力一定のもとで物体が熱膨張するとき，単位温度変化あたりの長さまたは体積の変化率を意味する．物体の長さを l，体積を V，温度を T とすれば，$\alpha=(1/l)(dl/dT)$ を線膨張率（または線膨張係数），$\beta=(1/V)(dV/dT)$ を体膨張率（または体膨張係数）という．

飽和蒸気圧(saturated vapor pressure) →蒸気圧

密度(density) ρ
通常は単位体積あたりの質量をいう．広義にはある量が空間，面または線上に分布されているとき，その微小部分に含まれる量の体積・面積・長さに対する比をいい，それぞれ体積密度，面密度，線密度と名付けて区別する．各種の物理量，たとえば質量のほか電荷，電流，磁力線などの電気量の分布の度合を表すために用いられる．

融解熱(heat of fusion) L
固相から液相への相転移の潜熱をいう．T を融点とすれば，熱力学の第2法則により融解熱は融解に伴

うエントロピーの増加 $\Delta S = S_L - S_s$ (S_L, S_s はそれぞれ液相と固相のエントロピー) と $L = T\Delta S$ の関係で示される.

融点 (melting point)

一定圧力 (一般には大気圧) のもとで固相状態にある物質が液相と平衡を保つときの温度をいう. 融解点ともいい, また, 凝固点とも一致する.

誘電率 (dielectric constant) ε

電場 E と電束密度 D との線形関係を表す物性定数で, すなわち $D = \varepsilon E$ を与える ε を誘電率, または誘電定数という. 真空の誘電率 ε_0 との比を比誘電率といい, 通常はこの値を意味する.

溶解度 (solubility)

一般にある物質 (溶質) が他の物質 (溶媒) に溶解する限度をいい, 飽和溶液中における溶質の濃度で表される.

臨界圧力 (critical pressure), **臨界温度** (critical temperature), **臨界密度** (critical density)

蒸気を等温的に圧縮すると圧力が次第に増加し, 飽和蒸気圧に達すると液化しはじめる. しかしながら, 温度がある限界より高くなるとどんなに圧縮しても液化しなくなる. この限界となる物質の状態を臨界状態といい, このときの温度, 圧力, および密度をそれぞれ臨界温度, 臨界圧力, および臨界密度という.

2.3 単位の換算 (Conversion Factors for Units)

(a) 各量の単位の換算関係を表で示す. 各表中の左側の欄 (太線枠内) は, SI単位および同単位への換算係数値を表す. 単位の換算は欄中のある行に示された数値に, 上欄の単位を乗ずることによって求められる.

［圧力］の表で, 上から1および4行目を例にとると,
1 Pa = 1×10^{-5} bar = 1.0197×10^{-5} kgf/cm^2 = …,
1 atm = 1.01325×10^5 Pa = 760.0 mmHg = ……,

［長さ］

m	cm	in	ft	yd
1	100.0	39.37	3.281	1.0936
0.01	1	0.3937	0.03281	0.010936
0.0254	2.540	1	0.0833	0.027778
0.3048	30.48	12.00	1	0.33333
0.9144	91.44	36.00	3.000	1

「備考」
1 in (インチ) = 2.54 cm, 1 ft (フート) = 12 in
1 yd (ヤード) = 3 ft, 1 mile (マイル) = 5280 ft
1 l.y (光年) = 電磁波が自由空間を1年に通過する長さ.
= 9.46053×10^{15} m
1 mil (ミル) = 1×10^{-3} in = 25.4 μm
1 尺 = 10/33 m ≒ 30.30 cm, 1 間 = 6 尺 = 60/33 m

［面積］

m^2	cm^2	in^2	ft^2	yd^2
1	1×10^4	1550	10.76	1.19596
1×10^{-4}	1	0.1550	0.001076	1.19596×10^{-4}
0.0006452	6.4516	1	0.006944	7.71617×10^{-4}
0.09290	929.0	144.0	1	0.111109
0.836127	8361.3	1296.0	9.0000	1

「備考」
1 acre (エーカー) = 4840 yd^2 (平方ヤード)
= 4046.86 m^2
1 mile^2 (平方マイル) = 2.58999 km^2
1 坪 (または歩) = 400/121 m^2 ≒ 3.306 m^2
1 反 = 300 歩 ≒ 991.7 m^2

［体積］

m^3	cm^3	in^3	ft^3
1	1×10^6	61023	35.31
1×10^{-6}	1	0.061023	3.531×10^{-5}
1.639×10^{-5}	16.39	1	5.787×10^{-4}
0.02832	28320	1728	1

［容積］

m^3	L	gal(UK)	gal(US)
1	1000	220.0	264.2
0.001	1	0.2200	0.2642
0.004546	4.546	1	1.201
0.003785	3.785	0.8327	1

「備考」 1 gal (ガロン) = 3.78543 dm^3 (計量法による定義)
1 gal(UK) (英ガロン) = 277.420 in^3 ≒ 4.54609 dm^3
1 pt (英パイント) = (1/8)gal(UK) ≒ 0.568262 dm^3
1 fl oz(UK) (英液用オンス) = (1/160)gal(UK)
≒ 28.4131 cm^3
1 gal(US) (米ガロン) = 231 in^3 ≒ 3.78541 dm^3
1 liq pt(US) (米液用パイント) = (1/8)gal(US)
≒ 0.473176 dm^3
1 fl oz(US) (米液用オンス) = (1/128)gal(US)
≒ 29.5735 cm^3
1 barrel(US) (米バレル) = 9702 in^3 ≒ 158.987 dm^3

［時間］

s	min	h	d*
1	1/60	1/3600	1/86400
60	1	1/60	1/1440
3600	60	1	1/24
86400	1440	24	1

「備考」 *日, なお, 年の単位記号は, aまたはy.

(b) 取り扱われている単位の名称，記号および換算の一部については，A.2 の 2.1 の Table A-2-1-7 を参照．

(c) 各量の「備考」に示す換算関係のうち，＝で示したものは正確に定義されている換算関係（A.2 の 2.1 の Table A-2-1-8，Table A-2-1-9 を参照）を意味する．また（ ）内は単位の名称を表す．

[角度]

rad	°（度）	′（分）	″（秒）
1	57.2958	3437.75	206265
0.0174533	1	60	3600
2.90888×10⁻⁴	0.0166667	1	60
4.84814×10⁻⁶	2.77778×10⁻⁴	0.0166667	1

[角速度]

rad/s	°/s	rpm
1	57.30	9.549
0.01745	1	0.1667
0.1047	6	1

°：度

[質量]

kg	g	oz	lb	ton(US)
1	1000	35.274	2.2046	1.1023×10⁻³
0.001	1	0.035274	0.0022046	1.1023×10⁻⁶
0.02835	28.350	1	0.062500	3.1250×10⁻⁵
0.45359	453.59	16.00	1	5×10⁻⁴
907.19	907185	32000	2000	1

「備考」 1 oz（オンス）＝（1/16）lb（ポンド），1 ton(US)（米トン）＝2000 lb，1 ton(UK)（英トン）＝1.12 ton(US)，1 gr（グレーン）＝（1/7000）lb

[力]

N	dyn	kgf	lbf*	pdl
1	1×10⁵	0.101972	0.2248	7.233
1×10⁻⁵	1	1.01972×10⁻⁶	2.248×10⁻⁶	7.233×10⁻⁵
9.80665	9.80665×10⁵	1	2.205	70.93
4.44822	4.44822×10⁵	0.4536	1	32.17
0.138255	1.38255×10⁴	0.014098	0.03108	1

[圧力]

Pa	bar	kgf/cm²	atm	mmH₂O	mmHg	lbf/in²
1	1×10⁻⁵	1.0197×10⁻⁵	0.9869×10⁻⁵	0.101972	7.5006×10⁻³	1.450×10⁻⁴
1×10⁵	1	1.0197	0.9869	1.01972×10⁴	750.062	14.50
0.980665×10⁵	0.980665	1	0.9678	1×10⁴	735.559	14.22
1.01325×10⁵	1.01325	1.0332	1	1.03323×10⁴	760.0	14.70
9.80665	9.80665×10⁻⁵	1×10⁻⁴	9.678×10⁻⁵	1	0.00735559	1.422×10⁻³
133.322	1.33322×10⁻³	1.3595×10⁻³	0.0013158	13.5951	1	1.934×10⁻²
6.8948×10³	0.068948	0.07031	0.06805	703.070	51.7149	1

「備考」1 Pa＝1 N/m²（ニュートン毎平方メートル）＝10 dyn/cm²，1 kgf/cm²＝1 at（工学気圧），1 mmHg＝1 Torr，1 lbf/in²＝1 psi

[応力]

Pa	N/mm²	kgf/mm²	lbf/ft²
1	1×10⁻⁶	1.0197×10⁻⁷	0.02089
1×10⁶	1	0.101972	2.089×10⁴
0.980665×10⁷	9.80665	1	2.048×10⁵
47.86	4.786×10⁻⁵	4.882×10⁻⁶	1

[速度]

m/s	km/h	kn	ft/s	mile/h
1	3.600	1.944	3.2808	2.2369
0.2778	1	0.5400	0.91134	0.62137
0.51444	1.852	1	1.688	1.151
0.3048	1.0973	0.5925	1	0.68182
0.44704	1.6093	0.8690	1.4667	1

「備考」 1 kn（ノット）＝1 n mile/h（海里毎時）
　　　　　　　　　　　　　　　　　　　　＝ 1852 m/h
1 yd/s（ヤード毎秒）＝ 0.9144 m/s
1 mile/h（マイル毎時）＝ 1760 yd/h（ヤード毎時）

[密度]

kg/m³	g/cm³	lb/in³	lb/ft³
1	0.001	3.613×10⁻⁵	0.062428
1000	1	0.03613	62.428
27680	27.68	1	1728
16.02	0.01602	5.787×10⁻⁴	1

[比体積（比容積）]

m³/kg	cm³/g	ft³/lb
1	1000	16.02
0.001	1	0.1602
0.06243	62.43	1

「備考」
* 重量ポンド，
1 pdl（パウンダル）＝ 1 ft・lb/s²

「備考」
1 Pa＝1 N/m²
1 N/mm²＝1 MPa

2.3 単位の換算

[表面張力]

N/m	dyn/cm	kgf/m	lbf/in
1	1000	0.10197	5.7102×10^{-3}
0.001	1	1.0197×10^{-4}	5.7102×10^{-6}
9.80665	9806.65	1	5.5997×10^{-2}
175.127	1.7513×10^5	17.858	1

[温度]

$t\,°C = (t + 273.15)\,K$
$t\,°F = (5/9)(t - 32)\,°C$
$t\,°R = (t - 459.67)\,°F = (5/9)\,t\,K$
ここに K(熱力学温度), ℃(セルシウス度),
　　　°F(カ氏度), °R(ランキン度)
左辺の単位で示される温度の数値 t を右辺に
代入すると, 右辺の単位の温度に換算できる.

「備考」 換算の概略値については, 14頁の温度
　　　換算スケール参照.

「備考」
　1 Pa·s (パスカル秒) = 1 N·s/m²
　　　　　　　　　　(ニュートン秒毎平方メートル)
　* はCGS単位で, 1 P (ポアズ)
　　= 1 dyn·s/cm² (ダイン秒毎平方センチメートル)
　1 cP (センチポアズ) = 1 mPa·s (ミリパスカル秒)

[粘性率(粘度)]

Pa·s	P*	cP	kgf·s/m²	lbf·s/in²
1	10	1000	0.101973	1.449×10^{-4}
0.1	1	100	0.0101973	1.449×10^{-5}
0.001	0.01	1	1.0197×10^{-4}	1.449×10^{-7}
9.80665	98.0665	9806.65	1	0.001422
6.9×10^3	6.9×10^4	6.9×10^6	703.0	1

[動粘性率(動粘度), 温度伝導率, 拡散係数]

m²/s	cm²/s(St*)	m²/h	ft²/s	ft²/h
1	1×10^4	3600	10.764	3.8750×10^4
1×10^{-4}	1	0.3600	1.0764×10^{-3}	3.8750
2.7778×10^{-4}	2.7778	1	2.9900×10^{-3}	10.764
9.2903×10^{-2}	929.03	334.45	1	3600
2.5806×10^{-5}	0.25806	0.092903	2.7778×10^{-4}	1

[熱容量, エントロピー]

kJ/K	kcal$_{IT}$/k	Btu$_{IT}$/°F
1	0.238846	0.526565
4.18680	1	2.204623
1.89910	0.453592	1

「備考」・ CGS単位で, 1 St (ストークス) = 10^2 cSt (センチストークス),
　　　　SIの単位との関係: 1 mm²/s (平方ミリメートル毎秒) = 1 cSt

[仕事, エネルギー, 熱量†]

J	erg	cal$_{th}$	Btu$_{th}$	kgf·m
1	1×10^7	0.239006	9.48452×10^{-4}	0.101972
1×10^{-7}	1	2.39006×10^{-8}	9.48452×10^{-10}	1.01972×10^{-8}
4.18400	4.18400×10^7	1	3.96832×10^{-3}	0.426649
1054.35	1.05435×10^{10}	251.996	1	107.541
9.80665	9.80665×10^7	2.34385	9.30114×10^{-3}	1

J	cal$_{IT}$	Btu$_{IT}$	kWh	HPh
1	0.238846	9.47817×10^{-4}	2.77778×10^{-7}	3.72506×10^{-7}
4.18680	1	3.96832×10^{-3}	1.16300×10^{-6}	1.55961×10^{-6}
1055.06	251.996	1	2.93071×10^{-4}	3.93014×10^{-4}
3.60000×10^6	8.59845×10^5	3412.14	1	1.34102
2.68452×10^6	6.41187×10^5	2544.43	0.745700	1

「備考」　1 J (ジュール) = 1 N·m (ニュートンメートル) = 1 W·s (ワット秒),
　　　　1 cal$_{IT}$ (国際蒸気表カロリー, または I.T.カロリー) = 4.1868 J
†: 表以外の熱量の単位に cal$_{15}$ (15度カロリー), cal (カロリー), cal$_t$ (t度カロリー) がある.
　1 cal$_{15}$ = 4.185 5 J,　1 cal = 4.186 05 J (温度を指定しないとき)
　1 cal$_t$: 圧力 101 325 Pa の下で 10^{-3} kg の水の温度を(t-0.5)℃から(t+0.5)℃
　まで上げるのに要する熱量. 10^6 cal$_{15}$ をサーミーともいう.

[動力(仕事率, 出力)]

W	kgf·m/s	lbf·ft/s	hp	PS
1	0.101972	0.737562	0.0013410	0.0013596
9.80665	1	7.23301	0.0131509	0.0133333
1.35582	0.138255	1	0.0018182	0.0018434
745.700	76.0402	550.000	1	1.01387
735.499	75.0000	542.476	0.98632	1

「備考」
　1 PS (仏馬力) = 75 kgf·m/s
　1 hp* (英馬力) = 550 lbf·ft/s
　(* または単位の記号として, HP, IP)
　1 erg/s = 0.1 μW

A.2 物性値の定義と単位

[比熱, 比エントロピー]

kJ/(kg·K)	cal$_{th}$/(g·℃)	cal$_{IT}$/(g·℃)	Btu$_{th}$/(lb·°F)	Btu$_{IT}$/(lb·°F)
1	0.239006	0.238846	0.239006	0.238846
4.18400	1	0.999331	1.00000	0.999331
4.18680	1.00067	1	1.00067	1.00000
4.18400	1.00000	0.999331	1	0.999331
4.18680	1.00067	1.00000	1.00067	1

[比エネルギー（比エンタルピー）, 潜熱]

kJ/kg	cal$_{th}$/g	cal$_{IT}$/g	Btu$_{th}$/lb	Btu$_{IT}$/lb
1	0.239006	0.238846	0.430210	0.429923
4.18400	1	0.999331	1.80000	1.79880
4.18680	1.00067	1	1.80120	1.80000
2.32444	0.555556	0.555184	1	0.999331
2.32600	0.555927	0.555556	1.00067	1

[熱伝導率]

W/(m·K)	cal$_{th}$/(cm·s·℃)	kcal$_{IT}$/(m·h·℃)	Btu$_{IT}$/(ft·h·°F)
1	0.0023901	0.85985	0.577789
418.400	1	359.759	241.747
1.16300	0.0027796	1	0.671969
1.73074	0.0041366	1.48816	1

[熱伝達率, 熱通過率（熱貫流率）]

W/(m²·K)	cal$_{th}$/(cm²·s·℃)	kcal$_{IT}$/(m²·h·℃)	Btu$_{IT}$/(ft²·h·°F)
1	2.39006×10⁻⁵	0.85985	0.17611
41840	1	3.5976×10⁴	7368.43
1.16300	2.77964×10⁻⁵	1	0.204816
5.67826	1.35714×10⁻⁴	4.88243	1

[熱流束, 熱流密度]

W/m²	cal$_{th}$/(cm²·s)	kcal$_{IT}$/(m²·h)	Btu$_{IT}$/(ft²·h)
1	2.3901×10⁻⁵	0.85985	0.31700
41840	1	35976	13263
1.16300	2.7796×10⁻⁵	1	0.36867
3.15459	7.5397×10⁻⁵	2.7125	1

[質量流量]

kg/s	kg/h	lb/s	lb/h
1	3.600×10³	2.20462	7.93664×10³
2.77778×10⁻⁴	1	6.12395×10⁻⁴	2.20462
4.53592×10⁻¹	1.63293×10³	1	3.600×10³
1.25998×10⁻⁴	4.53592×10⁻¹	2.77778×10⁻⁴	1

[流量]

m³/s	L/s	m³/h	ft³/s
1	1000	3600	35.3147
1×10⁻³	1	3.600	0.0353147
2.77778×10⁻⁴	0.277778	1	9.80963×10⁻³
2.83168×10⁻²	28.3168	1.01941×10²	1

[温度換算スケール]

ケルビン (K)	セルシウス度 (℃)	カ氏度 (°F)	
380	110	230	
370	100	212	水の沸点
360	90	194	
350	80	176	
340	70	158	
330	60	140	
320	50	122	
310	40	104	
300	30	86	
290	20	68	
280	10	50	
270	0	32	氷点
260	-10	14	
250	-20	-4	
240	-30	-22	
230	-40	-40	
220	-50	-58	
210	-60	-76	
200	-70	-94	
190	-80	-112	
180	-90	-130	
170	-100	-148	
160	-110	-166	
150	-120	-184	
140	-130	-200	
130	-140	-220	
120	-150	-238	
110	-160	-256	
100	-170	-274	
90	-180	-292	
80	-190	-310	
70	-200	-328	
60	-210	-346	
50	-220	-364	
40	-230	-382	
30	-240	-400	
20	-250	-418	
10	-260	-436	
0	-270	-454	
絶対零度	-273.16	-459.69	

B編　基本的物質の熱物性

B.1　元素（Elements）

1.1　周期律表（Periodic Table）(1987) Ar(^{12}C)=12

凡例：
原子番号→ 1
元素記号→ H
原子量数→ 1.008
元素名→ 水素

（太字の元素記号は非金属；基本物性「表を参照」）

族 周期	1A	2A	3A	4A	5A	6A	7A	8			1B	2B	3B	4B	5B	6B	7B	0
1	1 **H** 1.008 水素																	2 **He** 4.003 ヘリウム
2	3 Li 6.941 リチウム	4 Be 9.012 ベリリウム											5 **B** 10.81 ホウ素	6 **C** 12.01 炭素	7 **N** 14.0 窒素	8 **O** 16.00 酸素	9 **F** (19.00) フッ素	10 **Ne** 20.18 ネオン
3	11 Na 22.99 ナトリウム	12 Mg 24.31 マグネシウム											13 Al 26.98 アルミニウム	14 **Si** 28.09 ケイ素	15 **P** 30.95 リン	16 **S** 32.07 硫黄	17 **Cl** 35.45 塩素	18 **Ar** 39.95 アルゴン
4	19 K 39.10 カリウム	20 Ca 40.08 カルシウム	21 Sc 44.96 スカンジウム	22 Ti 47.87 チタン	23 V 50.94 バナジウム	24 Cr 52.00 クロム	25 Mn 54.94 マンガン	26 Fe 55.85 鉄	27 Co 58.93 コバルト	28 Ni 58.69 ニッケル	29 Cu 63.55 銅	30 Zn 65.39 亜鉛	31 Ga 69.72 ガリウム	32 Ge 72.64 ゲルマニウム	33 As 74.92 ヒ素	34 **Se** 78.96 セレン	35 **Br** 79.90 臭素	36 **Kr** 83.80 クリプトン
5	37 Rb 85.47 ルビジウム	38 Sr 87.62 ストロンチウム	39 Y 88.91 イットリウム	40 Zr 91.22 ジルコニウム	41 Nb 92.91 ニオブ	42 Mo 95.94 モリブデン	43 Tc (a) テクネチウム	44 Ru 101.1 ルテニウム	45 Rh 102.9 ロジウム	46 Pd 106.4 パラジウム	47 Ag 107.9 銀	48 Cd 112.4 カドミウム	49 In 114.8 インジウム	50 Sn 118.7 スズ	51 Sb 121.8 アンチモン	52 **Te** 127.6 テルル	53 **I** 126.9 ヨウ素	54 **Xe** 131.3 キセノン
6	55 Cs 132.9 セシウム	56 Ba 137.3 バリウム	* 57 La 138.9 ランタン	72 Hf 178.5 ハフニウム	73 Ta 180.9 タンタル	74 W 183.9 タングステン	75 Re 186.2 レニウム	76 Os 190.2 オスミウム	77 Ir 192.2 イリジウム	78 Pt 195.1 白金	79 Au 197.0 金	80 Hg 200.6 水銀	81 Tl 204.4 タリウム	82 Pb 207.2 鉛	83 Bi 209.0 ビスマス	84 Po (a) ポロニウム	85 At (a) アスタチン	86 **Rn** (a) ラドン
7	87 Fr (a) フランシウム	88 Ra (a) ラジウム	** 89 Ac (a) アクチニウム															

* ランタノイド	58 Ce 140.1 セリウム	59 Pr 140.9 プラセオジム	60 Nd 142.4 ネオジム	61 Pm (145) プロメチウム	62 Sm 150.4 サマリウム	63 Eu 152.0 ユウロピウム	64 Gd 157.3 ガドリニウム	65 Tb 158.9 テルビウム	66 Dy 162.5 ジスプロシウム	67 Ho 164.9 ホルミウム	68 Er 167.3 エルビウム	69 Tm 168.9 ツリウム	70 Yb 173.0 イッテルビウム	71 Lu 175.0 ルテチウム
** アクチノイド	90 Th 232.0 トリウム	91 Pa 231.0 プロトアクチニウム	92 U 238.0 ウラン	93 Np (a) ネプツニウム	94 Pu (a) プルトニウム	95 Am (a) アメリシウム	96 Cm (a) キュリウム	97 Bk (a) バークリウム	98 Cf (a) カリホルニウム	99 Es (a) アインスタイニウム	100 Fm (a) フェルミウム	101 Md (a) メンデレビウム	102 No (a) ノーベリウム	103 Lr (a) ローレンシウム

(a)：地球上で特定の同位体組成を示さない元素

参考文献：J. Phys. Chem. Ref. Data. Vol. 30, No. 3, 2001

1.2 基本物性 (Physical Properties)

Table B-1-2-1 元素の基本物性 (Physical properties of elements)

原子番号	元素名	元素記号	原子量	融点 (K)	沸点 (K)	密度 (kg/m³)	定圧比熱 (kJ/(kg·K)) 298.2K	熱伝導率 (W/(m·K)) 298.2K	融解熱 (kJ/kg)	線膨張率 (1/K)×10⁻⁶
1	水素	H	1.00794(7)	13.9	20.1	0.0899	14.30*	0.1815(300K)	58	—
2	ヘリウム	He	4.002602(2)	0.8	—	0.179	5.79*	0.152(300K)	5.25	—
3	リチウム	Li	[6.941(2)]	453.65*	1623	534	3.582*	84.8	432	56
4	ベリリウム	Be	9.012182(3)	1563*	3243	1850	1.825*	201	—	15.0
5	ほう素	B	10.811(7)	2350*	2823	2370	1.047*	27.4	—	—
6	炭素	C	12.0107(8)	3643	—	2250	0.71*	119	—	6.97
7	窒素	N	14.0067(2)	63.25	77.35	1.25	1.039*	0.02598(300K)	26	—
8	酸素	O	15.9994(3)	54.75	90.15	1.42	0.918*	0.02674(300K)	14	—
9	ふっ素	F	18.9984032(5)	53.55	85.05	1.7	0.824*	0.0279(300K)	41	—
10	ネオン	Ne	20.1797(6)	24.45	27.15	0.9	1.095*	0.0493(300K)	16	—
11	ナトリウム	Na	22.989770(2)	371.01*	1156.05	971	1.228*	142	114	71
12	マグネシウム	Mg	24.3050(6)	923*	1363.15	1740	1.019*	156	378	27.1
13	アルミニウム	Al	26.981538(2)	933.61*	2743	2700	0.897*	237	397	23.7
14	けい素	Si	28.0855(3)	1690*	2633	2330	0.704*	168	1787	4.15
15	りん	P	30.953761(2)	317.30*	481.65	1820	0.769*	0.236†	20	—
16	いおう	S	32.065(5)	388.36*	717.7	2070	0.708*	0.27	—	180
17	塩素	Cl	35.453(2)	172.15	239.05	3.21	0.477	0.0089(300K)	90	—
18	アルゴン	Ar	39.948(1)	83.95	87.1	1.78	0.520*	0.01772(300K)	30	—
19	カリウム	K	39.0983(1)	336.86*	1047.15	862	0.757*	102.5	61	83
20	カルシウム	Ca	40.078(4)	1115*	1753	1550	0.642*	201※	230	—
21	スカンジウム	Sc	44.955910(8)	1813	3103	2990	—	15.8	—	—
22	チタン	Ti	47.867(1)	1944*	3573	4500	0.523*	21.9	388	8.4
23	バナジウム	V	50.9415(1)	2190*	3673	6110	0.489*	30.7	344	—
24	クロム	Cr	51.9961(6)	2130*	2943	7190	0.451*	93.9	281	—
25	マンガン	Mn	54.938049(9)	1519*	2233	7440	0.479*	7.81	266	21.6
26	鉄	Fe	55.845(2)	1809*	3023	7870	0.449*	80.4	278	13.8
27	コバルト	Co	58.933200(9)	1768*	3143	8900	0.421*	100	272	12.6
28	ニッケル	Ni	58.6934(2)	1728*	3003	8900	0.443*	90.9	300	15(⊥c)
29	銅	Cu	63.546(3)	1358*	2843	8960	0.379*	401	211	16.2
30	亜鉛	Zn	65.39(2)	693.73*	1180	7130	0.388*	116	100	53
31	ガリウム	Ga	69.723(1)	302.78	2673	5910	0.374	40.8	80	53
32	ゲルマニウム	Ge	72.64(1)	1221.4*	3103	5320	0.320*	60.2	478	7.7
33	ひ素	As	74.92160(2)	1090	890	5730	0.328	50.2†	—	43
34	セレン	Se	78.96(3)	490	957.9	4790	0.310	4.52	66	—
35	臭素	Br	79.904(1)	265.9*	332	3100	0.474*	0.122(300K)	66	—
36	クリプトン	Kr	83.80(1)	116.6	119.8	3.73	0.249*	0.00949(300K)	20	—
37	ルビジウム	Rb	85.4678(3)	312.47*	961	1530	0.363*	58.2	26	—
38	ストロンチウム	Sr	87.62(1)	1041*	1653	2540	0.306*	35.4※	105	—
39	イットリウム	Y	88.90585(2)	1793	3573	4470	—	34.9※	—	—

1.2 基本物性

Table B-1-2-1 元素の基本物性（Physical properties of elements）（つづき）

原子番号	元素名	元素記号	原子量	融点 (K)	沸点 (K)	密度 (kg/m³)	定圧比熱 (kJ/(kg·K)) 298.2K	熱伝導率 (W/(m·K)) 298.2K	融解熱 (kJ/kg)	線膨張率 (1/K) × 10⁻⁶
40	ジルコニウム	Zr	91.224(2)	2125*	4673	6510	0.276*	23.2#	55	5.83
41	ニオブ	Nb	92.90638(2)	2750*	4973	8560	0.266*	53.7	288	–
42	モリブデン	Mo	95.94(1)	2896*	4933	10220	0.249*	138	288	5.1
43	テクネチウム	Tc	a	2443	–	11500	–	50.6	–	–
44	ルテニウム	Ru	101.07(2)	2583	4173	12410	0.238	23.2	–	6.75
45	ロジウム	Rh	102.90550(2)	2243	3973	12410	0.243	150	–	9.6
46	パラジウム	Pd	106.42(1)	1823	3373	12020	0.243	71.8	157	10.6
47	銀	Ag	107.8682(2)	1235.08*	2483	10500	0.236*	429	105	–
48	カドミウム	Cd	112.411(8)	594.26*	1038	8650	0.231*	96.9	54	52.6
49	インジウム	In	114.818(3)	429.6	2353	7310	0.233	81.8	29	56
50	すず	Sn	118.710(7)	505.12*	2543	7280	0.228*	66.8	60	22.8
51	アンチモン	Sb	121.760(1)	903.7	2023	6690	0.208	25.5	164	–
52	テルル	Te	127.60(3)	722.5	1262.8	6240	0.201	3.38	137	17.2(//) 8(⊥)
53	よう素	I	126.90447(3)	386.75*	457.4	4930	0.214*	0.449(300K)	61	–16(//) 27.2(⊥)
54	キセノン	Xe	131.293(6)	161.1	164.9	5880	0.158*	0.00569(300K)	18	77
55	セシウム	Cs	132.90545(2)	301.2	951.4	1870	0.242	35.9	15.73	–
56	バリウム	Ba	137.327(7)	1000*	1913	3500	0.205*	18.4(295K)※	55.79	97
57	ランタン	La	138.9055(2)	1194	3773	6150	–	13.4	–	–
58	セリウム	Ce	140.116(1)	1072	3673	6660	–	11.3	–	–
59	プラセオジム	Pr	140.90765(2)	1204	3273	6770	–	12.5	–	–
60	ネオジム	Nd	144.24(3)	1293	3373	6800	–	16.5†	–	–
61	プロメチウム	Pm	a	1443	2733	7220	–	17.9(300K)※	–	–
62	サマリウム	Sm	150.36(3)	1353	2063	7520	–	13.3	–	–
63	ユーロピウム	Eu	151.964(1)	1095	1873	5240	–	13.9※	–	–
64	ガドリニウム	Gd	157.25(3)	1583	3573	7900	–	10.5	–	–
65	テルビウム	Tb	158.92534(2)	1633	3373	8230	–	11.1	–	–
66	ジスプロシウム	Dy	162.50(3)	1683	2833	8550	–	10.7	–	–
67	ホルミウム	Ho	164.93032(2)	1743	2963	8800	–	16.2	–	–
68	エルビウム	Er	167.259(3)	1803	3133	9070	–	14.5	–	–
69	ツリウム	Tm	168.93421(2)	1823	2223	9320	–	16.9	–	–
70	イッテルビウム	Yb	173.04(3)	1092	1467	6970	–	–	–	–
71	ルテチウム	Lu	174.967(1)	1939	3673	9840	–	16.4	–	–
72	ハフニウム	Hf	178.49(2)	2503	4873	13310	0.143	23	–	–
73	タンタル	Ta	180.9479(1)	3258*	5673	16650	0.140*	57.5	174	6.6
74	タングステン	W	183.84(1)	3680*	5973	19300	0.132*	173	192	4.5
75	レニウム	Re	186.207(1)	3453	5973	21020	0.137	48	–	–
76	オスミウム	Os	190.23(3)	3318	5300	22570	0.131	87.6	–	6.57
77	イリジウム	Ir	192.217(3)	2683	4373	22420	–	147	–	6.58

Table B-1-2-1 元素の基本物性 (Physical properties of elements) (つづき)

原子番号	元素名	元素記号	原子量	融点 (K)	沸点 (K)	密度 (kg/m^3)	定圧比熱 ($kJ/(kg \cdot K)$)	熱伝導率 ($W/(m \cdot K)$)	融解熱 (kJ/kg)	線膨張率 ($1/K) \times 10^{-6}$
78	白金	Pt	195.078(2)	2043.2	4073.2	21450	0.134	71.6	111	8.99
79	金	Au	196.96655(2)	1337.6	3073.2	19320	0.134	318	64	14.2
80	水銀	Hg	200.59(1)	234.29*	629.58	13500	0.139*	8.3	12	60.7*
81	タリウム	Tl	204.3833(2)	576.7	1730	11850	0.129	46.1	21	29.4
82	鉛	Pb	207.2(1)	600.65*	2013.2	11350	0.129*	35.3	23	29
83	ビスマス	Bi	208.98038(2)	544.5	1833.2	9750	0.122	7.86	53	16.2
84	ポロニウム	Po	a	527	1235	9320	-	20(300K)	-	-
85	アスタチン	At	a	575	610	-	-	-	-	-
86	ラドン	Rn	a	202	210.4	9730	-	-	-	-
87	フランシウム	Fr	a	300	950	5000	-	-	-	-
88	ラジウム	Ra	a	973	1413	5000	-	-	-	-
89	アクチニウム	Ac	a	1323	-	-	-	-	-	-
90	トリウム	Th	232.0381(1)	2023*	5073.2	11720	0.113*	-	-	-
91	プロトアクチニウム	Pa	231.03588(2)	2113	-	-	-	-	-	-
92	ウラン	U	238.02891(3)	1408*	4073.2	19050	0.116*	27.6	-	-
93	ネプツニウム	Np	a	913	-	-	-	-	-	-
94	プルトニウム	Pu	a	912.7	3508	19380	-	-	-	-
95	アメリシウム	Am	a	1267	-	-	-	-	-	-
96	キュリウム	Cm	a	1613	-	-	-	-	-	-
97	バークリウム	Bk	a	-	-	-	-	-	-	-
98	カリホルニウム	Cf	a	-	-	-	-	-	-	-
99	アインスタニウム	Es	a	-	-	-	-	-	-	-
100	フェルミウム	Fm	a	-	-	-	-	-	-	-
101	メンデレビウム	Md	a	-	-	-	-	-	-	-
102	ノーベリウム	No	a	-	-	-	-	-	-	-
103	ローレンシウム	Lr	a	-	-	-	-	-	-	-

【原子量】参考文献:J Phys. Chem. Ref. Data. Vol. 30, No. 3, 2001
a:特定の同位体組成を示さない元素。
【線膨張率】
【融点・定圧比熱】*:参考文献:B.J McBride, S Gordon and M. N. Reno, Nasa Technical Paper 3287(1993)
*:線膨張率は体膨張率より算出
【熱伝導率】参考文献:C.Y.Ho, W.R. Powell and P. E. Liley J. Phys. Chem. Ref. Data, Vol1 p279(1972)
†Extrapolated Value
※Estimated Value
#Interpolated Value

【上記以外】参考文献:岩波理化学辞典(第5版)

B.2 固体 (Solids)

2.1 純金属の熱物性値 (Thermophysical properrties of pure metals)

Table B-2-1-1 純金属の熱物性値 (Thermophysical properrties of pure metals)

物質	温度 T (K)	密度 ρ (kg/m_3)	比熱 C (J/kg_K)	熱伝導率 λ (W/(m·K))	熱拡散率 α (10(-6)m_2/s)	線膨張係数 β (10_(-6)/K)	電気抵抗率 ρ c (10(-6)ohm_m)	備考 原子量 M(kg/kmol) 融点 Tm(K) 融解熱 l(kJ/kg)	参考文献
銀 Ag	150	10580	213	432	192	16.7	7.26E-03	M=107.87	D1,D2,D3,C1,TC L1,R1
	250	10530	231	429	176	18.6	1.33E-02	Tm=1234.95	
	300	10500	235	429	174	19.1	1.64E-02	l=104.72	
	600	10300	250	412	160	–	3.53E-02		
	800	10170	262	396	149	–	4.91E-02		
	1000	–	275	379	–	–	6.41E-02		
	1200	–	288	361	–	–	8.09E-02		
アルミニウム Al	150	2720	675	248	135	17.6	1.01E-02	M=26.98	D4*,D5,D6,C1,TC,L2,L3 R2
	200	2720	791	237	110	20.3	1.59E-02	Tm=933.52	
	250	2710	858	235	101	21.9	2.18E-02	l=396.59	
	300	2700	898	237	97.7	22.6	2.76E-02		
	600	2640	1040	231	84.1	28.3	6.15E-02		
	800	2590	1149	218	73.3	31.1	8.72E-02		
金 Au	150	19390	–	325	–	12.8	1.05E-02	M=196.97	D4*,C2,TC,L2,R1
	250	19320	–	321	–	13.7	1.86E-02	Tm=3073	
	300	19280	129	317	127	13.9	2.27E-02	l=64.46	
	600	19020	135	298	116	15.5	4.87E-02		
	800	18840	141	284	107	16.5	6.81E-02		
	1000	18650	148	270	97.8	17.5	8.99E-02		
	1200	–	154	255	–	–	1.15E-02		
ベリリウム Be	250	1860	1512	236	83.9	–	2.43E-02	M=9.01	D7,D8,C1,TC,L4
	300	1850	1832	200	59.0	7.6	3.76E-02	Tm=1553	
	800	1810	2821	106	20.8	18.9	2.00E-01	l=432.2	
ビスマス Bi	150	9850	–	11.8	–	12.5	–	M=208.98	D9,C2**,TC,L5,R3
	250	9820	–	8.6	–	13.1	–	Tm=833	
	300	9800	122	7.9	6.6	13.2	1.14	l=52.6	
カドミウム Cd	150	–	162	101	–	–	–	M=112.41	C1,TC
	200	–	190	99	–	–	–	Tm=594.1	
	250	–	206	98	–	–	–	l=54.4	
	300	–	216	97	–	–	–		
コバルト Co	200	–	377	122	–	–	–	M=58.93	C1,TC
	300	–	421	100	–	–	–	Tm=1763	
	600	–	503	67	–	–	–	l=271.5	
	800	–	550	58	–	–	–		
	1000	–	628	52	–	–	–		
クロム Cr	150	7140	313	129	57.7	–	–	M=52.00	D10,D11,C1,TC
	250	7130	429	100	32.7	–	–	Tm=2133	
	300	7120	451	94	29.3	–	–	l=280.8	
	600	7070	533	81	21.5	–	–		
	800	7020	566	71	17.9	–	–		
	1000	6980	613	65	15.2	–	–		
	1200	6930	677	62	13.2	–	–		
セシウム Cs	150	–	202	378	–	–	8.34E-02	M=132.91	C1,TC,R4
	250	–	226	363	–	–	1.66E-01	Tm=301.2	
	300	–	245	359	–	–	2.10E-01	l=15.7	
銅 Cu	150	9000	323	429	148	13.7	6.93E-03	M=63.55	D12*,D13*,D14*,C1,TC L6,L7,L8,R1
	250	8960	374	406	121	16.1	1.38E-02	Tm=1358***	
	300	8940	384	401	117	16.7	1.72E-02	l=210.9	
	600	8790	415	379	104	18.9	3.79E-02		
	800	8690	431	366	97.7	20.2	5.26E-02		
	1000	8580	449	353	91.6	21.9	6.85E-02		
	1200	8470	479	339	83.6	24.2	8.62E-02		
鉄 Fe	150	7890	322	104	40.9	8.6	3.49E-02	M=55.85	D4*,C1,TC,L2,R5,R6
	250	7870	423	87	26.1	11.3	7.05E-02	Tm=1809***	
	300	7860	453	80	22.5	11.9	9.48E-02	l=277.5	
	600	7760	573	55	12.4	15.9	3.32E-01		
	800	7680	678	43	8.3	16.8	5.76E-01		
	1000	–	973	32	–	–	8.91E-01		
	1200	–	609	28	–	–	1.14E+00		

Table B-2-1-1 純金属の熱物性値 (Thermophysical properrties of pure metals) (つづき)

物質	温度 T (K)	密度 ρ (kg/m_3)	比熱 C (J/kg_K)	熱伝導率 λ (W/(m·K))	熱拡散率 α (10(-6)m_2/s)	線膨張係数 β (10_(-6)/K)	電気抵抗率 ρc (10(-6)ohm_m)	備考 原子量M(kg/kmol) 融点Tm(K) 融解熱l(kJ/kg)	参考文献
ガリウム Ga	150	-	-	443	-	-		//a-axis	C2,TC
		-	-	167	-	-		//c-axis	
	200	-	-	424	-	-		//a-axis	
		-	-	163	-	-		//c-axis	
	300	-	383	406	-	-		//a-axis	
		-		159	-	-		//c-axis	
								M=69.72	
								Tm=302.8	
								l=80.2	
イリジウム Ir	150	22560	112	159	62.9	-	-	M=192.22	D15,D16,C2,C3,TC
	300	22500	130	147	50.3	-	-	Tm=2683	
	1000	22160	151	126	37.7	-	-		
カリウム K	150	-	667	105	-	-	2.99E-02	M=39.10	C1,TC,R4
	200	-	693	104	-	-	4.27E-02	Tm=336.8***	
	300	-	761	102	-	-	7.49E-02	l=61.3	
リチウム Li	150	-	2650	95	-	-	3.73E-02	M=6.94	D17,C1,TC,R4
	250	-	3380	87	-	-	7.68E-02	Tm=453.69**	
	300	530	3580	85	44.8	-	9.60E-02	l=432.2	
マグネシウム Mg	150	1760	837	161	109	-	1.84E-02	M=24.31	D18,C1,TC,
	250	1750	983	157	91.3	-	3.61E-02	Tm=923***	
	300	1740	1010	156	88.8	-	4.47E-02	l=378.4	
	600	1700	1150	149	76.2	-	9.53E-02		
	800		1250	146	-	-	1.28E-01		
マンガン Mn	100	7530	268	5.79	2.87	-	1.32E+00	M=54.94	D19,C1,TC,R2
	200	7480	420	7.15	2.28	-	1.39E+00	Tm=1519	
	300	7430	480	7.81	2.19	-	1.44E+00	l=265.7	
	600	7250	581	-	-	-	1.51E+00		
	800	7110	636						
モリブデン Mo	200	10210	224	143	62.5	-	3.13E-02	M=95.94	D1*,C1,TC,R7
	300	10200	250	138	54.1	-	5.58E-02	Tm=2896***	
	600	10150	276	126	45.0	-	1.32E-01	l=287.7	
	800	10110	286	118	40.8	-	1.85E-01		
	1200	10040	307	105	34.1	-	2.96E-01		
ナトリウム Na	150	998	1080	140	130	-	2.03E-02	M=22.99	D21,C1,TC,R4
	250	979	1180	143	124	-	3.86E-02	Tm=371.01***	
	300	969	1230	141	118	-	4.95E-03	l=114.4	
ニオブ Nb	200	8590	249	53	24.8	-		M=92.91	D22,D23,C1,TC
	300	8570	266	54	23.7	-		Tm=2750***	
	800	8470	293	61	24.6	-		l=288.5	
ニッケル Ni	150	8940	329	122	41.5	9.59	2.69E-02	M=58.69	D4*,D24,C1,TC,L2
	250	8910	416	98	26.4	12.0	5.72E-02	Tm=1728***	
	300	8900	443	91	23.1	12.7	7.30E-02	l=299.9	
	600	8780	594	66	12.7	17.0	2.61E-01		
	800	8690	528	68	14.8	15.9	3.48E-01	631Kで相転移	
	1000	8610	549	72	15.2	-			
	1200	-	574	76	-	-			
鉛 Pb	150	11520	121	38	27.3	-		M=207.21	D4*,C1,TC,R8
	200	11470	124	37	26.0	-		Tm=600.65	
	250	11420	126	36	25.0	-		l=23.0	
	300	11370	129	35	23.9	-	2.13E-01		
白金 Pt	150	21470	117	74	29.5	-	-	M=195.08	D25,C3,TC
	250	21410	130	72	25.9	-	-	Tm=2043	
	300	21390	133	72	25.3	-	-	l=111.2	
	600	21200	141	73	24.4	-	-		
	800	21080	146	76	24.7	-	-		
	1000	20950	151	79	25.0	-	-		
	1200	20810	157	83	25.4	-	-		
アンチモン Sb	200	-	-	30	-	-	-	M=121.76	D26,C2,TC
	300	6680	207	24	17.4	-	-	Tm=903.7	
	800	6570	241	17	10.7	-	-	l=164.2	

2.1 純金属の熱物性値

Table B-2-1-1 純金属の熱物性値 (Thermophysical properrties of pure metals) (つづき)

物質	温度 T (K)	密度 ρ (kg/m_3)	比熱 C (J/kg_K)	熱伝導率 λ (W/(m・K))	熱拡散率 α (10(-6)m_2/s)	線膨張係数 β (10_(-6)/K)	電気抵抗率 ρc (10(-6)ohm_m)	備考 原子量M(kg/kmol) 融点Tm(K) 融解熱l(kJ/kg)	参考文献
セレン Se	150	-	-	76	-	-	-	// to c-axis	**,TC
		-	-	22	-	-	-	⊥ to c-axis	
	250	-	-	51	-	-	-	// to c-axis	
		-	-	14	-	-	-	⊥ to c-axis	
	300	4820	318	45	29.4	-	-	// to c-axis	
		4820	318	13	8.5	-	-	⊥ to c-axis M=78.96 Tm=490 l=66.2	
けい素 Si	150	2330	425	409	413	0.50	-	M=28.09	D26*,C1,TC,L9
	250	2330	648	191	127	2.11	-	Tm=1690***	
	300	2330	714	148	89.0	2.62	-	l=1787.1	
	600	2320	862	62	31.0	8.83	-		
	800	2320	896	42	20.2	416	-		
	1000	2310	925	31	14.5	4.40	-		
	1200	-	948	26	-	-	-		
すず Sn	150	-	204	78	-	-	-	M=118.71	D28,C1,TC
	200	-	215	73	-	-	-	Tm=505.12***	
	250	-	222	70	-	-	-	l=59.7	
	300	7300	229	67	40.1	-	-		
タンタル Ta	200	16620	134	58	26.0	-	8.68E-02	M=180.95	D1,C1,TC,R7
	300	16600	140	58	25.0	-	1.55E-01	Tm=3258***	
	1000	16370	155	60	23.6	-	4.40E-01	l=173.6	
チタン Ti	150	-	405	27	-	-	2.73E-01	M=47.87	C1,TC,R9
	250	-	501	23	-	-	4.76E-01	Tm=1944***	
	300	-	524	22	-	-	5.70E-01	l=388.8	
	600	-	595	19	-	-	1.06		
	800	-	634	20	-	-	1.32		
	1000	-	682	21	-	-	1.56		
	1200	-	596	22	-	-	-		
トリウム Th	200	11740	109	55	43.0	-	-	M=232.04	D29,C1,TC,R10
	300	11700	113	54	40.8	-	2.14E-01	Tm=2025	
	600	-	124	56	-	-	3.87E-01		
	800	-	132	57	-	-	4.86E-01		
	1200	-	147	59	-	-	6.43E-01		
ウラン U	200	-	109	25	-	-	-	M=238.0	C1,TC
	300	-	116	28	-	-	-	Tm=1408***	
	600	-	145	34	-	-	-	l=36.64kJ/kg	
	800	-	175	38	-	-	-	942K α-β	
	1000	-	178	44	-	-	-	1049K β-γ	
	1200	-	161	49	-	-	-		
タングステン W	150	19340	112	192	88.6	-	2.09E-02	M=183.84	D30,D31,D1*,C1,TC R7
	250	19310	129	180	72.3	-	4.35E-02	Tm=3680***	
	300	19300	132	174	68.3	-	5.51E-02	l=192.5	
	600	19220	140	137	50.9	-	1.31E-01		
	800	19160	145	125	45.0	-	1.86E-01		
	1000	19110	150	118	41.2	-	2.45E-01		
	1200	19050	155	112	37.9	-	3.06E-01		
亜鉛 Zn	150	722	-	117	-	-	2.63E-02	M=65.39	D33,C1,TC,R7
	200	716	368	118	447.8	-	3.77E-02	Tm=692.75***	
	300	713	389	116	418.2	-	6.14E-02	l=100.5	
	600	693	441	103	337.0	-	1.39E-01		
ジルコニウム Zr	200	6500	262	25	14.7	-	2.64E-01	M=91.22	D32,C1,TC,R11
	300	6490	276	23	12.8	5.79	4.33E-01	Tm=2125***	
	1000	6400	341	24	11.0	8.48	1.29	l=54.8	

参考文献
密度
D1　　F.C. Nix, D. MacNair, Physical Review, Vol61 p74(1942)
D2　　E. A Owen, E.L. Yates Phil. Mag. S7, Vol7 p113(1934)
D3　　N. Waterhause, B. Yates Cryogenics, Vol8 p267(1968)
D4　　F.C. Nix, D. MacNair, Physical Review, Vol60 p597(1941)

Table B-2-1-1 純金属の熱物性値 (Thermophysical properrties of pure metals) (つづき)

D5	R. Feder, A. S. Norwick, Physical Review, Vol109 p1959(1958)
D6	D. F. Gibbons, Physical Review, Vol112 p136(1958)
D7	P. Gordon, J. Applied Physics, Vol20 p908(1949)
D8	R.W. Meyerhoff, J.F. Smith, J. Applied Physics, Vol33 p219(1962)
D9	H.D. Erfling, Annalen der Physic, vol34 p136(1939)
D10	P. Hidnet, J. Research National Bureau Standarde, Vol26 p81(1941)
D11	E.R. Gilbert, J.W Styles, J. Less-Common Metals, Val19 p39(1969)
D12	N.J. Simon, E.S. Drexler, R.P. Reed, NIST Monograph 177, Properties of Copper and Copper Alloys at Cryogenic Temperatures(1992)
D13	T.A. Hahn, J. Applied Physics, Vol41 p5096(1970)
D14	G.K White, R.B. Roberts, High Temperature-High Pressures, Vol12 p311(1980)
D15	H.P. Singh, Acta Cryst. Vol24A p469(1968)
D16	H.F. Schaake, J. Less-Common Metals, Vol15 p103(1968)
D17	R. Feder, Physical Review B, Vol2 p828(1970)
D18	P. Hidnet, W.T, Sweeney, J. Research National Bureau Standarde, Vol1 p771(1928)
D19	N. Schmitz-Pranghe, P. Duenner, Z. Metalk., Vol59 p377(1968)
D20	A.G. Worthing, Physical Review, Vol28 p190(1926)
D21	S. Siegel, S.L. Quimby, Physical Review, Vol54 p76(1938)
D22	P. Hidnert, H.S Krider, J. Research National BureauStandars, Vol11 p279(1933)
D23	F. Righini, R.B. Roberts,A. Rosso, High Temperatures-High Pressures, Vol18 p573(1986)
D24	P. Hidnert, J. Research National BureauStandars, Vol58 p89(1957)
D25	J. Valentich, J. Materials Science, Vol14 p371(1979)
D26	P. Hidnert, J. Research National BureauStandars, Vol14 p523(1935)
D27	C.A. Swenson, J. Phys. Chem. Ref. Data, Vol12(2) p179(1983)
D28	T.V. Deshpande, D. B. Sirdeshmukh, Acta Cryst. Vol14 p355(1961)
D29	P.E. Armstrong, O.N. Calson, J.F. Smith, J. Applied Physics, Vol30 p36(1959)
D30	G.K White, R.B. Roberts, HighTempertures-High Pressures, Vol15 p321(1983)
D31	R.R. Kirby, High Temperatures-High Pressures, Vol4 p459(1972)
D32	V. Petukhov, High Temperatures-High Pressures Vol35/36 p15(2003/2004)
D33	R.W. Meyerhoff, J.F. Smith, J. Applied Physics, Vol33 p219(1962)

比熱

C1	B.J McBride, S Gordon and M. N. Reno, Nasa Technical Paper 3287(1993)
C2	L..B Pankratz U.S. Bureau of Mines Bulletin 672 1982
C3	G.T. Furukawa, M.L. Reilly, J.S. Gallagher, J. Phys.Chem. Ref. Data, Vol3 p163(1974)

熱伝導率

TC	C.Y.Ho, W.R. Powell and P. E. Liley J. Phys. Chem. Ref. Data, Vol1 p279(1972)

熱拡散率
同一温度の密度、比熱、熱伝導率から算出

線形膨張率

L1	N. Waterhause and B. Yates Cryogenics, Vol6 p267(1968)
L2	F.C. Nix and D. MacNair, Physical Review, Vol60 p597(1941)
L3	R. Feder, A. S. Norwick, Physical Review, Vol109 p1959(1958)
L4	P. Gordon, J. Applied Physics, Vol20 p908(1949)
L5	H.D. Erfling, Annalen der Physic, vol34 p136(1939)
L6	N.J. Simon, E.S. Drexler, R.P. Reed, NIST Monograph 177, Properties of Copper and Copper Alloys at Cryogenic Temperatures(1992)
L7	T.A. Hahn, J. Applied Physics, Vol41 p5096(1970)
L8	G.K White, R.B. Roberts, High Temperature-High Pressures, Vol12 p311(1980)
L9	C.A. Swenson, J. Phys. Chem. Ref. Data, Vol12(2) p179(1983)

電気抵抗率

R1	R. A. Matula, J. Phys. Chem. Ref. Data, Vol8(4) p1147(1979)
R2	P. D. Desai, H. M. James, C. Y. Ho, J. Phys. Chem. Ref. Data, Vol13(4) p1131(1984)
R3	O.S. Es-Said, H.D. Merchant, J. Less-Common Metals, Vol102 p155(1984)
R4	T.C. Chi, J. Phys. Chem. Ref. Data, Vol8(2) p339(1979)
R5	P.R. Pallister, J. Iron Steel Inst, Vol161 p7(1949)
R6	C.A. Domenicali, F.A. Otter, J. Applied Physics, Vol26 p377(1955)
R7	P.D Desai, T.K. Chu, H.M. James C.Y. Ho, J. Phys. Chem Ref. Data, Vol13(4) p1069(1984)
R8	J.G. Cook, M.J. Laubitz, M.P. Van der Meer, J. Applied Physics, Vol45(2)p501(1974)
R9	ASM Handbook, Vol2,10th edition, ASM International(1992)
R10	Goldsmith, T.E. Waterman, WADC Tech. report 58-476, ASTIA document number 207905(1959)
R11	P.D. Desai, H.M. James, C.Y. Ho, J. Phys. Chem. Ref. Data, Vol13(4) p1097(1984)

*:線形膨張率から算出
**:室温での値
***:文献C1に記載された値
参考文献:融解熱は理化学辞典(第5版)参照

2.2 金属の熱伝導
(Thermal conduction of metals)

2.2.1 純金属の熱伝導

一般的に速度 v, 単位体積あたりの比熱 C, 平均自由行程 l を持つ粒子による熱伝導率に対し,

$$K = \frac{1}{3}Cvl$$

と与えられる. 熱を運ぶ媒体としてはフォノンと電子が考えられるが, 金属内部で熱を運ぶ媒体は伝導電子が支配的である. したがって, フェルミ気体の熱伝導率 K_e は, 粒子の速度としてフェルミ速度 v_F, 体積あたりの比熱容量として電子比熱 C_e, 電子の平均自由行程 l_e を用いて下記のように表すことができる.

$$K_e = \frac{1}{3}C_e v_F l_F \quad (1)$$

電子比熱 C_e は Sommerfeld の金属電子論[1]により, 状態密度関数 $D(\varepsilon_F)$ を用いて下記のように与えられる.

$$C_e = \frac{1}{3}\pi^2 D(\varepsilon_F) k_B^2 T \quad (2)$$

電子の状態密度関数 $D(\varepsilon_F)$ は自由電子気体に対しては

$$D(\varepsilon_F) = \frac{3n}{2\varepsilon_F} \quad (3)$$

と与えられる. ここで, n は自由電子密度である.

(2), (3)式および $\varepsilon_F = 1/2 m_e v_F^2$ (m_e は電子の質量)を用いて(1)式を書き直すと以下の式で表される.

$$K_e = \frac{1}{3}\pi^2 \frac{n k_B^2 T l}{m_e v_F} = \frac{1}{3}\pi^2 \frac{n k_B^2 T \tau}{m_e} \quad (4)$$

ここで, τ は電子の衝突時間で, $l = v_F \tau$ で関係付けられる. 注意をしなくてはいけないのは, この電子の衝突時間は電子・フォノン(格子)間の衝突時間であり, 電子・電子間の衝突時間ではない点である. 電子・電子間の衝突時間は電子とフォノンが衝突する時間より室温で2桁程度大きく, したがって平均自由行程も2桁大きい. 以上のことから電子の散乱される原因はフォノンによるものが支配的であり, 電子の平均自由行程は電子・フォノン散乱が支配すると考えてよい. 衝突時間は Drude の理論[1],[2],[3]により電気抵抗率と関連付けられて表現される.

$$\tau = \frac{m_e}{\rho n e^2} \quad (5)$$

ここで ρ は電気抵抗率, e は電荷素量である. Table B-2-2-1 に典型的な金属の室温における電気抵抗, 計測された熱伝導率, 価電子数, 平均自由行程, 熱伝導率と, 電気抵抗率を用いた電子の平均自由行程から算出した式(4)で与えられる熱伝導率を示す. 計測された熱伝導率と比較的良い一致が見られた.

Table B-2-2-1 主な金属の熱伝導率と(4)式から導かれた熱伝導率(Measured thermal conductivity and calculated thermal conductivity from Eq. (4) for metals)

Symbol	Thermal conductivity	Valence	Electron mean free path	Fermi velocity	Electron heat capacity	Thermal conductivity from Eq.(4)
	W/m⁻¹K⁻¹		nm	ms⁻¹	Jm⁻³K⁻¹	W/m⁻¹K⁻¹
Li	76.8	1	11.53	1.28E+06	1.73E+04	85
Be	280	2	11.47	2.25E+06	3.03E+04	261
Na	132	1	34.85	1.05E+06	1.42E+04	174
Mg	156	2	16.13	1.58E+06	2.13E+04	181
Al	237	3	14.39	2.03E+06	2.73E+04	265
Ti	21.9	2	1.15	1.73E+06	2.34E+04	16
Cr	90.3	2	3.19	1.97E+06	2.66E+04	56
Fe	80.3	2	4.26	1.98E+06	2.67E+04	75
Co	99.2	2	6.36	2.03E+06	2.74E+04	118
Ni	90.5	2	5.17	2.03E+06	2.74E+04	96
Cu	398	1	42.25	1.57E+06	2.12E+04	471
Zr	22.7	2	1.34	1.58E+06	2.13E+04	15
Nb	53.7	1	5.61	1.36E+06	1.83E+04	46
Mo	138	1	14.64	1.43E+06	1.93E+04	135
Ag	427	1	52.08	1.39E+06	1.88E+04	453
Cd	96.8	2	8.35	1.62E+06	2.19E+04	99
Sn	66.6	4	4.03	1.90E+06	2.56E+04	65

(a) 熱伝導と電気伝導(Wiedemann-Franz 則)

前節において計算で与えられた熱伝導率が実測値と良く一致する事実は電気伝導と熱伝導が密接に関係していることを示唆している. (4)式に(5)式を代入し, 電気抵抗率 ρ の代わりに電気伝導率 σ に置き換えて整理すると以下の式のようになる.

$$K_e = \frac{1}{3}\pi^2 \frac{k_B^2 T \sigma}{e^2} \quad (6)$$

$$\frac{K_e}{\sigma T} = \frac{1}{3}\pi^2 \frac{k_B^2}{e^2} = 2.44 \times 10^{-8} \quad (7)$$

このように電気伝導率と熱伝導率の比は材料に関係なく一定値を取る. これを Wiedemann-Franz 則という. Table B-2-2-2 に室温における測定結果から算出された $K/\sigma T$ を示したが, その値はいずれも(7)式で得られた値と良く一致する. この法則は室温以上ではよく成立するが, 低温になると破れることが知られている[3].

Table B-2-2-2 主な金属の電気抵抗率と熱伝導率および Lorentz 数（Electoron resistivity, thermal conductivity and Lorentz number of Metals）

Symbol	Electrical resistivity	Thermal conductivity	Thermal conductivity from Eq.(4)	$K/\sigma T$ Lorentz Number (2.44)
	μΩcm	W/m⁻¹K⁻¹	W/m⁻¹K⁻¹	×10⁻⁸ WΩK⁻²
Li	8.55	76.8	85	2.19
Be	2.8	280	261	2.61
Na	4.2	132	174	1.85
Mg	4.02	156	181	2.09
Al	2.75	237	265	2.17
Ti	47	21.9	16	3.43
Cr	13.1	90.3	56	3.94
Fe	9.7	80.3	75	2.60
Co	6.2	99.2	118	2.05
Ni	7.6	90.5	96	2.06
Cu	1.55	398	471	2.06
Zr	48.5	22.7	15	3.67
Nb	15.7	53.7	46	2.81
Mo	5.4	138	135	2.48
Ag	1.61	427	453	2.29
Cd	7.4	96.8	99	2.39
Sn	11.2	66.6	65	2.49

(b) 金属の熱伝導率の温度依存性

一般的な金属の熱伝導率（熱拡散率）の温度依存性を Fig. B-2-2-1 に示す．ここではアルミニウムとモリブデンの推奨値を表示した[4]．低温域では電子の平均自由行程は欠陥による散乱によって決まる．欠陥密度は温度に大きく依存することはないので，電子の平均自由行程はこの領域でほぼ一定である．低温域で見られる温度に比例した熱伝導率の上昇は，この温度領域で電子比熱が温度の比例するためのものである．低温領域を超えると，温度が上昇するに従ってフォノンによる散乱が支配的になり始め，平均自由行程は小さくなる．このことから高温領域における金属の熱伝導率はサンプルの純度にはほとんど依存しないことが予想される．

(c) 欠陥や不純物の影響

金属には，格子欠陥だけでなく不純物元素が含まれるのがふつうである．このような結晶としての不完全性は，格子の周期性を乱し，電子の散乱原因となり，電子の平均自由行程を短くする．不純物密度が増えると電子による熱伝導が低下するので，フォノンによる熱伝導の寄与が無視できなくなる．異種元素を不純物としてではなく，意図的に加えて新しい性能の金属材料を生み出す合金では，さらにこの傾向は強くなる．

2.2.2 合金の熱伝導

合金とは広く一般に，二種類以上の金属を混合溶解して凝固させたものを指す．合金の微構造組織は，固溶体，共晶，金属間化合物，あるいはそれらが混在したものなど多様なものが存在して複雑であるが，典型的な合金として，異種原子が混ざりあって一つの相を形成する固溶体型の合金を考える．

固溶体型の合金は，原子の混合状態によって侵入型合金と置換型合金に大別される．侵入型合金は母体となる金属結晶の規則的配列の隙間に原子半径の小さい異種原子が侵入した結晶構造をとる．他方，置換型合金は，母体金属結晶の原子の一部が原子半径の類似した異種原子によって置き換えられたものである．

なお，置換型の合金には，CuZn，FeCo や Cu_3Au のように異種原子の比率が一定の値をとるだけでなく，結晶構造中におけるそれぞれの原子位置が原子の種類ごとに決まっているものがある．組成比率が一定である点から金属間化合物と呼ばれる．一般の合金では異種原子によって置換される位置は不規則に分配されるので，マクロには陽イオンが均一に混合されていると見ることもできるが，ミクロには，個々の単位胞はそれぞれ違った配置で置換されるから純金属に比べれば格子の周期性は乱れている．これに対して，金属間化合物は固溶原子が規則的な

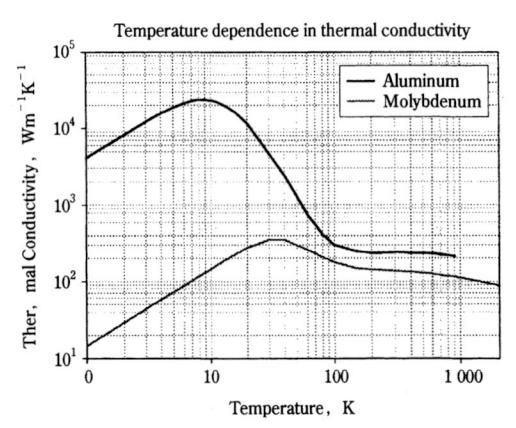

Fig. B-2-2-1 アルミニウム，モリブデンの熱伝導率の温度依存性

配置をとるので，格子の周期性は乱れていない．そのため，金属間化合物は規則合金とも呼ばれる．

(a) マティーセンの法則

1864年にA. B. MattiessenとC. Vogtによって発表された法則は，金属に不純物を入れて作った試料の常温付近の電気抵抗率 ρ は，絶対温度Tに対して，$a+bT$ と書けるというものである．b が母体金属のみによるのに対して，a は不純物の濃度に比例する．

その後の固体物理の発展とともに，この法則に対して，最近では次のような拡張された理解が一般的である[5]．すなわち，金属試料の電気抵抗率は，母体金属が化学的に純粋でしかも格子欠陥を全く含まないときの抵抗率 ρ_{ideal} と不純物や格子欠陥による ρ_{imp} との和になる．

$$\rho = \rho_{imp} + \rho_{ideal}$$

ρ_{ideal} が bT に対応し，完全結晶状態にあるときの母体金属のフォノン散乱による電気抵抗を表す．ρ_{imp} が温度に依存しない場合には，その試料の絶対零度における電気抵抗率 ρ_{res}（残留電気抵抗）に等しくなる．

金属では，Wiedemann-Franz則により，電気伝導率と熱伝導率の比は材料に関係なく絶対温度に比例するので，熱伝導率の逆数である熱抵抗に対しても近似的にマティーセンの法則が成り立つことが理解される．

(b) 侵入型固溶成分の影響

Fig. B-2-2-2には，純鉄，炭素鋼およびステンレス鋼の熱伝導率測定値の温度依存性[6]を示す．

最上段の曲線は純鉄の熱伝導率である．Fig. B-2-2-1に示したアルミニウムおよびモリブデンの曲線と同様，曲線は純金属に見られる典型的な傾向を示している．200K以上の温度では，温度の上昇とともに熱伝導率は単調に減少する．

その下の2本の曲線は炭素鋼MS490Bの熱伝導率である．炭素鋼は，原子半径の小さい炭素原子が鉄の結晶格子の隙間に侵入する侵入型固溶体の構造をとる．炭素原子の侵入によって格子が部分的にゆがみ，ポテンシャルの規則性が乱されるので低温領域でも自由電子の散乱が無視できない．そのため，純鉄に比べて電気伝導度および熱伝導度は小さい値を

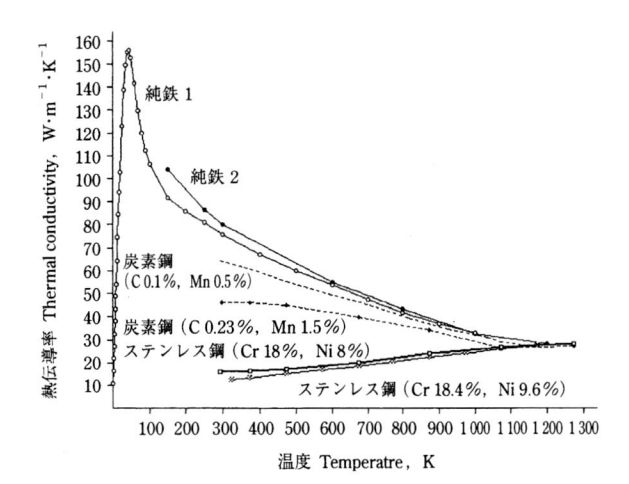

Fig. B-2-2-2 純鉄，炭素鋼およびステンレス鋼の熱伝導率 (Thermal conductivity of pure iron, carbon steel and satinless steel)

示す．

温度が高くなるほど純鉄の熱伝導曲線に近づく理由は，高温領域では，結晶格子を形成する全ての原子の熱振動が激しくなるため，不純物成分がポテンシャルの規則性を乱していた影響は相対的に小さくなるからと考えられる．つまり，高温では侵入型合金における自由電子の散乱と純金属における自由電子の散乱との差は小さくなる．

炭素鋼の2本の曲線の傾向は純鉄のそれに類似しているが，マティーセンの法則における ρ_{imp} に相当する分だけ電気抵抗および伝導抵抗が高いと見ることができる．

下の2本の曲線は，CrとNiを合金成分として含むオーステナイト系ステンレス鋼SUS304の熱伝導率曲線である．温度の上昇とともに熱伝導率が増加する点で上の二つの曲線とは大きく異なる．そのメカニズムについては次のように考えられる．

(c) 置換型固溶成分の効果

まず，置換型固溶合金の具体例としてCu金属にZnを添加して，Cu原子の一部をZn原子で置換する例を考える．純粋なCu金属では，各Cu原子は最外殻の4s電子を1個放出して，Cu^+ イオンとなり，放出された電子は自由電子として，どの Cu^+ イオンのまわりにも等しい確率で分布して全体が電気的に中性に保たれる．この系にZn原子を添加すると，Zn原子は二個の4s電子を放出して Zn^{2+} となる．伝導電子は，Cu^+ よりも電荷の高い Zn^{2+} のまわりに引き

寄せられる結果，ポテンシャルの及ぶ範囲は，通常のクーロンポテンシャル e^2/r よりも狭くなり，下の式で表される[7]．

$$U(r) = e^2/r \times \Delta Z \exp(-r/\eta)$$

ただし，ΔZ は Zn^{2+} と Cu^+ の価数の差を表し，η は遮蔽半径と呼ばれる．

このように，イオン半径の類似した異なる価数の元素を添加すると，そのイオンの作るクーロンポテンシャルは伝導電子で遮蔽され，の影響が及ぶ範囲は裸のクーロンポテンシャルに比べて狭くなる．η の大きさは次の式で実際に計算して見積もることができる．

$$\eta = 1/(6\pi e^2 \rho_0/E_F)^{1/2}$$

ただし，E_F はフェルミエネルギー，ρ_0 は平均密度である．Cuに対する値として，$E_F = 7\,eV$, $\rho_0 = 8.5 \times 10^{22}/cm^3$ を代入して $\eta = 0.55\,\text{Å}$ 程度と見積もられる[7]．

合金中にランダムに分布する置換型成分は，遮蔽効果によってポテンシャルの周期性を乱すので，電子は散乱され，電気伝導率ならびに熱伝導率の低下をもたらす．

置換型固溶成分元素による遮蔽効果は母体金属元素との電荷の差によって導かれたことを振り返ると，電荷の差が大きいほど遮蔽効果が大きいことが予想される．実際，ΔZ の2乗に比例して電気抵抗が増加することがリンデの法則として知られている（Fig. B-2-2-3）．ただし，リンデの法則は，添加元素の濃度が5%を超えると成り立たなくなる．これは添加元素の相互作用も無視できなくなりいっそう複雑になるからである．

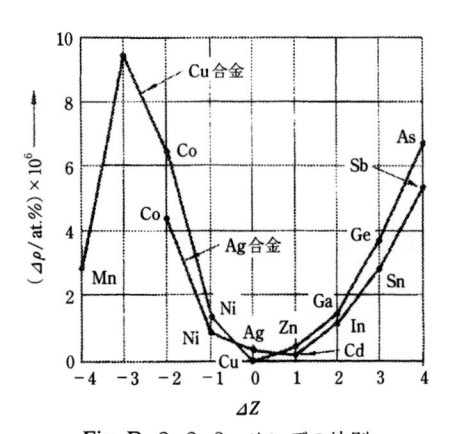

Fig. B-2-2-3 リンデの法則

（d）ステンレス鋼の熱伝導率の温度依存性

SUS304系ステンレスでは，約18%のCrと8%のNiが母体金属のFeを置換固溶する．両成分をあわせて異種元素による置換は26%に達する．これはリンデの法則が成り立つ範囲を大きく越えているが，置換固溶成分による遮蔽効果によるポテンシャルの周期性の破壊はいっそう大きいと考えることはできる．実際，Fig. B-2-2-2に示されたステンレス鋼の熱伝導率は，常温付近ですでに純鉄の1300Kにおける値より低い値を示している．

遮蔽効果は，置換イオンのクーロンポテンシャルの影響範囲を狭めるという効果であるから，試料温度が高くなるほど熱振動が激しくなってイオンの実質半径が膨張すると，遮蔽効果は相殺されてしまうことが考えられる．

実際，単位胞中の原子の位置座標を決定するために利用されるX線結晶構造解析では，個々の原子の熱振動の影響を温度因子として位置座標と同時に計算することが行われる．

温度因子 T_i は，デバイ・ワラー因子とも呼ばれ，単位胞中の j 番目の原子に対して，以下の形で表現され，X線回折実験を実施する温度における原子散乱因子（原子形状因子）の広がり補正の役割を担う．

$$T_j = \exp(-B\sin^2\theta/\lambda^2)$$
$$F(h,k,l) = \Sigma f_j T_j \exp(2\pi i(hx_j + ky_j + lz_j))$$

θ はブラッグ角，λ はX線の波長である．

$F(h,k,l)$ は結晶構造因子と呼ばれ，(hkl) 面の回折強度は $|F|^2$ と比例する．

B の大きさは，熱振動による原子の中心位置の変位の（反射面に垂直な方向の）二乗の平均 $<u^2>$ と次の式で関係付けられる．

$$B = 8\pi^2 <u^2>$$

B は，無機化合物で $0.5 \sim 3\,\text{Å}^2$ の値をとるといわれる．

格子振動をデバイ近似で考えると

$$B\frac{\sin^2\theta}{\lambda^2} = \frac{3h^2K^2T^2}{2mk\Theta_D^3}\int_0^{\Theta_D/T}\left(\frac{1}{e^x-1}-\frac{1}{2}\right)x\,dx$$

が導かれる[9]．この式から高温で $<u^2>$ は

$$B\frac{\sin^2\theta}{\lambda^2} = \frac{3h^2K^2T}{2mk\Theta_D^2}$$

のように温度 T に比例する式が導かれる．この式から変位の二乗の平均ではなく，熱振動による原子の中心位置の変位そのもの，つまり中心位置の広がりの大きさは，温度 T の平方根に比例することが推論

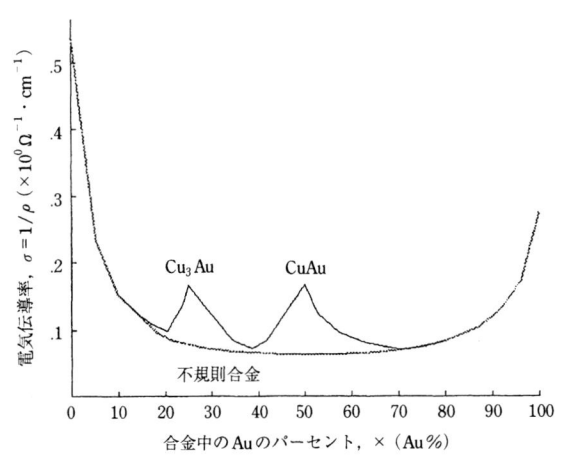

Fig. B-2-2-4 Cu-Au 合金系の電気伝導率（Electrical conductivity of Cu-Au system）

される．

　置換型固溶合金であるステンレス鋼は，温度が高くなるほど熱伝導率が単調に増加する傾向が見られ，さらにその変化は温度が高くなるほど傾きが水平に近づく．このことは，原子の中心位置に広がりの大きさが温度の平方根に比例するという上の推論と矛盾しない．

　Fig. B-2-2-2の各曲線を比較すると，温度上昇とともに下降を続ける炭素鋼SM490Bの熱伝導率と，温度上昇にともなって上昇するステンレスSUS304の熱伝導率が1200K付近で類似の値に近づくことが読み取れる．温度が高くなるほどに熱伝導率は試料の純度に依存しないという傾向を見ることができる．

（e）規則合金の熱伝導に対する予想

　参考文献[8]に，Cu-Au合金系における室温電気抵抗値（比抵抗）の組成依存性に関して，F. Seitz の"The Modern Theory of Solides"(1940) を引用した解説がある．その説明グラフから比抵抗値を読み取り，それらを比抵抗の逆数，すなわち電気伝導率に換算したグラフを作成した（Fig. B-2-2-4）．

　金属では，Wiedeman Frantz の法則が成り立つので，このグラフから Cu-Au 合金の熱伝導率を推定すると，規則合金 Cu_3Au および CuAu の熱伝導率は周辺の組成比をもつ不規則合金の熱伝導率より特異的に高くなることが予想される．なお，規則合金組成を溶融して急冷すれば，規則合金と同じ組成の不規則合金が得られる．

2.2.3 金属薄膜の熱伝導

　薄膜にすることでバルク材料と異なる性質が現れることが期待されている．また，スパッタ成膜は一般的に柱状に成長すると言われており，経験的なモデルとしてThorntonゾーンモデルが知られている[10]．

　Thorntonゾーンモデルは図に示したような横軸にターゲットの融点で規格化した成膜時の温度とアルゴンガス圧力を取り，縦軸に経験に基づく構造を示したモデルである．このように一口に柱状の構造といっても成膜条件によりさまざまであることが基本的な金属のみならず透明導電膜のような先端材料に対しても知られている．柱状構造をとる場合，仮にモリブデンのような結晶構造は等方的な体心立方格子の薄膜でも結晶粒の形状には異方性があるために，膜の面内方向と厚さ方向で熱伝導率に異方性が現れ得ることが予想される[11]．

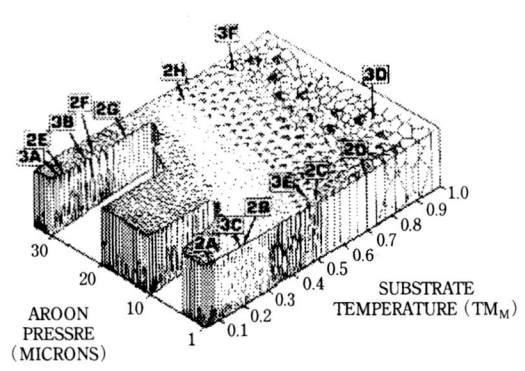

Fig. B-2-2-5 ソーントンのゾーンモデル

---

1) N. W. Ashcroft, N. D. Mermin, Solid State Physics (HRW, Philadelphia). 2) J. E. Parrott and A. D. Stucks Thermal conductivity of solids, (Pion, London, 1975) 3) J. M. Ziman, Electron and phonons (Oxford University Press, 1960). 4) Y. S. Touloukian, R. W. Powell, C. Y. Ho, and M. C. Nicolau Edition, (1973) Thermal conductivity, Thermophysical Properties of Matter. 5) R. Berman, Thermal Conduction in Solids, (Oxford University Press, 1976) pp.143-pp.168. 6) 培風館 物理学辞典 (2002) 2073. 7) 分散型熱物性データベース (2005). 8) 水谷宇一郎 金属電子論上 内田老鶴圃 (1995) 218-225. 9) 培風館 物理学辞典 (2002) 1362. 10) J. A. Thornton, J. Vac. Sci. Technol. 11 (1974) pp.666-pp.670. 11) N. Taketoshi, T. Baba, and A. Ono, Meas. Sci. Technol., (2001) pp.2064-pp.2073.

2.3 非金属の熱伝導率・熱拡散率
(Thermal conduction of non-metals)

2.3.1 非金属の熱伝導率

一般に，非金属（絶縁体，半導体，半金属）では，伝導電子による熱伝導よりも，フォノンによる熱伝導が支配的である場合が多い．この節では，フォノン熱伝導についてまとめる．

熱伝導率 λ の定義は，温度勾配 ∇T の中の熱流 Q は，フーリエ則より，次式で与えられる．

$$Q = -\lambda(\nabla T) \quad (1)$$

正確には，λ はテンソルで，λ_{ij} ($i,j=x,y,z$) であり，

$$Q_i = -\sum_{j=1}^{3} \lambda_{ij}(\nabla T)_j \quad (2)$$

熱流が温度勾配に並行である場合に，(1)式が成り立ち，λ はスカラーである．また，熱伝導率は，熱抵抗 W と $\lambda = 1/W$ の関係にある．

熱拡散率 α も，フーリエ則より，同様に，

$$\partial T/\partial t = \alpha(\nabla^2 T) \quad (3)$$

これを解いて，熱拡散率は，熱伝導率，比熱容量 c，密度 ρ として次式で与えられる．

$$\alpha = \lambda/(c \cdot \rho) \quad (4)$$

一般に，物質の熱伝導率は，伝導電子の寄与とフォノンの寄与の和で表される．

$$\lambda = \lambda_e + \lambda_L \quad (5)$$

この加法性は，電子-格子相互作用を考慮してはいるが，ボルツマン方程式を電子とフォノンの寄与に分けて議論して得られるものである．直感的には，(5)式で各物質の熱伝導率の温度依存性を理解することができる．伝導電子の弾性散乱に起因する項 λ_e は，ウィーデマン・フランツ則

$$\lambda_e = (1/3)cv^2\tau = (1/3)cvl \quad (6)$$

で表される．ここで，c は比熱容量，v は群速度，τ は緩和時間，l は平均自由行程である．

フォノンの熱伝導の項 λ_L も同様に，デバイモデルでは，フォノンの散乱に関する比熱容量，群速度，緩和時間，平均自由行程で記述される．フォノンの散乱は，フォノン-境界散乱，フォノン-欠陥（格子欠陥・界面・粒界，不純物・同位体）散乱，フォノン-フォノン散乱が考えられる．各フォノン散乱は，温度領域ごとに，それぞれ支配的になる．比熱容量と平均自由行程は，フォノンの散乱過程に依存する．よ

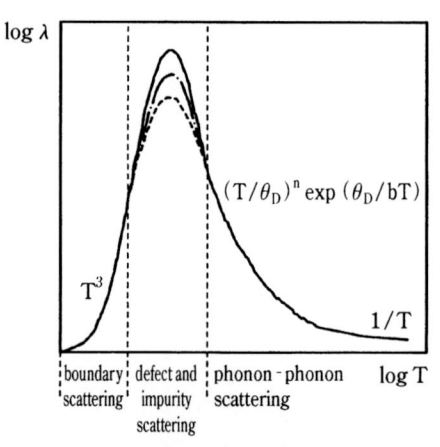

Fig. B-2-3-1 フォノン熱伝導率の温度依存性．温度領域によって，それぞれの散乱過程が支配的になる

って，(6)式より，フォノンによる熱伝導率もフォノンの散乱過程から理解することができる．まとめたものを，Fig. B-2-3-1に示す．低温では，境界散乱により $\propto T^3$，極大を経て，フォノン-フォノン散乱により $\propto (T/\theta_D)^n \cdot \exp(\theta_D/bT)$，さらに高温で $\propto 1/T$ の温度依存性を示す．これらの温度依存性の導出は，後述の通りである．

フォノン熱伝導が支配的な例として，具体的な材料の熱伝導率を数点挙げる．

絶縁体は，伝導電子が存在せず，熱伝導率はフォノンの寄与が支配的である．例として，Fig. B-2-3-2にアルミナ単結晶（サファイア），Fig. B-2-3-3にダイヤモンドを示す．Fig. B-2-3-1に示したフォノン熱伝導率の典型的な振る舞いを示している．絶縁体の熱伝導率は，非常に大きいことが特徴である．

半導体の熱伝導率は，伝導電子の寄与は非常に小さく，フォノンの寄与が大きい．Fig. B-2-3-4は半導体Geの熱伝導率の温度依存性であるが，Fig. B-2-3-1とよく一致している．化合物半導体も同様な物性を示すことが知られている．

半金属の例として，炭素（黒鉛）を挙げる．同じ炭素からなるダイヤモンドは絶縁体であるが，黒鉛は π 電子が存在するため，半金属であり，ダイヤモンドに比べて熱伝導率が小さい（Fig. B-2-3-3）．また，熱分解黒鉛は結晶構造が異方的であり，それを反映している．

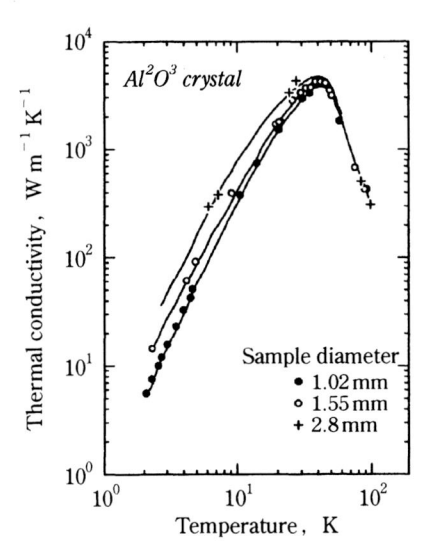

Fig. B-2-3-2 Al₂O₃単結晶の熱伝導率．同一結晶から切出した円筒形の単結晶試料：直径 1.02 mm（●），1.55 mm（○），2.8 mm（＋）[6]

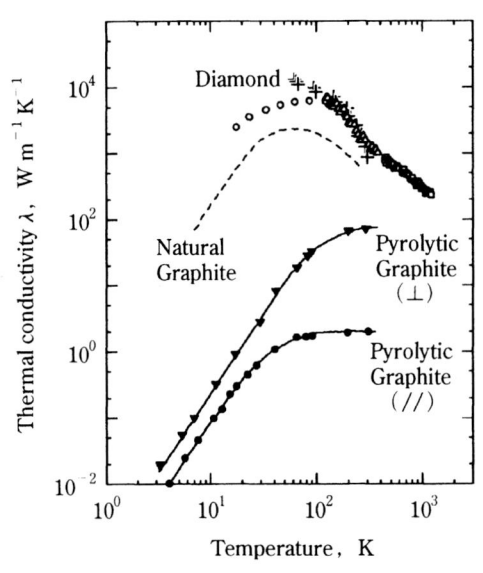

Fig. B-2-3-3 ダイヤモンドと黒鉛の熱伝導率．同じ炭素からなる黒鉛は，ダイヤモンドより熱伝導率が小さい．天然黒鉛（NG），熱分解黒鉛（PG）[7]，ダイヤモンド[8]

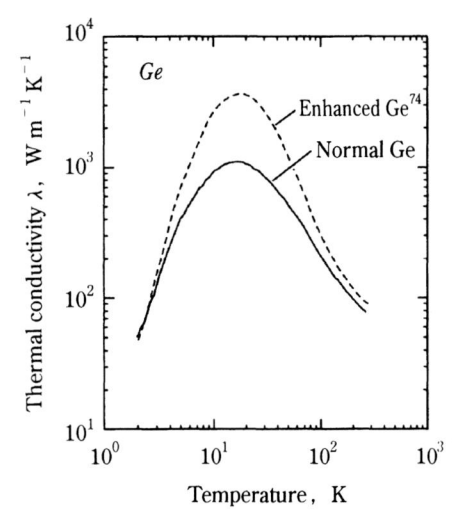

Fig. B-2-3-4 Geの熱伝導率．濃縮Ge（96％ ^{74}Ge）の5K以下で，境界散乱の T^3 依存性が見られる．天然Ge（20％ ^{70}Ge, 27％ ^{72}Ge, 8％ ^{73}Ge, 37％ ^{76}Ge）は，同位体効果により熱伝導率が濃縮Geよりも小さい[9]

2.3.2 フォノン熱伝導率

フォノンによる熱伝導率の温度依存性は，Fig. B-2-3-1の通りである．この温度依存性とフォノンの散乱過程の関係についてまとめる．

低温では，低周波数モードのフォノン（波数 q）が，熱的に励起されている．その占有数 n_s は非常に小さく，周波数がほぼ0で，波長が $2\pi/q$（$q \ll (\pi/a)$；aは格子定数）と非常に長い．この波長は格子定数と同オーダーであるため，フォノンは局在欠陥（格子欠陥や界面，粒界，不純物）ではなく，境界でのみ散乱される．よって，散乱の平均自由行程は，試料の直径 D と同程度であるから $l = D$，散乱周波数（緩和時間 τ の逆数）は $\tau^{-1} \sim v/D$ である．さらに，この温度領域では，比熱容量 $c \propto T^3$ であり，(6)式より，

$$\lambda_L \propto (1/3) v D T^3 \tag{7}$$

である．Fig. B-2-3-2に，アルミナ単結晶の熱伝導率の温度依存性を示す．10K以下で $\lambda_L \propto T^3$ を示している．アルミナは，デバイ温度 $\theta_D \sim 1000$K と高く，$T \leq 30$K で $c \propto T^3$ である．また，Fig. B-2-3-2は，同一単結晶から切出した三つの異なる直径の試料の熱伝導率を描いている．熱伝導率が試料サイズ（直径）に依存することが分かる．

少し温度が上昇すると，より高い周波数モードのフォノンが励起されるようになる．それに伴って，モードの波長は，欠陥や不純物の存在間隔と同程度まで減少し，フォノン-欠陥散乱が支配的になる．この領域では，λ_L は温度上昇に伴って緩やかに増大し，欠陥や不純物の濃度に依存して最大値に達する．例として，原子量 m と $m+\Delta m$ の同位体を含む物質を取り上げる．物質中では，同位体がランダムに配列しているとする．この場合，理論的には，

$$\tau^{-1} = n_d (V_a/4\pi v)(\Delta m/m)^2 \omega_s^4 \qquad (8)$$

となる．ここで，n_d は同位体濃度，V_a はユニットセル体積，v は平均群速度，ω_s はモード s の周波数である．デバイモデルでは，$\omega = vq = 2\pi v/L$（L：波長）であるから，$\tau^{-1} \propto \omega_s^4$ より，短い波長モードの寄与が大きい，すなわち同位体濃度が高いほど，その寄与が大きいことが分かる．Fig. B-2-3-5 は，同位体濃度を変化させた LiF の熱伝導率のプロットである．同位体効果が現れている．

さらに温度上昇した領域について考える．Fig. B-2-3-5 を例とすると，30 K 以上でサイズの異なる試料のデータの一致が見られる．これは，フォノン-フォノン散乱が支配的になったことを示している．フォノン-フォノン散乱には，Normal 過程（N 過程）と Umklapp 過程（U 過程）の 2 種類がある．N 過程は，運動量とエネルギーが伴に保存される弾性散乱であり，U 過程は，運動量が保存されない非弾性散乱である．Fig. B-2-3-6 のように，2 次元正方格子において，2 フォノン（波数 q_1，q_2，周波数 ω_1，ω_2，群速度 v_1，v_2）が衝突して消滅し，1 フォノン（波数 q_3，周波数 ω_3，群速度 v_3）が生成する過程を考える．図中，破線の四角形は，第一ブリルアン・ゾーンを表す．N 過程は，$q_1+q_2=q_3$，$\omega_1+\omega_2=\omega_3$，$v_1=v_2=v_3$ であり，U 過程は，$q_1+q_2=q_3-g$，$\omega_1+\omega_2=\omega_3$，$v_1>0$，$v_2>0$，$v_3<0$（$g$ は逆格子ベクトル）である．モード s（波数 q）の占有数を n_s とすると，運動量 P と熱流 J は，

$$P = \Sigma n_s(q) \hbar q$$
$$J = \Sigma n_s(q) \hbar \omega v_s \qquad (10)$$

と書ける．ここで，$\hbar = h/(2\pi)$，h はプランク定数である．温度一様の熱平衡状態では，系全体で $n_s(q) = n_s(-q)$，$q = -q$ となり，$P=0$，$J=0$ である．温度勾配がある場合は，N 過程では，各変化分が，

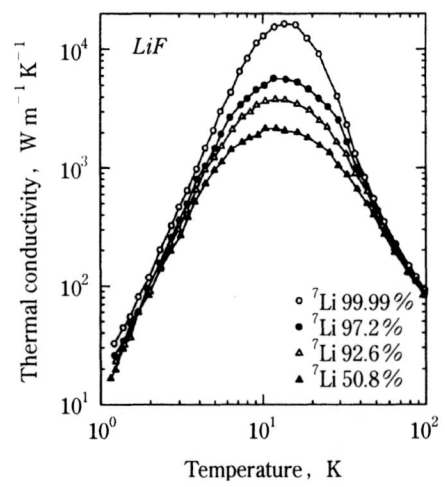

Fig. B-2-3-5 LiF における Li の同位体効果．^{7}Li 濃度，99.99 %（○），97.2 %［天然存在比］（●），92.6 %（△），50.8 %（▲）．Li の同位体は，^{6}Li と ^{7}Li が存在し，F は ^{19}F のみである [10]

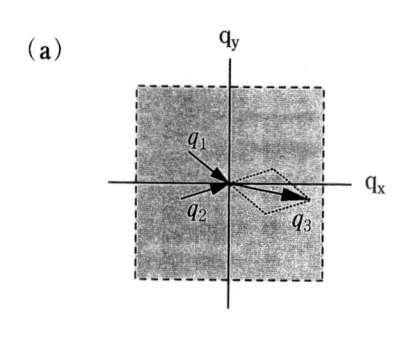

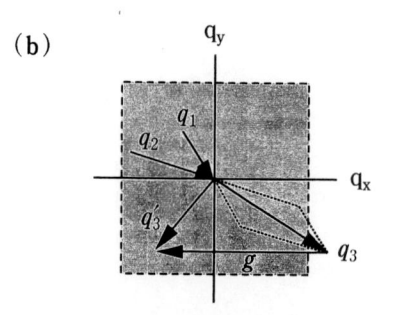

Fig. B-2-3-6 2 次元正方格子におけるフォノン散乱の模式図．(a) N 過程，(b) U 過程．図中の破線の四角は，フォノンの逆格子空間の第一ブリルアン・ゾーンである

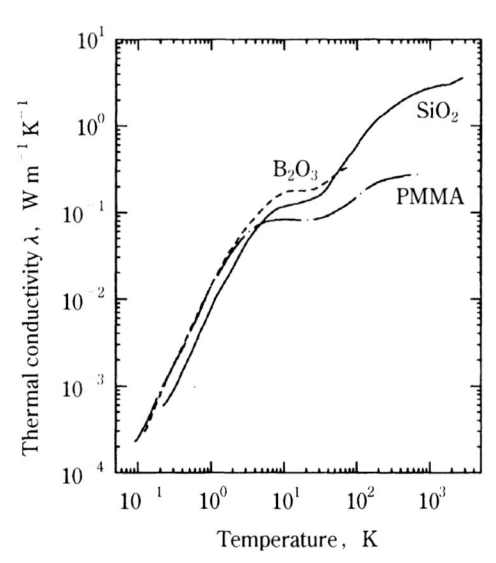

Fig. B-2-3-7 シリカガラス, 酸化ホウ素, ポリメチルメタクリレートの熱伝導率[11]

$\Delta P = \hbar(-q_1 - q_2 + q_3) = 0$

$\Delta J = \hbar(-\omega_1 v_1 - \omega_2 v_2 + \omega_3 v_3) = 0$ (11)

であるから, 熱抵抗には寄与しない. 一方, U過程は,

$\Delta P = \hbar(-q_1 - q_2 + q_3 + g) = \hbar g \neq 0$

$\Delta J = \hbar(-\omega_1 v_1 - \omega_2 v_2 + \omega_3 v_3) \neq 0$ (12)

である. すなわち, U過程が熱抵抗に寄与する.

このU過程の平均緩和時間 τ_U を見積る. Fig. B-2-3-4より, 逆格子ベクトル g は, q_x 軸に平行であり, $|g| = 2\pi/a$ (a は格子定数) である. また, $q_3' = |q_1 + q_2| < g/2$ であり, 生成フォノンのエネルギー $\hbar\omega_3 \geq k_B\theta_D/b$ である (ここで, k_B はボルツマン定数, $3/2 \leq b \leq 2$). デバイモデルでは, q_1 フォノンの占有数 n_1 は, プランク分布で与えられるから,

$n_1 = [\exp(\hbar\omega_1/k_B T) - 1]^{-1}$
$\sim \exp(-\hbar\omega_1/k_B T)$

2フォノンのU散乱確率は, 占有数の積で記述され,

$n_1 \cdot n_2 = \exp(-\hbar\omega_1/k_B T) \cdot \exp(-\hbar\omega_2/k_B T)$
$= \exp(-\hbar\omega_3/k_B T)$
$= \exp(-\theta_D/bT)$

緩和時間は, 散乱確率の逆数として記述されるから,

$\tau_U = \exp(\theta_D/bT)$ (13)

である. (6) 式と比熱容量の温度依存性などを考慮して, このU過程によるフォノン熱伝導率は, $T < \theta_D$ において,

$\lambda_L \propto (T/\theta_D)^n \cdot \exp(\theta_D/bT)$ (14)

と書くことができる.

θ_D よりも高温では, フォノン占有数 $n_s(q) \propto T$ であり, 比熱容量は, N を全原子数とすると, 定数 $3Nk_B$ (デュロン-プチ則) であるから, (6) 式より,

$\lambda_L \propto 1/T$ (15)

である.

フォノンは, 試料の結晶性に敏感であるから, 熱伝導率も影響を受ける. 非晶質の熱伝導率は, 一般に小さく, 低温で物質に依らずユニバーサルな振る舞いを示すことが知られている. 1K以下では $\propto 1/T^2$ であることが理論的にも, 実験的にも確認されている. それより高温ではプラトーを示し, さらに高温では温度と伴に増加する[11]. 粒径と同等に短いフォノンの平均自由行程と周波数が影響していると考えられている.

---

1) J. M. Ziman : Electrons and Phonons, Oxford Univ. Press, (1958). 2) 山下次郎, 長谷川彰 訳 : ザイマン固体物性の基礎, 丸善 (1975). 3) G. Grimvall : Thermophysical Properties of Materials, North-Holand, (1986). 4) P. Bruesch : Phonons : Theory and Experiments III, Springer-Verlg (1986). 5) 宇野良清, 津屋 昇, 森田 章, 山下次郎 共訳 : キッテル固体物理学入門, 丸善 (1988). 6) R. Berman, E. L. Foster and J. M. Ziman : Proc. Poy. Soc. A231 (1955) 130. 7) G. A. Slack : Phys. Rev 127 (1962) 694. 8) J. R. Olson, R. O. Pohl, J. W. Vandersande and A. Zoltan : Phys. Rev. B47 (1993) 14850. 9) T. H. Geballe et al. : Phys. Rev. 110 (1958) 773. 10) Ph. D. Thacher : Phys. Rev. 156 (1967) 975. 11) J. J. Freeman and A. C. Anderson : Phys. Rev. B34 (1986) 5684.

2.4 熱容量 (Specific heat capacity)

一般に物質の温度 T を単位量だけ上昇させるに必要な熱量 Q を，その物質の熱容量 c といい，熱容量は物質の基本的性質を表す重要な物理量である．熱容量には体積一定における定容熱容量 c_V と圧力一定における定圧熱容量 c_p がある．それぞれ熱容量は次式で定義される．

$$c_V \equiv \left(\frac{\partial U}{\partial T}\right)_V \tag{1}$$

$$c_p \equiv \left(\frac{\partial H}{\partial T}\right)_p \tag{2}$$

ここで，U は内部エネルギー，H はエンタルピーである．添え字の V，p はそれぞれ体積一定と圧力一定という条件を表す．U, T, V, H, p はいずれも状態量であるため，c_V と c_p は状態量となる．

(3)，(4) 式に示されるように，定容変化において吸収（放出）した熱量は内部エネルギーの増加（減少）に等しく，定圧変化ではエンタルピーの増加（減少）に等しいので，c_V と c_p はそれぞれ (5)，(6) 式で書き表される．

$$dU = \delta Q_V : (定容変化) \tag{3}$$

$$dH = \delta Q_p : (定圧変化) \tag{4}$$

$$c_V = \frac{dQ_V}{dT} \tag{5}$$

$$c_p = \frac{dQ_p}{dT} \tag{6}$$

したがって，定容熱容量と定圧熱容量は，それぞれ定容下ないしは定圧下で，熱を物質に与えたときの物質の温度変化を測定すればよい．気体は別として液体や固体の定容熱容量を正確に決定するのは実験的に相当な困難を伴う．

定容熱容量と定圧熱容量の間には次のような関係がある．

$$c_p - c_V = \left(\frac{\partial H}{\partial T}\right)_p - \left(\frac{\partial U}{\partial T}\right)_V = \left[p + \left(\frac{\partial U}{\partial V}\right)_T\right]\left(\frac{\partial V}{\partial T}\right)_p \tag{7}$$

(7) 式の $(\partial U/\partial V)_T$ は分子間の凝集力に関係する量であり，気体では小さな値を示し，理想気体ではゼロとなる．よって，理想気体では次の関係が得られる．

$$c_p - c_V = p\left(\frac{\partial V}{\partial T}\right)_p = \left(\frac{\partial (pV)}{\partial T}\right)_p = \left(\frac{\partial (RT)}{\partial T}\right)_p = R \tag{8}$$

物質の熱容量には，単位質量当たりの比熱容量 J/(kg·K) と 1 モル当たりのモル熱容量 J/(mol·K) がある．工業的な熱化学計算では比熱容量がよく用いられるが，物質構造との関係など微視的な取り扱いを行う場合は，モル熱容量を用いることが多い．

(a) 気体の熱容量

単原子気体

金属蒸気なような単原子気体の内部エネルギーは気体の分子運動論から導かれる．3 次元の空間で，単原子気体は 3 つの並進運動の自由度を持つ．Boltzmann のエネルギー等分配則によると，1 モル気体の 1 自由度当たりの並進エネルギーは $1/2(RT)$ であるので，単原子気体の内部エネルギーは次式で表される．

$$U = \frac{3}{2}RT \tag{8}$$

ここで，R は気体定数である．したがって，熱容量は次式で与えられる．

$$c_V \equiv \left(\frac{\partial U}{\partial T}\right)_V = \frac{3}{2}R \tag{9}$$

$$c_p \equiv \left(\frac{\partial H}{\partial T}\right)_p = \left(\frac{\partial U}{\partial T}\right)_p + p\left(\frac{\partial V}{\partial T}\right)_p = \frac{3}{2}R + R = \frac{5}{2}R \tag{10}$$

これらの値は数多くの元素において実験的に確かめられており，実測値と良く一致する．

2 原子分子気体

2 原子分子気体では，回転に関する自由度がさらに 2 つ加わる．その結果，

$$c_V = \frac{5}{2}R \tag{11}$$

$$c_p = \frac{7}{2}R \tag{12}$$

これらの値は室温では実測値とよく一致する．高温になると分子の 2 個の原子の間で振動が始まる．振動には位置エネルギーと運動エネルギーがあるため，振動の自由度がさらに二つ加わり，c_p の最大値は $c_p = (9/2)R$ となる．Table B-2-4-1 に気体の定圧モル熱容量を示す．高温では一般にこの最大値に近づいていることが分かる [1]．

多原子分子気体

多原子分子気体の熱容量を精度良く推定することは困難である．分子が直線構造を有している場合，並進と回転の自由度は 5 となるが，振動の自由度数は増加する．Table B-2-4-1 から分かるように直線的な

Table B-2-4-1 気体の定圧熱容量[1]（Specific heat capacity of gas species）

Species	c_p in J/mol^{-1}K^{-1}			
	298(K)	700(K)	1200(K)	1800(K)
K	20.75	20.79	20.84	20.88
Ti	24.43	21.63	21.46	23.51
Cu	20.79	20.79	20.79	21.09
Sn	21.25	30.04	32.89	29.66
H_2	28.83	29.66	31.21	33.18
CO	29.12	31.17	33.30	35.77
HCl	29.12	29.96	32.13	34.85
AlCl	34.64	37.07	37.74	38.12
S_2	32.47	36.23	37.24	37.66
I_2	36.86	37.70	38.03	38.41
H_2O	33.56	37.57	42.89	49.29
CO_2	37.24	48.74	54.39	60.17
SO_2	39.92	50.96	55.77	57.82
Al_2O	45.69	54.31	56.74	57.53

分子配列を示す CO_2 の c_p は，Boltzmann のエネルギー等分配則より予測される $c_p=(11/2)R$ に比べ大きな値をとる．このことは直線構造の中央の原子が振動を持つためと考えられる．また，非直線構造を有する H_2O，H_2S 分子などでは回転の自由度が3となり，振動の数も増加するため，これらの気体の熱容量を正確に推算することは困難となる．

(b) 固体の熱容量

Dulong-Petit の経験則によると，固体の元素の定容熱容量は室温で $3R$ の値で近似できる．この法則も古典理論によるエネルギー等分配から導くことができる．固体の原子は格子に固定されているため，回転や並進運動をすることができないが，三つの振動の自由度がある．前述したように振動には位置エネルギーと運動エネルギーがあるため，内部エネルギーは次式で表される．

$$U = (3/2)RT + (3/2)RT = 3RT \quad (13)$$

したがって $c_V \equiv (\partial U/\partial T)_V$ の関係より，固体の c_V は $3R$ となる．

室温以下の低温における熱容量と温度の関係については，物質を構成する原子や分子が調和振動子と考える量子論で近似できる．全ての原子が同一の振動数を持つと考える Einstein モデルは次式で表される．

$$c_V = 3R\left(\frac{h\omega}{kT}\right)^2 \frac{e^{h\omega/(kT)}}{(e^{h\omega/(kT)}-1)^2} \quad (14)$$

ここで ω は物質固有の特性振動数，k は Boltzmann 定数，$\theta_E = h\omega/k$ は Einstein の特性温度ある．

Debye は全ての原子は同じような力で結合しているが原子の運動は互いに相互作用し，その結果として広い振動数分布を生じると考え，Einstein モデルを発展させた熱容量の式を導いた．熱容量は次式で与えられる．

$$c_V = 9R\left(\frac{T}{\theta_D}\right)^3 \int_0^{\theta_D/T} \frac{x^4 e^x}{(e^x-1)^2} dx \quad (15)$$

ここで θ_D は物質によって決まる特性温度であり，c_V は (T/θ_D) のみの関数であり物質の種類に依存しない．Debye モデルによる熱容量を Fig. B-2-4-1 に示す．温度が高くなり $T \gg \theta_D$ で，c_V は Dulong-Petit の経験則の $3R$ に近づく．一方，極低温の $T \ll \theta_D$ （$T<0.1\theta_D$）では c_V は次式で近似され，温度の3乗に比例する．

$$c_V = 234R\left(\frac{T}{\theta_D}\right)^3 \quad (16)$$

極低温において金属の熱容量が Debye モデルによる値と一致しないことがみられる．これは，金属の自由電子の寄与によると考えられる．Debye モデルでの温度の3乗則が成立するような低い温度で，金属の c_V は電子からの寄与と格子からの寄与の和として次の経験式で表される．

$$\frac{c_V}{T} = \gamma + AT^2 \quad (17)$$

ここで，γ と A はそれぞれ物質に固有の定数であり，γ を電子熱容量，A を格子熱容量という．電子による項は温度に比例し，十分な低温において支配的になることが分かる．カリウムに対する実験値を Fig. B-2-4-2 に示す[2]．カリウムの低温の熱容量は (17) 式により表すことができ，その電子熱容量は 2.08×10^{-3} J/(molK^2) となる．いくつかの金属の電子熱容量に関しては Kittel により纏められている[3]．

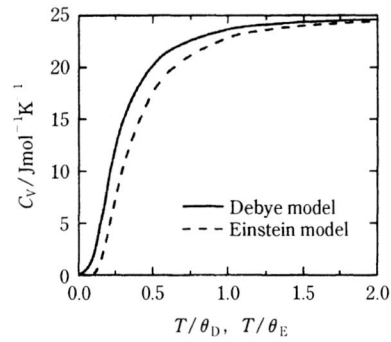

Fig. B-2-4-1 Einstein モデルと Debye モデルによる熱容量（Calculated molar heat capacity from Einstein and Debye equations）

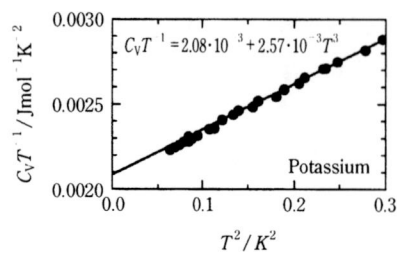

Fig. B-2-4-2 カリウムの熱容量の実測値[3]
(The low temperature constant volume molar heat capacity of potassium)

固体に対する c_p と c_v の関係は次式で表される.

$$c_p - c_v = \left[p + \left(\frac{\partial U}{\partial V}\right)_T\right]\left(\frac{\partial V}{\partial T}\right)_p = T\left(\frac{\partial p}{\partial T}\right)_V\left(\frac{\partial V}{\partial T}\right)_p \quad (18)$$

固体の圧縮率 α と熱膨張係数 β とすると,

$$\alpha = -\left(\frac{1}{V}\right)\left(\frac{\partial V}{\partial P}\right)_T \quad (19)$$

$$\beta = \left(\frac{1}{V}\right)\left(\frac{\partial V}{\partial T}\right)_p \quad (20)$$

これらの関係を用いると(18)式は次のように書き表される.

$$c_p - c_v = \frac{TV\beta^2}{\alpha} \quad (21)$$

しかしながら,これらの物理量が全て分かっている例は少ないので,次のNernst-Lindemannの近似式を用いると便利である.

$$c_p - c_v = A c_p^2 T \quad (22)$$

A は物質固有の値であり,温度にあまり依存しない定数である.たとえば金の場合800Kで $A=4.59\times10^{-6}$(mol/J)であるが300Kでも $A=4.71\times10^{-6}$(mol/J)となる.一般に室温では c_p-c_v の値は0.8〜2.1 J/(mol·K)程度にしかならない[4].

(c) 液体の熱容量

液体の無機物質の熱容量は,固体状態の値と大きく異ならない.これは液体状態と固体状態の間には密接な関連があることを示唆する.液体の熱容量を適切に表す簡単なモデルは存在していないが,固体状態での分子,原子間の結合と同様なポテンシャルエネルギーが存在していると考えられる.液体金属の熱容量が温度の上昇に伴い減少する傾向が報告されているが,通常工業的に取り扱う温度範囲では金属液体の熱容量は一定と見なして良い.

有機物の液体のモル熱容量は,29.3から33.5J/(mol·K)程度の値を示す.測定値が無い場合は平均値としての31.4J/(mol·K)の値を用いることが多い[1].

(d) 合金および化合物の熱容量

合金や化合物の熱容量は,理論的にも実験的にもあまり知られていないことが多い.固体の合金や化合物の熱容量の推算方法として,合金や化合物の生成に伴う熱容量変化, Δc をゼロと仮定し,合金および化合物のモル熱容量は構成元素のモル熱容量の和に等しいとするNeumann-Koppの法則が用いられる.Table B-2-4-2にSchübelによる報告を示す.この法則が合金相に良く成立することが分かる[5].

しかしながら,気体元素を含む合金および化合物系では Δc をゼロと見なせないことが多いため,これらの合金,化合物系にNeumann-Koppの法則を適用することは注意が必要である.

Table B-2-4-2 金属間化合物の熱容量の加成性からの相違[5] (Deviation of the specific heat capacity of compounds from those calculated additively)

Compound	Deviation in %		
	291-373(K)	291-573(K)	291-773(K)
Cu_2Mg	-1.5	-1.2	+1.1
$CuAl_2$	-0.2	-0.5	-0.6
Cu_3Al	-1.3	-1.0	-0.4
Ag_3Al	0	+1.7	+1.1
Cu_3Sb	+4.8	+4.4	—
$MgZn_2$	-1.5	-1.7	—
Ni_2Mg	-5.0	-6.0	-8.0
Co_2Sn	+0.8	—	—

(e) 熱容量の温度表示式

物質のエンタルピーやエントロピーを算出する上で,熱容量を温度の関数として表示することは有効である.熱容量の温度表示式としては,次式が一般に用いられる.

$$c_p = a + bT + cT^{-2} \quad (23)$$

$$c_p = a + bT + cT^{-1/2} \quad (24)$$

$$c_p = a + bT + cT^2 \quad (25)$$

---

1) O. Kubaschewski, C. B. Alcok, Material Thermo-Chemistry, 5th (Pergamon Press, 1979). 2) W. H. Lien, N. E. Phllips, Phys. Rev. **133A** (1964) 1370. 3) C. Kittel, H. Kroemer, Themal Physics (W. H. Freeman, 1980). 4) Y. A Chang, L. Himmel, J. Appl. Phys., **37**, (1966) 3567. 5) P. Schübel, Z. Anorg. Chem. **87** (1914) 81.

これらの式に T^3 の項を追加することもある．式の選択は，熱容量の曲線の勾配が最も大きく変化する温度範囲での整合性を考慮することで決まる．低温で曲率が大きく，高温で直線的な変化をする場合は(23)式か(24)式がよい．室温より高い温度範囲では(23)式が最も良く用いられている．高温において熱容量の温度変化が大きな場合は(25)式が用いられる．

2.5　熱膨張率（Thermal expansion）

2.5.1　熱膨張率の定義

熱膨張は物質が温度変化に伴いその体積や形状の寸法が膨張もしくは収縮する物理現象のことである．この現象を定量的に表す物理量は，固体の場合，温度変化に伴う単位体積あたりの体積変化率として"体積膨張率"が，

$$\text{体積膨張率}: \beta = \frac{1}{V}\left(\frac{\Delta V}{\Delta T}\right)$$

温度変化に伴う単位長さあたりの長さ変化率として"線膨張率"が，

$$\text{線膨張率}: \alpha = \frac{1}{L}\left(\frac{\Delta L}{\Delta T}\right)$$

定義される．等方的な固体材料では $\beta \approx 3\alpha$ である．また，気体，液体については形状が定義できないため，体積膨張率のみが決定可能である．ここで，V，L はそれぞれ試料の体積および長さであるが値の算出を簡便にするため，これを V_0，L_0（室温での値を用いることが多い）により置き換え，

$$\text{体積膨張率}: \beta = \frac{1}{V_0}\left(\frac{\Delta V}{\Delta T}\right)$$

$$\text{線膨張率}: \alpha = \frac{1}{L_0}\left(\frac{\Delta L}{\Delta T}\right)$$

とするのが一般的である．一般的な金属やセラミックスでは，V，L の変化率は1%以下であるため，実用上は V_0，L_0 で置き換えることによる影響は無視できる．

また，線膨張率の決定の際の測定条件および算出方法により，ΔT が十分に小さいといえる場合の値を"瞬間線膨張率"，

$$\text{瞬間線膨張率}: \alpha = \frac{1}{L_0}\left(\frac{dL}{dT}\right)$$

ΔT が大きい場合の値を"平均膨張率"

$$\text{平均膨張率}: \alpha = \frac{1}{L_0}\left(\frac{L_2 - L_1}{T_2 - T_1}\right)$$

ということがある．

2.5.2　熱力学的考察；熱膨張率の低温における振る舞い

物質の熱膨張の低温に対する振る舞いを考察する．熱膨張 $(\partial V/\partial T)_p$ は，Maxwellの関係式より $(\partial V/\partial T)_p = -(\partial S/\partial p)_T$ と表される．ここで熱力学第3法則より導出されるエントロピー S と定圧比熱の関係式 $S = \int_0^T C_p/t \, dt$；（C_p は定積比熱）を用いると，

$$\left(\frac{\partial V}{\partial T}\right)_p = -\int_0^T \frac{1}{t}\left(\frac{\partial C_p}{\partial p}\right)_T dt$$

となる．ここで，$C_p = T(\partial S/\partial T)_p$ を用いると，

$$\left(\frac{\partial C_p}{\partial p}\right)_t = T\frac{\partial^2 S}{\partial p \partial T} = T\frac{\partial}{\partial T}\left(\frac{\partial S}{\partial p}\right)_T = -T\left(\frac{\partial^2 V}{\partial T^2}\right)_P$$

であるから，

$$\left(\frac{\partial V}{\partial T}\right)_p = \int_0^T \left(\frac{\partial^2 V}{\partial t^2}\right)_P dt = \left(\frac{\partial V}{\partial T}\right)_p - \left(\frac{\partial V}{\partial T}\right)_p\bigg|_{T=0}$$

したがって，

$$\left(\frac{\partial V}{\partial T}\right)_p\bigg|_{T=0} = 0$$

つまり，純粋な物質の熱膨張率は比熱と同様に絶対零度に近づくにつれて，零となることが予想される．より具体的な低温における熱膨張率の温度依存性は，結晶格子を弾性体と考え音速を一定とする仮定に基づくデバイモデルにより，温度の3乗に比例することが導出される（デバイモデルの詳細については比熱の項を参照のこと）．

2.5.3　格子振動の非調和項（とグリューナイゼンの関係）

固体結晶を構成する各原子は，近接原子の作り出すポテンシャル場の中で振動している．このポテンシャルが平衡点からの原子の変位距離の2次の項（調和項）のみであるとすると，温度変化による熱膨張は生じない．しかしながら，実際の物質においてはポテンシャルの平衡位置に対する非対称性から，3次以上のポテンシャル成分（非調和項）の影響により，温度上昇に伴い原子の平衡点の位置の変化，つまり熱膨張現象が生じることとなる．

具体的に3次の項による熱膨張率の発現を検証してみる．ポテンシャル $\phi(x)$ を $\phi(x) = ax^2 - bx^3 - cx^4$

とし，Maxwell–Boltzmann分布を用いて原子の平均位置 $\bar{x}$ を求めると，

$$\bar{x} = \frac{1}{z}\int_{-\infty}^{+\infty} x \exp\left(-\frac{\phi(x)}{k_B T}\right)dx$$

$$= \frac{1}{z}\int_{-\infty}^{+\infty} x \exp\left(-\frac{ax^2}{k_B T}\right)\exp\left(\frac{bx^3+cx^4}{k_B T}\right)dx;$$

$$z = \int_{-\infty}^{+\infty} \exp\left(-\frac{\phi(x)}{k_B T}\right)dx$$

となる．ここで，非調和項が調和項に比べ十分に小さいとして，指数関数を展開すると，

$$\bar{x} = \frac{1}{z}\int_{-\infty}^{+\infty} x \exp\left(-\frac{ax^2}{k_B T}\right)\left(1+\frac{bx^3+cx^4}{k_B T}\right.$$
$$\left.+\frac{1}{2}\left(\frac{bx^3+cx^4}{k_B T}\right)^2+\cdots\right)dx$$

$$= \frac{1}{z}\int_{-\infty}^{+\infty} \exp\left(-\frac{ax^2}{k_B T}\right)\left(\frac{bx^4}{k_B T}+\cdots\right)dx$$

$$= \frac{1}{z}\sqrt{\frac{\pi k_B T}{a}}\left(\frac{3}{4}\frac{bk_B T}{a^2}+\cdots\right) = \frac{3}{4}\frac{bk_B T}{a^2}+\cdots$$

したがって，熱膨張として，

$$\alpha = \frac{d\bar{x}}{dT} \propto \frac{3}{4}\frac{bk_B}{a^2}$$

が得られる．この結果から，非調和項が大きくなることにより熱膨張が大きくなることが判る．また，得られた熱膨張は温度依存性を持たないがこれは，Maxwell–Boltzmann分布による古典的な扱いができる高温での熱膨張の振る舞いを示している．低温においては量子効果を考慮した扱いが必要であり，これにより熱膨張は $T \to 0$ で零に近づくことが導かれる．

次に，熱膨張と比熱を関係づけるグリューナイゼンの関係式の導出を行う．まず，熱膨張現象の原因となる格子振動は体積変化の影響をうけると考えられる．ここで，物質の体積 V の変化 ΔV に対して，ポテンシャル中の原子の基準振動数 v_i が同じ割合で Δv_i 変化すると仮定する（グリューナイゼンの仮定）．

$$\frac{\Delta v_i}{v_i} = -\gamma \frac{\Delta V}{V}$$

このとき，結晶全体を独立した振動子の集まりと考えると全エネルギーは，

$$E = \Phi + \sum_i \left(n_i + \frac{1}{2}\right)hv_i$$

であり，右辺第1項は各原子が平衡点に静止しているときのポテンシャルエネルギー，第2項は各原子の振動のエネルギーである．これより，結晶の自由エネルギー（ヘルムホルツの自由エネルギー）は，統計力学により，

$$F = \Phi + k_B T \sum_i \ln\left(2\sinh\frac{hv_i}{2k_B T}\right)$$

となる．結晶の体積 V は自由エネルギーが極小となる条件 $(\partial F/\partial V = 0)$ を満たすため，

$$\frac{\partial F}{\partial V} = \frac{d\Phi}{dV} + \sum_i \left(\frac{1}{2}hv_i + \frac{hv_i}{\exp(hv_i/k_B T)-1}\right)\frac{d\ln v_i}{dV}$$

$$= \frac{d\Phi}{dV} - \frac{\gamma}{V}\sum_i \left(\frac{1}{2}hv_i + \frac{hv_i}{\exp(hv_i/k_B T)-1}\right)$$

$$= 0$$

となる．グリューナイゼンの仮定を用いた．またポテンシャルエネルギー Φ は，ここで，圧縮率 κ を用いて

$$\Phi = \frac{1}{2\kappa_0}\left(\frac{V-V_0}{V_0}\right)^2$$

となる．したがって，

$$\frac{d\Phi}{dV} = \frac{1}{\kappa_0}\frac{V-V_0}{V_0} = \frac{\gamma}{V_0}\overline{\varepsilon(T)}$$

ここで $\overline{\varepsilon(T)}$ は各原子の振動のエネルギーである．これを温度で微分することにより，グリューナイゼンの関係式

$$\beta = \frac{d}{dT}\left(\frac{V-V_0}{V_0}\right) = \frac{\kappa_0 \gamma}{V_0}C_V$$

が得られ，体積膨張率と定積比熱が比例関係にあることが判る．この式中の γ はグリューナイゼン定数とよばれ，通常1～3程度の値である．格子比熱についてのデバイモデルによれば，十分低温では格子比熱が温度の3乗に比例することが知られており，グリューナイゼンの関係式とあわせて熱膨張率も比熱と同様に低温で零に近づくことが導かれる．この結果は，B-2-5-2での考察と一致する．

2.5.4 代表的な固体材料の室温における線膨張率値

Fig. B-2-5-1に元素単体の室温付近における線膨張率を示す．

Fig. B-2-5-2に代表的な合金，セラミックスおよび高分子材料の室温付近おける線膨張率を示す．

2.5 熱膨張率

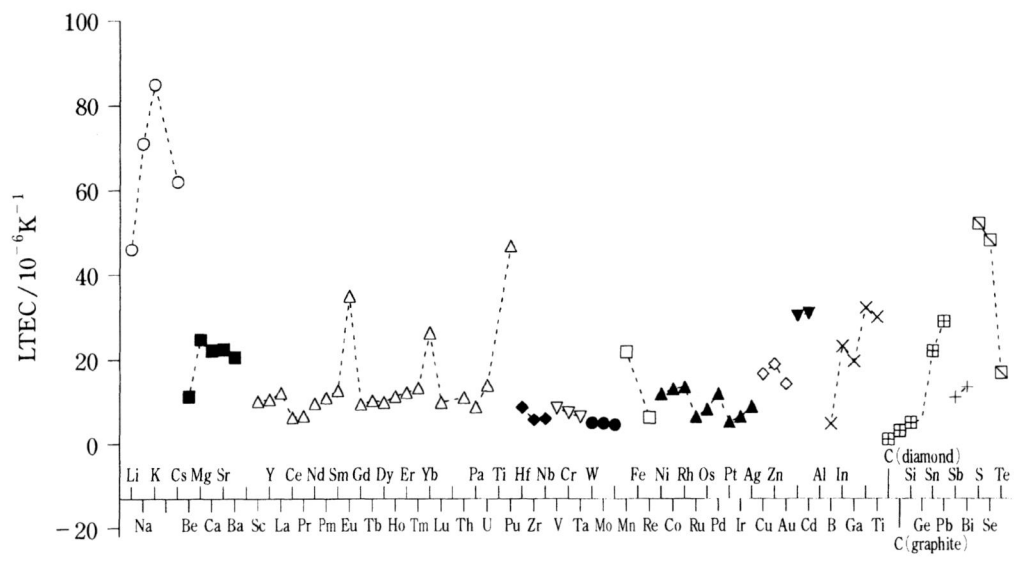

Fig. B-2-5-1 室温付近での元素単位の線膨張率
(Thermal expansivity of elements at room temperature)

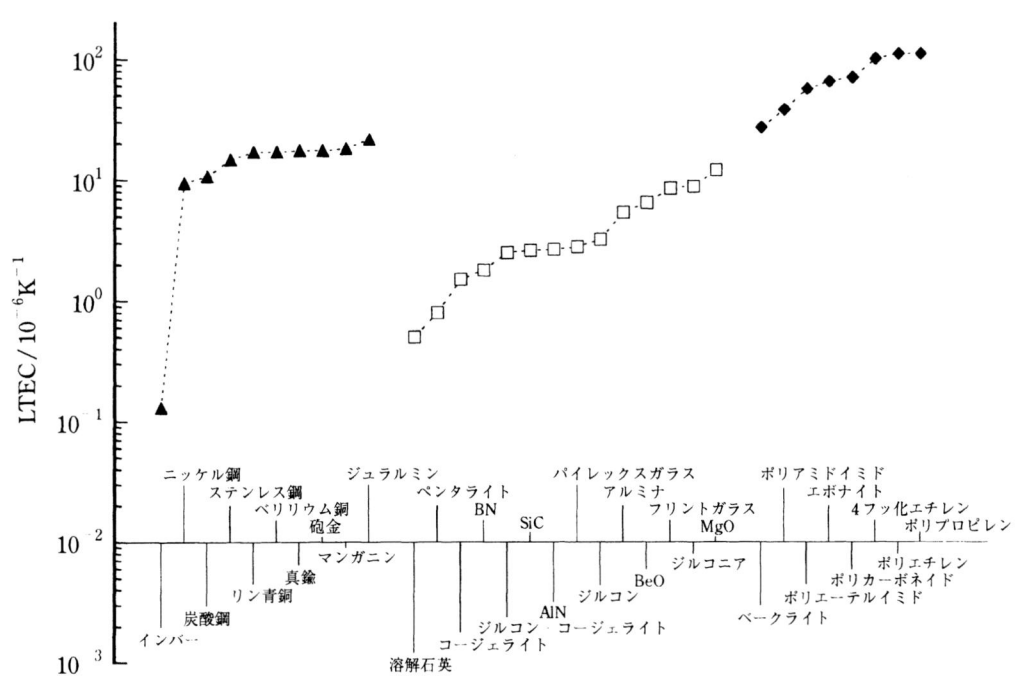

Fig. B-2-5-2 室温付近での合金, セラミックスおよび高分子材料の線膨張率
(Thermal expansivity of alloys, ceramics and polymers at room temperature)

B.3 流体（標準流体）

物質名 分子記号	分子量	融点 (K)	沸点 温度 (K)	沸点 蒸発熱 (kJ/kg)	臨界点 臨界温度 (K)	臨界点 臨界圧力 (MPa)	臨界点 臨界密度 (kg/m^3)	双極子モーメント (Debye)	密度 (kg/m^3)	定圧比熱 (kJ/(kg·K))
ヘリウム He	4.003	1 (26気圧)	4.21	20.3	5.20	0.2275	69.6		0.163	5.197
ネオン Ne	20.179	24.6	27.3	87.5	44.4	2.66	483		0.824	1.031
アルゴン Ar	39.948	83.8	87.5	163.2	150.7	4.865	536		1.634	0.522
クリプトン Kr	83.80	115.77	121.4	107.7	209.4	5.50	919		3.429	0.248
キセノン Xe	131.29	161.25	164.1	120.8	289.73	5.840	1110		5.397	0.1584
n-水素 H$_2$	2.016	13.96	20.39	448	33.2	1.316	31.6		0.0824	14.317
重水素化水素 HD	3.024	16.60	22.13	390	36.0	1.48	48.2			
重水素 D$_2$	4.032	18.73	23.67	304	38.4	1.66			0.165	7.248
トリチウム T$_2$	6.032	20.62	25.04		40.0		109			
フッ素 F$_2$	37.997	53.53	86.2	180.6	144.3	5.215	574		1.553	0.8256
塩素 Cl$_2$	70.906	172.17	238.6	287.8	417	7.70	573		2.944	0.4781
臭素 Br$_2$	159.808	266.07	331.9	1145.8	584.2	10.34	1180		3140 (293)	0.4748
ヨウ素 I$_2$	253.809	386.8	457.5	164.4	819	11.7	1610			
窒素 N$_2$	28.013	63.15	77.35	1365	126.20	3.400	314		1.146	1.0404
酸素 O$_2$	31.999	54.36	90.0	213	154.58	5.043	436		1.310	0.9194
オゾン O$_3$	47.998	80.65	161	251	261.0	5.57	540	0.53	2.1415 (273)	
水銀 Hg	200.59	234.28	629.73	294.88	1735	160.80	4700		13534	0.13879
空気 -	28.97		78.8	213.3	132.5	3.766	313		1.184	1.0061
一酸化炭素 CO	28.010	68.15	81.6	215.7	132.91	3.491	299.7	0.112	1.145	1.043
二酸化炭素 CO$_2$	44.010		194.7 (昇華)	368	304.2	7.38	466	0	1.811	0.850
水 H$_2$O	18.015	273.15	373.124	2257	647.096	22.064	322	1.85	997.1	4.174
重水 D$_2$O	20.031	277.02	374.57	2077	643.847	21.671	356		1104	4.203
一酸化窒素 NO	30.006	109.51	121.4	547.7	180	6.48	520	0.153	1.228	0.995
二酸化窒素 NO$_2$	46.005	263.9	294.5	11.99	431	10.1	561	0.316		0.841
一酸化二窒素 N$_2$O	44.013	182.33	183.7	376.1	309.56	7.24	452	0.167		0.875
二酸化硫黄 SO$_2$	64.059	200.45	263.2	389.3	430.8	7.884	525	1.63	2.679	0.622
三酸化硫黄 SO$_3$	80.058	289.95	318.0	702.9	491.0	8.21	630	0		
フッ化水素 HF	20.006	189.78	292.7	376	461	6.48	290	1.82		1.457
塩化水素 HCl	36.461	158.96	188.2	442.9	324.6	8.31	450	1.08	1.502	0.798
臭化水素 HBr	80.914	186.29	206.4	217.7	363.2	8.55	736	0.82		0.360

(Gases and Liquids at Standard Temperature and Pressure)

| 標準状態(298K, 101kPa)における物性値 | | | | | | 体膨張率 | 蒸気圧(温度) | 表面張力 |
比熱比	粘性率 (μPa·s)	動粘性率 (mm^2/s)	熱伝導率 (mW/(m·K))	温度伝導率 (mm^2/s)	プラントル数	(10^{-6}/K)	(kPa (K))	(mN/m)
1.658	19.80	121	149.3	176	0.688		1.3(1.732) 13.3(2.627)	0.12 (4)
1.640	31.58	38.3	49.1	57.8	0.663			5.5 (25)
1.331	22.61	13.8	17.63	20.7	0.667			13.2 (85)
	25.39	7.40	9.37	11.0	0.673			
	23.18	4.29	5.59	6.54	0.656			
1.403	8.90	108.0	180.6	153.1	0.705		13.3(15.25), 26.7(16.85)	2.31 (18)
	10.53 (293)							
1.395	12.69	76.9	139.9	117	0.657			
	23.5	15.1	27.7	21.6	0.699		1.3(59.45), 8.0(67.68) 26.7(74.84)	
	13.63	4.63	8.83	6.27	0.738		2.7(179.60), 13.3(201.22) 26.7(212.55)	18.4 (293)
	942		123		3.64		1.3(247.4), 2.7(255.7)	41.5 (293)
							1.3(346.40), 2.7(358.05) 8.0(378.30)	
1.399	17.77	15.5	25.84	21.7	0.714		13.3(63.49) 26.7(67.57)	6.61 (90)
1.401	20.57	15.7	26.59	22.1	0.710		1.3(62.5), 13.3(74.5) 26.7(79.11)	13.2 (90)
							1.3(117), 13.3(136) 26.7(144)	
	1490	0.110	8130	4.33	0.0254	Table D-3-5-11		482 (298)
1.395	18.4	15.5	25.9	21.7	0.714			
1.407	17.7	15.5	25.0	20.9	0.742		26.7(71.9)	9.81 (80)
1.285	14.9	8.23	16.5	10.72	0.768			1.16 (293)
	891	0.891	610	0.147	6.06		101.325(373.124), 2.34(293.15)	72.73 (293.15)
	1105	1.001	592	0.128	7.84		101.325(374.57), 2.00(293.15)	72.61 (293.15)
1.425	19.2	15.6	25.7	21.0	0.745		26.7(110.92)	
	12.8		14.9		0.722			
	14.9		17.3		0.754			1.75 (293)
	13.0	4.85	9.5	5.70	0.851		1.3(195.7), 13.3(225.25) 26.7(236.69)	
							202.6(333.2) 1013(377.2)	
							1.3(206.1), 13.3(244.99) 26.7(259.53)	
	14.6	9.72	14.4	12.0	0.81		26.7(167.426)	

B.3 流体（標準流体）

物質名 分子記号	分子量	融点 (K)	沸点 温度 (K)	沸点 蒸発熱 (kJ/kg)	臨界点 臨界温度 (K)	臨界点 臨界圧力 (MPa)	臨界点 臨界密度 (kg/m³)	双極子モーメント (Debye)	密度 (kg/m³)
ヨウ化水素 HI	127.912	222.36	237.7	154.5	424.0	8.31	947	0.44	
シアン化水素 HCN	27.026	259	298.9	933.1	456.8	5.39	195	2.98	688 (293)
硫化水素 H₂S	34.076	187.62	211.4	548.0	373.2	8.94	346	0.97	1.409
アンモニア NH₃	17.030	195.41	239.8	199.1	405.6	11.28	235	1.47	0.60
ヒドラジン N₂H₄	32.045	274.68	386.3	1274	653	14.69	334	1.75	1011 (293)
硝酸 HNO₃	63.013	231.55	356	603.6				2.17	1504
硫酸 H₂SO₄	98.073	283.46	613 (分解)						1848 (288)
六フッ化硫黄 SF₆	146.050		209.7 (昇華)	117	318.7	3.779	729	0	
六フッ化ウラン UF₆	352.019		329.7 (昇華)	135.9 (昇華)	503.4	4.91	1390	0	
四塩化珪素 SiCl₄	169.898	203	330.8	186.7	507	3.75	521	0	1483 (293)
メタン CH₄	16.043	90.70	111.63	510.0	190.55	4.595	162.2	0	0.657
アセチレン C₂H₂	26.038		189.6 (昇華)	749.7	308.33	6.139	231	0	1.077
エチレン C₂H₄	28.054	104.0	169.2	482.8	282.65	5.076	218	0	1.155
エタン C₂H₆	30.069	90.36	184.6	489.1	305.3	4.871	204.5	0	1.243
プロピレン C₃H₆	42.081	87.90	225.5	437.6	365.0	4.62	233	a:0.360 b:0.050	0.514
プロパン C₃H₈	44.096	85.45	231.1	425.9	369.82	4.250	217	0.084	1.854
n-ブタン C₄H₁₀	58.123	134.85	272.7	385.3	425.16	3.797	228	<0.05	
イソブタン C₄H₁₀	58.123	113.55	261.5	366.4	408.13	3.648	221	0.132	
シクロペンタン C₅H₁₀	70.134	179.27	322.4	406.3	511.6	4.508	270		745
n-ペンタン C₅H₁₂	72.150	143.42	309.3	397.3	469.6	3.369	237	<0.1	621
イソペンタン C₅H₁₂	72.150	113.25	301.0	338.9	460.39	3.381	236	0.13	615
ベンゼン C₆H₆	78.113	278.68	353.3	393.9	562.16	4.898	302	0	874
シクロヘキサン C₆H₁₂	84.163	279.70	353.9	358.2	553.4	4.07	273		774
n-ヘキサン C₆H₁₄	86.177	177.83	341.9	336.8	507.4	2.97	233	<0.1	655
トルエン C₆H₅CH₃	92.140	178.16	383.8	363.2	591.79	4.109	292	0.36	862
n-ヘプタン C₇H₁₆	100.203	182.57	371.6	320.1	540.2	2.736	232	<0.1	680
n-オクタン C₈H₁₈	114.230	216.39	398.9	306.3	568.76	2.487	232	<0.1	699
エチルベンゼン C₆H₅C₂H₅	106.167	178.18	409.4	338.9	617.09	3.609	284	0.59	863
メタノール CH₃OH	32.042	175.47	337.8	1190	512.58	8.10	272	1.70	787
エタノール C₂H₅OH	46.069	159.05	351.7	854.8	516.2	6.38	276	1.69	785

定圧比熱 (kJ/(kg·K))	比熱比	粘性率 (μPa·s)	動粘性率 (mm²/s)	熱伝導率 (mW/(m·K))	温度伝導率 (mm²/s)	プラントル数	体膨張率 (10⁻⁶/K)	蒸気圧(温度) (kPa (K))	表面張力 (mN/m)
0.228		18.9		6.2		0.695			
1.332 (300)		183					1930 (273-293)	202.6(318.7) 1013(376.7)	18.2 (290)
1.004		12.6	8.94	14.4	10.2	0.876			
2.156	1.331	10.2	17.0	24.4	18.8	0.904		26.7(216.03)	18.1 (307)
		1050 (293)						1.3(234.85), 8.0(253.97) 13.3(260.03) 1.3(268.1), 13.3(307.3)	
								26.7(322.0)	42.7 (285)
0.659									
		18.9 (333)							
								1.3(238.8), 13.3(278.6) 26.7(294.2)	
2.232	1.303	11.1	16.9	33.7	23.0	0.735		202.6(120.9) 1013(148.4)	13.7 (113)
1.704	1.237	10.3	9.56	21.5	11.7	0.817			18 (196)
1.566	1.259	10.3	8.92	20.8	11.5	0.776		1.3(119.93), 8.0(135.87) 26.7(149.71)	16.3 (183)
1.767	1.260	9.40	7.56	21.2	9.65	0.783		202.6(198.2) 1013(241.2)	
1.549	1.157	8.73	16.98	17.0	21.4	0.793		202.6(241.8) 1013(293.0)	13.5 (248)
1.675	1.143	8.21	4.45	18.0	5.80	0.767		202.6(247.6) 1013(300.1)	9.22 (273)
1.712	1.142	7.52		16.3		0.790		202.6(292.0) 1013(352.7)	18.4 (243)
1.691		7.56		16.1		0.794		202.6(280.7), 1013(340.0)	16.05 (243)
1.818 (300)		416		129				1.3(232.8), 8.0(261.9) 26.7(286.93)	13.5 (296)
2.319		225	0.362	119	0.0826	4.38	1589 (273-303)	1.3(223.1), 8.0(250.97) 26.7(275.07)	15.48 (298)
2.295 (300)		215	0.350	113				1.3(216.3), 8.0(243.59) 26.7(267.30)	14.97 (293)
1.743		603	0.690	143	0.0939	7.35	1229 (279-303)	202.6(377.0) 1013(452.0)	28.2 (298)
1.850 (297)		898		120			1220 (303)	202.6(379.2) 1013(457.2)	25.3 (293)
2.269		299	0.456	123	0.0828	5.51	1350 (273-303)	202.6(366.2) 1013(439.8)	18.4 (293)
1.717		552	0.640	133	0.0899	7.12	1060 (273-303)	202.6(409.7) 1013(489.0)	
2.246		397	0.584	127	0.0832	7.02		202.6(398.0) 1013(476.0)	20.8 (293)
2.226		515	0.737	130	0.0835	8.83	1124 (273-303)	202.6(425.9) 1013(509.0)	21.8 (293)
1.712 (303)		637	0.738	133 (293)			955 (273-303)	202.6(436.7) 1013(519.5)	28.5 (298)
2.520		555	0.705	203	0.1024	6.88	1190 (273-303)	202.6(357.2) 1013(411.2)	22.55 (293)
2.422		1078	1.373	167	0.0878	15.64	1100 (273-303)	202.6(370.7) 1013(425.0)	22.27 (293)

B.3 流体（標準流体）

物質名 分子記号	分子量	融点 (K)	沸点 温度 (K)	沸点 蒸発熱 (kJ/kg)	臨界点 臨界温度 (K)	臨界点 臨界圧力 (MPa)	臨界点 臨界密度 (kg/m^3)	双極子モーメント (Debye)	密度 (kg/m^3)
1-プロパノール C_3H_7OH	60.096	146.95	370.4	786.6	536.71	5.170	275	1.68	800
2-プロパノール C_3H_7OH	60.096	184.65	355.48	700.6	508.32	4.764	273	1.66	781
1-ブタノール C_4H_9OH	74.122	183.85	390.8	619.2	562.93	4.413	271	1.66	806
2-ブタノール C_4H_9OH	74.122	158.45	372.65	617.3	535.95	4.194	276	1.64	803
1-ペンタノール $C_5H_{11}OH$	88.149	194.95	411.4	593.1	586	3.79	270		812
エチレングリコール $C_2H_4(OH)_2$	62.068	260.6	471	799.6				2.28	1110
グリセリン $C_3H_5(OH)_3$	92.094	291.0	563 (分解)						1263
アセトアルデヒド CH_3CHO	44.053	150.15	294	569.9	461	5.54	262	2.69	778 (293)
アセトン $(CH_3)_2CO$	58.080	178.4	329.7	551.9	508.2	4.70	278	2.88	785
メチルエチルケトン $CH_3COC_2H_5$	72.107	186.3	352.8	443.5	535.6	4.15	270	1.23	800
酢酸 CH_3COOH	60.052	289.81	391.1	405	594.45	5.79	351	1.74	1044
酢酸メチル CH_3COOCH_3	74.079	175.1	330.3	436.7	506.8	4.69	325	1.72	928
酢酸エチル $CH_3COOC_2H_5$	88.106	189.6	350	426.8	523.2	3.83	308	1.78	896
ジメチルエーテル $(CH_3)_2O$	46.069	134.7	249.5	491.3	400	5.37	242	1.30	2110 (273)
ジエチルエーテル $(C_2H_5)_2O$	74.122	156.9	307.8	392.1	466.70	3.638	265	1.15	708
エチレンオキシド C_2H_4O	44.053	161	283.88	579.9	469	7.19	314	1.89	896 (273)
アニリン $C_6H_5NH_2$	93.128	267.1	457.7	433.9	699	5.31	340	1.53	1018
ピリジン C_5H_5N	79.101	231.4	388.65	449.4	620.0	5.63	312	2.19	978
四塩化炭素 CCl_4	153.832	250.19	349.65	218	556.4	4.56	558	0	1589
R11 CCl_3F	137.368	162.0	296.9	189	471.15	4.409	553.8	0.45	5.840
R12 CCl_2F_2	120.913	115.4	243.358	166.6	384.95	4.1250	558	0.51	5.043
R12B1 $CClBrF_2$	165.365		269		426.88	4.254	673		
R13 $CClF_3$	104.459	92.0	191.75	90	302.0	3.870	577.8	0.50	4.388
R13B1 $CBrF_3$	148.910	105	215.37	79.39	340.08	3.9628	764	0.65	
R14 CF_4	88.005	89.15	145.2	136	227.5	3.742	625.7	0	
トリクロロメタン $CHCl_3$	119.378	209.65	334.9	271	536.4	5.47	500	1.01	1469
R21 $CHCl_2F$	102.923	138.15	282.07	247	451.58	5.184	523.9	1.29	4.284
R22 $CHClF_2$	86.468	113.15	232.33	233.5	369.3	4.9880	513	1.42	3.588
R23 CHF_3	70.014	117.95	191.12	143	299.01	4.8162	529	1.65	
ジクロロメタン CH_2Cl_2	84.933	178.01	312.9	329	510	6.08	440	1.60	1317

定圧比熱 (kJ/(kg·K))	比熱比	粘性率 (μPa·s)	動粘性率 (mm²/s)	熱伝導率 (mW/(m·K))	温度伝導率 (mm²/s)	プラントル数	体膨張率 (10⁻⁶/K)	蒸気圧(温度) (kPa (K))	表面張力 (mN/m)
2.394		1995	2.49	152	0.0794	31.36	990 (273-303)	202.6(390.2) 1013(450.2)	23.70 (293)
2.574		1765 (303)		138	0.0686		1060 (273-303)	202.6(374.5) 1013(428.9)	21.35 (293)
2.390		2600	3.23	152	0.0789	40.9	930 (273-303)	202.6(413.0) 1013(476.2)	24.67 (293)
		3385	4.22				1350 (293-303)	202.6(391.4) 1013(445.2)	23.47 (293)
2.364		3347	4.12	134	0.0698	59.0	880 (273-303)	1.3(318.9), 8.0(349.5) 26.7(375.4)	25.60 (293)
2.409		13550 (303)		256	0.0957		623 (273-303)	1.3(365.3), 8.0(402.7) 26.7(431.7)	
2.460		945000	748	287	0.0924	8100	490 (288-303)	1.3(440.4), 8.0(481.2) 26.7(513.2)	63.4 (293)
1.407		224	0.288	190 (293)				1.3(214.2), 8.0(240.0) 26.7(262.3)	21.60 (293)
2.209		304	0.387	160	0.0923	4.20	1430 (273-303)	1.3(240.8), 8.0(270.0) 26.7(294.80)	23.32 (293)
2.205		394	0.493	144	0.0816	6.04			24.6 (293)
2.080 (295)		1120	1.073					1.3(290.8), 8.0(324.16) 26.7(352.29)	27.63 (293)
2.102		362	0.390	143	0.0733	5.32		1.3(243.9), 8.0(272.7) 26.7(297.2)	24.5 (293)
1.920 (294)		426	0.475					1.3(259.7), 8.0(289.8) 26.7(315.2)	24.3 (293)
				25.0 (373)				1.3(179.5), 8.0(202.28) 26.7(221.59)	
2.340		225	0.318	129	0.0779	4.08	1617 (273-303)	202.6(329.2), 1013(395.2)	17.06 (293)
								1.3(207.12), 8.0(232.39) 26.7(253.83)	28.4 (268)
2.064		3770	3.70	172	0.0819	45.2	840 (273-303)	1.3(341.31), 8.0(379.59) 26.7(412.06)	42.51 (299)
1.715 (290)		891	0.911	162			1122 (273-303)	1.3(286.4), 8.0(320.0) 26.7(348.2)	38.0 (293)
0.855		923	0.581	104	0.0765	7.59	1220 (273-303)		26.9 (293)
0.569	1.136	10.9	1.866	7.8	2.35	0.794		202.6(317.3), 1013(381.4)	21.07 (273)
0.611	1.142	12.5	2.48	9.6	3.12	0.795			8.53 (298)
0.641	1.145	14.4	3.28	12.1	4.30	0.763		202.6(206.5) 1013(154.7)	2.6 (273)
0.466	1.144	15.7		9.3		0.787			3.75 (298)
0.691	1.159	17.4		15.8		0.761			14 (200)
0.952		530	0.361	117	0.0837	4.31	1280 (273-303)	1.3(243.5), 8.0(273.7) 26.7(299.1)	27.28 (293)
0.590	1.175	11.6	2.71	8.5	3.36	0.807		1.3(205.7), 8.0(230.6) 26.7(252.3)	18 (298)
0.632	1.135	12.9	3.60	10.5	4.63	0.778		1.3(169.5), 8.0(189.8) 26.7(207.4)	7.5 (298)
0.733	1.191	14.8		14.7		0.738			15 (200)
1.189 (292)				141 (293)			1370 (273-303)	1.3(229.01), 8.0(256.5) 26.7(280.00)	

B.3 流体（標準流体）

物質名 分子記号	分子量	融点 (K)	沸点 温度(K)	沸点 蒸発熱(kJ/kg)	臨界点 臨界温度(K)	臨界点 臨界圧力(MPa)	臨界点 臨界密度(kg/m^3)	双極子モーメント(Debye)	密度(kg/m^3)
R31 CH_2ClF	68.478		264.1					1.82	
R32 CH_2F_2	52.024		221.55		351.6	5.830	430	1.97	
塩化メチル CH_3Cl	50.488	175.45	249.0	405	416.25	6.679	363	1.87	1014 (243)
R112 CCl_2FCCl_2F	203.831	296.65	366.0		551	3.44	550		
R113 CCl_2FCClF_2	187.376	238.15	320.72	160	487.5	3.411	570		1564
R114 $CClF_2CClF_2$	170.922	179.3	276.745	135.06	418.78	3.248	576		7.012
R114B2 $CBrF_2CBrF_2$	259.824		320.4		487.7	3.44	790		2145
R115 C_2ClF_5	154.467	167.05	234.5	106	352.945	3.118	604	0.52	1551 (233)
R116 C_2F_6	138.012	172.15	195.0		293.04	3.042	622	0	
R123 $CHCl_2CF_3$	152.931	166	300.7	169	456.86	3.666	555		
R124 $CHClFCF_3$	136.477		263		395.65	3.66	560		
R125 CHF_2CF_3	120.022		224.66		339.17	3.618	568	1.54	
R132b $CH_2ClCClF_2$	134.940		319.7						
R134a CH_2FCF_3	102.031	165	246.9	216	374.30	4.065	511		
R141b CH_3CCl_2F	116.950	170	305	222	481.0	4.38	450		
R142b CH_3CClF_2	100.496	142.05	263.4	212	410.2	4.12	435	2.14	1195 (263)
R152a CH_3CHF_2	66.051	156.15	248.2	319	386.44	4.5198	368	2.27	1021 (243)
R216 $CF_3CCl_2CF_3$	220.930	147.75	308.84	130	453.14	2.75	574		1561
RC318 C_4F_8	200.034	231.75	267.3	114	388.47	2.783	619.9	0	
R500 （共沸冷媒）	99.303	114.15	239.6	183	378.65	4.377	496.6		
R502 （共沸冷媒）	111.628	113	227.843	128.27	355.37	4.065	567		
R503 （共沸冷媒）	87.5		185.3	96	292.65	4.19	564		
塩化カルボニル $COCl_2$	98.916	145.3	280.7	263.3	455	5.67	520	1.17	1432 (273)
クロロベンゼン C_6H_5Cl	112.559	228.0	404.9	375.4	632.4	4.52	365	1.69	1101
フルオロベンゼン C_6H_5F	96.104	231.3	358.3	358.0	560.1	4.551	269	1.60	1024 (293)

標準状態(298K, 101kPa)における物性値							体膨張率	蒸気圧(温度)	表面張力
定圧比熱 (kJ/(kg·K))	比熱比	粘性率 (μPa·s)	動粘性率 (mm²/s)	熱伝導率 (mW/(m·K))	温度伝導率 (mm²/s)	プラントル数	(10^{-6}/K)	(kPa (K))	(mN/m)
				9.6					
0.808		10.9		10.6		0.831 (243)			19.5 (273)
								8.0(301.3), 26.7(328.2)	23 (303)
0.942	1.080 (333)	621	0.397	73.3	0.0498	7.97			17.75 (293)
0.677	1.083	11.5	1.64	10.9	2.30	0.713			10.86 (298)
									18 (298)
0.711	1.091	12.7		12.5		0.722			5 (298)
		14.2							16 (200)
									15.7 (298)
									7.85 (298)
1.231 (263)	1.11 (303)			98 (263)	0.0666 (263)				
1.197 (243)	1.133 (303)	305 (243)	0.299 (243)	132 (243)	0.108 (243)	2.77 (243)			9.94 (298)
1.001				61.6					
0.795	1.067	11.9		12.3		0.769			
0.737	1.127 (303)	12.1							
0.699	1.132	12.8		11.6		0.771			5.40 (298)
0.674									1.81 (273)
1.335 (300)		755	0.686	127			985 (273-303)	1.3(295.4), 8.0(331.5) 26.7(362.6)	33.28 (293)
1.524		564		126		6.82	1160 (273-303)	1.3(260.8), 8.0(292.8) 26.7(320.4)	27.71 (293)

B.4 流体（広範囲表）（Fuluids in Wider Range of Temperature and Pressure）

4．1 ヘリウムの熱物性値
（Thermophysical Properties of Helium）

飽和状態を含む低温領域の熱物性値は，C.11 低温および極低温の章に収録されているので，本節では 100 K 以上の熱物性値を示す．

熱力学性質（密度，定圧比熱および比熱比）は文献 1），2），3），4）の各式により算出した．粘性率と熱伝導率は Tsederberg ら[5]の式による．動粘性率，熱拡散率およびプラントル数の計算に要する熱力学性質および輸送性質は前述の文献の式から計算された値を使用している．また，本節で掲載した表の温度には国際温度目盛（ITS-90）を採用した．

Table B-4-1-1，B-4-1-2，B-4-1-3，B-4-1-4，B-4-1-5，B-4-1-6，B-4-1-7 および B-4-1-8 に，それぞれ密度，定圧比熱，比熱比，粘性率，動粘性率，熱伝導率，熱拡散率およびプラントル数の広領域表を，Table B-4-1-9 に常圧におけるこれらの物性値の値を示す．

Table B-4-1-1　He の密度（Density of He）　ρ （kg/m³）

温度 T (K)	圧力 p (MPa)												
	0.02	0.1	0.2	0.5	1	2	5	10	20	30	40	50	60
100	0.09625	0.4807	0.9600	2.390	4.745	9.355	22.44	42.05	74.76	101.1	123.0	141.6	157.8
150	0.06418	0.3206	0.6406	1.597	3.178	6.296	15.30	29.25	53.80	74.82	93.12	109.3	123.8
200	0.04813	0.2405	0.4807	1.199	2.390	4.746	11.62	22.46	42.11	59.50	75.06	89.12	101.9
220	0.04376	0.2187	0.4371	1.091	2.174	4.321	10.60	20.55	38.75	55.01	69.68	83.03	95.26
240	0.04011	0.2005	0.4007	1.000	1.994	3.965	9.743	18.94	35.89	51.16	65.03	77.72	89.42
260	0.03703	0.1851	0.3699	0.9233	1.842	3.664	9.015	17.57	33.42	47.82	60.97	73.07	84.26
273.15	0.03525	0.1762	0.3521	0.8790	1.754	3.489	8.593	16.77	31.98	45.84	58.57	70.30	81.19
280	0.03438	0.1718	0.3435	0.8575	1.711	3.405	8.389	16.38	31.27	44.88	57.39	68.94	79.68
300	0.03209	0.1604	0.3206	0.8005	1.597	3.180	7.844	15.34	29.38	42.29	54.20	65.26	75.57
320	0.03009	0.1504	0.3006	0.7506	1.498	2.983	7.365	14.43	27.71	39.98	51.36	61.96	71.87
340	0.02832	0.1415	0.2830	0.7066	1.410	2.810	6.942	13.62	26.22	37.91	48.80	58.97	68.52
360	0.02674	0.1337	0.2673	0.6674	1.332	2.655	6.564	12.89	24.87	36.04	46.48	56.26	65.47
380	0.02534	0.1266	0.2532	0.6323	1.262	2.516	6.225	12.24	23.66	34.35	44.37	53.79	62.68
400	0.02407	0.1203	0.2405	0.6008	1.200	2.391	5.920	11.65	22.56	32.81	42.44	51.53	60.12
450	0.02139	0.1069	0.2138	0.5341	1.067	2.127	5.273	10.40	20.22	29.50	38.29	46.63	54.55
500	0.01926	0.09626	0.1925	0.4808	0.9604	1.916	4.753	9.387	18.31	26.79	34.87	42.57	49.92
600	0.01605	0.08022	0.1604	0.4008	0.8007	1.598	3.971	7.860	15.40	22.64	29.59	36.26	42.68
700	0.01375	0.06876	0.1375	0.3436	0.6866	1.371	3.409	6.760	13.29	19.60	25.69	31.57	37.26
800	0.01203	0.06017	0.1203	0.3007	0.6009	1.200	2.987	5.930	11.69	17.27	22.69	27.95	33.06
1000	0.009628	0.04814	0.09626	0.2406	0.4809	0.9606	2.393	4.760	9.411	13.96	18.39	22.73	26.97

Table B-4-1-2　He の定圧比熱（Specific heat capacity at constant pressure of He）　c_p （kJ/(kg·K)）

温度 T (K)	圧力 p (MPa)												
	0.02	0.1	0.2	0.5	1	2	5	10	20	30	40	50	60
100	5.193	5.194	5.196	5.199	5.206	5.218	5.254	5.303	5.366	5.394	5.401	5.398	5.389
150	5.193	5.193	5.194	5.195	5.196	5.199	5.209	5.226	5.257	5.281	5.300	5.315	5.326
200	5.193	5.193	5.193	5.193	5.194	5.194	5.196	5.201	5.213	5.226	5.239	5.251	5.263
220	5.193	5.193	5.193	5.193	5.193	5.193	5.194	5.196	5.203	5.212	5.223	5.234	5.244
240	5.193	5.193	5.193	5.193	5.193	5.193	5.192	5.192	5.196	5.202	5.210	5.219	5.229
260	5.193	5.193	5.193	5.193	5.193	5.192	5.191	5.190	5.191	5.195	5.200	5.208	5.216
273.15	5.193	5.193	5.193	5.193	5.192	5.192	5.190	5.189	5.188	5.191	5.195	5.201	5.208
280	5.193	5.193	5.193	5.193	5.192	5.192	5.190	5.188	5.187	5.189	5.193	5.198	5.205
300	5.193	5.193	5.193	5.193	5.192	5.192	5.190	5.187	5.184	5.184	5.187	5.191	5.196
320	5.193	5.193	5.193	5.193	5.192	5.191	5.189	5.186	5.182	5.181	5.182	5.185	5.189
340	5.193	5.193	5.193	5.193	5.192	5.191	5.189	5.186	5.181	5.178	5.178	5.180	5.183
360	5.193	5.193	5.193	5.193	5.192	5.191	5.189	5.185	5.180	5.176	5.175	5.176	5.178
380	5.193	5.193	5.193	5.193	5.192	5.191	5.189	5.185	5.179	5.175	5.173	5.173	5.174
400	5.193	5.193	5.193	5.193	5.192	5.191	5.189	5.185	5.178	5.174	5.171	5.170	5.171
450	5.193	5.193	5.193	5.193	5.192	5.191	5.189	5.185	5.178	5.173	5.169	5.166	5.165
500	5.193	5.193	5.193	5.193	5.192	5.191	5.189	5.185	5.178	5.172	5.167	5.164	5.162
600	5.193	5.193	5.193	5.193	5.192	5.192	5.189	5.186	5.179	5.173	5.168	5.163	5.160
700	5.193	5.193	5.193	5.193	5.192	5.192	5.190	5.186	5.180	5.174	5.169	5.164	5.160
800	5.193	5.193	5.193	5.193	5.192	5.192	5.190	5.187	5.181	5.176	5.171	5.166	5.162
1000	5.193	5.193	5.193	5.193	5.192	5.191	5.188	5.184	5.179	5.174	5.170	5.166

1) Arp, V. D., J. Low Temp. Phys., Vol.79, p.93 (1977).
2) McCarty, R. D., Arp, V. D., Adv. Cryogenic Eng., Vol.35, p.1465(1969).
3) Durieux, M., Rusby, R. L., Metrologia, Vol.19, p.67(1983).
4) Kierstead, H. A., Phys. Rev., Vol.162, p.153(1967).
5) Tsederberg, N.V. et al., Thermodinamicheskie i tepelofizicheskie sovistva geliya, Atomizdat(1969).

Table B-4-1-3　He の比熱比（Specific heat ratio of He）　κ

温度 T (K)	圧力　p (MPa)												
	0.02	0.1	0.2	0.5	1	2	5	10	20	30	40	50	60
100	1.667	1.667	1.667	1.666	1.666	1.666	1.664	1.662	1.651	1.637	1.620	1.602	1.586
150	1.667	1.666	1.666	1.666	1.665	1.664	1.659	1.653	1.644	1.635	1.627	1.619	1.612
200	1.667	1.667	1.666	1.666	1.665	1.664	1.659	1.653	1.643	1.635	1.629	1.623	1.618
250	1.667	1.667	1.666	1.666	1.665	1.664	1.660	1.654	1.644	1.637	1.631	1.625	1.621
273.15	1.667	1.667	1.666	1.666	1.665	1.664	1.660	1.655	1.645	1.638	1.632	1.627	1.622
300	1.667	1.667	1.666	1.666	1.665	1.664	1.661	1.656	1.647	1.639	1.633	1.628	1.624
350	1.667	1.667	1.666	1.666	1.666	1.665	1.662	1.657	1.649	1.641	1.635	1.631	1.626
400	1.667	1.667	1.666	1.666	1.666	1.665	1.662	1.658	1.650	1.644	1.638	1.633	1.629
500	1.667	1.667	1.667	1.666	1.666	1.665	1.663	1.660	1.653	1.648	1.642	1.638	1.634
600	1.667	1.667	1.667	1.666	1.666	1.666	1.664	1.661	1.656	1.651	1.646	1.642	1.638
800	1.667	1.667	1.667	1.666	1.666	1.666	1.665	1.663	1.659	1.655	1.651	1.648	1.645
1000	1.667	1.667	1.667	1.667	1.666	1.666	1.665	1.664	1.660	1.657	1.655	1.652	1.649

Table B-4-1-4　He の粘性率（Viscosity of He）　η（μPa·s）

温度 T (K)	圧力　p (MPa)												
	0.02	0.1	0.2	0.5	1	2	5	10	20	30	40	50	60
100	9.571	9.581	9.594	9.632	9.695	9.820	10.18	10.73	11.72	12.60	13.42	14.20	14.95
150	12.49	12.50	12.51	12.54	12.59	12.68	12.96	13.39	14.15	14.82	15.44	16.01	16.56
200	15.14	15.14	15.15	15.17	15.21	15.28	15.49	15.82	16.41	16.93	17.41	17.85	18.26
250	17.60	17.60	17.61	17.62	17.65	17.70	17.86	18.10	18.54	18.93	19.28	19.61	19.91
273.15	18.69	18.69	18.70	18.71	18.73	18.78	18.91	19.11	19.48	19.81	20.12	20.39	20.65
300	19.93	19.93	19.93	19.94	19.96	20.00	20.10	20.26	20.55	20.82	21.06	21.29	21.50
350	22.15	22.15	22.15	22.16	22.17	22.18	22.23	22.32	22.47	22.62	22.75	22.89	23.01
400	24.29	24.29	24.29	24.29	24.29	24.29	24.29	24.30	24.32	24.34	24.38	24.42	24.45
500	28.36	28.36	28.35	28.34	28.33	28.30	28.21	28.07	27.82	27.62	27.45	27.30	27.17
600	32.21	32.21	32.20	32.18	32.15	32.09	31.91	31.63	31.14	30.70	30.32	29.99	29.69
800	39.43	39.42	39.41	39.37	39.31	39.19	38.85	38.31	37.32	36.43	35.65	34.94	34.30
1000	46.16	46.14	46.12	46.07	45.99	45.82	45.32	44.52	43.06	41.73	40.53	39.45	38.45

Table B-4-1-5　He の動粘性率（Kinematic viscosity of He）　ν（mm^2/s）

温度 T (K)	圧力　p (MPa)												
	0.02	0.1	0.2	0.5	1	2	5	10	20	30	40	50	60
100	99.43	19.93	9.993	4.031	2.043	1.050	0.4536	0.2552	0.1567	0.1246	0.1091	0.1002	0.09470
150	194.7	38.99	19.53	7.853	3.961	2.015	0.8470	0.4577	0.2629	0.1981	0.1658	0.1465	0.1338
200	314.5	62.95	31.51	12.65	6.364	3.220	1.334	0.7045	0.3898	0.2846	0.2319	0.2002	0.1791
250	457.0	91.46	45.77	18.36	9.218	4.648	1.907	0.9928	0.5356	0.3829	0.3064	0.2603	0.2295
273.15	530.3	106.1	53.10	21.29	10.68	5.382	2.200	1.140	0.6092	0.4322	0.3435	0.2901	0.2544
300	620.9	124.3	62.17	24.91	12.50	6.287	2.562	1.320	0.6994	0.4922	0.3885	0.3262	0.2845
350	805.3	161.1	80.60	32.28	16.18	8.126	3.295	1.685	0.8803	0.6121	0.4780	0.3974	0.3436
400	1009	201.9	101.0	40.43	20.25	10.16	4.103	2.086	1.078	0.7420	0.5744	0.4738	0.4068
500	1473	294.6	147.3	58.95	29.50	14.77	5.934	2.990	1.520	1.031	0.7871	0.6412	0.5442
600	2007	401.5	200.7	80.30	40.15	20.08	8.037	4.025	2.022	1.356	1.025	0.8270	0.6957
800	3276	655.1	327.5	130.9	65.42	32.66	13.01	6.461	3.194	2.110	1.571	1.250	1.037
1000	4794	958.6	479.2	191.5	95.63	47.69	18.93	9.355	4.575	2.990	2.204	1.735	1.426

Table B-4-1-6　He の熱伝導率（Thermal conductivity of He）　λ（mW/(m·K)）

温度 T (K)	圧力　p (MPa)												
	0.02	0.1	0.2	0.5	1	2	5	10	20	30	40	50	60
100	73.65	73.71	73.80	74.08	74.60	75.75	79.47	85.42	95.78	105.6	116.0	127.4	139.8
150	96.87	96.94	97.02	97.27	97.71	98.62	101.4	106.1	114.6	122.4	129.8	137.3	145.0
200	117.9	118.0	118.1	118.3	118.7	119.5	121.9	125.7	132.9	139.5	145.9	152.0	158.1
250	137.5	137.5	137.6	137.8	138.2	139.0	141.1	144.4	150.5	156.3	161.9	167.3	172.6
273.15	146.1	146.2	146.3	146.5	146.9	147.6	149.6	152.8	158.5	163.9	169.2	174.4	179.4
300	155.9	156.0	156.1	156.3	156.6	157.4	159.3	162.3	167.6	172.7	177.6	182.5	187.2
350	173.5	173.5	173.6	173.8	174.2	174.9	176.7	179.4	184.2	188.7	193.0	197.4	201.7
400	190.3	190.4	190.4	190.7	191.0	191.7	193.4	196.0	200.3	204.3	208.2	212.1	215.9
500	222.2	222.3	222.4	222.6	222.9	223.6	225.2	227.6	231.3	234.5	237.6	240.7	243.9
600	252.3	252.4	252.5	252.7	253.0	253.6	255.2	257.4	260.8	263.5	266.1	268.6	271.1
800	308.5	308.5	308.6	308.8	309.1	309.7	311.2	313.2	316.2	318.5	320.3	322.0	323.7
1000	360.6	360.6	360.7	360.8	361.1	361.7	363.2	365.1	368.0	369.9	371.4	372.7	373.8

Table B-4-1-7 Heの熱拡散率 (Thermal diffusivity of He) α (mm²/s)

温度 T (K)	圧力 p (MPa)												
	0.02	0.1	0.2	0.5	1	2	5	10	20	30	40	50	60
100	147.3	29.52	14.80	5.962	3.020	1.552	0.6741	0.3831	0.2388	0.1936	0.1746	0.1666	0.1644
150	290.7	58.22	29.16	11.73	5.916	3.013	1.273	0.6940	0.4052	0.3097	0.2631	0.2364	0.2200
200	471.7	94.45	47.29	19.00	9.564	4.848	2.019	1.076	0.6053	0.4488	0.3710	0.3249	0.2947
250	687.4	137.6	68.89	27.65	13.90	7.028	2.902	1.526	0.8374	0.6083	0.4942	0.4261	0.3810
273.15	798.4	159.8	79.99	32.10	16.13	8.147	3.355	1.756	0.9554	0.6889	0.5562	0.4769	0.4242
300	935.6	187.3	93.72	37.59	18.89	9.530	3.914	2.039	1.100	0.7876	0.6318	0.5387	0.4768
350	1214	243.0	121.6	48.77	24.48	12.34	5.047	2.613	1.393	0.9862	0.7833	0.6620	0.5814
400	1523	304.7	152.5	61.12	30.67	15.44	6.298	3.245	1.714	1.203	0.9485	0.7960	0.6947
500	2223	444.7	222.5	89.15	44.70	22.48	9.132	4.675	2.440	1.692	1.319	1.095	0.9465
600	3028	605.9	303.1	121.4	60.85	30.57	12.39	6.315	3.269	2.251	1.740	1.435	1.231
800	4936	987.4	493.9	197.8	99.06	49.70	20.08	10.18	5.223	3.562	2.730	2.230	1.897
1000	7211	1443	721.5	288.9	144.6	72.52	29.23	14.79	7.543	5.119	3.902	3.171	2.683

Table B-4-1-8 Heのプラントル数 (Prandtl number of He) Pr

温度 T (K)	圧力 p (MPa)												
	0.02	0.1	0.2	0.5	1	2	5	10	20	30	40	50	60
100	0.6749	0.6751	0.6754	0.6760	0.6766	0.6765	0.6728	0.6661	0.6563	0.6436	0.6250	0.6017	0.5762
150	0.6697	0.6698	0.6698	0.6697	0.6695	0.6688	0.6655	0.6594	0.6489	0.6397	0.6302	0.6198	0.6083
200	0.6666	0.6665	0.6664	0.6660	0.6654	0.6642	0.6605	0.6546	0.6439	0.6342	0.6251	0.6164	0.6079
250	0.6648	0.6646	0.6644	0.6639	0.6631	0.6614	0.6571	0.6507	0.6396	0.6294	0.6199	0.6109	0.6024
273.15	0.6642	0.6641	0.6638	0.6633	0.6623	0.6605	0.6558	0.6491	0.6377	0.6273	0.6176	0.6084	0.5997
300	0.6637	0.6635	0.6633	0.6627	0.6616	0.6597	0.6546	0.6475	0.6356	0.6249	0.6149	0.6055	0.5966
350	0.6631	0.6629	0.6627	0.6619	0.6608	0.6586	0.6529	0.6449	0.6319	0.6207	0.6102	0.6003	0.5910
400	0.6628	0.6626	0.6623	0.6615	0.6603	0.6579	0.6516	0.6428	0.6286	0.6166	0.6056	0.5953	0.5856
500	0.6627	0.6624	0.6621	0.6613	0.6598	0.6571	0.6499	0.6396	0.6229	0.6091	0.5968	0.5856	0.5750
600	0.6629	0.6626	0.6623	0.6614	0.6598	0.6569	0.6489	0.6373	0.6183	0.6026	0.5889	0.5765	0.5650
800	0.6638	0.6635	0.6631	0.6621	0.6604	0.6571	0.6480	0.6344	0.6114	0.5922	0.5754	0.5605	0.5469
1000	0.6648	0.6645	0.6641	0.6630	0.6612	0.6577	0.6477	0.6326	0.6065	0.5842	0.5647	0.5472	0.5315

Table B-4-1-9 常圧における He の熱物性値 (Thermophysical properties of He at 101.325 kPa)

温度 T (K)	密度 ρ (kg/m³)	定圧比熱 c_p (kJ/(kg·K))	比熱比 κ	粘性率 η (μPa·s)	動粘性率 ν (mm²/s)	熱伝導率 λ (mW/(m·K))	熱拡散率 a (mm²/s)	プラントル数 Pr
100	0.4871	5.194	1.667	9.581	19.67	73.71	29.14	0.6752
120	0.4060	5.194	1.667	10.79	26.59	83.33	39.52	0.6727
140	0.3481	5.193	1.667	11.94	34.32	92.50	51.17	0.6706
160	0.3046	5.193	1.666	13.05	42.84	101.3	64.04	0.6690
180	0.2708	5.193	1.666	14.11	52.12	109.8	78.06	0.6676
200	0.2437	5.193	1.667	15.14	62.13	118.0	93.22	0.6665
220	0.2216	5.193	1.667	16.14	72.86	126.0	109.5	0.6656
240	0.2031	5.193	1.667	17.12	84.29	133.7	126.8	0.6649
260	0.1875	5.193	1.667	18.08	96.41	141.3	145.1	0.6644
273.15	0.1785	5.193	1.667	18.69	104.7	146.2	157.7	0.6640
280	0.1741	5.193	1.667	19.01	109.2	148.7	164.5	0.6639
300	0.1625	5.193	1.667	19.93	122.6	156.0	184.8	0.6635
320	0.1524	5.193	1.667	20.83	136.7	163.1	206.1	0.6632
340	0.1434	5.193	1.667	21.72	151.4	170.1	228.4	0.6630
360	0.1354	5.193	1.667	22.59	166.8	177.0	251.6	0.6628
380	0.1283	5.193	1.667	23.44	182.7	183.7	275.7	0.6627
400	0.1219	5.193	1.667	24.29	199.2	190.4	300.7	0.6626
450	0.1084	5.193	1.667	26.35	243.2	206.6	367.1	0.6625
500	0.0975	5.193	1.667	28.36	290.8	222.3	438.9	0.6624
550	0.0887	5.193	1.667	30.31	341.8	237.6	515.9	0.6625
600	0.0813	5.193	1.667	32.21	396.2	252.4	598.0	0.6626
700	0.06967	5.193	1.667	35.88	515.0	281.1	776.8	0.6630
800	0.06096	5.193	1.667	39.42	646.6	308.5	974.5	0.6635
900	0.05419	5.193	1.667	42.83	790.4	335.0	1190	0.6640
1000	0.04877	5.193	1.667	46.14	946.0	360.6	1424	0.6645
1200	0.04065	5.193	1.667	52.50	1292	409.7	1941	0.6655
1400	0.03484	5.193	1.667	58.57	1681	456.4	2523	0.6665

1) Arp, V. D., J. Low Temp. Phys., Vol.79, p.93 (1977). 2) McCarty, R. D., Arp, V. D., Adv. Cryogenic Eng., Vol.35, p.1465 (1969). 3) Durieux, M., Rusby, R. L., Metrologia, Vol.19, p.67 (1983). 4) Kierstead, H. A., Phys. Rev., Vol.162, p.153 (1967). 5) Tsederberg, N.V. et al., Thermodinamicheskie i tepelofizicheskie sovistva geliya, Atomizdat (1969).

4.2 アルゴンの熱物性値 (Thermophysical Properties of Argon)

飽和状態を含む低温領域の熱物性値は，C.11 低温および極低温の章に収録されているので，本節では 160 K 以上の熱物性値を示す.

熱力学性質（密度，定圧比熱および比熱比）は IUPAC 蒸気表の式[1]により算出した．粘性率と熱伝導率はそれぞれ文献 2) および 3) の式による．動粘性率，熱拡散率およびプラントル数の計算に要する熱力学性質および輸送性質は前述の三つの文献の式から計算された値を使用している．

Table B-4-2-1, B-4-2-2, B-4-2-3, B-4-2-4, B-4-2-5, B-4-2-6, B-4-2-7 および B-4-2-8 に，それぞれ密度，定圧比熱，比熱比，粘性率，動粘性率，熱伝導率，熱拡散率およびプラントル数の広領域表を，Table B-4-2-9 に常圧におけるこれらの物性値の値を示す.

Table B-4-2-1 Ar の密度 (Density of Ar) ρ (kg/m³)

温度 T (K)	圧力 p (MPa)												
	0.01	0.1	0.5	1	2	5	10	20	30	40	50	70	100
160	0.3002	3.018	15.45	31.89	68.51	243.4	831.5						
180	0.2668	2.678	13.61	27.80	58.20	171.9	491.0	854.1	975.9	1050			
200	0.2401	2.407	12.18	24.72	50.98	141.1	337.1	699.1	862.0	956.0	1022		
220	0.2183	2.187	11.03	22.29	45.55	121.8	270.5	572.1	756.4	866.9	943.7	1050	
240	0.2001	2.003	10.08	20.31	41.26	108.0	231.0	481.6	665.3	785.7	870.8	988.3	1104
260	0.1847	1.849	9.285	18.67	37.77	97.50	203.8	418.0	590.6	714.1	804.4	930.7	1054
273.15	0.1758	1.759	8.829	17.74	35.80	91.80	189.9	386.0	549.8	672.5	764.6	895.2	1024
280	0.1715	1.716	8.609	17.29	34.86	89.12	183.5	371.5	530.7	652.4	745.1	877.5	1008
300	0.1600	1.601	8.025	16.10	32.38	82.22	167.5	335.8	482.4	600.0	692.7	826.8	964.7
320	0.1500	1.501	7.517	15.07	30.25	76.41	154.5	307.4	443.0	555.3	646.6	784.0	924.1
340	0.1412	1.412	7.070	14.16	28.39	71.44	143.6	284.1	410.2	517.1	606.2	743.4	886.2
360	0.1334	1.334	6.674	13.36	26.76	67.12	134.4	264.6	382.4	484.2	570.6	706.5	850.9
380	0.1263	1.263	6.320	12.64	25.31	63.33	126.4	247.9	358.6	455.6	539.1	673.0	818.0
400	0.1200	1.200	6.002	12.00	24.01	59.97	119.4	233.5	337.9	430.4	511.1	642.5	787.3
450	0.1067	1.067	5.331	10.66	21.29	53.00	105.0	204.6	296.3	379.1	453.0	577.3	719.6
500	0.09601	0.9600	4.797	9.584	19.13	47.54	93.98	182.6	264.6	339.6	407.5	524.5	662.5
600	0.08001	0.7999	3.996	7.981	15.92	39.49	77.89	151.1	219.3	282.4	340.7	444.3	572.2
700	0.06858	0.6856	3.424	6.839	13.64	33.81	66.66	129.3	188.0	242.8	293.9	386.2	504.0
800	0.06001	0.5999	2.996	5.984	11.93	29.58	58.32	113.3	164.9	213.4	259.0	342.3	450.6
1000	0.04801	0.4799	2.397	4.788	9.550	23.68	46.74	91.02	133.0	172.6	210.3	279.9	372.8

Table B-4-2-2 Ar の定圧比熱 (Specific heat capacity at constant pressure of Ar) c_p (kJ/(kg·K))

温度 T (K)	圧力 p (MPa)												
	0.01	0.1	0.5	1	2	5	10	20	30	40	50	70	100
160	0.5210	0.5267	0.5539	0.5925	0.6925	1.742	1.957						
180	0.5208	0.5248	0.5438	0.5695	0.6301	0.9423	2.098	1.327	1.108	1.015			
200	0.5207	0.5237	0.5375	0.5560	0.5970	0.7654	1.223	1.325	1.114	1.017	0.9630		
220	0.5206	0.5229	0.5335	0.5473	0.5772	0.6864	0.9279	1.185	1.079	0.9951	0.9441	0.8877	
240	0.5205	0.5224	0.5307	0.5414	0.5642	0.6422	0.7958	1.019	1.014	0.9594	0.9165	0.8651	0.8272
260	0.5205	0.5220	0.5287	0.5373	0.5553	0.6142	0.7226	0.8955	0.9369	0.9148	0.8848	0.8409	0.8063
273.15	0.5205	0.5218	0.5277	0.5352	0.5508	0.6010	0.6905	0.8365	0.8887	0.8831	0.8625	0.8252	0.7927
280	0.5205	0.5217	0.5272	0.5343	0.5488	0.5952	0.6769	0.8112	0.8656	0.8667	0.8506	0.8171	0.7859
300	0.5204	0.5215	0.5261	0.5320	0.5440	0.5816	0.6459	0.7530	0.8073	0.8209	0.8160	0.7938	0.7671
320	0.5204	0.5213	0.5252	0.5302	0.5403	0.5715	0.6238	0.7114	0.7615	0.7808	0.7833	0.7712	0.7499
340	0.5204	0.5212	0.5246	0.5288	0.5375	0.5638	0.6072	0.6806	0.7258	0.7470	0.7539	0.7496	0.7341
360	0.5204	0.5211	0.5240	0.5277	0.5352	0.5577	0.5946	0.6570	0.6976	0.7191	0.7283	0.7296	0.7193
380	0.5204	0.5210	0.5236	0.5268	0.5333	0.5529	0.5846	0.6386	0.6752	0.6960	0.7063	0.7113	0.7055
400	0.5204	0.5209	0.5232	0.5261	0.5318	0.5490	0.5765	0.6238	0.6569	0.6769	0.6877	0.6949	0.6926
450	0.5204	0.5208	0.5225	0.5247	0.5290	0.5418	0.5621	0.5975	0.6238	0.6414	0.6522	0.6619	0.6646
500	0.5204	0.5207	0.5220	0.5237	0.5271	0.5371	0.5528	0.5803	0.6019	0.6173	0.6276	0.6381	0.6427
600	0.5203	0.5205	0.5215	0.5226	0.5248	0.5314	0.5416	0.5599	0.5751	0.5871	0.5962	0.6071	0.6131
700	0.5203	0.5205	0.5211	0.5219	0.5235	0.5282	0.5355	0.5485	0.5598	0.5693	0.5771	0.5879	0.5951
800	0.5203	0.5204	0.5209	0.5215	0.5227	0.5262	0.5317	0.5415	0.5502	0.5578	0.5644	0.5745	0.5829
1000	0.5203	0.5204	0.5207	0.5211	0.5218	0.5240	0.5274	0.5337	0.5392	0.5443	0.5490	0.5572	0.5661

1) Angus, S., de Reuck, K. M., International Thermodynamic Table of the Fluid State, Argon, 1971, IUPAC (1972). 2) Younglove, B. A., Hanley, H. J. M., J. Phys. Chem. Ref. Data, Vol.15, No.4, pp.1323-1337 (1986). 3) Perkins, R. A. et al., Int. J. Thermophys., Vol.12, No.6, pp.965-984 (1991).

Table B-4-2-3　Arの比熱比（Specific heat ratio of Ar）κ

温度 T (K)	圧力 p (MPa)												
	0.01	0.1	0.5	1	2	5	10	20	30	40	50	70	100
160	1.669	1.679	1.731	1.806	2.007	4.152	4.808						
200	1.668	1.675	1.704	1.743	1.832	2.197	3.151	3.297	2.758	2.476	2.299		
240	1.668	1.672	1.691	1.716	1.768	1.947	2.292	2.754	2.678	2.490	2.337	2.132	1.950
273.15	1.668	1.671	1.685	1.703	1.741	1.861	2.071	2.397	2.478	2.415	2.318	2.149	1.983
300	1.668	1.670	1.682	1.697	1.726	1.818	1.974	2.225	2.331	2.325	2.273	2.147	2.000
320	1.668	1.670	1.680	1.693	1.718	1.796	1.925	2.136	2.242	2.260	2.232	2.137	2.007
340	1.668	1.670	1.679	1.690	1.712	1.778	1.887	2.069	2.170	2.200	2.189	2.121	2.011
360	1.668	1.670	1.677	1.687	1.706	1.764	1.858	2.016	2.111	2.148	2.148	2.101	2.010
400	1.668	1.669	1.675	1.683	1.698	1.744	1.816	1.939	2.022	2.065	2.078	2.059	1.999
500	1.668	1.669	1.672	1.677	1.687	1.714	1.757	1.832	1.891	1.932	1.956	1.969	1.950
600	1.668	1.668	1.671	1.674	1.681	1.699	1.728	1.780	1.823	1.857	1.882	1.906	1.907
700	1.668	1.668	1.670	1.672	1.677	1.691	1.712	1.749	1.782	1.809	1.832	1.861	1.874
800	1.668	1.668	1.669	1.671	1.675	1.685	1.701	1.730	1.755	1.778	1.797	1.827	1.848
1000	1.668	1.668	1.669	1.670	1.672	1.679	1.689	1.708	1.724	1.740	1.754	1.779	1.805

Table B-4-2-4　Arの粘性率（Viscosity of Ar）η（μPa·s）

温度 T (K)	圧力 p (MPa)												
	0.01	0.1	0.5	1	2	5	10	20	30	40	50	70	100
160	12.95	12.99	13.15	13.37	13.93	17.61	49.73	74.53	91.35	105.7	118.7	142.4	175.0
200	15.93	15.95	16.07	16.24	16.62	18.25	23.49	41.75	56.83	69.06	79.86	99.19	125.3
240	18.73	18.75	18.85	18.98	19.28	20.40	23.19	32.12	42.46	51.99	60.64	76.26	97.41
273.15	20.94	20.96	21.04	21.16	21.41	22.31	24.37	30.40	37.79	45.25	52.33	65.41	83.32
300	22.66	22.68	22.76	22.86	23.08	23.87	25.58	30.34	36.21	42.37	48.40	59.79	75.57
320	23.90	23.92	24.00	24.09	24.30	25.01	26.53	30.65	35.71	41.11	46.50	56.82	71.26
340	25.12	25.14	25.21	25.30	25.49	26.15	27.52	31.15	35.58	40.37	45.21	54.61	67.88
360	26.31	26.33	26.39	26.48	26.66	27.27	28.51	31.76	35.70	39.98	44.36	52.96	65.22
400	28.61	28.63	28.69	28.76	28.92	29.45	30.51	33.19	36.41	39.93	43.58	50.89	61.48
500	33.99	34.00	34.05	34.11	34.23	34.64	35.41	37.28	39.47	41.87	44.40	49.63	57.45
600	38.91	38.92	38.96	39.01	39.11	39.44	40.05	41.49	43.14	44.95	46.87	50.88	57.03
700	43.49	43.49	43.53	43.57	43.66	43.93	44.44	45.60	46.92	48.37	49.90	53.14	58.18

Table B-4-2-5　Arの動粘性率（Kinematic viscosity of Ar）ν（mm^2/s）

温度 T (K)	圧力 p (MPa)											
	0.01	0.1	0.5	1	2	5	10	20	30	50	70	100
160	43.11	4.300	0.8499	0.4187	0.2030	0.07238	0.05966	0.07377	0.08367	0.09961	0.11318	0.1313
200	66.27	6.621	1.319	0.6564	0.3257	0.1292	0.06956	0.05967	0.06584	0.07801	0.08875	0.1033
240	93.53	9.351	1.869	0.9337	0.4668	0.1887	0.1003	0.06662	0.06378	0.06959	0.07709	0.08816
273.15	119.0	11.90	2.382	1.192	0.5976	0.2429	0.1283	0.07872	0.06871	0.06842	0.07304	0.08135
300	141.5	14.15	2.833	1.419	0.7123	0.2901	0.1526	0.09033	0.07503	0.06986	0.07215	0.07832
320	159.2	15.93	3.189	1.598	0.8026	0.3271	0.1716	0.09972	0.08061	0.07190	0.07248	0.07712
340	177.8	17.78	3.562	1.785	0.8970	0.3658	0.1915	0.1096	0.08675	0.07457	0.07346	0.07661
360	197.1	19.72	3.951	1.980	0.995	0.4059	0.2121	0.1200	0.09336	0.07774	0.07496	0.07666
400	238.2	23.83	4.776	2.394	1.204	0.4908	0.2555	0.1421	0.1077	0.08525	0.07918	0.07808
500	353.7	35.39	7.092	3.555	1.787	0.7278	0.3763	0.2038	0.1488	0.1088	0.09447	0.08659
600	486.0	48.62	9.743	4.884	2.454	0.9974	0.5133	0.2738	0.1960	0.1369	0.1141	0.09933
700	633.6	63.38	12.70	6.364	3.197	1.297	0.6652	0.3513	0.2484	0.1687	0.1366	0.1147

Table B-4-2-6　Arの熱伝導率（Thermal conductivity of Ar）λ（mW/(m·K)）

温度 T (K)	圧力 p (MPa)												
	0.01	0.1	0.5	1	2	5	10	20	30	40	50	70	100
160	10.11	10.15	10.34	10.66	11.60	19.19	50.61	65.98	76.28	84.75	92.16	104.9	121.0
200	12.43	12.47	12.63	12.88	13.47	16.10	23.51	42.02	53.69	62.62	70.28	83.40	99.83
240	14.62	14.65	14.80	15.01	15.48	17.28	21.21	31.25	41.19	49.41	56.51	68.87	84.66
273.15	16.34	16.37	16.51	16.69	17.10	18.59	21.60	28.54	36.05	43.09	49.46	60.76	75.57
300	17.69	17.71	17.84	18.01	18.39	19.70	22.26	27.87	33.87	39.88	45.58	56.00	69.93
320	18.66	18.69	18.81	18.97	19.32	20.54	22.89	27.90	33.12	38.45	43.64	53.36	66.58
340	19.61	19.63	19.75	19.91	20.24	21.38	23.56	28.15	32.83	37.60	42.32	51.36	63.86
360	20.54	20.56	20.68	20.82	21.14	22.21	24.25	28.52	32.79	37.10	41.42	49.81	61.62
400	22.34	22.36	22.46	22.60	22.89	23.86	25.67	29.45	33.14	36.81	40.47	47.75	58.29
500	26.53	26.55	26.64	26.76	27.00	27.78	29.22	32.24	35.17	37.99	40.73	46.17	54.29
600	30.37	30.39	30.47	30.57	30.78	31.45	32.67	35.22	37.73	40.12	42.43	46.90	53.50
700	33.94	33.96	34.03	34.12	34.31	34.90	35.96	38.18	40.39	42.53	44.57	48.48	54.14

4.2 アルゴンの熱物性値

Table B-4-2-7　Arの熱拡散率 (Thermal diffusivity of Ar)　a (mm^2/s)

温度 T (K)	圧力 p (MPa)											
	0.01	0.1	0.5	1	2	5	10	20	30	50	70	100
160	64.65	6.385	1.208	0.5641	0.2444	0.04524	0.03110					
200	99.44	9.888	1.930	0.9372	0.4426	0.1491	0.05706	0.04535	0.05592	0.06439	0.07138	
240	140.4	14.00	2.767	1.364	0.6648	0.2492	0.1153	0.06368	0.06104	0.06555	0.07081	0.08054
273.15	178.6	17.84	3.544	1.758	0.8674	0.3370	0.1647	0.08840	0.07377	0.07256	0.07499	0.08226
300	212.3	21.21	4.226	2.103	1.044	0.4120	0.2057	0.1102	0.08696	0.08097	0.08064	0.08514
320	239.0	23.88	4.763	2.375	1.182	0.4703	0.2374	0.1276	0.09819	0.08868	0.08617	0.08826
340	266.9	26.67	5.326	2.658	1.326	0.5308	0.2701	0.1456	0.1103	0.09732	0.09262	0.09215
360	295.9	29.59	5.912	2.954	1.476	0.5934	0.3035	0.1640	0.1229	0.1066	0.0997	0.09663
400	357.6	35.76	7.154	3.579	1.793	0.7247	0.3730	0.2021	0.1493	0.1263	0.1152	0.1069
500	531.0	53.12	10.64	5.330	2.677	1.088	0.5625	0.3042	0.2208	0.1812	0.1593	0.1379
600	729.5	72.98	14.62	7.330	3.684	1.499	0.7743	0.4162	0.2992	0.2420	0.2089	0.1739
700	951.1	95.15	19.07	9.558	4.804	1.954	1.007	0.5381	0.3838	0.3077	0.2629	0.2135

Table B-4-2-8　Arのプラントル数 (Prandtl number of Ar)　Pr

温度 T (K)	圧力 p (MPa)												
	0.01	0.1	0.5	1	2	5	10	20	30	40	50	70	100
160	0.6669	0.6735	0.7034	0.7422	0.8306	1.600	1.918						
200	0.6665	0.6696	0.6833	0.7004	0.7357	0.8668	1.219	1.316	1.177	1.120	1.093		
240	0.6663	0.6680	0.6754	0.6844	0.7022	0.7575	0.8695	1.046	1.045	1.009	0.9827	0.9571	0.9507
273.15	0.6662	0.6673	0.6721	0.6778	0.6889	0.7208	0.7789	0.8905	0.9314	0.9270	0.9123	0.8880	0.8735
300	0.6662	0.6670	0.6705	0.6746	0.6824	0.7042	0.7417	0.8195	0.8629	0.8719	0.8663	0.8474	0.8289
320	0.6662	0.6668	0.6696	0.6729	0.6790	0.6955	0.7229	0.7816	0.8210	0.8348	0.8334	0.8212	0.8027
340	0.6661	0.6667	0.6689	0.6715	0.6764	0.6890	0.7090	0.7529	0.7866	0.8020	0.8051	0.7971	0.7805
360	0.6662	0.6665	0.6684	0.6705	0.6743	0.6841	0.6988	0.7316	0.7597	0.7749	0.7799	0.7758	0.7615
400	0.6661	0.6664	0.6676	0.6690	0.6715	0.6773	0.6850	0.7029	0.7215	0.7341	0.7402	0.7404	0.7304
500	0.6661	0.6662	0.6666	0.6671	0.6678	0.6689	0.6690	0.6700	0.6740	0.6790	0.6829	0.6848	0.6792
600	0.6661	0.6661	0.6662	0.6662	0.6662	0.6654	0.6629	0.6578	0.6553	0.6550	0.6556	0.6560	0.6514
700	0.6661	0.6661	0.6660	0.6658	0.6654	0.6638	0.6603	0.6528	0.6471	0.6436	0.6417	0.6398	0.6355

Table B-4-2-9　常圧におけるArの熱物性値 (Thermophysical properties of Ar at 101.325 kPa)

温度 T (K)	密度 ρ (kg/m^3)	定圧比熱 c_p (kJ/(kg·K))	比熱比 κ	粘性率 η (μPa·s)	動粘性率 ν (mm^2/s)	熱伝導率 λ (mW/(m·K))	熱拡散率 a (mm^2/s)	プラントル数 Pr
160	3.058	0.5268	1.680	12.99	4.243	10.15	6.300	0.6736
180	2.713	0.5249	1.677	14.49	5.336	11.33	7.951	0.6711
200	2.439	0.5237	1.675	15.95	6.534	12.47	9.758	0.6696
220	2.216	0.5229	1.673	17.37	7.833	13.57	11.71	0.6686
240	2.030	0.5224	1.672	18.75	9.229	14.65	13.82	0.6680
260	1.873	0.5220	1.672	20.09	10.72	15.70	16.06	0.6676
280	1.739	0.5217	1.671	21.40	12.30	16.72	18.43	0.6673
300	1.622	0.5215	1.670	22.68	13.96	17.71	20.94	0.6670
320	1.521	0.5213	1.670	23.92	15.72	18.69	23.57	0.6668
340	1.431	0.5212	1.670	25.14	17.55	19.64	26.33	0.6667
360	1.351	0.5211	1.670	26.33	19.46	20.56	29.20	0.6666
380	1.280	0.5210	1.669	27.49	21.45	21.47	32.19	0.6665
400	1.216	0.5209	1.669	28.63	23.52	22.36	35.29	0.6664
420	1.158	0.5208	1.669	29.74	25.66	23.23	38.51	0.6664
440	1.105	0.5208	1.669	30.84	27.87	24.08	41.83	0.6664
460	1.057	0.5207	1.669	31.91	30.15	24.92	45.26	0.6663
480	1.013	0.5207	1.669	32.96	32.51	25.74	48.79	0.6662
500	0.9727	0.5207	1.669	34.00	34.92	26.55	52.42	0.6662
520	0.9353	0.5206	1.668	35.02	37.41	27.34	56.15	0.6662
540	0.9006	0.5206	1.668	36.02	39.96	28.12	59.98	0.6662
560	0.8684	0.5206	1.668	37.00	42.57	28.89	63.90	0.6662
580	0.8385	0.5206	1.668	37.97	45.25	29.65	67.92	0.6662
600	0.8105	0.5206	1.668	38.92	47.98	30.39	72.03	0.6662
620	0.7844	0.5205	1.668	39.86	50.78	31.13	76.23	0.6661
640	0.7599	0.5205	1.668	40.79	53.64	31.85	80.52	0.6661
660	0.7368	0.5205	1.668	41.70	56.55	32.56	84.90	0.6661
680	0.7152	0.5205	1.668	42.60	59.52	33.26	89.36	0.6661
700	0.6947	0.5205	1.668	43.49	62.55	33.96	93.91	0.6661

4.3 水素の熱物性値（Thermophysical Properties of Hydrogen）

飽和状態を含む低温領域の熱物性値は，C.11 低温および極低温の章に収録されているので，本節では 100 K 以上の熱物性値を示す．

熱力学性質（密度，定圧比熱および比熱比）は，Woolyら[1]の式により計算した．粘性率と熱伝導率はそれぞれ文献2)所載の相関式から計算した．動粘性率，熱拡散率およびプラントル数の計算に要する熱力学性質および輸送性質は前述の二つの文献の式から計算された値を使用している．

Table B-4-3-1，B-4-3-2，B-4-3-3，B-4-3-4，B-4-3-5，B-4-3-6，B-4-3-7およびB-4-3-8に，それぞれ密度，定圧比熱，比熱比，粘性率，動粘性率，熱伝導率，熱拡散率およびプラントル数の広領域表を，Table B-4-3-9に常圧におけるこれらの物性値の値を示す．

Table B-4-3-1　H_2 の密度（Density of H_2）　ρ (kg/m³)

温度 T (K)	圧力 p (MPa)												
	0.01	0.05	0.1	0.2	0.5	1	2	5	10	20	30	40	50
100	0.02425	0.1212	0.2425	0.4852	1.214	2.430	4.867	12.14	23.70	43.11			
120	0.02020	0.1010	0.2020	0.4039	1.009	2.015	4.015	9.886	19.04	34.39	46.16		
140	0.01732	0.08657	0.1731	0.3460	0.8637	1.723	3.427	8.398	16.13	29.26	39.65		
160	0.01515	0.07554	0.1514	0.3027	0.7554	1.506	2.993	7.323	14.07	25.70	35.13	42.86	
180	0.01347	0.06732	0.1346	0.2690	0.6713	1.338	2.658	6.503	12.51	23.00	31.70	38.96	45.12
200	0.01212	0.06059	0.1211	0.2421	0.6041	1.204	2.392	5.854	11.28	20.86	28.95	35.82	41.72
220	0.01102	0.05508	0.1101	0.2201	0.5492	1.095	2.175	5.326	10.28	19.12	26.68	33.20	38.86
240	0.01010	0.05049	0.1010	0.2018	0.5035	1.004	1.994	4.888	9.451	17.66	24.77	30.96	36.41
260	0.009324	0.04661	0.09319	0.1863	0.4648	0.9267	1.842	4.517	8.750	16.41	23.12	29.03	34.26
273.15	0.008875	0.04437	0.08871	0.1773	0.4424	0.8822	1.754	4.304	8.344	15.69	22.16	27.89	32.99
280	0.008658	0.04328	0.08654	0.1730	0.4316	0.8607	1.711	4.200	8.148	15.34	21.69	27.33	32.37
300	0.008081	0.04040	0.08077	0.1614	0.4029	0.8035	1.598	3.925	7.625	14.40	20.43	25.83	30.69
320	0.007576	0.03787	0.07572	0.1514	0.3778	0.7534	1.498	3.684	7.167	13.57	19.32	24.49	29.17
340	0.007130	0.03564	0.07127	0.1425	0.3556	0.7093	1.411	3.471	6.762	12.84	18.32	23.29	27.81
360	0.006734	0.03366	0.06731	0.1346	0.3359	0.6700	1.333	3.282	6.400	12.18	17.43	22.20	26.57
380	0.006380	0.03189	0.06377	0.1275	0.3182	0.6349	1.264	3.113	6.076	11.59	16.62	21.21	25.44
400	0.006061	0.03030	0.06058	0.1211	0.3023	0.6032	1.201	2.960	5.784	11.06	15.88	20.31	24.40
450	0.005387	0.02693	0.05385	0.1077	0.2688	0.5365	1.068	2.637	5.164	9.915	14.30	18.37	22.15
500	0.004849	0.02424	0.04847	0.09690	0.2420	0.4830	0.9622	2.378	4.665	8.990	13.01	16.77	20.28
550	0.004408	0.02204	0.04407	0.08810	0.2200	0.4392	0.8753	2.165	4.254	8.224	11.94	15.43	18.71
600	0.004041	0.02020	0.04039	0.08076	0.2017	0.4027	0.8028	1.987	3.911	7.579	11.03	14.29	17.36
650	0.003730	0.01865	0.03729	0.07455	0.1862	0.3718	0.7414	1.837	3.619	7.029	10.25	13.31	16.20

Table B-4-3-2　H_2 の定圧比熱（Specific heat capacity at constant pressure of H_2）　c_p (kJ/(kg·K))

温度 T (K)	圧力 p (MPa)												
	0.01	0.05	0.1	0.2	0.5	1	2	5	10	20	30	40	50
100	10.52	10.54	10.55	10.59	10.69	10.86	11.23	12.47	14.89	20.26			
120	10.70	10.71	10.72	10.74	10.81	10.92	11.14	11.84	13.02	15.27	17.36		
140	10.90	10.91	10.92	10.93	10.98	11.06	11.21	11.67	12.37	13.61	14.69		
160	11.13	11.13	11.14	11.15	11.18	11.24	11.35	11.68	12.15	12.94	13.59	14.17	
180	11.35	11.36	11.36	11.37	11.40	11.44	11.53	11.77	12.12	12.67	13.10	13.47	13.80
200	11.57	11.57	11.57	11.58	11.60	11.64	11.71	11.89	12.16	12.58	12.88	13.13	13.35
220	11.77	11.77	11.78	11.78	11.80	11.83	11.88	12.03	12.24	12.57	12.80	12.99	13.14
240	11.95	11.96	11.96	11.96	11.98	12.00	12.04	12.17	12.34	12.61	12.79	12.93	13.05
260	12.12	12.12	12.12	12.13	12.14	12.16	12.19	12.30	12.44	12.66	12.82	12.93	13.02
273.15	14.18	14.19	14.19	14.19	14.20	14.22	14.25	14.34	14.47	14.67	14.81	14.91	14.98
280	14.22	14.22	14.22	14.23	14.24	14.25	14.28	14.37	14.49	14.68	14.81	14.90	14.98
300	14.30	14.30	14.30	14.31	14.31	14.33	14.35	14.43	14.53	14.70	14.81	14.89	14.95
320	14.36	14.36	14.36	14.36	14.37	14.38	14.40	14.47	14.56	14.70	14.80	14.87	14.92
340	14.40	14.40	14.40	14.40	14.41	14.42	14.44	14.50	14.58	14.70	14.79	14.85	14.90
360	14.43	14.43	14.43	14.43	14.44	14.45	14.47	14.51	14.58	14.69	14.77	14.83	14.87
380	14.45	14.45	14.45	14.46	14.46	14.47	14.48	14.53	14.59	14.69	14.76	14.81	14.85
400	14.47	14.47	14.47	14.47	14.48	14.48	14.50	14.54	14.59	14.68	14.74	14.79	14.83
450	14.50	14.50	14.50	14.50	14.50	14.51	14.52	14.55	14.59	14.66	14.71	14.75	14.78
500	14.52	14.52	14.52	14.52	14.52	14.53	14.53	14.55	14.59	14.64	14.68	14.72	14.74
550	14.53	14.53	14.53	14.53	14.53	14.54	14.54	14.55	14.56	14.59	14.63	14.67	14.69	14.71
600	14.55	14.55	14.55	14.55	14.55	14.56	14.56	14.57	14.59	14.63	14.66	14.68	14.70
650	14.57	14.57	14.57	14.58	14.58	14.58	14.58	14.59	14.61	14.64	14.66	14.68	14.70

1) Wooly, H. W., Scott, R. B. et al., J. Res. Nat. Bur. Stand., 41, p.379 (1948).　2) 日本機械学会協力部会研究成果報告書, RC-72 小温度差ランキンサイクル用作動流体の熱物性に関する研究分科会, p.527 (1987).

Table B-4-3-3　H_2 の比熱比（Specific heat ratio of H_2）　κ

温度 T (K)	圧力 p (MPa)												
	0.01	0.05	0.1	0.2	0.5	1	2	5	10	20	30	40	50
100	1.645	1.647	1.649	1.653	1.666	1.687	1.731	1.868	2.099	2.512	1.000	1.000	1.000
150	1.599	1.600	1.600	1.602	1.606	1.613	1.627	1.664	1.712	1.764	1.782	1.784	1.000
200	1.554	1.554	1.555	1.555	1.557	1.561	1.567	1.583	1.602	1.621	1.623	1.616	1.604
250	1.521	1.521	1.521	1.522	1.523	1.525	1.528	1.536	1.546	1.556	1.555	1.549	1.540
273.15	1.410	1.410	1.410	1.410	1.411	1.412	1.414	1.420	1.426	1.433	1.433	1.430	1.425
300	1.405	1.405	1.406	1.406	1.406	1.407	1.408	1.412	1.417	1.422	1.423	1.420	1.415
320	1.403	1.403	1.403	1.403	1.404	1.404	1.406	1.409	1.413	1.417	1.417	1.414	1.410
340	1.401	1.401	1.402	1.402	1.402	1.402	1.403	1.406	1.409	1.413	1.413	1.410	1.406
360	1.400	1.400	1.400	1.400	1.401	1.401	1.402	1.404	1.407	1.409	1.409	1.407	1.403
380	1.399	1.399	1.399	1.399	1.400	1.400	1.401	1.403	1.405	1.407	1.406	1.404	1.401
400	1.399	1.399	1.399	1.399	1.399	1.399	1.400	1.401	1.403	1.405	1.404	1.402	1.399
500	1.397	1.397	1.397	1.397	1.397	1.397	1.397	1.398	1.398	1.398	1.397	1.395	1.393
600	1.396	1.396	1.396	1.396	1.396	1.396	1.396	1.396	1.395	1.395	1.393	1.392	1.390

Table B-4-3-4　H_2 の粘性率（Viscosity of H_2）　η（μPa·s）

温度 T (K)	圧力 p (MPa)												
	0.01	0.05	0.1	0.2	0.5	1	2	5	10	20	30	40	50
273.15	8.410	8.410	8.411	8.412	8.416	8.423	8.437	8.487	8.589	8.857	9.186	9.552	9.939
280	8.551	8.551	8.552	8.553	8.557	8.563	8.577	8.625	8.724	8.983	9.301	9.655	10.03
300	8.954	8.955	8.955	8.957	8.960	8.966	8.978	9.022	9.112	9.347	9.636	9.960	10.30
320	9.348	9.348	9.349	9.350	9.353	9.359	9.370	9.410	9.492	9.706	9.970	10.27	10.59
340	9.733	9.733	9.734	9.735	9.738	9.743	9.753	9.790	9.865	10.06	10.30	10.58	10.87
360	10.11	10.11	10.11	10.11	10.11	10.12	10.13	10.16	10.23	10.41	10.63	10.89	11.16
380	10.48	10.48	10.48	10.48	10.48	10.49	10.50	10.53	10.59	10.76	10.96	11.20	11.46
400	10.84	10.85	10.85	10.85	10.85	10.85	10.86	10.89	10.95	11.10	11.29	11.51	11.75
450	11.73	11.73	11.73	11.73	11.74	11.74	11.75	11.77	11.82	11.95	12.11	12.29	12.50
500	12.59	12.59	12.59	12.59	12.59	12.60	12.60	12.63	12.67	12.77	12.91	13.07	13.25
550	13.43	13.43	13.43	13.43	13.43	13.43	13.44	13.46	13.49	13.58	13.70	13.84	14.00
600	14.24	14.24	14.24	14.24	14.24	14.24	14.25	14.27	14.30	14.38	14.47	14.60	14.74

Table B-4-3-5　H_2 の動粘性率（Kinematic viscosity of H_2）　ν（mm^2/s）

温度 T (K)	圧力 p (MPa)												
	0.01	0.05	0.1	0.2	0.5	1	2	5	10	20	30	40	50
273.15	947.6	189.6	94.82	47.45	19.02	9.548	4.811	1.972	1.029	0.5646	0.4145	0.3425	0.3012
280	987.6	197.6	98.83	49.45	19.82	9.950	5.013	2.054	1.071	0.5857	0.4288	0.3533	0.3099
300	1108	221.7	110.9	55.48	22.24	11.16	5.620	2.299	1.195	0.6491	0.4716	0.3856	0.3358
320	1234	246.8	123.5	61.77	24.76	12.42	6.253	2.554	1.324	0.7150	0.5161	0.4192	0.3628
340	1365	273.1	136.6	68.33	27.38	13.74	6.912	2.820	1.459	0.7835	0.5623	0.4541	0.3909
360	1501	300.3	150.2	75.15	30.11	15.10	7.598	3.096	1.599	0.8545	0.6102	0.4904	0.4201
380	1643	328.6	164.4	82.23	32.95	16.52	8.309	3.383	1.743	0.9280	0.6598	0.5279	0.4504
400	1789	357.9	179.0	89.56	35.88	17.99	9.045	3.679	1.893	1.004	0.7110	0.5667	0.4817
450	2178	435.6	217.9	109.0	43.66	21.88	11.00	4.464	2.289	1.205	0.8464	0.6692	0.5644
500	2597	519.5	259.8	130.0	52.05	26.08	13.10	5.310	2.716	1.421	0.9919	0.7794	0.6533
550	3046	609.3	304.7	152.4	61.04	30.58	15.35	6.216	3.171	1.652	1.147	0.8969	0.7482
600	3524	704.9	352.5	176.3	70.61	35.37	17.75	7.179	3.656	1.897	1.312	1.022	0.8489

Table B-4-3-6　H_2 の熱伝導率（Thermal conductivity of H_2）　λ（mW/(m·K)）

温度 T (K)	圧力 p (MPa)												
	0.01	0.05	0.1	0.2	0.5	1	2	5	10	20	30	40	50
273.15	168.2	168.3	168.3	168.4	168.7	169.1	170.1	172.8	177.3	186.2	195.5	205.0	213.9
280	171.6	171.6	171.6	171.7	172.0	172.5	173.4	176.1	180.4	189.1	198.1	207.4	216.1
300	181.1	181.2	181.2	181.3	181.6	182.0	182.9	185.4	189.5	197.5	205.8	214.4	222.5
320	190.5	190.5	190.6	190.7	190.9	191.3	192.2	194.6	198.4	205.9	213.5	221.4	229.0
340	199.6	199.7	199.7	199.8	200.0	200.4	201.3	203.6	207.2	214.1	221.2	228.5	235.6
360	208.6	208.6	208.6	208.7	209.0	209.4	210.1	212.4	215.8	222.3	228.8	235.5	242.2
380	217.3	217.4	217.4	217.5	217.7	218.1	218.9	221.0	224.3	230.4	236.3	242.5	248.8
400	225.9	225.9	226.0	226.0	226.3	226.7	227.4	229.5	232.7	238.3	243.8	249.5	255.4
450	246.7	246.7	246.7	246.8	247.0	247.4	248.1	250.0	252.9	257.8	262.3	267.0	272.0
500	266.6	266.6	266.7	266.7	266.9	267.3	267.9	269.7	272.3	276.6	280.4	284.3	288.6
550	285.8	285.8	285.9	285.9	286.0	286.1	286.4	287.0	288.7	291.1	294.9	298.1	301.4	305.2
600	304.5	304.5	304.6	304.6	304.8	305.1	305.6	307.1	309.3	312.8	315.6	318.4	321.7

Table B-4-3-7　H_2 の熱拡散率（Thermal diffusivity of H_2）　a（mm^2/s）

温度 T (K)	圧力 p (MPa)												
	0.01	0.05	0.1	0.2	0.5	1	2	5	10	20	30	40	50
273.15	1336	267.3	133.7	66.93	26.85	13.49	6.806	2.800	1.468	0.8089	0.5957	0.4931	0.4327
280	1393	278.8	139.5	69.79	27.99	14.06	7.095	2.917	1.528	0.8398	0.6167	0.5091	0.4458
300	1567	313.6	156.9	78.50	31.48	15.81	7.975	3.274	1.710	0.9334	0.6802	0.5574	0.4851
320	1751	350.4	175.3	87.70	35.17	17.66	8.903	3.651	1.902	1.032	0.7467	0.6079	0.5261
340	1944	389.0	194.6	97.36	39.04	19.60	9.878	4.046	2.103	1.134	0.8162	0.6606	0.5687
360	2146	429.4	214.8	107.47	43.09	21.63	10.90	4.458	2.312	1.242	0.8885	0.7152	0.6130
380	2357	471.5	235.8	118.00	47.31	23.74	11.96	4.888	2.530	1.353	0.9635	0.7719	0.6588
400	2576	515.3	257.7	128.96	51.69	25.94	13.06	5.334	2.757	1.468	1.041	0.8306	0.7062
450	3158	631.7	316.0	158.08	63.36	31.78	15.99	6.517	3.356	1.774	1.247	0.986	0.8313
500	3787	757.6	378.9	189.6	75.97	38.10	19.16	7.794	4.002	2.102	1.467	1.152	0.9655
550	4462	892.6	446.4	223.3	89.47	44.86	22.55	9.16	4.690	2.451	1.703	1.330	1.109
600	5179	1036	518.1	259.2	103.8	52.04	26.14	10.60	5.419	2.821	1.952	1.518	1.260

Table B-4-3-8　H_2 のプラントル数（Prandtl number of H_2）　Pr

温度 T (K)	圧力 p (MPa)												
	0.01	0.05	0.1	0.2	0.5	1	2	5	10	20	30	40	50
273.15	0.7092	0.7093	0.7094	0.7097	0.7105	0.7119	0.7147	0.7234	0.7386	0.7716	0.8073	0.8447	0.8829
280	0.7088	0.7089	0.7090	0.7093	0.7100	0.7114	0.7140	0.7222	0.7366	0.7679	0.8017	0.8371	0.8733
300	0.7070	0.7070	0.7072	0.7074	0.7080	0.7092	0.7114	0.7184	0.7308	0.7576	0.7866	0.8171	0.8483
320	0.7046	0.7047	0.7048	0.7050	0.7056	0.7065	0.7085	0.7145	0.7252	0.7484	0.7736	0.8001	0.8274
340	0.7021	0.7022	0.7023	0.7024	0.7029	0.7038	0.7055	0.7107	0.7200	0.7402	0.7622	0.7855	0.8096
360	0.6996	0.6996	0.6997	0.6998	0.7003	0.7010	0.7025	0.7071	0.7152	0.7330	0.7524	0.7730	0.7944
380	0.6971	0.6971	0.6972	0.6973	0.6977	0.6984	0.6997	0.7037	0.7109	0.7266	0.7438	0.7621	0.7813
400	0.6948	0.6948	0.6949	0.6950	0.6953	0.6959	0.6971	0.7007	0.7070	0.7209	0.7363	0.7527	0.7700
450	0.6897	0.6897	0.6898	0.6898	0.6901	0.6906	0.6914	0.6942	0.6990	0.7095	0.7213	0.7341	0.7477
500	0.6857	0.6857	0.6858	0.6858	0.6860	0.6864	0.6871	0.6892	0.6930	0.7012	0.7103	0.7205	0.7316
550	0.6827	0.6827	0.6827	0.6828	0.6830	0.6832	0.6838	0.6855	0.6885	0.6950	0.7023	0.7106	0.7198
600	0.6805	0.6805	0.6805	0.6805	0.6807	0.6809	0.6814	0.6828	0.6852	0.6904	0.6963	0.7032	0.7109

Table B-4-3-9　常圧における H_2 の熱物性値（Thermophysical properties of H_2 at 101.325 kPa）

温度 T (K)	密度 ρ (kg/m^3)	定圧比熱 c_p (kJ/(kg・K))	比熱比 κ	粘性率 η ($\mu Pa\cdot s$)	動粘性率 ν (mm^2/s)	熱伝導率 λ (mW/(m・K))	熱拡散率 a (mm^2/s)	プラントル数 Pr
100	0.2457	10.55	1.649					
120	0.2047	10.72	1.630					
140	0.1754	10.92	1.610					
160	0.1534	11.14	1.590					
180	0.1364	11.36	1.572					
200	0.1227	11.58	1.555					
220	0.1116	11.78	1.540					
240	0.1023	11.96	1.527					
260	0.09442	12.12	1.516					
273.15	0.08988	14.19	1.410	8.411	93.58	168.3	132.0	0.7094
280	0.08768	14.22	1.409	8.552	97.53	171.6	137.6	0.7090
300	0.08184	14.30	1.406	8.955	109.4	181.2	154.8	0.7072
320	0.07673	14.36	1.403	9.349	121.8	190.6	173.0	0.7048
340	0.07221	14.40	1.402	9.734	134.8	199.7	192.0	0.7023
360	0.06820	14.43	1.400	10.11	148.2	208.6	212.0	0.6997
380	0.06461	14.46	1.399	10.48	162.2	217.4	232.7	0.6972
400	0.06139	14.47	1.399	10.85	176.7	226.0	254.4	0.6949
420	0.05846	14.49	1.398	11.20	191.6	234.4	276.8	0.6927
440	0.05581	14.50	1.398	11.56	207.1	242.7	300.0	0.6907
460	0.05338	14.50	1.397	11.91	223.1	250.8	323.9	0.6889
480	0.05116	14.51	1.397	12.25	239.5	258.8	348.6	0.6872
500	0.04911	14.52	1.397	12.59	256.4	266.7	374.0	0.6858
520	0.04722	14.52	1.397	12.93	273.8	274.4	400.1	0.6845
540	0.04548	14.53	1.396	13.26	291.6	282.1	426.9	0.6833
560	0.04385	14.54	1.396	13.59	309.9	289.7	454.4	0.6822
580	0.04234	14.54	1.396	13.92	328.7	297.2	482.5	0.6813
600	0.04093	14.55	1.396	14.24	347.9	304.6	511.4	0.6805
620	0.03961	14.56	1.395	14.56	367.6	311.9	540.8	0.6798
640	0.03837	14.57	1.395	14.88	387.7	319.2	570.9	0.6792
660	0.03721	14.58	1.394	15.19	408.2	326.4	601.6	0.6786

4.4 窒素の熱物性値 (Thermophysical Properties of Nitrogen)

飽和状態を含む低温領域の熱物性値は, C.11 低温および極低温の章に収録されているので, 本節では 160 K 以上の熱物性値を示す.

熱力学性質（密度, 定圧比熱および比熱比）は IUPAC 蒸気表の式[1]により計算した. 粘性率と熱伝導率は Stephan ら[2]の式によっている. 動粘性率, 熱拡散率およびプラントル数の計算に要する熱力学性質および輸送性質は前述の二つの文献の式から計算された値を使用している.

Table B-4-4-1, B-4-4-2, B-4-4-3, B-4-4-4, B-4-4-5, B-4-4-6, B-4-4-7 および B-4-4-8 に, それぞれ密度, 定圧比熱, 比熱比, 粘性率, 動粘性率, 熱伝導率, 熱拡散率およびプラントル数の広領域表を, Table B-4-4-9 に常圧におけるこれらの物性値の値を示す.

Table B-4-4-1　N_2 の密度 (Density of N_2) ρ (kg/m^3)

温度 T (K)	圧力 p (MPa)											
	0.02	0.1	0.2	0.5	1	5	10	20	30	50	70	100
160	0.4216	2.116	4.252	10.78	22.11	140.3	344.0	518.8	589.5	668.7	718.8	771.7
180	0.3746	1.878	3.767	9.509	19.33	110.4	248.7	438.6	526.5	620.4	677.5	736.4
200	0.3371	1.688	3.384	8.514	17.21	93.35	199.4	372.4	470.0	575.9	639.2	703.5
220	0.3064	1.534	3.072	7.713	15.54	81.74	169.4	321.9	421.4	535.4	603.8	672.9
240	0.2808	1.405	2.813	7.053	14.17	73.11	148.8	283.8	380.6	499.0	571.4	644.5
260	0.2592	1.297	2.595	6.499	13.04	66.37	133.4	254.5	346.8	466.4	541.7	618.1
273.15	0.2467	1.234	2.469	6.181	12.39	62.65	125.3	238.7	327.7	447.0	523.6	601.8
280	0.2407	1.204	2.408	6.027	12.08	60.90	121.5	231.4	318.6	437.5	514.6	593.6
300	0.2246	1.123	2.247	5.620	11.25	56.35	111.7	212.6	294.9	411.8	489.8	570.8
320	0.2106	1.053	2.106	5.265	10.53	52.49	103.7	197.0	274.8	388.9	467.2	549.6
340	0.1982	0.9909	1.982	4.953	9.901	49.16	96.80	183.9	257.5	368.5	446.6	529.8
360	0.1872	0.9358	1.871	4.676	9.343	46.26	90.89	172.6	242.5	350.2	427.7	511.4
380	0.1773	0.8865	1.772	4.428	8.845	43.71	85.73	162.8	229.3	333.7	410.3	494.2
400	0.1685	0.8421	1.684	4.206	8.399	41.44	81.18	154.2	217.6	318.5	394.4	478.2
450	0.1497	0.7485	1.496	3.737	7.460	36.71	71.80	136.5	193.5	287.1	359.6	442.3
500	0.1348	0.6736	1.347	3.362	6.711	32.99	64.49	122.7	174.7	261.7	330.8	411.7
600	0.1123	0.5613	1.122	2.802	5.592	27.48	53.73	102.6	146.8	223.0	285.9	362.1
700	0.09626	0.4811	0.9619	2.402	4.793	23.57	46.15	88.44	127.1	195.0	252.4	323.7
800	0.08423	0.4210	0.8417	2.102	4.195	20.65	40.49	77.85	112.3	173.6	226.4	293.2
1000	0.06738	0.3368	0.6734	1.682	3.358	16.56	32.56	62.97	91.38	142.9	188.4	247.5

Table B-4-4-2　N_2 の定圧比熱 (Specific heat capacity at constant pressure of N_2) c_p (kJ/(kg・K))

温度 T (K)	圧力 p (MPa)											
	0.02	0.1	0.2	0.5	1	5	10	20	30	50	70	100
160	1.041	1.047	1.055	1.080	1.126	1.838	2.661	2.003	1.801	1.663	1.610	1.576
180	1.040	1.045	1.051	1.068	1.100	1.456	1.997	1.928	1.756	1.621	1.570	1.538
200	1.040	1.043	1.048	1.061	1.085	1.309	1.626	1.779	1.687	1.575	1.529	1.500
220	1.040	1.043	1.046	1.056	1.074	1.233	1.440	1.629	1.606	1.529	1.490	1.464
240	1.040	1.042	1.045	1.053	1.067	1.188	1.336	1.508	1.527	1.484	1.453	1.431
260	1.040	1.042	1.044	1.051	1.062	1.157	1.270	1.418	1.457	1.442	1.419	1.402
273.15	1.040	1.041	1.043	1.050	1.060	1.143	1.239	1.371	1.417	1.416	1.399	1.384
280	1.040	1.041	1.043	1.049	1.059	1.136	1.226	1.351	1.399	1.403	1.389	1.375
300	1.040	1.041	1.043	1.048	1.056	1.120	1.194	1.301	1.350	1.369	1.362	1.352
320	1.040	1.042	1.043	1.047	1.054	1.109	1.171	1.263	1.311	1.338	1.337	1.331
340	1.041	1.042	1.043	1.047	1.053	1.100	1.153	1.233	1.279	1.311	1.315	1.313
360	1.042	1.043	1.044	1.047	1.052	1.093	1.139	1.210	1.253	1.288	1.296	1.296
380	1.043	1.044	1.045	1.047	1.052	1.088	1.128	1.191	1.231	1.268	1.278	1.281
400	1.044	1.045	1.046	1.048	1.052	1.084	1.120	1.176	1.213	1.250	1.263	1.269
450	1.049	1.050	1.050	1.052	1.055	1.079	1.107	1.150	1.181	1.217	1.233	1.243
500	1.056	1.056	1.057	1.058	1.061	1.080	1.101	1.136	1.162	1.195	1.212	1.225
600	1.075	1.075	1.075	1.076	1.078	1.090	1.105	1.129	1.148	1.174	1.191	1.205
700	1.098	1.098	1.098	1.099	1.100	1.109	1.119	1.136	1.150	1.172	1.186	1.201
800	1.122	1.122	1.122	1.123	1.124	1.130	1.137	1.150	1.161	1.179	1.191	1.205
1000	1.167	1.167	1.167	1.168	1.168	1.172	1.176	1.184	1.191	1.203	1.212	1.223

---

1) Angus, S., Armstrong, B. et al., International Thermodynamic Table of the Fluid State-6 Nitrogen, IUPAC, Vol.6 (1979).
2) Stephan, K., Krauss, R. et al., J. Phys. Chem. Ref. Data, Vol.16, No.4, pp.993-1023 (1987).

Table B-4-4-3 N_2 の比熱比（Specific heat ratio of N_2） κ

温度 T (K)	圧力 p (MPa)											
	0.02	0.1	0.2	0.5	1	5	10	20	30	50	70	100
160	1.401	1.408	1.415	1.440	1.486	2.183	2.966	2.264	2.012	1.807	1.705	1.614
200	1.401	1.404	1.409	1.423	1.447	1.681	2.008	2.136	1.996	1.808	1.707	1.614
240	1.400	1.403	1.406	1.415	1.430	1.558	1.715	1.884	1.875	1.769	1.686	1.604
273.15	1.400	1.402	1.404	1.411	1.421	1.510	1.613	1.744	1.774	1.724	1.662	1.592
300	1.400	1.401	1.403	1.408	1.417	1.485	1.563	1.669	1.707	1.687	1.641	1.581
350	1.399	1.400	1.401	1.405	1.411	1.456	1.507	1.581	1.618	1.625	1.602	1.560
400	1.397	1.398	1.399	1.401	1.406	1.438	1.474	1.527	1.558	1.576	1.566	1.539
500	1.391	1.391	1.392	1.393	1.396	1.414	1.434	1.465	1.486	1.505	1.507	1.497
600	1.382	1.382	1.382	1.383	1.384	1.395	1.407	1.427	1.441	1.457	1.463	1.461
700	1.371	1.371	1.371	1.371	1.372	1.379	1.387	1.400	1.410	1.422	1.428	1.429
800	1.360	1.360	1.360	1.360	1.361	1.365	1.371	1.379	1.386	1.395	1.400	1.403
1000	1.341	1.341	1.341	1.341	1.342	1.344	1.346	1.350	1.354	1.359	1.362	1.365

Table B-4-4-4 N_2 の粘性率（Viscosity of N_2） η （μPa·s）

温度 T (K)	圧力 p (MPa)											
	0.02	0.1	0.2	0.5	1	5	10	20	30	50	70	100
160	10.59	10.61	10.63	10.71	10.86	13.41	22.22	38.12	49.60	69.65	88.93	118.7
200	12.89	12.91	12.93	12.99	13.10	14.50	17.64	26.37	34.65	49.34	63.31	84.65
240	15.00	15.02	15.03	15.08	15.18	16.17	18.08	23.33	29.06	40.03	50.65	66.87
273.15	16.64	16.65	16.67	16.71	16.79	17.60	19.05	22.92	27.31	36.12	44.83	58.17
300	17.90	17.91	17.92	17.96	18.03	18.74	19.96	23.14	26.79	34.31	41.85	53.43
350	20.12	20.13	20.14	20.17	20.23	20.80	21.74	24.12	26.87	32.71	38.67	47.88
400	22.20	22.20	22.21	22.24	22.29	22.77	23.54	25.43	27.63	32.36	37.25	44.83
500	26.03	26.03	26.04	26.06	26.10	26.47	27.02	28.37	29.92	33.31	36.88	42.43
600	29.53	29.54	29.54	29.56	29.59	29.89	30.32	31.36	32.55	35.18	37.97	42.32
700	32.79	32.80	32.80	32.82	32.85	33.09	33.45	34.29	35.25	37.38	39.66	43.24
800	35.86	35.87	35.87	35.89	35.91	36.12	36.43	37.13	37.94	39.72	41.64	44.67
1000	41.58	41.59	41.59	41.60	41.62	41.79	42.02	42.55	43.15	44.49	45.94	48.24

Table B-4-4-5 N_2 の動粘性率（Kinematic viscosity of N_2） ν （mm^2/s）

温度 T (K)	圧力 p (MPa)											
	0.02	0.1	0.2	0.5	1	5	10	20	30	50	70	100
160	25.11	5.012	2.500	0.9932	0.4913	0.09559	0.06460	0.07348	0.08414	0.1042	0.1237	0.1538
200	38.24	7.644	3.820	1.525	0.7611	0.1553	0.08845	0.07081	0.07373	0.08567	0.09905	0.1203
240	53.43	10.69	5.344	2.139	1.071	0.2212	0.1215	0.08222	0.07635	0.08022	0.08863	0.1037
273.15	67.45	13.49	6.750	2.703	1.355	0.2809	0.1521	0.09603	0.08334	0.08081	0.08561	0.09667
300	79.69	15.95	7.977	3.196	1.603	0.3326	0.1786	0.1088	0.09084	0.08333	0.08543	0.09361
350	104.5	20.91	10.463	4.194	2.105	0.4364	0.2319	0.1355	0.1076	0.09110	0.08851	0.09200
400	131.8	26.37	13.19	5.289	2.654	0.5496	0.2899	0.1650	0.1270	0.1015	0.09446	0.09376
500	193.1	38.65	19.34	7.751	3.890	0.8023	0.4190	0.2311	0.1713	0.1273	0.1115	0.1031
600	263.0	52.62	26.33	10.55	5.293	1.088	0.5643	0.3056	0.2217	0.1577	0.1328	0.1169
700	340.7	68.16	34.10	13.66	6.852	1.404	0.7248	0.3877	0.2773	0.1917	0.1571	0.1335
800	425.8	85.20	42.62	17.08	8.560	1.750	0.8997	0.4770	0.3377	0.2288	0.1839	0.1523
1000	617.1	123.5	61.76	24.74	12.40	2.523	1.290	0.6758	0.4722	0.3113	0.2439	0.1949

Table B-4-4-6 N_2 の熱伝導率（Thermal conductivity of N_2） λ （mW/(m·K)）

温度 T (K)	圧力 p (MPa)											
	0.02	0.1	0.2	0.5	1	5	10	20	30	50	70	100
160	15.39	15.46	15.56	15.85	16.36	22.26	38.42	64.77	80.54	102.8	119.7	140.4
200	18.73	18.79	18.87	19.10	19.49	23.10	29.25	45.06	59.14	80.58	97.24	117.7
240	21.80	21.85	21.92	22.11	22.42	25.17	29.17	38.87	49.14	67.37	82.59	101.9
273.15	24.18	24.23	24.28	24.45	24.72	27.04	30.23	37.53	45.48	60.85	74.54	92.47
300	26.02	26.06	26.11	26.26	26.51	28.58	31.34	37.45	44.10	57.47	69.91	86.67
350	29.27	29.31	29.35	29.48	29.69	31.42	33.66	38.41	43.48	54.02	64.38	79.00
400	32.36	32.39	32.43	32.54	32.73	34.22	36.12	40.04	44.15	52.75	61.46	74.18
500	38.26	38.28	38.31	38.40	38.55	39.73	41.21	44.17	47.18	53.43	59.89	69.69
600	43.98	44.00	44.02	44.09	44.22	45.20	46.42	48.82	51.23	56.16	61.24	69.07
700	49.60	49.62	49.64	49.70	49.81	50.65	51.69	53.73	55.75	59.84	64.03	70.50
800	55.14	55.15	55.17	55.23	55.32	56.06	56.96	58.74	60.49	64.00	67.57	73.07
1000	65.84	65.86	65.87	65.91	65.99	66.58	67.30	68.72	70.12	72.88	75.65	79.88

4.4 窒素の熱物性値

Table B-4-4-7　N_2 の熱拡散率（Thermal diffusivity of N_2）　a（mm²/s）

温度 T (K)	圧力 p (MPa)											
	0.02	0.1	0.2	0.5	1	5	10	20	30	50	70	100
160	35.08	6.981	3.469	1.361	0.6567	0.08634	0.04197	0.06232	0.07587	0.09242	0.1035	0.1154
200	53.44	10.67	5.322	2.113	1.044	0.1890	0.09026	0.06799	0.07461	0.08883	0.09949	0.1115
240	74.68	14.93	7.457	2.976	1.482	0.2898	0.1468	0.09083	0.08456	0.09099	0.09948	0.1104
273.15	94.27	18.85	9.425	3.769	1.883	0.3778	0.1947	0.1146	0.09792	0.09614	0.1017	0.1110
300	111.4	22.28	11.14	4.459	2.232	0.4527	0.2348	0.1355	0.1107	0.1020	0.1048	0.1123
350	146.0	29.21	14.61	5.854	2.935	0.6014	0.3135	0.1767	0.1376	0.1158	0.1129	0.1164
400	184.0	36.81	18.42	7.381	3.702	0.7618	0.3973	0.2209	0.1672	0.1323	0.1234	0.1223
500	268.8	53.80	26.92	10.79	5.414	1.115	0.5803	0.3167	0.2324	0.1709	0.1493	0.1383
600	364.3	72.90	36.48	14.62	7.335	1.509	0.7820	0.4215	0.3040	0.2144	0.1799	0.1583
700	469.3	93.92	46.99	18.83	9.446	1.938	1.001	0.5347	0.3812	0.2619	0.2138	0.1813
800	583.4	116.7	58.40	23.40	11.73	2.402	1.237	0.6558	0.4637	0.3127	0.2505	0.2068
1000	837.2	167.5	83.79	33.57	16.82	3.431	1.757	0.9218	0.6443	0.4241	0.3314	0.2639

Table B-4-4-8　N_2 のプラントル数（Prandtl number of N_2）　Pr

温度 T (K)	圧力 p (MPa)											
	0.02	0.1	0.2	0.5	1	5	10	20	30	50	70	100
160	0.7158	0.7180	0.7208	0.7300	0.7481	1.107	1.539	1.179	1.109	1.127	1.196	1.333
200	0.7156	0.7165	0.7178	0.7218	0.7291	0.8220	0.9800	1.0415	0.9883	0.9645	0.9956	1.079
240	0.7155	0.7160	0.7166	0.7186	0.7223	0.7632	0.8281	0.9052	0.9029	0.8816	0.8910	0.9394
273.15	0.7155	0.7158	0.7162	0.7174	0.7196	0.7436	0.7811	0.8376	0.8511	0.8405	0.8415	0.8706
300	0.7155	0.7157	0.7160	0.7168	0.7183	0.7347	0.7605	0.8036	0.8203	0.8170	0.8151	0.8334
350	0.7157	0.7158	0.7160	0.7164	0.7172	0.7257	0.7398	0.7665	0.7820	0.7868	0.7840	0.7904
400	0.7163	0.7163	0.7164	0.7166	0.7169	0.7215	0.7297	0.7470	0.7593	0.7671	0.7657	0.7667
500	0.7184	0.7184	0.7184	0.7184	0.7184	0.7193	0.7221	0.7298	0.7370	0.7450	0.7464	0.7455
600	0.7218	0.7218	0.7218	0.7217	0.7215	0.7211	0.7217	0.7250	0.7291	0.7355	0.7381	0.7384
700	0.7258	0.7258	0.7257	0.7256	0.7254	0.7244	0.7240	0.7251	0.7274	0.7320	0.7350	0.7365
800	0.7299	0.7299	0.7298	0.7297	0.7295	0.7283	0.7274	0.7273	0.7283	0.7316	0.7343	0.7366
1000	0.7372	0.7371	0.7371	0.7370	0.7368	0.7355	0.7343	0.7331	0.7329	0.7341	0.7360	0.7385

Table B-4-4-9　常圧における N_2 の熱物性値（Thermophysical properties of N_2 at 101.325 kPa）

温度 T (K)	密度 ρ (kg/m³)	定圧比熱 c_p (kJ/(kg·K))	比熱比 κ	粘性率 η (μPa·s)	動粘性率 ν (mm²/s)	熱伝導率 λ (mW/(m·K))	熱拡散率 a (mm²/s)	プラントル数 Pr
160	2.144	1.047	1.408	10.61	4.947	15.46	6.889	0.7180
180	1.903	1.045	1.406	11.78	6.192	17.17	8.635	0.7171
200	1.711	1.043	1.404	12.91	7.544	18.79	10.53	0.7166
220	1.554	1.043	1.403	13.98	8.997	20.35	12.56	0.7162
240	1.424	1.042	1.403	15.02	10.55	21.85	14.73	0.7160
260	1.314	1.042	1.402	16.02	12.19	23.30	17.03	0.7158
273.15	1.250	1.041	1.402	16.65	13.32	24.23	18.61	0.7158
280	1.220	1.041	1.402	16.98	13.92	24.70	19.45	0.7157
290	1.178	1.041	1.401	17.45	14.82	25.39	20.70	0.7157
300	1.138	1.041	1.401	17.91	15.74	26.06	21.99	0.7157
310	1.101	1.041	1.401	18.37	16.68	26.73	23.30	0.7157
320	1.067	1.042	1.401	18.82	17.64	27.38	24.64	0.7157
330	1.034	1.042	1.401	19.26	18.62	28.03	26.01	0.7158
340	1.004	1.042	1.400	19.70	19.62	28.67	27.41	0.7158
350	0.9753	1.042	1.400	20.13	20.64	29.31	28.83	0.7158
360	0.9482	1.043	1.400	20.55	21.68	29.93	30.28	0.7159
370	0.9225	1.043	1.399	20.97	22.74	30.56	31.75	0.7160
380	0.8982	1.044	1.399	21.39	23.81	31.17	33.25	0.7161
390	0.8751	1.044	1.398	21.80	24.91	31.78	34.78	0.7162
400	0.8532	1.045	1.398	22.20	26.02	32.39	36.33	0.7163
420	0.8126	1.047	1.397	23.00	28.31	33.59	39.50	0.7166
440	0.7756	1.049	1.396	23.78	30.66	34.78	42.76	0.7170
460	0.7419	1.051	1.395	24.55	33.09	35.96	46.12	0.7174
480	0.7110	1.053	1.393	25.30	35.58	37.12	49.56	0.7179
500	0.6825	1.056	1.391	26.03	38.14	38.28	53.09	0.7184
600	0.5687	1.075	1.382	29.54	51.93	44.00	71.95	0.7218
650	0.5250	1.086	1.376	31.19	59.41	46.82	82.09	0.7237
700	0.4875	1.098	1.371	32.80	67.27	49.62	92.69	0.7258
750	0.4550	1.110	1.365	34.35	75.50	52.40	103.7	0.7278
800	0.4266	1.122	1.360	35.87	84.08	55.15	115.2	0.7299

4.5 酸素の熱物性値 (Thermophysical Properties of Oxygen)

飽和状態を含む低温領域の熱物性値は，C.11低温および極低温の章に収録されているので，本節では160K以上の熱物性値を示す．

熱力学性質（密度，定圧比熱および比熱比）は文献1）所載の式により計算した．粘性率と熱伝導率はLaeseckeら[2]の式によっている．動粘性率，熱拡散率およびプラントル数の計算に要する熱力学性質および輸送性質は前述の二つの文献の式から計算された値を使用している．

Table B-4-5-1, B-4-5-2, B-4-5-3, B-4-5-4, B-4-5-5, B-4-5-6, B-4-5-7およびB-4-5-8に，それぞれ密度，定圧比熱，比熱比，粘性率，動粘性率，熱伝導率，熱拡散率およびプラントル数の広領域表を，Table B-4-5-9に常圧におけるこれらの物性値の値を示す．

Table B-4-5-1 O_2 の密度 (Density of O_2) ρ (kg/m^3)

温度 T (K)	圧力 p (MPa)											
	0.1	0.2	0.5	1	2	5	10	20	30	50	70	100
160	2.420	4.869	12.40	25.65	55.34	208.0	716.4	839.4	899.6	975.2	1027	1086
200	1.930	3.872	9.768	19.84	40.98	114.0	277.8	579.4	708.9	834.4	908.1	984.3
250	1.542	3.087	7.750	15.61	31.64	82.32	174.5	363.1	508.4	678.0	775.7	871.6
273.15	1.410	2.823	7.079	14.23	28.72	73.70	152.7	311.8	444.6	617.6	722.2	825.2
280	1.376	2.754	6.902	13.86	27.96	71.53	147.5	299.8	428.8	601.3	707.3	812.1
300	1.284	2.569	6.434	12.91	25.97	65.96	134.5	270.3	388.7	557.7	666.5	775.7
320	1.203	2.408	6.027	12.08	24.26	61.28	124.0	247.0	356.2	519.6	629.5	741.7
340	1.132	2.265	5.668	11.35	22.76	57.28	115.2	228.0	329.3	486.3	595.9	710.2
360	1.069	2.139	5.350	10.71	21.45	53.80	107.7	212.2	306.7	457.2	565.6	680.9
380	1.013	2.026	5.066	10.14	20.29	50.75	101.3	198.7	287.4	431.5	538.1	653.7
400	0.9622	1.924	4.811	9.623	19.24	48.05	95.61	187.1	270.7	408.8	513.3	628.5
450	0.8552	1.710	4.274	8.543	17.06	42.47	84.11	163.8	237.1	362.0	460.5	573.1
500	0.7696	1.539	3.845	7.683	15.33	38.09	75.25	146.1	211.8	325.6	418.1	526.9
600	0.6413	1.282	3.203	6.397	12.76	31.64	62.36	120.9	175.4	272.4	354.3	454.6
700	0.5496	1.099	2.745	5.482	10.93	27.09	53.37	103.5	150.4	235.1	308.4	400.7
800	0.4809	0.9616	2.402	4.797	9.565	23.70	46.70	90.7	132.0	207.3	273.7	358.9
900	0.4275	0.8548	2.135	4.264	8.503	21.07	41.55	80.7	117.8	185.7	246.4	325.5
1000	0.3848	0.7693	1.922	3.838	7.654	18.98	37.43	72.85	106.4	168.4	224.2	298.0
1200	0.3206	0.6411	1.602	3.199	6.382	15.83	31.27	61.01	89.34	142.2	190.5	255.5
1500	0.2565	0.5129	1.281	2.560	5.109	12.69	25.10	49.13	72.17	115.6	155.8	211.0

Table B-4-5-2 O_2 の定圧比熱 (Specific heat capacity at constant pressure of O_2) c_p (kJ/(kg·K))

温度 T (K)	圧力 p (MPa)											
	0.1	0.2	0.5	1	2	5	10	20	30	50	70	100
160	0.9184	0.9271	0.9553	1.009	1.156	3.060	2.669	1.861	1.677	1.537	1.477	1.433
200	0.9146	0.9190	0.9326	0.9567	1.011	1.241	1.904	2.017	1.718	1.511	1.434	1.383
250	0.9150	0.9174	0.9246	0.9371	0.9633	1.052	1.224	1.492	1.524	1.428	1.364	1.315
273.15	0.9167	0.9186	0.9244	0.9342	0.9545	1.020	1.139	1.339	1.408	1.378	1.331	1.288
280	0.9174	0.9192	0.9246	0.9338	0.9528	1.013	1.122	1.306	1.379	1.363	1.321	1.280
300	0.9199	0.9214	0.9260	0.9337	0.9494	0.9985	1.084	1.230	1.304	1.319	1.293	1.260
320	0.9231	0.9244	0.9283	0.9349	0.9481	0.9889	1.058	1.177	1.246	1.279	1.267	1.241
340	0.9270	0.9281	0.9314	0.9371	0.9484	0.9829	1.040	1.139	1.202	1.244	1.242	1.225
360	0.9314	0.9324	0.9353	0.9402	0.9500	0.9796	1.028	1.112	1.169	1.215	1.220	1.210
380	0.9363	0.9372	0.9397	0.9440	0.9526	0.9783	1.020	1.092	1.143	1.190	1.201	1.197
400	0.9417	0.9424	0.9447	0.9485	0.9561	0.9787	1.015	1.078	1.123	1.170	1.184	1.185
450	0.9564	0.9570	0.9587	0.9616	0.9673	0.9842	1.011	1.058	1.093	1.135	1.153	1.163
500	0.9722	0.9726	0.9740	0.9762	0.9807	0.9938	1.014	1.051	1.079	1.115	1.134	1.148
600	1.003	1.004	1.004	1.006	1.009	1.017	1.031	1.055	1.074	1.102	1.118	1.133
700	1.031	1.031	1.032	1.033	1.035	1.041	1.051	1.068	1.082	1.103	1.117	1.131
800	1.055	1.055	1.055	1.056	1.058	1.062	1.069	1.082	1.093	1.110	1.122	1.134
900	1.074	1.074	1.075	1.075	1.076	1.080	1.085	1.095	1.104	1.118	1.128	1.139
1000	1.090	1.090	1.091	1.091	1.092	1.095	1.099	1.107	1.114	1.126	1.135	1.144
1200	1.115	1.115	1.115	1.116	1.116	1.118	1.121	1.127	1.132	1.141	1.148	1.155
1500	1.143	1.143	1.143	1.143	1.144	1.145	1.147	1.150	1.154	1.160	1.165	1.171

1) Sychev, V. V., Vasserman, A. A. et al., Thermodynamic Properties of Oxygen, Hemisphere Pub. Corp. (1987). 2) Laesecke, A., Krauss, R. et al., J. Phys. Chem. Ref. Data, Vol.19, No.5, pp.1089-1122 (1990).

4.5 酸素の熱物性値

Table B-4-5-3 O_2 の比熱比 (Specific heat ratio of O_2) κ

温度 T (K)	圧力 p (MPa)											
	0.1	0.2	0.5	1	2	5	10	20	30	50	70	100
160	1.408	1.416	1.444	1.497	1.640	3.582	3.206	2.327	2.095	1.876	1.755	1.644
200	1.404	1.409	1.424	1.451	1.512	1.771	2.519	2.642	2.265	1.957	1.813	1.690
250	1.401	1.404	1.412	1.427	1.459	1.565	1.772	2.088	2.109	1.946	1.822	1.709
273.15	1.399	1.401	1.408	1.420	1.445	1.525	1.670	1.908	1.980	1.905	1.808	1.707
300	1.396	1.398	1.404	1.413	1.433	1.493	1.598	1.773	1.855	1.846	1.782	1.699
350	1.390	1.391	1.395	1.402	1.415	1.454	1.519	1.629	1.697	1.735	1.717	1.670
400	1.382	1.383	1.386	1.391	1.400	1.428	1.473	1.549	1.601	1.647	1.651	1.632
500	1.366	1.366	1.368	1.371	1.376	1.392	1.417	1.459	1.492	1.530	1.546	1.552
800	1.327	1.327	1.328	1.329	1.331	1.336	1.344	1.358	1.370	1.388	1.400	1.411
1000	1.313	1.313	1.314	1.314	1.315	1.318	1.323	1.332	1.340	1.352	1.361	1.370
1200	1.304	1.304	1.304	1.304	1.305	1.307	1.310	1.317	1.322	1.331	1.338	1.346
1500	1.294	1.294	1.295	1.295	1.295	1.296	1.298	1.302	1.306	1.312	1.317	1.323

Table B-4-5-4 O_2 の粘性率 (Viscosity of O_2) η (μPa·s)

温度 T (K)	圧力 p (MPa)											
	0.1	0.2	0.5	1	2	5	10	20	30	50	60	80
160	12.02	12.08	12.26	12.58	13.34	18.40	56.71	72.97	84.05	103.6	113.2	132.7
200	14.65	14.69	14.82	15.03	15.50	17.28	22.93	42.45	55.58	73.46	81.12	95.82
250	17.71	17.74	17.83	17.98	18.29	19.33	21.59	28.78	37.69	53.14	59.67	71.53
273.15	19.06	19.08	19.16	19.29	19.56	20.43	22.19	27.36	34.13	47.51	53.48	64.37
300	20.56	20.58	20.65	20.76	20.99	21.72	23.13	26.95	31.98	43.02	48.29	58.09
350	23.23	23.25	23.30	23.39	23.57	24.13	25.14	27.65	30.85	38.53	42.56	50.45
400	25.75	25.76	25.81	25.88	26.03	26.47	27.26	29.09	31.35	36.89	39.95	46.23
500	30.41	30.42	30.45	30.50	30.61	30.92	31.46	32.62	33.97	37.25	39.13	43.19
600	34.67	34.68	34.70	34.74	34.82	35.06	35.46	36.30	37.23	39.43	40.69	43.47
700	38.62	38.63	38.65	38.68	38.74	38.93	39.24	39.89	40.59	42.19	43.10	45.12
800	42.32	42.33	42.34	42.37	42.42	42.58	42.83	43.35	43.90	45.14	45.83	47.37
1000	49.15	49.15	49.16	49.18	49.22	49.33	49.51	49.88	50.26	51.08	51.53	52.52

Table B-4-5-5 O_2 の動粘性率 (Kinematic viscosity of O_2) ν (mm^2/s)

温度 T (K)	圧力 p (MPa)											
	0.1	0.2	0.5	1	2	5	10	20	30	50	60	80
160	4.968	2.481	0.9882	0.4905	0.2410	0.08873	0.07920	0.08696	0.09335	0.1060	0.1126	0.1262
200	7.590	3.794	1.517	0.7575	0.3781	0.1515	0.08258	0.07328	0.07834	0.08777	0.09239	0.1019
250	11.49	5.746	2.300	1.152	0.5780	0.2347	0.1237	0.07927	0.07407	0.07814	0.08119	0.08764
273.15	13.51	6.758	2.706	1.356	0.6810	0.2771	0.1452	0.08775	0.07669	0.07670	0.07889	0.08412
300	16.02	8.012	3.209	1.609	0.8084	0.3293	0.1719	0.09969	0.08221	0.07692	0.07792	0.08165
350	21.12	10.57	4.233	2.122	1.067	0.4348	0.2258	0.1258	0.09706	0.08152	0.07995	0.08050
400	26.76	13.39	5.364	2.690	1.352	0.5508	0.2849	0.1554	0.1157	0.08999	0.08568	0.08273
500	39.51	19.77	7.919	3.970	1.996	0.8115	0.4176	0.2228	0.1601	0.1141	0.1042	0.09391
600	54.07	27.05	10.83	5.430	2.728	1.107	0.5679	0.2995	0.2116	0.1443	0.1287	0.1109
700	70.26	35.15	14.08	7.054	3.543	1.436	0.7341	0.3844	0.2689	0.1788	0.1573	0.1317
800	88.00	44.02	17.63	8.831	4.433	1.795	0.9154	0.4767	0.3313	0.2168	0.1890	0.1553
1000	127.7	63.89	25.58	12.81	6.427	2.597	1.320	0.6822	0.4702	0.3018	0.2602	0.2091

Table B-4-5-6 O_2 の熱伝導率 (Thermal conductivity of O_2) λ (mW/(m·K))

温度 T (K)	圧力 p (MPa)											
	0.1	0.2	0.5	1	2	5	10	20	30	50	60	80
160	14.89	14.94	15.12	15.48	16.57	26.23	66.06	83.98	96.67	115.5	123.1	136.1
200	18.40	18.44	18.56	18.81	19.43	22.49	31.93	54.23	68.11	88.77	97.09	111.3
250	22.60	22.62	22.71	22.88	23.30	25.05	29.34	40.63	51.57	69.24	76.82	90.3
273.15	24.49	24.51	24.59	24.74	25.10	26.56	30.01	38.99	48.28	64.18	71.13	83.72
300	26.66	26.68	26.75	26.88	27.18	28.40	31.20	38.41	46.19	60.25	66.53	78.05
350	30.67	30.69	30.75	30.85	31.09	32.02	34.08	39.36	45.26	56.68	61.92	71.65
400	34.69	34.70	34.75	34.84	35.04	35.78	37.41	41.56	46.31	55.90	60.40	68.79
500	42.75	42.76	42.80	42.86	43.01	43.53	44.65	47.49	50.82	57.96	61.48	68.16
600	50.74	50.75	50.78	50.83	50.94	51.34	52.17	54.28	56.78	62.33	65.18	70.73
700	58.50	58.51	58.53	58.57	58.67	58.98	59.63	61.28	63.24	67.69	70.04	74.74
800	65.93	65.94	65.96	66.00	66.07	66.33	66.86	68.19	69.78	73.45	75.42	79.43
1000	79.69	79.69	79.71	79.73	79.79	79.98	80.36	81.29	82.41	85.04	86.48	89.50

Table B-4-5-7　O_2 の熱拡散率（Thermal diffusivity of O_2）　a（mm^2/s）

温度 T (K)	圧力 p (MPa)											
	0.1	0.2	0.5	1	2	5	10	20	30	50	60	80
160	6.704	3.312	1.278	0.6005	0.2615	0.04155	0.03469	0.05402	0.06434	0.07732	0.08199	0.08936
200	10.42	5.182	2.038	0.9906	0.4690	0.1592	0.06070	0.04652	0.05597	0.07041	0.07576	0.08423
250	16.02	7.987	3.169	1.564	0.7637	0.2889	0.1373	0.07498	0.06648	0.07121	0.07502	0.08224
273.15	18.94	9.450	3.757	1.861	0.9149	0.3526	0.1721	0.09330	0.07692	0.07508	0.07746	0.08313
300	22.57	11.27	4.489	2.230	1.102	0.4305	0.2135	0.1153	0.09082	0.08149	0.08198	0.08545
350	30.02	15.00	5.985	2.982	1.483	0.5874	0.2955	0.1587	0.1198	0.09724	0.09411	0.09291
400	38.29	19.14	7.646	3.817	1.904	0.7599	0.3846	0.2054	0.1516	0.1161	0.1094	0.1034
500	57.14	28.57	11.43	5.715	2.859	1.149	0.5837	0.3083	0.2215	0.1586	0.1448	0.1295
600	78.86	39.44	15.78	7.898	3.956	1.594	0.8101	0.4244	0.3002	0.2067	0.1851	0.1600
700	103.2	51.63	20.66	10.34	5.183	2.090	1.062	0.5531	0.3873	0.2599	0.2298	0.1939
800	130.0	65.02	26.03	13.03	6.531	2.634	1.337	0.6935	0.4822	0.3180	0.2785	0.2310
1000	190.0	95.04	38.04	19.04	9.546	3.848	1.951	1.005	0.6930	0.4470	0.3868	0.3133

Table B-4-5-8　O_2 のプラントル数（Prandtl number of O_2）　Pr

温度 T (K)	圧力 p (MPa)											
	0.1	0.2	0.5	1	2	5	10	20	30	50	60	80
160	0.7410	0.7489	0.7732	0.8167	0.9215	2.136	2.283	1.610	1.451	1.371	1.373	1.413
200	0.7281	0.7321	0.7443	0.7647	0.8061	0.9515	1.360	1.575	1.400	1.246	1.219	1.209
250	0.7172	0.7195	0.7260	0.7366	0.7569	0.8124	0.9009	1.057	1.114	1.097	1.082	1.066
273.15	0.7134	0.7151	0.7203	0.7286	0.7444	0.7858	0.8439	0.9405	0.9970	1.022	1.019	1.012
300	0.7095	0.7109	0.7149	0.7215	0.7337	0.7649	0.8051	0.8645	0.9052	0.9439	0.9505	0.9555
350	0.7037	0.7046	0.7073	0.7117	0.7199	0.7402	0.7641	0.7922	0.8101	0.8383	0.8496	0.8664
400	0.6990	0.6997	0.7016	0.7047	0.7105	0.7248	0.7410	0.7566	0.7632	0.7753	0.7833	0.7998
500	0.6915	0.6919	0.6930	0.6948	0.6981	0.7063	0.7155	0.7228	0.7228	0.7193	0.7195	0.7251
600	0.6856	0.6858	0.6865	0.6876	0.6897	0.6950	0.7009	0.7057	0.7050	0.6982	0.6953	0.6932
700	0.6807	0.6808	0.6813	0.6821	0.6835	0.6871	0.6913	0.6949	0.6943	0.6880	0.6843	0.6791
800	0.6769	0.6770	0.6773	0.6778	0.6788	0.6814	0.6845	0.6874	0.6871	0.6819	0.6785	0.6723
1000	0.6722	0.6722	0.6724	0.6727	0.6733	0.6748	0.6767	0.6785	0.6785	0.6752	0.6728	0.6673

Table B-4-5-9　常圧における O_2 の熱物性値（Thermophysical properties of O_2 at 101.325 kPa）

温度 T (K)	密度 ρ (kg/m^3)	定圧比熱 c_p (kJ/(kg·K))	比熱比 κ	粘性率 η ($\mu Pa \cdot s$)	動粘性率 ν (mm^2/s)	熱伝導率 λ (mW/(m·K))	熱拡散率 a (mm^2/s)	プラントル数 Pr
160	2.452	0.9185	1.408	12.02	4.903	14.89	6.615	0.7411
180	2.176	0.9159	1.406	13.36	6.139	16.67	8.365	0.7339
200	1.956	0.9146	1.404	14.65	7.491	18.40	10.29	0.7281
220	1.776	0.9142	1.403	15.90	8.952	20.10	12.38	0.7233
240	1.627	0.9145	1.402	17.12	10.52	21.77	14.63	0.7192
260	1.502	0.9156	1.400	18.30	12.19	23.42	17.03	0.7155
273.15	1.429	0.9167	1.399	19.06	13.33	24.49	18.69	0.7134
280	1.394	0.9174	1.398	19.45	13.95	25.04	19.58	0.7124
300	1.301	0.9199	1.396	20.56	15.81	26.66	22.28	0.7095
320	1.219	0.9231	1.394	21.65	17.76	28.27	25.12	0.7070
340	1.147	0.9270	1.392	22.71	19.79	29.87	28.09	0.7047
360	1.083	0.9314	1.389	23.75	21.92	31.48	31.19	0.7027
380	1.026	0.9363	1.386	24.76	24.12	33.08	34.43	0.7008
400	0.9749	0.9417	1.382	25.75	26.41	34.69	37.79	0.6990
420	0.9284	0.9474	1.379	26.72	28.78	36.30	41.27	0.6973
440	0.8862	0.9534	1.376	27.67	31.22	37.91	44.87	0.6958
460	0.8476	0.9595	1.372	28.60	33.74	39.53	48.60	0.6943
480	0.8123	0.9658	1.369	29.51	36.33	41.14	52.44	0.6929
500	0.7798	0.9722	1.366	30.41	39.00	42.75	56.39	0.6915
550	0.7088	0.9880	1.357	32.58	45.97	46.76	66.77	0.6884
600	0.6498	1.003	1.350	34.67	53.36	50.74	77.83	0.6856
650	0.5998	1.018	1.343	36.68	61.16	54.66	89.54	0.6830
700	0.5569	1.031	1.337	38.62	69.35	58.50	101.90	0.6807
750	0.5198	1.043	1.332	40.50	77.91	62.26	114.8	0.6787
800	0.4873	1.055	1.327	42.32	86.85	65.93	128.3	0.6769
850	0.4586	1.065	1.323	44.09	96.14	69.51	142.3	0.6754
900	0.4332	1.074	1.319	45.82	105.80	73.00	156.9	0.6741
950	0.4104	1.082	1.316	47.50	115.80	76.39	172.0	0.6730
1000	0.3898	1.090	1.313	49.15	126.10	79.69	187.6	0.6722

4.6 空気の熱物性値 (Thermophysical Properties of Air)

飽和状態を含む低温領域の熱物性値は，C.11 低温および極低温の章に収録されているので，本節では100 K 以上の熱物性値を示す．

熱力学性質（密度，定圧比熱および比熱比）は Baehr ら[1] の式により計算した．粘性率と熱伝導率は Kadoya ら[2] の式によっている．動粘性率，熱拡散率およびプラントル数の計算に要する熱力学性質および輸送性質は前述の二つの文献の式から計算された値を使用している．

Table B-4-6-1, B-4-6-2, B-4-6-3, B-4-6-4, B-4-6-5, B-4-6-6, B-4-6-7 および B-4-6-8 に，それぞれ密度，定圧比熱，比熱比，粘性率，動粘性率，熱伝導率，熱拡散率およびプラントル数の広領域表を，Table B-4-6-9 に常圧におけるこれらの物性値の値を示す．

Table B-4-6-1 Air の密度 (Density of Air) ρ (kg/m^3)

温度 T (K)	圧力 p (MPa)												
	0.01	0.1	0.5	1	2	5	10	20	30	50	100	200	400
100	0.3490	3.565	19.84										
150	0.2323	2.336	11.98	24.80	53.47	187.7	486.9	622.0	681.6				
200	0.1741	1.745	8.806	17.82	36.51	97.94	213.8	407.3	512.8	624.6			
250	0.1393	1.394	6.996	14.05	28.35	72.46	148.0	286.8	390.6	520.0	678.6	828.2	
273.15	0.1275	1.275	6.391	12.82	25.77	65.20	131.4	253.7	350.8	480.5	646.2	801.1	
280	0.1244	1.244	6.233	12.49	25.10	63.35	127.3	245.5	340.6	469.8	637.2	793.8	
300	0.1161	1.161	5.811	11.64	23.33	58.58	116.9	224.8	314.1	441.0	611.9	773.7	
320	0.1088	1.088	5.444	10.89	21.81	54.54	108.3	207.8	291.8	415.5	588.5	755.0	
340	0.1024	1.024	5.121	10.24	20.48	51.07	101.0	193.6	272.7	392.7	566.6	737.4	
360	0.09671	0.9671	4.834	9.665	19.31	48.04	94.79	181.4	256.3	372.4	546.2	720.5	
380	0.09162	0.9161	4.578	9.150	18.27	45.38	89.35	170.9	242.0	354.2	527.1	704.2	
400	0.08704	0.8703	4.348	8.688	17.34	43.01	84.55	161.6	229.3	337.8	509.2	688.4	
450	0.07737	0.7735	3.863	7.716	15.39	38.08	74.69	142.7	203.3	303.2	469.4	651.4	
500	0.06963	0.6961	3.476	6.941	13.83	34.20	67.02	128.1	183.1	275.6	435.3	617.7	
600	0.05803	0.5801	2.896	5.782	11.52	28.46	55.75	106.8	153.4	234.0	380.7	559.1	
700	0.04974	0.4972	2.482	4.956	9.874	24.40	47.82	91.84	132.4	204.0	339.1	510.8	
800	0.04352	0.4351	2.172	4.337	8.641	21.36	41.91	80.69	116.7	181.1	306.3	470.6	684.8
900	0.03868	0.3867	1.931	3.855	7.684	19.00	37.33	72.02	104.4	163.0	279.7	436.7	637.5
1000	0.03482	0.3481	1.738	3.470	6.918	17.12	33.66	65.08	94.53	148.3	257.6	407.8	599.8
1200	0.02901	0.2901	1.449	2.893	5.768	14.29	28.15	54.63	79.62	125.8	222.6	361.1	540.2
1500	0.02321	0.2321	1.159	2.315	4.619	11.46	22.62	44.08	64.51	102.7	185.3	309.4	473.8

Table B-4-6-2 Air の定圧比熱 (Specific heat capacity at constant pressure of Air) c_p (kJ/(kg·K))

温度 T (K)	圧力 p (MPa)												
	0.01	0.1	0.5	1	2	5	10	20	30	50	100	200	400
100	1.008	1.055	1.311										
150	1.004	1.015	1.064	1.130	1.292	2.738	2.869	1.975	1.776				
200	1.003	1.008	1.028	1.054	1.107	1.291	1.655	1.812	1.693	1.556			
250	1.004	1.007	1.018	1.032	1.060	1.146	1.287	1.461	1.489	1.454	1.392	1.499	
273.15	1.005	1.006	1.015	1.026	1.047	1.112	1.216	1.361	1.409	1.400	1.359	1.405	
280	1.005	1.007	1.014	1.024	1.044	1.104	1.200	1.337	1.388	1.386	1.348	1.382	
300	1.006	1.007	1.013	1.022	1.038	1.086	1.163	1.279	1.333	1.348	1.319	1.326	
320	1.007	1.008	1.013	1.020	1.033	1.074	1.137	1.235	1.288	1.314	1.295	1.285	
340	1.008	1.009	1.014	1.019	1.031	1.065	1.118	1.201	1.251	1.285	1.274	1.254	
360	1.010	1.011	1.014	1.019	1.029	1.058	1.103	1.175	1.221	1.259	1.257	1.232	
380	1.012	1.012	1.016	1.020	1.029	1.054	1.093	1.155	1.197	1.237	1.242	1.217	
400	1.014	1.015	1.018	1.021	1.029	1.051	1.085	1.140	1.177	1.217	1.230	1.207	
450	1.021	1.022	1.024	1.027	1.032	1.048	1.074	1.115	1.144	1.181	1.207	1.193	
500	1.030	1.030	1.032	1.034	1.039	1.051	1.071	1.103	1.127	1.158	1.190	1.188	
600	1.052	1.052	1.053	1.054	1.057	1.065	1.078	1.100	1.116	1.139	1.171	1.188	
700	1.075	1.076	1.076	1.077	1.079	1.085	1.094	1.110	1.123	1.139	1.166	1.193	
800	1.099	1.099	1.100	1.101	1.102	1.106	1.113	1.126	1.136	1.149	1.170	1.200	1.280
900	1.121	1.122	1.122	1.123	1.124	1.127	1.133	1.142	1.151	1.162	1.178	1.207	1.267
1000	1.142	1.142	1.142	1.143	1.143	1.146	1.151	1.159	1.166	1.176	1.189	1.215	1.266
1200	1.175	1.175	1.176	1.176	1.176	1.178	1.181	1.187	1.192	1.200	1.210	1.229	1.273
1500	1.212	1.212	1.212	1.212	1.213	1.214	1.216	1.219	1.223	1.229	1.238	1.248	1.284

---

1) Baehr, H. D. and Schwier, K., Die thermodynamishen Eigenschaften der Luft, Springer-Verlag (1961). 2) Kadoya, K, Matsunaga, N. et al., J. Phys. Chem. Ref. Data, Vol.14, No.4, p.947 (1985).

Table B-4-6-3　Airの比熱比（Specific heat ratio of Air）κ

温度 T (K)	圧力 p (MPa)												
	0.01	0.1	0.5	1	2	5	10	20	30	50	100	200	400
150	1.402	1.411	1.452	1.509	1.654	3.044	3.167	2.205	1.953				
200	1.402	1.406	1.423	1.447	1.498	1.692	2.072	2.200	2.027	1.812			
250	1.401	1.403	1.413	1.426	1.453	1.540	1.687	1.860	1.869	1.775	1.617	1.581	
273.15	1.401	1.403	1.411	1.421	1.442	1.510	1.620	1.765	1.798	1.746	1.608	1.479	
300	1.400	1.402	1.408	1.416	1.433	1.485	1.568	1.685	1.730	1.713	1.601	1.437	
400	1.395	1.396	1.400	1.404	1.412	1.438	1.477	1.536	1.571	1.601	1.578	1.459	
500	1.387	1.387	1.389	1.392	1.397	1.412	1.436	1.472	1.496	1.522	1.540	1.494	
600	1.376	1.376	1.378	1.379	1.383	1.393	1.408	1.433	1.450	1.470	1.496	1.493	
800	1.354	1.354	1.355	1.356	1.357	1.363	1.371	1.385	1.396	1.409	1.426	1.452	1.515
1000	1.336	1.336	1.337	1.337	1.338	1.342	1.347	1.356	1.363	1.373	1.384	1.409	1.457
1500	1.311	1.311	1.311	1.311	1.312	1.313	1.315	1.319	1.323	1.329	1.337	1.346	1.382

Table B-4-6-4　Airの粘性率（Viscosity of Air）η（μPa·s）

温度 T (K)	圧力 p (MPa)												
	0.01	0.1	0.2	0.5	1	2	5	10	20	30	50	70	100
150	10.34	10.36	10.38	10.45	10.61	11.03	14.38						
200	13.32	13.33	13.35	13.40	13.50	13.75	14.89	18.25	28.05	37.06			
250	16.04	16.06	16.07	16.11	16.19	16.36	17.09	18.88	23.93	29.64	40.55	50.38	
273.15	17.23	17.24	17.26	17.29	17.36	17.52	18.14	19.61	23.69	28.39	37.81	46.65	58.99
300	18.56	18.57	18.58	18.61	18.67	18.81	19.35	20.57	23.89	27.75	35.79	43.62	54.79
350	20.90	20.90	20.91	20.94	20.99	21.11	21.53	22.46	24.92	27.79	33.96	40.23	49.55
400	23.09	23.10	23.10	23.13	23.17	23.27	23.62	24.37	26.32	28.59	33.53	38.69	46.58
500	27.13	27.13	27.14	27.16	27.20	27.27	27.53	28.07	29.43	31.02	34.53	38.26	44.19
600	30.82	30.82	30.83	30.85	30.87	30.93	31.14	31.56	32.60	33.81	36.51	39.41	44.08
800	37.46	37.47	37.47	37.48	37.50	37.55	37.69	37.98	38.67	39.48	41.31	43.29	46.50
1000	43.42	43.43	43.43	43.44	43.45	43.49	43.60	43.82	44.33	44.93	46.29	47.78	50.18
1200	48.90	48.91	48.91	48.92	48.93	48.96	49.05	49.22	49.63	50.10	51.17	52.35	54.26
1500	56.48	56.48	56.48	56.49	56.50	56.52	56.60	56.73	57.03	57.38	58.17	59.04	60.47

Table B-4-6-5　Airの動粘性率（Kinematic viscosity of Air）ν（mm^2/s）

温度 T (K)	圧力 p (MPa)												
	0.01	0.1	0.2	0.5	1	2	5	10	20	30	50	70	100
150	44.50	4.434	2.208	0.8723	0.4277	0.2064	0.07659						
200	76.47	7.640	3.816	1.522	0.7576	0.3766	0.1520	0.08537	0.06887	0.07228			
250	115.2	11.52	5.759	2.303	1.152	0.5772	0.2358	0.1276	0.08344	0.07589	0.07798	0.08408	
273.15	135.2	13.52	6.761	2.706	1.354	0.6799	0.2782	0.1493	0.09336	0.08095	0.07869	0.08288	0.09128
300	159.9	16.00	8.000	3.203	1.605	0.8063	0.3302	0.1760	0.1062	0.08836	0.08115	0.08303	0.08953
350	210.1	21.02	10.51	4.211	2.111	1.0618	0.4349	0.2297	0.1331	0.1052	0.08885	0.08627	0.08908
400	265.3	26.54	13.28	5.319	2.667	1.3420	0.5492	0.2882	0.1628	0.1247	0.09929	0.09232	0.09146
500	389.6	38.98	19.50	7.814	3.918	1.9712	0.8049	0.4188	0.2297	0.1694	0.1253	0.1096	0.1015
600	531.1	53.14	26.58	10.65	5.340	2.6852	1.094	0.5661	0.3052	0.2204	0.1560	0.1312	0.1158
800	860.8	86.12	43.08	17.26	8.648	4.3450	1.764	0.9061	0.4793	0.3384	0.2281	0.1830	0.1518
1000	1247	124.8	62.41	24.99	12.52	6.2868	2.547	1.302	0.6811	0.4753	0.3122	0.2439	0.1949
1200	1686	168.6	84.34	33.77	16.91	8.4875	3.432	1.749	0.9085	0.6292	0.4068	0.3126	0.2437
1500	2433	243.4	121.7	48.74	24.40	12.24	4.940	2.508	1.294	0.8894	0.5664	0.4286	0.3263

Table B-4-6-6　Airの熱伝導率（Thermal conductivity of Air）λ（mW/(m·K)）

温度 T (K)	圧力 p (MPa)												
	0.01	0.1	0.2	0.5	1	2	5	10	20	30	50	70	100
150	14.00	14.07	14.15	14.40	14.87	16.02							
200	18.30	18.36	18.42	18.60	18.92	19.63	22.36	29.07	46.41	60.99			
250	22.37	22.41	22.46	22.60	22.85	23.38	25.22	29.06	38.55	48.54	66.23	80.81	
273.15	24.17	24.21	24.25	24.38	24.61	25.08	26.70	29.94	37.75	46.15	61.86	75.46	92.91
300	26.20	26.23	26.27	26.39	26.59	27.02	28.44	31.21	37.70	44.72	58.46	70.91	87.33
350	29.81	29.84	29.88	29.98	30.15	30.51	31.67	33.87	38.85	44.21	55.08	65.52	79.98
400	33.25	33.28	33.31	33.39	33.54	33.85	34.84	36.67	40.73	45.08	53.98	62.80	75.54
500	39.69	39.71	39.74	39.81	39.92	40.17	40.93	42.31	45.30	48.47	55.00	61.62	71.67
600	45.71	45.73	45.75	45.81	45.91	46.11	46.73	47.84	50.23	52.73	57.90	63.17	71.32
800	56.98	56.99	57.01	57.05	57.12	57.27	57.73	58.53	60.23	62.00	65.67	69.41	75.22
1000	67.62	67.63	67.64	67.68	67.74	67.85	68.22	68.84	70.16	71.54	74.38	77.29	81.77
1200	77.91	77.92	77.93	77.96	78.00	78.10	78.40	78.92	80.00	81.12	83.44	85.82	89.46
1500	92.95	92.96	92.96	92.99	93.03	93.10	93.34	93.75	94.59	95.46	97.26	99.10	101.92

Table B-4-6-7 Air の熱拡散率（Thermal diffusivity of Air） a (mm^2/s)

温度 T (K)	圧力 p (MPa)												
	0.01	0.1	0.2	0.5	1	2	5	10	20	30	50	70	100
150	60.03	5.935	2.931	1.129	0.5306	0.2318							
200	104.8	10.44	5.197	2.054	1.008	0.4858	0.1768	0.08217	0.06289	0.07027			
250	159.9	15.97	7.972	3.174	1.576	0.7780	0.3038	0.1526	0.09198	0.08345	0.08762	0.09501	
273.15	188.7	18.86	9.420	3.758	1.871	0.9296	0.3684	0.1875	0.1093	0.09340	0.09194	0.09727	0.1058
300	224.5	22.44	11.21	4.481	2.237	1.116	0.4469	0.2295	0.1311	0.1068	0.09836	0.1011	0.1082
350	297.1	29.71	14.86	5.945	2.975	1.490	0.6030	0.3120	0.1747	0.1355	0.1133	0.1103	0.1137
400	376.7	37.68	18.85	7.547	3.780	1.898	0.7711	0.3998	0.2211	0.1670	0.1313	0.1218	0.1206
500	553.4	55.36	27.69	11.09	5.561	2.795	1.138	0.5896	0.3205	0.2349	0.1724	0.1500	0.1383
600	749.2	74.95	37.50	15.02	7.531	3.786	1.541	0.7959	0.4275	0.3079	0.2173	0.1822	0.1600
800	1191	119.2	59.61	23.88	11.97	6.013	2.442	1.254	0.6631	0.4680	0.3156	0.2534	0.2099
1000	1701	170.2	85.13	34.10	17.08	8.578	3.476	1.778	0.9305	0.6493	0.4267	0.3338	0.2671
1200	2285	228.6	114.3	45.78	22.93	11.51	4.656	2.373	1.234	0.8545	0.5526	0.4250	0.3320
1500	3305	330.6	165.3	66.19	33.15	16.62	6.712	3.410	1.760	1.210	0.7705	0.5830	0.4444

Table B-4-6-8 Air のプラントル数（Prandtl number of Air） Pr

温度 T (K)	圧力 p (MPa)												
	0.01	0.1	0.2	0.5	1	2	5	10	20	30	50	70	100
150	0.7414	0.7470	0.7532	0.7724	0.8062	0.8901							
200	0.7300	0.7320	0.7342	0.7408	0.7519	0.7752	0.8596	1.039	1.095	1.029			
250	0.7202	0.7212	0.7223	0.7256	0.7310	0.7419	0.7761	0.8360	0.9071	0.9094	0.8900	0.8849	
273.15	0.7163	0.7170	0.7177	0.7200	0.7238	0.7314	0.7552	0.7962	0.8541	0.8667	0.8559	0.8521	0.8626
300	0.7124	0.7128	0.7133	0.7149	0.7174	0.7226	0.7389	0.7668	0.8104	0.8273	0.8251	0.8211	0.8278
350	0.7070	0.7072	0.7075	0.7083	0.7097	0.7124	0.7212	0.7362	0.7616	0.7765	0.7840	0.7824	0.7837
400	0.7041	0.7042	0.7044	0.7048	0.7056	0.7072	0.7122	0.7210	0.7363	0.7468	0.7562	0.7580	0.7586
500	0.7041	0.7041	0.7042	0.7043	0.7046	0.7051	0.7070	0.7104	0.7166	0.7211	0.7268	0.7304	0.7338
600	0.7089	0.7089	0.7090	0.7090	0.7091	0.7092	0.7099	0.7112	0.7140	0.7159	0.7180	0.7201	0.7238
800	0.7227	0.7227	0.7227	0.7227	0.7226	0.7226	0.7225	0.7224	0.7228	0.7231	0.7228	0.7222	0.7230
1000	0.7331	0.7331	0.7331	0.7330	0.7330	0.7329	0.7326	0.7323	0.7320	0.7320	0.7315	0.7305	0.7295
1200	0.7377	0.7377	0.7377	0.7376	0.7376	0.7375	0.7372	0.7368	0.7364	0.7363	0.7361	0.7354	0.7340
1500	0.7363	0.7363	0.7363	0.7363	0.7362	0.7362	0.7359	0.7356	0.7352	0.7351	0.7351	0.7351	0.7343

Table B-4-6-9 常圧における Air の熱物性値（Thermophysical properties of Air at 101.325 kPa）

温度 T (K)	密度 ρ (kg/m^3)	定圧比熱 c_p (kJ/(kg·K))	比熱比 κ	粘性率 η (μPa·s)	動粘性率 ν (mm^2/s)	熱伝導率 λ (mW/(m·K))	熱拡散率 a (mm^2/s)	プラントル数 Pr
100	3.613	1.056	1.433	7.106	1.967	9.406	2.466	0.7976
120	2.979	1.030	1.419	8.445	2.835	11.33	3.694	0.7674
140	2.540	1.015	1.415	9.730	3.831	13.18	5.112	0.7494
160	2.216	1.013	1.409	10.97	4.951	14.95	6.657	0.7437
180	1.967	1.010	1.407	12.17	6.189	16.67	8.393	0.7374
200	1.768	1.008	1.406	13.33	7.540	18.36	10.30	0.7320
220	1.606	1.007	1.405	14.45	8.996	20.01	12.37	0.7272
240	1.472	1.007	1.404	15.53	10.55	21.62	14.59	0.7233
260	1.358	1.006	1.403	16.57	12.21	23.19	16.97	0.7193
273.15	1.292	1.006	1.403	17.24	13.34	24.21	18.61	0.7170
280	1.261	1.007	1.402	17.59	13.95	24.73	19.49	0.7158
300	1.176	1.007	1.402	18.57	15.79	26.23	22.15	0.7128
320	1.103	1.008	1.401	19.52	17.71	27.70	24.93	0.7103
340	1.038	1.009	1.400	20.45	19.71	29.14	27.83	0.7081
360	0.9799	1.011	1.399	21.35	21.79	30.54	30.85	0.7065
380	0.9283	1.012	1.397	22.24	23.95	31.92	33.97	0.7052
400	0.8818	1.015	1.396	23.10	26.19	33.28	37.19	0.7042
450	0.7837	1.022	1.392	25.17	32.11	36.56	45.65	0.7033
500	0.7053	1.030	1.387	27.13	38.47	39.71	54.64	0.7041
600	0.5878	1.052	1.376	30.82	52.44	45.73	73.97	0.7089
700	0.5038	1.076	1.365	34.25	67.98	51.46	94.98	0.7158
800	0.4408	1.099	1.354	37.47	84.99	56.99	117.6	0.7227
900	0.3918	1.122	1.344	40.52	103.4	62.37	141.9	0.7286
1000	0.3527	1.142	1.336	43.43	123.1	67.63	168.0	0.7331
1100	0.3206	1.160	1.329	46.22	144.2	72.81	195.8	0.7361
1200	0.2939	1.175	1.324	48.91	166.4	77.92	225.6	0.7377
1300	0.2713	1.189	1.319	51.51	189.9	82.97	257.2	0.7381
1400	0.2519	1.201	1.314	54.03	214.5	87.98	290.8	0.7376
1500	0.2351	1.212	1.311	56.48	240.2	92.96	326.2	0.7363

4.7 一酸化炭素の熱物性値 (Thermophysical Properties of Carbon Monooxide)

一酸化炭素(CO)の熱物性は McCarty の相関式[1]に基づいて計算している．表面張力に関しては So-mayajulu の報告[2]がある．計算には米国商務省標準・技術研究所(NIST)の Chemistry WebBook を使用した．URL は下記の通りである．

http://webbook.nist.gov/chemistry/fluid/

一部の計算には REFPROP の第7版[3]を用いた．

Table B-4-7-1 一酸化炭素の飽和状態の熱物性値 (Thermophysical properties of CO at saturation state)

温度 T (K)	圧力 p (MPa)	密度 ρ' (kg/m³)	密度 ρ'' (kg/m³)	蒸発熱 r (kJ/kg)	定圧比熱 cp' (kJ/(kg·K))	定圧比熱 cp'' (kJ/(kg·K))	定積比熱 cv' (kJ/(kg·K))	定積比熱 cv'' (kJ/(kg·K))	比熱比 κ'	比熱比 κ''	粘性率 η' (μPa·s)	粘性率 η'' (μPa·s)	熱伝導率 λ' (mW/(m·K))	熱伝導率 λ'' (mW/(m·K))	熱拡散率 a' (mm²/s)
70	0.021	840.21	1.0232	230.15	2.161	1.067	1.278	0.754	1.691	1.415	255	4.8	163.0	6.9	0.0898
80	0.084	798.97	3.6494	217.36	2.145	1.116	1.180	0.773	1.817	1.444	179	5.6	145.1	8.0	0.0847
90	0.238	754.42	9.6370	202.72	2.188	1.212	1.108	0.806	1.975	1.504	140	6.6	126.2	9.1	0.0765
100	0.544	704.70	21.137	184.84	2.307	1.386	1.053	0.855	2.192	1.622	114	7.9	106.8	10.4	0.0657
110	1.066	646.65	41.533	161.79	2.565	1.725	1.015	0.923	2.528	1.869	93	9.7	87.9	11.8	0.0530
120	1.875	573.40	78.080	129.72	3.217	2.600	1.006	1.025	3.197	2.536	74	12.5	70.4	14.0	0.0382
130	3.056	455.45	161.99	73.07	7.957	9.772	1.123	1.256	7.084	7.783	51	18.7	52.3	20.3	0.0144

Table B-4-7-2 一酸化炭素の密度 (Density of CO) ρ (kg/m³)

温度 T (K)	圧力 p (MPa)										
	0.2	0.5	1.0	2.0	3.0	5.0	10.0	20.0	30.0	50.0	100.0
70	840.53	841.07	841.96	843.72	845.44						
80	799.25	799.96	801.14	803.44	805.69	810.02	820.08	837.57			
90	7.9728	755.28	756.90	760.04	763.08	768.85	781.87	803.60	821.54		
100	7.0480	19.136	706.89	711.50	715.86	723.93	741.35	768.72	790.27	823.79	
200	3.3860	8.5293	17.276	35.438	54.512	95.364	207.56	383.42	476.64	577.26	
400	1.6836	4.2057	8.3998	16.751	25.048	41.464	81.287	154.63	218.56	319.84	475.55
600	1.1220	2.8012	5.5899	11.130	16.620	27.450	53.661	102.50	146.85	223.48	361.91
800	0.8415	2.1012	4.1936	8.3523	12.477	20.623	40.414	77.686	112.15	173.74	293.94
1000	0.6733	1.6814	3.3566	6.6887	9.997	16.541	32.501	62.817	91.193	142.87	248.37

Table B-4-7-3 一酸化炭素の定圧比熱 (Specific heat capacity at constant pressure of CO) c_p (kJ/(kg·K))

温度 T (K)	圧力 p (MPa)										
	0.2	0.5	1.0	2.0	3.0	5.0	10.0	20.0	30.0	50.0	100.0
70	2.160	2.158	2.155	2.150	2.144						
80	2.144	2.141	2.136	2.126	2.117	2.101	2.068	2.021			
90	1.170	2.183	2.174	2.157	2.141	2.113	2.059	1.989	1.945	1.855	
100	1.116	1.332	2.290	2.255	2.225	2.174	2.083	1.978	1.919	1.629	
200	1.048	1.063	1.089	1.145	1.208	1.354	1.743	1.864	1.746	1.396	1.545
400	1.040	1.043	1.048	1.057	1.066	1.083	1.123	1.185	1.225	1.261	1.281
600	1.041	1.042	1.044	1.048	1.051	1.058	1.074	1.100	1.120	1.147	1.175
800	1.046	1.046	1.047	1.049	1.051	1.055	1.063	1.077	1.089	1.107	1.130
1000	1.052	1.053	1.053	1.054	1.055	1.057	1.062	1.071	1.079	1.091	1.109

1) McCarty, R. D., Correlation for the Thermophysical Properties of Carbon Monooxide, National Institute of Standards and Technology, Boulder, CO, 1989. 2) Somayajulu, G.R., Int. J. Themophys., Vol.9, 4 (1988) 559. 3) NIST Standard Reference Database 23, NIST Reference Fluid Thermodynamic and Transport Properties Database (REFPROP): Version 7.0, http://www.nist.gov/srd/nist23.htm

4.7 一酸化炭素の熱物性値

Table B-4-7-4 　一酸化炭素の定積比熱（Specific heat capacity at constant volume of CO） c_v (kJ/(kg·K))

温度 T (K)	圧力 p (MPa)										
	0.2	0.5	1.0	2.0	3.0	5.0	10.0	20.0	30.0	50.0	100.0
70	1.278	1.279	1.280	1.282	1.284						
80	1.181	1.181	1.182	1.184	1.187	1.191	1.201	1.220			
90	0.789	1.108	1.109	1.111	1.113	1.117	1.127	1.146	1.164	1.137	
100	0.765	0.836	1.053	1.055	1.057	1.060	1.070	1.089	1.107	0.896	
200	0.744	0.746	0.749	0.756	0.764	0.779	0.812	0.847	0.867	0.828	0.947
400	0.742	0.742	0.743	0.744	0.746	0.749	0.756	0.769	0.780	0.799	0.833
600	0.744	0.744	0.744	0.745	0.746	0.748	0.751	0.759	0.765	0.777	0.801
800	0.749	0.749	0.749	0.750	0.750	0.751	0.754	0.759	0.764	0.772	0.790
1000	0.755	0.755	0.756	0.756	0.756	0.757	0.759	0.763	0.766	0.773	0.787

Table B-4-7-5 　一酸化炭素の熱伝導率（Thermal conductivity of CO） λ (mW/(m·K))

温度 T (K)	圧力 p (MPa)								
	0.1	1.0	2.0	3.0	4.0	5.0	6.0	8.0	10.0
70	163.9	174.4	186.1	197.7	209.4				
80	145.3	155.1	166.0	176.8	187.6	198.4	209.1	230.6	251.9
90	9.04	134.1	144.4	154.6	164.9	175.1	185.2	205.4	225.5
100	10.07	111.3	121.3	131.2	141.1	150.9	160.6	179.9	199.1
200	19.23	19.47	19.82	20.34	21.09	22.17	23.66	28.11	34.68
300	26.56	26.72	26.91	27.14	27.42	27.77	28.19	29.33	30.91
400	32.85	32.96	33.10	33.25	33.41	33.61	33.84	34.40	35.14
500	38.44	38.53	38.64	38.75	38.87	39.01	39.16	39.51	39.96

Table B-4-7-6 　一酸化炭素の粘性率（Viscosity of CO） η (μPa·s)

温度 T (K)	圧力 p (MPa)													
	0.1	1.0	2.0	3.0	4.0	5.0	6.0	8.0	10.0	20.0	30.0	40.0	50.0	60.0	80.0
70	254.9	252.4	249.7	247.1	244.6										
80	178.9	177.4	175.9	174.3	172.9	171.4	170.0	167.3	164.7	153.5					
90	6.27	139.1	138.1	137.2	136.3	135.5	134.6	133.0	131.5	124.9	119.3				
100	6.91	113.9	113.5	113.1	112.6	112.2	111.9	111.1	110.4	107.1	104.3	114.6	99.51	97.46	
200	12.99	13.19	13.57	14.01	14.51	15.09	15.74	17.27	19.09	29.51	38.12	45.06	51.00	56.29	65.57
300	17.73	17.92	18.11	18.31	18.51	18.72	18.93	19.38	19.86	22.72	26.20	30.04	34.05	38.14	46.44
400	21.87	22.02	22.17	22.31	22.45	22.59	22.73	23.01	23.29	24.88	26.75	28.90	31.28	33.88	39.60
500	25.54	25.68	25.80	25.92	26.03	26.14	26.25	26.46	26.68	27.82	29.09	30.53	32.14	33.92	37.93

Table B-4-7-7 　常圧における一酸化炭素の熱物性値（Thermophysical properties of CO at 101.325 kPa）

温度 T (K)	密度 ρ (kg/m³)	定圧比熱 cp (kJ/(kg·K))	定積比熱 cv (kJ/(kg·K))	熱伝導率 λ (mW/(m·K))	熱拡散率 a (mm²/s)	粘性率 η (μPa·s)	動粘性率 ν (mm²/s)	プラントル数 Pr
68.146	847.74	2.170	1.300	167.2	0.0909	277.7	0.328	3.60
70	840.35	2.160	1.278	163.9	0.0903	254.9	0.303	3.36
80	799.01	2.145	1.180	145.3	0.0848	178.9	0.224	2.64
90	3.9092	1.093	0.761	9.04	2.115	6.270	1.604	0.758
100	3.4897	1.075	0.753	10.07	2.686	6.916	1.982	0.738
150	2.2909	1.049	0.744	14.94	6.216	10.08	4.400	0.708
200	1.7112	1.044	0.743	19.23	10.76	12.90	7.537	0.700
250	1.3668	1.042	0.742	23.06	16.20	15.42	11.28	0.697
300	1.1382	1.040	0.742	26.56	22.43	17.73	15.58	0.694
350	0.9752	1.040	0.742	29.81	29.40	19.87	20.38	0.693
400	0.8532	1.039	0.742	32.85	37.04	21.87	25.63	0.692
450	0.7583	1.039	0.742	35.71	45.32	23.75	31.33	0.691
500	0.6824	1.040	0.742	38.44	54.18	25.54	37.43	0.691
600	0.5687	1.041	0.744	43.57	73.61	28.88	50.78	0.690
800	0.4265	1.046	0.749	52.97	118.8	34.90	81.83	0.689
1000	0.3412	1.052	0.755	61.64	117.2	40.36	118.3	1.009

4.8 二酸化炭素の熱物性値 (Thermophysical Properties of Carbon Dioxide)

二酸化炭素（CO_2）の熱物性値について，以下の表に示す．これらの表の数値は，文献[1-4]より求めた．（粘性率[1]，熱伝導率[2]，その他[3-4]）

Table B-4-8-1 飽和状態の CO_2 の熱力学性質 (Thermodynamic properties of CO_2 at saturated states)

温度 Temperature T (K)	飽和圧力 Saturated pressure P_s (MPa)	密度 Density ρ' (kg/m³)	ρ'' (kg/m³)	蒸発熱 Heat of vaporization r (kJ/kg)	定圧比熱 Isobaric specific heat capacity c_p' (kJ/(kg·K))	c_p'' (kJ/(kg·K))	比熱比 Specific heat ratio κ'	κ''	表面張力 Surface tension σ (mN/m)
216.592	0.5180	1178.5	13.761	350.4	1.953	0.909	2.004	1.444	17.16
220	0.5991	1166.1	15.817	344.9	1.962	0.930	2.023	1.456	16.31
230	0.8929	1128.7	23.271	328.0	1.997	1.005	2.087	1.500	13.87
240	1.2825	1088.9	33.295	309.7	2.051	1.103	2.170	1.564	11.52
250	1.7850	1046.0	46.644	289.3	2.132	1.237	2.277	1.658	9.27
260	2.4188	998.89	64.417	266.5	2.255	1.429	2.419	1.800	7.14
270	3.2033	945.83	88.374	240.2	2.453	1.731	2.611	2.032	5.14
273.15	3.4851	927.43	97.647	230.9	2.542	1.865	2.690	2.138	4.54
280	4.1607	883.58	121.74	208.6	2.814	2.277	2.930	2.466	3.30
290	5.3177	804.67	171.96	168.1	3.676	3.614	3.699	3.523	1.66
300	6.7131	679.24	268.58	103.7	8.698	11.921	7.766	9.555	0.34
304.128	7.3773	467.60		0					0

Table B-4-8-2 飽和状態の CO_2 の輸送性質 (Transport properties of CO_2 at saturated states)

温度 Temperature T (K)	粘性率 Viscosity η' (μPa·s)	η'' (μPa·s)	動粘性率 Kinematic viscosity ν' (mm²/s)	ν'' (mm²/s)	熱伝導率 Thermal conductivity λ' (mW/(m·K))	λ'' (mW/(m·K))	温度伝導率 Thermal diffusivity a' (mm²/s)	a'' (mm²/s)	プラントル数 Prandtl number Pr'	Pr''
216.592	256.7	10.95	0.2075	0.7958	180.6	11.01	0.0785	0.8808	2.78	0.904
220	242.0	11.14	0.1809	0.7040	176.2	11.30	0.0770	0.7680	2.70	0.917
230	204.2	11.69	0.1589	0.5023	163.3	12.22	0.0724	0.5224	2.50	0.962
240	173.0	12.27	0.1403	0.3686	150.8	13.30	0.0675	0.3620	2.35	1.018
250	146.7	12.90	0.1245	0.2766	138.5	14.61	0.0621	0.2533	2.26	1.092
260	124.4	13.61	0.1110	0.2113	126.4	16.31	0.0561	0.1771	2.22	1.194
270	105.0	14.47	0.1072	0.1637	114.3	18.69	0.0492	0.1222	2.26	1.340
273.15	99.4	14.79	0.0993	0.1514	110.4	19.67	0.0468	0.1080	2.29	1.402
280	87.7	15.60	0.0887	0.1282	102.0	22.47	0.0410	0.0811	2.42	1.581
290	71.4	17.36	0.0782	0.1009	89.5	29.82	0.0303	0.0480	2.93	2.104
300	53.1	21.31	0.0707	0.0793	80.6	53.69	0.0136	0.0168	5.73	4.731

Table B-4-8-3 CO_2 の密度 (Density of CO_2) ρ (kg/m³)

温度 Temperature T (K)	圧力 Pressure P (MPa)									
	0.01	0.1	1	5	10	20	30	40	60	80	100
220	0.241	2.439	1167.0	1175.6	1185.6						
273.15	0.194	1.951	20.837	940.52	974.05	1020.5	1054.3	1081.5	1124.3	1157.9	1186.0
300	0.177	1.773	18.579	128.40	801.62	905.57	959.70	998.35	1054.5	1096.0	1129.4
400	0.132	1.326	13.477	72.804	161.53	380.50	561.50	672.08	799.32	876.80	932.81
500	0.106	1.059	10.664	54.826	113.07	235.24	352.51	452.94	600.13	699.16	771.37
600	0.088	0.882	8.845	44.621	89.941	180.50	266.99	345.60	475.12	573.40	649.77
700	0.076	0.756	7.564	37.823	75.486	149.27	219.39	284.29	396.36	486.96	560.93
800	0.066	0.662	6.610	32.904	65.349	128.34	188.05	243.83	342.56	425.28	494.96
900	0.059	0.588	5.872	29.157	57.759	113.04	165.44	214.66	303.13	379.04	444.32
1000	0.053	0.529	5.283	26.196	51.825	101.27	148.15	192.37	272.73	342.88	404.15
1100	0.048	0.481	4.801	23.793	47.040	91.857	134.40	174.67	248.43	313.67	371.36

1) Fenghour, A., Wakeham, W. A., and Vesovic, V. : J. Phys. Chem. Ref. Data, Vol.27, pp.31-44, (1998). 2) Vesovic, V., Wakeham, W. A., Olchowy, G. A., Sengers, J. V., Watson, J. T. R., and Millat, J. : J. Phys. Chem. Ref. Data, Vol.19, pp.763-808, (1990). 3) Span, R. and Wagner, W. : J. Phys. Chem. Ref. Data, Vol.25, No.6, pp.1509-1596, (1996). 4) 日本冷凍空調学会：二酸化炭素（CO_2）P-h 線図 カラー版 (SI単位) 温度飽和表付 (2005).

Table B-4-8-4　CO_2 の定圧比熱（Isobaric specific heat capacity of CO_2）　c_p（kJ/(kg·K)）

温度 Temperature T (K)	圧力　Pressure　P　(MPa)										
	0.01	0.1	1	5	10	20	30	40	60	80	100
220	0.7599	0.7807	1.9589	1.9321	1.9039						
273.15	0.8182	0.8267	0.9296	2.4173	2.1793	1.9662	1.8603	1.7948	1.7167	1.6713	1.6419
300	0.8465	0.8525	0.9209	1.8025	2.9906	2.1267	1.9186	1.8152	1.7075	1.6508	1.6158
400	0.9395	0.9417	0.9655	1.0965	1.3327	1.8868	1.9233	1.8021	1.6506	1.5785	1.5386
500	1.0143	1.0154	1.0273	1.0840	1.1624	1.3228	1.4409	1.4981	1.5099	1.4893	1.4688
600	1.0755	1.0762	1.0833	1.1153	1.1561	1.2344	1.2990	1.3451	1.3940	1.4099	1.4127
800	1.1689	1.1692	1.1725	1.1871	1.2046	1.2370	1.2650	1.2880	1.3210	1.3426	1.3573
1000	1.2341	1.2343	1.2362	1.2446	1.2545	1.2727	1.2887	1.3024	1.3237	1.3390	1.3507
1100	1.2591	1.2593	1.2608	1.2674	1.2753	1.2898	1.3026	1.3137	1.3313	1.3443	1.3544

Table B-4-8-5　CO_2 の比熱比（Specific heat ratio of CO_2）　κ

温度 Temperature T (K)	圧力　Pressure　P　(MPa)										
	0.01	0.1	1	5	10	20	30	40	60	80	100
220	1.334	1.348	2.019	1.981	1.942						
273.15	1.301	1.308	1.391	2.584	2.350	2.117	1.994	1.914	1.814	1.749	1.701
300	1.288	1.293	1.350	2.114	3.149	2.318	2.093	1.975	1.842	1.764	1.709
400	1.252	1.254	1.275	1.391	1.608	2.124	2.138	2.000	1.821	1.727	1.667
500	1.229	1.230	1.240	1.290	1.359	1.502	1.604	1.648	1.640	1.602	1.566
600	1.213	1.214	1.220	1.247	1.282	1.349	1.403	1.439	1.472	1.474	1.464
800	1.193	1.193	1.196	1.208	1.222	1.248	1.269	1.286	1.309	1.321	1.327
1000	1.181	1.181	1.182	1.189	1.197	1.210	1.222	1.232	1.245	1.254	1.259
1100	1.177	1.177	1.178	1.183	1.189	1.199	1.209	1.216	1.227	1.234	1.239

Table B-4-8-6　CO_2 の粘性率（Viscosity of CO_2）　η（μPa·s）

温度 Temperature T (K)	圧力　Pressure　P　(MPa)										
	0.01	0.1	1	2	3	5	10	20	30	40	50
220	11.05	11.06	242.8	244.8	246.8	250.7	260.2				
273.15	13.70	13.71	13.82	14.04	14.45	103.2	113.9	131.3	146.3	159.9	172.6
300	15.01	15.02	15.11	15.29	15.56	16.72	71.03	92.81	107.8	120.7	132.4
400	19.69	19.70	19.76	19.86	19.99	20.37	22.23	31.69	45.05	56.30	65.61
500	24.01	24.02	24.06	24.13	24.22	24.45	25.39	28.95	34.40	40.69	46.96
600	28.00	28.00	28.04	28.09	28.15	28.32	28.94	31.08	34.21	38.01	42.10
800	35.09	35.09	35.12	35.15	35.19	35.30	35.66	36.79	38.40	40.36	42.57
1000	41.26	41.26	41.28	41.31	41.34	41.42	41.66	42.41	43.44	44.71	46.15
1100	44.08	44.08	44.10	44.13	44.15	44.22	44.43	45.06	45.93	46.99	48.20

Table B-4-8-7　定圧における CO_2 の熱物性値（Thermophysical properties of CO_2 at 101.325 kPa）

温度 Temperature T (K)	密度 Density ρ (kg/m³)	定圧比熱 Isobaric specific heat capacity c_p (kJ/(kg·K))	比熱比 Specific heat ratio κ	粘性率 Viscosity η (μPa·s)	動粘性率 Kinematic viscosity ν (mm²/s)	熱伝導率 Thermal conductivity λ (mW/(m·K))	温度伝導率 Thermal diffusivity a (mm²/s)	プラントル数 Prandtl number Pr
220	2.472	0.7810	1.348	11.06	4.475	10.9	5.65	0.792
240	2.258	0.7964	1.331	12.07	5.344	12.2	6.81	0.785
273.15	1.977	0.8268	1.308	13.71	6.936	14.7	8.98	0.773
300	1.797	0.8526	1.293	15.02	8.361	16.8	11.0	0.763
400	1.343	0.9418	1.254	19.70	14.66	25.1	19.9	0.738
500	1.073	1.0155	1.230	24.02	22.37	33.5	30.7	0.728
600	0.894	1.0762	1.214	28.00	31.31	41.6	43.2	0.725
700	0.766	1.1269	1.202	31.68	41.34	49.3	57.1	0.724
800	0.670	1.1692	1.193	35.09	52.34	56.7	72.4	0.723
900	0.596	1.2046	1.186	38.27	64.24	63.8	88.9	0.723
1000	0.536	1.2343	1.181	41.26	76.95	70.6	107	0.722
1100	0.487	1.2593	1.177	44.08	90.44	77.0	126	0.721

4.9 水・水蒸気の熱物性値
(Thermophysical Properties of Water and Steam)

水および水蒸気の熱物性は，国際水・蒸気性質協会 (International Association for the Properties of Water and Steam, IAPWS) が国際的な標準値およびその計算式を定めている．熱力学性質に関しては，IAPWS 実用国際状態式 1997 (IAPWS Industrial Formulation 1997 for the Thermodynamic Properties of Water and Steam, IAPWS-IF97 or IF97) が実用上の国際標準である．

熱伝導率，粘性率などの他の熱物性値については，リリース，補助リリース，ガイドラインによりIAPWSから公開されている．IAPWSのURLは下記の通りである．

http://www.iapws.org/

また，国際標準に関する詳しい解説およびプログラムソースコードは文献[1]にある．

Table B-4-9-1 水の常圧における熱物性値 (Thermophysical properties of H_2O at 101.325 kPa)

温度 T (K)	密度 ρ (kg/m³)	定圧比熱 cp (kJ/(kg·K))	定積比熱 cv (kJ/(kg·K))	熱伝導率 λ (W/(m·K))	熱拡散率 a (mm²/s)	粘性率 η (μPa·s)	動粘性係数 ν (mm²/s)	プラントル数 Pr
273.15	999.84	4.219	4.217	561	0.133	1792	1.792	13.45
280	999.91	4.201	4.200	574	0.137	1434	1.434	10.49
290	998.80	4.187	4.168	593	0.142	1084	1.085	7.656
300	996.56	4.181	4.130	610	0.146	853.8	0.857	5.849
310	993.38	4.179	4.088	626	0.151	693.5	0.698	4.629
320	989.43	4.181	4.041	640	0.155	577.0	0.583	3.771
330	984.79	4.184	3.992	651	0.158	489.5	0.497	3.145
340	979.54	4.188	3.941	661	0.161	422.0	0.431	2.676
350	973.73	4.195	3.889	668	0.164	368.8	0.379	2.316
360	967.40	4.202	3.837	674	0.166	326.1	0.337	2.034
370	960.59	4.212	3.785	678	0.168	291.4	0.303	1.810

Table B-4-9-2 水の飽和状態の熱力学性質 (Thermodynamic properties of H_2O at saturation state)

温度 T (K)	飽和圧力 p (MPa)	密度 ρ' (kg/m³)	密度 ρ'' (kg/m³)	比エンタルピー h' (kJ/kg)	比エンタルピー h'' (kJ/kg)	比エントロピー s' (kJ/(kg·K))	比エントロピー s'' (kJ/(kg·K))	定圧比熱 cp' (kJ/(kg·K))	定圧比熱 cp'' (kJ/(kg·K))	定積比熱 cv' (kJ/(kg·K))	定積比熱 cv'' (kJ/(kg·K))
273.16	0.00061166	999.79	0.004855	0.00061178	2500.9	0	9.155	4.220	1.885	4.217	1.412
280	0.00099182	999.86	0.007681	28.796	2513.4	0.1041	8.978	4.201	1.891	4.200	1.424
300	0.0035368	996.51	0.02559	112.56	2549.9	0.3931	8.517	4.181	1.914	4.131	1.442
320	0.010546	989.39	0.07166	196.17	2585.7	0.6629	8.130	4.181	1.942	4.042	1.463
340	0.027188	979.50	0.1744	279.87	2620.7	0.9165	7.801	4.189	1.979	3.942	1.489
360	0.062194	967.39	0.3786	363.79	2654.4	1.156	7.519	4.202	2.033	3.837	1.525
380	0.12885	953.33	0.7483	448.09	2686.2	1.384	7.274	4.224	2.110	3.733	1.575
400	0.24577	937.49	1.369	532.95	2715.7	1.601	7.058	4.256	2.218	3.632	1.644
420	0.43730	919.93	2.352	618.60	2742.1	1.810	6.866	4.299	2.367	3.538	1.734
440	0.73367	900.65	3.833	705.31	2764.7	2.011	6.691	4.357	2.560	3.449	1.845
460	1.1709	879.57	5.983	793.41	2782.9	2.205	6.530	4.433	2.801	3.368	1.974
480	1.7905	856.54	9.014	883.28	2795.8	2.395	6.379	4.533	3.098	3.293	2.117
500	2.6392	831.31	13.20	975.43	2802.5	2.581	6.235	4.664	3.463	3.226	2.271
520	3.7690	803.53	18.90	1070.5	2801.8	2.765	6.094	4.838	3.926	3.165	2.438
540	5.2369	772.66	26.63	1169.3	2792.2	2.948	5.953	5.077	4.540	3.113	2.620
560	7.1062	737.83	37.15	1273.1	2771.2	3.132	5.807	5.424	5.410	3.072	2.823
580	9.4480	697.64	51.74	1383.9	2735.3	3.321	5.651	5.969	6.760	3.046	3.054
600	12.345	649.41	72.84	1505.4	2677.8	3.519	5.473	6.953	9.181	3.048	3.327
620	15.901	586.88	106.3	1645.7	2583.9	3.740	5.253	9.354	14.95	3.114	3.675
640	20.265	481.53	177.2	1841.8	2395.5	4.038	4.903	25.94	52.59	3.582	4.306
647.096	22.064	322	322	2087.55	2087.55	4.412	4.412	infinite	infinite	infinite	infinite

1) 日本機械学会, 1999 蒸気表 (1999).

Table B-4-9-3 水の飽和状態の熱物性 (Thermophysical properties of H_2O at saturation state)

温度 T (K)	圧力 p (MPa)	粘性率 η' (μPa·s)	η''	熱伝導率 λ' (mW/(m·K))	λ''	プラントル数 Pr'	Pr''	音速 w' (m/s)	w''	表面張力 σ (mN/m)
273.16	0.00061166	1791	9.22	562.0	16.49	13.45	1.055	1402	408.9	75.65
280	0.00099182	1434	9.38	574.0	17.44	10.41	1.045	1434	413.9	74.68
300	0.0035368	853.8	9.92	610.3	18.67	5.828	1.028	1501	427.9	71.69
320	0.010546	577.0	10.52	639.7	20.12	3.776	1.021	1539	441.2	68.47
340	0.027188	422.0	11.16	660.6	21.78	2.683	1.019	1554	453.7	65.04
360	0.062194	326.1	11.82	673.8	23.70	2.038	1.022	1552	465.2	61.41
380	0.12885	262.7	12.50	681.0	25.88	1.629	1.033	1537	475.6	57.58
400	0.24577	218.6	13.19	683.6	28.35	1.358	1.053	1510	484.7	53.58
420	0.43730	186.7	13.88	682.5	31.13	1.173	1.084	1473	492.2	49.41
440	0.73367	162.8	14.57	678.1	34.23	1.043	1.123	1427	498.1	45.10
460	1.1709	144.3	15.26	670.3	37.66	0.953	1.169	1372	502.2	40.66
480	1.7905	129.6	15.95	659.1	41.46	0.891	1.221	1310	504.5	36.11
500	2.6392	117.7	16.65	644.1	45.67	0.854	1.283	1240	504.6	31.47
520	3.7690	107.6	17.38	624.7	50.44	0.836	1.359	1161	502.2	26.78
540	5.2369	98.8	18.15	600.3	56.10	0.840	1.455	1075	497.1	22.08
560	7.1062	90.9	19.01	570.2	63.34	0.869	1.586	979	488.6	17.40
580	9.4480	83.3	20.02	534.7	73.72	0.936	1.783	871	475.8	12.80
600	12.345	75.8	21.35	495.5	91.05	1.073	2.102	750	457.3	8.38
620	15.901	67.4	23.37	454.1	126.66	1.424	2.781	605	430.0	4.27
640	20.265	55.2	27.94	414.9	250.01	3.680	6.161	401	379.6	0.81

Table B-4-9-4 水の密度 (Density of H_2O) ρ (kg/m^3)

温度 T (K)	圧力 p (MPa)										
	0.1	0.5	1.0	2.0	5.0	10.0	15.0	20.0	30.0	50.0	100.0
273.15	999.8	1000.0	1000.3	1000.8	1002.3	1004.8	1007.3	1009.7	1014.5	1023.8	1045.3
300	996.6	996.7	997.0	997.4	998.7	1001.0	1003.1	1005.3	1009.6	1017.8	1037.2
320	989.4	989.6	989.8	990.3	991.6	993.7	995.8	997.9	1002.1	1010.1	1028.9
340	979.5	979.7	979.9	980.4	981.7	983.8	986.0	988.1	992.2	1000.3	1019.0
360	967.4	967.6	967.8	968.3	969.6	971.9	974.1	976.2	980.5	988.7	1007.8
380	0.5782	953.5	953.7	954.2	955.7	958.0	960.3	962.6	967.0	975.6	995.4
400	0.5476	937.6	937.9	938.4	939.9	942.4	944.9	947.3	952.1	961.1	981.8
500	0.4351	2.214	4.532	9.578	833.5	838.0	842.4	846.5	854.5	868.9	899.2
600	0.3619	1.824	3.687	7.541	20.39	49.77	659.4	675.1	699.5	734.6	791.5
700	0.3099	1.556	3.131	6.335	16.44	35.36	57.94	86.38	184.2	491.0	651.8
800	0.2710	1.359	2.727	5.490	14.02	29.11	45.48	63.40	105.0	218.1	482.2
900	0.2409	1.206	2.417	4.855	12.29	25.12	38.55	52.62	82.8	152.0	343.6
1000	0.2167	1.085	2.172	4.356	10.98	22.24	33.81	45.70	70.4	123.5	265.5

Table B-4-9-5 水の定圧比熱 (Specific heat capacity at constant pressure of H_2O) c_p (kJ/(kg·K))

温度 T (K)	圧力 p (MPa)										
	0.1	0.5	1.0	2.0	5.0	10.0	15.0	20.0	30.0	50.0	100.0
273.15	4.219	4.217	4.215	4.210	4.196	4.172	4.150	4.129	4.090	4.022	3.906
300	4.181	4.180	4.178	4.175	4.167	4.154	4.141	4.128	4.105	4.062	3.980
320	4.181	4.180	4.178	4.176	4.169	4.158	4.147	4.137	4.116	4.079	4.004
340	4.188	4.187	4.186	4.184	4.178	4.167	4.157	4.147	4.128	4.093	4.019
360	4.202	4.202	4.200	4.198	4.192	4.181	4.171	4.161	4.141	4.106	4.031
380	2.051	4.223	4.222	4.220	4.213	4.201	4.190	4.180	4.159	4.122	4.043
400	2.008	4.255	4.254	4.251	4.243	4.230	4.218	4.206	4.183	4.142	4.057
500	1.981	2.098	2.280	2.819	4.643	4.602	4.565	4.531	4.470	4.370	4.197
600	2.027	2.070	2.129	2.263	2.833	5.137	6.583	6.117	5.580	5.046	4.502
700	2.087	2.109	2.137	2.197	2.405	2.874	3.576	4.689	10.351	8.313	5.083
800	2.153	2.165	2.182	2.215	2.323	2.531	2.781	3.078	3.844	5.904	5.611
900	2.222	2.230	2.240	2.261	2.327	2.446	2.577	2.719	3.041	3.787	4.888
1000	2.292	2.298	2.305	2.319	2.363	2.440	2.521	2.606	2.787	3.176	3.979

Table B-4-9-6 水の定積比熱 (Specific heat capacity at constant volume of H_2O)　c_v (kJ/(kg·K))

温度 T (K)	圧力 p (MPa)										
	0.1	0.5	1.0	2.0	5.0	10.0	15.0	20.0	30.0	50.0	100.0
273.15	4.217	4.215	4.213	4.208	4.194	4.172	4.150	4.129	4.089	4.017	3.875
300	4.130	4.129	4.127	4.124	4.114	4.098	4.083	4.068	4.039	3.986	3.875
320	4.041	4.040	4.039	4.036	4.029	4.016	4.003	3.991	3.967	3.923	3.829
340	3.941	3.941	3.940	3.937	3.931	3.921	3.910	3.900	3.881	3.844	3.764
360	3.837	3.836	3.835	3.834	3.828	3.820	3.811	3.803	3.787	3.756	3.688
380	1.536	3.732	3.732	3.730	3.726	3.719	3.712	3.705	3.692	3.666	3.609
400	1.508	3.632	3.632	3.630	3.627	3.621	3.615	3.610	3.599	3.577	3.529
500	1.508	1.573	1.670	1.946	3.224	3.221	3.218	3.216	3.211	3.201	3.182
600	1.560	1.581	1.610	1.673	1.921	2.624	3.028	3.004	2.976	2.950	2.930
700	1.622	1.632	1.645	1.671	1.758	1.934	2.148	2.402	2.978	2.885	2.754
800	1.689	1.695	1.701	1.715	1.759	1.837	1.921	2.011	2.199	2.520	2.617
900	1.759	1.762	1.766	1.775	1.800	1.844	1.889	1.935	2.028	2.203	2.439
1000	1.830	1.832	1.835	1.840	1.857	1.884	1.912	1.941	1.996	2.103	2.295

Table B-4-9-7 水の音速 (Sound-speed of H_2O)　w (m/s)

温度 T (K)	圧力 p (MPa)										
	0.1	0.5	1.0	2.0	5.0	10.0	15.0	20.0	30.0	50.0	100.0
273.15	1402	1403	1404	1405	1410	1418	1426	1435	1451	1486	1576
300	1502	1502	1503	1505	1510	1518	1527	1535	1552	1585	1668
320	1539	1540	1541	1542	1548	1556	1565	1574	1591	1625	1708
340	1554	1555	1556	1558	1563	1573	1582	1591	1609	1645	1729
360	1552	1553	1554	1556	1562	1572	1582	1592	1611	1648	1735
380	477	1537	1538	1541	1547	1558	1569	1579	1600	1639	1731
400	490	1510	1511	1514	1521	1533	1544	1556	1578	1620	1717
500	548	543	536	519	1250	1271	1292	1311	1348	1415	1556
600	599	596	593	585	561	503	788	847	940	1075	1300
700	644	642	641	637	625	602	577	548	480	640	1020
800	685	685	683	681	674	663	651	639	616	595	814
900	724	724	723	722	718	711	705	698	688	679	765
1000	760	760	760	759	757	753	750	747	742	740	793

Table B-4-9-8 水の熱伝導率 (Thermal conductivity of H_2O)　λ (mW/(m·K))

温度 T (K)	圧力 p (MPa)										
	0.1	0.5	1.0	2.0	5.0	10.0	15.0	20.0	30.0	50.0	100.0
273.15	562.0	562.3	562.6	563.7	564.9	567.8	570.8	573.6	579.3	590.3	616.0
300	610.3	610.5	610.7	611.2	612.5	614.8	617.1	619.4	623.9	632.9	654.5
320	639.8	639.9	640.2	640.6	642.0	644.3	646.6	648.9	653.6	662.7	684.9
340	660.6	660.8	661.0	661.5	663.0	665.4	667.8	670.3	675.1	684.7	707.9
360	673.8	674.0	674.2	674.8	676.3	678.9	681.5	684.1	689.3	699.5	724.1
380	25.5	681.2	681.5	682.1	683.7	686.5	689.3	692.1	697.6	708.6	734.9
400	27.0	683.8	684.1	684.7	686.5	689.6	692.6	695.6	701.6	713.4	741.8
500	35.9	37.1	38.8	42.7	646.5	651.6	656.6	661.5	671.0	689.0	730.4
600	46.4	46.9	47.6	49.2	54.7	71.1	504.0	518.3	542.1	579.4	645.8
700	58.0	58.3	58.7	59.6	62.7	69.3	79.1	94.7	171.1	386.1	510.1
800	70.4	70.6	71.0	71.7	74.0	78.5	84.1	91.1	110.5	176.4	351.5
900	83.5	83.7	84.0	84.6	86.6	90.5	95.1	100.5	113.7	150.1	257.0
1000	97.1	97.3	97.6	98.1	100.0	103.5	107.6	112.4	123.6	152.2	232.1

Table B-4-9-9 水の粘性率 (Viscosity of H$_2$O) η (μPa·s)

温度 T (K)	圧力 p (MPa)										
	0.1	0.5	1.0	2.0	5.0	10.0	15.0	20.0	30.0	50.0	100.0
273.15	1792	1791	1789	1787	1780	1768	1757	1747	1728	1697	1652
300	853.8	853.8	853.7	853.5	853.0	852.3	851.7	851.2	850.5	850.5	856.9
320	577.0	577.1	577.2	577.3	577.8	578.6	579.4	580.3	582.2	586.5	599.5
340	422.0	422.1	422.2	422.5	423.2	424.4	425.7	426.9	429.5	434.9	449.0
360	326.1	326.2	326.4	326.6	327.4	328.8	330.1	331.4	334.1	339.6	353.4
380	12.53	262.8	262.9	263.2	264.0	265.3	266.7	268.0	270.6	275.9	288.9
400	13.29	218.7	218.8	219.1	219.8	221.1	222.4	223.7	226.3	231.3	243.5
500	17.27	17.17	17.05	16.81	118.3	119.6	120.8	122.0	124.4	128.8	138.9
600	21.41	21.37	21.33	21.25	21.06	21.04	77.3	79.8	83.8	90.1	101.5
700	25.56	25.56	25.55	25.54	25.55	25.70	26.11	26.92	31.69	58.68	79.36
800	29.67	29.68	29.69	29.71	29.81	30.05	30.43	30.95	32.57	39.05	62.04
900	33.69	33.70	33.72	33.76	33.89	34.18	34.54	34.99	36.16	39.68	53.25
1000	37.59	37.61	37.63	37.67	37.82	38.11	38.46	38.86	39.84	42.45	51.52

Table B-4-9-10 水のプラントル数 (Prandtl number of H$_2$O) Pr

温度 T (K)	圧力 p (MPa)										
	0.1	0.5	1.0	2.0	5.0	10.0	15.0	20.0	30.0	50.0	100.0
273.15	13.45	13.43	13.41	13.36	13.22	12.99	12.78	12.57	12.20	11.56	10.47
300	5.849	5.848	5.840	5.831	5.803	5.758	5.715	5.673	5.596	5.458	5.210
320	3.771	3.770	3.767	3.763	3.752	3.734	3.716	3.699	3.667	3.610	3.505
340	2.676	2.675	2.674	2.672	2.667	2.658	2.650	2.642	2.626	2.599	2.549
360	2.034	2.034	2.033	2.032	2.029	2.025	2.020	2.016	2.008	1.993	1.967
380	1.006	1.629	1.629	1.628	1.627	1.624	1.621	1.618	1.613	1.605	1.589
400	0.988	1.361	1.361	1.360	1.359	1.357	1.355	1.353	1.349	1.343	1.332
500	0.954	0.971	1.002	1.110	0.849	0.844	0.840	0.836	0.829	0.817	0.798
600	0.936	0.943	0.953	0.978	1.092	1.520	1.010	0.942	0.863	0.784	0.708
700	0.920	0.924	0.930	0.941	0.980	1.066	1.181	1.333	1.918	1.264	0.791
800	0.907	0.910	0.912	0.918	0.936	0.969	1.006	1.046	1.133	1.307	0.990

4.10 重水の熱物性値
(Thermophysical Properties of Heavy Water)

重水（D_2O）は水（H_2O）分子中の水素が重水素（D）で置換されたものであり，原子力発電等において重要な物質である．重水の熱物性値は水（重水に対して軽水ということもある）のそれと近い値をとるが，密度は分子量の差を反映して約10％大きい．

重水の熱物性値は，全て国際水・蒸気性質協会（IAPWS）による国際推奨式によって計算した．ここでは，紙面の関係で飽和状態の熱物性値の表のみを掲載する．熱力学性質は，IAPWSの国際状態式[1]によって計算した（ただし，飽和蒸気圧の値はHillとMacMillanの相関式[2]によって計算した）．この状態式は，重水の三重点（276.95 K）から800 Kまでの温度範囲，0～100 MPaまでの圧力範囲にわたって成立する（状態式の精度については文献1）を参照のこと）．表面張力はIAPWSの表面張力相関式[3]によって計算した．この相関式の精度は±0.29 mN/m以内である．粘性率および熱伝導率も，やはりIAPWSの国際推奨式[4]によって計算した．粘性率の相関式は，三重点から775 Kまでの温度範囲，0～100 MPaまでの圧力範囲にわたって，また，熱伝導率の相関式は，

Table B-4-10-1 飽和状態の D_2O の熱力学性質 (Thermodynamic properties of D_2O at saturated states)

温度 T (K)	飽和圧力 P_s (MPa)	密度 ρ' (kg/m³)	密度 ρ'' (kg/m³)	蒸発熱 r (kJ/kg)	定圧比熱 c_p' (kJ/(kg·K))	定圧比熱 c_p'' (kJ/(kg·K))	比熱比 κ'	比熱比 κ''	表面張力 σ (mN/m)
276.95	0.00066011	1105.5	0.00574	2323.7	4.211	1.711	1.002	1.323	74.93
280	0.00082248	1105.8	0.00708	2316.0	4.223	1.714	1.001	1.323	74.51
290	0.0016297	1105.7	0.01355	2290.4	4.241	1.726	1.001	1.322	73.07
300	0.0030643	1104.0	0.02464	2264.7	4.242	1.739	1.006	1.320	71.58
310	0.0054967	1101.1	0.04281	2238.9	4.235	1.754	1.015	1.319	70.03
320	0.0094514	1097.1	0.07137	2213.1	4.224	1.770	1.026	1.319	68.42
330	0.015642	1092.2	0.1147	2187.3	4.211	1.789	1.039	1.318	66.75
340	0.025011	1086.6	0.1783	2161.4	4.198	1.809	1.052	1.318	65.02
350	0.038759	1080.3	0.2690	2135.4	4.185	1.833	1.067	1.319	63.25
360	0.058386	1073.3	0.3949	2109.1	4.173	1.859	1.083	1.321	61.42
370	0.085712	1065.8	0.5659	2082.6	4.164	1.888	1.100	1.323	59.54
373.15	0.096251	1063.4	0.6308	2074.2	4.161	1.898	1.105	1.324	58.93
374.57	0.101325	1062.2	0.6619	2070.4	4.160	1.903	1.108	1.325	58.66
380	0.12291	1057.8	0.7932	2055.7	4.157	1.922	1.117	1.327	57.61
390	0.17250	1049.2	1.090	2028.3	4.153	1.960	1.136	1.332	55.63
400	0.23741	1040.2	1.470	2000.3	4.154	2.004	1.156	1.338	53.60
410	0.32093	1030.6	1.951	1971.6	4.159	2.055	1.176	1.345	51.54
420	0.42673	1020.5	2.552	1941.9	4.169	2.115	1.198	1.354	49.43
430	0.55890	1010.0	3.292	1911.2	4.184	2.184	1.221	1.365	47.28
440	0.72187	998.9	4.195	1879.4	4.205	2.264	1.245	1.378	45.09
450	0.92045	987.2	5.287	1846.2	4.231	2.357	1.271	1.394	42.87
460	1.1598	975.1	6.597	1811.6	4.262	2.465	1.298	1.411	40.62
470	1.4455	962.3	8.157	1775.3	4.300	2.589	1.326	1.432	38.84
480	1.7833	949.0	10.00	1737.3	4.344	2.732	1.356	1.456	36.03
490	2.1795	935.1	12.18	1697.3	4.396	2.896	1.388	1.484	33.70
500	2.6406	920.5	14.74	1655.2	4.457	3.085	1.422	1.517	31.35
510	3.1734	905.1	17.73	1610.7	4.529	3.301	1.459	1.556	28.98
520	3.7851	889.0	21.22	1563.7	4.613	3.551	1.500	1.601	26.60
530	4.4832	872.0	25.29	1513.8	4.714	3.840	1.546	1.656	24.21
540	5.2757	854.0	30.06	1460.6	4.836	4.179	1.599	1.722	21.83
550	6.1711	834.8	35.63	1403.7	4.984	4.581	1.659	1.803	19.45
560	7.1781	814.3	42.18	1342.4	5.169	5.067	1.730	1.904	17.08
570	8.3063	792.2	49.91	1276.1	5.402	5.667	1.816	2.035	14.73
580	9.5662	768.2	59.14	1203.7	5.706	6.434	1.924	2.207	12.41
590	10.969	741.8	70.27	1123.6	6.118	7.454	2.064	2.442	10.14
600	12.527	712.2	83.96	1033.9	6.707	8.891	2.257	2.782	7.93
610	14.256	678.4	101.3	931.0	7.626	11.09	2.548	3.314	5.80
620	16.172	638.2	124.3	808.8	9.294	14.97	3.062	4.264	3.78
630	18.298	586.5	157.8	652.4	13.38	24.03	4.290	6.515	1.94
640	20.664	501.1	223.8	398.4	40.29	80.37	12.10	20.67	0.40
643.89	21.66	356	356	0.0	∞	∞	∞	∞	0.00

4.10 重水の熱物性値

三重点から825Kまでの温度範囲，0〜100MPaまでの圧力範囲にわたってそれぞれ成立する．これらの相関式の精度は温度・圧力によって異なるが，それぞれ±1〜±5％，±2〜±10％である．

Table B-4-10-1に飽和液および飽和蒸気の熱力学性質を，Table B-4-10-2に飽和液および飽和蒸気の輸送性質を，それぞれ示した．

なお，重水の熱力学性質の広範囲表は文献5)に，輸送性質の広範囲表は文献4)にそれぞれ掲載されている．

Table B-4-10-2　飽和状態の D_2O の輸送性質 (Transport properties of D_2O at saturated states)

温度 T (K)	粘性率 η' (μPa·s)	η''	動粘性率 ν' (mm²/s)	ν''	熱伝導率 λ' (mW/(m·K))	λ''	温度伝導率 a' (mm²/s)	a''	プラントル数 Pr'	Pr''
276.95	2087	9.60	1.89	1671	565	16.5	0.121	1682	15.6	0.994
280	1869	9.68	1.69	1367	570	16.8	0.122	1380	13.9	0.990
290	1361	9.94	1.23	734	584	17.5	0.125	749	9.88	0.980
300	1047	10.2	0.948	415	597	18.3	0.127	427	7.44	0.973
310	837	10.5	0.760	246	607	19.1	0.130	254	5.83	0.968
320	689	10.8	0.628	152	616	19.9	0.133	157	4.72	0.965
330	580	11.2	0.531	97.3	623	20.7	0.135	101	3.92	0.963
340	498	11.5	0.458	64.5	628	21.6	0.138	67.0	3.33	0.962
350	433	11.8	0.401	44.0	632	22.5	0.140	45.7	2.87	0.962
360	382	12.2	0.356	30.8	634	23.5	0.142	32.0	2.51	0.963
370	340	12.5	0.319	22.1	636	24.5	0.143	22.9	2.23	0.965
373.15	329	12.6	0.309	20.0	636	24.8	0.144	20.7	2.15	0.965
374.57	324	12.7	0.305	19.1	636	25.0	0.144	19.8	2.12	0.966
380	306	12.9	0.289	16.2	636	25.5	0.145	16.8	2.00	0.967
390	277	13.2	0.264	12.1	635	26.6	0.146	12.5	1.81	0.971
400	253	13.5	0.244	9.21	633	27.8	0.147	9.44	1.66	0.976
410	233	13.9	0.226	7.12	630	29.0	0.147	7.24	1.54	0.983
420	215	14.2	0.211	5.58	626	30.4	0.147	5.63	1.43	0.991
430	200	14.6	0.198	4.42	622	31.7	0.147	4.42	1.34	1.00
440	186	14.9	0.187	3.55	616	33.2	0.147	3.50	1.27	1.02
450	174	15.2	0.177	2.88	610	34.8	0.146	2.79	1.21	1.03
460	164	15.6	0.168	2.36	603	36.5	0.145	2.25	1.16	1.05
470	155	15.9	0.161	1.95	595	38.4	0.144	1.82	1.12	1.07
480	146	16.2	0.154	1.62	586	40.4	0.142	1.48	1.08	1.10
490	139	16.5	0.148	1.36	577	42.6	0.140	1.21	1.06	1.12
500	132	16.9	0.143	1.14	567	45.1	0.138	0.992	1.04	1.15
510	125	17.2	0.139	0.971	556	47.8	0.136	0.818	1.02	1.19
520	120	17.5	0.134	0.827	545	51.0	0.133	0.677	1.01	1.22
530	114	17.9	0.131	0.708	533	54.6	0.130	0.562	1.01	1.26
540	109	18.3	0.128	0.608	520	58.6	0.126	0.467	1.01	1.30
550	104	18.7	0.125	0.524	507	63.3	0.122	0.388	1.02	1.35
560	99.5	19.1	0.122	0.452	493	68.2	0.117	0.319	1.04	1.42
570	95.0	19.5	0.120	0.391	478	73.4	0.112	0.259	1.07	1.51
580	90.6	20.0	0.118	0.339	463	79.5	0.106	0.209	1.12	1.62
590	86.1	20.6	0.116	0.293	447	87.7	0.0984	0.168	1.18	1.75
600	81.5	21.3	0.114	0.254	430	98.6	0.0901	0.132	1.27	1.92
610	76.5	22.1	0.113	0.219	413	113	0.0799	0.101	1.41	2.17
620	71.0	23.3	0.111	0.187	396	134	0.0668	0.0720	1.66	2.60
630	64.3	25.0	0.110	0.158	383	171	0.0488	0.0450	2.25	3.51
640	53.9	28.7	0.107	0.128	420	290	0.0208	0.0161	5.17	7.94

1) Kestin, J. and Sengers, J. V. : J. Phys. Chem. Ref. Data, 15 (1986) 305.　2) Hill, P. G. and MacMillan, R. D. C. : Ind. Eng. Chem. Fundam., 18 (1979) 412.　3) 上松公彦 : 熱物性, 2 (1988) 84.　4) Matsunaga, N. and Nagashima, A. : J. Phys. Chem. Ref. Data, 12 (1983) 933.　5) Hill, P. G., MacMillan, R. D. C. et al. : Tables of Thermodynamic Properties of Heavy Water in S. I. Units, Atomic Energy of Canada Limited (1981).

4.11 二酸化硫黄の熱物性値
(Thermophysical Properties of Sulfur Dioxide)

二酸化硫黄（SO_2）の飽和液体および飽和蒸気の熱力学性質と，常圧気体の熱物性値を Table B-4-11-1〜2 に，密度，定圧比熱，比熱比，粘性率，動粘性率の温度および圧力依存性を Table B-4-11-3〜7 にそれぞれ示した．これらの数値のうち，表面張力を除く熱力学性質は，Kang および Hirth らの実測値[1-3]に基づいて作成された状態式を用いて計算した値である[4]．また，表面張力は Jasper の相関値を外挿したものである[5]．輸送性質については，厳密に評価した後に決定された標準相関式から計算した値を採用した[6]．

Table B-4-11-1 飽和状態の SO_2 の熱力学的性質 (Thermodynamic properties of SO_2 at saturated states)

温度 T (K)	飽和圧力 p_s (MPa)	密度 ρ' (kg/m³)	密度 ρ'' (kg/m³)	蒸発熱 r (kJ/kg)	定圧比熱 c_p'' (kJ/(kg·K))	比熱比 κ''	表面張力 σ (mN/m)
290	0.3231	1402.0	9.190	330.1	0.7325	1.350	23.30
300	0.4432	1370.9	12.370	326.5	0.7633	1.366	21.35
310	0.5968	1339.3	16.399	321.8	0.7978	1.385	19.40
320	0.7901	1307.1	21.450	315.9	0.8364	1.408	17.45
330	1.0297	1274.1	27.726	308.7	0.8797	1.436	15.51
340	1.3228	1240.0	35.478	300.1	0.9289	1.470	
350	1.6771	1204.4	45.022	290.0	0.9858	1.514	
360	2.1006	1166.9	56.775	278.1	1.0538	1.571	
370	2.6019	1126.7	71.320	264.0	1.1392	1.651	
380	3.1902	1082.9	89.528	247.2	1.2545	1.769	
390	3.8750	1033.9	112.80	226.8	1.4276	1.961	
400	4.6668	977.0	143.68	201.6	1.7034	2.318	
410	5.5765	907.1	187.49	168.7	2.4040	3.146	
420	6.6162	810.95	259.09	122.3	4.7990	6.146	
430	7.7992	604.56	458.22	28.6	131.13	163.5	
430.67	7.8839	525		0			

Table B-4-11-2 常圧における SO_2 の熱物性値 (Thermophysical properties of SO_2 at 101.325 kPa)

温度 T (K)	密度 ρ (kg/m³)	定圧比熱 c_p (kJ/(kg·K))	比熱比 κ	粘性率 η (μPa·s)	動粘性率 ν (mm²/s)	熱伝導率 λ (mW/(m·K))	熱拡散率 a (mm²/s)	プラントル数 Pr
270				11.59		8.2		
280				12.02		8.7		
290	2.747	0.6509	1.290	12.46	4.536	9.2	5.16	0.880
300	2.648	0.6521	1.283	12.90	4.872	9.8	5.65	0.863
310	2.557	0.6541	1.277	13.34	5.217	10.3	6.16	0.847
320	2.473	0.6566	1.272	13.79	5.576	10.8	6.65	0.838
330	2.394	0.6596	1.267	14.24	5.948	11.3	7.16	0.831
340	2.321	0.6630	1.623	14.69	6.329	11.8	7.67	0.825
350	2.252	0.6666	1.259	15.14	6.723	12.4	8.26	0.824
360	2.187	0.6705	1.255	15.59	7.128	12.9	8.80	0.810
370	2.126	0.6745	1.251	16.04	7.545	13.4	9.34	0.807
380	2.069	0.6787	1.248	16.49	7.970	13.9	9.90	0.805
390	2.014	0.6829	1.245	16.94	8.411	14.5	10.5	0.798
400	1.963	0.6872	1.242	17.38	8.854	15.0	11.1	0.796
410	1.914	0.6916	1.239	17.83	9.316	15.5	11.7	0.796
420	1.868	0.6959	1.236	18.27	9.781	16.0	12.3	0.795
430	1.823	0.7003	1.234	18.71	10.26	16.5	12.9	0.794
440	1.781	0.7046	1.232	19.14	10.75	17.0	13.5	0.793
450	1.741	0.7090	1.229	19.58	11.25	17.6	14.3	0.789
460	1.703	0.7133	1.227	20.00	11.74	18.1	14.9	0.788
470	1.666	0.7175	1.225	20.42	12.26	18.6	15.6	0.788

4.11 二酸化硫黄の熱物性値

Table B-4-11-3　SO_2 の密度（Density of SO_2）　ρ （kg/m³）

圧力 p (MPa)	温度 T (K)										
	320	340	360	380	400	420	440	460	480	500	520
0.5	12.934	11.977	11.181	10.502	9.913	9.395	8.933	8.519	8.144	7.803	7.491
1	1307.0	25.553	23.497	21.839	20.458	19.278	18.252	17.347	16.539	15.813	15.154
2	1310.1	1243.2	53.233	47.937	43.979	40.843	38.260	36.074	34.184	32.524	31.049
3	1313.1	1247.2	1171.7	81.633	72.222	65.615	60.573	56.524	53.156	50.284	47.788
4	1316.0	1251.3	1177.1	1089.7	108.98	95.239	86.025	79.160	73.728	69.258	65.475
5	1318.7	1255.1	1182.2	1097.6	984.71	133.22	115.99	104.63	96.235	89.629	84.210
6	1321.4	1258.8	1187.1	1105.0	999.90	190.08	152.98	133.86	121.09	111.59	104.09
8	1326.5	1265.8	1196.4	1118.3	1024.4	880.80	208.26	210.08	179.99	161.13	147.59
10	1331.2	1272.3	1204.9	1130.2	1044.0	929.39	707.11	333.45	256.03	219.54	196.43
12	1335.7	1278.5	1212.9	1141.0	1060.5	961.46	816.19	554.21	357.83	288.56	250.82
14	1340.0	1284.3	1220.4	1150.9	1074.8	985.94	869.35	702.75	492.46	370.37	311.05
16	1344.1	1289.8	1227.5	1160.0	1087.6	1005.9	905.68	775.18	614.45	464.41	377.35
18	1347.9	1295.1	1234.1	1168.5	1099.1	1023.0	933.57	822.87	691.93	555.01	447.97
20	1351.6	1300.1	1240.5	1176.5	1109.6	1037.9	956.35	858.71	745.13	625.27	516.25
24	1358.5	1309.4	1252.3	1191.1	1128.2	1063.1	992.48	911.68	818.66	719.34	622.76
28	1364.9	1318.1	1263.1	1204.2	1144.5	1084.1	1020.8	950.73	870.67	783.07	695.62
31	1369.4	1324.1	1270.6	1213.3	1155.6	1097.9	1038.7	974.54	901.80	820.81	737.99

Table B-4-11-4　SO_2 の定圧比熱（Specific heat capacity at constant pressure of SO_2）　c_p （kJ/(kg·K)）

圧力 p (MPa)	温度 T (K)										
	320	340	360	380	400	420	440	460	480	500	520
0.5	0.7526	0.7350	0.7259	0.7221	0.7219	0.7239	0.7276	0.7322	0.7375	0.7432	0.7491
1		0.8431	0.8054	0.7827	0.7692	0.7616	0.7580	0.7571	0.7581	0.7605	0.7637
2			1.024	0.9352	0.8820	0.8483	0.8264	0.8122	0.8031	0.7976	0.7948
3			1.797	1.182	1.039	0.9594	0.9095	0.8766	0.8544	0.8393	0.8290
4			1.782	1.959	1.314	1.118	1.017	0.9551	0.9145	0.8867	0.8673
5			1.768	1.924	2.240	1.395	1.169	1.055	0.9867	0.9416	0.9105
6			1.755	1.895	2.112	2.141	1.413	1.190	1.076	1.006	0.9594
8			1.732	1.848	1.953	2.625	3.228	1.677	1.333	1.173	1.078
10			1.712	1.811	1.856	2.101	4.169	2.934	1.761	1.405	1.229
12			1.694	1.782	1.789	1.882	2.405	4.237	2.437	1.714	1.414
14			1.678	1.758	1.741	1.755	1.987	2.621	3.053	2.095	1.629
16			1.663	1.738	1.704	1.671	1.777	2.098	2.598	2.418	1.863
18			1.650	1.721	1.675	1.610	1.645	1.844	2.154	2.371	2.057
20			1.637	1.707	1.651	1.564	1.552	1.682	1.908	2.135	2.108
24			1.614	1.683	1.616	1.500	1.428	1.472	1.628	1.805	1.923
28			1.593	1.664	1.591	1.458	1.348	1.336	1.447	1.612	1.744
31			1.578	1.652	1.577	1.435	1.306	1.260	1.340	1.500	1.645

1) Kang, T. L., Hirth, L. J., et al. : J. Chem. Eng. Data, 6 (1961) 220.　2) Hirth, L. J. : Ph. D. dissertation, University of Texas, Austin, Texas (1958).　3) Kang, T. L. : Ph. D. dissertation, University of Texas, Austin, Texas (1960).　4) 蒋田　董・田中嘉之ほか：RC-72 小温度差ランキンサイクル用作動流体の熱物性に関する研究分科会　研究成果報告書II, 日本機械学会 (1987) 557.　5) Jasper, J. J. : J. Phys. Chem. Ref. Data, 1 (1972) 841.　6) 物性データ調査研究報告, 流体特性データ, 第5巻, 科学技術庁振興局 (1982).

Table B-4-11-5　SO₂ の比熱比（Specific heat ratio of SO₂）　κ

圧力 p (MPa)	温度 T (K)										
	320	340	360	380	400	420	440	460	480	500	520
0.5	1.342	1.314	1.294	1.278	1.265	1.255	1.247	1.240	1.233	1.228	1.223
1		1.398	1.353	1.322	1.299	1.282	1.268	1.256	1.247	1.240	1.233
2			1.543	1.448	1.388	1.348	1.318	1.296	1.279	1.265	1.254
3			1.777	1.690	1.532	1.444	1.387	1.347	1.318	1.296	1.279
4			1.778	1.915	1.824	1.599	1.485	1.415	1.368	1.334	1.309
5			1.780	1.894	2.393	1.903	1.639	1.510	1.433	1.381	1.344
6			1.781	1.878	2.270	2.802	1.907	1.647	1.518	1.439	1.386
8			1.785	1.852	2.120	3.221	4.087	2.185	1.782	1.601	1.496
10			1.790	1.835	2.032	2.628	5.453	3.663	2.253	1.841	1.44
12			1.795	1.823	1.973	2.384	3.371	5.456	3.043	2.180	1.837
14			1.800	1.814	1.932	2.244	2.902	3.780	3.921	2.639	2.080
16			1.805	1.809	1.901	2.152	2.668	3.300	3.686	3.133	2.380
18			1.810	1.805	1.878	2.084	2.518	3.094	3.405	3.315	2.702
20			1.815	1.803	1.858	2.031	2.409	2.967	3.318	3.301	2.940
24			1.824	1.801	1.832	1.957	2.255	2.783	3.306	3.415	3.198
28			1.831	1.802	1.814	1.906	2.145	2.633	3.301	3.664	3.527
31			1.836	1.804	1.804	1.876	2.082	2.531	3.266	3.862	3.859

Table B-4-11-6　SO₂ の粘性率（Viscosity of SO₂）　η（μPa·s）

圧力 p (MPa)	温度 T (K)									
	310	320	330	340	350	360	370	380	400	420
0.5	13.15	13.63	14.11	14.58	15.05	15.50	15.96	16.41	17.31	18.20
1			13.97	14.49	15.00	15.48	15.96	16.42	17.34	18.25
1.5					14.95	15.47	15.97	16.45	17.38	18.30
2						15.49	16.00	16.49	17.42	18.37
2.5							16.09	16.57	17.48	18.44
3								16.73	17.58	18.53
3.5									17.77	18.66
4									18.12	18.86
4.5									18.74	19.18
5										19.65
5.5										20.32
6										21.28

Table B-4-11-7　SO₂ の動粘性率（Kinematic viscosity of SO₂）　ν（mm²/s）

圧力 p (MPa)	温度 T (K)									
	310	320	330	340	350	360	370	380	400	420
0.5	0.9746	1.054	1.135	1.217	1.386	1.474	1.474	1.563	1.746	1.937
1			0.5214	0.5671	0.6131	0.6588	0.7053	0.7519	0.8476	0.9467
1.5					0.3813	0.4146	0.4478	0.4808	0.5473	0.6156
2						0.2910	0.3177	0.3440	0.3961	0.4498
2.5							0.2386	0.2611	0.3048	0.3496
3								0.2049	0.2434	0.2824
3.5									0.1994	0.2342
4									0.1663	0.1980
4.5									0.1402	0.1700
5										0.1475
5.5										0.1287
6										0.1120

4.12 六フッ化硫黄の熱物性値
(Thermophysical Properties of Sulfur Hexafluoride)

六フッ化硫黄(SF_6)の熱力学性質は,小田らの作成した状態式[1]によって計算した.小田らの状態式は,六フッ化硫黄の三重点(222.35 K)から500 Kまでの温度範囲,0~50 MPaまでの圧力範囲にわたって成立し,信頼できるPVT実測値を±1%の圧力偏差で,また飽和圧力の実測値をほぼ±0.5%の偏差で,それぞれ表している.定圧比熱容量については実測値の挙動を良く表しているが,圧縮液体域における定容比熱容量の計算値の精度が落ちるため,比熱比については,飽和液体および圧縮液体域を除く飽和蒸気および過熱蒸気域と超臨界域についてのみその値を計算した.表面張力はRathjenとStraubの相関式[2]により計算した.この相関式の精度は±0.10 mN/mである.飽和蒸気および過熱蒸気と常圧における熱伝導率はTanakaらの相関式[3]により,飽和液体の熱伝導率はTauscherの相関式[4]により,それぞれ計算した.これらの計算値の精度は±2%である.常圧における粘性率はDaweらの相関式[5]とHarrisらの相関式[6]により計算した.TableB-4-12-1に飽和液体および飽和蒸気の熱物性値を,TableB-4-

Table B-4-12-1 飽和状態のSF_6の熱物性値 (Thermophysical properties of SF_6 at saturated states)

温度 Temperature T (K)	飽和圧力 Vapor pressure P_s (MPa)	密度 Density ρ' (kg/m^3)	ρ''	蒸発熱 Latent heat r (kJ/kg)	定圧比熱容量 Specific heat capacity at constant pressure c_p' (kJ/(kg·K))	c_p''	比熱比 Specific heat ratio κ'	κ''	熱伝導率 Thermal conductivity λ' (mW/(m·K))	λ''	温度伝導率 Thermal diffusivity α' (mm^2/s)	α''	表面張力 Surface tension σ (mN/m)
222.35	0.22502	1850.6	19.130	108.40	0.754	0.561	1.164						
225	0.25109	1837.7	21.223	107.51	0.769	0.570	1.166		83.1		0.0588		11.23
230	0.30659	1812.8	25.667	105.72	0.795	0.587	1.170		81.2		0.0563		10.46
235	0.37106	1787.1	30.825	103.78	0.820	0.605	1.176		79.3		0.0541		9.71
240	0.44541	1760.6	36.786	101.69	0.845	0.624	1.184		77.4		0.0520		8.97
245	0.53057	1733.2	43.650	99.45	0.869	0.644	1.193		75.5		0.0501		8.24
250	0.62750	1704.8	51.532	97.05	0.894	0.665	1.205		73.6		0.0483		7.52
255	0.73719	1675.4	60.567	94.47	0.919	0.688	1.219		71.7		0.0466		6.82
260	0.86065	1644.8	70.913	91.71	0.945	0.713	1.236		69.8		0.0449		6.14
265	0.99895	1612.9	82.757	88.75	0.973	0.741	1.256		67.9		0.0433		5.48
270	1.1532	1579.3	96.331	85.56	1.003	0.772	1.282		66.0		0.0417		4.83
275	1.3244	1543.9	111.92	82.12	1.037	0.808	1.314		64.1		0.0400		4.20
280	1.5139	1506.3	129.89	78.39	1.076	0.851	1.356						3.59
285	1.7228	1466.0	150.72	74.32	1.123	0.903	1.409						3.00
290	1.9524	1422.2	175.07	69.85	1.182	0.969	1.482						2.44
295	2.2041	1374.0	203.91	64.87	1.261	1.058	1.585						1.90
300	2.4795	1319.7	238.75	59.23	1.374	1.188	1.740						1.40
305	2.7803	1256.2	282.30	52.63	1.561	1.399	2.006						0.94
310	3.1087	1177.0	340.40	44.45	1.948	1.835	2.569						0.52
315	3.4685	1060.8	432.03	32.62	3.37	3.41	4.65						0.17

Table B-4-12-2 SF_6の密度 (Density of SF_6) ρ (kg/m^3)

温度 Temperature T (K)	圧力 Pressure P (MPa)										
	0.1	0.2	0.5	1.0	1.5	2.0	2.5	3.0	4.0	5.0	10.0
225	8.040	16.607	1839.1	1841.7	1844.3	1846.9	1849.5	1852.0	1856.9	1861.7	1883.7
250	7.172	14.662	39.528	1708.1	1712.4	1716.5	1720.6	1724.5	1732.2	1739.5	1771.9
275	6.484	13.171	34.656	77.054	1546.9	1555.0	1562.8	1570.1	1583.7	1596.2	1647.4
300	5.921	11.979	31.064	66.616	108.86	162.56	1320.8	1344.7	1381.8	1410.7	1504.8
325	5.451	10.997	28.250	59.356	94.143	133.90	180.82	239.28	475.42	1055.1	1332.6
350	5.052	10.172	25.959	53.842	84.000	116.90	153.17	193.72	293.59	438.12	1114.6
375	4.709	9.466	24.046	49.435	76.330	104.92	135.44	168.16	241.60	328.73	870.25
400	4.409	8.855	22.416	45.795	70.213	95.754	122.51	150.58	211.06	278.06	684.21
450	3.914	7.847	19.772	40.063	60.891	82.270	104.21	126.73	173.50	222.55	491.30
500	3.519	7.049	17.708	35.705	53.994	72.575	91.447	110.61	149.75	189.90	398.77

1) 小田 篤・上松公彦・渡部康一:日本機械学会論文集, 49, B編 437 (1983) 172-180. 2) W. Rathjen・J. Straub: Wärme- und Stoffübertragung, 14, (1980) 59-73. 3) Y. Tanaka・M. Noguchi・H. Kubota・T. Makita: Journal of Chemical Engineering of Japan, 12, 3 (1979) 171-176. 4) W. Tauscher: Wärme- und Stoffübertragung, 1, (1968) 140-146. 5) R. A. Dawe・G. C. Maitland・M. Rigby・E. B. Smith: Transactions of the Faraday Society, 66, 8 (1970) 1955-1965. 6) E. J. Harris・G. C. Hope・D. W. Gough・E. B. Smith: Journal of Chemical Society, Faraday Transactions I, 75, 4 (1979) 892-897.

12-2〜5に密度，定圧比熱容量，比熱比，熱伝導率の温度および圧力依存性を，TableB-4-12-6に常圧における熱物性値を，それぞれ示した．

Table B-4-12-3 SF$_6$ の定圧比熱容量（Specific heat capacity at constant pressure of SF$_6$） c_p (kJ/(kg·K))

温度 Temperature T (K)	圧力 Pressure P (MPa)										
	0.1	0.2	0.5	1.0	1.5	2.0	2.5	3.0	4.0	5.0	10.0
225	0.546	0.561	0.768	0.766	0.764	0.762	0.760	0.759	0.755	0.752	0.739
250	0.594	0.604	0.642	0.891	0.887	0.883	0.880	0.877	0.871	0.865	0.844
275	0.637	0.644	0.668	0.731	1.033	1.021	1.011	1.002	0.986	0.973	0.929
300	0.676	0.681	0.697	0.734	0.792	0.899	1.370	1.286	1.190	1.134	1.017
325	0.711	0.715	0.727	0.751	0.784	0.829	0.897	1.014	2.564	1.997	1.124
350	0.744	0.747	0.756	0.773	0.795	0.821	0.854	0.897	1.037	1.341	1.258
375	0.775	0.777	0.784	0.797	0.812	0.829	0.850	0.873	0.935	1.024	1.289
400	0.803	0.805	0.810	0.821	0.832	0.844	0.858	0.874	0.910	0.956	1.185
450	0.856	0.857	0.861	0.867	0.874	0.882	0.890	0.898	0.916	0.935	1.046
500	0.904	0.905	0.908	0.912	0.917	0.922	0.927	0.932	0.943	0.954	1.014

Table B-4-12-4 SF$_6$ の比熱比（Specific heat ratio of SF$_6$） κ

温度 Temperature T (K)	圧力 Pressure P (MPa)										
	0.1	0.2	0.5	1.0	1.5	2.0	2.5	3.0	4.0	5.0	10.0
225	1.135	1.154									
250	1.117	1.129	1.175								
275	1.106	1.113	1.140	1.216							
300	1.097	1.102	1.120	1.161	1.228	1.361					
325	1.091	1.095	1.107	1.132	1.167	1.218	1.298	1.439	3.446	2.723	1.593
350	1.086	1.089	1.097	1.115	1.137	1.164	1.200	1.247	1.409	1.775	1.683
375	1.082	1.084	1.091	1.103	1.118	1.135	1.156	1.180	1.246	1.344	1.651
400	1.078	1.080	1.085	1.095	1.105	1.117	1.131	1.146	1.182	1.229	1.479
450	1.073	1.074	1.077	1.083	1.090	1.096	1.103	1.111	1.127	1.146	1.255
500	1.068	1.069	1.071	1.076	1.080	1.084	1.088	1.093	1.102	1.112	1.167

Table B-4-12-5 SF$_6$ の熱伝導率（Thermal conductivity of SF$_6$） λ (mW/(m·K))

温度 Temperature T (K)	圧力 Pressure P (MPa)										
	0.1	0.2	0.5	1.0	1.5	2.0	2.5	3.0	4.0	5.0	10.0
300	12.78	12.89	13.09	13.31	13.93	15.53					
325	15.24	15.09	14.92	15.23	15.82	16.52	17.48	19.24	29.09		
350	18.69	18.26	17.38	16.94	17.31	18.10	19.06	20.11	23.06	29.65	
375	18.42	18.46	18.59	18.82	19.09	19.44	19.94	20.66	23.14	27.82	

Table B-4-12-6 常圧における SF$_6$ の熱物性値（Thermophysical properties of SF$_6$ at 101.325 kPa）

温度 Temperature T (K)	密度 Density ρ (kg/m^3)	定圧比熱容量 Specific heat capacity at constant pressure c_P (kJ/(kg·K))	比熱比 Specific heat ratio κ	粘性率 Viscosity η (μPa·s)	動粘性率 Kinematic viscosity ν (mm^2/s)	熱伝導率 Thermal conductivity λ (mW/(m·K))	温度伝導率 Thermal diffusivity α (mm^2/s)	プラントル数 Prandtl number Pr
220	8.355	0.535	1.140	11.65	1.394			
240	7.596	0.575	1.124	12.55	1.652			
260	6.972	0.612	1.112	13.45	1.929			
280	6.448	0.645	1.104	14.35	2.225			
290	6.216	0.661	1.100	14.80	2.380			
300	6.000	0.676	1.097	15.24	2.540	12.78	3.151	0.806
310	5.800	0.690	1.095	15.85	2.734	13.35	3.332	0.820
320	5.613	0.705	1.092	16.32	2.907	14.52	3.672	0.792
340	5.274	0.731	1.088	17.23	3.267	17.49	4.535	0.720
360	4.974	0.757	1.084	18.13	3.644	19.29	5.126	0.711
380	4.707	0.780	1.081	19.00	4.037			
400	4.468	0.803	1.078	19.87	4.446			
420	4.252	0.825	1.076	20.71	4.870			
440	4.057	0.846	1.074	21.54	5.309			
460	3.879	0.866	1.072	22.35	5.763			
480	3.715	0.885	1.070	23.15	6.231			
500	3.566	0.904	1.068	23.93	6.712			

4.13 メタンの熱物性値
(Thermophysical Properties of Methane)

飽和状態を含む低温領域の熱物性値は，C.11 低温および極低温の章に収録されているので，本節では 200 K 以上の熱物性値を示す．

熱力学性質（密度，定圧比熱および比熱比）は IUPAC 蒸気表の式[1]により計算した．粘性率は文献 2) の式から，熱伝導率は文献 3) の式からそれぞれ計算した．動粘性率，熱拡散率およびプラントル数の計算に要する熱力学性質および輸送性質は前述の三つの文献の式から計算された値を使用している．

Table B-4-13-1, B-4-13-2, B-4-13-3, B-4-13-4, B-4-13-5, B-4-13-6, B-4-13-7 および B-4-13-8 に，それぞれ密度，定圧比熱，比熱比，粘性率，動粘性率，熱伝導率，熱拡散率およびプラントル数の広領域表を，Table B-4-13-9 に常圧におけるこれらの物性値の値を示す

Table B-4-13-1　CH_4 の密度 (Density of CH_4)　ρ (kg/m³)

温度 T (K)	圧力 p (MPa)												
	0.02	0.1	0.5	1	2	5	10	20	30	50	100	200	300
200	0.1932	0.9707	4.979	10.31	22.37	88.05	266.5	314.3	337.9	367.4	409.5	455.9	485.1
220	0.1756	0.8811	4.490	9.207	19.46	60.54	187.9	278.7	311.0	347.3	395.2	445.5	476.6
240	0.1609	0.8068	4.092	8.338	17.35	49.83	128.5	241.6	283.8	327.5	381.4	435.6	468.5
260	0.1485	0.7441	3.762	7.630	15.72	43.25	101.1	206.6	257.4	308.1	368.1	426.2	460.8
273.15	0.1413	0.7080	3.573	7.231	14.82	40.03	90.15	186.8	240.9	295.9	359.6	420.2	456.0
280	0.1379	0.6906	3.482	7.040	14.40	38.58	85.63	177.6	232.7	289.6	355.3	417.1	453.5
300	0.1287	0.6442	3.243	6.539	13.30	35.01	75.32	155.3	210.8	272.2	343.0	408.5	446.5
320	0.1206	0.6038	3.034	6.108	12.38	32.15	67.75	138.3	191.9	255.9	331.3	400.2	439.8
340	0.1135	0.5681	2.852	5.732	11.58	29.79	61.86	125.1	175.9	241.0	320.1	392.1	433.3
360	0.1072	0.5364	2.690	5.401	10.89	27.80	57.10	114.5	162.4	227.3	309.3	384.4	427.0
380	0.1016	0.5081	2.546	5.108	10.27	26.09	53.15	105.9	150.9	215.0	299.2	376.9	420.9
400	0.09649	0.4826	2.417	4.845	9.731	24.60	49.79	98.63	141.1	203.8	289.5	369.7	415.0
420	0.09189	0.4596	2.301	4.609	9.245	23.29	46.90	92.48	132.6	193.7	280.3	362.8	409.3
440	0.08771	0.4386	2.195	4.395	8.807	22.12	44.37	87.18	125.2	184.5	271.6	356.0	403.7
460	0.08390	0.4195	2.099	4.200	8.410	21.08	42.13	82.54	118.7	176.2	263.4	349.5	398.3
480	0.08040	0.4020	2.011	4.022	8.049	20.13	40.13	78.44	112.9				
500	0.07718	0.3859	1.930	3.859	7.718	19.27	38.34	74.78	107.7				
550	0.07016	0.3508	1.753	3.505	7.002	17.43	34.54	67.15	96.89				
600	0.06432	0.3215	1.607	3.210	6.409	15.93	31.49	61.09	88.25				

Table B-4-13-2　CH_4 の定圧比熱 (Specific heat capacity at constant pressure of CH_4)　c_p (kJ/(kg·K))

温度 T (K)	圧力 p (MPa)												
	0.02	0.1	0.5	1	2	5	10	20	30	50	100	200	300
200	2.092	2.106	2.180	2.292	2.604	7.442	5.280	3.839	3.492	3.225	3.046	3.006	3.053
220	2.105	2.115	2.169	2.246	2.438	3.620	6.755	4.037	3.559	3.230	3.020	2.972	3.004
240	2.125	2.133	2.174	2.231	2.364	2.979	4.883	4.161	3.600	3.234	3.001	2.946	2.969
260	2.153	2.159	2.192	2.235	2.334	2.729	3.710	4.066	3.602	3.233	2.991	2.929	2.947
273.15	2.175	2.181	2.209	2.247	2.330	2.644	3.344	3.896	3.576	3.231	2.990	2.923	2.938
280	2.188	2.193	2.220	2.255	2.331	2.614	3.216	3.797	3.555	3.229	2.991	2.922	2.936
300	2.231	2.235	2.258	2.286	2.348	2.563	2.981	3.526	3.470	3.222	2.999	2.925	2.936
320	2.281	2.285	2.303	2.328	2.379	2.550	2.863	3.322	3.375	3.214	3.015	2.939	2.946
340	2.337	2.340	2.356	2.377	2.420	2.561	2.808	3.189	3.293	3.209	3.039	2.962	2.966
360	2.398	2.401	2.415	2.432	2.470	2.588	2.791	3.109	3.233	3.208	3.068	2.993	2.994
380	2.463	2.465	2.478	2.493	2.526	2.627	2.797	3.068	3.197	3.213	3.104	3.032	3.029
400	2.532	2.534	2.545	2.559	2.587	2.675	2.821	3.055	3.181	3.225	3.144	3.076	3.070
420	2.603	2.605	2.614	2.627	2.652	2.729	2.856	3.062	3.181	3.243	3.188	3.124	3.116
440	2.676	2.677	2.686	2.697	2.720	2.788	2.900	3.082	3.195	3.268	3.235	3.177	3.166
460	2.750	2.751	2.759	2.769	2.789	2.851	2.950	3.114	3.219	3.299	3.285	3.232	3.220
480	2.825	2.826	2.833	2.842	2.861	2.916	3.005	3.153	3.251				
500	2.900	2.901	2.908	2.916	2.933	2.983	3.063	3.197	3.289				
550	3.087	3.088	3.094	3.100	3.114	3.154	3.218	3.326	3.404				
600	3.272	3.273	3.277	3.283	3.294	3.326	3.378	3.467	3.535				

1) Angus, S., de Ruck, K.M., International Thermodynamic Table of the Fluid State-5 Methane, IUPAC, Vol.5 (1976).
2) Younglove, B. A., Ely, J. F., J. Phys. Chem. Ref. Data, Vol.16, pp.577-798 (1987).　3) Friend, D. G., Ely, J. F., Ingham, H., J. Phys. Chem. Ref. Data, Vol.18, No.2, pp.583-638 (1989).

Table B-4-13-3 CH$_4$ の比熱比（Specific heat ratio of CH$_4$） κ

温度 T (K)	圧力 p (MPa)												
	0.02	0.1	0.5	1	2	5	10	20	30	50	100	200	300
200	1.331	1.337	1.369	1.416	1.551	3.651	2.770	2.056	1.853	1.667	1.487	1.348	1.284
220	1.328	1.333	1.357	1.391	1.478	2.014	3.462	2.186	1.916	1.692	1.487	1.341	1.270
240	1.324	1.327	1.346	1.373	1.435	1.724	2.620	2.268	1.955	1.708	1.486	1.333	1.261
260	1.318	1.321	1.336	1.357	1.404	1.594	2.067	2.227	1.962	1.712	1.482	1.326	1.253
273.15	1.314	1.316	1.330	1.348	1.387	1.539	1.879	2.137	1.945	1.707	1.478	1.321	1.249
280	1.311	1.314	1.326	1.343	1.379	1.516	1.809	2.081	1.930	1.703	1.475	1.318	1.246
300	1.303	1.305	1.316	1.329	1.358	1.461	1.664	1.920	1.866	1.682	1.466	1.310	1.240
350	1.281	1.282	1.289	1.297	1.315	1.373	1.475	1.630	1.668	1.598	1.433	1.290	1.223
400	1.258	1.259	1.263	1.269	1.280	1.316	1.377	1.472	1.515	1.502	1.392	1.269	1.208
500	1.218	1.218	1.220	1.223	1.229	1.245	1.272	1.315	1.342				
600	1.188	1.189	1.190	1.191	1.194	1.203	1.217	1.240	1.256				

Table B-4-13-4 CH$_4$ の粘性率（Viscosity of CH$_4$） η （μPa·s）

温度 T (K)	圧力 p (MPa)												
	0.02	0.1	0.5	1	2	5	10	20	30	50	100	200	300
200	7.794	7.810	7.893	8.015	8.329	10.83	29.40	40.49	47.73	58.92	80.39	115.0	146.0
220	8.518	8.532	8.606	8.714	8.979	10.40	19.20	32.71	40.09	50.69	69.82	99.11	124.5
240	9.224	9.237	9.303	9.399	9.630	10.71	14.94	26.95	34.40	44.57	62.02	87.58	109.0
260	9.912	9.924	9.984	10.07	10.27	11.16	13.93	23.03	30.16	39.92	56.10	78.92	97.55
273.15	10.36	10.37	10.42	10.50	10.69	11.49	13.77	21.30	28.02	37.46	52.95	74.34	91.52
280	10.58	10.59	10.65	10.73	10.91	11.67	13.76	20.62	27.07	36.34	51.49	72.22	88.75
300	11.24	11.25	11.30	11.37	11.53	12.19	13.90	19.25	24.89	33.56	47.84	66.93	81.84
320	11.87	11.88	11.93	11.99	12.14	12.73	14.17	18.51	23.38	31.41	44.90	62.67	76.30
340	12.49	12.50	12.54	12.60	12.74	13.27	14.52	18.16	22.37	29.75	42.51	59.19	71.79
360	13.10	13.11	13.15	13.20	13.33	13.81	14.91	18.03	21.70	28.46	40.55	56.31	68.07
400	14.27	14.27	14.31	14.36	14.47	14.87	15.77	18.19	21.07	26.74	37.58	51.86	62.33
500	16.97	16.98	17.00	17.04	17.12	17.41	18.01	19.55	21.36	25.20	33.59	45.32	53.80
600	19.43	19.43	19.45	19.48	19.55	19.77	20.22	21.33	22.62	25.44	32.11	42.13	49.46

Table B-4-13-5 CH$_4$ の動粘性率（Kinematic viscosity of CH$_4$） ν (mm^2/s)

温度 T (K)	圧力 p (MPa)												
	0.02	0.1	0.5	1	2	5	10	20	30	50	100	200	300
200	40.35	8.044	1.584	0.7761	0.3719	0.1234	0.1104	0.1290	0.1414	0.1606	0.1965	0.2522	0.3001
220	48.52	9.682	1.916	0.9454	0.4609	0.1720	0.1023	0.1175	0.1291	0.1462	0.1770	0.2227	0.2607
240	57.33	11.45	2.272	1.126	0.5546	0.2152	0.1164	0.1117	0.1213	0.1363	0.1631	0.2015	0.2328
260	66.75	13.33	2.653	1.319	0.6534	0.2584	0.1379	0.1115	0.1173	0.1298	0.1529	0.1859	0.2121
273.15	73.26	14.64	2.916	1.452	0.7212	0.2874	0.1530	0.1141	0.1164	0.1268	0.1478	0.1778	0.2014
280	76.76	15.34	3.057	1.523	0.7575	0.3027	0.1610	0.1161	0.1164	0.1257	0.1456	0.1741	0.1965
300	87.32	17.45	3.483	1.738	0.8666	0.3487	0.1848	0.1240	0.1181	0.1235	0.1402	0.1650	0.1845
320	98.42	19.68	3.930	1.963	0.9809	0.3963	0.2096	0.1339	0.1218	0.1230	0.1364	0.1580	0.1750
340	110.0	22.00	4.398	2.198	1.100	0.4457	0.2351	0.1453	0.1271	0.1237	0.1338	0.1526	0.1675
360	122.2	24.43	4.886	2.444	1.224	0.4969	0.2616	0.1576	0.1336	0.1254	0.1321	0.1483	0.1615
400	147.8	29.57	5.919	2.963	1.486	0.6046	0.3170	0.1846	0.1493	0.1314	0.1310	0.1425	0.1528
500	219.9	43.99	8.811	4.415	2.218	0.9033	0.4700	0.2616	0.1984	0.1561	0.1368	0.1376	0.1425
600	302.1	60.43	12.11	6.069	3.050	1.241	0.6423	0.3494	0.2567	0.1892	0.1499	0.1400	0.1406

Table B-4-13-6 CH$_4$ の熱伝導率（Thermal conductivity of CH$_4$） λ (mW/(m·K))

温度 T (K)	圧力 p (MPa)												
	0.02	0.1	0.5	1	2	5	10	20	30	50	100	200	300
200	21.84	21.94	22.40	23.03	24.61	40.61	84.23	106.6	121.5	144.5	188.1	257.1	317.7
220	24.22	24.31	24.70	25.22	26.44	33.06	63.67	90.91	107.1	130.8	174.5	242.9	302.8
240	26.65	26.73	27.07	27.53	28.55	33.11	50.06	78.81	95.52	119.5	162.8	230.1	289.1
260	29.16	29.23	29.54	29.95	30.84	34.43	45.18	70.36	86.71	110.4	152.9	218.7	276.6
273.15	30.87	30.93	31.22	31.60	32.43	35.60	44.26	66.49	82.31	105.5	147.2	212.0	269.1
280	31.77	31.83	32.12	32.48	33.28	36.28	44.15	64.92	80.40	103.2	144.5	208.7	265.3
300	34.50	34.55	34.82	35.15	35.87	38.48	44.73	61.74	76.13	97.81	137.7	200.0	255.3
320	37.35	37.40	37.65	37.96	38.62	40.93	46.15	60.29	73.45	93.89	132.1	192.5	246.3
340	40.34	40.39	40.62	40.91	41.51	43.60	48.11	60.09	72.03	91.23	127.8	186.1	238.4
360	43.46	43.51	43.72	43.99	44.56	46.47	50.45	60.80	71.58	89.61	124.5	180.7	231.5
400	50.09	50.13	50.32	50.56	51.06	52.69	55.94	64.06	72.91	88.78	120.4	172.5	220.3
500	68.53	68.56	68.71	68.90	69.29	70.51	72.78	78.08	83.96	95.67	120.9	164.0	204.7
600	88.90	88.92	89.05	89.20	89.51	90.50	92.27	96.24	100.6	109.6	130.4	166.7	201.5

4.13 メタンの熱物性値

Table B-4-13-7　CH_4 の熱拡散率（Thermal diffusivity of CH_4）　a (mm²/s)

温度 T (K)	圧力 p (MPa)												
	0.02	0.1	0.5	1	2	5	10	20	30	50	100	200	300
200	54.04	10.73	2.062	0.9741	0.4239	0.06363	0.05967	0.08877	0.1034	0.1223	0.1520	0.1914	0.2219
220	65.54	13.04	2.533	1.217	0.5564	0.1516	0.05056	0.08101	0.09715	0.1170	0.1471	0.1867	0.2176
240	77.95	15.53	3.040	1.477	0.6944	0.2229	0.08034	0.07874	0.09368	0.1131	0.1428	0.1821	0.2129
260	91.22	18.19	3.579	1.752	0.8386	0.2911	0.1199	0.08410	0.09362	0.1109	0.1392	0.1775	0.2079
273.15	100.4	20.03	3.952	1.942	0.9368	0.3357	0.1459	0.09136	0.09554	0.1103	0.1372	0.1745	0.2045
280	105.3	21.01	4.151	2.043	0.9890	0.3591	0.1593	0.09603	0.09713	0.1103	0.1363	0.1730	0.2027
300	120.1	23.99	4.752	2.348	1.146	0.4281	0.1982	0.1121	0.1038	0.1114	0.1341	0.1688	0.1976
320	135.7	27.11	5.383	2.667	1.310	0.4987	0.2372	0.1304	0.1129	0.1139	0.1326	0.1649	0.1925
340	152.0	30.37	6.041	2.999	1.480	0.5711	0.2766	0.1499	0.1237	0.1178	0.1318	0.1614	0.1876
360	169.0	33.78	6.727	3.346	1.656	0.6456	0.3166	0.1701	0.1357	0.1227	0.1317	0.1583	0.1830
400	205.0	40.99	8.178	4.077	2.027	0.8010	0.3990	0.2126	0.1622	0.1352	0.1333	0.1533	0.1749
500	306.3	61.25	12.25	6.124	3.062	1.228	0.6217	0.3282	0.2382	0.1765	0.1459	0.1484	0.1615
600	422.4	84.50	16.91	8.465	4.242	1.710	0.8698	0.4567	0.3248	0.2272	0.1672	0.1520	0.1569

Table B-4-13-8　CH_4 のプラントル数（Prandtl number of CH_4）　Pr

温度 T (K)	圧力 p (MPa)												
	0.02	0.1	0.5	1	2	5	10	20	30	50	100	200	300
200	0.7466	0.7495	0.7680	0.7968	0.8774	1.939	1.851	1.453	1.367	1.313	1.293	1.318	1.352
220	0.7403	0.7426	0.7563	0.7767	0.8284	1.134	2.024	1.450	1.328	1.250	1.203	1.192	1.198
240	0.7354	0.7372	0.7476	0.7626	0.7986	0.9654	1.449	1.419	1.295	1.205	1.142	1.107	1.093
260	0.7317	0.7331	0.7412	0.7527	0.7792	0.8877	1.150	1.326	1.253	1.170	1.099	1.047	1.020
273.15	0.7297	0.7310	0.7380	0.7477	0.7699	0.8561	1.049	1.249	1.218	1.149	1.077	1.019	0.985
280	0.7289	0.7300	0.7365	0.7455	0.7659	0.8431	1.011	1.209	1.198	1.139	1.068	1.006	0.9694
300	0.7268	0.7276	0.7330	0.7402	0.7562	0.8145	0.9327	1.106	1.138	1.109	1.046	0.9776	0.9337
320	0.7251	0.7259	0.7302	0.7361	0.7490	0.7947	0.8836	1.027	1.079	1.079	1.029	0.9583	0.9092
340	0.7238	0.7244	0.7281	0.7329	0.7436	0.7804	0.8501	0.9695	1.028	1.050	1.015	0.9454	0.8929
360	0.7227	0.7233	0.7263	0.7305	0.7394	0.7697	0.8262	0.9264	0.9850	1.022	1.003	0.9373	0.8825
380	0.7218	0.7223	0.7249	0.7284	0.7359	0.7614	0.8082	0.8937	0.9495	0.9959	0.9929	0.9323	0.8766
400	0.7211	0.7215	0.7237	0.7267	0.7331	0.7548	0.7944	0.8682	0.9205	0.9720	0.9832	0.9296	0.8739
500	0.7179	0.7181	0.7193	0.7209	0.7243	0.7355	0.7560	0.7971	0.8328	0.8844	0.9378	0.9270	0.8825
600	0.7151	0.7152	0.7159	0.7169	0.7190	0.7258	0.7385	0.7650	0.7903	0.8328	0.8961	0.9210	0.8963

Table B-4-13-9　常圧における CH_4 の熱物性値（Thermophysical properties of CH_4 at 101.325 kPa）

温度 T (K)	密度 ρ (kg/m³)	定圧比熱 c_p (kJ/(kg·K))	比熱比 κ	粘性率 η (μPa·s)	動粘性率 ν (mm²/s)	熱伝導率 λ (mW/(m·K))	熱拡散率 a (mm²/s)	プラントル数 Pr
200	0.9836	2.106	1.337	7.810	7.938	21.94	10.59	0.7496
220	0.8928	2.115	1.333	8.532	9.555	24.31	12.87	0.7426
240	0.8175	2.133	1.327	9.237	11.30	26.73	15.32	0.7372
260	0.7540	2.159	1.321	9.924	13.16	29.23	17.95	0.7331
273.15	0.7174	2.181	1.316	10.37	14.45	30.93	19.77	0.7310
280	0.6997	2.193	1.314	10.59	15.14	31.83	20.74	0.7300
290	0.6754	2.214	1.310	10.92	16.17	33.18	22.19	0.7288
300	0.6528	2.236	1.305	11.25	17.23	34.55	23.67	0.7277
310	0.6316	2.259	1.301	11.57	18.31	35.96	25.20	0.7267
320	0.6118	2.285	1.296	11.88	19.42	37.40	26.76	0.7259
330	0.5931	2.312	1.292	12.19	20.56	38.88	28.35	0.7251
340	0.5756	2.340	1.287	12.50	21.72	40.39	29.98	0.7245
350	0.5591	2.370	1.282	12.81	22.90	41.93	31.64	0.7239
360	0.5435	2.401	1.277	13.11	24.11	43.51	33.34	0.7233
380	0.5148	2.465	1.268	13.70	26.60	46.76	36.83	0.7223
400	0.4890	2.534	1.259	14.27	29.19	50.13	40.45	0.7215
420	0.4657	2.605	1.250	14.84	31.86	53.62	44.21	0.7207
440	0.4444	2.677	1.241	15.39	34.62	57.21	48.08	0.7201
460	0.4251	2.751	1.233	15.93	37.47	60.91	52.09	0.7194
480	0.4073	2.826	1.225	16.46	40.40	64.70	56.21	0.7187
500	0.3910	2.901	1.218	16.98	43.41	68.56	60.45	0.7182
520	0.3760	2.976	1.211	17.49	46.51	72.51	64.81	0.7176
540	0.3620	3.051	1.205	17.98	49.68	76.52	69.29	0.7169
560	0.3491	3.126	1.199	18.48	52.92	80.60	73.88	0.7164
580	0.3370	3.200	1.194	18.96	56.25	84.74	78.58	0.7158
600	0.3258	3.273	1.189	19.43	59.64	88.92	83.39	0.7152

4.14 エチレンの熱物性値
(Thermophysical Properties of Ethylene)

飽和状態を含む低温領域の熱物性値は，C.11低温および極低温の章に収録されているので，本節では200K以上の熱物性値を示す．

熱力学性質（密度，定圧比熱および比熱比）は文献1）により計算した．粘性率および熱伝導率は文献2）の式により計算した．動粘性率，熱拡散率およびプ ラントル数の計算に要する熱力学性質および輸送性質は前述の二つの文献の式から計算された値を使用している．

Table B-4-14-1, B-4-14-2, B-4-14-3, B-4-14-4, B-4-14-5, B-4-14-6, B-4-14-7 および B-4-14-8 に，それぞれ密度，定圧比熱，比熱比，粘性率，動粘性率，熱伝導率，熱拡散率およびプラントル数の広領域表を，Table B-4-14-9 に常圧におけるこれらの物性値の値を示す．

Table B-4-14-1 C_2H_4 の密度（Density of C_2H_4） ρ （kg/m³）

温度 T (K)	圧力 p (MPa)												
	0.01	0.02	0.1	0.5	1	5	10	20	30	50	100	200	250
200	0.1690	0.3387	1.720	521.3	522.1	528.4	535.3	547.3	557.5	574.4	606.0	648.7	665.1
210	0.1609	0.3224	1.634	8.821	505.2	512.6	520.7	534.3	545.6	564.1	597.6	642.1	659.0
220	0.1536	0.3076	1.556	8.302	486.8	495.9	505.5	521.1	533.7	553.8	589.3	635.6	653.0
230	0.1469	0.2941	1.486	7.853	17.10	478.0	489.6	507.5	521.6	543.4	581.2	629.2	647.1
240	0.1407	0.2818	1.422	7.458	16.01	458.3	472.6	493.6	509.3	533.1	573.1	623.0	641.4
250	0.1351	0.2705	1.363	7.106	15.09	436.0	454.4	479.1	496.8	522.8	565.1	616.8	635.6
260	0.1299	0.2600	1.309	6.790	14.30	409.7	434.7	464.2	484.2	512.4	557.3	610.7	630.0
270	0.1251	0.2503	1.259	6.505	13.61	375.4	412.7	448.8	471.3	502.1	549.5	604.8	624.5
273.15	0.1236	0.2474	1.245	6.420	13.40	361.1	405.2	443.8	467.2	498.9	547.1	602.9	622.8
280	0.1206	0.2413	1.213	6.245	12.99	311.3	387.8	432.7	458.2	491.8	541.8	598.9	619.1
290	0.1164	0.2330	1.171	6.006	12.43	104.5	358.5	415.9	445.0	481.5	534.2	593.1	613.8
300	0.1125	0.2252	1.131	5.787	11.93	87.74	322.9	398.5	431.5	471.3	526.7	587.5	608.6
320	0.1055	0.2111	1.059	5.396	11.06	71.52	233.2	361.7	404.2	450.9	512.0	576.4	598.5
340	0.09927	0.1986	0.9961	5.057	10.31	62.28	169.2	323.4	376.6	430.7	497.8	565.7	588.6
360	0.09375	0.1876	0.9402	4.760	9.674	55.89	137.2	286.0	349.3	411.0	483.9	555.4	579.1
380	0.08881	0.1777	0.8902	4.498	9.114	51.05	118.3	252.7	323.0	391.9	470.5	545.4	569.9
400	0.08437	0.1688	0.8453	4.263	8.620	47.19	105.3	224.8	298.6	373.5	457.5	535.7	561.0
420	0.08035	0.1607	0.8048	4.053	8.180	44.01	95.73	202.4	276.3	355.9	444.9	526.3	552.4
450	0.07499	0.1500	0.7508	3.775	7.602	40.11	84.98	176.6	247.6	331.3	426.9	512.8	539.9

Table B-4-14-2 C_2H_4 の定圧比熱（Specific heat capacity at constant pressure of C_2H_4） c_p （kJ/(kg·K)）

温度 T (K)	圧力 p (MPa)												
	0.01	0.02	0.1	0.5	1	5	10	20	30	50	100	200	250
200	1.264	1.268	1.299	2.528	2.520	2.467	2.416	2.345	2.298	2.239	2.175	2.143	2.140
210	1.282	1.285	1.311	1.486	2.594	2.520	2.453	2.364	2.308	2.241	2.170	2.136	2.134
220	1.303	1.306	1.328	1.467	2.699	2.592	2.501	2.390	2.323	2.247	2.170	2.134	2.131
230	1.326	1.329	1.347	1.461	1.682	2.690	2.564	2.423	2.343	2.256	2.172	2.135	2.132
240	1.352	1.353	1.369	1.464	1.634	2.828	2.645	2.462	2.368	2.269	2.178	2.139	2.136
250	1.379	1.380	1.394	1.474	1.609	3.033	2.748	2.509	2.396	2.285	2.187	2.146	2.143
260	1.407	1.409	1.421	1.489	1.600	3.378	2.884	2.563	2.429	2.303	2.198	2.155	2.153
270	1.437	1.439	1.449	1.509	1.601	4.131	3.067	2.624	2.464	2.324	2.212	2.168	2.165
273.15	1.447	1.448	1.459	1.516	1.603	4.630	3.138	2.645	2.476	2.330	2.216	2.172	2.169
280	1.469	1.470	1.479	1.531	1.610	9.126	3.324	2.692	2.502	2.346	2.227	2.182	2.179
290	1.501	1.502	1.511	1.557	1.624	4.688	3.702	2.766	2.542	2.370	2.244	2.198	2.195
300	1.535	1.536	1.543	1.584	1.643	3.194	4.262	2.845	2.583	2.395	2.263	2.216	2.213
320	1.604	1.605	1.611	1.644	1.690	2.464	5.028	3.006	2.666	2.447	2.304	2.255	2.253
340	1.675	1.675	1.680	1.708	1.745	2.245	3.754	3.128	2.741	2.499	2.349	2.299	2.296
360	1.746	1.747	1.751	1.774	1.805	2.166	3.018	3.160	2.800	2.550	2.396	2.345	2.343
380	1.818	1.819	1.822	1.842	1.868	2.146	2.696	3.097	2.836	2.598	2.443	2.393	2.391
400	1.889	1.890	1.893	1.910	1.932	2.155	2.546	2.989	2.850	2.641	2.492	2.442	2.441
420	1.960	1.960	1.963	1.978	1.997	2.181	2.477	2.886	2.847	2.681	2.540	2.492	2.491
450	2.062	2.063	2.065	2.077	2.093	2.237	2.448	2.779	2.831	2.732	2.610	2.566	2.565

1) Smukala, J., Span, R., Wagner, W., J. Phys. Chem. Ref. Data, Vol.29, No.5, pp.1053-1122 (2000). 2) Holland, P. M., Eaton, B. E., Hanley, H. J. M., J. Phys. Chem. Ref. Data, Vol.12, No.4, pp.917-932 (1984).

4.14 エチレンの熱物性値

Table B-4-14-3　C_2H_4 の比熱比（Specific heat ratio of C_2H_4）　κ

温度 T (K)	圧　力　　p (MPa)												
	0.01	0.02	0.1	0.5	1	5	10	20	30	50	100	200	250
200	1.309	1.311	1.328	1.913	1.907	1.861	1.815	1.744	1.691	1.614	1.500	1.389	1.356
220	1.296	1.298	1.310	1.386	2.045	1.963	1.889	1.788	1.720	1.628	1.505	1.393	1.361
240	1.283	1.284	1.292	1.345	1.441	2.115	1.979	1.830	1.741	1.634	1.502	1.391	1.360
260	1.268	1.269	1.276	1.314	1.377	2.444	2.111	1.872	1.757	1.633	1.494	1.385	1.356
273.15	1.259	1.259	1.265	1.297	1.346	3.181	2.247	1.900	1.765	1.629	1.487	1.379	1.351
280	1.254	1.254	1.260	1.289	1.333	5.705	2.347	1.916	1.768	1.626	1.482	1.376	1.348
300	1.240	1.240	1.245	1.267	1.300	2.195	2.854	1.962	1.772	1.613	1.466	1.364	1.338
320	1.227	1.228	1.231	1.249	1.274	1.710	3.208	2.000	1.769	1.597	1.449	1.352	1.327
350	1.210	1.210	1.213	1.226	1.243	1.469	2.089	1.990	1.746	1.566	1.422	1.331	1.309
400	1.186	1.186	1.188	1.196	1.207	1.316	1.514	1.736	1.644	1.503	1.376	1.298	1.280
450	1.168	1.168	1.169	1.175	1.182	1.246	1.343	1.495	1.507	1.435	1.335	1.269	1.254

Table B-4-14-4　C_2H_4 の粘性率（Viscosity of C_2H_4）　η (μPa·s)

温度 T (K)	圧　力　　p (MPa)												
	0.01	0.02	0.1	0.5	1	5	10	20	30	50	100	200	250
200	7.005	7.007	7.020	120.5	120.8	122.4	124.2	127.3	129.8	133.9	141.2	149.9	153.0
220	7.658	7.660	7.673	7.781	95.72	98.54	101.5	106.5	110.5	117.0	128.7	144.3	150.2
240	8.327	8.329	8.342	8.437	8.627	78.61	83.06	89.85	95.19	103.6	119.0	140.0	148.3
260	9.006	9.008	9.021	9.109	9.266	60.11	67.01	76.00	82.59	92.75	111.0	136.5	146.9
273.15	9.454	9.456	9.470	9.554	9.698	46.72	57.18	67.97	75.39	86.55	106.4	134.5	146.1
280	9.687	9.689	9.703	9.787	9.925	36.49	52.17	64.08	71.92	83.57	104.2	133.5	145.7
300	10.36	10.37	10.38	10.46	10.59	13.34	37.62	53.72	62.77	75.71	98.31	130.8	144.5
320	11.03	11.03	11.05	11.13	11.25	13.22	24.83	44.82	54.93	68.91	93.11	128.3	143.3
340	11.69	11.69	11.71	11.79	11.90	13.50	19.38	37.54	48.31	63.03	88.47	125.9	142.0
360	12.33	12.34	12.35	12.43	12.54	13.93	17.80	32.04	42.86	57.97	84.30	123.6	140.8
380	12.96	12.97	12.98	13.07	13.17	14.41	17.34	28.27	38.51	53.63	80.55	121.4	139.4
400	13.58	13.58	13.60	13.69	13.79	14.93	17.33	25.88	35.16	49.96	77.16	119.2	138.0
450	15.07	15.07	15.09	15.18	15.28	16.28	18.01	23.38	30.16	43.23	70.07	114.0	134.2

Table B-4-14-5　C_2H_4 の動粘性率（Kinematic viscosity of C_2H_4）　ν (mm^2/s)

温度 T (K)	圧　力　　p (MPa)												
	0.01	0.02	0.1	0.5	1	5	10	20	30	50	100	200	250
200	41.45	20.69	4.081	0.2312	0.2313	0.2317	0.2320	0.2325	0.2329	0.2332	0.2329	0.2311	0.2300
220	49.86	24.90	4.931	0.9372	0.1966	0.1987	0.2009	0.2043	0.2070	0.2112	0.2184	0.2270	0.2301
240	59.17	29.56	5.868	1.131	0.5389	0.1715	0.1758	0.1821	0.1869	0.1944	0.2076	0.2248	0.2313
260	69.34	34.65	6.892	1.341	0.6480	0.1467	0.1542	0.1637	0.1706	0.1810	0.1991	0.2235	0.2331
273.15	76.47	38.22	7.609	1.488	0.7236	0.1294	0.1411	0.1532	0.1614	0.1735	0.1945	0.2231	0.2345
280	80.33	40.15	7.996	1.567	0.7642	0.1172	0.1345	0.1481	0.1570	0.1699	0.1923	0.2229	0.2352
300	92.10	46.03	9.179	1.808	0.8874	0.1521	0.1165	0.1348	0.1455	0.1606	0.1866	0.2227	0.2374
320	104.6	52.28	10.43	2.063	1.017	0.1848	0.1065	0.1239	0.1359	0.1528	0.1818	0.2226	0.2394
340	117.7	58.86	11.75	2.331	1.154	0.2168	0.1146	0.1161	0.1283	0.1463	0.1777	0.2225	0.2413
360	131.5	65.77	13.14	2.612	1.297	0.2492	0.1297	0.1120	0.1227	0.1410	0.1742	0.2225	0.2430
380	146.0	72.98	14.59	2.905	1.445	0.2823	0.1467	0.1119	0.1192	0.1369	0.1712	0.2225	0.2446
400	161.0	80.48	16.09	3.210	1.600	0.3164	0.1645	0.1151	0.1178	0.1338	0.1686	0.2225	0.2459
450	200.9	100.5	20.10	4.021	2.011	0.4058	0.2120	0.1324	0.1218	0.1305	0.1641	0.2224	0.2485

Table B-4-14-6　C_2H_4 の熱伝導率（Thermal conductivity of C_2H_4）　λ (mW/(m·K))

温度 T (K)	圧　力　　p (MPa)												
	0.01	0.02	0.1	0.5	1	5	10	20	30	50	100	200	250
200	11.10	11.13	11.27	153.8	154.4	158.7	163.7	172.6	180.7	194.9	224.5	272.1	292.9
220	12.40	12.42	12.54	13.11	134.5	139.7	145.3	154.8	163.0	176.9	204.7	247.1	265.1
240	13.98	14.00	14.10	14.60	15.34	121.6	128.5	139.2	147.8	161.8	188.2	226.8	242.8
260	15.87	15.88	15.98	16.40	17.03	103.0	112.6	125.4	134.7	149.1	174.7	210.4	224.8
273.15	17.27	17.28	17.37	17.76	18.33	88.17	102.3	117.1	127.1	141.8	167.0	201.3	214.9
280	18.05	18.06	18.14	18.52	19.06	78.34	96.82	113.0	123.4	138.4	163.5	197.0	210.2
300	20.48	20.49	20.56	20.89	21.36	30.86	79.64	101.9	113.6	129.3	154.2	186.0	198.3
320	23.10	23.11	23.18	23.47	23.89	30.48	61.28	91.90	105.2	121.8	146.6	177.0	188.5
340	25.88	25.89	25.94	26.21	26.58	31.82	49.70	83.13	98.00	115.5	140.4	169.6	180.5
360	28.75	28.76	28.81	29.05	29.38	33.77	45.87	75.94	91.94	110.2	135.2	163.6	173.9
380	31.69	31.69	31.74	31.96	32.26	36.04	45.20	70.59	86.99	105.8	130.9	158.5	168.4
400	34.65	34.66	34.70	34.90	35.18	38.50	45.88	67.05	83.11	102.2	127.4	154.4	163.9
450	42.16	42.17	42.20	42.36	42.58	45.11	50.08	64.12	77.62	96.22	121.2	147.0	155.8

Table B-4-14-7　C_2H_4 の熱拡散率（Thermal diffusivity of C_2H_4）　a（mm²/s）

温度 T (K)	圧力　p (MPa)												
	0.01	0.02	0.1	0.5	1	5	10	20	30	50	100	200	250
200	51.98	25.92	5.044	0.1167	0.1173	0.1217	0.1265	0.1345	0.1410	0.1516	0.1704	0.1957	0.2057
220	61.95	30.92	6.071	1.077	0.1024	0.1087	0.1149	0.1243	0.1315	0.1422	0.1601	0.1822	0.1905
240	73.50	36.70	7.245	1.337	0.5864	0.09382	0.1028	0.1145	0.1226	0.1338	0.1508	0.1703	0.1773
260	86.83	43.37	8.590	1.622	0.7444	0.07438	0.08984	0.1054	0.1146	0.1263	0.1426	0.1598	0.1658
273.15	96.55	48.23	9.568	1.826	0.8530	0.05274	0.08045	0.09979	0.1099	0.1220	0.1378	0.1537	0.1590
280	101.9	50.91	10.11	1.936	0.9114	0.02757	0.07512	0.09705	0.1076	0.1199	0.1355	0.1508	0.1558
300	118.6	59.24	11.78	2.279	1.090	0.1101	0.05787	0.08988	0.1019	0.1146	0.1294	0.1429	0.1472
320	136.6	68.25	13.58	2.646	1.278	0.1730	0.05226	0.08453	0.09765	0.1104	0.1243	0.1362	0.1398
340	155.7	77.80	15.50	3.035	1.477	0.2276	0.07823	0.08219	0.09493	0.1073	0.1201	0.1305	0.1335
360	175.6	87.78	17.50	3.440	1.682	0.2789	0.1108	0.08402	0.09400	0.1051	0.1166	0.1256	0.1282
380	196.2	98.09	19.56	3.857	1.895	0.3290	0.1418	0.09021	0.09494	0.1039	0.1139	0.1215	0.1236
400	217.4	108.7	21.69	4.286	2.112	0.3785	0.1711	0.09978	0.09768	0.1036	0.1117	0.1180	0.1197
450	272.6	136.3	27.22	5.402	2.676	0.5028	0.2407	0.1306	0.1108	0.1063	0.1088	0.1117	0.1125

Table B-4-14-8　C_2H_4 のプラントル数（Prandtl number of C_2H_4）　Pr

温度 T (K)	圧力　p (MPa)												
	0.01	0.02	0.1	0.5	1	5	10	20	30	50	100	200	250
200	0.7974	0.7981	0.8091	1.981	1.972	1.903	1.834	1.729	1.651	1.539	1.367	1.181	1.118
220	0.8049	0.8054	0.8122	0.8702	1.920	1.829	1.748	1.643	1.574	1.485	1.364	1.246	1.208
240	0.8050	0.8053	0.8099	0.8460	0.9189	1.828	1.710	1.590	1.525	1.453	1.377	1.320	1.305
260	0.7986	0.7988	0.8023	0.8269	0.8705	1.973	1.716	1.554	1.489	1.433	1.396	1.399	1.407
273.15	0.7921	0.7923	0.7953	0.8152	0.8483	2.453	1.754	1.535	1.468	1.422	1.412	1.451	1.474
280	0.7883	0.7886	0.7913	0.8093	0.8385	4.251	1.791	1.526	1.458	1.417	1.420	1.479	1.510
300	0.7768	0.7770	0.7793	0.7933	0.8145	1.381	2.013	1.500	1.427	1.402	1.443	1.558	1.612
320	0.7658	0.7660	0.7680	0.7795	0.7958	1.068	2.037	1.466	1.392	1.384	1.463	1.634	1.712
340	0.7564	0.7566	0.7583	0.7681	0.7815	0.9526	1.464	1.412	1.351	1.364	1.480	1.706	1.807
360	0.7491	0.7492	0.7509	0.7594	0.7707	0.8933	1.171	1.333	1.305	1.342	1.494	1.772	1.896
380	0.7438	0.7440	0.7455	0.7532	0.7629	0.8582	1.034	1.240	1.256	1.317	1.503	1.832	1.979
400	0.7404	0.7406	0.7420	0.7489	0.7576	0.8359	0.9615	1.154	1.206	1.291	1.509	1.886	2.054
420	0.7383	0.7385	0.7399	0.7463	0.7542	0.8212	0.9183	1.085	1.159	1.265	1.511	1.933	2.122
450	0.7370	0.7372	0.7385	0.7444	0.7514	0.8072	0.8806	1.013	1.100	1.227	1.509	1.990	2.208

Table B-4-14-9　常圧における C_2H_4 の熱物性値（Thermophysical properties of C_2H_4 at 101.325 kPa）

温度 T (K)	密度 ρ (kg/m³)	定圧比熱 c_p (kJ/(kg·K))	比熱比 κ	粘性率 η (μPa·s)	動粘性率 ν (mm²/s)	熱伝導率 λ (mW/(m·K))	熱拡散率 a (mm²/s)	プラントル数 Pr
200	1.744	1.300	1.328	7.020	4.026	11.27	4.975	0.8094
210	1.656	1.312	1.319	7.344	4.435	11.88	5.467	0.8113
220	1.577	1.328	1.310	7.673	4.865	12.54	5.989	0.8124
230	1.506	1.347	1.301	8.006	5.317	13.29	6.549	0.8119
240	1.441	1.370	1.293	8.342	5.791	14.10	7.148	0.8101
250	1.381	1.394	1.284	8.681	6.285	15.00	7.791	0.8067
260	1.327	1.421	1.276	9.021	6.801	15.98	8.476	0.8024
270	1.276	1.450	1.268	9.362	7.336	17.03	9.203	0.7971
273.15	1.261	1.459	1.265	9.470	7.509	17.37	9.441	0.7953
280	1.230	1.480	1.260	9.703	7.891	18.14	9.97	0.7913
290	1.186	1.511	1.252	10.04	8.466	19.32	10.78	0.7853
300	1.146	1.543	1.245	10.38	9.058	20.56	11.62	0.7793
310	1.109	1.577	1.238	10.72	9.668	21.85	12.50	0.7735
320	1.073	1.611	1.231	11.05	10.30	23.18	13.41	0.7680
330	1.040	1.646	1.225	11.38	10.94	24.55	14.34	0.7629
340	1.009	1.681	1.219	11.71	11.60	25.94	15.30	0.7584
350	0.9802	1.716	1.213	12.03	12.28	27.37	16.27	0.7544
360	0.9526	1.751	1.207	12.35	12.97	28.81	17.27	0.7509
370	0.9266	1.787	1.202	12.67	13.67	30.27	18.28	0.7480
380	0.9020	1.822	1.197	12.98	14.39	31.74	19.31	0.7455
390	0.8787	1.858	1.193	13.30	15.13	33.22	20.35	0.7436
400	0.8566	1.893	1.188	13.60	15.88	34.70	21.40	0.7420
410	0.8355	1.928	1.184	13.91	16.64	36.19	22.47	0.7408
420	0.8155	1.963	1.180	14.21	17.42	37.69	23.55	0.7399
430	0.7964	1.997	1.176	14.51	18.21	39.19	24.64	0.7393
450	0.7608	2.065	1.169	15.09	19.84	42.20	26.86	0.7385

4.15 エタンの熱物性値 (Thermophysical Properties of Ethane)

熱力学性質は文献所載の数値表から抜粋した[1].
輸送性質は文献所載の相関式により計算した[2].

Table B-4-15-1 飽和状態の C_2H_6 の熱力学的性質 (Thermodynamic properties of C_2H_6 at saturated states)

温度 T (K)	飽和圧力 P_s (MPa)	密度 ρ' (kg/m³)	密度 ρ'' (kg/m³)	蒸発熱 r (kJ/kg)	定圧比熱 c_p' (kJ/(kg·K))	定圧比熱 c_p'' (kJ/(kg·K))	比熱比 κ'	比熱比 κ''	表面張力 σ (mN/m)
100	0.000011	641.33			2.274				30.36
120	0.0003545	619.29			2.292				26.83
140	0.003831	596.86			2.316				23.38
150	0.009672	585.43			2.333	1.282		1.280	21.69
160	0.02146	573.80	0.4691	518.19	2.355	1.317		1.280	20.02
170	0.04290	561.92	0.9322	509.38	2.388	1.357		1.280	18.37
180	0.07874	549.74	1.633	497.44	2.417	1.399		1.282	16.75
184.6	0.101325	544.02	2.070	491.31	2.434	1.420		1.284	16.01
190	0.1347	537.20	2.682	483.79	2.458	1.448		1.288	15.15
200	0.2174	524.21	4.114	469.52	2.508	1.510		1.300	13.58
210	0.3340	510.71	6.185	454.09	2.568	1.586		1.318	12.04
220	0.4922	496.52	8.904	437.52	2.641	1.675		1.340	10.54
230	0.7004	481.54	12.632	418.64	2.730	1.795		1.378	9.07
240	0.9670	465.57	17.332	397.88	2.843	1.932		1.421	7.64
250	1.301	448.28	23.515	374.09	2.991	2.122		1.497	6.26
260	1.712	429.25	30.611	346.90	3.214	2.408		1.602	4.92
270	2.210	407.81	42.038	314.80	3.511	2.793		1.777	3.65
273.15	2.387	400.40	46.091	303.42	3.634	2.961		1.851	3.26
280	2.806	382.73	56.291	275.95	4.011	3.480		2.089	2.45
290	3.514	351.22	77.250	226.59	5.089	4.937		2.829	1.34
300	4.354	303.50	115.508	149.89	9.919	13.203		6.29	0.38
305.33	4.871	204.48		0					0

Table B-4-15-2 飽和状態の C_2H_6 の輸送性質 (Transport properties of C_2H_6 at saturated states)

温度 T (K)	粘性率 η' (μPa·s)	粘性率 η'' (μPa·s)	動粘性率 ν' (mm²/s)	動粘性率 ν'' (mm²/s)	熱伝導率 λ' (mW/(m·K))	熱伝導率 λ'' (mW/(m·K))	温度伝導率 a' (mm²/s)	温度伝導率 a'' (mm²/s)	プラントル数 Pr'	プラントル数 Pr''
100	937.3		1.461							
120	489.0		0.7896		194.2		0.1368		5.771	
140	307.2		0.5147		180.6		0.1306		3.940	
150	255.1		0.5357		173.8		0.1273		3.424	
160	216.8		0.3778		167.0	5.472	0.1236	8.857	3.057	
170	187.8		0.3342		160.1	7.344	0.1196	5.806	2.795	
180	165.3		0.3007		153.3	8.817	0.1154	3.859	2.606	
184.6	156.6		0.2879		150.2	9.390	0.1134	3.195	2.538	
190	147.5		0.2746		146.5	9.999	0.1110	2.575	2.474	
200	133.1	6.63	0.2539	1.612	139.7	11.00	0.1063	1.771	2.390	0.9101
210	121.3	7.06	0.2375	1.141	132.9	11.94	0.1013	1.217	2.344	0.9378
220	111.5	7.38	0.2246	0.8288	126.1	12.91	0.0962	0.8656	2.335	0.9575
230	103.2	7.66	0.2143	0.6064	119.2	14.04	0.0907	0.6192	2.364	0.9794
240	91.6	7.96	0.1967	0.4593	112.4	15.42	0.0849	0.4605	2.317	0.9973
250	80.3	8.35	0.1791	0.3551	105.6	17.18	0.0788	0.3443	2.274	1.031
260	70.6	8.89	0.1644	0.2904	98.7	19.42	0.0715	0.2635	2.299	1.102
270	62.3	9.66	0.1528	0.2298	91.9	22.24	0.0642	0.1894	2.380	1.213
273.15	59.5	9.96	0.1486	0.2161	89.7	23.27	0.0616	0.1705	2.411	1.267
280	54.0	10.72	0.1411	0.1904	85.0	25.77	0.0554	0.1316	2.548	1.448
290	45.7	11.7	0.1301	0.1515	78.2	30.11	0.0438	0.0789	2.974	1.918
300	36.0	14.3	0.1186	0.1238	67.6	39.4	0.0225	0.0258	5.282	4.792

1) 日本機械学会：技術資料 流体の熱物性値集, 日本機械学会 (1983) 294. 2) ASHRAE : Thermophysical Properties of Refrigerants, New York (1976) 77.

Table B-4-15-3　C_2H_6 の密度（Density of C_2H_6）　ρ （kg/m³）

温度 T (K)	圧力 P (MPa)										
	0.1	0.5	1.0	2.0	3.0	4.0	5.0	10	15	20	25
200	1.883	524.57	525.17	526.38	527.55	529.69	529.80	535.16	540.06	544.60	548.84
220	1.700	496.55	497.38	499.01	500.61	502.14	503.64	510.62	516.81	522.47	527.61
240	1.552	8.1733	465.63	468.07	470.35	472.58	474.69	484.16	492.28	499.37	505.75
260	1.426	7.403	15.940	430.42	434.27	437.82	441.10	454.93	465.87	475.08	483.01
280	1.322	6.783	14.327	33.107	384.41	392.11	398.55	421.43	437.04	449.19	459.26
300	1.232	6.2693	13.076	28.93	49.92	85.10	326.92	380.90	404.89	421.46	434.36
320	1.153	5.8345	12.061	26.01	42.82	64.38	95.89	327.40	368.45	391.66	408.29
340	1.084	5.4601	11.213	23.79	37.98	55.00	75.57	252.32	326.89	359.76	381.20
360	1.023	5.1339	10.491	21.98	34.70	48.95	65.13	186.43	281.52	326.35	353.47
380	0.9683	4.8461	9.8651	20.48	31.96	44.47	58.19	148.79	238.79	292.79	325.69
400	0.9192	4.5905	9.3160	19.21	29.74	40.99	53.04	126.47	204.99	261.43	298.78
420	0.8750	4.3617	8.8295	18.10	27.87	38.16	48.98	111.68	179.67	234.25	273.76
440	0.8380	4.1551	8.3946	17.14	26.25	35.75	45.68	100.94	160.48	211.78	251.36
460	0.7984	3.9677	8.0031	16.30	24.84	33.71	42.88	92.68	145.63	193.35	231.90
480	0.7650	3.7972	7.6486	15.52	23.60	31.93	40.47	86.03	133.81	208.17	215.18

Table B-4-15-4　C_2H_6 の定圧比熱（Specific heat capacity at constant pressure of C_2H_6）　c_p （kJ/(kg·K)）

温度 T (K)	圧力 P (MPa)										
	0.1	0.5	1.0	2.0	3.0	4.0	5.0	10	15	20	25
200	1.477	2.505	2.501	2.492	2.484	2.476	2.468	2.435	2.408	2.385	2.365
220	1.494	2.641	2.632	2.617	2.602	2.588	2.576	2.522	2.481	2.449	2.421
240	1.551	1.670	2.842	2.810	2.781	2.755	2.732	2.640	2.575	2.527	2.489
260	1.616	1.701	1.864	3.190	3.115	3.054	3.001	2.823	2.717	2.645	2.593
280	1.688	1.752	1.861	2.276	3.941	3.672	3.493	3.058	2.870	2.761	2.687
300	1.764	1.815	1.894	2.138	2.653	4.790	5.836	3.438	3.070	2.900	2.799
320	1.844	1.885	1.946	2.113	2.380	2.877	4.112	4.157	3.321	3.054	2.915
340	1.927	1.961	2.010	2.133	2.304	2.556	2.951	5.134	3.656	3.256	3.072
360	2.012	2.041	2.080	2.176	2.298	2.457	2.668	4.334	3.849	3.376	3.153
380	2.097	2.122	2.155	2.231	2.324	2.437	2.574	3.608	3.767	3.456	3.230
400	2.183	2.204	2.232	2.295	2.369	2.454	2.551	3.223	3.539	3.454	3.287
420	2.268	2.287	2.311	2.364	2.424	2.491	2.565	3.037	3.363	3.389	3.307
440	2.353	2.369	2.390	2.435	2.485	2.539	2.599	2.952	3.241	3.315	3.299
460	2.436	2.450	2.469	2.508	2.550	2.595	2.644	2.921	3.165	3.263	3.280
480	2.517	2.530	2.546	2.581	2.617	2.656	2.696	2.920	3.126	3.233	3.266

Table B-4-15-5　常圧における C_2H_6 の熱物性値（Thermophysical properties of C_2H_6 at 101.325 kPa）

温度 T (K)	密度 ρ (kg/m³)	定圧比熱 C_p (kJ/(kg·K))	比熱比 κ	粘性率 η (μPa·s)	動粘性率 ν (mm²/s)	熱伝導率 λ (mW/(m·K))	温度伝導率 a (mm²/s)	プラントル数 Pr
220	1.7225			7.04	4.087	12.34		
240	1.5726	1.551		7.65	4.865	14.45	5.924	0.8211
250	1.5060	1.583		7.96	5.286	15.56	6.527	0.8098
260	1.4449	1.616		8.26	5.717	16.72	7.161	0.7983
273.15	1.3737	1.663		8.65	6.297	18.30	8.011	0.7861
280	1.3395	1.688		8.86	6.614	19.15	8.469	0.7810
290	1.2923	1.726		9.15	7.080	20.43	9.159	0.7730
300	1.2483	1.764		9.45	7.570	21.75	9.877	0.7664
310	1.2070	1.804		9.74	8.070	23.10	10.61	0.7606
320	1.1683	1.844		10.03	8.585	24.44	11.34	0.7568
330	1.1322	1.885		10.32	9.115	25.81	12.09	0.7537
340	1.0984	1.927		10.60	9.650	27.21	12.86	0.7507
350	1.0666	1.969		10.88	10.20	28.62	13.63	0.7485
360	1.0366	2.012		11.16	10.77	30.05	14.41	0.7472
380	0.9811	2.097		11.71	11.94	32.97	16.03	
400	0.9314	2.183		12.25	13.15	35.96	17.69	

4.16 プロピレンの熱物性値
(Thermophysical Properties of Propylene)

熱力学性質(密度,定圧比熱および比熱比)はIUPACの蒸気表の式[1]により計算した.粘性係数は文献2),5),6),7),8)および熱伝導率は文献3),4),5)に記載の表や式からそれぞれ求めた.常圧における動粘性率,熱拡散率およびプラントル数の計算に要する熱力学性質および輸送性質は前述の文献の式から計算された値を使用している.表面張力は文献9)によっている.

Table B-4-16-1に飽和状態の熱力学性質および輸送性質を,Table B-4-16-2,B-4-16-3,B-4-16-4およびB-4-16-5に,それぞれ密度,定圧比熱,粘性率および熱伝導率の広領域表を,Table B-4-16-6に常圧における熱力学性質および輸送性質を示す.

Table B-4-16-1 飽和状態の C_3H_6 の熱物性値 (Thermophysical properties of C_3H_6 at saturated states)

温度 T (K)	飽和圧力 p (MPa)	密度 ρ' (kg/m³)	密度 ρ'' (kg/m³)	定圧比熱 c_p' (kJ/(kg·K))	定圧比熱 c_p'' (kJ/(kg·K))	比熱比 κ'	比熱比 κ''	粘性率 η' (μPa·s)	粘性率 η'' (μPa·s)	熱伝導率 λ' (mW/(m·K))	熱伝導率 λ'' (mW/(m·K))	表面張力 σ (mN/m)
100	48.08×10⁻⁹	754.8	2.432×10⁻⁶	1.807	0.9287	1.535	1.270	4238	2.900	184.2	3.579	37.57
120	4.883×10⁻⁶	731.5	205.9×10⁻⁶	1.814	0.9827	1.575	1.252	1497	3.429	180.6	4.455	34.04
140	119.8×10⁻⁶	708.5	4.331×10⁻³	1.926	1.031	1.547	1.237	779.2	3.974	175.9	5.397	30.59
160	1.219×10⁻³	685.8	0.03861	1.994	1.081	1.544	1.225	497.5	4.529	170.1	6.426	27.21
180	6.967×10⁻³	663.0	0.1968	2.043	1.139	1.556	1.215	353.5	5.089	163.4	7.557	23.92
200	0.02686	639.8	0.6889	2.094	1.208	1.572	1.210	266.6	5.646	155.9	8.801	20.72
220	0.07849	615.8	1.860	2.159	1.294	1.589	1.210	208.5	6.203	147.8	10.17	17.61
240	0.1878	590.6	4.188	2.243	1.401	1.608	1.219	167.2	6.771	139.0	11.73	14.62
260	0.3874	563.7	8.295	2.352	1.537	1.633	1.240	136.3	7.385	129.7	13.56	11.75
280	0.7150	534.2	15.02	2.494	1.714	1.668	1.280	112.3	8.100	119.9	15.90	9.018
300	1.212	501.2	25.62	2.692	1.965	1.727	1.356	92.82	9.005	109.8	19.12	6.448
320	1.923	462.6	42.35	3.007	2.375	1.843	1.510	76.13	10.26	99.28	23.89	4.077
340	2.902	413.6	70.51	3.707	3.299	2.153	1.922	60.43	12.35	88.37	32.07	1.969
360	4.220	329.2	133.8	9.409	10.06	5.065	5.305	41.45	17.40	79.12	52.73	0.289
365.57	4.665	223.4	223.4									

Table B-4-16-2 C_3H_6 の密度 (Density of C_3H_6) ρ (kg/m³)

| 温度 T (K) | 圧力 p (MPa) | | | | | | | | | | | |
	0.01	0.1	0.2	0.5	1	2	5	10	20	50	100	150	200
100	754.8	754.9	754.9	755.0	755.2	755.6	756.7	758.5	762.0	771.5	784.8	796.0	
120	731.5	731.5	731.6	731.7	732.0	732.4	733.7	735.9	740.1	751.3	767.3	780.8	792.6
140	708.5	708.6	708.6	708.8	709.0	709.6	711.1	713.7	718.5	731.4	749.6	764.9	778.3
160	685.8	685.9	685.9	686.1	686.4	687.0	688.8	691.8	697.3	712.0	732.3	749.2	763.9
180	663.0	663.1	663.1	663.4	663.7	664.5	666.6	670.0	676.4	693.1	715.5	733.8	749.7
200	0.2543	639.9	639.9	640.2	640.6	641.5	644.1	648.1	655.6	674.6	699.2	719.0	735.9
220	0.2309	615.8	615.9	616.3	616.8	617.9	621.0	625.9	634.7	656.3	683.4	704.7	722.6
240	0.2115	2.170	590.6	591.0	591.7	593.1	596.9	602.5	613.5	638.2	668.1	690.9	709.9
260	0.1951	1.990	4.075	563.9	564.8	566.5	571.5	579.0	591.8	620.3	653.1	677.6	697.6
280	0.1811	1.839	3.746	9.961	534.9	537.4	544.1	553.7	569.5	602.5	638.6	664.7	685.8
300	0.1689	1.711	3.471	9.096	20.06	504.1	513.7	526.6	546.4	584.8	624.4	652.3	674.5
320	0.1583	1.599	3.236	8.397	18.06	463.1	478.6	497.0	522.3	567.2	610.6	640.3	663.6
340	0.1490	1.502	3.033	7.813	16.53	38.36	434.8	463.9	497.2	549.6	597.1	628.7	653.1
360	0.1407	1.417	2.855	7.315	15.30	34.13	365.1	425.4	470.8	532.1	584.0	617.4	643.0
380	0.1333	1.340	2.698	6.884	14.28	31.06	125.8	378.1	443.0	514.8	571.1	606.6	633.2
400	0.1266	1.272	2.558	6.505	13.41	28.67	96.07	316.8	413.9	497.6	558.6	596.0	623.9
450	0.1125	1.129	2.266	5.730	11.69	24.36	70.22	181.4	337.5	455.5	528.6	571.0	601.8
500	0.1013	1.015	2.035	5.128	10.40	21.37	58.20	132.4	269.3	415.4	500.4	547.8	581.5
550	0.09204	0.9220	1.847	4.645	9.380	19.13	50.57	108.9	220.5	378.4	474.1	526.2	562.8
600	0.08437	0.8447	1.692	4.248	8.556	17.35	45.08	94.34	188.4	345.2	449.4	506.1	545.5

---

1) Angus, S., Armstrong, B. et al., International Thermodynamic Tables of the Fluid State-7 Propylene, IUPAC, Vol.7 (1980).
2) Klein, S. A., McLinden, M. O., Laesecke, A., Int. J. Refrig., Vol.20, pp.208-217 (1997). 3) McLinden, M. O., Klein, S. A., Perkins, R. A., Int. J. Refrig., Vol.23, pp.43-63 (2000). 4) Naziev, Ya. M., Abasav, A. A., Int. Chem. Eng., Vol.9, pp.631-633 (1969). 5) Swift, G. W., Migliori, A., J. Chem. Eng. Data, Vol.29, pp.56-59 (1984). 6) Galkov, G. I., Gerf, S. F., Zh. Tekh. Fiz., Vol.11, pp.613-615 (1941). 7) Neduzij, I. A., Khmara, Yu. I., Teplofiz. Kharakt. Veshchestv, pp.1158-1160 (1968). 8) Golubev, I. F., Table 30, Fizmat Press, Moscow (1959). 9) Maass, O., Wright, C. H., J. Am. Chem. Soc., Vol.43, pp.1098-1111 (1921).

Table B-4-16-3 C_3H_6 の定圧比熱 (Specific heat capacity at constant pressure of C_3H_6) c_p (kJ/(kg·K))

温度 T (K)	圧力 p (MPa)												
	0.01	0.1	0.2	0.5	1	2	5	10	20	50	100	150	200
100	1.807	1.807	1.807	1.807	1.807								
150	1.964	1.964	1.964	1.964	1.963	1.962	1.959	1.955	1.947	1.932	1.918		
250	1.196	2.094	2.094	2.093	2.091	2.088	2.080	2.068	2.048	2.013	1.989	1.982	1.981
300	1.358	1.389	1.430	2.292	2.288	2.279	2.256	2.225	2.180	2.112	2.072	2.062	2.062
350	1.539	1.556	1.577	1.650	1.838	2.661	2.572	2.477	2.372	2.250	2.192	2.179	2.180
400	1.727	1.737	1.749	1.789	1.871	2.136	3.583	2.908	2.612	2.406	2.330	2.314	2.315
450	1.912	1.919	1.927	1.951	1.998	2.115	2.997	4.009	2.896	2.565	2.472	2.453	2.455
500	2.091	2.095	2.101	2.117	2.147	2.215	2.521	3.413	3.139	2.719	2.612	2.590	2.592
550	2.260	2.263	2.267	2.278	2.299	2.343	2.511	2.891	3.161	2.860	2.746	2.722	2.723
600	2.418	2.421	2.423	2.432	2.446	2.478	2.586	2.800	3.083	2.980	2.873	2.847	2.847

Table B-4-16-4 C_3H_6 の粘性率 (Viscosity of C_3H_6) η (μPa·s)

温度 T (K)	圧力 p (MPa)												
	0.01	0.1	0.2	0.5	1	2	5	10	20	50	100	150	200
100	4239	4244	4249	4266	4294								
150	611.6	612.1	612.6	614.2	616.8	622.1	638.1	665.3	977.2	1306	2044		
200	5.669	266.7	267.0	267.6	268.7	270.9	277.6	288.7	311.2	458.8	650.6	894.3	1206
250	7.148	7.111	7.082	151.1	151.9	153.5	158.4	166.3	181.7	254.1	349.9	460.3	590.6
300	8.621	8.614	8.613	8.644	8.848	94.27	99.41	107.1	120.7	169.4	233.1	300.9	376.4
350	10.06	10.07	10.08	10.14	10.30	10.96	58.58	70.50	85.46	125.1	174.2	223.0	274.9
400	11.46	11.47	11.49	11.56	11.71	12.20	15.81	40.57	61.89	98.06	139.5	178.2	217.8
450	12.80	12.82	12.84	12.91	13.07	13.49	15.81	24.47	45.53	79.67	116.5	149.3	181.7
500	14.08	14.10	14.13	14.20	14.35	14.74	16.56	21.80	35.93	66.29	99.85	128.8	156.8
550	15.32	15.34	15.36	15.44	15.58	15.94	17.50	21.29	30.89	56.35	87.05	113.3	138.3
600	16.50	16.52	16.55	16.62	16.76	17.09	18.49	21.59	28.63	49.06	76.84	101.0	123.9

Table B-4-16-5 C_3H_6 の熱伝導率 (Thermal Conductivity of C_3H_6) λ (mW/(m·K))

温度 T (K)	圧力 p (MPa)												
	0.01	0.1	0.2	0.5	1	2	5	10	20	50	100	150	200
100	184.2	184.2	184.2	184.3	184.3								
150	173.1	173.1	173.1	173.2	173.3	173.5	174.2	175.2	189.0	195.6	204.8		
200	8.828	156.0	156.0	156.1	156.3	156.7	157.8	159.6	163.0	182.8	196.1	207.0	216.4
250	12.62	12.59	12.58	134.56	134.89	135.5	137.4	140.3	145.5	167.4	185.0	199.0	210.9
300	17.27	17.30	17.35	17.59	18.46	110.7	114.0	118.8	126.6	151.3	173.5	190.3	204.5
350	22.69	22.77	22.88	23.18	23.88	26.24	87.28	96.65	108.3	136.2	162.2	181.8	198.1
400	28.75	28.87	29.00	29.40	30.13	31.86	42.00	75.03	92.89	123.4	152.3	174.1	192.3
450	35.35	35.49	35.65	36.13	36.93	38.54	44.12	59.43	82.03	113.6	144.4	167.7	187.3
500	42.38	42.55	42.73	43.28	44.15	45.78	50.11	57.90	75.98	106.8	138.2	162.5	183.3
550	49.77	49.95	50.16	50.76	51.70	53.40	57.23	61.72	72.89	102.1	133.7	158.7	180.4
600	57.45	57.65	57.88	58.52	59.54	61.33	65.14	68.57	75.45	100.6	131.1	156.2	178.6

Table B-4-16-6 常圧における C_3H_6 の熱物性値 (Thermophysical properties of C_3H_6 at 101.325 kPa)

温度 T (K)	密度 ρ (kg/m³)	定圧比熱 c_p (kJ/(kg·K))	比熱比 κ	粘性率 η (μPa·s)	動粘性率 ν (mm²/s)	熱伝導率 λ (mW/(m·K))	熱拡散率 a (mm²/s)	プラントル数 Pr
100	754.9	1.807	1.535	4244	5.622	184.2	0.1350	41.63
150	697.2	1.964	1.543	612.1	0.8780	173.1	0.1264	6.946
200	639.9	2.094	1.571	266.7	0.4169	156.0	0.1164	3.581
220	615.8	2.159	1.589	208.6	0.3387	147.8	0.1111	3.047
240	2.200	1.360	1.197	6.804	3.093	11.75	3.925	0.7881
260	2.017	1.421	1.181	7.415	3.676	13.47	4.699	0.7824
273.15	1.913	1.464	1.172	7.812	4.083	14.67	5.238	0.7795
280	1.864	1.487	1.167	8.018	4.302	15.32	5.528	0.7782
300	1.734	1.557	1.156	8.614	4.969	17.30	6.412	0.7750
320	1.621	1.628	1.146	9.203	5.678	19.41	7.352	0.7722
340	1.522	1.701	1.138	9.783	6.426	21.62	8.349	0.7697
360	1.436	1.774	1.130	10.36	7.213	23.94	9.400	0.7674
400	1.289	1.919	1.118	11.47	8.899	28.87	11.67	0.7627
450	1.144	2.095	1.106	12.82	11.20	35.49	14.81	0.7566
500	1.028	2.263	1.097	14.10	13.71	42.55	18.28	0.7500
550	0.9342	2.421	1.090	15.34	16.42	49.96	22.09	0.7431
600	0.8560	2.568	1.084	16.52	19.30	57.66	26.23	0.7360

4.17 プロパンの熱物性値 (Thermophysical Properties of Propane)

ここでは140K以上の単相領域の熱物性値を示す．飽和状態の熱物性値は，C.11低温および極低温の章に収録されている．

熱力学性質（密度，定圧比熱および比熱比）は文献1)により計算した．粘性率は文献3)および熱伝導率は文献2)の式でそれぞれ計算した．常圧における動粘性率，熱拡散率およびプラントル数の計算に要する熱力学性質および輸送性質は前述の三つの文献の式から計算された値を使用している．

Table B-4-17-1, B-4-17-2, B-4-17-3およびB-4-17-4に，それぞれ密度，定圧比熱，粘性率，および熱伝導率の広領域表を，Table B-4-17-5に常圧におけるこれらの物性値の値を示す．

Table B-4-17-1 C_3H_8 の密度（Density of C_3H_8） ρ (kg/m^3)

温度 T (K)	圧力 p (MPa)												
	0.01	0.1	0.2	0.5	1	2	5	10	20	30	50	70	100
140	677.9	677.9	677.9	678.1	678.3	678.8	680.2	682.5	686.9	691.1	698.7	705.7	715.2
160	657.6	657.6	657.7	657.9	658.2	658.7	660.4	663.1	668.2	673.0	681.7	689.6	700.1
180	637.1	637.1	637.2	637.4	637.7	638.4	640.4	643.6	649.6	655.1	665.1	673.9	685.5
200	0.2667	616.1	616.1	616.4	616.8	617.6	620.0	623.8	630.9	637.3	648.6	658.5	671.3
220	0.2421	594.1	594.2	594.5	595.0	596.0	599.0	603.6	611.9	619.4	632.3	643.3	657.5
240	0.2217	2.284	571.0	571.4	572.0	573.3	576.9	582.6	592.6	601.3	616.1	628.4	643.9
260	0.2045	2.092	4.300	546.5	547.3	549.0	553.6	560.6	572.7	583.0	599.8	613.6	630.6
273.15	0.1946	1.984	4.059	528.8	529.8	531.8	537.3	545.5	559.3	570.7	589.2	603.9	622.0
280	0.1898	1.932	3.945	10.60	520.1	522.3	528.5	537.4	552.2	564.3	583.6	598.9	617.5
300	0.1771	1.796	3.651	9.641	489.2	492.3	500.8	512.6	530.9	545.3	567.3	584.4	604.6
320	0.1659	1.679	3.402	8.877	19.34	456.6	469.5	485.7	508.8	525.8	551.1	570.0	592.0
340	0.1562	1.576	3.187	8.246	17.61	42.41	431.9	455.9	485.7	506.0	534.8	555.7	579.5
360	0.1475	1.486	2.999	7.711	16.24	37.05	379.7	422.2	461.6	485.9	518.6	541.6	567.3
380	0.1397	1.406	2.833	7.249	15.12	33.40	207.6	382.4	436.4	465.4	502.5	527.7	555.3
400	0.1327	1.334	2.685	6.845	14.17	30.65	112.6	333.9	410.3	444.9	486.5	513.5	543.5
420	0.1263	1.269	2.553	6.487	13.35	28.44	92.04	276.6	383.4	424.3	470.5	500.5	532.0
440	0.1206	1.211	2.433	6.168	12.64	26.61	80.48	223.6	356.2	403.8	455.3	487.3	520.8
460	0.1153	1.157	2.324	5.880	12.00	25.06	72.56	186.1	329.4	383.7	440.2	474.5	509.8
500	0.1061	1.064	2.134	5.382	10.93	22.52	61.89	143.1	280.0	345.3	411.3	449.8	488.7
550	0.09645	0.9663	1.937	4.871	9.843	20.09	53.23	115.3	231.3	302.6	377.8	421.1	464.0
600	0.08840	0.8852	1.773	4.452	8.967	18.18	47.16	98.65	196.8	266.9	347.8	394.9	441.2

Table B-4-17-2 C_3H_8 の定圧比熱（Specific heat capacity at constant pressure of C_3H_8） c_p (kJ/(kg·K))

温度 T (K)	圧力 p (MPa)												
	0.01	0.1	0.2	0.5	1	2	5	10	20	30	50	70	100
140	1.980	1.980	1.980	1.980	1.980	1.979	1.976	1.972	1.966	1.961	1.954	1.950	1.948
160	2.013	2.013	2.013	2.013	2.012	2.011	2.007	2.001	1.991	1.983	1.973	1.966	1.961
180	2.059	2.059	2.058	2.058	2.057	2.055	2.049	2.040	2.026	2.015	2.000	1.990	1.982
200	1.282	2.119	2.119	2.118	2.116	2.113	2.105	2.093	2.073	2.058	2.037	2.024	2.012
220	1.351	2.197	2.197	2.195	2.193	2.189	2.176	2.159	2.132	2.111	2.084	2.067	2.052
240	1.426	1.479	2.294	2.292	2.289	2.282	2.264	2.239	2.202	2.175	2.141	2.119	2.101
260	1.507	1.541	1.590	2.413	2.407	2.397	2.370	2.334	2.283	2.248	2.205	2.180	2.158
273.15	1.562	1.590	1.626	2.509	2.501	2.487	2.450	2.404	2.341	2.301	2.251	2.223	2.199
280	1.591	1.617	1.648	1.793	2.556	2.539	2.496	2.443	2.373	2.329	2.276	2.247	2.221
300	1.679	1.698	1.722	1.810	2.757	2.725	2.650	2.567	2.470	2.415	2.352	2.318	2.290
320	1.769	1.784	1.802	1.865	2.022	3.009	2.851	2.710	2.574	2.504	2.431	2.393	2.362
340	1.861	1.873	1.887	1.934	2.040	2.515	3.160	2.880	2.682	2.595	2.511	2.469	2.436
360	1.952	1.962	1.973	2.011	2.089	2.352	3.891	3.096	2.793	2.686	2.591	2.546	2.511
380	2.043	2.051	2.061	2.091	2.152	2.328	14.15	3.386	2.906	2.775	2.669	2.622	2.586
400	2.133	2.140	2.148	2.173	2.221	2.351	3.722	3.769	3.016	2.861	2.745	2.696	2.660
420	2.221	2.227	2.234	2.255	2.295	2.395	3.071	4.096	3.120	2.942	2.819	2.769	2.733
440	2.308	2.313	2.318	2.337	2.370	2.450	2.884	3.929	3.210	3.017	2.890	2.839	2.803
460	2.392	2.396	2.401	2.417	2.445	2.511	2.822	3.608	3.283	3.087	2.957	2.907	2.872
500	2.554	2.557	2.561	2.573	2.594	2.641	2.830	3.261	3.363	3.207	3.083	3.036	3.004
550	2.744	2.746	2.749	2.758	2.773	2.807	2.926	3.168	3.384	3.325	3.226	3.185	3.157
600	2.920	2.922	2.924	2.931	2.942	2.967	3.051	3.207	3.408	3.418	3.357	3.322	3.299

1) Miyamoto, H., Watanabe, K., Int. J. Thermophys., Vol.21, No.5, pp.1045-1072 (2000). 2) Vogel, E., Kuechenmeister, C., Bich, E., Lasesecke, A., J. Phys. Chem. Ref. Data, Vol.27, No.5, pp.947-970 (1998). 3) Marsh, K., Perkins, R., Ramires, M. L. V., J. Chem. Eng., Data, Vol.47, No.4, pp.932-640 (2002).

Table B-4-17-3　C_3H_8 の粘性率（Viscosity of C_3H_8）　η　(μPa·s)

温度 T (K)	圧力　p (MPa)												
	0.01	0.1	0.2	0.5	1	2	5	10	20	30	50	70	100
140	826.1	826.7	827.4	829.6	833.2	840.4	862.3	899.6	977.1	1059	1234	1427	1750
160	537.5	537.9	538.3	539.6	541.8	546.3	559.7	582.4	629.2	677.8	780.9	892.1	1075
180	384.2	384.5	384.8	385.8	387.4	390.6	400.1	416.3	449.1	482.9	553.2	627.8	747.9
200	5.526	289.9	290.1	290.9	292.2	294.7	302.0	315.0	340.6	366.5	419.7	475.0	562.6
220	6.063	225.6	225.8	226.5	227.6	229.7	236.2	247.0	268.4	289.8	332.8	376.8	445.3
240	6.599	6.559	179.3	179.9	180.9	182.9	188.8	198.4	217.2	235.7	272.3	309.0	365.2
260	7.136	7.110	7.088	144.7	145.6	147.5	153.1	162.1	179.2	195.8	227.9	259.7	307.4
280	7.670	7.656	7.644	7.644	117.9	119.8	125.3	134.0	150.2	165.4	194.4	222.5	264.2
300	8.203	8.196	8.192	8.206	95.09	97.13	102.9	111.7	127.3	141.7	168.3	193.7	230.8
320	8.732	8.732	8.733	8.758	8.877	77.58	84.11	93.36	109.0	122.7	147.6	170.9	204.3
350	9.520	9.525	9.533	9.570	9.682	10.19	59.31	70.96	87.30	100.6	123.6	144.5	173.9
400	10.81	10.82	10.83	10.88	11.00	11.36	14.97	40.96	61.33	74.55	95.62	113.8	138.6
450	12.06	12.08	12.09	12.15	12.26	12.58	14.48	23.38	43.90	56.95	76.58	92.89	114.7
500	13.28	13.29	13.31	13.37	13.48	13.77	15.20	19.82	33.52	45.09	62.96	77.73	97.24
550	14.45	14.46	14.48	14.54	14.64	14.91	16.12	19.35	28.40	37.52	53.06	66.32	83.92
600	15.57	15.59	15.60	15.66	15.76	16.01	17.08	19.65	26.17	33.00	45.91	57.57	73.40

Table B-4-17-4　C_3H_8 の熱伝導率（Thermal conductivity of C_3H_8）　λ　(mW/(m·K))

温度 T (K)	圧力　p (MPa)												
	0.01	0.1	0.2	0.5	1	2	5	10	20	30	50	70	100
140	184.1	184.2	184.2	184.3	184.5	184.9	186.1	187.9	191.6	195.0	201.6	207.7	216.1
160	172.6	172.6	172.7	172.8	173.0	173.5	174.8	177.0	181.2	185.2	192.7	199.7	209.3
180	160.5	160.6	160.6	160.8	161.0	161.5	163.1	165.6	170.4	174.9	183.3	191.1	201.8
200	8.984	148.3	148.4	148.5	148.8	149.4	151.2	154.0	159.3	164.3	173.7	182.2	193.9
220	10.65	136.2	136.2	136.4	136.8	137.4	139.4	142.5	148.4	153.9	164.0	173.3	185.9
240	12.44	12.40	124.4	124.6	125.0	125.7	127.9	131.4	137.9	143.8	154.7	164.5	177.9
260	14.34	14.32	14.31	113.2	113.7	114.5	117.0	120.8	127.9	134.3	145.8	156.1	170.1
280	16.36	16.36	16.37	16.49	102.9	103.7	106.6	110.9	118.5	125.3	137.4	148.2	162.7
300	18.49	18.51	18.54	18.69	92.76	93.89	97.05	101.8	110.0	117.2	129.8	140.9	155.8
320	20.74	20.78	20.83	21.00	21.49	84.40	88.19	93.52	102.3	109.9	122.8	134.2	149.4
350	24.34	24.39	24.46	24.68	25.17	26.90	75.78	82.76	92.6	100.6	113.9	125.4	140.9
400	30.91	31.00	31.09	31.38	31.92	33.20	42.53	68.14	81.1	89.58	103.0	114.4	129.6
450	38.21	38.32	38.43	38.79	39.38	40.62	45.14	58.06	74.6	83.53	96.66	107.6	122.2
500	46.24	46.36	46.50	46.90	47.56	48.82	52.41	58.86	72.26	81.28	94.01	104.3	118.0
550	55.00	55.13	55.29	55.73	56.44	57.76	61.04	65.11	73.6	81.75	94.04	103.8	116.7
600	64.48	64.63	64.80	65.27	66.04	67.43	70.68	73.93	78.95	85.18	96.47	105.7	117.8

Table B-4-17-5　常圧における C_3H_8 の熱物性値（Thermophysical properties of C_3H_8 at 101.325 kPa）

温度 T (K)	密度 ρ (kg/m^3)	定圧比熱 c_p (kJ/(kg·K))	比熱比 κ	粘性率 η (μPa·s)	動粘性率 ν (mm^2/s)	熱伝導率 λ (mW/(m·K))	熱拡散率 a (mm^2/s)	プラントル数 Pr
140	677.9	1.980	1.483	826.7	1.220	184.2	0.1372	8.889
160	657.6	2.013	1.497	537.9	0.8179	172.6	0.1304	6.273
180	637.1	2.059	1.509	384.5	0.6035	160.6	0.1224	4.930
200	616.1	2.119	1.522	289.9	0.4705	148.3	0.1136	4.142
220	594.1	2.197	1.535	225.6	0.3797	136.2	0.1043	3.640
240		2.316	1.480	1.175	6.558	2.832	12.40	3.618	0.7828
260		2.120	1.542	1.159	7.110	3.353	14.32	4.381	0.7654
273.15		2.010	1.590	1.150	7.469	3.715	15.65	4.895	0.7590
280	1.958	1.617	1.146	7.656	3.910	16.36	5.168	0.7566
300	1.820	1.699	1.135	8.196	4.503	18.51	5.988	0.7521
320	1.701	1.785	1.126	8.732	5.133	20.78	6.845	0.7498
340	1.597	1.873	1.118	9.262	5.798	23.16	7.743	0.7488
360	1.506	1.962	1.111	9.787	6.498	25.66	8.684	0.7483
380	1.425	2.051	1.105	10.31	7.234	28.27	9.673	0.7478
400	1.352	2.140	1.100	10.82	8.003	31.00	10.71	0.7469
420	1.286	2.227	1.095	11.33	8.805	33.84	11.81	0.7455
440	1.227	2.313	1.091	11.83	9.640	36.80	12.97	0.7434
460	1.173	2.397	1.087	12.32	10.51	39.87	14.19	0.7406
500	1.078	2.558	1.081	13.29	12.33	46.37	16.82	0.7331
550	0.9791	2.746	1.075	14.46	14.77	55.14	20.51	0.7202
600	0.8970	2.922	1.070	15.59	17.38	64.63	24.66	0.7045

4.18 n-ブタンの熱物性値 (Thermophysical properties of n-butane)

飽和蒸気圧は Haynes らの表値を用いた[1]．液相の物性値については，密度は Haynes らによった[1]．定圧比熱容量は，Touloukian らの推奨式により算出[2]，不確かさは±1-2%．粘性率は Touloukian らの表値で[3]，不確かさは±3%．熱伝導率は Kandiyoti らの実測値に基づく相関式で[4]，不確かさは±1-2%．表面張力は文献の値を補間して計算した[5]．Table B-4-18-1 に飽和蒸気圧を，Table B-4-18-2 に飽和液体の熱物性値を，それぞれ示した．

Table B-4-18-1 n-ブタンの飽和蒸気圧 (Saturation pressure of n-butane)

温度 Temperature T (K)	飽和圧力 Saturation pressure p_s (MPa)	温度 Temperature T (K)	飽和圧力 Saturation pressure p_s (MPa)	温度 Temperature T (K)	飽和圧力 Saturation pressure p_s (MPa)	温度 Temperature T (K)	飽和圧力 Saturation pressure p_s (MPa)
140	0.1721E-5	220	0.0078076	300	0.25817	380	1.7387
150	0.86943E-5	230	0.014104	310	0.34717	390	2.0883
160	0.35012E-4	240	0.024079	320	0.45749	400	2.4892
170	0.11721E-3	250	0.039147	330	0.59204	410	2.9496
180	0.33697E-3	260	0.060989	340	0.75384	420	3.4830
190	0.85357E-3	270	0.091543	350	0.94601		
200	0.0019442	280	0.13298	360	1.1718		
210	0.0040479	290	0.18767	370	1.4348		

Table B-4-18-2 n-ブタンの飽和液体の熱物性値 (Thermophysical properties of saturated liquid of n-butane)

温度 Temperature T (K)	密度 Density ρ (kg/m³)	定圧比熱容量 Specific heat capacity at constant c_p (kJ/(kg·K))	粘性率 Viscosity η (μPa·s)	動粘性率 Kinematic viscosity ν (mm²/s)	熱伝導率 Thermal conductivity λ (mW/(m·K))	熱拡散率 Thermal diffusivity a (mm²/s)	プラントル数 Prandtl number Pr	表面張力 Surface tension σ (mN/m)
140	730.42	1.95						
150	721.01	1.97			177	0.125		
160	711.62	1.99			172	0.121		
170	702.22	2.00			167	0.119		27.6
180	692.81	2.02	688	0.993	163	0.116	8.56	26.3
190	683.36	2.04	571	0.836	158	0.113	7.40	25.0
200	673.85	2.06	482	0.715	153	0.110	6.50	23.8
210	664.27	2.08	414	0.623	148	0.107	5.82	22.5
220	654.60	2.10	361	0.551	143	0.104	5.30	21.3
230	644.80	2.13	318	0.493	138	0.100	4.93	20.0
240	634.87	2.16	283	0.446	134	0.0977	4.56	18.8
250	624.76	2.19	255	0.408	129	0.0943	4.33	17.6
260	614.46	2.23	231	0.376	124	0.0905	4.15	16.4
270	603.92	2.28	211	0.349	119	0.0864	4.04	15.2
273.15	600.51	2.29	206	0.343	118	0.0858	4.00	14.9
280	593.11	2.32	194	0.327	114	0.0828	3.95	
290	581.98	2.38	177	0.304	109	0.0787	3.86	
293.15	578.36	2.40	172	0.297	108	0.0778	3.82	
300	570.49	2.44	161.3	0.283				
310	558.57	2.50	146.3	0.262				
320	546.16	2.58	132.5	0.243				
330	533.17	2.66	119.3	0.224				
340	519.47	2.75	109.2	0.210				
350	504.93	2.84	98.4	0.195				

1) Haynes, W. M. & Goodwin, R. D. : PB82-249632 (1982). 2) Touloukian, Y. S. & Makita, T. : TPRC Data Series Vol.6 Specific Heat, Plunum (1970) 136. 3) Touloukian, Y. S., Saxena, S. C. et al. : TPRC Data Series Vol.11 Viscosity, Plenum (1975) 114. 4) Kandiyoti, R., McLaughlin, E. et al. : *J. Chem. Soc. Faraday Trans.* I, **68** (1972) 860. 5) TRC Thermodynamic Tables Hydrocarbons Vol.3, Texas A & M University (1987) e-1010.

4.19 イソブタンの熱物性値 (Thermophysical Properties of Isobutane)

イソブタン(i-C_4H_{10})の熱力学性質は，GoodwinとHaynesの作成した状態式[1]によって求めた．GoodwinとHaynesの状態式は，イソブタンの三重点(113.55K)から700Kまでの温度範囲，0～50MPaまでの圧力範囲にわたって成立し，信頼できると考えられる$P\rho T$実測値をほぼ±1％の圧力偏差で，また飽和蒸気圧の実測値を±0.5％の偏差で，それぞれ表している．表面張力は大竹の相関式[2]により計算した．この相関式の精度は±0.30mN/mである．圧縮液および過熱蒸気の粘性率は文献3)，常圧蒸気の粘性率は文献4)，常圧蒸気の熱伝導率は文献5)によった．これらの計算値の精度はそれぞれ±10％以内，±5％以内，±10％以内である．

Table B-4-19-1に飽和状態の熱力学性質を，Table B-4-19-2～5に密度，定圧比熱，比熱比および粘性率の温度および圧力依存性を，Table B-4-19-6に常圧における蒸気の熱物性値をそれぞれ示した．なお，GoodwinとHaynesの状態式は極めて特殊な関数型を採用しており，誘導関数の計算が難しいため，Table B-4-19-1において飽和蒸気の定圧比熱と比熱比の値を与えることができなかったことを断っておく．

Table B-4-19-1 飽和状態のイソブタンの熱力学性質 (Thermodynamic properties of Isobutane at saturated states)

温度 T (K)	飽和圧力 P_s (MPa)	密度 ρ' (kg/m³)	密度 ρ'' (kg/m³)	蒸発熱 r (kJ/kg)	定圧比熱 c_p' (kJ/(kg·K))	定圧比熱 c_p'' (kJ/(kg·K))	比熱比 κ'	比熱比 κ''	表面張力 σ (mN/m)
113.55	0.0000000195	741.38	0.00000120	483.74	1.663		1.398		
120	0.0000000956	735.12	0.00000557	478.72	1.686		1.400		
130	0.0000008016	725.45	0.00004311	471.00	1.722		1.402		
140	0.0000048217	715.81	0.00024077	463.33	1.759		1.403		
150	0.000022265	706.18	0.0010377	455.71	1.798		1.403		
160	0.000083070	696.54	0.0036302	448.11	1.837		1.403		
170	0.00026041	686.88	0.010714	440.50	1.877		1.402		25.87
180	0.00070698	677.18	0.027488	432.87	1.917		1.402		24.53
190	0.0017026	667.42	0.062785	425.17	1.957		1.401		23.20
200	0.0037071	657.57	0.13012	417.40	1.997		1.401		21.88
210	0.0074113	647.62	0.24851	409.51	2.038		1.401		20.58
220	0.013777	637.55	0.44289	401.47	2.079		1.402		19.30
230	0.024061	627.32	0.74424	393.26	2.120		1.403		18.03
240	0.039820	616.90	1.1895	384.82	2.163		1.405		16.78
250	0.062903	606.27	1.8210	376.12	2.207		1.408		15.55
260	0.095423	595.38	2.6864	367.11	2.253		1.411		14.34
261.517	0.101325	593.71	2.8414	365.71	2.260		1.412		14.15
270	0.13973	584.20	3.8386	357.72	2.301		1.415		13.14
280	0.19836	572.68	5.3359	347.91	2.352		1.420		11.97
290	0.27404	560.75	7.2432	337.58	2.406		1.427		10.82
300	0.36964	548.35	9.6355	326.65	2.463		1.436		9.69
310	0.48816	535.40	12.603	315.01	2.525		1.447		8.59
320	0.63274	521.79	16.258	302.53	2.593		1.461		7.52
330	0.80670	507.38	20.750	289.02	2.668		1.480		6.47
340	1.0135	492.00	26.281	274.25	2.755		1.505		5.46
350	1.2569	475.38	33.135	257.90	2.862		1.538		4.48
360	1.5410	457.14	41.719	239.51	3.002		1.585		3.54
370	1.8703	436.70	52.673	218.33	3.205		1.655		2.65
380	2.2500	412.97	67.114	193.08	3.541		1.768		1.82
390	2.6865	383.70	87.387	161.11	4.221		1.994		1.05
400	3.1885	341.92	120.37	114.59	6.473		2.757		0.39
407.85	3.640	224.36		0.00	∞				0.0

1) Goodwin, R. D. and Haynes, W. M. : Thermophysical Properties of Isobutane from 114 to 700 K at Pressures to 70 MPa, NBS Technical Note 1051, National Bureau of Standards, U.S.A. (1982). 2) 大竹俊幸, 長岡技術科学大学修士論文 (1987). 3) Stephan, K. and Lucas, K. : Viscosity of Dense Fluids, Plenum (1979) 62. 4) Touloukian, Y. S., Saxena, S. C. et al. : Thermophysical Properties of Matter, Vol.11, Viscosity, IFI/Plenum (1975) 109. 5) Touloukian, Y. S., Liley, P. E. et al. : Thermophysical Properties of Matter, Vol.3, Thermal Conductivity - Nonmetallic Liquids and Gases, IFI/Plenum (1970) 139.

4.19 イソブタンの熱物性値

Table B-4-19-2　イソブタンの密度（Density of Isobutane）　ρ (kg/m³)

温度 T (K)	圧力 P (MPa)											
	0.1	0.2	0.5	1.0	2.0	3.0	5.0	10.0	20.0	30.0	50.0	70.0
120	735.16	735.20	735.33	735.55	735.98	736.41	737.26	739.35				
140	715.86	715.91	716.06	716.31	716.81	717.30	718.28	720.69	725.31	729.72	737.94	745.49
160	696.60	696.66	696.83	697.12	697.69	698.27	699.40	702.16	707.44	712.42	721.62	729.99
180	672.25	677.31	677.52	677.85	678.52	679.18	680.49	683.67	689.70	695.32	705.59	714.81
200	657.65	657.73	657.96	658.36	659.14	659.91	661.43	665.11	671.99	678.35	689.79	699.93
220	637.63	637.72	638.00	638.47	639.39	640.29	642.08	646.35	654.26	661.44	674.19	685.31
240	616.97	617.08	617.42	617.97	619.07	620.15	622.26	627.28	636.40	644.55	658.76	670.94
260	595.39	595.53	595.94	596.61	597.95	599.25	601.79	607.75	618.35	627.63	643.46	656.79
270	2.7028	584.29	584.75	585.50	586.99	588.43	591.23	597.76	609.22	619.13	635.85	649.79
280	2.5952	572.68	573.19	574.04	575.69	577.31	580.42	587.59	600.01	610.61	628.28	642.85
290	2.4966	5.1555	561.19	562.14	564.01	565.82	569.29	577.22	590.72	602.06	620.72	635.95
300	2.4059	4.9502	548.64	549.74	551.86	553.91	557.82	566.62	581.32	593.48	613.19	629.10
310	2.3221	4.7635	535.43	536.70	539.15	541.50	545.92	555.75	571.81	584.85	605.69	622.30
320	2.2442	4.5923	12.349	522.88	525.75	528.47	533.54	544.59	562.18	576.18	598.20	615.54
330	2.1717	4.4344	11.817	508.07	511.48	514.69	520.58	533.09	552.42	567.47	590.74	608.83
340	2.1040	4.2882	11.344	25.811	496.11	499.97	506.91	521.21	542.53	558.71	583.30	602.17
350	2.0405	4.1522	10.917	24.323	479.26	484.03	492.38	508.91	532.50	549.91	575.89	595.56
360	1.9809	4.0253	10.530	23.096	460.29	466.45	476.77	496.11	522.31	541.07	568.50	589.00
370	1.9248	3.9065	10.175	22.048	437.95	446.48	459.77	482.75	511.97	532.18	561.15	582.48
380	1.8719	3.7950	9.8475	21.131	53.441	422.66	440.86	468.76	501.47	523.26	553.82	576.02
390	1.8219	3.6900	9.5440	20.316	49.115	391.08	419.24	454.03	490.82	514.30	546.53	569.61
400	1.7746	3.5910	9.2615	19.582	45.900	95.684	393.30	438.45	480.01	505.31	539.27	563.26
450	1.5713	3.1692	8.0910	16.738	36.321	60.478	138.55	343.44	423.89	460.25	503.72	532.36
500	1.4105	2.8387	7.2031	14.728	30.936	49.103	93.252	237.53	366.37	416.02	469.74	503.10
700	1.0024	2.0096	5.0478	10.147	20.469	30.982	52.553	108.33	208.69	277.07	357.53	405.32

Table B-4-19-3　イソブタンの定圧比熱（Specific heat capacity at constant pressure of Isobutane）　c_p (kJ/(kg·K))

温度 T (K)	圧力 P (MPa)											
	0.1	0.2	0.5	1.0	2.0	3.0	5.0	10.0	20.0	30.0	50.0	70.0
120	1.686	1.686	1.686	1.685	1.685	1.685	1.684	1.682				
140	1.759	1.759	1.759	1.759	1.758	1.757	1.756	1.753	1.748	1.744	1.738	1.733
160	1.837	1.837	1.836	1.836	1.835	1.834	1.833	1.828	1.821	1.816	1.808	1.802
180	1.917	1.916	1.916	1.915	1.914	1.913	1.910	1.905	1.896	1.888	1.878	1.871
200	1.997	1.997	1.996	1.995	1.994	1.992	1.989	1.981	1.969	1.959	1.946	1.937
220	2.079	2.078	2.077	2.076	2.074	2.071	2.067	2.057	2.041	2.028	2.011	2.001
240	2.163	2.162	2.161	2.159	2.156	2.153	2.146	2.133	2.111	2.096	2.075	2.062
260	2.253	2.252	2.251	2.248	2.243	2.238	2.230	2.211	2.183	2.163	2.138	2.123
270	1.570	2.301	2.299	2.296	2.289	2.284	2.273	2.251	2.219	2.197	2.170	2.154
280	1.609	2.352	2.350	2.346	2.338	2.331	2.319	2.293	2.256	2.232	2.202	2.184
290	1.651	1.690	2.404	2.399	2.390	2.381	2.366	2.335	2.293	2.266	2.233	2.214
300	1.694	1.725	2.462	2.456	2.444	2.433	2.415	2.378	2.330	2.300	2.264	2.244
310	1.738	1.764	2.525	2.517	2.502	2.489	2.466	2.421	2.366	2.333	2.294	2.273
320	1.784	1.805	1.912	2.585	2.566	2.548	2.519	2.465	2.402	2.364	2.323	2.300
330	1.829	1.848	1.932	2.663	2.636	2.613	2.575	2.510	2.436	2.395	2.350	2.327
340	1.875	1.891	1.960	2.238	2.718	2.686	2.636	2.554	2.469	2.424	2.376	2.352
350	1.921	1.935	1.993	2.190	2.820	2.773	2.705	2.602	2.503	2.453	2.402	2.376
360	1.967	1.979	2.029	2.180	2.959	2.886	2.786	2.653	2.539	2.484	2.429	2.402
370	2.013	2.024	2.067	2.187	3.182	3.048	2.892	2.716	2.582	2.522	2.464	2.436
380	2.058	2.069	2.106	2.206	2.852	3.319	3.043	2.800	2.642	2.577	2.516	2.487
390	2.104	2.113	2.146	2.230	2.652	3.923	3.281	2.928	2.742	2.671	2.607	2.577
400	2.149	2.157	2.187	2.258	2.567	4.469	3.703	3.145	2.925	2.848	2.781	2.751
450	2.367	2.373	2.391	2.430	2.547	2.747	3.862	3.589	3.091	2.983	2.904	2.872
500	2.571	2.575	2.588	2.613	2.678	2.766	3.030	3.595	3.246	3.123	3.040	3.008
700	3.243	3.245	3.250	3.258	3.276	3.295	3.336	3.440	3.551	3.567	3.554	3.543

Table B-4-19-4 イソブタンの比熱比 (Specific heat ratio of Isobutane) κ

温度 T (K)	圧力 P (MPa)											
	0.1	0.2	0.5	1.0	2.0	3.0	5.0	10.0	20.0	30.0	50.0	70.0
120	1.400	1.400	1.399	1.398	1.397	1.395	1.392	1.385				
140	1.403	1.403	1.402	1.401	1.400	1.398	1.395	1.388	1.374	1.362	1.342	1.326
160	1.403	1.403	1.402	1.401	1.399	1.398	1.394	1.386	1.372	1.360	1.340	1.324
180	1.402	1.401	1.401	1.400	1.398	1.396	1.392	1.384	1.369	1.356	1.336	1.319
200	1.401	1.401	1.400	1.399	1.397	1.394	1.390	1.381	1.365	1.351	1.330	1.314
220	1.402	1.402	1.401	1.399	1.397	1.394	1.390	1.379	1.360	1.346	1.323	1.307
240	1.405	1.405	1.404	1.402	1.399	1.396	1.390	1.377	1.357	1.341	1.317	1.300
260	1.411	1.411	1.409	1.407	1.403	1.399	1.392	1.377	1.353	1.335	1.310	1.292
270	1.119	1.415	1.413	1.411	1.407	1.402	1.394	1.377	1.351	1.332	1.306	1.289
280	1.113	1.420	1.419	1.416	1.411	1.406	1.397	1.377	1.349	1.330	1.303	1.285
290	1.108	1.123	1.426	1.422	1.416	1.411	1.400	1.378	1.348	1.327	1.299	1.281
300	1.104	1.116	1.435	1.431	1.424	1.417	1.404	1.380	1.346	1.324	1.295	1.276
310	1.099	1.110	1.447	1.442	1.433	1.425	1.410	1.382	1.345	1.321	1.291	1.273
320	1.096	1.104	1.144	1.457	1.445	1.435	1.417	1.384	1.344	1.319	1.288	1.269
330	1.092	1.100	1.131	1.477	1.462	1.449	1.427	1.388	1.343	1.316	1.284	1.265
340	1.089	1.096	1.121	1.223	1.484	1.467	1.439	1.393	1.342	1.314	1.281	1.262
350	1.086	1.092	1.114	1.186	1.516	1.492	1.455	1.398	1.342	1.312	1.278	1.258
360	1.084	1.089	1.107	1.162	1.564	1.526	1.475	1.404	1.341	1.309	1.274	1.254
370	1.081	1.086	1.101	1.145	1.644	1.578	1.500	1.410	1.339	1.305	1.269	1.249
380	1.079	1.083	1.097	1.132	1.375	1.664	1.532	1.413	1.333	1.298	1.262	1.242
390	1.077	1.081	1.093	1.122	1.279	1.861	1.573	1.411	1.322	1.286	1.250	1.231
400	1.075	1.078	1.089	1.114	1.227	1.956	1.629	1.396	1.300	1.264	1.230	1.212
450	1.067	1.069	1.075	1.088	1.128	1.197	1.612	1.492	1.294	1.249	1.213	1.196
500	1.061	1.062	1.066	1.074	1.095	1.123	1.211	1.407	1.276	1.228	1.193	1.177
700	1.047	1.047	1.049	1.051	1.055	1.060	1.071	1.098	1.127	1.129	1.122	1.116

Table B-4-19-5 イソブタンの粘性率 (Viscosity of Isobutane) η (μPa·s)

温度 T (K)	圧力 P (MPa)											
	0.1	2.0	3.0	4.0	5.0	6.0	8.0	10.0	20.0	30.0	40.0	50.0
310	7.8	139.3	141.8	144.6	147.0	150.0	154.8	159.4	183.0			
320	8.1	126.9	129.4	132.0	134.7	137.3	142.2	146.3	168.5	190.4		
340	8.6	104.1	106.7	109.6	112.1	114.5	119.1	123.5	144.1	163.0	181.8	
360	9.1	82.6	85.5	89.2	92.0	94.4	99.5	103.7	123.7	141.5	158.6	175.5
380	9.5	10.7	66.4	70.5	74.0	77.0	82.6	87.4	107.1	124.2	140.6	156.4
400	10.0	11.0	13.0	51.9	57.0	61.3	68.3	73.5	93.6	110.5	126.2	141.0
450	11.2	11.8	12.5	13.8	16.4	22.3	34.6	43.9	67.7	84.0	98.2	111.5
500	12.3	12.7	13.2	13.9	14.6	16.1	20.3	26.1	50.6	65.9	79.4	91.9
700	15.9	16.3	16.6	16.9	17.3	17.7	18.6	19.5	27.1			

Table B-4-19-6 常圧におけるイソブタンの熱物性値 (Thermophysical properties of Isobutane at 101.325 kPa)

温度 T (K)	密度 ρ (kg/m^3)	定圧比熱 c_p (kJ/(kg·K))	比熱比 κ	粘性率 η (μPa·s)	動粘性率 ν (mm^2/s)	熱伝導率 λ (mW/(m·K))	温度伝導率 a (mm^2/s)	プラントル数 Pr
270	2.740	1.571	1.119	6.88	2.51	13.7	3.18	0.789
280	2.631	1.610	1.113	7.12	2.71	14.5	3.42	0.791
300	2.439	1.694	1.104	7.60	3.12	16.3	3.95	0.790
320	2.275	1.784	1.096	8.08	3.55	18.4	4.53	0.784
340	2.132	1.875	1.089	8.57	4.02	20.5	5.13	0.784
360	2.008	1.967	1.084	9.05	4.51	22.7	5.75	0.784
380	1.897	2.058	1.079	9.52	5.02	25.0	6.40	0.784
400	1.798	2.149	1.075	10.00	5.56	27.2	7.04	0.790
450	1.592	2.367	1.067	11.17	7.02	32.8	8.70	0.806
500	1.429	2.571	1.061	12.31	8.61	38.5	10.48	0.822

4.20 トルエンの熱物性値 (Thermophysical properties of toluene)

飽和蒸気圧は文献の Antoine の式により算出した[1]. 液相の物性値については, 密度は文献の表値をもとにした補間式により求めた[2]. 定圧比熱容量は Touloukian らの式により[3], 不確かさは±4％である. 粘性率は文献の表値をもとにした補間式より計算した[4]. 熱伝導率は Ramires らの IUPAC 推奨式を用い[5], 不確かさは±1％である. 表面張力は Miller らの相関式より求めた[6]. Table B-4-20-1 に飽和蒸気圧を, Table B-4-20-2 に飽和液体の熱物性値を, それぞれ示した.

Table B-4-20-1 トルエンの飽和蒸気圧 (Saturation pressure of toluene)

温度 Temperature T (K)	飽和圧力 Saturation pressure p_s (MPa)	温度 Temperature T (K)	飽和圧力 Saturation pressure p_s (MPa)	温度 Temperature T (K)	飽和圧力 Saturation pressure p_s (MPa)	温度 Temperature T (K)	飽和圧力 Saturation pressure p_s (MPa)
273.15	0.8994E-3	340	0.02415	420	0.2562	500	1.166
280	0.1378E-2	350	0.03479	430	0.3207	510	1.358
290	0.2456E-2	360	0.04892	440	0.3969	520	1.571
293.15	0.2917E-2	370	0.06734	450	0.4859	530	1.806
300	0.4178E-2	380	0.09089	460	0.5889	540	2.065
310	0.6819E-2	390	0.1205	470	0.7073	550	2.348
320	0.01073	400	0.1572	480	0.8422	560	2.656
330	0.01634	410	0.2021	490	0.9948		

Table B-4-20-2 トルエンの飽和液体の熱物性値 (Thermophysical properties of saturated liquid of toluene)

温度 Temperature T (K)	密度 Density ρ (kg/m³)	定圧比熱容量 Specific heat capacity at constant pressure c_p (kJ/(kg·K))	粘性率 Viscosity η (μPa·s)	動粘性率 Kinematic viscosity ν (mm²/s)	熱伝導率 Thermal conductivity λ (mW/(m·K))	熱拡散率 Thermal diffusivity a (mm²/s)	プラントル数 Prandtl number Pr	表面張力 Surface tension σ (mN/m)
180	972.1				158.8			42.4
190	962.8	1.45			157.7	0.1130		41.2
200	953.4	1.47			156.3	0.1115		39.9
210	944.1	1.49			154.5	0.1098		38.6
220	934.8	1.50			152.5	0.1088		37.4
230	925.6	1.53			150.2	0.1061		36.1
240	916.3	1.55			147.7	0.1040		34.9
250	907.1	1.57	1131	1.247	145.0	0.1018	12.3	33.7
260	897.8	1.60	949	1.057	142.3	0.0991	10.7	32.5
270	888.6	1.63	808	0.909	139.4	0.0962	9.44	31.3
273.15	885.7	1.64	770	0.869	138.5	0.0953	9.11	30.9
280	879.3	1.66	697	0.793	136.4	0.0934	8.49	30.1
290	870.0	1.69	609	0.700	133.4	0.0907	7.72	28.9
293.15	867.0	1.70	585	0.675	132.5	0.0899	7.51	28.5
300	860.6	1.72	538	0.626	130.4	0.0881	7.11	27.7
310	851.1	1.76	480	0.564	127.4	0.0851	6.63	26.5
320	841.6	1.79	432	0.513	124.4	0.0826	6.21	25.4
330	832.1	1.82	390	0.469	121.4	0.0802	5.85	24.2
340	822.4	1.86	355	0.432	118.5	0.0775	5.58	23.1
350	812.7	1.89	325	0.399	115.7	0.0753	5.30	22.0
360	802.8	1.93	298	0.372	113.0	0.0729	5.10	20.9
370	792.9	1.96	275	0.347	110.3	0.0710	4.89	19.7
380	782.8	2.00	254	0.324	107.8	0.0689	4.71	18.7
390	772.6				105.3			17.6
400	762.2				103.0			16.5

1) TRC Thermodynamic Tables Hydrocarbons Vol.5, Texas A & M University (1987) k-3290. 2) TRC Thermodynamic Tables Hydrocarbons Vol.10, Texas A & M University (1987) d-E-3290. 3) Touloukian, Y. S. & Makita, T. : TPRC Data Series Vol.6 Specific Heat, Plenum (1970) 285. 4) TRC Thermodynamic Tables Hydrocarbons Vol.2, Texas A & M University (1987) c-3200. 5) Ramires, M. L. V. et al. : *J. Phys. Chem. Ref. Data*, 29 (2) (2000) 133. 6) Miller Jr. J. W. & Yaws, C. L. : Chem. Eng., 83 (1976) 127.

4.21 メタノールの熱物性値
(Thermophysical properties of methanol)

飽和蒸気圧と液相の密度は文献によった[1]．定圧比熱容量はTouloukianらの推奨式により算出し[2]，不確かさは±2％である．粘性率はVargafikの表値を図式的に補間して求めた[3]．熱伝導率はTouloukianらによる推奨式により算出し[4]，不確かさは±2％．表面張力はMillerらの相関式により求めた[5]．Table B-4-21-1に飽和蒸気圧を，Table B-4-21-2に飽和液体の熱物性値を，それぞれ示した．

Table B-4-21-1 メタノールの飽和蒸気圧 (Saturation pressure of methanol)

温度 Temperature T (K)	飽和圧力 Saturation pressure P_s (MPa)	温度 Temperature T (K)	飽和圧力 Saturation pressure P_s (MPa)	温度 Temperature T (K)	飽和圧力 Saturation pressure P_s (MPa)	温度 Temperature T (K)	飽和圧力 Saturation pressure P_s (MPa)
260	0.00158	320	0.04799	390	0.5828	460	3.112
270	0.00316	330	0.07378	400	0.7701	470	3.786
273.15	0.00388	340	0.1103	410	1.003	480	4.567
280	0.00597	350	0.1607	420	1.289	490	5.473
290	0.01071	360	0.2285	430	1.632	500	6.524
300	0.01836	370	0.3182	440	2.045	510	7.747
310	0.03022	380	0.4353	450	2.535	512.58	8.096

Table B-4-21-2 メタノールの飽和液体の熱物性値 (Thermophysical properties of saturated liquid of methanol)

温度 Temperature T (K)	密度 Density ρ (kg/m³)	定圧比熱容量 Specific heat capacity at constant pressure c_p (kJ/(kg·K))	粘性率 Viscosity η (μPa·s)	動粘性率 Kinematic viscosity ν (mm²/s)	熱伝導率 Thermal conductivity λ (mW/(m·K))	温度伝導率 Thermal diffusivity α (mm²/s)	プラントル数 Prandtl number Pr	表面張力 Surface tension σ (mN/m)
180		2.19						31.7
190		2.19						30.9
200		2.20						30.1
210		2.21						29.3
220		2.23						28.5
230		2.25			222			27.8
240		2.27			219			27.0
250		2.30	1210		216			26.1
260	822.3	2.34	1015	1.23	214	0.111	11.1	25.3
270	813.0	2.38	845	1.04	211	0.109	9.54	24.5
273.15	810.0	2.39	817	1.01	210	0.108	9.35	24.3
280	803.6	2.42	720	0.896	208	0.107	8.37	23.7
290	794.3	2.48	615	0.775	205	0.104	7.45	22.9
293.15	791.1	2.49	578	0.731	204	0.104	7.03	22.6
300	784.9	2.53	535	0.682	202	0.102	6.69	22.0
310	775.6	2.60	465	0.600	199	0.0987	6.08	21.2
320	766.2	2.67	410	0.535	197	0.0963	5.56	20.3
330	756.9	2.75	360	0.476	194	0.0932	5.10	19.5
340	748.0	2.84	320	0.428	191	0.0899	4.76	18.6
350	738.0	2.93	285	0.386	188	0.0869	4.44	17.7
360	727.6	3.04	255	0.350	185	0.0836	4.19	16.8
370	716.8	3.15	225	0.314	182	0.0806	3.90	15.9
380	705.4	3.27	200	0.284	179	0.0776	3.66	15.0
390	693.4		180		177			14.1
400	680.6		160					13.2

1) 日本機械学会：技術資料 流体の熱物性値集，日本機械学会 (1983) 321． 2) Touloukian, Y. S. & Makita, T. : TPRC Data Series Vol.6 Specific Heat, Plenum (1970) 252． 3) Vargafik, N. B.:Tables on the Thermophysical Properties of Liquids and Gases, Hemisphere (1975) 405． 4) Touloukian, Y. S., Liley, P. E. et al. : TPRC Data Series Vol.3 Thermal Conductivity, Plenum (1970) 223． 5) Miller, Jr. J. W. & Yaws, C. L. : *Chem. Eng.*, **83** (1976) 127.

4.22 エタノールの熱物性値 (Thermophysical Properties of Ethanol)

エタノール (C_2H_5OH) の熱物性値について，以下の表に示す．これらの表の数値は，文献[1]所載の数値表から抜粋および補間して求めたものである．

Table B-4-22-1 飽和状態のエタノールの熱力学性質 (Thermodynamic properties of Ethanol at saturated states)

温度 Temperature T (K)	飽和圧力 Saturated pressure P_s (MPa)	密度 Density ρ' (kg/m³)	ρ'' (kg/m³)	蒸発熱 Heat of vaporization r (kJ/kg)	定圧比熱 Isobaric specific heat capacity c_p' (kJ/(kg·K))	c_p'' (kJ/(kg·K))	比熱比 Specific heat ratio κ'	κ''	表面張力 Surface tension σ (mN/m)
180					1.902				32.66
200					1.936				30.95
220					1.990				29.23
240					2.066				27.49
260					2.167				25.74
273.15	0.00163	806.2		946.5	2.248				24.58
280	0.00260	800.5		939.9	2.294				23.97
290	0.00492	792.1		929.7	2.369				23.08
300	0.00885	783.5		918.1	2.451				22.19
310	0.01528	774.8		905.4	2.541				21.28
320	0.02536	766.1			2.639				20.38
330	0.04069	757.7			2.746				19.47
340	0.06327	748.8			2.862				18.55
360	0.1410	729.3			3.121				16.69
380	0.280	707.3	4.37		3.418				14.80
400	0.517	682.5	7.93						12.88
420	0.883	654.2	13.53	687					10.92
440	1.43	621.9	22.26	628					8.90
460	2.21	583.0	35.79	553					6.82
480	3.29	543.5	58.30	458					4.64
500	4.76	458.2	102.7	328					2.30
516.3	6.38	276		0					0

Table B-4-22-2 飽和状態のエタノールの輸送性質 (Transport properties of Ethanol at saturated states)

温度 Temperature T (K)	粘性率 Viscosity η' (μPa·s)	η'' (μPa·s)	動粘性率 Kinematic viscosity ν' (mm²/s)	ν'' (mm²/s)	熱伝導率 Thermal conductivity λ' (mW/(m·K))	λ'' (mW/(m·K))	温度伝導率 Thermal diffusivity a' (mm²/s)	a'' (mm²/s)	プラントル数 Prandtl number Pr'	Pr''
170	57980				204.6					
180	33230				201.6				313.5	
200	13580				195.7				134.3	
220	6985				189.7				73.27	
240	4004				183.8				45.01	
260	2436				175.8				30.03	
273.15	1807		2.241		174.0		0.09601		23.35	
280	1558		1.946		171.9		0.09361		20.79	
300	1045		1.334		166.0		0.08644		15.43	
310	869.8		1.123		163.0		0.08279		13.56	
320	731.2		0.9544		160.1		0.07919		12.05	
330	620.4		0.8188		157.1		0.07551		10.84	
340	530.7		0.7087		154.1		0.07191		9.856	
360	395.8		0.5427		148.2		0.06511		8.335	
380	300.7	11.20	0.4251	2.563	142.3		0.05866		7.223	
400	230.9	11.78	0.3383	1.485	136.3					
420	178.1	12.35	0.2722	0.9128	130.4					
440	137.1	13.26	0.2205	0.5957	124.5					
460	105.1	14.06	0.1803	0.3928						
480	79.9	14.83	0.1470	0.2544						
500	60.2	17.37	0.1314	0.1691						

---

1) 日本機械学会：技術資料 流体の熱物性値集, p.323-324, (1983).

4.23 湿り空気の熱物性値
(Thermophysical Properties of Moist Air)

大気には窒素，酸素，アルゴン，二酸化炭素の他に水分も含まれている．水分を除外した空気を乾き空気というのに対し，乾き空気と水分との混合気体を湿り空気という．諸状態値は乾き空気1kg(kg(DA)と記す)と水分が混合した湿り空気について表す．状態式等を以下に示す[1]．

P: 圧力(Pa)　T: 絶対温度(K)　t: 摂氏温度(℃)

1. 飽和水蒸気圧 P_s (Pa)

(a) 水と接する場合 ($0℃ < t ≦ 200℃$)

$\ln P_s = -0.58002206 \times 10^4/T$
$\quad + 0.13914993 \times 10$
$\quad - 0.48640239 \times 10^{-1} T$
$\quad + 0.41764768 \times 10^{-4} T^2$
$\quad - 0.14452093 \times 10^{-7} T^3$
$\quad + 0.65459673 \times 10 \ln T$

(b) 氷と接する場合 ($-100℃ ≦ t ≦ 0℃$)

$\ln P_s = -0.56745359 \times 10^4/T$
$\quad + 0.63925247 \times 10$
$\quad - 0.96778430 \times 10^{-2} T$
$\quad + 0.62215701 \times 10^{-6} T^2$
$\quad + 0.20747825 \times 10^{-8} T^3$
$\quad - 0.94840240 \times 10^{-12} T^4$
$\quad + 0.41635019 \times 10 \ln T$

2. 飽和湿り空気中の水蒸気分圧 P_{ws} (Pa)

f_s : 分圧係数

$P_{ws} = f_s \cdot P_s$
$f_s = 1.004 + (0.0008t - 0.004)^2 \quad t ≦ 60℃$
$f_s = 1.006 \quad 60℃ < t ≦ 80℃$

3. 絶対温度 x (kg/kg(DA))

水蒸気分圧 P_w (Pa)
飽和絶対温度 x_s (kg/kg(DA))

$x = 0.622 P_w / (P_o - P_w)$
$P_w = P_o \cdot x / (0.622 + x)$
$x_s = 0.622 P_{ws} / (P_o - P_{ws})$

全圧力 $P_o = 101.325$ kPa $= 760$ mmHg

4. 比エンタルピー H (kJ/kg(DA))
乾き空気の比エンタルピー H_a (kJ/kg(DA))

$H_a = 4.1868 \times 0.24 t$
$H = 4.1868 [0.240 t + (0.441 t + 597.3) x]$

飽和比エンタルピー H_s (kJ/kg(DA))

$H_s = 4.1868 [0.240 t + (0.441 t + 597.3) x_s]$

5. 比容積 V (m³/kg(DA))
乾き空気の比容積 V_a (m³/kg(DA))

$V_a = 4.555 \times 10^{-3} \times 0.622 T$
$V = 4.555 \times 10^{-3} (0.622 + x) T$

6. 相対湿度 ϕ (%) と比較湿度 φ (%)

$\phi = (P_w / P_{ws}) \times 100$
$\varphi = (x / x_s) \times 100$

7. 湿球温度(断熱飽和温度) t' (℃)

H_s', x_s', H_c' は温度 t' における飽和空気の比エンタルピー，絶対湿度，水(または氷)の比エンタルピー．

$H - H_s' = (x - x_s') H_c'$
$H_c' = 4.1868 t' \qquad t' ≧ 0$ 水に対し
$H_c' = 4.1868 (-79.7 + 0.5 t') \quad t' ≦ 0$ 氷に対し

8. 比熱 c (kJ/(kg(DA)·K))

(a) 定圧比熱 c_p

$c_p = 4.1868 (0.240 + 0.441 x)$

(b) 定容比熱 c_v

$c_v = c_p - (R_a + x R_w) = 0.7178 + 1.3849 x$

ただし $R_a = 0.2870$ (kJ/(kg·K))
$R_w = 0.4615$ (kJ/(kg·K))

これらの式から計算された空気(大気圧，0℃〜45℃)の状態値を Table B-4-23-1 に示す．他の文献[2),3),4)] と比べると差異は，P_{ws}: 0.6%, X_s: 0.6%, H_s: 0.5%, V_s: 0.1%, H_a: 0.2%, V_a: 0.1%の範囲内にある．大気圧における湿り空気線図を Fig. C-10-20-1 に示す．

Table B-4-23-1 空気の状態値 (Reference value of air)

t (℃)	P_{ws} (mmHg)	X_s (kg/(kg(DA))) ×10⁻³	H_s (kJ/(kg(DA)))	V_s (m³/kg(DA))	H_a (kJ/(kg(DA)))	V_a (m³/kg(DA))
0	4.063	3.790	9.478	0.7786	0.000	0.7738
5	6.570	5.424	18.639	0.7949	5.024	0.7881
10	9.248	7.662	29.350	0.8121	10.048	0.8022
15	12.844	10.692	42.108	0.8304	15.072	0.8164
20	17.615	14.759	57.550	0.8503	20.097	0.8306
25	23.872	20.171	76.495	0.8721	25.121	0.8447
30	31.988	27.330	100.005	0.8966	30.145	0.8589
35	42.405	36.756	129.464	0.9247	35.169	0.8731
40	55.646	49.139	166.709	0.9573	40.193	0.8872
45	72.317	65.410	214.226	0.9962	45.217	0.9014

---

1) 藤田稔彦：冷凍, 59-679 (昭59-5), 23.　2) 内田秀雄：湿り空気と冷却塔, (昭52), 裳華房.　3) 手塚俊一・藤田稔彦：湿り空気線図とその応用, 空気調和・衛生工学, 58-1, 87.　4) 冷凍空調手帳, 日本冷凍協会, (昭62).

B.5 高温融体 (High Temperature Melts)

5.1 液体金属の熱物性値 [1-5] (Thermophysical Properties of Liquid Metals)

Table B-5-1-1 液体金属の融点における熱物性値(その1) (Thermophysical properties of liquid metals, Part 1)

物質	分子量	融点 T_m (K)	沸点 T_b (K)	融解熱 r (kJ/kg)	融解時体積変化 $\Delta V/V_s$ (%)	密度 ρ (10^3kg/m^3)	膨張率 β (10^{-4}/K)	定圧比熱 c_p (kJ/(kj·K))
Li	6.94	454	1613	432.32	1.5	0.515	1.955 (460)	4.394
Na	22.99	371	1155	113	2.71	0.925	1.985 (380)	1.428
K	39.09	337	1031	59.45		0.829	2.870 (340)	0.805
Rb	85.47	313	960	25.535	2.5	1.478	1.848 (320)	0.378
Cs	132.91	302	942	16.38		1.835	2.892 (310)	0.238
Na-K (25-75)		262	1057			0.832 (293)		1.30 (293)
Hg	200.59	234	630	11.8	3.64	13.691	1.82 (293)	0.142
Mg	24.31	923	1380	360-377	2.95	1.59		1.36
Al	26.98	934	2767	397	7.54	2.385		1.08
Si	28.08	1685	3538		-9.5	2.562		
Cu	63.54	1358	2868	205	3.96	8.032		0.495
Ag	107.87	1235	2436	104.2	3.5	9.337		0.283
Au	196.97	1338	3130	62.762	5.5	17.36		0.149
Zn	65.39	692	1180		4.1	6.577		
Cd	112.41	594	1040		3.3	8.065		
Sn	118.69	505	3043	59.5	2.4	7.000		0.250
Pb	207.19	601	2023	22.98	3.81	10.678		0.1479
Fe	55.85	1807	3143	247	3.9	7.045		0.795
Co	58.93	1767	3200		6.3	7.828		
Ni	58.69	1728	3186		2.5	7.844		
Cu-Zn (95-5)		1338*	1323#			8.86 (293)		
Pb-Sn (95-5)		585*	545#		3.6 on freezing	11.0 (293)		

*: liquidus, #: solidus

Table B-5-1-2 液体金属の融点における熱物性値（その2）(Thermophysical properties of liquid metals, Part 2)

物質	音速 w (m/s)	蒸気圧 P (Pa)	表面張力 σ (mN/m)	粘性率 η (mPa·s)	動粘性率 ν (10^{-6}m²/s)	熱伝導率 λ (W/(mk))	プラントル数 (Pr)	電気伝導率 κ (10^6S/m)
Li	4554	1.779×10^{-8}	398.3	0.600	1.145 (460)	42.8	6.05×10^{-2}	4.03
Na	2531	1.61×10^{-5}	197.9	0.696	0.712 (380)	91.1	1.03×10^{-2}	10.60
K	1880	1.37×10^{-4}	113.0	0.544	0.630 (340)	58.2	7.23×10^{-3}	7.17
Rb	1260	2.46×10^{-4}	89.1	0.643	0.373 (320)	32.7	6.37×10^{-3}	4.44
Cs	967	2.661×10^{-4}	70.3	0.697	0.351 (310)	18.4	8.33×10^{-3}	2.71
Na-K (25-75)				0.811	0.93 (293)	22.1 (293)	4.76×10^{-2} (293)	
Hg		2.41×10^{-3} (253)	465 (293)	2.055	0.150	6.78	3.833×10^{-2}	1.11
Mg		438	563 (954)	1.737	1.09	78	2.14×10^{-2}	3.65
Al	4650	3.6×10^{-7}		1.387	0.582	94.03		4.12
Si		0.054		0.574	0.224			4.10 (1373)
Cu		0.060	1300	4.01	0.500	165.6	1.00×10^{-2}	5.00
Ag		0.40	923 (1268)	3.64	0.390	174.8		5.80
Au		2.3×10^{-3}	1070 (1473)	5.25	0.302	104.44		3.20
Zn		20.9		4.07	0.619			
Cd		15.6		2.84	0.352			
Sn	2270	8.7×10^{-21}	621 (673)	1.91	0.273	30.0		2.12
Pb		5.6×10^{-7}		2.76	0.258	15.4		1.05
Fe		3.4		5.92	0.840	40.3		0.722
Co		0.73		5.17	0.660			
Ni		0.44		4.77	0.608			

1) IUPAC Chemical Data Series No.30 Handbook of Thermodynamic and Transport Properties of Alkali Metals, (1985), Blackwell. 2) Metals Handbook 9th Edition Volume 2. 3) Smithells Metals Reference book, Sixth Edition, (1983), Butterworths. 4) Vargaftik, N. B., Tables on the Thermophysical Properties of Liquids and Gases in Normal and Dissociated States, Second Edition, (1975), Hemisphere. 5) The TPRC Data Series Volume 1, (1970), Plenum.

5.2 溶融塩の熱物性値
(Thermophysical Properties of Molten Salts)

5.2.1 はじめに (Introduction)

溶融塩は基本的にはカチオンおよびアニオンを構成粒子とし，クーロン相互作用からなる強い結合力を有し，このため，高温まで化学的に安定な液体であるとともに比熱が大きく，蒸気圧が低く，粘性が小さく，導電率が大きいなどが通性である．この特性は，古くから金属製錬フラックスとして利用されてきたが，近年，半導体の製造や溶融塩の特性をさらに十分利用して高温で稼動する燃料電池や二次電池の電解質として，反応媒体，蓄熱材および熱媒体などとして諸高温化学反応システム，太陽エネルギー利用システム，原子炉や核融合エネルギー変換システムなどの新しい分野での利用が期待されつつある．一方，応用に不可欠な溶融塩の熱力学的および輸送的性質については近年，多くの研究がなされデータも蓄積されつつある．本節では硝酸塩を除く単純塩および一部の工業的に重要である混合塩を対象としてその基本的な融体物性を取り扱う．

5.2.2 測定方法および測定値の確かさ
(Measurement Methods and Accuracy)

溶融塩の諸物性の測定原理は常温液体に適用される方法と同様であるが，測定が比較的高温で行われ，しかも多くの溶融塩が金属やセラミックスなどに対して腐食性を示すので，装置の構成材料や測定方法の選択が制約を受ける．溶融塩に対して広く採用されている測定方法を Table B-5-2-1 にまとめて示す．

測定に伴う誤差の要因には測定方法固有のものと，試料の純度に起因するものがある．Janzら[1]は Molten Salts Standard Program で KNO_3 および NaCl を標準物質として採用し，試料の純度の影響をさけるために一箇所で精製した超高純度試料を約10の研究機関に配布して測定された物性値を比較している．決定された推奨値は後出の表に引用されているが，その検討結果によれば NaCl の密度，表面張力，電気伝導率，および粘性率の推奨値の確かさ(accuracy)はそれぞれ 1, 1.5, 1 および 1 %であり， KNO_3 の場

Table B-5-2-1 溶融塩物性の測定に広く用いられる方法（Measurement methods）

物性	測定方法
密度	アルキメデス法，膨張体積測定法，最大泡圧法，ピクノメーター法，浮子法
音速	パルス透過法，パルスエコー法
表面張力	最大泡圧法，毛管上昇法，円環（ピン）引き上げ法
粘性率	回転振動法，毛細管流出法，回転法球引き上げ法
熱伝導率	定常または非定常熱線法，定常または非定常同心円筒法，波面分割干渉法，レーザーフラッシュ法，強制レーリー散乱法
電気伝導率	交流ブリッジ法，直流ブリッジ法

合それぞれ 0.25, 0.5, 0.5 および 2.0 %である．これらは現段階での溶融塩に対するこれらの物性値の測定の確かさの目安を示すといえる．測定値の確かさは物性によりかなり異なる．たとえば音速は一般に文献値間の差異が小さく，確かさは 0.2 %程度であるが他方，熱伝導率は文献値間の差異が大きく数十％に及ぶ例もある．これは主として熱輻射および対流の効果によるもので，これらの寄与を考慮した測定がレーザーフラッシュ法で太田らにより，また非定常細線加熱法および強制レーリー散乱法により長坂らが行った．表にはそれらの値のみを掲載した．

表中で物質の引用の順序は周期表の位置に基づいている．これは物性値が構成イオン種の周期表の位置と相関が認められることが多いことを考慮したためである．順序は，まずアニオン，次いでカチオンの周期表における位置を考慮して配列してある．

5.2.3 溶融塩の熱物性値 (Thermophysical Properties of Molten Salts)

溶融塩が利用される場合，一般に低温ほど経済的に有利であることから，融点または共晶温度付近で用いられることが多い．そこで Table B-5-2-2 および Table B-5-2-3 には融点における物性値を示す．対象とした物質はハロゲン化物，硫酸塩，炭酸塩の単塩およびそれらの混合塩であり，熱力学的および輸送的性質である化学式量，融点，沸点，融解熱，融解時体積変化，密度，膨張率，定圧比熱，音速，蒸気圧，表面張力，粘性率，動粘性率，熱伝導率，プラントル数，および導電率を取り扱う．融点または共晶温度における測定はほとんどの物性値の場合困

Table B·5·2·2 溶融単塩の融点における熱物性（その1）[1-13] (Thermophysical properties of molten single salts, Part 1)

物質	分子量	融点 T_m (K)	沸点 T_b (K)	融解熱 r (kJ/kg)	融解時体積変化, $\Delta V/V_s$ (%)	密度 ρ (10^3 kg/m^3)	体膨張率 β (10^{-4}/K)	定圧比熱 c_p (kJ/(kg·K))
LiF	25.94	1121	1954	1037	29.4	1.809	2.71	2.455
NaF	41.99	1268	1977	801	24.0	1.949	3.26	1.669
KF	58.10	1131	1775	507	17.2	1.910	3.41	0.2565
RbF	104.47	1068	1681	246		2.905	3.51	
CsF	151.90	986	1524	142		3.636	3.52	
BeF$_2$	47.01	825	1442	581				1.585
MgF$_2$	62.31	1536	2536	883	14.0	2.430	2.16	1.515
CaF$_2$	78.08	1691	2509	393	8.0	2.521	1.55	1.281
SrF$_2$	125.62	1673	2477	143		2.422	2.39	
BaF$_2$	175.34	1593	2473	72.3	1	4.187	2.39	0.569
LaF$_3$	195.92	1800				4.564	1.49	
Li$_3$AlF$_6$	161.79	1058		87.9		2.159	3.89	0.570
Na$_3$AlF$_6$	209.94	1283		543		2.093	4.40	0.632
K$_3$AlF$_6$	258.27	1263				1.836	4.03	
LiCl	42.39	883	1655	469	26.2	1.5020	2.88	1.505
NaCl	58.44	1073	1738	483	26.06	1.5567	3.48	1.288
KCl	74.56	1043	1680	355	22.27	1.5277	3.82	0.986
RbCl	120.92	990	1654	196	14.3	2.2484	3.93	
CsCl	168.36	918	1573	120.6	10.5	2.7915	3.82	0.447
CuCl	99.00	703	1640			3.692	2.06	0.672
AgCl	143.32	728	1830	84	8.9	4.835	1.944	
BeCl$_2$	79.92	678	820			1.530	7.19	1.519
MgCl$_2$	95.22	987	1691	453	30.46	1.678	1.800	0.971
CaCl$_2$	110.99	1047	1900	256	0.09	2.084	2.027	0.958
SrCl$_2$	158.53	1148	2300	102	2.40	2.726	2.121	0.718
BaCl$_2$	208.25	1235	1462	80.2	9.7	3.174	2.147	0.501
ZnCl$_2$	136.28	591	1005	75.6	11.64	2.525	2.098	0.740
PbCl$_2$	278.10	771	1227	66.2		4.902	3.20	0.355
AlCl$_3$	133.34	465 (2.3 atm)	453 (昇華)	270	83.0	1.287	18.1	0.941
								0.643
LaCl$_3$	245.27	1131	2020	222		3.212	2.59	0.752
LiBr	86.85	823	1583	203	24.3	2.529	2.58	0.751
NaBr	102.90	1020	1665	254	22.4	2.342	3.49	0.605
KBr	119.01	1007	1656	214	16.4	2.100	4.06	0.587
RbBr	165.38	953	1625	141	13.5	2.718	3.94	
CsBr	272.81	909	1573	86.5		3.133	3.91	
LiI	113.84	723	1444	109	24.8	3.109	2.95	0.472
NaI	149.89	935	1577	157	18.6	2.740	3.46	0.433
KI	166.01	958	1597	145	15.0	2.444	3.91	0.436
RbI	212.37	913	1577	104		2.760	3.88	
CsI	259.81	894	1573	90.8		2.928	3.91	
Li$_2$CO$_3$	73.89	996		566	6.9	1.8362	1.832	2.510
Na$_2$CO$_3$	105.99	1131		280	16.2	1.9722	2.275	1.819
K$_2$CO$_3$	138.21	1171		200	16.4	1.8964	2.331	1.496
Rb$_2$CO$_3$	230.97					2.8069 (1165 K)		
Cs$_2$CO$_3$	325.83					3.4351 (1100 K)		
Li$_2$SO$_4$	109.95	1132		68	1.2	2.0044	2.026	1.838
Na$_2$SO$_4$	142.05	1157		165	18.7	2.0699	2.432	1.394
K$_2$SO$_4$	174.27	1342		209	26.9	1.8696	2.413	1.148
LiOH	23.95	735		872		1.382	3.31	3.623
NaOH	40.00	591	1385	159	15.7	1.7853	2.680	2.153
KOH	56.11	633	1325	148	13.7			1.481
RbOH	102.48	574						
CsOH	149.91	545						0.544

Table B 5-2-3 溶融単塩の融点における熱物性（その2）[1-15] (Thermophysical properties of molten single salts, Part 2)

物質	音速 w (m/s)	蒸気圧 P (Pa)	表面張力 ρ (mN/m)	粘性率 η (mPa·s)	動粘性率 ν (m^2/s)	プラントル数 Pr	電気伝導率 κ (10^3 S/m)
LiF	2500 (1163)	1.2	235.7	1.911	1.056	4.69	0.8490
NaF	2060 (1298)	60.8	185.6	1.520	0.780	2.03	0.4932
KF	1815 (1153)	123.2 (1550)	144.1	1.339	0.701		0.3556
RbF				1.503	0.518		
CsF				1.522	0.418		0.3368
MgF$_2$		9.9					
CaF$_2$							0.5923
SrF$_2$							
BaF$_2$		1.729×10^3					
ZnF$_2$							
LaF$_3$							
Li$_3$AlF$_6$		53.5×10^3					0.2928
Na$_3$AlF$_6$			132.8	2.30		2.22 (1296)	0.2829
K$_3$AlF$_6$							0.1756
LiCl	2055	3.9	126.5	1.525	1.015	1.52	0.5708
NaCl	1756	45.3	114.1	1.046	0.672	1.02 / 3.10	0.3613
KCl	1607	55.6	98.3	1.116	0.730	1.16	0.2156
RbCl	1292		94.1	1.422	0.632		0.14899
CsCl	1148		88.1	1.596	0.571	2.30	0.10959
CuCl				3.94			0.3274
AgCl	1670		178.5	2.32			0.3817
MgCl$_2$	1096	1.03×10^{-3}	66.9	2.19	1.309	1.80 (1016 K)	0.10132
CaCl$_2$	2071	0.19 (1120)	147.6	3.33	1.602	2.74 (1063 K)	0.2002
SrCl$_2$	1873			3.74	1.372		0.2004
BaCl$_2$	1723	205 (1590)	165.6	3.73	1.175	7.03 (1243 K)	0.2038
ZnCl$_2$	989		53.7	3.73×10^3	1.477×10^3	9220 (603 K)	0.000815
PbCl$_2$	1343		138.1	4.64	0.947		0.14760
AlCl$_3$		226×10^3	9.69	0.334	0.260		0.00059 (475)
LaCl$_3$			117.4	4.20	1.310	4.248	0.11371
LiBr	1479	8.6×10^3 (1290)	109.5	1.814	0.717	3.47	0.4693
NaBr	1342		100.9	1.476	0.630		0.2896
KBr	1282		90.1	1.249	1.680		0.15990
RbBr	1125		87.3	1.509	0.556		0.10781
CsBr	1014		82.5	1.895	0.605		0.07963
LiI		9.80×10^3 (1230)	93.8	2.501	0.805		0.3766
NaI	1143		86.3	1.519	0.556		0.2242
KI	1115		78.6	1.628	0.666		0.12546
RbI	1008		76.8	1.467	0.532		0.08449
CsI			72.0	1.935	0.661		0.06253
Li$_2$CO$_3$	2824		244.2	7.43	4.05	9.5	0.3993
Na$_2$CO$_3$	2331		211.7	4.06	2.06	4.0	0.2864
K$_2$CO$_3$	2028		169.1	3.01	1.587	2.4	0.2027
Rb$_2$CO$_3$	1557 (1186)			3.25 (1153)			
Cs$_2$CO$_3$	1427 (1079)			3.23 (1073)			
Li$_2$SO$_4$			300.2				0.4149
Na$_2$SO$_4$		6.13×10^{-3}	192.6	11.4	5.5		0.2259
K$_2$SO$_4$		8.17	142.5				0.18918
LiOH							
NaOH		24.9 (870)		3.89 (623)	2.20 (623)		0.2089
KOH		1.39×10^5 (1440)		2.33 (673)	1.357 (673)		0.2291

Table B-5-2-4 混合塩融体の密度および粘性率の温度依存性 [8, 16] (Temperature dependence of density and viscosity of molten salt mixtures)

温度 T (K)	46.5 LiF-11.5 NaF-42.0 KF 共晶塩 密度 ρ (10^3 kg/m³)	粘性率 η (mPa·s)	58.8 LiCl-41.2 KCl 密度 ρ (10^3 kg/m³)	粘性率 η (mPa·s)	50 Li$_2$CO$_3$-50 K$_2$CO$_3$ 密度 ρ (10^3 kg/m³)	粘性率 η (mPa·s)	43.5 Li$_2$CO$_3$-31.5 Na$_2$CO$_3$-25.0 K$_2$CO$_3$ 密度 ρ (10^3 kg/m³)	粘性率 η (mPa·s)	80 Li$_2$SO$_4$-20 K$_2$SO$_4$ 密度 ρ (10^3 kg/m³)	粘性率 η (mPa·s)
680			1.668				2.143			
690			1.663				2.137			
700			1.658				2.132			
710			1.652				2.127			
720			1.647				2.121			
730			1.642				2.116			
740			1.637				2.110			
750			1.631				2.105			
760			1.626				2.099			
770		8.32	1.621				2.094			
780		7.72	1.616				2.088			
790		7.18	1.610				2.083			
800		6.69	1.605				2.078			
810		6.24	1.600				2.072			
820		5.84	1.595				2.067			
830		5.47	1.589				2.061			
840		5.13	1.584				2.056			
850		4.81	1.579				2.050			
860		4.53	1.574				2.045			
870		4.27			1.964		2.039			
880		4.02			1.960		2.034			
890		3.80		1.46	1.955		2.029			
900		3.59		1.42	1.951		2.023			
910		3.40		1.38	1.946		2.018			
920		3.23		1.33	1.941		2.012	7.90		
930		3.06		1.29	1.937		2.007	7.54		
940	1.993	2.91		1.25	1.932		2.001	7.21		
950	1.987	2.77		1.22	1.928		1.996	6.89		
960	1.980	2.63		1.18	1.923		1.991	6.60		
970	1.974	2.51		1.15	1.919		1.985	6.32		
980	1.968			1.12	1.914	5.23	1.980	6.06		
990	1.962			1.09	1.910	5.04	1.974	5.82		
1000	1.955			1.06	1.905	4.85	1.969	5.59		
1010	1.949			1.03	1.901	4.67	1.963	5.37		
1020	1.943			1.01	1.896	4.50	1.958	5.17		
1030	1.937			0.99	1.891	4.33	1.952	4.98		
1040	1.930			0.97	1.887	4.17	1.947	4.79		
1050	1.924			0.95	1.882	4.02	1.942	4.62		
1060	1.918			0.93	1.878	3.87	1.936	4.46		
1070	1.912			0.92	1.873	3.73		4.16	2.004	
1080	1.905				1.869	3.60			2.001	
1090	1.899				1.864	3.47			1.996	
1100	1.893				1.860	3.35			1.992	
1110	1.887				1.855	3.24			1.988	
1120	1.880				1.851	3.13			1.983	
1130	1.874				1.846	3.03			1.979	
1140	1.868				1.841	2.94			1.975	
1150	1.861					2.85			1.970	
1160	1.855					2.77			1.966	
1170	1.849					2.70			1.962	
1180									1.957	
1190									1.953	
1200									1.949	
1210									1.944	

5.2 溶融塩の熱物性値

Table B-5-2-5 溶融単塩の密度, 表面張力および粘性率の温度依存性 [1-15] (Temperature dependence of density, surface tension and viscosity of molten single salts)

物質	密度 ρ (10^3 kg/m^3)	(温度範囲) T (K)	表面張力 σ (mN/m)	(温度範囲) T (K)	粘性率 η (mPa·s)	(温度範囲) T (K)
LiF	$2.358-4.902 \times 10^{-4}$T	(1149-1320)	$346.4-0.0988$ T	(1160-1530)	0.1835 exp (21832/RT)	(1128-1342)
NaF	$2.755-6.36 \times 10^{-4}$T	(1275-1370)	$289.6-0.0820$ T	(1270-1360)	0.1366 exp (25396/RT)	(1277-1364)
KF	$2.646-6.515 \times 10^{-4}$T	(1154-1310)	$240.0-0.08478$T	(1185-1583)	0.1068 exp (23778/RT)	(1141-1328)
RbF	$3.995-1.0211 \times 10^{-3}$T	(1080-1340)	$209-0.0782$ T	(1068-1218)	0.0971 exp (24322/RT)	(1078-1275)
CsF	$4.898-1.2806 \times 10^{-3}$T	(985-1185)	$184.6-0.0808$ T	(1048-1253)	0.1009 exp (22244/RT)	(981-1281)
LiCl	$1.884-4.328 \times 10^{-4}$T	(910-1050)	$178.9-0.0594$ T	(893-1195)	0.1089 exp (19375/RT)	(886-1170)
NaCl	$2.139-5.430 \times 10^{-4}$T	(1080-1292)	$189.4-0.0702$ T	(1077-1194)	0.0946 exp (21439/RT)	(1077-1180)
KCl	$2.135-5.831 \times 10^{-4}$T	(1060-1200)	$173.6-0.0722$ T	(1049-1186)	0.0708 exp (23911/RT)	(1050-1191)
RbCl	$3.121-0.8832 \times 10^{-3}$T	(996-1196)	$167.2-0.0739$ T	(996-1179)	0.0767 exp (24031/RT)	(999-1182)
CsCl	$3.769-1.065 \times 10^{-3}$T	(945-1179)	$150.8-0.0683$ T	(943-1163)	0.0607 exp (24942/RT)	(933-1184)
CuCl	$4.226-7.6 \times 10^{-4}$T	(709-858)	92	(723)	0.1042 exp (21234/RT)	(773-973)
AgCl	$5.519-9.4 \times 10^{-4}$T	(769-900)	$216.4-0.052$ T	(733-973)	0.309 exp (12196/RT)	(723-973)
TlCl	$6.893-1.8 \times 10^{-3}$T	(708-915)			0.173 exp (14226/RT)	(740-1040)
MgCl$_2$	$1.976-3.02 \times 10^{-4}$T	(1000-1240)	$76.73-0.01$ T	(990-1210)	0.1793 exp (20559/RT)	(993-1170)
CaCl$_2$	$2.526-4.225 \times 10^{-4}$T	(1060-1230)	$223.7-0.0728$ T	(1040-1200)	0.1021 exp (30351/RT)	(1060-1240)
SrCl$_2$	$3.389-0.5781 \times 10^{-3}$T	(1167-1310)	$230.7-0.0541$ T	(1157-1307)	0.0963 exp (34918/RT)	(1150-1300)
BaCl$_2$	$4.015-0.6813 \times 10^{-3}$T	(1240-1370)	$263.2-0.0790$ T	(1240-1310)	0.0799 exp (39552/RT)	(1210-1320)
ZnCl$_2$	$2.837-5.293 \times 10^{-4}$T	(590-830)	$54.9-0.002$ T	(580-818)	2.69×10^{-7} exp (114741/RT)	(591-628)
			$68.8-0.019$ T	(818-970)	5.30×10^{-6} exp (99099/RT)	(628-722)
					2.89×10^{-4} exp (75136/RT)	(722-853)
CdCl$_2$	$4.078-8.2 \times 10^{-4}$T	(840-1080)	$108.5-0.028$ T	(853-1194)	0.240 exp (16368/RT)	(863-963)
PbCl$_2$	$6.112-1.57 \times 10^{-3}$T	(789-983)	$233.7-0.124$ T	(791-845)	0.0561 exp (28293/RT)	(773-973)
GaCl$_3$	$4.148-6.707 \times 10^{-4}$T	(940-1280)	$62.2-0.0997$ T	(354-413)	0.01804 exp (13359/RT)	(355-519)
Li$_2$CO$_3$	$2.202-3.729 \times 10^{-4}$T	(1010-1120)	$284.5-0.0406$ T	(1020-1130)	0.1074 exp (35000/RT)	(1016-1198)
Na$_2$CO$_3$	$2.479-4.487 \times 10^{-4}$T	(1140-1280)	$268.5-0.0502$ T	(740-1290)	0.208 exp (27930/RT)	(1141-1234)
K$_2$CO$_3$	$2.414-4.421 \times 10^{-4}$T	(1180-1280)	$243.5-0.06368$T	(1178-1283)	0.1875 exp (27030/RT)	(1179-1234)
Rb$_2$CO$_3$	$3.598-6.797 \times 10^{-4}$T	(1165-1328)			0.1659 exp (28550/RT)	(1153-1233)
Cs$_2$CO$_3$	$4.372-8.565 \times 10^{-4}$T	(1100-1231)	$213.5-0.0731$ T	(1100-1220)	0.1029 exp (30500/RT)	(1073-1230)
Li$_2$SO$_4$	$2.464-4.061 \times 10^{-4}$T	(1140-1250)	$301-0.0672$ T	(1133-1373)		
Na$_2$SO$_4$	$2.652-5.034 \times 10^{-4}$T	(1180-1350)	$269-0.066$ T	(1170-1460)	0.148 exp (41798/RT)	(1240-1470)
K$_2$SO$_4$	$2.475-4.5108 \times 10^{-4}$T	(1350-1410)	$245.2-0.0765$ T	(1372-1394)		
LiOH	$1.718-4.57 \times 10^{-4}$T	(748-823)				
NaOH	$2.068-4.784 \times 10^{-4}$T	(600-730)			0.0721 exp (20657/RT)	(623-823)
KOH	$2.013-4.396 \times 10^{-4}$T	(640-870)			0.0229 exp (25845/RT)	(673-873)

難であり,表に示すのはより高温度における測定値から外挿したものである.必要な物性値の温度依存式はより広い温度範囲にわたり測定値をより高精度で再現する自然な関数を採用するようにして外挿に起因する誤差を小さくした.Table B-5-2-4には工業的に利用される頻度の高いアルカリ金属フッ化物,塩化物,炭酸塩,硫酸塩の混合塩の密度および粘性率の各温度における値を示す.Table B-5-2-5には溶融単塩の密度,表面張力および粘性率の温度依存性を表す式を適用温度範囲とともに示す.Table B-5-2-6に熱伝導率の温度依存性を表す式を示す.自然対流および熱輻射の影響を考慮して非定常法で測定された値を掲載した.

Table B-5-2-5 熱拡散率 a，熱伝導率 λ

塩	熱拡散率 a (m^{2}s^{-1}) 熱伝導率 λ (Wm^{-1}K^{-1})	温度範囲/K	測定方法，文献
NaNO$_3$	$a = 1.53 \times 10^{-10} T + 4.81 \times 10^{-8}$	593 – 660	レーザーフラッシュ法，17)
KNO$_3$	$a = 9.74 \times 10^{-11} T + 8.84 \times 10^{-8}$	621 – 694	レーザーフラッシュ法，17)
LiCl	$\lambda = 0.626 - 0.29 \times 10^{-3} (T - 883)$	967 – 1321	強制レーリー散乱法，18)
NaCl	$\lambda = 0.519 - 0.18 \times 10^{-3} (T - 1074)$	1170 – 1441	強制レーリー散乱法，18)
KCl	$\lambda = 0.389 - 0.17 \times 10^{-3} (T - 1043)$	1056 – 1335	強制レーリー散乱法，18)
RbCl	$\lambda = 0.249 - 0.11 \times 10^{-3} (T - 990)$	1046 – 1441	強制レーリー散乱法，18)
CsCl	$\lambda = 0.209 - 0.12 \times 10^{-3} (T - 918)$	960 – 1360	強制レーリー散乱法，18)
NaBr	$\lambda = 0.320 - 0.08 \times 10^{-3} (T - 1020)$	1050 – 1267	強制レーリー散乱法，19)
KBr	$\lambda = 0.218 - 0.04 \times 10^{-3} (T - 1007)$	1035 – 1245	強制レーリー散乱法，19)
RbBr	$\lambda = 0.203 - 0.11 \times 10^{-3} (T - 953)$	1031 – 1326	強制レーリー散乱法，19)
CsBr	$\lambda = 0.149 - 0.02 \times 10^{-3} (T - 909)$	948 – 1314	強制レーリー散乱法，19)
NaI	$\lambda = 0.206 - 0.03 \times 10^{-3} (T - 935)$	961 – 1099	強制レーリー散乱法，20)
KI	$\lambda = 0.150 - 0.10 \times 10^{-3} (T - 958)$	965 – 1234	強制レーリー散乱法，20)
RbI	$\lambda = 0.136 - 0.07 \times 10^{-3} (T - 913)$	963 – 1226	強制レーリー散乱法，20)
CsI	$\lambda = 0.119 - 0.08 \times 10^{-3} (T - 894)$	937 – 1277	強制レーリー散乱法，20)

1) Janz, G. J. : Molten Salts Hand Book, Academic Press (1967) 2. 2) Janz, G. J., Gardner G. L. et al. : J. Phys. Chem. Ref. Data, 17 (1974) 1. 3) Janz, G. J., Tomkins R. P. T. et al. : J. Phys. Chem. Ref. Data, 4 (1975) 871. 4) Janz, G. J., Tomkins R. P. T. et al. : J. Phys. Chem. Ref. Data, 6 (1977) 409. 5) Janz, G. J., Tomkins R. P. T. et al. : J. Phys. Chem. Ref. Data, 8 (1979) 125. 6) Janz, G. J. : J. Phys. Chem. Ref. Data, 9 (1980) 791. 7) Janz, G. J. & Tomkins R. P. T. : J. Phys. Chem. Ref. Data, 9 (1980) 831. 8) Janz, G. J. : J. Phys. Chem. Ref. Data, 17 (S2) (1988) 1. 9) Bystrai, G. P., Desyatnik, V. N. et al. : Izv. Vyssh. Uchebn. Zaved. Metally , 4 (1975) 165. 10) Bystrai, G. P., Desyatnik, V. N. et al. : Atom. Energ., 36 (1974) 517. 11) Golyshev, V. D., Goniket M. A. et al. : Teplofiz. Vys. Temp., 21 (1983) 899. 12) Savintsev, P. P., Khoklov V. A. et al. : Teplofiz. Vys. Temp., 16 (1978) 644. 13) Kawai, Y. & Shiraishi, Y. : Handbook of Physico-chemical Properties at High Temperatures, Iron and Steel Institute of Japan, (1988) 239. 14) 江島辰彦・佐藤 譲ほか：日本金属学会誌, 51 (1987) 328. 15) 江島辰彦・佐藤 譲ほか：日本化学会誌, (1982) 961. 16) Ejima, T., Y. Sato et al. : J. Chem. Eng. Data, 32 (1987) 180. 17) H. Ohta, G. Ogura, Y. Waseda and M. Suzuki, Rev. Sci. Instrum., 61 (1990), 2645. 18) Y. Nagasaka, N. Nakazawa, A. Nagashima : International Journal of Thermophysics, 13 (1992), 555. 19) N. Nakazawa, Y. Nagasaka, A. Nagashima : International Journal of Thermophysics, 13 (1992), 753. 20) N. Nakazawa, Y. Nagasaka, A. Nagashima : International Journal of Thermophysics, 13 (1992), 763.

5.3 溶融半導体の熱物性値
(Thermophysical Properties of Molten Semiconductors)

シリコン融液の熱物性は,集積回路用シリコン結晶単結晶,あるいは,太陽電池用多結晶シリコン製造のプロセスの解析と最適化のための,数値シミュレーションに不可欠な値である.ここ15年ほどの期間に,わが国の研究者を中心に,新らしい測定法による測定が試みられ,旧いデータが書き換えられ,かつ,こ れまでは,取得できていなかったデータも整備され始めてきた.どのような値がシミュレーションにおいて必要とされ,また,現実的にどのような熱物性値がこれまで用いられてきたかについては,文献1)および2)が参考になる.宇宙環境利用から派生した無容器浮遊技術の進歩は,過冷却温度域の熱物性値測定という新たな科学技術の領域を生み出した.電磁浮遊技術を静磁場と組み合わせることにより,従来は解決が困難であった浮力による対流の問題を回避し,交流カロリメトリによる高温融体の熱伝導率

Table B-5-3-1 溶融シリコンの熱物性値 (Thermophysical Properties of Molten Silicon)

密度 ρ (kg/m³)	$2583 - 0.1851 \times 10^{-4}(T-T_m) - 1.984 \times 10^{-4}(T-T_m)^2$ (1370K < T < 1830K) [4]
体積膨張率 β (K⁻¹)	7.17×10^{-5} [4] (at T_m)
定圧比熱 c_p (kJ/(kg·K))	0.96831 [5] (1700K < T < 1900K)
融点 T_m (K)	1683 [6]
溶融潜熱 r (kJ/kg)	1.805 [6]
熱伝導率 λ (W/(m·K))	62 ± 5 [7] (1750 < T < 2050K)
粘性率 η (mPa·s)	$\log \eta = -0.727 + 819/T$ $E_\eta = 559$ kJ/kg [8] (1670K < T < 1900K)
表面張力 σ (mN/m)	$\sigma = 831 - 29.5 \ln(1 + 3.88 \times 10^{10} Po_2^{1/2})$, 1693K [9] $\sigma = 814 - 30.1 \ln(1 + 3.06 \times 10^{10} Po_2^{1/2})$, 1723K $\sigma = 793 - 30.6 \ln(1 + 2.47 \times 10^{10} Po_2^{1/2})$, 1753K $\sigma = 774 - 31.0 \ln(1 + 1.01 \times 10^{10} Po_2^{1/2})$, 1773K
表面張力温度係数 $\partial\sigma/\partial T$ (mN/m·K)	$\partial\sigma/\partial T = -0.90 + 0.370 \ln(1 + 6.62 \times 10^{10} Po_2^{1/2})$ $- 0.387 \ln(1 + 8.22 \times 10^9 Po_2^{1/2})$ [9] (1693K < T < 1773K, $Po_2 < Po_2^{sat}$)
電気伝導度 κ (S/m)	1.39×10^6 [10] (m.p < T < 1900K)
半球全放射率 ε (-)	$\varepsilon = 0.25 \pm 0.03$ (1750K < T < 1920K) [11]
分光放射率 ε (-)	0.230 (650nm) [12] 0.224 (800nm) 0.217 (970nm) 0.193 (1550nm) (いずれも 1550K < T < 1800K)

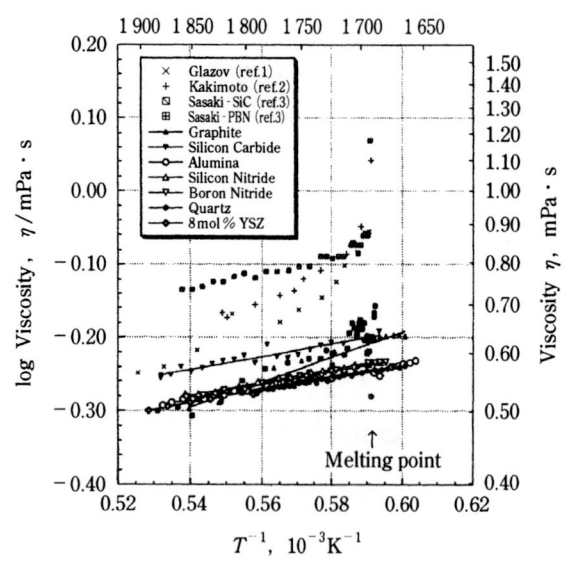

Fig. B-5-3-1 溶融シリコンの粘性率[8]

Viscosity of molten silicon. Ref.1 : V. M. Glazov, S. N. Chizhevskaya, N. N. Glagoleva, Liquid Semiconductors, Plenum Press, New York, 1969, p.55. Ref.2 : K. Kakimoto, M. Eguchi, H. Watanabe, T. Hibiya, J. Crystal Growth 94 (1989) 412. Ref.3 : H. Sasaki, E. Tokizaki, X-M. Huang, K. Terashima, S. Kimura, Jpn. J. Appl. Phys. 34 (1995) 3432.

測定が可能となった．シリコン融液の熱伝導率測定は，その最初の適用例である．旧版が刊行された直後から，一時，学会で話題となった，融点近傍での物性値の異常[3]については，過冷却状態での測定が進むにつれて否定されるようになった．ここでは，最近の方法で測定された溶融シリコンの熱物性値について網羅しておく．

なお，融液中の拡散定数，平衡偏析係数については，Table C-5-2-2を参照されたい．

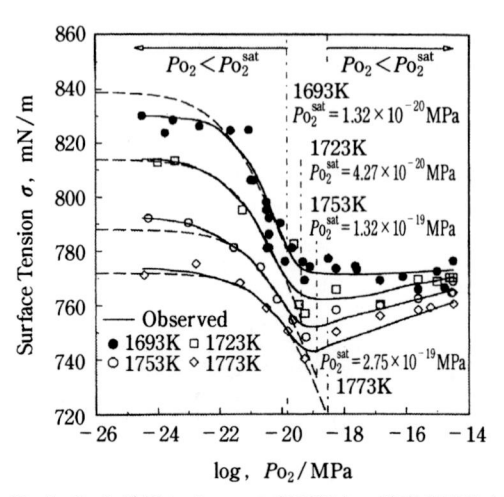

Fig. B-5-3-2 溶融シリコンの表面張力の酸素分圧依存性[9]

Effect of oxygen partial pressure on surface tension of molten silicon.

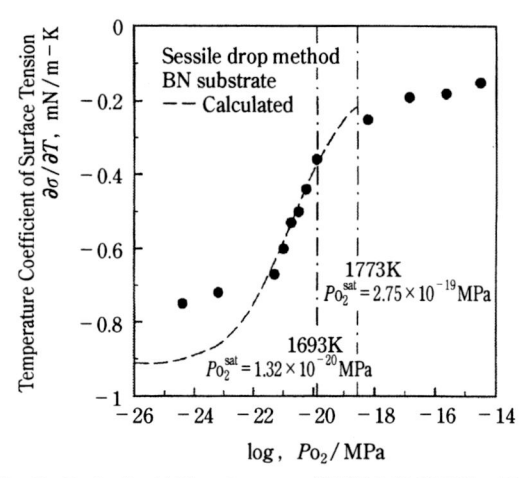

Fig. B-5-3-3 溶融シリコンの表面張力温度係数の酸素分圧依存性[9]

Effect of oxygen partial pressure on temperature coefficientofsurface tension of molten silicon.

1) 福山博之，塚田隆夫，渡辺匡人，田中敏宏，馬場哲也，日比谷孟俊，熱物性，vol.17, No.3, (2003) pp.218-222. 2) 塚田隆夫，水戸光将，宝沢光紀，You-Rong Li, 今石宣之，日本結晶成長学会誌，30 (2003) 357. 3) S. Kimura and K. Terashima, J. Crystal Growth 180 (1997) 323. 4) Zhenhua Zhou, Sundeep Mukherjee, Won-Kyu Rhim, J. Crystal Growth, 257 (2003) 350. 5) NIST-JANAF Thermochemical Tables 4th Ed. Part II, Cr-ZR, M. W. Chase, Jr., published by the American Chemical Society and the American Institute of Physics (1998), p.1883. 6) Landolt-Bornstein, Numerical Data and Functional Relationships in Science and Technology, New Series,Group III : Crystal and Solid State Physics, vol.17, Semiconductors, Springer (1984) p.19. 7) 小畠秀和，福山博之，湊出，中村 崇，塚田隆夫，淡路 智，日本鉄鋼協会春季大会第151回，早稲田大，2006年3月，材料とプロセス，Vol.19, [1] (2006), 156. 8) Y. Sato, Y. Kameda, T. Nagasawa, T. Sakamoto, S. Moriguchi, T. Yamamura, Y. Waseda, J. Crystal Growth, 249 (2003) 404-415. 9) K. Mukai, Yuan, Nogi and Hibya, ISIJ International, 40, S148 (2000). 10) H. Sasaki, A. Ikari, K. Terashima and S. Kimura, Jpn. J. Appl. Phys. 34 (1995) 3426. 11) 製造技術高度化のための高精度基盤データ取得装置の開発に関するフィージビリティスタディ 平成18年3月30日 財団法人 機械システム振興協会. 12) H. Kawamura, H. Fukuyama, M. Watanabe and T. Hibiya, Measurement Science and Technology, 16 (2005) pp.386-393.

C編　応用分野別の熱物性

C.1　エネルギー（Energy）

1.1　熱媒体および顕熱蓄熱材料の熱物性値（Thermophysical Properties of Heat Transfer Fluids and Heat Storage Materials）

1.1.1　有機熱媒体（Organic Heat Transfer Fluids）

有機系熱媒体は，熱媒体としての水が使用しにくい高温域や低温域（−50〜400℃程度）での熱の輸送に効果的な媒体で，可燃性ではあるが，高い熱輸送性と使用温度域での熱的・化学的安定性を持ち，低毒性，比較的低価格，低融点で使用が容易といった特徴を有している．

有機系熱媒体は，通常，液相で使用するものが多いが，蒸気相が熱的に安定な，化合物単体や共沸混合系（ジフェニル-ジフェニルエーテル系など）では，蒸気相の使用も可能である．蒸気相使用の利点は，
(1) 蒸発潜熱を利用でき，使用熱媒体が少量ですむ．
(2) 沸点による均一な伝熱温度が得やすい．
(3) 複雑形状の伝熱面であっても熱輸送が行える．
などである一方，液相利用の利点は，複数カ所において異なる温度での利用，あるいは温度可変に対する対応が容易な点，小型装置では設備費が安くつく点などがある．

有機系熱媒体は，加熱使用すると徐々に，また局部加熱が起こると急激に，熱分解を起こし劣化する．有機系熱媒体は，一般には密閉系あるいは不活性ガスでカバーして使用すべきものであるが，空気の混入によって，高温酸化による劣化も発生する．有機熱媒体の使用においては，その劣化程度の進行に注意することが重要である．

有機系熱媒体は次のように大別される．
(1) 鉱油系 [1]
(2) 芳香族系合成油 [1]
　　アルキルベンゼン系，ジフェニル系，トリフェニル系，アルキルナフタレン系，ベンジル系
(3) シリコーン油系
(4) パーフルオロ系 [2]
(5) フロン系等の冷媒 [3]
(6) 低温槽用冷却液体 [3]

これら各熱媒体（(5)項を除く）の一般性状を略記し，その代表的な市販品の熱物性値の数例を Table C-1-1-1 に示す．これら工業製品はメーカーにより純度などが変化するため，詳細な物性値は各熱媒体毎に調査する必要がある．

（a）鉱油系熱媒体

ナフサ油あるいはパラフィンを精製し低沸点物の除去，粘度調整，酸化安定剤などの添加が行われている．常圧あるいは加圧下での液体状態で使用される熱媒体で，各種粘性率のものが市販されている．低価格で比熱および熱伝導度がやや高く，単位量当りで授受できる熱量が大きい点が特徴で，上限温度は密閉式で250〜300℃程度のものが多い．

（b）アルキルベンゼン系熱媒体

通常，異性体を含め数種の化合物の混合物であって，常圧下の液相状態での使用が原則であるが，精製度を高くした低分子系アルキルベンゼン熱媒体では，蒸気相の使用が可能なものもある．流動点はかなり低く，低温域から300℃付近までの温度域で使用できる熱媒体である．

（c）ジフェニル系熱媒体

ジフェニル26.5%-ジフェニルエーテル73.5%の共晶混合物は，熱的安定性が極めて優れており，世界的に最もよく使用される高温用有機熱媒体であって，400℃までの常圧あるいは加圧下の，液相あるいは蒸気相状態で使用される．この系の最大の欠点は凝固点が高い（12℃）点で，このためジフェニルをアルキル化して，−30℃程度からの低温使用を可能としているものもある．

Table C-1-1-1 市販されている主な有機熱媒体の種類とその熱物性 (Termophysical properties of typical organic heat transfer fluids)

種　類 [3]	引火点 T_g (℃)	流動点 T_f (℃)	沸　点 T_b (℃)	蒸気圧 V_g (mbar)	温度 T (℃)	密　度 ρ (kg/m³)	比　熱 C_p (J/(g·K))	粘性率 μ (mm²/s)	熱伝導率 λ (W/(m·K))
鉱油（ISO VG22）[4]	204	-17.5	[350]	87[2]	40 160 300	842 765 675	1.94 2.38 2.88	22 1.8 0.62	0.130 0.122 0.112
鉱油（ISO VG32）[4]	218	-15	[430]	42[2]	40 160 300	852 774 684	1.94 2.38 2.88	32 2.2 0.71	0.130 0.122 0.112
鉱油（ISO VG68）[4]	268	<-12	[480]	25[2]	40 160 300	870 800 720	1.94 2.38 2.88	66 2.9 0.88	0.130 0.122 0.112
メチルイソプロピルベンゼン	62	<-80	176	9200[2]	40 160	843 751	1.96 2.38	0.82 0.35	0.134 0.124
重質アルキルベンゼン	206	-55	382	280[2]	40 160 300	875 807 727	1.92 2.34 2.84	31 1.9 0.61	0.129 0.120 0.110
ジフェニルジフェニルエーテル共晶	124	12	257	2500[2]	40 160 300	1046 935 (804)	1.67 2.00 (2.38)	2.5 0.57 (0.29)	0.139 0.128 (0.114)
エチルジフェニル	130	<-30	286	1400[2]	40 160 300	988 894 (783)	1.67 2.08 (2.56)	3.2 0.67 (0.42)	0.142 0.122 (0.101)
ジエチルジフェニル	150	<-30	315	750[2]	40 160 300	972 872 753	1.85 2.27 2.76	5.8 1.07 0.70	0.135 0.117 0.098
水素化トリフェニル	170	<-10	364	330[2]	40 160 300	992 899 787	1.58 2.04 2.58	24 1.4 0.48	0.121 0.115 0.108
メチルナフタレン	105	<-10	244	3300[2]	50 150 300	988 930 (843)	1.64 1.91 (2.17)	1.7 0.51 (0.20)	0.128 0.121 (0.111)
ジイソプロピルナフタレン	140	<-40	303	940[2]	50 150 300	933 864 757	1.81 2.13 2.62	4.8 0.81 0.33	0.120 0.113 0.102
ジベンジルトルエン	210	<-30	390	120[2]	40 160 300	1032 948 852	1.63 2.05 2.51	18 1.2 0.44	0.131 0.117 0.102
ジメチルシリコーン油[5]	>315	<-50	-	0.28[2]	50 150	946 864	1.50[1]	65 18	0.155[1]
メチルフェニルシリコーン油[5]	316	<-30	-	0.45[2]	50 150 250	1055 984 920	1.63[1]	167 20 6.6	0.146[1]
パーフルオロポリエーテル[5]	-	<-65	-	1.0[2]	40 160	1830	1.00	65 4.7	0.088
エチレングリコール	111	-13	197		40 160	1100	2.52 3.35	12[1]	0.257 0.186

(…) 加圧液相の物性値
[…] 平均沸点
…[1] 25℃の値, …[2] 300℃の値
…[3] 製造者により純度などに差があり, 物性値にも幅がある.
…[4] 構成物, 組成の差で, 同一粘性率グレードでも物性値の差は大きい.
…[5] 各種粘性率のものが市販されており, 各一例を示すにとどめた.

(d) トリフェニル系熱媒体

トリフェニルの二重結合を不完全に水素化した, 高沸点, 低蒸気圧, 低流動点の液体で, 原則として常圧液相使用の熱媒体である.

(e) アルキルナフタレン系熱媒体

常圧下の液相状態での使用が原則であるが, 短分子

鎖系では蒸気相の使用が可能なものもあり，流動点はかなり低く，また蒸発潜熱の大きい特色があって，低温域から340℃付近までの温度域で使用できる熱媒体である．

(f) ベンジル系熱媒体

高沸点で低温流動性のある，常圧下の液相状態で使用される熱媒体で，流動点はかなり低く，低温から350℃程度までの加熱冷却液として利用可能である．

(g) シリコーン油系熱媒体

シロキサン結合を骨格とした人工ポリマーで，重合度により任意の粘性率の油が合成される．高価であるが，耐熱性，低蒸気圧，難燃性，高耐酸化性により，空気中でかなりの高温まで使用できる．通常ジメチル系が多いが，耐熱性向上のため一部をフェニル置換したものもある．

(h) パーフルオロ系熱媒体

ポリエーテル中の水素を全てフッ素に置換したもので，かなり高価格であるが，不燃性で耐酸化性・熱安定性が高く，300℃以上の空気中でも使用できる．

(i) その他

低温槽用熱媒体としては，アルコール系，グリコール系が水溶液あるいは単独で使用される．容器に対する侵食性に難があり，インヒビターの添加が望ましい．

1.1.2 溶融塩（硝酸塩）(Molten Salts, Nitrates)

硝酸塩系溶融塩は，すでに熱輸送材，蓄熱材，金属熱処理材などに利用されている．それらの多くは$NaNO_3$，KNO_3，$NaNO_2$，KNO_2などを組み合わせ，多元系化して融点を下げている．硝酸塩の熱物性値に関して注意すべき点は，対象とする塩の熱的安定性，すなわち，ある温度における化学平衡状態についてである．アルカリ金属硝酸塩についてみると，$LiNO_3$はこれらの中で最も不安定であり，融点（527 K）直上より分解反応

$$LiNO_3 \rightarrow LiNO_2 + (1/2)O_2$$

がわずかながら起こり始め，750 K以上では顕著に認められるようになる．$NaNO_3$，KNO_3などは，融点から約800 K程度まで，ほぼ安定とみなされる．硝酸塩，亜硝酸塩に関する化学平衡に関しては文献4)に解説がある．

Table C-1-1-2に$LiNO_3$，$NaNO_3$，KNO_3について密度および粘性率の相関式を示す[5-7]．同様に

Table C-1-1-2 アルカリ硝酸塩（$LiNO_3$, $NaNO_3$, KNO_3）の密度，粘性率（Density and viscosity of alkali nitrate salts） ρ (kg/m³), η (Pa·s)

$LiNO_3$ (MP:527K)	
$\rho = 2068 - 0.546T$	$550 < T < 690K$
$\eta = 3.9818 \cdot 10^{-2} - 8.2245 \cdot 10^{-1}T + 1.0941 \cdot 10^{-2}T^2 + 4.2394 \cdot 10^{-5}T^3$	$550 < T < 690K$
$NaNO_3$ (MP:583K)	
$\rho = 2333.9 - 0.7665 \cdot T$	$590 < T < 690K$
$\eta = 2.5098 \cdot 10^{-2} - 6.0544 \cdot 10^{-5}T + 3.8709 \cdot 10^{-8}T^2$	$590 < T < 730K$
KNO_3 (MP:610K)	
$\rho = 2315 - 0.729T$	$620 < T < 870K$
$\eta = 2.8404 \cdot 10^{-2} - 6.7520 \cdot 10^{-5}T + 4.2207 \cdot 10^{-8}T$	$620 < T < 760K$

Table C-1-1-3 アルカリ亜硝酸塩（$LiNO_2$, $NaNO_2$, KNO_2）の密度，粘性率（Density and viscosity of alkali nitrite salts） ρ (kg/m³), η (Pa·s)

$LiNO_2$ (MP:493K)	
$\eta = -14.9091 + 8.75812 \cdot 10^{-2}T - 1.71073 \cdot 10^{-4}T + 1.11184 \cdot 10^{-7}T^3$	$510 < T < 520K$
$NaNO_2$ (MP:558K)	
$\rho = 2226 - 0.746T$	$570 < T < 720K$
$\eta = 0.187118 - 8.76094 \cdot 10^{-4}T + 1.41024 \cdot 10^{-6}T^2 - 7.71608 \cdot 10^{-10}T^3$	$570 < T < 610K$
KNO_2 (MP:692K)	
$\rho = 2167 - 0.66T$	$710 < T < 750K$
$\eta = 0.864798 - 3.61760 \cdot 10^{-3}T + 5.06274 \cdot 10^{-6}T^2 - 2.36530 \cdot 10^{-9}T^3$	$700 < T < 720K$

Table C-1-1-3に$LiNO_2$，$NaNO_2$，KNO_2の密度および粘性率の相関式を示す[5, 6]．なお，Table C-1-1-4に$LiNO_2$の密度データを補足した[4]．アルカリ硝酸塩（単塩および多元系）の熱伝導率，熱拡散率に関しては文献8〜10)を参照されたい．Table C-1-1-5に$NaNO_3$およびKNO_3の熱伝導率相関式を示す[8]．

Table C-1-1-4 $LiNO_2$の密度[4]（Density of $LiNO_2$）

温度 T (K)	493	498	503	512	518	532	543
密度 (kg/m³)	1638	1636	1632	1629	1626	1620	1615

Table C-1-1-5 $NaNO_3$およびKNO_3の熱伝導率相関式[8]（Thermal conductivities of $NaNO_3$ and KNO_3）

塩 Salt		相関式 λ (W/(m·K)), T (K)
$NaNO_3$	(a)	$\lambda = 0.4025 + 2.68 \times 10^{-8}T$ (T<733K)
	(b)	$\lambda = 0.511$ (T=587.7K)
KNO_3		$\lambda = 0.2372 + 3.64 \times 10^{-4}T$ (T<733K)

注）(b) の方が新しい測定で実験精度も高い（〜3%）が，1点しかない．

溶融塩の熱物性値に関する従来の公表データは相互に良い一致を示さない場合が多かった．同一試料，同一測定条件のもとで，異なる測定装置・測定法で測定し，その結果を比較評価することが「標準データ」を確立する上で重要である．このような観点から Janz, G. L. らが中心となって行った Molten Salts Standards Program は高い評価を得ている[8, 11, 12]．これは KNO_3 と NaCl の高純度，同一ロット試料を各国の測定チームに供給し，密度，表面張力，導電率，粘性率などについて同一条件のもとで測定し標準値を決定したものである．これらの中から KNO_3 の密度，表面張力および粘性率の測定結果とその推奨式を Fig. C-1-1-1～C-1-1-3 に示した．

なお，硝酸塩以外の溶融塩については，B.5.2 節を参照のこと．

硝酸塩系で熱媒体として広く用いられている塩に通称 HTS（Heat Transfer Salt）と呼ばれる三元系溶融塩

KNO_3-$NaNO_2$-$NaNO_3$：44-49-7 mol%

がある．この塩の融点は 415 K と低く，約 800 K までほぼ常圧で使用できる．HTS に関する物性値は文献 8) に良くまとめられている．ここでは熱伝導率を Table C-1-1-6 に，密度および粘性率を Fig. C-1-1-4～C-1-1-5 に示した．

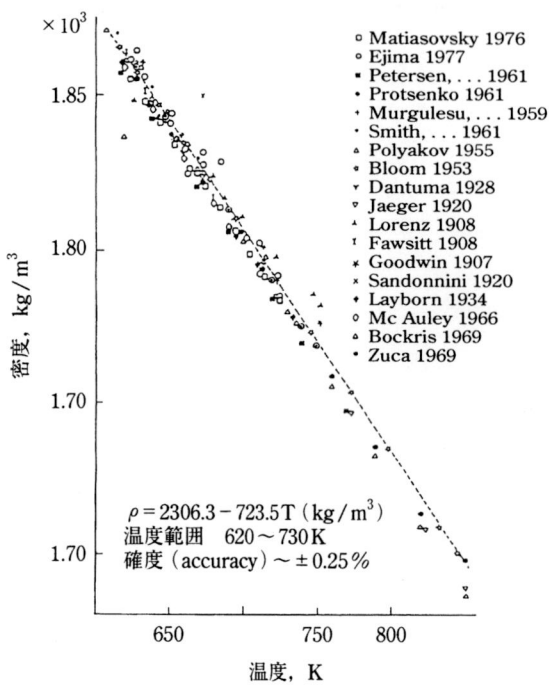

Fig. C-1-1-1 溶融 KNO_3 の密度（KNO_3 density data and recommended equation）

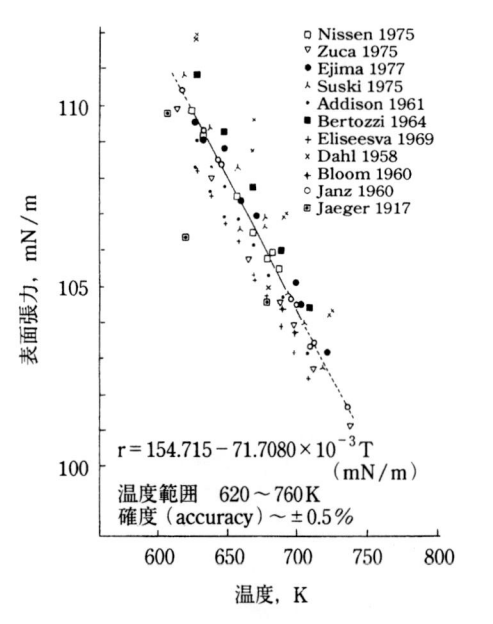

$\rho = 2306.3 - 723.5T \ (kg/m^3)$
温度範囲 620～730 K
確度（accuracy）～±0.25%

Fig. C-1-1-2 溶融 KNO_3 の表面張力（KNO_3 surface tension data and recommended equation）

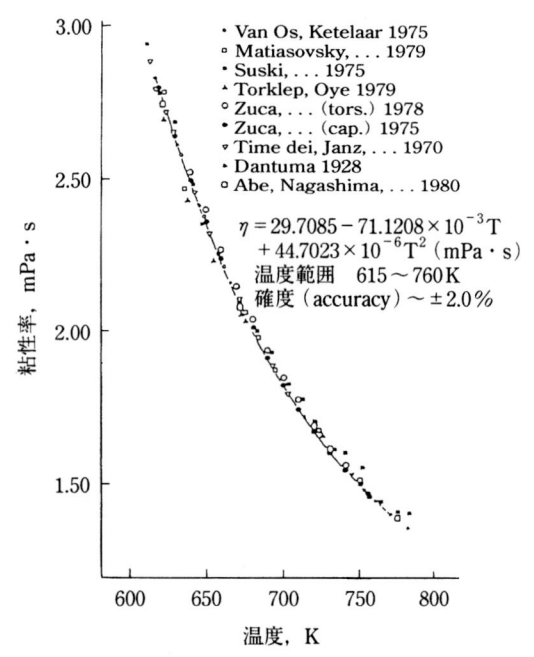

$r = 154.715 - 71.7080 \times 10^{-3}T \ (mN/m)$
温度範囲 620～760 K
確度（accuracy）～±0.5%

Fig. C-1-1-3 溶融 KNO_3 の粘性率（KNO_3 viscosity data and recommended equation）

$\eta = 29.7085 - 71.1208 \times 10^{-3}T + 44.7023 \times 10^{-6}T^2 \ (mPa \cdot s)$
温度範囲 615～760 K
確度（accuracy）～±2.0%

Table C-1-1-6 HTS の熱伝導率[13] (Thermal conductivity of HTS)

温度 T (K)	熱伝導率 λ (W/(m·K))
426.7	0.479
427.4	0.491
469.4	0.504
509.0	0.502
552.8	0.494
583.8	0.492

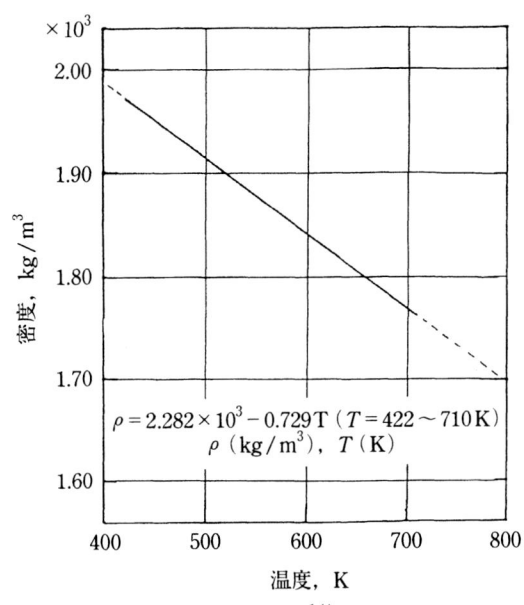

Fig. C-1-1-4 HTS の密度[14] (Density of HTS)

$\rho = 2.282 \times 10^3 - 0.729T \quad (T = 422 \sim 710 \text{K})$
$\rho \text{ (kg/m}^3\text{)}, \quad T \text{ (K)}$

1.1.3 液体金属 (Liquid Metals)

B.5.1 節を参照のこと.

1.1.4 固体顕熱蓄熱材料 (Heat Storage Materials-Solids)

固体顕熱蓄熱材料として,特別な材料群が存在するわけではないが,熱を使用する各部位において,固体顕熱として熱を貯めて,保温機能を含めて熱の利用時間をずらす使用法は,日常生活の中でも数多く使われている.例えばステーキ皿に熱容量の大きな鋳鉄材料が使われるのも,固体顕熱材料としての利用の一種である.

固体顕熱蓄熱材料の特性としては,
(1) 熱の入出力が可逆的に起こり,劣化が極めて少ない.
(2) 化学的機械的な安定度が高く,低価格で入手が容易.
(3) 可燃性,腐食性,毒性などがなく,安全である.
(4) 熱伝導度が高く,十分な熱流束を確保できる.
などが挙げられ,単位体積当りの蓄熱量がそう大きくなく,一定温度での熱の入出力が困難な点はあるが,特性の安定性と経済性から,広い適用範囲を持っている[16].

工業的にも各種産業で,広い温度範囲で使用されている.高温度での利用としては,製鉄業における熱

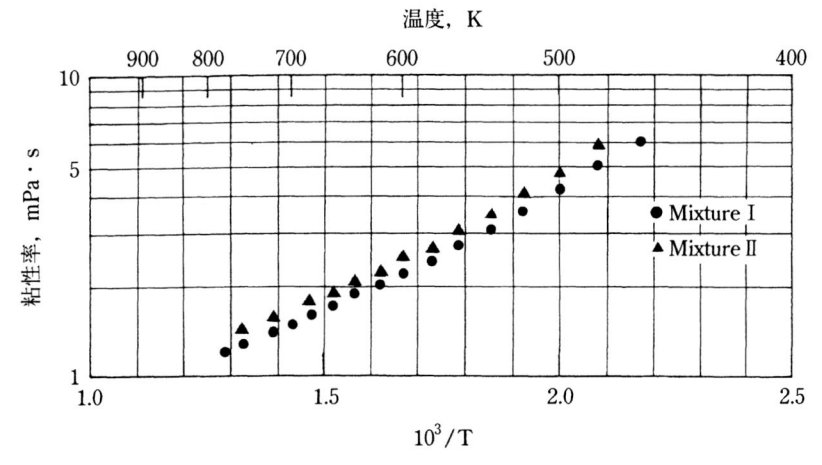

● : Mixture I [KNO$_3$ + NaNO$_2$ + NaNO$_3$ (44-49-7 mol%)]
▲ : Mixture II [KNO$_3$ + NaNO$_2$ + NaNO$_3$ (44-41.6-14.4 mol%)]

Fig. C-1-1-5 KNO$_3$ + NaNO$_2$ + NaNO$_3$ 系溶融塩の粘性率[15] (Viscosity of molten KNO$_3$ + NaNO$_2$ + NaNO$_3$ system)

Table C-1-1-7 固体顕熱蓄熱材料の熱物性値
(Approximate thermophysical properties of sensible heat storage materials, solids)

物　質　名	温度 T (K)	密度 $\rho \times 10^{-3}$ (kg/m³)	比熱 c_p (J/(kg·K))	熱伝導度 λ (W/(m·K))
硅石質レンガ	1300	1.6〜1.9	1110	1.0〜1.7
粘土質レンガ	1300	1.8〜2.2	1070	1.1〜1.4
高アルミナ質レンガ	1300	2.0〜2.4	1070	1.1〜1.4
マグネシアレンガ	1300	2.6〜2.9	1170	2.9〜3.9
炭化珪素レンガ	900	2.4〜2.5	1160	5〜18
砂利	300	1.8〜2.0	880	.33〜.40
砂（乾燥）	300	1.5〜1.9	880	.30〜.45
砂岩	300	2.2〜2.3	710	1.6〜2.1
大理石	300	2.5〜2.7	810	2.8〜3.5
土壌（乾燥）	300	1.4〜1.7	800	0.4〜0.6
土壌（湿潤）	300	1.6〜2.0	1800	1.5〜2.0
コンクリート	300	1.9〜2.3	880	0.8〜1.4
木材	300	0.6〜0.8	1250	0.1〜0.2
ガラス	300	2.4〜2.8	750	0.7〜0.8
アスファルト	300	1.04	1880	0.15
ポリエチレン	300	.92〜.95	1900	.34〜.50
銅	300	7.8	480	48〜62
鋳鉄	300	6.8〜7.4	540	43〜58
アルミニウム	300	2.7	880	210
銅	20	9.0	7	〜3000
鉛	20	11.6	54	56

風炉内のチェッカーとして，高温での熱膨張率が小さく形状の安定性が高い珪石質レンガ，耐火度が高く高強度の高アルミナ質レンガ，低温での熱膨張率が小さく経済性の高い粘土質レンガが組み合わせて用いられ，最高1300℃の温度域で，最大規模としては一基当り加熱表面積80000 m²，蓄熱材料3000トンという蓄熱が行なわれている．

耐火物を顕熱蓄熱材とする利用形態は，他にも種々あり，石炭を乾留しコークスを製造するコークス炉下部には，温度変化に強い粘土質レンガがチェッカーとして，また板ガラスや瓶ガラスの作製に使われるタンクガラス窯では，アルカリ蒸気に強く，比熱および熱伝導度が高いマグネシアレンガを最大1400℃の高温となるチェッカーの上部に，粘土質レンガをチェッカー下部に用い，いずれも燃料ガスの燃焼効率を高めるために使用している．一方，加熱炉内部での均熱性を良くするために，熱伝導度が高く，機械的強度が大きい炭化珪素系レンガが，温度変化の吸収のために使用される．家庭用においても，0.02〜0.05 m³程度のマグネシアレンガなどを蓄熱材に，深夜電力を利用して600℃の蓄熱温度に加熱しておき，翌日に利用する形式の蓄熱暖房器が市販されている．

低温における例としては，近年の超伝導材料研究で広く知られるようになった，ギフォード・マクマホン冷凍機内に使われる固体顕熱蓄熱材を示すにとどめる．ここでは，ヘリウムガスの断熱膨張前後の冷熱を貯蔵するため，熱伝導がよい銅がメッシュ状で，また極低温における比熱が大きい鉛が粒状で使用されている．

室温付近や中温域でも，排熱や間欠熱源からのエネルギーの有効利用を図るため，ユングストローム型などの回転蓄熱器，流下式や流動床式の粉粒体移動型の蓄熱器，蓄熱室型，ペブルベッド型などの蓄熱器，あるいは土中蓄熱などの形式で，経済性の高い砂，土壌，鉄材等，各種材料が固体顕熱蓄熱材料として利用されている．これらの概略熱物性値をTable C-1-1-7に示しておく[17,18]．なお，レンガなどの密度は，かさ密度である．

固体顕熱蓄熱材料としては，経済性を高めるため，天然物の直接利用や低次加工品を利用する場合が多いが，こうした天然物やその工業製品では，構成物の種類，組成，空隙率および含有水分によって，各熱物性値は大きく変化するので，使用に際しては注意が必要である．

1) VDI Ed. : "VDI-Wärmeatlas", 4 th ed. VDI-Verlag (1984).　2) エネルギー変換懇話会編：「エネルギー材料工学」，p.225, オーム社 (1980).　3) 日本機械学会編：「流体の熱物性値集」，日本機械学会 (1983).　4) Stern, K. H. : Phys. Chem. Fef. Data, **1**, 3 (1972) 747.　5) Janz, G. J., Dampier, F. W. et al. : NSRDS-MBS 15 (1968) 86.　6) Janz, G. J., Krebs, U. et al. : J. Phys. Chem Ref. Data, **1**, 3 (1972) 581.　7) Janz, G. J., Allen, C. B. et al. : NSRDS-MBS 61, Part 11 (1979).　8) 溶融塩熱技術研究会「無機融体の物性値 第II集」日本原子力情報センター (1988).　9) McDonald, J., Davis, H. T. : J. Phys. Chem., **74** (1970) 725.　10) Gustafsson, S. E., Halling, N. O. et al. : Z. Natureforsch., 23a (1968) 682.　11) Janz, G. J. : J. Phys. Chem. Ref. Data, **9** (1980) 791.　12) Janz, G. J. : Proc. 8 th Int. Thermophys. Properties Sympo., **2** (1981) 269.　13) Omotani, T. et al. : J. Phys. Chem., **74**, 725 (1970).　14) Krist, W. E. et al. : Trans. Am. Inst. Chem. Engrs., **36**, 371 (1940).　15) Gaune, P. G. : J. Chem. Eng. Data, **27**, 151 (1982).　16) 蓄熱・増熱技術編集委員会編：「蓄熱・増熱技術」，アイピーシー (1985).　17) 朝比奈正ほか：エネルギー・資源，**4**, 328 (1983).　18) Touloukian Y. S. Ed. : "Thermophysical Properties of Matter", IFI/Plenum Data Corp. (1971).

1.2 蓄熱材料の熱物性値
(Thermophysical Properties of Phase Change Materials for Heat Storage)

1.2.1 低温用潜熱蓄熱材料 (Low Temperature Phase Change Materials)

物質の相変化，相転移の潜熱を利用する潜熱蓄熱は，水，岩石などの顕熱蓄熱に比較して，単位体積，単位質量当りの蓄熱密度が大，一定温度での蓄熱が可能，といった特長を持つ．潜熱蓄熱材料に要求される性質としては，

① 相変化温度が目的の温度に近いこと
② 蓄熱量が大きいこと
③ 熱の出し入れが容易なこと
④ 繰り返し使用で劣化しないこと
⑤ 化学的に安定で容器との共存性があること
⑥ 安全性（無害，非可燃性など）が高いこと
⑦ 安価で大量に供給できること

などが挙げられる．任意の温度でこれらの条件をすべて満たす材料は無く，目的に応じて材料の性質改善，装置側の工夫に関する研究が行われて来ている．低温用潜熱蓄熱材料として研究されている物質は主に，融解・凝固潜熱を用いる水（氷蓄熱），水和塩，パラフィン，その他有機物，包接化合物，およびそれぞれの共晶混合物などであるが，最近では取扱いが容易となる固体相転移物質の研究も進められている．それぞれの候補物質の蓄熱物性を Table C-1-2-1～C-1-2-5 [1-6] に示す．

(a) 水和塩 (Salt Hydrates)

水以外の潜熱蓄熱材料中では蓄熱密度が大きい．主に価格面の理由で，$CaCl_2 \cdot 6H_2O$，$Na_2SO_4 \cdot 10H_2O$，$NaCH_3COO \cdot 3H_2O$ などに集中して研究開発が行われている．しかし，これらの物質は非調和融解に伴う相分離，著しい過冷却といった問題点がある．水や他の塩類添加による調和融解組成化，粘土などのシックナー（増粘剤）添加による相分離防止，核発

Table C-1-2-1 水，水和塩の熱物性値 [1-4] (Thermophysical properties of water and salt hydrates)

物質名	融点 T_m (℃)	融解熱 ΔH_m (kJ/kg)	熱伝導率 λ (W/(m·K)) solid (liq.)	密度 $\rho \times 10^{-3}$ (kg/m³) s (l)	比熱 c (kJ/(kg·K)) s (l)
◎ 水					
H_2O	0.0	333	2.2 (0.6)	0.92 (1.00)	2.1 (4.2)
◎ 水和塩					
$MgCl_2 \cdot 6H_2O$	116-118	172	2.1 (1.08)	1.57 (1.50)	2.1 (2.8)
$Al_2(SO_4)_3 \cdot 10H_2O$	112	182			
$NH_4Al(SO_4)_2 \cdot 12H_2O$	93.5	269		1.64	1.8 (3.1)
$KAl(SO_4)_2 \cdot 12H_2O$	92.5	238		1.76 (1.68)	1.6 (2.8)
$Mg(NO_3)_2 \cdot 6H_2O$	89	160	1.6	1.64	
$SrBr_2 \cdot 6H_2O$	89			2.39	
$Sr(OH)_2 \cdot 8H_2O$	88	343	1.8 (0.862)	1.90	1.8
$Ba(OH)_2 \cdot 8H_2O$	78	266	1.3 (0.657)	2.18	1.5 (2.0)
$Al(NO_3)_2 \cdot 9H_2O$	73.5	155			
$Fe(NO_3)_2 \cdot 6H_2O$	60.5			1.62	
$NaCH_3COO \cdot 3H_2O$	58	264		1.48	
$Ni(NO_3)_2 \cdot 6H_2O$	56.7			2.05	
$Na_2S_2O_3 \cdot 5H_2O$	48	197	1.2 (0.598)	1.73 (1.67)	1.5 (2.4)
$CaBr_2 \cdot 6H_2O$	38.2	115		2.30	
$Zn(NO_3)_2 \cdot 6H_2O$	36	147	1.0 (0.477)	1.92 (1.83)	1.6 (2.1)
$Na_2HPO_4 \cdot 12H_2O$	35	281	0.514 (0.476)	1.52 (1.44)	1.7 (1.9)
$Na_2CO_3 \cdot 10H_2O$	32.5-34.5	247		1.44	
$Na_2SO_4 \cdot 10H_2O$	32.4	251	(0.490)	1.46 (1.33)	1.9 (2.9)
$LiNO_3 \cdot 3H_2O$	30	255	1.6	1.55 (1.45)	2.1
$CaCl_2 \cdot 6H_2O$	29.9	192	1.1 (0.540)	1.71 (1.62)	1.5 (2.1)
$FeBr_3 \cdot 6H_2O$	27				

Table C-1-2-2 有機物の熱物性値[1-4] (Thermophysical properties of organic materials)

物 質 名		融点 T_m (℃)	融解熱 ΔH_m (kJ/kg)	熱伝導率 λ (W/(m·K)) solid (liq.)	密度 $\rho \times 10^{-3}$ (kg/m³) s (l)	比熱 c (kJ/(kg·K)) s (l)
◎ n-パラフィン						
n-Triacontane	$C_{30}H_{62}$	65.4	251		0.78-0.81	
n-Octacosane	$C_{28}H_{58}$	61.4	164		0.81(0.78)	
n-Hexacosane	$C_{26}H_{54}$	56.3	162		0.80(0.78)	
n-Tetracosane	$C_{24}H_{50}$	50.6	162	0.37	0.80(0.78)	1.8(2.3)
n-Docosane	$C_{22}H_{46}$	44.0	157		0.79	
n-Eicosane	$C_{20}H_{42}$	36.4	247	0.34(0.15)	0.83(0.78)	1.9(2.3)
n-Octadecane	$C_{18}H_{38}$	28.2	243	(0.15)	0.85(0.78)	1.8(2.2)
n-Hexadecane	$C_{16}H_{34}$	18.2	229	(0.16)	0.83(0.78)	1.8(2.2)
n-Tetradecane	$C_{14}H_{30}$	5.9	229	(0.14)	0.81(0.77)	1.8(2.1)
n-Dodecane	$C_{12}H_{26}$	-9.6	210			1.8(2.1)
◎ 有機物						
Acetamide		82.3		(0.25)	1.16(1.00)	
Propionamide		81.3	168		1.0 (0.93)	
Naphthalene		80	148	0.35(0.13)	1.03(0.97)	1.4(1.6)
Stearic acid		71	203	0.33(0.16)	0.94	2.0(2.3)
Biphenyl		71	119		0.98(0.96)	
Polyglycol E6000		66	190	0.36	1.20(1.08)	
市販 Wax		64	174	0.35(0.17)	0.88	(2.1)
Palmitic acid		63	187	(0.17)	(0.85)	
Myristic acid		57	197	(0.13)	0.86	1.6(2.3)
Camphen		50	238		0.87	
3-Heptadecanone		48	218			
Cyanamide		44	207	0.33(0.21)	1.28	1.6(2.1)
Lauric acid		44	178	(0.15)	(0.87)	1.6
Trimyristin		33	204		0.89(0.89)	
Caplic acid		31.5	153	(0.15)	(0.89)	1.7(2.2)
d-Lactic acid		26	184			
Acetic acid		16.6	134	(0.17)	(1.05)	
Caprylic acid		16.5	149	(0.15)	1.03(0.91)	
Polyglycol E400		8	97.1	0.31(0.17)	1.12(1.00)	(2.2)

Table C-1-2-3 共晶混合物の熱物性値[4] (Thermophysical properties of eutectic mixtures)

材料組成	融点 T_m (℃)	融解熱 ΔH_m (kJ/kg)	材料組成	融点 T_m (℃)	融解熱 ΔH_m (kJ/kg)	比熱 c (kJ/(kg·K))
Na₂SO₄ (40 wt%) NaCl (13 wt%) KCl (16 wt%) H₂O (40 wt%)	4	234	propionamide (25.1 wt%) palmitic acid (74.9 wt%)	50	192	1.96(s) 2.40(l)
			Mg(NO₃)₂·6H₂O (53 mol%) MgCl₂·6H₂O (47 mol%)	59.1	144	1.34(s) 3.16(l)
CaCl₂ (48 wt%) NaCl (4.3 wt%) KCl (0.4 wt%) H₂O (47.3 wt%)	26.8		Mg(NO₃)₂·6H₂O (53 mol%) Al(NO₃)₃·9H₂O (47 mol%)	61	148	
Ca(NO₃)₂·4H₂O (67 wt%) Mg(NO₃)₂·6H₂O (33 wt%)	30	136	LiNO₃ (27 mol%) NH₄NO₃ (68 mol%) NH₄Cl (5 mol%)	81.6	111	1.07(s) 2.20(l)

Table C-1-2-4 包接化合物の熱物性値[5] (Thermophysical properties of clathrate compounds)

物質名	融点 T_m (℃)	融解熱 ΔH_m (kJ/kg)
$SO_2 \cdot 6.0H_2O$	7	247
$C_2H_4O \cdot 6.9H_2O$ (ethylene oxide)	11.1	
$C_4H_8O \cdot 17.2H_2O$ (tetrahydrofuran)	4.4	255
$(CH_3)_3N \cdot 10.25H_2O$	5.9	239
$Bu_4NCHO_2 \cdot 32H_2O$	12.5	184
$Bu_4NCH_3CO_2 \cdot 32H_2O$	15.1	209

Table C-1-2-5 固体相転移物質の熱物性値[6] (Thermophysical properties of solid-solid phase transition materials)

物質名	相転移温度 T_t (℃)	融点 T_m (℃)	相転移熱 ΔH_t (kJ/kg)	比熱 c (kJ/(kg·K))
pentaerythritol $C(CH_2OH)_4$	187	269	269	2.9
trimethylol ethane $CH_3C(CH_2OH)_3$	82	197	174	2.8
neopentyl glycol $(CH_3)_2C(CH_2OH)_2$	48	126	139	2.8

Table C-1-2-6 提案された蓄熱材組成の例 (Examples of proposed compositions as heat storage materials)

```
Na2SO4・10H2O 系 [9]
  Na2SO4        38.73wt%
  H2O           49.30wt%  (包晶反応防止)
  Na2B4O7・10H2O 2.64wt%  (核発生剤)
  アタパルジャイト粘土  9.33wt%  (シックナー)
CaCl2・6H2O 系 [10]
  CaCl2・6.11H2O 成分    (包晶反応防止)
  NaCl          1wt%    (核発生剤)
NaCH3COO・3H2O 系 [11]
  NaCH3COO・3H2O 93 wt%
  H2O           3.5wt%
  ポリビニルアルコール  1.0wt%
  アセトン      0.5wt%  (シックナー)
  液体パラフィン 1.0wt%
  Na4P2O7・10H2O 1.0wt%  (核発生剤)
以上は例であり、最良のものとは限らない
```

Table C-1-2-7 塩水和物の腐食性[4] (Corrosiveness of salt hydrates)

蓄熱材	融点 T_m (℃)	試験温度 T_{test} (℃)	構造材料 S·	M·	T·	銅	Al	AlMg3
$LiClO_3 \cdot 3H_2O$	8.1	20	−	−	○	−	−	−
$CaCl_2 \cdot 6H_2O$	29.7	50	○	○	−	○	×	×
$Na_2SO_4 \cdot 10H_2O$	32.4	50	○	○	○	○	○	○
$Na_2HPO_4 \cdot 12H_2O$	35.0	55	○	○	○	○	×	×
$Zn(NO_3)_2 \cdot 6H_2O$	36.4	55	○	×	○	×	×	×
$Na_2S_2O_3 \cdot 5H_2O$	48.0	70	○	○	○	×	○	○
$CH_3COONa \cdot 3H_2O$	58.0	60	○	○	○	○	○	○
$Mg(NO_3)_2 \cdot 6H_2O$	116	140	○	○	○	○	○	○

○=耐食性；×=不適当；−=未測定
S·=ステンレス鋼1.4301；M·=軟鋼1.0330；
T·=スズメッキ軟鋼

生剤添加あるいは種結晶保存による過冷却防止などに，数多くの努力が重ねられて来ている[7,8]．Table C-1-2-6に改良組成の一例を示す[9-11]．また融点の移動調整のための組成も研究されている[12]．容器材料への腐食性について Table C-1-2-7[4]に示す．

(b) 有機物 (Organic Substances)

有機物は水和塩に比べ、過冷却や相分離の問題は少ないが、可燃性、融解熱・熱伝導度がより小さい、比較的高価格といった問題点がある。ポリエチレン（融点約80～135℃、融解熱10～50 cal/g、重合度により各種あり）は、水およびグリコール系熱媒体に溶解しないため、直接熱交換用蓄熱材料として期待されている。この際、融解・凝固サイクルでポリエチレンペレットどうしが融着、団塊化するのを防ぐため、金属や金属酸化物皮膜の作成、あるいは放射線照射などによる表面改質によって、ペレットの形状を保つ研究が行われている[13]。

また、ペロブスカイト化合物の層間にワックスを保持した構造の物質を固体相転移蓄熱材料として用いる研究も行われている[14]．

熱サイクルによる劣化については確定した評価手法がまだ無い．市販の水和塩系蓄熱材組成については、数千サイクルの熱劣化試験が行われている．有機物については、空気雰囲気下の熱サイクルでは熱酸化分解反応が進むと報告されている[15,16]．

1.2.2 高温用潜熱蓄熱材料 (High Temperature Phase Change Materials)

高温で使用される潜熱蓄熱材料にも、低温の場合と同様の特性(C.1.2.1項参照)が期待される．高温特有の問題としては溶融塩の腐食性があり、どのような容器材料が使用できるかが重要である．最も基本的な物性値は潜熱であり、太陽熱利用、廃熱回収利用、コジェネシステム、原子力発電所の負荷平準化のような目的には、潜熱が大きくコストの安い材料が望ましい．一方、宇宙太陽熱発電用蓄熱のように宇宙で使用する場合は単位質量当りの潜熱が大きいほどよい．このような観点から選んだ有望な潜熱蓄熱材料について、主要な熱物性値のデータを Table C-1-2-8 および Table C-1-2-9 に掲げた．

Table C-1-2-8 潜熱蓄熱候補材料の相変化温度,並びに相変化に伴うエンタルピー変化と体積変化 (Temperature and enthalpy of fusion, and volume change on fusion of candidate phase change materials)

物　質	組　成 (mol%)	相変化温度 T_h(昇温) (K)	相変化温度 T_c(降温) (K)	転移・融解熱 Δh (kJ/kg)	体積変化 $\Delta v/v_s$ (%)	相変化の種類
エリスリトール		391		314	16.5	融解
高密度ポリエチレン		408(最高融点)	400	230		融解
ペンタエリスリトール		461		285		一次転移
LiOH		735		875		融解
NaOH		566		159		一次転移
		591		159	15.7	融解
KOH		633		148	13.7	融解
LiOH-NaOH	30-70	458	446	58		一次転移
		488	489	290		融解
NaOH-KOH	50-50	444	442	213		融解
NaNO$_2$		439		32		二次転移
		555		216	16.5	融解
LiNO$_3$		526		363	21.4	融解
NaNO$_3$		549		50.6		二次転移
		580		182	10.7	融解
NaOH・NaNO$_2$		538	501	313		融解
NaOH-NaNO$_2$	73-27	510	500	294		融解
	20-80	505	505	252		融解
2NaOH・NaNO$_3$		543	491	295		融解
NaOH・NaNO$_3$		544	486	265		融解
NaOH-NaNO$_3$	81.5-18.5	530	527	292		融解
	59-41	539	494	278		融解
	28-72	520	486	237		融解
NaCl		1073		483	26.06	融解
KCl		1043		355	22.27	融解
MgCl$_2$		987		453	30.46	融解
NaCl-MgCl$_2$	60.1-39.9	723		293	19.5	融解
2KCl・MgCl$_2$		708		184		融解
KCl・MgCl$_2$		753		254		融解
KCl-MgCl$_2$	42.0-58.0	743		392	17.0	融解
NaCl-KCl-MgCl$_2$	33.0-21.6-45.4	658		234		融解
LiF		1121		1037	29.4	融解
NaF		1268		801	24.0	融解
KF		1131		507	17.2	融解
LiF-NaF-KF	46.5-11.5-42.0	727		400		融解
CaF$_2$		1684		393	8.0	融解
MgF$_2$		1536		883	14.0	融解
LiF-NaF	61-39	922			19.6	融解
LiF-CaF$_2$	79-21	765		757	21.7	融解
Li$_2$CO$_3$-Na$_2$CO$_3$	53.3-46.7	769		372	13.5*	融解
Li$_2$CO$_3$-K$_2$NO$_3$	62.0-38.0	761		370***	8.5**	融解
Li$_2$CO$_3$-Na$_2$CO$_3$-K$_2$NO$_3$	43.5-31.5-25.0	670		274	3.6	融解
LiH		962		2842	25	融解

*52.7 mol% Li$_2$CO$_3$　　**63 mol% Li$_2$CO$_3$　　***50 mol% Li$_2$CO$_3$

1) 小坂岑雄・朝比奈正ほか：名工試報告, **29**, 2 (1980) 53.　2) CRC handbook of Chemistry and Physics 57 th ed., CRC Press (1976).　3) G. A. Lane : Solar Heat Storage : Latent heat material, vol.1, CRC Press (1983).　4) A. Abhat : Solar Energy, **30**, 4 (1983) 313.　5) H. G. Lorch, K. W. Kauffman et al. : Energy Conversion, **15** (1975) 1.　6) D. K. Benson, R. W. Burrows et al. : Solar Energy Materials, **13** (1986) 133.　7) 小坂岑雄・木村　寛ほか：名工試報告, **36**, 4・5 (1987) 104.　8) 小坂岑雄・木村　寛ほか：名工試報告, **36**, 12 (1987) 302.　9) M. Telkes : U. S. Pat. No.3, 986, 969 (1976).　10) H. Kimura & J. Kai : Solar Energy, **33**, 1 (1984) 49.　11) T. Wada, R. Yamamoto et al. : Solar Energy, **33**, 3・4 (1984) 373.　12) 木村　寛・甲斐潤二郎ほか：エネルギー・資源, **6**, 5 (1985) 528.　13) 埒田博史・早川　浄ほか：名工試報告, **29**, 2 (1980) 31.　14) V. Busico, C. Carfagna et al. : Solar Energy, **24** (1980) 575.　15) 早川　浄・埒田博史ほか：名工試報告, **32**, 10 (1983) 237.　16) 埒田博史・早川　浄ほか：高分子論文集, **43**, 6 (1986) 353.

1.2 蓄熱材料の熱物性値

Table C-1-2-9 潜熱蓄熱候補材料の熱物性値（Thermophysical properties of candidate high temperature phase change materials）

物　質	温度 T (K)	密度 ρ (kg/m^3)	比熱 c (kJ/(kg·K))	熱伝導率 λ (W/(m·K))	熱拡散率 a (mm^2/s)	表面張力 σ (mN/m)	粘性率 η (mPa/s)
高密度ポリエチレン (三菱油化製リンクロン)	350 360 370 380 390 400 410 420		2.53 2.67 2.94 3.45 4.88 10.01 9.71 2.61				
ペンタエリスリトール・アルキルジフェニルエタンとのスラリー (70 weight%)	400 425 450 Tc=461 470 480 490 500		1.90 2.04 2.77 2.77	0.332* 0.312* 0.291* 0.221* 0.206* 0.192* 0.177*			
30.0LiOH-70.0NaOH	375 400 425 450 T$_m$=458 525 550 575		1.83 1.90 1.97 2.04 2.83 2.87 2.91				
50.0NaOH-50.0KOH	375 400 425 T$_m$=444 500 550 600 650	 1848 1823 1799 1774	1.35 1.42 1.48 1.81 1.81 1.81 1.82				
81.5NaOH-18.5NaNO$_3$	450 500 520 T$_m$=530 550 560 565 570	 1846 1840 1836 1833	1.55 1.66 1.71 2.05 2.05 2.05	 0.621 0.616	 0.165 0.164		
73.0NaOH-27.0NaNO$_2$	400 450 490 T$_m$=510 535 550 570		1.55 1.62 1.67 2.067 2.067 2.067				
LiNO$_3$	400 500 525 T$_m$=526 550 600 650 700	 1767 1740 1713	1.45 1.67 2.06 2.06 2.06	 1.347 0.615 0.625 0.636 0.646	 0.169 0.174 0.180	 111.9 109.2 106.4	 4.835 3.352 2.619

Table C-1-2-9 潜熱蓄熱候補材料の熱物性値（つづき）

物質	温度 T (K)	密度 ρ (kg/m³)	比熱 c (kJ/(kg·K))	熱伝導率 λ (W/(m·K))	熱拡散率 a (mm²/s)	表面張力 σ (mN/m)	粘性率 η (mPa·s)
60.1NaCl-39.9MgCl₂	700 T_m=723 750 850 1000 1050 1100 1150	 1622 1600	0.95 1.21 1.21			 91.4 89.8 88.1 86.5	 1.130 0.998
42.0KCl-58.0MgCl₂	solid 650 700 900 950 1000 1050	 1572	0.796 0.961 0.961			 87.8 85.0 82.6	 1.71 1.37
33.0NaCl-21.6KCl -45.4MgCl₂	500 600 673		0.94 0.98 1.01				
60.0LiF-40.0NaF	973.2 1073.2 1150 1200 1250 1300	 1894 1866 1839 1811				 207.29	3.20 2.35
46.5LiF-11.5NaF-42.0KF	650 700 T_m=727 750 800 850 900 950 1000 1050 1100 1150	 1987 1955 1924 1893 1862	1.31 1.37 1.77 1.83 1.88	 2.97 3.44 4.11		 191.5 186.4 181.3 176.3 171.2	 6.690 4.814 3.593 2.765
79.0LiF-21.0CaF₂	1100 1200 1300	2046 2009 1971					
43.5Li₂CO₃-31.5Na₂CO₃ -25.0K₂CO₃	700 800 900 1000 1100	2132 2077 2023 1968	1.673 1.742 1.811 1.880 1.950	0.678	0.190	 231.5 224.6 217.6	 3.795

17) Janz, G. J., Allen, C. B. et al. : NSRDS-NBS 61, Part II, U. S. Department of Commerce (1979). 18) Janz, G. J. & Tomkins, R. P. T. : NSRDS-NBS 61, Part IV, U. S. Department of Commerce (1981). 19) 溶融塩・熱技術研究会監修：無機融体の物性値 第II集 KNO_3 + $NaNO_2$ + $NaNO_3$ 系溶融塩, 日本原子力情報センター (1988). 20) Kamimoto, M., Abe. Y. et al. : Trans. ASME J. Solar Energy Eng., **108** (1986) 290. 21) Takahashi, Y., Kamimoto, M. et al. : Netsu Bussei, **2** (1988) 53. 22) Takahashi, Y., Kamimoto, M. et al. : Thermochim. Acta, **121** (1987) 193. 23) Takahashi, Y., Kamimoto, M. et al. : Thermochim. Acta, **123** (1988) 233. 24) Takahashi, Y., Kamimoto, M. et al. : Int. J. Thermophys., **9** (1988) 1081. 25) Denielou, L., Petitet, J. -P. et al. : Rev. Gen. Therm., Fr., **220** (1980) 303. 26) Holm, J. L., Holm, B. J. et al. : J. Chem. Thermodynamics, **5** (1973) 97. 27) Takahashi, Y., Sakamoto, R. et al. : Proc. 2nd Asian Thermophys. Properties Conf. 28) 荒木信幸・平田哲也ほか：第7回日本熱物性シンポジウム講演論文集, (1986). 29) 江島辰彦・小笠原正俊：日本金属学会誌, **39**, 3 (1975) 293. 30) 江島辰彦・中村英次：日本金属学会誌, **39**, 7 (1975) 680. 31) 溶融塩熱技術研究会「溶融炭酸塩燃料電池の周辺熱技術 W. G.」編：炭酸塩物性値表 (1987). 32) (社) 化学工学会 蓄熱・増熱・熱輸送技術特別研究会編：「蓄熱材料-理論とその応用—第II編—『潜熱蓄熱, 化学蓄熱』(2001).

1.3 リチウム電池および燃料電池材料の熱物性値（at 298K）
(Thermophysical Properties of Materials for Battery and Fuel Cell)

1.3.1 リチウム二次電池材料の熱物性値

Table C-1-3-1 リチウムイオン二次電池材料の熱物性値（298 K）[1-14] (Thermophysical properties of component materials for lithium-ion batteries)

	融点 Tm(K)	沸点 Tb(K)	融解潜熱 ΔHm (J/g)	密度 ρ(kg/m³)	比熱容量 c(J/(g·K))	熱伝導率 λ(W/(m·K))	熱膨張率 β (1/K 10⁻⁶)	粘性率 η(mPa s)	導電率 σ(S/cm)
正極活物質									
LiCoO₂				5010					
LiMn₂O₄				4210	0.63	3.43			
MnO₂				5026	0.624	7.234			
					0.622				
V₂O₅	963.15	2023.15		3370	0.717				
				3367	0.7204				
V₆O₁₃				2208	1.15	5.77			
負極活物質									
Li	453.6	1603	437.6	533	3.571	84.7	46.37		
	453.49			534	3.318	71	56		
Graphite	4000	5103		2250	0.704	131.81 (面内方向) 129(面内方向), 98(面間方向)	3.4		116959
				2260	0.693		2.45		727.3
Carbon black	1500			1950	0.713	1.59	9.4		
Coke				1550	0.717				
有機電解溶液									
Propylene carbonate (PC)	224	514.15		1198	2.2	0.14		2.53	
	219	515						2.5	
Ethylene carbonate (EC)	309.6	511.15		1320	2.3	0.13		1.9	
	309.55				1.93	0.15			
Diethyl carbonate (DEC)	230	400		970	1.8	0.26		0.75	
Ethyl methyl carbonate (EMC)	218	381						0.65	
電解支持塩									
LiClO₄	509	703		2428	0.987				
セパレータ									
Poly ethylene	386.5		101	920	2.31	0.32	160		
Poly propylene	441.5		71.5	906	1.71	0.24	110		
結着剤									
Poly tetrafluoroethylene (PTFE)	600		25	2170	1.05	0.25	100		
Poly vinyliden fluoride (PVDF)				1770	1.38				
常温溶融塩									
1-Ethyl-3methylimidazolium chloride - AlCl₃	281			1290				18	0.0226
1-Ethyl-3methylimidazolium tetrafluoroborate	284			1240				43	0.013

Table C-1-3-2 高分子電解質ポリエチレンオキサイド-リチウム塩 $P(EO)_x LiCF_3SO_3$ ($x = 6, 8, 12, 16, 20$) の熱伝導率[14] (Thermal conductivity of oxide-lithium salt)

PEO		$P(EO)_8$-LiClO$_4$		$P(EO)_{20}$-LiN(CF$_3$SO$_2$)$_2$		$P(EO)_{20}$-LiC(CF$_3$SO$_2$)$_3$		$P(EO)_8$-LiCF$_3$SO$_3$		
温度 T (℃)	熱伝導率 λ (W/(m·K))	温度 T (℃)	熱伝導率 λ (W/(m·K))	温度 T (℃)	熱伝導率 λ (W/(m·K))	温度 T (℃)	熱伝導率 λ (W/(m·K))	温度 T (℃)	熱伝導率 λ (W/(m·K))	偏差 (%)
301.89	0.17	309.32	0.17	309.03	0.16	312.95	0.12	305.28	0.17	2.8
319	0.18	315.7	0.18	324.84	0.17	327.85	0.13	321.51	0.18	0
339.82	0.22	335.2	0.21	344.51	0.18	346.52	0.14	341.34	0.2	2.6
359.75	0.21	355.59	0.2	364.01	0.18	366.85	0.14	360.96	0.19	2.7
380.03	0.18	375.51	0.19	383.54	0.17	387.33	0.15	380.56	0.18	2.8
400.6	0.18	396.29	0.2	402.77	0.17	408.04	0.14	400.45	0.17	5
420.2	0.2	417.19	0.2	421.09	0.17	428.76	0.14	419.86	0.17	2.8

L. Song, et. Al., *J. Electrochem. Soc.*, **144**, 1997, 3797-3800.

1.3.2 燃料電池材料の熱物性値 (SOFC, PEFC)[15-38] (Thermophysical Properties of Materials for Fuel Cells (SOFC, PEFC))

---

1) I. Barin, *Thermochemical Data of Pure Substances*, 1993, Weinheim : VCH. 2) M. Chase, et al., *JANAF Thermochem. Tables*, 3rd Ed. *J. Phys. Chem. Ref. Data*, 1985. **14** (Supp. 1). 3) J. D. Cox, et al., CODATA *Key Values for Thermodynamics*. 1989, New York : Hemisphere Publishing Co. 4) A. T. Dinsdale, *SGTE Data for Pure Elements. CALPHAD*, 1991. **15** (4) : 317-425. 5) J. Cox, and G. Pilcher, *Thermo. of Organic and Organomet. Comp.* 1970, New York : Academic Press. 6) T. Daubert, and R. Danner, *Phys. & Thermo. Props. Pure Chemicals*. 1989, New York : Hemisphere Pub. 7) D. P. DeWitt, *Fundamentals of Heat Transfer*, 1979, John Wiley & Sons. 8) J. T. Dudley, et al., *J. Power Sources*, **35**, 1991, 59-82. 9) *CRC Handbook of Chemistry and Physics*, 1st ed., R. C. Weast ed., 1988, CRC Press. 10) 金成克彦, 高分子材料の熱伝導率, 電総研調査報告 第176号, 1973. 11) 安全工学協会編, 改訂 安全工学便覧, 1991, コロナ社. 12) A. B. McEwen, et. al., *J. Electrochem. Soc.*, **146**, 1999, 1687-1695. 13) 化学便覧 改訂4版 基礎編II, 日本化学会編, 1993, 丸善. 14) L. Song, et. Al., *J. Electrochem. Soc.*, **144**, 1997, 3797-3800. 15) K. M. Nouel, P. S. Fedkiw : *Electrochimica Acta*, **43** (16-17) (1998), 2381-2387. 16) D. M. Price, M. Jarratt : *Thermochimica Acta*, **392-393**, (2002) 231-236. 17) P. D. Peattie, F. P. Orfino, V. I. Basura, K. Zychowska, J. Ding, C. Chuy, J. Schmeisser, S. Holdcroft, *J. Electroanal. Chem.*, **503**, (2001) 45-56. 18) E. S. Fitzsimmons : Geenral Electric Co., Aircraft Nuclear Propulsion Dept., DC-61-6-4, (1961) 1, quoted by Y. S. Touloukian, R. W. Powell, C. Y. Ho, P. G. Klemens : Thermal Conductivity Nonmetallic Solids, IFI/Plenum New York-Washington, (1970) 449. 19) N. Sakai, S. Stølen : *J. Chem. Thermodyn.* **27**, (1995) 493-506. 20) N. Sakai, T. Horita, T. Kawada, H. Yokokawa, M. Dokiya, S. Stølen, Y. Takahashi : *Solid Oxide Fuel Cell IV*, M. Dokiya, O Yamamoto, H. Tagawa, S. C. Singhal Editors, The Electrochemical Society Proceedings Volume **PV 95-1**, (1995) 895-904. 21) N. Sakai, S. Stølen : *J. Chem. Thermodyn.*, **28**, (1996) 421-431. 22) I. Pumeranchuk : J. Phys, (USSR), **6** (6), (1942) 237-250 ; quoted by Y. S. Touloukian, R. W. Powell, C. Y. Ho, P. G. Klemens : *Thermal Conductivity Nonmetallic Solids*, IFI/Plenum New York-Washington, (1970) 144. 23) I. Yasuda, Y. Matsuzaki, T. Yamakawa, T. Koyama : *Solid State Ionics*, **135**, (2000) 381-388. 24) I. Yasuda, T. Ogiwara, H. Yakabe, : *Solid Oxide Fuel Cell VII*, H. Yokokawa, S. C. Singhal Editors, The Electrochemical Society Proceedings Volume, **PV 2001-16**, (2001) 783-792. 25) D. P. H. Hasselman, L. F. Jhonson, L. D. Bentsen, R. Syed, H. L. Lee : *Am. Ceram. Soc. Bull.*, **66** (5) (1987) 799-806. 26) 吉村昌弘 : 粉体および粉末冶金, **34** (9), (1987) 421-430. 27) J. Courtures, J. M. Badie, R. Berjoan, J. Courtures : *High Temp. Sci.*, **13** (1980) 331-336. 28) H. Hayashi, M. Kanoh, C. J. Quan, H. Inaba, S. Wang, M. Dokiya, H. Tagawa : *Solid State Ionics*, **132** (2000) 227-233. 29) M. Kobayashi, H. Sato, N. Kamegashira, K. Inoue : *J. Alloys and Compounds*, **192** (1993) 93-95. 30) 堀之内和夫, 高橋洋一, 笛木和雄 : 窯業協会誌, 89巻2号 (1981) 54-56. 31) J. H. Kuo, H. U. Anderson, D. M. Spalin : *J. Solid State Chem.*, **87**, (1990) 55-63. 32) A. N. Petrov, O. F. Kononchuk, V. Andreev, V. A. Cherepanov, P. Kofstad : *Solid State Ionics*, **80**, (1995) 189-199. 33) A. Hammouche, E. Siebert, A. Hammou : *Mat. Res. Bull.*, **24**, (1989) 367-380. 34) B. Gilbu, H. Fjellvåg, A. Kjekshus : *Acta Chimica Scandinavica*, **48**, (1994) 37-45. 35) W. B. Kendall, R. L Or, R. Hultgren, *J. Chem. Ref. Data*, Part I, **7**, (1962) 516-518. 36) 化学便覧, 改訂4版 (1993), 丸善. 37) Thermophysical Properties of Matter, The TPRC Data series, Plenum (1970). 38) S. Yamazaki, T. Matsui, T. Ohashi, Y. Arita, *Solid State Ionics*, **136-137**, 1003-1006 (2000).

1.3 リチウム電池および燃料電池材料の熱物性値

Table C-1-3-3 固体酸化物形燃料電池材料の熱物性値（Thermophysical properties of component materials for solid oxide fuel cells）

密度は格子定数と化学組成から求めた理論密度を示す．温度の指定のない部分は室温（298.15 K）の値である．線膨張係数は，温度範囲が示されている場合は平均値，特定温度が示されている場合はその温度における膨張率の温度微分値を示す．インターコネクトの熱膨張率について：ランタンクロマイト（$LaCrO_3$）系の材料は，H_2-N_2 などの還元雰囲気で酸素空孔量が増加し，等温でも膨張する．よって，H_2-N_2 中の膨張係数は熱膨張と酸素空孔生成による膨張が重なったものである．厳密な熱物性値ではないが，実用上重要であるため，ここに挙げた．

	融点 T_m (K)	沸点 T_b (K)	融解潜熱 ΔH_m (J/g)	密度 ρ (kg/m^3)	比熱容量 c (J·/(g·K))	熱伝導率 λ (W·/(m·K))	熱膨張率（線熱膨張係数） α (1/K 10^{-6})	導電率（空気中） σ (S/cm)
アノード（燃料極）								
Ni	1730	3190	293	8910	0.444	90.5	18.3 (T = 1200K)	>150000
カソード（空気極）								
$LaMnO_3$				6600	0.432	1.95 (T = 298 K)	10.7 (T = 960 K)	71.6 (T = 1273 K)
$La_{0.8}Sr_{0.2}MnO_3$							11.1 (T = 960 K)	141 (T = 1273 K)
$LaCoO_3$	2010			7280	0.433		22.3	114 (T = 1073 K)
$La_{0.5}Sr_{0.5}CoO_3$				5620	0.604			1448 (T = 1063 K)
電解質								
8 mole % Y_2O_3 doped ZrO_2 (YSZ, $Zr_{0.85}Y_{0.15}O_{1.925}$)	3000			5940		下表参照	10.5	0.13 (T = 1273 K)
$Zr_{0.82}Y_{0.18}O_{1.91}$				5646	0.471	2.0 (T = 873 K)		
8 mole% Sc_2O_3 doped ZrO_2 (ScSZ, $r_{0.85}Sc_{0.15}O_{1.925}$)				5480			10.7	0.3 (T = 1273 K)
$Ce_{0.8}Gd_{0.2}O_{1.9}$	2750 (CeO_2)			7227	0.80 (T = 900 K)	1.7(CeO_2, T = 1292 K)	9.25 (T = 273 K)	0.32 (T = 1273 K)
$La_{0.9}Sr_{0.1}Ga_{0.8}Mg_{0.2}O_{2.85}$				6660	0.59	2.08	10.4 (T = 300-1073 K)	0.3 (T = 1273 K)
インターコネクトおよび配管材料								
$LaCrO_3$	2770			6770	下表参照	下表参照	8.56	2 - 2.5 (T = 1273 K)
$La_{0.8}Ca_{0.2}CrO_3$				6320	下表参照	下表参照	9.7（空気中） 11.94（H_2-N_2 中）	41.2 (T = 1273 K)
$La_{0.7}Sr_{0.3}CrO_3$				6334	0.55	2.12	10.10（空気中） 16.90（H_2-N_2 中）	61 (T = 1273 K)
SUS430	1700			7700	0.46	26.3	10.40	>10000

Table C-1-3-3 固体酸化物形燃料電池材料の熱物性値 (Thermophysical properties of component materials for solid oxide fuel cells) (つづき)

YSZ の熱伝導率

$Zr_{0.84}Y_{0.16}O_{1.92}$

温度 T (K)	熱伝導率 λ (W·/(m·K))
477.6	1.52
699.8	1.56
922.1	1.57-1.59
1144.2	1.61-1.63
1366.5	1.63-1.66

ランタンクロマイトの比熱容量および熱伝導率

	$LaCrO_3$		$La_{0.8}Ca_{0.2}CrO_3$	
温度 T(K)	比熱容量 c(J·/(g·K))	熱伝導率 λ (W·/(m·K))	比熱容量 c (J·/(g·K))	熱伝導率 λ (W·/(m·K))
300	0.4827	4.28	0.4855	1.98
400	0.4818	3.50	0.5231	1.99
500	0.5013	3.04	0.5475	2.00
600	0.5120	2.73	0.5620	2.02
700	0.5229	2.51	0.5686	2.03
800	0.5324	2.34	0.5748	2.04
900	0.5399	2.21	0.5826	2.05
1000	0.5505	2.11	0.5949	2.06

Table C-1-3-4 固体高分子形燃料電池材料の熱物性値 (Thermophysical properties of component materials for polymer electrolyte fuel cells)

	融点 T_m (K)	沸点 T_b (K)	融解潜熱 ΔH_m (J/g)	密度 ρ (kg/m³)	比熱容量 c(J·/(g·K))	熱伝導率 λ (W·/(m·K))	熱膨張率(線熱膨張係数) α (1/K 10^{-6})	導電率(空気中) σ (S/cm)
アノード (燃料極)								
Pt	1940	4440	101	21450	0.169	71.5	11.4 (T = 1200 K)	100000
カソード (空気極)								
Ru	2560	4320	252	12410	0.24	117	10.0 (T = 1200 K)	150000
Pt	(アノードの項を参照)							
Pt-Ru 合金 (95Pt-5Ru)							10.3 (T = 1200 K)	
電極支持体								
PTFE	615			2100-2200	1.05	0.259 (T = 323 K)	123 (T = 298 - 353 K)	<10^{-16}
電解質								
Nafion® 117(N-form)				2000				0.07 (33 vol% water)
Nafion® 117(E-form)				2000				0.10 (39 vol% water)
Nafion® 112				2000				0.140-0.145 (水蒸気中、T = 338 K)
バイポーラー板								
C(graphite)	(Li 二次電池の項を参照)							

1.4 熱電材料の熱物性値 (Thermophysical Properties of Thermoelectric Materials)

ペルチェ効果やゼーベック効果等の熱電効果 (Thermoelectric effect) が顕著に現れるように半導体や合金の組成を最適化し, 熱と電気との間のエネルギー変換効率を高めて工業的に利用する場合, これらの材料は一般に熱電材料と呼ばれる. ペルチェ冷却の際の最大成績係数 ϕ, およびゼーベック発電

1.4 熱電材料の熱物性値

の際の最大発電効率 η は，次式で表される．

$$\phi = \frac{T_L}{T_H - T_L} \frac{\sqrt{1+ZT_{ave}} - T_H/T_L}{\sqrt{1+ZT_{ave}} + 1}$$

$$\eta = \frac{T_H - T_L}{T_H} \frac{\sqrt{1+ZT_{ave}} - 1}{\sqrt{1+ZT_{ave}} + T_L/T_H}$$

$$T_{ave} = (T_H + T_L)/2$$

ここで，T_H，T_L，Z はそれぞれ材料の高温側温度，低温側温度，熱電材料の性能指数（thermoelectric figure of merit）であり，Z は熱伝導率 λ，導電率 σ，ゼーベック係数 S を用いて $Z = \sigma S^2 / \lambda$ で定義される．Z は温度の逆数の次元をもち，$10^{-4} \sim 10^{-3} \mathrm{K}^{-1}$ 程度の値となり，Z の大きい材料が優れた熱電材料と評価される．

ゼーベック係数 S は材料中の電子の化学ポテンシャルの温度依存性により決まり，材料内部で一定の温度勾配が発生したときに大きく化学ポテンシャルが変化する材料ほど S が大きい．バンド伝導体ではフェルミ面の形状がゼーベック係数を決定しており，キャリアの有効質量やそれらの異方性が重要である．キャリア濃度が増加すると導電率 σ は増加するが，ゼーベック係数 S の絶対値は減少するため，最適なキャリア濃度が存在する．Fig. C-1-4-1に示すように半導体の不純物添加量を最適化した熱電材料では $10^{25} \sim 10^{27} \mathrm{m}^{-3}$ のキャリア濃度で性能指数 Z が最大化する．したがって，同じ材料系でも，不純物添加量や欠陥密度によって性能指数 Z が異なる場合があり，データの見方としては注意が必要である．

また，熱伝導率 λ は格子成分 λ_p と電荷キャリア成分 λ_e の和として表されるが，電荷キャリア成分 λ_e と導電率 σ の間には，$\lambda_e = LT\sigma$（Wiedeman-Franz 則）の比例関係が存在するため，不純物添加などで導電率 σ を増加させるだけでは性能指数 Z は増加しない．したがって，小さな格子熱伝導率 λ_p を有することが良い熱電材料の条件となる．一般に実用材料として期待される熱電材料では $\lambda_p \sim 1 \mathrm{W}/(\mathrm{m \cdot K})$ 程度であり，結晶性の物質としては極めて熱伝導率が低い部類に属する．

熱伝導率 λ，導電率 σ，ゼーベック係数 S はそれぞれ温度依存性を有するため，性能指数 Z もまた温度依存性を有する．大きな温度差を使用する発電応用の場合，代表温度における値のみでなく，各物性値の温度依存性を把握しておくことは重要である．Fig. C-1-4-2に代表的な熱電材料の性能指数 Z の温度依存性を示す．

熱電効果は本質的にバルク効果であり，試料形状によって物性値が変化することはないが，表面や界面

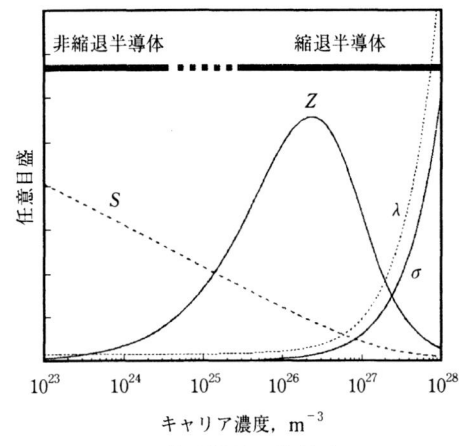

Fig. C-1-4-1 熱電材料の物性値のキャリア濃度依存性
(Physical properties of thermoelectric material dependent on carrier density)

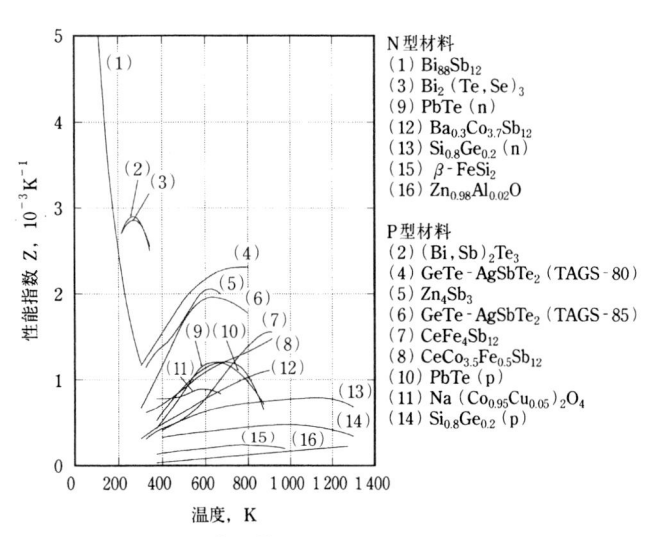

Fig. C-1-4-2 各種熱電材料の性能指数の温度依存性
(Temperature dependence of thermoelectric figure of merits of thermoelectric material)

N型材料
(1) $Bi_{88}Sb_{12}$
(3) $Bi_2(Te, Se)_3$
(9) PbTe (n)
(12) $Ba_{0.3}Co_{3.7}Sb_{12}$
(13) $Si_{0.8}Ge_{0.2}$ (n)
(15) β-$FeSi_2$
(16) $Zn_{0.98}Al_{0.02}O$

P型材料
(2) $(Bi, Sb)_2Te_3$
(4) $GeTe$-$AgSbTe_2$ (TAGS-80)
(5) Zn_4Sb_3
(6) $GeTe$-$AgSbTe_2$ (TAGS-85)
(7) $CeFe_4Sb_{12}$
(8) $CeCo_{3.5}Fe_{0.5}Sb_{12}$
(10) PbTe (p)
(11) $Na(Co_{0.95}Cu_{0.05})_2O_4$
(14) $Si_{0.8}Ge_{0.2}$ (p)

Table C-1-4-1 各種熱電材料の温度 T における導電率，熱伝導率およびゼーベック係数
(Electrical conductivity, thermal conductivity, seebeck coefficient, thermoelectric figure of merit of thermoelectric materials dependent on temperature)

材料 Material	温度 T (K)	導電率 σ (S/cm)	熱伝導率 λ (W/(m・K))	ゼーベック係数 S (μV/K)	性能指数 Z 10^{-3}/K	参考文献 reference
カルコゲナイド						
$Bi_2Te_{2.85}Se_{0.15}$	260	537	1.1	−229	2.56	3)
$(Bi_2Te_3)_{0.25}(Sb_2Te_3)_{0.75}$	300	900	1.3	200	2.77	3)
PbTe	670	400	1.6	−280	1.96	2)
$Pb_{0.6}Sn_{0.4}Te$	600	333	0.7	200	1.9	2)
スクッテルダイト/プニクタイド						
$Yb_{0.19}Co_4Sb_{12}$	600	100	3.8	−210	1.67	2)
$Ce_{0.9}Fe_3CoSb_{12}$	700	800	2.5	200	1.28	7)
$Ba_{0.3}Ni_{0.05}Co_{0.95}Sb_{12}$	800	1538	3.6	−185	1.46	10)
Zn_4Sb_3	670	313	0.67	194	1.76	2)
ZnSb (単結晶)	300	830	3.7	200	0.89	4)
BiSb	100	7500	2.5	−150	6.75	3)
シリサイド/シリコン系合金						
$FeSi_2$:Co	800	167	4	−210	0.18	2)
$FeSi_2$:Mn	800	143	4	240	0.21	2)
Mg_2Si	650	781	2.45	−149	1.61	2)
$MnSi_{1.73}$	650	588	2.5	210	0.98	2)
$Si_{0.8}Ge_{0.2}$:GaP	1010	704	4.3	−256	1.07	2)
$Si_{0.95}Ge_{0.05}$:B	1080	500	7.4	280	0.52	2)
オキサイド						
Na_xCoO_2 (単結晶)	773	1923	5.1	200	1.5	2)
$Ca_{3-x}Bi_xCo_4O_9$ (単結晶)	973	714	2	210	1.1	2)
$Zn_{0.98}Al_{0.02}O$	1273	316	5	−200	0.24	2)
$Ca_{0.9}Bi_{0.1}MnO_3$	1173	312	3.5	−100	0.085	2)
$Na_{0.05}Ni_{0.95}O$:Li	1260	170	3.5	140	0.095	9)
その他						
$Ba_8Ga_{16}Ge_{30}$	900	600	1.3	−180	1.5	6)
Ag_9TlTe_5	700	38	0.22	319	1.76	8)
$(Zr_{0.5}Hf_{0.5})_{0.5}Ti_{0.5}NiSn_{0.994}Sb_{0.006}$	700	830	3	−280	2.17	5)
SrB_6	1073	1200	10	−150	0.27	4)

の効果が顕著になる薄膜の領域では，キャリアの閉じ込め効果や界面における散乱現象に帰因する物性値の変化が報告されている．量子井戸構造を有する$PbTe/Pb_{1-x}Eu_xTe$薄膜では，同レベルのキャリア濃度であっても，キャリアが2次元状態になることでゼーベック係数が増加するという実験報告がある．また$PbTe/PbTe_{0.02}Se_{0.98}$系[11]や$Bi_2Te_3/Sb_2Te_3$[12]系材料の超格子構造薄膜では，格子熱伝導率が大幅に減少するために，無次元性能指数$ZT>2$が実測されたとの報告があり，ナノ構造設計による熱電材料

1) 上村欣一, 西田勲夫：熱電半導体とその応用, 日刊工業新聞社 (1988). 2) 高効率熱電変換材料調査専門委員会編：電気学会技術報告書 第1042号, 電気学会 (2006). 3) 坂田亮編：熱電変換工学, リアライズ社 (2001). 4) 日本セラミックス協会・日本熱電学会編：熱電変換材料, 日刊工業新聞社 (2005). 5) S. Sakurada, N. Shutoh, Appl. Phys. Lett., 86 (2005) 082105. 6) A. Saramat, et al：J. Appl. Phys. 99, (2006) 023708. 7) B. C. Sales, et al.：Phys. Rev. B 56, 23 (1997) 15081. 8) K. Kurosaki, et al.：Proc. MRS Vol.886 (2006). 9) W. Shin, et al.：Materials Letters, 45, 6 (2000) 302. 10) Dyck et al., J. Appl. Phys. 91 (2002) 3698. 11) T. C. Harman, et al., Science, 297 (2002) 2229-2232. 12) R. Venkatasubramanian, et al., Nature, Vol.413 (2001) 597-602.

の高性能化手法として理論的および実験的な検討が進められている.

熱電効果は電流熱磁気効果の中の一つと考えられ,磁場を考慮した場合にはネルンスト係数や,エッチングハウゼン係数,リーギ・ルデュック係数などのより高次の係数の取り扱いが必要となる.これらの効果は熱電材料のホール係数評価の際に誤差を生む原因となる.またこれらの係数を実験的に決定する場合には試料形状依存性があることが知られており,シミュレーション技術を併用した検討が進められている.

熱電材料の輸送係数の決定方法は,直流4端子法,交流4端子法(導電率),定常2端子法(ゼーベック係数),定常比較法,AC法,レーザーフラッシュ法,3ω法(熱伝導率)等,様々な測定方法が併用されるのが一般的である.熱電材料特有の低熱伝導率,ペルチェ効果などを考慮した,推奨される測定方法は「ファインセラミックス熱電材料の測定方法」として,JIS R 1650-1(ゼーベック係数),1650-2(抵抗率)1650-3(熱伝導率)にまとめてあるので参照されたい.

1.5 水素貯蔵材料の熱物性値
(Thermophysical properties of Hydrogen Storage Materials)

多くの元素が水素と反応して水素化物(Hydride)を形成することが知られている.本節では,エネルギー分野での応用が期待されている水素貯蔵材料(Hydrogen Storage Materials)と呼ばれる物質群に限定してその熱物性を紹介する.水素貯蔵材料は,水素を大量に吸蔵・放出し,しかも可逆的かつ極めて早い速度で水素と反応する物質である[1].水素貯蔵材料の中でも,水素吸蔵合金は最も早く1968年に報告されて以来[2],研究開発が盛んに行なわれている.近年,燃料電池自動車へ燃料の水素を高い体積および重量密度で搭載するために,金属以外の元素と水素の相互作用を利用する材料が数多く提案されている[3].水素吸蔵合金は,2〜5族の水素化物を容易に形成する(標準生成エンタルピーが負の大きい値をとる)金属と水素分子を水素原子に解離する触媒として有効な7属あるいは8〜10族の金属から構成されることが多い.代表的な合金としては,Laを初めとする希土類とNiからなる$LaNi_5$,$MmNi_5$(Mm:ミッシュメタル,希土類金属の混合物)およびその類似合金,TiあるいはZrとMnからなる$Ti_{1.2}Mn_{1.8}$,$ZrMn_2$等のラベス相合金,MgとNiの組合せのMg_2Ni等があげられる.しかし,実用化のためにはさらに多くの種類の金属を組み合わせて合金化することが多い.

水素吸蔵合金の用途としては,水素の輸送・貯蔵,ヒートポンプ,蓄熱装置等の熱機関,および電池や水素分離等の機能性材料が考えられている.最近では,Al,N,B等の元素と水素が共有結合で結びついた無機化合物が有力な材料となっている.それは,水素貯蔵材料の主たる用途が水素自動車への水素搭載と見られているからである.いずれの材料および応用分野においても,水素貯蔵材料と水素の反応そのものを利用しているので,応用上重要な物性は水素貯蔵材料と水素ガスとの平衡,水素貯蔵材料の水素吸蔵量である.中でも前者は水素平衡圧力と呼ばれることが多く水素貯蔵材料の特性の大半を決定する物性値である.また,水素吸蔵合金は通常は数μm以下の微粉体であり,無機材料も通常は同様に微粉体で利用されるので,水素貯蔵材料粉末の熱伝導率および比熱が機関の効率を左右する因子となる.

水素貯蔵材料と水素の平衡関係は,通常 Fig. C-1-5-1に示すような組成-圧力等温線図によって表わされる.水素吸蔵合金が水素を吸蔵する本質は水素化物を形成するためで,いわゆる固溶体形成とは異なる.したがって,合金相(より正確には水素の固溶した合金相)と水素化物相が共存する領域ではギブスの相律によれば系の自由度が1(温度)になって水素平衡圧力が一定となる.実際には,Fig. C-1-5-1の等温線図の平坦部(プラトー)には多かれ大かれ少かれ傾斜がつき,水素の吸蔵と放出で平衡圧力が異なる(ヒステリシス)現象が見られる.

水素吸蔵合金の水素化物の生成エンタルピー変化は,普通 Fig. C-1-5-1から求められる平衡圧力の温度変化から計算され,熱量計による測定は極めて少ない.反応の自由エネルギー変化は,Eq(1)あるいはEq(2)で表わされる.ここで R は気体定数である.

$$\varDelta G = RT \ln(PH_2) \quad (1)$$
$$\varDelta G = \varDelta H - T \varDelta S \quad (2)$$

一般的に,水素化物と金属の標準エントロピーの差は小さい(高々$10 J/(mol \cdot K)$程度)から,反応のエントロピー変化は水素ガスの標準エントロピー(298Kにおいて$130.858 J/(mol \cdot K)$)の消失の寄与がほと

んどであるとみなせる．したがって ΔS は材料の種類によらない定数とすることができ，Eq(1)，(2)から，Eq(3)を得る．ここで，R は気体定数，C は材料によらない定数である．

$$\ln(PH_2) = \Delta H/RT + C \qquad (3)$$

したがって，水素貯蔵材料の場合一定圧力における水素化物の生成温度がわかれば生成エンタルピー変化は概算できることとなる．

しかし，Fig. C-1-5-1 に示した組成-圧力等温線図上のプラトーに傾きがあったときの平衡水素圧力の決め方，あるいは等温線自体の測定法に任意性があり，得られる生成エンタルピー値が不確かとなる可能性があることに注意しなければならない．また，一方では水素貯蔵材料自身もその製造法，粒子サイズ，水素化の履歴，構成元素の比の微妙な差異，反応前の処理の方法，反応の繰り返し回数等によって，平衡水素圧力を変えることが知られているので，熱機関等の設計に既存のデータに対して検討を加えずに使用することは注意が必要である．わが国では水素吸蔵合金に関する特性の測定法等が JIS において標準化されており，それに準拠した装置が市販されているので通常の目的には大きな問題はない．

Table C-1-5-1 には，代表的な水素貯蔵材料の水素化物の生成エンタルピー，平衡水素圧力および吸蔵水素量を示した．文献4)には多くの水素貯蔵材料-水素系の組成-圧力等温線図および物性値が収録さ

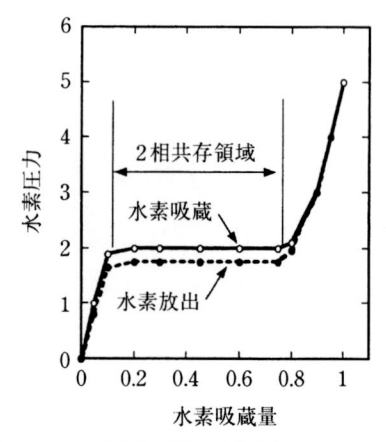

Fig. C-1-5-1 組成-平衡圧力等温線図（Pressure-composition isotherms）

Table C-1-5-1 水素貯蔵材料の熱物性値（Thermophysical properties of hydrogen storage materials）
§は熱量測定，#は熱量測定と平衡圧力の温度変化の平均，他は平衡圧力の温度変化から生成エンタルピーを求めた

水素貯蔵材料	水素吸蔵量 x (MHx (mol/mol))	水素平衡圧力（温度）P (T) (MPa, (K))	水素化物生成エンタルピー ΔH (kJ/mol H_2)
$LaNi_5$[6]§	6.3	0.097 (285)	-31.83 ± 0.09
$LaNi_5$[7]	6	0.37 (313)	-31.2
$LaNi_{4.8}Al_{0.2}$[8]	6	0.2 (323)	-35
$LaNi_4Al$[8]	4	0.2 (453)	-53
$MmNi_5$[9]	6.3	1.3 (293)	-30
$TiFe$[10]	2	0.73 (313)	-28.1 ($x<1.04$)
$TiCo$[11]	1.4	0.101 (403)	-57.7 ($x<0.6$)
$Ti_{1.2}Mn_{1.8}$[12]	2.47	0.7 (293)	-28
$ZrMn_2$[13]	3.46	0.23 (374)	-44.4
$Zr(Fe_{0.5}Mn_{0.5})_2$[14]	3.55	0.9 (373)	-35.0 ± 0.9
$Ti_{0.9}Zr_{0.1}Mn_{1.4}V_{0.2}Cr_{0.4}$[15]	3.2	0.9 (293)	-29.3
Mg[16]#	2	0.92 (638)	-76.15 ± 9.2
Mg_2Ni[17]	4	1.15 (633)	-62.7
$CaNi_5$[18]§	6	0.077 (313)	-33.1 ± 0.5 ($1.1<x<2.0$)
$CaNi_5$[19]	6.2	0.08 (313)	-33.5 ($1.1<x<4.5$)
U[20]	3	0.101 (703)	-127.4
U[20]§	3		-127.0 ± 0.1
$NaAlH_4$	4	0.4 (313)[21]	-113[22]
$LiNH_2$[23]	2	0.2 (468)	-176.0

Table C-1-5-2 水素貯蔵材料および水素化物の熱伝導率 (Thermal conductivity of hydrogen storage materials and hydrides)

水素貯蔵材料	熱伝導率 λ (W / (m·K))
$Ti_{1.2}Mn_{1.8}H_x$[24]	0.25
$MmNi_4FeH_x$[25]	0.8
Mg_2NiH_x[25]	0.65
$LaNi_5$[26]	0.2~0.8
$LaNi_5H_x$[26]	0.1~0.75
MgH_x[27]	1.2
$Mg-10\%NiH_x$[27]	1.1
Mg_2NiH_x[27]	0.55
$TiFe$[28]	1.3
$TiFeH_x$[28]	1.5
$NaAlH_4$[29]	0.46~0.75

Table C-1-5-3 水素貯蔵材料の比熱 (Specific heat of hydrogen storage materials)

水素貯蔵材料	比熱 c (KJ/ (kg·K))
$LaNi_5$[30]	0.090
$LaNi_5H_x$[30]	0.17
$MmNi_{4.5}Al_{0.5}$[30]	0.086
$MmNi_{4.5}Al_{0.5}H_x$[30]	0.20
$TiCo$[30]	0.13
$TiCoH_x$[30]	0.21
$NaAlH_4$[31]	1.583

れている．また，貯蔵材料蔵合金に関するデータ集も刊行されている[5]．

熱機関への応用の際に重要となるのが，熱伝導率と比熱であるが，これらの物性が測定された例はあまり多くない．Table C-1-5-2に水素貯蔵材料の水素圧力0.1 MPaにおける熱伝導率を示した．水素貯蔵材料では概略，0.5~1.0 W/(m·K)程度の数値が得られている．無機材料ではこれよりさらに低い値が報告されている．しかし，水素ガスが共存する場合は熱伝導へ水素ガスの寄与があり，表の数値より実際の熱交換器ではよいデータが得られることが知られている．

---

1) 大角泰章：増補金属水素化物, 化学工業社 (1986)． 2) Reilly, J. J. & Wiswall, Jr., R. H. : Inorg. Chem. **7**, (1968) 2254. 3) Grochala, W. & Edwards P. P. : Chem. Rev., **104**, (2004) 1283. 4) 水素吸蔵合金利用開発委員会調査研究報告書, 大阪科技センター (1985)． 5) 大角：水素貯蔵合金データブック, 与野書房 (1987)． 6) Murray, J. J. et al. : J. Less-Common Met., **80**, (1981) 20. 7) Buschow, K. H. J. & van Mal, H. H. : ibid, **29**, (1972) 203. 8) Mendelsohn, M. H. et al. : Nature, **269**, (1977) 45. 9) 大角他：日化誌, **1978**, 1472. 10) Reilly, J. J. & Wiswall, Jr., R. H. : Inorg. Chem., **13**, (1974) 218. 11) 大角他：日化誌, **1979**, 855. 12) 蒲生他：チタン・ジルコニウム, **25**, (1977) 159. 13) 石堂他：電気化学, **45**, (1977) 52. 14) 西宮他：化技研報, **80**, (1985) 437. 15) Gamo, T. et al. : Int. J. Hydrogen E., **10**, (1985) 39. 16) JANAF Thermochemical Table Third Ed., J. Phys. & Chem. Ref. Data, **14**, Suppl. 1, (1985) Sept. 1963. 17) Nomura, K. et al. : Proc of JIMIS-2, **21**, (1979) 353. 18) Murray, J. J. et al. : J. Less-Common Met., **90**, (1983) 65. 19) Sandrock, G. D. et al. : Mat. Res. Bull., **17**, (1982) 887. 20) Mueller, W. M. et al. : Metal Hydrides, Academic Press (1968). 21) Bogdanovic, B. et al., : J. Alloys Comp., **302**, (2000) 36. 22) 藤井他：水素エネルギーと材料技術, シーエムシー出版, (2005) 123. 23) Chen, P. : Nature, 420, (2002) 302. 24) Suda, S. et al. : J. Less-Common Met., **74**, (1980) 127. 25) Suissa, E. et al. : ibid, **104**, (1985) 369. 26) Tarasevich V. L. : 'Protsessy Perenosa Tepla i Massy Veshchestva Kapollyarnikh-Poristykh Telyakh', **1982**, 64. 27) Ishido, Y. et al. : Proc. of 3rd WHEC, (1980) 2219. 28) Fisher, P. W. & Watson, J. S. : ibid, (1980) 839. 29) Dedrick, D. E. : J. Alloys Comp., **389**, (2005) 299. 30) 大角：ソーダと塩素, **34**, (1983) 185. 31) Binnetot, B. et al., ; J. Thermodyn., 12, (1980) 249.

1.6 太陽電池用材料の熱物性値
(Thermophysical Properties for Solar Cells Maerials)

1.6.1 アモルファスシリコンの密度
(Density of Amorphous Silicon)

結晶形の太陽電池用半導体の密度,融点,線膨張係数等はC.5章を参照されたい.ここではアモルファスシリコンの密度のみをFig. C-1-6-1に掲げた.アモルファスシリコンはダングリングボンドを減少させるために通常は水素(あるいはフッ素)を結合させる.

1.6.2 太陽電池用カルコパイライト型化合物半導体の熱物性値
(Thermophysical Properties of Chalcopyrite-structured Semiconductors for Solar Cells)

単接合の太陽電池の光吸収体に使用する半導体の最適な禁制帯幅は1.4〜1.5eVと考えられている.カルコパイライト型化合物にはそれぞれⅡ-Ⅵ族およびⅢ-Ⅴ族から誘導されるⅠ-Ⅲ-VI_2族とⅡ-Ⅳ-V_2

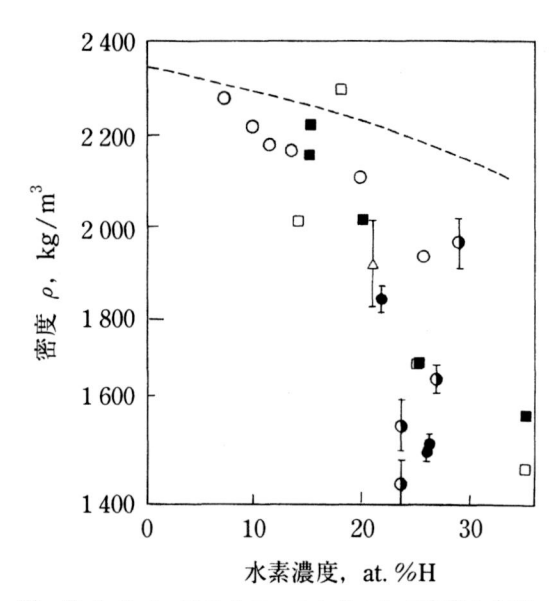

Fig. C-1-6-1 アモルファスシリコンの密度の水素量依存性[1] (Effect of hydrogen concentration on density of amorphous silicon)

族とがある.ほとんどの化合物が直接遷移型の半導体であり,さまざまの禁制帯幅のものがある中から,およそ1eVから2eVのものを選んでその物性をTable C-1-6-1にまとめて示す.そのまま光吸収体に

Table C-1-6-1 カルコパイライト型半導体の熱物性一覧 (Thermophysical properties of chalcopyrite-structured semiconductors)

物質	禁制帯幅[a] eV	密度[a] g cm^{-3}	融点[a] K	線膨張係数 10^{-6} K^{-1}	デバイ温度[b] K	熱伝導率[b] W cm^{-1} K^{-1}	熱起電力[b] μV K^{-1}	微小硬度[c] kg mm^{-2}
$CuAlTe_2$	2.06	5.47	1137[b]		303	0.0325	11.92	
$CuGaSe_2$	1.68	5.57	1310…1340	13.1, 5.2	239		75	360
$CuGaTe_2$	1.0…1.24	5.95	1140		182	0.064	340	
$CuInS_2$	1.53	4.74	1270…1320		264			260
$CuInSe_2$	1.00	5.77	1260	11.4, 8.6	202	0.037	640	210
$CuInTe_2$	1.06	6.10	1050		156	0.049	273	
$AgGaSe_2$	1.80	5.70	1130		156		1300	450
$AgGaTe_2$	1.32	6.08	950		122	0.0095	700	180
$AgInS_2$	1.87	4.97	1150		201			
$AgInSe_2$	1.24	5.82	1055		138	0.005	-370	230
$AgInTe_2$	0.95	6.05	960		113	0.063	298	190
$MgSiP_2$	2.03	2.29*						
$ZnSiP_2$	2.07	3.35	1520…1640		559			1100
$ZnSiAs_2$	1.74	4.69	1370	7,6, 4.0	336	0.140	1100	480, 920
$ZnGeP_2$	2.05	4.04	1300	1.8, 5.0	420	0.180	1200	660, 980
$ZnGeAs_2$	1.15	5.26	1120…1145		310	0.114		680
$ZnSnP_2$	1.66	4.53*	1200		352			650
$CdSiAs_2$	1.55	5.12*	>1120					
$CdGeP_2$	1.72	4.62*	1073	8.9, 0.37	340[a]	0.110	-1200	850
$CdSnP_2$	1.17	4.86*	840		264			

*:格子定数を基に計算, a:文献[2], b:文献[3], c:文献[4]

1.6 太陽電池用材料の熱物性値

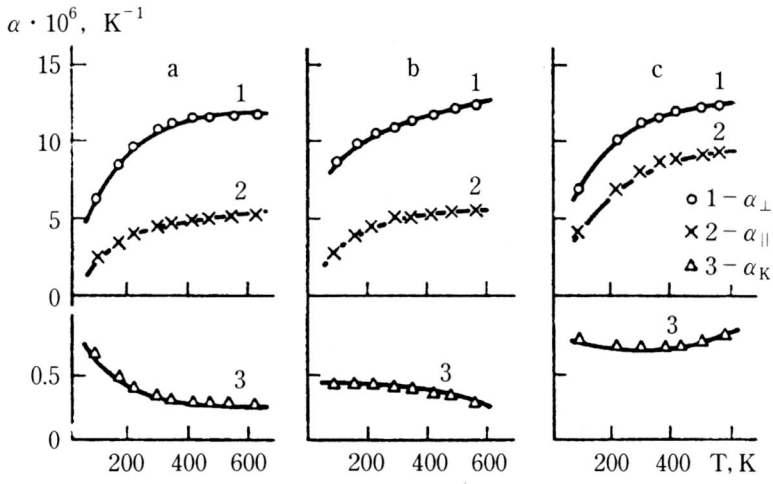

Fig. C-1-6-2 CuAlSe$_2$ (a), CuGaSe$_2$ (b) および CuInSe$_2$ (c) の a軸, c軸の熱膨張係数 ($\alpha_\perp, \alpha_\parallel$) と c/a 軸比の温度係数 ($\alpha_k$) (Thermal expansion coefficients $\alpha_\perp$ of a- and $\alpha_\parallel$ of c-axes and thermal coefficients of c/a axial ratio ratio α_k for CuAlSe$_2$ (a), CuGaSe$_2$ (b) and CuInSe$_2$ (c))

使用して十分なものもあるが，2種以上のものを混晶として1.4～1.5eVに合わせられることはこの材料系の特長である．また，光吸収係数が大きくて薄膜太陽電池に適することと放射線耐性が大きいこともこの材料の特長である．

CuInSe$_2$ は単独でも太陽電池材料になり得る材料のひとつで，これと CuGaSe$_2$ の混晶である CuIn$_{1-x}$Ga$_x$Se$_2$（CIGS）が現在最も好成績を納めている．

カルコパイライト系化合物を光吸収体とする薄膜太陽電池は基板上に光吸収体をはじめ各種材料の膜を順次堆積することによって作製される．その過程の中でとくに光吸収体の製膜はかなりの高温でなされなければならない．それゆえ，基板材料と光吸収体の熱膨張係数の差は重要な問題である．当初には半導体分野の常識として無アルカリガラスが基板として用いられたが，熱膨張係数がCIGSと近いことと低コストの観点からソーダライムガラス（SLG）が試されて膜質の向上が認められた[5]．そして，SLGからNaが拡散してくることによってCIGS粒子が大きく育ち効率を向上させる[6]という予期しない効果が発見された経緯がある．カルコパイライト型化合物の単位セルの格子定数cはaのほぼ2倍で，CuInSe$_2$のaおよびc（単位：nm）は

$$0.57681 + 2.49 \cdot 10^{-6} T + 9.9 \cdot 10^{-9} T^2 - 7.3 \cdot 10^{-12} T^3$$

$$1.1605 + 1.66 \cdot 10^{-6} T + 1.9 \cdot 10^{-8} T^2 - 1.3 \cdot 10^{-11} T^3$$

によって，また，CuGaSe$_2$ の a，c は

$$0.55974 + 4.67 \cdot 10^{-6} T + 2.6 \cdot 10^{-9} T^2 - 8.1 \cdot 10^{-13} T^3$$

$$1.10108 + 1.80 \cdot 10^{-6} T + 8.7 \cdot 10^{-9} T^2 - 6.4 \cdot 10^{-12} T^3$$

で与えられ，その熱膨張率も a軸と c軸では異なった温度係数を示す（Fig. C-1-6-2）[7]．

光生成キャリアは吸収層の中を基板に垂直な方向に走るので，その方向に粒界が存在しないことすなわち粒径が膜厚以上であることが高効率のために必要な条件である．Cu$_2$Se-In$_2$Se$_3$ あるいは Cu$_2$Se-Ga$_2$Se$_3$ 擬二元熱平衡相図（Fig. C-1-6-3）[8,9] によると，化学量論比の CuInSe$_2$ あるいは CuGaSe$_2$ を得るためには Cu 過剰状態で育成することが必要である（Cu 欠乏側では III 族元素過剰な固溶体を生成する）．多元蒸着法の場合，Cu 過剰条件では相分離した Cu-Se 化合物が結晶表面を覆って液相成長の状態になっており[10]，結晶粒は大きく育つが冷却後に Cu-Se 固相が残る．残留 Cu-Se は素子の短絡を発生するので排除しなければならない．Cu 過剰条件で製膜した後に III 族過剰にする二層（bilayer）法[11]の開発によって性能は大いに向上した．Cu-Se 相はその融点以下の温度でも CI(G)S の結晶成長を促進し欠陥を低減する働きが認められる[12]．最高効率を得るこ

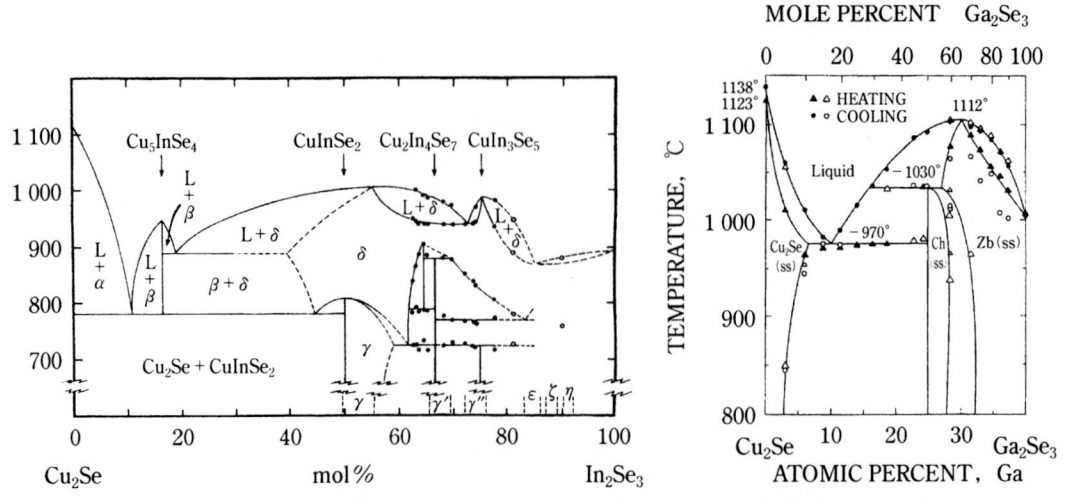

Fig. C-1-6-3 Cu₂Se-In₂Se₃ (左) と Cu₂Se-Ga₂Se₃ (右) の擬二元熱平衡相図 (Phase equilibrium diagram of pseudobinary Cu_2Se-In_2Se_3 (left) and Cu_2Se-Ga_2Se_3 (right))

とに成功してひとつの標準的な製膜レシピとなっている三段階法[13]も原理的に同じ性質を利用している.

CIGSセルには電気的性質に変動的な影響を与えるトラップ準位があることが知られている. その代表的なものをアドミッタンス法および RDLTS (逆パルスの DLTS) によって温度依存測定した例を Fig. C-1-6-4に示す[14]. 同様の方法で Table C-1-6-2に示すトラップ準位が検出されている[15].

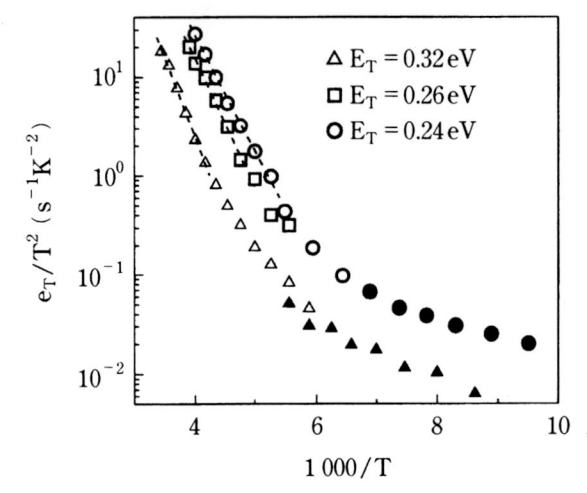

Fig. C-1-6-4 CIGS (○, △) および CGS (□) セルのトラップ準位のアドミッタンス (中空) および RDLTS (中実) 測定値のアレニウスプロット (Arrhenius plots of the admittance (open) and RDLTS (solid) data of the CIGS (○, △) and CGS (□) cell)

1) John, P., Odeh, I. M. et al. : J. Phys. C, **14** (1981) 309.   2) Landolt-Börnstein III/17h, Physics of Ternary Compounds, ed. O. Madelung, M. Schulz and H, Weiss (Springer-Verlag, Berlin-Heidelberg, 1985).   3) J. L. Shay and J. H. Wernik, Ternary Chalcopyrite Semiconductors : Growth, Electronic Properties and Application (Pergamon Press, New York, 1975).   4) 遠藤三郎, フィジクス **75** (1987) 441.   5) L. Margulis, G. Hodes, A. Jakubowicz and D. Cahen, J. Appl. Phys. **66** (1989) 3554.   6) J. Hedstrom, H. Ohlsen, M. Bodegard, A. Kylner, L. Stolt, D. Hariscos, M. Ruckh and H. W. Schock, Proc. 23rd IEEE Photovolt. Specialists Conf. (1993) 364.   7) I. V. Bodnar and N. S. Orlova, Inorganic Materials **21** (1986) 967.   8) M. L. Fearheiley, Solar Cells **16** (1986) 91.   9) J. C. Mikkelsen, Jr, J. Electron. Mater. **10** (1981) 541.   10) R. Klenk, R. Menner, D. Cahen and H. W. Schock, Conf. Rec. 21th IEEE Photovolt. Specialists Conf. (1990) 481.   11) R. A. Mickelsen, W. S. Chen, Y. R. Hsiao and V. E. Lowe, IEEE Trans. Electron. Devices **31** (1984) 542.   12) S. Niki, P. J. Fons, A. Yamada, Y. Lacroix, H. Shibata, H. Oyanagi, M. Nishitani, T. Negami, T. Wada, Appl. Phys. Lett. **74** (1999) 1630.   13) A. M. Gabor, J. R. Tuttle, D. S. Albin, M. A. Contreras, R. Noufi and A. M. Hermann, Appl. Phys. Lett. **65** (1994) 198.   14) M. Igalson and A. Urbaniak, Bull. Pol. Acad. Sci. Tech., **53** (2005) 157.   15) L. L. Kerr, Sheng S. Li, S. W. Johnston, T. J. Anderson, O. D. Crisalle, W. K. Kim, J. Abushama, R. N. Noufi, Solid-State Electr. **48** (2004) 1579.

Table C-1-6-2　Cu(In,Ga)Se$_2$におけるキャリアトラップ準位 (Carrier trap level in Cu(In,Ga)Se$_2$)

試料	捕捉電荷キャリア	活性化エネルギー eV	トラップ密度 cm^{-3}	捕獲断面積 cm^2
UF CIS	正孔	E_v+ 0.54	4.6·10^{12}	1.39·10^{-14}
UF CIS	正孔	E_v+ 0.55	6.5·10^{12}	5.7·10^{-15}
UF CIS	電子	E_c- 0.52	1.3·10^{12}	
UF CIS	電子	E_c- 0.16	4.9·10^{12}	1.2·10^{-18}
UF CIS	電子	E_c- 0.5	3.5·10^{13}	
EPV CIGS	正孔	E_v+ 0.94	6.5·10^{13}	
NREL CIGS	電子	E_c- 0.07	4.2·10^{13}	6·10^{-18}
NREL CIGS	電子			
NREL CIGS	電子			

1.7 原子力材料の熱物性値
(Thermophysical properties of Nuclear Materials)

1.7.1 核分裂 (Nuclear Fission Engineering)

(a) 核燃料 (Nuclear Fuels)

(1) 固体核燃料 (Solid Nuclear Fuels)

核燃料は核分裂性物質またはその親物質のウラン，トリウムを含み，核分裂により発生したエネルギーを熱として冷却材に伝達するので，その熱物性は極めて重要であり，よく研究されてきている．

ⅰ) 金属燃料 (Metallic Fuels) (U, Th)

金属ウランはウラン密度，熱伝導率とも大きいが結晶の異方性と1000 K付近での相転移の存在のためにそのままでは用いられず，合金として用いられる．金属ウランおよび金属トリウムの熱物性をTable C-1-7-1に示す．

ⅱ) 酸化物燃料 (Oxide Fuels) (UO$_2$, ThO$_2$)

UO$_2$は代表的な核燃料で，軽水炉など動力炉に実用され，高温までの熱物性が知られている．熱伝導率が小さいのが欠点であるが，その他の特性は核燃料として適している．酸化物燃

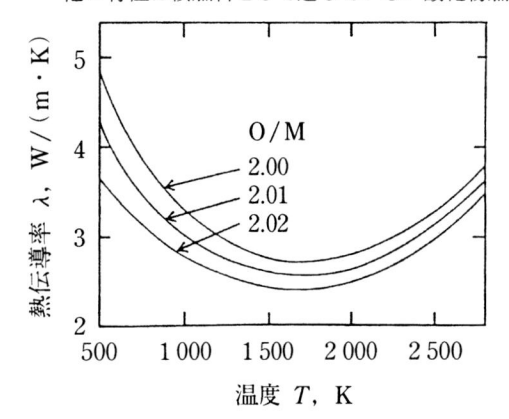

Fig. C-1-7-1　UO$_2$ (100 % TD) の熱伝導率の組成依存性[4] (O/M ratio dependence of fully dense UO$_2$)

Table C-1-7-1　核燃料物質の熱物性値[1-3] (Thermophysical properties of nuclear materials)

核燃料物質名	転移点 融点 T_t, T_m (K)	生成熱 ΔH_f^o(298.15K) (kJ/mol)	エントロピー S^o(298.15K) (J/(mol·K))	温度 T (K)	密度 ρ (kg/m^3)	定圧比熱 C_p (kJ/(kg·K))	熱伝導率 λ (W/(m·K))	蒸気圧 P (MPa)
金属ウラン U	T_t; 942 ($\alpha \to \beta$) 1049 ($\beta \to \gamma$) T_m; 1408	―	50.21	300 500 700 1000	19040 18860 18650 18100	0.116 0.134 0.160 0.180	27.6 31.7 36.4 43.9	― ― ― 10^{-19}
金属トリウム Th	T_t; 1633 ($\alpha \to \beta$) T_m; 2023	―	52.64	300 500 700 1000 1300	11720 11630 11550 11400 11300	0.113 0.120 0.128 0.141 0.157	54.0 55.1 56.4 57.8 59.0	― ― ― 10^{-23} 10^{-16}
二酸化ウラン UO$_2$	T_m; 3153	-1085	77.95	300 500 700 1000 1500 2000	10950 10890 10830 10720 10540 10330	0.237 0.286 0.297 0.306 0.337 0.396	9.8 6.8 5.2 3.9 3.0 2.7	― ― ― 10^{-21} 10^{-11} 10^{-6}
二酸化トリウム ThO$_2$	T_m; 3663	-1227	65.23	300 500 700 1000 1500 2000	10000 9950 9900 9810 9660 9510	0.235 0.268 0.281 0.294 0.312 0.329	14.9 8.5 5.8 4.4 3.0 2.4	― ― ― 10^{-29} 10^{-16} 10^{-9}

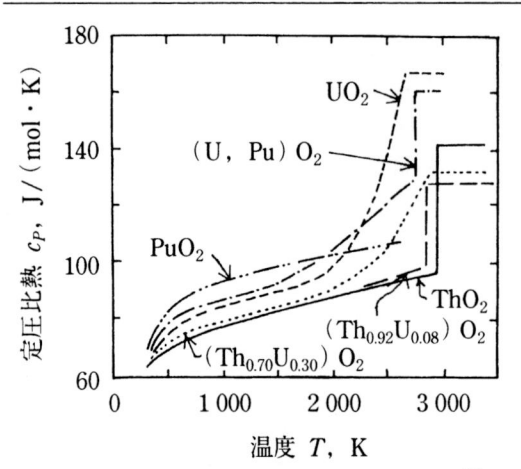

Fig. C-1-7-2 酸化物核燃料の定圧比熱 [6]
(Specific heat capacities of nuclear fuel oxides)

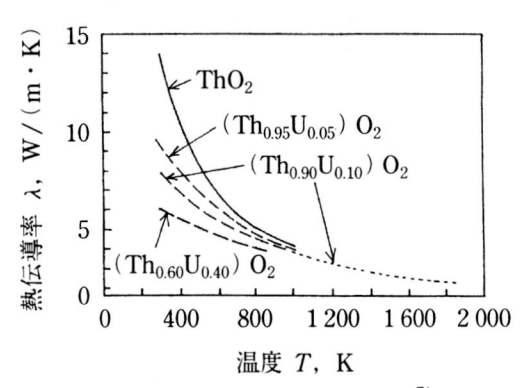

Fig. C-1-7-3 (U,Th)O_2 の熱伝導率 [7] (Thermal conductivities of (U,Th)O_2)

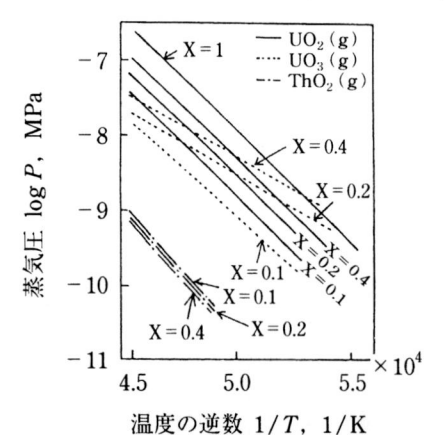

Fig. C-1-7-4 (Th1-xUx)O_2 蒸気圧 [8] (Vapor pressures of (Th1-xUx)O_2)

Table C-1-7-2 UO_2 の熱物性値の表示式 [4,5]
(Equation for thermophysical properties of UO_2)

熱物性	温度依存性を示す式
熱伝導率 λ (W/(m・K))	① $UO_{2.00}$、密度100%TDの場合 $\lambda_0 = (0.035 + 2.25 \times 10^{-4} T)^{-1} + 8.30 \times 10^{-11} T^3$ (773-3073K) ② $UO_{2.00}$、気孔率pの場合 $\lambda = \lambda_0 (1 - \xi p)$
熱膨張係数 β (K^{-1})	$\beta = 9.33 \times 10^{-4} - 9.92 \times 10^{-9} T + 16.7 \times 10^{-11} T^3$ (535-3310K)
蒸気圧 P (MPa)	$\log P = 9.42 - 3.720 \times 10^4 T^{-1}$ $+ 3.516 \times 10^6 T^{-2} + 2.618 \times 10^9 T^{-3}$

Table C-1-7-3 UO_2, ThO_2 および (U,Th)O_2 の定圧比熱の式 [6] (Equations for the specific heats of UO_2, ThO_2 and (U,Th)O_2)

核燃料物質	温度依存性を示す式		
	θ (K)	C_1 (kJ/(kg・K))	C_2 (kJ/(kg・K^2))
UO_2 $298 \leq T \leq 2670K$	516.12	0.28965	1.4298×10^{-5}
ThO_2 $298 \leq T \leq 2950K$	408.14	0.26002	1.8245×10^{-5}
$(U_{0.08}Th_{0.92})O_2$ $298 \leq T \leq 2850K$	268.87	0.25954	1.8212×10^{-5}

$$C_P = C_1 (\theta/T)^2 \frac{\exp(\theta/T)}{(\exp(\theta/T)-1)^2} + 2C_2 T$$

料の熱物性を Table C-1-7-1～Table C-1-7-3 ならびに Fig. C-1-7-1～Fig. C-1-7-4 に示す．UO_2 は400℃以上では UO_{2+x} の過定比組成を，また1300℃以上では UO_{2-x} の亜定比組成をとる．熱伝導率などの輸送現象物性では，不定比組成の影響を受けやすく，Fig. C-1-7-1に示すように定比よりのずれとともに熱伝導率が低下する．また見かけの密度の効果も大きい．

 iii) ウラン・トリウム混合酸化物燃料（Uranium-Thorium Mixed Oxide Fuel）((U,Th)O_2)

(U,Th)O_2 は，主として米国，日本において液体金属高速増殖炉用燃料として考えられている．実用燃料として考えられている組成は，$(U_x,Th_{1-x})O_2$ (x=0.1-0.4)である．融点は 3560 K (x=0.1)から 3430 K (x=0.4)と x の値に応じて変化する．ウラン・トリウム混合酸化物燃料の熱物性を Table C-1-7-3, Table C-1-7-4 ならびに Fig. C-1-7-2～Fig. C-1-7-4 に示す．

 iv) ウラン・プルトニウム混合酸化物燃料（Uranium-Plutonium Mixed Oxide Fuel）((U,Pu)O_2)

(U,Pu)O_2 は，高速増殖炉および軽水炉（プルサー

1.7 原子力材料の熱物性値

マル) 燃料として考えられている．主として実用燃料として考えられているプルトニウム20 at.%の混合燃料に関する研究が多く成されている．ウラン・プルトニウム混合酸化物燃料の熱物性を Table C-1-7-4, Table C-1-7-5, Table C-1-7-6 ならびに Fig. C-1-7-2 に示す．$(U_{0.80}Pu_{0.20})O_2$ の融点は 3073 K である．

v) 炭化物燃料 (Carbide Fuels) (UC, (U, Pu) C)

炭化物燃料は，酸化物燃料に比べてウラン密度が高く，熱伝導率が良い為，高速炉燃料として有望視され，ヨーロッパ諸国を中心に，よく研究されている．UC および $(U_{0.8}Pu_{0.2})C$ の融点は各々 2780 ± 25 K と 2750 ± 30 K である．UC の生成エンタルピー ($\Delta H^{\circ}_{f,298.15K}$)，エントロピー ($S^{\circ}_{298.15K}$) 生成自由エ

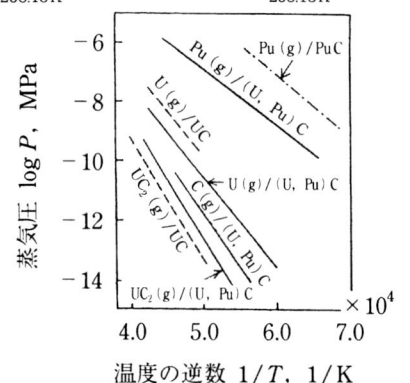

Fig. C-1-7-5 炭化物核燃料の蒸気圧[12]
(Vapor pressure of nuclear fuel carbides)

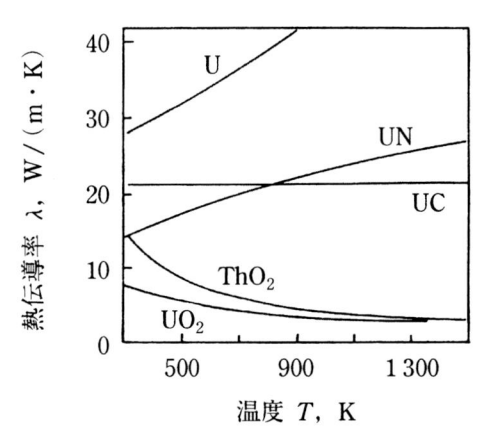

Fig. C-1-7-6 主要な核燃料物質の熱伝導率の比較 (Comparison of thermal conductivity of nuclear fuel materials)

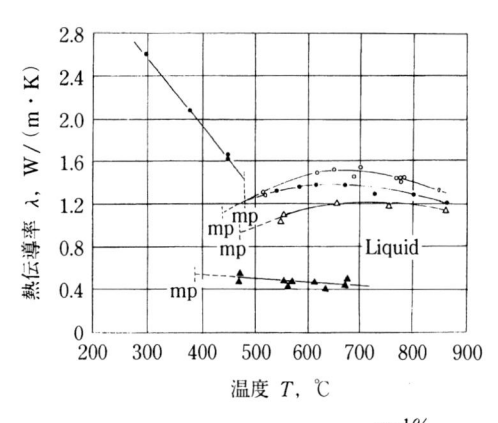

	mol%					
	LiF	BeF$_2$	ZrF$_4$	ThF$_4$	UF$_4$	NaBF$_4$ - NaF
○ MSRE燃料塩	71.2	23	5		0.8	
● MSBR燃料塩	67.5	20		12	0.5	
△ MSRE冷却材塩	66	34				
▲ MSBR冷却材塩						92 8

Fig. C-1-7-7 燃料塩および冷却材塩の熱伝導率[25]
(Thermal conductivities of fuel and coolant salt)

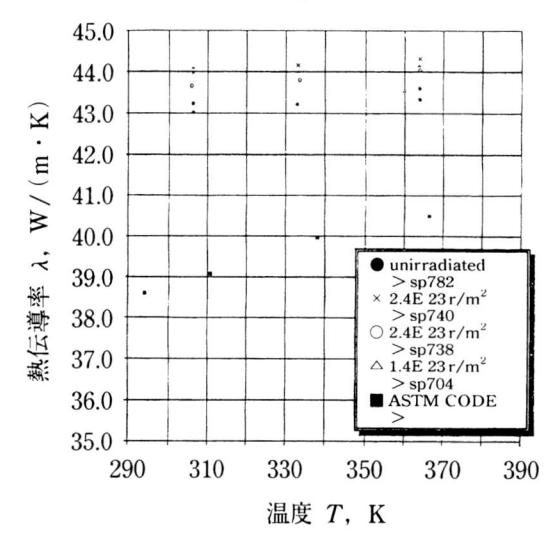

Fig. C-1-7-8 A533鋼の熱伝導率の照射効果
(Irradiation effects on thermal conductivity of A533 steels)

ネルギー ($\Delta G^{\circ}_{f,298.15K}$) はそれぞれ，$-97.91$ kJ/mol, 59.20 J/(mol·K), -98.89 kJ/mol である．

vi) 窒化物燃料 (Nitride Fuels) (UN, (U, Pu) N)

窒化物燃料も，炭化物燃料と同様に，酸化物燃料に比べてウラン密度や熱伝導率が高く，高速炉用燃料として考えられており，ヨーロッパ諸国を中心にして良く研究されてきている．UN および $(U_{0.8}Pu_{0.2})N$ の融点は，各々 3035 ± 40 K と 3053 ± 20 K であ

Table C-1-7-4 (U,Th)O_2 の熱物性値[6] (Thermophysical properties of (U,Th)O_2)

温度 T (K)	定圧比熱[a] Cp (kJ/(kg·K))	エンタルピー[a] H_T-H_{298} (kJ/mol)	熱伝導率[b] λ (W/(m·K))	全蒸気圧[c] P (MPa)
300	0.2347	0.12	8.0	—
500	0.2674	13.58	6.1	—
700	0.2842	26.62	5.0	—
1000	0.2968	51.24	3.8	—
1500	0.3166	92.00	2.7	—
2000	0.3389	135.36	—	6.33×10^{-9}

a) $(U_{0.20}Th_{0.80})O_2$：UO_2とThO$_2$のモル平均値
b) $(U_{0.10}Th_{0.90})O_2$
c) $(U_{0.20}Th_{0.80})O_2$

Table C-1-7-5 (U,Pu)O_2の熱物性値[9-11] (Thermophysical properties of (U,Pu)O_2)

温度 T (K)	定圧比熱[a] Cp (kJ/(kg·K))	熱伝導率[b] λ (W/(m·K))	熱膨張係数[c] β (K^{-1})	全蒸気圧[d] P (MPa)
300	0.2380	9.25	9.76×10^{-6}	—
500	0.2900	6.44	9.84×10^{-6}	—
700	0.3070	4.93	1.00×10^{-5}	—
1000	0.3195	3.73	1.05×10^{-5}	—
1500	0.3429	2.81	1.26×10^{-5}	—
2000	0.3877	2.59	1.63×10^{-5}	2.12×10^{-8}

a) $(U_{1-x}Pu_x)O_{2-y}$ (x=0.20-0.25, y=0-0.05)の範囲で一致、ここでは$(U_{0.75}Pu_{0.25})O_{2.00}$として計算
b) $(U_{0.80}Pu_{0.20})O_{2.00}$
c) $(U_{1-x}Pu_x)O_{2.00}$ (x=0.10-0.30)の範囲で一致
d) $(U_{0.85}Pu_{0.15})O_{1.97}$

として考えられており，ヨーロッパ諸国を中心にして良く研究されてきている．UNおよび$(U_{0.8}Pu_{0.2})$Nの融点は，各々3035±40Kと3053±20Kである．UNの298.15Kでの生成エンタルピー，エントロピー，生成自由エネルギーは，それぞれ－296.49 kJ/mol, 67.07J/(mol·K)，－272.62kJ/molである．窒化物燃料の熱物性値をTable C-1-7-9，C-1-7-10に示す．

(2) 液体核燃料 (Liquid Nuclear Fuels)

液体燃料に要求される条件は，1) U，Th等の核燃料の溶解度が大きい，2) 核燃料物質溶媒の中性子吸収断面積が小さい，3) 放射線分解せず，使用温度領域で化学的に安定，4) 熱輸送媒体として適度の物性値を持つ，5) 構造材との両立性に優れる等が挙げられる．これまでに研究されてきた液体燃料炉型の内，現在技術的に最も有望とされているのは溶融塩炉である．

Table C-1-7-11に実験炉ARE燃料塩として検討された種々の塩と水の物性値を比較して示す．塩の熱伝導率は当時の推定値である．また，発電用増殖炉，ないしは転換炉を目指したMSRE (Molten Salt Reactor Experiment) の燃料塩物性値の概略をTable C-1-7-12に MSBR燃料塩の物性値をTable C-1-7-13, Table C-1-7-14に示す．また，Fig. C-1-7-7に種々の燃料塩およびMSBR用2次冷却材塩 (NaF-NaBF$_4$) の熱伝導率を示す．この熱伝導率の測定はCook, J. W. らの考案した可変間隙法 (Variable gap method) と呼ぶ一種の定常法で，原理的に試料自身の内部放射伝熱の効果を除去できることになっている．しかし図示の測定結果がどの程度有効にこの効果が除去できているのか必ずしも明確ではなく，今後その他の測定方法による測定結果との比較評価によって，その有効性が明確になろう．なお，溶融塩炉の核燃料溶媒となるLiF-BeF$_2$系を中心とするフッ化物溶融塩の物性値は文献にまとめられている．

(b) 構造材 (Structural Materials)
(1) 金属・合金材料[34]

この材料の場合，熱物性に関する照射効果は組織変化，組成変化を介したものであり，間接的である．また，構造材料としては一般に照射効果の少ない材料が選定されているため，報告されたデータは少ない．

Fig. C-1-7-8に圧力容器に用いられるA533鋼 (C = 0.24, Mn = 1.42, Ni = 0.70, Si = 0.22, P = 0.010, S = 0.017, Cu = 0.14, V = 0.02, Cr = 0.12) の303K～363Kの熱伝導率の照射効果データを示す．照射温度は563K，フルエンスは1.4および2.4×10^{23} n/m^{2}で，一次元熱流法によって熱伝導率が求められている．ここでは試料表面の平滑面を得るために，試料を柔らかいインジウムホイルで挟み，接触面での熱抵抗を少なくするために34MPa程度の圧力で圧着している．これにより，表面粗度の影響を平均0.25%程度に抑え，実験精度はNBS SRM 735に値付けられた認定値より最大で1.9%低く，±3%程度の精度が保証されている．以上の結果から，圧力容器鋼においては典型的な加圧水炉の寿命末期に対応するような照射を受けても熱伝導率の低下はなく，非照射試料に対して平均1.7%高い熱伝導率を示し，ASMEのボイラーおよび圧力容器規程に対しても8%程度の余裕を持っていることが示された．熱伝導率が高くなるのは，時効による固溶元素の減少や照射

1.7 原子力材料の熱物性値

(2) グラファイト [35-40]

熱物性に関する照射効果が比較的大きく, 数多くのデータが報告されている. 構造材としては高温ガス炉用のグラファイト, 炭素系材料がある. グラファイト, 炭素系材料は, 減速材, 反射材, 燃料被覆や核融合炉のプラズマ対向材料としても用いられる.

i) 熱膨張係数

照射下では, 結晶子への照射欠陥の導入と構造変化に伴う熱膨張係数の変化, 結晶子の寸法変化による気孔率の変化, マイクロクラックの発生と閉塞, 結晶子間のすき間などが複雑に変化する. 照射により, ギルソナイト系黒鉛はわずかな増加から減少の傾向をたどり, 針状コークス系型込め材は緩やかに増加し, 高照射量 ($\sim 2 \times 10^{26}$ n/m^2, E > 0.050 MeV) で減少し始め, 含浸した針状コークス系黒鉛の場合の熱膨張係数は照射によって全く変化しない, などの結果が得られている [40]. 種々の黒鉛について熱膨張係数の照射による変化を Fig. C-1-7-9〜Fig. C-1-7-11 に示す.

ii) 熱伝導率

熱伝導率は高温照射下でも照射量とともに減少することが知られている. しかし, 照射温度が低い (〜570 K) 程大きく減少し (〜100%), 照射温度が高くなるにつれて効果は小さくなる. Fig. C-1-7-12 に原子炉用黒鉛の熱伝導率の照射量依存性を示す. 熱伝導率は照射量の増加に伴い急激に減少し, その後緩和し, 高照射量で再び減少する傾向を持っている.

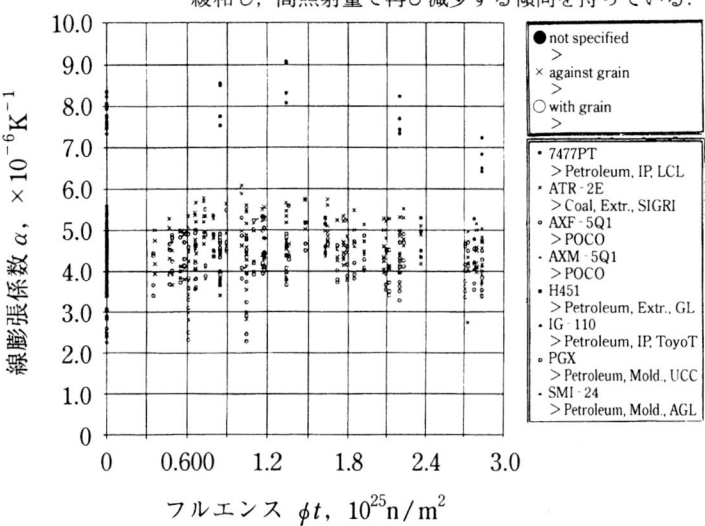

Fig. C-1-7-9 グラファイトの線膨張係数の照射効果の異方性 (Irradiation effects on thermal expansion coefficient of graphites with direction)

以下, Fig. C-1-7-10, Fig. C-1-7-11 とも右記の記号により素材を分類

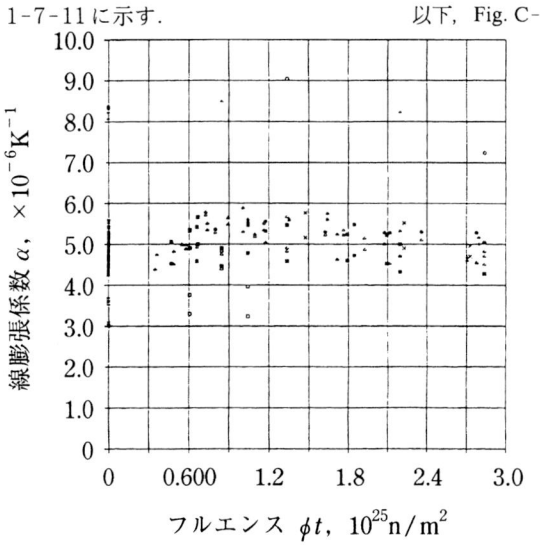

Fig. C-1-7-10 グラファイトの室温―照射温度間の線膨張係数の照射効果 (Irradiation effects on thermal expansion coefficient of graphites between room and irradiation temperatures)

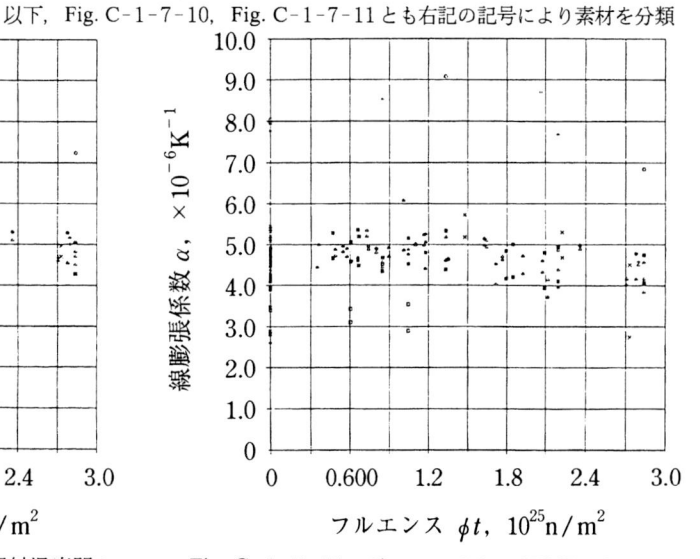

Fig. C-1-7-11 グラファイトの 673 K における線膨張係数の照射効果 (Irradiation effects on thermal expansion coefficient of graphites at 673 K)

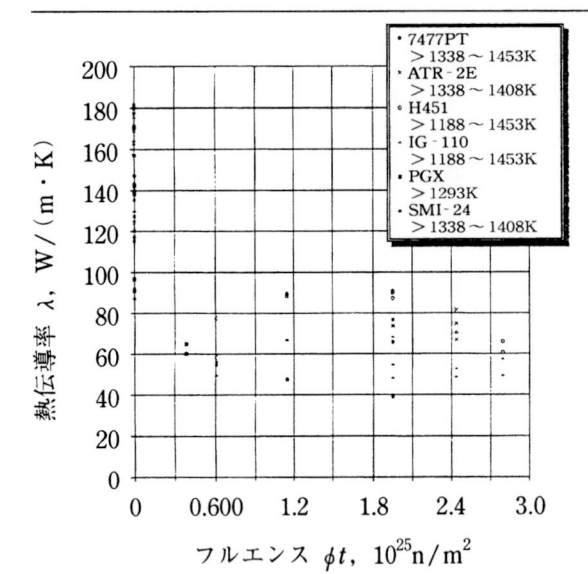

Fig. C-1-7-12 グラファイトの熱伝導率の照射効果
(Irradiation effects on thermal conductivity of graphites)

凡例:
- 7477PT > 1338 ～ 1453K
- ATR-2E > 1338 ～ 1408K
- H451   > 1188 ～ 1453K
- IG-110 > 1188 ～ 1453K
- PGX   > 1293K
- SMI-24 > 1338 ～ 1408K

合材料が期待されているが，高熱勾配や熱衝撃に耐えられるような材料の設計開発が精力的に進められており，その熱物性も素材の構造によって大きく異なる．そうしたデータベースについては核融合，宇宙などの特定の目的に従ってまとめられつつある．前者については，国際エネルギー機関（IEA）や国際原子力機関（IAEA）などを中心にグラファイト関連材料もデータベース化される予定である[41,42]．

1.7.2 核融合 (Nuclear Fusion)

(a) 増殖材 (Tritium Breeding Materials)

増殖材は，核変換により，核融合炉において燃料として使用するトリチウムを増殖する機能を持つだけでなく炉心において D-T 反応により生成する中性子のエネルギーを熱に変換し，冷却材に伝達するので，その熱物性は極めて重要である．増殖材料はその使用形態によって固体増殖材と融体増殖材に分けられる．

この熱伝導率の照射による変化については次式が与えられている．

$$K = K_s + (K_o - K_s)\exp(-\phi_t/t)$$

K : 照射量 ϕ_t まで照射した後の熱伝導率
K_o : 照射前の熱伝導率
K_s : 飽和後の熱伝導率
t : 時定数

低温照射（～570K）の場合および照射量が増加した場合ともに熱伝導率の温度依存性が小さくなり，殆ど温度に依存しなくなる傾向がある[39]．

核融合炉のプラズマに面して高熱流束を受けるコンポーネントの素材として，グラファイトやC/C複

(1) 固体増殖材

リチウムを含んだ酸化物セラミックスが主な候補材料である．その中でも，トリチウム増殖性能の大きさから Li_2O が，水蒸気中の安定性から $LiAlO_2$ や Li_4SiO_4, Li_8ZrO_6 などが有望視されている．これらの固体増殖材料の熱伝導率や熱膨張率などの物性値はその多孔質構造に依存することに注意する必要がある．固体増殖材料の熱物性を Table C-1-7-15～Table C-1-7-18，ならびに Fig. C-1-7-13に示す．

(2) 融体増殖材料

金属リチウムやリチウム-鉛合金，リチウムフッ化

Table C-1-7-6 $(U,Pu)O_2$ の熱物性値の式 [9-11]
(Equations of r the thermophysical properties of $(U,Pu)O_2$)

熱物性	温度依存を示す式
定圧比熱 Cp (kJ/(Kg·K))	$(U_{1-x}Pu_x)O_{2-y}$: (x=0.20-0.25, y=0-0.05), 298≤ T ≤2720K $C_P = C_1(\theta/T)^2 \frac{\exp(\theta/T)}{(\exp(\theta/T)-1)^2} + 2C_2T + C_3 k\exp(-Ea/kT)\left(1+\frac{Ea}{kT}\right)$ θ =585.49K, C_1=0.32930(kJ/(kg·K)), C_2=3.0262×10^{-6}(kJ/(kg·K^2)), C_3=1.0156×10^4(kJ/kg·eV), Ea=0.75748eV, k=8.6144×10^{-5}eV·K^{-1}
熱伝導率 λ (W/(m/K))	$(U_{0.80}Pu_{0.20})O_2$: 773≤ T ≤3063K $\lambda = (0.037+2.37×10^{-4}T)^{-1}+78.9×10^{-12}T^3$
熱膨張係数 β (K^{-1})	$(U_{1-x}Pu_x)O_2$: (x=0.10-0.30) β=9.828×10^{-6}-6.390×$10^{-10}T$+1.330×$10^{-12}T^2$-1.757×$10^{-17}T^3$, 273≤ T ≤923K β=1.1833×10^{-5}-5.013×$10^{-9}T$+3.756×$10^{-12}T^2$-6.125×$10^{-17}T^3$, 923≤ T ≤3120K
蒸気圧 P (MPa)	$(U_{0.85}Pu_{0.15})O_2$: 2000≤ T ≤2350K logP(UO_2)=8.362-32436/T logP(UO_3)=4.215-25328/T logP(PuO_2)=6.460-31034/T logP(PuO)=5.042-27212/T

1.7 原子力材料の熱物性値

Table C-1-7-7 UCおよび$(U_{0.80}Pu_{0.20})$Cの熱物性値[12-15] (Thermophysical properties of UC and $(U_{0.80}Pu_{0.20})$C)

温度 T (K)	UC 定圧比熱 Cp (kJ/(Kg·K))	UC 熱伝導率 λ (W/(m/K))	UC 線熱膨張係数 β (K^{-1})	UC 全蒸気圧 P (MPa)	$(U_{0.80}Pu_{0.20})$C 定圧比熱 Cp (kJ/(Kg·K))	$(U_{0.80}Pu_{0.20})$C 熱伝導率 λ (W/(m/K))	$(U_{0.80}Pu_{0.20})$C 線熱膨張係数 β (K^{-1})	$(U_{0.80}Pu_{0.20})$C 全蒸気圧 P (MPa)
300	0.2008	21.6	10.1×10^{-6}	—	0.2116	17.4	—	—
500	0.2296	21.2	10.5×10^{-6}	—	0.2193	16.6	—	—
700	0.2421	21.1	11.0×10^{-6}	—	0.2269	16.6	—	—
1000	0.2524	21.3	11.8×10^{-6}	3.39×10^{-24}	0.2384	18.1	—	3.80×10^{-16}
1500	0.2660	22.0	12.9×10^{-6}	7.30×10^{-15}	0.2269	20.6	14.6×10^{-6} (at 1273K)	6.51×10^{-10}
2000	0.2928	22.8	13.1×10^{-6}	3.39×10^{-10}	—	22.2	—	8.51×10^{-7}

Table C-1-7-8 UCおよび(U, Pu)Cの熱物性値の式[12,13,16] (Equations for the thermophysical properties of UC and (U,Pu)C)

熱物性	UC	(U, Pu)C
定圧比熱 c_p (kJ/kg·K)	$c_p = 0.2040 + 1.028 \times 10^{-4}T - 7.479 \times 10^{-8}T^2 + 2.288 \times 10^{-11}T^3 - 2.476 \times 10^3 T^{-2}$, (298 ≤ T ≤ 2780K)	$(U_{0.8}Pu_{0.2})$C, 1073 ≤ T ≤ 1673K $c_p = 0.2001 + 3.827 \times 10^{-5}T$
熱伝導率 λ (W/(m·K))	① $\lambda = 21.7 - 3.04 \times 10^{-3}(T-273) + 3.61 \times 10^{-6}(T-273)^2$, 323 ≤ T ≤ 973K ② $\lambda = 20.2 + 1.48 \times 10^{-3}(T-273)$, 973 ≤ T ≤ 2573K	① $(U_{0.8}Pu_{0.2})$C $\lambda = 17.5 - 5.65 \times 10^{-3}(T-273) + 8.14 \times 10^{-6}(T-273)^2$, 323 ≤ T ≤ 773K $\lambda = 12.76 + 8.71 \times 10^{-3}(T-273) - 1.88 \times 10^{-6}(T-273)^2$, 773 ≤ T ≤ 2573K ② $(U_{0.3}Pu_{0.7})$C $\lambda = 10.34 - 2.00 \times 10^{-2}T + 3.25 \times 10^{-5}T^2 - 8.22 \times 10^{-9}T^3$, 298 ≤ T ≤ 1773K

Table C-1-7-9 UNおよび$(U_{0.8}Pu_{0.2})$Nの熱物性値[17-19] (Thermophysical properties of UN and $(U_{0.8}Pu_{0.2})$N)

温度 T (K)	UN 定圧比熱 c_p (kJ/(kg·K))	UN 熱伝導率 α (W/(m·K))	UN 線膨張係数 β (K^{-1})	UN 全蒸気圧 P (MPa)	$(U_{0.8}Pu_{0.2})$N 定圧比熱 c_p (kJ/(kg·K))	$(U_{0.8}Pu_{0.2})$N 熱伝導率 α (W/(m·K))	$(U_{0.8}Pu_{0.2})$N 線膨張係数 β (K^{-1})	$(U_{0.8}Pu_{0.2})$N 全蒸気圧 P (MPa)
300	0.1901	14.2	7.5×10^{-6}	—	0.1909	—	—	—
500	0.2133	17.5	8.0×10^{-6}	—	0.2119	14.5	—	—
700	0.2260	20.1	8.4×10^{-6}	—	0.2243	16.0	7.7×10^{-6}	—
1000	0.2407	23.3	8.8×10^{-6}	1.07×10^{-23}	0.2398	18.3	8.2×10^{-6}	2.28×10^{-17}
1500	0.2638	27.4	9.4×10^{-6}	4.27×10^{-13}	0.2642	20.8	9.3×10^{-6}	2.38×10^{-10}
2000	0.2860	30.9	9.9×10^{-6}	8.51×10^{-9}	0.2881	22.2	10.5×10^{-6}	7.68×10^{-7}

物系溶融塩はその融点の低さゆえに，冷却材も兼用できる融体増殖材として用いられる．金属リチウムやリチウム−鉛合金などの高温金属融体増殖材料は，熱伝導率が大きく，トリチウム増殖性能も高いが，強磁場中でMHD圧損を受ける．リチウム−鉛合金は化学的活性が低く，金属リチウムに比べて安定であるが，密度が大きく，大きなポンプ動力を必要とする．融体増殖材料の熱物性を Table C-1-7-19 および Table C-1-7-20 に示す．

Table C-1-7-10 UNおよび$(U_{0.8}Pu_{0.2})N$の熱物性値の式[17-19]
(Equations for the thermophysical properties of UN and $(U_{0.8}Pu_{0.2})N$)

熱物性	UN	$(U_{0.8}Pu_{0.2})N$
定圧比熱 (kJ/(kg·K))	$c_p=0.2006+4.230\times10^{-5}T-2.078\times10^3 T^{-2}$, (298≦T≦1000K) $c_p=0.1982+4.412\times10^{-5}T-1.629\times10^3 T^{-2}$, (1000≦T≦3000K)	$c_p=0.1955+4.593\times10^{-5}T-1.658\times10^3 T^{-2}$, (298≦T≦1000K) $c_p=0.1937+4.739\times10^{-5}T-1.299\times10^3 T^{-2}$, (1000≦T≦3000K)
生成自由エネルギー (kJ/kg)	$\Delta G_f^\circ=(-1215.23\pm20.62)+(0.3699\pm0.0136)T$, (298≦T≦2500K)	$\Delta G_f^\circ=(-1183.01\pm1.41)+(0.3283\pm0.0009)T$, (298≦T≦2500K)
蒸気圧 (MPa)	$P_{N_2}=8.90-3.20\times10^4/T$, $P_{UN}=8.36-3.96\times10^4/T$ $P_U=5.30-2.75\times10^4/T$, $P_{total}=8.83-3.18\times10^4/T$ 1600≦T≦3123K	$P_{Pu}=4.25-2.09\times10^4/T$, $P_U=6.66-3.04\times10^4/T$ $P_{N_2}=3.58-2.11\times10^4/T$, $P_{PuN}=8.83-3.05\times10^4/T$ $P_{UN}=7.06-3.71\times10^4/T$, $P_{total}=4.41-2.11\times10^4/T$ 1400≦T≦3053K
熱伝導率 (W/(m·K))	$\lambda=1.37T^{0.41}$ (10≦T≦1923K)	—

Table C-1-7-11 種々の燃料塩と水の物性の比較[20] (Physical properties of various fuel salts)

組成 Composition (mol%)	融点 T (K)	密度 ρ (kg/m³)	体膨張係数 α (K⁻¹)	粘性率 η (Pa·s)	熱伝導率 λ (W/(m·K))	熱容量 (kJ/K)	Prandtl数 Pr
			×10⁻⁴	×10⁻³		×10⁻³	
NaF-ZrF₄-UF₄ 53.5-40-6.5	813	3270	3.36	5.7	2	1.00	2.74
LiF-BeF₂-ThF₄-UF₄ 71-16-12-1	798	3250	2.52	7.1		1.54	
LiF-BeF₂-UF₄ 67-30.5-2.5	737	2100	1.90	5.5		2.39	
水(20℃)	293	1000		1.00	0.599	4.18	7

Table C-1-7-12 MSRE燃料塩の概略物性[21]
(Thermophysical properties of MSRE fuel salts)

⁷LiF-BeF₂-ZrF₄-UF₄ (65.0-29.1-5.0-0.9 mol%)
²³⁵U炉心(33%濃縮)69kg(235)+150kg(238)
²³³U炉心(83%濃縮) ···⁷Li(99.9952%濃縮)

液相線温度 707K(434℃)
873K(600℃)の物性
密度   2270 kg/m³   熱容量 1.97×10⁻³ kJ/K
粘性係数 9.×10⁻³ Pa·s 蒸気圧 <13.3 Pa
熱伝導度 1.4 W/(m·K)

Table C-1-7-13 MSBR燃料塩の熱物性値[21,26]
(Thermophysical properties of MSBR fuel salt)

成分 組成	⁷LiF-BeF₂-ThF₄-UF₄ 71.7-16-12-0.3 mol%
分子量(近似)	64
融点(近似)	722K
蒸気圧	(894 K) <13.3 Pa
沸点	1798 K
密度 ρ (kg/m³)	$\rho=3934-0.668T(K)$ 977K 3280 908K 3330 839K 3380
粘性係数 μ (Pa·s)	$\mu=1.09\times10^{-4}\exp(4090/T(K))$ 977K 7.15×10⁻³ 908K 9.80×10⁻³ 839K 14.3×10⁻³
定圧比熱 C_p (kJ/(kg·K))	1.36
熱伝導率 λ (W/(m·K))	977K 1.19 908K 1.23 839K 1.19

Table C-1-7-14 燃料塩の体膨張係数（Thermal expansions coefficient of fuel salts at 600 ℃）

組成 (mol%)			体膨張係数 α (K^{-1})
LiF	BeF$_2$	ThF$_4$	
70.11	23.88	6.01	2.48×10^{-4}
70.06	17.96	11.98	2.41×10^{-4}
69.98	14.99	15.03	2.64×10^{-4}

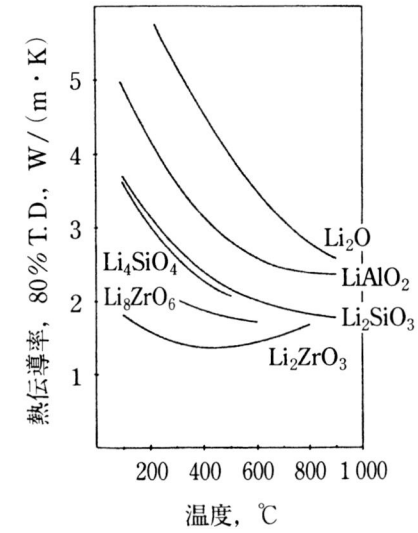

Fig. C-1-7-13 固体増殖材料の熱伝導率の温度依存性（Temperature dependences of thermal conductivities of solid breeding materials）

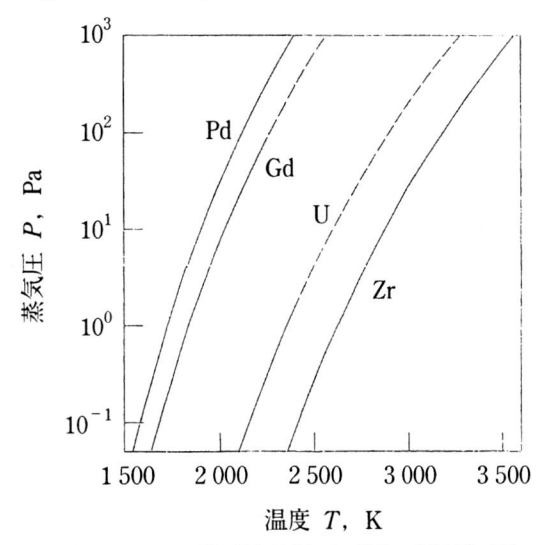

Fig. C-1-7-14 U, Gd, PdおよびZrの蒸気圧（Vapor pressures of U, Gd, Pd and Zr）

1.7.3 核燃料サイクル（Fuel Cycle）

(a) レーザ濃縮（Laser Isotope Separation）

原子力分野における同位体分離でレーザを用いることが考えられているのは核燃料物質であるU，可燃性毒物であるGd，核燃料被覆管材料あるいはその候補材料であるZr, Ti，使用済燃料中に核分裂生成物として含まれる有用元素のうちの一つであるPd，構造材料であるFe, Ni, Mo, Crなどがあげられる．ここでは，軽水炉を中心とする核燃料サイクルの分野に属するものと考えらえられ，かつ，現在わが国において検討が進められているものとして，U, Gd, PdおよびZrの4元素について述べる．

高温における液体金属Uの蒸気圧は多くの研究者によって測定されており，それらの総合的な評価も行われている[43-45]．現状で最も妥当と考えられるAckermann等[46]による蒸気圧の式をTable C-1-7-21にまとめる．この式は，Bieniewski[47]の値と約10％以内の差で一致している．

金属Gdの高温蒸気圧のデータは金属Uに比べて少ない．金属Gdの蒸気圧の式をTable C-1-7-21にまとめる．

高温におけるPdの蒸気圧は白金族の中では比較的高く，固相に対する蒸気圧も重要である．蒸気圧はさまざまな手法で測定されており，例外を除いて測定温度範囲で±30〜40％以内で一致している．また高蒸気圧域への外挿値も同程度の誤差で一致している．Table C-1-7-21に示す式は，これらのばらつきのほぼ中心を通っている．298.15Kにおける昇華のエンタルピーの報告値は377 kJ/molを中心として±1％程度の範囲に収まっている．

Zrの蒸気圧に関しても多くの報告があり，クリティカルレビュー[44, 51, 52]も行われている．各データから得られる蒸気圧実験式は二つの例外を除き，1000Kに及ぶ広い範囲で±60％程度の幅の中に納まっている．Table C-1-7-21には，現状で最も信頼性が高いと考えられるJANAF[52]のデータから，フガシティーと蒸気圧とが近似的に等しいとみなして最小二乗法により求めた蒸気圧式を示す．本式とJANAFとの蒸気圧の対数値の差は2100〜4000Kにおいて0.12％以内である．以上，4金属元素の蒸気圧の温度依存性をFig. C-1-7-14に示す．

同位体選択性を向上させるために断熱膨張冷却を

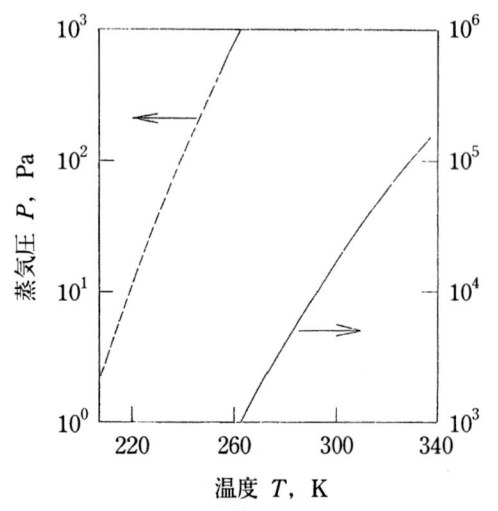

Fig. C-1-7-15 UF$_6$の蒸気圧（Vapor pressure of UF$_6$）

Table C-1-7-15 固体増殖材料の特性（Characteristics of solid breeding materials）

物質名	転移点, 融点 T_t, T_m (K)	生成熱 $\Delta H_f°$ (298) (kJ/mol)	エントロピー $S°$ (298) (J/(mol·K))
Li$_2$O	T_m: 1706	-598.7	37.89
LiAlO$_2$	T_m: 1883	-1188.7	53.31
Li$_2$SiO$_3$	T_m: 1473	-1649.5	80.30
Li$_4$SiO$_4$	T_t: 945 T_m: 1523	-2240.5	20.06
Li$_2$TiO$_3$	T_t: 1485 T_m: 1820	11.5* -1670.7	92.05
Li$_2$ZrO$_3$	T_m: 1888	-1757.3	----
Li$_8$ZrO$_6$	T_m: 1568	-3564.8	----

* 転移熱

Table C-1-7-16 固体増殖材料の比熱（Specific heat of solid breeding materials）

温度 T (K)	比熱 c_p (J/(kg·K))					
	Li$_2$O	LiAlO$_2$	Li$_2$SiO$_3$	Li$_4$SiO$_4$	Li$_2$ZrO$_3$	Li$_2$TiO$_3$
300	1686	1005	1076	1365	842	1009
400	2127	1220	1316	1484	873	1160
500	2349	1331	1439	1627	905	1236
600	2485	1402	1516	1779	936	1289
700	2580	1454	1572	1935	967	1329
800	2653	1496	1616	2094	999	1358
900	2713	1531	1654	2254	1029	1382
1000	2767	1563	1687	--	--	1402

行う UF$_6$ ガスにおいては低温域の固相に対する蒸気圧が重要となる．その測定結果についてのレビューが報告されている[53,54]．その後の測定値に基づく蒸気圧式も室温では±2.5%以内で一致しているが，氷点以下の低温における測定値は少なく，蒸気圧式間のばらつきも拡大する傾向にある．現状で信頼性が高いと考えられる蒸気圧式を Table C-1-7-21 にまとめる．273.15Kにおいて，Llewellyn[57]の式はOliver等[55] および Ghiassee[56] の式より約3.3%高い値を与える．UF$_6$ の蒸気圧の温度依存性を Fig. C-1-7-15 に示す．

(b) ガラス固化体（Radioactive Waste Glass）

高レベル放射性廃棄物廃液ガラス固化体（High-level radioactive waste glass）は，原子力発電所で発生する使用済核燃料の再処理廃液をホウケイ酸ガラスとともに溶融固化したもので，ガラス固化体と通称している．

ガラス固化体の組成は，使用済燃料の燃焼度，廃液の状態や処理工程により異なり，様々な組成の固化体が知られている[58]．一例を Table C-1-7-22 に示す．

ガラス固化体を製造する場合，溶融状態での均一性が重要となる．一例として，ドイツ PAMELA法による SM513ガラス[59] の電気抵抗と粘性率などの特性を Table C-1-7-23 に示す．また，固化体の重要な特性としてガラス転移温度と軟化温度がある．これらを Table C-1-7-24 に示す．

ガラス固化体は，処分後深地層中で年間数10から数100cm^3 程度の地下水と接触する[60]．接触後のガラス固化体の特性として，固化体からの放射性核種放出速度につながる化学的耐久性，およびこれに影響を与える因子が重要である．したがって，機械的性質や熱的特性，およびこれらの特性に影響する照射効果などが広く研究されている[61]．

ガラス固化体の熱伝導率を Fig. C-1-7-16 に，比エンタルピーを Table C-1-7-25 に示す．ガラス固化体の熱伝導率は，ガラス組成により異なるが，ガラス転移温度以下ではいずれのガラスも同様な傾向を示す．一方，ガラス転移温

1.7 原子力材料の熱物性値

Table C-1-7-17 固体増殖材料の熱伝導率 (Thermal conductivities of solid breeding materials)

物質名	熱伝導率 λ (W/(m・K))	温度範囲 (K) [密度]
Li_2O	$\lambda = \lambda_0 (1-P)/(1+BP)$ $\lambda_0 = (-3.59 + 0.01828\,T)^{-1}$ $B = 2.16 - 8 \times 10^{-4}\,T$	473 - 1173 71-93%T.D.
$LiAlO_2$	$\lambda = \lambda_0 (1-P)^{f(F)}$ $f(F) = 2/(3(1-F)) + 1/(6F) - 1$ $F = 0.454 \sim 0.5$	293 - 1273 83-90%T.D.
	$\lambda = \lambda_0 (A + \sqrt{A^2 + 1/5})^{-1}$ $A = (4 - 9P)/(10(1-P))$	293 - 1273 78%T.D.
	ただし, $\lambda_0 = (2.516 + 0.0267\,T)^{-1}$ $\quad - 3.821 \times 10^{-3} + 0.921 \times 10^{-11}\,T^3$	
	$\lambda = \lambda_0 (1-P)/(1+BP)$ $B = 1.95 - 8 \times 10^{-4}\,T$	
$LiAlO_2$	$\lambda_0 = 0.00886 + 19.12/T$	720 以下 83.8%T.D.
Li_4SiO_4	$\lambda_0 = 0.0198 + 8.5/T$	770 以下 89.2%T.D.
Li_2ZrO_3	$\lambda_0 = 0.0102 + 6.68/T$	670 以下 78.9%T.D.
	$\lambda = \lambda_0 (1 - \zeta P)$ $\zeta = 1.7$	300 - 1000
$LiAlO_2$	$\lambda_0 = (1.800 \times 10^{-2} + 3.033 \times 10^{-4}\,T)^{-1}$	68-85%T.D.
Li_2SnO_3	$\lambda_0 = (2.016 \times 10^{-1} + 1.937 \times 10^{-4}\,T)^{-1}$	52-69%T.D.
Li_4SiO_4	$\lambda_0 = (7.072 \times 10^{-1} + 2.839 \times 10^{-4}\,T)^{-1}$	56-68%T.D.

本表において, P はポロシティー (空孔率) を表している。

Table C-1-7-18 固体増殖材料の線熱膨張率 (Linear thermal expansion coefficient of solid breeding materials)

物質名	理論密度 $\rho(298)$ (kg/m³)	熱膨張係数 β (K^{-1})	温度範囲 (K)	備考
Li_2O	2010	$8.388 \times 10^{-7}\,T^2 + 2.539 \times 10^{-3}\,T + 6.315 \times 10^{-1}$	373 - 1273	85%T.D.
Li_2O		$1.357 \times 10^{-8}\,T^2 + 1.149 \times 10^{-5}\,T + 4.664 \times 10^{-3}$	298 - 1273	S.C.*
$LiAlO_2$	2610	$2.480 \times 10^{-7}\,T^2 + 1.096 \times 10^{-3}\,T + 2.812 \times 10^{-1}$	373 - 1173	85%T.D.
Li_2SiO_3	2530	$1.129 \times 10^{-3}\,T + 2.972 \times 10^{-1}$	373 - 973	
Li_4SiO_4	2350	$8.334 \times 10^{-7}\,T^2 + 2.336 \times 10^{-3}\,T + 5.755 \times 10^{-1}$	353 - 1173	85%T.D.
Li_2TiO_3	2000	$5.505 \times 10^{-7}\,T^2 + 1.756 \times 10^{-3}\,T + 3.827 \times 10^{-1}$	373 - 1073	90%T.D.
Li_2ZrO_3	4150	$9.917 \times 10^{-4}\,T + 2.705 \times 10^{-1}$	373 - 1173	85%T.D.

* S.C. : Single crystal

Table C-1-7-19 融体増殖材料の特性 (Characteristics of liquid breeding materials)

	融点,沸点 T_m, T_b (K)	融解潜熱 蒸発潜熱 (kJ/mol)	生成熱 $\Delta H_f°$ (298) (kJ/mol)	エントロピー $S°$ (298) (J/mol)
リチウム	T_m:453.69 T_b:1615	l_m: 3.00 l_v:147.1	0	29.08
リチウム －鉛合金 (Li$_{17}$Pb$_{83}$)	T_m:507.9 T_b: ---	l_m: 5.13 l_v: ---	---	---
フリーベ (Li$_2$BeF$_4$)	T_m:732.2 T_b:~2000	l_m: 44.0 l_v: ---	-2241	171.4

Table C-1-7-20 融体増殖材料の熱物性値 (Thermophysical properties of liquid breeding materials)

物質名	温度 T (K)	密度 ρ (kg/m^3)	比熱 c_p (J/(kg·K))	熱伝導率 λ (W/(m·K))	粘性率 η (mPa·s)	蒸気圧 P (Pa)
リチウム	300	----	3554	----	----	----
	500	512	4340	39.5	0.547	8.62×10^{-7}
	700	492	4176	37.0	0.369	0.0397
	900	472	4162	34.6	0.283	14.5
	1100	452	4147	32.1	0.232	594
リチウム －鉛合金 (Li$_{17}$Pb$_{83}$)	300	10200	149.0	26.5	----	----
	500	9950	192.1	32.4	----	----
	600	9440	189.5	13.7	1.93	----
	700	----	188.6	----	1.38	----
	800	----	187.7	----	1.08	----
フリーベ (Li$_2$BeF$_4$)	300	----	1362	----	----	----
	500	----	1661	----	----	----
	800	2020	2344	0.992	18.7	0.0212
	1000	1930	2344	1.13	5.93	6.90
	1200	1830	2344	1.07	2.76	327

度以上では，結果が大きくばらついている．ガラス固化体には遷移金属イオンや希土類イオンが存在しているため，光子の平均自由行程は0.1～1mmと短く，一般のガラスに比べて2桁程小さい．したがって，他の透明なガラスに比べて輻射伝達の効果は著しく小さく，気孔率0.3の焼結アルミナ程度である[62,65]．

固化体を構成する原子はガラス状態である準安定状態にあるが，照射によるはじき出しが原因で，更に高いエネルギー状態の照射欠陥が生成し，照射線量の増加とともに欠陥は増加する．このような固化体が加熱されると欠陥は熱的に回復され，蓄積エネルギーと呼ばれる熱エネルギーを放出する．放出が短時間に生じると，固化体の温度は上昇する．しかしながら，蓄積エネルギーの放出過程をDSCで測定したところ，放出は100℃で徐々に始まり，急激な放出は見られなかった[66]．また，蓄積エネルギーは最大100J/gであり，瞬時にエネルギーが放出された場合でも最大100℃程度の温度上昇と評価された．

1.7 原子力材料の熱物性値

Table C-1-7-21 金属 U, 金属 Gd, Pd, Zr, UF_6 の蒸気圧
(Vapor pressure of U, Gd, Pd, Zr, and UF_6)

物質名	蒸気圧 (Pa)	備考
金属 U[46]	$\log_{10} P = (10.71 \pm 0.17) - \dfrac{25{,}230 \pm 370}{T}$ $1980 \leq T \leq 2420K$	誤差は実験値 19 点の左式のまわりのばらつきを標準偏差で表したもの
金属 Gd[45]	$\log_{10} P = 10.563 - \dfrac{19{,}389}{T}$ 融点(1585 K) $\leq T \leq 2250K$	この温度範囲では他の報告 [48],[49] と良く一致
Pd[50]	$\log_{10} P = 13.94 - \dfrac{19{,}800}{T} - 0.755 \log_{10} T$ $298 \leq T \leq 1825K$ $\log_{10} P = 6.93 - \dfrac{17{,}500}{T} + 1.01 \log_{10} T$ $1825 \leq T \leq 3213K$	
Zr[52]	$\log_{10} P = 39.0465 - \dfrac{35{,}644.7}{T}$ $- 7.81191 \log_{10} T + 4.78039 \times 10^{-4} T$	クリティカルレビュー[44],[51],[52]参照。JANAF[52]データから、フガシティーと蒸気圧が近似的に等しいとみなして最小二乗法により算出。
UF_6[56],[57]	$\log_{10} P = 49.6806 - \dfrac{8{,}782.1}{T}$ $- 0.08607 T + 0.91555 \times 10^{-4} T^2$ 氷点 $\leq T \leq$ 3重点(337.17K) $\log_{10} P = \dfrac{2{,}751}{T} - 75.0 \exp\left(-\dfrac{2{,}560}{T}\right)$ $- 1.01 \log_{10} T + 15.922$ $245K \leq T \leq$ 氷点	レビュー[53],[54]参照。氷点以上の式は Oliver 等[55]の測定値に基づいて Ghiassee[56]が得た式。実測値(20 点)との差は 0.12%以内。氷点以下の式は Llewellyn[57]の式。

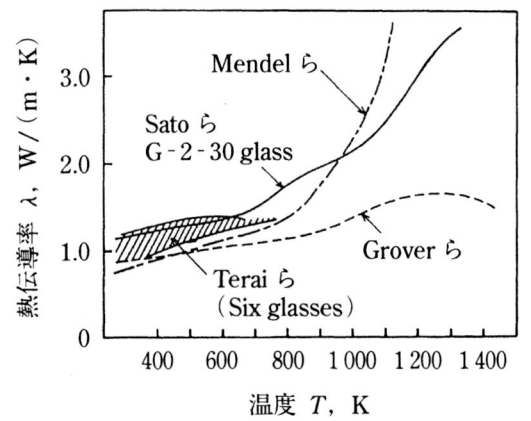

Fig. C-1-7-16 ガラス固化体の熱伝導率 [62],[64]
(Thermal conductivities of radioactive waste glasses)

Table C-1-7-22 模擬ガラス固化体の組成
(Composition of simulated waste glass)

G-2-30 glass			
SiO_2	45.40	R.E.oxides	6.80
B_2O_3	14.50	ZrO_2	2.67
Li_2O	2.83	MoO_3	2.66
Na_2O	10.29	TeO_2	0.34
K_2O	2.58	MnO_2	0.39
CaO	1.91	Fe_2O_3	1.79
ZnO	2.16	Cr_2O_3	0.17
Al_2O_3	4.45	NiO	0.51
SrO	0.55	CoO	0.16
BaO	0.91		

Table C-1-7-23 ガラス固化体 SM513 の諸特性 (Series of properties for SM513 glass)

粘性率 $\log \eta$ (dPa·s)	電気抵抗 $\log \rho$ (Ω·cm)	弾性率 $E(GPa^{-1})$	線膨張係数 $\alpha (K^{-1})$	密度 $d(g/cm^3)$
(7443/T -3.527) ±0.020 (1253〜1503K)	(3601/T -1.895) ±0.025 (1253〜1503K)	89±1 (293K)	$(9.1 \pm 0.1) \cdot 10^{-6}$ (393〜673K)	2.605±0.010

Table C-1-7-24　ガラス固化体 SM513F のガラス転移温度と軟化温度 (Transformation temperature and softening temperature of SM513F glass)

ガラス転移温度／K	軟化温度／K	最大結晶化速度を与える温度／K
763±2	821±2	937

Table C-1-7-25　2種類のガラス固化体の比エンタルピー[63] (Enthalpies of two simulated radioactive waste glasses)
$H(T/K) - H(273.15) = A + B(T/K) + C(T/K)^2 + D(T/K)^3 + E(T/K)^{-1}$

Coefficients	A × 10^{-3}	B	C × 10^6	D × 10^6	E × 10^{-5}
G-2-30	-(3.074±0.004)	8.470±0.001	-(9.152±0.003)	4.299±0.003	3.899±0.005
PW4b(2.8)73-1	-(1.577±0.001)	4.204±0.000	-(4.002±0.000)	1.770±0.001	1.871±0.002

1) Oetting, F. L., R and, M. H. et al. : The Chemicaldynamics of Actinide Elements and Compounds, Part 1, The Elements, IAEA, (1976).　2) Ho, C. Y., Powell, R. W. et al. : Thermal Conductivity of the Elements: A comprehensive Review, J. Phys. Chem. Reference Data, 3, Supplement No.1, (1974).　3) Fink, J. K. : Int. J. Thermophysics, 3 (1982) 165.　4) Martin, D. G. : J. Nucl. Mater., 110 (1982) 73.　5) Martin, D. G. : J. Nucl. Mater., 152 (1988) 94.　6) Fink, J. K. : Int. J. Thermophysics, 3 (1982) 165.　7) Takahashi, Y. : J. Nucl. Sci. Technol., 12 (1975) 133.　8) Yamawaki, M., Nagasaki, T., et al., : J. Nucl. Mater., 130 (1985) 207.　9) Martin, D. G. : J. Nucl. Mater., 152 (1988) 94.　10) Martin, D. G. : J. Nucl. Mater., 110 (1982) 73.　11) Ohse. R. W. & Olsen W. M. : Plutonium 1970 and Other Actinides AIMMPE (1970) 733.　12) Matzke, Hj. : Science of Advanced LMFBR Fuels, North-Holand (1986) 61, 186, 196, 197.　13) Holley, C. E., Rand, M. H. et al., : The Chemical Thermodynamics of Actinide Elements and Compounds, Part 6, Actinide Carbides, IAEA (1984).　14) Pressuer, T. : Nucl. Technol., 57 (1982) 343.　15) Ohse, R. W. & Capone, F. : Plutonium 1975 and Other Actinides, North-Holland (1976) 245.　16) Sengupta, A. K., Majumdar, S. et al. : Am. Ceram. Soc. Bull, 65 (1986) 1057.　17) Matsui, T. & Ohse. R. W. : High-Temp. High-Press., 19 (1987) 1.　18) Ross, S. B., El-Genk, M. S., et al. : J. Nucl. Mater., 151 (1988) 313.　19) Matzke, Hj. : Science of Advanced LMFBR Fuels, North-Holland (1986) 190, 195.　20) Briant, R. C., Weinberg, A. M. : Nucl. Sci. Eng., 2 (1957) 797.　21) 溶融塩増殖炉研究専門委員会：「溶融塩増殖炉」(1981) 30, 61.　22) Rosenthal, M. W. et al. : ORNL-4812 (1972) 103.　23) Blanke, B. C., Bousquet, E. N. et al. : MLM-1086 (1959).　24) Cantor, S. : ORNL-4449 (1969) 45, 145.　25) Cook, J. W., Hoffman, H. W. et al. : ORNL-4396 (1969).　26) Cantor, S. (ed.) : ORNL-TM-2316 (1968).　27) 古川和男, 大野英雄（編）：「無機融体の物性値」第Ⅰ集, 日本原子力情報センター (1980).　28) Ma, B. M. : Nuclear Reactor Materials and Applications, Van Nostrand Reinhold Company (1983) 318.　29) Collins, C. G. : J. Nucl. Mater., 14 (1964) 69-86.　30) Hichman, B. S., Pryor, A. W. : J. Nucl. Mater., 14 (1964) 96-110.　31) Frost, H. M., Clinard, F. W., Jr. : J. Nucl. Mater., 155-157 (1988) 315-318.　32) 鈴木弘茂：セラミックス材料技術集成, 産業技術センター (1979) 492.　33) Beeston, J. M. et al. : J. Nucl. Mater., 122 & 123 (1984) 802-809.　34) R. K. Williams et al. : J. Nucl. Mater., 155 (1983) 211-215.　35) G. B. Engle et al. : Conf-74051 (1974).　36) 高橋洋一：新材料開発と材料設計学（三島, 岩田 編）, ソフトサイエンス社 (1985) 338-344.　37) 松尾秀人：多結晶黒鉛材料の熱膨張およびその放射線損傷効果に関する研究, 1978年東京大学工学系研究科博士論文.　38) 斉藤 保：原子炉用黒鉛材料および炭素材料の微細構造に関する研究, 1987年東京大学工学系研究科博士論文.　39) 松尾秀人：JAERI-M 87-207, 日本原子力研究所 (1988).　40) 長谷川正義：三島良績 編：原子力ハンドブック, 日刊工業新聞社 (1977) 368-371.　41) EUR FU BRU/XII-230/88-MATIA 11, IEA-Paris (1988).　42) IEA Report, Materials for Fusion, December 1986.　43) Oetting, F. L., Rand, M. H. et al. : The Chemical Thermodynamics of Actinide Elements and Compounds, Pt. 1, IAEA (1976) 111.　44) Glushko, V. P., Gurvich, L. V. et al., : Thermodinamicheskie Svoistva Individual'nykh Veshchestv, Vol.4, Book 1, 2, Nauka (1982).　45) Alcock, C. B., Itkin, V. P. et al. : Can. Metll. Q., 23 (3) (1984) 309.　46) Ackermann, R. J & Rauh, E. G. : J. Phys. Chem., 73 (1969) 769.　47) Bieniewski, T. M. : High temp. Sci., 19 (3) (1985) 323.　48) Habermann, C. E. & Daane, A. H. : J. Chem. Phys., 41 (9) (1964) 2818.　49) Hoenig, C. L., Stout, N. D. et al. : J. Am. Ceram. Soc., 50 (8) (1967) 385.　50) Kubaschewski, O. & Alcock, C. B. : Metallurgical Thermochemistry, 5th ed., Reprint with cor., Pergamon (1983) 449.　51) Alcock, C. B., Jacob, K. T. et al. : At. Energy Rev. Spec. Issue, 6 (1976) 7.　52) Chase, M. W. Jr., Davies, C. A. et al. : J. Phys. Chem. Ref. Data, 14, Suppl. 1 (1985) 1854.　53) DeWitt, R. : GAT-280 (1960) 163.　54) Urbanec, Z. : UJV 6256-CH (1982) 20.　55) Oliver, G. D., Milton, H. T. et al. : J. Am. Chem. Soc., 75 (1953) 2827.　56) Ghiassee, N. B. : J. Nucl. Mater., 139 (3) (1986) 284.　57) Llewellyn, D. R. : J. Chem. Soc., (1953) 28.　58) Stewart, D. C. : Data for Radioactive Waste Management and Nuclear Applications, Wiley-Interscience (1985).　59) Schiewer, E. : Radio. Waste Management and Nuclear (1986) 121.　60) Nagra : Project report NGB 85-09, Baden, Switzerland (1985).　61) Materials Characterization Center : PNL-3802 (1981).　62) Sato, S., Furuya, H. et al. : Nucl. Technol., 70 (1985) 235.　63) Sato, S., Nishino, Y. et al. : J. Nucl. Sci. Technol., 18 (1981) 540.　64) Terai, R., Eguchi, K. et al. : CONF-790420 pp.62.　65) Kingery, W. D., Bowen, H. K. et al. : "Introduction to Ceramics," John Wiley & sons, New York (1976).　66) Roberts, F. P., Bopp, C. P. et al. : BNWL 1944 (1976).

1.8 耐火物および高温断熱材の熱物性値（Thermophysical Propperties fo Refractory Bricks and Insulating Materials）

1.8.1 耐火物の特徴

耐火物とは，高温度に耐え，化学的には安定な非金属無機物質，またはその製品の総称のことと定義される[1]．普通は耐火度SK18（ゼーゲルコーン溶倒温度1500℃）以上の工業用炉材をさす．耐火物は，鉄鋼，非鉄金属，セメント，ガラス，窯業など高温処理を必要とする工業の窯炉や，ボイラー，廃棄物焼却炉などで使用されるが，高温度の熱作用に耐え，十分な機械的強度を保ちながら急激な温度変化や繰返し加熱にも耐え，接触する溶融金属，溶融ガラスあるいは，高温のガスなどの侵食や磨耗などに対する抵抗性等の過酷な条件に耐える性能が要求される．同じ溶炉に使われる場合でも，炉内の部位によって耐火物の受ける熱的条件は様々である．これら多様な使用条件に応じて多種多様な耐火物材料が開発され使用されている．

耐火物の形態としては定形（耐火れんが，耐火断熱れんが）と不定形（粉粒状またはこれを練ったもの）に大別される．定形耐火物は，骨材と呼ばれる粗大粒子を微細な粒子やガラス質で結合させるため，高温で焼き固める焼成工程によって作られる焼成れんがが一般的である．焼成れんがの微構造は，主に耐食性を担う骨材の種類，熱衝撃に適した粒度構成，結合相の構成などの多様性に加えて，成型工程，焼成工程で生じる気孔の影響が複雑に絡み合った複合組織をとる．現場施工を特徴とする不定形耐火物も基本的には定形耐火物に類似した微構造組織を形成する．いずれの場合でも，耐火物の熱物性を取り扱うには，耐火物の微構造組織の特徴をよく理解する必要がある．

なお，焼成によって作られるれんが以外に，酸化物をカーボンアーク炉の高温で溶融して作られる溶融耐火物（電鋳品）もあるが，ガラス溶解炉などの用途に限られている．溶融耐火物は気孔が極端に少ないという特徴があるが，微構造組織は単純ではない．

1.8.2 主要な耐火物品種

近年，日本における主要な耐火物の品種で主要なものは，マグネシアカーボン，アルミナカーボンを主とするカーボン質れんが，高アルミナ，マグ・クロ，マグネシア，スピネル，ジルコン・ジルコニアなどの酸化物れんが，および，粘土質のれんがである．やや特殊なものとして，炭化けい素，炭素・黒鉛れんががが使われる．その他，生産量は少ないが，けい石れんが，ドロマイトれんが，クロムれんががが使われる．これらの緻密質のれんがとは別に，耐火性と断熱性を兼ねた断熱れんががこの分野では重要である．断熱れんがは，空気の熱伝導率が低いことを利用して，耐火物組織中に多数の気孔を混入させることにより熱伝導率を小さくした耐火断熱材である．

従来，鉄鋼業とセメント工業で多様されたマグクロれんが等のクロム含有れんがは，近年では環境問題への対応が必要なことから，クロムを含まないれんがへの置き換えが進んでいる．また，1980年代からマグネシアカーボン，および，アルミナカーボンれんがの使用比率が増え続けているのが近年の耐火物の傾向である．

1.8.3 耐火物の熱伝導率測定方法

耐火物の熱伝導率の測定には，定常法の縦型絶対法，非定常法の熱線法，レーザーフラッシュ法が主に利用される．さらに近年ではマグネシアカーボンれんがのように，粗大骨材や熱的異方性の強い鱗片状黒鉛を含む高熱伝導試料に対してステップ加熱法が適用されている．とくに高温域での測定に関しては非定常法に頼らざるを得ないのが現状である．

測定に当たって，熱線法では異方性の影響，レーザーフラッシュ法やステップ加熱法では，試料サイズや温度応答性，比熱測定などの問題点に留意すべきであると指摘されている[2]．

断熱れんがの熱伝導率測定には，定常法の熱流法（JIS R 2616）と非定常法の熱線法（JIS R 2618）とが利用される．精度的には熱流法が適しているが，測定の平均温度が最高350℃までという弱点がある．断熱れんがが実際に使用される温度はふつう1000℃以上であるから，常温から1200℃程度までの測定が可能な熱線法に頼らざるを得ないが，一般に熱線法で

の熱伝導率の測定値は熱流法の測定値に比べて20～30％程度高いといわれている[3]．

1.8.4 熱伝導率（Thermal Conductivity），比熱容量（Specific Heat Capacity）

Fig. C-1-8-1[4]，Fig. C-1-8-2[4]に耐火物技術協会のまとめた代表的耐火れんがの熱伝導率と比熱容量を掲載する．原図にはいずれも次の注意が記されている．

注）上記測定値は一例であって，原料の種類や測定法等によって異なる．また，種々の資料を参考にまとめたもので，古いデータも含まれている（耐火物技術協会作成）．

Fig. C-1-8-3[3]には，350℃における耐火断熱れんがの熱伝導率にたいする熱流法と熱線法による測定値の比較グラフを載せる．また，Table C-1-8-1[5]には各種高温断熱材のデータを示す．

1.8.5 熱拡散率（Thermal Diffusivity）

熱拡散率 a と熱伝導率 λ，比熱容量 c および密度 ρ の間には，$a = \lambda/(c \cdot \rho)$ の関係がある．耐火物や高温断熱材の使用温度範囲では，c と ρ は大きくは変わらないと考えられるので，結局 a の温度依存性は，熱伝導率のそれに類似したものとなる．Table C-1-8-2[5]に，熱拡散率の代表的な推定値を示す．

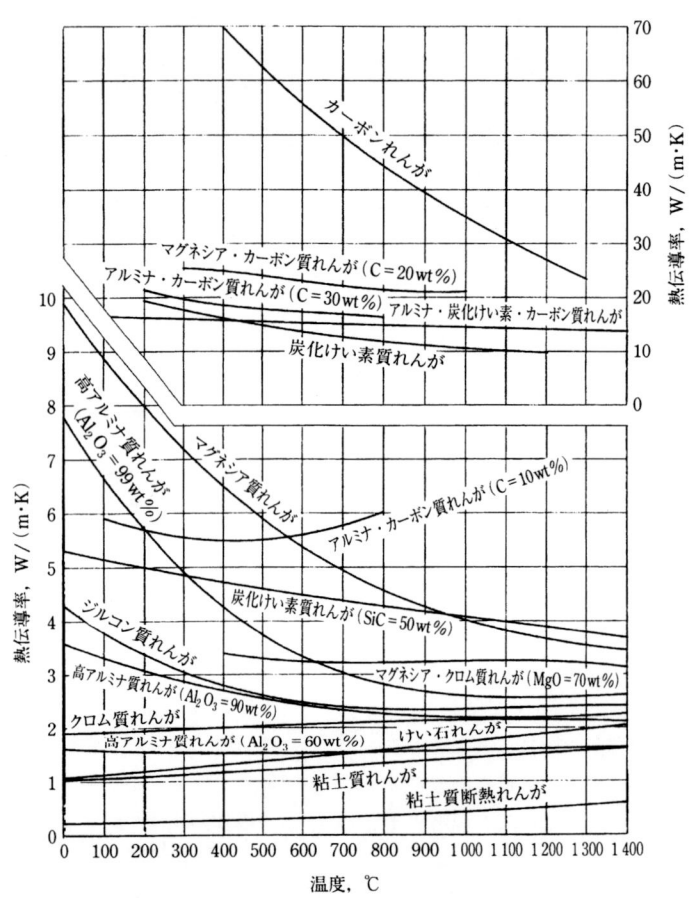

Fig. C-1-8-1 代表的耐火れんがの熱伝導率[4]（Thermal conductivity of refractory bricks）

1.8 耐火物および高温断熱材の熱物性値

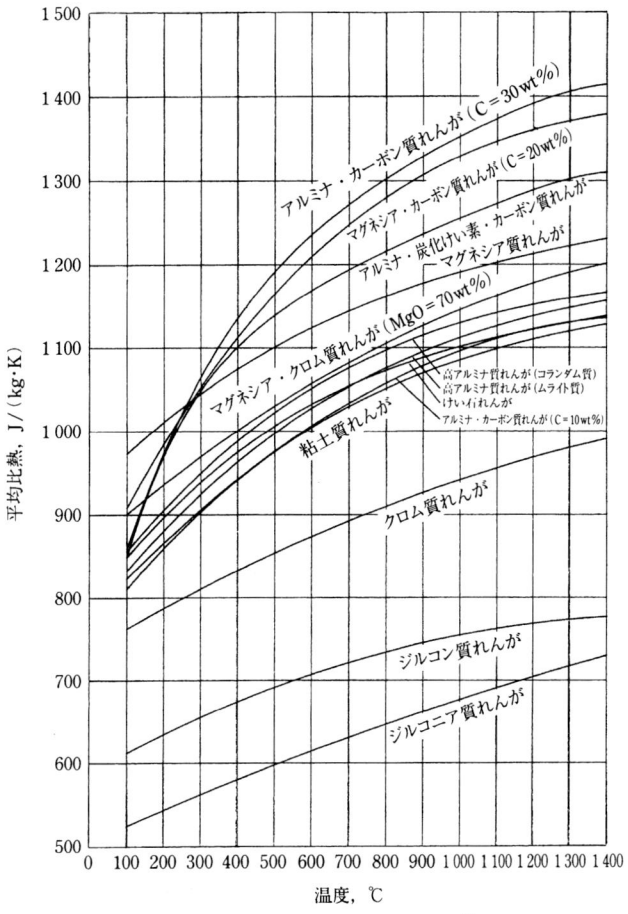

Fig. C-1-8-2 代表的耐火れんがの比熱容量[4] (Specific heat of refractory bricks)

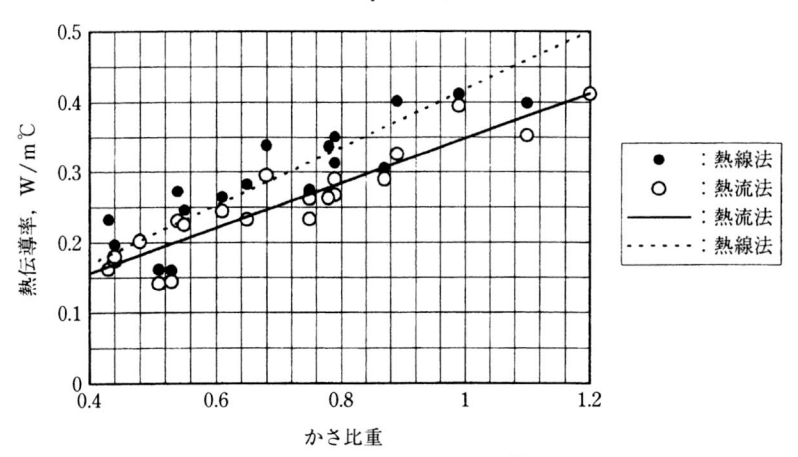

Fig. C-1-8-3 熱伝導率測定結果[3] (at 350 ℃)
(Thermal conductivity measured by heat flow meter method and hotwire method)

---

1) 耐火物技術協会編 耐火物手帳'99 耐火物技術協会 (1999) 529. 2) 斉藤吉俊：耐火物 **52** 7 (2000) 398-408. 3) 早川良光, 斉藤吉俊：耐火物 **57** 6 (2000) 343-347. 4) 耐火物技術協会編 耐火物手帳'99 耐火物技術協会 (1999) 584-585. 5) 日本熱物性学会編 熱物性ハンドブック (1990) 134.

Table C-1-8-1　各種高温断熱材の熱伝導率 [1-5]（Thermal conductivity of insulating bricks and fibrous insulators）

		珪藻土質		粘土質		高アルミナ質				中空アルミナ質		セラミックス繊維質			
												アルミナ	ジルコニア	アルミナーシリカ	
		A	B	A	B	A	B	C	D	A	B				
化学組成 (wt%)	Al_2O_3	12						99.4	83.3			95		46	56
	SiO_2	82						0.3	14.6			5		54	44
	ZrO_2												91		
	Y_2O_3												8		
密度 ρ (kg/m³)		620	600	800	1100	780	900	1430	2200	1400	1900	100	165		140
気孔率 P (%)		74	77	71	58			61	40		40				
圧縮強さ σ (MPa)		4.5	1.2	2.8	7.2	1.0	6.9	9.0	17	4.8	20				
熱伝導率 λ (W/(m·K))	300K	0.08	0.14	0.17	0.38			0.58	1.14			0.08	0.06	0.06	0.05
	500K	0.10	0.17	0.22	0.42	0.30	0.28	0.66	0.98	1.03		0.11	0.07	0.08	0.06
	700K	0.14	0.22	0.27	0.47	0.33	0.33	0.74	0.88	0.89	1.06	0.13	0.10	0.13	0.09
	900K	0.17	0.26	0.31	0.50	0.36	0.35	0.83	0.87	0.89		0.16	0.14	0.22	0.14
	1100K	0.20	0.30	0.36	0.55	0.40	0.41	0.91	1.00	0.89		0.20	0.19	0.33	0.23
	1300K		0.34	0.41	0.58	0.49		0.99	1.30	0.89	0.87	0.25	0.26	0.44	0.32
	1500K			0.45	0.63			1.12				0.33	0.36	0.55	

Table C-1-8-2　各種耐火物および高温断熱材の比熱容量と熱拡散率 [11-13]（Specific heat and thermal diffusivity of refractory and insulating bricks）

		高アルミナ質			粘土質	ロー石質	マグネシア質			ジルコン質	カーボン質	断熱れんが
		A	B	C			A	B	C			
化学組成 (wt%)	Al_2O_3	>55	70.5	88.5					8.2			40.1
	MgO		0.2				95.7	90.2				0.2
	SiO_2	<40	24.2	11.0								53.8
	CaO						2.4	0.6				
	Cr_2O_3											0.3
密度 ρ (kg/m³)		3467	2470	2840	1816	2051	3365	2830	2770	3657	1579	1370
比熱容量 C (kJ/(kg·K))	300K	0.84	0.83	0.76	1.09	0.95	1.02	0.89	0.84	0.67	1.43	0.80
	500K	0.90	0.87	0.92	1.07	1.13	1.17	1.00	1.12	1.18	1.26	0.91
	700K	1.18	0.92	0.99	1.05	1.20	1.27	1.05	1.34	1.26	1.43	0.96
	900K	1.09	0.97	1.03	0.90	1.13	1.30	1.09	0.95	1.11	1.72	0.99
	1100K	0.80	1.01	1.06	0.80	0.97	1.27	1.13	0.67	0.92	2.14	1.01
	1300K	0.71	1.06	1.09	0.74	0.84	1.20	1.18	0.53	1.02	2.86	1.03
	1500K		1.10	1.12				1.22				1.06
熱拡散率 $a \times 10^3$ (m²/s)	300K	86	14.2	6.9	2.6	3.6	90	58	47	28	78	7.2
	500K	44	9.6	4.2	2.2	2.4	51	34	42	15	48	6.0
	700K	26	7.7	2.8	2.1	2.4	40	22	28	10	39	5.6
	900K	20	6.9	2.6	2.0	2.6	30	17	19	8	36	5.7
	1100K	15	6.5	2.5	2.2	2.8	22	14	12	8	34	6.2
	1300K	11	6.4	2.4	2.3	2.0	18	12	10	8	33	7.1
	1500K		6.3	2.4				11				8.0

C.2 化学工学 (Chemical Engineering)

2.1 混合流体の熱物性値
(Thermophysical Properties of Gaseous and Liquid Mixtures)

2.1.1 希薄混合気体 (Dilute Gas Mixtures)

本項では，気体の圧力が標準大気圧（101.325 kPa）をはさんで 10～200 kPa の範囲内にある場合を取り扱う．この条件下では，気体の分子間距離は大きく，分子間の相互作用は小さいので，熱力学性質（平衡性質）には一般に理想気体の法則が成り立ち，輸送性質（非平衡性質）は圧力の影響をほとんど受けない．

（a）密度 (Density)

希薄混合気体には，分圧に関するDaltonの法則や，体積に関するAmagatの法則が適用できる．

$$P = P_1 + P_2 + \cdots = \sum P_i \tag{1}$$

ここで P は全圧，P_i は i 成分の気体の分圧である．

$$V_m = x_1 V_1 + x_2 V_2 + \cdots = \sum x_i V_i \tag{2}$$

ここで V_m, V_i は混合気体および成分気体のモル体積で，x_i は成分気体のモル分率である．いま，ρ_m, ρ_i を混合気体および純成分の密度，M_i を純成分のモル質量とすると，Eq.(1) から次の関係が得られる．

$$\rho_m = \sum \frac{\rho_i}{M_i} \cdot \sum (x_i M_i) \tag{3}$$

したがって，一定温度における純成分の分子量と密度より，混合気体の密度が計算できる．

なお，純成分の温度 T (K)，圧力 P (Pa) における密度 ρ_i (kg/m³) は，モル質量 M_i (kg/mol) を用いて，次式で計算される．

$$\rho_i = \frac{PM_i}{RT} \tag{4}$$

ここで，気体定数は $R = 8.3144$ J/(mol·K) である．

（b）定圧比熱 (Isobaric Specific Heat)

理想気体状態の定圧比熱は，分子個々の並進・回転・振動運動・電子状態などのエネルギーに関係し，分子間の相互作用には影響されない．したがって，純成分の定圧比熱は分子の基本的性質とスペクトルデータから統計力学的に計算され，広い温度範囲での精密な値が数表として与えられている[1),2)]．

混合気体の理想気体状態における定圧分子比熱 $C_{p,m}^0$ は，異種分子間の相互作用がないので，成分気体のモル分率平均として求めることができる．

$$C_{p,m}^0 = x_1 C_{p,1}^0 + x_2 C_{p,2}^0 + \cdots = \sum x_i C_{p,i}^0 \tag{5}$$

なお，実在気体の定圧比熱の厳密な値を求めるには，理想気体状態の値に"不完全気体補正"を行う必要があるが，上述の希薄気体の範囲では補正量は小さい．

（c）粘性率 (Viscosity)

希薄気体の粘性率は，温度と分子量のほか，分子の形状や分子間の相互作用に依存する．純気体の粘性率は，適当な分子間力模型を用いると，理論式に基づいて高い精度で計算できる[3)]．しかし，混合気体では，異種分子間の相互作用が加わるため，純成分の組成による単純な加成性（モル分率平均）は一般には成り立たない．標準大気圧付近における2成分混合気体の粘性率の実測値は豊富であり，一定温度における粘性率-組成の関係は，(i) ほぼ直線的，(ii) 下に凸形（吊線形）で極値なし，(iii) 上に凸形で極値なし，および (iv) 極大値をもつに分けることができる．このうち (ii) と (iii) の形が多い．(iv) の極大値は，両成分の性質が著しく異なる場合に現れ，純成分の粘性率の温度係数の差が大きい場合には，特定の温度範囲でのみ現れる．なお，明瞭な極小値を示す系は知られていない．

Table C-2-1-1 には，代表的な2成分系の粘性率を示した．これらの値は，実測値に基づき評価された最確値である[4)]．紙面の都合上，各系につき室温に近い1温度の値のみをあげるが，原文献には広い温度範囲の値が記されている．表中の純成分の値には ±2% 以内の差異が見られるが，補正する方法がなく，原報の値を尊重することにした．したがって，表中の混合系の値は ±3% の不確かさを含むものと考えられる．

なお，Table C-2-1-1の気体の配列には，第1成分について，単原子分子（原子量の順），二原子分子の元素（分子量の順），多原子分子の無機酸化物（分子記号のアルファベット順），その他の無機化合物，有

Table C-2-1-1 混合気体の標準大気圧下における粘性率 η (μPa·s) (Viscosity of gaseous mixtures at atmospheric pressure)

混合系 Systems	温度 Temp. T(K)	第2成分のモル分率 (Mole fraction of second component) x_2										
		0.0	0.1	0.2	0.3	0.4	0.5	0.6	0.7	0.8	0.9	1.0
He + Ne	293.1	19.6	22.0	23.8	25.3	26.7	27.8	28.7	29.4	30.1	30.6	30.9
He + Ar	293.0	19.7	21.3	22.2	22.7	22.9	△23.0	22.9	22.8	22.6	22.4	22.1
He + Kr	283.2	19.5	23.3	24.9	25.6	25.7	△25.6	25.4	25.2	25.0	24.7	24.4
He + Xe	291.2	19.4	24.4	25.1	△25.2	24.9	24.5	24.1	23.7	23.3	22.8	22.4
He + H_2	293.0	19.8	18.5	17.2	16.0	14.8	13.7	12.6	11.6	10.6	9.67	8.75
Ne + Ar	293.0	30.9	29.9	28.8	27.8	26.8	25.9	25.1	24.4	23.6	22.9	22.1
Ne + Kr	291.2	31.3	31.1	30.4	29.8	29.0	28.3	27.7	27.0	26.3	25.6	24.9
Ne + Xe	291.2	31.0	30.6	30.0	29.0	27.8	26.8	25.8	24.9	24.0	23.2	22.4
Ne + H_2	293.0	30.9	29.9	28.6	27.2	25.4	23.5	21.5	19.0	16.0	12.6	8.75
Ar + Kr	291.2	22.1	22.6	22.9	23.2	23.5	23.8	24.0	24.2	24.4	24.6	24.8
Ar + Xe	291.2	22.1	22.5	22.7	22.9	22.9	23.0	△22.9	22.9	22.8	22.6	22.5
Ar + H_2	293.0	22.1	22.0	21.7	21.4	20.9	20.2	19.2	17.9	15.9	11.0	8.75
Ar + SO_2	298.2	22.5	21.2	20.0	18.8	17.8	16.8	16.0	15.1	14.3	13.7	13.2
Ar + NH_3	298.2	22.5	21.3	20.1	18.9	17.7	16.5	15.2	13.9	12.7	11.4	10.1
Kr + Xe	291.2	24.7	24.5	24.3	24.1	23.8	23.6	23.4	23.2	23.0	22.7	22.5
H_2 + D_2	293.1	8.86	9.28	9.68	10.1	10.4	10.8	11.0	11.4	11.7	12.0	12.3
H_2 + HD	293.1	8.82	9.01	9.2	9.4	9.6	9.78	9.97	10.2	10.3	10.5	10.7
H_2 + N_2	291.2	8.82	11.4	13.2	14.6	15.4	16.1	16.5	16.9	17.1	17.3	17.5
H_2 + O_2	293.2	8.78	11.9	14.5	16.3	17.6	18.6	19.2	19.7	20.0	20.2	20.2
H_2 + CO	293.3	8.84	11.7	13.5	14.8	15.7	16.4	16.8	17.2	17.4	17.6	17.7
H_2 + CO_2	300.0	8.91	12.1	13.6	14.3	14.8	15.0	15.1	△15.1	15.0	15.0	14.9
H_2 + NO	273.2	9.49	12.5	14.0	15.0	15.7	16.2	16.7	17.1	17.4	17.7	18.0
H_2 + N_2O	300.0	8.91	11.8	13.3	14.1	14.5	14.7	14.8	14.9	14.9	14.9	14.9
H_2 + SO_2	373.2	10.5	15.2	16.3	16.8	17.0	17.1	17.1	△17.1	17.0	17.0	16.9
H_2 + HCl	294.2	8.81	12.6	13.4	14.0	14.4	14.6	14.7	△14.7	14.6	14.5	14.4
H_2 + NH_3	293.2	8.77	10.0	10.6	10.9	10.9	10.8	10.7	10.5	10.3	10.1	9.80
H_2 + CH_4	293.0	8.76	9.72	10.3	10.7	10.9	11.0	11.0	△11.0	11.0	10.9	10.9
H_2 + C_2H_4	293.2	8.73	10.0	10.6	10.8	10.8	△10.8	10.7	10.63	10.5	10.3	10.1
H_2 + C_2H_6	293.0	8.76	9.61	10.1	10.3	10.3	△10.3	10.1	9.96	9.72	9.42	9.09
H_2 + C_3H_8	300.0	8.89	9.8	△9.88	9.64	9.31	9.02	8.8	8.58	8.4	8.27	8.17
H_2 + $(C_2H_3)_2O$	288.2	8.68	9.32	△9.24	8.88	8.54	8.27	8.04	7.84	7.65	7.47	7.29
HD + D_2	293.1	10.8	10.9	11.1	11.2	11.4	11.6	11.8	11.9	12.1	12.3	12.4
N_2 + O_2	300.0	17.8	18.1	18.4	18.7	18.9	19.2	19.5	19.8	20.1	20.3	20.6
N_2 + CO	300.0	17.81	17.8	17.79	17.78	17.77	17.76	17.76	17.76	17.76	17.76	17.76
N_2 + CO_2	297.2	17.8	17.5	17.1	16.8	16.5	16.2	16.0	15.7	15.5	15.2	15.0
N_2 + NO	293.0	17.5	17.6	17.7	17.8	18.0	18.1	18.2	18.4	18.5	18.7	18.8
N_2 + C_2H_4	300.0	17.8	16.8	15.9	15.1	14.3	13.6	12.9	12.3	11.7	11.2	10.3
O_2 + CO	300.0	20.6	20.3	20.1	19.8	19.5	19.2	18.9	18.6	18.3	18.1	17.8
O_2 + CO_2	300.0	20.8	20.1	19.4	18.8	18.2	17.7	17.0	16.5	16.0	15.5	14.9
O_2 + NH_3	293.2	20.2	19.4	18.6	17.7	16.8	15.8	14.8	13.6	12.4	11.1	9.82
O_2 + CH_4	293.2	20.1	19.3	18.5	17.7	16.8	16.0	15.1	14.1	13.3	12.2	11.1
O_2 + C_2H_4	293.0	20.2	19.0	17.7	16.6	15.5	14.4	13.5	12.6	11.7	10.9	10.1

機化合物(分子量の順)とした.同一の第1成分に対して,第2成分も同じ順序で配列した.

(d) 熱伝導率(Thermal Conductivity)

純気体の常圧付近における熱伝導率は温度・分子量・分子の大きさ・形状・極性,ならびに分子間力に依存する.多原子分子気体では分子の内部自由度の影響をうけるので,粘性率の場合よりも挙動は複雑である.混合気体に関しては,成分気体の分子の性質の違いにより,モル分率平均よりも大きい場合も小さい場合もあり,一般的傾向をのべることは難しい.2成分系で極大値や極小値を示す系も珍しくはない.

Table C-2-1-2には,2成分系の室温に近い1温度における熱伝導率の最確値を示した[4].他の温度については原文献を参照されたい.なお,気体の配列順序はTable C-2-1-1と同様であり,極大・極小の位置をそれぞれ△と▼で示した.なお,空気は多成分系であるが,便宜的に純気体と仮定して二原子分子の元素の末尾に入れた.なお,Table C-2-1-1の△は極大値の位置を示す.

Table C-2-1-1 混合気体の標準大気圧下における粘性率 η (μPa·s)(Viscosity of gaseous mixtures at atmospheric pressure)(つづき)

混合系 Systems	温度 Temp. T(K)	第2成分のモル分率 (Mole fraction of second component) x_2										
		0.0	0.1	0.2	0.3	0.4	0.5	0.6	0.7	0.8	0.9	1.0
$CO + C_2H_4$	300.0	17.8	16.8	15.9	15.1	14.3	13.5	12.8	12.1	11.5	10.9	10.3
$CO_2 + SO_2$	298.2	14.8	14.8	14.7	14.6	14.5	14.4	14.3	14.1	13.8	13.5	13.2
$CO_2 + N_2O$	300.0	14.88	14.91	14.92	14.94	14.49	14.95	14.94	14.94	14.94	14.94	14.93
$CO_2 + HCl$	291.2	14.8	14.9	15.0	15.0	△15.0	15.0	14.9	14.8	14.7	14.6	14.4
$CO_2 + C_3H_8$	300.0	14.9	14.1	13.3	12.6	11.9	11.2	10.6	9.94	9.33	8.75	8.18
$N_2O + SO_2$	298.2	14.9	14.8	14.8	14.7	14.5	14.3	14.1	13.9	13.7	13.4	13.2
$N_2O + NH_3$	298.2	14.9	14.6	14.3	14.0	13.6	13.1	12.6	12.1	11.5	10.8	10.1
$N_2O + C_3H_8$	300.0	14.9	14.1	13.3	12.5	11.8	11.2	10.5	9.84	9.25	8.7	8.18
$SO_2 + CH_4$	308.2	13.3	13.5	13.6	△13.6	13.5	13.4	13.2	12.9	12.5	12.0	11.4
$SO_2 + (C_2H_3)_2O$	308.2	13.3	12.9	12.6	12.2	11.8	11.5	11.1	10.8	10.4	10.1	9.66
$NH_3 + CH_4$	298.2	10.2	10.4	10.7	10.9	11.1	11.1	11.2	△11.2	11.1	11.1	11.0
$NH_3 + C_2H_4$	293.2	9.82	9.99	10.1	10.2	10.3	10.3	△10.3	10.3	10.2	10.2	10.1
$NH_3 + CH_3NH_2$	173.0	9.2	9.16	9.12	9.08	9.04	9.0	8.95	8.9	8.87	8.8	8.71
$SF_6 + CF_4$	303.1	15.9	15.9	16.0	16.0	16.0	16.1	16.2	16.3	16.6	17.1	17.7
$CH_4 + C_2H_6$	293.0	10.9	10.6	10.4	10.2	10.1	9.88	9.71	9.55	9.38	9.23	9.09
$CH_4 + C_3H_8$	293.0	10.9	10.4	10.0	9.69	9.4	9.14	8.88	8.64	8.42	8.2	8.0
$C_2H_6 + C_3H_8$	293.0	9.09	8.97	8.86	8.75	8.64	8.53	8.42	8.32	8.22	8.11	8.01
R12 + R22	298.2	12.3	12.4	12.5	12.5	12.6	12.7	12.7	12.8	12.8	12.8	12.9
R13 + R22	298.2	14.4	14.2	14.1	13.9	13.8	13.6	13.5	13.3	13.2	13.0	12.9
R13B1 + R22	298.2	15.2	15.0	14.9	14.7	14.5	14.3	14.0	13.8	13.5	13.2	12.9
R14 + R22	298.2	17.2	16.9	16.6	16.2	15.8	15.4	14.9	14.4	13.9	13.4	12.9
R22 + R152a	298.2	12.9	12.6	12.3	12.0	11.8	11.5	11.3	11.1	10.8	10.6	10.4

Table C-2-1-2 混合気体の標準大気圧下における熱伝導率 λ (mW/(m·K))(Thermal conductivity of gaseous mixtures at atmospheric pressure)

混合系 Systems	温度 Temperature T(K)	第2成分のモル分率 (Mole fraction of second component) x_2										
		0.0	0.1	0.2	0.3	0.4	0.5	0.6	0.7	0.8	0.9	1.0
He + Ne	303.2	150	134	119	106	94.3	83.8	74.59	66.59	59.9	54.4	49.4
He + Ar	295.0	150	118	93.7	75.5	61.2	50.1	41.1	33.6	27.1	21.4	16.39
He + Kr	291.2	149	119	93.1	72.5	56	44	34.5	26.7	20	14.2	9.21
He + Xe	291.3	149	100	76	59.9	47.1	36.7	27.8	20.5	14.6	9.69	5.53
He + H_2	273.1	146	140	▼144	146	147	149	152	155	160	164	169
He + D_2	303.2	150	148	145	143	139	135	131	129	▼129	131	134
He + N_2	303.2	152	123	100	82.6	69	58	49	41.4	35	29.6	25.6
He + O_2	303.2	152	125	102	83.6	70.09	59.5	50.7	43.4	37.2	31.8	27
He + Air	328.3	164	133	110	92.6	78	65.59	54.8	45.9	39	33.2	28.1
He + CO_2	273.2	139	106	84.5	68.4	55.5	45.1	36.6	29.6	23.8	18.7	14.2
He + C_2H_4	328.3	164	126	99.3	80.59	66.8	56	47.1	39.7	33.79	28.8	24
He + C_2H_6	328.4	164	122	96.6	79.59	66.4	55.6	46.8	39.79	34	29.4	25.1
He + C_3H_8	328.4	164	118	90.9	72.2	58.6	48.3	40.1	33.6	28.4	24.2	20.6
He + C_4H_{10}	328.4	164	116	88.2	69.9	56.8	47.2	39.7	33.79	29	24.9	21.2

(e) 拡散係数(Diffusion Coefficient)

気体の拡散係数 D は,粘性率や熱伝導率と異なり,圧力 P に反比例するため,積 PD が広い圧力範囲にわたり一定になる.また,2成分系の相互拡散係数 D_{12} は,温度,成分気体の分子量および分子間相互作用に依存するが,組成による変動はほとんどなく,分子間力模型を用いた理論的計算も可能である.

Table C-2-1-3 には2成分系の相互拡散係数の標準大気圧下の推奨値をあげる[5),6)].

2.1.2 混合液体と溶液(Liquid Mixtures and Solutions)

(a) 密度(Density)

成分液体の混合による体積変化がなく混合熱が0である場合(理想溶液)には,混合液体の密度 ρ_m は成分液体の密度 ρ_i の体積分率 ω_i 平均で表される.

$$\rho_m = \omega_1\rho_1 + \omega_2\rho_2 + \cdots = \sum \omega_i\rho_i \qquad (6)$$

Table C-2-1-2 混合気体の標準大気圧下における熱伝導率 λ (mW/(m·K)) (Thermal conductivity of gaseous mixtures at atmospheric pressure) (つづき)

混合系 Systems	温度 Temperature T(K)	第2成分のモル分率 (Mole fraction of second component) x_2										
		0.0	0.1	0.2	0.3	0.4	0.5	0.6	0.7	0.8	0.9	1.0
Ne + Ar	328.4	164	111	85.2	67.5	54.6	44.9	37.29	31.3	26.6	22.6	19
Ne + Kr	302.2	51.8	46.5	41.5	37.29	33.7	30.4	27.5	24.9	22.6	20.39	18.2
Ne + Xe	302.2	51.8	43.6	36.4	30.6	25.9	22	18.8	16.2	13.8	11.7	9.71
Ne + H_2	291.2	48.6	39.1	31.4	25.4	20.7	16.7	13.6	11	8.78	7.02	5.53
Ne + D_2	303.2	48.8	56.4	64.8	74.2	85.2	97.6	112	128	144	162	181
Ne + N_2	303.2	49.4	54.7	60.6	67	73.8	81.4	89.6	98.8	108	119	134
Ne + O_2	303.2	48.7	44.5	40.29	41.5	38.7	34.9	32.1	30	28.4	26.9	25.5
Ne + CO_2	303.2	48.6	45.8	43	40.4	38	35.79	33.79	32	30.2	28.6	27
Ar + Kr	273.2	45.3	39.6	34.6	30.7	32.6	26.2	22.1	19.5	17.6	15.8	14.2
Ar + Xe	302.2	18.2	17.2	16.2	15.1	14.2	13.3	12.5	11.8	11.1	10.4	9.71
Ar + H_2	291.2	17.39	15.2	13.2	11.7	10.5	9.44	8.44	7.55	6.78	6.13	5.53
Ar + D_2	273.2	16.3	23.8	32.4	42.4	53.2	65.2	78.4	93.9	113	136	169
Ar + N_2	308.2	18.3	24.5	30.8	37.6	44.8	53	63.5	77.2	92.1	109	136
Ar + O_2	258.3	15.5	16.1	16.7	17.39	18.2	19.1	20	20.9	21.6	22.3	22.9
Ar + C_6H_6	258.3	15.5	16	16.7	17.5	18.5	19.6	20.6	21.5	22.2	22.7	22.9
Ar + CH_3OH	351.2	20.3	19.1	18	17.1	16.39	15.9	15.5	15.2	14.9	14.7	14.5
Ar + C_2H_5OH	351.2	20.3	20.6	20.9	20.9	△ 20.9	20.7	20.6	20.39	20.1	19.89	19.6
Kr + Xe	369.0	21.1	21.3	21.5	21.7	22	22.3	22.7	23.1	23.7	24.3	24.9
Kr + H_2	302.2	9.71	9.22	8.73	8.26	7.83	7.43	7.06	6.7	6.37	6.05	5.99
Kr + D_2	303.2	9.44	16.8	24.6	33.4	44.2	57.8	74.2	93.2	117	147	184
Kr + N_2	308.2	9.59	15.6	21.8	28.8	36.6	45.4	55.8	69.09	84.8	105	136
Kr + O_2	303.2	9.61	10.4	11.4	12.5	13.8	15.3	17	18.8	20.9	23.2	25.6
Xe + H_2	303.2	9.4	10.4	11.4	12.6	14	15.6	17.39	19.5	21.8	24.3	27
Xe + D_2	303.2	5.28	12.4	19.8	28.1	38	49.9	64.2	82.2	109	144	181
Xe + N_2	303.2	5.25	6.34	7.52	8.82	10.3	11.9	13.7	16	18.8	22	25.6
Xe + O_2	303.2	5.42	6.66	7.96	9.4	11.1	12.9	14.9	17.1	19.7	22.8	27
H_2 + D_2	273.2	175	169	163	157	152	147	143	139	135	132	129
H_2 + N_2	293.3	176	147	123	103	87.3	72.8	58.7	49.1	40.2	32.6	25.7
H_2 + O_2	295.2	167	145	125	107	90.6	76.3	63.4	51.9	41.8	33.2	26.5
H_2 + CO	273.2	169	139	115	96.3	80.4	66.9	55.4	45.8	36.4	28.7	22.2
H_2 + CO_2	293.3	176	141	111	88.4	71.09	57.1	45.8	36.6	28.6	21.6	15.6
H_2 + N_2O	273.2	169	138	111	89.2	71.2	57.1	45.8	36.29	28.4	21.6	15.9
H_2 + NH_3	198.5	176	152	129	110	94	79.59	66.8	55	43.9	33.7	24.4
H_2 + C_2H_4	198.2	183	149	121	100	83.4	69.4	57.9	47.4	38.2	30	22.1
D_2 + N_2	313.2	135	114	97.1	83.7	72.8	63.5	55.2	47.4	40.2	33.2	26.8
N_2 + O_2	313.2	26.8	27	27.1	27.3	27.4	27.6	27.7	27.8	27.9	28	28.1
N_2 + CO_2	273.2	24.2	23	21.9	20.7	19.6	18.5	17.5	16.39	15.5	14.7	14.2
N_2 + H_2O	338.2	29.2	29.6	△ 29.6	29.2	28.6	27.8	26.7	25.5	24.9	22.9	21.5
N_2 + NH_3	298.5	25.9	26.7	27	27.1	△ 27.1	27	26.7	26.3	25.8	25.1	24.4
O_2 + CO_2	370.0	32.4	31	29.7	28.5	27.4	26.3	25.3	24.4	23.7	23	22.3
Air + CO	291.2	25	24.9	24.8	24.7	24.6	24.5	24.4	24.2	24.1	23.9	23.8
Air + H_2O	353.2	28.7	29.6	29.8	△ 29.6	29.2	28.3	27.3	26.2	24.9	23.5	21.9
Air + NH_3	293.2	25.1	26.2	26.3	26.4	△ 26.3	26	25.5	24.8	24.2	23.6	23
Air + CH_4	295.2	25.3	25.8	26.2	26.7	27.2	27.7	28.2	28.8	29.2	29.7	30.2
Air + C_2H_2	293.2	25.1	25	24.8	24.5	24.2	23.8	23.4	23	22.6	22.2	21.8
CO + NH_3	295.2	24	24.9	25.1	25.1	△ 25.1	25	24.9	24.7	24.3	23.8	23.3
CO_2 + H_2O	338.2	20	21	21.8	22.1	22.2	△ 22.2	22.1	21.9	21.6	21.4	21
CO_2 + C_3H_8	369.0	22.3	22.7	23.2	23.6	24	24.5	24.9	25.4	26	26.6	27.2
NH_3 + C_2H_4	298.2	26.4	26.3	26.2	25.9	25.2	25.3	24.4	24.3	23.7	23	22.1
CH_4 + C_2H_4	590.0	85.2	81.5	78	74.9	72.4	70.3	68.5	6.1	66	65	64.09
CH_4 + C_3H_8	368.0	44.4	41.9	39.5	37.2	34.9	32.7	30.8	29.3	28.4	27.7	27.2
C_3H_8 + C_2H_5OH	368.0	25.2	25.3	25	25.4	25.5	25.6	25.8	25.9	26.2	26.6	27.2
C_6H_6 + C_6H_{14}	360.9	15.3	15.7	16	16.39	16.8	17.1	17.5	17.8	18.2	18.5	18.8
C_6H_6 + $(C_2H_3)_2O$	349.9	14.3	14.5	14.8	15	15.2	15.4	15.5	15.6	△ 15.6	15.5	15.4

Table C-2-1-3 標準大気圧下における2成分系気相の相互拡散係数 D_{12} (cm^2/s) (Mutual diffusion coefficients of binary gaseous system)

系 System	温度 Temperature T(K)	拡散係数 Diffusion coefficient D_{12}(cm^2/s)	系 System	温度 Temperature T(K)	拡散係数 Diffusion coefficient D_{12}(cm^2/s)
He + Ne	273	0.944	Kr + Xe	273	0.064
He + Ar	273	0.642	Kr + H$_2$	273	0.60
He + Kr	273	0.558	Kr + N$_2$	273	0.131
He + Xe	273	0.479	Kr + O$_2$	298	0.146
He + O$_2$	273	1.319	Kr + NH$_3$	275	0.142
He + O$_2$	273	0.618			
He + O$_2$	273	0.64	Xe + H$_2$	273	0.512
He + Air	273	0.507	Xe + N$_2$	273	0.107
He + CO	273	0.618	Xe + O$_2$	275	0.10
He + CO$_2$	273	0.513	Xe + NH$_3$	274	0.114
He + H$_2$O	307	0.90			
He + NH$_3$	297	0.831	H$_2$ + N$_2$	273	0.666
He + SF$_6$	290	0.393	H$_2$ + O$_2$	273	0.691
He + CH$_4$	298	0.669	H$_2$ + Air	273	0.667
He + CH$_3$OH	423	1.032	H$_2$ + CO	273	0.666
He + C$_2$H$_5$OH	423	0.821	H$_2$ + CO$_2$	273	0.552
He + C$_6$H$_6$	298	0.384	H$_2$ + H$_2$O	307	1.02
He + n-C$_8$H$_{18}$	273	0.199	H$_2$ + NH$_3$	273	0.745
			H$_2$ + N$_2$O	273	0.535
Ne + Ar	273	0.2765	H$_2$ + SO$_2$	273	0.48
Ne + Kr	273	0.224	H$_2$ + SF$_6$	298	0.425
Ne + Xe	273	0.189	H$_2$ + Cl$_2$	273	0.438
Ne + H$_2$	273	0.981	H$_2$ + Br$_4$	273	0.402
Ne + N$_2$	293	0.317	H$_2$ + CH$_4$	273	0.625
Ne + CO$_2$	273	0.227	H$_2$ + C$_2$H$_4$	273	0.625
Ne + NH$_3$	274	0.298	H$_2$ + C$_2$H$_6$	298	0.537
			H$_2$ + C$_3$H$_8$	273	0.385
Ar + SF$_6$	273	0.117	H$_2$ + n-C$_4$H$_{10}$	288	0.361
Ar + CH$_4$	273	0.096	H$_2$ + C$_6$H$_6$	273	0.294
Ar + CH$_3$OH	273	0.697	H$_2$ + n-C$_6$H$_{14}$	289	0.29
Ar + N$_2$	273	0.168	H$_2$ + n-C$_8$H$_{18}$	273	0.206
Ar + O$_2$	273	0.166	H$_2$ + (C$_2$H$_5$)$_2$O	273	0.296
Ar + Air	273	0.167	H$_2$ + CH$_3$OH	273	0.50
Ar + CO$_2$	293	0.14	H$_2$ + C$_2$H$_5$OH	273	0.404
Ar + NH$_3$	275	0.175	H$_2$ + n-C$_3$H$_7$OH	273	0.315
Ar + SF$_6$	328	0.10	H$_2$ + n-C$_4$H$_9$OH	273	0.271
Ar + CH$_4$	307	0.216	H$_2$ + CCl$_4$	273	0.293
Ar + n-C$_6$H$_{14}$	289	0.066	H$_2$ + C$_5$H$_5$N	318	0.437
Ar + n-C$_8$H$_{18}$	273	0.05			

しかし，完全な理想溶液は少なく，混合に伴い異種分子間の相互作用が働くため，上式から外れるのが一般的である．また，モル体積に関するAmagatの法則 (Eq.(2)) を近似的に用いることもあるが，成分液体の性質により適合しないことも多い．

Table C-2-1-4に有機液体の混合系，Table C-2-1-5に有機液体の水溶液，およびTable C-2-1-6に無機物の水溶液の密度の例をあげる[7]．表中の各数値の末尾の値に±3の不確かさがあるものと推定される．

(b) 定圧比熱 (Isobaric Specific Heat)

類似成分からなる混合液体の比熱は理想溶液に近い挙動を示し，近似的にEq.(5)で表現される．しかし，一般にはこのモル分率による加成性から外れる系が多い．Table C-2-1-7には，ブラインを含む各種水溶液の比熱の例を示した[8),9)]．

(c) 粘性率 (Viscosity)

液体混合系の粘性率は，成分液体の値による加成性から外れることが多く，極値を示す系も少なくない．Table C-2-1-8には混合液体の粘性率の例を[10)]，

Table C-2-1-3 標準大気圧下における2成分系気相の相互拡散係数 D_{12} (cm²/s) (Mutual diffusion coefficients of binary gaseous system) (つづき)

系 System	温度 Temperature T(K)	拡散係数 Diffusion coefficient D_{12}(cm²/s)	系 System	温度 Temperature T(K)	拡散係数 Diffusion coefficient D_{12}(cm²/s)
N_2 + Hg	273	0.119	Air + C_3H_7OH	273	0.085
N_2 + O_2	273	0.181	Air + C_4H_9OH	273	0.07
N_2 + Air	273	0.180	Air + CCl_4	273	0.07
N_2 + CO	273	0.192	Air + Cl_2	289	0.102
N_2 + CO_2	273	0.144	Air + I_2	273	0.069
N_2 + H_2O	282	0.223	Air + CO	285	0.198
N_2 + NH_3	273	0.214	Air + CO_2	273	0.138
N_2 + N_2O	307	0.256	Air + H_2O	273	0.251
N_2 + SF_6	328	0.115	Air + NH_3	295	0.247
N_2 + CH_4	298	0.214	Air + SO_2	293	0.122
N_2 + C_2H_4	298	0.163	Air + SF_6	328	0.117
N_2 + C_2H_6	298	0.148			
N_2 + $n-C_4H_{10}$	298	0.096	CO + CO_2	273	0.137
N_2 + C_6H_6	273	0.082	CO + NH_3	295	0.24
N_2 + $n-C_6H_{14}$	298	0.076	CO + SF_6	297	0.091
N_2 + $n-C_8H_{18}$	303	0.071			
N_2 + C_2H_5OH	273	0.111	CO_2 + Cl_2	273	0.078
N_2 + CCl_4	273	0.074	CO_2 + Br_2	273	0.066
N_2 + C_5H_5N	318	0.107	CO_2 + H_2O	273	0.138
			CO_2 + NH_3	273	0.151
O_2 + CO_2	273	0.139	CO_2 + N_2O	273	0.096
O_2 + H_2O	282	0.226	CO_2 + SO_2	273	0.087
O_2 + NH_3	273	0.224	CO_2 + SF_6	328	0.078
O_2 + SF_6	297	0.0996	CO_2 + CH_4	273	0.153
O_2 + CH_4	294	0.221	CO_2 + C_2H_4	298	0.15
O_2 + C_2H_4	273	0.148	CO_2 + C_3H_8	298	0.087
O_2 + C_6H_6	273	0.080	CO_2 + C_6H_6	273	0.053
O_2 + $n-C_6H_{14}$	289	0.075	CO_2 + $(C_2H_5)_2O$	273	0.055
O_2 + $n-C_8H_{18}$	303	0.071	CO_2 + CH_3OH	273	0.088
O_2 + C_2H_5OH	273	0.096	CO_2 + C_2H_5OH	273	0.069
O_2 + CCl_4	273	0.064	CO_2 + C_3H_7OH	273	0.058
O_2 + C_5H_5N	318	0.105	CO_2 + C_4H_9OH	273	0.048
			CO_2 + CCl_4	273	0.065
Air + CH_4	273	0.196			
Air + C_6H_6	283	0.083	H_2O + CH_4	298	0.251
Air + $n-C_6H_{14}$	273	0.066	H_2O + C_2H_4	298	0.178
Air + $n-C_8H_{18}$	273	0.051	H_2O + C_2H_6	298	0.177
Air + $(C_2H_5)_2O$	273	0.079	H_2O + C_3H_8	298	0.156
Air + CH_3OH	273	0.130			
Air + C_2H_5OH	273	0.100	NH_3 + SF_6	297	0.109

Table C-2-1-9 と Table C-2-1-10 には水溶液の粘性率の組成による変化を示した [11]. なお, 多数の混合液体の粘性率の実測値と組成による相関が石川の著書に集められている [12].

(d) 熱伝導率 (Thermal Conductivity)

混合液体の熱伝導率の挙動も, 各成分の性質により種々の形があるが, 粘性率にくらべると変化は単純である. Table C-2-1-11 には実測値を平滑化した値を示した [13]. 測定者により純成分の値にも数%の差があるので, すべて純成分の値も示してある. また, 水溶液の熱伝導率を組成の関数として Table C-2-1-12 および Table C-2-1-13 に示した [14].

(e) 拡散係数 (Diffusion Coefficient)

混合液体の相互拡散係数は, 気相の場合と異なり著しい組成依存性を示す. Table C-2-1-14 は2成分系液体の実測値を平滑化した値であり [15), 16)], Table C-

Table C-2-1-4　25℃における混合液体の密度　ρ（kg/m³）（Density of liquid mixtures at 25℃）

混合系 System		第2成分のモル分率 (Mole fraction of second component) x_2					
		0	0.2	0.4	0.6	0.8	1.0
クロロホルム	＋ ベンゼン	1478.3	1346.6	1218.3	1098.3	982.7	873.8
アセトン	＋ メタノール	785.0	786.9	789.1	790.5 △	789.7	786.6
ベンゼン	＋ メタノール	873.7	864.3	852.9	838.2	817.5	786.5
イソブタノール	＋ エタノール	798.1	795.9	793.7	791.4	788.6	785.4
ジエチルエーテル	＋ エタノール	708.1	720.5	733.5	749.4	766.3	785.4
n-ブタノール	＋ n-プロパノール	808.4	807.4	806.5	805.4	804.0	802.4
イソブタノール	＋ n-ブタノール	798.1	799.7	801.3	802.8	804.3	806.0
ベンゼン	＋ 酢酸	873.7	891.8	915.2	945.9	986.2	1043.9
シクロヘキサン	＋ ベンゼン	773.9	787.8	804.2	823.6	846.3	873.6
n-ヘキサン	＋ ベンゼン	654.8	686.0	720.8	762.5	815.2	873.6
n-ヘキサン	＋ シクロヘキサン	654.8	675.0	696.2	720.0	745.2	773.9
トルエン	＋ ベンゼン	860.5	862.5	864.7	867.4	870.7	874.2

Table C-2-1-5　有機化合物水溶液の密度　ρ（kg/m³）（Density of organic aqueous solutions）

水溶液 Aqueous solution	温度 Temperature T(K)	濃度（wt%） Concentration						
		5	10	20	30	40	60	80
メタノール	293.15	989.6	981.5	966.6	951.5	934.5	894.6	846.9
エタノール	273.15	990.9	985.5	977.5	966.6	950.7	909.6	962.1
	293.15	989.2	982.4	969.7	954.3	935.2	891.0	844.1
	323.15	978.9	970.2	953.0	934.5	913.9	867.7	817.9
アセトン	298.15	800.3	817.0	845.3	871.3	894.2	936.3	969.3
エチレングリコール	293.15	1004.4	1010.8	1024.1	1037.8	1051.4	1076.5	
グリセリン	298.15	1008.8	1020.7	1045.3	1070.6	1097.1	1151.1	1205.4
ピリジン	298.15	999.6	999.1	1000.8	1002.0	1002.9	1002.8	997.9
酢酸	298.15	1004.1	1010.7	1023.5	1035.0	1045.0	1059.7	1064.7
スクロース(蔗糖)	295.15	1017.9	1038.1	1081.0	1127.0	1176.4	1286.5	1411.7

Table C-2-1-6　無機化合物水溶液の密度　ρ（kg/m³）（Density of inorganic aqueous solutions）

水溶液 Aqueous solution	温度 Temperature T(K)	濃度（wt%） Concentration						
		5	10	20	30	40	60	80
塩酸	293.15	1022.8	1047.6	1098.0	1149.2	1197.7		
硫酸	298.15	1030.0	1064.0	1136.5	1215.0	1299.1	1494.0	1722.1
硝酸	298.15	1024.1	1052.3	1112.3	1176.3	1241.7	1360.0	1443.9
リン酸	293.15	1025.4	1053.1	1113.5	1180.4	1253.6		
アンモニア	293.15	977.0	957.5	922.8	892.0			
水酸化カリウム	293.15	1041.9	1087.3	1181.8	1281.3	1388.1		
水酸化ナトリウム	293.15	1053.8	1108.9	1219.2	1327.7	1429.9	＊1502.4 〔50wt%〕	
塩化カリウム	293.15	1030.4	1063.3	1132.8	＊1162.3 〔24wt%〕			
塩化カルシウム	293.15	1040.1	1083.5	1177.5	1281.6	1395.7		
塩化ナトリウム	293.15	1034.0	1070.7	1147.8	＊1197.2 〔26wt%〕			
硝酸カリウム	293.15	1029.8	1062.7	1132.6	＊1162.3 〔24wt%〕			
硝酸ナトリウム	293.15	1032.2	1067.4	1142.9	1225.6	1317.5		
硫酸カリウム	293.15	1038.8	1080.6					
硫酸ナトリウム	293.15	1043.6	1090.5	1190.7	＊1210.6 〔22wt%〕			

2-1-15には電解質の水中への拡散係数を示した[15]．

2.1.3　高密度流体（Dense Fluids）

混合流体の熱物性は温度・圧力・組成の関数である．その組成依存性は，各純成分の物理・化学的性質とそれらの成分間の相互作用に起因する．前項までには，主として一定温度での低圧における組成依存性に関するデータを示した．これらのデータは各成分

Table C-2-1-7 水溶液の定圧比熱容量 c_p (kJ/(kg·K)) (Specific heat capacity at aqueous solutions)

水溶液 Aqueous solution	濃度 (wt%) Concetration	温度 T(°C) Temperature					
		-30	-20	-10	0	+10	+20
塩化カルシウム	9.4				3.626	3.634	3.643
	20.9			3.014	3.044	3.056	3.077
	29.9	2.659	2.680	2.700	2.738	2.762	2.784
塩化ナトリウム	13.6			3.580	3.588	3.601	3.609
	23.1		3.303	3.312	3.324	3.337	3.345
エチレングリコール	12.2				3.977	3.998	4.019
	27.4			3.684	3.726	3.749	3.768
	46.4	3.224	3.266	3.308	3.349	3.374	3.391
エタノール	20.0			4.330	4.420	4.480	4.530
	50.0	2.960	3.140	3.300	3.440	3.560	3.670
	80.0	2.270	2.350	2.430	2.510	2.600	2.690

Table C-2-1-8 混合液体の粘性率 η (μPa·s) (Viscosity of liquid mixtures)

混合系 Systems	温度 Temperature T(K)	第2成分のモル分率 (Mole fraction of second component) x_2					
		0	0.2	0.4	0.6	0.8	1.0
四塩化炭素 + メタノール	313.2	739	△ 762	730	660	565	456
四塩化炭素 + 2-プロパノール	313.2	739	▼ 732	776	874	1044	1330
ベンゼン + シクロヘキサン	298.2	606	584	▼ 589	638	721	869
ベンゼン + n-ヘキサン	298.2	606	463	389	347	319	301
シクロヘキサン + n-ヘキサン	298.2	869	625	492	407	348	301

Table C-2-1-9 各種水溶液の粘性率 η (mPa·s) (Viscosity of aqueous solutions)

水溶液 Aqueous solution	温度 Temperature T(K)	濃度 (wt%) Concentration					
		10	20	30	40	60	80
塩酸	293.15	1.16	1.36	1.70			
硫酸	293.15	1.23	1.55	2.10	2.70	5.7	22
硝酸	293.15	1.02	1.05	1.13	1.30	2.00	△ 1.88
メタノール	298.15	1.155	1.392	1.540	△ 1.595	1.401	1.005
エタノール	273.15	3.311	5.319	6.940	△ 7.140	5.750	3.690
	293.15	1.538	2.183	2.171	2.910	△ 2.670	2.008
	323.15	0.734	0.907	1.050	1.132	△ 1.127	0.968
エチレングリコール	303.15	0.999	1.25	1.60	2.06	3.48	6.61
グリセリン	313.15	0.826	1.07	1.46	2.07	5.08	20.8
酢酸	298.15	1.065	1.250	1.450	1.655	2.085	△ 2.20
スクロース(蔗糖)	303.15	1.06	1.50	2.35	4.38	33.5	

の特性や相互作用が折り込まれた結果と考えられるので，一定組成の流体の熱物性に対する温度や圧力の影響は，純流体の場合とおおむね類似している．したがって，高密度状態における混合系の実測値は少ないが，低圧の値に対して純流体と同じ圧力効果があるものと仮定して高密度状態を推算することも可能である．本章に採り上げた物性値に対する温度・圧力の一般的効果をまとめると，次のようになる[17]．

(a) 密度 ρ

(1) 定温で圧力により増加し，その割合は高圧ほど小さい．$(\partial \rho / \partial P)_T > 0$，$(\partial^2 \rho / \partial P^2)_T < 0$

(2) 定温圧力係数 $(\partial \rho / \partial P)_T$ は高温ほど大きい．

Table C-2-1-10 無機化合物の水溶液の20℃における粘性率 η (mPa·s)
(Viscosity of inorganic aqueous solutions at 20℃)

水溶液 Aqueous solution	濃度 (wt%) Concentration					
	5	10	15	20	25	30
水酸化カリウム	1.30	1.86	2.78	4.48	7.42	
水酸化ナトリウム	1.10	1.23	1.40	1.63	1.94	2.36
塩化カリウム	0.99	0.99	1.00	1.02		
塩化カルシウム	1.10	1.27	1.52	1.89	2.54	3.6
塩化ナトリウム	1.07	1.19	1.34	1.56	1.88	
硝酸カリウム	0.98	0.97	0.98	1.01		
硝酸ナトリウム	1.03	1.07	1.12	1.18	1.25	1.33
硫酸ナトリウム	1.17	1.29	1.43	1.85		
硫酸マグネシウム	1.28	1.67	2.24	3.04	4.25	6.01

Table C-2-1-11 混合液体の熱伝導率 λ (mW/(m·K)) (Thermal conductivity of liquid mixtures)

系 System	温度 Temperature T (K)	第2成分の濃度 (wt%) Concentration of second component					
		0	20	40	60	80	100
アセトアルデヒド ＋ トルエン	273.2	201	188	169	162	148	140
アセトン ＋ エタノール	298.2	161	163	165	166	168	170
アセトン ＋ 四塩化炭素	273.2	171	164	141	130	114	108
アセトン ＋ トルエン	288.2	165	158	153	149	145	139
アセトン ＋ ベンゼン	288.2	165	161	157	155	153	152
ベンゼン ＋ エタノール	293.2	140	144	149	155	160	165
ベンゼン ＋ メタノール	273.2	152	163	170	182	194	210
ベンゼン ＋ 四塩化炭素	288.2	129	121	113	107	103	101
ベンゼン ＋ シクロヘキサン	293.2	147	139	133	129	126 ▼	125
ベンゼン ＋ トルエン	323.2	136	133	130	128	127	126
酢酸 ＋ ギ酸	293.2	169 ▼	178	198	219	243	283
四塩化炭素 ＋ エタノール	309.7	103	110	120	134	149	164
四塩化炭素 ＋ ジエチルエーテル	273.2	108 ▼	108	114	123	133	141
四塩化炭素 ＋ クロロホルム	288.2	107	109	110	111	113	122
四塩化炭素 ＋ シクロヘキサン	293.2	104 ▼	100	104	108	114	120
エタノール ＋ グリセリン	292.2	184 ▼	178	198	219	242	293
メタノール ＋ トルエン	273.2	210	188	169	160	149	140

Table C-2-1-12 20℃における各種水溶液の熱伝導率 λ (mW/(m·K)) (Thermal conductivity of aqueous solutions at 20℃)

水溶液 Aqueous solution	濃度 (wt%) Concentration					
	10	20	30	40	60	80
塩酸	▼ 488	506	522	536	559	580
硫酸	572	545	519	495	442	383
硝酸	576	550	522	492	421	337
リン酸	579	557	533	509	*486 (50%)	
水酸化カリウム	△ 604	599	584	564	*536 (50%)	
水酸化ナトリウム	627	640	645 △	645		
アンモニア	△ 635	484	445			
メタノール	540	485	436	387	310	246
エタノール(-20℃)			387	347	277	221
(0℃)	515	460	409	362	281	217
(20℃)	541	479	422	371	283	216
エチレングリコール	552	508	464	423	356	298
グリセリン	560	522	487	452	387	330

Table C-2-1-13 20℃における塩類水溶液の熱伝導率 λ (mW/(m·K))
(Thermal conductivity y of salt solutions at 20℃)

塩類水溶液 Salt solution	濃度 (wt%) Concentration				
	5	10	20	30	40
塩化カリウム	591	580	559		
塩化カルシウム	594	587	576		
塩化ナトリウム	595	590	578	561	545
臭化カリウム	590	576	550	519	484
臭化リチウム	586	572	542	507	471
沃化カリウム	590	576	550	519	481
硝酸カリウム	592	584	566		
硝酸ナトリウム	596	591	580	569	556

Table C-2-1-14 25℃における2成分系液体の相互拡散係数 D_{12} (m²/s × 10⁻⁹)
(Mutual diffusion coefficients of binary liquid systems at 25℃)

混合系 Systems		第2成分の濃度 (mol%) Concentration of second component					
		0	20	40	60	80	100
アセトン	＋ クロロホルム	3.63	3.55	3.45	3.30	2.95	2.34
アセトン	＋ 四塩化炭素	3.60	2.65	2.08	1.66	1.45	1.71
アセトン	＋ ベンゼン	4.17	3.40	2.97	2.70	2.55	2.75
アセトン	＋ 水	4.56	2.33	1.13	0.67	0.62	1.28
エタノール	＋ ベンゼン	1.83	1.51	1.16	0.92	0.99	2.95
エタノール	＋ 四塩化炭素	1.50	1.17	0.84	0.60	0.67	1.95
エタノール	＋ 水	1.13	0.93	0.63	0.42	0.41	1.24
n-オクタン	＋ n-ヘキサン	2.34	2.50	2.71	2.89	3.04	3.25
四塩化炭素	＋ n-ヘキサン	1.47	1.85	2.26	2.73	3.26	3.87
四塩化炭素	＋ メタノール	2.61	0.56	0.49	0.80	1.28	2.26
四塩化炭素	＋ トルエン	1.40	1.54	1.68	1.84	2.00	2.18
シクロヘキサン	＋ ベンゼン	1.88	1.83	1.80	1.81	1.90	2.10
n-ヘキサデカン	＋ n-ヘプタン	0.75	0.89	1.05	1.23	1.46	1.78

Table C-2-1-15 25℃における電解質水溶液の拡散係数 D (m²/s × 10⁻⁹)
(Diffusion coefficients of aqueous electrolyte solutions at 25℃)

電解質 Electrolyte solution	濃度 (mol/dm³) Concentration						
	0	0.05	0.1	0.5	1.0	2.0	3.0
塩化水素	3.337	3.073	3.050	3.184	3.436	4.046	4.658
塩化カリウム	1.994	1.863	1.843	1.835	1.876	2.011	2.110
塩化カルシウム	1.335	1.220	1.110	1.140	1.203	1.307	1.265
塩化ナトリウム	1.612	1.506	1.484	1.474	1.483	1.514	1.544
臭化カリウム	2.017	1.892	1.874	1.885	1.975	2.132	2.280
臭化ナトリウム	1.627	1.533	1.517	1.542	1.596	1.668	
臭化リチウム	1.377	1.300	1.279	1.328	1.404	1.542	1.650
硝酸アンモニウム	1.928	1.850	1.769	1.724	1.690	1.633	1.578
硫酸アンモニウム	1.527	0.802	0.825	0.938	1.011	1.069	1.106

(3) 定圧で温度により減少し，減少の割合はほぼ一定である．$(\partial \rho/\partial T)_P < 0$, $(\partial^2 \rho/\partial T^2)_P \cong 0$

(4) 定圧温度係数 $|(\partial \rho/\partial T)_P|$ は高圧ほど小さい．

(b) 定圧比熱 c_p

(1) 気相では，定温圧力係数，定圧温度係数ともに正である．$(\partial c_P/\partial P)_T > 0$, $(\partial c_P/\partial T)_P > 0$

(2) 臨界点近傍では著しく増大し，等温線は極大値を示し，高圧側で定温圧力係数は負になる．

(3) 液相では，極大値の近傍を除き，一般には圧力により減少し，温度により増加する．$(\partial c_P/\partial P)_T < 0$, $(\partial c_P/\partial T)_P > 0$

Table C-2-1-16 25℃におけるR22 + R152a混合液体の粘性率 η (μPa·s)
(Viscosity of gasesous mixtures R22 + R152a at 25℃)

圧力 Pressure P(MPa)	R152aのモル分率 mole fraction of R152a				
	0.0	0.25	0.50	0.75	1.0
0.1	12.97	12.07	11.45	10.88	10.31
0.2	12.77	12.05	11.43	10.85	10.27
0.3	12.76	12.03	11.40	10.82	10.23
0.4	12.74	12.01	11.37	10.78	10.19
0.5	12.73	11.99	11.35	10.75	10.15
0.6	12.72	11.97	11.32	10.71	10.11

Table C-2-1-17 25℃における(アルコール類+水)系の等モル混合液体の粘性率 η (mPa·s)
(Viscosity of equimolar mixtures of alcohol and water at 25℃)

圧力 Pressure P(MPa)	水溶液 x=0.5 Aqueous solution				
	メタノール	エタノール	1-プロパノール	2-プロパノール	2-メチル-2-プロパノール (tert-ブタノール)
0.1	1.325	1.943	2.509	2.630	4.646
9.9	1.361	2.048	2.703	2.824	5.196
19.7	1.403	2.145	2.869	3.023	5.802
29.5	1.436	2.243	2.993	3.217	6.444
39.3	1.481	2.330	3.150	3.422	7.137
49.1	1.523	2.414	3.324	3.621	7.817
58.9	1.571	2.514	3.464	3.830	8.556
68.8	1.616	2.583	3.622	4.047	9.401
78.6		2.707	3.782	4.264	10.29
88.4			3.942	4.487	11.19
98.2			4.083	4.721	12.19
108.0			4.268	4.966	13.17
117.8			4.432	5.211	14.23

(c) **粘性率** η
(1) 定温で圧力により増加する．$(\partial\eta/\partial P)_T > 0$
ただし，極性気体，水および一部の水溶液には例外がある．液相では $(\partial^2\eta/\partial P^2)_T > 0$
(2) 定温圧力係数は温度の上昇に伴い減少する．
(3) 定圧温度係数は，気相では低圧で正，高圧で負となり，液相では常に負である．$(\partial\eta/\partial T)_P < 0$
(4) 臨界領域では，急激な増加(臨界異常)がある．

(d) **熱伝導率** λ
(1) 定温で圧力により常に増加する．$(\partial\lambda/\partial P)_T > 0$
(2) 定温圧力係数は温度の上昇に伴い減少する．
(3) 定圧温度係数は，気相では低圧で正，高圧で負となる．液相では一般に負であるが，低温での液体HeやH_2，常温付近の水や多価アルコールは正である．
(4) 顕著な臨界異常がすべての流体にみられる．

(e) **拡散係数** D
(1) 定温で圧力により減少する．$(\partial D/\partial P)_T < 0$
(2) 定圧で温度の上昇に伴い増加する．
$(\partial D/\partial T)_P > 0$

Table C-2-1-16には気相における例外的挙動をする(R22 + R152a)系の粘性率を示し[18]，Table C-2-1-17には(アルコール類+水)系の等モル混合液体の粘性率に対する圧力効果を示した[19]．

2.1.4 潤滑油 (Lubricating Oils)

潤滑油の役割は，摺動部分の摩擦と磨耗を低減する本来の潤滑作用の他に，圧縮効率を維持するためのガス密封作用，圧縮熱により過熱する冷媒や油の冷却・劣化防止などである．

用途により差異はあるが，潤滑油を選択する場合に考慮すべき特性は，1)潤滑性，2)化学的安定性，3)熱および酸化安定性，4)低温特性(低温流動性，フロック点など)，5)冷媒との相互溶解性，6)溶解した冷媒の油の粘性率への影響，7)添加剤の選択などである．これらの諸物性が一定の水準にあり，全体的にバランスがとれていることが望ましい．潤滑油には，鉱油，合成油，動・植物油などがあるが，本項では代表的な鉱油と合成油の特性を紹介する．

Table C-2-1-18 潤滑油の特徴と用途 [20-22] (Characteristics and use of lubricating oils)

分 類 Classicication	化学構造 Chemical structure	特 徴 Characteristics	用 途 Use
パラフィン系鉱油	$CH_3-(CH_2)_n-CH_3$ $CH_3-(CH_2)_n-CH-CH_3$ $\quad\quad\quad\quad\quad\;\; CH_3$	耐熱・化学的安定性,粘度指数,消泡性,潤滑性	カーエアコン用コンプレッサオイル
ナフテン系鉱油	(縮合環および側鎖付シクロヘキサン構造)	低温特性,高粘度	冷凍機油,絶縁油
アルキルベンゼン	R-C₆H₄ 構造 $R = n, i\text{-}C_{10}\sim C_{13}$	低流動点,電気絶縁性,低価格,冷媒との適合性	冷凍,冷蔵,凍結設備,空調
ポリブテン	$H-(CH_2C(CH_3))_n-H$ $n = 5\sim 60$	解重合性,電気絶縁性,低価格	粘度調整剤,増粘剤
α-オレフィンオリゴマー	$H-(CH(R)-CH_2)_n-H$ $R = n\text{-}C_6\sim C_{10}$	各性状のバランス,鉱油添加剤との適合性	ガス圧縮機油,電気絶縁油,航空作動油,2サイクル機関油
ポリアルキレングリコール	$RO-(CH_2CH(CH_3)O)_n-H$	粘度指数	自動車ブレーキ油,高温ギヤ油,航空エンジン油,真空ポンプ油,金属加工油,難燃性作動油
ジエステル	$ROOC-(CH_2)_n-COOR$ $R = \sim C_{13}, n = 4\sim 10$	各性状のバランス,低粘度,低揮発性	ジェットエンジン油,低温用グリース,ギヤ油,低温用自動車機関油,ブレーキ油,冷媒,拡散ポンプ油,計器油
ポリオールエステル	$C(CH_2OOCR)_4$ $R = n\text{-}C_5\sim C_{10}$	高潤滑性,冷媒との溶解性,粘度指数	潤滑性向上剤

(a) 鉱油 (Mineral Oils)[20]

天然に産出する原油から精製される潤滑油が鉱油であり,原油のタイプによりパラフィン系鉱油とナフテン系鉱油に大別される.パラフィン系鉱油は約70％のパラフィン系炭化水素と,30％のナフテン系炭化水素からなっている.酸化安定性は良好であるが,いったん熱的劣化を受けると腐食性の強い低分子量の酸を生成する傾向がある.生成したカーボンスラッジは固く,バルブ,ピストンリング,シリンダなどの摩耗の原因となる.流動点,フロック点が高く,粘性率-温度特性が優れている反面,ワックス分を含み,低温特性が劣るので,一般に脱ロウ処理を施した後に使用される.これに対して,ナフテン系鉱油は約45％のナフテン系,42％のパラフィン系および13％の芳香族系炭化水素から成っており,酸化安定性は劣るが,熱劣化により生成する酸は高分子量で腐食性が弱く,カーボンスラッジも軟らかい.ワックス含有量が低いので,フロック点,流動点が低く,低温特性が優れている.

Table C-2-1-18 潤滑油の特徴と用途[20-22] (Characteristics and use of lubricating oils) (つづき)

分類 Classicication	化学構造 Chemical structure	特徴 Characteristics	用途 Use
リン酸エステル	$O=P(OR)_3$ $R = R' C_6H_5$	難燃性	航空作動油, 圧縮機油, 冷媒, ブレーキ油
ケイ酸エステル	$Si(OR)_4$ $R = n, i\text{-}C_6 \sim C_{13}$	粘度指数, 熱安定性, 低温流動性	航空作動油, 熱媒体油, ミサイル用作動油
シリコーン	$R-(Si\text{-}O)_n-R$ (R側鎖) $R = CH_3, C_6H_6$	粘度指数, 高温安定性, 低温流動性	航空作動油, 圧縮機油, 拡散ポンプ油, 精密機械油, 冷凍機油, 化学プラント用ポンプ油, ショックアブソーバ油
ポリフェニルエーテル	(四核フェニルエーテル構造)	高温安定性, 耐放射線性	ジェットエンジン油, 耐放射線潤滑油, 高温作動油, 電気絶縁油, 化学プラント用ポンプ油, 高温用グリース
クロロフルオロカーボン	$-(CF_2CFCl)_n-$	高温安定性	酸素圧縮機油, 化学プラント用潤滑油, ジャイロスコープ油, ミサイル用潤滑油, ロケットターボポンプ油
パーフルオロポリエーテル	$-(CF_2CFO)_n-$ $\quad\quad |$ $\quad\quad CF_3$	低蒸気圧, 高密度, 化学安定性, 高温安定性	酸素用コンプレッサー, ポンプ・バルブ潤滑油, 熱媒体, 計測機器用圧力媒体, 離型剤, 非粘着剤

Table C-2-1-19 潤滑油の代表的特性[20), 21)] (Physicochemical properties of lubricating oils)

潤滑油 項目	パラフィン系鉱油	ナフテン系鉱油	水素化脱ロウパラフィン油	アルキルベンゼンハード型	アルキルベンゼンソフト型	ポリブテン	α-オレフィンオリゴマー	ポリアルキレングリコール
比重 15/4℃	0.867	0.927	0.874	0.871	0.880	0.834	0.830	0.983
引火点 ℃	268	200	240	188	196	135	243	210
動粘性率 cSt(40℃)	87.2	97.1	98.5	33.7	32.0	35(37.8℃)	33(37.8℃)	32.8
cSt(100℃)	10.6	8.0	10.9	4.4	4.9	5(98.9℃)	6(98.9℃)	6.7
粘度指数	105	9	95	-33	56		141	168
全酸価 mgKOH/g	<0.01	0.01	<0.01	0.01	0.01	0.01	0.01	
流動点 ℃	-17.5	-25	-45	-45	-55	-35	<-55	-47.5
フロック点 ℃	-30	-25	-50	<-70	<-70			
アニリン点 ℃	125	80	123					
鋼板腐食 100℃, 3h	1	1	1	1	1	1	1	1
絶縁破壊電圧 kV		46		60	70		60<	

(b) 合成油 (Synthetic Oils)[21)]

石油または油脂類を原料とし，何らかの化学合成過程を経てつくられる化学製品またはその中間体が合成油である．その種類や特性は多岐にわたるが，おおむね以下のように分類される．

(1) 合成炭化水素系油

アルキルベンゼン，ポリブテン，α-オレフィンオリゴマー

(2) エステル・エーテル系油

ポリアルキレン・グリコール，ジエステル，ポリオールエステル

(3) リン・ケイ素系油

リン酸エステル，ケイ酸エステル，シリコーン

(4) フッ素系油

Table C-2-1-19 潤滑油の代表的特性[20),21)] (Physicochemical properties of lubricating oils) (つづき)

潤滑油 項 目		ジエステル	ポリオール エステル	リン酸 エステル	シリコーン	ポリフェニル エーテル	クロロフル オロカーボン	パーフルオロ ポリエーテル
比重	15/4℃	0.913	0.927	1.15	0.96	1.20	1.90〜1.93	1.87
引火点	℃	228	290	252	315	288		不燃焼
動粘性率	cSt(40℃)	12(37.8℃)	37(37.8℃)	40.4	50(25℃)	363(38℃)	20〜50	36
	cSt(100℃)	3(98.7℃)	7(98.9℃)			13.1(99℃)	(25℃)	5(98.9℃)
粘度指数		157	159					90
全酸価	mgKOH/g	0.02	<0.5	0.03				
流動点	℃	<-65		-20	<-55	5	-55〜-35	-55
フロック点	℃							
アニリン点	℃							
鋼板腐食 100℃, 3h				1	1			
絶縁破壊電圧 kV								

Table C-2-1-20 潤滑油の定圧比熱容量[23)] c_p (kJ/(kg·K)) (Isobaric specific heat capacity of lubricating oils)

温度 Temperature T(K)	ナフテン系油	高分子量炭化水素油 (RTEmp)	脱ロウパラフィン油	脱ロウパラフィン系油 (PPD添加)	シリコーン油
273	1.97	1.55	1.85	1.85	1.42
298	2.07	1.64	1.96	1.96	1.48
323	2.17	1.74	2.07	2.06	1.55
348	2.27	1.83	2.19	2.16	1.61
373	2.37	1.93	2.30	2.27	1.67
398	2.47	2.03	2.42	2.37	1.74
423	2.56	2.12	2.52	2.47	1.80

Table C-2-1-21 潤滑油の動粘性率 ν (μm^2/s) (Kinetic viscosity of lubricating oils)

温度 Temperature T(K)	ジメチル シリコーン油 (5cS)	ジメチル シリコーン油 (20cS)	ジメチル シリコーン油 (200cS)	メチルフェニル シリコーン油 (フェニル 5mol%)	メチルフェニル シリコーン油 (フェニル 25mol%)	ジ(2エチル ヘキシル) セバケート	石油SAE low 30
220	29.2						
240	17.4	79.9					
260	10.4	47.9				71.3	
280	6.86	29.2		156		37.4	
300	5.29	19.1	194	109		22.0	133
320	4.27	14.1	139	76.7		13.8	42.1
340		11.5	98.6	55.5	160	9.00	21.4
360		9.49	70.3	41.5	99.8	5.66	9.99
380		7.17	51.6	32.0	65.7	4.85	1.59
400		4.45	39.6	24.9	45.3		
420		2.09	31.9	18.9	30.1		
440		1.92	25.7	13.8	16.9		
460				10.1	6.79		
480				8.90	4.57		

Table C-2-1-22 潤滑油の熱伝導率[23)] λ (W/(m·K)) (Thermal conductivity of lubricating oils)

温度 Temperature T(K)	ナフテン系油	高分子量炭化水素 油 (RTEmp)	脱ロウパラフィン油	脱ロウパラフィン油 (PPD添加)	シリコーン油
273	0.124	0.133	0.137	0.130	0.138
298	0.120	0.129	0.132	0.127	0.136
323	0.116	0.126	0.126	0.123	0.133
348	0.113	0.122	0.121	0.120	0.131
373	0.109	0.119	0.116	0.116	0.128
398	0.105	0.115	0.110	0.113	0.126
423	0.101	0.112	0.105	0.109	0.124

クロロフルオロカーボン，パーフルオロアルキルポリエーテル

(5) その他の合成油

ポリフェニルエーテル

合成油は，その化学構造により非常に明確な特性を持っており，ある特殊条件下で鉱油がカバーできない一部の特性のみを強化したものと考えられる．各合成油とも分子量の大小により数種類の粘性率グレードがあり，用途により最適のものを使用する．合成油は，アルキルベンゼン，ポリブテン，ポリアルキレングリコールなどのように比較的安価なもの（～1000円/kg）から，クロロフルオロカーボン，パーフルオロアルキルポリエーテルのように高価なもの（10000円～/kg）まで，価格体系に開きがあるが，それぞれの優れた特性により使用量は年々増加している．

2.1.5 相平衡性質 (Phase Equilibria)

化学プロセスでは反応の前処理や後処理として目的物質を分離・精製する必要があり，蒸留，吸収，抽出，晶析などの分離操作が重要である．相平衡データは，収支計算や移動速度論とともに分離理論の解明や分離プロセスの設計に不可欠の基礎物性である．本項では主として有機2成分系の気液，固気，固液平衡を取り扱う．

(a) 気液平衡 (Vapor-Liquid Equilibria)

N成分混合系の相平衡の条件は，各相の温度 T と圧力 P がそれぞれ等しく，各相中の各成分の化学ポテンシャルが等しいことである．

$$T^{\mathrm{I}} = T^{\mathrm{II}} = T^{\mathrm{III}} = \cdots \cdots \quad (7)$$
$$P^{\mathrm{I}} = P^{\mathrm{II}} = P^{\mathrm{III}} = \cdots \cdots \quad (8)$$
$$\mu_i^{\mathrm{I}} = \mu_i^{\mathrm{II}} = \mu_i^{\mathrm{III}} = \cdots \quad (i=1,2,3,\cdots,N) \quad (9)$$

Eq.(9)は，混合物中の成分 i のフガシティを用いて次のように表すこともできる．

$$f_i^{\mathrm{I}} = f_i^{\mathrm{II}} = f_i^{\mathrm{III}} = \cdots \quad (i=1,2,3,\cdots,N) \quad (10)$$

Eq.(10)より，気液平衡の条件は次式で与えられる．

$$f_i^{\mathrm{V}} = f_i^{\mathrm{L}} \quad (i=1,2,3,\cdots,N) \quad (11)$$

ここでVは気相，Lは液相を示す．気相と液相のフガシティはそれぞれ次式で求められる．

$$f_i^{\mathrm{V}} = P y_i \phi_i \quad (12)$$
$$f_i^{\mathrm{L}} = \gamma_i x_i f_i \quad (13)$$

Table C-2-1-23 有機2成分系の定圧気液平衡（理想溶液）(Vapor-liquid equilibrium at constant pressure for binary organic systems (ideal solusion))

1-Hexene (1)- n-Hexane (2) P=101.33 kPa			Ethanol (1)- 2-Methyl-1-propanol (2) P=101.33 kPa			Benzene (1)- Toluene (2) P=101.33 kPa		
x_1	y_1	T(K)	x_1	y_1	T(K)	x_1	y_1	T(K)
0.097	0.113	341.05	0.039	0.109	379.05	0.000	0.000	383.76
0.193	0.220	340.35	0.077	0.205	377.25	0.050	0.108	381.51
0.292	0.326	339.65	0.123	0.304	375.15	0.100	0.206	379.37
0.386	0.423	339.05	0.197	0.428	372.40	0.200	0.372	375.39
0.412	0.450	338.85	0.285	0.552	369.25	0.300	0.508	371.76
0.477	0.515	338.55	0.331	0.602	367.55	0.400	0.621	368.45
0.592	0.626	337.95	0.416	0.685	365.15	0.500	0.714	365.40
0.603	0.627	337.85	0.467	0.731	363.45	0.600	0.792	362.59
0.676	0.707	337.55	0.543	0.782	361.90	0.700	0.857	359.99
0.715	0.744	337.45	0.669	0.862	358.65	0.800	0.913	357.58
0.780	0.803	337.25	0.753	0.908	356.85	0.900	0.960	355.34
0.884	0.897	336.85	0.827	0.938	355.35	0.950	0.981	354.27
0.892	0.900	336.85	0.966	0.990	352.55	1.000	1.000	353.25

Table C-2-1-24 有機2成分系の定圧気液平衡（共沸点をもつ系）(Vapor-liquid equilibrium at constant pressure for binary organic systems with an azeotrope)

Acetone (1)-Trichloromethane (chloroform) (2) P=101.33 kPa			Water (1)-Methanoic acid (formic acid) (2) P=101.33 kPa			Methanol (1)-Diethylamine (2) P=101.33 kPa		
x_1	y_1	T(K)	x_1	y_1	T(K)	x_1	y_1	T(K)
0.000	0.000	334.90	0.105	0.064	375.85	0.169	0.094	330.55
0.056	0.039	335.21	0.215	0.155	378.85	0.258	0.147	332.25
0.149	0.113	336.37	0.285	0.231	380.25	0.355	0.222	334.15
0.222	0.183	337.22	0.400	0.381	381.15	0.453	0.314	335.85
0.275	0.249	337.50	0.533	0.581	380.65	0.600	0.515	338.75
0.521	0.579	336.81	0.607	0.680	379.95	0.660	0.599	339.65
0.606	0.689	335.78	0.717	0.814	378.15	0.680	0.639	340.05
0.645	0.731	335.18	0.804	0.889	376.85	0.758	0.755	340.45
0.747	0.834	333.54	0.866	0.932	375.75	0.782	0.783	340.15
0.839	0.905	331.92	0.920	0.962	374.75	0.836	0.857	340.15
1.000	1.000	329.70	0.969	0.986	374.05	0.943	0.964	338.85

Table C-2-1-25 有機2成分水溶液の定温気液平衡（共沸点をもつ系）(Vapor-liquid equilibrium at constant temperature for binary aqueous organic systems with an azeotrope)

Ethanol (1)-Water (2) T=313.15 K			1-Propanol (1)-Water (2) T=318.15 K			Ethanenitrile (acetonitrile)(1)-Water (2) T=333.15 K		
x_1	y_1	P(kPa)	x_1	y_1	P(kPa)	x_1	y_1	P(kPa)
0.062	0.374	10.02	0.007	0.100	10.64	0.030	0.421	33.86
0.077	0.406	11.87	0.011	0.145	11.09	0.065	0.542	43.05
0.098	0.450	12.61	0.023	0.251	12.49	0.113	0.599	48.96
0.128	0.488	13.53	0.048	0.356	14.08	0.184	0.636	52.26
0.181	0.543	14.53	0.068	0.378	14.44	0.253	0.655	53.50
0.319	0.598	15.59	0.124	0.389	14.68	0.415	0.673	54.78
0.399	0.628	16.14	0.262	0.395	14.79	0.484	0.679	55.21
0.511	0.676	16.73	0.333	0.406	14.84	0.594	0.692	55.76
0.683	0.746	17.39	0.423	0.415	14.89	0.672	0.711	56.02
0.774	0.809	17.67	0.476	0.429	14.89	0.749	0.735	56.14
0.810	0.829	17.71	0.533	0.439	14.80	0.800	0.756	55.93
0.875	0.879	17.80	0.648	0.478	14.47	0.879	0.810	54.93
0.957	0.956	17.84	0.752	0.541	13.80	0.947	0.894	52.53

Table C-2-1-26 石炭成分―メタノール系の高圧気液平衡 (Vapor-liquid equilibrium of coal-derived compounds with methanol at high pressures)

Naphthalene (1)-Methanol (2) T=549.6 K			1-Naphthol (1)-Methanol (2) T=549.6 K			Quinoline (1)-Methanol (2) T=549.6 K			Tetralin (1)-Methanol (2) T=549.6 K		
x_2	y_2	P(MPa)	x_2	y_2	P(MPa)	x_2	y_2	P(MPa)	x_2	y_2	P(MPa)
0.120	0.817	1.98	0.194	0.951	1.76	0.149	0.855	1.59	0.074	0.704	1.56
0.212	0.880	3.28	0.340	0.971	3.01	0.271	0.913	2.87	0.159	0.822	2.79
0.341	0.903	4.83	0.464	0.977	4.38	0.388	0.936	4.21	0.272	0.870	4.10
0.431	0.920	5.87	0.563	0.979	5.60	0.498	0.947	5.41	0.384	0.897	5.42
0.529	0.922	6.93	0.656	0.980	6.94	0.609	0.954	6.76	0.489	0.904	6.67
0.626	0.927	8.03	0.744	0.980	8.18	0.709	0.957	8.03	0.607	0.910	7.83
0.745	0.930	9.27	0.849	0.979	9.69	0.818	0.957	9.38	0.723	0.908	9.16
0.833	0.912	10.36	0.902	0.974	10.85	0.868	0.954	10.12	0.814	0.897	9.96
CP*	CP	10.62	CP	CP	11.24	CP	CP	10.72	CP	CP	10.16

* CP : critical point.

ここで P は全圧, x_i, y_i は液相および気相中の成分 i のモル分率, ϕ_i は気相中の成分 i のフガシティ係数, γ_i は液相中の成分 i の活量係数, f_i は純液体 i のフガシティである. f_i を, 純成分 i の飽和蒸気圧 P_i^S, フガシティ係数 ϕ_i^S, 液体のモル容積 v_i^L を用いて表すと, Eq.(11) は次式になる.

$$Py_i\phi_i = \gamma_i x_i P_i^S \phi_i^S \exp[v_i^L(P-P_i^S)/RT] \quad (14)$$

気相が理想気体の法則に従う場合(低圧気液平衡)には

$$Py_i = \gamma_i P_i^S x_i \quad (15)$$

さらに液相を理想溶液とみなすことができる場合には,

$$Py_i = P_i^S x_i \quad (16)$$

となる. これが Rault の法則である. 低圧気液平衡で, 溶液が理想系であれば, 全圧 P と成分 i の蒸気圧 P_i^S から気液平衡を計算することができる. これに対して, 非理想系では Eq.(15) が成立するので, 平衡にある気液の組成 y_i, x_i と T, P がわかれば, 非理想溶液中の各成分の活量係数 γ_i が求まる. あるいは活量係数を状態方程式, Wilson 式, グループ寄与法などにより, 液組成の関数として表すことができれば, 気液平衡を計算することができる.

2成分系気液平衡では, 相律により自由度は2であるから, 2個の変数を指定すると系の状態は完全に定まる. 圧力一定のときの $T-x_1-y_1$ の関係を定圧気液平衡, $T-x_1$, $T-y_1$ の関係をそれぞれ液相線(沸点曲線), 気相線(露点曲線), x_1-y_1 の関係を $x-y$ 曲線という.

これに対して温度一定のときの $P-x_1-y_1$ の関係を低温気液平衡という. $T-x_1-y_1$ あるいは $P-x_1-y_1$ 状態図における極大点または極小点では気相と液相の組成が等しくなる. この点を共沸点, この組成の溶液を共沸混合物とよぶ.

気液平衡に関する文献は化学工学物性定数[24]により検索することができる. 従来の研究を集大成した解説として, 小島[25], 石田[26], 斉藤[27], Walas[28] らの成書があり, レビューに, 栃木[29], 新田[30] らがある. これまでに蓄積された気液平衡データを状態方程式やグループ寄与法を用いて整理・相関したデータ集に, 平田ら[31], 小島ら[32,33], Sugie ら[34] がある. さらにわが国では NIST 構想に沿って「熱物性データベース」が構築され, 化学工学協会(JICST 熱物性受託委員会)が相平衡データの収録を委託されている. 本項では代表的な2成分系の気液平衡データを文献32, 33) より抜粋して Table C-2-1-23～C-2-1-25 に示した.

Table C-2-1-23 は化学的性質が類似した2成分からなる理想溶液の定圧気液平衡の例である. これらの系では全組成範囲にわたって液相の活量係数 $\gamma_1 \fallingdotseq \gamma_2 \fallingdotseq 1$ が成立し, 共通点は存在しない. Table C-2-1-24 には, 常圧における定圧気液平衡図(沸点図)が極大をもつ系の例を, Table C-2-1-25 には定温気液平衡図(蒸気圧曲線)が極大をもつ系の例をそれぞれ示す. また, Thies ら[35] のナフタレンなどの石炭成分―メタノール系の高圧気液平衡データを Table C-2-1-26 に示す.

(b) **超臨界流体抽出**(Supercritical Fluid Extraction)

超臨界流体は液体や固体を溶解する能力があり, 流体の圧力(密度)・温度を操作して溶解度を変えることができる新しい分離技術として注目されている. 超臨界流体は, 臨界温度をわずかに越えた温度域では臨界圧力付近の微小な圧力変化により密度が著しく変化する. 溶質の溶解度は溶媒の密度に依存するので, 高圧・高密度下で溶質を抽出した後に減圧することにより, 効率的に目的物質を抽出することができる.

1) 溶媒回収に蒸発潜熱ほど大きなエネルギを要しない.
2) 低温で処理できるため, 溶質の熱的変性を避けることができる.
3) 高揮発性流体を溶媒とするので抽出物中に殆ど残らない.
4) 超臨界流体の優れた輸送物性により, 不揮発性物質や固体の効率的な抽出ができる.

などの長所があり, 広い分野での応用が期待されている.

超臨界流体への溶質の溶解度は, Eq.(14) により定量的に記述することができる. 溶解度 y_i を支配する因子は, 1) 溶媒と溶質の分子間相互作用と分子の大きさ, 2) 溶質の蒸気圧(フガシティ), 3) 操作温度, 圧力などである. 圧力を増すと密度が高くなり溶解度は増大する. 温度を上げると溶質の蒸気圧は高くなるが, 溶媒の密度は減少する. 溶媒(1)と溶質(2)の分子間相互作用が大きいほど溶解度は増すので, 両

者間の交差第2，第3ビリアル係数 B_{12}，C_{112} が負の大きな値をもつように溶媒を選定することが望ましい．物質の相互溶解性の指標となる溶解度パラメータ δ が近い物質は，相互に溶解しやすいので参考になる．しかし，抽出量の増大と分離の選択性の向上とは一般に相反するので，溶媒の選択にあたって十分検討する必要がある．

目的物質の抽出に単一溶媒を用いる場合には，溶解度や選択性に限界がある．そこで溶質との化学親和力が強い共溶媒（エントレーナ）を溶媒に少量加えると，単一溶媒の場合と比較して溶解度が著しく増加したり，特定成分の抽出効率を高めることが期待できる．強い化学結合力としては水素結合力や電荷移動力が考えられる．

超臨界流体抽出の基礎や最近の応用例については国内外に多くの著者やレビュー[36-44]があるので，詳細はこれらを参照されたい．本項では Schmitt ら[45]，Dobbs[46,47] らの最近の研究から，超臨界流体に対する有機物質の溶解度データの例を Table C-2-1-27 ～C-2-1-28 に示す．

Schmitt ら[45] は4種類の超臨界流体 CO_2，C_2H_6，$CClF_3$ (R13)，CHF_3 (R23) を用いて，フェナンスレン，2-アミノフルオレンなど9種類の有機物質の溶解度に対する温度，圧力，密度，溶媒の効果を測定している．フェナンスレンの溶解度は，$C_2H_6 > CO_2 > CHF_3 > CClF_3$ の順になっており，C_2H_6 と $CClF_3$ とでは溶解度にかなりの差が認められる．C_2H_6 は官能基をもたない単純な芳香族に対する溶解度が高く，CO_2 は安息香酸や2-アミノフルオレンのような極性物質に対して特に優れている．

CHF_3 は，炭化水素に対しては特に溶解度が高いわけではないが，$C=O$ や NH_2 など水素結合が可能な官能基をもつ物質に対して特に優れた溶解性を示す．$CClF_3$ は，これらの溶媒中では常に溶解性が最も低い．

Table C-2-1-27 と C-2-1-28 はヘキサメチルベンゼン，フェナンスレン，安息香酸などの溶質を，超臨界 CO_2 で抽出する場合の，極性および無極性共溶媒の効果に関する Dobbs[46,47] らの実験結果から抜粋したものである．Dobbs[46,47] らは，操作温度を 308.15 K に固定し，CO_2 に 3.5 mol % の種々の共溶媒を加えて，溶解度に対する共溶媒と圧力（密度）の効

Table C-2-1-27 超臨界 CO_2 中への固体の溶解度に対する無極性共溶媒（3.5 mol %）の効果（Effect of non-polar cosolvents (3.5 mol %) on the solubility of solids in supercritical CO_2）

P MPa	$10^3 \rho$ mol/cm³	$10^3 y$	P MPa	$10^3 \rho$ mol/cm³	$10^3 y$	P MPa	$10^3 \rho$ mol/cm³	$10^3 y$	P MPa	$10^3 \rho$ mol/cm³	$10^3 y$
Hexamethylbenzene -CO_2			Hexamethylbenzene -CO_2 -n-Pentane			Hexamethylbenzene -CO_2 -n-Octane			Hexamethylbenzene -CO_2 -n-Undecane		
15	18.54	1.66	10	16.23	2.06	12	16.92	3.00	12	16.68	3.85
20	19.67	1.76	12	17.06	2.36	15	17.60	3.27	20	17.94	4.25
30	21.11	1.92	15	17.88	2.47	20	18.30	3.50	30	18.90	4.60
35	21.62	1.99	20	18.84	2.74	25	18.99	3.61	35	19.29	4.73
			30	20.08	3.04	30	19.45	3.71			
			35	20.54	3.08	35	19.85	3.70			
Phenanthrene -CO_2			Phenanthrene -CO_2 -n-Pentane			Phenanthrene -CO_2 -n-Octane			Phenanthrene -CO_2 -n-Undecane		
10	16.24	0.571	12	17.06	1.06	12	16.92	1.94	12	16.68	2.56
12	17.46	0.787	15	17.89	1.39	12	16.92	2.00	25	18.47	3.57
15	18.54	1.01	20	18.84	1.73	15	17.60	2.36	25	18.47	3.62
20	19.67	1.25	25	19.53	1.97	15	17.60	2.26	35	19.29	3.78
25	20.47	1.46	30	20.08	2.14	20	18.30	2.70			
30	21.11	1.62	35	20.54	2.43	30	19.45	3.00			
35	21.62	1.71				35	19.85	3.22			

Table C-2-1-28 超臨界 CO_2 中への固体の溶解度に対する極性共溶媒（3.5 mol %）の効果（Effect of polar cosolvents (3.5 mol %) on the solubility of solids in supercritical CO_2）

P MPa	$10^3 \rho$ mol/cm³	$10^3 y$	P MPa	$10^3 \rho$ mol/cm³	$10^3 y$	P MPa	$10^3 \rho$ mol/cm³	$10^3 y$
Acridine-CO_2			Acridine-CO_2-Acetone			Acridine-CO_2-Methanol		
12	17.46	0.585	12	18.04	1.25	12	18.11	2.40
15	18.54	0.743	20	19.79	1.80	15	19.01	2.77
15	18.54	0.751	20	19.79	1.92	25	20.77	3.11
20	19.67	0.775	25	20.49	1.97	25	20.77	2.90
28	20.92	1.09	30	21.06	2.05	30	21.36	3.05
30	21.62	1.26	35	21.49	2.21	35	21.84	3.10
Benzoic acid-CO_2			Benzoic acid-CO_2-Acetone			Benzoic acid-CO_2-Methanol		
12	17.46	1.25	12	18.04	3.98	12	18.11	7.18
16	18.81	2.19	15	18.81	4.49	15	19.01	8.77
20	19.67	2.53	20	19.79	5.37	20	20.04	10.1
24	20.34	2.81	25	20.49	5.92	25	20.77	10.9
28	20.92	3.03	30	21.33	6.40	35	21.84	11.9
2-Aminobenzoic acid-CO_2			2-Aminobenzoic acid-CO_2-Acetone			2-Aminobenzoic acid-CO_2-Methanol		
12	17.46	0.080	9	16.83	0.16	9	16.53	0.48
15	18.54	0.099	12	18.04	0.25	12	18.11	0.60
20	19.67	0.113	15	18.81	0.27	15	19.01	0.69
25	20.47	0.127	18	19.51	0.29	20	20.04	0.82
30	21.11	0.135	25	20.49	0.39	25	20.77	0.91
35	21.62	0.161	30	21.06	0.45	30	21.36	0.96

果を測定している．共溶媒の効果についての系統的な研究は現段階では乏しいので，普遍的な傾向を述べることは困難であるが，参考のために彼らの結果をまとめると次のようである．

1）無極性共溶媒として n-アルカンを添加する場合には，共溶媒の鎖長，即ち分極率の増加とともに溶解度も増す

2）溶解度は，CO_2 溶媒単独で高圧まで過剰に加圧するよりも，数 mol % の適当な共溶媒を加える方が効果的に増大する

3）共溶媒は溶解度を増すだけでなく，操作圧力を低下させることによりプロセスの経済性を向上させることがある

4）無極性の共溶媒は溶解度を変化させるのみであるが，極性共溶媒は選択性を変える効果がある

5）共溶媒の溶解度増大効果は，剛体球 van der Waals 模型における溶媒（1），溶質（2），共溶媒（3）間の2分子間相互作用の引力項の比 a_{23}/a_{12} とともに指数関数的に増大するが，共溶媒の分子の大きさ b_3 が増すと急激に減少する

以上のようにエントレーナ効果には大きな期待が寄せられているが，天然物や生薬，生体関連物質，食品などを扱う場合にはその選択に制約があり，高沸点の共溶媒を用いると，その分離・回収工程を別に考えなければならないなどの不都合を生じる場合もあるので，十分検討しなければならない．

(c) 固液平衡（Liquid-Solid Equilibria）

気相を含まない凝相系では，圧力は一般に系の蒸気圧より高く，一定として取り扱うことができる．したがって2成分系の固液平衡は一般に温度と組成を変数として T-x 図で表される．固液状態図は，固相における両成分の相互溶解度や分子間化合物の生成の有無などにより，次のように分類される．

1）全率固溶系
液相，固相とも全組成範囲にわたり両成分が完全に溶解する系であり，さらに3種類に細分される．
（i）レンズ状の液相，固相線をもつ系
（ii）融点に極小をもつ系
（iii）融点に極大をもつ系
2）部分固溶系
液相では完全に溶解するが，固相では溶解度に限度があり，共晶点や包晶点が存在する系である．
3）単純共晶系
液相では完全に溶解するが，固相では全く固溶体を形成しない系であり，共晶点が存在する．
4）分子間化合物を生じる系
固相で両成分間に中間化合物を生じる系であり，中間化合物の融点の種類により，さらに2種類に分類される．
（i）調和融点をもつ系
（ii）分解融点（非調和融点）をもつ系

常圧における固液平衡は古くから研究されており，蓄積されたデータを収録したハンドブック[48-50]がある．しかし，高圧における固液平衡の研究例は少なく，両成分の特性から状態図を予測したり，圧力効果の普遍的傾向を記述することは困難である．本項では永岡・蒔田の研究[51-55]から代表的な数例を紹介する．

Fig. C-2-1-1に全率固溶系に属するクロロベンゼン＋ブロモベンゼン系[52]の固液平衡に対する圧力効果を示す．

凝固温度 T_f と融解温度 T_m は圧力の増加とともに高温側に単調に移行するが，各組成での T_f と T_m の差は圧力と無関係にほぼ一定であり，常圧データをほぼ平衡移動した形になっている．

単純共晶系の例として，ベンゼン＋シクロヘキサン系[53]，α-メチルナフタレン＋β-メチルナフタレン系[52]，ベンゼン＋2-メチル-2プロパノール系[54]などがある．

Fig. C-2-1-2に示すように，ベンゼン＋シクロヘキサン系[53]では，常圧における共晶点は，ベンゼンのモル分率 $x_1 = 0.26$，232Kの点にあるが，圧力の増加とともに明確にベンゼン高濃度側に移行し，350MPaでは $x_1 = 0.38$，300Kの点に達する．他の2例[51,53]でもほぼ同様であるが，加圧による共晶点の移動はベンゼン＋シクロヘキサン系[53]に比べてやや小さい．これらの系では，共晶点は，凝固圧力の温度係数 $(\partial P_f / \partial T)$ が大きい成分が高濃度になる方向にシフトする．この挙動はvan Laar式により説明することができる．

Fig. C-2-1-3に四塩化炭素＋p-キシレン系[55]の

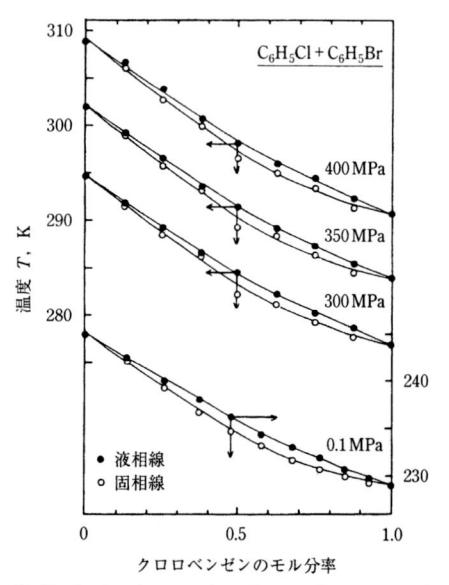

Fig. C-2-1-1 クロロベンゼン＋ブロモベンゼン系の定圧固液平衡図（Solid-liquid phase diagram of chlorobenzene + bromobenzene system at constant pressures）

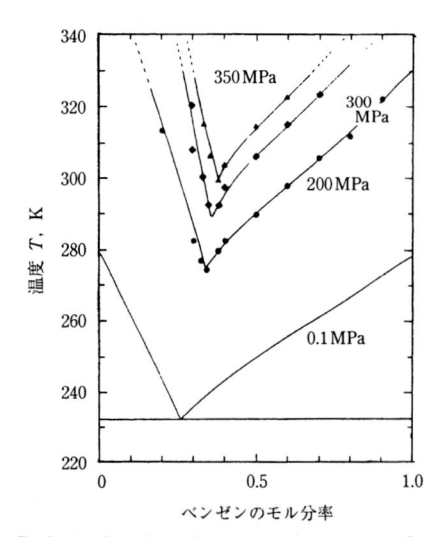

Fig. C-2-1-2 ベンゼン＋シクロヘキサン系の定圧固液平衡図（Solid-liquid phase diagram of benzene + cyclohexane system at constant pressures）

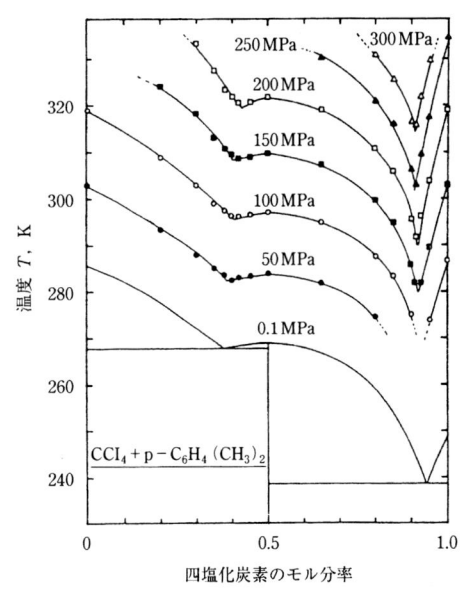

Fig. C-2-1-3 四塩化炭素+p-キシレン系の定圧固液平衡図（Solid-liquid phase diagram of carbon tetrachloride-p-xylene system at constant pressures）

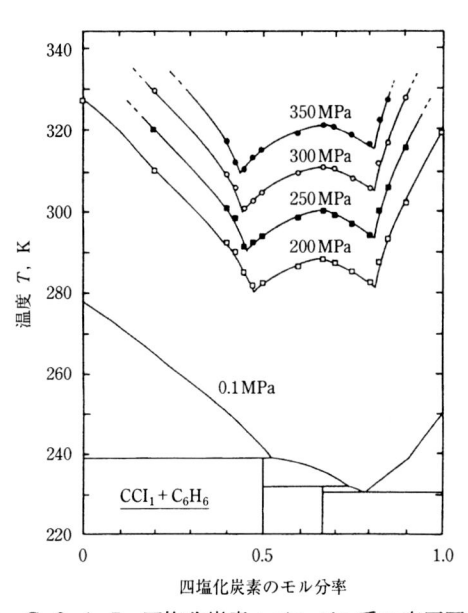

Fig. C-2-1-5 四塩化炭素+ベンゼン系の定圧固液平衡図（Solid-liquid phase diagram of carbon tetrachloride+benzene system at constant pressures）

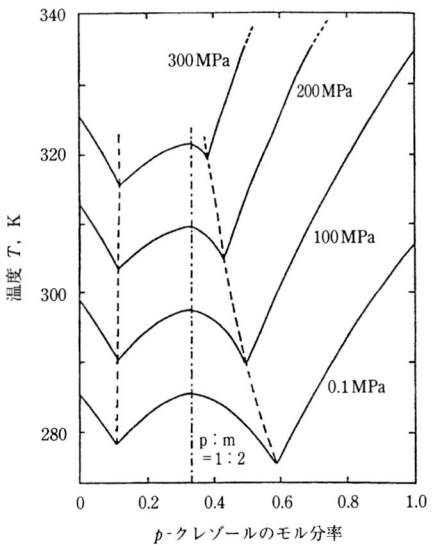

Fig. C-2-1-4 p-クレゾール+m-クレゾール系の定圧固液平衡図（Solid-liquid phase diagram of p-cresol+m-cresol system at constant pressures）

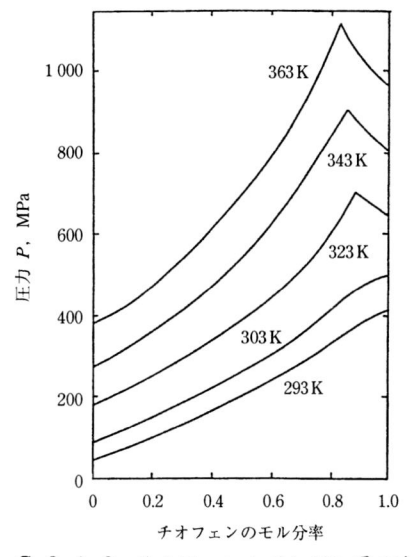

Fig. C-2-1-6 チオフェン+ベンゼン系の定温固液平衡図（Solid-liquid phase diagram of thiophene+benzene at constant temperatures）

状態図を示す．この系では成分比1:1の組成で調和融点をもつ中間化合物を生じる．常圧では CCl_4 のモル分率 $x_1 = 0.38$ と 0.94 の点に二つの共晶点があり，この共晶点は圧力の増加とともに高温側に移行するだけでなく，それぞれ中間化合物の濃度が高くなる方向にシフトする．この場合も共晶点のシフトは，凝固圧力の温度係数が大きい成分がより高濃度になる方向に起こる．同様の挙動が $p-$クレゾール $+ m-$クレゾール系[56] (Fig. C-2-1-4) にも認められる．

Fig. C-2-1-5に四塩化炭素+ベンゼン系[55]の状態図を示す．この系は，常圧では組成比1:1と2:1の点に分解融点をもつ2種類の中間化合物Ⅰ，Ⅱをもっている．しかし，これらの系を加圧すると，化合物Ⅰは消滅し，Ⅱの分解融点は調和融点に変化する．その結果，この系では高圧下で二つの共晶点が存在し，CCl_4 高濃度側の共晶点は圧力によらずほぼ一定，他の共晶点は加圧とともに C_6H_6 高濃度側に徐々にシフトする．

圧力により状態図が著しく変化する系としてチオフェン+ベンゼン系[57]がある．Fig. C-2-1-6に示すように，この系は常圧では全率固溶系であるが，高圧下では固相での溶解度に限界を生じ，共晶点が現れる．

1) Zwolinski, B. J. (編): Selected Values of Properties of Hydrocarbons and Related Compounds (API-PR44); Selected Values of Properties of Chemical Compounds (TRC), Thermodynamic Research Center, Texas (1968～). 2) Stull, D. R. (編): JANAF Thermochemical Tables, The Thermal Research Laboratory, Michigan (1965～). 3) 蒋田 董: 粘度と熱伝導率—データの検索と計算法一, 培風館 (1975). 4) 蒋田 董・杉谷博史: 化学工学物性定数, 9 (1988) 1～43. 5) Morrero, T. R. & Mason, E. Al: J. Phys. Chem. Ref. Data, 1 (1972) 3. 6) Vargaftik, N. B.: Tables on the Thermophysical Properties of Liquids and Gases, Hemispherer Publ. Corpl (1975). 7) "International Critical Tables" などの便覧の値を平滑化した. 8) アルコール協会 編: 物性研究会総括報告書 (2001). 9) 日本機械学会 編: 伝熱工学資料, 改訂第4版, 日本機械学会 (1986). 10) Touloukian, Y. S. 編: Thermophysical Properties of Matter, Vol.11 (Viscosity), IFI/Plenum Data Corp., New York (1971～1977). 11) 主として, 日本化学会編: 化学便覧, 改定3版, 基礎編Ⅱ, 丸善 (1984) より抜粋. 12) 石川鉄弥: 混合液粘度の理論, 丸善 (1968). 13) Jamieson, D. T., Irving, J. B,, Tudhope, J. S.: Liquid Thermal Conductivity-A data survey to 1972, Her Majesty's Stationery Office, Edinburgh (1975). 14) 主として, Vergaftik, N. B.: Handbook of Physical Properties of Liquids and Gases, 2nd Ed., Hemispherer Publishing Corp., Washington (1983). 15) Gray, D. E. 編: American Institute of Physics Handbook, 3rd Ed., McGraw-Hill (1972) より抜粋. 16) Alizadeh, A. A., W. A. Wakeham: Int. J. Thermophys., 3 (1982) 307の実測値を平滑化した. 17) 蒋田 董: 熱物性, 1 (1987) 19. 18) 高橋満男・横山千昭ほか: 日本冷凍協会論文誌, 4 (1987) 187. 19) Tanaka, Y., Matsuda, Y., et al.: Int. J. Thermophys., 8 (1987) 147. 20) 山根良三: 冷凍, 60 (1985) 823. 21) 瀬戸一樹: 冷凍, 60 (1985) 802. 22) 江崎寿雄・松田潤二ほか: 60 (1985) 843. 23) 石油学会 編: 電気絶縁油ハンドブック, 講談社 (1987). 24) 化学工学協会編: 「化学工学物性定数」Vol.1～5, 丸善, Vol.6～8, 化学工業社 (1977～1987). 25) 小島和夫: プロセス設計のための相平衡, 培風館 (1977). 26) 石田清春: 相平衡, 培風館 (1981). 27) 斉藤正三郎: 統計熱力学による平衡物性推算の基礎, 補訂版, 培風館 (1983). 28) Walas, S. M.: Phase Equilibria in Chemical Engineering, Butterworth (1985). 29) 栃木勝己: 化学工学, 51, (4) (1987) 269. 30) 新田友茂: 化学工学, 51, (4) (1987) 274. 31) 平田光穂・大江修造ほか: 電子計算機による気液平衡データ, 講談社 (1975). 32) 小島和夫・栃木勝己: ASOGによる気液平衡推算法, 講談社 (1979). 33) 小島和夫・栃木勝己: ASOGおよびUNIFAC-BASICによる化学工学物性の推算, 化学工業社 (1986). 34) Sugie, H. & Adachi, Y.: Correlation of Vapor-Liquid Equilibrium Values by Means of Cubic Equation of State, Vol.1 Aqueous-Organic Systems, Baifukan, Tokyo, Japan (1986). 35) Theis, M. C. & Paulaitis, M. E.: J. Chem. Eng. Data, 31 (1986) 23, 180. 36) Schneider, G. M., Stahl, E. et al.: Extraction with Supercritical Gases, Verlag Chemie (1980). 37) Paulaitis, M. E., Penninger, T. M. L. et al. (ed.): Chemical Engineering at Supercritical Fluid Conditions, Ann Arbor Science (1983). 38) Penninger, J. M. L., (ed.): Supercritical Fluid Technology, Elsevier (1985). 39) McHugh, M. A. & Krukonis, V. J.: Supercritical Fluid Extraction, Butterworths (1986). 40) Squires, T. G. & Paulaitis, M. E.: Supercritical Fluids, ACS (1987). 41) Stahl, E. et al.: Dense Gases for Extraction and Refinement, Springer-Verlag (1988). 42) 小林 猛・安芸忠徳 編: 超臨界流体の最新利用技術, テクノシステム (1986). 43) 平田光穂・石川 矯 監修: 超臨界流体技術の理論と実際, NTS (1987). 44) 長浜邦雄・鈴木康夫 編: 最新の超臨界流体技術, 化学工学 (特集), 52 (1988) 485. 45) Schmitt, W. J. & Reid, R. C.: J. Chem. Eng. Data, 31 (1986) 204. 46) Dobbs, J. M., Wong, J. M. et al.: J. Chem. Eng. Data, 31 (1986) 303. 47) Dobbs, J. M., Wong, J. M. et at.: Ind. Eng. Chem. Res., 26 (1987) 56, 1476. 48) International Critical Tables, vol.IV McGraw-Hill, New York (1928). 49) Stephan, H. & Stephan, T.: Solubilities of Inorganic and Organic Compounds, vol.II, Pergamon Press (1964). 50) Solubility Data Series, Pergamon Press (1976～). 51) 永岡浩一: 神戸大学大学院自然科学研究科博士論文 (1988). 52) Nagaoka, K. & Makita, T.: Int. J. Thermophys., 8 (1987) 671. 53) Nagaoka, K. & Makita, T.: Int. J. Thermophys., 8 (1987) 415. 54) Nagaoka, K. & Makita, T.: Int. J. Thermophys., 9 (1988) 61. 55) Nagaoka, K. & Makita, T.: Int. J. Thermophys., 9 (1988) 535. 56) Moritoki, M. & Nishiguchi, N.: Proceedings of World Congress of Chemical Engineers, Vol.II, (1986) 968. 57) Baranowski, B. & Morotz, A.: Pol. J. Chem., 56 (1982) 379.

2.2 石油の熱物性値 (Thermophysical Properties of Oils)

2.2.1 キャラクタリゼーション
(Characterization)

(a) 沸点 (Boiling Point)

石油の平均沸点として次の5種の沸点が用いられる；①容積平均沸点（VABP；Volumetric Average Boiling Point），②分子平均沸点（MABP；Molal Average Boiling Point），③重量平均沸点（WABP；Weight Average Boiling Point），④三乗平均沸点（CABP；Cubic Average Boiling Point），⑤中位平均沸点（MeABP；Mean Average Boiling Point）＝(MABP＋CABP)/2

VABPはASTM蒸留性状より求められ，その他の平均沸点はVABPとASTMスロープよりAPIデータブックに示された図[1]を用いて算出できる．すなわち，VABPとASTMスロープは以下の式より求める．

VABP
$$= \text{ASTM D86 蒸留性状の} 10\%, 30\%, 50\%, 70\%, 90\% \text{留出温度の平均値}$$
$$= (T_{10}+T_{30}+T_{50}+T_{70}+T_{90})/5 \quad (1)$$

ASTMスロープ
$$= \text{ASTM D86 蒸留性状の} 90\% \text{留出温度と} 10\% \text{留出温度の差を} 80 \text{で割った値}$$
$$= (T_{90}-T_{10})/(90-10) \quad (2)$$

VABP, MABPおよびWABPについては(K)，(°F)いずれの単位を用いてもよい．CABPには(°R)が用いられる．MeABPの算出においてMABPとCABPは同一単位でなければならない[1]．目的とする物性値により，計算で必要な平均沸点は異なり，Table C-2-2-1にはそれらの関係の一部を示した[2]．

Table C-2-2-1 物性計算で用いられる平均沸点

平均沸点	物性
容積平均沸点(VABP)	比熱
分子平均沸点(MABP)	臨界温度
中位平均沸点(MeABP)	臨界圧力 分子量 蒸発潜熱 密度

(b) 特性係数 (Characterization Factor)

特性係数KはWatsonのK-因子としてもよく知られており，次式で定義される[3]．

$$K = T_B^{1/3}/SG \quad (3)$$

ここで，T_B (°R)はMeABPであり，SGは60/60°Fでの比重である．石油留分の比重を表す方法としてAPI度があるが，SGとAPI度には次の関係がある．

$$°API = (141.5/SG) - 131.5 \quad (4)$$

ここで°APIはAPI度である．

(c) 平均分子量 (Molecular Weight)

平均分子量を求める式はこれまでいくつか提案されている[4-6]．そのなかでもRiaziとDaubertの式[5]が一般によく用いられている．

$$MW = 4.5673 \times 10^{-5} T_b^{2.1962} SG^{-1.0164} \quad (5)$$

ここで，T_b (°R)はMeABPであり，SGは60/60°Fでの比重である．

(d) 臨界定数 (Critical Constants)

石油留分の物性計算で必要となる臨界温度，臨界圧力を求める式は，これまでいくつか提案されている[4-9]．そのなかでもRiaziとDaubertの式[5]が一般によく用いられている．

$$T_c = 24.2787 T_b^{0.58848} SG^{0.3596} \quad (6)$$
$$P_c = 3.12281 \times 10^9 T_b^{-2.3125} SG^{2.3201} \quad (7)$$

ここでT_c (°R)は臨界温度，P_c (psia)は臨界圧力である．Eq.(6)のT_b (°R)はMABP，Eq.(7)のT_b (°R)はMeABPである．

(e) 偏心係数 (Acentric Factor)

臨界定数(T_c, P_c)と対臨界温度$T_r (=T/T_c)=0.7$での蒸気圧より，偏心係数ωは次式で表される．

$$\omega = -\log P_{r(T_r=0.7)} - 1.0 \quad (8)$$

ここで，$P_r (=P/P_c)$は対臨界蒸気圧であり，Pは蒸気圧である（蒸気圧の計算法は後述）．$T_r=0.7$での蒸気圧を用いずにωを算出する式としてはEdmisterの式[10]，KeslerとLeeの式[4]などがある．Edmisterの式は次式で表される．

$$\omega = \frac{3}{7}\left(\frac{T_{b,r}}{1-T_{b,r}}\right)\log\left(\frac{P_c}{14.696}\right) - 1.0 \quad (9)$$

ここで$T_{b,r} (=T_b/T_c)$は対臨界沸点である．なお，この式において臨界圧力P_cの単位は(psi)である．Eq.(9)は非極性成分を含む石油留分に対して良い近似式である．また，KeslerとLeeの式は次式で表される．

$$\omega = -7.904 + 0.1352\,K - 0.007465\,K^2 + 8.359\,T_{b,r}$$
$$+ (1.408 - 0.01063\,K)/T_{b,r} \quad (10)$$

ここで，K は Eq.(3) で定義される特性係数であり，$T_{b,r}$ は対臨界沸点である．Eq.(10) は $T_{b,r} > 0.8$ の場合に使用できる．

(f) 流動点 (Pour Point)

石油留分の流動点を求める式としては Riazi と Daubert の式[11] がある．

$$T_p = 234.85\,SG^{2.970566}\,MW^{(0.61235-0.473575\,SG)}$$
$$\times \nu_{100}^{(0.310331-0.32834\,SG)} \quad (11)$$

ここで T_p (°R) は流動点，SG は 60/60°F での比重，MW は平均分子量，ν_{100} (cSt) は 100°F における動粘性率である．Eq.(11) は平均分子量が 140～800 の場合に適用できる．

(g) 粘度比重定数 (Viscosity-Gravity Constant)

粘度比重定数は石油の組成を表すための指数の一つであり，Hill と Coats[12] により次式で定義された．

$$VGC = \frac{10\,SG - 1.0752\,\log(\nu_{100} - 38)}{10 - \log(\nu_{100} - 38)} \quad (12)$$

$$VGC = \frac{SG - 0.24 - 0.022\,\log(\nu_{210} - 35.5)}{0.755} \quad (13)$$

ここで，VGC は粘度比重定数である．また SG は 60/60°F での比重，ν_{100}, ν_{210} はそれぞれ 100°F および 210°F でのセーボルト粘度である．Eq.(12), (13) は平均分子量 200 以上の留分にのみ適用可能である．Riazi と Daubert[13] は平均分子量 200 以下の留分に対する指数として粘度比重関数 (Viscosity-Gravity Function) を提案している．

$$VGF = -1.816 + 3.484\,SG - 0.1156\,\ln\nu_{100} \quad (14)$$
$$VGF = -1.948 + 3.535\,SG - 0.1613\,\ln\nu_{210} \quad (15)$$

ここで，VGF は粘度比重関数である．ν_{100}, ν_{210} (cSt) はそれぞれ 100, 210°F での動粘性率であり，SG は 60/60°F での比重である．

(h) 屈折率截片 (Refractivity Intercept)

屈折率截片は VGC と同様に，石油の組成を表すための指数であり Kurtz と Ward[14] により，次式で定義された．

$$R_i = n - \frac{\rho}{2} \quad (16)$$

ここで，R_i は屈折率截片であり，n は 20°C における屈折率，ρ (g/cm^3) は 20°C, 1atm での液密度である．n は次式より求めることができる．

$$n = \left(\frac{1+2I}{1-I}\right)^{1/2} \quad (17)$$

ここで，I は Hwang[13] によって提案されたパラメータであり，以下の式より求めることができる．

MW ≦ 200 の場合
$$I = 3.583 \times 10^{-3}\,T_{50}^{1.0147}\,(MW/\rho)^{-0.4787} \quad (18)$$

MW ≧ 200 の場合
$$I = 1.4 \times 10^{-3}\,T_{50}^{1.09}\,(MW/\rho)^{-0.3984} \quad (19)$$

ここで，T_{50} (°R) は 1atm における 50%留出温度であり，MW は平均分子量，ρ (g/cm^3) は 20°C, 1atm での液密度である．

(i) 相関指数 (Correlation Index)

相関指数は沸点と比重により定義される特性指数であり，次式で表される．

$$C.I. = 473.7\,SG - 456.8 + 48640/T_b \quad (20)$$

ここで，C.I. は相関指数，SG は 60/60°F での比重，T_b (K) は WABP である．

以上，石油留分に対して提案されている代表的なキャラクタリゼーションパラメータについて述べた．多種類の炭化水素化合物から構成される石油のキャラクタリゼーションの最も基本的な物性は沸点，比重，粘度などである．それらはいずれも実測することが望ましい．最近 Riazi と Daubert[15] は Eqs.(5)～(7) のタイプの推算式を発展させた 6 定数の推算式を提案している．それによると本節で取り上げたものの他に臨界体積，炭素-水素比なども求めることができ，さらに ASTM D86 蒸留性状の 50%留出温度，T_{50}, も算出可能であるので参照されたい．また石油をさらに用途別に分類した場合のガソリン，灯油，重油などの性状の推定法に関しては重永[16] の詳細な報告がある．また，世界各地で産出される代表的な原油の特性に関しては Oil and Gas Journal にシリーズとして報告されている[17]．

2.2.2. 蒸気圧 (Vapor-Pressure)

沸点範囲が 50°F 以内の留分について，その臨界温度 T_c, 臨界圧力 P_c および偏心係数 ω が求められている場合は蒸気圧 P は次の Lee と Kesler の式[18] より求められる．

$$\ln P_r = (\ln P_r)^{(o)} + \omega\,(\ln P_r)^{(1)} \quad (21)$$

ここで，P_r (=P/P_c) は対臨界蒸気圧である．$(\ln P_r)^{(o)}$, $(\ln P_r)^{(1)}$ は対臨界温度 T_r (=T/T_c) の関数として次式で表される．

$$(\ln P_r)^{(0)} = 5.92714 - 6.09648/T_r - 1.28862 \ln T_r + 0.169347 T_r^6 \quad (22)$$

$$(\ln P_r)^{(1)} = 15.2518 - 15.6875/T_r - 13.4721 \ln T_r + 0.43577 T_r^6 \quad (23)$$

Eq.(21)は極性の大きな留分には使用できず,また適用温度範囲は $T_r > 0.3$ である.

臨界定数や偏心係数などが求められていない留分については,特性係数 K と沸点 T_b より以下の式により蒸気圧を求めることができる[1].

$X > 0.022$, $P < 2$ mmHg の場合

$$\log P = \frac{3000.538 X - 6.761560}{43 X - 0.987672} \quad (24)$$

$0.0013 \leq X \leq 0.0022$, $2 \leq P \leq 760$ mmHg の場合

$$\log P = \frac{2663.129 X - 5.994296}{95.76 X - 0.972546} \quad (25)$$

$X < 0.0013$, $P > 760$ mmHg の場合

$$\log P = \frac{2770.085 X - 6.412631}{36 X - 0.989679} \quad (26)$$

ここで,P (mmHg) は蒸気圧であり,X は次式で定義される.

$$X = \frac{T_b'/T - 0.0002867 T_b'}{748.1 - 0.2145 T_b'} \quad (27)$$

温度 T の単位は (°R) である.また T_b' は $K = 12$ の場合に修正した標準沸点であり,実際の留分の標準沸点 T_b とは次のような関係にある.

$$T_b - T_b' = 2.5 f (K - 12) \log \frac{P}{760} \quad (28)$$

ここで,f は修正係数であり,蒸気圧が 760 mmHg 以上,および標準沸点が 400°F 以上の場合は f=1,標準沸点が 200°F 以下の場合は f=0,蒸気圧が 760 mmHg 以上または標準沸点が 200°F から 400°F の間にある場合は,f は次式で与えられる.

$$f = \frac{T_b - 659.7}{200} \quad (29)$$

Eqs.(24)～(29) より蒸気圧を求めるには,最初 $T_b' = T_b$ とし Eq.(27) より求まる X の値に応じて Eqs.(24)～(26) のいずれかを用いて P を求める.次に Eq.(28) より新しい T_b' を求め,前の T_b' と一致した場合には計算を終了し,異なる場合には新しい T_b' を用い計算を繰り返す.なお,f=0 または K=12 となる留分については繰返し計算は不要である.

2.2.3 密度 (Density)

石油留分の密度の計算には,一般に修正 Rackett 式[19] が用いられる.

$$\rho = (P_c/RT_c) Z_{RA}^{-(1+(1-T_r)^{2/7})} \quad (30)$$

ここで,ρ (mol/l) は密度,P_c (MPa) は臨界圧力,T_c は臨界温度 (K),R (MPa·l/(mol·K)) は気体定数である.T_r は対臨界温度であり,Z_{RA} の値はある温度での1点の密度データを用いて Eq.(30) より決定しなければならない.

加圧下の密度は次式で与えられる[1].

$$\rho_0/\rho = 1 - P/B_T \quad (31)$$

ここで,ρ_0 は温度 T,大気圧下での密度,ρ は温度 T,圧力 P (psig) における密度である.B_T は isothermal secant bulk modulus であり,次式で与えられる.

$$B_T = (mX + B_1) \quad (32)$$

ここで,m,X,B_1 はそれぞれ以下のように定義される.

$$m = 21646 + 0.0734 P + 1.4463 \times 10^{-7} P^2 \quad (33)$$

$$X = \frac{B_{20} - 100000}{23170} \quad (34)$$

$$B_1 = 1.52 \times 10^4 + 4.704 P - 2.5807 \times 10^{-5} P^2 + 1.0611 \times 10^{-10} P^3 \quad (35)$$

ここで,圧力 P の単位は (psig) であり,Eq.(34) の B_{20} は温度 T,圧力 20000 (psig) での isothermal secant bulk modulus であり,次式で与えられる.

$$\log B_{20} = -6.1 \times 10^{-4} T + 4.9547 + 0.7133 \rho_0 \quad (36)$$

ここで,温度 T,大気圧下での密度 ρ_0 の単位は (g/cc) である.ρ_0 は Eq.(30) より求めることができる.

2.2.4 比熱 (Specific Heat)

石油留分の液体の比熱は次式で与えられる[1].

$T_r \leq 0.85$ の場合

$$C_p^L = a_1 + a_2 T + a_3 T^2 \quad (37)$$

ここで

$$a_1 = -1.17126 + (0.023722 + 0.024907 \, SG)/K + (1.14982 - 0.046535 K)/SG \quad (38)$$

$$a_2 = (10^{-4})(1.0 + 0.82463 K) \times (1.12172 - 0.27634/SG) \quad (39)$$

$$a_3 = -(10^{-8})(1.0 + 0.82463 K) \times (2.9027 - 0.70958/SG) \quad (40)$$

$T_r > 0.85$ の場合

$$C_p^L = b_1 + b_2 T + b_3 T^2 - \frac{R}{MW}\left(\frac{C_p^* - C_p}{R}\right) \quad (41)$$

$$b_1 = -0.35644 + 0.02972 K + b_4(0.29502 - 0.24846/SG) \quad (42)$$

$$b_2 = -(10^{-4})[2.9247 - (1.5524 - 0.05543 K)K + b_4(6.0283 - 5.0694/SG)] \quad (43)$$

$$b_3 = (10^{-7})(1.6946 + 0.0884 b_4) \quad (44)$$

$10.0 < K < 12.8$ かつ $0.7 < SG < 0.885$ の場合

$$b_4 = [(12.8/K - 1.0)(1.0 - 10.0/K)(SG - 0.885) \times (SG - 0.7) \times 10^4]^2 \quad (45)$$

上記以外の条件の場合

$$b_4 = 0 \quad (46)$$

ここで, C_p^L (Btu/(lb・mol・°F)) は石油留分の液体の比熱であり SG は 60/60°F での比重, R (Btu/(lb・mol・°F)) は気体定数, K は特性係数, MW は平均分子量, T (°R) は温度である. Eq.(41) の右辺第4項は比熱の圧力依存性を表す項であり, Lee と Kesler の対応状態原理に基づく方法[18]により次式で与えられる.

$$\left(\frac{C_p^* - C_p}{R}\right) = \left(\frac{C_p^* - C_p}{R}\right)^{(o)} + \frac{\omega}{\omega^{(r)}} \times \left[\left(\frac{C_p^* - C_p}{R}\right)^{(r)} - \left(\frac{C_p^* - C_p}{R}\right)^{(o)}\right] \quad (47)$$

ここで, 上添字 o は偏心係数 $\omega = 0$ の基準流体を, r は参照流体の項を表し, 参照流体には $\omega^{(r)} = 0.3978$ の $n\text{-}C_8H_{18}$ が選ばれている. また C_p^* は理想気体の定圧比熱である. 各項は, 基準流体または参照流体に対する修正 BWR 式より求められる. 修正 BWR 式は次式で与えられる.

$$Z^{(i)} = P_r V_r / T_r = 1 + B\rho_r + C\rho_r^2 + D\rho_r^5 + \frac{C_4}{T_r^3}\rho_r^2[\beta + \gamma\rho_r^2]\exp(-\gamma\rho_r^2) \quad (48)$$

ここで

$$B = b_1 - b_2/T_r - b_3/T_r^2 - b_4/T_r^3 \quad (49)$$
$$C = c_1 - c_2/T_r + c_3/T_r^3 \quad (50)$$
$$D = d_1 + d_2/T_r \quad (51)$$

還元量は次式で定義される.

$$T_r = T/T_c, \quad \rho_r = 1/V_r = RT_c/(P_c V) \quad (52)$$

Table C-2-2-2 には状態式の定数の値を示した. 基準流体と参照流体の比熱の項は次式で与えられる.

Table C-2-2-2　修正 BWR 式の定数

i	基準流体 o	参照流体 r
b_1	0.1181193	0.2026579
b_2	0.265728	0.331511
b_3	0.154790	0.027655
b_4	0.030323	0.203488
c_1	0.0236744	0.0313385
c_2	0.0186984	0.0503618
c_3	0.0	0.016901
c_4	0.042724	0.041577
d_1	0.155488×10^{-4}	0.48736×10^{-4}
d_2	0.623689×10^{-4}	0.740336×10^{-5}
β	0.65392	1.226
γ	0.060167	0.03754

$$\left(\frac{C_p^* - C_p}{R}\right)^{(i)} = 1 + T_r\left(\frac{\partial P_r}{\partial T_r}\right)_{ur}^2 / \left(\frac{\partial P_r}{\partial V_r}\right)_{T_r} + \left(\frac{C_u^* - C_u}{R}\right)^{(i)} \quad (53)$$

ここで

$$\left(\frac{\partial P_r}{\partial T_r}\right)_{ur} = \frac{1}{V_r}\left\{1 + \frac{b_1 + b_3/T_r^2 + 2b_4/T_r^3}{V_r} + \frac{c_1 - 2c_3/T_r^3}{V_r^2} + \frac{d_1}{V_r^5} - \frac{2c_4}{T_r^3 V_r^2} \left[\left(\beta + \frac{\gamma}{V_r^2}\right)\exp\left(-\frac{\gamma}{V_r^2}\right)\right]\right\} \quad (54)$$

$$\left(\frac{\partial P_r}{\partial V_r}\right)_{T_r} = -\frac{T_r}{V_r^2}\left\{1 + \frac{2B}{V_r} + \frac{3C}{V_r^2} + \frac{6D}{V_r^5} + \frac{c_4}{T_r^3 V_r^2} \left[3\beta + \left\{5 - 2\left(\beta + \frac{\gamma}{V_r^2}\right)\right\}\frac{\gamma}{V_r^2}\right] \times \exp\left(-\frac{\gamma}{V_r^2}\right)\right\} \quad (55)$$

$$\left(\frac{C_u^* - C_u}{R}\right)^{(i)} = -\frac{2(b_3 + 3b_4/T_r)}{T_r^2 V_r} + \frac{3c_3}{T_r^3 V_r^2} + 6\frac{c_4}{2T_r^3 \gamma}\left\{\beta + 1 - \left(\beta + 1 + \frac{\gamma}{V_r^2}\right) \exp\left(-\frac{\gamma}{V_r^2}\right)\right\} \quad (56)$$

ここで $V_r = 1/\rho_r$ は Eq.(48) より求められる. 石油中の各留分の割合がわかっている場合は, 留分ごとに臨界定数と偏心係数を求めて比熱を計算し, それらに重量分率をかけたものの和を石油の比熱とする.

理想気体の定圧比熱は Kesler と Lee の式[4]で表される.

$$C_p^* = c_1 + c_2 T + c_3 T^2 \quad (57)$$

ここで

$$c_1 = -0.32646 + 0.02678\,K$$
$$- CF(0.084773 - 0.080809\,SG) \quad (58)$$
$$c_2 = -[1.3892 - 1.2122\,K + 0.0383\,K^2$$
$$- CF(2.1773 - 2.0826\,SG)] \times 10^{-4} \quad (59)$$
$$c_3 = -[1.5393 + CF(0.78649 - 0.70423\,SG)]$$
$$\times 10^{-7} \quad (60)$$

$10 \leq K \leq 12.8$ の場合
$$CF = [(12.8/K - 1)(10.0/K - 1) \times 100]^2 \quad (61)$$

$K < 10$ または $K > 12.8$ の場合
$$CF = 0 \quad (62)$$

ここで C_p^* (Btu/(lb·°F)) は理想気体の定圧比熱であり, K は特性因子, SG は 60/60°F での比重である. Eq.(57) は 0～1200°F で使用できる.

2.2.5 エンタルピー (Enthalpy)

エンタルピーの計算において, 基準状態の取り方には, ① $T = 0\,K$ における化合物の理想気体状態, ② 200°F での化合物の飽和液体, ③ $T = 0\,K$ での元素の理想気体状態, の三つの方法がある. 石油留分のエンタルピーの計算では一般に ② の基準状態がとられ, 以下の式が用いられる.

$T_r \leq 0.8$ および $P_r \leq 1.0$ の液体領域
$$H_L = A_1(T - 259.7) + A_2(T^2 - 259.7^2)$$
$$+ A_3(T^3 - 259.7^3) \quad (63)$$

ここで
$$A_1 = 10^{-3}[-1171.26 + (23.722 + 24.907\,SG)K$$
$$+ (1149.82 - 46.535\,K)/SG] \quad (64)$$
$$A_2 = 10^{-6}[(1.0 + 0.82463\,K)$$
$$(56.086 - 13.817/SG)] \quad (65)$$
$$A_3 = -10^{-9}[(1.0 + 0.82463\,K)$$
$$(9.6757 - 2.3653/SG)] \quad (66)$$

気体領域および $T_r > 0.8$ または $P_r > 1.0$ での液体領域
$$H = H_L^* + B_1[T - 0.8\,T_c] + B_2[T^2 - 0.64\,T_c^2]$$
$$+ B_3[T^3 - 0.512\,T_c^3]$$
$$+ \frac{RT_c}{MW}\left[4.507 + 5.266\,\omega - \left(\frac{H^* - H}{RT_c}\right)\right] \quad (67)$$

ここで
$$B_1 = 10^{-3}[-356.44 + 29.72\,K$$
$$+ B_4(295.02 - 248.46/SG)] \quad (68)$$
$$B_2 = 10^{-6}[-146.24 + (77.62 - 2.772\,K)$$
$$- B_4(301.42 - 253.87/SG)] \quad (69)$$

$$B_3 = 10^{-9}[-56.487 - 2.95\,B_4] \quad (70)$$

$10.0 < K < 12.8$ かつ $0.7 < SG < 0.885$ の場合
$$B_4 = [(12.8/K - 1.0)(1.0 - 10.0/K)(SG - 0.885)$$
$$\times (SG - 0.7) \times 10^4]^2 \quad (71)$$

上記以外の条件の場合
$$B_4 = 0 \quad (72)$$

ここで, エンタルピー H の単位は (Btu/lb) である. Eq.(67) の右辺第 1 項の H_L^* は Eq.(63) における $T_r = 0.8$ での飽和液体のエンタルピーである. また $(H^* - H)/RT_c$ は Lee と Kesler の対応状態原理[18]より求められる.

$$\left(\frac{H^* - H}{RT_c}\right) = \left(\frac{H^* - H}{RT_{c,o}}\right)^{(o)} + \frac{\omega}{\omega^{(r)}}\left[\left(\frac{H^* - H}{RT_{c,r}}\right)^{(r)}\right.$$
$$\left. - \left(\frac{H^* - H}{RT_{c,o}}\right)^{(o)}\right] \quad (73)$$

基準流体, 参照流体の定義は比熱の場合と同一である. 各流体のエンタルピーは次式で与えられる.

$$\left(\frac{H^* - H}{RT_{c,i}}\right)^{(i)} = -T_r\left[Z^{(i)} - 1\right.$$
$$- \frac{b_2 + 2b_3/T_r + 3b_4/T_r^2}{T_r V_r}$$
$$\left. - \frac{c_2 - 3c_3/T_r^2}{2T_r V_r^2} + \frac{d_2}{5T_r V_r^5} + 3E\right] \quad (74)$$

ここで
$$E = \frac{c_4}{2T_r^3 \gamma}\left[\beta + 1 - \left(\beta + 1 + \frac{\gamma}{V_r^2}\right)\exp\left(-\frac{\gamma}{V_r^2}\right)\right] \quad (75)$$

Eq.(74) 中の $Z^{(i)}$ は Eq.(48) の修正 BWR 式より求まる基準流体 (o) または参照流体 (r) の圧縮係数である.

理想気体のエンタルピーは Eq.(57) の理想気体の定圧比熱を温度で積分することにより求められる.

$$H^* - H_0^* = \int_0^T C_p^* dT \quad (76)$$

ここで, H_0^* は $T = 0\,K$ における理想気体のエンタルピーである. 基準状態を変えた場合には API データブック[1]や Edmister[20]が示している方法によりエンタルピーの値を換算しなければならない.

2.2.6 粘性率 (Viscosity)

石油留分の 100°F と 210°F における液体の粘性率は Abbott らの式[21]より求められる.

$$\log \nu = a_0 + a_1 K + a_2(°API) + a_3 K^2 + a_4(°API)^2$$
$$+ a_5 K(°API)$$
$$+ \frac{b_1 K + b_2(°API) + b_3 K^2 + b_4(°API)^2 + b_5 K(°API)}{c_0 + c_1 K + (°API)}$$
$$(77)$$

ここで，$\nu(=\mu/\rho)$ は動粘性率（cSt）である．Eq.(77) の定数の値を Table C-2-2-3 に示した．Eq.(77) の適用範囲は 100°F では 0.5～200 cSt，210°F では 0.3～40 cSt である．100°F と 210°F 以外の温度での動粘性率は ASTM 動粘性率-温度チャート上に 100°F と 210°F の2点の粘性率値を直線で結び，この直線上の値として読みとることができる．

加圧下での流体の粘性率は次式で与えられる[22]．
$$\log \frac{\mu}{\mu_0} = \frac{P - 14.696}{1000}(0.0239 + 0.01638\mu_0^{0.278})$$
$$(78)$$

ここで，μ（cP）は温度 T，圧力 P（psi）での粘性率．μ_0（cP）は温度 T，大気圧下での粘性率である．Eq.(78) は温度 425°F，圧力 5000 psi までの領域で使用できる．

Table C-2-2-3 Eq.(77) の定数

	100°F	210°F
a_0	4.39371	−0.463634
a_1	−1.94733	0.0
a_2	0.0	−0.166532
a_3	0.127690	0.0
a_4	3.26290×10^{-4}	5.13447×10^{-4}
a_5	-1.18246×10^{-2}	-8.48995×10^{-3}
b_1	0.0	8.03250×10^{-2}
b_2	10.9943	1.24899
b_3	0.171617	0.0
b_4	9.50663×10^{-2}	0.197680
b_5	−0.860218	0.0
c_0	50.3642	26.786
c_1	−4.78231	−2.6296

できる．

2.2.7 表面張力 (Surface Tension)

石油留分の表面張力は次式で表される[1]．
$$\delta = 673.7[(T_c - T)/T_c]^{1.232}/K \quad (79)$$

ここで，δ（dyn/cm）は表面張力，T_c（°R）は臨界温度，K は特性係数である．Eq.(79) は 500 psi 以下の圧力域で使用できる．

2.2.8 熱伝導率 (Thermal Conductivity)

Riazi と Faghri[23] は 100°F から 650°F の間の沸点留分に対する熱伝導率式として次式を提案している．
$$k = 10^{-4}(4.3 T_b^{0.7534} SG^{0.578}$$
$$- 111.47 T_b^{0.2983} SG^{0.0094})(T/300) + 111.47$$
$$\times 10^{-4} T_b^{0.2983} SG^{0.0094}) \quad (80)$$

ここで，k（Btu/(h·ft°F)）は熱伝導率，T_b（°F）は沸点，SG は 60/60°F での比重である．Eq.(80) は凝固点から標準沸点までの温度域において 20 atm 以下の圧力域で使用できる．

2.2.9 発熱量 (Heat of Combustion)

蒸留成分の総発熱量は次式で与えられる[1]．
$$Qu = 8505.4 + 846.81 K + 114.92(°API)$$
$$+ 0.12186(°API)^2 - 9.9510 K(°API)$$
$$+ 91.23(\% H) \quad (81)$$

ここで，Qu（Btu/lb）は総発熱量，K は特性係数，°API は API 度，% H（重量%）は水素含有率である．残渣分については次式が成立する．
$$Qu = 47.47(°API) + 16690 + 91.23(\% H)$$
$$(82)$$

全ての液体燃料の補正した総発熱量は次式で与えられる．

---

1) American Petroleum Institute Technical Data Book-Petroleum Refining, 4th Ed. American Petroleum Institute ; Washinton, DC (1983). 2) van Winkle, M. : Pet. Ref., **34**, 6 (1955) 136. 3) Watson, K. M., Nelson, E. f. et al. : Ind. Eng. Chem., **27**, 12 (1935) 1460. 4) Kesler, M. G. & Lee, B. I. : Hydrocarbon Process., **55**, 3 (1976) 153. 5) Riazi, M. R. & Daubert, T. E. : Hydrocarbon Process., **59**, 3 (1980) 115. 6) Lin, H. M. & Chao, K. C. : AIChE J., **30**, 6 (1984) 981. 7) Nokay, R. : Chem. Eng., **66**, 4 (1959) 147. 8) Cavett, R. H. : API Proc., Division of Refining, **42**, 3 (1962) 351. 9) Twu, C. H. : Fluid Phase Equilib., **16**, 2 (1984) 137. 10) Edmister, W. C. : Pet. Ref., **37**, 4 (1958) 173. 11) Riazi, M. R. & Daubert, T. E. : Hydrocarbon Process., **66**, 9 (1987) 81. 12) Hill, J. B. & Coats, H. B. : Ind. Eng. Chem., **20**, (1928) 641. 13) Riazi, M. R. & Daubert, T. E. : Ind. Eng. Chem. Process Des. Dev., **19**, 2 (1980) 289. 14) Kurtz, S. S., Jr. & Ward, A. L. : J. Franklin Inst., **222**, (1936) 563. 15) Riazi, M. R. & Daubert, T. E. : Ind. Eng. Chem. Res., **26**, 4 (1987) 755. 16) 重永晴俊：PETROTECH, **9**, 4 (1986) 321 ; **9**, 5 (1986) 430 ; **9**, 6 (1986) 512 ; **9**, 7 (1986) 627. 17) Oil & Gas Journal, Mar. 29 (1976) 98 ; Apr. 12 (1976) 72 ; Apr, 26 (1976) 112 ; May 10 (1976) 85 ; May 24 (1976) 80 ; June 7 (1976) 139 ; June 21 (1976) 144 ; July 5 (1976) 98. 18) Lee, B. I. & Kesler, M. G. : AIChE J., **21**, 3 (1975) 510. 19) Rackett, H. G. : J. Chem. Eng. Data, **15**, 4 (1970) 514. 20) Edmister, W. C. : Applied Hydrocarbon Thermodynamics vol.2, Gulf Publishing Company (1988) 98. 21) Abbott, M. M., Kaufmann, T. G. & Domash, L. : Can. J. Chem. Eng., **49**, 3 (1971) 379. 22) Kouzel, B. : Hydrocarbon Process., **44**, 3 (1965) 120. 23) Riazi, M. R. & Faghri, A. : Ind. Eng. Chem. Process Des. Dev., **24**, 2 (1985) 398.

$$Q = Qu - 0.01\,Qu\,(\%\,H_2O + \%\,Ash + \%\,S)$$
$$+ 40.5\,(\%\,S) \qquad (83)$$

ここで, Q (Btu/lb) は補正した総発熱量, $\%\,H_2O$ (重量%) は水の含有率, $\%\,Ash$ (重量%) は灰分の含有率, $\%\,S$ (重量%) はイオウの含有率である.

すべての液体燃料の総発熱量から水の潜熱を除外した真発熱量は次式で与えられる.

$$\varDelta Hu = Qu - 91.23\,(\%\,H) \qquad (84)$$

ここで, $\varDelta Hu$ (Btu/lb) は真発熱量である.

また, 補正した真発熱量は次式で与えられる.

$$\varDelta H = \varDelta Hu - 0.01\,\varDelta Hu\,(\%\,H_2O + \%\,Ash + \%\,S)$$
$$+ 40.5\,(\%\,S) - 10.53\,(\%\,H_2O) \qquad (85)$$

ここで, $\varDelta H$ (Btu/lb) は補正した真発熱量である. 水素含有率は, 炭素水素比 C/H を用いて次式で定義される.

$$\%\,H = \frac{100.0 - (\%\,H_2O + \%\,Ash + \%\,S)}{C/H + 1.0}$$
$$(86)$$

2.3 石炭の熱物性値 (Thermophysical Properties of Coals)

2.3.1 石炭 (Coal)

(a) 密度 (Density)

石炭中の炭素 C, 水素 H, 酸素 O (= 100-C-H-N-S-Ash), 硫黄 S および灰分 Ash の分析値 (wt%) から66種の石炭の密度は次式で計算される (室温, 標準偏差 13 kg/m³).

$$\rho\,(\times 10^3\,kg/m^3) = 0.01556\,C - 0.04117\,H$$
$$+ 0.02247\,O + 0.02049\,S$$
$$+ 0.0208\,Ash^{1)}$$

(b) 比熱 (Specific Heat)

(1) 微粉炭:揮発分 4.36-37.84 wt%, 灰分 2.63-9.3 wt% の範囲の 10 種の石炭 (0.25 mm 以下の粒子の充填) における平均から 20～1,000℃の範囲であれば, 10%以下の誤差で石炭層の比熱 (kJ/(kg·K)) は計算される[2].

灰 ; $c_a = 0.795 + 5.07 \times 10^{-4} t - 13.40 \times 10^{-8} t^2$
真 ; $c_s = 0.837 + 14.82 \times 10^{-4} t - 4.40 \times 10^{-7} t^2$
コークス中の有機成分 ; $c_c = \{c_s - c_a Ash\}/(1 - Ash)$

ここに c_s は各温度迄加熱された後, 4時間保持し所要の熱分解反応を終了した石炭・コークスから得られた比熱であり, t は温度 (℃) である.

また灰分の c に与える影響は充分解析されたとは言いがたいが[3], 次式のように灰分を考慮できる.

20℃ ; $c_s = 1.323 - 0.0065\,Ash$
500 ; $1.767 + 0.01021\,Ash$
900 ; $1.821 - 0.01025\,Ash$

揮発分の見掛けの c_{app} に与える影響は高温で複雑な変化をするため, 低温のみ (0～250℃) で提案され

Table C-2-3-1 供試石炭の分析値 (Ultimate and proximate analysis of coal)

試料炭	Pittsburgh		
揮発分 VM	固定炭素 FC	灰分 Ash	発熱量 (kJ/kg)
36.6	53.2	7.8	3.46×10⁴
水素 H	炭素 C	窒素 N	酸素 O	硫黄 S
5.1	75.8	1.5	8.2	1.6

Table C-2-3-2 塊状炭の比熱 (Specific heat of lump coal)

t (℃)	生炭		予熱炭 (℃)				
	未乾燥	乾燥	350	475	625	650	850
30	0.86	0.85	1.05	1.06	1.05	1.01	0.87
65	0.92	0.92					
100	1.22	0.99	1.30	1.19	1.15		
125	1.66						
150	1.58	1.06		1.28			
180	1.44						
200	1.36	1.13	1.60	1.38	1.25	1.20	1.12
240	1.18						
250	1.19	1.21		1.48			
300			2.10	1.59	1.37	1.33	1.27
350				1.70			
400				1.83	1.50	1.46	1.43
450				1.92			
500				1.66			
600					1.86	1.83	1.75
800						2.22	

Table C-2-3-3 石炭のエンタルピーおよびエントロピー（Enthalpy and entropy of coal）

	比熱 c (kJ/(kg·K))	エンタルピー H (kJ/kg)	エントロピー S (kJ/(kmol·K))
石炭およびチャー	$c_p = FC \cdot c_f + VM_1 c_{v1} + VM_2 c_{v2}$ $c_f = -0.218 + 3.807 \times 10^{-3} T$ $\quad -1.758 \times 10^{-6} T^2$ $c_{v1} = 0.728 + 3.391 \times 10^{-3} T$ $c_{v2} = 2.273 + 2.554 \times 10^{-3} T$ FC；固定炭素 VM1；低温で熱分解する揮発分 　（>10%） VM2；高温で熱分解する揮発分 　（=10%, 全揮発分VM>10% 　=VM, VM≦10%） T；(K)	$H = H^\circ + \int c_p dT$ $H^\circ = -\Delta H^\circ + \eta_c H^\circ_{CO2} + \eta_s H^\circ_{SO2}$ $\quad +0.5 \eta_H H^\circ_{H2O}$ $\Delta H^\circ = \{152190.0 \mu_H / sum1$ $\quad +98766.6\}\{\mu_C/3 + \mu_H$ $\quad -(\mu_O - \mu_S)/8\}/sum2$ $\mu_C, \mu_H, \mu_O, \mu_S$；質量分率 sum1；C+H+O+N+Sの質量分率 sum2；C+H+O+N+S+灰分+水分 　の質量分率 η_C, η_S, η_H；C, S, Hのモル分率 8.49%の誤差	$S = S^\circ + \int (c_p/T) dT$ $S^\circ = a_1 + a_2 \exp\{-a_3(H/(C+N)\}$ $\quad +a_4(O/(C+N)) + a_5(N/(C+N))$ $\quad +a_6(S/(C+N))$ $a_1 = 37.1653, a_2 = -31.4767$ $a_3 = 0.564682, a_4 = 20.1145$ $a_5 = 54.3111, a_6 = 44.6712$ c_pは炭素としてkmol当りの算出であり8.55%の誤差
タール	$c_t = 4.22 \times 10^{-3} T$	$H = H^\circ + \int c_t dT$ $H^\circ = -\Delta H^\circ + \eta_C H^\circ_{CO2} + \eta_s H^\circ_{SO2}$ $\quad +0.5 \eta_H H^\circ_{H2O}$ $\Delta H^\circ = 30,980$ kJ/kg tar	$S = S^\circ + \int (c_t/T) dT$ $S^\circ = a_1 + a_2 \exp\{-a_3(H/(C+N)\}$ $\quad +a_4(O/(C+N)) + a_5(N/(C+N))$ $\quad +a_6(S/(C+N))$
灰分	$c_A = 0.594 + 5.86 \times 10^{-4} T$	$H = H^\circ + \int c_A dT$ $\Delta H^\circ = -940.9$ kJ/kmol Ash Ashの平均分子量76.0kg/kmol	$S = S^\circ + \int (c_A/T) dT$ $S^\circ = 54.0$ kJ/(kmol K)

ている[4]．ここに**VM**は（wt%/100）なる単位を持つ．

$c_{app} = 0.837 + 0.00628 VM + 0.00368 t$

(2) 塊状炭 c (kJ/(kg·K))[5]：約75mm角の石炭塊（Table C-2-3-1）により測定された固体の c の例を Table C-2-3-2 に示す．石炭は生炭, 乾燥炭および 350, 475, 500, 650, 850℃で5時間加熱した予熱炭の測定値である．

(c) **エンタルピーおよびエントロピー**（Enthalpy and Entropy）[6]

石炭のエンタルピーとエントロピーは元素組成に基づく燃焼熱から算出する方法と原子団寄与を考慮した推算法の2者がある．本書では前者を採り上げ，Table C-2-3-3 に示した．

(d) **熱伝導率**（Thermal Conductivity）

(1) 微粉炭：充填密度850kg/m³, 加熱速度3K/min, 1.65mm以下の11種類の石炭層（C；76.2～91.3 wt%）の有効熱伝導率は, 単味炭と2種配合炭について次式で整理される[7]．

$\lambda_{eff} = \lambda_c \exp\{A(T - T_c)\}$ (W/(m·K))
$\lambda_c = 3.11 \times 10^{-2} Ro + 0.147$ (W/(m·K))
$A(T < T_c) = 5.88 \times 10^{-4} Ro + 6.88 \times 10^{-4}$ (K^{-1})
$A(T > T_c) = 5.53 \times 10^{-4} Ro + 3.32 \times 10^{-3}$ (K^{-1})
$T_c = 71.3 Ro + 668$ (K)

Ro；ビトリニットの最大平均反射率（-）

(2) 塊状炭[5]：石炭は Table C-2-3-1 に記述した炭種であり，∥は層状に形成された石炭を垂直に加熱した場合，=は並行に加熱した場合であり, 結果を Table C-2-3-4 に示す．

(e) **有効熱拡散率**（Effective Thermal Diffusivity）

Table C-2-3-5 に1.65mm以下の石炭粒子層による結果[8]を示す．

$\alpha_{eff} = \begin{cases} \alpha_{c1} \exp\{A_1(T - T_{c1})/T_{c1}\} \\ \quad 適用温度範囲；450 < T < T_{c1} \\ \alpha_{c1}(\alpha_{c2}/\alpha_{c1})(T - T_{c1})/(T_{c2} - T_{c1}) \\ \quad ; T_{c1} < T < T_{c2} \\ \alpha_{c2} \exp\{A_2(T - T_{c2})/T_{c2}\} \\ \quad ; T_{c2} < T < 1100 (K) \end{cases}$

Table C-2-3-5中におけるFCは固定炭素分であり，T_sは軟化温度，T_{MF}は最高流動度を示す温度，T_{rs}は再固化温度，ρ_{app}は充填密度である．σは標準偏差である．

Table C-2-3-4 塊状炭の熱伝導率 (Thermal conductivity of lump coal)

t	生炭		予熱炭									
			350℃		475℃	500℃	625℃		650℃		850℃	
(℃)	=	∥	=	∥	∥	=	=	∥	=	∥	=	∥
50	0.196	0.214	0.14	0.20	0.125	0.137	0.21	0.29	0.31		0.74	0.76
150	0.192	0.213	0.17	0.22		0.154		0.35	0.36			
200						0.18		0.30				
250	0.190	0.212	0.19	0.24		0.172		0.40	0.41		0.92	0.95
350			0.21	0.25		0.186		0.45	0.46		1.05	1.09
400						0.26		0.42				
475						0.28						
500						0.29						
520						0.215		0.52	0.52		1.19	1.24
600						0.45		0.54				
650						0.54					1.38	1.45
775						1.10						
800							1.25				1.60	1.74

Table C-2-3-5 石炭の有効熱拡散率 (Effective Thermal diffusivity of coal)

石炭種	Hongey	Itmann	Goony-ella	Zhao-zhong	Hunter-Valley
FC	82.8	75.0	66.3	57.8	56.5
Ts	—	703	680	667	676
TMF	—	757	733	715	707
Trs	—	773	771	749	727
ρapp	880	840	841	850	851
αc1×10⁶	1.24	1.07	0.858	0.872	1.02
αc2×10⁶	—	1.71	2.53	1.69	1.90
θc1	757	731	676	692	704
θc2	—	796	782	779	798
A1×10²	9.56	-1.64	-7.29	-3.29	12.2
A2	2.93	4.27	3.23	4.07	3.32
σ	0.0049	0.0018	0.0424	0.0030	0.0089

(f) 発熱量 (Calorific Value)[9]

$$Q(kJ/kg) = 339.2C + 1324.3H - 125.29O + 100.16S - 14.64 Ash$$

ここにC, H, O, S, Ashは元素分析および工業分析による値 (wt%) であり,泥炭から無煙炭までの120種類の石炭について相関した.

2.3.2 液化 (Liquefaction)[9,10]

石炭を液化した後,Table C-2-3-6のように2.8～14.4 (K) の沸点範囲で分別蒸留留分について各熱物性値が提出されている.

(a) 臨界温度 T_c,臨界圧力 P_c および偏心係数 ω (Critical Temperature, Critical Pressure and Acentric Factor)

$$\log_{10} T_c = 1.1569 + 0.38882 \log_{10} SG + 0.66709 \log_{10} T_b$$

$$\log_{10} P_c = 2.22066 - 0.05445 K_w + 3.12579 (1 - T_{rb})$$

$$\omega = \{\ln(101.325/P_o) - f_o\}/f_1$$

$$f_o = 5.92714 - 6.09648/T_{rb} - 1.28862 \ln T_{rb} + 0.169347 T_{rb}^6$$

$$f_1 = 15.2518 - 15.6875/T_{rb} - 13.4721 \ln T_{rb}$$

臨界圧縮係数

$$Z_c = 1/(3.41 + 1.28\omega) + 0.43577 T_{rb}^6$$

ここに,T_b;沸点 (K),T_{rb};T_b/T_c,SG;288.7 Kにおける比重,K_w;$(1.8T_b)^{1/3}/SG$.

(b) 分子量 (Molecular Weight) (Mw (g))

$$\ln Mw = -8.7031 + 2.1962 \ln T_b - 1.0164 \ln SG$$

最大誤差 14.59%

(c) 蒸気圧 (Vapor Pressure) (Table C-2-3-7)

$$\ln P_r^0 = f_o + \omega f_1$$

$$f_o = 5.671485 - 5.809839/T_r - 0.867513 \ln T_r + 0.1383536 T_r^6$$

$$f_1 = 12.439604 - 12.755971/T_r - 9.654169 \ln T_r + 0.316367 T_r^6$$

相関値と実験値 (4HC-A, 6HC, 7HC-B, 10HC-B, 15HC-B) との比較の誤差は,最大で8.6%

(d) 比重および密度 (Specific Gravity and Density)

(1) 比重

$$SG = ax^4 + bx^2 + c/x + dx + e$$

沸点範囲 (= $1.8 T_b$);579.17～858.08 (K)
a = -34.13500093,b = 177.53590305
c = -24.67102215,d = -251.30502660
e = 133.14141832,T_b;50 wt%蒸発した温度
x = $T_b/555.6$
平均誤差 = 0.765%

Table C-2-3-6 蒸留分別された石炭液化油の特性（Characterization of narrow boiling coal liquid fractions）

区分け	cut point(K) 初期T	終了T	比重(288.7K) (-)	分子量 (g/mol)	沸点 (K)	蒸発潜熱 (kJ/kg)	臨界温度 (K)	臨界圧 (MPa)	ω (-)	Z_c (-)
1			0.7256	82.2	340		508		0.2513	0.2680
2			0.7538	97.0	372		549		0.2884	0.2646
3			0.7685	107.4	394		574		0.3129	0.2624
4			0.8106	111.7	410		602		0.3196	0.2618
4HC-A	405.4	410.9	0.8160	110	409.5	295.2	608.9	3.302	0.331	
5			0.8968	117.8	440		656		0.3228	0.2616
5HC	433.2	438.7	0.8827	116	433.2	313.0	645.7	3.509	0.342	
6			0.9540	127.6	469		701		0.3352	0.2605
6HC	464.3	469.8	0.9507	127	467.6	322.5	685.6	3.585	0.415	
7			0.9623	141.5	493		728		0.3634	0.2581
7HC-B	490.9	494.8	0.9672	140	492.6	317.6	720.0	3.523	0.426	
8			0.9775	159.8	525		763		0.3975	0.2552
8HC	520.9	525.4	0.9718	158	519.8	281.9	748.5	3.240	0.455	
9			0.9778	175.4	548		785		0.4272	0.2527
10			0.9996	189.8	518		816		0.4492	0.2509
10HC-B	570.4	573.2	1.0021	188	572.0	253.5	811.1	2.792	0.478	
11			1.0407	213.4	615		869		0.4815	0.2484
11HC	609.8	623.2	1.0359	212	612.6	269.8	862.8	2.896	0.531	
12			1.0813	232.2	650		916		0.5032	0.2467
13			1.0906	247.0	671		938		0.5245	0.2450
15			1.0835	225.2	642		908		0.4914	0.2476
15HC-B	629.3	640.9	1.0830	218	632.0	250.3	894.4	2.868	0.500	
16			1.1018	248.1	676		947		0.5236	0.2451
16HC	650.9	668.7	1.0910	237	658.7	243.8	919.4	2.854	0.575	
17HC	697.3	704.8	1.1204	258	692.6	244.5	958.3	2.730	0.605	
18HC-B	745.9	754.3	1.1760	285	741.5	210.6	1030.6	2.675	0.568	

$SG = ax^4 + b/x + cx + d$

沸点範囲（$=1.8T_b$）；858.08〜1428.67（K）

$a = 1.75997628$, $b = -4.48666492$

$c = -0.57279400$, $d = 4.29392919$

$e = 133.14141832$　　平均誤差 = 0.457 %

（2）密度

$\rho_r = 0.28412^{-(1-T_r)^{2/7}}$

$\rho_r = \rho/\rho_c$, $T_r = T/T_c$　　最大誤差 3.83 %

なお，臨界密度 ρ_c の例を Table C-2-3-8 に示した．

（e）比熱（Specific Heat）（kJ/(kg·K)）

上式よりも一般的には次式が用いられる（Table C-2-3-9）．

$c_p = (1.947 + 0.1825 K_w)\{0.4949 - 0.02479 SG + (0.8117 - 0.3672 SG)(1.8t + 32)\times 10^{-3}\}$

t；℃　　　　　　　最大誤差 6.14 %

$c_p = A + BT$　　　　平均誤差 4.3 %

cut	2	4	6	8
A	0.4571	0.4511	0.4228	0.4251
$B \times 10^3$	0.5081	0.4878	0.4140	0.4094
cut	10	12	15	
A	0.4263	0.4169	0.4165	
$B \times 10^3$	0.4039	0.3699	0.3702	

（f）蒸発潜熱（Heat of Vaporization）

標準沸点における蒸発潜熱；

$\Delta H_{VNBP} = 0.08894 T_b - 1.5$ (kJ/mol)

　　　　　最大偏差 8.20 %，平均偏差 3.80 %

蒸発潜熱；

$\Delta H_{VT} = \Delta H_{VNBP}\{(T_c - T)/(T_c - T_b)\}$ (kJ/mol)

　　　　　最大偏差 16.06 %，平均偏差 3.23 %

Table C-2-3-10 に（kJ/kg）の単位でその例を示した．

2.3 石炭の熱物性値

Table C-2-3-7 石炭液化油の蒸気圧 (Vapor pressure of narrow boiling coal liquid fractions)

cut 4HC-A		6HC		7HC-B		10HC-B		15HC-B	HC-B
T(K)	P(kPa)	T	P	T	P	T	P	P	P
324.8	5.17	267.1	3.31	395.4	4.69	466.2	6.21		
339.0	9.65	395.4	10.00	423.7	13.79	480.4	9.79		
367.0	28.27	423.7	28.89	452.0	34.54	508.9	22.75	4.83	
395.4	68.88	452.0	67.57	480.4	75.43	537.5	47.50	11.72	
423.7	146.17	480.4	139.27	508.9	146.86	561.2		23.72	
452.0	284.75	508.9	262.69	537.5	269.58	566.1	90.32	25.44	
480.4	496.42	537.5	453.68	561.2	429.54	589.3	144.79	41.58	4.48
508.9	815.65	561.2	693.61	566.1	452.99	594.8		49.30	
533.1	1187.28	566.1	740.50	589.3	673.62	617.5	236.49	72.05	8.89
537.5	1266.57	589.3	1045.25	617.5	985.26	645.6	378.52	121.40	15.79
561.2	1713.35	617.5	1559.59	645.6	1447.90	673.9	559.16	210.29	31.51
589.3	2564.85	645.6	2206.32	673.9	2068.43	702.3	823.23	314.40	49.92
603.4	3109.54	673.9	3161.25	702.3	2819.96	730.6	1163.83	465.40	86.18
608.9	3301.90	682.4	3385.33	720.0	3523.22	759.0	1651.29	717.05	130.31
		685.5	3585.27			787.5	2381.45	1112.12	189.61

Table C-2-3-8 液化油の臨界密度 (Critical pressure of coal liquid)

cut	1	2	3	4	5
ρ_c	0.2657	0.2701	0.2722	0.2840	0.3087
cut	6	7	8	9	10
ρ_c	0.3240	0.3244	0.3266	0.3250	0.3301
cut	11	12	13	15	16
ρ_c	0.3403	0.3509	0.3527	0.3520	0.3559

Table C-2-3-9 液化油の比熱 (Heat capacity of coal liquid)

T	cut number						
(K)	2	4	6	8	10	12	15
298	1.91	2.04	1.98	1.91	1.75	1.70	1.74
323	2.02	2.13	2.08	1.98	1.84	1.77	1.81
348	2.12	2.22	2.18	2.06	1.93	1.84	1.90
373	2.23	2.30	2.28	2.15	2.02	1.91	1.98
398	2.37	2.40	2.32	2.23	2.11	1.98	2.05
423	2.47	2.52	2.43	2.32	2.21	2.06	2.12
448		2.60	2.53	2.42	2.31	2.13	2.19
473		2.74	2.64	2.52	2.42	2.22	2.26
498				2.62	2.54	2.30	2.31
523				2.75	2.67	2.41	2.34
548					2.80	2.51	2.41
573						2.64	2.55
598						2.80	2.74

(g) 熱伝導率 (Thermal Conductivity)
(Table C-2-3-11)

$$\lambda = 0.03530133 + 0.01493397(1+Xo)^{2.7}$$
$$\{1+(20/3)(1-T_r)^{2/3}\} \; (W/(m\cdot K))$$

Xo；酸素分率 (wt%)　　最大誤差 5.26%

(h) 粘性率 (Viscosity) (Table C-2-3-12)

$$\ln(\mu/\rho^{0.5}) = f_1 + \omega f_2 \; (mPa\cdot s)$$
$$f_1 = -5.18047731 + 0.645783\alpha + 0.10242859\alpha^2$$
$$f_2 = 0.498864\alpha + 2.35529377\alpha^2$$
$$\alpha = (1-T_r)/T_r$$

最大 48.63% 誤差

Table C-2-3-10 液化油の蒸発潜熱 (Heat of vaporization of coal liquid)

T (K)	4 HC-A	6HC	7 HC-B	10 HC-B	15 HC-B	18 HC-B
366.5	332.6					
422.0	284.5	341.4				
449.8			351.4			
477.6	247.3	319.6	325.5			
533.2	192.0	278.6	288.7	277.4		
588.7	144.2	229.3	236.8	236.8	265.7	
644.3		151.9	179.1	212.5	230.5	
672.0		102.1				
699.8			107.1	175.7	222.6	220.1
755.4				128.0	196.6	207.5

Table C-2-3-11 液化油の熱伝導率 (Thermal conductivity of coal liquid)

T(K)	cut2	T(K)	cut4	T(K)	cut6
302.09	0.1167	301.98	0.1199	305.65	0.1369
347.87	0.1002	348.21	0.1092	347.59	0.1292
395.54	0.0953	395.48	0.1003	386.59	0.1225
438.93	0.0877	440.15	0.0906	428.93	0.1141
475.43	0.0813	481.65	0.0854	476.71	0.1045
510.43	0.0751	510.54	0.0830	510.54	0.1005

T(K)	cut8	T(K)	cut12	T(K)	cut16
301.71	0.1293	298.37	0.1287	298.32	0.1334
348.98	0.1219	344.71	0.1254	345.93	0.1296
394.76	0.1163	398.37	0.1198	396.54	0.1237
430.65	0.1117	428.65	0.1186	440.76	0.1210
473.98	0.1061	464.87	0.1154	469.59	0.1130
511.09	0.1013	512.15	0.1106	511.65	0.1118

Table C-2-3-12 液化油の粘性率 (Viscosity of coal liquid)

T(K)	cut2	T(K)	cut4	T(K)	cut6
295.54	0.5999	295.04	0.7503	295.76	3.4439
341.09	0.3745	341.48	0.4455	341.54	1.3057
382.76	0.2523	381.59	0.3126	381.87	0.7084
421.32	0.2080	421.43	0.2461	423.43	0.4587
				465.09	0.3135
				501.98	0.2378

T(K)	cut8	T(K)	cut10	T(K)	cut12
295.76	7.7350	341.43	3.1902	342.65	21.0070
343.21	2.2782	381.87	1.5161	346.82	17.0390
380.37	1.2294	422.15	0.8941	426.26	2.0987
422.09	0.7467	462.82	0.5798	464.48	1.2207
456.87	0.5427	500.21	0.4076	506.93	0.7512
503.71	0.3870				

(i) 表面張力 (Surface Tension)
(Table C-2-3-13)

$$\sigma = 0.4282(1-T_r)^{0.738} \text{ (N/m)}$$

最大誤差 30.6%

2.3.3 ガス化 (Gasification)

石炭のガス化により発生するガスは混合気体であり、C.2.1中の混合系の物性値推算法の節に従い計算される。

Table C-2-3-13 液化油の表面張力 (Surface tension of coal liquid)

T(K)	366.5		449.8		533.2		616.5		T=672.0(K)	
	σ	P	σ	P	σ	P	σ	P	σ	P
4HC-B	20.7	86.2	13.7	1379						
6HC	24.5	96.5	19.4	724	14.4	2240	10.5	3447		
7HC-A	27.1	86.2	22.8	224	16.1	1793	8.1	6895		
10HC-A	28.9	86.2	23.7	86.2	20.0	745	16.6	1620		
15HC-A	31.5	86.2	29.1	86.2	22.0	231	17.6	758	14.2	1379
18HC-A	34.0	86.2	25.2	86.2	23.3	86.2	19.6	689	17.2	1379

---

1) Neavel, R. C., Smith, S. E. et al.: Fuel, **65** (1986) 312.   2) Agroskin, A. A., Gleibman, V. B. et al.: Coke and Chemistry USSR, 8 (1973) 22.   3) Agroskin, A. A., Goncharov, E. l. et al.: ibid., 5 (1970) 7.   4) Agroskin, A. A. & Goncharov, E. I.: ibid., 7 (1965) 9.   5) Tye R. P., Desjarlais, A. O. et al.: High Temp. - High Pressures, **13** (1981) 57.   6) Eisermann, W., Johnson, P. et al.: Fuel Processing Technology. **3** (1980) 39.   7) 深井 潤・三浦隆利ほか: 化学工学論文集, **11**, 4 (1985) 418.   8) 三浦隆利・深井 潤ほか: 鉄と鋼, **70**, 3 (1984) 336.   9) Gray, J. A. & Holder, G. D.: Solvent-Refined Coal (SRC) Process, DOE/ET/10104-44 (1982).   10) Gray, J. A., Holder, G. D. et al.: IEC PDD, **24** (1985) 97.

2.4 粉粒体の熱物性値
（Thermophysical Properties of Powder and Granule）

2.4.1 まえがき（Introduction）[1]

近年の統計によれば，我国で処理されている粉粒体は，総計6億トン/年にも達するようであり，非常に重要な工業製品となっている．粉粒体を他の物質と比較すれば，
(1) 固体（添字S）が小さな粒子に分割されている．
(2) 粒子の集合体は多くの空隙を含み，その空隙には通常何らかの流体（気体または液体，添字F，時として真空）が存在する．
(3) それゆえ，固体（S）と流体（F）の複合体として熱物性を考えねばならないことが大きな特色と言えるだろう．粉粒体にはその材質はもとより平均粒子径，粉径分布，粒子形状，その他において，無数の種類がある．いま単に「アルミナ粉」と書いてもその実際上の種類，性状には千差万別があって容易には整理し難い．それゆえ，具体的かつ詳細には実測に頼る必要のあることを付記しておく．

2.4.2 空隙率（Void, Porosity）ほか [2), 3)]

粒子径，粒子径分布の記述法にも多くの種類があるが，粉粒体層（粒子の集合体として）が含有する空隙の量は，その熱物性を大きく支配する．この空隙の量について，一般に次のような表現が慣用されている．
(1) かさ比容
粉体の単位重量がしめるかさ体積 V/W
(2) かさ密度（見かけ比重，かさ比重）ρ
粉体の単位かさ体積あたりの重量 W/V
(3) 空隙率（空間率）e
粉体の単位かさ体積に対する空隙体積の割合
 $(V-V_p)/V = 1-(V_p/V)$
(4) 充填率
粉体のかさ体積に対する粒子体積の割合 V_p/V
(5) 空隙比
粒子体積に対する空隙体積の割合
 $(V-V_p)/V_p = (V/V_p)-1$
(6) 配位数
ある粒子が他の粒子と接触している点の数

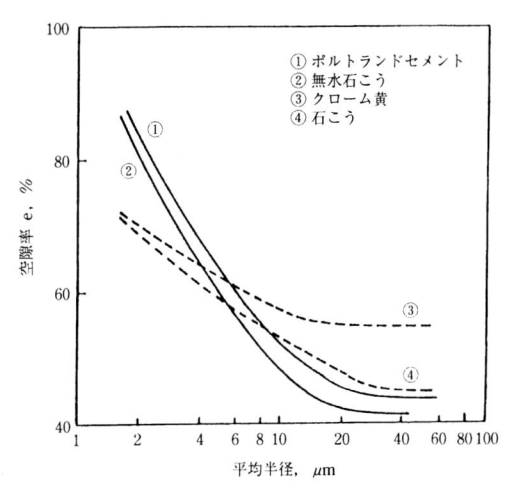

Fig. C-2-4-1 空隙率 e と粒径の関係（Relation between porosity, e, and average particle size）

① ポルトランドセメント
② 無水石こう
③ クローム黄
④ 石こう

ここに V：粉粒体のかさ体積，W：粉粒体の重量，V_p：粒子（群）の実体積である．上記のうち，V の測定には種々の問題が付随する．通常は粉粒体をある容器に取ってその体積を求めるが，試料の容器への投入方法により，また容器の形によっても V が変化する．容器をタッピングしたり，試料を加圧すれば当然ながら V が減少する．それゆえ JIS-K5101（顔料），R6126（研磨剤），Z2504（金属粉），K5101（熱硬化性プラスチックス）など，業界ごとに V の測定法が規格化されており，一定の高さから，一定のオリフィスを通して定量自由落下させるようになっている．

仮に粉粒体が均一径の球形粒子からなるものとすれば，その規則的配置による空隙率の算出が可能であるが，実在の粉粒体ではかなり様子が異なり，Fig. C-2-4-1に示すように，同一材質であっても平均粒径が小さいほど空隙率が増加する．これは粒子相互の付着・凝集と橋かけ作用によるとされており，15～30μm以上でほぼ一定値となる傾向がある．

また，粉粒体中に粒径の分布があるとき，大粒子の形成する空隙に小粒子が入ることで空隙率が低下することがある．このように空隙率 e の予測は困難であり，問題とする粉粒体について実測を必要とする．

2.4.3 伝熱のモデルと解析 (Heat Transfer Model and Analysis)[4]

一般的には熱伝導を表現する関係式は、熱の拡散方程式

$$\frac{\partial T}{\partial t} = \frac{\lambda}{c\rho} \nabla^2 T \quad (1)$$

で表わされる。数値解析としては、(1)式を差分方程式に書き直して計算することができる。ここでT：温度、t：時刻、λ：熱伝導度、c：比熱容量、ρ：密度である。

粉粒体層中においてもこの関係は成立する。ただし、粉粒体の特性は、粒子と空隙部のそれぞれの性質の平均として現れる場合と、粉粒体の状態に影響される場合があり、λあるいはc、ρそれぞれに反映される。

粉粒体層中で空隙をうめている流体が静止している場合を考える。このとき層中の熱移動はFig. C-2-4-2のようにモデル化される。
すなわち、
(1) 粒子と粒子の接触点における伝導
(2) 接触点付近の薄い流体膜を通ずる伝導
(3) 固体粒子表面から他の固体粒子表面への輻射
(4) 固体粒子内部での伝導
(5) 空隙に存在する流体内部での対流伝導
(6) 空隙Ⅰから空隙Ⅱへの輻射

粉粒体中では図のように、伝導と輻射が複合して熱移動が進行しているが、粉粒体層全体としてこれを総括し、有効熱伝導度 $\bar{\lambda}$、または有効熱拡散率 $\bar{\alpha}$ のように見かけの物性値を表現する。このとき、周知のように、

$$\bar{\alpha} = \bar{\lambda}/\bar{c}\cdot\rho = \bar{\lambda}/[c_S\rho_S(1-e) + c_F\rho_F e] \quad (2)$$

であり、c：比熱容量、ρ：密度、e：空隙率である。考えている流体が気体の時は $\rho_F \to 0$、よって分母第2項を無視しても大差を生じない。

また、粉体部分の熱伝導度 λ_S と空隙部分の熱伝導度 λ_F から粉粒体の有効熱伝導度表す式として、次のようなものがある。

(a) 粗な充填の場合[5]
Kistler & Caldwell[6]は粒径に関する効果を考慮して、空隙部分の熱伝導度として以下の式を用いている。

$$\lambda_F = \lambda_0 \left(\frac{1}{P} - \frac{D_p}{2} \log \frac{1}{2P} \right) \quad (3)$$

ここで、λ_0：1気圧の空隙部の純流体（気体）の熱伝導度、P：圧力、D_p：平均粒径である。

Russel[7]らは空隙率で空隙部分の大きさを表し、以下の式を用いており、通気率の小さい時によく用いられる。

$$\frac{1}{\bar{\lambda}} = \frac{1-e^{1/3}}{\lambda_S} + \frac{e^{1/3}}{\lambda_S(1-e^{2/3}) + \lambda_F e^{2/3}} \quad (4)$$

(b) 密な充填の場合[5]
密な充填の場合は空隙部の熱移動は輻射による影響が大きくなり、Loeb[8]らは以下の式を提唱している。

$$\bar{\lambda} = \lambda_S \left[(1-e) + \frac{e}{(1-e) + e/(4\gamma\varepsilon\sigma D_p T^3)} \right] \quad (5)$$

ここでγは粒子形状によるもので、球形の場合2/3という値になる。ε：表面の輻射能、σ：stefan-Boltzmann定数である。

これ以外にも均一な球形粒子を仮定して、(2)式の第2項の流体による寄与を検討したものとして、Kunii-Smith[9]の式がある。さらに粒子の形状、粒径分布、粉粒体に加えられる圧力などが考慮され、広範な条件がまとめられたBauer-Schlüder[10]の式があるが、余白がないので割愛する。詳細は原報または資料[3]によられたい。

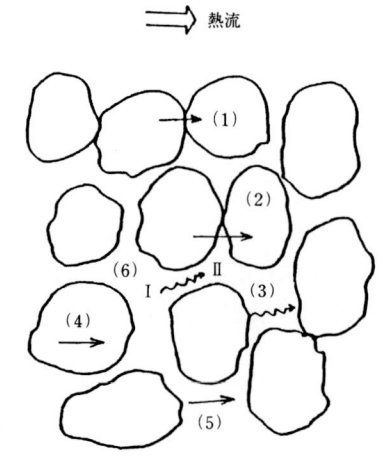

Fig. C-2-4-2 粉粒体層の伝熱モデル (Model for heat conduction)

(c) その他

空隙中の流体に流れを伴う場合，粉粒体そのものが流動する場合などについては他の専門書[12]を参照されたい．なお粉粒体が湿っている場合には，伝熱と共に物質移動が起こり，一般に $\bar{\lambda}, \bar{a}$ が増大する[11]．

2.4.4 推定の方法 (Estimation Method)[12]

放射伝熱の寄与が大きな問題とならぬ条件（常温，微粒，液中など）下で，多くの推定式が提案されている．それらの一部を Table C-2-4-1 に示す．また，ここで考えられている粉粒体のモデルを Fig. C-2-4-3 に示した．定数項を含まない諸式について，$\lambda_S/\lambda_F=5$ および 500 を仮定して計算した結果は Fig. C-2-4-4 のようになる．松原らは (VIII) 式を有効熱拡散率 $\bar{a}$ について検討[12]した．

2.4.5 データ集 (Collection of Data)

(a) TPRC データ表[13]のうち，粉粒体の記載があるページとデータ番号を次に示す．なお，Vol.2 の酸化物に関するデータ中には多量の空隙を含む圧粉体，焼結体が多く含まれる．

Table C-2-4-1 粉粒体の有効熱伝導率推定の諸式[12]
 (Estimating equations for effective thermal conductivity of powder or granule materials)

I) $\bar{\lambda}=\lambda_S [e^{2/3}+Q(1-e^{2/3})] / [e^{2/3}-e+Q(1-e^{2/3}+e)]$ ：Ruseel

II) $\bar{\lambda}=\lambda_F [(1-e)^{2/3}+R(1-(1-e)^{2/3})] / [e+(1-e)^{2/3}-1+R(2-e-(1-e)^{2/3})]$ ：Ruseel

III) $\bar{\lambda}=\lambda_S \lambda_F/(x\lambda_S+y\lambda_F)+(\lambda_F/U+\lambda_S/Z)$ ：Wylie-Southwich

IV) $\bar{\lambda}=a\lambda_S\lambda_F/[\lambda_S(1-d)+\lambda_F d]+(b\lambda_S+c\lambda_F)$ ：Woodside-Messmer

V) $\bar{\lambda}=(2/3)\lambda_S\lambda_F/[\lambda_S e+\lambda_F(1-e)+(1/3)(\lambda_S(1-e)+\lambda_F e)]$ ：Dul'nev et al.

VI) $\bar{\lambda}=\lambda_S [\gamma^2+R(1-\gamma^2)+2R\gamma(1-\gamma)] / [R\gamma+(1-\gamma)]$ ：Dul'nev

VII) $\bar{\lambda}=\lambda_S^{(1-e)} \cdot \lambda_F^{(e)}$ ：Woodside-Messmer

VIII) $\bar{\lambda}=\Pi \lambda_i^{(Vf)_i}$ ：Wimmer et al.

IX) $\bar{\lambda}=(d\lambda_F+b\lambda_S)^n [\lambda_F\lambda_S/(c\lambda_S+a\lambda_F)]^{1-n}$ ：Chandhary et al.

X) $n=0.5 [1-\log e] / \log [e(1-e)Q]$ ：Chandhary et al.

XI) $\bar{\lambda}=[e\lambda_F+(1-e)\lambda_S]^n [e/\lambda_F+(1-e)/\lambda_S]^{n-1}$ ：Chandhary et al.

XII) $\bar{\lambda}=\lambda_S \cdot R^{o \cdot p}$ ：Assad

$Q=\lambda_S/\lambda_F$, $R=\lambda_F/\lambda_S$ x,y,U,Z:定数
a,b,c,d:定数（次図） $\gamma=d/L$（次図）
P:補正項   (Vf):成分の体積分率

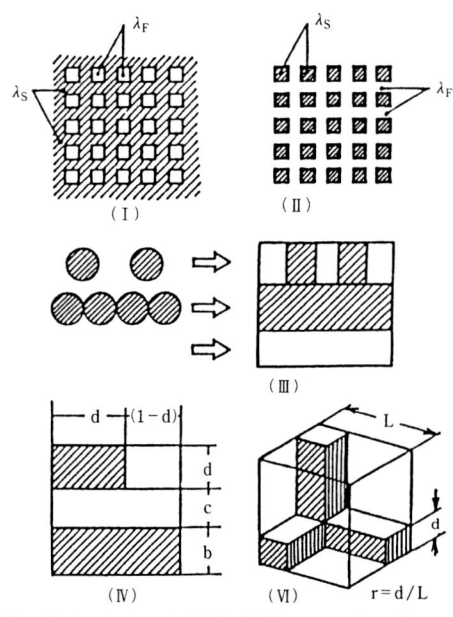

Fig. C-2-4-3 有効熱伝導のモデル説明図
 (Models for estimation of $\bar{\lambda}$)

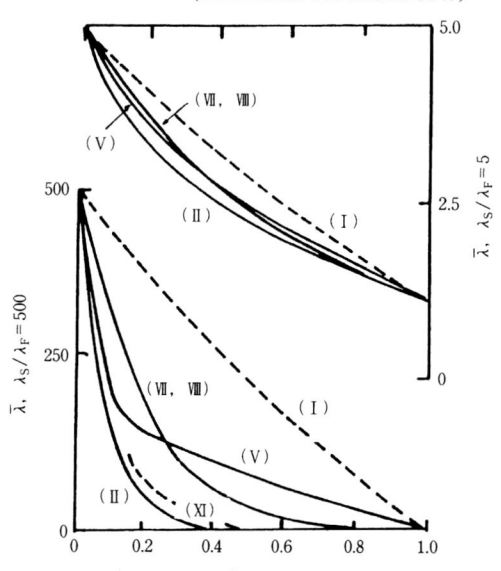

Fig. C-2-4-4 推定の結果 (Results of estimation)

TPRC Vol. 1 (Metals) $\bar{\lambda}$

粉粒体名	ページ	データ番号
アルミニウム	5	65, 66
銅	75	131〜136
マグネシウム	204	25〜30
ニッケル	240	38〜44
ウラン	435	93〜107
ジルコニウム	463	21〜35
クロム鋼	1155	33〜35, 38〜43
U + UO2	1442	1〜9

TPRC Vol. 2 (Non-metals) $\bar{\lambda}$

粉粒体名	ページ	データ番号
アルミナ	104〜	106〜109
〃		140〜141
〃		158〜159
〃		147〜148
〃		182, 191〜205
ベリリア	127	59
カルシア	142	2〜4
マグネシア	161, 162	11〜16, 46〜47
〃		56〜59, 62
シリカ	177	62-67
ウラニア	223	7〜13, 87, 188
ジルコニア	247, 248	7, 19〜23
Mg_2SiO_4	276	7〜10
ZrO_2 + CaO	443	8〜10
炭化けい素	586	18, 19
$CaCO_3$	760, 761	1〜26
$MgCO_3$	776	1
土壌	814	1〜11
雲母粉	825	24
パーライト	827	--
砂	834〜837	1〜61
スピネル	849	2〜4
プラスター	887	--
各種粉体	1041, 1042	1〜21
(アルミナ, カーボン, 他)		
灰	1059	1〜6
コルク	1065	33〜35, 46〜48
おがくず	1085	--
その他	1156, 1157	--

TPRC Vol. 10 $\bar{a}$

粉粒体名	ページ	データ番号
カーボン	22	1〜14
シリカ (ゲル)	397	6, 7
Cab-O-Sil	426	-
Celkate	446	-
土壌	550	1-3
硅酸塩	562	1-5
泡ガラス	580	12

(b) 熱物性資料 (断熱材)[14] 中のデータを示す.

粉粒体名	ページ	データ番号
パーライト	49	1, 2, 5
けい酸カルシウム	53	3
カーボン	77	1〜10
真空断熱材	81	1〜9
同上	83	1〜7
同上 (シリカゲル)	85	1〜4
同上 (パーライト)	87	1〜4
同上 (金属粉添加)	89	1〜7

(c) 鋼球, 磁製円筒, セメントクリンカー (高温)[15]

Fig. C-2-4-5 中の実線は Eq.(2) による計算結果を示す.

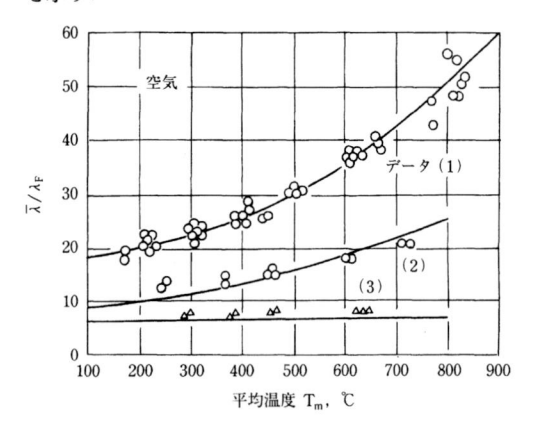

データ	種類	粒径 (mm)	空隙率 (e)
(1)	鋼球	11	0.40
(2)	磁性円筒	9.6×8.5	0.43
(3)	セメントクリンカー	平均 0.18	0.54

Fig. C-2-4-5 鋼球, 磁製円筒, セメント・クリンカー: 高温[15] の熱伝導率 (Steel ball, ceramic cylinder, cement clinker : high temp.)

2.4 粉粒体の熱物性値

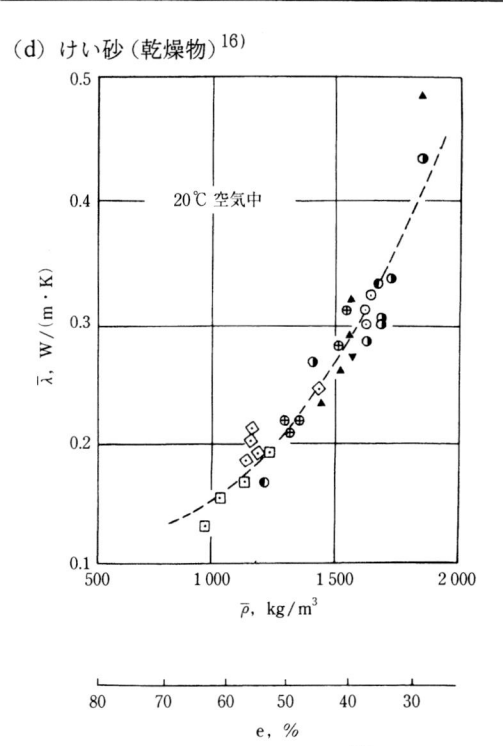

(d) けい砂（乾燥物）[16]

Fig. C-2-4-6　けい砂：乾燥物 [16] の熱伝導率
　　　　　　　（Silica sands : dry）

(e) けい砂（各種の液体中）[16]

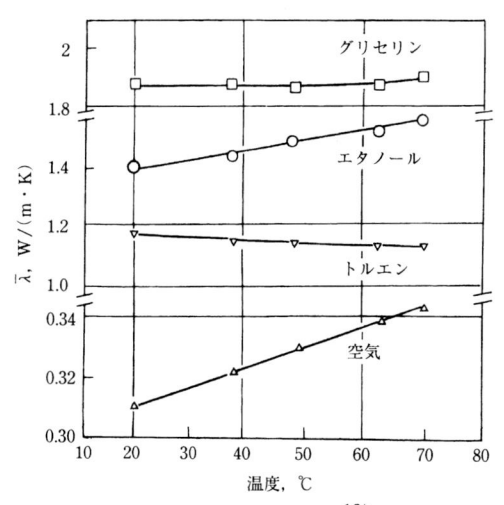

Fig. C-2-4-7　けい砂：液体中 [16] の熱伝導率
　　　　　　　（Silica sand : organic liquids）

(f) けい砂（水分含有）[16]

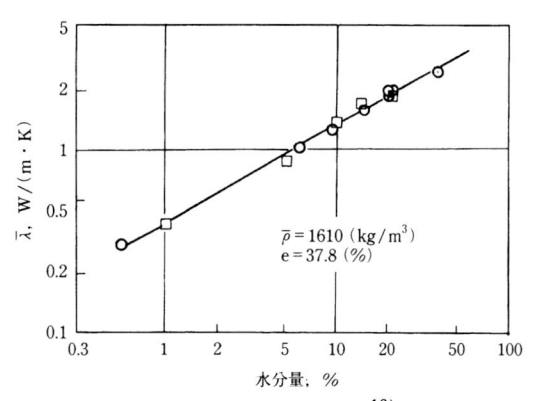

Fig. C-2-4-8　けい砂：水分含有 [16] の熱伝導率
　　　　　　　（Silica sand : wet）

(g) ガラス球（水中）[17]

Table C-2-4-2　ガラス球：水中 [17] の熱伝導率
　　　　　　　（Glass sphere : water）

粒径 (mm)	温度℃	$\bar{\lambda}$ (W/(m・K))
0.1	0	0.744
	10	0.753
	20	0.763
0.2	0	0.749
	10	0.769
	20	0.785

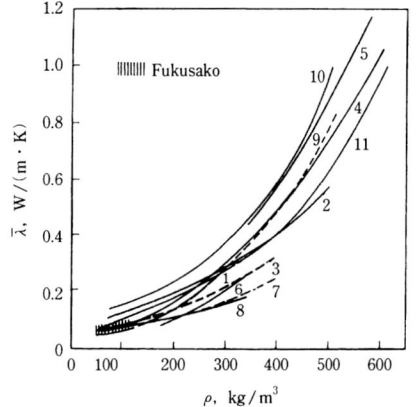

(h) 積雪（0 ℃付近）[18]

Fig. C-2-4-9　雪：0 ℃ [18] の熱伝導率
　　　　　　　（Snow : 0 ℃）

1) 化学工学会：粉粒体工学, 槙書店 (1985). 2) 粉末冶金技術協会：粉体の物性と測定・検査, 日刊工業 (1964). 3) 粉体工業会：粉体工業便覧, 日刊工業 (1986). 4) a. 化学工学会：化学工学便覧（改訂四版）, 丸善 (1978) 289. b. 国井大蔵：熱的単位操作（上）, 丸善 (1976) 123. 5) 井伊谷鋼一 編：粉体工学ハンドブック, 朝倉書店 (1965) 141. 6) Kistler, S. S. and Caldwell. A. G. : Ind. Eng. Chem., 26 (1934) 658. 7) Russell, W. L. : Bull. Am. Assoc. Petroleum Geol., 10 (1926) 931. 8) Loeb, A. L. : J. Amer. Ceram. Soc., 37, [2] (1954) 96. 9) Kunni. D and Smith. J. M. : AICHE. J. 6, (1960) 71. 10) Bauer. R and Schluder E. U : Verfahrenstechnik, 11 < 10 > (1977). 11) Tye. R. P : Thermal Conductivity (1) Acad. Press. (1969) 326. 12) 松原弘美・田尻耕治, ほか2名：エネルギー・資源, 8 (1987) 554.

(i) 水素吸蔵合金（各種気体中）[19]

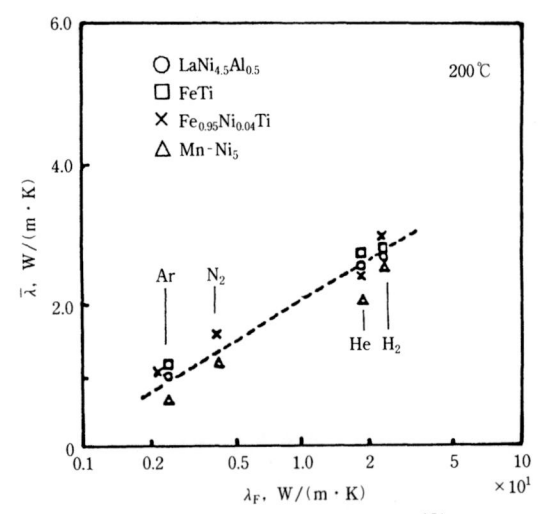

Fig. C-2-4-10 水素吸蔵合金：各種気体中[19]の熱伝導率
(Alloys for H_2 storage : in various gases)

(j) VDI熱アトラス

第4版（1984）[21]にはR. Bauerによる充てん層の詳細な解説がある．ここに所載されているデータも数多いので参照されたい．比較的に粗粒，高温の鋼球，セラミックスおよび各種気体の圧力が扱われている．

(k) ガス圧の影響 [19]

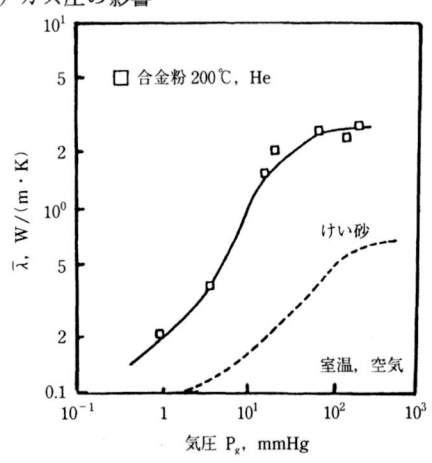

Fig. C-2-4-11 合金粉とけい砂の熱伝導率[19]：
共存気体の圧力 (Alloy powder and silica sand : pressure of gases)

(l) 粒子を分散したポリエチレン樹脂 [20]

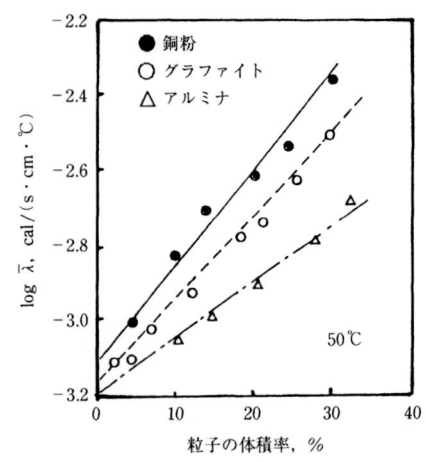

Fig. C-2-4-12 粒子分散ポリエチレンの熱伝導率[20]
(Polyethylene, Powder Composits)

(m) ダイヤモンド粉 [22]

Table C-2-4-3 ダイヤモンド粉の熱伝導率 [22]
(Powder of diamond)

粒子径 (μm)	有効熱拡散率 ($m^2/s \times 10^3$)	
	dry	humid
4 ～ 8	0.93	1.05
8 ～ 16	0.97	1.10
15 ～ 30	1.14	1.22
30 ～ 60	1.36	1.47
40 ～ 80	1.44	1.67

(n) その他

文献11）および文献23）にR. P. Tyeによる測定法の詳細なレビューがある．併せて参考とされたい．

同じアルミナ（Al_2O_3）でも，低密度の粉体またはファイバーと高密度の結晶では熱伝導率にして0.04〜400（$W/(m \cdot K)$）の相違があるので，測定上の問題点もそれぞれに異なるのである．

---

13) Touloukian. Y. S., Powell. R. W et al. : TPRC Data Serices, IFI / plenum, (1970). 14) 日本熱物性研究会：熱物性資料集（断熱材），養賢堂 (1983). 15) ref.4) - p, 141, 144. 16) Song. Y. W and Hahne. E : High Temp. - High Press., **19** (1987) 57. 17) Van Haneghem. L. A, Schenk. J, et al. : High Temp. - High Press., **15** (1983) 367. 18) 福迫尚一郎・田子 真ほか1名：熱物性, **2** (1988) 89. 19) 田尻耕治・松原弘美ほか：サンシャイン・ジャーナル **7**, 3 (1986) 16. 20) 上利秦利：真空理工ジャーナル, **16**, 1 (1987) 15. 21) 木内 学（訳）：熱計算ハンドブック [VDI-Warmeatlas], De 11-19. 22) Rejab, A. B., Britton, B. et. : High - Temp. - High Press., **17** (1985) 695. 23) ibid, **17** (1985) 311.

2.5 多孔質物質の熱物性値 (Thermophysical Properties of Porous Materials)

2.5.1 多孔質物質 (Porous Materials)

多孔質物質は，それ自体を構成する固体相の構造と通常は空気などの流体に充たされている空間部の構造によって，幾つかの種類に分類される．先ず大別すれば，流体相が不連続的に存在するものと連続的になっているものがある．前者は泡状の空孔が固体相内に分散している多泡質型等がその例であり，大きな空孔内で起こる場合のある自然対流を除いて巨視的な流体の流動はない．一方，後者は焼結金属型，粉粒体型，繊維型などがその例で，型によって構造が大きく変っていると共に物質内を通しての流体の流動が起こり得る．したがって，多孔質物質の熱物性値を考慮する場合には上記のような構造に留意しておく必要がある．粉粒体型については C.2.4 節で扱っているので，本節では多泡質型，焼結金属型および繊維型などに代表される多孔質物質の熱物性値について扱う．

2.5.2 多孔質物質の密度と比熱 (Density and Specific Heat of Porous Materials)

多孔質物質の体積 V_o の内，固体体積が V_s，空間部体積が V_f であるとすれば，空間率（空隙率）e は次式で定義される．

$$e = V_f/V_o = V_f/(V_s + V_f)$$

固体物質の密度を ρ_s，空間部を充たしている流体の密度を ρ_f とすれば，多孔質物質のみかけ密度 ρ_a は以下となる．ここで M_o は体積 V_o の多孔質物質の質量とする．

$$\rho_a = M_o/V_o = (1-e)\rho_s + e\rho_f$$

また，多孔質物質の見かけの比熱を c_a とすれば

$$c_a = \frac{(1-e)\rho_s c_s + e\rho_f c_f}{(1-e)\rho_s + e\rho_f}$$

ここで，c_s, c_f はそれぞれ固体と流体の比熱である．

2.5.3 分散空孔を含む多孔質物質の有効熱伝導率 (Effective Thermal Conductivity of Porous Materials with Dispersed Pores)

物質内に多数の分散した空孔を含むものは多泡質固体とも呼ばれるが，耐火レンガや多泡ガラス等多くの実用的材料がある．Fig. C-2-5-1 はこの場合の伝熱モデルのひとつ[1]を示したもので，連続固体相内の熱伝導と空孔内ガス相での熱伝導と放射伝熱を考慮して有効熱伝導率を算定する．有効熱伝導率 λ_e については幾つかの算定式があるが，以下に代表的なものを挙げる．

ただし，e：空間率，$\kappa = \lambda_s/\lambda_f$，$d_p$：空孔直径，$h_r$：放射熱伝導率，$e_c$：断面上空間率，$e_L$：平行面上空間率，s：固体，f：流体，

1) Eucken の式[2]

$$\frac{\lambda_e}{\lambda_s} = \frac{1 - 2e(\kappa-1)/(2\kappa+1)}{1 + e(\kappa-1)/(2\kappa+1)}$$

2) Russel の式[3]

$$\frac{\lambda_e}{\lambda_s} = \frac{e^{2/3} + \kappa(1-e^{2/3})}{e^{2/3} - e + \kappa(1-e^{2/3}+e)}$$

3) Loeb の式[4]

$$\frac{\lambda_e}{\lambda_s} = (1-e_c) + \frac{e_L}{\frac{e_c}{h_r d_p/\lambda_s} + (1-e_L)}$$

4) 国井の式[1]

$$\frac{\lambda_e}{\lambda_s} = 1 - e^{2/3} + e^{2/3} \times \left\{(1-e^{1/3}) + \frac{e^{1/3}}{(\lambda_f/\lambda_s) + (2/3)(h_r d_p/\lambda_s)}\right\}^{-1}$$

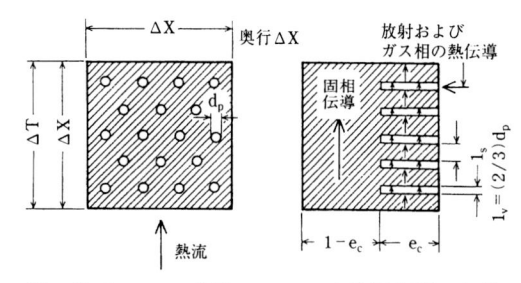

Fig. C-2-5-1 空孔よりなる多孔質物質の伝熱モデル[1] (Heat transfer model of porous materials with dispersed pores)

5) 三枝らの式[5]

$$\frac{\lambda_e}{\lambda_s} = \frac{1+2e(1-\kappa')/(2\kappa'+1)}{1-e(1-\kappa')/(2\kappa'+1)}$$

$$\kappa' = (\lambda_s/\lambda_f)\exp(-0.2 \cdot Nu)$$

$$Nu = d_p h_r / \lambda_f$$

Fig. C-2-5-2は，1073Kのアルミナについて，実験結果と上記の諸関係式および木村らの式[6]を比較したものである．

Fig. C-2-5-3は，固体をアルミナとし，e=0.5，固体表面放射率ε=0.9として国井の式から算出した有効熱伝導率を示した[7]．高い温度で空孔直径dの影響がでてくるのは放射伝熱の効果が顕著になってくるためである．

2.5.4 焼結または固結型多孔質物質の有効熱伝導率（Effective Thermal Conductivity of Sintered-Type or Solidified-Type Porous Materials）

焼結金属や砂岩等のように，粒子が焼結されたり固結されて出来た連続固体相と同じく連続な流体相で出来ている場合の伝熱モデルの一例をFig. C-2-5-4に示す．国井・Smith[8]は同モデルによって次の式を導いている．

$$\frac{\lambda_e}{\lambda_s} = \varepsilon\left\{\left(\frac{\lambda_f}{\lambda_s}\right) + \left(\frac{\varepsilon_1}{\varepsilon} + \phi_1\right)\left(\frac{h_r d_p}{\lambda_s}\right)\right\}$$

$$+ \frac{(1-\varepsilon)\left(1+\frac{\varepsilon}{\varepsilon_1}\phi_1\right)}{1+\frac{(\varepsilon/\varepsilon_1)}{\frac{1}{\phi_1}\frac{\lambda_f}{\lambda_s} + \frac{(h'd_p)}{\lambda_s} + \frac{(h_r d_p)}{\lambda_s}}}$$

ここで，ε：空間率，ε_1：多孔質物質のもとである粉粒体充塡層の空間率（=0.476），ϕ_1：Fig. C-2-4-3より求める値，$h'd_p/\lambda_s$は粉粒体の固結による伝熱しやすさを表すパラメーターで，真空下（$\lambda_f \to 0$）では上式は

$$\frac{(\lambda_e)_{vac}}{\lambda_s} = (1-\varepsilon)\left\{1+\frac{\varepsilon/\varepsilon_1}{h'd_p/\lambda_f}\right\}^{-1}$$

であるから，真空下で有効熱伝導率を測定すればその値を決定できる．

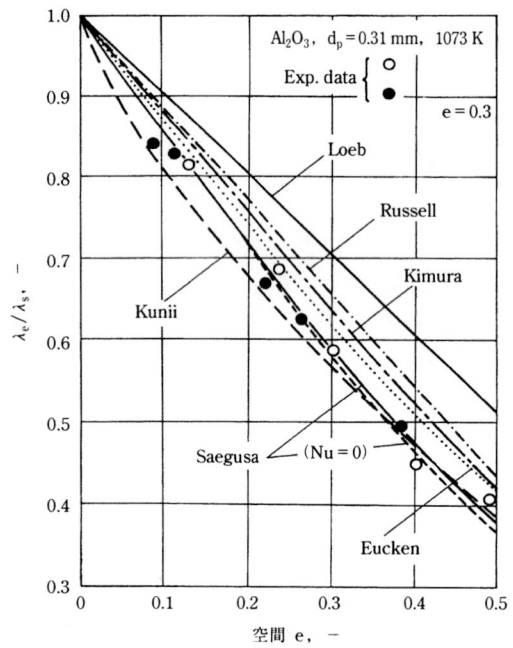

Fig. C-2-5-2 有効熱伝導率に関する諸関係式の比較（Comparison of equations for effective thermal conductivity）

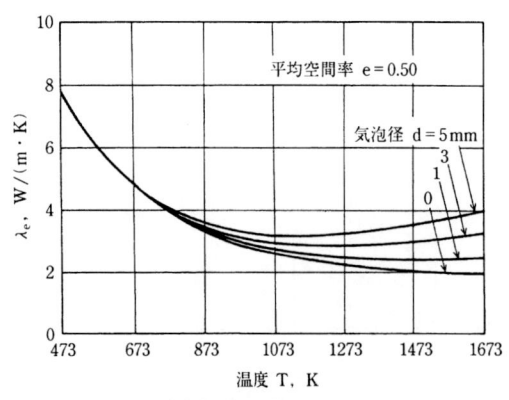

Fig. C-2-5-3 有効熱伝導率に対する温度と空孔直径の影響（Effect of temperature and pore diameter on effective thermal conductivity）

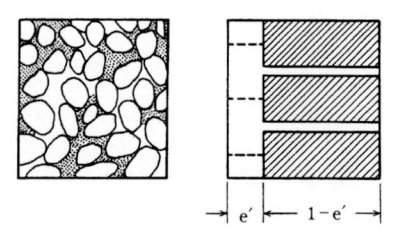

Fig. C-2-5-4 焼結・固結型多孔質物質の伝熱モデル（Heat transfer model of sintered-type or solidified-type porous materials）

2.5.5 高空間率多孔質物質および繊維型多孔質物質の有効熱伝導率 (Effective Thermal Conductivity of High-Porosity or Fiber-Type Porous Materials)

耐火耐熱レンガでは空間率が0.7〜0.8,また多泡ガラス等の物質では0.9以上になることがあり,Fig. C-2-5-1に示したような真っすぐな固体中熱伝導と言うよりも,薄くて曲がりくねった固体中の熱伝導になる.そこで固体中熱伝導において,熱の流れる距離が真っすぐの場合のη倍であるとして前出の国井の式を修正すると次式が得られる[7].

$$\lambda_e = (1-e^{2/3})(\lambda_s/\eta) + e^{1/3}\{1+(2/3)(h_r d_p/\lambda_f)\}\lambda_f$$

多泡ガラスに関する実験値との比較によれば,$\eta = 1.7〜2.5$とすれば上式がそのまま使える.またこの式は繊維型断熱材にも適用される.ファイバーフラックスについて,$\lambda_s = 8.13 \mathrm{W/(m\cdot K)}$, $\eta = 2.0$, $d_p = 1.5\mathrm{mm}$として計算した値は実測値と一致した[7].

繊維質の断熱材は最近広く使用されているが,一般に空間率は非常に大きく,常温付近でも熱エネルギーの40〜60%は空隙ガス相の熱伝導と放射伝熱で移動し,800K以上になると空隙を通しての放射が系全体の伝熱を支配すると言われている[9].このため上記のように高空間率多孔質物質の考え方を拡張した伝熱モデルの他に,媒体を擬連続相(繊維が不透明であり,放射は空隙を通してのみ生じる場合でも,見かけ上,均相な連続相と考える)とするモデル化[10,11]が必要となる[12].これらのモデルと有効熱伝導率を与える式は一般に複雑なので,以下を除き原著を参照されたい.

Kamiutoら[10]は,セラミック繊維質断熱材の有効熱伝導率の概略値を与える次式を導いている[12].

$$\frac{\lambda_e}{\lambda_f} = (1-e^{2/3})f\kappa + e^{1/3} + \frac{16}{3a^*}\sigma T^3 \gamma$$

ここで,fは繊維のねじれや不連続性を考慮するための因子,a^*は媒体の有効消衰係数,σはステファン・ボルツマン定数,またγはRosseland近似に対する補正係数であり,媒体の光学的厚み$\tau_0 \to \infty$で$\gamma = 1$と成るものであるが,τ_0が100以上では1と置いても良い.

2.5.6 自然対流が生じる多孔質物質内の伝熱 (Natural Convection Heat Transfer in Porous Materials)[15]

流体相が連続で空間率が大きい場合,高温側と低温側の温度差が大きくなると物質内に自然対流が生じ,断熱材などではこれによる伝熱効果が無視できなくなる.

まず,Fig. C-2-5-5中に示したように下方に高温側を持つ水平層では,熱伝達率は図中の実線の様になる.ここで,R:修正レーレー数 ($=(g\beta\Delta Tl^3/\nu a)(k/l^2)$), R_{er}: ($=4\pi^2$)は対流発生限界の臨界値,k:透過率で固体が球の場合 ($=d^2\varepsilon^3/\{150(1-\varepsilon)^2\}$)である.また,$Nu = hl/\lambda = 1$は熱伝導のみの場合である[13].

また,厚さsで高さlの多孔質層の上下面は断熱され,両側面間にΔTの温度差があるときの自然対流による伝熱は次式で与えられる[14].

$$Nu = 0.313 R^{1/2} \quad (R > R_{er})$$

$$R = \frac{g\beta\Delta T s^3}{\nu a}\frac{k}{sl_m}$$

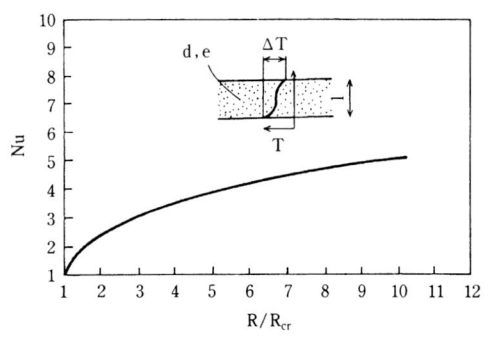

Fig. C-2-5-5 自然対流が生じる多孔質物質内の伝熱[13] (Natural convection heat transfer in porous materials)

---

1) 国井大蔵:森・吉田 編,詳論化学工学Ⅰ,朝倉書店 (1962) 637. 2) Eucken, A.: VDI Forschungsheft, B3, (1932) 353. 3) Russel, H. W.: J. Am. Ceram. Soc., **18** (1935) 1. 4) Loeb, A. L.: J. Am. Ceram. Soc., **37** (1954) 96. 5) 三枝 隆・鎌田健次ほか:化学工学, **37**, 8 (1973) 811. 6) 木村 允:化学工学, **22** (1958) 384. 7) 国井大蔵:熱的単位操作(上),丸善 (1976) 126. 8) Kunii, D. & Smith, J. M.: A. I. Ch. E. Jl., 6 (1960) 71. 9) Bankvall, C.: J. Testing and Evaluation, **1**, 3 (1973) 235. 10) Kamiuto, K., Kinoshita, L., et al.: J. Nuclear Sci. and Tech., **19**, 6 (1982) 460. 11) 今駒博信・尚熙善ほか:化学工学論文集, **15**, 1 (1989) 44. 12) 神沢 淳・架谷昌信 監修:多孔材料ハンドブック,アイピーシー (1988) 245. 13) 関 信弘ほか:日本機械学会論文集, **45**, 393 (1979) 705. 14) 増岡隆士:日本機械学会論文集, **34**, 259 (1968) 491. 15) 日本機械学会:伝熱工学資料,改訂第四版, (1986) 220.

2.6 燃焼 (Combustion)

2.6.1 燃焼ガス (Gaseous Combustion Products)

燃焼ガスの組成は燃料・酸化剤の種類,当量比 ϕ(実際の燃料/酸化剤比を理論燃料/酸化剤比で割った値.$\phi>1$ の場合は燃料過剰,$\phi<1$ の場合は酸化剤過剰),温度,圧力などに依存し,組成変化とともに燃焼ガスの熱物性値も一般に大きく変化する.したがって,限られた頁数で多くの種類の燃料と酸化剤の組合わせに対して熱物性値データを与えることは不可能であるので,ここでは現在多く用いられている炭化水素燃料からメタン系炭化水素(アルカン)を代表として選び,空気を酸化剤として燃焼させた場合の燃焼ガスの熱物性値を計算して図示した.計算結果は全て常圧におけるものであるが,数十気圧程度までの圧力範囲では一般に圧力の影響はあまり大きくないことが知られている[1].

実用上は燃焼ガスと空気の熱物性値の違いが重要であることが多いと考えられるので,以下の大半の図では,同一の熱物性値の計算式を用いて燃焼ガスと乾燥空気の熱物性値を求め,それらの差や比を計算して図示してある[1].これらの図を空気の熱物性値データと併せて用いれば燃焼ガスの熱物性値が求められる.

(a) 燃焼ガスの組成 (Composition of Gaseous Combustion Products)

燃焼ガスの熱物性値を計算するためには,その組成をあらかじめ求めておかなければならないが,断熱火炎温度の計算の場合などとは異なり,微量(1%以下)しか含まれない成分はあまり考慮に入れなくてよい.燃焼ガスの組成の計算方法は頁数の関係でここには述べないので,燃焼工学,工業熱力学などの専門書や,燃焼ガスの熱物性値に関する研究論文を参考にされたい[2,3].

ここでは2000℃までの温度範囲の熱物性値を取り扱ったが,この範囲においては熱解離によって生じる成分の割合はわずかであり,前述のように燃焼ガスの熱物性値にはほとんど影響を及ぼさないので,水性ガス反応(CO_2,CO,H_2O および H_2 が共存する場合の化学反応)のみを考慮した簡単な計算プログラムで組成を計算した[1].また1400℃以下では水性反応は固定するとした.なお,100℃以下における燃焼ガス中の水蒸気の凝縮はないものとしている.

(b) 燃焼ガスの熱力学物性値 (Thermodynamic Properties of Gaseous Combustion Products)

燃焼ガスの熱力学物性値は,熱解離の影響が充分小さい場合には,一般の気体混合物の場合と同様に,各成分ガスの熱力学物性値と燃焼ガスの組成が分かればたやすく求められる[1].しかし,約2000℃以上になると熱解離の影響が顕著になり,特に比熱は大きい値を示す.したがって,非常に高い温度において

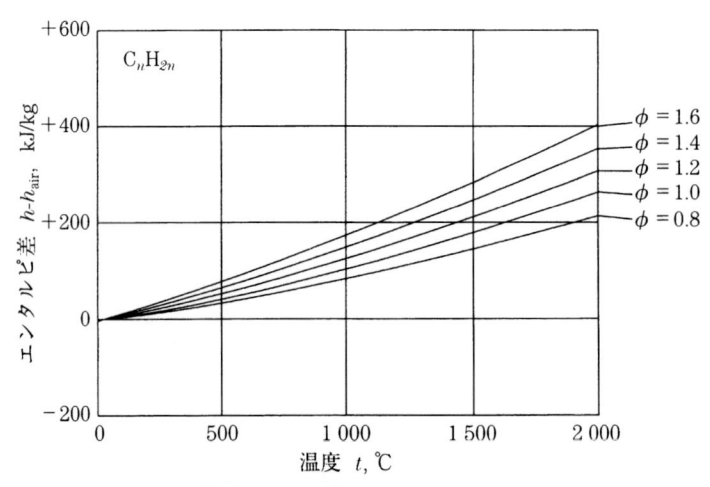

Fig. C-2-6-1 C_nH_{2n} の燃焼ガスと乾燥空気のエンタルピ差 (Difference between the enthalpies of gaseous combustion products of C_nH_{2n} and dry air)

2.6 燃　焼

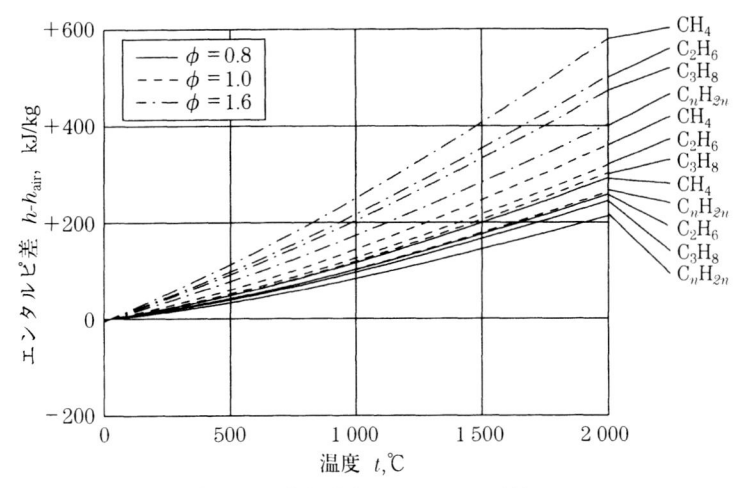

Fig. C-2-6-2　燃焼ガスと乾燥空気のエンタルピ差（Difference between the enthalpies of gaseous combustion products and dry air）

燃焼ガスの熱物性値を計算する場合には，複雑な計算プログラムを用いなければならない[3]．以下に示す図は，全て熱解離を考慮しない比較的簡単な計算式によって得られた結果によるものである[1]．

Fig. C-2-6-1 および Fig. C-2-6-2 は燃焼ガスと乾燥空気の理想気体状態におけるエンタルピの差 $h-h_{air}$ を図示したものである．全ての組成に対して 25℃におけるエンタルピを0としている．Fig. C-2-6-1 は炭素数が充分に多いメタン系炭化水素燃料の場合（分子式は C_nH_{2n} に近付く）について当量比 ϕ とエンタルピ差 $h-h_{air}$ の関係を図示している．Fig. C-2-6-2 は当量比 $\phi=0.8$，1.0 および 1.6 の場合についてエンタルピ差 $h-h_{air}$ が燃料分子の炭素数に対してどのように変化するかを計算してみたものである．炭素数が増加すると炭素と水素の原子数の比が1:2に近付き，燃焼ガスの組成があまり変わらなくなってくるため，熱物性値も一定の値（図中の C_nH_{2n} に対する線）に収束してゆく．燃料分子の炭素数が少ないほど，また，当量比 ϕ が大きいほど，空気とのエンタルピ差が大きくなることが分かる．

Fig. C-2-6-3 および Fig. C-2-6-4 は燃焼ガスと乾燥空気の理想気体状態における定圧比熱の比 $c_p/c_{p,air}$ を図示したものである．やはり，燃料分子の炭素数が少ないほど，また当量比 ϕ が大きいほど，空気との差が大きくなる．なお，定圧比熱の場合には，常温付近では圧力依存性がやや大きいことにも

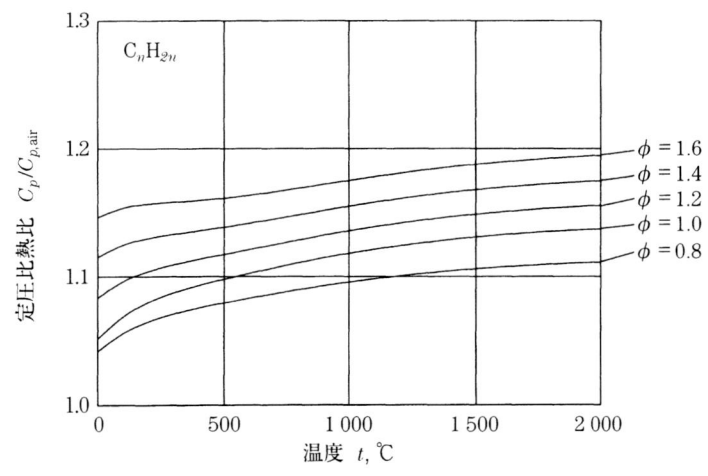

Fig. C-2-6-3　C_nH_{2n} の燃焼ガスと乾燥空気の定圧比熱の比（Ratio of the isobaric specific heat of gaseous combustion products of C_nH_{2n} to that of dry air）

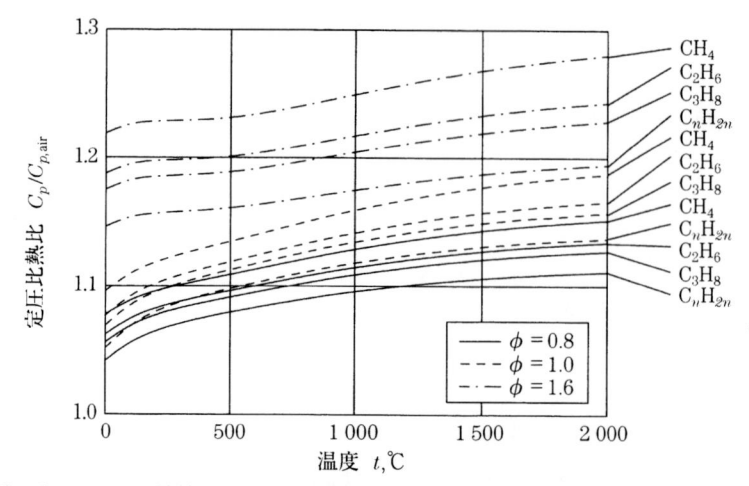

Fig. C-2-6-4 燃焼ガスと乾燥空気の定圧比熱の比（Ratio of the isobaric specific heat of gaseous combustion products to that of dry air）

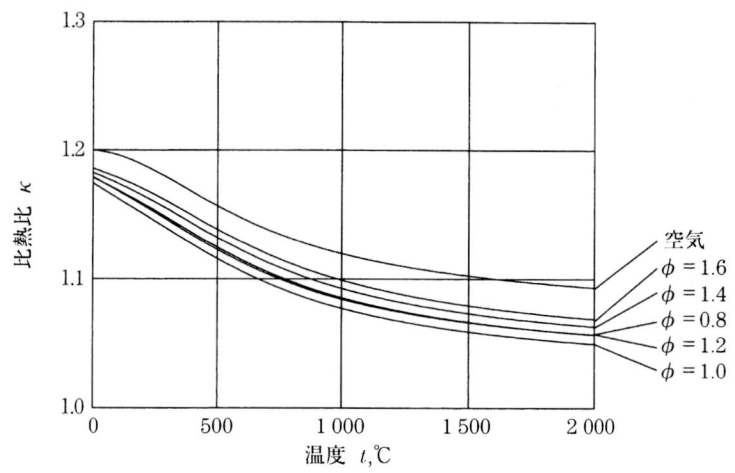

Fig. C-2-6-5 燃焼ガスと乾燥空気の比熱比（Specific heat ratio of gaseous combustion products and dry air）

留意する必要がある．燃焼ガスと空気の定圧比熱の圧力依存性はよく似ているが，燃焼ガスの方が顕著な圧力依存性がより高い温度域まで残る傾向がある[1]．

Fig. C-2-6-5には燃焼ガスおよび乾燥空気の理想気体状態における比熱比 κ（定圧比熱 c_p と定積比熱 c_v の比）を示した．比熱比 κ は燃料の種類によってほとんど変化せず，当量比 ϕ に対する依存性も大きくない．燃焼ガスと空気の比熱比 κ の差より，むしろ κ の温度による変化の大きさに留意すべきであろう．

(c) **燃焼ガスの輸送物性値**（Transport Properties of Gaseous Combustion Products）

燃焼ガスの輸送物性値も熱力学物性値と同様に，熱解離の影響が充分小さい場合には，半経験的な手法によってその成分ガスの輸送物性値から比較的簡単に推算できる[1]．しかし，約2000℃以上では熱解離の影響が顕著になり（特に熱伝導率が非常に大きくなる．これは比熱が大きくなることと関係付けることができる），非常に高い温度まで燃焼ガスの熱物性値を計算する場合には複雑な計算プログラムを用いなければならない点は熱力学物性値の場合と同様である[3]．以下に示す図は Fig. C-2-6-1～Fig. C-2-6

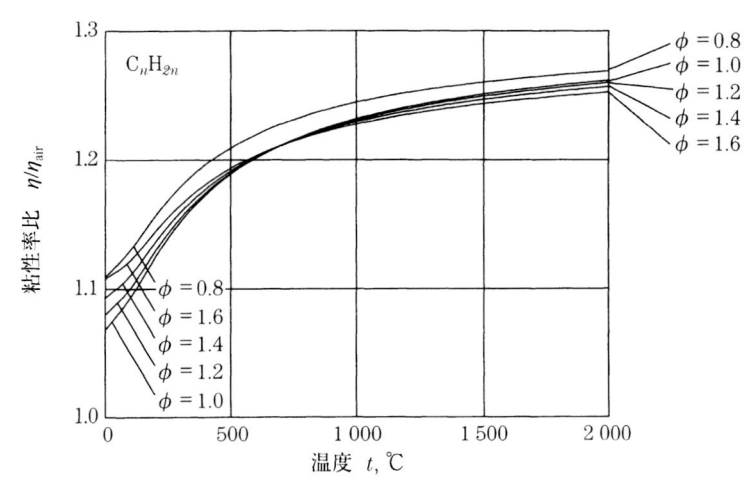

Fig. C-2-6-6 C_nH_{2n} の燃焼ガスと乾燥空気の粘性率の比 (Ratio of the viscosity of gaseous combustion products of C_nH_{2n} to that of dry air)

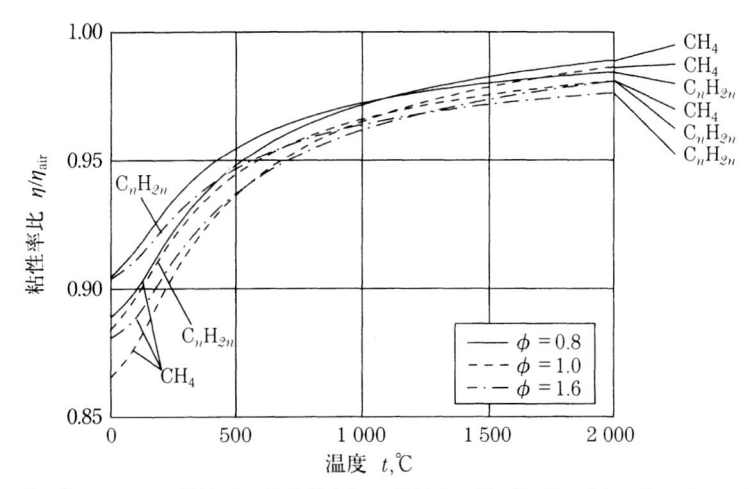

Fig. C-2-6-7 燃焼ガスと乾燥空気の粘性率の比 (Ratio of the viscosity of gaseous combustion products to that of dry air)

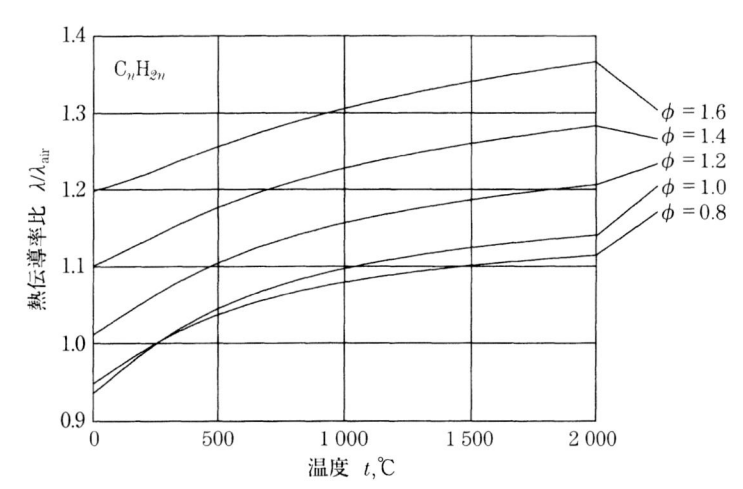

Fig. C-2-6-8 C_nH_{2n} の燃焼ガスと乾燥空気の熱伝導率の比 (Ratio of the thermal conductivity of gaseous combustion products of C_nH_{2n} to that of dry air)

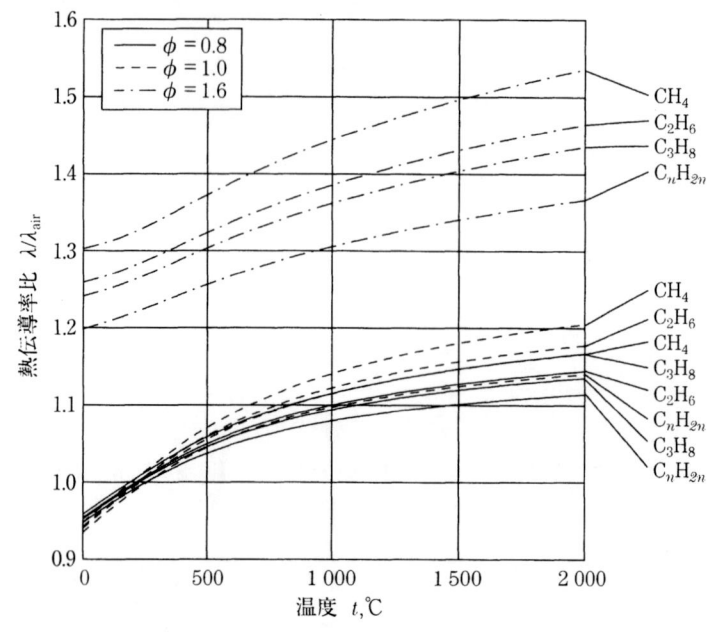

Fig. C-2-6-9 燃焼ガスと乾燥空気の熱伝導率の比（Ratio of the thermal conductivity of gaseous combustion products to that of dry air）

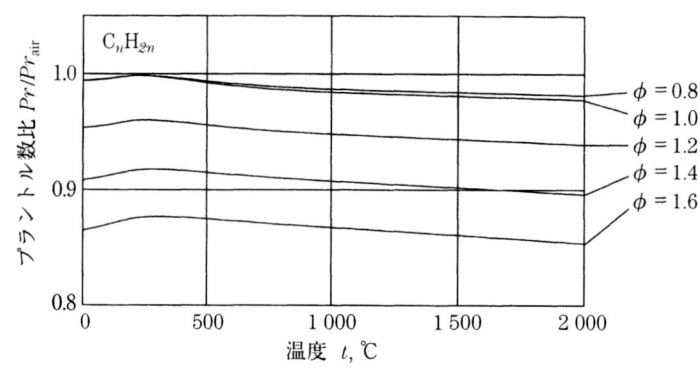

Fig. C-2-6-10 C_nH_{2n} の燃焼ガスと乾燥空気のプラントル数の比 (Ratio of the Prandtl number of gaseous combustion products of C_nH_{2n} to that of dry air)

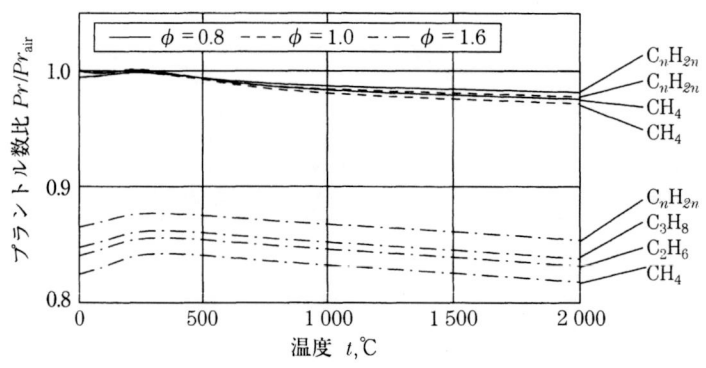

Fig. C-2-6-11 燃焼ガスと乾燥空気のプラントル数の比（Ratio of the Prandtl number of gaseous combustion products to that of dry air）

2.6 燃 焼

-5と同様に,全て熱解離を考慮しない比較的簡単な計算式によって得られた結果によるものである[1].

Fig. C-2-6-6 および Fig. C-2-6-7 は燃焼ガスと乾燥空気の希薄気体状態における粘性率の比 η/η_{air} を示したものである.燃焼ガスの粘性率は燃料の種類や当量比 ϕ によってあまり変化しないが,空気の粘性率とは常温付近ではかなり異なることが分かる.

Fig. C-2-6-8 および Fig. C-2-6-9 は燃焼ガスと乾燥空気の希薄気体状態における熱伝導率の比 λ/λ_{air} を示したものである.燃焼ガスの熱伝導率は燃料の種類や当量比 ϕ に対する変化の様子が定圧比熱の場合とよく似ているが,変化の割合ははるかに大きい.

Fig. C-2-6-10 および Fig. C-2-6-11 は燃焼ガスと乾燥空気の希薄気体状態におけるプラントル数の比 Pr/Pr_{air} を示したものである.燃焼過剰側 ($\phi > 1$) では空気との差は大きくなり,燃料分子の炭素数への依存性もやや顕著になる.

2.6.2 放射物性 (Emissivities of Combustion Products)

火炎からの熱放射は,不輝炎では水蒸気,二酸化炭素などのガスからの熱放射であり,輝炎ではガス放

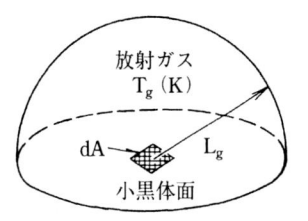

Fig. C-2-6-12 ガス放射率 ε_g の定義 (Definition of gas emissivity)

射のほかに火炎中に析出,浮遊している固体粒子群からの熱放射が加わる.ガスや浮遊粒子群の放射は容積全体で行われるから放射率はその厚さや形によって変化する.いま Fig. C-2-6-12 に示すような半径 L_g の半球状のガス塊が温度 T_g (K) のとき,その中心部の黒体の微小平面 dA が上半分のガスから受ける放射熱量を dQ_g とするとガスの放射率 ε_g は,Ep. (1) で定義される.

$$dQ_g = \varepsilon_g \sigma T_g^4 \cdot dA \tag{1}$$

ここで σ は Stefan-Boltzmann 定数である.

(a) ガス塊の有効厚さ (Mean Beam Lengths for Volume Radiation)

任意形状のガス塊に対して Fig. C-2-6-12 の場合と同一の熱放射エネルギーを与える半径 L_g をそのガ

Table C-2-6-1 ガス塊の放射有効厚さ (Mean beam lengths for volume radiation)

ガス塊の形状		受熱点または受熱面	代表長さ D	L_o/D	L_g/D
球		球面	直径	2/3	0.65
半球		低面中心	半径	1	1
円柱	長さ無限	周壁	直径	1	0.95
	長さ半無限	低面中心	直径	1	0.90
	長さ半無限	低面	直径	0.81	0.65
	高さ=直径	低面中心	直径	0.77	0.71
	高さ=直径	全面	直径	2/3	0.60
半円断面を有する無限長さの柱		平面の側面中心線	半径	—	1.26
正六面体		全面	辺長	2/3	0.6
直方体	縦:横:高さ 1:1:4	1x4面	最小辺	0.90	0.82
		1x1面	最小辺	0.86	0.71
		全面	最小辺	0.89	0.81
	(1:1:4)〜(1:1:∞)	全面	最小辺	1	0.85

ガス塊の形状		受熱点または受熱面	代表長さ D	L_o/D	L_g/D
直方体	1:2:6	2x6面	最小辺	1.18	1
		1x6面	最小辺	1.24	1.05
		1x2面	最小辺	1.18	1
		全面	最小辺	1.20	1.02
	(1:2:6)〜(1:2:∞)	全面	最小辺	1.3	1.1
	(1:3:3)〜(1:∞:∞)	全面	最小辺	1.8	1.5
無限平行平板間		一方の平面	平板間距離	2	1.8
無限長さの管群の間の空間	千鳥配列（正三角形配置）管中心距離=2x管直径	全面	管間距離=直径	3.4	2.8
	同上,管中心距離=3x管直径	全面	管間距離=2x直径	4.45	3.8
	碁盤目配列,管中心距離=2x管直径	全面	管間距離=直径	4.1	3.5

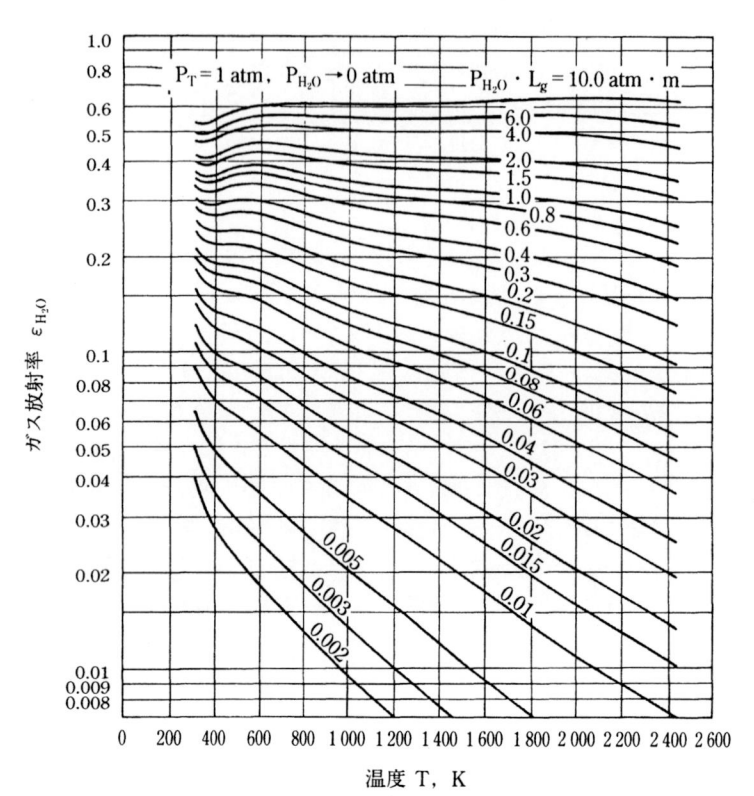

Fig. C-2-6-13 　H_2O の放射率 [4]（Emissivity of water vapor）

ス塊の有効厚さと定義する．放射熱量はこの L_g に対するガス放射率 ε_g を用いて求めることができる．ガス分圧 P_g と L_g の積 $P_g L_g$ の値が極めて小さい場合，L_g は次式で表される極限値

$$L_o = 4 \cdot (ガス容積)/(ガス表面積) \qquad (2)$$

に近づくが，実際の $P_g L_g$ の値に対して L_g の値は L_o より小さく，$L_g = 0.85 L_o$ としてそれほどの誤差はない．ガス塊の典型的な形状について計算された L_g を Table C-2-6-1 に示す．

(b) ガスの放射率 (Gas Emissivities)

ガスの熱放射では，そのガスによって定まるいくつかの狭い波長領域の赤外線のみが放射される．ガスの放射エネルギーは各波長領域における放射エネルギーの総和となる．放射率はガスの分圧 P_g，ガス塊の有効厚さ L_g およびガスの温度 T_g の関数である．実用上重要となる水蒸気，二酸化炭素および一酸化炭素の放射率について以下に示す．

Fig. C-2-6-13 に H_2O の放射率 ε_{H_2O} と温度 T (K) および $P_{H_2O} L_g$（分圧×有効厚さ）[atm·m] の関係を示す [4]．同図は全圧力が 1 atm でかつ H_2O の分

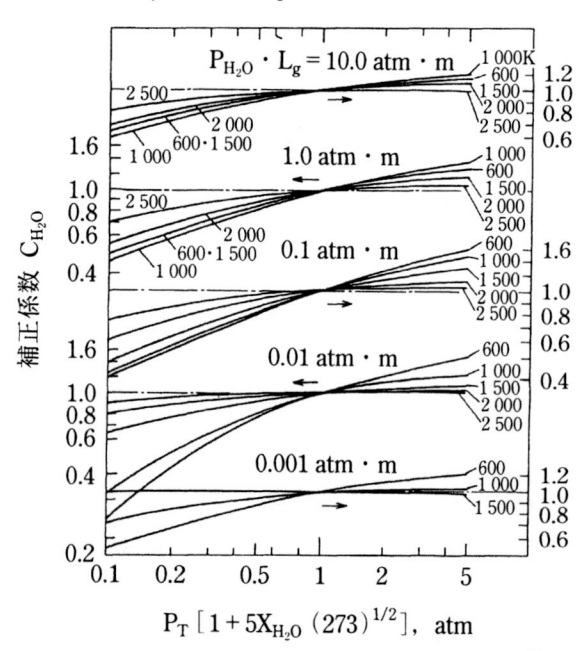

Fig. C-2-6-14 　H_2O の放射率に関する補正係数 [5]
（Correction factor for emissivity of water vapor）

圧が 0 atm に近い場合を基準にしたものであり，全圧力が P_T atm で H_2O の場合には Fig. C-2-6-14 に示される補正係数 C_{H_2O} を Fig. C-2-6-13 で同じ $P_{H_2O} L_g$ の値に対して得られる ε_{H_2O} の値にかけたものが放射率となる [5]．

Fig. C-2-6-15 に CO_2 の放射率 ε_{CO_2} を示す [4]．同図は全圧力が 1 atm でかつ CO_2 の分圧が 0 atm に近い場合を基準にしたものであり，全圧力 P_T で分圧 P_{CO_2} の場合には，Fig. C-2-6-16 に示される補正係数 C_{CO_2} を Fig. C-2-6-15 で同じ $P_{CO_2} L_g$ の値に対して得られる ε_{CO_2} の値にかける [6]．

Fig. C-2-6-17 に CO の放射率 ε_{CO} を示す [7]．同図は全圧力が 1 atm の場合の値である．全圧力が 1 atm であれば CO の分圧が 0～1 atm の範囲で同一の値を用いることができる．

混合気体の場合の熱放射は放射波長帯域の重なりのため成分気体単独の熱放射率の和より小さくなる．H_2O と CO_2 の混合気体の場合，それぞれの成分の放射率の和から Fig. C-2-6-18 に示す補正値 $\Delta \varepsilon$ を差し引いたものが放射率となる [8]．

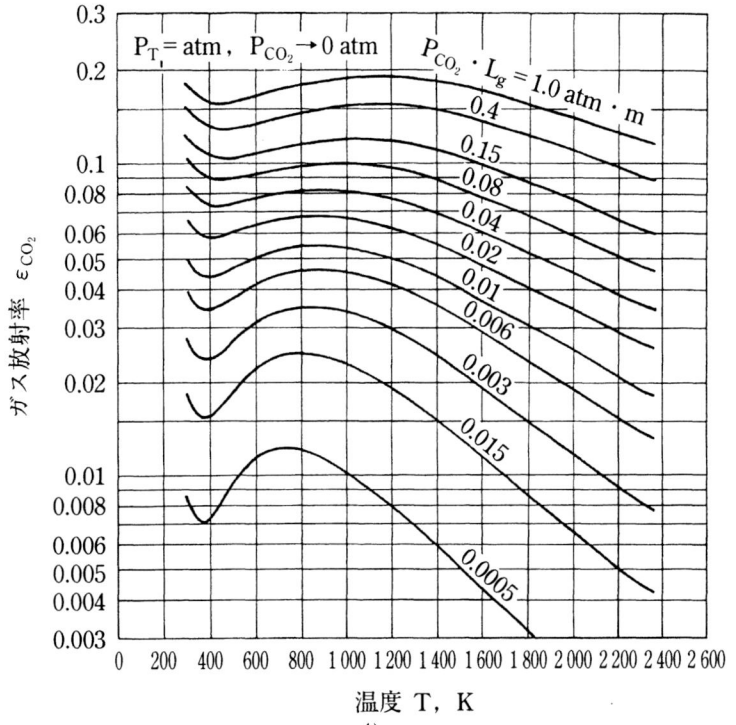

Fig. C-2-6-15 CO_2 の放射率 [4] (Emissivity of carbon dioxide)

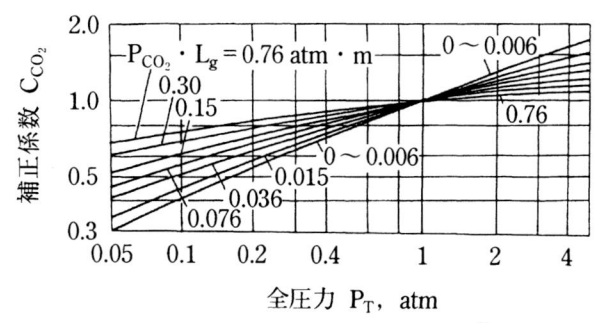

Fig. C-2-6-16 CO_2 の放射率に関する補正係数 [6] (Correction factor for emissivity of carbon dioxide)

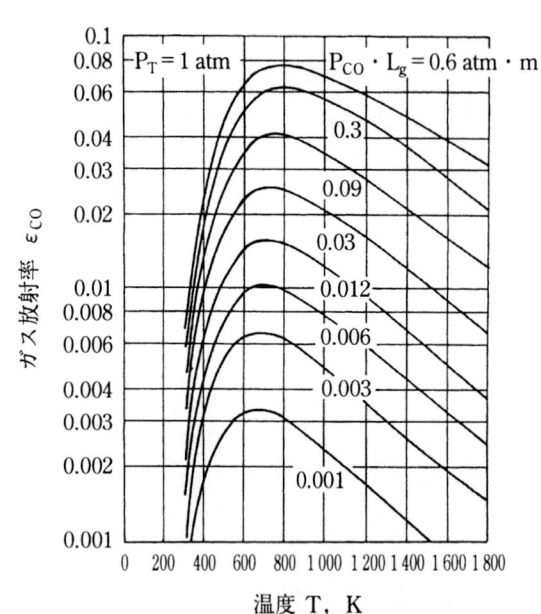

Fig. C-2-6-17　CO の放射率[7]（Emissivity of carbon monoxide）

(c) ガスの吸収率（Gas Absorptivities）

温度 T_b の黒体面から発した熱放射線が黒体に囲まれた温度 T_g のガス塊に吸収される場合のガス吸収率 a_g は, $T_b=T_g$ の場合は放射率 ε_g に等しい. $T_b \neq T_g$ の場合は水蒸気と二酸化炭素について次の近似式がある.

水蒸気：$a_g = (T_g/T_b)^{0.45} \cdot \varepsilon_g'$　　　(3)

二酸化炭素：$a_g = (T_g/T_b)^{0.65} \cdot \varepsilon_g'$　　　(4)

ただし ε_g' は (b) の方法により T_b と $P_g L_g (T_b/T_g)$ に対して求めた放射率である. 黒体単位面積あたりの放射伝熱量 q は次式で与えられる.

$$q = \varepsilon_g \sigma T_g^4 - a_g \sigma T_b^4 \qquad (5)$$

(d) 輝炎の放射率（Emissivities of Luminous Flames）

気体燃料を空気量を少なくして燃焼させた場合, 液体燃料を噴射して燃焼させた場合, あるいは微粉炭燃焼の場合には黄橙色に輝く炎が見られ, この場合の炎を輝炎と呼ぶ. 輝炎の熱放射は CO_2, H_2O, CO など不輝ガスの放射の他に, 火炎中で析出, 浮遊するスート粒子やコーク粒子（気体燃料や液体燃料の場合）, 微粉炭粒子や灰粒子（微粉炭の場合）などの固体粒子群による放射が加わり不輝炎の場合に比べかなり大きくなる.

液体燃料噴霧燃焼の場合, 国友は輝炎放射の多数の実験データからスート粒子群の放射率と不輝ガスの放射率の比が燃料の種類と空気過剰率のみで定まることを見いだし, 次の実験式を得た[9].

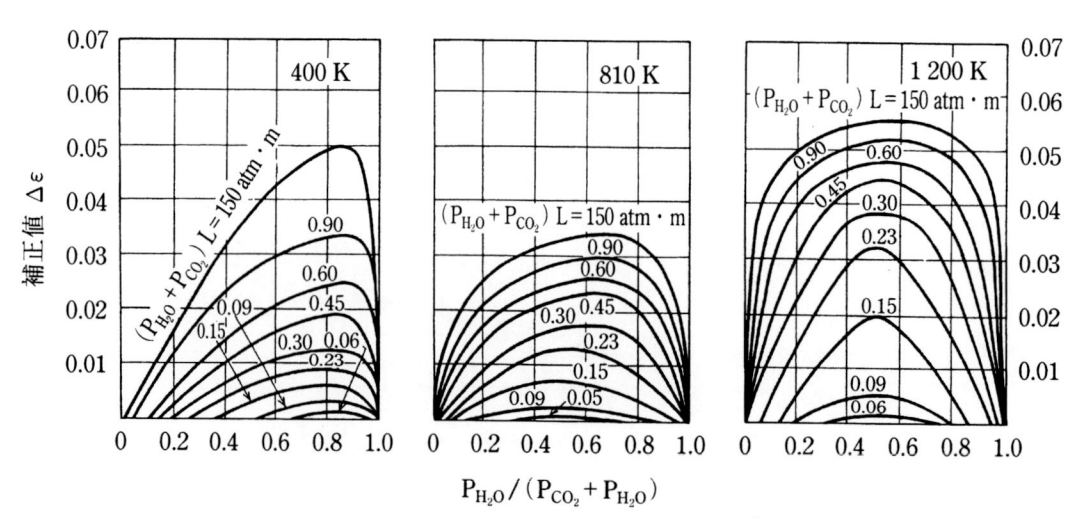

Fig. C-2-6-18　H_2O と CO_2 の混合気体の放射率計算のための補正値 $\Delta\varepsilon$[8]（Correction factor for mixture emissivity of water vapor and carbon dioxide）

2.6 燃焼

$\varepsilon_{smo}/\varepsilon_{gmo}$
$$= 6.8\gamma - 5.95 + 0.09/(\phi^2 - \gamma^2 + 0.35\gamma - 0.38) \quad (6)$$

ε_{smo}, ε_{gmo} はそれぞれ大気圧燃焼でのスート粒子群および不輝ガスの火炎内平均放射率であり，ϕ は空気過剰率，γ は燃料の比重（15～20℃）である．

一般に圧力 P (atm) における輝炎の平均放射率 ε_{fmp} は，(b) の方法によって求められる P (atm) での不輝ガスの放射率 ε_{gmp} および Eq.(6) と Eq.(8) から求められる P (atm) でのスート粒子群の放射率 ε_{smp} から次式で算出することができる．

$$\varepsilon_{fmp} = 1 - (1 - \varepsilon_{gmp})(1 - \varepsilon_{smp}) \quad (7)$$
$$\varepsilon_{smp} = 1 - \exp(-K_{smo} \cdot PL) \quad (8)$$

ここで，$K_{smo} = -\{\ln(1 - \varepsilon_{smo})\}/L$ である．

微粉炭燃焼の輝炎については，直径1mの燃焼室で種々の微粉炭を燃焼させた実験結果をまとめたものを Fig. C-2-6-19 に示す[10]．図中，D は燃焼室直径，L は火炎幅を表す．火炎幅の異なる場合にはこの結果をもとに Eq.(9) から放射率を概算することができる．

$$Kf \cdot L = -\ln(1 - \varepsilon f) \quad (9)$$

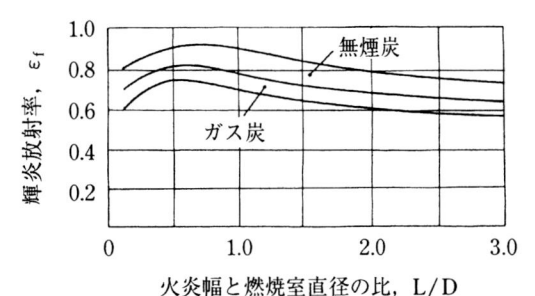

Fig. C-2-6-19 微粉炭輝炎の放射率[10] (Emissivities of powdered-coal flames)

1) Matsunaga, N. et al. : Proc. 1 st KSME-JSME Therm. Fluids Eng. Conf., Vol. I (1988) 12. 2) たとえば，水谷幸夫：燃焼工学，森北出版 (1977)；谷下市松：工業熱力学・基礎編 (SI による全訂版)，裳華房 (1987). 3) たとえば，Gordon, S. : NASA TP-1906, TP-1907 (1982). 4) Leckner, B. : Comb. and Flame, **19**, 1 (1972) 33. 5) Ludwig, C. B. et al. : Handbook of Infrared Radiation from Combustion Gases, NASA (1973). 6) Hottel, H. C. : "Radiant Heat Transmission" in W. H. McAdams (ed.), Heat Transmission, McGraw-Hill (1954). 7) Aba-Romia, M. M. and Tien, C. L. : Int. J. Heat and Mass Transfer, **10**, 12 (1967) 1779；J. Quantitative Spectroscopy and Radiative Transfer, **6** (1966) 143. 8) Hottel, H. C. and Sarofim, A. F. : Radiative Transfer, McGraw-Hill (1967) 233. 9) Kunitomo, T. et al. : SAE Transactions, **84** (1975) 1908. 10) 国友孟：伝熱工学の進展 **2**, 養賢堂 (1986) 300.

C.3 金属材料・冶金 (Metals and Metallurgy)

3.1 純金属の熱物性値 (Thermophysical Properties of Pure Metals)

B.2章を参照のこと．

3.2 合金の熱物性値 (Thermophysical Properties of Alloys)

実用合金のうちで主なものの熱物性値をB.3.1節に記述したが，ここでは熱物性値の温度依存性などの少し詳しいデータを記載する．

3.2.1 鋳鉄 (Cast Iron)

Table C-3-2-1に鋳鉄の熱伝導率のデータを示す[1]．黒鉛の形状により強い影響を受ける．片状およびC/V黒鉛鋳鉄の熱伝導率は球状黒鉛鋳鉄よりかなり大きいが，これは黒鉛が前者では連結しているためである．

Table C-3-2-2に球状黒鉛鋳鉄の熱物性値を示す．またTable C-3-2-3にねずみ鋳鉄の引張強さと熱伝導率，電気抵抗率の関係を示す．鋳鉄の比エンタルピー h，比熱 c_p，熱膨張率 α は90℃(363K)から760℃(1033K)では化学成分が同一であれば，黒鉛形状などにはあまり依存しない．炭素当量3.86〜4.47，C 3.1〜3.64 (%)，Si 2.29〜2.52，Mn 0.39〜0.76，S 0.014〜0.086，P 0.01〜0.043，Cu 0〜0.45，Ni 0〜0.76，Mo 0〜0.59の合金では，比エンタルピーおよび比熱は Eq.(1)，(2) で与えられている[2]．

$$h = 0.2395\,T + 3.349 \times 10^{-4} T^2 + 0.6000 \times 10^4 T^{-1} - 121.2 \quad (h\,;\,kJ/kg,\ T\,;\,K) \quad (1)$$

$$c_p = 0.2395\,T + 6.698 \times 10^{-4} T - 0.8031 \times 10^4 T^{-2} \quad (c_p\,;\,kJ/(kg\cdot K),\ T\,;\,K) \quad (2)$$

なお化学成分が同一であっても，凝固条件により組織が変化する．その場合，熱伝導率への影響が大きいので注意しなければならない．

Table C-3-2-1 鋳鉄の形状による熱伝導率とその温度依存性 (Thermal conductivity of cast irons at various temperatures)

黒鉛形状	炭素当量	熱伝導率 λ (W/(m·K))				
		100℃	200℃	300℃	400℃	500℃
片状黒鉛	3.8	50.24	48.99	45.22	41.87	38.52
	4.0	53.39	50.66	47.31	43.12	38.94
C/V黒鉛	3.9	38.10	41.0	39.40	37.30	35.20
	4.1	43.54	43.12	40.19	37.68	35.17
球状	4.2	32.34	34.75	33.08	31.40	29.31

Table C-3-2-2 球状黒鉛鋳鉄の熱物性値 (Thermophysical properties of ductile iron)

種類	密度 ρ (kg/m³)	比熱 c(kJ/(kg·K)) 20-700℃	熱伝導率 λ (W/(m·K))		熱膨張率 α (10^{-6} K⁻¹)	電気抵抗率 ρ_e ($\mu\Omega\cdot$cm) 20-400℃
			100℃	500℃		
フェライト地材 引張強度 350〜420 MPa， 伸び 12〜22% のもの	7100	0.603	36.5	35.8	12.5	500
フェライト+パーライト地 450/10* 500/7 600/3	7100 7170	0.603	36.5 36.5 32.8	35.8 34.9 32.2	12.5	500 510 530

Table C-3-2-2 球状黒鉛鋳鉄の熱物性値（Thermophysical properties of ductile iron）（つづき）

種 類	密 度 ρ (kg/m³)	比 熱 c(kJ/(kg·K)) 20-700℃	熱伝導率 λ (W/(m·K))		熱膨張率 α $(10^{-6} K^{-1})$	電気抵抗率 $\rho_e (\mu\Omega \cdot cm)$ 20-400℃
			100℃	500℃		
鋳放しでパーライト、焼鈍材 引張強さ700～900MPa 伸び2%のもの	7200	0.603	31.4	30.8	12.5	540
焼入れ・焼なまし材 引張強さ700～900MPa 伸び2%のもの	7200	0.603	33.5	32.9	12.5	> 540

* 450/10 は引張強さ450MPa、伸び10%の機械的性質を持つ材料を示している．

Table C-3-2-3 ねずみ鋳鉄の引張強さと熱伝導率，電気抵抗率の関係
（Relation between thermal properties and tensile strength）

引張強さ (MPa)	密 度 ρ (kg/m³)	熱伝導率 λ (W/(m·K))			電気抵抗率 $\rho_e (\mu\Omega \cdot m)$
		100℃	300℃	500℃	
150	7050	65.7	53.3	40.9	0.80
180	7100	59.5	50.3	40.0	0.78
220	7150	53.6	47.3	38.9	0.76
260	7200	50.2	45.2	38.0	0.73
300	7250	47.7	43.8	37.4	0.70
350	7300	45.3	42.3	36.7	0.67
400	7300	43.5	41.0	36.0	0.64

3.2.2. 炭素鋼および低合金鋼（Carbon Steel and Low Alloy Steel）

Table C-3-2-4, Table C-3-2-5に炭素鋼および低合金鋼の熱物性値を示す．熱伝導率は，一般に温度とともに徐々に低下する．比熱は相変態により大きく変化する．相変態量は冷却速度などで変化するので，温度のみでは決定できないことがあることに注意しなければならない．なお融点は合金組成によって異なりTable C-3-2-6に示すような実験式がある．

Table C-3-2-4 炭素鋼の熱物性値（Thermophysical properties of carbon steel）

材質	組成 (%)	温度 (℃)	密度 ρ (kg/m³)	比熱 c (kJ/(kg·K))	熱伝導率 λ (W/(m·K))	熱膨張率 $\alpha/(10^{-6}K^{-1})$	電気抵抗率 $\rho_e (\mu\Omega \cdot cm)$
キルド鋼	C 0.06 Mn 0.4 焼鈍材	RT	7870	—	65.3	—	12.0
		100		0.482	60.3	12.62	17.8
		200		0.520	54.9	13.08	25.2
		400		0.595	45.2	13.83	44.8
		600		0.754	36.4	14.65	72.5
		800		0.875	28.5	14.72	107.3
		1000		—	27.6	13.79	116.0

Table C-3-2-4 炭素鋼の熱物性値（Thermophysical properties of carbon steel）（つづき）

材質	組成 (%)	温度 (℃)	密度 ρ (kg/m³)	比 熱 c (kJ/(kg·K))	熱伝導率 λ (W/(m·K))	熱膨張率 $\alpha/(10^{-6}K^{-1})$	電気抵抗率 ρ_e ($\mu\Omega\cdot$cm)
キルド鋼	C 0.08 Mn 0.31 焼鈍材	RT 100 200 400 600 800 1000 1200	7860	0.469 0.482 0.523 0.595 0.741 0.960 0.653 0.661	59.5 57.8 53.2 45.6 36.8 28.5 27.6 29.7	— 12.19 12.99 13.91 14.68 14.79 13.49 —	13.2 19.0 26.3 45.8 73.4 108.1 116.5 —
軟鋼 (En 3)	C 0.23 Mn 0.6 焼鈍材	RT 100 200 400 600 800 1000 1200	7860	0.469 0.486 0.520 0.599 0.749 0.950 0.644 0.661	51.9 51.1 49.0 42.7 35.6 26.0 27.2 29.7	— 12.18 12.66 13.47 14.41 12.64 13.37 —	15.9 21.9 29.2 48.7 75.8 109.4 116.7 —
機械構造 用炭素鋼 S35C	C 0.34	RT 100 200 400 600 800		0.464 0.494 0.523 0.561 0.657 1.192	43.1 41.6 39.5 33.0 24.6 32.6		
中炭素鋼 (En 8)	C 0.42 Mn 0.64 焼鈍材	RT 100 200 400 600 800 1000	7850	— 0.486 0.515 0.586 0.708 0.624 —	51.9 50.7 48.2 41.9 33.9 24.7 26.8	— 11.21 12.14 13.58 14.58 11.84 13.59	16.0 22.1 29.6 49.3 76.6 111.1 122.6
共析鋼	C 0.80 Mn 0.32 焼鈍材	RT 100 200 400 600 800 1000	7850	— 0.490 0.532 0.607 0.712 0.616 —	47.8 48.2 45.2 38.1 32.7 24.3 26.8	— 11.11 11.72 13.15 14.16 13.83 15.72	17.0 23.2 30.8 50.5 77.2 112.9 119.1
工具鋼	C 1.22 Cr 0.11 Ni 0.13 Mn 0.35	RT 100 200 400 600 800 1000	7830	— 0.486 0.540 0.599 0.699 0.649 —	45.2 44.8 43.5 38.5 33.5 23.9 26.0	— 10.6 11.25 12.88 14.16 14.33 16.84	18.4 25.2 33.3 54.0 80.2 115.2 122.6
(En 14)	C 0.23 Mn 1.51 焼鈍材	RT 100 200 400 600 800 1000	7850	— 0.477 0.511 0.590 0.741 0.821 —	46.1 46.1 44.8 39.8 34.3 26.4 27.2	— 11.89 12.68 13.87 14.72 12.11 13.67	19.7 25.9 33.3 52.3 78.6 110.3 117.4

3.2 合金の熱物性値

Table C-3-2-5 低合金鋼の熱物性値 (Thermophysical properties of low alloy steel)

材質	組成 (%)	温度 (℃)	密度 ρ (kg/m³)	比 熱 c (kJ/(kg·K))	熱伝導率 λ (W/(m·K))	熱膨張率 $\alpha /(10^{-6}K^{-1})$	電気抵抗率 ρ_e ($\mu\Omega$·cm)
低合金鋼 1%Ni鋼 (En12) 焼入れ 850℃ OQ** 焼もどし 600℃(1h)OQ	C 0.4 Ni 0.8 Mn 0.67	RT 100 200 400 600	7850	*— 0.486 0.507 0.544 0.586	— 49.4 46.9 40.6 34.8	— 11.90 12.55 13.75 14.45	21.9 26.4 33.4 52.0 77.5
Mn-Mo鋼 (En16) 焼入れ 845℃ OQ 焼もどし 600℃(1h)	C 0.37 Mn 1.56 Mo 0.26	RT 100 200 400 600	7850	*— 0.456 0.477 0.532 0.599	— 48.2 45.6 39.4 33.9	— 12.45 13.20 14.15 14.80	25.4 30.6 39.1 60.0 88.5
Mn-Mo鋼 焼入れ 850℃, OQ 焼もどし 620℃(1h)OQ	C 0.37 Mn 1.48 Mo 0.43	RT 100 200 400 600	7850	*— 0.482 0.494 0.519 0.595	— 45.6 44.0 39.4 33.9	— 12.45 13.00 13.90 14.75	22.5 27.2 34.3 52.5 77.5
1%Cr鋼 (En188) 焼鈍材	C 0.32 Mn 0.69 Cr 1.09	RT 100 200 400 600 800 1000	7840	— 0.494 0.523 0.595 0.741 0.934 —	48.6 46.5 44.4 38.5 31.8 26.0 28.1	— 12.16 12.83 13.72 14.46 12.13 13.66	20.0 25.9 33.0 51.7 77.8 110.6 117.7
1%Cr鋼 (En18D) 焼入れ 850℃, OQ 焼もどし 640℃(1h)OQ	C 0.39 Mn 0.79 Cr 1.03	RT 100 200 400 600	7850	*— 0.452 0.473 0.519 0.561	— 44.8 43.5 37.7 31.4	— 12.35 13.05 14.40 15.70	22.8 28.1 35.2 53.0 78.5
1%Cr-Mo鋼 焼入れ、焼もどし	C 0.28〜0.33 Mn 0.4〜0.6 Si 0.2〜0.35 Cr 0.8〜1.1 Mo 0.15〜0.25	0 RT 100 200 300 400 500 600 700 800 1000 1200	7850	— — 0.477 0.515 0.544 0.595 0.657 0.737 0.825 0.883 — —	42.7 — 42.7 — 40.6 — 37.3 — 31.0 — 28.1 30.1		— 22.3 27.1 34.2 — 52.9 — 78.6 — 110.3 117.1 122.2
1%Cr-Mo鋼 (En19) 焼入れ 850℃, OQ 焼もどし 600℃(1h),OQ	C 0.41 Mn 0.67 Cr 1.01 Mo 0.23	RT 100 200 400 600	7830	*— — 0.473 0.519 0.561	— 42.7 42.3 37.7 33.1	— 12.25 12.70 13.70 14.45	22.2 26.3 32.6 47.5 64.6

* 比熱・線膨張率は記載温度の50℃間の平均値である。
** OQ: Oil Quenching

Table C-3-2-5 低合金鋼の熱物性値（Thermophysical properties of low alloy steel）（つづき）

材質	組成(%)	温度(℃)	密度 ρ (kg/m³)	比熱 c (kJ/(kg・K))	熱伝導率 λ (W/(m・K))	熱膨張率 $\alpha/(10^{-6}K^{-1})$	電気抵抗率 ρ_e ($\mu\Omega$・cm)
低Ni-Cr-Mo鋼 (En 19) 焼鈍材	C 0.35 Mn 0.59 Ni 0.20 Cr 0.88 Mo 0.20	RT 100 200 400 600 800	7840	— 0.477 0.515 0.595 0.737 0.883	42.7 42.7 41.9 38.9 33.9 26.4	— 12.67 13.11 13.82 14.55 11.92	21.1 27.1 34.2 52.9 78.6 110.3
3%Ni鋼 (En 21)	C 0.32 Mn 0.55 Ni 3.47	RT 100 200 400 600 800	7850	— 0.482 0.523 0.590 0.749 0.604	36.4 37.7 38.9 36.8 32.7 25.1	— 11.20 11.80 12.90 13.87 11.10	25.9 32.0 39.0 56.7 81.4 112.2
3%Ni鋼 (En 23) 焼入れ、焼もどし材	C 0.33 Mn 0.50 Ni 3.4 Cr 0.8	RT 100 200 400 600 800	7850	— 0.494 0.523 0.599 0.775 0.557	34.3 36.0 36.8 36.4 31.8 26.0	— 11.36 12.29 13.18 13.72 10.69	25.6 31.7 38.7 56.7 81.7 111.5
3%Ni-Cr-Mo鋼 焼入れ、焼もどし材	C 0.34 Mn 0.54 Ni 3.53 Cr 0.76 Mo 0.39	RT 100 200 400 600 800	7860	— 0.486 0.523 0.607 0.770 0.636	33.1 33.9 35.2 35.6 30.6 26.8	— 11.63 12.12 13.12 13.79 10.67	27.7 33.7 40.6 58.2 82.5 111.4
2%Si-Cu鋼 焼鈍材	C 0.48 Mn 0.90 Si 1.98 Cu 0.64	RT 100 200 400 600 800	7730	— 0.498 0.523 0.603 0.749 0.528	25.1 28.5 30.1 — — —	— 11.19 12.21 13.35 14.09 13.59	41.9 47.0 52.9 68.5 91.1 117.3

Table C-3-2-6 鉄系合金の液相線温度（T_L），同相線温度（T_s）の算出式[3,4]（Empirical equations for liquidus and solidus temperature of ferrous alloys）

算 出 式	備 考
$T_L = 1538 - \{f[\%C] + 13.0(\%Si) + 4.8(\%Mn) + 1.5(\%Cr) + 3.1(Ni)\}$ ただし $f[\%C] = 55(\%C) + 80(\%C)^2$,$C \leq 0.5\%$ $f[\%C] = 44 - 21(\%C) + 52(\%C)^2$,$0.5 < C < 1\%$	平居ら(1968) Fe系
$T_L = 1536 - \{78(\%C) + 7.6(\%Si) + 4.9(\%Mn) + 34.4(\%P) + 38(\%S) + 4.7(\%Cu)$ $+ 3.1(\%Ni) + 1.3(\%Cr) + 3.6(\%Al)\}$	川和(1973)
$T_L = 1536 - \{0.1 + 83.9(\%C) + 10.0(\%C)^2 + 12.6(\%Si) + 5.4(\%Mn) + 4.6(\%Cu) + 5.1(\%Ni)$ $+ 1.5(\%Cr) - 3.3(\%Mo) - 30(\%P) - 37(\%S) - 9.5(\%Nb)\}$	渡辺(1776) 特殊鋼 C≦0.51%
$T_L = 1650 - 124.5(\%C) - 26.7(\%Si + 2.45\%P)$	鋳鉄
$T_s = (\text{Fe-C系固相線温度}) - \{20.5(\%Si) + 6.5(\%Mn) + 500(\%P) + 700(\%S)$ $+ 1(\%Cr) + 11.5(\%Ni) + 5.5(\%Al)\}$	平居ら(1968) C<1%, Si<4%, Mn<5% Cr<4%, Ni<4%, Al<1.5%
$T_s = 1536 - \{415.5(\%C) + 12.3(\%Si) + 6.8(\%Mn) + 124.5(\%P) + 183.9(\%S)$ $+ 4.3(\%Ni) + 1.4(\%Cr) + 4.1(\%Al)\}$	川和ら(1974) C<0.5%
$T_s = 1104 + 9.8(\%C) - 12.1(\%Si + 2.45\%P)$	白銑共晶温度

3.2.3 ステンレス鋼（Stainless Steel）

一般に Cr を 10％以上含む Fe 基合金をステンレス鋼といい，マルテンサイト系ステンレス鋼，フェライト系ステンレス鋼，オーステナイト系ステンレス鋼，析出硬化型ステンレス鋼に分類される．ステンレス鋼の熱伝導率は炭素鋼などと逆に温度とともにむしろ上昇するのが特徴である．Table C-3-2-7 にその物性値を示す．

Table C-3-2-7 ステンレス鋼の熱物性値（Thermophysical properties of stainless steel）

材質　　組成（％）	温度（℃）	密度 ρ (kg/m³)	比熱 c (kJ/(kg·K))	熱伝導率 λ (W/(m·K))	熱膨張率 α /(10^{-6}K^{-1})	電気抵抗率 ρ_e ($\mu\Omega$·cm)
マルテンサイト系ステンレス鋼 (13%Cr, En56B) C 0.13 Mn 0.25 Cr 12.95 Ni 0.14 焼鈍材	RT 100 200 400 600 800 1000	7740	— 0.473 0.515 0.607 0.779 0.691 —	26.3 27.6 27.6 27.6 26.4 25.1 27.6	— 10.13 10.66 11.54 12.15 12.56 11.70	48.6 58.4 67.9 85.4 102.1 116.0 117.0
マルテンサイト系ステンレス鋼 (12%Cr-4%Al, AISI 406) C 0.10 Mn 0.60 Cr 12.0 Al 4.5	RT 100 300 500 600 700 850	7420	0.502 — — — — — —	— 25.1 — 28.5 — — —	— 11.0 12.0 12.0 — 13.0 —	122 125 129 — 136 — 141
マルテンサイト系ステンレス鋼 (16%Cr-Ni, En 57) C 0.16 Mn 0.2 Ni 2.5 Cr 16.5	RT 100 300 500	7700	— 0.482 — —	18.8 — — 24.3	— 10 11 12	72.0 — — 103.0
オーステナイト系ステンレス鋼 (SUS 304) C 0.08 Mn 0.3〜0.5 Ni 8 Cr 18	RT 100 200 400 600 800 1000	7920	— 0.511 0.532 0.569 0.649 0.641 —	15.9 16.3 17.2 20.1 23.9 26.8 28.1	— 14.82 16.47 17.61 18.43 19.03 —	69.4 77.6 85.0 97.6 107.2 114.1 119.6
オーステナイト系ステンレス鋼 (Nb添加) C 0.15 Mn 0.8 Ni 14 Cr 19 Nb 1.7	RT 100 200 400 600	7920		15.1 16.8 20.1 24.3	17.0 17.2 17.6 18.6	
オーステナイト系ステンレス鋼 (ボイラ管用) C 0.10 Mn 6.0 Cr 15.0 Ni 10.0 Mo 1.0 溶体化処理 1100℃	RT 100 200 400 600 700	7940	0.477 0.494 0.511 0.536 0.557 0.565	12.6 13.8 15.4 18.8 21.8 23.0	14.80 15.70 16.75 18.25 18.95 19.30	74.1 80.0 86.7 99.4 108.4 114.4
13%Cr鋳鋼　C 0.13 Mn 0.80 Cr 12.5	100 600	7730	0.482	24.7 27.6	11.0	56

Table C-3-2-7 ステンレス鋼の熱物性値（Thermophysical properties of stainless steel）（つづき）

材質	組成（%）	温度（℃）	密度 ρ (kg/m³)	比熱 c (kJ/(kg·K))	熱伝導率 λ (W/(m·K))	熱膨張率 α /(10^{-6}K^{-1})	電気抵抗率 ρ_e ($\mu\Omega$·cm)
18%Cr-8%Ni-Nb	C 0.08 Si 1.0 Mn 0.5 Ni 9.0 Cr 18.0 Nb 0.9	100 700	7930	0.502	15.9 20.1	17.0 19.0	
21%Cr-8%Ni-4%W 耐熱鋳鋼	C 0.35 Si 0.35 Mn 0.80 Ni 7.0 Cr 21.0 W 4.0	RT 900	7920 —	0.435 —	10.9 26.8	— 17.7	86 —
25%Cr-12%Ni-3%W 耐熱鋳鋼	C 0.20 Si 1.00 Mn 0.80 Ni 0.20 Cr 23.0 W 3.0	RT 1000	7900 —	0.502 —	12.6 29.3	— —	87 —
25%Ni-15%Cr 耐熱鋳鋼	C 0.35 Si 0.90 Mn 0.75 Ni 25.0 Cr 15.0	RT 1000	7900 —	0.502 —	12.6 29.3	— —	88 —
40%Ni-20%Cr 耐熱鋳鋼	C 0.50 Si 2.0 Mn 1.50 Ni 40.0 Cr 20.0	RT 100 500 800 1100	8020	0.460	— 13.4 — 23.9 —	— — 16.0 16.4 17.4	105
60%Ni-15%Cr 耐熱鋳鋼	C 0.50 Si 2.00 Mn 1.50 Ni 60.0 Cr 15.0	RT 100 500 800 1100	8120	0.460	— 13.4 — 23.0 —	— — 14.2 15.3 16.5	108

3.2.4 その他の合金鋼（Other Alloy Steels）

その他の合金鋼の熱物性値を Table C-3-2-8 に示す.

3.2.5 アルミニウム合金（Aluminum Alloys）

Fig. C-3-2-1, Fig. C-3-2-2 にアルミニウム合金の比熱および熱伝導率の温度変化を示す.

Table C-3-2-8 その他の合金鋼の熱物性値（Thermophysical properties of other steels）

材質	組成（%）	温度（℃）	密度 ρ (kg/m³)	比熱 c (kJ/(kg·K))	熱伝導率 λ (W/(m·K))	熱膨張率 α /(10^{-6}K^{-1})	電気抵抗率 ρ_e ($\mu\Omega$·cm)
9%Ni鋼	C 0.09 Ni 9	-200 -150 -100 -50 RT 100 200 300	7850	0.466	16.0 19.5 23.0 26.5 29.5 32.0 34.0 34.5	-9.5 -9.7 -9.9 -10.2 10.5 11.0 11.7 12.3	

3.2 合金の熱物性値

Table C-3-2-8　その他の合金鋼の熱物性値（Thermophysical properties of other steels）（つづき）

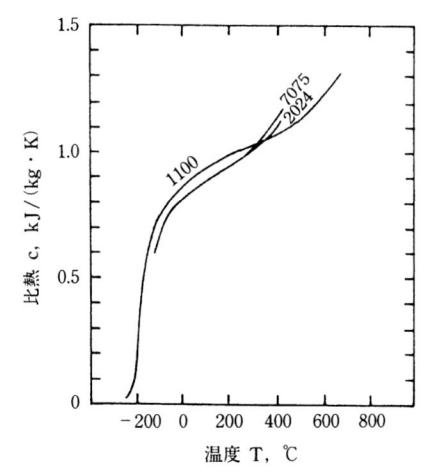

材質	組成 (%)	温度 (℃)	密度 ρ (kg/m³)	比 熱 c (kJ/(kg·K))	熱伝導率 λ (W/(m·K))	熱膨張率 $\alpha /(10^{-6} K^{-1})$	電気抵抗率 $\rho_e (\mu\Omega\cdot cm)$
13%Mn鋼	C 1.22 Mn 13.0 1050℃で空冷	RT 100 200 400 600 800 1000	7870	— 0.519 0.565 0.607 0.704 0.649 0.673	13.0 14.6 16.3 19.3 21.8 23.5 25.5	— 18.01 19.37 21.71 19.86 21.86 23.13	66.5 75.7 84.7 100.4 110.0 120.4 127.5
28%Ni鋼	C 0.28 Mn 0.89 Ni 28.4 950℃, WQ	RT 100 200 400 600 800 1000	8160	— 0.502 0.519 0.540 0.586 0.586 0.599	12.6 14.7 16.3 18.9 22.2 25.1 27.6	— 13.73 15.28 17.02 17.82 18.28 18.83	82.9 89.1 94.7 103.9 111.2 116.5 120.6
4%Cr-18%W鋼	C 0.72 Mn 0.25 Ni 0.07 Cr 4.26 W 18.5	RT 100 200 400 600 800 1000	8690	— 0.410 0.435 0.502 0.599 0.716 —	24.3 26.0 27.2 28.5 27.2 26.0 27.6	— 11.23 11.71 12.20 12.62 12.97 12.44	40.6 47.2 54.4 71.8 92.2 115.2 120.9
工具鋼 (SKD11)	C 1.5 Cr 12 Mo 1 V 0.35	RT 100 300 500 700			29.3 27.2 25.6 23.5 21.0	— 12.0 12.8 12.9 12.9	
工具鋼 (SKD61)	C 0.4 Si 1.0 Cr 5 Mo 1.2 V 1	RT 200 500 700			30.6 30.2 28.9 28.1	— 11.3 13.0 13.4	

Fig. C-3-2-1　アルミニウム合金の比熱
（Specific heat of aluminum alloys）

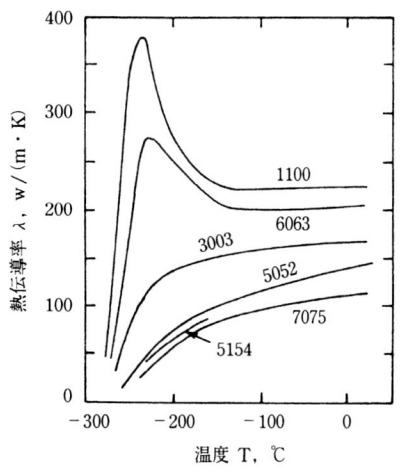

Fig. C-3-2-2　アルミニウム合金の熱伝導率
（Thermal conductivity of aluminum alloys）

3.2.6 金属酸化物単結晶, アモルファス金属およびガラス類 (Single Crystals of Metallic Oxides, Metallic Amorphouses and Glasses)

(a) 金属酸化物単結晶 (Single Crystals of Metallic Oxides)

Table C-3-2-9 に, 代表的な金属酸化物単結晶の熱物性値[5]を示した. また, Fig. C-3-2-3 には, 熱伝導率の推薦値[6]を温度に対して示した.

(b) アモルファス金属 (Metallic Amorphouses)

アモルファス金属の熱物性値の測定例はまだそれほど多くはない. しかし, 熱膨張特性については一般的性質が調べられている. その一例として, $(Pd_{0.6}Ni_{0.4})_{80}P_{20}$ アモルファス合金の熱膨張曲線を Fig. C-3-2-4 に示す[7]. 曲線 (A) に示される as-prepared の試料は 370 K 以上で構造緩和を生じ, ガラス遷移温度 T_g 以上で軟化し収縮する. これを除冷した後の加熱曲線は (B) の様になるが, 温度を上げると曲線 (C) に示すように結晶化温度 T_x で収縮は止まり, 急激に膨張する. 結晶化した試料は曲線 (D) に示されるような, 通常の結晶質合金と同様の特性を示す. T_g と T_x の位置にもよるが, 多くのアモルファス合金はこの場合とほぼ同様な特性を示す.

アモルファス金属の熱伝導率の特性を示す例として, (Fe, Ni, Co) (P, B, Si) 系アモルファスの低温下での熱伝導率の測定結果[8]を Fig. C-3-2-5 に示す. これより, P, S, Si 等の非金属が熱伝導率に大きく影響することや, 金属成分の組成はあまり影響しないこと等がわかる. また, Fig. C-3-2-6 は $Fe_{80}B_{20}$ について, as-produced のもの, 熱処理したもの, 再結晶化したもの, のそれぞれ熱伝導率の相違を示した

Table C-3-2-9 代表的な金属酸化物単結晶の熱物性値[5] (Thermophysical properties of metallic-oxide single crystals)

	温度 (K)	密度 ρ (kg/m³)	比熱 c (kJ/(kg·K))	熱伝導率 λ (W/(m·K))		熱拡散率 a (m²/s) ×10⁻⁶	
Al_2O_3 (サファイア)	300 400 500 800	3970 3960 3950 3920	0.779 0.940 1.040 1.181	46 32.4 24.2 13.0		14.9 8.70 5.89 2.81	
SiO_2 (石英)	300 400 500 800	2660 2650 2640 2580	0.745 0.891 0.990 1.225	10.4* 7.6 6.0 4.2	6.21** 4.70 3.88 3.06	5.25* 3.22 2.30 1.33	3.13** 1.99 1.49 0.968
TiO_2 (ルチル)	100 200 300 400	4280 4270 4260 4250	0.232 0.526 0.692 0.786	23.5* 13.7 10.4 8.5	16.9** 9.7 7.4 6.0	23.7* 6.10 3.53 2.54	17.0** 4.32 2.51 1.80

* C軸に平行   ** C軸に垂直

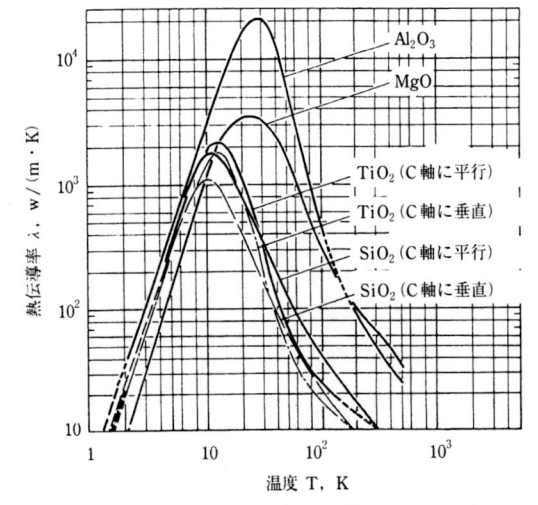

Fig. C-3-2-3 代表的な金属酸化物単結晶の熱伝導率の推薦値[6] (Recommended thermal conductivity of metallic-oxide single crystals)

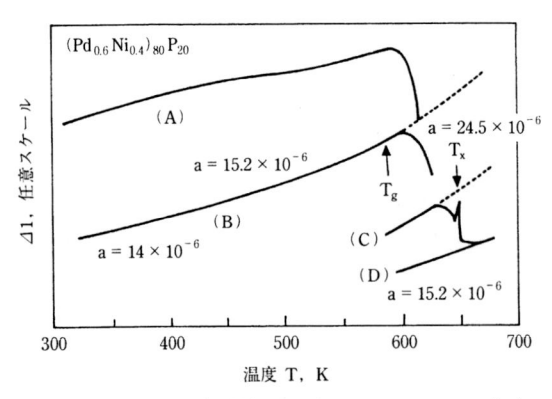

Fig. C-3-2-4 $(Pd_{0.6}Ni_{0.4})_{80}P_{20}$ アモルファス合金の熱膨張曲線[7] (Thermal expansion curve of amorphous $(Pd_{0.6}Ni_{0.4})_{80}P_{20}$)

3.2 合金の熱物性値

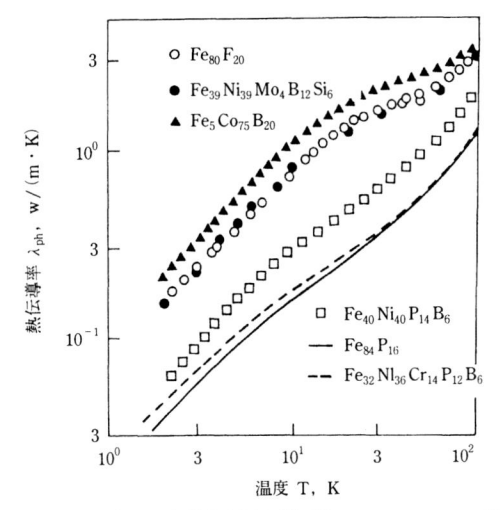

Fig. C-3-2-5 (Fe,Ni,Co)(P,B,Si)系アモルファスの熱伝導率の測定結果[8] (Measured thermal conductivity of (Fe,Ni,Co) (P,B,Si) amorphous)

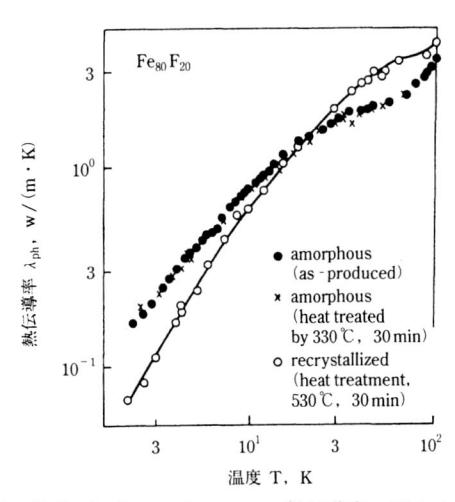

Fig. C-3-2-6 アモルファスの熱伝導率に対する熱処理の影響[8] (Effect of heat treatment conductivity of amorphous)

Table C-3-2-10 代表的なガラスの熱物性値[5] (Thermophysical properties of typical glasses)

物質名	温度 T (K)	密度 ρ (kg/m³)	比熱 c (kg/(kg·K))	熱伝導率 λ (W/(m·K))	温度伝導率 a (m²/s) (×10⁻⁶)
石英ガラス	300 400 500 800	2190 2190 2190 2190	0.74 0.86 0.96 1.12	1.38 1.51 1.64 2.17	0.85 0.80 0.78 0.89
ソーダガラス	300 400 500	2520 2520 2520	0.80 0.96 1.07	1.03 1.10 1.17	0.47 0.42 0.38
ほうけい酸ガラス (パイレックス 7740)	300 400 500 600	2230 2220 2220 2220	0.73 0.89 1.02 1.12	1.10 1.24 1.37 1.49	0.68 0.63 0.61 0.60

例である.

(c) ガラス類 (Glasses)

ガラス類のデータは，C.6.5節でも扱っているので参照されたい．本節では実用性の高い一部のガラスについてのデータを Table C-3-2-10 に挙げる.

実質的なガラスの熱伝導率を λ(W/(m·K)) は成分酸化物量に基づき，次式により算出される[9,10]．成分を i，その重量%を G_i とする.

$$\lambda = 4.814 \times 10^{-5} \sum f_i G_i$$

係数 f_i は Table C-3-2-11 の通りである.

Table C-3-2-11 ガラスの熱伝導率を算定するための係数[9,10] (Coefficients for estimating the thermal conductivity of glass)

温度 T (K)	0	100	温度 T (K)	0	100
SiO_2	3.07	3.44	Al_2O_3	3.72	2.14
K_2O	0.58	0.39	ZnO	2.02	1.64
Na_2O	-1.29	-0.67	CaO	3.17	2.39
PbO	0.76	0.96	BaO	0.46	0.75
Sb_2O_3	-4.16	1.12	Fe_2O_3	1.90	1.73
B_2O_3	1.59	2.49	MgO	5.92	4.53

1) Sergeant, G. F. and Evans, E. R. : British Foundryman, **71** (1978) 115. 2) Monroe, R. W. and Bates, C. E. : AFS Trans. **90** (1982) 615. 3) 鉄鋼の凝固, 日本鉄鋼協会・鉄鋼基礎共同研究会 凝固部会 (1977). 4) 日本鉄鋼協会編：第3版鉄鋼便覧Ⅰ, 基礎, 丸善 (1981) 205. 5) 日本機械学会：伝熱工学資料 (改訂第4版) (1986) 320. 6) Touloukian, Y, S., et al., Thermophysical Properties of Matter, Vol.2, IFI/Plenum (1970) 97, 166, 182, 208. 7) 深道和明・増本 健：アモルファス合金―その物性と応用, アグネ社 (1985) 183. 8) Gompe, G., et al., : phys. stat. sol. (b), 119 (1983) 579. 9) Ratcliffe, E. H. : Glass Technology, 4 (1963) 113. 10) 作花済夫ほか編：ガラスハンドブック, 朝倉書店 (1975) 713.

3.3 液体金属の熱物性値 (Thermophysical Properties of Liquid Metals)

B.6.1節を参照のこと.

3.4 溶融スラグおよびシリケートの熱物性値 (Thermophysical Properties of Molten Slags and Silicates)

溶融スラグおよびシリケートの熱物性値は,「Slag Atlas second edition」[1]をはじめ, いくつかの文献[2-6]に集録されているが, 実験の困難さのために, 製錬温度における測定は少ないのが現状である.

3.4.1 密度 (Density)

スラグの密度はアルキメデス法, 最大泡圧法, 静滴法などにより測定されている.

アルカリシリケート2元系スラグの密度に関しては, 比較的測定例が多い. その中でも系統的に測定された結果[7-14]をFig. C-3-4-1に示す. 図中の直線は全てのデータを回帰したものである.

Fig. C-3-4-2にTomlinsonら[15]によるアルカリ土類シリケート2元系の測定結果を示す.

高炉スラグの基本系である$CaO-SiO_2-Al_2O_3$系スラグの1773Kにおける等密度曲線[16,17]をFig. C-3-4-3に示す. 実用スラグの組成は操業条件によって異なり, 基本成分以外にMgO, FeO, MnO, TiO_2などを含む.

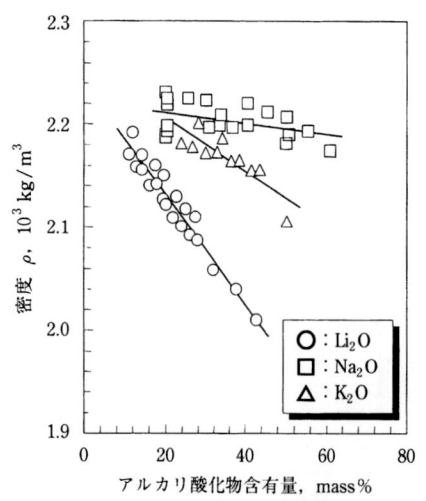

製鋼スラグの基本系である$CaO-SiO_2-Fe_xO$系スラグの1673Kにおける等密度曲線[18-28]をFig. C-3-4-4に示す. 多成分系の密度については, シリケートの重合理論に基づく推算式が報告されている[29].

$CaO-SiO_2-CaF_2$系スラグの1873Kにおける等密度曲線[30]をFig. C-3-4-5に示す. フッ化物基スラグの密度の推算式もいくつか報告されている[31,32].

Fig. C-3-4-1 1573KにおけるR₂O-SiO₂系スラグの密度 (Density of R_2O-SiO_2 slags at 1573K)

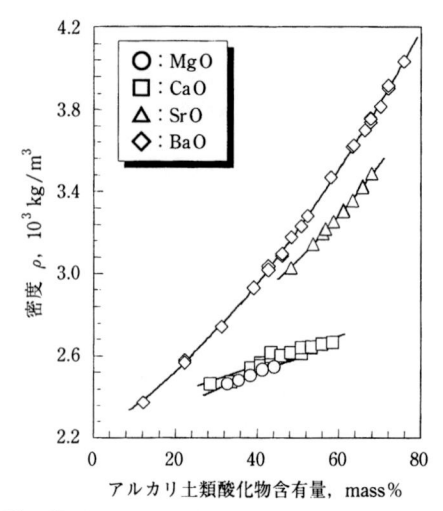

Fig. C-3-4-2 1973KにおけるRO-SiO₂系スラグの密度 (Density of $RO-SiO_2$ slags at 1973K)

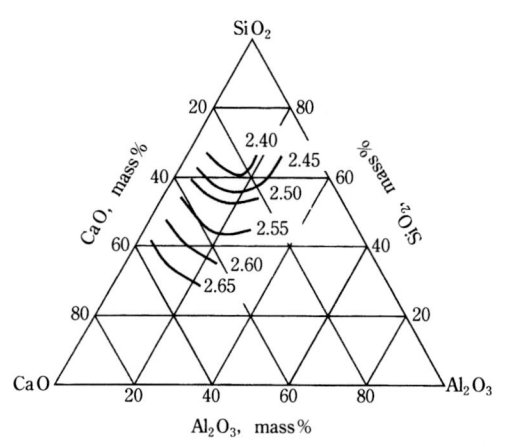

Fig. C-3-4-3 1773Kにおける$CaO-SiO_2-Al_2O_3$系スラグの密度 $[\rho(10^3 kg/m^3)]$ (Density of $CaO-SiO_2-Al_2O_3$ slags at 1773K)

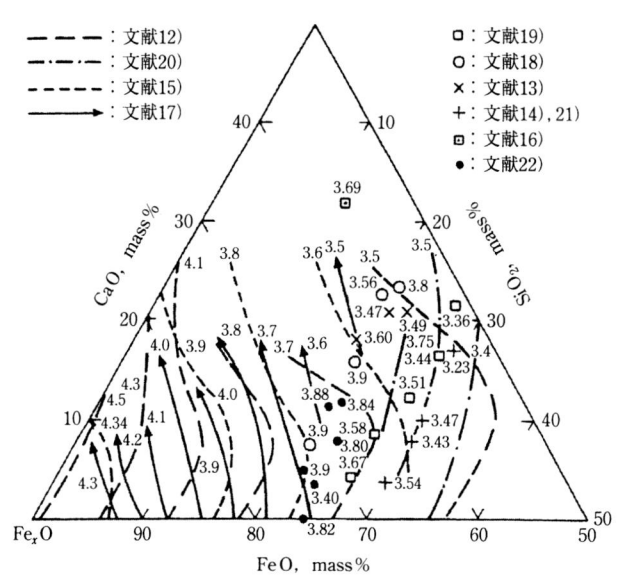

3.4 溶融スラグおよびシリケートの熱物性値

Fig. C-3-4-4　1673 K における CaO-SiO$_2$-Fe$_x$O 系スラグの密度〔ρ(10^3 kg/m^3)〕(Density of CaO-SiO$_2$-Fe$_x$O slags at 1673 K)

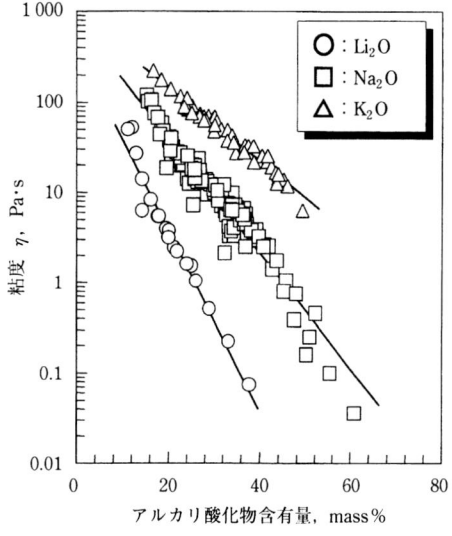

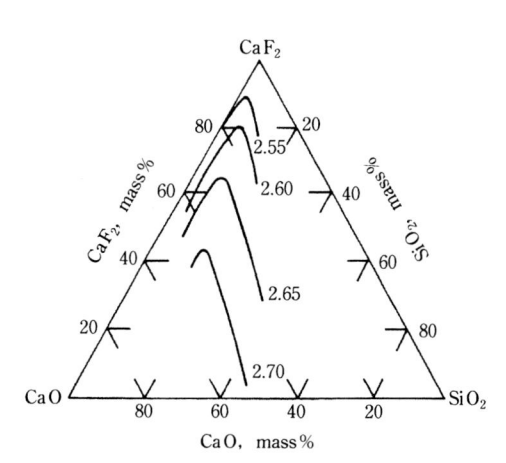

Fig. C-3-4-5　1873 K における CaO-SiO$_2$-CaF$_2$ 系スラグの密度〔ρ(10^3 kg/m^3)〕(Density of CaO-SiO$_2$-CaF$_2$ slags at 1873 K)

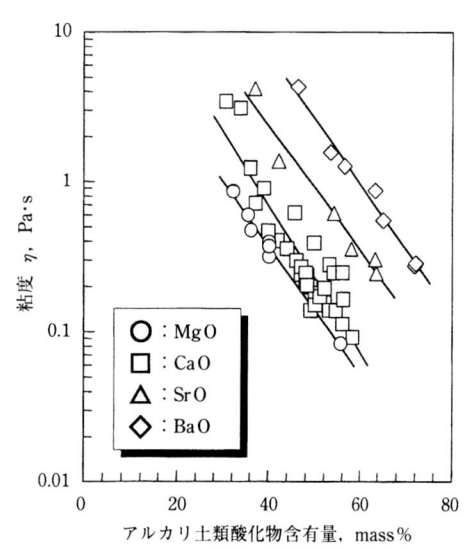

Fig. C-3-4-6　1573 K における R$_2$O-SiO$_2$ 系スラグの粘度 (Viscosity of R$_2$O-SiO$_2$ slags at 1573 K)

Fig. C-3-4-7　1873 K における RO-SiO$_2$ 系スラグの粘度 (Viscosity of RO-SiO$_2$ slags at 1573 K)

3.4.2　粘度 (Viscosity)

スラグの粘度(粘性率)は毛管法,落球法,円筒回転法などにより測定されている. 粘度は組成や温度の変化を敏感に反映するため,高温融体の構造を知る上でも重要な物性値である. 粘度の推算方法もいくつか[33-35]報告されている. 特に飯田ら[36]は広範囲な系,組成についての推算式を提案している.

アルカリ・アルカリ土類シリケート 2 元系スラグの粘度に関しては, 測定例が多い. Fig. C-3-4-6 および Fig. C-3-4-7 に, それぞれアルカリシリケート 2 元系スラグ[37-51]およびアルカリ土類シリケート 2 元系スラグ[46,52-60]の測定結果を示す. 図中の直線は全てのデータを回帰したものである.

高炉スラグの基本系である CaO-SiO$_2$-Al$_2$O$_3$ 系の 1773 K における等粘曲線[56,59-67]を Fig. C-3-4-8 に示す.

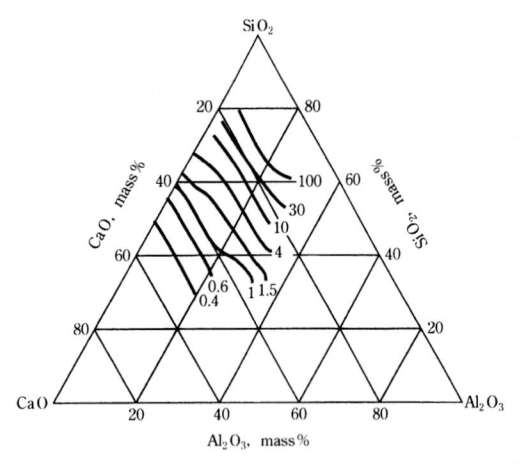

Fig. C-3-4-8 1773 K における CaO-SiO₂-Al₂O₃ 系スラグの粘度〔η(Pa·s)〕(Viscosity of CaO-SiO₂-Al₂O₃ slags at 1773 K)

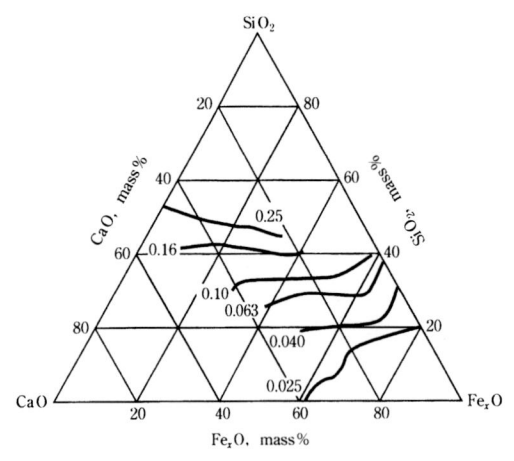

Fig. C-3-4-9 1773 K における CaO-SiO₂-FeO-Fe₂O₃ 系スラグの粘度〔η(Pa·s)〕(Viscosity of CaO-SiO₂-FeO-Fe₂O₃ slags at 1773 K)

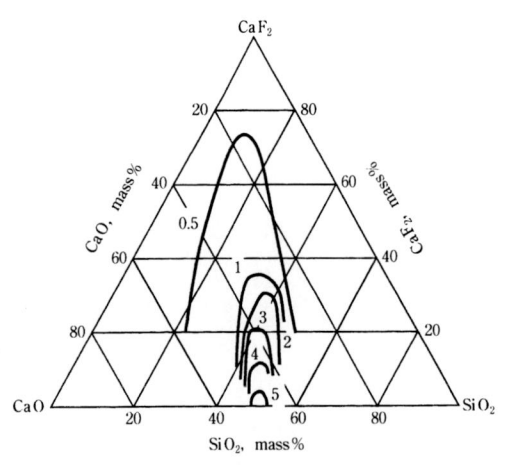

Fig. C-3-4-10 1773 K における CaO-SiO₂-CaF₂ 系スラグの粘度〔η(Pa·s)〕(Viscosity of CaO-SiO₂-CaF₂ slags at 1773 K)

製鋼スラグの基本系である CaO-SiO$_2$-FeO-Fe$_2$O$_3$ 系スラグの 1673 K における等粘度曲線[57, 64-69] を Fig. C-3-4-9 に示す.

CaO-SiO$_2$-CaF$_2$ 系スラグの 1673 K における等粘度曲線[53, 70-72] を Fig. C-3-4-10 に示す.

3.4.3 溶融スラグの表面張力 (Surface tension of slags)

溶融スラグの表面張力の情報は，金属精錬において，溶融金属からの固体微粒子状の介在物の吸収，精錬反応速度の解析，反応容器の壁の耐火物の侵食など，関連物質の濡れ性に関わる諸問題を解析する上で欠かせない物性値である．溶融スラグの表面張力の研究は古くから行われてきたが，たとえば上記の耐火物の侵食は，近年，温度や酸素濃度の差によるマランゴニ対流が原因とされ，微小重力下では表面張力は顕在化するため，最近新たに研究活動が活発に行われている．Table C-3-4-1 に各種溶融酸化物の表面張力の主として融点における値を示す[76]．溶融金属の表面張力は高融点金属ほど大きな値を示す傾向があり，その値もアルカリ金属の $0.2\,\mathrm{N\cdot m^{-1}}$ から溶鉄の $1.8\,\mathrm{N\cdot m^{-1}}$ のように大きな幅を持つが，溶融酸化物の表面張力の値は $0.2\sim0.6\,\mathrm{N\cdot m^{-1}}$ 程度で，その範囲は限られている．したがって，Table C-3-4-1 に示す溶融酸化物の溶体である溶融スラグの表面張力の組成依存性もあまり大きくない．金属精錬に用いられる溶融スラグは主としてシリケート系であるが，SiO$_2$ の表面張力は融点で $0.3\,\mathrm{N\cdot m^{-1}}$ 程度で，他のアルカリ土類系，FeO 系などより若干小さいが，高 SiO$_2$ 組成は粘度が高くなるため利用されることはなく，通常の溶融スラグの組成域では $0.4\sim0.5\,\mathrm{N\cdot m^{-1}}$ 程度の表面張力と考えてよい．Fig. C-3-4-11 には高炉系スラグとして SiO$_2$-Al$_2$O$_3$-CaO スラグの 1873 K における表面張力[77, 78]を，また，Fig. C-3-4-12 には製鋼スラグとして SiO$_2$-Fe$_t$O-CaO スラグの 1673 K における表面張力[79, 80]を示す．溶融酸化物の表面張力の温度依存性は，一般には温度の上昇とともに表面張力の値は低下するが，SiO$_2$ や GeO$_2$ の表面張力の値は温度の上昇とともに増加することが報告されている[81]．

Table C-3-4-1 融点における溶融酸化物の表面張力 (Surface tension of pure molten oxides at melting point)

酸化物	表面張力(Nm⁻¹)	酸化物	表面張力(Nm⁻¹)	酸化物	表面張力(Nm⁻¹)
Li_2O	0.420 (1673K*)	CoO	0.550 (2078K)	B_2O_3	0.080 (1173K*)
Na_2O	0.308 (1673K*)	PbO	0.132 (1173K*)	Cr_2O_3	0.815 (2573K)
K_2O	0.156 (1673K*)	TiO_2	0.380 (2143K)	Sm_2O_3	0.815 (2593K)
BeO	0.415 (2843K)	SiO_2	0.307 (1993K)	La_2O_3	0.560 (2573K)
MgO	0.660 (3073K)	GeO_2	0.250 (1389K)	Bi_2O_3	0.213 (1098K)
CaO	0.670 (2860K)	Ta_2O_3	0.280 (2150K)	Al_2O_3	0.606 (2320K)
BaO	0.520 (2196K)	P_2O_5	0.060 (836K)	Ti_2O_3	0.584 (2090K)
ZnO	0.550 (2248K)	WO_3	0.100 (1743K)	V_2O_5	0.080 (943K)
FeO	0.545 (1641K)	MoO_3	0.070 (1068K)	Nb_2O_3	0.279 (1773K)
MnO	0.630 (2058K)	(括弧内の数値は融点、＊は測定温度)			

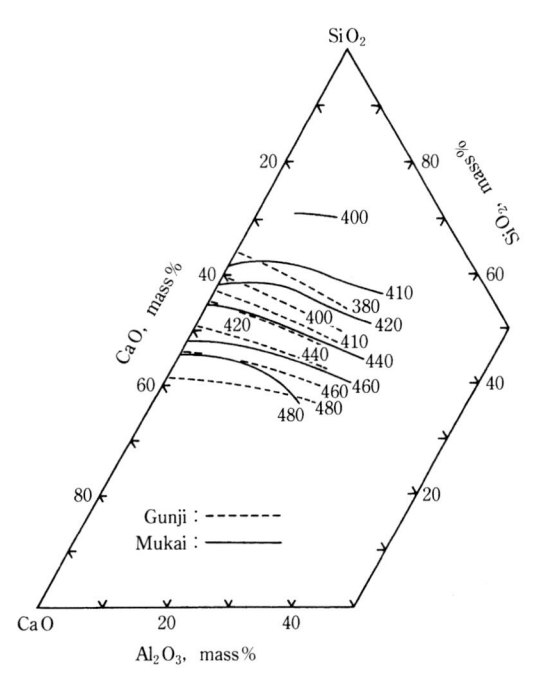

Fig. C-3-4-11 SiO_2-Al_2O_3-CaO スラグの表面張力 (1873 K, σ/mN·m⁻¹) (Surface tension of SiO_2-Al_2O_3-CaO slags at 1873 K)

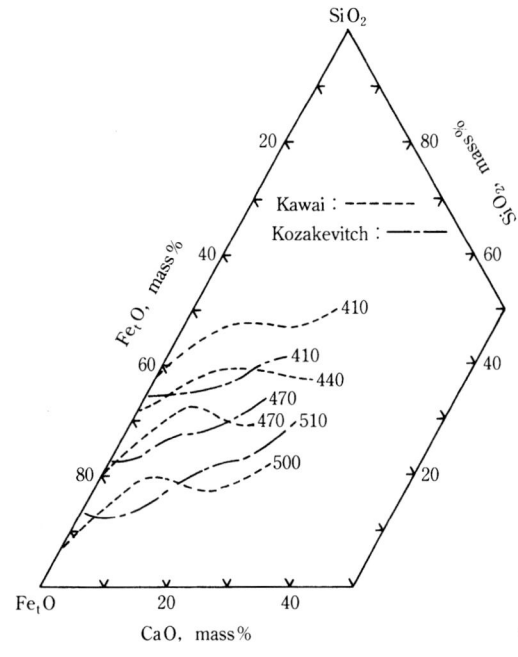

Fig. C-3-4-12 SiO_2-Fe_tO-CaO スラグの表面張力 (1673 K, σ/mN·m⁻¹) (Surface tension of SiO_2-Fe_tO-CaO slags at 1673 K)

3.4.4 比熱容量・融解熱 (Specific Heat Capacity and Heat of Fusion)

スラグの高温における比熱やエンタルピーの報告は少なく,特に冷却に際してガラス化しやすいスラグ融体に関してはデータが極めて限定されている.

Table C-3-4-2に各種スラグの比熱とエンタルピーの温度表示式を掲げる.表中,(s),(g),(l)は,それぞれ固体,ガラス,液体を表す.Table C-3-4-3に実用スラグである高炉および製鋼スラグの比熱と熱含量を示す.スラグ液体の比熱を構成成分の部分モル比熱から推算する方法[96]や,ガラス状態の平均

比熱を組成に基づき推定する方法もある[97]. Table C-3-4-4に各種スラグの融解熱を示す. スラグが調和融点を示さず, 共晶や固-液共存領域を経て融解する場合も多く, またガラス化しやすいなどの理由により報告例は少ない.

Table C-3-4-2 スラグの比熱およびエンタルピー (Specific heat and enthalpy of slag)

スラグ組成 Composition (mass%)		比熱 Specific heat capacity $C_P = a + b \cdot T + c \cdot T^{-2}$ (kJ/(kg·K))			熱含量 Heat content $H_T - H_{298} = a \cdot T + b \cdot T^2 + c \cdot T^{-1} + I$ (kJ/kg)				温度範囲 Temp. range T (K)	文献
		a	$b \cdot 10^3$	$c \cdot 10^{-5}$	a	$b \cdot 10^3$	$c \cdot 10^{-5}$	I		
40CaO-40SiO$_2$-20Al$_2$O$_3$	(s)	0.664	0.384	-0.024	0.664	0.192	0.024	-223	298-1562	82)
40CaO-40SiO$_2$-20Al$_2$O$_3$	(l)	1.430			1.430			-798	1562-1700	82)
48.4CaO-33.6SiO$_2$-17.9Al$_2$O$_3$	(s)	0.653	0.167						1000-1650	83)
48.4CaO-33.6SiO$_2$-17.9Al$_2$O$_3$	(l)	0.962							1720-1770	83)
CaO-SiO$_2$-Al$_2$O$_3$系	(s)	0.828	0.278	-0.171					600-1080	84)
CaO-SiO$_2$-Al$_2$O$_3$系	(l)	0.824	0.569						1200-1800	84)
CaO·SiO$_2$(Wollastoneite)	(s)	0.960	0.144	-0.235	0.960	0.072	0.235	-371	298-1450	85)
50.8Na$_2$O-SiO$_2$	(l)	1.78							1450	83)
40.7Na$_2$O-SiO$_2$	(g),(l)	1.54	0.017						970-1470	83)
30.7Na$_2$O-SiO$_2$	(g),(l)	1.44	0.031						970-1470	83)
25.5N$_2$O-SiO$_2$	(l)	1.41							758-900	86)
61.1K$_2$O-SiO$_2$	(l)	1.00							1300-1400	83)
51.1K$_2$O-SiO$_2$	(g),(l)	1.25	0.034						970-1470	83)
40.2K$_2$O-SiO$_2$	(g),(l)	1.26	0.021						970-1470	83)
33.4K$_2$O-SiO$_2$	(l)	1.27							787-900	86)
2.3Na$_2$O-30.0K$_2$O-SiO$_2$	(l)	1.25							762-900	86)
5.7Na$_2$O-26.2K$_2$O-SiO$_2$	(l)	1.25							742-900	86)
11.7Na$_2$O-17.8K$_2$O-SiO$_2$	(l)	1.33							727-900	86)
18.1Na$_2$O-9.1K$_2$O-SiO$_2$	(l)	1.37							724-900	86)
17CaO-81Fe$_2$O$_3$-2FeO	(l)	1.44			1.44			-730	1570-1663	87)
20CaO-78Fe$_2$O$_3$-2FeO	(l)	1.38			1.38			-590	1478-1622	87)
23CaO-75Fe$_2$O$_3$-2FeO	(l)	1.42			1.42			-670	1489-1666	87)
26CaO-72Fe$_2$O$_3$-2FeO	(l)	1.38			1.38			-570	1536-1702	87)
15CaO-17Fe$_2$O$_3$-68FeO	(l)	1.34			1.34			-520	1507-1622	87)
20CaO-18Fe$_2$O$_3$-62FeO	(l)	1.34			1.34			-460	1455-1562	87)
25CaO-20Fe$_2$O$_3$-55FeO	(l)	1.34			1.34			-460	1375-1596	87)
23.4CaO-66.6Fe$_2$O$_3$-10Cu$_2$O	(l)	1.36			1.36			-550	1504-1607	87)
20.8CaO-59.2Fe$_2$O$_3$-20Cu$_2$O	(l)	1.39			1.39			-610	1503-1607	87)
CaF$_2$	(l)	1.19			1.19			106	1693-1900	88)
16CaO-CaF$_2$	(l)	1.60			1.60			-588	1633-1900	89)
10MgO-CaF$_2$	(l)	1.40			1.40			-183	1625-1900	89)
15CaO-15Al$_2$O$_3$-CaF$_2$	(l)	1.30			1.30			-101	1720-1900	89)
CaF$_2$·3CaO·3Al$_2$O$_3$	(l)	0.80			0.80			683	1740-1900	89)
CaF$_2$·11CaO·7Al$_2$O$_3$	(l)	0.80			0.80			714	1850-1900	89)
CaF$_2$·3CaO·2SiO$_2$	(l)	2.33			2.33			-2210	1689-1827	90)
MgF$_2$	(l)	1.515			1.515			164	1536-1800	91)

Table C-3-4-3　高炉スラグと製鋼スラグの比熱とエンタルピー（Specific heat and enthalpy of blast furnace and steelmaking slags）

温度 Temperature T (K)	A[92]		B[93]		C[92]		D[94]	
	比熱 Specific heat capacity C_P (kJ/(kg·K))	熱含量 Heat content H_T-H_{298} (kJ/kg)	比熱 Specific heat capacity C_P (kJ/(kg·K))	熱含量 Heat content H_T-H_{298} (kJ/kg)	比熱 Specific heat capacity C_P (kJ/(kg·K))	熱含量 Heat content H_T-H_{298} (kJ/kg)	比熱 Specific heat capacity C_P (kJ/(kg·K))	熱含量 Heat content H_T-H_{298} (kJ/kg)
400	0.779	103	0.795	102	0.829	88		
600	0.889	275	0.862	263	0.893	276	0.761	197
800	0.951	466	0.947	441	0.900	454	0.868	360
1000	0.987	664	1.065	643	0.917	638	0.969	544
1200	1.016	874	1.245	876	0.953	845	1.068	747
1400	1.049	1113	1.558	1152	1.001	1089	1.165	971
1600	1.119	1478	2.198	1823	1.060	1388	2.305	1275
1800					1.179	1757	2.305	1736

スラグ組成（mass%）

	CaO	SiO_2	Al_2O_3	FeO	Fe_2O_3	MgO	MnO	Remarks
A	41.80	34.22	15.60	0.14	0.20	4.56	1.88	BF slag
B	47.90	39.10	7.00	0.31		3.80	0.33	BF slag
C	43.63	18.20	5.00	13.45		9.14	6.97	BOH slag
D	45.70	13.50	0.89	19.1*		3.35	6.60	LD slag

Table C-3-4-4　スラグの融解熱（Heat of fusion for slag）

スラグ組成 Composition (mass%)	融解熱 Heat of fusion ΔH (kJ/kg)	温度 Temperature T (K)	文献
Blast Furnace Slag	288〜351		95)
$40CaO-40SiO_2-20Al_2O_3$	151	1560	82)
$20CaO-78Fe_2O_3-2FeO$	440	1478	87)
$25CaO-20Fe_2O_3-55FeO$	390	1380	87)
$CaO\cdot Fe_2O_3$	450	1489-1534	87)
CaF_2	368	1693	88)
$16CaO-CaF_2$	390	1633	89)
$10MgO-CaF_2$	385	1625	89)
$15CaO-15Al_2O_3-CaF_2$	350	1720	89)
$CaF_2\cdot 3CaO\cdot 3Al_2O_3$	475	1740	89)
$CaF_2\cdot 11CaO\cdot 7Al_2O_3$	570	1850	89)
$CaF_2\cdot 3CaO\cdot 2SiO_2$	325	1683	90)
MgF_2	933	1536	91)

3.4.5 熱伝導率（Thermal Conductivity）

スラグに対する測定は定常法（同心円筒法[98]）非定常法（周期加熱法，熱線法[99,100]，パルス加熱法[101,102]）によって行われている．

2元系アルカリシリケート（Li_2O-SiO_2[103]，Na_2O-SiO_2[98,104-107]，K_2O-SiO_2[104]）の熱伝導率の測定値を Fig. C-3-4-13 に，2元系アルカリ土類シリケート（$MgO-SiO_2$[108,109]，$CaO-SiO_2$[106,110]）の熱伝導率の測定値を Fig. C-3-4-14 に示す．

$CaO-SiO_2-Al_2O_3$ 系スラグの熱伝導率の測定値[105,106,110]を Fig. C-3-4-15 に示す．熱伝導率は，SiO_2 含有量の減少とともに低下している．

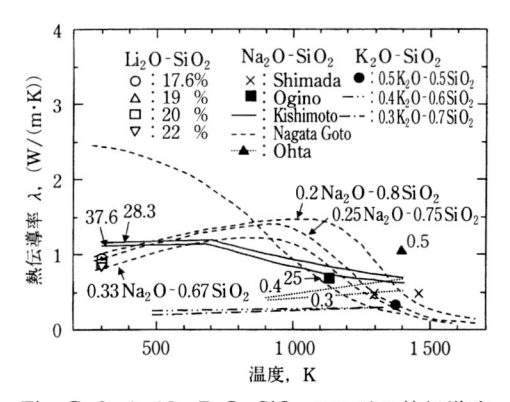

Fig. C-3-4-13　R_2O-SiO_2 スラグの熱伝導率（Thermal conductivity of R_2O-SiO_2 slag）

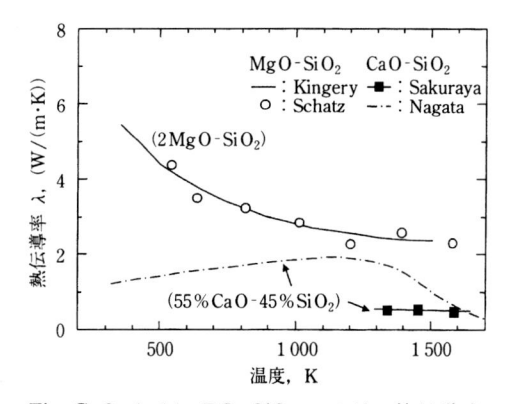

Fig. C-3-4-14　$RO-SiO_2$ スラグの熱伝導率（Thermal conductivity of $RO-SiO_2$ slag）

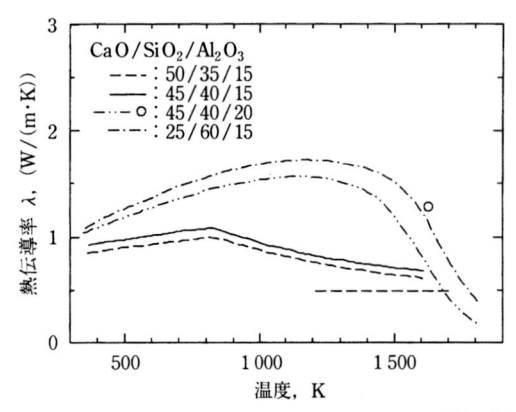

Fig. C-3-4-15 CaO-SiO₂-Al₂O₃スラグの熱伝導率
（Thermal conductivity of CaO-SiO₂-Al₂O₃ slag）

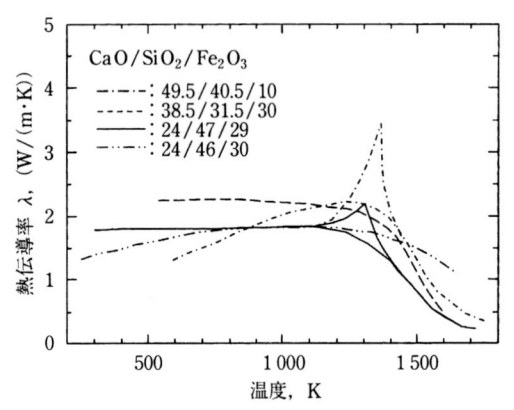

Fig. C-3-4-16 CaO-SiO₂-Fe₂O₃スラグの熱伝導率
（Thermal conductivity of CaO-SiO₂-Fe₂O₃ slag）

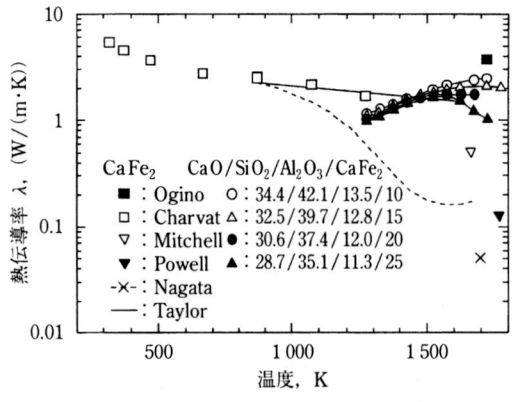

Fig. C-3-4-17 CaF₂, CaO-SiO₂-Al₂O₃-CaF₂スラグの熱伝導率（Thermal conductivity of CaF₂, CaO-SiO₂-Al₂O₃-CaF₂ slag）

(0～9)CaO-(24～40)SiO₂-(33～58)FeO融体の有効熱伝導率は，1573Kで(1.3～2.1)W/(m・K)であり，固体状態では1323Kにおいて融体より8～10％高くなることが報告されている[111]．

また，見かけの熱伝導率はFeO含有量の増加とともに低下することが示されている[100]．

CaO-SiO₂-Fe₂O₃系スラグの熱伝導率の測定値[106, 112, 113]をFig. C-3-4-16に示す．

CaF₂[98, 114, 115-118]およびCaF₂基スラグ[119]の熱伝導率をFig. C-3-4-17に示す．CaF₂に関しては，特に高温において測定方法による相違が見られる．CaF₂基スラグに関しては，熱伝導率はCaF₂含有量の増加に伴い低下する傾向を示している．

3.4.6 光学的性質 (Optical Properties)

(a) 屈折率 n (Refractive Index)

屈折率の報告値は室温のシリケートについては非常に多い[120]．しかしながら，高温における測定例は非常に少なく[121-124]，さらに，融体に関してはエリプソメータによるYagiら[125-127]の報告以外にない．

Wrayら[121]，Austin[122]およびProd'homme[123]は，SiO₂の屈折率を高温で測定し，屈折率の値は温度上昇とともに増加することを明らかにしている．また，Na₂O-SiO₂に関してはTudorovskaya[124]の報告がある．

Fig. C-3-4-18に溶融アルカリシリケート[125-126]と固体SiO₂[123]の屈折率を温度の関数として示す．同様に，Fig. C-3-4-19には溶融Al₂O₃-Na₂O-SiO₂系スラグの屈折率を示す[127]．屈折率の温度依存性は，正の場合と負の場合があるが，この依存性には膨張係数の大きさが関与していると考えられている[127]．

(b) 吸収係数 α (Absorption Coefficient)

吸収係数の報告は室温のシリケートについては多くあるものの[128]，高温に関しては非常に少ない．SiO₂については，Bederら[129]により1773Kまでの温度範囲で測定されている．また，Keeneら[130]は，約1773Kまでの温度範囲でCaF₂の吸収係数を測定している．

高温のシリケートの吸収係数は，Groveら[131]およびBlazekら[132]により報告されている．Fig. C-3-4-20とFig. C-3-4-21に，それぞれ，14.0(mass%) Na₂O-3.7MgO-8.1CaO-72.7SiO₂, 16.3(mass%) Na₂O-3.7CaO-3.4Al₂O₃-8.9Fe₂O₃-66.9SiO₂の

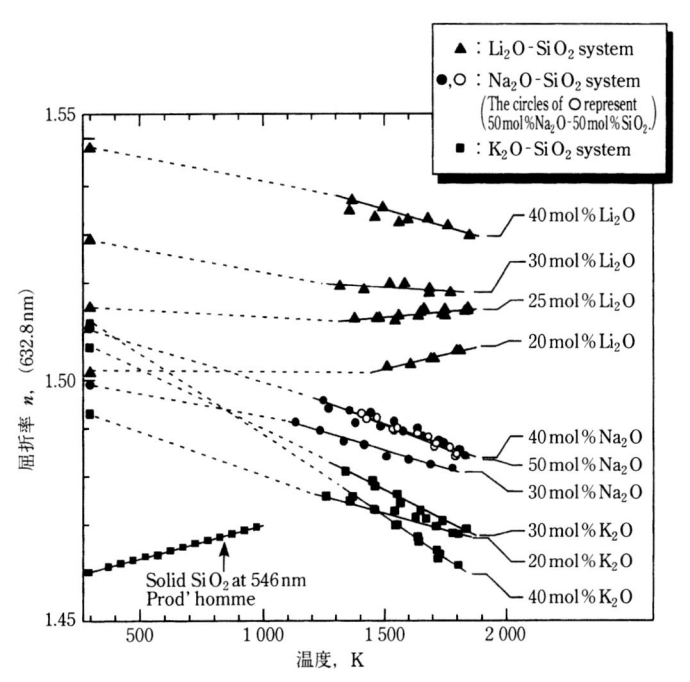

3.4 溶融スラグおよびシリケートの熱物性値   225

Fig. C-3-4-18 溶融アルカリシリケートと固体 SiO_2 の屈折率 (Refractive indices of molten alkali silicates and solid SiO_2)

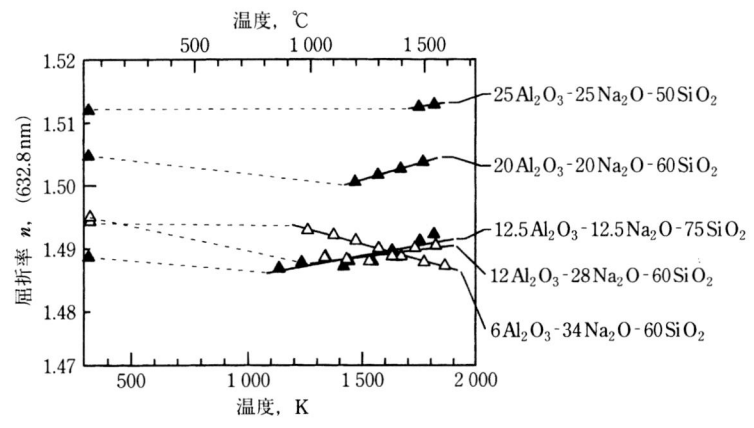

Fig. C-3-4-19 溶融 Al_2O_3-Na_2O-SiO_2 系スラグの屈折率 (Refractive indices of molten Al_2O_3-Na_2O-SiO_2 slags)

吸収係数を波長の関数として示す[132]. 後者においては, 組成の表記は Fe_2O_3 とされているが, 波長1 μm付近の吸収は Fe^{2+} の配位子場よるものであり, 実際には, Fe^{2+} と Fe^{3+} が混在しているものと考えられる. また, 両者において, 3および4μm付近に見られる吸収は, 水の吸着によって生成した Si-OH 結合の振動によるものである.

(c) 放射率 ε (Emissivity)

放射率の報告値は極めて少ない. Table C-3-4-5 に溶融石英[133], ソーダ石灰ガラス[134,135]および高炉スラグ[136]の放射率を示す. また, Keeneら[130]は 1873Kにおける CaF_2 および CaO-Al_2O_3-CaF_2 系スラグの放射率を報告している. Table C-3-4-5 は, シリケートの放射率はその厚さに依存すること

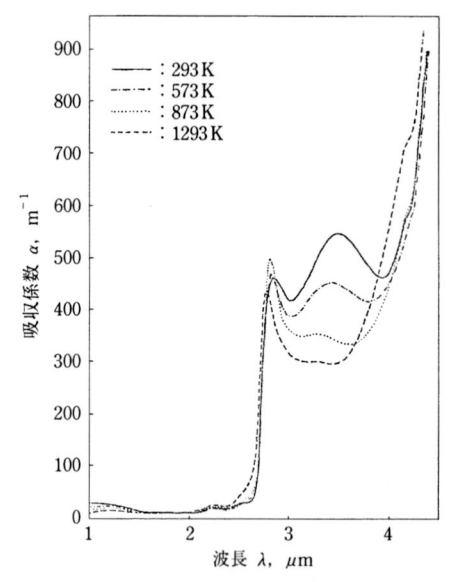

Fig. C-3-4-20 14.0 (mass %) Na$_2$O-3.7 MgO-8.1 CaO-72.7 SiO$_2$ スラグの吸収係数（Absorption spectra of 14.0 (mass %) Na$_2$O-3.7 MgO-8.1 CaO-72.7 SiO$_2$ slag）

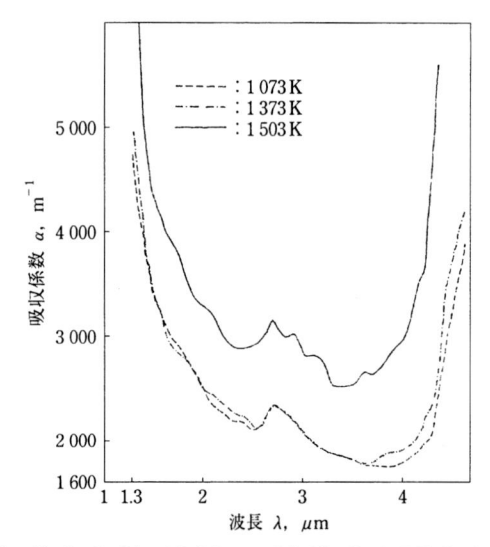

Fig. C-3-4-21 16.3 (mass %) Na$_2$O-3.7 CaO-3.4 Al$_2$O$_3$-8.9 Fe$_2$O$_3$-66.9 SiO$_2$ スラグの吸収係数（Absorption spectra of 16.3 (mass %) Na$_2$O-3.7 CaO-3.4 Al$_2$O$_3$-8.9 Fe$_2$O$_3$-66.9 SiO$_2$ slag）

Table C-3-4-5 溶融石英，ソーダ石灰ガラスおよび高炉スラグの放射率（Emissivities of fused quartz, soda-lime glass and blast furnace slag）

系 System	試料厚さ Sample Thickness (mm)	温度 Temperature (K)	全放射率 Total emissivity	文献 Ref.
溶融石英 Fused quartz	6.35	1000	0.61	133
		1200	0.51	
		1400	0.47	
	12.7	800	0.79	
		1000	0.69	
ソーダ石灰ガラス Soda-lime glass	12.7	600	0.85	134
		700	0.83	135
		800	0.814	
高炉スラグ Blast furnace	−	−	0.55−0.75	136

を示している．これは次のような理由による．反射率 R，透過率 T および吸収率 A の間には，$R+T+A=1$ という関係が成り立つ．ここで，試料が温度平衡にある場合には，A は放射率 ε と等しい．したがって，$\varepsilon = 1 - R - T$ と表せる．R は試料を鏡面に仕上げておけば，試料の種類のみに依存する値となるが，T は試料の厚さ d に依存して，$T = \exp(-\alpha d)$ の関数で変化する．このために，シリケートのような半透明な物質の屈折率は試料の厚さに依存することになる．一方，バルクの金属の場合には，$T=0$ と考えて良いので，放射率はその厚さには依存しない．

1) Verein Deutscher Eisenhüttenleute編: Slag Atlas second edition, Verlag Stahleisen (1995). 2) 日本鉄鋼協会: 溶鉄・溶滓の物性値便覧, (1972). 3) 日本鉄鋼協会: エレクトロスラグ再溶解スラグの性質, (1979). 4) E. T. Turkdogan: Physicochemical Properties of Molten Slags and Glasses, The Metals Society London, (1983). 5) K. C. Mills and B. J. Keene: Physical properties of BOS slags, International Materials Reviews, 32, 1-2, (1987) 1-120. 6) Y. Kawai and Y. Shiraishi編: Handbook of Physico-chemical Properties at High Temperature, The Iron and Steel Institute of Japan, (1988). 7) Heidtkamp, G. and Endell, K.: Glastech. Ber, 14, 3 (1936), 89-103. 8) Shartsis, L., Spinner, S. and Capps, W.: J. Am. Ceram. Soc., 35, 6 (1952), 155-160. 9) Bockris, J. O'M., Tomlinson, J. W. and White, J. L.: Trans. Faraday Soc., 52, 3 (1956), 299-310. 10) Bloom, H. and Bockris, L. O'M.: J. Phys. Chem., 61, 5 (1957), 515-518. 11) Krigman, L. D.: Neorg. Matar. 6, 10 (1970), 1843-1848. 12) Sasek, L. and Kasa, S.: Silikaty, 14, 1 (1970), 75-84. 13) Sasek, L. and Lisy, A.: Sb. Vys. Sk. Chem. Technol. Praze, Chem. Technol. Praze, Chem. Techol. Silik., L2 (1972), 165-201. 14) Sasek, L. and Lisy, A.: Sb. Vys. Sk. Chem. Technol. Praze, Chem. Technol. Praze, Chem. Techol. Silik., L2 (1972), 217-249. 15) Tomlinson, J. W., Heynes, M. S. R. and Bockris, L. O'M.: Trans. Faraday Soc., 54, 12 (1958), 1822-1833. 16) Barrett, L. R. and Thomas, A. G.: J. Soc. Glass Technol., 43, 211 (1959), 179-190. 17) Kammel, R. and Winterhager, H.: Erzmetall, 18, 1 (1965), 9-17. 18) Henderson, J.: Trans. Metall. Soc. AIME, 120 (1640), 501. 19) Din-Fen, U, Vishkarev, A. F. and Yavoiskii, V. I.: Iz. VUZ. Chem. Metall., 5, 9 (1962), 66. 20) Lee, Y. E. and Gaskell, D. R.: Metall. Trans., 5 (1974), 853. 21) Kawai, Y., Mori, K., Shiraishi, Y. and Yamada, N.: Tetsu-to-Hagane., 62, 1 (1976), 53. 22) Abrodimov, A. S., Gavrin, E. G. and Eremenchenkov, V. I.: Iz. VUZ. Chem. Metall., 8 (1975), 14 (English translation: BISI. 13897. March 1976). 23) Ogino, K., Hirano, M. and Adachi, A.: Technol. Report. Osaka Univ. 24 (1974), 49. 24) Popel, S. I. and Esin, O. A.: J. Appl. Chem. USSR, 29 (1956), 707. 25) Gaskell, D. R., McLean, A. and Ward, R. G.: Trans. Faraday Soc., 65 (1969), 1498. 26) Adachi, A. and Ogino, K.: Technol. Report. Osaka Univ. 12, 502 (1962), 147. 27) Lee, Y. E. and Gaskell, D. R.: Trans. ISIJ, 11 (1971), 564. 28) Popel, S. I., Sokolov, V. I. and Korpachev, V. G.: Sb. Nauchn. Tr. Ural'sk Politekhn. Inst. 126 (1963), 24. 29) Bobylev, V. I. and Anfilogov, B. N.: I zv. Akad. Nauka metallic, 4 (1983) 37. 30) Voronov, V. A. and Nikitin, B. M.: Fiz. Khim. Poverkh. Rasp. TBILISI. Izd. Metsniereba. (1977), 299-232. 31) Evseev, P. P. and Filippov, A. F.: I zv VUZov Chern. Met., 10 (1967) 49. 32) Stepanov, V. V. and Lapaev, B. E.: Avt. Svarka, 2 (1967) 39.

7-15) は handbook of glass data part A silica glass and binary silicate glasses. 16-17) は handbook of glass data part C ternary silicate glasses. ともに o. v. mazurin, m. v. streltsina and t. p. shvaiko-shvaikovskaya (1983) ELSEVIER. 18-28),30) は slag atlas 2nd edition. 29),31),32) は文献引用.

33) Riboud, P. V., Roux, Y., Lucas, L-D. and Gaye, H.: Fachber. Hiittenprax. Metall-weiterverarb., 19 (1981) 859. 34) Mills, K. C. and Sridlhar, S.: Ironmaking and Steelmaking, 26 (1999) 262. 35) Seetharaman, S. and Sichen, D.: ISIJ Int., 37 (1997) 109. 36) Iida, T. Kita, Y. et al: The 19th Committee (Steelmaking), the Japan Society for Promotion of Science, Rep. No. 11889 (2000), 1-21. 37) English, S.: J. Soc. Glass Technol., 8 (1924), 205-248. 38) Badcock, C. L.: J. Am. Ceram. Soc., 17, 11 (1934), 329-342. 39) Heidtkamp, G. and Endell, K.: Glastech. Ber, 14, 3 (1936), 89-103. 40) Preston, E.: J. Soc. Glass Technol., 22, 90 (1938), 45-81. 41) Lillie, H. R.: J. Am. Ceram. Soc., 22, 11 (1939), 367-374. 42) Pospelov, B. A. and Evstropiev, K. S.: Zh. Fiz. Khim., 15, 1 (1941), 1255-133. 43) Skornyakov, M. M.: In "Fiziko-khimicheskie svoistva troinoi sistemy $Na_2O-PbO-SiO_2$", Moskva (1949), 39-69. 44) Shartsis, L. and Spinner, S.: J. Res. Nat. Bir. Stand., 46, 6 (1951), 176-194. 45) Shartsis, L., Spinner, S. and Capps, W.: J. Am. CeramSoc., 35, 6 (1952), 155-160. 46) Bockris, J. O'M., Mackenzie, J. D. and Kitchener, J. A.: Trans Faraday Soc., 57 (1955), 1734. 47) Eipeltauer, E. and Jangg, G.: Kolloid Z., 142 (1955), 77. 48) Mazurin, O. V. and Tretyakova, N. I.: Neorg. Mater., 6, 11, (1970), 2022-2026. 49) Shvaiko-Shvaikovskaya, T. P., Mazurin, O. V. and Bashun, Z. S.: Neorg. Mater, 7, 1, (1971), 143-147. 50) Sasek, L., Meissnerova, H., Hoskova, V and Prochazka, J: Sb. Vys. Sk. Chem. Technol. Praze, Chem. Technol. Silik. (1975). 51) Pohlmann, H. J.: Glastech. Ber., 49, 8 (1976), 177-182. 52) McCaffery, R. S., Lorig, C. H., Goff, I. N., Oesterle, J. F., and Fritsche, O. O.: Am. Inst. Min., Metall. Eng., Tech. Pub. (1931), 383. 53) Rait, J. R., M'Millan, Q. C., and Hay, R.: J. R. Tech. Coll. Glasgow, 4, 3 (1939), 449-466. 54) Machin, J. S. and Tin Boo Yee: J. Am. Ceram. Soc., 31, 7, (1948), 200-204. 55) Machin, J. S. and Tin Boo Yee: J. Am. Ceram. Soc., 37, 4 (1954), 177-186. 56) BockrisJ. O'M. and Lowe. D. C.: Proc. R. Soc. London, Ser. A 226 (1954), 423. 57) Kozakevitch, P.: Rev. Mtall., Paris, 57 (1960), 149. 58) Shiraisi, Y. and Saito, T.: Trans. Japan Inst. Met. 29 (1965), 614-622. 59) Urbain, G.: Rev. Int. Hautes Temp. Refract., 11 (1974), 133. 60) Urbain, G., Bottinga, Y. and Richet, P.: Geochim. Cosmochim. Acta, 46 (1982) 1061-1072. 61) Machin, J. S. and Hanna, D. L.: J. Am. Ceram. Soc., 28, 11, (1945), 31-316. 62) Machin, J. S. and Yee, T. B.: J. Am. Ceram. Soc., 31, 7, (1948), 200-204. 63) Machin, J. S., Yee, T. B., and Hanna, D. L.: J. Am. Ceram. Soc., 35, 12 (1952), 322-325. 64) Machin, J. S. and Yee, T. B.: J. Am. Ceram. Soc., 37, 4 (1954), 177-186. 65) Sheludyakov, L. N., Sarancha, E. T. and Vakhitov, A. A.: Tr. Inst. Khim. Nauk Akad. Nauk Kaz. SSR, 15 (1967), 158-163. 66) Skryabin, V. G. and Novokhatskii, I. A.: Neorg. Mater., 8, 7 (1972), 1334-1335. 67) Yasukouchi, T., Nakashima, K. and Mori, K.: Tetsu-to-Hagane, 85 (1999), 571. 68) Endell, K., Heidtkamp, G and Hax, L.: Arch. Eisenhuttenwes., 10 (1936), 85-96. 69) Shiraishi, Y., Ikeda, K, Tamura, A. and Saito, T.: Trans. Japan Inst. Met., 19 (1978), 264. 70) Sumita, S., Mimori, T., Morinaga, K. and Yanagase, T.: J. Jpn. Inst. Metals, 44 (1980), 94. 71) Williams, P., Sunderland, M. and Briggs, G.: Trans. Inst. Min. Metall. Eng. 92C (1983), 105. 72) Seki, K. and Oeters, F.: Iron Steel Inst. Japan, 24 (1984), 445. 73) Herty, C. H., Hartgren, F., Frear, G. and Boyer, M.: US Bur. Mines Rept. RI, 3232 (134). 74) Muratov, A. M.: Russ. Metall., 3 (1972), 51. 75) Saito, T.: Sci. Rept. Inst. Mineral. Dressing, Tohoku Univ., 22 (1960), 7.

33-36),67) は文献引用. 58),68),71) は slag atlas 2nd edition. 37-57),59),60) handbook of glass data part A silica glass and binary silicate glasses. 61-66),69),70),72-75) は handbook of glass data part C ternary silicate glasses. ともに o. v. mazurin, m. v. streltsina and t. p. shvaiko-shvaikovskaya (1983) ELSEVIER.

76) N. Ikemiya, J. Umemoto, S. Hara and K. Ogino : *ISIJ Intern.*, 33 (1993), 156. 77) K. Gunji and T. Dan : *Trans. ISIJ*, 14 (1974), 162. 78) 向井楠宏, 石川友美 : 日本金属学会誌, 45 (1981), 147. 79) P. Kozakevitch : Rev. Metall., 46 (1949), 572. 80) 川合保治, 森 克己, 白石博章, 山田 昇 : 鉄と鋼, 62 (1976), 53. 81) NIST Molten Salt database, National Institute of Standards and Technology, (1987). 82) 荻野和己・西脇 醇ほか : 鉄と鋼, 67 (1981) s821. 83) 太田弘道・早稲田嘉夫ほか : 東北大学選研彙報, 40 (1984) 135. 84) Kishimoto, M., Maeda, M. et al. : Proc. 2nd Int. Symp. on Met. Slags and Fluxes, AIME (1984) 891. 85) Southard, J. C. : J. Am. Chem. Soc., 63 (1941) 3142. 86) Moynihan, C. T., Easteal, A. J. et al. : J. Am. Ceram. Soc., 59 (1976) 137. 87) 長谷川望・板垣乙未生ほか : 日本鉱業会誌, 103 (1987) 871. 88) 荻野和己・西脇 醇ほか : 第13回溶融塩化学討論会講演要旨集 (1979) 33. 89) Gohil, D. D. & Mills, K. C., Arch. Eisenhuttenw., 52 (1981) 335. 90) 圓尾弘樹・田中敏宏ほか : 高温学会誌, 26 (2000) 145. 91) Naylor, B. F. : J. Am. Chem. Soc., 67 (1945) 150. 92) Umino, S. : Sci. Reports Tohoku Imp. Univ., 17 (1928) 985. 93) Gavrilko, S. A., Potebnya, Yu. M., et al., : Izv. VUZ. Chern. Metal., 10 (1977) 15. 94) 荻野和己・西脇 醇ほか : 鉄と鋼, 65 (1979) s179. 95) Gavrilko, S. A., Potebnya, Yu. M., et al., : Izv. VUZ. Chern. Metal., 10 (1977) 15. 96) Carmichael, I. S. E., Nicholls, J. et al.. : Phil. Trans. R. Soc. London, A286 (1977) 373. 97) Sharp, D. E. & Ginther, L. B. : J. Am. Ceram. Soc. 34 (1951) 260. 98) Ogino, K., Nishiwaki A. et al. : Proc. Int. Symp. Phys. Chem. Steelmaking, Tront, (1982), III-33. 99) 永田和宏・須佐匡裕ほか : 鉄と鋼, 69, 11 (1983), 1417. 100) Finc, H. A., Engh, T. et al.; : Met. Transa., 7B (1976), 277. 101) Kishimoto, M., Maeda M. et al. : Proc. 2nd Int. Symp. On Met. Slags and Fluxed, AIME (1984), 891. 102) 桜谷敏和・江見俊彦ほか : 日本金属学会誌, 46, 12 (1982), 1131-1138. 103) Ammar M. M., El-Badry Kh., Moussa M. R., Gharib S., Halawa M. : Centr. Glass Ceram. Res. Inst. Bull., 22, 1 (1975), 10-13. 104) Ohta H., Shiraishi Y. : Proc. of 2nd Intl. Symp. On Metallurgical Slags and Fluxed, AIME (1984), 863-873. 105) Kishimoto M., Maeda M., Mori K., Kawai Y : ibid 891-905. 106) Nagata K., Goto K. S. : ibid 875-889. 107) Shimada M, Scarfe C. M., Schloessin H. H. : Phys. Earth Planet, Interiors, 37 (1985), 206-213. 108) Kingery W. D., Francl, J., Coble R. L., Vasilos T. : J. Amer. Ceram. Soc., 378 (1954), 107. 109) Schatz J, F, Simons G. : J. Geophys. Res., 77 (1972), 6966. 110) Sakuraya T., Emi T., Ohta H., Waseda Y. : Nippon Kinzoku Gakkai-shi, 46 (1982), 1131-1138. 111) Nauman, J., Francl J. et al. : Extractive Metallurgy of Copper, AIME (1986), 237. 112) Nagata K., Susa M., Goto K. S. : Tetsu-to-Hagane, 69 (1983), 1417-1424. 113) Nagata K., Susa M. : Private Communication. Tokyo Inst. Thchnol., April 1992-recalculated data from results reported in DSc Thesis of F. Li, Tokyo Inst. Technol. (1991). 114) Taylor R. & Mills, K. C. : Archiv. Eisenhuttenw., 53 (1982), 55. 115) Charvat F. R., Kingery W. D. : J. Amer. Ceram. Soc., 40 (1957), 306. 116) Mitchell A, Wadier J. F. : Canad. Metall. Qurt, 20 (1981), 373. 117) Powell J. S. : Unpublished results. National Physical Laboratory. 118) Mills K. C., Keene B. J. : Intl. Materials Rev., 32 (1987), 1-120. 119) El Gammal T., Jofre S. J., Sanchez de Loria : Steel Research, 57 (1986), 620-625. 120) O. V. Mazurin, M. V. Streltsina and T. P. Shvaiko-Shvaikovskaya : Handbook of glass data Part A, Elsevier, (1983). 121) J. H. Wray and J. T. Neu : J. Opt. Soc. Am., 59, 6, (1969), 774-776. 122) J. B. Austin and R. H. H. Pierce : Physics, 6, (1935), 43-46. 123) L. Prod'homme ; Rev. Opt., 36, (1957), 309-342. 124) N. A. Tudorovskaya : Fiziko-khimicheskie svoistva troinoi sistemy $Na_2O-PbO-SiO_2$, Moskva, (1949), 201. 125) T. Yagi, M. Susa and K. Nagata : J. Non-Crystall. Solids, 315, (2003), 54-62. 126) T. Yagi, T. Kimura and M. Susa : Phys. Chem. Glasses, 43 C, (2002), 159-164. 127) T. Yagi and M. Susa : Metall. Mater. Trans. B, 34B, (2003), 549-554. 128) Verein Deutscher Eisenhüttenleute編 : Slag Atlas Second edition, Verlag Stahleisen (1995). 129) E. C. Beder, C. D. Bass and W. L. Shackleford : Appl. Opt., 10, 10, (1971), 2263-2268. 130) B. J. Keene and K. C. Mills : Arch. Eisenhüttenwes., 52, 8, (1981), 311-315. 131) F. J. Grove and P. E. Jellyman : J. Soc. Glass Technology, 39, (1955), 3T-15T. 132) A. Blazek and J. Endrys : Review of Thermal Conductivity Data in Glass Part Ⅱ, International Commission on Glass, (1983), 63, 68. 133) A. E. Sheindlin : Radiative Properties of Solid Materials (Rus), Energiya, (1974). 134) A. Goldsmith. T. E. Waterman and H. J. Hirschborn : Handbook of Solid Materials, The MacMillan Co., (1961). 135) W. Summer : Ultra-violet and Infra-red Engineering, Sir Issac Ditman and Sons, (1962). 136) V. G. Gruzin : Measurement of Temperatures of Liquid Iron Alloys (Rus), Metallurgizdat, (1955).

C.4 建築材料 (Building Materials)

住環境に関する法規である「住宅の省エネルギー基準」が次世代省エネルギー基準として強化され，さらに「住宅品質確保促進法」が制定された．居住空間における温熱環境の快適性や建物としての省エネルギー性を評価するときに建築材料の熱物性値を必要とし，主に熱伝導率や比熱が使用される．

建築材料は，金属，木材，石材，プラスチック，ガラス，水分，ガスなどあらゆる物質が対象となる．その大部分は複合材料であり，厳密には見かけの熱伝導率もしくは有効熱伝導率と表現するべきであるが，ここでは一律に熱伝導率と表現している．

また，さまざまな建築材料を一概に分類分けできないが，窯業系材料，木質系材料，繊維系材料，発泡系材料，その他の材料に分類して整理した．

4.1 窯業系材料 (Ceramics materials)

4.1.1 セメント・モルタル・コンクリート

(a) セメント (Cement)

通常，セメントといえばポルトランドセメントのことをいい，主原料は，石灰石，粘土，けい石，酸化鉄原料（鉱さい）およびせっこうである．セメントは，気硬性セメントと水硬性セメントに大別される．

気硬性セメントには，消石灰，ドロマイトプラスター，焼せっこう，硬せっこう（キーンスセメント），マグネシアセメントなどがある．

水硬性セメントは，単味セメント，混合セメント，特殊セメントに分類される．

単味セメントというのは，最初に述べたポルトランドセメントのことで，普通ポルトランドセメントをはじめ，早強，超早強，中庸熱，低熱および耐硫酸塩などの種類がある．

混合セメントには，高炉セメント，シリカセメント，フライアッシュセメントなどがあり，それぞれ，高炉スラグの微粉末，けい酸白土や火山灰などのシリカ質，フライアッシュを混合材として使用し，混合割合によりA，B，Cの3種類がある．

特殊セメントには，白色ポルトランドセメント，アルミナセメント，膨張セメント，コロイドセメント，油井セメント，地熱井セメント，超速硬セメントな

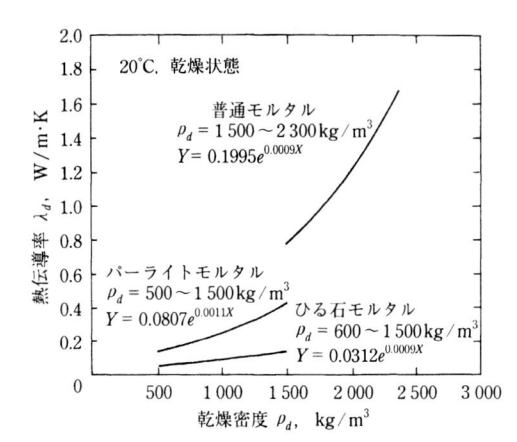

Fig. C-4-1-1 各種モルタルの熱伝導率と密度の関係 (Relation between density and thermal conductivity of mortars)

どがある．

セメントのみを水で練ったものをセメント・ペーストまたはセメント・スラリーという．

(b) モルタル (Mortars)

セメントに砂を加えて水で練ったものをモルタルまたはセメント・モルタルと呼んでいる．

モルタルには，砂の他に軽量，断熱，防水などの目的でいろいろな混和材を加えたものがある．

Fig. C-4-1-1には，防水モルタルを除く，各種のモルタルの熱伝導率と密度の関係を示す．

(c) コンクリート (Concretes)

コンクリートは，セメントに細骨材（砂など），粗骨材（砂利など），その他の混和材を加え，水で練ったものである．

コンクリートには，その使用目的によってセメントの種類をはじめ，細骨材，粗骨材，混和材などの種類や混合割合，水セメント比などによりさまざまな特性を持ったものがある．その主なものには，普通コンクリート，軽量コンクリート，重量コンクリート，遮蔽用コンクリート，流動化コンクリート，高流動化コンクリート，高強度コンクリート，水密コンクリート，水中コンクリート，低温用コンクリート，高温用コンクリート，気泡コンクリートなどがある．

固まった後のコンクリートの熱特性は，水セメント比にほとんど関係なく，骨材の種類，含水率，温度

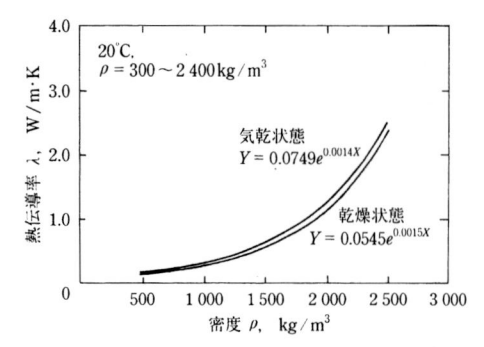

Fig. C-4-1-2 各種コンクリートの熱伝導率と密度の関係（Relation between density and thermal conductivity of concretes）

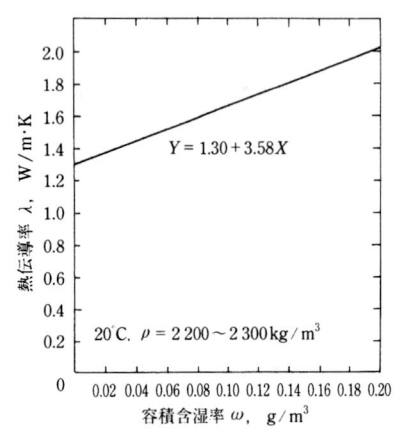

Fig. C-4-1-3 普通コンクリートの熱伝導率と容積含水率の関係（Relation between moisture content and thermal conductivity of concretes）

Table C-4-1-1 コンクリート材料の比熱（Specific heat capacity of Materials of Concretes）

材料名	比熱 C_p J/(kg·K)	材料名	比熱 C_p J/(kg·K)
大理石	870	抗火石	879
花崗岩	795	セメント	1100
石灰岩	921	砂	830〜920
玄武岩	960	砂利	920〜1100
大谷石	879	水	4180
砂岩	712		

コンクリートの乾燥比熱は，次式と Table C-4-1-1 の数値から求めることができる．

$$c_d = \{1-(m_1+m_2)\}c_p + m_1 c_1 + m_2 c_2$$

ここに，
 c_p：セメントペーストの乾燥比熱（J/(kg·K)）
 c_1：細骨材の比熱（J/(kg·K)）
 c_2：粗骨材の比熱（J/(kg·K)）
 m_1：細骨材の質量比
 m_2：粗骨材の質量比

また，含水時の比熱は，次式から求めることができる．

$$c = \frac{100 c_d + w \cdot c_w}{100 + w}$$

ここに，
 c_d：コンクリートの乾燥比熱（J/(kg·K)）
 c_w：水の比熱（J/(kg·K)）
 w：容積含水率（％）

4.1.2 ALC（Autoclaved lightweight concretes）

ALC は軽量コンクリートの1種である．

一般に軽量コンクリートは，軽量化のために，さまざまな軽量骨材を混和材として使用するが，ALC は軽量化と断熱性の発現を計るために，まだ固まらないコンクリート中にいろいろな方法で気泡を混入させた気泡コンクリートの一種である．

また，ALC は現場施工の気泡コンクリートとは異なり工場製品で，成型過程で高温蒸気養生を行っている．

Fig. C-4-1-4 には，ALC の熱伝導率と乾燥密度との関係を示してある．密度が 330〜800 kg/m³ の範囲で，熱伝導率と密度はほぼ直線的な相関を示す．

Fig. C-4-1-5 は，乾燥密度 520 kg/m³ の ALC について，20℃における熱伝導率と容積含水率の関係を求めた結果である．

によって値が異なる．コンクリートの熱伝導率は，密度との相関関係がきわめて大きく，低密度の気泡コンクリートから密度の大きい普通コンクリートまで，ほぼ同一の回帰曲線で表すことができる．Fig. C-4-1-2 に，コンクリートの密度と熱伝導率の関係を，気乾状態と乾燥状態について示す．

Fig. C-4-1-3 には，密度が 2200〜2300 kg/m³ の普通コンクリートの容積基準含水率と熱伝導率の関係を示す．

コンクリートの熱伝導率は，温度によっても変化する．その温度特性は負の特性を示し，温度係数（$\Delta\lambda/\Delta\theta$）は，おおむね -0.00013 [(W/m·K)/K] 程度である．

熱拡散率も熱伝導率とほぼ同様に，密度が大きくなると増大する傾向にある．

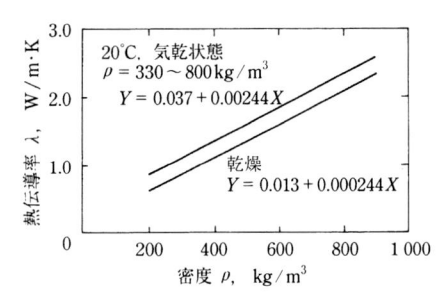

Fig. C-4-1-4　ALCの熱伝導率と密度の関係（Relation between density and thermal conductivity of ALC）

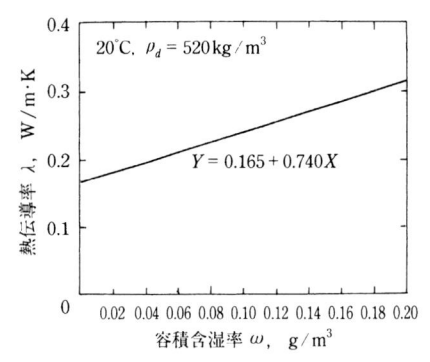

Fig. C-4-1-5　ALCの熱伝導率と容積含湿率の関係（Relation between moisture content and thermal conductivity of ALC）

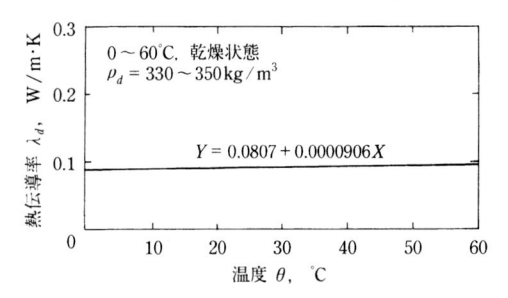

Fig. C-4-1-6　ALCの熱伝導率と温度の関係（Relation between temperature and thermal conductivity of ALC）

Fig. C-4-1-6に，乾燥密度が330～500 kg/m^{3}の範囲のALCについて，乾燥状態と気乾状態の時の熱伝導率と温度の関係を示す．

4.1.3　けい酸カルシウム板（Calcium silicate boards）

けい酸カルシウム板には，JIS A 9510「無機多孔質保温材」に規定されている保温保冷板としてのけい酸カルシウム保温材（保温板，保温筒）と，JIS A 5430［繊維強化セメント板］に規定されている内外

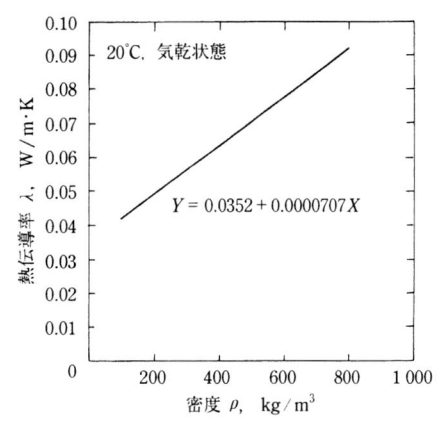

Fig. C-4-1-7　けい酸カルシウム板の熱伝導率と密度の関係（Relation between density and thermal conductivity of calcium silicate boards）

装用建材がある．

　無機多孔質保温材としてのけい酸カルシウム保温材は，補強材として繊維を混合したけい酸カルシウム水和物によって成形された材料で，主に給排水および冷暖房設備用保冷材として使われている．

　繊維強化セメント板としてのけい酸カルシウム材は，タイプ1からタイプ3までに分類されている．

　共通する主原料は，けい酸質材料，石灰質材料，補強用繊維およびその他の混和材であるが，タイプ1が石綿繊維を含むのに対して，タイプ2および3は石綿繊維を含まない点が異なり，タイプ1およびタイプ2が石灰質原料としてセメントを使用しているのに対して，タイプ3はセメントを使用していない点が異なっている．

　使用目的も，タイプ1および2が内装用であるのに対して，タイプ3は耐火被覆用となっている．

　けい酸カルシウム材の断熱性能については，以上のいずれに相当する材料であるかを確かめる必要がある．

　この他に，最近では調湿建材として開発された結晶系けい酸カルシウムを主原料とした内装材料がある．

　Fig. C-4-1-7に，タイプ3のけい酸カルシウム板の20℃，気乾状態の時の熱伝導率と密度の関係を示す．タイプ3のけい酸カルシウム板の熱伝導率の温度係数は，0.0001～0.0002（W/m・K）/K程度である．

4.1.4 せっこうボード (Gypsum boards)

せっこうボードは，せっこう（石膏）を主原料とし，これに種々の混和材を加えた芯材の両面および長手方向の側面を紙で被覆した成形板である．

普通せっこうボードの他に，シージングせっこうボード，無機繊維強化せっこうボード，化粧せっこうボード，吸音用孔あきせっこうボード，せっこうラスボードなどがある．

Fig. C-4-1-8 に，20 ℃，気乾状態の時の普通せっこうボードの密度と熱伝導率の関係を示す．普通せっこうボードの熱伝導率の温度係数は，おおむね 0.000142 (W/m·K)/K 程度である．

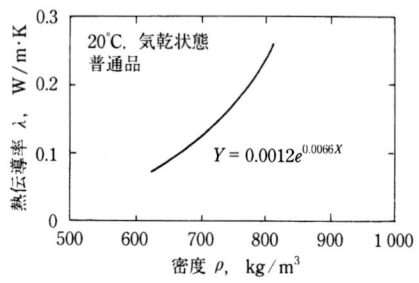

Fig. C-4-1-8 せっこうボードの熱伝導率と密度の関係 (Relation between density and thermal conductivity of gypsum board)

4.1.5 窯業系屋根葺き材料 (Ceramic industrial roof materials)

窯業系の屋根葺き材料の代表的なものとしては，粘土瓦とプレスセメント瓦および住宅屋根用化粧スレートがある．

粘土瓦は，JIS A 5208 によって，形状により J 形，S 形，F 形に区分されているが，実際には F 形の中には S 形や J 形と紛らわしいものもあり，形状の区分は必ずしも明確ではない．

プレスセメント瓦（旧厚型スレート）は，JIS A 5402 で平形桟瓦，平 S 形桟瓦，和形桟瓦，S 形桟瓦，平板，波形および役物に区分される．

住宅用屋根化粧スレート（JIS A 5423）は，野地板下地の上に葺く屋根材料で，セメント，けい酸質原料を主原料とし，各種繊維で強化成形したものをオートクレーブ養生または常圧養生した化粧板である．平板屋根用スレートと波板屋根用スレートに区分さ

れ，石綿繊維を使用したものとしないものがある．

Fig. C-4-1-9 は，粘土瓦の 20 ℃，気乾状態における熱伝導率と密度の関係を示したものである．

図の中には，社寺などに用いられていた古代瓦の測定結果も含まれており，古代から現代までの瓦で，密度が 1500～2300 kg/m³ の範囲では直線的な関係が

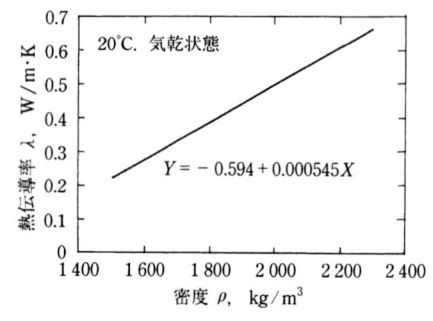

Fig. C-4-1-9 粘土瓦の熱伝導率と密度の関係 (Relation between density and thermal conductivity of clay roof tiles)

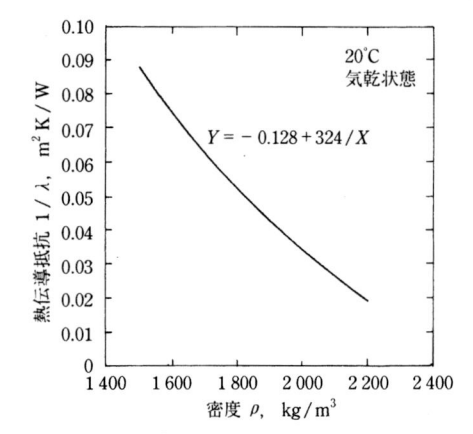

Fig. C-4-1-10 粘土瓦の熱伝導抵抗と密度の関係 (Relation between density and thermal resistance of clay roof tiles)

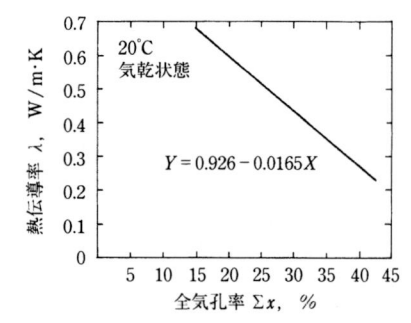

Fig. C-4-1-11 粘土瓦の熱伝導率と全気孔率の関係 (Relation between tortal pore rate and thermal conductivity of clay roof tiles)

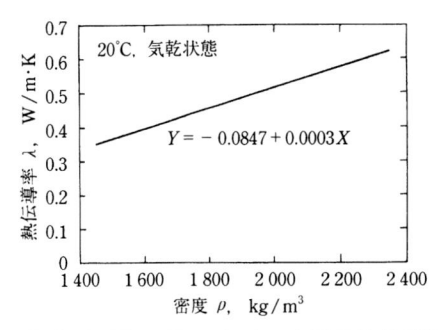

Fig. C-4-1-12 プレスセメント瓦の熱伝導率と密度の関係（Relation between density and thermal conductivity of press cement roof tiles）

Table C-4-1-2 日射吸収率と放射率（absorptance and emissivity）

	材料	日射吸収率	放射率
屋根葺き材料	白色釉粘土瓦	0.13	0.82
	来待釉粘土瓦	0.71	0.91
	赤色釉粘土瓦	0.71	0.93
	いぶし釉粘土瓦	0.71	0.99
	黒色釉粘土瓦	0.80	0.85
	いぶし粘土瓦	0.76	0.99
	セメント瓦（無着色）	0.75	0.97
	亜鉛引鉄板（無塗装）	0.79	0.86
塗料	白色ペイント	0.20	0.90
	単色ペイント	0.10	0.90
	暗色ペイント	0.30	0.90
	黒色ペイント	0.93	0.90
	古いアルミペイント	0.50	0.60
	新しいアルミペイント	0.20	0.42
	ブロンズ色ペイント	0.50	0.50
その他の材料	白色プラスタ	0.08	0.91
	煉瓦	0.60	0.95
	赤色タイル	0.68	0.95
	白色タイル／淡色タイル	0.10	0.94
	木材	0.90	0.96
	ステンレス鋼板	0.65	0.33
	メッキした金属板	0.10	0.26
	磨いた金属面	0.10	0.16
	光ったアルミ箔面	0.10	0.05

ASHRAE guide book, 成瀬哲生、小原俊平、西藤一郎

認められる．

Fig. C-4-1-10には，熱抵抗と密度の関係を示してある．Fig. C-4-1-11には，古代瓦から現代の製品までの全気孔率と熱伝導率の関係を示してある．Fig. C-4-1-12には，プレスセメント瓦の20℃，気乾状態における密度と熱伝導の関係が示してある．Table C-4-1-2には，窯業系屋根葺き材の日射反射率および放射率を示した．

4.2 木質系材料（Ligneous Material）

4.2.1 木材（Wood）

建築材料としての木材は，構造材，内装材などの広い分野で使用されている．ほぼ素材に近い状態で使用されるものや，物理的，化学的にさまざまに加工されているものがある．

建築用材として見たときの長所と短所を挙げると以下のようになる．

長所：軽い割りに強い（比強度が大きい）
　　　弾性がある．
　　　吸放湿性がある．
　　　熱，音，電気などを伝えにくい．
　　　紫外線をよく吸収する．
　　　加工しやすい．
短所：異方性である．
　　　湿気によって狂いやすい．
　　　菌や虫に侵されやすい．
　　　燃えやすい．

木材には針葉樹と広葉樹がある．針葉樹にはスギ，ヒノキ，マツなどがあり，密度は300〜500（kg/m³）程度である．広葉樹にはケヤキ，ナラ，クリ，カシなどがあり，密度は500〜900（kg/m³）程度で，キリやバルサなどの例外を除けば一般的に広葉樹の方が重く硬いといえる．

(a) 比熱 [1]

全乾状態で密度が230〜1100（kg/m³）では，比熱 c_o（J/(kg·k)）と温度 θ（℃）との関係は以下のように表すことができる．

$$c_o = 1113 + 4.855\theta$$

比熱は含水率により変化する．水の比熱を $c_w = 4186$（J/(kg·K)）とすると質量含水率 u（%）の時の比熱 c_u は次のように表すことができる．

$$c_u = \frac{u \cdot c_w + 100 c_o}{100 + u}$$

全乾状態での実測値は1360（J/(kg·K)）であるが，外気との平衡含水状態では，夏季においては，この値の10〜40％増しの1370〜1900（J/(kg·K)）程度となり，冬季では10〜30％増しの1370〜1770（J/(kg·K)）程度になると考えられる [2]．

(b) 熱伝導率

(1) 熱伝導率と密度および繊維方向

熱伝導率は密度や繊維の方向により変化し，繊維方向の熱伝導率は繊維と直角方向の熱伝導率の1.5倍から2.5倍になるといわれている．

(2) 熱伝導率と含水率および温度

主な木材の密度を Table C-4-2-1 に示す．

熱伝導率は含水率の増加に伴って大きくなり，密度（比重）の大きな材ほど変化が大きくなる．含水率との関係は Fig. C-4-2-1 [3] と Fig. C-4-2-2 [4] から簡易的に求められる．すなわち，Fig. C-4-2-1 より，雰囲気の容積絶対湿度と試料の全乾密度 ρ_d から容積基準質量含水量 w を求め，これより，$\rho_d + w = \rho$（気乾時の密度）を求める．この ρ と Fig. C-4-2-2 より，気乾状態での熱伝導率が求められる．

熱伝導率は温度の上昇に伴って増加し，1℃の温度変化に対する熱伝導率の変化（温度係数）は樹種によって異なり，おおむね $0.00005 \sim 0.0009$ ($W/m \cdot K^2$) の範囲で極めて小さく，通常，常温域では温度補正をする必要はない．

4.2.2 合板 (Plywood)

合板は奇数枚の単板（ベニア）を，隣合う単板の繊維方向が直交するように接着剤で貼り合わせて1枚の板にしたものである．

繊維を直交させてあるため，曲げ強度は単なる木材単板と比較して数倍大きい．また，釘，木ねじの保持力も普通木板と比較して釘で1.1～3.7倍，木ねじ

Table C-4-2-1 主な木材の密度 (g/cm^3) [2] (Density of wood (g/cm^3))
(上段：全乾密度，下段：気乾密度)

針葉樹材 coniferous wood		広葉樹材 dicotyledonous wood	
樹種名 wood name	density in oven dry min-ave-max / density in air dry min-ave-max	樹種名 wood name	density in oven dry min-ave-max / density in air dry min-ave-max
スギ Japanese cedar	0.27-0.35-0.41 / 0.30-0.38-0.45	ミズナラ Japanese oak	0.41-0.64-0.88 / 0.45-0.68-0.90
ヒノキ Japanese cypress	0.31-0.40-0.49 / 0.34-0.44-0.54	ケヤキ Zelkova tree	0.43-0.64-0.79 / 0.47-0.69-0.84
サワラ Sawara cypress	0.25-031-0.37 / 0.28-0.34-0.40	ブナ Siebold's beech	0.47-0.62-0.73 / 0.50-0.65-0.75
ヒバ False arborvitae	0.34-0.42-0.51 / 0.37-0.45-0.55	ハルニレ Jpanese elm	0.39-0.61-0.69 / 0.42-0.63-0.71
アカマツ Japanese redpine	0.39-0.48-0.58 / 0.42-0.52-0.62	センノキ Castor arabia	0.37-0.49-0.67 / 0.40-0.52-0.69
エゾマツ Yezo spruce	0.32-0.40-0.48 / 0.35-0.43-0.52	シオジ Ash	0.37-0.49-0.75 / 0.41-0.53-0.77
ツガ Japanese hemlock	0.42-0.47-0.56 / 0.45-0.50-0.60	ヤチダモ Swamp ash	0.40-0.52-0.71 / 0.43-0.55-0.74
カラマツ Japanese larch	0.37-0.46-0.56 / 0.40-0.50-0.60	シナノキ Japanese linden	0.34-0.47-0.59 / 0.37-0.50-0.61
ベイツガ Western hemlock	0.46	カツラ Katsura tree	0.37-0.47-0.63 / 0.40-0.50-0.66
ベイマツ Douglas fir	0.55	クリ Japanese chestnut	0.41-0.57-0.76 / 0.44-0.60-0.78
ベイビバ Yellow cedar	0.51	イタヤカエデ Painted maple	0.54-0.61-0.73 / 0.58-0.65-0.77
ベイスギ Western redcedar	0.37-0.50	ヤマザクラ Cherry	0.44-0.58-0.71 / 0.48-0.62-0.74
ベイヒ Port onford cedar	0.47-0.51	キリ Royal paulownia	0.17-0.27-0.37 / 0.19-0.30-0.40
ベイモミ Sitka spruce	0.42	レッドラワン Red lauan	0.45-0.53-0.70
ベイトウヒ Spruce	0.35	チーク Teak	0.68
イエローパイン Yellow pine	0.45-0.50	バルサ Balsa	0.1
アガチス Agatis	0.40-0.60	リグナムバイタ Lignum-vitae	1.31

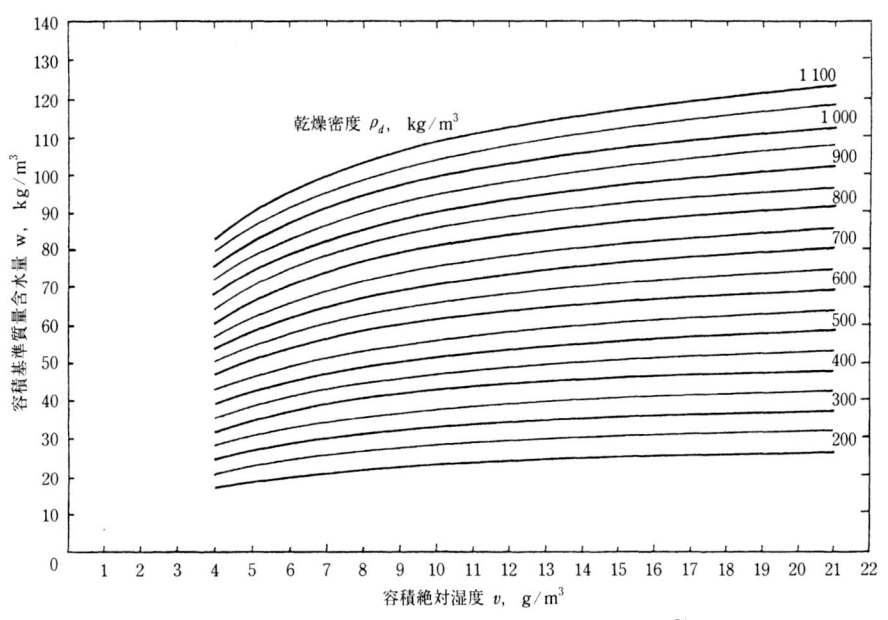

Fig. C-4-2-1 容積絶対湿度と木材の容積基準質量含水量の関係[3] (Relation between absolute humidity and moisture content of wood)

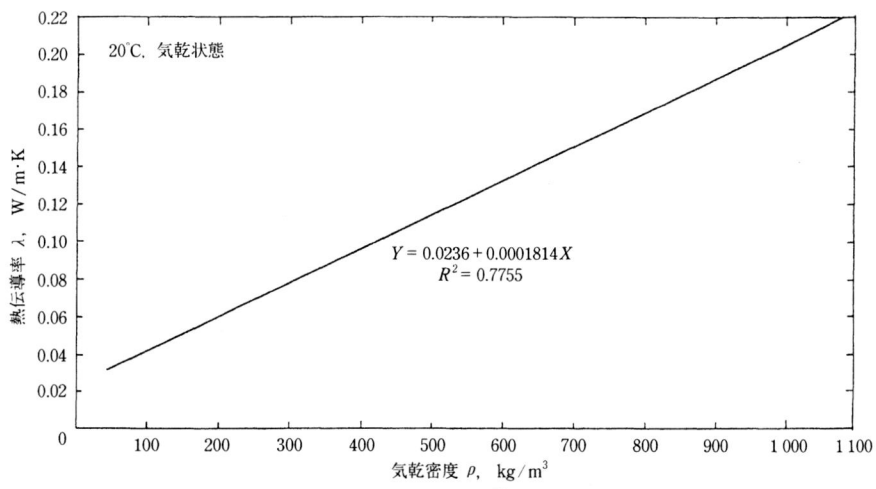

Fig. C-4-2-2 木材の気乾密度と熱伝導率の関係[4] (Relation between air dry density and thermal conductivity of wood)

で1.6～3.2倍である.

含水率変化に対する膨張,収縮の方向性も少ない.節,割れなどの欠点が少なく,大面積の平板の製造が可能である.

単板の材料としては,熱帯広葉樹であるラワン材,針葉樹ではベイマツが最も多く使われている.

合板には普通合板,構造用合板,難燃合板,特殊合板などがあり,耐水性能の違いによって特類,1類,2類,3類に分類される.特類,1類は屋外,浴室,台所など,2類は内装,畳下荒板,机・食卓などの天板,家具など,3類は建物の内装・天井板,家具,建具などの水気の無い所に使用される.

熱伝導率は素材の木材と同じ程度で0.11～0.15 (W/(m・K))の範囲にあり,比熱も1.5 (kJ/(kg・K))程度である.

4.2.3 パーティクルボード (Particle Board)

パーティクルボードは，木材の小片に合成樹脂接着剤を添加し熱圧成形した板状製品で，密度は，400〜900 (kg/m³) である．使用される接着剤の耐水性により，Uタイプ (ユリア樹脂系)，Mタイプ (メラミン樹脂系)，Pタイプ (フェノール樹脂系) の3タイプがあり，Pタイプが最も耐水性，耐候性に優れている．近年は，Pタイプと同程度の性能があり，ホルムアルデヒドを放出しないイソシアネート樹脂接着剤が注目されている．

一般的な特徴としては，異方性が少なく，割れが発生しにくいが，配向性ボードでは，長さ方向が幅方向よりも強度が大きく，異方性がある．強度特性は水分変動による影響を受けやすく，厚さ方向の膨張によって強度は低下する．

曲げ強さについては，一般的に100, 150, 200タイプに区分されるが，配向性をもたせた素地または単板ボードについては，250-90, 240-100, 175-105 の3タイプがある．

用途としては，建築用として，内装用間仕切り，床下地，屋根，壁の下地など，その他では，家具，キャビネットなどにも用いられる．

熱伝導率は0.087〜0.15 (W/(m·K)) 程度である．気乾密度と熱伝導率の関係は Fig. C-4-2-3 のように表せる[5]．

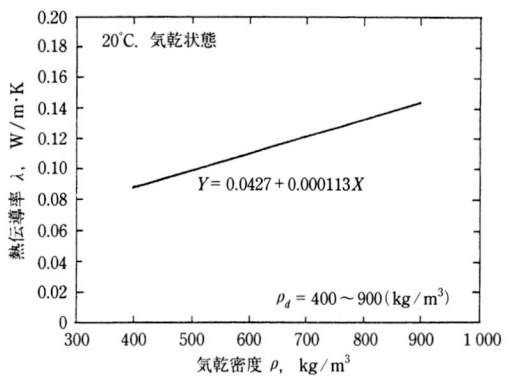

Fig. C-4-2-3 パーティクルボードの気乾密度と熱伝導率の関係[5] (Relation between air dry density and thermal conductivity of Particleboard)

4.2.4 繊維板 (Fiberboard)

繊維板は，木材を繊維状にまでほぐしてから成型した板状の材料で，密度により，350 (kg/m³) 未満のインシュレーションファイバーボード (IB)，350 (kg/m³) 以上800 (kg/m³) 未満のミディアムデンシティファイバーボード (MDF)，800 (kg/m³) 以上のハードファイバーボード (HB) の3種類に区分される．

インシュレーションファイバーボードには用途により，畳床用のタタミボード (T-IB)，断熱用のA級インシュレーションファイバーボード (A-IB)，アスファルトなどで処理した外壁下地用のシージングボードの3種類に区分される．

ミディアムデンシティファイバーボードは断熱，防音にすぐれ，施工，加工が容易であるため，繊維板の中では現在最も使用量が多く，建築とともに家具

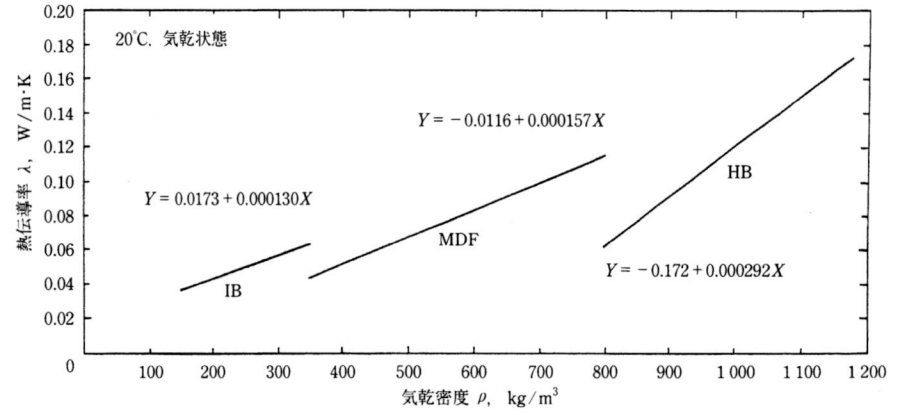

Fig. C-4-2-4 繊維板の気乾密度と熱伝導率の関係[6] (Relation between air dry density and thermal conductivity of Fiberboard)

にも多く使用されている．曲げ強さによって 30, 25, 15, 5 タイプの四つに区分されている．

ハードファイバーボードは油，樹脂などによる特殊処理および表面の状態により区分されており，無処理のスタンダードボードと，油，樹脂などで特殊処理されたテンパードボード（処理）に区分されている．さらに，それぞれの素地ハードファイバーボードには，片面だけが平滑で他の一面には網目があるもの（S1S）と両面が平滑のもの（S2S）がある．

繊維板の気乾状態における熱伝導率を示すと Fig.C-4-2-4 のようになる[6]．

4.2.5 木質セメント板 (Cement Bonded Ligneous Board)

パーティクルボードや繊維板などのボード類が有機系接着剤を用いて各種の構成要素を接着し成形しているのに対して，木質セメント板ではセメントを用いて木質エレメントを再構成している．これらのボードは耐候性，耐水性，耐火性，寸法安定性，防腐防虫性，吸音性，遮音性などが他のボードに比べ優れている．

（a）木毛セメント板

木毛セメント板には，セメントと木毛の配合割合によって2種類あり，重量比でセメント60％以上，木毛40％以下のものを難燃木毛セメント板，セメント55％以上，木毛45％以下のものを断熱木毛セメント板という．一般に防腐，防虫，防鼠，断熱，遮音，吸音性などがあり，モルタル塗りやプラスターのような湿式工法の下地材に適している．

難燃木毛セメント板は準不燃材料で，発煙，有毒ガスの発生がほとんどないため，防火性能が要求される内外装下地材に使われる．断熱木毛セメント板は気孔が多いため，断熱や吸音性が要求される内外装下地材に利用される．

表面状態の異なる木毛セメント板の温度と熱伝導率の関係は Fig.C-4-2-5 のようである[7]．

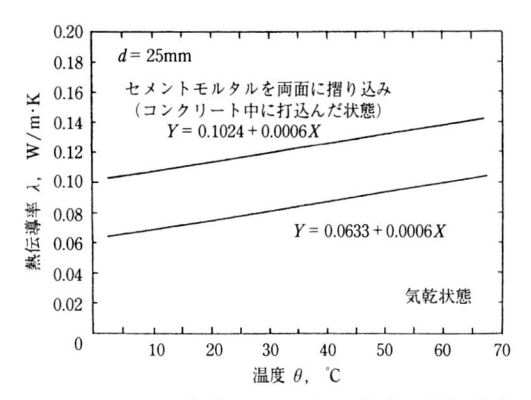

Fig. C-4-2-5 木毛セメント板の温度と熱伝導率の関係[7]（Relation between temperature and thermal conductivity of wood wool cemented board）

（b）木片セメント板

木片セメント板は木材切片とセメントを混合して板状に成形したものである．断熱，吸音性に優れ，準不燃材料である．普通木片セメント板はかさ比重が0.5以上0.9未満で，鉄筋を埋め込み補強した木片セメント鉄筋補強板，片面にモルタル仕上げをした木片セメント仕上げ補強板などがある．かさ比重0.9以上のものを硬質木片セメント板といい，野地板や外装用下地材などとして使用する．

これらの熱伝導率は 0.056～0.10（W/(m・K)）程度であり，比熱は天然木材よりも同じか若干小さい．

---

1) 農林省林業試験場：木材工業ハンドブック，丸善 (1973) 158-232. 713.　2) 宮野則彦・稲葉一八・宮野秋彦：第7回日本熱物性シンポジウム論文集, 7, (1986), pp.81-84.　3),4) 宮野（則）作成.　5) 宮野（則）測定.　6) 宮野則彦・小林定教・宮野秋彦：第23回日本熱物性シンポジウム論文集, 23, (2002) pp.135-137.　7) 宮野（則）測定.

4.3 繊維系材料（Fibrous materials）

4.3.1 ロックウール（Rock wool）

わが国で生産されているロックウールは，けい酸分と酸化カルシウム分を主成分とする鉱物をキュポラや電気炉で1500～1600℃の高温で溶融したもの，または高炉から出た後，同程度の高温に保温した溶融スラグを炉底から流出させたものを遠心力などで吹き飛ばして繊維状にしたものである．原料鉱物としては，玄武岩などの天然鉱物を用いる場合と，高炉スラグなどの鉄鋼スラグを用いる場合があるが，わが国では後者が主流である．

ロックウール繊維は，集綿室で集綿され，用途に応じて解繊・粒状化して「粒状綿」としたり，バインダーを添加して硬化炉で固めて一定の密度・厚さに調整してボード状，フェルト状，住宅用のマット状などの「成型品」に加工される．

繊維の性状は原料の配合組成により差があり，色，軟化温度，柔軟性などがメーカーにより多少異なるが，熱伝導率に影響するのは，繊維の太さ，密度，粒子の含有率などである．JIS A 9504（人造鉱物繊維保温材）の規定では，繊維径は平均で$7\mu m$以下，0.5mm以上の粒子含有率は4％以下である．

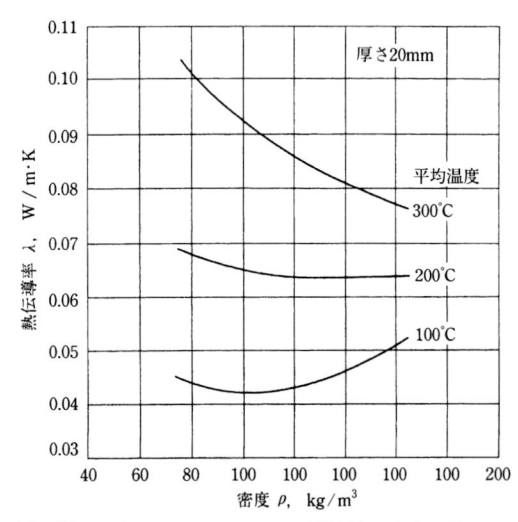

Fig. C-4-3-1 ロックウール保温材の密度と熱伝導率の関係（高温）[1]（Relation between density and thermal conductivity of Rock wool insulation at high temperature）

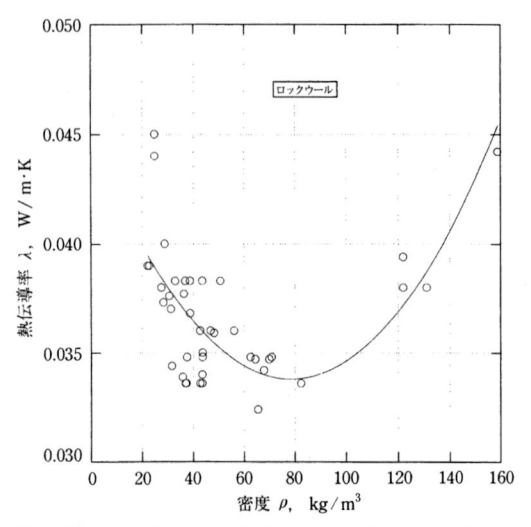

Fig. C-4-3-2 ロックウール保温材の密度と熱伝導率の関係（平均温度25℃）[2]（Relation between density and thermal conductivity of Rock wool insulation at 25℃）

ロックウール保温材は，ロックウールを少量のフェノールバインダで成形したり，外被にくるんだりしたもので，650℃まで使用できる．高温におけるロックウール保温材の密度と熱伝導率の関係をFig. C-4-3-1に示す[1]．Fig. C-4-3-2に示すように常温では，密度が$80 kg/m^3$程度で最小となる[2]．しかし，高温で使用する場合には，放射伝熱による熱移動が増大し，密度の小さいものほど熱伝導率が大きくなっていくため，注意が必要である．

4.3.2 グラスウール（Glass wool）

グラスウールは，ロックウールと共に代表的な人造鉱物繊維の一つである．ガラス繊維には長繊維と短繊維とがあるが，保温材や住宅用断熱材に用いられるのは短繊維である．

製造法は，ロックウールとほとんど同じであり，けい砂，石灰石，苦灰石，長石，ソーダ灰などのガラス原料を溶融して，遠心法，火炎法などで細い繊維状にしたものに熱硬化性樹脂などの接着剤を吹き付けて加熱成型する．ガラス質は$R_2O-RO-SiO_2$である．

繊維は，ロックウールよりも弾力性に富んでおり，高密度のものを作るには，ロックウールよりも多くのバインダーが必要となる．このため，300℃程度が

使用限界温度となる．

熱伝導率に影響を与える因子としては，ロックウールと同様繊維径，密度，粒子の含有率であるが，ロックウールに比べて原料の融点が低く，繊維化しやすいこともあり，ロックウールよりも遙かに粒子の含有率が小さい．このため，グラスウールの熱伝導率は，繊維径および密度に大きく影響を受ける．

Fig. C-4-3-3に繊維径をパラメータとしたグラスウールの密度と熱伝導率の関係を示す[3]．繊維径が細いほど熱伝導率は小さくなる傾向にある．

Fig. C-4-3-4にグラスウールの密度と熱伝導率の関係を示す[4]．密度が増すほど熱伝導率が減少する傾向を示している．これ以上に密度が増えた場合，ロックウールと同様熱伝導率も増加していくものと思われる．

4.3.3 セルロースファイバー（Cellulose fibre）

セルロースファイバーは，木質系繊維や古紙などを解繊し，それに難燃剤などの処理を施したもので，吹込み機を使って壁，床，天井などに吹き込むことで主に住宅用の断熱材として用いる．住宅用では，特に接着剤などは混入せずにバラの状態で使われることがほとんどであるが，接着剤で固める場合もある．

Fig. C-4-3-5に，セルロースファイバの密度と熱伝導率との関係を示す[5]．ここに示したのは，接着剤を用いないバラ状のものである．密度と熱伝導率には明確な傾向は見られないが，熱伝導率は0.035〜0.045 W/(m·K)程度である．セルロースファイバの場合，工場で成型品として作るのではなく，施工の仕方によって密度や熱伝導率が変化する．したがって，Fig. C-4-3-5のばらつきは，材料の違いというよりも施工状態の違いといえる．

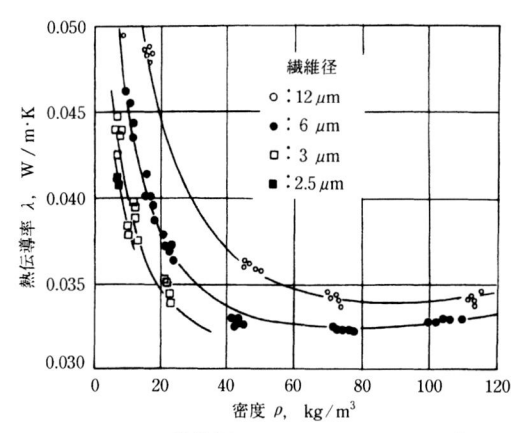

Fig. C-4-3-3 繊維径をパラメータにとって表したグラスウール保温材の密度と熱伝導率の関係[3]（Relationship between the thermal conductivity of Glass wool bats and diameter of fibres as a function of core density）

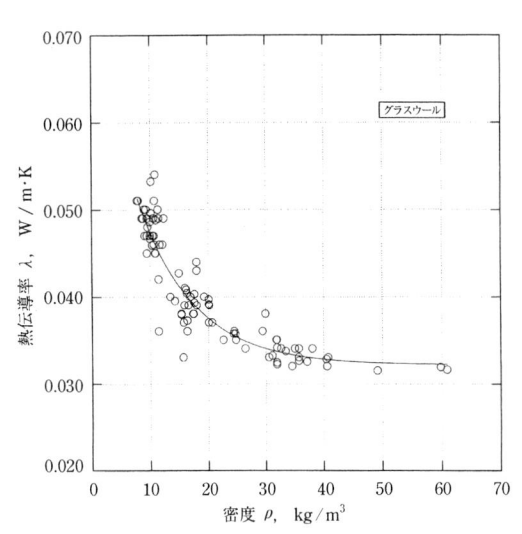

Fig. C-4-3-4 グラスウール保温材の密度と熱伝導率の関係（平均温度25℃）[4]（Relation between density and thermal conductivity of Glass wool insulation at 25℃）

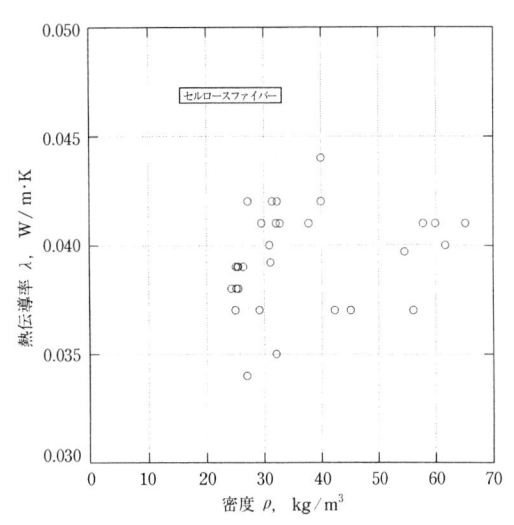

Fig. C-4-3-5 セルロースファイバーの密度と熱伝導率の関係（平均温度25℃）[5]（Relation between density and thermal conductivity of Cellulose fibre at 25℃）

4.3.4 セラミックファイバー（Ceramic fibre）

セラミックファイバーは，シリカ・アルミナファイバーの総称で1200～1300℃程度までの使用に耐える耐熱繊維であり，建築材料というより工業用の窯炉の断熱材としてシェアを確立している．

セラミックファイバーは，ロックウールと同様にガラス質の繊維であるため，高温に曝されると，ムライト（$3Al_2O_3 \cdot 2SiO_2$）およびクリストバライト（SiO_2）の結晶が析出し脆弱化につながる．

Fig. C-4-3-6は，温度をパラメータにとって示し

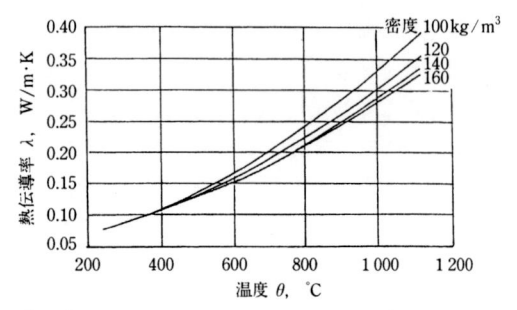

Fig. C-4-3-6 セラミックファイバブランケットの熱伝導率[7]（Thermal conductivity of ceramic fibre blankets）

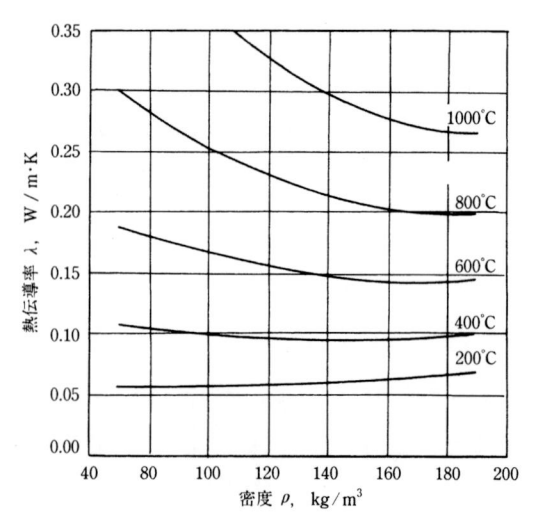

Fig. C-4-3-7 セラミックファイバの各温度における密度と熱伝導率の関係[6]（Thermal conductivity of ceramic fibres as a function of density）

たセラミックファイバーブランケットの密度に対する熱伝導率特性である[6]．高温になると密度の大きい方の熱伝導率が小さくなる傾向が見られ放射による影響が現れている．Fig. C-4-3-7は，密度をパラメータに取り，温度と熱伝導率の関係を示したものである[7]．

---

1) 保温 JIS 解説 (2001年版) p.334． 2),4),5) 高木・黒木・藤本：建材試験情報 VOL.36, 7 (2000)． 3) Fournier D., Klarsfeld S.; ASTM STP-544 (1973) 223． 6),7) 熱物性ハンドブック, 養賢堂, (1990) p.217, p.218．

4.4 発泡系材料 (Cellular porous materials)

4.4.1 硬質ウレタンフォーム (Rigid polyurethane foam)

ウレタン樹脂は，ポリオールとポリイソシアネートとを，触媒，発泡剤（水，フルオロカーボンなど），整泡剤などと一緒に混合して，泡化反応と樹脂化反応とを同時に行わせて得られる一種のゴムである．

これまでの硬質ウレタンフォームは，発泡剤としてCFC（クロロフルオロカーボン）を用いたものが主流であったが，オゾン層破壊に関する規制により1996年以降使用できなくなった．このため，現在では，代替フロン（たとえば，HCFC-141b）や水と代替フロンの組み合わせで，特定フロン（CFC）を置き換えることで製造が行われている．

硬質ウレタンフォームは，気泡内にフロンガスを閉じこめることにより，より小さな熱伝導率を実現している．このため，気泡内のガスが空気と置換することによる熱伝導率の増加が指摘されている．

Fig. C-4-4-1に硬質ウレタンフォーム保温材の熱伝導率と密度の関係を示す[1]．図に示した熱伝導率は，経時変化を考慮して，製造1ヶ月後の値である．

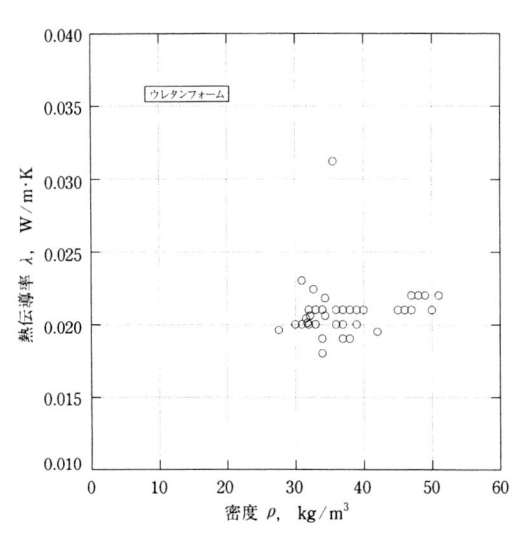

Fig. C-4-4-1 硬質ウレタンフォームの密度と熱伝導率の関係（平均温度25℃）[1] (Relation between density and thermal conductivity of Rigid polyurethane foams at 25℃)

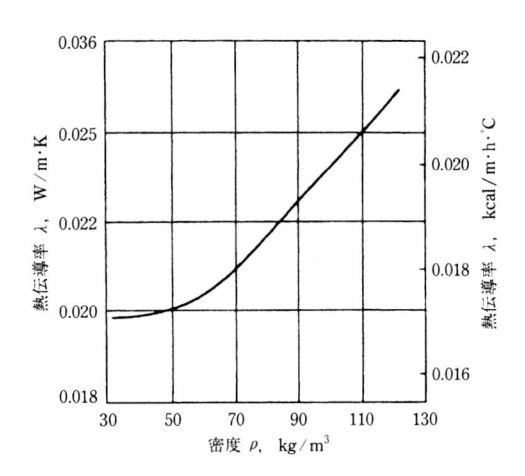

Fig. C-4-4-2 硬質ウレタンフォームの密度と熱伝導率[2]（Relation between density and thermal conductivity of Rigid polyurethane foam)

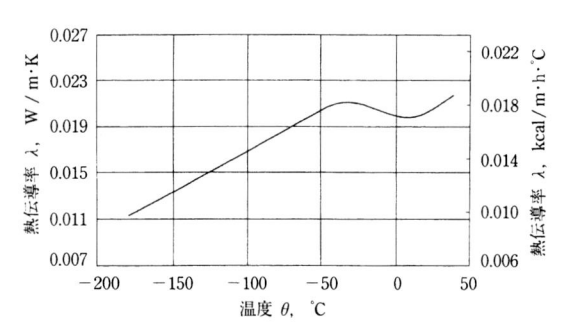

Fig. C-4-4-3 硬質ウレタンフォームの温度と熱伝導率[3]（Relation between mean temperature and thermal conductivity of Rigid polyurethane foam)

ここに示した熱伝導率は，特定フロンを用いた硬質ウレタンフォームのものである．

密度は，硬質ウレタンフォームの諸性質を支配する最も重要な因子とされ，使用目的に応じて25～70 kg/m^3の範囲の製品を任意に選択できる．硬質ウレタンフォームの熱伝導率と密度の関係はFig. C-4-4-2のような傾向を示す[2]．断熱材には50 kg/m^3以下の密度の材料が用いられる．

また，硬質ウレタンフォームの温度を下げていくと，気泡内のガスが液化することで熱伝導率に変曲点ができる．Fig. C-4-4-3に平均温度と熱伝導率の関係の一例を示す[3]．

4.4.2 ポリスチレンフォーム（Polystylene foam）

ポリスチレン樹脂は，石油系の溶剤で容易に膨潤することから，沸点の比較的低い炭化水素を含ませたり，ポリスチレンのペレットを気体のプロパン，ブタンなどのガス中で加熱し，これらのガスを膨潤浸透させたものを原料としてポリスチレンフォームは作られる．

ポリスチレンフォームには2通りの製法がある．ペレットを一旦加熱して低発泡状態のビーズにし，ステンレス製の金型に詰めて水蒸気を通し，二次発泡をさせながら融着成形したものがビーズ法ポリスチレンフォーム（ビーズボード）と呼ばれるものである．

このペレットを押し出し成形機に入れるか，あるいは成形機内で直接ポリスチレン粒子と発泡剤（炭化水素またはフルオロカーボン）を加熱混合してボード状に押し出したものが押出法ポリスチレンフォームと呼ばれるものである．押出法ポリスチレンフォームは，硬質ウレタンフォームと同様，発泡剤としてフルオロカーボンを用いているが，特定フロン全廃後は代替フロンを用いている．

Fig. C-4-4-4にビーズ法ポリスチレンフォームの熱伝導率と密度の関係を[4]，Fig. C-4-4-5に押出法ポリスチレンフォームの熱伝導率と密度の関係を示す[5]．

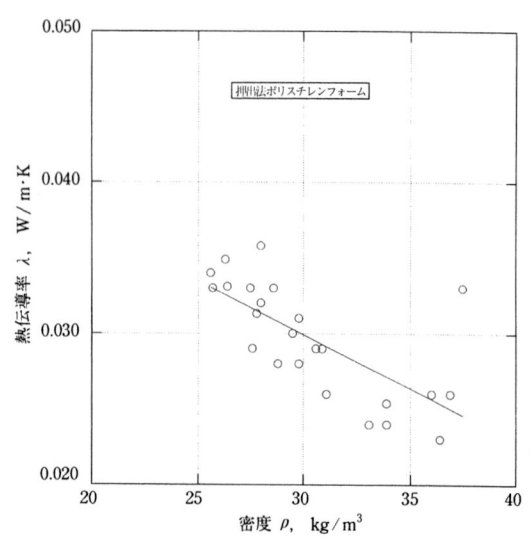

Fig. C-4-4-5 押出法ポリスチレンフォームの密度と熱伝導率（平均温度25℃）[5]
(Relation between density and thermal conductivity of Extruded polystylene foam at 25℃)

4.4.3 ポリエチレンフォーム（Polyethylene foam）

ポリスチレンと同様石油系の高分子樹脂であるが，ポリスチレンのように容易に石油系の溶剤で膨潤しない上，柔軟性があるのが特長である．製品として

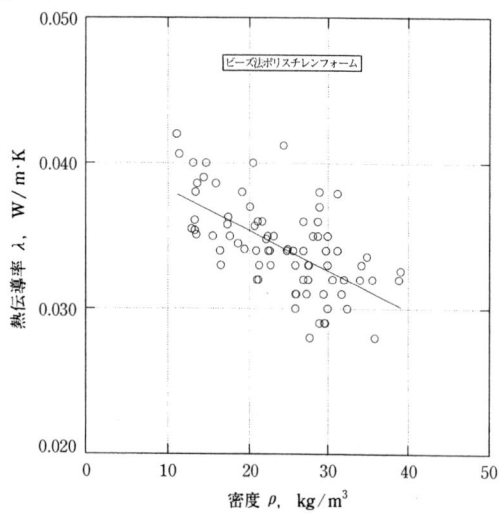

Fig. C-4-4-4 ビーズ法ポリスチレンフォームの密度と熱伝導率（平均温度25℃）[4]
(Relation between density and thermal conductivity of Bead method polystylene foam at 25℃)

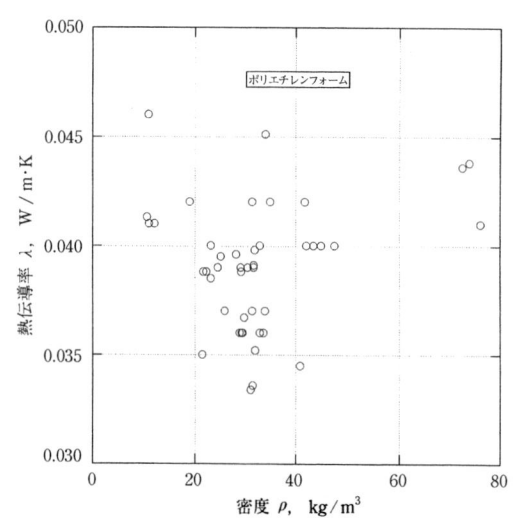

Fig. C-4-4-6 ポリエチレンフォームの密度と熱伝導率（平均温度25℃）[6]
(Relation between density and thermal conductivity of polyethylene foam at 25℃)

は円筒状の物が主で，空気調和衛生関係の冷媒管，温冷水管の保温保冷や凍結防止材として使用されている．Fig. C-4-4-6にポリエチレンフォームの熱伝導率と密度の関係を示す[6]．

4.4.4 フェノールフォーム（Phenolic foam）

フェノール樹脂は，レゾール型とノボラック型の二つに大別できる．フェノールフォームは，フェノール樹脂と発泡剤および硬化剤を混合し，発泡硬化させることで製造する．

発泡剤は，レゾールにはハイドロカーボンや代替フロンが用いられるため，硬質ウレタンフォームと同様，経時変化に伴う熱伝導率の増加も認められる．ノボラックには固体の発泡剤が用いられ，一般にはニトロソ系が使用される．

フェノールフォームは，有機質フォームの中では耐熱性能の高い材料であり，準不燃材料として認定されている．

Fig. C-4-4-7にフェノールフォームの熱伝導率と密度の関係を示す[7]．

4.4.5 その他の発泡系材料

有機質の発泡体としては，硬質ゴム，塩化ビニル，尿素樹脂などの発泡体が製品化されている．また，無機質のものでは，はっ水パーライト保温材，泡ガラスなどがある．はっ水パーライト保温材は，JIS A 9510（無機多孔質保温材）の中に，けい酸カルシウム保温材とともに規定されているが，生産量はわずかである．泡ガラスは，ガラスの粉末にカーボン粉を加えて溶融加熱して発泡させたものと，粉末粒子を充填して焼結させたものがある．前者は，独立気泡率が高く，熱伝導率が小さいが，脆弱である．後者は，気泡率が低く熱伝導率は大きいが圧縮強度が強い．現在泡ガラスの国産品はなく全て輸入されている．

これらの熱伝導率を Fig. C-4-4-8 に示す[8]．ただし，単位が SI でないことに注意．

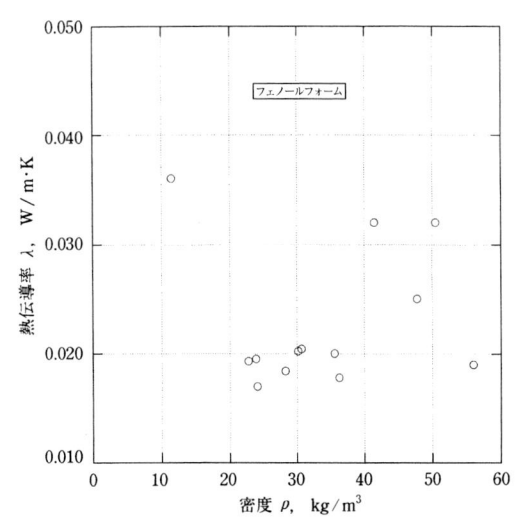

Fig. C-4-4-7 フェノールフォームの密度と熱伝導率（平均温度25℃）[7]（Relation between density and thermal conductivity of Phenolic foam at 25℃）

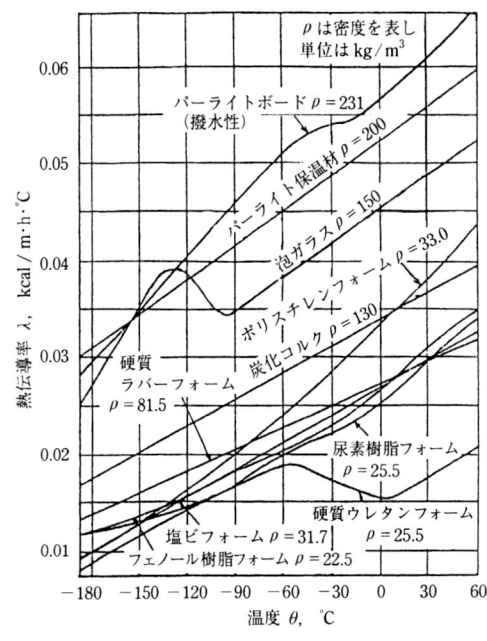

Fig. C-4-4-8 低温で使用される発泡質断熱材の熱伝導率[8]（Thermal conductivity of low temperature thermal insulations）

4.4.6 れんが類（Bricks）

れんがに関しては芝[9]による表が組成，温度依存性なども明記してあり参考になるが，密度と熱伝導率が与えられていないことと，データが古いことが欠点といえる．したがって，ここでは最も系統的に測定された小林[10, 11]による結果を Table C-4-4-1 に示す．ただし，物性値のうち，熱伝導率と密度および比熱が直接求められた値である．

Table C-4-4-1 れんが類の熱物性値（Thermophysical properties of bricks）

温度 T (K)	比熱 c (kJ/(kg·K))	熱伝導率 λ (W/(m·K))	温度伝導率 a (mm²/s)
カーボンれんが	密度 ρ (kg/m³) 1579		
293	1.39	17.2	7.81
400	1.27	11.7	5.84
600	1.33	9.0	4.29
800	1.59	9.2	3.68
1000	1.91	10.4	3.47
1200	2.47	13.3	3.41
1300	2.86	14.9	3.31
ジルコンれんが	密度 ρ (kg/m³) 3657		
293	0.66	6.3	2.60
400	0.94	6.9	2.00
600	1.28	5.7	1.21
800	1.24	3.9	0.87
1000	1.03	2.9	0.79
1200	0.99	2.7	0.73
1300	1.04	2.7	0.71
高炉炉底れんが	密度 ρ (kg/m³) 2216		
293	0.91	1.8	0.90
400	1.07	1.9	0.79
600	1.34	2.1	0.71
800	1.70	2.7	0.71
1000	1.77	2.8	0.71
1200	1.84	2.8	0.66
1300	1.94	2.8	0.65
シャモットれんが	密度 ρ (kg/m³) 1816		
293	1.08	0.52	0.27
400	1.07	0.47	0.24
600	1.05	0.41	0.22
800	0.96	0.36	0.21
1000	0.84	0.32	0.21
1200	0.76	0.31	0.22
1300	0.74	0.31	0.23
ろう石れんが	密度 ρ (kg/m³) 2051		
293	0.93	0.67	0.35
400	1.02	0.59	0.28
600	1.16	0.54	0.23
800	1.16	0.62	0.26
1000	1.03	0.58	0.28
1200	0.89	0.45	0.25
1300	0.84	0.35	0.21
高アルミナれんが	密度 ρ (kg/m³) 3467		
293	0.84	24.7	8.53
400	0.85	15.1	5.10
600	0.89	9.4	3.04
800	0.90	6.5	2.08
1000	0.84	5.0	1.73
1200	0.74	2.9	1.12
1300	0.69	2.3	0.96
マグネシアれんが	密度 ρ (kg/m³) 3365		
293	1.04	30.9	8.77
400	1.10	23.9	6.45
600	1.27	17.9	4.19
800	1.34	15.2	3.39
1000	1.28	11.1	2.58
1200	1.23	8.2	1.97
1300	1.17	6.1	1.55
焼成マグネシアれんが	密度 ρ (kg/m³) 2777		
293	0.84	10.8	4.65
400	0.98	12.4	4.52
600	1.24	11.4	3.30
800	1.16	6.9	2.16
1000	0.75	2.9	1.38
1200	0.53	1.5	0.96
1300	0.51	1.3	0.94

1),4),5),6),7) 高木・黒木・藤本：建材試験情報 VOL.36, 7 (2000). 2),3) 保温 JIS 解説 (2001年版) p.445, p.446. 8) 熱物性ハンドブック，養賢堂，(1990) p.220. 9) 芝　亀吉：物理常数表，岩波書店 (1948) 192. 10) 小林清志：The 1st J.S.T.P. 1980, **1** (1980) 105. 11) 小林清志：The 2nd J.S.T.P. 1981, **2** (1981) 55.

4.5 建築材料の熱伝導率と作用因子
(Thermal conductivity of building materials and factor to affect)

建築材料の熱伝導率に与える因子として，温度，水分，エージングが考えられる．製造時において材料に熱伝導率を表示したときの条件と実際に材料を使用する状態では条件が異なることが予想される．

ISO 10456 (Building materials and products-Determination of declared and design thermal values)では，製造時において材料に熱伝導率を表示する条件を定め，その熱伝導率を「宣言値（Declared thermal values）」と称し，実際に材料が使用される状態での作用因子を考慮した熱伝導率の値を「設計値（Design thermal values）と呼ぶことにしており，宣言値から設計値への変換の方法を規定している．この規格は国内においても，JIS A 1480「建築用断熱・保温材料および製品-熱性能宣言値および設計値決定の手順」として制定されている．

4.5.1 熱性能の宣言値および設計値[1]
(Declared and design thermal values)

(a) 宣言値 (Declared thermal values)

宣言値は，Table C-4-5-1に示す標準温度および含水率のそれぞれ2条件を組み合わせた四つのセット条件における熱伝導率または熱抵抗とする．

(b) 設計値 (Design thermal values)

設計値は，宣言値，測定値から以下の式を用いて求める．

適用データへの換算は，温度，水分および経年変化による換算率を用いて計算する．

$$\lambda_2 = \lambda_1 \cdot F_T \cdot F_m \cdot F_a$$

ここに，

Table C-4-5-1 宣言値の条件 (Declared value condition)

項目	セット条件			
	Ⅰ (10℃)		Ⅱ (23℃)	
	a	b	a	b
標準温度	10℃	10℃	23℃	23℃
含水率	u_{dry}	$u_{23/50}$	u_{dry}	$u_{23/50}$

u_{dry}：乾燥状態における含水率
$u_{23/50}$：温度23℃，相対湿度50%における平衡含水率
試料：エージングされたもの

λ_1：セット条件1の熱伝導率（W/(m·K)）
λ_2：セット条件2の熱伝導率（W/(m·K)）
F_T：温度換算率
F_m：水分換算率
F_a：経年変化の換算率

それぞれの換算率は次式で求める．

(1) 温度の換算率

$$F_T = e^{f_T(T_2 - T_1)}$$

Table C-4-5-2 温度の換算係数 (Conversion coefficient for temperature)

製品	製品の種類	熱伝導率 λ W/(m·K)	換算係数 f_T K⁻¹
人造鉱物繊維	バット マット 吹込み材料	0.035	0.0046
		0.040	0.0056
		0.045	0.0062
		0.050	0.0069
	ボード	0.032	0.0038
		0.034	0.0043
		0.036	0.0048
		0.038	0.0053
	硬質ボード	0.030	0.0035
		0.033	0.0035
		0.035	0.0031
ビーズ法ポリスチレンフォーム 厚さ d(mm)	d≦20	0.032	0.0031
		0.035	0.0036
		0.040	0.0041
		0.043	0.0044
	20<d≦40	0.032	0.0030
		0.035	0.0034
		0.040	0.0036
	40<d≦100	0.032	0.0030
		0.035	0.0033
		0.040	0.0036
		0.045	0.0038
		0.050	0.0041
	100<d	0.032	0.0030
		0.035	0.0032
		0.040	0.0034
		0.053	0.0037
押出法ポリスチレンフォーム	スキンなし	0.025	0.0046
		0.030	0.0045
		0.040	0.0045
	スキンあり	0.025	0.0040
		0.030	0.0036
		0.035	0.0035
	非透水質外装材付き	0.025	0.0030
		0.030	0.0028
		0.035	0.0027
		0.040	0.0026
硬質ポリウレタンフォーム	—	0.025	0.0055
		0.030	0.0050
フェノールフォーム	—	0.020	0.0040
		0.032	0.0029
けい酸カルシウム	—	—	0.0030
パーライト	—	—	0.0033

ここに，
 f_T：温度換算係数（Table C-4-5-2 参照）
 T_1：セット条件1の温度
 T_2：セット条件2の温度
（2）水分の換算率
 $$F_m = e^{f_u(u_2 - u_1)}$$
ここに，
 f_u：水分換算係数（Table C-4-5-3 参照）
 u_1：セット条件1の含水率
 u_2：セット条件2の含水率

含水率は，質量基準と容積基準があり，質量基準では記号 u，容積基準では記号 Ψ を用いている．

Table C-4-5-3 水分の換算係数（Conversion coefficient for moisture）

製品の種類	含水率 u		換算係数 f_u	
	m³/m³	kg/kg	m³/m³	kg/kg
人造鉱物繊維	<0.15	-	4	-
ビーズ法ポリスチレンフォーム	<0.10	-	4	-
押出法ポリスチレンフォーム	<0.10	-	2.5	-
硬質ポリウレタンフォーム	<0.15	-	6	-
フェノールフォーム	<0.15	-	5	-
けい酸カルシウム保温材	<0.25	-	10	-
パーライト保温材	-	<0.04	-	0.8

Table C-4-5-4 一般建築物における材料の設計値[2]（Design thermal values for materials in general in building applications）（Extract from EN 12524）

Material group or application		Density ρ kg/m³	Design thermal conductivity λ W/(m·K)	Specific heat capacity c_p J/(kg·K)	Water vapour resistance factor μ	
					dry	wet
Concrete						
	Medium density	2200	1,65	1000	120	70
	High density	2400	2,00	1000	130	80
Floor coverings						
	Tiles, cork	>400	0,065	1500	40	20
	Carpet / textile flooring	200	0,06	1300	5	5
	Linoleum	1200	0,17	1400	1000	800
Gases	Air	1,23	0,025	1008	1	1
Glass	Soda lime (incl. "float glass")	2500	1,00	750	∞	∞
Water	Water at 10 °C	1000	0,60	4190		
	Ice at 0 °C	900	2,20	2000		
	Snow, freshly fallen (< 30 mm)	100	0,05	2000		
Metals	Stainless steel	7900	17	460	∞	∞
	Aluminium alloys	2800	160	880	∞	∞
	Copper	8900	380	380	∞	∞
Rubber	Natural	910	0,13	1100	10000	10000
	Neoprene (polychloroprene)	1240	0,23	2140	10000	10000
	Foam rubber	60 - 80	0,06	1500	7000	7000
thermal breaks						
	Polyurethane (PU) foam	70	0,05	1500	60	60
	Polyethylene foam	70	0,05	2300	100	100
Gypsum		600	0,18	1000	10	4
	Gypsum plasterboard	900	0,25	1000	10	4
Plasters and renders						
	Gypsum insulating plaster	600	0,18	1000	10	6
Stone	Basalt	2700 - 3000	3,5	1000	10000	10000
	Granite	2500 - 2700	2,8	1000	10000	10000
	Marble	2800	3,5	1000	10000	10000
Timber		500	0,13	1600	50	20
		700	0,18	1600	200	50
Wood – based panels						
	Plywood	500	0,13	1600	200	70
	Cement-bonded particleboard	1200	0,23	1500	50	30
	Particleboard	600	0,14	1700	50	15
	Fibreboard, including MDF	600	0,14	1700	20	12

4.5 建築材料の熱伝導率と作用因子

(3) 経年変化による換算

経年変化の影響は,実験データによって実証された理論上のモデルから得られるが,時間と経年変化の関係を示す法則を得るのは容易ではなく,この規格では換算係数は与えられていない.

(c) 欧州規格(EN)における設計値の例(Example of Design thermal values of EN)

欧州規格 EN では,域内の各国から 19 品種,約 130 種類の材料について物性値(密度,熱伝導率設計値,比熱,透湿抵抗)を収集し EN 12524 (Tabulated design Values) として整理している. Table C-4-5-4 は,その一部を抜粋したものであるが整理中の段階であり,参考として掲載した[2].

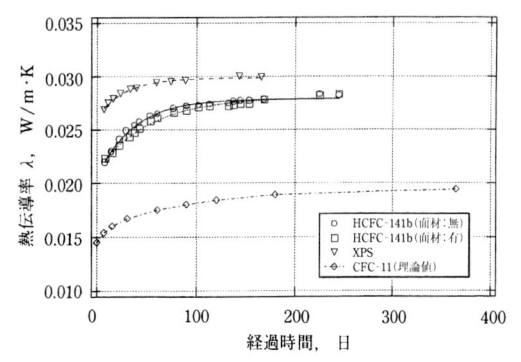

Fig. C-4-5-1 硬質ウレタンフォームの熱伝導率の経時変化[3] (Long term change in thermal conductivity of Rigid polyurethane foam)

4.5.2 硬質ウレタンフォームの気泡内ガスのエージングと熱伝導率

硬質ウレタンフォームの気泡内ガスは,発泡直後ではフルオロカーボンガスと若干の炭酸ガスから成るが,時間経過とともに雰囲気と気泡内ガスが置換し熱伝導率が変化する傾向がある.

HCFC141b を使用した硬質ウレタンフォーム板の実測値を Fig. C-4-5-1 に示す[3]. CFC-11 は理論値であるが同じような傾向を示している.

4.5.3 含水と熱伝導率

材料中に水分を含むと熱伝導率は,湿気の移動や空隙に存在する水の熱伝導率の影響で増大する. Fig. C-4-5-2 は,ある住宅団地における屋上断熱に使用された押出ポリスチレンフォームの10年目と20年目における吸水状態の熱伝導率の違いを示している[4]. これらの試料の熱伝導率は乾燥状態に戻すと初期値よりもやや大きな値まで復元することを確認している.

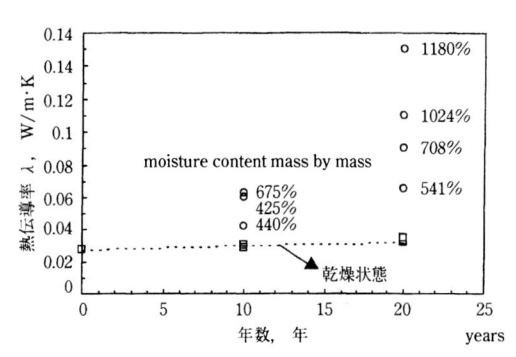

Fig. C-4-5-2 屋上断熱工作に用いられた断熱材の含水による熱伝導率の変化[4] (Long term change in thermal conductivity of the roof insulation by moisture content)

Fig. C-4-5-3[5] および Fig. C-4-5-4[6] に各種材料の含水率と熱伝導率の関係を示す.

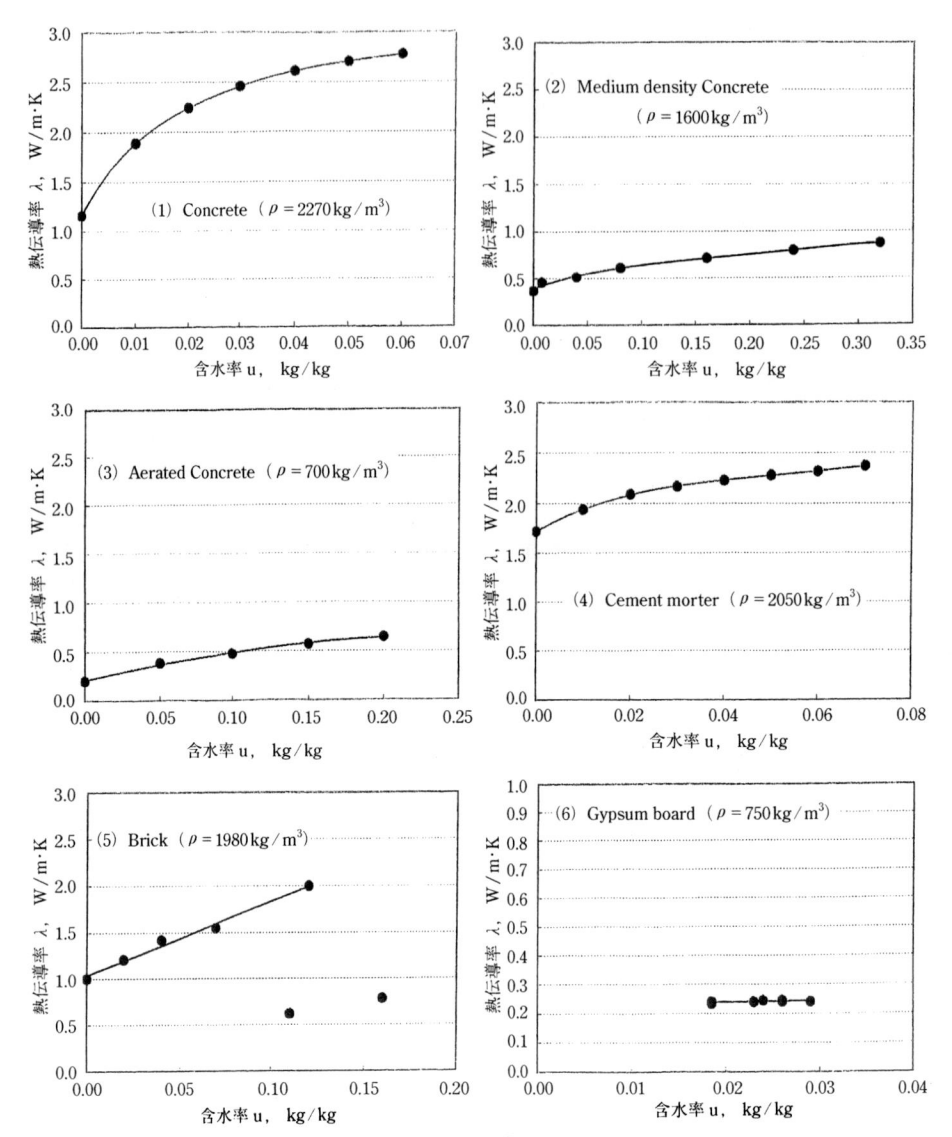

Fig. C-4-5-3 　各種材料の含水率と熱伝導率の関係 (1)[5] (Thermal conductivity vs Moisture content (1))

4.5 建築材料の熱伝導率と作用因子

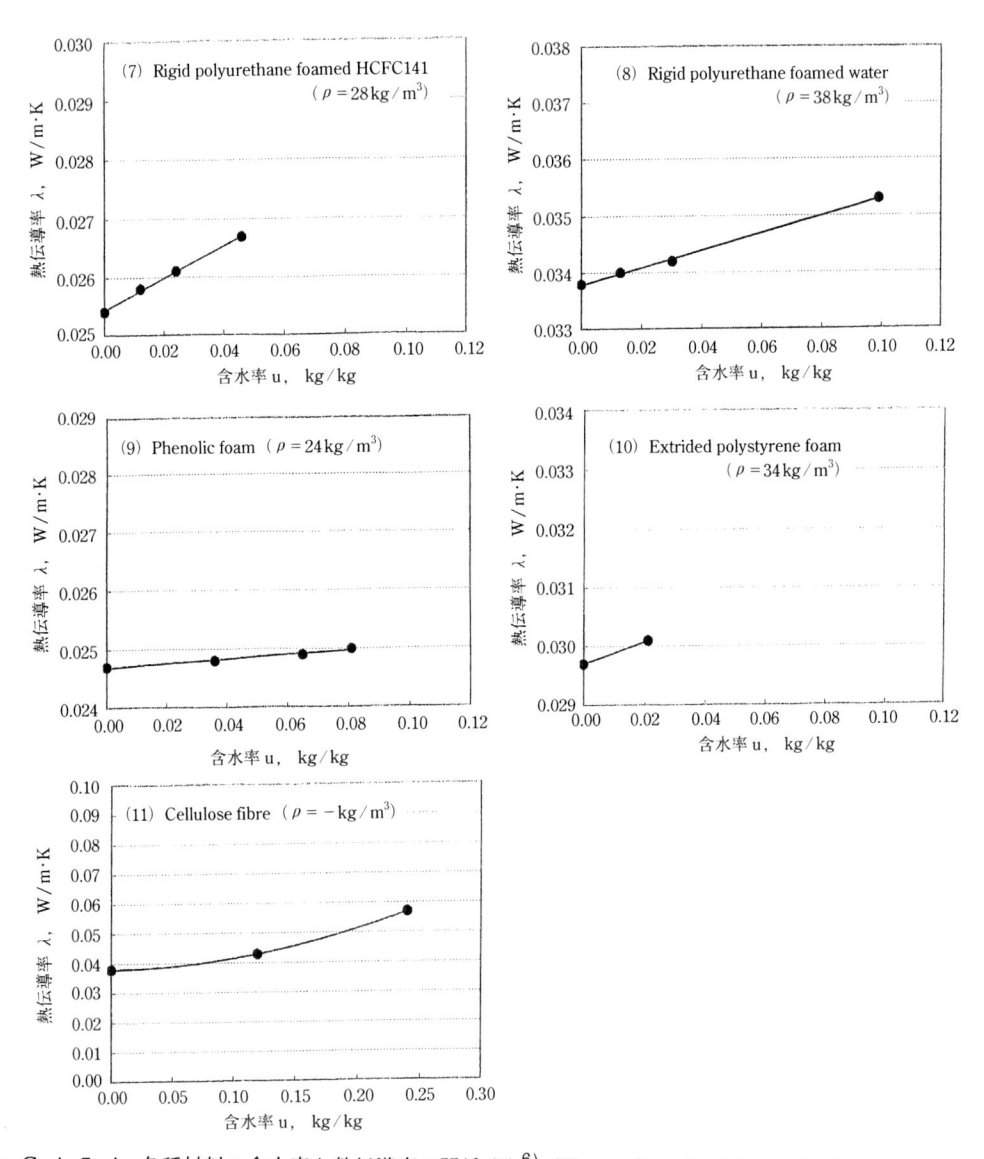

Fig. C-4-5-4　各種材料の含水率と熱伝導率の関係(2)[6]　(Thermal conductivity vs Moisture content (2))

1) JISA 1480「建築用断熱・保温材料および製品—熱性能宣言値および設計値決定の手順」原著：ISO 10456 (Building materials and products-Determination of declared and design thermal values). 2) EN 12524 Building materials and products-Hygrothermal properties-Tabulated design values. 3)(財)建材試験センター調査(1999). 4)(財)建材試験センター測定(2001). 5)日本建築学会訳「建築材料の熱・空気・湿気物性値」(原著 IEA annex 24)のデータより黒木作図. 6)(財)建材試験センター測定.

4.6 保温・断熱材の規格値（Thermal conductivity provided in the standards document of insulation）

4.6.1 人造鉱物繊維保温材（JIS A 9504）[1]（Man made mineral fibre thermal insulation materials）

人造鉱物繊維保温材とはロックウール保温材およびグラスウール保温材を指す．

保温材には次のような種類がある．

（a）ウール（Wool）
綿状のまま用いる．鉄骨の耐火被覆用，配管，ダクトなどの防火区画貫通部充填材，天井裏断熱用などに用いられる．

（b）保温板（Board insulation）
ウールに接着剤を用いて板状に成形したもの．保温・断熱，防音，防火用として用いる．

（c）フェルト（Felt）
ロックウールに接着剤を用いて弾力のあるフェルト状に成形したもの．天井裏，壁の中空部，床下などの保温・断熱，防音，防火用として用いる．

（d）波形保温板（Wave insulation）
グラスウール保温板を接着剤を用いてジグザグ状に折り込んで成形し，片面に紙，布などを張って仕上げたもの．湾曲した部分に使用する．

（e）保温帯（Lamella insulation）
層状の保温板を一定幅に切り取り，繊維方向を90度回転して横に並べ寒冷紗などを片面に貼り付けてつなげたもの．パイプ，ダクトなど曲面に用いる．

（f）ブランケット（Blanket）
層状のウールまたは保温板の両面または片面をメタルラスなどの外被で補強成形したもの．

（g）保温筒（Pipe insulation）
ウールに接着剤を用いて管径に合わせて筒状に成形したもの．

JISに定められた熱伝導率の規格値および熱伝導率と平均温度との関係式をTable C-4-6-1 [2] およびTable C-4-6-2 [3] に示す．なお，この関係式は，今までに得られた測定値に10％の安全率を付加して求めたもので参考値である．

Table C-4-6-1 ロックウール保温材の種類および熱伝導率（JIS A 9504 人造鉱物繊維保温材）[2]（Product type and thermal conductivity of rock wool insulation（JIS A 9504 Man-made mineral fibre））

製品の種類 Product type		密度 Density kg/m³	熱伝導率 Thermal conductivity W/(m·K) (at 70℃)	熱伝導率算出式（参考） Empirical fomula (informative) W/(m·K) θ : mean temp. ℃
ウール		40〜150	≦0.044	
保温板	1号	40〜100	≦0.044	$0.0337+1.51\times10^{-4}\theta$ $0.0395+4.71\times10^{-5}\theta+5.03\times10^{-7}\theta^2$
	2号	101〜160	≦0.043	$0.0337+1.28\times10^{-4}\theta$ $0.0407+2.52\times10^{-5}\theta+3.34\times10^{-7}\theta^2$
	3号	161〜300	≦0.044	$0.0360+1.16\times10^{-4}\theta$ $0.0419+3.28\times10^{-5}\theta+2.63\times10^{-7}\theta^2$
フェルト		20〜70	≦0.049	$0.0349+1.86\times10^{-4}\theta$ $0.0337+1.63\times10^{-4}\theta+3.84\times10^{-7}\theta^2$
ブランケット	1号	40〜100	≦0.044	保温板1号及び2号と同一数値．
	2号	101〜160	≦0.043	
保温帯	1号	40〜100	≦0.052	$0.0349+2.44\times10^{-4}\theta$ $0.0407+1.16\times10^{-4}\theta+7.67\times10^{-7}\theta^2$
	2号	101〜160	≦0.049	$0.0360+1.74\times10^{-4}\theta$ $0.0453+3.58\times10^{-5}\theta+4.15\times10^{-7}\theta^2$
保温筒		40〜200	≦0.044	$0.0314+1.74\times10^{-4}\theta$ $0.0384+7.13\times10^{-5}\theta+3.51\times10^{-7}\theta^2$

温度範囲　上段：($-20\leq\theta\leq$　下段：($100\leq\theta\leq600$)

Table C-4-6-2 グラスウール保温材の種類および熱伝導率（JIS A 9504 人造鉱物繊維保温材）[3]（Product type and thermal conductivity of glass wool insulation (JIS A 9504 Man-made mineral fibre)）

製品の種類 Product type		密度 Density kg/m³	熱伝導率 Thermal conductivity W/(m·K) (at 70℃)	熱伝導率算出式（参考） Empirical fomula (informative) W/(m·K) θ : mean temp. ℃
ウール		—	≦0.042	$0.0314 + 1.50 \times 10^{-4} \theta$
保温板	24K	24 ± 2	≦0.049	$0.0357 + 1.42 \times 10^{-4} \theta + 8.34 \times 10^{-7} \theta^2$
	32K	32 ± 4	≦0.046	$0.0333 + 1.21 \times 10^{-4} \theta + 6.56 \times 10^{-7} \theta^2$
	40K	$40 ^{+4}_{-3}$	≦0.044	$0.0328 + 1.10 \times 10^{-4} \theta + 5.61 \times 10^{-7} \theta^2$
	48K	$48 ^{+4}_{-3}$	≦0.043	$0.0324 + 1.05 \times 10^{-4} \theta + 4.62 \times 10^{-7} \theta^2$
	64K	64 ± 6	≦0.042	$0.0320 + 9.48 \times 10^{-5} \theta + 3.30 \times 10^{-7} \theta^2$
	80K	80 ± 7	≦0.042	$0.0317 + 9.39 \times 10^{-5} \theta + 2.48 \times 10^{-7} \theta^2$
	96K	$96 ^{+9}_{-8}$	≦0.042	$0.0318 + 9.82 \times 10^{-5} \theta + 2.44 \times 10^{-7} \theta^2$
波形保温板		37〜105	≦0.050	$0.0331 + 10.0 \times 10^{-5} \theta + 7.3 \times 10^{-7} \theta^2$
ブランケット	a	24〜40	≦0.048	$0.0337 + 1.99 \times 10^{-4} \theta$
	b	41〜120	≦0.043	$0.0314 + 1.66 \times 10^{-4} \theta$
保温帯	a	22〜36	≦0.052	$0.0384 + 1.99 \times 10^{-4} \theta$
	b	37〜52		
	c	58〜105		
保温筒		45〜90	≦0.043	$0.0324 + 1.05 \times 10^{-4} \theta + 4.62 \times 10^{-7} \theta^2$

［温度範囲］ 波形保温筒及び一次式：$0 \leq \theta \leq$　　　二次式：$-20 \leq \theta \leq 200$

4.6.2 無機多孔質保温材（JIS A 9510）[4] (Inorganic porous thermal insulation materials)

無機多孔質保温材には，けい酸カルシウム保温材およびはっ水パーライト保温材がある．

けい酸カルシウム保温材は，ゾノライトまたはトバモライトと補強繊維などを主要構成材として作られる．ゾノライト系の使用温度は1000℃以下，トバモライト系は650℃以下である．

Table C-4-6-3 無機多孔質保温材の種類および熱伝導率（JIS A 9510）[5]（Product type and thermal conductivity of inorganic porous thermal insulation）

製品の種類 Product type		密度 Density kg/m³	熱伝導率 Thermal conductivity		熱伝導率算出式（参考） Empirical fomula (informative) W/(m·K) θ : mean temp. ℃	
			平均温度 ℃	W/(m·K)		
けい酸カルシウム	保温板1号-13	≦135	100	≦0.054	$0.0407 + 1.28 \times 10^{-4} \theta$	$0 \leq \theta \leq 300$
			200	≦0.066		
			300	≦0.079		
			400	≦0.095	$0.0555 + 2.05 \times 10^{-5} \theta + 1.93 \times 10^{-7} \theta^2$	$300 \leq \theta \leq 800$
			500	≦0.111		
	保温板1号-22	≦220	100	≦0.065	$0.0535 + 1.16 \times 10^{-4} \theta$	$0 \leq \theta \leq 300$
			200	≦0.077		
			300	≦0.088		
			400	≦0.106	$0.0612 + 3.38 \times 10^{-5} \theta + 1.95 \times 10^{-7} \theta^2$	$300 \leq \theta \leq 800$
			500	≦0.127		
	保温板2号-17	≦170	100	≦0.058	$0.0465 + 1.16 \times 10^{-4} \theta$	$0 \leq \theta \leq 200$
			200	≦0.070		
			300	≦0.088		
			400	≦0.113	$0.0570 - 9.36 \times 10^{-6} \theta + 3.74 \times 10^{-7} \theta^2$	$200 \leq \theta \leq 800$
			500	≦0.146		
	保温板2号-22	≦220	100	≦0.065	$0.0535 + 1.16 \times 10^{-4} \theta$	$0 \leq \theta \leq 300$
			200	≦0.077		
			300	≦0.088		
			400	≦0.106	$0.0612 + 3.38 \times 10^{-5} \theta + 1.95 \times 10^{-7} \theta^2$	$300 \leq \theta \leq 600$
			500	≦0.127		
はっ水性パーライト	保温板3号-25	≦250	70	≦0.072	$0.0632 + 1.26 \times 10^{-4} \theta + 2.67 \times 10^{-8} \theta^2$	$0 \leq \theta \leq 800$
	保温板4号-18	≦185	70	≦0.056	$0.0483 + 1.27 \times 10^{-4} \theta + 3.70 \times 10^{-8} \theta^2$	$0 \leq \theta \leq 600$

はっ水パーライト保温材の材料は，膨張パーライト，バインダ，補強繊維およびはっ水剤などである．はっ水パーライト保温材は，シリカ系バインダを使用した3号品と，けい酸ナトリウム系バインダを使用した4号品がある．3号品の耐熱性は900℃，4号品は650℃とされる．

JISに定められた熱伝導率の規格値および熱伝導率と平均温度との関係式をTable C-4-6-3に示す[5]．

4.6.3 発泡プラスチック保温材
（JIS A 9511）[6]（Preformed cellular plastics thermal insulation materials）

発泡プラスチック保温材は，ビーズ法ポリスチレンフォーム保温材，押出法ポリスチレンフォーム保温材，硬質ウレタンフォーム保温材，ポリエチレンフォーム保温材およびフェノールフォーム保温材を対象とする．

JISに定められた熱伝導率の規格値および熱伝導率と平均温度との関係式をTable C-4-6-4に示す[7]．以下にそれぞれの材料の特長を示す．

(a) ビーズ法ポリスチレンフォーム保温材

厚さ0.003mm程度のポリスチレン極薄皮膜からなる0.05～0.3mm程度の微細な完全独立の気泡によって構成され，およそ97%程度の空気を含んでいる．このため空気は流動することなく，また単位長さ当たりの放射熱遮断回数が大きく断熱効果を高めている．

炭化水素系発泡ガスを使用しており，フロン系発泡ガスは使用していない．

(b) 押出法ポリスチレンフォーム保温材

完全に独立した微細気泡によって構成されているため，伝導，放射，対流の熱移動の三要素をいずれも小さく押さえることができる．押出法ポリスチレンフォーム保温材は，製造工程において気泡の構造

Table C-4-6-4 発泡プラスチック保温材の種類および熱伝導率（JIS A 9511）[7]（Product type and Thermal conductivity of Preformed cellular plastics thermal insulation）

製品の種類 Product type			密度 Density kg/m³	熱伝導率 Thermal conductivity W/(m·K) (at 20℃)	熱伝導率算出式（参考）Empirical formula (informative) W/(m·K) θ: mean temp. ℃	
ビーズ法ポリエチレンフォーム	保温板	特号	≧27	≦0.034	$0.0316+1.2\times10^{-4}\theta$	$-50\leq\theta\leq80$
		1号	≧30	≦0.036	$0.0336+1.2\times10^{-4}\theta$	
		2号	≧25	≦0.037	$0.0346+1.2\times10^{-4}\theta$	
		3号	≧20	≦0.040	$0.0368+1.6\times10^{-4}\theta$	
	保温筒	1号	≧35	≦0.036	$0.0334+1.3\times10^{-4}\theta$	$-50\leq\theta\leq70$
		2号	≧30	≦0.036	$0.0336+1.2\times10^{-4}\theta$	
		3号	≧25.	≦0.037	$0.0346+1.2\times10^{-4}\theta$	
押出法ポリスチレンフォーム	保温板	1種	—	≦0.040	$0.0360+1.50\times10^{-4}\theta$	$-50\leq\theta\leq80$
		2種	—	≦0.034	$0.0313+1.2\times10^{-4}\theta$	
		3種	—	≦0.028	$0.0270+0.7\times10^{-4}\theta$	
	保温筒	1種	—	≦0.040	保温板と同一数値	
		2種	—	≦0.034		
		3種	—	≦0.028		
硬質ウレタンフォーム	保温板	1種1号	≧45	≦0.024	$0.0294+1.0\times10^{-4}\theta$	$-200\leq\theta\leq-60$
		1種2号	≧35	≦0.024		
		1種3号	≧25	≦0.025	$0.0209+3.13\times10^{-5}\theta$ $+3.53\times10^{-6}\theta^2+4.01\times10^{-8}\theta^3$	$-60\leq\theta\leq15$
		2種1号	≧45	≦0.023		
		2種2号	≧35	≦0.023		
		2種3号	≧25	≦0.024	$0.0202+1.4\times10^{-4}\theta$	$15\leq\theta\leq100$
	保温筒	1号	≧45	≦0.024		
		2号	≧35	≦0.024		
		3号	≧25	≦0.025		
ポリエチレンフォーム	保温筒	1種	—	≦0.043	$0.0395+1.7\times10^{-4}\theta$	$-50\leq\theta\leq70$
		2種	—	≦0.043	$0.0395+1.7\times10^{-4}\theta$	$-50\leq\theta\leq120$
フェノールフォーム	保温板	1種1号	≧45	≦0.032	$0.0300+0.8\times10^{-4}\theta$	$-100\leq\theta\leq130$
		1種2号	≧30	≦0.030	$0.0281+0.7\times10^{-4}\theta$	
		2種1号	≧50	≦0.036	$0.0332+1.1\times10^{-4}\theta$	
		2種2号	≧40	≦0.034	$0.0311+1.2\times10^{-4}\theta$	
	保温筒	1号	≧50	≦0.036	$0.0332+1.1\times10^{-4}\theta$	
		2号	≧40	≦0.034	$0.0311+1.2\times10^{-4}\theta$	

を調節し，発泡剤を選択することによって熱伝導率を調節しているため，熱伝導率と密度との間に相関が認められない．

1種についてはノンフロン化を完了しているが，2種および3種については，HCFC142bを使用している．2005年を目標にHFCへの切り替えを検討している．

(c) **硬質ウレタンフォーム保温材**

実用的な断熱材の中で熱伝導率が最も小さく断熱性が優れている．軽量で自己接着性があるため現場発泡で任意の形状で継ぎ目のない断熱層を形成できるなどの特徴を持っている．

発泡剤には揮発性物質と水の2種類がある．揮発性物質としては，CFC11などから現在はHCFC141b，HCFC22，HFC134aなどに切り替えられている．さらにHCFC類が全廃される2003年以降はHFC245faやHFC365mfcに切り替えるべく開発が進められている．

(d) **ポリエチレンフォーム保温材**

ポリエチレンを主原料とする発泡倍率が5〜40倍程度の発泡体であり，保温筒のみが規格化されている．

(e) **フェノールフォーム保温材**

他のプラスチックフォームに比べて防火性を有している．フェノールフォーム保温材の種類は，フェノール樹脂を面材の間でサンドイッチ状に発泡させた面材付き板状の保温板1号，型枠内で発泡させ単板状に成形し成形スキンまたは面材付きの保温板2号，筒状に発泡させるかブロックから切り出した保温筒がある．

4.6.4 セラミックファイバーブランケット（JIS R3311）（Ceramic fiber blanket）

JISの規格値をTable C-4-6-5に示す[8]．セラミックファイバーブランケットの特長については，4.3.4を参照．

Table C-4-6-5 セラミックファイバーブランケットの種類および熱伝導率（JIS R 3311）[8] (Product type and Thermal conductivity of Ceramic fiber blanket (JIS R 3311))

製品の種類 Product type		密度 Density kg/m^3	熱伝導率 Thermal conductivity $W/(m \cdot K)$ (at 300℃)	熱伝導率算出式(参考) Empirical fomula (informative) $W/(m \cdot K)$ θ : mean temp. ℃
ブランケット	1号	85〜115	≦0.090	$0.065 - 3.00 \times 10^{-5}\theta + 3.78 \times 10^{-7}\theta^2$
	2号	115〜150	≦0.084	$0.069 - 6.33 \times 10^{-5}\theta + 3.78 \times 10^{-7}\theta^2$
	3号	150〜195	≦0.081	$0.073 - 9.33 \times 10^{-5}\theta + 4.00 \times 10^{-7}\theta^2$

温度範囲：$100 \leq \theta \leq 1000$

---

1) JIS A 9504「人造鉱物繊維保温材」． 2),3),5),7),8) 保温JIS解説2001年版 日本保温保冷工業協会． 4) JIS A 9510「無機多孔質保温材」． 6) JIS A 9511「発泡プラスチック保温材」．

C.5 エレクトロニクス (Electronics)

5.1 光・エレクトロニクス用結晶の熱物性値 (Thermophysical Properties of Crystals for Opto-Electronics)

オプトエレクトロニクスの分野で利用される結晶類の種類はきわめて多い．ここではそのうちの代表的な物質についての室温での熱物性値を Table C-5-1-1 に示した．結晶の熱伝導率は，微量の不純物の混入により著しく変化する．なお，表中には非結晶質の石英ガラスなどの値も加えた．

Table C-5-1-1 オプトエレクトロニクス用固体材料の室温における熱物性値一覧 (Thermophysical Properties of Solid Materials for Opto-Electronics Devices at Room Temparature)

物質名	格子系	格子定数 (nm)	密度 ($kg\,m^{-3}$)	比熱 ($kJ\,kg^{-1}\,K^{-1}$)	熱伝導率 ($W\,m^{-1}\,K^{-1}$)	熱膨張率 (K^{-1})	比誘電率 (—)	屈折率 (—)	融点 (K)
Si	D	0.5431	2328	0.702	145	2.6×10^{-6}	11.8	3.45	1688
C	D	0.3567	3515	0.516	2000	1.0	5.6	2.42	4100
Ge	D	0.5646	5323	0.309	59	5.5	16.3	4.09	1209
GaAs	ZB	0.5653	5320	0.347	54	6.86	13.1	3.34	1511
GaP	ZB	0.545	4138	0.217	110	4.7	11.1	3.17	1738
GaSb	ZB	0.6092	5610	0.254	35	5.8	15.7	3.82	973
InP	ZB	0.5869	4810	0.310	70	4.5	12.6	3.33	1335
InAs	ZB	0.6058	5700	0.251	26	4.52	15.2	3.52	1215
InSb	ZB	0.6479	5780	0.206	18	5.37	17	4.0	808
α-SiC	W	a : 0.308 c : 1.510	3220	0.67	500	4.7	9.7	—	3100
ZnS	W	a : 0.382 c : 0.626	4088	0.473	2.6	6.9	12.5	2.37	2123
CdS	W	a : 0.414 c : 0.672	4820	0.337	16	c⊥5.0 c∥2.5	c⊥9.3 c∥0.3	2.51	1748
CdTe	ZB	0.6481	6200	0.208	7.5	4.5	11	—	1311
SiO_2	H	a : 0.491 c : 0.547	2650	0.80	c⊥6.8 c∥13	c⊥12.2 c∥6.8	c⊥4.5 c∥4.6	—	2003
Al_2O_3	trC	a : 0.475 c : 1.297	3970	0.78	46	c⊥5.0 c∥5.6	c⊥8.6 c∥10.6	1.77	2303
YAG	cG	1.201	4560	0.586	14	7.8	—	1.82	2223
$PbMoO_4$	tS	a : 0.544 c : 1.211	6950	0.50	1.5	c⊥10. c∥26.	—	2.26	1333
TiO_2	tR	a : 0.4594 c : 0.2958	4260	0.59	13.7	c⊥9.7 c∥13.7	c⊥86 c∥170	c⊥2.90 c∥2.61	2113
ADP	t	—	1804	1.24	1.3	—	c⊥44.3 c∥20.2	1.52	463 d
KDP	t	—	2338	0.88	1.3	—	c⊥55.9 c∥14.3	1.51	526 d
$LiNbO_3$	tr	a : 0.515 c : 13.863	4655	0.60	4.2	c⊥15. c∥4.	c⊥80 c∥30	2.3	1526
石英ガラス	—	—	2200	0.78	1.4	0.57	3.8	1.46	1570 (軟化)
ケイ酸塩系レーザガラス	—	—	2810	0.63	1.03	10.5	—	1.55	—
弗燐酸塩系レーザガラス	—	—	3640	0.75	0.58	15.3	—	1.46	—

D : Diamond., ZB : Zincblende. H : Hexagonal., W : Wurtzite structure, tr : trigonal structure, d : 分解温度 t : tetragonal.,
tS : tetragonal Sheelite structure., trC : trigonal Corundum, cG : cubic, garnet.

5.2 Siの熱物性値 (Thermophysical Properties of Silicon)

Table C-5-2-1に高純度単結晶シリコン (Si) の熱物性値を，Table C-5-2-2に溶融Siの熱物性値を示した．Siの電気的物性値は広く知られているが，熱物性値に関しては信頼できる測定結果は未だに少な

Table C-5-2-1 Si単結晶の熱物性値 (Thermophysical Properties of Silicon Crystal)

融点 T_m (K)	1687 [1]
密度 ρ (kg m^{-3})	2329 (at 298 K) [1] 2345 − 0.0317 × T (300 ≤ T ≤ 1500) [2] 2300 (at T_m) [2]
デバイ温度 Θ_D (K)	645 (at 280 K) [1]
波長 0.65 μm での放射率 波長 1.50 μm での放射率	0.377 (near T_m) [3], 0.480 (near T_m) [3],

温度 T (K)	密度 ρ [1] (kg m^{-3})	比熱 C_p [1] (kJ kg^{-1} K^{-1})	熱伝導率 λ [1] (W m^{-1} K^{-1})	線膨張係数 α [1] $\alpha \times 10^6$ (K^{-1})
100	2330.8	0.259	913	−0.339
200	2330.4	0.557	266	1.406
300	2329.0	0.713	156	2.616
400	2326.9	0.785	105	3.253
500	2324.5	0.832	80	3.614
600	2322.0	0.849	64	3.842
700	2319.2	0.866	52	4.016
800	2316.4	0.883	43	4.151
900	2313.6	0.899	36	4.185
1000	2310.6	0.916	31	4.258
1100	2307.7	0.933	28	4.323
1200	2304.7	0.950	26	4.384
1300	2301.6	0.967	25	4.442
1400	2298.6	0.983	24	4.500
1500	2295.5	1.000	23	4.556

Table C-5-2-2 溶融シリコンの熱物性値 (Thermophysical Properties of Molten Silicon)

密度 ρ (kg m^{-3}) at T (K)	2583 − 0.1851 (T − T_m) − 1.984 × 10^{-4} (T − T_m)^2 (1370 ≤ T ≤ 1830) [4] 3005 − 0.2629 T (1700 ≤ T ≤ 1850) [5]
体積膨張率 β (K^{-1}) (at T_m)	7.17 × 10^{-5} [4], 8.75 × 10^{-5} [5]
溶融潜熱 L_f (kJ kg^{-1})	1800 [1]
定圧比熱 c_p at T (K) (kJ kg^{-1} K^{-1})	1.099 − 2.499 × 10^{-4} (T − T_m) + 5.354 × 10^{-7} (T − T_m)^2 − 7.9220 × 10^{-10} (T − T_m)^3 + 1.0936 × 10^{-11} (T − T_m)^4 (1370 ≤ T ≤ 1830) [4]
熱伝導率 λ (W m^{-1} K^{-1})	64
電気伝導度 σ (S m^{-1})	1.23 × 10^6
粘性率 η (Pa s) at T (K)	1.875 × 10^{-4} exp (15700/RT) (1650 ≤ T ≤ 1900) [6] R = 8.31447 (JK^{-1} mol^{-1}):気体定数 5.572 × 10^{-4} − 5.39 × 10^{-7} (T − T_m) (1635 ≤ T ≤ 1845) [4]
波長 0.65 μm における放射率 (波長・温度依存性は共に小)	0.230 (near T_m) [6]

温度 T (K)	密度 ρ [4] (kg m^{-3})	定圧比熱 c_p [4] (kJ kg^{-1} K^{-1})	粘性率 η [7] (Pa s)
1687	2583	0.910	0.575 × 10^{-3}
1700	2581	0.907	0.569 × 10^{-3}
1750	2571	0.897	0.535 × 10^{-3}
1800	2560	0.890	0.520 × 10^{-3}
1850	—	0.881	0.506 × 10^{-3}
1900	—	0.870	0.493 × 10^{-3}

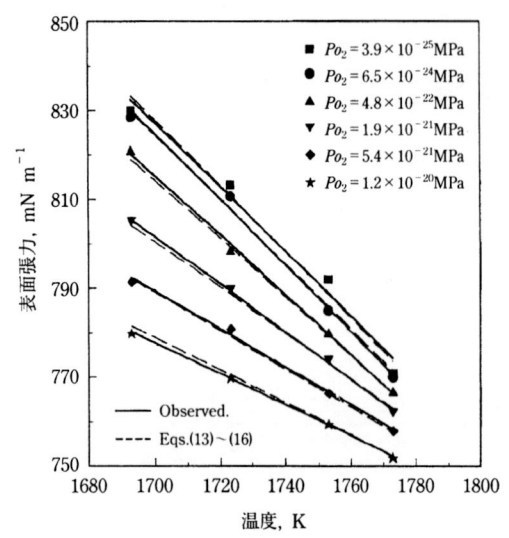

Fig. C-5-2-1 シリコン融液の表面張力（温度依存性：周囲気体中の酸素分圧の影響）[8]（Surface tension of silicon melt : Effect of temperature.）

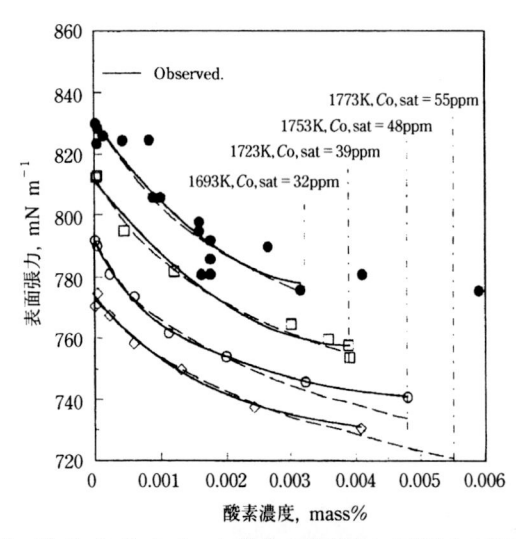

Fig. C-5-2-2 シリコン融液の表面張力（融液中の酸素濃度依存性：温度の影響）[8] $C_{o,sat}$：酸素の溶解度：これ以上では SiO_2 が生成（Surface tension of silicon melt : Effect of oxygen concentration in Si melt）

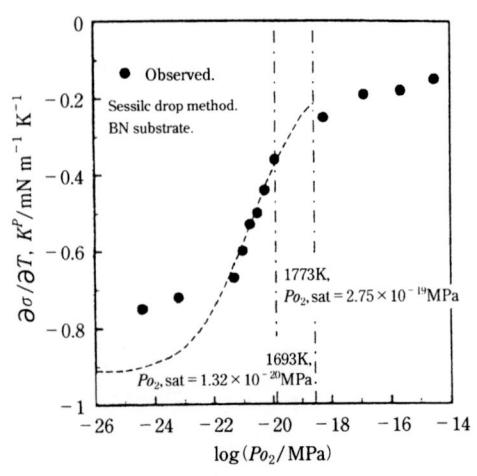

Fig. C-5-2-3 シリコン融液の表面張力の温度係数[8]（Temperature coefficient of molten silicon as a function of oxygen partial pressure in the ambient gas phase）

い．Siは半導体であるため，物性に対する電子の寄与率は金属の場合より小さい．しかし，高温では熱励起された自由電子数が増加するため影響が生じる．また，電気的に活性な不純物の添加により自由電子数は著しく増加する．熱伝導率は不純物や結晶の完全性に敏感で，低温では結晶中の点欠陥や不純物によって顕著に低下する．溶融Siは酸化され易く，融液の熱物性の信頼性は低いが，近年信頼度の高いデータが公表され始めている．浮遊液滴法による過冷却液体の物性値の測定例もある．溶融シリコンの表面張力は，Fig. C-5-2-1, Fig. C-5-2-2に示すように周囲気体中の酸素分圧（あるいは融液中の酸素濃度）に極めて敏感である．既往の測定結果は $\sigma = 700 \sim 900$ mN/m，その温度係数も $-0.05 \sim -0.28$ mN m^{-1}K^{-1} の間に分散した．この原因は測定時の酸素分圧が制御されていなかったためと考えられる．

Table C-5-2-3 Si系での拡散係数, 偏析係数および固溶限 [9-11] (Diffusion coefficient, Equilibrium segrigation coefficient and Solubility of impurities in Silicon.)

不純物	拡散係数			平衡偏析係数 k_0 (−)	固溶限	
	固相		融液内			
	D_{s0} (m^2 s^{-1})	ΔE (eV)	D_l (at T_m) (m^2 s^{-1})		C_s (atm cm^{-3})	温度 (K)
B	11.5×10^{-4}	3.77	2.4×10^{-8}	0.8	6.0×10^{20}	T_m
					2.0×10^{19}	1373
Al	8.0×10^{-4}	3.44	7.0×10^{-9}	0.002	2.0×10^{19}	1373
Ga	3.6×10^{-4}	3.48	4.8×10^{-8}	0.008	4.0×10^{19}	1523
In	16.5×10^{-4}	3.83	6.9×10^{-8}	0.0004	$0.4 \sim 2.0 \times 10^{18}$	
C	3.3×10^{-5}	2.92	2.0×10^{-8}	0.07	3.0×10^{17}	T_m
P	10.5×10^{-4}	3.68	5.1×10^{-8}	0.35	1.3×10^{21}	1473
As	3.2×10^{-5}	3.51	3.3×10^{-8}	0.3	1.8×10^{21}	1423
Sb	5.6×10^{-4}	3.89	1.5×10^{-8}	0.023	7.0×10^{19}	1598
Tl	16.5×10^{-4}	3.9	7.8×10^{-8}	0.00017	1.3×10^{17}	1360
O	1.3×10^{-5}	2.53	5.0×10^{-8}	1.0	2.0×10^{18}	T_m
N	8.7×10^{-5}	3.29		0.0007	5.0×10^{15}	T_m
Au	2.4×10^{-8}	0.39		2.5×10^{-5}	1.2×10^{17}	1573

1) "Properties of Silicon" (EMIS Data review Series No.4), INSPEC (1988). 2) Glazov, V. M. et al. : "Liquid Semiconductors", Plenum (1969). 3) Watanabe, M. et al. : High Temp. - High press., **31**, 585 (1999). 4) Zhenhua, Z., et al. : J. Crystal Growth, **257**, 350 (2003). 5) Sato, Y. et al. : Int. J. Thermophysics, **21**, 1463 (2000). 6) Kawamura, H. et al. : Proc. 24th Japan Symp. Thermophysical Properties, 183-185 (2004). 7) Sato, Y. et al. : J. Crystal Growth, **249**, 404 (2003). 8) Mukai, K. et al. : ISIJ International, **40**, S148 (2000). 9) Landolt-Boernstein Numerical Data and Functional Relationships in Science and Technology, New Series, Group 3 Crystal and Solid State Physics, vol.17, c, Springer (1984). 10) Kodera, H. : Jpn. J. Appl. Phys., **2**, 212 (1963). 11) Mikkelsen, J. C. : J. Appl. Phys. Letter, **40**, 336 (1982).

5.3 GaAsの熱物性値
(Thermophysical Properties of GaAs)

Table C-5-3-1に固体GaAsの熱物性値を示した．固体の熱物性は比較的測定が容易であるため報告が多いが，ここでは広い温度範囲に適用できかつ温度に関し陽関数で表示したJordan[2]の結果を示した．なお200K以下の低温での熱伝導率は不純物濃度によって大きく変化するので注意を要する．固体GaAs中の不純物の拡散係数は，約700K～1250Kの

Table C-5-3-1 固体GaAsの物性値 (Thermophysical properties of solid GaAs)

融点[1,2], T_m (K)	1511
密度[2], ρ (kg m^{-3})	$5.32 \times 10^3 - 9.91 \times 10^{-2} T$
熱膨張係数[2], α (1 K^{-1})	$4.68 \times 10^{-6} + 3.82 \times 10^{-9} T$
熱伝導率[2], λ (W m^{-1} K^{-1})	$2.08 \times 10^4 T^{-1.09}$
定圧比熱[2], c_p (kJ kg^{-1} K^{-1})	$0.302 + 8.1 \times 10^{-5} T$

Table C-5-3-2 固体GaAs中の拡散係数[1,3] (Diffusion coefficient of impurities in solid GaAs)

不純物	$D = D_0 \exp(-\Delta H / kT)$	
	D_0 (m^2 s^{-1})	ΔH (J/mol)
Ag	4.0×10^{-8}	1.28×10^{-19}
	2.5×10^{-7}	2.40×10^{-19}
	3.9×10^{-15}	5.29×10^{-20}
	2.5×10^{-3}	3.64×10^{-19}
As	4.0×10^{17}	1.63×10^{-18}
	7.0×10^{-5}	5.13×10^{-19}
	7.9×10^{-1}	6.41×10^{-20}
Au	1.0×10^{-7}	1.60×10^{-19}
	2.9×10^{-5}	4.23×10^{-19}
Be	7.3×10^{-10}	1.92×10^{-19}
Cd	5.0×10^{-6}	3.89×10^{-19}
Cr	4.3×10^{-1}	5.45×10^{-19}
Cu	3.0×10^{-6}	8.33×10^{-20}
Ga	1.0×10^3	8.97×10^{-19}
	2.1×10^{-7}	3.36×10^{-19}
Li	5.3×10^{-5}	1.60×10^{-19}
Mg	2.6×10^{-6}	4.33×10^{-19}
Mn	6.5×10^{-5}	3.99×10^{-19}
	8.5×10^{-7}	2.72×10^{-19}
S	1.85×10^{-6}	4.17×10^{-19}
	4.0×10^{-1}	6.47×10^{-19}
	2.6×10^{-9}	2.98×10^{-19}
	1.6×10^{-9}	2.61×10^{-19}
	1.2×10^{-8}	2.88×10^{-19}
Se	3.0×10^{-1}	6.66×10^{-19}
Sn	6.0×10^{-8}	4.01×10^{-19}
	3.8×10^{-6}	4.33×10^{-19}
Tm	2.3×10^{-20}	1.60×10^{-19}
Zn	1.5×10^{-3}	3.99×10^{-19}

Table C-5-3-3 不純物の偏析係数[1,3] (Distribution coefficient of impurities in GaAs)

不純物	k_0	不純物	k_0
Ag	0.1	Ni	6.0×10^{-4}
	$< 4 \times 10^{-3}$		< 0.02
			4×10^{-3}
Al	3	P	2
	0.2		3
Be	3		
Bi	5×10^{-2}	Pb	< 0.02
			$< 1 \times 10^{-3}$
C	0.8		0.17
Ca	< 0.02	S	0.3
	2×10^{-3}		0.5 - 1.0
			0.30
Co	8.0×10^{-5}	Sb	< 0.02
	4.0×10^{-4}		0.016
Cr	6.4×10^{-4}		0.4
	5.7×10^{-4}	Se	0.44 - 0.55
Cu	2×10^{-3}		0.30
	$< 2 \times 10^{-3}$		
		Si	0.11
Fe	2.0×10^{-3}		0.13
	3.0×10^{-3}		0.1
	1.0×10^{-3}		0.14
Ge	0.03		0.048
	0.018	Sn	0.03
	0.01		0.08
In	0.1		0.025
	7×10^{-3}	Te	0.3
			0.054 - 0.16
Mg	0.047		0.059
	0.3		
	0.1		0.36
Mn	0.021	Zn	0.1
	0.05		0.27 - 0.9
	0.02		0.40

注) 文献No.は5.3節，5.4節を通しての一貫No.として掲載.

5.3 GaAsの熱物性値

Table C-5-3-4 液体GaAsの物性値（Thermophysical properties of molten GaAs）

密度[4], ρ (kg m^{-3})	5.72×10^3 (at T_m) $7.33 \times 10^3 - 1.07$ T
熱膨張係数[4], β (K^{-1})	1.87×10^{-4} (at T_m) $1/(6871 - T)$
熱伝導率[4], λ (W m^{-1} K^{-1})	17.8 (at T_m)
定圧比熱[4], c_p (kJ kg^{-1} K^{-1})	0.434 (at T_m)
界面張力[5], σ (mN m^{-1})	530 (at T_m)
界面張力の温度係数[5], $\partial\sigma/\partial T$	-0.25 (at T_m)
ふく射率[6], ε (-)	0.55 (at T_m)

温度範囲で次式で表されることが報告されている[3].

$$D = D_{0exp}(-\Delta H/kT)$$

ここで k は，ボルツマン定数である．D_0 および ΔH の値を Table C-5-3-2 に示した．また不純物の偏析係数 k_0 の値を Table C-5-3-3 に示した．拡散係数，偏析係数の報告結果は必ずしも一致しておらずかなりの値のばらつきがみられ，これらの値の使用に関しては十分な注意を要する．

一方，GaAs融液の熱物性に関する報告は少なく，測定値の信頼性に関する評価も不十分である．

各種融液物性値および物性値の温度依存性について Table C-5-3-4 に，融液の導電率について Table C-5-3-5 に示した．GaAs融液の粘性率の温度依存性を Fig. C-5-3-1 に示したが，融点近傍での急激な

Table C-5-3-5 液体GaAsの導電率[9]（Electrical conductivity of molten GaAs）

温度 T (K)	導電率 κ (S m^{-1})	温度 T (K)	導電率 κ (S m^{-1})
1513	0.650×10^6	1563	0.790×10^6
1521	0.800×10^6	1583	0.813×10^6
1523	0.794×10^6	1593	0.794×10^6
1528	0.818×10^6	1603	0.760×10^6
1543	0.793×10^6		

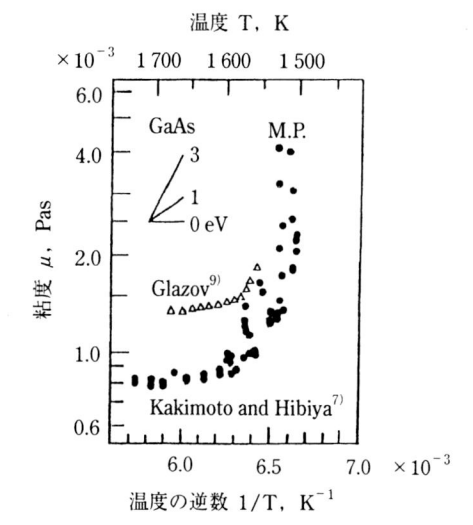

Fig. C-5-3-1 GaAs融液の粘性率（Viscosity of molten GaAs）

粘性率の増大は，部分凝固に起因するもので，実際には高温度でのデータの延長上にあると考えられる．

5.4 III-V, II-VI, 多元系化合物半導体の熱物性値 (Thermophysical Properties of III-V, II-VI, Multi-Components Compound Semiconductors)

Table C-5-4-1に各種化合物半導体の融点を示した．また Table C-5-4-2に密度および密度の温度変化を示した．なお，Table C-5-4-2中の添字のsは，固体状態をLは液体状態を意味する．Jordan[11]は，InP融液の密度を以下の式で近似している．

$$\rho \,(\text{kg m}^{-3}) = 8.05 \times 10^3 - 2.24\,T$$

Table C-5-4-3に固体中の不純物の拡散係数を Table C-5-4-4に偏析係数を示した．

Table C-5-4-5に融液の導電率を Table C-5-4-6に動粘性率をまとめた．

II-IV族，多元系化合物半導体の熱物性は報告が極めて少なく今後の測定が期待される．多元系に関しては，文献15)を参照されたい．

Table C-5-4-1 各種化合物半導体の融点 (Melting point of compound semiconductors)

物質	融点 T_m (K)	物質	融点 T_m (K)
AlAs [10]	2013	InP [4]	1335
AlSb [9]	1353	InSb [9]	809
GaP [10]	1740	CdTe [9]	1365
GaSb [9]	985	ZnTe [9]	1512
InAs [9]	1215		

Table C-5-4-2 各種化合物半導体の密度[9] (Density of compound semiconductors)

AlSb		InSb		GaSb		InAs	
温度 T (K)	密度 $\rho \times 10^{-3}$ (kg m^{-3})	温度 T (K)	密度 $\rho \times 10^{-3}$ (kg m^{-3})	温度 T (K)	密度 $\rho \times 10^{-3}$ (kg m^{-3})	温度 T (K)	密度 $\rho \times 10^{-3}$ (kg m^{-3})
373^s	4.258	377^s	5.803	385^s	5.672	379^s	5.575
473^s	4.250	469^s	5.795	473^s	5.663	467^s	5.568
589^s	4.243	565^s	5.784	577^s	5.650	563^s	5.558
677^s	4.236	681^s	5.774	683^s	5.637	677^s	5.549
781^s	4.229	753^s	5.768	773^s	5.622	763^s	5.541
873^s	4.224	823^L	6.43	873^s	5.609	885^s	5.529
953^s	4.219	867^L	6.43	965^s	5.589	967^s	5.525
1073^s	4.211	928^L	6.40	993^L	6.01	1057^s	5.513
1169^s	4.204	983^L	6.36	1023^L	6.01	1181^s	5.513
1245^s	4.202	1028^L	6.31	1073^L	6.02	1253^L	5.85
1353^L	4.72	1053^L	6.28	1123^L	5.97	1293^L	5.78
1363^L	4.74	1093^L	6.27	1173^L	5.94	1303^L	5.81
1373^L	4.72			1223^L	5.87	1323^L	5.75
1393^L	4.69			1273^L	5.88	1358^L	5.73
1423^L	4.64			1323^L	5.83		
1428^L	4.52			1363^L	5.84		

5.4 III-V, II-VI, 多元系化合物半導体の熱物性値

Table C-5-4-3 固体中の拡散係数 [12] (Diffusion coefficient of impurities)

$$D = D_0 \exp(-\Delta H/kT)$$

GaSb			InAs			InP		
不純物	D_0 (m²s⁻¹)	ΔH (J/mol)	不純物	D_0 (m²s⁻¹)	ΔH (J/mol)	不純物	D_0 (m²s⁻¹)	ΔH (J/mol)
Cd	1.5×10^{-10}	1.15×10^{-19}	Ag	7.3×10^{-8}	4.17×10^{-20}	Ag	3.6×10^{-8}	9.45×10^{-20}
Cu	4.7×10^{-7}	1.44×10^{-19}	Au	5.8×10^{-7}	1.04×10^{-19}	Au	1.4×10^{-8}	1.16×10^{-19}
Ga	3.2×10^{-1}	5.03×10^{-19}	Cd	4.3×10^{-8}	1.87×10^{-19}	Co	9.0×10^{-3}	2.88×10^{-19}
In	$D = 2.3 \times 10^{-19}$ (Sb rich) $D = 2.7 \times 10^{-20}$ (Ga rich)	$\sim 4.81 \times 10^{-19}$	Cu	2.2×10^{-6}	1.87×10^{-19}	In	1.0×10	6.17×10^{-19}
			Ge	3.7×10^{-10}	1.87×10^{-19}	P	7.0×10^{6}	9.05×10^{-19}
			Mg	2.0×10^{-10}	1.87×10^{-19}			
Sb	8.7×10^{-7} 3.4	1.81×10^{-19} 5.53×10^{-19}	S	6.8×10^{-4}	3.52×10^{-19}			
			Se	1.3×10^{-3}	3.52×10^{-19}			
Sn	1.0×10^{-6} 2.9×10^{-9}	2.56×10^{-19} 1.76×10^{-19}	Sn	1.5×10^{-10}	1.87×10^{-19}			
			Te	3.4×10^{-9}	2.05×10^{-19}			
Te	3.8×10^{-8}	1.92×10^{-19}	Zn	3.1×10^{-7}	1.87×10^{-19}			
Zn	$D = 1.8 \times 10^{-15}$							

Table C-5-4-4 不純物の偏析係数 [12, 13] (Distribution coefficient of impurities)

不純物	k_0				
	GaP	GaSb	InAs	InP	InSb
Mg			7×10^{-1}		
Si	1		4×10^{-1}		
P					1.6×10^{-1}
S			1		1×10^{-1}
Mn			5×10^{-2}		
Fe			5×10^{-1}		4×10^{-2}
Ni					6×10^{-5}
Cu			$<5 \times 10^{-2}$		6.6×10^{-4}
Zn	~ 1	3×10^{-1}	7.7×10^{-1}	1.98/0.98	2.3
Ga					2.4
Ge		2×10^{-1}		1.1×10^{-2}	
As					5.4
Se		4×10^{-1}	9×10^{-1}		3.5×10^{-1}
Ag			$<5 \times 10^{-2}$		4.9×10^{-5}
Cd		2×10^{-2}	1.3×10^{-1}		2.6×10^{-1}
In			1×10^{-1}		
Sn		3×10^{-2}	$<5 \times 10^{-2}$	2.2×10^{-3}	6×10^{-2}
Te		4×10^{-1}	4.4×10^{-1}	4×10^{-1}	5×10^{-1}
Au					1.9×10^{-6}
Tl					5.2×10^{-4}
Pb			$<5 \times 10^{-2}$		
Be				1×10^{-1}	
O	4.7×10^{-2}				
Cr	1.2×10^{-3}				

Table C-5-4-5 化合物半導体融液の導電率 [14]
(Electrical conductivity of molten compound semiconductors)

AlSb		GaSb		InSb		InAs		CdTe		ZnTe	
温度 T (K)	導電率 $\kappa \times 10^{-2}$ (S m^{-1})	温度 T (K)	導電率 $\kappa \times 10^{-2}$ (S m^{-1})	温度 T (K)	導電率 $\kappa \times 10^{-2}$ (S m^{-1})	温度 T (K)	導電率 $\kappa \times 10^{-2}$ (S m^{-1})	温度 T (K)	導電率 $\kappa \times 10^{-2}$ (S m^{-1})	温度 T (K)	導電率 $\kappa \times 10^{-2}$ (S m^{-1})
1358	9650	1013	10580	813	9350	1223	7000	1323	45	1518	40
1363	9850	1033	10440	848	9700	1233	6960	1333	65	1523	55
1368	9850	1053	10300	853	9430	1243	6760	1353	86	1540	69
1373	9180	1073	10440	893	9350	1253	6450	1373	96	1560	77
1378	10200	1093	10880	993	9350	1263	6170	1393	104	1571	84
1388	9260	1123	10150	1073	9450	1273	6490	1423	115	1586	108
1393	9690	1173	9820	1133	9450	1283	5980	1448	130	1599	130
1398	9650	1273	9780	1223	9400	1293	6180	1498	168	1611	165
1408	9700					1303	6230				
1413	9850					1313	8610				
1423	9880					1333	5920				
1428	9800					1343	6220				
1443	9800					1358	5910				
1450	10500					1378	5950				
1473	11000					1398	5850				
1483	10450					1433	6050				
1485	10650					1493	6120				
1558	11200										
1593	11200										

Table C-5-4-6 化合物半導体融液の動粘度 [14]
(Kinematic viscosity of molten compound semiconductors)

AlSb		GaSb		InAs		InSb		CdTe		ZnTe	
温度 T (K)	動粘性率 $\nu \times 10^7$ (m^2 s^{-1})	温度 T (K)	動粘性率 $\nu \times 10^7$ (m^2 s^{-1})	温度 T (K)	動粘性率 $\nu \times 10^7$ (m^2 s^{-1})	温度 T (K)	動粘性率 $\nu \times 10^7$ (m^2 s^{-1})	温度 T (K)	動粘性率 $\nu \times 10^7$ (m^2 s^{-1})	温度 T (K)	動粘性率 $\nu \times 10^7$ (m^2 s^{-1})
1353	2.50	1003	3.68	1223	1.66	813	3.63	1343	4.35	1535	8.68
1363	2.30	1013	3.50	1233	1.60	848	3.31	1370	4.13	1553	7.82
1373	2.15	1033	3.32	1253	1.50	873	3.20	1393	3.97	1590	6.36
1393	1.98	1053	3.21	1273	1.42	903	3.02	1413	3.80	1605	5.98
1423	1.80	1108	3.10	1283	1.39	923	2.92	1433	3.65	1625	5.60
1473	1.56	1173	2.96	1323	1.27	973	2.54	1463	3.51	1653	5.43
1498	1.46	1213	2.80	1373	1.17	1023	2.18	1485	3.40		
1518	1.42	1273	2.60	1448	1.07	1073	1.74	1508	3.30		
1533	1.23	1323	2.24	1573	1.04						
1573	0.94	1373	2.00								
1623	0.74	1453	1.59								

1) 古寺 博:電気学会雑誌, 90 (1970). 2) Jordan, A. S. : J. Crystal Growth, 49 (1980) 631. 3) Hollan, L, Hallais, J. P. et al. : Current Topics in Materials Science, 5, North-Holland (1980) 1. 4) Jordan, A. S. : J. Crystal Growth, 71 (1985) 551. 5) Chang, C. E. & Wilcox, W. R. : J. Crystal Growth, 28 (1975) 8. 6) Derby, J. J. & Brown, R. A. : J. Crystal Growth, 74 (1986) 605. 7) Kakimoto, K. & Hibiya, K : Appl. Phys. Lett., 50 (1987) 1249. 8) Kakimoto, K. & Hibiya, K : Appl. Phys. Lett., 52 (1988) 1576. 9) Glazov, V. M. : Liquid Semiconductor, Plenum (1969). 10) Hollan, L, Hallais, J. P. et al. : Current Topics in Materials Science, 5, North-Holland (1980). 11) Jordan, A. S. : J. Crystal Growth, 71 (1985) 551. 12) 日本電子工業振興協会偏:Ⅲ-Ⅴ族化合物半導体結晶(二元系)データーブック,三協印刷(1982). 13) Brice, J. C. : The Growth of Crystals from the Melt, North-Holland (1965). 14) Glazov, V. M. : Liquid Semiconductor, Plenum (1969). 15) 日本電子工業振興協会偏:Ⅲ-Ⅴ族半導体レーザー用混晶データーブック,三協印刷(1981).

5.5 配線用素材の物性 (Properties of Wiring Materials)

電気配線に用いられる材料の種類は極めて多い.ここでは,おもに金属系の導電材のいくつかの物性を示す[1]. 純粋な金属の場合,導電率 k_e と熱伝導率 λ との間には Wiedemann-Franz の法則が成り立つ. 合金系ではこの法則は成り立たないが,同列系の合金間の熱伝導率は k_e にほぼ比例して変化する.

Table C-5-5-1 純金属の熱物性値 (Thermophysical properties of pure metals)

物性名 物質名	密度 ρ (kg m^{-3})	比熱 c_p (kJ kg^{-1} K^{-1})	熱伝導率 λ (W m^{-1} K^{-1})	熱膨張率 $\alpha \times 10^6$ (K^{-1})	融点 T_m (K)
タングステン (W)	19300	0.134	167	4.5	3683
モリブデン (Mo)	10200	0.247	142	5.1	2888
銅 (Cu)	8960	0.385	394	17.0	1358
アルミニウム (Al)	2688	0.895	238	23.5	933
金 (Au)	19320	0.126	293	14.1	1336

A. Buch, Pure Metals Properties, A Scientific-Technical Handbook, ASM Int. and Freund Publishing House Ltd., 1999.

Table C-5-5-2 純金属の電気抵抗—温度特性 (純度:99.999 % (5N) 以上)
(Temperature dependence Electric resistence of pure metals)

物質名 温度 (K)	銅 (Cu) $\rho \times 10^8$ Ωm	金 (Au) $\rho \times 10^8$ Ωm	パラジウム (Pd) $\rho \times 10^8$ Ωm	銀 (Ag) $\rho \times 10^8$ Ωm
50	0.0518	0.221	0.606	0.104
100	0.348	0.650	2.62	0.418
150	0.699	1.061	4.80	0.726
200	1.046	1.462	6.88	1.029
250	1.387	1.864	8.88	1.329
300	1.725	2.271	10.80	1.629
400	2.402	3.107	14.48	2.241
500	3.090	3.974	17.94	2.875
600	3.792	4.875	21.18	3.531
700	4.514	5.816	24.23	4.209
800	5.262	6.808	27.07	4.912
900	6.041	7.862	29.74	5.638
1000	6.858	8.986	32.23	6.396
1100	7.717	10.191	34.54	7.215
1200	8.626	11.486	36.68	8.089

R. A. Matula, Electrical Resistivity of Copper, Gold, Palladium, and Silver, J. Phys. Chem. Ref. Data, Vol.8, No.4, pp.1147-1298, 1979.

Table C-5-5-3 リードフレーム合金 (Lead frames)

組成 (%)	引張強度 (N mm^{-2})	伸び (%)	導電率 (% IACS) 熱伝導率 (W m^{-1} K^{-1})	線膨張率 $\alpha \times 10^6$ (K^{-1})	軟化温度 (℃)
99.96 Cu	372	6	101/389	17.7	220
Cu-0.18 Zr	470	10	90/368	17.5	480
Cu-0.08 Ag-0.1 Mg-0.06 P	440	4	86/347	17.7	400
Cu-0.10 Fe	412	4	90/347	17.2	400
Cu-0.15 Sn-0.01 P	410	4	90/348	17.7	375
Cu-0.22 Co-0.07 P	490	6	88/343	17.0	500
Cu-10 Zn	430	5	44/188	18.2	275
Cu-9 Ni-2.3 Sn	640	7	11/54	16.5	500
Fe-42 Ni	550	—	3/15	7.0	650
Al クラッド on Fe-42 Ni	550	—	3-4/—	4.0-4.7	—
Fe-26 Ni-17 Co	500-600	—	4/16.8	11.5	—
Cu-2.1-2.6 Fe-0.05-0.20 Zn-0.015-0.15 P	455-520	2	65/260	17.4	320
Cu-0.2-0.3 Cr-0.23-0.27 Sn-0.18-0.26 Zn	490-588	10	71/301	17.0	450
Cu-0.25-0.35 Cr-0.23-0.27 Sn 0.18-0.26 Zn-0.01-0.04 Si	490-588	5	71/301	17.0	450

IACS : international annealed copper standard 導電率 100 % IACS は 1.7241×10^{-2} μΩm に相当する.

---

[1] 古川電工時報, p.103 (1980), p.63 (2001), p.139 (2003) その他.

5.6 封止用プラスチックス系素材の物性 (Properties of Molding Resines)

ICなどを周囲からの応力や水分などから保護するために封止処理を行う．金属ケースやセラミックスによる気密封止法も用いられるが，大部分は低圧トランスファ成形による樹脂封止が採用されている．Table C-5-6-1に電子部品の封止用およびチップをリードフレームに固定するためのダイボンディング用樹脂類の熱的性質を示す．

封止用樹脂としてはこの他にも，チップコート樹脂，バッファコート樹脂，ジャンクションコート樹脂などきわめて多重にわたる．熱応力の低減，放熱速度増加などの機能を付与するため各種充填材が用いられるため，個々の製品の資料を検討する必要がある．

Table C-5-6-1 封止用およびダイボンディング用樹脂の熱物性値[1] (Thermophysical properties of molding resines and die-bonding pastes)

用途	半導体封止用成形樹脂					ダイボンディング用樹脂	
	加圧成形			ドロッピング封止			
樹脂種	エポキシ系	エポキシ系	シリコン系	エポキシ系	シリコン系	エポキシ系	エポキシ系
充填物	溶融石英粉	結晶石英粉	—	—	—	銀粉	無機質
密度 $\rho \times 10^{-3}$ (kg m^{-3})	1.8	2.0〜2.2	1.0〜1.3	1.65〜1.8	1.05〜1.27	3.8〜3.9	1.6
比熱 c_p (kJ kg^{-1} K^{-1})	0.8〜1.13	0.8〜1.13	0.9〜1.3	—	—	—	—
線膨張率 $\alpha \times 10^6$ (K^{-1})	10〜22	22〜24	30〜37	24〜30	37〜300	30	50
熱伝導率 λ (W m^{-1} K^{-1})	0.63	1.3〜2.2	0.3	0.33		1.3	0.4
成形温度 T_c (℃)	160〜180	160〜180	>260	RT	RT	RT	RT
硬化温度 T_h (℃)				80〜150	RT〜220	150〜200	150〜200
液粘度 η (Pa s)				4.5〜120	0.1〜45	7〜16	13
ガラス転位温度 (℃)	155〜180	155〜180		130〜170			

Table C-5-6-2 環境対応型（ブロム・アンチモンフリー）封止材料の熱物性値 (Thermophysical properties of Bromine- and Antimony-free molding materials)

樹脂種	o-クレノボ系		ジシクロ系	ビフェニル系	
特徴	高熱伝導率	低応力	低吸湿・耐リフロー性	低吸湿・耐リフロー性	高耐リフロー性
難燃剤	Br/Sb フリー	Br/Sb フリー	Br/Sb フリー	Br/Sb フリー	難燃剤フリー
密度 $\rho \times 10^{-3}$ (kg m^{-3})	2.20	1.80	1.90	1.87	2.02
線膨張率 $\alpha \times 10^5$ (K^{-1})	2.2	1.6	1.2	1.2	0.8
熱伝導率 λ (W m^{-1} K^{-1})	2.3	0.67	0.84	0.75	0.90
曲げ弾性率 GPa	21.6	13.2	20.6	18.6	28.4
吸湿率 %	0.39	0.38	0.22	0.23	0.11
ガラス転位温度 (℃)	170	165	158	157	130

松下電工技報, p.24 (2001).

---

[1] Modern Plastics Encyclopedia, vol.62, McGraw Hill (1985-1986) および信越化学工業（株），住友ベークライト（株）社の1986-1987年発行の技術資料．

5.6 封止用プラスチックス系素材の物性

Table C-5-6-3　プラスチックス系材料の熱物性値（Thermophysical properties of common plastics）

物質名		密度 $\rho \times 10^{-3}$ (kg m^{-3})	熱膨張係数 $\alpha \times 10^5$ (K^{-1})	比熱 (kJ kg^{-1} K^{-1})	熱伝導率 λ (W m^{-1} K^{-1})	ガラス転位温度 (℃)	融点 (℃)
ポリエーテルケトン (PEEK)	PEEK	1.30	5.3	1.34	0.22	143	334
	PEEK 30％G	1.52	1.1	—	0.24	143	334
ポリイミド (PI)	デュポンベスペル SP-1	1.43	4.4	1.13	0.34	400	—
	EPL ウルテム 1000	1.27	5.6	—	0.22	217	—
フッ素樹脂	PTFE	2.14 – 2.20	10.0	1.05	0.25	—	327
エポキシ樹脂	ビスフェノールA型＋酸無水物 HHPA	1.18 – 1.23	5.5 – 6.5	—	0.20 – 0.21	—	—
フェノール樹脂	紙フェノール	1.30 – 1.37	2.0	1.47 – 1.68	0.29	—	—

（プラスチック辞典，朝倉書店 (1997)，高分子データハンドブック，培風館 (1986)）

Table C-5-6-4　ダイヤモンドの熱物性値（Thermophysical properties of diamonds）

物質		不純物		熱伝導率（室温）λ (W m^{-1} K^{-1})	熱膨張係数（室温）$\alpha \times 10^6$ (K^{-1})
		窒素含有量 [ppm]	その他の不純物 [ppm]		
ダイヤモンド	単結晶 Ia型（天然）	～2000	—	～900	2.6
	Ib型（高圧合成）	10 – 1000	金属触媒 10 – 100	900 – 2000	2.6
	IIa型（天然，高圧合成，気相合成）	0 – 1	—	2000	2.6
	IIb型（天然，高圧合成，気相合成）	0 – 1	ホウ素 0 – 100	—	2.6
	多結晶（気相合成）	0 – 100	—	400 – 2000	2.6

（セラミック工学ハンドブック（第2版）[応用]，情報堂 (2003)）

Table C-5-6-5 プリント配線板の熱物性値 (Thermophysical properties of printed circuit boards)

種類	材質	はんだ耐熱性 (260℃) (秒)	熱膨張係数 $\alpha \times 10^5$ (K^{-1})	熱伝導率 λ $(W\,m^{-1}\,K^{-1})$	ガラス転位温度 Tg (℃)
多層板用材料	ガラスエポキシ材 (ハロゲンフリー)	300以上	1.5 – 1.8	—	140 – 150
	高 Tg ガラスエポキシ材	300以上	1.2 – 1.5	0.26 – 0.30	173 – 183
	高周波数対応材	300以上	1.5 – 1.6	—	150 – 160
	ポリイミド材	300以上	1.2 – 1.5	—	200 – 213
ビルドアップ 多層板用材料	高 Tg, 高弾性銅箔付き接着フィルム	180以上	2.0 – 3.0	—	160 – 170
	ハロゲンフリー銅箔付き接着フィルム	180以上	4.5 – 5.5	—	140 – 150
	ガラス不織布プリプレグ	180以上	3.0 – 4.0	—	140 – 150
両面・片面板用材料	ガラスエポキシ両面配線板材	120以上	2.2 – 3.1	—	130 – 140
	紙フェノール両面・片面板	30以上	1.3 – 1.5	—	—

(日立化成カタログ (2002) その他.)

多層プリント配線板の熱伝導率については，各層の厚さおよびその熱伝導率によって，大きく変化するため，個々の製品の資料を検討する必要がある．以下の式 (1)，(2) により厚さおよび面方向の有効熱伝導率が算出される．

$$\lambda_{\text{through}} = \frac{\sum_{i=1}^{N} \delta_i}{\sum_{i=1}^{N} \left(\frac{\delta_i}{\lambda_i}\right)} \quad (1) \qquad \lambda_{\text{in-plane}} = \frac{\sum_{i=1}^{N} (\lambda_i \delta_i)}{\sum_{i=1}^{N} \delta_i} \quad (2)$$

ここに，δ_i および λ_i はそれぞれ第 i 層の厚さおよびその熱伝導率である．

(T. F. Lemczyk et al., PCB Trace Thermal Analysis and Effective Conductivity, ASME Journal of Electronic Packaging, Vol. 114, pp. 413–419, 1992.)

5.6 封止用プラスチックス系素材の物性

Table C-5-6-6 セラミック配線板の熱物性値 (Thermophysical properties of ceramic wiring boards)

特性	主成分	密度 $\rho \times 10^{-3}$ (kg m^{-3})	曲げ強さ (kg/cm^2)	熱膨張係数 $\alpha \times 10^6$ (K^{-1})	熱伝導率 λ (W m^{-1} K^{-1})
アルミナ	Al_2O_3 92 %	3.6	2500	6.6	16.7
	Al_2O_3 96 %	3.7	2700	6.7	18.8
	Al_2O_3 99 %	3.9	2900	6.8	31.4
ムライト	$3Al_2O_3, 2SiO_2$	3.1	1400	4.0	4.19
ステアタイト	MgO, SiO_2	2.7	1400	6.9	2.51
フォルステライト	$2MgO, SiO_2$	2.8	1400	10	3.35
低温焼成配線板	$BaSnB_2O_6, Al_2O_3,$ $SiO_2, PbO, B_2O_3,$ SrO, K_2O, Li_2O など	3.0 – 4.5	1300 – 3000	4 – 6	3 – 8
高熱伝導性配線板	BeO	2.9	1700 – 2300	8	250
	AlN	3.3	4000 – 5000	4.5	100
	SiC	3.2	4500	3.7	270

(福岡義孝 はじめてのエレクトロニクス実装技術, p.86 (1999)).

Table C-5-6-7 はんだの熱物性値 (Thermophysical properties of solders)

組成 (%)	密度 $\rho \times 10^{-3}$ (kg m^{-3})	融点 (℃)	リフロー温度 (℃)	熱膨張係数 $\alpha \times 10^6$ (K^{-1})	比熱 (kJ kg^{-1} K^{-1})	熱伝導率 λ (W m^{-1} K^{-1})	表面張力 σ (m N m^{-1}) (Air/Nitrgen)
Sn-10Pb	—	183 – 215	—	—	—	—	—
Sn-37Pb	8.36	183	—	2.5	0.176	51	417/464
Sn-3.5Ag	7.5	221	240 – 250	3.0	—	33	431/493
Sn-3.8Ag-1.0Cu	7.5	217	—	—	0.22	64	—/—
Sn-2.5Ag-0.8Cu -0.5Sb	—	215 – 217	233 – 243	—	0.219	57	510/—

(Database for Solder Properties with Emphasis on New Lead-free Solders, NIST, Release 4.0, 2002. その他)

5.7 絶縁材の熱物性値
(Thermophysical Properties of Electric Insulator)

絶縁材として古くから用いられる磁器類，プラスチックスの物性の一部を Table C-5-7-1 に示す．この他，新素材系セラミックスなども用いられる．これらの物性に関しては，C.6章に詳しい．また，高分子系物質の物性については C.7章も参照されたい．プラスチックス類の物性は，重合度，添加物の種・量によって変化する．

Table C-5-7-1 絶縁材の熱物性値 (Thermophysical properties of electric insulators)

材料	密度 ρ (kg m^{-3})	熱伝導率 λ (W m^{-1} K^{-1})	線膨張率 $\alpha \times 10^6$ (K^{-1})	最高使用温度 Ta (℃)
雲母	2700 2900	0.50	∥ 10 ⊥ 60	天然 550 合成 1000
アルミナ高周波磁器	3800 3900	13 29	5〜7	1500 1800
ステアタイト高周波磁器	2600 2800	2.5	6〜8	1000
ベリリア高周波磁器	2900	230	8〜10	1800
低密度ポリエチレン	920 930	0.33	100 200	106 m 115 m
ポリプロピレン	900 910	0.12	80 100	170 m
軟質塩化ビニル	1160 1350	0.13 0.17	70 250	75 g 105 g
ポリスチレン	1040 1050	0.2 0.28	50 83	100 g 105 g
ポリエステル (PET)	1310 1380	0.18 0.29	60 95	230 m 73 g
フッ素樹脂 (PTFE)	2140 2200	0.25 0.33	100	260 327 m
フッ素樹脂 (FEP)	2120 2170	0.25	83 105	200 275 m
ポリフェニレンスルフィド	1670	0.29	29	260
11-ナイロン	1030 1050	0.33	100	191 m
ポリイミド	1360 1430	0.38	10 40	450

m：融点 (℃)，g：ガラス転移温度 (℃)，無印：最高使用温度 (℃)．また，∥，⊥ は，へき開面に並行，垂直を意味する．

5.8 半導体プロセスに多用される物質の蒸気圧 (Vapor Pressure of Chemicals Used for Semiconductor Processing)

半導体関係のプロセスにおいて多用される化合物の分子量，融点，沸点，Antoine 定数を Table C-5-8-1 に示す．

なお，温度 T (K) での蒸気圧 P (kPa) は，表中の定数 A, B, C を用いて，次式で算出する．

$$\mathrm{Log}_{10} P = A - B/(T+C)$$

なお，圧力 P を mmHg 単位で求める場合には，A に 0.87510 を加えて上式を用いる．

Table C-5-8-1 半導体プロセスに多用される物質の蒸気圧 (Vapor pressure of chemicals used for semiconductor processing)

物質名	分子式	分子量	融点 T_m (K)	沸点 T_B (K)	Antoine 定数 A	B	C	適用範囲 (K)
シラン	SiH_4	32.1	88	161	7.3643	1022.5	30.85	93～143
ジシラン	Si_2H_6	62.2	140.55	258.85	6.0582	1000.4	-13.25	159～248
トリクロルシラン	$SiHCl_3$	135.5	146.6	304.95	3.6652	188.85	-191.36	290～337
四塩化ケイ素	$SiCl_4$	169.9	205	330.45	5.98758	1144.0	-43.15	238～364
四フッ化ケイ素	SiF_4	104.1	183.15	178.35 (昇)	9.4297	1230.0	-3.15	129～178
ジボラン	B_2H_6	27.7	104.	186.7	5.51892	528.666	-30.295	118～181
三塩化ホウ素	BCl_3	117.2	166.15	285.65	5.31301	756.89	-59.15	183～273
三塩化リン	PCl_3	137.3	161.15	349.15	5.9516	1196	-46.15	251～374
ホスフィン	PH_3	34	140.65	185.65	6.60725	794.496	-7.95	130～193
四塩化炭素	CCl_4	153.8	250.55	349.85	6.01896	1219.58	-45.99	253～374
四フッ化炭素	CF_4	88	89.45	145.45	6.29449	593.88	-7.61	103～138
アルシン	AsH_3	78	157.	210.7	14.3762	6130.1	286.84	163～198
六フッ化硫黄	SF_6	146.1	222.35	209.35 (昇)	7.5005	1094.2	-10.15	140～209
ゲルマン	GeH_4	76.6	108.15	183.15	9.434	1819	33.15	110～163
塩化アンチモン	$SbCl_5$	299.0	275.95		5.872	1500	-73.25	253～388
TMA[5]	$(CH_3)_3Al$	72.1	288.6	400.2	6.6324	1692.6	-34.47	337～400
TEA[6]	$(C_2H_5)_3Al$	114.2	220.7	459	9.909	3625	0.0	383～413
TIBA[7]	$(i\text{-}C_4H_9)_3Al$	198.3	277.2	403	6.4719	1841.9	-73.15	
TMG[8]	$(CH_3)_3Ga$	114.8	257.4	328	7.195	1705	0.0	240～329
TEG[9]	$(C_2H_5)_3Ga$	156.9	190.9	416	7.208	2162	0.0	273～417
TMI[6]	$(CH_3)_3In$	159.9	361.2	407	9.645	3014	0.0	323～361
					7.363	2190	0.0	361～408
TEI[9]	$(C_2H_5)_3In$	202.0	241.2	457	8.105	2790	0.0	
DMZ[10]	$(CH_3)_2Zn$	95.5	231.2	319	6.645	1486	0.0	267～320
DEZ[10]	$(C_2H_5)_2Zn$	123.5	245.2	391	6.820	1910	0.0	290～353
DMSe[11]	$(CH_3)_2Se$	109.0	—	331	7.105	1678	0.0	298～329
TMAs[12]	$(CH_3)_3As$	120.0	186.2	324	6.5085	1456	0.0	248～298

1) D. R. Stull, Ind. Eng. Chem., 39, 517 (1947).   2) Perry's Chemical Engineer's Handbook. 6'th ed. McGraw-Hill (1984).   3) 日本化学学会編，"改訂3版 化学便覧基礎編" pⅡ 丸善 (1984) 111-115.   4) 化学工学協会編，"改訂5版 化学工学便覧" 丸善 (1988) p.19-20.   5) J. P. McCollough et al, J. Phys. Chem., 67 (1963) 677.   6) A. W. Laubengayer et al., J. A. C. S., 63 (1941) 477.   7) Ethyl Corporation catalogue.   8) C. A. Kraus et al., Proc. Natl. Acad. Sci., 19 (1933) 292.   9) H. Hartmann et al., Naturwissenshaften, 49 (1962) 182.   10) Thompson, H. W. et al., Trans Faraday Soc., 32 (1936) 681.   11) Zh. Fiz. Khim., 49 (1975) 1336.   12) E. J. Rosenbaum et al., J. A. C. S., 62 (1940) 1622.

5.9 超伝導材料の熱物性値
(Thermophysical Properties of Superconductors)

超伝導材料の熱物性値も含む最新のデータは Handbook of Superconducting Materials (vol.1 & 2, Institute of Physics Publishing, 2003, Bristol & Philadelphia) に収録されている.また最近,岩手大学の池部研究室を中心として約50種類のバルク超伝導体について,4～300Kの温度範囲で,0～10Tの磁場範囲で試料の熱伝導率 λ,熱拡散率 α,熱起電力 S,熱膨張 dL/L,比熱 c,音速 v が測定され,データベースにまとめられ,2004年2月よりインターネット公開されている.

(データベース URL; http://ikebehp.mat.iwate-u.ac.jp/database.html, 文献;岩手県地域結集型共同研究事業研究成果報告 http://www.pref.iwate.jp/~hp1021/kesshu/kenkyukai/houkoku/group_c/text/c021t.pdf)

C.6 セラミックス・ガラス (Ceramics・Glass)

6.1 融点および比熱 (Melting Point and Specific Heat)

融点 (melting temperature, fusion temperature) は固体が1気圧下で融解して液体になる温度であるが, セラミックスでは融解する前に分解 (dissociation, decomposition) してしまう場合が多く, 分解の仕方によって次のように分類できる.
(1) 昇華 (sublimation): 固体から直接気化する.
(2) 非相合融解 (incongruent melting): 組成の異なる融体と固体とに分解する.
(3) 非相合蒸発 (incongruent vaporozation): 組成の異なる気体と固体 (融体) に分解する.
(4) 不均化反応 (disproportionation): 組成の異なる2つ以上の固体に分解する.

以下の表では融解する前に分解する場合には, 上の区別をせずに温度のすぐ後に"d"を付けて融解温度ではなく, 分解温度であることを示した.

比熱 (specific heat capacity) は単位重量当りの熱容量として定義されるので厳密には比熱容量と呼ぶべきである. (kJ/(kg・K)) の単位で与えられ次の性質を示す.
1) 構造敏感性はない.
2) 不純物の影響が少ない.

Table C-6-1-1 セラミックスの融点および比熱 (Melting point and specific heat of ceramics)

物質名	融点 T_m (K)	温度 T (K)	比熱 C_p (kJ/(kg・K))	物質名	融点 T_m (K)	温度 T (K)	比熱 C_p (kJ/(kg・K))
酸化物							
As_4O_6[6] monocl.	585	300 585	0.4912 0.6280	Cu_2O[3]	1517	300 1000 1517	0.4379 0.5678 0.6750
B_2O_3[3]	723	300 723	0.9039 1.533	CuO[3]	1397d	300 1000	0.5326 0.6947
BaO[3]	2286	300 1000 2000	0.3087 0.3728 0.4367	Dy_2O_3[5]	–	300 1000 2000	0.2996 0.3600 0.3867
Bi_2O_3[5]	1098	300 800	0.2436 0.2795	Er_2O_3[5]	–	300 1000 1800	0.3087 0.3413 0.3616
CaO[3]	3200	300 1000 2000 3000	0.7533 0.9582 1.0426 1.1166	Eu_2O_3[5]		300 1000 1800	0.3287 0.4205 0.4563
CdO[7]	1770s	300 1000 1500	0.3280 0.3971 0.4225	$Fe_{.947}O$[3]	1650	300 1000 1650	0.6995 0.8256 0.9062
CeO_2[6]		300 1000 1800	0.3581 0.4568 0.4961	Fe_2O_3[3]	1735d	300 1000 1735	0.6524 0.9432 0.9108
CoO[3]	2078	300 1000 2000	0.7317 0.7475 0.9239	Fe_3O_4[3]	1870	300 1000 1870	0.6379 0.8674 0.8674
Co_3O_4[3]	1220d	300 1000	0.5129 0.8733	Gd_2O_3[5]	–	300 1000 1800	0.4915 0.6731 0.7143
Cr_2O_3[3]	2603	300 1000 2000 2603	0.8022 0.8356 0.9091 0.9445	HgO[3]	749d	300 749	0.2038 0.2622

1) 横川晴美:化技研報告, 83, 別冊号 (1988) 27.　2) 日本熱測定学会:熱力学データベース MALT, 科学技術社 (1986).
3) Chase, M.W., Jr., Davies, C.A. et al.: JANAF Thermochemical Tables, third Edition, J. Phys. Chem. Ref. Data 14, Supplement No.1 (1985).　4) Glushkov, V.P., Gurvich, L.V. et al.: Thermodynamic Data for Individual Substances, National Academy of Sciences of USSR (1978-1982).　5) Robie, R.A., Hemingway, B.S. et al.: Geological Survey Bulletin 1452 (1978).　6) Pankratz, L.B.: Bulletin of U.S. Bureau of Mines 672 (1982).　7) Barin, I., Knacke, O. et al.: Thermochemical properties of inorganic substances, Supplement, Springer-Verlag (1977).

Table C-6-1-1 （つづき）

物質名	融点 T_m (K)	温度 T (K)	比熱 C_p (kJ/(kg·K))	物質名	融点 T_m (K)	温度 T (K)	比熱 C_p (kJ/(kg·K))
Ho_2O_3 [5]	–	300	0.2828	V_2O_5 [3]	943	300	0.7204
		1000	0.3453			943	1.0006
		1800	0.3757	WO_3 [3]	1745	300	0.3162
In_2O_3 [4]	2186	300	0.3621			1000	0.4385
		1000	0.4632			1745	0.4725
		2000	0.4925	Yb_2O_3 [5]		300	0.2787
La_2O_3 [4]	2586	300	0.3346			1000	0.3353
		1000	0.4075			1800	0.3417
		2000	0.4552	ZnO [5]	2243	300	0.4992
Mn_3O_4 [5]	1833	300	0.6088			1000	0.6502
		1000	0.8117			1800	0.7126
		1833	0.9180	複合酸化物 [1]			
NbO [3]	2210	300	0.3782	$BaZrO_3$ [2]		300	0.3642
		1000	0.4726			1000	0.4079
		2000	0.5567			2000	0.5056
NbO_2 [3]	2175	300	0.4600	$CaSiO_3$ [2] wollastonite	1817	300	0.7543
		1000	0.7005			1000	1.0886
		2000	0.6649			1817	1.1527
Nb_2O_5 [3]	1785	300	0.4978	$CaAl_2O_4$ [2]	1878	300	0.7622
		1000	0.6603			1000	1.1228
		1785	0.6887			2000	1.2954
Nd_2O_3 [5]		300	0.2054	$CaAl_4O_7$ [2]	2023	300	0.7622
		1000	0.4289			1000	1.1228
		1800	0.4626			2000	1.2954
PbO [3]	1159	300	0.2054	$Ca_3Al_2O_6$ [2]	1808	300	0.7575
		1000	0.2588			1000	1.0262
PdO [5]	1143	300	0.2051			1808	1.1326
		1000	0.2713	$CaFe_2O_4$ [2]	1510	300	0.7126
Pr_2O_3 [5]		300	0.3651			1000	0.8515
		1000	0.4439			1510	0.9332
		1800	0.5046	$Ca_2Fe_2O_5$ [2]	1750	300	
PuO_2 [4]	2663	300	0.2454			1000	0.8959
		1000	0.3438			1750	0.9217
		2000	0.3919	$CaTiO_3$ [2]	2188	300	0.7186
		2663	0.4212			1000	0.9590
Sc_2O_3 [4]	2762	300	0.6856			2000	0.9857
		1000	0.9237	$Ca_3Ti_2O_7$ [2]	1998	300	0.7305
		2000	1.0632			1000	0.9434
		2762	1.1779			1998	1.0048
Sm_2O_3 [5] monocl.	–	300	0.3250	$Ca_4Ti_3O_{10}$ [2]	2028	300	0.7281
		1000	0.4216			1000	0.9428
		1800	0.4427			2000	1.0026
SnO [4]	1250	300	0.3550	$CaZrO_3$ [2]	2613	300	0.5533
		1250	0.4506			1000	0.7205
SrO [3]	2938	300	0.4420			2000	0.7965
		1000	0.5412			2613	
		2000	0.6102	$FeCr_2O_4$ [2]		300	0.5971
		2938	0.6700			1000	0.8196
Ta_2O_5 [3]	2058	300	0.2070			1800	0.8844
		1000	0.2618	$FeAl_2O_4$ [2]	2053	300	0.7361
		2000	0.2709			1000	1.0265
ThO_2 [4]	3623	300	0.2345			2000	1.1904
		1000	0.2939	$CuFe_2O_4$ [2]	1338	300	0.6204
		2000	0.3294			1000	0.8653
		3000	0.3680	$Cu_2Fe_2O_4$ [2]	1470	300	0.5284
Tl_2O_3 [4]	1107	300	0.2345			1000	0.6852
		1000	0.2958	$KAlO_2$ [2]	1986	300	0.7761
UO_2 [4]	3123	300	0.2366			1000	1.0604
		1000	0.3063			1986	1.3199
		2000	0.3959	K_2CrO_4 [2]	1244	300	0.7521
		3000	0.6062			1000	1.0232
V_2O_4 [3]	1818	300	0.7264				
		1000	0.9687				
		1818	1.0714				

6.1 融点および比熱

Table C-6-1-1 （つづき）

物　質　名	融点 T_m (K)	温度 T (K)	比熱 C_p (kJ/(kg·K))	物　質　名	融点 T_m (K)	温度 T (K)	比熱 C_p (kJ/(kg·K))
$LiAlO_2$[2]	1883	300 1000 1883	1.0279 1.5473 1.7371	$SrHfO_3$[2]		300 1000 1900	0.3310 0.4267 0.4708
Li_2TiO_3[2]	1820	300 1000 1820	1.0012 1.3965 1.7062	$NiTiO_3$[2]		300 1000 1700	0.6421 0.8362 0.9163
$MgSiO_3$[2]	1850	300 1000 1850	0.8161 1.1987 1.2196	$CoTiO_3$[2]		300 1000 1700	0.6985 0.8205 0.9005
Mg_2SiO_4[2]	2171	300 1000 2000	0.8441 1.2410 1.4170	Co_2TiO_4[2]	1848	300 1000 1848	0.6961 0.8496 0.8924
$MgAl_2O_4$[2]	2408	300 1000 2000	0.8158 1.2557 1.5251	$FeTiO_3$[2]	1640	300 1000 1640	0.6573 0.8816 1.0696
$MgFe_2O_4$[2]		300 1000 1800	0.7187 0.9548 1.0475	Fe_2TiO_4[2]		300 1000 1800	0.6573 0.8858 1.2406
$MaTiO_3$[2]	1953	300 1000 1953	0.7608 1.0759 1.2031	$MnTiO_3$[2]	1633	300 1000 1633	0.6619 0.8538 0.9019
$MaTi_2O_5$[2]	1963	300 1000 1963	0.7333 1.0279 1.3050	Mn_2TiO_4[2]	1723	300 1000 1723	0.6520 0.8253 0.8897
Ma_2TiO_4[2]	2013	300 1000 2000	0.7994 1.1422 1.3703	炭化物			
$MnSiO_3$[2]	1830	300 1000 1830	0.6274 0.9234 0.9973	Al_4C_3[2]	d	300 1000 2000	0.8126 1.2252 1.3175
Mn_2SiO_4[2]	1618	300 1000 1618	0.6431 0.8688 0.9380	Be_2C[2]	2400	300 1000 2000	1.4433 2.4545 3.0987
$MnAl_2O_4$[2]	2123	300 1000 2000	0.7205 1.0166 1.1804	CaC_2[2]		300 1000 2000	0.9738 1.1357 1.2663
$MnFe_2O_4$[2]		300 1000 2000	0.6485 0.9924 	Fe_3C[2]	1500	300 1000 1500	0.5917 0.6988 0.7788
$NaAlO_2$[2]	1923	300 1000 1923	0.8987 1.2480 1.4474	$MoC_{0.5}$[2]	2795	300 1000 2000	0.2956 0.4047 0.4719
$Na_2Fe_2O_4$[2]	1618	300 1000 1618	0.9362 1.0205 1.0947	NbC[2]		300 1000 2000	0.3517 0.4913 0.5288
Na_2CrO_4[2]	1070	300 1000	0.8832 1.2444	Nb_2C[2]		300 1000 1800	0.3060 0.3950 0.4487
Na_2TiO_3[2]	1303	300 1000	0.9249 1.2666	$PuC_{0.84}$[2]		300 1000 1800	0.1853 0.2382 0.4894
$Na_2Ti_2O_5$[2]	1258	300 1000	0.8729 1.0552	PuC_2[2]	2525	300 1000 2000	0.2044 0.3001 0.3414
$Na_2Ti_3O_7$[2]	1401	300 1000	0.8363 1.0201	TaC[2]	3673d	300 1000 2000	0.1903 0.2644 0.3064
$SrTiO_3$[2]		300 1000 1800	0.5401 0.6798 0.7242	Ta_2C[2]	3773	300 1000 2000	0.1630 0.2127 0.2516
Sr_2TiO_4[2]		300 1000 1800	0.5401 0.6095 0.6589	UC[2]		300 1000 2000	0.2011 0.2516 0.2953
$SrZrO_3$[2]		300 1000 2000	0.444 0.5789 0.6399	$UC_{1.94}$[2]	2041	300 1000 2000	0.2334 0.3138 0.5451

Table C-6-1-1 （つづき）

物質名	融点 T_m (K)	温度 T (K)	比熱 C_p (kJ/(kg·K))
U_2C_3 [2]		300	0.2105
		1000	0.2733
		2000	0.4920
$VC_{0.88}$ [2]		300	0.5037
		1000	0.7644
		2000	0.9078
V_2C [2]	2438	300	0.5151
		1000	0.7237
		2000	0.9138
WC [2]	2700?	300	0.1824
		1000	0.2564
		2000	0.2862
W_2C [2]	3068	300	0.2018
		1000	0.2612
		2000	0.2927

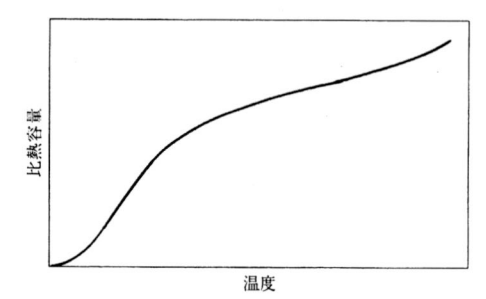

Fig. C-6-1-1 比熱の典型的な温度変化

3) 単結晶でも多結晶でも同じ値として良い．
4) 高温領域の比熱の温度変化は穏やかである．0Kから融点までの温度依存性は Fig. C-6-1-1 に示されているような挙動を示す．
5) 複酸化物の比熱は構成酸化物の比熱の算術平均で良く表される．このため，実測値が入手できないときは構成酸化物の比熱を用いて推算することができる．
6) 但し，相転移近傍では潜熱のために，みかけ上急激に増大してから再び転移前の値に近い値に戻る．

6.2 熱伝導率および熱拡散率（Thermal Conductivity and Thermal Diffusivity）

セラミックスの熱伝導率および熱拡散率は構造敏感性を持つ代表的な物性で，材料の状態に大きく依存する．本項ではモノリシック系セラミックスを中心に，データと不純物，組成，焼結助剤，焼結密度，気孔率，製造履歴等の関係を示した．代表的なセラミックスの物性値（Table C-6-5-1）には主に高純度試料の値を載せ，補完的な関係を持つようにした．さらに，アルミナについては低温の最大熱伝導率に対する不純物の影響，アルミナ，ベリリア，マグネシア，ジルコニア等については熱伝導率と気孔率の関係，無機繊維については見かけの熱伝導率をそれぞれ図示した．なお，インターネットを通して，NISTから多様なデータベース[18]が，また，産業技術総合研究所から熱物性データベース[1]が無料公開されているので，比較・参照することができる．

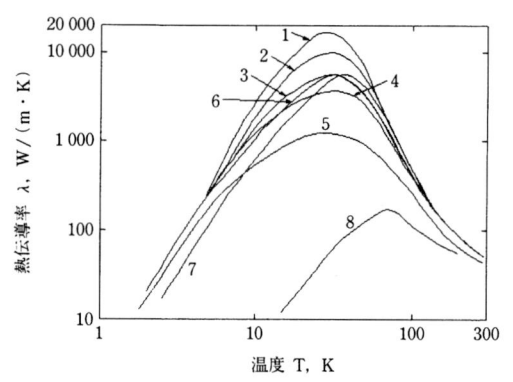

Fig. C-6-2-1 アルミナ単結晶の熱伝導率の不純物依存性（Impurity dependence of thermal conductivity of alumina single crystals）[6,29]
1 : 0.001 % (Cr + Fe), 2 : 0.025 % Cr, 3 : 0.088 % Cr, 4 : 0.21 % Cr, 5 : 1.21 % Cr, 6 : 試料径 3 mm, 7 : 同 1.5 mm, 8 : 多結晶（気孔率 5 %）

1) AIST TPDB (http://www.aist.go.jp/RIODB/TPDB/TPDS-web/). 2) Hirosaki, et al. : J. Am. Ceram. Soc., 79, 2878 (1996). 3) 武田幸男 ほか : Yogyo-Kyoukai-Shi, 95 (1987) 30. 4) North, B. & Gilchrist, K. E. : J. Am. Ceram. Bull., 60 (1981) 549. 5) Mitsuhashi, T. et al. : Yogyo-Kyoukai-Shi, 90 (1982) 58. 6) Housen, H. et al. : Landolt-Bornstein, 4 Band, 4 Teil, Springer-Verlag (1972). 7) Slack, G. A. : Sol. St. Phys., 34 (1979) 1. 8) Mazurin O.V. et al. : Handbook of Glass Data, Part A, Elsevier (1983). 9) Mazurin O.V. et al. : Handbook of Glass Data, Part B, Elsevier (1985). 10) 日本産業技術振興協会編, 高機能性無機材料の先端的技術開発の現状と将来, 日本産業技術振興協会 (1987). 11) Touloukian, Y.S. et al. : Thermophysical Properties of Matter, 2, Thermal conductivity, Nonmetallic Solids, Plenum (1970). 12) Kyung, o., et al., 7th Jpn. Symp. Thermophysical Prop., (1986) 215. 13) 太田弘道 ほか. Netsu Bussel, 2 (1988) 59. 14) Slack, G. A. et al. : J.Phys. Chem. Solids, 48 (1987) 641. 15) エレクトロニク・セラミクス, 17 (1986) 28. 16) 酒井利和 ほか : Yogyo-Kyoukai-Shi, 86 (1978) 174. 17) Kurokawa, Y. et al. : J. Am. Ceram. Soc., 71 (1988) 588. 18) NIST Sciences and Technical Databases (http://www.nist.gov/srd/materials.htm). 19) 林 国郎 ほか : Yogyo-Kyoukai-Shi, 94 (1986) 595. 20) Howlett, S.P. et al. : J. Mater. Sci. Let., 4 (1985) 227. 21) Sichel, E.K. et al. : Phys. Rev., B 13 (1976) 4607.

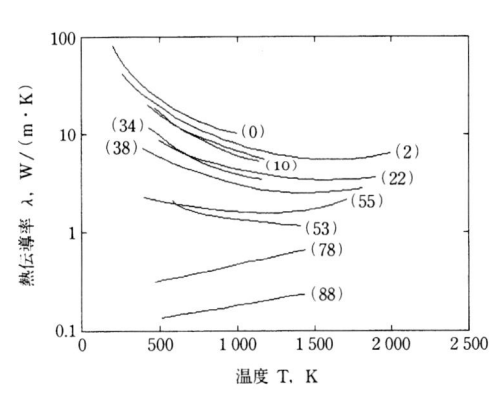

Fig. C-6-2-2 各種の気孔率を持ったアルミナの熱伝導率(Thermal conductivity of alumina with various porosities)[11,30]
( ):気孔率(%)

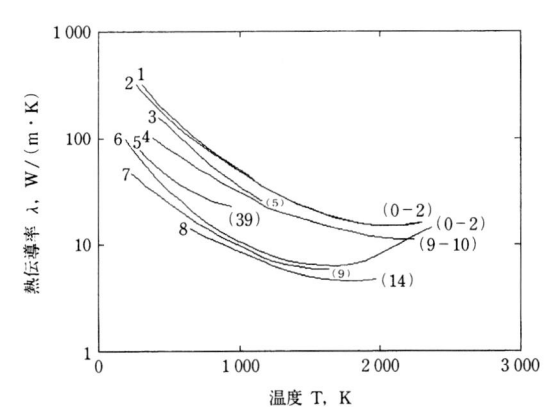

Fig. C-6-2-3 各種の気孔率を持ったBeOとMgOの熱伝導率(Thermal conductivity of BeO and MgO with various porosities)[11]
1-5:BeO, 6-8:MgO, ( ):気孔率(%)

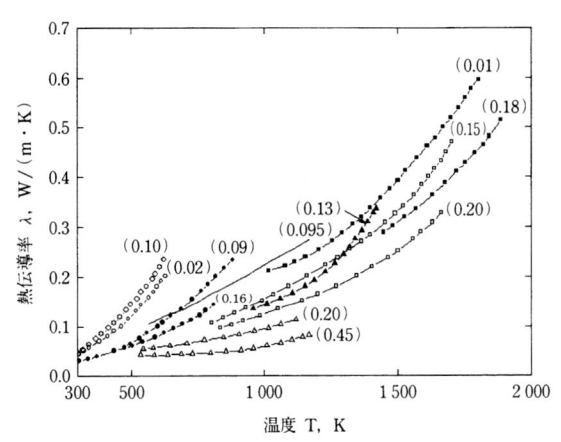

Fig. C-6-2-4 無機繊維の有効熱伝導率(Effective thermal conductivity of inorganic fibers)[10,31,32]
○:ガラスウール, ●:ロックウール, □:セラミック繊維, ■:アルミナ繊維, △:チタン酸カリ繊維, ▲:ジルコニア繊維, -:Kaoウール, ( ):見かけの密度(10^{-3} Kg/m^{3}3), 大気中

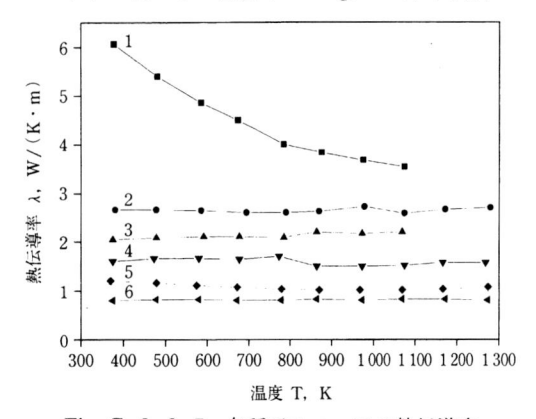

Fig. C-6-2-5 各種ジルコニアの熱伝導率(Thermal conductivity of various zirconia)
1:単斜晶, 緻密焼結体, 粒径63 nm, 2:正方晶, 5.8 wt.% Y_2O_3, 相対密度100%, 粒径78-150 nm, 3:立方晶, 15 wt.% Y_2O_3, 相対密度98%, 粒径>150 nm, 4:正方晶, 5.8% Y_2O_3, 相対密度80%, 5:高密度プラズマスプレー膜, 6:低密度プラズマスプレー膜

22) Simpson, A. & Stukes, A.D. : J. Phys. D : Appl. Phys., **9** (1976) 621. 23) Wood, C. et al. : Phys. Rev, B **31** (1985) 6811. 24) Radosevich, L.G. & Williams, W.S. : J. Am. Ceram. Soc., **53** (1970) 30. 25) Vishnevetskaya, I.A. et al. : High Temp.- High Press., **13** (1981) 665. 26) Zhang, X., et al., Rev. Sci. Instrum, **66**, 1115 (1995). 26) Zhang,X., et al., Rev. Sci. Instrum, **66** (1995) 1115. 27) Braginsky, L. et al., Phys. Rev. B**70** (2004) 134201. 28) Singh, J. et al. : J. Mat. Sci., 39 (2004) 1975. 29) 中村哲朗:セラミックスと熱, 技報堂 (1985) 57. 30) Schulz, B. : High Temp.- High Press., **13** (1981) 649. 31) 町田 清・上園正義:9th Jpn. Symp. Thermophysical Prop., (1988) 50. 32) Masqsood, A., et al., J. Phys. D, **33** (2000) 2057. 33) Smith, A. N., Calame, J. P., Int. J. Thermophys., **25** (2004) 409. 34) Kingery, W.D. et al. : Introduction to Ceramics, John Wiley & Sons (1975) 612. 35) Tsukuda, Y. : J. Am. Ceram, Bu11., **62** (1983) 510. 36) Laermans, C., et al., J. Phys. C, **17** (1984) 763. 37) Nait-Ali, B., et al., J. Europ. Ceram. Soc., **27** (2007) 1345. 38) Osaka, M., Ito, E., Geophys. Res. Lett., **18** (1991) 239. 39) Petit, J., et al., Optics Lett., **29** (2004) 833. 40) Choy, C. L. et al., J. Appl. Phys., **71** (1992) 170. 41) Nishi, Y., et al., J. Nucl. Sci. Tech., **39** (2002) 391. 42) Morelli, D. T., Phys. Rev., **44** (1991) 5453.

Table C-6-2-1 セラミックスの熱伝導率と熱拡散率 (Thermal conductivity and diffusivity of ceramics)

物質 Material	化学的純度 助剤等 (wt%)	温度 T (K)	密度 ρ (kg/m³)	気孔率 P (%)	熱拡散率 α (m²/s)	熱伝導率 λ (W/m·K)	備考	文献
アルミナ alumina Al_2O_3	99.5	r.t	3800-3950			29	市販品平均値	10)
	99		3800-3850			25		
	96		3700-3800			21		
	80-92		3200-3700			17		
	MgO:0.5	r.t		27		2.0	粒径161nm、ナノ構造 配位数9.27	27)
		500				2.8		
		770				2.3		
		1270				2.0		
	Cr_2O_3 (固溶体)	473			$1/\lambda=0.038+0.006V$; <1v%		$V:Cr_2O_3$vol%	11)
		673			$1/\lambda=0.091+0.0065V$; <7v%			34)
		1073			$1/\lambda=0.15+0.0065V$; <7v%			
ベリリア beryllia BeO	99.5	r.t	2850-2900			250-260	市販品	17)
	99		2880-2900			210-250		
	95-96		2800-2940			160-210		
		45				13700	単結晶、相対不正確さ:10%(室温)	18)
		100				4000		
		200				720		
		300				370		
		400				230		
		500				160		
酸化カルシウム calcium xide CaO		373	3030	8.75		13.9		11)
		1273				7.1		
セリア ceria CeO_2	H_2O:0.004	320	6200			11.7		11)
	H_2O:0.59	320	5580			8.0		
		2000	6870			1.0-0.76		
酸化コバルト cobalt oxide CoO		132.1	6430		5.51E-06			18)
		298.1			1.96E-06			
		475.9			1.63E-06			
ハフニア hafnia HfO_2		1365	6870			2.6		11)
		2173				2.7		
	Y_2O_3:27	r.t				0.9-1.2	コーティング膜	28)
酸化ニッケル nickel oxide NiO		135.7	6800		3.28E-05		単結晶	18)
		294.8			8.80E-06			
		450			4.01E-06			
酸化マンガン manganese oxide MnO		134	5360		2.84E-06		単結晶	18)
		291.9			2.06E-06			
		473.3			1.59E-06			
マグネシア magnesia MgO	>99.9	r.t	3560			42.0	単結晶	17)
		573				16.0		
		130.1	3580		4.69E-05		単結晶	18)
		293.6			1.44E-05			
		449.8			7.95E-06			
	NiO (固溶体)	473			$1/\lambda=0.035+0.013V$		V:NiOvo1%	34)
		873			$1/\lambda=0.090+0.013V$			
		1273			$1/\lambda=0.14+0.013V$			
石英 quartz SiO_2	0	12				1200	単結晶照射量:ª中性子($\times 10^{22}$n/m², 0.3 Me^V), ^{b}電子($\times 10^{24}$e/m², 2MeV), ^{c}ガラス	11) 36)
	1.8ª	12				49		
	30ª	12				2.8		
	1.8^b	30				80		
	0^c	12				0.3		
イットリア yttria Y_2O_3	黒色 99	293		0.5-4	8.3E-06	18.9	H_2雰囲気処理	35)
		773			3.9E-06	10.2		
		1773			1.8E-06	4.5		
		2023			2.0E-06	5.3		
	無色 99	293		0.5-4	5.5E-06	12.5	酸化雰囲気	
		773			1.5E-06	4.1		
		1773			7.6E-07	2.1		
		2023			8.7E-07	2.4		

43) Bruls, R. J. et al., J. Europ. Ceram. Soc., **25** (2005) 767.　44) Snead, L. L., J. Nucl. Mat., 329-333 (2004) 524.　45) Slack, G.A & Oliver, D.W. : Phys.Rev. B, **4** (1971) 592.　46) ゲ. ヴ I. サムソノフ & イ. エ. ム. ヴニッキー：高融点化合物便覧 (和訳), 日ソ通信社 (1977)

Table C-6-2-1 （つづき）

物質名 Material	化学的純度 助剤等 (wt%)		温度 T (K)	密度 ρ (kg/m³)	気孔率 P (%)	熱拡散率 α (m²/s)	熱伝導率 λ (W/m·K)	備考	文献
安定化ジルコニア stabilized zirconia ZrO_2			r.t				1.9-3.8	市販品	10)
	MgO : 2.6		r.t	5331		1.32E-06		[a]: 立方晶	28)
	2.7-3.9		r.t	5419-5780		1.20E-06		[b]: 単斜晶	29)
	5.0[a]		r.t	5591		6.70E-07		[c]: 主に正方晶	30)
			673			5.50E-07			31)
			1273			5.60E-07		[d]: 主に立方晶	18)
	5.0[b]		r.t	5527		2.40E-06			37)
			673			1.22E-06			
			1273			8.60E-07		[a-d] 以外は混合物	
	Y_2O_3 : 2.4		r.t	5684		1.19E-06		[e]: 単結晶	
	3.6-5.5[c]		r.t	5043-6095		1.10E-06			
	20[a, e]		r.t	5908		7.00E-07		[e] 以外は多結晶	
			673			6.90E-07			
			1273			1.10E-06			
	20[a]		r.t			0.00E+00			
			673			5.20E-07			
			1273			4.70E-07			
	CaO : 2.3		373	5480		9.15E-07			
	3.6[d]		373	5521		8.60E-07			
	7.4[d]		373	5680		7.00E-07			
			673			6.00E-07			
			973			5.70E-07			
	モデル		r.t		高多孔体		0.1[a]	[a]: 下限推定値	
ジルコン zircon $ZrO_2·Al_2O_3$			r.t	3500			5.0		10)
				2300			0.8		
コーディライト cordierite $2MgO·2Al_2O_3·5SiO_2$			r.t	1600-2400			0.8-2.9	市販品	10)
			r.t	1940-2200			1.6		
			1473				1.4		
			r.t	2530			3.0		
			1473				2.2		
スピネル spinel $MgO·Al_2O_3$			r.t	3300-3580			17.0	市販品平均値	10)
フォルステライト forsterite $MgO·SiO_2$			r.t	3050	3.2	2.7E-06	5.3		10)
			750			1.1E-06	2.5		
			1250			5.8E-07	1.3		
ABO_3型複酸化物 perovskite A:Ba, Ca, Mg, Pb B:Ti, Sn, Si	Ti	Ba	r.t	5430	3.4	7.5E-07	1.9		11)
			750			7.3E-07	2.2		12)
			1250			4.0E-07	1.2		
		Ca	r.t	3920	2.2	1.6E-06	4.7		
			750			1.1E-06	3.6		
			1250			5.5E-07	2.2		
		Mg	r.t	3520	1.7	3.6E-06	6.7		
			750			1.4E-06	4.0		
			1250			6.0E-07	1.7		
		Pb	330	6860	14.6		3.8		
	Sn	Ca	320	5080			3.0-3.3		
		Mg	320	5180			7.6-8.1		
	Si	Mg	300		緻密体	1.72E-06	5.1 12[a]	[a]マントル-コア付近推定	38)
フェライト ferrite $MeFe_2O_4$	Me	Mn	1.5				0.020[a]	[a]: 0G(磁場)	11)
			1.5				0.015[b]	[b]: 9400G	13)
		Mn-Zn	1.5				0.26-0.275[c]	[c]: 0-9400G,	
		Mn-Zn[d]	873	4800-4890		6.0E-07		[d]: SiO_2<0.018%	
		ZnO : 14	973			5.3E-07		CaO<0.05%	
			1273			4.8E-07		[e]: 原子比	
		Ni/Zn:3/7[e]	100				2.7		
		Ni/Zn:1/3	100				3.2		
		Ni/Zn:1/9	100				3.6		
バナジウム酸塩 vanadate $MeVO_4$	Me: Y	undoped					5.23[a]-5.1[b]	単結晶、[a]: c//	39)
	Me: Gd	1% Nd					11.7[a]-9.6[b]	[b]: ab//	
	Me: Gd	2% Yb					8.1[a]-7.1[b]		
ニオブ酸塩 niobate $(A_{1-x}B_x)Nb_2O_6$	A:Sr, B:Ba	x:0.48	130				1.15[a]-1.10[b]	単結晶、[a]:a//	40)
			300	5330			1.71[a]-1.66[b]	[b]: c//	
			460				2.23[a]-2.1[b]		
セラミック繊維 ceramic fiber	Al_2O_3/SiO_2:6/4		293	66.5			0.03761	不正確さ7.5E-4	32)
	Al_2O_3/SiO_2:8/2		294	66.3			0.03050	不正確さ2.0E-4	

Table C-6-2-1 (つづき)

物質名 Material	化学的純度 助剤等 (wt%)	温度 T (K)	密度 ρ (kg/m³)	気孔率 P (%)	熱拡散率 α (m²/s)	熱伝導率 λ (W/m·K)	備考	文献
窒化アルミニウム aluminium nitride AlN	O:0	300	3260			319[a]	[a]:単結晶	14)—
	O:340ppm					285[a]	[b]:ホットプレス	16)
	O:<0.2					150-180[b]	[c]:常圧焼結	17)
	O:0.2-0.3					110-180[c],[d]	[d]:CaO; 1-2%	
	O:0.9-1					60-80[b],[f]	[e]:CaC₂,Y₂O₃; 2%	
	O:0.9-2.1					90-80[c],[d]	[f]:無添加	
	>99.8		3250			260[c]		
				P(<5%)		$\lambda=140-14P^c$		
	Y₂O₃	r.t	3310		7.31E-05	176		18)
	Sm₂O₃		3420		7.63E-05	184		
	Nd₂O₃		3410		7.51E-05	181		
窒化ホウ素 boron nitride 六方晶BN	//	r.t	~2200			150-300[a]	[a]:熱分解法	10)
	⊥					1.5-3[a]	[b]:ホットプレス	21)
	//, ⊥		~1950			15-35[b]	//,⊥:対積層面	22)
窒化ガリウム gallium nitride GaN		260				190	単結晶薄膜	33)
		300	2330			155	*:推定値	
		500				70*		
窒化ケイ素 silicon nitrite Si₃N₄		r.t	3100-3300			13-30	常圧焼結	10)
			3200-3300			29	ホットプレス	
			2100-2800	12-35		6-20	反応焼結	
	α相: 1	r.t	2530	18		17.7	反応焼結, O:~2%	18)
		1270				9.2	Al:0.35-2.7%,	
	Y₂O₃-Nd₂O₃	r.t	>95%		6.10E-05	120.0	常圧焼結	2)
	Y₂O₃-Al₂O₃	r.t	>99%		4.00E-05	80.0	(1900℃,2000℃)	
	Si-N	300				12.0	薄膜(膜厚0.6μm)	26)
		410				13.0		
窒化マグネシウムケイ素 magnesium silicon nitride MgSiN2		300	3140		1.18E-05	23[a]-28[b]	[a]実測値	43)
		600	3120		4.90E-06	15[a]-17[b]	[b]推定最大値	
		900	3100		3.10E-06	11[a]-11[b]		
サイアロン sialon Si₆₋ᵤAlᵤOᵤN₈₋ᵤ	z=1.2	473	3020		2.50E-06		ホットプレス	20)
		1473			1.90E-06			
	z=3	473	3070-3130		1.90E-06			
		1473			1.10E-06			
炭化ケイ素 silicon carbide SiC		r.t	3080-3210			<135	常圧焼結	10)
			3050-3100			<205	反応焼結	
			3100-3150			<280	ホットプレス	
	BeO:1	r.t		2	1.20E-04	270	ホットプレス	3)
		573				120		
	Be:1	r.t		2		260		
	Be₂C:2			2		260		
	BN:2			2		110		
	B:1			1		170		
	Al:1			1		60		
	AlN:2					80		
	B:0.4	293	3160(1)	1.9	5.0E-5(12)	110(8)	():相対合成不正確さ	18)
	C:0.5	723	3140		1.6E-05	55.1		
		1273	3110		9.2E-06	35.7	常圧焼結	
		1473	310		7.9E-06	31.3	α型	
		1673	3090		6.8E-06	27.8		
		1773	3800		6.4E-06	26.3		
	(照射温度)	r.t	3200[a]	(スエリング%)		370[a]	高純度CVD, a非照射, 中性子照射	44)
	1073K	r.t		0.7[b], 0.15[c]		90[b], 25[c]	[b]0.1dpa, [c]4dpa	
	573K	r.t		1.5[b], 1.5[c]		10[b], 10[c]		
炭化ホウ素 boron carbide B₄C (¹⁰B₁₋ᵧ¹¹Bᵧ)₄(¹²C₁₋ᵤ¹³Cᵤ)	x=4	600	2380-2440		3.50E-06			23)
	x=6.5		2380		1.40E-06			
	x=7.5, 9		2330-2480		1.20E-06			
	y=0.0025	350	96%		7.40E-06	20.0	アイソトープ依存性	41)
	z=0.001	1460			2.00E-06	11.0		
	y=0.9952	360	97%		4.80E-06	13.0		
	z=0.001	1460			1.70E-06	10.0		
	y=0, z=0	360	96%			15.6		
	y=0, z=1	360	98%			14.9		
炭化チタン titanium carbide TiCₓ	x=0.88	70				27	単結晶	24)
		295				18		42)
	x=0.93	80				27		
		295				20		
	x=0.95	95				28		
		295				24		

Table C-6-2-2 ガーネット単結晶の熱伝導率 (Thermal conductivity of garnet single crystals)[17]

ガーネット R$_3$M$_5$O$_{12}$														
R	Y	Y	Y	Gd	Gd	Tb	Tb	Dy	Dy	Ho	Ho	Er	Er	Yb	Yb
M	Al	Ga	Fe	Al	Ga	Al	Ga	Al	Ga	Al	Ga	Al	Ga	Al	Ga
λmax (T)	640 (30)	160 (30)	180 (30)	560 (25)	370 (25)	360 (15)	8.7 (50)	300 (12)	10.4 (5)	410 (20)	30 (15)	160 (15)	88 (15)	900 (20)	200 (30)
λ$_{300}$	10.3	9.0	7.4	9.8	9.0	6.0	4.5	6.1	3.1	9.3	6.5	7.6	7.0	6.9	6.5

λmax：最大伝導率(W/(m・K))、（ ）：λmaxを示す温度／λ$_{300}$：300Kにおける熱伝導率(W/(M・K))

Table C-6-2-3 非酸化物セラミックスの熱伝導率 (Thermal conductivity of non-oxide ceramics)[19,20]

物質	YB$_{68}$	CaB$_6$	SrB$_6$	BaB$_6$	YB$_6$	LaB$_6$	GdB$_6$	YB$_4$	GdB$_4$	TbB$_4$	TmB$_4$	ThB$_4$	
熱伝導率(W/(m・K))	2-16	23	26	37	29	48	21	29	149	126	158	25	41
温度(K)	170	293	293	293	293	293	293	300	300	300	300	293	2003

物質	TiB$_2$		ZrB$_2$		HfB$_2$	VB$_2$	NbB$_2$	CrB$_2$	WC	HfC		VC$_{0.76-0.9}$
熱伝導率(W/(m・K))	65	122	58	134	51	42	24	32	29	6.2	37	8.2-9.8
温度(K)	300	2300	300	2300	300	300	300	293	298	298	2873	293

物質	NbC$_{0.71-0.91}$	TaC$_{0.7-1.0}$	TiN	ZrN$_{0.92}$	HfN	FeSi$_2$	CoSi$_2$	MoSi$_2$	WSi$_2$
熱伝導率(W/(m・K))	9-11.2	11.3-22	57	28.2	44	12	51	49	30-40
温度(K)	293	293	2573	300	2573	293	350	293	730-1790

6.3 セラミックスの熱膨張 (Thermal Expansion of Ceramics)

6.3.1 熱膨張係数の温度変化と異方性 (Temperature Dependence and Anisotropy of Thermal Expansion)

熱膨張係数とモル熱容量との間には，Grüneisenの式で示されるような比例関数がある．従って，モル熱容量と同様に，熱膨張係数は絶対零度で零になり，高温では一定値に近づく傾向を示す．熱膨張係数は温度により大きく異なることを注意する必要がある．

温度の他に熱膨張係数は結晶の方向により異なる．すなわち方位異方性を示す．ある結晶の温度を少し変えたときに生じる変形（ひずみテンソル ε_{ij}）は次式で示される．

$$\varepsilon_{ij} = \alpha_{ij} \Delta T \tag{1}$$

ΔT は温度変化である．α_{ij} はその温度での熱膨張係数で，ε_{ij} と同様に2階のテンソルになる．立方晶結晶は等方性で，その熱膨張係数はただ1つの値で示される．正方，六方，菱面体晶系では2つ，斜方晶系では3つ，単斜晶系では3つの軸と1つの軸角の合わせて4つ，三斜晶系結晶では実に6つの熱膨張係数が必要になる．

セラミックスの構成結晶の多くは，熱膨張異方性を示す．1つの軸の熱膨張係数が負である結晶も，稀ではない．構成結晶が，全く無秩序に配列した多結晶集合体では，種々の熱膨張は平均化され等方性を示す．しかし，全く無秩序な配列の実現は必ずしも容易ではなく，多結晶集合体が異方性を示すことも多い．

6.3.2 多結晶集合体および複合体の熱膨張 (Thermal Expansion of Polycrystalline Body and Composite)

構成結晶が全く無秩序に配列した多結晶焼結体の線熱膨張係数 α は，同結晶の体積熱膨張係数 β の1/3になるとされている．諸性質の異方性を考えてのそ

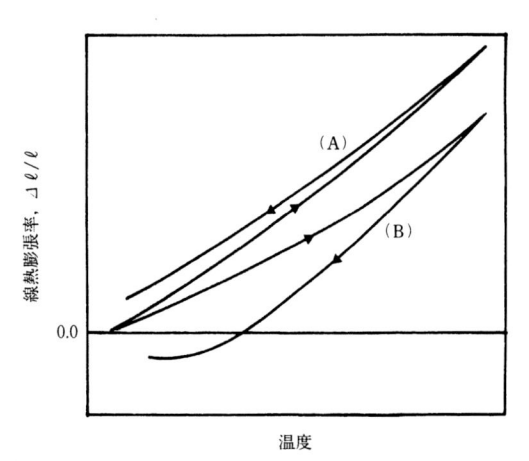

Fig. C-6-3-1 熱膨張収縮曲線が一致しない事例 (Two examples of heatig curves are inconsistent with respective cooling curves)

の証明は容易ではないが[1]，多くの事例にその関係が認められる．

ガラスの中に球状の泡が分散している場合，球の体積がかなり大きくなっても，泡ガラスの熱膨張はそのガラス本来の値と同じになる．自発き裂の生成がなく，気孔が圧力源とならない場合，通常の気孔は熱膨張に全く影響しない．気孔率が30％と70％のアルミナれんがの熱膨張率が同一との報告もある[2]．

しかしながら，多結晶体の線熱膨張率が結晶の β と異なる事例も多い．その事例と原因を次に列記する．

(1) 熱膨張に異方性がある．

異方性の構成結晶の選択配向性，あるいは集合組織が方向により異なることが原因として考えられる．

(2) 熱膨張収縮曲線がFig. C-6-3-1 (A)のようになる．最初の昇温の膨張率は本来の値より大きく，降温の収縮率は本来の値より小さい．

異方性の大きい結晶からなり，粒子間の結合強度に

Table C-6-3-1 酸化物結晶格子定数の回帰曲線データ[5]
(Regression data of lattice parameters for oxide crystals)

組成式	構造型、結晶系、結晶軸または単位胞		温度範囲 (℃)	y_0 (Å または Å^3)	$x_1 \times 10^6$	$x_2 \times 10^9$
MgO	NaCl,	立方, a	0～1800	4.2100	11.39(9)	2.46(6)
			-269～0	4.2099	11.5(11)	27.4(41)
CaO	NaCl,	立方, a	0～2150	4.8103	11.74(21)	1.41(10)
BeO	ウルツ,	六方, a	20～2046	2.6971	7.92(38)	1.93(19)
		c	20～2046	4.3785	6.80(32)	2.12(16)
CeO$_2$	ホタル石,	立方, a	20～1310	5.4101	9.73(23)	2.23(19)
ZrO$_2$	単斜,	V	20～1200	140.44	20.6(22)	3.8(18)
	ホタル石,	正方, V	1150～2290	67.327	30.4(56)	3.4(17)
TiO$_2$	ルチル,	正方, V	20～1110	62.375	25.0(3)	2.41(34)
Al$_2$O$_3$	コランダム,	菱面, V	20～1232	254.53	19.6(5)	6.54(45)
Fe$_2$O$_3$	コランダム,	菱面, V	20～650	301.75	23.1(13)	22.5(20)
BaTiO$_3$	ペロブスカイト,	正方, V	4～118	64.300	16.4(21)	
PbZrO$_3$	ペロブスカイト,	正方, V	25～236	71.161		93.4(73)
LiNbO$_3$	菱面,	a	4～1100	5.1468	15.01(55)	5.62(56)
		c	4～1100	13.8595	7.09(29)	-5.86(29)
MgAl$_2$O$_4$	スピネル,	立方, a	20～2000	8.0784	7.19(16)	1.60(9)
MnFe$_2$O$_4$	スピネル,	立方, a	0～480	8.4967	9.83(20)	1.82(43)
Al$_2$TiO$_5$	斜方,	a	20～1020	9.4228	10.88(41)	
	擬ブルッカイト,	b	20～1020	9.6313	18.2(90)	2.3(10)
		c	20～1020	3.5901	-2.63(26)	
Y$_2$Ti$_2$O$_7$	パイロクロア,	立方, a	20～1020	10.0926	10.81(23)	
Y$_3$Al$_5$O$_{12}$	ガーネット,	立方, a	17～1400	12.0048	8.12(20)	0.69(16)
NaAl$_{11}$O$_{17}$	六方,	a	25～1000	5.6097	7.95(22)	
	ベータアルミナ,	c	25～1000	22.281	7.57(45)	
SiO$_2$	α-石英,	三方, a	0～500	4.9115	14.46(11)	
		c	0～500	5.4037	8.19	
SiO$_2$	β-石英,	三方, V	575～1100	118.067		
SiO$_2$	クリストバライト,	正方, a	21～270	170.89	75.8(43)	
ZrSiO$_4$	ジルコン,	正方, a	20～1500	6.6062	2.88(20)	0.97(15)
		c	20～1500	5.9817	6.65(23)	
Mg$_2$SiO$_4$	オリビン,	斜方, V	20～1020	289.57	33.8(22)	2.9(16)
BeAl$_2$O$_4$	オリビン,	斜方, V	25～300	227.76	18.87(41)	
Al$_2$SiO$_5$	シリマナイト,	斜方, V	20～1055	331.536	9.81(45)	10.22(42)
Al$_6$Si$_2$O$_{13}$	ムライト,	斜方, a	25～1000	7.5470	4.25(23)	
		b	25～1000	7.6892	4.41(73)	2.19(69)
		c	25～1000	2.8832	4.05(27)	1.68(27)
CaMgSi$_2$O$_6$	輝石,	単斜, V	24～1000	438.78	24.3(9)	5.3(9)
Mg$_2$Al$_4$Si$_5$O$_{18}$	六方,	a	20～1200	9.7814	1.38(26)	1.52(24)
	コーディエライト,	c	20～1200	9.3398	-3.39(34)	2.27(32)
Ca$_5$(PO$_4$)$_3$OH	六方,	a	20～1004	9.4315	13.02(32)	
	アパタイト,	c	20～900	6.8781	12.80(26)	
K$_2$Mg$_6$Si$_6$Al$_2$O$_{20}$F$_4$	a		17～860	5.3065	10.06(76)	-3.87(88)
	フッ素金雲母,	単斜, c	17～802	10.1295	17.21(45)	
		V	17～802	486.50	41.4(13)	-9.5(15)

$y = y_0(1 + x_1 T + x_2 T^2)$ の回帰曲線のデータを示す．Tは℃表示の値．

弱い部分があるため，昇温時の大きい膨張により粒子間に間隙が生成していると考えられる．相転移を生じる結晶の焼結体でも，同様の現象が見られることがある．

(3) 熱膨張収縮曲線が Fig. C-6-3-1 (B) のようになる．昇温の膨張率は本来の値より小さく，降温の収縮率は前者より大きい．

異方性の大きい結晶の焼結体に広く見られる[3]．焼結後の冷却時に熱収縮の大きい部分に次々とき裂を生じるため，全体の収縮率が本来の値より小さくなる[3]．昇温時，熱膨張の大きな部分の膨張はき裂の埋合せに使われる．

複数の素材間の複合体では，前記単一物の場合より状況はさらに複雑になる．その熱膨張の緻密な解析は非常に困難になるため[1]，厳密解は稀である．もし全ての素材の熱膨張が等方性で，さらに体積弾性率も等しいという完全に理想的な条件下では，複合体の線熱膨張係数 α_c が次式で与えられる．

$$\alpha_c = \sum_i \alpha_i \nu_i \qquad (2)$$

α_i は成分 i の線熱膨張係数で，ν_i はその体積分率である．Eq. (2) より精密な式として，サーメットのようなマトリックスと分散系に適用される Turner の式 (Eq. (3))，および複合焼結体に適用される Kerner の式 (Eq. (4)) がある．

Table C-6-3-2 セラミックス材料の293 Kの線熱膨張係数および指定温度間の線熱膨張率
(Linear thermal expansion coefficient at 293K and linear thermal expansion between the temperatures)

	シリカガラス タイプI *1 SiO_2	パイレックス ガラス *1 コード 7740	ソーダ石灰ガ ラス コード 0086	α-アルミナ *1 Al_2O_3
α ($10^{-6} K^{-1}$), 293K	0.49	2.8	9.35(273〜573K)	5.4
$\Delta l/l$ (%), 293〜600K	0.0184	0.099		0.225
$\Delta l/l$ (%), 293〜1000K	0.0371			0.565
	ムライト $Al_6Si_2O_{11}$	立方晶ジルコニア ZrO_2(CaO)	正方晶ジルコニア ZrO_2(Y_2O_3)	ダイヤモンド *1 C
α ($10^{-6} K^{-1}$), 293K	4.8(298〜1073K)	7.5(298〜673K)	9.93(293〜873K)	1.0
$\Delta l/l$ (%), 293〜600K				0.062
$\Delta l/l$ (%), 293〜1000K				0.208
	α-SiC *2 (6H)	β-SiC *2 (3C)	α-Si_3N_4 *3	β-Si_3N_4 *3
α ($10^{-6} K^{-1}$), 293K	3.29	3.26	1.92	1.39
$\Delta l/l$ (%), 293〜600K	0.114	0.115	0.076	0.061
$\Delta l/l$ (%), 293〜1000K	0.293	0.299	0.222	0.195
	Si_2ON_2 *3	AlN *1	TiN *1	TiB_2 *1
α ($10^{-6} K^{-1}$), 293K	1.97	2.5	6.3	5.6
$\Delta l/l$ (%), 293〜600K	0.071	0.126	0.240	0.193
$\Delta l/l$ (%), 293〜1000K	0.195	0.345	0.614	0.501
	ZrB_2 *1	B_4C *1		
α ($10^{-6} K^{-1}$), 293K	5.2	4.8		
$\Delta l/l$ (%), 293〜600K	0.179	0.142		
$\Delta l/l$ (%), 293〜1000K	0.458	0.360		

*1:文献 4)，*2:Li & Bradt(1987)，*3:Henderson & Taylor(1975)，無印:Ceramic Source.

1) 宇田川重和・井川博行：セラミックスの強度と破壊対策,経営開発センター (1984) 15. 2) Austin, J. B. : J. Am. Ceram. Soc., **35**, 10 (1952) 243. 3) Buessem, W. R. : Mechanical Properties of Engineering Ceramics, Wiley Interscience (1961) 127. 4) Eds. Touloukian, Y. S., Kirby, R. K. et al. : Thermal Expansion Nonmetallic Solids (The TPRC Data Series Vol. 13), IFI/Plenum (1977).

$$\alpha_c = \frac{\sum_i \alpha_i \nu_i K_i}{\sum_i \nu_i K_i} \qquad (3)$$

$$\alpha_c = \left(\frac{4G_c}{K_c} + 3\right) \sum_i \frac{\alpha_i \nu_i}{(4G_c/K_i) + 3} \qquad (4)$$

K_i は i 成分の体積弾性率, G_c は複合体の剛性率である.

複合体の線熱膨張係数の報告値や実測値が, Eq.(2)～(4) から求まる値より顕著に隔たっている場合, 第3相の生成あるいは, 上記に類した事象が考えられる[1].

6.3.3 熱膨張のデータ
(Data of Thermal Expansion)

Thermophysical Properties of Matter TPRC Data series の熱膨張率編[6]に収録されているセラミックスについてのデータを Table C-6-3-3 に抜粋する. Table C-6-3-3 では熱膨張値 ($\Delta L/L_0$ 単位は %; L_0 は 293 K における試料長) に関して過去の熱膨張文献データを評価することにより求めた, 温度 (単位はケルビン) の3次多項式による近似式の係数等をまとめた.

---

5) Taylor, D. : Trans. and J. Brit. Ceram. Soc., I : MO, 83, 5 ; II : MO_2 & M_2O, 83, 32 ; III : M_2O_3, 83, 92 ; IV : oxides with the silica structure, 83, 129 ; V : A_nO_m, 84, 9; VI : AB_2O_4, spinels, 84, 121 ; VII : AB_2O_4, 84, 149 ; VIII : ABO_3, 84, 181 ; IX : ABO_3, 85, 111 ; X : ABO_4, 85, 147 ; XI : A_2BO_5, garnets, 86, 1 ; XII : $A_nB_mO_1$, 87, 39 ; XIII : complex oxides with chain, ring and layer structures and the apatites, 87 (1988) 88. 6) Y. S. Touloukian, R. K. Kirby, R. E. Taylor and P. D. Desai : Thermophysical Properties of Matter vol. 13 Thermal expansion − Nonmetallic Solids −, IFI / PLENUM, (1977).

6.3 セラミックスの熱膨脹

Table C-6-3-3 セラミックスの熱膨張についての回帰曲線データ
(Regression data of thermal expansion for ceramics)

物質/Material	試料情報/Information	熱膨張($\Delta L/L_0$) = $a_0 + a_1 \cdot T + a_2 \cdot T^2 + a_3 \cdot T^3$ /%				適用温度 Temperature range /K		精度 Accuracy /%	熱膨張($\Delta L/L_0$) (calculated values) /% 温度/Temperature /K					293Kでの熱膨張率 TEC at 293 K /10^{-6}K^{-1}	
		a_0	a_1	a_2	a_3	from	to		150	500	1000	1500		TEC	±Accuracy
Al$_2$O$_3$	c-axis	-1.15E-01	3.772E-04	-1.999E-07	8.416E-10	100 – 293			-0.060		0.593	1.105			
		-1.92E-01	5.927E-04	2.142E-07	-2.207E-11	293 – 1900		±3		0.155					
	a-axis	-1.24E-01	1.056E-03	-5.175E-06	1.030E-08	100 – 293			-0.047		0.554	1.028			
		-1.76E-01	5.431E-04	2.150E-07	-2.810E-11	293 – 1900				0.146					
	polycrystalline	-1.21E-01	8.303E-04	-3.519E-06	7.152E-09	100 – 293			-0.051		0.566	1.053		5.4 ±5%	
		-1.80E-01	5.494E-04	2.252E-07	-2.894E-11	293 – 1900				0.147					
BeO	c-axis	-2.08E-01	6.837E-04	8.573E-08	4.369E-11	293 – 2300		±3		0.161	0.605	1.158			
	a-axis	-1.27E-01	3.030E-04	4.654E-07	-6.733E-11					0.132	0.574	1.147			
	polycrystalline	-1.57E-01	4.433E-04	3.276E-07	-2.754E-11					0.143	0.586	1.152		6.3 ±5%	
CaO		-1.63E-01	-2.035E-04	3.299E-06	-2.385E-10	20 – 293		±5	-0.127		0.883	1.610		11.2 ±7%	
		-3.21E-01	1.059E-03	1.310E-07	1.405E-11	293 – 2400				0.243					
CdO		-3.74E-01	1.233E-03	1.360E-07	1.542E-11	293 – 1000		±7		0.279	1.011			13.2 ±7%	
CeO		-2.50E-01	7.480E-04	3.765E-07	-6.191E-11	100 – 1600		±5	-0.130	0.210	0.813	1.510		9.5 ±7%	
CoO		-3.43E-01	1.121E-03	1.697E-07	1.583E-11	293 – 120		±5						12.2 ±7%	
Cr$_2$O$_3$	c-axis	-1.30E-01	3.758E-04	2.379E-07	-4.591E-11					0.112	0.438				
	a-axis	-3.56E-01	1.376E-03	-6.001E-07	1.876E-10	293 – 1400		±10		0.205	0.608				
	polycrystalline	-2.80E-01	1.038E-03	-3.122E-07	1.062E-10					0.174	0.552			8.8 ±10%	
Dy$_2$O$_3$		-2.21E-01	7.617E-04	-4.267E-08	6.106E-11	293 – 1600		±3	-0.090	0.157	0.559	1.032		7.5 ±5%	
Er$_2$O$_3$		-1.72E-01	5.196E-04	1.970E-07	-1.491E-11	100 – 1500		±7		0.135	0.530	1.000		6.3 ±10%	
Eu$_2$O$_3$		-2.38E-01	7.473E-04	2.364E-07	-3.926E-11	293 – 1300		±5		0.190	0.706			8.8 ±10%	
FeO		-4.09E-01	1.602E-03	-7.913E-07	5.348E-10	200 – 1300		±10		0.261	0.937			12 ±10%	
Fe$_2$O$_3$	a-axis	-2.814E-01	8.224E-04	5.049E-07	-1.170E-10					0.241	0.929				
	c-axis	-2.443E-01	7.891E-04	1.468E-07	1.968E-11	293 – 1400		±7		0.189	0.711				
	polycrystalline	-2.537E-01	7.300E-04	4.964E-07	-1.140E-10					0.221	0.859			9.9 ±10%	
Fe$_3$O$_4$		-2.14E-01	6.929E-04	-1.107E-07	8.078E-10	293 – 900		±7		0.206				8 ±7%	
Gd$_2$O$_3$		-1.76E-01	5.397E-04	2.091E-07	-2.169E-11	293 – 1400		±15		0.143	0.551			6.6 ±15%	
GeO$_2$	c-axis	-3.46E-02	-5.309E-06	4.588E-07	-1.298E-10					0.061	0.289				
	a-axis	-3.66E-01	1.254E-03	-8.008E-08	1.963E-10	293 – 1300		±7		0.266	1.004				
	polycrystalline	-2.66E-01	8.944E-04	-7.934E-09	1.278E-10					0.199	0.764			9.3 ±10%	
HfO$_2$	c-axis	-2.76E-01	9.525E-04	-1.884E-08	8.758E-11					0.206	0.745	1.406			
	a-axis	-8.60E-02	1.392E-04	5.936E-07	-1.235E-10	293 – 1800		±7		0.117	0.523	1.042			
	b-axis	-7.00E-03	4.425E-05	-4.885E-08	8.213E-11					0.013	0.071	0.227			
	polycrystalline	-7.00E-02	1.268E-04	4.658E-07	-7.289E-11	293 – 1973				0.101	0.450	0.922		3.8 ±10%	

Table C-6-3-3 (つづき)

物質/Material	試料情報 Information	熱膨張($\Delta L/L_0$)/Thermal expansion $=a_0+a_1 \cdot T+a_2 \cdot T^2+a_3 \cdot T^3$ /%				適用温度 Temperature range /K		精度 Accuracy /%	熱膨張($\Delta L/L_0$)/Thermal expansion (calculated values) 温度/Temperature /K					293Kでの 熱膨張率 TEC at 293 K /$10^{-6}K^{-1}$
		a_0	a_1	a_2	a_3	from	to		150	500	1000	1500		TEC ±Accuracy
Ho_2O_3		-1.96E-01	6.240E-04	1.494E-07	-1.224E-11	100 - 1550		±3	-0.099	0.152	0.565	1.035		7.1 ±5%
In_2O_3		-1.86E-01	5.791E-04	2.024E-07	-2.299E-11	293 - 1200		±5		0.151	0.573			6.9 ±7%
La_2O_3	c-axis	-3.88E-01	1.261E-03	1.902E-07	1.032E-10	293 - 1200		±7		0.303	1.166			
	a-axis	-2.39E-01	7.991E-04	2.663E-08	1.280E-10					0.183	0.715			
	polycrystalline	-3.12E-01	1.070E-03	-5.990E-08	1.628E-10					0.228	0.861			10.8 ±10%
Lu_2O_3		-1.27E-01	3.110E-04	4.522E-07	-1.125E-10	100 - 1550		±7	-0.071	0.127	0.524	0.977		5.5 ±10%
MgO		-3.26E-01	1.040E-03	2.581E-07	-2.834E-11	293 - 1700		±3		0.255	0.944	1.719		10.5 ±5%
MnO		-3.50E-01	1.115E-03	2.834E-07	-3.181E-11	293 - 1500		±5	-0.176	0.274	1.017	1.853		12.7 ±10%
Mn_2O_3	cubic	-5.50E-02	-3.019E-04	2.012E-06	-1.164E-09	150 - 700		±10		0.152				5.8 ±10%
Mo_2O_3		-9.40E-02	3.169E-04	5.540E-07	-1.844E-09	75 - 293		±7	-0.040					
		1.60E-01	-3.491E-01	1.152E-06	-5.266E-10	293 - 775				0.064				1.1 ±10%
Nd_2O_3	c-axis	-4.76E-01	1.678E-03	-2.370E-07	1.920E-10	293 - 1400		±7		0.328	1.157			
	a-axis	-2.81E-01	9.791E-04	-9.493E-08	8.341E-11					0.195	0.687			
	polycrystalline	-3.38E-01	1.171E-03	-9.356E-08	1.048E-10					0.237	0.844			11 ±10%
NiO		-3.53E-01	1.177E-03	8.107E-08	5.523E-11	293 - 2200		±5		0.263	0.960	1.781		10.2 ±7%
No_2O_5	sintered	8.90E-02	-3.754E-04	3.189E-07	-2.894E-11	293 - 1450		±10		-0.023	0.004			-2 ±10%
	hot-pressed	6.10E-02	-3.566E-04	5.486E-07	-1.429E-10			±20		0.002	0.110			-0.7 ±20%
Pr_2O_3	c-axis/hexagonal	-8.75E-01	3.012E-03	-1.102E-07	6.417E-11					0.611	2.091			
	a-axis/hexagonal	-4.09E-01	1.475E-03	-3.232E-07	1.613E-10					0.268	0.904			
	polycrystalline hexagonal	-5.66E-01	1.998E-03	-2.698E-07	1.377E-10	293 - 1300		±10		0.383	1.300			18.1 ±10%
PuO_2	cubic	-2.42E-01	8.919E-04	-2.775E-07	1.782E-10	293 - 1700		±3		0.157	0.551			7.8 ±10%
		-2.03E-01	5.692E-04	4.501E-07	-1.031E-10					0.181	0.713	1.316		8.1 ±5%
RuO_2	a-axis	-8.30E-02	-1.266E-04	1.560E-06	-5.322E-10	293 - 950		±10		0.177				
	c-axis	2.30E-02	3.722E-05	-4.292E-07	1.156E-10					-0.051				
	polycrystalline	-4.20E-02	-1.074E-04	9.564E-07	-3.471E-10					0.100				3.6 ±10%
Sc_2O_3		-1.78E-01	5.585E-04	1.650E-07	2.816E-11	293 - 1400		±5		0.146	0.574			6.6 ±5%

6.3 セラミックスの熱膨脹

Table C-6-3-3（つづき）

物質/Material	試料情報/Information	熱膨張(ΔL/L₀)/Thermal expansion $=a_0+a_1 \cdot T+a_2 \cdot T^2+a_3 \cdot T^3$ /%				適用温度/Temperarure range /K		精度 Accuracy /%	熱膨張(ΔL/L₀)/Thermal expansion (calculated values) 温度/Temperature /K					293Kでの熱膨張率 TEC at 293 K /10⁻⁶K⁻¹ TEC ±Accuracy
		a_0	a_1	a_2	a_3	from	to		150	500	1000	1500		
SiO₂	a-axis	-2.90E-01	8.987E-04	-1.690E-07	1.633E-09				-0.153	0.321				
	c-axis	-1.36E-01	3.121E-04	3.174E-07	6.854E-10	50 - 800		±5	-0.080	0.185				
	polyclystalline	-2.36E-01	6.912E-04	5.559E-09	1.312E-09				-0.128	0.275				10.3 ±10%
	Fused Type III(1900K)	2.20E-02 -1.40E-02	-2.712E-04 4.028E-05	9.456E-07 2.733E-08	-9.313E-10 -1.541E-11	80 - 293 293 - 1250		±3	-0.001	0.011	0.038			
	Fused Type III(1300K)	1.10E-02 -2.20E-02	-2.303E-04 8.728E-05	9.968E-07 -3.200E-08	-1.181E-09 2.347E-12	80 - 293 293 - 1250		±3	-0.005	0.014	0.036			
	Fused Type I(1400K)	8.00E-03 -1.50E-02	-1.479E-04 3.968E-05	5.458E-07 4.666E-08	-4.773E-10 -3.446E-11	80 - 293 293 - 1250		±3	-0.004	0.012	0.037			0.49 ±5%
ThO₂		-1.79E-01	5.079E-04	3.732E-07	-7.594E-11	150 - 2000		±3	-0.095	0.159	0.626	1.166		7.7 ±5%
TiO	c-axis	-2.32E-01	6.796E-04	4.182E-07	-1.256E-10			±7 below 293K	-0.121	0.197	0.740			
	a-axis	-1.81E-01	5.478E-04	2.576E-07	-5.944E-11	100 - 1400		±3 above 293K	-0.093	0.150	0.565			
	polyclystalline	-1.98E-01	5.906E-04	3.133E-07	-8.266E-11				-0.103	0.165	0.623			7.5 ±7%
U₃O₈		-3.56E-01 1.77E-01	2.768E-04 -7.736E-04	-6.733E-06 6.619E-07	4.902E-09 -5.446E-11	293 - 600 600 - 1100		±10		-0.042	0.011			0.8 ±15%
UO₂		-2.74E-01	9.327E-04	-4.960E-09	5.566E-11	293 - 2600		±7		0.198	0.709	1.302		9.4 ±10%
WO₂		-4.40E-02	2.307E-05	4.911E-07	-2.069E-10	293 - 800		±7		0.064				2.6 ±10%
WO₃		-4.79E-01 -5.72E-01 -4.24E-01	1.619E-03 2.441E-03 1.591E-04	8.700E-08 -1.450E-06 1.860E-06	-1.051E-10 5.942E-10 -7.259E-10	293 - 600 600 - 1000 1000 - 1200		±7		0.339	1.013 0.869			16.4 ±10%
Y₂O₃		-2.06E-01	6.849E-04	6.336E-08	1.438E-11	100 - 2000		±5 below 293K ±7 above 293K	-0.102	0.154	0.557	1.012		7.3 ±7%
Yb₂O₃		-1.55E-01	4.387E-04	3.325E-07	-7.431E-11	100 - 1550		±5 below 293K ±7 above 293K	-0.082	0.138	0.542	1.000		6.1 ±7%
ZnO	a-axis	-1.25E-01	2.979E-04	4.648E-07	-9.453E-11					0.128	0.543	1.049		
	c-axis	-6.12E-02	7.495E-05	5.207E-07	-2.155E-10	293 - 1500		±5		0.080	0.319	0.495		
	polyclystalline	-1.05E-01	2.284E-04	4.774E-07	-1.327E-10					0.112	0.468	0.864		4.3 ±7%
ZrO₂	c-axis/ monoclinic	-5.60E-01	2.336E-03	-1.655E-06	7.267E-10					0.285	0.848			
	a-axis/ monoclinic	-4.01E-01	1.721E-03	-1.383E-06	5.986E-10	293 - 1400		±5		0.189	0.536			
	b-axis/ monoclinic	-4.88E-02	2.036E-04	-1.482E-07	7.520E-11					0.025	0.082			
	polyclystalline	-3.14E-01	1.304E-03	-9.092E-07	4.082E-10			±10		0.162	0.489			8.8 ±10%

C.6 セラミックス・ガラス

Table C-6-3-3 (つづき)

物質/Material	試料情報 Information	熱膨張($\Delta L/L_0$)/Thermal expansion $=a_0+a_1\cdot T+a_2\cdot T^2+a_3\cdot T^3$ /%				適用温度 Temperature range /K		精度 Accuracy /%	熱膨張($\Delta L/L_0$)/Thermal expansion (calculated values) 温度/Temperature /K					293Kでの 熱膨張率 TEC at 293 K /10^{-6}K^{-1}	
		a_0	a_1	a_2	a_3	from	to		150	500	1000	1500		TEC	±Accuracy
MgO·Al$_2$O$_3$		-1.83E-01	5.456E-04	2.806E-07	-4.181E-11	293	2200	±3		0.155	0.601	1.126		7	±5%
MgO·Cr$_2$O$_3$		-1.76E-01	5.822E-04	5.580E-08	2.336E-11	293	1600	±3 below 1100K ±7 above 1100K		0.132	0.485	0.902		6.2	±5%
MgO·Fe$_2$O$_3$		-2.18E-01	6.003E-04	5.256E-07	-9.404E-11	293	1650	±5		0.202	0.814	1.548		8.8	±5%
Li$_2$O·Nb$_2$O$_5$	a-axis	-1.39E-01	-3.599E-04	1.847E-06	3.437E-09	75	293	±10 below 600K ±25 above 600K	-0.140	0.335					
		-4.06E-01	1.237E-03	4.416E-07	9.908E-11	293	800								
	c-axis	-3.20E-02	-5.061E-04	2.863E-06	-2.615E-09	75	293		-0.052	0.090					
		-1.29E-01	4.897E-04	-2.907E-07	-3.753E-10	293	800								
	polyclystalline	-8.80E-02	-6.672E-04	3.543E-06	-8.440E-10	75	293	±10	-0.111	0.254				11.1	±15%
		-3.10E-01	9.674E-04	2.381E-07	1.663E-10	293	800			0.419	1.415				
Al$_2$O$_3$·TiO$_2$	b-axis	-5.90E-01	2.012E-03	3.273E-08	-4.020E-11					0.217	0.740				
	a-axis	-3.15E-01	1.081E-03	-4.139E-08	1.534E-11					-0.100	-0.184				
	c-axis	2.77E-01	-1.254E-03	1.209E-06	-4.164E-10	293	1200	±10		0.179	0.657				
	polyclystalline	-2.07E-01	6.030E-04	4.153E-07	-1.540E-10					0.166	0.789	1.569		8.1	±10%
BaO·TiO$_2$		-1.04E-01	5.395E-05	1.102E-06	-2.628E-10	100	1600	±5	-0.072	0.164	0.626			6.3	±10%
BaO·4TiO$_2$		-1.95E-01	5.859E-04	2.921E-07	-5.724E-11	293	1200	±7		0.213	0.778	1.418		7.4	±7%
SrO·TiO$_2$		-1.19E-01	-1.653E-03	1.297E-05	-2.032E-08	10	293	±10	-0.144	0.018	0.066	0.123		10.3	±10%
		-2.92E-01	9.580E-04	9.252E-08	1.923E-11	293	1700	±5		0.017	0.066	0.124			
SrO·ZrO$_2$	a-axis	-2.30E-02	7.751E-05	8.408E-09	3.349E-09										
	b-axis	-1.80E-02	5.086E-05	3.990E-08	-7.193E-12	293	1600	±7		0.019	0.070	0.132			
	c-axis	-1.90E-02	5.812E-05	3.650E-08	-5.325E-12										
	polyclystalline	-1.90E-02	6.019E-05	2.895E-08	-2.982E-12					0.018	0.067	0.126		0.75	±7%
CsBr		-1.197E+00	3.501E-03	1.929E-06	2.180E-10	100	875	±3 below 600K ±5 above 600K	-0.628	1.063				46.8	±7%
α-SiC		-9.913E-02	2.970E-04	1.388E-07	-1.548E-11	293	2800	±5 below 1800K ±10 above 1800K		0.082	0.321	0.606		3.3	±10%
WC	a-axis	-1.10E-01	3.409E-04	1.276E-07	-2.453E-11					0.089	0.334	0.606			
	c-axis	-8.73E-02	2.564E-04	1.498E-07	-2.859E-11	293	2000	±5		0.075	0.290	0.538			
	polyclystalline	-1.03E-01	3.133E-04	1.345E-07	-2.571E-11					0.084	0.319	0.583		3.7	±7%

6.3 セラミックスの熱膨脹

Table C-6-3-3（つづき）

物質/Material	試料情報 Information	熱膨張$(\Delta L/L_0)$/Thermal expansion $=a_0+a_1\cdot T+a_2\cdot T^2+a_3\cdot T^3$ /%				適用温度 Temperarure range /K		精度 Accuracy /%	熱膨張$(\Delta L/L_0)$/Thermal expansion (calculated values) 温度/Temperature /K					293Kでの 熱膨張率 TEC at 293 K /$10^{-6} K^{-1}$	
		a_0	a_1	a_2	a_3	from	to		150	500	1000	1500		TEC	±Accuracy
BaF$_2$		-3.39E-01	-1.960E-04	6.880E-06	-7.752E-09	25 – 293		±5 below 550K	-0.240					19.8	±10%
		-5.49E-01	1.627E-03	9.561E-10	-3.402E-10	293 – 850		±7 above 550K		0.461					
CaF$_2$		-3.05E-01	-5.109E-04	7.739E-06	-8.345E-09	25 – 293		±5	-0.236					19.1	±10%
		-5.64E-01	1.991E-03	-5.582E-07	1.109E-09	293 – 900		±5		0.431					
SrF$_2$		-3.06E-01	-5.941E-04	8.898E-06	-1.133E-08	25 – 293		±5	-0.233					18.4	±7%
		-4.61E-01	1.231E-03	1.226E-06	-2.459E-09	293 – 1300		±5		0.430	1.750				
BN	cubic	-1.326E-03	-1.278E-04	4.911E-07	-8.635E-11	293 – 1300		±5		0.047	0.276			1.8	±10%
α–Si$_3$N$_4$	a–axis	4.965E-02	-4.387E-04	1.088E-06	-5.847E-10	293 – 500		±10 below 1300K		0.028	0.179	0.361			
		-7.956E-02	1.621E-04	1.139E-07	-1.749E-11	500 – 2000		±15 above 1300K							
	c–axis	-4.706E-03	-1.082E-04	3.922E-07	9.473E-11	293 – 500				0.051	0.216	0.405			
		-6.583E-02	1.689E-04	1.443E-07	-3.172E-11	500 – 2000									
	polycrystalline	3.366E-02	-3.435E-04	8.941E-07	-3.939E-10	293 – 500				0.035	0.191	0.376		0.8	±15%
		-7.643E-02	1.682E-04	1.210E-07	-2.147E-11	500 – 2000									
TiN		-1.75E-01	4.911E-04	3.848E-07	-8.742E-11	293 – 1600		±5 below 900K ±10 above 900K		0.156	0.613	1.132		6.3	±10%
ZrN		-1.82E-01	5.816E-04	1.333E-07	-7.822E-12	293 – 2500		±7 below 1500K ±10 above 1500K		0.141	0.525	0.964		5.7	±15%
Pyroceram45		-1.20E-01	-1.689E-04	8.188E-07	-3.532E-10	293 – 950		±5		0.064				2.2	±5%
1Al$_2$O$_3$+99Al		-6.29E-01	2.184E-03	-4.525E-07	1.093E-09	293 – 775		±7 below 500K ±10 above 500K		0.487				22	±10%
34Al$_2$O$_3$+53Cr+13Mo		-7.40E-02	6.294E-05	6.758E-07	-1.148E-10	293 – 1700		±7 below 1300K ±10 above 1300K		0.112	0.550	1.154		4.3	±10%
2BeO+98Be		-2.85E-01	6.866E-04	1.057E-06	-2.675E-10	293 – 1350		±5		0.289	1.191			12.4	±7%
70TiC+20Ni+10NbC		-1.82E-01	5.536E-04	2.316E-07	-2.298E-11	293 – 1550		±10		0.150	0.580	1.092		6.8	±10%
5WC+95Co		-3.26E-01	1.026E-03	3.258E-07	-7.900E-11	293 – 1250		±7		0.259	0.947			12	±10%
65WC+35Co		-1.47E-01	3.332E-04	6.237E-07	-1.759E-10	293 – 1250		±7		0.154	0.634			6.5	±10%
98WC+2Co		-1.16E-01	3.628E-04	1.208E-07	-4.783E-11	293 – 1250		±7		0.090	0.320			4.2	±10%
94Zr+O$_2$+6Ti		-2.42E-01	8.578E-04	-1.220E-07	5.155E-11	293 – 1200		±10		0.163	0.545			8	±10%
88Zr+O$_2$+12Zr		-1.74E-01	5.724E-04	3.152E-08	1.428E-10	293 – 1400		±10		0.138	0.573			6.3	±10%

L_0は温度293Kにおける試料長とする。

6.4 ふく射性質 (Thermal Radiation Characteristics)

セラミックスは多様な非均質材料である．その熱物性を論じるには，化学組成や微視構造の多様さを考慮すべきであるが，ふく射性質の場合には，さらに次の3点が重要である．第1点は，材料の表面状態の問題である．ふく射現象は物質がその表面を通じて外部とふく射をやりとりする現象であるので，表面のあらさや汚染層は，放射率や反射率に強い影響を与えることがある．第2点は，ふく射透過性の問題である．多くのセラミックスはふく射の半透過性媒質であり，放射率や反射率は厚さに依存する．第3点は，波長選択性の問題である．セラミックスのふく射性質は波長に強く依存し，灰色体近似は一般に成立しない．本節では，これらの点を考慮し，セラミックスのふく射性質の要点を説明する．

そのために，セラミックスを3つのグループに分類する．アルミナ，ジルコニアなどの'白い'セラミックス；窒化珪素，炭化珪素などの'黒い'セラミックス；そして，炭化チタン，窒化チタンなどの電気伝導性が高く金属光沢を示す'金属的な'セラミックスである．この分類は可視域でのふく射性質を支配する3つの要因に対応する．散乱と吸収とそして金属的な強い吸収である．

6.4.1 '白い'セラミックス ('White' Ceramics)

Fig. C-6-4-1に一つのアルミナ焼結体（鏡面平行平板）の垂直入射に対する正反射率 R_{NN}，半球反射率 R_{NH}，正透過率 T_{NN}，半球透過率 T_{NH}，吸収率 A_N のスペクトル[1]を示す．$R_{NH}+T_{NH}+A_N=1$ であり，熱平衡条件下では，A_N は垂直放射率 ε_N に等しい．白いセラミックスは，可視・近赤外域では，半透過散乱吸収性媒質である．吸収性が弱く入射するふく射は内部に入り，材料が厚くない場合ふく射の一部は材料を透過する．また，内部の非均質構造のためにふく射は散乱される．この散乱現象は高純度・高密度の材料でも起こる．表面が光学鏡面であってもふく射は拡散反射される．吸収性は放射の原因となるが，内部で放射されたふく射は，吸収・散乱を受けながら外部に放射される．この第1領域のふく射性物質は，屈折率，吸収係数，散乱係数のスペクトルで代表される．

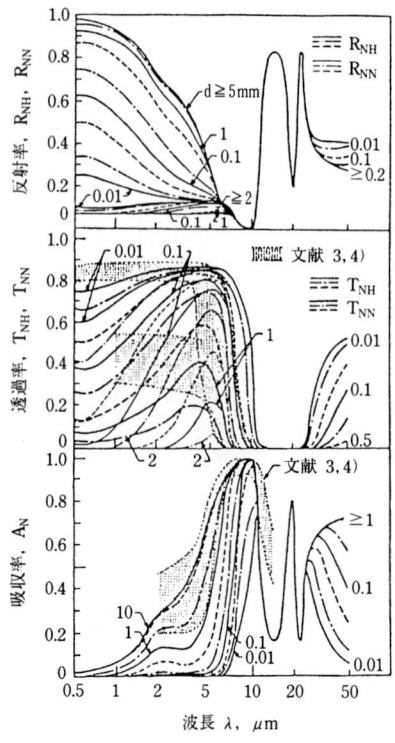

Fig. C-6-4-1 アルミナ焼結体の反射率，透過率，吸収率のスペクトル (Spectra of reflectances, transmittances and absorptance of alumina ceramic)

第1領域は2μm程度までの短波長域であり，遠赤外域には強い吸収帯がある．その原因はひとえに誘電体の格子振動であるが，巨視的なふく射性質を扱うには，吸収帯の中央部の第3領域とその周辺部の第2領域を分けて考えるのがよい．すなわち，第2領域では表面反射は第1領域におけると同様に小さいが，吸収が強く高い吸収率・反射率が実現する．一方，第3領域では吸収が金属的に強く，入射するふく射は表面で強く反射され，表面を透過したふく射も表面直下で吸収される．この領域では反射率が高く吸収率・放射率はむしろ低い．内部の非均質構造の影響は巨視的な性質に現れず，セラミックスもその構成物質の単結晶と大差のない性質を示す．その光学鏡面はふく射を鏡面反射する．第2・第3領域のふく射物性は光学定数のスペクトルで代表される．

6.4.2 '黒い'セラミックスと'金属的な'セラミックス ('Black' Ceramics and 'Metallic' Ceramics)

Fig. C-6-4-2に一つの窒化珪素焼結体(鏡面)の反射率 R_{NH} ($=R_{NN}$) のスペクトル[1]を示す. 黒いセラミックスは, 可視域でも吸収性が強く黒い. その性質は白いセラミックスの第2領域での性質に近いが, 吸収はより強く, 1 mmの厚さのものでは, 吸収率や放射率は厚さに依存しない. 遠赤外域での吸収は, 白いセラミックスの第3領域におけるものと同様に, 金属的に強い. 黒いセラミックスのふく射物性は光学定数スペクトルで代表される.

Fig. C-6-4-3に炭化チタンの焼結体とCVD膜(鏡面)の垂直放射率 ε_N のスペクトル[2]を示す. 金属的なセラミックスは全波長域で金属的であり, その吸収は電子のメカニズムに基づく. 吸収率・放射率は全波長域で小さい. そのふく射物性は光学定数スペクトルで代表される.

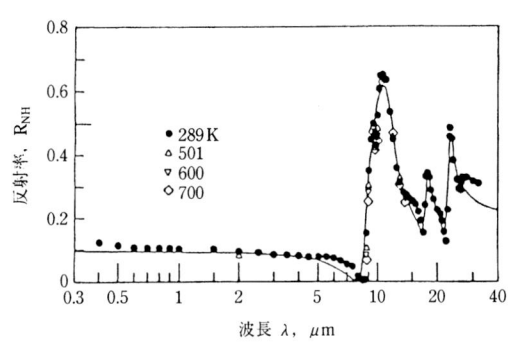

Fig. C-6-4-2 窒化珪素焼結体の反射率スペクトル (Reflectance spectrum of silicon nitride ceramic)

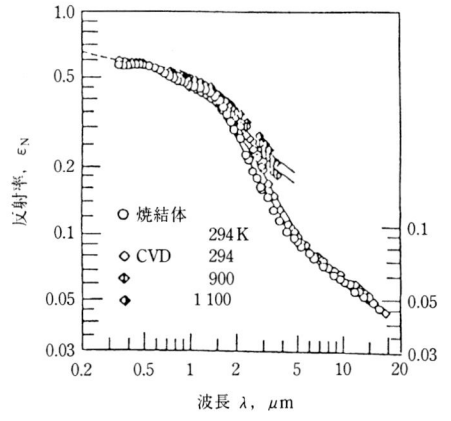

Fig. C-6-4-3 炭化チタンの焼結体とCVD膜の放射率スペクトル (Emittance spectra of sintered titanium carbide and CVD coated titanium carbide)

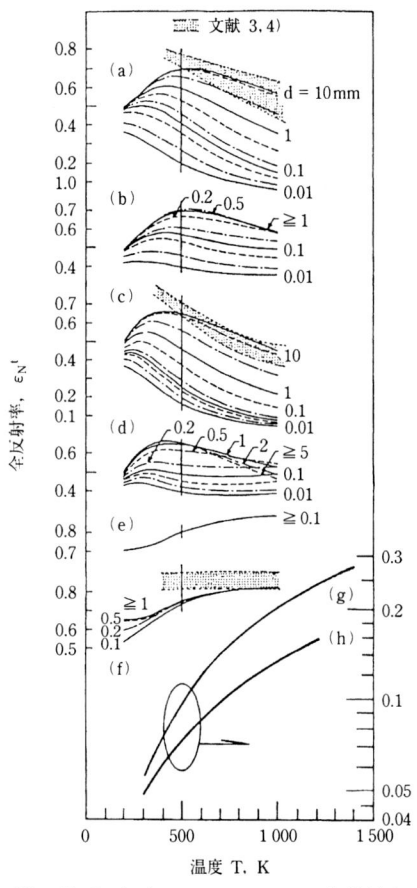

Fig. C-6-4-4 セラミックスの全放射率 (Total emittances of ceramics)
(a) アルミナ (alumina), (b) ハステロイX基板上のアルミナ (alumina on Hastelloy-X), (c) ジルコニア (zirconia), (d) ハステロイX基板上のジルコニア (zirconia on Hastelloy-X), (e) 窒化珪素 (silicon nitride), (f) 炭化珪素 (silicon carbide), (g) 炭化チタン (titanium carbide), (h) 窒化チタン (titanium nitride)

---

1) 牧野俊郎・国友孟ほか: 日本機械学会論文集, 50 B, 452 (1984) 1045. 2) Makino, T., Kunitomo, T. et al.: Heat Transfer Science and Technology, Wang, B. X. ed., Hemisphere (1987) 756. 3) Touloukian, Y. S. & Dewitt, D. P.: Thermophysical Properties of Matter, vol. 8, IFI/Plenum (1972). 4) Touloukian, Y. S.: Thermophysical Properties of High Temperature Solid Materials, vols. 4 & 5, Macmillan (1967).

6.4.3 内部構造と温度への依存性 (Dependence on Chemical / Physical Structures and Temperature)

内部構造の影響が最も強く現われるのは，透過性のある白いセラミックスの第1領域においてであるが，その影響は，Fig. C-6-4-1の吸収率 A_N の図の影部の範囲の程度である．この影部はデータ集[3,4]における多種のアルミナ材料の値の散らばりの範囲を示す．スペクトルの温度依存性は，金属的なセラミックスでは Fig. C-6-4-3 に見られる程度であり，他のセラミックスより小さい．

6.4.4 全放射率 (Total Emittances)

全放射率は灰色体近似とともに用いる値であり，波長選択性の強いセラミックスにはふさわしくないが，従来多くの値が測定された．Fig. C-6-4-4 に種々のセラミックスの全垂直放射率 ε_N^t [1,2]を示す．その温度依存性は，おもに Planck 分布が温度に応じて波長依存性の強い εN スペクトル上を移行することに起因する．

6.5 代表的なセラミックスの熱物性値 (Thermophysical Properties of Ceramics)

比較的高純度で理論密度に近い代表的なセラミックス（単結晶を含む）を中心に，密度 ρ，比熱容量 c，熱拡散率 α，熱伝導率 λ を示した．原則として，比熱容量は純組成について，また，密度は測定試料の室温における値を示した．理論密度または単結晶試料の密度が試料の密度と別に与えられている場合は（ ）内に示した．熱拡散率か熱伝導率の片方のみが報告されている場合は，データの整合性を考慮に入れて，Eq. 1 (1) から他方を計算した．

$$\alpha = \lambda/(c\rho) \tag{1}$$

備考には気孔率 P，化学的純度 CP，その他を文献と共に示した．なお，インターネットを通して，NIST から多様なデータベース[1]が，また，産業技術総合研究所から熱物性データベース[2]が無料公開されているので，本物性値と比較・参照することができる．

---

1) NIST Sciences and Technical Databases (http://www.nist.gov/srd/materials.htm). 2) AIST TPDB (http://www.aist.go.jp/RIODB/TPDB/TPDS-web/). 3) Touloukian,Y.S.et al. : Thermophysical Properties of Matter, 2, Thermalconductivity, Nonmetallic Solids, Plenum (1970). 4) Handbook of Chem. & Phys.,CRC press (1975) B208, B210, B212, B222.
5) Chase, M.W., Jr., Davies,C.A. et al. : JANAF Thermochemical Tables Third Edition, J. Phys. Chem. Ref Data 14, Supplement (1985). 6) Touloukian, Y.S., Buyco, E.H. et al. : Thermophysical Properties of Matter, 5, Specific Heat, Nonmetallic Solids, Plenum (1970). 7) 小川光恵ほか，熱物性, **12** (1998), 114. 8) (財) ファインセラミックスセンター，テクニカルレポート TR-AL1, (1990). 9) JCPDS, Joint Committee on Powder Diffraction Standards, International Centere for Diffraction Data (1988). 10) Miller & Dumond, Structure Reports, **8** (1940) 214. 11) Glushkov, V.P., Gurvich, L.V. et al. : Thermodynamic Data for lndividual Substances, National Academy of Sciences of the USSR (1978-1982). 12) Tsukuda, Y. : J. Am. Ceram, Bull., **62** (1983) 510. 13) Slack, G.A. : Phys. Rev., B6 (1972) 3791. 14) Slack, G.A. : Sol. St. Phys., **34** (1979) 1.
15) Hasselmann, D.P.H., et al. : J. Am. Ceram. Bull., **66** (1987) 799. 16) (財) ファインセラミックスセンター，テクニカルレポート TR-ZR1, (1994). 17) Kyung,o.,et al. : 7 th Jpn. Symp. Thermophysical Prop., (1986) 215. 18) 日本熱測定学会編：熱力学データベース MALT, 科学技術社 (1986). 19) Robie, R.A., Hemingwayy, B.S. et al. : GeoIogical Survey Bulletin 1452 (1979). 20) Mitsuhashi, T. et al. : Yogyo-Kyoukai-Shi, **90** (1982) 58. 21) Wood, C. et al. : Phys. Rev, B 31 (1985) 6811. 22) ダイヤモンドツール (日経技術図書), 日経 (1987) 643.

6.5 代表的なセラミックスの熱物性値

Table C-6-5-1

物質名 Material	温度 T (K)	密度 ρ (kg/m^3)	比熱容量 c (kJ/(kg·K))	熱拡散率 α (m^2/s)	熱伝導率 λ (W/m·K)	備考
アルミナ alumina Al$_2$O$_3$	100	3880	0.1261	2.718E-04	133	P:2%、CP:99.5%
	200		0.5013	2.830E-05	55	3-5,18)
	293.15	3984(2)	0.755(0.015)	1.11E-05(2.0E-7)	33(2)	( ):合成不確かさ
	773.15	3943	1.165	2.51E-06	11.4	CP:99.5%以上、
	1273.15	3891	1.255	1.50E-06	7.22	密度:理論値の
	1473.15	3868	1.285	1.36E-06	6.67	98%以上
	1673.15	3845	1.315	1.27E-06	6.34	
	1773.15	3834	1.33	1.24E-06	6.23	1)
アルミナ alumina Al$_2$O$_3$	50	3970	0.0146	8.970E-02	5200	P:0%
	100	(3987-	0.1261	9.000E-04	450	CP:high
	200	3989)	0.5013	4.100E-05	82	(単結晶,h-軸から60°
	300		0.7789	1.490E-05	46.0	方向)[#1]
	500		1.041	5.850E-06	24.2	
	800		1.178	2.780E-06	13.0	
	1000		1.224	2.160E-06	10.5	3-6,18)
相対不確かさ					10-15%	
アルミナ alumina Al$_2$O$_3$	300	3920	0.775	1.03E-05	31.3	JFCC熱拡散率標準物 質TD-AL, 7,8)
	500			4.25E-06		
	700			2.80E-06		
	900			2.13E-06		
	1000			1.90E-06		
相対拡張不確かさ、				5.60%		
ベリリア beryllia BeO	200	2950	0.5661	2.540E-04	424	P:2%
	300	(3009-	1.029	8.960E-05	272	CP:99.5%
	500	3020)	1.556	3.180E-05	146	
	800		1.864	1.270E-05	70.0	
	1200		2.044	5.470E-06	33.0	
	1700		2.175	2.810E-06	18.0	
	2200		2.277	2.260E-06	15.2	3,5,9,18)
相対不確かさ					8-15%	
酸化カルシウム calcium oxide CaO	300	3030	0.7533	7.400E-06	17	P:8.75%
	500		0.8734	3.800E-06	10	
	800		0.9344	2.800E-06	8	
	1200		0.9777	2.400E-06	7	
	2000		1.043			3,5)
酸化銅 copper oxide Cu$_2$O	100	6040	0.2760	2.300E-06	3.8	P:0%
	200		0.3747	3.200E-06	7.3	CP:99.96%
	300		0.4379	2.100E-06	5.6	単結晶
	800		0.5428			
	1500		0.6708			3,5,18)
マグネシア magnesia MgO	300	3508	0.9241	1.490E-05	48.4	P:2%
	500		1.130	6.790E-06	26.9	CP:99.5%
	800		1.234	3.100E-06	13.4	
	1200		1.298	1.690E-06	7.7	
	1700		1.352	1.350E-06	6.4	
	2200		1.399	2.340E-06	11.5	
	2500		1.425	3.400E-06	17.0	3,5,9,18)
相対不確かさ					8.0%	
マグネシア magnesia MgO	50	3584	0.0211	1.880E-02	1420	P:0%
	100		0.1936	3.900E-04	270	CP:99.96%
	200		0.6620	4.000E-05	94	単結晶
	300		0.9241	1.810E-05	60.0	
	500		1.113	8.000E-06	32	3-5,9,18)
相対不確かさ、					10-15%	

(注) [#1]:単結晶、特に表示がないものは焼結体

23) ゲ.ヴィ.サムソノフ & イ.エム.ヴニッキー:高融点化合物便覧(和訳), 日ソ通信社 (1977). 24) Vishnevetskaya, IA et al.: High Temp.-High Press., **13** (1981) 665. 25) Slack, G.A. et al.: J. Phys. Chem. Solids, **48** (1987) 641. 26) エレクトロニク・セラミクス, **17** (1986) 28. 27) 酒井利和 ほか:Yogyo-Kyoukai-Shi, **86** (1978) 174. 28) Sichel, E.K. et al.: Phys. Rev., B **13** (1976) 4607. 29) Simpson, A. & Stukes, A.D.: J. Phys. D: Appl. Phys., **9** (1976) 621. 30) (財) ファインセラミックスセンター, テクニカルレポート TR-SN 1, (1992). 31) Tsukuma, K. et al.: J. Am. Ceram. Bull., **60** (1981) 910. 32) Rao, G.R. et al.: J. Am. Ceram. Bull., **57** (1978) 591. 33) Touloukian, Y.S. et al.: Thermophysical Properties of Matter, 1, Themal conductivity, Nonmetallic Solids, Plenum (1970).

Table C-6-5-1 （つづき）

物質名	温度 T (K)	密度 ρ (kg/m^3)	比熱容量 c (kJ/(kg·K))	熱拡散率 α (m2/s)	熱伝導率 λ (W/m·K)	備考
酸化ニッケル nickel oxide NiO	300	6000 (6810)	0.594	5.600E-06	20	P:11.5%
	500		0.860	1.900E-06	10	
	800		0.717	1.400E-06	6.2	3,5,6,18)
石英 quartz SiO$_2$	50	2600 (2648-2656)	0.0966	4.700E-04	118	P:0%
	100		0.2611	5.700E-05	39	CP:高純度
	200		0.5432	1.160E-05	16.4	単結晶、//C
	300		0.7451	5.370E-06	10.4	
	500		0.9927	2.300E-06	6.0	
	800		1.226	1.300E-06	4.2	
	1500		1.162			3,5,6,9)
相対不確かさ、					5-10%	
石英 quartz SiO$_2$	50	2600	0.0966	2.330E-04	58.5	高純度単結晶、⊥C
	100		0.2611	3.060E-05	20.8	
	200		0.5432	6.700E-06	9.5	
	300		0.7451	3.210E-06	6.21	
	500		0.9927	1.500E-06	3.88	
	800		1.226	9.600E-07	3.06	
石英ガラス silica glass SiO$_2$	50	2200	0.0985	1.600E-06	0.34	P:0%
	100		0.2521	1.200E-06	0.69	CP:高純度
	200		0.5108	1.010E-06	1.14	
	300		0.6923	9.060E-07	1.38	
	500		0.9063	8.120E-07	1.62	
	800		1.049	9.400E-07	2.17	
	1200		1.130	1.610E-06	4.00	
	1600		1.249			3,5,6,18)
相対不確かさ、					3-15%	
チタニア titania TiO$_2$	300	4175	0.6921	2.900E-06	8.4	P:2%
	500		0.8413	1.670E-06	5.88	CP:99.5%
	800		0.9149	1.030E-06	3.94	
	1200		0.9517	8.300E-07	3.28	
	1600		0.9722			3,5,18)
相対不確かさ、					<10%	
ルチル rutile TiO$_2$	50	4260 (4230-4245)	0.0755	2.100E-04	66	P:0%
	100		0.2316	2.380E-05	23.5	CP:99.997%
	200		0.5259	6.110E-06	13.7	単結晶、//C
	300		0.6921	3.530E-06	10.4	3,5,6,10,18)
相対不確かさ、					10-15%	
ルチル rutile TiO$_2$	50	4260	0.0755	1.400E-04	45	P:0%
	100		0.2316	1.710E-05	16.9	CP:99.997%
	200		0.5259	4.300E-06	9.7	単結晶、⊥C
	300		0.6921	2.500E-06	7.4	3,5,6,10,18)
相対不確かさ、					10-15%	
イットリア yttria Y$_2$O$_3$	100	4860 (5050)	0.1696	1.600E-04	140	P:0%
	200		0.3589	2.600E-05	48	単結晶
	300		0.4550	1.200E-05	27	3,9,11)
	300	4940*	0.4550	5.600E-06	12.5	P:0.5-4%
	500		0.5224	2.500E-06	6.5	*計算値
	800		0.5586	1.100E-06	3.0	
	1200		0.5787	7.200E-06	2.1	3,9,11,12)
酸化亜鉛 zinc oxide ZnO	100	5660 (5780)	0.2193	1.700E-04	210	P:0%
	200		0.4019	4.200E-05	95	単結晶、//C
	300		0.4963	1.900E-05	54	6,11,13,14)

6.5 代表的なセラミックスの熱物性値

Table C-6-5-1 （つづき）

物質名 Material	温度 T (K)	密度 ρ (kg/m³)	比熱容量 c (kJ/(kg・K))	熱拡散率 α (m²/s)	熱伝導率 λ (W/m・K)	備考
安定化ジルコニア stabilized zirconia ZrO_2 (Y_2O_3:2.4%)	300 500 800 1200 1700	5684 (5820- 5830)**	0.4555 0.5478 0.5965 0.6354 0.6338	1.20E-06 9.50E-07 7.20E-07 6.20E-07 6.20E-07	3.10 2.95 2.45 2.25 2.1	α,λ:正方晶75v%+単斜晶 c:単斜晶ZrO_2 a:実測値 4,11,15)
(Y_2O_3:5.65wt%)	rt	6070	0.452	1.13E-06	3.1	JFCCリファセラムZR1, 常圧焼結、16)
ムライト mullite $3Al_2O_3・2SiO_2$	300 500 800 1200 1700	2790 (3170)	0.7676 1.014 1.160 1.234 1.286	2.80E-06 1.70E-06 1.20E-06 1.00E-06 9.50E-07	5.9 4.8 3.9 3.5 3.4	P:11.4% 3-5,18)
チタン酸バリウム barium titanate $BaTiO_3$	300 800 1200	5430 (5620)	0.439 0.538 0.561	7.50E-07 7.20E-07 4.50E-07	1.79 2.10 1.37	P:3.4% α:実測値 6,17)
ケイ酸マグネシウム magnesium silicate $MgSiO_3$	300 800 1200	3050 (3150)	0.8191 1.153 1.199	2.70E-06 1.00E-06 6.00E-07	6.7 3.5 2.2	P:3.2% α:実測値 5,17,18)
フォルステライト forsterite Mg_2SiO_4	300 500 800	3060 (3578)	0.8469 1.057 1.187	3.30E-06 1.70E-06 1.00E-06	8.5 5.6 3.8	P:4.4% 3,5,9,18)
スピネル spinel $MgO・Al_2O_3$	100 200 300 500 800 1200	3578 3270	0.1593 0.5488 0.8191 1.053 1.191 1.314	1.70E-04 1.91E-05 8.02E-06 3.80E-06 2.10E-06 1.20E-06	98 37.5 23.5 13 8.1 5.3	P:0% CP:天然産単結晶 P: 7.7% 3,5,9)
チタン酸ストロンチウム strontium titanate $SrTiO_3$	50 100 200 300 300	5118	0.0946 0.2463 0.4385 0.5416 0.5416	3.76E-05 1.47E-05 6.28E-06 4.04E-06 2.60E-06	18.2 18.5 14.1 11.2 7.2*	P:0, 単結晶 *多結晶(P:6%) 3,9,18)
ケイ酸ジルコニウム zirconium silicate $ZrSiO_4$	300 500 800 1200 1600	3690 (4670)	0.5407 0.6873 0.7759 0.8179 0.8270	0.00E+00 1.89E-06 1.35E-06 1.16E-06 1.05E-06	 4.79 3.87 3.51 3.19	P:19.1% 3,4,19)
6チタン酸カリウム potassium titanate $K_2Ti_6O_{13}$	300 500 800 1200	3500 (3577)	0.725 0.866 0.959 1.024	1.39E-06 8.45E-07 6.55E-07 5.16E-07	3.52 2.56 2.20 1.85	P:2.2% CP:>99.9% 6,20)
相対標準不確かさ				5-8%		
炭化ホウ素 boron carbide B_4C	300 500 800 1200 1600	2500 2440*	0.9822 1.625 1.949 2.175 2.364	1.20E-05 6.03E-06 3.69E-06 2.35E-6* 1.88E-6*	30 24.5 18.0 12.5* 10.8*	P:1%, *3% CP:$B_{3.85}$C、*B_4C 3,5,18,21)
炭化ケイ素 slicon carbide SiC	50 100 200 300	3218	 0.1063 0.4065 0.6736	 8.48E-03 6.88E-04 2.26E-04	5250 2900 900 490	P:0%, CP:高純度,6H型 単結晶、⊥C 3,5,18)

Table C-6-5-1 （つづき）

物質名 Material	温度 T (K)	密度 ρ (kg/m³)	比熱 c (kJ/(kg·K))	熱拡散率 α (m²/s)	熱伝導率 λ (W/m·K)	備考
炭化珪素 silicon carbide SiC	293.15	3160(1%)	0.715(5%)	0.00005(12%)	114(8%)	P:98.1%
	773.15	3140	1.086	1.60E-05	55	CP:焼結助剤C, B、焼
	1273.15	3110	1.24	9.20E-06	36	結体(α型)中に0.4-
	1473.15	3100	1.282	7.90E-06	31	0.5%、（ ）：相対合
	1673.15	3090	1.318	6.80E-06	28	成標準不確かさ
	1773.15	3080	1.336	6.40E-06	26	1)
炭化チタン titanium carbide TiC$_{0.99}$	300	4770	0.5666	1.18E-05	31.8	P:2.9%,
	500	(4911)	0.7541	9.84E-06	35.4	
	800		0.7332	9.18E-06	36.5	
	1200		0.8757	1.01E-05	42.0	
	1700		0.9418	9.91E-06	44.5	
	2200		1.022	9.62E-06	46.9	3,5,9,18)
相対合成標準不確かさ		0.07%	1.50%	6%	6%	
炭化タングステン tungsten carbide WC	300	(15700)	0.183	<42	29-122	P:>0%,
	1200		0.2638			
	1700		0.2704			
	2200		0.2911			18,22,23)
炭化ジルコニウム zirconium carbide ZrC$_{0.94}$	300	6340	0.3648			P:4.3%,
	1500	(6620)	0.5389	5.3E-06	18	
	2000		0.5560	6.2E-06	22	
	2500		0.5730	7.4E-06	27	5,18,24)
炭化タンタル tantalum carbide TaC$_{0.99}$	300	13870	0.1912	1.1E-05	(30)	P:
	1500		0.2864	1.0E-05	40	λ：平均値
	2000		0.3064	9.9E-06	42	
	2500		0.3261	9.7E-06	44	
	3000		0.3469	9.6E-06	(46)	3,5,18)
窒化アルミニウム auminium nitride AlN	60	3216	0.0369	1.70E-01	20500	P:0%
	100		0.1385	1.04E-02	4700	CP:無酸素
	200		0.4716	5.07E-04	780	単結晶
	300		0.7381	1.33E-04	319	
	600		1.062	2.88E-05	100	
	1000		1.185	1.3E-05	49	
	1800		1.246	6.0E-06	24	1,5,6,18,25)
窒化アルミニウム auminium nitride AlN	300	3250*	0.7381	1.08E-04	260*	P:<*0.3%, **3%
	300	3160**	0.7381	2.7E-05	63**	CP:**酸素0.8%
	600		1.062	1.2E-05	40**	
	800		1.142	9.5E-06	34**	
	1600		1.238	4.3E-06	17**	5,26,27)
窒化ホウ素 boron nitride BN	50	2180	0.0659	2.6E-03	380	P:4.4%, 方位:積層面//
	100	(2280)	0.1995	1.2E-03	500	CP:
	200		0.5002	4.4E-04	480	熱分解法
	300		0.7998	2.2E-04	390	5,18,28)
	300	2070	0.7998	1.7E-05	28	P:9.2%, 方位:積層面⊥
	500		1.265	1.1E-05	28	CP:酸素3.3%
	800		1.630	7.1E-06	24	5,18,29)
窒化ケイ素, silcon nitride Si$_3$N$_4$	r.t	3210	0.688	1.96E-05	43.3	JFCCリファセラムSN1 常圧焼結, 30)
	300	3150	0.7113	1.4E-05	31	P:<2%
	500	(3190)	0.8605	9.5E-06	26	無助剤、ホット
	800		1.039	6.5E-06	22	プレス、100%β相
	1000		1.127	6.0E-06	21	5,18,31)
サイアロン sialon Si$_3$Al$_3$O$_3$N$_5$	300	3048				P:
	500				21	CP:X相含有
	800				11	(β'相)
	1200				7	32)

6.5 代表的なセラミックスの熱物性値

Table C-6-5-1 （つづき）

物質名	温度 T (K)	密度 ρ (kg/m³)	比熱容量 c (kJ/(kg·K))	熱拡散率 α (m²/s)	熱伝導率 λ (W/m·K)	備考
窒化チタン titanium nitride TiN	300 500 800 1200 1800	4780-4910 (5400)	0.6017 0.7604 0.8179 0.8680 0.9522	 6.8E-06 6.6E-06 6.2E-06 5.6E-06	 25 26 26 26	P:10-12% CP:TiN$_{0.79}$(λ) 3,5,18)
窒化ジルコニウム zirconium nitride ZrN	300 500 800 1200 1700 1800	6500 (7290)	0.3854 0.4474 0.4841 0.5168 0.5525 0.5595	 4.1E-06 5.1E-06 6.1E-06 6.8E-06 6.3E-06	 12 16 20.5 24.5 23	P:11% CP:Zr$_{1.04}$N(λ) 3,5,18)
珪化モリブデン molybdenum silicide MoSi$_2$	300 1000 1200 1700	5800 (6240)	0.4216 0.5021 0.5373 0.5780	 7.2E-06 5.5E-06 3.3E-06	 21 17 11	 18,33)

6.6 ガラス (Glass)

6.6.1 ガラスの熱伝導率

代表的なガラス材料の熱伝導率を Table C-6-6-1[1)~7)] に示す．温度上昇と共に熱伝導率は増加する．透明ガラスではおよそ 400 ℃ 以上で輻射による熱伝導の影響が現れる．ガラス材料の熱伝導率に関する公表データは数多くないので，組成から推定する計算方法として Ratcliffe[3)] の計算方法を紹介する．ガ

Table C-6-6-1　代表的なガラス材料の熱伝導率
(Thermal conductivity of glasses)

物質名	組成 (wt%)	温度 T (K)	密度 ρ (kg/m³)	熱伝導率 λ (W/(m·K))
石英ガラス	SiO_2	13	2200	0.012
アルミノケイ酸塩ガラス	$Li_2O \cdot Al_2O_3 \cdot 4SiO_2$ $Li_2O \cdot Al_2O_3 \cdot 8SiO_2$ $Li_2O \cdot Al_2O_3 \cdot 12SiO_2$ (mol比)			0.037 0.027 0.023
バイコールガラス	$SiO_2 \cdot 3\%B_2O_3$	173 273 373	2200	1.0 1.26 1.42
リチウムシリケートガラス	17.6%Li_2O· 82.4%SiO_2 19.0%Li_2O· 81.0%SiO_2	303		0.95 0.90 0.88 0.85
ホウ酸ガラス	B_2O_3	1 2 20 300	1850	0.02 0.045 0.12 0.58
アルカリホウ酸塩ガラス	$B_2O_3 \cdot 0.3Cs_2O$ $B_2O_3 \cdot 0.3K2O$ $B_2O_3 \cdot 0.3Li2O$ $B_2O_3 \cdot 0.3Na2O$ (mol比)		3350 2270 2220 2350	0.43 0.65 0.96 0.77
GeO_2 ガラス	GeO_2	0.05-2 5 100	~3660	$0.037T^{1.9}$ 0.2 0.8
リン酸塩ガラス	$4P_2O_5 \cdot Al_2O_3$ $P_2O_5 \cdot BaO$ $P_2O_5 \cdot CaO$ $P_2O_5 \cdot K_2O$ $P_2O_5 \cdot Li_2O$ $P_2O_5 \cdot Na_2O$	353		1.25 0.65 0.75 0.30 0.45 0.64

Table C-6-6-2　各成分酸化物の熱伝導率計算係数
(Coefficients for the estimation of thermal conductivity of glasses)

成分酸化物	温度(K)		
	173	273	373
SiO_2	1.02	1.29	1.44
K_2O	0.23	0.24	0.16
Na_2O	-0.52	-0.54	-0.28
PbO	0.25	0.32	0.40
Sb_2O_3	-2.14	-1.74	0.47
B_2O_3	0.46	0.67	1.04
Al_2O_3	1.35	1.56	0.90
ZnO	0.82	0.85	0.69
CaO	1.18	1.33	1.00
BaO	0.16	0.19	0.31
Fe_2O_3	0.67	0.80	0.72
MgO	2.67	2.48	1.90

ラスの温度 T における熱伝導率 λ_T (W/(m·K)) は，成分酸化物の質量分率 w_i に Table C-6-6-2 の各成分酸化物の係数 a_i を乗じて合計することにより，$100\lambda_T = \Sigma w_i \cdot a_i$ から計算される．誤差は 5 %以内である．

6.6.2 ガラスの熱膨張率

ガラスの熱膨張曲線の模式図を Fig. C-6-6-1 に示した．ガラス材料の特徴であるガラス転移点 T_g そして，変形点 T_d が観測される．また，ガラスが急冷された状態では，熱膨張が残留歪みにより打ち消されるため熱膨張曲線は本来の曲線から大きくはずれて観測される．ガラス転移点より少し低いところに

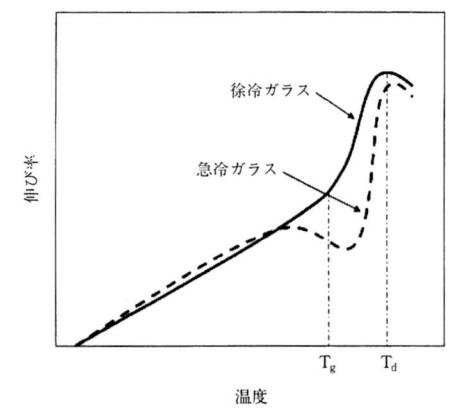

Fig. C-6-6-1　ガラスの熱膨張曲線模式図
(Schematic thermal expansion curve of a glass)

---

1) Housen, H. et al.: Landolt-Bornstein, 4 Band, 4 Teil, Springer-Verlag (1972).　2) Mazurin, O. V. et al.: Handbook of Glass Data, Part A & Part B, Elsevier (1985).　3) Ratcliffe, E. H.: Glass Technology, **4** (1963) 113.　4) Hanna, B. & Born, R. G.: J. Appl. Phys., **64** (1988) 3911.　5) 服部 信 他: Yogyo-Kyokai-Shi, **79** (1971) 49.　6) 椿 隆行 & 橋本修一: 9 th Jpn. Symp. Thermophysical Prop., (1988).　7) Slack, G. A. & Oliver, D. W.: Phys. Rev., B **4** (1971) 592.

Table C-6-6-3 透明シリカガラスの熱膨張係数
(Thermal expansion coefficients of transparent silica glasses)

	シリカガラス タイプI	シリカガラス タイプII	シリカガラス タイプIII	シリカガラス タイプIV	コーニング シリカガラス 7940
組成(wt%) SiO_2 H_2O	>99.9	>99.9	>99.9	>99.9	99.9 0.1
熱膨張係数 ($\times 10^{-7}$/K) (温度範囲)	5.56 (0–300℃) 5.23 (0–600℃) 4.55 (0–1000℃)	5.66 (0–300℃) 5.33 (0–600℃) 4.58 (0–1000℃)	5.72 (0–300℃) 5.58 (0–600℃) 4.89 (0–960℃)	5.6 (0–300)	5.5 (0–300℃)

Table C-6-6-4 実用ケイ酸塩ガラスの熱膨張係数
(Thermal expansion coefficients of commercial silicate glasses)

	コーニング パイレックス ガラス7740	コーニング バイコール ガラス7900	コーニング アルミノケイ酸塩 ガラス1720	コーニング ソーダ石灰 ガラス0080	コーニング 鉛ケイ酸塩 ガラス1990
組成(wt%)					
SiO_2	81.0	96.0	62.0	73.0	41.0
Al_2O_3	2.0	0.3	17.0	1.0	
B_2O_3	13.0	3.0	5.0		
Li_2O					2.0
Na_2O	4.0		1.0	17.0	5.0
K_2O					12.0
CaO			8.0	5.0	
MgO			7.0	4.0	
PbO					40.0
熱膨張係数 ($\times 10^{-7}$/K) (温度範囲)	33 (0–300)	8 (0–300)	42 (0–300)	92 (0–300)	124 (0–300)

ある歪み点（固体と液体の境目の温度）付近より上の温度で原子が移動出来るようになる（過冷却液体状態）が，急冷ガラスの異常膨張もこの辺りの温度から顕著となっている．熱膨張曲線にこのようなうねりが観測された場合はガラスを徐冷してから再測定する．

代表的なガラス材料の熱膨張係数として，透明シリカガラスの熱膨張係数を Table C-6-6-3[2,8,9] に，また，その他の種々の実用ケイ酸塩ガラスの熱膨張係数を Table C-6-6-4[2,8,9] に示す．シリカガラスタイプIは天然水晶を原料としてアーク放電で溶融した物，タイプIIは天然水晶を原料に火炎にて溶融した物，タイプIIIは合成四塩化ケイ素を火炎加水分解して作製したもの，そしてタイプIVは合成四塩化ケイ素を高周波プラズマ中で酸化分解して作製した物である．したがって，タイプIIIやIVは高純度であり，タイプIVでは OH 含有量も低い．しかしながら，製造方法による差はあまり大きくなく 0～300℃ において $5～6 \times 10^{-7} K^{-1}$ の値である．また，一般に，SiO_2 成分が多いほど熱膨張は小さくなり，アルカリ金属イオンが導入されると大きくなる．理化学用に使われるホウケイ酸塩ガラス（パイレックスガラス®）は熱膨張率が小さい．また，パイレックスガラスを酸処理してシリカ成分含有量を上げ焼結したバイコールガラス® はシリカガラスに近い熱膨張率を示し，かつてはシリカガラスの代用品として用いられ

---

8) J. R. Hutchins & R. V. Hrrington : "Glass" in Encyclopedia of Chemical Technology, 10, pp. 533, Wiley (1966). 9) C. L. Babcook, Silicate Glass Technology Methods, pp. 276, John Wiley & Sons (1977).

Table C-6-6-5 各成分酸化物の熱膨張率計算係数
(Coefficients for the estimation of thermal expansion coefficients of glasses)

成分酸化物	係数	適用範囲(mol%)
SiO_2	5 ~ 38	100 ~ 45
TiO_2	-15 ~ 30	0 ~ 25
ZrO_2	-60	0 ~ 15
SnO_2	-45	0 ~ 10
B_2O_3	-50 ~ 0	0 ~ 30
Al_2O_3	-30	0 ~ 20
Sb_2O_3	75	0 ~ 5
BeO	45	0 ~ 30
MgO	60	0 ~ 25
CaO	130	0 ~ 25
SrO	160	0 ~ 30
BaO	200	0 ~ 40
ZnO	50	0 ~ 20
CdO	115	0 ~ 20
PbO	130 ~ 190	0 ~ 50
MnO	105	0 ~ 25
FeO	55	0 ~ 20
CoO	50	0 ~ 20
NiO	50	0 ~ 15
CuO	30	0 ~ 10
Li_2O	270(270)	0 ~ 30
Na_2O	395(410)	0 ~ 25
K_2O	465(500)	0 ~ 20
P_2O_5	140	0 ~ 10

た.ソーダ石灰ガラス0080は一般の窓ガラス等に使われるガラスと同様の物である.シリカ成分の含有率が低くてもアルミナを多量に含むアルミノケイ酸塩ガラスは膨張率が小さい.

ガラスの熱膨張率を組成から推定するア・ア・アッペンにより考案された計算方法[10]を紹介する.この方法によれば,成分酸化物のモル分率xiに所定の係数Eiを乗じて積算することにより20~400℃の範囲における熱膨張率 α が求められる.即ち,$10^7 \cdot \alpha = \Sigma E_i \cdot x_i$ により計算される.係数 E_i を Table C-6-6-5[10]に示す.ここで,アルカリ金属のかっこ内の値は,2成分のアルカリ金属酸化物ケイ酸塩ガラスにおいて,アルカリ金属が0~30 mol %の含有率の時に適用される係数である.また,K_2O に関しては,Na_2O を同時に含有する場合の値で,もし,Na_2O を含まない場合は,係数が425となる.表より明らかなように,TiO_2 と B_2O_3 は熱膨張を下げる働きが有ることが分かる.SiO_2, TiO_2, B_2O_3, PbO についいては係数が組成により異なってくる.これらの係数を使用する時の約束を Table C-6-6-6 にまとめた.

6.6.3 ガラス材料の熱物性値

代表的なガラス材料について計測されている密度 ρ,比熱 c,熱拡散率 α,熱伝導率 λ の値を Table C-6-6-7[1~3),11),12)] に示す.熱拡散率 α はデータの整合性を考慮して,密度 ρ,比熱 c,熱伝導率 λ から $\lambda/(c\rho)$ により計算した値を掲示した.ガラス材料の熱物性データで公表されているものはあまり多くない.そこで,ガラスの比熱を見積もるのに古くから使われている,Sharp と Ginther[13]により提案され,その後 Moore, Sharp[14]により改訂された計算方法を紹介する.SiO_2 含有量が実用ガラス組成の多くに対応する 70 mol %付近に適用される.また,適用温度範囲は 0~1300 ℃である.

温度 T (℃)におけるガラスの比熱 c_T (kJ/(kg·K))は

$$c_T = 4.184 \frac{\Sigma W_i (0.00146 a_i T^2 + 2a_i T + b_i)}{(0.00146 T + 1)^2}$$

で計算される.ここで,w_i は成分酸化物の質量分率 a_i, b_i は実験的に決められた各成分の係数である.Table C-6-6-8に各酸化物に対応する a, b の値を示した.計算誤差は数パーセント以内である.

ガラスの熱物性を含む特性データは,社団法人ニューガラスフォーラムによって開発された「国際ガラスデータベース;INTERGRAD」に収録されている[15].

---

10) エム・ア・マトヴェエフ,ゲ・エム・マトヴェエフ,ベ・エヌ・フレンケリ,: ガラス化工便覧 ―計算とデータ―, pp.72, 日ソ通信社 (1975). 11) C. L. Babcook, Silicate Glass Technology Methods, pp. 254, John Wiley & Sons (1977). 12) 1991 DATA BOOK OF GLASS COMPOSITION (ガラス組成データブック 1991), pp.8, (社)日本硝子製品工業会 (1991). 13) D. E. Sharp & L. B. Ginther: Am. Ceram. Soc., 34 [9] 260 (1951). 14) J. Moore & D. E. Sharp: J. Am. Ceram. Soc., 41 [11] 461 (1958). 15) INTERGRAD (http://www.newglass.jp/interglad_61gaiyo/info.i.html)

Table C-6-6-6 熱膨張率計算時の SiO_2, B_2O_3, TiO_2, PbO の係数使用法
(Determination of the coefficients, Ei for SiO_2, B_2O_3, TiO_2, PbO)

SiO_2 について 　SiO_2 モル分率 X_{SiO_2} に応じて次式で計算する。 　・$1 \geq X_{SiO_2} \geq 0.67$ では 　　　　　$E_{SiO_2} = 38.0 \cdot 1.0(100X_{SiO_2} \cdot 67)$ 　・$0.67 \geq X_{SiO_2}$ では 　　　　　$E_{SiO_2} = 38.0$
B_2O_3 について 　適用範囲は $0.8 \geq X_{SiO_2} \geq 0.44$ である。まず、補正指針係数、F を次式で計算する。 $$F = \frac{X_{M_I{}_2O} + X_{M_{II}O} - X_{Al_2O_3}}{X_{B_2O_3}}$$ ここで、$X_{M_I{}_2O}$：M I $_2$O 含有量、$X_{M_{II}O}$：M II O 含有量、$X_{Al_2O_3}$：アルミナ含有量、$X_{B_2O_3}$：B_2O_3 含有量である。含有量はモル分率である。また、M I：アルカリ金属、M II：アルカリ土類金属および Cd である。 　・$F \geq 4$ の場合 　　　　　$E_{B_2O_3} = \cdot 50.0$ 　・$F < 4$ の場合 　　　　　$E_{B_2O_3} = 12.5(4.0 \cdot F) \cdot 50.0$
TiO_2 について 　SiO_2 を同時に含有するガラスの場合 （適用範囲は $0.8 \geq X_{SiO_2} \geq 0.5$） 　　　$E_{TiO_2} = 30 \cdot 1.5(100X_{SiO_2} \cdot 50)$
PbO について 　SiO_2 を同時に含有する系に置いて、アルカリ金属含有量により変化する。 　・アルカリ金属酸化物含有量 ($X_{M_I{}_2O}$) が 3mol%未満 　　または ($X_{M_I{}_2O} + X_{M_{II}O})/X_{M_I{}_2O} > 1/3$ の場合 　　　　　$E_{PbO} = 130$ 　・アルカリ金属酸化物含有量 ($X_{M_I{}_2O}$) が 3mol%以上の場合 　　　　　$E_{PbO} = 130 + 5(X_{M_I{}_2O} \cdot 3)$

注：該当する酸化物の含有量が上記記載以外の場合は正確な計算ができない。これらの係数を決定した時に該当するガラス組成のデータが十分でなかったことに起因する。

Table C-6-6-7 代表的なガラス材料の熱物性値 (Thermophysical properties of glasses)

物質名	組成	温度 T (K)	密度 ρ (kg/m³)	比熱 c (kJ/(kg·K))	熱拡散率 α (10^3m²/s)	熱伝導率 λ (W/(m·K))	備考
石英ガラス	SiO₂	50	2200	0.0985	0.0016	0.34	P:0%
		100		0.2521	0.0012	0.69	CP:高純度
		200		0.5108	0.00101	1.14	AC:A(<3-15%)
		300		0.6923	0.000906	1.38	
		500		1.049	0.000812	1.62	
		1200		1.13	0.00094	2.17	
		1600		1.249	0.00161	4.00	1),2),3)
ホウケイ酸塩ガラス	SiO₂:80%	100	2226	0.3	0.00087	0.58	パイレックス
	B₂O₃:14%	200		0.54	0.00075	0.90	Corning社
	Na₂O:4%	300		0.74	0.00067	1.10	7740
	Al₂O₃:2%	500		1.01	0.00060	1.36	
		700		1.15	0.00064	1.65	1),3)
窓ガラス	SiO₂:71%	773	2474	1.3121	0.0007	2.272	典型的な
	Al₂O₃:1.47%	973	2438	1.4213	0.0015	5.198	窓ガラス
	Fe₂O₃:0.07%	1173	2398	1.5037	0.0030	10.82	熱伝導率は
	TiO₂:0.03%	1373	2367	1.5694	0.0065	24.15	α, ρ, c より
	CaO:8.91%	1573	2344	1.6288	0.0130	49.63	の計算値
	MgO:4.04%	1673	2335	1.6715	0.0200	78.06	$\lambda = \alpha \rho c$
	Na₂O:13.10%						
	K₂O:0.83%						
	SO₃:0.24%						
	典型的な組成例 12)より引用						11)

Table C-6-6-8 各成分酸化物の比熱計算用係数 (Coefficients, a_i and b_i for the estimation of specific heat)

成分酸化物	a_i	b_i
SiO₂	0.000468	0.1657
B₂O₃	0.000598	0.1935
Al₂O₃	0.000453	0.1765
CaO	0.000410	0.1709
MgO	0.000514	0.2142
Na₂O	0.000829	0.2229
K₂O	0.000445	0.1756
SO₃	0.00083	0.189
PbO	0.000013	0.0490
Fe₂O₃	0.000380	0.1449
Mn₃O₄	0.000294	0.1498

6.7 炭素材料 (Carbon)

炭素材料は,炭素原子の結合状態により,非常に多様性に富んでいる.代表的な材料には,六角網面の共有結合を基本構造とする黒鉛やフラーレン,3次元的な共有結合から成るダイヤモンドがある.これらの同素体は,強固な共有結合で形成されるため,融点や沸点が高く,安定な材料として知られている.また,高温高圧の特殊環境下では,多形体や液体も存在する.炭素材料について,理論計算を基に提案されている相図の一例を Fig. C-6-7-1 に示す[1].

6.7.1 黒鉛材料 (Graphite)

黒鉛の基本構造は,炭素原子が共有結合した六角網面(グラフェン)が van der Waals 力で積層している層状の異方性のある構造である.結晶化した材料としては,天然黒鉛,熱分解黒鉛,多結晶材料としては,等方性黒鉛やガラス状カーボンなどが代表的である.

Fig. C-6-7-2, Fig. C-6-7-3 に,主な黒鉛材料の比熱容量の温度依存性を示す[2].100 K 以上では,これら材料間では差はほとんどみられない.30 K 以下では,黒鉛化度の違いによる差が現れる.一般に,黒鉛化度が良いものの方が,低温での比熱容量は小さい.この 5 K～50 K では,ほぼ T^2 に比例した温度依存性が報告されている[2].また,5 K 以下の極低温での黒鉛の比熱容量は,

$$C_p = aT^3 + \gamma T \tag{1}$$

---

1) F. P. Bundy : Physica **A 156** (1989) 169. 2) Y. Takahashi and E. F. Westrum Jr. : J. Chem. Thermodynamics **2** (1970) 847.

6.7 炭素材料

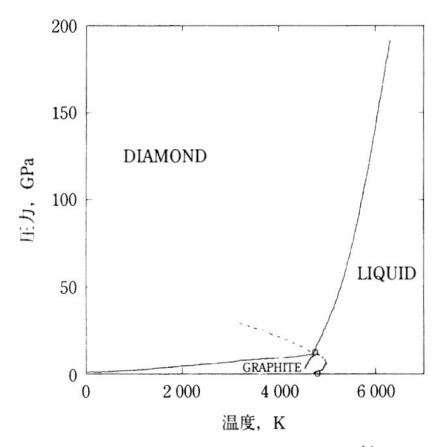

Fig. C-6-7-1 炭素の相図[1]
(Phase diagram of carbon)

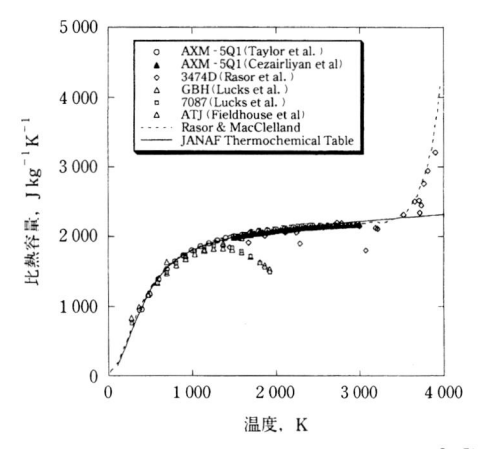

Fig. C-6-7-3 黒鉛の比熱容量の温度依存性[3-5]
(Temperature dependence of specific heat capacity of graphite)

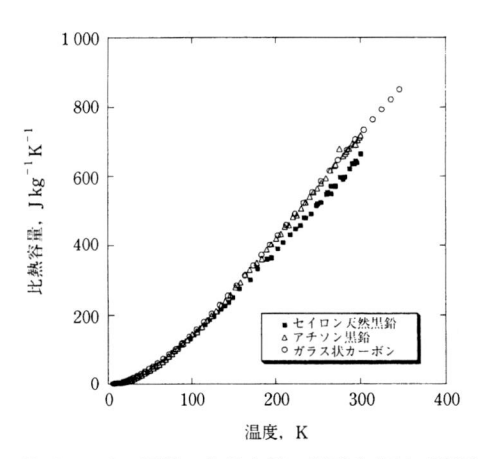

Fig. C-6-7-2 黒鉛の比熱容量の温度依存性（低温）[2]
(Temperature dependence of specific heat capacity of graphite (low temperature))

で表されることが知られている．第1項は格子比熱，第2項は電子比熱である．Fig. C-6-7-3に，黒鉛の3000 Kまでの比熱容量を示す．比熱容量は，温度上昇に伴い増加し，約1500 K以上で一定となる[3-5]．3000 Kよりも高温で指数関数的に増加するという報告もあるが，高温での測定は非常に難しいことから，確かではない[3]．図中の実線は，JANAFの推奨値である．

次に，熱伝導率について述べる．黒鉛は，極低温や高温を除いて，伝導電子や正孔の寄与は小さく，フォノンによる伝導が支配的である[6]．したがって，温度依存性は，B.2.3節 非金属（固体）の熱伝導率・熱拡散率の章で述べた振る舞いを示す．熱伝導率は，温度の上昇に伴って，T^3依存性で増加し，最大値を経て，$\exp(-1/T)$に比例して減少し，デバイ温度よりも高温では$1/T$に比例して減少する．Fig. C-6-7-4に，黒鉛材料の熱伝導率の代表値を示す[7-10]．いずれの試料も，上記の温度依存性に従っていることが分かる．黒鉛の熱伝導率の値は，原料や異方性，黒鉛化度，密度などにより変化することが知られており，材料毎，ロット毎に異なる．一般的には，黒鉛化度が向上すると，熱伝導率の値が増加する傾向にある．Fig. C-6-7-5に，熱処理温度を変えて作製した等方性黒鉛の熱伝導率を示す．熱処理温度が上

---

3) B. T. Kelly : Physics of Graphite, Applied Science Publishers (1981) p. 178. 4) Y. S. Touloukian : Thermophysical Properties of Matter : Specific Heat-Nonmetalic Solids, John Wiley and Sons Ltd. (1970). 5) JANAF-NIST Thermochemical Tables 4 nd. (1998). 6) J. M. Ziman : Electrons and Phonons, Oxford Univ. Press, (1958). 7) C. Y. Ho, R. W. Powell and P. E. Liley : J. Phys. Chem. Ref. Data **1** (1972) 279. 8) Y. S. Touloukian : Thermophysical Properties of Matter : Thermal Conductivity-Nonmetalic Solids, John Wiley and Sons Ltd. (1970). 9) J. G. Hust : NBS SP 260-89 (1984). 10) 松尾秀人 : 熱測定, **17** (1990) 2. 11) Y. S. Touloukian : Thermophysical Properties of Matter: Thermal Diffusivity, John Wiley and Sons Ltd. (1970). 12) A. C. Bailey and B. Yates : J. Appl. Phys. **41** (1970) 5088. 13) 原子炉材料ハンドブック : 日刊工業新聞社 (1977). 14) H. B. ノビコフ 編, 藤田英一 監訳, 細見 暁・久下修平 共訳 : ダイヤモンドの物性, オーム社 (1993). 15) 炭素材料学会編集 : 新・炭素材料入門, 株式会社リアライズ (1996).

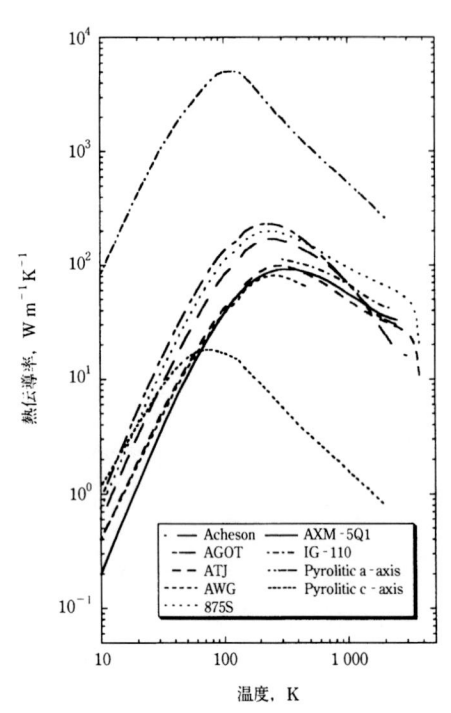

Fig. C-6-7-4 黒鉛の熱伝導率の温度依存性[7-10]
(Temperature dependence of thermal conductivity of graphite)

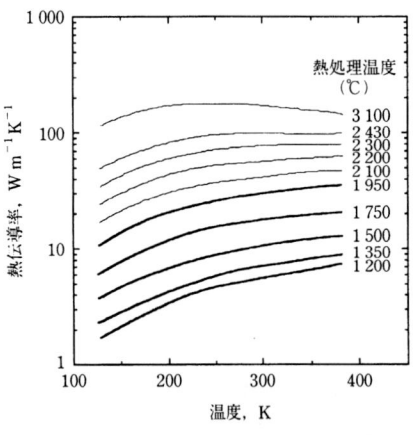

Fig. C-6-7-5 黒鉛の熱伝導率の熱処理依存性[11]
(Thermal conductivity of graphite dependent on heat treatment)

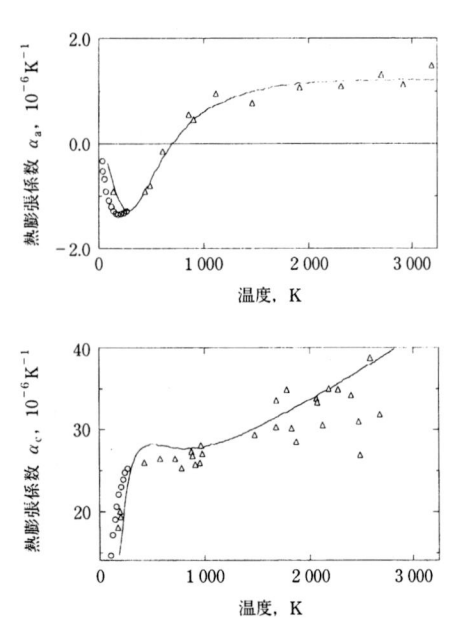

Fig. C-6-7-6 熱分解黒鉛の熱膨張係数の温度依存性（粉末X線回折）[12]
(Temperature dependence of thermal expansion coefficient of pyrolytic graphite (X-ray diffraction of powder))

また，多結晶黒鉛（Fig. C-6-7-4 Acheson, AGOT, ATJ, AWG, 875S, AXM-5Q1, IG-110：等方性黒鉛）の熱伝導率は，黒鉛結晶の六角網面内方向よりも小さく，面間方向よりも大きい．また，等方性黒鉛は，押し出し成形の方向により，若干の異方性を生じる．熱伝導率もこの異方性の影響を受けることが知られている[7]．室温以上の温度領域では，熱伝導率は，熱拡散率と比熱容量，密度から算出される場合が多い．熱拡散率も，熱伝導率と同様に，材料毎，ロット毎の原料や異方性，黒鉛化度，密度などに依存して異なる値を示す．

黒鉛材料の熱膨張については，X線回折で測定したミクロな特性と押し棒式熱膨張計などで測定した巨視的な特性が報告されている．Fig. C-6-7-6にX線回折により測定された熱分解黒鉛の熱膨張係数の温度依存性を示す[12]．面間方向の熱膨張係数の方が，面内方向よりも1桁程度大きい．また，面内方向の熱膨張係数は，約700 K以下では負の値を示す．一般に，格子の熱膨張は格子振動に由来し，正の値を示すのが通常である．黒鉛の場合は，面内の炭素原子間の結合が強固であるために，熱振動は主に面間方向で行われ，面内方向では面が屈曲するため，収縮

昇すると黒鉛化が進むため，熱伝導率は増加している[11]．黒鉛結晶（Fig. C-6-7-4 Pyrolitic：熱分解黒鉛）は，異方性があり，六角網面内方向（a-axis）と面間方向（c-axis）では，熱伝導率が大きく異なる．

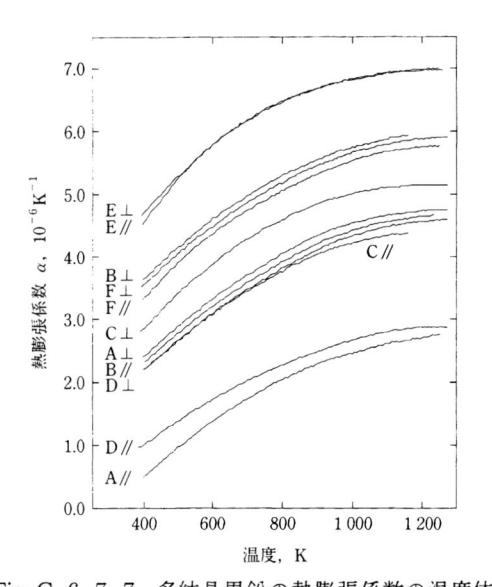

Fig. C-6-7-7 多結晶黒鉛の熱膨張係数の温度依存性[13]
(Temperature dependence of thermal expansion coefficient of polycrystalline graphite)

（熱膨張係数が負）して見えると説明されている．

Fig. C-6-7-7に，多結晶黒鉛の熱膨張係数の温度依存性を示す[13]．多結晶黒鉛もミクロには Fig. C-6-7-6で理解されるが，巨視的には集合組織の影響により，振る舞いが異なり，異方性は小さい．多結晶であるために存在する欠陥，空孔が結晶レベルでの熱膨張を吸収したり，結晶粒の配列で熱膨張を抑制したりするためであると説明されている．温度の上昇に伴い，熱膨張率も増加し，約800Kよりも高温では，温度依存性が緩やかになる．また，Fig. C-6-7-7から材質により値に差異があることが分かる．

6.7.2 ダイヤモンド（Diamond）

ダイヤモンドの基本構造は，3次元的に共有結合したダイヤモンド構造である．天然ダイヤモンドは，7種類の形状（正六面体，斜方十二面体，正八面体，三八面体，偏菱形二十四面体，四六面体，六八面体）の結晶が報告されている[14]．合成ダイヤモンドとしては，ミクロン～サブミクロンの粒径の結晶や，多結晶体，薄膜などの形態がある．

材料物性の視点では，フォノンの分散関係により4種類のタイプ（Ia, Ib, IIa, IIb）に分類される．それぞれ，赤外吸収スペクトルや常磁性共鳴データに特徴が現れる．ダイヤモンドは，絶縁体であり，融点，硬度，熱伝導率が非常に高い材料として知られている．Fig. C-6-7-8に，比熱容量を示す[4]．ダイヤモン

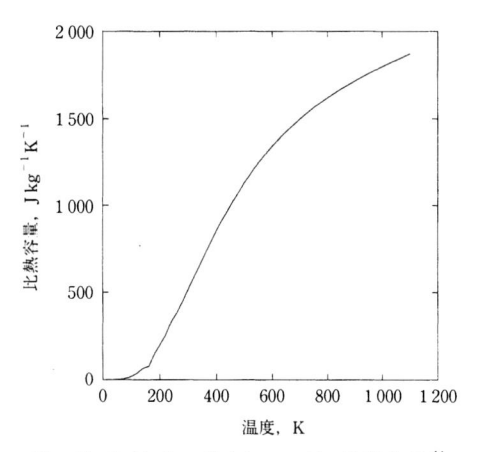

Fig. C-6-7-8 ダイヤモンドの比熱容量[4]
(Specific heat of diamond)

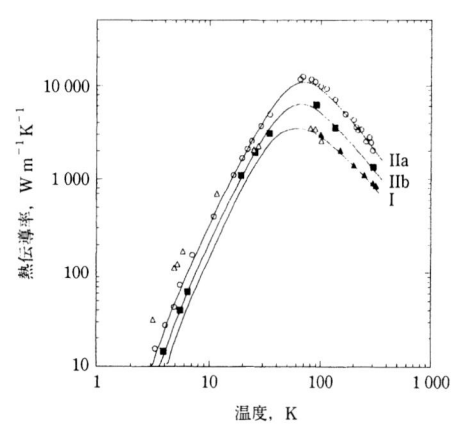

Fig. C-6-7-9 ダイヤモンドの熱伝導率[8]
(Thermal conductivity of diamond)

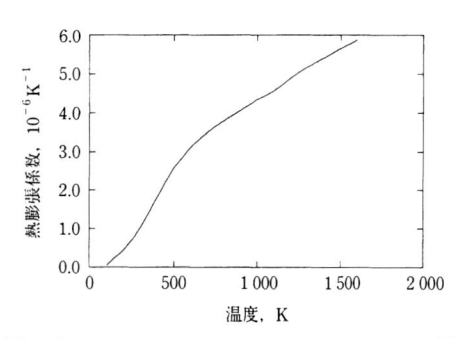

Fig. C-6-7-10 ダイヤモンドの熱膨張係数[14]
(Thermal expansion coefficient of diamond)

ドには，微量の不純物が含まれることも多く，それにより値が変化することが指摘されている[14]．

Fig. C-6-7-9に，ダイヤモンド（天然）の熱伝導率を示す[8]．温度依存性は，黒鉛と同様にフォノンの寄与による振る舞いをする．IIタイプに比べて，Iタイプの熱伝導率が小さいが，これは窒素を不純物として含むためである．人工の多結晶ダイヤモンドでは，より多くの不純物を含むのでさらに小さい値であることが報告されている[14]．

Fig. C-6-7-10に，ダイヤモンドの熱膨張係数を示す．熱膨張係数も純度に依存すると考えられるが，値が小さく，誤差範囲のばらつきで，有意とは言えない[14]．

6.7.3 フラーレン・カーボンナノチューブ
（Fullerene・Carbon nanotube）

C_{60} やカーボンナノチューブの熱物性についても多数の研究報告がある．それらについては，C.8章 新材料 の章に記述する．

C.7 高分子材料（Polymer Materials）

7.1 樹脂固体のデータ利用上の留意点（Introduction）

高分子の熱物性は，非平衡状態，ガラス転移，結晶化度，分子鎖配向，分子量分布，架橋などといった用語を抜きにしては語れない．このことからも，高分子の熱物性および熱物性値の複雑性がある程度は推察される．この複雑性は，ひとえに1個の分子の高分子量性（低分子が共有結合で連結して長い直鎖状または巨大な網目状の分子を形成して生じたところのもの）に由来する．このような分子状態や，それに由来する熱物性を含めた諸物性の複雑性が製品の多様性を生み，高分子材料（合成樹脂）の地位を在らしめている．そこでこの複雑な事情を多少とも理解しておくことは，C.7.2節以降で示す熱物性値の適切な利用にとって必要なことであり，以下に若干の説明を行う．

7.1.1 高分子（合成樹脂）の分類と種類

合成樹脂は，いくつかの例外を除いて，加熱すると軟化・流動性が現れて塑性変形するようになる熱可塑性樹脂と，液状の原料を加熱により熱重合（熱架橋，熱硬化）させてできる熱硬化性樹脂の二つに大別される．後者も再加熱時には多少は軟化するが，流動することはない．さらに，これらを結晶性，非（結）晶性の観点から分類すると以下のようになる．

- 熱可塑性樹脂
  - 部分結晶性…ポリエチレン，ポリプロピレンなど
  - 極微結晶性…塩化ビニル樹脂，ポリカーボネートなど
  - 非晶性…スチレン樹脂，アクリル樹脂など
- 熱硬化性樹脂 ── 非晶性…不飽和ポリエステル樹脂，エポキシ樹脂など

本章ではC.7.2節で熱可塑性樹脂，C.7.3節で熱硬化性樹脂を取り上げた後，C.7.4節でエンジニアリングプラスチックス，C.7.5節でゴム，C.7.6節で複合材料およびフォームを取り上げる．後3者は実用材料の観点での分類であり，基本的には前2者のいずれか

に分類できる．実際，C.7.4節で取り扱う樹脂の中では，熱架橋型のポリアミノビスマレイミド（キネル）を除いて，全て熱可塑型である．ただし，ポリ4フッ化エチレンは流動性の悪さの関係で，またポリイミド（ベスベル）は融点より熱分解温度の方が低い関係で，ともに溶融成形は不可能である．

7.1.2 熱物性値と文献

ここでは密度，熱膨張率，比熱容量，熱伝導率，熱変形温度，転移温度（ガラス転移温度，融点），融解熱を取り上げる．また，C.7.1.1項の分類に従って，結晶性か否かについても触れる．

C.7.2節以降で示す具体的な数値の大部分は高分子学会が発行したデータ集からの引用である[1]．これらの値は，カタログ値からの引用が多く，まだ不完全なものではあるが，ある制限下での実用データ（工学的データ）としては有用なものである．現実には，該成書[1]は現存する唯一の高分子関係のデータ集といってよく，発行年代の新しさと対象材料の広汎さを含めて貴重な存在となっている．合成樹脂について熱物性値以外の実用物性値が必要なときにも参照するとよい．

上記の熱物性値のいくつかについては，他のデータ集も存在する[2-4]．比熱容量の温度依存性やPVT性質などはPolymer Handbook[3]が詳しい．

また，樹脂の化学構造から物性値を推算する手順が示されている貴重な成書がある[5,6]．そして，この中には本章が取り上げる熱物性値全てが対象項目として含まれている．元来，実用データとしての樹脂の熱物性値は，一度はそれが必要とされる条件下で実測されるべきであるが，実測が不可能な場合には，この推算法を役立てるとよい．

7.1.3 熱物性値に影響する要因

上記の熱物性値をはじめほとんどの物性値は，各樹脂の固有値ではなく，分子量，分子量分布，タクティシティ（立体規則性），分岐，共重合，可塑剤添加などの樹脂製造条件および結晶化度，配向度，熱履歴などの成形加工条件によって大幅に変わる．さらに，樹脂製造条件が成形加工条件を通じて間接ルー

トで熱物性値に影響することもある．

試料に含まれる水分量によってもポリアミドのように物性値が大きく変わる場合がある．物性値測定に先立って試料の状態調節を行うことの必要性は，樹脂を取り扱う者にとっては常識となっている．

また製品形状やフィラーの影響も受ける．製品形状はさまざまであり，ざっと挙げただけでも，成形物（三次元），フィルム（二次元），糸（一次元），フォーム（三次元空気分散系）接着・粘着剤がある．これらの形状をとる前の姿は，ペレット（チップ）状，粉体状，液状であることが多い．さらに，先の成形物は樹脂単体のこともあれば，ガラス繊維，炭素繊維，無機物などのフィラーが混合されている場合もある．ついでに，製品の形状と延伸加工の関係について触れておくと，繊維には未延伸と1軸（縦）延伸の状態があり，フィルムではこれに2軸（横）延伸が加わる．延伸加工は，分子鎖の配向度や結晶化度を制御して物性を大きく変えるために行うもので，分子が直鎖状に長くつながっている熱可塑性樹脂に特徴的な加工方法である．

このように，合成樹脂の物性値はさまざまな要因の影響を受けるが，むしろこの多様性が合成樹脂の特長であり，樹脂の種類を固定してもいろいろな性質の製品が作れる源がここにあるといってよい．それだけに，熱物性値についても，これらの要因との関係を把握しておくことは重要であるが，残念ながら現状は満足のいくレベルからは程遠い．C.7.2節以降で示す具体的な数値は，ほとんどが成形物についてのものであり，したがって樹脂名は特定されていても，常数的なものではない点に留意すべきである．

7.1.4 樹脂の $P-V(H)-T$ 関係

以下では，本章が対象とする熱物性値を熱力学的な立場から概説する．

Fig. C-7-1-1 (a) は，P が一定（たとえば常圧）のもとでの樹脂の $P-V(H)-T$ 関係の模式図である．当然のことながら，V を比容積にとれば，その逆数は密度になる．この図の詳細説明は文献[2]に譲り，以下ではごく簡単に留める．

固体状の非晶性樹脂は，熱可塑型，熱硬化型を問わず DH で表されるガラス状態（熱力学的非平衡状態）にあり，加熱されると点 D で液体状態（熱力学的平衡状態）になり，点 A へ向かう（結晶性樹脂の場合，DB

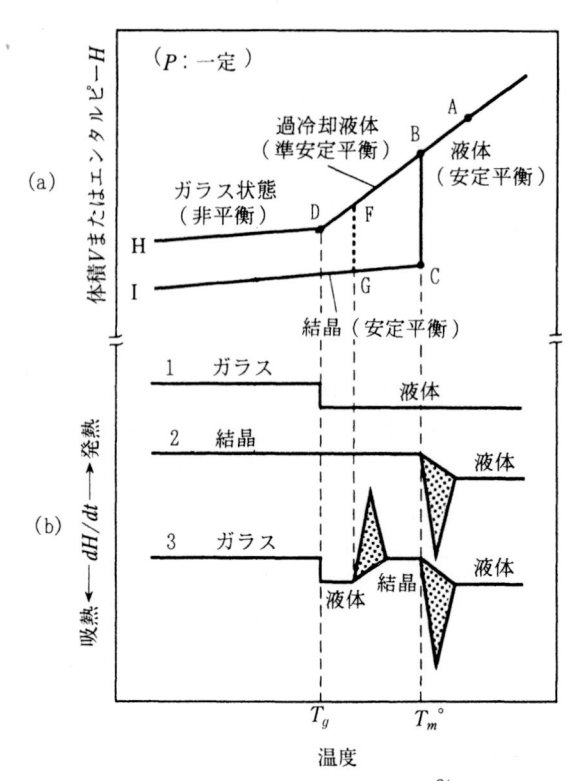

Fig. C-7-1-1 樹脂の $P-V(H)-T$ 関係[2]（説明は本文参照）（$P-V(H)-T$ relation of resins）

の部分は存在しない）．点 D の温度をガラス転移温度 T_g という．ただし，DH ラインは図には示されていないが，ガラス状態の非平衡度に応じて DH にほぼ平衡に幾本も存在し，それに応じて T_g も幾つも存在する．なお，非晶性樹脂および極微結晶性樹脂の T_g は熱変形温度より少し高い．

一方，結晶化度 100%の仮想的な樹脂の結晶（固体）は IC ライン（熱力学的平衡状態）にあり，平衡融点 T_m^0 で CB を経て液体状態に入る．逆に，無限に徐々に冷却すると可逆的にもとの状態に戻るが，適度の速度で冷却してゆくと，BF の過冷却を経て FG のように結晶化するか，そのまま過冷却を続け（FD），点 D でガラス化し点 H へ向かう．このガラスを再昇温すれば，点 F で結晶化して点 G へ落ちる．ただし，点 F は図に示されているようには，冷却時と昇温時とで一致しないのが普通である．

Fig. C-7-1-1 (b) は，(a) を温度 T で非数学的に一回微分したものである．したがって，縦軸は熱膨

張率（Vの場合）や比熱容量（Hの場合）に相当する．ただし，図は原文献[2]の文脈上，下向きに熱容量の値が大きくなるように描かれている．図中のピーク面積は結晶化熱や平衡融解熱を与える．

ところが，実際の結晶性樹脂は，7.1.1項で述べたように，全て部分結晶性なので，結晶と非結晶（ガラス状態または過冷却状態）とが混在する．そして，混在量（結晶化度）は試料の加工条件に大きく依存する．このような試料に対する模式図を得るには，縦軸に関しては Fig. C-7-1-1 (a)，(b) の縦軸の値を結晶化度で比例配分すればよい．したがって，密度，熱膨張率，比熱容量，融解熱は結晶化度に依存する．実測の融解熱や密度から結晶化度を求める方法は，この逆用である．また，Fig. C-7-1-1 では表せないが，熱伝導率も結晶化度依存性を示す（たとえば，Fig. C-7-1-2[5]）．一方，横軸の T_g と融点の T_m も結晶化度が高くなるにつれて高くなり（二つの転移温度が同時に存在することに注意），結晶化度100％の時の T_m が平衡融点 T_m^0 を与えるが，すでに説明したように，高分子ではこの状態は仮想的なものでしかない．逆に，結晶化度0％のときにも固有の T_g を与えないことは，ガラス転移の非平衡性から明らかであろう．なお，結晶性樹脂の熱変形温度は T_g と T_m の間に存在する．

Fig. C-7-1-1 (b) では簡略のために各状態内の値は温度依存性がないものとして描かれている．しかし，樹脂の熱物性値も他の物質と同様に温度依存性を示す．たとえば，Fig. C-7-1-3は完全にガラス状態に凍結されたポリエチレンテレフタレートの比熱容量の温度依存性を示す[7]．この場合には，T_g 以上の温度とともに結晶化度が変化するので，温度依存性は複雑になる．また，前掲の Fig. C-7-1-2は，ポリエチレンの熱伝導率の温度依存性を示す図にもなっている．非晶性ポリマーの熱伝導率は Fig. C-7-1-4 に示すように，T_g で最大値を示す[5]．Fig. C-7-1-2の低結晶化度の曲線もこの傾向を示している（T_g：－40℃）．したがって，熱物

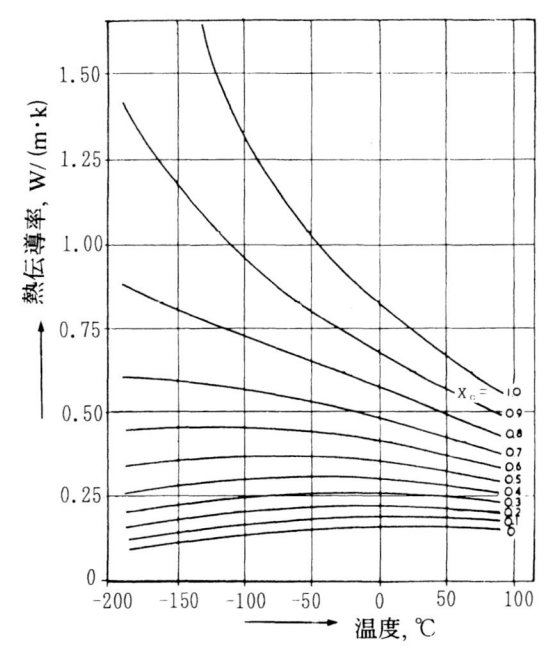

Fig. C-7-1-2 ポリエチレンの熱伝導率の温度および結晶化度依存性[5]（図中の数字は結晶化度）（Thermal conductivity of polyethylene dependent on temperature and degree of stallization X_c）

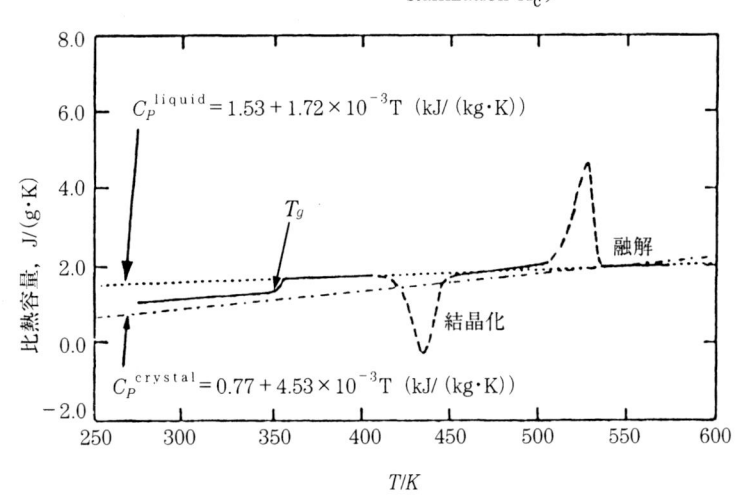

Fig. C-7-1-3 ポリエチレンテレフタレート急冷樹脂の比熱容量[7]（図中の式は完全液体と完全結晶の文献値で，出典は文献7）を参照）（Specific heat capacity of quenched polyethylene terephthalate）

性値を利用するに当たっては，測定温度を含めた測定方法を知っておくことが望ましい．C.7.2節以降で示す表についても，可能な限り ASTM や JIS の番号を明記するようにした．

樹脂加工時に加えられる熱履歴は，一般に融解温度

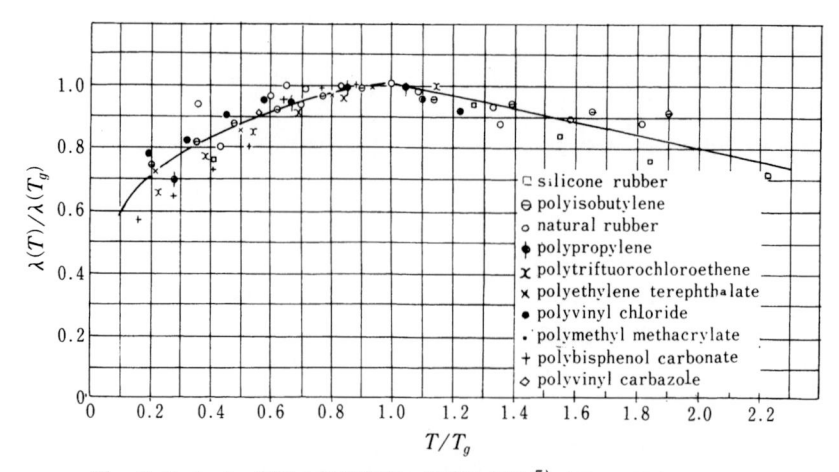

Fig. C-7-1-4 樹脂の熱伝導率の温度依存性[5]（T_g で最大を示す）
(Temperature dependence of thermal conductivity of resins (T_g: Maximum value of thermal conductivity))

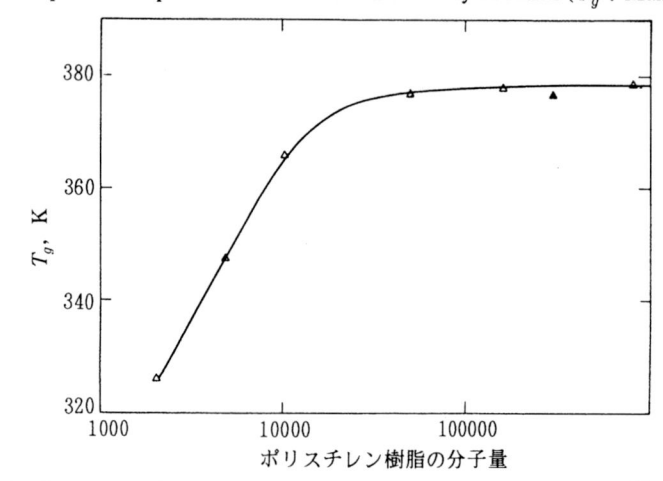

凡例:
- silicone rubber
- polyisobutylene
- natural rubber
- polypropylene
- polytrifluorochloroethene
- polyethylene terephthalate
- polyvinyl chloride
- polymethyl methacrylate
- polybisphenol carbonate
- polyvinyl carbazole

Fig. C-7-1-5 ポリスチレン樹脂のガラス転移温度の分子量依存性[8]
(Glass transition temperature of polystyrene dependent on molecular weight)

と結晶化度に影響を与えると考えてよい．一方，配向の付与（延伸加工）によっても結晶化度は変わるが，熱物性値にとっては配向そのものの影響も大きい[5]．しかし，本章では配向試料は取り上げないので，これについては触れない．

分子量（一般には平均分子量）をはじめとする樹脂製造条件も，上の P-$V(H)$-T 関係，したがって，熱物性値に直接・間接に影響する．たとえば，Fig. C-7-1-5は，一定の測定条件下で測定されたポリスチレンの T_g と分子量との関係を示す[8]．顕著な分子量依存性が認められるが，成形体に供されている木の分子量は，T_g の変化が飽和した高分子量域にある．一方，ホットメルトなどの低分子量の樹脂では分子量による T_g の変化が重要である．このほか，分子量の変化が結晶化度を変えることにより熱物性値に影響するという間接的な道筋も存在する．しかし，分子量をはじめとする樹脂製造条件と熱物性値の系統的な関係は，現段階ではごく特定の樹脂を除いてほとんど把握されていない．ただ，Fig. C-7-1-5で触れたように，少なくとも市販されている試料では熱物性値の樹脂製造条件依存性が緩慢な領域にあると考えてよい．

以上行ってきた説明では，合成樹脂の熱物性値の持つ複雑性を強調しすぎたきらいがあるが，要は以下で示す数値は固定的なものではなく，かといってそれほど隔たってもいないということを，樹脂特有の性質と関連づけて説明したものである．C.7.1.2項でも述べたようにこれらの数値はある条件下での実用データ（工学的データ）としては十分使用に耐え得ると考えてよい．

7.1.5 新規樹脂

初版以降，時代を反映して，環境問題，電子材料の放熱対策などの分野では新規樹脂の開発が進展している．データ利用上の留意点をのべる本節の主旨にはややそぐわないが，2, 3の新規樹脂をトピックス的に紹介し，熱物性データの今後の集積を喚起したい．

まず，環境問題対応のためにバイオマスであるポリ

乳酸が，すでに成型物，フィルム，繊維として商品化されている（7.2熱可塑性樹脂に記載）．これはとうもろこしなどの澱粉を乳酸菌の力で発酵させ，生成した乳酸を重合して得られる熱可塑性ポリエステル樹脂の1種であり，燃焼熱がポリエチレンテレフタレートやナイロン6より2割～4割抵く環境に優しいとされている．

別の熱可塑性新規ポリエステル樹脂としてポリトリメチレンテレフタレート（PTT）があげられる．当面は繊維用として開発中であり（一部市販），40年振りの大型商品として期待されている．モノマー原料のトリメチレングリコールを石油からではなく，やはりとうもろこしの微生物発酵で得ることから，環境対応樹脂といえなくもないが，生分解性はない．融点以外の熱物性値は不詳である．

最後は，電子材料用の高熱伝導性エポキシ樹脂の開発である．ますます高集積化，小型化が要求される電子材料分野においてこのような樹脂の待望は言を待たない．このたび発表されたものは，問題の多い無機フィラー添加によるものではなく，エポキシ樹脂自体に一種の液晶状の規則構造を化学的に付与してフォノンの散乱を制御しようとするものである．

発表によると，熱伝導率は汎用のエポキシ樹脂の最大5倍であり（C.7.3 熱硬化性樹脂参照），既存の樹脂の中では最高の熱伝導率を示す高密度ポリエチレン（7.2参照．電子材料には不適）の2倍の値を示す[9, 10]．樹脂自体の熱伝導率は大きくは変えることができないという固定観念を破ったアイディアと実績値に注目すべきものがある．高分子の熱物性を含む特性データは独立行政法人物質・材料研究機構によってインターネット公開されている「高分子データベース：PoLyInfo」に収録されている[11]．

7.2 熱可塑性樹脂（Thermoplastic Resins）

Table C-7-2-1に示す．

7.3 熱硬化性樹脂（Thermosetting Resins）

Table C-7-3-1に示す．

7.4 エンジニアリングプラスチック（Engineering Polymers）

Table C-7-4-1に示す．

---

1) 高分子学会編：高分子データ・ハンドブック（応用編），培風館（1986）． 2) 高分子学会編：高分子データ・ハンドブック（基礎編），培風館（1986）． 3) Brandrup, J. & Immergut, E. H. ed.：Polymer Handbook, 3rd ed., John Wiley & Sons (1989)． 4) ATHAS DATA BANK by Wunderlich, B.：http : // web. utk. edu /~ athas 5) van krevelen, D. W. & Hoftyzer, P. J.：Properties of Polymers-Their Estimation and Correlation with Chemical Structure-2nd ed., Elsevier (1976)． 6) van Kreveln, D. W.：Properties of Polymers-Their Correlation with Chemical Structure；Their Numerical Estimation and Prediction from Additive Group Contributions-3rd. ed., Elsevior (1990)． 7) 片山真一郎・石切山一彦・十時 稔：熱測定, **13**, 17 (1989)． 8) Marshall, A. S. & Petrie, S. E. B.：J. Applied Phys., **46**, 4223 (1975)． 9) 赤塚正樹，竹澤由高：第51回高分子学会予稿集, p. 535 (2002)． 10) Akatsuka, M. & Takezawa, Y.：J. Applied. Polym. Sci., **89**, 2464 (2003)．

Table C-7-2-1 熱可塑性樹脂の熱物性値

樹脂名	グレード		結晶性または非晶性	密度 ρ (kg/m³) ASTM D-792 JIS K-6871	線膨張係数 $\alpha(\times 10^{-5})$ (K^{-1}) ASTM D-696 (296〜333 K)	比熱容量 c (kJ/(kg·K)) ASTM C-351
ポリエチレン (PE)	高密度 分岐低密度 直鎖状低密度		結 結 結	940〜970 910〜930 920〜940	11〜13 10〜22 15〜22	1.89 2.31 2.31
ポリプロピレン (PP)	ホモポリマー		結	902〜910 (ISO R1183)	11	1.62〜1.78*
	ランダム共重合	4モル%	結	900 (同)	—	—
	ランダム共重合	7モル%	結	890 (同)	—	—
スチレン樹脂 (PSt)	アタクチック		一般用 非	1050	6〜8	1.23*
塩化ビニル樹脂 (PVC)	硬質 軟質		微結	1360〜1540 1170〜1430	5〜18 7〜25	1.05〜1.22** 1.26〜2.10**
塩化ビニリデン樹脂 (PVdC)			結	1650〜1720	19	1.34**
ポリビニルアルコール (PVA)	ケン化度 99モル%		結	1290〜1320**	7〜12** (273〜318 K)	1.68**
アクリル樹脂 (PMMA)	アタクチック		一般用 非	1190	7	1.47**
アクリロニトリルスチレン樹脂 (AS樹脂)			一般用他 非	1060〜1080	6〜8	
ABS樹脂			一般用 非	1030〜1050	7〜9	
セルロース誘導体樹脂	酢酸セルロース セルロイド	一般用 一般用	結	1300 1350〜1400	12 8〜12	1.26〜1.68** 1.26〜1.68**
熱可塑性ポリウレタン	低硬度型 中硬度型 高硬度型			1100〜1200** 1150〜1250** 1200〜1250**	10〜100** 10〜100** —	
ポリビニルブチラール樹脂				1100 (JIS K-7112)	6〜8 (253〜303 K) (JIS K-6911)	1.85〜2.4 (373 K) (ASTM D-2766)
ポリ-4-メチルペンテン-1			結	830〜840	11.7	2.18
ポリブテン-1			結	910〜920	15.0	1.89
ポリ乳酸			繊維用 結	1270*		
ポリトリメチレンテレフタレート (PTT)			繊維用 結			

*：高分子データハンドブック(高分子学会編, 培風館発行)以外からの引用. 一部は著者測定. 測定法不問
**：高分子データハンドブックからの引用ではあるが測定法不明

7.4 エンジニアリングプラスチック

(Thermophysical properties of thermoplastic resins)

熱伝導率 λ ($\times 10^{-1}$) (W/(m·K)) ASTM C-177	熱変形温度 (K) ASTM D-648 JIS K-6870 (4.6/18.6kg/cm^2)	ガラス転移温度/融点 T_g/T_m (K/K)	融解熱 (kJ/kg)	着火温度 (K)	燃焼熱 (kJ/kg)
4.6〜5.3	333〜355/316〜327	/393〜413	214*	623〜716	45900*
3.4	305〜314/311〜347	/380〜393	101*	(グレード不詳)	46600*
3.4	311〜347/319〜339	/395〜397	130*		—
0.9	385〜387/ (ISO R75)	263/440〜443	84〜92*	474*	44000*
—	379〜380/ (同)	255/433	59〜84*	—	—
—	363〜368/ (同)	253/423	50〜76*	—	—
1.3〜1.4*	/350〜362	353〜373*/		555〜768*	40200*
1.5〜2.1	/333〜371	343〜373/485〜493		478*	18000*
1.3〜1.7	>273*/	>273*/		(グレード不詳)	(グレード不詳)
1.3	/328〜338	258/445			9000*
2.1〜7.6**		338〜360/501〜516	48*		24700*
2.1	378/373	374〜399/		759*	26200*
1.1〜1.3	/361〜368	378/		728*	34800*
2.1〜2.2* (C-177)	/353〜367	AS:373*/ B:188〜193*/			35200*
2.2	323/	447〜453*/553〜573*	13〜18*	748*	—
2.3	/333〜344			—	17300*
	213〜233** (低温柔軟温度)	353〜443** (流動開始温度)		—	
	228〜253** (同)	393〜483** (同)		—	18600*
	243〜278** (同)	453〜** (同)		688*	(グレード不詳)
1.2	328〜363 (柔軟温度) (ASTM D-1043)				
1.7	373/314	295〜315*/502〜507*	34〜43*		
1.5	373/330	228〜249*/399*			
		331/448*	45*		18800*
		318〜348/498*			

Table C-7-3-1 熱硬化性樹脂の熱物性値

樹脂名	グレード		結晶性または非晶性	密度 ρ (kg/m^3) ASTM D-792 JIS K-6871	線膨張係数 α ($\times 10^{-5}$) (K^{-1}) ASTM D-696 (296～333 K)
不飽和ポリエステル樹脂	オルト系	注型板	非	1190～1230 (KIS K-7112)	—
	イソ系	注型板	非	1170～1190 (同)	—
	ビス系	注型板	非	1150～1160 (同)	—
	ハンドレアップ FRP	ガラス繊維 30～40%	非	1400～1800**	1.8～3.2**
	FW 成型 FRP	同 60～90%	非	1700～2300**	0.4～1.1**
エポキシ樹脂	ビスフェノールA型 + 脂肪族アミン (TETA)	注型板	非	1180～1230	6.0～6.5
	ビスフェノールA型 + 芳香族アミン (DDM)	注型板	非	1180～1230	5.5～6.5
	ビスフェノールA型 + 酸無水物 (HHPA)	注型板	非	1180～1230	5.5～6.5
	フェノールノボラック型 + 芳香族アミン (MPD)	注型板	非	1250～1300	5.5～6.5
	フェノールノボラック型 + BF$_3$・MEA	注型板	非	1250～1300	5.5～6.5
フェノール樹脂（ベークライト, フェノール・ホルマリン樹脂）	(基材) 木粉などの植物性粉末物 紙フェノール	一般用成形材 積層材	非 非	1300～1450** 1300～1370**	4～6** 2.0**
ユリヤ樹脂		一般圧縮・射出成形用	非	1450～1550 (JIS K-6911)	2.2～3.6
メラミン樹脂	セルロース充填	成形材	非	1480～1520 (JIS K-6911)	4.0
シリコーン樹脂	シリカ粉とガラス繊維を 75%充填	樹脂封止用材	非	1880 (JIS K-6911)	2.4
新規エポキシ樹脂[9, 10]	TME8/DDM TME6/DDM TME4/DDM	略号の意味は文献9, 10)参照	一部液晶性		

＊：高分子データハンドブック（高分子学会編，培風館発行）以外からの引用．一部は著者測定．測定法不問
＊＊：高分子データハンドブックからの引用ではあるが測定法不明

(Thermophysical properties of thermosetting resins)

比熱容量 c (kJ/(kg·K)) ASTM C-351	熱伝導率 λ ($\times 10^{-1}$) (W/(m·K)) ASTM C-177	熱変形温度 (K) ASTM D-648 JIS K-6870 (4.6/18.6kg/cm²)	着火温度 (K)	燃焼熱 (kJ/kg)
—	—	338〜393 (JIS K-7207)	—	
—	—	363〜403 (同)	—	
—	—	393〜403 (同)		
1.26〜1.39**	1.9〜2.7**	453〜473**	} 759*	
0.97〜1.05**	2.8〜3.3**	453〜473**		
	—	359 (荷重不明)		
	—	417 (同)		
	2.0〜2.1	383〜403 (同)		
	—	451 (同)		
	—	520 (同)		
— 1.47〜1.68**	— 2.9**	/408〜423 —	— 702*	33600* (フィラーなし)
1.68**	2.9〜4.2	/388〜416		
1.68**	3.2〜4.2	/453〜483	653 (フィラーなし) 896 (ガラス繊維積層)	
	5.0 (Schroeder法)	543 (荷重不明)		
	8.5 [9,10] 8.9 [9,10] 9.6 [9,10]			

Table C-7-4-1 エンジニアリングプラスチックの熱物性値

樹脂名	グレード	結晶性または非晶性		密度 ρ (kg/m³) ASTM D-792 JIS K-6871	線膨張係数 $\alpha(\times 10^{-5})$ (K⁻¹) ASTM D-696 (296〜333 K)	比熱容量 C (kJ/(kg·K)) ASTM C-351
フッ素系樹脂	4フッ化エチレン (PTFE)		結	2130〜2220	10	1.05**
	4フッ化エチレン-6フッ化プロピレン共重合体 (FEP)		結	2120〜2170	8〜15	1.18**
	4フッ化エチレン-エチレン共重合体 (ETFE)		結	1700〜1760	5〜9	1.26〜1.97**
	フッ化ビニリデン (PVdF)		結	1750〜1800	4.2	1.39**
ポリカーボネート (PC)		標準	微結	1200	6〜7	
ポリアミド樹脂	ナイロン6	絶乾	結	1130	8	1.93**
	ナイロン66	絶乾	結	1140	8	1.68**
	ナイロン6・10	絶乾	結	1080	12	1.68**
	ナイロン12	絶乾	結	1020	18	
ポリアセタール樹脂	ホモポリマ (POM)		結	1420	8.1** (293 K付近)	1.47**
	共重合体		結	1410	9** (同)	1.47**
ポリフェニレンオキシド (PPO)	変性PPO	一般型	結	1060	6 (243〜303 K)	
ポリブチレンテレフタレート (PBT)		非強化・徐燃	結	1310	8〜10 (296 K)	1.47
ポリエチレンテレフタレート (PET)		ガラス繊維強化・標準型	結	1600	2.5	1.18**
ポリフェニレンサルファイド (PPS)		非強化	結	1300	2.5	—
		ガラス繊維強化	結	1500〜1600	1.7〜2.2	1.05〜1.51
ポリスルホン		非強化	非	1240 (ASTM D-1505)	5.5	1.13** (296 K)
		ガラス繊維強化 (30%)	非	1450 (同)	2.5	—
ポリエーテルスルホン		非強化	非	1370 (同)	5.5	1.09** (296 K)
		ガラス繊維強化 (30%)	非	1600 (同)	2.3	—
液晶性全芳香族ポリエステル	<エコノール> E-2000	非強化 ガラス繊維強化 (40%)	結 結	1400 1690	2.9 2.0	
	<ザイダー> SRT-300	非強化	結	1350*	—	
	<ベクトラ> A-950	非強化	結	1400*	1.3*	
ポリアリレート	<Uポリマ> U-100 U-8000	非強化 非強化	非 非	1210 1260	6.1 6.2	
ポリエーテルエーテルケトン (PEEK)		非強化	結	1300*	4.4〜4.8* (T_g以下)	1.34*
ポリイミド樹脂	ポリイミド <ベスペル>	非強化	結	1360	5.0	
	ポリアミドイミド <トーロン>	非強化		1400	4.0	
	ポリエーテルイミド <ウルテム>	非強化	非	1270	6.2	
	ポリアミノビスマレイミド <キネル>	ガラス繊維40%強化・射出成形	非	1600	4.0	

*：高分子データハンドブック（高分子学会編，培風館発行）以外からの引用．一部は著者測定．測定法不問　**：高分子データハンドブックからの引用ではあるが測定法不明　***：但し，熱力学的には両者は厳密に等しい　<>：商品名

(Thermophysical properties of engineering polymers)

熱伝導率 $\lambda(\times 10^{-1})$ (W/(m·K)) ASTM C-177	熱変形温度 (K) ASTM D-648 JIS K-6870 (4.6/18.6kg/cm^2)	ガラス転移温度/融点 T_g/T_m (K/K)	融解熱 (kJ/kg)	着火温度 (K)	燃焼熱 (kJ/kg)
2.5	394/328	/600 (ASTM D-1457)	21〜29	765*	4200*
2.5	345/323	/526〜555 (同)	—	—	—
2.4	368/340	/533〜543 (同)	—	—	—
1.3	418/363	/433〜458 (同)	—	—	—
1.9*	423〜409	416*/498*			30500*
2.1	466/336	318*/498	69*	—	} 30840*
2.4	513/343	318*/533	69*	805*	
2.2	433/333	/498	—	—	—
2.4	415/325	/458	—	—	—
2.3**	443/397	217*/452	202*		16900* (グレード不詳)
2.3**	431/383	/438	164*		
2.2	409/401	480*/535* (未変性PPO)	18* (同左)		
2.4**	423〜433/327〜338	298*/498*	45*		
0.8〜1.7	508〜515 (荷重不明)	348*/538*	50* (非強化)		23000* (非強化)
2.9 (ASTM D-325)	478 (荷重不明)	363*/558*	46*		
2.9〜4.1	533〜553 (同)	363*/558*	—		
1.3	454/448	463/			
1.6	463/458	463/			
1.8	483/476	498/			
2.4	/489	498/			
2.7	/566	/685*	—		
3.4	/>573	/685*	—		
	/628	/694*	5.5〜6.7*		
	/453	358*/553* (いずれの融解転移も液晶転移の可能性あり***)	2.5〜4.2*		
	/448	466/			
	/383	393/			
	/425*	417*/608*	45.2*		
2.9 (313K)	/633	683*/融解より分解先行			
2.3 (313K)	/547	533*/			
2.6*	483*/473*	490*/			
3.5	/593*	563*/			

7.5 ゴムの熱物性値 (Thermophysical Properties of Rubbers)

Table C-7-5-1 ゴムの熱的性質[1] (Thermophysical properties of rubbers)

ゴム名	天然ゴム	イソプレンゴム	アクリロニトリルブタジエンゴム	スチレンブタジエンゴム	ブタジエンゴム	クロロプレンゴム	エチレンプロピレンゴム	エチレンプロピレンターポリマー
ASTM略号	NR	IR	NBR	SBR	BR	CR	EPM	EPDM
分子構造	$(-CH_2-C(CH_3)=CH-CH_2-)_n$	$(-CH_2-C(CH_3)=CH-CH_2-)_n$	$(-CH_2-CH=CH-CH_2-)_m(-CH_2-CH(CN)-)_n$	$(-CH_2-CH=CH-CH_2-)_m(-CH_2-CH(C_6H_5)-)_n$	$(-CH_2-CH=CH-CH_2-)_n$	$(-CH_2-C(Cl)=CH-CH_2-)_n$	$(-CH_2-CH_2-)_m(-CH_2-CH(CH_3)-)_n$	$(-CH_2-CH_2-)_m(-CH_2-CH(CH_3)-)_n$ 第3成分
密度 (kg/m³)	930	930	1000	940	910	1230	860	870
ガラス転移温度 (℃)	−68〜−74	−68〜−74	−10〜−56	−44〜−57	−95〜−102	−45〜−60	−40〜−60	−50〜−59
高温使用限界 (℃)	120	120	130	120	120	130	150	150
低温使用限界 (℃)	−50〜−70	−50〜−70	−52〜−42	−66〜−42	−73	−42〜−32	−40〜−60	−40〜−60

ゴム名	ブチルゴム	アクリルゴム	クロロスルフォン化ポリエチレン	シリコーンゴム	エピクロルヒドリンゴム		多硫化ゴム	ウレタンゴム
ASTM略号	IIR	ACM, ANM	CSM	−	CO	ECO	T	U
分子構造	CH_3 $(-C(CH_3)-CH_2-)_m(-CH_2-C(CH_3)=CH-CH_2-)_n$	$(-CH_2-CH(OCOR)-)_n$	$[(-CH_2)_3-CH-]_x[(-CH_2)_7-]_n(SO_2)(Cl)$ x:約12 n:約17	$(-Si(CH_3)_2-O-)_n$	$(-CH(CH_2Cl)-CH_2-O-)_m$	$(-CH(CH_2Cl)-CH_2-O-CH_2-CH_2-O-)_m$	$(-R-S_x-)_n$ R:エチレンあるいはその誘導体	$(-O-R-O-C-R'-C-)-(-C-NH-R''-NH-)-$ R, R': アルキル基 R'': フェニレンナフチル基
密度 (kg/m³)	920	1090	1100	980	1360	1270	1270/1340	1000　1300
ガラス転移温度 (℃)	−63〜−75	0〜−30	−34	−112〜−132	−10	−30	−20〜−60	−30〜−60
高温使用限界 (℃)	150	180	150	280	140	120	80	80
低温使用限界 (℃)	−60	0〜−30	−20〜−60	−70〜−120	−15	−35	10〜−40	−30〜−60

フッ素系ゴム

ゴム名	フッ化ビニリデン系		テトラフルオロエチレンプロピレン系	テトラフルオロエチレンパーフロロメチルビニルエーテル系	フロロシリコーン系
	二元系	三元系			
ASTM略号	FKM			FFKM	−
分子構造	CF_3 $(-CF_2\cdot CF_2-)_n(-CF_2\cdot CF-)_m$	$(-CH_2\cdot CF_2-)_x$ $(-CF_2\cdot CF-)_y(-CF_2\cdot CF_2-)_z$ CF_3	CH_3 $(-CF_2\cdot CF_2-CH_2\cdot CH-)_n$	OCF_3 $(-CF_2\cdot CF_2-)_n(-CF_2\cdot CF-)_m$	CH_3 $(-Si-O-)_n$ $C_2H_4CF_3$
密度 (kg/m³)	1820	1860	1550	2000	1300　1630
ガラス転移温度 (℃)	−	−	−5	−	−
高温使用限界 (℃)	230	230	230	250	200
低温使用限界 (℃)	−15	−10〜−15	−5	−5	−60

ゴムは大変形し，かつ復元力を有するゴム状弾性体であることや粘弾性挙動を示す材料であるために，一般的に大きな変形で使用されることが多い．また，ゴムは単独で使用されることは稀で，その用途にあった性能を出すようにポリマーブレンド，カーボンブラック等の充填，架橋等の材料設計が行われる．ゴムの熱物性値は，純ゴム，配合組成，架橋等によって変化するので，ここでは各種純ゴムについて代表値を掲げ，材料設計していく場合の熱物性値の見積方について説明する．

7.5.1 密度（Density）

各種ゴムの密度を Table C-7-5-1 に掲げる[1]．これらは代表値で同じゴムでも組成により変化することを留意する必要がある（Table C-7-5-2）[2]．

また，配合ゴムの密度は加成律が成立ち各成分の密度と配合比から概算することができる．その一例を Table C-7-5-3 に示す[2]．

Table C-7-5-2 共重合ゴムの密度[2]（Density of copolymer）

組 成	結合スチレン量	密度（g/cm^3）
BR*	0（wt%）	0.91
SBR*	10	0.91
SBR	23.5	0.94
SBR	50	0.995
SBR	65	1.01
SBR	85	1.05
ポリスチレン	100	1.053

＊Table C-7-5-1 の略号参照（以下同様）

Table C-7-5-3 ゴム配合物の密度計算方法例[2]（Calculation of density of rbber compound）

配合剤	重量（g）	密度（g/cm^3）	容積（cm^3）
天然ゴム	100	0.92	108.7
亜鉛華	5	5.6	0.89
カーボンブラック	43	1.8	23.87
加硫促進剤	1	1.42	0.70
イオウ	3	2.05	1.46
ステアリン酸	1	0.84	1.19
白艶華	25	2.56	9.56
合 計	178	—	146.74

密度 = $\frac{178}{146.74}$ = 1.21

注）これは未加硫ゴムの密度の算出法であり，加硫ゴムの場合は，ゴムとイオウが反応し容積が減少するので密度はやや高くなる．

7.5.2 熱膨張率（Thermal Expansion Coefficient）

ゴムは分子運動が活発であるため金属等に比べて熱膨張率が約10倍も大きい．したがって，金型等で成形する場合，熱膨張率と加硫温度を考慮した型設計が必要である（Table C-7-5-4）．

一般にガラス転移点の低いゴムが熱膨張率が大きく，架橋すると分子運動が束縛されるので熱膨張率は小さくなる．また，ゴムは他の配合剤，無機物に比べて熱膨張率が大きいので，配合ゴムのゴム分率を小さくして行くと熱膨張率は小さくなる（Table C-7-5-5）．

Table C-7-5-4 ゴムの熱膨張率[4]（Thermal expansion coefficient of rubbers）

物 質	体積膨張率（1×10^{-5}/K）
天然ゴム	67
ポリブタジエンゴム	70
スチレンブタジエンゴム	66
ブチルゴム	57
クロロプレンゴム	61
シリコーンゴム	120
エボナイト（充填剤なし）	27

Table C-7-5-5 熱膨張率の架橋度依存性[3]（Dependence of thermal expansion coefficient on crosslinking at different temperature）

イオウ量（%）	臨界温度（K）	体積膨張率（1×10^{-5}/K）			
		293K	313K	333K	353K
5	—	61.0	61.2	61.7	61.8
6	224	—	—	—	—
8	235	—	—	—	—
10	247	60.0	60.2	61.8	61.2
14.6	278	56.4	59.7	60.3	60.2
16	286	52.5	58.0	58.0	58.0
18	299	26.0	52.4	54.5	55.0

注）配合 天然ゴムとイオウのみを 476K で最適時間加硫したもの．

7.5.3 比熱容量（Specific Heat Capacity）

ゴムの比熱は他の一般的な材料に比較して，大きな値を示す．各種ゴムの比熱を Table C-7-5-6 に掲げる．ゴム配合物の比熱は加成律が成立つので，各成分の配合量比が分かれば次式にて算出することができる[5]．

$$c_H = a \cdot c_a + b \cdot c_b + c \cdot c_c + \cdots\cdots$$

ここで，c_H：求める配合物の比熱
　　　 a，b，c：各成分の配合重量比

Table C-7-5-6 各種ゴムの比熱[3] (Heat capacity of rubbers)

物質名	比熱 (kJ/(kg·K))	測定温度 (K)
NR	1.885	298
NBR	1.973	298
BR	1.935	278
BR	1.970	323
SBR(結合スチレン8.6%)	1.894	278
SBR(同上)	1.970	323
SBR(結合スチレン22.6%)	1.894	278
SBR(結合スチレン43%)	1.827	323
ポリスチレン	1.227	298
ポリイソブテン	1.944	298
4フッ化エチレン	0.968	298

c_a, c_b, c_c : 各成分の比熱

参考までに代表的な配合剤の比熱を Table C-7-5-7 に示しておく. Fig. C-7-5-1に示されるように比熱は温度によって変化する. 図中急激に比熱が変化する点がガラス転移温度であり, ゴムはこの温度より低い領域でガラス状態となり, 高い領域でゴム状弾性を示す.

Table C-7-5-7 代表的ゴム配合剤の比熱[3] (Heat capacity of ingredients)

物質名	比熱 (kJ/(kg·K))	測定温度 (K)
イオウ	0.733	273～368
カーボンブラック	0.855	—
ベンガラ	0.670	297
クレー(カオリン)	0.938	293～371
リサージ	0.218	296
パラフィンワックス	2.51	293～313
ステアリン酸	1.676	273～303
炭酸カルシウム	0.842	273～373
炭酸マグネシウム	1.269	—
酸化チタン	0.746	273～373
亜鉛華	0.524	290～371

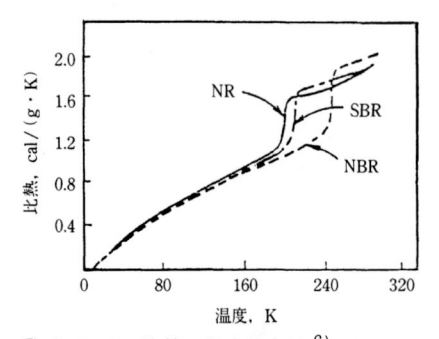

Fig. C-7-5-1 比熱の温度依存性[6] (Dependence of heat capacity on temperature)

7.5.4 熱伝導率 (Thermal Conductivity)

ゴムは一般物質に比べて熱伝導の小さいいわゆる不良導体である. Table C-7-5-8に各種未加硫純ゴムの熱伝導率を示す. Table C-7-5-9に配合剤の熱伝導率を掲げておく. ゴムに比べて配合剤の熱伝導率は大きいため一般に, 配合剤の量を増し, ゴム分率が減少すると熱伝導率が大きくなってくる. Table C-7-5-10のエボナイトの場合は, 1.76 W/(m·k)

Table C-7-5-8 各種ゴムの熱伝導率[4] (Thermal conductivity of rubbers)

ゴム	熱伝導率(W/(m·K))
天然ゴム	1.420
クロロプレンゴム	1.930
スチレンブタジエンゴム	2.470
アクリロニトリルゴム	2.470
ブチルゴム	0.922
トランスポリイソプレンゴム	2.010

Table C-7-5-9 ゴムおよび配合剤の熱伝導率[7] (Thermal conductivity of rubber and ingredients)

物質名	熱伝導率 (W/(m·K))	
	Williams	Barnette
亜鉛華	6.950	7.000
ベンガラ	5.530	5.530
炭酸マグネシウム	4.320	2.390
硫化アンチモン	0.880	1.130
カーボンブラック	2.810	2.720
グラファイト	—	9.090
促進剤(DPG)	—	1.420
促進剤(M)	—	1.890
イオウ	0.530	1.260
天然ゴム	1.340	1.340

Table C-7-5-10 ゴム配合量による熱伝導率の変化[5] (Dependence of thermal conductivity on rubber content of compound)

ゴム配合量 (%)	熱伝導率 (W/(m·K))
100	1.340
92	1.630
83	1.760
67	1.730
50	2.220
44	2.510
40	2.850
38	2.930

スポンジゴムの場合，連結気泡形で0.5～1.05 W/(m・k)，独立気泡で0.38～0.5 W/(m・k)となり，イオウや空気の効果が十分に認められている[5]．

7.5.5 転移温度 (Transition Temperature)

ガラス転移温度は，その分子の構造を反映しており，ゴムの力学的性質をはじめとして，その性質を決める基本的な物理量であり，高強度，耐摩耗性，ウエットスキッド性等，実用特性を考える上で有用な知見を与えてくれる．

代表的なゴムのガラス転移温度を Table C-7-5-1 に記載した．ただし，これらは原料ゴム，配合ゴム，加硫ゴム等の種別，測定条件，ゴム中の組成等によって変動するので大体の目安に過ぎないことを留意しておく必要がある．ガラス転移温度に影響を及ぼす分子構造要因としては，主鎖のこわさ，セグメントの易動性，分子間相互作用等が大きいと考えられる．シリコーンゴム等のように自由回転が容易で主鎖の運動が活発であるほど，ガラス転移温度は低くなっている．主鎖にベンゼンやナフタレン等のような大きな置換基が入ると分子の回転が束縛されてガラス転移温度は高くなっていく．

共重合体およびブレンド物のガラス転移温度は，それを構成する成分のガラス転移温度とその組成比によって決まり，その間の関係は下記の Gordon-Taylor の式などが知られている[8]．

$$T_g = (\Sigma C_i \cdot \Delta\beta_i \cdot T_{gi})/(\Sigma C_i \cdot \Delta\beta_i)$$

ここで，C_i：i 番目の成分の重量分率
 　　　T_{gi}：ホモポリマー i のガラス転移温度
 　　　$\Delta\beta_i$：ホモポリマー i の液体とガラスの容量拡散係数

スチレンブタジェンゴムの化学構造とガラス転移温度の関係を，Fig. C-7-5-2 に示す．図中，点は実測，直線は Table C-7-5-11 のパラメータを用いて上式で計算したものである．図より明らかなようにこの式は測定値と良い一致を示している．正確にはシーケンス分布や結合形式を考慮する必要があり，例えば同じ BR でもシス 1,4-，トランス 1,4-，1,2-結合はそれぞれ異なる三つのホモポリマーとして取り扱う必要がある．Fig. C-7-5-3 に NBR のガラス転移温度を示す．アクリルニトリルが 30% 以上では転移温度は一つでランダム共重合体として振るまうが，30

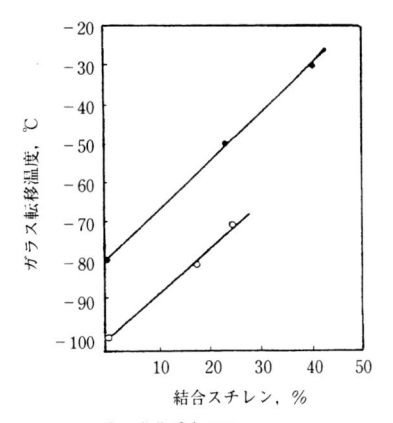

●：乳化重合 SBR
○：Li 触媒溶液重合 SBR

Fig. C-7-5-2 SBR 中の結合スチレンとガラス転移温度の関係[2] (Relationship of glass transition temperature and styrene contents of SBR)

Table C-7-5-11 スチレンブタジエン共重合体の化学構造とガラス転移温度[2] (Relationship of chemical structure and transition temperature of SBR)

構　造	T (℃)	$\Delta\beta \times 10^{-4}$
シス 1, 4-	-114	4.9
トランス 1, 4-	-102	2.9
1, 2-	-7	4.3
ポリスチレン	100	1.5

% 以上では転移温度は二つになりブロック共重合体的挙動を示している．

一般にポリマーをブレンドした場合，ホモポリマー同士の構造単位の相溶性によってガラス転移温度が変化し，両成分の相溶性が低ければガラス転移温度が複数のブロック共重合体（非相溶性ブレンド）としての傾向を示し，相溶性が高ければ，ガラス転移速度が単一になりランダム共重合体（相溶性ブレンド）としての挙動を示す（Fig. C-7-5-4, C-7-5-5）[9]．

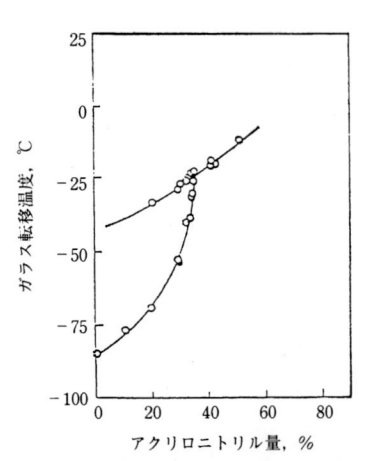

Fig. C-7-5-3 NBRのガラス転移温度[2] (Glass transition temperature of NBR)

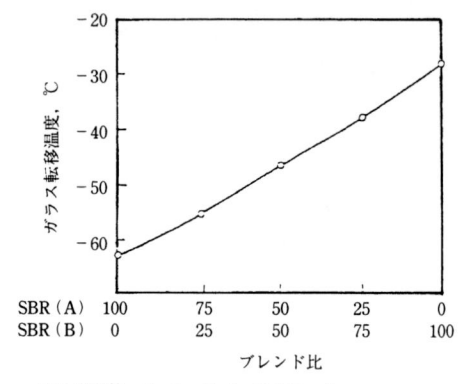

Fig. C-7-5-5 相溶性ブレンドのガラス転移温度[9] (Glass transition temperature of microscopically homogeneous blend)
○：実測値　Gordon-Taylorのプロット
試料：Fig. C-7-5-4

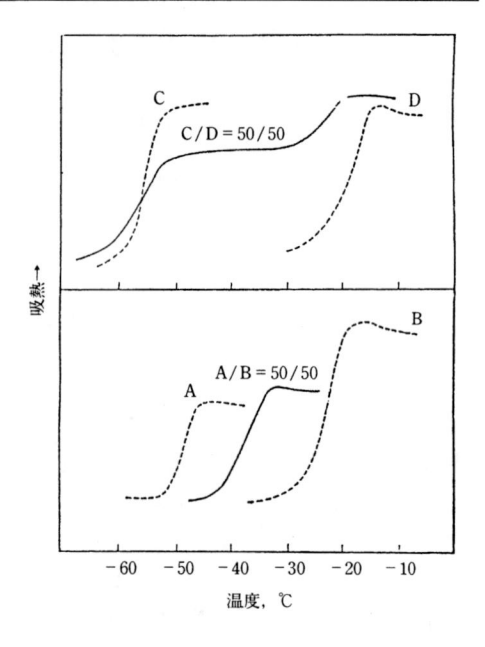

試料：SBRのミクロ構造 (%)

	スチレン	シス-1,4	トランス-1,4	ビニル
A	25	24	29	22
B	24	16	18	42
C	24	9	54	13
D	48	6	38	8

Fig. C-7-5-4 相溶性ブレンドと非相溶性ブレンドのDSC曲線の相違[9] (Difference of microscopically homogeneous blend and inhomogeneous blend) (DSC(示差走査熱量測定)曲線の階段状変化は，ガラス転移温度での比熱の変化に対応している)

1) 日本ゴム協会編：ゴム工業便覧 (1970). 2) 日本合成ゴム編：JSRハンドブック (1985). 3) Dawson, T. R. & Porritt, B. D. : Rubber, Physical and Chemical Properties, Imperial Chemical Industry Ltd. (1935). 4) McPherson : Engineering Uses of Rubber. 5) 金子秀男：応用ゴム物性論16講, 日本ゴム協会 (1965). 6) Bekkedahl : Ind. Eng. Chem., **40**, 1989 (1948). 7) Memmler ed. : The Science of rubber. 8) Gordon, M. & Taylor, T. S. : J. Appl. Chem., **2**, 493 (1952). 9) 高分子学会編：高分子測定法—構造と物性 (上), 培風館.

7.6 複合材料およびフォームの熱物性値 (Thermophysical Properties of Composite Materials and Foams)

7.6.1 はじめに (Introduction)

複合材料は,複合構造により積層型複合材料,微粒子分散型複合材料,繊維強化複合材料,その他より複雑な構造の複合材料に分けられる(Fig. C-7-6-1 a～d).以下,それぞれにつき,熱物性に関する複合則を解説するとともに,代表的な材料については理論と実測との比較を示す.なお,以下に述べる理論式において,複合材料の接尾記号を e で,複合材料を構成する各相を 1, 2, … で表す.また,一方の相が連続相で,他方が分散相の場合は,連続相の接尾記号を c で,分散相を d で表す.

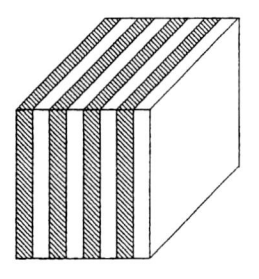

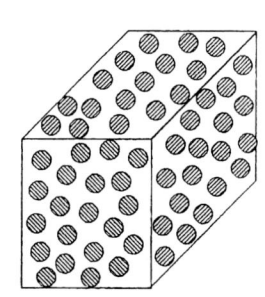

(a) 積層型複合材料
(b) 微粒子分散型複合材料
(c) 繊維強化複合材料
(d) その他の複合材料の例

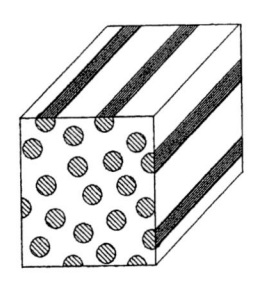

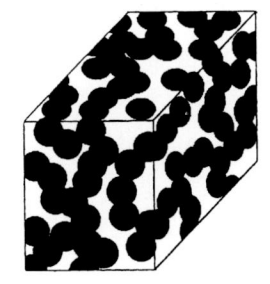

Fig. C-7-6-1 複合材料の構造による分類 (Classification of composite materials)

7.6.2 密度 (Density)

二相以上からなる複合材料において,その密度に加成性が成り立つ.

$$\rho_e = \rho_1 v_1 + \rho_2 v_2 + \cdots \quad (1)$$

ここで,ρ:密度,v:体積分率である.

7.6.3 熱膨張係数 (Thermal Expansion Coefficient)

物体に温度変化が生じたとき,各相の熱膨張が他の相により妨げられなければ,体膨張係数に加成性が成り立つ.しかし,一般には,温度変化により各相の熱膨張が他の相により妨げられるので,界面に熱応力が発生し,体膨張係数に関する加成性は成り立たない.熱応力の線膨張係数 α または体膨張係数 β への影響を考慮する必要がある.

積層型複合材料の線膨張係数は,無限平板に近似し,末端効果を無視すれば,Eq.(2)～(4)で表される[1].

$$\alpha_\perp = \alpha_r v_r + \alpha_f v_f + \frac{2\Delta\alpha \cdot v_r v_f \cdot (E_f \nu_r - E_r \nu_f)}{(1-\nu_f) E_r v_r + (1-\nu_r) E_f v_f} \quad (2)$$

$$\alpha_\parallel = \frac{(1-\nu_f)\alpha_r E_r v_r + (1-\nu_r)\alpha_f E_f v_f}{(1-\nu_f) E_r v_r + (1-\nu_r) E_f v_f} \quad (3)$$

$$\Delta\alpha = \alpha_r - \alpha_f \quad (\alpha_r > \alpha_f) \quad (4)$$

ここで,E:弾性率,ν:ポアソン比である.接尾記号の $\perp$ と $\parallel$ は,それぞれ,板面に垂直な方向,板面に平行な方向を表す.また,以下の式も含めて,高分子材料の接尾記号を r で,強化材を f で示す.

アルミニウム板とエポキシ樹脂からなる積層材につき,線膨張係数の測定値[1]と Eq.(2)～(4)による計算値[1]とを比較し,さらに三角柱要素を用いた有限要素法により計算した結果[1]も併せて Fig. C-7-6-2 に示した.いずれもアルミニウムの体積分率が20%以上でほぼ一致している.20%以下の体積分率

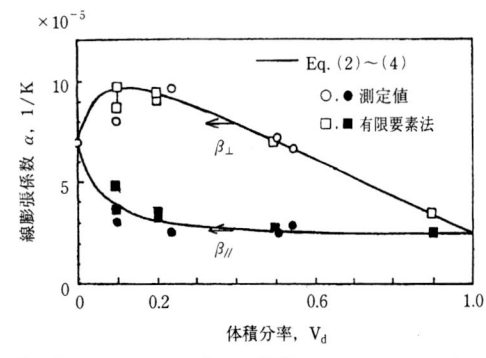

Fig. C-7-6-2 エポキシ樹脂とアルミニウム板の積層材の線膨張係数[1] (Linear expansion coefficient of multi-layer material of epoxy resin and aluminum)

でやや不一致がみられるのは，積層材の側面における樹脂部分の膨らみが一様でないためである．また，アルミニウムの体積分率が少ないところで$\alpha_\perp$がエポキシ樹脂の線膨張係数より大きくなるのは，線膨張係数の小さなアルミニウム板により，界面の面方向のエポキシ樹脂の伸びが制限されるため，板面に垂直な方向がより延びるためである．

一方向繊維強化複合材料の場合，Schaperyの式[2]が報告されている．

$$\alpha_{/\!/} = \frac{\alpha_r E_r v_r + \alpha_f E_f v_f}{E_r v_r + E_f v_f} \quad (5)$$

$$\alpha_\perp = (1+\nu_r)\alpha_r v_r + (1+\nu_f)\alpha_f v_f - \nu_e \alpha_{/\!/} \quad (6)$$

$$\nu_e = \nu_r v_r + \nu_f v_f \quad (7)$$

ここで，ν_eは，みかけのポアソン比であり，接尾記号の$\perp$と$/\!/$は，それぞれ，径方向，軸方向を表わす．

連続相に球が分散している微粒子分散型複合材料の体膨張係数については，Kernerの式[3]が報告されている．

$$\beta_e = \beta_r v_r + \beta_f v_f - \frac{\Delta\beta v_r v_f (E_f - E_r)}{E_f v_r + E_r v_f + 3E_f E_r/(4G_r)} \quad (8)$$

$$\Delta\beta = \beta_r - \beta_f \quad (\beta_r > \beta_f) \quad (9)$$

ここで，E：体積弾性率，G：剛性率であり，連続相と球のポアソン比がほぼ等しいと仮定されている．

エポキシ樹脂とアルミニウムからなる複合材料を例に取り，以上に示した各理論を比較してFig. C-7-6-3に示した．

積層型複合材料の場合の熱膨張係数の異方性が最も著しく，また，積層型複合材料の板面に平行な方

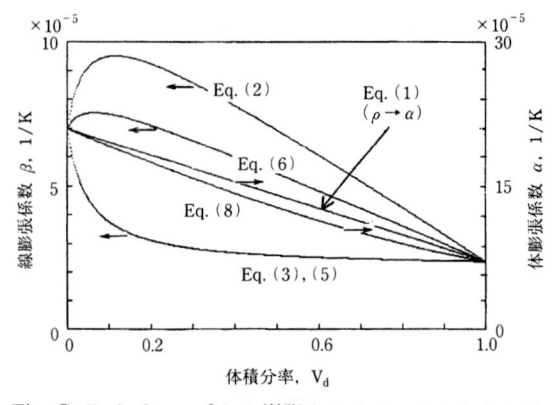

Fig. C-7-6-3 エポキシ樹脂とアルミニウムからなる複合材料の熱膨張率（Thermal expansion coefficient of composite material of epoxy resin and aluminum）

向の線膨張係数（Eq.(3)）と一方向繊維強化複合材料の繊維軸方向の線膨張係数（Eq.(5)）とがほぼ一致している．

7.6.4 比熱容量（Specific Heat Capacity）

複合材料の比熱容量は，次式に示すように，各相の質量比に対して加成性が成り立つ．

$$c_e = \frac{c_1 \rho_1 v_1 + c_2 \rho_2 v_2 + \cdots}{\rho_1 v_1 + \rho_2 v_2 + \cdots} \quad (10)$$

ここで，cは比熱容量である．

7.6.5 熱伝導率（Thermal Conductivity）

複合材料では，対流，ふく射による伝熱も含めた平均の熱流束と平均の温度勾配との比として有効熱伝

Table C-7-6-1 複合材料およびフォームの熱伝導率の理論（Theories of effective thermal conductivity of composite materials）

	積層型複合材料	繊維強化複合材料	微粒子分散型複合材料			その他の複合材料
			球	楕円体，円柱	直方体他	
熱流法則による式	直列の式 Eq. (12)	Rayleigh[4] （径方向） Meridith[4] （軸方向）	Maxwell[4] Meridith[4] Bruggeman[4] Kerner[4] Eucken[6]	Fricke[15] Brehens[7] Johnson[8]	Yamada[9] Hamilton[5]	
合成抵抗による式	並列の式 Eq. (11)	Knappe[10] （二軸配向）	Jefferson[5] Cheng[5] Chlew[11]		Russel[5] Tsao[5]	Oka[12] （連続気泡のフォーム）
経験式			Sugawara[13]	Sugawara[13]	Agari[14]	Lichtenecher[4]
その他		Nielsenら[5]	Nielsenら[5]	Nielsenら[5]		

導率（以下，熱伝導率）が測定されるが，その熱伝導率に関する理論は各種報告されている[4-15]．その導き方と適用できる複合構造により分類すると，Table C-7-6-1のようになる．以下，代表的な式について述べる．

複合材料および断熱材料の熱伝導率の測定および理論と実際との対比において注意すべきことは，

（1）熱流分布を考慮して，十分大きな面積に対する平均の熱流量を取る必要があること．

（2）異方性を持つ材料の場合，測定法により異なった測定値が得られること

（3）断熱材料などでは，新たな加熱による自然対流の発生，水分の移動などにより伝熱量が変化すること

（4）熱拡散率から計算された値（$= \alpha_e c_e \rho_e$）と直接測定された熱伝導率が一致するとは限らないことなどである．

（a）複合材料の熱伝導率（Thermal Conductivity of Composite Materials）

対流やふく射伝熱が無視できる場合について述べる．

1）積層型複合材料の熱伝導率

方向により熱伝導率 λ は異なり，

$$\lambda_{e//} = v_1 \lambda_1 + v_2 \lambda_2 \tag{11}$$

$$1/\lambda_{e\perp} = v_1/\lambda_1 + v_2/\lambda_2 \tag{12}$$

ここで，vは体積分率である．接尾記号の $//$，$\perp$ は，それぞれ，板面に平行な方向，板面に垂直な方向を表す．積層型複合材料の構造は，一般の複合材料の極限の構造と考えられるので，Eq.(11)，(12)は，2相からなる複合材料の熱伝導率の，それぞれ，上限値，下限値を与える．

2）一方向繊維強化複合材料の熱伝導率

この場合も熱伝導率は方向により異なるが，繊維軸に平行な方向の熱伝導率は Eq.(11) により，径方向の熱伝導率は次の項で述べる Eq.(13)（n=1）により求めれば良い．

3）微粒子分散型複合材料の熱伝導率

熱伝導率に影響する要因は，①分散粒子または気泡と連続媒体の熱伝導率，②粒子の体積分率，③粒子の形状，④粒子の配向，⑤粒子の不均一分散など

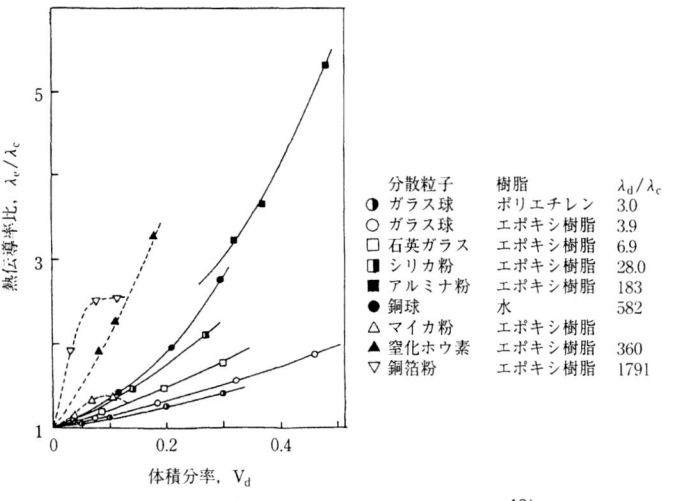

Fig. C-7-6-4 充填剤配合高分子材料の熱伝導率[18]（Thermal conductivity of filled polymers）

分散粒子	樹脂	λ_d/λ_c
◐ ガラス球	ポリエチレン	3.0
○ ガラス球	エポキシ樹脂	3.9
□ 石英ガラス	エポキシ樹脂	6.9
◨ シリカ粉	エポキシ樹脂	28.0
■ アルミナ粉	エポキシ樹脂	183
● 銅球	水	582
△ マイカ粉	エポキシ樹脂	
▲ 窒化ホウ素	エポキシ樹脂	360
▽ 銅箔粉	エポキシ樹脂	1791

である[16,17]．

熱伝導率の測定例をまとめた結果[18]を Fig. C-7-6-4に示す．ガラス球やアルミナ粉などを均一に分散させた場合（図中の実線），熱伝導率はおもに，上記の①～③の要因に影響される．マイカ粉などを分散させた場合（図中の破線）には，上記の④の粒子の配向状態にも影響されるため，結果はより複雑となる．

Table C-7-6-1に示した熱流法則に基づく式のうち，粒子が低濃度に均一に分散しているとのモデルにより導かれたのが，Maxwell[4]（球），Eucken[6]（球，発泡体），Fricke[15]（楕円体），Rayleigh[4]（円柱，軸に垂直な方向），Hamiltonら[5]（不定形），山田ら[9]（直方体）の式である．いずれも Eq.(14)～(16) の n を含む Eq.(13) で表される．

$$\frac{\lambda_e}{\lambda_c} = \frac{(n\lambda_c + \lambda_d) - n(\lambda_c - \lambda_d)v_d}{(n\lambda_c + \lambda_d) + (\lambda_c - \lambda_d)v_d} \tag{13}$$

Maxwellの式（球），Euckenの式（球，発泡体）

$$n = 2 \tag{14}$$

Rayleighの式（円柱，軸に垂直な方向）

$$n = 1 \tag{15}$$

Frickeの式（楕円体）

$$n = \frac{(\lambda_d - \lambda_c) - X_A \lambda_d}{X_A \lambda_c - (\lambda_d - \lambda_c)} \tag{16}$$

$$X_A = \frac{\lambda_d - \lambda_c}{\lambda_c + A_A(\lambda_d - \lambda_c)} \tag{17}$$

$$A_A = \frac{abc}{2}\int_0^\infty \frac{ds}{(s+a^2)\sqrt{(s+a^2)(s+b^2)(s+c^2)}} \quad (18)$$

Eq.(18) の a, b, c は, それぞれ, 楕円体の各軸の長さである. s は楕円座標系における楕円面を表すパラメータであり, s=0 は楕円体粒子の表面を, s=∞ は無限遠方の球面を表す[15]. 楕円体が配向することなく分散している場合には, Eq.(16) に X_A のかわりに, $(X_A + X_B + X_C)/3$ を代入すれば良い.

Fig. C-7-6-5 に, アルミニウム球をエポキシ樹脂に混合した系での測定値[19]と比較した例を, また不規則な形状の各種の無機粉末を充填した系での測定

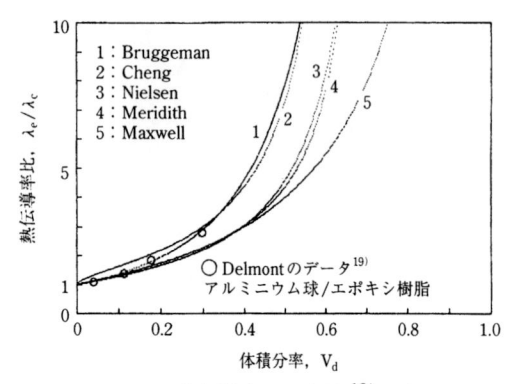

Fig. C-7-6-5 熱伝導率の測定値[19]と各種理論値との比較 (Comparison between observed and calculated results of thermal conductivity)

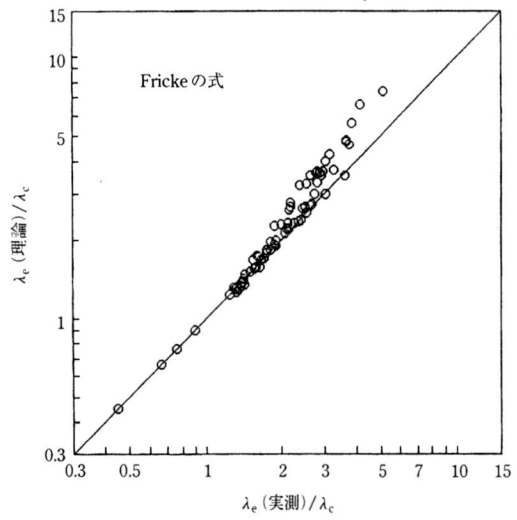

Fig. C-7-6-6 熱伝導率の測定値[18]と Fricke の式による理論値との比較 (Comparison of thermal conductivity between observed and calculated results by Fricke eq.)

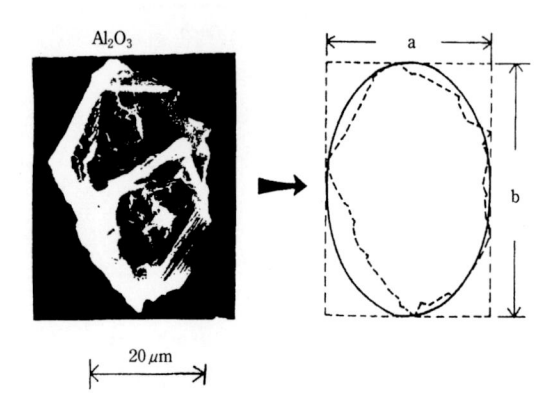

Fig. C-7-6-7 アルミナ粉の顕微鏡写真および回転楕円体への近似法[18] (SEM photography of Al_2O_3 powder and the method of shape simplification)

値[18]と比較した例を Fig. C-7-6-6 に示したが, Maxwell の式や Fricke の式は, 式の形が簡単であるにもかかわらず, 低濃度 ($v_d < 20$%) 以下の濃度では良く一致する. しかし, それ以上の濃度では, 測定値より小さな理論値を与える. これは, 粒子間の相互作用が無視されているためである. なお, アルミナ粉などの場合, 不規則な形状の粒子を, Fig. C-7-6-7 に示したように, 回転楕円体に近似して, パラメータ n (Eq.(16)) を求めて, Fricke の式により理論値を求めれば良い.

Meridith ら[4]は, 立方格子点上に規則的に配置された球の回りの温度分布が, 隣接する球により乱されるとのモデルにより, 熱流法則に基づく式を報告している. また Nielsen ら[5]は, 粒子の形状, アスペクト比などにより定まる最大充填率 (例えば, 球がランダムに分散した系では, 0.637) を導入して Eq.(13) と類似の式を報告している. これらの式は, Fig. C-7-6-5 に見られるように, 高濃度 ($v_d > 20$%) で小さい理論値を与える.

一方, 粒子を均一にランダムに分散させて熱伝導率が λ_e になった混合物を均一な連続媒体と見なし, さらに, それに粒子を均一にランダムに分散させるとのモデルにより導かれているのが, Bruggeman[4] (球), Johnson[8] (楕円体など) の式である. いずれも, Eq.(19) で表される.

$$1 - v_d = \frac{\lambda_e - \lambda_d}{\lambda_c - \lambda_d}\left(\frac{\lambda_c}{\lambda_e}\right)^{1/(n+1)} \quad (19)$$

この n は, Eq.(16) のパラメータ n と同じである.

7.6 複合材料およびフォームの熱物性値

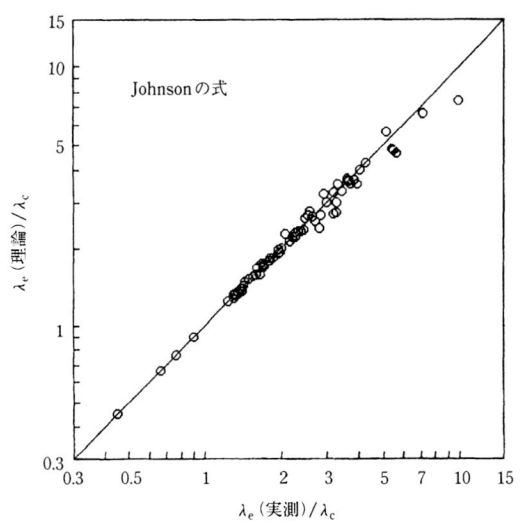

Fig. C-7-6-8 熱伝導率の測定値[18]と理論値との比較（Comparison of thermal conductivity between observed and calculated results by Jhonson eq.）

Eq.(19) は，Fig. C-7-6-5, Fig. C-7-6-8 に示したように，測定データとの一致は良い．しかし，$\lambda_d/\lambda_c \gg 1$ で，体積分率が 40％～50％以上では，測定値より大きな理論値を与えるので，50％以上の濃度では適用を避けたほうがよい．また，粒子が均一に分散していない場合や粒子が配向している場合などには適用できない．

2種類以上の球が分散している場合には，Eq. (20)[4] が報告されている．

$$\frac{\lambda_e}{\lambda_c} = \frac{1 - \Sigma_i \dfrac{2(\lambda_c - \lambda_{di})}{2\lambda_c + \lambda_{di}} v_{di}}{1 + \Sigma_i \dfrac{\lambda_c - \lambda_{di}}{2\lambda_c + \lambda_{di}} v_{di}} \quad (20)$$

4）その他の複合材料の熱伝導率

粒子分散複合材料も含めてより複雑な構造の材料の場合には，以上に示した理論式が適用できない場合が多い．そのため，より簡単な複合構造に近似し，空間を適当にいくつかの部分に分け，これまで述べた理論を各部分に適用して熱伝導率を求め，それらの直並列接続により熱伝導率を求める方法も有効である．この合成熱抵抗による方法は，モデルを定めれば，容易に理論式を導けるので，およその熱伝導率を推定したいときには有用である．

空間の分割数を増やし，各要素の温度分布に関して差分式を組み立て，電子計算機により解く方法[20] は，より一般的に熱伝導率の推定値を得ることが出来る．

（b）断熱材料の有効熱伝導率（Effective Thermal Conductivity of Thermal Insulation Materials）

断熱材料は固体と気体からなる複合材料である．熱が熱伝導のみにより流れる場合には，Table C-7-6-1 に示した複合材料の熱伝導率の理論が適用できる．例えば，球状の独立気泡を持つ発泡体（Fig. C-7-6-1(b)）では，Eq.(13), Eq.(19) が適用できる．また，先に述べた合成熱抵抗による方法により，立方体状の連続相に立方体状の気泡が分散している場合には Russel の式[5] が，連続気泡の場合には岡らの式[12] が，布などのように二軸に配向した繊維系断熱材料では，Knappe の式[10] が提案されている．

しかし，実際には，熱は空隙内を対流やふく射によっても流れるので，伝熱現象はより複雑となる．例えば，フォームの熱伝導率と密度との関係[21,22]を，Fig. C-7-6-9 に示したが，図中で矢印で示した点で，熱伝導率は最小となる．高分子材料より熱伝導率が1桁程度小さな気体の含有量が増えると，フォームの熱伝導率は小さくなるはずであるが，さらに，密

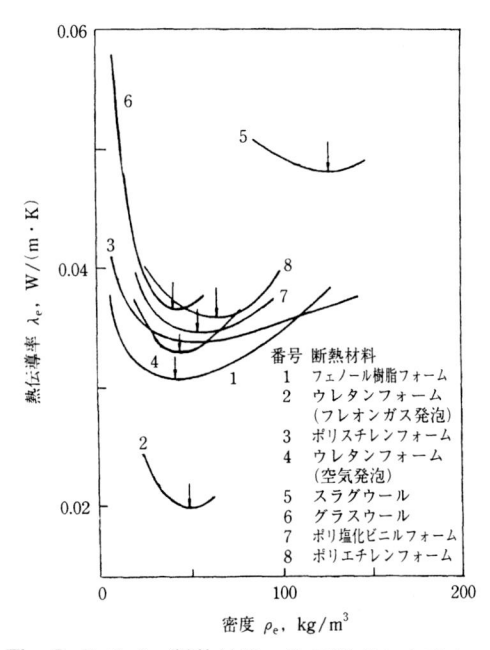

Fig. C-7-6-9 断熱材料の熱伝導率と密度との関係[16,17]（Relationship between thermal conductivity and density of thermal insulation materials）

番号	断熱材料
1	フェノール樹脂フォーム
2	ウレタンフォーム（フレオンガス発泡）
3	ポリスチレンフォーム
4	ウレタンフォーム（空気発泡）
5	スラグウール
6	グラスウール
7	ポリ塩化ビニルフォーム
8	ポリエチレンフォーム

度が小さいと逆に大きくなる．これは，フォームの密度が小さいと空隙部分が多くなり，空隙内の対流やふく射伝熱の寄与が大きくなるためである．また，フレオンガスで発泡させたフォームの場合，気泡内での気体の蒸発や凝縮によるヒートパイプ効果もある．

以下，熱が，熱伝導の他に，ふく射によっても流れるときの理論について述べる．

固体の中に独立気泡が分散している発泡体の場合，以下に示すLoebの式[5]が比較的合うとされている．

$$\lambda_e = (1-v_A)\lambda_c \frac{v_A}{\frac{1-v_L}{\lambda_c}+\frac{v_L}{\lambda_d'}} \tag{21}$$

$$\lambda_d' = \lambda_d + 4\gamma\varepsilon\sigma\Delta T^3 \tag{22}$$

ここで，v_A：熱流方向に垂直な断面における気泡の占める割合，v_L：熱流に平行な面における気泡の占める割合，γ：形状係数，ε：半球全放射率，σ：ステファンボルツマン定数，ΔT：温度差である．Loebの理論では，気体の熱伝導率λ_dの代わりに，ふく射伝熱項を含めた見かけの気体の熱伝導率λ_d'を用いることにより，気泡内の伝熱を取り扱っている．同様な取扱は，球状の気泡を持つフォームにつき，Chlewら[11]により行われており，Eq.(13)のλ_dの代わりに，Eq.(23)を代入する理論が報告されている．

$$\lambda_d' = \lambda_d + 4\varepsilon\sigma R\Delta T^3 \tag{23}$$

以上述べた理論では，空隙内の自然対流効果が無視されており，特に，連続気泡を持つフォームや粒子を充てんした断熱材料では，材料中への吸水，結露または自然対流の発生により熱伝導率が増加し，伝熱量の予測を誤る場合もあるので注意が必要である[23]．

---

1) 高橋義夫・五十嵐高ほか：(未発表)．2) Schapery, R. A.：J. Composite Mater., **2** (1968) 380． 1) Kerner, E. H.：Proc. Phys. Soc., **B69** (1956) 808． 4) Powers, A. E.：AEC-Report KAPL-2145 (1961) (Office of Technical Services U. S. Dept. Commerce発行)． 5) Progelhof, R. C., Throne, J. L., et al.：Polym. Eng. Sci., **16** (1976) 615． 6) Eucken, A.：Forsch. Gebiete Ingenieur., B-3 (1932)． 7) Brehens, E. J.：J. Comp. Mater., **2** (1968) 2． 8) Johnson, F. A.：Atomic Energy Research Establishment R/R 2578 (1958) Vol.1． 9) Yamada E., and Ota T.：Warme- und Stoffubertragung, **13** (1980) 27． 10) Knappe, W., Ott, H. J. et al.：Kunststoffe, **68** (1978) 426． 11) Chlew, Y. C., and Glandt, E. D.：Ind. Eng. Chem. Fundam., **22** (1983) 276． 12) Oka, S., and Yamane, K.：Jap. J. Appl. Phys., **8-12** (1969) 1435． 13) Sugawara, A：J. Appl. Phys. Japan, **30** (1961) 17． 14) Agari, Y., and Uno, T.：J. Appl. Polymer Sci., **49** (1993) 1625． 15) Fricke, H.：Phys. Rev., **24** (1924) 575． 16) 金成克彦：高分子材料の熱伝導率，電総研調査報告第176号 (1973)；応用物理, **40** (1971) 824． 17) Kumada, T.：Bull. of JSME, **18** (1975) 1440． 18) 金成克彦・小沢丈夫：熱物性 **3** (1989) 106． 19) Delmonte, J.：Metal Filled Plastics, Harwell, Reinhold (1961)． 20) 例えば，磯田和男・大野一豊監修：FORTRANによる数値計算ハンドブック，第一版，オーム社 (1972)． 21) Anderson, D. R.：Chem. Rev., **66** (1966) 677． 22) 日本熱物性研究会編：熱物性資料集，断熱材料編，養賢堂 (1983)． 23) 日本機械学会編：伝熱工学資料，改訂第4版 (1986) 219．

7.7 高分子融体のPVT性質 [1-7]
(PVT Property of Polymer Melts)

結晶性樹脂の融点 T_m 以下および非結晶性樹脂のガラス転移点 T_g 以下のPVT性質は非平衡データであり，試料の履歴および測定法に依存する．このため，ここでは熱力学的平衡状態だけを扱うことにして，結晶性樹脂では融点以上，また非結晶性樹脂ではガラス転移点以上の融体のPVT性質を扱うことにする．

高分子融体のPVT性質は Rodgers (1993)，Zoller と Walsh (1995)，Caruthers と Chao (1998) らによってまとめられている．また，データの所在を示す一覧が著者 (舛岡1997) によってまとめられている．さらに，コポリマーのPVT性質はCRCハンドブック (2001) に掲載されている．

高分子融体のPVT性質はさまざまな状態式により表現される．Rodgers (1993) は56の高分子のPVTの実験値に対して6の理論的状態式，経験的状態式について相関を行い，Dee と Walsh の修正セルモデル状態式，Prigogine のセルモデル状態式，Simha−Somcynsky の状態式が優れていると評価した．ここでは簡単な経験式 Tait 式について示す．Tait 式は以下のように表される．

$$V(P,T) = V(0,T)\{1 - C\ln[1 + P/B(T)]\}$$

ここで $V(P,T)$ は圧力 P（MPa），温度 T（K）における比容積（m^3/kg），C は定数（0.0894），$B(T)$ は温度 T（K）における高分子の Tait パラメータ（MPa）であり，次式で表される．

$$B(T) = B_0 \exp[-B_1(T - 273.15)]$$

ここで B_0，B_1 は Table C-7-7-1 に与えられている定数である．また，$V(0,T)$ は次の3つの式のいずれかで表される．

1. $V(0,T) = A_0 + A_1(T - 273.15) + A_2(T - 273.15)^2$
2. $V(0,T) = A_0 \exp[A_1(T - 273.15)]$
3. $V(0,T) = A_0 \exp(A_1 T^{3/2})$

ここで A_i，は各高分子の定数であり，表に与えられ

Table C-7-7-1 高分子融体のTait式のパラメータ (Tait Equation Parameters for Polymer Liquids)

高分子 Polymer	式 Eq.	A_0	A_1	A_2	B_0	B_1	温度範囲 Temp Range	圧力範囲 Press Range
	1	(10^{-3} m^3/kg)	(10^{-3} m^3/(kg K))	(10^{-3} m^3/(kg K^2))	(MPa)	(1/K)	(K)	(MPa)
	2	(10^{-3} m^3/kg)	(K^{-1})					
	3	(10^{-3} m^3/kg)	($K^{-3/2}$)					
HDPE	2	1.1595	8.039E−04		179.9	4.739E−03	413−476	0−196
LPE	2	0.9172	7.806E−04		176.7	4.661E−03	415−473	0−200
HMLPE	2	0.8992	8.502E−04		168.3	4.292E−03	410−473	0−200
BPE	2	0.9399	7.341E−04		177.1	4.699E−03	398−471	0−200
LDPE	1	1.1944	2.841E−04	1.872E−06	202.2	5.243E−03	394−448	0−196
LDPE-A	2	1.1484	6.950E−04		192.9	4.701E−03	385−498	0−196
LDPE-B	2	1.1524	6.700E−04		196.6	4.601E−03	385−498	0−196
LDPE-C	2	1.1516	6.730E−04		186.7	4.391E−03	385−498	0−196
PIB	2	1.075	5.651E−04		200.3	4.329E−03	326−383	0−196
i-PP	2	1.1606	6.700E−04		149.1	4.177E−03	443−570	0−196
a-PP	1	1.1841	−1.091E−04	5.286E−06	162.1	6.604E−03	353−393	0−100
i-PB	2	1.1417	6.751E−04		167.5	4.533E−03	406−519	0−196
PMP	1	1.2078	5.146E−04	9.737E−07	149.8	4.630E−03	514−592	0−196
PMMA	1	0.8254	2.838E−04	7.792E−07	287.5	4.146E−03	387−432	0−200
PS	2	0.9287	5.131E−04		216.9	3.319E−03	388−469	0−200
PoMS	2	0.9396	5.306E−04		261.9	4.114E−03	412−471	0−180
PVAc	1	0.82496	5.820E−04	2.940E−07	204.9	4.346E−03	308−373	0−80
PDMS	2	1.0079	9.121E−04		89.4	5.701E−03	298−343	0−100
PTFE	1	0.32	−9.586E−04		425.2	9.380E−03	603−645	0−39
PSF	1	0.7644	3.419E−04	3.126E−07	365.9	3.757E−03	475−644	0−196
PBD	2	1.097	6.600E−04		177.7	3.593E−03	277−328	0−283.5
PEO	2	0.8766	7.087E−04		207.7	3.947E−03	361−497	0−68.5
PTHF	2	1.0043	6.691E−04		178.6	4.223E−03	335−439	0−78.5
PET	1	0.6883	5.900E−04		369.7	4.150E−03	547−615	0−196
PPO	3	0.78075	2.151E−05		227.8	4.290E−03	476−593	0−176.5
PC	3	0.73565	1.859E−05		310.0	4.078E−03	424−613	0−176.5

Table C-7-7-1 高分子融体のTait式のパラメータ（Tait Equation Parameters for Polymer Liquids） つづき

高分子 Polymer	式 Eq.	A_0	A_1	A_2	B_0	B_1	温度範囲 Temp Range	圧力範囲 Press Range
	1	(10^{-3} m^3/kg)	(10^{-3} m^3/(kg K))	(10^{-3} m^3/(kg K^2))	(MPa)	(1/K)	(K)	(MPa)
	2	(10^{-3} m^3/kg)	(K^{-1})					
	3	(10^{-3} m^3/kg)	(K$^{-3/2}$)					
PAr	3	0.73381	1.626E-05		296.9	3.375E-03	450-583	0-176.5
PH	3	0.76644	1.921E-05		359.9	4.378E-03	341-573	0-176.5
PEEK	2	0.7158	6.690E-04		388.0	4.124E-03	619-671	0-200
PVC	1	0.7196	5.581E-05	1.468E-06	294.2	5.321E-03	373-423	0-200
PA6	2	0.7597	4.701E-04		376.7	4.660E-03	509-569	0-196
PA66	2	0.7657	6.600E-04		316.4	5.040E-03	519-571	0-196
PVME	2	0.9585	6.653E-04		215.8	4.588E-03	303-471	0-200
PMA	2	0.8365	6.795E-04		235.8	4.493E-03	310-493	0-196
PEA	2	0.8756	7.241E-04		193.2	4.839E-03	310-490	0-196
PEMA	2	0.8614	7.468E-04		260.9	5.356E-03	386-434	0-196
TMPC	1	0.8497	5.073E-04	3.832E-07	231.4	4.242E-03	491-563	0-160
HFPC	1	0.6111	4.898E-04	1.730E-07	236.6	5.156E-03	432-553	0-200
BCPC	1	0.6737	3.634E-04	2.370E-07	363.4	4.921E-03	428-557	0-200
PECH	2	0.7216	5.825E-04		238.3	4.171E-03	333-413	0-200
PCL	2	0.9049	6.392E-04		189.0	3.931E-03	373-421	0-200

高分子名称
HDPE：高密度ポリエチレン，LPE：直鎖状ポリエチレン，HMLPE：高分子量直鎖状ポリエチレン，BPE：分枝状ポリエチレン，LDPE：低密度ポリエチレン，LDPE-A：低密度ポリエチレン-A，LDPE-B：低密度ポリエチレン-B，LDPE-C：低密度ポリエチレン-C，PIB：ポリイソブチレン，i-PP：イソタクチックポロプロピレン，a-PP：アタクチックポリプロピレン，i-PB：イソタクチックポリ-1-ブテン，PMP：ポリ-4-メチル-1-ペンテン，PMMA：ポリメチルメタクリレート，PS：ポリスチレン，PoMS：ポリオルソメチルスチレン，PVAc：ポリ酢酸ビニル，PDMS：ポリジメチルシロキサン，PTFE：ポリテトラフルオロエチレン，PSF：ポリスルフォン，PBD：シス1,4-ポリブタジエン，PEO：ポリエチレンオキサイド，PTHF：ポリテトラヒドロフラン，PET：ポリエチレンテレフタレート，PPO：ポリ-2,6-ジメチルフェニレンオキシド，PC：ビスフェノール-A-ポリカーボナート，PAr：ポリアリレート，PH：フェノキシ，PEEK：ポリエーテルエーテルケトン，PVC：ポリ塩化ビニル，PA6：ポリアミド6，PA66：ポリアミド6,6，PVME：ポリビニールメチルエーテル，PMA：ポリメチルアクリレート，PEA：ポリエチルアクリレート，PEMA：ポリエチルメタクリレート，TMPC：テトラメチル ビスフェノール-A-ポリカーボナート，HFPC：ヘキサフルオロ ビスフェノール-A-ポリカーボナート，BCPC：ビスフェノール クロラール ポリカーボナート，PECH：ポリエピクロロヒドリン，PCL：ポリ-ε-カプロラクトン

ている．Tait式の相対不確かさは約0.1％である．

測定データが報告されていない場合には，Satoら (1998) のグループ寄与法による推算が有用である．

---

1) Rodgers, P. A., J. Appl. Polym. Sci., 48, 1061 (1993). 2) Zoller, P., Walsh, D. J., "Standard Pressure-Volume-Temperature Data for Polymers", Technomic Publishing, Zurich, 1995. 3) Caruthers, J. M., Chao, K.-C. et al., "Handbook of Diffusion and Thermal Properties of Polymers and Polymer Solutions", DIPPR, AIChE, N. Y., 1998. 4) 高分子学会編（舛岡弘勝）：高分子実験学8-高分子の物性（1）熱的・力学的性 p.1 共立出版, 1997. 5) Wahlfarth, C., "CRC Handbook of Thermodynamic Data of Copolymer Solutions", CRC Press, N. Y., 2001. 6) Sato, Y. et al., Fluid Phase Equilibria, 144, 427-440 (1998). Brandrap, I., Immergut, E. H., Gurulke, E. A. ed.: Polymer Handbook, 4th ed., John Willey & Sons, (1999).

7.8 高分子液体，インキおよび塗料の非ニュートン粘度（Non-Newtonian Viscosity of Polymeric Liquids, Inks and Paints）

低分子液体に対する粘度の温度依存性については，次のAndradeの式が知られている．

$$\eta = A\exp(E/RT) \qquad (1)$$

ここで，ηは粘度，Eは流動の活性化エネルギー，Rは気体定数，Tは絶対温度，Aは定数である．この式は，水銀やトルエンのような低分子液体については非常によく適合する．通常の低分子液体はニュートン流動を示すので，粘度はその液体の流動性を表す定数として取り扱うことができる．しかし，高分子の濃厚溶液や融液は，非ニュートン流動を示し，粘度はせん断速度$\dot{\gamma}$の関数となる．Fig. C-7-8-1に，ポリスチレン（$M_w = 3\times 10^5$）の20wt％フタル酸ジエチル溶液の流動挙動を示す．せん断速度が低い領域では粘度は一定値となるが，ある程度せん断速度が高くなると粘度は直線的に低下する．低せん断速度域での粘度の一定値をゼロせん断粘度と呼び，溶液中における高分子鎖の形態を知る上で極めて重要な量となる．せん断速度と共に粘度が低下する挙動を擬塑性流動またはせん断流動化という．これは分子間相互作用に起因するものであり，多くの線状高分子については高分子の種類，分子量，濃度，温度によらず直線部の傾きは約-0.82となる．

温度を高くすると，すべてのせん断速度域で粘度は低下するが，その低下はせん断速度により異なる．ここで重要な特徴は，温度が変わっても粘度曲線の形状には変化が見られないということである．このような挙動に対しては換算変数法を適用することができる．いま，ある基準温度T_rおよび任意の温度Tにおけるゼロせん断粘度をそれぞれ$\eta_0(T_r)$および$\eta_0(T)$とし，その比を$a_T = \eta_0(T)/\eta_0(T_r)$とおく．高分子液体に対しては，$T_r$における非ニュートン粘度を$a_T$倍し，さらにせん断速度を$1/a_T$倍して水平移動すればTにおける非ニュートン粘度が求められるというのがこの原理である．ゼロせん断粘度についてはAndradeの式が適用できる場合が多い．したがって，高分子液体における非ニュートン粘度の温度依存性は比較的簡単に予測することができる．

インキや塗料は高分子溶液を分散媒とする顔料粒子のサスペンションとみなせる．サスペンションは分散媒がニュートン流体であっても粒子間の流体力学的相互作用により非ニュートン流動を示す．極めて分散性の良いサスペンションの流動挙動をFig. C-7-8-2に示す．サスペンションの粘度は分散媒の粘度η_mに対する比で表されることが多いので，縦軸は相対粘度η_rで表示してある．

粒子間に熱力学的引力が作用しない場合，流動挙動は微視的には粒子に働く流体力学的せん断力とブラウン運動とのバランスにより支配されるので，サスペンションの粘度はペクレ数$Pe\ (=\eta_m a^3\dot{\gamma}/kT)$の関数で表される．ここで，aは粒子半径，kはBoltzmann定数である．したがって，相対粘度をPeに対してプロットすると，粒子濃度が一定ならば，分散媒粘度，粒径，温度によらず一本の曲線となる[1]．

ところが，工業的に使用されているほとんどのサスペンションでは，分散粒子は粒子間力により凝集体

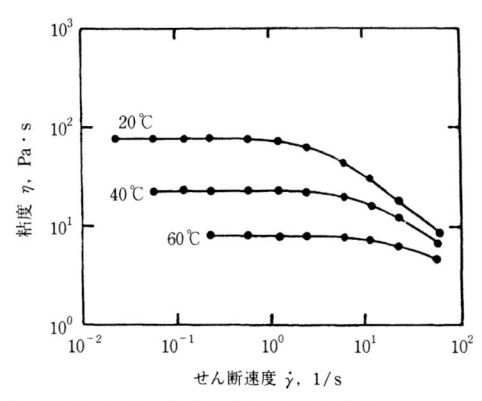

Fig. C-7-8-1 高分子溶液の粘度挙動（Viscosity behavior of polymer solution）

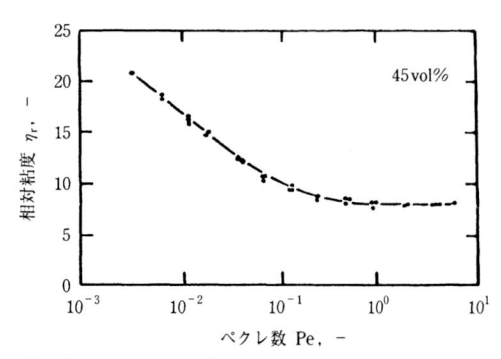

Fig. C-7-8-2 分散性の良いサスペンションの粘度挙動（Viscosity behavior of stabilized suspension）

を形成し，このため低粒子濃度でも粘度は急激に増大する．このようなサスペンションの流動挙動を支配する最も重要な因子は，せん断流動場における凝集体の大きさと分散状態である．個々の粒子の間に働くポテンシャルとしては，London-van der Waals引力ポテンシャル，静電反発ポテンシャル，および吸着高分子の相互作用に起因するポテンシャルの三つがあり，これらの総和により系の分散安定性が決定される．しかし，それぞれのポテンシャルが異なった温度依存性をもつため，粒子間力は温度と共に複雑に変化し，その結果凝集状態も温度により大きく変わることになる．一般的には，凝集サスペンションにおける粘度のせん断速度依存性曲線は温度により異なった形状となるので，換算変数法は使えないと考えなければならない．凝集状態は粒子間力や粒子濃度に強く依存するが，粒子間結合はせん断力により容易に破壊されるという性質があるため，凝集体の大きさはせん断速度と共に小さくなる．したがって，通常の凝集サスペンションにおいてはその粘度はせん断速度と共に低下することになる．ほとんどのインキや塗料が擬塑性流動を示すが，この挙動は顔料粒子が形成する凝集構造がせん断により破壊されるためであると説明される．

Fig. C-7-8-3に高分子溶液に顔料を分散させたモデルインキの挙動を示す．これは，異なった温度で測定した粘度曲線を分散媒である高分子溶液の粘度曲線が1本の曲線になるように換算変数法を用いて20℃の曲線に重ね合せた結果である．せん断速度が高い領域では，凝集体はかなり破壊されていると考えられ，1本の曲線で近似される．すなわち，分散媒の粘度挙動がそのままサスペンションの粘度挙動に反映されている．しかし，低せん断速度域では重ね合せが成立しない．高分子溶液のニュートン流動域で分散粒子の凝集に起因する擬塑性流動が現われ，さらに温度が高くなるにつれて擬塑性流動域が高せん断側に移動する．温度を上げるとサスペンションの粘度は低下するが，高分子溶液の劇的な粘度低下に比べるとそれほど顕著ではない．分散粒子の凝集が粘度増加に及ぼす影響は，せん断速度が低いほど，また温度が高いほど顕著であるといえる．

凝集サスペンションの流動挙動を表す式として実用上次のCassonの式[2)]

$$\sigma^{1/2} = k_0 + k_1 \dot{\gamma}^{1/2} \qquad (2)$$

が有名である．ここでσはせん断応力，k_0，k_1は定数で，k_0^2は降伏応力に相当する．降伏応力は，流体が流動し始めるのに必要な最低せん断応力と定義されている．あるせん断速度範囲で得られた粘度データをCassonの式を用いて$\dot{\gamma}=0$に補外すると，降伏応力を求めることができるが，このような低せん断速度域まで測定すれば，系は流動を示すという実験結果も多い．k_0^2は真の降伏応力といえない場合もあるので注意する必要がある．しかし，この二つの量は粒子の凝集構造と密接に関連していると予想されるので，サスペンションの流動特性を記述する有用なパラメーターとみなせる．非ニュートン液体を分散媒とするサスペンションに対しては，修正式も提出され，k_0，k_1の温度依存性について検討がなされている[3)]．ブチルゴム溶液にカーボンブラックを分散した系については，k_1は温度とともに減少するが，k_0，すなわち降伏応力は温度と無関係に一定であると報告されている．普通のサスペンションにおいては，k_0，k_1とも温度と共に減少するが，k_1の温度依存性の方が大きいようである．

さて，温度が高くなると液体の粘度は低下するというのが一般的に認められている性質である．ところが，高分子溶液を分散媒とするサスペンションの場合，温度の上昇と共に粒子の分散安定性が悪くなる

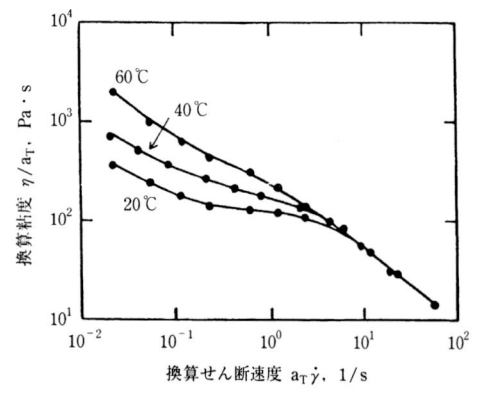

Fig. C-7-8-3 モデルインキの粘度挙動（Viscosity behavior of model ink）

---

1) Krieger, I. M. : Trans. Soc. Rheol., 7 (1963) 101.　2) Casson, N. : Rheology of Disperse System, Mill, C. C., Ed., Pergamon Press (1959) 84.　3) Matsumoto, T., Takashima, A. et al. : Trans. Soc. Rheol., 14 (1970) 617.　4) 小松崎茂樹：日本レオロジー学会誌, 5 (1977) 181.

ことがある．もし，温度上昇に伴う分散媒粘度の低下より凝集形成による粘度増加が上回ると，サスペンションの粘度が温度と共に増加することが起こり得る．このようなサスペンションのレオロジーについては，系統的な研究はまだほとんど見当らないが，グリースについてはある温度で粘度が最大値を示すと報告しているものがある[4]．サスペンションレオロジーにおける温度の効果を知るためには，粒子間ポテンシャルに関する情報が不可欠である．

C.8 新材料 (Advanced Materials)

8.1 半導体および周辺材料 (Semiconductor and Related Materials)

ULSI に代表される半導体デバイスの分野ではデバイスの高集積化・高速化に伴い,発熱密度が増加し,温度上昇による誤動作の問題が顕在化しつつある.これを回避するため,放熱性に優れた材料の探索,また FEM (有限要素法) などの数値シミューレーションを用いたデバイスの熱設計,等が進められており,半導体および周辺材料の熱物性値の必要性が高まっている.測定技術の進歩により,これら材料の薄膜状態での熱物性値が整備されつつある.

8.1.1 層間絶縁膜材料 (Interlayer Insulating Film)

層間絶縁膜には従来より SiO_2 薄膜が用いられており,3ω法やサーモリフレクタンス法による熱伝導率測定結果が報告されている.これまでの報告値を Table C-8-1-1 にまとめる.なお,本材料については,製膜方法・条件の違いにより,組成および微細構造が変化し,熱伝導率値が大きく変わる場合がある.

Table C-8-1-1 SiO_2 薄膜の室温付近における熱伝導率 (Thermal conductivites of SiO_2 thin films)

製膜方法	密度 (kg m^{-3})	熱伝導率 (W m^{-1}K^{-1})	出典
熱酸化	2220	1.31	1)
	2140	1.34	2)
PE-CVD	2190	1.04	2)
	2100	1.13	3)
LP-CVD	2000	0.99	2)
	2070	0.93	4)
	2120	0.88	4)
スパッタ	2220	0.95	2)
	2220	1.00	5)
	2210	1.22	5)
蒸着	1810	0.69	2)
	1970	0.93	2)
	2040	0.72	6)

PE-CVD : Plasma enhanced CVD
LP-CVD : Low pressure CVD.

Table C-8-1-2 Low-k 材料の室温付近における熱伝導率 (Thermal conductivies of low-k materials)

物質	誘電率	熱伝導率 (W m^{-1}K^{-1})	出典
SiO_2 (PE-CVD)	4.1	1.4	7)
SiOF			
F/Si = 0.11	3.6-3.8	1.3	7)
0.18	3.5	0.78	8)
SiOC			
C/Si = 0.33	2.7-3.1	0.58	7)
0.61	2.7-3.1	0.43	7)
0.97	2.7-3.1	0.35	7)
1.34	2.68	0.30	8)
Silica hybrid			
HSQ	3.1	0.38	9)
MSQ	2.8	0.28	9)
FOx™	2.9	0.41	10)
XLK™	2.0	0.18	10)
Polymeric			
BCB	2.7	0.24	9)
SiLK™	2.6	0.18	9)

MSQ : Methyl- silsesquioxane
HSQ : Hydrogen silsesquioxane
FOx™, XLK™ : Dow Corning's spin-on dielectrics
BCB : Benzocyclobutene
SiLK™ : Dow Chemical's silicon application low-k

1) D. G. Cahill, M. Katiyar, and J. R. Abelson : Phy. Rev. B 50 (1994) 6077. 2) T. Yamane, N. Nagai, S. Katayama, M. Todok : J. Appl. Phys. **91** (2002) 12. 3) S.-M. Lee and D. G. Cahill : J. Appl. Phys. **81** (1997) 2590. 4) Y. S. Ju and K. E. Goodson : J. Appl. Phys. **85** (1999) 7130. 5) S.-M. Lee and D. G. Cahill : Phy. Rev. B **52** (1995) 253. 6) D. G. Cahill and T. H. Allen : Appl. Phys. Lett. **65** (1994) 309. 7) B. C. Daly, H. J. Maris, W. K. Ford, G. A. Antonelli, L. Wong, and E. Andideh : J. Appl. Phys. **92** (2002) 6005. 8) T. Yamane, S. Katayama, and M. Todoki : 23 rd. Jpn. Symp. Thermophys. Prop. (2002, Tokyo). 9) A. Jain, S. Rogojevic, S. Ponoth, W. N. Gill, J. L. Plawsky, E. Simonyi, S.-T. Chen, and P. S. Ho : J. Appl. Phys. **91** (2002) 3275. 10) R. M. Costescu, A. J. Bullen, G. Matamis, K. E. O'Hara, and D. G. Cahill : Phys. Rev. B65 (2002) 094205.

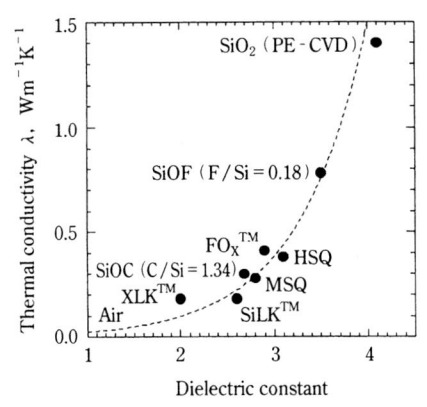

Fig. C-8-1-1 Low-k 膜材料の室温付近における熱伝導率 (Thermal conductivies of low-k materials)

ることに留意する必要がある．

配線寄生容量低減のため，SiO_2 薄膜に代わる新規材料として，low-k 膜材料の開発が進められている．本材料は，誘電率が低くなると熱伝導率が低下するといったトレードオフの傾向があり，熱伝導率を定量的に把握しておくことが，デバイス設計上重要である．3ω 法やサーモリフレクタンス法によるこれまでの報告値を，Table C-8-1-2 および Fig. C-8-1-1 にまとめる．

8.2 光エレクトロニクス関連材料：光記録材料 (Opto-Electronics Materials : Optical Recording Materials)

8.2.1 光記録材料とは (Optical Recording Materials)

DVD-RAM などに代表される読み書き可能な光ディスクは一般に相変化材料を記録層とし，厚さ数10ナノメートルの反射層，保護層，記録層を含む多層構造を形成している．記録は記録層が結晶相の場合とアモルファス相の場合で読み出しレーザ光に対する反射率が異なることに基づいて行われる．加熱レーザ光の強度を制御して記録層を融点まで加熱した後に急冷するとアモルファス相になり，結晶化温度以上融点未満の加熱に留めると結晶相となる．したがって，情報の記録速度や記録密度は記録層の熱物性値のみならず多層構造を構成する他の薄膜と基

Table C-8-2-1 主な光記録用材料の熱物性 (Thermophysical properties of optical-disk materials)

	熱拡散率 $m^2 s^{-1}$	熱伝導率 $Wm^{-1}K^{-1}$	比熱容量 $Jkg^{-1}K^{-1}$	密度 $kg\,m^{-3}$	単位体積あたりの熱容 $Jm^{-3}K^{-1}$	文献
(バルク)						
$Ge_{52}Te_{48}$	3.2	2.7			0.82	2)
$Ge_{40}Sb_{10}Te_{50}$	1.2	1.1			0.90	2)
$Ge_{15}Sb_{29}Te_{56}$	2.7	2.0			0.70	2)
$Ge_8Sb_{34}Te_{58}$	1.7	1.8			1.08	2)
$Sb_{40}Te_{60}$	1.6	1.7			1.02	2)
(薄膜)						
$Ge_2Sb_2Te_5$(Amorphous)	0.3					3)
$Ge_2Sb_2Te_5$(Amorphous)		0.2			1.29	4)
$Ge_2Sb_2Te_5$(Amorphous)		0.2				5)
$Ge_2Sb_2Te_5$(Crystal)FCC	0.5					3)
$Ge_2Sb_2Te_5$(Crystal)		0.5			1.29	4)
$Ge_2Sb_2Te_5$(Crystal)		0.5				5)
$Ge_2Sb_2Te_5$(Crystal)	0.4	0.4	209	5150	1.08	4)
$Ag_6In_{4.4}Sb_{61}Te_{28.6}$(Amorphous)	0.2	0.3	210	5120	1.08	6)
$Ag_6In_{4.4}Sb_{61}Te_{28.6}$(Amorphous)		0.2				7)
$Ag_6In_{4.4}Sb_{61}Te_{28.6}$(Crystal)	1.4	1.6	210	5120	1.08	6)
$Ag_6In_{4.4}Sb_{61}Te_{28.6}$(Crystal)		1.7				7)
$ZnS:SiO2$		0.6			2.01	4)
$ZnS:SiO2$	0.2	0.4	560	3650	2.04	6)
$ZnS:SiO2$		0.6				8)

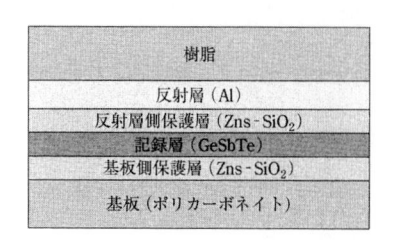

Fig. C-8-2-1 光記録ディスク構造の一例
(Structure of optical disk)

板の熱物性値に依存する．また，光で加熱して相変化を起こす代わりに通電加熱により相変化を起こして情報を記録する相変化型不揮発性メモリも最近注目を集めている．

このように相変化光ディスクでは記録速度，記録密度の本質的性能が構成材料の熱物性値と密接に関連し，熱設計の結果を左右することから，熱物性値情報への期待は高い．

8.2.2 $Ge_2Sb_2Te_5$ 系について
($Ge_2Sb_2Te_5$ genus)

様々な組成比が考えられるが，記録膜材料として最も良く知られている $Ge_2Sb_2Te_5$ について簡単に触れ

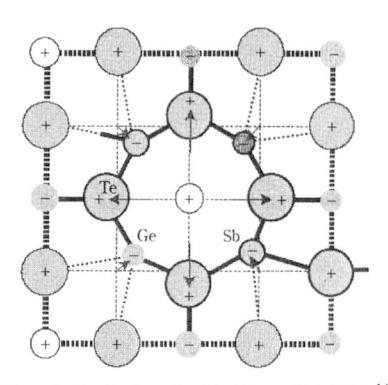

Fig. C-8-2-2 $Ge_2Sb_2T_5$ の基本構造[1]
(Basic structure of amorphized $Ge_2Sb_2T_5$)

る．他の組成，については本稿では割愛する．

$Ge_2Sb_2Te_5$ をスパッタ成膜した場合，焼成処理を施さなければ一般にアモルファス相である．焼成を進めると準安定相であるFCC構造を取り，さらに高温に進めるとHCP構造となることが知られている．

アモルファス相について最近の研究報告では Fig. C-8-2-2に示すようにプラスに帯電した空孔を取り囲むような Ge-Te-Sb-Te-Ge-Te-Sb-Te がリング状の2次元ブロック構造として形成していることが報告されており，アモルファス相はその2次元ブロック間の結合が切れている[1]．

8.2.3 熱拡散率・熱伝導率・比熱容量
(Thermal Diffusivity, Thermal Conductivity, Specific Heat Capacity)

バルク材料としての報告は光音響法を用いたもの[2]，サーモリフレクタンス法や3ω法で測定された報告がいくつかあるが[3-9]，測定方法や解析時の仮定により熱拡散率が直接測定される場合，熱伝導率が直接測定される場合がある．これまでの報告値についてはTable C-8-2-1にまとめた．

比熱容量の測定はバルク試料をDSCで測定したものが多いようである（Table C-8-2-1）．薄膜の多くは基板上に成膜されているため，基板の影響を排除して薄膜のみの熱容量を計測することは困難である．

なおここで紹介したデータは測定条件について必ずしも文献に明瞭に記載されていない場合もあるため，表に記載した値については元の文献をよく参照して用いることを勧める．

8.2.4 光学定数とその温度依存性
(Optical Constants and Their Temperature Dependence)

アモルファス相と結晶相の違いによる記録膜の光学定数スペクトルの違いが知られている[4,6,10,11]

---

1) A. V. Kolobov, P. Fons, A. I. Frenkel, A. Ankudinov, J. Tominaga, and T. Uraga : Nature Materials **3** (2004) pp. 703-708. 2) J.M. Yanez-Limon, J. Gonzalez-Hernandez, J.J. Alvarado-Gil, I. Delgadillo, H. Vatgas : Phys. Rev. B., **52** (1995) pp. 16321-16324. 3) H. Watanabe, T. Yagi, N. Taketoshi, T. Baba, A. Miyamuta, Y. Sato and Y. Shigesato : Proc. 26 th. jpn. symp. thermophys. prop. (2005, Tsukuba). 4) C. Peng, L. Cheng, and M. Mansuripur : J. Appl. Phys. **82** (1997) 4183-4191. 5) E.-K. Kim and S.-I. Kwun, S.-M. Lee and H. Seo, J.-G. Yoon : Appl. Phys. Lett., **76** (2000), pp. 3864-3866. 6) M. Kuwahara, O. Suzuki, N. Taketoshi, Y. Yamakawa, T. Yagi, P. Fons, K. Tsutsumi, M. Suzuki T. Fukaya J. Tominaga and T. Baba : Jpn. j. Appl. Phys., **45**, No. 2 B, (2006) pp. 1419-1421. 7) R. Endoh, T. Yamane, M. Kuwahara : Proc. 26 th. jpn. symp. thermophys. prop. (2005, Tsukuba). 8) E.-K. Kim and S.-I. Kwun, S.-M. Lee and H. Seo, J.-G. Yoon : Phys. Rev. B, **61** (2000) pp. 6036-6040. 9) T. Ide, M. Suzuki, M. Okada : Jpn. J. Appl. Phys., **34** (1995) L529-L532. 10) R. Kojima, N. Yamada : Jpn. J. Appl. Phys., **40** (2001) pp. 5930-5937.

Table C-8-2-2 室温での光学定数
(Optical constants at room temperature)

	温度 K	波長 nm	n	k	文献
$Ge_2Sb_2Te_5$(Amorphous)	R.T	780	4.7	1.4	4)
$Ge_2Sb_2Te_5$(Amorphous)	R.T	780	3.9	1.1	11)
$Ge_2Sb_2Te_5$(Amorphous)	R.T	405	2.6	2.0	11)
$Ge_2Sb_2Te_5$(Crystal)	R.T	780	5.1	3.5	4)
$Ge_2Sb_2Te_5$(Crystal)	R.T	780	5.2	3.2	6)
$Ge_2Sb_2Te_5$(Crystal)	R.T	405	2.6	4.1	6)
$Ge_2Sb_2Te_5$(Crystal)	R.T	780	4.7	3.6	10)
$Ge_2Sb_2Te_5$(Crystal)	R.T	405	1.6		10)
$Ge_4Sb_2Te_7$(Amorphous)	R.T	405	3.4	1.9	11)
$Ge_4Sb_2Te_7$(Crystal)	R.T	405	2.0	3.0	11)
$Ag_6In_{4.4}Sb_{61}Te_{28.6}$(Crystal)	R.T	780	3.5	4.5	6)
$Ag_6In_{4.4}Sb_{61}Te_{28.6}$(Crystal)	R.T	405	1.7	3.0	6)
$ZnS:SiO2$	R.T	780	2.1	−	10)
$ZnS:SiO2$	R.T	405	2.2	−	10)

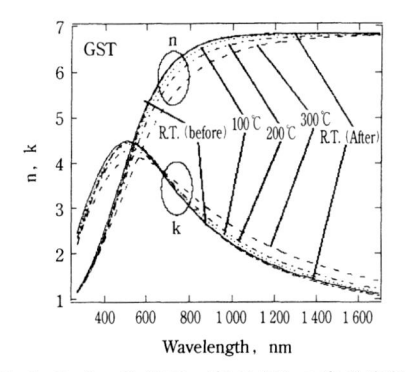

Fig. C-8-2-3 GeSbTe (結晶相) の光学定数スペクトル[5]) (Refractive indices of GeSbTe from R.T to 300℃)

(Table C-8-2-2) が,光学定数 (n, k) そのものの温度依存性を調べた報告は非常に少ない[6]. しかし,近年試料温度可変のエリプソメータも商品として在る事から,光学的性質の温度依存性の情報は今後増えていくことが予想される. Fig. C-8-2-3 に分光エリプソメトリにより測定された記録材料の温度依存性の一例[5]を示す.

8.2.5 界面熱抵抗 (Boundary Thermal Resistance)

光ディスク材料の熱設計においては,その構成する各層の熱物性値のみならず,界面熱抵抗を必要とする. しかし,一つの界面熱抵抗を測定するのは一般的に難しく,データは少ない[5]. また,界面熱抵抗の本質は2層間の物質組み合わせによっても異なると考えられ,未知の部分が多い. 十分な体系的知見は今後のデータ蓄積と計測・解析技術の発展に依存するであろう.

8.3 カーボン系材料 (Carbon Materials)

8.3.1 カーボンナノチューブ (Carbon Nanotube)

カーボンナノチューブは,C原子の六角網面(グラフェンシート)を円筒状に丸めたもので,グラフェンシート1層からなる単層カーボンナノチューブ (SWNT : Single-Walled Carbon Nanotube) と数層からなる多層カーボンナノチューブ (MWNT : Multi-Walled Carbon Nanotube) がある. また,カイラリティ(グラフェンシートを丸める方向)が3種類あり,カイラリティと直径に依存して,金属的または半導体的な物性を示すことが知られている.

擬1次元的でかつナノメートルスケールの微細構造物であるために,電気的,磁気的,力学的,熱的などの特性が理論的に計算されており,極めて大きい電気伝導率や熱伝導率など顕著な特性の発見が期待されている. 特に,金属的な性質の SWNT に関する理論計算からは,バリスティックな伝導の発現が予

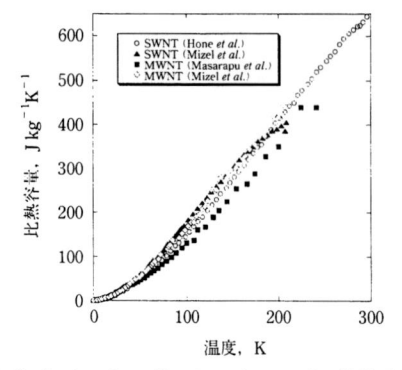

Fig. C-8-3-1 カーボンナノチューブの比熱容量[2-4]
(Specific heat of carbon nanotubes)

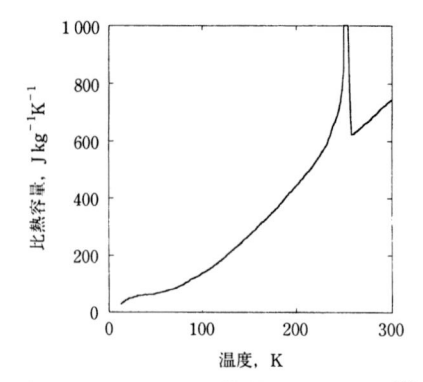

Fig. C-8-3-2 C_{60} 単結晶の比熱容量[16]
(Specific heat of single crystal C_{60})

Table C-8-3-1 カーボンナノチューブの室温付近における熱伝導率・熱拡散率
(Thermal conductivity values and thermal diffusivity values of carbon nanotubes)

種類 Material	手法 Method	熱伝導率 λ・熱拡散率 α・熱抵抗 ρ Thermal conductivity, diffusivity, resistance	参考文献 References
SWNT	比較法	$\lambda = 35$ W m^{-1} K^{-1}, $\lambda \sim 250$ W m^{-1} K^{-1}	5) 6)
SWNT	理論計算(分子動力学)	$\lambda = 200 - 400$ W m^{-1} K^{-1}	7)
SWNT	理論計算(分子動力学)	$\lambda = 1000 - 3000$ W m^{-1} K^{-1}	8)
SWNT	理論計算	$\lambda \sim 5000$ W m^{-1} K^{-1}	9)
SWNT	ナノセンサ法	$\lambda \sim 1500$ W m^{-1} K^{-1}	10)
SWNT	レーザフラッシュ法	$\alpha \sim 6 \times 10^{-5}$ m^2 s^{-1}	11)
MWNT	3ω法	$\lambda = 25$ W m^{-1} K^{-1}	12)
MWNT	熱抵抗	$\rho = 1.6 \times 10^{-7}$ W K^{-1}	13)
MWNT	光熱反射法	$\lambda = 15$ W m^{-1} K^{-1}	14)
MWNT	3ω法	$\lambda = 650 - 830$ W m^{-1} K^{-1}	15)

1) 例えば, T. Ando, H. Matsumura and T. Nakanishi : Physica B **323** (2002) 44. 2) J. Hone, B. Batlogg, Z. Benes, A. T. Johnson and J. E. Fischer : Science **289** (2000) 1730. 3) A. Mizel, L. X. Benedict, M. L. Cohen, S. G. Louie, A. Zettl, N. K. Budraa and W. P. Beyermann : Phys. Rev. B**60** (1999) 3264. 4) C. Masarapu, L. L. Henry and B. Wei : Nanotechnology **16** (2005) 1490. 5) J. Hone, M. Whitney, C. Piskoti, and A. Zettl : Phys. Rev. B**59** (1999) 2514. 6) J. Hone, M. C. Liguno, N. M. Nemes, A. T. Johnson, J. E. Fischer, D. A. Walters, M. J. Casavant, J. Schmidt, and R. E. Smalley : Appl. Phys. Lett. **77** (2000) 666. 7) S. Maruyama : Micro Thermophys. Eng. 7 p. 41. 8) A. Cummings, M. Osman, D. Srivastava, and M. Menon : Phys. Rev. B**70** (2004) 115405. 9) N. Mingo and D. A. Broido : Nano Lett. **5** (2005) 1221. 10) M. Fujii, X. Zhang, H. Xie, H. Ago, K. Takahashi, T. Ikuta : Phys. Rev. Lett. **95** (2005) 65502. 11) M. Akoshima, K. Hata, D. Futaba, T. Baba, H. Kato, M. Yumura : 26th Jpn. Symp. Thermophys. Prop. (2005) Tsukuba. 12) W. Yi, L. Lu, Zhang Dian-lin, Z, W, Pan, and S. S. Xie : Physical Review B**59** (1999) R9015. 13) P. Kim, L. Shi, A. Majumdar, and P. L. MacEuen : Phys. Rev. Lett. **87** (2001) 215502. 14) D. J. Yang, Q. Zhang, G. Chen, S. F. Yoon, J. Ahn, S. G. Wang, Q. Zhou, Q. Wang, and J. Q. Li : Phys. Rev. B**66** (2002) 165440. 15) T. Y. Choi, D. Poulikakos, J. Tharian, U. Sennhauser : Appl. Phys. Lett. **87** (2005) 013108. 16) T. Matsuo, H. Suga, W.I.F. David, R. M. Ibberson, P. Bernier, A. Zahab, C. Fabre, A. Rassat and A. Dworkin : Solid State Comm. **83** (1992) 711. 17) 例えば, J. R. Olson, K. A. Topp and R. O. Pohl : Science **259** (1993) 1145. 18) E. Grivei, M. Cassart, J. ?P. Issi, L. Langer, B. Nysten and J. ?P. Michenaud, C. Fabre and A. Rassat : Phys. Rev. B**48** (1993) 8514. 19) W. P. Beyermann, M. F. Hundley, J. D. Thompson, F. N. Diederich and G. Gruner : Phys. Rev. Lett. **68** (1992) 2046. 20) R. C. Yu, N. Tu, B. Salamon, D. Lorents and R. Malhotra : Physi Rev. Lett. **68** (1992) 2050. 21) M. Haluska and H. Kuzmany : Phys. Rev. Lett. **69** (1992) 3374. 22) A. N. Aleksandrovskii, A. V. Dolbin, V. B. Esel'son, V. G. Gavrilko, V. G. Manzhelii and B. G. Udovichenko : Low Temp. Phys. **29** (2003) 324. 23) A. Ono, T. Baba, H. Funamoto and A. Nishikawa : Jpn. J. Appl. Phys. **25** (1986) L808. 24) F. Takahashi, K. Fujii, Y. Hamada and I. Hatta : Jpn. J. Appl. Phys. **39** (2000) 6471. 25) H. P. Ho, K. C. Lo, S. C. Tjong and S. T. Lee : Diamond Relat. Mater. **9** (2000) 1312. 26) S. Ahmed, R. Liske, T. Wunderer, M. Leonhardt, R. Ziervogel, C. Fansler, T. Grotjohn, J. Asmussen and T. Schuelke : Diamond and Relat. Mater. **15** (2006) 389.

言されている[1]．これまでに報告されている熱的特性の研究例を挙げる．

Fig. C-8-3-1に，比熱容量を示す[2-4]．比熱容量は，SWNTとMWNTを問わず，ほぼ同程度の値が報告されている．熱伝導率や熱拡散率をTable C-8-3-1にまとめた．黒鉛程度の値からダイヤモンドに近い値まで，100倍以上異なる広範囲の値が報告されている．

8.3.2 フラーレン（Fullerene）

代表的なフラーレンであるC_{60}は，C原子の六員環と五員環が組み合わさったサッカーボール状の正二十面体構造からなり，分子性結晶として存在する．約90 Kにガラス転移，260 Kに構造相転移（面心立方晶⇔単純立方晶）があることが知られており，比熱容量や熱伝導率，熱膨張率などの熱物性もそれらを反映した振る舞いをする．

Fig. C-8-3-2にC_{60}単結晶の比熱容量を示す[16]．90 K付近および260 K付近で構造相転移を示すピークがみられるが，同様の結果は多くの文献で報告されている[17]．また，この構造の変化に起因するヒステリシスも幾つか報告されている[18]．20 K以下の低温の実験から，デバイモデルの格子比熱のT^3に比例する温度依存性が報告されている[19]．

Fig. C-8-3-3にC_{60}単結晶の熱伝導率を示す[20]．90 K付近と260 K付近に異常がみられる．温度上昇

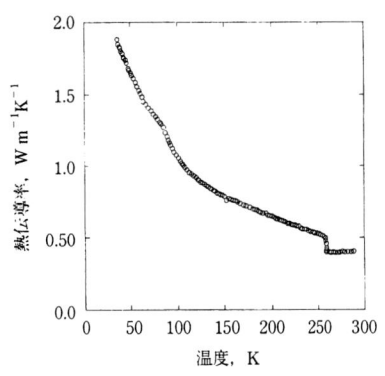

Fig. C-8-3-3 C_{60}単結晶の熱伝導率[20]
(Thermal conductivity of single crystal C_{60})

に伴う指数関数的な減少と$1/T$の依存性は，熱伝導におけるフォノンの寄与が支配的であることを示唆している．

熱膨張率においても，構造相転移が確認されている[21]．また，低温では，C_{60}分子の再配向により負の熱膨張率を示すという報告もある[22]．

8.3.3 ダイヤモンド薄膜（Diamond Thin Film）

ダイヤモンド薄膜は，気相合成法により合成され，多結晶膜，高配向性膜がある．高耐電圧性，耐摩耗性，耐熱性，高熱伝導性などの点で期待されている．研究例をTable C-8-3-2に挙げる．

Table C-8-3-2 ダイヤモンド薄膜の熱伝導率（Thermal conductivity of diamond films）

試料厚さ Thickness	測定方向 Axis	測定方法 Method	温度 Temperature	熱伝導率λ・熱拡散率α Thermal conductivity or diffusivity	参考文献 References
7-30 μm	面内方向	放射熱交換	283-403 K	λ = 20-1000 W m^{-1} K^{-1}	23)
350 μm	面内方向	光交流法	室温	$\alpha \sim 5 \times 10^{-4}$ m^{2}s^{-1}	24)
400 μm	面内方向	走査熱電対法	299-317K	λ = 540-620 W m^{-1} K^{-1}	25)
16 μm	厚さ方向	3ω法	298 K	λ = 26 W m^{-1} K^{-1}	26)

C.9 航空・宇宙 (Aerospace)

9.1 航空機機体 (Body of Airplane)

航空機には，旅客機，軍用機，練習機など種々あるが，航空機機体各部の名称について三菱MU-2J多用途機を例にとり，Fig. C-9-1-1に示す．

航空機は，その飛行速度により亜音速機（～マッハ0.6），遷音速機（マッハ0.6～1.4），超音速機（マッハ1.4～4.0），極超音速機（マッハ4.0～）に分類できるが，飛行速度が速くなるほど機体各部の温度は空力加熱により上昇する．HST（極超音速機）が高度26.8 kmを速度マッハ8で飛行したときの機体表面の温度分布をFig. C-9-1-2に示す．機体表面は非常に高温になるので，構造材料に耐熱材料を用いるとともに，表面に熱防護材を用いることが必要になる．

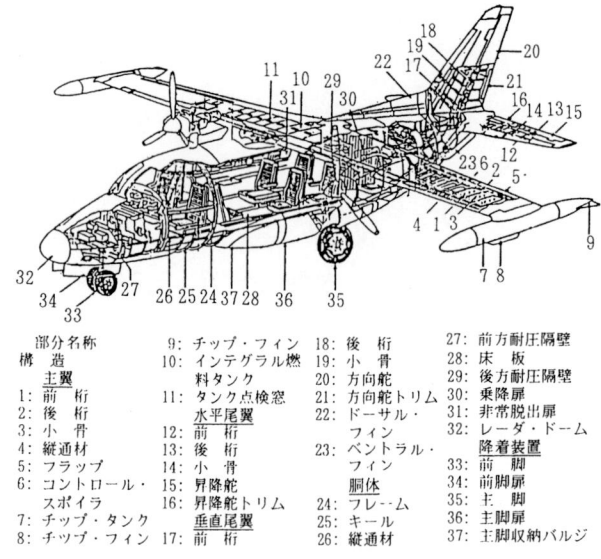

部分名称					
構造	9: チップ・フィン	18: 後桁	27: 前方耐圧隔壁
主翼	10: インテグラル燃料タンク	19: 小骨	28: 床板
1: 前桁	11: タンク点検窓	20: 方向舵	29: 後方耐圧隔壁
2: 後桁	水平尾翼	21: 方向舵トリム	30: 乗降扉
3: 小骨	12: 前桁	22: ドーサル・フィン	31: 非常脱出扉
4: 縦通材	13: 後桁	23: ベントラル・フィン	32: レーダ・ドーム
5: フラップ	14: 小骨	胴体	降着装置
6: コントロール・スポイラ	15: 昇降舵	24: フレーム	33: 前脚
7: チップ・タンク	16: 昇降舵トリム	25: キール	34: 前脚扉
8: チップ・フィン	垂直尾翼	26: 縦通材	35: 主脚
	17: 前桁		36: 主脚扉
			37: 主脚収納バルジ

Fig. C-9-1-1 航空機機体の名称
(Name of each components of plane)[1]

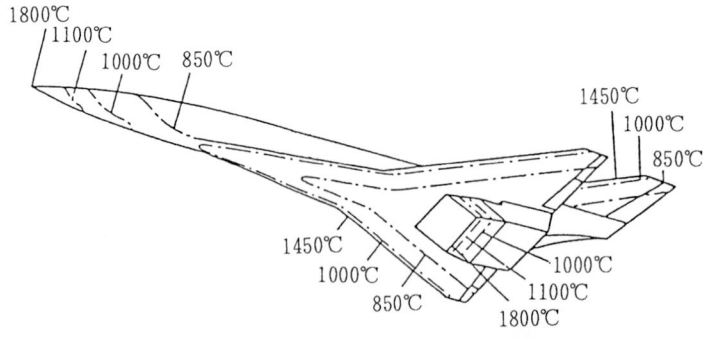

Fig. C-9-1-2 極超音速機の機体外表面温度
(Skin temperature for uncooled structure, Mach 8 at 26.8 km)[2]

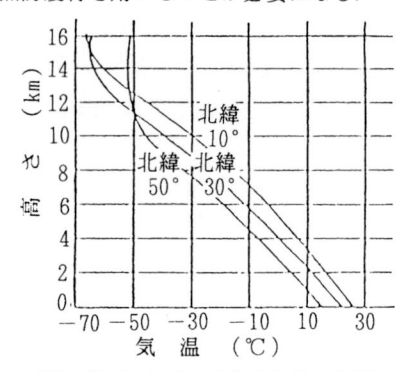

Fig. C-9-1-3 高度と気温の関係
(Relationship of altitude vs temperature)[3]

航空機の使用環境条件は，飛行高度の上昇とともに温度が低下する．高度と気温との関係をFig. C-9-1-3に示す．

9.1.1 構造・材料 (Structure and Materials)

(a) 機体構造 (Plane Structure)

航空機の構造部分は，胴体，主翼，尾翼およびナセル構造からなる．胴体構造は，Fig. C-9-1-4に示すセミモノコック構造が大型旅客機をはじめとし，多くの航空機に採用されている．この構造では，機体外板パネルに主たる構造を分担させている．

---

1) 日本航空宇宙学会編：航空宇宙工学便覧，丸善 (1974) 66.　2) Scientific American, Oct. (1986).　3) 日本航空学会編：航空工学便覧，河鍋書店 (1963) 804.

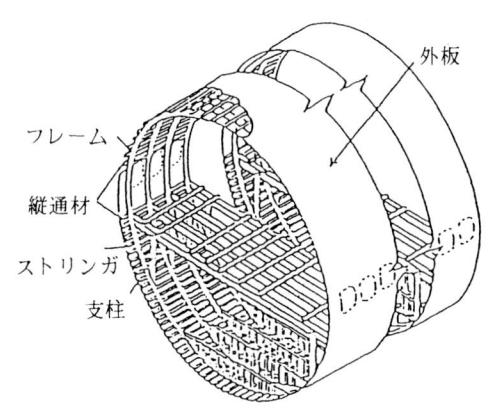

Fig. C-9-1-4　セミ・モノコック構造
(Semi-monocoque structure)[4]

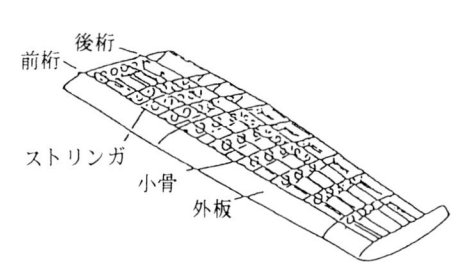

Fig. C-9-1-5　主翼・応用外皮構造
(Wing-stress skin structure)[5]

次に，主翼構造の一例を Fig. C-9-1-5 に示す．応力外皮構造をなしており，ねじりモーメントは外板で，せん断力と曲げモーメントは桁で受け持つ．主翼は揚力を受けるため，上面外板は圧縮力を，下面外板は引張力をそれぞれ受ける．

(b) 航空機機体要素の使用材料
(Material of Each Components)

航空機機体に用いる各種材料の使用温度範囲，比強度および適用部位を Table C-9-1-1 に示した．
上記材料のレベル判断のために，使用温度範囲と強

Table C-9-1-1　主要素材の航空機機体への適用部位（Application of materials for plane composites）

種　類	材　料　名	使用温度範囲(K)	比強度(×10⁴m)	適　用　部　位
アルミニウム合金	2024	~470	1.91	翼（主翼、尾翼）：外板、縦通材
	7075	~470	2.00	
	2618	~470	2.10	胴体：外板、縦通材
チタン合金	Ti-6Al-4V	~670	2.23	翼（主翼）：外板、縦通材　金具類、パイロン　胴体：外板、縦通材、ナセル、金具類、脚部材
	Ti-6Al-6V-2Sn	~670	2.67	翼（主翼）：外板、縦通材　パイロン　胴体：外板　脚部材
	β型チタン合金　Ti-10V-2Fe-3Al	~620	2.71	バルクヘッド、縦通材　軸
合　金　鋼	4330　4340	~520	1.05~2.56	降着装置、エンジンマウント、結合金具、ボルト
	マルエージング鋼　18Ni250Grade　18Ni300Grade	~670	2.31~2.69	脚部品
ステンレス	17-4PH	~750	1.2~1.7	翼取り付け金具、ヒンジ類
	13-8Mo	~780	1.2~2.0	降着装置
複合材料（繊維強化プラスチックス）	ガラスクロス／エポキシ	~420	2.22	レドーム、フラップ、カバー類
	一方向　カーボン繊維／エポキシ	~420	9.37~16.6	翼桁構造、外板、脚扉、スピードブレーキ、動翼
	カーボン繊維／ポリイミド	~570		翼桁構造、胴体パネル
	一方向　アラミド繊維／エポキシ	~420	10.0	翼後縁パネル、脚扉、ヘリコプターブレード
複合材料（カーボン／カーボン）	カーボン繊維／カーボン	~2270	18.7	ブレーキディスク、ノズル、ノーズ
複合材料（繊維強化メタル）	ボロン繊維／Ti合金	~1020	2.77	エンジン部品、フレーム、降着装置
	SiC繊維／Ti合金			
熱可塑性プラスチックス	アクリル　MIL-P-8184　MIL-P-25690	~420	0.65	キャノピ、風防、窓ガラス
	ポリカーボネート　MIL-P-83310	~420	0.61	風防

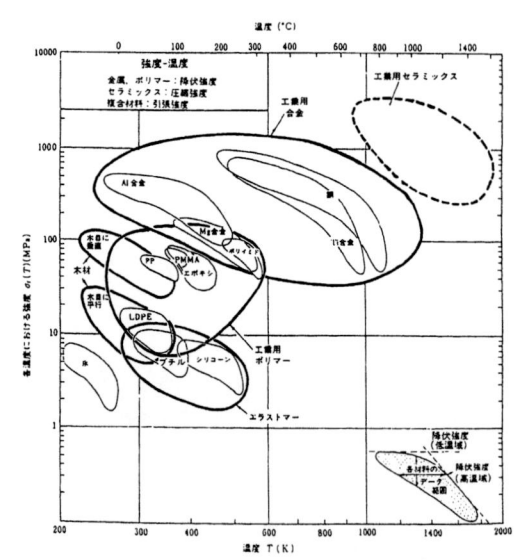

Fig. C-9-1-6 材料強度と適用温度
(Material strength and applicable temperature)[6]

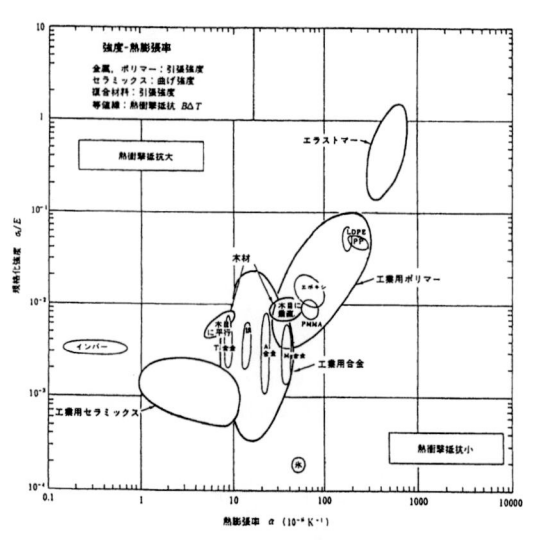

Fig. C-9-1-8 材料の強度と熱膨張率 (Material strength and thermal expansion coefficient)[6]

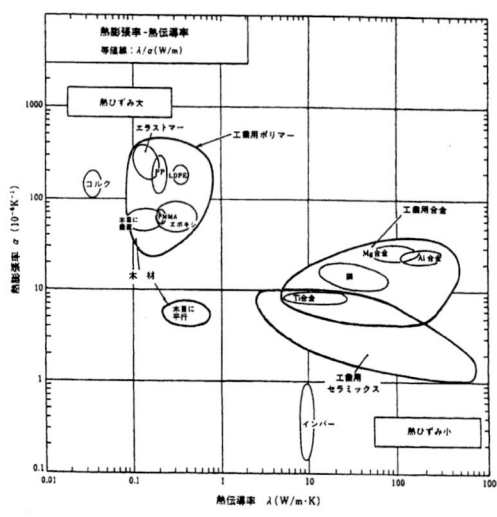

Fig. C-9-1-7 材料の熱物性
(Material thermal property)[6]

度の関係図を Fig. C-9-1-6[1]，および熱物性を Fig. C-9-1-7[1] および Fig. C-9-1-8[1] に示した．

軍用機では，高速化，運動性能向上を図るため，軽量化の一つとして複合材料の採用が多く．また，民間機でも軽量化による燃料節減，ペイロード増加のため，複合材料の採用が増加している．

(c) 熱設計上のポイント
　　(Instructions on Thermal Design)

(1) 複合材料 (Composite Material)

　複合材料は，繊維方向と繊維の直角方向では，強度が異なるのみでなく，熱膨張係数も異なる．そのため，一方向カーボン繊維を積層する場合には，厚さ中心に対して上下対称に積層する必要がある．対称性が失われると温度変化により反りを生じる．

　また，同じ積層構造の場合，樹脂含有率の多いほど熱膨張係数は大きくなる傾向にある．

(2) アクリル，ポリカーボネート (Acrylic and Porycarbonate)

　アクリルやポリカーボネートは，金属材料より熱膨張係数が大きいため，風防，キャノピ，客室窓などを機体に装着する場合には，熱膨張を考慮した装着が必要となる．一般に，アクリルの熱膨張による寸法変化に対しては，スライドできるようにシールとともに装着されている．Fig. C-9-1-9にアクリル客

---

4) 基盤技術研究促進センター：新素材分野技術動向に関する調査報告書 (1987) 119. 5) 日本航空宇宙工業会：航空機用新素材の調査 (1988) 8. 6) MIL-HDBK-5H, 1998. 7) Aerospace Structural Metals Handbook, 1998. 8) ASM Specialty Handbook (Aluminum), 1993

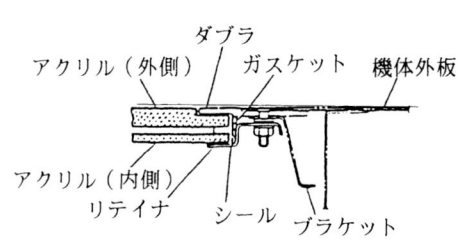

Fig. C-9-1-9 アクリル客室窓の機体への装着状態
(Installation of acrylic cabin window)

室窓の装着例を示す．

(3) 電子機器 (Electronic Instruments)

消費電力の大きい電子機器については，放熱効果を高める工夫がなされており，特に，プリント基板などの材料には大きい熱伝導率を持つ材料を選び，素子と基板との熱膨張率が同じようになるように設計されている．

9.1.2 材料の熱物性値 (Thermophysical Properties of Aerospace Materials)

(a) 金属材料 (Metallic Materials)

20世紀後半に入って人類の活動範囲が宇宙にまで拡大されるようになった結果，そのミッションに使用される機器の構成材料は，120～1800 K の極めて広範囲で過酷な温度環境条件下の性能が要求されるようになった．このような温度条件では，材料の熱的特性が機器の運用性能に大きな影響を与えることから，設計段階において，力学的特性と同様，熱物性データも欠くことができない．現在，大気圏内で運航されている航空機の場合は，一般に温度環境条件として，220～360 K が設定されており，設計データとしては，この環境温度における力学的特性が使

Table C-9-1-2 アルミニウム合金の熱物性値 (Thermophysical properties of aluminum alloy)

合 金 名	熱伝導率 Thermal conductivity λ (W/(m·K))	線膨張係数 Linear expansion coefficient β $\times 10^{-6}(K^{-1})$	比 熱 Specific heat capacity c (J/(kg·K))	融 点 Melting point (K)	密 度 Density ρ (kg/m³)
2024-T3	121	23.2	962	773～911	2768
2219-T81	121	22.7	900	816～916	2851
2090-T83	84	23.6	1203	833～916	2602
5052	138	23.8	963	880～923	2685
6013-T6	164	23.4	963	852～922	2713
6061-T6	167	23.5	942	853～923	2713
7075-T6	130	23.2	963	750～908	2795
7475-T761	155	23.2	963	750～908	2795
7050-T74	157	23.0	963	761～903	2823
A201-T7	121	19.1	921	844～922	2796
A356-T6	151	21.5	963	828～888	2685
D357-T6	152	21.6	963	827～883	2685

Table C-9-1-3 チタン及びチタン合金の熱物性値
(Thermophysical properties of titanium and titanium alloy)

合 金 名	熱伝導率 Thermal conductivity λ (W/(m·K))	線膨張係数 Linear expansion coefficient β $\times 10^{-6}(K^{-1})$	比 熱 Specific heat capacity c (J/(kg·K))	融 点 Melting point (K)	密 度 Density ρ (kg/m³)
CP-Ti	20.5	8.82	523	1922	4510
Ti-5Al-2.5Sn	8.0	9.18	544	1811～1922	4484
Ti-6Al-4V	7.3	8.82	544	1811～1922	4429
Ti-6Al-6V-2Sn	5.8	9.54	649	1922	4540
Ti-6Al-2Sn-4Zr-2Mo	6.9	7.74	461	1860～1989	4540
Ti-15V-3Cr-3Sn-3Al	8.6	8.51	502	—	4761
Ti-4.5Al-3V-2Fe-2Mo	6.9	9.31	502	—	4540

Table C-9-1-4 構造用鋼の熱物性値 (Thermophysical properties of high strength steel)

合　金　名	熱伝導率 Thermal conductivity λ (W/(m·K))	線膨張係数 Linear expansion coefficient β ×10⁻⁶(K⁻¹)	比　熱 Specific heat capacity c (J/(kg·K))	融　点 Melting point (K)	密　度 Density ρ (kg/m³)
4130	43.1	12.06	502	1808	7845
4340	36.3	11.70	448	1778	7833
250系18Ni マルエージング鋼	24.9	8.82	356	1709〜1777	7916
300M	37.6	11.34	448	—	7833

Table C-9-1-5 ステンレス鋼の熱物性値 (Thermophysical properties of stainless steel)

合　金　名	熱伝導率 Thermal conductivity λ (W/(m·K))	線膨張係数 Linear expansion coefficient β ×10⁻⁶(K⁻¹)	比　熱 Specific heat capacity c (J/(kg·K))	融　点 Melting point (K)	密　度 Density ρ (kg/m³)
301	16.3	15.48	502	1673〜1693	8027
303	16.3	17.28	502	1673〜1693	8027
304	16.3	17.82	502	1673〜1723	8027
316	16.3	16.20	502	1648〜1673	8027
321	16.1	16.56	502	1648〜1673	8027
347	16.1	16.56	502	1673〜1698	8027
403	—	10.98	461	1755〜1805	7750
410	24.9	9.90	461	1753〜1803	7750
440C	24.2	10.26	461	1643〜1753	7750
17-4PH	18.3	11.52	461	1673〜1713	7833
17-7PH	16.4	11.52	461	1673〜1713	7639
15-5PH	17.8	11.34	419	1673〜1713	7833
PH13-8Mo	14.0	11.16	461	1673〜1713	7723
AM355	15.1	11.52	599	1644〜1673	7806
MA956	11.2	10.70	469	1755	7197
A286	13.2	14.96	461	1644〜1700	7944
21-6-9	12.6	16.78	427	1628	7833

Table C-9-1-6 耐熱合金の熱物性値 (Thermophysical properties of super alloy)

合　金　名	熱伝導率 Thermal conductivity λ (W/(m·K))	線膨張係数 Linear expansion coefficient β ×10⁻⁶(K⁻¹)	比　熱 Specific heat capacity c (J/(kg·K))	融　点 Melting point (K)	密　度 Density ρ (kg/m³)
Rene 41	10.4	12.60	398	1505〜1664	8249
Inconel 625	11.3	12.78	398	1548〜1626	8442
Inconel 718	11.8	12.60	419	1515〜1612	8221
Hasteloy X	10.4	12.78	481	1533〜1628	8221

用されてきた．

また，ここに取り上げた材料は，航空・宇宙機器において構造用材料として使用される主要なもので，次のとおり分類表示した．

Table C-9-1-2にアルミニウム合金，Table C-9-1-3にチタンおよびチタン合金，Table C-9-1-4に構造用鋼，Table C-9-1-5にステンレス鋼，Table C-9-1-6に耐熱合金を示す[1-3]．

(b) 複合材料 (Composite Materials)

複合材料は，比強度および比剛性に優れていることから，重量軽減が性能向上の大きな鍵を握る航空機の構造材料として最も魅力のある材料の一つである．

9.1 航空機機体

現在，機体構造材料に使用されている複合材料は，樹脂系複合材料が中心であるが，より耐熱性の高い金属系複合材料あるいはカーボン複合材料，セラミックス複合材料の適用化も研究が行われている．

樹脂系複合材料は，マトリックスとなる樹脂の熱的性質によってその使用範囲は決まるが，一般に，エポキシ系では中温（120℃）硬化型で82℃，高温（180℃）硬化型で155℃，ポリイミド系で300℃が上限である．

しかし，HOT WET特性（複合材料が吸湿した状態での高温特性）を考慮すると，さらに10～35℃減じる必要がある．

複合材料の機体への適用は，ガラス繊維を強化材としたGFRPに始まり，ボロン繊維・カーボン繊維・アラミド繊維など多様化傾向にあるが，主流はカーボン繊維である．

適用範囲は，舵面や翼動フェアリングなどの二次構造部材から，最近では，素材の高性能化および成形技術の進歩，そして信頼性のデータ蓄積により，垂直尾翼，水平尾翼，主翼などの一次構造部材にまで拡大している．Fig. C-9-1-10[2)]に米国の最新型旅客機への複合材料の適用状況を示した．

複合材料の熱物性値をTable C-9-1-7に示した．

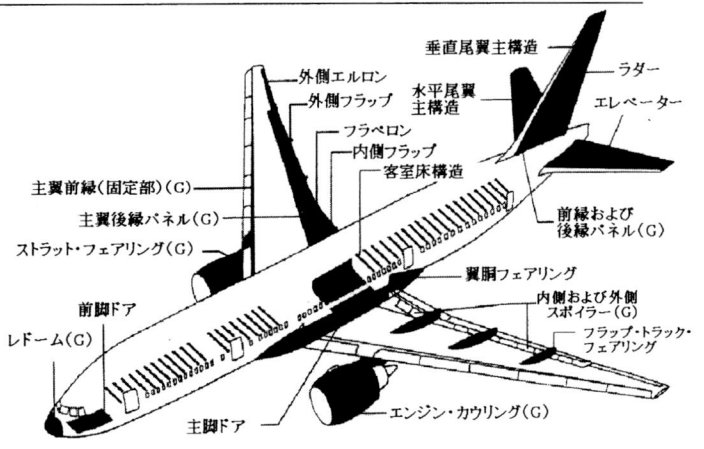

Fig. C-9-1-10 旅客機への複合材料の適用
(Application of composites to commercial airplane)[7)]

CFRP，AFRPの線膨張係数は，繊維方向で負の値を示し，直角方向ではマトリックスが支配的となるため，非常に大きい値を示す．しかし成形品については，交差積層が行われるため，その値はゼロに近くなる．特にデータベースとして取得されたCFRPラミネートの熱特性に関して，Table C-9-1-8[3)]に参考に記した．

機体構造物の成形は，一般に0.1～0.4 mmほどの薄いシート状の素材（プリプレグ）を積層し，オートクレーブによる加熱・加圧硬化が主として行われる．硬化後の変形や残留熱歪を抑えるため，繊維配向は鏡面対称が原則となる．また，使用する成形治具は，硬化による複合材料と治具の熱膨張率の差を十分考慮して選定する必要がある．

(c) 非金属材料 (Non-Metallic Materials)

(1) アクリル，ポリカーボネート (Acrylic and Polycarbonate)

航空機に主として使用されるアクリルのうち，MIL-P-25690は，MIL-P-8184を2軸延伸したもので，MIL-P-8184より耐クレージング性，クラック伝播抵抗が改善されている．

また，風防の耐衝撃性（耐鳥衝突性）を向上するために，ポリカーボネート（MIL-P-83310）の合わせ板が使用される．

この場合，ポリカーボネートは，じん性が高く，表面傷を研磨除去できないた

Table C-9-1-7 複合材料の熱物性値（Thermophysical properties of composits）

材料			密度 ρ $\times 10^3$ (kg/m^3)	熱伝導率 λ (W/(m·K))	線膨張係数 β $\times 10^{-6}$ (K^{-1})
一方向材	CFRP (高強度)	平行	2.56	0.7	-0.4
		直角		1.0	30
	CFRP (高弾性)	平行	1.67	1.3	-0.8
		直角		───	───
	AFRP (ケブラー49)	平行	1.38	1.7	-4.0
		直角		0.2	57
	GFRP (Eガラス)	平行	1.80	0.8	3.5
		直角		0.4	23
クロス材	CFRP (高強度)	平行	1.56	0.6	1.5
		直角		0.5	35
	AFRP (ケブラー49)	平行	1.33	0.9	1.8
		直角		0.7	60
	GFRP (Eガラス)	平行	1.80	1.7	11
		直角		0.5	25

Table C-9-1-8 代表的 CFRP の熱物性値
(Typical thermophysical properties of CFRP)[8]

項目	三レ	東レ	東邦
繊維名称	TR30	T700	UT500
樹脂名称	#850	#3680	#135
硬化温度℃	100	180	180
繊維密度（g／cm³）	1.82	1.80	1.80
樹脂密度（g／cm³）	1.25	1.26	1.26
繊維比熱（J／g・K）	0.743	0.752	―
樹脂比熱（J／g・K）	1.214	1.296	―
Vf	55.9	54.3	57.0
比熱（面外）@RT	0.93	0.96	0.918
比熱（面内）@RT	0.93	0.93	―
熱伝導率（面内）W／(m・K) @RT	1.96	2.50	2.50
熱伝導率（面外）W／(m・K) @RT	0.56	0.57	0.62
平均線膨張係数（0°方向）1／℃ ×10⁻⁶	-0.64	-0.92	-0.92
平均線膨張係数（90°方向）1／℃ ×10⁻⁶	38.1	47.5	26.6
平均線膨張係数（擬似等方）1／℃ ×10⁻⁶	3.62	2.15	4.04

Table C-9-1-9 非金属材料の熱物性値 (Thermophysical properties of non-metallic materials)

	材料	比熱 C (kJ/(kg・K))	熱伝導率 λ ×10⁻¹ (W/(m・K))	線膨張係数 β ×10⁻⁵ (K⁻¹)	密度 ρ ×10³ (kg/m³)
プラスチックス	アクリル (MIL-P-5425)	1.5	1.9	7.4	1.19
	アクリル (MIL-P-8184)	1.5	1.7〜2.2	7.4	1.19
	アクリル (MIL-P-25690)	1.5	1.7	5.6〜7.1	1.19
	ポリカーボネート (MIL-P-83310)	1.2	2.2	6.2	1.19
ゴム	ニトリルゴム	―	2.5	23.4	0.98
	クロロプレンゴム	―	1.9	20.4	1.23〜1.25
	ブチルゴム	―	0.92	19.2	0.92
	シリコーンゴム	―	2.3	27	1.1〜1.6
	ウレタンゴム	―	1.6〜1.7	3〜15	1.02〜1.25
	ブタジェンゴム	―	―	22.5	0.91
	ふっ素化シリコーンゴム	―	2.3	27	1.4
	ふっ素ゴム	―	1.0〜2.3	―	1.4〜1.95
ガラス	ソーダガラス MIL-G-25667	0.80	9.4	0.83	2.52

め，表面層としてアクリルを用いる．

(2) ゴム材料 (Rubber)

航空機に使用されるゴム材料としては，ニトリルゴム（油圧系，潤滑油系のガスケット，ホースおよび燃料タンク），クロロプレン（ドアーシール），ブチルゴム（防振ゴム），シリコーンゴム（エンジンまわり断熱カバー），ウレタンゴム（燃料タンク），ブタジエンゴム（防振ゴム），ふっ素化シリコーンゴム（燃料系ガス

ケット），ふっ素ゴム（油圧系，燃料系）などが使用される．非金属材料の熱物性値を Table C-9-1-9 に示す．

9.2 航空機エンジン
(Engine of Airplane)

航空機用エンジンは次のように分類される．

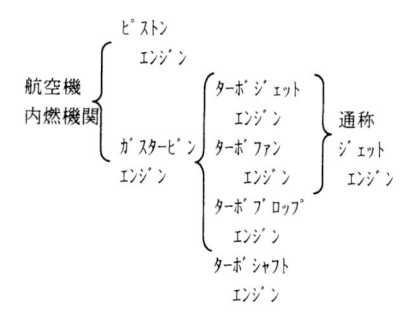

$$
\text{航空機内燃機関}
\begin{cases}
\text{ピストンエンジン} \\
\text{ガスタービンエンジン}
\begin{cases}
\text{ターボジェットエンジン} \\
\text{ターボファンエンジン} \\
\text{ターボプロップエンジン} \\
\text{ターボシャフトエンジン}
\end{cases}
\text{通称ジェットエンジン}
\end{cases}
$$

ピストンエンジンは往復式エンジンでピストンの往復運動を回転運動に変え，この運動でプロペラを回転し推力を得るもので「レシプロエンジン」とも呼ばれ通常の自動車のピストンエンジンと同じ原理・構造をしている．このエンジンの性能は発達の限界に達したので，さらに高性能，高出力を発揮させるガスタービンエンジンが現在では主力となっている．以下にガスタービンのうち基本的なターボジェットエンジン，ターボファンエンジンを例にとり，その構造の概略を述べ，ジェットエンジンの各要素の使用材料の例と主な材料の熱物性値，および燃料，潤滑材について熱物性値を示す．

9.2.1 エンジン構造・材料
(Structure and Materials)

(a) エンジンシステム（Engine System）
　ターボ・ジェットエンジンの構造は Fig. C-9-2-1 に示されるように圧縮機，燃焼器，ターボン，ジェットノズルの基本部分から構成されている．前面の空気取入口から入った空気は高速で回転する圧縮機で圧縮され，燃焼室へ送り込まれる．圧縮された空気の中へ燃料を噴射し点火すると連続的に燃焼が行われ，高温高圧のガスが発生し，こ

のガスは圧縮機を駆動するタービンを回転させた後，高速度でジェットノズルから後部に噴出する．ガスの噴出に応じて噴流（ジェット）と反対方向への推進力が発生する．離陸，上昇性能等の向上のために，エンジン入口前面の面積を増やさず，重量もあまり増加させずに推力を得る方法としてアフターバーナーが良く用いられる．アフターバーナーの基本原理はタービン排気流またはファン空気流中に燃料を噴出させ，排気流中に残存する酸素を利用して燃焼させ，これにより生成した高温の燃焼ガスを排気ノズルから噴出させ，推力を増大させるものである．また，Fig. C-9-2-1 にターボジェットの各部の温度，圧力，ガス速度の概略を示す．

ターボ・ファンエンジンはターボ・ジェットエンジンと同様噴流をそのまま推力として利用するが，異なる点はターボ・ジェットエンジンの前面にファンを取り付けてファンで圧縮した空気を二つに分け，一部はエンジン本体に送ってターボジェットと同様に圧縮，燃焼させタービンを駆動した後，後方に噴き出し，残りはファンから直接後方にバイパスさせ噴出させる．これにより，大量のガスを比較的低速度で噴出させ，より大きな推力を得るように設計されている．バイパス比（バイパス空気量/主流の空気量）が大きいほどプロペラに近づき，小さいほどターボジェットに近づくという特性を持っている．このバ

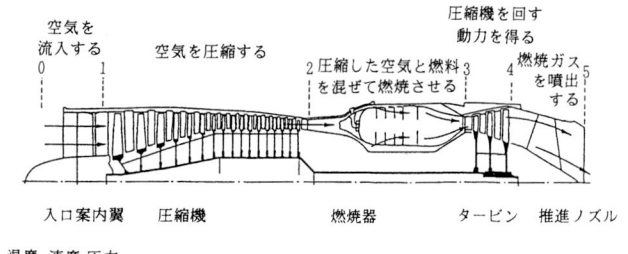

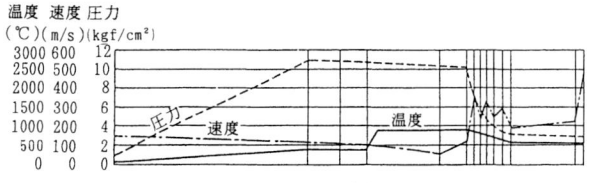

Fig. C-9-2-1　ターボジェット各部の温度，圧力，速度
(Temperature, pressure and velocity of turbo jet engine)

---

1) 参考規格：MIL & ASTM SPEC. H 13.10現在．　2) Smith, M.：Aviation Fuels, G. T. Foulis & Co.LTD. (1970) 84.
3) Smith, M.：Aviation Fuels, G. T. Foulis & Co.LTD. (1970) 105.　4) Lefebvre, A. H.：Gas Turbine Combustion, McGraw-Hill (1983) 340.　5) 参考規格：SAE & MIL SPEC. H 13.10現在．

Table C-9-2-1 現用ジェットエンジンの主要材料の例（Materials usage）

エンジン部位	部品名		JT-9D	F-100
ファン部	ファン	ディスク	Ti64	Ti6246
		ブレード	Ti64	Ti811
		ベーン	AA2014T6	Ti811, Ti64
		ケース	AISI 410	Ti64
圧縮機部	コンプレッサ	ディスク	Ti64, Ti6242, Incoloy 901, Waspaloy	Ti6246, Ti811, IN100, Waspaloy
		ブレード	Ti64, Ti811, Ti6242, Incoloy 901	Ti811, Ti6246, Inconel 901, Waspaloy
		ベーン	AISI 400, Greek Ascoloy	Ti64, Ti6246, Inconel 718, Waspaloy
		ケース	Ti64, Ti52.5	Ti64, Waspaloy, Inconel 718, 625
燃焼器部	燃焼器	ライナー	Hastelloy x	
		ケース	Inconel 718	Inconel 625
タービン部	タービン	ディスク	Incoloy 901, A286, Waspaloy	IN 100
		ブレード	B-1900, Alloy 713	Mar M200 + Hf, IN 100
		ベーン	Mar-M509, B1900	Mar M200 + Hf, IN 100
		ケース	Incoloy 901	Inconel 718

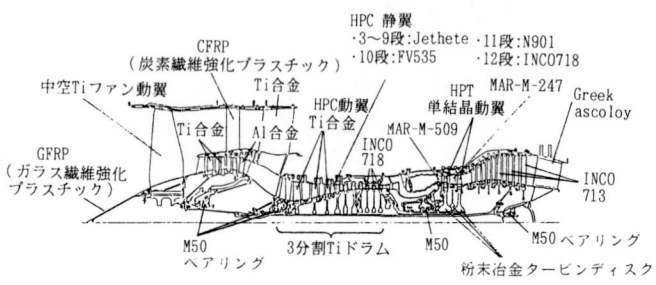

Fig. C-9-2-2 IAE V2500エンジンの主要な使用材料
（Materials usage of IAE V2500）

材は鍛造品から鋳造品，そして精密鋳造品へ，さらに，柱状晶翼から単結晶翼へと発展し，これが現在のタービン翼の主流となっている．Table C-9-2-1および，Fig. C-9-2-2に現用エンジンの使用材料の例を示す．

イパス比の大きさにより，高バイパス比ターボファンエンジン，低バイパス比ターボファンエンジンの2形式に大別できる．

(b) 使用材料（Materials Usage）

航空用ガスタービンの低温部には，従来アルミニウム合金が，中温部には鋼が，高温部にはニッケル基・コバルト基の耐熱合金が使われてきた．しかし近年のジェットエンジンの高温・高圧力比化に呼応し，使用材料が大きく変わってきている．

低温部についてはアルミニウム合金から，より信頼性の高いチタニウム合金に全面的に変わってきている．中温部は低温側をチタニウム合金に，高温側は高温強度の優れた耐熱合金にそれぞれ置き換えられ，鋼の使用範囲は限られたものになってきている．サイクル最高温度であるタービン入口温度は1960年代は1200℃程度であったが現在既に約1400℃に達しており，2000年代には1700℃近くに達すると予想されている．タービンディスク部材としては鍛造材（INCO718）から粉末冶金材（Rene95）にと変わってきており，タービン翼

9.2.2 材料の熱物性値（Thermophysical Propertiees of Aero-Engine Materials）

(a) 金属材料（Metallic Materials）

Table C-9-2-1で示すようにジェットエンジンに使用される材料は，使用温度，重視される強度特性（例えばDiskでは引張特性，Blade では耐クリープ特

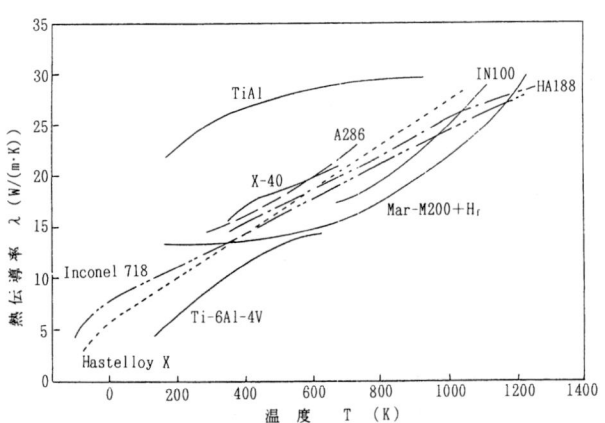

Fig. C-9-2-3 金属材料の熱伝導率
（Thermal conductivity of metallic materials）

Table C-9-2-2 金属材料の密度 (Density of metallic materials)

材料名	密度 ρ (kg/m³)	材料名	密度 ρ (kg/m³)
(Al合金)		(Ni基合金)	
C-355	2710	Inconel 718	8200
Al-6061-T6	2700	IN 100	7750
(Ti合金)		Hastelloy X	8230
Ti-6Al-4V	4420	Mar-M 200 + Hf	8530
(Co基合金)		(Fe基合金)	
X-40	8610	A-286	7940
HA-188	9130	(金属間化合物)	
		TiAl	3800

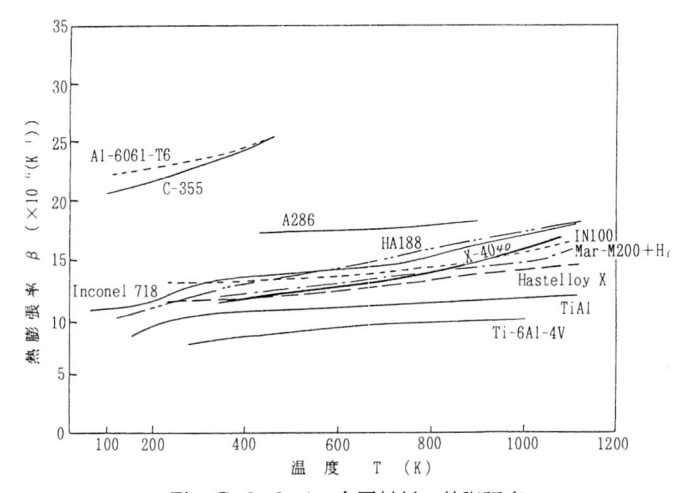

Fig. C-9-2-4 金属材料の熱膨張率
(Limer thermal expansion coefficient of metallic materrials)

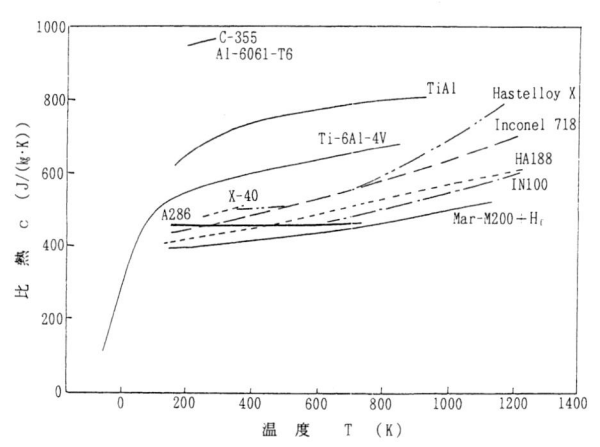

Fig. C-9-2-5 金属材料の比熱
(Specific heat of metallic materials)

Table C-9-2-3 複合材料の密度 (Density of composite materials)

材料名	密度 ρ (kg/m³)
FRP（繊維：トレカ T300）	約1500
FRM（繊維：Boron/Al系）	約2600
セラミック（窒化けい素）	約3200
Carbon/Carbon（3-D-C／C）	約1900

Table C-9-2-4 FRP（繊維：トレカ T300）の室温近傍における線膨張係数 (Linear thermal expansion coefficient of FRP)

方向	線膨張係数 β (K^{-1})
0°	0.3×10^{-6}
90°	36×10^{-6}

Table C-9-2-5 FRM（繊維：Boron/Al系）の線膨張係数 (Linear thermal expansion coefficient of FRM)

方向 \ 温度 T (K)	線膨張係数 β, (10^{-6}/K)			
	77〜144	144〜297	297〜450	450〜644
0°	0.65	1.17	1.86	1.87
90°	2.78	4.61	5.56	7.37

Table C-9-2-6 FRM（繊維：Boron/Al系）の比熱 (Specific heat of FRM)

温度 T (K)	88	297	450	644
比熱 c (J/(kg·K))	440	985	1230	1470

Table C-9-2-7 セラミック（窒化ケイ素）の熱特性 (Thermophysical properties of Ceramic)

熱膨張率 (K^{-1})	3.2×10^{-6}
熱伝導率 (W/(m·K))	15
比熱 (J/(kg·K))	669

1) AL合金：C-355（鋳物），Al-6061-T6（板）
2) Ti合金：Ti-6Al-4V（板，鍛造，鋳物）
3) Ni基合金： Inconel 718（板，鍛造）
　　　　　　IN 100（鍛造，鋳物）
　　　　　　Hastelloy X（板）
　　　　　　Mar-M200＋Hf（一方向凝固鋳物）
4) Co基合金：X-40（鋳物）
5) 合金鋼：A-286（棒，鍛造）

また，現在実用化研究が進められている金属間化合物の一例として TiAl について公表資料からデータを整理した．測定方法は必ずしも統一されていないが各材料の特性比較には助けになると思われる．

(b) 複合材料 (Composite Materials)

複合材料はその種類も多く，まだ十分データが公表されていない．代表的な複合材料の密度（Table C-9-2-3）と FRP の線膨張係数（Table C-9-2-4），FRM の線膨張係数（Table C-9-2-5）および比熱（Table C-9-2-6），セラミックの熱特性（Table C-9-2-7），カーボン/カーボン（C/C）の熱特性（Table C-9-2-8）を示す．

性等）あるいは強度レベルおよびその重量等を考慮して総合的に選択される．

エンジン各部位の部品また使用温度域を考慮し，代表的な金属材料の密度（Table C-9-2-2），熱伝導率（Fig. C-9-2-3），熱膨張率（Fig. C-9-2-4）および比熱（Fig. C-9-2-5）について前頁に示す．

Table C-9-2-2 中の記号で示される合金の形態は以下のとおりである．

Table C-9-2-8 Carbon/Carbon（3-D-C/C）の熱特性 (Thermophysical properties of C/C)

温度 T (K)	線膨張係数 β (10^{-6}/K)	熱伝導率 λ (W/(m·K))
300	0.00	129.5
400	-0.08	121.2
600	-0.12	104.5
800	-0.10	91.3
1000	0.00	80.0
1200	0.30	71.1
1400	0.60	65.0
1600	0.89	61.2
1800	1.21	58.7
2000	1.57	56.2
2200	2.00	54.9
2400	2.45	54.1
2600	3.04	
2800	3.75	
3000	4.56	

9.2.3 燃料 (Fuels)

航空燃料は次のように大別される．

```
┌ 航空ガソリン
│ 航空タービン燃料 ┬ ケロシン・タイプ
                  └ ワイド・カット
                      ・タイプ
```

航空ピストン・エンジンに使用される航空ガソリンはオクタン価またはパフォーマンス・ナンバーによって分類されており，日本では MIL（米国軍用）規格に準拠した日本工業規格が定められている (JIS K 2206-1991)．航空タービン燃料のうちケロシン・タイプは灯油を成分とするもので，民間航空機に広く用いられている．ASTM D 1655 の Jet A, Jet A-1, MIL-DTL-5624 の JP-5, JP-7, JP-8 などがこれに属する．ワイド・カット・タイプはガソリンとケロシンをほぼ等量混合したもので，ケロシン・タイプに比べて凍結点と着火，始動性が改善されており，軍用機に広く用いられている．MIL-DTL-5624 の JP-4 がこれに属する．日本工業規格では ASTM D 1655 の Jet A-1, Jet A, Jet B に相当するものをそれぞれ 1 号，2 号，3 号として規定している (JIS K 2209-1991)．

Table C-9-2-9 に代表的な燃料の規格の中から熱物性に関係の深い項目を抜粋して示す．また Fig. C

Table C-9-2-9 航空タービン燃料の規格（抜粋）
(Aviation turbine fuels specification, extraction)[1]

種別			JP-4	JP-5	JP-8	Jet A-1
規格			MIL-DTL-5624T		MIL-DTL-83133E	ASTM D1655-88
タイプ			ワイド・カット・タイプ	高引火点ケロシン・タイプ	ケロシン・タイプ	ケロシン・タイプ
密度 @15℃ ($\times 10^3$ kg/m³) Density			0.751〜0.802	0.788〜0.845	0.775〜0.840	0.775〜0.840
蒸留性状 Distillation temperature	初留点	(℃)	報告	報告	報告	
	10%留出温度	(℃)	報告	<185	<205	<205
	20% 〃	(℃)	<100	報告	報告	
	50% 〃	(℃)	<125	報告	報告	報告
	90% 〃	(℃)	報告	報告	報告	報告
	終点 〃	(℃)	<270	<300	<300	<300
	残油量	(体積%)	<1.5	<1.5	<1.5	<1.5
	減失量	(〃)	<1.5	<1.5	<1.5	<1.5
引火点 Flash point		(℃)	——	>60	>38	>38
析出点 Freezing point		(℃)	<-58	<-46	<-47	<-47
動粘性率 Kinematic viscosity ($\times 10^{-6}$ m²/s)			——	-20℃, <8.5	-20℃, <8	-20℃, <8
真発熱量 Net heat of combustion (MJ/kg)			>42.8	>42.6	>42.8	>42.8

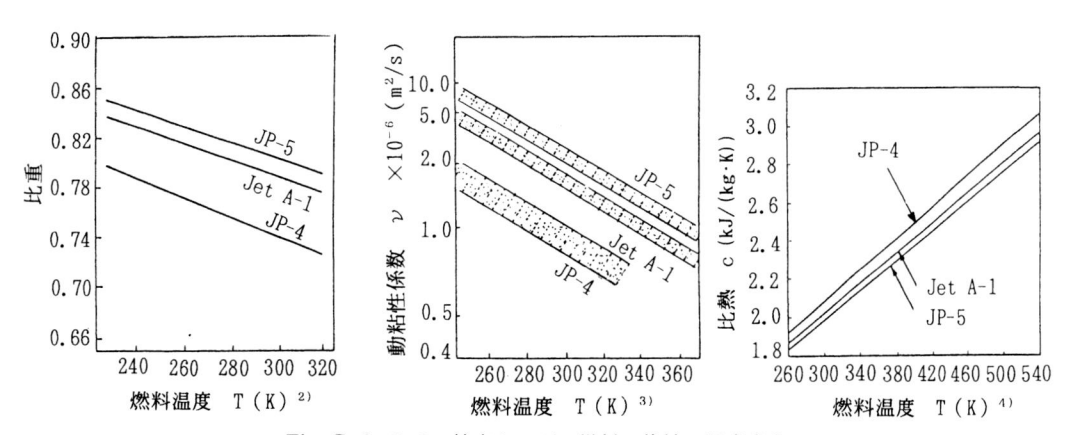

Fig. C-9-2-6 航空タービン燃料の物性の温度変化
(Relationship between physical properties of aviation fuels and temperature)

-9-2-6に比重，動粘性率，比熱の温度に対する変化を示す．

9.2.4 潤滑油（Oils）

航空エンジン用潤滑油は次のように分類される．

```
        ┌ 航空ピストン ── 石油系
        │ ・エンジン・オイル
        │ 航空ガスタービン ┬ 石油系
        └ ・エンジン・オイル └ 合成油系 ┬ Type I
                                        └ Type II
```

航空ピストン・エンジンに使用される潤滑油は石油系潤滑油で，その等級は主に粘度によって分類されている．

SAE J1966 と SAE J1899 があり，後者は前者に酸化防止剤と無灰清浄分散剤を加えたものである．またこの2種類のSAE規格品には一般用と冬季用とがあって，後者は前者に比較して低温時の流動性に優れている．航空ガスタービン・エンジン・オイルはピストン・エンジン・オイルに比較して粘度が低い．合成油系潤滑油（MIL-PRF-7808, MIL-PRF-23699）は，石油系潤滑油（MIL-PRF-6081）に比べて極圧特性，耐熱性，酸化安定性，および低温時の流動性に優れており，現在は主に合成油系潤滑油が用いられている．合成油系潤滑油の中の Type I 合成油は低温特性が，Type II 合成油は耐熱性に優れている．現在，民間ジェット機では Type II が，軍用には Type I の耐熱性を向上したものが用いられている．現在，わが国においては，上記の各種 SAE, MIL 規格または英国規格に適合した潤滑油が使われている．

Table C-9-2-10 に代表的な潤滑油の規格の中から，一部の物性項目を抜粋して示す．

Table C-9-2-10 航空エンジン用潤滑油の規格（抜粋）（Aviation oils specifications, extraction）[5]

		航空ピストン・エンジン・オイル				航空ガスタービン・エンジン・オイル		
		石油系				石油系	合成油系	
規格 →		SAE J1966		SAE J1899		MIL-PRF-6081D	MIL-PRF-7808L	MIL-PRF-23699F
Type →				Type II	Type III		Type I	Type II
Grade →		1100	1065			1010　1005	3, 4	
密度 Density		報告*1	報告*1	報告*1	報告*1			
動粘性率 Kinematic viscosity	@100℃(×10⁻⁸m²/s)						>3.0	4.90～5.40
	@98.9℃ (〃)	18.7～21.1	10.8～12.4	18.7～26.1	10.8～16.5			
	@40℃ (〃)						11.5	23.0
	@37.8℃ (〃)					>10.0　>5.0		
	@-40℃ (〃)					<3000　-		<13000
	@-53.9℃ (〃)					-　<2600		
	-53.9℃で 35分保持 (〃)						<17000	
	-53.9℃で 3時間保持 (〃)						<17000 ±6%*2	
	-53.9℃で 72時間保持 (〃)						<17000 ±6%*2	
粘度安定性 Viscosity stability	3hr 保持，粘度変化 (%)					-40℃,<2　-54℃,<3		
	72hr 保持， 〃 (%)							-40℃,<6
	96hr 保持，40℃滑油に対する粘度変化 (%)						200℃, -5～+25 175℃, -5～+15	
	37.8℃滑油に対する粘度変化(%)						274℃, <5.0	
引火点 Flash point		>243	>216	>244	>216	>132　>107	210	>246
流動点 Pour point	（希釈なし）(℃)	<-12	<-18	<-18	<-24	<-57　-		<-54
	（希釈あり）(℃)	<-54	<-54					
備 考		一般用	冬季用	一般用	冬季用	*1 規格で規定されていない。使用される密度範囲は，認可された生産品リストによって規定される。	*2 35分保持後の値に対する%。	

9.3 ロケット(Launch Vehicle)

9.3.1 概要(Summary)

ロケットの例としてH-ⅡAロケットをFig.C-9-3-1に示し，打ち上げ時の熱環境の概要を説明する．

H-ⅡAロケット(標準型)は2段式の液体燃料ロケットで，第1段ロケットは液体酸素(90K)および液体水素(20K)を推進薬とする推力約1100kNのLE-7Aエンジンを1基装備しており，これに加え2基の固体ロケット(SRB-A)が発射時に作動して上昇のための推進力を与える．第2段ロケットは1段と同じく液体酸素・液体水素を推進薬とし推力137kNのLE-5Bエンジンを装備している．

発射前に極低温の推進薬がほぼ大気圧下で第1段，第2段タンクに充填され，タンク内壁は極低温となるが，過度の蒸発を防ぐためタンクの外壁は発泡断熱材によって断熱されており，その表面温度は常温に近い．発射時はまず第1段のLE-7Aエンジンが点火され，その正常な作動を確認した後，2基の固体ロケットに点火されてロケットが上昇を始める．3基のロケットエンジンノズルからは高温の燃焼ガスが噴出しその流れ(プルーム)からのふく射加熱がロケットの後部に負荷される．発射時の火炎の回り込みとこのプルーム加熱がロケット後部の耐熱，断熱対策に関する重要な設計条件である．

発射後，第1段タンクの推進薬液面は徐々に低下するが，上部の空間(アレッジ)には加圧ガス(液体水素タンクはヘリウムガス，液体酸素タンクはエンジンから供給される酸素ガス)が流入して所定の圧力に保たれる．加圧ガスに接触したタンク内壁は温度が上昇して，徐々にガス温度に近づく．一方機体の外部に関しては，ロケットの速度が超音速となってマッハ数が増加するに従い空気流からの加熱(空力加熱)が大きくなり，外壁面温度は上昇する．この加熱はロケットの先端部(衛星フェアリンク先端コーン部)で特に大きい．また極低温タンク断熱材の表面なども断熱性のため空力加熱による温度上昇が大きい．

第1段の燃焼時間は約390秒である．第1段を分離したあとの第2段の燃焼は530秒あり，この燃焼は2回に分割可能で，その間に約1000秒の慣性飛行(コースティング)が挟まれることがある．第2段の飛行中は搭載機器の発熱とほぼ真空中の太陽ふく射により局

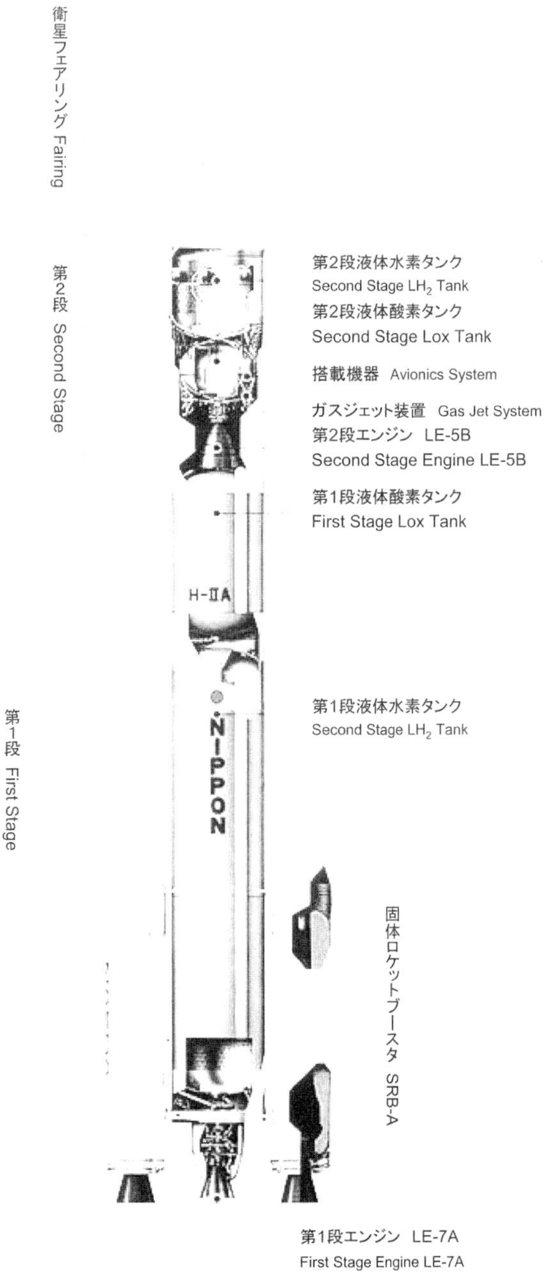

衛星フェアリング Fairing
第2段 Second Stage
第1段 First Stage

第2段液体水素タンク Second Stage LH₂ Tank
第2段液体酸素タンク Second Stage Lox Tank
搭載機器 Avionics System
ガスジェット装置 Gas Jet System
第2段エンジン LE-5B Second Stage Engine LE-5B
第1段液体酸素タンク First Stage Lox Tank
第1段液体水素タンク Second Stage LH₂ Tank
固体ロケットブースタ SRB-A
第1段エンジン LE-7A First Stage Engine LE-7A

Fig.C-9-3-1 H-ⅡAロケット(H-ⅡA Launch Vehicle)

部的な高温化や低温化がロケットの機能に悪影響がないよう熱的なバランスを十分考慮する必要がある.

9.3.2 構造および材料 (Structure and Materials)

(a) 金属材料 (Metallic Materials)

ロケットで使用される金属材料はアルミニウム合金, チタン合金, 超合金, ステンレス鋼, など多岐にわたる.

このうちアルミニウム合金は強度・剛性・軽量性・加工性・耐食性・コストなどのバランスが良く, 現在のロケットにおける最も標準的な材料として, 推進薬タンクや衛星フェアリング, 段間部, エンジン支持部などの主構造に広く使用されている. 初期の推進薬タンクには溶接性や耐食性に優れた6061合金が使われたが, その後軽量化を計るため高強度を特長とする2014合金が使われるようになった. さらにスペースシャトルやわが国のH-I, H-II, H-IIAロケットでは応力腐食割れ感受性にも優れた2219合金が広く採用され, 現在に至っている.

一方, チタン合金はコストが高いが比強度の大きい事を利用し, 気蓄器などの小型高圧ガス容器に主として用いられてる. また熱伝導率の低い事を利用し, 段間強度部材の一部で極低温タンクからの低温伝達を断熱する目的で使用されることもある. チタン合金の材質としては, Ti-6Al-4VやTi-5Al-2.5Snなどが中心であり, また特に極低温用途に対しては低温靭性に優れた ELI (Extra Low Interstitial) グレードのものが使用される.

ステンレス合金は極低温の大型推進薬タンクの材料として, アトラスロケットなどに実績がある. この場合, 壁面は非常に薄肉となりタンクのみでは自重を支えられなくなり, 内圧を常に加えて構造を安定化する場合が多い(モノコックバルーン方式). その他, 推進系の配管材料としてもよく用いられる.

超合金はニッケル系の耐熱合金で, ロケットエンジンに使われることが多い. また, 将来型の宇宙往還機における熱防護材料としての候補材でもある.

これらロケットで使用される代表的な金属材料の熱物性値をTable C-9-3-1に示す.

Table C-9-3-1 金属材料熱物性値 (Thermophysical properties of metallic materials)

材質		比熱 C ×10^3 (J/(kg·K))	熱伝導率 λ (W/(m·K))	熱膨張率 β ×10^{-6} (K^{-1})	融点 (K)	密度 ρ ×10^3 (kg/m^3)	強度 (MPa)	使用温度範囲 (K)
アルミニウム合金	2024	0.88	153.1	23.2	775〜919	2.77	520 *1	〜420
	2219	0.96	124.6	22.0	816〜916	3.04	470 *2	〜420
	6061	0.96	167.3	22.7	855〜922	2.70	310 *3	〜390
	7075	0.84	121.1	23.0	750〜911	2.80	550 *3	〜370
チタン合金	Ti-6Al-4V	0.54	8.6	9.4	1811〜1922	4.47	980 *4	〜670
	Ti-5Al-2.5Sn	0.52	7.4	9.4	1811〜1922	4.46	880 *4	〜640
	Ti-6Al-2Sn-4Zr-2Mo	0.50	6.9	7.2	1861〜1989	4.54	1080 *4	〜700
超合金	A286	0.46	13.3	14.4	1644〜1700	7.94	1240 *5	〜980
	Inco 617	0.42	13.7	11.2	1605〜1650	8.32	760 *4	〜920
	Inco 718	0.43	10.4	11.5	1533〜1609	8.20	1380 *5	〜980
	Haynes Alloy 188	0.40	6.5	11.5	1575〜1630	9.13	960 *4	〜980
ステンレス鋼	SUS 301	0.46	14.7	15.3	1672〜1727	7.83	1300 *6	〜700

(注) 熱物性は室温での値を示す. また強度値は引張強度代表値を示す. なお, *1, *2, *3, *4, *5, *6は各*1:-T86, *2:-T87, *3:-T6, *4:Anneal, *5:Anneal+Age, *6:Full Hardの状態での値を示す.

(b) ハニカムパネル (Honeycomb Panel)

ハニカムパネルは，比剛性，比強度が高い構造様式であり，衛星フェアリングなどの構造材として使用される．このハニカムパネルでは，物性を個々の構造材料別に扱うよりも，一体として考えた方が実用的なことが多い．ここでは，ハニカムパネルの有効熱伝導率（ハニカムパネル全体を1枚の一様な材質・物性とみなした場合の等価的な熱伝導率）を例として以下に示す[1]．

Fig. C-9-3-2のハニカムパネルにおいて，パネルの熱抵抗は次式で与えられる．

$$\frac{t_p}{\lambda_p} = 2\frac{t_s}{\lambda_s} + 2\frac{t_b}{\lambda_b} + \frac{t_c}{\lambda_c} \tag{1}$$

ここで，λ_p：ハニカムパネルの有効熱伝導率
λ_s：スキンの熱伝導率
λ_b：接着剤の熱伝導率
λ_c：コアの有効熱伝導率
t_p：ハニカムパネルの厚さ
t_s：スキンの厚さ
t_b：接着剤の厚さ
t_c：コアの厚さ

である．Eq.(1)において，パネルの熱抵抗に及ぼす影響は，右辺の第3項すなわちコアの熱抵抗が最も大きい．コアの熱伝導率は次式で与えられる．

$$\lambda_c = \lambda_m \frac{\rho_c}{\rho_m} + \lambda_a \left(1 - \frac{\rho_c}{\rho_m}\right) + \lambda_r \tag{2}$$

ここで，λ_m：コア材料の熱伝導率
λ_a：空気の熱伝導率
λ_r：スキン間の熱放射による見掛けの熱伝導率（スキン間に一様な物質が充填されていると仮想し換算した熱伝導率）
ρ_m：コア材料の密度
ρ_c：コアの見かけの密度（コア材料の質量をコア空間全体の体積で割った値）

である．Fig. C-9-3-3に示すコアの熱伝達において，ⓐはセル壁の熱伝導を，ⓑはセル内の空気の熱伝導を，ⓒはスキン間のふく射による熱伝達を表し，それぞれ Eq.(2) の右辺の第1項，第2項および第3項に対応している．これら各項の λ_c に対する寄与の程度は材質によって異なり，例としてアルミニウムおよびGFRPハニカムコアの場合について Fig. C-9-3-4に示す．図より，アルミコアではセル壁の熱伝

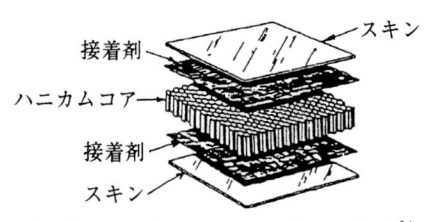

Fig. C-9-3-2 ハニカムパネルの構成[1] (Honeycomb panel)

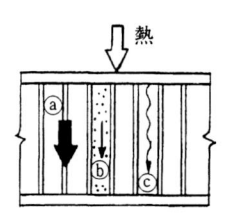

Fig. C-9-3-3 ハニカムコアの熱伝達[1] (Heat transfer in core)

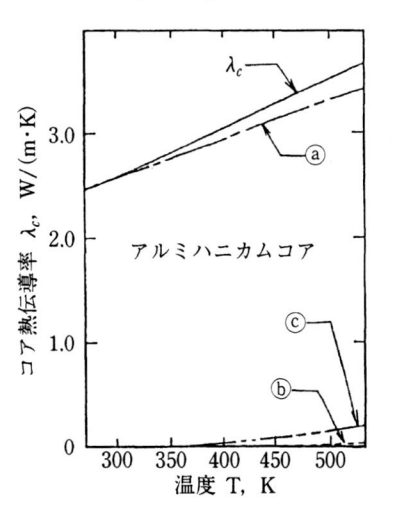

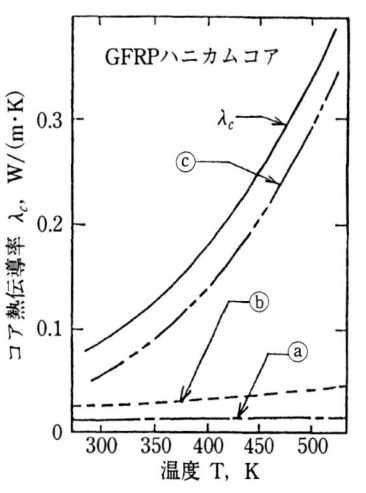

Fig. C-9-3-4 コアの有効熱伝導率に対する各要因の寄与[1] (Contribution of each factor for effective thermal conductivity of core)

導の寄与が大きく，したがってコアの密度の影響が大である．一方，GFRPコアではスキン間のふく射伝熱の寄与が大きく，温度依存性が大である．

(c) 複合材料（Composite Materials）

複合材料の中で特に樹脂系のもの（FRP）は，比強度，比剛性にすぐれ，最近20年くらいのうちにロケットの各部に広く使われるようになった．FRPは従来，加工工程が複雑で，コストが高いのが欠点とされていたが，実績が積み重なり製品の品質も安定するようになって，今後もその使用範囲がさらに広がってゆくものと期待されている．FRPにはガラス繊維複合材料（GFRP），ケブラー繊維複合材料（KFRP），炭素繊維複合材料（CFRP），カーボン・カーボン複合材料（C/C材）などがあるが，最も広く使われている材料はCFRP材料である．CFRP材料のロケットにおける用途としては，固体ロケットのモータケース，衛星フェアリングや荷重負荷の大きい段間結合部などに主構造材料として使用されるほか，アブレーション効果を利用して固体ロケットエンジンのノズル材料としても使用される．液体ロケットに関しては，わが国のH-IIAロケットの段間部に発泡コアサンドイッチ構造のフェース材料としてCFRPが用いられたのをはじめ，部分構造材料としての利用が徐々に進んでいる．但し，樹脂である高分子は極低温において微細な樹脂内部の割れ（マトリックスクラック，あるいはトランスバースクラック）が低ひずみで発生しやすく，特に極低温推進薬タンクへの適用については，外部への燃料漏れを最小限に抑える必要があるため重要な研究開発上の課題になっている．この課題の解決の一方策として，複合材料の内側にアルミニウムの内張り（ライナー）を配して漏れ防止を計ったタンクの開発計画が，わが国のGXロケット第2段の開発の中で進んでおり，これが成功すればロケット全体の複合化へ向けての大きなステップになると思われる．Table C-9-3-2に代表的な複合材料の特性値を示す．

一般的にFRPを使用する場合には次のような点に注意する必要がある．

1) 繊維と樹脂には多くの選択肢があり，使用条件と要求性能を考慮して最適な組み合わせを検討する必要がある．また積層方法，成形方法にも種々のもがあり同じく設計時点で十分検討しておく必要がある．

Table C-9-3-2 構造用複合材料の熱物性値（Thermophyscial properties of composite materials）

材料名	密度 ρ (kg/m^3)	引張強度 σ (MPa)	比熱 c (J/(kg·K))	熱伝導率 λ (W/(m·K))	線膨張係数 β ×10^{-6} (K^{-1})	使用温度範囲 T (K)	備考
耐アブレーション用 CFRP	1354	71.29 / —	950	0.78 / 0.95	9.1 / 14.0	～3300 / ～3300	繊維方向 / 積層方向
耐アブレーション用 SFRP	1737	97.64 / —	1240	0.96 / 0.80	9.3 / 35.8	～2000 / ～2000	繊維方向 / 積層方向
2D, C/C 積層材	1570	95.12 / —	930	53.6 / 21.2	0.8 / 2.6	～3300 / ～3300	繊維方向 / 積層方向
高強度 CFRP 積層材	1540	462.87 / —	—	—	4.4 / 57.6	～390 / ～390	繊維方向 / 積層方向
高強度 CFRP UD材	1540	2687.02 / 72.57	970	6.87 / 0.96	0.2 / 29.3	～390 / ～390	0°方向 / 90°方向
高弾性 CFRP UD材	1650	696.27 / —	960	71.6 / 1.52	−0.5 / 33.0	～390 / ～390	0°方向 / 90°方向

注）データは、室温での代表値とする。

Table C-9-3-3 液酸/液水ロケットタンク用プラスチックフォーム系断熱材（Plastic foam insulation materials for LOX/LH$_2$ rocket tank）

材 質	引張特性（20K）		密度 (kg/m^3)	熱伝導率 20〜293K (W/(m・K))	耐 熱 性 (K)	適 用 例
	強さ (MP)	破断伸び (%)				
ポリウレタンフォーム	0.35〜0.60	2.8〜3.2	30〜40	0.005〜0.020	383 (短時間 483)	サターンS-II H-I
ポリイソシアヌレートフォーム（ウレタン変性）	0.20〜0.30	2.0〜2.5	30〜35	0.005〜0.020	423 (短時間 673)	スペースシャトル外部タンク H-II
ポリ塩化ビニルフォーム	1〜1.5	1.4〜1.8	45〜55	0.005〜0.032	393	アリアン

2）通常行われる2次元積層（平面的に積み重ね，厚さ方向には繊維が配向されない形）では面内方向に比べ，厚さ方向の強度が相当低く，不連続構造の応力集中や外部からの衝撃により層間剥離が生じやすい．

3）熱特性に関しては，繊維，樹脂の種類によって大きな相違がある．また，繊維方向の熱伝導率が繊維と直角方向に比べかなり大きい．

（d）断熱材（Insulation Materials）

ロケットにおいて断熱材は極低温の推進薬の過度な蒸発を抑え，同時に付近の機体の温度を過度に下げないため，あるいは空力加熱のような外部からの加熱を機体内部に伝えないためなどを主な目的として使用される．断熱材構造は単一の材料の場合や複数の材料の組み合わせの場合があるが，いずれにしても軽くて加工性に優れた材料を用い，所与の環境条件のもとで効率よく機能するシステムでなければならない．現在，宇宙関係で実用されている代表的なものについて以下に概説する．

（1）プラスチックフォーム（Plastic Foams）

ポリウレタンフォーム，ポリイソシアヌレートフォーム，塩化ビニルフォームなどのプラスチックフォームは，プラスチックの脆化点以下においてもフォームがある程度変形可能で，液体水素や液体酸素が充填されたタンクの熱収縮に追随する事ができることから，そのような極低温推進薬タンクの極低温断熱材として使用されている．

Table C-9-3-3に各材料の熱物性値を示す．

（i）ポリウレタンフォーム（PUF : Polyurethane Foam）

PUFは，液酸/液水タンクロケットの断熱材として最初に実用された材料である．アポロ計画に用いられたサターンロケットでは，第2段（S-II）にはFig. C-9-3-5に示す外部断熱構造として，第3段（S-IVB）にはFig. C-9-3-6に示す内部断熱構造として使われている．

国産のH-Iロケットでは，吹きつけ発泡により厚さ20〜25mmのPUFを第2段タンクの外面に施工していた．PUFはフォーム中にフレオンガスが封入されているため，軽くて熱伝導率が小さい．

（ii）ポリイソシアヌレートフォーム
　（PIF : Polyisocyanurete Foam）

PIFは分子中に環状結合を持ち耐熱性に優れているが脆いという欠点のため，H-Iロケットの開発時には実用できなかった．可とう性のあるウレタンで変性することによって耐熱性と可とう性を併せ持つこ

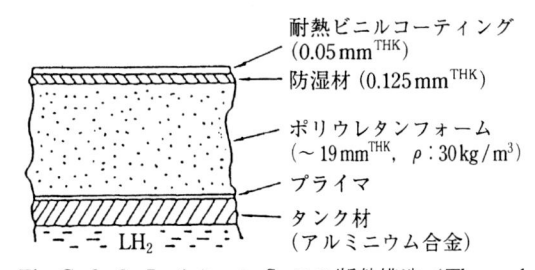

Fig. C-9-3-5 サターンS-IIの断熱構造（Thermal insulation structure for Saturn S-II）

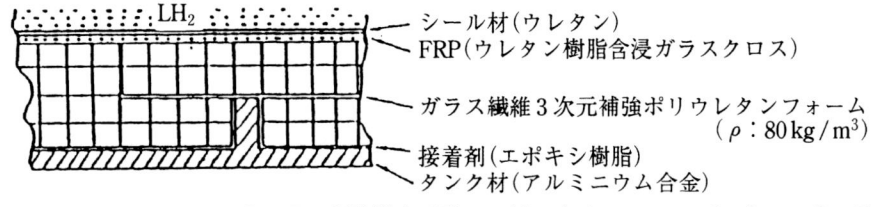

耐熱ビニルコーティング（0.05mm^{THK}）
防湿材（0.125mm^{THK}）
ポリウレタンフォーム（〜19mm^{THK}, ρ : 30kg/m^3）
プライマ
タンク材（アルミニウム合金）
LH$_2$

Fig. C-9-3-6 サターンS-IVBの断熱構造（Thermal insulation structure for Saturn S-IVB）

LH$_2$
シール材（ウレタン）
FRP（ウレタン樹脂含浸ガラスクロス）
ガラス繊維3次元補強ポリウレタンフォーム（ρ : 80kg/m^3）
接着剤（エポキシ樹脂）
タンク材（アルミニウム合金）

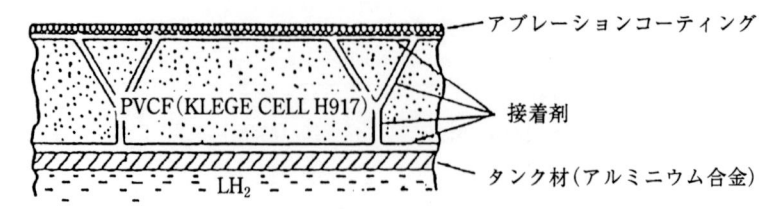

Fig. C-9-3-7 アリアンロケットの断熱構造 (Thermal insulation structure for Ariane Rocket)

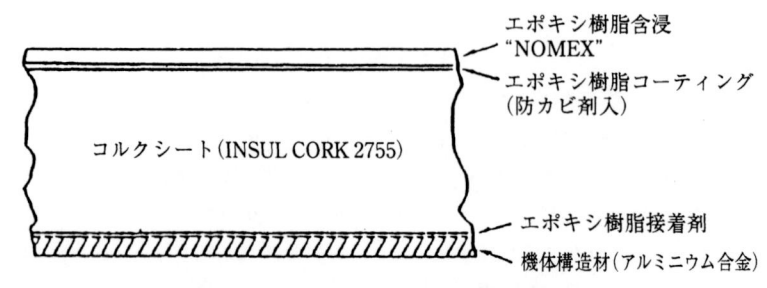

Fig. C-9-3-8 コルクシートによるロケット胴体断熱構造 (Thermal insulation structure by cork sheet for rocket body)

とができ，吹き付け発泡時フォーム同士の接着性が良好であるため連続吹きつけ発泡が可能となり，スペースシャトル外部タンクやH-Ⅱ，H-ⅡAロケットのような大形タンクの断熱材として使用されている．

PIFの物性は耐熱性を除くとPUFとほぼ同等である．

(iii) ポリ塩化ビニールフォーム (PVCF : Polyvinyl Chloride Foam)

吹きつけ発泡はできないが，熱可塑性樹脂のため加熱すると変形する事を利用し，ブロックからシート状にスライスし，タンクの表面に適合するように曲げ加工し，接着剤でタンクに接着する．

アリアンロケットには，Fig. C-9-3-7に示すような構造で接着されている．PVCCは耐炎性に優れているが，密度がやや大きく耐熱性に劣る．

(2) コルク (Cork Insulation)

コルクシートは，コルク樫の多孔質な樹皮の粉砕物にバインダとしてフェノール樹脂を添加しホットプレスでシート状に成形したもので，Fig. C-9-3-8に示すように機体外面に接着して断熱施工する．

代表的なロケット用断熱コルクであるINSUL-CORK 2755の物性をTable C-9-3-4に示す．

(3) 無機繊維断熱材 (Inorganic Fibrous Insulation)

無機繊維は軽くて耐熱性，断熱性に優れているため宇宙用断熱材として有用である．現在実用されてい

Table C-9-3-4 コルク (INSULCORK 2755) の物性 (Physical properties of cork (INSULCORK 2755))

項　　目	単　位	代表値
密　度	kg/m^3	480
引張強さ (1.27mm/sで)	MP	42
伸　び (1.27mm/sで)	%	15.6
衝撃強さ	—	178mm高さから65gの球を落下させてもクラックの発生なし
衝撃強さ (シャルピ)	MN/mm	0.1
かたさ (ショアA)		72
引裂き抵抗	N/m	1.4
耐摩耗性		重量減1.61g [ASTM D-1242 Procedure B]
輻射率 (低温)		0.9
(866K)		0.8 (炭化物)
吸収率		0.8
アブレーション	K	533 (対流－輻射)
		538 (対流－空力)
線膨張係数	K^{-1}	9.2×10^{-5} (219～327K) 2.2×10^{-5} (327～591K)
熱伝導率	$W/(m\cdot K)$	0.06～0.09 (311K)
比　熱	$J/(kg\cdot K)$	1.7～2.5

Table C-9-3-5 宇宙用耐熱無機繊維系断熱材 (Heat resistance inorganic fibers for space)

断熱材種類	形態	使用温度 MAX (K)	密度 (kg/m^3)	熱伝導率 at RT (W/(m·K))
アルミノシリケート繊維（セラミックファイバ）	短繊維	1600	96	0.07～0.32
シリカ繊維	短繊維 長繊維	1400	48～258	0.06～0.17
ジルコニア繊維	短繊維	2000	192	0.07～0.29
チタン酸カリ繊維	〃	900	54～1145	0.03～0.10
アルミナ繊維	短繊維 長繊維	2000	96	0.07～0.32
ガラス繊維	〃	900	84～242	0.02～0.03
アルミノボロシリケート繊維	〃	1700	—	—

る繊維を Table C-9-3-5 に示す．

無機繊維は，形状保持性に劣り，そのままでは分離，脱落が起こるので，表面を無機繊維織物や金属箔で覆って使用される．

(i) ガラス繊維

ガラス繊維は，使用温度が900Kと無機繊維の中で最も低いが，低コストで各種の密度のものがあり，低温用として多用されている．実例としては，H-Iロケット第1段液酸タンクのドーム部の断熱材として，ガラス繊維織物に包んだインシュレーションブランケットとして用いられた．

(ii) シリカ繊維

繊維径が 1～3μm と細く，線膨張係数が極めて小さく高温での断熱性に優れているため宇宙用断熱材として用いられる．シリカ繊維を焼結してタイル状にしたものはスペースシャトル用耐熱タイルの主要素材として著名である．これに関しては，C-9-5-5 (b) の再使用型耐熱システムの説明を参照されたい．

(4) シンタクチックフォーム (Syntactic Foam)

微小中空体（マイクロバルーン）をマトリックス（樹脂またはエラストマ）中に均一に分散させた低密度の材料をシンタクチックフォームという．シンタクチックフォームは熱伝導率が小さく，高温になるとマトリックスの熱分解やマイクロバルーンの溶融によるアブレーション冷却効果で優れた断熱効果を発生する．

このタイプの代表的なものとしてシリカマイクル

Table C-9-3-6 ガラスマイクロバルーン混入エポキシポリアミド樹脂系コーティングの特性 (Properties of epoxy polyamide coating filled with glass microballoon)

項目	単位	国産開発品
密度	kg/m^3	720
かたさ（ショアA）	—	84
引張強さ	MP	5.3
引張破断伸び	%	3.92
密着性	—	良好（トップコート施工品）
熱伝導率	W/(m·k)	0.23 (293K) 0.28 (373K)
熱分解開始温度	K	≃ 500
真空中加熱試験	—	異状な熱劣化なし
プラズマアーク加熱試験	—	異状な熱劣化なし
Wether-o-meter暴露試験	—	まずかに変色
屋内暴露試験	—	異状なし

バルーン混入シリコーンエラストマからなるものや，ガラスまたはシリカマイクロバルーン混入エポキシアミド樹脂からなるものがあり，ロケットのノーズフェアリングやエンジン周りに断熱コーティングとして適用されている．

Table C-9-3-6 に H-II ロケットのエンジン周りに使われる国産のガラスマイクロバルーン混入エポキシポリアミド樹脂の特性を示す．

---

1) 福島幸夫・尾崎牧人ほか：第30回宇宙科学技術連合講演会講演集 (1986) 382.

9.4 ロケットエンジン（Rocket Engine）

9.4.1 概要（Summary）

ロケットエンジンとは，ロケット自らが搭載する質量の一部を一定方向に噴出し，その反作用として，逆方向の推進力を獲得する噴射装置である．この結果，原理的に外環境に依存せず，たとえば真空中にあっても，所定の推進力を発生できる．獲得される推進力は，「単位時間あたり噴出質量」と「噴出速度」の積で表される．ロケットに搭載できる噴射用の質量は有限であるから，結局「噴出速度」をいかに向上するかが，ロケットエンジンの性能を示す指標となる．「噴出速度」の高いエンジンは，少ない「噴出流量」で同じ推進力を発生できるから，「燃費」の良いエンジンとも言い換えられる．一般にこの噴出速度を重力加速度（g）で除して，比推力（Specific Impulse : Isp）として表すことが多い．

一方，ロケットは，搭載するロケットエンジンに噴射質量を供給して，機体全体を加速，「速度増分」を稼ぎ出す装置である．到達できる「最終速度」は，「エンジン噴出速度」に比例するとともに，「機体最終質量比（＝1－噴出質量の搭載割合）」をいかに低減するかで決定する．すなわち，エンジンを含む構造重量（零燃料重量）を極限まで軽量化することが求められる．

以上の結果，実運用を始めているH-IIAロケット1段主エンジンLE-7Aを例にとると，燃焼室の圧力／温度は，およそ12MPa／3500Kで，真空中噴出速度は，4300m/secに達している．真空中の総排気エネルギは，2GW（>300万HP）を超え，最大級の発電所のレベルに匹敵するが，このエネルギを1.8ton程度の構造重量で発生して始めて，地球軌道への到達が可能となる．第1段機体の推進薬搭載割合は，およそ90％である．

この他，燃焼ガスと極低温推進薬が隣接する特異な温度分布／勾配，また静止状態から起動5秒間で最大出力に至る急激な時間的変化率などのため，ロケットエンジンの材料／構造／熱設計には特殊な配慮を要する．

本章では，化学推進系を主たる対象として，ロケットエンジンおよび固体モータの構造用材料，断熱材料，推進薬に使用される代表的な材料の熱物性データを示す．

（a）液体ロケットエンジン
（Liquid Propellant Rocket Engine）

液体ロケットエンジンの推進薬供給方式としては，推進薬タンクの気相部に外部から加圧ガスを印加して推進薬を排出する「ガス押し方式」と，推進薬タンクからエンジンに至る配管途中にガスタービン駆動方式のポンプ（ターボポンプ）を設けて，推進薬を昇圧した後，燃焼器に供給する「ターボポンプ方式」に分類される．この他，人工衛星の推進系などでは，システム簡略化のため，推進薬タンク気相部の封入初期ガス圧力のみで推進薬を排出する「ブローダウン方式」が採用されることもある．

現在，大型ロケットに使用されている液体ロケットエンジンは，「ターボポンプ方式」のものが主流となっている．運用中のH-IIAロケットの上段に使用されているLE-5Bエンジン，および1段主エンジンLE-7Aの概略系統図を，Fig. C-9-4-1，およびFig. C-9-4-2に示す．

また，米スペースシャトルの主エンジン（SSME）の概略系統図を，Fig. C-9-4-3に示す．

これらエンジンは，共通点として，液体酸素（90K）／液体水素（20K）を推進薬として用いており，化学ロケットとして最高水準の性能を実現している．

LE-5Bエンジンの場合，真空中推力は約137kN，燃焼圧力は約3.7MPaで，内圧0.2～0.3MPaのタンクから燃焼室に推進薬を供給するために，2式のターボポンプを装備し，液体酸素6MPa／液体水素7MPaまで昇圧している．これらターボポンプの動力源として，燃焼室壁面を冷却して昇温・気化した一部水素を用い，タービンを駆動する．この駆動方式を，「クーラントブリードサイクル（Coolant Bleed Cycle）」と呼んでいる．

一方，低高度（海面上）で大推力を要求される1段エンジンLE-7Aでは，真空中換算推力は約1200kNで，より小型化／高膨張化を図るため，その燃焼圧力は，およそ12MPaと高めに選定されている．この結果，酸素／水素ポンプとも，それぞれ最大30MPaの昇圧能力が要求され，必要な駆動力は，7MW／18MWに達する．相当するエンタルピを，高圧小型化した燃焼室冷却壁面からまかなうことは困難なため，副燃焼室（プリバーナ）を設け，発生する低混合比燃焼ガスで，タービンを駆動する．タービン駆動後の水素リッチ燃焼ガスは，燃料として主燃焼室に供給

9.4 ロケットエンジン

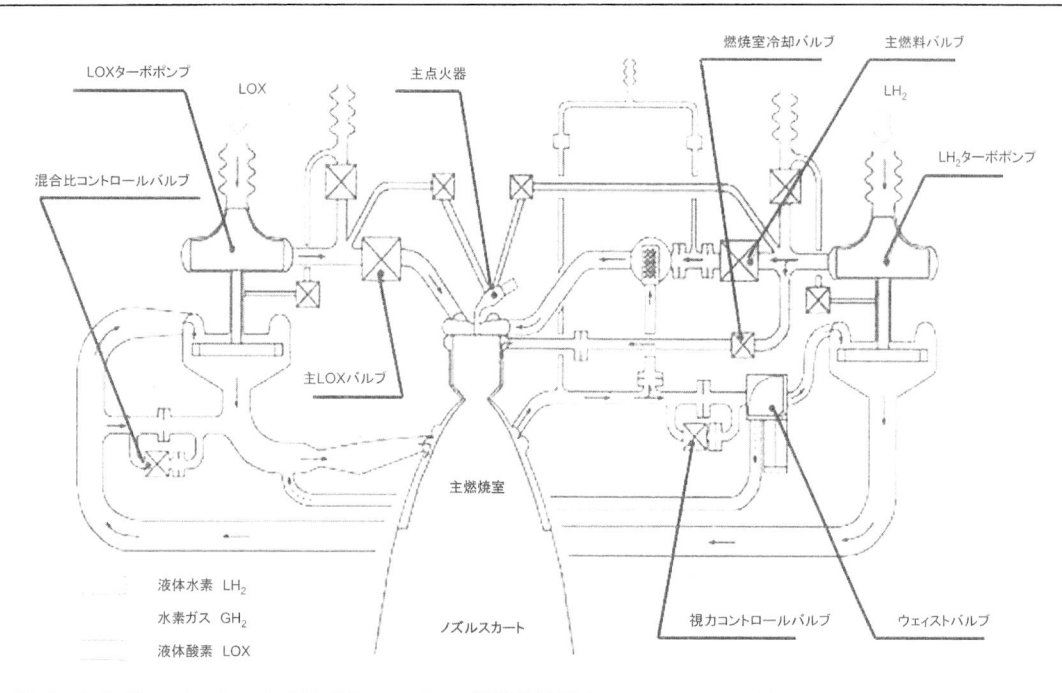

Fig.C-9-4-1 H-ⅡAロケット LE-5Bエンジンの概略系統図 (Schematic of LE-5B engine for H-ⅡA launch vehicle)

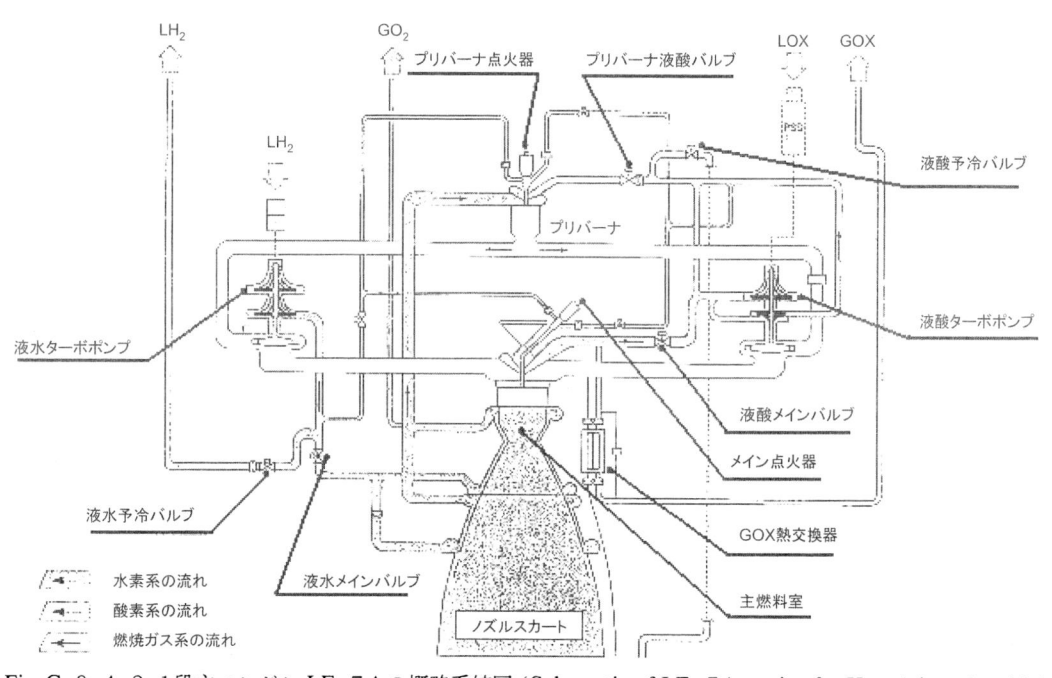

Fig.C-9-4-2 1段主エンジン LE-7Aの概略系統図 (Schematic of LE-7A engine for H-ⅡA launch vehicle)

され，再度燃焼し，主推力を発生する．

この点から，この駆動方式を，「2段燃焼サイクル (Staged-Combustion Cycle)」と呼んでいる．米国の SSME は，このエンジンサイクルを採用した最初の実用エンジンで，その推力/燃焼圧力は，それぞれ 2000 kN/20 MPa で，ターボポンプの吐出圧力は 50 MPa を超える．

ターボポンプの例として，LE-7の水素ターボポン

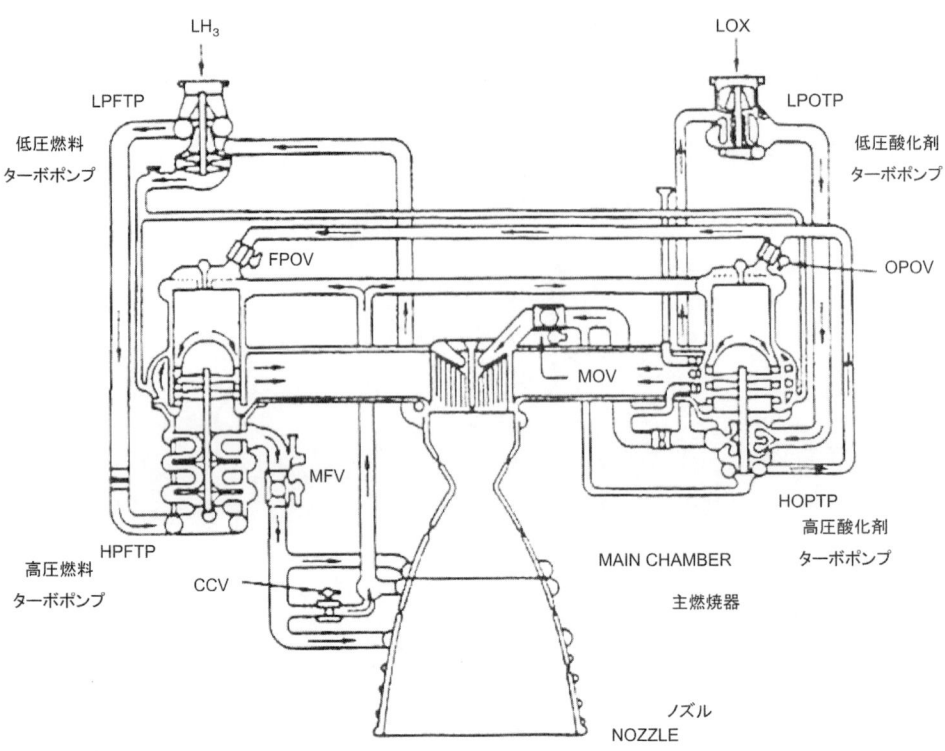

Fig. C-9-4-3 米スペースシャトルの主エンジン（SSME）の概略系統図（Schematic of Space Shuttle Main Engine）

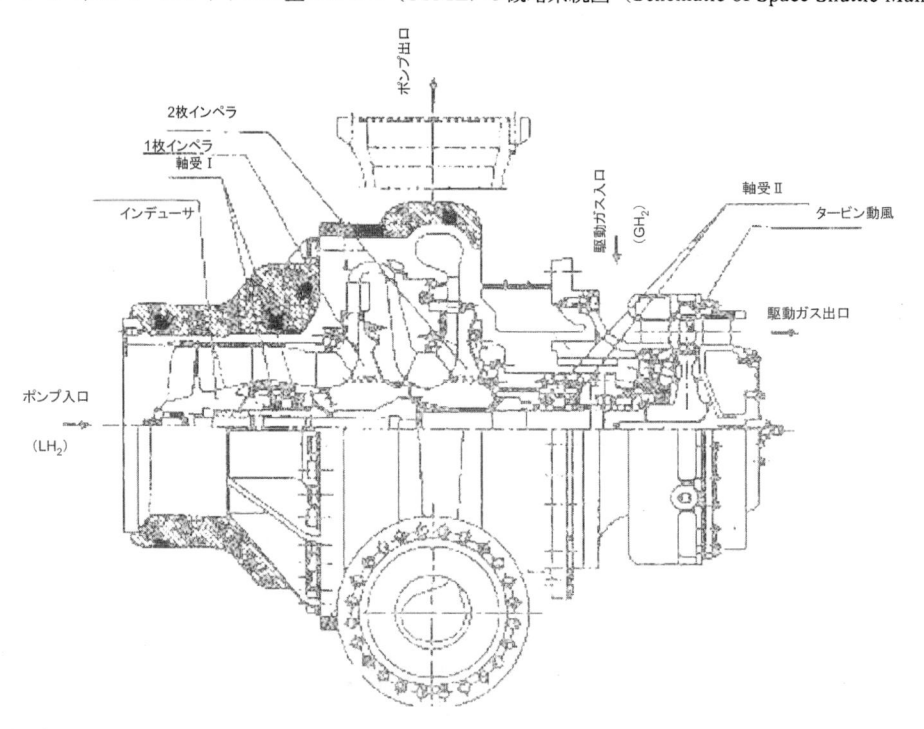

Fig. C-9-4-4 LE-7の水素ターボポンプの概要図（Liquid hydrogen turbopump for LE-7 engine）

プの概要を Fig. C-9-4-4 に示す．インデューサを装備した2段遠心ポンプで，1段衝動タービンによって駆動される．定格回転数は 42000 rpm で，その重量はおよそ 200 kg である．

（b）固体モータ（Solid Rocket Motor）

固体モータは，打ち上げロケットの第1段ブースタとして使用される大型のものから，ロケットの上段用モータ，あるいは人工衛星を静止軌道に投入するアポジモータのように小型高性能のものまで各種がある．これら固体モータは，比較的に「噴出速度（＝燃費の逆数）」は低いものの，構造が簡素で，短時間に大推力を発生する目的で使用されることも多い．

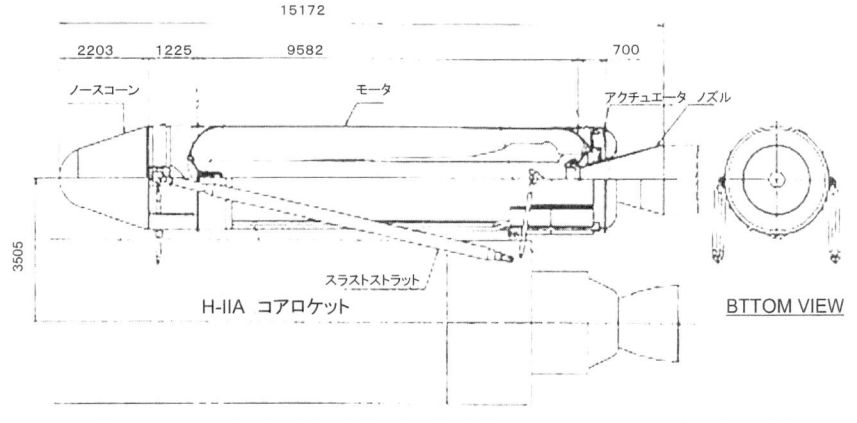

第1段ブースタとして用いられる固体モータの例として，運用中のH-ⅡAロケットに装備するSRB-Aの概要をFig. C-9-4-5に示す．実機には，これを2基装備しているが，1基あたりの真空中推力は2260 kN，最大燃焼圧力は11.8 MPaで，1基あたり65 tonの推進薬量は一体型モータとしては世界最大である．一方，推力では，スペースシャトル打ち上げ用に装備するSRM（推力約11.8 MN）が最大級である．こ

Fig. C-9-4-5　H-ⅡAロケット用SRB-A概要図（Solid Rocket Booster-A for H-ⅡA launch vehicle）

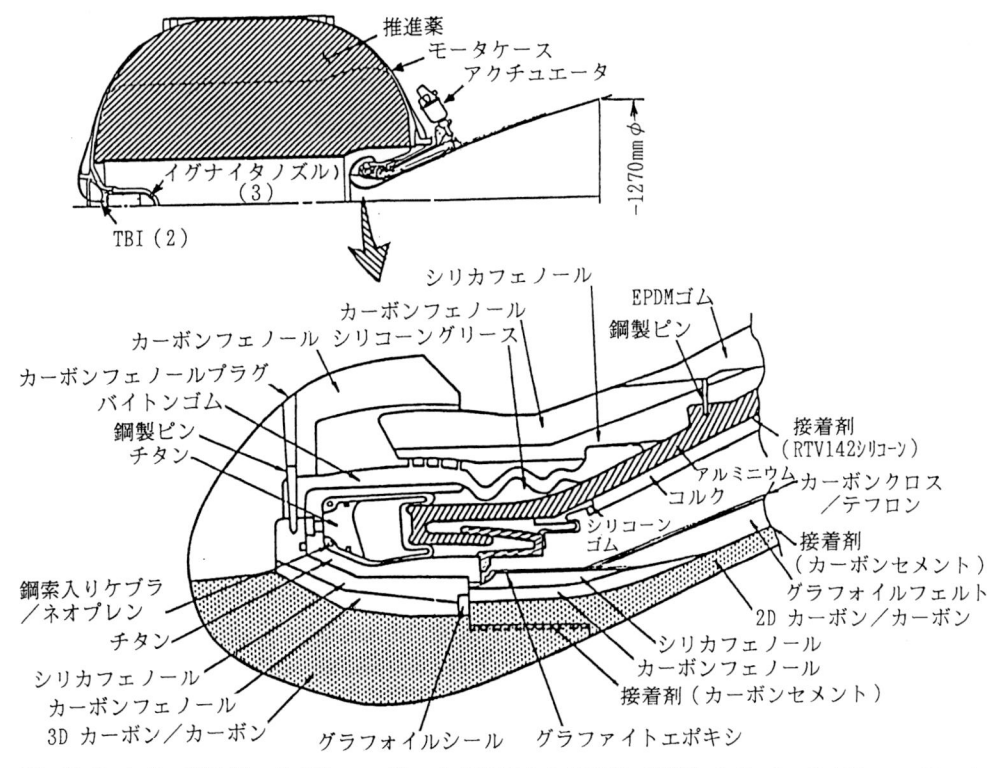

Fig. C-9-4-6　IUS (Inertial Upper-Stage) 用SRM-1概要図（SRM-1 for Inertial Upper-Stage）

れらは，いずれもノズルが可動式で推力の方向制御が可能である．

小型高性能の上段用固体モータは，世界的には直径約0.15mから約1.6mの範囲に及ぶ．これらの中にも，可動ノズルを装備し，慣性3軸制御される高機能のものもある．この一例としてIUS（Inertial Upper-Stage）用SRM-1の概要図をFig. C-9-4-6に示す．

9.4.2 構造および材料
(Structure and Materials)

液体ロケットエンジンおよび固体モータに使用される構造用材料の種別，使用部位，強度のデータについては，文献1)～9)が参考になる．液体ロケットエンジンの燃焼器に代表されるように燃焼ガスの高温度に耐えるとともに，推進薬の組み合わせによっては，着火前の極低温環境に耐えることが要求される．

また，使用箇所によっては，固体モータあるいは腐食性推進薬エンジンの燃焼ガスに対して耐浸食性が要求されるものもあり，機能要求の面で分類すると，多岐にわたる．代表的な構造用材料の熱物性値を一括して，Table C-9-4-1に示す．

(a) 液体ロケットエンジン
(Liquid Propellant Rocket Engine)

使用する推進薬や適用箇所に応じ，1) 高温強度，2) 極低温強度，3) 伸び特性，4) 比強度，5) 疲労寿命，6) 水素脆性（HEE）感度，7) 酸素適合性，8) 熱膨張率，9) 熱伝導度，10) 耐腐食性，11) 加工性，12) 溶接性などの材料特性を勘案し，材料を選定せねばならない．

酸素・水素エンジンに例を取ると，その重量の60-70％相当を，Ni合金が占めている．耐腐食性/耐高温酸化性/酸素適合性に優れており，特に，主構造に多用されるInconel718は，1000k近くまで強度低下

Table C-9-4-1 ロケットエンジン，固体モータ関連構造用材料の熱物性値（Thermophysical properties of structural materials for liquid propellant rocket engines and solid rocket motors）

名称	密度 ρ (kg/m^3)	熱伝導率 λ (W/(m·K))	線膨張率 α ($\times 10^{-6}$/K)	比熱 c (kJ/(kg·K))	温度 T (K)
(強靭鋼)					
AISI 4130	7833	43.25	12.6	0.461	373
AISI 4340	7833	38.08	12.6	0.448	373
D6AC	7833	38.08	12.6	—	373
HT210（MB鋼）	8000	—	10.0	0.586	373
NT-150-4	7950	46.0	13.4	0.439	293
SCM435	7830	43.13	7.0	0.431	373
(ステンレス鋼)					
AISI 410	7750	25.11	9.9	0.461	373
AISI 440A	7750	24.20	10.1	0.461	373
AISI 301	7916	16.44	16.2	0.494	373
AISI 304	8030	16.25	17.3	0.502	373
AISI 316	8030	14.19	16.2	0.490	373
AISI 347	7889	15.58	16.4	0.486	373
17-4PH	7806	17.31	10.8	0.448	373
17-7PH	7690	16.96	11.6	0.343	373
(鉄基合金)					
A286	7940	15.74	16.6	0.461	373
(Ni基合金)					
Inconel 600	8615	16.74	11.9	0.444	294
Inconel 625	8442	9.80	12.8	0.410	294
Inconel 718	8220	8.37	12.2	0.435	294
Inconel X	8220	11.7	12.8	0.439	293
Nimonic 75	—	18.7	—	—	293
Nimonic 80	—	8.6	12.6	—	293

Table C-9-4-1 ロケットエンジン，固体モータ関連構造用材料の熱物性値（Thermophysical properties of structural materials for liquid propellant rocket engines and solid rocket motors） つづき

名称	密度 ρ (kg/m³)	熱伝導率 λ (W/(m·K))	線膨張率 α (×10⁻⁶/K)	比熱 c (kJ/(kg·K))	温度 T (K)
（Ni-Co基合金）					
Nimonic 108	—	—	—	—	—
MarM 200	8530	14.0	11.9	0.40	293
MarM 246	8440	16.8	11.3	0.427	293
Rene 41	8300	25.5	16.7	0.461	293
（Co基合金）					
MarM 302	9210	—	12.4	—	478
（Cb合金）					
Cb 103	8870	41.9	8.1	0.341	293
Cb 752	9030	48.7	7.4	0.281	293
（Ti合金）					
Ti-6Al-4V	4420	7.53	8.8	0.544	293
Ti-5Al-2.5Sn·ELI	4439	8.37	9.4	0.532	293
（Al合金）					
2014-T6	2800	155	22.5	0.962	293
5052	2680	138	23.6	0.963	293
6061	2713	163	23.4	0.942	293
7075-T6	2796	162	23.0	0.879	293
（その他）					
モネル K500	8470	14.7	13.7	0.419	293
HAYNES 188	9130	10.7	18.5	0.398	311
				0.624	1473
NARLOY-A	—	—	—	—	—
Mo合金	1769	86.6	25.9	1.047	293
Cu合金	—	356	—	—	293
純Cu	8960	386	19.6	0.324	293
Be銅	8249	100	19.6	0.440	293
（有機/無機材料）					
KFRP （注1）	1320	0.79	4.72	1.423	293
（注2）	1320	0.75	—	1.423	293
高強度CFRP（注6）	1540	6.87（注1）	0.2	0.970	393
（注6）	1540	0.96（注3）	29.3	0.970	393
高強度CFRP（注7）	1540	15.45（注1）	1.51	1.240	393
SFRP	1737	0.79	35.8	1.240	393
ファイバガラス	2570	1.0	5.0	0.8	393
グラファイト					
G-90	1910	169.6	16.2	—	393
iG-12	1770	104.6	4.0	669.7	293
			6.4	2344	2273
PG	1800〜	157（注4）	0.37	0.971	393
	2220	1.75（注5）	—	0.971	393
C/Cコンポジット	1450	31.5（注4）	0.9	1.29	293
		14（注5）	2.5	1.29	293
3D C/C	1900	54.4	−0.5	669	293
カーボンフェノール	1350	1.2	19.3	1.1	293

注1：0°方向　注2：45°方向　注3：90°方向　注4：織布方向　注5：積層方向　注6：1D方向強化
注7：2D方向強化　PG：Pyrolytic graphite　C/C：Carbon/Carbon

が小さく，かつ低温下の伸び特性も良好で，溶接性にも優れている．より高温で強度を要求される場合には，Rene41/Waspaloy/MAR-M246などが用いられる．

主燃焼室壁面は，極低温水素で冷却せねばならないが，壁面材料に熱伝導度の高い無酸素銅，あるいは強化銅合金（Zr, Cr, Agなどを添加）を用いることによって，燃焼ガス側表面温度を800K程度に押さえ込んでいる．これら銅合金は，強度が低いため，高燃焼圧エンジンでは，外周にInconel718など高強度材料の外筒（Outer Shell）で覆って，燃焼内圧に耐える構造とする．このため，燃焼ガスに接する銅表面では，特に起動・停止の過渡状態で，熱膨張による強い圧縮が発生する．特に熱流束が最大となるスロート部において，圧縮ひずみは塑性領域に達し，燃焼室の低サイクル寿命を決定している．最終的には冷媒の内圧力によって，燃焼室内側へ膨らみ，破壊するが，寿命は数十回程度となる．

ターボポンプの場合，扱う作動流体によって，選定すべき材料が異なってくる．密度が$70kg/m^3$と著しく低い液体水素を昇圧する水素ターボポンプでは，高いインペラ周速が求められる．LE-7Aの場合，周速は500m/secを越えるため，材料には比強度の高いTi-5Al-2.5Snを用いている．

一方，酸素ターボポンプでは，材料の酸素適合性が問題となる．回転体/ケース間接触，あるいはコンタミネーション，キャビテーションの断熱圧縮も，発火の原因となる．1) 発火点が高い，2) 衝撃感度が低い，3) 熱伝導度が高く，熱を拡散しやすい，4) 発火時，生成熱量が小さい，5) 消えやすい（スラッジ・被膜などを生成），6) 接触時，摩擦係数が小さい，などが材料選定の条件となり，Mg, Ti, Sn, Zrを多く含有する材料は，酸素中で激しく反応するため，原則的に用いられない．このため，酸素インペラ，インデューサ，ディスクシャフト，ケーシングには，Inconel718, A-286などが用いられている．Alは，発火温度が比較的低いが，熱伝導度が高く，また融点が低いために流れて熱を拡散しやすく，表面酸化処理を施すなどして用いられる．

また，タービンは，800~900K程度の水素リッチの燃焼ガスで駆動されるが，使用材料には，高温強度/耐熱衝撃性/耐水素脆性などが求められる．ガス物性/ガス流速の差から，タービン部熱伝達率は，航空用タービンに比べ，二桁大きいと試算された例もある．SSMEのタービンブレードには，MAR-M246DS (DS：一方向凝固材料）が，LE-7A水素タービンでは，MAR-M247DSが，用いられている．また，Inconel718のタービンディスクは，比較的水素脆性感度が高いため，Auコーティング（plating）で被覆されている．

(b) **固体モータ** (Solid Rocket Motor)

Ti-6Al-4Vは，固体モータのモータケースとして使用される代表的な材料である．Table C-9-4-1中で，有機/無機材料として示されているものは，主として固体モータのモータケース材料やノズル材料などに使用実績のあるものを示している．このうち，3DC/Cは，3次元織りされたカーボン/カーボンコンポジット材料であるが，2DC/C，あるいは4DC/Cとしても使用されている．また，固体モータのモータケースには，金属材料と並んでフィラメントワインディング工法によるKFRPなどが使用されている．

9.4.3 断熱材料 (Thermal Insulation Materials)

断熱材は，主に固体モータの内外面に用いられる．内面に使用されるものは，推進薬とモータケースの間の断熱の目的に加えて，推進薬の外面の一部を不燃化する，あるいは推進薬とモータケースとの間に緩衝領域を設けて，推進薬内部の応力緩和を図ることを目的とするものがある．この目的のために，主としてゴム材料が使用される．また，固体モータの外面に使用されるものには，固体モータからロケット機体，あるいは人工衛星への入熱量の低減を目的として，ノズルエクステンション部の外面に装着されるカーボンフェルトなどがある．

代表的な断熱材料の物性値を，Table C-9-4-2に示す．

9.4.4 推進薬 (Propellants)

ロケット推進の要件は，「噴射する材料」と「それらを加速するエネルギ」ということになるが，これらは本来別物である．前者は，当然機体に搭載されていなければならないが，後者は，たとえばレーザなどにより外部から供給されてもよい．化学ロケットの場合には，搭載した推進薬を反応，あるいは分解させ，膨張しやすい噴射ガスと，加速エネルギを

Table C-9-4-2 固体ロケットモータ関連断熱材料の熱物性値 (Thermophysical properties of typical insulation materials for solid rocket motors)

名　称	密　度 ρ (Kg/m³)	熱伝導率 λ (W/(m·K))	線膨張率 α (×10⁻⁶/K)	比　熱 c (KJ/(Kg·K))	温　度 T (K)
EPDM	1100	0.05	261.0	2176	293
NBR	----	----	----	----	----
カーボンフェルト	1090	0.3	----	----	1000

注) EPDMはアスベスト入のものである。

Table C-9-4-3 固体ロケットモータ推進薬の熱物性値 (Thermophysical properties of typical solid rocket motor propellants)

名　称	密　度 ρ (Kg/m³)	熱伝導率 λ (W/(m·K))	線膨張率 α (×10⁻⁶/K)	比　熱 c (KJ/(Kg·K))	金属含有量 (%)	燃焼温度 (K)	温　度 T (K)
HTPB/AP/Al	1880	0.7	122	1.29	4～17	3373～3473	293
CTPB/AP/Al	----	----	----	----	15～17	3373～3473	293
PBAN/Al/Al	1644	----	----	----	16	3473	293
PBAA/AP/Al	1600	0.4	----	1.59	14	3273～3573	293
ダブルベース	1600	0.2	170	1.47	0	2573	293

注) HTPB, CTPB, PBAAは粘結剤として使用されるものである。略語の定義については本巻末参照。

同時に生成している．推進薬はその貯蔵・搭載状態によって，液体推進薬/固体推進薬に分類される．なお，固体推進薬と液体推進薬を併用したハイブリッドエンジンと呼ばれる概念も実験的に運用されている．これら燃料/酸化剤を組み合わせて使用したとき，発生する燃焼ガスの温度/平均分子量/有効排気速度などについては，文献2), 10)～11)を参照されたい．現在まで実用されてきた代表的な推進薬，および将来使用が検討されている推進薬の熱物性を Table C-9-4-3，および Table C-9-4-4 に示す．

なお，Table C-9-4-3 中のダブルベース推進薬は，ニトロセルローズとニトログリセリンを主成分とし，これに安定剤，可塑剤などを加えて均一に混和した固溶体であり，これ以外のものは，固体酸化剤粉末と粘結剤とを混合し，硬化させた不均一の推進薬で，コンポジット推進薬と呼ばれるものである．

1) Aerospace Structural Metals Handbook, Metals and Ceramics Information Center, Battel's Columbus Laboratories. 2) Modern Engineering for Design of Liquid-Propellant Rocket Engines, Progress in Astronautics and Aeronautics, Volume 147, AIAA. 3) Materials and Processes for Shuttle Engine, ET, and SRB, NASA TN-D-8511 (1977). 4) 航空宇宙工学便覧 増補版, 日本航空宇宙学会編, 丸善株式会社. 5) Metals Handbook, Vol.1～3, American Society for Metals. 6) Schorr. M & Zaehringer. A : Solid Rocket Technology, John Wiley and Sons, Inc. 7) P. Lamicq : AIAA/SAE 13th Propulsion Conference, paper 77-822 (1977). 8) 中村ほか : SRB-Aの開発と課題, 第45回宇宙科学技術連合講演会 (2001). 9) C. A. Chase : IUS Propulsion Status, AIAA84-1192. 10) JANNAF, Rocket Engine Performance Prediction and Evaluation Manual, CPIA Publication 246 (1975). 11) 川崎俊夫編 : 宇宙飛行の理論と技術, 池人書店 (1986).

Table C-9-4-4 液体ロケットエンジン推進薬の熱物性値 (Thermophysical properties of some liquid propellants for rocket engines)

	名 称	化 学 式	氷点(m.p.) (K)	沸点(b.p.) (K)	密 度 (Kg/m³)	
燃料	ヒドラジン	N_2H_4	271.9	709.3	1010	(293K)
	JP-4	$C_{966}H_{19}$	213.2	405〜516	747〜825	(288K)
	RP-1	(MIL-F-25576B)	220〜230	445〜537	800〜820	(293K)
	RJ-1	--	233	493〜588	840〜860	(293K)
	MMH	CH_3NH-NH_2	220.2	359	847	(293K)
	TMA	$(CH_3)_3N$	156	275.9	603	(293K)
	UDMH	$(CH_3)_2NNH_2$	216.2	336.2	789	(293K)
	液体水素	H_2	14.2	20.2	71	(b.p.)
	アニリン	$C_6H_5NH_2$	267.1	457.1	1022	(293K)
酸化剤	過酸化水素	H_2O_2	267.6	419.2	1414	(298K)
	IRFNA	(注)	224.2	338.7	1570	(298K)
	NTO	N_2O_4	262	294	1440	(293K)
	液体酸素	O_2	54	90	1142	(b.p.)
	液体フッ素	F_2	53.2	85.2	1509	(b.p.)
	3フッ化塩素	ClF_3	196.9	284.9	1082	(293K)

注):$82HNO_3+15NO_2+2H_2O+1HF$

〔用語・略語の定義〕

AP	Ammonium Perchlorate, NH_4ClO_4 過塩素酸アンモニウム
CFRP	Carbon Fiber Reinforced Plastics
CTPB	Carboxyl Terminated Polybutadiene
EPDM	Etylene Propylene Diene Monomer
ETA	Explosive Transfer Assembly
HTPB	Hydroxyl-Terminated Polybutadiene
IRFNA	Inhibited Red Fuming Nitric Acid
IUS	Inertial Upper stage
KFRP	Kevlar Fiber Reinforced Plastics
LOX	Liquid Oxygen, 液体酸素
LH2	Liquid Hydrogen, 液体酸素
MMH	Monomethyl Hydrazine
NBR	Nitrile Butadiene Rubber
PBAA	Polybutadiene Acrylic Acid
PBAN	Polybutadiene Acrylic Acid Acrylonitrile Terpolymer
RP-1	ケロシン系推進薬の一種
RJ-1	ケロシン系推進薬の一種
SFRP	Silica Fiber Reinforced Plastics
SRB	Solid Rocket Booster
SRM	Solid Rocket Motor
SSME	Space Shuttle Main Engine
TBI	Through Bulkhead Initiator
UDMH	Unsymmetrical Dimethyl Hydrazine

9.5 宇宙機 (Spacecraft)

9.5.1 概要 (Summary)

宇宙機は、ほぼ3Kの場に置かれ、太陽光のふく射、太陽光の惑星表面での反射（アルベド）と惑星自身のふく射等の熱環境に遭遇する。そして、宇宙機の熱設計はこのような熱環境に対応して、宇宙機の全運用を通して構造や搭載機器等を要求された温度範囲内に収めることである。ここでは熱設計に必要な技術と材料の熱物性値を記述する。まず、構造材料や熱制御材料の熱物性値と、その熱物性値の放射線、紫外線による劣化データを示す。また、多層断熱材の

構成と等価放射率を示す．そして，最近の機能性熱制御材料や機能性デバイスの熱物性値についてふれる．次いで，単相，2相流体ループ方式について解説し，使用される熱冷媒の熱物性値を示す．更に，低温装置や高温装置で使用される材料の低温，高温域の熱物性値を示す．最後に，熱解析用のソフトウェアのツールについて解説する．

9.5.2 本体部 (Bus Structure)

(a) 構造および材料 (Structure and Materials)

宇宙機等の構造設計では，軽量化を基本に，ロケット打ち上げ時に受ける振動，衝撃および音響等の機械的環境，軌道上で受ける熱ショック，熱変形等の熱環境に耐えることが要求される．このため，新素材および柔軟構造の技術を用いた最適化が図られ，制限荷重の約1.25倍まで耐えるバランスのとれた設計がなされている．

一般に，宇宙機の構造は本体部，太陽電池パドル，アンテナ等に大別され，その構造様式には，トラス構造とパネル構造がある．トラス構造はFRPを主材にしたトラスと搭載機器を取付けるパネル，つまりアルミスキン，アルミハニカムパネル（アルミハニカムコア），アルミニウム合金，ガラスエポキシ等の構造パネルで構成されている．パネル構造はCFRPおよび補強材とCFRP（またはアルミスキン），アルミハニカムパネルで構成されている．結合部材にはCFRP，アルミニウム合金，およびマグネシウム等が使用されている．太陽電池パドルは主にアルミハニカム構造が用いられている．アンテナはCFRPスキン，アルムハニカムコアおよびノーメクスコア等の材料が使用されている．Table C-9-5-1に構造で用いられている材料の密度，比熱，線膨張係数および熱伝導率の熱物性値をそれぞれ示す[1-5]．

(1) 接触熱抵抗 (Contact Thermal Resistance)

搭載機器とパネルとの接触熱伝導係数（接触熱伝達率）は，取付面の状態（面粗さ）や接触面の材質，接触面の圧力等によって変化する．Fig. C-9-5-1に材質アルミニウム，仕上げ10～15 RMSの真空中に

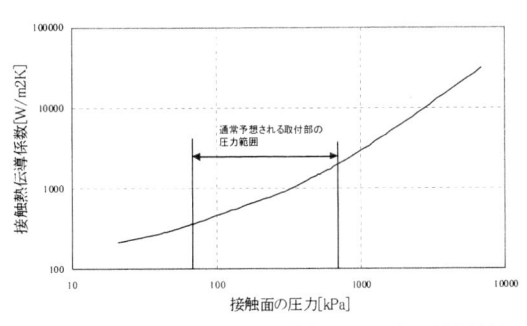

Fig. C-9-5-1 Alにおける接触面の圧力と接触熱伝導係数 (Relation of contact pressure and contact heat transfer coefficient of Al)

おける接触面の圧力と接触熱伝導との関係を示す[6]．横軸は接触面の圧力，縦軸は接触熱伝導係数である．接触面の圧力は取付けネジサイズや締め付けトルクによって変化するが，通常の搭載機器の取付では締め付けられたネジ近傍の周囲（ワッシャの面積程度の範囲）で，70 kPa～700 kPaにある．

(2) 電子部品用樹脂 (Electronic Device Resins)

Table C-9-5-2に宇宙機で使用される代表的な接着剤，ポッティング剤，コーティング剤等の熱物性値を示す[7]．

(b) 推進系及び姿勢制御系 (Propulsion and Attitude Control)

推進系は主にアポジェ推進系と二次推進系に分けられる．アポジェ推進系は，宇宙機をトランスファ軌道から所定の軌道（静止軌道）に移行するときに用いられ，固体と液体の推進方式がある．前者は1回の燃焼で，後者は数回の燃焼を繰り返して所定の軌道に移行する．この方式は瞬間的な力の作用に弱い柔軟構造物を有する大型宇宙機に適している．二次推進系は，軌道修正や姿勢制御に用いられ，無水ヒドラジンの触媒反応を利用した一液式のガスジェット方式である．最近ではイオンエンジンのように高比推量力特性が得られる電気推進が用いられている．Table C-9-5-3に各推進系で用いられている材料の密度，比熱，線膨張係数および熱伝導率をそれぞれ示す[8,9]．

---

1) Application of Advanced Materials in Future Communication Satellite. 2) J. of the british Interplanetary Society, 30 (1977). 3) MLI-HDBK-5C. 4) 炭素繊維，東レ資料 (1980). 5) METALS HANDBOOK, 9th Edition, 2, AMERICAN SCOIETY FOR METALS. 6) E. Fried and H. L. Atkins : Thermal Joint Conductance in a Vacuum, ASME paper 63-AHGT-18, 1963. 7) 宇宙開発事業団接着施工技術関連データ (CR-68805)（現，宇宙航空研究開発機構）． 8) I.E.Mcallister and W.L.Lachman : Multidirectional Carbon-Carbon-Composite. 9) 軽金属出版，アルミニウム技術便覧．

Table C-9-5-1 構造用材料の熱物性値
(Thermophysical properties of structural materials)

物質 Material	密度 Density ρ (kg/m³)	比熱 Specific heat c (J/(kg·K))	線膨張率 Linear expansion coefficient α (×10⁻⁶/K)	熱伝導率 Thermal conductivity λ (W/(m·K))
アルミ合金シート				
2014-T6	2800	962	22.5	155
	2800	867	22.4	157
2024-T36	2770	879	22.5	121
	2770	842	22.6	123
6061-T6	2710	962	23.4	166
	2710	842	22.8	154
7075-T6	2800	837	28.9	134
	2800	963(373K)	23.2(293〜373K)	132(298K)
ベリリウム				
押し出し材	1850	1862	11.5	179
Cross Rolled Sheet	1850	1862	11.5	179
	1850	1884	11.5	173
Hot Press	1830	1862	11.5	179
	1830	1897	11.5	173
Lockalloy Be 38% Al	2100	----	17.0	212
ボロン／エポキシ				
[O]	2010	----	4.2	1.9
[O2/±45]	2010	920	4.6	0.4
グラファイト／エポキシ				
HTS [O] Vf=55%	1490	----	−0.36	----
Vf=65%	1580	862	−0.4(333K)	4.2
HTS [O2/±45] Vf=55%	1490	----	----	----
Vf=65%	1580	862	----	3.6
HM [O] Vf=55%	1610	----	----	----
Vf=65%	1620	862	−1.0	55
UHM [O]	1690	----	−1.0	----
マグネシウム				
AZ31B	1770	1025	25.2	43.6
	1770	992	25.4	76.2
AZ31B-H24	1770	1046	25.2	43.6
	1770	992	25.4	76.2
チタン				
純チタン	4510(300K)	519(300K)	8.4(300K)	18.4(300K)
				17.5(373K)
シート Ti 6Al 4V	4430	502	8.8	7.4
	4430	523(311K)	8.8(311K)	7.3(311K)
バー Ti 6Al 4V	4430	502	8.8	7.4
	4430	523(311K)	8.8(311K)	7.3(311K)
Kevlar 49 [O]	1380	----	----	----
	1380	1274	−4	1.73
ボロン／Al [O] 50%	2600	1000	4	----
	2510	1040	----	----

Table C-9-5-2 電子部品用樹脂の熱物性値
(Thermophsical properties of resins for electronic device)

物質 Material	組成 形態	密度 Density ρ (kg/m³)	線膨張係数 Linear expansion coefficient β (10^{-6}·K)	熱伝導率 Thermal conductivity λ (W/(m·K))	使用温度 Temperature T (K)	用途 application
RTV 566	シリコーン 2液型	1500	200	0.30	158〜589	接着剤
RTV 3140	シリコーンゴム 1液型	1050	---	---	208〜523	コーティング
ECCOBOND SOLDER 57C	エポキシ 2液型	2000〜3000	36	5.80	216〜423	導電性接着剤
ECCOSHIELD	金属充填	3500	---	4.33	208〜398	導電性シリコーン
RTV S691	シリコーン 2液型	1400	200	0.23	168〜473	接着剤
EPIKOTE 828/V125	---	1900	80	0.20	213〜423	接着剤
SOLITHANE 113/C113-300	ポリウレタン 2液型	1500	---	---	208〜473	コーティング

メーカ名略語／ GEC:General Electric Co. DCC:Dow Corning Corp. GC:Grande Coprp.
FPI:Furane Plastics Inc. WAC:Wacker. SHL:Shell Chemical Co. CIB:CIBA Corp.
HYS:Hysol Division, The Dexter Corp. TCC:Thiokol Chemical Corp.

Table C-9-5-3 推進・姿勢制御用材料の熱物性値
(Thermophysical properties of propulsion and attitude control materials)

物質 Material	密度 Density ρ (kg/m³)	比熱 Specific heat c (J/(kg·K))	線膨張係数 Linear expansion coefficient β (10^{-6}/K)	熱伝導率 Thermal conductivity λ (W/(m·K))	使用温度 Temperature T (K)	用途
固体アポジモータ						
Ti-6Al-4V	4420	565	8.80	7.54	〜373	モータケース
推進薬	1770(1804)	1160(1302)	110(120)	0.61(0.70)	〜313	コンポジット
EPDM/アラミド繊維	1100	1620(1423)	440〜450	0.31(0.15)	〜3300	インシュレーション
カーボン/カーボン(3D)	1940(1900)	711(670)	-0.5	105.0(62.8)	〜3300	ノズルスロート
カーボン/カーボン(2D)	1570	712	0.69	28.05	〜3300	ノズルスカート
液体アポジエンジン						
Ti-6Al-4V	4420	537	9.0	7.6	---	推進薬タンク
コロンビューム合金C103	8850	343	6.7	38.1	---	エンジン
SUS-316(L)	7917	460	16.2	13.8	---	ヒートシールド
SUS-304(L)	7920	499	13.6	16.0	---	弁類
A-7075	2800	847	23.5	130.0	---	ブラケット
ヒドラジンスラスタ						
Ti-6Al-4V	4420	537	9.0	7.6	---	推進薬タンク
ヘインズ25	9130	377	12.2	8.8	---	スラスタ
SUS-304(L)	7920	499	13.6	16.0	---	弁類
A-7075	2800	847	23.5	130.0	---	ブラケット
イオンエンジン						
Al-1100	2710	922	---	221.0	243〜423	ヒートシンク
Al-6061	2710	922	---	171.0	243〜423	ハウジング
Ti-6Al-4V	4430	502	8.8〜9.7	7.1	243〜373	タンク、支柱
Mo	10200	300	3.7〜5.3	127.0	223〜473	グリット
SUS-304(L)	7900	477	---	14.9	223〜473	チェンバ、配管
Al2O3(アルミナ・セラミック)	3600	796	6.9〜7.7	16.8	223〜473	インシュレーション
純鉄	7860	640	15.0	83.5(273K)	223〜423	ポールピース
レニウム	21040	134(300K)	6.12(773K)	39.6(283K)	243〜1473	ホロカソードヒータ
タンタル	16600	150	6.6	58.0(273K)	223〜573	ホロカソードヒータ

9.5.3 熱制御技術
(Thermal Control Tecnique)

(a) 熱制御材料 (Thermal Control Materials)
(1) 太陽光吸収率 α_S と全半球放射率 ε_H (Solar Absorptance α_S and Total Hemispherical Emittance ε_H of Thermal Control Materials)

宇宙機の表面で用いられる熱制御材料や太陽電池素子の太陽光吸収率 α_S（入射角5°）と全半球放射率 ε_H（温度293 K）を Table C-9-5-4 に示す[1-2]．太陽光吸収率は積分球と可視分光器を組合わせた分光法から，全半球放射率はカロリーメータ法から測定され，その不確かさはそれぞれ±2％以内である．

Table C-9-5-4 代表的な熱制御材料の太陽光吸収率と全半球放射率
(Solar absorptance and total hemishprical emittnce of thermal control materials)

熱制御材料 Thermal Control Materials	太陽光吸収率(at 5°) Solar absorptance	全半球放射率(at 293K) Total hemishprical emittance	ｸﾞﾗﾌ用記号 数値はフィルム膜厚， ガラス板厚
1. 熱制御フィルム			
a. ﾎﾟﾘｲﾐﾄﾞ系			
Al蒸着ﾕｰﾋﾟﾚｯｸｽ-R　7.5μm	0.30	0.38	7.5 Upilex-R/Al [1]
12μm	0.31	0.45	12 Upilex-R/Al
25μm	0.34	0.57	25 Upilex-R/Al
50μm	0.37	0.68	50 Upilex-R/Al
75μm	0.43	0.71	75 Upilex-R/Al
導電性/25μm	0.37	0.48	TCC/25 Upilex-R/Al
Al蒸着ﾕｰﾋﾟﾚｯｸｽ-S　20μm	0.43	0.51	20 Upilex-S/Al [1]
Al蒸着ｶﾌﾟﾄﾝ　　　 25μm	0.38	0.59	25 Kapton/Al [2]
導電性Ag蒸着ﾎﾟﾘｴｰﾃﾙｲﾐﾄﾞ 75μm	0.15	0.74	75 PEI/Ag [3]
Al蒸着ｶﾌﾟﾄﾝ　　　 12μm	0.34	0.55	
25μm	0.38	0.65	
50μm	0.41	0.72	
75μm	0.45	0.76	
125μm	0.46	0.81	
TCC/ 12μm	0.41	0.51	
TCC/ 25μm	0.44	0.61	
TCC/ 50μm	0.49	0.69	
TCC/ 75μm	0.51	0.73	
TCC/125μm	0.54	0.74	
b. フッ素系			
Al蒸着ﾃﾌﾛﾝ　　　 50μm	0.14	0.65	50 Teflon/Al [2]
250μm	0.83	0.83	250 Teflon/Al
Ag蒸着ﾃﾌﾛﾝ　　　125μm	0.22	0.77	125 Teflon/Ag [2]
Al蒸着ﾃﾌﾛﾝ　　　 12μm	0.14	----	
25μm	0.14	----	
125μm	0.14	0.72	
TCC/ 50μm	0.19	0.58	
TCC/125μm	0.19	0.69	
銀蒸着ﾃﾌﾛﾝ/ｲﾝｺﾈﾙ			
12μm	0.09	----	
25μm	0.09	----	
50μm	0.09	0.60	
125μm	0.09	0.72	
TCC/ 50μm	0.14	0.58	
TCC/125μm	0.14	0.69	

10) 大西 晃：宇宙用熱制御材料の太陽光吸収率の入射角依存性と全半球放射率の温度依存性に関する測定データ，宇宙科学研究所報告 第113号 (2000年). 11) 大西 晃：熱物性ハンドブック，日本熱物性学会編，養賢堂 (1990) pp. 320-330. 12) 福澤慶太，大西 晃，長坂雄次：ポリイミド系宇宙用多層膜熱制御材料の熱放射特性の推算日本航空宇宙学会論文集，Vol.50, No. 579 (2002) pp. 129-134. 13) K. Fukuzawa, A. Ohnishi, and Y. Nagasaka : Total Hemispherical Emittance of Polymide Films for Space Use in the Temperature Range from 173 to 700 K, International Journal of Thermophysics, Vol. 23, No. 1 (2002) pp. 319-331.

Table C-9-5-4 (続き1)

熱制御材料 Thermal Control Materials	太陽光吸収率(at 5°) Solar absorptance	全半球放射率(at 293K) Total hemisphrical emittance	グラフ用記号 数値はフィルム膜厚,ガラス板厚
金蒸着テフロン			
12μm	0.24	----	
25μm	0.22	0.53	
アルミニウム蒸着マイラ			
4μm	0.14	----	
6μm	0.15	----	
75μm	0.17	0.73	
125μm	0.19	0.73	
2. 塗料			
a. 白色塗料			
ケミグレイズ Z-202	0.25	0.83	白色Z202 (4)
1000 ESH UV	0.40	0.82	
ニッペノバ500アストロホワイト	----	0.85	アストロホワイト (5)
導電性Z-93	0.14	0.94	
ケミグレイズ A-276	0.26	0.83	
1036 ESH UV	0.44	0.83	
S-13G/LO	0.21	0.80	
カンペ セラ コスモス	0.22	0.87	
28000 ESH UV	0.57	----	
b. 黒色塗料			
アイログレイズ Z306	0.92	0.83	黒色Z306 (4)
ニッペノバ500アストロブラック	----	0.82	アストロブラック (5)
導電性ケミグレイズ L300	0.95	0.79	黒色L300 (4)
導電性ブラックカプトン	----	0.80	Black-Kapton (2)
c. 耐熱塗料			
灰色チラノコート	0.82	0.81	チラノコート (1)
3. 熱制御ミラー			
熱制御ミラー 12μm	----	0.79	120SR/Ag (6)
TCC/200μmBDX/銀蒸着	0.11	0.76	TCC/2000SR/Ag (7)
TCC/AS/銀蒸着	0.05	0.52	
TCC/OCL1/銀蒸着	0.05	0.52	
TCC/150μmCMX/銀蒸着	0.09	0.80	
AS/銀蒸着	0.06	----	
OCL1/銀蒸着	0.06	----	
4. 金属			
Alバフ研磨A	0.16	0.04	Alバフ研磨A
Alバフ研磨B	----	0.12	Alバフ研磨B
Al蒸着	----	0.05	Al蒸着
Agメッキ	----	0.11	Agメッキ
SUS304	----	0.11	SUS304
ステンレススティール			
バフ研磨	0.42	0.13	
サンドブラスト	0.58	0.39	

(2) 太陽光吸収率の入射角度依存性(Incident Angle Dependence of Solar Absorptance)

太陽光吸収率の入射角度依存性の測定結果(5〜60°)を Fig. C-9-5-2 に示す[10]. 測定法は(1)と同様である.

(3) 全半球放射率の温度依存性(Temperature Dependence of Total Hemispherical Emittance)

全半球放射率の温度依存性の測定結果(173〜373 K)を Fig. C-9-5-3(a)〜(h)に示す[11]. 測定法は(1)と同様である.

(4) 太陽光吸収率と全半球放射率の推算 (Calculation of Solar Absorptance and Total Hemispherical Emittance for Thermal Control Films)

測定では困難な太陽光吸収率の60°以上の入射角度依存性や全半球放射率の高温域の温度依存性について,材料の光学定数を用いて推算より求めることが

Table C-9-5-4 (続き2)

熱制御材料 Thermal Control Materials	太陽光吸収率(at 5°) Solar absorptance	全半球放射率(at 293K) Total hemishprical emittance	グラフ用記号 数値はフィルム膜厚,ガラス板厚
銅(バフ研磨)	0.30	0.04	
銅フォイル			
素地	0.32	0.03	
サンドブラスト	0.26	0.05	
つや消し	0.55	0.05	
コンスタンタン	0.37	0.11	
インバ	----	0.11	
コバ	----	0.08	
ベリリウムカッパ	0.31	0.04	
5. 金属蒸着 (ガラス基板)			
アルミニウム	0.08	0.03	
クロム	0.56	0.19	
ゲルマニウム	0.52	0.11	
金	0.19	0.03	
酸化鉄	0.85	0.55	
モリブデン	0.56	0.24	
ニッケル	0.38	0.05	
ロジウム	0.18	0.04	
銀	0.04	0.03	
チタン	0.52	0.14	
タングステン	0.60	0.30	
その他			
アルミニウム/ファイバグラス	0.15	0.09	
アルミニウム/ステンレススティール	0.08	0.03	
アルミニウム/マイラ	0.14	0.06	
6. 太陽電池素子			
Si 100μm	0.76	0.81	100Si [8]
GaAs 50μm	0.82	0.74	50GaAs [9]
InP 50μm	0.86	0.56	50InP [10]
Si 太陽電池素子			
(50μmBSFR)			
100μmCMXマイクロシート	0.75	0.81	
(100μmBSFR)			
50μmBDX CG	0.75	0.81	
100μmBDX CG	0.76	0.80	
TCC/500μmBDX CG	0.75	0.79	
CMX マイクロシート	0.76	0.80	
(200μmBSFR)			
CMX マイクロシート	0.76	0.80	
GaAs 太陽電池素子	0.80	0.64	
100μmASマイクロシート	0.82	0.80	
150μm Pマイクロシート	0.83	0.80	

(1) 宇部興産社製, (2) シェルダール社製, (3) 住友ベークライト社製, (4) ロードケミカル社製, (5) ニッサンペイント
(6) ピルキントン社製, (7) 日本電気ガラス社製, (8) シャープ社製, (9) 三菱電機社製, (10) 日本鉱業社製

可能である．ここでは，宇宙で良く使用される3種類のポリイミドフィルム，Upiles-S, Upiles-R と Kaputon-H にそれぞれ Al 蒸着を施した2層構造の熱制御材料の計算例を示す[12,13]．Fig. C-9-5-4(a)～(c)に太陽光吸収率の入射角度依存性(0～90°)を，Fig. C-9-5-5(a)～(c)に全半球放の温度依存性(173～773 K)を，それぞれフィルムの膜厚変化に応じて示す．推算の不確かさは2％である．

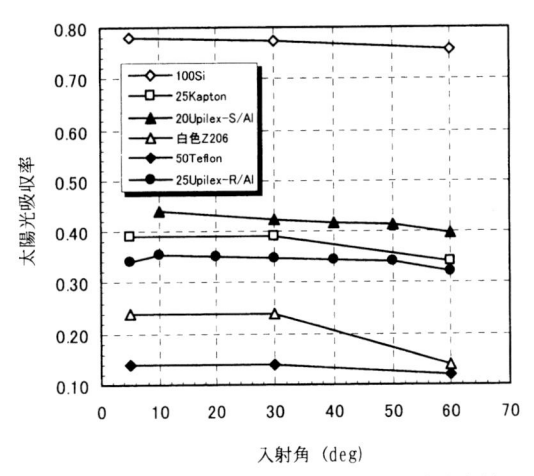

Fig. C-9-5-2 太陽光吸収率の入射角度依存性
(Incident angle dependence of solar absorptance)

(b) 熱制御材料の劣化 (Degradation of Thermal Control Materials)

熱制御材料は，宇宙環境の紫外線・荷電粒子放射線（電子線，陽子線）・原子状酸素・外部汚染物質（宇宙機で使用される材料からのアウトガス）の付着・熱サイクル等の要因で，太陽光吸収率や全半球放射率（垂直放射率）が変化，つまり劣化する．それは宇宙機の温度上昇を招き，宇宙機の寿命を縮める結果にもなる．ここでは，宇宙曝露試験と紫外線・荷電粒子放射線・原子状酸素による地上模擬試験について記述し，そのデータを示す．

(1) 宇宙曝露試験と地上模擬試験の意義
 (Degradation Test of in Space and on Ground)
(i) 宇宙曝露試験

宇宙曝露試験では実宇宙環境に材料を曝露するため，耐宇宙環境性を実証することができる．ただし，飛翔する軌道および期間によって曝露環境が異なることを認識しておかなければならない．また宇宙曝露試験をミッションの目的の1つとした宇宙機は稀であり，その機会は極めて希少である．

(ii) 地上模擬試験

上記の様に宇宙曝露試験は，実施する機会が限られるだけでなく，搭載および評価を実施する試料も自ずと限られる．このため地上模擬試験設備を用いて，新規材料を含む様々な材料の耐宇宙環境性を評価し，高い耐宇宙環境性を有する材料を選定および開発することになる．さらに地上模擬試験では，実宇宙環境における劣化メカニズムの解明に向け，様々な分析手法を用いたアプローチも可能となる．しかし，地上模擬試験設備で実宇宙環境を忠実に再現することは事実上不可能であるため，実宇宙の曝露環境を簡略化して地上模擬試験を実施せざるをえない．

(2) 宇宙曝露試験 (Degradation Test in Space)
(i) 曝露試料回収試験

以下に曝露試料回収試験に関する文献を列挙する．

アポロ計画における曝露試料の回収例

・アポロ9号の機械船および月着陸船の外部に取り付けられた曝露試料[14]
・月面に2年半放置されていたアポロ12号のSurveyor IIIの各種部品[15]
・Skylabの27種類36個の熱制御コーティングと，8種類の熱制御フィルム[16]

---

14) J. A. Smith : NASA TN D-6863 (1972). 15) D. L. Anderson, B. E. Cunningham, and R. G. Dahms : Progress in Astronautics and Aeronautics vol. 29 (1971) 205-220. 16) W. L. Lehn and C. J. Hurley : Progress in Astronautics and Aeronautics, Vol. 48 (1974) 427-448. 17) L. J. Leger : NASA TM 58246 (1982). 18) P. N. Peters, R. C. Linton, and E. R. Miller : Geophysical Research Letters, Vol. 10, No. 7 (1983) 569-571. 19) A. F. Whitaker : NASA TM-86463 (1984). 20) W. S. Slemp, B. S-. Mason, G. F. Sykes, Jr., and W. G. Witte, Jr. : AIAA-85-0421 (1985). 21) D. E. Brinza, S. Y. Chung, T. K. Minton, and R. H. Liang : JPL Publication 94-31 (1994). 22) A. F. Whitaker, J. A. Burka, J. E. Coston, I. Dalins, S. A. Little, and R. F. DeHaye : AIAA-85-7017 (1985). 23) Y. Okada, K. Imagawa, M. Tagashira, M. Suzuki, K. Matsumoto, R. Amagata, and Y. Nakayama : Proceedings of the 21 st International Symposium on Space Technology and Science (1998) 475-480. 24) A. S. Levine : NASA CP-3134 (1991), NASA CP-3194 (1992), NASA CP-3275 (1994). 25) M. Takei, Y. Torii, K. Fusegi, M. Miyata, M. Ichikawa : IAF-96-I.5.01 (1996). 26) M. M. Finckenor, R. R. Kamenetzky, and J. A. Vaughn : AIAA-2001-0098 (2001). 27) D. R. Wilkes and J. M. Zwiener : NASA CR-2001-210881 (2001). 28) K. K. de Groh, B. A. Banks, A. Hammerstrom, E. Youngstorm, C. Kaminski, J. D. Gummow, and D. Wright : AIAA-2001-4923 (2001). 29) 舘義昭，今川吉郎，中山陽一，鎌倉千秋，石澤淳一郎，河内啓輔，北澤幸人，深澤潔，山浦由起子：第44回宇宙科学技術連合講演会講演集 (2000) 383-388. 30) D. W. Lewis and T. O. Thostesen : Progress in Astronautics and Aeronautics, Vol. 18 (1966) 441-457. 31) W. S. Slemp and T. W. E. Hankinson : Progress in Astronautics and Aeronautics, Vol. 21 (1969) 797-817. 32) C. F. Schafer and T. C. Bannister : Progress in Astronautics and Aeronautics, Vol. 20 (1967) 457-473. 33) B. D. Pearson Jr. : Progress in Astronautics and Aeronautics, Vol. 18 (1966) 459-472. 34) J. P. Millard : Progress in Astronautics and Aeronautics, Vol. 21 (1969) 769-795. 35) N. J. Stevens and G. R. Smolak : Progress in Astronautics and Aeronautics, Vol. 29 (1972) 189-204.

a. ポリイミド系熱制御フィルム

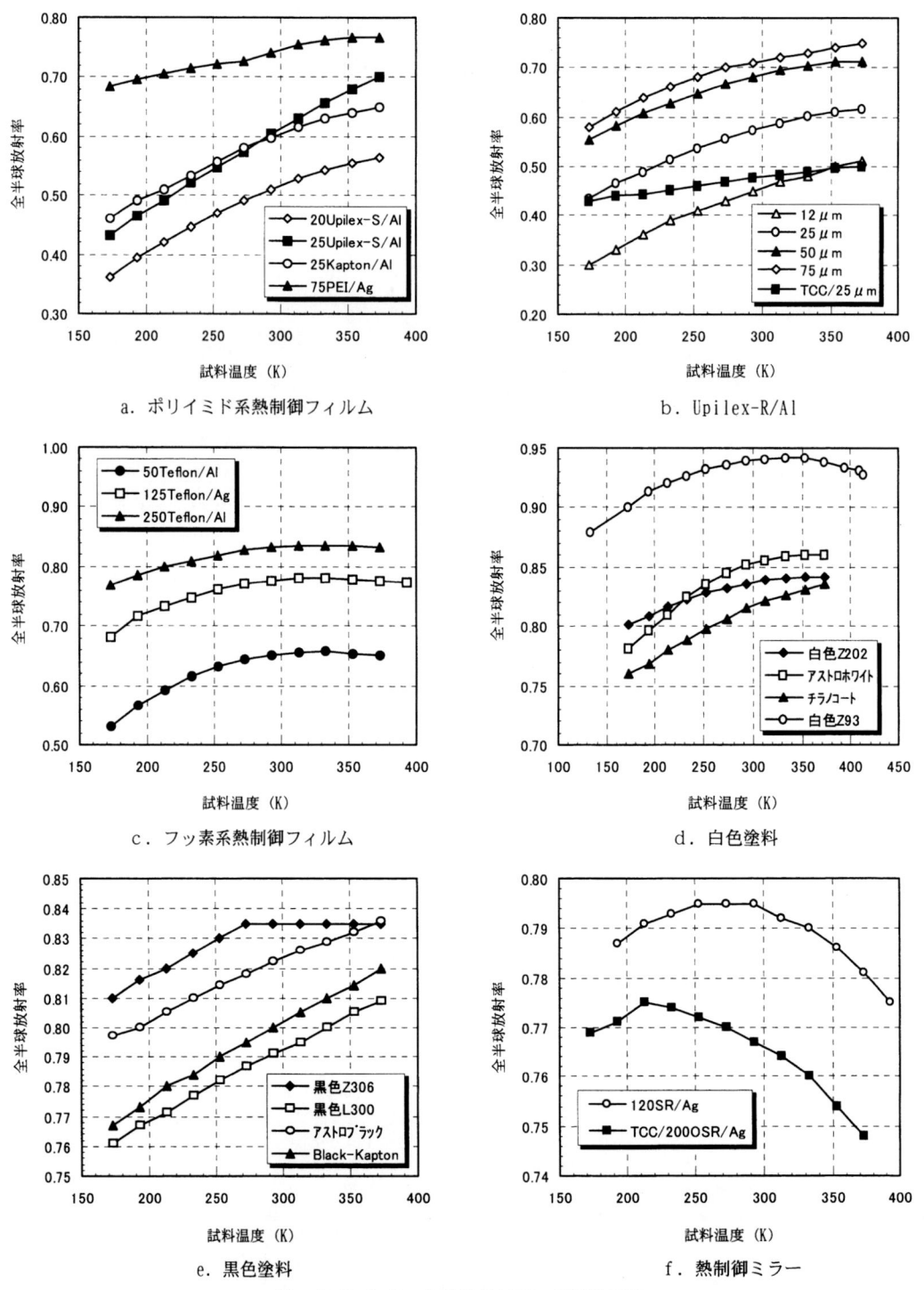

b. Upilex-R/Al

c. フッ素系熱制御フィルム

d. 白色塗料

e. 黒色塗料

f. 熱制御ミラー

Fig. C-9-5-3　全半球放射率の温度依存性
(Temperature dependence of total hemispherical emittance)

g. 金属材料 　　　　　　　　　　　　h. 太陽電池素子

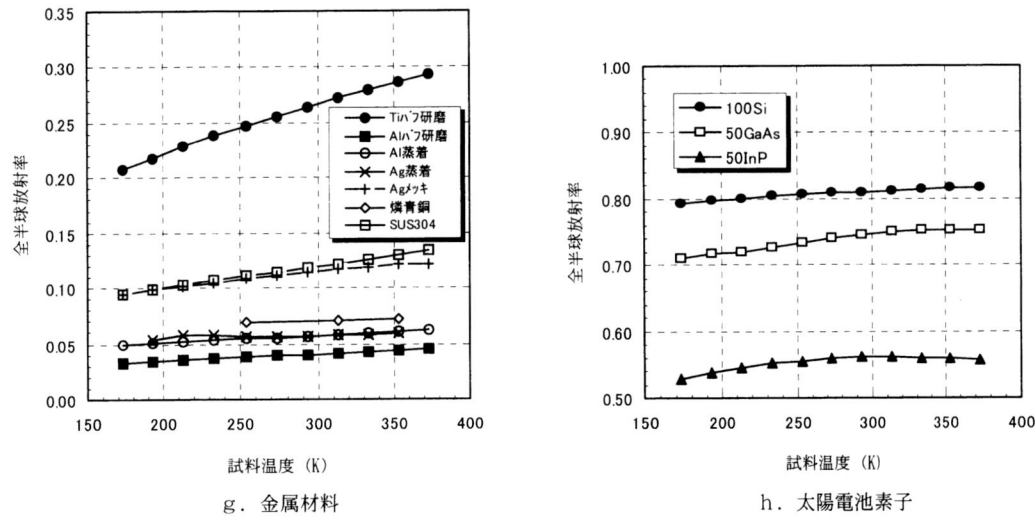

Fig. C-9-5-3 (続き)

スペースシャトル上で実施された曝露試験
- スペースシャトルミッション STS-2 および STS-3 の各種熱制御材料 [17]
- STS-4 の高分子フィルム，極紫外線領域の光学コーティング用オスミウムや，銀蒸着膜およびカーボン [18]
- EOIM (Effects of Oxygen Interaction with Materials)-1 [19]，-2 [20]，および-3 [21]
- ACOMEX (Advanced Composite Materials Exposure to Space Experiment) [22]
- ESEM (Evaluation of Space Environment and Effects on Materials) [23]

人工衛星上の曝露試料の回収例
- LDEF (Long Duration Exposure Facility) [24]
- 宇宙実験・観測フリーフライヤ SFU (Space Flyer Unit) 搭載実験機器部 EFFU (Exposed Facility Flyer Unit) を利用した曝露試験 [25]

ロシア宇宙ステーション Mir での曝露試験
- MEEP (Mir Environmental Effects Payload) [26]
- OPM (Optical Properties Monitor) [27]

国際宇宙ステーションでの曝露試験
- NASA の MISSE (Material International Space

---

36) N. L. Hyman : AIAA-81-1185 (1981). 37) W. R. Pence and T. J. Grant : AIAA-81-1186 (1981). 38) D. F. Hall and A. A. Fote : AIAA-91-1325 (1991). 39) A. Ohnishi and T. Hayashi : Proceedings of the International Symposium on Environmental and Thermal Systems for Space Vehicle, ESA SP-200 (1983) 437-440. 40) A. Ohnishi, Y. Nakamura, Y. Kawada, and T. Hayashi : Proceedings of the fourth European Symposium on Space Environmental and Control Systems, ESA SP-324 (1991) 561-564. 41) 例えば，J. Marco, A. Paillous, and G. Gourmelon : Proceedings of the 6 th International Symposium on Materials in a Space Environment, ESA SP-368 (1994) 77-83. 42) B. B. Briskman, V. I. Toupikov, and E. N. Lesnovsky : Proceedings of the 7 th International Symposium on Materials in Space Environment, ESA SP-399 (1997) 537-542. 43) 井口洋夫監修，岡田益吉，朽津耕三，小林俊一編集：宇宙環境利用のサイエンス，裳華房 (2000) 184-235. 44) 田川雅人：真空，Vol. 44, No. 5 (2001) 506-511. 45) Yokota Kumiko, Tagawa Masahito, Ohmae Nobuo : Journal of Spacecraft and Rockets, Vol. 39, No. 1 (2002) 155-156. 46) Yokota Kumiko, Tagawa Masahito, Ohmae Nobuo : Journal of Spacecraft and Rockets, Vol. 40, No. 1 (2003) 143-144. 47) Kinoshita Hiroshi, Tagawa Masahito, Yokota Kumiko, Ohmae Nobuo : High Performance Polymers, Vol. 13, No. 4 (2001) 225-234. 48) ASTM Designation : E2089-00, Standard practices for ground laboratory atomic oxygen interaction evaluation of materials for space applications, (2003). 49) M. Iwata, F. Imai, K. Imagawa, N. Morishita, and T. Kamiya : AIAA-2003-3908 (2003). 50) D. L. Edwards, J. M. Zwiener, G. E. Wertz, J. A. Vaughn, R. R. Kamenetzky, M. M. Finckenor, and M. J. Meshishnek : NASA TM-108518 (1996). 51) 今井文一，岩田　稔，中山陽一，今川吉郎：第45回宇宙科学技術連合講演会講演集 (2001) 1221-1224. 52) F. Imai, M. Iwata, Y. Nakayama, K. Imagawa, M. Sugimoto, N. Morishita, and S. Tanaka : Proceedings of the 23rd International Symposium on Space Technology and Science (2002) 646-651. 53) N. J. Broadway : NASA CR-1786 (1971). 54) http://matdb1n.tksc.nasda.go.jp/main_j.html 55) A. J. Leet, L. B. Fogdall, and M. C. Wilkinson : Journal of Spacecraft and Rockets, Vol. 32, No. 5 (1995) 832-838. 56) R. R. Kamenetzky, J. A. Vaughn, M. M. Finckenor, and R. C. Linton : NASA TP-3595 (1995). 57) L. B. Fogdall, S. J. Leet, M. C. Wilkinson, and D. A. Russell : AIAA 99-3678 (1999).

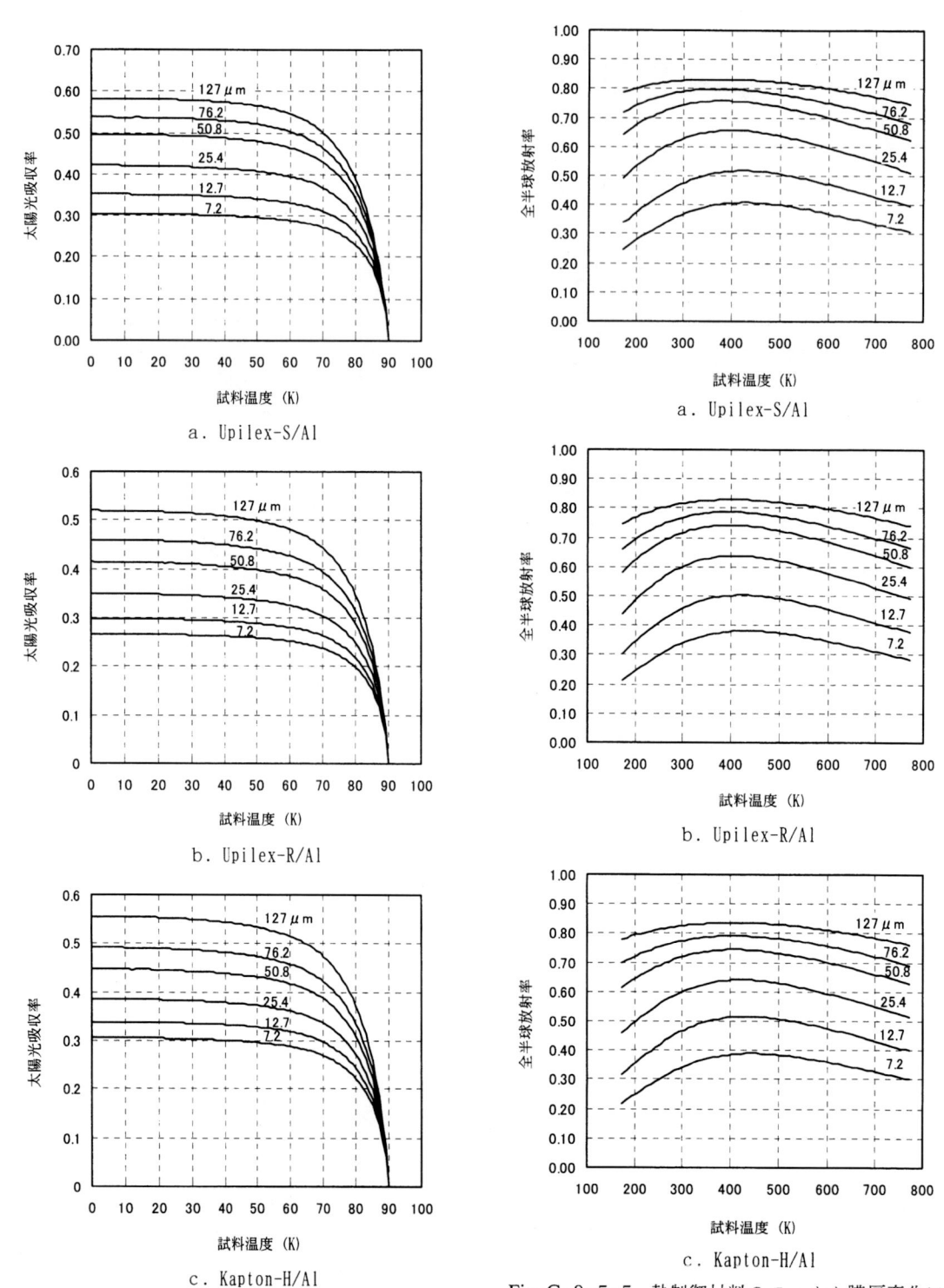

Fig. C-9-5-4 熱制御材料のフィルム膜厚変化に対する太陽光吸収率の推算結果 (Calculation of solar absorptance for thermal control films)

a. Upilex-S/Al
b. Upilex-R/Al
c. Kapton-H/Al

Fig. C-9-5-5 熱制御材料のフィルム膜厚変化に対する全半球放射率の推算結果 (Calculation of total hemispherical emittance for thermal control films)

a. Upilex-S/Al
b. Upilex-R/Al
c. Kapton-H/Al

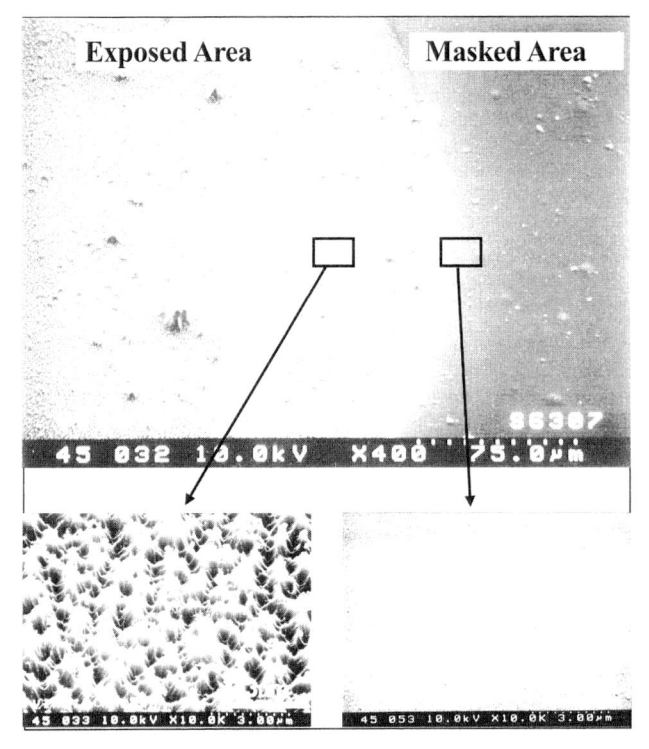

Fig. C-9-5-6 原子状酸素によるKapton-Hの表面劣化状態 (SEM images of atomic oxygen − exposed Kapton-H surfaces; Atomic oxygen fluence of 3.0×10^{20} atoms/cm^2, Erosion depth: 8.9μm)

Table C-9-5-5 原子状酸素と各種材料の反応率 (Reaction efficiency of atomic oxygen with materials)

物質 Materials	反応率 Reaction Efficiency ($\times 10^{-24}$ cm^3/atom)
Kapton-H	3.0
Polyethylene	4.0
FEP Teflon	0.3
Mylar	3.4
Tedlar	3.2
Polysulfone	2.4
Polystyrene	1.7
HOPG	1.2
Carbon	0.9 – 1.7
Silver	Heavily Attacked (Oxidized)
Gold	Resistant

Station Experiment)[28]
・宇宙開発事業団 NASDA (現, 宇宙航空研究開発機構 JAXA) の MPAC&SEED (Micro-Particles Capturer and Space Environment Exposure Device)[29]

(ii) 軌道上評価試験

静止衛星軌道など, 曝露試料の回収が困難な軌道での劣化の評価が必要な場合, もしくは曝露試料を回収する手段を持っていない場合は, 宇宙機に搭載した曝露試験装置で熱制御材料の劣化を評価するが, 外部汚染物質が熱制御材料の表面に付着することによって生じる劣化に十分留意する必要がある. 以下に文献を列挙する.

・火星探査機 Mariner IV[30], 月面探査機 Lunar Orbiter[31], Pegasus[32], OSO (Orbiting Solar Observatory) - II[33], -III[34], SERT (Space Electric Rocket Test Satellite) - II[35], COMSTAR[36], Navstar[37]
・SCATHA (Spacecraft Charging at High Altitude)[38] で得られた測定データは太陽光吸収率のみで, 全半球放射率の値は実宇宙環境による影響を受けないものとして評価されているものの, 静止衛星軌道近傍の宇宙環境における熱制御材料の劣化傾向をモデル化したという点において, 現在最も有用な飛翔試験結果
・日本では1980年2月に打ち上げられた, MS-T4 (たんせい4号)[39], 1987年には ETS-V (きく5号), 1989年には EXOS-D (あけぼの)[40] が軌道上評価を実施

(3) 地上模擬試験 (Degradation Test on Ground)

(i) 紫外線

高分子フィルム等の有機材料から成る熱制御材料は紫外線を吸収し, 光化学反応によって分子結合が切断され, 劣化する. 地上試験に用いられている紫外線源にはキセノンランプ, 重水素ランプなどがあり, 中でも太陽光スペクトルに近いキセノンランプが良く用いられている. 紫外線の照射強度は, ある波長領域における太陽光スペクトルの積分強度を単位として定義 (1 Solar) した時, 同波長領域における紫外線の積分強度がその何倍であるか, によって表される. したがって用いた紫外線源によって 1 Solar の定義が異なり, 誘起される劣化現象も異なることが考えられるので注意が必要である.

(ii) 荷電粒子放射線

荷電粒子放射線によって材料中の結合は無秩序に

Table C-9-5-6 地上模擬試験における各種熱制御材料の熱光学特性の変化
(Variations on the thermo-optical properties of thermal control materials in ground simulation tests)

熱制御材料 Thermal Control Material	照射源 Irradiation Source	照射量 Dose	太陽光吸収率 Solar Absorptance	垂直赤外放射率 Normal Emittance	
白色塗料 Chemglaze A276	pristine		0.24	0.88	Ref.55 試料温度:20±5℃
	40 keV 電子線 および 40 keV 陽子線[†1]	$1×10^{14}$	0.28	—	
		$6×10^{14}$	0.36	—	
		$2×10^{15}$	0.53	—	
		$5×10^{15}$	0.67	—	
		$2×10^{16}$	0.78	—	
		$4×10^{16}$	0.79	0.86	
白色塗料 Z93	pristine		0.15		Ref.50 試料温度:21℃
	NUV(2 Solar)[†2] 50 keV 電子線	1156.5ESH[†3] $3.53×10^{15}$	0.23		
	pristine		0.16		Ref.50 試料温度:21℃
	VUV(2 Solar)[†4] &NUV(2 Solar)[†2] 50 keV 電子線	478.5 ESH $3.79×10^{14}$	0.20		
	pristine		0.16		Ref.50 試料温度:21℃
	VUV(2 Solar)[†4] &NUV(2 Solar)[†2] 50 keV 電子線 200 keV 電子線	684.5 ESH $7.35×10^{14}$ $1.33×10^{14}$	0.23		
	pristine		0.16		Ref.50 試料温度:21℃
	VUV(2 Solar)[†4] &NUV(2 Solar)[†2] 50 keV 電子線 200 keV 電子線	953.5 ESH $1.20×10^{15}$ $7.35×10^{14}$	0.25		
白色塗料 Z93(IITRI)	pristine		0.15 (0.17)	0.92	Ref.56 試料温度:50℃
	VUV(200 Solar)[†5]	8000 ESH	0.15 (0.16)	0.92	
	VUV(200 Solar)[†5] 5 eV AO[†6]	8000 ESH $7.2×10^{20}$	0.15 (0.16)	0.92	
白色塗料 Z93P	pristine		0.14	0.92	Ref.57
	2 Solar[†7]	2400 ESH	0.15	0.92	
	pristine		0.14	0.92	
	2 Solar[†7] 40 keV 電子線 40 keV 陽子線	2400 ESH $2.3×10^{15}$ $7×10^{13}$	0.16	0.92	
	pristine		0.17		Ref.50 試料温度:21℃
	VUV(2 Solar)[†4] &NUV(2 Solar)[†2] 50 keV 電子線	478.5 ESH $3.79×10^{14}$	0.20		
	pristine		0.17		Ref.50 試料温度:21℃
	VUV(2 Solar)[†4] &NUV(2 Solar)[†2] 50 keV 電子線 200 keV 電子線	684.5 ESH $7.35×10^{14}$ $1.33×10^{14}$	0.22		
	pristine		0.17		Ref.50 試料温度:21℃
	VUV(2 Solar)[†4] &NUV(2 Solar)[†2] 50 keV 電子線 200 keV 電子線	953.5 ESH $1.20×10^{15}$ $7.35×10^{14}$	0.23		

励起され，金属や無機材料では格子原子のはじき出しによる欠陥の生成が，有機材料では励起によって生じた励起状態およびラジカルによって引き起こされる化学反応が，劣化の開始反応となる．実宇宙環境を模擬する場合，宇宙空間に存在する荷電粒子放射線が連続的なエネルギースペクトルを有する一方で，地上の加速器では単一エネルギーの放射線しか扱えない，という問題が発生する．このため実宇宙環境をできるだけ模擬する工夫として，想定する軌道上で材料が放射線から受ける深度吸収線量分布を算出し，その分布に沿うように複数の線種を異なるエネルギーで同時照射もしくは順次照射する[41]，という手法を用いている．このような複数の線種を異なるエネルギーで照射可能な照射試験設備を所有していない場合，単一の線種，単一のエネルギーで照射することが多い．したがって，実宇宙環境での軌道上1年分相当の照射量の定義はまちまちであり，このことから劣化評価試験の国際標準を作成する試み

Table C-9-5-6 (続き1)

熱制御材料 Thermal Control Material	照射源 Irradiation Source	照射量 Dose	太陽光吸収率 Solar Absorptance	垂直赤外放射率 Normal Emittance	
白色塗料 YB-71	pristine		0.24, 0.22	0.90	Ref.57
	2 Solar[†7]	2400 ESH	0.27, 0.25	0.90	
	pristine		0.29, 0.29	0.90	
	2 Solar[†7]	2400 ESH	0.33, 0.37	0.90	
	40 keV 電子線	$2.3×10^{15}$			
	40 keV 陽子線	$7×10^{13}$			
無機系黒色塗料[†8]	pristine		0.95 (0.97)	0.89	Ref.56
	VUV(200 Solar)[†5]	8000 ESH	0.95 (0.97)	0.89	試料温度:50°C
銀蒸着 Teflon	pristine		0.09	0.79	Ref.55
	40 keV 電子線	$1×10^{14}$	0.09	—	膜厚 125 µm
	および	$6×10^{14}$	0.11	—	試料温度:20±5°C
	40 keV 陽子線[†1]	$2×10^{15}$	0.11	—	
		$5×10^{15}$	0.13	—	
		$2×10^{16}$	0.19	—	
		$4×10^{16}$	0.28	0.83	
	ガンマ線	1 MGy		0.80	
	pristine		0.06 (0.07)	0.80	Ref.56
	VUV(200 Solar)[†5]	8000 ESH	0.06 (0.07)	0.80	膜厚 127 µm
	VUV(200 Solar)[†5]	8000 ESH	0.09 (0.09)	0.70	試料温度:50°C
	5 eV AO[†6]	$1.1×10^{20}$			
ITO 膜付銀蒸着 Teflon	pristine		0.10	0.79	Ref.57
	2 Solar[†7]	2400 ESH	0.11	0.79	膜厚 125 µm
	pristine		0.10	0.79	
	2 Solar[†7]	2400 ESH	0.12	0.80	
	40 keV 電子線	$2.3×10^{15}$			
	40 keV 陽子線	$7×10^{13}$			
OSR (Fused Silica)	pristine		0.07	0.80	Ref.55
	40 keV 電子線	$1×10^{14}$	0.07	—	試料温度:20±5°C
	および	$2×10^{15}$	0.07	—	
	40 keV 陽子線[†1]	$5×10^{15}$	0.07	—	
		$2×10^{16}$	0.08	—	
		$4×10^{16}$	0.09	0.80	
OSR	pristine		0.05		Ref.57
	2 Solar[†7]	2400 ESH	0.06		
	40 keV 電子線	$2.3×10^{15}$			
	40 keV 陽子線	$7×10^{13}$			
aluminized Beta Cloth (Chemfab 250)	pristine		0.31 (0.34)	0.91	Ref.56
	VUV(200 Solar)[†5]	8000 ESH	0.33 (0.34)	0.90	試料温度:50°C
	pristine		0.37 (0.39)	0.90	
	EUV[†9]	700 ESH			
unaluminized Beta Cloth (Chemfab 250)	pristine		0.19 (0.23)	0.90	Ref.56
	VUV(200 Solar)[†5]	8000 ESH	0.22 (0.26)	0.90	試料温度:50°C

も行なわれている[42]).

(iii) 原子状酸素

低軌道（200～500 km）を周回する宇宙機の場合，宇宙機の最表面に使用される各種宇宙用材料は，地球高層大気の主成分である原子状酸素との強い相互作用を受け急速に劣化することが知られている．原子状酸素は極めて酸化能の高い酸化剤であるうえ，宇宙機が8 km/sという高速で原子状酸素と衝突するため，極めて特殊な反応場を形成し，熱制御材料として使用されている多くの高分子材料は酸化により気化性反応生成物を形成し，カーペット状の特異な表面形状を呈するとともに，場合によっては1 µm/dayにも達する急激な膜厚減少を生じることが報告されている（Fig. C-9-5-6参照）．代表的な熱制御材料と原子状酸素との反応率をTable C-9-5-5に示す．通常，原子状酸素と材料との反応率は，Kapton-Hの$3.0 × 10^{-24}$ cm^3/atomを基準として相対評価されることが多い．他の材料については文献[43]に反応率に関するデータが記載されている．相対衝突速度8 km/s（原子状酸素の並進エネルギーに換算して5 eV）という特殊な原子状酸素環境を地上で再現する方法として，高出力赤外線レーザーによるレーザーデトネーション法が近年開発された[44]．田川・横田らは本システムを用いることにより，一般にフライトテストでは困難な，原子状酸素による材料劣化現象の詳細な実験を地上で行ない，ポリイミドとの反応に関す

Table C-9-5-6 (続き2)

熱制御材料 Thermal Control Material	照射源 Irradiation Source	照射量 Dose	太陽光吸収率 Solar Absorptance	垂直赤外放射率 Normal Emittance	
アルミニウム合金 2219	pristine		0.36		Ref.50
	NUV(2 Solar)[†2]	1156.5ESH	0.36		試料温度：21°C
	50 keV 電子線	3.53×10^{15}			
chromic-acid-anodized aluminum alloy	pristine		0.36 (0.40)	0.73	Ref.56
	VUV(200 Solar)[†5]	8000 ESH	0.37 (0.40)	0.73	膜厚：2.54 μm
	VUV(200 Solar)[†5]	8000 ESH	0.37 (0.41)	0.73	試料温度：50°C
	5 eV AO [†6]	6.8×10^{20}			
	pristine		0.34 (0.37)	0.50	Ref.56
	VUV(200 Solar)[†5]	8000 ESH	0.33 (0.37)	0.48	膜厚：2.03 μm
	VUV(200 Solar)[†5]	8000 ESH	0.33 (0.37)	0.48	試料温度：50°C
	5 eV AO [†6]	6.8×10^{20}			
	pristine		0.29 (0.32)	0.30	Ref.56
	VUV(200 Solar)[†5]	8000 ESH	0.29 (0.32)	0.28	膜厚：0.51-0.76 μm
	VUV(200 Solar)[†5]	8000 ESH	0.28 (0.32)	0.26	試料温度：50°C
	5 eV AO [†6]	6.8×10^{20}			
Sulfuric Acid Anodized Aluminum	pristine		0.45	0.86	Ref.56
	pristine		0.40 (0.45)	0.86	膜厚：15.2 μm
	VUV(200 Solar)[†5]	8000 ESH	0.40 (0.45)	0.86	試料温度：50°C
	VUV(200 Solar)[†5]	8000 ESH	0.41 (0.46)	0.86	
	5 eV AO [†6]	1.2×10^{20}			
Black Curanodic Anodize Aluminum	pristine		0.87	0.87	Ref.56
	pristine		0.84 (0.88)	0.88	膜厚：47.2 μm
	VUV(200 Solar)[†5]	8000 ESH	0.82 (0.89)	0.88	試料温度：50°C
	VUV(200 Solar)[†5]	8000 ESH	0.83 (0.89)	0.88	
	5 eV AO [†6]	6.8×10^{20}			

†1: 照射量は電子線、陽子線、それぞれの照射量を意味し、同時照射を実施。
†2: キセノン水銀ランプを使用。
†3: Equivalent Solar Hours の略。紫外線照射強度と地上模擬試験における照射時間との積から算出された実宇宙環境における等価時間を意味する。
†4: 重水素ランプを使用。120〜200 nm の積分照射強度を同波長領域の太陽光スペクトルと比較し、紫外線の照射強度を算出。
†5: 原子状酸素ビームを生成するときに発生する紫外線を光源として使用。130 nm における照射強度を同波長の太陽光スペクトルと比較し、紫外線の照射強度を算出。
†6: Princeton Plasma Physics Laboratory の照射試験設備を使用。
†7: キセノンランプを使用。200〜400 nm の積分照射強度を同波長領域の太陽光スペクトルと比較し、紫外線の照射強度を算出。
†8: copper oxide-iron oxide mixture with a potassium silicate Kasil
†9: 250〜400 nm の積分照射強度を同波長領域の太陽光スペクトルと比較し、紫外線の照射強度を算出。

る基本的な特性を明らかにしている[45〜47]。一方，これまで簡便なプラズマ装置を用いた照射試験も行なわれてきたが，宇宙環境下での材料劣化特性と必ずしも整合性が取れるとは限らず，試験の実施にあたってはその点に留意する必要がある．そのため2003年にはASTMによって原子状酸素による材料劣化の地上模擬試験に関するガイドラインが制定されている[49]．

(iv) 地上試験装置と照射後の"その場"測定

宇宙開発事業団NASDA（現，宇宙航空研究開発機構JAXA）には紫外線照射装置，電子線照射装置，および原子状酸素照射装置を備えた真空複合環境試験設備がある．有効照射面積150 mm × 150 mmに紫外線，電子線，および原子状酸素の照射が可能で，照射中の到達真空度は1×10^{-7} Paである．また真空搬送機構により，原子間力顕微鏡（AFM），X線光電子分光装置（XPS）による分析や，熱光学特性（太陽光吸収率，および垂直放射率）の測定を，大気に取り出すことなく"その場（in-situ）"測定することが可能になっている[51,52]．これによって，照射後の試料を大気中に曝すことによって生じる悪影響，すなわち劣化の回復（劣化の回復とは，照射によって増加した太陽光吸収率が，照射前の値に向かって減少することを意味している）や表面状態の変化，を防ぐことができる．大気中で熱制御材料の劣化評価が必要な場合，もしくは"その場"測定による劣化評価が不可能な場合には，一部の材料について劣化の回復挙動が明らかにされている[49,50]ので，参考にするとよい．

(v) 地上模擬試験データ

Table C-9-5-6に"その場"測定による熱制御材料の劣化評価結果を示す．また，NASA[53]と宇宙開発事業団[54]においてまとめられたデータを参考文献

(4) 劣化に関する評価の現状

国際宇宙ステーションの建設により，実宇宙環境下で宇宙用材料の耐宇宙環境性を実証するチャンスは広がった．しかしその一方で耐宇宙環境性の一翼を担う地上模擬試験において，その試験方法は未だ確立されていない．これは紫外線・荷電粒子放射線・原子状酸素等の，個々の宇宙環境要因によって材料中に引き起こされる劣化の素過程については未だ十分な知見が得られておらず，太陽光吸収率および垂直放射率の変化を引き起こす，劣化メカニズムを解明するには至っていないことが根本的な原因である．また，これらの宇宙環境要因は実宇宙環境では同時に熱制御材料に入射するため，劣化挙動は極めて複雑となる．このような複合環境下での材料劣化については明確な試験法や標準試料すら確立されていないのが現状である．

今後，個々の宇宙環境要因による劣化メカニズムを解明することにより有効な加速試験法を規定すると共に，地上模擬試験および飛翔試験における材料劣化データの蓄積を通して，複合環境下の相乗効果の有無についても明らかにしてゆく必要がある．

(c) 機能性材料 (Functional materials)

(1) 放射率可変デバイス (Variable Emittance Device)

放射率可変デバイスはラジエター表面の放射率特性を電気的，熱的な方法で変化させ深宇宙への放熱量を調整するものである．これはヒーター電力と熱制御系の重量を同時に削減することが可能になり，小型衛星や，熱環境が大きく変わる惑星間を飛行する宇宙機では有効なデバイスである．

- 電気的な方式 (Electrochromic) の主要材料には VO_2, WO_3, 導電性ポリマーなどがあり[58〜60]，数V程度の直流電圧を加えて，材料の赤外透過率 (反射率) を変化させる．長所は放射率を変化させるタイミング (温度) が自由に設定できること，短所は少量の動作電力と，それをコントロールする装置が必要なこと，また，イオンの動きを伴う場合は低温では使用できないなどである．さらに，electrochromic材料の構成は電極と，通常，複数の薄膜からなるため，構造の複雑さがコストや信頼性に影響を及ぼすと考えられる．

- 熱的な方式 (Thermochromic) では SRD (Smart Radiation Device) がある[61,62]．これは，$(La, Sr)MnO_3$ を使用したもので，室温付近を境に高温側で放射率が大きく，低温側で放射率が小さくなる性質を持つ．長所は，電力を一切必要としないこと，短所はふく射を変化させるタイミング (温度) が物質の転移温度で定まり，機上では自由に設定できないことである．また，$(La, Sr)MnO_3$ 単体では太陽光吸収率が大きいため，赤外

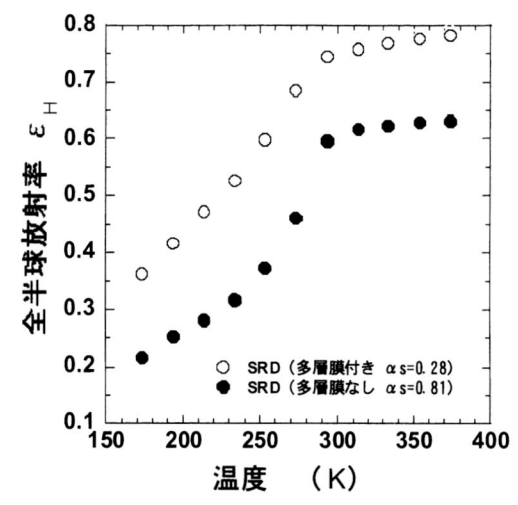

Fig. C-9-5-7 太陽光反射膜有り (多層膜付き)，無し (多層膜なし) のSRDの太陽光吸収率と全半球放射率の温度依存性
(Temperature dependence of total hemispherical emittance and solar absorptance of SRD with and without multilayer film)

Table C-9-5-7 放射率可変デバイスの熱放射特性
(Thermophysical propeties of total hemispherical emittance)

主な材料	VO_2[*1]	WO_3[*2]	Conducting Polymers[*3]	$(La, Sr)MnO_3$[*4,5]
動作原理	Electrochromic	Electrochromic	Electrochromic	Thermochromic
ε_{low}	0.3	0.45	0.39	0.21 (0.37) @173K
ε_{high}	0.75	0.85	0.74	0.63 (0.80) @373K
$\Delta\varepsilon\ (=\varepsilon_{high}-\varepsilon_{low})$	0.45	0.4	0.35	0.42 (0.43)
$\varepsilon_{ratio}\ (=\varepsilon_{high}/\varepsilon_{low})$	2.50	1.88	1.89	3.00 (2.16)
α_S	< 0.25	< 0.2	-	0.81 (0.28)

注1) $(La, Sr)MnO_3$ 欄の括弧内は，太陽光反射膜を蒸着を施した場合の値を示す．

を透過し,太陽光を反射する多層膜が必要となる.Fig. C-9-5-7 に太陽光反射膜有り,無しの SRD の太陽光吸収率と全半球放射率の温度依存性を示す.

Table C-9-5-7 に代表的な材料とそれを使用した放射率可変デバイスの熱放射特性の一例を示す.表中の ε_{low} と ε_{high} は,electrochromic 材料の場合は電力供給の変化に伴う放射率の最小および最大値を示し,thermochromic 材料の場合は記載されている温度での放射率を示す.ε_{high} の大きさにより必要なラジエター面積が決定し,ε_{ratio} の大きさがヒーター電力の削減量に影響する.

また,ラジエターからの放熱量をメカニカルに変化させる新技術として,MEMS を使ったマイクロルーバー(従来のサーマルルーバーのミニチュア版)や,

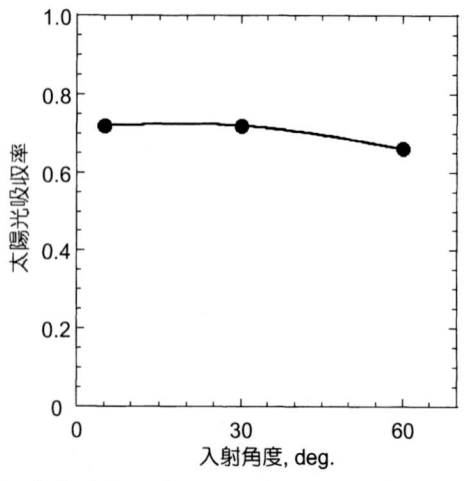

Fig. C-9-5-9 グラファイトシートの太陽光吸収率の入射角度依存性(Incident-angle dependence of solar absorptance for graphite sheet)

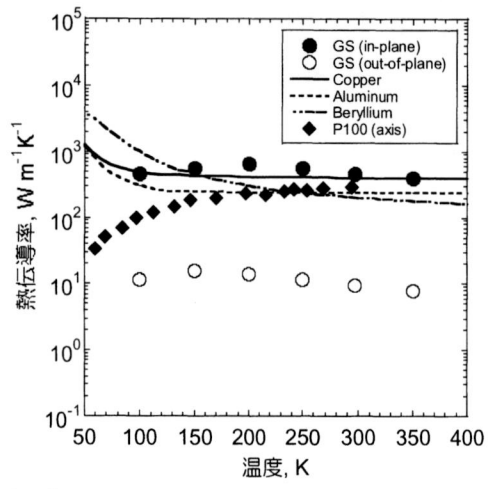

Fig. C-9-5-8 グラファイトシート,純銅,アルミニウムの熱伝導率の温度依存性(Temperature dependence of thermal conductivity for graphite sheet, pure metals, and P100 fiber.[64,65])

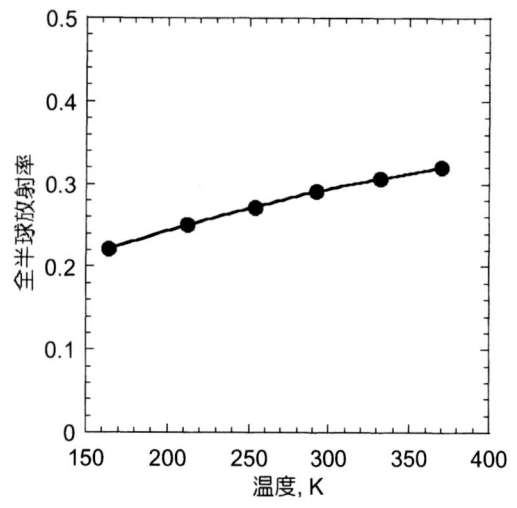

Fig. C-9-5-10 グラファイトシートの全半球放射率の温度依存性(Temperature dependence of total hemispherical emittance for graphite sheet)

58) Roman V. Kruzelecky, Emile Haddad, Wes Jamroz, Mohamed Soltani, Mohamed Chaker, Darius Nikanpour, and Xin Xian Jiang : Passive Dynamically-Variable Thin-film Smart Radiator Device, The Engineering Society for Advancing Mobility Land Sea Air and Space, Paper 2003-01-2472, (2003). 59) Markus Huchler, Andreas Natusch, and Walter Rothmund : Development of a Variable Emittance Radiator, The Engineering Society for Advancing Mobility Land Sea Air and Space, Paper 951674, (1995). 60) David G. Gilmore : Future Technologies and Innovations, Spacecraft Thermal Control Handbook, The Aerospace Press, EL Segundo, CA, pp. 772-776. 61) K.Shimazaki, S. Tachikawa, A. Ohnishi, and Y. Nagasaka : Design and Preliminary Test Results of Variable Emittance Device, Proceedings of 8 th International Symposium on Materials in Space Environment, (2000). 62) K. Shimazaki, A. Ohnishi, and Y. Nagasaka : Development of Spectral Selective Multilayer Film for a Variable Emittance Device and Its Radiation Properties Measurements, International Journal of Thermophysics, Vol. 24, No. 3, (2003) pp. 757-769. 63) H. Nagano, A. Ohnishi and Y. Nagasaka : Thermophysical Properties of High-Thermal Conductivity Graphite Sheets for Spacecraft Thermal Design, Journal of Thermophysics and Heat Transfer, Volume 15, Number 3, (2001) pp. 347-353. 64) Touloukian, Y. S., Powell, R. W., Ho, C. Y., and Klemens, P. G. : Thermophysical Propertites of Matter, Vol. 1, Thermal Conductivity of Metallic Solids, IFI/Plenum, New York/Washington, (1970), pp. 9, 24, 81. 65) Heremans, J., Rahinm, I., and Dresselhaus, M. S. : Thermal Conductivity and Raman Spectra of Carbon Fiber, Physical Review B, Vol. 32, No. 10, (1985), pp. 6742-6747.

静電気を使ってラジエター裏面の熱伝導量をコントロールする ESR（electrostatic radiator）などがある．

(2) 高配向グラファイトシート（Highly Oriented Graphite Sheet）[63]

高配向グラファイトシートは高熱伝導性・異方性・軽量・フレキシブル等の性質をもつことから，宇宙用熱制御材料として大変有効である．既に，小惑星探査機「はやぶさ」(2003年5月打ち上げ) の熱制御材料に使用されている．Fig. C-9-5-8 に高配向グラファイトシート，純銅，アルミニウム等の温度伝導率の温度依存性を示す．また，太陽光吸収率の入射角度依存性と全半球放射率の温度依存性をそれぞれ Fig. C-9-5-9，Fig. C-9-5-10 に示す．また，長野，大西等により，この材料の性質を活用した自律型吸放熱デバイスの開発が行われている（C-9-5-3（g）参照）．

(d) 断熱材，サーマル・ダブラおよびサーマル・フィラ（Thermal Insulation, Thermal Doubler and Thermal Filler）

断熱材は宇宙機の機体や搭載機器間の断熱を図るために用いられ，ガラス繊維や高分子材料の成形体が使用される．またサーマル・ダブラは高発熱搭載機器の発熱の促進とそれを均一に分散させるために用いられ，熱伝導率の優れた金属やピッチ系 CFRP 等の材料が搭載機器底面に取付けられる．サーマル・フィラは搭載機器下面とベースプレート，あるいはサーマル・ダブラ間との密着性を良くするために用いられ，主にシリコーン系樹脂が使用される．Table C-9-5-8 に断熱材，サーマル・ダブラおよびサーマル・フィラ等で用いられる材料の密度，比熱，線膨張係数および熱伝導率を示す[66～67]．

(e) 多層断熱材（MLI：Multilayer Insulation）

宇宙機では，苛酷な熱環境から遮断を図るため，一般的には多層断熱材で宇宙機全体を覆う方法が取られている[68,69]．

(1) MLIの構成

宇宙機に用いられる多層断熱材は，Fig. C-9-5-11 および Fig. C-9-5-12 に示すように，典型例とし

Table C-9-5-8 断熱材，サーマル・ダブラおよびサーマル・フィラの熱物性値（Thermophysical properties of thermal insulation, thermal doubler and thermal filler）

物　質 Material	密　度 Density ρ (kg/m³)	比　熱 Specific heat c (J/(kg·K))	線膨張率 Linear expansion coefficient α ($\times 10^{-6}$/K)	熱伝導率 Thermal conductivity λ (W/(m·K))
断熱材				
VESPEL SP-1	1410-1430	1129	4.7-5.4	0.37-0.48
デルリン 500	1420	1470	104	0.37
ユピモールSA101			35(298-723)	0.35
サーマル・フィラ				
RTV 566	1500	---	200	0.30
RTV S691	1400	---	200	0.23
サーマル・ダブラ				
アルミニウム合金				
1060-0	2700	---	23.5	234
1100-0	2710	---	23.5	222
Lockalloy Be 38% Al	2100	---	17.0	212
Cross Rolled Sheet	1850	1862	11.5	179
	1850	1884	11.5	173
Hot Press	1830	1862	11.5	179
	1830	1897	11.5	173
ピッチ系CFRP(例)				
面外方向	1750	905	---	1.19
面内方向（繊維平行）	1750	905	---	177
面内方向（繊維直交）	1750	905	---	165

66) 機械設計便覧．　67) デュポン，デルリン，アセタール樹脂デザイン・ハンドブック．

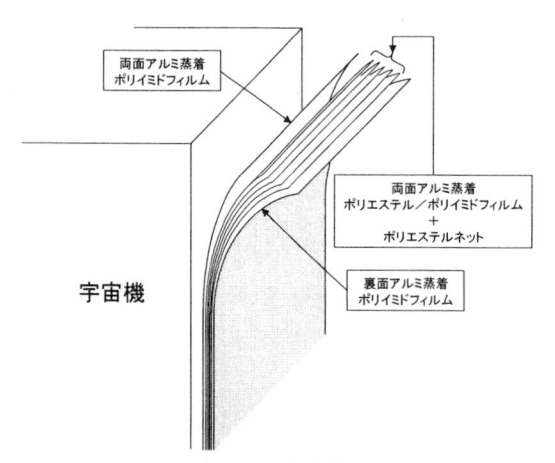

Fig. C-9-5-11 多層断熱材の概念図
(Schematic of multilayer insulation)

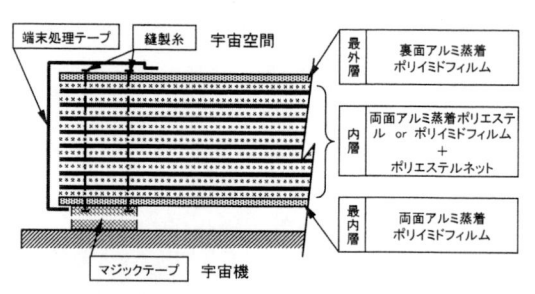

Fig. C-9-5-12 多層断熱材の構成図
(Composition of a typical multilayer insulation)

ては，宇宙空間に曝露する最外層に裏面アルミ蒸着を施したポリイミドフィルム，その下に両面アルミ蒸着を施したポリエステルもしくはポリイミドフィルムと，フィルム間の接触を防いで伝熱熱伝導を抑制するためのポリエステル材のセパレーションネットを交互に数層から数十層に重ね合わせ，さらに宇宙機側の最内層に，両面もしくは片面アルミ蒸着のポリイミドフィルムで構成されている．これらの積層されたフィルムは，ポリエステル糸などにより縫

Table C-9-5-9 多層断熱材最外層フィルム材料[70～72]（MLI Outer-Cover Materials）

材料	仕様	型番	供給業者	フィルム厚 [μm]	単位面積質量[g/m2]	太陽光吸収率[αs]	垂直輻射率[εn]	使用温度範囲[℃]	外側表面抵抗値[Ω/□]
UPILEX-R	PI/VDA	UTC-025R-NANN	宇部興産	25	35	0.32	0.65	−180～200	—
		UTC-050R-NANN		50	70	0.37	0.73	−180～200	—
	ITO/PI/VDA	UTC-025R-TANN		25	35	0.36	0.53	−180～200	≦300
		UTC-050R-TANN		50	70.9	0.43	0.49	−180～200	≦300
UPILEX-S	PI/VDA	UTC-050S-NANN		50	74.0	0.58	0.79	−180～300	—
APICAL	PI/VDA	KC-25S	鐘淵化学工業	25	37.5	0.34	0.68	−180～200	—
		KC-50S		50	74.0	0.43	0.79	−180～200	—
	ITO/PI/VDA	KC-25TS		25	38.0	0.37	0.49	−180～200	—
Kapton-HN	PI/VDA	146446 G405110	Sheldhal (USA)	25	36	≦0.39	≧0.62	−250～288	—
		146448 G405120		50	71	≦0.44	≧0.71	−250～288	—
	ITO/PI/VDA	146631 G425110		25	36	≦0.44	≧0.62	−185～150	2000～10000
Black Kapton (100XC)	Carbon filled PI/VDA	146589 G422610		25	36	≦0.90	≧0.82	−250～288	10^5～10^9
Beta Cloth	Beta Cloth/VDA	146626 G423800		200	260	≦0.45	≧0.80	<204	—
TEFLON	PTFE/VDA	146377 G400500		51	109	≦0.14	≧0.60	−185～150	—
TEFLON	PTFE/Silver/Inconel	146374 G400300		51	109	≦0.09	≧0.60	−185～150	—

注記：熱光学特性値については，代表値であり保証値ではない．
PI：ポリイミド
VDA: Vacuum Deposited Aluminum
ITO: Indium tin oxide

Table C-9-5-10 多層断熱材内層フィルム材料[70〜72] (MLI interior-layer materials)

材料	仕様	型番	供給業者	フィルム厚 (μm)	単位面積質量 (g/m2)	使用温度範囲 (℃)	表面抵抗値 (Ω/□)
ポリエステル	VDA/PET/VDA	UTC-006P−AANN	宇部興産	6	8.5	−180〜120	≦1.0/≦1.0
		UTC-012P−AANN		12	17.0	−180〜120	≦1.0/≦1.0
	VDA/PET/VDA エンボス	UTC-012P−AAEN		12	17.3	−180〜120	≦1.0/≦1.0
	VDA/PET/VDA	KF-6B	鐘淵化学工業	6	8.5	−180〜120	≦1.0/≦1.0
		KF-12B		12	17.5	−180〜120	≦1.0/≦1.0
UPILEX-R	VDA/PI/VDA	UTC-012R−AANN	宇部興産	12	18	−180〜200	≦1.0/≦1.0
	VDA/PI/VDA エンボス	UTC-025R−AAEN		25	35	−180〜200	≦1.0/≦1.0
UPILEX-S	VDA/PI/VDA エンボス	UTC-025S−AAEN		25	35	−180〜300	≦1.0/≦1.0
APICAL	VDA/PI/VDA	KC-12B	鐘淵化学工業	12	19	−180〜200	≦1.0/≦1.0
		KC-25B		25	38	−180〜200	≦1.0/≦1.0
Kapton-HN	VDA/PI/VDA	146417 G402410	Sheldhal (USA)	25	36	−250〜290	≦1.0/≦1.0
ポリエステル	ネットスペーサ	UTC-P-01	宇部興産	164	6.6	−180〜120	−
		KN-20	鐘淵化学工業	200	16.5	−180〜120	−

製され,端部は最外層フィルムと同じフィルムの粘着材付テープでカバーされる.

(i) MLI最外層フィルム

多層断熱材の最外層フィルムは,耐紫外線や耐放射線,温度,難燃性が必要なため,ポリイミドやフッ素系樹脂材料の裏面にアルミ蒸着したフィルムが用いられる.また,地球周回低軌道では浮遊酸素原子によるエロージョンが問題となり,極軌道や高軌道では荷電粒子による帯電が問題となる.このため,低軌道では耐酸素原子対策として,様々な無機材料コーティングを施したフィルムや,酸素原子のエロージョンによる膜厚減少を考慮したフィルム厚みの選定などが行われている.

(ii) 最外層フィルムの導電性

最外層フィルム表面の導電性を確保するためには,表層にITO (Indium tin oxide) のスパッタリング膜を付けたものや,ポリイミドにカーボンを練りこんだフィルムなどが用いられる.Table C-9-5-9に最外層に用いられるフィルム材料を示す[70〜72].一般的には25μmから50μmの厚みのフィルム材料が用いられる.

(iii) 内層フィルムの構成

多層断熱材の内層には,熱輻射を断熱するため,両面アルミ蒸着を施したポリエステルフィルムかポリイミドフィルムが用いられる.また,フィルム間の接触を防いで伝熱を抑制するためセパレーションネットを用いるが,フィルムにエンボス(凹凸)加工を施すことにより接触伝熱を抑え,セパレーションネットを省いた多層断熱材も近年多く使用されている.セパレーションネットを省くことにより,耐熱性の向上,製作工数,コストおよび重量の削減,パーティクル発生の抑制などのメリットがある.

Table C-9-5-10に内層に用いられるフィルム材料を示す[70〜72].一般的には6μmから25μmの厚

68) Daivid G. Gillmore : Spacecraft Thermal Control Handbook, The Aerospace Corporation Press, California (2002). 69) M. M. Finckenor and D. D. Dooling : Multilayer Insulation Material Guidelines, NASA/TP-1999-209263 (1998). 70) 宇部興産株式会社,ユーピレックス-Rデータシート (2000). 71) 鐘淵化学工業株式会社,宇宙開発用熱制御フィルムカタログ.
72) Sheldahl, Aerospace Thermal Control Materials and Films (2002). 73) 株式会社クラレ, http://www.magic-tape.com
74) 三島弘行,菊池 洋,唐津信弘,山田 明,佐藤亮一,大西 晃 : 高温用多層断熱材の輻射特性,第36回航空原動機・宇宙推進講演会集, (1996) pp. 82-87.

Table C-9-5-11 粘着材付ポリイミドテープ[70~72] (Metallized polyimide tape with adhesive)

ベースフィルム	仕様	粘着材仕様	型番	供給業者	フィルム厚 (μm)	粘着力	使用温度範囲(℃)
UPILEX-R	PI/VDA/Adhesive	3M 966 アクリル系	UTC-025R-NANA	宇部興産	25	≧0.7 [kgf/25mm]	-60 ~ 120
APICAL	PI/VDA/Adhesive	3M 966 アクリル系	KCY-25S(F)	鐘淵化学工業	25	≧0.7 [kgf/25mm]	-60 ~ 120
Kapton-HN	PI/VDA/Adhesive	3M 966 アクリル系	146520 G408810	Sheldhal (USA)	25	≧25 [oz/In]	-60 ~ 120
Black-Kapton (100XC)	Carbon filled PI/VDA/Adhesive	3M 967 アクリル系	146520 G408811	Sheldhal (USA)	26	≧26 [oz/In]	-60 ~ 120

Table C-9-5-12 多層断熱材固定用ファスナ[69,73] (Hook and pile fasteners)

材料	仕様	供給業者	使用温度範囲(℃)	備考
ポリエステル	HOOK:ポリエステル PILE:ポリエステル	Velcro USA Inc. クラレ株式会社	-57 ~ 93	一般用
アラミド	HOOK:ナイロン PILE:ノーメックス		-57 ~ 93(Hook) -57 ~ 176(Pile)	高温用・難燃性 吸水率大
ステンレス	HOOK:ステンレス PILE:ステンレス		-40 ~ 427	超高温用 脱着回数≦10回

みのフィルム材料が用いられる．最内層のフィルムには，多層断熱材のハンドリング時や打上時の振動による損傷や，難燃性を確保するため，ポリイミドフィルムの25μmから50μmの厚みのものに両面もしくは片面アルミ蒸着を施して用いられる．ポリエステル材料は，使用温度上限が120℃程度となるため，この温度以上の使用が予測される場合には，ポリイミドフィルムが使用される．

(iv) MLIの端末処理・縫製・固定

・多層断熱材の端末処理や，フィルムの貼り合せには，粘着材付のポリイミドフィルムが用いられる．一般的にはアクリル系粘着材が使用される．Table C-9-5-11に粘着材付ポリイミドテープの例を示す[70~72]．

・多層断熱材の縫製には，ポリエステル繊維やアラミド繊維，ガラス繊維などが用いられる．ポリエステル繊維やアラミド繊維は，直接宇宙空間に長期間曝露する場合，変色や物性劣化が発生するため，粘着材付ポリイミドテープなどで縫製箇所をカバーすることが必要である．

・多層断熱材の宇宙機への固定には，ポリエステル製やアラミド製のマジックテープが用いられる．また，ポリイミド樹脂や金属製の金具が用いられるケースもある．Table C-9-5-12に固定用材料の例を示す[69,73]．

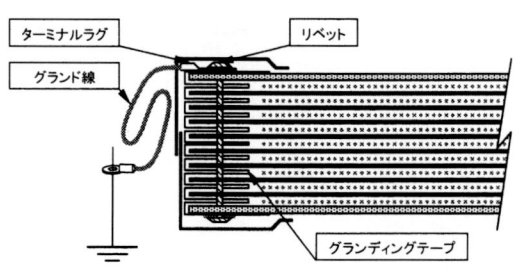

Fig. C-9-5-13 グランデイング部構成図 (Composition of a typical grounding part)

(v) グランド処理

フィルムの帯電を放電するため，一般にFig. C-9-5-13に示すような導通処理が施される．積層の各層を部分的にアルミ箔などを挟み込みこんで導通を取り，リベットなどでカシメられた端子から，宇宙機側へとグランドされる．

(vi) 層間の空気排出

宇宙機打上の減圧時に多層断熱材の層間の空気を排出する必要があるため，積層フィルムには通気孔を設ける．通気孔の必要面積は，積層枚数，多層断熱材の1枚の大きさなどにより異なるが，50 mmピッチで針穴からϕ2 mm程度が一般的であり，最外層以外の積層フィルムに加工が施される．また，多層断熱材端末を密閉加工せずに排気孔として用いるケースもある．

(vii) 面絶縁・電磁波シールド

・高電圧機器などで多層断熱材を面絶縁する要求が

ある場合には，宇宙機側の面をアルミ蒸着しないで用いられる．

・同様に特別な電磁波シールドの要求がある場合，内層にフィルムもしくはファブリック状の電磁波シールド材を重ねて用いられるケースもある．

(2) MLIの断熱性能計算

多層断熱材の断熱性能は，等価輻射率（ε_{eff}）で表現される．

$$q = \varepsilon_{\text{eff}} \cdot \sigma (T_H^4 - T_L^4)$$

ここで，

q：熱流束 [W/m^2]
σ：ステファンボルツマン定数（$= 5.67\text{E} - 8$ [W/K^4]）
T_H：高温側（宇宙機側）温度 [K]
T_L：低温側（宇宙空間側）温度 [K]

理論的には，多層断熱材の等価輻射率は，下式で表すことができる．

$$\varepsilon_{\text{eff}} = \frac{1}{\varepsilon_i^{-1} + \varepsilon_j^{-1} - 1} \cdot \left(\frac{1}{N+1}\right)$$

ここで，

$\varepsilon_i, \varepsilon_j$：フィルム表面，裏面の輻射率
N：積層数

しかしながら，この式は積層フィルム間が非接触である理想状態のため，実際の多層断熱材との等価輻射率は1桁以上の差が生じる．実際の多層断熱材の等価輻射率を悪化させる要因は，縫製部やグランド処理部での層間の接触熱伝導であるため，多層断熱材の1枚の面積に対する縫製部の面積比に依存する．このため，等価輻射率は，多層断熱材の仕様形状・面積・製作状況などにより異なる．Fig. C-9-5-14に，実際の多層断熱材を仮定した数値シミュレーションの結果を示す．宇宙機での設計では，10層前後の多層断熱材に対し，0.02～0.05程度の等価輻射率の幅を不確定性と仮定し，熱制御設計を成立させるのが一般的である．

(3) 高温用MLI

高温用途として，ポリイミドフィルムのエンボス加工品を積層した多層断熱材の等価輻射率測定結果をFig. C-9-5-15に示す[74]．

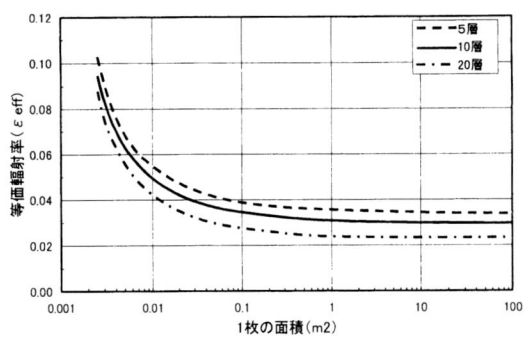

Fig. C-9-5-14 等価輻射率の計算値
(Analysis results of multilayer insulation blanket)

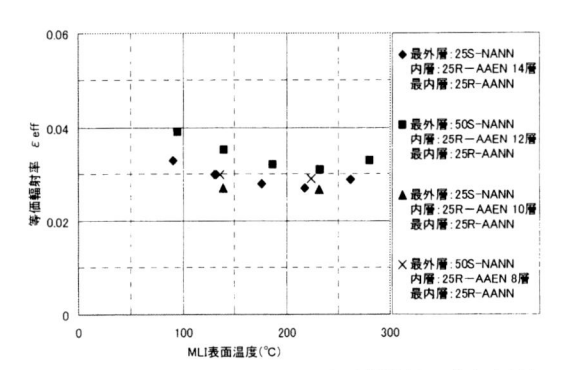

Fig. C-9-5-15 エンボス型多層断熱材の等価輻射率測定結果[74]
(Test results of emboss type MLI)

(f) 相変化物質（Phase Change Material）

宇宙機熱制御への相変化物質の応用としては，蓄熱器と熱スイッチがあげられる．

蓄熱は相変化物質の融解，凍結に伴う潜熱を利用して内外熱環境の変化に対して機器温度を安定化する目的で使用される．

熱スイッチは相変化に伴う体積変化を利用したもので，例えば機器温度により機器と放熱板間の熱コンダクタンスを変化させて排熱と保温を両立させるために使用される．

熱制御ヒータ電力に制約のある火星探査車の熱制御用にパラフィンを相変化物質として使用した蓄熱器や熱スイッチがNASAで研究，開発されている[75,76]．Table C-9-5-13に相変化物質であるパラフィンの熱物性値を示す[77]．

---

75) 30 th ICES, SAE Paper No. 2000-01-2403, (2000). 76) 32 nd ICES, SAE Paper No. 2002-01-2273, (2002). 77) 蓄熱工学1 [基礎編], 森北出版株式会社 (1995).

Table C-9-5-13 相変化物質の熱物性値
(Thermophysical properties of phase change materials)

物質名 Material	融点 Melt Point T_m (℃)	融解熱 Heat of Fusion l (kJ/kg)	熱伝導率 Thermal Conductivity λ (W/(m·K))	密度 Density $\rho \times 10^{-3}$ (kg/m³)
n-Eicosane	36.4	247	*0.34(0.15)	*0.83(0.78)
n-Octadecane	28.2	243	(0.15)	0.85(0.78)
n-Hexadecane	18.2	229	(0.16)	0.83(0.78)
n-Tetradecane	5.9	229	(0.14)	0.81(0.77)
n-Dodecane	-9.6	210		

*融点における固相および(液相)状態の値を示す.

(g) サーマル・ルーバおよび自律型吸放熱デバイス (Thermal Louver and Reversible Thermal Panel)

(1) サーマル・ルーバ (Thermal Louver)[78]

サーマル・ルーバは，比較的高発熱機器が搭載されるパネル裏面に取付けられ，機器の発熱変化に伴い，ブレードが開閉し，自動的に機器の温度制御を行うものである．ブレードが閉のとき低放射率面が宇宙空間に現れ，機器の放熱を抑え，開のとき高放射率面が宇宙空間に対向し，機器の放熱を促進する．ブレードの開閉はバイメタルで行われる．Fig. C-9-5-16 にサーマル・ルーバの温度に対する実効放射率を示す．Table C-9-5-14 に性能の一例を示す．ブレードの全開閉により，実効放射率(取付面積全体の平均値)が変わり取付面の温度が調整される.

Table C-9-5-14 サーマル・ルーバの性能
(Performance of thermal lover)

	ブレード全閉	ブレード全開
取付面温度	5℃±5℃	20℃±5℃
実効放射率* (取付面放射率 $\varepsilon H=0.76$)	0.13	0.63

*実効輻射率は取付面積全体の平均値

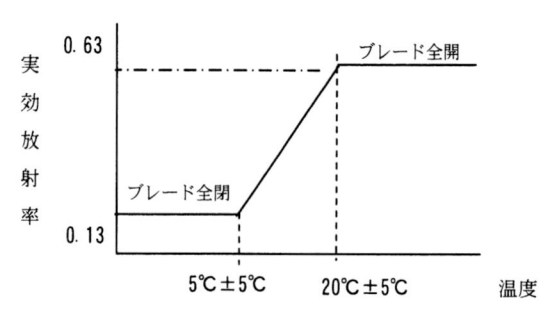

Fig. C-9-5-16 サーマル・ルーバの実効放射率
(Effective absorptance as a function of blade angle)

(2) 自律型吸放熱デバイス (Reversible Thermal Panel)[79,80]

自律型吸放熱デバイス(RTP)は，長野，大西等によって提案・開発され，放熱・保温・吸熱の3機能を有し，かつ軽量で電力なし，の機能性熱制御デバイスである．構造は熱伝導率に優れたフレキシブルなグラファイトシートを基材に，宇宙機構体内のサーマルダブラと宇宙空間に面した放熱フィンが一体化されており，フィンの開閉には形状記憶合金から成る可逆回転アクチュエータを用いて，電力なし，の機構を達成している．Fig. C-9-5-17 に自律型吸放熱デバイスの概観図を示す．フィンの表面には放射率が高く太陽光吸収率の低い材料が，フィンの裏面

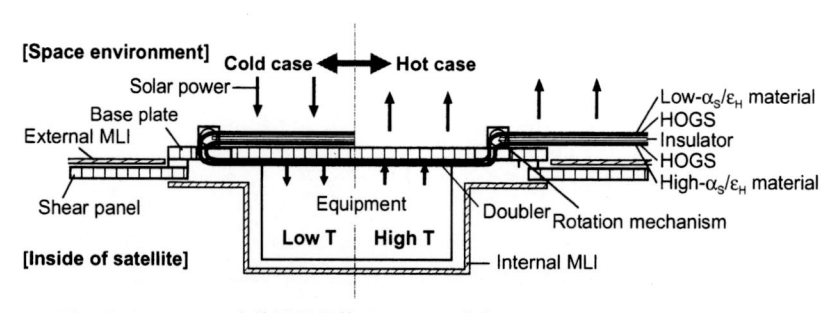

Fig. C-9-5-17 自律型吸放熱デバイスの概観図 (Schematic view of RTP)

---

78) A. Ohnishi and T. Hayashi : Thermal Performance of SAKIGAKE and SUISEIon Orbit, 15 th, ISTS, (1986) pp. 691-696.
79) H. Nagano, Y. Nagasaka, and A. Ohnishi : Development of a Flexible Thermal Control Device with High-Thermal-Conductivity Graphte Sheets, SAE TECHNICAL PAPER SERIES 2003-01-2471, (2003). 80) 長野，大西，長坂，長島：宇宙用自律型吸放熱デバイスの開発, 日本機械学会熱工学コンファレンス講演論文集, (2003), pp. 401-402.

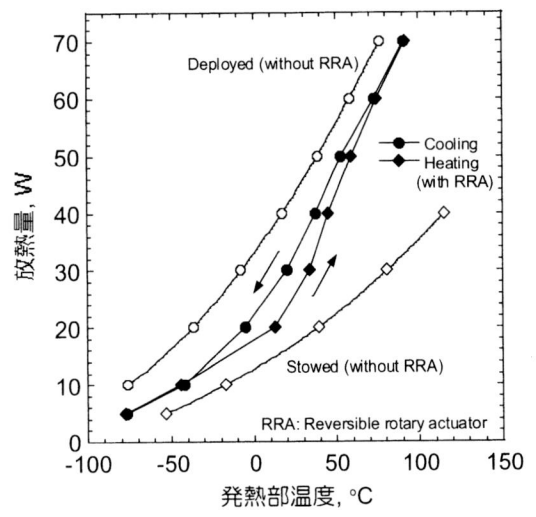

Fig. C-9-5-18　自律型吸放熱デバイスの放熱特性
(Temperature dependence of heat rejection for RTP)

には放射率が低く太陽光吸収率の高い材料が用いられている．搭載機器の温度に応じてフィンが開閉することで機能が逆転する．つまり，搭載機器が高温の時（図右）放熱フィンが開き，搭載機器を取付けているベースプレートの裏面と放熱フィンより宇宙空間に放熱し，逆に，低温時（図左）には放熱フィンが閉じて，搭載機器ベースプレートを放熱フィンで完全に覆い隠し，放熱を抑えている．さらに機器低温時には，閉じた放熱フィンの裏面から太陽光エネルギを吸収し，機器を温めることも可能である．Fig. C-9-5-18に発熱部に対する自律型吸放熱デバイスの放熱特性を示す．

(h) ヒートパイプ，ループヒートパイプ（Heat Pipe, Loop Heat Pipe）

ヒートパイプ，ループヒートパイプは作動流体の相変化を利用し毛細管圧力を駆動力として大量の熱を小さな温度差で長距離輸送する熱制御素子である．

ヒートパイプは中空の密閉容器，毛細管構造（ウィック）および作動流体から構成される．現在，宇宙機の熱制御で使用されている多くのヒートパイプはアルミニウム／アンモニア／軸方向溝式固定コンダクタンスヒートパイプである．ウィックとしての軸方向溝は容器と一体で押出し成形されるため，容器材質はA6061やA6063等の押出し材が使用されている．アルミ合金は水と反応して水素を発生させ，不凝縮性ガスとしてヒートパイプの熱伝達性能を低下させるため，アンモニアは高純度の無水アンモニアが使用される．

ループヒートパイプ（Loop Heat Pipe：LHP）は毛細管駆動ループ（Capillary Pumped Loop CPL）と共に毛細管力駆動型二相流体ループの一種で，展開型ラジエータ等宇宙機の熱制御に使用されている．LHPは蒸発器，凝縮器，液輸送管，蒸気輸送管，リザーバおよび作動流体から構成される．容器材質としてはアルミ合金やステンレススチール等が使用されている．

作動流体を駆動するためのウィックは蒸発器内部に設けられており，ウィック材質としてはポリエチレンやニッケル，チタン，ステンレススチール製焼結金属の多孔質材が使用されている．Table C-9-5

Table C-9-5-15　ウィック熱特性値
(Thermal characteristics of wick materials)

ウィック材質 Wick Material	代表気孔径 Pore Size D_p (μm)	気孔率 Porosity ε (%)	透過率 Permeability K (m^2)
ポリエチレン			
#1	38.2		8×10^{-13}
#2	31		6.1×10^{-13}
#3	28.8		4.8×10^{-13}
#4	16.7		1.6×10^{-13}
#5	16		9.8×10^{-14}
ニッケル			
#1	5	47	8.5×10^{-14}
#2	4.4	59	4.0×10^{-14}
#3	4.4	56	4.9×10^{-14}
#4	3.3		4.2×10^{-14}
#5	3.2	60	3.0×10^{-14}
#6	3.2	42	1.7×10^{-14}
#7	2.6		1.3×10^{-14}
#8	2.4		2×10^{-14}
#9	2.1	67	1.4×10^{-14}
#10	1.2	60	
#11	1		
#12	0.6	36	4.6×10^{-16}
チタン			
#1	14	54	3.1×10^{-13}
#2	10	58	2.3×10^{-13}
#3	6.6		8.6×10^{-14}
#4	6		
ステンレススチール			
#1	4.6	30	2.3×10^{-14}
#2	1		

---

81) 26 th ICES, SAE Paper No. 961319, 1996.　82) 26 th ICES, SAE Paper No. 961433, 1996.　83) 27 th ICES, SAE Paper No. 972329, 1997.　84) 29 th ICES, SAE Paper No. 1999-01-2051, 1999.　85) 30 th ICES, SAE Paper No. 2000-01-2407, 2000. 86) 30 th ICES, SAE Paper No. 2000-01-2410, 2000.　87) 31 st ICES, SAE Paper No. 2001-01-2341, 2001.　88) 32 nd ICES, SAE Paper No. 2002-01-2503, 2002.　89) 32 nd ICES, SAE Paper No. 2002-01-2502, 2002.　90) 流体の熱物性値集，日本機械学会，1983.

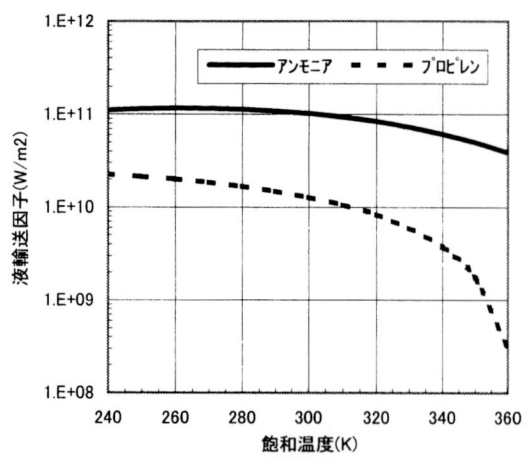

Fig. C-9-5-19 作動流体の液輸送因子
("Figure of Merit" of working fluids)

-15にLHP, CPLに使用されているウィックの熱特性値を示す[81〜89].

作動流体としてはアンモニア（NH_3）やプロピレン（C_3H_6）が使用されている．プロピレン（凍結温度88K）はアンモニア（凍結温度195K）に比べて熱輸送能力が小さいが，凍結温度が低いという特徴がある．Fig. C-9-5-19にアンモニアとプロピレンの液輸送因子（蒸発潜熱×表面張力／液動粘性係数）を示す[90].

(i) 流体ループ (Fluid Loop System)

受動型熱制御に加えて，能動型熱制御素子（ヒートパイプ，サーマルルーバ等）を使用しても，排熱が困難なほど排熱量規模が大きくなると，機器の温度制御の為に熱媒体（主に液体）を機械式ポンプ等で強制的に循環させる流体ループ方式が必要不可欠となってくる．流体ループは，熱媒体の顕熱あるいは潜熱を利用して熱輸送を行うシステムであり，単相流体ループと二相流体ループの2種類に大別される．Table C-9-5-16に単相／二相流体ループの特徴比較および構成を示す．流体ループに使用する熱媒体（作動流体）は，以下の点を考慮して選定する．

① 低圧力
② 軽量化
③ 伝熱性能
④ 凍結性
⑤ 質量（密度）
⑥ 毒性，爆発，公害
⑦ 入手性

流体ループは，その規模の大きさ故に，これまでの適用実績が少ない．現在までの適用例をTable C-9-5-17に，C10項に未記載のFC-72の物性値をTable C-9-5-18に示す．

Table C-9-5-16 流体ループ方式比較 (Comparison of the fluid loop system)

	単相方式	二相方式
排熱方式	顕熱利用	潜熱利用
システム重量	排熱量の増大に対し、システム重量増は大	排熱量の増大に対し、システム重量増は小
ポンプ動力	大	小
ループ内温度	大きな温度分布が生じる	均一化され、大きな温度分布が生じない
伝熱性能	重力の影響小	重力の影響大
ループ構成	（図）	（図）

CP：コールドプレート、HEX：熱交換器、P：ポンプ、RAD：放熱器、ACM：アキュムレータ

---

91) W. J. Blatz, et al. : Astronautics & Aeronautics, Nov. (1964) 30.　92) L. K. Erickson : SP 215 - Space Station Systems and Operations, Embty- Riddle Aeronautical Univ. (2003).　93) NASA : Shuttle Reference Manual, (2002).　94) P. Bhandari, et al. : 26th ICES, 961488 (1996).　95) 山田, 他：マイクログラビティ応用学会誌, 12, 3 (1995) p. 121.　96) R. Futamata, et al. 48th IAF, IAF-97-I.5.02, (1997).　97) A. A. Deril : CERN, AMS Thermal Documentation, AMSnote-2002_01_01x.pdf (2002).　98) B. Burrough：ドラゴンフライ, 筑摩書房 (2000).　99) David S. F. Portree : NASA RP 1357, (1995).　100) 小鑓, 他：創立100周年記念講演会熱シンポジウム講演集, JSME (1997).　101) 青木, 他：日本航空宇宙学会誌, 50, 581, (2002) p. 124.　102) 3 M : FluorinertTM Liquids For Electronics Manufacturing, (199).

Table C-9-5-17 流体ループ適用例と使用熱媒体
(Thermal medium applied to the fluid loop system)

	適用機種名称	開発国	時期	熱媒体名称	平均排熱量
単相方式	ジェミニ[91]	米国	1965-66	シリコンエステル (MSC-198)	1.03kW
	アポロ CSM[92]	米国	1969-72	水 (H_2O)、アルコール	2.34kW
	スカイラブ[92]	米国	1972-76	水 (H_2O)、エチルアルコール (C_2H_5OH)	4kW 以上
	サリュート6[99]	旧ソ連	1977-82	水 (H_2O)	4-5kW
	スペースシャトル[93]	米国	1980-	フレオン (R21, $CHCl_2F$, 主ループ用) フレオン (R114, $C_2Cl_2F_4$, ペイロード用) 水 (H_2O, 空調用)	14.2 kW
	宇宙実験・観測フリーフライヤー[100]	日本	1995	FC-72	400W
	マーズパスファインダー[94]	米国	1996	フレオン (R11, CCl_3F)	90 W
	ミール[98,99]	旧ソ連	1980-2000	エチレングリコール ($HOCH_2CH_2OH$)	30kW 以上
	きぼう(JEM)[101]	日本	2008-(予定)	FC-72	25 kW
	国際宇宙ステーション(ISS)[92]	国際共同開発	2008-(予定)	アンモニア (NH_3)	86 kW
二相方式	THYPES (Thermal-Hydraulic Performance Experiment System of the SFCP)[95]	日本	1993	スーヴァ (HCFC123, $CHCl_2CF_3$)	145 W
	TPFLEX (Two-Phase Fluid Loop Experiment)[96]	日本	1997	水 (H_2O)	280 W
	AMS-2 Tracker Experiment (Alpha Magnetic Spectrometer)[97]	欧州	2005 (予定)	二酸化炭素 (CO_2)	192 W

注)二相方式は宇宙での実験実績

Table C-9-5-18 FC-72およびHCFC-123の熱物性値
(Thermophysical properties of FC-72 HCFC-123)

流体名 Fluid	沸点 Boiling temperatur T (℃)	密度 Density ρ (kg/m3)	動粘度 Kinetic viscosity ν (mm2/sec)	蒸気圧 Pressure Ps (MPa)	比熱 Specific heat capacity Cp (kJ/kg/K)	蒸発潜熱 Latent heat L.H. (kJ/kg)	熱伝導度 Thermal conductivity λ (mW/m/K)	表面張力 Surface tension σ (mN/m)
FC-72[1] (液)	56	1680	0.40	0.03093	1.05	87.9	57	12
(気)	-	4.36	2.5	-	0.8	-	0.04	-

注) 密度〜表面張力は25℃の時の値
1) 3M: Fluorinert™ Liquids For Electronics Manufacturing, (1999)

9.5.4 低温装置の熱設計 (Thermal Design of Cryogenic Equipment)

衛星搭載機器で検出器を極低温に冷却するためにはクライオスタットと呼ばれる極低温冷却装置が用いられる.衛星搭載用クライオスタットの基本的な設計は米国の赤外天文衛星 IRAS (1983)[103] によって確立されたと言える.その典型的な構造として,日本初の人工衛星搭載赤外線天文衛星 IRTS (1993)[104] の例を Fig. C-9-5-20 に示す.

真空容器の中に寒剤を貯蔵するタンクが断熱支持されており,検出器はこの寒剤タンクに取付けられることにより伝導伝熱で冷却される.液体ヘリウムタンクと真空容器の間には放射入熱を減らすためのシールド板とMLIが設置され,放射シールド板は蒸発した寒剤ガスの顕熱で冷却される.

真空容器内は地上において真空断熱を実現するために $10^{-4} \sim 10^{-5}$ Pa に保持される.

(a) 寒剤 (Cryogen)

寒剤には大きく分けて液体寒剤と固体寒剤がある.代表的な寒剤とその冷却温度を Table C-9-5-19 に示す.寒剤が液体の場合,無重量環境下で液体がタンクから漏出しない構造が必要となるため,超流動ヘリウムをポーラスプラグ気液層分離器と組み合わせて使用する場合がほとんどである.固体寒剤の例

---

103) Urbach, A.R., Hopking, R.A. and Mason, P.V., Proceedings of the International Symposium on Environmental and Thermal System for Space Vehicles, ESA SP-200 (1983) 171-177. 104) M. Murakami, et al.: Cryogenics, vol. 29 (1989) 553-558.

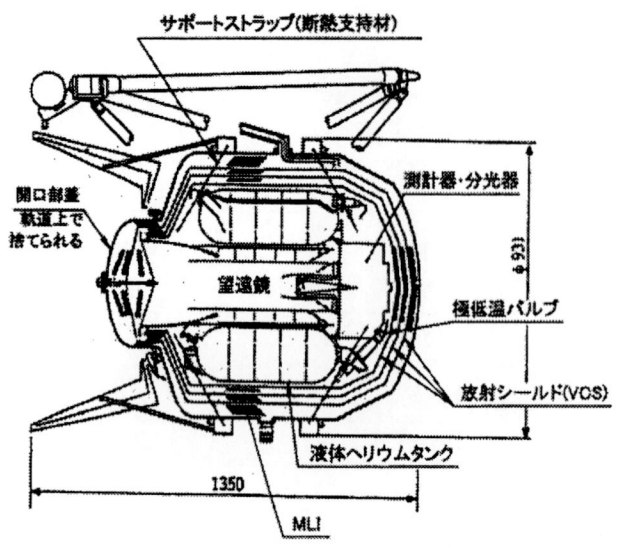

Fig. C-9-5-20 クライオスタットの構造例
(Typical structure of space cryostat)

Table C-9-5-19 寒剤と温度範囲
(Cryogens and their temperature range)

寒剤 Cryogen		使用温度範囲 Temperature range (K)
固体 Solid	CO$_2$	125 ～ 217.5
	Neon	15 ～ 24.5
	H$_2$	8.3 ～ 13.8
液体 Liquid	He	1.3 ～ 4.2

Table C-9-5-20 宇宙用冷凍機と温度範囲
(Coolers and their temperature range)

冷凍機 Cooler	使用温度範囲 Temperature range (K)
1段スターリング冷凍機 Single stage Stirling cooler	50 ～ 200
2段スターリング冷凍機 Two stage Stirling	10 ～ 50
JT冷凍機[※1] JT cooler	2.5 ～ 5
JT冷凍機[※2] JT cooler	1.7 ～ 3.5
^{3}He吸着式冷凍機 ^{3}He Absorption cooler	0.3 ～ 1.0
断熱消磁冷凍機 Adiabatic demagnetization refrigerator	0.05 ～ 0.5

※1：作動流体：^{4}He
※2：作動流体：^{3}He

としては水素，ネオン，二酸化炭素等があるが，固体寒剤を使用する場合には冷却対象と寒剤との伝熱経路を確保する必要があり，そのためにタンク内に発泡金属等の伝熱要素を充填する方法が用いられる．

(b) 冷凍機 (Cooler)

宇宙用冷凍機とその使用温度範囲を Table C-9-5-20 に示す．衛星搭載用冷凍機には小型，軽量，高効率，高信頼性が要求されるため，これまでにフライトに供された冷凍機はスターリング (Stirling) サイクル冷凍機が中心である．また，1K以下の極低温を生成するために寒剤と併用して ^{3}He 吸着式冷凍機や断熱消磁冷凍機が使用されている．近年では冷凍機のみで4.5 K や 1.7 K を生成するために ^{4}He や ^{3}He を作動流体として用いた Joule-Thomson (JT) 冷凍機の開発も行われている．

(c) 断熱設計 (Thermal Insulation Design)

真空容器外壁から寒剤タンクへの侵入熱の主な経路は，外壁からの放射伝熱，寒剤タンク支持構造，配線，配管からの伝導伝熱であり，これらの侵入熱をいかに減らして寒剤の寿命を延ばすかがクライオスタットの断熱設計の主眼となる．

蒸発ガスを再凝縮しない開放型クライオスタットの場合，寒剤の寿命 t (s) は搭載する寒剤質量 m (kg)，寒剤への単位時間当たりの侵入熱量 P (W)，寒剤の蒸発潜熱または昇華熱 l (J/kg) より

$$t = m \frac{l}{P} \qquad (1)$$

として求められる．

(1) 断熱支持材 (Support Strap)

寒剤タンクの支持部材は，寒剤タンクへの伝導入熱の大部分を占めるため，その材料選定は非常に重要である．打上げ時の荷重に耐え，かつ寒剤タンクへの侵入熱を減らすため，強度に対する熱伝導率の比ができるだけ小さな材料を用いることが必要である．そのような断熱支持材の材料として繊維強化プラスチック (FRP : Fiber Reinforced Plastic) を使用することが一般的であり，部材形状としては FRP をループ状に成形した一方向成形ベルト (サポートストラップと呼ぶ) が多く用いられる．FRP の種類と強度，熱伝導率を Table C-9-5-21 および Table C-9-5-22

Table C-9-5-21 FRPのヤング率及び破壊応力[105]
(Young's modulus and breaking stress of FRP)

温度 Temperature T (K)	ヤング率 Young's modulus E (GPa)		
	GFRP	CFRP	AFRP
4.2	42.2	81.2	95.6
77	40.1	79.8	86.6
300	36.5	79.5	82.6
温度 Temperature T (K)	破壊応力 Breaking stress Ftu (GPa)		
	GFRP	CFRP	AFRP
4.2	2.32	1.64	2.21
77	2.28	1.68	2.38
300	1.07	1.14	1.33

Table C-9-5-22 FRPの熱伝導率[106]
(Thermal conductivity of FRP)

温度 Temperature T (K)	熱伝導率 Thermal conductivity λ (W/(m·K))		
	GFRP	CFRP	AFRP
4.2	0.106	0.052	0.058
5.2	0.113	0.057	0.061
7		0.062	0.066
9		0.067	0.072
12	0.153	0.074	0.078
15	0.166	0.083	0.086
20	0.180	0.100	0.100
23	0.196	0.121	
30	0.229	0.171	0.147
40	0.257	0.257	0.206
60	0.330	0.424	0.330
78	0.400	0.611	0.400
95	0.485	0.847	0.485
145	0.604	1.403	0.700
190	0.694	1.924	0.881
240	0.785	2.763	1.070
293	0.858	3.236	1.129

※参考文献のグラフから読取り

に示す．主として40K以下ではCFRP(Carbon FRP)，40K以上ではGFRP(Glass FRP)，これらの温度域を全て含む場合にはAFRP(Alumina FRP)が有効である．

サポートストラップは圧縮荷重に弱いため，予め発生最大荷重以上の初期張力をかけておき，常時引張り状態で使用するのが一般的である．サポートストラップには初期張力に加え，打上げ時の振動荷重等により繰り返し荷重がかかるため，疲労解析により必要最小断面積を求め，所定の安全係数をかけて設計断面積としている．

(2) 放射シールド板(Vapor Cooled Shield)

外壁から寒剤タンクへの放射入熱を減少するために中間温度ステージとして放射シールド板を設ける方法が一般的であるが，さらに放射シールド効果を高めるためには蒸発ガスの排気配管をシールド板に巻きつけ，蒸発ガスの顕熱を利用してシールド板を冷却するVCS(Vapor Cooled Shield)方式とする．

(3) 寒剤配管(Cryogenic Fluid Plumbing)

液体寒剤の充填，蒸発した寒剤の排気配管は低温部である寒剤タンクと高温部である真空容器を結合するため，断熱性の良い外径5～15mm，肉厚0.25～0.5mmのステンレス鋼の薄肉配管が用いられる．

(4) 多層断熱材(Multi-Layer Insulation)

クライオスタットの内部の放射入熱を減らすためには，衛星外部の熱設計同様，アルミ蒸着フィルムの多層断熱材(MLI：Multi-Layer Insulation)を温度ステージ間に設けることが有効である．クライオスタットの内部の放射入熱を減らすために使用されるMLIは衛星外部熱計装に用いられるMLIよりも高性能の断熱が求められるため，断熱性能低下の原因となりやすいMLI接合部にベルクロテープを使用せずに一層ずつ縫製する等の特別の考慮が必要である．各種MLIの性能比較をFig. C-9-5-21に示す．図中の破線はNASAの委託研究としてLockheed社が行った空気抜き穴付両面アルミ蒸着マイラMLIの試験による層密度と熱流束の関係である．この関係式[107]をEq.(2)に示す．実際の設計においては，Eq.(2)に実装のよる性能低下係数を考慮する必要がある．

---

105) M.Takeno, et al.: Advances in cryogenic Engineering- Materials, vol. 32 (1988) 217-224. 106) 竹野, ほか：低温工学, vol. 12, No.3 (1986) 182-187. 107) C. W. Keller, G. R. Cunnington, and A. P. Glassford: NASA CR-134477 (1974).
108) Q. S. Shu, R. W. Fast, and H. L.: Advances in Cryogenic Engineering **31** (1986). 109) T. Ohmori, M. Tsuchida, T.Taira, M.: Proceedings of the 11th International Cryogenic Engineering Conference (1986). 110) M. Taneda, T. Ohtani, M. Okuda, J.: Advances in Cryogenic Engineering **33** (1988). 111) R. W. Fast: Advances in Cryogenic Engineering, PLENUM PUBLISHING CORPORATION (1990). 112) C. W. Keller, G. R. Cunnington, and A. P. Glassford: NASA CR-134477 (1974) 4-75.

$$q = \frac{C_s \overline{N}^{2.63} T_m}{N_s}(T_H - T_c) + \frac{C_r \varepsilon_{TR}}{N_s}(T_H^{4.67} - T_c^{4.67})$$

(2)

ここで，$C_s = 7.30 \times 10^{-8}$, $C_r = 7.07 \times 10^{-10}$, $\varepsilon_{TR} = 0.043$, q：熱流束（W/m²），N：層密度（layers/cm），N_s：層数（layers），T_m：高温側と低温側の平均温度（K），T_H：高温側温度（K），T_c：低温側温度（K）

(5) 配線材料（Electric Wire Hernass）

検出器の信号読み出し線や電力線はクライオスタット外壁（常温部）と検出器を接続しているため，伝導入熱の経路となる．通常の銅線ではこの値は無視できない位大きくなるため，電気インピーダンスやキャパシタンスが問題にならない機器においては直径0.1 mm程度の細いマンガニン線やステンレス線が用いられる．各種線材の熱伝導率を Table C-9-5-23 に示す．

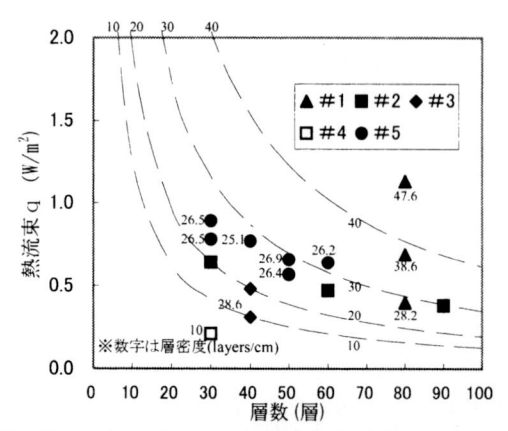

#		厚さ（μm）	スペーサ材
1[108]	穴付き 両面アルミ蒸着マイラ	6.4	シルクネット
2[109]	片面アルミ蒸着マイラ	3	-
3[110]	くぼみ付き 両面蒸着マイラ	8.84 or 6.59	ポリエステルネット
4[111]	しわ付き 両面蒸着マイラ	25	-
5[112]	穴付き 両面アルミ蒸着マイラ	6	ポリエステルネット

Fig. C-9-5-21　MLI断熱性能
（T_h = 300 K, T_c = 77 K）
(Thermal insulation performance of MLI)

---

113) Y. S. Touloukian, C. Y. Ho : THERMAL CONDUCTIVITY Metallic Elements and Alloys, IFI/Plenum Data Corporation (1972), 588-589. 114) J. E. Jensen, R. B. Stewart, W. A. Tuttle : SELECTED CRYOGENIC DATA NOTEBOOK, BROOKHAVEN NATIONAL LABORATORY (1966) VⅡ-K-3. 115) J. E. Jensen, R. B. Stewart, W. A. Tuttle : SELECTED CRYOGENIC DATA NOTEBOOK, BROOKHAVEN NATIONAL LABORATORY (1966) VⅡ-B-3.
116) J. E. Jensen, R. B. Stewart, W. A. Tuttle : SELECTED CRYOGENIC DATA NOTEBOOK, BROOKHAVEN NATIONAL LABORATORY (1966) VⅡ-Q-2

Table C-9-5-23 線材の熱伝導率 (Thermal conductivity of wire material)

温度 Temperature T (K)	熱伝導率 Thermal conductivity λ (W/(m·K))			
	マンガニン[113] Manganin	ベリリウム銅合金[114] Beryllium copper	銅 (O.F.H.C)[115] Copper	ステンレス304[116] Stainless
4	-	1.9	240	0.28
6	-	2.8	370	0.46
8	-	3.8	470	0.66
10	-	4.8	600	0.87
15	-	7.6	850	1.4
20	4.6	10.6	1100	2.0
25	6.4	13.3	1200	2.7
30	8	16.2	1200	3.4
35	9	18.6	1100	4.2
40	10	21	1000	4.8
50	11	26	770	6.0
60	12	30	620	7.2
70	13	34	550	8.0
76	13	35	520	8.5
80	13	37	490	8.8
90	13.5	40	470	9.5
100	14	42	450	10.0
120	14.3	48	430	11.0
140	15	54	420	11.5
160	15.6	58	410	12.0
180	16.2	62	400	12.8
200	17	65	400	13.1
250	19.4	70	400	14.5
300	22	80	400	15.0
備考				参考文献の グラフより読取り

9.5.5 再突入飛翔体の熱防御 (Thermal Protection of Reentry Vehicles)

地球周回軌道，惑星間遷移軌道にある宇宙飛翔体が地球大気再突入を行なう場合，飛翔体に衝突する大気は，運動エネルギーが熱エネルギーに変換され高温状態となり，飛翔体は過酷な空力加熱に曝されることになる．再突入飛翔体の熱防御方法は，空力加熱の強度及び継続時間に応じて異なり，伝導断熱型，ヒートシンク型，輻射放熱型，アブレーション型，強制冷却型に便宜上分類されるが，実際のハードはこれらを組み合わせて機能を発揮している．

現在まで宇宙研究開発で使用されている熱防御法の代表例として，アブレーション熱防御法は，アポロ司令船など比較的高加熱環境（数～十数 MW/m^2）に短時間曝される帰還カプセルに用いられる方法である．また，スペースシャトルなど比較的低加熱（～1 MW/m^2），長時間の加熱環境下で再使用性が重要となる宇宙機では，伝導断熱型，輻射放熱型防御法を組み合わせた再使用型の耐熱システムが用いられる．

(a) アブレータ (Ablator)

アブレーション法では，アブレータと呼ばれる耐熱材料が用いられる．炭化型アブレータは，空力加熱により表面から内部に向けて熱分解・炭化していく．表面の高温炭化層からは輻射放熱がなされ，多孔質状の炭化層表面においては，内部から噴出した熱分

Fig. C-9-5-22 再突入カプセルのヒートシールドとして成型されたカーボンフェノリック（直径約40 cm）(Carbon-phenolic Heatshield for a Reentry Capsule (40 cm in diameter))

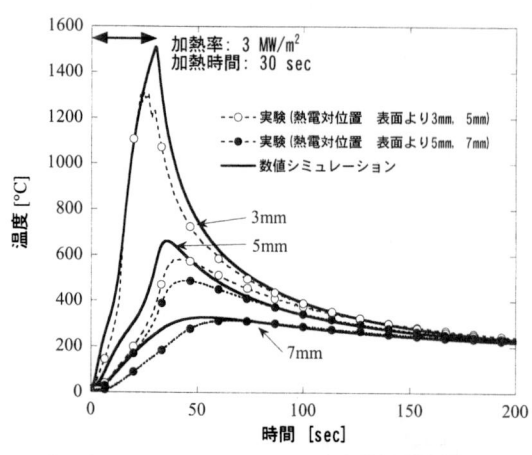

Fig. C-9-5-23 アブレータの内部温度履歴の例
（加熱試験における熱電対計測及び数値予測）
(A Typical time-history of the carbon-phenolic ablator. (Internal temperature data at the arc-heating test plotted with a numerical simulation))

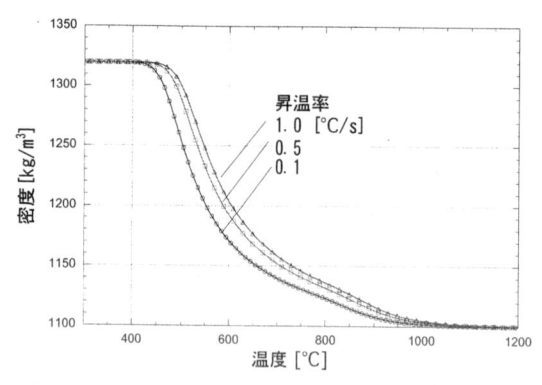

Fig. C-9-5-24 カーボンフェノリックの熱分解反応
（Thermal decomposition of the carbon-phenolic）

Table C-9-5-24 熱分解反応定数
（Thermal decomposition constants）

バージン層密度 Virgin Layer Density	1.32 g/cm³	
炭化層密度 Char Layer Density	1.10 g/cm³	
反応定数 Reaction Constants	反応 #1 Reaction 1	反応 #2 Reaction 2
E	1.1×10^5 J/mol	1.4×10^5 J/mol
f	4.5×10^9 sec⁻¹	3.5×10^9 sec⁻¹
n	7	7
A	0.05	0.15

解ガスが外部の高温気体（1万度〜）との間に比較的低温（〜3千度）の境界層を構成し，空力加熱を低減する．この節においては，比較的高加熱率，高衝撃圧に耐性が高いとされるカーボンフェノリック（炭素繊維で強化されたフェノールレジン）アブレータに限定して記述する．カーボンフェノリックは90年代から2000年代にかけて国内でも数例の再突入ミッションに用いられており，例として，Fig. C-9-5-22に再突入カプセルのヒートシールドとして成型されたものを示す．

通常，突入飛翔体の熱防御アブレータの設計には，熱物性値の取得，アーク風洞試験等による加熱反応データの取得（Fig. C-9-5-23）を行い，飛行環境におけるアブレータの熱的振舞いを数値的に予測する手法が取られる[117]．（尚，ここで数値的に予測せざるを得ないのは，熱化学的に完全に飛行環境を模擬できる地上の装置が存在しないことによる．）よって，これに必要な形で以下に示す種々の熱物性データの取得が行なわれている[118]．

カーボンフェノリックは，高温状態で熱分解反応を起こし，熱分解ガスを発生しつつ炭化が進行する．熱分解による密度の減少は一般的に Arrhenius の式

$$\frac{d\rho}{dt} = (\rho_v - \rho_c) \sum_{j=1}^{N} f_j A_j \cdot \exp\left(\frac{E_j}{kT}\right) \left(\frac{\rho - \rho_v}{\rho_c - \rho_v}\right)^{n_j}$$

で表現される．ここで，ρ：密度，f：頻度因子，A：統計的重み，E：活性化エネルギ，k：ボルツマン定数，T：温度，添え字は v：バージン層（未反応層），c：炭化層である．N は反応次数であり，考慮する反応数による．Table C-9-5-24 に第2次反応までの熱分解定数を参考として示した．また，一定昇温下における熱分解の様子を Fig. C-9-5-24 に示す．

熱天秤，レーザフラッシュ，示差走査熱量計により求めた比熱，熱伝導率を Fig. C-9-5-25 および Fig. C-9-5-26 に示す．これらの熱物性データは熱分解するものを定常とみなすかあるいは準定常状態で取得されたものであり，実際には，飛行環境に近い環境での加熱試験を行なった結果に基づいて，それを模擬するように非定常の補正を行なって利用することとなる．

---

117) Y. Inatani, Ed. : "Aerodynamics, Thermophysics, Thermal Protection Analysis and Design of Asteroid Sample Return Capsule", ISAS Report SP-17, March, 2003. 119) NASA Technical Memorandum 4787 (1997). 120) Touloukian, Y. S. et al. : Thermophysical Properties of Matter. Volume 5 – Specific Heat, Nonmetalic Solids, IFI/Plenum (1970). 121) NASA/TM-2000-210289 (2000).

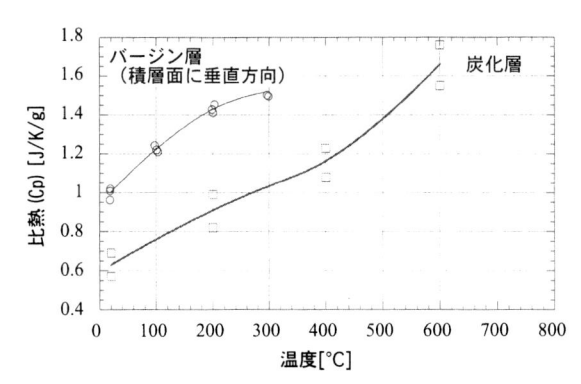

Fig. C-9-5-25 カーボンフェノリックの比熱
(Specific heat of the carbon-phenolic)

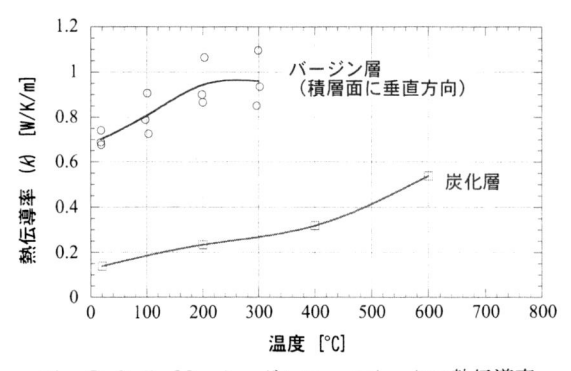

Fig. C-9-5-26 カーボンフェノリックの熱伝導率
(Thermal conductivity of the carbon-phenolic)

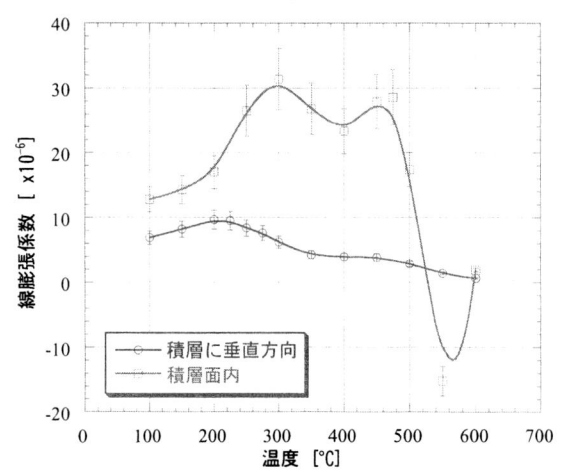

Fig. C-9-5-27 カーボンフェノリックの熱膨張係数
(Thermal expansion coeff. of the carbon-phenolic)

一般にアブレータは熱分解時(400～800℃)に軟化し、Fig. C-9-5-27に示されるように、この際に熱膨張率も負となり、収縮傾向がある。炭素繊維の選択次第では、一般の金属程度の線膨張係数を有するものもある。よってアブレータをヒートシールドとして利用する宇宙機の場合、膨張率、熱応力等、高温機械特性も考慮して設計する必要があると言える。

(b) 再使用型耐熱システム (Reusable Thermal Protection Systems)

地上と宇宙空間を何回も往復できる再使用型輸送システムには、大気圏再突入の過酷な加熱環境に耐える高度に耐久性のある耐熱システムが求められる。スペースシャトルはこれを目指した初の実用システムであり、再使用されるオービター部分には何種類かの基本的な再使用型耐熱材が開発、実用されている。再使用可能とするため、表面温度は材料の耐熱温度を超えないようにする必要があり、再突入時の軌道は最も加熱が過酷な部位の表面温度上限により制約を受ける。耐熱方式としては、断熱材による熱遮断が基本であるが、1000℃を超える表面温度の部位では、空力加熱の大部分を表面輻射によって放熱

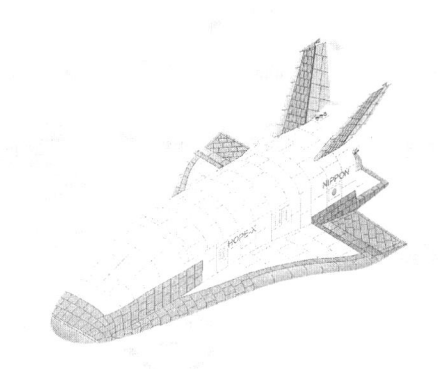

Fig. C-9-5-28 HOPE-X

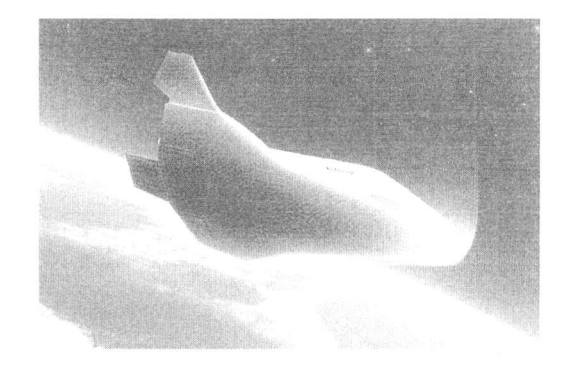

Fig. C-9-5-29 HOPE-Xの再突入想像図
(An image of HOPE-X reentry)

する形となる．材料の耐熱温度以外のもう一つの重要な設計制約条件として，内部構造体，機器，人員などが着陸後まで正常に機能するために機体内部への熱侵入量を一定値以下に抑える必要がある．

スペースシャトル実用開始後の経験により，その耐久性に関しては運用性の面から改善すべき課題が多くあることが分かり，わが国で研究を進めたHOPE-Xや米国のX-33のような実験機プロジェクトで幾つかの先進耐熱材が提案されている．Fig. C-9-5-28に日本の宇宙往還実験機HOPE-Xの外観図，Fig. C-9-5-29に大気圏再突入の想像図を示す．以下ではこれらの再使用型宇宙輸送機に使用が想定される各種耐熱システムの概要を説明し主要な材料の熱物性値を示す．

(1) 高温用ホットストラクチャ
　　(Hot Structures)

機首部や主翼前縁部は再突入加熱により最も高温に曝される部位である．その推定最高温度が材料の耐熱許容値を上回らないように飛行経路が選定されるのが一般的である．現状で最も高温で安定し強度を保持する実用的材料は，炭素繊維を強化繊維としカーボンをマトリックスとするカーボン・カーボン（C/C）複合材であり，これにより構成される構造体は単体で耐熱・強度の両機能を有するという意味でホットストラクチャと呼ばれる．但し，カーボンは再突入時の酸素雰囲気中で酸化損耗するため，表面に耐酸化コーティングを付与することが必要である．コーティング材としては耐熱性，耐酸化性，カーボンとの親和性の良いSiCの適用が一般的である．この表面コーティングの耐酸化性の制約により，この種のホットストラクチャの使用温度上限は1600℃程度となっており，対応する空力加熱率は600 kW/m^{2}程度である．表面コーティングに必要な特性としては，前述の他に高温での放熱のため表面輻射率が大きい事，および衝撃波による高温で解離した空気が機体表面で再結合して加熱率が増加することを抑制するため，再結合反応に対する触媒性効果が小さい事なども重要である．その他の材料として，マトリックスとしてカーボンの代わりにSiCを使用して耐酸化性の向上を狙ったC/SiC，繊維までSiC化したSiC/SiCなども提案されているが，これらの耐熱性は今のところSiCコーティング付C/Cには及ばないようである．一方，SiCコーティングの耐酸化・耐熱温度をさらに向上させるための新コーティングの研究もなされている．

NASAラングレー研究所で測定された多数のC/C材（密度1.33〜1.88 g/cm^3）の熱伝導率の存在範囲

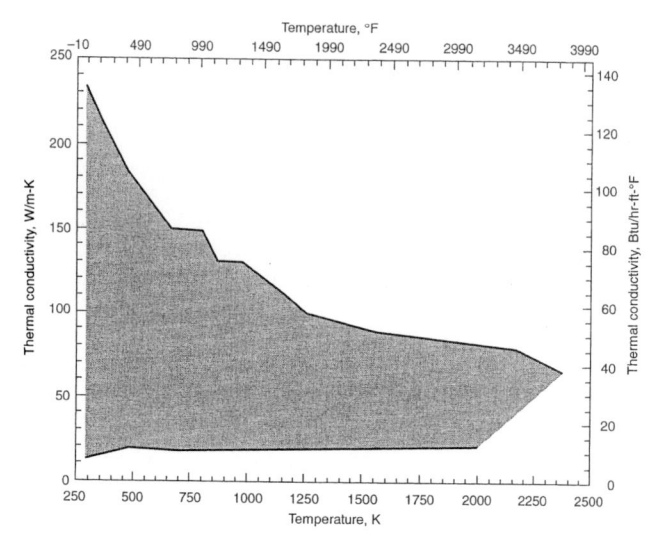

Fig. C-9-5-30　C/C材料の面内方向熱伝導率
(In-plane thermal conductivity of C/C materials)

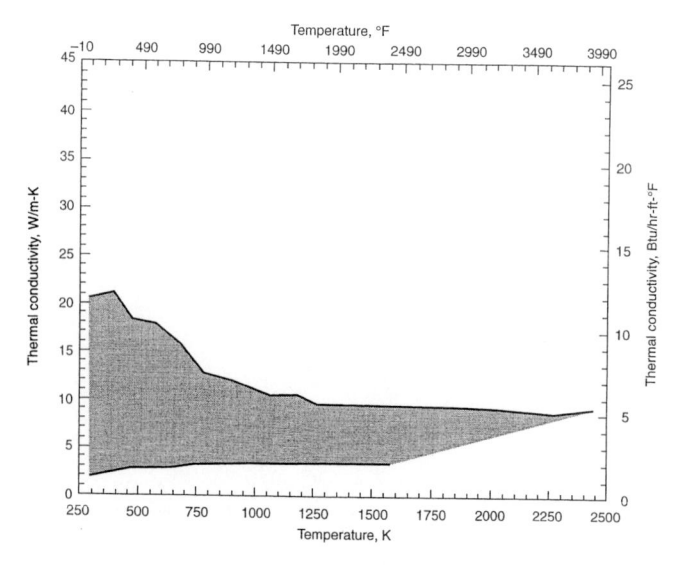

Fig. C-9-5-31　C/C材料の板厚方向熱伝導率
(Through-the-thickness thermal conductivity of C/C materials)

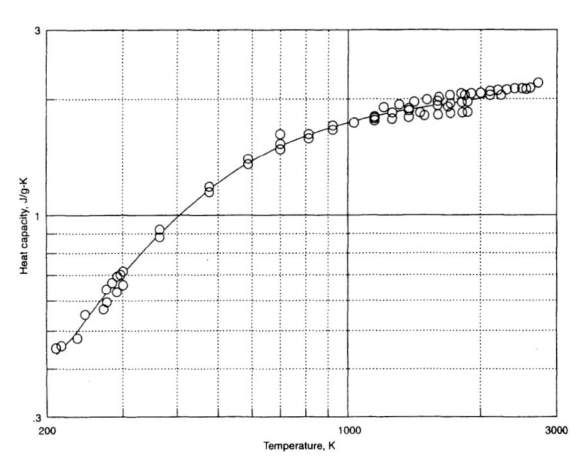

Fig. C-9-5-32 C/C材料の比熱[120] (Specific heat of C/C materials)

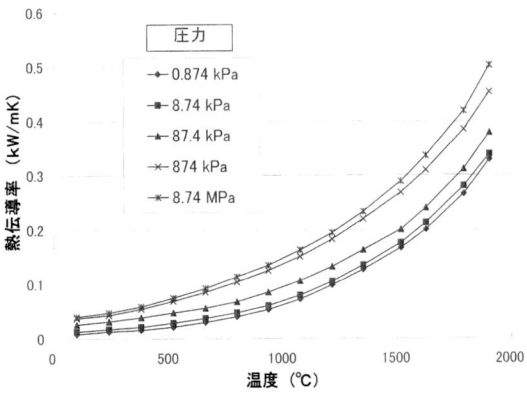

Fig. C-9-5-33 セラミックタイル LI-900 の熱伝導率 (Thermal conductivity of LI-900)[121]

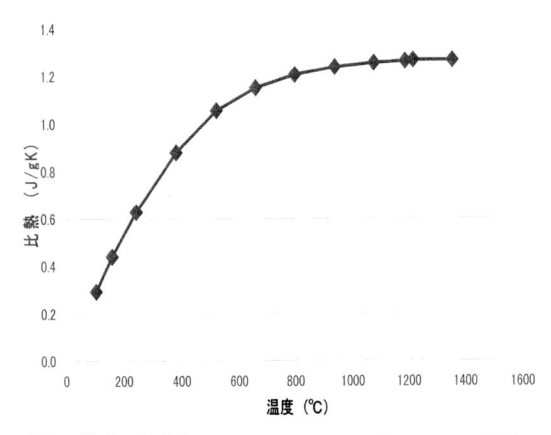

Fig. C-9-5-34 セラミックタイル LI-900 の比熱 (Specific heat of LI-900)[121]

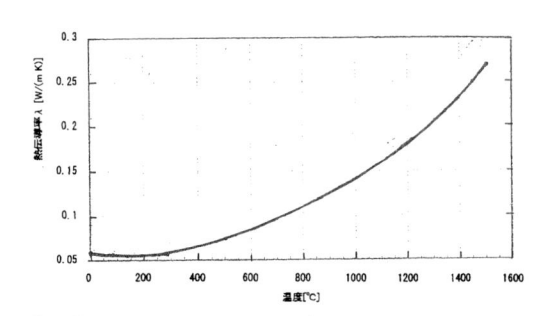

Fig. C-9-5-35 HOPE-X 中密度セラミックタイルの熱伝導率 (Thermal conductivity of HOPE-X ceramic tile)[122]

を,積層面内方向について Fig. C-9-5-30 に,板厚方向について Fig. C-9-5-31 に示す[119].

測定方法は,レーザフラッシュ法により熱拡散率を計測し,Fig. C-9-5-32 に示す比熱から換算したものである.C/C材の熱伝導率は,繊維やマトリックスの種類や製造方法により大きな相違がある.また,ここで図に示した2次元積層材の場合,積層面内の熱伝導率は板厚方向に比べかなり大きい値となる.

(2) セラミックタイル (Ceramic tiles)

1300℃くらいまでの温度領域では,セラミックファイバーを焼結したブロック状の耐熱タイルが使用可能である.スペースシャトルでは加熱率の大きい機体下面側に,密度が大きく強度の高い LI-1300(黒色コーティング付き)を使用し,加熱の緩やかな機体上面側に,密度の小さい LI-900(白色コーティング付き)を使用している.黒色コーティングは輻射率が 0.85 程度あり,再突入時の侵入熱を外部空間に放出する機能に優れている.白色コーティングは高温時の熱放出よりも軌道上運用時に太陽からの輻射入熱を低減したい場所に適用する.HOPE-Xでも類似の高密度タイルおよび低密度タイルを開発している.この種のタイルの欠点は,表面が脆いため氷や砂塵など外部からの衝撃に弱いこと,機体への接着の信頼性不足,損傷した部分の補修や防湿性を持たせる為の処理作業が毎回打ち上げごとに長時間かかるこ

122) 宇宙開発事業団技術報告 NASDA-TMR-980006 (1999) 161. 123) 野田 稔・酒井昭仁:HOPE関連構造材料ワークショップ (1988) Ⅳ-3. 124) 大西登喜夫・松下 正ほか:第32回宇宙科学技術連合講演会講演集 (1988) 48. 125) 小杉健一:HOPE関連構造材料ワークショップ (1988) Ⅳ-3. 126) 宇宙開発事業団技術報告 NASDA-TMR-980006 (1999) 183.

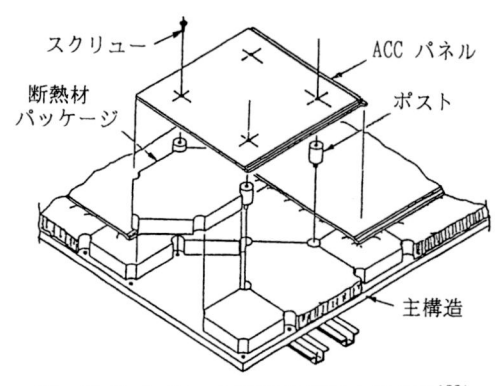

Fig. C-9-5-36 ACC熱防御材の構成例[123]
(Construction of ACC-TPP)

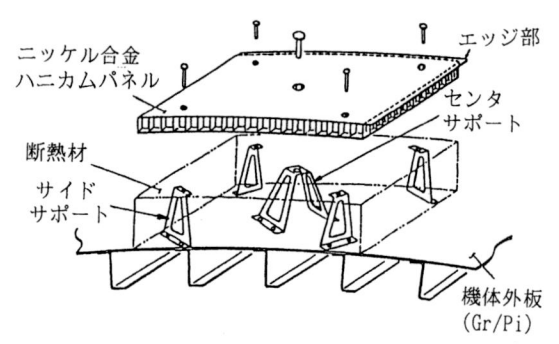

Fig. C-9-5-37 ニッケル合金熱防御材の構成例[124]
(Construction of Ni-TPP)

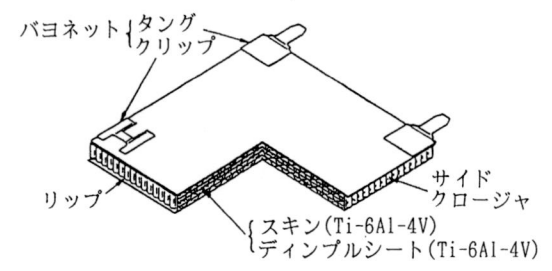

Fig. C-9-5-38 チタン合金熱防御材の試作例[125]
(Fabricated Ti-TPP model)

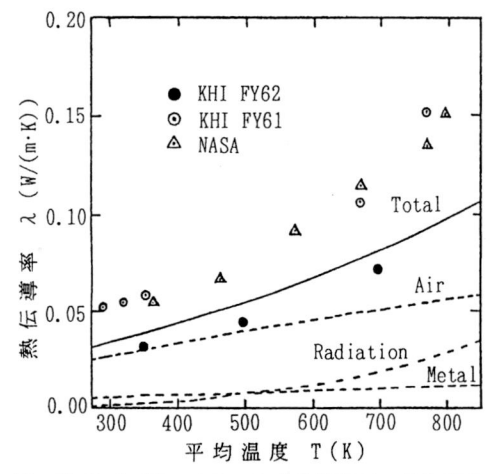

Fig. C-9-5-39 チタン合金熱防御材の熱伝導率
(Thermal conductivity of Ti-TPP model)

となどであり，これらを改善したタイルの開発もなされているが，完全なものではなく，金属製など異なった方式の熱防護材の研究も進められている．

Fig. C-9-5-33 に LI-900（密度 0.144 g/cm^3）の熱伝導率，Fig. C-9-5-34 に比熱を示す．Fig. C-9-5-35 に HOPE-X 中密度タイプ（密度 0.19 g/cm^3）の熱伝導率を示す．図からわかるように熱伝導率は雰囲気圧力および温度に大きく依存する．

(3) C/C TPS

C/Cの平板を表面材とし，内部に高温断熱材を配したタイプである．HOPE研究で検討された構成例を Fig. C-9-5-36 に示す．適用表面温度は取り付けスクリューの制限により1300℃程度までである．分解・組み立てが容易なことが特徴である．

(4) 金属製 TPS (Metallic TPS)

セラミックタイル方式に比べ運用性を改善することを主目的として，金属構造を主体とすることにより耐久性や取り扱い性の向上を狙ったタイプである．耐熱金属の温度制約により1100℃程度までが適用範囲と考えられる．HOPEの研究の一環として検討されたニッケル合金熱防護材の構成案を Fig. C-9-5-37 に示す．高温気流に接する外表面にニッケル合金のサンドイッチパネルを配し，内部にセラミック系の繊維断熱材を充填し，機体への装着は金属性の支柱による．同様のタイプは X-33 の主要断熱材として採用され，開発が進められた．次に，金属材料としてチタン合金を使用した試作例を Fig. C-9-5-38 に示す．この場合の使用温度は 550℃程度までと低くなるが，内部断熱をチタン合金製のフラットシートとディンプルコアを交互に積層したマルチウォール方式とする事により，軽量化を図れる．この試作品についての熱伝導率の測定結果を Fig. C-9-5-39 に示す．

(5) 可撓セラミック断熱材 (Flexible Ceramic Insulation)

機体上面など，より表面温度の低い部位に対しては

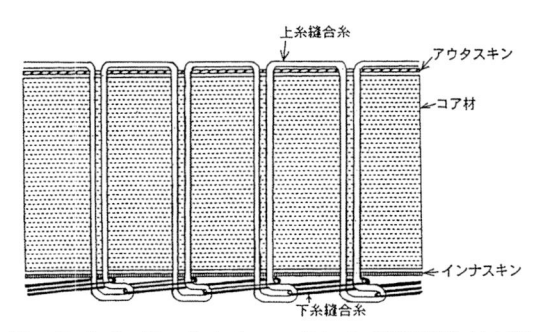

Fig. C-9-5-40 キルティングタイプ可撓断熱材の断面構造(Cross-section of quilting type flexible insulation material)

Table C-9-5-25 キルティングタイプ可撓断熱材[126]

構成	シリカ繊維よりなる断熱層をシリカ系織物材で覆い、特殊なミシンにより厚物縫合を行う。構造体へは接着により装着。			
厚さ	6~60 mm			
常用温度	800 ℃			
嵩密度	0.37~0.13 g/cm²			
熱伝導率 (W/mK)	圧力	300℃	550℃	800℃
	1atm	0.073	0.110	0.167
	0.01atm	0.044	0.062	0.087
	0.001atm	0.024	0.040	0.065
比熱 (J/gK)	厚さ	100℃	300℃	500℃
	6 mm	0.751	0.917	1.047
	38 mm	0.749	0.912	1.042
表面放射率	温度	垂直全放射率	半球全放射率	
	100℃	0.74	0.71	
	300℃	0.70	0.68	
	500℃	0.67	0.66	
	630℃	0.65	0.64	
	830℃	0.63	0.62	
太陽光吸収率	室温	0.12		

可撓性があり装着が容易なセラミック断熱材が使用可能である．セラミック繊維をセラミック織物製のバッグでくるんだもので，機体の不規則な表面形状にも対応できる．HOPE-X計画ではキルティングタイプと，フェルトタイプの2種類の可撓断熱材が開発された．キルティングタイプの断面構造を Fig. C-9-5-40 示す．また熱特性等に関する要目を Table C-9-5-25 に示す．

9.5.6 熱設計用ソフトウェアツール (Spacecraft Thermal Analysis Software)

宇宙機の熱設計では，太陽光そして地球などの近傍の惑星等からのアルベドおよび赤外による軌道熱入力，搭載機器発熱などの熱入力に対して，数K相当の宇宙空間へ輻射で熱放出するエネルギー流れを模擬した熱数学モデルを作成して，各部温度を予測する熱解析により，その設計を進める．

熱解析は解法として有限差分法を用いており，熱解析モデルは宇宙機各部を有限個に分割した面やブロックの中心点あるいは分割格子点に節点（ノード）と呼ばれる点により離散化し，その節点が代表する面あるいはブロック内は等温の仮定のもとで，節点に材料の比熱，質量から計算される熱容量と軌道熱入力，発熱を定義し，節点間に熱伝達を与えることにより作成する．すなわち，節点iに関する熱平衡方程式として

$$C_i \frac{\Delta T_i}{\Delta t} = \sum_j G_{ij}(T_j - T_i) + \sum_j \sigma A_j \Im_{ij}(T_j^4 - T_i^4) + Q_i$$

ここで，i, j：節点番号，C：熱容量，T：温度 $\Delta T_i := T_i(t+\Delta t) - T_i(t)$，$t$：時間，$G$：伝導，対流熱伝達率，$\Im$：輻射交換係数，$Q$：熱入力

から，節点毎の熱エネルギーの入出力を計算することにより温度を求める．分割サイズ，規模はそのモデルの目的などで異なる．Fig. C-9-5-41 に熱数学モデルによる熱解析の概略の作業流れを示す．この流れには細かな繰り返し作業を示していないが，熱解析は，温度予測だけでなく，その予測を実施する上で必要となる熱環境の検討に加えて，熱制御方式の検討，必要とする熱物性の範囲の設定，ラジエータ，搭載機器等の配置調整，ヒータ容量と制御温度の検討などを行って設計を進めていく．

この中で用いるソフトウェアツールとしては，軌道

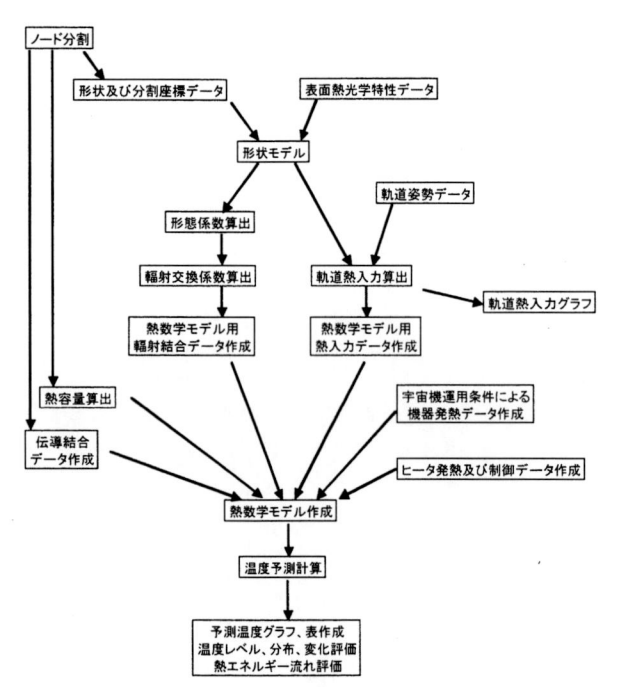

Fig.C-9-5-41 熱設計解析の作業流れ
(Thermal analysis flow chart)

CADツールと統合したソフトウェアツールとして進化しており，三次元形状を確認しながらデータを作成できることに加えて，別のCADツールの三次元形状データ等の取り込みが可能で，その形状から熱数学モデルを作成することが可能となった．このツールのほとんどは，NASA，ESA等欧米の宇宙機関，その関連機関，企業等により，構造設計解析に見られる三次元CADツールと解析ツールの統合解析パッケージツールと同様に，熱設計解析分野でも三次元CADあるいは三次元グラフィカルツールと熱解析ソフトウェアツールを組み合わせた統合型熱設計解析ツールとして開発され，市販されている．代表的なツールを Table C-9-5-26 に示す．それぞれのツールは基本的にはほとんど同等の機能を持ち，輻射計算や温度予測計算の過程をそれほど意識せずに結果が得られ，結果の編集として温度コンター図や時間変化の温度の図などを作成でき，目的とする熱設計課題の検討が容易になってきた．ただし，実際には，熱物性として熱伝導率の温度依存性や表面熱光学特性の入射角依存性などの取り扱い，使用できるプリミティブな形状（曲面を含む）などに違いがある他，構造解析用FEMモデルとの連携や，他のツールとのI/Fなどで違いがある．また，輻射計算では，二平面間の立体角から形態係数を算出する手法（表面は平面かつ完全散乱面の仮定）からモンテカルロ法によるレイトレース手法として非常に多くの

熱入力算出，形態係数算出，形態係数から輻射交換係数算出，温度予測計算等それぞれ単独のツールとして，設計者自ら作成したツールや，1960年代から1980年代にかけてNASAを中心に開発，改良されたツールなど多数存在している．かつて，これらのツールを使用する解析モデルデータは図面あるいは検討図などから手作業で作成していたが，近年，三次元

Table C-9-5-26 統合型熱設計ソフトウェアツール例（Thermal analysis software）

三次元グラフィカルモジュール	輻射交換係数モジュール	軌道熱入力計算モジュール	熱数学モデル生成及びポスト処理モジュール	温度予測モジュール
AutoCAD	ThermalDesktop/RadCAD	ThermalDesktop/RadCAD	ThermalDesktop	SINDA/FLUINT
I-DEAS FEMAP	TMG	TMG	TMG	TMG
SINDA/ATM (FEMAPベース)	NEVADA または TRASYS	NEVADA または TRASYS	SINDA/ATM	SINDA/G
THERMICA	THERMICA	THERMICA	THERMICA	THERMICA ESATAN/FHTS SINDA/G
TAS	TRASYS	TRASYS	TAS	TAS

光線を発生させて解く直接解法を持つものまで，解法としての違いもある．さらに，宇宙機の熱制御のH/W要素としてのヒートパイプ，液体流体ループ，強制空冷など流体による熱の流れを解析するための機能でもそれぞれ扱い方が異なり，加えて計算の高速化アルゴリズムや差分法の解法などでも，それぞれ特徴を持っている．

このように，三次元CAD等に統合化した熱設計ソフトウェアツールにより熱数学モデルの作成は容易になりつつあり，簡単に細かな分割による大規模なモデルが生成できるようになってきた．しかし，このことは，熱数学モデルをブラックボックス化するだけでなく，そのプロセスに内在する重要な熱物性等のパラメータや，仮定部分を曖昧にする危険がある．熱設計は本来，熱エネルギーの流れを制御し，結果として温度を所定の範囲に維持するものであるから，最初は理解できる程度の少ない分割から，必要に応じて注目すべき部分を細分化していくプロセスが必要である．

C.10 空調, 冷凍およびヒートポンプ
(Air Conditioning, Refrigeration and Heat Pump)

10.1 アンモニアの熱物性値
(Thermophysical Properties of Ammonia)

熱力学性質は, 文献所載の状態式から計算した[1]. 表面張力については, 文献値を再録した[2]. 輸送性質は文献値を再録した[2].

Table C-10-1-1 飽和状態の NH_3 の熱力学性質 (Thermodynamic properties of NH_3 at saturated states)

| 温度 | 飽和圧力 | 密度 | | 蒸発潜熱 | 定圧比熱 | | 比熱比 | | 表面張力 |
| T | p_s | ρ' | ρ'' | r | c_p' | c_p'' | κ' | κ'' | σ |
(K)	(MPa)	(kg/m³)		(kJ/kg)	(kJ/(kg·K))				(mN/m)
220	0.033790	705.76	0.31883	1424.22	4.3423	2.1599	1.5028	1.3336	38.62
230	0.060407	693.95	0.54861	1397.38	4.3971	2.2217	1.5312	1.3395	36.23
239.82	0.101325	681.97	0.88955	1369.50	4.4479	2.2969	1.5580	1.3475	33.91
240	0.10223	681.75	0.89694	1368.98	4.4488	2.2984	1.5585	1.3477	33.86
250	0.16494	669.18	1.4036	1338.95	4.4983	2.3915	1.5852	1.3586	31.51
260	0.25531	656.22	2.1154	1307.12	4.5477	2.5028	1.6119	1.3727	29.18
270	0.38107	642.87	3.0870	1273.32	4.5993	2.6341	1.6396	1.3909	26.88
273.15	0.42939	638.57	3.4567	1262.24	4.6165	2.6799	1.6486	1.3975	26.16
280	0.55092	629.08	4.3817	1237.36	4.6562	2.7878	1.6690	1.4138	24.60
290	0.77436	614.81	6.0737	1199.00	4.7217	2.9671	1.7013	1.4426	22.35
300	1.0617	599.97	8.2507	1157.95	4.8001	3.1767	1.7377	1.4788	20.13
310	1.4240	584.48	11.019	1113.86	4.8966	3.4234	1.7797	1.5245	17.95
320	1.8728	568.19	14.510	1066.26	5.0184	3.7181	1.8295	1.5828	15.80
330	2.4205	550.92	18.893	1014.56	5.1758	4.0776	1.8901	1.6586	13.68
340	3.0802	532.44	24.395	957.93	5.3846	4.5302	1.9661	1.7597	11.61
350	3.8660	512.38	31.334	895.22	5.6709	5.1250	2.0650	1.8993	9.59
360	4.7929	490.26	40.187	824.76	6.0817	5.9545	2.2007	2.1024	7.63
370	5.8778	465.29	51.729	743.90	6.7147	7.2141	2.4014	2.4211	5.73
380	7.1402	436.07	67.368	648.01	7.8177	9.3949	2.7401	2.9856	3.91
390	8.6045	399.62	90.224	527.17	10.3049	14.1921	3.4876	4.2435	2.21
400	10.305	344.56	131.09	346.89	22.7282	34.9242	7.1534	9.7055	0.67
405.4	11.339	225		0	∞				0

Table C-10-1-2 飽和状態の NH_3 の輸送性質 (Transport properties of NH_3 at saturated states)

| 温度 | 粘性率 | | 動粘性率 | | 熱伝導率 | | 温度伝導率 | | プラントル数 | |
| T | η' | η'' | ν' | ν'' | λ' | λ'' | a' | a'' | Pr' | Pr'' |
(K)	(μPa·s)		(mm²/s)		(mW/(m·K))		(mm²/s)			
220					662.0		0.2160			
230					638.9		0.2094			
239.82	272.1		0.3990		616.2		0.2031		1.964	
240	271.6	9.25	0.3984	10.313	615.7	19.07	0.2030	9.250	1.962	1.115
250	244.6	9.59	0.3655	6.832	592.6	19.59	0.1969	5.836	1.857	1.171
260	219.4	9.94	0.3343	4.699	569.4	20.49	0.1908	3.870	1.752	1.214
270	196.4	10.30	0.3055	3.337	546.3	21.78	0.1848	2.679	1.653	1.246
273.15	189.6	10.42	0.2969	3.014	539.0	22.26	0.1828	2.403	1.624	1.254
280	175.7	10.67	0.2793	2.435	523.1	23.45	0.1786	1.920	1.564	1.268
290	157.1	11.05	0.2555	1.819	500.0	25.50	0.1722	1.415	1.484	1.286
300	140.6	11.44	0.2343	1.387	476.8	27.94	0.1656	1.066	1.415	1.301
310	126.0	11.86	0.2156	1.076	453.7	30.76	0.1585	0.8154	1.360	1.320
320	113.2	12.29	0.1992	0.8470	430.5	33.96	0.1510	0.6295	1.320	1.346
330	101.8	12.75	0.1848	0.6748	407.4	37.08	0.1429	0.4813	1.293	1.402
340	91.8	13.23	0.1724	0.5423	384.2	41.64	0.1340	0.3768	1.287	1.439
350	83.0	13.74	0.1620	0.4385	361.1	47.10	0.1243	0.2933	1.303	1.495
360	75.2	14.36	0.1534	0.3573	337.9	53.46	0.1133	0.2234	1.353	1.599
370	68.3	15.05	0.1468	0.2909	311	60.72	0.0995	0.1627	1.475	1.788
380	62.2	15.95	0.1426	0.2368	284	68.88	0.0833	0.1088	1.712	2.176
390	49.6	17.15	0.1241	0.1901	253	76.90	0.0614	0.0601	2.020	3.165
400	38.4	21.1	0.1114	0.1610	294	105.7	0.0375	0.0231	2.969	6.972

1) H. D. Baehr, R. Tillner-Roth and F. Harms-Watzenberg, Proc. of the 20th DKV-Tagung Heidelberg, Germany, Vol.II, pp. 167-181 (1993). 2) 日本熱物性学会編「熱物性ハンドブック」, 養賢堂, 1990年.

Table C-10-1-3　NH_3 の密度（Density of NH_3）　ρ（kg/m³）

温度 T (K)	圧力 P (MPa)										
	0.1	0.5	1	2	3	4	5	10	15	20	30
240	0.8769	681.95	682.20	682.69	683.19	683.68	684.16	686.56	688.90	691.19	695.60
260	0.8026	656.37	656.67	657.28	657.88	658.48	659.07	661.97	664.78	667.50	672.72
280	0.7415	3.9418	629.42	630.17	630.92	631.66	632.39	635.96	639.37	642.65	648.86
300	0.6898	3.6050	7.7002	600.88	601.84	602.79	603.72	608.22	612.46	616.48	623.97
320	0.6452	3.3358	6.9928	568.35	569.66	570.93	572.18	578.10	583.55	588.62	597.84
340	0.6062	3.1114	6.4478	14.021	23.503	534.17	536.01	544.39	551.78	558.43	570.11
360	0.5718	2.9196	6.0036	12.780	20.662	30.297	490.92	504.62	515.56	524.83	540.22
380	0.5413	2.7526	5.6291	11.818	18.734	26.639	35.987	452.29	471.70	485.98	507.38
400	0.5138	2.6053	5.3062	11.033	17.272	24.151	31.857	111.47	411.47	438.26	470.50
420	0.4891	2.4741	5.0231	10.370	16.094	22.266	28.975	77.168	273.75	372.71	428.06
440	0.4666	2.3562	4.7721	9.7977	15.111	20.751	26.768	65.226	135.21	269.05	378.19
460	0.4462	2.2496	4.5472	9.2963	14.269	19.489	24.985	57.955	105.92	181.39	320.73
480	0.4275	2.1526	4.3443	8.8512	13.535	18.410	23.495	52.782	91.070	142.55	263.91

● ：臨界点の位置を示す。表中の実線は、飽和限界の状態を示す。

Table C-10-1-4　NH_3 の定圧比熱（Specific heat capacity at constant pressure of NH_3）　c_p（kJ/(kg·K)）

温度 T (K)	圧力 P (MPa)										
	0.1	0.5	1	2	3	4	5	10	15	20	30
240	2.292	4.447	4.445	4.441	4.436	4.432	4.428	4.408	4.389	4.372	4.339
260	2.204	4.546	4.543	4.538	4.532	4.527	4.521	4.495	4.472	4.450	4.410
280	2.170	2.701	4.652	4.644	4.636	4.628	4.620	4.584	4.552	4.522	4.471
300	2.164	2.491	3.082	4.788	4.775	4.762	4.750	4.695	4.647	4.605	4.534
320	2.173	2.392	2.741	5.015	4.992	4.970	4.950	4.857	4.781	4.717	4.614
340	2.193	2.347	2.577	3.220	4.390	5.342	5.299	5.121	4.987	4.882	4.724
360	2.219	2.333	2.495	2.903	3.495	4.472	6.056	5.605	5.330	5.138	4.882
380	2.249	2.337	2.457	2.740	3.106	3.605	4.344	6.776	5.976	5.563	5.111
400	2.283	2.352	2.444	2.654	2.905	3.217	3.616	17.940	7.654	6.354	5.445
420	2.320	2.375	2.448	2.609	2.795	3.011	3.268	6.096	22.230	8.270	5.938
440	2.358	2.404	2.463	2.591	2.734	2.894	3.076	4.564	9.118	12.072	6.655
460	2.399	2.436	2.485	2.589	2.703	2.828	2.965	3.931	5.791	8.947	7.383
480	2.440	2.472	2.513	2.600	2.692	2.792	2.900	3.594	4.675	6.263	7.330

● ：臨界点の位置を示す。表中の実線は、飽和限界の状態を示す。

Table C-10-1-5　常圧における NH_3 の熱物性値（Thermophysical properties of NH_3 at 101.325 kPa）

温度 T (K)	密度 ρ (kg/m³)	定圧比熱 c_p (kJ/(kg·K))	比熱比 κ	粘性率 η (μPa·s)	動粘性率 ν (mm²/s)	熱伝導率 λ (mW/(m·K))	温度伝導率 a (mm²/s)	プラントル数 Pr
240	0.8888	2.296	1.347					
260	0.8135	2.207	1.334	8.87	10.90	20.57	11.46	0.9517
273.15	0.7715	2.179	1.327	9.32	12.08	21.82	12.98	0.9307
280	0.7515	2.172	1.324	9.56	12.72	22.49	13.78	0.9233
300	0.6990	2.165	1.315	10.27	14.69	24.55	16.22	0.9057
310	0.6756	2.168	1.311	10.62	15.72	25.63	17.50	0.8983
320	0.6538	2.174	1.307	10.98	16.79	26.74	18.81	0.8927
330	0.6334	2.183	1.303	11.34	17.90	27.87	20.16	0.8882
340	0.6143	2.193	1.300	11.70	19.05	29.03	21.55	0.8838
350	0.5964	2.205	1.296	12.06	20.22	30.21	22.97	0.8802
360	0.5795	2.219	1.292	12.43	21.45	31.42	24.43	0.8779
370	0.5635	2.234	1.289	12.79	22.70	32.65	25.94	0.8751
380	0.5485	2.249	1.285	13.16	23.99	33.91	27.49	0.8728
400	0.5207	2.283	1.278	13.90	26.69	36.48	30.69	0.8699
420	0.4956	2.320	1.272	14.64	29.54	39.12	34.02	0.8682
440	0.4728	2.358	1.265	15.38	32.53	41.85	37.54	0.8666
460	0.4521	2.399	1.259	16.13	35.68	46.64	43.00	0.8297

10.2 R11の熱物性値
(Thermophysical Properties of R11)

冷媒R11(CCl_3F)の熱物性値は,Table C-10-2-7に記した常圧における値を除き,文献[1]所載のプログラムを利用して計算した.熱力学性質は,173K以上の飽和状態および173Kまでの低温過熱蒸気域を含む273〜473K,20MPaまでの気液両相において計算可能である[2].PVT性質に関する計算値の信頼性は,蒸気域では圧力精度で0.5%,液体域では密度精度で0.15%,飽和液体密度について0.2%,飽和蒸気密度について1%である[2].粘性率の計算値の信頼性は2.5%[3],熱伝導率の計算値の信頼性は1.6%[4],表面張力の計算値の信頼性は±0.10mN/mである[5].常圧における熱物性値は,文献[6]所載の数値を抜粋したものである.

Table C-10-2-1 飽和状態のR11の熱力学性質 (Thermodynamic properties of R11 at saturated states)

温度 T (K)	飽和圧力 P_s (MPa)	密度 ρ' (kg/m³)	密度 ρ'' (kg/m³)	蒸発熱 r (kJ/kg)	定圧比熱 C_p' (kJ/(kg·K))	定圧比熱 C_p'' (kJ/(kg·K))	比熱比 κ'	比熱比 κ''	表面張力 σ (mN/m)
200	0.00044	1692.0	0.036	214.90		0.471		1.148	31.08
210	0.00101	1671.3	0.080	211.13		0.483		1.144	29.65
220	0.00214	1650.3	0.161	207.47		0.495		1.141	28.24
230	0.00420	1629.1	0.303	203.91		0.507		1.138	26.84
240	0.00772	1607.7	0.535	200.41		0.519		1.137	25.46
250	0.01340	1585.9	0.894	196.95		0.530		1.136	24.09
260	0.02215	1563.8	1.426	193.48		0.542		1.135	22.73
270	0.03505	1541.4	2.185	189.99		0.554		1.136	21.40
273.15	0.04018	1534.3	2.481	188.88	0.866	0.558		1.136	20.98
280	0.05341	1518.6	3.232	186.45	0.871	0.567		1.138	20.08
290	0.07871	1495.3	4.635	182.85	0.879	0.580		1.140	18.77
296.97	0.101325	1478.8	5.865	180.29	0.885	0.589		1.143	17.87
300	0.11263	1471.6	6.473	179.16	0.887	0.593		1.144	17.48
310	0.15701	1447.3	8.830	175.36		0.608		1.149	16.22
320	0.21383	1422.4	11.800	171.44		0.623		1.155	14.97
330	0.28524	1396.8	15.490	167.36		0.640		1.162	13.74
340	0.37349	1370.4	20.019	163.11		0.657		1.172	12.54
350	0.48098	1343.2	25.523	158.65		0.676		1.183	11.35
375	0.85062	1270.3	44.673	146.28		0.733		1.224	8.50
400	1.3992	1187.3	74.646	131.31		0.813		1.297	5.84
425	2.1754	1087.2	122.62	111.72		0.954		1.456	3.40
450	3.2366	948.8	209.10	82.25		1.38		2.02	1.28
460	3.7561	864.2	272.30	63.59		2.11		3.01	0.58
470	4.3379	689.3	429.85	25.32		20.01		27.86	0.03

Table C-10-2-2 飽和状態のR11の輸送性質 (Transport properties of R11 at saturated states)

温度 T (K)	粘性率 η' (μPa·s)	粘性率 η'' (μPa·s)	動粘性率 ν' (mm²/s)	動粘性率 ν'' (mm²/s)	熱伝導率 λ' (mW/(m·K))	熱伝導率 λ'' (mW/(m·K))	温度伝導率 a' (mm²/s)	温度伝導率 a'' (mm²/s)	プラントル数 Pr'	プラントル数 Pr''
210					109.45					
220					107.00					
230					104.51					
240					101.97					
250					99.39					
260					96.77					
270					94.11					
273.15	529.20		0.344		93.26		0.0702		4.91	
280	488.02		0.321		91.40		0.0688		4.65	
290	436.63		0.292		88.66		0.0675		4.33	
296.97	405.89		0.274		86.72		0.0663		4.14	
300	393.62		0.267		85.88		0.0658		4.07	
310	357.16		0.246		83.06					
320	325.81		0.229		80.20					
330	298.38		0.213							
350	251.71		0.187							
375	202.54		0.159							
400	158.81		0.133							
425	119.42		0.109							
450	86.07		0.0907							

10.2 R11の熱物性値

Table C-10-2-3 R11の密度 (Density of R11) ρ (kg/m^3)

温度 T (K)	圧力 P (MPa)										
	0.1	0.2	0.5	1.0	1.5	2.0	2.5	3.0	4.0	5.0	10.0
275	1528.1	1528.3	1529.0	1530.3	1531.4	1532.6	1533.8	1535.0	1537.3	1539.5	1550.3
300	5.718	1470.9	1471.8	1473.3	1474.7	1476.1	1477.6	1479.0	1481.7	1484.4	1497.2
325	5.228	10.777	1410.8	1412.6	1414.4	1416.2	1417.9	1419.7	1423.1	1426.4	1441.9
350	4.822	9.867	1343.8	1346.2	1348.6	1350.9	1353.2	1355.5	1359.9	1364.1	1383.4
375	4.480	9.118	24.163	1271.3	1274.7	1277.9	1281.1	1284.2	1290.1	1295.8	1320.8
400	4.186	8.488	22.194	48.564	1187.1	1192.2	1197.1	1201.8	1210.6	1218.8	1253.0
425	3.929	7.947	20.586	44.060	71.858	107.12	1089.8	1098.4	1113.8	1127.3	1178.2
450	3.704	7.476	19.234	40.562	64.716	92.950	127.75	175.64	979.62	1007.6	1093.2

Table C-10-2-4 R11の定圧比熱 (Specific heat capacity at constant pressure of R11) c_p (kJ/(kg·K))

温度 T (K)	圧力 P (MPa)										
	0.1	0.2	0.5	1.0	1.5	2.0	2.5	3.0	4.0	5.0	10.0
275	0.868	0.868	0.867	0.867	0.866	0.866	0.865	0.865	0.864	0.863	0.859
300	0.591	0.888	0.887	0.886	0.885	0.884	0.884	0.883	0.881	0.879	0.872
325	0.604	0.622	0.908	0.907	0.905	0.904	0.902	0.901	0.898	0.895	0.884
350	0.617	0.630	0.931	0.928	0.926	0.923	0.921	0.919	0.914	0.910	0.893
375	0.629	0.639	0.675	0.952	0.947	0.943	0.939	0.935	0.928	0.921	0.894
400	0.641	0.649	0.675	0.734	0.974	0.965	0.956	0.948	0.933	0.921	0.876
425	0.652	0.658	0.678	0.719	0.780	0.889	0.983	0.960	0.923	0.894	0.810
450	0.662	0.667	0.682	0.713	0.753	0.811	0.906	1.119	0.882	0.793	0.604

Table C-10-2-5 R11の粘性率 (Viscosity of R11) η (μPa·s)

温度 T (K)	圧力 P (MPa)										
	0.1	0.2	0.5	1.0	1.5	2.0	2.5	3.0	4.0	5.0	10.0
275	517.86	518.43	520.12	522.94	525.77	528.60	531.43	534.26	539.93	545.62	574.20
300		394.06	395.60	398.16	400.71	403.27	405.83	408.39	413.50	418.62	444.20
325			312.67	314.65	316.63	318.62	320.60	322.58	326.54	330.49	350.22
350			251.77	253.43	255.09	256.73	258.36	259.99	263.21	266.40	281.80
375				203.09	204.93	206.72	208.50	210.23	213.60	216.83	231.02
400					159.34	161.90	164.39	166.78	171.33	175.55	191.65
425							121.86	125.48	132.22	138.30	158.61
450									93.47	102.11	127.63

Table C-10-2-6 R11の熱伝導率 (Thermal conductivity of R11) λ (mW/(m·K))

温度 T (K)	圧力 P (MPa)										
	0.1	0.2	0.5	1.0	1.5	2.0	2.5	3.0	4.0	5.0	10.0
275	92.78	92.81	92.89	93.03	93.17	93.31	93.44	93.58	93.86	94.14	95.53
300		85.91	86.01	86.18	86.34	86.51	86.68	86.85	87.19	87.52	89.21
325			78.86	79.06	79.26	79.47	79.67	79.87	80.28	80.68	82.71

Table C-10-2-7 常圧における R11の熱物性値 (Thermophysical properties of R11 at 101.325 kPa)

温度 T (K)	密度 ρ (kg/m^3)	定圧比熱 c_p (kJ/(kg·K))	粘性率 η (μPa·s)	動粘性率 ν (mm^2/s)	熱伝導率 λ (mW/(m·K))	温度伝導率 a (mm^2/s)	プラントル数 Pr
220	1650	0.828	1134	0.687	109	0.0798	8.61
240	1608	0.841	824	0.512	104	0.0769	6.66
260	1564	0.856	628	0.402	98.2	0.0734	5.48
280	1519	0.871	495.7	0.3263	92.6	0.0700	4.66
300	1472	0.887	400.3	0.2719	87.0	0.0666	4.08

1) 日本機械学会 RC-72研究分科会:研究成果報告書Ⅱ,日本機械学会 (1987). 2) 文献1)の266頁. 3) 文献1)の509頁.
4) 文献1)の512頁. 5) 文献1)の617頁. 6) 日本機械学会:伝熱工学資料改訂第4版,日本機械学会 (1986) 327.

10.3 R12の熱物性値
(Thermophysical Properties of R12)

R12(CCl_2F_2)の過熱蒸気域および飽和域における密度，飽和圧力，蒸発熱，定圧比熱，比熱比および表面張力は文献[1]所載の状態式および各相関式を使用し，また液体域における密度，定圧比熱および比熱比は小口ら[2]の状態式と文献[1]所載の飽和液体の定圧比熱の相関式を使用して求めた．$p-h$線図は文献[3]所載のものを採用した．これら熱力学性質の推定精度は1％以下である．粘性率は，過熱蒸気，常圧，飽和蒸気および飽和液体については文献[1]所載の相関式を使用して求め，液体域については文献[3]から求めた．熱伝導率は，過熱蒸気については文献[4]の数値表から図式的に求め，液体域については文献[5]の相関式から計算によって求めた．粘性率および熱伝導率の推定精度は，ともに5～10％である．温度伝導率およびプラントル数は計算によって求めた．

Table C-10-3-1 飽和状態のR12の熱力学性質 (Thermodynamic properties of R12 at saturated states)

温度 T (K)	飽和圧力 Ps (MPa)	密度 ρ' (kg/m³)	密度 ρ'' (kg/m³)	蒸発熱 r (kJ/kg)	定圧比熱 Cp' (kJ/(kg·K))	定圧比熱 Cp'' (kJ/(kg·K))	比熱比 κ'	比熱比 κ''	表面張力 σ (mN/m)
210	0.018765	1580.1	1.3162	179.31	0.8598	0.5099		1.170	20.69
220	0.033110	1552.6	2.2303	175.43	0.8702	0.5283		1.169	19.20
230	0.055189	1524.7	3.5841	171.47	0.8816	0.5473		1.170	17.74
240	0.087609	1496.1	5.5069	167.39	0.8931	0.5672		1.172	16.31
243.36	0.101325	1486.3	6.3054	165.99	0.8969	0.5741		1.174	15.83
250	0.13334	1466.8	8.1452	163.15	0.9041	0.5880		1.177	14.90
260	0.19566	1436.7	11.664	158.70	0.9146	0.6098		1.183	13.52
270	0.27811	1405.7	16.251	153.98	0.9252	0.6329		1.191	12.16
273.15	0.30885	1395.6	17.951	152.44	0.9287	0.6406		1.195	11.74
280	0.38448	1373.4	22.122	148.97	0.9368	0.6578		1.203	10.84
290	0.51870	1339.7	29.531	143.59	0.9511	0.6849		1.219	9.55
300	0.68491	1304.2	38.791	137.79	0.9703	0.7154	1.646	1.240	8.30
310	0.88742	1266.4	50.295	131.49	0.9968	0.7508	1.664	1.268	7.08
320	1.13077	1225.8	64.569	124.59	1.034	0.7937	1.711	1.308	5.91
330	1.41984	1181.5	82.343	116.94	1.086	0.8488	1.770	1.365	4.78
340	1.75995	1132.3	104.71	108.32	1.156	0.9249	1.826	1.450	3.71
350	2.15720	1076.5	133.45	98.36	1.249	1.041		1.590	2.70
360	2.61882	1011.1	171.84	86.36	1.371	1.246		1.848	1.76
370	3.15405	929.7	227.35	70.81	1.527	1.724		2.469	0.92
380	3.77644	811.6	328.13	46.4					0.23
384.95	4.125	558.0	558.	0.					0.

Table C-10-3-2 飽和状態のR12の輸送性質 (Transport properties of R12 at saturated states)

温度 T (K)	粘性率 η' (μPa·s)	粘性率 η'' (μPa·s)	動粘性率 ν' (mm²/s)	動粘性率 ν'' (mm²/s)	熱伝導率 λ' (mW/(m·K))	熱伝導率 λ'' (mW/(m·K))	温度伝導率 a' (mm²/s)	温度伝導率 a'' (mm²/s)	プラントル数 Pr'	プラントル数 Pr''
210	536		0.339		97.7	5.55	0.0719	8.27	4.72	
220	470		0.303		93.9	6.06	0.0695	5.15	4.35	
230	417		0.273		90.2	6.58	0.0671	3.36	4.07	
240	371		0.248		86.7	7.11	0.0649	2.28	3.82	
243.36	357	10.5	0.240	1.66	85.5	7.29	0.0641	2.01	3.75	0.826
250	331		0.226		83.2	7.65	0.0628	1.60	3.60	
260	297		0.207		79.9	8.20	0.0608	1.15	3.40	
270	268		0.190		76.7	8.77	0.0589	0.852	3.23	
273.15	259		0.186		75.7	8.95	0.0584	0.778	3.18	
280	243		0.177		73.5	9.36	0.0572	0.643	3.09	
290	222		0.165		70.5	9.98	0.0554	0.493	2.99	
300	205	12.6	0.157	0.324	67.7	10.6	0.0535	0.383	2.93	0.845
310	191	13.0	0.151	0.258	64.9	11.3	0.0514	0.300	2.93	0.861
320		13.6		0.210	62.3	12.1	0.0491	0.236		0.890
330		14.3		0.174	59.8	13.0	0.0466	0.186		0.935
340		15.1		0.144	57.4	14.0	0.0439	0.144		0.999
350		15.9		0.119	55.2	15.2	0.0410	0.109		1.09
360		17.0		0.099	53.1	16.7	0.0383	0.0778		1.27
370		19.0		0.084	51.2	18.8	0.0361	0.0480		1.74

1) 日本冷凍協会編：冷媒熱物性値表（R12蒸気表）(1981). 2) 小口幸成・高石吉登ほか：日本機械学会論文集，**50**, 459 B編 (1984) 2606. 3) 日本機械学会編：技術資料流体の熱物性値表 (1983). 4) Altunin, V. V., Geller, V. Z. et al. : Thermophysical Properties of Freon, Methane Series, Part 2, National Standard Reference, Data Series of the USSR, A Series of Property Tables, **9**, Hemisphere Publishing Corporation (1987). 5) Geller. V. Z. : Teplofiz. Svoistva Veshchestv i Mater., **8** (1975) 162.

10.3 R12の熱物性値

Table C-10-3-3 R12の密度 (Density of R12) ρ (kg/m³)

温度 T (K)	圧力 P (MPa)										
	0.1	0.5	1.0	1.5	2.0	2.5	3.0	4.0	5.0	7.0	10.0
260	5.7696										
273.15	5.4637										
280	5.3183										
300	4.9388	26.942	1305.9	1309.1	1312.2	1315.2	1318.1	1323.9	1329.4	1339.7	1354.0
320	4.6133	24.679	55.074	1230.4	1235.0	1239.4	1243.6	1251.7	1259.3	1273.3	1291.8
340	4.3303	22.852	49.582	82.808	1139.3	1146.7	1153.7	1166.6	1178.2	1198.5	1224.1
360	4.0813	21.325	45.439	73.586	108.27	156.28	1036.1	1059.9	1079.8	1111.8	1148.6
380	3.8602	20.018	42.120	66.968	95.643	130.11	174.72				
400	3.6625	18.880	39.358	61.814	86.786	115.09	148.02	239.45			
420	3.4843	17.876	37.002	57.604	79.975	104.51	131.74	197.70	289.45		
440	3.3230	16.982	34.954	54.055	74.455	96.362	120.04	174.05	240.11	425.07	
460	3.1761	16.178	33.149	50.999	69.830	89.759	110.92	157.60	211.33	345.47	

Table C-10-3-4 R12の定圧比熱 (Specific heat capacity at constant pressure of R12) c_p (kJ/(kg·K))

温度 T (K)	圧力 P (MPa)										
	0.1	0.5	1.0	1.5	2.0	2.5	3.0	4.0	5.0	7.0	10.0
260	0.5832										
273.15	0.5924										
280	0.5974										
300	0.6126	0.6738	0.968	0.965	0.962	0.959	0.956	0.951	0.947	0.941	0.934
320	0.6279	0.6701	0.7576	1.028	1.020	1.012	1.005	0.993	0.982	0.964	0.943
340	0.6429	0.6732	0.7288	0.8282	1.146	1.129	1.114	1.088	1.067	1.035	1.002
360	0.6573	0.6798	0.7180	0.7759	0.8767	1.119	1.343	1.287	1.248	1.195	1.146
380	0.6710	0.6881	0.7158	0.7538	0.8095	0.8996	1.075				
400	0.6839	0.6973	0.7181	0.7450	0.7808	0.8303	0.9031	1.235			
420	0.6961	0.7068	0.7229	0.7429	0.7679	0.7997	0.8411	0.9734	1.247		
440	0.7076	0.7163	0.7291	0.7445	0.7629	0.7852	0.8123	0.8870	1.003	1.389	
460	0.7183	0.7256	0.7360	0.7482	0.7624	0.7789	0.7981	0.8470	0.9134	1.107	

Table C-10-3-5 R12の比熱比 (Specific heat ratio of R12) κ

温度 T (K)	圧力 P (MPa)										
	0.1	0.5	1.0	1.5	2.0	2.5	3.0	4.0	5.0	7.0	10.0
260	1.160										
273.15	1.151										
280	1.148										
300	1.139	1.197	1.642	1.636	1.630	1.624	1.619	1.609	1.601	1.585	1.567
320	1.133	1.173	1.267	1.701	1.688	1.677	1.666	1.646	1.629	1.601	1.568
340	1.127	1.157	1.217	1.332	1.812	1.785	1.762	1.724	1.693	1.645	1.595
360	1.123	1.146	1.188	1.255	1.376	1.683					
380	1.119	1.138	1.170	1.214	1.281	1.391	1.613				
400	1.116	1.132	1.157	1.189	1.233	1.293	1.384	1.805			
420	1.113	1.127	1.147	1.172	1.204	1.243	1.295	1.462	1.807		
440	1.111	1.123	1.140	1.160	1.184	1.213	1.248	1.343	1.490	1.977	
460	1.109	1.119	1.134	1.151	1.170	1.192	1.218	1.282	1.368	1.615	

Table C-10-3-6 R12の粘性率 (Viscosity of R12) η (μPa·s)

温度 T (K)	圧力 P (MPa)										
	0.1	0.5	1.0	1.5	2.0	2.5	3.0	4.0	5.0	7.0	10.0
260	11.2	283	284	286	287	289	291	294	297	304	313
273.15	11.6			244	247	250	252	257	260	267	276
280	11.9			230	233	236	238	242	245	251	260
300	12.6	12.5		187	190	193	195	199	202	208	217
320	13.3	13.3	13.5		153	156	158	162	164	171	180
340	14.2	14.2	14.4	14.7	123	125	126	130	133	140	150
360	14.9	15.0	15.2	15.5	15.9	16.7	95	100	105	113	126
380	15.6	15.7	15.9	16.2	16.6	17.4	18.8	75.0	88.2	103	
400	16.2								60.1	81.5	
420	16.7								41.2	62.0	
440									34.0	48.0	
460									31.9	42.5	

Table C-10-3-7 R12の熱伝導率 (Thermal conductivity of R12) λ (mW/(m·K))

温度 T (K)	圧力 P (MPa)										
	0.1	0.5	1.0	1.5	2.0	2.5	3.0	4.0	5.0	7.0	10.0
260	8.11	80.1	80.3	80.6	80.9	81.1	81.4	81.9	82.4	83.5	85.0
273.15	8.76	75.8	76.0	76.3	76.6	76.9	77.2	77.7	78.2	79.3	80.8
280	9.10	73.6	73.9	74.2	74.4	74.7	75.0	75.6	76.1	77.2	78.8
300	10.1	10.4	67.8	68.1	68.4	68.7	69.0	69.6	70.1	71.3	72.9
320	11.1	11.4	11.9	62.5	63.1	63.4	64.0	64.6	65.8	67.5	
340	12.1	12.4	12.8	13.5	57.6	57.9	58.2	58.8	59.4	60.6	62.4
360	13.1	13.3	13.7	14.3	15.0	16.2	53.4	54.0	54.6	55.9	57.8
380	14.1	14.3	14.7	15.2	15.8	16.6	17.7				
400	15.1	15.3	15.6	16.0	16.6	17.2	18.0	20.7			
420	16.1	16.3	16.6	17.0	17.4	17.9	18.6	20.4	23.3		
440	17.1	17.3	17.6	17.9	18.3	18.8	19.3	20.7	22.7	29.4	
460	18.1	18.2	18.5	18.8	19.2	19.6	20.1	21.2	22.8	27.3	

Table C-10-3-8 R12の温度伝導率 (Thermal diffusivity of R12) a (mm²/s)

温度 T (K)	圧力 P (MPa)										
	0.1	0.5	1.0	1.5	2.0	2.5	3.0	4.0	5.0	7.0	10.0
260	2.41										
273.15	2.71										
280	2.86										
300	3.34	0.575	0.0537	0.0540	0.0542	0.0545	0.0548	0.0552	0.0557	0.0566	0.0577
320	3.83	0.689	0.286	0.0494	0.0499	0.0503	0.0507	0.0515	0.0522	0.0536	0.0554
340	4.34	0.804	0.355	0.197	0.0441	0.0447	0.0453	0.0463	0.0473	0.0489	0.0509
360	4.87	0.920	0.421	0.250	0.158	0.0929	0.0384	0.0396	0.0406	0.0421	0.0439
380	5.43	0.999	0.507	0.300	0.203	0.142	0.0945				
400	6.01	1.16	0.553	0.348	0.244	0.180	0.135	0.0699			
420	6.62	1.29	0.620	0.396	0.284	0.215	0.168	0.106	0.0647		
440	7.25	1.42	0.689	0.445	0.322	0.248	0.198	0.134	0.0942	0.0498	
460	7.91	1.55	0.759	0.494	0.361	0.281	0.227	0.162	0.118	0.0715	

Table C-10-3-9 R12のプラントル数 (Prandtl number of R12) Pr

温度 T (K)	圧力 P (MPa)										
	0.1	0.5	1.0	1.5	2.0	2.5	3.0	4.0	5.0	7.0	10.0
260	0.817										
273.15	0.787										
280	0.779										
300	0.764	0.809		2.65	2.67	2.69	2.70	2.72	2.73	2.75	2.78
320	0.756	0.784	0.855		2.48	2.50	2.50	2.50	2.50	2.51	2.52
340	0.753	0.772	0.816	0.904	2.44	2.43	2.41	2.41	2.41	2.41	2.41
360	0.751	0.764	0.794	0.842	0.927	1.15	2.39	2.39	2.40	2.41	2.50
380	0.746	0.786	0.746	0.806	0.854	0.943	1.14				
400	0.737										
420	0.724										

Table C-10-3-10 R12の常圧における熱物性値 (Thermophysical properties of R12 at 101.325 kPa)

温度 T (K)	密度 ρ (kg/m³)	定圧比熱 C_p (kJ/(kg·K))	比熱比 κ	粘性率 η (μPa·s)	動粘性率 ν (mm²/s)	熱伝導率 λ (mW/(m·K))	温度伝導率 a (mm²/s)	プラントル数 Pr
250	6.1132	0.5775	1.168	10.8	1.76	7.62	2.16	0.817
260	5.8485	0.5836	1.160	11.2	1.91	8.11	2.38	0.804
270	5.6090	0.5904	1.154	11.5	2.05	8.61	2.60	0.790
273.15	5.5380	0.5926	1.152	11.6	2.10	8.76	2.67	0.787
280	5.3905	0.5976	1.148	11.9	2.20	9.10	2.83	0.779
290	5.1902	0.6051	1.143	12.2	2.35	9.60	3.06	0.770
300	5.0055	0.6127	1.139	12.6	2.51	10.1	3.29	0.764
310	4.8344	0.6204	1.136	13.0	2.68	10.6	3.53	0.759
320	4.6754	0.6280	1.133	13.4	2.86	11.1	3.78	0.756
330	4.5271	0.6356	1.130	13.7	3.04	11.6	4.03	0.754
340	4.3884	0.6430	1.127	14.1	3.22	12.1	4.28	0.753
360	4.1360	0.6573	1.123	14.9	3.61	13.1	4.81	0.750
380	3.9118	0.6710	1.119	15.6	4.00	14.1	5.36	0.746
400	3.7114	0.6840	1.116	16.2	4.38	15.1	5.93	0.737
420	3.5308	0.6961	1.113	16.7	4.73	16.1	6.53	0.724

10.3 R12の熱物性値

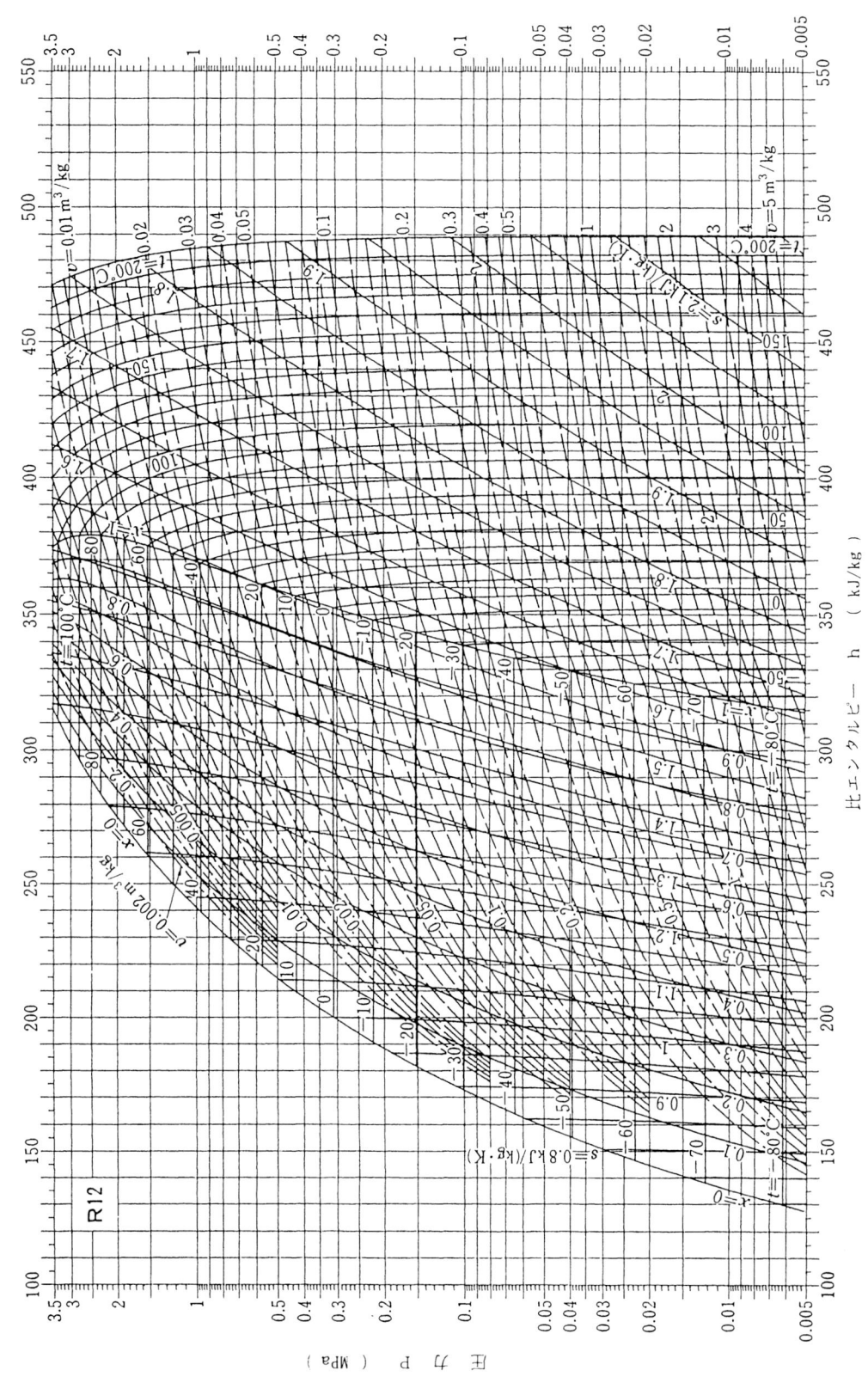

Fig. C-10-3-1 R12の$p-h$線図（$p-h$ diagram of R12）

10.4 R22の熱物性値 (Thermophysical Properties of R22)

R22（$CHClF_2$）の熱力学性質は Kamei らの相関式[1]に基づいて計算している．粘性率に関しては，Klein ら，Takahashi ら，および Diller らの報告[2]，熱伝導率に関しては，Assael & Karagiannidis, Donaldson, Makita ら，Yata らの報告[3]に基づいている．

計算には米国商務省標準・技術研究所（NIST）の Chemistry WebBook を使用した．URL は下記の通りである．

http://webbook.nist.gov/chemistry/fluid/
一部の計算には REFPROP の第7版を用いた．
http://www.nist.gov/data/nist23.htm

Table C-10-4-1 R22の飽和状態の熱力学性質 (Thermodynamic properties of R22 at saturation state)

温度 T (K)	飽和圧力 p (MPa)	密度 ρ' (kg/m³)	密度 ρ'' (kg/m³)	蒸発熱 γ (kJ/kg)	定圧比熱 Cp' (kJ/(kg·K))	定圧比熱 Cp'' (kJ/(kg·K))	定積比熱 Cv' (kJ/(kg·K))	定積比熱 Cv'' (kJ/(kg·K))	表面張力 σ (mN/m)
200	0.01667	1500	0.875	252.9	1.064	0.539	0.659	0.438	23.5
210	0.03122	1472	1.570	247.2	1.069	0.557	0.656	0.453	21.8
220	0.05473	1445	2.649	241.3	1.076	0.578	0.654	0.469	20.1
230	0.09069	1416	4.241	235.2	1.087	0.601	0.655	0.486	18.5
240	0.1432	1387	6.501	228.9	1.100	0.626	0.656	0.504	16.8
250	0.2169	1356	9.605	222.2	1.117	0.655	0.659	0.524	15.3
260	0.3169	1325	13.759	215.1	1.137	0.688	0.664	0.544	13.7
270	0.4489	1292	19.203	207.5	1.161	0.726	0.669	0.565	12.2
280	0.6187	1258	26.226	199.4	1.189	0.770	0.676	0.588	10.7
290	0.8325	1222	35.184	190.5	1.223	0.822	0.684	0.612	9.2
300	1.097	1183	46.539	180.9	1.265	0.885	0.693	0.637	7.8
320	1.806	1097	79.186	158.3	1.391	1.071	0.714	0.692	5.1
340	2.808	990	133.940	128.7	1.665	1.470	0.741	0.758	2.7

Table C-10-4-2 R22の飽和状態の熱物性 (Thermophysical properties of R22 at saturation state)

温度 T (K)	粘性率 η' (μPa·s)	粘性率 η'' (μPa·s)	動粘性率 ν' (mm²/s)	動粘性率 ν'' (mm²/s)	熱伝導率 λ' (mW/(m·K))	熱伝導率 λ'' (mW/(m·K))	熱拡散率 a' (mm²/s)	熱拡散率 a'' (mm²/s)	プラントル数 Pr'	プラントル数 Pr''
200	544.0	8.37	0.3627	9.561	129.1	5.54	0.0809	11.738	4.38	0.816
210	466.8	8.78	0.3170	5.593	124.1	5.98	0.0789	6.830	3.97	0.821
220	405.6	9.19	0.2808	3.472	119.3	6.44	0.0767	4.210	3.64	0.828
230	355.8	9.60	0.2513	2.264	114.5	6.93	0.0745	2.721	3.38	0.837
240	314.5	10.01	0.2268	1.539	109.8	7.44	0.0721	1.829	3.16	0.847
250	279.6	10.41	0.2062	1.084	105.2	7.99	0.0695	1.270	2.99	0.861
260	249.7	10.82	0.1884	0.786	100.7	8.57	0.0669	0.906	2.84	0.877
270	223.5	11.23	0.1730	0.585	96.2	9.20	0.0642	0.661	2.72	0.896
280	200.5	11.66	0.1594	0.445	91.7	9.88	0.0614	0.490	2.62	0.918
290	179.8	12.11	0.1472	0.344	87.2	10.64	0.0584	0.369	2.54	0.945
300	161.0	12.61	0.1361	0.271	82.6	11.51	0.0553	0.281	2.48	0.977
320	127.8	13.73	0.1165	0.175	73.4	13.71	0.0483	0.165	2.42	1.071
340	98.0	15.48	0.0989	0.117	63.6	17.58	0.0391	0.092	2.51	1.268

1) Kamei, A., Beyerlain, S. W., Jacobsen, R. T, Int. J. Thermophysics, Vol.16, (1995) 1155. 2) Klein, S. A., McLinden, M. O., Laesecke, A., Int. J. Refrig., Vol.20, (1997) 208 ; Takahashi, M., Takahashi, S., Iwasaki, H., Kagaku Kogaku Ronbunshu, Vol.9, (1983) 482 ; Diller, D. E., Aragon, A. S., Laesecke, A., Int. J. Refrig., Vol.16, (1993) 19. 3) Assael, M. J., Karagiannidis, E., Int. J. Thermophysics, Vol.14, (1993) 183 ; Donaldson, A. B., Ind. Eng. Chem., Vol.14, (1975) 325 ; Makita, T., Tanaka, Y., Morimoto, Y., Noguchi, M., Kubota, H., Int. J. Thermophysics, Vol.2, (1981) 249 ; Yata, J., Minamiyama, T., Tanaka, S., Int. J. Thermophysics, Vol.5, (1984) 209.

Table C-10-4-3 R22の密度（Density of R22） ρ (kg/m^3)

温度 T (K)	圧力 p (MPa)									
	0.05	0.1	0.5	1.0	1.5	2.0	2.5	3.0	4.0	5.0
220.00	2.415	1444.6	1445.4	1446.4	1447.4	1448.3	1449.3	1450.3	1452.2	1454.1
240.00	2.200	4.473	1387.5	1388.8	1390.0	1391.2	1392.4	1393.7	1396.0	1398.4
260.00	2.023	4.096	1325.5	1327.1	1328.7	1330.3	1331.9	1333.4	1336.5	1339.5
273.15	1.922	3.884	1281.5	1283.5	1285.5	1287.4	1289.3	1291.2	1294.8	1298.4
280.00	1.874	3.782	20.57	1259.5	1261.7	1263.9	1266.0	1268.1	1272.1	1276.1
300.00	1.746	3.516	18.73	41.43	1185.9	1189.1	1192.1	1195.1	1200.8	1206.2
320.00	1.634	3.287	17.27	37.14	61.11	1099.4	1104.4	1109.1	1118.1	1126.3
340.00	1.536	3.087	16.05	33.94	54.35	78.49	109.01	994.0	1012.2	1027.6
360.00	1.450	2.911	15.03	31.39	49.46	69.76	93.16	121.20	212.03	874.2
380.00	1.373	2.754	14.14	29.28	45.64	63.48	83.17	105.26	160.47	247.2
400.00	1.303	2.614	13.35	27.49	42.51	58.59	75.89	94.66	137.95	192.6

Table C-10-4-4 R22の定圧比熱（Specific heat capacity at constant pressure of R22） c_p (kJ/(kg·K))

温度 T (K)	圧力 p (MPa)									
	0.05	0.1	0.5	1.0	1.5	2.0	2.5	3.0	4.0	5.0
220.00	0.5756	1.076	1.076	1.075	1.074	1.073	1.072	1.071	1.069	1.068
240.00	0.5940	0.6103	1.099	1.098	1.096	1.095	1.094	1.092	1.090	1.087
260.00	0.6143	0.6256	1.136	1.134	1.132	1.129	1.127	1.125	1.121	1.118
273.15	0.6283	0.6374	1.169	1.166	1.163	1.160	1.157	1.154	1.149	1.144
280.00	0.6358	0.6439	0.7310	1.186	1.183	1.179	1.176	1.172	1.166	1.160
300.00	0.6577	0.6637	0.7229	0.8473	1.260	1.253	1.246	1.240	1.229	1.219
320.00	0.6796	0.6842	0.7272	0.8028	0.9299	1.384	1.368	1.354	1.329	1.307
340.00	0.7013	0.7049	0.7374	0.7894	0.8621	0.9752	1.188	1.641	1.544	1.478
360.00	0.7226	0.7255	0.7507	0.7899	0.8374	0.9020	0.9938	1.138	2.242	2.118
380.00	0.7433	0.7456	0.7658	0.7950	0.8301	0.8731	0.9273	0.9984	1.241	1.955
400.00	0.7633	0.7652	0.7817	0.8048	0.8315	0.8625	0.8993	0.9434	1.065	1.268

Table C-10-4-5 R22の定積比熱（Specific heat capacity at constant volume of R22） c_v (kJ/(kg·K))

温度 T (K)	圧力 p (MPa)									
	0.05	0.1	0.5	1.0	1.5	2.0	2.5	3.0	4.0	5.0
220.00	0.4682	0.6545	0.6547	0.6549	0.6552	0.6554	0.6557	0.6559	0.6564	0.6568
240.00	0.4899	0.4973	0.6563	0.6565	0.6567	0.6569	0.6571	0.6573	0.6577	0.6581
260.00	0.5125	0.5175	0.6636	0.6637	0.6638	0.6639	0.6641	0.6642	0.6645	0.6647
273.15	0.5275	0.5315	0.6711	0.6712	0.6712	0.6713	0.6714	0.6714	0.6716	0.6717
280.00	0.5353	0.5389	0.5737	0.6759	0.6759	0.6759	0.6759	0.6759	0.6760	0.6761
300.00	0.5582	0.5608	0.5842	0.6256	0.6924	0.6922	0.6920	0.6918	0.6915	0.6913
320.00	0.5808	0.5827	0.5993	0.6248	0.6600	0.7134	0.7127	0.7121	0.7110	0.7100
340.00	0.6030	0.6044	0.6166	0.6340	0.6550	0.6820	0.7207	0.7404	0.7365	0.7336
360.00	0.6247	0.6257	0.6348	0.6474	0.6615	0.6779	0.6975	0.7221	0.8152	0.7723
380.00	0.6456	0.6465	0.6534	0.6627	0.6729	0.6840	0.6964	0.7103	0.7455	0.8011
400.00	0.6658	0.6665	0.6719	0.6791	0.6866	0.6946	0.7032	0.7124	0.7332	0.7581

Table C-10-4-6 R22の粘性率（Viscosity of R22） η (μPa·s)

温度 T (K)	圧力 p (MPa)								
	0.1	0.5	1.0	1.5	2.0	2.5	3.0	4.0	5.0
240.00	10.05	315.5	316.8	318.2	319.5	320.9	322.2	324.9	327.6
260.00	10.95	250.1	251.4	252.7	254.0	255.3	256.5	259.0	261.5
273.15	11.53	216.0	217.3	218.6	219.8	221.1	222.4	224.9	227.3
280.00	11.84	11.69	201.5	202.8	204.1	205.3	206.6	209.1	211.6
300.00	12.71	12.64	12.60	162.2	163.6	165.0	166.4	169.0	171.7
320.00	13.57	13.55	13.56	13.59	128.5	130.2	131.8	135.0	138.0
340.00	14.42	14.43	14.49	14.61	14.68	15.07	98.92	103.5	107.5
360.00	15.26	15.29	15.38	15.52	15.73	15.83	16.27	18.45	75.26
380.00	16.08	16.14	16.24	16.39	16.60	16.88	17.00	18.13	20.71
400.00	16.88	16.96	17.08	17.25	17.45	17.71	18.04	18.62	20.03

Table C-10-4-7 R22の動粘性率 (Kinetic viscosity of R22) ν (mm^2/s)

温度 T (K)	圧力 p (MPa)								
	0.1	0.5	1.0	1.5	2.0	2.5	3.0	4.0	5.0
240.00	2.246	0.227	0.228	0.229	0.230	0.230	0.231	0.233	0.234
260.00	2.673	0.189	0.189	0.190	0.191	0.192	0.192	0.194	0.195
273.15	2.970	0.169	0.169	0.170	0.171	0.171	0.172	0.174	0.175
280.00	3.129	0.568	0.160	0.161	0.161	0.162	0.163	0.164	0.166
300.00	3.615	0.675	0.304	0.137	0.138	0.138	0.139	0.141	0.142
320.00	4.129	0.784	0.365	0.224	0.117	0.118	0.119	0.121	0.122
340.00	4.672	0.899	0.427	0.269	0.189	0.140	0.100	0.102	0.105
360.00	5.242	1.018	0.490	0.314	0.226	0.172	0.137	0.089	0.086
380.00	5.838	1.142	0.555	0.359	0.262	0.203	0.164	0.115	0.086
400.00	6.460	1.270	0.622	0.406	0.298	0.233	0.191	0.137	0.106

Table C-10-4-8 R22の熱伝導率 (Thermal conductivity of R22) λ (mW/(m·K))

温度 T (K)	圧力 p (MPa)								
	0.1	0.5	1.0	1.5	2.0	2.5	3.0	4.0	5.0
240.00	7.42	110.0	110.2	110.4	110.6	110.8	111.0	111.4	111.9
260.00	8.44	100.8	101.0	101.3	101.6	101.8	102.1	102.6	103.1
273.15	9.15	94.7	95.0	95.3	95.6	95.9	96.2	96.8	97.3
280.00	9.53	9.77	91.9	92.2	92.6	92.9	93.2	93.8	94.4
300.00	10.7	10.9	11.4	83.0	83.4	83.8	84.2	85.0	85.7
320.00	11.9	12.1	12.4	13.0	73.6	74.2	74.8	75.8	76.9
340.00	13.2	13.3	13.6	14.0	14.7	16.0	64.0	65.7	67.3
360.00	14.5	14.7	14.9	15.2	15.7	16.3	17.4	23.9	55.5
380.00	15.9	16.1	16.3	16.5	16.9	17.4	17.9	20.1	25.6
400.00	17.4	17.5	17.7	17.9	18.2	18.6	19.0	20.2	22.5

Table C-10-4-9 R22の熱拡散率 (Thermal diffusivity of R22) a (mm^2/s)

温度 T (K)	圧力 p (MPa)								
	0.1	0.5	1.0	1.5	2.0	2.5	3.0	4.0	5.0
240.00	2.72	0.0721	0.0723	0.0724	0.0726	0.0728	0.0729	0.0733	0.0736
260.00	3.29	0.0669	0.0671	0.0674	0.0676	0.0678	0.0680	0.0684	0.0688
273.15	3.70	0.0632	0.0635	0.0638	0.0640	0.0643	0.0646	0.0650	0.0655
280.00	3.91	0.650	0.0615	0.0618	0.0621	0.0624	0.0627	0.0632	0.0637
300.00	4.58	0.804	0.324	0.0556	0.0560	0.0564	0.0568	0.0576	0.0583
320.00	5.30	0.962	0.417	0.229	0.0484	0.0491	0.0498	0.0511	0.0522
340.00	6.07	1.13	0.508	0.300	0.192	0.124	0.0392	0.0420	0.0443
360.00	6.89	1.30	0.602	0.368	0.250	0.176	0.126	0.0503	0.0300
380.00	7.76	1.48	0.699	0.436	0.305	0.225	0.171	0.101	0.0529
400.00	8.69	1.68	0.799	0.507	0.360	0.272	0.213	0.138	0.0921

Table C-10-4-10 R22のプラントル数 (Prandtl number of R22) Pr

温度 T (K)	圧力 p (MPa)								
	0.1	0.5	1.0	1.5	2.0	2.5	3.0	4.0	5.0
240.00	0.830	3.17	3.17	3.17	3.18	3.18	3.19	3.20	3.21
260.00	0.813	2.84	2.85	2.85	2.85	2.86	2.86	2.87	2.87
273.15	0.805	2.69	2.69	2.69	2.70	2.70	2.70	2.70	2.71
280.00	0.801	0.883	2.63	2.63	2.63	2.63	2.63	2.63	2.64
300.00	0.791	0.844	0.948	2.48	2.48	2.48	2.47	2.47	2.47
320.00	0.781	0.820	0.882	0.978	2.41	2.40	2.39	2.37	2.36
340.00	0.771	0.801	0.844	0.902	0.983	1.11	2.49	2.40	2.35
360.00	0.762	0.786	0.818	0.858	0.908	0.974	1.07	1.65	2.73
380.00	0.753	0.772	0.799	0.827	0.862	0.904	0.955	1.11	1.51
400.00	0.744	0.760	0.782	0.806	0.829	0.859	0.893	0.980	1.11

10.5 R13B1の熱物性値
(Thermophysical Properties of R13B1)

R13B1($CBrF_3$)の過熱蒸気域および飽和状態における密度,飽和圧力,蒸発熱,定圧比熱,比熱比および表面張力は,文献[1]所載の状態式および各相関式によって計算した.これら熱力学性質の推定精度は,1%以下である.粘性率は,過熱蒸気域および飽和状態においては文献[1]の相関式によって,また液体域においては文献[2]によってそれぞれ求めた.熱伝導率は,文献[1]の表の値から図式的に求めた.粘性率および熱伝導率の推定精度は,ともに5～10%である.温度伝導率およびプラントル数は計算によって求めた.

Table C-10-5-1 飽和状態のR13B1の熱力学性質 (Thermodynamic properties of R13B1 at saturated states)

温度 T (K)	飽和圧力 P_s (MPa)	密度 ρ' (kg/m³)	密度 ρ'' (kg/m³)	蒸発熱 r (kJ/kg)	定圧比熱 C_p' (kJ/(kg·K))	定圧比熱 C_p'' (kJ/(kg·K))	比熱比 κ'	比熱比 κ''	表面張力 σ (mN/m)
210	0.077883	2015.6	6.9102	119.04	0.659	0.4355	1.201		15.55
215.37	0.101325	1992.3	8.8266	117.22	0.668	0.4463	1.204		14.75
220	0.12567	1971.8	10.788	115.64	0.676	0.4557	1.206		14.06
230	0.19348	1926.4	16.148	112.17	0.694	0.4764	1.213		12.60
240	0.28623	1879.0	23.348	108.57	0.711	0.4977	1.224		11.18
250	0.40922	1829.3	32.809	104.75	0.730	0.5203	1.238		9.79
260	0.56814	1776.9	45.046	100.62	0.751	0.5448	1.257		8.44
270	0.76898	1721.2	60.717	96.03	0.775	0.5729	1.284		7.14
273.15	0.84191	1702.8	66.497	94.48	0.783	0.5827	1.295		6.73
280	1.0180	1661.3	80.700	90.87	0.804	0.6068	1.323		5.88
290	1.3217	1596.1	106.25	84.94	0.842	0.6511	1.381		4.67
300	1.6872	1523.9	139.29	78.02	0.891	0.7151	1.475		3.53
310	2.1219	1440.8	183.17	69.77	0.955	0.8206	1.643		2.46
320	2.6350	1340.8	244.26	59.46		1.037	2.004		1.48
330	3.2389	1205.7	342.62	45.16		1.730	3.183		0.62
340.08	3.9628	764.	764.	0.					0.

Table C-10-5-2 飽和状態のR13B1の輸送性質 (Transport properties of R13B1 at saturated states)

温度 T (K)	粘性率 η' (μPa·s)	粘性率 η'' (μPa·s)	動粘性率 ν' (mm²/s)	動粘性率 ν'' (mm²/s)	熱伝導率 λ' (mW/(m·K))	熱伝導率 λ'' (mW/(m·K))	温度伝導率 a' (mm²/s)	温度伝導率 a'' (mm²/s)	プラントル数 Pr'	プラントル数 Pr''
210	453		0.225		78.93	5.18	0.0594	1.72	3.780	
215.37	423		0.212		77.20	5.46	0.0580	1.39	3.656	
220	398		0.202		75.71	5.70	0.0568	1.16	3.554	
230	350		0.182		72.54	6.23	0.0543	0.810	3.350	
240	309		0.164		69.40	6.77	0.0519	0.583	3.165	
250	272		0.149		66.33	7.33	0.0496	0.430	2.999	
260	240		0.135		63.24	7.93	0.0474	0.323	2.854	
270	213		0.124		60.21	8.60	0.0452	0.247	2.734	
273.15	205	14.35	0.120	0.2158	59.27	8.84	0.0444	0.228	2.702	0.946
280	188	14.80	0.113	0.1834	57.22	9.40	0.0428	0.192	2.643	0.955
290	167	15.54	0.104	0.1463	54.27	10.44	0.0404	0.151	2.585	0.970
300	148	16.45	0.097	0.1181	51.36	11.88	0.0378	0.119	2.564	0.990
310	131	17.64	0.091	0.0963	48.48	14.02	0.0352	0.093	2.586	1.033
320	117	19.37	0.087	0.0792	45.64	17.34		0.068		1.158
330	104	22.44	0.086	0.0655		22.62		0.038		1.716

Table C-10-5-3 R13B1の密度 (Density of R13B1) ρ (kg/m³)

温度 T (K)	圧力 P (MPa) 0.1	0.5	1.0	1.5	2.0	2.5	3.0	4.0	5.0	7.0	10.0
220	8.4855										
240	7.6781										
260	7.0337	38.842									
280	6.4996	34.941	78.851								
300	6.0461	31.959	69.570	116.99							
320	5.6547	29.548	62.962	102.08	150.50	218.56					
340	5.3125	27.530	57.876	91.927	131.12	178.04	238.20				
360	5.0103	25.803	53.717	84.227	118.01	156.06	199.90	317.00	531.13	1060.8	
380	4.7414	24.299	50.221	78.043	108.12	140.90	176.97	262.38	374.14	712.05	1061.2
400	4.5003	22.974	47.219	72.896	100.20	129.35	160.61	230.76	313.59	527.36	865.90
440	4.0856	20.738	42.284	64.693	88.024	112.34	137.69	191.74	250.55	382.77	603.85

1) 日本冷凍協会編:冷媒熱物性値表(R13B1蒸気表)(1989). 2) 日本機械学会編:技術資料 流体熱物性値表(1983).

Table C-10-5-4　R13B1の定圧比熱（Specific heat capacity at constant pressure of R13B1）　c_p（kJ/(kg·K)）

温度 T (K)	圧力 P (MPa)										
	0.1	0.5	1.0	1.5	2.0	2.5	3.0	4.0	5.0	7.0	10.0
220	0.4428										
240	0.4414										
260	0.4490	0.5269									
280	0.4602	0.5064	0.6018								
300	0.4727	0.5025	0.5556	0.6509							
320	0.4856	0.5061	0.5397	0.5892	0.6753	0.8919					
340	0.4983	0.5132	0.5362	0.5669	0.6107	0.6803	0.8125				
360	0.5106	0.5218	0.5386	0.5596	0.5867	0.6233	0.6754	0.8891	1.650	1.308	
380	0.5224	0.5312	0.5440	0.5593	0.5779	0.6010	0.6303	0.7179	0.8744	1.316	1.025
400	0.5336	0.5407	0.5508	0.5625	0.5762	0.5923	0.6115	0.6618	0.7336	0.9429	1.012
440	0.5541	0.5591	0.5660	0.5736	0.5821	0.5915	0.6019	0.6262	0.6553	0.7266	0.8253

Table C-10-5-5　R13B1の粘性率（Viscosity of R13B1）　η（μPa·s）

温度 T (K)	圧力 P (MPa)										
	0.1	0.5	1.0	1.5	2.0	2.5	3.0	4.0	5.0	7.0	10.0
220											
240											
260											
280	14.55	14.60	14.79								
300	15.53	15.61	15.81	16.21	136.0	138.2	140.4	144.5	149.4	157.0	168.2
320	16.50	16.61	16.82	17.16	17.74	18.86	103.4	108.1	114.5	124.6	137.2
340	17.46	17.58	17.80	18.12	18.60	19.31	20.45			94	109.1
360	18.41	18.54	18.77	19.08	19.49	20.06	20.83	23.56	31.08		
380	19.35	19.49	19.72	20.02	20.40	20.88	21.50	23.31	26.41		
400	20.28	20.43	20.66	20.94	21.29	21.72	22.25	23.66	25.73	33.05	
440	22.11	22.26	22.48	22.75	23.06	23.42	23.83	24.85	26.16	29.82	

Table C-10-5-6　R13B1の熱伝導率（Thermal conductivity of R13B1）　λ（mW/(m·K)）

温度 T (K)	圧力 P (MPa)										
	0.1	0.5	1.0	1.5	2.0	2.5	3.0	4.0	5.0	7.0	10.0
220	5.70	75.8	75.9	76.1	76.2	76.4	76.5	76.8	77.1	77.6	78.4
240	6.74	69.5	69.6	69.7	69.9	70.0	70.2	70.4	70.7	71.2	72.0
260	7.78	7.9	63.4	63.5	63.7	63.8	64.0	64.3	64.6	65.1	66.0
280	8.83	9.0	9.4	57.3	57.5	57.7	57.9	58.3	58.7	59.4	60.6
300	9.87	10.0	10.6	11.5	51.5	51.8	52.1	52.7	53.2	54.3	56.0
320	10.90	11.0	11.4	12.0	13.0	15.6	45.9	46.7	47.5		51.1
340	11.95	12.1	12.3	12.6	13.2	14.2	16.3	40.1	41.6		47.2
360	13.00	13.1	13.2	13.5	14.0	14.5	15.4	19.6	32.7		43.9
380	14.04	14.1	14.2	14.4	14.8	15.3	16.0	17.8	21.3		41.6
400	15.08	15.1	15.2	15.4	15.6	16.1	16.7	17.8	20.2		39.0
440	17.1	17.2	17.3	17.4	17.6	17.9	18.3	19.2			

Table C-10-5-7　R13B1の常圧における熱物性値（Thermodynamic properties of R13B1 at 101.325 kPa）

温度 T (K)	密度 ρ (kg/m³)	定圧比熱 C_p (kJ/(kg·K))	比熱比 κ	粘性率 η (μPa·s)	動粘性率 ν (mm²/s)	熱伝導率 λ mW/(m·K)	温度伝導率 a (mm²/s)	プラントル数 Pr
220	8.603	0.4435	1.197					
230	8.167	0.4409	1.184					
240	7.783	0.4418	1.175					
250	7.439	0.4448	1.167					
260	7.129	0.4492	1.161					
270	6.846	0.4545	1.155			8.31	2.67	
273.15	6.762	0.4563	1.154	14.23	2.104	8.47	2.75	0.766
280	6.587	0.4603	1.151	14.57	2.211	8.83	2.91	0.760
290	6.348	0.4665	1.147	15.06	2.372	9.35	3.16	0.751
300	6.127	0.4728	1.143	15.55	2.538	9.87	3.41	0.745
310	5.922	0.4792	1.140	16.04	2.708	10.39	3.66	0.740
320	5.730	0.4857	1.137	16.52	2.883	10.91	3.92	0.735
330	5.551	0.4921	1.134	17.01	3.064	11.43	4.19	0.732
340	5.384	0.4984	1.131	17.49	3.249	11.95	4.46	0.729
350	5.226	0.5046	1.129	17.97	3.439	12.48	4.73	0.727
360	5.077	0.5107	1.127	18.45	3.633	13.00	5.01	0.725
370	4.937	0.5166	1.125	18.92	3.833	13.52	5.30	0.723
380	4.805	0.5224	1.123	19.40	4.037	14.04	5.59	0.722
390	4.679	0.5281	1.121	19.87	4.247	14.56	5.89	0.721
400	4.560	0.5336	1.120	20.34	4.461	15.08	6.20	0.720
440	4.140	0.5541	1.114	22.20	5.363	17.17	7.48	0.717

10.6 R32の熱物性値
(Thermophysical Properties of R32)

10.6.1 R32の熱力学性質
(Thermodynamic Properties of R32)

Table C-10-6-1 に R32 (CH_2F_2) の飽和状態の熱力学性質を示す．これらの値は文献[1,2]所載の状態式に基づく．ただし，臨界定数は文献[3]，表面張力は文献[4]による．

Table C-10-6-1 飽和状態のR32の熱力学性質 (Thermodynamic properties of R32 at saturated states)

温度 Temperature	飽和圧力 Saturated pressure	密度 Density		蒸発熱 Heat of vaporization	定圧比熱 Specific heat capacity at constant pressure		比熱比 Specific heat ratio		表面張力 Surface tension
T (K)	P_s (kPa)	ρ' (kg/m³)	ρ'' (kg/m³)	r (kJ/kg)	c_p' (kJ/(kg·K))	c_p'' (kJ/(kg·K))	κ'	κ''	σ (mN/m)
136.34	0.05	1429.3	0.0022	463.38	1.593	0.660	1.494	1.321	
140	0.08	1420.4	0.0037	459.96	1.588	0.662	1.502	1.319	
145	0.17	1408.2	0.0073	455.32	1.581	0.666	1.513	1.318	
150	0.32	1396.0	0.0136	450.71	1.576	0.671	1.524	1.316	
155	0.59	1383.8	0.0240	446.12	1.571	0.676	1.535	1.315	
160	1.04	1371.6	0.0408	441.54	1.567	0.682	1.546	1.313	
165	1.75	1359.2	0.0667	436.96	1.564	0.689	1.556	1.312	
170	2.85	1346.9	0.1055	432.38	1.561	0.697	1.567	1.311	
175	4.50	1334.4	0.1616	427.77	1.560	0.707	1.578	1.310	
180	6.88	1321.9	0.2408	423.14	1.559	0.718	1.589	1.310	
185	10.25	1309.2	0.3499	418.46	1.559	0.730	1.600	1.310	
190	14.90	1296.5	0.4969	413.72	1.560	0.744	1.612	1.310	
195	21.20	1283.6	0.6908	408.92	1.561	0.760	1.623	1.311	
200	29.55	1270.6	0.9422	404.04	1.564	0.778	1.635	1.313	
205	40.42	1257.5	1.2630	399.07	1.568	0.798	1.646	1.315	
210	54.34	1244.2	1.6662	393.99	1.572	0.819	1.658	1.318	
215	71.93	1230.7	2.1664	388.80	1.578	0.842	1.670	1.321	
220	93.82	1217.1	2.7796	383.48	1.585	0.867	1.683	1.326	
221.50	101.325	1212.9	2.9879	381.86	1.587	0.875	1.687	1.328	
225	120.74	1203.2	3.5231	378.02	1.593	0.893	1.696	1.332	
230	153.45	1189.1	4.4163	372.41	1.601	0.922	1.709	1.338	
235	192.80	1174.8	5.4799	366.63	1.612	0.951	1.723	1.346	
240	239.65	1160.3	6.7367	360.68	1.623	0.983	1.737	1.356	
245	294.95	1145.4	8.2119	354.53	1.636	1.016	1.753	1.367	
250	359.67	1130.3	9.9330	348.16	1.651	1.051	1.769	1.380	
255	434.86	1114.8	11.931	341.56	1.667	1.089	1.786	1.394	
260	521.57	1098.9	14.239	334.71	1.685	1.129	1.804	1.411	
265	620.95	1082.7	16.896	327.58	1.706	1.172	1.823	1.431	
270	734.15	1066.0	19.946	320.15	1.729	1.219	1.845	1.454	11.5
273.15	813.10	1055.3	22.091	315.30	1.745	1.251	1.859	1.470	11.0
275	862.38	1048.8	23.438	312.38	1.755	1.271	1.868	1.480	10.7
280	1006.9	1031.1	27.430	304.25	1.785	1.328	1.894	1.511	9.8
285	1169.0	1012.8	31.990	295.71	1.819	1.391	1.924	1.548	8.9
290	1350.1	993.77	37.199	286.71	1.858	1.463	1.957	1.591	8.1
295	1551.6	973.95	43.152	277.19	1.904	1.546	1.995	1.642	7.3
300	1774.9	953.22	49.971	267.10	1.958	1.642	2.040	1.704	6.5
305	2021.6	931.42	57.804	256.34	2.023	1.757	2.093	1.781	5.7
310	2293.4	908.35	66.843	244.82	2.103	1.896	2.158	1.876	4.9
315	2592.0	883.73	77.343	232.37	2.203	2.071	2.239	1.997	4.2
320	2919.4	857.19	89.651	218.83	2.334	2.297	2.345	2.157	3.5
325	3277.5	828.20	104.27	203.92	2.511	2.603	2.487	2.377	2.8
330	3668.6	795.92	121.96	187.23	2.769	3.044	2.693	2.698	2.2
335	4095.5	758.98	143.99	168.09	3.177	3.743	3.018	3.208	1.5
340	4561.4	714.82	172.78	145.25	3.932	5.036	3.615	4.152	1.0
345	5070.6	657.44	214.22	115.72	5.837	8.310	5.103	6.522	0.5
350	5631.1	558.32	297.40	65.128					0.1
351.255	5780	424	424	0					0

10.6.2 R32の輸送性質
(Transport Properties of R32)

(a) 粘性率

R32は塩素を含まないフルオロカーボン系冷媒であり，これを成分物質とするR407Cや，R410A，R410Bなどの混合冷媒が現在広く使用されている．このため，R32の粘性率は広い範囲で測定されているが，その情報源は限られており，まだ十分とはいえない．本節では現在入手可能な実測値情報を用いて整理された相関式により，飽和液体，飽和蒸気，および常圧蒸気について粘性率を示した．

Table C-10-6-2にR32の飽和液体[5]，飽和蒸気[6]，および常圧蒸気[6]の粘性率を示す．表中の不確かさはそれぞれの文献に示されているもので，実測値の測定不確かさと相関式の再現性より決められている．

Table C-10-6-2 R32の粘性率 (Viscosity of R32)

温度 Temperature T (K)	飽和液体 Saturated Liquid η' (μPa·s)	飽和蒸気 Saturated Vapor η'' (μPa·s)	温度 Temperature T (K)	常圧蒸気 Vapor at 101.325 kPa η_1 (μPa·s)
220		9.4	230	9.79
225	263	9.6	240	10.2
230	248	9.8	250	10.6
235	234	10.0	260	11.0
240	221	10.2	270	11.5
245	209	10.4	280	11.9
250	198	10.6	290	12.3
255	187	10.8	300	12.7
260	177	11.0	310	13.1
265	168	11.2	320	13.5
270	159	11.4	330	14.0
275	150	11.6	340	14.4
280	142	11.8	350	14.8
285	134	12.0	360	15.2
290	127	12.2	370	15.6
295	120	12.4	380	16.0
300	113	12.7	390	16.5
305	106	13.0	400	16.9
310	99.8	13.3	410	17.3
315	93.5	13.6	420	17.7
320	87.4	14.0		
325	81.5	14.5		
330	75.7	15.1		
335	70.0	15.8		
340	64.6	16.8		
345	59.4	18.4		
350	54.4			
不確かさ Uncertainty	4%	5%	不確かさ Uncertainty	5%

(b) 熱伝導率

Table C-10-6-3 に R32 の広い領域の熱伝導率を示す．また Table C-10-6-4 に R32 の飽和液体および飽和蒸気の熱伝導率を示す．これらの表の値は，文献[7] の式により計算した．表の値の不確かさは，液相で3%，気相で5%と評価されている．

Table C-10-6-3 R32の熱伝導率 (Thermal conductivity of R32) (mW/(m·K))

温度 Temperature T (K)	圧力 Pressure p (MPa)									
	0.1	0.2	0.5	1.0	2.0	5.0	10.0	20.0	30.0	50.0
220	187.2	187.2	187.4	187.7	188.1	189.6	191.9	196.2	200.1	207.0
230	7.70	179.9	180.0	180.3	180.9	182.5	185.0	189.7	194.0	201.5
240	8.36	8.46	172.5	172.9	173.5	175.3	178.1	183.2	187.9	195.9
250	9.04	9.13	164.9	165.3	166.0	168.0	171.1	176.7	181.7	190.4
260	9.75	9.83	10.14	157.6	158.3	160.6	164.0	170.2	175.7	184.9
270	10.47	10.55	10.83	149.7	150.6	153.1	157.0	163.7	169.6	179.5
280	11.21	11.29	11.56	12.16	142.6	145.5	149.8	157.3	163.6	174.2
290	11.98	12.05	12.30	12.85	134.3	137.7	142.6	150.8	157.7	169.0
300	12.76	12.83	13.07	13.57	125.7	129.7	135.3	144.5	151.9	163.8
310	13.57	13.63	13.86	14.33	15.84	121.4	128.0	138.1	146.1	158.8
320	14.39	14.46	14.67	15.11	16.44	112.5	120.5	131.8	140.5	154.0
330	15.24	15.30	15.51	15.92	17.12	102.7	112.7	125.6	135.0	149.2
340	16.10	16.16	16.36	16.76	17.85	90.6	104.6	119.5	129.7	144.6
350	17.10	17.29	17.91	17.62	18.63	27.76	96.0	113.4	124.4	140.2
360	17.90	17.95	18.14	18.50	19.44	26.10	86.4	107.5	119.4	136.0
370	18.82	18.88	19.06	19.40	20.29	25.79	75.3	101.6	114.5	131.9
380	19.77	19.83	20.00	20.33	21.17	25.94	62.2	95.8	109.9	128.1
390	20.74	20.79	20.96	21.28	22.07	26.32	50.9	90.3	105.4	124.4
400	21.73	21.78	21.94	22.25	23.00	26.86	44.82	84.9	101.2	120.9

Table C-10-6-4 飽和状態の R32 の熱伝導率 (Thermal conductivity of R32 at saturated states)

温度 Temperature T (K)	熱伝導率 Thermal conductivity		温度 Temperature T (K)	熱伝導率 Thermal conductivity	
	λ' (mW/(m·K))	λ'' (mW/(m·K))		λ' (mW/(m·K))	λ'' (mW/(m·K))
220	187.2	7.05	300	125.4	14.81
225	183.5	7.40	305	121.2	15.64
230	179.8	7.75	310	117.0	16.57
235	176.1	8.12	315	112.6	17.62
240	172.4	8.50	320	108.2	18.85
245	168.6	8.89	325	103.6	20.31
250	164.8	9.30	330	98.8	22.11
255	161.0	9.72	335	93.8	24.47
260	157.2	10.16	340	88.5	27.91
265	153.3	10.62	345	83.3	34.41
270	149.4	11.11	346	82.5	36.77
275	145.5	11.62	347	82.0	40.03
280	141.6	12.17	348	82.2	45.00
285	137.6	12.75	349	84.4	53.8
290	133.6	13.38	350	94.6	74.5
295	129.5	14.06			

1) Tillner-Roth, R., Li, J., Yokozeki, A., Sato, H. and Watanabe, K.: HFC系純粋および混合冷媒の熱力学的性質, 日本冷凍空調学会 (1997). 2) Tillner-Roth, R. and Yokozeki, A.: J. Phys. Chem. Ref. Data, 25, 3 (1997) 1273-1328. 3) 佐藤春樹, 他11名: 日本冷凍空調学会論文集, 18, 3 (2001) 203-216. 4) Okada, M. and Higashi, Y.: Int. J. Thermophysics, 16, 3 (1995) 791-800. 5) 日本冷凍空調学会冷媒物性分科会: JSRAE Thermodynamic Tables, Vol.1, ver.2, JSRAE (2004) 64-82. 6) 田中嘉之: 私信 (1998). 7) Yata, J., Ueda, Y., and Hori, M., Int. J. Thermophysics, Vol.26-5 (2005), pp.1423-1435.

10.7 R125の熱物性値
(Thermophysical Properties of R125)

10.7.1 R125の熱力学性質
(Thermodynamic Properties of R125)

Table C-10-7-1に飽和状態のR125(CHF_3CF_3)の熱力学性質を示す.これらの値は文献[1]所載の状態式による.ただし,臨界定数の値は文献[2],表面張力の値は文献[3]による.

Table C-10-7-1 飽和状態のR125の熱力学性質 (Thermodynamic properties of R125 at saturated states)

温度 Temperature T (K)	飽和圧力 Saturated pressure P_s (kPa)	密度 Density ρ' (kg/m³)	ρ'' (kg/m³)	蒸発熱 Heat of vaporization r (kJ/kg)	定圧比熱 Specific heat capacity at constant pressure c_p' (kJ/(kg·K))	c_p'' (kJ/(kg·K))	比熱比 Specific heat ratio κ'	κ''	表面張力 Surface tension σ (mN/m)
172.52	2.91	1690.7	0.2446	190.26	1.035	0.569	1.527	1.142	
175	3.65	1682.7	0.3024	189.07	1.037	0.574	1.526	1.141	
180	5.63	1666.5	0.4538	186.68	1.042	0.585	1.524	1.139	
185	8.44	1650.2	0.6630	184.29	1.047	0.596	1.523	1.138	
190	12.33	1633.8	0.9456	181.89	1.054	0.607	1.522	1.137	
195	17.60	1617.3	1.3192	179.47	1.061	0.619	1.521	1.136	
200	24.60	1600.5	1.8040	177.02	1.069	0.631	1.521	1.136	
205	33.73	1583.7	2.4226	174.54	1.077	0.643	1.521	1.136	
210	45.42	1566.6	3.1999	172.02	1.085	0.656	1.521	1.137	
215	60.16	1549.2	4.1633	169.45	1.095	0.669	1.522	1.138	
220	78.51	1531.7	5.3427	166.83	1.104	0.683	1.523	1.140	
225	101.02	1513.8	6.7707	164.14	1.115	0.697	1.525	1.143	
225.06	101.325	1513.6	6.7900	164.10	1.115	0.697	1.525	1.143	
230	128.33	1495.6	8.4830	161.38	1.125	0.712	1.527	1.146	
235	161.11	1477.1	10.518	158.53	1.137	0.727	1.529	1.149	
240	200.04	1458.2	12.918	155.60	1.149	0.744	1.532	1.154	
245	245.86	1438.9	15.730	152.58	1.161	0.761	1.536	1.159	
250	299.34	1419.2	19.005	149.44	1.175	0.779	1.541	1.166	
255	361.28	1398.9	22.800	146.19	1.190	0.799	1.546	1.173	
260	432.50	1378.0	27.179	142.80	1.205	0.819	1.553	1.182	
265	513.85	1356.5	32.217	139.28	1.223	0.841	1.561	1.193	
270	606.24	1334.3	38.000	135.58	1.242	0.864	1.571	1.206	7.3
273.15	670.52	1319.8	42.070	133.16	1.255	0.880	1.579	1.215	6.9
275	710.58	1311.2	44.628	131.70	1.263	0.890	1.584	1.221	6.7
280	827.82	1287.2	52.221	127.60	1.286	0.919	1.598	1.241	6.0
285	958.96	1262.0	60.924	123.26	1.313	0.952	1.617	1.265	5.4
290	1105.0	1235.7	70.914	118.64	1.344	0.993	1.639	1.295	4.8
295	1267.1	1207.8	82.413	113.70	1.381	1.043	1.667	1.333	4.2
300	1446.3	1178.2	95.707	108.38	1.425	1.104	1.703	1.382	3.6
305	1643.8	1146.3	111.18	102.62	1.479	1.183	1.748	1.446	3.1
310	1861.0	1111.8	129.35	96.324	1.549	1.287	1.810	1.533	2.5
315	2099.2	1073.9	151.00	89.356	1.644	1.431	1.895	1.657	2.0
320	2360.0	1031.3	177.36	81.495	1.783	1.644	2.024	1.847	1.5
325	2645.4	981.81	210.60	72.357	2.010	1.999	2.240	2.173	1.0
330	2957.9	921.09	255.28	61.135	2.468	2.737	2.683	2.861	0.6
335	3301.3	835.73	325.07	45.454	4.013	5.261	4.187	5.226	0.2
339.165	3616	568	568	0					0

10.7.2 R125の輸送性質
(Transport Properties of R125)

(a) 粘性率

R125は塩素を含まないフルオロカーボン系冷媒であり，これを成分物質とするR404Aや，R407C，R410A，R410B，R507Aなどの混合冷媒が現在広く使用されている．このため，R125の粘性率は広い範囲で測定されているが，その情報源は限られており，まだ十分とはいえない．本節では現在入手可能な実測値情報を用いて整理された相関式により，飽和液体，飽和蒸気，および常圧蒸気について粘性率を示した．

Table C-10-7-2にR125の飽和液体[4]，飽和蒸気[4]，および常圧蒸気[5]の粘性率を示す．表中の不確かさはそれぞれの文献に示されているもので，実測値の測定不確かさと相関式の再現性より決められている．

Table C-10-7-2 R125の粘性率 (Viscosity of R125)

温度 Temperature T (K)	飽和液体 Saturated Liquid η' (μPa·s)	飽和蒸気 Saturated Vapor η'' (μPa·s)	温度 Temperature T (K)	常圧蒸気 Vapor at 101.325 kPa η_1 (μPa·s)
200	641		290	12.7
205	585		295	12.9
210	534		300	13.1
215	489		305	13.3
220	448		310	13.5
225	412	9.97	315	13.7
230	379	10.1	320	13.9
235	350	10.3	325	14.1
240	324	10.5	330	14.3
245	300	10.7	335	14.5
250	279	10.9	340	14.7
255	259	11.0	345	14.9
260	241	11.2	350	15.1
265	225	11.4	355	15.3
270	210	11.6	360	15.5
275	196	11.8	365	15.7
280	183	12.0	370	15.9
285	171	12.3	375	16.1
290	159	12.5	380	16.3
295	148	12.8	385	16.5
300	138	13.1	390	16.7
305	128	13.5	395	16.9
310	118	13.9	400	17.1
315	110	14.5	405	17.3
320	102	15.2	410	17.5
325		16.2	415	17.7
			420	17.9
不確かさ Uncertainty	6 %	5 %	不確かさ Uncertainty	5-8 %

(b) 熱伝導率

Table C-10-7-3 に R125 の広い領域の熱伝導率を示す．また Table C-10-7-4 に R125 の飽和液体および飽和蒸気の熱伝導率を示す．これらの表の値は，文献[6] の式により計算した．表の値の不確かさは，液相で 3％，気相で 5％ と評価されている．

Table C-10-7-3　R125 の熱伝導率（Thermal conductivity of R125）（mW/(m·K)）

温度 Temperature T (K)	圧力 Pressure p (MPa)									
	0.1	0.2	0.5	1.0	2.0	5.0	10.0	20.0	30.0	50.0
220	93.5	93.6	93.7	93.9	94.3	95.6	97.6	101.3	104.6	110.4
230	9.26	89.1	89.3	89.5	90.0	91.3	93.5	97.4	101.0	107.1
240	9.97	10.02	84.9	85.2	85.7	87.2	89.5	93.7	97.4	103.8
250	10.69	10.73	80.6	80.9	81.5	83.1	85.6	90.1	94.0	100.7
260	11.42	11.46	76.4	76.7	77.3	79.2	81.9	86.6	90.8	97.7
270	12.15	12.19	12.34	72.4	73.2	75.2	78.2	83.3	87.6	94.9
280	12.90	12.93	13.07	68.2	69.0	71.3	74.7	80.1	84.6	92.2
290	13.65	13.68	13.81	14.20	64.8	67.5	71.2	77.0	81.7	89.6
300	14.40	14.43	14.55	14.90	60.4	63.6	67.8	74.1	79.1	87.2
310	15.17	15.19	15.31	15.62	55.7	59.7	64.5	71.3	76.5	84.9
320	15.94	15.96	16.07	16.36	17.64	55.8	61.3	68.6	74.1	82.7
330	16.72	16.74	16.85	17.11	18.18	51.6	58.1	66.1	71.8	80.7
340	17.50	17.53	17.63	17.87	18.80	47.0	55.1	63.7	69.7	78.8
350	18.29	18.32	18.41	18.64	19.47	41.0	52.2	61.5	67.7	77.0
360	19.10	19.12	19.21	19.43	20.18	31.76	49.3	59.4	65.9	75.3
370	19.90	19.93	20.01	20.22	20.91	27.96	46.7	57.5	64.1	73.8
380	20.72	20.74	20.82	21.02	21.66	27.01	44.2	55.7	62.6	72.3
390	21.54	21.56	21.64	21.83	22.42	26.85	42.0	54.2	61.1	71.1
400	22.37	22.39	22.47	22.65	23.20	27.03	40.1	52.8	59.9	69.9

Table C-10-7-4　飽和状態の R125 の熱伝導率（Thermal conductivity of R125 at saturated states）

温度 Temperature T (K)	熱伝導率 Thermal conductivity λ' (mW/(m·K))	λ'' (mW/(m·K))	温度 Temperature T (K)	熱伝導率 Thermal conductivity λ' (mW/(m·K))	λ'' (mW/(m·K))
220	93.5	8.55	290	63.9	14.32
225	91.3	8.91	295	61.8	14.87
230	89.1	9.27	300	59.1	15.47
235	86.9	9.64	305	57.6	16.12
240	84.8	10.02	310	55.5	16.87
245	82.7	10.40	315	53.4	17.72
250	80.5	10.78	320	51.2	18.76
255	78.4	11.18	325	48.9	20.08
260	76.3	11.58	330	46.6	22.04
265	74.2	11.99	335	45.0	26.48
270	72.4	12.42	336	45.3	28.64
275	70.1	12.86	337	46.6	32.6
280	68.0	13.32	338	52.0	42.2
285	65.9	13.81			

1) Lemmon, E. W. and Jacobsen, R. T. : Preliminary formulation for NIST, (2002).　2) 佐藤春樹, 他11名：日本冷凍空調学会論文集, 18, 3 (2001) 203-216.　3) Okada, M. and Higashi, Y. : Int. J. Thermophysics, 16, 3 (1995) 791-800.　4) 日本冷凍空調学会冷媒物性分科会：JSRAE Thermodynamic Tables, Vol.1, ver.2, JSRAE (2004) 64-82.　5) 田中嘉之：私信 (1998).　6) Yata, J., Ueda, Y., and Hori, M., Int. J. Thermophysics, Vol.26-5 (2005), pp.1423-1435.

10.8 R134aの熱物性値
(Thermophysical Properties of R134a)

10.8.1 R134aの熱力学性質
(Thermodynamic Properties og R134a)

R134aは成層圏のオゾン層破壊問題および地球温暖化問題で生産および使用が規制されて全廃となった特定フロンR12, R502aの代替冷媒である。その物性値は日本冷凍協会（現日本冷凍空調学会）より出版されている代替フロン類の熱物性値（HFC134a・HCFC123）にまとめられている。ここでは、その出版後にIEA Annex 18により国際推奨状態式として認定されたTillner-Roth and Baehrによる状態式を用いて、その熱力学的性質を計算した。計算値の臨界点近傍を除いた代表的な不確かさは、密度：0.05％、比熱：0.5～1％、蒸気域音速：0.05％、液相域音速：1％、飽和蒸気圧：0.02％であり、文献2)に詳しく解説されている。Table C-10-8-1に飽和液体および飽和蒸気の熱力学的性質を示した。Table C-10-8-2～4に密度、定圧比熱、比熱比の温度および圧力依存性を示した。Fig. C-10-8-1に圧力-エンタルピー線図を示した。なお、比エンタルピーと比エントロピーの基準状態は273.15Kの飽和状態であり、この時の比エンタルピー、比エントロピーをそれぞれ200 kJ/kg、1 kJ/(kg·K)とした。

Table C-10-8-1 飽和状態のR134aの熱力学的性質 (Themodynamic properties of R134a at saturated states)

温度 T (K)	飽和圧力 p_s (MPa)	密度 ρ' (kg/m³)	密度 ρ'' (kg/m³)	蒸発熱 r (kJ/kg)	定圧比熱 c_p' (kJ/(kg·K))	定圧比熱 c_p'' (kJ/(kg·K))	比熱比 κ'	比熱比 κ''
200	0.006313	1510.5	0.38977	245.67	1.2058	0.6586	1.5043	1.1489
210	0.012910	1483.1	0.76222	239.80	1.2186	0.6841	1.5047	1.1467
220	0.024433	1455.2	1.3850	233.87	1.2332	0.7109	1.5051	1.1459
230	0.043287	1426.8	2.3660	227.80	1.2492	0.7395	1.5060	1.1470
231.06	0.045834	1423.7	2.4961	227.16	1.2510	0.7427	1.5062	1.1472
240	0.072481	1397.7	3.8367	221.55	1.2669	0.7705	1.5078	1.1501
250	0.11561	1367.9	5.9546	215.03	1.2865	0.8044	1.5108	1.1555
260	0.17684	1337.1	8.9052	208.20	1.3082	0.8418	1.5156	1.1636
270	0.26082	1305.1	12.908	200.97	1.3326	0.8832	1.5227	1.1749
273.15	0.29280	1294.8	14.428	198.60	1.3410	0.8972	1.5255	1.1793
280	0.37271	1271.8	18.228	193.28	1.3606	0.9296	1.5327	1.1903
290	0.51805	1236.8	25.187	185.01	1.3933	0.9824	1.5468	1.2109
300	0.70282	1199.7	34.193	176.08	1.4324	1.0438	1.5664	1.2388
310	0.93340	1159.9	45.786	166.30	1.4807	1.1177	1.5940	1.2771
320	1.2166	1116.8	60.715	155.48	1.5426	1.2109	1.6336	1.3316
330	1.5599	1069.1	80.094	143.31	1.6267	1.3366	1.6925	1.4135
340	1.9715	1015.0	105.73	129.29	1.7507	1.5238	1.7862	1.5467
350	2.4611	951.32	140.99	112.53	1.9614	1.8494	1.9542	1.7954
360	3.0405	870.11	193.58	91.020	2.4368	2.6064	2.3454	2.4014

1) 日本冷凍協会・日本フロンガス協会（編）：代替フロン類の熱物性値（HFC134a・HCFC123), 日本冷凍協会 (1991). 2) Tillner-Roth, R. and Baehr, H. D., "An International Standard Formulation of the Thermodynamic Properties of 1,1,1,2-Tetrafluoroethane (HFC-134a) Covering Temperatures from 170 K to 455 K at Pressures up to 70 MPa," J. Phys. Chem. Ref. Data, 23 : 657-729, (1994). 3) 日本冷凍空調学会冷媒物性分科会：JSRAE Thermodynamic Tables, Vol.1, ver.2, JSRAE (2004) 64-82. 4) 高橋満男, 横山千秋, 高橋信次：第11回日本熱物性シンポジウム講演論文集 (1990) 115. 5) Yata, J., Ueda, Y., and Hori, M., Int. J. Thermophysics, Vol.26-5 (2005), pp.1423-1435.

Table C-10-8-2 R134aの密度 (Density of R134a) ρ (kg/m^3)

温度 T (K)	圧力 p (MPa)											
	0.1	0.2	0.5	1.0	1.5	2.0	2.5	3.0	4.0	5.0	10.0	20.0
250	5.1144	1368.1	1368.9	1370.4	1371.7	1373.1	1374.5	1375.8	1378.5	1381.1	1393.5	1415.5
260	4.8874	1337.1	1338.1	1339.7	1341.3	1342.9	1344.4	1345.9	1349.0	1351.9	1365.8	1390.1
270	4.6834	9.6816	1306.0	1307.9	1309.7	1311.5	1313.3	1315.0	1318.5	1321.8	1337.4	1364.4
280	4.4982	9.2531	1272.3	1274.5	1276.7	1278.7	1280.8	1282.8	1286.8	1290.7	1308.4	1338.3
290	4.3289	8.8703	24.163	1239.3	1241.8	1244.3	1246.7	1249.1	1253.7	1258.2	1278.5	1311.8
300	4.1731	8.5244	22.909	1201.5	1204.6	1207.6	1210.5	1213.3	1218.8	1224.1	1247.5	1285.0
310	4.0291	8.2090	21.835	1160.4	1164.3	1168.0	1171.6	1175.0	1181.7	1188.0	1215.4	1257.6
320	3.8955	7.9195	20.893	46.786	1119.6	1124.3	1128.9	1133.3	1141.5	1149.3	1181.8	1229.6
330	3.7711	7.6525	20.054	44.097	75.467	1074.8	1080.9	1086.7	1097.4	1107.1	1146.5	1201.0
340	3.6548	7.4049	19.298	41.854	69.696	1015.6	1024.6	1032.8	1047.5	1060.3	1109.0	1171.8
350	3.5459	7.1745	18.610	39.927	65.275	97.518	952.49	966.22	988.61	1006.8	1069.1	1141.8
360	3.4436	6.9593	17.980	38.238	61.679	89.974	126.89	186.15	913.12	942.47	1026.0	1111.0
370	3.3473	6.7577	17.399	36.735	58.647	84.188	115.31	156.44	787.42	857.42	979.11	1079.4
380	3.2564	6.5683	16.861	35.384	56.028	79.494	106.92	140.37	251.91	707.99	927.53	1046.9
390	3.1705	6.3899	16.361	34.156	53.725	75.549	100.34	129.22	208.72	377.18	870.28	1013.6
400	3.0891	6.2216	15.894	33.034	51.673	72.150	94.936	120.70	185.71	285.05	806.57	979.46
410	3.0120	6.0624	15.456	32.001	49.824	69.171	90.360	113.82	170.04	245.62	736.55	944.64
420	2.9386	5.9116	15.045	31.045	48.144	66.522	86.400	108.06	158.22	221.02	662.77	909.28
430	2.8689	5.7684	14.657	30.156	46.606	64.140	82.916	103.12	148.77	203.38	590.89	873.59
440	2.8025	5.6323	14.291	29.326	45.190	61.980	79.810	98.812	140.94	189.75	527.11	837.87
450	2.7391	5.5027	13.945	28.549	43.878	60.005	77.013	94.993	134.28	178.72	474.41	802.45

Table C-10-8-3 R134aの定圧比熱 (Specific heat capacity at constant pressure of R134a) c_p (kJ/(kg·K))

温度 T (K)	圧力 p (MPa)											
	0.1	0.2	0.5	1.0	1.5	2.0	2.5	3.0	4.0	5.0	10.0	20.0
250	0.79365	1.2862	1.2852	1.2837	1.2822	1.2807	1.2793	1.2779	1.2752	1.2726	1.2612	1.2439
260	0.80036	1.3081	1.3069	1.3049	1.3031	1.3012	1.2994	1.2977	1.2943	1.2912	1.2773	1.2572
270	0.81144	0.85044	1.3314	1.3289	1.3265	1.3242	1.3219	1.3197	1.3155	1.3116	1.2947	1.2710
280	0.82460	0.85374	1.3598	1.3565	1.3534	1.3503	1.3474	1.3446	1.3392	1.3343	1.3135	1.2854
290	0.83888	0.86205	0.97228	1.3891	1.3848	1.3808	1.3769	1.3732	1.3662	1.3598	1.3339	1.3004
300	0.85379	0.87291	0.95216	1.4287	1.4228	1.4172	1.4119	1.4069	1.3976	1.3892	1.3563	1.3162
310	0.86909	0.88522	0.94680	1.4795	1.4707	1.4626	1.4550	1.4479	1.4351	1.4236	1.3810	1.3327
320	0.88461	0.89844	0.94855	1.0916	1.5348	1.5221	1.5106	1.5000	1.4813	1.4652	1.4087	1.3501
330	0.90026	0.91224	0.95419	1.0595	1.2878	1.6072	1.5877	1.5704	1.5412	1.5172	1.4401	1.3683
340	0.91598	0.92645	0.96223	1.0448	1.1900	1.7482	1.7084	1.6756	1.6245	1.5858	1.4760	1.3874
350	0.93171	0.94093	0.97186	1.0392	1.1433	1.3391	1.9531	1.8662	1.7547	1.6836	1.5178	1.4074
360	0.94744	0.95560	0.98261	1.0390	1.1189	1.2463	1.4977	2.3968	2.0127	1.8420	1.5670	1.4282
370	0.96313	0.97040	0.99416	1.0422	1.1064	1.1985	1.3471	1.6426	3.1455	2.1739	1.6259	1.4497
380	0.97877	0.98527	1.0063	1.0479	1.1009	1.1718	1.2736	1.4356	2.6009	3.6466	1.6967	1.4718
390	0.99434	1.0002	1.0190	1.0553	1.1000	1.1569	1.2326	1.3393	1.7837	3.9290	1.7816	1.4940
400	1.0098	1.0151	1.0319	1.0639	1.1022	1.1492	1.2085	1.2860	1.5434	2.1579	1.8786	1.5160
410	1.0253	1.0300	1.0452	1.0736	1.1068	1.1465	1.1946	1.2542	1.4289	1.7427	1.9748	1.5373
420	1.0406	1.0449	1.0586	1.0840	1.1132	1.1471	1.1871	1.2350	1.3640	1.5629	2.0383	1.5571
430	1.0558	1.0598	1.0722	1.0950	1.1208	1.1503	1.1842	1.2237	1.3243	1.4651	2.0327	1.5747
440	1.0710	1.0746	1.0859	1.1065	1.1295	1.1554	1.1846	1.2178	1.2991	1.4057	1.9573	1.5894
450	1.0860	1.0894	1.0997	1.1184	1.1390	1.1619	1.1874	1.2158	1.2833	1.3677	1.8513	1.6006

Table C-10-8-4　R134aの比熱比（Specific heat ratio of R134a）　κ

温度 T (K)	圧力 p (MPa)											
	0.1	0.2	0.5	1.0	1.5	2.0	2.5	3.0	4.0	5.0	10.0	20.0
250	1.1501	1.5105	1.5094	1.5075	1.5057	1.5039	1.5021	1.5004	1.4970	1.4937	1.4789	1.4549
260	1.1411	1.5155	1.5142	1.5119	1.5097	1.5076	1.5055	1.5035	1.4995	1.4957	1.4788	1.4522
270	1.1341	1.1570	1.5214	1.5186	1.5160	1.5134	1.5109	1.5084	1.5037	1.4992	1.4796	1.4499
280	1.1281	1.1462	1.5318	1.5284	1.5251	1.5219	1.5188	1.5158	1.5100	1.5046	1.4815	1.4480
290	1.1231	1.1377	1.2050	1.5425	1.5382	1.5341	1.5301	1.5263	1.5192	1.5125	1.4848	1.4467
300	1.1186	1.1308	1.1816	1.5628	1.5570	1.5515	1.5463	1.5413	1.5320	1.5235	1.4897	1.4458
310	1.1146	1.1249	1.1652	1.5929	1.5845	1.5767	1.5695	1.5626	1.5501	1.5390	1.4965	1.4456
320	1.1111	1.1199	1.1528	1.2501	1.6263	1.6144	1.6036	1.5936	1.5759	1.5605	1.5058	1.4460
330	1.1079	1.1154	1.1429	1.2155	1.3783	1.6746	1.6566	1.6406	1.6135	1.5912	1.5182	1.4470
340	1.1049	1.1115	1.1348	1.1917	1.2969	1.7839	1.7479	1.7182	1.6716	1.6362	1.5343	1.4487
350	1.1022	1.1080	1.1280	1.1740	1.2494	1.3975	1.9469	1.8700	1.7705	1.7065	1.5553	14510
360	1.0997	1.1048	1.1221	1.1603	1.2176	1.3136	1.5101	2.2321	1.9792	1.8289	1.5824	1.4539
370	1.0974	1.1019	1.1170	1.1492	1.1946	1.2632	1.3783	1.6146	2.9266	2.0989	1.6174	1.4573
380	1.0953	1.0993	1.1125	1.1400	1.1770	1.2290	1.3067	1.4347	2.3890	3.3246	1.6622	1.4609
390	1.0932	1.0968	1.1086	1.1323	1.1631	1.2041	1.2608	1.3437	1.7034	3.4752	1.7180	1.4646
400	1.0914	1.0946	1.1050	1.1257	1.1517	1.1850	1.2286	1.2876	1.4922	1.9976	1.7828	1.4679
410	1.0896	1.0925	1.1018	1.1200	1.1423	1.1699	1.2046	1.2492	1.3852	1.6393	1.8449	1.4703
420	1.0879	1.0905	1.0989	1.1151	1.1343	1.1576	1.1860	1.2210	1.3194	1.4774	1.8777	1.4714
430	1.0863	1.0887	1.0963	1.1106	1.1275	1.1475	1.1712	1.1995	1.2746	1.3842	1.8525	1.4706
440	1.0848	1.0869	1.0938	1.1067	1.1216	1.1389	1.1590	1.1824	1.2420	1.3232	1.7707	1.4674
450	1.0833	1.0853	1.0916	1.1032	1.1164	1.1315	1.1488	1.1686	1.2171	1.2802	1.6658	1.4613

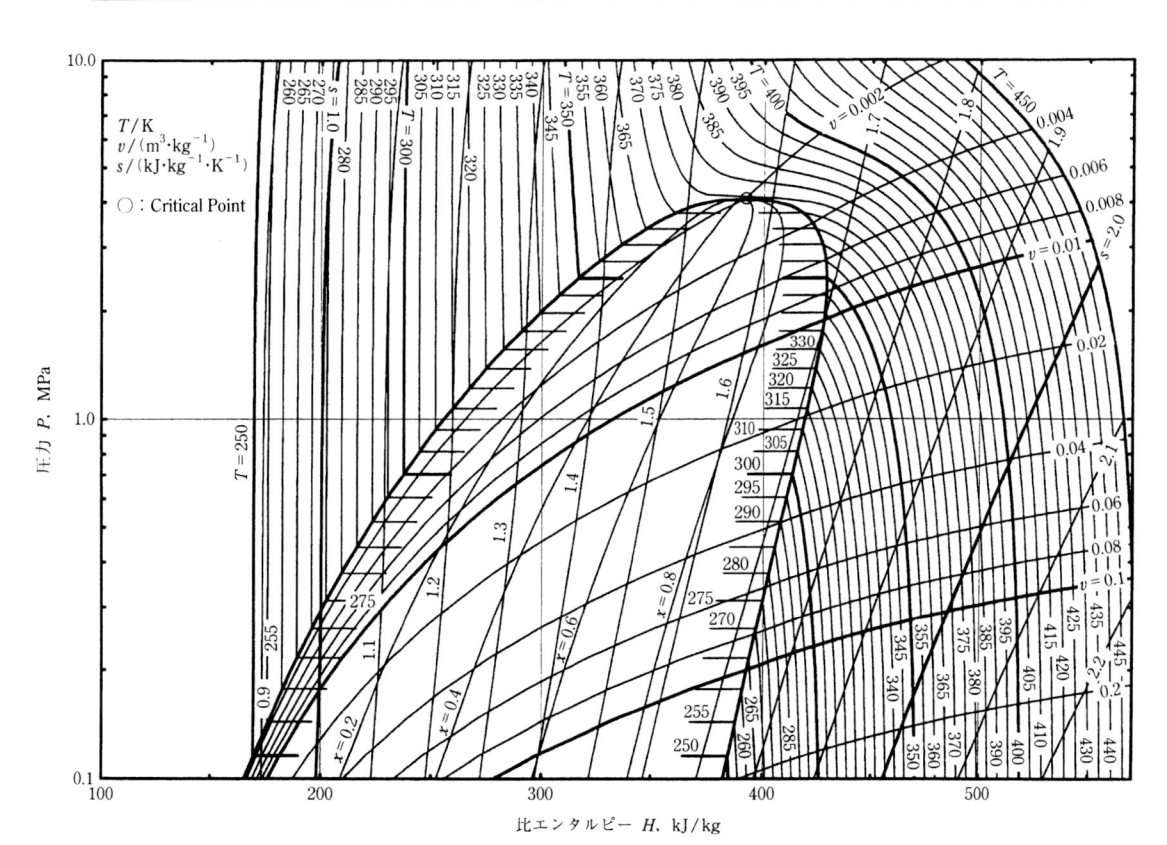

Fig. C-10-8-1　R134aのp-h線図（p-h Diagram of R134a）

10.8.2 R134aの輸送性質
(Transport Properties of R134a)

(a) 粘性率

R134aは塩素を含まないフルオロカーボン系冷媒であり，カーエアコン，家庭用冷蔵庫，業務用冷蔵庫の冷媒等，スプレー用として広く用いられている．また，これを成分物質とするR407Cなどの混合冷媒が現在使用されている．このため，R134aの粘性率は広い範囲で測定されている．本節では現在入手可能な実測値情報を用いて整理された相関式により，飽和液体，飽和蒸気，および常圧蒸気について粘性率を示した．

Table C-10-8-5にR134aの飽和液体[3]，飽和蒸気[3]，および常圧蒸気[4]の粘性率を示す．表中の不確かさは文献に示されているもので，実測値の測定不確かさと相関式の再現性より決められている．

Table C-10-8-5 R134aの粘性率 (Viscosity of R134a)

温度 Temperature T (K)	飽和液体 Saturated Liquid η' (μPa·s)	飽和蒸気 Saturated Vapor η'' (μPa·s)	温度 Temperature T (K)	常圧蒸気 Vapor at 101.325 kPa η_1 (μPa·s)
200	907		300	12.5
205	824		305	12.7
210	749		310	12.9
215	682		315	13.1
220	622		320	13.3
225	568		325	13.5
230	520		330	13.7
235	478		335	13.9
240	440		340	14.1
245	406		345	14.2
250	376		350	14.4
255	349		355	14.6
260	325		360	14.8
265	304		365	15.0
270	285	11.0	370	15.2
275	267	11.1	375	15.4
280	251	11.3	380	15.6
285	236	11.4	385	15.8
290	223	11.6	390	16.0
295	210	11.8	395	16.2
300	198	12.0	400	16.4
305	186	12.3	405	16.6
310	175	12.5	410	16.8
315	164	12.8	415	16.9
320	153	13.1	420	17.1
325	142	13.4		
330	132	13.7		
335	122	14.0		
340	112	14.4		
345	103			
350	94.4			
不確かさ Uncertainty	4 %	4 %	不確かさ Uncertainty	-

(b) 熱伝導率

Table C-10-8-6にR134aの広い領域の熱伝導率を示す．またTable C-10-8-7にR134aの飽和液体および飽和蒸気の熱伝導率を示す．これらの表の値は，文献[5]の式により計算した．表の値の不確かさは，液相で3％，気相で5％と評価されている．

Table C-10-8-6　R134aの熱伝導率（Thermal conductivity of R134a）（mW/(m·K)）

温度 Temperature T (K)	圧力 Pressure p (MPa)									
	0.1	0.2	0.5	1.0	2.0	5.0	10.0	20.0	30.0	50.0
220	117.9	117.9	118.0	118.2	118.6	119.8	121.7	125.2	128.5	134.4
230	112.9	112.9	113.1	113.3	113.7	115.0	117.0	120.7	124.2	130.3
240	108.0	108.1	108.2	108.5	108.9	110.3	112.4	116.4	120.0	126.4
250	9.51	103.3	103.4	103.7	104.2	105.7	108.0	112.2	116.0	122.7
260	10.27	98.6	98.7	99.0	99.6	101.2	103.6	108.1	112.1	119.1
270	11.03	11.09	94.1	94.4	95.0	96.7	99.4	104.1	108.3	115.6
280	11.81	11.86	89.5	89.9	90.5	92.4	95.3	100.3	104.7	112.3
290	12.60	12.65	12.85	85.4	86.1	88.2	91.3	96.6	101.3	109.1
300	13.40	13.44	13.63	80.8	81.7	84.0	87.4	93.1	97.9	106.1
310	14.21	14.25	14.42	76.3	77.2	79.8	83.6	89.7	94.7	103.2
320	15.02	15.07	15.23	15.66	72.7	75.7	79.8	86.4	91.7	100.4
330	15.85	15.89	16.04	16.43	68.1	71.6	76.2	83.2	88.8	97.8
340	16.69	16.73	16.87	17.22	63.2	67.4	72.6	80.2	86.0	95.3
350	17.54	17.58	17.71	18.03	19.41	63.2	69.1	77.3	83.4	92.9
360	18.40	18.43	18.56	18.86	20.01	58.7	65.7	74.5	80.9	90.7
370	19.26	19.30	19.42	19.70	20.70	53.7	62.4	71.9	78.6	88.6
380	20.14	20.17	20.29	20.56	21.45	47.8	59.1	69.4	76.4	86.6
390	21.03	21.06	21.17	21.43	22.23	36.64	56.0	67.1	74.3	84.8
400	21.92	21.96	22.07	22.30	23.05	31.02	52.9	65.0	72.4	83.1

Table C-10-8-7　飽和状態のR134aの熱伝導率（Thermal conductivity of R134a at saturated states）

温度 Temperature T (K)	熱伝導率 Thermal conductivity λ' (mW/(m·K))	λ'' (mW/(m·K))	温度 Temperature T (K)	熱伝導率 Thermal conductivity λ' (mW/(m·K))	λ'' (mW/(m·K))
220	117.8	7.25	310	76.2	14.84
225	115.4	7.62	315	74.0	15.39
230	112.9	7.99	320	71.9	15.98
235	110.4	8.37	325	69.7	16.61
240	108.0	8.74	330	67.5	17.30
245	105.6	9.13	335	65.3	18.07
250	103.2	9.52	340	63.1	18.94
255	100.9	9.91	345	60.9	19.96
260	98.6	10.31	350	58.6	21.18
265	96.3	10.72	355	56.3	22.76
270	94.0	11.13	360	53.9	24.95
275	91.7	11.55	365	51.5	28.51
280	89.5	11.98	369	49.9	34.14
285	87.2	12.42	370	49.8	36.6
290	85.0	12.87	371	50.1	40.0
295	82.8	13.33	372	51.5	45.2
300	80.6	13.81	373	55.9	55.3
305	78.4	14.31			

10.9 R143aの熱物性値
(Thermophysical Properties of R143a)

10.9.1 R143aの熱力学性質
(Thermodynamic Properties of R143a)

R143aは成層圏のオゾン層破壊問題および地球温暖化問題で生産および使用が規制されて全廃となった特定フロンR502の代替冷媒として考えられているR404a(52 mass% R125 + 44 mass% R143a + 4 mass% R134a),R507a(50 mass% R125 + 50 mass% R143a)の成分である.その物性値は日本冷凍空調学会より出版されているThermodynamic Properties of Pure and Blended Hydrofluorocarbon (HFC) Refrigerantsにまとめられている[1].ここでは,その出版後に作成されてIEA Annex 18により国際推奨状態式として認定されたLemmon and Jacobsenによる状態式を用いて,その熱力学性質を計算した.計算値の臨界点近傍を除いた代表的な不確かさは,密度:0.1%,比熱:0.5%,低圧蒸気域音速:0.02%,その他の領域音速:0.5%,飽和蒸気圧:0.1%であり,文献2)に詳しく解説されている.Table C-10-9-1に飽和液体および飽和蒸気の熱力学性質を示した.Table C-10-9-2~4に密度,定圧比熱,比熱比の温度および圧力依存性を示した.Fig. C-10-9-1に圧力-エンタルピー線図を示した.なお,比エンタルピーと比エントロピーの基準状態は273.15Kの飽和状態であり,この時の比エンタルピー,比エントロピーをそれぞれ200 kJ/kg, 1 kJ/(kg·K)とした.

Table C-10-9-1 飽和状態のR143aの熱力学的性質 (Thermodynamic properties of R143a at saturated states)

温度 T (K)	飽和圧力 Ps (MPa)	密度 ρ' (kg/m³)	密度 ρ'' (kg/m³)	蒸発熱 r (kJ/kg)	定圧比熱 c_p' (kJ/(kg·K))	定圧比熱 c_p'' (kJ/(kg·K))	比熱比 κ'	比熱比 κ''
200	0.024624	1234.8	1.2699	243.61	1.2638	0.74827	1.5211	1.1771
210	0.044602	1208.9	2.2112	237.28	1.2855	0.78290	1.5251	1.1777
220	0.075908	1182.4	3.6364	230.68	1.3095	0.82048	1.5291	1.1808
225.91	0.101320	1166.4	4.7683	226.63	1.3248	0.84440	1.5319	1.1840
230	0.122520	1155.1	5.7022	223.75	1.3359	0.86182	1.5340	1.1869
240	0.18902	1127.0	8.5946	216.40	1.3653	0.90773	1.5406	1.1964
250	0.28049	1097.8	12.536	208.55	1.3981	0.95918	1.5500	1.2101
260	0.40251	1067.2	17.796	200.08	1.4357	1.0175	1.5632	1.2294
270	0.56112	1034.9	24.715	190.88	1.4796	1.0850	1.5819	1.2559
273.15	0.61967	1024.3	27.306	187.81	1.4951	1.1087	1.5893	1.2662
280	0.76276	1000.4	33.738	180.78	1.5325	1.1653	1.6084	1.2927
290	1.01440	963.24	45.474	169.55	1.5990	1.2651	1.6463	1.3452
300	1.32340	922.32	60.818	156.88	1.6872	1.3973	1.7024	1.4236
310	1.69830	876.21	81.198	142.27	1.8139	1.5895	1.7898	1.5495
320	2.14830	822.31	109.18	124.85	2.0205	1.9129	1.9416	1.7783
330	2.6850	754.94	150.42	102.75	2.4501	2.6199	2.2717	2.3058
340	3.3250	654.79	224.36	69.77	4.2484	5.7113	3.6940	4.6610

Table C-10-9-2 R143aの密度 (Density of R143a) ρ (kg/m³)

温度 T (K)	圧力 P (MPa)											
	0.1	0.2	0.5	1.0	1.5	2.0	2.5	3.0	4.0	5.0	10.0	20.0
230	4.6027	1155.4	1156.2	1157.6	1159.0	1160.4	1161.8	1163.1	1165.8	1168.4	1180.7	1202.4
240	4.3783	1127.0	1128.0	1129.7	1131.3	1132.8	1134.4	1135.9	1139.0	1141.9	1155.7	1179.6
250	4.1786	8.6609	1098.6	1100.5	1102.3	1104.2	1106.0	1107.7	1111.2	1114.6	1130.1	1156.6
260	3.9990	8.2437	1067.6	1069.8	1072.0	1074.2	1076.3	1078.3	1082.3	1086.2	1104.0	1133.3
270	3.8362	7.8741	21.549	1037.2	1039.9	1042.4	1044.9	1047.4	1052.1	1056.6	1077.0	1109.8
280	3.6877	7.5427	20.348	1002.0	1005.3	1008.4	1011.4	1014.4	1020.1	1025.4	1049.1	1085.9
290	3.5513	7.2430	19.325	44.598	967.26	971.23	975.05	978.72	985.69	992.22	1020.1	1061.6
300	3.4255	6.9698	18.433	41.430	924.27	929.58	934.60	939.36	948.22	956.36	989.70	1036.9
310	3.3089	6.7191	17.644	38.916	66.692	880.83	887.96	894.54	906.40	916.93	957.70	1011.7
320	3.2004	6.4880	16.937	36.826	61.409	95.300	830.47	840.73	858.03	872.46	923.73	985.89
330	3.0992	6.2737	16.297	35.038	57.356	85.604	126.69	768.15	798.52	820.37	887.38	959.52
340	3.0045	6.0745	15.713	33.477	54.062	78.840	110.72	158.57	713.98	755.15	848.13	932.53
350	2.9157	5.8885	15.177	32.093	51.289	73.629	100.64	135.48	322.41	660.75	805.42	904.88
360	2.8321	5.7143	14.683	30.852	48.899	69.393	93.228	121.92	209.45	458.59	758.65	876.61
370	2.7534	5.5508	14.224	29.729	46.801	65.831	87.378	112.28	178.37	292.09	707.34	847.73
380	2.6790	5.3969	13.797	28.704	44.934	62.763	82.556	104.81	159.84	238.02	651.58	818.35
390	2.6086	5.2517	13.398	27.763	43.256	60.073	78.464	98.743	146.71	208.75	592.72	788.57
400	2.5420	5.1145	13.023	26.894	41.733	57.683	74.917	93.643	136.61	189.13	533.92	758.60
410	2.4787	4.9846	12.672	26.088	40.341	55.536	71.795	89.258	128.45	174.56	479.41	728.64
420	2.4186	4.8614	12.340	25.337	39.060	53.589	69.011	85.421	121.63	163.07	432.28	698.95
430	2.3613	4.7443	12.027	24.634	37.877	51.812	66.503	82.017	115.79	153.65	393.20	669.81
440	2.3068	4.6329	11.730	23.976	36.777	50.179	64.226	78.964	110.70	145.71	361.22	641.47
450	2.2548	4.5268	11.449	23.356	35.752	48.670	62.143	76.202	106.20	138.87	334.94	614.17

Table C-10-9-3　R143aの定圧比熱（Specific heat capacity at constant pressure of R143a）　c_p (kJ/(kg·K))

温度 T (K)	圧力 P (MPa)											
	0.1	0.2	0.5	1.0	1.5	2.0	2.5	3.0	4.0	5.0	10.0	20.0
230	0.84697	1.3356	1.3344	1.3325	1.3306	1.3288	1.3270	1.3252	1.3219	1.3187	1.3049	1.2849
240	0.85736	1.3652	1.3637	1.3612	1.3588	1.3564	1.3542	1.3520	1.3478	1.3438	1.3270	1.3034
250	0.86958	0.91443	1.3967	1.3934	1.3903	1.3872	1.3843	1.3815	1.3762	1.3712	1.3504	1.3224
260	0.88339	0.91990	1.4348	1.4304	1.4262	1.4222	1.4183	1.4146	1.4077	1.4013	1.3753	1.3420
270	0.89857	0.92865	1.0482	1.4742	1.4683	1.4628	1.4576	1.4526	1.4434	1.4350	1.4021	1.3620
280	0.91482	0.93974	1.0311	1.5283	1.5197	1.5118	1.5044	1.4974	1.4847	1.4734	1.4309	1.3826
290	0.93187	0.95262	1.0258	1.2538	1.5861	1.5739	1.5628	1.5525	1.5343	1.5185	1.4625	1.4037
300	0.94945	0.96687	1.0269	1.1834	1.6792	1.6586	1.6404	1.6242	1.5964	1.5733	1.4974	1.4255
310	0.96737	0.98211	1.0321	1.1500	1.3884	1.7894	1.7547	1.7256	1.6789	1.6428	1.5365	1.4479
320	0.98547	0.99806	1.0402	1.1334	1.2890	1.6572	1.9591	1.8923	1.7998	1.7371	1.5808	1.4709
330	1.0036	1.0145	1.0504	1.1264	1.2394	1.4415	1.9854	2.2792	2.0096	1.8781	1.6317	1.4944
340	1.0217	1.0312	1.0621	1.1254	1.2125	1.3465	1.5940	2.2912	2.5593	2.1289	1.6908	1.5183
350	1.0398	1.0480	1.0749	1.1285	1.1983	1.2960	1.4470	1.7223	10.2090	2.7797	1.7596	1.5424
360	1.0576	1.0649	1.0885	1.1345	1.1920	1.2674	1.3724	1.5312	2.3774	5.5371	1.8391	1.5663
370	1.0753	1.0818	1.1027	1.1425	1.1909	1.2514	1.3300	1.4370	1.8331	2.9575	1.9276	1.5897
380	1.0927	1.0986	1.1471	1.1521	1.1934	1.2433	1.3051	1.3837	1.6275	2.1043	2.0167	1.6119
390	1.1099	1.1152	1.1318	1.1628	1.1986	1.2406	1.2908	1.3518	1.5220	1.7965	2.0857	1.6323
400	1.1268	1.1316	1.1466	1.1742	1.2056	1.2416	1.2835	1.3326	1.4605	1.6439	2.1057	1.6503
410	1.1434	1.1478	1.1614	1.1862	1.2140	1.2453	1.2809	1.3216	1.4223	1.5561	2.0643	1.6652
420	1.1597	1.1637	1.1762	1.1986	1.2234	1.2509	1.2817	1.3161	1.3983	1.5015	1.9817	1.6767
430	1.1757	1.1794	1.1908	1.2112	1.2335	1.2580	1.2849	1.3145	1.3833	1.4661	1.8893	1.6844
440	1.1915	1.1949	1.2054	1.2240	1.2442	1.2661	1.2899	1.3158	1.3744	1.4429	1.8060	1.6886
450	1.2069	1.2100	1.2197	1.2368	1.2552	1.2750	1.2962	1.3191	1.3700	1.4279	1.7380	1.6893

Table C-10-9-4　R143aの比熱比（Specific heat ratio of R143a）　κ

温度 T (K)	圧力 P (MPa)											
	0.1	0.2	0.5	1.0	1.5	2.0	2.5	3.0	4.0	5.0	10.0	20.0
230	1.1781	1.5336	1.5321	1.5296	1.5272	1.5248	1.5225	1.5202	1.5159	1.5117	1.4933	1.4657
240	1.1669	1.5406	1.5387	1.5357	1.5328	1.5300	1.5273	1.5246	1.5194	1.5145	1.4933	1.4624
250	1.1576	1.1835	1.5483	1.5446	1.5410	1.5376	1.5342	1.5310	1.5248	1.5189	1.4941	1.4590
260	1.1498	1.1704	1.5623	1.5575	1.5530	1.5487	1.5445	1.5404	1.5328	1.5256	1.4959	1.4558
270	1.1431	1.1599	1.2333	1.5764	1.5704	1.5647	1.5593	1.5541	1.5444	1.5354	1.4993	1.4529
280	1.1373	1.1512	1.2073	1.6042	1.5959	1.5881	1.5808	1.5739	1.5611	1.5495	1.5048	1.4507
290	1.1322	1.1439	1.1885	1.3378	1.6343	1.6229	1.6124	1.6026	1.5850	1.5695	1.5128	1.4492
300	1.1277	1.1376	1.1741	1.2778	1.6953	1.6768	1.6603	1.6455	1.6197	1.5980	1.5239	1.4484
310	1.1236	1.1321	1.1625	1.2404	1.4069	1.7688	1.7388	1.7133	1.6718	1.6391	1.5388	1.4485
320	1.1200	1.1273	1.1531	1.2143	1.3233	1.5907	1.8905	1.8345	1.7556	1.7008	1.5583	1.4493
330	1.1167	1.1231	1.1451	1.1948	1.2736	1.4207	1.8275	2.1327	1.9112	1.8008	1.5836	1.4510
340	1.1136	1.1193	1.1383	1.1796	1.2399	1.3369	1.5222	2.0542	2.3380	1.9888	1.6158	1.4532
350	1.1108	1.1158	1.1325	1.1674	1.2154	1.2855	1.3977	1.6077	8.0688	2.4927	1.6559	1.4559
360	1.1082	1.1127	1.1274	1.1573	1.1965	1.2502	1.3275	1.4477	2.1054	4.5876	1.7045	1.4588
370	1.1058	1.1098	1.1229	1.1488	1.1816	1.2243	1.2816	1.3618	1.6679	2.5527	1.7599	1.4614
380	1.1036	1.1072	1.1188	1.1415	1.1695	1.2044	1.2490	1.3072	1.4938	1.8684	1.8148	1.4633
390	1.1015	1.1048	1.1152	1.1353	1.1594	1.1886	1.2245	1.2691	1.3979	1.6116	1.8525	1.4640
400	1.0996	1.1025	1.1120	1.1298	1.1508	1.1756	1.2053	1.2409	1.3364	1.4776	1.8501	1.4629
410	1.0977	1.1004	1.1090	1.1250	1.1435	1.1649	1.1898	1.2190	1.2934	1.3951	1.7984	1.4596
420	1.0960	1.0985	1.1063	1.1207	1.1371	1.1558	1.1771	1.2016	1.2615	1.3389	1.7148	1.4537
430	1.0944	1.0967	1.1038	1.1168	1.1315	1.1479	1.1665	1.1873	1.2368	1.2981	1.6248	1.4452
440	1.0929	1.0950	1.1015	1.1134	1.1265	1.1412	1.1574	1.1753	1.2171	1.2671	1.5435	1.4341
450	1.0914	1.0934	1.0994	1.1102	1.1221	1.1352	1.1495	1.1652	1.2010	1.2427	1.4753	1.4207

10.9 R143aの熱物性値

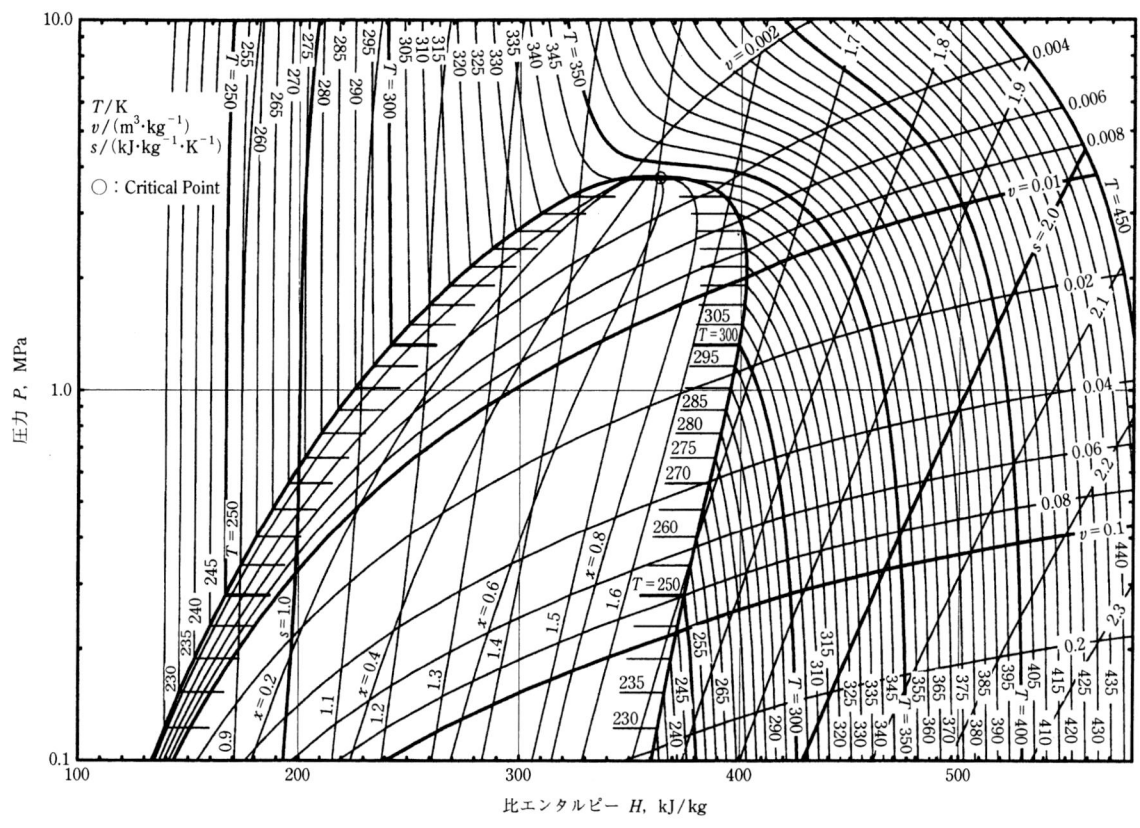

Fig. C-10-9-1　R143aの p–h 線図（p–h Diagram of R143a）

10.9.2 R143aの輸送性質
(Transport Properties of R143a)

(a) 粘性率

R143aは塩素を含まないフルオロカーボン系冷媒であり，これを成分物質とするR404A，R507Aなどの混合冷媒が現在使用されている．このため，R143aの粘性率は広い範囲で測定されているが，その情報源は限られており，まだ十分とはいえない．本節では現在入手可能な実測値情報を用いて整理された相関式により，飽和液体，飽和蒸気，および常圧蒸気について粘性率を示した．

Table C-10-9-5にR143aの飽和液体[3]，飽和蒸気[4]，および常圧蒸気[4]の粘性率を示す．表中の不確かさはそれぞれの文献に示されているもので，実測値の測定不確かさと相関式の再現性より決められている．

Table C-10-9-5　R143aの粘性率（Viscosity of R143a）

温度 Temperature T (K)	飽和液体 Saturated Liquid η' (μPa·s)	飽和蒸気 Saturated Vapor η'' (μPa·s)	温度 Temperature T (K)	常圧蒸気 Vapor at 101.325 kPa η_1 (μPa·s)
250	211		280	11.0
255	198		285	11.2
260	185		290	11.4
265	174		295	11.6
270	164		300	11.8
275	154		305	12.0
280	144	10.9	310	12.2
285	135	11.1	315	12.4
290	126	11.4	320	12.6
295	118	11.7	325	12.8
300	110	12.0	330	12.9
305	102	12.3	335	13.1
310	95.3	12.7	340	13.3
315	88.6	13.2	345	13.5
320	82.5	13.7	350	13.7
325	77.1	14.4	355	13.9
330		15.2	360	14.1
335		16.3	365	14.3
340		18.1	370	14.5
345		22.1	375	14.7
			380	14.9
			385	15.1
			390	15.3
			395	15.4
			400	15.6
			405	15.8
			410	16.0
			415	16.2
			420	16.4
不確かさ Uncertainty	3 %	5-10 %	不確かさ Uncertainty	5-10 %

(b) 熱伝導率

Table C-10-9-6にR143aの広い領域の熱伝導率を示す．また Table C-10-9-7に R143aの飽和液体および飽和蒸気の熱伝導率を示す．これらの表の値は，文献[5]の式により計算した．表の値の不確かさは，液相で3％，気相で5％と評価されている．

Table C-10-9-6　R143aの熱伝導率（Thermal conductivity of R143a）（mW/(m・K)）

温度 Temperature T (K)	圧力 Pressure p (MPa)									
	0.1	0.2	0.5	1.0	2.0	5.0	10.0	20.0	30.0	50.0
220	107.1	107.2	107.4	107.8	108.4	110.5	113.8	120.1	126.2	137.6
230	6.20	100.8	101.1	101.4	102.1	104.2	107.5	113.9	120.0	131.3
240	7.27	95.0	95.2	95.6	96.3	98.4	101.8	108.3	114.4	125.6
250	8.34	8.48	89.8	90.2	90.9	93.1	96.6	103.1	109.2	120.4
260	9.40	9.54	84.8	85.2	86.0	88.3	91.8	98.4	104.5	115.6
270	10.47	10.60	11.03	80.6	81.4	83.8	87.5	94.2	100.2	111.2
280	11.54	11.66	12.06	76.2	77.1	79.6	83.5	90.3	96.4	107.3
290	12.60	12.72	13.11	13.89	72.9	75.7	79.8	86.8	92.9	103.7
300	13.67	13.79	14.15	14.87	68.8	72.0	76.4	83.5	89.7	100.4
310	14.74	14.85	15.20	15.86	64.6	68.4	73.2	80.6	86.8	97.5
320	15.81	15.92	16.25	16.87	18.68	64.8	70.2	78.0	84.2	94.8
330	16.88	16.98	17.30	17.88	19.45	61.0	67.4	75.6	81.9	92.4
340	17.95	18.05	18.35	18.91	20.31	56.7	64.6	73.3	79.8	90.3
350	19.02	19.11	19.41	19.94	21.22	50.8	61.9	71.3	77.9	88.3
360	20.09	20.18	20.47	20.97	22.16	38.79	59.1	69.5	76.2	86.6
370	21.16	21.25	21.52	22.01	23.13	31.45	56.3	67.7	74.6	85.1
380	22.23	22.31	22.58	23.05	24.10	30.18	53.5	66.2	73.2	83.7
390	23.30	23.38	23.64	24.09	25.09	30.10	50.6	64.7	72.0	82.4
400	24.37	24.45	24.70	25.14	26.09	30.44	47.8	63.3	70.8	81.3

Table C-10-9-7　飽和状態のR143aの熱伝導率（Thermal conductivity of R143a at saturated states）

温度 Temperature T (K)	熱伝導率 Thermal conductivity		温度 Temperature T (K)	熱伝導率 Thermal conductivity	
	λ' (mW/(m・K))	λ'' (mW/(m・K))		λ' (mW/(m・K))	λ'' (mW/(m・K))
220	107.1	5.10	285	73.9	13.19
225	103.9	5.67	290	71.9	13.92
230	100.8	6.24	295	70.0	14.67
235	97.8	6.82	300	68.0	15.46
240	95.0	7.40	305	66.1	16.29
245	92.3	8.00	310	64.2	17.16
250	89.6	8.60	315	62.2	18.10
255	87.1	9.12	320	60.2	19.11
260	84.7	9.84	325	58.0	20.24
265	82.4	10.48	330	55.6	21.53
270	80.2	11.13	335	52.9	23.10
275	78.0	11.80	340	49.4	25.25
280	75.9	12.48			

1) Tillner-Roth, R., Li, J., Yokozeki, A., Sato, H, Watanabe, K., "Thermodynamic Properties of Pure and Blended Hydrofluorocarbon (HFC) Refrigerants," 日本冷凍空調学会 (1998).　2) Lemmon, E. W. and Jacobsen, R. T, "An International Standard Formulation for the Thermodynamic Properties of 1,1,1-Trifluoroethane (HFC-143a) for Temperatures from 161 to 450 K and Pressures to 50 MPa," J. Phys. Chem. Ref. Data, 29 (4) : 521-552, (2000).　3) 日本冷凍空調学会冷媒物性分科会：JSRAE Thermodynamic Tables, Vol.1, ver.2, JSRAE (2004) 64-82.　4) 田中嘉之，私信 (1998).　5) Yata, J., Ueda, Y., and Hori, M., Int. J. Thermophysics, Vol.26-5 (2005), pp.1423-1435.

10.10 R152aの熱物性値
(Thermophysical Properties of R152a)

10.10.1 R152aの熱力学性質
(Thermodynamic Properties of R152a)

R152aは成層圏のオゾン層破壊問題および地球温暖化問題で生産および使用が規制された特定フロンR12，R22，R502などの代替冷媒として考えられている．その物性値は日本冷凍協会（現日本冷凍空調学会）より出版されているJAR Thermodynamic Tables, Vol.1 (HFCs and HCFCs)[1]にまとめられている．ここでは，より広い範囲で広い範囲で成立するOutcalt and McLindenによる状態式を用いて，その熱力学性質を計算した．計算値の臨界点近傍を除いた代表的な不確かさは，密度：0.1％，比熱：2％，蒸気域音速：0.05％，飽和蒸気圧：0.1％であり，文献2)に詳しく解説されている．Table C-10-10-1に飽和液体および飽和蒸気の熱力学性質を示した．Table C-10-10-2〜4に密度，定圧比熱，比熱比の温度および圧力依存性を示した．Fig. C-10-10-1に圧力-エンタルピー線図を示した．なお，比エンタルピーと比エントロピーの基準状態は273.15Kの飽和状態であり，この時の比エンタルピー，比エントロピーをそれぞれ200 kJ/kg，1 kJ/(kg·K)とした．

Table C-10-10-1 飽和状態のR152aの熱力学性質 (Thermodynamic properties of R152a at saturated states)

温度 T (K)	飽和圧力 P_s (MPa)	密度 ρ' (kg/m³)	密度 ρ'' (kg/m³)	蒸発熱 r (kJ/kg)	定圧比熱 c_p' (kJ/(kg·K))	定圧比熱 c_p'' (kJ/(kg·K))	比熱比 κ'	比熱比 κ''
200	0.006086	1108.4	0.24318	369.95	1.5356	0.8069	1.4894	1.1930
210	0.012233	1089.3	0.46735	362.18	1.5470	0.8356	1.4958	1.1902
220	0.022836	1069.9	0.83743	354.30	1.5620	0.8669	1.5020	1.1890
230	0.040024	1050.1	1.4145	346.21	1.5805	0.9012	1.5082	1.1895
240	0.066451	1030.0	2.2727	337.86	1.6022	0.9389	1.5147	1.1920
249.13	0.10132	1011.2	3.3757	329.91	1.6247	0.9766	1.5211	1.1962
250	0.10530	1009.3	3.5001	329.14	1.6270	0.9804	1.5218	1.1967
260	0.16024	988.11	5.1996	319.98	1.6550	1.0260	1.5300	1.2039
270	0.23541	966.18	7.4920	310.29	1.6865	1.0765	1.5399	1.2141
273.15	0.26399	959.11	8.3589	307.11	1.6972	1.0935	1.5434	1.2180
280	0.33537	943.43	10.519	299.28	1.7220	1.1326	1.5519	1.2279
290	0.46506	919.69	14.451	288.96	1.7625	1.1957	1.5668	1.2462
300	0.62978	894.75	19.497	277.09	1.8094	1.2677	1.5858	1.2705
310	0.83519	868.35	25.920	264.22	1.8649	1.3515	1.6104	1.3028
320	1.0873	840.12	34.064	250.15	1.9327	1.4523	1.6430	1.3466
330	1.3925	809.58	44.407	234.60	2.0186	1.5785	1.6878	1.4079
340	1.7577	775.99	57.642	217.18	2.1336	1.7462	1.7521	1.4976
350	2.1907	738.21	74.872	197.24	2.3001	1.9893	1.8514	1.6392
360	2.7000	694.20	98.069	173.68	2.5736	2.3930	2.0243	1.8909
370	3.2967	639.56	131.52	144.11	3.1452	3.2491	2.4046	2.4526
380	3.9966	559.36	189.74	100.60	5.4456	6.6870	3.9949	4.7770

Table C-10-10-2　R152aの密度（Density of R152a） ρ （kg/m³）

温度 T (K)	圧力 P (MPa)											
	0.1	0.2	0.5	1.0	1.5	2.0	2.5	3.0	4.0	5.0	10.0	20.0
250	3.3160	1009.5	1010.1	1011.1	1012.0	1013.0	1013.9	1014.8	1016.7	1018.5	1027.1	1042.6
260	3.1686	988.20	988.85	989.93	991.00	992.06	993.11	994.15	996.20	998.21	1007.8	1024.8
270	3.0359	6.2833	966.84	968.07	969.28	970.48	971.66	972.83	975.14	977.39	988.02	1006.7
280	2.9154	6.0043	943.90	945.31	946.69	948.06	949.41	950.74	953.36	955.91	967.81	988.36
290	2.8053	5.7546	919.80	921.44	923.05	924.63	926.19	927.72	930.71	933.62	947.05	969.77
300	2.7040	5.5289	14.902	896.18	898.07	899.93	901.75	903.54	907.01	910.36	925.63	950.86
310	2.6105	5.3234	14.199	869.11	871.39	873.61	875.78	877.90	881.99	885.92	903.46	931.60
320	2.5238	5.1349	13.581	30.551	842.45	845.18	847.83	850.40	855.32	859.99	880.38	911.94
330	2.4430	4.9611	13.031	28.782	810.35	813.84	817.19	820.41	826.49	832.17	856.23	891.85
340	2.3676	4.8001	12.536	27.300	45.697	778.25	782.71	786.93	794.75	801.88	830.80	871.27
350	2.2969	4.6503	12.086	26.028	42.750	64.323	742.18	748.16	758.82	768.19	803.83	850.16
360	2.2305	4.5104	11.675	24.914	40.353	59.206	84.402	699.99	716.29	729.53	774.96	828.47
370	2.1681	4.3795	11.296	23.924	38.337	55.299	76.312	105.20	661.06	682.70	743.76	806.14
380	2.1091	4.2565	10.945	23.035	36.599	52.145	70.542	93.500	559.75	618.91	709.62	783.14
390	2.0534	4.1407	10.618	22.229	35.074	49.504	66.062	85.661	143.41	471.10	671.72	759.44
400	2.0007	4.0314	10.314	21.492	33.717	47.236	62.408	79.772	125.28	208.23	628.96	735.01
410	1.9507	3.9280	10.029	20.814	32.495	45.253	59.330	75.067	113.77	170.12	580.04	709.87
420	1.9031	3.8301	9.7605	20.187	31.387	43.492	56.674	71.158	105.36	150.32	524.20	684.05
430	1.8579	3.7372	9.5080	19.605	30.372	41.911	54.343	67.823	98.758	137.06	463.57	657.63
440	1.8149	3.6489	9.2695	19.061	29.439	40.478	52.269	64.920	93.346	127.16	404.86	630.77
450	1.7738	3.5648	9.0438	18.552	28.575	39.169	50.403	62.353	88.772	119.32	354.85	603.66

Table C-10-10-3　R152aの定圧比熱（Specific heat capacity at constant pressure of R152a） c_p (kJ/(kg·K))

温度 T (K)	圧力 P (MPa)											
	0.1	0.2	0.5	1.0	1.5	2.0	2.5	3.0	4.0	5.0	10.0	20.0
250	0.97646	1.6267	1.6256	1.6238	1.622	1.6203	1.6186	1.6169	1.6137	1.6106	1.5969	1.5756
260	0.98800	1.6548	1.6535	1.6512	1.6491	1.6470	1.6449	1.6429	1.6389	1.6352	1.6187	1.5939
270	1.0021	1.0554	1.6850	1.6822	1.6795	1.6768	1.6743	1.6717	1.6669	1.6623	1.6425	1.6134
280	1.0180	1.0619	1.7208	1.7172	1.7138	1.7104	1.7072	1.7040	1.6980	1.6923	1.6682	1.6339
290	1.0354	1.0720	1.7622	1.7575	1.753	1.7486	1.7445	1.7404	1.7328	1.7257	1.6959	1.6555
300	1.0539	1.0847	1.2008	1.8047	1.7987	1.7929	1.7874	1.7822	1.7722	1.7631	1.7261	1.6780
310	1.0732	1.0994	1.1948	1.8620	1.8536	1.8457	1.8382	1.8311	1.8179	1.8059	1.7590	1.7015
320	1.0932	1.1157	1.1952	1.3994	1.9225	1.9110	1.9003	1.8903	1.8721	1.8558	1.7953	1.7261
330	1.1137	1.1331	1.2002	1.3602	2.0145	1.9966	1.9803	1.9653	1.9388	1.9160	1.8359	1.7519
340	1.1346	1.1514	1.2087	1.3377	1.5531	2.1188	2.0912	2.0668	2.0253	1.9913	1.8818	1.7788
350	1.1557	1.1704	1.2198	1.3261	1.4869	1.7830	2.2663	2.2195	2.1465	2.0913	1.9346	1.8071
360	1.1770	1.1900	1.2328	1.3220	1.4475	1.6468	2.0517	2.5028	2.3396	2.2360	1.9966	1.8368
370	1.1984	1.2099	1.2474	1.3232	1.4243	1.5702	1.8112	2.3371	2.7443	2.4801	2.0708	1.8680
380	1.2199	1.2301	1.2631	1.3283	1.4116	1.5242	1.6891	1.9656	5.4132	3.0563	2.1622	1.9005
390	1.2413	1.2504	1.2797	1.3363	1.4063	1.4963	1.6181	1.7963	2.7030	9.7479	2.2776	1.9343
400	1.2627	1.2709	1.2969	1.3465	1.4062	1.4800	1.5746	1.7016	2.1716	3.9868	2.4265	1.9691
410	1.2840	1.2914	1.3147	1.3585	1.4100	1.4718	1.5477	1.6441	1.9469	2.6240	2.6163	2.0044
420	1.3052	1.3118	1.3328	1.3717	1.4166	1.4692	1.5318	1.6080	1.8245	2.2059	2.8288	2.0393
430	1.3262	1.3322	1.3512	1.3860	1.4255	1.4708	1.5234	1.5855	1.7502	2.0032	2.9774	2.0729
440	1.3470	1.3525	1.3697	1.4010	1.4360	1.4755	1.5205	1.5722	1.7028	1.8863	2.9598	2.1036
450	1.3675	1.3726	1.3883	1.4165	1.4478	1.4825	1.5215	1.5654	1.6722	1.8129	2.7963	2.1301

Table C-10-10-4　R152aの比熱比（Specific heat ratio of R152a）　κ

温度 T (K)	圧力 P (MPa)											
	0.1	0.2	0.5	1.0	1.5	2.0	2.5	3.0	4.0	5.0	10.0	20.0
250	1.1946	1.5214	1.5201	1.5181	1.516	1.5141	1.5121	1.5102	1.5065	1.5030	1.4871	1.4622
260	1.1838	1.5298	1.5284	1.526	1.5236	1.5213	1.5191	1.5169	1.5127	1.5086	1.4907	1.4630
270	1.1746	1.2026	1.5383	1.5355	1.5327	1.5301	1.5274	1.5249	1.5200	1.5153	1.4947	1.4638
280	1.1667	1.1894	1.5507	1.5473	1.544	1.5408	1.5376	1.5346	1.5288	1.5233	1.4995	1.4647
290	1.1598	1.1785	1.5665	1.5623	1.5582	1.5543	1.5505	1.5468	1.5398	1.5332	1.5054	1.4659
300	1.1536	1.1693	1.2320	1.5818	1.5766	1.5716	1.5669	1.5623	1.5536	1.5456	1.5125	1.4675
310	1.1482	1.1613	1.2120	1.6080	1.6011	1.5946	1.5884	1.5825	1.5715	1.5614	1.5214	1.4696
320	1.1432	1.1545	1.1962	1.3141	1.6351	1.6260	1.6175	1.6095	1.5950	1.5820	1.5324	1.4724
330	1.1387	1.1484	1.1833	1.2735	1.6847	1.6711	1.6586	1.6472	1.6268	1.6092	1.5460	1.4759
340	1.1346	1.1430	1.1726	1.2440	1.3739	1.7412	1.7207	1.7026	1.6719	1.6465	1.5632	1.4802
350	1.1308	1.1381	1.1635	1.2215	1.3159	1.5029	1.8270	1.7931	1.7402	1.7001	1.5847	1.4853
360	1.1273	1.1337	1.1557	1.2038	1.2760	1.3979	1.6609	1.9738	1.8575	1.7838	1.6122	1.4914
370	1.1240	1.1297	1.1489	1.1895	1.2467	1.3337	1.4849	1.8315	2.1206	1.9348	1.6475	1.4984
380	1.1210	1.1261	1.1430	1.1777	1.2242	1.2900	1.3907	1.5667	3.9719	2.3133	1.6936	1.5062
390	1.1181	1.1227	1.1377	1.1677	1.2064	1.2581	1.3310	1.4413	2.0330	6.8854	1.7551	1.5148
400	1.1155	1.1196	1.1329	1.1592	1.1919	1.2339	1.2894	1.3664	1.6641	2.8619	1.8377	1.5240
410	1.1130	1.1167	1.1287	1.1518	1.1799	1.2147	1.2587	1.3162	1.5036	1.9392	1.9456	1.5334
420	1.1106	1.1140	1.1248	1.1453	1.1697	1.1991	1.2351	1.2799	1.4114	1.6515	2.0651	1.5425
430	1.1084	1.1115	1.1213	1.1396	1.1611	1.1863	1.2162	1.2523	1.3510	1.5074	2.1390	1.5506
440	1.1063	1.1091	1.1180	1.1346	1.1535	1.1754	1.2009	1.2307	1.3081	1.4199	2.1050	1.5567
450	1.1043	1.1069	1.1151	1.1300	1.1469	1.1662	1.1881	1.2133	1.2759	1.3607	1.9812	1.5600

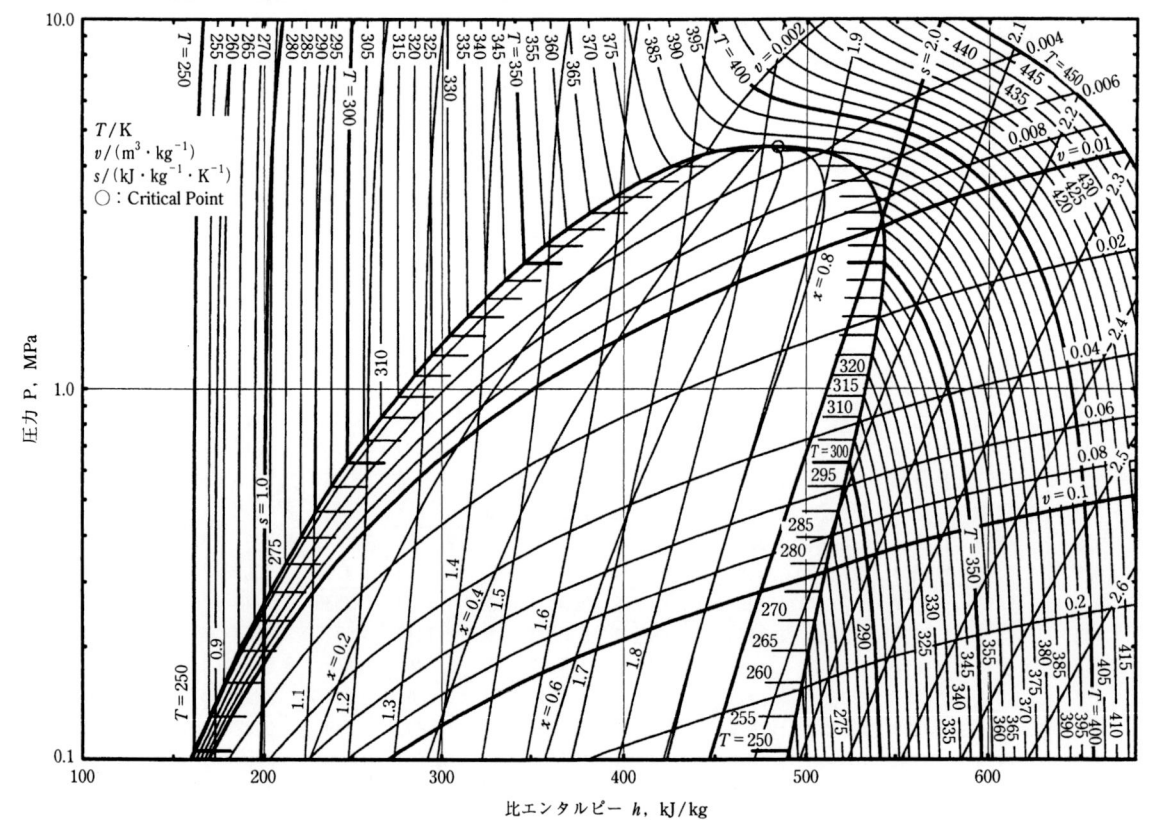

Fig. C-10-10-1　R152aのP-h線図（P-h Diagram of R152a）

10.10.2 R152aの輸送性質
(Transport Properties of R152a)

(a) 粘性率

R152aは塩素を含まないフルオロカーボン系冷媒であり，冷媒やスプレー用に用いられている．しかし，R152aは可燃性を有しているので，使用が限られているため，他のHFC系冷媒と比較してその粘性率の情報源は限られている．本節では現在入手可能な実測値情報を用いて整理された相関式により，飽和液体，および飽和蒸気について粘性率を示した．

Table C-10-10-5にR152aの飽和液体[3]および飽和蒸気[3]の粘性率を示す．表中の不確かさは文献に示されているもので，実測値の測定不確かさと相関式の再現性より決められている．

(b) 熱伝導率

Table C-10-10-6にR152aの広い領域の熱伝導率を示す．またTable C-10-10-7にR152aの飽和液体および飽和蒸気の熱熱伝導率を示す．これらの表の値は，文献[4]の式により計算した．表の値の不確かさは，液相で3%，気相で5%と評価されている．

Table C-10-10-5 R152aの粘性率 (Viscosity of R152a)

温度 Temperature T (K)	飽和液体 Saturated Liquid η' (μPa·s)	飽和蒸気 Saturated Vapor η'' (μPa·s)
240	348	
245	320	
250	296	
255	274	
260	255	
265	238	
270	223	9.01
275	209	9.28
280	197	9.52
285	186	9.73
290	177	9.92
295	167	10.1
300	159	10.3
305	151	10.4
310	143	10.6
315	136	10.8
320	129	11.0
325	122	11.2
330	115	11.4
335	108	11.7
340	101	12.0
345	94.5	12.3
350	88.1	12.7
355	82.0	13.2
360	76.3	13.7
365	71.0	14.3
370	66.5	15.0
375	62.7	
不確かさ Uncertainty	4 %	5 %

Table C-10-10-6 R152aの熱伝導率 (Thermal conductivity of R152a) (mW/(m·K))

温度 Temperature T (K)	圧力 Pressure p (MPa)									
	0.1	0.2	0.5	1.0	2.0	5.0	10.0	20.0	30.0	50.0
220	135.3	135.3	135.5	135.7	136.2	137.5	139.7	143.9	147.8	155.0
230	129.9	130.0	130.1	130.4	130.8	132.3	134.6	138.9	142.9	150.3
240	124.8	124.8	125.0	125.2	125.7	127.2	129.6	134.1	138.3	145.8
250	9.50	119.8	120.0	120.2	120.8	122.3	124.9	129.5	133.8	141.6
260	10.46	115.0	115.2	115.5	116.1	117.6	120.3	125.1	129.6	137.6
270	11.43	11.55	110.6	110.9	111.5	113.2	115.9	121.0	125.6	133.7
280	12.40	12.51	106.0	106.4	107.0	108.9	111.8	116.9	121.7	130.1
290	13.37	13.47	101.6	101.9	102.6	104.6	107.7	113.2	118.0	126.6
300	14.34	14.43	14.83	97.6	98.3	100.5	103.8	109.5	114.5	123.4
310	15.31	15.39	15.75	93.3	94.1	96.5	100.0	106.1	111.2	120.2
320	16.28	16.36	16.68	17.65	89.9	92.5	96.3	102.7	108.1	117.3
330	17.25	17.32	17.62	18.43	85.6	88.6	92.7	99.5	105.1	114.5
340	18.22	18.29	18.56	19.26	81.2	84.6	89.2	96.4	102.3	111.8
350	19.19	19.26	19.51	20.13	23.14	80.6	85.8	93.5	99.6	109.4
360	20.16	20.23	20.47	21.02	23.35	76.6	82.4	90.7	97.0	107.0
370	21.13	21.20	21.42	21.93	23.83	72.3	79.1	88.0	94.5	104.8
380	22.10	22.17	22.38	22.85	24.45	67.9	75.8	85.4	92.2	102.8
390	23.07	23.14	23.34	23.77	25.16	68.1	72.6	82.9	90.0	100.8
400	24.05	24.11	24.30	24.71	25.94	44.3	69.4	80.6	88.0	99.0

Table C-10-10-7 飽和状態のR152aの熱伝導率 (Thermal conductivity of R152a at saturated states)

温度 Temperature T (K)	熱伝導率 Thermal conductivity		温度 Temperature T (K)	熱伝導率 Thermal conductivity	
	λ' (mW/(m·K))	λ'' (mW/(m·K))		λ' (mW/(m·K))	λ'' (mW/(m·K))
220	135.3	6.50	315	91.0	17.14
225	132.5	6.99	320	89.0	17.91
230	129.9	7.49	325	87.0	18.74
235	127.3	7.99	330	84.9	19.64
240	124.7	8.49	335	82.9	20.62
245	122.2	8.99	340	80.9	21.72
250	119.8	9.50	345	78.9	22.97
255	117.4	10.02	350	76.8	24.40
260	115.0	10.54	355	74.8	26.09
265	112.7	11.07	360	72.8	28.12
270	110.4	11.60	365	70.9	30.64
275	108.2	12.15	370	69.0	33.92
280	105.9	12.70	375	67.5	38.49
285	103.7	13.27	380	67.3	46.0
290	101.6	13.86	381	67.6	48.3
295	99.4	14.46	382	68.2	51.1
300	97.3	15.09	383	69.3	54.8
305	95.2	15.74	384	71.3	60.2
310	93.1	16.42	385	75.7	69.6

1) JSRAE., "JSRAE Thermodynamic Tables, Vol.1 (HFCs and HCFCs)," 日本冷凍空調学会 (2004). 2) Outcalt, S. L. and McLinden, M. O., "A modified Benedict-Webb-Rubin Equation of State for the Thermodynamic Properties of R152a (1,1-difluoroethane)," J. Phys. Chem. Ref. Data, 25 (2): 605-636, 1996. 3) 日本冷凍空調学会冷媒物性分科会: JSRAE Thermodynamic Tables, Vol.1, ver.2, JSRAE (2004) 64-82. 4) Krauss, R., Weiss, V. C., Edison, T. A., Sengers, J. V., and Stephan, K., Int. J. Thermophysics, 17 (1996), pp.731-757.

10.11 混合冷媒の熱力学性質・輸送性質 (Thermodynamic and Transport Properties of Refrigerant Mixtures)

フロン系冷媒の組み合わせからなる混合冷媒に関して，あらゆる熱物性値情報を完全に数表化し，かつグラフ化して提供することはできない．ここでは，現時点で冷媒としての利用が期待されている下記の5種類の混合冷媒に対象を絞って，その熱力学性質および輸送性質を表に示し，さらに冷凍空調関係者に重要となる p-h 線図をまとめた．

R404A (44 mass% R125 + 52 mass% R143a
　　　+ 4 mass% R134a)
R407C (23 mass% R32 + 25 mass% R125
　　　+ 52 mass% R134a)
R410A (50 mass% R32 + 50 mass% R125)
R410B (45 mass% R32 + 55 mass% R125)
R507A (50 mass% R125 + 50 mass% R143a)

熱力学性質に関しては，温度を基準として，圧力，密度，比エンタルピー，比エントロピー，定容比熱容量，定圧比熱容量の値を，R404AはTable C-10-11-1に，R407CはTable C-10-11-3に，R410AはTable C-10-11-5に，R410BはTable C-10-11-7に，そしてR507AはTable C-10-11-9に示した．計算には，米国商務省標準技術研究所 (NIST: National Institute of Standards and Technology) で作られ，全世界の関係工業界で幅広く利用されているREFPROP Ver. 7.0[1]を使用した．計算上，比エンタルピーおよび比エントロピー算出には基準値の設定が必要となる．本章では，各混合冷媒の273.15Kにおける飽和液体状態を基準点とし，そのときの値を比エンタルピーは200.00 kJ/kg，比エントロピーは1.0000 kJ/(kg·K) として算出してある．温度範囲については，冷媒という特性上，低温度領域までの数字を示すこととし，R407Cが223.15K (-50℃) から臨界点近傍までとしたが，そのほかの4物質に関しては213.15K (-60℃) から臨界点近傍までとした．なお，現状の混合物の状態方程式では，臨界点近傍の計算精度はいずれの式を利用しても，その信頼性に対する補償はできない．そのために，状態式からの計算から明確な臨界点の計算は不確かな要素が多い．なお，冷凍工学の分野における性能解析で重要となる圧力-温度線図 (p-h 線図) も，Fig. C-10-11-1からFig. C-10-11-5に示した．p-h 線図の作成に関しては，日本冷凍空調学会冷媒技術分科会作成の図[2]を引用した．

輸送性質に関しては，温度を基準として，熱伝導率，粘性率，動粘性率，熱拡散率，プラントル数，表面張力の値を，R404AはTable C-10-11-2に，R407CはTable C-10-11-4に，R410AはTable C-10-11-6に，R410BはTable C-10-11-8に，そしてR507AはTable C-10-11-10に示した．計算は，熱力学性質と同様に，米国商務省標準技術研究所 (NIST) のREFPROP Ver. 7.0[1]で行った．

熱力学性質および輸送性質ともに，混合物の計算においては，同じ温度基準でも，純物質と違って組成に違いが生じるため，気相と液相で熱物性値が異なることになる．本章における各表においては，気相状態の熱物性値には，添え字"vap"をつけ，液相状態の熱物性値には添え字"liq"をつけて区別した．たとえば，R410Aの273.15Kにおける圧力は，Table C-10-11-5に示すように，p_{liq} と p_{vap} の2つがあり，それぞれが0.8007 MPaと0.7981 MPaとなっている．これは液相および気相のそれぞれの状態がR410Aであらわす50 mass% R32 + 50 mass% R125のときの圧力を意味している．

---

1) Lemmon, E. W., McLinden, M. O., and Huber, M. L., NIST Standard Reference Data 23. REFPROP Ver. 7.0, 2002, NIST, USA.　2) 日本冷凍空調学会冷媒技術分科会 (主査：香川澄防衛大学校教授), 2006, 日本冷凍空調学会.

Table C-10-11-1 R404Aの熱力学性質 (Thermodynamic properties of R404A)

温度 Temperature T (K)	圧力 Pressure		比エンタルピー Specific enthalpy		比エントロピー Specific entropy	
	p_{liq} (MPa)	p_{vap} (MPa)	h_{liq} (kJ/kg)	h_{vap} (kJ/kg)	s_{liq} (kJ/(kg·K))	s_{vap} (kJ/(kg·K))
213.15	0.0498	0.0475	122.21	331.40	0.6811	1.6651
218.15	0.0652	0.0625	128.38	334.46	0.7096	1.6566
223.15	0.0842	0.0810	134.59	337.51	0.7377	1.6491
228.15	0.1074	0.1037	140.85	340.53	0.7654	1.6424
233.15	0.1353	0.1310	147.15	343.53	0.7926	1.6365
238.15	0.1685	0.1636	153.51	346.51	0.8195	1.6313
243.15	0.2078	0.2022	159.93	349.44	0.8460	1.6267
248.15	0.2537	0.2475	166.41	352.33	0.8723	1.6226
253.15	0.3071	0.3002	172.97	355.16	0.8982	1.6190
258.15	0.3686	0.3610	179.60	357.94	0.9240	1.6158
263.15	0.4391	0.4308	186.31	360.65	0.9495	1.6129
268.15	0.5194	0.5103	193.10	363.28	0.9748	1.6102
273.15	0.6102	0.6003	200.00	365.82	1.0000	1.6078
278.15	0.7125	0.7019	207.00	368.25	1.0251	1.6054
283.15	0.8271	0.8158	214.12	370.57	1.0501	1.6032
288.15	0.9550	0.9429	221.36	372.74	1.0750	1.6009
293.15	1.0972	1.0844	228.75	374.74	1.1000	1.5984
298.15	1.2546	1.2412	236.30	376.55	1.1250	1.5958
303.15	1.4283	1.4144	244.03	378.14	1.1502	1.5929
308.15	1.6195	1.6051	251.97	379.45	1.1755	1.5895
313.15	1.8294	1.8146	260.17	380.43	1.2012	1.5855
318.15	2.0593	2.0443	268.68	380.99	1.2274	1.5807
323.15	2.3106	2.2957	277.57	381.01	1.2543	1.5746
328.15	2.5851	2.5705	286.99	380.28	1.2823	1.5667
333.15	2.8849	2.8711	297.18	378.40	1.3120	1.5559
338.15	3.2126	3.2004	308.71	374.48	1.3451	1.5397
343.15	3.5725	3.5640	323.96	365.04	1.3883	1.5081

温度 Temperature T (K)	密度 Density		定容比熱容量 Specific heat capacity at constant volume		定圧比熱容量 Specific heat capacity at constant pressure	
	ρ_{liq} (kg/m³)	ρ_{vap} (kg/m³)	$c_{v\,liq}$ (kJ/(kg·K))	$c_{v\,vap}$ (kJ/(kg·K))	$c_{p\,liq}$ (kJ/(kg·K))	$c_{p\,vap}$ (kJ/(kg·K))
213.15	1348.0	2.7	0.8045	0.6334	1.2294	0.7347
218.15	1333.0	3.5	0.8107	0.6468	1.2366	0.7512
223.15	1317.8	4.4	0.8168	0.6603	1.2448	0.7684
228.15	1302.5	5.6	0.8230	0.6741	1.2540	0.7863
233.15	1286.9	7.0	0.8293	0.6881	1.2642	0.8051
238.15	1271.1	8.6	0.8357	0.7024	1.2754	0.8248
243.15	1255.0	10.5	0.8421	0.7169	1.2876	0.8456
248.15	1238.6	12.8	0.8488	0.7316	1.3009	0.8676
253.15	1221.8	15.4	0.8555	0.7466	1.3153	0.8909
258.15	1204.6	18.4	0.8624	0.7618	1.3311	0.9157
263.15	1186.9	21.9	0.8694	0.7771	1.3483	0.9422
268.15	1168.8	25.9	0.8766	0.7926	1.3673	0.9706
273.15	1150.0	30.5	0.8840	0.8082	1.3882	1.0012
278.15	1130.6	35.7	0.8916	0.8240	1.4116	1.0348
283.15	1110.4	41.7	0.8995	0.8400	1.4378	1.0722
288.15	1089.4	48.5	0.9075	0.8564	1.4677	1.1146
293.15	1067.3	56.3	0.9159	0.8735	1.5020	1.1636
298.15	1044.1	65.3	0.9247	0.8915	1.5423	1.2214
303.15	1019.4	75.6	0.9341	0.9107	1.5903	1.2914
308.15	993.1	87.6	0.9441	0.9312	1.6491	1.3781
313.15	964.7	101.6	0.9551	0.9533	1.7234	1.4895
318.15	933.6	118.1	0.9675	0.9774	1.8214	1.6387
323.15	899.1	138.0	0.9820	1.0041	1.9588	1.8515
328.15	859.7	162.7	0.9998	1.0342	2.1691	2.1840
333.15	813.0	194.6	1.0234	1.0696	2.5428	2.7866
338.15	753.0	239.6	1.0586	1.1148	3.4360	4.2359
343.15	655.3	321.8	1.1292	1.1853	9.0294	12.5220

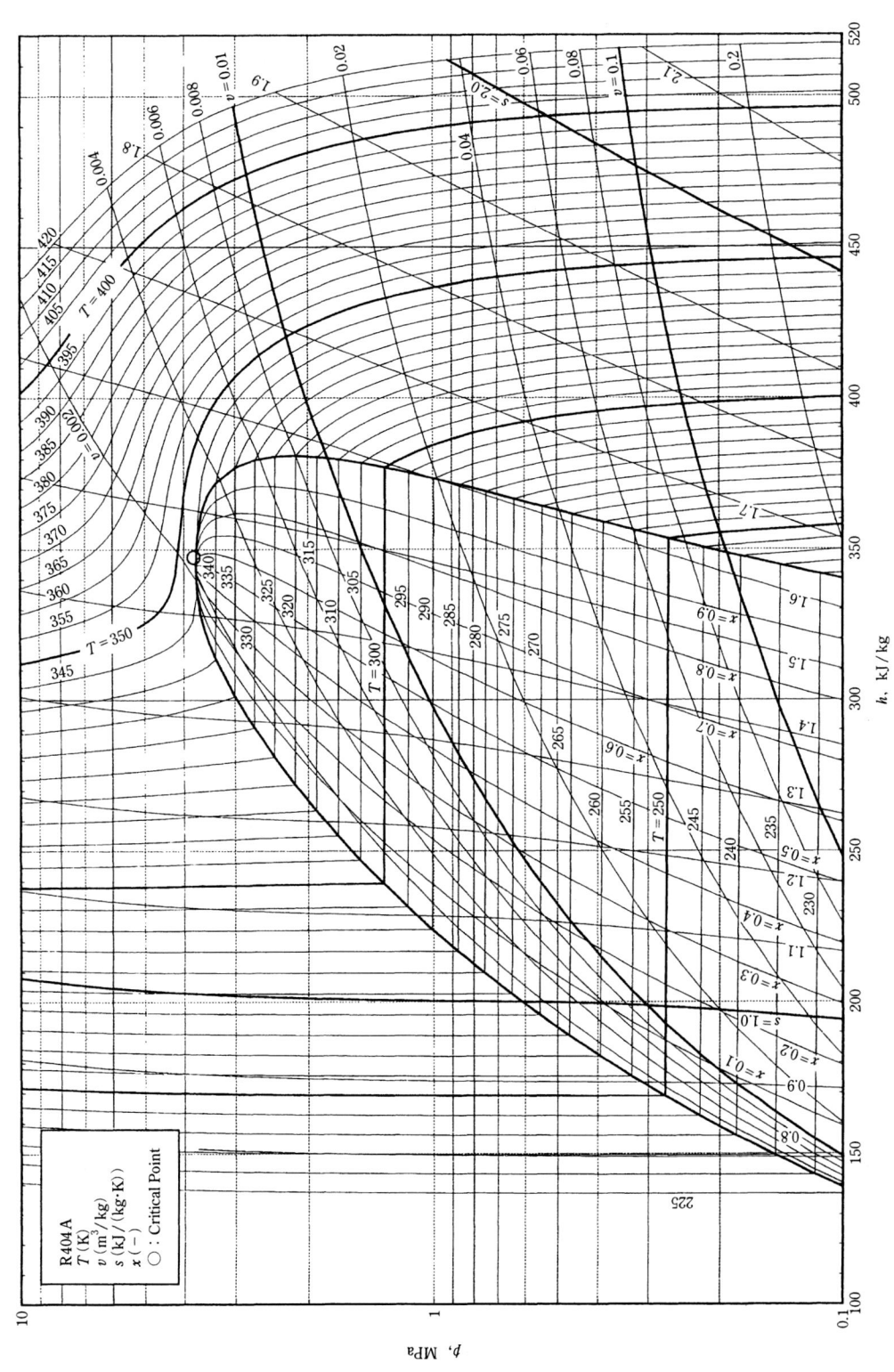

10.11 混合冷媒の熱力学性質・輸送性質

Fig. C-10-11-1　R404A　$p-h$ 線図

Table C-10-11-2 R404Aの輸送性質 (Transport properties of R404A)

温度 Temperature T (K)	熱伝導率 Thermal conductivity		粘性率 Viscosity		動粘性率 Kinematic viscosity	
	λ_{liq} (mW/(m·K))	λ_{vap} (mW/(m·K))	η_{liq} (μPa·s)	η_{vap} (μPa·s)	υ_{liq} (cm²/s)	υ_{vap} (cm²/s)
213.15	99.63	9.20	453.92	9.54	0.00337	0.03544
218.15	97.27	9.61	414.17	9.77	0.00311	0.02808
223.15	94.95	10.02	379.07	10.01	0.00288	0.02254
228.15	92.68	10.44	347.96	10.26	0.00267	0.01831
233.15	90.45	10.86	320.29	10.50	0.00249	0.01504
238.15	88.26	11.29	295.59	10.75	0.00233	0.01247
243.15	86.10	11.73	273.46	11.00	0.00218	0.01043
248.15	83.99	12.17	253.55	11.26	0.00205	0.00880
253.15	81.91	12.62	235.58	11.52	0.00193	0.00747
258.15	79.87	13.08	219.28	11.78	0.00182	0.00639
263.15	77.86	13.56	204.44	12.05	0.00172	0.00550
268.15	75.89	14.04	190.87	12.33	0.00163	0.00476
273.15	73.94	14.54	178.41	12.62	0.00155	0.00414
278.15	72.03	15.05	166.90	12.91	0.00148	0.00362
283.15	70.14	15.62	156.22	13.22	0.00141	0.00317
288.15	68.27	16.42	146.26	13.64	0.00134	0.00281
293.15	66.43	17.16	136.92	14.01	0.00128	0.00249
298.15	64.61	17.97	128.10	14.41	0.00123	0.00221
303.15	62.81	18.87	119.72	14.85	0.00117	0.00196
308.15	61.02	19.89	111.70	15.34	0.00112	0.00175
313.15	59.25	21.08	103.94	15.90	0.00108	0.00157
318.15	57.49	22.51	96.37	16.54	0.00103	0.00140
323.15	55.74	24.28	88.87	17.30	0.00099	0.00125
328.15	54.04	26.56	81.29	18.26	0.00095	0.00112
333.15	52.49	29.74	73.39	19.54	0.00090	0.00100
338.15	51.51	34.82	64.63	21.47	0.00086	0.00090
343.15	54.06	47.46	52.81	25.53	0.00081	0.00079

温度 Temperature T (K)	熱拡散率 Thermal diffusitivity		プラントル数 Prandtl number		表面張力 Surface tension	
	α_{liq} (cm²/s)	α_{vap} (cm²/s)	Pr_{liq}	Pr_{vap}	σ_{liq} (mN/m)	σ_{vap} (mN/m)
213.15	0.00060	0.04655	5.6012	0.7614	14.45	14.87
218.15	0.00059	0.03675	5.2654	0.7642	13.91	14.28
223.15	0.00058	0.02936	4.9695	0.7680	13.37	13.69
228.15	0.00057	0.02370	4.7082	0.7727	12.81	13.10
233.15	0.00056	0.01931	4.4768	0.7785	12.25	12.51
238.15	0.00054	0.01587	4.2716	0.7854	11.68	11.91
243.15	0.00053	0.01315	4.0893	0.7934	11.11	11.31
248.15	0.00052	0.01096	3.9271	0.8025	10.52	10.71
253.15	0.00051	0.00919	3.7828	0.8130	9.94	10.11
258.15	0.00050	0.00775	3.6544	0.8247	9.34	9.50
263.15	0.00049	0.00657	3.5403	0.8379	8.75	8.89
268.15	0.00047	0.00559	3.4391	0.8526	8.15	8.28
273.15	0.00046	0.00477	3.3496	0.8691	7.54	7.66
278.15	0.00045	0.00408	3.2710	0.8877	6.94	7.05
283.15	0.00044	0.00350	3.2026	0.9076	6.34	6.44
288.15	0.00043	0.00304	3.1442	0.9257	5.74	5.83
293.15	0.00041	0.00262	3.0957	0.9501	5.14	5.23
298.15	0.00040	0.00225	3.0577	0.9798	4.55	4.63
303.15	0.00039	0.00193	3.0312	1.0166	3.97	4.04
308.15	0.00037	0.00165	3.0185	1.0632	3.40	3.46
313.15	0.00036	0.00139	3.0235	1.1231	2.84	2.90
318.15	0.00034	0.00116	3.0536	1.2037	2.30	2.35
323.15	0.00032	0.00095	3.1229	1.3195	1.77	1.82
328.15	0.00029	0.00075	3.2629	1.5013	1.28	1.32
333.15	0.00025	0.00055	3.5557	1.8305	0.82	0.85
338.15	0.00020	0.00034	4.3116	2.6112	0.42	0.43
343.15	0.00009	0.00012	8.8219	6.7359	0.09	0.09

10.11 混合冷媒の熱力学性質・輸送性質

Table C-10-11-3　R407Cの熱力学性質 (Thermodynamic properties of R407C)

温度 Temperature	圧力 Pressure		比エンタルピー Specific enthalpy		比エントロピー Specific entropy	
T (K)	p_{liq} (MPa)	p_{vap} (MPa)	h_{liq} (kJ/kg)	h_{vap} (kJ/kg)	s_{liq} (kJ/(kg·K))	s_{vap} (kJ/(kg·K))
223.15	0.0738	0.0502	132.33	381.85	0.7282	1.8654
228.15	0.0948	0.0661	138.87	384.83	0.7572	1.8529
233.15	0.1203	0.0857	145.45	387.78	0.7856	1.8415
238.15	0.1508	0.1097	152.07	390.69	0.8136	1.8310
243.15	0.1871	0.1387	158.74	393.57	0.8412	1.8213
248.15	0.2299	0.1735	165.46	396.39	0.8684	1.8124
253.15	0.2799	0.2147	172.24	399.15	0.8953	1.8042
258.15	0.3379	0.2632	179.07	401.85	0.9219	1.7965
263.15	0.4047	0.3198	185.97	404.49	0.9482	1.7894
268.15	0.4810	0.3853	192.95	407.04	0.9742	1.7827
273.15	0.5679	0.4607	200.00	409.51	1.0000	1.7764
278.15	0.6660	0.5469	207.14	411.88	1.0256	1.7704
283.15	0.7764	0.6449	214.37	414.14	1.0511	1.7647
288.15	0.9000	0.7557	221.71	416.28	1.0764	1.7591
293.15	1.0376	0.8803	229.16	418.28	1.1016	1.7537
298.15	1.1903	1.0200	236.74	420.13	1.1268	1.7483
303.15	1.3591	1.1759	244.46	421.80	1.1520	1.7429
308.15	1.5450	1.3492	252.34	423.27	1.1772	1.7373
313.15	1.7490	1.5413	260.40	424.50	1.2025	1.7315
318.15	1.9723	1.7536	268.67	425.45	1.2281	1.7254
323.15	2.2160	1.9878	277.18	426.07	1.2539	1.7187
328.15	2.4812	2.2454	285.99	426.29	1.2801	1.7113
333.15	2.7692	2.5287	295.16	426.01	1.3069	1.7029
338.15	3.0814	2.8400	304.81	425.05	1.3347	1.6931
343.15	3.4189	3.1823	315.12	423.18	1.3639	1.6811
348.15	3.7830	3.5601	326.48	419.89	1.3955	1.6657
353.15	4.1738	3.9808	339.84	414.01	1.4321	1.6436

温度 Temperature	密度 Density		定容比熱容量 Specific heat capacity at constant volume		定圧比熱容量 Specific heat capacity at constant pressure	
T (K)	ρ_{liq} (kg/m³)	ρ_{vap} (kg/m³)	$c_{v\,liq}$ (kJ/(kg·K))	$c_{v\,vap}$ (kJ/(kg·K))	$c_{p\,liq}$ (kJ/(kg·K))	$c_{p\,vap}$ (kJ/(kg·K))
223.15	1400.1	2.4	0.8351	0.6250	1.3036	0.7395
228.15	1384.9	3.1	0.8384	0.6381	1.3104	0.7563
233.15	1369.5	4.0	0.8418	0.6516	1.3182	0.7741
238.15	1353.9	5.0	0.8456	0.6654	1.3267	0.7927
243.15	1338.1	6.2	0.8495	0.6796	1.3362	0.8124
248.15	1321.9	7.7	0.8537	0.6941	1.3466	0.8332
253.15	1305.5	9.4	0.8581	0.7088	1.3580	0.8551
258.15	1288.8	11.5	0.8627	0.7238	1.3706	0.8783
263.15	1271.7	13.8	0.8676	0.7391	1.3843	0.9028
268.15	1254.2	16.5	0.8728	0.7546	1.3995	0.9289
273.15	1236.2	19.7	0.8782	0.7704	1.4163	0.9567
278.15	1217.8	23.3	0.8839	0.7863	1.4349	0.9864
283.15	1198.7	27.4	0.8898	0.8024	1.4556	1.0185
288.15	1179.1	32.2	0.8961	0.8187	1.4789	1.0533
293.15	1158.7	37.6	0.9028	0.8353	1.5051	1.0916
298.15	1137.5	43.8	0.9098	0.8522	1.5350	1.1343
303.15	1115.4	50.8	0.9172	0.8696	1.5694	1.1826
308.15	1092.1	58.9	0.9251	0.8876	1.6095	1.2381
313.15	1067.7	68.1	0.9337	0.9064	1.6569	1.3033
318.15	1041.7	78.8	0.9430	0.9262	1.7143	1.3815
323.15	1013.9	91.2	0.9533	0.9473	1.7854	1.4777
328.15	983.9	105.6	0.9650	0.9700	1.8770	1.6001
333.15	951.1	122.7	0.9787	0.9946	2.0009	1.7626
338.15	914.4	143.4	0.9956	1.0218	2.1809	1.9914
343.15	872.1	169.0	1.0178	1.0527	2.4714	2.3426
348.15	820.7	202.4	1.0494	1.0895	3.0280	2.9612
353.15	751.6	250.4	1.1005	1.1376	4.5347	4.3818

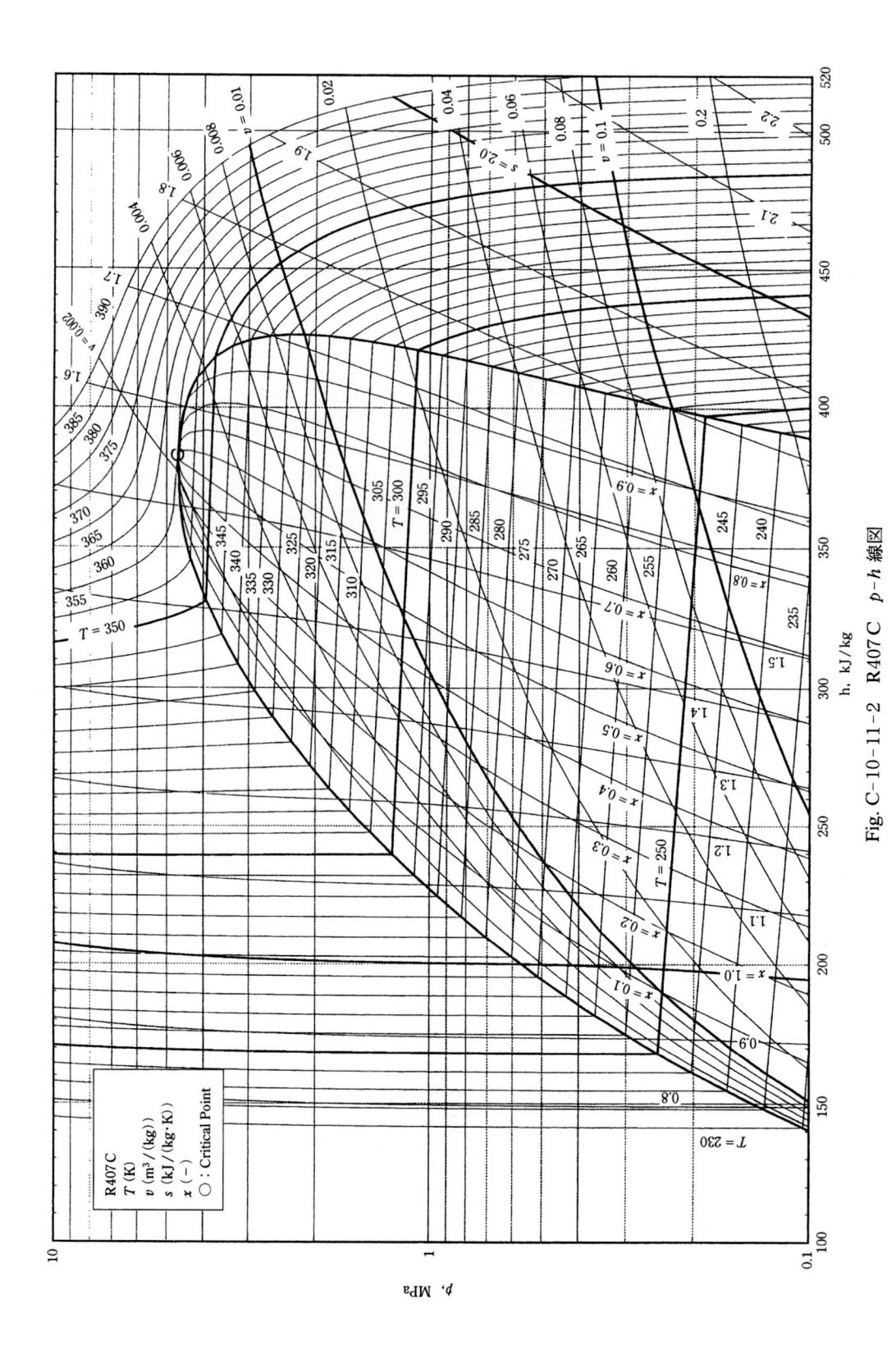

Fig. C-10-11-2　R407C　p-h 線図

Table C-10-11-4　R407Cの輸送性質 (Transport properties of R407C)

温度 Temperature T (K)	熱伝導率 Thermal conductivity λ_{liq} (mW/(m·K))	λ_{vap} (mW/(m·K))	粘性率 Viscosity η_{liq} (μPa·s)	η_{vap} (μPa·s)	動粘性率 Kinematic viscosity v_{liq} (cm²/s)	v_{vap} (cm²/s)
223.15	128.19	8.42	448.68	9.47	0.00320	0.03958
228.15	125.28	8.74	411.97	9.70	0.00297	0.03132
233.15	122.41	9.07	379.38	9.92	0.00277	0.02510
238.15	119.56	9.40	350.31	10.15	0.00259	0.02034
243.15	116.73	9.74	324.26	10.38	0.00242	0.01666
248.15	113.94	10.08	300.82	10.61	0.00228	0.01378
253.15	111.17	10.43	279.63	10.84	0.00214	0.01149
258.15	108.42	10.79	260.40	11.07	0.00202	0.00966
263.15	105.71	11.15	242.87	11.30	0.00191	0.00818
268.15	103.02	11.53	226.83	11.53	0.00181	0.00697
273.15	100.37	11.93	212.09	11.76	0.00172	0.00597
278.15	97.73	12.35	198.48	11.98	0.00163	0.00514
283.15	95.12	12.79	185.88	12.21	0.00155	0.00445
288.15	92.54	13.26	174.15	12.42	0.00148	0.00386
293.15	89.98	13.77	163.19	12.63	0.00141	0.00336
298.15	87.43	14.34	152.90	12.82	0.00134	0.00293
303.15	84.91	14.95	143.20	13.08	0.00128	0.00257
308.15	82.40	15.64	134.00	13.42	0.00123	0.00228
313.15	79.90	16.42	125.24	13.80	0.00117	0.00202
318.15	77.40	17.31	116.85	14.21	0.00112	0.00180
323.15	74.92	18.36	108.76	14.68	0.00107	0.00161
328.15	72.44	19.62	100.90	15.21	0.00103	0.00144
333.15	69.96	21.19	93.19	15.83	0.00098	0.00129
338.15	67.49	23.20	85.50	16.58	0.00094	0.00116
343.15	65.07	25.88	77.66	17.52	0.00089	0.00104
348.15	62.85	29.72	69.34	18.78	0.00084	0.00093
353.15	61.51	35.95	59.78	20.72	0.00080	0.00083

温度 Temperature T (K)	熱拡散率 Thermal diffusitivity α_{liq} (cm²/s)	α_{vap} (cm²/s)	プラントル数 Prandtl number Pr_{liq}	Pr_{vap}	表面張力 Surface tension σ_{liq} (mN/m)	σ_{vap} (mN/m)
223.15	0.00070	0.04755	4.5628	0.8322	18.93	19.14
228.15	0.00069	0.03733	4.3091	0.8389	18.06	18.30
233.15	0.00068	0.02964	4.0853	0.8467	17.20	17.47
238.15	0.00067	0.02378	3.8874	0.8555	16.35	16.65
243.15	0.00065	0.01925	3.7116	0.8653	15.51	15.83
248.15	0.00064	0.01572	3.5553	0.8762	14.68	15.02
253.15	0.00063	0.01294	3.4160	0.8881	13.85	14.21
258.15	0.00061	0.01072	3.2916	0.9009	13.04	13.42
263.15	0.00060	0.00894	3.1805	0.9148	12.24	12.62
268.15	0.00059	0.00751	3.0813	0.9284	11.45	11.84
273.15	0.00057	0.00634	2.9928	0.9426	10.66	11.07
278.15	0.00056	0.00537	2.9141	0.9571	9.89	10.30
283.15	0.00055	0.00458	2.8444	0.9720	9.14	9.55
288.15	0.00053	0.00391	2.7831	0.9871	8.39	8.80
293.15	0.00052	0.00336	2.7298	1.0011	7.66	8.07
298.15	0.00050	0.00289	2.6844	1.0142	6.94	7.34
303.15	0.00049	0.00249	2.6468	1.0348	6.23	6.63
308.15	0.00047	0.00214	2.6175	1.0626	5.55	5.93
313.15	0.00045	0.00185	2.5974	1.0953	4.87	5.25
318.15	0.00043	0.00159	2.5879	1.1342	4.22	4.58
323.15	0.00041	0.00136	2.5920	1.1816	3.59	3.93
328.15	0.00039	0.00116	2.6146	1.2403	2.98	3.29
333.15	0.00037	0.00098	2.6652	1.3167	2.39	2.68
338.15	0.00034	0.00081	2.7626	1.4231	1.83	2.09
343.15	0.00030	0.00065	2.9493	1.5854	1.30	1.53
348.15	0.00025	0.00050	3.3411	1.8715	0.81	1.00
353.15	0.00018	0.00033	4.4072	2.5261	0.38	0.51

Table C-10-11-5　R410Aの熱力学性質（Thermodynamic properties of R410A）

温度 Temperature	圧力 Pressure		比エンタルピー Specific enthalpy		比エントロピー Specific entropy	
T (K)	p_{liq} (MPa)	p_{vap} (MPa)	h_{liq} (kJ/kg)	h_{vap} (kJ/kg)	s_{liq} (kJ/(kg·K))	s_{vap} (kJ/(kg·K))
213.15	0.0642	0.0640	114.66	394.72	0.6504	1.9645
218.15	0.0843	0.0839	121.47	397.40	0.6819	1.9470
223.15	0.1090	0.1086	128.32	400.02	0.7129	1.9306
228.15	0.1391	0.1386	135.21	402.57	0.7433	1.9153
233.15	0.1755	0.1749	142.15	405.04	0.7732	1.9010
238.15	0.2189	0.2181	149.13	407.44	0.8027	1.8876
243.15	0.2703	0.2693	156.17	409.75	0.8318	1.8749
248.15	0.3305	0.3294	163.27	411.97	0.8605	1.8629
253.15	0.4007	0.3993	170.44	414.09	0.8889	1.8516
258.15	0.4816	0.4800	177.69	416.09	0.9170	1.8407
263.15	0.5746	0.5727	185.02	417.97	0.9449	1.8303
268.15	0.6805	0.6783	192.46	419.71	0.9725	1.8202
273.15	0.8007	0.7981	200.00	421.31	1.0000	1.8104
278.15	0.9362	0.9332	207.66	422.73	1.0274	1.8007
283.15	1.0884	1.0848	215.46	423.96	1.0547	1.7912
288.15	1.2584	1.2543	223.42	424.97	1.0820	1.7816
293.15	1.4476	1.4430	231.54	425.73	1.1094	1.7719
298.15	1.6574	1.6522	239.86	426.19	1.1368	1.7619
303.15	1.8893	1.8835	248.41	426.31	1.1645	1.7515
308.15	2.1449	2.1385	257.22	426.03	1.1925	1.7405
313.15	2.4256	2.4187	266.33	425.26	1.2210	1.7286
318.15	2.7335	2.7261	275.84	423.88	1.2501	1.7155
323.15	3.0706	3.0628	285.85	421.72	1.2801	1.7007
328.15	3.4391	3.4313	296.57	418.46	1.3118	1.6833
333.15	3.8418	3.8344	308.41	413.54	1.3461	1.6618
338.15	4.2824	4.2760	322.43	405.60	1.3862	1.6322

温度 Temperature	密度 Density		定容比熱容量 Specific heat capacity at constant volume		定圧比熱容量 Specific heat capacity at constant pressure	
T (K)	ρ_{liq} (kg/m³)	ρ_{vap} (kg/m³)	$c_{v\,liq}$ (kJ/(kg·K))	$c_{v\,vap}$ (kJ/(kg·K))	$c_{p\,liq}$ (kJ/(kg·K))	$c_{p\,vap}$ (kJ/(kg·K))
213.15	1376.3	2.7	0.8543	0.6207	1.3590	0.7673
218.15	1360.8	3.5	0.8543	0.6367	1.3649	0.7896
223.15	1345.1	4.5	0.8549	0.6531	1.3718	0.8132
228.15	1329.2	5.6	0.8559	0.6699	1.3797	0.8381
233.15	1313.0	7.0	0.8574	0.6870	1.3888	0.8642
238.15	1296.6	8.6	0.8593	0.7043	1.3990	0.8917
243.15	1279.8	10.5	0.8617	0.7218	1.4107	0.9206
248.15	1262.7	12.8	0.8646	0.7393	1.4237	0.9510
253.15	1245.1	15.4	0.8679	0.7569	1.4385	0.9831
258.15	1227.1	18.4	0.8716	0.7745	1.4552	1.0173
263.15	1208.7	21.9	0.8759	0.7922	1.4740	1.0537
268.15	1189.6	26.0	0.8806	0.8099	1.4952	1.0930
273.15	1170.0	30.6	0.8859	0.8275	1.5194	1.1355
278.15	1149.6	35.9	0.8918	0.8450	1.5470	1.1822
283.15	1128.4	41.9	0.8983	0.8625	1.5787	1.2342
288.15	1106.3	48.9	0.9054	0.8801	1.6152	1.2935
293.15	1083.1	56.8	0.9134	0.8984	1.6579	1.3627
298.15	1058.6	66.0	0.9224	0.9175	1.7082	1.4455
303.15	1032.7	76.6	0.9324	0.9382	1.7687	1.5471
308.15	1005.1	88.9	0.9439	0.9608	1.8433	1.6753
313.15	975.3	103.3	0.9573	0.9860	1.9389	1.8429
318.15	942.9	120.4	0.9731	1.0142	2.0680	2.0715
323.15	906.8	141.1	0.9923	1.0465	2.2560	2.4036
328.15	865.5	167.0	1.0170	1.0844	2.5616	2.9343
333.15	815.5	200.8	1.0513	1.1310	3.1533	3.9287
338.15	748.4	249.6	1.1082	1.1944	4.7792	6.5027

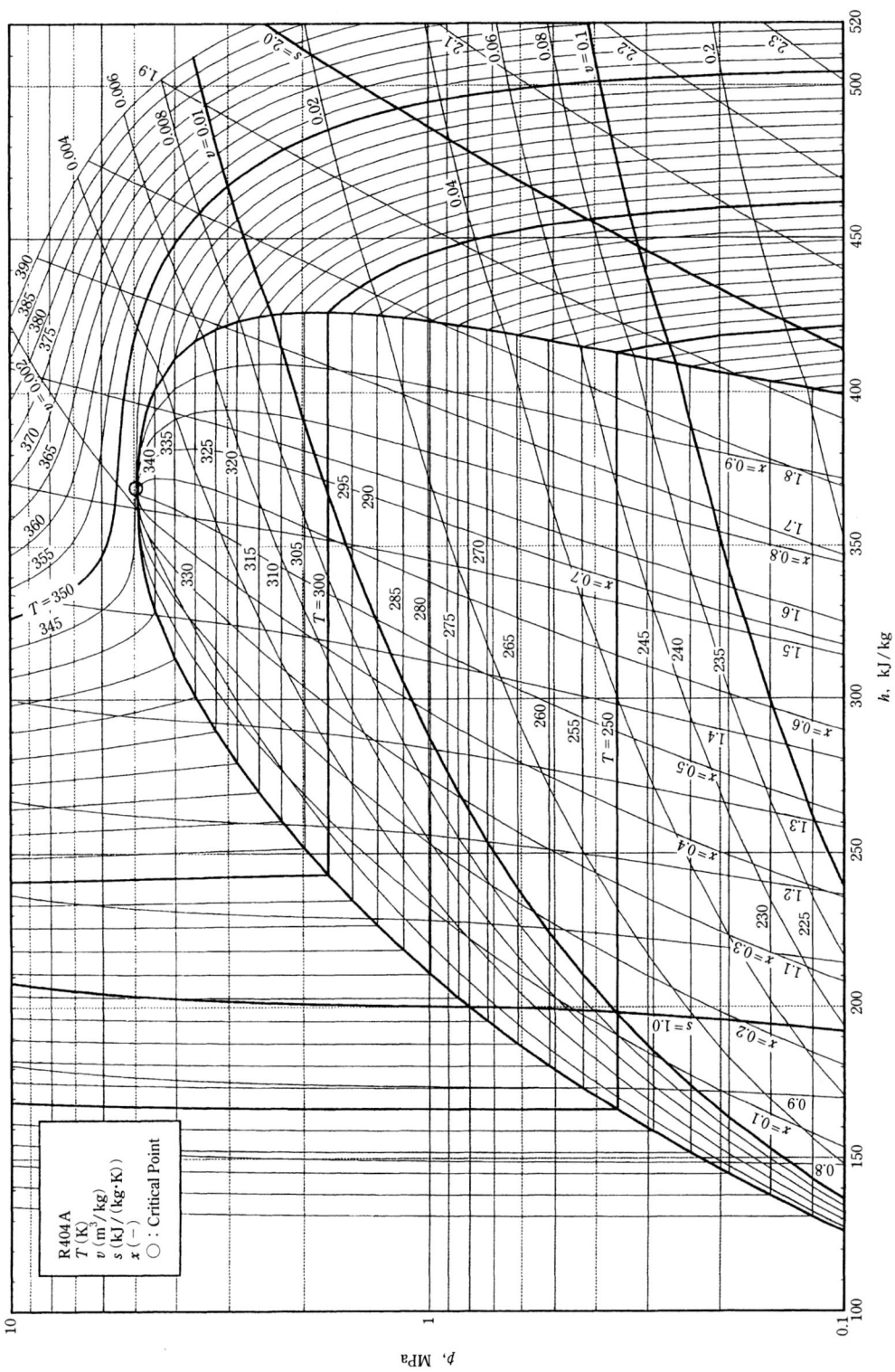

10.11 混合冷媒の熱力学性質・輸送性質

Fig. C-10-11-3 R410A p-h 線図

Table C-10-11-6　R410Aの輸送性質（Transport properties of R410A）

温度 Temperature T (K)	熱伝導率 Thermal conductivity λ_{liq} (mW/(m·K))	λ_{vap} (mW/(m·K))	粘性率 Viscosity η_{liq} (μPa·s)	η_{vap} (μPa·s)	動粘性率 Kinematic viscosity υ_{liq} (cm^2/s)	υ_{vap} (cm^2/s)
213.15	149.53	8.49	444.85	9.49	0.00323	0.03504
218.15	146.13	8.73	404.50	9.73	0.00297	0.02784
223.15	142.73	8.98	369.04	9.97	0.00274	0.02239
228.15	139.33	9.23	337.74	10.22	0.00254	0.01822
233.15	135.96	9.50	310.04	10.47	0.00236	0.01498
238.15	132.60	9.77	285.41	10.72	0.00220	0.01243
243.15	129.26	10.05	263.44	10.97	0.00206	0.01040
248.15	125.95	10.35	243.76	11.23	0.00193	0.00877
253.15	122.67	10.68	226.05	11.49	0.00182	0.00746
258.15	119.41	11.05	210.05	11.76	0.00171	0.00638
263.15	116.19	11.44	195.52	12.04	0.00162	0.00549
268.15	113.00	11.87	182.27	12.32	0.00153	0.00475
273.15	109.85	12.33	170.12	12.62	0.00145	0.00413
278.15	106.72	12.85	158.93	12.92	0.00138	0.00360
283.15	103.63	13.40	148.56	13.36	0.00132	0.00319
288.15	100.57	14.05	138.90	13.71	0.00126	0.00281
293.15	97.53	14.80	129.86	14.09	0.00120	0.00248
298.15	94.53	15.67	121.33	14.50	0.00115	0.00220
303.15	91.55	16.70	113.24	14.95	0.00110	0.00195
308.15	88.59	17.95	105.52	15.45	0.00105	0.00174
313.15	85.67	19.52	98.08	16.01	0.00101	0.00155
318.15	82.77	21.49	90.83	16.66	0.00096	0.00138
323.15	79.90	24.07	83.68	17.43	0.00092	0.00124
328.15	77.09	27.60	76.44	18.40	0.00088	0.00110
333.15	74.45	32.77	68.80	19.70	0.00084	0.00098
338.15	72.62	41.54	60.02	21.69	0.00080	0.00087

温度 Temperature T (K)	熱拡散率 Thermal diffusitivity α_{liq} (cm^2/s)	α_{vap} (cm^2/s)	プラントル数 Prandtl number Pr_{liq}	Pr_{vap}	表面張力 Surface tension σ_{liq} (mN/m)	σ_{vap} (mN/m)
213.15	0.00080	0.04084	4.0429	0.8579	19.40	19.18
218.15	0.00079	0.03162	3.7782	0.8803	18.48	18.28
223.15	0.00077	0.02478	3.5468	0.9035	17.58	17.39
228.15	0.00076	0.01964	3.3444	0.9275	16.68	16.50
233.15	0.00075	0.01572	3.1670	0.9524	15.79	15.62
238.15	0.00073	0.01271	3.0114	0.9780	14.91	14.75
243.15	0.00072	0.01035	2.8750	1.0046	14.04	13.90
248.15	0.00070	0.00850	2.7555	1.0321	13.19	13.05
253.15	0.00068	0.00705	2.6509	1.0577	12.34	12.21
258.15	0.00067	0.00589	2.5596	1.0833	11.50	11.38
263.15	0.00065	0.00495	2.4803	1.1091	10.68	10.56
268.15	0.00064	0.00418	2.4118	1.1353	9.87	9.76
273.15	0.00062	0.00355	2.3532	1.1618	9.07	8.97
278.15	0.00060	0.00303	2.3038	1.1888	8.29	8.19
283.15	0.00058	0.00259	2.2632	1.2303	7.52	7.43
288.15	0.00056	0.00222	2.2310	1.2623	6.76	6.68
293.15	0.00054	0.00191	2.2073	1.2976	6.02	5.95
298.15	0.00052	0.00164	2.1925	1.3378	5.30	5.23
303.15	0.00050	0.00141	2.1878	1.3851	4.60	4.54
308.15	0.00048	0.00121	2.1954	1.4417	3.92	3.86
313.15	0.00045	0.00103	2.2198	1.5121	3.26	3.21
318.15	0.00042	0.00086	2.2695	1.6059	2.62	2.58
323.15	0.00039	0.00071	2.3626	1.7408	2.02	1.99
328.15	0.00035	0.00056	2.5398	1.9562	1.45	1.42
333.15	0.00029	0.00042	2.9140	2.3611	0.92	0.90
338.15	0.00020	0.00026	3.9496	3.3951	0.45	0.43

10.11 混合冷媒の熱力学性質・輸送性質

Table C-10-11-7　R410Bの熱力学性質 (Thermodynamic properties of R410B)

温度 Temperature	圧力 Pressure		比エンタルピー Specific enthalpy		比エントロピー Specific entropy	
T (K)	p_{liq} (MPa)	p_{vap} (MPa)	h_{liq} (kJ/kg)	h_{vap} (kJ/kg)	s_{liq} (kJ/(kg·K))	s_{vap} (kJ/(kg·K))
213.15	0.0639	0.0635	116.05	385.23	0.6561	1.9193
218.15	0.0838	0.0833	122.75	387.93	0.6871	1.9030
223.15	0.1084	0.1078	129.49	390.56	0.7175	1.8878
228.15	0.1383	0.1376	136.26	393.14	0.7474	1.8737
233.15	0.1745	0.1736	143.07	395.64	0.7769	1.8604
238.15	0.2177	0.2166	149.94	398.07	0.8059	1.8481
243.15	0.2688	0.2675	156.86	400.42	0.8345	1.8364
248.15	0.3287	0.3271	163.85	402.68	0.8627	1.8254
253.15	0.3984	0.3965	170.90	404.84	0.8907	1.8150
258.15	0.4789	0.4767	178.04	406.90	0.9183	1.8051
263.15	0.5713	0.5686	185.26	408.84	0.9457	1.7956
268.15	0.6767	0.6735	192.58	410.65	0.9729	1.7864
273.15	0.7961	0.7924	200.00	412.32	1.0000	1.7775
278.15	0.9308	0.9265	207.55	413.82	1.0270	1.7688
283.15	1.0819	1.0770	215.23	415.14	1.0539	1.7601
288.15	1.2508	1.2452	223.06	416.24	1.0807	1.7514
293.15	1.4388	1.4324	231.06	417.10	1.1077	1.7425
298.15	1.6472	1.6400	239.25	417.68	1.1348	1.7334
303.15	1.8774	1.8695	247.67	417.92	1.1620	1.7238
308.15	2.1311	2.1224	256.34	417.76	1.1896	1.7136
313.15	2.4099	2.4005	265.32	417.12	1.2176	1.7025
318.15	2.7155	2.7055	274.69	415.88	1.2463	1.6902
323.15	3.0500	3.0396	284.56	413.85	1.2759	1.6762
328.15	3.4157	3.4053	295.15	410.73	1.3072	1.6595
333.15	3.8155	3.8056	306.90	405.91	1.3413	1.6386
338.15	4.2528	4.2444	320.97	397.90	1.3815	1.6091

温度 Temperature	密度 Density		定容比熱容量 Specific heat capacity at constant volume		定圧比熱容量 Specific heat capacity at constant pressure	
T (K)	ρ_{liq} (kg/m³)	ρ_{vap} (kg/m³)	$c_{v\,liq}$ (kJ/(kg·K))	$c_{v\,vap}$ (kJ/(kg·K))	$c_{p\,liq}$ (kJ/(kg·K))	$c_{p\,vap}$ (kJ/(kg·K))
213.15	1392.6	2.8	0.8439	0.6181	1.3354	0.7585
218.15	1376.9	3.6	0.8444	0.6338	1.3415	0.7802
223.15	1361.0	4.6	0.8454	0.6499	1.3485	0.8032
228.15	1344.9	5.8	0.8468	0.6664	1.3565	0.8273
233.15	1328.5	7.2	0.8487	0.6831	1.3656	0.8528
238.15	1311.8	8.9	0.8511	0.7001	1.3760	0.8794
243.15	1294.8	10.9	0.8538	0.7172	1.3876	0.9075
248.15	1277.4	13.2	0.8570	0.7343	1.4007	0.9370
253.15	1259.6	15.9	0.8607	0.7516	1.4154	0.9682
258.15	1241.4	19.1	0.8648	0.7689	1.4320	1.0013
263.15	1222.7	22.7	0.8693	0.7862	1.4508	1.0366
268.15	1203.3	26.8	0.8744	0.8035	1.4719	1.0746
273.15	1183.4	31.6	0.8800	0.8207	1.4959	1.1157
278.15	1162.7	37.1	0.8861	0.8377	1.5233	1.1608
283.15	1141.1	43.3	0.8929	0.8546	1.5547	1.2111
288.15	1118.6	50.5	0.9003	0.8717	1.5909	1.2684
293.15	1095.0	58.7	0.9085	0.8894	1.6330	1.3354
298.15	1070.1	68.2	0.9175	0.9080	1.6828	1.4160
303.15	1043.7	79.2	0.9277	0.9282	1.7427	1.5153
308.15	1015.5	91.9	0.9392	0.9505	1.8168	1.6415
313.15	985.1	106.9	0.9525	0.9755	1.9120	1.8072
318.15	951.9	124.7	0.9681	1.0037	2.0415	2.0352
323.15	915.0	146.3	0.9873	1.0361	2.2321	2.3697
328.15	872.4	173.4	1.0119	1.0744	2.5469	2.9121
333.15	820.4	209.1	1.0466	1.1220	3.1741	3.9557
338.15	749.3	261.5	1.1060	1.1878	5.0151	6.8249

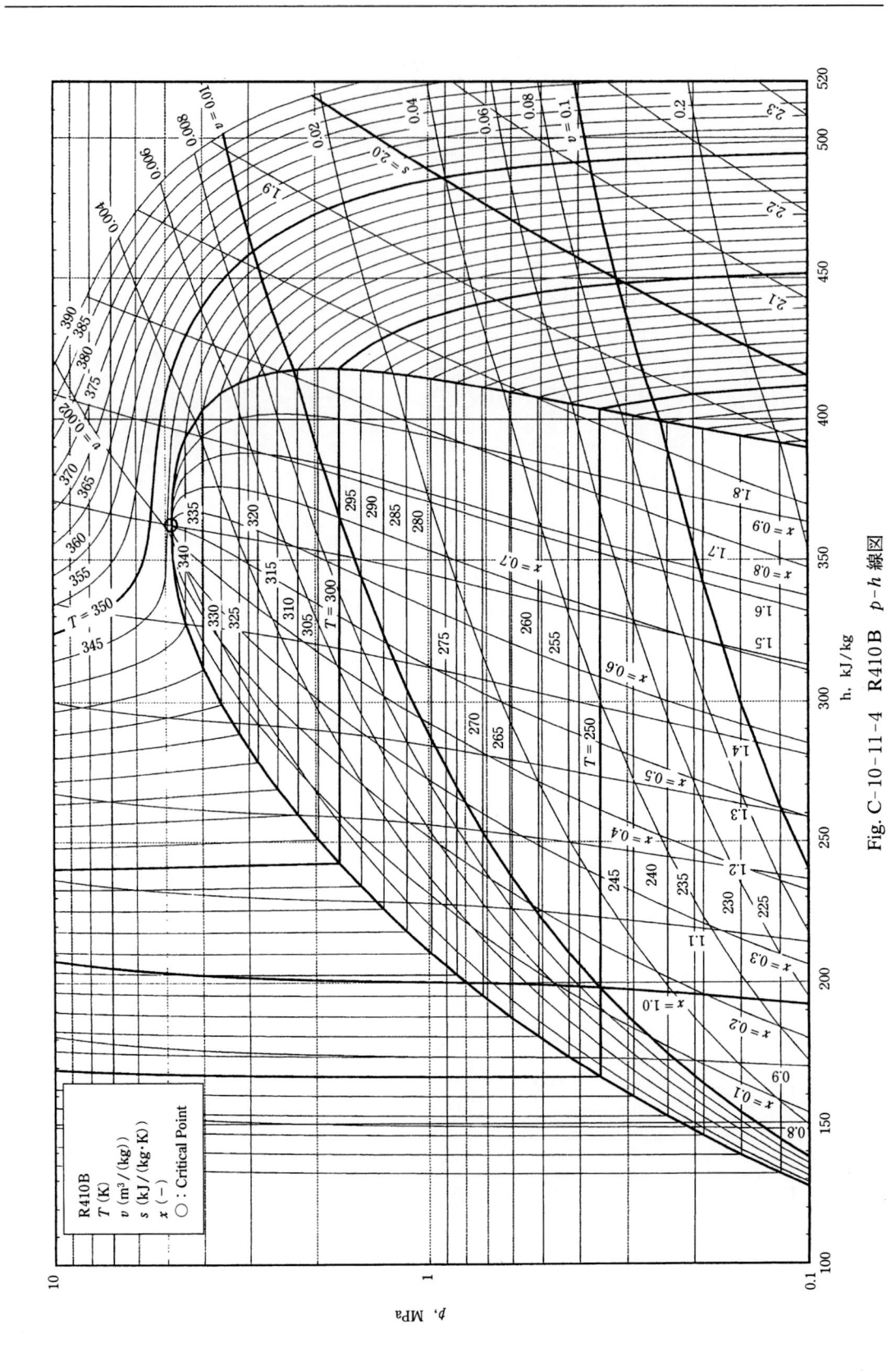

Fig. C-10-11-4 R410B p-h 線図

10.11 混合冷媒の熱力学性質・輸送性質

Table C-10-11-8 R410Bの輸送性質（Transport properties of R410B）

温度 Temperature T (K)	熱伝導率 Thermal conductivity λ_{liq} (mW/(m·K))	λ_{vap} (mW/(m·K))	粘性率 Viscosity η_{liq} (μPa·s)	η_{vap} (μPa·s)	動粘性率 Kinematic viscosity v_{liq} (cm^2/s)	v_{vap} (cm^2/s)
213.15	144.73	8.48	458.27	9.51	0.00329	0.03397
218.15	141.41	8.73	416.20	9.75	0.00302	0.02698
223.15	138.09	8.99	379.24	9.99	0.00279	0.02170
228.15	134.79	9.25	346.65	10.23	0.00258	0.01766
233.15	131.50	9.53	317.83	10.48	0.00239	0.01451
238.15	128.23	9.81	292.23	10.73	0.00223	0.01204
243.15	124.98	10.10	269.41	10.99	0.00208	0.01008
248.15	121.76	10.40	248.99	11.25	0.00195	0.00850
253.15	118.57	10.74	230.64	11.52	0.00183	0.00723
258.15	115.40	11.11	214.06	11.79	0.00172	0.00618
263.15	112.27	11.51	199.03	12.07	0.00163	0.00532
268.15	109.17	11.93	185.34	12.35	0.00154	0.00460
273.15	106.11	12.40	172.80	12.65	0.00146	0.00400
278.15	103.07	12.92	161.25	12.96	0.00139	0.00349
283.15	100.07	13.46	150.57	13.39	0.00132	0.00309
288.15	97.10	14.11	140.63	13.75	0.00126	0.00272
293.15	94.15	14.85	131.32	14.13	0.00120	0.00241
298.15	91.24	15.71	122.56	14.55	0.00115	0.00213
303.15	88.35	16.73	114.26	15.01	0.00109	0.00190
308.15	85.49	17.97	106.34	15.51	0.00105	0.00169
313.15	82.66	19.53	98.72	16.09	0.00100	0.00150
318.15	79.87	21.50	91.30	16.75	0.00096	0.00134
323.15	77.11	24.09	83.96	17.55	0.00092	0.00120
328.15	74.42	27.65	76.53	18.56	0.00088	0.00107
333.15	71.94	32.93	68.64	19.92	0.00084	0.00095
338.15	70.48	42.14	59.44	22.07	0.00079	0.00084

温度 Temperature T (K)	熱拡散率 Thermal diffusitivity α_{liq} (cm^2/s)	α_{vap} (cm^2/s)	プラントル数 Prandtl number Pr_{liq}	Pr_{vap}	表面張力 Surface tension σ_{liq} (mN/m)	σ_{vap} (mN/m)
213.15	0.00078	0.03995	4.2285	0.8502	19.11	18.86
218.15	0.00077	0.03098	3.9482	0.8710	18.20	17.97
223.15	0.00075	0.02431	3.7032	0.8926	17.31	17.09
228.15	0.00074	0.01929	3.4887	0.9151	16.42	16.21
233.15	0.00072	0.01546	3.3007	0.9384	15.54	15.35
238.15	0.00071	0.01251	3.1358	0.9626	14.68	14.49
243.15	0.00070	0.01021	2.9912	0.9876	13.82	13.64
248.15	0.00068	0.00839	2.8644	1.0137	12.97	12.81
253.15	0.00066	0.00696	2.7533	1.0379	12.13	11.98
258.15	0.00065	0.00582	2.6563	1.0623	11.31	11.16
263.15	0.00063	0.00489	2.5719	1.0872	10.49	10.36
268.15	0.00062	0.00414	2.4988	1.1124	9.69	9.56
273.15	0.00060	0.00352	2.4361	1.1379	8.90	8.78
278.15	0.00058	0.00300	2.3831	1.1641	8.13	8.02
283.15	0.00056	0.00257	2.3392	1.2046	7.36	7.27
288.15	0.00055	0.00220	2.3041	1.2359	6.62	6.53
293.15	0.00053	0.00189	2.2778	1.2709	5.89	5.81
298.15	0.00051	0.00163	2.2606	1.3110	5.18	5.10
303.15	0.00049	0.00139	2.2539	1.3588	4.48	4.42
308.15	0.00046	0.00119	2.2598	1.4168	3.81	3.75
313.15	0.00044	0.00101	2.2833	1.4889	3.16	3.11
318.15	0.00041	0.00085	2.3337	1.5858	2.53	2.49
323.15	0.00038	0.00069	2.4304	1.7266	1.94	1.90
328.15	0.00033	0.00055	2.6189	1.9544	1.38	1.35
333.15	0.00028	0.00040	3.0283	2.3929	0.86	0.84
338.15	0.00019	0.00024	4.2293	3.5746	0.40	0.38

Table C-10-11-9 R507Aの熱力学性質 (Thermodynamic properties of R507A)

温度 Temperature	圧力 Pressure		比エンタルピー Specific enthalpy		比エントロピー Specific entropy	
T	p_{liq}	p_{vap}	h_{liq}	h_{vap}	s_{liq}	s_{vap}
(K)	(MPa)	(MPa)	(kJ/kg)	(kJ/kg)	(kJ/(kg·K))	(kJ/(kg·K))
213.15	0.0511	0.0511	122.74	328.00	0.6833	1.6463
218.15	0.0669	0.0669	128.87	331.03	0.7116	1.6384
223.15	0.0864	0.0864	135.03	334.05	0.7395	1.6314
228.15	0.1101	0.1101	141.24	337.05	0.7669	1.6252
233.15	0.1387	0.1387	147.49	340.03	0.7940	1.6198
238.15	0.1727	0.1727	153.81	342.97	0.8207	1.6150
243.15	0.2129	0.2128	160.18	345.88	0.8470	1.6107
248.15	0.2599	0.2598	166.62	348.74	0.8731	1.6070
253.15	0.3145	0.3144	173.13	351.54	0.8989	1.6037
258.15	0.3775	0.3773	179.72	354.29	0.9244	1.6007
263.15	0.4495	0.4493	186.39	356.97	0.9498	1.5980
268.15	0.5316	0.5312	193.14	359.57	0.9750	1.5956
273.15	0.6244	0.6240	200.00	362.08	1.0000	1.5934
278.15	0.7289	0.7284	206.96	364.47	1.0249	1.5912
283.15	0.8460	0.8453	214.04	366.75	1.0498	1.5891
288.15	0.9766	0.9758	221.25	368.87	1.0746	1.5869
293.15	1.1218	1.1209	228.61	370.83	1.0995	1.5846
298.15	1.2826	1.2815	236.13	372.58	1.1244	1.5821
303.15	1.4600	1.4587	243.84	374.10	1.1495	1.5792
308.15	1.6553	1.6538	251.77	375.33	1.1748	1.5758
313.15	1.8696	1.8680	259.96	376.22	1.2004	1.5717
318.15	2.1044	2.1027	268.48	376.66	1.2266	1.5667
323.15	2.3612	2.3593	277.41	376.52	1.2536	1.5603
328.15	2.6419	2.6399	286.91	375.54	1.2818	1.5519
333.15	2.9486	2.9467	297.28	373.26	1.3120	1.5401
338.15	3.2847	3.2829	309.30	368.44	1.3465	1.5215

温度 Temperature	密度 Density		定容比熱容量 Specific heat capacity at constant volume		定圧比熱容量 Specific heat capacity at constant pressure	
T	ρ_{liq}	ρ_{vap}	$c_{v\,liq}$	$c_{v\,vap}$	$c_{p\,liq}$	$c_{p\,vap}$
(K)	(kg/m³)	(kg/m³)	(kJ/(kg·K))	(kJ/(kg·K))	(kJ/(kg·K))	(kJ/(kg·K))
213.15	1357.4	2.9	0.7980	0.6314	1.2196	0.7322
218.15	1342.3	3.8	0.8042	0.6446	1.2269	0.7486
223.15	1326.9	4.8	0.8104	0.6581	1.2353	0.7658
228.15	1311.4	6.0	0.8167	0.6718	1.2447	0.7837
233.15	1295.6	7.5	0.8230	0.6857	1.2550	0.8025
238.15	1279.5	9.2	0.8294	0.6998	1.2663	0.8223
243.15	1263.2	11.3	0.8359	0.7142	1.2787	0.8431
248.15	1246.5	13.7	0.8425	0.7288	1.2921	0.8651
253.15	1229.4	16.4	0.8492	0.7437	1.3067	0.8885
258.15	1211.9	19.6	0.8561	0.7587	1.3227	0.9133
263.15	1193.9	23.2	0.8632	0.7739	1.3402	0.9399
268.15	1175.4	27.4	0.8705	0.7892	1.3594	0.9683
273.15	1156.3	32.3	0.8779	0.8045	1.3807	0.9992
278.15	1136.5	37.7	0.8855	0.8200	1.4045	1.0331
283.15	1115.9	44.0	0.8934	0.8358	1.4313	1.0711
288.15	1094.3	51.2	0.9015	0.8521	1.4618	1.1145
293.15	1071.7	59.4	0.9099	0.8691	1.4972	1.1650
298.15	1047.9	68.9	0.9188	0.8872	1.5388	1.2253
303.15	1022.6	79.8	0.9282	0.9065	1.5887	1.2989
308.15	995.4	92.5	0.9384	0.9274	1.6503	1.3913
313.15	966.0	107.3	0.9497	0.9500	1.7291	1.5114
318.15	933.8	125.0	0.9625	0.9748	1.8345	1.6752
323.15	897.7	146.4	0.9776	1.0024	1.9854	1.9148
328.15	856.2	173.1	0.9964	1.0340	2.2246	2.3041
333.15	806.1	208.4	1.0220	1.0718	2.6773	3.0597
338.15	739.1	260.7	1.0626	1.1221	3.9397	5.1901

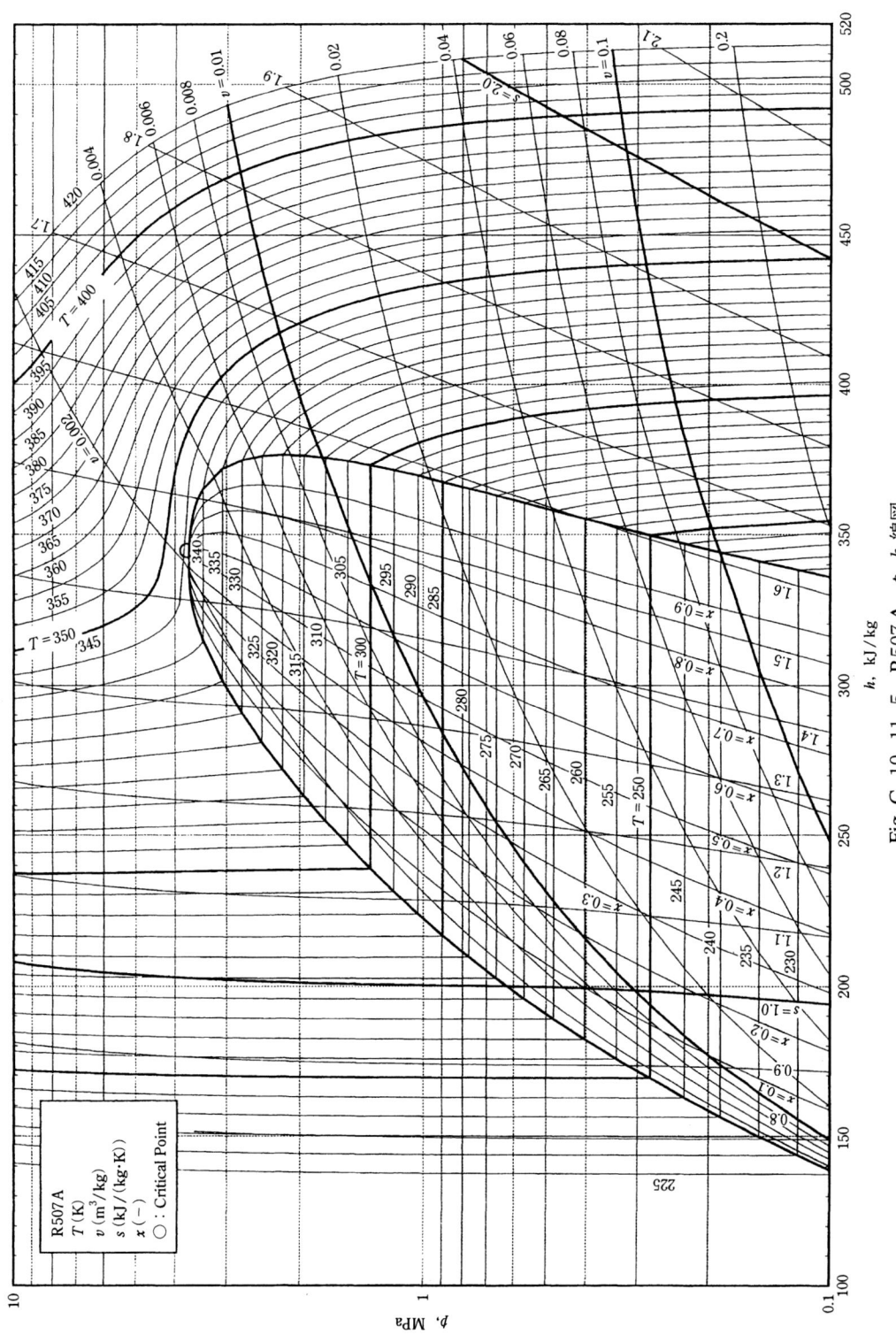

10.11 混合冷媒の熱力学性質・輸送性質

Fig. C-10-11-5 R507A p-h 線図

Table C-10-11-10　R507Aの輸送性質（Transport properties of R507A）

温度 Temperature T (K)	熱伝導率 Thermal conductivity		粘性率 Viscosity		動粘性率 Kinematic viscosity	
	λ_{liq} (mW/(m·K))	λ_{vap} (mW/(m·K))	η_{liq} (μPa·s)	η_{vap} (μPa·s)	v_{liq} (cm²/s)	v_{vap} (cm²/s)
213.15	98.78	9.23	458.65	9.56	0.00338	0.03255
218.15	96.42	9.63	417.96	9.80	0.00311	0.02591
223.15	94.11	10.04	382.05	10.04	0.00288	0.02089
228.15	91.85	10.46	350.26	10.29	0.00267	0.01703
233.15	89.62	10.88	322.02	10.53	0.00249	0.01403
238.15	87.43	11.31	296.83	10.78	0.00232	0.01167
243.15	85.28	11.75	274.30	11.04	0.00217	0.00979
248.15	83.17	12.19	254.06	11.30	0.00204	0.00827
253.15	81.09	12.64	235.80	11.56	0.00192	0.00705
258.15	79.05	13.11	219.27	11.84	0.00181	0.00604
263.15	77.04	13.58	204.24	12.12	0.00171	0.00521
268.15	75.07	14.06	190.50	12.40	0.00162	0.00452
273.15	73.12	14.56	177.90	12.70	0.00154	0.00394
278.15	71.21	15.08	166.28	13.01	0.00146	0.00345
283.15	69.32	15.67	155.50	13.33	0.00139	0.00303
288.15	67.46	16.48	145.46	13.77	0.00133	0.00269
293.15	65.62	17.22	136.04	14.16	0.00127	0.00238
298.15	63.80	18.05	127.15	14.58	0.00121	0.00212
303.15	62.00	18.97	118.70	15.04	0.00116	0.00188
308.15	60.21	20.02	110.60	15.55	0.00111	0.00168
313.15	58.44	21.27	102.77	16.13	0.00106	0.00150
318.15	56.67	22.78	95.10	16.81	0.00102	0.00135
323.15	54.94	24.66	87.49	17.63	0.00097	0.00120
328.15	53.26	27.15	79.75	18.67	0.00093	0.00108
333.15	51.79	30.73	71.58	20.10	0.00089	0.00096
338.15	51.21	36.92	62.25	22.39	0.00084	0.00086

温度 Temperature T (K)	熱拡散率 Thermal diffusivity		プラントル数 Prandtl number		表面張力 Surface tension	
	α_{liq} (cm²/s)	α_{vap} (cm²/s)	Pr_{liq}	Pr_{vap}	σ_{liq} (mN/m)	σ_{vap} (mN/m)
213.15	0.00060	0.04292	5.6628	0.7585	14.34	14.35
218.15	0.00059	0.03403	5.3182	0.7615	13.80	13.80
223.15	0.00057	0.02728	5.0146	0.7656	13.25	13.24
228.15	0.00056	0.02210	4.7466	0.7706	12.68	12.68
233.15	0.00055	0.01806	4.5095	0.7767	12.12	12.11
238.15	0.00054	0.01488	4.2993	0.7839	11.54	11.53
243.15	0.00053	0.01235	4.1128	0.7922	10.96	10.95
248.15	0.00052	0.01032	3.9471	0.8017	10.37	10.37
253.15	0.00050	0.00867	3.7998	0.8126	9.78	9.78
258.15	0.00049	0.00732	3.6690	0.8248	9.18	9.18
263.15	0.00048	0.00621	3.5528	0.8386	8.58	8.58
268.15	0.00047	0.00529	3.4499	0.8540	7.98	7.98
273.15	0.00046	0.00452	3.3592	0.8714	7.37	7.38
278.15	0.00045	0.00387	3.2797	0.8912	6.77	6.78
283.15	0.00043	0.00332	3.2108	0.9115	6.17	6.18
288.15	0.00042	0.00289	3.1523	0.9316	5.57	5.58
293.15	0.00041	0.00249	3.1041	0.9577	4.97	4.98
298.15	0.00040	0.00214	3.0668	0.9897	4.38	4.39
303.15	0.00038	0.00183	3.0418	1.0296	3.80	3.81
308.15	0.00037	0.00156	3.0317	1.0806	3.24	3.24
313.15	0.00035	0.00131	3.0410	1.1464	2.68	2.69
318.15	0.00033	0.00109	3.0785	1.2364	2.15	2.15
323.15	0.00031	0.00088	3.1618	1.3687	1.63	1.64
328.15	0.00028	0.00068	3.3309	1.5843	1.15	1.15
333.15	0.00024	0.00048	3.7005	2.0012	0.70	0.71
338.15	0.00018	0.00027	4.7891	3.1480	0.31	0.31

10.12 その他の代替冷媒の熱物性値 (Thermohpysical properties of other substitute refrigerant)

HFC系混合冷媒 R-407A, R-407B, および R-407Dについて, Tillner-Rothら[1]が報告している高精度な熱物性値を Table C-10-12-1〜C-10-12-7 に示す. なお, これらは R-22の代替冷媒であり, いずれも R-32, R-125, および R-134aの3成分系混合物である.

一方, 1994年より(財)地球環境産業技術開発機構(RITE)が中心となって研究開発された新規フッ素化合物も, 代替冷媒の候補と考えられる. この HFE系冷媒の中でも, R-114の代替冷媒である HFE-245mc ($CF_3CF_2OCH_3$), および R-12の代替冷媒である HFE-143m ($CF3OCH_3$) について, Kayukawaら[2]の各状態方程式および各飽和性質相関式から求めた熱物性値を Table C-10-12-8〜C-10-12-10 に, また輸送性質に関しては関谷と山田[3]による報告値を Table C-10-12-8 に示す.

Table C-10-12-1 HFC-32/125/134aの臨界定数[1] (Critical parameters for HFC-32/125/134a)

物質	質量分率 (mass%)	臨界圧力 P_C (MPa)	臨界密度 ρ_C (kg/m^3)	臨界温度 T_C (K)
R-407A	20/40/40	4.5221	502.47	355.56
R-407B	10/70/20	4.0830	525.35	347.61
R-407D	15/15/70	4.5176	496.46	365.06

Table C-10-12-2 飽和状態の R-407Aの熱力学性質[1] (Thermodynamic properties for R-407A in the saturation region)

温度 (K)	沸点圧力 (MPa)	密度 ρ' (kg/m^3)	密度 ρ'' (kg/m^3)
253.15	0.29642	1321.8	10.771
293.15	1.0897	1167.9	42.622
333.15	2.8926	944.14	141.30

温度 (K)	比エンタルピー h' (kJ/kg)	比エンタルピー h'' (kJ/kg)	比エントロピー s' (kJ/(kg·K))	比エントロピー s'' (kJ/(kg·K))
253.15	172.65	386.08	0.8970	1.7511
293.15	228.81	404.88	1.1003	1.7069
333.15	294.54	411.52	1.3045	1.6582

Table C-10-12-3 R-407Aの熱力学性質（圧力 $P=101.325\,\text{kPa}$）[1]
(Thermodynamic properties for R-407A at $P=101.325\,\text{kPa}$)

温度 (K)	密度 (kg/m³)	比エンタルピー (kJ/kg)	比エントロピー (kJ/(kg·K))
253.15	4.4707	389.99	1.8400
293.15	3.8102	421.88	1.9569
333.15	3.3313	455.90	2.0656

温度 (K)	定圧比熱 (kJ/(kg·K))	比熱比 —
253.15	0.776	1.164
293.15	0.822	1.140
333.15	0.879	1.125

Table C-10-12-4 飽和状態のR-407Bの熱力学性質 [1]
(Thermodynamic properties for R-407B in the saturation region)

温度 (K)	沸点圧力 (MPa)	密度 ρ' (kg/m³)	密度 ρ'' (kg/m³)
253.15	0.31785	1362.9	14.506
293.15	1.1529	1193.2	56.084
333.15	3.0395	924.98	193.72

温度 (K)	比エンタルピー h' (kJ/kg)	比エンタルピー h'' (kJ/kg)	比エントロピー s' (kJ/(kg·K))	比エントロピー s'' (kJ/(kg·K))
253.15	174.02	354.45	0.9022	1.6216
293.15	227.52	373.03	1.0957	1.5953
333.15	291.92	377.84	1.2953	1.5544

Table C-10-12-5 R-407Bの熱力学性質（圧力 P = 101.325 kPa）[1]
(Thermodynamic properties for R-407B at P = 101.325 kPa)

温度 (K)	密度 (kg/m³)	比エンタルピー (kJ/kg)	比エントロピー (kJ/(kg·K))
253.15	5.1022	358.71	1.7142
293.15	4.3512	389.88	1.8284
333.15	3.8050	423.26	1.9351

温度 (K)	定圧比熱 (kJ/(kg·K))	比熱比 —
253.15	0.755	1.144
293.15	0.806	1.123
333.15	0.863	1.110

Table C-10-12-6 飽和状態のR-407Dの熱力学性質[1]
(Thermodynamic properties for R-407D in the saturation region)

温度 (K)	沸点圧力 (MPa)	密度 ρ' (kg/m³)	密度 ρ'' (kg/m³)
253.15	0.23086	1323.0	8.2108
293.15	0.87865	1181.3	33.172
333.15	2.3876	988.79	106.67

温度 (K)	比エンタルピー h' (kJ/kg)	比エンタルピー h'' (kJ/kg)	比エントロピー s' (kJ/(kg·K))	比エントロピー s'' (kJ/(kg·K))
253.15	172.66	395.77	0.8968	1.7883
293.15	228.62	416.62	1.0999	1.7472
333.15	292.36	428.31	1.2989	1.7100

Table C-10-12-7 R-407Dの熱力学性質（圧力 $P=101.325\,\text{kPa}$）[1]
(Thermodynamic properties for R-407D at $P=101.325\,\text{kPa}$)

温度 (K)	密度 (kg/m^3)	比エンタルピー (kJ/kg)	比エントロピー (kJ/(kg·K))
253.15	4.5282	398.26	1.8477
293.15	3.8533	430.67	1.9664
333.15	3.3665	465.25	2.0770

温度 (K)	定圧比熱 (kJ/(kg·K))	比熱比 —
253.15	0.789	1.163
293.15	0.836	1.138
333.15	0.895	1.122

Table C-10-12-8 HFE系冷媒の熱物性値[2),3)] (Thermodynamic properties for HFE refrigerants)

物質	臨界圧力 P_C (MPa)	臨界密度 ρ_C (kg/m^3)	臨界温度 T_C (K)
R-245mc	2.887	509	406.83
R-143m	3.635	465	377.921

物質	蒸発潜熱 (kJ/kg)	粘性率 (飽和液体, 25 ℃) (mPa·s)	熱伝導率 (飽和液体, 25 ℃) (W/(m·K))
R-245mc	166.0	0.277	0.0696
R-143m	173.3	0.192	0.0762

Table C-10-12-9 飽和状態のHFE系冷媒の熱物性値[2]
(Thermophisical properties for HFE refrigerants in the saturation region)

温度 T (K)	R-245mc		R-143m	
	飽和圧力 P_S (MPa)	飽和密度 ρ' (kg/m^3)	飽和圧力 P_S (MPa)	飽和密度 ρ' (kg/m^3)
253.15	0.0312	1021.0	0.1182	916.0
293.15	0.1719	979.1	0.4947	869.4
333.15	0.5823	924.3	1.4287	801.5

Table C-10-12-10 HFE系冷媒の熱物性値[2]
(Thermophisical properties for HFE refrigerants)

圧力 P (MPa)	温度 T (K)	密度(R-245mc) ρ (kg/m^3)	密度(R-143m) ρ (kg/m^3)
0.1013	253.15	8.047	5.063
0.1013	293.15	6.544	4.273
0.1013	333.15	5.644	3.721
5.0000	253.15	1404.4	1239.9
5.0000	293.15	1301.9	1131.1
5.0000	333.15	1185.5	997.7

1) R. Tillner-Roth, J. Li, A. Yokozeki, H. Sato, K. Watanabe : Thermodynamic Properties of Pure and Blended Hydrofluorocarbon (HFC) Refrigerants, Jpn. Soc. Refrig. Air Cond. Engrs., Tokyo (1998). 2) Y. Kayukawa, M. Hasumoto, T. Hondo, Y. Kano, and K. Watanabe : J. Chem. Eng. Data, 48 (2003) 1141-1151. 3) 関谷 章, 山田康夫 : 高圧ガス, 38 (2001) 901-905.

10.13 代表的な自然冷媒の熱物性値 (Thermophysical properties of typical natural refrigerant)

メタノール水溶液およびエタノール水溶液の熱物性値について，Gmehlingら[1]がUNIQUAC式を用いて25℃における沸点および露点圧力を，またStephanとHeckenberger[2]が広い圧力範囲における熱伝導率および粘性率を報告している．これらの数値情報をTable C-10-13-1～C-10-13-3に示す．

一方，プロパン/CO_2系混合冷媒およびイソブタン/CO_2系混合冷媒の飽和状態における熱物性値をTable C-10-13-4～C-10-13-7に示す．これらの数値情報の算出には，米国商務省国立標準・技術研究所 (NIST, National Institute of Standards and Technology) が開発する物性計算ソフトウェアREFPROP Ver.7.0[3]を用いた．このバージョンでは，LemmonとJacobsen[4]の混合則パラメータが両混合物について最適化されている．

Table C-10-13-1 飽和状態のアルコール水溶液の熱物性値 (温度 $T = 25$ ℃)[1]
(Thermophysical properties for aqueous alcohols in the saturation region at $T = 25$ ℃)

メタノール水溶液			エタノール水溶液		
圧力 P (kPa)	モル分率 $x_{methanol}$	$y_{methanol}$	圧力 P (kPa)	モル分率 $x_{ethanol}$	$y_{ethanol}$
5.8555	0.1204	0.5315	4.4436	0.0550	0.3379
7.4754	0.2039	0.6521	5.6075	0.1246	0.4826
8.8046	0.2919	0.7282	6.3968	0.2142	0.5645
10.0511	0.3981	0.7909	6.9874	0.3941	0.6486
10.9751	0.4831	0.8297	7.3554	0.5496	0.7083
11.5044	0.5349	0.8505	7.5740	0.7006	0.7768
12.0710	0.5871	0.8699	7.6953	0.7842	0.8238
13.2829	0.6981	0.9079	7.8247	0.8396	0.8601
14.4454	0.8023	0.9408	7.7980	0.8790	0.8891
15.0801	0.8522	0.9561	7.8793	0.9365	0.9372

Table C-10-13-2　メタノール水溶液の輸送性質 (圧力 $P = 0.1\,\text{MPa}$)[2]
(Transport properties for aqueous methanol at $P = 0.1\,\text{MPa}$)

モル分率 x_{methanol}	熱伝導率 (mW/(m·K))		粘性率 (μPa·s)	
	温度 T (K)		温度 T (K)	
	290	320	290	320
0.0	586.9	632.5	1084.0	579.7
0.2	440.8	461.0	1981.3	890.9
0.4	351.0	347.9	1848.9	884.9
0.6	290.5	276.3	1380.1	752.7
0.8	247.9	229.5	962.8	581.0
1.0	216.6	197.9	617.3	409.3

Table C-10-13-3　エタノール水溶液の輸送性質 (圧力 $P = 0.1\,\text{MPa}$)[2]
(Transport properties for aqueous ethanol at $P = 0.1\,\text{MPa}$)

モル分率 x_{ethanol}	熱伝導率 (mW/(m·K))		粘性率 (μPa·s)	
	温度 T (K)		温度 T (K)	
	290	320	290	320
0.0	592.8	639.8	1090.0	579.2
0.2	403.3	418.0	3235.9	1216.3
0.4	295.3	298.8	2841.1	1195.7
0.6	230.2	227.0	2211.2	1039.6
0.8	188.7	182.4	1695.7	885.9
1.0	162.8	153.8	1278.0	740.9

Table C-10-13-4 飽和状態のプロパン/CO_2系混合冷媒の熱物性値（温度 T = 253.15 K）[3]
(Thermophysical properties for propane/CO_2 mixture in the saturation region at T = 253.15 K)

モル分率		圧力	密度		比エンタルピー		比エントロピー		定容比熱		定圧比熱	
$x_{propane}$	$y_{propane}$	P (MPa)	ρ' (kg/m³)	ρ''	h' (kJ/kg)	h''	s' (kJ/(kg·K))	s''	C_V' (kJ/(kg·K))	C_V''	C_P' (kJ/(kg·K))	C_P''
0.0000	0.0000	1.9696	1031.7	51.70	128.06	410.50	0.6502	1.7659	0.9344	0.7602	2.1653	1.2893
0.2000	0.0766	1.7290	843.5	44.59	147.74	420.25	0.7886	1.8492	1.0360	0.7957	2.2204	1.2802
0.4000	0.1216	1.5205	729.9	38.33	154.10	427.66	0.8293	1.9018	1.1484	0.8079	2.2446	1.2428
0.6000	0.1621	1.2958	654.9	31.80	150.12	435.24	0.8140	1.9569	1.2683	0.8152	2.2715	1.1991
0.8000	0.2522	0.9041	599.9	21.22	138.70	450.04	0.7543	2.0660	1.3918	0.8453	2.3141	1.1586
1.0000	1.0000	0.2445	554.9	5.51	124.77	525.61	0.6336	2.2169	1.5156	1.3485	2.3706	1.6148

Table C-10-13-5 飽和状態のプロパン/CO_2系混合冷媒の熱物性値（温度 T = 303.15 K）[3]
(Thermophysical properties for propane/CO_2 mixture in the saturation region at T = 303.15 K)

モル分率		圧力	密度		比エンタルピー		比エントロピー		定容比熱		定圧比熱	
$x_{propane}$	$y_{propane}$	P (MPa)	ρ' (kg/m³)	ρ''	h' (kJ/kg)	h''	s' (kJ/(kg·K))	s''	C_V' (kJ/(kg·K))	C_V''	C_P' (kJ/(kg·K))	C_P''
0.0000	0.0000	7.2137	593.3	345.10	278.16	338.74	1.1609	1.3607	1.4063	1.5228	35.3380	55.8220
0.2000	0.1350	5.9214	575.9	207.93	282.92	395.49	1.2511	1.6128	1.1809	1.1794	5.7382	5.5184
0.4000	0.2197	4.8419	557.0	141.51	281.25	431.55	1.2671	1.7595	1.2543	1.1111	3.4740	2.8449
0.6000	0.2938	3.8527	534.7	99.01	274.82	459.95	1.2468	1.8788	1.3817	1.0938	2.9196	2.0704
0.8000	0.4267	2.6346	510.4	60.33	264.33	495.32	1.1949	2.0296	1.5294	1.1442	2.7815	1.7390
1.0000	1.0000	1.0793	484.1	23.48	253.01	579.19	1.0890	2.1650	1.6861	1.6485	2.7937	2.1451

Table C-10-13-6 飽和状態のイソブタン/CO_2系混合冷媒の熱物性値（温度 T = 253.15 K）[3]
(Thermophysical properties for isobutane/CO_2 mixture in the saturation region at T = 253.15 K)

モル分率		圧力	密度		比エンタルピー		比エントロピー		定容比熱		定圧比熱	
$x_{isobutane}$	$y_{isobutane}$	P (MPa)	ρ' (kg/m³)	ρ''	h' (kJ/kg)	h''	s' (kJ/(kg·K))	s''	C_V' (kJ/(kg·K))	C_V''	C_P' (kJ/(kg·K))	C_P''
0.0000	0.0000	1.9696	1031.7	51.70	135.01	417.46	0.6687	1.7844	0.9344	0.7602	2.1653	1.2893
0.2000	0.0260	1.5451	846.3	38.82	149.25	427.06	0.7973	1.8692	1.0823	0.7445	2.1357	1.1574
0.4000	0.0497	1.2299	743.4	30.04	155.38	434.28	0.8353	1.9358	1.2162	0.7404	2.1332	1.0888
0.6000	0.0717	0.9784	679.2	23.40	155.13	440.22	0.8290	1.9957	1.3367	0.7410	2.1477	1.0463
0.8000	0.1097	0.6727	635.4	15.76	149.81	448.22	0.7901	2.0842	1.4449	0.7532	2.1699	1.0138
1.0000	1.0000	0.0722	603.2	2.06	140.31	513.66	0.7053	2.1802	1.5434	1.3389	2.1936	1.5078

Table C-10-13-7 飽和状態のイソブタン/CO_2系混合冷媒の熱物性値（温度 T = 303.15 K）[3]
(Thermophysical properties for isobutane/CO_2 mixture in the saturation region at T = 303.15 K)

モル分率		圧力	密度		比エンタルピー		比エントロピー		定容比熱		定圧比熱	
$x_{isobutane}$	$y_{isobutane}$	P (MPa)	ρ' (kg/m³)	ρ''	h' (kJ/kg)	h''	s' (kJ/(kg·K))	s''	C_V' (kJ/(kg·K))	C_V''	C_P' (kJ/(kg·K))	C_P''
0.0000	0.0000	7.2137	593.3	345.10	285.12	345.70	1.1794	1.3792	1.4063	1.5228	35.3380	55.8220
0.2000	0.0732	5.1117	643.7	149.17	269.64	423.75	1.2123	1.7006	1.1591	1.0055	3.3077	2.5482
0.4000	0.1228	3.8260	611.1	97.91	270.87	452.16	1.2368	1.8335	1.3021	0.9697	2.6427	1.7698
0.6000	0.1692	2.8632	583.4	67.88	269.97	472.28	1.2314	1.9365	1.4510	0.9695	2.4797	1.5064
0.8000	0.2475	1.8708	561.5	41.94	265.50	494.90	1.1992	2.0595	1.5920	1.0090	2.4574	1.3828
1.0000	1.0000	0.4045	543.4	10.48	257.09	580.48	1.1235	2.1902	1.7199	1.6138	2.4834	1.8604

1) J. Gmehling, U. Onken, and W. Arlt : Vapor-Liquid Equilibrium Data Collection-Aqueous-Organic Systems (Supplement 1), Chemistry Data Series Vol.I, Part 1a, DECHEMA, Germany (1981). 2) K. Stephan and T. Heckenberger : Thermal Conductivity and Viscosity Data of Fluid Mixtures, Chemistry Data Series Vol.X, Part 1, DECHEMA, Germany (1988). 3) E. W. Lemmon, M. O. McLinden, and M. L. Huber : REFPROP Reference Fluid Thermodynamic and Transport Properties NIST Standard Reference Database 23, Ver.7.0, U. S. Dept. Commerce, Washington D.C. (2002). 4) E. W. Lemmon and R. T. Jacobsen : Int. J. Thermophys., 20 (1999) 825-835.

10.14 アンモニア水溶液の熱物性値 (Thermophysical Properties of Aqueous Solution of Ammonia)

吸収冷凍機・ヒートポンプやアンモニア水溶液を作動媒体とした発電用ランキンサイクルの設計には，アンモニア・水系の非共沸混合系の熱物性値が必要となる．ここでは，これらの設計上有用となる主な熱物性値を図で示す．

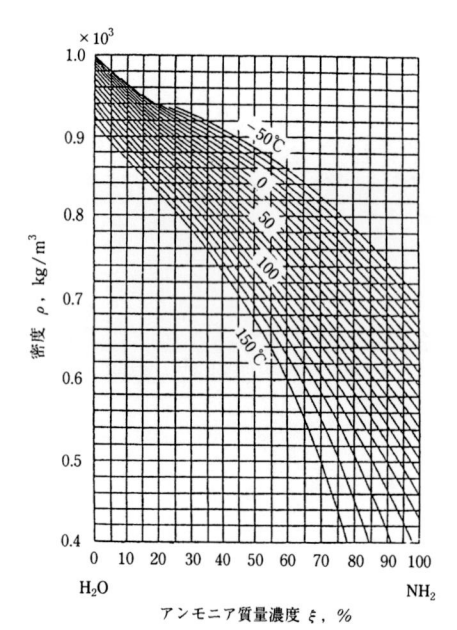

Fig. C-10-14-1 アンモニア水溶液の密度 (Density of aqueous solution of ammonia)

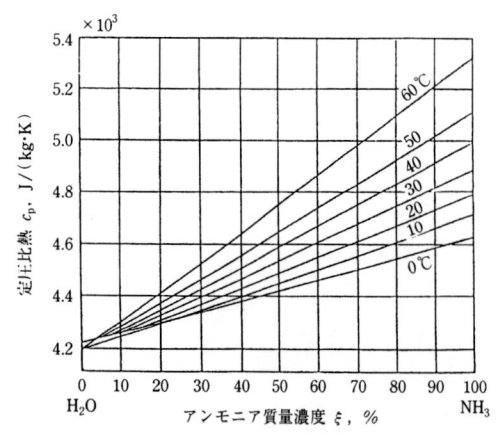

Fig. C-10-14-2 アンモニア水溶液の定圧比熱 (Specific heat capacity at constant pressure of aqueous solution of ammonia)

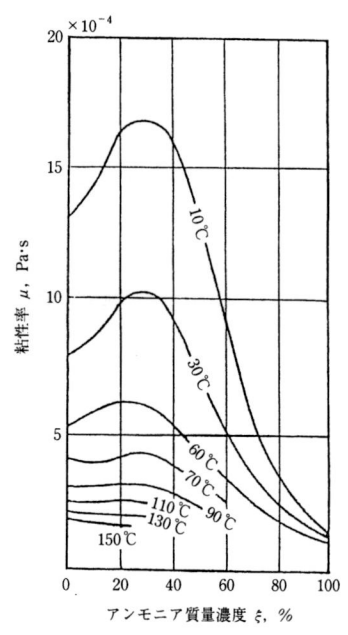

Fig. C-10-14-3 アンモニア水溶液の粘性率 (Viscosity of aqueous solution of ammonia)

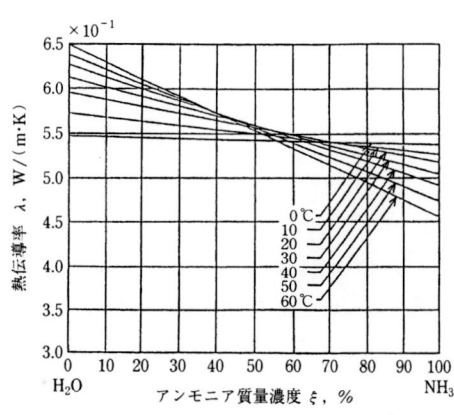

Fig. C-10-14-4 アンモニア水溶液の熱伝導率 (Thermal conductivity of aqueous solution of ammonia)

10.14.1 飽和アンモニア水溶液の密度，定圧比熱，粘性率および熱伝導率 (Density, Specific Heat Capacity at Constant Pressure, Viscosity and Thermal Conductivity at Saturated Condition)

動粘性率，温度伝導率，プラントル数は Fig. C-10-14-1～4 の値を使用して計算される．

10.14.2 気液平衡線図とエンタルピー濃度線図 (Vapor-Liquid Equilibrium Diagram and Enthalpy-Concentration Diagram)

気液平衡線図はデューリング線図とも呼ばれ，アンモニア濃度をパラメータにして，飽和状態の溶液温度-蒸気圧線図であり，平衡状態における気・液のアンモニア組成並びにエンタルピはエンタルピー濃度線図から求める．例えば，0.1 MPa, 15 % のアンモニア水溶液（飽和温度は Fig. C-10-14-5 からも求められるが，Fig. C-10-14-6 にも示した）と平衡状態にある蒸気側のアンモニア濃度は破線のようにして求める．

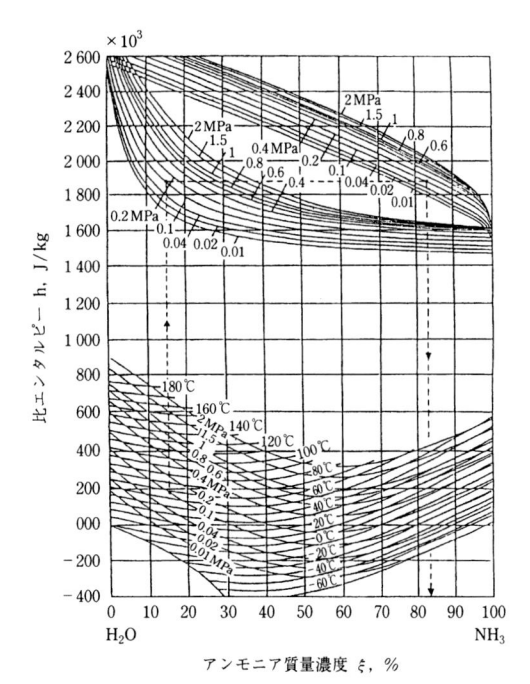

Fig. C-10-14-6 飽和溶液のエンタルピー濃度線図（下部：溶液側，上部：蒸気側）(Enthalpy-Concentration Diagram at Saturated Condition)

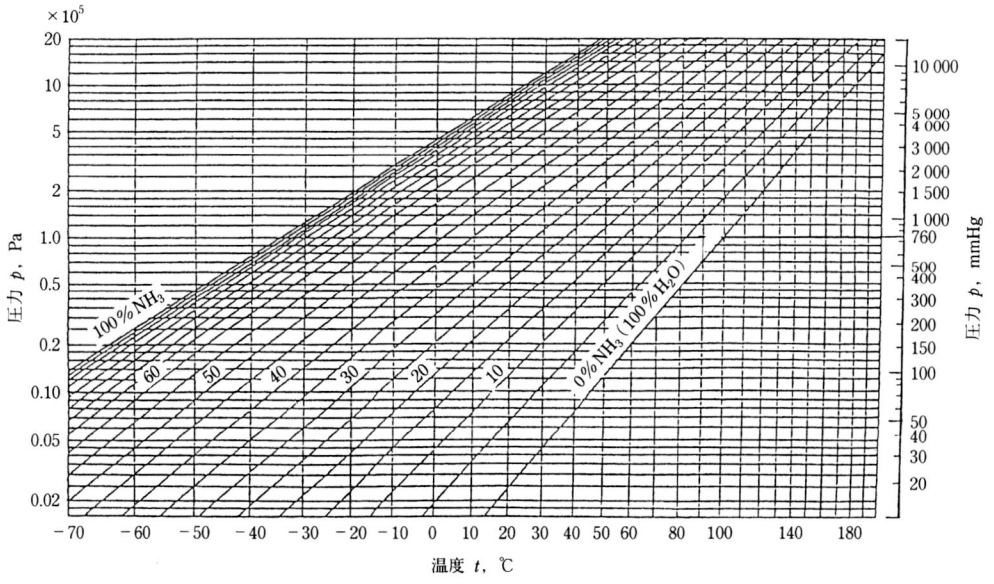

Fig. C-10-14-5 アンモニア水溶液の気液平衡線図（飽和温度-蒸気圧線図）(Vapor-Liquid Equilibrium Diagram of aqueous solution of ammonia)

10.14.3 アンモニア水溶液の屈折率
(Refractive Index of Ammonia)

アンモニア水溶液の屈折率は，約50％で極大値を取るので濃度を光学的に測定する場合には十分な注意を要する．

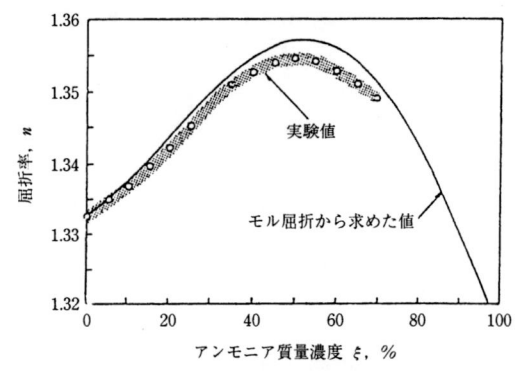

Fig. C-10-14-7　アンモニア水溶液の屈折率（297 K）
(Refractive index of ammonia solution at 297 K)

10.15 臭化リチウム水溶液の熱物性値 (Thermophysical Properties of Lithium-bromide Aqueous Solution)

吸収冷凍機用作動流体として広く使用されている臭化リチウム水溶液は医療にも用いられるように人体に害はなく，揮発もしないため地球環境に優しい物質である．

10.15.1 臭化リチウムの一般的性質と水への溶解度 (General Properties of Lithium-bromide and Solubility in Water)

(a) 一般的性質 (General Properties)
分子量 (molecular weight)：86.845
外観 (Aspect)：無色結晶
融点 (Melting Point)：820 K
沸点 (Boiling Point)：1538 K
密度 (Density)：3464 kg/m^3
比熱 (Specific heat)：0.5978 kJ/kg·K
融解熱 (Melting Heat)：139.8 kJ/kg

(b) 水への溶解度 (Solubility in Water)

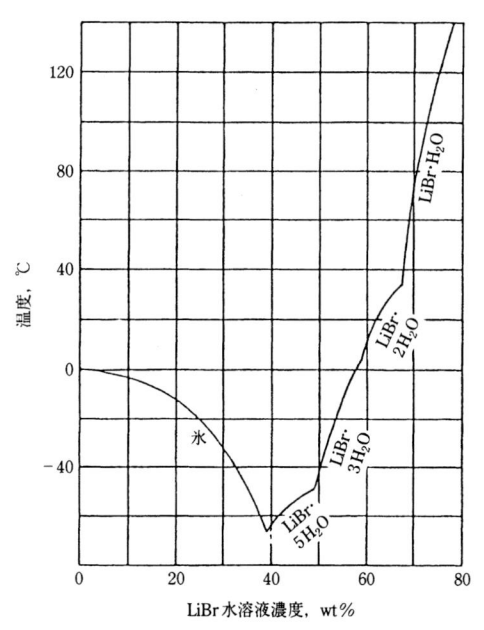

Fig. C-10-15-1 臭化リチウム水溶液の水への溶解度 (Solubility of Lithium-bromide in Water)

10.15.2 臭化リチウム水溶液の密度，定圧比熱，粘性率，熱伝導率，物質拡散係数および表面張力 (Density, Specific Heat at Constant Pressure, Viscosity, Thermal Conductivity, Mass Diffusivity and Surface Tension of Aqueous Solution of Lithium-bromide Aqueous Solution)

これらの熱物性値は全て近似式で与え，記号および単位は以下の通りである．また，動粘性率，温度伝導率はこれらの式から計算される．

T [K], t [℃]：臭化リチウム水溶液の温度 (Temperature of Lithium-bromide Aqueous Solution)

w [wt%]：臭化リチウム水溶液の質量濃度 (Weight Fraction of Lithium-bromide Aqueous Solution)

(a) 密度 (Density) [kg/m^3]
$\rho = A_0 + A_1 T + A_2 T^2 + A_3 T^3$
$A_0 = 0.52359 + 2.39311 w - 1.51031 w^2 + 2.72894 w^3$
$A_1 = 4.06338 \times 10^{-3} - 1.26114 \times 10^{-2} w + 1.17460 \times 10^{-2} w^2 - 9.90517 \times 10^{-3} w^3$
$A_2 = -1.05392 \times 10^{-5} + 3.11334 \times 10^{-5} w - 2.94862 \times 10^{-5} w^2 + 2.14223 \times 10^{-5} w^3$
$A_3 = 7.36680 \times 10^{-9} - 2.50072 \times 10^{-8} w + 2.73743 \times 10^{-8} w^2 - 2.00169 \times 10^{-8} w^3$

(b) 定圧比熱 (Specific Heat at Constant Pressure) [kJ/kg·K]
$c_p = 4.18605 (B_0 + B_1 t + B_2 t^2)$
$B_0 = 1.098 - 1.529 \times 10^{-2} w + 6.220 \times 10^{-5} w^2$
$B_1 = -3.651 \times 10^{-3} + 4.204 \times 10^{-5} w$
$B_2 = 3.576 \times 10^{-5} - 4.238 \times 10^{-7} w$

(c) 粘性率 (Viscosity) [Pa·s]
$\eta = 2.71828^{(C_0 + C_1 Z + C_2 Z_2)} \times 10^{-3}$
$Z = 323/T$
$C_0 = 5.078302 - 34.99538 (w/30)$
$\quad + 77.99984 (w/30)^2 - 91.15033 (w/30)^3$
$\quad + 50.53109 (w/30)^4 - 10.53022 (w/30)^5$
$C_1 = -16.24232 + 66.91706 (w/30)$
$\quad - 144.3438 (w/30)^2 + 168.3453 (w/30)^3$
$\quad - 93.51087 (w/30)^4 + 19.57946 (w/30)^5$
$C_2 = 10.61035 - 32.02371 (w/30)$
$\quad + 67.89287 (w/30)^2 - 78.85621 (w/30)^3$
$\quad + 43.78872 (w/30)^4 - 9.157643 (w/30)^5$

(d) 熱伝導率 (Thermal Conductivity) [W/m·K]

$\lambda = D_0 + D_1 T + D_2 T^2$
$D_0 = -8.9012 \times 10^{-1} + 9.0301 \times 10^{-3} w$
$D_1 = 8.3279 \times 10^{-3} - 7.2638 \times 10^{-5} w$
$D_2 = -1.0937 \times 10^{-5} + 1.0213 \times 10^{-7} w$

(e) 物質拡散係数 (Mass Diffusivity) [m²/s]

$d = 2.46 \times 10^{-9} - 2.7 \times 10^{-11} w$

(f) 表面張力 (Surface Tension) [N/m]

$\sigma = [\exp(E_0 + E_1 w) + E_2 - 30] \times 10^{-3}$
$E_0 = 1.50949 \times 10^{-5} t^2 - 1.11758 \times 10^{-3} t$
$\quad + 0.340993$
$E_1 = -3.08467 \times 10^{-7} t^2 - 5.48023 \times 10^{-7} t$
$\quad + 8.40993 \times 10^{-3}$
$E_2 = 7.76341 \times 10^{-5} t^2 - 0.158370 t + 76.1867$

10.15.3 臭化リチウム水溶液の沸点圧力，デューリング式，エンタルピー (Bubble Point Pressure, Duhring Equation and Enthalpy of Lithium-bromide Aqueous Solution)

(a) 沸点圧力 (Bubble Point Pressure) [Pa]

$P = k x_w P_w$
$k = F_0 + F_1 T$
$F_0 = 3.72068 - 11.9569 w + 8.96407 w^2$
$F_1 = -3.62512 \times 10^{-3} - 1.67468 \times 10^{-2} w$
$\quad - 1.47492 \times 10^{-5} w^2$

ここで，x_w は臭化リチウム水溶液中の水のモル濃度で以下の式で与えられる．

$$x_w = \frac{(1-w)/18.054}{w/86.85 + (1-w)/18.054}$$

また，P_w は臭化リチウム水溶液の温度と同じ温度での水の飽和蒸気圧力である．

(b) デューリング式 (Duhring Equation)

デューリング式とは臭化リチウム水溶液の温度と平衡する水の飽和温度との関係を示した式で，吸収冷凍機/ヒートポンプでは，蒸発器温度と吸収器温度あるいは，凝縮器温度と再生器温度との関係を表す．

T_w [K]：水の飽和温度 (Saturation Temperature of Water)

$T_w = G_0 + G_1 T$
$G_0 = -22.8937 + 152.554 w - 254.786 w^2$
$\quad + 152.949 w^3 - 171.599 w^7$
$G_1 = 1.09851 - 0.394508 w$

(c) エンタルピー (Enthalpy) [kJ/kg]

$h = H_0 + H_1 T + H_2 T^2$
$H_0 = -1317.74 + 3470.97 w - 6893.1 w^2$
$\quad - 6153.33 w^3$
$H_1 = 4.19727 - 9.38721 w + 16.0811 w^2$
$\quad - 13.6289 w^3$
$H_2 = 1.28141 \times 10^{-3} - 6.76604 \times 10^{-3} w$
$\quad + 1.37254 \times 10^{-2} w^2 + 1.0447 \times 10^{-3} w^3$

10.16 湿り空気線図 (Psychrometric Chart)

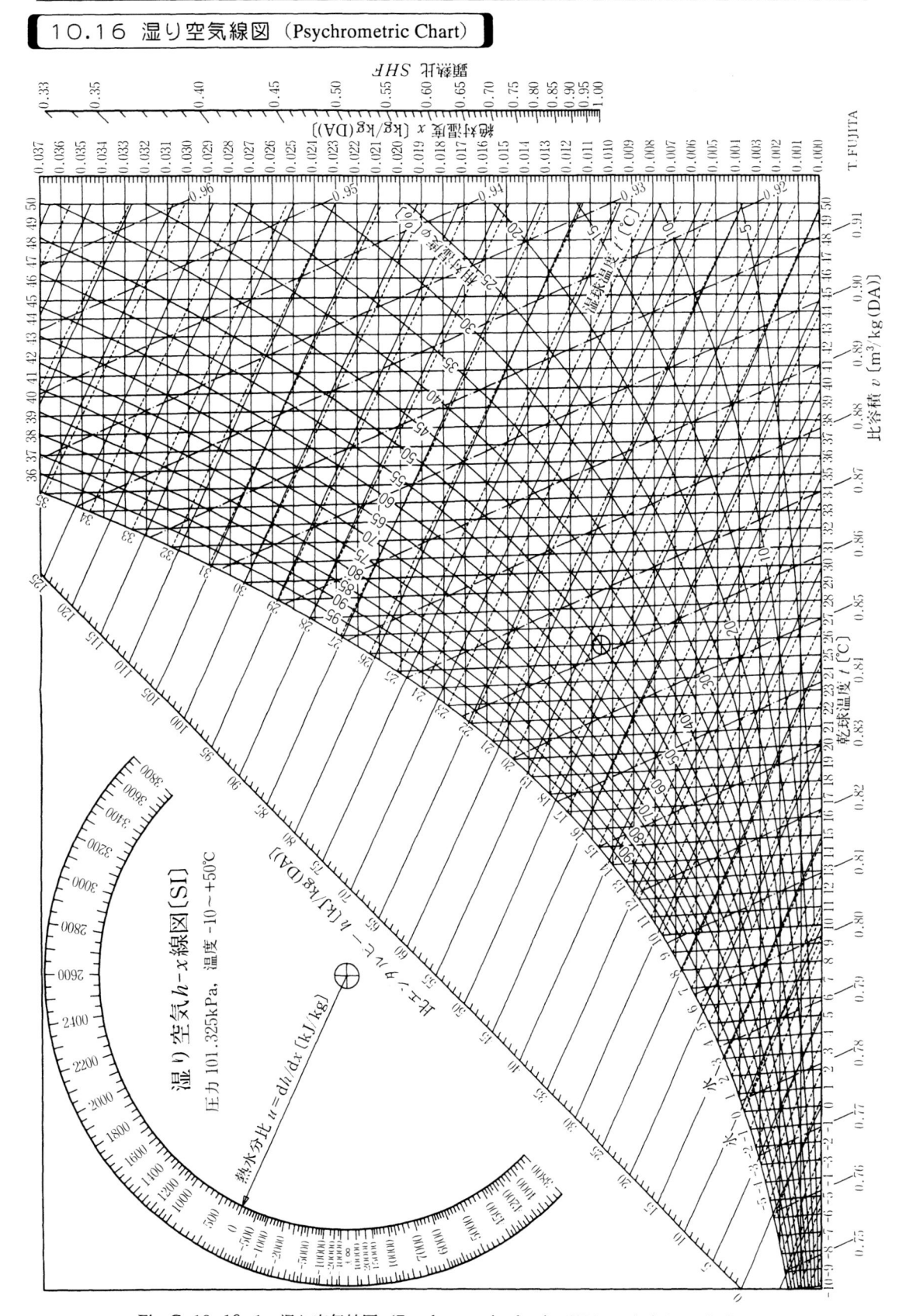

Fig. C-10-16-1 湿り空気線図 (Psychrometric chart) （線図は日本冷凍空調学会提供）

10.17 ケミカルヒートポンプ関係 (Chemical Heat Pump)

ケミカルヒートポンプは，可逆的な化学反応を用い，外部から熱的または機械的に圧縮や濃縮の仕事などを加えて反応平衡を移動させ，低温で吸熱反応を，高温で発熱反応を行なわせ，冷凍，昇温，蓄熱の機能を発生させるものである．

使用する主な反応系は多種にわたるが，物質別に分類すると1) 吸着剤系，2) 金属水素化物系，3) アンモニア化合物系，4) 気体水和物系，5) 無機水酸化物系，6) 無機水和物系，7) 有機化合物系がある．主な物質の特性と平衡関係を示す．

10.17.1 吸着剤系 (Adsorbent System)

Table C-10-17-1 吸着剤の熱物性[1] (Thermophysical properties of adsorbents)

	活性炭	活性アルミナ	シリカゲル	ゼオライト 4A	ゼオライト 5A	ゼオライト 13X
水の吸着熱（平均）(kJ/mol)	41.8	44.7	46.0	79.4	75.2	79.4
水の最大吸着量 (水-kg/吸着剤-kg)	0.4	0.10	0.37	0.22	0.22	0.30
蓄熱量 (kJ/kg)	920	472	945	970	920	1330
比熱 (kJ/(kg·℃))	1.09	1.00	0.88	1.05	1.05	0.92

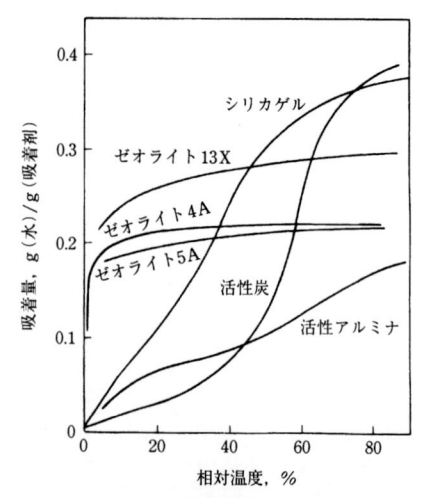

Fig. C-10-17-1 平衡吸着量と相対湿度の関係（代表値）[1] (Relation between adsorption equilibrium and relative humidity)

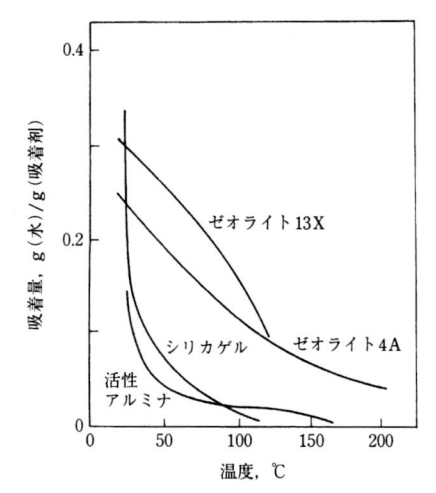

Fig. C-10-17-2 平衡吸着量と温度の関係（代表値）[1] (Relation between adsorption equilibrium and temperature)

10.17.2 金属水素化物系
(Metal Hydride System)

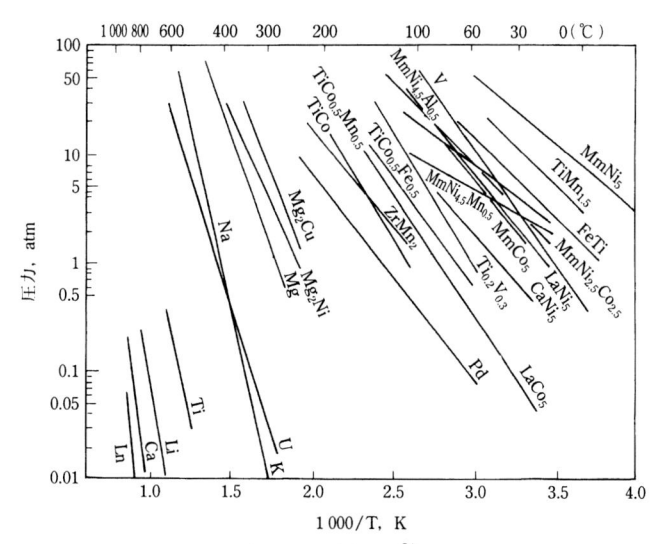

Fig. C-10-17-3 平衡分解圧-温度線図[3] (Decomposition pressure and temperature of metal hydrides)

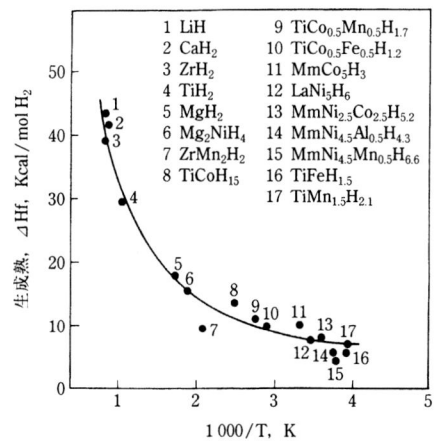

1 LiH
2 CaH$_2$
3 ZrH$_2$
4 TiH$_2$
5 MgH$_2$
6 Mg$_2$NiH$_4$
7 ZrMn$_2$H$_2$
8 TiCoH$_{15}$
9 TiCo$_{0.5}$Mn$_{0.5}$H$_{1.7}$
10 TiCo$_{0.5}$Fe$_{0.5}$H$_{1.2}$
11 MmCo$_5$H$_3$
12 LaNi$_5$H$_6$
13 MmNi$_{2.5}$Co$_{2.5}$H$_{5.2}$
14 MmNi$_{4.5}$Al$_{0.5}$H$_{4.3}$
15 MmNi$_{4.5}$Mn$_{0.5}$H$_{6.6}$
16 TiFeH$_{1.5}$
17 TiMn$_{1.5}$H$_{2.1}$

Fig. C-10-17-4 各種金属水素化物の生成熱と1atmの解離圧を示すに必要な温度[3] (Decomposition temperature at 1atm and heat of formation of metal hydrides)

10.17.3 アンモニア化合物系
(Ammonate System)

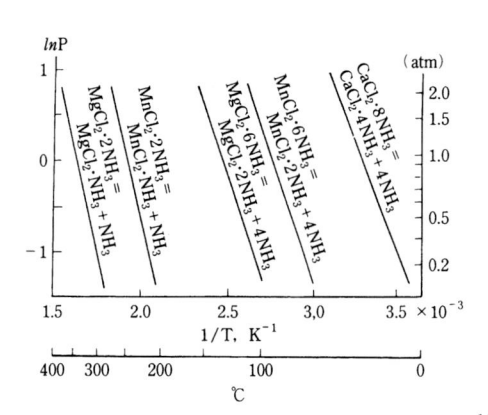

Fig. C-10-17-5 アンモニア化反応の平衡蒸気圧[1] (Equilibrum pressure of ammoniate reaction)

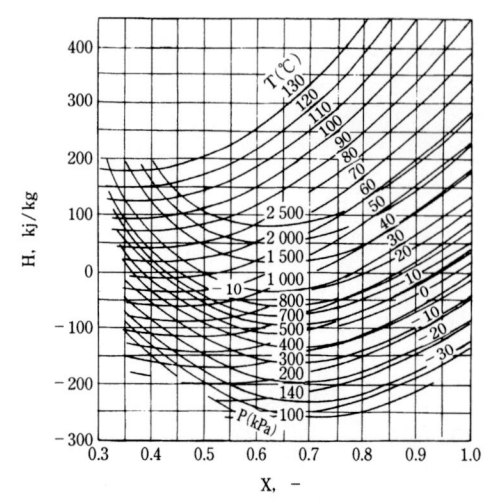

Fig. C-10-17-6 NaSCN-NH₃ 系エンタルピー濃度線図 [1]（Enthalpy-concentration diagram of NaSCN-NH₃ system）

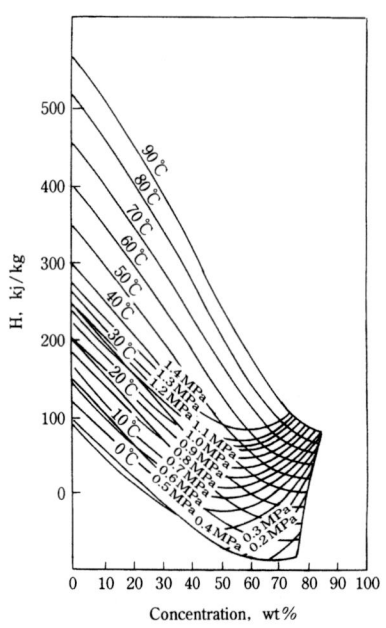

Fig. C-10-17-7 NH₄I-NH₃ 系エンタルピー濃度線図 [1]（Enthalpy-concentration diagram of NH₄I-NH₃ system）

10.17.4 気体水和物系
（Gas-Hydrate Compound System）

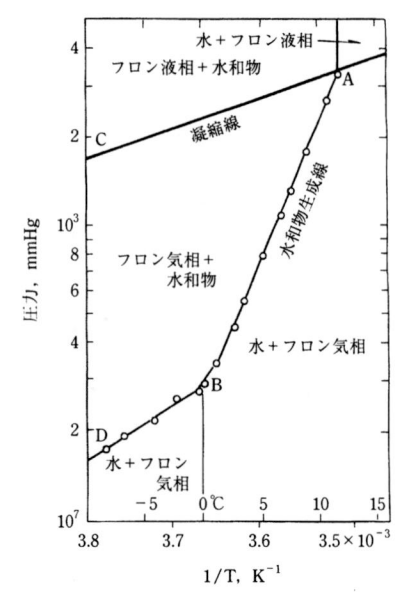

Fig. C-10-17-8 水-フロン12系の相平衡図 [2]（Phase diagram of water-freon 12 system）

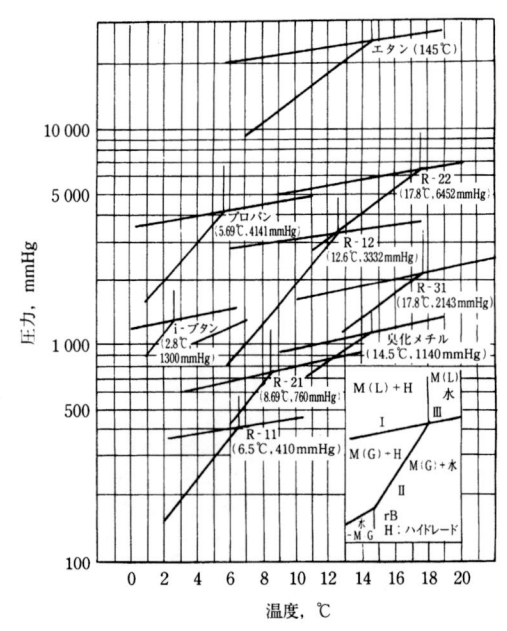

Fig. C-10-17-9 各種ハイドレート剤温度-圧力平衡 [2]（Phase diagram of gas-hydrated system）

Table C-10-17-2 気体水和物の特性 [1] (Properties of gas-hydrated compounds)

水 和 物	沸点 (℃)	結晶構造	水和水の数	臨界分解点			水和物の生成熱		水和物密度 (g/cm^3)
				温度 (℃)	圧力 (mmHg)	水への溶解度 (wt%)	kcal/mol	kcal/mol	
エタン C_2H_6	-88.5	I	5 3/4	14.5	>10	—	16.3	121.9	—
炭酸 CO_2	-79.0	I	5 3/4	10.0	33,744	6.1 (5℃)	14.4	97.6	1.11
フロン22 $CHClF_2$	-40.7	I,	7 2/3	16.3	6,200	0.74	20.4	90.8	1.10
フロン31 CH_2ClF	-9.0	I,	7 2/3	17.8	2,143	4.17	21.1	101.9	1.18
臭化メチル CH_3Br	-3.5	I,	7 2/3	14.5	1,140	2.87	19.5	83.7	1.30
プロパン C_3H_8	-45.0	II	17	5.7	4,141	0.06(25℃)	32.0	91.3	0.88
フロン11 CCl_3F	23.0	II	17	6.5	410	0.11	35.4	79.9	1.15
フロン12 CCl_2F_2	-29.2	II	17	12.1	3,340	0.16	30.1	70.6	1.13
フロン21 $CHCl_2F$	8.9	II	17	8.7	759	1.82	32.9	80.4	1.05

10.17.5 無機水酸化物系
(Inorganic Hydroxide System)

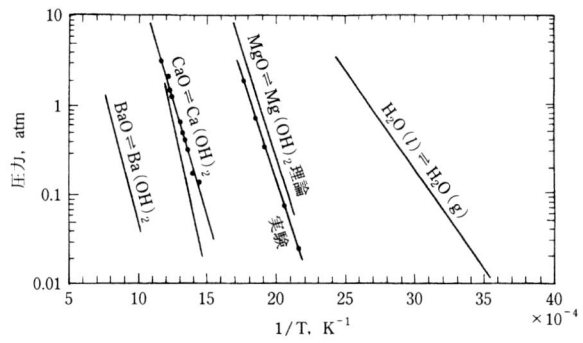

Fig. C-10-17-10 無機水酸化物系の反応平衡図 [1]
(Reaction equilibrium of hydroxides)

10.17.6 無機水和物系
(Inorganic Hydrated Compound System)

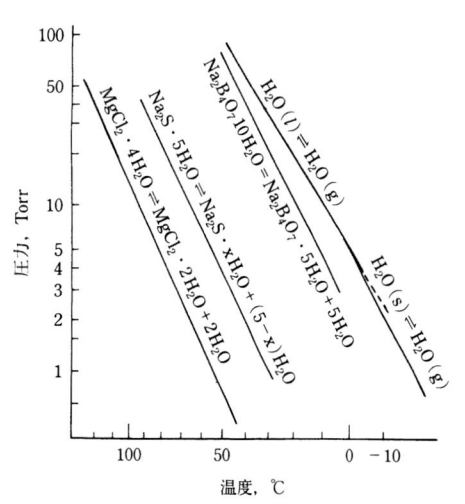

Fig. C-10-17-11 無機水和物系の反応平衡図 [1]
(Reaction equilibrium of inorganic hydrated compounds)

10.17.7 有機化合物系
(Organic Reaction System)

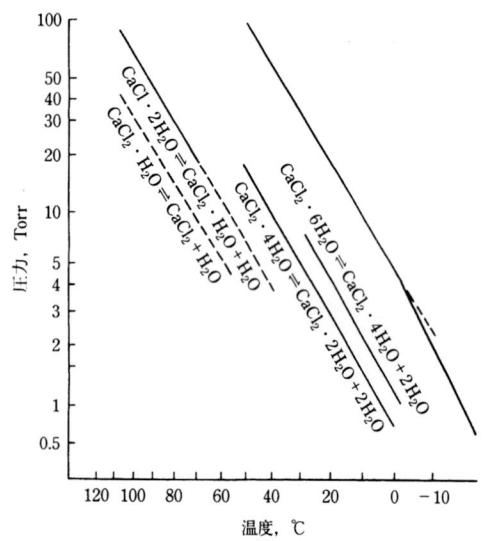

Fig. C-10-17-12 CaCl$_2$系の反応平衡図[2] (Reaction equilibrum of CaCl$_2$ system)

Table C-10-17-3 2-プロパノールとアセトンの物理的性質[2] (Physical properties of 2-propanol and acetone)

性質	単位	2-プロパノール	アセトン	備考
$\Delta G°_f$	kJ/mol	-180.3	-155.4	液相
		-173.5	-152.7	気相
$\Delta H°_f$	kJ/mol	-317.9	-248.0	液相
		-272.5	-217.2	気相
沸点	℃	82.4	56.3	1気圧
蒸気圧	Torr	44.49	231.19	25℃

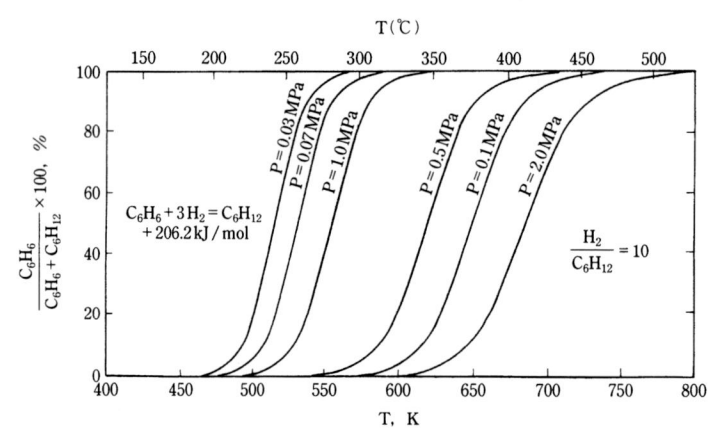

Fig. C-10-17-13 ベンゼン-シクロヘキサン系の反応平衡図[2] (Reaction equilibrium of cyclohexane and benzene system)

1) 日本冷凍協会編："ケミカルヒートポンプの開発", 冷凍, 60, (1985) 687. 2) 吉田, 斎藤監修："ケミカルヒートポンプ設計ハンドブック", サイエンスフォーラム社発行, (1985). 3) 水素吸蔵合金利用開発委員会編："水素吸蔵合金の材料開発に関する調査研究報告書", 大阪科学技術センター発行 (1984).

C.11 低温および極低温
(Low Temperature and Cryogenic Temperature)

11.1 ブラインの熱物性値
(Thermophysical Properties of Brines)

11.1.1 ブライン (Brines)

多くの冷凍装置では，冷媒の寒冷は他の液体の媒体を冷却するが，最終的な冷凍作用は，この液体との熱交換により達成される．この液体は熱交換に際し相変化をしない．このような目的で使用される媒体はブラインあるいは二次冷媒と呼ばれる．

ブラインとしては無機塩類の水溶液，有機化合物の水溶液および有機物の単体などが使用されている．Table C-11-1-1 に代表的な水溶液ブラインの一般的性質を示す．また Table C-11-1-2 に本節で熱物性値が示されている水溶液ブラインの性質を示す．ブラインの選定に際して考慮すべき点は

(1) 使用温度範囲で凝固および沸騰しないこと
(2) 比熱および熱伝導率が大きいこと
(3) 粘性率が小さいこと
(4) 使用される金属を腐食しないこと
(5) 毒性がなく難燃性で，臭気や味の点で問題がないこと

などである．

11.1.2 無機塩類の水溶液
(Aqueous Solution of Inorganic Salts)

無機塩として塩化ナトリウム，塩化カルシウム，および塩化マグネシウムなどが考えられるが，ここでは現在主に使われている前二者の性質を示す．

(a) 塩化ナトリウム (Sodium Chloride)
密度を Fig. C-11-1-1 に，比熱を Fig. C-11-1-2 に，粘性率を Fig. C-11-1-3 に，熱伝導率を Fig. C-11-1-4 に示す．

(b) 塩化カルシウム (Calcium Chloride)
密度を Fig. C-11-1-5 に，比熱を Fig. C-11-1-6 に，粘性率を Fig. C-11-1-7 に，熱伝導率を Fig.

Table C-11-1-1 代表的な水溶液ブラインの性質 (General properties of typical brines)[1]

温度 t (℃)	ブライン	組成 (質量%)	密度 ρ (kg/m³)	比熱 c (kJ/(kg·K))	熱伝導率 λ (W/(m²·K))	粘性率 η (mPa·s)	凝固点 (℃)	沸点 (℃)
-1.1	塩化ナトリウム	12	1093	3.601	0.485	2.2	-8.06	102
	塩化カルシウム	12	1109	3.475	0.554	2.4	-7.22	101
	メタノール	15	985.2	4.187	0.485	3.2	-10.3	86.1
	エタノール	20	977.2	4.354	0.467	5.5	-11.1	87.2
	エチレングリコール	25	1036	3.852	0.519	3.7	-10.6	103
	プロピレングリコール	30	1033	3.936	0.450	8.0	-10.6	102
-9.4	塩化ナトリウム	21	1166	3.350	0.433	4.2	-17.2	102
	塩化カルシウム	20	1198	3.015	0.537	4.8	-17.2	101
	メタノール	22	967.6	4.061	0.450	5.3	-15.3	83.3
	エタノール	25	977.2	4.271	0.433	8.2	-15.3	86.1
	エチレングリコール	35	1057	3.601	0.485	6.8	-17.8	104
	プロピレングリコール	40	1046	3.726	0.415	20.0	-20.1	103
-20.6	塩化カルシウム	25	1256	2.805	0.502	10.3	-29.4	102
	メタノール	35	961.2	3.726	0.398	9.9	-30.0	80.0
	エタノール	36	970.8	3.978	0.381	13.5	-26.7	83.9
	エチレングリコール	45	1080	3.308	0.433	17.2	-26.4	106
	プロピレングリコール	50	1065	3.475	0.398	80.0	-33.9	106
-34.4	塩化カルシウム	30	1315	2.638	0.485	27.8	-43.9	102
	メタノール	45	961.2	3.350	0.381	18.0	-42.8	77.2
	エタノール	52	953.2	3.391	0.329	20.2	-45.6	81.7
	エチレングリコール	55	1105	3.057	0.381	75.0	-41.7	108
	プロピレングリコール	60	1077	3.224	0.364	700.0	-48.3	108

1) Carrier Air Conditioning Company : Handbook of Air Conditioning System Design, McGraw-Hill (1965). 2) American Society of Heating, Refrigerating and Air-Conditioning Engineers, Inc. : ASHRAE Handbook, 1985 Fundamentals, Americal Society of Heating, Refrigerating and Air-Conditioning Engineers, Inc. (1985).

C-11-1-8 に示す．

11.1.3 有機化合物の水溶液（Aqueous Solution of Organic Compounds）

エチレングリコールとプロピレングリコール（1, 2 プロパンジオール）が一般的であるが，これらが使用できないような低温では，メタノール（CH_3OH）やエタノール（CH_3CH_2OH）が使用される．

（a）エチレングリコール（Etylene Glycol）

密度を Fig. C-11-1-9 に，比熱を Fig. C-11-1-10 に，粘性率を Fig. C-11-1-11 に，熱伝導率を Fig. C-11-1-12 に示す．

（b）プロピレングリコール（Propylene Glycol）

密度を Fig. C-11-1-13 に，比熱を Fig. C-11-1-14 に，粘性率を Fig. C-11-1-15 に，熱伝導率を Fig. C-11-1-16 に示す．

なおメタノールとエタノールの熱物性値線図については 文献1) を参照のこと．

11.1.4 有機化合物（Organic Compounds）

低温では，メチレンクロライド（ジクロロメタン，CH_2Cl），トリクロロエチレン（$CHCl=CCl_2$），R11 および R22 などが使用されている．トリクロロエチレンについては 文献1) を，R11 および R22 については C.10 章を参照のこと．

Table C-11-1-2 水溶液ブラインとして使用される代表的物質の性質
（Properties of typical substances used as aqueous brines）

物　質	分子式	分子量 M (-)	色/臭	水に対する溶解度 (質量%, 0(℃))	水溶液の共融点/組成 (℃)/(質量%)
塩化ナトリウム	NaCl	58.4	無/無	26.3	-21.2/23.1
塩化カルシウム	$CaCl_2$	111.0	無/無	37.3	-55.0/29.2
エチレングリコール	$HOCH_2CH_2OH$	62.1	無/無	任意	-65/70
プロピレングリコール	$HOCH_2CH_2CH_2OH$	76.1	無/無	任意	-

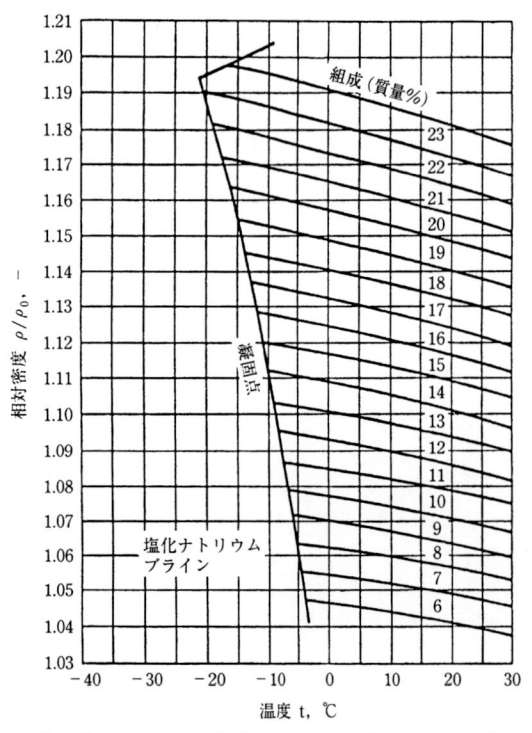

Fig. C-11-1-1 塩化ナトリウムブラインの密度
(Density of sodium chloride brine)[2]
$\rho_0 = 999.17$ (kg/m^3)

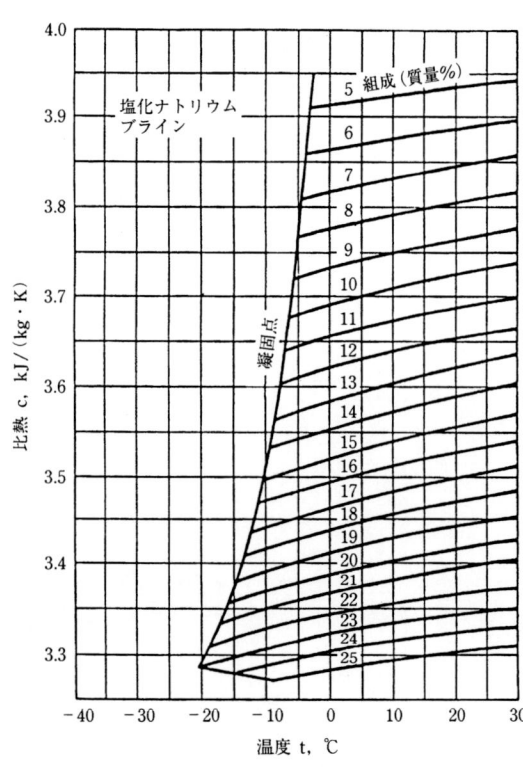

Fig. C-11-1-2 塩化ナトリウムブラインの比熱
(Specific heat of sodium chloride brine)[2]

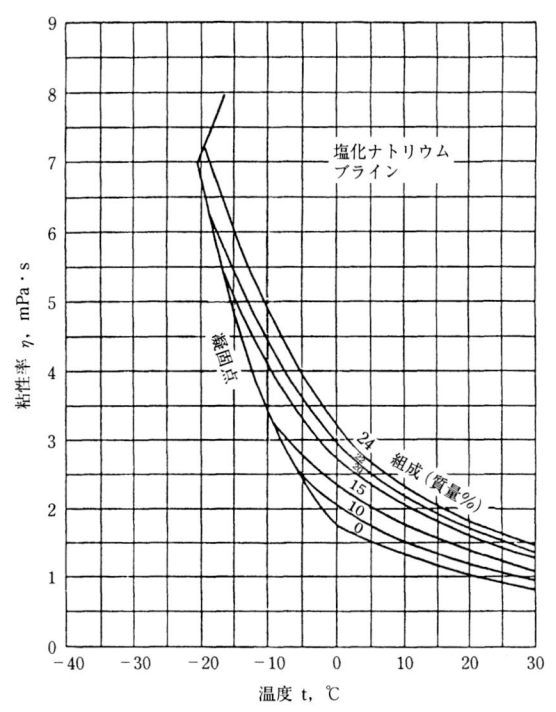

Fig. C-11-1-3 塩化ナトリウムブラインの粘性率
(Viscosity of sodium chloride brine)[2]

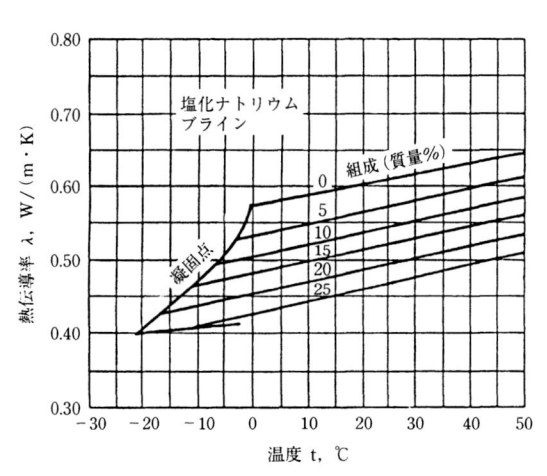

Fig. C-11-1-4 塩化ナトリウムブラインの熱伝導率
(Thermal conductivity of sodium chloride brine)

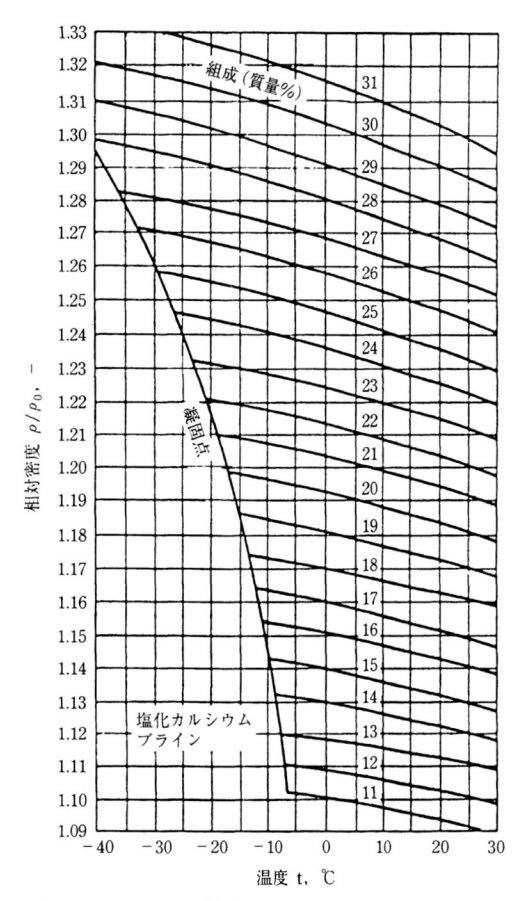

Fig. C-11-1-5 塩化カルシウムブラインの密度
(Density of calcium chloride brine)[2]
$\rho_\theta = 999.17\,(\mathrm{kg/m^3})$

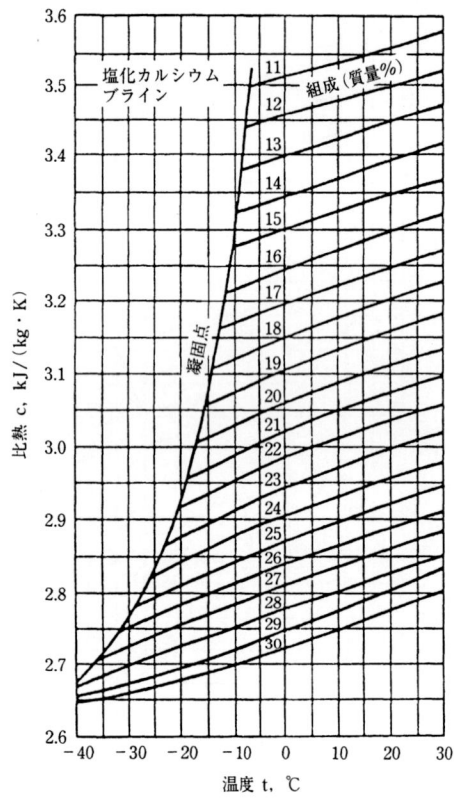

Fig. C-11-1-6 塩化カルシウムブラインの比熱
(Specific heat of calcium chloride brine)[2]

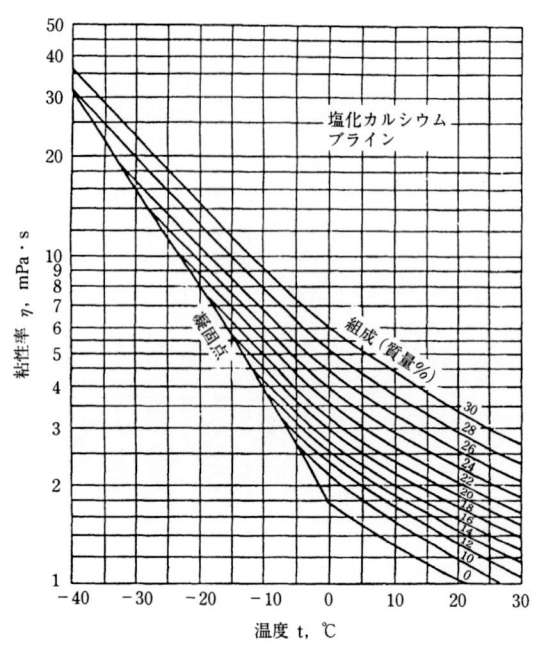

Fig. C-11-1-7 塩化カルシウムブラインの粘性率
(Viscosity of calcium chloride brine)[2]

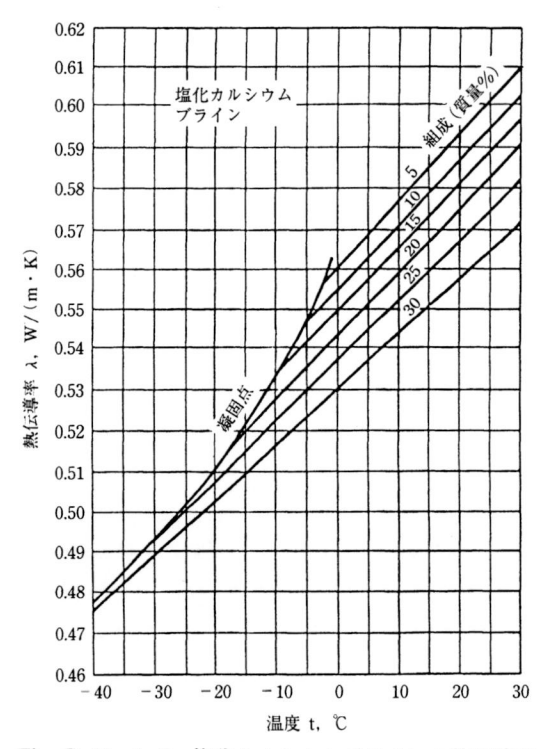

Fig. C-11-1-8 塩化カルシウムブラインの熱伝導率
(Thermal conductivity of calcium chloride brine)[2]

11.1 ブラインの熱物性値

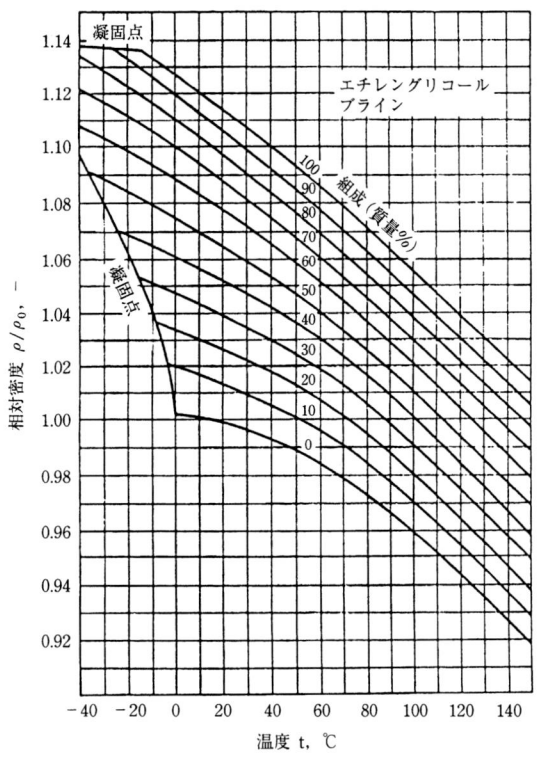

Fig. C-11-1-9 エチレングリコールブラインの密度 (Density of etylene glycol brine)[2]

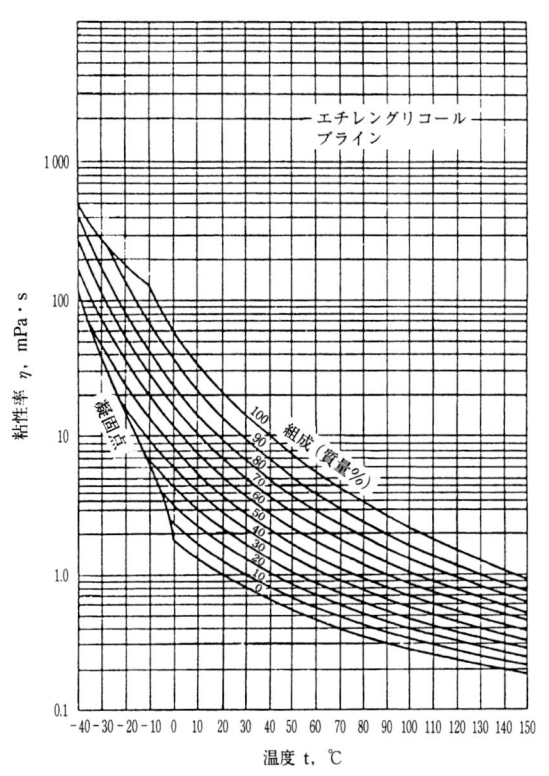

Fig. C-11-1-11 エチレングリコールブラインの粘性率 (Viscosity of etylene glycol brine)[2]

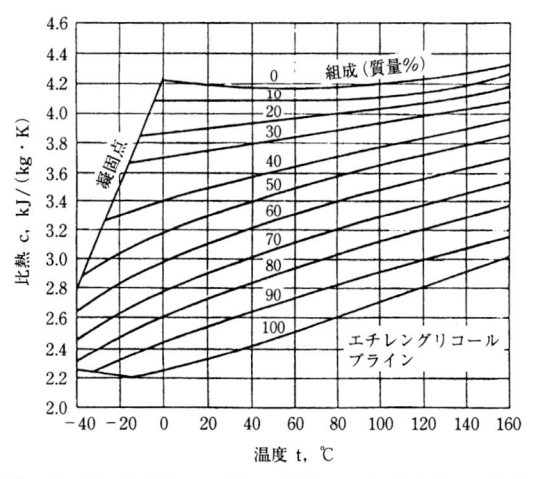

Fig. C-11-1-10 エチレングリコールブラインの比熱 (Specific heat of etylene glycol brine)[2]

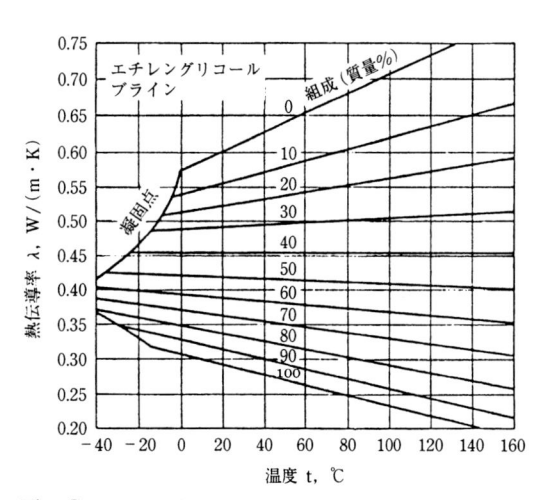

Fig. C-11-1-12 エチレングリコールブラインの熱伝導率 (Thermal conductivity of etylene glycol brine)[2]

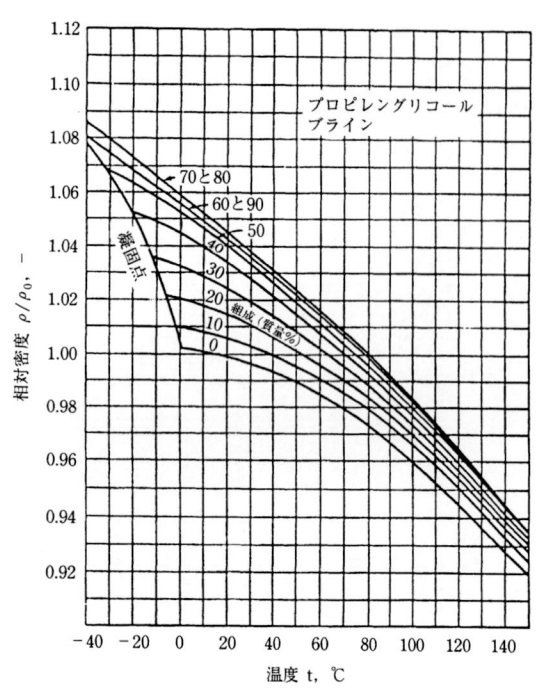

Fig. C-11-1-13 プロピレングリコールブラインの密度（Density of propylene glycol brine）[2]

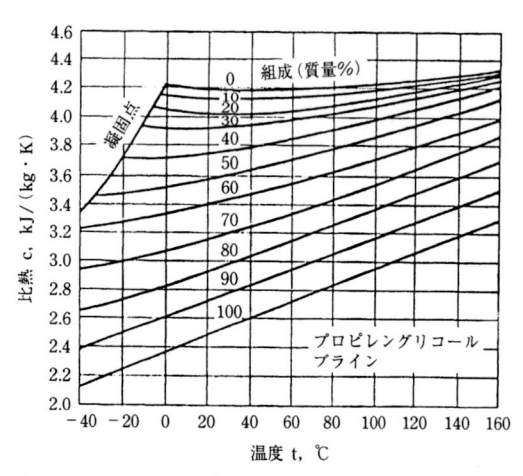

Fig. C-11-1-14 プロピレングリコールブラインの比熱（Specific heat of propylene glycol brine）[2]

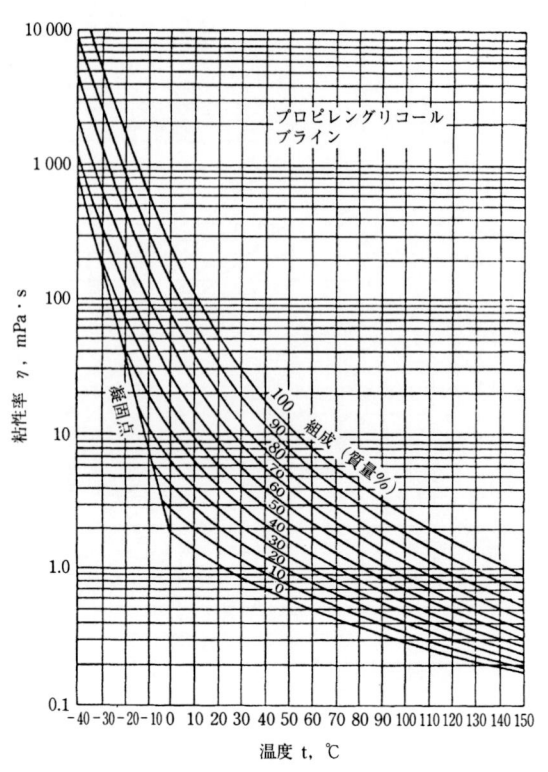

Fig. C-11-1-15 プロピレングリコールブラインの粘性率（Viscosity of propylene glycol brine）[2]

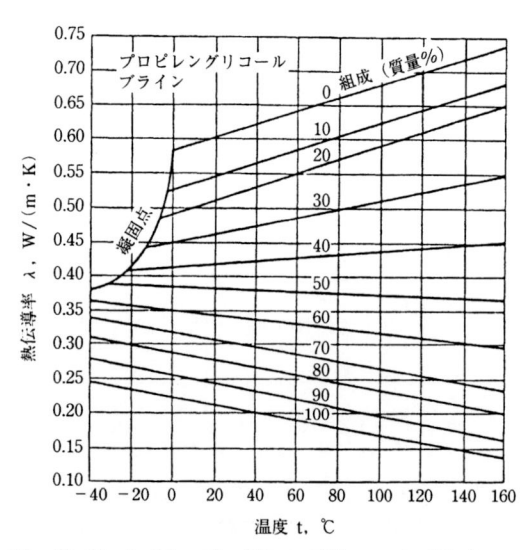

Fig. C-11-1-16 プロピレングリコールブラインの熱伝導率（Thermal conductivity of propylene glycol brine）[2]

11.2 極低温流体の熱物性値
(Thermophysical Properties of Cryogenic Fluids)

この節で扱われる物質のうちのいくつかについては，B編においても熱物性値が収録されている．以下においてはB編との接続を重視し，極低温ないしは低温という用語にふさわしい温度の上限には拘らない．実際この節の物質の熱物性値表における温度の上限は，物質により90Kから370Kの範囲で設定されている．なお常識的には低温は110K程度以下，極低温はmKオーダ以下と理解されているようである．Table C-11-2-1にこの項に熱物性値が収録されている流体の主な定数を示す．

11.2.1 ヘリウム4 (Helium 4)

ヘリウム4の相図をFig. C-11-2-1に示す．図で液体ヘリウムIIの領域の液体は量子液体で，絶対温度ゼロの極限においても固化しない．以下の(a)ではこの領域の外側における流体状態の熱物性を示し，(b)において液体ヘリウムIIのそれを示す．

(a) I-領域のヘリウム4 (Helium 4 in I-Phase)
熱力学的性質はIUPAC蒸気表の式[1]により，計算

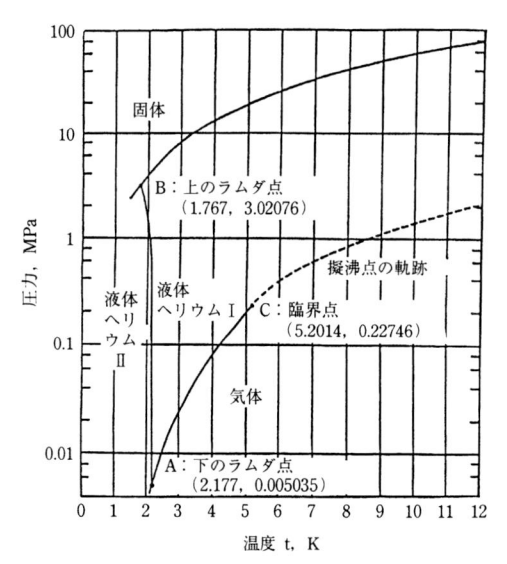

Fig. C-11-2-1 ヘリウム4の相図
(Phase diagram of helium 4)

した．粘性率はMaCartyの式[2]により，熱伝導率はHandsらの式[3]で計算した．

Table C-11-2-2飽和状態における熱力学的性質を，Table C-11-2-3に飽和状態における定圧比熱，粘性率および熱伝導率を，Table C-11-2-4に50

Table C-11-2-1 低温流体の主な定数 (Principal constants of cryogenic fluids)

物質	分子式	分子量 M (-)	気体定数 R (J/(kg·K))	臨界点 温度 T_c (K)	臨界点 圧力 P_c (MPa)	臨界点 比体積 $10^3 v_c$ (m³/kg)	三重点 温度 T_t (K)	三重点 圧力 P_t (Pa)	沸点 温度 T_b (K)	沸点 蒸発熱 r_b (kJ/kg)	液体の密度 ρ_b (kg/m³)	融点 温度 T_m (K)
ヘリウム4	He	4.0026	2077.2	5.2014	.22756	14.360	2.1773	5040	4.224	20.42	125.0	ない
ネオン	Ne	20.179	412.04	44.4	2.66	2.070	24.55	43200	27.1	85.8	1205	24.6
アルゴン	Ar	39.948	208.13	150.86	4.998	1.8667	83.78	68750	87.3	160.8	1388.2	83.8
クリプトン	Kr	83.80	99.218	209.4	5.50	1.098	不明	不明	119.8	107.6	2414	115.8
n-水素	H₂	2.016	4124.62	33.19	1.315	33.2	13.96	7199	20.39	451.5	70.79	14.01
窒素	N₂	28.013	296.812	126.20	3.4000	3.1847	63.148	12530	77.35	192.6	808.7	63.16
酸素	O₂	31.999	259.835	154.58	5.043	2.2925	54.361	146.3	90.19	211.99	1139.6	54.36
空気	混合物	29.86	287.22	132.52^a	3.7663^a	3.1949^a	不明	不明	78.80^b	205.07	825.01	不明
メタン	CH₄	16.04	518.25	190.56	4.595	6.1656	90.68	11719	111.63	510.43	422.55	90.39
エチレン	C₂H₄	28.054	296.37	282.65	5.076	4.5872	103.97	120.7	169.38	482.59	567.92	104.0
エタン	C₂H₆	30.069	276.507	305.5	4.913	4.713	90.348	1.13	184.5	487.5	544.07	89.88
プロパン	C₃H₈	44.097	188.546	369.9	4.2597	4.5455	85.45	146.3	231.51	580.82	433.37	85.45

a：飽和限界線上の最高温度の点における値．最高圧力の点では，温度：132.42 K，圧力：3.77436 MPa，10^3比体積：2.96 m³/kg．
b：露点の温度は 82.00 K．

---

1) Angus, S. & de Reuck, K. M. : International Thermodynamic Table of Fluid State Helium-4, IUPAC, Vol. 4, Pergamon (1977). 2) McCarty, R. D. : Technical Note 631 (1972) 9. 3) Hands, B. A. & Arp, V. D. : Cryogenics, 21, 12 (1981) 697. 4) Arp, V. D. & Agatsuma, K. : International Journal of Thermophysics, 6, 1 (1985) 63. 5) Rabinovich, V. A., Vasserman, A. A. et al. : Thermophysical Properties of Neon, Argon, Krypton and Xenon, Hemisphere (1988) 291. 6) 日本機械学会：流体の熱物性値集，日本機械学会 (1983). 7) Angus, S. & Armstrong, B. ed. : International Thermodynamic Table of the Fluid Statae, Argon, 1971, IUPAC, Butterworth (1972).

MPa, 100 K までの単相状態の表を示す.

(b) II-領域のヘリウム4 (Helium 4 in II-Phase)

Arp と Agatsuma の AA コードで計算した. このコードの計算式は文献4) に収録されている. 熱力学的性質の基準状態は文献1) と共通である.

飽和状態の性質を Table C-11-2-5 に示す. 最後から2番目の欄の熱伝導パラメータ K は, $q^3 = K(\delta T/\delta x)$ で定義されている. 圧縮液状態の性質を Table C-11-2-6 に示す.

11.2.2 ネオン (Neon)

大部分は文献5) の抜粋により作表したが, 飽和状態の輸送性質および表面張力は文献6) から引用した.

Table C-11-2-7 に, 飽和状態における熱力学的性質を, Table C-11-2-8 に飽和状態における表面張力, 粘性率および熱伝導率を, Table C-11-2-9 に 100 MPa, 100 K までの単相状態の表を示す.

11.2.3 アルゴン (Argon)

熱力学的な量の計算式としては, IUPAC のアルゴン蒸気表の式[7] で計算し, 飽和状態の輸送性質は文献6) の, 単相状態の輸送性質は文献5) の表からそれぞれ抜粋した.

Table C-11-2-10 に飽和状態における熱力学的性質を, Table C-11-2-11 に飽和状態における定圧比熱, 粘性率および熱伝導率を, Table C-11-2-12 に 100 MPa, 160 K までの単相状態の表を示す.

11.2.4 クリプトン (Krypton)

文献5) から抜粋して作表した. 飽和状態の輸送性質については十分な資料が存在しない.

Table C-11-2-13 に飽和状態における熱力学的性質を, Table C-11-2-14 に 100 MPa, 210 K までの単相状態における表を示す.

11.2.5 n-水素 (n-Hydrogen)

熱力学的性質は文献8) の式によって計算した. 輸送性質については十分な資料が存在しないが, 文献6) の表の抜粋を収録した.

Table C-11-2-15 に飽和状態における熱力学的性質を, Table C-11-2-16 に飽和状態における定圧比

Table C-11-2-2 飽和状態におけるヘリウム4の熱力学的性質
(Thermodynamic priperties of helium 4 at saturated states)

温度 T (K)	飽和圧力 P_s (MPa)	比体積 $10^3 v'$ (m^3/kg)	v''	比エンタルピー h' (kJ/kg)	h''	蒸発熱 r (kJ/kg)	比エントロピー s' (kJ/(kg·K))	s''
2.177	0.0050	6.839	0.84865	-11.424	10.789	22.213	1.748	12.024
2.2	0.0053	6.842	0.80990	-11.348	10.882	22.230	1.782	11.959
2.4	0.0083	6.882	0.55402	-10.808	11.675	22.483	2.008	11.433
2.6	0.0124	6.936	0.39665	-10.355	12.413	22.768	2.179	10.979
2.8	0.0175	7.004	0.29405	-9.894	13.090	22.984	2.336	10.578
3.0	0.0240	7.085	0.22406	-9.393	13.702	23.095	2.493	10.216
3.2	0.0320	7.180	0.17447	-8.841	14.241	23.082	2.653	9.884
3.4	0.0415	7.290	0.13822	-8.231	14.700	22.931	2.817	9.574
3.6	0.0529	7.419	0.11101	-7.557	15.070	22.627	2.985	9.279
3.8	0.0661	7.571	0.09013	-6.809	15.340	22.149	3.161	8.994
4.0	0.0815	7.752	0.07375	-5.974	15.495	21.470	3.344	8.714
4.2	0.0990	7.971	0.06063	-5.036	15.512	20.548	3.540	8.432
4.4	0.1190	8.244	0.04988	-3.968	15.353	19.321	3.750	8.140
4.6	0.1416	8.595	0.04084	-2.728	14.952	17.680	3.984	7.824
4.8	0.1670	9.086	0.03290	-1.229	14.168	15.397	4.255	7.459
5.0	0.1954	9.894	0.02547	0.762	12.664	11.902	4.605	6.984
5.2	0.2272	1.4257	0.01446	6.638	6.822	0.184	5.681	5.716
5.201	0.2275	4.4360	0.01436	6.741	6.741	0	5.699	5.699

8) Wooly, H. W., Scott, R. B. et al. : J. Res. Nat. Bur. Stand., 41 (1948) 379.   9) Angus, S., Armstrong, B. et al. ed. : International Thermodynamic Table of the Fluid State-6 Nitrogen, IUPAC, Vol. 6, Pergamon (1979).   10) Jacobsen, R. T., Stewart, R. B. et al. : N. B. S. Technical Note, 648 (1973).   11) Sychev, V. V., Vasserman, A. A. et al. : Thermodynamic Properties of Oxygen, Hemisphere (1988).   12) Baehr, H. D. und Schwier, K. : Die Thermodynamischen Eigenschaften der Luft, Springer-Verlag (1961).   13) Kadoya, K., Matsunaga, N. et al. : J. Physical and Chemical Reference Data, 14, 4 (1985) 947.   14) Angus, S. and de Reuck, K. M. : International Thermodynamic Table of the Fluid State-5 Methane, IUPAC, Vol. 5, Pergamon (1976).   15) Miller Jr., J. W. and Yaws, C. L. : Chem. Eng., 83, 23 (1976) 127.   16) Ely, J. F. and Hanley, H. J. M : Ind. Eng. Chem. Fundam., 20, 4 (1981) 323.

熱, 粘性率および熱伝導率を, Table C-11-2-17に 10 MPa, 100 Kまでの単相状態の表を示す.

11.2.6 窒素 (Nitrogen)

熱力学的な量の計算式としてはIUPACの窒素蒸気表の式[9]を, 粘性率, 熱伝導率および表面張力は文献[10]の式を使った.

Table C-11-2-18に飽和状態における熱力学的性質を, Table C-11-2-19に飽和状態における粘性率, 熱伝導率および表面張力を, Table C-11-2-20に500 MPa, 150 Kまでの単相状態の性質を示す.

11.2.7 酸素 (Oxygen)

熱力学的な量は文献11)の式で計算し, 粘性率および熱伝導率は文献6)から抜粋した.

Table C-11-2-21に飽和状態における熱力学的性質を, Table C-11-2-22に飽和状態における粘性率および熱伝導率を, Table C-11-2-23に100 MPa, 160 Kまでの単相状態の性質を示す.

11.2.8 空気 (Air)

熱力学的な量の計算式としてはBaehrらの空気の蒸気表の式[12]を, 単相領域における輸送性質の計算としてはKadoyaらの式[13]を, それぞれ採用した. また飽和領域の輸送性質は文献6)を引用した.

Table C-11-2-24に飽和状態における熱力学的性質を, Table C-11-2-25に3 MPa, 140 Kまでの単相状態の性質を, Table C-11-2-26に飽和状態における粘性率および熱伝導率を示す.

11.2.9 メタン (Methane)

表面張力以外の熱力学的量はIUPACのメタン蒸気表の式[14]で, 表面張力はMillerらの式[15]で, 粘性率はElyらの式[16]で計算した. 飽和領域の熱伝導率については文献6)を引用した.

Table C-11-2-27に飽和状態における熱力学的性質を, Table C-11-2-28に飽和状態における粘性率および熱伝導率を, Table C-11-2-29に45 MPa, 200 Kまでの単相状態の性質を示す.

11.2.10 エチレン (Ethylene)

表は文献6)から抜粋し, 線図は文献17)から引用した. Table C-11-2-30に飽和状態における熱力学的性質を, Table C-11-2-31に飽和状態における粘性率および熱伝導率を, Table C-11-2-32に50 MPa, 300 Kまでの単相状態の熱伝導率を示す.

Fig. C-11-2-2は40 MPa, 460 Kまでの圧力-エンタルピー線図である. ただし, Table C-11-2-30の比エンタルピーや比エントロピーとは基準状態が異なっており, 線図の方が比エンタルピーで約1060

Table C-11-2-3 飽和状態におけるヘリウム4の定圧比熱,粘性率および熱伝導率
(Specific heat capacity, viscosity and thermal conductivity of helium 4 at saturated states)

温度 T (K)	飽和圧力 P_s (MPa)	定圧比熱 c_p' (kJ/(kg·K))	c_p''	粘性率 η' (μPa·s)	η''	熱伝導率 λ' (mW/(m·K))	λ''
2.177	0.0050	3.35	5.61	3.594	0.538	13.52	3.98
2.2	0.0053	3.16	5.63	3.611	0.545	13.63	4.04
2.4	0.0083	2.25	5.77	3.708	0.607	14.48	4.53
2.6	0.0124	2.10	5.93	3.734	0.669	15.24	4.99
2.8	0.0175	2.22	6.13	3.719	0.732	15.91	5.44
3.0	0.0240	2.42	6.36	3.678	0.796	16.52	5.89
3.2	0.0320	2.67	6.64	3.619	0.862	17.07	6.35
3.4	0.0415	2.95	6.98	3.548	0.930	17.54	6.82
3.6	0.0529	3.28	7.40	3.467	1.000	17.93	7.31
3.8	0.0661	3.68	7.94	3.378	1.074	18.25	7.82
4.0	0.0815	4.19	8.65	3.283	1.152	18.49	8.37
4.2	0.0990	4.88	9.63	3.182	1.236	18.65	8.97
4.4	0.1190	5.86	11.08	3.073	1.327	18.74	9.68
4.6	0.1416	7.44	13.51	2.954	1.428	18.81	10.57
4.8	0.1670	10.53	18.50	2.817	1.546	18.91	11.81
5.0	0.1954	19.94	34.43	2.640	1.699	19.21	13.91

17) American Society of Heating, Refrigerating and Aie-Conditioning Engineers, Inc. : ASHRAE Handbook, 1985 Fundamentals, American Society of Heating, Refrigerating and Air-Conditioning Engineers, Inc. (1985). 18) Buehner, K., Maurer, G. et al. : Cryogenics, 21, 3 (1981) 157. 19) Holland, P. M., Hanley, H. J. M. et al. : J. Chem. Ref. Data, 8, 2 (1979) 559.

kJ/kg，比エントロピーで約7.81 kJ/(kg·K)それぞれ大きい．したがって混用しない方がよい．

11.2.11 エタン（Ethane）

文献6)から抜粋した．

Table C-11-2-33に飽和状態における性質を，Table C-11-2-34に70 MPa，320 Kまでの単相状態における性質を示す．

11.2.12 プロパン（Propane）

表面張力以外の熱力学的な量はBuehnerらの式[18]で，表面張力はMillerらの式[15]で計算した．粘性率および熱伝導率はHollandらの報告を引用した[19]．

Table C-11-2-35に飽和状態における熱力学的性質を，Table C-11-2-36に表面張力，飽和液の粘性率および熱伝導率を示す．なお単相状態の性質はB.4.17節に収録されている．そこで示されている熱力学的性質の計算式と基準状態は，Table C-11-2-35のそれらと共通であるから，混用して差し支えない．

Table C-11-2-4　単相状態におけるヘリウム4の性質 (Properties of helium in single phase region)
v : (m³/kg), h : (kJ/kg), s : (kJ/(kg・K)), c_p : (kJ/(kg・K)), η : (μPa・s), λ : (mW/(m・K))

温度 T (K)		圧力　P　(MPa)										
		.006	.01	.02	.05	.1	.5	1	2	5	10	30	50
2.18	v	.00684	.00683	.00682	.00679	.00675	.00645	.00620	.00585				
	h	-11.41	-11.38	-11.32	-11.14	-10.83	-8.362	-5.344	0.4742				
	s	1.752	1.751	1.749	1.742	1.732	1.670	1.619	1.549				
	c_p	3.329	3.320	3.296	3.227	3.119	2.466	1.936	1.300				
	η	3.599	3.608	3.631	3.700	3.813	4.671	5.713	7.920				
	λ	13.54	13.55	13.57	13.65	13.77	14.56	15.32	16.49				
3	v	1.007	.5910	.2773	.00705	.00698	.00660	.00629	.00591	.00528			
	h	15.21	14.91	14.08	-9.259	-8.996	-6.800	-3.989	1.582	17.35			
	s	13.40	12.28	10.67	2.477	2.448	2.281	2.149	1.982	1.689			
	c_p	5.387	5.542	6.066	2.399	2.356	2.128	1.952	1.712	1.402			
	η	.7763	.7803	.7913	3.739	3.853	4.681	5.633	7.535	14.59			
	λ	5.743	5.775	5.858	16.63	16.84	18.12	19.32	21.15	25.16			
4	v	1.363	.8090	.3930	.1416	.00769	.00697	.00654	.00606	.00536	.00481		
	h	20.53	20.33	19.81	18.02	-5.924	-4.249	-1.719	3.534	18.87	42.37		
	s	14.93	13.84	12.33	10.15	3.321	3.008	2.796	2.538	2.122	1.675		
	c_p	5.282	5.347	5.533	6.396	4.082	3.118	2.726	2.343	1.856	1.827		
	η	1.029	1.034	1.047	1.090	3.334	4.174	5.015	6.565	11.65	24.27		
	λ	7.717	7.739	7.796	8.013	18.64	20.94	22.81	25.53	31.25	38.50		
5	v	1.715	1.022	.5027	.1905	.08513	.00777	.00698	.00630	.00548	.00489		
	h	25.79	25.64	25.25	24.02	21.64	-.2973	1.534	6.275	21.07	44.43		
	s	16.11	15.03	13.54	11.50	9.757	3.876	3.510	3.138	2.601	2.124		
	c_p	5.245	5.281	5.379	5.745	6.763	4.920	3.771	3.121	2.535	2.330		
	η	1.257	1.262	1.274	1.313	1.388	3.563	4.384	5.715	9.633	18.16		
	λ	9.573	9.589	9.633	9.799	10.21	21.82	24.65	28.37	35.78	44.88		
6	v	2.064	1.233	.6102	.2361	.1109	.00983	.00765	.00662	.00562	.00496		
	h	31.03	30.90	30.60	29.64	27.94	6.445	5.817	9.673	23.80	46.90		
	s	17.06	15.99	14.52	12.52	10.91	5.093	4.287	3.755	3.096	2.572		
	c_p	5.228	5.252	5.314	5.526	5.989	9.552	4.797	3.640	2.889	2.585		
	η	1.467	1.472	1.483	1.517	1.579	2.934	3.890	5.109	8.331	14.72		
	λ	11.26	11.27	11.31	11.44	11.73	21.08	25.16	30.00	39.04	49.86		
7	v	2.413	1.444	.7166	.2803	.1347	.01679	.00877	.00703	.00577	.00505	.00406	
	h	36.25	36.15	35.89	35.11	33.76	19.07	11.42	13.63	26.87	49.63	131.7	
	s	17.87	16.80	15.33	13.36	11.81	7.037	5.148	4.365	3.570	2.991	1.986	
	c_p	5.218	5.235	5.279	5.421	5.700	11.67	6.437	4.272	3.257	2.853	2.934	
	η	1.663	1.667	1.677	1.708	1.761	2.445	3.505	4.682	7.460	12.57	55.82	
	λ	12.78	12.79	12.82	12.93	13.16	17.88	24.63	30.72	41.28	53.70	91.11	
8	v	2.761	1.653	.8224	.3238	.1576	.02403	.0107	.00756	.00595	.00513	.00410	
	h	41.46	41.38	41.16	40.50	39.38	28.87	18.98	18.29	30.32	52.62	134.5	
	s	18.56	17.49	16.04	14.08	12.56	8.350	6.156	4.986	4.030	3.390	2.364	
	c_p	5.212	5.225	5.258	5.362	5.554	8.430	8.203	4.986	3.622	3.118	2.766	
	η	1.847	1.851	1.860	1.887	1.935	2.416	3.218	4.371	6.847	11.11	43.02	
	λ	14.17	14.18	14.20	14.29	14.49	17.70	23.49	30.76	42.71	56.58	98.11	
9	v	3.109	1.862	.9277	.3669	.1799	.03017	.0134	.00825	.00615	.00523	.00413	.00370
	h	46.67	46.60	46.41	45.84	44.89	36.57	27.71	23.71	34.14	55.87	137.3	210.3
	s	19.18	18.11	16.66	14.71	13.21	9.259	7.189	5.625	4.479	3.773	2.689	2.163
	c_p	5.208	5.219	5.245	5.325	5.468	7.163	8.301	5.728	3.974	3.374	2.765	2.613
	η	2.021	2.024	2.032	2.057	2.100	2.492	3.081	4.146	6.404	10.08	34.91	94.53
	λ	15.45	15.46	15.48	15.56	15.73	18.34	22.85	30.40	43.52	58.65	103.9	142.4
10	v	3.456	2.071	1.033	.4096	.2019	.03570	.01625	.00913	.00637	.00533	.00416	.00372
	h	51.88	51.81	51.65	51.16	50.33	43.40	35.78	28.30	38.30	59.37	140.1	212.9
	s	19.72	18.66	17.21	15.27	13.78	9.979	8.043	6.277	4.918	4.143	2.985	2.431
	c_p	5.206	5.214	5.235	5.299	5.411	6.563	7.627	6.376	4.309	3.620	2.866	2.508
	η	2.186	2.189	2.197	2.220	2.258	2.595	3.069	3.992	6.078	9.312	29.38	73.29
	λ	16.64	16.65	16.66	16.73	16.89	19.14	22.91	29.93	43.85	60.06	108.6	150.0

Table C-11-2-4 (つづき)

温度 T (K)		圧力 P (MPa)											
		.006	.01	.02	.05	.1	.5	1	2	5	10	30	50
20	v	6.924	4.154	2.077	.8303	.4149	.08257	.04118	.02092	.00988	.00674	.00459	.00399
	h	103.9	103.9	103.8	103.6	103.3	101.0	98.36	94.35	93.10	105.8	178.5	248.6
	s	23.33	22.27	20.82	18.91	17.46	14.01	12.45	10.82	8.711	7.367	5.671	4.925
	c_p	5.196	5.198	5.204	5.220	5.248	5.471	5.728	6.040	5.878	5.173	4.189	3.939
	η	3.544	3.546	3.550	3.562	3.582	3.741	3.937	4.319	5.371	6.987	13.41	21.43
	λ	26.07	26.08	26.09	26.12	26.20	27.27	29.08	32.84	42.58	59.35	121.7	176.7
30	v	10.39	6.233	3.117	1.247	.6243	.1258	.06349	.03247	.01432	.00869	.00512	.00431
	h	155.8	155.8	155.8	155.7	155.6	154.8	153.8	152.3	151.8	160.5	223.7	291.1
	s	25.43	24.37	22.93	21.03	19.58	16.19	14.70	13.17	11.09	9.577	7.498	6.640
	c_p	5.194	5.195	5.198	5.205	5.217	5.312	5.425	5.610	5.801	5.630	4.811	4.507
	η	4.607	4.608	4.611	4.620	4.634	4.745	4.881	5.148	5.901	7.045	11.18	15.31
	λ	33.62	33.62	33.63	33.66	33.72	34.46	35.72	38.54	46.13	57.75	114.0	170.2
40	v	13.85	8.311	4.156	1.664	.8328	.1681	.08500	.04350	.01880	.01083	.00572	.00465
	h	207.8	207.8	207.8	207.8	207.7	207.6	207.5	207.4	208.9	217.1	273.9	338.2
	s	26.93	25.87	24.43	22.52	21.08	17.71	16.25	14.76	12.74	11.20	8.939	7.991
	c_p	5.194	5.194	5.196	5.200	5.206	5.258	5.321	5.432	5.626	5.653	5.196	4.885
	η	5.521	5.522	5.524	5.531	5.542	5.631	5.741	5.956	6.571	7.509	10.77	13.75
	λ	40.36	40.36	40.37	40.40	40.44	41.03	42.02	44.30	50.87	60.17	105.4	157.4
50	v	17.31	10.39	5.195	2.080	1.041	.2100	.1062	.05427	.02321	.01302	.00639	.00503
	h	259.7	259.7	259.7	259.7	259.8	260.1	260.4	261.2	264.5	273.3	327.1	388.4
	s	28.09	27.03	25.59	23.68	22.24	18.88	17.43	15.96	13.98	12.46	10.12	9.112
	c_p	5.194	5.194	5.195	5.197	5.201	5.233	5.272	5.345	5.500	5.587	5.402	5.152
	η	6.342	6.343	6.345	6.351	6.360	6.437	6.531	6.717	7.249	8.068	10.87	13.34
	λ	46.60	46.60	46.61	46.63	46.68	47.18	48.01	49.92	55.75	64.01	100.2	145.6
60	v	20.77	12.47	6.234	2.495	1.249	.2519	.1272	.06490	.02755	.01519	.00708	.00542
	h	311.6	311.6	311.7	311.7	311.8	312.3	313.0	314.4	319.0	328.8	381.6	440.9
	s	29.03	27.97	26.53	24.63	23.19	19.84	18.39	16.93	14.97	13.47	11.12	10.07
	c_p	5.193	5.194	5.194	5.196	5.198	5.220	5.246	5.296	5.415	5.513	5.486	5.324
	η	7.100	7.101	7.103	7.108	7.117	7.185	7.269	7.435	7.913	8.650	11.16	13.33
	λ	52.47	52.48	52.49	52.51	52.55	53.01	53.72	55.39	60.62	68.24	98.27	136.8
70	v	24.24	14.54	7.273	2.911	1.457	.2936	.1482	.07544	.03184	.01735	.00778	.00583
	h	363.6	363.6	363.6	363.7	363.7	364.5	365.4	367.2	372.9	383.6	436.5	494.7
	s	29.84	28.77	27.33	25.43	23.99	20.64	19.19	17.74	15.80	14.32	11.96	10.90
	c_p	5.193	5.193	5.194	5.195	5.197	5.212	5.231	5.267	5.358	5.450	5.503	5.420
	η	7.812	7.813	7.815	7.819	7.827	7.890	7.967	8.119	8.556	9.232	11.52	13.50
	λ	58.07	58.07	58.08	58.11	58.15	58.57	59.21	60.69	65.44	72.57	98.55	131.2
80	v	27.70	16.62	8.312	3.326	1.665	.3352	.1690	.08594	.03609	.01950	.00849	.00624
	h	415.5	415.5	415.5	415.6	415.7	416.6	417.6	419.7	426.2	437.8	491.5	549.1
	s	30.53	29.47	28.03	26.12	24.68	21.34	19.89	18.44	16.51	15.04	12.70	11.62
	c_p	5.193	5.193	5.194	5.194	5.196	5.207	5.221	5.247	5.318	5.400	5.490	5.463
	η	8.490	8.490	8.492	8.496	8.503	8.561	8.633	8.774	9.180	9.808	11.93	13.75
	λ	63.44	63.44	63.45	63.48	63.52	63.91	64.51	65.85	70.19	76.89	100.2	128.1
90	v	31.16	18.70	9.350	3.742	1.872	.3768	.1899	.09640	.04031	.02162	.00919	.00666
	h	467.4	467.4	467.5	467.5	467.7	468.6	469.8	472.1	479.3	491.6	546.3	603.8
	s	31.16	30.08	28.64	26.74	25.30	21.95	20.51	19.06	17.14	15.67	13.34	12.27
	c_p	5.193	5.193	5.193	5.194	5.195	5.203	5.214	5.234	5.290	5.360	5.464	5.474
	η	9.139	9.139	9.141	9.145	9.152	9.206	9.273	9.405	9.785	10.37	12.36	14.05
	λ	68.62	68.62	68.63	68.66	68.70	69.08	69.63	70.86	74.87	81.19	102.7	126.9
100	v	34.62	20.78	10.39	4.157	2.080	0.4184	0.2107	0.1068	.04451	.02374	.00989	.00708
	h	519.4	519.4	519.4	519.5	519.6	520.6	521.9	524.4	532.1	545.1	600.8	658.5
	s	31.69	30.63	29.19	27.28	25.84	22.50	21.06	19.61	17.70	16.24	13.92	12.84
	c_p	5.193	5.193	5.193	5.194	5.195	5.201	5.209	5.225	5.270	5.328	5.435	5.466
	η	9.766	9.766	9.768	9.771	9.778	9.829	9.892	10.02	10.37	10.93	12.79	14.38
	λ	73.64	73.64	73.65	73.67	73.71	74.08	74.60	75.75	79.47	85.44	105.6	127.1

11.2 極低温流体の熱物性値

Table C-11-2-5 飽和液状態のヘリウムⅡの性質 (Properties of helium Ⅱ at saturated liquid states)

温度 T (K)	圧力 P_s (kPa)	密度 ρ' (kg/m³)	定圧比熱 c_p' (kJ/(kg·K))	定容比熱 c_v' (kJ/(kg·K))	エンタルピー h' (kJ/kg)	エントロピー s' (kJ/(kg·K))	常成分の粘性率 η_N (μPa·s)	熱伝導パラメータ K (kW³/m⁵·K)	ゲルターメラン定数 GM (km·s/kg)
1.4	0.29	145.1	0.7941	0.7940	0.1395	0.1215	1.62	263	0.501
1.5	0.48	145.2	1.134	1.133	0.2365	0.1874	1.51	956	0.560
1.6	0.76	145.2	1.577	1.575	0.3730	0.2741	1.41	2700	0.638
1.7	1.15	145.3	2.149	2.145	0.5608	0.3861	1.32	6100	0.742
1.8	1.66	145.4	2.885	2.879	0.8145	0.5290	1.26	11000	0.876
1.9	2.33	145.6	3.848	3.838	1.154	0.7096	1.25	15500	1.046
2.0	3.17	145.7	5.159	5.146	1.606	0.9384	1.34	15100	1.282
2.1	4.19	145.9	7.224	7.202	2.222	1.235	1.34	4570	2.202
2.172	5.04	146.2	23.47	22.41	2.871	1.536	1.34	2×10⁻¹⁵	0.1×10⁶

Table C-11-2-6 圧縮液状態のヘリウムⅡの性質 (Properties of helium Ⅱ in compressed liquid states)
ρ : (kg/m³), h : (kJ/kg), s : (kJ/(kg·K))

圧力 P (kPa) (T_{lambda}(K))		温度 T (K)							
		1.4	1.5	1.6	1.7	1.8	1.9	2.0	2.1
6 (2.177)	ρ h s	145.2 0.1792 0.1217	145.3 0.2749 0.1876	145.3 0.4096 0.2744	145.4 0.5948 0.3865	145.4 0.5948 0.3865	145.6 1.180 0.7099	145.8 1.626 0.9387	146.0 2.235 1.236
10 (2.177)	ρ h s	145.3 0.2070 0.1219	145.3 0.3028 0.1878	145.4 0.4376 0.2746	145.5 0.6228 0.3868	145.6 0.8732 0.5297	145.7 1.208 0.7103	145.9 1.654 0.9392	146.1 2.264 1.236
20 (2.176)	ρ h s	145.5 0.2764 0.1222	145.5 0.3723 0.1882	145.6 0.5073 0.2752	145.7 0.6928 0.3875	145.8 0.9434 0.5305	145.9 1.278 0.7113	146.1 1.725 0.9402	146.3 2.335 1.237
50 (2.173)	ρ h s	146.0 0.4839 0.1231	146.1 0.5802 0.1894	146.1 0.7158 0.2768	146.2 0.9020 0.3895	146.3 1.153 0.5329	146.5 1.489 0.7140	146.6 1.936 0.9434	146.8 2.548 1.241
100 (2.169)	ρ h s	146.9 0.8272 0.1242	146.9 0.9242 0.1910	147.0 1.061 0.2790	147.1 1.248 0.3924	147.2 1.501 0.5366	147.3 1.838 0.7185	147.5 2.287 0.9487	147.8 2.902 1.248
500 (2.127)	ρ h s	153.1 3.495 0.1274	153.1 3.597 0.1982	153.2 3.742 0.2914	153.4 3.940 0.4114	153.5 4.207 0.5634	153.8 4.562 0.7552	154.1 5.039 0.9998	154.7 5.720 1.331
1000 (2.068)	ρ h s	159.3 6.712 0.1401	159.4 6.824 0.2175	159.5 6.982 0.3193	159.7 7.198 0.4502	160.0 7.490 0.6166	160.4 7.882 0.8284	160.9 8.425 1.106	— — —
2000 (1.932)	ρ h s	169.0 12.87 0.1874	169.2 13.01 0.2868	169.5 13.22 0.4179	169.9 13.50 0.5872	170.6 13.88 0.8064	171.5 14.43 1.106	— — —	— — —
2500 (1.855)	ρ h s	173.3 15.83 0.2193	173.6 16.00 0.3330	174.0 16.23 0.4851	174.5 16.57 0.6871	175.5 17.05 0.9635	— — —	— — —	— — —

Table C-11-2-7 飽和状態のネオンの熱力学的性質
(Thermodynamic properties of neon in saturated states)[5]

温度 T (K)	飽和圧力 P_s (bar)	比体積 $10^3 v'$ (m^3/kg)	$10^3 v''$ (m^3/kg)	比エンタルピー h' (kJ/kg)	h'' (kJ/kg)	比エントロピー s' (kJ/(kg·K))	s'' (kJ/(kg·K))	定圧比熱 c_p' (kJ/(kg·K))	c_p'' (kJ/(kg·K))
24.55	0.4335	0.8012	226.6	28.22	117.0	1.388	5.006	1.802	1.077
25	0.5103	0.8060	195.2	29.04	117.4	1.421	4.954	1.826	1.089
26	0.7184	0.8172	142.9	30.90	118.1	1.494	4.846	1.868	1.118
27	0.9854	0.8289	107.0	32.80	118.7	1.564	4.746	1.910	1.153
27.09	1.013	0.8301	104.4	32.98	118.8	1.571	4.738	1.914	1.156
28	1.321	0.8413	81.74	34.75	119.3	1.634	4.653	1.955	1.194
29	1.735	0.8546	63.52	36.75	119.8	1.703	4.566	2.003	1.242
30	2.238	0.8687	50.10	38.80	120.1	1.771	4.483	2.052	1.298
31	2.840	0.8838	40.03	40.90	120.4	1.838	4.404	2.106	1.365
32	3.552	0.9001	32.34	43.06	120.6	1.905	4.329	2.163	1.444
33	4.386	0.9177	26.37	45.28	120.7	1.971	4.255	2.227	1.538
34	5.352	0.9370	21.66	47.57	120.6	2.036	4.184	2.302	1.652
35	6.462	0.9583	17.92	49.92	120.3	2.101	4.113	2.392	1.792
36	7.728	0.9820	14.89	52.34	119.9	2.166	4.043	2.506	1.964
37	9.164	1.009	12.44	54.80	119.3	2.231	3.973	2.639	2.177
38	10.78	1.039	10.38	57.52	118.4	2.297	3.900	2.825	2.454
39	12.60	1.075	8.685	60.30	117.2	2.365	3.825	3.068	2.806
40	14.62	1.116	7.261	63.33	115.8	2.435	3.749	3.436	3.269
41	16.88	1.167	6.056	66.51	114.0	2.507	3.668	4.065	3.906
42	19.39	1.232	5.038	69.82	111.8	2.582	3.580	5.263	5.025
43	22.16	1.329	4.114	73.93	108.8	2.667	3.478	8.06	7.75
44	25.22	1.538	3.107	80.83	103.0	2.812	3.316	25.0	23.3
44.40	26.53	2.070	2.070	92.5	92.5	3.062	3.062	∞	∞

Table C-11-2-8 飽和状態のネオンの表面張力および輸送性質
(Surface tension and transport properties of neon in saturated states)[6]

温度 T (K)	飽和圧力 P_s (bar)	表面張力 σ (mN/m)	粘性率 η' (μPa·s)	η'' (μPa·s)	熱伝導率 λ' (mW/(m²·K))	λ'' (mW/(m²·K))
24.55	0.4335	5.65	–	–	117.5	7.0
25	0.5103	5.50	151	–	116.8	7.1
26	0.7184	5.15	139	–	115.1	7.4
27	0.9854	4.80	127	4.63	113.4	7.8
28	1.321	4.47	116	4.85	111.7	8.2
29	1.735	4.13	105	5.04	110.0	8.5
30	2.238	3.80	98	5.24	108.2	8.9
31	2.840	3.48	91	5.43	106.3	9.3
32	3.552	3.16	84	5.64	104.2	9.7
33	4.386	2.85	78	5.83	101.8	10.2
34	5.352	2.55	72	6.04	99.1	10.7
35	6.462	2.25	67	6.22	96.0	11.2
36	7.728	1.96	62	6.44	92.4	11.8
37	9.164	1.67	56	6.71	88.3	12.4
38	10.78	1.40	52	7.03	83.7	13.1
39	12.60	1.14	47	7.39	78.5	13.8
40	14.62	0.88	43	7.81	73	14.7
41	16.88	0.64	39	8.36	67	15.8
42	19.39	0.42	34	9.13	61	17.2
43	22.16	0.22	31	10.2	54	19.2
44	25.22	0.05	27	12.1	46	23.7

Table C-11-2-9 単相状態におけるネオンの性質 (Properties of neon in single phase region)[5)]
10^3 v : (m³/kg), h : (kJ/kg), s : (kJ/(kg·K)), η : (μPa·s), λ : (mW/(m·K))

圧力 P (MPa)		温度 T (K)								
		26	30	40	50	60	70	80	90	100
0.1	10^3v h s η λ	0.8171 30.92 1.493 4.46 6.89	118.9 122.1 4.860 5.07 7.83	162.1 133.0 5.175 6.55 10.12	204.2 143.6 5.411 7.98 12.33	246.0 154.0 5.600 8.37 14.48	287.6 164.4 5.760 10.70 16.54	329.0 174.7 5.898 11.98 18.51	370.4 185.1 6.020 13.19 20.38	411.7 195.4 6.129 14.34 22.16
0.4	10^3v h s η λ	0.8160 31.08 1.490 138.4 133.4	0.8676 38.87 1.769 100.8 114.9	38.33 130.5 4.561 6.725 10.79	49.70 142.0 4.818 8.12 12.84	60.57 152.8 5.015 9.49 14.89	71.25 163.5 5.179 10.81 16.89	81.82 174.0 5.320 12.08 18.81	92.32 184.5 5.443 13.28 20.65	102.8 194.9 5.553 14.42 22.40
1	10^3v h s η λ	0.8138 31.38 1.483 139.4 134.4	0.8642 39.13 1.760 10.23 116.1	13.11 123.8 4.063 7.105 12.19	18.71 138.5 4.391 8.40 13.80	23.49 150.4 4.610 9.71 15.62	28.00 161.6 4.783 10.99 17.48	32.40 172.5 4.929 12.34 19.31	36.72 183.3 5.055 13.42 21.08	40.99 194.0 5.163 14.55 22.79
4	10^3v h s η λ	0.8040 32.98 1.451 147.8 139.1	0.8490 40.50 1.720 110.0 121.7	1.039 61.94 2.332 48.95 79.13	2.740 109.9 3.375 14.40 27.89	4.923 136.3 3.867 12.78 21.52	6.426 152.0 4.109 12.75 21.61	7.744 165.3 4.287 13.46 22.56	8.974 177.6 4.432 14.27 23.77	10.15 189.4 4.556 15.30 25.09
10	10^3v h s η λ	- - - - -	0.8248 43.50 1.653 128.0 131.5	0.9544 62.53 2.202 64.90 95.9	1.205 85.23 2.702 36.40 63.52	1.713 112.0 3.191 22.80 42.86	2.370 134.8 3.544 18.65 34.57	2.988 152.5 3.781 17.25 31.81	3.557 167.8 3.960 17.14 31.01	4.091 181.6 4.106 17.60 31.06
40	10^3v h s η λ	- - - - -	- - - - -	0.8157 76.96 1.909 124.9 140.7	0.8904 93.24 2.275 81.00 116.2	0.9805 110.0 2.581 61.25 96.61	1.080 126.7 2.834 48.55 82.80	1.188 142.8 3.045 41.19 73.09	1.302 158.2 3.227 36.70 66.36	1.421 173.3 3.386 34.10 61.64
100	10^3v h s η λ	- - - - -	- - - - -	0.7248 112.0 1.637 208.6 199.6	0.7621 127.1 1.979 154.1 176.6	0.8020 142.0 2.250 117.5 157.7	0.8425 156.5 2.467 94.85<ы>143.2	0.8838 170.8 2.649 80.11 131.3	0.9275 185.0 2.814 69.52 120.6	0.9743 199.2 2.964 61.85 111.3

Table C-11-2-10 飽和状態のアルゴンの熱力学的性質
(Thermodynamic properties of argon in saturated states)

温度 T (K)	飽和圧力 P_s (MPa)	比体積 (m³/kg)		比エンタルピー (kJ/kg)		蒸発熱 r (kJ/kg)	比エントロピー (kJ/(kg·K))	
		10^3v'	v"	h'	h"		s'	s"
83.78	0.0688	0.708	0.2459	71.65	234.7	163.0	1.335	3.282
85	0.0790	0.711	0.2189	71.28	235.2	163.9	1.333	3.261
90	0.1337	0.729	0.1345	77.57	237.0	159.4	1.404	3.175
95	0.2134	0.748	0.08688	84.31	238.5	154.2	1.475	3.098
100	0.3243	0.766	0.05911	89.78	239.8	145.0	1.530	3.030
105	0.4727	0.784	0.04148	95.97	240.7	144.7	1.589	2.968
110	0.6652	0.811	0.03015	101.3	241.3	140.0	1.638	2.911
115	0.9088	0.829	0.02209	108.6	241.4	132.8	1.700	2.855
120	1.211	0.865	0.01682	113.6	241.2	127.6	1.742	2.805
125	1.578	0.902	0.01279	120.7	240.2	119.7	1.795	2.753
130	2.020	0.933	0.00972	128.3	238.3	110.0	1.853	2.699
135	2.545	0.988	0.00745	135.9	235.4	99.49	1.906	2.643
140	3.164	0.060	0.00566	144.6	231.0	86.40	1.965	2.582
145	3.890	0.151	0.00417	155.2	223.8	68.59	2.034	2.507
150	4.738	0.260	0.00272	168.8	209.0	40.20	2.119	2.387
150.86	4.998	0.867	0.00187	189.2	189.2	0	2.201	2.201

Table C-11-2-11 飽和状態のアルゴンの定圧比熱,粘性率および熱伝導率 (Specific heat capacity, viscosity and thermal conductivity of argon at saturated states)[6]

温度 T (K)	飽和圧力 P_s (MPa)	定圧比熱 c_p' (kJ/(kg·K))	定圧比熱 c_p'' (kJ/(kg·K))	粘性率 η' (μPa·s)	粘性率 η'' (μPa·s)	熱伝導率 λ' (mW/(m·K))	熱伝導率 λ'' (mW/(m·K))
84	0.0705	–	0.56	–	–	127.1	–
90	0.1337	1.06	0.58	240	7.56	120.1	5.9
95	0.2134	1.14	0.60	208	8.10	114.3	6.4
100	0.3243	1.18	0.63	182	8.55	108.4	6.8
105	0.4727	1.20	0.66	162	9.03	102.4	7.2
110	0.6652	1.23	0.70	146	9.55	96.4	7.7
112	0.7562	1.24	0.72	141	9.77	94.0	7.9
114	0.8557	1.26	0.74	135	9.99	91.5	8.1
116	0.9643	1.28	0.77	130	10.2	89.1	8.3
118	1.082	1.30	0.79	126	10.5	86.7	8.5
120	1.211	1.33	0.82	121	10.7	84.2	8.8
122	1.349	1.36	0.86	117	11.0	81.8	9.1
124	1.499	1.40	0.90	114	11.3	79.3	9.4
126	1.660	1.44	0.95	109	11.6	76.8	9.7
128	1.833	1.49	1.01	105	11.9	74.3	10.0
130	2.020	1.56	1.08	101	12.2	71.8	10.2
132	2.220	1.63	1.16	96.0	12.6	69.3	10.5
134	2.432	1.73	1.26	91.0	13.0	66.8	10.8
136	2.661	1.85	1.40	86.4	13.4	64.3	11.0
138	2.904	2.01	1.59	80.7	13.9	61.7	11.5
140	3.164	2.22	1.82	75.0	14.5	59.2	12.0
142	3.441	2.53	2.17	69.1	15.1	54.8	12.7
144	3.736	–	2.71	63.2	15.8	51.1	13.5
146	4.049	–	3.63	57.1	16.6	46.9	14.5
148	4.383	–	5.74	50.9	18.0	42.4	15.9
150	4.738	–	12.53	44.7	24.1	38.0	19.0

Table C-11-2-12 単相状態におけるアルゴンの性質 (Properties of argon in single phase region)[5]
$10^3 v$:(m³/kg), h :(kJ/kg), s :(kJ/(kg·K)), η :(μPa·s), λ :(mW/(m·K))

圧力 P (MPa)		温度 T (K)							
		90	100	110	120	130	140	150	160
0.1	$10^3 v$	181.6	203.5	225.1	246.4	267.7	288.9	310.0	331.1
	h	237.3	242.7	248.2	253.5	258.8	264.1	269.4	274.7
	s	3.241	3.299	3.351	3.397	3.440	3.480	3.561	3.550
	η	7.58	8.38	9.17	9.96	10.74	11.51	12.27	13.08
	λ	5.92	6.54	7.16	7.78	8.38	8.99	9.58	10.17
1	$10^3 v$	0.7250	0.7611	0.8053	21.21	23.94	26.50	28.95	31.31
	h	78.24	89.41	101.2	243.6	250.6	257.1	263.3	269.3
	s	1.409	1.527	1.639	2.862	2.918	2.966	3.009	3.048
	η	244.9	188.0	142.8	10.42	11.16	11.90	12.63	13.37
	λ	120.4	106.6	93.40	87.71	9.25	9.77	10.29	10.82
3	$10^3 v$	0.7217	0.7564	0.7981	0.8515	0.9274	6.150	7.755	8.914
	h	79.09	90.16	101.8	114.1	127.7	233.5	245.8	255.0
	s	1.403	1.519	1.630	1.737	1.846	2.611	2.696	2.756
	η	251.0	192.6	147.2	112.4	12.04	14.04	14.13	14.57
	λ	121.9	108.4	95.50	82.83	69.81	13.04	12.71	12.82
10	$10^3 v$	0.7111	0.7420	0.7775	0.8197	0.8720	0.9405	1.038	2.652
	h	82.20	92.95	104.0	115.4	127.4	140.2	154.4	171.8
	s	1.382	1.494	1.600	1.699	1.794	1.899	1.987	2.100
	η	275.4	209.1	162.6	131.2	104.3	83.79	66.67	51.04
	λ	127.1	114.2	102.1	90.56	79.49	68.77	58.15	47.09
30	$10^3 v$	–	0.7120	0.7380	0.7665	0.7981	0.8333	0.8728	0.9175
	h	–	101.8	111.1	122.5	132.7	143.1	153.6	164.2
	s	–	1.438	1.536	1.626	1.709	1.785	1.857	1.927
	η	–	264.8	207.7	169.1	140.4	119.5	102.8	89.46
	λ	–	128.2	117.3	107.2	97.79	89.18	81.28	74.05
100	$10^3 v$	–	–	0.6695	0.6850	0.7010	0.7176	0.7347	0.7529
	h	–	–	145.4	155.0	164.3	173.5	182.5	191.6
	s	–	–	1.394	1.477	1.552	1.620	1.682	1.741
	η	–	497.1	381.4	381.0	235.4	208.7	186.2	166.8
	λ	–	–	155.6	146.8	138.7	131.1	124.1	117.5

11.2 極低温流体の熱物性値

Table C-11-2-13 飽和状態のクリプトンの熱力学的性質
(Thermodynamic properties of krypton in saturated states)[5]

温度 T (K)	飽和圧力 Ps (bar)	比体積 $10^3 v'$ (m³/kg)	$10^3 v''$	比エンタルピー h' (kJ/kg)	h''	比エントロピー s' (kJ/(kg·K))	s''	定圧比熱 c_p' (kJ/(kg·K))	c_p''
115.76	0.7319	0.4090	152.9	52.78	161.8	0.8095	1.751	0.547	0.259
119.76	1.013	0.4143	113.6	54.99	162.6	0.8279	1.726	0.545	0.263
120	1.032	0.4146	111.6	55.09	162.6	0.8291	1.724	0.544	0.264
130	2.112	0.4284	57.84	60.55	164.1	0.8724	1.669	0.542	0.278
140	3.878	0.4440	32.95	66.02	165.3	0.9124	1.622	0.546	0.297
150	6.552	0.4619	20.14	71.58	166.1	0.9499	1.580	0.559	0.322
160	10.37	0.4831	12.95	77.34	166.4	0.9859	1.543	0.587	0.356
170	15.57	0.5091	8.628	83.48	166.0	1.022	1.507	0.641	0.407
180	22.41	0.5423	5.864	90.26	164.6	1.058	1.472	0.734	0.496
190	31.20	0.5882	3.986	98.19	161.8	1.098	1.433	0.905	0.687
200	42.23	0.6641	2.606	108.4	156.0	1.147	1.386	1.515	1.321
209.39	54.96	1.098	1.098	133.9	133.9	1.262	1.262	∞	∞

Table C-11-2-14 単相状態におけるクリプトンの性質 (Properties of krypton in single phase region)[5]
$10^3 v$:(m³/kg), h :(kJ/kg), s :(kJ/(kg·K)), η :(μPa·s), λ :(mW/(m·K))

圧力 P (MPa)		温度 T (K)					
		100	140	160	180	200	210
0.1	$10^3 v$	115.3	136.2	156.6	176.9	197.1	207.1
	h	162.6	167.8	172.5	178.0	183.1	185.6
	s	1.728	1.768	1.802	1.833	1.859	1.871
	η	10.88	12.60	14.30	15.97	17.63	18.44
	λ	4.05	4.69	5.32	5.95	6.56	6.87
1	$10^3 v$	0.4139	0.4432	13.52	16.06	18.41	19.54
	h	55.32	66.15	166.7	173.3	179.3	182.2
	s	0.8279	0.9114	1.548	1.586	1.618	1.632
	η	375.1	267.4	14.93	16.51	18.11	18.90
	λ	90.46	76.12	5.96	6.48	7.02	7.30
3	$10^3 v$	0.4124	0.4408	0.4786	0.5378	4.939	5.495
	h	55.84	66.57	77.55	90.10	168.5	172.9
	s	0.8254	0.9081	0.9813	1.055	1.470	1.492
	η	381.1	273.5	192.7	131.4	20.07	20.55
	λ	91.41	77.23	63.77	50.16	8.56	8.64
10	$10^3 v$	0.4077	0.4332	0.4653	0.5089	0.5761	0.6280
	h	57.69	68.16	78.58	89.74	103.6	111.8
	s	0.8169	0.8976	0.9671	1.034	1.106	1.145
	η	400.3	294.1	213.6	154.5	110.3	91.74
	λ	94.52	80.95	68.32	56.38	44.75	38.96
30	$10^3 v$	-	0.4171	0.4406	0.4680	0.4837	0.5295
	h	-	73.20	82.80	92.54	103.6	109.3
	s	-	0.8729	0.9370	0.9941	1.053	1.081
	η	-	345.4	264.1	204.2	161.1	144.0
	λ	-	89.96	78.63	68.51	59.49	55.36
100	$10^3 v$	-	-	0.3991	0.4135	0.4284	0.4360
	h	-	-	101.7	110.4	120.3	125.4
	s	-	-	0.8730	0.9246	0.9770	1.001
	η	-	-	401.0	332.4	279.1	257.3
	λ	-	-	104.0	95.24	87.62	84.20

Table C-11-2-15 飽和状態のn-水素の熱力学的性質
(Thermodynamic properties of n-hydrogen in saturated states)

温度 T (K)	飽和圧力 Ps (MPa)	比体積 v' (m³/kg)	v''	比エンタルピー h' (kJ/kg)	h''	蒸発熱 r (kJ/kg)	比エントロピー s' (kJ/(kg·K))	s''
13.96	0.0072	0.01295	7.863	212.9	670.1	457.2	13.97	46.72
15.00	0.0127	0.01310	4.760	222.4	679.9	457.6	14.60	45.11
17.00	0.0314	0.01342	2.140	238.2	697.8	459.7	15.57	42.61
19.00	0.0654	0.01380	1.113	257.1	713.5	456.4	16.58	40.60
21.00	0.1208	0.01425	0.6410	277.2	725.8	448.6	17.54	38.90
23.00	0.2039	0.01479	0.3963	298.3	733.1	434.8	18.44	37.35
25.00	0.3213	0.01548	0.2572	319.8	733.1	413.3	19.28	35.82
27.00	0.4800	0.01628	0.2026	277.8	734.9	457.1	18.06	34.99
29.00	0.6872	0.01770	0.1100	372.7	686.1	313.3	21.15	31.95
31.00	0.9510	0.01916	0.0830	356.8	648.3	291.5	20.84	30.25
33.00	1.2799	0.03006	0.0371	351.0	393.5	42.4	21.95	23.24
33.19	1.3152	0.03321	0.0332	869.0	869.0	0	44.76	44.76

Table C-11-2-16 飽和状態のn-水素の定圧比熱,粘性率および熱伝導率
(Specific heat capacity, viscosity and thermal conductivity of n-hydrogen in saturated states)[6]

温度 T (K)	飽和圧力 Ps (MPa)	定圧比熱 c_p' (kJ/(kg·K))	定圧比熱 c_p'' (kJ/(kg·K))	粘性率 η' (μPa·s)	粘性率 η'' (μPa·s)	熱伝導率 λ' (mW/(m²·K))	熱伝導率 λ'' (mW/(m²·K))
13.96	0.0072	–	–	–	–	–	–
15	0.0127	6.994	10.53	21.40	0.80	102.2	11.7
17	0.0314	7.698	10.87	17.20	0.92	108.8	13.4
19	0.0654	8.770	11.29	14.20	1.02	115.3	15.0
21	0.1208	10.20	11.94	12.00	1.17	121.3	16.9
23	0.2039	11.81	12.97	10.50	1.30	125.8	19.2
25	0.3213	13.73	14.65	9.05	1.43	126.9	22
27	0.4800	16.40	17.53	7.84	1.56	121.7	25
29	0.6872	21.15	23.28	6.76	1.74	111.7	29
31	0.9510	28.94	39.65	5.67	2.00	100	40
33	1.2799	277.9	405.6	–	–	74	58
33.19	1.3152	–	–	–	–	–	–

Table C-11-2-17 単相状態におけるn-水素の性質 (Properties of n-hydrogen in single phase region)[6]
v:(m³/kg), h:(kJ/kg), s:(kJ/(kg·K)), η:(μPa·s), λ:(mW/(m·K))

温度 T (K)		圧力 P (MPa) 0.01	0.1	0.3	0.5	1	3	5	10
15	v	6.074							
	h	680.4							
	s	46.11							
20	v	8.175							
	h	732.5							
	s	49.09							
30	v	12.33	1.196	0.3673	0.1969				
	h	836.1	824.1	793.9	756.1				
	s	53.29	43.52	38.27	35.22				
40	v	16.47	1.624	0.5237	0.3028	0.1343			
	h	939.6	928.0	900.8	871.5	784.4			
	s	56.27	46.54	41.46	38.75	34.08			
50	v	20.61	2.046	0.6706	0.3953	0.1882	0.0415		
	h	1043	1031	1005	978.6	906.5	416.5		
	s	58.57	48.88	43.89	41.32	37.19	23.70		
60	v	24.74	2.463	0.8132	0.4831	0.2351	0.0679	0.0287	
	h	1147	1144	1136	1127	1105	992.8	767.2	
	s	60.48	50.99	46.47	44.38	41.56	37.27	35.48	
70	v	28.86	2.880	0.9547	0.5697	0.2809	0.0880	0.0491	0.0183
	h	1252	1249	1243	1237	1220	1147	1058	688.4
	s	62.11	52.62	48.11	46.03	43.23	39.00	37.33	36.64
80	v	32.99	3.295	1.095	0.6551	0.3251	0.1054	0.0616	0.0294
	h	1358	1356	1351	1346	1334	1281	1224	1063
	s	63.57	54.09	49.58	47.50	44.70	40.48	38.76	37.26
	η	3.58	3.58	–	3.59	3.62	3.77	4.00	4.80
	λ	50.9	51.2	–	52.8	54.7	62.3	69.7	87.3
90	v	37.12	3.709	1.235	0.7397	0.3686	0.1215	0.0724	0.0363
	h	1466	1465	1461	1457	1447	1407	1367	1266
	s	64.92	55.43	50.92	48.84	46.05	41.81	40.05	38.28
100	v	4.125	41.23	1.374	0.8238	0.4115	0.1370	0.0824	0.0422
	h	1577	1576	1573	1569	1562	1531	1501	1431
	s	66.18	56.69	52.18	50.10	47.31	43.06	41.27	39.32
	η	4.21	4.21	4.21	4.21	4.22	4.31	4.42	5.02
	λ	67.4	67.6	–	68.8	70.2	75.9	81.5	95.1

Table C-11-2-18 飽和状態の窒素の熱力学的性質
(Thermodynamic properties of nitrogen in saturated states)

温度 T (K)	飽和圧力 P_s (MPa)	比体積 v'	v'' (m³/kg)	比エンタルピー h'	h'' (kJ/kg)	蒸発熱 r (kJ/kg)	比エントロピー s'	s'' (kJ/(kg·K))	定圧比熱 c_p'	c_p'' (kJ/(kg·K))
63.15	0.0125	0.00115	1.483	-150.4	64.74	215.2	2.427	5.838	1.951	1.058
65	0.0174	0.00116	1.094	-146.8	66.50	213.3	2.484	5.769	1.991	1.063
70	0.0386	0.00119	0.5268	-136.7	71.06	207.7	2.634	5.604	2.042	1.081
75	0.0761	0.00122	0.2822	-126.4	75.28	201.7	2.775	5.466	2.058	1.108
80	0.1370	0.00126	0.1641	-116.0	79.06	195.1	2.908	5.349	2.071	1.143
85	0.2290	0.00130	0.1017	-105.6	82.33	187.9	3.033	5.245	2.095	1.192
90	0.3607	0.00134	0.0663	-94.9	84.98	179.9	3.153	5.153	2.139	1.257
95	0.5409	0.00139	0.0449	-84.0	86.89	170.9	3.268	5.068	2.208	1.347
100	0.7789	0.00145	0.0313	-72.7	87.90	160.6	3.381	4.987	2.311	1.474
105	1.0842	0.00152	0.0223	-60.8	87.79	148.6	3.493	4.908	2.465	1.664
110	1.4672	0.00161	0.0160	-48.1	86.20	134.3	3.605	4.826	2.710	1.975
115	1.9390	0.00173	0.0115	-34.2	82.47	116.7	3.721	4.736	3.167	2.568
120	2.5133	0.00190	0.0080	-18.1	74.99	93.1	3.850	4.625	4.347	4.132
126.20	3.4000	0.00318	0.0032	30.7	30.70	0	4.23	4.23	∞	∞

Table C-11-2-19 飽和状態における窒素の粘性率, 熱伝導率および表面張力
(Viscosity, thermal conductivity, and surface tension of nitrogen at saturated states)

温度 T (K)	飽和圧力 P_s (MPa)	粘性率 η'	η'' (μPa·s)	熱伝導率 λ'	λ'' (mW/(m·K))	表面張力 σ mN/m
63.148	0.0125	307.5	4.479	164.0	6.076	12.30
65	0.0174	274.2	4.581	160.4	6.263	11.84
70	0.0386	211.5	4.882	150.5	6.781	10.62
75	0.0761	177.0	5.217	140.7	7.328	9.436
80	0.1370	149.0	5.585	131.0	7.916	8.280
85	0.2290	129.0	5.986	121.5	8.559	7.158
90	0.3607	111.4	6.422	112.3	9.275	6.072
95	0.5409	95.82	6.897	103.3	10.09	5.027
100	0.7789	82.01	7.416	94.47	11.04	4.026
105	1.084	69.61	7.991	85.83	12.19	3.076
110	1.467	58.30	8.647	77.28	13.72	2.185
115	1.939	47.71	9.434	68.92	16.07	1.367
120	2.513	37.27	10.50	61.45	20.81	0.6443
126.20	3.400	16.46	16.46	5395	5395	0

Table C-11-2-20 単相状態における窒素の性質 (Properties of nitrogen in single phase region)

10^3 v : (m³/kg), h : (kJ/kg), s : (kJ/(kg·K)), c_p : (kJ/(kg·K)), η : (μPa·s), λ : (mW/(m·K))

T (K)		0.03	0.05	0.1	0.3	0.5	1	3	5	10	30	50	100	300	500
65	10^3v	1.162	1.162	1.162	1.161	1.161	1.160	1.157	1.153						
	h	-146.8	-146.8	-146.7	-146.6	-146.4	-146.0	-144.3	-142.6						
	s	2.484	2.484	2.484	2.483	2.482	2.479	2.469	2.460						
	c_p	1.991	1.991	1.990	1.989	1.987	1.983	1.966	1.951						
	η	274.3	274.4	274.6	275.8	276.9	279.7	291.3	303.5						
	λ	160.4	160.4	160.4	160.5	160.7	161.0	162.4	163.7						
70	10^3v	681.0	1.189	1.189	1.189	1.188	1.187	1.183	1.178	1.168	1.135				
	h	71.36	-136.7	-136.6	-136.5	-136.3	-135.9	-134.3	-132.7	-128.6	-111.0				
	s	5.682	2.634	2.633	2.632	2.631	2.628	2.617	2.606	2.581	2.503				
	c_p	1.072	2.041	2.041	2.039	2.037	2.032	2.013	1.995	1.955	1.833				
	η	4.872	211.5	211.7	212.5	213.2	215.1	223.1	231.7	255.9	389.6				
	λ	6.762	150.6	150.6	150.8	150.9	151.3	153.0	154.6	158.4	171.8				
75	10^3v	732.0	435.1	1.221	1.220	1.219	1.218	1.212	1.206	1.193	1.153	1.124			
	h	76.70	76.09	-126.4	-126.2	-126.1	-125.7	-124.2	-122.7	-118.8	-101.9	-83.85			
	s	5.755	5.598	2.775	2.774	2.772	2.769	2.756	2.744	2.716	2.629	2.567			
	c_p	1.064	1.082	2.058	2.055	205.3	2.047	2.025	2.004	1.196	1.828	1.723			
	η	5.168	5.189	177.1	177.6	178.1	179.4	184.8	190.5	206.3	306.9	467.7			
	λ	7.230	7.272	140.7	140.9	141.1	141.6	143.5	145.3	149.7	164.9	177.6			
80	10^3v	782.6	466.0	228.3	1.255	1.254	1.252	1.245	1.237	1.221	1.172	1.138			
	h	82.01	81.48	80.12	-115.9	-115.8	-115.5	-114.1	-112.7	-109.0	-92.82	-75.25			
	s	5.824	5.668	5.451	2.907	2.905	2.901	2.887	2.874	2.843	2.747	2.678			
	c_p	1.059	1.073	1.112	2.069	2.066	2.058	2.032	2.008	1.958	1.820	1.716			
	η	5.477	5.497	5.547	149.4	149.8	151.0	157.5	163.8	177.2	247.0	377.5			
	λ	7.698	7.737	7.838	131.2	131.4	132.0	134.1	136.2	141.1	157.9	171.7			
85	10^3v	833.1	496.7	244.2	1.295	1.294	1.291	1.281	1.272	1.251	1.193	1.153	1.091		
	h	87.29	86.83	85.63	-105.5	-105.4	-105.1	-103.9	-102.6	-99.23	-83.73	-66.68	-21.22		
	s	5.888	5.733	5.518	3.033	3.031	3.027	3.011	2.996	2.961	2.857	2.782	2.658		
	c_p	1.055	1.067	1.097	2.094	2.090	2.081	2.047	2.018	1.959	1.815	1.715	1.496		
	η	5.795	5.814	5.861	129.1	129.6	130.9	135.7	140.5	152.0	207.7	304.9	796.6		
	λ	8.166	8.203	8.297	121.6	121.8	122.5	124.9	127.3	132.7	150.8	165.6	194.7		
90	10^3v	883.4	527.2	260.0	81.45	1.339	1.336	1.323	1.311	1.285	1.215	1.170	1.101		
	h	92.56	92.15	91.09	86.51	-94.85	-94.62	-93.61	-92.50	-89.42	-74.66	-58.10	-13.68		
	s	5.948	5.794	5.580	5.220	3.152	3.147	3.128	3.111	3.074	2.961	2.880	2.744		
	c_p	1.052	1.062	1.086	1.209	2.135	2.122	2.077	2.039	1.967	1.812	1.718	1.519		
	η	6.119	6.136	6.180	6.363	111.7	113.0	118.0	122.8	134.3	182.8	251.2	675.0		
	λ	8.635	8.670	8.758	9.145	112.5	113.2	115.9	118.5	124.5	143.9	159.4	190.0		
95	10^3v	933.5	557.6	275.5	87.25	49.27	1.388	1.370	1.354	1.322	1.239	1.189	1.112		
	h	97.82	97.44	96.50	92.47	87.91	-83.85	-83.11	-82.22	-79.55	-65.60	-49.50	-6.018		
	s	6.005	5.851	5.639	5.284	5.099	3.263	3.242	3.223	3.180	3.059	2.973	2.827		
	c_p	1.050	1.058	1.078	1.175	1.312	2.190	2.126	2.075	1.984	1.811	1.721	1.547		
	η	6.445	6.461	6.503	6.674	6.857	97.04	102.2	107.1	118.6	163.3	214.5	563.2		
	λ	9.103	9.136	9.220	9.579	9.994	104.0	107.2	110.1	116.6	137.1	153.2	184.9		
100	10^3v	983.6	587.8	291.0	92.89	53.05	1.449	1.424	1.404	1.362	1.265	1.208	1.124		
	h	103.1	102.7	101.9	98.28	94.31	-72.65	-72.31	-71.72	-69.56	-56.54	-40.88	1.783		
	s	6.059	5.905	5.694	5.344	5.165	3.378	3.353	3.330	3.283	3.151	3.061	2.907		
	c_p	1.048	1.055	1.072	1.150	1.254	2.298	2.200	2.128	2.010	1.812	1.723	1.573		
	η	6.772	6.788	6.827	6.987	7.156	82.64	88.04	93.09	104.7	145.4	190.4	465.7		
	λ	9.571	9.602	9.681	10.02	10.40	94.89	98.52	101.8	109.0	130.6	147.2	179.8		
105	10^3v	1034	618.0	306.4	98.43	56.69	24.85	14.90	1.461	1.408	1.291	1.228	1.137		
	h	108.3	108.0	107.2	104.0	100.5	89.95	-61.05	-60.91	-59.43	-47.48	-32.27	9.699		
	s	6.110	5.957	5.746	5.399	5.225	4.497	3.463	3.436	3.382	3.240	3.145	2.984		
	c_p	1.047	1.052	1.067	1.131	1.213	1.563	2.310	2.203	2.044	1.813	1.724	1.593		
	η	7.100	7.114	7.152	7.303	7.460	7.903	75.23	80.54	92.40	132.2	173.1	384.8		
	λ	10.04	10.07	10.14	10.46	10.81	11.94	89.94	93.70	101.6	124.4	141.4	174.5		

11.2 極低温流体の熱物性値

Table C-11-2-20 （つづき）

温度 T (K)		圧力 P (M)												
		0.03	0.05	0.1	0.3	0.5	1	3	5	10	30	50	100	300	500
110	$10^3 v$	1083	648.2	321.7	103.9	60.21	27.11	1.570	1.529	1.458	1.320	1.249	1.150		
	h	113.5	113.3	112.5	109.6	106.5	97.41	-49.11	-49.64	-49.10	-38.41	-23.65	17.70		
	s	6.159	6.005	5.795	5.452	5.281	5.017	3.574	3.541	3.478	3.324	3.226	3.059		
	c_p	1.046	1.051	1.063	1.117	1.183	1.434	2.482	2.309	2.088	1.815	1.723	1.608		
	η	7.426	7.440	7.476	7.619	7.766	8.168	63.38	69.15	81.38	120.4	155.7	320.7		
	λ	10.50	10.53	10.60	10.90	11.23	12.25	81.30	85.70	94.52	118.4	135.8	169.4		
115	$10^3 v$	1133	678.2	336.9	109.3	63.64	29.19	1.678	1.613	1.516	1.350	1.270	1.163	1.007	
	h	118.8	118.5	117.8	115.2	112.3	104.4	-36.00	-37.73	-38.53	-29.33	-15.04	25.77	202.5	
	s	6.205	6.052	5.843	5.501	5.333	5.078	3.690	3.647	3.572	3.405	3.302	3.131	2.809	
	c_p	1.045	1.049	1.060	1.106	1.160	1.352	2.798	2.468	2.143	1.817	1.721	1.617	1.229	
	η	7.752	7.765	7.799	7.935	8.074	8.443	52.04	58.62	71.49	109.8	143.3	272.1	3107	
	λ	10.97	10.99	11.06	11.35	11.66	12.58	72.43	77.75	87.67	112.8	130.5	164.4	254.4	
120	$10^3 v$	1183	708.3	352.1	114.6	67.02	31.17	18.47	1.722	1.582	1.381	1.293	1.177	1.011	
	h	124.0	123.7	123.1	120.7	118.1	111.0	-20.35	-24.79	-27.66	-20.24	-6.438	33.86	208.9	
	s	6.250	6.097	5.888	5.548	5.382	5.135	3.823	3.757	3.664	3.482	3.375	3.199	2.863	
	c_p	1.044	1.048	1.057	1.097	1.143	1.295	3.638	2.732	2.210	1.820	1.718	1.621	1.297	
	η	8.075	8.088	8.120	8.250	8.382	8.725	40.24	48.65	62.56	100.5	132.6	236.7	2903	
	λ	11.43	11.45	11.52	11.79	12.09	12.94	63.44	69.91	81.08	107.5	125.5	159.6	251.2	
125	$10^3 v$	1233	738.3	367.2	119.9	70.34	33.07	6.645	1.880	1.659	1.414	1.316	1.192	1.016	
	h	129.2	129.0	128.4	126.1	123.7	117.3	73.13	-9.975	-16.41	-11.14	2.143	41.97	215.5	
	s	6.292	6.139	5.931	5.592	5.428	5.187	4.581	3.878	3.756	3.557	3.445	3.266	2.917	
	c_p	1.044	1.047	1.055	1.090	1.129	1.253	4.901	3.268	2.294	1.821	1.714	1.622	1.356	
	η	8.396	8.409	8.440	8.564	8.689	9.012	11.37	38.80	54.46	92.09	123.0	211.7	2693	
	λ	11.89	11.91	11.98	12.24	12.51	13.31	24.88	62.62	74.82	102.4	120.7	154.9	247.6	
130	$10^3 v$	1283	768.2	382.4	125.1	73.62	34.91	8.281	2.176	1.751	1.449	1.339	1.206	1.022	
	h	134.4	134.2	133.7	131.6	129.4	123.5	90.09	9.453	-4.683	-2.027	10.70	50.08	222.4	
	s	6.333	6.181	5.972	5.635	5.472	5.235	4.714	4.030	3.848	3.628	3.512	3.329	2.971	
	c_p	1.043	1.046	1.053	1.084	1.118	1.221	2.615	4.821	2.400	1.822	1.709	1.620	1.406	
	η	8.715	8.727	8.757	8.876	8.995	9.300	11.06	28.23	47.08	84.59	114.3	194.1	2484	
	λ	12.34	12.37	12.43	12.68	12.94	13.68	20.67	56.02	69.06	97.68	116.2	150.5	244.0	
135	$10^3 v$	1332	798.2	397.5	130.3	76.86	36.70	9.423	3.017	1.862	1.486	1.364	1.221	1.027	
	h	139.6	139.4	139.0	137.0	134.9	129.6	101.6	41.11	7.632	7.085	19.23	58.17	229.5	
	s	6.373	6.220	6.012	5.676	5.514	5.281	4.801	4.268	3.941	3.697	3.577	3.390	3.025	
	c_p	1.043	1.045	1.052	1.079	1.108	1.196	2.056	7.084	2.531	1.822	1.703	1.615	1.447	
	η	9.031	9.042	9.071	9.186	9.300	9.589	11.09	17.88	40.37	77.88	106.6	180.9	2278	
	λ	12.80	12.82	12.88	13.12	13.37	14.06	19.39	45.05	63.95	93.22	112.0	146.3	240.2	
140	$10^3 v$	1382	828.1	412.5	135.5	80.08	38.46	10.38	4.237	2.001	1.524	1.389	1.235	1.033	0.9567
	h	144.8	144.7	144.2	142.3	140.5	135.5	111.1	70.35	20.65	16.19	27.73	66.23	236.9	412.0
	s	6.410	6.258	6.050	5.715	5.554	5.324	4.870	4.481	4.036	3.763	3.639	3.449	3.078	2.914
	c_p	1.042	1.045	1.050	1.075	1.101	1.176	1.787	4.512	2.679	1.821	1.697	1.609	1.479	1.212
	η	9.344	9.355	9.383	9.493	9.603	9.879	11.21	14.45	34.37	71.85	99.59	169.2	2080	6302
	λ	13.25	13.27	13.33	13.55	13.79	14.45	18.82	33.62	59.27	89.04	108.0	142.3	236.3	304.9
145	$10^3 v$	1432	858.0	427.6	140.7	83.27	40.18	11.24	5.178	2.175	1.564	1.415	1.250	1.039	0.9595
	h	150.1	149.9	149.5	147.7	145.9	141.3	119.6	88.66	34.39	25.29	36.20	74.26	244.3	418.2
	s	6.447	6.295	6.087	5.753	5.593	5.365	4.930	4.610	4.132	3.827	3.698	3.505	3.131	2.958
	c_p	1.042	1.044	1.049	1.071	1.094	1.160	1.627	3.035	2.809	1.818	1.689	1.602	1.504	1.269
	η	9.655	9.666	9.692	9.798	9.904	10.17	11.38	13.61	29.21	66.43	93.27	156.4	1891	6075
	λ	13.69	13.72	13.77	13.99	14.22	14.83	18.57	28.04	54.46	85.13	104.2	138.5	232.5	302.3
150	$10^3 v$	1481	887.8	442.6	145.8	86.44	41.88	12.04	5.923	2.388	1.606	1.441	1.265	1.045	0.9624
	h	155.3	155.1	154.7	153.1	151.4	147.1	127.5	102.0	48.61	34.37	44.63	82.25	251.9	424.7
	s	6.482	6.330	6.122	5.789	5.630	5.404	4.983	4.701	4.228	3.889	3.755	3.559	3.182	3.002
	c_p	1.042	1.044	1.048	1.068	1.089	1.147	1.521	2.392	2.860	1.814	1.681	1.594	1.522	1.319
	η	9.962	9.973	9.999	10.10	10.20	10.46	11.58	13.34	25.09	61.56	87.56	148.1	1713	5837
	λ	14.14	14.16	14.21	14.42	14.64	15.22	18.50	25.27	49.31	81.49	100.6	134.9	228.6	299.6

Table C-11-2-21 飽和状態の酸素の熱力学的性質
(Thermodynamic properties of oxygen in saturated states)

温度 T (K)	飽和圧力 P_s (MPa)	比体積 $10^3 v'$ (m^3/kg)	v''	比エンタルピー h' (kJ/kg)	h''	蒸発熱 r (kJ/kg)	比エントロピー s' (kJ/(kg·K))	s''	定圧比熱 c_p' (kJ/(kg·K))	c_p''
56	0.0002	0.7705	60.15	85.0	326.1	241.2	2.147	6.453	1.641	0.9135
58	0.0004	0.7754	35.21	88.2	327.9	239.7	2.204	6.337	1.626	0.9150
60	0.0007	0.7806	21.45	91.5	329.7	238.2	2.259	6.230	1.635	0.9169
62	0.0012	0.7860	13.54	94.8	331.5	236.7	2.313	6.131	1.652	0.9192
64	0.0019	0.7916	8.831	98.1	333.3	235.2	2.366	6.040	1.669	0.9221
66	0.0029	0.7973	5.929	101.5	335.0	233.6	2.418	5.956	1.682	0.9254
68	0.0043	0.8032	4.088	104.8	336.8	231.9	2.468	5.879	1.691	0.9294
70	0.0063	0.8091	2.886	108.2	338.5	230.3	2.517	5.807	1.696	0.9338
72	0.0089	0.8153	2.083	111.6	340.2	228.6	2.565	5.739	1.698	0.9389
74	0.0124	0.8215	1.534	115.0	341.9	226.9	2.611	5.677	1.697	0.9445
76	0.0170	0.8279	1.150	118.4	343.5	225.1	2.656	5.619	1.695	0.9507
78	0.0228	0.8344	0.8765	121.8	345.2	223.4	2.700	5.564	1.692	0.9575
80	0.0301	0.8410	0.6783	125.2	346.8	221.6	2.743	5.513	1.690	0.9648
82	0.0393	0.8478	0.5323	128.6	348.3	219.8	2.785	5.465	1.687	0.9728
84	0.0504	0.8548	0.4230	131.9	349.9	217.9	2.825	5.420	1.685	0.9814
86	0.0639	0.8620	0.3401	135.3	351.4	216.1	2.865	5.377	1.684	0.9906
88	0.0802	0.8693	0.2764	138.7	352.8	214.1	2.904	5.337	1.684	1.0005
90	0.0994	0.8768	0.2269	142.1	354.3	212.2	2.942	5.299	1.686	1.0111
92	0.1220	0.8846	0.1879	145.5	355.6	210.2	2.979	5.263	1.689	1.0225
94	0.1484	0.8925	0.1569	148.9	357.0	208.1	3.015	5.229	1.693	1.0346
96	0.1789	0.9007	0.1321	152.3	358.2	206.0	3.050	5.196	1.699	1.0476
98	0.2139	0.9092	0.1119	155.7	359.5	203.8	3.085	5.165	1.706	1.0616
100	0.2539	0.9180	0.0955	159.1	360.6	201.5	3.120	5.135	1.715	1.0767
102	0.2993	0.9270	0.0819	162.6	361.7	199.1	3.154	5.106	1.726	1.0929
104	0.3505	0.9364	0.0707	166.1	362.8	196.7	3.187	5.078	1.738	1.1105
106	0.4079	0.9462	0.0613	169.6	363.7	194.2	3.220	5.051	1.752	1.1295
108	0.4719	0.9564	0.0535	173.1	364.6	191.5	3.252	5.026	1.768	1.1502
110	0.5431	0.9670	0.0468	176.7	365.5	188.8	3.285	5.001	1.787	1.1728
112	0.6218	0.9780	0.0411	180.3	366.2	185.9	3.317	4.976	1.807	1.1975
114	0.7086	0.9896	0.0363	184.0	366.9	182.9	3.348	4.952	1.830	1.2248
116	0.8038	1.002	0.0321	187.7	367.4	179.7	3.380	4.929	1.855	1.2549
118	0.9080	1.015	0.0285	191.5	367.9	176.4	3.411	4.906	1.884	1.2884
120	1.022	1.028	0.0254	195.3	368.3	173.0	3.442	4.883	1.916	1.3258
122	1.145	1.042	0.0226	199.2	368.5	169.3	3.473	4.861	1.952	1.3678
124	1.279	1.058	0.0202	203.1	368.6	165.5	3.504	4.839	1.993	1.4154
126	1.424	1.074	0.0181	207.2	368.6	161.5	3.535	4.817	2.039	1.4696
128	1.580	1.091	0.0163	211.3	368.5	157.2	3.566	4.794	2.093	1.5320
130	1.748	1.110	0.0146	215.5	368.2	152.7	3.597	4.772	2.154	1.6044
132	1.928	1.130	0.0131	219.8	367.7	147.9	3.629	4.749	2.226	1.6895
134	2.122	1.152	0.0118	224.2	367.0	142.8	3.660	4.726	2.312	1.7910
136	2.329	1.176	0.0106	228.8	366.1	137.3	3.693	4.702	2.415	1.9137
138	2.550	1.203	0.0095	233.5	365.0	131.4	3.725	4.678	2.542	2.0653
140	2.786	1.233	0.0086	238.5	363.5	125.1	3.759	4.652	2.703	2.2570
142	3.038	1.266	0.0077	243.7	361.8	118.1	3.793	4.625	2.911	2.5068
144	3.305	1.306	0.0069	249.1	359.5	110.4	3.829	4.596	3.194	2.8455
146	3.590	1.352	0.0061	255.0	356.8	101.8	3.867	4.564	3.599	3.3301
148	3.893	1.409	0.0054	261.3	353.3	92.0	3.907	4.529	4.228	4.0781
150	4.215	1.482	0.0047	268.5	348.8	80.4	3.952	4.488	5.329	5.3776
152	4.559	1.585	0.0040	276.9	342.7	65.8	4.004	4.437	7.733	8.1642
154	4.925	1.759	0.0033	288.2	333.3	45.1	4.074	4.367	16.591	18.0747
154.581	5.043	2.293	0.0023	309.0	309.0	0	4.208	4.208	∞	∞

Table C-11-2-22 飽和状態における酸素の粘性率および熱伝導率
(Viscosity and thermal conductivity of oxygen at saturated states)[6]

温度 T (K)	飽和圧力 P_s (MPa)	粘性率 η' (μPa·s)	η''	熱伝導率 λ' (mW/(m·K))	λ''
60	0.0007	509.1	4.34	187.6	5.4
70	0.0063	363.7	5.10	176.7	6.3
80	0.0301	264.5	5.92	164.7	7.4
90	0.0994	196.8	6.83	151.8	8.5
100	0.2539	150.7	7.89	138.2	9.9
110	0.5431	119.0	9.18	124.3	11.5
120	1.022	97.08	10.78	110.3	13.6
130	1.748	82.35	12.88	95.9	16.3
140	2.786	69.65	15.83	80.6	20.1
150	4.215	53.67	21.12	63.2	27.2

11.2 極低温流体の熱物性値

Table C-11-2-23 単相状態における酸素の性質 (Properties of oxygen in single phase region)[6]
10^3 v : (m³/kg), h : (kJ/kg), s : (kJ/(kg·K)), c_p : (kJ/(kg·K)), η : (μPa·s), λ : (mW/(m·K))

温度 T (K)		0.1	0.5	1	3	5	10	30	50	100
					圧力 P (MPa)					
60	10^3v	.7805	.7802	.7797	.7780	.7764	.7728	.7609	.7518	–
	h	91.56	91.81	92.12	93.39	94.60	97.70	110.2	122.8	–
	s	2.259	2.258	2.257	2.252	2.246	2.233	2.185	2.144	–
	c_p	1.635	1.634	1.632	1.627	1.622	1.612	1.588	1.578	–
	η	–	–	–	–	–	–	–	–	–
	λ	–	–	–	–	–	–	–	–	–
70	10^3v	.8090	.8086	.8081	.8060	.8040	.7994	.7840	.7716	.7475
	h	108.3	108.5	108.8	110.0	111.2	114.2	126.4	138.9	171.0
	s	2.517	2.516	2.514	2.508	2.502	2.488	2.436	2.392	2.310
	c_p	1.696	1.695	1.694	1.689	1.685	1.676	1.649	1.630	1.585
	η	–	–	–	–	–	–	–	–	–
	λ	–	–	–	–	–	–	–	–	–
80	10^3v	.8409	.8404	.8397	.8370	.8345	.8285	.8086	.7928	.7615
	h	125.2	125.5	125.7	126.9	128.0	131.0	142.9	155.1	186.5
	s	2.743	2.742	2.740	2.733	2.727	2.711	2.656	2.608	2.516
	c_p	1.689	1.688	1.687	1.681	1.675	1.663	1.627	1.599	1.525
	η	253.6	–	256.9	264.4	272.1	292.1	381.2	486.2	–
	λ	166.1	166.2	166.3	166.9	160.6	161.9	166.6	–	–
90	10^3v	.8768	.8761	.8752	.8716	.8683	.8605	.8352	.8156	.7776
	h	142.1	142.3	142.6	143.6	144.7	147.5	159.0	170.9	201.6
	s	2.942	2.940	2.938	2.931	2.923	2.906	2.845	2.794	2.694
	c_p	1.686	1.684	1.681	1.672	1.664	1.645	1.595	1.562	1.490
	η	188.2	–	190.3	195.0	199.8	212.1	268.1	336.0	–
	λ	152.0	152.1	152.3	152.9	146.5	148.0	153.5	–	–
100	10^3v	253.3	.9173	.9161	.9112	.9066	.8962	.8640	.8400	.7955
	h	364.1	159.2	159.5	160.4	161.4	163.9	174.8	186.4	216.4
	s	5.401	3.119	3.116	3.108	3.099	3.080	3.012	2.958	2.850
	c_p	.9682	1.713	1.709	1.694	1.680	1.651	1.580	1.541	1.477
	η	7.64	–	150.7	154.2	157.8	166.6	204.1	248.9	–
	λ	9.31	137.7	137.9	138.7	132.4	134.3	139.1	–	–
110	10^3v	280.5	51.40	.9652	.9581	.9515	.9371	.8952	.8660	.8147
	h	373.7	366.4	176.9	177.6	178.4	180.6	190.6	201.7	231.2
	s	5.493	5.028	3.282	3.272	3.261	3.238	3.163	3.104	2.990
	c_p	.9466	1.144	1.780	1.753	1.730	1.684	1.581	1.532	1.471
	η	8.46	–	121.6	125.2	128.5	136.5	166.3	198.1	–
	λ	10.24	11.56	123.7	124.7	125.6	127.7	134.3	–	–
120	10^3v	307.4	57.68	26.04	1.017	1.007	.9852	.9295	.8938	.8348
	h	383.1	377.3	368.7	195.7	196.1	197.7	206.5	217.0	245.9
	s	5.574	5.123	4.892	3.428	3.415	3.387	3.301	3.237	3.118
	c_p	.9347	1.059	1.311	1.863	1.820	1.742	1.594	1.531	1.466
	η	9.26	–	9.79	100.4	104.0	112.3	140.8	166.6	–
	λ	11.20	12.26	13.88	111.2	112.4	115.0	122.7	–	–
130	10^3v	334.0	63.65	29.62	1.096	1.078	1.044	.9675	.9234	.8554
	h	392.4	387.7	381.0	215.2	215.0	215.5	222.5	232.4	260.5
	s	5.649	5.206	4.990	3.585	3.567	3.530	3.429	3.360	3.235
	c_p	.9277	1.013	1.162	2.073	1.977	1.831	1.612	1.533	1.460
	η	10.03	–	10.49	80.75	84.34	92.31	120.5	144.7	–
	λ	12.15	13.04	14.32	98.02	99.71	103.1	112.1	–	–
140	10^3v	360.5	69.42	32.89	1.227	1.183	1.120	1.010	.9550	.8766
	h	401.6	397.6	392.2	238.2	236.2	234.5	238.7	247.7	275.0
	s	5.717	5.280	5.073	3.755	3.723	3.670	3.550	3.474	3.343
	c_p	.9233	.9850	1.085	2.645	2.304	1.969	1.633	1.536	1.453
	η	10.77	–	11.18	61.60	67.12	76.95	103.7	127.3	–
	λ	13.10	13.85	14.90	84.01	86.86	91.79	102.5	–	–
150	10^3v	386.9	75.06	36.00	9.443	1.396	1.226	1.058	.9890	.8984
	h	410.9	407.4	402.8	378.5	263.8	255.2	255.2	263.1	289.5
	s	5.781	5.347	5.146	4.742	3.913	3.813	3.663	3.580	3.443
	c_p	.9204	.9673	1.039	1.692	3.625	2.204	1.656	1.537	1.444
	η	11.48	–	11.85	13.28	48.43	62.77	90.54	112.8	–
	λ	14.04	14.68	15.57	21.10	73.64	80.92	93.99	–	–
160	10^3v	413.3	80.63	39.00	10.97	4.809	1.396	1.112	1.025	.9207
	h	420.0	417.0	413.0	393.7	362.8	279.3	271.8	278.4	303.9
	s	5.840	5.409	5.212	4.840	4.554	3.968	3.771	3.679	3.536
	c_p	.9184	.9553	1.010	1.391	3.060	2.669	1.677	1.537	1.433
	η	12.16	–	12.50	13.65	16.53	49.00	80.22	100.8	–
	λ	14.95	15.51	16.28	20.50	31.36	71.22	86.31	–	–

Table C-11-2-24 飽和状態の空気の熱力学的性質 (Thermodynamic properties of air in saturated states)

圧力 P (MPa)	沸点 T' (K)	露点 T" (K)	比体積 $10^3 v'$ (m³/kg)	v" (m³/kg)	比エンタルピー h' (kJ/kg)	h" (kJ/kg)	蒸発熱 r kJ/kg	比エントロピー s' (kJ/(kg·K))	s" (kJ/(kg·K))	定圧比熱 c_p" (kJ/(kg·K))
0.001	–	55.08	–	15.79	–	54.84	–	–	6.492	1.008
0.003	–	59.75	–	5.698	–	59.38	–	–	6.256	1.013
0.005	–	62.20	–	3.552	–	61.72	–	–	6.149	1.018
0.01	–	65.86	–	1.874	–	65.14	–	–	6.004	1.027
0.03	–	72.64	–	0.6814	–	71.11	–	–	5.780	1.054
0.05	73.01	76.30	1.177	0.4257	-135.7	74.09	209.8	2.866	5.677	1.075
0.1	78.68	81.89	1.211	0.2245	-127.0	78.23	205.2	2.981	5.537	1.117
0.3	89.73	92.65	1.291	0.0804	-107.7	84.44	192.2	3.207	5.314	1.236
0.5	96.00	98.68	1.346	0.0494	-95.4	86.72	182.2	3.336	5.207	1.330
1	106.05	108.23	1.456	0.0249	-73.3	88.12	161.4	3.548	5.054	1.548
3	126.98	127.85	1.894	0.0066	-11.7	72.41	84.1	4.045	4.705	4.676
3.7662	132.30	132.52	–	0.0032	–	34.25	–	–	4.384	63.94

Table C-11-2-25 単相状態における空気の性質 (Properties of air in single phase region)
v : (m³/kg), h : (kJ/kg), s : (kJ/(kg·K)), c_p : (kJ/(kg·K)), η : (μPa·s), λ : (mW/(m·K))

温度 T (K)		圧力 P (kPa)									
		1	3	5	10	30	50	100	300	500	1000	3000
60	v	17.21	5.722									
	h	59.79	59.64									
	s	6.578	6.261									
	c_p	1.006	1.013									
70	v	20.09	6.687	4.006	1.995							
	h	69.85	69.74	69.64	69.38							
	s	6.733	6.416	6.269	6.067							
	c_p	1.005	1.009	1.012	1.022							
80	v	22.97	7.648	4.584	2.287	.7547	.4483					
	h	79.89	79.82	79.74	79.56	78.80	78.05					
	s	6.867	6.551	6.403	6.203	5.881	5.727					
	c_p	1.004	1.006	1.009	1.014	1.038	1.063					
90	v	25.84	8.608	5.162	2.577	.8532	.5085	.2499				
	h	89.93	89.87	89.82	89.68	89.12	88.55	87.13				
	s	6.985	6.669	6.522	6.322	6.002	5.851	5.641				
	c_p	1.004	1.005	1.007	1.010	1.026	1.041	1.081				
	η	6.356	6.357	6.358	6.360	6.367	6.374	6.394				
	λ	8.347	8.350	8.352	8.359	8.385	8.412	8.480				
100	v	28.72	9.567	5.738	2.866	.9507	.5678	.2805	.0889	.0504		
	h	99.96	99.92	99.88	99.77	99.33	98.90	97.80	93.27	88.46		
	s	7.091	6.775	6.628	6.428	6.110	5.960	5.753	5.406	5.225		
	c_p	1.003	1.004	1.005	1.008	1.018	1.029	1.055	1.172	1.311		
	η	7.072	7.073	7.073	7.075	7.081	7.088	7.105	7.183	7.281		
	λ	9.286	9.289	9.291	9.298	9.320	9.344	9.405	9.668	9.974		
110	v	31.59	10.53	6.314	3.154	1.048	.6265	.3105	.0998	.0576	.0257	
	h	110.0	110.0	109.9	109.8	109.5	109.1	108.3	104.7	101.0	90.82	
	s	7.187	6.871	6.724	6.524	6.207	6.058	5.853	5.515	5.345	5.079	
	c_p	1.003	1.004	1.005	1.006	1.014	1.021	1.040	1.118	1.206	1.500	
	η	7.754	7.755	7.756	7.757	7.763	7.769	7.784	7.853	7.935	8.221	
	λ	10.27	10.27	10.27	10.28	10.30	10.32	10.38	10.61	10.87	11.69	
120	v	34.46	11.48	6.889	3.442	1.145	.6849	.3402	.1104	.0644	.0298	
	h	120.0	120.0	120.0	119.9	119.6	119.3	118.6	115.7	112.7	104.8	
	s	7.274	6.958	6.811	6.612	6.295	6.146	5.943	5.611	5.447	5.201	
	c_p	1.003	1.004	1.004	1.006	1.011	1.016	1.030	1.086	1.146	1.325	
	η	8.418	8.418	8.419	8.420	8.426	8.431	8.445	8.506	8.577	8.808	
	λ	11.24	11.24	11.24	11.24	11.26	11.28	11.33	11.54	11.77	12.45	
130	v	37.33	12.44	7.464	3.730	1.241	.7431	.3697	.1207	.0709	.0335	.0074
	h	130.1	130.1	130.0	129.9	129.7	129.5	128.9	126.4	124.0	117.6	80.55
	s	7.354	7.038	6.892	6.692	6.375	6.227	6.025	5.697	5.537	5.303	4.768
	c_p	1.003	1.003	1.004	1.005	1.009	1.013	1.023	1.065	1.108	1.231	3.200
	η	9.068	9.068	9.069	9.070	9.075	9.080	9.093	9.148	9.211	9.407	11.56
	λ	12.18	12.18	12.18	12.18	12.20	12.22	12.27	12.46	12.66	13.25	18.17
140	v	40.21	13.40	8.039	4.018	1.337	.8011	.3990	.1309	.0772	.0370	.0097
	h	140.1	140.1	140.0	140.0	139.8	139.6	139.1	137.0	135.0	129.7	103.8
	s	7.429	7.113	6.966	6.767	6.450	6.302	6.101	5.775	5.618	5.393	4.942
	c_p	1.003	1.003	1.003	1.004	1.006	1.009	1.015	1.039	1.065	1.141	1.840
	η	9.706	9.707	9.707	9.708	9.713	9.718	9.729	9.780	9.837	10.01	11.39
	λ	13.09	13.09	13.10	13.10	13.12	13.13	13.18	13.35	13.54	14.06	17.39

Table C-11-2-26 飽和状態における空気の定圧比熱,粘性率および熱伝導率
(Specific heat capacity, viscosity and thermal conductivity of air at saturated states)[6]

温度 T (K)	飽和圧力 P' (MPa)	飽和圧力 P" (MPa)	比体積 $10^3 v'$ (m³/kg)	比体積 $v"$ (m³/kg)	定圧比熱 c_p' (kJ/(kg·K))	定圧比熱 $c_p"$ (kJ/(kg·K))	粘性率 η' (μPa·s)	粘性率 $\eta"$ (μPa·s)	熱伝導率 λ' (mW/(m·K))	熱伝導率 $\lambda"$ (mW/(m·K))
60	-	0.0032	-	5.415	-	1.014	325	-	180	5.30
70	0.0331	0.0201	1.159	0.9874	-	1.042	221	-	163	6.47
80	0.1158	0.0800	1.220	0.2760	-	1.101	165	5.5	145	7.46
90	0.3071	0.2346	1.293	0.1014	-	1.202	132	6.5	128	8.57
100	0.6701	0.5548	1.386	0.04467	-	1.354	110	7.5	110	10.1
110	1.269	1.122	1.509	0.02211	-	1.605	95	8.6	93.0	12.3
120	2.161	2.018	1.684	0.01155	-	2.220	75	10.2	75.6	15.2
130	3.436	3.316	2.081	0.00547	-	7.828	42	14.3	54.0	21.5

Table C-11-2-27 飽和状態のメタンの性質 (Properties of methane in saturated states)

温度 T (K)	飽和圧力 P_s (kPa)	比体積 $10^3 v'$ (m³/kg)	比体積 $10^3 v"$ (m³/kg)	比エンタルピー h' (kJ/kg)	比エンタルピー $h"$ (kJ/kg)	比エントロピー s' (kJ/(kg·K))	比エントロピー $s"$ (kJ/(kg·K))	定圧比熱 c_p' (kJ/(kg·K))	定圧比熱 $c_p"$ (kJ/(kg·K))	表面張力 σ (mN/m)
90.68	11.72	2.216	3978	-982.0	-438.6	-7.381	-1.388	3.26	2.11	-
95	19.89	2.244	2447	-967.8	-430.3	-7.228	-1.570	3.33	2.13	17.53
100	34.49	2.278	1476	-951.0	-420.9	-7.056	-1.755	3.38	2.15	16.26
105	56.56	2.315	938.7	-934.0	-411.9	-6.890	-1.918	3.43	2.18	15.02
110	88.39	2.353	623.5	-916.7	-403.3	-6.729	-2.062	3.47	2.22	13.81
115	132.6	2.395	429.8	-899.2	-395.1	-6.575	-2.191	3.51	2.26	12.63
120	191.9	2.439	305.7	-881.5	-387.4	-6.425	-2.308	3.55	2.31	11.48
125	269.3	2.486	223.3	-863.5	-380.3	-6.280	-2.415	3.60	2.37	10.36
130	368.0	2.537	166.6	-845.3	-373.9	-6.139	-2.513	3.65	2.44	9.279
135	491.1	2.591	127.1	-826.7	-368.1	-6.002	-2.605	3.72	2.53	8.229
140	642.0	2.651	98.4	-807.8	-363.2	-5.867	-2.691	3.80	2.64	7.215
145	823.9	2.717	77.2	-788.4	-359.3	-5.734	-2.775	3.91	2.77	6.240
150	1040	2.791	61.2	-768.4	-356.4	-5.603	-2.856	4.05	2.94	5.306
155	1295	2.875	48.0	-747.7	-354.7	-5.472	-2.936	4.22	3.16	4.417
160	1592	2.971	39.4	-726.2	-354.6	-5.340	-3.018	4.46	3.45	3.575
165	1934	3.084	31.8	-703.5	-356.2	-5.207	-3.103	4.77	3.85	2.787
170	2327	3.221	25.6	-679.4	-360.2	-5.071	-3.193	5.23	4.45	2.057
175	2774	3.393	20.6	-653.5	-367.1	-4.929	-3.293	5.94	5.42	1.395
180	3282	3.623	16.3	-624.6	-378.5	-4.777	-3.409	7.25	7.25	.8120
185	3858	3.974	12.5	-590.4	-397.9	-4.601	-3.560	10.82	12.16	.3317
190	4515	4.960	8.03	-532.2	-449.4	-4.307	-3.871	87.88	109.05	.0132
190.55	4595	6.166	6.17	-492.1	-492.1	-4.098	-4.098	∞	∞	0

Table C-11-2-28 飽和状態におけるメタンの粘性率および熱伝導率
(Viscosity and thermal conductivity of methane at saturated states)[6]

温度 T (K)	飽和圧力 P_s (kPa)	粘性率 η' (μPa·s)	粘性率 $\eta"$ (μPa·s)	熱伝導率 λ' (mW/(m·K))	熱伝導率 $\lambda"$ (mW/(m·K))	温度 T (K)	飽和圧力 P_s (kPa)	粘性率 η' (μPa·s)	粘性率 $\eta"$ (μPa·s)	熱伝導率 λ' (mW/(m·K))	熱伝導率 $\lambda"$ (mW/(m·K))
90.68	11.72	-	-	-	-	145	823.9	61.40	6.175	-	-
95	19.89	166.6	3.924	-	-	150	1040.5	56.20	6.443	150.7	23.0
100	34.49	147.7	4.134	214.0	10.5	155	1295	51.37	6.731	-	-
105	56.56	131.8	4.348	-	-	160	1592	46.83	7.048	131.2	27.6
110	88.39	118.3	4.564	207.1	11.8	165	1934	42.50	7.404	-	-
115	132.6	106.7	4.782	-	-	170	2327	38.34	7.815	109.4	33.7
120	191.9	96.70	5.001	196.9	13.7	175	2774	34.26	8.313	-	-
125	269.3	87.93	5.223	-	-	180	3282	30.15	8.958	92.0	41.8
130	368.0	80.18	5.450	183.7	16.4	185	3858	25.74	9.911	-	-
135	491.1	73.28	5.682	-	-	190	4516	18.95	12.420	80.0	62.0
140	642.0	67.06	5.923	168.1	19.5	190.55	4594	15.14	14.410	-	-

Table C-11-2-29　単相状態におけるメタンの性質 (Properties of methane in single phase region)
v : (m³/kg), h : (kJ/kg), s : (kJ/(kg・K)), c_p : (kJ/(kg・K)), η : (μPa・s)

温度 T (K)		圧力 P (MPa)										
		0.03	0.05	0.1	0.3	0.5	1	3	5	10	30	45
91	v	2.218	2.218	2.218	2.217	2.217	2.215	-	-	-	-	-
	h	-981.0	-981.0	-980.9	-980.5	-980.2	-979.4	-	-	-	-	-
	s	-7.370	-7.370	-7.370	-7.371	-7.372	-7.376	-	-	-	-	-
	c_p	3.262	3.262	3.262	3.260	3.259	3.256	-	-	-	-	-
100	v	1702.	2.278	2.278	2.277	2.277	2.275	2.267	2.259	2.242	2.181	-
	h	-420.6	-951.0	-950.9	-950.6	-950.3	-949.5	-946.3	-943.2	-935.1	-902.4	-
	s	-1.680	-7.056	-7.056	-7.058	-7.059	-7.062	-7.076	-7.090	-7.122	-7.236	-
	c_p	2.140	3.383	3.383	3.381	3.379	3.375	3.359	3.344	3.311	3.224	-
	η	-	-	147.8	148.1	148.4	149.2	152.2	155.3	163.0	193.6	-
110	v	1879.	1119.	2.353	2.352	2.351	2.349	2.339	2.330	2.308	2.235	2.192
	h	-399.3	-400.6	-916.7	-916.4	-916.1	-915.3	-912.3	-909.3	-901.7	-870.0	-845.5
	s	-1.477	-1.750	-6.730	-6.731	-6.733	-6.737	-6.752	-6.767	-6.803	-6.928	-7.007
	c_p	2.119	2.150	3.467	3.465	3.463	3.457	3.435	3.416	3.372	3.256	3.207
	η	-	-	118.3	118.6	118.8	119.5	122.2	124.8	131.4	156.7	-
120	v	2056.	1226.	604.2	2.438	2.437	2.433	2.421	2.409	2.381	2.293	2.243
	h	-378.2	-379.2	-382.0	-881.3	-881.0	-880.4	-877.6	-874.9	-867.7	-837.3	-813.4
	s	-1.293	-1.564	-1.939	-6.426	-6.428	-6.433	-6.450	-6.467	-6.508	-6.643	-6.727
	c_p	2.106	2.128	2.186	3.546	3.543	3.535	3.506	3.479	3.423	3.280	3.219
	η	-	-	4.969	96.83	97.07	97.68	100.1	102.5	108.3	130.3	-
130	v	2231.	1333.	658.8	208.7	2.535	2.531	2.514	2.498	2.463	2.356	2.297
	h	-357.1	-358.0	-360.3	-370.2	-845.1	-844.5	-842.2	-839.7	-833.2	-804.4	-781.1
	s	-1.125	-1.394	-1.766	-2.387	-6.141	-6.146	-6.167	-6.186	-6.232	-6.380	-6.469
	c_p	2.098	2.114	2.155	2.358	3.648	3.636	3.592	3.554	3.478	3.301	3.230
	η	-	-	5.358	5.426	80.34	80.92	83.20	85.43	90.82	110.6	-
140	v	2406.	1438.	712.7	228.5	131.1	2.647	2.623	2.602	2.555	2.423	2.354
	h	-336.2	-336.9	-338.9	-347.0	-356.1	-807.5	-805.7	-803.7	-798.1	-771.3	-748.8
	s	-.9698	-1.238	-1.607	-2.216	-2.525	-5.871	-5.896	-5.919	-5.971	-6.134	-6.230
	c_p	2.092	2.104	2.135	2.278	2.466	3.789	3.718	3.659	3.547	3.320	3.239
	η	-	-	5.737	5.802	5.870	67.48	69.75	71.94	77.11	95.33	-
150	v	2580.	1544.	766.2	247.6	143.5	64.40	2.756	2.725	2.660	2.495	2.414
	h	-315.3	-315.9	-317.6	-324.5	-332.0	-354.3	-766.4	-762.2	-738.0	-716.4	
	s	-.8256	-1.093	-1.460	-2.060	-2.359	-2.825	-5.633	-5.662	-5.724	-5.905	-6.006
	c_p	2.089	2.098	2.122	2.228	2.358	2.878	3.917	3.816	3.642	3.340	3.244
	η	-	-	6.109	6.171	6.235	6.425	58.58	60.84	66.02	83.30	-
160	v	2754.	1649.	819.4	266.3	155.5	71.70	2.928	2.878	2.784	2.572	2.477
	h	-294.4	-295.0	-296.4	-302.4	-308.8	-326.9	-726.9	-727.0	-725.1	-704.5	-683.9
	s	-.6908	-.9579	-1.323	-1.918	-2.209	-2.648	-5.371	-5.408	-5.485	-5.688	-5.796
	c_p	2.087	2.095	2.113	2.194	2.290	2.628	4.263	4.069	3.777	3.362	3.248
	η	-	-	6.478	6.537	6.597	6.769	48.79	51.31	56.76	73.58	-
170	v	2928.	1753.	872.3	284.8	167.1	78.44	3.179	3.085	2.935	2.656	2.544
	h	-273.5	-274.0	-275.3	-280.6	-286.1	-301.4	-681.2	-684.4	-686.5	-670.7	-651.4
	s	-.5643	-.8310	-1.195	-1.785	-2.072	-2.493	-5.094	-5.150	-5.250	-5.484	-5.599
	c_p	2.087	2.093	2.108	2.172	2.245	2.484	4.974	4.503	3.970	3.388	3.252
	η	-	-	6.844	6.900	6.957	7.116	39.57	42.70	48.77	65.57	-
180	v	3102.	1858.	925.1	303.0	178.5	84.83	19.89	3.402	3.126	2.748	2.615
	h	-252.7	-253.1	-254.3	-259.0	-263.9	-277.0	-356.8	-635.5	-645.5	-636.7	-618.9
	s	-.4450	-.7114	-1.075	-1.662	-1.945	-2.354	-3.260	-4.870	-5.016	-5.289	-5.413
	c_p	2.088	2.093	2.105	2.157	2.214	2.393	5.069	5.423	4.245	3.420	3.256
	η	-	-	7.209	7.263	7.317	7.465	8.570	34.34	41.70	58.85	-
190	v	3275.	1962.	977.7	321.1	189.7	90.99	23.81	4.151	3.382	2.848	2.689
	h	-231.8	-232.2	-233.2	-237.5	-241.8	-253.4	-314.7	-565.9	-601.2	-602.3	-586.3
	s	-.3321	-.5983	-.9611	-1.545	-1.826	-2.226	-3.033	-4.495	-4.776	-5.103	-5.237
	c_p	2.090	2.094	2.104	2.147	2.194	2.333	3.644	10.72	4.645	3.455	3.262
	η	-	-	7.573	7.624	7.676	7.815	8.697	24.26	35.28	53.15	-
200	v	3449.	2067.	1030.	339.1	200.8	96.98	26.91	11.36	3.752	2.959	2.768
	h	-210.9	-211.2	-212.2	-216.0	-220.0	-230.3	-281.2	-367.0	-551.8	-567.6	-553.6
	s	-.2248	-.4908	-.8531	-1.435	-1.713	-2.108	-2.860	-3.471	-4.523	-4.925	-5.070
	c_p	2.094	2.097	2.106	2.142	2.180	2.292	3.131	7.442	5.280	3.492	3.269
	η	-	-	7.937	7.985	8.034	8.165	8.929	10.92	29.32	48.26	-

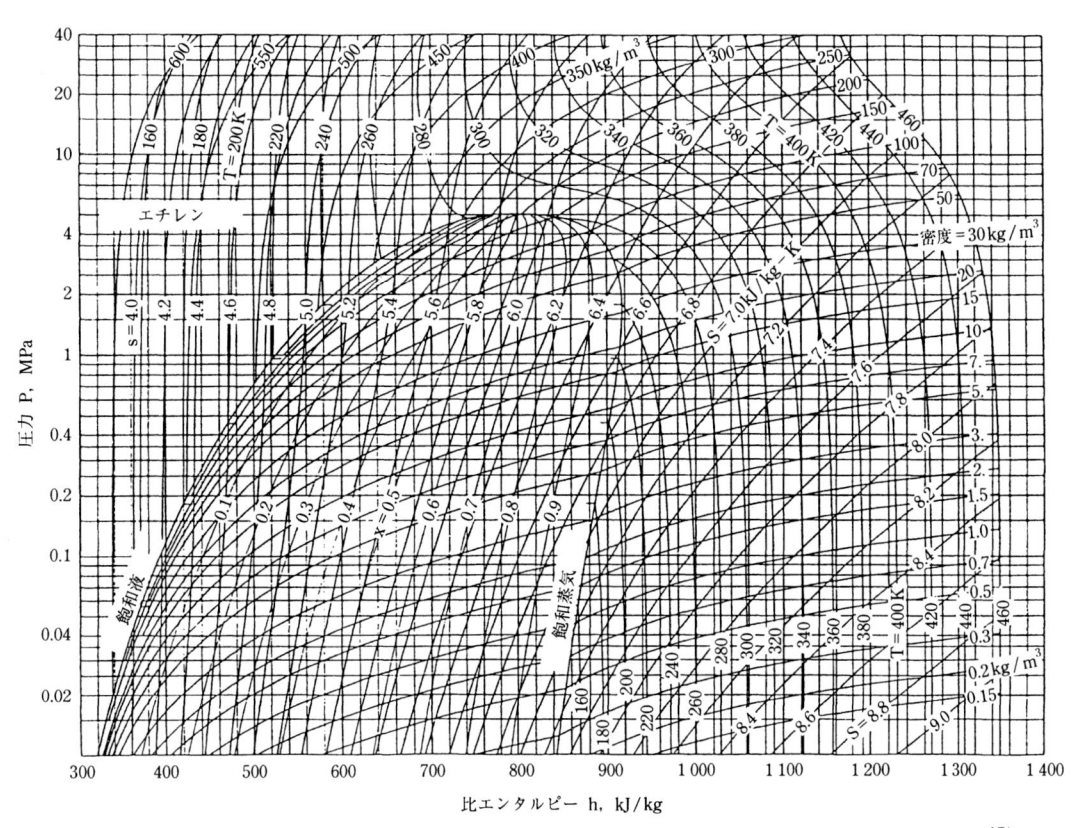

Fig. C-11-2-2 エチレンの圧力-エンタルピー線図 (Pressure-enthalpy diagram of ethylene)[17]

Table C-11-2-30 飽和状態のエチレンの性質 (Properties of ethylene in saturated states)[6]

温度 T (K)	飽和圧力 P_s (MPa)	密度 ρ' (kg/m³)	密度 ρ'' (kg/m³)	比エンタルピー h' (kJ/kg)	比エンタルピー h'' (kJ/kg)	比エントロピー s' (kJ/(kg·K))	比エントロピー s'' (kJ/(kg·K))	定圧比熱 c_p' (kJ/(kg·K))	定圧比熱 c_p'' (kJ/(kg·K))	表面張力 σ (mN/m)
170	0.106	572.4	2.182	−659	−179	−3.61	−0.78	2.65	1.30	16.35
180	0.183	557.4	3.628	−633	−170	−3.47	−0.89	2.57	1.36	14.53
190	0.297	542.2	5.701	−608	−162	−3.33	−0.98	2.52	1.43	12.75
200	0.457	526.8	8.563	−582	−155	−3.20	−1.06	2.51	1.51	11.03
210	0.673	510.8	12.41	−557	−149	−3.08	−1.13	2.53	1.61	9.36
220	0.956	494.0	17.51	−531	−144	−2.96	−1.20	2.59	1.75	7.76
230	1.32	475.9	24.19	−505	−141	−2.85	−1.26	2.70	1.92	6.23
240	1.77	456.0	32.97	−477	−139	−2.73	−1.33	2.89	2.15	4.77
250	2.32	433.3	44.68	−447	−141	−2.62	−1.39	3.21	2.49	3.40
260	2.99	405.9	60.90	−414	−146	−2.49	−1.46	3.82	3.09	2.15
270	3.80	369.0	85.48	−374	−159	−2.35	−1.55	5.38	4.55	1.04
280	4.78	298.3	136.2	−313	−194	−2.14	−1.71	18.8	5.8	0.16

Table C-11-2-31 飽和状態におけるエチレンの粘性率および熱伝導率
(Viscosity and thermal conductivity of ethylene at saturated states)[6]

温度 T (K)	飽和圧力 P_s (MPa)	粘性率 η' (μPa·s)	粘性率 η'' (μPa·s)	熱伝導率 λ' (mW/(m·K))	熱伝導率 λ'' (mW/(m·K))	温度 T (K)	飽和圧力 P_s (MPa)	粘性率 η' (μPa·s)	粘性率 η'' (μPa·s)	熱伝導率 λ' (mW/(m·K))	熱伝導率 λ'' (mW/(m·K))
110	-	563	-	254.7	-	200	0.457	115	7.19	161	10.5
120	-	420	-	244.1	-	210	0.673	105	7.29	150	11.6
130	-	328	-	233.7	-	220	0.956	96.7	7.64	140	12.8
140	-	265	-	223.2	-	230	1.32	89.6	8.24	129	14.2
150	-	220	-	212.8	-	240	1.77	81.2	9.11	119	15.8
160	-	187	-	202.3	-	250	2.32	71.2	10.2	108	18.0
170	0.106	162	-	191.9	7.69	260	2.92	59.3	11.6	98	19.9
180	0.183	143	-	181	8.64	270	3.80	45.7	13.2	87	23.9
190	0.297	128	-	171	9.57	280	4.78	-	-	77	33.3

Table C-11-2-32 単相状態におけるエチレンの熱伝導率
(Thermal conductivity of ethylene in single phase region)[6]
λ : (mW/(m·K))

圧力 P (MPa)	温度 T (K)								
	110	130	150	175	200	225	250	273.15	300
0.1	241	219	198		10.5	12.7	15.1	17.8	20.5
0.5	241	220	199						
1	242	221	200						
2	243	222	201	175	149	126		20.8	
3	244	223	202	176	150	127			
4	245	224	203	177	152	129			
5	246	225	205	178	153	130	108		31.4
7.5	248	227	207	180	156	133	112	91.4	
10	249	228	208	183	159	137	115	95.2	72.0
12.5	250	230	209	185	162	139	118	99.5	
15	252	232	211	187	164	142	122	102.6	84.2
17.5	253	233	213	189	167	145	125	106.8	88.8
20	255	235	215	191	169	148	128	110.6	93.2
25	257	237	217	194	173	152	132	116.2	01
30	259	240	220	197	177	156	137	121.0	07
35	242	222	200	180	160	141	126.3	112	
40	244	225	204	184	165	146	130.5	117	
45	246	227	207	187	168	150	135.0	122	
50	248	230	210	191	172	154	139.2	127	

Table C-11-2-33 飽和状態のエタンの性質 (Properties of ethane in saturated states)[6]

温度 T (K)	飽和圧力 P_s (kPa)	密度 ρ' (kg/m³)	密度 ρ'' (kg/m³)	比エンタルピー h' (kJ/kg)	比エンタルピー h'' (kJ/kg)	比エントロピー s' kJ/(kg·K)	比エントロピー s'' kJ/(kg·K)	定圧比熱 c_p' (kJ/(kg·K))	定圧比熱 c_p'' (kJ/(kg·K))	粘性率 η' (μPa·s)	粘性率 η'' (μPa·s)	熱伝導率 λ' (mW/(m²·K))	熱伝導率 λ'' (mW/(m²·K))	表面張力 σ (mN/m)
100	0.011	641.33	-	198.73	-	2.790	-	2.274	-	937	-	208	-	30.36
110	0.0747	630.36	-	221.52	-	3.008	-	2.284	-	657	-	201	-	28.59
120	0.3545	619.29	-	244.40	-	3.207	-	2.292	-	489	-	194	-	26.83
130	1.291	608.14	-	267.37	-	3.391	-	2.302	-	381	-	187	-	25.10
140	3.831	596.86	-	290.46	-	3.562	-	2.316	-	307	-	181	-	23.38
150	9.672	585.43	(0.0962)	313.70	-	3.722	(7.313)	2.333	(1.282)	255	-	174	-	21.69
160	21.46	573.80	0.4691	337.15	855.34	3.873	7.147	2.355	1.317	217	-	167	5.47	20.02
170	42.90	561.92	0.9322	360.86	870.24	4.017	7.011	2.383	1.357	188	-	160	7.34	18.37
180	78.74	549.74	1.633	384.90	882.34	4.154	6.903	2.417	1.399	165	-	153	8.82	16.75
190	134.7	537.20	2.682	409.33	893.12	4.285	6.826	2.458	1.448	147	6.01	147	10.0	15.15
200	217.4	524.21	4.114	434.24	903.76	4.412	6.757	2.508	1.510	133	6.63	140	11.0	13.58
210	334.0	510.71	6.185	459.71	913.80	4.535	6.696	2.568	1.586	121	7.06	133	11.9	12.04
220	492.2	496.52	8.904	485.86	923.38	4.655	6.641	2.641	1.675	111	7.38	126	12.9	10.54
230	700.4	481.54	12.632	512.82	931.46	4.773	6.593	2.730	1.795	103	7.66	119	14.0	9.07
240	967.0	465.57	17.332	540.76	938.64	4.890	6.547	2.843	1.932	91.6	7.97	112	15.4	7.64
250	1301	448.28	23.515	569.91	944.00	5.006	6.500	2.991	2.122	80.3	8.41	106	17.2	6.26
260	1712	429.25	30.611	600.66	947.56	5.123	6.455	3.214	2.408	70.6	8.91	98.7	19.4	4.92
270	2210	407.81	42.038	633.55	948.35	5.242	6.409	3.511	2.793	62.3	9.59	91.9	22.2	3.65
280	2806	382.73	56.291	669.31	945.26	5.367	6.353	4.011	3.480	54.0	10.5	85.0	25.8	2.45
290	3514	351.22	77.250	709.79	936.38	5.502	6.281	5.089	4.937	45.7	11.7	80.0	30.1	1.34
300	4354	303.50	115.580	761.58	911.47	5.669	6.168	9.919	13.203	36.0	14.3	78.8	39.7	0.38
305.33	4871.4	204.48	204.48	841.25	841.25	5.925	5.925	∞	∞	-	-	-	-	0

( )は外挿による

11.2 極低温流体の熱物性値

Table C-11-2-34 単相状態におけるエタンの性質 (Properties of ethane in single phase region)[6]

ρ :(kg/m³), h :(kJ/kg), s :(kJ/(kg·K)), c_p :(kJ/(kg·K)), η :(μPa·s), λ :(mW/(m·K))

圧力 p (MPa)		100	120	140	160	180	200	220	240	260	280	300	320
0.01	ρ	641.4	619.3	596.9	0.227	0.201	0.181	0.165	0.151	0.139	0.129	0.121	0.113
	h	198.7	244.4	290.5	858.8	885.5	913.1	941.9	971.9	1003	1036	1070	1115
	s	2.790	3.207	3.562	7.336	7.494	7.639	7.776	7.907	8.032	8.153	8.271	8.387
	c_p	2.274	2.292	2.315	1.314	1.358	1.409	1.467	1.530	1.600	1.675	1.754	1.835
	η	-	-	-	-	-	-	-	-	-	-	9.270	9.966
	λ	-	-	-	-	-	-	-	-	-	-	21.62	24.25
0.1	ρ	641.4	619.4	596.9	573.9	549.7	1.883	1.700	1.552	1.426	1.322	1.232	1.153
	h	198.9	244.5	290.6	337.3	384.9	909.3	938.7	969.1	1001	1034	1068	1104
	s	2.790	3.206	3.561	3.873	4.154	6.993	7.133	7.266	7.392	7.515	7.634	7.750
	c_p	2.274	2.292	2.315	2.355	2.417	1.447	1.494	1.551	1.616	1.688	1.764	1.844
	η	-	-	-	-	-	-	-	-	-	-	9.336	9.989
	λ	-	-	-	-	-	-	-	-	-	-	21.67	24.30
0.5	ρ	641.5	619.5	597.2	574.1	550.1	524.6	496.6	8.173	7.403	6.783	6.269	5.835
	h	199.4	244.2	290.2	336.8	385.4	434.5	485.9	956.6	989.9	1025	1060	1097
	s	2.789	3.205	3.560	3.871	4.152	4.411	4.655	6.789	6.924	7.052	7.175	7.294
	c_p	2.274	2.291	2.314	2.354	2.415	2.505	2.641	1.670	1.701	1.752	1.815	1.885
	η	-	-	-	-	-	-	-	-	-	-	9.564	10.08
	λ	-	-	-	-	-	-	-	-	-	-	21.93	24.53
1	ρ	641.7	619.8	597.4	574.5	550.6	525.2	497.4	465.6	15.94	14.33	13.08	12.06
	h	200.0	245.7	291.7	338.3	385.9	435.0	486.2	540.8	975.3	1012	1050	1088
	s	2.788	3.204	3.558	3.870	4.150	4.408	4.652	4.890	6.692	6.830	6.959	7.083
	c_p	2.273	2.291	2.313	2.352	2.412	2.501	2.632	2.842	1.864	1.861	1.894	1.946
	η	-	-	-	-	-	-	-	-	-	-	9.736	10.19
	λ	-	-	-	-	-	-	-	-	-	-	22.36	24.90
5	ρ	643.3	621.6	599.7	577.3	554.2	529.8	503.6	474.7	441.1	398.6	326.9	95.89
	h	205.2	250.7	296.6	343.0	390.3	438.9	489.2	542.2	599.2	663.4	747.9	979.1
	s	2.777	3.192	3.546	3.856	4.134	4.390	4.630	4.860	5.088	5.326	5.616	6.374
	c_p	2.270	2.285	2.305	2.339	2.392	2.468	2.576	2.732	3.001	3.493	5.836	4.112
	η	-	-	-	-	-	-	-	-	-	-	-	13.51
10	ρ	645.1	623.9	602.5	580.7	558.4	535.2	510.6	484.2	454.9	421.4	380.9	327.4
	h	211.7	257.1	302.8	349.0	395.9	443.9	493.5	545.0	599.4	658.0	722.7	797.8
	s	2.764	3.179	3.531	3.839	4.115	4.368	4.604	4.828	5.046	5.263	5.486	5.728
	c_p	2.654	2.278	2.295	2.325	2.370	2.435	2.522	2.640	2.823	3.058	3.438	4.157
50	ρ	658.6	639.7	621.1	602.8	584.7	566.7	548.7	530.6	512.5	494.4	476.2	457.9
	h	263.6	308.5	353.4	398.4	443.7	489.5	535.9	583.2	631.4	681.1	732.0	784.4
	s	2.670	3.079	3.425	3.726	3.993	4.234	4.455	4.661	4.854	5.038	5.213	5.382
	c_p	2.244	2.245	2.247	2.257	2.276	2.305	2.341	2.383	2.456	2.513	2.582	2.653
70	ρ	-	646.4	628.9	611.7	594.8	578.3	561.8	545.6	529.5	513.5	497.7	482.1
	h	-	334.3	379.0	423.7	468.6	513.9	559.7	606.2	653.5	702.1	751.7	802.7
	s	-	3.035	3.379	3.678	3.943	4.181	4.400	4.602	4.791	4.971	5.142	5.307
	c_p	-	2.237	2.234	2.240	2.254	2.277	2.306	2.341	2.405	2.454	2.514	2.579

Table C-11-2-35 飽和状態のプロパンの熱力学的性質
(Thermodynamic properties of propane in saturated states)

温度 T (K)	飽和圧力 P_s (kPa)	比体積 $10^3 v'$ (m³/kg)	$10^3 v''$	比エンタルピー h' (kJ/kg)	h''	蒸発熱 r (kJ/kg)	比エントロピー s' (kJ/(kg·K))	s''	定圧比熱 c_p' (kJ/(kg·K))	c_p''
188.15	8	1.591	4601	-698.4	-158.8	539.6	-3.038	-.1703	5.580	1.244
200	18	1.624	2037	-641.5	-144.5	497.0	-2.745	-.2597	4.153	1.291
220	59	1.684	691.3	-572.0	-120.2	451.8	-2.413	-.3594	2.974	1.380
240	146	1.752	295.9	-517.5	-96.1	421.4	-2.176	-.4204	2.548	1.487
260	308	1.830	146.5	-467.7	-72.6	395.1	-1.978	-.4584	2.459	1.618
280	578	1.925	79.98	-417.8	-50.4	367.4	-1.795	-.4827	2.537	1.784
300	993	2.043	46.54	-365.3	-30.2	335.1	-1.617	-.4997	2.722	2.009
320	1596	2.200	28.09	-308.4	-13.5	294.8	-1.437	-.5159	3.030	2.358
340	2434	2.437	16.99	-244.5	-3.6	240.9	-1.252	-.5412	3.630	3.077
360	3569	2.927	9.419	-165.7	-12.1	153.7	-1.034	-.6066	6.273	6.505
369.90	4260	4.545	4.545	-491.1	-491.1	0	-4.093	-4.093	∞	∞

Table C-11-2-36 飽和状態におけるプロパンの表面張力,粘性率および熱伝導率
(Surface tension, viscosity and thermal conductivity of propane at saturated states)[19]

温度 T (K)	飽和圧力 P_s (kPa)	表面張力 σ (mN/m)	粘性率 η (μPa·s)	熱伝導率 λ (mW/(m·K))	温度 T (K)	飽和圧力 P_s (kPa)	表面張力 σ (mN/m)	粘性率 η (μPa·s)	熱伝導率 λ (mW/(m·K))
188.15	8	21.30	-	-	300	993	6.774	95.20	90.8
200	18	19.64	280.8	150.3	320	1596	4.522	76.71	81.9
220	59	16.90	219.3	135.7	340	2434	2.446	59.75	73.3
240	146	14.24	177.6	122.5	360	3569	0.6478	41.82	66.4
260	308	11.65	142.6	110.8	369.90	4260	0		
280	578	9.159	116.6	100.4					

11.3 低温および極低温機器金属材料の熱物性値 (Thermophysical Properties of Metaliic Materials for Cryogenic Equipments)

11.3.1 純金属の比熱 (Specific Heat of Pure Metals)

Fig. C-11-3-1に,低温および極低温における代表的な純金属の比熱を示した.データはTPRC Data Series[1]の図および表から採用して,整理・統合した.

11.3.2 純金属の熱伝導率,温度伝導率および線膨張係数の推奨値 (Recommended Data of Thermal Conductivity, Thermal Diffusivity and Linear Expansion Coefficient of Pure Metals)

Table C-11-3-1～C-11-3-3に,低温および極低温における,それぞれ純金属の熱伝導率,温度伝導率および線膨張係数の推薦値[1]を表で示した.

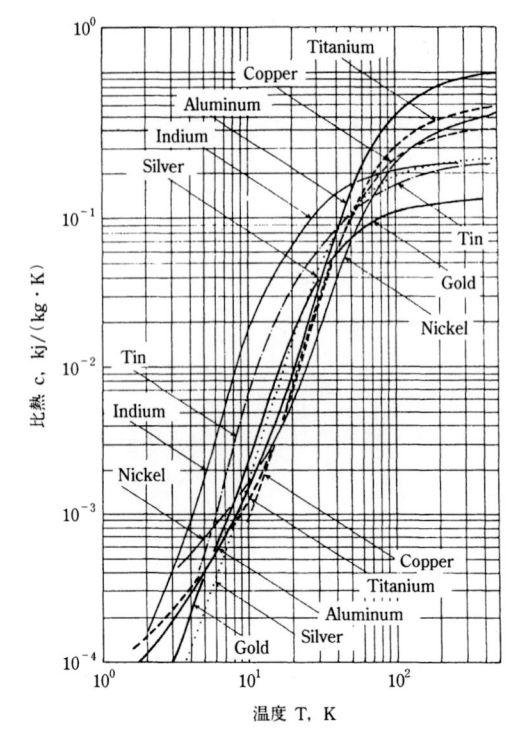

Fig. C-11-3-1 純金属の比熱 (Specific heat pure metals)[1]

Table C-11-3-1 純金属の熱伝導率推薦値 (Recommended thermal conductivity of pure metals)[1]

	熱伝導率 λ (W/(m・K))							
	アルミニウム Al	銅 Cu	金 Au	インジウム In	鉛 Pb	ニッケル Ni	銀 Ag	チタン Ti
1	4120	2870	444	(2950)	2770	(64)	3940	(1.44)
3	12100	8550	1310	4890	3400	191	11500	4.32
5	18800	13800	2070	2440	1380	316	17200	7.19
7	22900	17700	2600	1170	490	436	19300	10.1
10	23500	19600	2880	558	178	600	16800	14.4
12	21500	18500	2670	409	123	691	13900	17.2
15	17600	15600	2260	288	34	792	9600	21.4
20	11700	10500	1500	194	59	856	5100	27.9
25	7730	6300	1020	151	50.7	815	2950	33.7
30	5180	4300	760	128	47.7	695	1930	38.2
40	2380	2050	520	(109)	45.1	463	1050	42.2
50	1230	1220	420	(104)	43.5	336	700	40.1
60	754	850	380	(102)	42.4	263	550	37.7
80	414	570	352	(99.2)	40.7	193	471	33.9
100	302	483	345	97.6	39.6	158	450	31.2
150	248	428	335	93.9	37.7	121	432	27.0
200	237	413	327	89.7	36.6	106	430	(24.5)
250	235	404	320	85.5	35.8	97	428	(22.9)
273.2	236	401	318	83.7	35.5	94	428	(22.4)
純度	99.9999%	99.999%	99.999%	高純度	99.99%	99.99%	99.999%	99.99%
誤差	3~5%以内	3~5%以内	3~6%以内	4~10%以内	3~10%以内	5~10%以内	2~5%以内	5~15%以内

全材料は焼なまし済試料,( )は外挿値など.

1) Touloukikan, Y. S. and Ho, C. Y. : Thermophysical Properties of Matter, Vol. 1, 4, 7, 10 and 11, IFI/Plenum (1970).

Table C-11-3-2 純金属の温度伝導率推薦値（Recommended thermal diffusivity of pure metals）[1]

温度伝導率 a (m²/s)								
	アルミニウム Al	銅 Cu	金 Au	インジウム In	鉛 Pb	ニッケル Ni	銀 Ag	チタン Ti
	(×10⁻⁴)	(×10⁻⁴)	(×10⁻⁴)	(×10⁻⁴)	(×10⁻⁴)	(×10⁻⁴)	(×10⁻⁴)	(×10⁻⁴)
2	193000	337000	21900	63800	35100	2000	307000	41.7
4	208000	198000	6810	6400	2240	1900	109000	38.6
6	143000	100000	2860	778	236	1725	42500	34.4
8	91800	58200	1440	157	38.0	1490	19200	29.4
10	56500	31500	760	50.8	11.4	1230	8490	24.1
12	34100	16700	403	23.8	5.13	1000	4050	19.8
14	20300	8830	221	13.3	2.83	798	1990	16.2
16	12300	4880	127	8.39	1.83	618	1025	13.1
18	7920	2750	75.8	5.78	1.30	464	550	10.6
20	5100	1620	48.3	4.22	1.00	335	309	8.56
25	1900	487	19.9	2.36	0.645	141	95.8	5.22
30	765	180	10.4	1.60	0.501	63.5	41.1	3.29
35	333	79.4	6.50	1.25	0.437	31.6	21.2	2.20
40	150	40.4	4.63	1.04	0.399	17.2	12.7	1.54
45	71.2	23.0	3.61	0.928	0.375	10.2	8.30	1.11
50	35.8	14.0	2.97	0.862	0.357	6.54	6.54	0.842
100	2.28	2.10	1.55	0.646	0.291	0.778	2.27	0.216
150	1.32	1.47	1.40	0.581	0.271	0.415	1.92	0.148
200	1.09	1.30	1.35	0.540	0.259	0.313	1.81	0.117
250	1.00	1.21	1.31	0.509	0.250	0.263	1.76	0.101
300	0.868	1.17	1.28	0.479	0.243	0.299	1.74	0.0925

Table C-11-3-3 純金属の線膨張係数推薦値（Recommended linear expansion coefficient of pure metals）[1]

線膨張係数 β (1/K)								
物質名 温度 T (K)	アルミニウム	銅	金	インジウム	鉛	ニッケル	銀	チタン
	(×10⁻⁶)	(×10⁻⁶)	(×10⁻⁶)	(×10⁻⁶)	(×10⁻⁶)	(×10⁻⁶)	(×10⁻⁶)	(×10⁻⁶)
5	0.001	0.005	0.002		0.25	0.02	0.015	0.01
25		0.63	2.8		14.4	0.25	1.90	0.14
50	3.9	3.87	7.7		21.6	1.50	8.20	1.20
100	12.2	10.3	11.8	25.4	25.6	6.60	14.2	4.50
200	20.3	15.2	13.7	28.1	27.5	11.3	17.8	7.40
293	23.1	16.5	14.2	32.1	28.9	13.4	18.9	8.60

11.3.3 各種合金の比熱および熱伝導率 (Specific Heat and Thermal Conductivity of Alloys)

Table C-11-3-4に低温および極低温における代表的な合金の比熱を，Table C-11-3-5に同じく代表的な合金の熱伝導率を示した[1]．

Table C-11-3-4 代表的な合金の比熱 (Specific heat of typical alloys)[1]

物質名	組成 (%)	温度 T (K)				
		比熱 C_p (kJ/(kg·K))				
		73	123	173	223	273
アルミ合金	2024S-T4 Al(93.9),Cu(4.5) Mg(1.5),Mn(0.6)	0.469	0.590	0.691	0.770	0.829
	75S-T6 Al(90.0),Zn(5.5) Mg(2.5),Cu(1.5)	0.481	0.595	0.687	0.762	0.821

Table C-11-3-4 （つづき）

物質名		組成（%）	温度 T (K) 比熱 Cp (kJ/(kg·K))				
ステンレス鋼	AISI 301	Cr(16-18),Ni(6-8)	73 0.29	123 0.34	173 0.38	223 0.41	273 0.45
	AISI 305	Cr(17.5),Ni(11.1) Mn(0.86),Si(0.38)	10 0.005	20 0.013	40 0.058	60 0.13	90 0.24
	AISI 316	Mo(2-3),Ni(10-14) Cr(16-18),Mn(<2.0)	73 0.29	123 0.33	173 0.37	223 0.41	273 0.44
チタン合金		Al(5.89),V(3.87) Fe(0.15),C(0.02)	202.11 0.470	212.78 0.479	220.83 0.485	244.45 0.501	296.54 0.528
	Ti_4Fe_3Co	Ti(44.36),Fe(41.99),Co(13.65)	1.3951 1.846×10^{-4}	1.6578 2.091×10^{-4}	2.1345 2.551×10^{-4}	2.8431 3.227×10^{-4}	3.6652 4.061×10^{-4}
	Ti_2FeCo	Ti(44.85),Fe(27.55),Co(27.59)	1.6016 3.655×10^{-4}	2.0921 4.442×10^{-4}	2.3762 4.966×10^{-4}	3.4837 6.984×10^{-4}	4.3616 8.583×10^{-4}
インコネル	inconel	Ni(77),Cr(15) Fe(7)	73 0.27	123 0.31	173 0.35	223 0.39	273 0.41
はんだ	50-50 lead-tin	Sn(49.9),Bi(<0.15) Sb(<0.25),Pb(48.8)	20 0.0459	50 0.116	100 0.152	200 0.170	250 0.175
インバー合金		Fe(64.6),Ni(35.3) Co(0.05)	4.346 1.052×10^{-3}	5.059 1.249×10^{-3}	10.83 3.600×10^{-3}	15.65 7.268×10^{-3}	20.42 1.278×10^{-2}

Table C-11-3-5 代表的な合金の熱伝導率 (Thermal conductivity of typical alloys)[1]

物質名		組成（%）	温度 T (K) 熱伝導率 (W/(m·K))				
アルミ合金	1100-0	Fe(0.41),Si(0.22),Cu(0.1) Cr(0.01)	4 4.59	20 228	30 304	80 257	120 212
	Al-2219-T81	Al(92.12),Cu(5.91),Mn(0.28) Fe(0.21)	48.2 44	98.2 71	148.2 85	223.2 107	273.2 117
	2024-T4	Cu(4.58),Mg(1.7),Fe(0.1) Mn(0.1)	4 3.15	10 8.32	20 17.0	50 39.0	120 72.7
	24S	Cu(4.49),Mg(1.47),Mn(0.66) Fe(0.34)	25.43 22.6	50.26 42.7	96.41 66.1	212.1 105	296.1 124
ステンレス鋼	AISI 304	Cr(18.68),Ni(8.84),C(0.05) Mo(1.12)	26.8 2.79	55.20 6.65	87.26 8.72	165.12 12.1	250.10 14.4
	AISI 316	Cr(16.0),Ni(10.0),C(0.1) Mo(2.0)	65.72 5.86	79.43 7.11	102.70 8.79	197.60 11.5	276.40 13.6
	AISI 304		104.92 9.70	144.81 10.7	165.15 11.4	220.02 13.5	250.10 14.4
チタン合金	2.5Al-16V	V(14.95),Al(2.75),Fe(0.21) C(0.03)	23.90 0.98	67.33 2.81	81.59 3.27	212.70 6.73	284.61 8.39
マンガニン		Cu(85.0),Mn(12.0),Ni(3.0)	5.56 0.724	16.0 2.45	56.0 9.21	70.0 11.0	173.2 16.3
キュプロニッケル		Cu(77.44),Ni(20.48),Zn(1.99)	18.0 9.8	78.0 27.2	290.0 149		
黄銅		Cu(70),Zn(30)	108.2 74.5	152.2 83.3	188.2 92.5	260.2 105.4	298.2 109.2
リン黄銅	Phosphor Bronze	Cu(93.30),Sn(6.46),P(0.2)	3.24 1.14	6.52 2.47	12.1 6.03	29.0 11.6	88.0 25.1
はんだ	Soft Solder	Sn(60),Pb(40)	2 5.0	10 42.5	20 56.0	50 52.2	90 53.0
Cu・Be合金		Cu(98.49),Be(1.50),Fe(0.01)	18 17.7	78 65.3	290 170.0		

11.3.4 純金属および合金の放射率 (Emissivity of Pure Metals and Alloys)

Table C-11-3-6に低温および極低温下における純金属の放射率を，Table C-11-3-7に同じく合金の放射率を示した[1].

11.3.5 金属材料熱伝導率の近似的推定法 (Approximate Estimation Method of the Thermal Conductivity of Metals)

低温および極低温下の金属の熱伝導率は，純度，組成，熱処理などの影響を大きく受けている．一方，熱伝導率の測定は一般には容易なことではない．そこで，Eq.(1)の，Wiedemann-Franz-Lorenzの関係を基本的には用いて，測定の比較的容易な電気抵抗

Table C-11-3-6 代表的な純金属の放射率 (Emissivity of typical pure metals)[1]

物質名	性状	温度 T (K)	放射率 ε (−)	物質名	性状	温度 T (K)	放射率 ε (−)
ニッケル (Ni)	平滑，清浄	77	0.099	銀 (Ag)	清浄	260	0.047
	ポリッシュ	77	0.020		バフ	300	0.038
	酸化面	77	0.261	金 (Au)	清浄	76	0.0099
銅 (Cu)	清浄	83.2	0.066		ポリッシュ	126	0.0190
	ポリッシュ	83.2	0.025			195	0.0205
	酸化面	83.2	0.665			251	0.0220

Table C-11-3-7 代表的な合金の放射率 (Emissivity of typical alloys)[1]

物質名		組成 (%)	性状	温度 T (K)	放射率 ε (−)
アルミ合金	アルミ青銅	Cu(92~96), Al(4~7) Fe(max.0.50)	清浄 酸化面 ポリッシュ	83.2 83.2 83.2	0.041 0.058 0.083
		Cu(88~92.5), Al(6~8) Fe(1.5~3.5)	清浄 酸化面	83.2 83.2	0.104 0.241
	24ST	Cu(4.5), Mn(1.5) Mn(0.6)	清浄	77.8 194 261	0.075 0.085 0.105
	75ST	Zn(5.6), Mg(2.5) Cu(1.6), Cr(0.3)	清浄，加熱 清浄 ポリッシュ	74.8 80.4 77.1	0.069 0.065 0.061
インコネル	C-110	Mn(8)	清浄，ポリッシュ 酸化面	83.2 83.2	0.014 0.083
	A-110-AT	Al(5), Sn(2.5)	ポリッシュ	74.8	0.104
	インコネルB	Ni(72min.), Cr(16~18) Fe(9.5max.), Mn(1max.)	清浄	88.9 139	0.180 0.205
	インコネルX	Ni(73), Cr(15) Fe(7), Ti(2.5)	清浄 酸化面	97.2 205 83.2	0.200 0.240 0.067
はんだ		Sn(40), Pb(60)	清浄	77	0.047

率 ρ の測定によって近似的に熱伝導率を決定する方法がある.

$$\lambda = LT/\rho \tag{1}$$

ここで, ローレンツ数 L ($\mathrm{W \cdot \Omega / K^2 = V^2/K^2}$) は, 純金属や高伝導性合金に対しては一般に余り変らないが, 低伝導性合金に対しては大きく変る. そこで幾つかの金属に対してはローレンツ数の実測値が与えられている. Fig. C-11-3-2 は代表的な合金に対する例[2]であり, この結果と測定される抵抗率によって熱伝導率が近似的に求まる.

次に, 上記のようなローレンツ数の実測値がない場合については, さらに精度は落ちるが, 特に純金属と高伝導性合金および一部の低伝導性合金に関して, Table C-11-3-8 に示したそれぞれの近似式によって与えられる.

温度範囲はデバイ温度との関係によって分けられている.

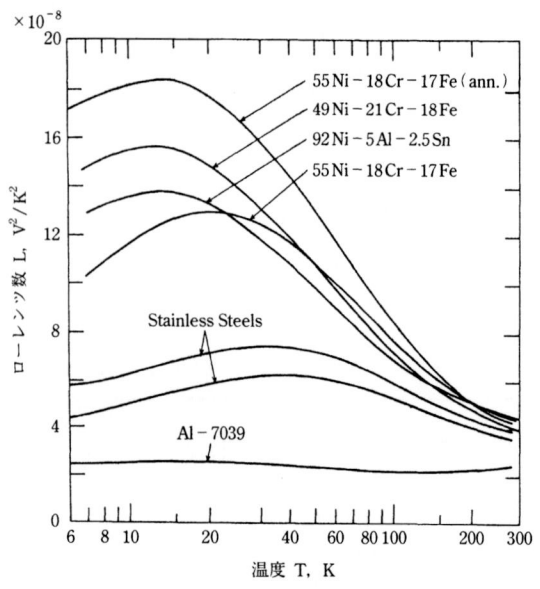

Fig. C-11-3-2 幾つかの合金の実測ローレンツ数
(Measured Lorenz number for several alloys)[2]

Table C-11-3-8 金属の熱伝導率を抵抗率から求める近似的方法
(Approximate determination of the thermal conductivity of metals from the electrical resistivity)[2]

温度範囲	純金属	高伝導性合金	低伝導性合金
$T < 0.01\,T_D$	$\lambda \simeq L_0 T/\rho$	$\lambda \simeq L_0 T/\rho$	特別な方法なし
$T < T_D$	$\lambda \simeq L_e T/\rho$ ($0.2\,T_D < T < T_D$) 方法なし ($0.01\,T_D < T < 0.2\,T_D$)	$\lambda \simeq L_0 T/\rho$	
$T > T_D$	$\lambda \simeq L_0 T/\rho$	$\lambda \simeq L_0 T/\rho$	$\lambda \simeq L_0 T/\rho_0$

T : 温度 (K), T_D : デバイ温度 (K)
λ : 熱伝導率 (W/(m·K)), ρ : 電気抵抗率 (Ω·m)
ρ_0 : 残留抵抗率 (Ω·m) で, 液体ヘリウム温度での抵抗率を使用
L_0 : ゾンマーフェルドによるローレンツ数 = 2.443×10^{-8} (V²/K²)
L_e : 電子ローレンツ数[3]

[2] Hust, L. G. & Sparks, L. L.: NBS Technical Note, 634 (1973). [3] White, G. K.: 8 th. Thermal Conductivity Conference, Ho, C. E. & Taylor, R. E., eds., pp 37-44, Plenum Press, New York (1969).

11.4 低温および極低温関連機器非金属材料の熱物性値
(Thermophysical Properties of Non-Metallic Materials for Cryogenic Equipments)

Table C-11-4-1からTable C-11-4-3に低温に関連する装置,実験機器に使用される非金属材料の熱物性値を示す.ここで( )内の値は換算値である.非金属固体の熱伝導率,比熱,熱膨張率は,いずれも格子振動の寄与によるもので,結晶物質の熱伝導率以外,極低温では温度低下で減少する.なお,熱伝導率の値は組成,結晶構造,不純物,分子量等によってかなり異なるので,注意を要する.

Fig. C-11-4-1に繊維強化プラスチック(FRP : fiber reinforced plastics)の繊維方向の熱伝導率を,Fig. C-11-4-2に繊維方向とそれに直角な方向の線膨脹率を示した.

Table C-11-4-1 非金属物質の熱伝導率[1),2),3)] (Thermal conductivity of nonmetallic solids)

物 質 名	密度 ρ (kg/m³)	熱伝導率 λ (W/(m·K))							備 考
		5 K	50 K	100 K	150 K	200 K	250 K	300 K	
アルミナ(多結晶)	-	-	-	-	133	77	55	43.4	36	気孔率2%
ソーダガラス	-	-	-	(0.32)	0.58	0.74	0.88	0.99	1.08	
ホウケイガラス	-	-	0.100	0.250	0.500	0.79	1.03	1.20	1.30	Al₂O₃<3%
溶融石英(石英ガラス)	-	-	0.118	0.340	0.69	0.95	1.14	1.28	1.38	
パイレックスガラス	-	-	0.12	0.30	0.55	0.76	0.89	0.98	1.10	
ポリスチレン	1030	-	-	-	0.049	0.059	0.074	0.097	0.125	
テフロン	2170	0.056	(0.21)	(0.28)	(0.31)	(0.33)	(0.35)	(0.36)	
アクリル(メチル基)	1175	-	-	0.098	0.134	0.158	0.169	0.177	0.189	
エボナイト	-	-	-	-	0.140	0.147	0.154	0.158	(0.16)	
塩化ビニール	-	-	-	-	0.133	0.143	0.150	0.156	0.161	
ナイロン	-	-	0.016	(0.24)	(0.31)	(0.33)	(0.35)	(0.36)	(0.37)	

Table C-11-4-2 非金属物質の比熱[1),4)] (Specific heat of nonmetallic solids)

物 質 名	密度 ρ (kg/m³)	比熱 c_p (kJ/(kg·K))						
		5 K	50 K	100 K	150 K	200 K	250 K	300 K
アルミナ(結晶)	-	0.00001	0.014	0.124	0.318	0.494	0.641	0.770
石英(結晶)	2640	-	0.091	0.25	0.42	0.55	0.66	0.74
ソーダガラス	-	-	(0.156)	0.342	0.504	0.639	0.753	(0.845)
ホウケイガラス	2210	0.00039	(0.14)	(0.29)	0.42	0.54	0.64	0.73
溶融石英(石英ガラス)	-	-	0.094	0.262	0.416	0.543	0.652	0.744
ポリウレタン	-	-	-	0.163	0.420	0.718	1.04	1.31	1.55
アクリル(メチル基)	1175	-	-	0.20	0.39	0.57	0.68	0.87	1.03

Table C-11-4-3 非金属物質の熱膨張率[5)] (Linear expansion coefficients of nonmetallic solids)

物 質 名	密度 ρ (kg/m³)	線膨張率 β, ($\times 10^{-6}$/K)						
		5K	50K	100K	150K	200K	250K	300K
アルミナ(多結晶)	-	-	-	0.6	1.9	3.3	4.5	5.4
石英(多結晶)	-	-	7.0	7.3	7.8	8.5	9.4	10.3
溶融石英	-	-	-	-0.53	-0.17	0.13	0.35	0.49
パイレックスガラス	-	-0.5	0.6	1.5	2.5	2.7	2.8	2.8
ポリカーボネート	-	-	2	10	25	46	77	113
ポリエステル	-	17	26	36	45	54	63	84
ポリエチレン	965	-	33	56	82	110	141	169
テフロン	2200	-	30	38	56	85	102	525
アクリル(メチル基)	-	-	12	30	34	40	48	61
ポリスチレン	-	-	33	47	58	65	69	71
ナイロン	-	-	-	-	-	62	59	91
エポキシ樹脂	-	-	14	23	33	44	55	62

1) Luikov, A. V., Shashkov, A. G. et al. : A. S. T. M. (Am. Soc. Test Mater) Spec. Tech. Publ. (1974) 290. 2) エル.ア.ノビッキー・イ.ゲ.コジェブニコフ:低温における材料の熱物理的性質,日・ソ通信社 (1976). 3) Touloukian, Y. S., Powell, R. W. et al. : TPRC Data Series, Vol. 2, IFI/Prenum (1970). 4) Touloukian, Y. S. & Buyco, E. H. : ibid., Vol. 5 (1970). 5) Touloukian, Y. S., Kirby, R. K. et al. : ibid., Vol. 13 (1977). 6) 低温工学協会編:超伝導・低温工学ハンドブック,オーム社 (1993)

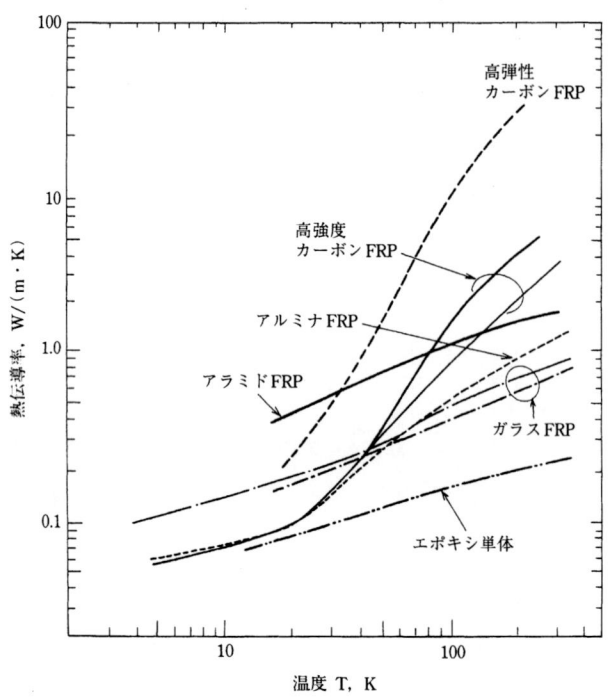

Fig. C-11-4-1　FRP の熱伝導率（繊維方向）[6]
(Thermal conductivity of FRP (Purallel to fiber))

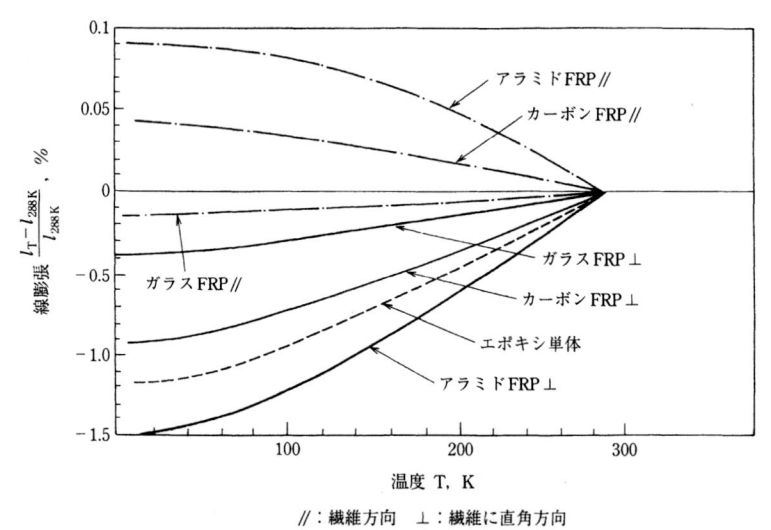

Fig. C-11-4-2　FRP の線膨張率 [6]
(Linear expansion coefficients of FRP)

∥：繊維方向　⊥：繊維に直角方向

11.5 低温および極低温断熱材の熱物性値
(Thermophysical Properties of Thermal Insulation Materials at Cryogenic Temperature)

11.5.1 非排気多孔質断熱材
(Non-Evacuated Porous Insulations)

この断熱材は粉体,繊維,発泡材などの多孔質材を用い,内部の気孔には一般に大気圧の空気を含むが,一部の発泡材は独立気孔を持ち,内部にCO_2フレオン等の低熱伝導率のガスを含む. Fig. C-11-5-1にこの種の断熱材の有効熱伝導率(以下熱伝導率と呼ぶ)の概略値を示す. λはTの低下とともにほぼ比例して減少する. 発泡ポリウレタンのみは内部の独立気孔にフレオンガスを含むので,250 K付近でその凝縮のため特異な値を示す. 図には示してないが,同種の断熱材では通常密度が大きくなると熱伝導率は増大する. しかし,低温ではふく射伝熱の寄与が小さいので,気孔の大きさや繊維の太さにはあまり関係しない. その他各種のパラメータと熱伝導率の関係は文献[1),2),3)]を参考にされたい.

11.5.2 真空粉体断熱材
(Evacuated Powder Insulations)

この断熱材は断熱壁の間に粉体または繊維(以下粉体と呼ぶ)のような多孔質材を充填し,高真空に排気する方法である. 真空度は空隙のサイズにもよるが,通常0.13 Pa (10^{-3}mmHg)以下であればよい. このとき,ガス伝導は無視できるので,伝熱は粉体間の接触による固体伝導と,ふく射伝熱で行われる. 粉体内の伝熱に関する理論として,粉体を半透明な準均質物質とみなし,ふく射エネルギが粉体内を散乱,吸収,放射を繰り返しながら透過していく考え方がある[4]. それによれば,粉体の光学的厚さγが十分に大きいとき,粉体の熱伝導率はふく射の項と熱伝導項に分離でき,次式で近似できる.

$$\lambda = 4\sigma(4/3\beta)v^2 T^3 + \lambda_c \quad (1)$$

ここに,σはステファン・ボルツマン定数,βはふく射の消滅係数(吸収係数と散乱係数の和で粉体層の厚さをLとすれば$\gamma=\beta L$の関係がある),vは屈折率(粉体の場合ほぼ1),λ_cは熱伝導率(粉体では接触による固体伝導率に相当)である. 粉体におけるβおよびλ_cに関していくつかの理論式があるが,βは一般に粒子径D_pが小さくなると増大する. 一方,λ_cは

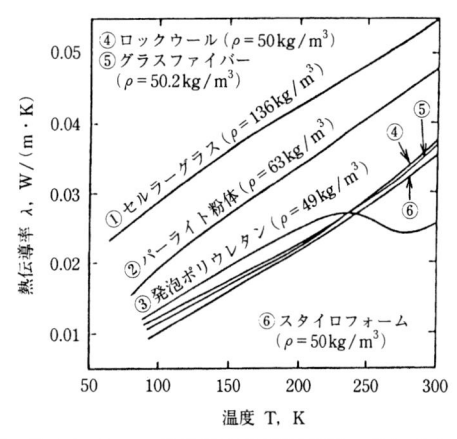

Fig. C-11-5-1 非排気多孔質断熱材の熱伝導率
(Thermal conductivity of non-evacuated porous insulations)

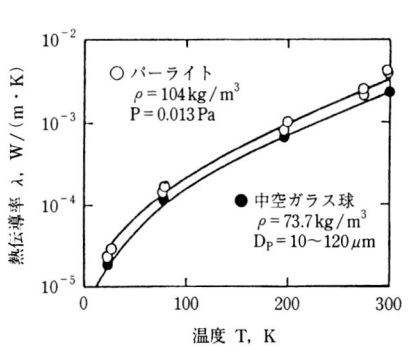

Fig. C-11-5-2 熱伝導率と温度の関係[5]
(Thermal conductivity vs. temperature)

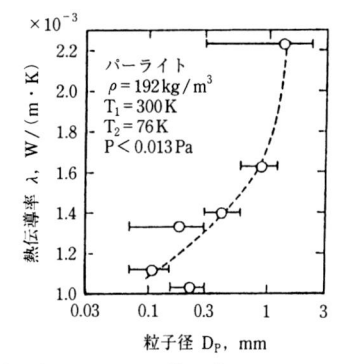

Fig. C-11-5-3 熱伝導率と粒子径との関係[6] (Thermal conductivity vs. particle size)

---

1) 日本熱物性研究会編:熱物性資料集(断熱材編),養賢堂(1983). 2) 小谷敏雄・寺尾貞一ほか:日本機械学会誌, 65, 525 (1962) 1465. 3) 保坂良隆:空気調和・衛生工学, 52, 1 (1978) 11. 4) Tien, C. L. & Cunnington, G. R.: Advancess in Heat Transfer, Vol. 9, Academic Press (1973) 349. 5) Reinker, R. P., Timmerhaus, K. D. et al.: Adv. Cryog. Eng., 20 (1975) 343.

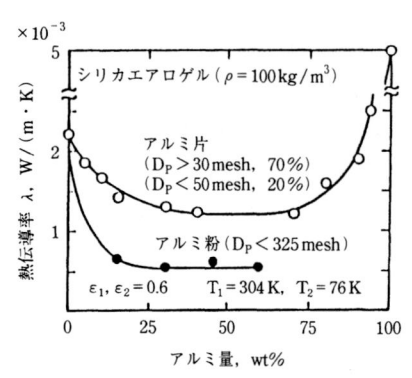

Fig. C-11-5-4 アルミ粉混入の効果[7]
(Effect of adding aluminium powder)

Table C-11-5-1 真空粉体断熱材の熱伝導率[7),8)]
(Thermal conductivity of evacuated powder insulations)

粉体	粒子サイズ D_p (μm)	温度 T(K) T_1	T_2	密度 ρ (kg/m³)	熱伝導率 λ (W/(m·K))
シリカエアロゲル	0.025	304	76	100	0.0021
		76	20	〃	0.0002
		304	76	〃	0.0005 *
シリカ	0.015-0.02	304	76	60	0.0021
パーライト	+30mesh	304	76	60	0.0021
	-30mesh	304	76	140	0.0010
	〃	304	20	〃	0.00065
	〃	76	20	〃	0.0002
	〃	76	4	〃	0.00008
中空ガラス球 **	20-130	300	77	80	0.0014
		77	4	〃	0.00017

面のふく射率 ε_1, ε_2=0.8 (中空ガラス球を除く), 真空度 P<0.013Pa (**印 P=0.13Pa), *印はアルミ30wt%混入

D_p に無関係であるといわれている。また β および λ_c は粉体の密度の増加で増大するので、熱伝導率が極小となる密度が存在する。他方 γ が小さい場合、ふく射の項と伝導項は分離できず、粉体をはさんでいる両方の伝熱面のふく射率 ε も粉体の伝熱に影響を及ぼす。

Fig. C-11-5-2 は温度による λ の変化を示す。Fig. C-11-5-3 は粒子サイズによる λ の変化を示す。また、Fig. C-11-5-4 はふく射遮へい物質としてアルミ粉を混合した場合の λ の変化を示す。ただし、図の ε, T の添字 1, 2 は高温および低温面を表す。シリカエアロゲルはふく射透過物質であるので、アルミ粉添加で β が増大するため λ は減少する。しかし、アルミ粉が過多であると λ_c が大きくなるので、逆に λ は増大する。アルミ粉の形状が小さいとふく射の散乱効果が大きくなるので β は増大する。Table C-11-5-1 に低温断熱で使用される代表的な粉体の λ の例を示す。

11.5.3 真空多層断熱材 (Evacuated Multilayer Insulations)

これは別名 Super Insulation とも呼ばれ、断熱壁の間にふく射シールド板 (金属箔) と繊維等で作られた薄いスペーサを交互に幾層にも重ね合わせたものを挿入し、真空に排気する方法である。シールド板として、金属膜を蒸着したプラスチックフィルムを使用する場合は、スペーサを入れないこともある。真空度は通常 0.001 Pa 程度であればよい。このとき、伝熱は固体の接触伝導とふく射伝熱によって支配されるが、両者の寄与はほぼ同等の大きさであるといわ

Table C-11-5-2 多層断熱材の熱伝導率[9)] (Thermal conductivity of multilayer insulations), 高温面 T_1 = 300 K, 低温面 T_2 = 77 K

ふく射シールド 材質	枚数	スペーサ	断熱層厚さ (cm)	圧力 P (Pa)	熱伝導率 λ (W/(m·K))	備考
アルミ箔 (8.7μm)	10	ガラス繊維紙 (活性炭混入)	0.324	4.0×10⁻⁴	1.44×10⁻⁵	*
			0.298	1.3	0.92 〃	
			0.324	4.0	0.76 〃	**
	10	ガラス繊維紙 (活性炭無し)	0.285	260	2.81 〃	
			0.285	1.3	2.28 〃	
			0.209	15.6	1.10 〃	**
	10	ナイロンネット	0.311	5.2	1.31 〃	
アルミ蒸着マイラー (12.7μm)	9	ガラス繊維紙 (活性炭混入)	0.280	13	1.5 〃	
	5		0.18	2.6	1.2 〃	
	3		0.15	26	1.6 〃	

*印は180℃でベーキング、**はベーキングかつゲッター挿入
ガラス繊維紙は太さ0.1μmの繊維で作った厚さ100μmの紙 (18g/m²)
マイラーは両面に0.02μmのアルミ膜が蒸着されている

---

6) Kropschot, R. H. & Burgess, R. W.: Adv. Cryog. Eng., 8 (1962) 425. 7) Fulk, M. M.: Progress in Cryogenics, 1 (1959) 65.
8) 竹越栄俊・平澤良男ほか：日本機械学会論文集B編, 51, 462 (1985) 643. 9) Scurlock, R. G. & Saull, B.: Cryogenics, 16 (1976) 303. 10) Siegel, R. & Howell, J. R.: Thermal Radiation Heat Transfer, McGraw-Hill (1972) 706.

れている．理論的にはシールド板の枚数 n を増すとふく射による熱流量は減少するが，断熱層の厚さが増すので λ は減少しない．n は通常 10 枚程度にする．Table C-11-5-2 に性能のよい多層断熱材の熱伝導率の例を示す．内部残留ガスの除去のため，活性炭入りスペーサ，さらに活性炭のゲッターを挿入した場合の性能がよい．また，ベーキングも効果がある．

アルミ蒸着マイラーを使用するとき，アルミ層の厚さは $0.02\,\mu\mathrm{m}$ 以上とする．これ以下の厚さではふく射のタンネリング[10]のため面のみかけのふく射率が増加する．多層断熱材の欠点は積層方向と沿面方向の熱伝導率に数十～数百倍の異方性があることである．施工の時に特に注意を要する．

C.12 食品・農産物 (Foods and Agricultural Materials)

食品は不均質の混合系であり，温度と時間の経過により，物性の変化を示す．したがって，その熱物性の解析は難しく，その信頼性にも疑問が残る．食品の比熱は構成する成分との間に加成性がほぼ成立し，その体系化が進んでいる．一方，熱伝導率は系内の伝熱構成により決まり，比熱のような加成性は成立しない．

食品の熱物性としては，次の因子が重要である．
　a) 物理的性質
　b) 無次元パラメータ
　c) 次元の持つ特性 (形，大きさ，体積)

(a) 比熱 (Specific Heat)

食品の比熱は凍結点より低い温度で小さくなる．凍結した水分の多い食品は約-1℃で融解をはじめ，この温度付近で見かけの比熱は約20000 (J/(kg・K)) まで指数関数的に上昇し，融解すると約4180 (KJ/(kg・K)) まで急激に下がる[1]．

食品の比熱は非凍結状態で3530 ± 460 (J/(kg・K)) に，また凍結状態で1890 ± 460 (J/(kg・K)) で表わせる．一般式としては次の如く示すことができる[2]．

・凍結点以上
$$c = 2990x + 1200$$
・凍結点以下
$$c = 1256x + 837$$

ここで，x：水の質量分率である．

実験によって求められる値は上式より得た値より一般に大きい．これは食品に含まれる結合水の存在によると考えられる．

Table C-12-1 各成分の比熱
(Specific heat of each composition)

組成	比熱 c (J/(kg・K))
脂肪	1900
炭水化物	1220
水分	4180
氷	2110
タンパク質	1900

食品を構成する各組成の比熱をTable C-12-1に示す．

(b) 熱伝導率 (Thermal Conductivity)

食品を構成する各成分の熱伝導率をTable C-12-2に示す．

Table C-12-2 各組成の熱伝導率
(Thermal conductivity of each composition)

組成	熱伝導率 λ (W/(m・K))
脂肪	0.180
炭水化物	0.245
水分	0.600
タンパク質	0.200
空気	0.025

一般に，食品はかなりの水分を有するものが多い．したがって，熱伝導率を定常状態，つまり，一面からの加熱により測定する場合，伝熱方向への水分の拡散および低温での凝縮が起こる．この水分移動により熱伝導率は次第に変化していく．したがって，測定法としては水分移動の少ない非定常法が望ましいことになる．

食品は限られた温度範囲，$-30 \sim 120$℃で加工処理されることが多い．熱伝導率が温度に対し直線的に変化するものであれば，その係数から容易に，その値を求めることができる．しかし，食品では温度はもちろん，その内部構造や気孔率，水分量などにより，その値は非線形に変化する．

食品の熱伝導率を正確に測定するのは難しいので，食品を水と固体よりなるものとして近似式や理論式が出されている．水分60％以上の果実と野菜について次のような回帰式が得られている[3,4]．

$$\lambda = 0.148 + 0.00493M$$

また，温度$0 \sim 60$℃，水分$60 \sim 80$％の肉については，

$$\lambda = 0.080 + 0.0052M$$

ここで，M：水分(％) 熱伝導率の単位：(W/(m・K))である．

(c) 温度伝導率 (Thermal Diffusivity)

食品の温度伝導率は$1 \sim 2 \times 10^{-7}$ m^2/sの範囲にあ

注) 文献は章末の12.9節に掲載．

り，温度の上昇とともに増加する．Reidel[5]は各種食品の温度伝導率を求めるのに次式を提出している．

$$a = 0.088 \times 10^{-6} + (a_w - 0.088 \times 10^{-6})x$$

ここで，x：水の質量分率，a_w：水の温度伝導率（m^2/s）である．

12.1 穀物の熱物性値（Thermophysical Properties of Grains）

穀物は穀類に属する作物である．古くは，禾穀類（イネ，ムギなどのイネ科作物の種実），穀類（ダイズ，アズキなどマメ科の種実）およびタデ科の作物であるソバなどを総称して穀類と呼んだが，最近では，マメ類は穀類とは区別するのが普通である．本項ではこの区別にしたがうものとする．

穀類は，その代謝活性による品質劣化を抑制し食品としての価値を保持するために，収穫後，直ちに所定の水分まで乾燥され，消費者の手に渡るまでの間，貯蔵されるのが普通である．穀物の品質劣化を促す要因と深い関わりを持つのは環境条件，特に温度条件であるので，乾燥や貯蔵技術を向上させる上で，熱物性値の把握は不可欠である．例えば，加熱あるいは冷却操作を施すために必要な熱負荷の予見には，穀物の比熱が重要な物性値であり，穀物の境界面における熱流や穀物内部の温度分布を予測するためには，熱伝導率や温度伝導率が必要になる．

ここでは，穀物の比熱・熱伝導率・温度伝導率を既往の文献から抽出・整理し，以下に示した．ただし，単位が文献によってまちまちであるので，筆者がSI単位に換算して示した．なお，データの信頼性に関する判定は非常に困難であるが，他の文献に比べて明らかに問題があると思われるものは除外してある．

穀物の熱物性値ではないが，それに関係する物性値として穀物の密度に関する用語を以下に記す．このうち，穀物の密度としてよく用いられるのはかさ密度である．

かさ密度：任意の容器に充填した粒子の重量を粒子間の空間を含めた体積で割った値を示す．

粒子密度：粒子1個の重量を，粒子内の閉じた空孔を含んだ粒子1個の体積で割った値を指す．

見かけ粒子密度：粒子1個の重量を，粒子外表面に開いた空孔や割れを含んだ粒子1個の体積で割った値を示す．なお，これを単に見かけ密度と言うこともあるが，農産物に関する分野では見かけ密度をかさ密度と同じ定義で使う場合もあるので注意が必要である．

真密度：内部の空孔を含まない粒子の固体部分のみの単位体積当たりの重量を示す．

12.1.1 比熱（Specific Heat）

穀物の比熱測定には混合法を用いた例[6-12]が多く，熱量計法[13,14]によるものは少ない．なお，熱伝導率・温度伝導率の測定値から算出した例[15,16]もある．水分は穀物の比熱に大きく作用する．この点に関する報告のほとんどは，穀物の比熱が水分の一次関数で表わされることを認めているが，小麦の比熱を水分の範囲で分けて4本の折れ線で近似した例[13]もある．穀物の比熱と温度との関係では，小麦の比熱が，水分20％（w.b.）までは$-33℃$から$22℃$の範囲で温度の増加とともに直線的に増加することを示したもの[11]が認められる．また，絶乾穀物の比熱を外挿した上での推論であるが，穀物中の結合水の比熱あるいは熱容量が自由水のものより大きいという指摘がされている[10,11]．

これまでに報告されている穀物の比熱をTable C-12-1-1に示した．

12.1.2 熱伝導率および温度伝導率（Thermal Conductivity and Thermal Diffusivity）

穀物の熱伝導率・温度伝導率に関する測定例はBakke and Stiles[17]が定常法を用いてオート麦の熱伝導率を求めたのが初めとされる．その後，米・麦を中心として多くの報告がなされているが，穀物を対象とする測定法としては確立した方法がないため，様々な測定法の利用が試みられている．定常法としては平行平板法[17]，同心円筒法[15,18]，同心球法[19]，比較法[20]などが用いられており，非定常法の例では加熱または冷却曲線による方法[10,16]，細線加熱法[6,7,10,12,21]，プローブ法[22,23]，周期加熱による方法[8]などが挙げられる．これらは穀物粒子堆積層の有効熱伝導率・有効温度伝導率に関するものがほとんどであるが，気体置換の方法により穀物粒子の熱伝導率を求めた例[18,23]もある．穀物の熱伝導率・温度伝導率と水分との関係については10～25％（w.b.）の範囲で報告があり，乾燥・貯蔵工程で予想される範囲をカバーしていると考えられる．一方，これらの

Table C-12-1-1 穀物の比熱 (Specific heat of grains)

穀物・品種	温度 T (℃)	水分 M (%(w.b.))	比熱 c (J/(kg·K))	文献
籾・　ゴールドコースト		14.9	1746	13**
ゴールドコースト		11.5	1578	13**
ゴールドコースト		9.2	1499	13**
イタリア原種		10〜18	$c=1109+44.79 M$	14
サターン		12〜20	$c= 921+54.46 M$	6
カロロ		11〜22	$c=1265+34.87 M$	7
コシヒカリ	5〜15	10〜25	$c=1256+42.28 M$	8
大空	5〜15	10〜25	$c=1175+43.87 M$	8
玄米・コシヒカリ	5〜15	10〜25	$c=1323+33.45 M$	8
大空	5〜15	10〜25	$c=1214+43.12 M$	8
イタリア原種		10〜18	$c=1201+38.09 M$	14
精米・イタリア原種		10〜18	$c=1180+37.67 M$	14
小麦・マーキス		8.4	1549	15
No.1 ノーザングレイド	2〜20	0〜16	$c=1185+30.30 M$	9
No.1 ノーザングレイド	2〜20	0〜16	$c=1260+30.68 M$	9
No.1 ノーザングレイド	2〜20	0〜16	$c=1206+34.66 M$	9
ノーザンマニトバ		1.4	1335	16**
ノーザンマニトバ		5.3	1494	16**
ノーザンマニトバ		7.4	1687	16**
ノーザンマニトバ		10.9	1842	16**
マニトバ		4.9	1394	13**
マニトバ		10.1	1536	13**
マニトバ		15.3	1741	13**
マニトバ		17.5	1871	13**
ベルセー		6.1	1398	13**
ベルセー		13.7	1695	13**
ベルセー		19.9	1993	13**
ベルセー		25.8	2198	13**
ベルセー		33.6	2436	13**
ソフトホワイト	11〜32	0.7〜20.3	$c=1440+40.90 M$	10
硬質レッドスプリング	0.6〜21	1〜19	$c=1097+40.48 Md$*	11**
大麦		9.4	1503	13**
		13.8	1620	13**
		16.5	1825	13**
オート麦		10〜18	$c=1268+32.65 M$	14
ひき割り麦		10〜18	$c=1076+49.81 M$	10
とうもろこし・イエローデント	12〜29	0.9〜30.2	$c=1465+35.62 M$	10
ソルガム		2〜29	$c=1397+32.23 M$	12

* Md：%(d.b.)　　** 一部のデータを抜粋

熱物性値と穀物の温度との関係については報告例が少ないので，今後データの追加が望まれる．

穀物粒子堆積層の有効熱伝導率が空隙率によって異なることは当然予想されるが，報告例は少ない．筆者は籾についてこの関係を求め，水分14.6％(w.b.)，温度26℃で

$$\lambda = 0.3648 - 0.6446\varepsilon + 0.3017\varepsilon^2$$

を得た[24]．ただし，ε は空隙率を示しており，その範囲は $0.46<\varepsilon<0.62$ である．

穀物の熱伝導率と温度伝導率を Table C-12-1-2 に示した．

12.1 穀物の熱物性値

Table C-12-1-2 穀物の熱伝導率・温度伝導率 (Thermal conductivity and thermal diffusivity of grains)

穀物・品種	温度 T (°C)	水分 M (%(w.b.))	かさ密度 γ (kg/m³)	有効熱伝導率 λ (W/(m·K))	有効温度伝導率 a (×10⁻⁷ m/s)	文献
籾・サターン		9.9〜19.3	598〜648	$\lambda = 0.0865484 + 0.00133\,M$	$a = 1.35 - 0.0249\,M$	6
ヨネシロ	10〜20	12.1〜15.6	678〜684	$\lambda = 0.093 + 0.000876\,T$		20
レイメイ		12.8〜24.1	$\gamma < 600$	$\lambda = 0.0687 + 0.00087\,M$		22
レイメイ		10.5〜26.6	$\gamma \geqq 600$	$\lambda = 0.0797 + 0.00066\,M$		22
カロロ		11.2〜23.7	632〜664	$\lambda = 0.09999 + 0.001107\,M$	$a = 1.25 - 0.0163\,M$	7
日本晴	20〜40	10〜24	$\varepsilon = 0.483$	$\lambda = 0.104 + 5.98 \times 10^{-4} M$ $+ 7.95 \times 10^{-5} T + 2.69 \times 10^{-5} MT$		23
日本晴	20〜40	10〜24	$\varepsilon = 0.483$	$\lambda^* = 0.256 + 3.62 \times 10^{-3} M$ $- 1.72 \times 10^{-3} T + 2.41 \times 10^{-4} MT$		23
大空	15〜40	8〜20	536〜609	$\lambda = 0.0619 + 5.45 \times 10^{-4} M$ $- 5.03 \times 10^{-4} T + 8.65 \times 10^{-5} MT$		8
コシヒカリ	15〜40	9〜20	626〜654	$\lambda = 0.0743 + 7.08 \times 10^{-4} M$ $- 2.40 \times 10^{-4} T + 6.37 \times 10^{-5} MT$		8
玄米・大空	15〜40	9〜24	782〜848	$\lambda = 0.129 - 4.33 \times 10^{-3} M + 1.75 \times 10^{-4} M^2 - 7.28 \times 10^{-4} T + 9.00 \times 10^{-5} MT + 1.04 \times 10^{-6} M^2 T$		8
コシヒカリ	15〜40	10〜17	770〜843	$\lambda = 0.128 - 3.08 \times 10^{-3} M + 1.05 \times 10^{-4} M^2 - 2.28 \times 10^{-5} T - 3.27 \times 10^{-5} MT + 3.40 \times 10^{-6} M^2 T$		8
ササニシキ	35	10.8	1300	0.119 : 空気		18
ササニシキ	35	10.8	1300	0.107 : 炭酸ガス		18
ササニシキ	35	10.8	1300	0.243 : ヘリウム		18
ササニシキ	35	10.8		0.291 : 玄米粒子熱伝導率		18
小麦・マーキス	26〜71	8.4	850	0.151	1.15	15
No.1マニトバ		11.7		0.151		19
イングリッシュ		17.8		0.163		19
ノーザンマニトバ	33〜59	1.4〜13.7	821〜842	0.131〜0.154	0.72〜1.13	16
軟質ホワイト	9〜23	0.7〜20.3	742〜772		0.80〜0.93	10
軟質ホワイト	21〜44	0.7〜20.3		$\lambda = 0.117 + 0.00113\,M$		10
硬質レッド	20	4.4〜22.5		$\lambda = 0.140 + 1.41 \times 10^{-3} M$		21
	5	4.4〜22.5		$\lambda = 0.144 + 0.954 \times 10^{-3} M$		21
	1	4.4〜22.5		$\lambda = 0.136 + 1.36 \times 10^{-3} M$		21
	−6	4.4〜22.5		$\lambda = 0.133 + 1.54 \times 10^{-3} M$		21
	−17	4.4〜22.5		$\lambda = 0.141 + 0.938 \times 10^{-3} M$		21
	−27	4.4〜22.5		$\lambda = 0.144 + 0.9574 \times 10^{-3} M$		21
デュラム小麦						
Eregli	約25	9.30	827	0.159		128
		37.89	675	0.182		128
Saruhan	約25	10.23	798	0.142		128
		38.65	698	0.201		128
小麦粉						
中力粉	T	M		$\lambda = a_1 M + b_1 T + c$		129
			436	$a_1 = 1.31 \times 10^{-3}, b_1 = 4.40 \times 10^{-4}, c_1 = 3.29 \times 10^{-2}$		129
			500	$a_1 = 2.18 \times 10^{-3}, b_1 = 6.37 \times 10^{-4}, c_1 = 2.82 \times 10^{-2}$		129
			600	$a_1 = 2.44 \times 10^{-3}, b_1 = 7.21 \times 10^{-4}, c_1 = 4.08 \times 10^{-2}$		129
			700	$a_1 = 3.01 \times 10^{-3}, b_1 = 8.80 \times 10^{-4}, c_1 = 4.36 \times 10^{-2}$		129
	30	12		$\lambda = a_2 \gamma + b_2$ $a_2 = 1.63 \times 10^{-4}, b_2 = -9.49 \times 10^{-3}$		129
とうもろこし		11.4〜22.3	720〜810	0.0791〜0.0826		22
イエロー		13.2		0.176		19
イエローデント	21〜53	0.9〜30.2		$\lambda = 0.141 + 0.00112\,M$		10
えん麦		12.7		0.130		19
		9.9〜38.4		0.0639〜0.0929		17
		9.5〜32.5		0.0640〜0.1028		17
		9.9〜31.8		0.0700〜0.1002		17
ソルガム	14〜49	1.0〜22.5		$\lambda = 0.0976 + 0.001485\,M$		12
マイロ		12.2〜20.0	827〜867	0.0948〜0.105		22

λ^* : 籾粒子の熱伝導率

12.2 青果物の熱物性値 (Thermophysical Properties of Fruits and Vegitables)

青果物は収穫後も組織が生きており,正常な生命作用が継続している.このような生命作用は低温と高い相対湿度により,ある程度はコントロールできるが,さらに精密な制御のためには各種の大気組成の制御といった方法,また一部の青果物に対しては,その保存を目的として凍結という方法がとられる.

このような収穫後の品質保持を目的とする農産物の保蔵技術を中心とするポスト・ハーベストの分野は従来の農業においては,産地と消費者を結ぶコールド・チェーンの中で不可欠な技術としてとらえられる.一方,今後登場すると予想される本格的な植物工場は,収穫された農産物を短期間ストックするバッファとして重要な役割を果たすと考えられ,これらの技術確立の上で青果物の熱物性データは必要不可欠のものである.ここでは熱物性として,比熱・熱伝導率・温度伝導率・呼吸熱を取り扱う.これらの熱物性の詳細および他の熱物性については文献[25-28]を参照されたい.

12.2.1 比熱 (Specific Heat)

青果物の比熱の測定には混合法がよく用いられるが,果実や野菜は水分が多いため,比熱はSieble式[29]から求めたものとそれほど変わらないといわれ,ASHRAE[25]のデータなどには青果物の水分とSieble式から得られた値が記載されている.Sieble式は

$$c = 33.49M + 837.2 \quad (1)$$
$$c = 12.56M + 837.2 \quad (2)$$

で示され,Eq.(1)が凍結点以上,Eq.(2)が凍結点以下の比熱を表し,Mは水分(%)である.実際に測定された各種青果物の比熱をTable C-12-2-1に示した.表にないデータは青果物の水分さえわかればEq.(1)あるいはEq.(2)から比熱の概略値が求められる.

12.2.2 熱伝導率と温度伝導率 (Thermal Conductivity and Thermal Diffusivity)

熱伝導率あるいは温度伝導率に関しては,従来から多くの測定結果がある.青果物のように,変質しやすく高水分で成形が困難な物体は,測定時間が短くそのままの形で測定可能な非定常法が優れていると考えられ,測定結果のほとんどは非定常法で求められたものである.

青果物に関する熱伝導率の初期の研究としては,Gane(1937)[36]のものがある.これは,試料の表面と内部に熱電対を固定し,試料内部に温度勾配がなくなるまで冷却した後,一定温度・一定風速の空気中に放置し表面と中心の温度変化を解析し熱伝導率を計算したものである.その後も,Ganeと同様な方法,あるいは非定常法を用いて研究が行われてきているが,代表的な研究としてSweat(1974)[37]を紹介する.Sweatはプローブ法を用いて,多くの青果物の熱伝導率の測定を行い,高水分食品について熱伝導率の測定式を水分の関数

$$\lambda = 0.00493M + 0.148 \quad (3)$$

として表した.

Table C-12-2-1 青果物の比熱
(Specific heat of fruits and vegitables)

青果物名	温度 T (℃)	水分 M (%)	比熱 c (J/(kg·K))	文献
[果物]				
いちご	0〜100	84〜90	3720〜4102	31
オレンジ			3516	34
オレンジ			3663	34
柑橘類		77〜90	3516〜3734	34
グレープフルーツ			3705	34
すもも	0〜100	75〜78	3516	31
チェリー		83	3726	33
りんご		86	3767	30
	0〜100	75〜85	3726〜4019	31
	32	87.3	3690	32
	32	85.8	3580	32
レモン			3734	34
[野菜]				
かぼちゃ		95	4019	35
		88.6	3809	35
キャベツ		86.6	3726	35
	0〜100	90〜92	3893	31
きゅうり	0〜100	97	4102	31
じゃがいも	0〜100	75	3516	31
たまねぎ	0〜100	80〜90	3560〜3893	31
にらねぎ	0〜100	92	3977	31
にんじん	0〜100	86〜90	3809〜3935	31
パセリ	0〜100	65〜95	3181〜4060	31
ハツカダイコン		93.6	3977	35
ほうれんそう	0〜100	85〜90	3767〜3935	31
マッシュルーム	0〜100	90	3935	31

Table C-12-2-2 青果物の熱伝導率と温度伝導率
(Thermal conductivity and diffusivity of fruits and vegitables)

青果物名	温度 T (℃)	水分 M (%)	熱伝導率 λ (W/(m·K))	温度伝導率 a ($\times 10^{-7}$ m²/s)	文献
[果物]					
いちご	28	88.8	0.462		37
オレンジ	15		0.415	1.26	36
			0.490		29
			0.410		29
			0.433		42
(皮)	28	85.9	0.580		37
グレープフルーツ	15		0.398	1.21	36
			0.327		29
			0.450		42
				0.90	41
(皮)	26	90.4	0.549		37
ネクタリン	28	89.8	0.585		37
パイナップル	27	84.9	0.549		37
バナナ	27	75.7	0.481		37
プラム	26	88.6	0.551		37
もも	28	88.5	0.581		37
	0〜30			1.39	43
ライム (皮)	28	89.9	0.490		37
りんご	15		0.415	1.26	36
	0〜30	84.7	0.342	1.04	40
			0.343	1.11	41
	28	88.5	0.278		37
	28	84.9	0.296		37
レモン			0.440		29
(皮)	28	91.8	0.525		37
[野菜]					
アボガド	28	64.7	0.429		37
かぶら	24	89.8	0.563		37
かぼちゃ	15		0.502	1.12	36
きゅうり	28	95.4	0.598		37
とまと	28	92.3	0.425	1.30	112
ごぼう				1.24	38
じゃがいも	0〜70			1.30	44, 45
だいこん		8		1.66	38
たまねぎ	28	87.3	0.574		37
	0〜45		0.4〜0.5	1.67〜2.5	39
にんじん	28	90.0	0.605		37
				1.39	38

国内の青果物の熱伝導率の測定例は数少なく，中馬と村田(1969)[38]による，ごぼう・きゅうり・にんじん・だいこん，稲葉(1983)[39]によるたまねぎの測定例が認められる．

葉菜類については，データはほとんど見あたらず，今後，光音響法の利用などによるデータの積み重ねが期待される．なお，現在までに紹介されている青果物の熱伝導率データを Table C-12-2-2 に示した．

12.2.3 呼吸熱 (Heat of Respiration)

呼吸作用は生命を維持していくための最も基本的な生理作用であり，青果物の場合，収穫後も生育中と大差なく生活作用は持続されるため，保蔵中のその影響は大きくなる．

呼吸とは，ブドウ糖などの有機物を二酸化炭素と水に分解し，そのときに出るエネルギーを利用する働きである．この過程は，特定の酵素の関与による段階過程の中で行われるが，簡単に記述すると

Table C-12-2-3　青果物の呼吸熱（Heat of respiration of fruits and vegitables）

青果物名	呼吸熱 （×10⁻⁵ W/kg）			文献
	0 ℃ 最小/最大	5 ℃ 最小/最大	15 ℃ 最小/最大	
［果物］				
いちご	3296/4746	4394/8921	19073/24787	47, 50
いちじく		2944/3560	13185/17007	47, 56
オレンジ		1230/1714	3428/6109	59
キウイ	752	1775		25
グレープフルーツ			3165/3428	59
西洋ナシ	703/1846	1670/4131	4043/16128	47, 50
チェリー	1099/3560	2549/3780	6725/13447	47, 54
パイナップル			3472/4879	59
バナナ			5406/14942	50
パパイヤ			4043/5845	61
ぶどう	351/747	834/1581	2680/4263	47, 57, 58
マンゴ			12087	47, 60
メロン			3165/4263	46, 47
もも	1011/1714	1714/2461	8922/11383	47, 62
りんご	616/1099	1362/1934	3648/8306	47
レモン			4263	59
［野菜］				
アスパラガス	7338/21534	14679/36652	42804/88025	46
アボガド			16611/42188	47, 51
オクラ		92772	39201	25
かぶら	2329	2549/2680	5757/6460	47
かぼちゃ			20171/24434	47
カリフラワー	2065/6460	5274/7338	12393/22017	52
キャベツ	1319/3648	1978/5757	5274/15383	46, 50, 52
きゅうり			7229/8922	55
さつまいも			4307/7691	63
じゃがいも		967/1846	1142/3165	46
セロリ	1363/1934	2418/3428	7998/11250	47, 52, 53
だいこん	1451/1581	2065/2197	7471/8789	47
たまねぎ	2813/5977	4659/18326	17755/26149	47
トマト			5394/7164	64
にら	2549/3736	5274/7823	22237/31422	46, 52
にんじん	834/4131	1548/5274	5801/10636	52, 53
パセリ	8878/12371	17759/22421	38730/59979	25
ブロッコリー	5010/5757	9273/42976	46672/91366	47
ほうれんそう	3121/6812	7338/16920	48079	52
マッシュルーム	7559/11734	19073		47
レタス	2461/4527	3560/5362	9669/10987	46〜48

$$C_6H_{12}O_6 + 6O_2 \rightarrow 6CO_2 + 6H_2O + エネルギー \tag{4}$$

となる．一般的には，Eq.(4) 中のエネルギー項は熱エネルギーとATPエネルギーの和の形をとるが，貯蔵青果物では細胞形成はほとんど起こらないため，このエネルギー項は，主に細胞の成長や形成に用いられるATPエネルギーを無視した呼吸熱のみとみなすことができる．

一般に呼吸速度に及ぼす温度の影響は大きく，0℃から30℃の間では10℃の上昇で2〜3倍になる．また野菜の場合，呼吸速度は収穫後1〜2日で最大に達し，2，3日で平衡値に達する．一方，果実の場合は野菜とは異なり，貯蔵中追熱しないものは，一定の呼吸速度を持つが，追熟するものはクライマクテリックライズを引き起こす．

呼吸熱は，カロリーメータにより直接計測するか，呼吸速度からの計算によって求められる．呼吸速度の最も易しい測定法としては，1個の果実あるいは野菜全体のCO_2排出量またはO_2呼吸量を化学的方法，検圧法，ガスクロマトグラフ等でガス分析し測定する方法がある．Table C-12-2-3に各種青果物の呼吸熱を示した．

12.3 食肉の熱物性値（Thermophysical Properties of Meat）

凍結した牛肉の比熱は，Fig. C-12-3-1 に示すように－50℃付近で急激に上昇している．図中の直線部分の外挿（点線部分）は，－50℃と融点との間で

Table C-12-3-1 食肉の比熱（Specific heat of meat）

食肉名	水分 M (%)	凍結温 T (℃)	比熱 AF* c (J/(kg·K))	比熱 BF* c (J/(kg·K))	潜熱 l (J/kg)
ベーコン					
（生）	20	……	2090	1260	67000
（燻製）	13〜29	……	1200〜1800	1000〜1210	42000〜95000
牛肉					
（乾燥）	5〜15	……	920〜1420	800〜1090	16000〜51000
（赤身）	68	－1.7	3220	1670	233000
（脂肪）	……	－2.2	2510	1460	184000
ハム					
（腰肉）	60	－2.8	2840	1590	201000
（生）	47〜54	－2.0	2430〜2640	1420〜1510	156000〜179000
（加工品）	40〜45	……	2180〜2340	1340〜1380	133000〜149000
ラム					
（生）	60〜70	－2.0	2840〜3190	1590〜2140	200000〜233000
レバー	65.5	－1.7	3010	1670	217000
豚肉					
（生）	60	－2.2	2850	1340	201000
（燻製）	57	……	2510	1340	……
ソーセージ					
（フランク）	60	－1.7	3600	2340	216000
（生）	65	－3.3	3720	2340	200000
（燻製）	60	－3.8	3600	2340	216000

AF* 凍結点以上　　BF* 凍結点以下

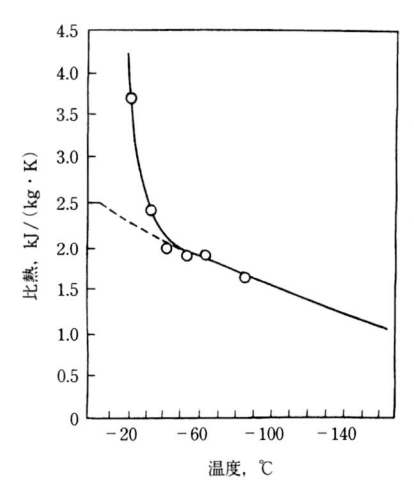

Fig. C-12-3-1 凍結牛肉の比熱（Specific heat of frozen beef）[65]

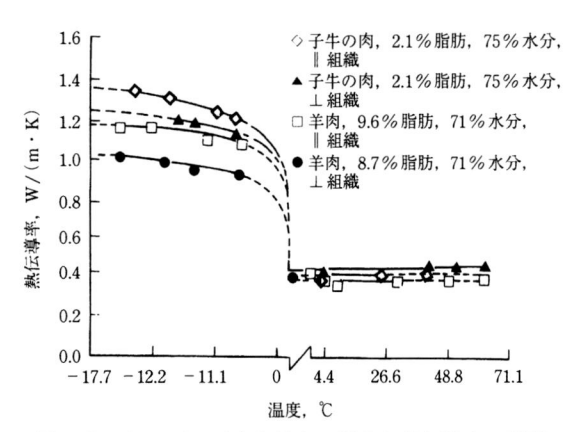

Fig. C-12-3-2 子牛と羊肉の温度と熱伝導率の関係（Relationship between temperature and thermal conductivity of veal and mutton）

Table C-12-3-2 肉の熱伝導率
(Thermal conductivity of meat)[67,68]

試料	水分	熱流と肉繊維の関係	温度(℃)	熱伝導率(W/(m·K))
牛肉（赤）	78.5	垂直方向	0	0.479
			−5	1.509
			−10	1.347
			−20	1.569
牛肉（脂肪）	74.5	垂直方向	0	0.479
			−5	0.929
			−10	1.197
			−20	1.430
牛肉（脂肪）	7.0		0	0.204
			−5	0.211
			−10	0.227
			−20	0.244
豚肉（赤）	76.8	垂直方向	0	0.477
			−5	0.764
			−10	0.986
			−20	1.289
牛肉（赤,横腹3.4%脂肪）	74.0	垂直方向	2.5	0.483
			0	0.482
			−5	1.016
			−10	1.065

急激な比熱変化がないとした場合の値を示したものである．Table C-12-3-1 に食肉の比熱を示す．

肉の熱伝導率は，多数の因子により影響を受けるが，主として，水分と温度による影響が大きい．凍結温度以下では，肉繊維の方向と熱流の方向が一致する場合，一致しない場合と比較して大きな熱伝導率を示す．また，凍結肉の熱伝導率は未凍結肉の熱伝導率より2～3倍大きい．

若い七面鳥の胸肉は，年老いたそれよりも熱伝導率が低い．また，脂肪の多い肉の熱伝導率は，少ないものと比べて低い．

凍結肉の熱伝導率は，物理構造（凍結速度の違いによる氷晶の大きさなど），化学組成，屠殺後の時間，屠殺方法，性別，重量および品種などにより影響を受ける．Table C-12-3-2 に肉の熱伝導率を示す．

肉の熱伝導率は，0℃付近で急激に変化する．すなわち，−18℃より0℃付近において1～1.4 W/(m·K)を示し，0℃付近において約0.48を示す（Fig. C-12-3-2）．

12.4 牛乳および乳製品の熱物性値 (Thermophysical Properties of Milk and Dairy Products)

牛乳・乳製品の熱物性を Table C-12-4-1 に示す[69,70]．Fig. C-12-4-1 に水および牛乳の温度と比熱の関係を示す．水は30～40℃において，比熱は最低となり，その後温度と共に漸増する．一方，牛乳は温度上昇に伴い単調に比熱が上昇する．この違いは固形含量の違いによる．

Table C-12-4-1 牛乳・乳製品の熱物性 (Thermal properties of milk and dairy products)

製品名	水分 M (%)	温度 T (℃)	密度 ρ (kg/m³)	比熱 AF* c (J/(kg·K))	比熱 BF* c (J/(kg·K))	熱伝導率 λ (W/(m·K))
全脂乳	87.0	37	1030	3860	2050	0.531
脱脂乳	90.5	2	1035	3950	2510	0.521
ホエー	94.5	2	1025	4000	……	0.543
クリーム						
（20%脂）	73.0	5	1009	3890	……	……
（40%脂）	49.0	5	988	4140	……	……
発酵クリーム	65.0	5	……	2930	1260	……
バター	16.5	5	998	1700	1050	0.197
無糖練乳	73.5	24	1066	……	……	0.573
加糖練乳	26.5	26	1310	……	……	0.327
チーズ						
（カッテージ）	65.0	5	……	3310	……	……
（クリーム）	80.0	5	……	2930	1880	……
（ゴーダ）	55.0	5	……	2720	1460	0.501
アイスクリーム	62.0	−5	500	……	3270	0.269
脱脂粉乳	4.0	30	598	960	……	0.081
全脂粉乳	4.0	30	569	1100	……	0.065
濃縮乳	50.0	26	1100	……	……	0.329

AF*：凍結点以上　　BF*：凍結点以下

Fig. C-12-4-1 水と牛乳の比熱
(Specific heat of water and milk)

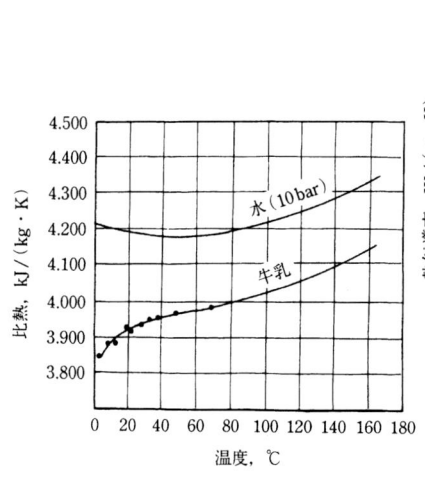

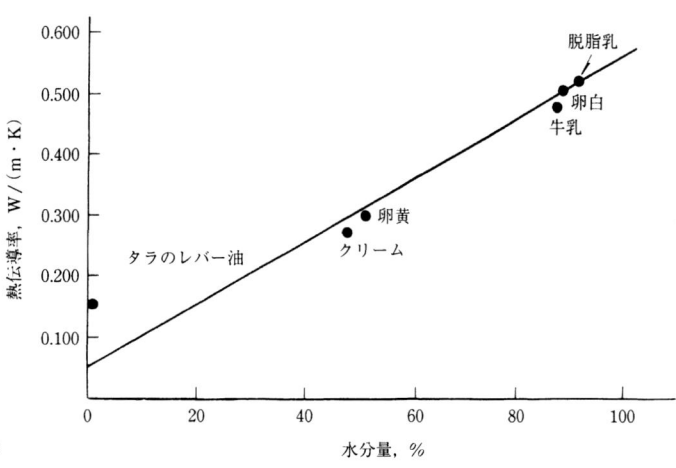

Fig. C-12-4-2 液状乳製品・食品の熱伝導率と水分の関係
(Relationship between thermal conductivity and water of milk and dairy products)[71]

牛乳,乳製品の熱伝導率を測定する際,液体状のものでは対流による誤差を生じて正確な値を得ることが難しい.しかし,Spells[71]は精巧な実験手法により高精度のデータを得ている.Fig. C-12-4-2に液状乳製品の熱伝導率に関係のあるデータを示す.この図から,高水分域で水分と熱伝導率との間に直線的な比例関係があることがわかる.粉乳の熱伝導率に関しては,Farrall[72]と唯野[70]の関係が報告されている.前者の測定値は後者のそれの約50%高い値を得ている.測定法から比較して,後者の手法が優れているので,その測定法を表記した.

12.5 加工食品の熱物性値 (Thermophysical Properties of Prosessed Foods)

加工食品は,農産物,畜産物,水産物などの原料を,物理的または化学的に処理してつくられたものであり,通常はその加工工程に熱処理が含まれるため,原料と出来上がった加工食品両方の熱物性が重要となる.また,加工食品はパン・菓子,冷凍食品,乾燥食品,油脂類,液状食品などに大きく分けられるが,ごく一部の加工食品,例えばパン,ジュースなどを除いて公表されている加工食品の熱物性は数少ない.特に,わが国では,様々な水産加工食品が製造されているが,それらの熱物性はほとんど公表されていない.

ここでは,加工食品の成分や構造と熱物性の関係については触れず,比熱と熱伝導率データの提示と簡単な説明とにとどめ,融解潜熱については省略した.

12.5.1 比熱 (Specific Heat)

比熱は,比熱の加成性を意味するSiebel式[29]を用いてその近似式が計算できる.したがって,食品の水分がわかれば比熱の近似値は計算でき,多くの食品についての比熱の計算値が示されている文献もある[25].測定された加工食品の比熱をTable C-12-5-1に示した.

また,冷凍食品の場合,比熱は凍結点以下では小さくなるが,温度上昇に伴い0℃の融解点付近で見かけの比熱は指数関数的に上昇し,融解の後には約4180 J/(kg・K)またはそれ以下に下がることが認められる[28].しかし,実用的には加工食品が融点付近で貯蔵されることはないため,融点付近の不安定な値の使用の機会はまれであると判断される.さらに,実際に測定された乾燥食品の比熱データから,実測結果は乾物量と水分との構成割合とそれぞれの比熱から計算される計算結果と一致しないことも示されている[73].

12.5.2 熱伝導率 (Thermal Conductivity)

パン,液状食品,油脂類,および冷凍食品などの加工食品の熱伝導率をTable C-12-5-2に示した.また,凍結乾燥食品の熱伝導率をTable C-12-5-3に示した.

パンとそれに類似する食品の熱伝導率はいくつか実測されているが,生地の成分によってその値はか

Table C-12-5-1 加工食品の比熱
(Specific heat of processed foods)

食品名	水分 M (%)	温度 T (℃)	比熱 c (J/(kg·K))	文献
パン			1500	77
生パン			2173	31
白パン	45		2842	31
茶パン	48.5		2842	31
ビスケット	25.0		2930	26
[乾燥食品]				
イチゴ	30		2132	31
西洋スモモ	35		2466	31
干しブドウ	24.5		1965	31
キノコ	30		2341	31
キャベツ(葉)	5.4		2174	73
サツマイモ	7.6		2048	73
ジャガイモ				
(角切り)	6.1		1714	73
(糸状)	8.0		1923	73
タマネギ				
(フレーク)	3.3		1965	73
ニンジン				
(角切り)	4.4		2090	73
(フレーク)	6.0		2174	73
ビート(角切り)	4.4		2006	73
ホウレンソウ	5.9		1797	73
魚(加塩)	20		1839	31
干物			1396	74
卵	3.0		1839	73
[調理済み食品]				
スープ				
(キャベツ)			3762	31
(豆)			4096	31
(トマト)	88		3929	31
フライ				
(魚)	60		3010	31
煮物				
(ジャガイモ)	80		3637	31
(白キャベツ)	97		4096	31
(ニンジン)	92		3762	31
(牛肉)	57		3051	31
馬鈴薯サラダ	78.0	25.0	3307	26
[油脂製品]				
亜麻仁油		39.9	1990	75
桐油		37.3	1935	75
水添綿実油		79.6	2174	75
(固体)		−41.4	1430	76
ダイズ油		38.6	1960	75
ヒマシ油		39.6	2149	75
ペリラ油		36.9	1822	75
綿実油(固体)		−57.2	1438	76
綿実油(液状)		27.1	2006	76
マーガリン	15		2090	31
[その他]				
ココア			1839	31
小麦粉	12		1797	31
	10.0	15〜30	1674	26
	18.0	15〜30	1884	26
マカロニ	13.5		1881	31
砂糖			1254	31
角砂糖	0.1	15	1361	26
蜂蜜	18.0	35	2994	26

なり異なる．また，実際の焼成過程ではwet-zoneの有効熱伝導率がdry-zoneの値に対して，1000倍大きい値を示すとの報告[77]もあり，有効熱伝導率を焼成過程での計算に用いる場合，パン内部の水蒸気移動に伴う熱移動の大きさを考慮した，適正な値の採用が求められる．同様のことは凍結乾燥食品にも当てはまり，凍結乾燥過程での乾燥層の熱伝導率への水蒸気移動の影響も報告されている[91,93]．

ジュースや他の液状食品については，熱伝導率推定のために一般の液体の熱伝導率計算モデルを含むいくつかの計算モデルが提示されている[69]．調理ずみあるいは加工冷凍食品の熱伝導率は，ほとんど報告されていないが，原材料に近い冷凍食品の熱伝導率は，原材料の融点以下（約−18℃）の熱伝導率と考えられるため，原材料の温度依存性について調べればよい．

12.6 その他 (Other Foods)

前項までに示された食品分類に含まれない食品，特に水産物，卵などの熱伝導率および比熱をTable C-12-6-1とTable C-12-6-2にそれぞれ示した．水産物は種類が多く，冷蔵あるいは凍結して保存するのが普通であるため，成分と温度に対する整理がなされた比熱と熱伝導率のデータ蓄積が望まれる．

Table C-12-5-2 加工食品の熱伝導率 (Thermal conductivity of processed foods)

食品名	温度 T (℃)	水分 M (%(w.b.))	密度 γ (kg/m³)	熱伝導率 λ (W/(m·K))	文献
[ジュース]					
オレンジ	30			0.436	83
（凍結濃縮）	−20.2		1126	0.606	87
グレープフルーツ	30			0.465	83
西洋ナシ	20	85		0.551	
ぶどう	20	89		0.568	25
リンゴ	20	87		0.56	25
[パン・菓子]					
パン（焼成過程）					
（dry-zone）	260			0.00092	77
（wet-zone）	260			1.005	77
白パン				0.0063	84
小麦粉	43.4	8.8		0.450	79
	65.6			0.689	79
ビスケット	0〜	25.0		0.330	26
カカオ豆	20		560	0.105	87
カカオ粉	20			0.064	87
蜂蜜シロップ	20	20	1420	0.326	87
とうもろこしシロップ	25			0.563	85
チョコレートボンボン			1200	0.250	87
チョコレート（固形）	0		1235	0.214	87
チョコレート（薄板）	10		1270	0.244	87
砂糖（転化糖）	15		1198	0.336	87
粉砂糖			800	0.105	87
			1400	0.465	87
角砂糖	15	0.1		0.157	26
[油脂製品]					
マーガリン	15		830	0.205	87
（綿花）	20			0.186	87
（とうもろこし）	20			0.173	87
（ひまわり）	20			0.166	87
（薄板）	22			0.165	87
カカオバター	30		910	0.326	87
亜麻仁油	30			0.164	86
アーモンド油	3.9			0.176	25
オリーブ油	28.9			0.168	87
からし油	25			0.171	25
ゴマ油	4			0.176	87
ナタネ油	20			0.160	25
ピーナッツ油	4			0.168	87
ヒマシ油	20			0.180	87
ヒマワリ油	110			0.384	87
レモン油	6.1			0.157	25
タラ肝油	33.9			0.168	82
クジラ油	28			0.141	87
アザラシ95%脂肪	5	4.3		0.198	68
[加工食品]					
白カブラ（乾燥食品）				0.0299	87
つぶしジャガイモ	25	78.0		0.488	26
ポテトサラダ	71			0.481	26
ニンジンゼリー	25	88.2		0.510	26
リンゴソース	25	80.0		0.495	26
[酒類]					
黒ビール	20			0.523	87
リキュール					
（さくらんぼ）	20			0.395	87
（薬草入り）	20			0.345	87
[ワイン]					
（デザートワイン）	20			0.392	87
（果実）	20			0.361	87
（Port）	20			0.481	87

Table C-12-5-3 凍結乾燥食品の熱伝導率 (Thermal conductivity of freeze-dried foods)

食品名	温度 T (℃)	圧力 p (Pa)	空隙率 (%)	充塡ガス	熱流と肉繊維の関係	熱伝導率 λ (W/(m·K))	文献
なし	35	12		CO_2		0.0224	88
	35	101325		N_2		0.0483	88
もも(Clingesone)		13332	91			0.043	89
		1				0.0154	89
りんご	35	15	86	CO_2		0.023	88
	35	101325	86	CO_2		0.040	88
さけ	20					0.0582	90
すずき		12				0.0349	90
たら(ステーキ)						0.0435	87
牛肉(乾燥中)	35.3	88			平行	0.0569	91
牛肉	35	112	76	N_2		0.0481	88
七面鳥	32.2〜49.0	101325			平行	0.0918	92
	32.2〜49.0	1			平行	0.0329	92
コーヒー(乾燥中)	41.4	10〜95				0.06	93
	37.8	10〜95				0.17	93
レタス(サラダ)	4	13332				0.0582	87

Table C-12-6-1 水産物, 卵および蜂蜜の熱伝導率
(Thermal conductivity of fish, sea products, eggs and honey)

食品名	温度 T (℃)	水分 M (%)	密度 ρ (kg/m³)	熱伝導率 λ (W/(m·K))	文献
[水産物]					
鮮魚	0〜	80.0	1000	0.431	26
くじら	32.2			0.650	25
	−12.2			1.283	94
こい				0.471	87
さけ	20	73	1005	0.502	26
さけ(熱流は組織方向に垂直)	3.9	73		0.502	79
	−20	67		1.236	68
さんま	50			0.523	78
さんま(5%大豆油添加)	50			0.419	78
たら	0〜	78.0	1000	0.544	26
とげうお	30			0.490	87
	−14			1.100	87
にしん	−20			0.802	94
平目	20	83.0	991	0.536	26
おおつめえび	0〜	75.5	945	0.480	26
	−19.6	83.0		1.508	68
	−22.5			1.818	81
キャビア	10			0.320	87
	50			0.077	87
[卵]					
凍結卵	−10.6			0.97	79
卵黄	33.4			0.338	79
	34.8			0.339	82
卵白	35.6			0.557	79
	38.2			0.554	82
蜂蜜	2	0		0.561	95
	2	40		0.440	95
	2	80		0.351	95

Table C-12-6-2 水産物および卵の比熱
(Specific heat of fish, sea products and eggs)

食品名	水分 M (%)	比熱 c (J/(kg·K))	文献
[水産物]			
鮮魚	80	3595	31
鮭（20℃）	73	3470	26
ひらめ（20℃）	83	3680	26
おおつめえび	75.5	3349	26
たら	78.0	3770	26
えび	66.2	3010	79
いわし	57.4	3010	79
[卵]			
卵白	87	3846	31
卵黄	49	2801	79

12.7 食品および農産物の熱物性の推算法（Estimation Methods of Thermal Properties of Foods and Agricultural Materials）

多成分・不均質・多様な食品素材の物性値を体系的に把握するためには，素材の組成・構造と物性値との対応を明確に認識する必要がある．

12.7.1 比熱（Specific Heat）

比熱は不均質構造の影響をほとんど受けないから（タンパク質-脂質複合体や結合水などの生成状態により，まったく分散構造の影響を受けないとはいえない），成分組成との関係をつかめばよい．熱容量の観点からは，食品は水，タンパク質，炭水化物，脂質からなる4成分系とみなせるが，タンパク質と炭水化物の比熱はあまり違わないのでこれらを"固形分"と扱うことが可能である．したがって，低脂質素材については凍結しない状態で次式がほぼ適用できる[29]．M_Wを水分，M_Sを固形分の質量分率として，

$$c = (1.0 M_W + 0.2 M_S) \times 4187$$
$$M_W + M_S = 1.0 \qquad (1)$$

脂質は分子種により相変化温度が異なり，見かけの比熱には相変化の潜熱が含まれるから，脂質含量大なる食品の比熱は実測してみるのが無難であるが，常温付近では次式[96]がよさそうである．M_Fを脂質の質量分率M_Sをタンパク質＋炭水化物の質量分率として，

$$c = (1.0 M_W + 0.5 M_F + 0.33 M_S) \times 4187$$
$$M_W + M_F + M_S = 1.0 \qquad (2)$$

凍結した低脂質食品の比熱は，氷の比熱が約0.5×4187 J/(kg·K)であることに対応して，Eq.(1)におけるM_Wの係数を1.0の代わりに0.5にすればよい[97]．氷点下の魚・畜肉では，温度により，全水分中に占める氷の質量分率が変化する．見かけの比熱は氷の融解潜熱を含むことに注意する．氷の質量分率については次式が概略値を与える[98]．

$$(M_{ice}/M_W) = 1 - (T_f/T) \qquad (3)$$

ただし，M_Wは氷を含む全水分の質量分率，M_{ice}は氷の質量分率，$T_f (<0)$は氷結開始温度（℃），$T (<0)$は与えられた氷点下温度（℃）である．12.8に示すように，もう少し込み入った推定法[99]もある．

12.7.2 熱伝導率（Thermal Conductivity）

食品素材の有効熱伝導率については，オリジナルな測定値が約300件も報告されているにかかわらず，測定値の体系的把握ができていなかった．この原因は，組成成分との対応ではタンパク質と炭水化物の熱伝導率値が最近まで不明だったこと（試料が粉体になるため各成分に固有の熱伝導率の直接測定は不可能．水と脂質については直接測定は可能），不均質構造との対応では十指に余る各種数学モデルのうち，どんな場合にどの数学モデルを適用すればよいのかが不明だったことにある．この2種の要因は，どちらか一方が判明すれば他方も判明する関係にあるのだが，両者とも不明だったところに食品物性値が混沌としていた理由がある．しかしTable C-12-7-1に示すように近似値ではあるがタンパク質や炭水化物の固有

Table C-12-7-1 各種タンパク質および炭水化物の固有熱伝導率推定値
(Estimated thermal conductivity of several proteins and carbohydrates)[101-103]

成分	熱伝導率 (W/(m·K))	
	未凍結	凍結
水	0.568**	2.30***
ゼラチン（359）*	0.380	0.613
魚・畜肉タンパク質（−）	0.342	0.581
大豆タンパク質（868）*	0.300	0.488
卵アルブミン（979）*	0.238	0.403
小麦グルテン（990）*	0.219	0.315
ミルクカゼイン（1153）*	0.200	0.273
バレイショデンプン	0.252	0.376
寒天	0.259	0.389
脂質	0.14〜0.19	

* （ ）内の数字は各タンパク質の平均疎水度
** 2℃での値，Eq.(4)参照
*** −10℃での値

熱伝導率値が推定され，数学モデルとの対応も徐々に明らかになりつつある．以下，必ずしも十分な検証を経たものではないが，有効熱伝導率推算式を分散構造と対応させながら整理して示す．

(i) 水溶液（糖液，果汁）[100]：この場合は均質系であって，次の実験式がよい（単位変更に伴い原報の係数値を換算）．ここで，M_S は糖の質量分率，熱伝導率の単位：W/(m・K)．

$$\lambda = (0.565 + 0.0180\,T - 0.581 \times 10^{-5}\,T^2)$$
$$\times (1 - 0.54 M_S)$$
$$(T = 0 \sim 80\,°C) \quad (4)$$

(ii) ゲル状食品（豆腐，各種タンパク質ゲル，各種炭水化物ゲル，挽肉）[101-103]：各成分の伝熱抵抗が熱流に対して直列に配列したとする次式がよい近似値を与える．ただし，v_i は i 番目の成分の体積分率である．

$$\frac{1}{\lambda_e} = \sum_{i=1}^{n} \frac{v_i}{\lambda_i} \quad (5)$$

各成分の固有熱伝導率推定値は，Table C-12-7-1 に示した．任意のタンパク質については，そのアミノ酸組成から平均疎水度を計算[104]すれば，Table C-12-7-1 からその固有熱伝導率値をほぼ推定できる．炭水化物の固有熱伝導率値は，当分の間は，ほぼデンプンや寒天の値に近いと想定されたい．水の熱伝導率は10℃の温度上昇に対し，また氷の熱伝導率は−10℃の温度下降に対し，それぞれ約3.2％大となる．これに対し，タンパク質や炭水化物の固有熱伝導率は温度の影響を大きくは受けない．また，タンパク質や炭水化物の固有熱伝導率は水または氷と共存する系で推定された値であり，凍結状態での値が未凍結状態での値より大なのは，近傍の水分子が氷に近い結晶構造をとろうとする影響が表われたものと思われる．部分的な氷結が起こる場合（Eq.(3)参照）についてはまだ検討不十分であるが，ゲルと考えるよりは次に述べる粒子分散系と考える方がよいかもしれない．

補足すれば，肉類で筋繊維に並行に熱流を通す場合の有効熱伝導率は Eq.(5) の計算値より約30％近くまで大きな値になる．

(iii) 粒子・液滴・気泡分散系：ゲルのような均質連続相中に固体粒子や液滴（主に油滴）が均一に分散しているとみなせる場合には，次に示す Maxwell-Eucken 式が適用できる．粒子・液滴同士の接触が顕著でない限り，体積分率0.5くらいまで適用可能である[105]．

$$\frac{\lambda_e}{\lambda_c} = \frac{2\lambda_c + \lambda_d - 2\phi_d(\lambda_c - \lambda_d)}{2\lambda_c + \lambda_d + \phi_d(\lambda_c - \lambda_d)} \quad (6)$$

ただし，添え字の c, d はそれぞれ連続相と分散相を示す．また，ϕ は分散相の体積分率である．この式は，もともとは希薄分散系の誘電率について Maxwell が導いた式であるが，食品成分の固有熱伝導率が Table C-12-7-1 に示した程度の差であるため，かなり大きな分散相体積分率に至るまで適用し得るであろう．数値解析の結果によれば，固体粒子の形が立方体になっても Eq.(6) はよい推定値を与えるが，長円柱になると分散系の有効熱伝導率は上式よりやや小となる．

気泡分散系でも，基本的には Eq.(6) が適用できる（例えば，グリセリンに気泡を分散させた場合）[106]．しかし，連続相が水を含む場合には，気泡内で高温側から発生した水蒸気が低温側で凝縮し，これが運ぶ熱移動が加わるためと思われるが，見かけの有効熱伝導率は Eq.(6) が与える値より大となる．この場合の有効熱伝導率は温度依存性が大で温度の上昇と共に Eq.(7) が与える理論上の最大値より大きな値となる[106]．なお50℃までの有効熱伝導率は，上述の熱伝導機構を考慮すれば，Eq.(6) を修正・適用することが可能である[106]．

$$\lambda_e = \lambda_c(1 - \phi_d) + \lambda_d \phi_d \quad (7)$$

連続相中に2種以上の粒子，液滴，気泡などが分散する場合には次式の適用を試みていただきたい[107]．

$$\frac{\lambda_e}{\lambda_c} = \frac{1 - 2\sum_i \phi_i \dfrac{1-\sigma_i}{2+\sigma_i}}{1 + \sum_i \phi_i \dfrac{1-\sigma_i}{2+\sigma_i}} \quad (8)$$

$$\sigma_i = \frac{\lambda_e}{\lambda_c}$$

ここで，添字 i は i 番目の分散相に対してである．

(iv) 穀粒の熱伝導率：穀粒充填層の有効熱伝導率の計算には国井-Smith[80]の式が適用できる[108]．計算に必要な穀粒自体の熱伝導率の報告例を以下に示す．

大豆[108]：含水率0で 0.267 W/(m・K)．含水率との関係は次式[109]で表わされる．

$$\lambda_s = \frac{B}{2[C(\lambda_c+C)]^{1/2}}$$
$$\cdot \ln\frac{[(\lambda_c+C)]^{1/2}+C^{1/2}}{[(\lambda_c+C)]^{1/2}-C^{1/2}}+\frac{1-B}{\lambda_c}$$

$$B=(1.5\phi_d)^{1/2},\ C=B(\lambda_d-\lambda_c) \tag{9}$$

ここで, λ_s はある含水率の大豆粒の熱伝導率, 連続相は含水率0の固形分, 分散相は水分とする.

玄米 (水分10.8%, 35℃)[18]: 0.29 W/(m・K)
もみ ($M_W=0.14\sim0.23$, $T=20\sim40$℃)[110]:
$$\lambda_s=0.26+0.362M_W-1.72\times10^{-3}T+0.0241M_WT \tag{10}$$

12.7.3 温度伝導率 (Thermal Diffusivity)

巨視的スケールでは, 均質系に対する次の定義式が分散系にも適用できる.

$$\alpha_e = \frac{\lambda_e}{\rho_c}$$

ここで, ρ, c はそれぞれ素材の平均密度, 平均比熱である. c および λ_e についてはそれぞれ, 比熱および熱伝導率の項ですでに説明した.

12.8 冷凍食品の熱物性と有効熱伝導率の推算法 (Estimation Methods of Thermal Properties and Effective Thermal Conductivities for Frozen Foods)

12.8.1 はじめに (Introduction)

凍結食品における凍結および解凍速度過程の解析は, その工程予測と制御における重要性のみならず, 氷結晶生成状態を制御する上においても重要な意味[112-114]を有している. 凍結・解凍過程の理論的取り扱いにおいては, 熱物性の包括的理解が必要不可欠である.

食品は多くの場合, 水を主成分として, タンパク質, 糖類, 脂質, 無機質などから構成される多成分複合系であり, 従って, 食品の熱物性を論ずる場合,

先ず, これら個々の成分固有の伝熱物性を論じる必要がある. しかしながら, Table C-12-8-1に示すように, これら各成分固有の熱物性の値には氷を除けばそれほど大きな差が無いために, 未凍結状態における食品の伝熱物性値は, その成分組成がわかれば比較的容易に記述することが可能である. しかしながら, 凍結状態においては, 氷が生成し, その熱物性値が水と大きく異なり, しかも, 一般に凍結食品における氷結率は強い温度依存性を有しているため, 凍結食品の熱物性は凍結領域において複雑な変化をする.

12.8.2 凍結食品の氷結率 (Freeze Concentration of Frozen Food)

食品は多くの場合水が最大成分であるため, 凍結によって熱物性は大きく変化する. そこで凍結食品の熱物性を論ずる場合, 先ず食品の氷結率とその温度依存性を知る必要がある. 氷結率は温度および溶質濃度の関数であり, 温度の低下とともに増大, 溶質濃度の増加とともに低下し, 次のEq.(1)により記述される[120,121].

$$f_i=(x_w-x_b)(1-T_f/T) \tag{1}$$

ここで, f_i は氷結率 (wt%), x_w は含水率 (wt%), x_b は結合水率 (wt%), T は温度 (℃), T_f は凍結開始温度 (℃) を表す. この式のパラメーター x_b, T_f

Table C-12-8-2 式(1)におけるパラメーター[122] (Parameters in Eq.(1))

食品	水分含量 (wt%)	x_b (wt%)	T_f (℃)
ウシ赤肉	80.0	3.7	-0.733
ウシ赤肉	50.0	15.9	-3.628
ウシ赤肉	26.1	16.5	-13.458
子牛肉	77.5	6.5	-0.682
羊腰肉	64.9	7.1	-0.896
羊腰肉	44.4	8.0	-0.841
タラ	80.3	4.6	-0.907
卵白	86.5	1.5	-0.506
卵黄	50.0	5.1	-0.536
パン	37.3	9.0	-4.833
メチルセルロース	75.0	10.8	-0.768

Table C-12-8-1 主要な食品成分の熱物性 (Thermal properties for components of food)

熱物性	水	氷	タンパク質	炭水化物	脂肪
密度 (kg/m³)	997	917	~1300	~1600	~900
比熱 (kJ/kg/K)	4.176	2.062	~2	~1.5	~2
熱伝導率 (W/m/K)	0.583	2.220	0.2~0.3	0.2~0.4	~0.2

Table C-12-8-3 式(1)におけるパラメータ[122] (Parameters in Eq. (2))

成分	x_b (wt%)	T_f (℃)
ゼラチン	$0.00647 X_s + 5.47 \times 10^{-7} X_s^2$	$-0.00831 X_s + 7.75 \times 10^{-4} X_s^2 - 3.4 \times 10^{-5} X_s^3$
卵アルブミン	$0.00217 X_s - 4.19 \times 10^{-6} X_s^2$	$-0.0238 X_s - 8.93 \times 10^{-4} X_s^2$
バレイショデンプン	$0.00939 X_s - 1.43 \times 10^{-4} X_s^2$	$-0.00849 X_s + 2.53 \times 10^{-5} X_s^2$

X_s：溶質濃度 (wt%)

の実際の食品における値をTable C-12-8-2に示す．また，ゼラチン，卵アルブミン，馬鈴薯デンプンについては x_b，T_f の値の溶質濃度 X_S に対する依存性も報告されており[122]，これをTable C-12-8-3に示す．

12.8.3 凍結食品の密度 (Density of Frozen Foods)

一般に混合物の密度 ρ は次式によって計算される．
$$\rho = 1/\sum_i (x_i/\rho_i) \qquad (2)$$
ここに，x_i，ρ_i はそれぞれ各成分の重量分率，密度である．Table C-12-8-1に示したように，食品の代表的成分の密度の値は，氷も含めて比較的近い数値範囲内にあり温度依存性もあまり大きくはないため，凍結食品の密度の推算に関しては問題は少ない．

12.8.4 凍結食品の比熱 (Specific Heat Capacity of Frozen Foods)

実際の食品の比熱の値をTable C-12-8-4[123)-125)]に示す．食品の比熱が水分含量に大きく依存しており，また水分含量が多い場合，未凍結状態と凍結状態とでかなりの差があることがわかる．このことは水と氷の比熱がそれぞれ4.179 (25℃)，2.062 (0℃) (kJ/kg/K) と約2倍の差があることを反映している．凍結食品の比熱は実際には，前述した氷結率の温度依存性を反映して，凍結領域において温度の変化とともに徐々に変化する．

一般に混合物の比熱 (C_P) には加成性が成立するため，成分組成がわかれば次のEq. (3) によって計算される．この式は凍結食品にも適用可能で，その場合，氷が新たな成分として加わり，その分率を先の氷結率に関するEq. (1) より計算する必要がある．
$$C_P = \sum_i C_{Pi} x_i \qquad (3)$$
ただし，C_{Pi} は成分 i の比熱である．

12.8.5 凍結食品の熱伝導率 (Thermal Conductivity of Frozen Foods)

食品の熱伝導率の記述は密度や比熱の場合ほど単純ではない．それは，食品のような不均一系混合物の熱伝導率は単に成分組成のみならず成分の三次元空間構造にも依存するからである．このために不均一系の熱伝導率は有効熱伝導率として取り扱う必要があり，その記述のためには空間構造を反映した伝熱モデルを用いる必要がある．このような伝熱モデルの代表的なものとしてFig. C-12-8-1に示すような，直列伝熱抵抗モデル，並列伝熱抵抗モデル，分散 (Maxwell-Eucken) モデルがある[122]．

Table C-12-8-4 食品の比熱[123-125)]
(Specific heat of foods)

食品	水分含量 (wt%)	比熱 (kJ/kg/K) 未凍結状態	比熱 (kJ/kg/K) 凍結状態
リンゴ	84	3.60	1.88
インゲン豆（生）	74.3	3.31	1.76
インゲン豆（乾燥）	9.5	1.17	0.92
バター		1.38	1.05
ニンジン	88.2	3.77	1.93
チーズ	38	2.09	1.30
トウモロコシ（生）	73.9	3.31	1.76
アイスクリーム	62	3.27	1.88
牛乳	87.5	3.89	2.05
ウシ赤肉	68.0	3.22	1.67
牛肉（乾燥）	5～15	0.92～1.4	2.80～1.09
ハム	47～54	2.43～2.64	1.42～1.51
豚肉	60.0	2.85	1.34
ネギ	87.5	3.77	1.93
カボチャ	90.5	3.85	1.97
サツマイモ	68.5	3.14	1.67
オレンジ	87.2	3.77	1.93
グレープフルーツ	88.8	3.81	1.93

Table C-12-8-5 代表的な食品成分の熱伝導率
(Thermal conductivities of typical food components)

成分	温度 (℃)	熱伝導率 (W/m/K)
水	0	0.583
	60	0.666
氷	0	2.22
空気	20	0.0256
タンパク質	0	0.179
炭水化物	0	0.201
脂肪	0	0.181
繊維質	0	0.183
灰分	0	0.330

12.8 冷凍食品の熱物性と有効熱伝導率の推算法

モデル	理論式 $(\Sigma x_k^v = 1)$	構造
直列	$\lambda_e = \dfrac{1}{\dfrac{x_{ice}^v}{\lambda_{ice}} + \dfrac{x_w^v}{\lambda_w} + \dfrac{x_s^v}{\lambda_s}}$	q →
並列	$\lambda_e = \lambda_{ice} x_{ice}^v + \lambda_w x_w^v + \lambda_s x_s^v$	q →
Maxwell-Eucken	$\lambda_e = \lambda_c \left(\dfrac{\lambda_d + 2\lambda_c - 2x_d^v(\lambda_c - \lambda_d)}{\lambda_d + 2\lambda_c - x_d^v(\lambda_c - \lambda_d)} \right)$	q →

$$x_k^v = \frac{x_k^w/\rho_k}{\Sigma x_k^w/\rho_k}$$

note：
Subscript； s = solid, w = water, c, d = continuous and dispersed phase.
Superscript： v = volumetric fraction, w = weight fraction.

Fig. C-12-8-1 空間構造を考慮した代表的伝熱モデル (Heat transfer model based on structure of material)

食品の代表的な成分の熱伝導率を Table C-12-8-5 に示す．水，氷，空気以外では熱伝導率の値はほぼ 0.2～0.3 W/(m・K) の程度で，互いにそれほどかけ離れてはいない値であることがわかる．食品のように水を多く含む混合物の有効熱伝導率 (λ_e) は未凍結状態においては，直列，並列，分散伝熱モデルのいずれもが適用可能であることが示されており，実用上は，Eq.(4) に示す成分組成の体積分基準による単純加成性の取り扱いが便利である[126,127]．

$$\lambda_e = \sum_i \lambda_i v_i \qquad (4)$$

ここに，v_i は成分 i の体積分率である．この場合 v_i は成分 i の並列伝熱抵抗モデルに基づく固有熱伝導率で，フィッティングパラメーターであり，食品の実際の構造が並列伝熱モデル構造と合わない場合にはその値は Table C-12-8-5 の値とは多少異なることがある．また，成分 i の体積分率 (v_i) は次式により重量分率 (x_i) および密度 (ρ_i) から計算することができる．

$$v_i = \frac{x_i/\rho_i}{\sum_i x_i/\rho_i} \qquad (5)$$

しかしながら，近似的に成立する Eq.(4) は熱伝導率が他と大きく異なる成分を含む場合には有効ではない．その代表的な例が凍結食品の場合である．凍結状態においては食品の熱伝導率は凍結点付近において温度により大きく変化をする．これは水と氷の熱伝導率に約4倍の差があることと温度により氷結率が大きく変化するためである．Fig. C-12-8-2 に典型的な例として，グルコース水溶液の有効熱伝導率の温度依存性を示す．有効熱伝導率は未凍結状態では温度によってほとんど変化しないが，凍結状態になると温度によって大きく変化している．これは水が氷に変化することによる影響である．

凍結状態における食品の有効熱伝導率は，次 Eq.(6) に示す氷を分散相とする分散モデル (Maxwell-Eucken モデル) により記述することができる[122]．

$$\lambda_e = \lambda_c \frac{\lambda_d + 2\lambda_c - 2v_d(\lambda_c - \lambda_d)}{\lambda_d + 2\lambda_c + 2v_d(\lambda_c - \lambda_d)} \qquad (6)$$

ここに，λ_c は連続相（濃厚溶液）の熱伝導率，λ_d は分散相（氷）の熱伝導率，v_d は分散相の体積分率である．v_d は氷結率の値から Eq.(5) を用いて，また λ_c も氷結率がわかれば濃厚溶液相の成分組成が計算できるため，これと Eq.(4) とを組み合わせることによって

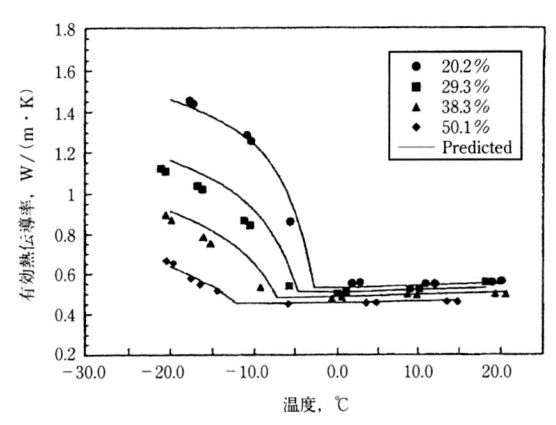

Fig. C-12-8-2 グルコース水溶液の有効熱伝導率 (Effective thermal conductivity of glucose solution)

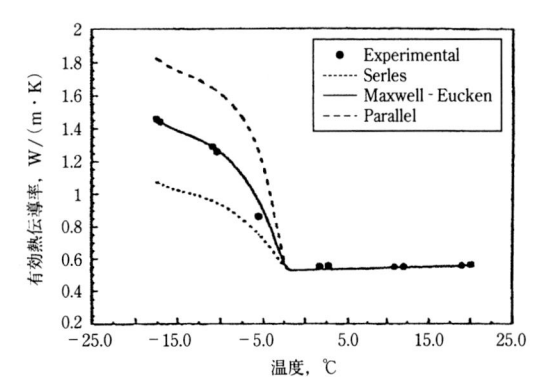

Fig. C-12-8-3 20.2％グルコース水溶液の有効熱伝導率に対する推算モデルの適応性 (Applicability of prediction models to effective thermal conductivity of 20.2% glucose solution)

Table C-12-8-6 冷凍食品の熱伝導率[123] (Thermal conductivities of frozen foods)

食品	水分含量 (wt%)	温度 (℃)	熱伝導率 (W/m/K)
小麦(ノーザンマニトバ)	1.4〜13.7	33〜59	0.131〜0.154
(硬質レッド)	4.4〜22.5	−27	$\lambda = 0.144 + 0.954 \times 10^{-3} M$
	4.4〜22.5	−17	$\lambda = 0.141 + 0.938 \times 10^{-3} M$
	4.4〜22.5	−6	$\lambda = 0.133 + 1.54 \times 10^{-3} M$
	4.4〜22.5	1	$\lambda = 0.136 + 1.36 \times 10^{-3} M$
	4.4〜22.5	5	$\lambda = 0.144 + 0.954 \times 10^{-3} M$
	4.4〜22.5	20	$\lambda = 0.140 + 1.41 \times 10^{-3} M$
マッシュポテト		−11〜−15	1.09
		−6〜−11	0.42
トマト	92.3	28	0.425
イチゴ	88.8	28	0.461
		−12〜−19	1.09
オレンジ	85.9	28	0.580
(凍結濃縮)		−20.2	0.606
凍結全卵		−10〜−6	0.968
タラ	83	−20	1.51
		0	0.543
サケ	67	−20	1.23
		−10	1.15
		0	1.09
牛肉	85	−20	1.51
		−10	1.38
		2	0.502
(赤)*	78.5	−20	1.569
		−10	1.347
		−5	1.509
		0	0.479
(脂肪)*	74.5	−20	1.430
		−10	1.197
		−5	0.929
		0	0.479
(脂肪)	7.0	−20	0.244
		−10	0.227
		−5	0.211
		0	0.204
(赤, 横腹3.4%脂肪)*		−10	1.065
		−5	1.016
		0	0.482
		2.5	0.483
豚肉	72	−20	1.34
		−5	1.17
		4	0.460
(赤)*		−20	1.289
		−10	0.986
		−5	0.764
		0	0.477

* 熱流と肉繊維の方向は垂直方向

推定することができる. このモデルをグルコース溶液に適用し, Fig. C-12-8-1の他のモデルと比較した結果を Fig. C-12-8-3に示す. 未凍結状態においては直列, 並列, 分散モデルのいずれのモデルも適用可能であるが, 凍結状態においては氷を分散相とした分散モデルのみが適用可能であることがわかる. これは氷の固有熱伝導率が他成分の値と大きくかけ離れているため, 伝熱モデルの間に差別化が生じたためと思われる. Fig. C-12-8-2の実線はこの方法によりグルコース水溶液について実測値を整理した結果を示している. 氷を分散相とする分散モデルにより実験結果を良好に説明できていることがわかる. Fig. C-12-8-4に凍結状態を含む食品の熱伝導率の一般的推算手順をまとめた結果を示す (ME1:氷を分散相とする分散モデル).

実際の冷凍食品の熱伝導率を Table C-12-8-6に示す. 凍結によって熱伝導率が大きく変化しており, またその値は温度によって連続的に変化している

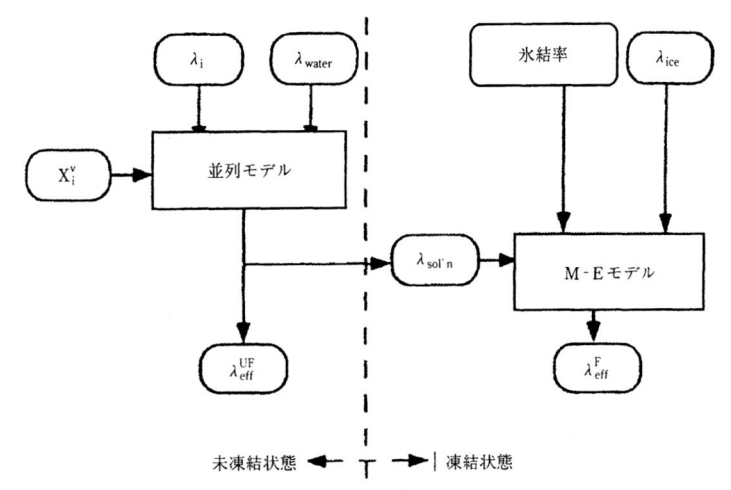

Fig. C-12-8-4 食品の一般的有効熱伝導率推算法
(Procedure to estimate effective thermal conductivity of Food)

とがわかる．このことは食品の凍結・解凍計算などにおいて重要な意味を有する．

12.8.6 おわりに

以上，凍結食品の熱物性値を密度，比熱，熱伝導率にわけてその理論的取り扱い法の現状を紹介した．食品の凍結・解凍問題を理論的に取り扱うためには，ここで述べたような凍結領域における複雑な熱物性の温度依存性を考慮した数値計算法によって解くことが必要であり，そのための食品伝熱物性の整理体系化は重要な意義を有している．

12.9 参考文献 (References)

C.12 食品・農産物で用いた参考文献・引用文献を本項にまとめて示した．食品・農産物関係の熱物性についてさらに詳しいデータあるいは説明を知りたい人は，まず各項の解説の引用符あるいは各表中のデータの引用符から出典を本項で調べればよい．

1) Woolrich, W. R. : ASHRAE J., **4** (1966) 43.
2) Kessler, H. G.:Food Engineering and Dairy Technology, Verlag A. Kessler Freising, FRC (1981).
3) Sweat, V. E. J. of Food Science, **39** (1974) 1081.
4) Sweat, V. E. : Trans. of ASAE **18** (1975) 564.
5) Reidel, L. : Kaltechnik-Klimatisierung, **21**, 11 (1969) 315.
6) Wratten, F. T. & Pool, W. D. : Trans. of the ASAE, **12**, 6 (1969) 801.
7) Morita, T. & Singh, R. P. : Trans. of the ASAE, **22**, 3 (1979) 630.
8) 大下誠一：博士論文（東京大学）4, 5章 (1985).
9) Pfalzner, P. M. : Can. J. of Technol., **29** (1951) 261.
10) Kazarian, E. A. & Hall, C. W. : Trans. of the ASAE, **8**, 1 (1965) 33.
11) Muir, W. E. & Viravanichai, S. : J. Agric. Engng. Res., **17** (1972) 338.
12) Sharma, D. K. & Thompson, T. L. : Trans of the ASAE, **16**, 1 (1973) 114.
13) Disney, R. W. : Cereal Chemistry, **31** (1954) 229.
14) Haswell, G. A. : Cereal Chemistry, **31** (1954) 341.
15) Babbit, J. D. Can. J. of Res., **123**, F (1945) 388.
16) Moote, I. : Can. J. of Technol., **31** (1953) 57.
17) Bakke, A. L. & Stiles, H. : Plant Physiology, **10** (1935) 521.
18) 山田豊一：農化, **46**,12 (1972) 665.
19) Oxley, T. A. : J. Soc. Chem. Ind., London, **63** (1944) 53.
20) 細川 明・増本浩士：農機誌, **32**, 4 (1971) 302.
21) Chandra, S. & Muir, W. E. : Trans. of the ASAE, **14**, 4 (1971) 644.
22) 瀬能誠之・山口智治ほか：農業施設, **6**, 1 (1976) 10.
23) 亀岡孝治：博士論文（東京大学）(1984).
24) Oshita, S. $ Nakagawa, K. : Proc. of the 6th Int. Drying Symp., 1, Versaille (FRANCE) (1988) 77.
25) 1985 Fundamentals, ASHRAE (1985) 31, 1.
26) Mohr, K. H. & Kirchstein, U. : Lebensmittelindustrie, **34**, 11.5 (1987) 202.
27) Kostaropoulos, A. E. : Warmeleitzahlen von Lebensmitteln und Methoden zu deren Bestimmung, VDMA (1971) 89.

28) Mohsenin, N. N. : Thermal Properties of Foods and Agricultural Materials, Gordon and Breach Science Publishers (1980).
29) Siebel, J. E. : Ice and Refrigeration, April (1982) 256.
30) Frechette, R. J. & Zaharadnik, J. W. : Trans. of the ASAE, **11**, 1 (1968) 21.
31) Ordinanz, W. O. : Food Ind., **18**, 12 (1946) 101.
32) Ramaswamy, H. S. : J. Food. Sci., **46** (1981) 724.
33) Parker, R. E. & Stout, B. A. : Trans. of the ASAE, **10**, 4 (1967) 489.
34) Turrell, F. M. & Perry, R. L. : Am. Soc. Hortic. Sci. **70** (1957) 261.
35) Air Conditioning and Refrigeration Data Book, ASHRAE (1956-1957).
36) Gane, R. : Annual Report of the Director of Food Investigations Board, **5** (1936) 211.
37) Sweat, V. E. : J. Food Sci., **39** (1974) 1080.
38) 中馬 豊・村田 敏 : 農機誌, **30**, 4 (1969) 236.
39) 稲葉英男 : Japan J. of Thermophysical Properties, 4 (1983) 17.
40) Bennett, A. H., Chance, W. G. et al. : ASHRAE Trans., **70**, Part 2 (1969) 133.
41) Smith, R. E., Bennett, A. H. et al. : Trans. of the ASAE, **14** (1971) 44.
42) Bennett, A. H. : Trans. of the ASAE, **7**, 3 (1964) 265.
43) Bennett, A. H. : USDA Agric. Marketing Service, No. 1292 (1963).
44) Minh, T. V., Perry, J. S. et al. : ASHRAE Trans., **75**, Part 2 (1969) 148.
45) Mathews, F. V. & Hall, C. W. : Trans. of the ASAE, **11**, 4 (1968) 558.
46) Sastry, S. K., Baird, C. D. et al. : ASHRAE Trans., **84**, Part 1 (1978).
47) Lutz, J. M. & Hardenburg, R. E. : USDA Handbook **66** (1968).
48) Watt, B. K., Merrill, A. L. : USDA Handbook 8 (1963).
49) Wright, R. C., Rose, D. H. et al. : USDA Handbook 66 (1954).
50) Recommended Conditions for the Cold Storage of Perishable Produce, 2nd Ed., International Inst. of Ref., Paris, France (1967).
51) Biale, J. B. : Encyclopedia of Plant Physiology, **12** (1960) 536.
52) Smith, W. H. : Modern Refrigeration, **60** (1957) 493.
53) van den Berg, L. & Lentz, C. P. : J. Am. Soc. Hortic. Sci., **97** (1972) 431.
54) Hawkins, L. A. : Refrigerating Engineering, **18** (1929) 130.
55) Eaks, J. L. & Morris, L. L. : Plant Physiology, **31** (1956) 308.
56) Claypool, L. L. & Ozbek, S. : Proc. of Am. Soc. for Hortic. Sci., **60** (1952) 226.
57) Lutz, J. M. : USDA Technical Bulletin, **606** (1938).
58) Pentzer, W. T., Asbury, C. E. et al. : Proc. of the Am. Soc. for Hortic. Sci., **30** (1933) 258.
59) 1974 Applications Volume, ASHRAE (1974) 32, 4.
60) Gore, H. C. : USDA Bur. Chem. Bulletin, **142** (1911).
61) Jones, W. W. : Plant Physiology, **17** (1942) 481.
62) Haller, M. H., Harding, P. L. et al. : Proc. of the Am. Soc. for Hortic. Sci., **28** (1932) 583.
63) Lewis. D. A. & Morris, L. L. : Proc. of tha Am. Soc. for Hortic. Sci., **68** (1956) 421.
64) Workman, M. & Pratt, H. K. : Plant Physiology, **32** (1957) 330.
65) Mokine, S. W. et al. : Food Technology, **15**, 5 (1961) 228.
66) Hill, J. E., Leitman, J. D. & Sunderland, J. E. : Food Technology, **21** (1967) 1143.
67) Cherneea, L. I. : Report of VNIKHI, Gostorgisdat, Moscow (1956).
68) Lents, C. P. : Food Technology, **15** (1961) 243.
69) Mohsenin, N. N. : Thermal Properties of Foods and Agricultural Material, Gordon and Breach, London (1980).
70) 唯野哲男・横屋敬人 : 日本大学農獣医学部学術研究報告 (1977).
71) Spells, K. E. : Institute of Aviation Medicine, England EPRC-1071 AD 229167 (1958).
72) Farrall, A. W. et al. : Trans. of the ASAE **13**, 3 (1970) 391.
73) Stitt, F. & Kennedy, E. K. : Food Res., **10** (1945) 426.
74) Lobsin, P. P. : Trans. Inst. Marine Fisheries and Oceanography of the USSR, **13** (1939) 5.
75) Clark, P. E. et al. : I. & E. Ch., **38**, 3 (1946) 350.
76) Oliver, G. D. et al. : Oil and Soap, **10** (1944) 297.
77) 呉 計春 : 博士論文 (東京大学) (1988).
78) Fujita, H. & Kishimoto, A. : Bull. of the Japanese Soc. of Sci., Fisheries, **22**, 5 (1956) 306.
79) Reidy, G. A. : M. S. Thesis. Michigan State Univ., (1968).
80) Kunii, D. & Smith, J. M. : A. I. Ch. E. J., **16** (1960) 97.
81) Long, R. A. : J. of the Sci. of Food and Agr., **6** (1955) 621.
82) Spells K. E. : Physics in Medicine and Biology, **5** (1960-61) 139.
83) Bennett, A. H. et al. : ASHRAE Trans., **70** (1964) 256.
84) Unklesbay, N. et al. : J. of Food Science, **47** (1981) 249.
85) Metzner, A. B. & Friend, P. S. : I. & E. Ch., **51** (1959)

879.
86) Mason, H. L. : Trans ASME Bd. **76** (1954) 817.
87) Kostaropoulos, A. E. : Warmeleitzahlen von Lebensmitteln und Methoden zu deren Bestimmung, VDMA (1971).
88) Harper, J. C. & El Sahrigi, A. : I. & E. Chemistry-Fundamentals, **3**, 4 (1964) 318.
89) Harper, J. C. : A. I. Ch. E. Journal, **8**, 3 (1962) 298.
90) Lusk, G. et al : Food Technology, **18**, 10 (1964) 121.
91) 相良泰行・亀岡孝治・細川 明：農機誌, **44**, 3 (1982) 477.
92) Triebes, T. A. & King, J. C. : I. & E. Ch.-Process Dess. & Devel., **5**, 4 (1966) 430.
93) 相良泰行・都島美行・細川 明：凍結及び乾燥研究会会誌, **28** (1982) 30.
94) Smith, F. G. et al. : Modern Refrigeration, **55** (1952) 254.
95) Helvey, T. C. : Food Res., **19** (1954) 282.
96) Charm, S. E. 著（細川 明監訳）："食品工学の基礎", 光琳書院 (1968) 152.
97) 松本幸雄 編："食品の物性—第4集—", 食品資材研究会 (1978) 107.
98) Heiss, R. : Z. Gesamte Kaelte. Ind., **40**, S. 97, (1933) 122 u, 144.
99) Heldman, D. R. : Trans. ASAE, **17** (1974) 63.
100) Riedel, L. : Chem. Ing. Tech., **21** (1949) 340.
101) Yano, T. et al. : J. Food Sci., **46** (1981) 1357.
102) Kong, J. Y. et al. : Agric. Biol. Chem., **46** (1982) 783, 789, 1235.
103) 矢野俊正ら：日本澱粉学会大会講演要旨集 (1981) 7.
104) Bigelow, C. C. : J. Theor. Biol., **16** (1967) 187 ; Nozaki, Y. & Tanford, C. : J. Biol. Chem., **246** (1971) 2211.
105) 矢野俊正ら：化学工学協会第17回秋期大会講演要旨集 (1983) 315.
106) Sakiyama, T. et al. : J. Food Eng., **11** (1990) 317.
107) Sakiyama T. & Yano, T. : Agric. Biol. Chem., **54** (1990) 1375.
108) Cheng, S. C. & Vachon, R. I. : Int. J. Heat Mass Transfer, **12** (1969) 249.
109) Tanaka, H. et al. : 2nd World Congr. Chem. Eng., Montreal, Canada, Peoceedings **1** (1981) 234.
110) Cheng, S. C. & Vachon, R. I. : Int. J. Heat Mass Transfer, **13** (1970) 537.
111) Kameoka, T. & Okada, S. : 5th Japan Symposium on Thermophysical Properties, 日本熱物性研究会, (1984) 1.
112) D. Chevalie, A. Le Bail, and M. Ghoul : J. Food Eng., **46** (2000) 277.
113) O. Miyawaki, T. Fujii, and Y. Shimiya ; Food Sci. Technol. Res., **10** (2004) 437.
114) O. Miyawaki, T. Abe, and T. Yano : Biosci. Biotech. Biochem., **56** (1992) 963.
115) 中出政司："食品工業の冷凍", p. 48, 光琳 (1968).
116) H. S. Carslaw and J. C. Jaeger : "Conduction of Heat in Solids", 2nd ed., p. 282, Oxford Univ. Press, Oxford (1959).
117) A. E. Delgado and D.-W. Sun : J. Food Eng., **47**, 157 (2001).
118) O. Miyawaki, T. Abe, and T. Yano : J. Food Eng., **9**, 143 (1989).
119) J. D. Mannapperuma and R. P. Singh : J. Food Sci., **53** (2), (1988) 626.
120) Q. T. Pham : J. Food Sci., **52**, (1987) 210.
121) R. Pongsawatmanit and O. Miyawaki : Biosci. Biotech. Biochem., **57**, (1993) 1650.
122) O. Miyawaki and R. Pongsawatmanit : Biosci. Biotech. Biochem., **58**, (1994) 1222.
123) 食品科学便覧編集委員会編；"食品科学便覧", 共立出版, (1978).
124) 岡崎守男・渡辺尚彦・赤尾 剛；"加熱と冷却", 矢野俊正・桐栄良三 監修, 食品工学基礎講座5, 光琳 (1991).
125) N. N. モーセニン；"食品の熱物性", 林 弘通訳, 光琳 (1982).
126) Y. Choi, M. R. Okos ; "Food Engineering and Process Applications", ed. by M. LeMaguer, P. Jelen, vol.1, p. 93, Elsevier Appl. Sci. Pub., New York, NY (1986).
127) R. Pongsawatmanit, O. Miyawaki, T. Yano : Biosci. Biotech. Biochem., **57**, (1993). 1072
128) Tavman, S. and Tavman, I, H. : Int. Comm. Heat Mass Transfer, **25**, 5 (1998) 733.
129) 村松良樹, 田川彰男ほか：農樹誌, **64**, 1 (2002) 70.

C.13 生活関連物質 (Materials for Living)

13.1 食物の熱物性値 (Thermophysical Properties of Foods)

13.1.1 食品の熱伝達 (Heat Transfer of Foods)

農産，畜産，海産物が食卓に上がる際には，冷凍保存，解凍，乾燥処理，加熱調理等，様々な熱処理が安全と効率のよい栄養吸収のため行われている．このような食品に施される熱処理の伝熱形態の多くは流体（熱媒体）と固体（食品）間の熱伝達である．加熱調理や解凍時における伝熱過程は試料の水分変化や物性変化など複雑な現象を伴うが，試料と熱媒体間の熱伝達率を用いて記述することによりこれらの問題も扱い易くなると考えられる．

また，食品加熱過程の伝熱機構においては加熱方法（熱媒体と試料界面の相互作用）が重要との報告もされている[1]．そこで，試料へ一次元方向の直接加熱を考え，加熱方法を蒸し（熱媒体：水蒸気（100℃）），茹で（熱媒体：沸騰水（100℃）），揚げ（熱媒体：加熱油（180℃）），天火（熱媒体：加熱空気（180℃））とした場合について取り上げる．一次元半無限固体試料において熱媒体が上記のような流体である場合は，試料境界面から媒体へ熱放散があると考え，熱伝導方程式の解は以下のようになる．

$$1 - \Theta_t = \Phi\left(\frac{x}{2\sqrt{\alpha t}}\right) + e^{\zeta x + \zeta^2 \alpha t}\left\{1 - \Phi\left(\frac{x}{2\sqrt{\alpha t}} + \zeta\sqrt{\alpha t}\right)\right\} \quad (1)$$

ただし $\Phi(x) = \dfrac{2}{\sqrt{\pi}}\displaystyle\int_0^x e^{-u^2} du \quad (2)$

ここで，α：試料の熱拡散率，Θ_t：試料の無次元温度，
x：試料中任意の位置，t：時間，
$\zeta = h/\lambda$：熱伝達に関する定数，
h：熱伝達率，λ：試料の熱伝導率

Eq.(1)を各熱媒体について，実際に一次元半無限固体における直接加熱を想定した実験の食材モデル系試料の温度履歴[2]に最小二乗法で適合させ熱伝達に関する定数ζ（1/m）を求め，ζを使って温度履歴を計算した結果，ピアソンの積率2相関係数の2乗値R^2（実験値と計算値の適合を示す）が0.976～0.996の良い適合が確認されている（参考資料参照）．加熱時間の経過に伴い適合は悪くなる傾向にあるが，これについては試料の水分変化による物性変化[1]，熱伝導率変化などが考えられる．

（参考資料）

試料：食材モデル系[2]
　ココア粉末と小麦粉の等量混合に水とコーン油との混合物を分散媒とするモデル系
　水分率　48.7 %
　熱拡散率　1.1×10^{-7}（m^2/s）
　$x = 3$（mm）
加熱時間：1000（sec）

Table C-13-1-1 各熱媒体におけるζとR^2
（ζ and R^2 in several heating media）

熱媒体	水蒸気 (100℃)	沸騰水 (100℃)	加熱油 (180℃)	加熱空気 (180℃)
ζ (1/m)	380	450	910	65
R^2	0.996	0.976	0.980	0.984

(a) 熱伝導率と温度 (Relation between Thermal Conductivity and Temperature)

食品の熱伝達現象を熱量的に示す熱伝導率は，食品内部への熱移動の目安となり，殺菌等による衛生効果，冷凍保存に関する熱処理，また加熱調理における加熱温度，加熱時間を知る上で重要な熱物性値である．ただし，食品は不均質な多成分の混合体である場合が多いので，混合体の見掛けの熱伝導率となる．

---

1) 長尾慶子，畑江敬子，島田淳子：日本調理科学会誌，Vol. 30, No. 2 (1997) pp 114-121.　2) 長尾慶子，松本幸雄：第19回日本熱物性シンポジウム講演論文集 (1998) pp 207-209.　3) 前田明美・竹中はる子：第7回日本熱物性シンポジウム講演論文集 (1986) 69.　4) 前田明美・竹中はる子：第8回日本熱物性シンポジウム講演集 (1987) 61.　5) 前田明美・竹中はる子：第9回日本熱物性シンポジウム講演集 (1988) 61.

Fig. C-13-1-1 に例として魚肉（マグロ・赤身，水分68～78（％））の比較的低温域での熱伝導率λと温度の関係を示す[3-5]．熱伝導率が温度に対し1次元的変化ではなく任意の点（Fig. C-13-1-1 では25℃）を境に急激に増加することは，食品の様な生体試料は細胞類の成分や構造が温度上昇によって変化し，さらに水分活性の影響を大きく受けるためと思われる．よって，試料としての安定性は限られた温度域で保たれることになる．

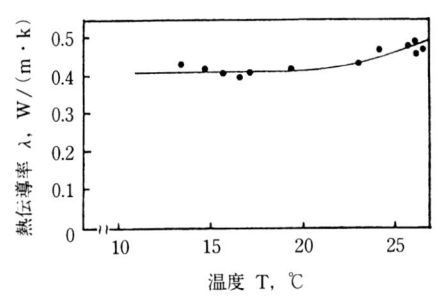

Fig. C-13-1-1 マグロの熱伝導率と温度
(Relation between thermal conductivity and temperature of tuna)

(b) **熱伝導率と水分**（Relation between Thermal Conductivity and Water）

食品の大部分は多くの水分を含んでおり，熱伝導率は水分移動の影響を最も受けると思われる．水分移動に伴い潜熱も伝達すると考えられており，Table C-13-1-2 に示す様に水分率が高い程，大きな熱伝導率となる[3-5]．他の食品間でも水分率と熱伝導率は正の相関関係を示している．また，魚肉の切身より魚肉の乾燥粉末状態に任意の水分を加えた試料の熱伝導率の方が大きな値を得ている．これは切身の細胞組織が水を含んでいる状態であるのに対し，後者は細胞の隙間等に表面的に付着した状態で，水分が移動し易いためと思われる．

よって水分移動は熱伝達に複雑に作用し，食品ではうま味や栄養価にも影響があり，検討の余地を残している．

13.1.2 加熱（Heating）

食品製造における加熱工程は，生の原料を可食状態に変える，良好な風味を付加させる，着色する等の目的を持ち，最終的に製品品質を確定させる最重要な工程の一つに位置付けられている．一方，近年の冷凍食品に関する技術の進歩に伴い，産業界では家庭における加工方法の提案も含めて，加熱操作を取り扱う範囲の拡充傾向が鮮明になりつつある．

食品を加熱する過程において熱的な解析を行なう場合には，扱う熱物性値の温度依存性を十分に理解しておく必要がある．また，食品は固・液・気体の混合系である場合が多く，状態変化に対しても細心の注意を払わなければならない．食品加工で扱う一般的な温度領域は，工業的に多用される単段式冷凍機で冷却可能な−40℃付近から，高温度域でも300℃程度までの，他の産業分野で扱う温度領域と比較するとやや狭い温度領域に集中する特徴的な側面も見られる．

(a) **食品内部の熱移動**（Heat Transfer within the Food）

食品は一般的に水分を含んでいるものが多く，食品を加熱加工する工程において，食品内部における熱移動形態は，約100℃以下の温度帯における熱伝導によるところが大きい．この加熱工程で起きている現象において，解凍や蒸発，内包ガスの膨張による形状変化等の物理的な変化は熱移動量による影響が顕著に現れる一方，化学的な変化は温度履歴に大きく依存する傾向を持つ．ここにおける化学的変化の例としては，澱粉の糊化やタンパク質の変性，メイラード反応やカラメル化反応に見られる着色反応等が挙げられる．

加熱操作の工程を解析していく上で必要となる物性値の一つが，熱伝導率である．前述の通り，食品は一般に複合的な多成分系であり，かつ構造的にも固・液・気体の不均一系混合物であることから，見掛け上の有効熱伝導度として取り扱われる場合が多い．ChoiとOkosは，食品の主要成分の熱伝導率λと体積分率 V から不均一混合系食品の有効熱伝導度 λ_e

Table C-13-1-2 熱伝導率と水分の関係
(Relation between thermal conductivity and water content)

試料名	水分率 (％)	熱伝導率 λ (W/(m・K))
マグロ（赤身）	68	0.41
マグロ（脂身）	48	0.23
マグロ（乾燥）	0	0.16
粉末魚肉（a）	68	0.45
粉末魚肉（b）	42	0.23
粉末魚肉（c）	0	0.16

Table C-13-1-3 食品主要成分の熱伝導率
(Thermal conductivity of major food component as a function of temperature. ($\theta = -40 \sim 150\,°C$))

成分	熱伝導率 λ [W/(m·K)]
タンパク質	$1.7881\times10^{-1} + 1.1958\times10^{-3}\theta - 2.7178\times10^{-6}\theta^2$
糖質	$2.0141\times10^{-1} + 1.3874\times10^{-3}\theta - 4.3312\times10^{-6}\theta^2$
脂質	$1.8071\times10^{-1} - 2.7604\times10^{-3}\theta - 1.7749\times10^{-6}\theta^2$
繊維質	$1.8331\times10^{-1} + 1.2497\times10^{-3}\theta - 3.1683\times10^{-6}\theta^2$
灰分	$3.2962\times10^{-1} + 1.4011\times10^{-3}\theta - 2.9069\times10^{-6}\theta^2$
水	$5.7109\times10^{-1} + 1.7625\times10^{-3}\theta - 6.7036\times10^{-6}\theta^2$

モデル	理論式	構造
直列	$\lambda_e = \dfrac{1}{(1-\phi)/\lambda_c + \phi/\lambda_d}$	
並列	$\lambda_e = (1-\phi)\cdot\lambda_c + \phi\cdot\lambda_d$	
Maxwell-Eucken	$\lambda_e = \dfrac{\lambda_d + 2\lambda_c - 2\phi(\lambda_c-\lambda_d)}{\lambda_d + 2\lambda_c + \phi(\lambda_c-\lambda_d)}$	

Fig. C-13-1-2 伝熱モデル (Heat transfer models applied to food)

を示す[7]. クラムの凍結温度の前後で大きく値が変化するが，水の温度依存性と非常に類似した傾向を示している．食品内部における物質移動の影響が無視できる条件下での加熱に関しては，この有効熱伝導度を用いて温度分布等の解析を行なう事が概ね可能である．Table C-13-1-4 に発酵前のパン生地と見掛け密度が異なる2種の食パンクラムについて，凍結温度を挟んだ各温度における代表的な熱物性値を比較した．

食品が伝導熱によって加熱される場合，その多くは水分などの物質移動を伴って作用し，熱伝導率も物質移動の影響を考慮して取り扱われる場合が多い．パンの焼成過程では内部温度の上昇に伴って，炭酸ガスの溶出・アルコールや水分の蒸発による体積膨張等の現象が見られるようになり，水分については蒸発・凝縮といった物質移動に伴う熱移動量が無視できなくなってくる．陶らは，パンを

$$\lambda_e = \sum \lambda_i V_i$$

と，算出する方法を示している．主要成分の熱伝導率は，Table C-13-1-3 に温度 θ の関数として示した[6]．このような系の有効熱伝導度を取り扱う際には，単に成分組成のみならず成分の三次元空間構造にも依存する為，伝熱モデルは複数のモデルが考案されている．代表的な伝熱モデルを Fig. C-13-1-2 に示す．特に加工食品を解析の対象とする場合では，配合や製法によっても熱物性値は異なってくるため，サンプル数分の実測データを揃えることが事実上困難な際には，有効な導出方法である．

食品は一般的に数%から90%以上の水分を含んでおり，有効熱伝導度の温度依存性についても水の特徴が大きく影響する．Fig. C-13-1-3 に非定常プローブ法で各温度毎に計測した食パン中心のクラム部分の有効熱伝導度

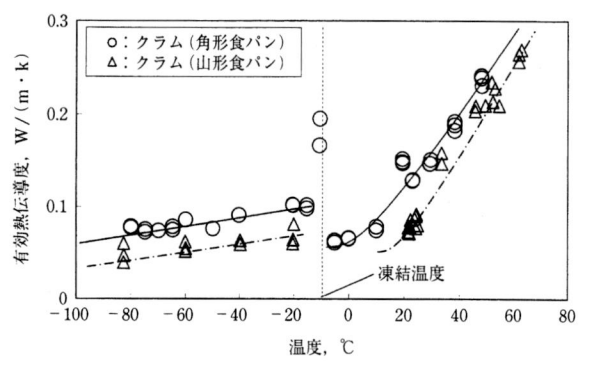

Fig. C-13-1-3 食パンクラムの有効熱伝導度と温度
(Effective thermal conductivity of bread crumb vs temperature)

Table C-13-1-4 パン製品の主な熱物性値
(Thermophysical properties of bread)

試料	比重 [kg/m³]	比熱 [J/(kg·K)]	有効熱伝導度 [W/(m·K)]
生地	1111	2.088(20°C)/1.187(-20°C)	0.305(20°C)/0.708(-20°C)
クラム(角形食パン)	149.9	2.673(20°C)/2.389(-20°C)	0.137(20°C)/0.096(-20°C)
クラム(山形食パン)	168.5		0.071(20°C)/0.068(-20°C)

6) Y. Choi, M.R. Okos ; "Food Engineering and Process Applications", vol.1 (1986), 93-101. 7) 山田盛二・小林清志・高野孝義 : 熱物性, Vol.10, No.2/3 (1996), 54-58.

水分容積率と温度をパラメータとする有効熱伝導度の実験式を導き出している[8].

パンの焼成が更に進むと，表層近傍の部位において，俗に"パンの耳"と呼ばれるクラストが形成される．水分の蒸発や気泡からのガスの漏洩による高密度化の現象が生じ，これらの物理・化学的な変化が，製品の外観，内相，食感，食味等，食品としてのあらゆる品質に関与するようになってくる．パン型の各面において水分蒸発により形成される乾燥部位をクラストと定義し，焼成過程における水分蒸発速度とパン生地への熱流束から当該部の有効熱伝導度を推測することで，$0.04〜0.06 (W/(m・K))$の値が山田らによって報告されている[9].

加熱操作の解析で必要とされる代表的な物性値として比熱が挙げられるが，この値に関しては温度依存性の検討も含めて，Siebelの式が比較的有効である．

(b) 熱伝導 (Heat Conduction)

フライパンや型などを用いた調理加熱や石窯タイプのオーブンで直焼きするハースブレッドの焼成などでは，食品は接している高温熱源からの伝導によって加熱される．以下，加熱手段としての熱移動形態については，後続の節も含め，被加熱物を固体，もしくは食品を同梱した容器として解説する．

近年ではIH調理器や放射温度計を利用した電子レンジなど，鍋や直接食品の温度で制御する機器も開発されているが，一般的な食品加熱操作では電気ヒーターやガスの出力もしくは機器の庫内温度で制御されており，食品の加熱条件を再現・安定化させるために，従来は経験と技能を要してきた．熱伝導による加熱条件は，概して急速な温度変化を伴う事，調理器具等の材質による熱伝導率や熱容量の違いによって食品への熱流束に経時的な差異が生じる事が特徴的である．

(c) 対流熱伝達 (Convective Heat Transfer)

対流熱伝達は食品工業的にも焼物，茹物，揚物，煮物調理と適用の範囲が広く，用途に合わせて選定した空気，水，油等の媒体を介して熱移動が生じる．機械的な強制対流ファンを設けているオーブンや攪拌装置を備えた茹で加熱がある一方，自然対流，もしくは沸騰による撹拌作用等，解析する条件は多岐にわたる．

近年，オーブンはプログラミング等の機能面は進歩しているものの，制御すべき熱伝達量の概念は未だ十分に装置機能面に加味されているとは言い難く，温度によるコントロールはされていても，それ以外の媒体の流速等の制御は行なわれていないのが実状である．

対流熱伝達の特徴としては，加熱された食品表面の温度上昇に伴い，食品への熱流束は直線的に下がってくる為，オーブン等加熱機器の設定温度に食品の温度が近付いてくると著しく温度上昇は鈍くなることがあげられる．小麦粉製品などにおける着色反応は，温度上昇に対して指数関数的に反応速度が上昇する為，140℃程度までの温度領域では，着色より水分蒸発の方が顕著となる[10]．従って，パイやクロワッサン等のデニッシュ類のように，食感にクリスピー感を求めるような食品の焼成には対流加熱は非常に適した加熱方法であり，この工程単独で食品の差別化を図ることも可能である．

(d) 熱放射 (Thermal Radiation)

デッキ式と呼ばれる固定オーブンや天火によるグリルなどでは，主に熱放射による熱移動が顕著であり，このタイプのオーブンでは，全移動熱量の約90％が熱放射によるとの試算もある．

この熱移動形態では，被加熱物の表面温度が上昇しても食品への熱流束は比較的安定しており，食品の表面温度は一様に上昇し続ける事が多い．アンパン等に代表される日本特有の菓子パン類のように表面は十分に着色しつつ水分蒸発量を抑えて内部のクラムをしっとりした食感に焼き上げるには有効である．

(e) 状態変化を伴った熱移動 (Heat Transfer with State Change)

和菓子製造等で多用される蒸し器では水蒸気の凝縮による潜熱を利用し，100℃程度までの特徴的な加熱を行っている．加熱条件は温度センサーで計測制御されている装置が多いが，製品の特徴により加熱条件を変える時には，経験的に供給蒸気圧力を操作する場合もあり，今後，有用なセンサーの開発が期待される分野である．

---

8) 陶 慧・椎野哲男・鈴木 功：熱物性, Vol. 18, No. 1 (2004), 7-13. 9) 山田盛二・平岩隆夫・高野孝義：熱物性, Vol. 18, No. 4 (2004), 130-135. 10) 山田盛二・吉野信次・平岩隆夫ほか：第14回日本熱物性シンポジウム講演集 (1993), 55-58.

近年，注目されている技術の一つにスチームコンベクションオーブンが挙げられる．以前から，確認されていた高い熱伝達率に加え，過熱水蒸気による脱油効果により注目を集めている．

13.1.3 冷凍（Freezing）

（a）貯蔵（Storage）

1）貯蔵温度

冷凍食品の貯蔵は，通常 −18℃以下で行われる．貯蔵温度が低いほど，食品の品質低下が防止されるため，貯蔵温度は近年ますます低下する傾向にある．その一例として，品質変化の著しい脂肪含有量の高い魚類については −30℃が，マグロの貯蔵には，赤色の長期保持のため −40℃が，それぞれ一般化している．

2）貯蔵場所

冷凍食品の工業的規模の貯蔵には，冷蔵倉庫が使用される．冷蔵倉庫は，建造方式，用途，温度等により分類される．冷却システムには，自然対流式，強制対流式，ジャケット冷却式等がある．冷蔵倉庫の温度区分は，Table C-13-1-5 の通りであるが，−30℃以下は別に超低温と呼ばれている．

また，冷凍食品販売時における一時的な貯蔵には，

Table C-13-1-5 冷蔵倉庫のクラス別温度区分
（Class-wise temperature ranges of cold storage）

クラス	温　　度	
F	−20℃以下	
C_1	−10℃以下	−20℃未満
C_2	− 2℃以下	−10℃未満
C_3	+10℃以下	− 2℃未満

ショーケースが使用される．近年スーパーマーケットの普及に伴い，オーブン，クローズド，平型，多段型等，種々のタイプのものが作られている．保冷性能による分類は Table C-13-1-6 の通りであり，L クラスが一般に冷凍食品用とされている．なお，S クラスは特殊な食品や特殊な販売方法を行うためのもので，温度帯が規格化されていない．

Table C-13-1-6 ショーケースのクラス保冷性能
（Class-wise performance for cold preservation of showcase）

クラス	最高温度	最低温度	積分平均温
L	−12℃以下	—	−15℃以下
M	+ 7℃以下	−1℃以上	—
H	+10℃以下	+1℃以上	—
S			

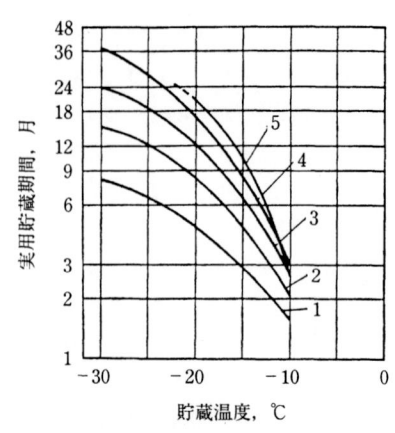

Fig. C-13-1-4　T.T.T. 曲線の実例〔国際冷凍協会資料〕（An example showing Time-Temperature tolerance curves）

1：脂肪の多い魚（マス）とフライドチキン
2：脂肪の少ない魚
3：さやいんげんと芽キャベツ
4：ピースといちご　　　5：ラズベリー

3）貯蔵可能期間

冷凍食品の品質を保持できる期間と温度との関係は，T.T.T.（Time-Temperature Tolerance：時間-温度許容限界）と呼ばれ，工業的規模で冷凍されている各食品について明らかにされている．冷凍貯蔵は，これを念頭において計画的に行うことが原則とされている．

4）貯蔵中の食品成分の変化とその防止方法

冷凍貯蔵は冷蔵貯蔵と異なり，微生物の繁殖に起因する品質の変化はほとんど起こらないが，微生物が関与しない諸変化は，抑制されながらもわずかずつ進行する．

［野菜・果実類］

野菜類は，そのまま凍結すると酵素作用や酸化により，貯蔵中に変色したり異臭を生じたりするものがある．そのため，ほとんどのものがブランチング処理（主として酵素の不活性化をはかる）された後凍結される．一方，果実類にもブランチング処理されるものもあるが，多くはシュガリングと呼ばれる加糖処理により，貯蔵中の諸変化を防止している．

［魚介類］

魚介類の貯蔵中に問題となる変化は，氷結晶の成長・移動による細胞の機械的損傷やタンパク質の立体構造の破壊および脂質の酸化等である．これらを防止するために，グレーズ（空気との接触を避けるた

め，食品表面に氷の薄い膜をかぶせる），ブライン処理（ドリップを減少させるために，食塩水に漬ける），リン酸処理（タンパク質の保水性を高める）および抗酸化処理（抗酸化剤を添加する）等が行われている．

[畜肉類]

貯蔵中の諸変化は魚介類の場合とほぼ同様であるが，特に畜肉では，肉色の変化が問題とされる．肉色変化の防止策には，包装と並んで低温貯蔵が有効であるため，-30℃以下の超低温で貯蔵される場合が多い．

(b) 解凍（Thawing）

冷凍食品の解凍は，解凍速度により緩慢解凍と急速解凍に，解凍の程度により半解凍と完全解凍に大別される．ここでは，解凍方法の種類（解凍速度別）とそれぞれに適する冷凍食品の例について解説する．

1) 緩慢解凍

① 低温解凍

食品を冷蔵庫内の静止または流動空気（5℃以下）中に放置してゆっくり解凍する方法．時間はかかるが，ドリップの流出や過度の解凍が避けられ，また，微生物の繁殖など衛生面での問題も少なく，味覚保持の点からもよい方法である．畜肉，魚肉等の生鮮食品に適する．

② 自然解凍

食品を室温中に放置する方法で，低温解凍よりも時間は短縮できるが，室温が高い場合にはもどり過ぎたり表面が変性を起こしたりするので，注意を要する．適する食品は畜肉，魚肉，果実等の生鮮食品およびパンやケーキ類等である．

③ 水中解凍

食品をそのままあるいは耐水性のある包装材に入れ，静止または流動水（清水，食塩水あるいは氷砕中）に投入し，解凍する方法．①および②の空気を媒体とした解凍法よりもさらに時間が短縮できる．適する食品は低温解凍と同様，生鮮食品に適する．

2) 急速解凍

① 熱空気中での解凍

凍結状態の食品を高温のオーブン（150～250℃）中で加熱し，解凍と連続して焙焼を行う方法．グラタン，ピザ，コキールなどの調理済み冷凍食品に適する．

② 熱板上での解凍

凍結状態の食品を表面温度が120～250℃に達したフライパンやホットプレート上で加熱し，解凍と同時に調理を行う方法．ハンバーグ，ピラフ，餃子等の調理済み冷凍食品およびグリーンピースやミックスベジタブル等一部の冷凍野菜類に適する．

③ 直接加熱による解凍

凍結状態の食品を直接鍋にいれて火にかけ加熱する方法．スープ，シチューなどの調理済み冷凍食品に適する．

④ 蒸気中での解凍

食品を凍結状態のまま蒸気の上がった蒸し器またはオーブン（80～120℃）中で加熱し，解凍および調理する方法．焼売，餃子，饅頭等の調理済み冷凍食品およびかぼちゃや軸付きとうもろこし等一部の冷凍野菜類に適する．

⑤ 熱湯水中での解凍

凍結状態の食品を80～100℃の熱湯水中に投入し，適当な時間加熱を行う方法．大部分の冷凍野菜および豆類がこの方法により解凍される．この場合，凍結前のブランチング処理によりある程度加熱されていることを考慮にいれて加熱時間を決定しないと，加熱し過ぎになる恐れがある．また，ハンバーグ，ミートボール，酢豚等，耐熱性のある包装材に密封包装された調理済み冷凍食品に適する．

⑥ 調味液中での解凍

加温した調味液中に凍結状態の食品を入れて加熱を行い，解凍と同時に調理を行う方法．かぼちゃやさといも等煮くずれしやすい冷凍野菜に適する．

⑦ 熱油中での解凍

凍結状態の食品を150～180℃の熱油中で加熱し，解凍と同時に調理を行う方法．コロッケ，魚肉，畜肉のフライおよびフレンチフライドポテト等の半調理済み冷凍食品に適する．これらはいずれも凍結状態のまま加熱を行うことが肝要で，解凍したものを揚げると破裂や衣の脱落が起こりやすい．また，揚げ油の温度管理に注意しないと内部温度が上昇しないうちに表面が焦げ始める．

⑧ マイクロ波解凍

家庭ならびに工業的規模において使用されている方法で，大部分の冷凍食品を短時間で解凍したり，同時に調理したりすることができる．凍結状態の食品に2450 MHzの電磁波（工業用には主として915 MHzが使用されている）を照射するもので，電磁波が冷凍食品中の水分子に特異的に作用し，これを回

転,振動させた結果生ずる熱により,解凍が起こる.この方法では,解凍時の食品の品質低下は比較的少ないが,被解凍物が厚いと解凍ムラを起こしやすいため,マイクロ波の散乱を図る等の工夫が必要である.

⑨ 加圧流動空気解凍

金属性のタンクを使用し,庫内圧力を3 kg/cm^{2}に上昇させ,冷凍機とファンで1～2 m/sの冷風を循環させて解凍を行う方法.主として畜肉や魚肉等,生鮮食品の工業的規模における解凍に用いられる.この方法によると,解凍時間が自然解凍の1/2～1/3に短縮され,ドリップや解凍ムラも少ないといわれている.

以上,現在行われている解凍方法の概要についてまとめたが,これらの方法は組み合わせて使用される場合も多く,凍結前の食品の特性を損なわないよう種々の工夫がなされいてる.

(C.12章 食品・農産物 参照)

13.1.4 調理器具(Cookers)

(a) 鍋(Pans・Pots)

鍋は熱源からの熱を中に入れた食品に伝えるための器具である.加熱調理操作には,煮る,蒸す,焼く,揚げる,いためる,いる等があり,それぞれの操作に使いやすい形状,材質の鍋(Pots),パン(Pans)類がある.これらの鍋類に使われる材質は,耐熱性があること,衝撃に強いこと,成型加工しやすいこと,食品の成分により変質しにくいことなどの条件を満たす物が使われる.

一般に鍋類に使われている本体の材質は,金属では従来からアルミニウム,鉄,銅,およびその合金が使われ,新しいものとしては数種の金属クラッド(多層鍋),チタン合金などがある.多層鍋は熱伝導率のよい材質を中心に,より錆の出にくい材質を表面に層状になっている.その他,鉄の上にホーロ質をコーティングしたホーロー引き,耐熱ガラス・陶磁器等のセラミックスがあり,それぞれ長所・欠点がある.付属品として柄や蓋のつまみに木やプラスチックが使われる.

1) 鍋の材質と調理

現在使われている鍋は非常に種類が多く,使用者もその選択に迷う.鍋材質の熱的性質と調理成績の関係についての研究がいくつかある.空鍋を熱源上に置いて鍋底の温度上昇を測定した結果[11～13]では,なべ底の温度上昇や温度分布は,鍋材質の熱伝導率,厚さ,比熱に関係あり,どの材質もなべ底の厚さに比例して温度上昇速度は遅くなる.熱伝導率が10 W/(m・K)～100 W/(m・K)の鉄やステンレス鋼では,熱源の直上の部分(ガスこんろでは炎のあたる部分)の温度上昇が早く,さらに熱伝導率が小さいセラミックスは比熱が大きいこともあり温度上昇は遅れる.熱伝導率の高いアルミニウムや銅は,熱源直上の部分だけについてみれば温度上昇速度は遅れるが,なべ底の温度差(炎の直上と周辺部分)は小さく,全体が均一な温度になりやすい.

このような鍋の材質による差を受けて,調理との関連も実験されている.鍋内の水の温度上昇に関しては[11],比熱が小さくかつ熱伝導率の大きい鍋の昇温速度が大きかった.物性値と温度上昇速度との関係は

$$Y = -4.9X + 17.9$$

Y:温度上昇速度(℃/min)

X:熱容量/熱伝導率(m・s)

の式で表す(相関係数0.95)ことができた.

Table C-13-1-7 鍋材質の熱物性値
(Thermophysical properties of materials for cooking utensils)

物質名	熱伝導率 (W/(m・K))	比熱 KJ/Kg・K	融点 K
銅	398.0	0.40	1356
アルミニウム	237.0	0.94	933
鉄	80.3	0.47	1809
ステンレス	27.0	0.46	
多層Ⅰ(ステンレス・鉄1:1)*	35.3	0.49	
多層Ⅱ(ステンレス・アルミニウム3:7)*	213.9	0.81	
ホーロー	78.7	0.44	
パイレックス	1.1	0.73	
陶器	1.0	1.05	
木材	約2	1.3～1.4	
フェノール樹脂成型品	約2	1.6～1.8	

* 厚さ比から並列の計算式で試算した値

---

11) 辰口直子・渋川祥子:調理科学 33, 2 (2000) 27-35.　12) 肥後温子・平野美那世:調理科学 33, 4 (2000) 426-436.　13) 肥後温子・平野美那世:調理科学 35, 3 (2001) 276-287.　14) 肥後温子・水上和美・富永暁子:調理科学 37, 2 (2004) 170-179.

また，なべ底の焦げ付きやすさについては[11]，熱伝導率が高くかつなべ底の厚い鍋は温度分布が小さいので，焦げ付きが少ない．

鉄のフライパンとアルミニウムフッ素樹脂加工のフライパンでの焼き調理・いため調理における食品の色つきを比較した結果[14]では，焼き加熱・いため加熱ともに鉄のフライパンで調理した方がほぼ半分の時間で色づく．これはアルミニウムフッ素樹脂加工のフライパンの熱伝導率の方が大きいためであると結論している．

2）特殊な鍋

圧力鍋　鍋の蓋の密閉度を上げて鍋内に蒸気を充満させ鍋内の圧力を上げることで加熱時間を短縮する鍋である．鍋の材質は厚手のアルミニウム鋳物またはステンレス鋼が使用されている．市販されている家庭用圧力鍋の内部圧は，39〜147 kPa（0.4〜1.5 kgf/cm^2）である．圧力と内部温度の関係は Fig. C-13-1-5 となる．1.25 kgf に設計された圧力鍋を使用した場合，内部の温度は約120℃に達し，豆類の調理例では，調理時間が1/5〜1/6，ガス消費量が1/4程度で済む．

保温鍋　鍋の保温力を高めて予熱を利用して調理する鍋である．内鍋に食品を入れて加熱し魔法瓶式の外鍋の中に入れて保温するものや金属製の枠にはめて保温する形式のものである．各なべで温度降下を比較した実験では，魔法鍋0.2，外枠式の鍋0.5，普通アルミニウム鍋1.0（℃/min）の降下速度を示し[15]，保温鍋では80℃以上を保つ時間が長いためこの余熱を利用して食品の加熱を行い，熱源で加熱する時間を短縮することが出来る．全体の調理時間は長くなるが，鍋内の対流が緩やかなため煮崩れが起こりにくい，味の浸み込みが良いといった利点がある[16,17]．味の浸み込みが良いのはソレー効果によるものといわれている．

（b）オーブン（Oven）

1）オーブンの伝熱能

オーブンは囲われた空間を加熱しその中で食品を加熱する加熱機器であり，ケーキ類やパン，肉料理などの焼き加熱には必須の機器の一つである．現在は，熱源や構造の異なるものが種々作られている．オーブン加熱の一般的な操作方法では，庫内温度と焼き時間を設定するが，構造の異なるオーブンを使用した場合，温度と時間を同一に設定しても同一の焼き上がり成績は得られない[18]．それはオーブンによって伝熱能が異なるためである．

オーブン内での加熱は，庫内の空気からの対流伝熱と庫壁からの放射伝熱，天板からの伝導伝熱によるが，問題を簡単にするために，天板からの伝導伝熱を考慮に入れないで伝熱量を測定し，食品を加熱した場合水分の蒸発や成分変化による吸熱等を避けるために，被加熱物は金属ブロックとして温度上昇を測定し複合熱伝達率を算出した結果がある[19]．対流伝熱と放射伝熱が同時に算出されることになるが，これらを含めた値として複合熱伝達率として測定している．

一般に使用されている小型オーブンの構造は，熱源が下にあるもの（自然対流式）や，ヒータが上下に付いているもの，庫壁にファンが取り付けられている強制対流式のものがある．これら数種類のオーブンについて測定を行った結果，複合熱伝達率は Table C-13-1-8 の中に示すように構造で大きく異なることがわかる．強制対流式のものは風速によって左右さ

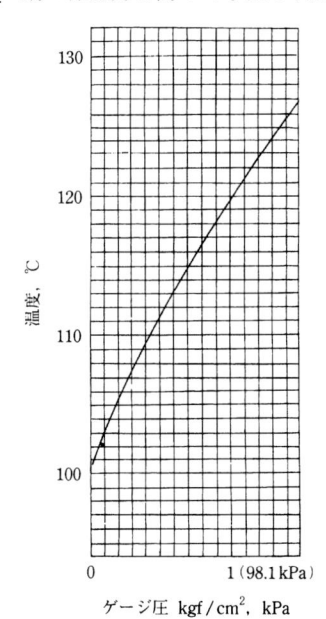

Fig. C-13-1-5　圧力と温度の関係
（Pressure and temperature）

---

15) 渋川祥子：調理科学，同文書院 (1995)．16) 鈴木咲枝・渋川祥子：神奈川県立栄養短大紀要 24, 1-6．17) 辰口直子・渋川祥子：家政教育研究 11, 2001, 21-27．18) 渋川祥子：調理科学, 14, (1981) 36．19) 渋川祥子：家政誌 35, (1984) 156．20) 渋川祥子：家政誌 36 (1985) 492．21) 渋川祥子：博士論文 (1988) 164．

れるため，値に差が見られるが，表中のオーブンの風速は，8～20×10 m/hr程度であった[21]．

2）オーブンの複合熱伝達率と食品の加熱時間

オーブンの加熱能としての複合熱伝達率は金属ブロックを使用して測定した値であるが，スポンジケーキやクッキーの焙焼を行って中心が一定の温度になるまでの時間を測定し結果（Fig. C-13-1-6）とは，高い正の相関関係があり，オーブンの伝熱能を表す値として有効である[19]．

従って各オーブンの複合熱伝達率から同一設定温度での焙焼所要時間や同一焙焼時間での設定温度を決める事ができる．例えば，同一の時間でケーキを焼きたいときのオーブンによる温度差や同一時間で焼いたときの時間差はFig. C-13-1-6から読み取ることができる．

3）対流伝熱と放射伝熱の割合

オーブンの伝熱は対流と放射によるものであるので，その比率を求めることを試みた例がある[20]．放射による伝熱量は被加熱物の表面状態によって放射に対する吸収率が変化するため異なり，対流による伝熱量は被加熱物の表面温度が同じであれば等しくなることから，同型の金属ブロックを2個準備してその表面状態を変え，それぞれのブロックの温度上昇から受熱量を計算した[22]．

家庭用オーブンについて測定したものをTable C-13-1-8中に示した．この値は，オーブンの構造によって異なり，同じ構造の機種の場合には型式による差は小さい．

Table C-13-1-8 オーブンの種類と熱伝達率およびケーキの焙焼（Heat transfer coefficients and cooking times of ovens）

オーブンの機種	熱伝達率 W/m²·K	放射伝熱の割合 %	焼き時間 分	表面の色 L値
強制対流式ガスオーブン	55	25	11.5	51.4
強制対流式電気オーブン	42	40	15.1	57.3
電気オーブンI	24	85	16.2	40.9
自然対流式オーブンI	19	50	18.2	61.1

L値：ハンター色表　100：純白　0：黒色

4）天板を用いることの効果

オーブンの複合熱伝達率を測定する時に伝導伝熱をカットする条件で測定している．しかし，実際の調理では食品を天板の上に乗せて加熱することが多い．天板を使用する事による効果を，金属ブロックの受熱量を測定し，上部および側面と底部からを計算した結果，オーブンの構造によって差が見られた[21]．使用する天板の種類による効果も機種によって差がある[22]．自然対流式では天板の使用によって大幅に受熱量が増加するし，強制対流式ではほとんど変化しない．また，ヒータが上下に露出しているタイプでは天板の種類による影響が大きい．

5）食品表面の焼き色に対する放射伝熱の影響

ケーキ等の加熱所要時間は複合熱伝達率によって異なる事が明らかになったが，その時のケーキ表面の焼き色は，複合熱伝達率が高くなると濃く付くもののそれだけによっては決まらず，Table C-13-1-8に示すとおり放射伝熱の割合と関連があることが明

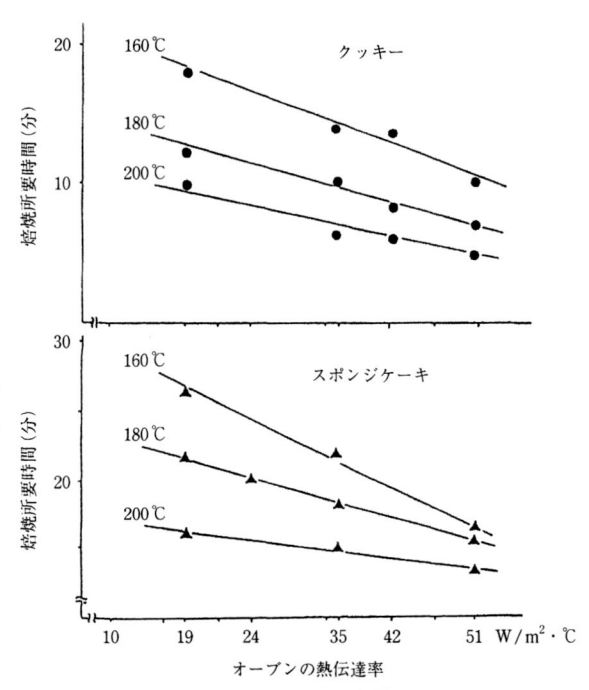

Fig. C-13-1-6 オーブンの熱伝達率と調理所要時間の関係（Heat transfer coefficients vs cooking time of ovens）

22) 渋川祥子：家政誌 37 (1986) 87. 23) 渋川祥子：飯島記念食品科学振興財団平成3年度年報 (1992) p. 49. 24) 渋川祥子：New Food Industry 39 (1997) 33. 25) 杉山久仁子・石田教子・渋川祥子：日本家政学会46回大会発表要旨 p. 162 (1994). 26) 渋川祥子編：食品加熱の科学，朝倉書店 (1996) p. 126. 27) S. Shibukawa, K. Sugiyama : J. Food Sci. 54, 621 (1989) 28) S. Shibukawa, K. Sugiyama : J. Home Econ. Jpn. 43.

らかになった[22]．熱流計で測定した伝熱量は同じであっても食品の表面の色着きが異なることは多くの実験で実証できており，放射伝熱の強いオーブンでの食品の焼成は表面の色着きに有効である[23～29]．

一般に石窯で焼いたパンがおいしいと言われる理由は，放射伝熱の割合が高いことにより，しっかりとしたクラストが形成されるためと考えられる[30]．

6) オーブンでの加熱時間の算出

オーブンの機種やケーキの大きさが異なるときの温度や焼き時間の設定方法を，理論的な計算によって求めることの可能性について検討し結果，オーブンの複合熱伝達率と食品の熱拡散率[31,32]と食品の形，大きさから，非定常の熱伝導の解を用いて推定することの可能性がケーキ，クッキー[33]，焼き豚[34]について示されている．水分の蒸発の多い食品については水分蒸発量から水分蒸発のための時間を加算する必要がある．

各種の調理は，料理の種類によって要求される内部の焼き加減や表面色付きは異なる，最適な仕上がりになるような加熱条件を予測する事が特に重要で，予測が的確にできれば調理を失敗なく行う事ができる．

7) スチームオーブン（スチームコンベクションオーブン）

最近，大量調理の厨房で多く使用される加熱機器である．これは，強制対流式のオーブン機能とスチームによる蒸し加熱の機能，さらに蒸気を高温に熱した過熱水蒸気で加熱を行う調理機器で，多機能で大量の調理を同時にこなせる便利な機器である．家庭用の小型のオーブンにも蒸気を入れることの出来るものが増えており，蒸気を入れたオーブン加熱が注目されている．

この機器の特徴は，庫内温度100℃以下では，蒸し加熱と同じであり庫内温度100℃以上では食品の表面が100℃に達するまでは，蒸し加熱と同様に蒸気の凝縮が起るためその潜熱で食品表面付近の温度上昇が非常に早いが，食品表面が100℃に達してからは，オーブン加熱とほぼ同じであるという特徴がある．そのため，加熱所要時間はオーブン加熱より短く，表面の温度が上がりやすいので，表面状態に

Table C-13-1-9 種々の食品の損失係数（$\varepsilon_r \cdot \tan\delta$）
(Loss factor of food)

	温度 ℃	比誘電率 ε_r	誘電体損失角 $\tan\delta$	誘電体損失係数 $\varepsilon_r \tan\delta$
水	5	80.2	0.275	22.0
氷	-12	3.2	0.0009	0.00028
生牛肉	-15	5	0.15	0.75
牛肉（ロースト）	23	28	0.2	5.6
生豚肉	-15	6.8	1.2	8.15
豚肉（ロースト）	35	23.0	2.4	57.5
煮エンドウ豆	-15	2.5	0.2	0.5
煮エンドウ豆	23	9.0	0.5	4.5
煮ジャガイモ	-15	4.5	0.2	0.9
煮ジャガイモ	23	38.0	0.3	11.4
煮ホウレン草	-15	13.0	0.5	6.5
煮ホウレン草	23	34.0	0.8	27.2

差のある出来上がりとなる[35,36]．

(c) 電子レンジ（Microwave Oven）

電子レンジは，2450 MHzのマイクロ波を食品に照射して食品自身を発熱させる加熱機器である．食品への吸収エネルギーは次式で表され，加熱のされ方は$\varepsilon_r \cdot \tan\delta$によって変わってくる．これらの値は食品に固有で温度に依存するTable C-13-1-9に示すような値である．

$$P = 0.556 \cdot \varepsilon_r \cdot \tan\delta \cdot f \cdot E^2 \times 10^{-12} \ (\text{W}/\text{m}^3)$$

E：電界の強さ（V/m）　f：周波数（Hz）

損失係数の大きい食品は浸透深度（D）が浅いため，食品によって加熱のされ方は異なる．加えて，電子レンジの構造上のマイクロ波の偏りと同時に食品の形状によってもマイクロ波の吸収は均一にならないため加熱ムラが起こりやすい．

電子レンジは加熱時間が短いこと，容器（誘電損失係数が小さい）に入れたまま加熱できることなどの利点により，家庭や調理現場への普及率は非常に高く，食品の加熱機器として不可欠となっている．

(d) 電磁調理器（Induction Heating）

一般にはIHヒーターと呼ばれている．熱源がなべ底である点が他の調理用熱源と大きく異なる点である．最近電気をエネルギー源とする調理加熱器として急激に普及率が伸びている．トッププレートの下にコイルがあり，交流電流が流れると交番磁力線が発生し，この磁力線がなべ底に誘導電流を起こし，鍋の金属の抵抗によって，鍋底が発熱する．発熱体が

29) 佐藤秀美・畑江敬子・島田淳子：日食科工誌 42 (1995) 643.　30) 辰口直子・阿部加奈子・杉山久仁子・渋川祥子：家政誌 55 (2004) 707.　31) Choi Y. and Okos M.R.：Food Eng. Process Apll., 1 (1986) 93.　32) 渋川祥子編：食品加熱の科学，朝倉書店 (1996) p.163.　33) 渋川祥子：飯島食品科学振興財団平成元年度年報，(1991) 225.　34) 馮 紅・杉山久仁子・渋川祥子：日本家政学会49回大会発表要旨，p.162 (1997).　35) 山田晶子・杉山知美・渋川祥子：家政誌 53. 331-337 (2002).　36) 伊与田浩志 他：日本機械学会論文集，B 64-619, 821～828 (1998).

Table C-13-1-10　金属の表皮抵抗（周波数20 kHz）
（Surface resistance）

種類	抵抗率 $\rho(\Omega \cdot m)$ $\times 10^{-8}$	表皮の 厚さ s(mm)	表皮抵抗 $R_s(\Omega)$ $\times 10^{-4}$	比透磁率 μ_s
鉄	9.8	0.11	8.91	100
アルミニウム	2.5	0.56	0.45	1
銅	1.7	0.47	0.36	1
18-0ステンレス	59	0.28	21	100
18-8ステンレス	108	3.0	3.6	1

なべ底そのものであるため，従来の電気コンロよりも熱効率が高く，90％近い値を示す．鍋底の単位面積当たりのうず電流損 P は次式で表され，ほぼ鍋底に吸収される電力となるとされている．

$$P = KR_s(NI)^2 \times 10^6 \text{ (W/cm}^2\text{)}$$

K：定数，R_s：表皮抵抗，N：電磁コイルの巻数
I：コイルを流れる電流

IH用の鍋は，鉄や鉄を含む合金が使用され，表皮抵抗の小さいアルミニウム，銅は発熱しにくく，ほとんどの機種で使えない．金属以外の鍋も使えない等の制約がある．また，ヒーターのトッププレートと鍋底が近接している必要があるため，丸底の鍋は効率が落ちる．200 Vの電源を使用した場合には都市ガスのコンロを使用するのとほぼ同程度の加熱速度を得ることができる．

13.2　衣料の熱物性値
（Thermophysical Properties of Textiles）

13.2.1　繊維素材（Fiber Materials）

広辞苑によると，繊維とは「細い糸のような物質．特に，動植物の細胞や原形質が分化して糸状になったもの．」とある．ここでは，引っ張りに対する抵抗性と曲げに対するしなやかさを有する線状の材料である実用繊維について述べる．繊維の種類を長さで分類すると，長さが数センチから20 cm程度の短繊維（ステープル）とエンドレスの長繊維（フィラメント）とがある．材質からの分類では，天然繊維，化学繊維に分類され，さらに天然繊維は動物繊維，植物繊維と鉱物繊維に，化学繊維は再生繊維，半合成繊維，合成繊維，無機繊維に分類される．分類例をFig. C-13-2-1に示す．鉱物繊維と無機繊維を除けば繊維は線状の高分子材料であるので熱伝導性は小さい．繊維はわた状の繊維集合体や布の形で，断熱性の高い空気を取り込んだ形態で利用されることが多いので，そのような繊維材料はさらに保温性（断熱性）が高い材料となる．繊維をわた状の集合体とした場合の伝熱性については次節のC-13-2-2で，布の伝熱性はC-13-2-4で詳述される．

合成繊維に用いられている繊維の多くは結晶性の高分子である．それらの熱的特性をTable C-13-2-1[1]に示す．

繊維に対する保温機能の付加は次の3種類に分類できる．

a) 静止空気の利用

繊維の内部を中空にすることで静止空気を閉じこめて中空繊維とする．この場合の繊維は軽量・保温素材となる．

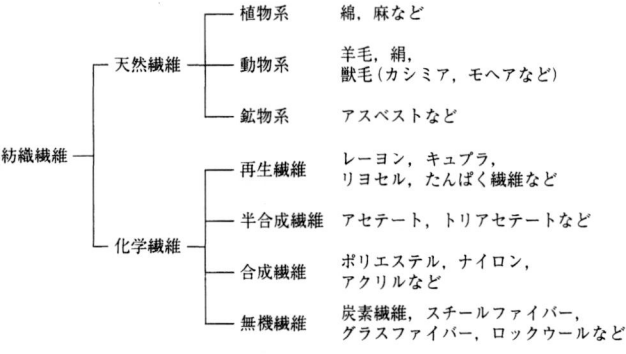

```
                  ┌─ 植物系 ─ 綿，麻など
         ┌ 天然繊維 ┼─ 動物系 ─ 羊毛，絹，
         │          │           獣毛（カシミア，モヘアなど）
         │          └─ 鉱物系 ─ アスベストなど
紡織繊維 ┤
         │          ┌─ 再生繊維 ─ レーヨン，キュプラ，
         │          │              リヨセル，たんぱく繊維など
         │          ├─ 半合成繊維 ─ アセテート，トリアセテートなど
         └ 化学繊維 ┤
                    ├─ 合成繊維 ─ ポリエステル，ナイロン，
                    │              アクリルなど
                    └─ 無機繊維 ─ 炭素繊維，スチールファイバー，
                                   グラスファイバー，ロックウールなど
```

Fig. C-13-2-1　繊維の分類（Classification of fiber）

Table C-13-2-1　繊維用高分子の熱的性質[1]
（Thermal properties of polymer for fiber）

高分子名	ガラス転移 点Tg(℃)	融点 Tm(℃)	軟化温度 (℃)	比熱Cp (25℃) (kJ/kgK)
ナイロン6	40	215-220	180	1.36-1.59
ナイロン66	50	250-260	230-235	1.46
ポリエチレンテレフタレート（ポリエステル）	69	255-260	238-240	1.13
ポリアクリロニトリル（アクリル）	105	不明瞭	150	1.25
ビニロン	85	不明瞭	220-230	1.30-1.51
ポリプロピレン	-3	165-173	140-160	1.63-1.80
ポリエチレン	-36	125-135	100-115	1.55-1.76
ポリ塩化ビニル	-19	200-210	—	0.96
ポリ塩化ビニリデン	-18	165-185	145-165	—
ポリテトラフルオロエチレン	-73	330	—	0.96

b) 光の利用

太陽光を吸収し蓄熱する繊維（蓄熱繊維），遠赤外線領域の熱放射効果の高い繊維，人体からの熱放射を反射する効果が期待させる繊維がある．これらの繊維はセラミックや金属化合物などを繊維に練り込んだり，複合させたりして作る．

c) 相変化の利用

相変化の利用として，水蒸気を吸収して発熱させる繊維がある．天然繊維ではウールが知られているが，疎水性の合成繊維を改質してウールの倍ほどの吸湿性を持つ繊維が開発されている．このような繊維を混紡した糸で造られた下着は吸湿発熱するので暖かい．これは吸湿発熱繊維と呼ばれる．

13.2.2 集合体の有効熱伝導率（Effective Thermal Conductivity of Assemblage）

一般に，繊維集合体は固体である繊維と気体である空気との2成分系の複合材料である．また，時としてそれに水分が加わり，3成分系の複合材料となる．繊維集合体の"熱伝導率"は，繊維集合体の内部構造をブラックボックスとし，1つの固体とみなすことから得られる．したがって，繊維集合体に対する"熱伝導率"として"見掛けの熱伝導率"あるいは"有効熱伝導率"という用語が用いられる．

繊維集合体の有効熱伝導率に与える因子を羅列してみると，布の構成要素である繊維，空気および水の各熱伝導率，繊維集合体の構造に関連した要素として繊維の熱伝導異方性，繊維の体積分率，繊維の配列状態，繊維相互間の接触状態など，また，伝熱の形態に関連した要素として上述した放射や対流そして水分の移動などが考えられる．

(a) 繊維集合体の有効熱伝導率（Effective Thermal Conductivity of Assemblage）

熱は繊維集合体内を，繊維同士あるいは繊維と空気の伝導，繊維間の放射，そして対流によって伝わる．しかし，強制対流でない限りは繊維集合体内で対流が起こりにくいから，対流の影響を無視できる場合が多い．また，放射の影響は繊維の体積分率が小さい所で顕著で，体積分率が大きくなると小さくなる．繊維の有効熱伝導率は，C-13-2-3項で述べるように空気よりも幾分か大きく，また，異方性を持っている．したがって，繊維集合体の有効熱伝導率は繊維の体積分率や配列の影響を受ける．

(b) 繊維束の熱伝導モデル（Heat Conduction Model of Fiber Bundle）

まず熱の流れにおいて，放射や対流の影響が無視できる場合について考える．ここでは，繊維の配列は，繊維が平行に配列し，互いの熱的接触が無視できる場合とし，さらに，1本の繊維を断面形状が正方形の直方体として単純化する．繊維1本当りに割り当てられる空間を L^3 とすると Fig. C-13-2-2 になる．

(1) 繊維軸方向の繊維束の有効熱伝導率（λ_{e-1}）

Fig. C-13-2-2 で熱流 Q_1 方向の熱コンダクタンスは繊維の長さ方向の熱伝導率を λ_1，空気の熱伝導率を λ_a とすると，繊維と空気の両熱コンダクタンスの和で表わされるから，

$$\frac{\lambda_{e-1}L^2}{L} = \frac{\lambda_a(L^2-b^2)}{L} + \frac{\lambda_1 b^2}{L} \tag{1}$$

いま，$m' \equiv \lambda_1/\lambda_a$ とすると，$V_f = b^2/L^2$ であるから，

$$\frac{\lambda_{e-1}}{\lambda_a} = (1-V_f) + m'V_f \tag{2}$$

となる．

(2) 繊維の軸に垂直方向の繊維束の有効熱伝導率（λ_{e-2}）

Fig. C-13-2-2 で熱流 Q_2 方向の繊維束の有効熱伝導率 λ_{e-2} は，繊維の長さに垂直な方向の熱伝導率を λ_2 とすると Fig. C-13-2-3 の a-b，c-d 面を等温面と仮定すると Eq.(3)，e-f と g-h 面を断熱面と仮定すると Eq.(4) となる．

$$\frac{\lambda_{e-2}}{\lambda_a} = \frac{1}{1-\sqrt{V_f} + \dfrac{1}{m + \dfrac{1}{\sqrt{V_f}} - 1}f} \tag{3}$$

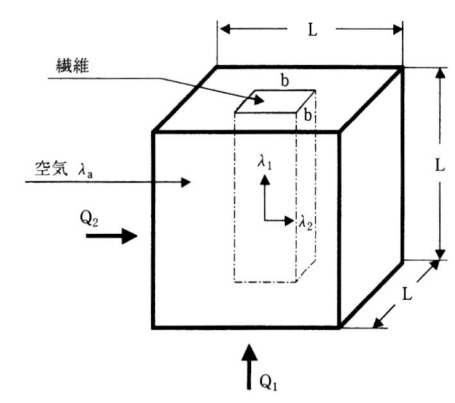

Fig. C-13-2-2　角柱繊維束の熱伝導モデル
（A heat conduction model of bundle of square pillar fiber）

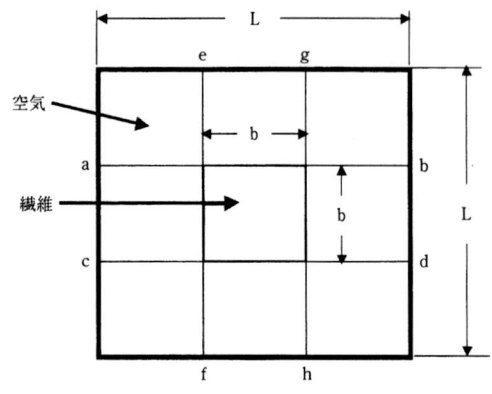

Fig. C-13-2-3 上述の断面図（Cross section on above figure）

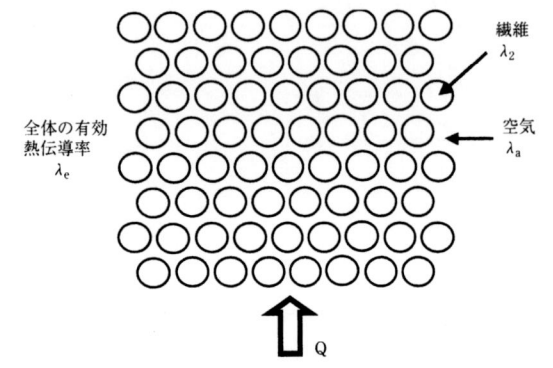

空気
繊維

Fig. C-13-2-4 繊維束の軸に垂直方向の熱伝導モデル（A model of heat conduction perpendicular to fiber bundle axis）

全体の有効熱伝導率 λ_e
繊維 λ_2
空気 λ_a
Q

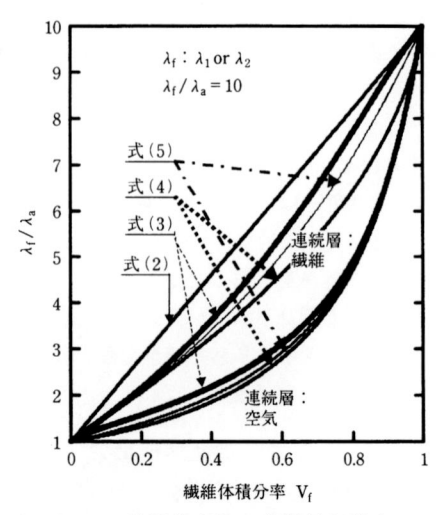

Fig. C-13-2-5 繊維集合体の有効熱伝導率のモデル計算（Model calculations of effective thermal conductivity of fiber assembly）

$\lambda_f : \lambda_1$ or λ_2
$\lambda_f / \lambda_a = 10$
式(5), 式(4), 式(3), 式(2)
連続層：繊維
連続層：空気
繊維体積分率 V_f

$$\frac{\lambda_{e-2}}{\lambda_a} = 1 - \sqrt{V_f} + \frac{1}{\frac{1}{m} + \frac{1}{\sqrt{V_f}} - 1} \qquad (4)$$

ここで，$m \equiv \lambda_2/\lambda_a$ である．

次に，Fig. C-13-2-4 に示すモデル，すなわち円柱状繊維を一様に配置した繊維束について，セルモデル理論を適用した場合の理論式は Eq.(5) となる[2]．この式による計算結果と数値計算[3]の結果を比較すると，繊維の体積分率が65%までは極めてよく一致している．

$$\frac{\lambda_{e-2}}{\lambda_a} = \frac{1 + \frac{m-1}{m+1} V_f}{1 - \frac{m-1}{m+1} V_f} \qquad (5)$$

繊維軸方向の繊維束の有効熱伝導率 λ_{e-1}（Eq.(2)）と繊維の軸に直角方向の繊維束の有効熱伝導率 λ_{e-2}（Eq.(3)～(5)）の計算例を Fig. C-13-2-5 に示す．この計算例では繊維の熱伝導率が空気の10倍の場合である．Eq.(3)～(5)において，Eq.(5)が Eq.(3)と(4)の間の値を取っている．Eq.(3)と(4)は繊維の断面形状を正方形とし，さらに熱の流れを単純化し過ぎているために誤差がでていると思われるが，式(5)との差はそう大きくない．したがって，いずれの単純化モデルの利用も概ね可能であろう．

Fig. C-13-2-5をみると，λ_1 と λ_2 の値が同じであっても λ_{e-1} が λ_{e-2} より大きい．繊維束の有効熱伝導率値は，繊維軸方向が垂直方向よりも大きいことが分かる．すなわち，配列の効果が見られる．さらに，繊維の熱伝導率は，繊維軸に垂直方向より軸方向が大きいから，この配列の影響は増強される．なお，Eq.(3)～(5)のモデルでは空気が繊維を包んでいるので繊維同士の接触は皆無としているが，逆に繊維同士の接触が増して繊維が空気を完全に包みこんでしまう構造モデル（Eq.(2)～(4)で繊維と空気を入れ換える）を Fig. C-13-2-5 に併記した．図か

---

1) 繊維学会編，「第3版繊維便覧」，p.113，丸善（2006）から抜粋引用．ー 2) 加藤豊文・鎌田佳伸・新谷一人・大島信徳，冷凍，Vol.54, 963 (1979). 3) 鎌田佳伸，繊学誌，Vol.31, 317 (1975). 4) 堀川 明：基礎繊維工学V，日本繊維機械学会編，p.280 (1971). 5) 竹中はる子，家政誌，Vol.14, 77 (1963).

らも明らかであるが，同じ体積分率では当然熱伝導率の大きい繊維で空気を包んだ方が繊維束（軸に垂直方向）の有効熱伝導率は大きい．すなわち，繊維同士の接触が増せば繊維束の有効熱伝導率はそれに従って大きくなる．堀川[4]や竹中[5]は，繊維の集合状態を考慮したモデルを提案し，実験による検証をしている．

なお，軸方向に関しては繊維が空気に包まれるか，包まないかによるモデル上の差異は生じない．

（c）繊維集合体の有効熱伝導率のおよその範囲（Estimated Range of Effective Thermal Conductivity of Fiber Assembly）

空気の熱伝導率に対する繊維の軸に垂直方向の熱伝導率比 $m = 4.3 \sim 13.3$ として，Eq.(5)で空気に対する集合体の有効熱伝導率比 $\equiv (\lambda_{e-2}/\lambda_a)$ を計算し，その結果を Fig. C-13-2-6 に示す．かなり緻密な布でも体積分率が0.6を越すことはまずないであろうし，まして，わた状の繊維集合体では体積分率はことさらに小さくなる．そう見ると Fig. C-13-2-6 の結果では集合体の有効熱伝導率は斜線部分のより小さい繊維の体積分率にあることになり，繊維が集合体の有効熱伝導率に与える影響は小さく，空気の熱伝導率が支配的であることが分かる．このように，繊維をなるべく熱的に接触しないように配列した場合には，繊維集合体の熱絶縁性は Fig. C-13-2-6のようになる．実際には，放射の影響，繊維の接触，繊維の異方性と配列，含水率その他の要素がここで得られた有効熱伝導率を大きくする方向に働くことに注意する必要がある．

（d）わた（繊維束）の有効熱伝導率に及ぼす放射の影響（Influence of Thermal Radiation on Effective Thermal Conductivity of Fiber Assenbly）

空気中にある物体間の伝熱を考えると，伝導伝熱の場合には物体間距離が直接影響する（距離が長いほど伝熱量は小さくなる）が，放射による伝熱では距離に依存しないという特徴を持つ．また，ある一定の距離間を次々と繊維を経由して放射で熱が伝えられる場合を考えると，その間の伝熱に関与する繊維本数が多くなるに従い放射伝熱は小さくなる（平板間の放射伝熱でその内部の遮蔽板の数が多いほど放射伝熱は悪くなることと同じ）から，繊維の体積分率が大きくなるほど放射による伝熱は小さくなる．なお，繊維径は太いほど放射伝熱が大きくなることも知られている[6]．繊維の存在す

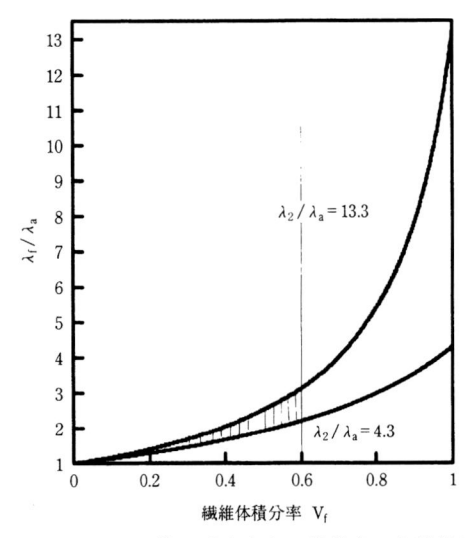

Fig. C-13-2-6 軸に垂直方向の繊維束の有効熱伝導率の例（An example model of effective thermal conductivity perpendicular to fiber bundle axis）

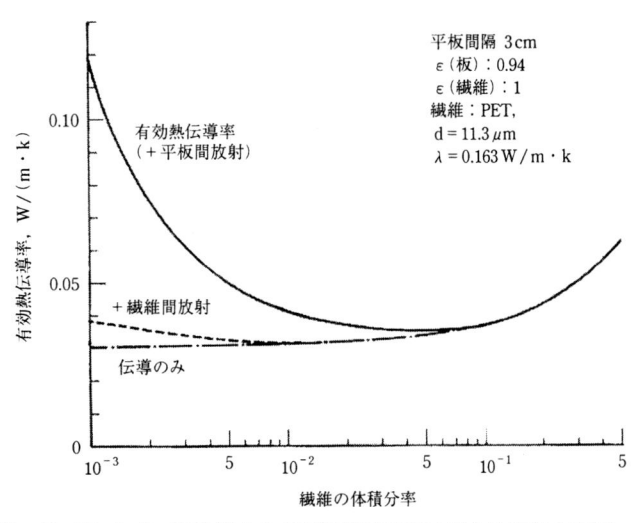

Fig. C-13-2-7 繊維集合体の有効熱伝導率に関する放射の影響（数値シミュレーション）（Influence of thermal radiation on effective thermal conductivity of fiber assembly (Numerical simulation)）

---

6) 藤本尊子・丹羽雅子：繊機誌，Vol. 42, T 27 (1989). 7) 渡辺常正，衛生工業協会誌，Vol. 29, 433 (1955), Vol. 30, 77 (1956). 8) 藤本尊子・関 信弘：繊機誌，Vol. 40, T 13 (1987).

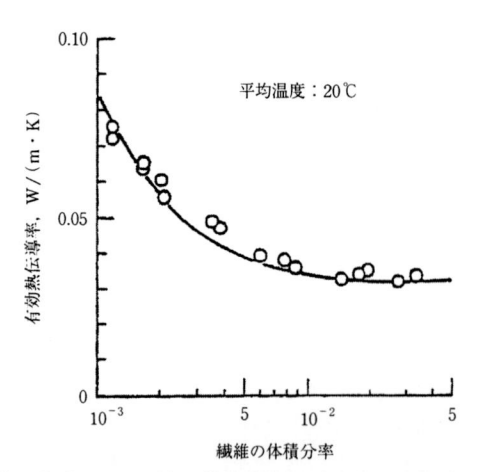

Fig. C13-2-8 綿の繊維集合体の有効熱伝導率の数値シミュレーションと測定値の例 (An example of effective thermal conductivity of cotton fiber assembly by Numerical simulation and observed values)

る場合の放射伝熱の近似理論が渡辺[7]や藤本・関[8]によって提案されているが，ここでは野飼の数値計算[9]の結果を示す．

野飼は，繊維集合体を通して伝えられる放射伝熱量を数値計算で求めている．繊維集合体の構造モデルは，繊維が千鳥に配列している理想化された構造を用いてシミュレーションしている．その結果の一例をFig. C-13-2-7に示す．繊維の体積分率が小さくなるに従い急激に放射の影響が増大することが示されている．放射の影響は，加熱面あるいは冷却面と各繊維層との間の放射伝熱が重要で，繊維間の放射伝熱は極めて小さく無視できると考えられる．計算に用いた値は，平板間距離が30 cm，両平板と繊維の放射率はそれぞれ0.94と1，繊維直径は11.3 μm，繊維の熱伝導率は0.163 W/(m・K)，平均温度は80℃，温度差33.12℃である．

Fig. C13-2-8は綿を試料とした野飼の結果[10]の例である．計算結果が実線で，測定値がプロットで示され，両者のよい一致が示されている．

13.2.3 繊維の有効熱伝導率
(Effective Thermal Conductivity of Fiber)

繊維には無機繊維や金属繊維もあるが，一般には繊維状高分子である．繊維状高分子はその長さ方向に直鎖状の分子が多く配向しているから強い熱伝導の異方性を有する．また，一般に繊維は水分を含むから水分率によっても熱伝導性は変わる．機能性を付与した繊維には内部に空隙を設けたり，中空のものもあるし，合成繊維では酸化チタンを始めとしていろいろな添加物が付与されてもいる．すなわち，繊維素材は水分や空気，添加物を含んだ複合材料といえるものであるから，繊維の熱伝導率は正しくは有効熱伝導率というべきであろうが，通常は単に熱伝導率と呼んでいる．本項では，「繊維の熱伝導率」ではなく，「繊維の有効熱伝導率」と呼ぶ．

Table C-13-2-2 繊維の有効熱伝導率
(Effective thermal conductivity of fiber)

繊維	熱伝導率 λ (W/(m・K))		文献	備考
	軸方向 λ_1	軸に垂直 λ_2		
綿	2.88	0.24	11	
綿	2.55	0.21	12	水分率 26%*
綿	0.46		13**	水分率 5%*
リネン	2.83	0.34	11	
レーヨン（長繊維）	1.90	—	11	
レーヨン（キュプラ）	1.38	0.34	12	水分率 45%*
レーヨン（短繊維）	1.42	0.24	11	
レーヨン	0.29		13**	水分率 10%*
絹	1.49	0.12	11	
羊毛	0.48	0.16	11	
羊毛	0.19		13**	水分率 10%*
羊毛（92%羊毛、8%ナイロン）	1.51	0.24	14	水分率 33%*
ナイロン	1.43	0.17	11	
ナイロン	0.75	0.24	2	水分率 0%
ポリプロピレン（パイレン）	1.24	0.11	11	
ポリエステル（長繊維）	1.26	0.16	11	
ポリエステル（長繊維）	1.09		14 15	水分率 0%
ポリエステル（長繊維）	1.05	0.18	12	水分率 0.6%
ポリエステル（短繊維）	1.18	0.13	11	
アクリル（エクスラン）	1.02	0.17	11	
カーボン繊維	7.96	0.66	11	
アラミド繊維（ケブラ49）	4.35	0.10	11	
ガラス繊維（E-ガラス）	2.46	0.51	11	

* 布の有効熱伝導率の測定結果からの推定値
** 文献13）の測定値には繊維の熱伝導異方性が考慮されていない．

---

9) 野飼 享：繊学誌, Vol. 36, T389 (1980). 10) 野飼 享・井原素三：繊学誌, Vol. 36, T427 (1980). 11) 川端季雄：繊機誌, Vol. 39, T184 (1986). 12) 仲 三郎・鎌田佳伸：繊機誌, Vol. 29, T100 (1976). 13) S. Baxter：Proc. Phys. Soc., Vol. 58, T105 (1946). 14) 仲 三郎・鎌田佳伸・吉野次朗：繊学誌, Vol. 30, T9 (1974). 15) 仲 三郎・鎌田佳伸：繊機誌, Vol. 26, T34 (1973) 26, T34 (1973).

繊維は布を構成する要素材料であるから，繊維の有効熱伝導率を知ることは基本的に大切なことである．繊維の有効熱伝導率の直接測定には，繊維が細長く，熱伝導率が固体としては小さく，異方性を有するなどの極めて難しい因子があるため，測定例はきわめて少ない．繊維の有効熱伝導率の測定例をまとめてTable C-13-2-2 に示す．高分子繊維に着目すると，有効熱伝導率の値は，軸方向が羊毛の0.48から綿の2.88 W/(m・K) の範囲にあり，軸に垂直方向ではポリプロピレンの0.11からリネンやキュプラの0.34 W/(m・K) の範囲にある．また，(軸方向有効熱伝導率/軸に垂直方向有効熱伝導率) は，ナイロンの3.1から絹の12.6の範囲にある．このように，分子配向により繊維の軸方向の値が軸に直角方向よりも大きく，配向度でいろいろと異なる．繊維の被服への実用性を考慮した場合には軸方向の熱伝導率 λ_1 よりも軸に垂直方向の熱伝導率 λ_2 の方が重要であるが，これらの値は空気の熱伝導率0.026 W/(m・K) に比べて4.3～13.3倍大きい．

13.2.4 衣服材料（布）の有効熱伝導率 (Effective Thermal Conductivity of Clothing Materials (Fabrics))

(a) 布の熱伝導率 (Thermal Conductivity of Fabrics)

布の熱伝導率の測定例として，男女の多数の夏用冬用服地の熱伝導率を測定している妹尾ら[16]の結果を引用してみる．Fig. C-13-2-9から特異なデータを除けば，布の熱伝導率の値はおよそ，紳士服地では0.04～0.06 W/(m・K) であるのに対して，婦人服地では0.03～0.065 W/(m・K) である．後者は前者に比べてわずかながら広く分布している．婦人服地の熱伝導率の分布が広いのは，繊維素材の種類の多さと布構造の多様性にその原因があると思われる．また，紳士服地では冬服地の方が夏服地より全体的に熱伝導率が大きく，婦人服地ではスーツ地の方がドレス地より全体的に大きな値となっている．

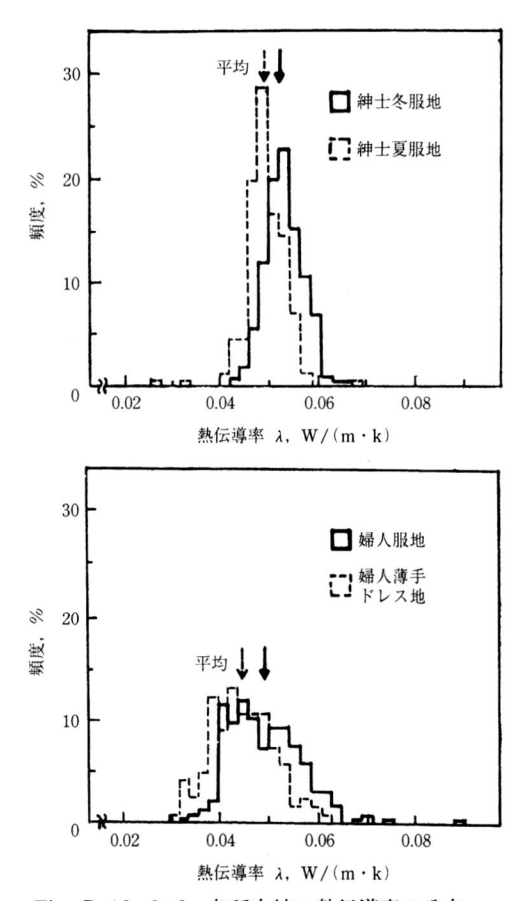

Fig. C-13-2-9 各種布地の熱伝導率の分布 (Distribution of thermal conductivity for fabrics which have many kinds of end-use)[14]

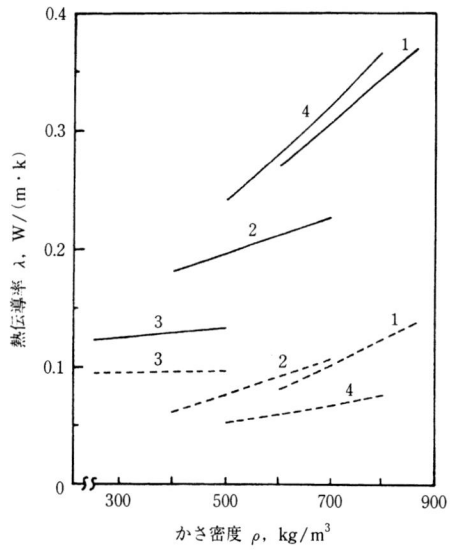

Fig. C-13-2-10 布のかさ密度と熱伝導率との関係（実線は縦糸方向の熱伝導率，破線は厚さ方向の熱伝導率で，試料1, 2, 3, 4 は Table C-13-2-3に同じ）(Relationship between thermal conductivity and bulk density, solid lines ; thermal conductivities in the direction parallel to warp, broken lines; those in the diretion perpendicular to fabric surface, samples 1, 2, 3 and 4 ; same as listed in s1istedin Table C-13-2-3)[17]

(b) 布のかさ密度と熱伝導率（Thermal Conductivity vs Bulk Density for Fabrics）

わた状の繊維集合体内の放射伝熱の研究[17]や水平平板間における対流発生限界に関する研究[18]から，常温付近では，ある程度の緻密さを持った布であれば，放射，対流による伝熱は無視できると考えられるから，伝導伝熱のみが布の熱伝導率に寄与すると考えて良い（勿論ここでは，強制的な空気の流れや水分の伝達などは扱っていない）．したがって，基本的には繊維の体積分率が大きくなるほど熱伝導率が大きくなるわけであるが，一方，繊維の強い熱伝導異方性を考慮すれば，伝熱の方向に存在する繊維の長さ方向成分の量が熱伝導率に大いに影響を与えるはずである．Fig. C-13-2-10は，布の厚さ方向の熱伝導率とたて糸方向の熱伝導率その他の同時測定結果である．かさ密度の増加（圧縮による）は各方向の熱伝導率を増加させる．また，フラノのように繊維の配列が比較的ランダムでかつ繊維の熱伝導率の異方性の小さい羊毛が使われている布地では，方向による熱伝導率の差が小さいが，タフタなどのフィラメント系の布では配列の良さと繊維の熱伝導率の異方性の強さとが布の熱伝導率に強い異方性を与えている．

(c) 布の水分率と熱伝導率（Thermal Conductivity vs Moisture Regain for Fabrics）

水の熱伝導率（20°Cで0.59 W/(m・K)）は空気（20°Cで0.026 W/(m・K)）に比べてかなり大きいから，布は吸水すると熱伝導率が増大する．Fig. C-13-2-11は繊維素材別の含水率に対する熱伝導率を示している．結果は繊維素材別に，①木綿，レーヨン等（のセルロース系繊維），②ポリエステル，ポリプロピレン，③羊毛と分類される．吸水性高く，標準状態の水分率も高い繊維である①のグループでは，どのような含水状態でも熱伝導率が高いが，含水率に対する増加の割合は小さい．吸水性も標準状態の水分率も低い繊維からなる②のグループでは，含水率100%程度までは熱伝導率が①のグループより小さいが，それ以上になると急上昇する．撥水性高く，濡れにくいが，吸湿性の大きい繊維である③の羊毛では，どのような含水率に対しても他の繊維より熱伝導率が小さい．このように，含水状態における布の熱伝導率には，繊維素材の持つ水分特性，すなわち吸湿性，吸水性が大いに影響を及ぼしている．

(d) 布の温度伝導率（Thermal Diffusivity of Fabrics）

布の温度伝導率は，かさ密度の小さいところではかさ密度の増加と共に急激に低下するが，かさ密度が大きくなると変化が少なくなる（Fig. C-13-2-12）．これは，かさ密度が大きくなると布の構成繊維間の接触の影響などにより，布の熱伝導率が急激に大きくなるからと考えられる．

(e) 布の比熱（Specific Heat of Fabrics）

布の比熱の例をTable C-13-2-3に示す．布の比熱は布を構成している繊維，水分，空気の各々の密度，比熱，繊維の容積比率などによって定まるが，とくに水分の影響が大きく，ベンベルグとフラノは大

Table C-13-2-3 布の比熱
(Specific heat of fabric)[17]

布	水分率 (%)	比熱 c (J/(kg・K))
1. ベンベルグ	13.8	1840
2. ポリエステル－羊毛の交織	7.8	1470
3. フラノ	12.6	1760
4. ポリエステルタフタ	0.4	1170

1) 熱伝導率 λ と温度伝導率 a の同時測定結果を用いて，$c = \lambda / a\rho$ より算出，ρ：かさ密度
2) 試料2は，たて糸がポリエステル，よこ糸が羊毛
3) 試料3は，羊毛92%，ナイロン8%の混紡

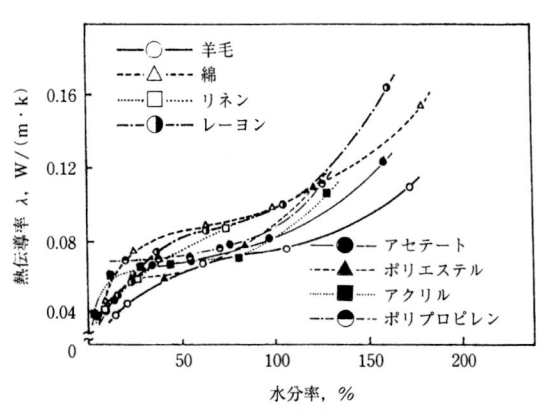

Fig. C-13-2-11 種々の繊維からなる布の水分率と熱伝導率の関係（Thermal conductivity vs moisture regain for fabrics made from various fiber materials）[18]

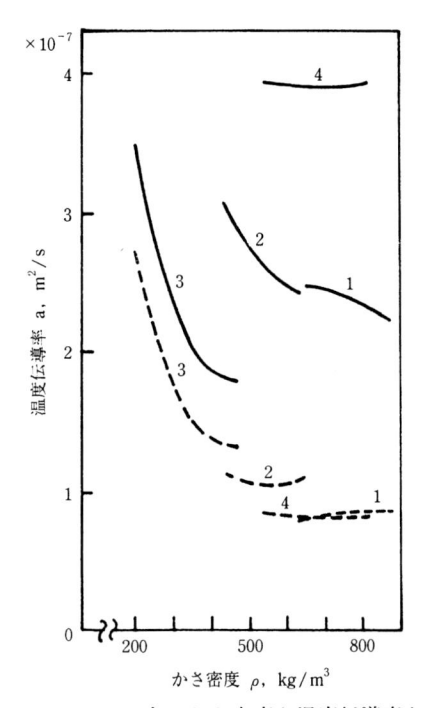

Fig. C-13-2-12 布のかさ密度と温度伝導率との関係, 実線は縦糸方向の温度伝導率, 破線は厚さ方向の温度伝導率で, 試料1, 2, 3, 4はTableC-13-2-3に同じ (Relationship between thermal diffusivity and bulk density, solid lines ; thermal diffusivities in the direction parallel to warp, broken lines; those in tbe direction perpendicular to fabric surface, samples 1, 2, 3 and 4 ; same as listed in Table C-13-2-3)[17]

きい値を示している.

13.2.5 着衣の伝熱 (Heat Transfer of Wearing Clothes)

(a) 着衣の伝熱と熱物性 (Heat Transfer and Thermophysical Properties of Wearing Clothes)

着衣の伝熱(着衣を通しての熱・水分移動)は人体からの熱の乾性放熱(伝導, 対流, 放射)に加え, 水の蒸発(それに伴い蒸発潜熱を人体から奪う), 水蒸気の拡散, 凝縮(凝縮発熱がある), 液相水の繊維集合体への毛管作用, 水蒸気の繊維への吸・脱着(吸着で発熱, 脱着で吸熱が起こる)が組合わさった複雑な現象であるが個々の要因は単純な物理現象の組み合わせや変形であると考えられる.

布は繊維と空気の複合材料である. 熱物性は物質が定まれば決まるが, 布の熱伝導率は大きさ, 形に影響されるため熱物性の定義から逸脱し, 厳密には熱物性というより物体の性質である. さらに, 着衣となると人体との間に被服間隙が存在し, 動作により変形し, 空間が大きいと流れが生じるため, 媒体の性質ではある[21]が, 熱物性とは言えない. あえて熱物性のように表現できれば実用上便利である. 着衣の伝熱ひいては温熱的快適性に影響を与える着衣の熱物性として着衣の熱抵抗と蒸発熱抵抗がある. ここでは着衣の熱抵抗に関して着衣の構成要因や環境要因が, どのように影響するかを示す.

① 着衣の熱抵抗に影響する要因

着衣の熱抵抗を着衣重量で予測できるか試みた結果, 着衣重量と着衣の熱抵抗は, 相関係数0.5であった. したがって着衣重量は着衣の熱抵抗の大まかな目安にはなるが着衣重量のみでの予測には限界がある. 着衣した人体には被覆部と露出部があり, 着衣の熱抵抗は被覆面積とゆとりに影響され重量だけでは捉えられないためである.

② ゆとりと重ね着の着衣の熱抵抗への影響

空気には粘性があるから被服間隙が小さいと空気が流動せず静止している. 静止している限りはゆとりが増えるほど静止空気の量が増すことになるから, 当然, 熱抵抗は大きくなる. 間隙10 mm程度までは静止空気層と見なすことができる. 重ね着や上下組み合わせて着装した時の着衣の熱抵抗は, 単品被服熱抵抗の単純加算値と相関があり, 約8割程度となる. 着衣下の静止空気層がつぶされるからと推測されている.

③ 無風環境で安静時の換気の着衣の熱抵抗への影響

無風環境で人体が立位しているだけでも環境との温度差を原動力に0.10±0.05 m/s程度の被服内気流が生じ, 換気が起きる[23]. 換気には被服素材を通しての換気と開口部からの換気がある. 発熱平板に

---

21) 竹内正顯・薩本弥生 : 熱物性 7, 2 (1993) 101-105. 22) E.A. McCullough, B.W. Jones, P.J. Zbikowski : ASHRAE Transactions 89-2 A, (1983) 327-352. 23) 山田晃也・久次米正弘 : 日本繊維機械学会 56, 52-59 (2003). 24) Y. Satsumoto, M. Takeuchi, K. Ishikawa : Sen-i Gakkaishi 47, 6 (1991) 263-270. 25) G. Havenith, I. Holmér, K. Parsons : Energy and Buildings 34, 581-591 (2002). 26) 田村照子・酒井豊子編「着心地の追究」放送大学教育振興会 (1999).

よるモデル実験によるとゆとりが10mm以上の被服で，前者は意外に小さく，無風状態で人体が立位状態では着衣の熱抵抗に直接影響を与えないことが分かった[24]．この事は開口部からの換気の寄与が大きいことを示唆する．しかし，実際の着衣で安静時には着衣の熱抵抗に換気の影響は小さい．ゆとりが不均一で少なく，衿元やウエストなどベルトなどで閉めているため，開口部からの換気も，あまり有効に機能していないのだろう．

④ **体動や気流による換気の着衣の熱抵抗への影響**

人体の体動や環境の気流は着衣の熱抵抗に影響を与える．環境の風速と歩行速度をかえて実測したデータを元に補正された着衣の熱抵抗をEq.(1)に示す[25]．環境風速2.0m/s，歩行速度1.2m/sまでに適応される．

$$I_{T,corr} = e^{(0.043 - 0.398 V_{air} + 0.066 V_{air}^2 - 0.378 V_{walk} + 0.094 V_{walk}^2)} I_T \quad (1)$$

V_{air}：風速（m/s），V_{walk}：歩行速度（m/s），I_T：安静時熱抵抗（clo）

低気流下での軽作業では着衣の熱抵抗への体動や気流の影響はほとんど無視できる程度であった[25]．風速0.5m/s以上あるいは代謝量174W/m^{2}を越えるようなより動的な状態では体動や気流による熱抵抗の低下は顕著である．しかし，低気流や微風速時には体動や気流による換気で着衣の熱抵抗を低下させることは難しい．この場合，暑さをしのぐためには服を脱ぐ以上に有効な方法がない．

以上，着衣の構成要因や環境要因が着衣の熱抵抗へ及ぼす効果について述べてきた．着衣の熱抵抗は単に布の性質だけでなくデザイン，着方等，被服の構成要因や環境要因から影響される．さらに水分移動が関わってくると，なおさらである．

⑤ **人間側の要素の影響**

ヒトの温度感受性には部位差があり，冷感受性はとくに顔面部，体幹部の感受性が高いという[26]．また，露出面積を同一にして着衣の熱抵抗が同じでも被覆部位により温冷感に違いが認められる．したがって着衣の温熱的快適性を総合的に評価する場合には着衣の熱抵抗など物理的条件に加えて，これを受ける人体の生理反応，体性感覚も明らかにする必要があ

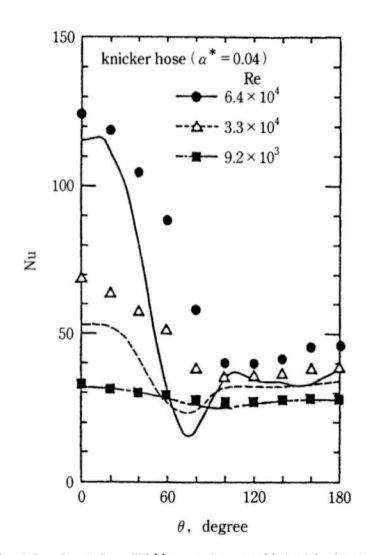

Fig. C-13-2-13　円筒モデルの熱伝達率分布の計算値と実測値例（Calculated and measured heat transfer coefficients on the cylinder covered with clothing）

ることを申し添えておく．

(b)　**円筒モデルの着衣系熱伝達**（Heat Transfer on Cylinder Covered with Clothing）

熱伝達率は熱物性値ではない．「物性値から熱伝達率が計算できるか？」これが本項の述べるべきことがらである．基本的にはイエスである．風が当たる場合の例を挙げればFig. C-13-2-13のような熱伝達率分布が計算できる[27]．「間違いなくできるか？」と問われれば，ノーである．熱物性値と熱伝達率の間の架け橋は未だ恒常的なものではない．

物性値は客観的で定量的な量である．しかし着衣の性能評価の値そのものではない．熱伝達率はひとつのfigure of meritであり実用的ではあるが，条件を捉え切れないと客観性に欠ける．このような現状から，物性値を計る人からは，衣服科学は科学以前だと思われ，衣服を研究する人からは，物性値なんてどうでも良いと思われている．

物性値は物質の性質を表すが，物質，物体，系とことばを並べて着衣した人を思い浮かべて見れば，物質は媒体あるいは空間の即物的な言い方と分る．物性値は媒体あるいは空間の力学的な性質を表そうとしているのだ．

風に直接関係する物性は衣服材料の通気性である

27) 竹内正顕ら，日本機械学会論文集**49**, 443, 1493-1502, 1983.　28) 竹内正顕ら，日本機械学会論文集**48**, 425, 97-104, 1982

13.2 衣料の熱物性値

が，これは JIS の通気度とは似て非なるものである．少なくとも Darcy 法則のような通気度で表さなくてはならない．Darcy 法則は風によって生じる圧力分布と着衣内に生じる浸透流速を関係づける．このような関係が力学と呼ばれる．数学的には方程式である．

他に熱伝導率が表す熱伝導法則と，熱量保存，質量保存で計4方程式．それに対し浸透流，熱流，圧力，温度と4つの未知量．これで方程式は完全に揃ったことになる．

方程式が揃うと終わりと思いがちだが，実は方程式は変化の仕方を言っているだけで，現象を描写して見せる上で大事なのは境界条件である．金利が高い・低いと言ってみたところで，今の所持金がはっきりしなければ明日の資産額は推定できないのと同様だ．リアリティはむしろ境界条件がにぎっている．

この場合には接触層と呼ぶものがそれで，円筒と疑似着衣の間には浸透しやすい層が出来ていて，これを考慮した境界条件を書かないと現実とまったく異なった「答え」が出てきてしまう[28]．

これは実験にも影響する．接触層をコントロールしないで行った実験は再現性と客観性に欠ける．接触層係数 α^* を実験定数と誤解する人がいるが，これは実体なのである．

着衣円筒は単純なものである．それでも，われわれの理解力に較べると十分複雑である．通気性，熱伝導率，空気の熱容量，厚さ，接触層，そして風速．これだけの量が関係すると，実験だけで関数関係を把握するのは不可能だと筆者は思う．その面で数理モデルは，リアリティに近づく唯一の道である．

数理的に詰めることは，論理的な辻褄合せを強固にすることで，経験的な知識を延長する上での効力を強くする．すぐにも見当つくのは，濡れがあれば表面張力による液相水の移動を考えに入れる，濡れないで蒸発するような不感蒸泄のケースであれば拡散の方程式を入れる．このように領域を広げて行けば物性値と熱伝達の間に橋が架かり，両側の住人が尊敬しあう時代になる．

(c) ふく射伝熱 (Radiative Heat Transfer)

着衣のふく射伝熱については，次の2つのケースについて議論されることが多い．ひとつは，太陽からの日射を受ける場合，そして，もう一つは，人体からの放熱である．ここでは，この2つのケースを念頭において，着衣におけるふく射伝播，伝熱について述べる．

先にも述べたように，着衣（布）の熱物性は，厳密な意味で物性とは言えない．ふく射物性についても同様で，布の素材だけでなく，その構造によって値は変わる．さらに，ふく射伝播の取り扱い方（モデルといっても良い）によって，ふく射物性そのものが変わってしまう．ここでは，代表的なふく射伝播の取り扱い方，そのふく射物性について，さらに，その計測方法を概説する．

布地が薄くその中（布の内部）のふく射伝播の詳細が必要ない場合，布の反射率，吸収率，および，透過率が分かれば，ふく射伝熱を評価できる[*1]．太陽からのふく射を例に，着衣・人体系におけるふく射伝熱について述べる．

太陽からのふく射は，ある方向から着衣（布）に入射する．一部は反射されるが，残りは布の中まで入り込む．その一部は吸収され，熱に変わり，布の温度上昇をもたらす．そして，その残りが着衣を通して人体表面に達し，人体を加熱する．このようなふく射伝播を評価するのに，先に挙げた，反射率，吸収率，透過率が利用される．

ここで注意すべきことは，太陽からのふく射は指向性が強い（一方向に伝播する）こと，一方，反射あるいは透過したふく射は，拡散的に伝播する（拡がって行く）ことである．透過ふく射を例に述べると，Fig. C-13-2-14 に示すように，もとのふく射の伝播方向には，一部のふく射エネルギーしか伝播しない．伝

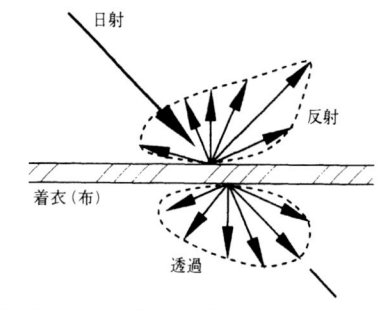

Fig. C-13-2-14 着衣（布）におけるふく射の反射，透過 (Reflection and transmission of radiation in cloth)

[*1] 防寒着に利用される中綿など，空隙率の高い（繊維充填率の低い）繊維層を扱う場合には，繊維層内のふく射伝播を考慮する必要がある．それらに関しては，散乱吸収性媒体としての取り扱いが必要．

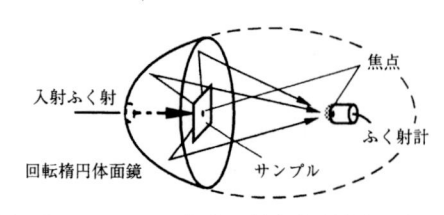

Fig. C-13-2-15 指向入射半球反射計測法
（Measurement apparatus for hemispherical reflectance）

熱問題を扱う際には，入射ふく射のエネルギー E_{inc} に対して，透過して，全半球に伝播するふく射の総エネルギー E_{tr} で定義された指向入射半球透過率 $\tau_{NH}(=E_{tr}/E_{inc})$ [29)] が利用しやすい．

反射率に関しても同様である．反射率，透過率の計測の際には，このふく射の拡がりに注意しなければならない．例えば，この指向入射半球反射率の計測には，Fig. C-13-2-15 にあるような計測装置[30)] が必要である．

これら以外に，指向入射指向反射率（透過率）や半球等強度入射半球反射率（透過率）なども別に定義されている[29)]．

吸収率 α_N に関しては，上で定義された指向入射半球透過率 τ_{NH}，指向入射半球反射率 ρ_{NH} を用いると，以下のエネルギー保存則が成り立つので，容易に求めることができる．

$$\alpha_N + \rho_{NH} + \tau_{NH} = 1$$

吸収されるエネルギーは入射ふく射エネルギー E_{inc} に，この吸収率 α_N を乗じることで得られる．

さて，もう一つ重要なことは，これらのふく射物性には，波長依存性があることである．人体の放熱に関しては，放射源の温度（300 K 程度）が低いので，伝熱に寄与するふく射は，波長 10 μm 程度を中心とする赤外線である（Wien の変移則[29)]）．一方，太陽からのふく射は 0.4～0.7 μm を中心とする可視光である．物性計測，利用の際には，波長に関する注意も必要である．

最後に，着衣として利用される「天然および化学合成繊維からなる布」の多くは，赤外の波長域（10 μm 付近）において，高い吸収率を持つことを述べておく．反射率は小さく，ほぼゼロと考えてもよい．透かして向こうが見えない場合（これは可視光に対する特性であるので，あくまでも目安）には，吸収率を1として，近似的にふく射伝熱の評価を行うことができる．ただし，ふく射伝熱の評価に，例えば，一桁の精度が要求される場合には，ふく射物性の分光データが必要とも言われている．

(d) 透湿性（Water Vapor Permeability）

JIS の L1099 で繊維製品の透湿度試験法が規定されている．A-1，A-2，B-1，B-2 の4種類がある．試験結果は透湿度で表すことになっているが，これは透湿のフラックスを値で示すことに等しい．各方法はカップの口を試料で覆い，カップ内に水あるいは吸湿剤を入れ，カップ外にはそれに応じて吸湿剤あるいは水を置いて透湿を生じさせる点は共通である．吸湿剤の選び方に工夫があって，固体，溶液，乾燥空気などが見られる．

透湿度を見かけの拡散係数のような物性値に翻訳しようとすれば，フラックスの他に試料をはさんだ湿度差の値が必要である．湿度差がはっきりする点では B-2 法が優れている．その概要は Fig. C-13-2-16 のようで透湿・防水の極薄フィルムが活かされている．B-2 法で貫通孔を多数開けた金属板を試料として計測して結果を透湿抵抗で表し，拡散理論から計算した値と比較すると Fig. C-13-2-17 になる．両者は現在の精度では一致した値と見てよい．すなわち，B-2 法では試料の拡散係数と言える値が測定できる[31)]．

A-1 あるいは A-2 法では透湿度の値で表しても B-2 法とは大きく異なるし，試料の序列も異なることがある．原因は透湿に係る抵抗が試料以外の部分で

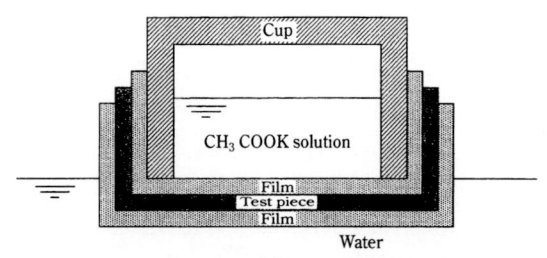

Fig. C-13-2-16 透湿度測定 JIS の B-2 法概要
（B-2 method of Japan Industrial Standard for water vapor permeability of textiles）

29) Brewster, M. Q. : Thermal Radiative Transfer & Properties, John - Wiley & Sons Inc. 1992. 30) 吉田敏賓, 田中貞行, 牧野俊郎 : 日本機械学会論文集 B 編 57 巻 542 号（1991）pp. 3551-3555.

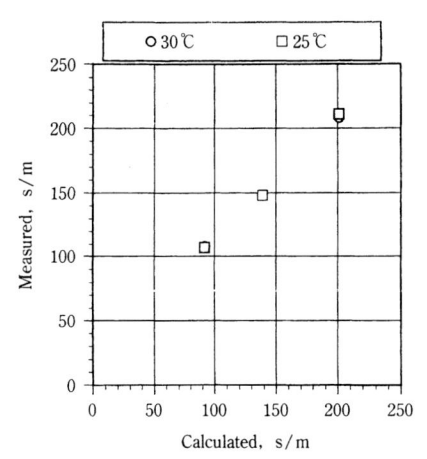

Fig. C-13-2-17 多孔金属板の透湿抵抗に関するB-2測定値と拡散による計算値（Measured and calculated resistance values of perforated metal plates）

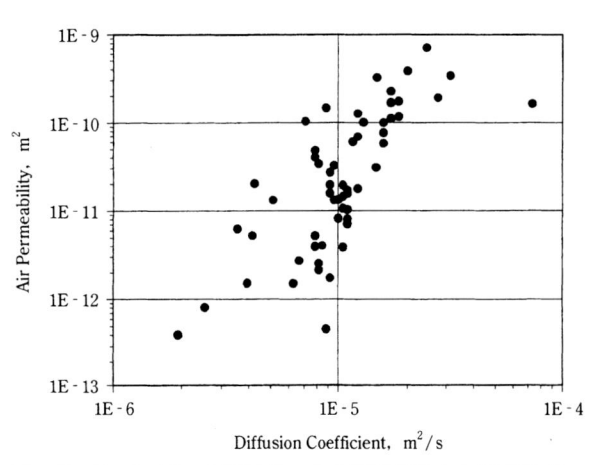

Fig. C-13-2-18 衣服材料の水分拡散係数と空気透過率の相関（Diffusion coefficient of textile fabrics and their air permeability）

大きく，かつカップ外の外乱を受けやすく，空隙部で対流が発生するなどである[32]．しかし簡易であるのでしばしば利用される．

Fig. C-13-2-18 は M. E. Whelan ら[33] の A-2法による結果を筆者が計算し直して通気性との相関を見たものである．空気中の水分拡散係数 2.2×10^{-5} m^2/s と較べてみると，それをオーバーするデータは少数で，信頼できる計測であることがわかる．文明化された現在，彼らほどの注意を払う測定を A-1 あるいは A-2法で行うことは無理である．よしんば出来たとしても彼らの結果をうわまわる見込みは薄い．物性値的な値を求める場合には B-2法に頼ったほうが良い．

一方，着衣は身体を含めたシステムで，素材の物性値からシステム特性を推測できるところまで達していない部分が大きい．この面からは A法を選んだほうがシステム評価としては適切なこともある．

衣服素材は柔らかいので代表長さは変幻きわまりない．したがって物性値に過度な正確さを要求してはならない．Fig. C-13-2-18 でおおよその値を推測するにとどめて，必要に応じて実測することを薦める．およそ衣服素材と言われるものであれば，数値で一桁の広がりの中に収まっている．

13.3 住生活関連材料の熱物性値（Thermophysical Properties of Living）

13.3.1 畳（Tatami mat）

畳は床材として屋内を快適に保つ調温調湿機能に優れていることが知られている．畳はイグサで編まれている畳表とワラが縦横に層を成す畳床，縁で構成されている．そこで，畳をイグサ，ワラの繊維集合体として捉え熱定数について測定した結果を Table C-13-3-1 に記す．

見掛の熱伝導率は定常法の平行平板法測定された値である．また，比熱は畳床に使われているワラを示差走査熱量測定（DSC；Differential scanning calorimetry）により求められた値である．温度伝導率は以上より得られた見掛の熱伝導率，ワラの比熱を用いて温度伝導率の定義の Eq. (1) より算出した．

$$\alpha = \lambda/(c_p\rho) \tag{1}$$

α；見掛の温度伝導率，λ；見掛の熱伝導率
c_p；定圧比熱，ρ；密度

これらの熱物性値から畳は保温性に優れていることが分かる．また，最近の住宅事情で人工畳，建材畳と呼ばれている，畳床にワラ以外の建材（ヒノキ，インシュレーションボード，ポリスチレンフォーム，炭等）を一部または全体に使った物も普及している．

---

31) 竹内，深沢ら：第22回日本熱物性シンポジウム講演論文集 247-249, 2001．ㅤ32) 薩本，石川：文化女子大学紀要 **28**, 15-22, 1997．ㅤ33) M. E. Whelan, L. E. MacHattie ら：Textile Research Journal, **25**, 3, 197-223, 1955.

Table C-13-3-1 畳の熱物性値[1]
(Thermophysical properties of Tatami : Temperature of specimen : 30℃)

密度 Density ρ (kg/m³)	比熱容量 Specific heat capacity c_p kJ/(kg・K)	熱伝導率 Thermal conductivity λ ((W/(m・K))	温度伝導率 Thermal diffusivity α (m²/s)
270	2.3	0.10	1.6×10^{-7}

* 試料温度:30℃

一般に普及している数種類の人工畳の熱伝導率を測定した結果,0.13～0.44(W/(m・K))[1]の値を得た.人工畳は防虫,空気清浄,アレルギー対策等優れている点は多々あるが,構造,構成材料は様々で保温材としての機能からみると低い(λ=0.15(W/(m・K))より大きい熱伝導率を持つ)ものもある.

13.3.2 カーテン(Curtain)

住居に用いられるカーテン並びにブラインドの類は現在インテリアデザインの重要なポイントになっているが,本来外からの見透かしを防ぐ目的と日射を直接室内に射入させないためのいわゆる日除けの機能も要求されるものである.また,見透かしや日射遮蔽に関係なく,外壁の建具周りからの隙間風の侵入防止の目的と暖冷房時のガラス面からの熱負荷を低減させる目的も付加される.隙間風の侵入阻止については実際には侵入の阻止でなく,侵入した隙間風の方向を変えて室内の人体に賊風として直接当たらないようにすることであって,侵入する外気量やその温度を左右するものでないから熱的な考察の対象にならない.結局,カーテン並びにブラインド類が熱的に問題となるのは日射の遮蔽による冷房負荷の低減とガラス面からの熱通過による暖冷房負荷の低減に係わる事項である.

大気圏の外で太陽光線に垂直な法線面に入射する日射量をJ_0とすると法線面直達日射量J_nは

$$J_v = J_0 \cdot P^{\frac{1}{\sin h}}$$

で表され,鉛直窓のガラス面に到達する鉛直面直達日射量J_vは

$$J_v = J_0 \cdot P^{\frac{1}{\sin h}} \cdot \cos h \cdot \cos \gamma$$

Table C-13-3-2 太陽定数と大気透過率
(Solar constant and coefficient of atmospheric transmission)

月	太陽定数 J_0 kcal/(m²・h)	東京の大気透過率 P
1	1,208	0.69
2	1,200	0.69
3	1,185	0.64
4	1,165	0.61
5	1,148	0.59
6	1,133	0.62
7	1,126	0.59
8	1,132	0.61
9	1,145	0.64
10	1,162	0.64
11	1,181	0.70
12	1,198	0.69

で表される.ここにPは大気透過率,hは太陽高度,γは壁面に対する太陽の方位,すなわち壁面の法線と太陽の方向とのなす角である.

J_0は太陽定数で,通常は平年値を用い,1.94 cal/(cm²・min),1164 kcal/(m²・h),あるいは1353 W/m² などの数値が用いられるが,建物の受熱を取り扱う場合には kcal/(m²・h)が用いられる.Table C-13-3-2 に月別の太陽定数と東京の大気透過率を示す.

日射がガラス面に入射する場合には,まずガラス表面で反射され,一部はガラスに吸収され,残りは透過するが,ガラスに吸収された熱量は外気側と室内側に向けて輻射並びに対流によって放熱され,透過した日射は室内の床や壁に当たって吸収され,ここからの輻射と対流によっても室温の上昇がおこる.

ガラスの内側にカーテン,あるいはブラインドなどの日射遮蔽物が設けられると,反射,吸収,透過の現象は Fig. C-13-3-1 のように複雑になり,中空層を挟んでガラスとカーテンの間で,更に反射,吸収,輻射などによる相互熱授受が繰り返される.これらは無限数列の和として処理されるが計算は煩雑である.

実用的な冷房負荷計算においては,日除け類の日射遮蔽の程度を日射遮蔽係数で総合的に取り扱っており,これを用いると日射を受けるガラス面からの侵

---

1) 田中明美・小沢あつみ・塚田由美・南澤明子:第51回日本木材学会大会研究発表要旨集 (2001) p.548

13.3 住生活関連材料の熱物性値

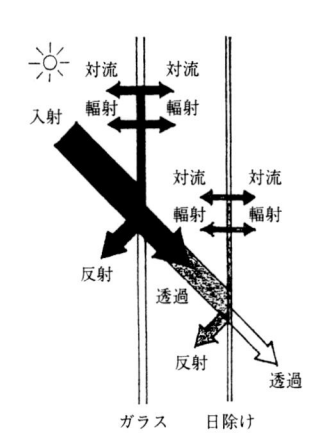

Fig. C-13-3-1 ガラス面, 日除け面の反射, 透過, 吸収 (Heat transfer at glass and curtain surface)

入熱量 Q_g は

$$Q_g = k \cdot J_g \cdot S_g \text{ (W)}$$

で計算される. ここに k は日射遮蔽係数, J_g はガラス面に入射する日射量, S_g は入射を受ける面積である. 遮蔽係数は 3 mm 厚の普通ガラスを標準ガラスとし, ここからの標準日射取得熱量に対する日除け類を用いた場合の取得熱量の比で表したものであり, 遮蔽効果の高いほど 0 に近く, 効果の低いほど 1.0 に近い値となる.

Table C-13-3-3 にガラスの種類の違いと, ブラインドの遮蔽効果を加味した, 標準ガラスに対する遮蔽係数 k を示す. 一方, 標準ガラスからの標準日射熱量を時刻別, 窓の方位別に示したものが Table C-13-3-4 である.

日射遮蔽係数の測定については「日よ(除)けの日射遮へい(蔽)係数簡易試験方法」として 1982 年に JIS A 1422 により規絡化されている. 遮蔽係数の測定例として, 別に Table C-13-3-5 がある.

ガラス面を通して室内に侵入したり, 室外に流出する熱量には, 以上のような日射による侵入熱量の他に室内外の温度差による通過熱量があり, 温度差と熱通過率(熱貫流率)の積で計算される. 日除け類がガラスの内側に設けられると, この通過熱量は減少すると推定できるが, ガラスと日除け類で構成された中空層の気密の程度, すなわち中空層内における対流の状況によって伝熱の程度が異なるから, 日除け類を含めてのガラス窓の総合的熱通過率を厳密に

Table C-13-3-3 日射遮蔽係数 (Shading coefficient)

ガラスの種類	ブラインド無し			明色ブラインド			中等色ブラインド		
	対流遮蔽係数 k_C	輻射遮蔽係数 k_R	全遮蔽係数 k	対流遮蔽係数 k_C	輻射遮蔽係数 k_R	全遮蔽係数 k	対流遮蔽係数 k_C	輻射遮蔽係数 k_R	全遮蔽係数 k
普通ガラス 3mm 厚	0.01	0.99	1.00	0.26	0.27	0.53	0.39	0.25	0.64
〃 5mm 厚	0.02	0.96	0.98	0.26	0.27	0.53	0.39	0.25	0.64
〃 6mm 厚	0.02	0.95	0.97	0.27	0.26	0.53	0.39	0.25	0.64
〃 8mm 厚	0.02	0.93	0.95	0.27	0.26	0.53	0.39	0.24	0.63
〃 12mm 厚	0.02	0.90	0.92	0.28	0.25	0.53	0.38	0.24	0.62
吸熱ガラス 3mm 厚	0.07	0.79	0.86	0.25	0.28	0.53	0.38	0.23	0.61
〃 5mm 厚	0.10	0.67	0.77	0.28	0.24	0.52	0.36	0.22	0.58
〃 6mm 厚	0.10	0.63	0.73	0.28	0.23	0.51	0.34	0.22	0.56
普通ガラス 3mm 厚+普通ガラス 3mm 厚	0.01	0.90	0.91	0.28	0.24	0.52	0.39	0.22	0.61
〃 5mm 厚+ 〃 5mm 厚	0.04	0.84	0.88	0.29	0.23	0.52	0.39	0.22	0.61
〃 6mm 厚+ 〃 6mm 厚	0.05	0.81	0.86	0.29	0.24	0.53	0.39	0.22	0.61
吸熱ガラス 3mm 厚+普通ガラス 3mm 厚	0.05	0.69	0.74	0.25	0.20	0.45	0.34	0.18	0.52
〃 5mm 厚+ 〃 5mm 厚	0.07	0.56	0.63	0.24	0.17	0.41	0.30	0.16	0.46
〃 6mm 厚+ 〃 6mm 厚	0.08	0.50	0.58	0.22	0.17	0.39	0.29	0.15	0.44

日本建築学会編:建築設計資料集成6(1973)

2) 瀬沼 勲:住居環境学, 日本女子大出版 (1981) 269. 3) 木村・宿谷・野崎:窓面日除けの日射遮蔽係数の簡易測定法について(その3), 日本建築学会大会号 (1981) 584. 4) 建材試験センター調査研究報告138号.

Table C-13-3-4 夏季(7月23日)東京における窓ガラスからの標準射熱取得[1]
(Solar heat gain factor (summer, Tokyo))

方位	時刻(太陽時)															日積算
	5	6	7	8	9	10	11	12	13	14	15	16	17	18	19	
水平	1	58	209	379	518	629	702	726	702	629	518	379	209	58	1	5718
N, 日影	0	73	46	28	34	39	42	43	42	39	34	28	46	73	0	567
NE	0	293	384	349	238	101	42	43	42	39	34	28	21	12	0	1626
E	0	322	476	493	435	312	137	42	39	34	28	21	12	0		2394
SE	0	150	278	343	354	312	219	103	42	39	34	28	21	12	0	1935
S	0	12	21	28	53	101	141	156	141	101	53	28	21	12	0	868
SW	0	12	21	28	34	39	42	103	219	312	354	343	278	150	0	1935
W	0	12	21	28	34	39	42	43	137	312	435	493	476	322	0	2394
NW	0	12	21	28	34	39	42	43	42	101	238	349	384	293	0	1626

標準ガラス,普通3mm厚,単位面積から室内にはいる日射熱量

Table C-13-3-5 カーテン・ブラインドの日射遮蔽係数[2] (Shading coefficient of curtain and blind)

日除け種類 curtain, blind	遮蔽係数 k
ベネチアンブラインド	0.60～0.64
ドレープカーテン(茶と黄)	0.63～0.68
ドレープカーテン(茶色)	0.54～0.64
ドレープカーテン(青色)	0.59～0.67
ドレープカーテン(ベージュ)	0.41～0.50
遮光用カーテン	0.37～0.42
室内側反射ルーバー	0.85～0.93
レースカーテン(白)	0.65～0.72
障子	0.50～0.53

Table C-13-3-6 日除け類の設置による熱通過率の相違 (Transmittance coefficient)

ガラスの種類	熱通過率 K (kcal/(m²·h·deg))	
	ガラスのみ	内側ブラインド
普通ガラス 3mm厚	5.57	3.86
〃 5mm厚	5.48	3.81
〃 6mm厚	5.44	3.79
〃 8mm厚	5.35	3.75
〃 12mm厚	5.19	3.67
普通ガラス 3mm+3mm厚	3.00	2.42
〃 5mm+5mm厚	2.94	2.38
〃 6mm+6mm厚	2.92	2.37

規定することは困難である.Table C-13-3-6はガラスの内側にブラインドを設けた場合の熱通過率とガラスのみの場合の熱通過率を比較したものである.

13.3.3 カーペット (Carpet)

住居におけるカーペットは部屋の雰囲気を形成すると共に木床の風合いを織物の風合いに変えて踏み心地を軟らかくし,下階に対する床衝撃音を緩和するなど,その要求される機能は多様であるが,更に熱的には冬季の暖房時に床からの熱損失を軽減して暖房負荷を減少せしめるという効用が考えられる.これは床構成材の熱抵抗の上にカーペットの熱抵抗が付加される形で床の断熱性が増加するものであり,カーペット自体の熱伝導率には素材,織り方,密度,弾性,厚さなど種々の要因が関係すると思われる.Fig. C-13-3-2はカーペットの厚(mm)と熱抵抗 R_c (m²·h·deg/kcal) の関係を示すもので,素材の相違にかかわらず熱抵抗は厚さに比例して増大することを示している.Fig. C-13-3-3はカーペットの密度 ρ (kg/m³) と熱伝導率 λ (kcal/(mm·h·deg)) の関係を示しており,密度が200～250の間で,熱伝導率が低下する傾向を示している.

Table C-13-3-7 カーペットの熱伝導率 (Thermal conductiviy of carpet)

		密度 ρ (kg/m³)	熱伝導率 λ (kcal/(m²·h·deg))		
			乾燥20℃	湿潤80%	
カーペット類	各種	400	0.063	0.069	太陽エネルギー利用ハンドブック
畳	JIS A 5,902 5,901	230	0.094	0.13	
アクリルカーペット		240	0.133		測定者 南沢明子
ウールカーペット		230	0.107		〃
畳		310	0.101		〃

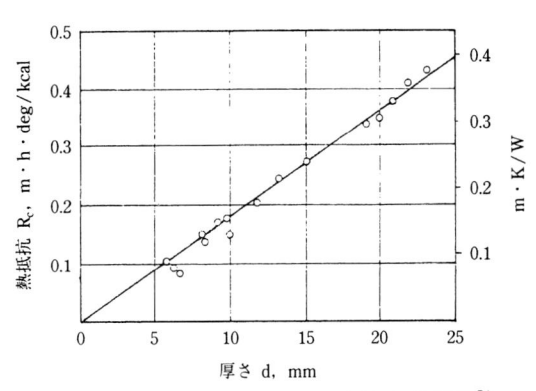

Fig. C-13-3-2 カーペットの厚さと熱抵抗[3]
(Thermal resistance and thickness of carpet)

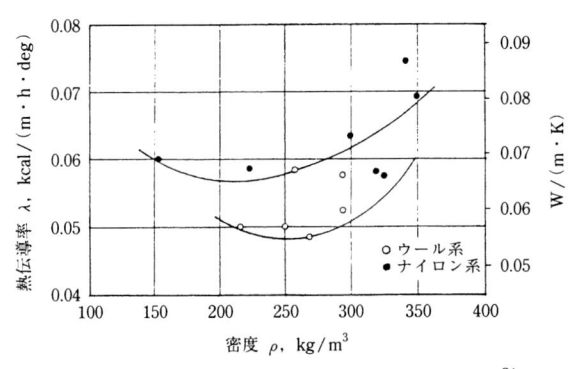

Fig. C-13-3-3 カーペットの密度と熱伝導率[3]
(Thermal conductiviy and density of carpet)

Table C-13-3-7にはカーペット類の熱伝導率の測定例を示す．

13.3.4 繊維，紙および皮革
(Fibers, Papers and Leathers)

(a) 繊維 (Fibers)

布地の研究および測定は比較的多く見られるが，繊維の測定は，その方法の困難さも相俟って，非常に少ない[5,6]と言える．また，軸方向と半径方向との異方性も生じこれも重要な性質である．ここでは，最近求められ信頼性が高いと考えられるデータ[5]をTable C-13-3-8で示した．

Table C-13-3-8 単繊維の熱伝導率
(Thermal conductivity of single fibers)

繊維名	熱伝導率 (W/(m·K)) 軸方向 λ_l	直角方向 λ_t	λ_l/λ_t
綿	2.88	0.243	11.9
毛	0.48	0.165	2.9
絹	1.49	0.118	12.6
麻	2.83	0.344	8.2
アクリル	1.02	0.172	5.9
ポリアミド	1.43	0.171	8.3
ポリエステル	1.18	0.127	9.2
ポリプロピレン	1.24	0.111	11.2
レイヨンステープル	1.41	0.237	6.0
カーボンファイバー	7.95	0.662	12.0
グラスファイバー	2.25	0.509	4.4
アラミド	4.33	0.104	41.7

結果はいずれも T=303 K における値である

Table C-13-3-9 紙の熱物性値
(Thermophysical prioerties of papers)

紙の種類	密度 ρ (kg/m^3)	熱伝導率 λ (W/(m·K))	温度伝導率 a (mm^2/s)
新聞紙[23]	459	0.127	─
	658	0.169	─
カレンダ無 a	403	0.042	0.072
b	699	0.064	0.063
c	894	0.077	0.059
d	968	0.110	0.078
カレンダ有 a	638	0.054	0.058
b	992	0.100	0.070
c	1003	0.134	0.090
d	1114	0.162	0.100

(注) カレンダ有無のa〜dは互いに対応したデータである
紙の比熱として c_p =1.45(kJ/(kgK))[24] がある．

(b) 紙 (Papers)

紙の熱物性値も種類が明示されていない値で示されていることが多く[7,8]，また，それぞれの物性値が別々の出典によるため温度伝導率の値に矛盾を生ずることも見られる．ここでは，λとaが共に求められたもの[9]を主としてTable C-13-3-9に表す．

(c) 皮革 (Leathers)

皮革類もデータの乏しい物質と言える．わずかに熱伝導率が与えられている場合もあるが[7,8,12]，種

---

5) 川端季雄：繊維機械学会誌, **39**, 12 (1986) 58. 6) 仲三郎・鎌田佳伸ほか：繊維学会誌, **30**, 1 (1974) 33. 7) 芝亀吉：物理常数表, 岩波書店 (1948) 192. 8) 日本機械学会：伝熱工学資料, 日本機械学会 (1986) 322. 9) Ilkka Kartovaara, Risto Rajala et al.：Papermaking Raw Materials (1985), Vol. 1, 381. 10) Burunside, J. R. & Crotogino, R. H.：J. Pulp & Paper Science, **11** (1984) 144. 11) Kerekes, R. J.：TAPPI, **63** (1980-9) 137. 12) 東京都立皮革技術センター：消費面からみた皮革の性状 (昭和59年度講習会テキスト), 皮革技術センター (1984) 50. 13) 山田悦郎ほか：The 10 th J. S. T. P. 1989, **10** (1989) 159.

Table C-13-3-10 皮革の熱伝導率
(Thermal conductivity of leathers)

皮革の種類	厚さ (mm)	密度 ρ (kg/m³)	熱伝導率 λ (W/(m·K))
成牛革,植物タンニン鞣 靴底用革(日本製)	5.35	975	0.153
成牛革,植物タンニン鞣 靴底用革(Italy製)	4.53	1047	0.186
成牛革,植物タンニン鞣 靴底用革(England製)	4.60	1015	0.169
成牛革,クロム鞣(無仕上)甲部用革	2.04	656	0.097
豚革,クロム鞣グルタルアルデヒド再鞣衣料用	0.55	660	0.068
豚革,植物タンニン鞣グレージング仕上アメ色	0.87	640	0.073
豚革,クロム鞣染色加脂 未仕上げ革 白	0.53	510	0.056
豚革,クロム鞣植物タンニン再鞣シュリンク黒	1.56	720	0.072
豚革,クロム鞣植物タンニン再鞣未染色 淡茶	0.52	550	0.061

類・加工法・密度などが明示されていないことが多い.また,メーカー,研究機関でも因子が多いことも相俟ってほとんど熱物性値を保有していないといってよい.ここでは山田[13]の定常比較法による303 Kの値を Table C-13-3-10 に示す.なお,靴底用革のように厚いものは,表の乳頭層と裏面の網状層[12]の組織の相違により熱伝導率の値はかなり異なるがここでの値は全体を通しての有効値である.

C.14 自 然 (Nature)

14.1 雪層の熱物性値 (Thermophysical Properties of Snow Layers)

14.1.1 雪の密度 (Density of Snow)

雪は,ぬれ雪とかわき雪の二つに大別されるが,さらにそれぞれ新雪,しまり雪,ざらめ雪などに分類される.新雪は積雪内部の温度勾配や自重による圧雪などの変態過程を経て,その密度,粒径,構造などが変化して,最終的には,大部分はぬれざらめ雪となって融解する.自然積雪の密度は,種々の条件によって約200～500 (kg/m^3) の間の値をとることが明らかとなっているが,時間的にも,場所的にも変化が大きく簡便な推定法は得られていない.しかし,過去の資料から平均値を求めておくことは有用であろう.そこでかわき雪の地域として札幌市,およびぬれ雪地域として山形県の新庄市における積雪断面観測資料[1,2]より,過去15年間の全層平均密度の月別平均値をFig. C-14-1-1に示す.また数m以上の積雪があったり,強風による圧雪などのために密度が600～700 (kg/m^3) にも達することがあるが,平地での自然積雪はまれである.

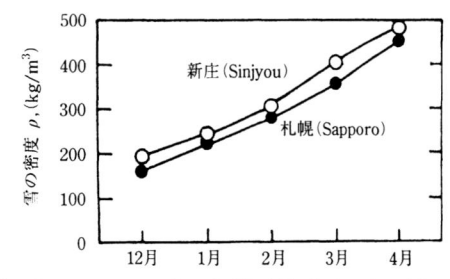

Fig. C-14-1-1 雪の全層平均密度（月平均値）(Average density of snow cover)

14.1.2 雪の比熱 (Specific Heat of Snow)

かわき雪は,空気と氷の混合物であり,その比熱はそれぞれの構成要素の温度を変化させるのに必要な熱量である.雪中の空気の重量は氷の重量に比べて無視し得るほど小さいので,かわき雪の比熱は氷の比熱(C-14-2-2節,参照)と考えてよい.一方,ぬれ雪は温度が0℃で水を含んだ雪であり,この比熱を水,氷,空気の混合物として計算した結果をFig. C-14-1-2に示す.

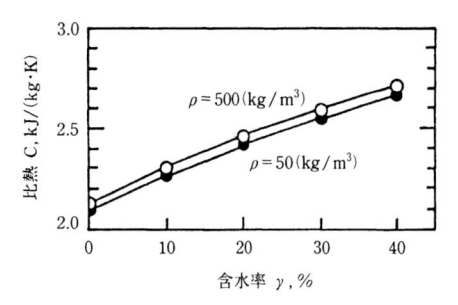

Fig. C-14-1-2 ぬれ雪の比熱 (Specific heat of wet snow)

14.1.3 雪の熱伝導率 (Thermal Conductivity of Snow)

雪の熱伝導率は従来より非常に多くの研究者による測定が行われており,密度との関係に対しては多くの実験式が提案されている.それらについては詳細なレビューがある[3,4].今までに提案されている実験式の一部を,Table C-14-1-1に示す.またそれぞれの式によって計算した値をFig. C-14-1-3に示す.図中の曲線の番号は,表中の式の番号に対応している.図から明らかなように雪の熱伝導率は各研究者によって非常に広い範囲の値を示している.これは雪の変態に伴って生ずる構造の違いや,積雪内部の温度勾配による水蒸気拡散などの影響であろう.しかし氷の熱伝導率との整合性などから判断すると,Van Dusenによる値が妥当であろう.

Table C-14-1-1 雪の熱伝導率 (Thermal conductivity of snow) λ (W/(m·K))

番号	測定者	密度 ρ (kg/m³)との関係式	密度範囲 (kg/m³)
1	Jansson	$\lambda = .0209 + 7.96*10^{-4}\rho + 2.5*10^{-12}\rho^4$	80～500
2	Van Dusen	$\lambda = .0209 + 4.19*10^{-4}\rho + 2.2*10^{-9}\rho^3$	
3	Devauex	$\lambda = .0293 + 2.93*10^{-6}\rho^2$	100～600
4	吉田ほか	Log $\lambda = -1.38 + 2*10^{-3}\rho^2$	72～400
5	和泉ほか	Log $\lambda = -1.20 + 1.70*10^{-3}\rho$	80～300
6	和泉ほか	Log $\lambda = -1.11 + 2.16*10^{-3}\rho$	80～500
7	坂爪ほか	Log $\lambda = -1.25 + 2.12*10^{-3}\rho$	150～700

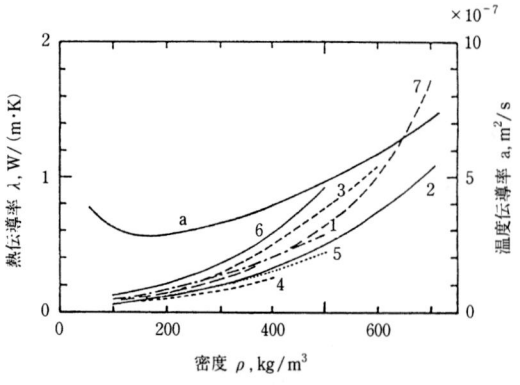

Fig. C-14-1-3 雪の熱伝導率および温度伝導率 (Thermal conductivity and diffusivity of snow)

14.1.4 雪の温度伝導率 (Thermal Diffusivity of Snow)

密度の項でも述べたように，雪は時間と共にその構造が変化するために，熱伝導率と同様に温度伝導率も確定的な値を得ることは非常に困難である．ここでは前述の Van Dusen の式によって計算した熱伝導率の値を密度および比熱で除した値を Fig. C-14-1-3 に曲線 a にて示す．

14.1.5 雪層の光学特性 (Optical Properties of Snow Layers)

雪は複雑な形状を持つ氷粒子，空気および水分（湿り雪のみ）によって構成されていると見てよい．したがって，雪の光学物性の測定は光の波長の依存度が大きいためかなり難しく，十分に確立されていない現状である．しかし，雪寒地において日射と雪層のかかわりが深いため古くから光学物性の検討がなされてきた[5-8]．ここでは主な光学特性について述べる．反射率 r (reflectance) は雪層表面における入射エネルギに対する反射エネルギの比であり，Fig. C-14-1-4 に測定例を示す[9]．なお r と類似した表現でアルベド (albedo) があるが，これは反射エネルギに雪層内部から散乱してくるエネルギも含まれることに注意されたい．r は雪質や波

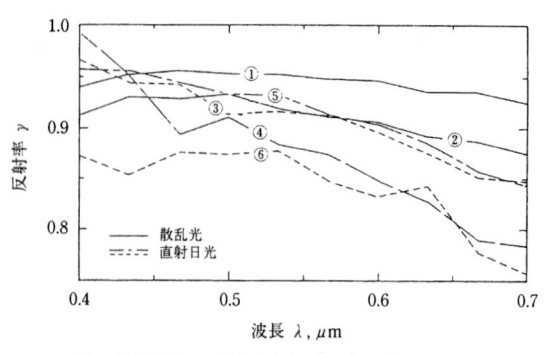

①：新雪（湿），密度280kg/m³，0℃．②：古雪，400kg/m³；上に1～2cmの新雪100kg/m³．③：圧雪，430kg/m³，0℃．④：弱圧雪，280kg/m³，0℃．⑤：2日経過の湿り雪，440kg/m³，測定中に融解．⑥：⑤と同じで更に4時間融解後．

Fig. C-14-1-4 雪の単色反射率 (Spectral reflectance of snow)

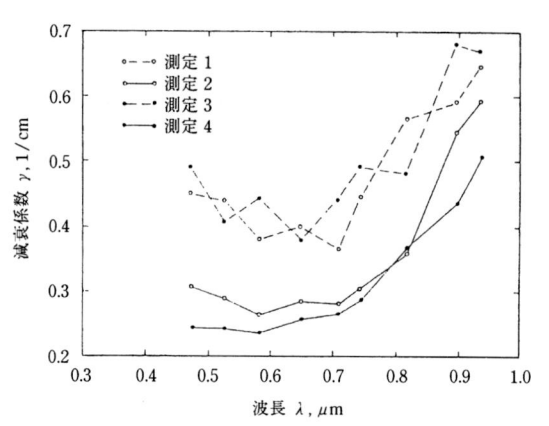

測定1：雪質は湿り雪，密度は284(kg/m³)，異物質含有量は51(mg/litre)，雪粒子径は0.032cm
測定2：雪質は湿り雪，密度は338(kg/m³)，異物質含有量は29.8(mg/litre)，雪粒子径は0.475cm
測定3：雪質は湿り雪，密度は284(kg/m³)，異物質含有量は50.5(mg/litre)，雪粒子径は0.259cm
測定4：雪質は乾き雪，密度は180(kg/m³)，異物質含有量は15.5(mg/litre)，雪粒子径は0.167cm

Fig. C-14-1-5 雪層内における散乱光の減衰係数 (Extinction coefficient of diffuse radiation in snow layers)

長 λ (μm) に大きく依存していることが認められる．雪層内における光の移動挙動を検討する場合に必要な減衰係数 γ (cm⁻¹) (extinction coefficient) は次のように定義される．

1) 遠藤八十一・秋田谷英次ほか：低温科学（資料集）(1973-1986)．2) 阿部 修・中村秀臣ほか：防災科学技術研究資料（投稿中）．3) 前野紀一・黒田登志雄：雪氷の構造と物性，古今書院 (1986) 173．4) 福迫尚一郎・田子 真ほか：熱物性, **2**, 2 (1988) 89．5) 吉田順五：低温科学, **4** (1948) 17．6) 大浦浩文：低温科学, **6** (1951) 23．7) 大浦浩文・小林大二：低温科学, **23** (1965) 87．8) 小林大二・大浦浩文：低温科学, **30** (1972) 65．9) Gray, D. M. and Male, D. H.：Handbook of Snow, Pergamon Press (1981) 378．10) 関 信弘：伝熱工学，森北出版 (1988) 157．

$$I_z = I_o \exp(-\gamma z) \qquad (1)$$

ここに，I_z は雪層深さ z (cm) における放射強度[10] (kW/m^2)，I_o は雪層表面における放射強度である.

一般に雪層内を移動する光は，雪粒子表面で散乱されたり雪粒子内で吸収されて，雪層深さが深くなるほど放射熱流束とも見なされる．I_z の値は Eq.(1) にしたがって次第に減衰していく．一般に γ は光の波長，雪粒子径や密度に強く依存するためその測定はかなり難しく今後のデータの蓄積が望まれる．Fig. C-14-1-5 に減衰係数 γ の測定結果の一例を示す[9].

14.2 一般氷の熱物性値 (Thermophysical Properties of Ice)

氷の熱物性については，比較的多くの実験データが報告されているが，0Kに近い極低温域ではデータの集積が少ない現状である．ここでは，温度範囲50〜273.15 K における透明氷について述べる．なお，極低温域については，Fukusako[1] の雪氷に関する熱物性レビュー論文が参考になる．

14.2.1 一般氷の密度 (Density of Ice)

0℃における従来の測定値は，すべて 916〜918 kg/m³ の範囲に入っている．密度は温度が低下するにしたがい増加するが，130 K 付近で増加割合が減少する傾向を示す．透明氷の密度は次式で近似できる[1].

$$\rho = 917(1.032 - 1.17 \times 10^{-4} T) \quad (kg/m^3),$$
$$133 < T < 273.15 \text{ K}$$
$$\rho = 930(1.004 - 1.54 \times 10^{-5} T) \quad (kg/m^3),$$
$$13 < T < 133 \text{ K}$$

14.2.2 一般氷の比熱 (Specific Heat of Ice)

氷の結晶格子形によって比熱がわずかに異なることが Sugisaki ら[2] により報告されている．六方晶系の比熱は $56 < T < 216$ K において単調な変化をするが，立方晶形では $160 < T < 210$ K で変態による発熱効果を伴い5%程度変化する．従来の実測値はまとまりが良く次式で表わされる[1].

$$c = 0.185 + 0.689 \times 10^{-2} T \quad (kJ/(kg \cdot K)),$$
$$90 < T < 273 \text{ K}$$

$$c = 0.895 \times 10^{-2} T \quad (kJ/(kg \cdot K)),$$
$$40 < T < 90 \text{ K}$$

14.2.3 一般氷の熱伝導率 (Thermal Conductivity of Ice)

熱伝導率に関する実測データは数多く報告されているが，Fig. C-14-2-1 に示すようにかなりのバラツキがみられ，測定者によって値が異なっている．この原因として測定法や氷の結晶形状，時効効果，密度の相違などが考えられる．Klinger[6] によれば，結晶方位や時効効果の影響は $T > 16$ K ではほとんど無視できるとしている．また，測定試料の密度の相違が原因とすれば，0℃における値が異なってくるはずであるから[4]，可能性としては測定法による相違が考えられる．Fig. C-14-2-1 に示すように Lees[5] の結果は他の実測値よりかなり小さい．ここでは，低温域まで実測した Klinger[6] のデータを参考にし，図中の実線を推奨値とする．0℃における従来の実測値は 2.09〜2.26 W/(m·K) の範囲に入っている．なお，Sakazume ら[4] の実験式は次式で表わされ，$T > 150$ K においては，本推奨値と一致する．

$$\lambda = 7.549 - 2.894 \times 10^{-2} T + 3.454 \times 10^{-5} T^2 \quad (W/(m \cdot k)),$$
$$150 < T < 273.15 \text{ K}$$

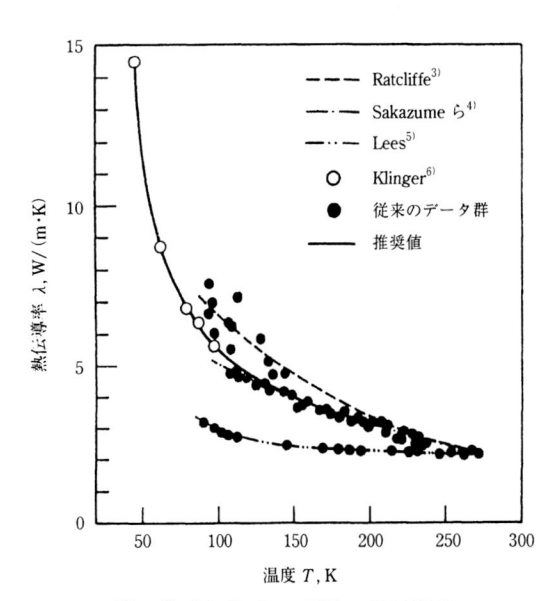

Fig. C-14-2-1 一般氷の熱伝導率
(Thermal conductivity of ice)

Table C-14-2-1 一般氷の熱物性値 (Thermophysical Properties of Ice)

温度 T (K)	密度 ρ (kg/m³)	比熱 c (kJ/(kg·K))	熱伝導率 λ (W/(m·K))	温度伝導率 a (m²/s)
50	933	0.448	13.0	—
100	932	0.874	5.50	6.75×10^{-6}
150	930	1.219	3.99	3.52×10^{-6}
200	925	1.563	3.14	2.17×10^{-6}
250	920	1.908	2.47	1.41×10^{-6}
273.15	917	2.067	2.22	1.17×10^{-6}

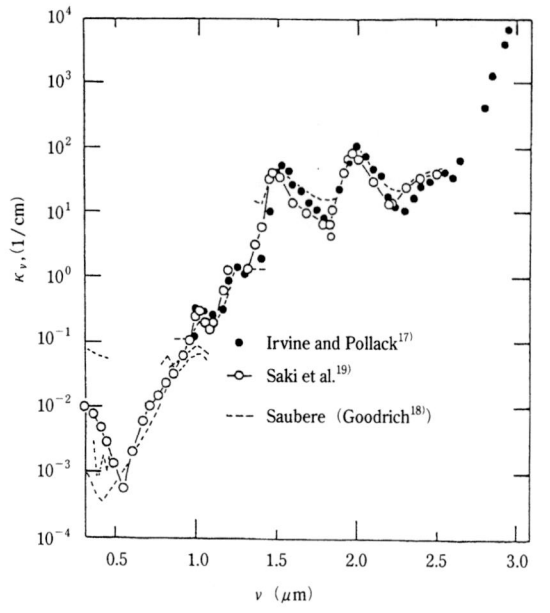

Fig. C-14-2-2 氷の吸収係数
(Absorption coefficient of ice)

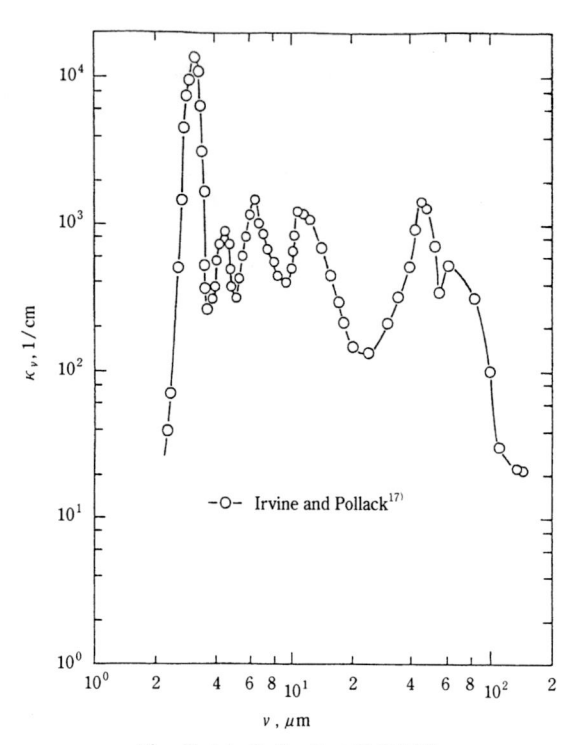

Fig. C-14-2-3 氷の吸収係数
(Absorption coefficient of ice)

14.2.4 一般氷の温度伝導率 (Thermal Diffusivity of Ice)

氷の温度伝導率は密度の関数となることが知られておりデータの集積が十分とはいえない. Table C-14-2-1には $a = \lambda/(c\rho)$ の関係より求めた値を示す.

14.2.5 一般氷の吸収係数 (Absorption Coefficient of Ice)

氷が等方性ふく射を有すると仮定すると x = x でのふく射強度 I_x は近似的に

$$I_x = I_{xo} \exp(-\kappa_\nu x)$$

で表わすことができる. ここで, I_{xo} は, x = 0 におけるふく射強度である. 上の式を用いて吸収係数 κ_ν を実験的に求めることができる. 氷の吸収係数 κ_ν は, IrvineとPollack[7], Goodrich[8]および関ら[9]の報告があり, 彼らの結果をFig. C-14-2-2, Fig. C-14-2-3に示す. 図より, 氷の吸収係数 κ_ν は, 強い波長依存性を示すことが理解できる.

14.2.6 一般氷の潜熱量 (Latent Heat of Pure ice)

(a) 融解潜熱 (Latent Heat of Fusion)

氷の融解潜熱は, 純氷1kgが等温・等圧で水へ可逆変化する際のエンタルピー変化として定義される.

Table C-14-2-2 0℃における氷の融解潜熱
(Latent heat of fusion of pure ice at 0℃)

融解潜熱 Latent heat of fusion (kJ/kg)	報告者 reported by
333.49	Smith [10]
333.5	Rossini et al [12], Hobbs [14]
333.6	Dorsey [11]
333.9	Dickinson et al [13]

Table C-14-2-3 低温における氷の融解潜熱
(Latent heat of fusion of pure ice at low temperature)

温度 Temperature (℃)	融解潜熱 Latent heat of fusion (kJ/kg)
0	333.6
-5	308.5
-10	284.8
-15	261.6
-20	241.4
-22	234.8

$dH = dU - pdV$ より，固液相変化の場合は，右辺第二項は他の項に比べて小さいことから，エンタルピー変化は内部エネルギーの変化とほぼ等しい．

実測値について，1925年以前に関してはSmithにより，また，1940までに関してはDorseyによりレビューがなされている[10],[11]．0℃，標準圧力における氷の融解潜熱は，Table C-14-2-2に記す値の報告がある．Hobbs[14]は，初期の測定値では，氷の不純物の含有などが考慮されておらず信頼性に劣るとして，Rossini[12]による値を推奨している．

氷の固液相変化は，一次相転移であり，等温・等圧過程ではGibbs自由エネルギーの変化が$dG \leq 0$（等号は平衡状態で成立）で与えられる．したがって，平衡状態では，$dG = dH - TdS = 0$，よって，$dH = TdS$ に相当するエンタルピーの変化，すなわち融解潜熱の発生を伴う．また，上式より相変化潜熱は，液体状態と固体の状態のエントロピー差に基づく熱量であることも理解される．

気泡やブラインを含まない純氷の融解潜熱は，相変化温度の低下に伴って減少する傾向を示す．Table C-14-2-3に，Dickinson & Osborne[13]の観測に基づきForcrand & Gayが整理した結果[12]を示す．

(b) 水溶液中における純氷の融解潜熱 (Latent Heat of Fusion of Ice in Aqueous Solution)

近年，水溶液と氷粒子による氷スラリーを用いた潜熱蓄熱システムの研究が数多く行われ，水溶液など純水以外の液体中における氷の融解による潜熱の研究がなされている．熊野ら[15]は，氷の融解潜熱に，水─水溶液系における凝固点降下 ΔT によるエンタルピー減少，さらに氷の融解に伴う溶液の希釈熱の効果を考慮して，水溶液の融解潜熱の推算と実測を行い，それらとの比較より，DSCによる測定よりも大きな値が得られることを報告している．

(c) 昇華潜熱 (Latent Heat of Sublimation)

昇華における潜熱は，純氷1kgが等温・等圧で水蒸気に可逆変化する際のエンタルピー変化として定義される．三重点温度（273.16K）で常圧（標準大気圧）における氷の昇華潜熱の値として，2838 kJ/kgという報告がある[12]．

---

1) Fukusako, S. : 2nd. U. S. - Japan Joint Seminar on Thermophysical Prop., (1988) 1. 2)〜6) 文献1) 参照． 7) Invine, W. M. & Pollack, J. B. : Icarus, **8** (1968) 324. 8) Goodrich, L. E. : Tech. Paper No.331. Div. Build. Res. Ottawa (1970). 9) Seki, N., et al. : Wärme- und Stoffübertragung, **11** (1978) 207. 10) A. W. Smith : Jour. Opt. Soc. America, 10 (1925), p.710. 11) N. E. Dorsey : Properties of Ordinary Water Substance, Reinhold, NewYork (1940). 12) F. D. Rossini, D. D. Wagman, W. H. Evans, S. Levine and I. Jaffe : N. B. S. Circular, 500 (1952), p.126. 13) H. C. Dickinson and N. S. Osborne : Bulletin of Bureau Standard (U.S.), 12 (1915), p.49. 14) P. V. Hobbs : Ice Physics, Clarendon Press, Oxford, (1974), pp.361-362. 15) 熊野寛之, 浅岡龍徳, 斎藤彬夫, 大河誠司, Trans. of the JSRAE, Vol.22, No.3 (2005), pp.209-216.

14.3 海氷の熱物性値
(Thermophysical Properties of Sea Ice)

14.3.1 海氷の密度 (Density of Sea Ice)

海氷の密度は,氷内のブライン溶液の含有量によって異なる.ブライン溶液は塩分濃度の変化によって氷内を移動するため,氷内に気泡が存在することになる.密度を海氷に適用するには,制約をつけなければならない.3yσ$_{OB}$[1]は氷内に気泡が存在しない海氷の密度を $\rho_{sit} = \rho_{it} + 0.8 \cdot S_i$ の関係で示している.ρ_{it} は温度 t における純氷の密度,S_i は氷内に残留する塩分濃度*(‰)である.M. Mellor[2]によれば塩分濃度,温度および気泡を含有する海氷の密度は,890～930 kg/m³ であると報告されている.P. Schwerdtfeger[3]は気泡の含有割合による密度の変化を,G. F. N. Cox, W. F. Weeks[4,5]は氷内に残留する塩分濃度を海氷の厚さの関係で明らかにし,密度の理論的な検討を行っている.坂爪と関[6]は静止条件下で人工的に海氷を再現し,生成条件による密度や残留塩分濃度を検討し,生成後まもないほど大きいと述べている.

14.3.2 海氷の定圧比熱 (Specific Heat Capacity at Constant Pressure of Sea Ice)

海氷の比熱は,共晶点以上の温度範囲で氷の析出や融解などのために大きく変化する.ブライン溶液の塩分濃度は常にその温度で平衡濃度となっている.したがって海氷の比熱[1]は,濃度と塩分濃度との関数として計算することができる (Table C-14-3-1).

これにより海氷の比熱は温度上昇につれて著しく

Table C-14-3-1 海氷の定圧比熱 Cp_{si} (kJ/(kg·K))
(Specific heat capacity at constant pressure of sea ice)

塩分濃度 S_i (‰)	温度 t (℃)							
	−2	−4	−6	−8	−10	−14	−18	−22
0	2.01	2.01	2.01	2.01	2.01	1.97	1.97	1.93
2	10.76	4.17	3.06	2.64	2.38	2.30	2.22	2.18
4	19.38	6.28	4.02	3.18	2.68	2.47	2.34	2.26
6	28.05	8.33	5.02	3.68	2.97	2.68	2.43	2.34
8	36.68	10.43	5.99	4.23	3.26	2.85	2.55	2.43
10	45.34	12.52	6.95	4.77	3.56	3.06	2.68	2.51

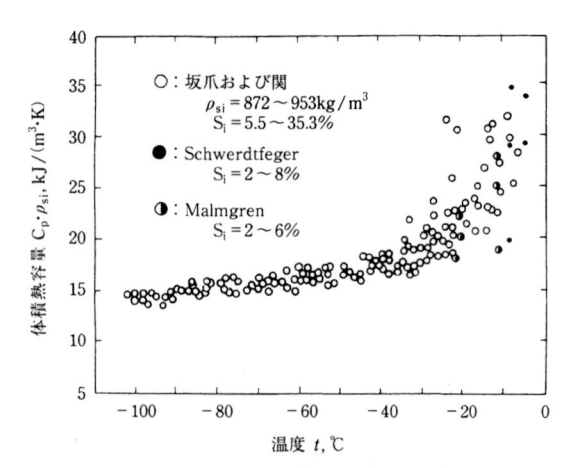

Fig. C-14-3-1 海氷の体積熱容量
(Volumetric heat capacity of sea ice)

増大することがわかる.温度変化によってブライン溶液で融解熱の放出と吸収を伴うためである.海氷の比熱を相対的な変化量として,−8.2℃未満の温度範囲で小野[7],−8.2～−22.9℃の温度範囲でSchwerdtfeger[3]によって式が導かれている.

坂爪と関[6]は低温度域について海氷の体積熱容量を測定した結果を,また Malmgren[8] および Schwerdtfeger[3] の測定値を Fig. C-14-3-1 に示す.この結果から−23℃付近より高い温度域で急激に増大することがわかる.

14.3.3 海氷の熱伝導率 (Thermal Conductivity of Sea Ice)

海氷の熱伝導率は,気泡の存在を無視し,氷内にブライン溶液を球状分布させることにより Anderson[9] が推定式を求め,また Anderson のモデルを発展させた Schwerdtfeger[3] は氷内に存在する気泡が球状分布していると仮定した Maxwell[10] の式を導入することにより,海氷の熱伝導率の式を求めた.Fig. C-14-3-2 に温度,塩分濃度比および密度による影響を示す.熱伝導率は温度の低下につれて純氷の値に近づくが,密度による差異を生じる.また温度の上昇においては,氷内の塩分濃度が支配因子となる.坂爪と関[6]は,非定常法によって低温度域での海氷の熱伝導率を測定した.この結果,

---

*:塩分濃度 (Salinity) は海氷 1 kg 中に含まれる塩類の全質量を g 単位で表す.

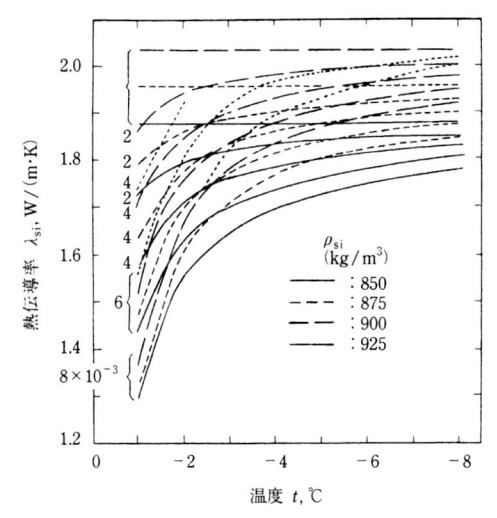

Fig. C-14-3-2 海氷の熱伝導率
(Thermal conductivity of sea ice)

共晶点以下の$-25 \sim -100$℃の温度範囲では温度の関数として$\lambda_{si} = 1.946 - 0.00907t + 0.000033t^2$とまとめている。ここで$t$: ℃である。共晶点以上では、氷内に存在するブライン溶液の分布や含有割合が異なるばかりでなく、ブライン溶液の移動、拡散などのために測定値のばらつきが大きくなる。この範囲ではSchwerdtfeger[3]および小野[11]の実測値がある。塩分濃度S_iが熱伝導率に及ぼす影響について共晶点以上で熱伝導率を低下させる傾向が認められる。福迫ら[12]は海氷の熱物性について詳細な解説を行っている。

14.3.4 海氷の融解熱量 (Heat of Fusion of Sea Ice)

海氷の生成は、寒冷地域の河口などで低温の海水濃度が急に低下して生成する場合や、寒冷海域で波しぶきなどが冷却され、それが船舶やその他洋上の物体に飛来、衝突・付着、堆積して生成する場合など、様々な場合がある。その生成過程から推し量られるように、海氷は氷中に、主としてブライン(海水中の塩分の水溶液)や気泡、その他の夾雑物を含む複雑な構成をしている。

海水に融解している種々の塩類は、一般に凍結に際して氷結晶より排除され、海氷中に分散するブラインの濃度は、その温度と常に平衡状態が保たれている。したがって、海氷は温度の変化に対応して、常に融解もしくは再凝固が生じており、純氷のような一定温度における固液相変化に伴う融解潜熱という考え方ができない。ここでは、海氷に関しては、潜熱ではなく、融解熱(Heat of fusion)という用語を用いることにする。

Malmgren[13]は、『ある温度の海氷を完全に融解するのに必要な熱量』を海氷の融解熱と定義した。温度t(℃)、塩分濃度S(‰)の海氷が完全に融解する温度t_mは次式で与えられる。

$$t_m = 0.001\alpha S/(0.001S - 1) \simeq -0.001S\alpha \quad (1)$$
$$\alpha = -t(m_w/m_s) \quad (2)$$

αは、m_w: 海氷1kg中の水分量(kg)、m_s: 海氷1kg中の塩分量(kg)とするとき、海氷の塩分濃度と平衡凍結温度の関係係数に相当し、Assur[14]がNelson-Thompson[15]の実験を整理した結果によれば、$0 > t > -8.2$℃の範囲で$\alpha = 54.11$で与えられる。

上記のMalmgrenの定義によれば、海氷の融解熱は温度tからt_mまで、比熱の式を積分することによって与えられる。小野[16,17]は、Malmgrenの考えに基づき比熱の式を次式で与え、

$$C_t = C_i m_i + C_b m_m - l_\theta \frac{dm_i}{dt} \quad (3)$$

これを積分して次式を与えている。

$$l_{si} = 4.186(79.68 - 0.505t - 0.0273S + 4.3115S/t + 0.0008St - 0.0009t^2) \text{ kJ/kg} \quad (4)$$

Eq.(4)により算出した値をTable C-14-3-2に記す。これらの値は、海氷の構造や融解過程に関するモデルに基づく理論値である。算出値は、温度が

---

1) Зубов, Н. Н.: Льдь Арктики (北氷洋の氷, 第5章, 海洋の物理的・化学的性質, 低温科学研究所訳 (1949) 97. 2) Mellor, M.: The Geophysics of Sea Ice (NATO ASI Series. Series B, Edited by Untersteiner, N.), **146** (1986) 262. 3) Schwerdtfeger, P.: J. Glaciology, **4** (1963) 789. 4) Cox, G. F. N. & Weeks, W. F.: J. Glaciology, **13** (1973) 109. 5) Cox, G. F. N. & Weeks, W. F.: J. Glaciology, **29** (1983) 306. 6) 坂爪伸二・関 信弘: 日本機械学会論文集, **46**, 406 (1980) 1119. 7) 小野延雄: 低温科学物理編, **24** (1966) 249. 8) Malmgren, F.: The Norwegian North Polat Expedition with the Mand. Sci. Res., **1**, 5 (1927) 67. 9) Anderson, D. L.: U. S. National Academy of Sciences-NRC Pub. **598** (1958) 148. 10) Maxwell, J. C.: Electricity and Magnetism, Dover, Third Ed., **I** (1981). 11) 小野延雄: 低温科学物理編, **23** (1965) 167. 12) 福迫尚一郎・田子 真: 熱物性, **2**, 2 (1988) 89. 13) F. Malmgren: Sci. Res. 1, 5 (1927), p.67. 14) A. Assur: Arctic Sea Ice, NAC-NRC-598 (1958), pp. 106-138. 15) K. H. Nelson and T. G. Thompson, Jour. Marine Res., 13 (1954), pp.166-182. 16) 小野延雄: 低温科学 (物理篇), 第24号 (1966), pp.249-258. 17) 小野延雄: 低温科学 (物理篇), 第26号 (1968), pp.329-349.

Table C-14-3-2 海氷の融解熱：理論値
（Heat of fusion of sea ice : theoretical value）

温度 θ (℃)	塩分濃度 Salinity S(‰) 海氷の融解熱 Heat of fusion of sea ice (kJ/kg)					
	1.0	2.0	4.0	6.0	8.0	10.0
-0.2	243.7	153.3				
-0.4	289.2	244.0	153.5	63.0		
-0.6	304.7	274.5	214.1	153.7	93.2	32.8
-0.8	312.6	289.9	244.6	199.2	153.8	108.5
-1.0	317.6	299.4	263.0	226.7	190.3	154.0
-1.5	324.6	312.4	288.1	263.8	239.5	215.2
-2.0	328.7	319.4	301.1	282.8	264.5	246.2
-2.5	331.5	324.0	309.3	294.6	279.9	265.2
-3.0	333.8	327.3	315.1	302.8	290.5	278.2
-3.5	335.7	330.0	319.4	308.9	298.3	287.7
-4.0	337.4	332.2	322.9	313.6	304.3	295.1
-4.5	338.9	334.1	325.8	317.5	309.2	301.0
-5.0	340.4	335.8	328.3	320.8	313.3	305.8
-6.0	343.0	338.7	332.4	326.1	319.8	313.5
-7.0	345.5	341.1	335.7	330.3	324.8	319.4
-8.0	347.9	343.3	338.5	333.7	328.9	324.1

融点に近い場合には，非常に急激な低下を示しており，特に塩分濃度が低い場合（S＝1～2‰）において顕著である．このような，非常に低い塩分濃度における融解熱量の測定は，きわめて困難であり，これらの理論値に比較しうる実測値が無い．さらに，Eq.(4)において塩分濃度 S=0 とした場合には，温度の低下に伴って融解熱量が増加する傾向を示し，純氷の融解潜熱の傾向に反している．このような傾向は，小野らが Eq.(3) を導出した際の，温度 t における氷の融解潜熱の定義に起因すると考えられ，適用に際しては十分な注意を要する．

14.4 海水の熱物性値
（Thermophysical Properties of Sea Water）

14.4.1 海水の密度（Density of Sea Water）

海水の密度は，温度 t (℃)，濃度 s (‰)，および圧力 p (bar) によって変化する．Gebhart & Mollendorf[1] は，0～20℃，0～40‰，0～1000 bars の範囲において，海水の密度 $\rho(t,s,p)$ を次式で表している．

$$\rho(t,s,p) = \rho_m(s,p)[1-\alpha(s,p)/(t-t_m(s,p)^{q(s,p)})] \ (kg/m^3) \quad (1)$$

ここで，

$$\rho_m(s,p) = \rho_m(0,1)[1+f_1(p)+sg_1(p)+s^2h_1(p)]$$
$$\alpha(s,p) = \alpha(0,1)[1+f_2(p)+sg_2(p)+s^2h_2(p)]$$
$$t_m(s,p) = t_m(0,1)[1+f_3(p)+sg_3(p)+s^2h_3(p)]$$
$$q(s,p) = q(0,1)[1+f_4(p)+sg_4(p)+s^2h_4(p)]$$
$$f_i(p) = \sum_{j=1}^{n_f} f_{ij}(p-1)^j \quad g_i(p) = \sum_{j=0}^{n_g} g_{ij}(p-1)^j \quad h_i(p) = \sum_{j=0}^{n_h} f_{ij}(p-1)^j$$

であり，$\rho_m(0,1)$，$\alpha(0,1)$，$t_m(0,1)$ および $q(0,1)$ は純水 1 bar abs. における値を示し，添字の m は最大密度での値を意味している．$\rho_m(0,1)=999.9720$ kg m^{-3} [2] である．純水の密度に及ぼす圧力効果のパラメータ f_{ij}，塩分濃度による圧力効果のパラメータ g_{ij} および h_{ij} の値[1]を Table C-14-4-1 に示す．Eq.(1) より求めた大気圧下での海水の密度を Fig. C-14-4-1 に示す．

Table C-14-4-1 海水の密度に及ぼす効果変数（Parameters of effect on sea-water density）

j	0	1	2	3
$f_{1,j}$	—	4.960998E-05	-2.601973E-09	7.842619E-13
$f_{2,j}$	—	1.377584E-04	1.497648E-06	2.903240E-10
$f_{3,j}$	—	-5.430000E-03	7.720181E-07	-7.038846E-10
$f_{4,j}$	—	-1.118758E-04	-1.238393E-07	5.857253E-11
$g_{1,j}$	7.992252E-04	-5.194896E-08	1.031185E-10	-2.979653E-14
$g_{2,j}$	1.623355E-02	1.129961E-05	-8.053248E-08	6.966452E-12
$g_{3,j}$	-5.265509E-02	7.496781E-05	-2.792053E-07	1.411138E-10
$g_{4,j}$	-3.136530E-03	2.983937E-06	4.453557E-09	-2.937601E-12
$h_{1,j}$	1.918334E-07	1.347190E-09	-2.203133E-12	1.112440E-15
$h_{2,j}$	-4.565866E-04	-4.352912E-07	1.978675E-09	-9.079379E-13
$h_{3,j}$	0.000000	-3.683650E-06	7.694077E-09	-4.561113E-12
$h_{4,j}$	7.599378E-05	-8.718915E-08	-4.166570E-11	5.870105E-14

n=3 の場合の Eq.(1) におけるパラメータの値
$\alpha(0,1) = 9.297173\text{E}-06$ (℃)
$t_m(0,1) = 4.029325\text{E}+00$ ℃, $q(0,1) = 1.894816\text{E}+00$ ℃

14.4 海水の熱物性値

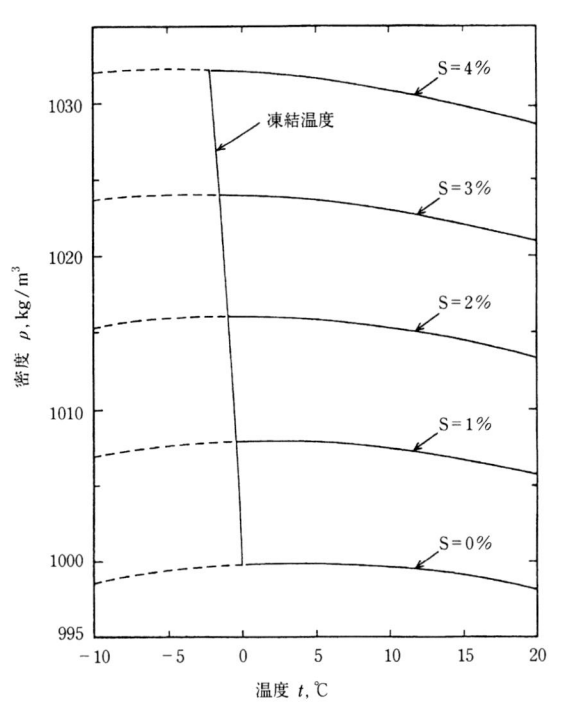

Fig. C-14-4-1 海水の密度（Density of sea water）

14.4.2 海水の比熱（Specific Heat of Sea Water）

大気圧下における海水の比熱 C_p については，いくつかの測定結果[3-5]が報告されている．Bromleyら[4]は温度 T（K）と濃度 S（wt%）を用いて海水の比熱 C_p を求めている．次式は彼らの資料を Horne[6]が改良したものである．

$$C_p = 5.7665 - 0.6145 \cdot S + 0.029491 \cdot S^2$$
$$- (1.0055 - 0.33833 \cdot S + 0.017256 \cdot S^2) \times 10^{-2} \cdot T$$
$$+ (1.5915 - 0.50593 \cdot S + 0.025627 \cdot S^2) \times 10^{-5} \cdot T^2$$
$$(kJ/(kg \cdot K)) \qquad (2)$$

Fig. C-14-4-2 に大気圧下での海水の比熱を示す．圧力 0～1000 bars，塩分濃度 0～4 wt%，温度 273.15～293.15 K の範囲における海水の比熱は，Eq.(2) および Table C-14-4-2 を用いて，次式にて算定できる[7]．

$$C_p(T, S, P) = C_p(T, S, \text{1 atm abs}) + \Delta C_p \qquad (3)$$

その他の海水の物性値については Kukulka らの文献[7]を参照されたい．

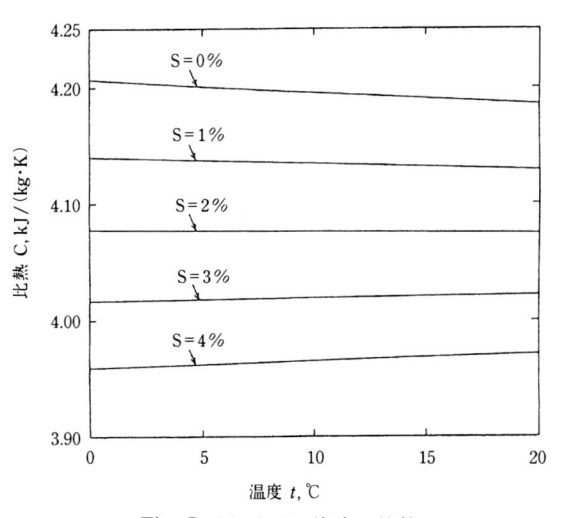

Fig. C-14-4-2 海水の比熱（Specific heat of sea water）

Table C-14-4-2 比熱変化 ΔC_p（The change in specific heat）

温度 (℃)	圧力 (bar)	海水の比熱変化 KJ/(kg·K)								
		0‰	5‰	10‰	15‰	20‰	25‰	30‰	35‰	40‰
0	100	0.037635	0.039909	0.048713	0.051594	0.042048	0.036036	0.032837	0.030622	0.028864
	500	0.192702	0.188670	0.181904	0.171496	0.152391	0.138600	0.128870	0.120948	0.113852
	1000	0.304753	0.291673	0.277283	0.260385	0.235704	0.217060	0.203035	0.191245	0.180539
5	100	0.039582	0.037363	0.035094	0.033000	0.031208	0.029760	0.028629	0.027746	0.026976
	500	0.161464	0.152981	0.144294	0.136121	0.128819	0.122510	0.117101	0.112332	0.107726
	1000	0.260658	0.245656	0.231296	0.218162	0.206506	0.196327	0.187443	0.179480	0.171885
10	100	0.034357	0.032749	0.031091	0.029596	0.028357	0.027415	0.026754	0.026310	0.025954
	500	0.145253	0.138219	0.131231	0.124804	0.119198	0.114471	0.110531	0.107132	0.103812
	1000	0.236211	0.223960	0.212371	0.201887	0.192681	0.184738	0.177880	0.171772	0.165852
15	100	0.032511	0.030802	0.029199	0.027834	0.026779	0.026046	0.025606	0.025397	0.025292
	500	0.137252	0.130310	0.123762	0.117975	0.113115	0.109183	0.106060	0.103485	0.101007
	1000	0.222286	0.210927	0.200468	0.191224	0.183268	0.176599	0.170968	0.166053	0.161301
20	100	0.031455	0.029638	0.028014	0.026699	0.025732	0.025112	0.024807	0.024752	0.024828
	500	0.132052	0.125035	0.118654	0.113199	0.108765	0.105323	0.102740	0.100739	0.098871
	1000	0.212526	0.201636	0.191831	0.183344	0.176222	0.170378	0.165601	0.161548	0.157671

Table C-14-4-3 海水の熱伝導率 (Thermal conductivity of sea water)

T(℃) \ (kbar)	0	0.2	0.4	0.6	0.8	1.0	1.2	1.4
0	5656	5728	5803	5874	5945	6016	6087	6155
5	5740	5811	5887	5962	6033	6104	6171	6242
10	5820	5895	5970	6042	6117	6188	6255	6326
15	5895	5975	6046	6121	6196	6268	6339	6406
20	5970	6046	6121	6196	6272	6343	6414	6485
25	6042	6121	6196	6272	6343	6418	6490	6561
30	6113	6188	6263	6339	6414	6490	6561	6632
35	6180	6255	6330	6406	6481	6557	6628	6699
40	6243	6318	6393	6473	6544	6619	6691	6766
45	6301	6376	6456	6531	6607	6682	6753	6824
50	6356	6435	6515	6590	6665	6737	6812	6883
55	6410	6490	6570	6644	6720	6791	6866	6938
60	6464	6540	6619	6695	6770	6845	6917	6992

$\times 10^{-4}$ W/(m·K)

14.4.3 海水の熱伝導率 (Thermal Conductivity of Sea Water)

大気圧における海水の熱伝導率は,純水のそれとほとんど変わらない。Caldwell[8]は,塩分濃度31.5‰の大気圧下での海水の熱伝導率 K (W/(m·K)) を温度 T (℃) の2次関数として次のように求めている.

$$K = 418.68 \times (1.3507 \times 10^{-3} + 4.061 \times 10^{-6}T - 1.412 \times 10^{-8}T^2) \quad (4)$$

また,圧力因子 P (kilobars), 塩分濃度 S (‰), 温度 T (℃) を考慮した場合の熱伝導率 K (W/(m·K)) を次式で与えている.

$$K(P,T,S) = K(O,T,S)[1 + P \cdot f(P,T,S)] \quad (W/(m \cdot K)) \quad (5)$$

$$f(P,T,S) = 0.0690 - 8 \times 10^{-5}T - 0.0020P - 0.00010S \quad (6)$$

Eq.(4) より Eq.(5) における K(O,T,S) を求め,これより Eq.(5),(6) を用いて,任意の圧力,塩分濃度,温度での海水の熱伝導率を計算することができる. 上式より求めた塩分濃度31.5 (‰) の海水の熱伝導率の計算結果を Table C-14-4-3 に示す.

さらに,Caldwell[8] により,0.5% の精度で次の簡易式が与えられている.

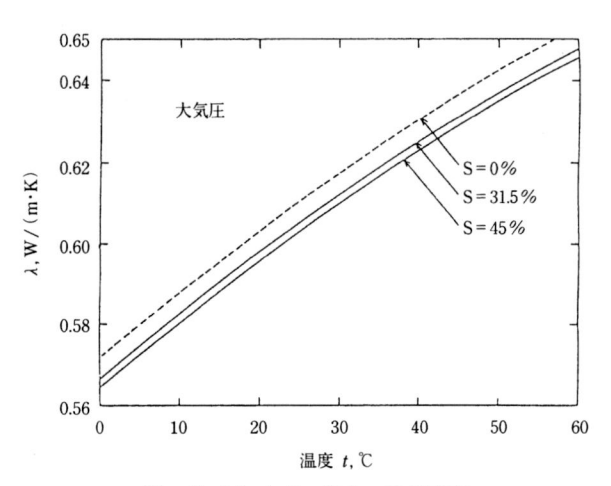

$$K(P,T,S) = 418.68 \times 0.001365(1 + A_1T - A_2T^2 + A_3P - A_4S) \quad (W/(m \cdot K)) \quad (7)$$

ここで $A_1 = 0.003$, $A_2 = 1.025 \times 10^{-5}$
$A_3 = 0.0653$, $A_4 = 0.00029$

簡易式 Eq.(7) より求めた大気圧下での海水の熱伝導率を Fig. C-14-4-3 に示す.

Fig. C-14-4-3 海水の熱伝導率 (Thermal conductivity of sea water)

---

1) Gebhart, B. & Mollendorf, J. C. : J. Fluid Mech., **89**, 4 (1978) 673.　2) Carey, V. P. & Gebhart, B. : J. Fluid Mech., **117** (1982) 379.　3) Cox, F. A. & Smith, N. D. : Proc. Soc. London, **252** (1959) 51.　4) Bromley, L. A., Desaussure, V. A. et al. : J. Chem. Eng. Data, **12** (1967) 202.　5) Millero, F. J., Perron, G. et al. : J. Geophys. Res., **78**, 21 (1973) 4499.　6) Horne, R. A. : Marine Chemistry, Wiley (Interscience) New York (1969).　7) Kukulka, D. J., Gebhart, B. et al. : Thermodynamic and Transport Properties of Pure and Saline Water.　8) D. R. Caldwell, Deep-Sea Research, **21** (1974) 131.

14.5 霜層の熱物性値 (Thermophysical Properties of Frost Layers)

14.5.1 霜層の密度 (Density of Frost Layers)

霜層の密度は着霜条件や時間によって変化するが,一般的に,50〜600 kg/m³ 程度の値である.また,他の条件が同じであれば熱および物質伝達率が大きいほど高い値をとる[1]. Fig. C-14-5-1 (a) に霜層密度の時間的な変化の実例例[2](強制対流)を, Fig. C-14-5-1 (b) にその場合の着霜条件を示す.

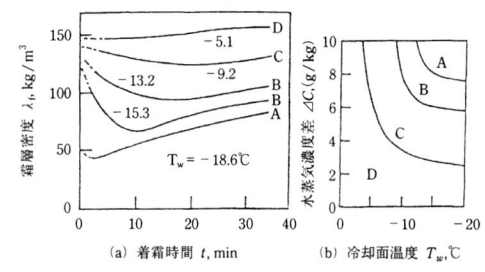

Fig. C-14-5-1 霜層密度の時間変化 (Frost density change with time)

14.5.2 霜層の比熱 (Specific Heat of Frost Layers)

霜層は氷と空気の混合体であり,比熱はそれぞれの混合割合に応じて次式で与えられる.

$$C_f = \frac{C_{ice} \cdot \rho_{ice}(1-P) + C_{pa} \cdot \rho_a \cdot P}{\rho_{ice}(1-P) + \rho_a \cdot P}$$

ここで,P は空隙率,C_{ice}, C_{pa} はそれぞれ氷,空気の比熱,ρ_{ice}, ρ_a はそれぞれ氷,空気の密度を表す.

一般に,氷の密度に比べて空気の密度は非常に小さく無視できるため,霜層の比熱としてはその温度の依存性を含めて氷の比熱と同じとして次式で表される (C-14-2-2項,参照).

$$C_f = C_{ice}$$

14.5.3 霜層の熱伝導率 (Thermal Conductivity of Frost Layers)

霜層の熱伝導率は,その密度によっておよその値がきまるので,熱伝導率 λ_f (W/(m·K)) の経験式はほとんど密度 ρ_f (kg/m³) との関係によって整理されている.主なものは,次の通りである.

Abels[3] $\lambda_f = 2.88 \times 10^{-6} \rho_f^2$, $139 < \rho_f < 340$

Jansson[4] $\lambda_f = 0.0208 + 7.94 \times 10^{-4} \rho_f + 2.44 \times 10^{-12} \rho_f^4$

Devaux[3] $\lambda_f = 0.0292 + 2.93 \times 10^{-6} \rho_f^2$, $99 < \rho_f < 597$

Kondrat' eva[5] $\lambda_f = 3.56 \times 10^{-6} \rho_f^2$, $350 < \rho_f < 500$

Van Dusen[3] $\lambda_f = 0.0209 + 4.03 \times 10^{-4} \rho_f + 2.37 \times 10^{-9} \rho_f^3$

Yonko and Sepsy[3] $\lambda_f = 0.0242 + 7.22 \times 10^{-4} \rho_f + 1.18 \times 10^{-6} \rho_f^2$, $\rho_f < 577$

以上の式は,いずれも −30℃ 以上の温度範囲で有効である.坂爪および関[6]は,砕氷,圧雪ならびに霜層の熱伝導率に体し,次式を提案している.

$$\lambda_f/\lambda_{ice} = (1-P)/\{1 - P^{1/3} + P^{1/3}/(1-P^{2/3} + KP^{2/3})\} + KP/[1-(1-P)^{1/3} + (1-P)^{1/3}/\{1-(1-P)^{1/3} + 1/(K(1-P)^{2/3})\}]$$

ここに,$Z = \{1-(1-P)^{2/3}\} + 1/[K(1-P)^{2/3}]$, P:空隙率,$K = \lambda_a/\lambda_{ice}$.

また,霜層にも適用できる混合物質の熱伝導率の予測式として,次式がある[7].

$$\lambda_a/\lambda_f = 1 - (6s/\pi)^{1/3}[1 - \{(a^2-1)/a\} \cdot \ln\{(a+1)/(a-1)\}]$$

ただし, $s = 1-P$, P:空隙率, $0 < s < 0.5236$, $a = 1 + [4/\{\pi(\lambda_{ice}/\lambda_a - 1)(6s/\pi)^{2/3}\}]^{1/2}$

この式は,雪や霜層の熱伝導率について概ねよい近似値を与えることが知られている.

低温度領域においては,霜層の熱伝導率は密度だけでなく温度(T)にも依存している.Marinyuk[8]は,$93 < T < 233$ K の温度範囲で,次式を提案している.

$$\lambda_f = 1.3(T_s - T_w)^{-1}[0.156\{\exp(0.0137 T_s) - \exp(0.0137 T_w)\} + 5.59 \times 10^{-5} \rho_f \{\exp(0.0214 T_s) - \exp(0.0214 T_w)\}],$$
$60 < \rho_f < 300$

ただし, T_s:霜層表面温度(K), T_w:冷却面温度(K).

---

1) Tokura, I. & Saito, H. et al. : Wärme- u. Stoffüber., **22** (1988) 285. 2) 林勇二郎・青木和夫:日本機械学会論文集, **43**, 368 B編 (1977) 1384. 3) Yonko, J. D. & Sepsy, C. F. : ASHRAE. Trans., **73** (1967) I. 1. 1. 4) Jansson, M. : Öfver. af. Kongl. Betenskaps-Akadem. Förhand., **58** (1901) 207. 5) Kondrat' eva, A. S. : Ice & Permafrost Estab., **22** (1954). 6) 坂爪伸二・関信弘:日本機械学会論文集, **44**, 382 B編 (1978) 2059. 7) Woodside, W. : Can. J. Phys., **36** (1958) 815. 8) Marinyuk, B. T. : Int. J. Refrige., **3**, 6 (1980) 366.

14.6 岩石の熱物性値
(Thermophysical Properties of Rocks)

岩石は，地球上層部を構成する物質で，一般に鉱物の集合体である．火成岩・堆積岩・変成岩に分類される．

岩石の熱伝導率 λ (W/(m·K))，温度伝導率 a (m²/s) および比熱 c (J/(kg·K)) とその物理特性との関係は，次のようである[1,2]．

① 岩石の λ および a は，その鉱物組成，密度，組織，空隙率，水分含有量および圧力に依存する．

② 電子伝導成分の大きい岩石，例えば赤鉄鉱などを含んでいる高密度の金属含有鉱石は，λ および a が大きい．これは，電子熱伝導の寄与が結晶格子振動熱伝導の寄与より大きいためである．

③ 岩石の λ と a は，その構成鉱物粒子の大きさに関係する．粗粒岩は，微粒および中粒岩より λ と a が大きい．微・中粒岩では，沢山の微細鉱物を含むので，粒子間接触が多く，熱伝導性は低下する．

④ 空隙率は，岩石の熱物性値に大きな影響を及ぼす．一般に岩石の λ と a は，空隙率の増加と共に減少する．

⑤ 層状水成岩と層状変成岩は，熱伝導性に異方性がある．成層面に垂直な方向では，成層方向よりも平均して λ と a は 10 ないし 30 % 小さい．

⑥ 岩石の結晶度は，その λ に大きな影響を与える．結晶質岩石の λ は，非晶質岩石の λ よりはるかに大きい．例えば，20℃ において，単結晶の石英では，熱流束が結晶軸に平行な場合は，10.6 W/(m·K) であるが，非晶質の溶融石英では，1.4 W/(m·K) である．

⑦ 岩石の c は，造岩鉱物の物理特性と関係し，その鉱物組成の関数で，混合式によって計算できる．

⑧ 鉱物の比熱容量は，その鉱物の密度が大きくなると小さくなり，岩石の体積比熱 c' (J/(m³·K)) は岩石の密度が大きくなるにつれて大きくなる．

⑨ 岩石の含有水分量 w (%) が多くなると，一般にその λ および a は大きくなり，c も大きくなる．

⑩ 岩石に圧力を加えると，岩石の λ は大きくなる．

Fig. C-14-6-1 に主な岩石の室温における熱伝導率の測定値の例[2] を示す．

岩石の熱物性値の温度依存性は，次のようである[2]．

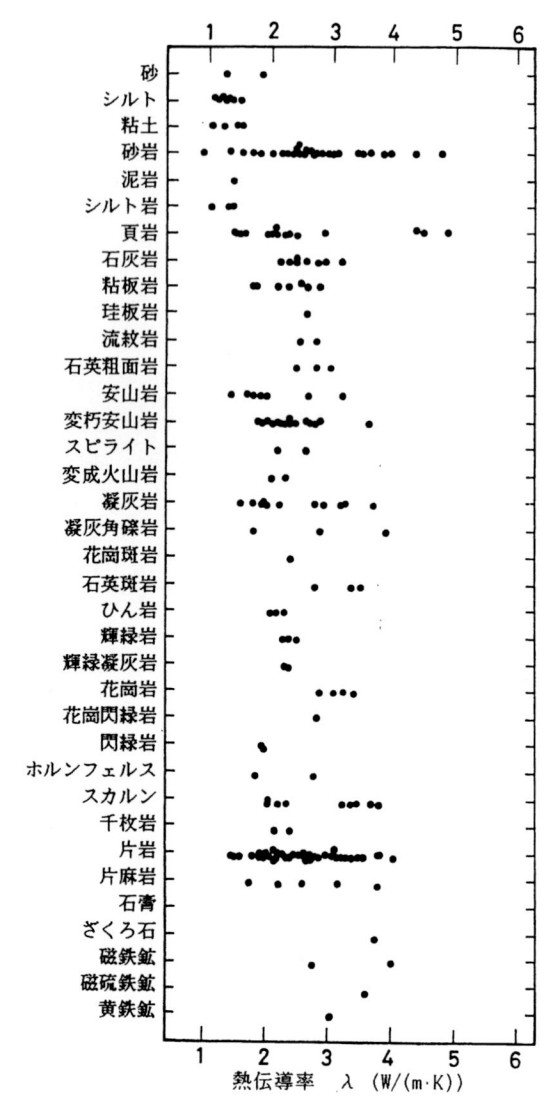

Fig. C-14-6-1 岩石の熱伝導率のバラツキ
(Scatter of thermal conductivity of rocks measured)

① 純粋な天然の金属の λ は，温度が上がると減少する．

② 半導体鉱物の λ の温度依存性は複雑である．

③ 非晶質の鉱物の λ は，温度の上昇とともに増加する．

④ 結晶質の鉱物の λ は，温度の上昇と共に，減少する．

⑤ 完全な結晶組織を有する岩石（珪岩，花崗片麻岩など）では，その λ は温度の上昇と共に減少する．

⑥ 液体で一部あるいは全部飽和された多孔質かつ

Table C-14-6-1 各種岩石の見掛け密度の範囲[3] (Ranges of bulk densities for various rocks)

火成岩	密度(kg/m³)	堆積岩	密度(kg/m³)	変成岩	密度(kg/m³)
花崗岩	2.66*	砂	1.44 ~ 2.40	珪岩	2.65
花崗閃緑岩	2.67 ~ 2.79	砂岩	2.22*	大理石	2.67 ~ 2.75
閃長岩	2.70*	チャート[2]	2.67	結晶片岩	2.73 ~ 3.19
閃緑岩	2.86*	グレーワッケ	2.67 ~ 2.70	片麻岩	2.59 ~ 2.84
橄欖岩	3.15 ~ 3.28	粘板岩	2.72 ~ 2.84	角閃岩	2.79 ~ 3.14
石英斑岩	2.62*	頁岩	2.06 ~ 2.67	グラニュライト	2.67 ~ 3.1
斑糲岩	2.95*	マール	2.63	エクロジャイト	3.32 ~ 3.45
流紋岩	2.51*	マール岩	2.26	古銅輝岩	3.26 ~ 3.29
粗面岩	2.57*	石灰岩	1.55 ~ 2.75	透輝岩	3.24
安山岩	2.65*	チョーク	2.23	緑泥石	2.79

＊：統計学的に十分なサンプル数の平均値．それ以外のものは，サンプル数が十分でない．

浸透性の多相岩石（水，ガスおよび石油で飽和された砂，砂岩，泥岩，石灰岩，石炭など）の見掛けの λ は，空隙を満たしている物質の熱伝導と対流に依存する．

⑦ 稠密な岩石の a は，温度の増加とともにに減少する．

⑧ 鉱物の c は，温度の上昇と共に増加する．

14.6.1 岩石の密度 (Density of Rocks)

岩石を火成岩・堆積岩・変成岩に大別して，主な岩石の乾燥見掛け密度（室温）[3,4]を示せば，Table C-14-6-1のようになる．密度は，温度が上昇すると減少する[3]．

14.6.2 岩石の比熱 (Specific Heat of Rocks)

岩石の比熱 c は，その鉱物成分の関数であり，混合式によって計算できる[5]．

$$c = c_1 x_1 + c_2 x_2 + \cdots = \sum_{i=1}^{n} c_i x_i$$

ここに，c_i = 造岩鉱物の比熱，x_i = 鉱物成分重量構成比 ($x_1 + x_2 + \cdots x_n = 1$) である．

ガス，油，水の3成分 $s_g, s_o, s_w : (s_g + s_o + s_w = 1)$ を含む岩石の見掛けの比熱 c_e は，次式で表される[5]．

$$c_e = [(\rho_g s_g c_g + \rho_o s_o c_o + \rho_w s_w c_w)\phi + \rho_r c_r (1-\phi)] / [(\rho_g s_g + \rho_o s_o + \rho_w s_w)\phi + \rho_r (1-\phi)]$$

ここに，ρ = 密度，ϕ = 孔隙率，添字 g, o, w, r は，それぞれガス，油，水，岩石マトリックスを示す．

岩石比熱の温度依存性は，次の経験式で示される[6]．

$$c = \alpha + \beta T - \gamma T^{-2}$$

Table C-14-6-2 主な岩石の比熱の温度係数[6] (Temp. coefficients of specific heat of some rocks)

岩種	α	$\beta \times 10^3$	$\gamma \times 10^{-5}$	誤差
花崗岩	0.964	0.252	0.294	±13%
花崗閃緑岩	0.955	0.29	0.233	±12
輝緑岩	0.68	0.50	0.075	±17
斑糲岩	0.94	0.28	0.23	±14
閃緑岩	1.024	0.187	0.273	±11
頁岩	1.07	0.15	0.30	±12
珪岩	0.75	0.60	0.17	± 8
大理石	0.823	0.497	0.129	± 9

1) Dmitriyev, A. P.・Physical Properties of Rocks at High Tempratures, NASA TTF-684 (1972).＝島田荘平（訳）：高温下の岩石物性, 内田老鶴圃 (1983) 43. 2) 幾世橋広：地熱エネルギー, 13 (1988) 37. 3) Carmichael, R. S.: Hand Book of Physical Properties of Rocks, 3 (1984) 22, 34. 4) 幾世橋広ほか：日本地熱学会誌, 6 (1984) 243. 5) 柳沢恒雄：油層岩の特性―熱的性質, 石油鉱業便覧, 石油技術協会 (1983) 508. 6) Dmitriyev, A. P. ほか : Physical Properties of Rocks at High Temperatures, NASA TTF-684 (1972)；島田壮平（訳）：高温下の岩石物性, 内田老鶴圃 (1983) 72. 7) Anand, J. ほか : Prediction of Thermal Properties of Formations from Other Known Properties, SPE 4171 (1972).

主な岩石の定数 α, β, γ を Table C-14-6-2 に示す. 適用温度範囲は, 291K から 723K までである.

14.6.3 岩石の熱伝導率 (Thermal Conductivity of Rocks)

乾燥岩石の熱伝導率 λ_D は, 次の実験式により標準偏差 0.139 で求められる. ただし, 熱伝導率の範囲は $0.7 \sim 3.8 \mathrm{W/(m \cdot K)}$ である [7].

$$\lambda_D = 1.73(0.340 \times 10^{-3}\rho - 3.20\phi + 0.530 P^{0.10} + 0.0130 F - 0.031)\ (\mathrm{W/(m \cdot K)})$$

ここに, ρ = 密度 (kg/m³), ϕ = 孔隙率 (無次元), P = 絶対浸透率 (md), F = 地層比抵抗係数 (4～100 (無次元)) である.

液体で飽和された岩石の熱伝導率 λ_{sat} は, 次の実験式により標準偏差 0.179 で求められる [7].

$$\lambda_{sat}/\lambda_D = 1 + 0.030[(\lambda_f/\lambda_a) - 1]^{0.33} + 4.57\{[\phi/(1-\phi)](\lambda_f/\lambda_D)\}^{0.482 m} (\rho_{sat}/\rho_D)^{-4.3}$$

ここに, λ_D, λ_{sat} = それぞれ乾燥, 液体飽和岩石の熱伝導率; λ_a, λ_f = それぞれ空気, 液体の熱伝導率; ρ_D, ρ_{sat} = それぞれ乾燥, 液体飽和岩石の密度; m = Archie の膠着係数 (0.5～2.5 (無次元)) である.

14.7 凍土の熱物性値 (Thermophysical Properties of Frozen Soils)

14.7.1 凍土の密度 (Bulk Density of Frozen Soils)

凍土は固相, 液相および気相から構成されている. このうち, 固相は鉱物, 有機物および氷から成る. また, 液相は凍土中に存在する不凍水である. 固相の重量を W_s, その体積を V_s, 液相の重量 W_1, その体積を V_1, 気相の体積を V_3 とすると, 凍土の密度 ρ は

$$\rho = (W_s + W_1)/(V_s + V_1 + V_3)$$

である. 代表的な飽和凍土の密度を Table C-14-7-1 に示す.

Table C-14-7-1 飽和凍土の密度 (Bulk density values of saturated frozen soils)

凍土	密度 (Kg/m³)
泥炭	1000
粘土, シルト	1400～2000
砂, 砂礫	1700～2300

14.7.2 凍土の比熱 (Specific Heat of Frozen Soils)

凍土中には不凍水が含まれていて, その量は温度と共に変わる. したがって, 凍土の場合には, 次式で定義される見かけ比熱 C_a (apparent specific heat capacity) が用いられる [1].

$$C_a = C_s(1-W) + C_i(W - W_u) + C_u W_u + \frac{1}{\Delta T}\int_{T_1}^{T_2} L(T-T_0)\frac{\partial W_u}{\partial T}dT$$

ここで, C_s, C_i, C_u は, それぞれ, 乾燥土, 氷, 不凍水の比熱であり, W は全含水量の質量分率, W_u は不凍水量の質量分率, T は温度 (K), $L(T-T_0)f$ は不凍水と氷の間の相変化の潜熱である.

不凍水は自由水に比べて低いエネルギー状態にあるもので, その潜熱は自由水に比べて少なく,

$$L(T-T_0) = 7.3(T-T_0) + 334 \quad (\mathrm{J/g})$$

である [2]. ここで, T_0 は 273.15 K である.

14.7 凍土の熱物性値

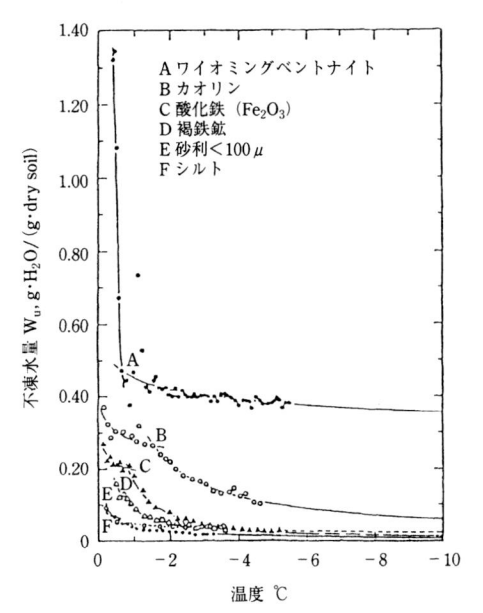

Fig. C-14-7-1 不凍水量（Unfrozen water content）

A ワイオミングベントナイト
B カオリン
C 酸化鉄（Fe_2O_3）
D 褐鉄鉱
E 砂利<100μ
F シルト

乾燥土当りの不凍水量は Fig. C-14-7-1 に示すように，

$$W_u(gH_2O/g\,dry\,soil) = \alpha(T_0 - T)\beta$$

で表される[3]．ここで，α と β は土の種類によって決まる定数である．

単位体積当りの比熱を凍土の体積熱容量 C (volumetric heat capacity of frozen soil) といい，これは ρC_a で与えられる．

14.7.3 凍土の熱伝導率 (Thermal Conductivity of Frozen Soils)

凍土の熱伝導率は含水比，乾燥密度，粒土分布，土粒子の構造，鉱物組成など多くの要因の影響を受けて変化する．Fig. C-14-7-2 に細かい砂凍土の熱伝導率を示す[4]．S1 は水を含まない凍土であり，S2, S3, S4, S5, S6 は飽和度が，それぞれ，0.38, 0.52, 0.73, 0.87, 0.94 の凍土である．比較のために氷の値を点線で示した．

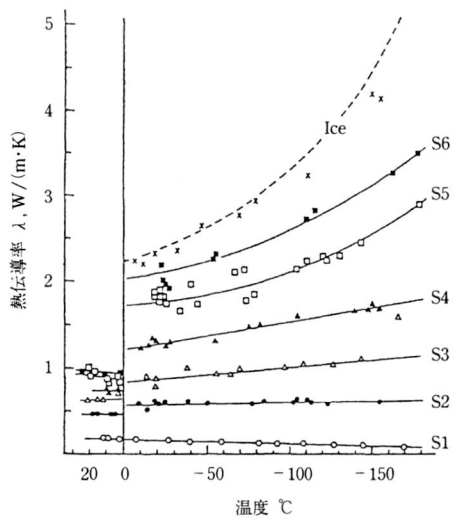

Fig. C-14-7-2 細かい砂凍土熱伝導率
(Thermal conductivity of fine frozen soils)

---

1) Anderson, D. M. and Morgenstern, N. R. : Proc. of the 2nd International Conference on Permafrost, Yakutsk, U. S. S. R. (1973) 257. 2) Horiguchi, K. : Proc. of the 4th International Symposium on Ground Freezing, Sapporo, Japan (1985) 33.
3) Anderson, D. M. and Tice, A. R. : Highw. Res. Record, 393 (1972) 12. 4) Sawada, S. : 北見工業大学研究報告, 9, 1 (1977) 111.

14.8 土壌の熱物性値 (Thermophysical Properties of Soils)

土（土壌）は，地殻表面の岩石の分解によって生じた無機物が地表に堆積したもの．種々の程度に腐敗，分解した動植物質を含む．粒子の大きさによって礫，砂および粘土に分類される．土は，固体（岩石および有機物），液体（土壌水）および気体（土壌空気）の三相系物体であるため，伝熱機構が複雑で，その熱物性値の正確な予測はかなり難しい．以下に実測結果[1]の要約[2]を示す．

① 不凍結土の熱伝導率 λ_u は，温度の増加とともに増加する．

② 凍結土の熱伝導率 λ_f は，含水比 w (%) が小さいとき温度による変化は少なく，高 w では温度の減少とともに増加する．

③ 不凍結土から凍結土に変わるとき，λ は乾燥土では変化せず，低 w では減少し，高 w では増加する．

④ λ は，土の乾燥密度 ρ_d (kg/m^3) と w が一定であれば一般に土の構造により変化し，礫と砂では大きく，砂質ロームがこれに次ぎ，シルトと粘土では最も小さい．

⑤ 次式により，λ (W/(m·K)) を±25%以内の精度で予測できる．

細粒土（シルトと粘土が50%以上）に対しては
$$\lambda_u = 0.144(0.9 \log w - 0.2) 10^{0.000624 \rho_d}$$
$$\lambda_f = 0.144 [(0.01 \times 10^{0.00134 \rho_d}) + (0.025 \times 10^{0.000874 \rho_d}) w]$$

粗粒土（シルトと粘土が50%以下）に対しては
$$\lambda_u = 0.144(0.7 \log w + 0.4) 10^{0.000624 \rho_d}$$
$$\lambda_f = 0.144 [(0.011 \times 10^{0.00134 \rho_d}) + (0.026 \times 10^{0.000911 \rho_d}) w]$$

ただし，適用範曲は，細粒土では w≧7 および粗粒土では w≧1 である．

⑥ 体積比熱 c' (J/(m^3·K)) は，殆どの土に対し，次の実験式から求められる．
$$c'_u = 2.33 \times 10^3 [(17+w)/(100+w)] \rho_d [(100+w)/100]$$
$$c'_f = 2.33 \times 10^3 [(17+0.5w)/(100+w)] \rho_d [(100+w)/100]$$

ここに，添字 u および f は，それぞれ不凍結土および凍結土を示し，両式とも0℃付近の土に適用される．

14.8.1 土壌の密度 (Density of Soils)

土壌の密度には，浸潤密度 ρ_t (wet density) (kg/m^3)，乾燥密度 ρ_d (dry density) (kg/m^3)（仮比重とも言う），土粒子密度 ρ_s (particle density) (kg/m^3)（真比重とも言う）の3つがある．浸潤密度とは，水分を含んだ土壌の単位体積当りの質量，乾燥密度とは105℃または110℃で恒量になるまで乾燥した土壌の単位体積当りの質量，土粒子密度とは土壌粒子自身の密度を言う．

浸潤密度は水分含量により変化する．乾燥密度は土壌の種類，状態により異なる．すなわち，同じ土壌でも水分が多いと膨潤して乾燥密度は小さくなり，逆に乾燥すると収縮して乾燥密度は大きくなる場合がある．また，圧密を受けると，乾燥密度は大きくなる．土粒子密度は土壌の種類により異なるが，各土壌では一定の値をとる．

Table C-14-8-1 には代表的な土壌の乾燥密度と土粒子密度を示す．

Table C-14-8-1 土壌の乾燥密度と土粒子密度[3] (Dry density and soil particle density of soils)

土壌の種類	乾燥密度 ρ_d (kg/m^3)	土粒子密度 ρ_s (kg/m^3)
火山灰土	671	2750
褐色森林土	1283	2851
灰色台地土	1515	2821
灰色低地土	1270	2719
グライ土	1127	2627
黒泥土	982	2598
泥炭土	100	1667

14.8.2 土壌の比熱 (Specific Heat of Soils)

比熱には，単位質量当りの熱容量である重量比熱 (J/(kg·K)) と，単位体積当りの熱容量である容積比熱 (J/(m^3·K)) とがあり，ふつう比熱という場合には重量比熱をさす．熱解析を行なうには容積比熱が必要となる．両者は土の密度（容積重）を知ることにより相互に変換できる．土壌の比熱 C (J/(kg·K)) は次式で示される．

Table C-14-8-2 土壌の比熱 [4,5]
(Specific heat of soils)

土壌の種類	温度 T (K)	比熱 C (kJ/(kg·K))
石英砂	298	0.71
カオリン	298	0.84
ベントナイト	298	0.88
アロフェン	298	0.96
火山灰土	298	0.84
沖積土	298	0.76
洪積土	298	0.76

$$C = c_1 p_1 + c_2 p_2 + c_3 p_3 \tag{1}$$

ここで，添字1, 2, 3はそれぞれ固相（土壌粒子），液相（土壌水），気相（空気）であり，cは比熱，pは各相の重量比である．このうち，第3項の気相の比熱 $c_3 p_3$ は他に比較して著しく小さいので省略できる．溶質濃度の低い土壌水の比熱は水と同じと考えてよい．ただし，凍結した場合の水の比熱は液体の場合の約1/2になるので，凍土を扱う場合には注意する必要がある．

土壌の比熱は上記のように土壌粒子の比熱がわかれば，Eq.(1)から求めることができる．Table C-14-8-2には各種の土壌粒子の比熱を示す．土壌の比熱は Eq.(1) からも明らかなように，水の寄与が大きいので，泥炭土のような特殊な土壌を除き土壌粒子の比熱を 0.84 (kJ/(kg·K)) としても実用上大きな誤差は生じない．

14.8.3 土壌の熱伝導率（Thermal Conductivity of Soils）

土壌は，地殻の最上層に位置し，岩石が崩壊・分解して地表に堆積した物で，多くは腐敗分解した動植物を含むものと定義される．土壌の基本的構成材料としては，土粒子・水（水蒸気，液状水，氷）・空気があり，これらの構成材料の含有割合，物理的状態などにより，土壌の熱伝導率が影響を受けることになる．特に，土粒子は粒径の大きさよりれき・砂・シルト・粘土・コロイドに分類される．これらの種々の土粒子の混合した土壌の熱伝導率は，混合状態以外に比較的熱伝導率の大きい水分の含有量・配置により，大きく左右されることになる．

Table C-14-8-3は，粒径により分類された土壌名称および土壌形成の地質年代により分類された土壌についての熱伝導率を示したものである．

土壌の熱伝導率は，土粒子の物理的状態および含有水分量・配置により大きく影響を受けることより，様々な理論的モデルが報告されている．Woodsideらは，土壌構成材料の土粒子および水の熱伝導率が空気に比較して大きいことに着目し，土粒子・水の2相

Table C-14-8-3 土壌の熱伝導率 [6,7]
(Thermal conductivity of soils)

物質名	温度 T (K)	含水率 φ (w %)	密度 ρ (kg/m³)	熱伝導率 λ (W/(m·K))
砂	293	0	1360	0.197
	293	9.8	1400	0.976
	293	10.5	1500	1.19
	293	17.3	1620	1.71
	293	23.3	1590	1.89
石英質砂	293	8.3	1750	0.581
砂質土壌	293	9.6	1622	1.07
砂質粘土	293	15.0	1780	0.918
粘土質土壌	293	12.0	1980	1.85
ローム	293	36.6	1230	1.05
粘土	293	27.7	1700	1.20
	293	29.3	1180	0.651
火山灰	293	28.4	1160	0.721
石灰質土壌	293	43.0	1670	0.709
有機質土壌	293	41.5	1340	0.700

---

1) Kersten, M. S.: Highway Res. Board, Special Report No.2. (1952) 161. 2) 幾世橋広：スラリーの伝熱（スラリー輸送研究会編，スラリー・カプセル輸送技術要覧，開発問題研究所，(1984) 119. 3) 土壌物理研究会：土壌物理用語事典，養賢堂 (1974) 186. 4) Kasubuchi, T.: Soil Sci, Plant Nutr., **21**, 1 (1975) 73. 5) Kasubuchi, T.: Soil Sci, Plant Nutr., **21**, 2 (1975) 107. 6) 日本機械学会編：伝熱工学資料（改訂4版），日本機械学会 (1986) 321. 7) 渡辺 要：建築計画原論Ⅱ，丸善 (1979) 110. 8) Woodside, W. & Messmer, J. H.: Applied Physics, **32**, 9 (1961) 1688. 9) 粕淵辰昭：日本土壌肥料学雑誌, **43**, 12 (1972) 437. 10) 松本順一郎・大久保俊治：土木学会論文報告集, **257** (1977) 53.

系に対する直列・並列熱伝導モデルを提案し，関係式の各係数は実測に基づいた値を採用している[8]．粕淵は土壌生成年代による分類の土壌に関して，実測値より含水率と熱伝導率の実験式を報告している[9]．松本らは，水分飽和度と熱伝導率の実測値より，土粒子の接触部近傍に配置される水が土壌の熱伝導率に大きく関与するとの知見より，理論的考察を試み，ある種の土壌に対して，水分飽和度と熱伝導率の関係式を誘導している[10]．

・土壌の熱伝導率に関する関係式

(1) Woodsideらの直列・並列2相モデル[8]

$$\lambda = a\lambda_s\lambda_f/[\lambda_s(1-d)+d\lambda_f] + b\lambda_s + c\lambda_f$$

ただし，λ_s：土壌固体の熱伝導率，λ_f：流体の熱伝導率，ϕ：空隙率，$a=1.03-\phi$，$b\approx 0$，$c=\phi-0.03$，$d=(1-\phi)/(1.03-\phi)$

(2) 粕淵の実験式[9]

・火山灰土壌：$\lambda = 0.695\phi + 0.0670$ （W/(m·K)）
・沖積土壌：$\lambda = 1.85\phi + 0.293$ （W/(m·K)）
・洪積土壌：$\lambda = 3.41\phi + 0.372$ （W/(m·K)）

ただし，ϕ：重量含水率

(3) 松本らの実験式[10]

・砂：$\lambda = 1.51/[1+5.24\exp(-0.0591S)]$ （W/(m·K)）

・ローム：$\lambda = 1.28/[1+19.5\exp(-0.0594S)]$ （W/(m·K)）

・砂質ローム：$\lambda = 1.57/[1+18.5\exp(-0.0720S)]$ （W/(m·K)）

ただし，S：水分飽和度

14.9 石炭の熱物性値
(Thermophysical Properties of Coals)

石炭は，植物が水中に堆積・埋没後，続成作用を受けて加圧・変質（石炭化作用）して生じた可燃性岩石である．発熱量・燃料比・粘結性などを基準として，褐炭・亜瀝青炭・瀝青炭・無煙炭に分類される．化学的性質を知るために工業分析により，水分 w・灰分 A_s・揮発分 V_M・固定炭素 C_F などが恒湿ベース百分率（％）で表される．

① 九州の7炭砿から採取した22試料の切込炭（$1.2\leq 10^{-3}\rho_{ap}\leq 1.5$，$1.5\leq w\leq 3$，$4\leq A_s\leq 19$）の成層面に平行方向の熱伝導率 λ_p および垂直方向の熱伝導率 λ_v は室温において次の通りである；$\lambda_p = 0.20\sim 0.53$，$\lambda_v = 0.12\sim 0.28$，$\lambda_m\sqrt{(\lambda_p\cdot\lambda_v)} = 0.20\sim 0.29$ W/(m·K)．λ_m と A_s とは明瞭ではないが正の相関関係が認められる[1]．

ドイツの瀝青炭の17試料（$w\approx 1$，$1\leq A_s\leq 3$，$20\leq V_M\leq 50$，$20\leq \theta(℃)\leq 100$）の λ（W/(m·K)）は，次式で表される[2]．

$$\lambda = 4.187\{3.55+0.01\theta+0.065(V_M-15) + 6.6(\rho_{ap}-1200)\times 10^{-3}\}\times 10^{-2}$$

ドイツの無煙炭の11試料（$w\approx 1$，$1\leq A_s\leq 3$，$8\leq V_M\leq 11$，$20\leq \theta\leq 100$）の λ は，次式で表される[2]．

$$\lambda = 4.187\{4.27+0.01\theta+24.7(\rho_{ap}-1300)\times 10^{-3}\}\times 10^{-2}$$

ただし，上式中の ρ_{ap} は見掛け密度（kg/m³）である．

② アメリカの瀝青炭の23試料（$16\leq V_M\leq 44$，$0\leq \theta\leq 100$）の無水比熱 c_d（kJ/(kg·K)）は，次式により与えられる[2]．

$$c_d = 4.187(0.200+0.0015V_M+0.00088\theta)$$

アメリカおよびドイツの無煙炭の32試料（$3\leq V_M\leq 10$，$0\leq \theta\leq 250$）の c_d は，次式により与えられる[2]．

$$c_d = 4.187(0.170+0.0054V_M+0.00061\theta)$$

③ 粒径3mm以下の乾燥石炭粒子層（充填密度850～900 kg/m³）の乾留過程における有効熱伝導率 λ_e は，次の式で表される[3]．

$$\lambda_e = \lambda_c\cdot\exp[A(\theta-\theta_c)]$$

ここに，λ_c は，遷移温度 θ_c における有効熱伝導率，A は温度係数で遷移温度の前後で異なる値をとる．これらは，C_F の次のような関数で表される．

$\theta_c = -2.48\cdot C_F + 615$，
$\lambda_c = 1.23\times 10^{-3}\cdot C_F + 0.0520$
$A = -8.33\times 10^{-5}\cdot C_F + 0.0108$
　　　　（$\theta_c\leq \theta(℃)< 850$）
$A = -1.70\times 10^{-5}\cdot C_F + 2.39\times 10^{-3}$
　　　　（$20\leq \theta < \theta_c$）

④ 粒径0.04～0.15mmの乾燥微粉炭層（充填率42～57%，$4.9\leq A_s\leq 6.1$，$V_M\approx 45$，$C_F\approx 49.5$）の λ_e は，$30\leq \theta\leq 90$ において，0.07～0.10 W/(m·K)である．λ_e は，θ および充填率の増加とともに増加する[4]．

---

1) 柳本竹一ほか：日本鉱業会誌, **89** (1973) 645. 2) Badzioch, B.: The British Coal Utilisation Reseach Association, Monthly Bulletin, **24** (1960-part II) 485. 3) 三浦隆利ほか：化学工学論文集, **8** (1982) 121. 4) 榎本兵治ほか：安全工学, **26** (1987) 85.

C.15 生体・バイオ・医学 (Biological Materials)

15.1 生体物質 (Biological Materials)

15.1.1 生体物質の熱物性値の解釈
(Significance of Thermophysical Properties of Biological Materials)

近年,生体の器官や組織における熱と物質の移動現象を理工学的な観点からとらえ,器官や組織の機能の状態を把握すると同時に,疾病の診断,治療に関する知見を得ようとする状況が増えて来た.特に最近の医療技術には,熱現象を積極的に利用するものが増えており,医療診断機器の開発が急速に進展している.たとえば人工心肺使用時の低体温法,癌治療に有望視されているハイパーサーミヤ,腫瘍部の熱発生,レーザー照射による治療,血液や細胞の冷凍保存,冷凍手術など,生体内の熱移動に直接関わりのある多くの問題が注目されている[1].器官組織における熱移動の様子を明らかにするためには,器官や組織自体の熱物性値 (intrinsic thermophysical property) が必要であり,さらに組織内の血流による影響を明らかにすることが肝要である.そこで信頼性の高い色々な測定法が考案され[2,3],測定データが次第に増えてくるとともに,組織内血流による影響を明確に識別する手法も開発されて来た.しかしながら,生体物質は通常の工業材料の場合には見られない特殊な性質を多く持っているので,その熱物性値の使い方には注意を要する.すなわち,対象となる生体物質の部位や状態,測定方法の違いが結果として得られた熱物性値に反映して来るので,生体物質の熱物性値に影響を与える要因がどのようなものかを明らかにしておく必要がある.

一般に生体物質は異方性で不均質構造を持っているので,どの位の大きさのスケールで系を眺めるかによって熱物性値の意味が変わって来る[4].さらに細胞レベルでは,細胞自体における熱伝導に加えて微小循環系における血液やリンパ液および細胞内外での流動による微小対流効果,代謝による熱発生,反応を伴う物質拡散において生ずる反応熱などが生体組織内での熱移動の要因と成っており,生体組織の精密な温度制御において重要な役割を果している.

したがって,生体組織内での熱現象は,微視的なスケールのもとで生じていることを考えると生体物質の場合,均質な物質の場合のような純粋な熱物性値は本来的に存在せず,常に測定系のスケールや測定体積,測定時間によって決まる見かけの (apparent) または疑似 (pseudo) 熱物性値として解釈しなければならない.この見かけの熱物性値は,測定体積内の平均値として解釈できるが,測定体積内を一様に平均したものでなく,プローブに近い場所の熱的性質が大きく反映してくる.したがって測定体積が小さいと,プローブと組織との界面の様子が大きく影響するので,プローブに対して適当な大きさの測定体積を取るようにする必要がある.次に生体の器官や組織は生体内で機能を発揮していることを考えると生体内 (in vivo) での測定が望ましい.しかし,生体から摘出直後血液を灌流させて臓器の機能をしばらく維持させた状態で測定する場合 (in vitro) もある.さらに生体内で機能を維持させるためには,測定することによってその機能を妨害しないようにする必要がある.すなわち測定のためにプローブを体内に穿刺するような侵襲を極力少なくすることが必要で,非侵襲的な測定が理想であることは言うまでもない.プローブを生体組織内に穿刺するような場合は,穿刺することによってその部分の組織に損傷を与える結果,プローブと組織の間に血液が貯留する可能性があり,組織の熱的性質を正しく測定することができない.生体組織は時間とともに状態が変化してくるので測定は短時間で完了させる必要があるので,通常非定常法が多く採用されている.さらに生体組織は,全く同一のものは存在しない.同じ種の中でも個体差があるので,熱物性の測定対象となる標本としての標準状態は有り得ない.したがって測定対象となる生体組織がどのような状態のものか,生体内から摘出されたものであれば,どのような方法で摘出されたか,摘出してからの時間経過などの明確な情報が必要である.いずれにしても,侵襲的方法による場合は,生体物質の取扱には充分な注意が必要であり,試料としての生体物質の不適切な取扱は,場合によっては全く意味の無い測定結果を得ることになる.

15.1.2 生体物質の熱物性値の測定法
(Measurement Methods of Thermophysical Properties of Biological Materials)

生体物質の熱物性値は，測定方法や測定条件によって，その見かけの値が変わってくる可能性があるので，どのような方法で熱物性値が得られたかを考慮に入れてその値を使う必要がある．そこで，これまでに開発されている生体物質の熱物性値の測定方法について概観してみる．中でもサーミスタ加熱法などは，通常の工業材料の熱物性値の測定方法と全く同様であるが，生体物質の測定に関して特に考慮する点を含めて以下のようにまとめてみた．

(a) 侵襲的方法
(1) 非定常加熱法

Chato[5]は早くから生体物質の熱伝導率の非定常測定に着手し，直径0.7 mmのサーミスタを先端に取り付けた針を測定部位に穿刺する方法を考えた．サーミスタ温度が一定になるように与える電力を制御し，周囲への熱損失の時間的変化から周囲組織の有効熱伝導率を得るという方法である．Balasubramaniam and Bowman[6]は，サーミスタ加熱法において，サーミスタ内部の熱伝導をも考慮に入れて，熱伝導率と温度伝導率を同時に測定する方法を考え，直径0.75 mmのサーミスタにより測定を行なっている．

プローブの加熱による温度上昇の領域を示す長さのスケールは，血液の微小循環のスケールよりもはるかに大きいので，得られる見かけの熱伝導率には必然的に血液流の影響が必ず含まれる．したがって測定された組織における血液灌流の状態を明確にしておく必要がある．そこでサーミスタ加熱により熱伝導率と温度伝導率の同時測定する方法をValvanoら[7]がさらに発展させ，有効熱伝導率の変化から血液灌流を求めている．組織内に埋入されたサーミスタプローブが，周囲組織と熱平衡に達した後，一定温度上昇するように加熱される．その時のサーミスタ自身の熱伝導方程式と，血液灌流を含むプローブ周囲組織に対する生体内熱移動の式の解析解を求め，定常解より熱伝導率が決められる．実際の測定では，非定常データから定常状態での応答を見積って有効熱伝導率を求める．さらに非定解より温度伝導率を求める．摘出されたラットの肝臓にリンゲル液を灌

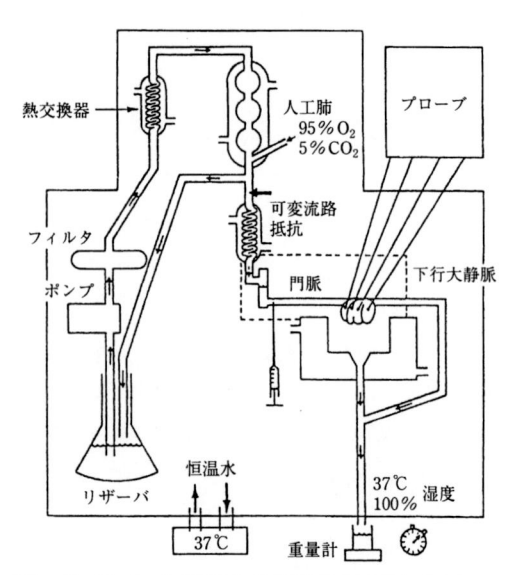

Fig. C-15-1-1 肝臓血液灌流実験回路（Valavo et al.[7]）(Block diagram of the isolated rat liver preparation used to evaluate the thermal diffusion probe)

流させ，灌流量を制御することによって，灌流の影響による組織の有効熱伝導率の変化を測定し，組織内灌流量を求めることを示している (Fig. C-15-1-1).

Valvano[8]は，測定体積を大きくするため三つのサーミスタを正三角形状に配列させて，凍結した生体物質の熱伝導率と温度伝導率を測定する方法を考案した．三つのサーミスタを使用することにより，測定体積は，サーミスタ単独の場合よりも5倍〜7倍に増え，そのためプローブと組織との接触不良による誤差が低減する．

組織内の熱移動現象には血液流が大きな役割を演じているので，血液自体の熱的性質も当然把握する必要がある．血球のサスペンションである血液の熱伝導率の測定も短時間に行なう必要があるが，谷下ら[9]は，ポリエステル被覆の白金細線による非定常細線加熱法により，イヌの血液の熱伝導率を求めている．

(2) パルス減衰法

サーミスタ加熱法では，加熱および温度測定用プローブを穿刺して測定をおこなうため，プローブが細くとも組織の損傷が必然的に伴う．さらに実際使用されているサーミスタの形状は完全に球ではないため前提となる理論モデルの妥当性が問題となる．

そこで Chen ら[10] は，サーミスタに一定なパワーをパルス的に与え，その後のサーミスタの温度下降から周囲組織の熱伝導率を決める方法を考案した．この方法では，プローブの加熱により温度上昇が生ずるプローブ周囲の領域が広がるため（サンプリング体積が増加），プローブから離れた損傷のない場所の性質を反映することができ，プローブの形状や性質による影響が小さくなるという利点がある．

(b) 非侵襲的方法

(1) 超音波加熱法

超音波を音響レンズにより集束させ，焦点部の組織をパルス的に加熱し，その時の温度変化を測定することによって組織の温度伝導率および血液灌流量を求める方法が，Newman and Lele[11] によって考案された (Fig. C-15-1-2)．この方法の特徴は，組織のある特定な部位を直接超音波によって加熱するため，サーミスタプローブが埋入された場合のように，組織と加熱面との不連続面が生じないことである．生体内熱移動の式から組織内の温度分布を求め，温度分布から血液灌流がある場合と無い場合の有効温度伝導率を決めることができる．

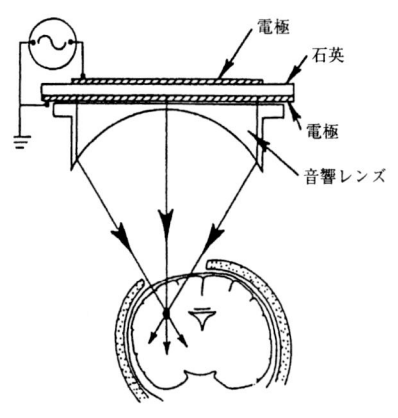

Fig. C-15-1-2 音響レンズによる超音波加熱 (Newman and Lele[11]) (Focus of the ultrasound beam is used as a controlled heat source in absorbing media)

(2) 表面接触法

棚沢ら[12] は，皮膚表面に金属棒を接触させ，接触させた瞬間以降の金属棒の温度変化を測定することにより，皮膚直下の組織の熱伝導率を非侵襲的に求める方法を考案した．サーミスタ加熱法においてプローブを組織内に埋入させるという侵襲を避けるため，組織表面をサーミスタにより加熱して温度変化を測定し，内部組織の熱伝導率を測定する方法が Patel ら[13] によって試みられている．組織表面に付着されたサーミスタを断熱材で被う．このような系に Pennes らの生体内熱移動の式[14] を適用し，血液灌流を含む有効熱伝導率を求めている．実際にはプローブ表面と組織表面が完全に接触していない場合があるので，不完全接触による熱抵抗も考慮している．さらに摘出されたラットの肝臓および生体内 (in vivo) の肝臓の表面における測定から，血液灌流による影響も明確に捉えている．

15.1.3 生体物質の熱的性質 (Thermal Properties of Biological Materials)

Table C-15-1-1 から Table C-15-1-4 にこれまでに色々な方法で測定された生体物質の熱伝導率および温度伝導率の値を示す．

15.1.4 生体物質のガス拡散係数 (Gas Diffusivities of Biological Materials)

生体内の物質拡散現象は，器官や組織の機能と直接関連しているため，その拡散速度を示す熱物性値である拡散係数の値は，器官や組織の機能の評価や人工臓器の設計などに必要となる．ここでは，生体系で重要な物質である呼吸性ガス（酸素および炭酸ガス）の血液中の拡散係数について取り上げる．

拡散係数の測定方法は，静止した系および対流物質輸送によるものとの二通りに分けられる．静止した系では，0.1 mm から 2 mm 程度の厚みを持つ薄い液体相に，直接フィックの法則を適用する方法がとられている．一方，流動を伴う系では，円管内流や落下液膜による物質輸送の実験結果を理論解と突き合わせて，拡散係数をきめるわけだが，血液のように特異な性質を持つ液体の場合，理論モデルの妥当性が問題となる．したがって，得られた値の解釈には注意を要することは，熱伝導の場合と同様である．これまでにえられている血漿および血液の酸素および炭酸ガスの拡散係数の値を Table C-15-1-5 および Table C-15-1-6 に示す．

Table C-15-1-1 in vivo 測定による固体生体物質の熱的性質（血流の影響あり）(Thermal properties of solid biological materials in vivo)

生体物質の種類	測定法	温度 T (K)	熱伝導率 λ (W／(m・K)) x10	温度伝導率 a (m²／s) x10⁷	文献
骨, ウシ		310	3.3 - 31		Chato[15]
脳, ネコ			5.6 - 6.6	1.1 - 1.2	
軟骨, 肩胛骨, ウシ			18 - 28		
腎臓, ヒツジ			6.0 - 12	2.0 - 4.3	
肝臓, イヌ			6.0 - 9.0	1.5 - 2.4	
筋肉, イヌ			7.0 - 10.0	0.7 - 1.3	
皮膚, ヒト			4.8 - 28	0.4 - 1.6	
皮膚, ヒト額			5.5		Tanasawa and
皮膚, ヒトほお			4.9		Tanishita[4]
皮膚, ヒト鼻			4.9		
皮膚, ヒト耳			5.3		
皮膚, ヒト腕			5.3		
横腹, ラット	超音波加温	310		1.23±0.03	Newman and
腎臓, ラット	超音波加温	310		1.54±0.09	Lele[11]
脳, ネコ	超音波加温	310		1.20±0.18	

Table C-15-1-2 in vitro 測定による固体生体物質の熱的性質 (Thermal properties of solid biological materials in vitro)

生体物質の種類	測定法	温度 T (K)	熱伝導率 λ (W／(m・K)) x10	温度伝導率 a (m²／s) x10⁷	文献
摘出された骨		293-310	4.1 - 6.3		Chato[15]
乾燥骨			2.2		
骨髄, ウシ			2.2		
脳, ウシ,ネコ,ヒト			1.6 - 5.7	0.44 - 1.4	
脂肪			0.94 - 3.7		
心臓			4.8 - 5.9	1.4 - 1.5	
腎臓			4.9 - 6.3	1.3 - 1.8	
腎臓, 皮質, 髄質			-0.4 + 6.64 w (w:水分の質量割合)		
肝臓			4.2 - 5.7	1.1 - 2.0	
肝臓, 実質			3.2	1.7 - 2.0	
肺				2.4 - 2.8	
筋肉			3.4 - 6.8	1.8	

Table C-15-1-2 in vitro 測定による固体生体物質の熱的性質 (Thermal properties of solid biological materials in vitro) つづき

生体物質の種類	測定法	温度	λ	a	文献
皮膚, ヒト, 動物			2.1 - 4.1	0.82 - 1.2	Chato[15]
脾臓			4.5 - 6.0	1.3 - 1.6	
腫瘍		310	4.7 - 5.8		
乳ガン細胞			4.0		
肺の鱗状細胞			6.7		
骨盤, イヌ	サーミスタ加熱	276-310	4.93+0.01055t	1.334+0.0052t	Valvano et al.[16]
腎臓, 髄質, イヌ	サーミスタ加熱	274-315	5.065+0.01298t	1.305+0.00629t	
腎臓, 皮質, イヌ	サーミスタ加熱	273-315	4.905+0.0128t	1.333+0.00392t	
心筋, イヌ	サーミスタ加熱	276-315	4.869+0.01332t	1.296+0.00581t	
脾臓, イヌ	サーミスタ加熱	277-315	4.79+0.00849t	1.287+0.00616t	
腎臓, 皮質, ブタ	サーミスタ加熱	276-318	4.97+0.0118t	1.28+0.00387t	
心筋, ブタ	サーミスタ加熱	276-318	4.84+0.0133t	1.27+0.00511t	
脾臓, ブタ	サーミスタ加熱	276-318	4.70+0.00194t	1.53+0.013t	
肺, ブタ	サーミスタ加熱	276-310	2.34+0.0222t	0.695+0.00879t	
肝臓, ブタ	サーミスタ加熱	276-318	4.98+0.008t	1.24+0.0053t	
膵臓, ブタ	サーミスタ加熱	276-318	4.86+0.0127t	1.26+0.00421t	
腎臓, ウサギ	サーミスタ加熱	276-318	4.95+0.0135t	1.31+0.00273t	
肝臓, ウサギ	サーミスタ加熱	276-310	4.67+0.026t	1.37+0.0178t	
肺, ウサギ	サーミスタ加熱	276-318	3.08+0.024t	1.07+0.0082t	
骨盤, ヒト	サーミスタ加熱	276-318	4.8+0.0192t	1.33+0.00113t	
腎臓, 髄質, ヒト	サーミスタ加熱	276-319	4.99+0.011t	1.28+0.00548t	
腎臓, 皮質, ヒト	サーミスタ加熱	276-318	4.99+0.0129t	1.27+0.00553t	
心筋, ヒト	サーミスタ加熱	276-318	4.93+0.012t	1.29+0.005t	
膵臓, ヒト	サーミスタ加熱	276-311	4.37+0.0284t	1.39+0.00838t	
肺, ヒト	サーミスタ加熱	276-318	4.07+0.0118t	1.19+0.00311t	
肝臓, ヒト	サーミスタ加熱	276-318	4.69+0.0116t	1.28+0.00355t	
脾臓, ヒト	サーミスタ加熱	277-318	4.91+0.013t	1.27+0.00473t	
脾臓脂肪, ヒト	サーミスタ加熱	276-311	3.43-0.00254t	1.32-0.00022t	
脳, 皮質, ヒト	サーミスタ加熱	276-310	5.04+0.00296t	1.28+0.005t	
結腸ガン, ヒト	サーミスタ加熱	292	5.45	1.34	
乳ガン, ヒト	サーミスタ加熱	292-319	4.19+0.0391t	1.62-0.00494t	
肝臓, ラット	サーミスタ加熱	310	4.975	1.261	
心臓, ラット	サーミスタ加熱	310	5.310	1.515	
筋肉, ラット	サーミスタ加熱	310	5.052	1.508	
筋肉, ウシ	超音波加熱	296		1.34±0.12	Newman and
脳, 灰白質, ネコ	超音波加熱	310		1.01±0.11	Lele[11]
脳, 白質, ネコ	超音波加熱	310		1.84±0.52	
肝臓, ヒツジ	サーミスタ加熱	294	4.95±0.17	1.63±0.20	Balasubramaniam &
筋肉, ヒツジ	サーミスタ加熱	294	4.78±0.19	1.59±0.08	Bowman[6]
肝臓, イヌ	サーミスタ加熱	294	5.50±0.1	1.63±0.2	

Table C-15-1-3 液体生体物質の熱的性質 (Thermal properties of liquid biological material)

生体物質の種類	測定法	温度 T (K)	熱伝導率 λ (W/(m・K))×10	温度伝導率 a (m²/s)×10⁷	文献
血液, ヒト	定常法	310	5.06		Spell[17]
血液, イヌ	定常法	295	6.70		Ponder[18]
血漿, イヌ	定常法	294	6.70		
血液, ヒト	定常法	297-311	5.29		Poppendiek et al.[19]
血液, イヌ	非定常 ホットフィルム	297	5.23-5.69 (Hct=0-44)		Singh[20]
		310	5.40-5.99 (Hct=0-44)		
血液, ヒト	サーミスタ加熱	294	4.92	1.19	Balasubramaniam and Bowman[6]
血漿, ヒト	サーミスタ加熱	294	5.70	1.21	
寒天ゲル	サーミスタ加熱	294	6.09	1.42	
血液, イヌ	細線加熱	288	5.64-1.14(Hct/100)		谷下ほか[9]
		298	5.81-1.16(Hct/100)		
		310	6.00-1.19(Hct/100)		

註 (Hct=赤血球体積濃度(%))

Table C-15-1-4 凍結生体物質の熱的性質 (Thermal properties of frozen biological materials)

生体物質の種類	測定法	温度 T (K)	熱伝導率 λ (W/(m・K))×10	温度伝導率 a×10⁷ (m²/s)	文献
牛肉		266	4.1-4.7		Chato[15]
		143	15.5		
牛肉 (0.9%脂肪, 75%水分 線維方向)		273	4.8		
		263-248	13.6-15.4		
牛肉(74.5%水分, 線維に直角)		273	4.8		
		268	9.3		
		263	12.0		
		253	14.3		
脂肪, ウシ		273-253	2.0-3.0		

Table C-15-1-4 凍結生体物質の熱的性質 (Thermal properties of frozen biological materials)　つづき

生体物質の種類	測定法	温度	λ	a	文献
肝臓, ウシ		241	2.0		Chato[15]
肝臓, ウシ		78	1.0		
肝臓, ウサギ			11.0		
全血		263	16	8.7	
		253	17	10.4	
		233	19	13.6	
		213	21	16.9	
		193	24	20.4	
		173	27	23.7	
血漿		263	20	9.7	
		253	21	11.4	
		233	23	15.1	
		213	26	18.8	
		193	29	22.9	
		173	32	26.9	
濃厚赤血球		263	12	6.8	
		253	13	8.2	
		233	15	11.0	
		213	17	14.1	
		193	20	17.2	
		173	23	20.4	
腎臓, 皮質, ウシ	サーミスタ加熱	273	4.54	1.18	Valvano[3]
		268	15.35	4.71	
		255	13.72	6.84	
肝臓, ウシ		273	4.17	1.05	
		268	13.96	4.77	
		255	9.89	5.71	
筋肉, ウシ		273	4.25	1.05	
		268	13.93	5.37	
		255	10.76	6.84	
脂肪, ウシ		273	1.93	0.59	
		268	2.66	0.98	
		255	2.80	1.54	

15.1.5 生体物質の凍結に関連した熱物性値 (Thermophysical Properties Relating to Freezing of Biological Materials)

生体物質を凍結させる最も重要な目的は保存である．凍結保存される生体物質の代表的なものとして生体組織や細胞が挙げられる．これらの凍結保存においては，細胞内で氷晶が成長しないことが必要条件であり，現在それを満たす二つの方法で行われている．一つは，緩速に冷却し細胞外凍結を起こし細胞内の水を脱水することで細胞内に氷晶ができにくくする方法である．もう一つは，非常に急速に冷却し細胞内の水をガラス化する方法である．これらの方法において，細胞内の脱水に伴う細胞内の電解質濃度上昇に伴う細胞内容物の変性による損傷を防ぐ

Table C-15-1-5 生体物質における酸素拡散係数 (Oxygen diffusivities of biological materials)

生体物質の種類	測定法	温度 T (K)	酸素拡散係数 (m^2/s) $\times 10^9$	文献
血清, ウシ	落下液膜, 定常	310	1.86	Yoshida & Ohshima[21]
血清, ヒツジ	静止液膜, 非定常	298	1.97	Hershey & Karhan[22]
血漿, ヒト	静止液膜, 非定常	298	1.62	Goldstick[23]
血液, ウシ	静止液膜, 非定常	300	1.3	Marx et al.[24]
血液, ヒツジ	落下液膜, 定常	303	2.10	Hershey et al.[25]
血液, ヒツジ	静止液膜, 非定常	298	1.64-1.98	Hershey & Karhan[22]
血液, ヒト	管内定常流	311	1.38	Buskles et al.[26]
血液, ウシ	管内定常流	311	0.89	Weissman & Mockros[27]
血液, ヒト	静止液膜, 定常	298	0.97-1.74	Stein et al.[28]
血液, イヌ	静止液膜, 定常	288	0.91-0.64(Hct/100)	堀ほか[29]
		298	1.15-0.74(Hct/100)	
		305	1.46-0.82(Hct/100)	
		308	1.87-1.04(Hct/100)	

Table C-15-1-6 生体物質における炭酸ガス拡散係数 (Carbon dioxide diffusivities of biological materials)

生体物質の種類	測定法	温度 T (K)	酸素拡散係数 (m^2/s) $\times 10^9$	文献
血液, イヌ	静止液膜, 定常	288	1.16-0.65(Hct/100)	谷下ほか[30]
		298	1.42-0.64(Hct/100)	
		305	1.82-0.72(Hct/100)	
		310	2.07-0.81(Hct/100)	

か, あるいは, ガラス化しやすいようにするためグリセリンやジメチルスルホキシドなどの凍結保護物質が利用される.

一般的に, 生体組織や細胞に最適な凍結保存条件はそれぞれ異なる. そのため, それらに最適な凍結保存条件を見つけ出すために, 細胞内外の水や凍結保護物質の移動現象を明らかにする方法がとられる. そこで必要となるのは細胞膜の水や凍結保護物質に対する透過係数 (L_p, P_{cpa}) である. 水の透過係数は, 細胞を球と仮定し, 浸透平衡の細胞に高浸透圧の非膜透過性の物質を加えた時の細胞体積の時間的変化から Kedem-Katchalsky の式[31] を用いて求められる. 凍結保護物質の透過係数は, 浸透平衡の細胞に既知濃度の凍結保護物質を加えた時の細胞体積の時間的変化(収縮から緩和への過程)から求められる. なお, これらの量を凍結過程で求めることは不可能なので, 273Kから室温の範囲で測定しておき, アレニウス型温度依存性の式に当てはめて273Kより低い温度の値を推定している. これまでに得られているヒトや動物細胞における水や代表的な凍結保護物質の透過係数の値を Table C-15-1-7 に示す.

一方で, 生体物質の凍結過程において未凍結溶液の存在や氷晶量は熱伝導と生存に影響を与える. そのため, 凍結状態を知るための手だてとして見かけの(有効)熱伝導率や温度伝導率を利用することが試みられている. これまでの測定には, サーミスタ加熱法やラプラス変換法がとられてきている. これらの熱物性値は非加成性であるため構造の影響を受けること, 巨視的に均質と見なして測定されていること, そして, 生存のために凍結保護物質が用いられていることに注意されたい. 参考までに, これまでに得られている生体物質の有効熱伝導率と有効温度伝導率の値を Table C-15-1-8 に示す.

Table C-15-1-7 細胞の水透過係数と溶質透過係数 (Water and solute permeability of cells)

細胞 Cell	測定対象 Measuring object	温度 Temperature T (K)	水透過係数 Water permeability Lp (μm/min/atm)	溶質透過係数 Solute permeability Pcpa ($\times 10^{-5}$cm/min)	活性化エネルギー Activation energy Ea (kJ/mol)	文献 Reference
ヒト造血幹細胞 Human stem cell	水	293 276	0.28 0.14		26.8 26.8	32)
ヒト赤血球 Human red cell	水	295-299	10.8-12.0			33,34)
	エチレングリコール(0.3 mol/l)	292-297		203		35)
	プロピレングリコール(0.3 mol/l)	292-297		107		
	グリセリン(0.3 mol/l)	292-297		35		
	グリセリン(1-2 mol/l)	273		9.8-12.3		36)
	ジメチルスルホキシド	292-297		78		35)
ヒト卵細胞 (未受精) Human oocyte (unfertilized)	水	303-310 283-293	0.6 0.4		15.6 15.6	37)
	プロピレングリコール(1.5 mol/l)	293		492		38)
ヒト精子 Human sperm	水	295 284 273	1.8 1.5 1.1		14.6 14.6 14.6	39)
	エチレングリコール(2 mol/l)	295		790		
	プロピレングリコール(1 mol/l)	295		230		
	グリセリン(1 mol/l)	295		210		
	ジメチルスルホキシド(1 mol/l)	295		80		
ヒト膵細胞 Human pancreatic islet cell	水	295 278 270	0.28 0.045 0.016		4.2 4.2 4.2	40)
イヌ赤血球 Canine red cell	水	310	12.3-14.3			41)
ウシ赤血球 Bovine red cell	グリセリン(1-3 mol/l)	293 288 283 273		0.11-0.27 0.06-0.14 0.03-0.08 0.01-0.02	85.4-95.5 85.4-95.5 85.4-95.5 85.4-95.5	42)
マウス卵細胞 (未受精) Mouse oocyte (unfertilized)		310 303 297 293 283	1.3 0.9 0.8 0.4-0.5 0.3		39.7 39.7 60.7 	37) 43) 37,44) 37)
	プロピレングリコール(1.5 mol/l)	293		288		38)
	グリセリン(1 mol/l)	293-295 285-287 276-277		1.0 0.2 0.05	78.3	45)
	ジメチルスルホキシド(1.5 mol/l)	297		185		43)

Table C-15-1-8 凍結生体物質の有効熱伝導率と有効温度伝導率（Effective thermal conductivity and effective thermal diffusivity in frozen biological materials）

生体物質 Biological material (Volume fraction of cells)	測定法 Measurement method	温度 Temperature T (K)	熱伝導率* Thermal conductivity λ (W/(m·K))	温度伝導率* Thermal diffusivity α $(m^2/s) \times 10^7$	細胞外溶液と冷却条件 Extracellular solution and cooling condition	文献 Reference
ウサギ腎皮質 Rabbit kidney cortex	サーミスタ加熱法 Self-heated thermistor technique	263 243 223 203	1.5 1.3 1.5 1.5	4.8 5.8 7.2 8.4	生理食塩液	46)
ヒメダカ受精卵(0.57) Fertilized killifish embryo	サーミスタ加熱法 Self-heated thermistor technique	263 253	0.83 0.91		15%ジメチルスルホキシド ＋蒸留水	47)
ヒト赤血球(0.40) Human red cell	ラプラス変換法 Laplace transform method	 83 83		 1.55 0.32	35%プロピレングリコール ＋生理食塩液 -1℃/min -350℃/min	48)

*有効(見かけの)熱伝導率と有効温度伝導率
Effective thermal conductivity and effective thermal diffusivity

15.1.6 非侵襲温度計測を基にした熱物性計測：核磁気共鳴を応用した非侵襲温度計測
(Measurement of Thermophysical Property Based on Non - Invasive Temperature Measurement : Non - Invasive Temperature Measurement by Nuclear Magnetic Resonance NMR)

（a）はじめに

温度は生体内の生理・代謝を司る最も重要な環境因子のひとつであるが，体深部の絶対的な温度分布を可視化する技術はまだない．非生理的な状況により体内の温度が変わった場合にはこの可視化技術の難しさは緩和される．各種の断層画像技術の応用が提案されてきた[49]が，磁気共鳴画像化法（Magnetic Resonance Imaging, MRI）による方法は3次元空間の任意領域の選択が可能なこと，被曝がなく安全であること，造影物質の外部からの導入が不要であることなどの特長を合わせ持ち現在のところ最も有力である．以下では水素原子核（プロトン）のMRIを応用した生体内温度分布の非侵襲計測について概説する．

（b）MRIの温度依存パラメータ[49]

1) 熱平衡磁化 M_0

熱平衡磁化 M_0 は熱平衡状態における巨視的磁化ベクトルの大きさで，その値は2つのエネルギー状態（ゼーマン準位）に属するプロトン数の比で決まる．この比はボルツマン分布に従うために M_0 は温度の関数になる．ただし実測できるのは一定個数のプロトンではなく一定体積中のプロトンであるため一般には純粋な熱平衡磁化 M_0 ではなく，プロトン密度の影響を含む量を得ることになる[50]．純水における温度係数は40℃において−0.36％/℃である．

2) 縦緩和時間 T_1

縦緩和時間 T_1 はプロトンから格子へのエネルギー放散により，縦磁化が熱平衡状態に戻りゆく過程の時定数である．エネルギー放散は周囲温度とそれに伴う分子のブラウン運動の激しさに応じて変化し，T_1 はプロトンの位置に関する相関時間，すなわち粘性の関数として温度に依存する．液体領域では温度が高いほどエネルギー放散に時間を要するため T_1 は増加する．純水に対する温度係数は40℃において2.2％/℃である[51]．

3) 横緩和時間 T_2 ならびに T_2^*

横緩和時間 T_2 は，プロトンの磁気双極子モーメントが近隣のプロトンの位置に形成する微小な局所磁場により，歳差運動の位相にばらつきを生じ，横磁化が減衰していく過程の時定数である．局所磁場は周囲温度とそれに伴う分子のブラウン運動の激しさに応じて変化し，T_2 は温度に関する増加関数になる[50]．液体領域では T_2 は T_1 と近似的に等しく，純水の場合の温度係数も等しい[51]．

4) 拡散定数 D

拡散定数 D は単位時間当りのプロトンの拡散面積である．拡散は分子のブラウン運動の結果であり，ブラウン運動は温度が高いほど激しくなるため，拡散定数は T_2 と同様に温度に対する増加関数となる[51]．純水の場合の温度係数は40℃において 2.2%/℃である[52]．

5) 化学シフト δ

物質中のプロトンは周囲の電子雲の磁気遮蔽効果により外部静磁場とは異なった強さの静磁場を受ける．この磁気遮蔽効果はプロトンの置かれた物理・化学的環境によって異なる．磁気共鳴周波数は核が晒される実効的な磁場の強度に比例するので，異なる環境にあるプロトンは異なる共鳴周波数を持つ．化学シフトはこの環境の違いによる共鳴周波数の違いを規格化した量である．磁気遮蔽効果は分子間の水素結合強度に著しく依存し，水素結合強度は分子ブラウン運動の激しさ，よって温度に依存する．この様子を Fig. C-15-1-3 に示す．純水のプロトン化学シフトの温度係数は -0.01 ppm/℃ である[53]．これまでに細胞懸濁液[54]，マウス摘出組織[55]，ブタ脳[56]などにおける水プロトン化学シフトが組織の種類によらず純水の場合と同様な $-0.007 \sim -0.01$ ppm/℃ の負の係数で温度に比例することが報告されてきた．他の4つのパラメータは全て振幅に基づいて測定されるので，有限の測定時間では互いの影響が作用し合い，分離測定が困難である．これに対しプロトン化学シフトは唯一周波数に基づくもので振幅に基づくパラメータから分離測定できる．これらの点からプロトン化学シフトは生体の温度計測に適したパラメータである．

(c) 水プロトン化学シフトによる温度分布可視化

1) 磁気共鳴分光画像化法[55]

断層における磁気共鳴スペクトルの2次元分布を得て水プロトン化学シフトを直接測定することにより温度分布を画像化できる．この方法では信号成分を周波数で分離することにより水信号の共鳴周波数の変化を他の成分の影響を受けずに抽出できる，また内部基準を使うことにより組織磁化率[57,58]の変化の影響を低減できる．反面，スペクトルを得るのに信号の時系列を得るため時間がかかる．この問題点を解決すべく Echo Planar Spectroscopic Imaging (EPSI, 超高速磁気共鳴分光画像化法)[59]，その線状掃引型である Line Scan ESPI (LSEPSI) の応用[60]

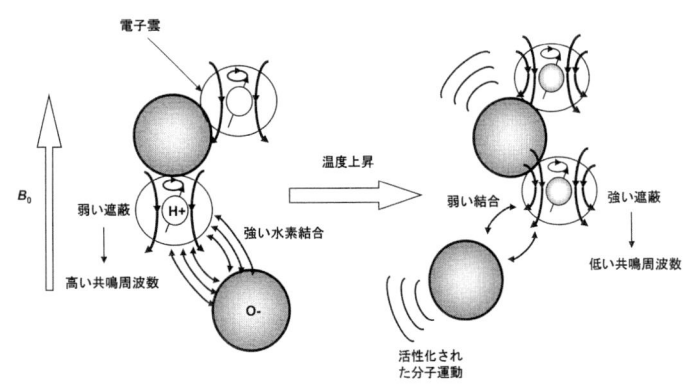

Fig. C-15-1-3 水プロトン化学シフトの温度依存性
(Temperature dependence of chemical shift of protpn in water)

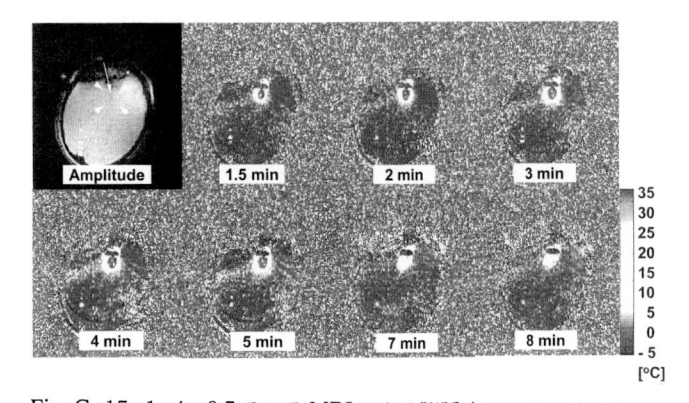

Fig. C-15-1-4 0.5テスラMRIによる脳腫瘍レーザー治療中の位相分布画像化法による温度分布画像
(Temperature image of tumor in brain under laser therapy observed by MRI at 0.5 Tesla)

が報告された．これらの工夫を行なっても微弱な代謝成分の検出のために高安定度・高均一度の高磁場 (1.5 T 以上が目安) が必要である．

2) 位相画像化法[61]

共鳴周波数は巨視的磁化ベクトルの回転運動の周波数であり，一定時間における巨視的磁化ベクトルの位相の回転量に転写することが可能である．磁気共鳴信号は複素信号として検波されるため，磁化ベクトルの位相回転量は複素平面における信号の位相として測定することが可能である．温度が上昇（下降）すると共鳴周波数の変化に応じてこの位相が減少（増加）する．そこで勾配磁場エコー法と呼ばれる撮像技術を用いて基準温度と温度変化後における各ボクセルにおける位相の差 $\Delta\phi_W$ [rad] から化学シフト差 $\Delta\delta_W$ [ppm] を求め，次式を使って温度差を推定する[61]．

$$\Delta T = \frac{\Delta\delta}{\alpha} = \frac{\Delta\phi}{\omega_{RF} \cdot TE \cdot \alpha} \qquad (1)$$

ここに TE [s] は励起磁場パルスの中心からエコー信号中心までの時間（エコー時間），α [ppm/℃] は化学シフトの温度係数である．本法で求めた，脳腫瘍のレーザー治療時の脳内温度分布画像[62] を Fig. C-15-1-4 に示す．

位相画像化法は臨床用 MRI に標準装備されている勾配磁場エコー法で簡便に実施でき，撮像時間も短い（数秒以下）．一方，巨視的磁化ベクトルが水以外

---

1) Shitzer, A. and Eberhart, R. C. (Ed.) : Heat Transfer in Medicine and Biology, Plenum (1984). 2) Bowman, H. F., Cravalho, E. G. and Woods, M. : Ann. Rev. Biophys. Bioeng. 4 (1975) 58. 3) Chato, J. C. : Heat Transfer in Medicine and Biology Vol. I, Plenum (1984) 167. 4) Tanasawa, I. and Tanishita, K. : Int. J. of Thermophysics, 5 (1984) 149. 5) Chato, J. C. : Thermal Problems in Biotechnology, ASME (1968) 16. 6) Balasubramaniam, T. A. and Bowman, H. F. : J. Biomech. Eng., 99 (1977) 148. 7) Valvano, J. W., Allen, J. T. and Bowman, H. F. : J. Biomech. Eng., 106 (1984) 192. 8) Valvano, J. W. : Low Temperature Biotechnology, ASME (1988) 331. 9) 谷下一夫・長坂雄次・長島 昭ほか：日本機械学会論文集, 47 (1981) 1784. 10) Chen, M. M. et al. : J. Biomech. Eng., 103 (1981) 253. 11) Newman, W. H. and Lele, P. P. : J. Biomech. Eng., 107 (1985) 219. 12) 棚沢一郎・勝田 直：バイオメカニズム, 2 (1973) 17. 13) Patel, P. A., Valvano, J. W., et al. : J. Biomech. Eng., 109 (1987) 330. 14) Pennes, H. H. : J. Appl. Physiol., 1 (1948) 93. 15) Chato, J. C. : Heat Transfer in Medicine and Biology Vol. II, Plenum (1984) 413. 16) Valvano, J. W., Cochran, J. R. and Diller, K. R. : Int. J. Thermophysics, 6 (1985) 301. 17) Spell, K. E. : Phys. Med. Biol., 5 (1959) 139. 18) Ponder, E : J, Gen. Physiol., 45 (1962) 545. 19) Poppendiek, H. F. et al. : Cryobiology, 3 (1966) 318. 20) Singh, A. : J. Appl. Physiol., 37 (1974) 765. 21) Yoshida, F. and Ohshima, N. : J. Appl. Physiol., 21 (1966) 915. 22) Hershey, D. and Karhan, T. : A. I. Ch. E. J., 14 (1968) 969. 23) Goldstick, T. K. : Oxygen Transport to Tissue II, Plenum (1976) 183. 24) Marx, T. I. et al. : J. Appl. Physiol., 15 (1960) 1123. 25) Hershey, D. et al. : Chem. Eng. in Med. & Biol., Plenum (1967) 117. 26) Buckles, R. G. et al. : A. I. Ch. E. J., 14 (1968) 703. 27) Weissman, M. H. and Mockros, L. F. : J. Eng. Mech. Div. Am. Soc. Civ. Engrs., 93 (1967) 225. 28) Stein, T. S. et al. : J. Appl. Physiol., 31 (1971) 397. 29) 堀 重之・棚沢一郎・谷下一夫ほか：日本機械学会論文集, 46 (1980) 1854. 30) 谷下一夫・棚沢一郎ほか：日本機械学会論文集, 50 (1984) 1945. 31) Kedem, O. and Katchalsky, A., Biochim. Biophys. Acta 27 (1958), 229-246. 32) McGann, LE., Janowska-Wieczorek, A., Turner AR., Hogg, L., Muldrew, KB. Turc, JM., Cryobiology 24-2 (1987), 112-119. 33) Terwilliger, TC., Solomon, AK., J. Gen. Physiol. 77-5 (1981), 549-570. 34) Levin, SW., Levin, RL., Solomon, AK., Pandiscio, A., Kirkwood, DH., J. Biochem. Biophys. Methods 3-5, (1980), 255-272. 35) Naccache, P., Sha'afi, R.I., J. Gen. Physiol. 62-6 (1973), 714-736. 36) Mazur, P., Miller, R.H., Cryobiology 13-5 (1976), 523-536. 37) Hunter, JE., Bernard, A., Fuller, BJ. McGrath, JJ., Shaw, RW., Cryobiology 29 (1992), 240-249. 38) Fuller, BJ., Hunter, JE., Bernard, AG., McGrath, JJ., Curtis, P., Jackson, A., Cryo-Letters 13 (1992), 287-292. 39) Gilmore, JA., McGann, LE., Liu, J., Gao, DY., Peter, AT., Kleinhans, FW., Critser, JK., Biol. Reprod., 53 (1995), 985-995. 40) Liu, J., Zieger, MA., Lakey, JR., Woods, E., Critser, JK., Transplant. Proc. 29-4 (1997), 1987. 41) Rich, GT., Sha'afi, I., Romualdez, A., Solomon, AK., J. Gen. Physiol. 52-6 (1968), 941-954. 42) Mazur, P., Leibo, SP., Miller, RH., J. Membr. Biol. 15-2 (1974), 107-136. 43) Pfaff, RT., Liu, J., Gao, D., Peter, AT., Li, TK., Critser, JK., Mol. Hum. Reprod. 4-1 (1998), 51-59. 44) Leibo, SP., J. Membr. Biol., 53 (3) : 179-88, 1980. 45) Jackowski, S., Leibo, SP., Mazur, P., J. Exp. Zool. 212-3 (1980), 329-341. 46) Bai, XM., Pegg, DE., J. Biomech. Eng. 113-4 (1991), 423-429. 47) 氏平政伸, 青木勝敏, 山口 亮, 谷下一夫, 日本機械学会論文集 62-598 (1996), 2414-2422. 48) 島本敦介, 氏平政伸, 鈴木雅之, 岡浩太郎, 谷下一夫, 日本機械学会論文集 64-625 (1998), 3068-3076. 49) Miyakawa M, Bolomey JC Eds, Non-invasive thermometry of the human body, CRC Press Inc, Boca Raton, 1996. 50) Bloembergen N, Purcell EM, Pound RV, Phys Rev 73 (1948) 679. 51) Simpson JH, Carr HY, Phys Rev 111 (1958) 1201. 52) Le Bihan D, Delannoy J, Levin RL, Radiology 171 (1989) 853. 53) Hindman JC, J. Chem. Phys. 44 (1966) 4582. 54) Arus C, Chang YC, Baramy M, J. Magn. Reson., 63 (1985) 376. 55) Kuroda K, Abe K, Tsutsumi S, Ishihara Y, Suzuki Y, Satoh K, Biomed Thermol 13 (1994) 43. 56) Corbett RJT, Laptook AR, Tollefsbol G, Kim B., Neurochem J 64 (1995) 1224. 57) Ogawa S, Lee TM, Nayak AS, Glynn P, Magn. Reson. Med 14 (1990) 68. 58) Poorter JDe, Magn Reson Med 34 (1995) 359. 59) Kuroda K, Oshio K., Mulkern RV, Panych LP, Nakai T, Moriya T, Okuda S, Hynynen K, Jolesz FA, Magn Reson Med 43 (2000) 220. 60) Kuroda K, Takei N, Mulkern RV, Oshio K, Nakai T, Okada T, Matsumura A, Yanaka K, Hynynen K, Jolesz FA, Magn Reson Med Sci 2 (2003) 17. 61) Ishihara Y, Calderon A, Watanabe H, Okamoto K, Suzuki Y, Kuroda K, Suzuki Y, Magn Reson Med 34 (1995) 814. 62) Kuroda K, Kettenbach J, Navabi A, Silverman SG, Morrison PR, Jolesz FA, JJMR 21 (2001) 298. 63) Vigen KK, Daniel BL, Pauly JM, Butts K, Magn Reson Med 50 (2003) 1003. 64) Rieke V, Vigen KK, Sommer G, Daniel BL, Pauly JM, Butts K, Magn Reson Med 51 (2004) 1223. 65) 国領大輔, 黒田 輝, 熊本悦子, 貝原俊也, 藤井 進, 生体医工学 43 (2005, in press). 66) Hekmatyar SK, Kerkhoff RM, Pakin SK, Hopewell P, Bansal N, Int J Hyperthermia 21 (2005) 561.

の成分も含むため，そのような成分の含有率が高い場合には誤差が生じる．また画像の引き算を必要とするため，温度変化前後に組織磁化率[57,58]の変化あるいは体動があると温度推定の信頼性が著しく損なわれる．最近，この体動の影響を低減するための方法が盛んに研究されている[63-65]．なおここでは水プロトン化学シフトを中心に議論を進めたが他核の利用も数多く提案されている[66]．

15.2 生体物理（Biophysics）

15.2.1 タンパク質（Protein）

(a) タンパク質の熱変性

タンパク質は，20種類のL体のαアミノ酸を生物固有の遺伝情報に従って順次ペプチド結合で結合してできる一本の鎖状高分子である．ほとんどのタンパク質分子は合成された後，決められた立体構造に自発的かつ迅速に折りたたむ能力をもっている．これは，タンパク質分子内および溶媒分子との相互作用により，生物がおかれている条件（pH，温度，圧力など）で，この立体構造が熱力学的に安定な状態となるためである．

しかしながら，この安定性は，ΔG（ギブズエネルギー変化）で記述すると，水中ではRT（気体定数と絶対温度の積）の高々数十倍程度でしかなく，かつΔGはpHや温度などの溶媒条件に大きく依存して変化することが知られている[1]．この結果として，タンパク質の立体構造は水中でおおきなゆらぎを持つとともに，溶媒条件を変化させると立体構造変化が観測されることになる．

タンパク質の立体構造の安定性を決めている最も重要な相互作用の一つは，疎水性相互作用であり，立体構造形成の際に，疎水性のアミノ酸は脱水和をして構造の内部に折りたたまれる．疎水性基の水和には熱容量の増加を伴うことから，タンパク質の変性/再生には大きな熱容量変化を伴うことになる．ギブズエネルギーを決めているエンタルピーやエントロピーの温度依存性は熱容量で決まることから，タンパク質の熱変性に伴うエンタルピー変化やエントロピー変化は大きな温度依存性を示すことになる[1]．

実際には，タンパク質の変性/再生の速度論的な効果や，変性した後での不可逆的な会合体形成や様々な化学修飾などによって，タンパク質の熱変性は平衡論的な取り扱いができない場合も多いが，タンパク質の立体構造形成やその安定性は，前述の熱力学量によって決定されていることを理解しておくことは重要である．このような熱力学量，特にエンタルピーや熱容量に関する最も確実な情報は，これらの量を直接測定することができる熱量測定法によって得られる．熱量測定法の詳細は，文献[2]を参照されたい．

Table C-15-2-1に，生体分子用の示差走査熱量計（DSC）により，明記したpHで測定観測された，様々な種の生物由来の種々のタンパク質の熱変性に伴う熱力学的パラメーターを示した．多くのタンパク質は等電点（総電荷が0となるpH）付近で最もΔGが大きくなる（安定性が高くなる）ことが知られているが，同時にこのような条件では，変性に伴う不可逆な会合形成が起きて，可逆的な測定が不可能である．Table C-15-2-1で酸性側の測定が多いのはこのような事情による．

Table C-15-2-1中のT_mは熱変性の中点温度（ΔGが0となる温度）で，タンパク質の熱安定性を示す最も基本的なパラメーターである．この温度での変性に伴うエンタルピー変化$\Delta H(T_m)$と熱容量変化ΔC_pも表中に示してある．前述のようにΔHは温度依存性を持ち，変性温度以外の温度の値は，次式のように表される．

$$\Delta H(T) = \Delta C_p(T - T_m) + \Delta H(T_m) \quad (1)$$

したがって温度が下がるとともにΔHは減少する．タンパク質によっては，温度を下げることによっても立体構造の安定性が減少し，低温変性という現象が観測される場合がある．これは，低温でΔHが負に（変性状態の方がエンタルピーが低く）なり，低温で変性状態がエンタルピー的に安定化されるためである．例えば，Table C-15-2-1に示したタンパク質の中の3つのパラメーターを用い，Eq.(1)に示す関係に基づいてΔGの温度依存性を計算したものをFig. C-15-2-1に示す．いずれのタンパク質もこの温度範囲では低温変性は起こしていないが，ΔGがある温度で最大になり，それよりも温度を上げても下げても安定性が低下することが明確である．

(b) タンパク質の部分比容と部分圧縮率

タンパク質の部分比容，圧縮率の測定は水溶液中で行われる．そのため，真空中または空気中で行われる硬さ（柔らかさ）の測定とは異なる点がある．一般

Table C-15-2-1 蛋白質の熱変性に関する熱力学パラメーター (Thermodynamic parameters of protein thermal denaturation)

蛋白質	pH	T_m (℃)	$\Delta H(T_m)$ (kJ/mon)	ΔC_p (kJ/(K mol))	文献
ウシ・αラクトアルブミン	3.0	29.7	151	3.9	Griko Y.V. [3]
ヒト・βラクトグロブリン	2.0	77.8	312	5.6	Griko and Kutyshenko [4]
大腸菌・CheY	7.0	58.0	350	2.9	Filimonov et al. [5]
ウシ・キモトリプシン	3.8	57.0	675	13.2	Privalov & Khechinashvili [6]
好熱菌・低温ショック蛋白質	6.1	91.2	291	2.3	Wassenberg et al. [7]
ウシ・シトクロムc	3.9	72.0	403	6.9	Privalov & Khechinashvili [6]
カビ・グルコアミラーゼ	7.8	54.9	310	7	Williamson et al. [8]
ヒト・インターロイキン1β	3.0	53	351	7.9	Makhatadze et al. [9]
ニワトリ・リゾチーム	3.0	72.5	490	6.2	Fujita & Noda [10]
ヒト・リゾチーム	2.7	64.9	477	6.6	Takano et al. [11]
T4ファージ・リゾチーム	2.7	48.5	482	9.5	Kitamura & Sturtevant [12]
ウサギ・ミオグロビン	7.0	53.7	263	6.3	Bertazzon &, Tsong [13]
ウシ・リボヌクレアーゼA	2.7	39.5	312	5.5	Nakamura & Kidokoro [14]
ヒト・血清アルブミン	7.4	63.2	372	16.3	Farruggia & Pico [15]
ヒト・血清レチノール結合蛋白質	7.4	78.0	837	10.8	Muccio et al. [16]
好熱菌・Sso7d	7.0	99.0	272	3.1	Clark et al. [17]
ヒト・トランスフェリン	7.5	68.4	983	30	Lin et al. [18]
大豆・トリプシンインヒビター	7.0	59.0	429	11	Fukada et al. [19]
酵母・ユビキチン	3.0	59.5	205	3.3	Ermolenko et al. [20]

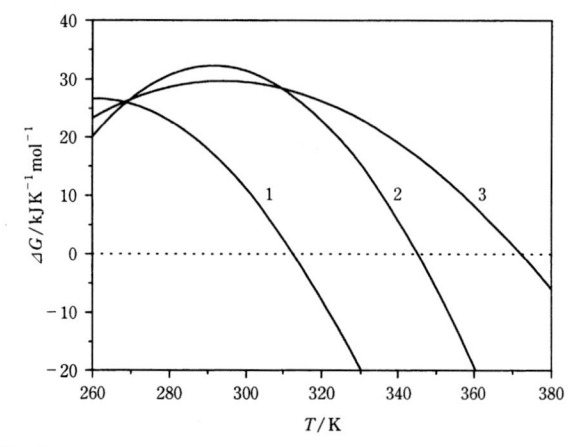

Fig. C-15-2-1 タンパク質の熱変性に伴う ΔG (Gibbs energy change of thermal denaturation of proteins) Table中の3つのタンパク質の場合を示す (1: ウシ・リボヌクレアーゼ, 2: ウシ・シトクロムc, 3: 好熱菌・Ssc7d).

に,タンパク質が水に溶けると,その電離基のまわりに電縮による水和が,極性基のまわりには水素結合による水和が,疎水基のまわりには疎水性の水和等が起こり,タンパク質のまわりに水和層が形成される.タンパク質の部分比容はタンパク質溶液の体積から溶媒の体積を差し引いて得られるため,水和による体積変化(通常は負の値)を含んでいる.この点が真空中での硬さ測定との違いである.

Kauzmann[21]はタンパク質の部分比容は,構成原子のファンデルワールス体積の和 Vc と,それらが完全にパッキングできないために生じるcavityの体積 $Vcav$ と,水和による水の体積変化 $\Delta Vsol$ の和で表されるとした.

$$v_0 = Vc + Vcav + \Delta Vsol \quad (1)$$

この Eq.(1) の圧力微分をタンパク質の部分比容で割ると,タンパク質の圧縮率となる.

$$\begin{aligned}\beta &= -(1/v_0)(\delta v_0/\delta P)\\ &= -(1/v_0)[(\delta Vc/\delta P)\\ &\quad + (\delta Vcav/\delta P) + (\delta \Delta Vsol/\delta P)]\\ &= -(1/v_0)[(\delta Vcav/\delta P)\\ &\quad + (\delta \Delta vsol/\delta P)] \quad (2)\end{aligned}$$

ここで P は圧力を示す.構成原子のファンデルワールス体積は圧力によって圧縮されないと考えられる

Table C-15-2-2 タンパク質の部分比容と断熱圧縮率
(Partial specific volume and partial compressibility of protein)

no.	タンパク質	部分比容 $v_0 \times 10^3$ (m^3/kg)	熱膨張係数 $\alpha \times 10^7$ (m^3/kg K)	断熱圧縮率 $\beta_s \times 10^{11}$ (m^2/N)	温度, pH ℃, pH	文献
1	lysozyme	0.725		5.6	22, 6.5-7.0	(23)
2	met myoglobin	0.730		6.1	25, 6.7	(23)
3	apo myoglobin	0.730		0.2	22, 7.2	(23)
4	peroxidase	0.702		2.4	25	(24)
5	cytochrome C	0.725		0.1	25	(24)
6	catalase	0.733		5.5	25	(24)
7	subtilisin BPN'	0.703		−1.1	25	(24)
8	insulin	0.742		9.25	25	(24)
9	carbonic anhydrase	0.742		6.37	25	(24)
10	trypsinogen	0.718		1.34	25	(24)
11	α-chymotrypsin	0.717		4.15	25	(24)
12	soybean trypsin inhibitor	0.713		0.2	25	(24)
13	α-amylase	0.725		5.1	25	(24)
14	ribonuclease A	0.704		1.1	25	(24)
15	α-chymotrypsinogen A	0.717		4.1	25	(24)
16	trypsin	0.719		0.9	25	(24)
17	bovine serum albumin	0.735		10.5	25	(24)
18	lysozyme	0.712		4.7	25	(24)
19	β-lactoglobulin	0.751		8.5	25	(24)
20	myoglobin	0.747		9.0	25	(24)
21	α-lactalbumin	0.736		8.3	25	(24)
22	hemoglobin	0.745		10.9	25	(24)
23	pepsin	0.743		8.6	25	(24)
24	α_s-casein	0.732		5.7	25	(24)
25	ovomucoid	0.696		3.4	25	(24)
26	ovalbumin	0.746		9.2	25	(24)
27	conalbumin	0.728		4.9	25	(24)
28	ribonuclease A (天然)	0.697	2.7	1.5	20, 2.08	(25)
	(熱変性状態)	0.657	18.5	3.8	20, 2.08	(25)
	(塩酸グアニジン変性状態)	0.630		−29.1	15	(25)
29	heavy meromyosin (HMM)	0.711		2.9	18, 7.0	(26)
	HMM-ADP	0.706		0.5	18, 7.0	(26)
	HMM-ADP-Vi	0.725		1.8	18, 7.0	(26)
30	myosin subfragment-1 (S1)	0.713		4.2	18, 7.0	(26)
	S1-ADP	0.710		0.7	18, 7.0	(26)
	S1-ADP-Vi	0.739		5.7	18, 7.0	(26)
31	myosin	0.724		−18	20	(27)
32	G-actin	0.749		9.3	20, 7.9	(28)
33	G-actin (ATP)	0.744		8.8	18, 8.0	(29)
	G-actin (ADP)	0.727		5.8	18, 8.0	(29)
34	flagellin	0.728		4.0	15, 7.0	(30)
35	Flagellar filament	0.734		4.7	15, 7.0	(30)
36	cytochrome C (天然)	0.737		2.5	25, 7.0	(31)
	(酸変性状態)	0.747		0.5	25, 2.0	(31)
	(molten globle by CsCl)	0.751		6.3	25, 7.0	(31)
37	cytochrome C (天然)	0.738		3.6	20, 2.0	(32)
	(酸変性状態)	0.751		0.3	20	(32)
	(molten globle by sorbitol)	0.748		15.0	20, 2.0	(32)
	(molten globle by CsCl)	0.751		7.5	20	(32)
38	dihydrofolate (DHF)	0.754		8.7	30, 7.0	(33)
	DHF-NADP	0.539		8.9	30, 7.0	(33)
39	tetrahydrofolate (THF)	0.736		8.0	30, 7.0	(33)
	THF-NADP	0.733		6.6	30, 7.0	(33)
	THF-NADPH	0.741		8.3	30, 7.0	(33)
40	methotrexate (MTX)	0.754		9.7	30, 7.0	(33)
	MTX-NADPH	0.754		9.83.6	30, 7.0	(33)

Table C-15-2-2 タンパク質の部分比容と断熱圧縮率 (つづき)
(Partial specific volume and partial compressibility of protein)

no.	タンパク質	部分比容 $v_0 \times 10^3$ (m³/kg)	熱膨張係数 $\alpha \times 10^7$ (m³/kg K)	断熱圧縮率 $\beta_s \times 10^{11}$ (m²/N)	温度, pH ℃, pH	文献
41	ovalbumin (oxidized)	0.746	5.6	9.2	25, 7.0	(34)
	(reduced)	0.733	7.9	7.9	25, 7.0	(34)
42	β-lactoglobin (oxidized)	0.751	6.5	8.5	25, 7.0	(34)
	(reduced)	0.736	9.6	3.9	25, 7.0	(34)
43	lysozyme (oxidized)	0.712	4.4	4.7	25, 7.0	(34)
	(reduced)	0.704	10.5	−3.4	25, 7.0	(34)
44	ribonuclease A (oxidized)	0.704	6.2	1.1	25, 7.0	(34)
	(reduced)	0.667	10.7	−11.2	25, 7.0	(34)
45	bovine serum albumin (oxidized)	0.735	6.3	10.5	25, 7.0	(34)
	(reduced)	0.726	12.5	3.4	25, 7.0	(34)
46	aspartate aminotransferase (AspAT) (野生型) holo-type	0.731		4.3	25, 8.0	(35)
	V39G	0.696		0.8	25, 8.0	(35)
	V39A	0.729		4.5	25, 8.0	(35)
	V39C	0.708		2.3	25, 8.0	(35)
	V39L	0.732		5.3	25, 8.0	(35)
	V39F	0.721		1.1	25, 8.0	(35)
	V39Y	0.735		5.2	25, 8.0	(35)
47	dihydrofolate reductase (DHFR) (野生型)	0.723		1.7	15, 7.0	(36)
	G67S	0.723		1.9	15, 7.0	(36)
	G67A	0.721		−0.1	15, 7.0	(36)
	G67C	0.724		1.7	15, 7.0	(36)
	G67D	0.724		3.0	15, 7.0	(36)
	G67T	0.718		1.4	15, 7.0	(36)
	G67V	0.721		1.1	15, 7.0	(36)
	G67L	0.721		−0.6	15, 7.0	(36)
	G121S	0.721		0.7	15, 7.0	(36)
	G121A	0.710		−0.4	15, 7.0	(36)
	G121C	0.725		5.5	15, 7.0	(36)
	G121V	0.733		3.7	15, 7.0	(36)
	G121H	0.713		−1.8	15, 7.0	(36)
	G121Y	0.724		−0.7	15, 7.0	(36)
	A145G	0.726		3.1	15, 7.0	(36)
	A145S	0.729		3.1	15, 7.0	(36)
	A145T	0.729		3.0	15, 7.0	(36)
	A145H	0.728		3.8	15, 7.0	(36)
	A145R	0.725		0.8	15, 7.0	(36)
48	cyclic AMP receptor protein (CRP) (野生型)	0.750		8.0	25, 7.8	(37)
	K52N	0.752		7.6	25, 7.8	(37)
	D53H	0.756		9.2	25, 7.8	(37)
	S62F	0.749		6.9	25, 7.8	(37)
	T127L	0.748		9.7	25, 7.8	(37)
	G141Q	0.756		8.5	25, 7.8	(37)
	L148R	0.753		9.4	25, 7.8	(37)
	H159L	0.750		7.6	25, 7.8	(37)
	繊維状タンパク質					
49	gelatin	0.689		−2.5	25	(24)
50	F-actin	0.720		−6.3	20	(27)
51	tropomyosin	0.733		−41	20	(27)
52	F-actin (low salt condition)	0.661		−6.8	20, 7.9	(28)
	F-actin (high salt condition)	0.632		−12.7	20, 8.0	(28)
53	tropomyosin (+Ca)	0.742		3.6	20, 8.0	(28)
	tropomyosin (−Ca)	0.737		3.9	20, 8.0	(28)
54	Flagellar filament	0.734		4.7	15, 7.0	(30)

ため V_c の圧縮率への寄与はほとんど無い．Kauzmannのモデルに沿うと，圧縮率は cavity への圧力効果とタンパク質表面の水和への圧力効果の和として得られることになる．cavity は加圧により圧縮されるため圧縮率への寄与は正である．ところが，水和水はバルクの水に比べて圧縮されにくいため圧縮率への寄与は負となる．タンパク質の圧縮率は正の値を取る場合と，負の値を取る場合があり，どちらの寄与が大きいかで決定される．

測定される圧縮率が断熱圧縮率なのか等温圧縮率なのかは実験条件による．断熱圧縮率は，一般に1-5MHzの超音波を使って溶液と溶媒中の音速の精密測定と，振動式デジタル密度計で密度の精密測定を行い，音速と密度の値から計算によって求められる[26,27]．このとき温度を 10^{-2} ℃以内に制御する必要がある．タンパク質の体積揺らぎを求めるには等温圧縮率が必要である．等温圧縮率は，静水圧下あるいは超遠心力下で部分比容の圧力依存性を測定することにより求められる．しかし，等温圧縮率を実験的に求めることは難しく，これまでに断熱圧縮率に比べて得られたタンパク質の種類は僅かである．断熱圧縮率，定圧熱容量，線膨張係数，密度の値を使って見積もられた等温圧縮率は，タンパク質の種類によらず，断熱圧縮率より $(3-4)\times 10^{-12}$ cm^2/dyn 大きくなっている[22]．

Table C-15-2-2のタンパク質のうち，no.1-27は主に球状タンパク質に関して得られた結果である[23,24]．No.28はribonuclease Aの熱変性状態，塩酸グアニジン変性状態[25]，no.36, 37はcytochrome Cのmolten globle状態[31,32]に関して得られた結果である．No.29, 30, 38-40はタンパク質にATPアナログ[26]，またはリガンド等が結合した状態[33]で得られた結果である．No.41-45はタンパク質の酸化，還元型で得られた結果である[34]．これらには熱膨張に関する結果がある．No.46-48は変異体タンパク質に関して得られた結果である[35-37]．No.49以降は繊維状タンパク質をまとめた結果である．タンパク質の部分比容と圧縮率の間には相関があり，一般に比容の大きなタンパク質は圧縮率が大きい[34]．また，タンパク質の機能との関連において，体積の揺らぎ重視する場合にはEq.(2)，第1項のcavityの効果を中心に，また，アクチンのG-F変換のように圧縮率が大きく変わる場合には第2項の水和の効果を中心に議論される．

15.2.2 脂質の熱特性（Thermophysical Properties of Lipid）

W. R. Bloorによる脂質の定義「(1) 水に不溶で，クロロホルムなどの有機溶媒に可溶な物質，(2) 高級脂肪酸などを含み，それらとなんらかの化学結合している物質，あるいは結合を作りうる物質，(3) 生物体により利用されうるもの」に従うと，ステロイド，カロチノイド，油溶性ビタミンなども脂質に含まれる．狭い意味での定義は，「長鎖脂肪酸とアルコールとのエステルおよびそれに類似した物質群」というややあいまいなもので，これに従うとアシルグリセロール，リン脂質，糖脂質など物質が脂質ということになる．

生物学的観点から，特に重要な脂質は，リン脂質や糖脂質などの生体膜（細胞膜）を構成する膜脂質である．これらの膜脂質を水に分散させると，疎水性相互作用により自発的に分子集合体を形成する．水和した脂質分子集合体は，温度変化により，様々な多形転移を示すが，特に，脂質二重層膜構造におけるゲル・液晶相転移が，最も一般的な熱的相転移である[38,39]．ゲル相では，膜脂質の炭化水素鎖（脂肪酸鎖）は，結晶状態の直鎖炭化水素（アルカン）と同様にオールトランス型の伸びきった構造をとって2次元格子に配向充填している．ただし，通常の結晶とは異なり，炭化水素鎖の長軸周りにおける回転の自由度は凍結していない．温度上昇によりゲル相の脂質の炭化水素鎖部分は，融解を起こし，ゴーシュ型も取るようになり，脂質二重層膜の疎水性部分は液体の油に近いランダムな状態になる．ただし，3次元的に等方的な液体ではなく，親水基の存在により膜構造は維持されるため，2次元的な液体として見なせる状況となる．この様な状態の相を，液晶相と呼んでいる．

液晶相では，膜は流動的な状態にあり，脂質二重層膜に埋め込まれた膜タンパク質は，膜内を側方に比較的自由に移動することが可能となる．多くの膜タンパク質の機能発現に，この流動性は必要不可欠である．そのため，情報伝達などに関与する膜タンパク質群を局在させることで機能発現していると考えられているラフト・ドメイン[40]などの例外を除き，生体膜のほとんどの部分は，液晶相の状態にある．

Table C-15-2-3 完全水和した各種リン脂質のゲル・液晶相転移温度と転移エンタルピー
(Gel-to-liquid crystalline phase transition temperatures and transition enthalpy values of various phospholipids in fully hydrated state)

物質 Material	炭化水素鎖 chain	転移温度 phase transition temperature T (K)	転移エンタルピー Transition Enthalpy ΔH (kJ/mol)	条件等 Conditions, etc.
ホスファチジルコリン Phosphatidylcholine	ジラウロイル- Dilauroyl-	1,2-(12:0)	272.1	12.2	
	ジミリストイル- Dimyristoyl-	1,2-(14:0)	296.7	24.7	
	ジパルミトイル- Dipalmitoyl-	1,2-(16:0)	314.6	34.8	
	ジステアロイル- Distearoyl-	1,2-(18:0)	328.3	42.3	
	ジオレオイル- Dioleoyl-	1,2-(18:1cD9)	258	35.7	
	ジエライドイル- Dielaidoyl-	1,2-(18:1tD9)	284	35.1	
ホスファチジルエタノールアミン Phosphatidylethanolamine	ジラウロイル- Dilauroyl-	1,2-(12:0)	303.3	15.9	
	ジミリストイル- Dimyristoyl-	1,2-(14:0)	322.4	25.1	
	ジパルミトイル- Dipalmitoyl-	1,2-(16:0)	337.1	35.5	
	ジステアロイル- Distearoyl-	1,2-(18:0)	346.8	44.6	
	ジオレオイル- Dioleoyl-	1,2-(18:1cD9)	257	18.8	
	ジエライドイル- Dielaidoyl-	1,2-(18:1tD9)	310.8	27.9	
ホスファチジルセリン Phosphatidylserine	ジミリストイル- Dimyristoyl-	1,2-(14:0)	317	24.9	酸性
	ジミリストイル- Dimyristoyl-	1,2-(14:0)	310	31.4	中性 Na塩
	ジパルミトイル- Dipalmitoyl-	1,2-(16:0)	335	36.1	酸性
	ジパルミトイル- Dipalmitoyl-	1,2-(16:0)	327	37.4	中性 Na塩
	ジパルミトイル- Dipalmitoyl-	1,2-(16:0)	327	38.1	中性 NH4塩
	ジオレオイル- Dioleoyl-	1,2-(18:1cD9)	262	36.8	中性 Na塩
ホスファチジルグリセロール Phosphatidylglycerol	ジパルミトイル- Dipalmitoyl-	1,2-(16:0)	329.9	29.2	酸性 Na塩
	ジパルミトイル- Dipalmitoyl-	1,2-(16:0)	314.0	36.3	中性 Na塩
	ジステアロイル- Distearoyl-	1,2-(18:0)	327.7	43.9	中性 Na塩
	ジエライドイル- Dielaidoyl-	1,2-(18:1tD9)	273	29.7	中性 Na塩
ホスファチジ酸 Phosphatidic acid	ジミリストイル- Dimyristoyl-	1,2-(14:0)	325.4	24.0	pH 6 Na1価塩
	ジミリストイル- Dimyristoyl-	1,2-(14:0)	295.6	17.0	pH 12 Na2価塩
	ジパルミトイル- Dipalmitoyl-	1,2-(16:0)	338.2	33.0	pH 6 Na1価塩
	ジパルミトイル- Dipalmitoyl-	1,2-(16:0)	316.3	24.0	pH 12 Na2価塩

様々な水和したリン脂質のゲル・液晶相転移温度と,その転移エンタルピーを,文献[41, 42]に掲載されている値から平均値を計算し,Table C-15-2-3に示した.ただし,ホスファチジン酸に関してのデータは,文献[43]から取った.ホスファチジルコリンとホスファチジルグリセロールの一部は,液晶相の直下の低温相は,ゲル相とは少し異なるリップル相と呼ばれる膜面が周期的に波打つ構造・状態をとるが,ここでは,リップル相から液晶相への転移も,ゲル・液晶相転移として一括して表にまとめた.

この表から分かるように,リン脂質のゲル・液晶相転移温度・転移エンタルピーは,その脂質を構成する炭化水素鎖組成に強く影響される.Table C-15-2-3では,1,2-(16:0) や 1,2-(18:1cΔ9) のように,

炭化水素鎖組成を表記している．前者は，グリセロール骨格の1位と2位に炭素数16で，二重結合を含まない炭化水素鎖が結合していることを意味し，後者では，グリセロール骨格の1位と2位に炭素数18で，二重結合を1個，9番目の炭素のところにシス型で入っている炭化水素鎖が結合し脂質が構成されていること示している．一般に，炭化水素鎖の炭素数の増大により，ゲル・液晶相転移温度は上昇し，また逆に，二重結合の導入により，その温度は低下する．シス型とトランス型の二重結合では，シス型の方がより転移温度を低下させる．

水和したリン脂質の熱的相転移に関して，以下の点について注意する必要がある．同じ分子（原子）同士のみ構成されている純粋物質の固体結晶の融解現象とは異なり，水和したリン脂質の極性頭部は，常に，水分子などの外部溶媒と相互作用している．そのために，水含量，pH，イオンの存在等の溶媒条件は，ゲル・液晶相転移挙動に影響する．例えば，表に示したデータは，完全水和，すなわち過剰水が存在する条件でのものであるが，水含量が低下すると，一般にゲル・液晶相転移温度は上昇する．ホスファジルセリン，ホスファチジン酸のような極性頭部が正味に負電荷を持つ酸性リン脂質では，pHおよび塩の種類の違いも，その転移におおいに影響する．このことを示すために酸性リン脂質のデータに関しては，pH等の条件を表に明記した．

膜脂質以外の脂質，例えばアシルグリセロールなどの熱特性のデータは，文献[45,46]に整理して掲載されている．

15.2.3 澱粉の糊化特性・多糖の熱転移
(Gelatinization Characteristics of Starch ・ Thermal Transition of Polysaccharide)

（a）澱粉の糊化特性

澱粉は植物の種子，根，根茎，果実などに含まれる貯蔵多糖類であり，イモ類，穀類を冷水中で粉砕した分散液を静置し，沈殿物として得られる．グルコースがα-1,4結合で連結した直鎖状高分子アミロースとそれにα-1,6結合をも含む分岐高分子アミロペクチンからなる．澱粉粒は結晶性領域と非晶性領域からなり，その大きさは起源により異なるが，米澱粉は5μ程度，ジャガイモ澱粉ではその10倍程度である[47]．

工業的な利用においては，これらの多糖類以外に含まれているタンパク質や脂質などを完全には除去しないで，用いることも多い．澱粉は安価で大量に生産されるため食品のレオロジー特性をコントロールするために，また，そのほかの工業材料としても広く用いられている．工業的な利用において，糊化特性はきわめて重要であるが，示差走査熱量測定DSCが普及したことにより容易に調べることができるようになり，多数の論文が出されている[48]．

澱粉の糊化とは澱粉を水の存在下で加熱するときに，澱粉粒が膨潤・崩壊してアミロース鎖が溶出し，分散液の粘度が増加する現象である．炊飯において米の澱粉粒に起こっているのもこれと同じ現象であると考えられている．この現象においてはある程度の秩序構造（結晶的構造）が崩壊して無秩序な構造（非晶構造）に変化したものと考えられ，それはX線回折で確認されている．

糊化した澱粉を低温に保存すると，崩壊した秩序的構造が回復するがこの現象を老化と呼んでいる．この現象は澱粉試料の入ったDSCセルを低温に保存して，再昇温DSC測定によって時間変化を追跡することにより解析できる．この方法はX線回折あるいはレオロジーと比較して，DSCセル中に密閉されているため，試料の取り扱いが容易である．

糊化および老化は澱粉の粒構造，アミロース，アミロペクチン含量，鎖長分布などによって支配されるが，澱粉を物理処理することによって改変できることが知られている．澱粉糊液をスプレードライやドラムドライにより乾燥・粉末化すると，得られた粉末は低温の水中で，容易に粘稠な糊液となる．水に添加したときの分散性を改善（ダマをできにくくする）するために，造粒して改変することも多い．糊化温度以下の温水に浸漬することにより，結晶性が改善され，糊化温度範囲が狭くなる（これを温水処理という）．一方，澱粉を低水分で加熱処理して，結晶化度が増加し，架橋処理と同様の効果が得られる（これを湿熱処理という）．

一般に澱粉-水系の昇温DSC曲線において，65-70℃近辺に吸熱ピークが見られるが，これは糊化に伴うもので，主としてアミロペクチンが関与するものであり，水分が十分にある場合には，澱粉の濃度にほとんど依存しない．Fig.C-15-2-2に16.5-33%とうもろこし澱粉の昇温DSC曲線を示す[49]．64

−67℃に吸熱ピークが見られるが，糊化した澱粉を5℃で保存した後の再昇温DSC曲線を観測すると，糊化直後（0 day）には老化があまり進んでいないので，吸熱ピークが見られないが，一日後および二週間後には50℃および45℃近辺に緩やかなピークが見られる（Fig. C-15-2-3の上の曲線）．また，95℃および115℃近辺の吸熱ピークはアミロース-脂質複合体

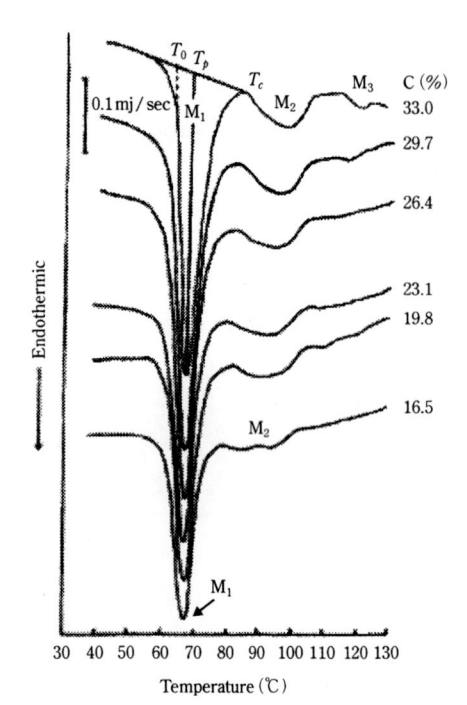

Fig. C-15-2-2 16.5〜33.0％トウモロコシ澱粉水分散液の昇温DSC曲線[49]．昇温速度 1℃/min．

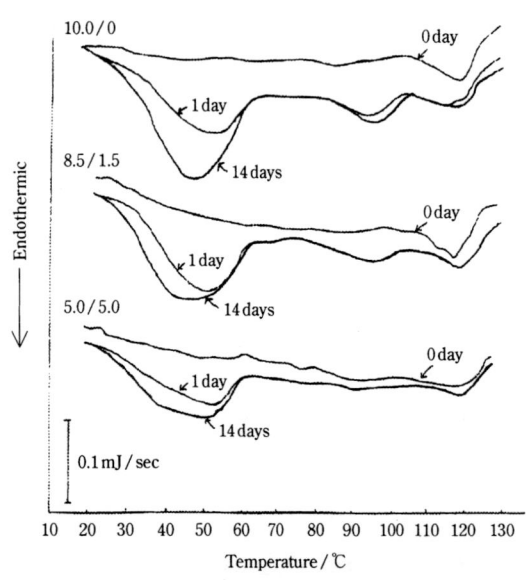

Fig. C-15-2-3 トウモロコシ澱粉/コンニャクグルコマンナン混合系の0 day（最初の昇温直後），1日後，2週間後の再昇温DSC曲線[49]（上から混合比 CS/KM = 10.0/0, 8.5/1.5, 5.0/5.0 の3通り）．昇温速度 1℃/min．

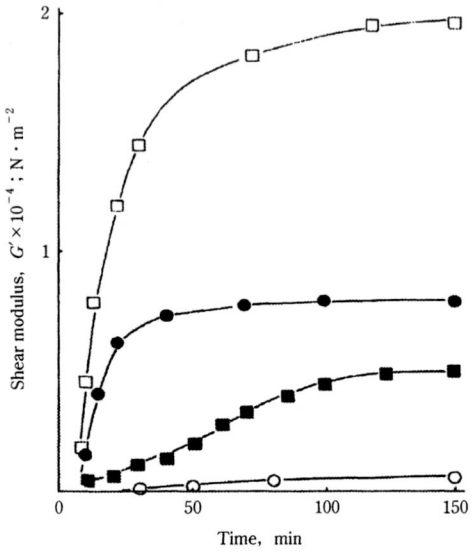

Fig. C-15-2-4 澱粉ゲルの貯蔵剛性率の経時変化 □：20％澱粉ゲル，■：10％澱粉ゲル ○：2.4％アミロースゲル，●：3.2％アミロースゲル[50,51]

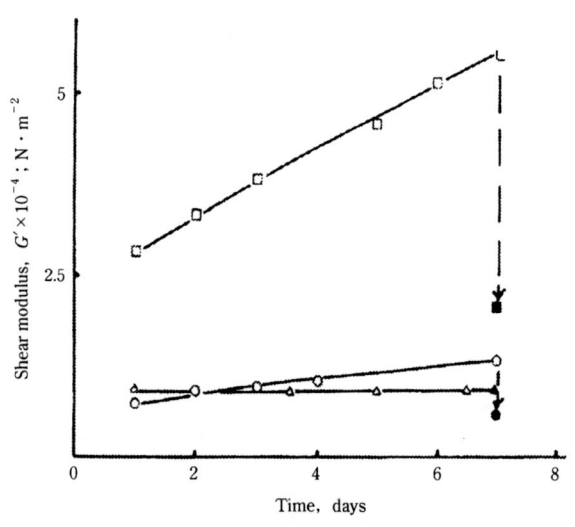

Fig. C-15-2-5 澱粉ゲルの貯蔵剛性率の経時変化 □：20％澱粉ゲル，○：10％澱粉ゲル △：3.2％アミロースゲル，矢印は90℃加熱

（ジャガイモ澱粉にはこれは存在しないが，穀類から得られる澱粉にはこの複合体が存在する）の崩壊によるものと帰属されている．

後述のように，老化の初期過程はアミロースのゲル化によって引き起こされると考えられているが，アミロペクチンが関与する老化過程は緩慢に進行する（後出，Fig. C-15-2-4 および 5）．二週間後の再昇温 DSC 曲線中の吸熱ピークが一日後の吸熱ピークより低温側に現れるのは，熱的に弱い構造はより後で再形成されるためと考えられる．

Fig. C-15-2-3 の下の二つの曲線群はトウモロコシ澱粉（CS）/コンニャクグルコマンナン（KM）混合系（混合比 CS/KM = 10.0/0, 8.5/1.5, 5.0/5.0 の3通り）の一回目の昇温直後の再昇温 DSC 曲線および一日後および二週間後の再昇温 DSC 曲線である．

コンニャクグルコマンナンだけではなく，非澱粉系の多糖類を混合することにより，澱粉の老化を遅延させることができる．

澱粉ゲルの老化の初期過程はアミロースのゲル化によって起こることが，動的粘弾性測定により明瞭に示されている．Morris らは 10％，20％の澱粉ゲルおよび 2.4％，3.2％のアミロースゲルの弾性率の 2 時間半の間の経時変化を調べ，3.2％のアミロースゲルの弾性率が 10％澱粉ゲルの弾性率より速く増加し，絶対値も大きくなること，しかし，長時間の後（3 日程度）には，3.2％のアミロースゲルの弾性率があまり増加しないのに，10％澱粉ゲルの弾性率は増加し続け，3.2％のアミロースゲルの弾性率より大きくなることを示した（Fig. C-15-2-4, 5）[50, 51]．

20％トウモロコシ澱粉ゲル（円柱状）の縦振動により求められる複素ヤング率 $E^* = E' + iE''$ の温度依存性を Fig. C-15-2-6 に示す．5℃で長期間保存すると，貯蔵ヤング率 E' は増加するが，昇温により減少し，60℃から降温しても，低温（25℃）での値を回復しない[52]．ジェランや寒天ゲルなど熱可逆性ゲルでは短時間でほぼ回復する．これは澱粉の老化が緩慢に進行するためである．実験における降温は 5℃間隔で各温度において 20 分程度の時間が経過してから測定しているので，弾性率が増加するのには時間が

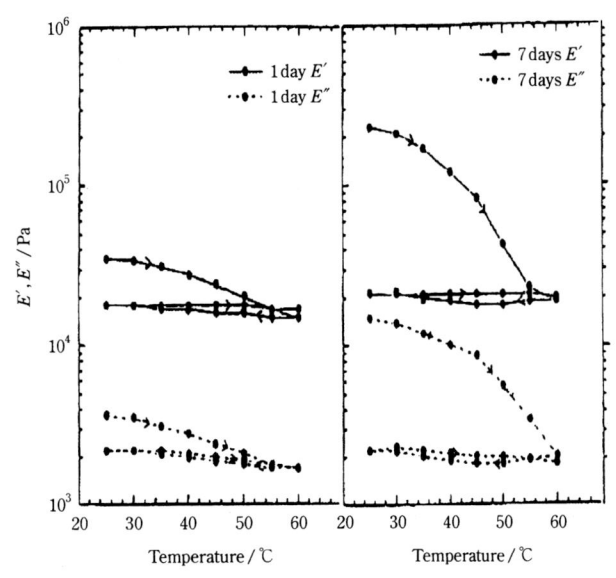

Fig. C-15-2-6 5℃で1日および7日保存後の20％トウモロコシ澱粉ゲルの貯蔵ヤング率（実線）および損失ヤング率（破線）の温度依存性．各温度に到達後およそ20分後に測定．（測定周波数3Hz）[52]

短いためである．ここで，長時間低温で保存したゲルの弾性率の方が昇温により著しく弾性率が低下することに注意するべきである．このことは，長時間経過後に増加した弾性率は熱的には不安定な構造によるものであることを意味している．このことは，Fig. C-15-2-3 に示した再昇温 DSC 曲線を見るとはっきりする[49]．つまり，時間が経過するにつれて，吸熱ピークが増大するが，そのピーク温度は低温側に移動している．

（b）多糖の熱転移

ゾル・ゲル転移はレオロジー測定により判定されることが多い．物理ゲルは熱可逆性であることが多く，ゼラチン，アガロース（寒天の主成分，D-ガラクトースと3,6-アンヒドロ-L-ガラクトースからなる），カラギーナン（ι-カラギーナン，κ-カラギーナンなどがあるが，D-ガラクトースと3,6-アンヒドロ-D-ガラクトースからなり，硫酸基を含み，その含量と位置は ι-，κ- などにより異なる）などのように，架橋領域（網目の結び目）が水素結合で形成されていれば，加熱により融けてしまいゾルになり，冷却すればゲルを形成する．Fig. C-15-2-7（a）のように貯蔵剛性率 G' は降温に伴うある温度で急激に増加する．

メチルセルロース，カードラン（β-1,3グルカン），牛血清アルブミン，大豆蛋白質（グリシニン，β-コングリシニンなど）の水分散液などのように，加熱することによりゲル化するものでは，Fig. C-15-2-7(b)のようにG'は昇温に伴いある温度で急激に増加する．

メチルセルロースとゼラチンの混合系[55]では，低温でゲル，高温でもゲルとなり，Fig. C-15-2-7(c)のような挙動を示す．キシログルカン（高等植物の細胞壁を構成する多糖，グルコースの主鎖にキシロース，ガラクトース側鎖が結合）からガラクトースを除去した多糖の水溶液のように加熱することによりゲル化し，さらに加熱するとゾル化するものでは，Fig. C-15-2-7(d)に示すようにG'は昇温に伴いある温度で急激に増加し，さらに昇温すると急激に減少する（図では高温域でのG'の減少は示していない）[56]．

ジェランガム（*Spingomonas elodea*が作る，グルコース，グルクロン酸，グルコース，ラムノースの4糖を繰り返し単位とする多糖）をモデルの共通試料として，共同研究が行われてきた．ジェランガムの分子は高温では分子がコイル（糸まり）状態，低温になると二本のコイルがヘリックス（らせん）状態を形成すること，そして濃度が高ければヘリックスが会合・凝集して，架橋領域を形成し，三次元的な網目構造，すなわちゲルを形成することが光散乱，浸透圧，円偏光二色性，示差走査熱量測定，レオロジーなどによってわかってきた．これらの成果はFood Hydrocolloids, 7, 361-456 (1993), Carbohydrate Polymers, 30, 75-207 (1996), Progress in Colloid and Polymer Science, 114, 1-135 (1999) の特集号として公表されてきた．Fig. C-15-2-8にジェラン水溶液の降温および昇温DSC曲線を示す[57,58]．降温DSC曲線中の25-40℃近辺の発熱ピークはゾル→ゲル転移に伴うもので，昇温DSC曲線中の25-40℃近辺の吸熱ピークはゲル→ゾル転移に伴うものである．ジェランのゲル形成はゼラチン，寒天，カラギーナンなどと同様にヘリックスが水素結合により凝集して架橋領域が形成されるものと考えられている．この図に示したナトリウム型のジェランの曲線中のピークは鋭いが，商業的に出回っている普通の脱アシル化ジェランではほかの金属も含まれており，この場合よりずっとブロードになる．

熱可逆性ゾル・ゲル転移はジッパーモデルにより扱うことができる．独立なジッパーが，N個集まったものがゲルであると考える．ここで，ジッパーはN個のリンクからなり，その結合エネルギーをεとすると，ゲルの比熱Cは次の式で表される[59]．

$$C/k = N(\log(g/x))^2[2x/(1-x)^2 + \{N(N+1)x^N\{-x^{N+1}+(N+1)x-N\}\}/\{1-(N+1)x^N+Nx^{N+1}\}^2] \quad (1)$$

ここで，$\tau = kT$（kはBoltzmann定数），$x = g\exp(-\varepsilon/\tau)$である．

この取扱いは容易に多成分系ゲルの場合に拡張できる．上の理論式の中のパラメーターの物理的意味について簡単に述べる．gは回転の自由度であるから，ゲル濃度が増加すれば減少し，温度が増加すれば束縛がゆるんで増加するであろう．ほかのパラメーターを一定にして，gを増加させると，比熱の極大のピーク温度は低温側へ移動する．逆にgを減少させると，このピーク温度は高温側へ移動する．これは，ゲル濃度と融解温度との関係についてのEldridge-Ferry式[60]の予測と一致する．また，ゲルからゾルへ転移するときは平均のgが大きくゲル状態における値$\bar{g}_g$で移行し，反対にゾルからゲルに転移するときはゾル状態における値$\bar{g}_s$で移行すると考えられよう．明らかに$\bar{g}_g < \bar{g}_s$である．したがって，アガロースゲルの場合に見られるようなゲル→ゾル転

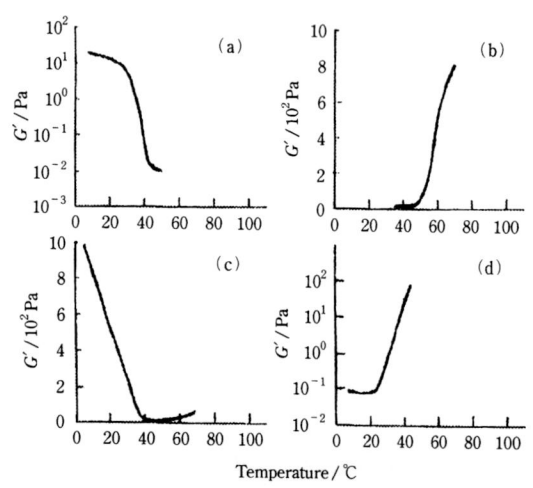

Fig. C-15-2-7 熱可逆性ゲルの弾性率の温度依存性
(a) ジェラン[53]，(b) メチルセルロース[54]，(c) メチルセルロース/ゼラチン[55]，(d) ガラクトースを除去したキシログルカン[56]．(d)では，弾性率は〜45℃までしか測定されていないが，〜65℃以上では減少する．

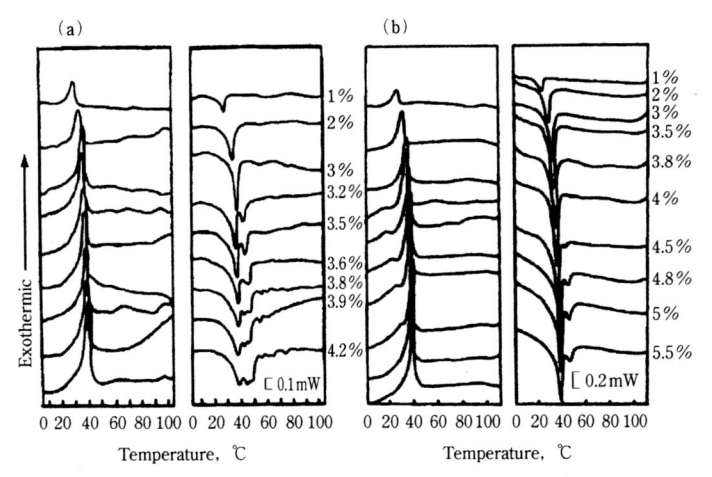

Fig. C-15-2-8 ジェラン水溶液の降温および昇温 DSC 曲線：(a) ジェランガムの共通第二次試料 NaGG-2 (Na$^+$, 3.03%；K$^+$, 0.19%；Ca^{2+}, 0.11%；Mg^{2+}, 0.02%) 左：降温, 右：昇温[57]. (b) 共通第三次試料 NaGG-3 (Na$^+$, 2.59%；K$^+$, 0.009%；Ca^{2+}, 0.02%；Mg^{2+}, 0.001%) 左：降温, 右：昇温[58]. 走査速度：1℃/min.

移の温度は，ゾル→ゲル転移の温度よりも高いというヒステリシス現象が理解される．Higgs と Ball は，著者らとは独立にジッパーモデルによりゲルの生成過程を論じている[61].

多数のジッパーの種類からなるゲルの場合には Eq. (1)において，g, ε, N および N をいくつか選ぶことにより実験曲線をよく再現できる[62]．Fig. C-15-2-9 に 2% アガロースゲルの昇温 DSC 曲線を示す．添加するスクロース濃度の増加につれて，ゲル-ゾル転移に伴う吸熱ピーク温度 T_m は高温側へ移動した．点線は Eq. (1) による曲線のあてはめである．スクロースの添加により，ジッパー数 N_Z あるいはジッパーを構成するリンク数 N が増加し，リンクの回転の自由度 g は減少すると考えられた．リンクの数 N は架橋領域の分子量 M_J に比例すると仮定すると，Fig. C-15-2-9 の結果からスクロースの添加によりアガロースゲルの架橋領域は小さくなり，その数が増加し，ジッパーを構成するリンクの回転の自由度が減少するものと推測される．ここで，架橋領域構造パラメータは弾性率の濃度依存性から Oakenfull[63] あるいは Clark-Ross-Murphy[64] らの扱いにより推定することができる．

ここで，貯蔵剛性率 G は貯蔵ヤング率の 1/3 に等しいと仮定した．ゼラチンゲルの場合と同様，スクロースの添加によりゲルを構成する高分子鎖の分子量 M および架橋領域から流れ出ている分子鎖数 n は変わらず，架橋領域の分子量 M_J は減少すると考えられる．

Ogawa らは最近分子量の異なるジェランガム試料を調製し，そのヘリックス・コイル転移温度について論じている[65]．コイルからヘリックスへの転移の平衡定数 $K(T)=f/(1-f)^2$ (f はヘリックス分率) の温度依存性に関する van't Hoff の式

$$\frac{d\ln K}{d(1/T)} = \frac{-\Delta H_{vH}}{R} \quad (2)$$

から転移エンタルピー $-\Delta H_{vH}$ が求められる．これから求められる値 $-\Delta H_{vH}$ は正で，発熱反応であることを示しているが，コイル状態における (単一鎖の) 分子量は分子量の増大に伴い増加し，ゲル化の初期段階におけるコイル状分子の会合によるヘリックス形成が分子量増加により促進されることが示された．また，固有粘度測定から分子量およそ 17000 以下の試料においてはヘリックスが形成されないことが示された．

シゾフィランはきのこの一種スエヒロタケ *Schizophyllum commun* が産生する多糖類で，グルコースが β-(1-3) 結合した直鎖状高分子のグルコース 3 残基あたりに 1 個のグルコースが側鎖として結合している．シゾフィランは水溶性で，室温では水中で 3 重螺旋構造を取っているが，高温下や，ジメチルスルホキシド中では螺旋がほどけてランダムコイル状態を取ることが知られている[66]．また，降温過程において，約 5℃で 3 重螺旋構造を保ったままヘリックス II からヘリックス I への構造変化が起きることが知られており，シゾフィラン近傍の水の構造変化に起因すると推測されている[67]．歪を増加させた後に減少させて弾性率の測定を繰り返しても，ほぼ同じ値が得られることから，このゲルにおいては，剛直な分子鎖が絡まりあって弾性率が発現していると考えられる．この点では，NaI 存在下での κ-カラギーナン水溶液の挙動[68] と同様であり，弾性的なゲルではなく，いわゆる弱いゲルの挙動に分類される．シゾフィラン-ソルビトール系の DSC 降温曲線における発

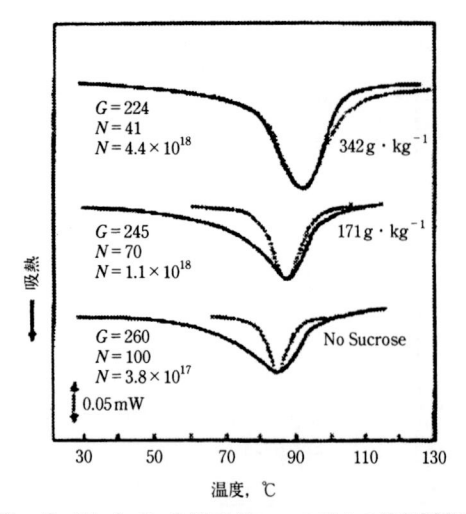

Fig. C-15-2-9 2％アガロースゲルのDSC昇温曲線に対するスクロース添加の影響. 昇温速度：2℃/min. 点線の曲線はEq.(1)を用いて，曲線のあてはめにより得られた[62].

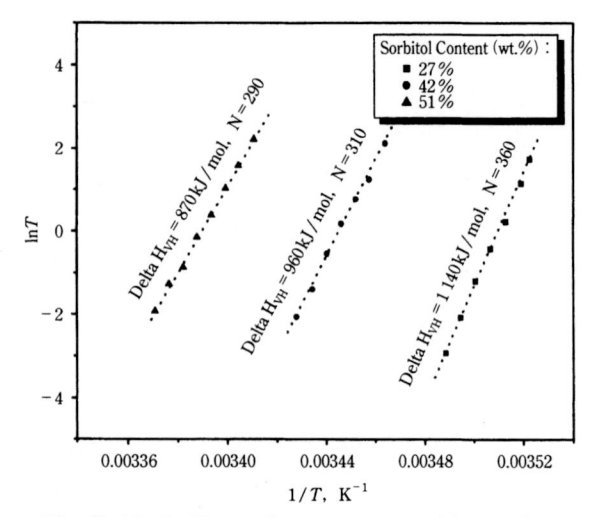

Fig. C-15-2-10 シゾフィラン-ソルビトール系のvan't Hoffプロット. 平衡定数Kはヘリックスとコイルの含率の比である[69].

熱ピークはソルビトール含率の増加に伴い高温側に移動している[69]. この転移における van't Hoff プロットを Fig. C-15-2-10 に示す[69]. ソルビトール含率27，42 および 51 wt％の場合について，このプロットの勾配から van't Hoff エンタルピー（ΔH_{VH}）として 1140，960，および 870 kJ/mol が得られた. $\Delta H_{VH}/\Delta H_{cal}$ によって求められる協同単位の数 N は 360，310 および 290 となった. この数 N は転移に関与するセグメントの平均の長さを表すと考えられる[70,71]. このような大きな N の値はシゾフィラン-ソルビトール系のゲル化に伴う発熱反応がきわめて協同性の高いヘリックスIIからヘリックスIへの分子転移であることに起因する.

キシログルカンはセルロース骨格を持つ多糖であり，広く植物の細胞壁に存在するが，タマリンド種子中にも貯蔵多糖としても存在する. タマリンド種子から抽出したキシログルカン（TSX）の水溶液は，通常単独ではゲル化しないが，側鎖のガラクトースを除去するとゲル化することが知られている（Fig. C-15-2-7（d））. このゲル化は昇温により起こり，さらに昇温すると再びゾル状態になる（Fig. C-15-2-11）. このような現象は，合成高分子では，2-(2-ethoxy)ethoxyethyl vinyl ether および 2-methoxyethyl vinyl ether の系でも起こることが報告されているが[72]，生体高分子ではキシログルカンのみに知ら

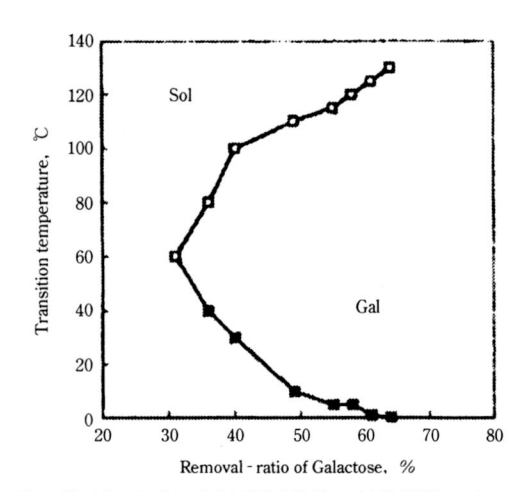

Fig. C-15-2-11 2％TSX溶液の転移温度のガラクトース除去率依存性.
□：高温域転移温度，■：低温域転移温度. たとえば，除去率35％では昇温により40℃でゲル化し，さらに昇温して80℃以上では再びゾルになる.

れている.

最近，生理機能特性が注目されているカテキン類の一種エピガロカテキンガレート（EGCG）をキシログルカンに少量添加することによりゲル化することが見出された（Fig. C-15-2-12）[73]. Fig. C-15-2-12 からわかるように，このゲルは熱可逆的である. NMR（NOESY）により EGCG とキシログルカンが

15.2 生体物理

直接結合していることが示された.

キサンタンガムとガラクトマンナンの混合系など,単独ではゲル化しないが混合によって初めてゲル化する混合系の研究は新しいテクスチャーの創造および原料の節約という観点から多数の研究がなされてきた[74,75].

キシログルカンとジェランガムを混合し,単独ではゲル化しない濃度(全多糖類濃度1wt%)において,混合系がゲル化することが見出された.キシログルカン単独の溶液は測定した濃度ではゾルであり,その粘弾性は温度変化に伴い僅かに変化するだけである.ナトリウム型ジェランガム単独の溶液も低濃度ではゾルであるが,キシログルカンとの混合により急激な貯蔵剛性率 G' および損失剛性率 G'' の増加が見られる.その温度で,DSCピークが現れ,円偏光二色性の楕円率が著しく変化したことから,ジェランガムの形態変化,すなわちヘリックス-コイル転移が生じ,それにより混合系の粘弾性が変化し,ゲル化すると考えられた.Fig. C-15-2-13にジェランガムとキシログルカンの混合溶液の降温DSC曲線を示す[76].

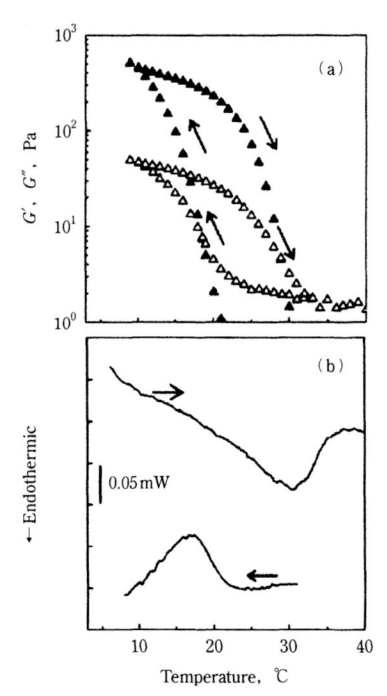

Fig. C-15-2-12 0.1% EGCGを含む2% TSX水溶液の (a) 貯蔵剛性率 G' (▲) および損失剛性率 G'' (△) の温度依存性. (b) 降温およびそれに続いての昇温DSC曲線. 降温および昇温速度0.5℃/min.

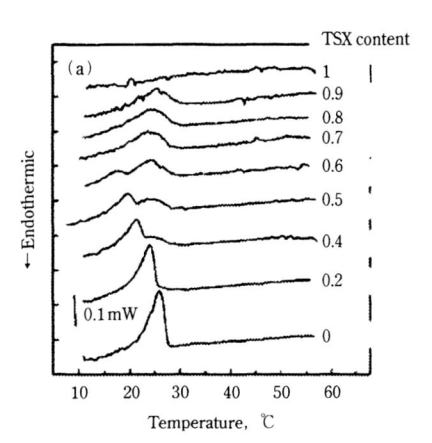

Fig. C-15-2-13 ナトリウム型ジェラン/TSX混合系 (全多糖濃度1.0%) の降温DSC曲線[76]. 降温速度0.5℃/min. 曲線右脇の数字はTSX含率.

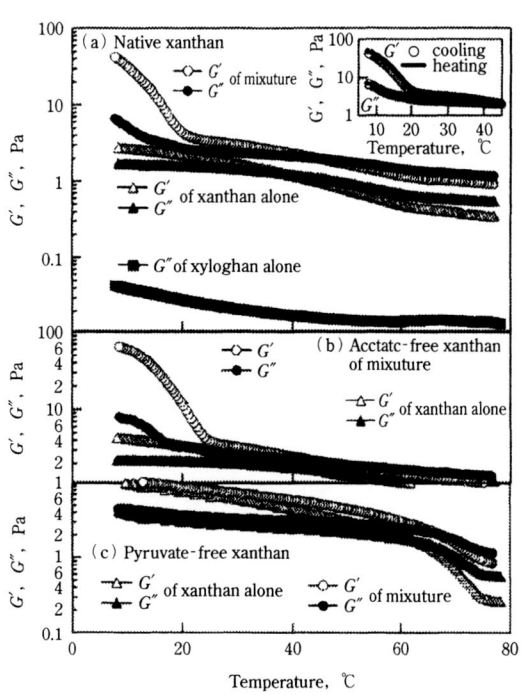

Fig. C-15-2-14 貯蔵剛性率 G' および損失剛性率 G'' の温度依存性[77]. 降温速度0.5℃/min. 角周波数1.0rad/s. (a) 0.5%キシログルカン単独,0.5%キサンタン単独およびその混合系 (b) アセチル基のない0.5%キサンタン単独およびキシログルカンとの混合系. (c) ピルビン酸のない0.5%キサンタン単独およびキシログルカンとの混合系.

最近,金らはキサンタンガムとキシログルカンの相乗効果を見出している.すなわち,これらの多糖類は単独ではいずれもゲル化しないが,混合により降温の際,急激な G' および G'' の増加が見られる.この相乗効果はキサンタンガム中のピルビン酸除去により消失した(Fig. C-15-2-14)[77].

15.2.4 植物体のガラス転移
（Glass Transition of Plant）

植物は太陽エネルギー,水,二酸化炭素,無機物を巧に利用しながら酵素の活動により生体高分子形成を行っている.一般に,植物の成分は水分が72%,炭水化物が20%,タンパク質が2%,無機物が2%と脂質,核酸,その他が1%である.生物は分子の集合体である.植物の細胞壁は原形質の外側を取り囲み,多糖類から成る部分で,高等植物にはすべてに細胞壁がある.細胞壁内にある72%の水分は植物の生理作用に重要で,細胞壁が破壊されると植物としての生命を維持することが不可能となる.

また,植物の細胞は動物の細胞と異なり,動物の細胞にはない葉緑体,液胞,細胞壁がある.細胞膜の外側には厚い細胞壁があり,細胞壁は細組織全体の形態を決める[78].植物は葉で光合成された生体高分子を,光合成を行わない茎,根,成長の盛んな先端部分へと送られている.澱粉,脂肪,タンパク質として長期的に貯蔵される.比較的水分が少ない種子は常温度で非常に長期的に保存することは可能である.しかし,水分の多い植物細胞を長期的に保存することは困難である.長期的に保存するためには,細胞壁を破壊せずに,細胞内の水分を取り除くことが必要である.

また,イネ,小麦,大豆などの種子は食料として非常に重要であり,多量の収穫と品質の向上のために,植物の品種の改良が不可欠である.植物の花粉,器官別組織などの遺伝資源は新しい品種を作るために,重要な素材である.多くの植物資源は乾燥,低温下で保存されてきたが,貯蔵時間が長くなると活性化が低下し,遺伝資源にも変化が起こる.これらの植物の種子,花粉,器官別組織などを長期的に保存するためには,超低温保存技術が必要で,すべての植物体はガラス転移温度以下で保存することが望ましい.

種子にはそれぞれ種類ごとに一定の寿命がある[79].種子は採取後ある時期を過ぎると発芽力を失う.常温で,種子を永久に保存することは無理で,種子の中に含まれる脂肪や他のわずかな生体物質のガラス転移温度は常温以下であるために,脂肪や生体物質の分子が運動し,変性が起る.

また,貯蔵中の種子の活力衰退に最も深い影響は,種子に含まれる水分と貯蔵温度である.種子の含水量は種子の取り巻く環境に左右される.一般にイネ,コムギ,野菜などの種子は乾燥にたえる.種子に加齢処理を行い,植物の種子の寿命を測定すると,種子の中の含水量が多くなると寿命は短くなる.このことは,種子の中に水が入ることによりガラス転移温度が低下することに原因がある.

そこで,イネ種子を用いて,開花後の成長段階(登熟期)におけるガラス転移温度の変化を調べた(Fig. C-15-2-15)[80].イネは開花後受精する.イネは受精した雌随,すなわち子房は発達して果実(玄米)になる.子房(玄米)受精した翌日から外形的に成長する.まず,縦方向に伸長し,その後,籾殻内の子房が成長する.開花後20〜25日目で籾殻内に玄米が充満する.30日目頃になると,玄米の水分が減少し,玄米は白灰色から透明化し,胚部は収縮し,陥没する.イネ種子の登熟期におけるガラス転移温度の変化は-114℃と非常に低い温度領域にある.籾殻に中身が充満するまで,玄米の中には多くの自由水が含まれている.このために,イネ玄米のガラス転移温度は水のガラス転移温度の付近にある.しかし,開花後20日目頃から自由水が徐々に減少し,ガラス転移温度は上昇する.開花後30日から40日までのガラス

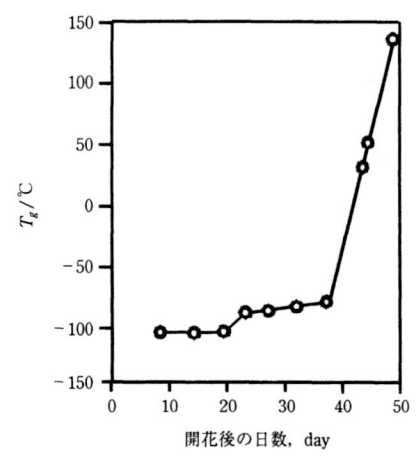

Fig. C-15-2-15　イネの登熟期における玄米のガラス転移温度の変化

転移温度は－80℃付近に上昇する．これは玄米の中の水分が減少したためである．

開花後40日を過ぎると一気にガラス転移温度は上昇する．さらに，登熟が完了すると，玄米の中の自由な水はなくなり，不凍水だけが残る．開花後50日ではほとんど自由水はなくなり，不凍水だけになる．このためにガラス転移温度は135℃付近まで上昇する[81]．

分子集合体であるイネ種子は完熟すると水の減少で熱的に安定化し，生体高分子のみになるためにガラス転移温度は高温度に移動する．そのためにガラス転移温度は常温より高温度側に観察される．このために，イネ種子を常温に保存しても，ガラス温度が高いために発芽しない．しかし，種子の中には数％の脂肪が含まれ，種子の融解温度は－20℃付近にあるために，長期間常温で保存すると脂肪の変性が起る．このためにイネ種子は－20以下の温度で保存することが望ましい．

イネ種子の登熟期におけるガラス転移温度は初期の段階では水の影響をうけ，後期では，完熟した種子には自由な水が少なく，生体高分子集合体のガラス転移温度になる．

つぎに，濡れたガーゼの上にイネ種子を置き，2から3日で発芽する．実際には，種子を水に浸漬するとすぐに，発芽の準備をする．そこで，DSCを用いて，浸漬後の玄米のガラス転移温度を調べてみると（Fig. C-15-2-16），イネ種子を1日間，浸漬した時のガラス転移温度は－60℃である．浸漬前は130℃に，

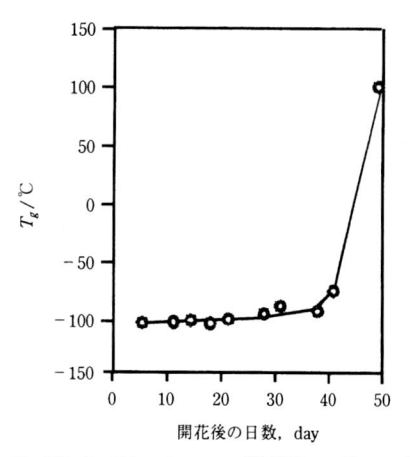

Fig. C-15-2-17　メロンの開花後のガラス転移温度の変化

水が浸漬すると，玄米のガラス転移温度は，－60℃まで急激に低下する．浸漬後2日目の種子のガラス転移温度は－102℃まで低下する．その後，浸漬時間が増加しても，ガラス転移温度は低下しない．すなわち，玄米の中に70から80％の水が浸透したためである．

イネ種子に水を与えることにより，ガラス転移温度が低下し，発芽の準備をする．このことはイネ種子の胚の中に水分子が浸透し，胚を構成し，発芽を停止していた分子が，水により分子運動を始める．

イネ種子以外のメロン，スイカ，カボチャ，小麦，キュウリ，トマトの種子も開花後の成長段階のおける種子のDSCの熱測定からガラス転移温度を調べてみると，種子は，開花後から35日まで－110℃付近にガラス転移温度がある．開花後40日を過ぎると急激に高温度側にシフトする．開花後50日では130℃付近まで移動する．この現象はイネ種子と同様である．また，完熟した種子を水に浸漬すると，ガラス転移温度は－110℃付近に低下した（Fig. C-15-2-17）．

植物体のガラス転移温度は植物の成長や休眠に重要な働きをする．イネ，カボチャ，トマト，小麦，スイカなどの種子が常温で保存できるのは，種子を構成している分子の運動のガラス転移温度が20℃より高い温度にあるためで，常温では構成分子が凍結したためである．また，種子の発芽は種子の中に水が浸漬するために，ガラス転移温度が常温より非常に低い温度に低下したためである．

一般に，植物の生育状態では常に水に囲まれた状態

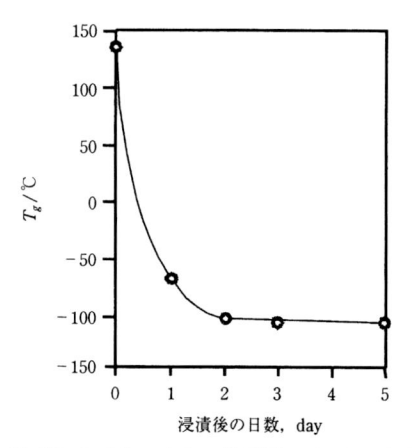

Fig. C-15-2-16　イネの発芽時における玄米のガラス転移温度変化

で，常にガラス転移温度は低く，構成分子が動きやすい状態になっている．さらに，植物体の貯蔵にはガラス転移温度が大きな役割を示している．生物は水の存在下で成長する．このことは常に生育するために，ガラス転移温度を下げる．

1) 例えば Privalov P. L., Adv. Protein. Chem., 33 (1979) 167.　2) 城所俊一, 蛋白質・核酸・酵素, 49 (2004) 1720.　3) Griko Y. V.. J. Mol. Biol.. 297 (2000) 1259.　4) Griko Y. V. and Kutyshenko V. P.. Biophys. J.. 67 (1994) 356.　5) Filimonov V. V., Prieto J., Martinez J. C., Bruix M., Mateo P. L., Serrano L.. Biochemistry. 32 (1993) 12906.　6) Privalov P. L. and Khechinashvili N. N.. J. Mol. Biol.. 86 (1974) 665.　7) Wassenberg D., Welker C., Jaenicke R., J. Mol. Biol.. 289 (1999) 187.　8) Williamson G., Belshaw N. J., Noel T. R., Ring S. G., Williamson M. P.. Eur. J. Biochem.. 207 (1992) 661.　9) Makhatadze G. I., Clore G. M., Gronenborn A. M., Privalov P. L.. Biochemistry. 33 (1994) 9327.　10) Fujita Y. and Noda Y., Int. J. Pept. Protein. Res.. 40 (1992) 103.　11) Takano K., Yamagata Y., Kubota M., Funahashi J., Fujii S. and Yutani K., Biochemistry, 38 (1999) 6623.　12) Kitamura S. and Sturtevant J. M.. Biochemistry, 28 (1989) 3788.　13) Bertazzon A., Tsong T. Y.. Biochemistry 29 (1990) 6453.　14) Nakamura S., Kidokoro S.. Biophys. Chem.. 109 (2004) 229.　15) Farruggia B. and Pico G. A.. Int. J. Biol. Macromol.. 26 (1999) 317.　16) Muccio D. D., Waterhous D. V., Fish F., Brouillette C. G.. Biochemistry. 31 (1992) 5560.　17) Clark A. T., McCrary B. S., Edmondson S. P., Shriver J. W.. Biochemistry. 43 (2004) 2840.　18) Lin L. N., Mason A. B., Woodworth R. C., Brandts J. F.. Biochemistry. 33 (1994) 1881.　19) Fukada H., Kitamura S., Takahashi K., Thermochim. Acta., 266 (1995) 365.　20) Ermolenko D. N., Thomas S. T., Aurora R., Gronenborn A. M., Makhatadze G. I.. J. Mol. Biol.. 322 (2002) 123.　21) Kauzmann, W., Adv. Protein Chem., 14, 1-63 (1959).　22) 月向, 蛋白質 核酸 酵素, 41, 2025-2036 (1996).　23) Gavish,B. et al., Proc. Natl. Acad. Sci. USA, 80, 750-754 (1983).　24) Gekko, K. & Hasegawa, Y., Biochemistry, 25, 6563-6571 (1986).　25) Tamura, Y. & Gekko, K., Biochemistry, 34, 1878-1884 (1995).　26) Tamura, Y. et al., Biophysical J., 65, 1899-1905 (1993).　27) Sarvazyan, A. P. & Hemmes, P., Biopolymers, 18, 3015-3024 (1979).　28) Suzuki, N. et al., B. B. A., 1292, 265-272 (1996).　29) Kikumoto, M. et al., J. Biochem, 133, 687-691 (2003).　30) Tamura, Y. et al., B. B. A., 1335, 120-126 (1997).　31) Chalikian, T. V. et al., J. Mol. Biol., 250, 291-306 (1995).　32) Kamiyama, T. et al., B. B. A., 1434, 44-57 (1999).　33) Gekko, K. et al., Biochemistry, 42, 13746-13753 (2003).　34) Kamiyama, T. & Gekko, K., B. B. A., 1478, 257-266 (2000).　35) Gekko, K. et al., Protein Science, 5, 542-545 (1996).　36) Gekko, K. et al., J. Biochem, 128, 21-27 (2000).　37) Gekko, K. et al., Biochemistry, 43, 3844-3852 (2004).　38) 八田一郎, 村田昌二編集：『生体膜のダイナミックス』, 共立出版 (2000).　39) Hatta, I. et al.：Phase Transitions, 45 (1993) 157.　40) Simons, K. and Ikonen, E.：Nature, 387 (1997) 569.　41) 大西俊一：『生体膜の動的構造 [第2版]』, 東京大学出版会 (1993).　42) Marsh, D.：CRC Handbook of Lipid Bilayers, CRC Press, Boca Raton, (1990).　43) Blume, A.：Biochemistry, 22, (1983) 5436.　45) 佐藤清隆, 小林雅通：『脂質の構造とダイナミックス』, 共立出版 (1992).　46) Gunstone, F. D., et al.：The Lipid Handbook, Chapman and Hall, London, (1986).　47)『澱粉科学の事典』, 不破英次・小巻利章・檜作進・貝沼圭二編集, 朝倉書店, (2003).　48) H. F. Zobel, Starch 40 44-50 (1988).　49) M. Yoshimura, T. Takaya and K. Nishinari, J. Agric. Food Chem., 44 (10), 2970-2976 (1996).　50) M. J. Miles, V. J. Morris, and S. G. Ring, *Carbohydr. Res.*, 135, 257-269 (1985).　51) S. G. Ring, P. Colonna, K. J. I'Anson, M. T. Kalichevsky, M. J. Miles, V. J. Morris, and P. D. Orford, *Carbohydr. Res.*, 162, 277-293 (1987).　52) M. Yoshimura, T. Takaya and K. Nishinari, *Food Hydrocoll.*, 13, 101-111 (1999).　53) E. Miyoshi, K. Nishinari, Prog Colloid Polym Sci, 114：68-82 (1999).　54) K. Nishinari, K. E. Hofmann, H. Moritaka, K. Kohyama, N. Nishinari, Macromol Chem Phys, 198, 1217-1226 (1997).　55) K. Nishinari, K. E. Hoffmann, K. Kohyama, H. Moritaka, N. Nishinari, M. Watase, Biorheology, 30, 241-250 (1993).　56) M. Shirakawa, K. Yamatoya & K. Nishinari, Food Hydrocolloids, 12, 25-28 (1998).　57) E. Miyoshi, T. Takaya and K. Nishinari, Carbohydr. Polym., 30 (2-3), 109-119 (1996).　58) E. Miyoshi and K. Nishinari, Progr. Colloid Polym. Sci., 114, 68-82 (1999).　59) K. Nishinari, S. Koide, P. A. Williams and G. O. Phillips, J. Physique (France), 51, 1759-1768 (1990).　60) J. E. Eldridge and J. D. Ferry, J. Phys. Chem., 58, 992-995 (1954).　61) P. G. Higgs and R. C. Ball, J. Phys. (France), 50, 3285 (1989).　62) K. Nishinari, M. Watase, K. Kohyama, N. Nishinari, S. Koide, K. Ogino, D. Oakenfull, P. A. Williams and G. O. Phillips, Polymer J., 24, 871-877 (1992).　63) D. Oakenfull, J. Food Sci., 49, 1103-1110 (1984).　64) A. H. Clark and S. B. Ross-Murphy, Adv. Polym. Sci., 83, 57-192 (1987).　65) E. Ogawa, R. Takahashi, H. Yajima, K. Nishinari, Biopolymers, 79, 207-217 (2005).　66) T. Norisuye, T. Yanaki, H. Fujita, Macromolecules, 13, 1462-1466 (1980).　67) K. Yoshiba, T. Ishino, A. Teramoto, N. Nakamura, Y. Miyazaki, M. Sorai, Q. Wang, Y. Hayashi, N. Shinyashiki, S. Yagihara, Biopolymers, 63, 370-381 (2002).　68) S. Ikeda and K. Nishinari, J. Agric. Food Chem., 49, 4436-4441 (2001).　69) Y. Fang and K. Nishinari, Biopolymers, 73, 44-60 (2004).　70) S. Kitamura and T. Kuge, Biopolymers, 28, 639-654 (1989).　71) 高橋克忠, 蛋白質・核酸・酵素, 33, 31-41 (1988).　72) S. Aoshima, S. Sugihara, J. Polym. Sci. Polym. Chem., 38, 3962-3965 (2000).　73) Y. Nitta, Y. Fang, M. Takemasa and K. Nishinari, Biomacromolecules, 5, 1206-1213 (2004).　74) 西成勝好, 化学と生物, 34, 197-204 (1999).　75) S. E. Harding, S. E. Hill, and J. R. Mitchell, Eds., Biopolymer Mixtures, Nottingham Univ. Press, UK, 1995.76) Y. Nitta, B. S. Kim, K. Nishinari, M. Shirakawa, K. Yamatoya, T. Oomoto and I. Asai, Biomacromolecules, 4, 1654-1660 (2003).　77) B.S.Kim, M.Takemasa and K.Nishinari, Biomacromolecules, 7, 1223-1230 (2006).　78) 荒木忠雄, 宇津木和夫, 柴岡弘郎, 清水　硯, 吉田　治, 現代生物学図説　p.2 (倍風館, 1983).　79) 松島省三, 真中喜多夫, 農業技術協会 (1956).　80) 馬越　淳, 熱測定, **29**, 58 (2002).　81) 馬越　淳, 食品とガラス化・結晶化技術, サイエンスフォーラム, p.49 (2000).

D編　熱物性値の検索・推算・測定

D.1　熱物性値の不確かさ（Uncertainty of Thermophysical Properties）

1.1　不確かさの概念（Concept of Uncertainty）

多くの熱物性研究においては，計測によって事実を認識し，得られたデータを物理現象の解明，新機能の発現，製品やデバイスの高性能化，システムの信頼性向上など様々な目的に利用している．熱物性研究に限らず，計量標準や品質保証，試験所認定，さらには産業，商業，貿易，交通，安全，輸送，健康，環境，規制など社会のあらゆる分野において，計測によって得られたデータは利用され，加工して用いられている．

熱物性データのなかでも特に高い信頼性が要求される標準物質・標準データについては，それを用いる人がその測定結果の質を客観的に評価し，他の測定結果と同じ基準で比較できることが極めて重要である．そのためには測定結果の信頼性に対して，定量的かつ普遍的な世界共通の指標を与えることが必要となる．

従来，測定結果の信頼性についての評価は，誤差解析における数学的問題として取り扱われ，その具体的な表現と評価方法については，個々の測定者に委ねられてきた．本章で紹介する「不確かさ」（uncertainty）は，以前から用いられてきた誤差（error）や精度などと概念的には同種のものであるが，その評価方法と手順を具体的に示している点で不確かさは従来のものとは異なる．

誤差は「測定値と真値との差」を表すが，全ての誤差要因を評価し，適切な補正を加えたとしても，その結果には依然として不確かさが残り，測定によって真値を求めることはできない．したがって，真値からの差である誤差も求めることはできない．このことは良く知られているにもかかわらず，この種の概念が誤差として表現されてきたことが多い．

精度は「計測器が表す値あるいは測定結果の，正確さ（accuracy）と精密さ（precision）を含めた総合的な良さ」を表す．精密さというばらつきを表す概念が含まれている点で，精度は誤差よりも不確かさに近いが，正確さには真値からの偏りを表す意味が含まれているので，誤差と同様の問題が生じる．また，不確かさとは異なり，精度の具体的な求め方は示されていないので，個々の測定者によって異なる評価方法が適用されてきた．このため，物理的に全く同じ測定を行ったとしても異なる評価結果が報告されることも少なくなかった．

測定結果の信頼性を評価するための方法に関して国際的な合意がないことは，計量標準の国際比較などにおいて徐々に問題となり，この問題を解決するために国際度量衡委員会（CIPM），国際標準化機構（ISO），国際法定計量機関（OIML），国際電気標準会議（IEC），国際純正応用化学連合（IUPAC），国際純粋応用物理学連合（IUPAP），国際臨床化学連合（IFCC）の7つの国際機関が組織した共同作業による検討の結果，1993年に「計測における不確かさの表現のガイド」（Guide to the Expression of Uncertainty in Measurement）[1,2]が国際文書として公表された（以下 GUM と呼ぶ）．現在，国際機関や学術組織においてもこの概念が採用され，急速に普及しつつある[3,4]．

1.2　不確かさの定義（Definition of Uncertainty）

GUM の特徴は，測定結果のばらつきを表すパラメータのことを不確かさとして統一的に表現し，その評価方法を具体的に示していることである．逆に，その規定に従って評価したものでなければ，不確か

---

1) BIPM, IEC, IFCC, ISO, IUPAC, IUPAP, OILM；"Giuide to the Expression of Uncertainty in Measurement"（ISO, 1993）．
2)「計測における不確かさの表現のガイド」（飯塚孝三監修，日本規格協会，1996）．3) 藤井賢一：熱物性, **12** (1998), 227-230.
4) 今井秀孝：計測と制御, **37** (1998), 300-305.

さとは呼べない．GUM の特徴を以下にまとめた[5,6]．
(1) 標準偏差（standard deviation）で表した不確かさのことを標準不確かさ（standard uncertainty）と呼び，これを記号 u で表す．
(2) 不確かさ成分（component of uncertainty）の評価方法を，統計的な方法（A タイプの評価）とそれ以外の方法（B タイプの評価）に分ける．
(3) 測定結果の不確かさを，標準偏差で表した不確かさ成分の平方和（合成分散）の平方根として求めることとし，これを合成標準不確かさ（combined standard uncertainty）と呼び，記号 u_c で表す．
(4) 包含係数（coverage factor）k を用い，この区間を表す不確かさのことを拡張不確かさ（expanded uncertainty）と呼び，記号 U で表す．

GUM が文書化される以前からも，このような評価方法は用いられてきたので，これらの概要は全く新しいものではない．ここでは GUM の主な特徴について紹介する．詳細については GUM の本文を参照されたい．

1.2.1 標準不確かさ（Standard Uncertainty）

計測における測定結果の最終的な推定値である出力推定値（output estimate）を y，y を求めるために用いる入力推定値（input estimate）を x_i とし，y が x_i の関数 f として次式で表されるものとする．

$$y = f(x_1, x_2, x_3, \cdots, x_n) \tag{1}$$

各入力推定値 x_i とその標準不確かさ $u(x_i)$ は，x_i を推定するために用いられる入力量（input quantity）X_i の取り得る分布から決定される．

(a) A タイプの評価

X_i の一連の観測値（observations）$X_{i,m}$（$m = 1, 2, 3, \cdots, n$）から X_i の相加平均（arithmetic mean）を求めることができる場合，$x_i = \overline{X_i}$ であり，x_i の標準不確かさ $u(x_i)$ は次式で表される．

$$u(x_i) = \sqrt{\frac{\sum_{m=1}^{n}(X_{i,m} - \overline{X_i})^2}{n-1}} \tag{2}$$

ここで，$n-1$ は自由度（degree of freedom）を表す．

実際の繰返し観測から求められる度数分布（frequency distribution）から推定される標準偏差 $\sigma(x_i)$ のことを特に実験標準偏差（experimental standard deviation）と呼び，実験標準偏差から標準不確かさを推定する方法のことを A タイプの評価（Type A evaluation）と呼ぶ．

独立した n 個の観測値が得られる場合には，平均の実験標準偏差（experimental standard deviation of the mean）は $\sigma(x_i)/\sqrt{n}$ になることが期待されるので，平均の実験標準偏差から A タイプの標準不確かさを推定する．

(b) B タイプの評価

実際の観測によらず，利用可能な情報から推定される先験的分布（a priori distribution）に基づいて標準不確かさを推定する方法のことを B タイプの評価（Type B evaluation）と呼ぶ．利用可能な情報としては，次のようなものが挙げられる．

(1) 以前の測定データ
(2) 当該材料や機器の挙動及び特性についての一般的知識又は経験
(3) 製造者の仕様
(4) 校正その他の成績書に記載されたデータ
(5) ハンドブックから引用した参考データに割り当てられた不確かさ

これらのなかで，(1) は以前に行われた同様の測定からの類推を，(2) は経験と知識に基づいた洞察力による類推を表す．(3) と (4) の場合，現状では不確かさが明確に記述されたものは少ないので，そのまま利用できるものは少ないが，情報源として活用することはできる．(5) についてはそのまま利用することができる．

これらの情報を活用するにあたり，入力量 X_i の確率分布（probability distribution）が正規分布（normal distribution）でない場合でも，適切な換算により，標準不確かさを導くことができる．GUM には，限界値 a あるいは区間 $\pm a$ とその区間における確率密度関数（probability density function）から標準不確かさを推定するための具体的な方法が示されている．実際には，観測によって実験標準偏差を推定できない場合も多いが，そのような場合でも，情報源を最大

---

[5] 田中健一：計測と制御，**37** (1998), 306-311. [6] 小池昌義：計測と制御，**37** (1998), 312-317. [7] 小野晃：計測と制御，**37** (1998), 322-324. [8] P. J. Mohr and B. N. Taylor : CODATA recommended values of the fundamental physical constants : 2002, Rev. Mod. Phys., **77** (2005), 1 – 107.

限に活用して，不確かさを導くための多くの手段がGUMに記載されている．

1.2.2 偶然効果と系統効果の同等性（Equivalence of Random Effect and Systematic Effect）

従来の誤差解析において，誤差の成分は偶然誤差と系統誤差に分類されてきた．偶然誤差は，測定結果に影響を与える影響量（influence quantity）の予測できない時間的及び空間的変動によって生じるものと考えられ，このような効果をGUMでは偶然効果（random effect）と呼んでいる．偶然効果による不確かさは，独立した観測の数を増やすことにより，ゼロに近づけることができる．

一方，系統誤差は認識可能な影響量の変動によって生じるものであり，このような効果をGUMでは系統効果（systematic effect）と呼んでいる．測定結果に要求される不確かさよりも，系統効果の方が大きい場合には，その効果を補償するための補正を加えて測定結果を求めることになる．しかし，このような補正を加えた後においてもなお，一定の不確かさが残る．たとえば，系統効果を除去するために標準器や標準物質を用いて測定器や測定システムを校正したとしても，標準器や標準物質自身がもつ不確かさは考慮に入れなければならない．

実際の計測においては，測定結果のばらつきの原因が偶然効果によるものか系統効果によるものかを厳密に識別することは困難な場合が多い．また，偶然効果から生じる不確かさ成分と，系統効果に対する補正に伴う不確かさ成分との間には，本質的な違いはなく，数学的には両者を全く同等に扱うことができる．したがって，不確かさ成分を偶然効果と系統効果に分類するよりも，不確かさ成分を評価する方法を分類することの方がより重要である．GUMにも明記されているように，不確かさ成分をAタイプとBタイプに分類する目的は，不確かさ成分を評価する2つの異なる方法が存在することを明示することであり，便宜上，両者を分類しているにすぎない．両者はそれぞれ確率分布に基づいて評価されているので，その性質において差はなく，どちらも標準偏差によって定量化することができる．

1.2.3 合成標準不確かさ（Combined Standard Uncertainty）

式(1)において，全ての入力量X_iが互いに独立で相関がない場合，出力推定値yの合成標準不確かさ$u_c(y)$は，次式で表される合成分散$u_c^2(y)$の平方根として求められる．

$$u_c^2(y) = \sum_{i=1}^{N} \left(\frac{\partial f}{\partial x_i}\right)^2 u^2(x_i) \quad (3)$$

ここで，$(\partial f/\partial x_i)$は感度係数（sensitivity coefficient）を表す．合成標準不確かさは，それぞれの不確かさ成分が測定結果に与える影響を平方和のかたちで合成したものである．従来の誤差解析等では，総合誤差を安全に見積もるために，系統誤差の成分については算術和を適用する方法も採用されてきたが，前項で述べたように，標準偏差で表された不確かさ成分の性質は，どのような効果に起因するものであっても，数学的には全く同等に取り扱うことができる．このような観点から，GUMでは平方和の平方根のみを適用することが規定されている．

Eq.(1)において，幾つかの入力量X_iの間に相関があり無視できない場合，出力推定値yの合成分散$u_c^2(y)$は次式で表される．

$$u_c^2(y) = \sum_{i=1}^{N} \left(\frac{\partial f}{\partial x_i}\right)^2 u^2(x_i) \\ + 2\sum_{i=1}^{N-1}\sum_{j=i+1}^{N} \frac{\partial f}{\partial x_i}\frac{\partial f}{\partial x_j} u(x_i, x_j) \quad (4)$$

ここで，$u(x_i, x_j)$は入力推定値x_iとx_jに関する共分散（covariance）を表す．$u(x_i, x_j)$は相関係数（correlation coefficient）$r(x_i, x_j)$によって特徴づけられる．その具体的な計算方法についてはGUMの本文を参照されたい．

1.2.4 拡張不確かさ（Expanded Uncertainty）

拡張不確かさUは合成標準不確かさ$u_c(y)$に包含係数kを乗じたものであり，次式で表される．

$$U = k u_c(y) \quad (5)$$

包含係数kの値は，通常，1から3の間にあり，$k=1$の場合は良く知られているように，信頼の水準（level of confidence）は68.27％，$k=2$の場合は95.45％，

$k=3$ の場合は99.73％である．信頼の水準として90％を選んだ場合は $k=1.645$，95％の場合は $k=1.960$，99％の場合は $k=2.576$ となる．

不確かさと共に測定結果を報告する際には，測定結果である出力量（output quantity）Y を便宜的に $Y=y\pm U$ と表し，U を算出するのに用いた包含係数 k の値を明記することが必要である．不確かさの尺度が拡張不確かさで表される場合，測定結果の数値の意味を最大限に明瞭にするためには，包含係数 k の他に測定量 Y の定義，合成標準不確かさ u_c，自由度 ν，信頼の水準 p などの情報も併記することが望ましい．

具体的にどの程度の信頼の水準で不確かさを評価したら良いのかについては，個々の利用目的によって基準が異なる．たとえば，ISO/IEC 17025が定めた「試験所及び校正機関の能力に関する一般要求事項」（JIS Q 17025：2005）などにおいては，$k=2$ に相当する比較的高い信頼の水準で不確かさを評価することが義務づけられている．これには，標準器や標準物質の校正など，計測のトレーサビリティーに関連するものが含まれる[7]．一方，国際学術連合会議（ICSU）の科学技術データ委員会（CODATA）に設置された基礎物理定数作業部会では，全ての基礎物理定数の不確かさを $k=1$，すなわち合成標準不確かさで表している[8]．

1.3 表現方法の事例
(Examples for Expressions)

たとえば，標準平均海水（Standard Mean Ocean Water：SMOW）に等しい同位体組成をもつ4℃，標準大気圧力下における純水の密度 ρ が

$$\rho = 999.9749\,(4)\,\mathrm{kg\,m^{-3}} \tag{6}$$

と表されたとする．ここで，括弧内の数値は最後の桁の合成標準不確かさを表す．この場合，密度 ρ の合成標準不確かさと相対合成標準不確かさはそれぞれに以下のように表される．

$$u_c(\rho) = 0.0004\,\mathrm{kg\,m^{-3}} \tag{7}$$

$$u_{c,r}(\rho) = u_c(\rho)/\rho = 4\times 10^{-7} \tag{8}$$

Table D-1-3-1に主な用語と記号を，Table D-1-3-2とTable D-1-3-3に不確かさの表現方法の事例を示した．

Table D-1-3-1 不確かさを表すための主な用語と記号[1,2]

量	記号	用語	英語名
単位を伴う量又は無次元量	u	標準不確かさ	standard uncertainty
	u_c	合成標準不確かさ	combined standard uncertainty
	U	拡張不確かさ	expanded uncertainty
相対量	u_r	相対標準不確かさ	relative standard uncertainty
	$u_{c,r}$	相対合成標準不確かさ	relative combined standard uncertainty
	U_r	相対拡張不確かさ	relative expanded uncertainty

注1) これらを総称して「不確かさ」と呼ぶ．
注2) 拡張不確かさ U あるいは相対拡張不確かさ U_r を用いる場合には，包含係数（coverage factor）k あるいは信頼の水準（level of confidence）を文中あるいは記号で明記する．例えば，$k=2$ における拡張不確かさ U，あるいは，信頼の水準が95％となる包含係数を有効自由度から求めて算出した拡張不確かさ U_{95} などと表す．

Table D-1-3-2 不確かさを表す欄を表中に設けた場合の例

温度 t_{90}/℃	密度 ρ/(kg m^{-3})	密度の合成標準不確かさ $u_c(\rho)$/(kg m^{-3})
0	999.9428	0.0004
20	998.2067	0.0004
40	992.2152	0.0005

Table D-1-3-3 合成標準不確かさを括弧内に表した場合の例

温度 t_{90}/℃	密度 ρ/(kg m^{-3})
0	999.9428 (4)
20	998.2067 (4)
40	992.2152 (5)

注) 括弧内の数値は最後の桁の合成標準不確かさを表す．

D.2 材料のキャラクタリゼーション
(Characterization of Materials)

　材料を同定するためには，その材料の化学的組成や構造等を明らかにしておく必要があり，これをキャラクタリゼーションとよぶ．キャラクタリゼーションの概念は，ある材料についてすぐれた物性値を得ても，同じ物質を製造するためにはその構造等について詳しい情報が必要である，という要請から生じた．キャラクタリゼーションで必要とされる情報は次のようなものである[1,2]．

(1) 物質を構成している主成分元素の定性，定量分析ならびにそれらの構成元素の2次元的あるいは3次元的分布状態に関する情報．
(2) 構成元素間の結合様式（原子価状態など）やミクロな構造（分子構造，立体構造，結晶構造，非晶構造など）に関する情報．
(3) 化合物集合体の集合状態（気体，液体，結晶体，＜単結晶，多結晶＞，非晶体，ガラス体，粘性液体，ゴム状体，プラズマ体）に関する情報．
(4) マクロな構造，形状（コロイド，粒子，繊維，薄膜，塊など）に関する情報．
(5) 表面，界面状態（拡散，吸着状態，吸着物質の2次元的分布など）に関する情報．
(6) 共存微量不純物元素，化学的不純物元素の定性，定量分析およびそれらの分布状態（混合物，粒界分布，格子点置換原子，格子間原子など）に関する情報．
(7) 格子欠陥（空格子点，格子間原子，転位，双晶面，積層欠陥など）や空孔（マクロ的な）の情報．
(8) 以上の各情報の時間的変化に関する情報．

2.1 化学組成 (Chemical Composition)

　キャラクタリゼーションで必要とされる情報のうち，化学組成は最も基本的で重要なものである．物質の化学組成を定める場合，主成分の測定と微量成分の測定に分けて取り扱うことが一般的である[3,4]．多くの物性値は主成分によって主に決定されるが，中には微量成分が特異的に物性に大きく影響を与えることもあり[5]，さらに半導体の電気伝導率のように微量成分の量により定まる場合もある[6]．

2.1.1 主成分の分析 (Analysis of Main Component)

　主成分の測定方法としては，重量分析，容量分析，電量滴定法等がある．
　重量分析の結果は通常（沈殿の質量）×（係数）/（試料の質量）という形で与えられるが，ここで質量測定の誤差および反応の収率や取り扱い上の問題による誤差のほかに，係数を計算するのに必要な原子量の不確かさが問題となる．
　原子量は，現在は主に質量分析計を用いて決定され，フッ素のような単核種元素については10^{-7}の不確かさが得られているが，多くの元素は数種の同位体の混合物であり，同位体の組成比は試料の起源によって異なる上に，精製，分離等の取り扱いによっても変化するので，10^{-3}〜10^{-5}程度の不確かさでしか与えられないことが多い．
　古典的な湿式分析の手法として，重量分析のほかに容量分析（滴定による分析）があるが，容量測定，滴定終点決定，原子量の不確かさ，標準物質の純度など重量分析より評価すべき要因が多い．改善の方策として，溶液の体積の代わりに質量測定を行うこと，次に述べる電量滴定を用いること，などが行われている．
　電量滴定法は，滴定試薬を電気化学的反応により発生させるもので，電気量を測定することにより定量を行う．容量測定の誤差や標準試薬の純度の問題が

---

1) 鎌田仁：化学の領域 34-9 (1980) 717-720．　2) 鎌田仁：化学と工業 35-2 (1982) 84-87．　3) 上野景平：化学と工業 29-2 (1976) 101-104．　4) 吉森孝良：計測と制御 17-1 (1978) 133-137．　5) 井口洋夫：化学と工業 29-2 (1976) 105-107．　6) 外山正春：化学と工業 31-2 (1978) 103-105．　7) 吉森孝良：ぶんせき 1975-8, 551-554．　8) 益子洋一郎：化学における精密測定，化学総説 10（日本化学会編），（東京大学出版会，1976）114-128．　9) 特集マイクロビームアナリシス，ぶんせき 1981-10 699-756．　10) マイクロビームアナリシス-局所分析はどこまで進んだか，化学と工業 35-2 (1982) 83-113．　11) [図解] 薄膜技術（日本表面科学会編），（培風館，1999）225-251．

避けられ，最高で1×10^{-5}の再現性が得られている．電気量の測定値から物質量に換算するためにはファラデー定数Fが必要である．Fは（素電荷）×（アボガドロ定数）で与えられる物理定数であり，$F=9.64853383\times 10^4\,\mathrm{C\,mol^{-1}}$で相対不確かさは$8.6\times 10^{-8}$と評価されている．測定した成分の濃度を求めるためには試料全体の物質量を知る必要があり，さらに質量濃度に換算する場合はやはり原子量の値が必要である．容量分析の基準として，標準物質でなくファラデー定数を用いようという提案がIUPACよりなされている[7]．これにより，分析値をSI単位にトレーサブルにすることができる．なお，重量分析は質量測定を通じてSI単位に結びつけられている．

2.1.2 微量成分の分析（Analysis of Minor Components）

微量成分の分析にはさまざまな原理による方法があり，いわゆる機器分析と呼ばれる新しい手法が取り入れられている．一般に定量下限質量はngからpg，特殊な場合でもfg（$1\,\mathrm{fg}=10^{-15}\,\mathrm{g}$）レベルであり，レーザーを用いる蛍光分析，光音響分析，熱レンズ吸光分析，イオン化分析などの新しい分析技術を用いても，定量下限をこれ以下にするのはむずかしい．

分析時の検出感度のみを考えれば，現在は電子，光子，イオンを一個ずつ数えることができるが，定量下限がこのレベルに遠く及ばない原因は，試料取扱上で次のような問題があるためである．
（1）微量成分の分離，濃縮等の取扱い時の損失
（2）外部環境からの汚染によるバックグラウンドの増加
（3）予期しない共存微量成分による干渉，妨害

2.1.3 物性測定による純度測定（Purity Analysis by Physical Property Measurement）

物性値を測定することによりその物質の純度を求める方法があり，電気伝導度，凝固点，沸点，転移点，密度，比施光度等の測定が用いられる．各種のスペクトル測定の利用も広い意味で物性測定による純度測定に含められる．

電気伝導度は特に水の純度測定に広く利用されている．凝固点測定は不純物の存在により，凝固点が降下する現象を利用し，適当な仮定の下に不純物のモル分率を求められる[8]．断熱型熱量計を用いる静的方法と示差熱量計や示差熱分析装置を用いる動的

Table D-2-1-1 マイクロビームアナリシスの例[9-11]

励起＼検出	光	X線	電子	イオン
光	MOLE			MALDI
X線			XPS	
γ線		PIXE		
電子		EPMA	ELS AES SAM	
イオン	SCANIIR	IIXMA		SIMS ISS RBS

AES	Auger Electron Spectroscopy
ELS	Energy Loss Spectroscopy
EPMA	Electron Probe Microanalysis
IIXMA	Ion Induced X-ray Microanalysis
ISS	Ion Scattering Spectroscopy
MALDI	Matrix Assisted Laser Desorption Ionization
MOLE	Molecular Microprobe Optics Laser Examiner
PIXE	Particle Induced X-ray Emission
RBS	Ratherford Backscattering Spectroscopy
SAM	Scanning Auger Microprobe
SCANIIR	Surface Composition by Analysis of Neutral and Ion Impact Radiation
SIMS	Secondary Ion Mass Spectroscopy
XPS	X-ray Photoelectron Spectroscopy

方法があり，前者は精密型で10^{-6}のケタの測定ができ，後者は比較的簡便で試料も少なくてすむが，不確かさは1ケタ大きくなる．

2.1.4 マイクロビームアナリシス（Microbeam Analysis）

物質の微細構造や微小領域での組成を分析するために，マイクロメーター程度の径にしぼったビームを試料にあてて測定を行うマイクロビームアナリシスが開発されている．Table D-2-1-1 に示すように，励起ビームに光，電子，イオン等を用い，出てくる光，電子，イオンを観測する数多くの方法がある．微小領域や微粒子の組成分析や元素の2次元的分布像（場合により深さ方向の情報を加えて3次元）を得ることができる．

2.2 結晶構造（Crystal Structure）

物性計測を行うに当たって，試料内部の微視的構造を特定しなければならない場合がある．物質中の原子は原子核およびそれをとりまく電子より構成されているが，電子の質量は，原子核の1000分の1から100000分の1と小さいために，高周波の電磁波に対しては，原子核に比べて著しく敏感に反応する．このために，X線の周波数域の光に対しては，専ら電子のみが散乱に寄与するとしてよい[1]．

通常のX線解析では，入射したX線と同じエネルギーのX線がある角度分布をもった強度で散乱されるが，その角度分布を計測することにより，試料内の電子分布が明らかにされる．これは，各電子が，高周波の電磁場に応じて，同じ周波数で振動し，その振動の加速度に基づく電磁波の放出を行うためとして説明されている．異なる位置にある電子が，異なる電磁場を感ずることによりはじめて，X線の散乱強度の角度分布が見出されるので，通常，X線の波長程度の長さにわたる電子分布の変動が測定対象となる．つまり，約0.1 nm程度がこれに当たるが，固体の原子間隔がこの程度の値になるほか，液体でも，1 nm程度となるので，この方法が利用できる．この波長域のX線は，数m程度の長さならば大気中での減衰はあまり考慮する必要がない上，屈折率がほとんど1.0のため，直進性が良く，回折の問題も少ない．また，固体中でも比較的透過性が高いので，バルクな材料の計測にも向いている．

一方，電子は物質固有の一定束縛エネルギーを有しており，そのエネルギーに等しいX線が入射すると，電子は新しい束縛状態へ移り，元素に応じた特定の周波数のX線が吸収されたり，放出されたりする．したがって，元素分析を伴う構造解析が可能となる．

2.2.1 代表的な計測法（Major Measurement Methods）

代表的なX線解析法を以下に示す（Fig. D-2-2-1）

（a）ラウエ法

白色X線の中には，与えられた逆格子ベクトルと，入射角に対してブラッグ条件を満足する波長のものがあるので，それに対応するブラッグスポットが写真乾板上に写し出される．そのスポットの配置から結晶の対称性や，方位が決定できる．

（b）粉末法

与えられた逆格子ベクトルと特性X線を用いた場合，回折線を得るには，試料を入射ベクトルに対して全立体角だけ回転して，ブラッグ条件を満足する必要がある．そこで，全立体角の回転をする代わりに，結晶を粉末にして，その結晶粒のうちのあるものの逆格子ベクトルが散乱面内で180°回転して，ブラッグ条件を探すというのがこの方法である．検出器は，入射角と反射角とが一致するよう試料の回転にともなって回転する．試料の回転角がブラッグ角になった所で鋭い強度変化が見られるので，その時の入射角と，波長とから，格子定数を求める．通常は，さらに，入射ベクトルに対して対称な位置にあるブラッグ点も計測して，その回転角との差の半分を用いる．この方法では，通常，10^{-3}～10^{-4}程度の格子定数の分解能が得られる．

液体やアモルファス材料の回折もこの様な方法が用いられる．特に，液体の場合には，試料を表面に垂直に回転できないので，散乱面が鉛直面内にある計測法が用いられ，試料は動かさず線源と検出器が回転する．

（c）4軸回折計

単色X線による回折線を単結晶試料について測定

---

1) 大場 茂，矢野 重信：X線構造解析（日本化学会，1999）． 2) 小松他訳：セラミックス材料科学入門，基礎編，応用編（原著 W. D. Kingery, H. K. Bowen, D. R. Uhlmann : Introduction to Ceramics, 2 nd Edition, Wiley 1976），内田老鶴圃（1981）

する装置で，結晶の入射X線に対する3つの独立な方位を変えることができる他，検出器を試料のまわりに回転できる構造である．前者の回転により目的の逆格子ベクトルを散乱面内に倒し，入射X線に対する角度がブラッグ条件を満足するように配置できる．そしてこのまま試料を散乱ベクトルのまわりに回転することができる．これは，結晶内の電子分布の測定やトポグラフィーの測定など結晶の精密なキャラクタリゼーションに向いている．

(d) ラングカメラ

回折計において試料と写真板とを一体にして平行移動できるようにしたもので，結晶試料のX線トポグラフィーを行うのに適している．また，線源および検出器を固定したまま，試料を平行移動できるようにしたものも定量的なトポグラフィーに適している．

(e) $\varDelta d$マシン

これは完全性の高い結晶の間の格子定数の比較を行うもので，Aを参照用結晶，Bを測定結晶としたとき，α の線源に対して，Bをまわして α_0 の検出器にて回折信号をつかまえる．そして次に β の線源に対し同様にBをまわして β_0 にて回折信号をとらえ，夫々のBの回転角の差の半分からA, B結晶の格子定数の比を求めるというものであり，10^{-8} オーダーの $\varDelta d/d$ の比較ができる．

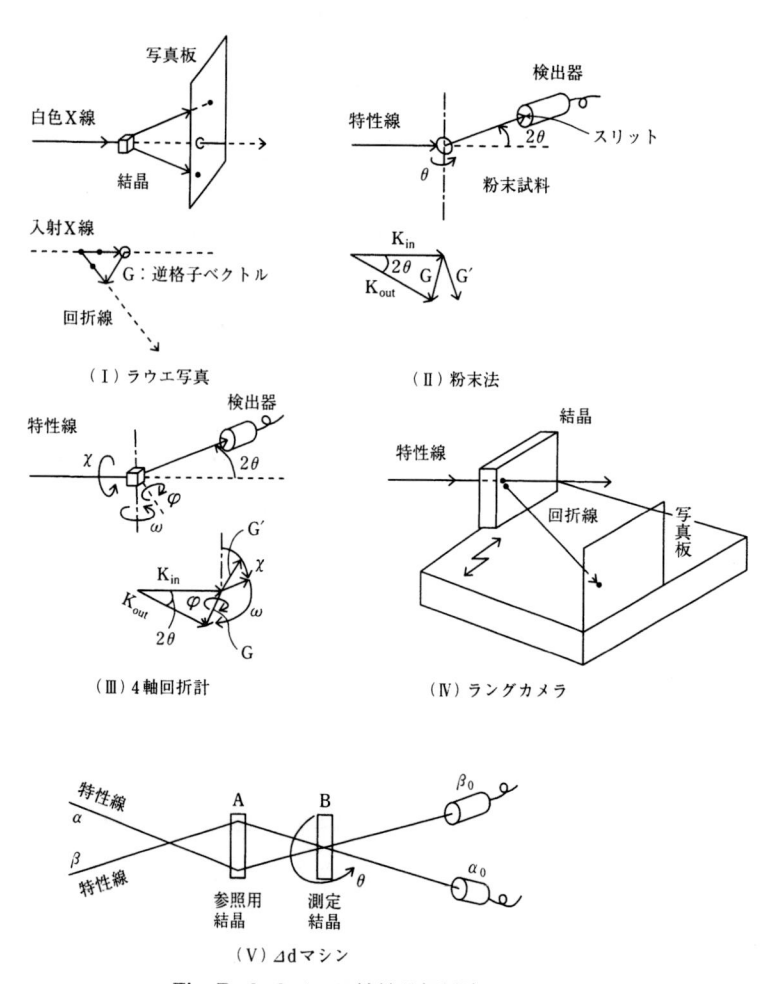

Fig. D-2-2-1　X線結晶解析法のいろいろ

2.2.2 微組織と材料の性質（Microstructure and Property of Materials）

液体，気体の性質は一定温度，一定圧力のもとでは，D-2-1章の化学組成のみによって定まる．また，単結晶や非晶質体などのような単一相固体では化学組成に加えて，この章で述べた結晶構造，あるいは非晶質構造の決定が必要となる．

一般の固体材料には均一組成でないものも多く，組成や構造の異なった多数の微粒子と気孔からなっていることがある．このような場合，材料のキャラクタリゼーションには各相（各構成粒子）ごとの化学組成や構造の（マイクロビームアナリシスなどによる）決定のみならず，構成粒子の粒径，分布，形状，配向性，含まれる気孔の大きさ，分布，形状などの微組織（microstructure）を同定する必要がある[2]．

D.3 熱物性値の検索とデータベース
(Retrieve and Database of Thermophysical Properties)

3.1 熱物性値のデータと文献の検索 (Guide to Search Thermophysical Property Data and Literatures)

必要な熱物性値のデータまたは文献を探したい場合に現在ではD.3.2節以下で説明するようにコンピュータによる検索が普及してきたが，現状では熱物性データを多く掲載した学術誌やデータブックなど，印刷物が主要な情報源である．本節では代表的でかつ入手が比較的容易な印刷物について説明する[1]．

3.1.1 学術論文誌 (Journals)

熱物性データが特に多く発表される雑誌としては，固体物性を中心としたInternational Journal of Thermophysics，流体物性を中心としたFluid Phase Equilibria，固体・流体全般にわたるInternational Journal of Chemical Thermodynamics と High Temperatures-High Pressures，化学工学関連物質全般に対する Journal of Chemical and Engineering Data が上げられる．比熱容量に関するデータは Journal of Thermal Analysis and Calorimetry にも多く掲載される．また熱物性値に関して実測されたデータではなくて，信頼度評価を経たデータだけを掲載する特別の雑誌として Journal of Physical and Chemical Reference Data が米国物理学会，米国化学会，NIST（米国標準技術研究所，元NBS）の3者共同編集で発行されている．これらの雑誌はオンラインジャーナル化されているので，所属機関が契約を結んでいれば，インターネットで閲覧することができる．日本熱物性学会が毎年主催する熱物性シンポジウムの講演論文集や機関誌「熱物性」にも多くの熱物性データが掲載されている．

3.1.2 熱物性に関する汎用のデータブック (Comprehensive Databooks)

International Critical Tables[2] は最も有名な汎用のデータブックであるが，1926-1929年の発行であるので，さすがにデータが古くなった．特に輸送物性のデータは少ないし，あっても使わない方が安全である．平衡物性などは今でも使えるデータがある．これは，この本が単純なデータの集積としてつくられたのではなく，厳密な吟味評価を経てその時点で最も信頼できるデータだけを選び出してつくられたことによる．全体は8巻に分かれ，第1～7巻がデータ，第8巻が索引である．熱物性のほぼ全域（発行時点での）を対象としている．

Landort-Börnstein Tabellen[3] は，やはり汎用のデータブックとして知られている．巻により新版の発行が進んでいるが，熱物性値の部分は進行していない．

比較的新しい汎用のデータブックには Vargaftik のものがある[4]．対象を気体および液体に限り，温度，圧力の広い範囲にわたる熱物性値を利用しやすい1巻にまとめてある．純粋物質を中心とし，混合物は空気など一部に限られている．記載データは厳選するよりもできるだけ広く集める方針に従っているので，一応選別を経た原文献のデータをほぼそのまま記載し，異なった著者によるデータを併記した部分もある．現在出ている英訳版ならびに和訳版は，ロシア語原本の第2版 (1972) によっている．

液体に関しては，最新の汎用データブックとして，日本機械学会から流体の熱物性値集[5] が発行されている．多くの物質に対する標準状態でのデータの表のほか，特に工業上重要な46種の流体については非常に詳しい飽和状態の表や高圧表が記載されている．

---

1) D.3.2節で挙げるもののほか，日本学術会議学術データ情報連絡委員会編「日本のデータソース」に幾つかの熱物性データベースが記載されている． 2) International Critical Tables of Numerical Data, Physics, Chemistry and Technology, McGraw-Hill, (1926-1929). 3) Landort-Börnstein, Funktionen aus Physik, Chemie, Astronomie Geophysik und Technik, Springer.
4) Vargaftik, N. V.: Spravochnik po Teplofizicheskim Svoistvam Gazov i Zidkostei, Nauka (1972) 英訳と和訳あり． 5) 日本機械学会, (1983) 技術資料 流体の熱物性値集.

後半には，工業上重要な物質群が，気体燃料，液体燃料，低級アルコール，溶融塩，水溶液，湿り空気などに分けて記載されている．その他の性質として，ふく射性質，電気的性質，拡散係数，ビリアル係数，溶解度などの章に分けて詳しく記されている．取り上げた熱物性値には飽和蒸気圧，密度，比熱，エンタルピー，音速など熱力学性質のほか，粘性率，熱伝導率，拡散係数などの輸送性質，さらに表面張力などが含まれている．

3.1.3 特定の物性値に対するデータブック
（Databooks on Particular Properties）

物性値の種類を限定したデータブックに関しては紙面の制約から一部だけを紹介する．

物性値別のデータブックでこれまでよく知られているのは，CINDASの編集により発行されたシリーズ[6]で，次のような分冊がある．

- 第 1 巻　熱伝導率‥‥純金属と合金
- 第 2 巻　熱伝導率‥‥非金属固体
- 第 3 巻　熱伝導率‥‥液体と気体
- 第 4 巻　比熱容量‥‥純金属と合金
- 第 5 巻　比熱容量‥‥非金属固体
- 第 6 巻　比熱容量‥‥液体と気体
- 第 7 巻　ふく射物性‥‥純金属と合金
- 第 8 巻　ふく射物性‥‥非金属固体
- 第 9 巻　ふく射物性‥‥コーティング
- 第10巻　熱拡散率（温度伝導率）
- 第11巻　粘性率
- 第12巻　熱膨張率‥‥純金属と合金
- 第13巻　熱膨張率‥‥非金属固体

このシリーズは，いずれも広汎に収集した文献に記載されたデータとともに推奨データをまとめたもので，両者が同一のグラフ上に図示されているのが特色である．温度範囲は非常に広く含めてあるが，高圧データは含まれていない．データの選別はそれほど厳密ではなく，多くの場合は平均値主義に近い．各巻の巻頭には測定法や推算法の詳しい解説があり参考になる．なお，CINDASによる新しいシリーズも発行された[7]．

流体の粘性率は，大気圧（または飽和圧）のデータだけは多くの本にあるが，高圧データを中心とした粘性率専門のデータブックとしてはStephanら[8]の本がある．多くの測定文献に基づいて，著者らの選定による表をまとめている．物質数は50物質，圧力範囲は100 MPa程度である．

液体の熱伝導率のデータブックは，NELのLiquid Thermal Conductivity[9]がある．多数の物質を収集しているが飽和圧以上の高圧のデータは含んでいない．この本のデータは，同じ物質の同じ状態に対して，相異なる測定データが存在する場合に，全てを併記する方針をとっている．研究者には非常に参考になるが，一般の利用者はどれを採用するか判定に困る場合もあり得る．

熱力学性質，平衡性質は多くのデータブック，ハンドブックに記載があるので省略するが，それらに記載の少ない重要な情報のひとつとしてビリアル係数がある．気体のビリアル係数を集めた専門データブックにはDymondらのものがある．特に改訂版[10]が充実している．

3.1.4 特定の物質に対するデータブック
（Databooks of Specific Substances）

幾つかの材料や液体に対しては非常に詳細な，専門のデータブックが発行されている．

水および水蒸気の熱物性値は蒸気表と呼ばれる総合的なデータブックにまとめられ主要工業国で発行

---

6) Touloukian, Y. S. (Series editor): Thermophysical Properties of Matter, the TPRC Data Series, Plenum (1970-1979).
7) CINDAS Data Series on Material Properties, McGraw-Hill.　8) Stephan, K. and Lucas, K.: Viscosity of Dense Fluids, Plenum (1979).　9) Jamieson, D. T. Irving, J. B. and Tudhope, J. S.: Liquid Thermal Conductivity, NEL (1975).
10) Dymond, J. H. and Smith, E. B.: The Virial Coefficients of Pure Gases and Mixtures, Oxford (1980).　11) 例えば，1980-SI 日本機械学会蒸気表，日本機械学会 (1981)．　12) Haar, L., Gallagher, J. S. and Kell, G. S.: NBS/NRC Steam Tables, Hemisphere (1984).　13) Hill, P. G., McMillan. D. and Lee, V.: Tables of Thermodynamic Properties of Heavy Water in S. I. Units, Atomic Energy of Canada (1981).　14) ASHRAE Handbook of Fundamentals, ASHRAE, (1970).　15) ASHRAE, Thermophysical Properties of Refrigerants, ASHRAE (1976).　16) 冷媒熱物性値表，R22 (1975), R12 (1981), R114 (1986), R502 (1986), 日本冷凍協会．　17) 例えば，Wagner, W. and de Reuck, K. M.: Oxygen, International Thermodynamic Tables of the Fluid State-9, Blackwell (1987).　18) Din, F.: Thermodynamic Functions of Gases, 3 vols., Butterworths (1956-61).
19) Ohse, R. W. (ed.): Handbook of Thermodynamic and Transport Properties of Alkali Metals, Blackwell (1985).　20) 例えば，Janz, G. J.: Thermodynamic and Transport Properties of Molten Salts, Correlation Equations for Critically Evaluated Density, Surface Tension, Electrical Conductance and Viscosity Data, Amer. Inst. Phys. (1988) 23.

されている[11]．主として蒸気タービンプラントなどの設計に用いられる目的で作られたもので，複雑な状態式等に基づいて，温度800℃，圧力100 MPaまでの非常に詳細な表が作られている．国際的調整作業を経て合意に達したデータを記載するのが特色である．同様な作業を経て，科学計算などのため，温度1000℃，圧力1500 MPaまでの表も作成された[12]．物性値としては，比容積，エンタルピー，比熱，蒸気圧などの熱力学性質，粘性率，熱伝導率などの輸送性質のほか，表面張力，誘電率，イオン積なども記載する．

重水に対しては，Hillらのデータブック[13]があり，温度800℃，圧力100 MPaまでの諸性質を記載している．冷媒については，多くの冷媒を扱ったASHRAEのデータブック[14,15]があり，幾つかの冷媒については日本冷凍協会の冷媒蒸気表[16]がある．IUPACのデータセンターからは幾つかの物質ごとに熱力学性質のデータブックが発行されている[17]．やや古くなったが，DINの表[18]も第1巻アンモニア，炭酸ガス，一酸化炭素，第2巻空気，アルゴン，アセチレン，エチレン，プロパン，第3巻窒素，エタン，メタンについて発行されている．

高温物質に対しては，アルカリ金属の諸物性についてIUPACによるハンドブック[19]が包括的であり，溶融塩の物性値についてはJanzらによって，広汎なデータ収集とまとめがJournal of Physical and Chemical Reference Data誌に数年ごとに発表され，これらが分冊の形でデータブックのように発売されている[20]．金属の熱物性値はMetals Handbookなどにもまとめられている．

3.2 熱物性値のデータベース
（Databases of Thermophysical Property）

(a) 物質・材料に関する情報の共有

Fig. D-3-2-1に示されるように物性データベースは物質・材料の開発と利用を橋渡しする役割を担っている[1]．多様な材料分野において研究され新規に開発された材料は，その機能が材料の利用分野に対して提示される．機能が定量化されると物性値とし

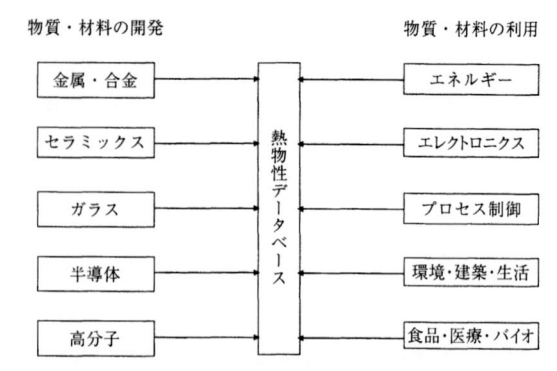

Fig. D-3-2-1 物質・材料の開発と利用を橋渡しする熱物性データベース（Thermophysical property database as the bridge between development and application of materials）

て表示される[2]．一方，材料を利用する立場からは必要な機能を有する材料を分野横断的に求めていくことになる．定量化された機能については所要の物性値を持つ物質・材料をデータベースから検索することが効率的である．その場合，材料利用の立場からは材料プロセスの詳細や組成，構造は必ずしも必要ではなく，物性値として抽象化された材料情報や安定性や耐腐食性などの化学的特性や価格などの経済性に関する情報が求められる．すなわち物性データベースを介することにより，物質・材料開発のコミュニティーと物質・材料利用のコミュニティーがお互いに必要かつ十分な情報を共有し速やかに交換することが可能になる．

物質・材料のデータは知的基盤としてのデータと知的所有権の対象としてのデータの二面性を備えており，データを電子化した場合には，明確な方針のもとにデータの公開範囲を検討してアクセス件を設定することが極めて重要である[3]．

(b) 熱物性データ

熱物性は物性の一部ではあるが，すべての事象が温度や圧力などの状態変数の関数として定まること，エネルギーの最終形態が熱であることなどから，広い科学技術分野にわたり共通的・横断的な側面を有している．したがって，熱物性に関するデータベースは電気物性，光学物性などの他の物性値のデータベースと比較して，物質・材料の収録範囲が格段に広く，

---

1) Michael Ashby, Kara Johnson, "Materials and Design : The Art and Science of Material Selection in Product Design", Butterworth-Heinemann, Dec 2002. 2) Ronald G. Munro, "Data Evaluation Theory and Practice for Materials Properties", NIST Recommended Practice Guide, SP 960-11.

ほとんどすべての物質・材料が収録対象となる．

(c) シミュレーションとデータベース

現在，ものづくりの現場では，製造に先立ちシミュレーションを行い，最適な製造条件を設定する場合が増加している．このような傾向は成熟産業である射出成形や鋳造などの分野から，電子機器の熱設計や，半導体結晶製造プロセス，次世代半導体や相変化光メモリなどの先端産業分野までに及んでいる．信頼性の高いシミュレーションを行うために不確かさが評価された信頼性の高い熱物性データを収録したデータベースの開発が求められている．

3.2.1 分散型熱物性データベース

分散型熱物性データベースはインターネット公開され，下記のWebサイトから無料で利用できる．
http://www.aist.go.jp/RIODB/TPDB/TPDS-web/
http://www.aist.go.jp/RIODB/TPDB/DBGVsupport/

(a) 分散型データベース

データベースが多くのユーザに利用されるためには，信頼できるデータが十分な数，収録されていなければならない．このようなデータベースの構築は単一の機関では困難であり，関連機関の広範な連携により初めて実現できる．ところが従来のデータベースはいわゆる「集中型」であり，センター的役割を果たす1機関（データセンタ）に全てのデータを集め，データ入力・管理・供給の全ての処理を行うことが一般的であった．それに対して，個々の研究機関がデータの入力・更新に継続して責任を持ち続け，それらの独立し分散したデータベースを統合した形でネットワークからアクセスできる「分散型熱物性データベースシステム」の開発が産業技術総合研究所と日本熱物性学会の協力により進められ，インターネットに公開されている[4]．

(b) グラフ表示

Fig. D-3-2-2に示されるように，収録された熱物性データは，まずグラフ表示により視覚的に認識される．そのグラフをクリックすれば数値データ，出典等の詳細情報が得られる．また，グラフのドラッグ＆ドロップにより複数データを同一グラフ内に表示することや，熱伝導率，比熱容量，密度から熱拡散率を算出して表示するなど，グラフに表示されたデータ間の演算を行う機能も備えている．

(c) 物質・材料の階層表示

分散型熱物性データベースでは収録する熱物性

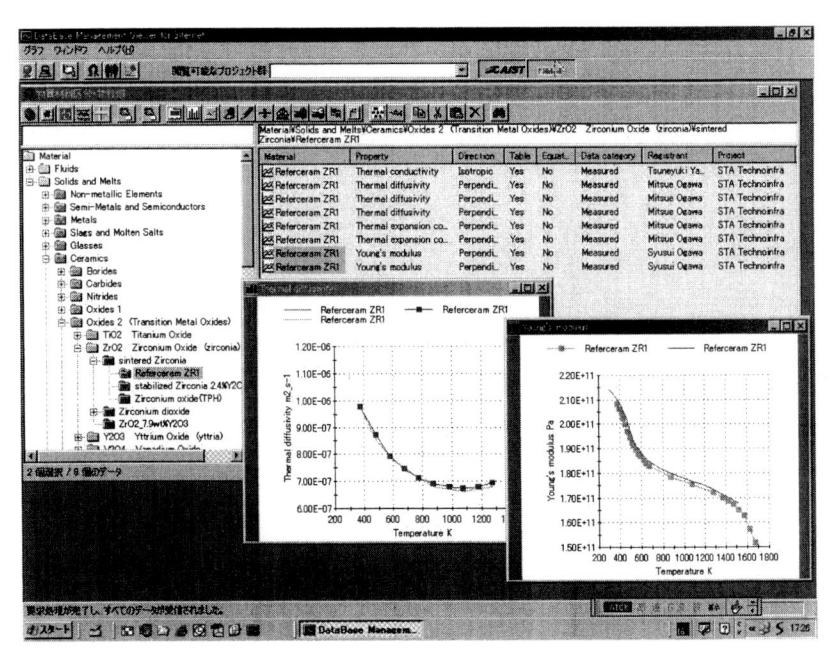

Fig. D-3-2-2 分散型熱物性データベースの表示画面
(Graphical user interface of the network database for thermophysical property)

3) 長島　昭, 熱物性, **63** (2004), 67-71.　4) 馬場哲也, 熱物性, **18** (2004) 136-142.

データが対応する物質・材料を階層構造に分類し，Fig. D-3-2-2に示されるようにMS-WindowsのExplorerに類似の構造により表示し，柔軟に更新できるように作られている．このような構造により，収録する情報が物質・材料の定義，記述に関する部分と物性データに関する部分とに分割されるとともに，材料・物質の階層表示によりデータベースの収録範囲を俯瞰的に見ることができる．すなわち検索機能のみに依存せず，物質・材料の分類に従い，求める材料を階層の上位から下位に向かって探すことができる．さらに，このような階層構造に基づいて検索を行えば簡明なアルゴリズムにより多様な情報を迅速に取得することが可能となる．

Fig. D-3-2-2において最上層は流体（Fluids），固体と融体（Solids and Melts）に大別されている．液体と気体に関してはエネルギー工学・化学工学において重要な流体が気相・液相の両相にわたって利用されることを考慮し，共に流体として収録した．室温では固体で昇温すると液体になる物質・材料を想定して「固体と融体」を同一のカテゴリーとした．

第2層以下の区分は上記の大分類毎に異なるが，最も多様な固体と融体の場合を考慮して以下のような階層構造となっている．

・第2層：物質区分
　金属，セラミックス，半導体，高分子材料等
・第3層：物質グループ
　酸化物，炭化物，窒化物等（セラミックスの場合）
・第4層：化合物名
　主成分の化学組成，IUPAC名，CAS Registry numberを記述
　炭素，酸化アルミニウム，炭化珪素等
・第5層：物質（材料）名1
　主成分の結晶性，構造等を記述
　高密度等方性黒鉛，多結晶アルミナ等
・第6層：物質（材料）名2
　全成分の組成を記述
　商品名，グレード，規格名，標準物質名等
・第7層：ロット名
　熱処理・キャラクタ等を記述
　試料供給機関または試料作成提供者が命名
・第8層：試料名
　試料形状，表面処理等を記述
　試料作成者/提供者が命名

実測データは第8層の各試料に対して与えられる．同一ロットから切り出した複数の試料に対する測定値を評価した値は第7層のロットに対して与えられる．材料メーカから販売されている特定のグレードの商品や，標準研究機関により値づけられた標準物質の場合には第6層の物質（材料）名2に対して与えられる．一般のデータブック等に記載されている熱物性値は概ね第5層の物質（材料）名1に対応している．

(d) 検索機能

Fig. D-3-2-3に示されるように，検索は必要とする物質・材料を探すための「物質検索」と，所要の物性値を有する物質・材料とそのデータを探す「物性検索」に大別される．両者の条件を同時に満足する検索も可能である．物質・材料の検索においては，名称，化学式，物質コード（CAS registry numberなど）による検索ができる．材料利用，システム設計の立場から，所要の物性を有する材料を検索することもできる．

(e) 収録データ

これまでに分散型熱物性データベースに集積されているデータは以下の通りである．

(1) 基礎熱物性データ

産業技術総合研究所物性統計科において，測定，収集，評価された熱物性データ．熱物性の国家標準確立に向けて開発されている標準器やそのプロトタイプにより測定されたデータ．GUM（Guide for Expression of Uncertainty in Measurement, 計測における不確かさ評価のガイド）に則って不確かさが評価さ

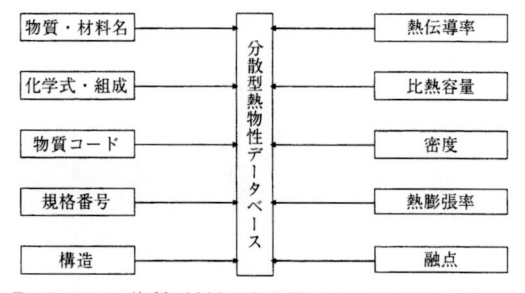

Fig. D-3-2-3 物質・材料の名称等からの検索と指定された物性値を有する物質・材料の検索
(Search for materials and search for physical properties from the thermophysical property database)

れた標準値が与えられている.

上記に加えて，産総研において実測された，標準データに準ずる不確かさの評価された文献データも収録されている[4,5]．

(2) 機能材料の熱物性データ

科学技術振興調整費知的基盤整備推進制度の課題として，旧計量研究所が中核機関となり，国内10数機関の協力を得て共同研究プロジェクトとして実施された「機能材料の熱物性計測技術と標準物質に関する研究」が5年計画（平成9年度から13年度）において得られたデータ[5]．

(3) 流体および高温融体の熱物性標準データ

新エネルギー・産業技術総合開発機構（NEDO）の知的基盤創成・利用技術研究開発制度により平成11年度から13年度の3年計画で実施された「流体および高温融体の熱物性標準データと計測技術の研究開発」において計測・収集・評価されたデータ[6]．

(4) 薄膜・界面熱物性データ

NEDOナノテクノロジープログラム，ナノマテリアルプロセス技術の一環として，産業技術総合研究所が中核機関として平成13年度から19年度の7年計画で実施しているナノ計測基盤技術プロジェクトにおいて計測・収集・評価された薄膜・界面熱物性のデータ[7]．

(5) 高温熱物性データ

産業技術総合研究所において実施している文部科学省原子力試験研究委託費「原子力用材料の多重熱物性計測技術に関する研究」において開発される多重熱物性測定装置により計測される多重熱物性データ，および文献等に記載された高温熱物性データを収録[8]．

(6) 低温工学熱物性データ

産業技術総合研究所物性統計科熱物性標準研究室において計測・収集・評価された主に低温工学において必要とされる熱物性データ．

(7) 無機物質・有機物質の熱物性データ

（財）生産開発科学研究所と（社）化学工学会の協力を得て作成したデータベース．文献に発表された約15,000種の元素について，その純物質および二成分系・三成分系のPVT，相平衡，熱物理，熱化学，輸送その他関連の物性データを収録[9]．

熱物性データベース（Kelvin）という名称で科学技術振興事業団（JST）が維持・公開していたが，JSTが物質・材料のデータベースに関する研究業務を終了したことに伴い，産業技術総合研究所計測標準研究部門に譲渡された．

(f) インターネット公開

本データベースは独立行政法人産業技術総合研究所のサーバおよび日本熱物性学会のサーバによりインターネット公開されている[10]．

本稿ではデータベースユーザのPCにクライアントソフトウェア（InetDBGV）をインストールする使用法について説明したが，Internet Explorerによってデータベースへアクセスすることもできる[11]．

3.2.2 高分子データベース PoLyInfo
（Polymer Database "PoLyInfo"）

(a) **PoLyInfo** について

高分子データベース PoLyInfo は，従来のファクトデータベースが持つデータ検索・表示機能に加え，物性予測機能などを備えたシミュレーション部を持つ材料設計支援型のデータベースを目指し，平成7年度より科学技術振興事業団（JST）で開発を進めた．平成15年度からは独立行政法人 物質・材料研究機構（NIMS）へ移管され，開発・提供が継続されている．（URL http://polymer.nims.go.jp）

(b) データベースの構成と収録データ

データベースはポリマー部とモノマー部，およびそれらを対応づける重合情報，重合パス情報からなっている（Fig. D-3-2-4）．

PoLyInfo ではポリマーは構成単位レベルで整理しており，構成単位の化学構造や名称情報などは高分子辞書と呼ぶ高分子用の化合物レジストリシステムに収録される．一方，個々のサンプルに関する情報は，サンプルごとに高分子辞書に対応付けて収録される．

モノマー部は名称情報，分子式・分子量，化学構造

---

5) A. Ono, T. Baba, K. Fujii, Meas. Sci. Technol., **12** (2001), 2023-2030. 6) H. Sato, Jpn. J. Thermophys. Prop. **14** (2000), 102-107. 7) N. Taketoshi, K. Kobayashi, Y. Kusumi, M. Sasaki, T. Baba, Proc. 25th Japan Symp. on Thermophys. Prop., Nagano (2004) 255-257. 8) H. Watanabe, M. Takazawa, M. Sasaki, T. Baba, Proc. 26th Japan Symp. on Thermophys. Prop. (2005) B105. 9) K. Shimura, M. Mizuno, Jpn. J. Thermophys. Prop. 14 (2000), 120-130. 10) http://www.aist.go.jp/RIODB/TPDB/DBGVsupport/ 11) http://www.aist.go.jp/RIODB/TPDB/TPDS-web/

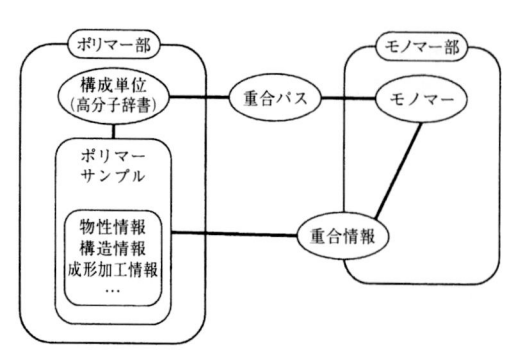

Fig. D-3-2-4 データベースの構成
(Overview of database)

が収録されている．重合情報は実際の重合方法に関する詳細な情報が収録され，モノマーと個々のサンプルとを対応づけている．重合パス情報は重合に関する一般的な情報であり，モノマーと構成単位とを対応づけている．

(c) PoLyInfo に収録されている熱物性データ

PoLyInfo に含まれる熱物性に関するデータは Table D-3-2-1 の通りである．

PoLyInfo では高分子分野の学術論文等をデータ源とし，構造が明確な合成高分子であること，物性値が実測値であることを選択基準としてデータを採択している．物性名，物性値以外に，測定条件，測定法，測定規格などを収録対象としている．

2007年3月現在，公開しているデータは，登録構成単位数13,181，登録モノマー数16,352，物性ポイント数198,025，文献数11,991である．

(d) 検索方法

Table D-3-2-1 PoLyInfo における熱物性の項目一覧 (Data list of thermal properties in PoLyInfo)

ガラス転移温度	線膨張係数
融解温度	体積膨張係数
融解熱	熱伝導率
結晶化温度	熱拡散率
結晶化熱	比熱容量
結晶/球晶成長速度	軟化温度
50%結晶化時間	ビカット軟化温度
液晶相転移温度	荷重たわみ温度
熱分解温度	脆化温度
等温重量減少	θ溶媒・θ温度

PoLyInfo にはポリマー検索，ポリマー構造検索，モノマー検索の3種類の検索方法がある．

ポリマー検索はポリマー名称，物性情報，文献情報などを条件として指定する方法で，簡易と詳細の2種類の設定画面がある．物性情報の指定は，物性名，物性値（の範囲），単位（詳細のみ）が指定可能で，詳細設定では最大3種類の物性が同時に指定可能である．

ポリマー構造検索は構成単位の化学構造を条件として指定する検索方法であり，簡易構造検索，詳細構造検索の2種類がある．詳細構造検索ではモデリングツールを用いて検索したい構造を実際に作図して指定する．

モノマー検索はモノマー名称，分子式，分子量などを条件として指定する方法である．

検索方法の詳細，及び検索結果などの画面表示の情報に関する説明はサイトのヘルプを参照して頂きたい．

(e) Pauling File（合金，金属間化合物および無機物質の基礎データベース）(Pauling File (the Basic Database for Alloys, Intermetallics and Inorganics))

(1) Pauling File について

JSTでは合金・無機化合物に関するミクロな現象・特性からマクロな実用材料を対象としたデータベースの開発を平成7年度より行ってきた．その中間の領域として，合金，金属間化合物及び無機物質の基礎データベース（通称：Pauling File）の概念を構築した．Pauling File は，JST と Materials Phases Data System 社による共同開発事業であり，インターネットを介したオンライン提供システムはJSTにおいて開発した．平成15年度からは独立行政法人 物質・材料研究機構（NIMS）から提供されている．
(URL http://www.nims.go.jp からリンク)

(2) データベースの概要と収録データ

Pauling File は結晶構造，回折，状態図，および固有特性（物性）のデータベースから構成されており，それぞれ単独でも利用できるが，相互に連携して利用できるように設計されている．これらデータベースを構成するデータは1900年以降の全世界主要1,000誌以上の文献をデータ源として，金属，金属間化合物，無機化合物を対象に，化学式，格子定数が決定されている等の厳密な条件のもと採択されており，2002年12月現在，提供しているデータ内容は Ta-

Table D-3-2-2 提供データ内容一覧

データベース名	データ件数	A-B系の系数
結晶構造	27,000 件以上	約 2,500 系
回折	27,000 件以上	約 2,400 系
状態図	8,000 件以上	約 2,300 系
固有特性	42,000 件以上	約 2,000 系
相転移情報、機械的特性、熱・熱力学的特性、電子・電気的特性、光学的特性、強誘電性、磁性、超伝導特性		

Table D-3-2-3 収録熱・熱力学的特性データ項目一例

```
thermal expansion coefficient
molar enthalpy
molar Gibbs energy
molar heat capacity at constant pressure
molar electronic heat capacity coefficient
Debye temperature
heat capacity discontinuity
molar entropy
thermoelectric power
thermal conductivity
```

ble D-3-2-2 の通りである．熱物性データとして，下記固有特性データベース中の熱・熱力学的特性データがあり，そのデータ数は約7000件，データ項目の一例は Table D-3-2-3 の通りである．

(3) 検索方法

Pauling File には大きく分けて詳細検索，簡易検索（それぞれ Advanced Search, Quick Search）の2種類の検索方法がある．詳細検索ではさらに，設計機能，回折データ計算機能等へ進むことも可能である．また，Pauling File は，phase identifier（構成元素，構造タイプ，ピアソン記号，空間群番号）の情報でデータを関連づけており，提供システムにおいても，phase identifier 単位で状態図，物性データと連携している．

(i) 詳細検索

① 元素，物性値等を指定→条件にあった phase identifier リストを抽出．
② リストから希望の phase identifier を選択→詳細情報（格子定数，実験条件，文献情報等）を表示．
③ 詳細情報→結晶構造，回折，物性，状態図等の情報へリンク．

ここで物性情報を表示する際は，同一の phase identifier に属する物性情報をすべて表示するほかに，特定の物性のみ（例えば熱物性の情報のみ）表示することも可能である．

(ii) 簡易検索

元素，物性値等を指定→条件にあった物質の phase identifier，化学式，物性値等の情報の一覧を表示．

ここで物性値を指定して検索する場合，物性リストから希望の項目を選択した後に，以下の条件で検索が可能である．(1) データが存在 (having)，(2) 完全一致 (=)，(3) 指定値以下 (less than)，(4) 指定値以上 (greater than)，(5) 指定範囲内 (between)．元素，物性値両方を指定した検索もできるので，例えば「Fe 系で線膨張係数のデータが存在する物質」といった検索も可能である．また，簡易検索結果の一覧表示からも詳細情報にリンクされており，結晶構造，状態図等の表示が可能である．

さらなる Pauling File の検索方法等詳細な説明は，サイトのヘルプを参照して頂きたい．

3.2.3 プロパス (PROPATH)

(a) PROPATH の概要 (Outline of PROPATH)

PROPATH (A Program Package for Thermophysical Properties of Fluids) は関数・サブルーチン型の汎用熱物性値プログラム・パッケージであり，FORTRAN などのコンパイラ言語から用意されている熱物性値関数・サブルーチンを呼ぶことで，利用者は三角関数や指数関数のような簡便さで熱物性値を得ることができる．それぞれの熱物性値に対する副プログラム名，引数の意味とその順序には規則性があり，容易に記憶することができる．熱物性値の計算式は広く承認されているものによっている．単位系は SI を基本にしているが，圧力と温度については，bar と℃も使用可能である．

PROPATH は 1984 年に第 1.1 版の公開を開始しており，最新のものは第 12.1 版である．現在の PROPATH は，以下の七つのサブセットから構成されている．

P-PROPATH　　純物質
A-PROPATH　　湿り空気
M-PROPATH　　混合物
F-PROPATH　　汎用計算式による混合物
I-PROPATH　　理想気体および理想気体混合物
E-PROPATH　　MS-EXCEL版 A-, P-, M-PROPATH
W-PROPATH　　WEB版 A-, P-PROPATH

これらの収録物質と主な熱物性値の一覧を Table D

Table D-3-2-4 PROPATH 12.1 の物質と熱物性値 (Substances and Properties of PROPATH 12.1)

Name of Subset	Substances covered (formulations in case of F-PROPATH)	Thermophysical properties covered
P-PROPATH pure substances	Air, Ammonia, Argon, i-Butane, n-Butane, Carbon Dioxide, Carbon Monoxide, Ethylene, Ethane, Chlorine, Fluorine, Helium 4(IUPAC-IPTS 1968), Helium 4(NIST-ITS 1990), Sulfur Hexafluoride, n-Hydrogen, Krypton, Methane, Neon, Nitrogen, Oxygen, Propane, Propylene, Water (IFC 1967 Formulation for Industrial Use-IPTS 1968), Water (IFC 1967 Formulation for Industrial Use-ITS 1990), Water (IAPS 1984 Formulation for Scientific and General Use), Heavy Water, Xenon, FC-14, FC-C318, CFC-11, CFC-12, CFC-13, CFC-113, HFC-23, CFC-114, CFC-115, HCFC-21, HCFC-22, HCFC-123, HFC-134a, R12B1, R13B1, R500, R502, R503	p-v-T relation, internal energy, enthalpy, entropy, saturation temperature, saturation pressure, latent heat of vaporization, dryness fraction of wet vapor, isobaric specific heat, ischoric specific heat, ratio of specific heat, isentropic exponent, volumetric temperature coefficient of expansion, volumetric pressure coefficient of expansion, isentropic compressibility, isothermal compressibility, velocity of sound, viscosity, thermal conductivity, Prandtl number, surface tension, Laplace coefficient, ion product, static dielectric constant
A-PROPATH moist air	Moist Air as an Ideal Gas Mixture, Moist Air as a Real Gas	The most of the properties covered by P-PROPATH plus: dry-bulb temperature, wet bulb temperature, dew point, degree of saturation, relative humidity, humidity ratio, mole fraction of water
M-PROPATH binary mixture	Ammonia-Water Mixture by Ibrahim and Klein, Ammonia-Water Mixture by Tillner-Roth and Friend	The most of the properties covered by P-PROPATH plus: properties of pure components, type of phase, compositions of each phases, dew point, bubble point, properties on isobaric- and adiabatic mixing of two streams
F-PROPATH binary mixture by general equation	Peng-Robinson equation, CSD equation, BWR equation	
I-PROPATH ideal gases and their mixture	Acetylene, Ammonia, Argon, Carbon, Carbon Dioxide, Carbon Monoxide, Carbon Tetrafluoride, Chloroform, Chlorine, Dinitrogen Monoxide, Ethylene, Ethyl Chloride, Fluorine, Helium-4, Hydrogen, Hydrogen Chloride, Hydrogen Iodide, Methane, Methanol, Methylene Chloride, Neon, Nitrogen, Nitric Monoxide, Nitrogen Dioxide, Oxygen, Ozone, Propane, Sulfur Dioxide, Water, CFC-12, FC-13, CFC-114, HCFC-21, HCFC-22, HCFC-142B, HFC-152A, Mixture of these gases	The most of the properties covered by P-PROPATH plus: absolute entropy, entropy function, Gibbs energy function, relative volume, relative pressure
E-PROPATH POROPATH on MS-EXCEL	Substances covered by P-PROPATH, A-PROPATH and M-PROPATH	The most of the properties covered by P-PROPATH, A-PROPATH and M-PROPATH
W-PROPATH single shot programs on internet web page	Substances covered by P-PROPATH and A-PROPATH http://www2.mech.nagasaki-u.ac.jp/PROPATH/	All of the properties covered by P-PROPATH and A-PROPATH

-3-2-4 に示す.

(b) P-PROPATH

純物質のプログラムであり，物質数は50，関数種は約100である．物性値を与えるプログラムはすべて関数形式である．単一の状態点におけるすべての関数の値を計算するシングルショットプログラムが用意されている．

(c) A-PROPATH

湿り空気のプログラムであり，第8.1版から追加した．理想気体混合物としての湿り空気および実在流体としての湿り空気の2種類がある．物性値を与えるプログラムはすべて関数形式である．

(d) M-PROPATH

混合物のプログラムであり，アンモニア-水混合物の熱力学的性質のみが収録されている．Ibrahim and Klein および Tillner-Roth and Friend の状態式による二つのプログラムが用意されている．物性値を与えるプログラムは関数およびサブルーチン形式である．

(e) F-PROPATH

汎用計算式による混合物のプログラムであり，Peng-Robinson，CSD および BWR 状態式のプログラムが収録されている．いずれも熱力学的性質のみで，輸送性質はない．物性値を与えるプログラムは関数およびサブルーチン形式である．BWR 状態式のプログラム本体は C 言語で作成されている．

(f) I-PROPATH

理想気体とその混合物の熱力学的性質を与えるライブラリの他に空気，燃焼生成物，理想気体混合物，JANAF 形式および Keenan-Chao-Kaye 形式のガス表を計算するシングルショット・プログラムが用意されている．物性値を与えるプログラムは関数およびサブルーチン形式である．

(g) E-PROPATH

P-，A- および M-PROPATH を Windows 98/NT/XP 上で動作する MS-EXCEL の中から関数として呼び出せるようにしたものである．コンパイラ言語によるプログラムが不要であり，非常に便利なツールである．ただし，圧力と温度は bar と℃に限定されている．Fig. D-3-2-5 に示すように，セル内に PROPATH の関数名を記述するだけで，簡単に物性値を得ることができる．P-PROPATH，A-PROPATH では不可能であった，複数の物質を同時に利用することも可能である．Fig. D-3-2-5 の例では室

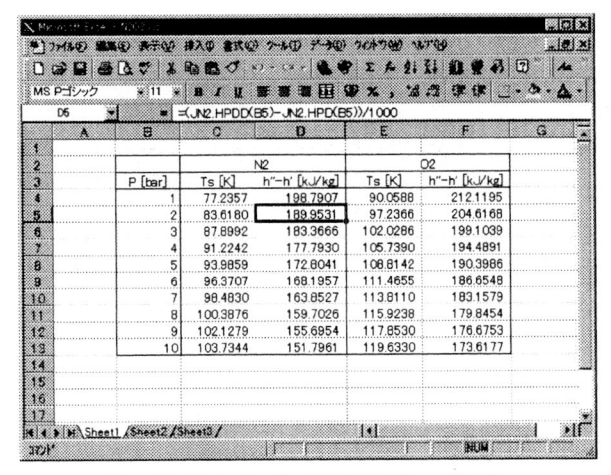

Fig. D-3-2-5　E-PROPATHの使用例
（Example of E-PROPATH）

素と酸素を同時に使用している．

(h) **W-PROPATH**

長崎大学に設置されたWEBサーバー上でP-およびA-PROPATHの利用を可能にしたものである．Fig. D-3-2-6に示すように物質を選択して，圧力や温度を入力することにより，世界中のどこからでもWEB上で熱物性値を得ることができる．Table D-3-2-4のW-PROPATHの欄に長崎大学のWEBのアドレスが記載してある．

(i) 他言語での使用（Use of PROPATH on the Other Programming Languages）

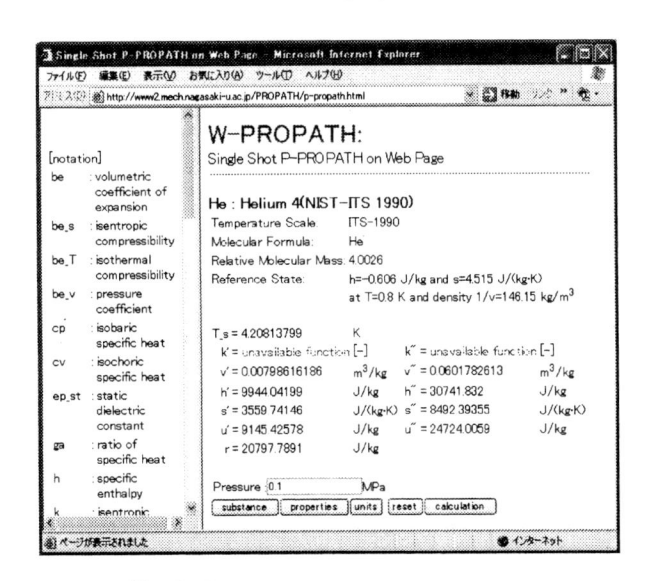

Fig. D-3-2-6　W-PROPATHの使用例
（Example of W-PROPATH）

E-PROPATHではダイナミックリンクライブラリ（DLL）を提供しており，メインプログラムの記述言語に関係なくPROPATH関数を利用できる．このDLLはWindowsのシステム関数（Windows API）と同じ呼出し規約を採用しており，Visual Basic, Visual C++, Delphiなどの言語からも然るべき関数宣言を行えば利用することが可能である．

(j) **PROPATHの入手方法**

PROPATHのパッケージは，基本的にCD-ROMで供給されており，代表的なUnixマシンに対するMakefileが用意されているので，インストールも容易である．このCD-ROMの中には，PDFまたはPostScript形式の英文オンラインマニュアル（約600ページ）が用意されており，PROPATHのホームページ（http://gibbs.mech.kyushu-u.ac.jp/propath/）からもダウンロードすることが可能である．

大学や公的機関には九州大学情報基盤センターを通じて無償で提供している．2006年春現在で，国内90，国外90の大学や公的機関で利用されている．また，企業向けには有償配布も行っている．入手先についてはPROPATHのホームページを参照されたい．

3.2.4　熱力学データベース
（Thermodynamic Database）

熱力学データベースを，格納している熱力学量の性格およびその利用法で分類するとTable D-3-2-5のようになる．

分類1のデータベースでは，各物質の熱力学諸量を導出できる測定値をそのまま格納しておくもので，熱力学的性質に限らず他の熱物性値とも共通する構造，利用法が採用される．文献情報と各文献で報告している値とがリンクした構造をとるのが普通である．したがって，主な使い方は個々のデータを検索することが重要となる．同一物質での異なる測定例の検索，あるいは同一の研究グループによる種々の物質に対する測定例の検索などが対象となる．

分類2のデータベースは主に評価者が熱化学的性質のネットワーク構造を考慮して評価するために作成するデータベースである．化合物の生成エンタルピーが評価対象であれば，測定対

Table D-3-2-5 熱力学データベースの分類
(Classification of thermodynamic databases)

分類	項目	利用法	特徴
1	文献+測定値	検索	他の物性値と類似
2	反応熱測定値	評価	非公開
3	評価済データ	計算	データ+ソフト

象となった各化学反応に対する反応熱測定値が格納されるとともに,複数の測定値を比較検討した評価も記載される.通常,信頼性の高いデータに高い評価点が与えられる.測定温度が標準温度では無い場合には,標準温度での値に変換するために,比熱容量などのデータも補助的に必要となる.反応に関与している化合物を線で結ぶと,今まで測定された実験値は,お互いにルーズなネットワークを組んでいることになり,そのネットワークが全化合物を覆うように広がっている.このようなデータを評価するためには,順番を決めて,端から評価していくことになる.評価対象に相平衡データも含めて,状態図と熱化学的性質を同時に行う場合がある.この場合は,関与する元素数を直ぐには多くできないので,2元系から逐次行っていくことになる.

分類3のデータベースが通常の利用者が使うデータベースである.格納されているのは,個々の測定値ではなく,相互の比較が適切にできるように加工されたデータ群である.似たような情報として地図情報をあげることができる.種々の測定値から地図情報を導出していくには高度の専門的知識が必要であり,そのための種々操作が必要とされているが,利用段階では,そのような背後の構造を知らなくても利用できるまで,完成度が高いと言える.逆にいえば,汎用的な利用を追求していくと,背後のデータにアクセスしにくくなるという特徴が現れてくる.現在良く用いられているカーナビなどの利用段階では,利用者は地図情報のみ見て,その背後の数値データにアクセスすることは全くない.

熱力学データベースの場合にはデータの蓄積度,成熟度は,地図情報まで高くないのが実情である.このため,データ・データベースの成り立ち,構築作業の概要などを十分に認識しておくことが肝要である.つまり,対象とする化合物群は膨大であるのに対し,データの測定・収集・評価活動は時間がかかる.その結果として,利用者として熱力学データベースをみるときには,評価済みデータの数が少なく不十分なことが多いことに直ぐ気がつくはずである.特に,研究の最前線で取り扱われる物質群に対しては,この傾向がさらに顕著になる.したがって,有効にデータベースを使うためには,評価済みデータばかりでなく,その背後に未検討の測定値が存在し得ることを想定することが望ましい.

他方で,後述するF*A*C*Tでは,意識的に混合物の熱力学データを利用者から見えないようにしている.この理由としていろいろ推測できるが,熱力学データベースが,専門家の手から一般の研究者・技術者の手に渡る移行期の特徴であると思われる.

以下では,利用者として心得ておくべきデータベース活動について概略をのべる.

(a) 評価に定評のあるデータ集など

熱化学ネットワーク性を考慮した評価値として最も定評があるのが,NBS(National Bureau of Standard)熱力学表[12]である.現NIST(National Institute of Standards and Technology)と改名する前に行った評価で既に20年の年月が過ぎているが,その価値は依然として極めて高い.残念ながらNISTではこのデータ集を更新できるだけのマンパワーは既に消えている.他方,高温用データとしては,JANAF(Joint Committee of Army, Navy and Air force)熱化学表がある.第4版[13]が,NISTに移ったChase博士によって編集されたが,彼も既にNISTを去っている.

対応する有機化合物のデータ集にはイギリスで行われたものがある[14].

(b) 熱力学データベース

最初にできた熱力学データベースはオンライン型でデータセンターにアクセスするものであったが,最近ではほとんどが,パソコンのwindows上あるいは

---

[12] D. D. Wagman et al. "The NBS tables of chemical thermodynamic properties selected values for inorganic and C1 and C2 organic substances in SI units," J. Phys. Chem. Ref. Data Vol. 11, Supplement No. 2 (1982). [13] M. W. Chase, Jr., "NIST-JANAF Thermochemical Tables," fourth ed., J. Phys. Chem. Ref. Data Monograph No. 9 (1998). [14] J. D. Cox and G. Pilcher, "Thermochemistry of Organic and Organometallic Compounds," Academic Press, London, 1970 ; J. B. Pedley, R. D. Naylor, S. P. Kirby, "Thermochemical Data of Organic Compounds," Chanpman and Hall, London, 1986.

Unix上で操作するものになっている．複雑な化学平衡計算プログラムの一般化が進み，熱力学データとの一体化された取り扱いが進んでいる．状態図情報を計算で再現するには，混合相の熱力学的取り扱いが必要とされる．したがって，混合相の取り扱いができるシステムは通常状態図計算機能もつけている．Pourbaix 線図などの熱力学的平衡関係を図示することも従来からよく行われてきた．特に化学ポテンシャル図の一般化が大きな進展を遂げた．

熱力学関数は，状態関数として定義されているため，異なる状態でどのように熱力学変数が変化するかを検討し，プロセス解析を行うことも可能となってきた．以下に代表的なシステムを示す．

1) 熱力学データベース MALT（http://www.kagaku.com/malt）

MALT（Materials oriented Little Thermodynamic Database）[15] は，熱力学データベース作業 WG によって作成された日本の熱力学データベースである．第2版に加え現在では Windows 版が出ている．基本的には，NBS 熱力学表に代表される化学熱力学的な観点に立脚し，高温での材料科学に重点をおいたデータベースとなっている．化学平衡計算プログラムと化学ポテンシャル図構築プログラムを装備している．この化学ポテンシャル図は従来の安定線図より更に一般化され，材料間の熱力学的両立性の検証あるいは界面反応が生じる時の拡散反応経路の解析に用いられる．

2) FactSage（http://www.crct.polymtl.ca, http://gttserv.lth.rwth-aachen.de）

F*A*C*T を構築してきたカナダのグループが，化学平衡計算ソフト，Sage を内蔵することで，FactSage となった．Sage は，G. Eriksson が開発した Solgasmix プログラムを更に高度化したものである．Fact データベースは，化学的観点から溶融塩，酸化物融体などの混合相に関するデータの収集，評価などを行っている．

3) MTDATA（http://www.npl.co.uk/mtdata/）

イギリスは，熱力学応用の良い教科書を書いた Kubaschewski と Alcock[16] 以来伝統的に熱力学が盛んであるが，NPL（National Physical Laboratory）がデータベース活動でも最も古くから MTDATA[17] の構築・運営に関与してきた．製錬化学的および冶金物理的観点からの活動を行ってきたが，最近ではより冶金物理的観点が強くなってきている．

4) Thermo-Calc（http://www.thermocalc.com/index.html, http://www.engineering-eye.com/THERMOCALC/mdex htm）

ストックホルム大学の物理冶金分野で構築が行われてきた．M. Hilert の後を，B. Sundman[18] が継承している．拡散の解析と平衡の解析の両者を行える．

5) Thermosuite（THERMODATA-INPG-CNRS）（http://thermodata.online.fr）

フランスの熱力学データベースである．

(c) 今後の展望

熱力学は数学と並んで材料科学の共通言語であると指摘されている．言語の利用体系が，計算機の発達によって大きな進展をとげたと同じように，熱力学の発展も大きく動き出している予感がする．特に計算機によるエネルギー構造の計算が進展し，従来実験的には正確に決定できなかった準安定相，不安定相の定量的情報が得られるようになると，さらに大きな発展が期待できる．そのためには，多くの異なる分野で異なる発展をしてきた熱力学がもう一度，共通言語として洗練される必要性があろう．どの程度洗練されるかによって，次の発展のベクトルが決まるのであろう．

3.2.5 REFPROP[20]

(a) 概　要

REFPROP（REference Fluid PROPerties）は，米国商務省国立標準技術研究所（NIST : National Institute of Standards and Technology）で開発された工業上重要となる作動物質の熱力学性質および輸送性質を計算するための熱物性値推算ソフトウエアプログラムパッケージである．平成18年5月現在，REFPROP Ver. 7.0 が最新版であり，1990年1月に Ver. 1.0 が誕生してから確実に改良を続け，現在では冷凍サイクル計算やエネルギーシステム解析のための混

---

15) H. Yokokawa, S. Yamauchi, T. Matsumoto, Calphad **26**(2), 155-166 (2002).　16) O. Kubaschewski and C. B. Alcock, "Metallurgical Thermochemistry," 5th Edition, Pergamon, Oxford, 1979.　17) R. H. Davies et al. Calphad **26**(2), 229-272 (2002).　18) J.-O. Anderson, T. Helander, L. Höglund, P. Shi, B. Sundman, Calphad **26**(2), 273-312 (2002).　19) B. Cheynet, P.-Y. Chevalier and E. Fischer, Calphad **26**(2), 167-174 (2002).　20) Lemmon, E.W., McLinden, M.O., and Huber, M.L., NIST Standard Reference Data 23. REFPROP Ver. 7.0, 2002, NIST, USA.

合物を含む流体熱物性値算出ソフトウエアとしては，世界標準として承認されているといっても過言ではなく，世界中の数多くの研究者・技術者が利用している．

REFPROPの名称は，Ver.6.0まではREFrigerant PROPertiesから命名されたものであったが，冷媒だけでなく，NISTから販売されている他の流体の計算ソフトウエアも徐々に統合しており，現在では種類だけではなく，数多くの特色をも兼ね備えたソフトウエアとなった．また，計算の信頼性も非常に高いことが，世界中の熱物性研究者の実験結果からも証明されている．ここでは，最新版のVer.7.0の概要を紹介するが，REFPROPの歴史や，実測値との比較情報の詳細に関しては，東[21]の解説記事やNISTのホームページからダウンロードできる利用の手引き[22]を参考にしてもらいたい．

(b) 計算できる物質

REFPROPは，バージョンアップが進むごとに，時代の変化に合わせて我々が必要とする物質の情報が追加されている．現時点での最新版Ver.7では，以下に示す39種類の純粋物質の計算が可能となっている．

1) 地球環境に優しいHFC系冷媒
   R23, R32, R41, R125, R134a, R143a, R152a, R227ea, R236ea, R236fa, R245ca, R245fa
2) オゾン層を破壊しないHCFC系冷媒
   R22, R123, R124, R141b, R142b
3) 生産規制となったCFC系冷媒
   R11, R12, R13, R113, R114, R115
4) フルオロカーボン系冷媒
   R14, R116, R218, RC318
5) 自然冷媒として注目されている物質
   NH_3, CO_2, C_3H_8, $i\text{-}C_4H_{10}$, C_3H_6
6) 空気の主成分となる気体
   N_2, O_2, Ar
7) 低級炭化水素（自然冷媒としての用途もある）
   CH_4, C_2H_6, C_3H_8, $n\text{-}C_4H_{10}$, $i\text{-}C_4H_{10}$
8) 純水（アンモニア水溶液の利用も大きい）

さらには，世間に認識されている混合物として Air, R407C, R410Aなど35種類の混合物が，すぐに計算できるように登録されている．また，天然ガスの計算にも適応できるよう，すべての純物質から最高20成分系混合物まで，REFPROPは計算上で対応している．なお混合物の計算に関しては，厳密には混合パラメータを実験データに基づいて決定し，利用することが必要になってくる．REFPROPの場合は，NIST内部で行った実験結果だけでなく，世界中で測定されたデータを集約して，最適パラメータを決定し，プログラムに中に組み込んでいる．これが他のソフトウエアとの信頼性の違いが起こる最大のポイントである．さらに，データのない混合物に関しても，推算式でパラメータの計算ができるようになっている．

(c) 計算モデル

熱物性推算ソフトウエアで熱物性値を計算する場合には，熱力学性質では高精度の状態式，そして輸送性質ではそれぞれの状態量に関する相関式が必要である．今までの推算ソフトウエアでは，実験データがなくても計算できるように，比較的簡単なvan der Waals型状態式（たとえばSRK式やPR式など）を用いて，臨界定数と偏心係数など，限られた熱物性値情報から計算する場合がほとんどであった．したがって，計算精度に限界があったわけである．REFPROPでは，多くのデータが入手できる物質では，現状で最も信頼のできると評価され，最近の高精度状態方程式の主流となっているヘルムホルツエネルギー状態式を採用し，実験データの少ない物質では，拡張対応状態原理を利用した計算モデルを状態式や相関式に採用している．そのために，純粋物質（混合物では成分物質になる）での計算値の信頼性が極めて高いことが特徴である．また，REFPROPにおいては，従来困難といわれていた混合物に関しても，係数の多いヘルムホルツエネルギー状態式を採用し，その上145種類の混合系に関しては，実験値に基づいた混合パラメータを用いて計算を行っている．REFPROPは混合冷媒の状態式の開発を最大の課題として研究が進められてきたソフトウエアであり，これは地球環境問題のために，混合冷媒への冷媒転換が急速に進んだことに対応するためである．そして，混合物の計算技術が向上した結果として，冷媒以外の用途において，たとえば天然ガスの計算，吸収式冷凍機の冷媒，そして新エネルギーサイクルの

---

21) 東 之弘, 熱物性, **14**, 2 (2000), 138-145. 　22) http://www.nist.gov/srd/nist23.htm

3.2 熱物性値のデータベース

冷媒としても期待されているアンモニア－水系混合物の計算も容易にできるようになったことは，REFPROPの特筆すべき特徴である．

（d）線図の作成

REFPROPは，単に数値を計算するだけでなく，いろいろな状態量の線図を描く機能を備えている．線図の組み合わせは，設定によって自由に選べるが，あらかじめメニューとして用意されている線図を以下に紹介しておく．

- T-s（温度－エントロピー）線図
- T-h（温度－エンタルピー）線図
- p-h（圧力－エンタルピー）線図
- p-ρ（圧力－密度）線図
- p-v（圧力－比体積）線図
- Z-p（圧縮係数－圧力）線図
- h-s（エンタルピー－エントロピー）線図
- c_v-T（定容比熱容量－温度）線図
- c_p-T（定圧比熱容量－温度）線図
- w-T（音速－温度）線図
- エクセルギー－温度線図
- η-T（粘性率－温度）線図
- λ-T（熱伝導率－温度）線図
- T-x（温度－組成）線図
- p-x（圧力－組成）線図

線図の作成においては，パラメータの間隔も自由に設定でき，さらにはデータセットをプロットすることもできる．そして，この線図を描くスピードがものすごく早い．計算速度の改善も，REFPROP改訂時の大きなテーマになっているが，線図を描くスピードを体感すれば，ソフトウエアに工夫が施されているのがわかるであろう．

（e）計算精度

REFPROPは上述したように，利用者の利便性を第一に考え，日々改良を重ねていった非常に信頼性の高い熱物性値計算ソフトウエアといえる．しかし，たとえば20成分系混合物が計算できるといったように，数多くの物質での計算が可能で，さらに数多くの種類の熱物性値が計算できるために，限られた物質以外は推算式を導入せざるを得なくなる．そのため，実際にREFPROPの計算精度を定量化して表すことは非常に難しく，すべてを一つの代表的な値で表すことは不可能であり，個々の物質の計算に用いた式の信頼性を，引用文献から調べ上げることになるであろう．

純物質に関しては，それぞれ現状で最も信頼性の高いと考えられる状態式や相関式を選定し，その結果に基づいてREFPROPは計算を行うので，状態式の出典文献にさかのぼって調べることで，その計算精度は確かめられる．しかしながら，混合物になると，純物質に組成というもうひとつの自由度が加味されることと，実験データが純物質に対して非常に少ないことから，計算精度を明示することは不可能である．これは，REFPROP以外の混合物の熱物性値計算ソフトウエアでも同様であり，厳密にはそれぞれの利用者が，存在する実験データとの比較を行い，独自に評価していくしかない．

（f）あとがき

冷凍機やヒートポンプを設計する技術者にとって，地球環境に優しい代替フロン系冷媒のサイクル計算や設計で熱物性値を必要とした場合，一つの計算ソフトウエアで，混合物を含むあらゆる冷媒の熱物性値計算ができるREFPROPは強力な支援ツールである．その信頼性も高く，利便性を考慮した「User Friendly」の概念がREFPROPには根付いている．あくまで推算プログラムではあるが，現時点で完成度の高い流体熱物性値計算ソフトウエアのひとつであることは間違いない．

3.2.6 海外のデータベース
（Thermophysical Property Database of Foreign Countries）

近年，世界中で出版されている化学関連学術雑誌などは約800種類もあり，それらに掲載されている原著論文（文献）の数は50万件/年以上であると言われている．これらのうち，熱物性および熱力学的性質に関連した実測値は700点/日以上が学術誌上で蓄積されている．このような膨大な量の学術雑誌など（一次情報）を逐一調べ，自らの研究に必要な情報を見出すのは至難である．これら原著論文から必要な情報を容易に検索するために，さまざまな形態のデータベースが構築され，熱物性値表およびそのCD-ROMとして，あるいはオンライン情報として提供されている．

すでに公表された原著論文や特許公報などの所在を調べるための二次情報誌として，化学分野ではAmerican Chemical Society（ACS）発行のChemical

Abstracts（CA）[23]がよく知られている．CAには，論文表題，誌名・巻・発行年などの書誌情報，抄録，著者・化合物・事項索引などが掲載されている．このCAは1997年から毎週刊行され，約14000件/週もの膨大な書誌情報などが収録されている．数年前までは，CAの細かい字で書かれたGeneral Subject IndexやChemical Substance Indexなどを調べ，目的とする最新の研究情報を入手するのが常であった．今では，CAはCD-ROM，またはSTN（The Scientific and Technical Information Network）を介して，研究室から容易に検索できるようになった．国内での抄録誌としては，科学技術振興事業団（JST）の科学技術文献速報[24]がある．

ある化合物について，特定の性質を調べようとしたとき，たとえば，トルエンの定圧比熱容量をCAで検索すると，数十件もの抄録結果が出力される．これら全ての原著文献を入手し，所用の温度や圧力範囲における信頼できるデータを精査するのは極めて煩雑である．そこで，原著論文から数値情報を抽出し，データを蓄積・整理・評価したデータベース（三次情報，Factual Database）が構築されている．これらには，全ての分野を包括した総合的なもの，ある特定の性質，たとえば，気液平衡や混合熱について編纂されたものなどがあり，データ集，便覧などとして刊行されている．最近ではCD-ROMあるいはオンラインで情報が提供され，研究室から容易に検索できるようになった．ここでは，流体の熱力学的性質（熱物性）関連の海外データベースについて紹介する．

流体熱物性に関連した総合データ集としては，100年以上の歴史があるBeilstein Hndbuch[25]（初版：1881年）やLandolt-Börnstein[26]（初版：1883年）などがよく知られている．「バイルシュタイン」の名で親しまれている前者は，膨大な数の化合物（塩を含む）について物理・化学分野に関するあらゆる情報を提供している．したがって，増補編などを含めると約200冊余もの巻数があるなどで，必要な情報を見出すのが難儀である．ところが，研究室で試薬のカタログとして常用されている"Aldrich"[27]中には化合物毎に屈折率，密度などの基礎物性，毒性，スペクトル情報などとともにCAS登録番号[28]，*Beil.* 5, 199, *Merck Index* 13, 2139, のようにBeilstein HndbuchおよびThe MERCK INDEXの記載巻・頁が掲載され，それは貴重なデータベースとなっている．The MERCK INDEX[29]の最新版（13 Ed., 2001, 初版, 1889）は約1万の化合物についての基礎物性とその文献，毒性などとともにCAS登録番号，構造式などの充実した索引があり，流体の熱物性を取り扱う研究者にとって極めて有用な化合物辞書である．

1926〜1930年に発行されたInternational Critical Tables（ITC，Vol.1〜7）[30]は熱物性値を凝縮したデータ集である．このITCに掲載されている定圧比熱容量などの熱力学的諸性質は，Organic Solventの最新版（4 th Ed.6 1986）[31]中の値と遜色なく，ITCは今なお貴重な熱物性値情報源として重宝されている．これらの他にも長年の伝統を持つ流体熱物性に関連した三次情報（データ集，選定数値表，特定分野の物性値集）が種々構築，編纂されている．本節ではこれらの内から大規模な総合流体熱物性データベースであるNIST/TRC（USA）およびDECHEMA（Germany）の概要について記述した[32]．

(a) **NIST/TRCデータベース**

Thermodynamics Research Center（TRC）は，1942年にDr. F. D. Rossiniによって，National Bureau of Standards（NBS，現National Institute of Standards and Technology, NIST）で炭化水素化合物の熱力学的性質に関連した物性データを蓄積・評価し，データ集を出版するために米国石油学会と共同で設立された．TRCは1961年からTexas A & M

---

23) Chemical Abstracts, American Chemical Society, Washington DC (USA). http://www.cas.org. 24) 科学技術文献速報, 科学技術振興事業団, 東京. (Japan Science and Technology Corporation, JST ; Information Center for Science and Technology, JICSTのSTNを介して種々のデータベースと接続できる) http://pr.jst.go.jp 25) Beilstein Hndbuch, Springer-Verlag, Heidelberg, Germany. http://www.springer.de/ 26) Landolt-Börnstein, Springer-Verlag, Heidelberg, Germany. 物理・化学の全ての物性値を網羅し，最新版のGroup ⅣではTRCが編集した気液平衡，液体の熱容量，混合熱，混合系の熱伝導・粘度などの数十冊のデータ集が発刊されている. http://www.landolt-boernstein.com, http://www.springer.de/ 27) ALDRICH, http://www.sigmaaldrich.com/ 28) CAS registry number. 29) Merck Index, Merck & Co., Inc. NY. (USA) 13 th Ed., 2001, http://www.merck.com 30) International Critical Tables, Vol.1〜7", (Ed. E. W. Washburn) McGraw-Hill, London, 1926〜1930. 31) J. A. Riddick, W. B. Bunger, T. K. Sakano ; Organic Solvents-Physical Properties and Methods of Purification, Fourth Ed., Techniques of Chemistry, Volume Ⅱ., John Wiley & Sons, NY, 1986. http://www.wiley.com/ 32) 高木利治, 熱物性, **14**, 146-151 (2000).

University (USA) で運営されてきたが，2000年からは再び NIST (Boulder) に戻り，NIST の一部門として NIST/TRC の名称で継承されている．

　利用者にとって，データ集またはオンラインデータベースは，必要とする物質の物性値が素早く検索できるフォーマットで提供されるのが最良である．これらの条件を満すためには，① 現存データの網羅，② 常に新しいデータの蓄積，③ データの分析・評価・相関法の確立，④ 作業の継続などが必須となる．このことから，データベースを構築する側では，文献の収集，書誌情報やデータの入力書式，データ解析法さらには，それらの記憶形態などについて，緻密な計画の基にデータベースシステムは設計される．TRC では分厚いデータベースシステムマニュアルが作成され，文献情報の入力方法，物性の記号，気・液などの状態，単位変換法，試料純度，実験誤差，注釈などについて細かに定義されている．一方，物性の数値情報入力書式は物性毎に異なり，書誌のそれに比べて格段に複雑になる．すなわち，物質の三重点，沸点，臨界点など一定値を示す示強量物性値や，温度または圧力を伴う気液平衡など，さらには，温度・圧力・濃度変化に依存する密度，熱容量などがある．これらさまざまな物性値を同じ書式でデータ入力すると記憶容量が無駄になる．そこで，TRC データベースシステムでは，書誌入力，物性データ入力，化合物名・化学式入力，データ出力などを含めて 35 もの書式が作成され，物性値によってデータ入力書式が自動的に選択されるように構成されている．このような各書式によって入力されたデータは，文献番号や CAS 登録番号によって互に関係づけられている．

　物理・化学 (熱物性) で用いられる量，単位および記号は IUPAC によって定められ，たとえば，密度は ρ と定義されている．しかし，システムでのギリシャ文字使用は不都合であり，また，記号が定義されていない性質もある．TRC で定義されている性質，たとえば体積関連のみでも 23 種類あり，VS: Specific volume, VPx: Partial Molar volume, VTP: Coefficient of expansion, VVA: 2nd acoustic virial coefficient, VVC: 3rd Virial coefficient などのように区別されている．

　NIST/TRC データベースによって蓄積されている物性・物質の種類，文献情報の数などを Table D-3-2-6 に示した．対象物質としては全ての有機・無機化合物が含まれているが，重合体，金属化合物データは未収集である．このようにして蓄積・評価されたデータは，種々のデータ集として刊行されている．中でも，独自の書式で編纂されているデータ集：TRC Thermodynamic Tables-Hydrocarbons, -Non-Hydrocarbons はよく知られている．ここに収録されている物性値は，純物質についての厳選された実験値，および実験値に基づいた平滑値である[12]．これらのデータ集は CD-ROM およびオンライン化され，化合物 (CAS 登録番号)，性質などの検索機能を駆使することによって，所用の熱物性値が容易に入手できるようになった．

Table D-3-2-6　NIST/TRC データベースの概要 (Databases of the Thermodynamics Research Center (NIST/TRC))

Principal stored properties :
　pure component properties (boiling point, freezing point, triple point, critical points), phase equilibria, volume properties (specific volume, partial molal volume, excess volume, PVT, compressibilities, virial coefficients), calorimetric properties, Helmholtz energy, Gibb's energy, fugacity, transport properties, speed of sound, refractive index, heats of reaction, equilibrium constants for reactions. (124 properties).

Substances :
　all organic and inorganic compounds.

Record number :
　references: 82,000,
　experimental data points (sets):
　490,000 for 17,000 pure substances
　360,000 for 15,000 mixtures.

Principle publications :
　TRC Thermodynamic Tables.
　TRC International Data Series.
　TRC Spectral Data.
　Thermodynamics of Organic Compounds
　　in the Gas State, Vol. 1, Vol. 2 (CRC press).
　Thermodynamic Properties of Organic Compounds
　　and their Mixtures (Landolt-Bornstein Data Series).

Address :
　Thermodynamics Research Center
　NIST Physical and Chemical Properties Division
　325 Broadway Mailcode 838.00
　Boulder, CO 80303-3328
　http://www.trc.nist.gov/

Table D-3-2-7 DECHEMA 化学データ集
(DECHEMA Chemistry Data Series)

I:	Vapor-Liquid Equilibrium Data Collection
II:	Critical Data of Pure Substances
III:	Heats of Mixing Data Collection
IV:	Recommended Data of Selected Compounds and Binary Mixtures
V:	Liquid-Liquid Equilibrium Data Collection
VI:	Vapor-Liquid Equilibria for Mixtures of Low Boiling Substances
VIII:	Solid-Liquid Equilibrium Data Collection
IX:	Activity Coefficients at Infinite Dilution
X:	Thermal Conductivity and Viscosity Data of Fluid Mixtures
XI:	Phase Equilibria and Phase Diagrams of Electrolytes
XII:	Electrolyte Data Collection
XIV:	Polymer Solution Data Collection
XV:	Solibility and Related Properties of Lage Compiex Chemicals

(b) DECHEMA データベース

DECHEMA は Deutsche Gesellschaft fuer Chemisches Apparatewesen (German Society for Chemical Apparatus) の略称である.最近,正式名称は Gesellschaft fuer Chemische Technik und Biotechnologie (Society for Chemical Engineering and Biotechnology) に改称されたが,長い歴史を持つ略称名はそのままである.DECHEMA の歴史は古く,1926 年に Nuremberg で Dr. Max Buchner によって設立され,1930 年には DECHEMA Monograph が刊行されている.戦中,戦後の一時期業務は中断されたものの,1974 年からデータサービスは再開されている.DECHEMA では種々の業務が行われていて,熱物性データベースは DETHERM (DECHEMA Thermophysical property) という名称で運営されている.NIST/TRC データベースのデータは一部を除いて自前で蓄積された値であるのに対して,DETHERM のそれはいくつかの分野の専門家によって蓄積されたデータをリンクして運用されているのが特徴である.

DECHEMA で収集されている物性の種類は,NIST/TRC で蓄積されている性質以外に,電気伝導度,溶解度,毒性などがある.その他 DETHERM データベースシステムの細部は,TRC のそれと幾分異なるが,大筋で両者は同様であり,割愛した.DETHERM データベースは 1999 年から STN を介したオンラインサービスが開始された[35].STN は JST-JICST からログインできる.

DECHEMA は,多くのデータ集を出版している.中でも 1978 年から出版され,約 50 冊もある Chemistry Data Series はよく知られている.Table D-3-2-7 はそのリストである.各巻はそれぞれの分野の専門家によって,データを収集・評価され,編纂されてきた.今では,データ収集などは DECHEMA で行い,各専門家はデータの評価・相関などに携わっている.Volume I では 19 分冊があり,あらゆる純・混合化合物の気液平衡データおよび Antoine 蒸気圧式の係数などが文献毎に列記されている.Volume III (4 分冊) は混合熱のデータ集である.たとえば,四塩化炭素を含む二成分混合のみでも 360 の系 (ほぼこの数の文献情報を掲載) の実験データと,各系毎に相関した係数およびグラフが収録されている.

(c) その他のデータベース

流体の熱物性に関連したデータベースは,前述の NIST/TRC や DETHERM の他に,総合的なもの,特定分野の物質または物性値について蓄積・評価したものなど数多くある[32-34].ここでは,主として有機化合物熱物性に関するデータベース (データ集,オンラインを含む) のうち,ホームページアドレスが確認できたものについて紹介する (順不同).

(1) Physical Reference Data, NIST (USA)

溶融塩やフロンの熱物性などのオンラインデータベース,標準物質のデータ集など多数が出版されている.

http://physics.nist.gov/PhysRefData/contents.htm

(2) CINDAS, Purdue University (USA)

熱物性全般のデータベース,データ集を発行.

http://engineering.purdue.edu/IIES

(3) CODATA, Committee on Data for Science and Technology (France)

ユネスコの一機関であり,基礎データ集などを刊行している

http://www.codata.org/welcome.html

---

33) M. L. McGlashan ; Manual of Symbols and Terminology for Physicochemical Quantities and Units, Butterworths, London, 1970. http://www.butterworths.co.uk/ 34) R. C. Wilhoit, K. N. Marsh ; Int. J. Thermophys., **20** (1999), 247-255. 35) U. Westhaus, T. Droge, R. Sass ; Fluid Phase Equili., 158-160 (1999) 429-435. 36) T. Rakagi, I. Cibulka ; 高圧力の科学と技術, **13**, 173-175 (2003)

(4) DECHEMA, DETHERM（Germany）
http : // www. dechema. de / infsys
(5) NEL : National Engineering Laboratory（UK）
TRCやDECHEMAと提携した流体熱物性の総合データベース（PPDS2, LOADER2, The DataExpert, HEATNT）が提供されている．The DataExpertはTRCデータベースとリンクされている．また，データ相関やエンジンモデリングなどに関する多くのソフトウエアがある．
http : // www. ppds. co. uk / products / ppds. asp
(6) DIPPR-AIChE : The Design Institute for Physical Properties（DIPPR）- American Institute of Chemical Engineers（USA）
このデータベースはBrigham Young University, DIPPR Thermophysical Properties Laboratoryで作成され，主な1700化合物の熱力学性質，輸送性質，可燃性データ，水溶液性質などが網羅されている．
http : // www. aiche. org / ccps / lldb. htm
http : // dippr. byu. edu

(7) PPDS : Physical Properties Data Service, Infochem Computer Services Ltd（UK）
高温における熱物性値などが蓄積されている．
http : // www. infochemuk. com / product /
(8) IUPAC : International Union of Pure and Applied Chemistry, IUPAC-NIST Solubility Data Series
溶解度などのデータ集が多数刊行されている．
http : // www. iupac. org
(9) Tables of Thermodynamics and Transport Properties, John Wiley & Sons, NY.（USA）
University of Michiganで編集されたデータ集
http : // www. wiley. com / se
(10) CRC handbook, CRC Press Inc., FL（USA）
http : // www. crcpress. com
(11) Lange's Handbook of Chemistry, McGraw-Hill Inc. 15th Ed., 1998,
http : // books. mcgraw-hill. com /

3.2.7 その他のデータベース（List of Thermophysical and Thermodynamic Databases）

データベースの名前		URL		作成機関	
Aspen Plus		http://www.aspentech.com/product.cfm?ProductID=69	Aspen Technology,Inc.		http://aspentech.com
Ceramics WebBook		http://www.ceramics.nist.gov/webbook/webbook.htm	NIST	National Institute of Standards and Technology	http://www.nist.gov/
Chemistry WebBook		http://webbook.nist.gov/chemistry/	NIST	National Institute of Standards and Technology	http://www.nist.gov/
CHETAH	The Computer Program for Chemical Thermodynamics and Energy Release Evaluation	http://www.southalabama.edu/engineering/chemical/chetah/index.html	ASTM	American Society for Testing and Materials	http://www.astm.org/
DDB／DDBST	Dortmund Data Bank	http://www.ddbst.de/new/Default.htm http://www.ddbst.de/new/InfoMat/DDBST-Flyer%202003%20Japanese.pdf	DDBST GmbH	DDBST Software & Separation Technology GmbH	http://www.ddbst.de/
DETHERM		http://www.dechema.de/detherm.html	DECHEMA	Society for Chemical Engineering and Biotechnology	http://www.dechema.de/
DIPPR		http://www.aiche.org/dippr/	AIchE	American Institute of Chemical Engineers, Design Institute for Physical Properties	http://www.aiche.org/
Evitherm		http://www.evitherm.org/	Evitherm	Virtual Institute for Thermal Metrology	http://www.evitherm.org/
F*A*C*T	Facility for the Analysis of Chemical Thermodynamics	http://www.crct.polymtl.ca/fact/	CRCT	Centre for Research in Computational Thermochemistry	http://www.crct.polymtl.ca/
INSC Material Properties Database		http://www.insc.anl.gov/matprop/	INSC	International Nuclear Safety Center	http://www.insc.anl.gov/
JANAF	JANAF Thermochemical Tables	http://scholar.lib.vt.edu/theses/available/etd-5954102119755510/unrestricted/APCEDO.PDF	OSRD	Office of Standard Reference Data	
MEMS		http://www.memsnet.org/material/	MEMS and Nanotechnology Exchange		http://www.memsnet.org/
MPDB	Material Property Database	http://www.jahm.com/pages/about_mpdb.html	JAHM Software, Inc.		http://www.jahm.com/
MPMD	Microelectronics Packaging Materials Database	https://cindasdata.com/Applications/MPMD/Demo/splashScreen (デモ版)	CINDAS	Center for Information and Numerical Data Analysis and Synthesis	https://engineering.purdue.edu/IIES/CINDAS/
MSC.Mvision Materials Databanks		http://www.mscsoftware.co.jp/solutions/software/rd_mvi.htm	MSC Software Corporation		http://www.mscsoftware.com/
MTDATA	Metallurgical Thermodynamic Databank	http://www.npl.co.uk/mtdata/	NPL	National Physical Laboratory	http://www.npl.co.uk/
Muonium Data Base		http://mbaza.mm.com.pl/			
NIST Mixture Property Database		http://www.nist.gov/srd/nist14.htm	NIST	National Institute of Standards and Technology	http://www.nist.gov/

3.2 熱物性値のデータベース

国	住 所	収録データの内容	特徴・説明等
USA	Ten Canal Park, Cambridge, Massachusetts 02141-2201, USA	エンタルピー, 状態方程式, エントロピー, 自由エネルギー, 蒸気圧, 表面張力, 拡散係数, 活量係数, 相平衡: 化学物質, 石油製品	プロセスエンジニアリングのためのデータベース
USA	NIST-Boulder, MS 104.00, 325 Broadway, Boulder, Colo. 80305-3328, USA		
USA	NIST-Boulder, MS 104.00, 325 Broadway, Boulder, Colo. 80305-3328, USA		
USA	100 Barr Harbor Drive, PO Box C700, West Conshohocken, PA, 19428-2959 USA	比熱, エントロピー, エンタルピー, 燃焼熱: 化合物	
Germany	Marie-Curie-Str. 10, D-26129 Oldenburg, Germany	エンタルピー, 双平衡, 活量係数, 溶解度: 化学物質	オンライン, パッケージ, DDBSPはプログラムパッケージ (Windows版はWin-DDBSP)
Germany	Theodor-Heuss-Allee 25, D-60486 Frankfurt am Main, Germany	密度, 比熱, 圧縮率, エンタルピー, エントロピー: 化合物	熱物性推算システム, オンライン, ASPEN-PLUSなどのシミュレーションプログラムにも組み込まれている
USA	3 Park Avenue, New York, NY 10016-5991, USA	融点, エントロピー, ギブスの自由エネルギー, 溶解度, 蒸気圧, 反射率, 双極子モーメント: 化学工業製品	該当するデータがない場合は近似物質のそれを使う, 毎年更新, オンライン (STN-International http://pr.jst.go.jp/db/STN/dbsummary/pdf/DIPPR.pdf)
Canada	Ecole Polytechnique, Box 6079, Station Downtown, Montreal, Quebec, CANADA, H3C 3A7	エンタルピー, 相平衡: 無機材料, 水溶液, 合金	毎年更新, オンライン
USA	Argonne National Laboratory - Bldg. 208 Mark Petri, 9700 S. Cass Ave, Argonne, IL 60439		
USA		エンタルピー, 比熱, エントロピー, ギブス自由エネルギー, 相平衡: 無機化合物	J. Phys. & Chem. Ref. Data, Vol.14, Suppl. 1(1985), 更新中, オンライン(STN-International)中止, パッケージ(データシートだけ?)
USA	1895 Preston White Drive, Suite 100, Reston, Virginia 20191-5434, USA		
USA	29 Valley Rd,North Reading, MA 01864-1740	熱膨張率, 熱伝導率, 熱拡散率, 放射率, 比熱, 熱容量, 粘度, 蒸気圧など	ABAQUS, ANSYS用のデータ出力ができる, パッケージ(Windows版, Java版), オンラインデモあり
USA	Institute for Interdisciplinary Engineering Studies, Purdue University, 500 Central Drive, West Lafayette IN 47907-2022, USA		オンライン(CINDAS LLC https://cindasdata.com/About/), CR-ROM
USA	2 MacArthur Place, Santa Ana, CA 92707, USA		
UK	Teddington, Middlesex, UK, TW11 0LW, UK	エンタルピー, エントロピー, ギブス自由エネルギー, 比熱: 無機材料, 合金	無機化学反応のためのプログラムを含む, パッケージ
USA	NIST-Boulder, MS 104.00, 325 Broadway, Boulder, Colo. 80305-3328, USA		NIST:REFROPに含まれている

データベースの名前		URL	作成機関		
NIST Pure Fluid	NIST Thermodynamic and Transport Properties of Pure Fluids Database	http://www.nist.gov/srd/nist12.htm	NIST	National Institute of Standards and Technology	http://www.nist.gov/
PLASPEC	PLASPEC Materials Selection Database	http://library.g-search.or.jp/scripts/bluesheets/dataview.asp?ref_id=321			http://pr.ist.go.jp/db/STN/dbsummary/pdf/PLASPEC.pdf
PPDS	Physical Property Data Service	http://www.ppds.co.uk/	TUV NEL Ltd		http://www.tuvnel.com/
PROPATH	A Program Package for Thermophysical Properties of Fluids（流体熱物性値プログラムパッケージ）	http://gibbs.mech.kyushu-u.ac.jp/propath/	PROPATH Group		
REFPROP	NIST Reference Fluid Thermodynamic and Transport Properties Database	http://www.nist.gov/srd/nist23.htm	NIST	National Institute of Standards and Technology	http://www.nist.gov/
SciGlass		http://www.esm-software.com/sciglass/ http://www.shef.ac.uk/library/cdfiles/sciglass.html http://www.twchioseaarch.com/DOCS/	ESM Software		http://www.esm-software.com/
SUPERCON	超伝導材料情報データベース	http://supercon.nims.go.jp/	NIMS	物質・材料研究機構	http://www.nims.go.jp/jpn/
SUPERTRAPP	NIST Thermophysical Properties of Hydrocarbon Mixtures Database	http://www.nist.gov/srd/nist4.htm	NIST	National Institute of Standards and Technology	http://www.nist.gov/
THRMOCALC		http://www.esc.cam.ac.uk/astaff/holland/thermocalc.html（PC版） http://www.earthsci.unimelb.ed	Roger Powell and Tim Holland	Powell: The University of Melbourne Holland: University of Cambridge	
THERMODATA		http://thermodata.online.fr/anglais.html	THERMODATA		
THERSYST	Thermophysical properties data bank for solid materials	http://www.ike.uni-stuttgart.de/dienste/tp/thermophys_e.htm	IKE	Institute for Nuclear Technology and Energy Systems	http://www.ike.uni-stuttgart.de/
TPMD	Thermophysical Properties of Matter Database	https://cindasdata.com/Applications/TPMD/Demo/splashScreen（デモ版）	CINDAS		https://engineering.purdue.edu/IIES/CINDAS/
TRAPP	Thermophysical Properties of Hydrocarbon Mixtures		OSRD		
Vapor Pressure	TRC Thermophysical Property Datafile I, Vapor Pressure Datafile		TRC	Thermodynamics Research Center	http://trc.nist.gov/

3.2 熱物性値のデータベース

国	住　所	収録データの内容	特徴・説明等
USA	NIST-Boulder, MS 104.00, 325 Broadway, Boulder, Colo. 80305-3328, USA		
USA			STN-International (http://pr.jst.go.jp/db/STN/dbsummary/pdf/PLASPEC.pdf)
UK	NEL: East Kilbride, Glasgow, G75 0QU, UK TUV Energy Service: 22 Rushy Platt, Caen View, Swindon, SN5 8WQ, UK	融点, 沸点, エンタルピー, 熱伝導率, 溶解度, 粘度, 蒸気圧, 相平衡：化学物質	広範なデータと計算プログラム（物性, 気液平衡, 石油留分, 状態方程式, 推算回帰）とから構成される. シミュレーションプログラムCONCEPTも含まれる. 利用者のデータも扱える. オンライン
			CD-ROM
USA	NIST-Boulder, MS 104.00, 325 Broadway, Boulder, Colo. 80305-3328, USA		
USA	2234 Wade Court, Hamilton, OH 45013, USA		
Japan	〒305-0047 茨城県つくば市千現1-2-1		
USA	NIST-Boulder, MS 104.00, 325 Broadway, Boulder, Colo. 80305-3328, USA		
Australlia & United Kingdom			
FR	6 rue du tour de l'eau, 38400 SAINT MARTIN D'HERES, FRANCE	密度, 比熱, エンタルピー, エントロピー, 自由エネルギー：金属, 合金, 無機化合物	評価値, THERMOSALTを含む, パッケージ, オンライン
Germany		熱伝導率, 熱拡散率, 比熱, エンタルピー, 線膨張係数, 体膨張係数, 密度, 電気抵抗率, 吸収率, 放射率, 反射率, 透過率, 屈折率, 消衰係数：金属, セラミック, 複合材など無機材料一般	豊富な材料同定情報,変数変換, 統計処理などを含む固体材料の本格的データベース, オンライン
			オンライン（CINDAS LLC https://cindasdata.com/About/）, CD-ROM
		密度, 粘度, 熱伝導率：有機物, 天然ガス, 石油	分子量20までの水酸化物についての, すべての圧力, 温度領域での推算, パッケージ
USA	NIST, 325 Broadway,Boulder, CO 80305-3328, USA		蒸気圧データの実験値と推算値, オンライン (Numerica;ファイル名TRC)

D.4 熱物性値の推算法の手引き
(Guide to Prediction Methods of Thermophysical Properties)

4.1 純粋液体および気体の熱力学的性質
(Thermodynamic Properties of Pure Liquids and Gases)

4.1.1 推算法の概要 (Review of Prediction Methods)

物質の製造あるいは工業装置の設計には,取り扱う物質の物性が不可欠となる.そのため信頼できる物性値が必要とされるが,実測値がすでに得られており,その信頼性が認められている場合は,それらを使用することが最良であろう.しかし,工業の各分野で対象とされる物質の数は膨大であり,それらのすべてについて物性値が既知というわけにはいかないのが現状である.そのため工学的に有用な推算法が要求されている.推算法に望まれることは,(1)任意の状態(気,液,固)で,任意の圧力および温度での信頼できる物性値が得られること,(2)計算に必要とされる入力データが少ないこと,(3)誤差が小さく,かつ誤差の程度も予測できること等である.また近年,コンピューターの演算時間は著しく短縮されているが,できれば計算に要する時間も少ない方が望ましい.これらすべての条件を満たす推算法は,未だ開発されていないといっても過言ではなく,多くの研究が試みられている.現在のところで,有用と思われる推算法を大別すると,次のようになる.

(1) ノモグラフ:通常2個程度の物質パラメータ(数表として与えられる)を用いて,特別に作成された線図より,任意の条件での物性値を読み取る.これは推算法というより,データの整理法と呼ぶべきかもしれない.

(2) 原子団寄与法(加算法):物質はいくつかの原子あるいは原子団(たとえばメチル基,エチル基)などより構成されている.そこで多くの実測値を用いて,物性値を各原子あるいは各原子団に共通になるように割り振った表を作成する.それらの値は,物質固有の値ではないので,それらの値を加算することで,目的物質の物性値を得ることができる.

(3) 対応状態原理:各物質を特徴づける特性値(たとえば臨界値)を用いて物性値を還元することで,物質に共通な一般化された線図を作成することができる.任意の物質については,その物質の臨界値を用い,線図より物性値を読み取ることができる.

(4) 状態方程式:実在流体(気,液体)のPVT関係を数式で表現するために,数多くの状態方程式が提案されている.正確な状態方程式が得られれば,直接PVT関係や密度を算出することができるし,熱力学関係式を用いて,エンタルピーあるいは熱容量などの熱力学的特性値を誘導することもできる.

上述の推算法について,いずれが最良かを決定することは困難であり,物性値の種類や要求される精度などにより使い分けられているのが現状である.また,物質を無極性分子と極性分子に分類して把握することも大切である.すなわち,無極性分子に適用できる推算法でも極性分子では,誤差が大きくなり補正が必要となることも多いからである.

4.1.2 PVTおよび密度 (PVT and Densities)

(a) 液体 (Liquids)

液体の密度は,比較的容易に推定できるため,一般的な物質については,いくつかの実測値が得られていることが多い.数多くの物質について,ある温度の液体密度がまとめられているので,参照されたい[1].また,使用に便利なノモグラフも作成されている[2].一方,場合によっては推算が必要とされるが,いくつかの方法を以下で紹介する.

(1) 標準沸点におけるモル体積

標準沸点における液体のモル体積は,化合物を構成する各原子に割り振られた加算因子を単に加算(合

---

1) Reid, R. C., Prausnitz, J. M. et al.: The Properties of Gases and Liquids, 3rd ed., McGraw-Hill (1977); 平田光穂監訳:気体,液体の物性推算ハンドブック,マグロウヒル (1985). 2) 佐藤一雄:物性定数推算法,第8版,丸善 (1954) 149. 3) Le Bas, G.: The Molecular Volumes of Liquid Chemical Compounds, Longmans (1915).

4.1 純粋液体および気体の熱力学的性質

Table D-4-1-1 標準沸点における液体のモル体積算出のための加算因子(Volume increments for the calculation of liquid molar volume at the normal boiling point)

原子	加算因子* (cm³/mol)
炭素	14.8
水素	3.7
酸素（下記以外）	7.4
（メチルエステル，メチルエーテル）	9.1
（エチルエステル，エチルエーテル）	9.9
（高級エステルおよびエーテル）	11.0
（アルコール，カルボン酸）	12.0
（S，P，Nとの結合）	8.3
窒素（第一アミン）	10.5
（第二アミン）	12.0
（第三アミン）	14.8
塩素（末端に結合：R-Cl）	21.6
（中間に結合：R-CHCl-R´）	24.6
臭素	27.0
フッ素	8.7
ヨウ素	37.0
イオウ	25.6

*環状化合物については，次の補正値を加える。三角環（酸化エチレンなど）:-6.0, 四角環（シクロブタンなど）:-8.5, 五角環（フランなど）:-11.5, 六角環（ベンゼンなど）:-15.0, ナフタレン環:-30.0, アントラセン環:-47.5

計）するだけで，比較的精度よく推算される．いくつかの試みが報告されているが，Le Basにより提案された加算因子をTable D-4-1-1に示す[3]．多くの物質について，4%以内の誤差で適用することができる．ただし空気，水，アンモニアなど構造が単純な分子には適用できないことに注意する必要がある．また，簡単な推算式として，次に示すTyn-Calusの式がある[4]．

$$V_b = 0.285 V_c^{1.048} \tag{1}$$

ここで，V_cは臨界モル体積である．Eq.(1)により，低沸点の永久ガスや窒素あるいはリンを含む化合物の一部（HCN, PH$_3$）を除いて，沸点モル体積V_bが3%以内の精度で推算できる．

(2) 対応状態原理

一般に，流体の圧縮因子Zは，次式で定義される．

$$Z = \frac{PV}{RT} \tag{2}$$

ここで，Pは圧力，Vはモル体積，Tは絶対温度であり，Rは気体定数である．したがって，Zの値は理想気体で1となる無次元数である．ここで臨界値

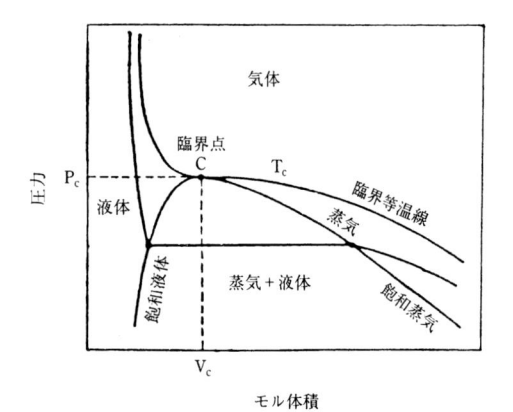

Fig. D-4-1-1 物質の状態（State for substance）

(Fig. D-4-1-1参照)を用いて，対臨界値［還元値 (reduced quantities), 無次元］を次式のように定義する．

$$P_r = \frac{P}{P_c}, \quad V_r = \frac{V}{V_c}, \quad T_r = \frac{T}{T_c} \tag{3}$$

これらの対臨界値を用いて，圧縮因子を表すと，次式のようになる．

$$Z = \left(\frac{P_c V_c}{RT_c}\right)\left(\frac{P_r V_r}{T_r}\right) = Z_c \left(\frac{P_r V_r}{T_r}\right) \tag{4}$$

したがって，臨界圧縮因子Z_cが物質によらないものとすれば，対臨界値を用いて物質の種類によらない一般的なZ線図が作成できることになる．これを対応状態原理と呼んでいる．実際には各物質群のZ_cの値は，Table D-4-1-2のように分布している．物質のなかでも大きな割合を占める炭化水素類の平均値が$Z_c = 0.27$であるので，これを基準として，次式のように補正値(D)を加えることが多い[5]．

$$Z = Z_{z_c = 0.27} + D(Z_c - 0.27) \tag{5}$$

この他，球形分子ではPitzerの偏心係数ωの値が0

Table D-4-1-2 臨界圧縮因子 (Critical compressibility factor)

Z_c	代表的物質
0.232	水
0.24～0.26	アンモニア，アセトン，エステル，アルコール
0.26～0.28	炭化水素類
0.28～0.30	ネオン，窒素，酸素，アルゴン，一酸化炭素，メタン，エタン，硫化水素

---

4) Tyn, M. T. & Calus W. F. : Processing, 21, 4 (1975) 16. 5) 斎藤正三郎・小島和夫ほか:例解演習化学工学熱力学, 日刊工業新聞社 (1980) 71. 6) Lee, B. I. & Kelser, M. G. : AIChE J., 21 (1975) 510.

Table D-4-1-3 臨界定数 (Critical properties)

物性	T_c (K)	P_c (MPa)	V_c (cm³/mol)	Z_c	ω
ヘリウム	5.3	0.229	57.8	0.300	0
ネオン	44.5	2.73	41.7	0.296	0
アルゴン	151	4.86	75.2	0.290	-0.002
水素	33.3	1.30	65.0	0.304	0
酸素	154.8	5.08	74.4	0.292	0.021
窒素	126.2	3.39	90.1	0.291	0.040
二酸化炭素	304.2	7.39	94.0	0.274	0.225
アンモニア	405.5	11.28	72.5	0.242	0.252
硫化水素	373.6	9.01	97.7	0.283	0.100
メタン	190.7	4.64	99.5	0.290	0.013
プロパン	369.9	4.26	200	0.277	0.152
n-ペンタン	469.5	3.37	311	0.269	0.252

となることから，$Z=Z^{(0)}+\omega\cdot Z^{(1)}$として，単純球形分子を基準にして数表を作成することも試みられ，精度の高いものが得られている[6]．ところで，2個の対臨界値(P_r, T_r)のみを用いる場合($Z_c=0.27$, $\omega=0$に相当)を2変数対応状態原理と呼び，Zcあるいはωなどを用いる場合を3変数対応状態原理と呼んでいる．むろん3変数対応状態原理を適用する方が推算精度が向上するが，極性の強い分子や水素，ヘリウムなどの気体に対しては，誤差が大きくなることに注意しなければならない．いずれにせよ，対応状態原理を適用する場合には，物質の臨界値が必要とされる．いくつかの物質の臨界値をTable D-4-1-3に示す．他の多くの物質については，データバンクを利用するとよい[1]．

対応状態原理の概念は，各種物性値(PVT，エンタルピーなどの熱力学的物性値のみならず粘度などの輸送物性値も含む)の有力な工学的推算手法を与えてくれる．その基本概念は，対応状態原理を用いることで，物質共通の一般化線図(あるいは関数)が得られることである液体の密度に関しては，Fig. D-4-1-2に示されるような臨界密度ρ_cを用いた一般化線図が得られている[7]．これは，$Z_c=0.27$の物質についてのものであり，それ以外の物質についてはEq. (5)のように補正が必要とされる．

(3) 状態方程式

物質のPVT関係を表す状態方程式については後述するが，液体領域も満足に表現できる適切な状態方程式があれば，むろん液体の密度も容易に推算可能となる．しかしながら，気液両相にわたって満足な状態方程式を得ることはきわめて困難である．そのため，液体の密度については専用の推算式がいくつか報告されている．いずれも対応状態原理に基づくものであるが，一例として飽和液体の密度の推算では，最も精

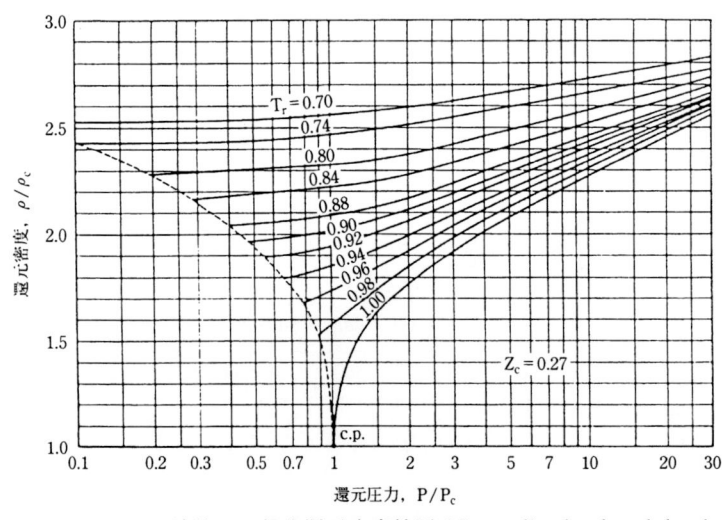

Fig. D-4-1-2 液体の一般化還元密度線図 (Generalized reduced density chart for liquid)

---

7) 斎藤正三郎・小島和夫ほか：例解演習化学工学熱力学，日刊工業新聞社 (1980) 73.　8) Gunn, R. D. & Yamada, T. : AIChE J., 17 (1971) 1341.

度が高い推算法の一つとして評価されている Gunn と Yamada の式[8] を次に示す．

$$\frac{V}{V_{sc}} = V_r^{(0)}(1-\omega \Gamma) \qquad (6)$$

ここで V_{sc}（スケーリング因子）は，$T_r = 0.6$ における飽和液モル体積 $V_{0.6}$ を用いて，次式で与えられる．

$$V_{sc} = \frac{V_{0.6}}{0.3862 - 0.0866\omega} \qquad (7)$$

また，$V_{0.6}$ が入手できない場合には，次の近似式を用いる．

$$V_{sc} = \frac{RT_c}{P_c}(0.2920 - 0.0967\omega) \qquad (8)$$

Eq. (6) で必要とされる Γ および $V_r^{(0)}$ の値は，それぞれ次式より得られる．

$$\Gamma = 0.29607 - 0.09045 T_r - 0.04842 T_r^2 \ (0.2 \leq T_r < 1.0) \qquad (9)$$

$$V_r^{(0)} = 0.33593 - 0.33953 T_r + 1.51941 T_r^2$$
$$- 2.02512 T_r^3 + 1.11422 T_r^4 \ (0.2 \leq T_r \leq 0.8) \qquad (10)$$

$$V_r^{(0)} = 1.0 + 1.3(1-T_r)^{1/2}\log(1-T_r) - 0.50879(1-T_r)$$
$$- 0.91534(1-T_r)^2 \ (0.8 < T_r < 1.0) \qquad (11)$$

なお，ある温度（T_0）でのモル体積（V_0）が既知であれば，Eq. (6) を直接 $V/V_0 = \{V_r^{(0)}(T)[1-\omega \Gamma(T)]\}/\{V_r^{(0)}(T_0)[1-\omega \Gamma(T_0)]\}$ と適用することで，V_{sc} の値を必要とせず任意の温度（T）での飽和液体のモル体積が推算できる．

前述の Gunn-Yamada の推算式は，$T_r \leq 0.99$ の飽和液体の密度の推算に現在のところ最良の結果を与え，無極性分子についての推算誤差は 1% 以下である．この他，Yen-Woods の推算式[9] があるが，飽和領域以外の任意の温度，圧力での液体密度を求めることができる．約 100 種の極性，無極性液体について適用した結果，3～6% 以内の誤差であったと報告されている．同様に対応状態原理に基づいた推算式として，Chueh-Prausnitz の推算式[10]，Lyckman-Eckert-Prausnitz の推算式[11]，さらに Rackett 式[12] の修正式[13,14]，COSTALD 式[15] および Teja らの方法[16] などがある．

加圧下（圧力 P）の液体のモル体積は，通常次に示す Tait 式で表現されることが多い．

$$V = V_{sat}(1 - C\ln\frac{B+P}{B+P_{sat}}) \qquad (12)$$

ここで，V_{sat} および P_{sat} は問題としている温度における飽和液体のモル体積および蒸気圧である．また，定数 B および C は，一般化式として与えられている[17,18]．

（b）気体（Gases）

気体の PVT 関係の推算式には，液体の場合と同様に対応状態原理あるいは状態方程式を用いるものが多い．なお，蒸気相（$T_r < 1$，$P_r < 1$）の圧縮因子を簡便に求めるためのノモグラフも作成されている[19]．

(1) 対応状態原理

前述の対応状態原理に基づき，Z 線図が作成されている．Fig. D-4-1-3 に，$Z_c = 0.27$ の一般化線図を示す．

なお，$Z_c = 0.27$ 以外の物質については，Eq. (5) に示されるように補正が必要となる．一般化線図を用いた場合，臨界点付近を除いて 4～6% の誤差で圧縮因子の推算が可能である．

(2) 状態方程式

理想気体に関する状態方程式は，よく知られているように $PV = RT$ で与えられるが，実在流体の挙動を正しく表現できる（定数的ではあるが）状態方程式として最初に提出されたのは，次の van der Waals 式である．

$$(P + \frac{a}{V^2})(V-b) = RT \qquad (13)$$

ここで，a および b は物質定数であり，次式で与えられる．

$$a = \frac{27R^2T_c^2}{64P_c} = 3P_cV_c^2 = \frac{9}{8}RT_cV_c \qquad (14)$$

$$b = \frac{TT_c}{8P_c} = \frac{V_c}{3} \qquad (15)$$

Eq. (13) は，理想気体の状態方程式 $PV = RT$ に分子間引力および分子サイズの補正を加えた式とみる

---

9) Yen, L. C. & Woos, S. S. : AIChE J., 12 (1966) 95.　10) Chueh, P. L. & Prausnitz, J. M. : AIChE J., 13 (1967) 1099 ; 15 (1969) 471.　11) Lyckman, E. W., Echert, C. A. et al, : Chem. Eng. Sci., 20 (1965) 703.　12) Rackett, H. G. : J. Chem. Eng. Data, 15 (1970) 514.　13) Yamada, T. & Gunn, R. D. : J. Chem. Eng. Data, 18 (1973) 234.　14) Spencer, C. F. & Danner, R. P. : J. Chem. Eng. Data, 17 (1972) 236.　15) Hankinson, R. W. & Thomson, G. H. : SIChE J., 25 (1979) 653.　16) Teja, A. S. & Sandler, S. I. : AIChE J., 26 (1980) 337.　17) Hankinson, R. W., Coker, T. A. et al. : Hydrocarbon Process., 61, (4) (1982) 207.　18) Thomson, G. H., Brabst, K. R. et al. : AIChE J., 28 (1982) 671.　19) 佐藤一雄：物性定数推算法，第8版，丸善 (1954) 45.　20) Dymond, J. H. & Smith, E. B. : The Virial Coefficients of Pure Gases and Mixtures, Clarendon Press (1980).

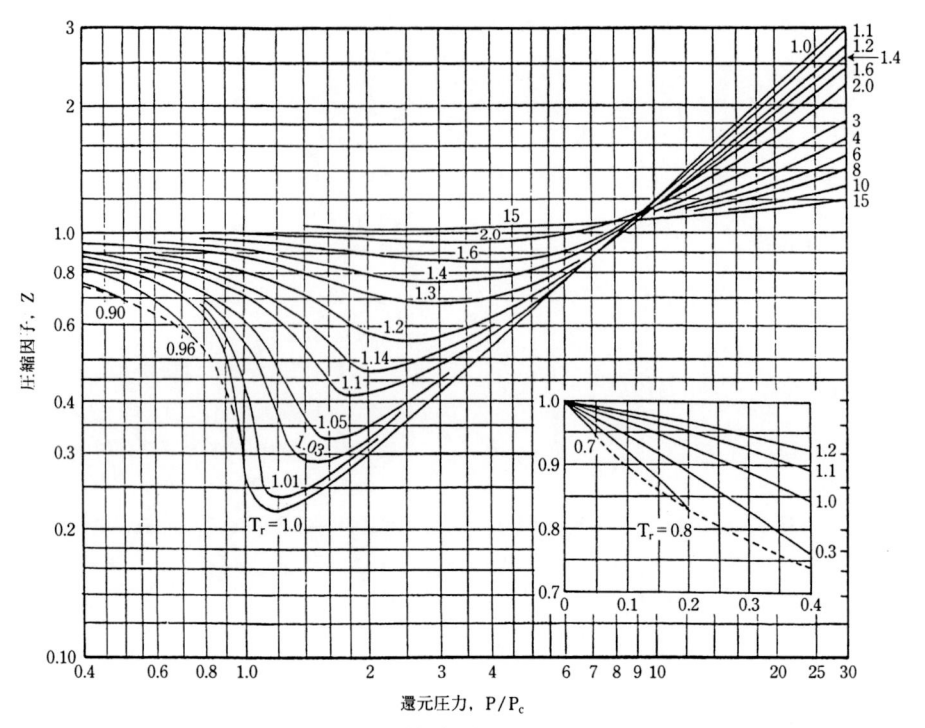

Fig. D-4-1-3 気体および蒸気の一般化圧縮因子線図（Generalized compressibility factor chart for gas and vapor）

ことができる．一方，理想気体の圧縮因子 Z は 1 となることから，それに次のような補正項を加えることも考えられる．

$$Z = 1 + \frac{B}{V} + \frac{C}{V^2} \cdots \quad (16)$$

$$Z = 1 + B'P + C'P^2 + \cdots \quad (17)$$

前者を Leiden 型，後者を Berlin 型のビリアル状態方程式と呼んでいる．また B，B' および C，C' は第2ビリアル係数および第3ビリアル係数と呼ばれるが，$B' = B/RT$ および $C' = (C-B^2)/(RT)^2$ の関係にある．気体密度が臨界密度の 1/2 以下の領域（$\rho < \rho_c/2$）では，第2ビリアル係数の項までで近似できる．その場合，圧縮因子は次のように与えられる．

$$Z = 1 + \frac{BP}{RT} \quad (18)$$

したがって，第2ビリアル係数 B の値が入手できれば，Eq.(18)で圧縮因子を算出することができる．第2ビリアル係数データは，Dymond と Smith によって収録されている[20]．また推算式としては，単純な球形分子に関する McGlashan-Potter 式がある．

$$\frac{B}{V_c} = 0.430 - 0.866 \frac{T_c}{T} - 0.694 \left(\frac{T_c}{T}\right)^2 \quad (19)$$

なお，複雑な分子や極性の強い分子（ただし水素結合のない分子）については，Tsonopoulos の推算式を適用するとよい[21]．一般に，高次のビリアル係数を追加すれば適用範囲を拡げることができるが，液体を含めての高密度域までの拡張はかなり困難である．そのため，経験的に指数項を加えた次に示す Benedict-Webb-Rubin 状態方程式（BWR 式と略記することが多い）が提案されている[22]．

$$P = RT\rho + \left(B_0 RT - A_0 - \frac{C_0}{T^2}\right)\rho^2 + (bRT - a)\rho^3$$

---

21) Tsonopoulos, C. : AIChE J., 20 (1974) 263.　22) Benedict, M., Webb, G. B. et al. : J. Chem. Phys., 8 (1940) 334.　23) 斎藤正三郎・荒井康彦：状態方程式の最近の進歩，化学工学物性定数8巻，化学工業社 (1986).　24) Soave, G. : Chem. Eng. Sci., 27 (1972) 1197.　25) Peng, D.-Y. & Robinson, D. B. : Ind. Eng. Chem. Fundam., 15 (1976) 59.　26) Schmidt, G. & Wenzel, H. : Chem. Eng. Sci., 35 (1980) 1503.　27) Patel, N. C. & Teja, A. S. : Chem. Eng. Sci., 37 (1982) 463.　28) Lee, B. I., Erbar, J. H. et al. : AIChE J., 19 (1973) 349 ; Chem. Eng. Prog., 68, 9 (1972) 83.

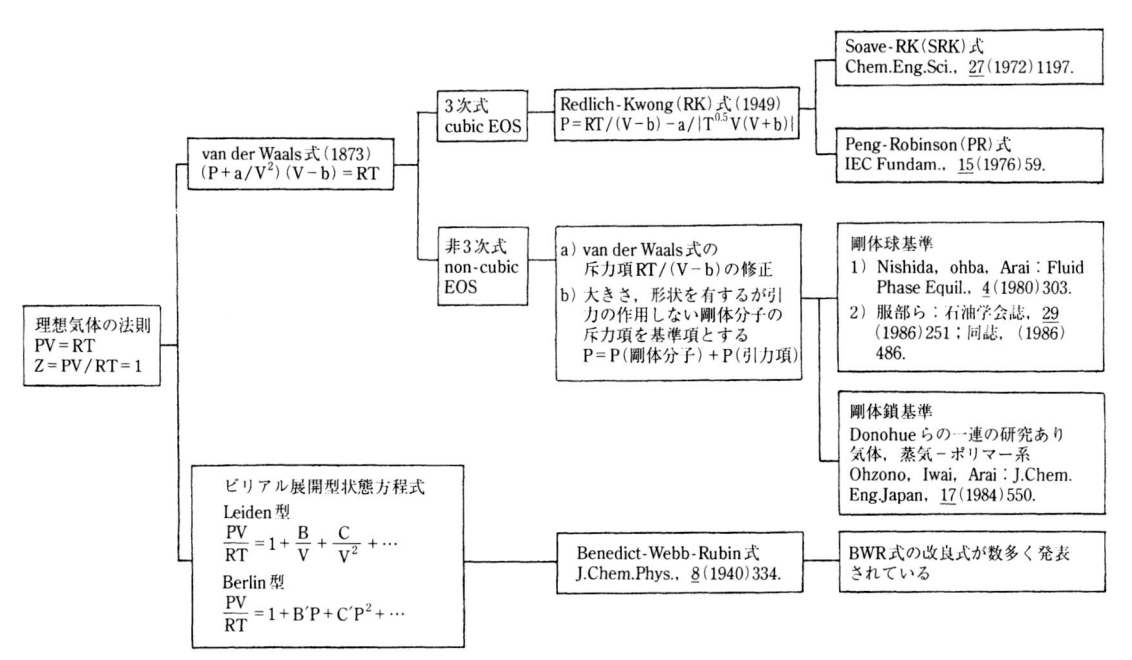

4.1 純粋液体および気体の熱力学的性質

Fig. D-4-1-4 状態方程式の発展 (Development of equation of state)

$$+ a\alpha\rho^6 + \frac{C\rho^3}{T^2}(1+\gamma\rho^2)\exp(-\gamma\rho^2) \quad (20)$$

ただし，ρ はモル密度（$\rho=1/V$）であり，8個の物質定数が含まれている．

　状態方程式は物性推算に有用なため，van der Waals 式の出現以来きわめて多くの研究が試みられ，提出された状態方程式の数は100を超えていると言われている．しかし，それらの多くは Fig. D-4-1-4 に示すように van der Waals 型とビリアル展開型に大別することができ，それぞれの特徴については，すでに概説されている[23]．

　van der Waals 型の状態方程式としては，Soave-Redlich-Kwong 式（SRK 式）[24]，Peng-Robinson 式（PR式）[25]，Schmidt-Wenzel 式（SW式）[26]，Patel-Teja 式（PT式）[27]などが有用であろう．無極性炭化水素については，SRK 式や PR 式で十分な精度（臨界点付近を除き1〜2％以内）が得られるが，極性物質や重質炭化水素については SW 式や PT 式を用いた方がよい．また Lee-Erbar-Edmister 式[28] は，とくに炭化水素を対象として開発された．なおこれらの他 Barner-Adler 式[29] および Sugie-Lu 式[30] も極性の強い物質を除いて，精度の良い式として推薦できる．なお参考までに，プロセス設計などに広く用いられる SRK 式および PR 式を次に示す．

$$\text{SRK 式}: P = \frac{RT}{V-b} - \frac{a}{V(V+B)} \quad (21)$$

$$a = a_c\{1+m(1-T_r^{0.5})\}^2 \quad (22)$$

$$a_c = 0.42747R^2T_c^2/P_c \quad (23)$$

$$m = 0.480 + 1.574\omega - 0.176\omega^2 \quad (24)$$

$$b = 0.08664RT_c/P_c \quad (25)$$

$$\text{PR 式}: P = \frac{RT}{V-b} - \frac{a}{V(V+b)+(V-b)} \quad (26)$$

$$a = a_c\{1+n(1-T_r^{0.5})\}^2 \quad (27)$$

$$a_c = 0.45724R^2T_c^2/P_c \quad (28)$$

$$n = 037464 + 1.54226\omega - 0.26992\omega^2 \quad (29)$$

$$b = 0.07780RT_c/P_c \quad (30)$$

いずれの式についても物質定数 a, b は臨界値 P_c，T_c および Pitzer の偏心因子 ω の値より算出すること

29) Barner, H. E. & Adler, S. B.: Ind. Eng. Chem. Fundam., 9 (1970) 521.　30) Sugie, H. & Lu, B. C.-Y.: AIChE J., 17 (1971) 1068.　31) シンポジウムシリーズ2：状態方程式の開発ならびに相平衡計算への応用，化学工学協会状態方程式研究会 (1983).　32) 長谷昌紀：化学工学協会第21回秋季大会講演要旨集，J115 (1988) 453.　33) Yu, J.-M., Su, B. C.-Y. et al.: Fluid Phase Equilibria, 37 (1987) 207.　34) Iwai, Y., Margerum, M. R. et al.: Fluid Phase Equilibria, 42 (1988) 21.　35) Starling, K. E. & Han, M. S.: Hydrocarbon Process., 51, 5 (1972) 129.　36) Nishiumi, H. & Saito, S.: J. Chem. Eng. Japan, 8 (1975) 356.

ができる．最近，状態方程式の開発に関するレポートがまとめられており，参考になる[31]．

なお，長谷によって臨界点付近も含めて，精度の高い半経験式が提案された[32]．それは次式で与えられる．

$$P = \frac{RT(1+d/V^2)}{V-b_1-b_2/V} - \frac{RT(1+d/V^2)a_1 + a^2/V^m}{V(V-c)} \quad (31)$$

すなわち，van der Waals定数のaおよびbをモル体積の関数としている．なお，a_1, a_2, b_1, b_2, c, dおよびmの7個の物質定数を含むが，mは1.3とされている．またとくに飽和領域や極性物質への適用精度の向上を目的とした試みもある[33,34]．

BWR式は定数も多く（原式では物質定数8個），高密度領域までのPVT関係を精度よく表現することができる．とくに低温域への拡張を試みたStarling-Han式（11定数式）[35]および西海-斎藤式（15定数式）[36]がある．また参照流体の考えを取り入れたLee-Kesler式がある．とくに参照流体を使用するLee-Kesler式は，炭化水素および非炭化水素など広い物質群に精度よく（臨界点付近を除けば2〜3％以内）適用することができる．これらのBWR型の状態方程式の定数は，各物質ごとに決定されていたが，その後の改良式は一般化されているので，臨界値や偏心因子を用いて決定できる．なお参考までに，西海-斎藤による15定数のBWR式およびLee-Kesler式を次に示す．

西海-斎藤のBWR式（15定数式）：

$$\begin{aligned}P = &RT\rho + (B_0RT + A_0 - C_0/T^2 + D_0/T^3 \\ &- E_0/T^4)\rho^2 + (bRT - a - d/T - e/T^4 - f/T^{23})\rho^3 \\ &+ \alpha(a + d/T + e/T^4 + f/T^{23})\rho^6 + (c/T^2 + g/T^8 \\ &+ h/T^{17})\rho^3(1+\gamma\rho^2)\exp(-\gamma\rho^2)\end{aligned} \quad (32)$$

ここでρはモル密度であり，定数は次式で与えられる．

$B_0 = (0.443690 + 0.115449\omega)/\rho_c,$
$A_0 = (1.28438 - 0.920731\omega)RT_c/\rho_c,$
$C_0 = (0.356306 + 1.70871\omega)RT_c^3/\rho_c,$
$D_0 = (0.0307452 + 0.179433\omega)RT_c^4/\rho_c,$
$E_0 = [0.006450 - 0.022143\omega\exp(-3.8\omega)]RT_c^5/\rho_c,$
$b = (0.528629 + 0.349261\omega)/\rho_c^2,$
$a = (0.484011 + 0.754130\omega)RT_c/\rho_c^2,$
$d = (0.0732828 + 0.463492\omega)RT_c^2/\rho_c^2,$
$\alpha = (0.0705233 - 0.044448\omega)/\rho_c^3,$
$c = (0.504087 + 1.32245\omega)RT_c^3/\rho_c^2,$
$\gamma = (0.544979 - 0.270896\omega)/\rho_c^2,$
$e = [4.65593 \times 10^{-3} - 3.07393 \times 10^{-2}2\omega + 5.58125$
$\quad \times 10^{-2} \times \omega^2 - 3.40721 \times 10^{-3}\exp(-7.72753\omega$
$\quad -45.3152\omega^2)] \times RT_c^5/\rho_c^2,$
$f = [0.697 \times 10^{-13} + 8.08 \times 10^{-13}\omega - 16.0 \times 10^{-13}\omega^2$
$\quad -0.363078 \times 10^{-13}\exp(30.9009\omega - 283.680\omega^2)],$
$\quad \times RT_c^{24}/\rho_c^2,$
$g = [(2.20 \times 10^{-5} - 1.065 \times 10^{-4}\omega) + 1.09 \times 10^{-5}$
$\quad \times \exp(-26.024\omega)]RT_c^9/\rho_c^2,$
$h = [-2.40 \times 10^{-11} + 11.8 \times 10^{-11}\omega - 2.05 \times 10^{-11}$
$\quad \times \exp(-21.52\omega)]RT_c^{18}/\rho_c^2 \quad (33)$

ただし，$\rho_c = 1/V_c$である．

Lee-Kesler式：

$$Z = Z^{(0)} + \left(\frac{\omega}{\omega^R}\right)\{Z^{(R)} - Z^{(0)}\} \quad (34)$$

ここで上付添字(0)は基準流体（アルゴンなど，$\omega = 0$）を，(R)は参照流体（n-オクタン，$\omega = 0.3978$）を意味し，$Z^{(0)}$および$Z^{(R)}$は次式で与えられる．

$$Z = 1 + \frac{B}{V_r} + \frac{C}{V_r^2} + \frac{D}{V_r^5} + \frac{c_4}{T_r^3 V_r^2}\left(\beta + \frac{\gamma}{V_r^2}\right)\exp\left(-\frac{\gamma}{V_r^2}\right) \quad (35)$$

ここで

Table D-4-1-4　Lee－Kesler式の定数
(Constants of Lee－Kesler equation)

	基準流体[0] $\omega = 0$	参照流体[R] $\omega = 0.3978$
b_1	0.1181193	0.2026579
b_2	0.265728	0.331511
b_3	0.154790	0.027655
b_4	0.030323	0.203488
c_1	0.0236744	0.0313385
c_2	0.0186984	0.0503618
c_3	0.0	0.016901
c_4	0.042724	0.041577
d_1	0.155488×10^{-4}	0.48736×10^{-4}
d_2	0.623689×10^{-4}	0.0740336×10^{-4}
β	0.65392	1.226
γ	0.060167	0.03754

[37] 化学工学協会編：化学工学便覧（改訂5版），丸善 (1988)．[38] Lydersen, A. L.："Estimation of Critical Properties of Organic Compounds", Univ. Wisconsin Coll. Eng., Eng. Exp. Stn. Rep. 3, Madison, Wis., April (1955).

4.1 純粋液体および気体の熱力学的性質

$$B = b_1 - \frac{b_2}{T_r} - \frac{b_3}{T_r^2} - \frac{b_4}{T_r^3} \quad (36)$$

$$C = c_1 - \frac{c_2}{T_r} + \frac{c_3}{T_r^3} \quad (37)$$

$$D = d_1 + \frac{d_2}{T_r} \quad (38)$$

基本流体および参照流体の物質定数は Table D-4-1-4 に示されている。これらの値を用い $Z^{(0)}$ および $Z^{(R)}$ を求め Eq.(33)に代入すれば，任意の物質（Pitzer の偏心因子の値は ω）の Z を算出することができる.

上述したように，PVT あるいは密度を推算する有力な手法には，対応状態原理あるいは状態方程式がある．前者では対臨界値を求めるために，後者ではパラメーターを算出するために臨界定数が必要とされることが多い．臨界定数は一般に便覧[37]やデータブック[1]に物性定数表として与えられているが，物質によっては実測値が得られておらず，推算する必要が生ずることも少なくない．その場合, Lydersen の方法（原子団寄与法に基づく加算式）が有用である[38].

4.1.3 エンタルピー (Enthalpy)

純液体および気体のエンタルピーも，対応状態原理あるいは状態方程式を適用することで推算できる.

(a) 液体 (Liquids)

エンタルピーは，圧力や温度に依存する状態量であるが，液体のエンタルピーに対する圧力の影響は，一般に小さい.

(1) 対応状態原理

エンタルピーに関しても，前述の対応状態原理を適用して，一般化線図を作成することができる．圧縮因子 $Z=0.27$ の物質について作成された一般化エンタルピー線図を Fig. D-4-1-5 に示す．対臨界値 T_r および P_r の値より，エンタルピー偏倚 $(H^*-H)/T_c$ を読み取ることができるが，その単位は cal/(mol・K) である．ここで，H^* は問題とされる温度における理想気体状態 ($P=0$, $V=\infty$) でのエンタルピーを意味する．なお圧縮因子が 0.27 以外の物質については, Eq.(5) 同様に補正が必要となる．この他，エンタルピー偏倚の一般化線図は, Yen と Alexander ら[39]によっても作成されている．また, Lee と Kesler[6]によって，一般化表も提出されている．さらに

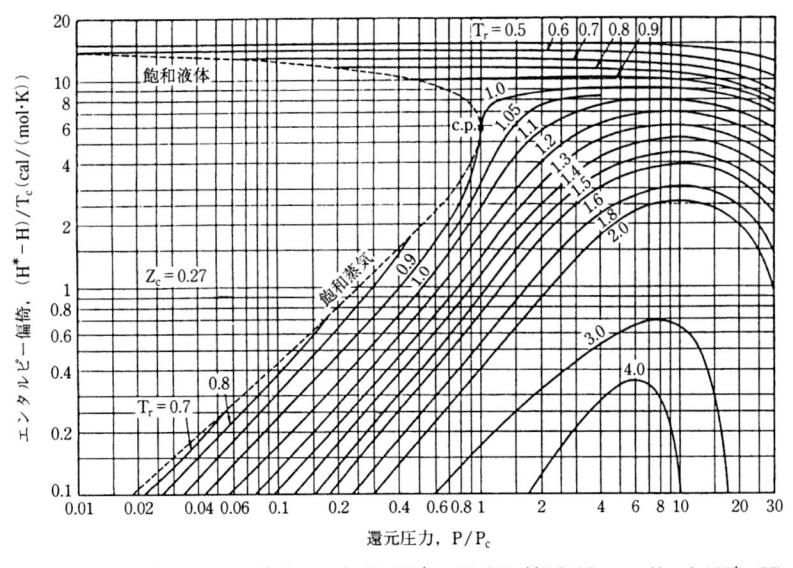

Fig. D-4-1-5 気体および液体の一般化 $(H^*-H)/T_c$ 線図 (Generalized $(H^*-H)/T_c$ Chart for Gas and Liquid)

39) Yen, L. C. & Alexander, R. E.: AIChE J., 11 (1965) 334. 40) Lu, B. C.-Y., Hsi, C. et al.: Chem. Eng. Prog. Symp. Ser., 7 (1974) 56. 41) 斎藤正三郎・小島和夫ほか：例解演習化学工学熱力学, 日刊工業新聞社 (1980) 22. 42) 佐藤一雄：物性定数推算法, 第8版, 丸善 (1954) 233.

低温域へ拡張された一般化表が，Luらによって報告されている[40]．

(2) 状態方程式

エンタルピー偏倚は，熱力学的に次式で与えられる[41]．

$$H-H^* = \int_V^\infty [P - T(\frac{\partial P}{\partial T})_V]dV + PV - RT \quad (39)$$

したがって原理的には，正確な状態方程式が得られれば，Eq.(39)よりエンタルピー偏倚を求めることが可能になる．しかしながら，高密度域までの広範囲にわたり，精度の高い状態方程式は入手困難であるため，Eq.(39)より直接エンタルピー偏倚（液相）を求めることは，さけた方がよいであろう．

純粋液体の温度TにおけるエンタルピーH^Lは，一般に次式のように3つの項に分割して表すことができる．

$$(H^L - H^*)_T = (H^L - H^{SL})_T + (H^{SL} - H^{SV})_T + (H^{SV} - H^*)_T \quad (40)$$

ここで上付添字SLおよびSVは，それぞれ飽和液体および飽和蒸気の値を意味する．したがって右辺第2項は蒸発エンタルピーに相当し，実測値を使用するか適当な推算法（対応状態原理など）[1,42]を用いることで入手できる．一方，第3項は，気相のエンタルピー偏倚であり，後述の推算法（状態方程式など）を適用すれば求められる．残る第1項は，液相エンタルピーに対する圧力効果の項であり，通常は他の二項に比べて小さい．必要があれば，この項$(H^L - H^{SL})$を一般化線図を使用して求めるか，あるいは$(H^L - H^{SL})_T = (H^* - H^{SL})_T - (H^* - H^L)_T$として，右辺各項を適当な状態方程式より導出されたエンタルピー偏倚式を用いて算出することで，Eq.(40)より液体のエンタルピー偏倚が得られる．たとえばLee-Kesler状態方程式より誘導されたエンタルピー偏倚式[6]およびYen-Alexanderのエンタルピー偏倚式[39]が適用可能である．

(b) 気体 (Gases)

(1) 対応状態原理

すでに液体の項で解説した，一般化エンタルピー偏倚線図(Fig.D-4-1-5)を用いることで，気体のエンタルピー偏倚を推算することができる．

(2) 状態方程式

前出のEq.(39)に，適当な状態方程式を代入することで，エンタルピー偏倚の推算式が導出される．参考までに，代表的なRK式［オリジナル式：$P = RT/(V-b) - a/T^{0.5}V(V+b)$］およびBWR式［オリジナル式，Eq.(20)］をEq.(39)に代入して求めたエンタルピー偏倚式を次に示す．

$$(H-H^*)_{RK} = \frac{bRT}{V-b} - \frac{a}{T^{0.5}(V+b)} - \frac{3a}{2bT^{0.5}} \ln \frac{v+b}{v} \quad (41)$$

$$(H-H^*)_{BWR} = \frac{B_0RT - 2A_0 - 4C_0/T^2}{V} + \frac{2bRT - 3a}{2V^2} + \frac{6a\alpha}{5V^5} + \frac{c}{T^2V^2}\left[\frac{3V^2\{1-\exp(-\gamma/V^2)\}}{\gamma}\right] - \frac{\exp(-\gamma/V^2)}{2} + \frac{\gamma}{V^2}\exp\left(1\frac{\gamma}{V^2}\right) \quad (42)$$

したがって，状態方程式の物質定数を用いて，エンタルピー偏倚が推算できる．

Eq.(39)は温度Tにおけるエンタルピー偏倚を与える式であるが，より一般的には基準になる温度T_0を用いて，次式のように表現することが多い．

$$H(T,P) - H(T_0,0) = \{H(T,P) - H(T,0)\} + \{H(T,0) - H(T_0,0)\} \quad (43)$$

ここで，右辺第1項は等温変化であるので，Eq.(39)より算出することができる．一方，第2項は$P=0$すなわち理想気体状態でのエンタルピー偏倚であり，理想気体の定圧熱容量C_p^*を用いて，次式より求めることができる．

$$H(T,0) - H(T_0,0) = \int_{T^*}^T TC_p^* dT \quad (44)$$

一般には基準温度に0Kを選び，$T=0$および$P=0$におけるエンタルピーを0として，理想気体エンタルピー$H(T,0)$を温度の関数として表した使用上便利な式が提出されている[43,44]．

プロセス設計などでは，状態1(T_1, P_1)から状態2(T_2, P_2)へ変化した場合のエンタルピー変化$H_2 - H_1$を必要とすることが多い．その場合は，$H_2 - H_1 = (H_2^* - H_1^*) - \{(H_2^* - H_2) - (H_1^* - H_1)\}$として，$\{\ \}$のエンタルピー偏倚の各項をEq.(39)より算出し，$H_2^* - H_1^*$をEq.(44)と同様にして，理想気体の定圧熱容量を積分することで求められる．なお，理

---

43) Orye, R. V. : Ind. Eng. Chem. Process Des. Dev., 8 (1969) 579. 44) Zellner, M. G., Claitor, L. C. et al. : Ind. Eng. Chem. Fundam., 9 (1970) 549.

想気体状態の気体の定圧熱容量の推算法については,後述する.圧力が十分低くなると,気体は理想状態に近づく.理想気体状態での熱力学的性質(熱容量,エントロピー,生成エンタルピー,Gibbsの生成エネルギーなど)は,重要な基本物性値となるが,原子団寄与法により推算可能である[1]).

多くの状態方程式から誘導されたエンタルピー偏倚式による推算が試みられている.Yen-Alexander式[39])が多くの物質について検討され,無極性気体については一般に2～3 cal/g以内で,極性気体については通常6 cal/g以内の誤差でエンタルピー偏倚が推算可能である[45]).また,Soaveの修正Redlich-Kwong式[24]),Lee-Kesler式[6]),Lee-Erbar-Edmister式[46]),修正BWR式[47])では,1 cal/g以内の誤差である.なおBarner-Adler式[29]),Sugie-Lu式[30])も十分な精度で適用可能である.その精度はYen-Alexander式と同程度であろう.炭化水素については,Lee-Kesler式が良い結果を与えるものと思われる.なお,エンタルピーの測定および推算に関しては,斎藤の解説があり,参考になろう[48]).

4.1.4 熱容量および比熱
(Heat Capacity and Specific Heat)

定圧および定容の熱容量は,次式で定義される.

$$C_p = \left(\frac{\partial H}{\partial T}\right)_p = T\left(\frac{\partial S}{\partial T}\right)_p \tag{45}$$

$$C_v = \left(\frac{\partial U}{\partial T}\right)_v = T\left(\frac{\partial S}{\partial T}\right)_v \tag{46}$$

また両者の間には,次式が成立する.

$$C_p - C_v = T\left(\frac{\partial V}{\partial T}\right)_p \left(\frac{\partial P}{\partial T}\right)_v \tag{47}$$

したがって,理想気体1 molについては,$C_p - C_v = R$となる.ただし,実在の流体ではEq.(47)の右辺を適当な方法により求めなければならない.

(a) 液体 (Liquids)

液体の熱容量は,定圧における温度変化に伴うエンタルピー変化(C_p),温度変化による飽和液体のエンタルピー変化(C_σ)および飽和状態を保ったままで液体の温度変化に必要なエネルギー(C_{sat})の3者が用いられている.それぞれ,次の関係にある.

$$\begin{aligned}C_\sigma &= \frac{dH_\sigma}{dT} = C_p + \left[V_\sigma - T\left(\frac{\partial V}{\partial T}\right)_p\right] - T\left(\frac{dP}{dT}\right)_\sigma \\ &= C_{sat} + V_\sigma\left(\frac{dP}{dT}\right)_\sigma\end{aligned} \tag{48}$$

ここで$(dP/dT)_\sigma$は,温度による蒸気圧変化を意味する.高温領域を除けば,これら3者の熱容量の値は,かなり類似したものである.

液体の定圧熱容量は,T_rが0.7あるいは0.8以上の高温領域を除いて,あまり温度には依存しない.一般に温度とともに増加し,1次式($C_p = a + bt$)で表されることが多い.いくつかの液体についての係数(a, b)の値あるいは使用に便利なノモグラフが与えられている[49]).

(1) 原子団寄与法(加算法)

熱容量は,一般に化学構造に関して加成性が成立し,固体の場合はNeumann-Koppの法則として知られている.液体に関しても,同様に加成因子がTable D-4-1-5のように与えられている[49]).ただし,無機物質の概略値を推算するには有用であるが,有機物質については誤差が大きくなるので注意しなければならない.

ChuehとSwansonは,室温付近における液体のC_pを推算するための原子団寄与法を提案している[50]).加算因子をTable D-4-1-6に示すが,2～3%以内の誤差で推算できる.この他Missenardは,-25～100℃のC_pを推算するための加算因子を報告しているが,誤差は5%程度であり,二重結合を含んだ物質には適用できない[51]).またLuriaとBensonは,標準

Table D-4-1-5 熱容量の液体用加算因子(Heat capacity increments for liquids)

原子	加算因子 (J/(mol·K))	原子	加算因子 (J/(mol·K))
C	11.7	F	29.3
H	18.0	P	31.0
B	19.7	S	31.0
Si	24.3	その他	33.5
O	25.1		

---

45) Garcia-Rangel, S. & Yen, L. C. : 159 th Natil. Meet., ACS, Houston, Tex., Feb. (1970). 46) Dillard, D. D. & Edmister, W. C. : AIChE J., 14 (1968) 923. 47) Starling, K. E. & Powers, J. E. : 150 th Meet. ACS, Houston, Tex., Feb. (1970). 48) 斎藤正三郎:蒸留技術, 4, 3 (1974) 152; 4, 4 (1974) 218; 5, 2 (1975) 108; 5,4 (1975) 278. 49) 佐藤一雄:物性定数推算法, 第8版, 丸善 (1954) 164. 50) Chueh, C. F. & Swanson, A. C. : Chem. Eng. Prog., 69, 7 (1973) 83; Can. J. Chem. Eng., 51 (1973) 596. 51) Missenard, F.-A. : C. R. 260 (1965) 5521. 52) Luria, M. & Benson, S. W. : J. Chem. Eng. Data, 20 (1977) 90.

Table D-4-1-6 液体 (20 ℃) の熱容量に対する原子団寄与 (Group contributions for heat capacities of liquids at 20 ℃)

原子団	値*	原子団	値*
アルカン		>CHOH	18.2
		>COH	26.6
$-CH_3$	8.80	$-OH$	10.7
$-CH_2-$	7.26	$-ONO_2$	28.5
$>CH-$	5.00	窒素	
$>C<$	1.76		
アルケン		$-NH_2$	14.0
		$-NH-$	10.5
$=CH_2$	5.20	$>N-$	7.5
$=CH-$	5.10	$-N=$ (環状内)	4.5
$=C<$	3.80	$-CN$	13.9
アルキン		イオウ	
$\equiv CH$	5.90	$-SH$	10.7
$\equiv C-$	5.90	$-S-$	8.0
環状内		ハロゲン	
$>CH-$	4.4	$-Cl$ (第一, 第二炭素に結合)	8.6
$>C=$	2.9		
$>C<$	2.9	$-Cl$ (第三, 第四炭素に結合)	6.0
$-CH=$	5.3		
$-CH_2-$	6.2	$-Br$	9.0
		$-F$	4.0
		$-I$	8.6
酸素		水素	
$-O-$	8.4		
$>CO$	12.66		
$-CHO$	12.66	$-H$ (ギ酸, ギ酸エステル, HCNなど)	3.5
$-COOH$	19.1		
$-COO-$	14.5		
$-CH_2OH$	17.5		

* 炭素グループが, 単結合によって炭素グループと結合していて, その炭素グループが二重結合あるいは三重結合によって第3の炭素グループと結合している場合には4.5を加える. また, 炭素グループが1つ以上この基準を満たしている場合には, 基準を満たすごとに4.5を加える. 例外:1)$-CH_3$グループには4.5を加えない. 2)$-CH_2-$グループが基準を満たした場合には, 4.5の代りに2.5を加える. ただし, $-CH_2-$グループが, 1つ以上基準を満たした場合は, 1回目には2.5を加え, 次からは4.5を加える. 3)環状内の炭素グループには4.5を加えない.

沸点より低い温度域での炭化水素を対象にして, 加算因子を提案している[52].

(2) パラコールおよび分子屈折による推算

分子構造から容易に求められるパラコール [P] および分子屈折 [R_D] の値を用いて, 20 ℃ (常圧) における定圧比熱容量 c_p が次式により推算できる.

Table D-4-1-7 Eq. (49) の定数 A および B (Constants A and B in Eq. (49))

同族列	A	B
パラフィン系炭化水素類	18.5	24
有機酸類	19.5	-5.8
アルコール類	15.9	-5.8
エステル類	20.25	-5.8
ケトン類	15.8	-18
ニトリル類	16.5	-20
アミン類	17.8	45
一塩化物	17.5	-37
二塩化物	26	-21
三塩化物	20	-89
一塩化酢酸エステル	18	-58
二塩化酢酸エステル	20.6	-76
三塩化酢酸エステル	22.6	-94
イソアルコール類	21.5	76
芳香族炭化水素類	17.3	-49
ベンゾエート類	15.75	-97
フェニルエーテル類	16.75	-41
p-クレジルエーテル類	14.6	-88

$$c_p(20\,℃) = \frac{4.184 \times 10^3 ([P]+B)}{A \times [R_D]} \quad (49)$$

ただし, 得られる定圧比熱容量の単位は J/(kg·K) であり計算に必要なパラメータ A および B の値は Table D-4-1-7 に示されている. なお, パラコール [P] および分子屈折 [R_D] は, Table D-4-1-8 に示される加算因子を用いて, 原子団寄与法により推算することができる. Eq. (49) によれば, 通常5%以内の誤差 (平均誤差約2%) で c_p が推算できる.

前述の方法により, 常圧での比熱容量が推算されるが, 任意の圧力および温度における c_p を推算する簡単な式として, 次式が提案されている.

$$c_p \phi^{2.8} = 4.184 \times 10^3 b \quad (50)$$

ここで, b は同族物質でほぼ一定と考えられる定数であり, Table D-4-1-9 に示される. また ϕ は, Watson の膨張因子であり, 一般化線図より得られる[53]. ある物質の常圧, 20 ℃ の c_p を Eq. (49) より推算して, Eq. (50) に代入すれば, パラメータ b を消去した次式を得る.

$$c_p = \left(\frac{\phi_{ref}}{\phi}\right)^{2.8} c_{p,ref} \quad (51)$$

ここで, ϕ_{ref} および $c_{p,ref}$ は, 20 ℃, 1 atm で求められた膨張因子と比熱容量である. もし信頼できる一

---

53) 佐藤一雄:物性定数推算法, 第8版, 丸善 1954) 157. 54) Reid, R. C., Prausnitz, J. M. et al. : The Properties of Gases and Liquids (4 th ed.), McGraw-Hill (1987) 140. 55) Yuan, T.-F. & Stiel, L. I. : Ind. Eng. Chem. Fundam., 9 (1970) 393.

4.1 純粋液体および気体の熱力学的性質

Table D-4-1-8 Eq. (49) における $[P]$ および $[R_D]$ に対する原子団寄与 (Group contribution for $[P]$ and $[R_D]$ in Eq. (49))

原子,構造,結合	[P]	[R_D]
C	9.2	2.418
H	15.4*	1.100
O (水酸基)	20	1.525
O (エーテル型)	20	1.643
O (カルボニル基,二重結合分を含む)	39	2.211
F	25.5	1.25
Cl	55	5.967
Br	69	8.865
I	90	13.90
N (第一級アミン)	17.5	2.322
N (第二級アミン)	17.5	2.502
N (第三級アミン)	17.5	2.840
N (ニトリル,三重結合分を含む)	55.5	5.516
S	50	**
P	40.5	**
三角環	12.5	0
四角環	6	0
五角環	3	0
六角環	0	0
七角環	-4.0	0
二重結合	19.0	1.733
半極性二重結合(配位結合)	0	1.733
三重結合	38	2.398

パラコール補正値 (R:炭化水素基; X:陰性基)

+3	環状のカルボニル (>CO)
0	RCH₂X; RCHO; RCOR; RCH₂R; RNH₂; NOR; NOOR; R₂SeO
-3	RCHX₂; RCOOH; RCOOR; RCOCl; R₂CHX; R₂CHR; RCONH₂; ROCOOR; ROCOCl; RSOOR; ROSOOR; R₂NH; NOCl; NO₂; NO₂OR; N₂O; アジド; RSeOOH
-6	RCX₃; R₃CX; ClCOCl; ClSOCl; RSO₂Cl; R₃CR; RSO₂R; ROSO₂R; ROSO₂OR; R₂N; NCl₃; NO₂Cl; PX₃; R₃P; PO(OR)₃; BX₃; AsX₃; SbX₃
-9	CX₄; R₄C; SCl₄; SO₂Cl₂; NOCl₃; POCl₃; SiX₄; SnX₄
-12	SOCl₄; NCl₅; PCl₅; SbCl₅
-15	SCl₆

* H-Cl 12.8; H-Br 16.4; H-O 10; H-N 12.5
** 化合物の型で異なる.

Table D-4-1-9 Eq. (50) におけるパラメータ b (Parameter b in Eq. (50))

化合物	b
メタノール	0.00184
エタノール	0.00177
プロパノール	0.00185
イソプロパノール	0.00192
ブタノール	0.00187
イソペンチルアルコール	0.00194
ベンゼン	0.00133
トルエン	0.00136
ブロモベンゼン	0.00090
クロロベンゼン	0.00112
アニリン	0.00182
四塩化炭素	0.00067
クロロホルム	0.00076
ヘプタン	0.00160
酪酸	0.00186
アセトン	0.00162
エーテル	0.00140

点の実測値が入手できる場合は,ϕ_{ref} および $c_{p,ref}$ には実測値を用いるべきであろう.Eq. (50) は,簡単であり,広く使用できるので便利であるが,誤差が大きくなることもあることに注意しなければならない.

(3) 対応状態原理

熱容量についても,対応状態原理を適用することができる.たとえば,Pitzer の偏心因子 ω を用いれば次式のようになる.

$$\frac{C_p - C_p^*}{R} = \left[\frac{C_p - C_p^*}{R}\right]^{(0)} + \omega \left[\frac{C_p - C_p^*}{R}\right]^{(1)} \quad (52)$$

ここで $[(C_p - C_p^*)/R]^{(0)}$ および $[(C_p - C_p^*)/R]^{(1)}$ の一般化表が Lee および Kesler によって与えられている[6]. それを利用することでもよいが,以下の Rowlinson-Bondi 式を利用するのが便利であろう[54].

$$\frac{C_p - C_p^*}{R} = 1.45 + 0.45(1-T_r)^{-1} + 0.25\omega [17.11 +$$
$$25.2 \times (1-T_r)^{1/3} T_r^{-1} + 1.742(1-T_r)^{-1}] \quad (53)$$

この他,Yuan と Stiel[55] あるいは Lyman と Danner[56] によっても対応状態原理に基づいた推算式が提案されている.

(4) 状態方程式

熱容量も,適切な状態方程式が得られれば,次式により導出することができる[36].

---

56) Lyman, T. J. & Danner, R. P.: AIChE J., 22 (1976) 759. 57) Chueh, C. F. & Swanson, A. C.: Chem. Eng. Prog., 69 (7) (1973) 83; Can. J. Chem. Eng., 51 (1973) 596. 58) Ogiwara, K., Arai, Y. et al.: J. Chem. Eng. Japan, 14 (1981) 156.

$$C_p - C_p^* = T\int_0^p \left(\frac{\partial^2 V}{\partial T^2}\right)_p dP = \left[\frac{\partial(H-H^*)}{\partial T}\right]_\rho - \left[\frac{\partial(H-H^*)}{\partial \rho}\right]_T \times \left(\frac{\partial P}{\partial T}\right)_\rho \bigg/ \left(\frac{\partial P}{\partial \rho}\right)_T \quad (54)$$

エンタルピー偏倚は，Eq. (39) より求められるので，状態方程式が与えられれば Eq. (54) により熱容量が推算できる．しかしながら，液相のような高密度領域までの広範囲にわたる PVT 関係を満足に表現できる状態方程式は現在のところ入手困難なので，Eq. (54) による推算は誤差が大きくなると思われる．また研究例も少ないようである．

以上の他，Watson の熱力学サイクルに基づいた推算法[57]もある．なお，通常は定圧熱容量を用いることが多いが，定容熱容量についてもグループ寄与法による推算法が提案されている[58]．

液体の熱容量（定圧）を推算する場合，無極性あるいは弱い極性物質であれば，Rowlinson-Bondi 式が良い結果（5％以内の誤差）を与えると思われる[54]．アルコールなどの極性物質については，Missenard の原子団寄与法を用いるとよい[51]．また，室温付近（20℃）であれば，Chueh-Swanson の原子団寄与も有用である[57]．

(b) 気体 (Gases)

定圧下における気体および蒸気の熱容量は，一般に温度の多項式として2次式あるいは3次式で近似することができる．種々の気体の温度係数あるいは便利なノモグラフが作成されている[59]．

圧力が十分低くなれば（$P=0$），理想気体状態に近づく．その場合の熱容量を C_p^* で表すと，C_p^* は温度のみの関数となる．また，常圧（1 atm）付近の気体であれば，熱容量 C_p を理想気体状態の熱容量 C_p^* で近似することができる．

(1) 原子団寄与法（理想気体状態の熱容量 C_p^*）

正確には原子団寄与法には相当しないかも知れないが分子を構成する結合（たとえば C-C，C-H，C-O など）の種類とその個数により，加算因子を合計することで C_p^* を推算することができる．種々の加算因子が，数表として与えられている[60]．この推算法は，便利ではあるが，精度がやや思わしくないこと，298 K に限られることに注意しなければならない．

炭化水素類の C_p^* を推算するための原子団寄与法が，Thinh らによって提案されている[61]．多くの炭化水素について，平均誤差は 0.5％以内である．また，種々の有機化合物を対象にした原子団寄与法が，Rihani および Doraiswamy によって報告されている[62]．すなわち次式によって，C_p^* が推算できる．

$$C_p^* = \sum_1 n_1 a_1 + \sum_1 n_1 b_1 T + \sum_1 n_1 c_1 T^2 + \sum_1 n_1 d_1 T^3 \quad (55)$$

ここで n_1 はタイプ i の原子団の数を表し，パラメータ a_1, b_1, c_1 および d_1 は Table D-4-1-10 に与えられる．環状化合物（複素環タイプも含む）についても適用できるが，アセチレン類については用いられない．一般に，誤差は 2～3％程度と思われる．この他，有用な原子団寄与法が Yoneda[63] および Benson[60,64] によっても提案されている．

前述の推算法のなかでも Rihani-Doraiswamy の方法は，非常に多くの物質に適用でき，また温度の多項式として与えられるので，便利と思われる[61]．しかし，一般にやや精度が思わしくなく，とくに低温領域では誤差が大きくなることに注意しなければならない．Benson らの方法が，正確と考えられているが，適用に際しては習熟が必要とされる[60,64]．また，炭化水素に限定すれば，Thinh らの方法も信頼できる[61]．

(2) 対応状態原理

気体の圧力が高くなると，理想気体状態の熱容量で近似することはできない．その場合，Eq. (52) のように対応状態原理の適用が考えられる．Lee らの一般化表に基づき作成された $[(C_p - C_p^*)/R]^{(0)}$ の線図を Fig. D-4-1-6 に示す．この線図より，加圧気体の C_p を推算することができる．その際，C_p^* の値が必要とされるが，前述の C_p^* の推算法を適用すればよい．ただし，構造が複雑な物質に対しては，Eq. (52) に示されるように，Pitzer の偏心因子 ω による補正が必要とされる．

---

59) 佐藤一雄：物性定数推算法，第8版，丸善 (1954) 62. 60) Benson, S. W. : Thermochemical Kinetics, Chap. 2, Wiley (1968). 61) Thinh, T.-P., Duran, J.-L. et al. : Ind. Eng. Chem. Process Des. Dev., 10 (1971) 576. 62) Rihani, D. N. & Doraiswamy, L. K. : Ind. Eng. Chem. Fundam., 4 (1965) 17. 63) Yoneda, Y. : Bull. Chem. Soc. Japan, 52 (1979) 1297. 64) Benson, S. W., Cruickshank, F. R. et al. : Chem. Rev., 69 (1969) 279. 65) 日本機械学会編：流体の熱物性値集，日本機械学会 (1983).

4.1 純粋液体および気体の熱力学的性質

Table D-4-1-10 Eq.(55)における係数に対する原子団寄与(Group contribution for coefficients in Eq.(55))

原子団	a / $c \times 10^4$	$b \times 10^2$ / $d \times 10^6$
脂肪族		
$-CH_3$	2.5468	8.9676
	-0.3565	0.4749
$-CH_2-$	1.6506	8.9383
	-0.5008	1.0862
$=CH_2$	2.2033	7.6806
	-0.3992	0.8159
$>CH$	-14.7411	14.2917
	-1.1782	3.3535
$>C<$	-24.3956	18.6360
	-1.7606	5.2844
$-CH=CH_2$	1.1602	14.4683
	-0.8025	1.7280
$>C=CH_2$	-1.7460	16.2578
	-1.1644	3.0811
$-CH=CH-$ (シス)	-13.0583	15.9243
	-0.9870	2.3029
$-CH=CH-$ (トランス)	3.9233	12.5118
	-0.7318	1.6393
$>C=CH-$	-6.1563	14.1595
	-0.9920	2.5368
$>C=<$	1.9815	14.7206
	-1.3180	3.8514
$-CH=C=CH_2$	9.3722	17.9477
	-1.0736	2.4719
$>C=C=CH_2$	11.0073	17.4297
	-1.1903	3.0447
$-HC=C=CH-$	-13.0746	27.9671
	-2.4125	7.2927
$\equiv CH$	11.9006	4.2560
	-0.2887	0.7807
$-C\equiv$	-17.7046	32.9235
	-1.2439	4.1547
芳香族		
$CH<$	-6.0969	8.0111
	-0.5159	1.2489
$-C<$	-5.8086	6.3425
	-0.4473	1.1125
$\leftrightarrow C<$	0.5100	5.0919
	-0.3577	0.8878
環形成		
三員環	-14.7779	-0.1255
	0.3125	-2.3071
四員環	-36.2125	4.5104
	0.1778	-0.1046
五員環 ペンタン	-51.4004	7.7860
	-0.4339	0.8975
ペンテン	-28.7914	3.2711
	-0.1443	0.2473
六員環 ヘキサン	-56.0334	8.9504
	-0.1795	-0.7803
ヘキセン	-33.5716	9.3048
	-0.8012	2.2899
酸素		
$-OH$	27.2496	-0.5636
	0.1732	-0.6791
$-O-$	11.9081	-0.0418
	0.1900	-1.1414
$-CH=O$	14.7210	3.9484
	0.2569	-2.9196
$>C=O$	4.1907	8.6872
	-0.6845	1.8803
$-COOH$	5.8806	14.4900
	-1.0698	2.8811
$-COO^-$	11.4432	4.4982
	0.2791	-3.8618
$O<$	-15.6247	5.7434
	-0.5293	1.5853
窒素		
$-C\equiv N$	18.8715	2.2849
	0.1125	-1.5857
$N\equiv C$	21.2798	1.4611
	0.1084	-1.0192
$-NH_2$	17.4820	3.0870
	0.2841	-3.0585
$>NH$	-5.2426	9.1763
	-0.6711	1.7728
$>N-$	-14.5089	12.3148
	-1.1184	3.2752
$N<$	10.2332	1.4376
	0.0715	-1.1376
$-NO_2$	4.5597	11.0462
	-0.7828	1.9874
硫黄		
$-SH$	10.7098	5.5844
	-0.4975	1.5983
$-S-$	17.6799	0.4715
	-0.0109	-0.0301
$S<$	17.0808	-0.1259
	0.3059	-2.5443
$-SO_3H$	28.9608	10.3491
	0.7431	-9.3910
ハロゲン		
$-F$	6.0174	1.4443
	-0.0444	-0.0142
$-Cl$	12.8281	0.8878
	-0.0536	0.1155
$-Br$	11.5499	1.9795
	-0.1904	0.5941
$-I$	13.6612	2.0506
	-0.2255	0.7456

(3) 状態方程式

適当な状態方程式が得られれば，Eq.(54)に代入することで，実在気体の C_p を推算することが可能である．しかしながら，Eq.(54)に見られるように，PVT関係に関する微分係数が正確でないと，熱容量の推算に大きな誤差が含まれることになる．これまで，状態方程式を用いた実在気体の熱容量の推算に関する

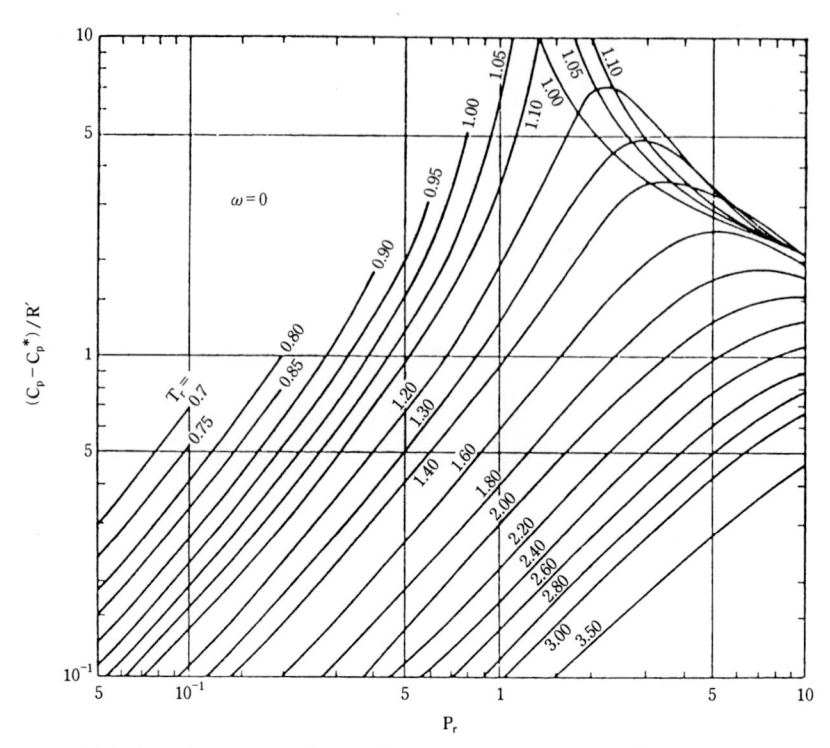

Fig. D-4-1-6　熱容量の一般化 $(C_p-C_p^*)/R$ 線図 （Generalized $(C_p-C_p^*)/R$ chart for heat capacity）

研究例は少ないようである．

4.1.5　まとめ（Concluding Remarks）

合理的かつ効率的なプロセス設計のため，各種流体の正確な物性が必要とされている．そのためには，まず信頼性の高い実測値の入手が望まれる．重要な物質についての物性を収集したデータブック[65,66]や文献の所在を収録した刊行物[67]がある．また，それらのオリジナルデータをもとに使用に便利な数式（状態方程式など）が開発されて，プログラム化されている[68]．今後，ますます各種物性のデータベースの構築が活発になるものと思われる[69]．

目的物質の流体物性が，必要な条件下で常に入手できるとは限らない．むしろ，入手困難と考えざるを得ないであろう．そのため，工学的に有用な推算法の開発が強く要求されているのが現状である．流体物性の推算法の基礎は，やはり対応状態原理[70,71]および状態方程式[72]になるものと思われる．また，それぞれの新しい推算法を開発するためには，分子間相互作用のレベルからの基礎的研究も必要とされよう[73]．これまでに推算法に関する有用なレビューや著書も多く見られる[1,74~76]．割愛した部分もあるので，それらにより補っていただきたい．究極的には，分子構造（含まれる原子の種類や立体構造など）の知見のみにより，流体物性が推算可能となることが望まれる．

---

66) Canjar, L. N. & Manning, F. S. : Thermodynamic Properties and Reduced Correlations for Gases, Gulf, Pub. Co. (1967).
67) 化学工学協会編：物性定数，1~10集，丸善（1963~1973）；化学工学物性定数 Vol.1~5，丸善（1977~1982）；Vol.6~，化学工学社（1984~）．68) プロパスグループ（伊藤猛宏ら）：PROPATH 熱物性値プログラム・パッケージ（利用の手引き），第3.1版（1986）．69) 平田光穂：PETROTECH, 3（1980）787. 70) Sterbacek, Z., Biskup, B. et al. : Calculation of Properties using Correlating-State Methods, Elsevier (1979). 71) Hougen, O. A., Watson, K. M. et al. : Chemical Process Prociples, PartII, Wiley (1959). 72) 特集「状態方程式による化工物性推算の最近の進歩」，化学工学，48（1984）．73) 斎藤正三郎：統計熱力学による平衡物性推算の基礎，補訂版，培風館（1988）．74) Reid, R. C., Prausnitz, J. M. et al. : The Properties of Gases and Liquids, 4th ed., McGraw-Hill (1987). 75) 佐藤一雄：物性定数推算法，第8版，丸善（1954）．76) 化学工学協会編：化学工学便覧，改訂五版，丸善（1988）1章．

4.2 純粋液体および気体の輸送性質の推算法 (Tranport Properties of Pure Liquids and Gases)

4.2.1 概要 (Introduction)

流体または固体内に，温度や速度あるいはまた濃度の不均一が生じると，これを打消す方向に熱量や運動量あるいは物質の輸送が生じる．その勾配と輸送量（輸送速度）との関係を表すのが，輸送性質（輸送物性値）である．輸送性質は一般に測定がむずかしい．推算による場合，熱物性値全般の推算法の手引書として最も有用なのは Raid ら[1]の本で，気体の純理論計算には Smith ら[2]による優れた本がある．粘性率と熱伝導率に限定した実用的な推算法の手引きには蒔田のもの[3]がある．

4.2.2 粘性率の推算法 (Prediction of Viscosity)

純粋気体の粘性率は，数気圧まで（希ガス類は40～50気圧まで）は圧力が変わってもその値がほとんど変化しない．したがって大気圧付近ならば，粘性率 η は次の Chapman-Enskog の式で推算ができる．

$$\eta = 2.6695 \times 10^{-4} \frac{\sqrt{MT}}{\sigma^2 \Omega(\varepsilon/kT)} \tag{1}$$

ここで，M は分子量，T は温度（K），σ と ε は分子間定数，k はボルツマン定数である．関数 $\Omega(\varepsilon/kT)$ ならびに定数 σ, ε の値は長い間 Hirschfelder ら[4]と，Monchik & Mason[5]の表が用いられていたが，最近の成果を集大成した Smith ら[2]をまず参照する必要がある．推算精度は，単純な分子の気体なら 1～2% が可能である．パラメータ σ や ε は実測値から定めるので，より複雑な分子では，パラメータを求めた基のデータの温度範囲などによく留意しながら使う必要がある．

気体分子の形状が複雑で極性を無視できない場合は，補正が提案されているが，精度はそれほどよくない[6]．混合気体については，単純な分子どうしの混合気体の場合は，広い温度域にわたって適用できる Kestin ら[7]の方法がある．これはパラメータ σ と ε に対する対応状態を考えたもので，精度も高い．高圧気体の粘性率の推算の方法には Enskog の方法[4]などもあるが，実用的でなく，対応状態原理か剰余粘性率の計算による方がよい．

対応状態原理は，輸送性質に対しては理論があいまいであるが，実用的に使うことができる．気体にも液体にも可能である．輸送性質の臨界点付近の値は特異な増大 (critical enhancement) を示すので[8,9]，臨界点から十分遠い所の傾向から補外（外そう）した擬臨界値 η_c を用いて，無次元粘性率 η_r を，無次元温度 T_r と無次元圧力 P_r の関数として表す．

$$\eta_r = \frac{\eta}{\eta_c} = f(T_r, P_r) = f\left(\frac{T}{T_c}, \frac{P}{P_c}\right) \tag{2}$$

この形式を特定の物質について求めれば，他の物質にもそのまま適用できるというのが一般対応状態原理の考え方であるが，例えば直鎖炭化水素だけとか同系のアイソトープだけなど，近い物質群だけに限定すると精度を上げることができる．分子形状が複雑なものは，かなり偏差が大きい．一般対応状態線図は Lucas[10]などのものがある．混合物に対しては，擬臨界値に相当する値が得られれば適用が可能である．

剰余粘性率 (excess viscosity) $\Delta\eta$ は，温度 T，圧力 P における粘性率 $\eta(T,1)$ と理想気体状態あるいは1気圧での粘性率 $\eta(T,1)$ との差である．多くの単純気体について，$\Delta\eta$ は密度のみの関数として単純な形で表せる．

$$\Delta\eta = f(\rho) \tag{3}$$

したがって，ある気体の大気圧での値と，限られた温度領域での高圧の値が何点かあれば，この曲線を作ることによって，広い温度，圧力にわたる値を求めることができる．分子形状が単純な気体どうしの間ならば，次のパラメータ ξ をかけて，多くの気体共通に使える一般関係図も求められる．

---

1) Reid, R. C., Prausnitz, J. M. and Poling, B. E. : The Properties of Gases and Liquids, 4 th ed., McGraw-Hill (1987) ; 第3版の和訳は「気体，液体の物性推算ハンドブック」平田光穂監訳 (1985). 2) Maitland, G. C., Rigby, M., Smith, E. B. and Wakeham, W. A. : Intermolecular Force Potentials, Oxford (1981). 3) 蒔田薫：粘度と熱伝導率, 培風館 (1975). 4) Hirschfelder, J. O., Curtiss, C. F. and Bird, R. B. : Molecular Theory of Gases and Liquids, Wiley (1954). 5) Monchik, L. and Mason, E. A. : J. Chem. Phys., 35-5 (1961) 1676. 6) 文献1) の p.26 など 7) Kestin, J., Ro, S. T. and Wakeham, W. A. : Physica, 58 (1972) 165. 8) Stanley, H. E. : Introduction to Phase Transitions and Critical Phenomena, Oxford (1971). 9) Sengers, J. V. : Int. J. Thermophys., 6-3 (1985) 203. 10) Lucas, K. : Chem, Ing. Tech., 53 (1981) 959.

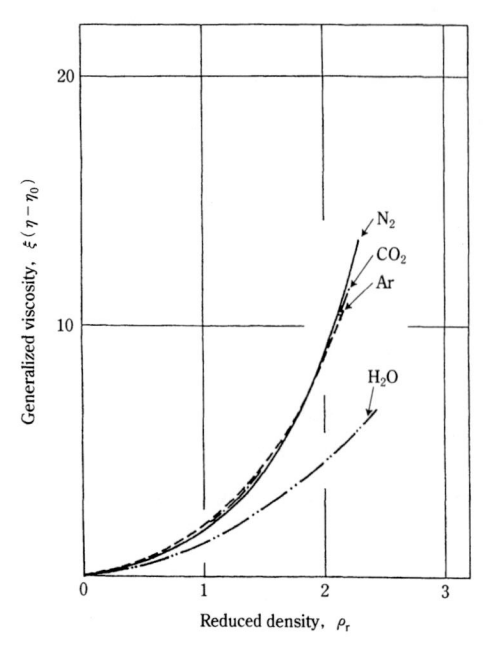

Fig. D-4-2-1 気体の一般化粘性率線図
(Generalized viscosity chart for liquid)

$$\xi = \frac{T_c^{1/6}}{m^{1/2} P_c^{2/3}} \quad (4)$$

しかしこの一般化は Fig. D-4-2-1 の例に見られるように，2原子気体までは使えても，H_2O のような気体は別の傾向を示す．

液体の粘性率の計算には，対応状態原理は使えるが，剰余粘性率の関係は使えない．

4.2.3 熱伝導率の推算法 (Prediction of Thermal Conductivity)

低圧の単原子気体の熱伝導率 λ (W/(m·K)) については Chapman-Enskog の式が使える．

$$\lambda = 8.3233 \times 10^{-2} \frac{\sqrt{T/M}}{\sigma^2 \Omega(\varepsilon/KT)} \quad (5)$$

多原子気体内では，分子間のエネルギー移動がいろいろな形態をとるために，この式で求めた値は誤差が大きい．分子の回転や振動の影響は例えば

$$\frac{\lambda m}{\eta} = \frac{5}{2}(c_{vtr} - \delta) + \frac{\rho D_{rot}}{\eta}(c_{rot} + \delta) + \frac{\rho D_{vid}}{\eta} C_{vid} \quad (6)$$

のような形で与えられている[11]が，計算が難しく，結果も満足できるものではない．

単純気体の場合には，粘性率 η や比熱 C_v がわかっていれば，Eucken factor の関係

$$\frac{\lambda}{\eta C_v} = n \quad (7)$$

を利用できることがある．n は定数で，単原子気体に対しては $n = 2.5$ が，そして他の単純気体に対しては大ざっぱな値が知られている[1]．n が不明でも Eq. (7) は λ の温度依存性の推定には使うことができる．

気体や液体の高圧における熱伝導率の推算に，対応状態原理を適応することは可能である．しかしながら，熱伝導率の場合には臨界点を含む広い範囲で増大 (crirical enhancement) が観測されるために，擬臨界値を定めるのが容易でない．普通は，臨界点から十分に遠く離れた範囲の傾向を臨界点へと補外 (extrapolate) して擬臨界点値 λ_c を仮に定めて用いる．したがって臨界点から十分離れた範囲しか対応状態法則を適用することができない．因みに臨界点での真の熱伝導率は無限大ということになっている．

上記と同じ理由で，剰余熱伝導率による方法も，熱伝導推算には使ってもよい範囲が限定される．

4.2.4 拡散係数の推算法 (Prediction of Diffusion Coefficient)

大気圧付近の気体の，拡散係数の推算には，Chapman-Enskog 式が適用できる．すなわち，自己拡散係数は

$$D = 2.6634 \times 10^{-7} \frac{\sqrt{T^3/M}}{P\sigma^2 \Omega'(\varepsilon/kT)} \quad (8)$$

また，気体1と気体2の間の相互拡散係数は

$$D_{12} = 1.8833 \times 10^{-7} \frac{\sqrt{T^3(M_1+M_2)/M_1 M_2}}{P\sigma^2 \Omega'(\varepsilon/kT)} \quad (9)$$

と表される．

高圧気体や液体の場合対応状態原理が適用できるが，Eq. (8) および Eq. (9) の右辺に P が含まれていることからわかるように，圧力との積 PD の形で整理するのが一般的である．

気体の相互拡散係数は，Marrero と Mason[12] によって，膨大な実測値の整理と半理論的推算式の作成が行われている．

---

11) Thoen-Hellemans, J. and Manson, E. A. : Int. J. Eng. Sci. 11 (1973) 1247. 12) Marrero, T. R. and Mason, E. A. : J. Phys. Chem. Ref. Data, 1-1 (1972) 3.

D.5 分子シミュレーションの手引き
(Guide to Molecular Simulations)

5.1 熱物性の分子シミュレーション
(Molecular Simulations of Thermodynamic Properties)

5.1.1 概要 (Introduction)

極限状態(たとえば高温高圧や極低温)の熱物性や作成が容易ではない(たとえば薄膜)試料の熱物性を評価するためには,分子シミュレーションが選択肢の1つである[1]. ほとんどの熱物性は,巨視的な数の原子・分子集団が示す性質であるから,高々 $10^3 \sim 10^6$ 程度の粒子数しか扱えない分子シミュレーションで熱物性値を予測するためには,さまざまな工夫が必要であり,計算手法の開発は現在も活発に行われている. 手法の詳細は解説書[2~5]に譲り,分子シミュレーションの概略のみを説明する.

温度 T の熱浴に接して平衡状態にある粒子系について,粒子 $\vec{p}_i$ の運動量 $\vec{r}_i$ と座標を調べることを考える. 簡単のため,不確定性などの量子効果を考えず,古典統計力学の範囲内で扱うとすると,位相空間中の微視的状態 $\{\vec{p}_i, \vec{r}_i\}$ の出現確率 $P(\{\vec{p}_i, \vec{r}_i\})$ は,Boltzmann 分布にしたがう:

$$P(\{\vec{p}_i, \vec{r}_i\}) = \frac{\exp\left(-\frac{K+U}{k_B T}\right)}{\iint \exp\left(\frac{K+U}{k_B T}\right) d\{\vec{p}_i\} d\{\vec{r}_i\}} \quad (1)$$

ここで,$K(\{\vec{p}_i\})$ は系の運動エネルギー,$U(\{\vec{r}_i\})$ は系のポテンシャルエネルギーである. 熱物性値を予測するための分子シミュレーションの原理は,Eq. (1) にしたがう微視的状態を数多く作り出して,物理量 A の精度よい統計平均

$$\overline{A} \equiv \iint A(\{\vec{p}_i, \vec{r}_i\}) P(\{\vec{p}_i, \vec{r}_i\}) d\{\vec{p}_i\} d\{\vec{r}_i\} \quad (2)$$

を得ることである. 確率過程(stochastic process)を利用して $P(\{\vec{p}_i, \vec{r}_i\})$ を生成するのがモンテカルロ法であり,運動方程式を利用して時系列的に $P(\{\vec{p}_i, \vec{r}_i\})$ を生成するのが分子動力学法である.

5.1.2 モンテカルロ法 (Monte Carlo Method)

粒子の運動量(あるいは速度)に関する Boltzmann 分布をつくることは容易なので,通常は,ポテンシャルエネルギー $U(\{\vec{r}_i\})$ について,座標空間内でいかに効率よく Boltzmann 分布をつくるかが問題である. 座標空間内の状態 s_k から,ランダムに選んだ別の状態 s_l への遷移確率を

$$m_{l \leftarrow k} \propto \min\left[1, \exp\left(-\frac{U(s_l) - U(s_k)}{k_B T}\right)\right] \quad (3)$$

とし,多数回の遷移を繰り返すことで Boltzmann 分布にしたがう微視的状態を生成するというのが,基本となる Metropolis モンテカルロ (MC) 法である. 後述の分子動力学法と異なり,系の時間発展を逐一追いかけるものではないため,原理的に動的物性の計算には適用できず,平衡状態での静的物性(たとえば状態方程式)の計算に限られるが,一般には計算量が少なく収束が速い利点がある. また,自由エネルギーなどを直接求めることも可能である.

もともとは温度一定の正準集団 (canonical ensemble) を生成する方法であるが,体積変化を加えて温度・圧力一定の集団を生成したり,粒子数変化を加えて化学ポテンシャル一定の大正準集団 (grand canonical ensemble) を生成したりすることもできる[3]. 系を2つ用意して,粒子交換や体積変化をおこなうことで相平衡を調べる Gibbs ensemble MC 法もその一種である.

5.1.3 分子動力学法 (Molecular Dynamics Method)

分子動力学法(MD法)では,原子・分子の運動方程式を数値的に時間積分することによって,その軌跡を調べる. 古典 MD (classical MD) 法と第1原理 MD (first principle MD) 法に大別される. 前者は,

---

1) 松本充弘:熱物性, **19**, 3 (2005) 171-180. 2) 川添良幸, 三上益弘, 大野かおる:コンピュータ・シミュレーションによる物質科学 —分子動力学とモンテカルロ法, 共立出版 (1996). 3) 神山新一, 佐藤明:モンテカルロ・シミュレーション, 朝倉書店 (1997). 4) 神山新一, 佐藤明:分子動力学シミュレーション, 朝倉書店 (1997). 5) 上田顯:分子シミュレーション —古典系から量子系手法まで—, 裳華房 (2003).

原子・分子にはたらく力が，その座標のみに依存するポテンシャル力と考えられる場合であり，比較的計算量が少ないため，多数の粒子系や緩和時間の長い現象を扱うことができる．後者は，電子状態の変化まで考慮するために，電子のSchrödinger方程式とあわせて解く場合であり，計算量が多いため，用途は限定される．多くの場合，熱物性予測には古典MD法が用いられるため，以下ではその概略を述べる．

有限体積の箱に原子・分子を閉じ込める．各粒子のニュートン運動方程式を

$$\frac{d\vec{p}_i}{dt} = -\frac{\partial}{\partial \vec{r}_i}U(\{\vec{r}_i\})$$
$$\frac{d\vec{r}_i}{dt} = \frac{\vec{p}_i}{m} \quad (4)$$

の形で表す．分子の回転運動も考える場合は，オイラー方程式と組み合わせる．適当な初期条件のもとで，これらの連立方程式を数値積分することで，時間発展を追跡できる．十分な時間の後には，原理的には平衡状態に達するはずであるが，ガラスや高分子材料のように緩和時間が極端に長い系では注意が必要である．長時間にわたり精度よく数値積分するためのアルゴリズムがいくつか開発されている[4,5]．

単純に運動方程式を積分するだけでは，全エネルギー一定の小正準集団（microcanonical ensemble）になるので，熱物性予測のためには，系の温度を制御して正準集団を作る定温MD法が使われることが多い．そのほか，圧力や化学ポテンシャルを制御するなど，さまざまな拡張アンサンブルMD法が考案されている[5]．

MD法は，系の時間変化を追跡できるという特徴を持っているため，熱力学量などの平衡物性に加えて，動的物性を評価することができ，熱伝導率，自己／相互拡散係数，粘性率などの予測に利用される．平衡状態の時系列データを利用するものとして，粒子の平均2乗変位から自己拡散係数

$$D = \lim_{t \to \infty} \frac{1}{6t}\langle\{\vec{r}_i(t) - \vec{r}_i(0)\}^2\rangle \quad (5)$$

を求めたり，第1種揺動散逸定理（fluctuation-dissipation theorem of first kind, いわゆる久保公式）を利用して速度自己相関関数から自己拡散係数を求めたりする例

$$D = \frac{1}{3m^2}\int_0^\infty \langle\vec{p}_i(t)\cdot\vec{p}_i(0)\rangle dt \quad (6)$$

があげられる．一方，系内に温度勾配をつけて，得られる熱流束密度から熱伝導率を求めるなど，非平衡MD（Non-equilibrium MD, NEMD）法を利用して動的物性値を求めることもよく行われる[3,4]．

5.1.4 分子間相互作用のモデル
（Models of Molecular Interactions）

分子シミュレーションの主な手法は以上であるが，その成否は，ポテンシャル $U\{(\vec{r}_i)\}$ の選択にかかっている．一般に

$$U(\{\vec{r}_i\}) = \sum_{i,j} u(\vec{r}_i, \vec{r}_j) + \sum_{i,j,k} w(\vec{r}_i, \vec{r}_j, \vec{r}_k) + \cdots \quad (7)$$

と展開できる．流体や分子性固体においては，2体項 u だけでよく近似できることが多いが，共有結合性が強い固体などでは3体項 w まで必要である．また，u や w の関数形についてもさまざまなモデルが提案されている．以下に，いくつかの例を示す．

アルゴンなどの単原子分子や，酸素・メタンなどの簡単な分子を，あまり精度を追求することなく計算するには，Lennard-Jones（LJ）型2体ポテンシャル

$$u(\vec{r}_i, \vec{r}_j) = u(r_{ij}) = 4\varepsilon\left\{\left(\frac{\sigma}{r_{ij}}\right)^{12} - \left(\frac{\sigma}{r_{ij}}\right)^6\right\} \quad (8)$$

が使われることが多い．ここで $r_{ij} \equiv |\vec{r}_i - \vec{r}_j|$ である．σ と ε は粒子直径と相互作用の強さを表すパラメタで，状態方程式や粘性率などの実験データと比較して，適当な値が提案されている[6]．しかし，実験との定量的比較のためにはこのモデルは簡単すぎるため，誘起分極などの効果を取り込むことが行われている．

水，二酸化炭素，有機化合物などでは，分子を構成する原子間にLJ型ポテンシャルを考えるほか，点電荷や点双極子・点四重極子などを使って，モデルポテンシャルを構成することが多い．市販の多くのシミュレータに採用されているほか，Jorgensenらの汎用パラメタセットOPLSもその流れを汲むものである[7]．

共有結合性固体（たとえばシリコンやセラミックス）などでは，相互作用の異方性を表現するために，

---

6) Bruce E. Poling, J. M. Prausnitz, John P. O'Connell : The Properties of Gases and Liquids, 5th ed., Mcgraw-Hill (2000) Appendix B.　7) William L. Jorgensen, David S. Maxwell, Julian Tirado-Rives : J. Am. Chem. Soc., **118** (1996) 11225-11236.

3体項が必要となる．3体項を微分して得られる3体力は一般に複雑な関数形になることが多く，計算時間の増加につながる．結晶構造や弾性率などから半経験的に定めたパラメタセットが物質ごとに提案されている[2]．新規物質については，これらを参考にポテンシャルモデルを自作しなければならないこともある．

D.6 熱物性値の測定法の手引き
(Guide to Measuring Methods of Thermophysical Properties)

6.1 温度測定
(Temperature Measurement)

6.1.1 温度計の種類と特徴
(Thermometers and Characteristics)

(a) 抵抗温度計

電気抵抗の温度依存性を利用した温度計である．代表的な抵抗温度計の性能及び特徴を Table D-6-1-1 に示し，JIS 規定の白金測温抵抗体の抵抗と温度との関係を Table D-6-1-2 に示す．

(b) 熱電対

2種類の金属線の両端を接続して閉回路を作り，接続点の一端を熱するとゼーベック効果により熱起電力が生ずる．この熱起電力の大きさは，導体の材質及び両端の温度差のみにより決まり，導線の長さ，太さには無関係である．この現象を利用して温度測定するものが熱電対である．JIS C 1602 に規定されている熱電対の種類を Table D-6-1-3 に，その熱起電力を Table D-6-1-4 に示し，その他の熱電対を Table D-6-1-5 に示す．

Table D-6-1-2 白金測温抵抗体の規準抵抗値
(Reference table of resistance of platinum resistance thermometer)

温度 (℃)	抵抗値 (Ω) SIS C 1604	抵抗値 (Ω) 旧 JIS JP$_t$
-200	18.52	17.14
-150	39.72	38.68
-100	60.26	59.57
-50	80.31	79.96
0	100	100
50	119.40	119.73
100	138.51	139.16
150	157.33	158.29
200	175.86	177.13
250	194.10	195.67
300	212.05	213.93
350	229.72	231.89
400	247.09	249.56
450	264.18	266.94
500	280.98	284.02
550	297.49	
600	313.71	
650	329.64	

Table D-6-1-1 抵抗温度計 (Resistance thermometer)

名称	特徴	使用温度範囲
白金測温抵抗体	使用温度範囲が広い．温度と抵抗との関係がよく調べられている．標準用として使用できる．JIS規格がある．	工業用　-200～650℃ 標準用　-260～960℃
銅測温抵抗体	使用温度範囲が狭い．固有抵抗が小さい．	0～180℃
ニッケル測温抵抗体	使用温度範囲が狭い．温度係数が大きい．	-50～300℃
サーミスタ測温体	検出素子が小さく、時間遅れが小さい．狭い場所、微小温度差が測定できる．測定目的に合わせた各種形状の物が作れる．	-50～350℃
白金コバルト測温抵抗体	白金測温抵抗体と同程度の感度、安定度を有する．多数点での校正が必要．標準用として使用できる．	1～300K
ロジウム鉄測温抵抗体	安定性が優れている．標準用として使用できる．	1～300K

Table D-6-1-3 JIS規格の熱電対 (Japanese Industrial Standards thermocouples) (JIS C 1602-1981)

名称および記号	構成材料 +脚	構成材料 −脚	特徴	使用上限温度 （ ）内加熱使用
白金ロジウム(B)	ロジウム30％を含む白金ロジウム合金	ロジウム6％を含む白金ロジウム合金	安定性がよい。標準熱電対に適する。酸化雰囲気に適する。	1,500℃(1,700℃)
白金ロジウム(R)	ロジウム13％を含む白金ロジウム合金	白金	還元性、金属蒸気雰囲気に弱い。熱電能が小さい。わずかに履歴変化がある。補償導線の誤差大。標準用として使用される。	1,400℃(1,600℃)
白金ロジウム(S)	ロジウム10％を含む白金ロジウム合金	白金		
クロメル・アルメル(K)	ニッケルおよびクロムを主とした合金	ニッケルを主とした合金	超電力の直線性がよい。酸化雰囲気に適する。金属蒸気に強い。やや履歴変化がある。	1,000℃(1,100℃) 線径による差あり
クロメル・コンスタンタン(E)	ニッケルおよびクロムを主とした合金	銅およびニッケルを主とした合金	Kより安価。熱電能は大きい。Jより耐食性がよい。還元雰囲気に弱い。非磁性。やや履歴変化がある。	700℃(800℃) 線径による差あり
鉄・コンスタンタン(J)	鉄	銅およびニッケルを主とした合金	安価。熱電能はやや大きい。超電力の直線性がよい。還元雰囲気に適する。均質度不良。品質のばらつきが大きい。高温で履歴変化がある。	600℃(750℃) 線径による差あり
銅・コンスタンタン(T)	銅	銅およびニッケルを主とした合金	安価。低温での特性がよい。均質度がよい。還元雰囲気に適する。熱伝導誤差が大きい。	300℃(350℃) 線径による差あり
ナイクロシル・ナイシル	クロム14％、シリコン1.4％を含むニッケル合金	シリコン4.4％を含むニッケル合金	耐酸化性が優れている。（K熱電対の数倍）。ショートレンジオーダリングによる誤差が生じない。磁界の影響がない。	-200～1,250℃(1,300℃)

Table D-6-1-4 JIS規格の熱電対の起電力 (EMF of JIS thermocouples) (JIS C 1602)

JIS	R	S	K	E	J	T	B	N
+脚	Pt87％、Rh13％	Pt87％、Rh13％	クロメル	クロメル	鉄	銅	Pt70％、Rh30％	ナイクロシル
−脚	Pt	Pt	アルメル	コンスタンタン	コンスタンタン	コンスタンタン	Pt94％、Rh6％	ナイシル
温度(℃)								
-200	−	−	-5.891	-8.825	-7.890	-5.603	−	-3.990
-100	−	−	-3.554	-5.237	-4.633	-3.379	−	-2.407
0	0	0	0	0	0	0	0	0
100	0.647	0.646	4.096	6.319	5.269	4.279	0.033	2.774
200	1.469	1.441	8.138	13.421	10.779	9.288	0.178	5.913
300	2.401	2.323	12.209	21.036	16.327	14.862	0.431	9.341
400	3.408	3.259	16.397	28.946	21.848	20.872	0.787	12.974
500	4.471	4.233	20.640	37.005	27.393		1.242	16.748
600	5.583	5.239	24.905	45.093	33.102		1.792	20.613
700	6.743	6.275	29.129	53.112	39.132		2.431	24.527
800	7.950	7.345	33.275	61.017	45.494		3.154	28.455
900	9.205	8.449	37.326	68.787	51.877		3.957	32.371
1000	10.503	9.587	41.276	76.373	57.953		4.834	36.356
1100	11.850	10.757	45.119		63.792		5.780	40.087
1200	13.228	11.951	48.838		69.553		6.786	43.846
1300	14.624	13.159	52.410				7.848	47.513
1400	16.040	14.373					8.956	
1500	17.751	15.582					10.099	
1600	18.849	16.777					11.263	
1700	20.222	17.947					12.433	
1800							13.591	

Table D-6-1-5 JIS規格以外の熱電対（Thermocouples other than JIS）

名称および記号	構成材料		特徴	使用上限温度 （ ）内加熱使用
	＋脚	－脚		
白金ロジウム	ロジウム20%を含む白金ロジウム合金	ロジウム5%を含む白金ロジウム合金	高温度に使用。熱電能が小さい。他はB, R, Sと同じ。	300～1,500℃(1,800℃)
	ロジウム40%を含む白金ロジウム合金	ロジウム20%を含む白金ロジウム合金		1,100～1,600℃ (1,800℃)
イリジウム・ロジウム	イリジウム	ロジウム40%を含むイリジウム・ロジウム合金	真空、不活性気体およびやや酸化性雰囲気に適する。イリジウムの蒸発による汚染がある。もろい。水素、金属蒸気、還元性雰囲気に弱い。	1,100～2,000℃ (2,100℃)
	イリジウム	ロジウム50%を含むイリジウム・ロジウム合金		
	イリジウム	ロジウム40%を含むイリジウム・ロジウム合金		
タングステン・レニウム	レニウム5%を含むタングステン・レニウム合金	レニウム26%を含むタングステン・レニウム合金	還元性雰囲気、不活性気体、水素気体に適する。熱電能が大きい。もろい。	0～2,400℃(3,000℃)
	レニウム3%を含むタングステン・レニウム合金	レニウム25%を含むタングステン・レニウム合金		
プラチネル	白金14%、金3%を含むパラジウム合金	パラジウム35%を含むパラジウム合金	起電力はKとほぼ同じ。Kより高温まで使用できる。耐摩耗性が高い。	0～1,200℃(1,370℃)
クロメル・金鉄	ニッケルおよびクロムを主とした合金	鉄0.07モル%を含む金・鉄合金	20K以下で起電力が比較的大きい。起電力の直線性がよい。	1～300K
銀金・金鉄	金0.37モル%を含む銀・金合金	鉄0.03モル%を含む金・鉄合金	熱気電力が小さい。磁界の影響が少ない。	1～4K

（c）放射温度計

物体が熱的に放出する熱放射の放射輝度から物体の温度を測定する計器である．種々の放射温度計の性能と特徴を Table D-6-1-6 に示す．

（d）その他の温度計

その他の温度計の種類および特徴を Table D-6-1-7 に示す．

6.1.2 測定誤差の要因
（Error of Temperature Measurements）

温度計の感温部と被測定物とが等温からずれること，放射温度計では被測定物が発する放射輝度と温度計に入射する放射輝度とがずれることにより，誤差が生ずる．

（a）抵抗温度計

・導線の影響‥‥2導線式，3導線式，4導線式があり，4導線式は誤差がなく，3導線式は導線相互間の抵抗差が，2導線式は導線抵抗値が誤差となる．

・自己加熱‥‥抵抗体に流す電流によりジュール熱が発生し，これによる誤差がある．したがって測定電流値を小さくする必要がある．

・遅れ‥‥測定対象の温度に達するまでの時間で，数十秒から数分が普通．

・伝導誤差‥‥外部からの熱伝導による誤差で，できるだけ細く，素子部の熱伝導がよいものを選ぶ．とくに90 K以下の測定ではカプセル形を用い，導線を測定対象物に巻きつける必要がある．

（b）熱電対

・基準接点‥‥一端の接続点は氷点にしなくてはならない．最近は計器でこれを補正することができる．

・不均質誤差‥‥素線が一様に焼鈍されたものでは不均質誤差は無視できる．しかし機械的ひずみ，化学的な汚染，あるいは結晶構造的変化等がある箇所が温度こう配の位置にあると不均質誤差が生じる．

・遅れ‥‥熱電対や保護管の熱容量を小とし，測定対象から感温部に至る熱抵抗（とくに空間）を小さくすると遅れは小さくなる．シース熱電対でも細いものほど小さい．

・伝導誤差‥‥通常，保護管直径の15～20倍の挿入深さが必要．この長さが取れない場合は外部の

Table D-6-1-6　放射温度計（Radiation thermometers）

種類	名称	特徴	使用温度範囲
単色放射温度計	光高温計	肉眼観測である。比較的安価。標準電球による校正可能。波長帯域は0.65μmのみ。	800〜3500℃
	シリコン放射温度計	波長帯域 0.2〜1.1μm、フィルタを用い帯域を狭くしたものが多い。応答性、安定性良好。比較的安価で広く用いられ、標準用にも使用される。	400〜3500℃
	PbS放射温度計	波長帯域 0.3〜3.3μm、フィルタを用い帯域を狭くしたものが多い。応答性比較的良。周囲温度の依存性、経年変化やや大	150〜3000℃
	InSb放射温度計	波長帯域 2〜5.5μm。応答性、安定性良。素子の冷却が必要。熱画像装置に用いられる。	−20〜1500℃
	HgCdTe放射温度計	波長帯域は組成比による。フィルタで大気の窓（8〜12μm）に合わせる。素子の冷却が必要。熱画像装置に用いられる。	−40〜1500℃
2色放射温度計	2色温度計	測定2波長の放射率が等しい場合には、放射率の補正の必要なし。視野欠けの影響比較的小。反射光の影響比較的大。	200〜3000℃
全放射温度計	サーモパイル放射温度計	波長帯域 0.5〜20μm、比較的安価。応答速度は比較的遅い。光路の水蒸気吸収の影響大。	0〜2000℃
	ボロメータ放射温度計	波長帯域 0.5〜20μm。ただしフィルタ内蔵により波長帯域を狭くしたものがある。応答速度はやや遅い。光路の水蒸気吸収の影響やや大。	−50〜1000℃
	焦電放射温度計	波長帯域 1〜15μm。ただしフィルタ内蔵により波長帯域を狭くしたものがある。応答速度やや遅い。	−50〜1000℃

Table D-6-1-7　その他の温度計（Miscellaneous）

種類	名称	特徴	使用温度範囲
ガラス製温度計	水銀封入ガラス製温度計	簡便、安価で精度も比較的よく、経年変化も比較的小。破損し易く、振動衝撃に弱い。標準用として使用される。	−50〜650℃
	水銀以外の液体封入ガラス製温度計	低温用、他は上記と同じ。	−200〜200℃
	ベックマン温度計	温度差測定用、測定範囲が任意に選べる。最小目盛1/100℃。	0〜200℃の間の任意の6℃
圧力式温度計	液体充満圧力式温度計	目盛が等間隔。振動衝撃に対して堅固。遠隔指示、自動記録、自動制御に利用できる。	−30〜600℃
	蒸気圧式温度計	目盛が不等間隔。特定温度範囲のものが作れる。液体充満式に比べ精度がやや落ちる。測定範囲が狭い。	−20〜350℃
バイメタル式温度計		簡便で堅固。簡単な温度制御、自動記録できる。気象用に使用される。	−50〜500℃

保温や熱補償装置を設けるのがよい．

(c) 放射温度計

・水蒸気，炭酸ガスなどの影響‥‥光路中での熱エネルギーの吸収・放射などにより誤差を生ずる．この場合にはそれぞれの影響のない波長範囲を選んで測定する必要がある．

・距離係数‥‥有効視野径によって決まるので，視野の大きいもの，焦点距離の短いものは特に注意が必要．

・実効放射率‥‥被測定物の実効放射率が1に等しくなるような状況をつくる．それ以外であれば放射率の補正を行う．温度の再現のみを問題にする場合は，実効放射率が一定条件になるような状況を作ればよい．

- 反射光の影響‥‥反射光が入射する場合には大きな誤差を生じる．反射光の影響は，放射温度計の取付け方法，測定方法に左右される場合が多く，対策を考える必要がある．
- 周囲温度の影響‥‥周囲温度の影響を受けやすいので注意が必要である．

(d) ガラス製温度計
- さし込み深さによる誤差‥‥普通のガラス製温度計は，全没にて目盛られているので，感温液が露出している場合は補正する必要がある．
- 零点降下‥‥数日間使用せずにおいた後の0℃とその温度計の最高温度に使用した直後の0℃との示度に差があり，後者の示度の方が低い．これを零点降下といい精密測定時には注意を要する．
- 経年変化‥‥同一温度における示度が上昇する．年々その度合が小さくなるため，古い温度計ほど示度は安定する．
- 視差‥‥視線が目盛に直角になるような位置から測定を行えば，この誤差はさけられる．

(e) 圧力式温度計
- 経年変化‥‥ブルドン管の弾性余効のため示度変化がある．
- 感温部と指示部の高さの差による誤差‥‥同一高さで目盛付けがなされているので，両者に差があると誤差が生ずる．10 m 以上になったら注意が必要．
- 導管および指示部の温度変化による誤差‥‥感温部以外の部分が気温と違っているときは誤差が生ずる．

6.1.3 国際温度目盛
(International Temperature Scale)

(a) 1990年国際温度目盛（ITS-90）

温度目盛に関する国際的取り決めが国際温度目盛であり，現行目盛は1990年国際温度目盛である．この目盛は1990年1月1日から実施されており，1968年国際実用温度目盛（1975年修正版）と1976年暫定温度目盛（0.5 Kから30 Kまで）を引き継ぐものである．

ITS-90は国際ケルビン温度（記号は T_{90}）と国際セルシウス温度（記号は t_{90}）を定義するものである．T_{90} と t_{90} の関係は，

$$t_{90}/℃ = T_{90}/K - 273.15 \qquad (1)$$

である．単位はそれぞれケルビン（記号は K），およびセルシウス度（記号は℃）である．

ITS-90の下限温度は0.65 Kであり，上限温度は単色光によるプランクの放射則が現実的に適用できるところまでである．ITS-90は多くの領域及び小領域ごとに温度が定義されている．これらの領域や小領域のいくつかは互いに重なっており，そこでは異なった T_{90} が定義されている．しかしこれら複数の定義は互いに同等であり，優劣は付けない．ITS-90とIPTS-68との間の数値的な差をTable D-6-1-8に示す．

IPTS-68からの主な改正点は，①最低温度が0.65 Kまで延長され，②熱電対を廃止し，白金抵抗温度計領域を960℃まで延長し，③放射温度計領域を960℃まで下げたことである．

T_{90} は0.65 Kと5.0 Kの間では，^{3}He と ^{4}He の蒸気圧対温度の関係で定義する．3.0 Kとネオンの三重点（24.5561 K）の間では，3つの定義定点で校正したヘリウム気体温度計と，定められた内挿式で定義する．平衡水素の三重点（13.8033 K）と銀の凝固点（961.78℃）の間では，指定した定義定点群で校正した白金抵抗温度計と，定められた内挿式で定義する．銀の凝固点（961.78℃）以上では，一つの定義定点とプランクの放射則で定義する．ITS-90の定義定点をTable D-6-1-9に示す．

(b) 0.65 Kから5.0 Kまで：ヘリウムの蒸気圧対温度式

この温度領域では T_{90} は，^{3}He と ^{4}He の蒸気圧 p に関して次式で定義する．

$$T_{90}/K = A_0 + \sum_{i=1}^{9} A_i [(\ln(p/Pa) - B)/C]^i \qquad (2)$$

係数 A, B, C の値をTable D-6-1-10に示す．

(c) 30 Kからネオンの三重点（24.5561 K）まで：気体温度計

この温度領域では T_{90} は，3つの温度で校正された定積型の ^{3}He あるいは ^{4}He 気体温度計で定義する．3つの温度とは，ネオンの三重点（24.5561 K），平衡水素の三重点（13.8033 K），および3.0 Kと5.0 Kの間の1温度である．この1温度は前記の ^{3}He あるいは ^{4}He 蒸気圧温度計で決定する．

4.2 Kからネオンの三重点（24.5561 K）まででは作業気体として ^{4}He を用い，T_{90} を次式で定義する．

$$T_{90} = a + bp + cp^2 \qquad (3)$$

Table D-6-1-8 1990年国際温度目盛と1968年国際実用温度目盛,1976年暫定温度目盛との差
(Differences between ITS-90 and EPT-76, and between ITS-90 and IPTS-68)

$(T_{90}-T_{76})/\text{mK}$

T_{90}/K	0	1	2	3	4	5	6	7	8	9
0						-0.1	-0.2	-0.3	-0.4	-0.5
10	-0.6	-0.7	-0.8	-1.0	-1.1	-1.3	-1.4	-1.6	-1.8	-2.0
20	-2.2	-2.5	-2.7	-3.0	-3.2	-3.5	-3.8	-4.1		

$(T_{90}-T_{68})/\text{K}$

T_{90}/K	0	1	2	3	4	5	6	7	8	9
10					-0.006	-0.003	-0.004	-0.006	-0.008	-0.009
20	-0.009	-0.008	-0.007	-0.007	-0.006	-0.005	-0.004	-0.004	-0.005	-0.006
30	-0.006	-0.007	-0.008	-0.008	-0.008	-0.007	-0.007	-0.007	-0.006	-0.006
40	-0.006	-0.006	-0.006	-0.006	-0.006	-0.007	-0.007	-0.007	-0.006	-0.006
50	-0.006	-0.005	-0.005	-0.004	-0.003	-0.002	-0.001	0.000	0.001	0.002
60	0.003	0.003	0.004	0.004	0.005	0.005	0.006	0.006	0.007	0.007
70	0.007	0.007	0.007	0.007	0.007	0.008	0.008	0.008	0.008	0.008
80	0.008	0.008	0.008	0.008	0.008	0.008	0.008	0.008	0.008	0.008
90	0.008	0.008	0.008	0.008	0.008	0.008	0.008	0.009	0.009	0.009

T_{90}/K	0	10	20	30	40	50	60	70	80	90
100	0.009	0.011	0.013	0.014	0.014	0.014	0.014	0.013	0.012	0.012
200	0.011	0.010	0.009	0.008	0.007	0.005	0.003	0.001		

$(t_{90}-t_{68})/\text{°C}$

$t_{90}/\text{°C}$	0	-10	-20	-30	-40	-50	-60	-70	-80	-90
-100	0.013	0.013	0.014	0.014	0.014	0.013	0.012	0.010	0.008	0.008
0	0.000	0.002	0.004	0.006	0.008	0.009	0.010	0.011	0.012	0.012

$t_{90}/\text{°C}$	0	10	20	30	40	50	60	70	80	90
0	0.000	-0.002	-0.005	-0.007	-0.010	-0.013	-0.016	-0.018	-0.021	-0.024
100	-0.026	-0.028	-0.030	-0.032	-0.034	-0.036	-0.037	-0.038	-0.039	-0.039
200	-0.040	-0.040	-0.040	-0.040	-0.040	-0.040	-0.040	-0.039	-0.039	-0.039
300	-0.039	-0.039	-0.039	-0.040	-0.040	-0.040	-0.042	-0.043	-0.045	-0.046
400	-0.048	-0.051	-0.053	-0.056	-0.059	-0.062	-0.065	-0.068	-0.072	-0.075
500	-0.079	-0.083	-0.087	-0.090	-0.094	-0.098	-0.101	-0.105	-0.108	-0.112
600	-0.115	-0.118	-0.122	-0.125	-0.08	-0.03	0.02	0.06	0.11	0.16
700	0.20	0.24	0.28	0.31	0.33	0.35	0.36	0.36	0.36	0.35
800	0.34	0.32	0.29	0.25	0.22	0.18	0.14	0.10	0.06	0.03
900	-0.01	-0.03	-0.06	-0.08	-0.10	-0.12	-0.14	-0.16	-0.17	-0.18
1000	-0.19	-0.20	-0.21	-0.22	-0.23	-0.24	-0.25	-0.25	-0.26	-0.26

$t_{90}/\text{°C}$	0	100	200	300	400	500	600	700	800	900
1000		-0.26	-0.30	-0.35	-0.39	-0.44	-0.49	-0.54	-0.60	-0.66
2000	-0.72	-0.79	-0.85	-0.93	-1.00	-1.07	-1.15	-1.24	-1.32	-1.41
3000	-1.50	-1.59	-1.69	-1.78	-1.89	-1.99	-2.10	-2.21	-2.32	-2.43

Table D-6-1-9 ITS-90の定義定点
(Defining fixed points of the ITS-90)

番号	温度 T_{90}, t_{90}	物質	状態
1	3Kから5K	He	V
2	13.8033 K	e-H$_2$	T
3	約17 K	e-H$_2$	V
		または He	G
4	約20.3 K	e-H$_2$	V
		または He	G
5	24.5561 K	Ne	T
6	54.3584 K	O$_2$	T
7	83.8058 K	Ar	T
8	234.3156 K	Hg	T
9	273.16 K	H$_2$O	T
10	29.7646 ℃	Ga	M
11	156.5985 ℃	In	F
12	231.928 ℃	Sn	F
13	419.527 ℃	Zn	F
14	660.323 ℃	Al	F
15	961.78 ℃	Ag	F
16	1064.18 ℃	Au	F
17	1084.62 ℃	Cu	F

注)(1)物質は自然同位元素組成, e-H$_2$はオルトとパラ水素の平衡状態の水素.
(2)定点の状態は, V:蒸気圧点, T:三重点, G:気体温度計点, M:融解点, F:凝固点.

Table D-6-1-10 ヘリウム蒸気圧式の係数値
(Values of constants for the helium vapour pressure equations)

物質	^{3}He	^{4}He	^{4}He
温度範囲	0.65Kから3.2Kまで	1.25Kから2.1768Kまで	2.1768Kから5.0Kまで
A_0	1.053447	1.392408	3.146631
A_1	0.980106	0.527153	1.357655
A_2	0.676380	0.166756	0.413923
A_3	0.372692	0.050988	0.091159
A_4	0.151656	0.026514	0.016349
A_5	-0.002263	0.001975	0.001826
A_6	0.006596	-0.017976	-0.004325
A_7	0.088966	0.005409	-0.004973
A_8	-0.004770	0.013259	0
A_9	-0.054943	0	0
B	7.3	5.6	10.3
C	4.3	2.9	1.9

ここでpは気体温度計の圧力, 係数a,b,cは3つの定義定点での測定から決める. ただし定義定点の一番低い温度は4.2 Kから5.0 Kの間に取らなければならない.

3.0 Kからネオンの三重点(24.5561 K)まででは作業気体として^{3}Heあるいは^{4}Heを用いる. ^{3}He気体温度計に対して, および4.2 K以下で用いる^{4}He気体温度計に対しては, 第2ビリアル係数$B_3(T_{90})$あるいは$B_4(T_{90})$を用いて理想気体からのずれをあらわに考慮しなければならない. この領域ではT_{90}を次式で定義する.

$$T_{90}=[a+bp+cp^2]/[1+B_x(T_{90})N/V] \quad (4)$$

ここでNは気体のモル数, Vは体積, xは使用した同位体に対して3あるいは4とする. (第2ビリアル係数の値は省略.)

(d) 平衡水素の三重点(13.8033 K)から銀の凝固点(961.78 ℃)まで: 白金抵抗温度計

この温度領域では定められた定義定点群で校正した白金抵抗温度計, および内挿のための基準関数と偏差関数とでT_{90}を定義する. 温度は, T_{90}における抵抗値$R(T_{90})$と水の三重点における抵抗値$R(273.16 K)$との比$W(T_{90})$で決める. すなわち

$$W(T_{90})=R(T_{90})/R(273.16 K) \quad (5)$$

白金抵抗体は純粋で, 歪のないものを用いることが規定されている.

抵抗温度計のどの温度領域においてもT_{90}は, 基準関数$W_r(T_{90})$と偏差$W(T_{90})-W_r(T_{90})$によって得られる. この偏差は定義定点においては温度計の校正によって得られるし, 中間の温度においては偏差関数によって得られる.

平衡水素の三重点(13.8033 K)から水の三重点(273.16 K)までの温度領域においては基準関数を次式で定義する.

$$\ln[W_r(T_{90})]=A_0+\sum_{i=1}^{12}A_i\{[\ln(T_{90}/273.16 K)+1.5]/1.5\}^i \quad (6)$$

次式は上式と0.1 mK以内で等価な逆関数である.

$$T_{90}/273.16 K=B_0+\sum_{i=1}^{15}B_i\left\{\frac{W_r(T_{90})^{1/6}-0.65}{0.35}\right\}^i \quad (7)$$

係数A,Bの値はTable D-6-1-11に与えられている. 温度計はこの温度領域全体を通して校正してもよいし, あるいはより少数の校正点を用い, 上限温度を水の三重点(273.16 K)としたまま下限温度をネオンの三重点(24.5561 K), 酸素の三重点(54.3584 K), アルゴンの三重点(83.8058 K)のいずれかに取ってもよい. 各温度領域ごとの偏差関数と必要な校正点をTable D-6-1-12(a)に示す.

0℃から銀の凝固点(961.78 ℃)までの温度領域に

Table D-6-1-11 白金抵抗温度計の基準関数の係数値 (Constants in the reference function of platinum resistance thermometers)

A_0	-2.135 347 29	B_0	0.183 324 722
A_1	3.183 247 20	B_1	0.240 975 303
A_2	-1.801 435 97	B_2	0.209 108 771
A_3	0.717 272 04	B_3	0.190 439 972
A_4	0.503 440 27	B_4	0.142 648 498
A_5	-0.618 993 95	B_5	0.077 993 465
A_6	-0.053 323 22	B_6	0.012 475 611
A_7	0.280 213 62	B_7	-0.032 267 127
A_8	0.107 152 24	B_8	-0.075 291 522
A_9	-0.293 028 65	B_9	-0.056 470 670
A_{10}	0.044 598 72	B_{10}	0.076 201 285
A_{11}	0.118 686 32	B_{11}	0.123 893 204
A_{12}	-0.052 481 34	B_{12}	-0.029 201 193
		B_{13}	-0.091 173 542
		B_{14}	0.001 317 696
		B_{15}	0.026 025 526
C_0	2.781 572 54	D_0	439.932 854
C_1	1.646 509 16	D_1	472.418 020
C_2	-0.137 143 90	D_2	37.684 494
C_3	-0.006 497 67	D_3	7.472 018
C_4	-0.002 344 44	D_4	2.920 828
C_5	0.005 118 68	D_5	0.005 184
C_6	0.001 879 82	D_6	-0.963 864
C_7	-0.002 044 72	D_7	-0.188 732
C_8	-0.000 461 22	D_8	0.191 203
C_9	0.000 457 24	D_9	0.049 025

おいては次の基準関数を定義する.

$$W_r(T_{90}) = C_0 + \sum_{i=1}^{9} C_i \left\{ \frac{T_{90}/K - 754.15}{481} \right\}^i \quad (8)$$

次式は0.13 mKで上式と等価な逆関数である.

$$T_{90}/K - 273.15 = D_0 + \sum_{i=1}^{9} D_i \left\{ \frac{W_r(T_{90}) - 2.64}{1.64} \right\}^i \quad (9)$$

係数 C, D の値は Table D-6-1-11に与えられている.

　温度計はこの温度領域全体を通して校正してもよいし,あるいはより少数の校正点を用い,下限温度を0℃としたまま上限温度をアルミニウムの凝固点(660.323℃),亜鉛の凝固点(419.527℃),すずの凝固点(231.928℃),インジウムの凝固点(156.5985℃),ガリウムの融解点(29.7646℃)のいずれかに取ってもよい.各温度領域ごとの偏差関数と必要な校正点をTable D-6-1-12(b)に示す.
　水銀の凝固点(-38.8344℃)からガリウムの融解点(29.7646℃)までの領域で使うために温度計を校正してもよい.校正はこれらの2点と水の三重点において行われる.この温度領域をカバーするためには

Table D-6-1-12 白金抵抗温度計の偏差関数と校正点 (Deviation functions and calibration points for platinum resistance thermometers)

(a) 273.16Kを上限とする温度領域

下限温度	偏差関数	校正点
13.8033 K	$a[W(T_{90})-1]+b[W(T_{90})-1]^2$ $+\sum_{i=1}^{5} c_i [\ln W(T_{90})]^{i+n}$ (*) ただし n=2	2-9
24.5561 K	(*)式で $c_4=c_5=n=0$	2, 5-9
54.3584 K	(*)式で $c_2=c_3=c_4=c_5=0, n=1$	6-9
83.8058 K	$a[W(T_{90})-1]$ $+b[W(T_{90})-1]\ln W(T_{90})$	7-9

(b) 0℃を下限とする温度領域

上限温度	偏差関数	校正点
961.78 ℃	$a[W(T_{90})-1]+b[W(T_{90})-1]^2$ $+c[W(T_{90})-1]^3$ $+d[W(T_{90})-W(660.323℃)]^2$ (**)	9, 12-15
660.323 ℃	(**)式で d=0	9, 12-14
419.527 ℃	(**)式で c=d=0	9, 12, 13
231.928 ℃	(**)式で c=d=0	9, 11, 12
156.5985℃	(**)式で b=c=d=0	9, 11
29.7646℃	(**)式で b=c=d=0	9, 10

(c) 234.3156K(-38.8344℃)から29.7646℃までの温度領域

	(**)式で c=d=0	8-10

注) 校正点の番号はTable D.6.1.9を参照。

前記のいずれの基準関数も必要である.偏差関数と必要な校正点をTable D-6-1-12(c)に示す.

　(e) 銀の凝固点(**961.78 ℃**)以上の温度領域: プランクの放射則

　銀の凝固点以上の温度領域においては,T_{90} はプランクの放射則にもとづく次式で定義する.

$$\frac{L\lambda(T_{90})}{L\lambda[T_{90}(X)]} = \frac{\exp(c_2[\lambda T_{90}(X)]^{-1})-1}{\exp(c_2[\lambda T_{90}]^{-1})-1} \quad (10)$$

ここで $T_{90}(X)$ は銀の凝固点 {T_{90}(Ag) = 1234.98 K},金の凝固点 {T_{90}(Au) = 1337.33 K},銅の凝固

点 $\{T_{90}(\mathrm{Cu}) = 1357.77\ \mathrm{K}\}$ のいずれかとする．また $L\lambda(T_{90})$ と $L\lambda[T_{90}(X)]$ とは，それぞれ温度 T_{90} および $T_{90}(X)$，（真空中での）波長 λ における黒体の放射輝度の分光密度であり，$c_2 = 0.014388\ \mathrm{m\cdot K}$ である．

ITS-90 の実現方法については "ITS-90 の補足情報"（Supplementary Information for the ITS-90）を参照すべきである．

6.1.4 トレーサビリティー（Traceability）

国内における温度の国家標準へのトレーサビリティを Fig. D-6-1-1 に示す．

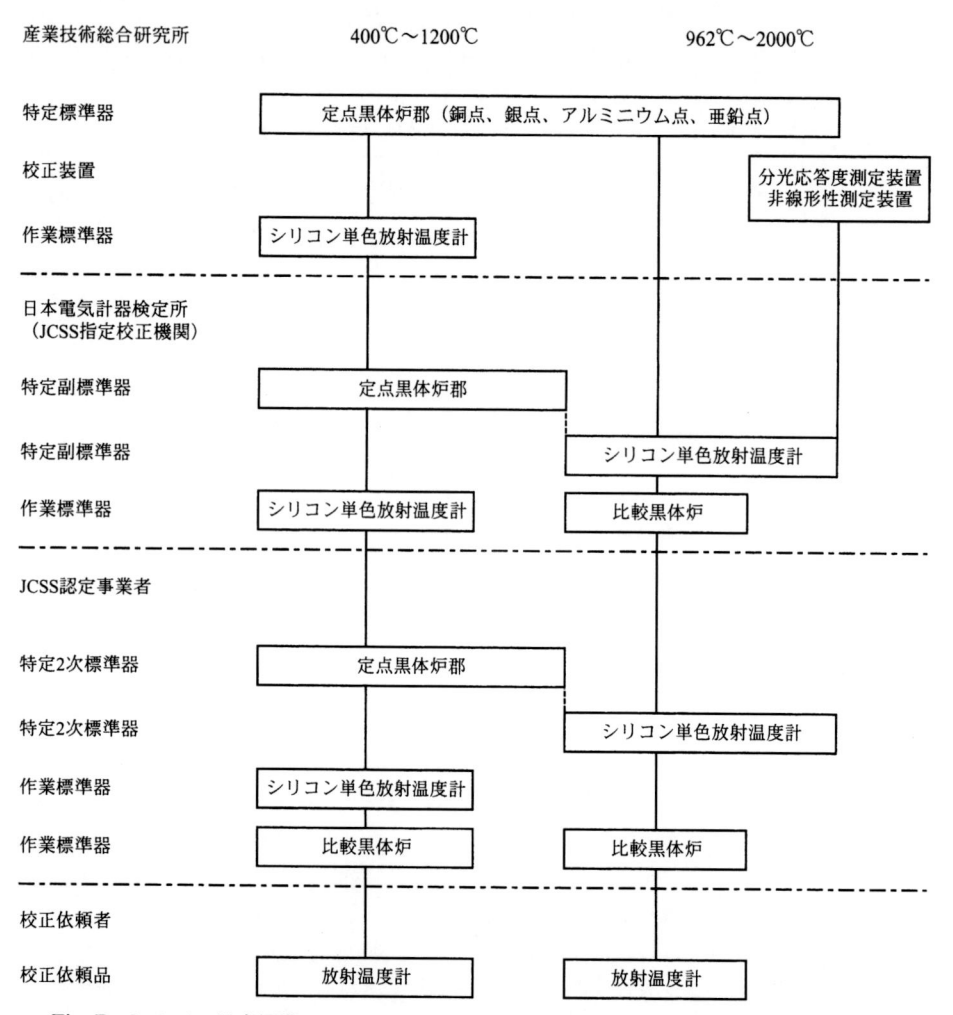

Fig. D-6-1-1 温度標準のトレーサビリティー（Traceability of temperature standards）

6.2 圧力測定 (Pressure Measurement)

6.2.1 圧力の定義 (Definition of Pressure)

圧力は"単位面積当りの力"で定義される示強量である．連続体の中に任意にとったある一つの平面を挟んだ両側の部分が互いに押し合う時の放線心力が圧力である．固体内部の圧力，固体間の接触面の圧力もあるが，一般に圧力という場合に対象にするのは気体や液体など流体の圧力である．

(a) 静止流体の圧力

静止流体では任意の一点の圧力は，測定面の方向に関係なく全ての方向に等しい大きさをもつ(パスカルの原理)．これを静水圧という．重力場においては水平面上の各点の圧力は同一で等圧面を形成するが，鉛直方向には圧力勾配が生ずる．

(b) 運動流体の圧力

運動流体が静止している面に及ぼす圧力という観点で見ると，一点の圧力は測定面の方向の関数になり，流れに直角に対向する面で最大値に，平行する面で最小値になる．この最大値の圧力をその点の総圧といい，最小値を静圧という．総圧と静圧の差を動圧という．流体の圧力とは一般に静圧のことであるとされているから，流れのある測定系では動圧の効果を考慮する必要がある．動圧に関する流体現象は，エネルギー保存の法則の具体的表現であるベルヌーイの定理によって説明することができる．すなわち，粘性の無い非圧縮性の完全流体を仮定した場合には，一つの流線に沿って次の関係が成り立つ．

$$P + \rho v^2/2 + \rho g h = \text{const.} \quad (1)$$

ここに，P は静圧，$\rho v^2/2$ は動圧，g は重力加速度，h はある水準面からの高さである．

水平方向の定常流については，$h = \text{const.}$ であるから，

$$P + \rho v^2/2 = \text{const.} \quad (2)$$

となり，静圧と動圧の和，つまり総圧は一定値をとる．すなわち静圧は，流れの速度の大きいところでは小さく，速度の小さいところで大きい．実在の流体では，粘性抵抗による損失があるから，総圧は流れの方向に沿って減少する．

なお，速度が零 ($v = 0$) の場合には，

$$P + \rho g h = \text{const.} \quad (3)$$

という静止流体の圧力に対する式になる．

6.2.2 圧力の種類 (Classification of Pressure)

圧力はその性状により次のように区別して呼ばれる．

(a) 圧力の変動

時間的に一定の圧力を定圧力または静定圧力という．変動する圧力を変動圧力，周期的な変動圧力を脈動圧力ということがある．

(b) 圧力の表示方法

計測表示上のゼロ基準の取り方により次の3種類がある．

(1) 絶対圧(力)

完全真空をゼロ基準とした圧力．大気圧以下の絶対圧力を真空と呼ぶことがある．

(2) ゲージ圧(力)

大気の圧力をゼロ基準とする圧力．単に圧力と言えば通常ゲージ圧を表すことが多い．

(3) 差圧(力)

任意のある圧力をゼロ基準とする二つの圧力の差で表した圧力．

(c) 圧力の単位

圧力の単位は種類が多い．MKS単位系，重力系，液柱系などの各種の単位が圧力利用分野での慣習や計

Table D-6-2-1 圧力単位換算率表 (Conversion table of pressure units)

	Pa	kgf/cm²	cmHg	mmHg	mmH₂O
1 Pa =	1	$1.019\,72 \times 10^{-5}$	$7.500\,6 \times 10^{-4}$	$7.500\,6 \times 10^{-3}$	0.101972
1 kgf/cm² =	98 067	1	73.556	735.56	10 000
1 cmHg =	1 333.22	0.013 595	1	10.000	135.95
1 mmHg =	133.322	0.001 359 5	0.100 00	1	13.595
1 mmH₂O =	9.806 7	0.000 100 00	0.007 355 6	0.073 556	1

1 N/m² = 1 Pa
1 atm = 101 325 Pa = 1.033 23 kgf/cm²
1 bar = 100 000 Pa = 1.019 72 kgf/cm²
1 Torr = 1 mmHg = 133.322 Pa

測手段・測定範囲などとの関連で使用されている。これらの単位のうち,中心となる Pa (パスカル) は国際単位系 (SI) の圧力単位で,N/m² (ニュートン毎平方メートル) に与えられた固有の名称である.気象分野でのミリバール mbar からヘクトパスカル hPa への移行に見られるように各分野で SI 単位であるパスカル Pa へ変更する努力が進められている.トレーサビリティへの対応からも SI 単位系への移行が不可欠である.参考のため Table D-6-2-1に,主な圧力単位の換算関係を示す.

6.2.3 圧力計の分類
(Classification of Pressure Gauges)

各種圧力計の概要を Table D-6-2-2 に示す.

一次圧力計としては,液柱形圧力計,重錘形圧力てんびんがある.二次圧力計としては弾性圧力計,抵抗線式圧力計,圧電式圧力計などがある.各々について使用圧力範囲と精度の目安が記してあるが,これらの数値は該当圧力計のうち優れているものの代表的な性能を選んで記したものである.以下,各種圧力計の原理・特性について説明する.

6.2.4 液柱形圧力計
(Liquid Column Manometer)

(a) 液柱形圧力計の測定原理

密度 ρ の液体を封入した連通管の両端に圧力差 Δp を作用させると液位差 h が生じる.このとき Eq.(3) より,$\Delta p = \rho g h$(g;重力加速度)が成り立つ.よって,密度,液位差,重力加速度の値から圧力が算出できる.

(b) 液柱形圧力計の特徴

圧力の種類や使用目的に応じて色々な構造形式の液注形圧力計が使われているが,管の形状によって,一般に,U字管式,単管式,傾斜管式などと区別される.基本構造は Fig.D-6-2-1に示すように管,封入液体,液面の高さを測る目盛板より成る.比較的簡単な構造なので構造的誤差が生じにくく,故障も少なく,且つ計算により圧力が求められるなどの利点がある.この反面,変動圧測定には適さず,一般に 0.2 %程度より小さな不確かさを得るには,標準温度と測定時の温度の違いによる補正や重力加速度の補正を行ったり,測定対象気体の密度の補正などが必要になる.また,液体や管内面の汚れによる視定誤差などが生じたりする難点がある.測定圧力も液柱約 2 m が一般的な限度である.

Table D-6-2-2 各種圧力計の概要(General specifications of pressure gauges)

圧力計の形式・名称		使用圧力範囲	精度の目安	備考 ((注)参照)
液柱形	U字管式	100〜20000Pa (10〜2000mmH₂O)	1Pa (0.1mmH₂O)	G, A, D, S, 標準用
	単管式	1〜266kPa (10〜2000mmHg)	13Pa (0.1mmHg)	G, A, D, S, 標準用
	水銀気圧計	86〜111kPa (650〜830mmHg)	0.05mmHg	A, S, フォルタン形気圧計
	沈鐘式	300Pa (30mmH₂O)	0.01mmH₂O	G, D, S
重錘形	ボール式(気体用)	10〜400kPa	0.03〜0.2%FS	G, S, 標準用
	ピストン式(気体用)	10〜5000kPa	0.005〜0.2%FS	G, S, A, 標準用
	ピストン式(液体用)	0.05〜500MPa	0.01〜0.2%FS	G, S, 標準用
弾性圧力計	機械式(ブルドン管)	0.03〜700MPa	0.066〜0.1%	G, ブルドン管, カプセル
	電気容量式(ダイヤフラム)	10^2〜$5×10^7$Pa	0.1〜0.25%	G, A, D, V, S, プロセス用
	↑	1〜10^6Pa	0.05〜0.1%	G, A, D, V, S, 精密計測用
	電気抵抗式(ダイヤフラム)	1kPa〜140MPa	0.25〜1%	G, A, D, V, S, 拡散半導体圧力計
	電磁誘導式(ダイヤフラム)	50Pa〜20MPa	0.2〜1%	G, A, D, V, S, 差動変圧器
	石英ブルドン管圧力形	20kPa〜13.5MPa	0.01〜0.06%	G, A, D, S, 光学式, 力平衡式
	水晶振動子式圧力計	40KPa〜200kPa	0.01〜0.03%	G, A, D, V, S, ベローズ
	MEMS振動子式	1kPa〜700kPa	0.01%	G, A, D, S, 高精度, 高安定
	抵抗線式圧力計	100MPa〜	1〜2%	A, V, S, ベローズ
	圧電式圧力計	0.7MPa〜700MPa	1〜2%	G, V, チャージ増幅

(注) 記号説明, G:ゲージ圧, A:絶対圧, D:差圧, S:静定圧, V:変動圧

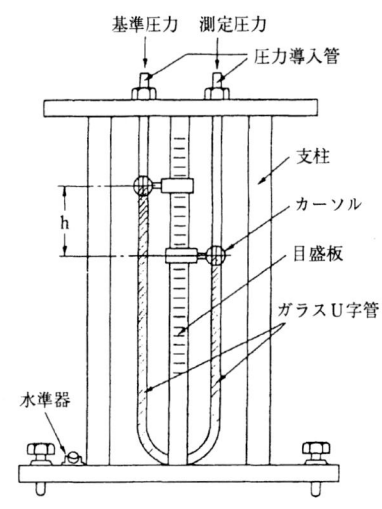

Fig. D-6-2-1 液柱形圧力計の基本構造
(Basic structure of liquid column manometer)

(c) 液柱形圧力計の種類

一般に, Fig. D-6-2-2 に示すものが使われている.

(1) U字管式圧力計

高圧力側と定圧力側で対称の構造を持つ最も一般的なもので両液面の高さの差を検出する必要がある.

(2) 単管式圧力計

高圧力側の管断面積を大きくして液面変位を低圧側だけにより読み取る構造を持つ. 一般に, 高圧側の液面変位量を補正する縮目盛を備えている. また, 高圧側の液面位置を一定に調整するものに, フォルタン形気圧計がある.

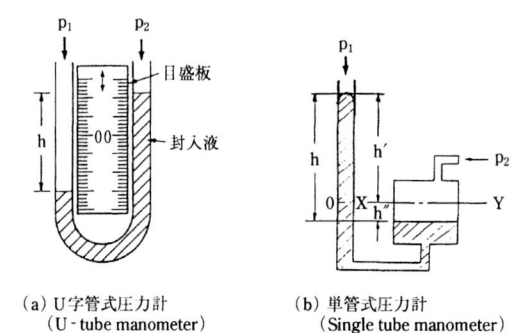

Fig. D-6-2-2 液柱形圧力計の種類 (Various types of liquid column manometers) p_1 ; 測定圧 (Measured pressure), p_2 ; 基準圧 (Reference pressure)

6.2.5 重錘形圧力てんびん
(Pressure Balance)

(a) 重錘形圧力てんびんの測定原理

構造概念を Fig. D-6-2-3 に示す. 精密に加工され, 自由に摺動するピストン・シリンダーを用いて, 圧力と重錘に働く重力を釣り合わせて圧力を発生するものである. ピストンシリンダーの有効断面積を A_e, 重錘の質量を M, 重力加速度を g とすると圧力 p は, $p=Mg/A_e$ で表される. 圧力と釣り合わせる力に重力ではなく電磁力 (電子式はかり) を用いて連続した測定を可能にしているものもある.

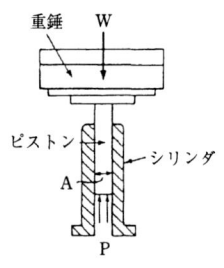

Fig. D-6-2-3 重錘形圧力てんびんの基本構造
(Basic structure of pressure balance)
P ; 測定圧力 (Measured pressure) W ; 重錘質量 (Weight of mass)

(b) 重錘形圧力てんびんの特徴

一般的な理解を得るには JIS 規格を参照すると良い. JIS B7910「重錘型圧力てんびん」では精度等級 0.01％から 0.2％までの標準器として必要な性能, 試験方法, 使用方法を規定している. 圧力媒体を液体とするものを油圧式, 圧力媒体を気体とするものを空気式の重錘型圧力てんびんと呼び, 二次圧力計を校正する場合の標準器と位置づけられ, 広い圧力範囲に渡ってゲージ圧表示の各種圧力計の検査・校正に用いられている. 構造設計の面での自由度が比較的大きく, 種々の形式とその変形があるが, 共通して液柱形圧力計よりも測定範囲が広く, 周囲温度の影響が小さい. また, ピストンの運動が圧力変化を吸収して一定圧力が系内に正しく保持されるなどの利点がある. 反面, ピストンとシリンダーの間の隙間からの作動流体の漏洩が不可避であり, また, 重錘の加除操作が必要で, 任意の圧力を連続的に測定することは困難である. これらの特徴から

重錘形圧力てんびんは圧力計の検査・校正に限って使用される．重錘を用いないで電子天秤を用い，連続的測定を可能にしているものも開発されている．

6.2.6 弾性圧力計一般 (Pressure Gauges with Elastic Sensing Element)

(a) 弾性圧力計の特徴

弾性体の受圧要素を持つ圧力計を弾性圧力計という．設計の自由度が大きく目的に応じて各種の圧力計が作られている．それ自身で精度を維持することはできないので必要精度と安定度に応じた校正作業が必要である．弾性体特有の誤差特性としては，非直線性，履歴特性（ドリフト，ヒステリシス等），及び温度特性がある．

(b) 弾性圧力計の種類

一般に受圧要素の圧力による変形量を更に各種の変換方式と組み合わせて処理可能な信号に変換できるように圧力計を構成する．受圧弾性体の形状の主なものは，ダイアフラム，カプセル（空ごう），ベロー，ブルドン管，チューブである．変換方式には，機械式，電気式（容量式，抵抗式，電磁誘導式），光学式，振動式，力平衡式（サーボ式）がある．実用化されている受圧要素と変換方式の組合せをTable D-6-2-3に示す．

以下，産業用圧力計としてで一般的なものについて，変換方式によって説明していく．

(c) 弾性圧力計の選定方法

選定に際しては，測定流体の条件，圧力の種類，使用環境に合わせて，高温流体には高温用，腐食性流体には耐腐食性材料を用いた圧力計，反応性ガスや食品など油の残存による危険や汚染の恐れがある場合には禁油表示の圧力計またはサニタリー圧力計を用いる．測定圧力に脈動などの急激な変動を伴う場合には，絞りを入れたり，緩衝機能を持った変動圧用圧力計を用いる．

6.2.7 機械式弾性圧力計 (Pressure Gauge with Mechanical Output)

受圧要素の変位を機械的拡大機構を用いて表示するもので，一般の回転指針圧力計や自記気圧計などがこの形式のものである．受圧要素は変位の大きく取れるブルドン管が多く使われ，他にも用途により多重カプセル，ベロー，波状ダイアフラムが用いられる．

(a) ブルドン管圧力計

一般に使用されている圧力計で最も多いのが機械式のブルドン管圧力計である．普通のブルドン管圧力計については，日本工業規格JIS B 7505「ブルドン管圧力計」で規定している．対象は，ゲージ圧力を測定する丸形指示ブルドン管圧力計で，測定範囲によって大気圧以上を測定する「圧力計」，大気圧以下を測定する「真空計」，両方を測定する「連成計」に分かれる．規定内容は，外観・構造，形状・寸法，材料，圧力範囲・目盛，精度等級，試験方法，に関して詳しく決められている．その測定範囲は，真空から200 MPaまでであり，精度は0.5 %，1 %，1.5 %，3 %，の4等級である．

(b) その他

JISとは異なるもので市販されている精密級の機械式弾性圧力計の測定範囲と公称精度は，0.03～700 MPa，0.066～0.1 % FSである．これは主に標準圧力計として用いられる．

6.2.8 電気式弾性圧力計 (Pressure Gauges with Electrical Output)

弾性体の変形量を電気的に検出するもので大きく電気容量式，電気抵抗式，電磁誘導式に分けられる．各々の例をFig. D-6-2-4に示す．

電気容量式はダイアフラムを移動電極とし，近接して配置された固定電極との間の容量変化からダイアフラムの変位を測定するものである．電気抵抗式は弾性体の変形を歪みゲージの抵抗変化で検出するも

Table D-6-2-3 弾性圧力計の受圧要素と変換方式の組合せ (Combination of sensing elements and transducing methods of pressure gauges)

変換方法 \ 受圧要素		ダイアフラム	カプセル	ベロー	ブルドン管	チューブ
機械式		○	◎	◎	◎	－
電気式	容量式	◎	－	－	－	－
	抵抗式	◎	－	－	○	○
	電磁誘導式	◎	○	－	－	－
光学式		－	－	－	◎	－
振動式		○	－	◎	－	－
力平衡式		◎	－	－	◎	－

◎：一般的なもの (Popular)
○：実用になっているもの (Produced)

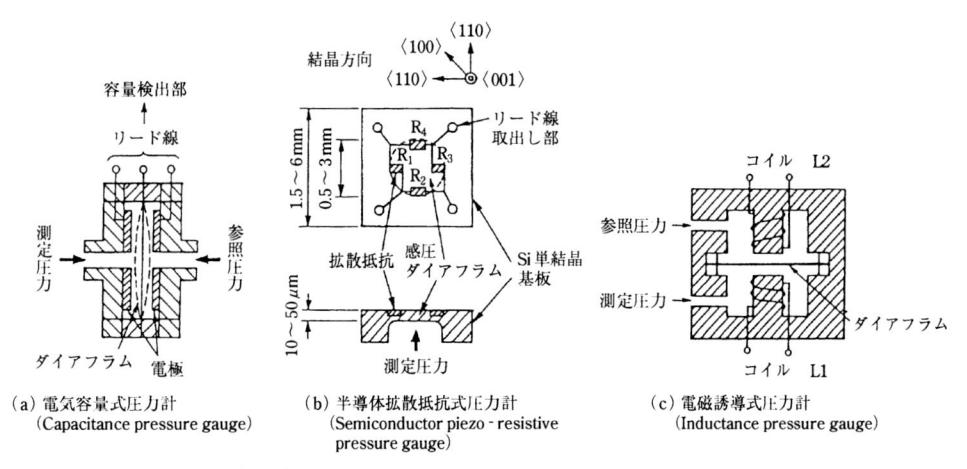

Fig. D-6-2-4 電気式弾性圧力計の構成例（Examples of pressure gauges with electrical output）
(a) 静電容量式圧力計（Capacitance pressure gauge） (b) 半導体拡散抵抗式圧力計（Semiconductor piezo-resistive pressure gauge） (c) 電磁誘導式圧力計（Inductance pressure gauge）

ので，近年，半導体を用いた固体素子センサが多数開発され実用になっている．電磁誘導式は，作動変圧器などの電磁誘導現象を利用した変位測定によるものである．

直接電気出力が得られるので，計測器としてシステム化し易く，多くの種類がある．特に，工業計器として，統一出力信号（例えば4～20 mA），耐候性，耐久性，大きさなどの規格を合わせた圧力計を，いわゆる圧力伝送器という．精度は，0.2％程度のものが多く，最近では0.1％の高精度のものもある．

6.2.9 高精度弾性圧力計 (Pressure Gauges with High Accuracy)

弾性圧力計の変換方式として，他に光学式及び振動式があり，高精度～0.01％を特徴としている．校正基準や精密計測に用いられる．

(a) 石英ブルドン管圧力計

溶融石英で作った螺旋形状のブルドン管を受圧体とし，その端に鏡を付け，圧力によって生ずる鏡の回転を光学的に検出する原理の圧力計である．可動部を持つため変動圧力計測には適さない．一方，サーボコイルにより回転しないように電磁力フィードバックを掛けるものも開発されており，これは変動への追従性が良くなっている．

(b) 振動式圧力計

振動子の共振振動数が振動体にかかる応力の大きさによって変化することを利用する圧力計である．受圧要素としては，ダイアフラムやベローが用いられており，振動子には，O字形の音叉が用いられている．安定度がよいので高精度用途のみでなくプロセス用の圧力伝送器にも用いられている．実施例をFig. D-6-2-5に示す．また，受圧要素と振動子が一体となっている共振円筒型の圧力計もある．

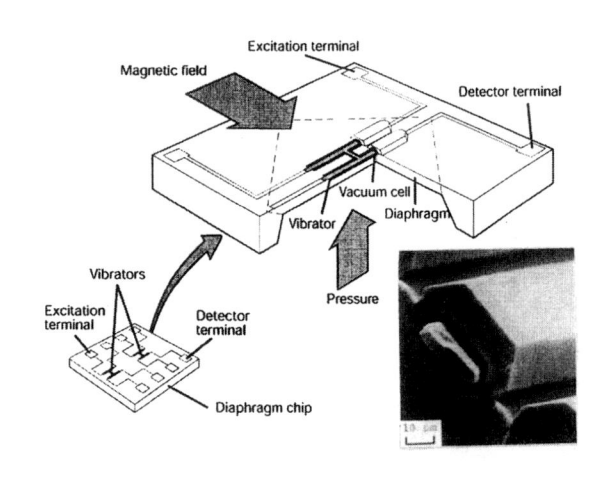

Fig. D-6-2-5 振動式弾性圧力計の例（Example of pressure gauge with vibration sensing）（Yokogawa MT のカタログより）

6.2.10 その他の圧力計
(Other Pressure Gauges)

(a) 電気抵抗線式圧力計
電気抵抗が圧力に依存する性質を利用するもので，温度係数の小さい銅のマンガンニッケル合金であるマンガニン線がよく用いられる．100 MPa以上の高圧力測定に適している．

(b) 圧電式圧力計
結晶の圧電効果を利用する圧力計である．圧電材料には，水晶，ロシェル塩，チタン酸バリウム，PZTなどが用いられる．一般に圧電式圧力計は内燃機関の内圧測定などの高負荷・高変動の圧力測定に適している．

6.3 固体の熱物性値の測定法
(Guide to Measuring Methods of Thermophysical Properties for Solids)

6.3.1 固体の比熱容量測定 (Specific Heat Capacity Measurements of Solids)[1-3]

物質の温度を単位温度（1 Kまたは1℃）だけ上昇させるのに要する熱量が熱容量（heat capacity）であり，これを単位量（1 kgまたは1 mol）当たりに換算したものが比熱容量（specific heat capacity）である．一般に純物質であれば物質に固有の値を示す．但し測定条件により値は異なり，圧力一定で測定した定圧比熱容量 c_p と体積一定で測定した定積比熱容量 c_v を区別する必要がある．

比熱容量の代表的な測定法を熱量測定型，伝熱型，その他に分類して Table D 6-3-1 で比較する．試料の量や形状，温度範囲，信頼性と不確かさ，所要時間と簡便さなどに応じて最適な方法を選ぶことが肝要である．特に試料の必要量と測定温度範囲に応じた選択の目安を Fig. D 6-3-1 に示す．図表共に参照されたい．

(a) 断熱法-断続加熱方式（ネルンスト法）[1-3]

比熱容量測定の基本は断熱型熱量計を用いるネルンスト法である．この方法では，試料を詰めた容器にジュール熱供給用ヒータと温度計を装備し，これ

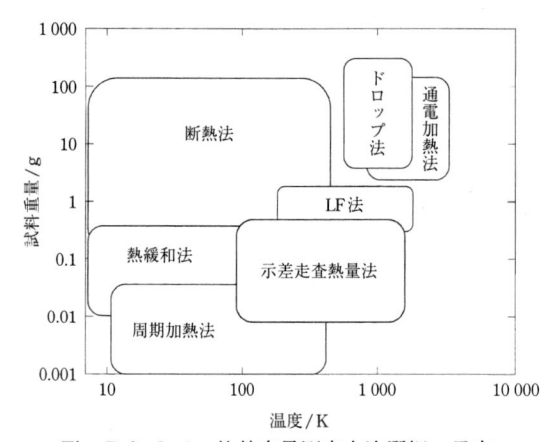

Fig. D 6-3-1 比熱容量測定方法選択の目安
（測定温度と試料重量による分類例）

Table D 6-3-1 比熱容量測定法の比較

分類	測定法	長所	短所
熱量測定型	断熱法（ネルンスト法）	・不確かさが最小の比熱容量の絶対測定法 ・熱暖和現象（比熱異常）の測定に適 ・固・液・気体のいずれも可	・試料量が多い（1〜100g） ・簡便化が容易ではない ・室温以上の高温での測定に難
熱量測定型	投下法（エンタルピー法）	・不確かさが小さいエンタルピーの絶対測定法 ・高温（〜1800K）での測定に適	・比熱容量への換算（温度微分）が必要 ・急冷による異相出現の可能性 ・相転移点付近での測定に難 ・500K以下での不確かさ大，室温以下は困難
伝熱型	熱暖和法	・微量試料（1〜10mg）の絶対測定法 ・市販の実用測定器あり	・主に室温以下の低温での測定に限定 ・相転移点付近での測定に難
伝熱型	ac法	・微量試料（1〜100mg）の高分解能測定 ・特殊条件下での測定が比較的容易 ・熱拡散率の評価も可	・絶対測定が困難で，校正作業が必要 ・潜熱・暖和現象の観測不可
伝熱型	示差走査熱量測定（DSC）	・少量試料（1〜100mg）での簡便な測定 ・多数の市販装置あり ・低温から中高温まで測定可	・断熱法に比べると不確かさが大きい ・セルの選択に併せて試料の成形が必要 ・標準物質を参考試料とした校正作業が必要
その他	高速通電加熱法	・3000K近くの超高温まで短時間測定が可能 ・電気抵抗，放射率の同時測定が可能	・導電性の成形体のみ測定可能 ・1500K以下での測定が困難
その他	レーザーフラッシュ法	・少量試料（1g以下）での短時間測定が可能 ・熱拡散率の評価の可能	・粉体・液体の測定に難 ・潜熱・暖和現象の観測不可 ・表面の黒化処理が必要 ・標準物質を参考試料とした校正作業が必要

を断熱シールドの中に置き，試料容器と断熱シールドとの温度差が常に0になるよう断熱制御する．熱平衡状態にある試料に一定のヒーター電力(P)を一定時間(Δt)供給し，熱量$\Delta Q = P \cdot \Delta t$を与え，再び熱平衡状態に達したときの温度上昇($\Delta T$)から，以下の式で$C_p$が求まる

$$C_p = \lim_{\Delta T \to 0} \frac{\Delta Q}{\Delta T} \cong \frac{dQ}{dT} \quad (1)$$

通常ΔTは1Kないし測定温度の1％程度の値が取られる．試料を含む容器全体の熱容量から空容器の熱容量を差し引いた試料のみの熱容量を試料量で割ったものが試料の比熱容量となる．十分な試料量が確保される場合には，室温以下の低温で最も精度の高い絶対測定法の一つである．

(b) 断熱法-連続加熱方式[2]

断熱型熱量計を用いた連続加熱法では，加熱電力(dQ/dt)と試料温度の変化率(dT/dt)から，次式を用いて熱容量を決定する．

$$C_p = \left(\frac{\Delta Q}{\Delta T}\right) / \left(\frac{dT}{dT}\right) \quad (2)$$

加熱電力を一定にすると温度変化率は熱容量に反比例し，一定の昇温速度となるように加熱量を制御する場合には，加熱量は熱容量に比例する．いずれの場合も，連続加熱法では測定温度と試料の実際の平均温度の間に差異が生じることは避けられず，相転移点近傍などではデータの取り扱いに注意を要する．

(c) 熱緩和法[1,3]

微量試料での絶対測定に適した方法が熱緩和法である．試料への単位時間当たり一定の供給熱量qで試料と熱浴との間に一定の温度差ΔTが生じるとする．このとき両者の間の熱抵抗は$R = \Delta T / q$である．

次にある時刻で加熱を止めると試料の温度は指数関数的に熱浴の温度に漸近するが，その時の緩和時間は$\tau = RC_p$で与えられる．結局，熱容量は次式で求まる．

$$C_p = \frac{\tau}{(\Delta T / q)} \quad (3)$$

室温以下で放射による熱のロスが少ない場合には，比較的簡便に正確な絶対値が求められるため，この方法を用いた実用測定器は研究用に広く普及している．

(d) ac法[1,4]

交流法とも呼ばれる周期加熱法の一つで，微量試料の熱容量の高分解能測定に適した方法である．Fig. D6-3-2に装置の概略を示す．厚さ0.1～1mm程度の薄板状の試験片の表側を一様な光照射で同期加熱し，裏面の温度変化を極細熱電対などで検出する．角周波数ωの交流熱流$P_{ac} = P_0 \cdot (e^{i\omega t} + 1)$を加え続けることにより生じる温度振動を測定する．加熱を始めて十分時間がたった後では，試料温度は熱浴より直流温度差T_{dc}($= P_0 R$, Rは試料と熱浴間の熱抵抗)だけ高い温度で定常状態になる．$\omega \tau_{ext} \gg 1$(τ_{ext}は外部緩和時間)が満たされる断熱条件では，定常状態における試料の交流温度振幅と熱容量の関係から，次式を用いて熱容量が決定される．

$$C_p = \frac{P_0}{\omega |\Delta T_{ac}|} \quad (4)$$

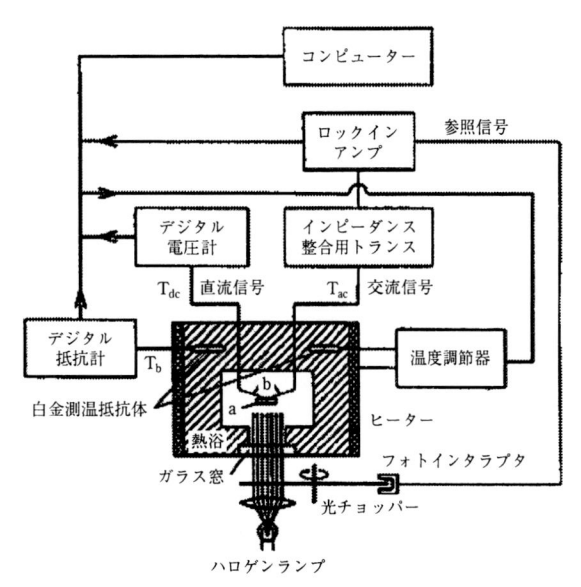

Fig. D6-3-2 光照射型のacカロリメータの装置構成例
(a：試料，b：熱電対)

1) 日本熱測定学会編：熱量測定・熱分析ハンドブック，丸善(1998) 2) 日本機械学会編：熱物性値測定法－その進歩と工学的応用－，養賢堂(1991) 3) T.H.K. Barron, G.K.White：Heat Capacity and Thermal Expansion at Low Temperatures, Plenum (1999) 4) 八尾晴彦，八田一郎：固体物理 **24** (1989) 769 5) G. Höhne, W. Hemminger, H.-J. Flammersheim：Differential Scanning Calorimetry, Springer (1996)

光加熱方式では加熱量の見積もりが困難なため，絶対値を得るためには標準物質を用いた校正作業が必要である．高い熱容量分解能（〜0.1％）と温度分解能（〜1 mK）の特長を活かした材料系の研究開発用途に利用されることが多く，市販装置も入手可能である．

（e）示差走査熱量法[1,5] - DSC
（Differential Scanning Calorimetry）

元々は熱分析手法として用いられていたこの方法も，最近では簡便かつ信頼性の高い比熱容量測定法として認められるようになった．特に室温から1000 K程度の温度範囲では，DSCが最も普及した実用測定装置であり，多くのメーカから多数の機種が市販されている．代表的なものに熱流束DSC，入力補償DSCがあり，いずれも等価な双子型のセル構造を持ち，一定速度で炉を昇温する際の基準側と試料側の熱入力差を示差方式で精密に検出することができる．この熱入力の比が両者の熱容量の比に比例するというのが測定の基本原理である．実際には，試料側に(1) 空容器のみ，(2) 測定試料，(3) 標準試料（比熱容量が既知のサファイアなど）を順において3本のDSC信号をFig. D6-3-3のように得る．基線が良く一致している場合には，図中に示す信号強度比から次式で測定試料の比熱容量が得られる．

$$c_p = c_p' \frac{m'}{m} \cdot \frac{BD}{BE} \tag{5}$$

DSCでは試料は断熱されていないが，標準試料側と測定試料側とが熱的に等価な双子型となっているため，試料セルとそのホルダへの熱入力がキャンセルされることになる．一度の測定温度上昇幅は，基線の安定性を確保するため5〜50 K程度に取るのが普通である．最近では温度走査に周期加熱を重畳する温度変調DSCも登場している．

（f）投下法[6-8]

高温での比熱容量の決定は，直接通電加熱法のような特殊な方法を除き，投下法（ドロップ法あるいはエンタルピー法とも呼ぶ）によるエンタルピー測定の結果を微分するのが通常の方法である．投下法は，室温以上のある温度に保った試料を室温付近で動作する熱量計（恒温壁型熱量計または恒温熱量計を用いることが多い）に投下し，試料が熱量計中で平衡温度に達するまでに放出する熱量を測定するものである．測定装置の例をFig. D-6-3-4に示す．

投下法による測定の確度を上げるためには，高温炉中で試料を熱平衡状態に置き正確に温度を測定し，投下中の熱損を空容器のみの測定から補正する．投下時間が短く，熱量計が室温付近で作動するため，比較的容易に確度の高いエンタルピー測定が可能である．

エンタルピーから比熱容量を求めるには温度による微分操作が必要であり，測定したエンタルピーの温度依存性を実験式で近似し，その近似式を温度微

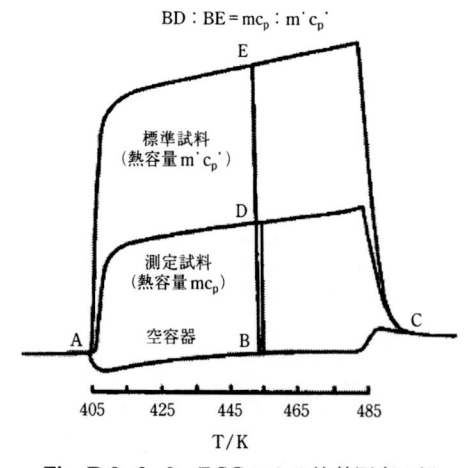

$BD : BE = mc_p : m'c_p'$

Fig. D 6-3-3　DSCによる比熱測定の例

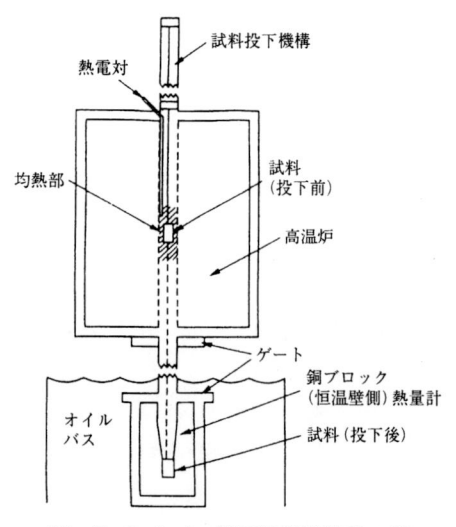

Fig. D-6-3-4　投下法測定装置の例

---

6) 日本化学会編：新実験化学講座2, 基礎技術1, 熱・圧力, 丸善 (1976).　7) 高橋洋一・神本正行：熱測定, **10**, 3 (1983) 115.
8) 稲場秀明・神本正行ほか：熱測定, **11**, 4 (1984) 176　9) Hyland, G. J. & Ohse, R. W. : J. Nucl, Mater. 140 (1986) 149.
10) Ohse, R. W. : Pure & Appl. Chem., **60**, 3 (1988) 309.

分することにより比熱容量を決定するのが通例である．ただし，このような方法では仮定した実験式により異なった比熱容量が算出されることがあり，また相転移を見過ごすこともあることが指摘され，実験式を仮定せずに比熱容量を求めるデータ処理方法が提案[9]されるとともに，高温での比熱容量の直接測定に対する要求が強くなりつつある[10]．

（g）高速通電加熱法[2,3,11]

導電性物質（金属，合金，炭素系材料等）の比熱容量を3000K以上の超高温まで測定可能な方法である．装置の概略図をFig. D 6-3-5に示す．実験では，試料にバッテリー又はコンデンサから大電流（1000A以上）を短時間（1s以下）流して直接加熱し，室温から目標温度まで1秒以内に加熱する．加熱中の電流Iと電圧Vを測定すると共に，加熱中および冷却中の試料温度を放射温度計で測定する．実験中の試料からの熱損失が放射のみによると仮定し，加熱時と冷却時において同じ温度Tである時の試料のエネルギー収支式を組み合わせて得られる次式により熱容量を導出する．

$$c_p(T) = \frac{VI}{\left(\frac{dT}{dt}\right)_h - \left(\frac{dT}{dt}\right)_c} \tag{6}$$

式中の下付き文字hとcはそれぞれ加熱時と冷却時の値であることを表す．この方法では放射による熱損失の影響を，同一試料による加熱時と冷却時の両測定結果の組合せで，消去している．この方法は，約1300Kから3000Kを越える試料の融点までの温度における比熱容量に加えて，電気抵抗率，全放射率などの同時測定が可能である．なおこの方法では，温度測定に高速測定が可能な放射温度計を用いる必要があるため，測定下限温度は放射温度計の測定波長に依存する．

（h）レーザフラッシュ法[2,12,13]

レーザフラッシュ法は，熱拡散率の測定方法として広く普及しているが，比熱容量も測定することも可能である．レーザフラッシュ法による比熱容量測定は，低温から高温まで，広い温度範囲に渡って測定が出来る利点がある．測定原理・装置の構成は，D 6-3-2（d）の熱拡散率測定の場合に準じる．

熱容量C_pの平板試料を，エネルギー密度qのパルス光で加熱してレーザフラッシュ測定を行い，温度上昇ΔTを得た時，

$$\Delta T = \frac{aAq}{C_p} \tag{7}$$

ここで，aは試料表面でのパルス光の吸収率，Aはパルス加熱される試料表面の面積である．

実際の測定では，試料が吸収したエネルギーaAqを見積もることは難しい．そのため，熱容量が既知の参照試料との比較測定が用いられる．同条件の下で試料を差し替えて測定する方法[12]や，大口径のビームで2個以上の試料を同時加熱同時測定する示差方式[13]が知られている．いずれの場合も，参照試料（熱容量C_r）と測定試料（熱容量C_m）は，パルス加熱される表面積および吸収率が等しいと仮定する．両試料を同条件でパルス加熱し，温度上昇ΔT_r，ΔT_mが観測された場合，

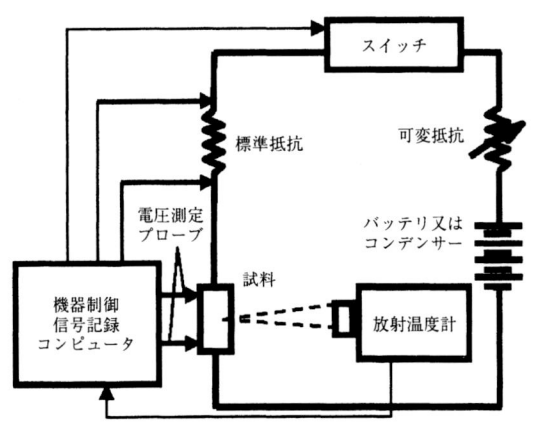

Fig. D 6-3-5　パルス通電加熱法測定装置の概略図

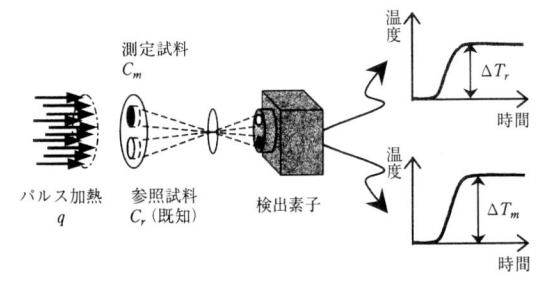

Fig. D 6-3-6　示差方式レーザフラッシュ法の概念図

---

11) D.A. Ditmars: Compendium of Thermophysical Property Measurement Methods 1, Plenum (1984) 527.　12) 高橋洋一：熱物性 1 (1987) 3.　13) K. Shinzato and T. Baba : J. Thermal Analysis Calorimetry, **64** (2001) 413.

$$aAq = C_r \cdot \Delta T_r = C_m \cdot \Delta T_m \tag{8}$$

から，C_m を得ることができる．

参照試料と測定試料のパルス光の吸収率は，その表面状態に大きく依存する．よって，試料の黒化処理には細心の注意が必要である．また，黒化処理の代わりに，受光板（ガラス状カーボンなど）を重ねる方法がある．表面状態を揃えることは難しく，大きな不確かさ要因の一つであり，今後の改善が期待されている．

6.3.2 固体の熱伝導率および熱拡散率
（Measuring Methods of Thermal Conductivity and Thermal Diffusivity for Solids）

(a) 測定法の基本原理

熱伝導率は次のフーリエの式で定義される

$$q = -\lambda \, \text{grad}\, \theta \tag{1}$$

原理的には，移動熱量 q と温度勾配 $\text{grad}\,\theta$ を測定すれば求められる．

熱拡散率 a は，熱伝導率 λ を比熱容量 c および密度 ρ で除したもの（$a = \lambda/(c\rho)$）であり，温度変化の速さを表す量であるので温度伝導率とも呼ばれる．この熱拡散率は，原理的には，次の熱伝導方程式の解をもとにして時間 t と共に変わる温度 θ を測定することによって求められる．

$$\partial\theta/\partial t = a\nabla^2\theta \tag{2}$$

熱伝導率も熱拡散率も上に述べたように測定法の基本原理はきわめて簡単であるが，実際の測定においては，定められた初期条件や境界条件を厳密に実現することが難しかったり，移動熱量 q や温度変化の測定に知らずして大きな誤差が含まれてしまう場合が多い．たとえば，移動熱量の中に対流，ふく射によるものが含まれ，端部などからの損失熱量が存在する．したがって測定精度を上げるためには，これらの測定原理に合致しない熱量をできる限り少なくすること，どうしてもそれを避けることができない場合には，その量を正確に把握し，補正することなどが必要である．

(b) 測定法の種類

試料の温度場が定常状態であるか，非定常状態であるか，あるいは直接に移動熱量を測定するのか，他の試料と比較して求めるのか，また，試料をどのような形にするのか，などによって測定法が分類される．Table D-6-3-2 に測定法の分類例を示す[14,15]．

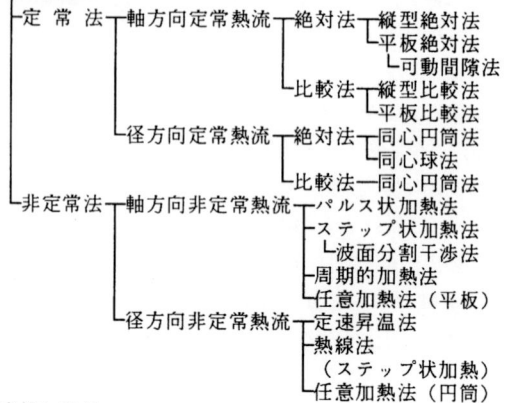

Table D-6-3-2 熱伝導率，熱拡散率測定法
（Measuring methods of thermal conductivity and thermal diffusivity）

間接加熱法
- 定常法
  - 軸方向定常熱流
    - 絶対法 ─ 縦型絶対法／平板絶対法／可動間隙法
    - 比較法 ─ 縦型比較法／平板比較法
  - 径方向定常熱流
    - 絶対法 ─ 同心円筒法／同心球法
    - 比較法 ─ 同心円筒法
- 非定常法
  - 軸方向非定常熱流
    - パルス状加熱法
    - ステップ状加熱法
    - 波面分割干渉法
    - 周期的加熱法
    - 任意加熱法（平板）
  - 径方向非定常熱流
    - 定速昇温法
    - 熱線法（ステップ状加熱）
    - 任意加熱法（円筒）

直接加熱法
- 定常法
  - 軸方向熱流 ─ （Kohlrausch など、積分法）
  - 径方向熱流 ─ （Angell、など）
- 非定常法
  - 軸方向熱流 ─ （物性値同時測定法）

(c) 定常法による熱伝導率測定法

(1) 定常法の測定原理

定常状態において，熱伝導方程式(2)は $\nabla^2\theta = 0$ となり，移動熱量は時間によらず一定で，その量は Eq.(1) で与えられる．ここで，移動熱量 q を電気的な発熱量などによって与え，試料中の温度勾配（$\text{grad}\,\theta$）を測定すれば Eq.(1) より熱伝導率が求められる．これを定常絶対法という．また，測定領域の移動熱量は発熱量と必ずしも一致しないことが多く正確な測定が難しいので，熱伝導率既知の試料（標準試料，添字 s）との比較により求める方法がよく利用される．これは，測定試料と標準試料内を移動する熱量が等しいとの条件により Eq.(1) は

$$\lambda = \lambda_s (\text{grad}\,\theta)_s / (\text{grad}\,\theta) \tag{3}$$

となり，λ_s が既知であることにより，未知試料の λ が求められる．この方法を定常比較法という．

実際の測定装置においては，移動熱量を正しく決定するためや，試料を流体としたときの対流防止のために，試料の形状に種々工夫されている．大きく分

---

14) 荒木：機械の研究，**35**, 10 (1983) 1121． 15) 日本機械学会編：熱計測技術，朝倉書店 (1986) 107．

6.3 固体の熱物性値の測定法

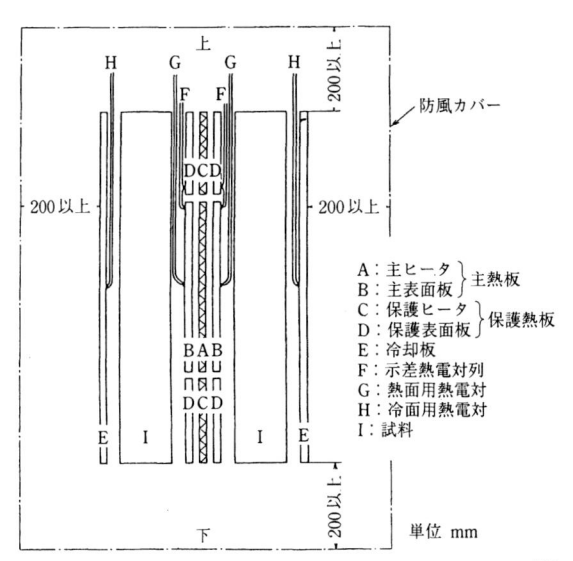

Fig. D-6-3-7 平板絶対法（GHP法）の装置構成[16]
(Measuring appratus of guarded hot plate method)

A：主ヒータ ｝ 主熱板
B：主表面板
C：保護ヒータ ｝ 保護熱板
D：保護表面板
E：冷却板
F：示差熱電対列
G：熱面用熱電対
H：冷面用熱電対
I：試料

けて平板状，同心円筒状，同心球状があるが，試料が固体の場合は，平板状がほとんどである．したがって，ここでは平板状試料についてのみ触れる．

試料が厚さ L の平板で，熱が一次元的に厚さ方向に伝わるとすると，Eq.(1)，(3)はそれぞれ次のようになる．

$$\lambda = \frac{Q/A}{(\theta_1 - \theta_2)/L} \quad (4)$$

$$\lambda = \frac{\lambda_s (\theta_3 - \theta_4)/L_s}{(\theta_1 - \theta_2)/L} \quad (5)$$

ここで，Q は発熱量，A は試料の有効面積，L は試料厚さ，添え字1, 2は試料表面，3, 4および s は標準試料の値を示す．

(2) 平板絶対法

平板絶対法（平板直接法）の装置構成例を Fig. D-6-3-7に示す[16,17]．発熱部分は主熱板と保護熱板からなっており，両熱板の温度が常に等しくなるように制御し，熱が試料平板の側面方向に流れないようにして測定を行う．このように熱の一次元流を実現し，発熱量 Q を正しく把握するため保護ヒータを用いるので，保護加熱板法（Guarded Hot plate 法，GHP法）とも言われ，種々の形態がある[18]．

(3) 平板比較法，熱流計法

熱伝導率が既知の標準板と未知の試料とを重ね合わせ，高・低熱源によって適当な温度勾配を与える．熱が側温部で一次元的に流れ，かつ定常を保ったとき，熱伝導率は Eq.(5) より求められる．標準板と試料は平板状で 200×200 mm，厚さ15～25 mm 程度のものを用い，両者の側面からの熱損失による影響をできる限り小さくする[19]．標準板の代わりにサーモパイルなどを使用した熱流計を配置する方法[20]もあるが，原理的には，標準板はまさしく熱流計と言えるので同じ分類にいれられる．

(d) パルス状加熱法による熱拡散率測定法

Parker ら[21]は，円板状の固体試料の片面に光のパルスをあて，それによる裏面の温度上昇曲線から熱拡散率を求める方法を開発し，この種の非定常法の基礎を築いた．その後多くの人々によって試みられ，精度も向上している．今日ではパルス状加熱源としてレーザを用いることが多いのでレーザフラッシュ法とも呼ばれている．

厚さ L の無限平板の $x=0$ の片面をパルス状の熱エネルギ Q で均一に加熱したときの $x=L$ における温度応答は，Eq.(2)を解いて求められ，熱損失がないとしたとき，$t \to \infty$ で最高かつ一定温度 θ_m に達する．この温度と任意の時刻における応答温度との比をとると次式で表わされ，Fig. D-6-3-8のようになる．

$$\frac{\theta(L, t)}{\theta_m(L, \infty)} = 1 + 2 \cdot \sum_{n=1}^{\infty} (-1)^n \exp\left(-\frac{n^2 \pi^2}{L^2} a t\right) \quad (6)$$

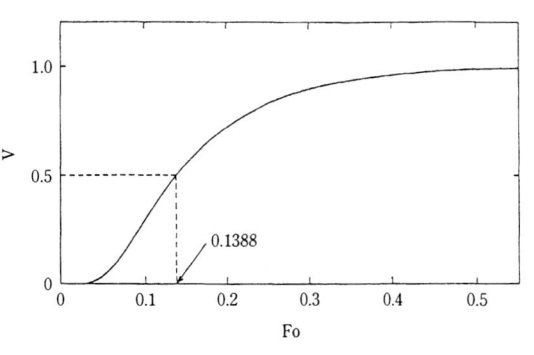

Fig. D-6-3-8 パルス状加熱による温度応答
(Temperature response by pulsewise heating)

---

16) JIS A 1413. 17) 日本熱物性研究会編：熱物性資料集，養賢堂 (1983). 18) ASTM C-177. 19) JIS A 1412. 20) ASTM C-518. 21) Parker W. J. et al : J. Appl. Phys., **32**, 9 (1961) 1679.

実験により温度比を測定すれば，$F_0=at/L^2$ の値は一義的に定まり，t および L は既知であるので，試料の熱拡散率が決定される．通常は $\theta/\theta_m=0.5$ の点を用いることが多い．つまり，最高温度の半分に達したときの時間 $t_{1/2}$ を利用して

$$a=0.1388L^2/t_{1/2} \tag{7}$$

から熱拡散率を求めることが広く採用されている．

Tada ら[22]，James[23]，高橋ら[24] は熱拡散率を導出する新しい方法を提案している．これは，パルス状加熱による試料表面の温度応答は，$\theta/\theta_m<0.9$ の範囲では

$$\theta/\theta_m=2(L^2/\pi at)^{1/2}\exp(-L^2/4at) \tag{8}$$

と近似できるので，$\ln(\theta\cdot t^{1/2})$ を $1/t$ に対してプロットすれば，勾配 $(-L^2/4a)$ を持つ直線となり，この勾配から熱拡散率 a が求められるというものである．高橋らはこの方法の特徴を詳しく論じている[24]．

また，試料表面から周囲への熱損失による誤差を補正する方法[25-28]やパルス幅の影響の補正法[29]など測定精度向上のための検討が加えられている．

(e) ステップ状加熱法による熱拡散率測定法

ステップ状に試料を加熱して熱拡散率を求める方法は種々提案されているが，ここでは，小林ら[30] によって開発された方法を述べる．これは，固体試料のみならず，液体試料にも適用されている[31]．レーザパルス法と比較すると加熱源としてハロゲンランプやキセノンランプさらには金属薄板による電気抵抗加熱などの安価で低エネルギーのものも使用できる[32]．

真空中に置かれた平板の表面を一定強さの熱流束 H でステップ状に加熱したときの裏面の温度応答は Fig. D-6-3-9 のようになる[30]．ここで α は，ステップ状加熱による温度上昇のため試料両面から失われた熱量を規定するパラメータである．縦軸の無次元温度上昇における H と λ は二つの時刻 t_1, t_2 における温度上昇の比をとると消去できて，α とフーリエ数の関数となる．Fig. D-6-3-10 は $t_2=2t_1$ としたときの温度比曲線を示す．α が既知であれば，測定した上昇温度曲線から t_1 と t_2 とにおける温度上昇比を求め，その比に対するフーリエ数が図から求められる．L, t_1 が既知であるので，試料の熱拡散率 a が決定される．α の値は 400℃程度までは小さいので無視して良いが，それ以上の温度では α に含まれている熱拡散率に適当な近似値を代入して a を求め，それを使ってフーリエ数を決定し，より正確な a を求

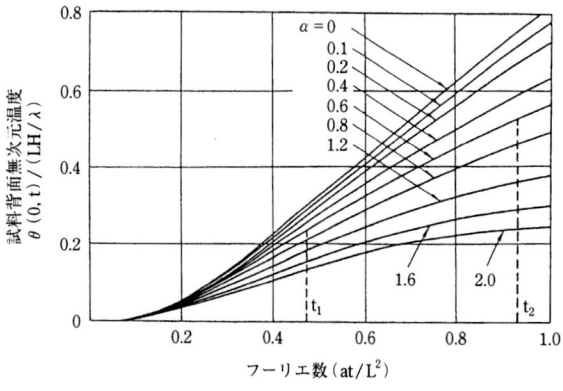

Fig. D-6-3-9 ステップ状加熱による温度応答
(Temperature response by stepwise heating)

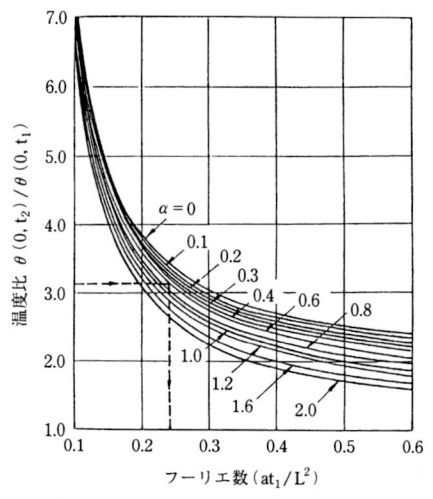

Fig. D-6-3-10 ステップ状加熱法における温度比とフーリエ数の関係
(Relation between temperature ratio and Fourier number in the stepwise heating method)

22) Tada, Y. et al : Rev. Sci. Instrum., **49** (1978) 1305. 23) James, H. M. : J, Appl. Phys., **51** (1980) 4666. 24) 高橋ら : 熱測定, **15** (1988) 103. 25) Cowan, R. D. : J. Appl. Phys., **34** (1963) 926. 26) Cape, J. A., Lehman, G. W. : J. Appl. Phys., **34** (1963) 1909. 27) Heckman, R. C. : J. Appl. Phys., **44** (1973) 1455. 28) 高橋ら : 熱測定, **8** (1981) 62. 29) Azumi, T., Takahashi, Y. : Rev. Sci., Instrum., **52** (1981) 62. 30) 小林・熊田 : 日本原子力学会誌, **9**, 2 (1976) 58. 31) 荒木ほか : 機械学会論文集, **49**, 441 B (1983) 1058. 32) 荒木 : 日本機械学会誌, **90**, 822 (1987) 597. 33) 熊田・小林 : 原子力学会誌, **11**, 8 (1969) 462.

める．この操作を1～2回繰り返せば求める熱拡散率の真値に収束する．

試料を円柱状とし，そのすべての面からふく射損失がある場合についても解析されている[33]．

(f) 周期加熱法による熱拡散率測定法
（Thermal Diffusivity Measurements of Solids by Periodic Heating）[34-40]

周期加熱法は物質や材料の熱特性を評価する方法として，最も汎用性，応用性に富む方法の一つである．一般には熱拡散率や比熱容量を求める方法として利用されるが，比熱容量測定方法についてはD-6-3-1を参照されたい．熱拡散率測定には，試料形状，加熱や温度検出の方式の違いにより様々な方法が提案されている．歴史的にはオングストローム法にその起源を見ることができ，近年の発展の様子は熱物性学会の特集号[34-39]に要領良くまとめられている．

薄板状の試料の表面を強度変調された光で一様に周期加熱し裏面の温度変化を熱電対で検出する方式では，検出されるac温度の位相遅れは，

$$\Delta\theta = \sqrt{\frac{\omega}{2\alpha}}d - \frac{\pi}{4} \qquad (9)$$

となり，試料の熱拡散率 α，厚さ d，角周波数 ω $(=2\pi f)$ に依存することがわかる．上式から熱拡散率が決定される．同様の配置で高分子系材料を中心としたフィルム状試料に適用可能な温度波熱分析法[38]が提案されているが，この場合には試料両面に製膜した金属電極の一方を加熱用ヒータに残りを抵抗温度センサとして用いる．

より正確に熱拡散率を求める試みは，距離変化法[36]を中心に行われている．リボン状の試験片の長手方向に1次元的な温度波を伝搬させる場合，線状の周期熱源から距離 l の場所での温度は，
$T_{ac}=T_0\exp\{-kl+i(\omega t-kl)\}$ となり，振幅が指数関数的に減少する $(\propto e^{-kl})$ のに対して，位相は距離 l に対して直線的に変化する．即ち，

$$\theta = -kl = -\sqrt{\frac{\omega}{2\alpha}}\cdot l \qquad (10)$$

となり，ある一定の周波数での位相遅れ θ の距離依存性から熱拡散率 α が求められる．カーボンファイバーやダイアモンド薄膜での測定事例もある．スポット加熱の場合にもこの距離変化法は適用でき，変化させる方向を変えることで，材料や結晶の方位に伴う熱拡散率の異方性評価も可能となる[35]．

上述した方法は，薄板あるいは自立薄膜を対象とするものであるが，バルクあるいは基板上薄膜を対象とした周期加熱法も考案されている．いずれも表面側から加熱し，同じ表面側から温度変化を検出する方式である．光音響法[39]は，光加熱に伴い発生する音波を測定して温度変化を得る．フォトサーマル赤外検知法[39]はその名の通り，試料表面温度を赤外センサで直接検知する．これらの方法は，加熱周波数を変えて熱拡散長を調整することで，試料の厚み方向の熱物性値を得ることができ，多層薄膜への適用も試みられている．3ω 法[37]は，試料表面に細線状の金属膜を成膜し，これをヒータ兼センサとして用いるわけであるが，周波数 ω の通電電流に対して発生電圧の 3ω 成分を検知して温度変化を求めるためにこの呼び名がある．この方法を用いたサブ μm の厚さの SiO_2 薄膜の熱伝導率測定の報告がある[37]．

D-6-3-3(e)に述べる周期加熱サーモリフレクタンス法では，$10\mu m$ オーダの微小領域をレーザ光で周期加熱し，その温度変化に伴う僅かな光学反射率の変化を別の検出用レーザで検知する．対象試料表面の熱浸透率分布測定が可能であることが報告されている[40]．

(g) 任意加熱法（ラプラス変換法）

これまでに述べた各方法は熱伝導方程式を解いたときの境界条件を実験上においても実現する必要があったが，その境界条件を任意でも良いとする方法である．これには熱伝導方程式をラプラス変換し，その面上でデータを処理する方法[41-43]や試料内の温度応答を数箇所測定し，数値計算によって温度分布を固定して熱拡散率を求める方法[44-46]などがある．前者は，ラプラス積分値，すなわち温度応答からラプラス平面上での面積を求める操作が必要であるが，温

---

34) 八田一郎：「周期加熱法による熱物性測定技術」，熱物性 **26** (2001) 92-94． 35) 加藤英幸：「レーザスポット加熱法による固体材料の熱物性計測技術」，熱物性 **15** (2001) 95-103． 36) 高橋文明：「acカロリメトリー－距離変化法」，熱物性 **15** (2001) 104-107． 37) 山根常幸：「3ω法による熱伝導率測定」，熱物性 **15** (2001) 108-112． 38) 橋本寿正，森川淳子：「温度波熱分析法」，熱物性 **15** (2001) 113-117． 39) 長坂雄次：「光音響法／フォトサーマル赤外検知法」，熱物性 **15** (2001) 118-123．
40) K. Hatori, N. Taketoshi, T. Baba, H. Ohta : "Thermoreflectance technique to measure thermal effusivity distribution with high spatial resolution", Rev. Sci. Instrum. **76** (2005) 114901.

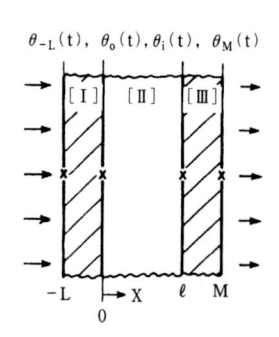

Fig. D-6-3-11 ラプラス変換法の試料構成
(Schematic diagram of a sample in the Laplace transform method)

I, Ⅲ：標準試料，Ⅱ：試料

度測定位置と形状を選べば熱伝導率も同時に求められる．後者は電子計算機による繰返し計算が必要である．ここでは，前者の測定原理について概説する．

Fig. D-6-3-11のように厚さ l の試料を，厚さがそれぞれ $L, m(=M-l)$ の標準板の間にはさみ込み，位置 $-L, 0, l, M$ の4位置に測温体を設ける．初期温度を一様にしたのち外部から一次元的ではあるが任意の加熱入力を加え，各温度応答 $\theta_i(t)$ $(i=-L, 0, l, M)$ を測定すれば，熱拡散率 a は Eq. (13) から決定され，そののち熱伝導率 λ は Eq. (11) または (12) から定められる．

$$\lambda = \lambda_0 \sqrt{\frac{a}{a_0}} \frac{\{\bar{\theta}_0(X_{-L}+1/X_{-L})-2\bar{\theta}_{-L}\}(X_l-1/X_l)}{\{\bar{\theta}_0(X_l+1/X_l)-2\bar{\theta}_l\}(X_{-L}-1/X_{-L})}$$

$$= f_0(a) \qquad (11)$$

$$\lambda = \lambda_0 \sqrt{\frac{a}{a_0}} \frac{\{\bar{\theta}_l(X_m+1/X_m)-2\bar{\theta}_M\}(X_l-1/X_l)}{\{2\bar{\theta}_0-\bar{\theta}_L(X_l+1/X_l)\}(X_m-1/X_m)}$$

$$= f_l(a) \qquad (12)$$

$$f_0(a) - f_l(a) = 0 \qquad (13)$$

ここで，λ_0：標準板の熱伝導率，a_0：同じく熱拡散率，s：ラプラスパラメータ，

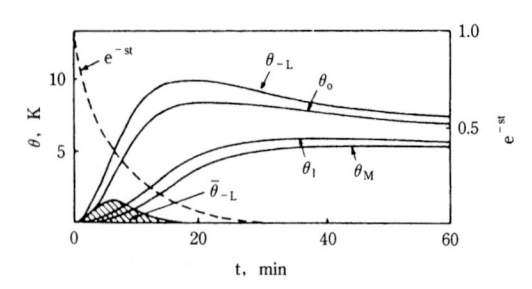

Fig. D-6-3-12 ラプラス変換法における温度応答測定例とデータ処理法
(Temperature response in the Laplace transform method)

$X : X_{-L} = e^{-\sqrt{s/a_0}L}$, $X_l = e^{\sqrt{s/a}l}$, $X_m = e^{\sqrt{s/a_0}m}$

θ：初期温度との差

$\bar{\theta}_i$：Eq. (14) のラプラス積分

$$\bar{\theta}_i = \int_0^{t_{max}} e^{-st} \theta_i(t) dt \qquad (14)$$

t_{max}：測定時間

ただし，s は Eq. (15) の範囲内でならば任意に選んで良い．

$$8 \leq s t_{max} \leq 12 \qquad (15)$$

Fig. D-6-3-12に温度応答曲線の例[47]を示す．図中には参考のため $\exp(-st)$ の曲線および面積 $\bar{\theta}_{-L}$ を斜線部で示してある．

(h) 細線加熱法およびプローブ法

細線加熱法は，試料中の金属細線をステップ状に加熱したときの細線の温度応答から熱伝導率を求める方法である．すなわち，細線の温度応答は加熱時間の対数に対し直線となり，その勾配と発熱量 q から次式により熱伝導率が算出される．

$$\lambda = (q/4\pi)/[d\theta/d(\ln t)] \qquad (16)$$

この方法は非定常法であるが，熱伝導率が直接測定されるので非常によく用いられる．特に流体の熱伝導率の高精度測定法として評価されるようになってきている[48]．また，この方法をセラミックスや断熱

---

41) 飯田・重田：日本機械学会論文集，**47**, 415 B (1981) 470.　42) 飯田・重田：日本機械学会論文集，**47**, 424 B (1981) 2325.　43) 飯田ほか：日本機械学会論文集，**48**, 425 B (1982) 142.　44) 斉藤ほか：日本機械学会論文集，**52**, 473 B (1986) 144.　45) 羽根ほか：第4回日本熱物性シンポジウム論文集 (1983) 99.　46) 大下：第6回日本熱物性シンポジウム論文集 (1985) 225.　47) 日本熱物性研究会：熱物性資料集，養賢堂 (1983) 13.　48) 長坂・長島：日本機械学会論文集，**47**, 417 B (1981) 821.　49) 林ほか：窯業協会誌，**81** (1973) 534.　50) JIS R 2 618.　51) Blackwell, J. H.：J. Appl. Phys.，**25**, 2 (1954) 133.　52) 粕渕：農業技術研究報告 B 33 (1982) 9.　53) 稲葉：第6回日本熱物性シンポジウム論文集 (1985) 37.　54) Taylor, R. E.：High Temp.−High Press.，**4** (1972) 523.　55) Cezairliyan, A.：第4回日本熱物性シンポジウム論文集 (1983) 109.　56) 高橋ほか：日本機械学会論文集，**52**, 483 B (1986) 3774.

材などに適用する例も多く[49], JISにもその手法が定められている[50].

細線として,流体に対しては,数μm～数10μmの白金線を使用し,発熱体であると同時に温度センサの役割も果している.固体に対しては,直径0.3mm程度の比較的太いものを用い,細線の温度変化は熱電対を溶接して測定する場合が多い.

また,発熱体と熱電対とを電気的に絶縁して細い管の中に収納し,準定常あるいは定常状態における細管の温度および加熱量から熱伝導率を求める方法もある[51]. この場合,標準試料と比較しながら測定することが多い.この方法を一般的にプローブ法と称し,土壌や農産物の熱伝導率測定によく用いられている[52,53].

(i) 直流通電加熱法

電気伝導性のある固体試料(棒状,円管状)に直接通電加熱して,熱伝導率,比熱容量,電気抵抗,ローレンツ数,トムソン係数,ふく射率を同時に測定する方法が高温領域(1500K以上)において良く用いられるようになってきている.これは試料雰囲気温度をジュール熱によって自ら達成させるので,高温におけるデータが比較的容易に得やすいからである[54,55].

直接加熱法を支配する方程式は

$$\nabla(\lambda \nabla T) + J(\rho' J - \mu' \nabla T) = C_p(dT/dt) \quad (17)$$

ここで,J;電流ベクトル,ρ;固有抵抗,μ:トムソン係数,である.これは定常状態,円柱座標(断面均質)に対して次のようになる.

$$\frac{\partial}{\partial z}\left(\lambda \frac{\partial T}{\partial z}\right) + \frac{1}{r}\frac{\partial}{\partial r}\left(r\lambda \frac{\partial T}{\partial r}\right)$$
$$+ \rho'\frac{I^2}{A^2} - \mu'\frac{I}{A}\frac{\partial T}{\partial z} = 0 \quad (18)$$

ここで,I;電流,r;半径,z;軸方向距離,A;断面積,である.長い円柱あるいは円筒で,中心付近は軸方向に対して均一な温度分布になる.つまり,$\partial T/\partial z = 0$ となる.この場合には,半径方向の温度勾配から熱伝導率が求められる.円柱に対しては,

$$\lambda = EI/\{4\pi L(T_0 - T)\} \quad (19)$$

となる.ここで,L;円柱の長さ,E;電圧降下,T_0;円柱中心部の温度,である.円筒に対しては次式からλが求められる.

$$\lambda = \frac{EI}{2(T_2 - T_1)\pi L}\left[\frac{1}{2}\frac{r_1^2 \ln(r_1/r_2)}{r_1^2 - r_2^2}\right] \quad (20)$$

ここで,T_1;外径r_1における温度,T_2;内径r_2における温度である.

細くて長い円柱あるいは円筒で,半径方向の温度差が無視できて,表面からの熱損失はふく射によるものとすれば,Eq.(18)は次のように表わせる.

$$\lambda\frac{d^2T}{dz^2} + \frac{d\lambda}{dz}\left(\frac{dT}{dz}\right)^2 + \frac{I^2\rho'}{A^2} - \frac{P\varepsilon\sigma(T^4-T_a^4)}{A}$$
$$- \mu'\frac{I}{A}\frac{dT}{dz} = 0 \quad (21)$$

ここで,P;円周,ε;ふく射率,σ;ステファン・ボルツマンの定数,T_a;周辺の温度である.通常は左辺第2および5項が省略される.実験によって$T(z)$を測定し,数値積分を行うことによってλなどを求める[56].その場合数値積分の方法,境界条件の与え方には種々の方法があり,それらに従って求められる物性値の種類が限定される.

6.3.3 薄膜およびナノマテリアルの熱伝導率および熱拡散率の測定法

厚さ1μm以下の薄膜に対し膜厚方向の熱拡散率,熱伝導率を測定することは一般に難しいが,エレクトロニクスなどの強いニーズに応えるべく,計測技術の開発が急速に進展している.薄膜の熱拡散率,熱伝導率の測定方法は,加熱方式(光か,ジュール加熱か,パルスか周期加熱か),検出方法(接触式か非接触式か),観測時間領域によって多様である.本節では,薄膜熱物性計測方法についていくつか紹介する.

(a) 動的格子緩和法

Fig.D-6-3-13に示すように加熱用レーザビームをビームスプリッタで二つに分け小さな角度で再び重ね合わせると,干渉を起こして格子状の干渉縞ができる.干渉面に薄膜試料を置くことで空間的に周期的に変化するエネルギー密度分布を形成する.温度上昇は密度変化をもたらし,密度変化は屈折率変化をもたらすことから回折格子とみなすことが出来る.熱拡散率は回折格子の緩和から求められる.厚さ1μmから10μm程度の薄膜が主な測定対象で,面内方向と面に垂直な方向の熱拡散率を同時測定可能である[57].

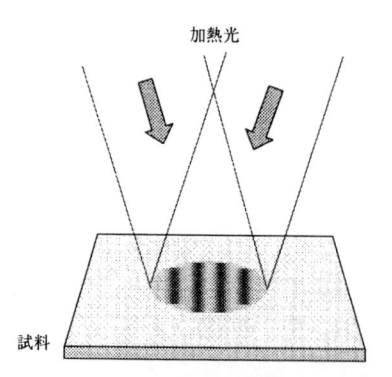

Fig. D-6-3-13 動的格子緩和法の概念図
(Schematic of dynamic grating radiometry)

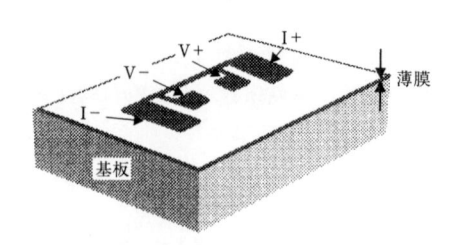

Fig. D-6-3-15 3ω法の概念図
(Schematic of 3ω method)

(b) ACカロリメトリによる距離変化法

この方法はCWレーザに強度変調を加えて薄膜試料をFig. D-6-3-14のように線状に周期加熱し, 離れた点での温度応答を熱電対で検出する[58]. 薄膜の面内方向の熱拡散率を測定することが可能で, 金属薄膜, ダイヤモンド薄膜など, 数100 nmから数μmの自立薄膜について報告があるが, 白金の面内熱拡散率測定も行われている[59].

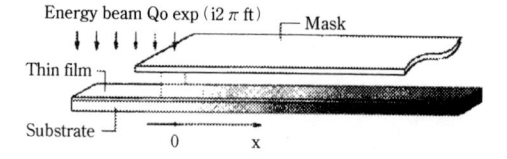

Fig. D-6-3-14 ACカロリメトリによる距離変化法の概念図 (Schematic of distance-variation method)

(c) 3ω法

Fig. D-6-3-15のように基板上に成膜した非導電性薄膜上に細線パターンに電流を流してジュール加熱し, 膜の熱伝導率によって生じた温度変化と電圧信号から熱伝導率を算出する[60]. 細線に角周波数ωの電流を流すことで, ジュール熱が角周波数2ωで発生し, それに伴う細線温度の上昇に依存して細線の抵抗値が角周波数2ωで変化する. 電圧は角周波数ωを含む電流と角周波数2ωの成分を含む抵抗の積で表せるので3ωの成分が含まれる. 薄膜の熱伝導率はこの3ω成分から算出されることからこの名前が付けられた. SiO_2膜を中心に基板上に成膜された非導電性薄膜に対しては, 数10 nmから測定されており, 構造と熱伝導率の相関が調べられており, 国内では依頼測定サービスも行われている. 装置のコストも安いことから広く行われている方法であるが, 導電性薄膜に対しては絶縁層を取り付けてから細線をパターニングするなどの工夫が必要である.

(d) SThM (Scanning Thermal Microscope)

Fig. D-6-3-16のようにカンチレバーを用いた接触式の測定方法で, 加熱されたTipに薄膜試料から流入する熱量を基に, 微小な領域の熱伝導率, 熱浸透率を算出する方法である[61]. 加熱と検出両方をカンチレバーが兼ねている. 接触熱抵抗の問題など, 定量性にやや乏しいが高分解能で定性的な分布測定に適している. 近年定量性を改善する報告も見られる[62].

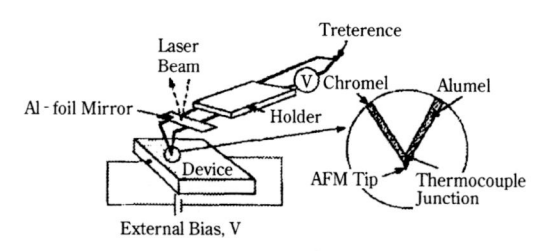

Fig. D-6-3-16 SThMの概念図
(Schematic of SThM)

---

57) Y. Taguchi, Y. Nagasaka : Int. J. Thermophys., **22** (2001), 289.　58) T. Yamane, S. Katayama, M. Todoki : Int. j. Thermophys. **18** (1997) 269.　59) F. Takahashi, R. Kato, I. Hatta : Proc. Jpn. Symp. On Thermophys. Prop., **26** (2005) 343.

(e) 周期加熱サーモリフレクタンス法

周期加熱サーモリフレクタンス法では光を用いて非接触で試料を周期加熱する．その際生じる試料の周期的な温度変化の加熱光に対する位相応答から試料の熱物性値に関する情報を得る．相対的な温度変化の検出には，温度変化に応じた反射率の変化から観測する（サーモリフレクタンス法）[63]．非接触で測定できることから近年盛んになってきている手法である．

Rosencwaigが周期加熱サーモリフレクタンス法をはじめて発表して以来[64]，加熱光照射位置と測温光照射位置との幾何学的に配置により豊富なバリエーションが考案されている．国内では加熱光と測温光を同じ領域に照射する配置（Fig. D-6-3-17）で熱浸透率分布をミクロンオーダーの面内方向分解能で計測する熱物性顕微鏡が開発され[65,66]，超電導限流器の評価などに用いられている[67,68]．

同様の幾何学的配置で近接場プローブを用いて数十ナノメートルから数百ナノメートルオーダーの微小な領域を観察する報告もある．光学開口径が光の波長より小さい光ファイバにレーザを入射し，ファイバ先端部に近接場を生成する．Goodsonのグループが近接場プローブによるサブミクロン分解能での熱物性値分布測定への応用を試みており，実行可能性を検証している[69]．現時点で光の回折限界以下の分解能で微小な領域の熱的性質を観察するほとんど唯一の方法であり，今後の発展が期待される．

また，光で加熱する代わりに通電によって行い，測温はサーモリフレクタンス法を用いる方法も開発されている[70]．

(f) 「表面加熱・表面測温」型超高速サーモリフレクタンス法（Fig. D-6-3-18）

この方法では薄膜試料を超短パルスレーザで瞬間的に加熱し，別の測温パルス光を加熱パルス光照射領域と同じ領域に照射し，前節記載のサーモリフレクタンス法により加熱直後における表面温度の減衰曲線から熱拡散率（または熱伝導率）を算出する．観測時間領域はパルス光源の繰返し周期，遅延制御機構部の性能に依存するが，数ピコ秒から数十ナノ秒の時間領域での過渡的な温度応答を非接触で観測できる．最初にピコ秒パルスレーザを用いて「表面加熱・表面測温」型サーモリフレクタンス法を薄膜に対して適用したのはEesleyとPaddockである[71]．繰り返し発振されるパルスレーザを試料表面に照射し，照射されている領域の温度変化を別のパルス光で測定している．厚さ100 nmから400 nmのNi薄膜，Fe薄膜をシリコン基板上に成膜した試料が測定されており，バルクの熱拡散率に比べて小さい値が報告されている．MarisやCahillのグループは，対象となる薄膜表面に金属薄膜をコーティングし，金属層を

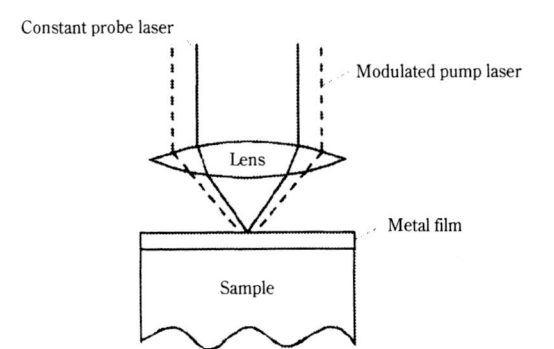

Fig. D-6-3-17 熱物性顕微鏡の概念図
（Schematic of thermal microscope）

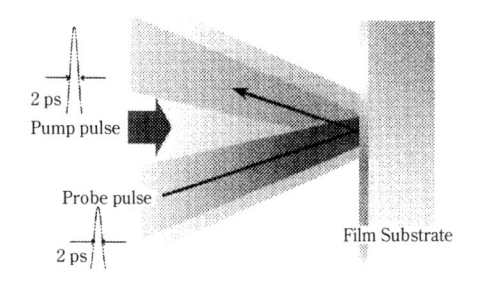

Fig. D-6-3-18 「表面加熱・表面測温」型ピコ秒サーモリフレクタンス法の概念図
（Schematic of "Front heating Front detection"-type picosecond thermoreflectance method）

---

60) D. G.. Cahill : Rev. Sci. Instrum. **61** (1990) 802. 61) A. Majumdar, J. P. Carrejo, J. Lai : Appl. Phys. Lett. **62** (1993) 2501. 62) L. Shi, O. Kwon, A. Majumdar : Trans. ASME, J. Heat Transfer, **124** (2002) 329. 63) M. Cardona : Modulation Spectroscopy, Academic Press New York and London, 1969. 64) A. Rosencwaig, J. Ospal, and D. L. Willenborg : **46** (1985) 1013. 65) N. Taketoshi, M. Ozawa, H. Ohta, and T. Baba : 1999 Proc. 10 th ICPPP (AIP Conference Proc. 463) vol. 10 (Woodbury, NY : AIP) 315. 66) K. Hatori, N. Taketoshi, T. Baba, H. Ohta : Rev. Sci. Instrum., **76** (2005) 114901. 67) T. Yagi, N. Taketoshi, H. Kato : Physica C, 412-414 (2004) 1337. 68) S. Ikeuchi, T. Yagi, H. Kato : J. Cryp. Soc. Jpn., **40** (2005) 335.

パルス加熱したときの温度減衰曲線からGaAs/AlAs超格子薄膜，AlN薄膜，Low-k膜などの熱伝導率を測定している[72-75]．

（g）「裏面加熱・表面測温」型超高速サーモリフレクタンス法（Fig. D-6-3-19）

基本的な装置構成は前節記載の「表面加熱表面測温」型超高速サーモリフレクタンス法と同様であるが，測温箇所が加熱する面と反対側の表面である．産業技術総合研究所では，薄膜の膜厚方向の熱拡散率を定量的に測定できる技術として「裏面加熱表面測温」型ピコ秒サーモリフレクタンス法薄膜熱拡散率計測システムを開発した[76,77]．光源にピコ秒チタンサファイアレーザを使用し，透明基板側薄膜表面を加熱し，薄膜表面を別のピコ秒チタンサファイアレーザパルスで検出する．この「裏面加熱・表面測温」型の配置はバルク材料に対するレーザフラッシュ法（D-6-3-2-d参照）と基本的に同じ幾何学的配置であり，レーザフラッシュ法で得られるバルク材料に対

する温度履歴曲線と相似な温度履歴曲線が観測可能である．熱拡散率は膜を横切る熱拡散時間と精密な膜厚測定から算出される．

サーモリフレクタンス信号のS/N比を向上させるとともに，観測時間を拡大する技術により改良されたシステムを用いて薄膜熱拡散時間に関する標準供給が産総研から実施されている．

金属薄膜のみならず，酸化物を含む多様な薄膜を測定するためにナノ秒パルスレーザを用いた実用薄膜測定装置と多層膜の熱物性解析技術が開発され[80,85]，光記録材料[81,82]，透明導電膜[83]，TiN[84]など先端分野で用いられる薄膜の熱拡散率測定に供されている．また，産総研ではこの実用器の信頼性を保証するための標準整備も進められている[85-87]．

（h）細線の熱伝導率測定

ここまでサンプルの幾何学的形状が薄膜について計測技術を紹介したが，MEMS技術を用いてカーボンナノチューブ（CNT）や金ナノワイヤーなど細線の熱伝導率測定も報告されるようになってきている[88,89]．

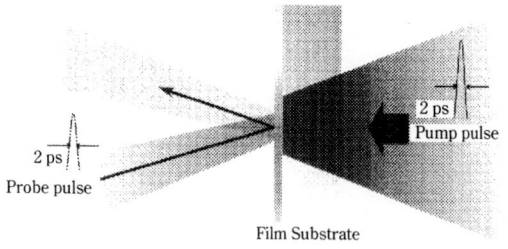

Fig. D-6-3-19 「裏面加熱・表面測温」型ピコ秒サーモリフレクタンス法の概念図
（Schematic of "Rear heating Front detection"-type picosecond thermoreflectance method）

6.3.4 固体の熱膨張率測定法
（Measurement Methods of Coefficients of Thermal Expansion）

固体の熱膨張率には，単位温度変化当たりの長さ変化率（線膨張率α）と単位温度当たりの体積変化率（体膨張率β）がある．それぞれ試料の長さ，体積，および温度をそれぞれL, VおよびTとすると，

$$\alpha = \frac{1}{L} \cdot \frac{dL}{dT} \tag{1}$$

---

69) K.E. Goodson, M. Asheghi : Microscale Thermophys. Eng., **1** (1997) 225. 70) R. Kato, I. Hatta : Proc. 24 th Japan Symp. Thermophys. Prop., **24** (2003) 258. 71) C. A. Paddock and G. L. Eesley : J. Appl. Phys. **60** (1986) 285. 72) W.S. Capinski, H. J. Maris, T. Ruf and M. Cardona, K. Ploog, D. S. Katzer : Phys. Rev. B 59 (1999) 8105. 73) B. C. Daly, H. J. Maris, and A. V. Nurmikko, M. Kuball : J. Han, J. Appl. Phys., **92** (2002) 3820. 74) B. C. Daly, H. J. Maris, W. K. Ford, G. A. Antonelli, L. Wong, and E. Andideh : J. Appl. Phys., **92** (2002) 6005. 75) D.G. Cahill : Rev. Sci. Instrum., **75** (2004) 5119. 76) N. Taketoshi, T. Baba, A. Ono : Jpn. J. Appl. Phys., **38** (1999) L1268. 77) N. Taketoshi, T. Baba, A. Ono : Meas. Sci. Technol., **12** (2001) 2064. 78) N. Taketoshi, E. Schaub, T. Baba, A. Ono : Rev. Sci. Instrum., **74** (2003) 5226. 79) N. Taketoshi, T. Baba, A. Ono : Rev. Sci. Instrum., **76** (2005) 94903. 80) T. Baba, N. Taketoshi, K. Hatori, K. Shinzato, Y. Yagi, Y. Sato, Y. Shigesato : Proc. Japan Symp. On Thermophys. Prop., **25** (2004) 240. 81) H. Watanabe, T. Yagi, N. Taketoshi, T. Baba, A. Miyamura, Y. Sato, Y. Shigesato : Proc. Jpn. Symp. On Thermophys. Prop., **26** (2005) 206. 82) M. Kuwahara, O. Suzuki, N. Taketoshi, Y. Yamakawa, T. Yagi, P. Fons, K. Tsutsumi, M. Suzuki T. Fukaya J. Tominaga and T. Baba : Jpn. J. Appl. Phys., 45, No. 2 B, (2006) 1419. 83) K. Tamano, T. Yagi, Y. Sato, Y. Shigesato, N. Taketoshi, T. Baba : Proc. Jpn. Symp. On Thermophys. Prop. **25** (2004) 246. 84) T. Otsuka, T. Yagi, Y. Sato, Y. Shigesato, N. Taketoshi, T. Baba : Proc. Jpn. Symp. On Thermophys. Prop. **25** (2004) 243. 85) T. Baba : Proc. International Workshop on Thermal investigations of ICs and Systems 10 (2004, Sophia- Antipolis / France). 86) N. Taketoshi, T. Baba, A. Ono : Proc. Jpn. Symp. On Thermophys. Prop., **26** (2005) 53. 87) T. Yagi, N. Taketoshi, H. Kato, T. Baba : Proc. Jpn. Symp. On Thermophys. Prop., **26** (2005) 56. 88) P. Kim, L. Shi, A. Majumdar, P. L. McEue : Phys. Rev. Lett., **87** (2001) 215502. 89) X.Zhang, S. Fujiwara, M. Fujii : Int. J. Thermophys., **21** (2000) 965.

$$\beta = \frac{1}{V} \cdot \frac{dV}{dT} \quad (2)$$

と定義できる．一般的な固体材料の線膨張率はせいぜい $10^{-4} K^{-1}$ と小さいため，熱膨張的に等方な材料では，$\beta \fallingdotseq 3\alpha$ となる．実際の測定により熱膨張率値を求める際は定義の式で L を室温での長さ L_{RT} に置き換える場合が多い．また工学的な応用の現場では次式で定義される平均線膨張率が良く用いられる．

$$\alpha_{AVL} = \frac{1}{L_{RT}} \cdot \frac{L(T) - L(T_{RT})}{T - T_{RT}} \quad (3)$$

先に述べたように熱膨張率による試料の長さ変化量は非常に小さいため，変位測定に高い感度が必要となる．そのため熱膨張率測定法は，試料の寸法変化を直接測定する絶対測定法と熱膨張率値が既知の参照物質に対比させて測定する比較測定法に分類されている[90]．以下に各測定法についての概要を述べる．

(a) 光干渉法 (Interfermetric Methods)

光干渉法は長さの基準である光の波長をものさしとして長さを測る絶対測定法である．他の絶対測定法に比較して分解能が高く，熱膨張率の比較測定法において参照試料として用いられる標準物質の値付けなどに用いられる．しかしながら，加工精度の高い試験片を必要とすることから汎用的な測定法とは言い難い．熱膨張率測定にはフィゾー干渉法 (Fig. D-6-3-20) が広く適用されてきたが変位測定分解能

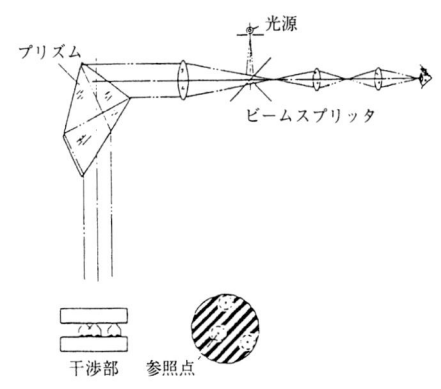

Fig. D-6-3-20 フィゾー干渉計
(Fizeau interferometer)

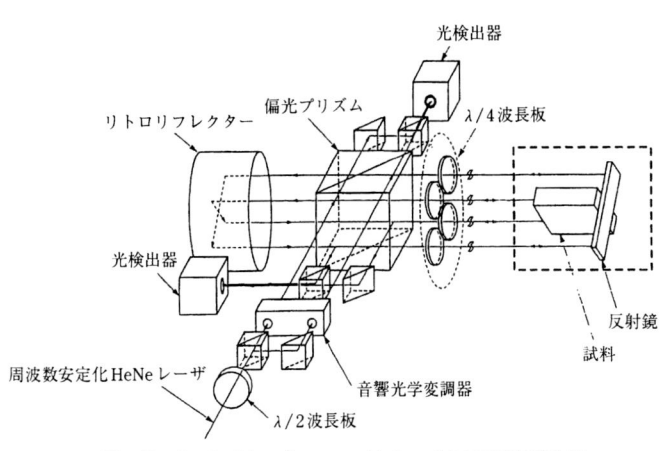

Fig. D-6-3-21 光ヘテロダイン式2重光路干渉計
(Optical-heterodyne laser interferometer (double-path type))

は 20～30 nm である．最近ではマイケルソン型干渉計に光ヘテロダイン法を適用した多重光路干渉計 (Fig. D-6-3-21) による熱膨張率測定法が開発されており，変位測定分解能も 1 nm よりよい結果が得られている．熱膨張率測定における光干渉法の適用温度範囲は主としてプローブ光を反射する鏡面の耐熱温度に依存し，石英ガラス製の反射鏡を用いた場合は 850 K 程度が上限となる．

(b) X線回折法 (X-ray Diffraction Method)

X線回折法は結晶格子の格子間隔の温度変化をX線の回折角の変化より測定することにより単位格子の熱膨張を決定する方法である．X線の回折角と格子面の間隔の関係はブラッグの法則より，

$$2d \sin \theta = n\lambda$$

と与えられる．ここで，d は格子面間隔，θ は格子面に対するX線の反射角である．回折による小さな補正を除いて，熱膨張測定はX線の波長に依存しない．面間隔の変化率は回折角の変化により

$$\frac{\Delta d}{d} = -\cot \theta \cdot \Delta \theta \quad (4)$$

と表される．X線回折法は結晶性試料であれば他の測定方法では対応できない僅かな量の試料でも正確に熱膨張率を測定することが出来る．測定方法の例として Fig. D-6-3-22 にデバイ-シェラー法での回折部構成と fcc 結晶の回折パターンを示す．この方法では円筒形のカメラの中心に試料粉末を充填したチ

---

[90] Y. S. Touloukian, R. K. Kirby, R. E. Taylor and P. D. Desai : Thermophysical Properties of Matter vol. 12 Thermal expansion - Metallic Elenemts and Alloys - , IFI/PLENUM, (1977) 17 a-25 a.

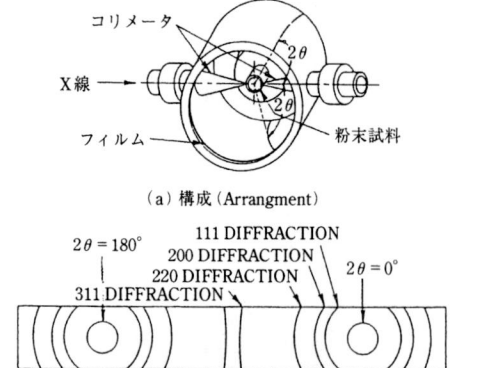

Fig. D-6-3-22 X線回折法
(X-ray diffraction method)
a) 構成 (Arrangement)
b) 回折パターン (Diffraction pattern)

ューブを置き，散乱X線を円筒壁面に置かれたフィルムにより回折角を記録する構成になっている．このほかに，単結晶試料を用いるボンド法では格子定数変化率測定における感度として10^{-7}が得られている．同じ回折法として，プローブとして原子炉より取り出した中性子ビームをもちいる中性子線回折法があり，X線回折では見えづらい水素や炭素といった軽い原子により構成された物質の格子定数の決定に威力を発揮する．

（c）**測微望遠鏡法**（Twin-telemicroscope Method）

測微望遠鏡法は比較的大型の試料についての高温

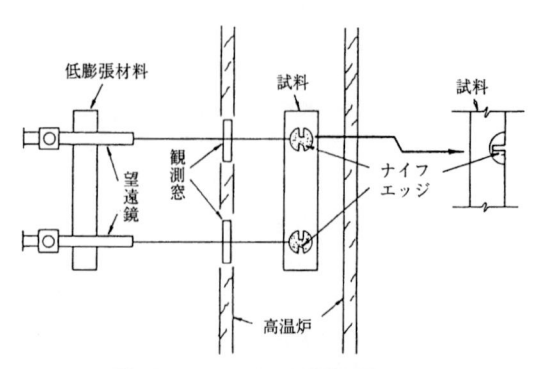

Fig. D-6-3-23 測微望遠鏡法
(Twin-telemicroscope method)

領域での絶対測定に便利な方法である．測定は試料上に形成された寸法の基準となる刻み目もしくはナイフエッジの変位を炉外に置かれた一対の測微望遠鏡により測定することにより行われる．Fig. D-6-3-23に装置の構成を示す．分解能は50倍の拡大率をもったスコープを用いた場合で10^{-6}m程度となる．測定上，特に光学窓や炉内雰囲気および試料の温度分布に注意する必要がある．同様に高温での非接触絶対測定法として光走査法がある．光走査法は上述のような試料のナイフエッジの変位を試料長手方向に一定周期で走査させた光が試験片により遮断される時間を測定することにより決定する方法である．

（d）**押し棒式膨張計**（Push-rod Dilatometer）

押し棒式膨張計による熱膨張率測定は簡便で汎用性が高く，現在市販されている熱膨張測定装置の大

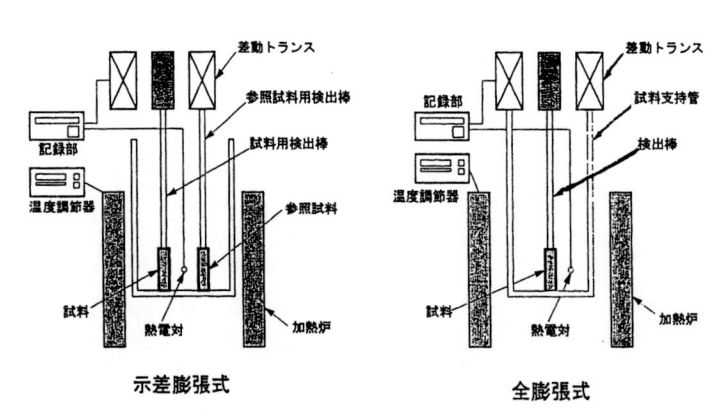

Fig. D-6-3-24 押し棒式膨脹計
(Push-rod dilatometer)
a) 示差膨脹式 (Differential expansion type)
b) 全膨脹式 (Single-rod type)

部分がこの測定法を採用している．測定は温度制御部に置かれた試料の寸法変化を試料端面に接触させた押し棒（Push rod）を介して外部に置かれた変位検出器により検出することにより行われる．変位検出器としては差動トランスが用いられ，変位測定分解能は10^{-7} m程度である．押し棒式膨張計による測定は液体ヘリウム温度から2000℃以上の広い温度範囲に適用されており，押し棒を含む試料支持部の材質として1200 K以下では石英ガラス，それ以上の温度領域ではアルミナ，カーボンが用いられる．押し棒式膨張計による熱膨張率測定は比較測定であるため，熱膨張率値が既知の参照物質が必要となる．膨張計のタイプとして被測定試料と参照物質を同時に用いて測定を行う示差膨脹式と個別に行う全膨脹式の2種類がある．Fig. D-6-3-24に示差膨脹式および全膨脹式の装置構成を示す．同様に押し棒を用いる装置に熱機械分析装置（TMA）がある．熱機械分析装置は試料に応力を付加した状態で変位測定を行うことが出来る点が押し棒式膨張計と異なっている．通常，熱膨張特性は試料をゼロ応力下で測定する必要があるがテープ状や繊維状といった張力を付加した状態での測定が必要な試料については熱機械分析装置により熱膨張率測定を行うことができる．

（e）**機械てこ法，光てこ法**（Mechanical Lever Method and Optical Lever Method）

機械てこ式の熱膨張率測定装置の構成をFig. D-6-3-25に示す．この方法では試料と原理的にはプローブロッドが試料の寸法変化方向と直交しているため，押し棒式膨張計と異なりプローブ長の温度変化の測定結果に与える影響が小さくなることが期待できる．しかしながら，プローブ部を含めた試料支

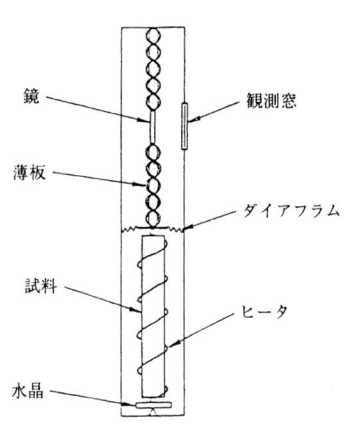

Fig. D-6-3-26 光てこ法（Optical lever method）

持部の温度管理が難しく高精度な測定は困難である．Fig. D-6-3-26に光てこ法による測定装置を示す．この方法では試料を端面に2重撚線により支持された反射鏡を取りつけ，試料の伸縮に伴う反射鏡の角度変化を光学的に検出することにより変位測定を行っている．角度変化検出における分解能は2×10^{-8} radで，熱膨張率測定感度としては10^{-11}が達成されている．

（f）**電気容量法**（Capacitance Method）

電気容量法（特にガード電極を配したものをThree-terminals parallel plate capacitor methodという）による熱膨張率測定は変位分解能が高く，特に室温以下の低温度領域において採用される．測定は試料の寸法変化を試料と試料ホルダーにより構成されるキャパシターの電気容量変化としてブリッジにより検出することにより行う．この時，試料長の変化率は試料およびホルダーの長さをL_SおよびL_R，キャパシターの電気容量をCとすると，

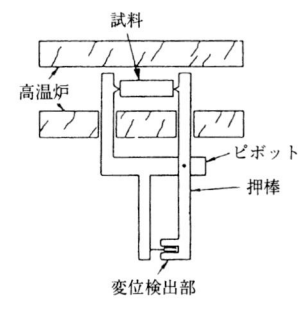

Fig. D-6-3-25 機械てこ法（Mechanical lever method）

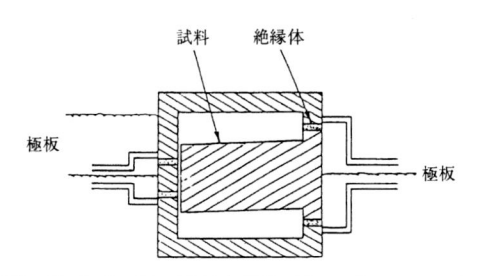

Fig. D-6-3-27 電気容量法（Capacitance method）

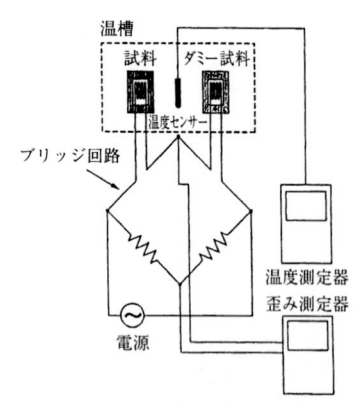

Fig. D-6-3-28 歪みゲージ法
(Strain-gauge method)

$$\frac{\varDelta L_S}{L_S} = \frac{\varDelta L_C}{L_C} + \frac{L_R - L_S}{L_S} \cdot \frac{\varDelta C}{C} \qquad (5)$$

となる．キャパシターの電気容量 C を 10 pF，試料長とキャパシターのギャップの比 $((L_R-L_S)/L_S)$ を 10^{-3}，とするとおよそ 10^{-10} の分解能で寸法変化率の測定が可能となる．Fig. D-6-3-27 に基本的な試料ホルダー部の構成を示す．

（g）歪みゲージ法（Strain-gauge Method）

歪みゲージ法による熱膨張率測定は複数方向の熱膨張率を同時に測定することができる特長を持っている．測定は，歪みゲージ（ストレインゲージ）と呼ばれるシート状のセンサーを試料に貼り付けることにより行われる．歪みゲージには特殊な合金による抵抗線が形成されており，抵抗線が試料長の変化とともに伸縮することによる電気抵抗値変化を抵抗ブリッジにより検出することで試料長の変化を検出する．抵抗線の電気抵抗値の温度変化は同種の歪みゲージをブリッジ回路に組み込むことによりキャンセルする．歪みゲージによる寸法変化率に対する分解能は 10^{-8} 程度である．Fig. D-6-3-28 に一般的な歪みゲージ法の構成を示す．ゲージのリード線を取り出すことにより測定が可能であるため，多様な環境下での測定に対応可能である．ただし，歪みゲージの耐熱性により高温には適用できない．

6.3.5 固体の放射性質（Measuring Methods of Radiation Properties）

放射率（ふく射率）の測定には，特定方向に関する方向放射率測定と，半空間全体にわたる半球放射率測定，また，特定波長に関する分光放射率測定と広い波長域にわたる全放射率測定とに分類され，放射測定法，反射測定法，熱量測定法などが適用される．

（a）放射測定法（Radiative Method）

試料が熱的に出射する放射輝度と輝度の基準となる参照黒体のそれとの比を放射計で測定することにより，放射率を求める方法である．放射計には，放射温度計，分散分光器[91]，フーリエ変換赤外分光器[92] などが使われ，分光放射率あるいは全放射率が測定できる．一般に試料の熱放射が十分に強くなる高温域で有利な測定法であるが，放射測定法には，次の3つの要件が必要である．

1. 等温条件：試料表面と参照黒体は十分な精度で温度が等しくなければならない．
2. 孤立条件：試料自身が出射する熱放射だけが放射計で測定されるべきであり，周囲の物体が出射した放射や熱放射以外の放射は，検知されるべきではない．
3. 黒体条件：参照黒体の実効放射率は，放射測定を行う波長において十分な精度で1に近くなければならない[93]．

実際の測定で上記の条件が満たされないときは，適切な補正が必要となる．

（1）分離黒体法（Separate Blackbody Method）

Fig. D-6-3-29 に示すように試料と参照黒体は空間的に別々の場所に設置され，両者は同じ温度になるように制御され，放射計によりそれらの輝度比を測定する方法である．黒体条件を十分満たす参照黒体の使用により，輝度測定の信頼性が高くなることが特長である．試料の加熱には，一般的な電気炉の他，通電加熱，赤外線加熱なども使われる．Fig. D-6-3-30 は，管状炉による加熱の場合を示しているが，試料の孤立条件を考慮すると，（a）は，鏡面反射的な試料に対して適用できるが，拡散反射的な試料に対しては（b）のように加熱炉の前面にまで，試料

---

91) Kobayashi, M. et al. : Int. J. Thermophysics, **20**, 1 (1999) 289. 92) Ishii, J. & Ono, A. : Meas. Sci. Technol., **12** (2001) 2103.

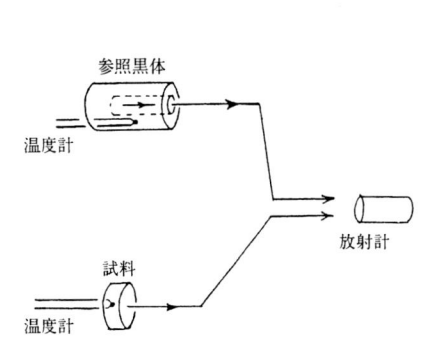

Fig. D-6-3-29 分離黒体法による放射率測定
(Emissivity measurement by the separate blackbody method)

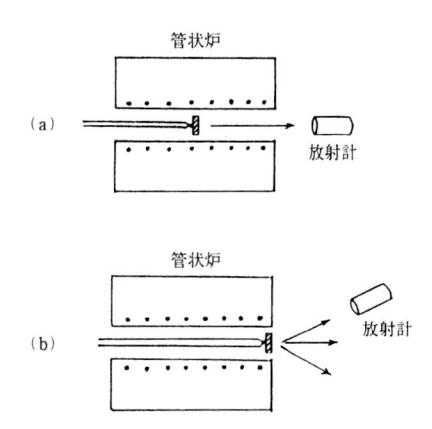

Fig. D-6-3-30 分離黒体法における試料の加熱法
(Sample heating for emissivity measurement by the separate blackbody method. (a) for a specular sample, and (b) for a diffuse one.)

を引き出すことが必要となる．ただし（b）の場合，試料表面から熱が失われ，試料の裏面と表面との間に大きな温度勾配ができ，試料の表面温度の推定が難しくなる．一般に試料の熱伝導率が小さいほど，また，試料温度が高くなるほど難しさは増す．

等温条件下での参照黒体と試料の直接輝度比較を行う代わりに，あらかじめ参照黒体炉により目盛を校正した放射計により試料の熱放射輝度を測定してもよいが，放射計の安定性・再現性が十分に確保されていることが必要である．

等温条件を達成するため，通常，試料温度を一定値に制御した定常測定が行われるが，断熱状態においた試料の表面温度を正確に測定した後，試料面を断熱条件から解放し，急速に冷却されていく試料表面の輝度変化を高速な放射計を用いて測定し，放射輝度減少曲線から断熱状態にある試料の熱放射輝度を推定する非定常測定法も開発されている[94]．

(2) 組み込み黒体法（Internal Blackbody Method）

等温条件を簡便に確保するために，参照黒体を試料のごく近傍（あるいは試料の内部に一体として）組み込むことを特徴とする方法．代表的な例は，Fig. D-6-3-31 (a) のように試料とすべき材料の表面に黒体条件を満たす穴を掘り，等温条件を満たす参照黒体として利用する．

導電性試料の場合には，Fig. D-6-3-31 (b) に示す方法が適用できる．試料とすべき材料を用いて薄肉の細長いチューブを作り，中央付近に放射計で測定可能な大きさの穴を開ける．この試料を直接通電加熱することで，中央付近に一様な温度の領域が実現され，穴とチューブの中空部とで形成される空洞を等温条件を満たす参照黒体として利用する．測定試料面は，穴のごく近傍のチューブ外表面とする．

組み込み黒体法は，等温条件が比較的容易に得られること，加熱が簡便であることが特徴である．分離黒体法の適用が難しい超高温域で有利である．一方，黒体条件の面からは，参照黒体の形状や材質に十分注意して実効放射率を評価する必要がある．参照空洞の実効放射率評価には，モンテカルロ法による光

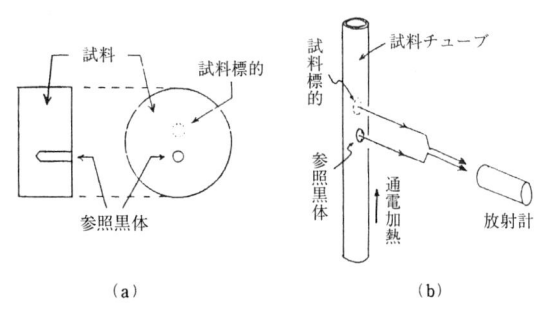

Fig. D-6-3-31 組込黒体法による放射率測定
(Emissivity measurement by the integral blackbody method)

---

93) Ono, A : Int. J. Thermophysics, **7**, 2 (1988) 443.　94) Redgrove, J. S. : High Temp.-High press., **17** (1985) 145.

線追跡計算などが実用的な方法となる[95]．

(3) 反射鏡法（Reflecting Mirror Method）

試料の前方に反射鏡を設置して，試料と反射鏡の間で生じる多重反射によって，近似的に黒体条件を実現して，試料自身を実効的な参照黒体として利用する方法．Fig. D-6-3-32は，半球面鏡を用いた例である[96]．天頂から僅かに傾いた位置に観測用の小さな開口を持つ半球面鏡を，その中心が試料表面に一致するように設置する．試料から出射された放射が半球面鏡との間で多重反射する結果，試料表面の見かけの放射率が1に近づき，開口からの放射を参照黒体として利用できる．一方，半球面鏡を取り去れば，孤立状態にある試料の放射が観測でき，放射率が決定できる．反射鏡の有無により放射などの伝熱状態が変わり，試料表面の温度が変化するので，等温条件に注意が必要である．また，試料の拡散反射，反射鏡の反射率，観測用開口の大きさ，反射鏡と試料表面の相対位置による黒体条件の劣化にも十分な検討が必要である．

反射鏡法では，試料の表面温度を正確に知らずにもほぼ自動的に等温条件が満足でき，放射率が測定できる．従って，表面温度の測定が難しいセラミックスなど低熱伝導物質の放射率測定に有用である．

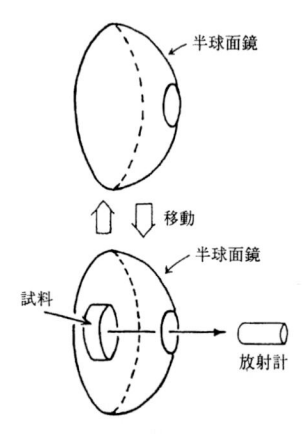

Fig. D-6-3-32 半球面鏡を用いた放射率測定
（Emissivity measurement by the reflecting mirror method using a hemispherical mirror）

(4) 試料移動法（Sample Moving Method）

黒体空洞の内部に置かれて黒体状態にある試料を急速に引き出し，孤立状態へ移行させて測定を行う方法である[97]．Fig. D-6-3-33に示すように，管状炉中央部の一様温度の位置に試料を設置する．この状態で炉の外部からの見かけの放射率は1に近く，試料温度に近い黒体放射が出射され，これを参照黒体として利用する．次に試料を急速に前方へ引き出すと試料が炉の前面の位置において孤立条件が実現され，試料のみの放射輝度が観測できる．試料移動法では，黒体状態から孤立状態へ移行する間に，試料の温度が変化（低下）するため，この温度変化を正確に把握して補正することが必要となる．

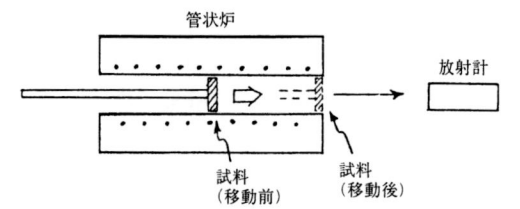

Fig. D-6-3-33 試料を移動させる放射率測定
（Emissivity measurement by moving a sample）

(b) 反射測定法（Reflective Method）

常温やそれ以下の温度にある物体が出す熱放射は，一般に微弱であり放射測定によって放射率を高い精度で測定することは，容易ではない．このような時には，外部光源を用いた反射率測定によって放射率を推定する方法が有用であり，これを反射測定法という．入射光と反射光の配置を適切に選ぶことにより，半球-方向反射率（hemispherical-directional reflectivity）$\rho(2\pi;\theta,\phi)$，あるいは方向-半球反射率（directional-hemispherical reflectivity）$\rho(\theta,\phi;2\pi)$測定を行えば，キルヒホッフの法則を用いて，（不透明体の場合）1から前記の反射率を差し引いて方向放射率が求められる．

反射測定法では，通常，参照体が必要となり，反射率の標準試料やアルミニウムや金など高反射率の蒸着面が用いられる．この場合，標準試料においても半球-方向反射率など測定量と等価な値づけgaされ

---

95) Ishii, J. et al. : Metrologia, **35**（1998）175． 96) Hong, J. H., T. Baba et al. : Proc. 2 nd Asian Thermophysical Properties Conferecne（1989）179． 97) Ballico, M. J. & Jones, T. P. : Appl. Spectroscopy, **49**, 3（1995）335．

ていることが必要である．また，反射測定法の場合，試料自身が出射する熱放射も反射成分に重畳して検知されるため，反射成分だけを選択的に検出することが必要となる．

(1) 加熱空洞法 (Heated Cavity Method)

半球-方向反射率を測定するための加熱空洞法の原理を Fig. D-6-3-34 に示す．内壁を黒化した空洞を用意し，それを一様な温度に加熱する．空洞には，内部を放射計で観測するための小さな開口を設ける．試料を加熱空洞中に置き，放射計で試料の放射輝度を観測する．加熱空洞の中は，空間的に等方的な黒体放射が充満していると考えられるから，試料表面は等方的に等輝度の放射が入射しており，放射計の観測方向へ反射された放射輝度から，試料面の半球－方向反射率が測定できる．反射率標準試料（反射率が1に近い方が望ましい）の他，加熱空洞壁も参照体とすることができる．放射計で試料面と加熱空洞壁の一部とを交互に観測し，放射輝度の比を測定すれば，半球－方向反射率が得られる．空洞壁に輝度むら（温度むら）がある場合には，等方的な照射（入射）条件が満たされず測定精度が低下する．

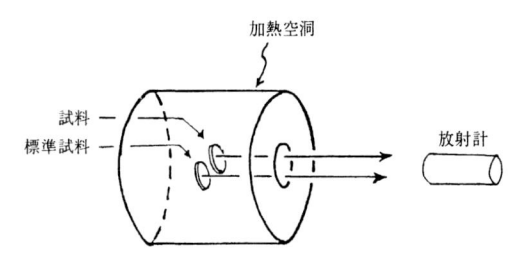

Fig. D-6-3-34 加熱空洞法による半球－方向反射率測定（Hemispherical - directional reflectivity measurement by the heated cavity method）

(2) 積分鏡法 (Integrating Mirror Method)

Fig. D-6-3-35 は，半球-方向反射率を測定するための積分鏡法を示す．積分鏡としては，放物面鏡，楕円面鏡等が使われる[98]．いずれの場合も，外部光源からの放射を積分鏡で集光し，試料表面を半空間から等輝度で照射し，特定の方向に反射された放射を，積分鏡に開けた観測用開口を通して放射計で検知することによって反射率を測定する．Fig. D-6-3-37において放射源と検出器を置き換えると光線の進

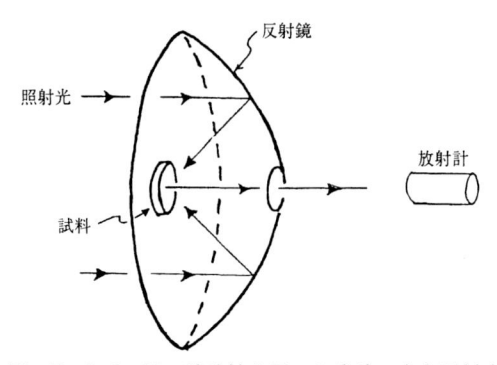

Fig. D-6-3-35 積分鏡を用いた半球－方向反射率測定（Hemispherical - directional reflectivity measurement by the integral mirror method）

む方向は逆になり方向－半球反射率が測定される．この方法によって，透明材料の散乱係数の測定も行われている[99]．

(3) 積分球法 (Integrating Sphere Method)

Fig. D-6-3-36 は，方向-半球反射率を測定するための積分球法を示す．積分球は，内壁を反射率が1に近い拡散反射体処理した球体である．積分球内部の対称な位置に参照体と試料を設置し，積分球の開口を通して特定の方向から放射を試料及び参照体表面に入射させ，半空間に反射された放射を集めてその強度を測定する[100]．試料表面での反射光は，積分球内で多重反射を繰り返した後，検出器により測定されることが必要であり，積分球の内壁が，高い拡

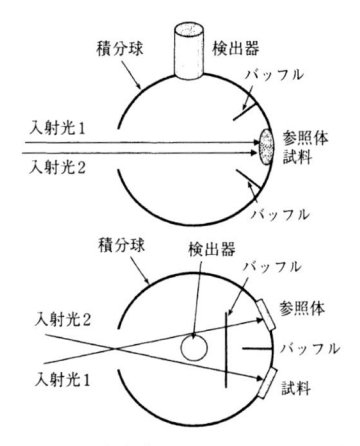

Fig. D-6-3-36 積分球を用いた方向－半球反射率測定（Directional - hemispherical reflectivity measurement by the integrating sphere method）

---

98) Makino, T. : Proc. 7 th Jpn. Symp. Thermophysical Properties, JSTP (1986) 37.

散反射性を維持することや積分球の大きさが試料や入射用の開口径に比較して十分大きいことが必要となる．

積分球の塗布材料には，可視域から3μm程度までは，MgOやBaSO$_4$が使えて良い性能を示すが，3μmより長波の熱赤外域では，拡散面に金を処理した材料が利用されるが可視域に比較して良い積分球は得にくい．

(c) 熱量測定法（Calorimetric Method）

試料の単位面積から単位時間あたり半空間に放射で失われる熱量（すなわち放射発散度）Mを測定し，試料の温度Tとステファン-ボルツマン定数σとから，次式により半球全放射率$\varepsilon_{t,h}$を求める．

$$\varepsilon_{t,h} = M/\sigma T^4 \qquad (1)$$

失われる熱量は，通常電気的に供給されるジュール熱とバランスさせて計測する．試料の加熱には，ヒーターを試料内に埋め込む方法[101]（Fig. D-6-3-37）や導電性の試料を直接通電加熱する方法[102]（Fig. D-6-3-38）などがあり，測定方式として定常状態でEq.(1)を用いる場合と非定常状態を利用する場合とがある．非定常状態を利用する場合には，試料の比熱容量をあらかじめ知っておくか，あるいは同時に測定する必要がある[102,103]．

放射以外の伝熱過程を排除するために，試料は真空中に置かれ，試料の保持や測温手段にも工夫が必要となる．また周囲の環境は十分に低温に保たれることが望ましく，必要に応じて液体窒素や液体ヘリウムによる冷却が行われる．

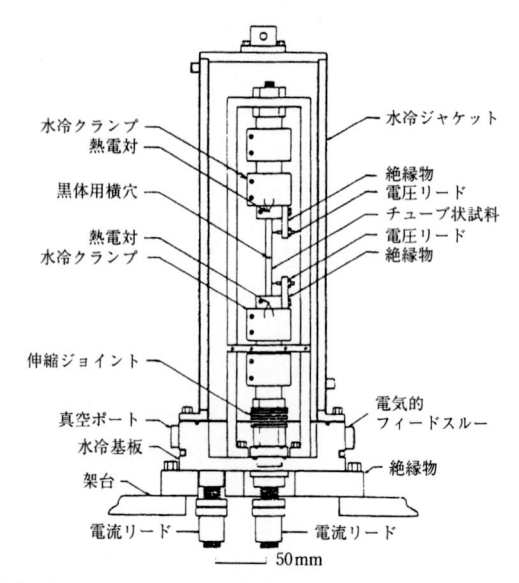

Fig. D-6-3-38 自己通電加熱による半球全放射率測定（Hemiphercal total emissivity measurement by using an electrical self-heater）

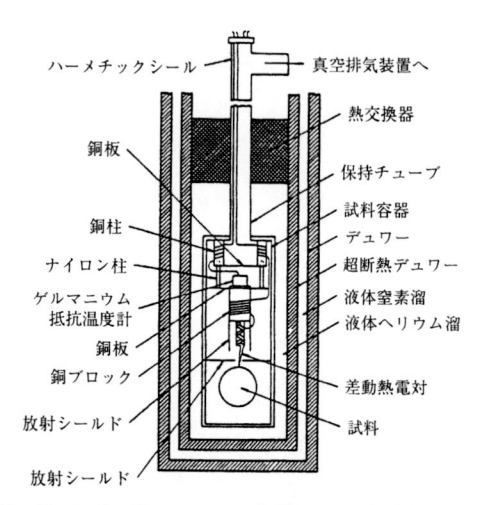

Fig. D-6-3-37 ヒーター加熱による半球全放射率測定（Hemiphercal total emissivity measurement by using an electrical heater）

6.4 流体の熱物性値の測定法（Measuring Methods of Thermophysical Properties for Liquids and Gases）

6.4.1 相平衡（Phase Equilibria）

相平衡とは，純粋物質および混合物が固体（固相），液体（液相），気体（気相）のうち二相以上（固＋固，液＋液，気＋気を含む）の熱力学的平衡状態にあって共存している状態である．ここでは混合物の相平衡についての測定法を簡単にまとめる．相平衡ではギブスの相律に支配されていることを十分認識して測

---

99) Kunitomo, T & Sahashi, M. : Proc. 3 rd Jpn. Symp. Thremophysical Properties, JSTP (1982) 117. 100) Hanssen, L. : Appl. Optics, **40**, 19 (2001) 3196. 101) Ohnishi, A., Hayashi, T. et al. : Proc. 4 th Jpn Symp. Thremophysical Properties, JSTP (1984) 1. 102) Cezariliyan, A. : J. Res. NBS, 75 C (1971) 7. 103) Sasaki, S, Masuda, H. et al. : Proc. 2 nd Asian Thremophysical Properties Conference (1989) 167.
放射率測定に関する一般的な解説書としては，国友　孟：熱計測技術，，計測法シリーズ8，朝倉書店 (1986) 60. Richmond, J. C.: Compendium of Thermophysical Property Measurement Methods 1, Plenum (1984) 709. などがある．

定する必要がある．ギブスの相律は c 種の成分物質が f 個の相に分かれて平衡にあるとき，自由に選ぶことのできる独立変数の数 ϕ に一定の制限があることを示す法則であり，以下の簡単な式で表わされる．

$$\phi = c - f + 2$$

例えば純粋物質の三重点（固気液平衡）では $c=1$，$f=3$ であるから $\phi=0$ となり温度，圧力などは一義的に定まる．また二成分系気液平衡では $c=2$，$f=3$ であるから $\phi=1$ となり温度を決めると圧力は自動的に定まる．

相平衡状態を決定するには温度，圧力，各相の組成等を測定する必要がある．各相の組成については，クロマトグラフによる分析が一般的であり，充填質量から求める方法，屈折率あるいは化学的に決定する方法も利用することができる．物質の蒸留分離を目的とする場合には各相の他の情報は必ずしも重要でないが，混合冷媒を用いたランキンサイクルを目的とする場合などは各相の密度なども把握しておくことが必要となる．従って，目的によって，また必要とする温度・圧力範囲によって測定装置・測定方法はおのずと異なったものになる．このような背景から相平衡の測定装置には様々なものが数多く存在する．ここでは代表的な測定方法や特殊な工夫を凝らした測定装置の一部を紹介する．

（a）固気平衡（吸着平衡）

van der Waals[1] が n －ヘプタン＋ポリエチレン系の測定に用いた改良型 McBain Balance 法を Fig. D-6-4-1 に示す．まず初めにポリエチレンを水晶製のバネ C に接続された天秤皿 B の上に載せ，さらに A の部分に n －ヘプタンを入れる．次に系内を脱気し，T_2 を目標温度まで，T_1 を T_2 よりやや低い温度まで昇温する．純粋 n －ヘプタンの蒸気圧の温度依存性はよく知られているので，この装置では圧力を測定する代わりに T_1 を測定すればよく，さらに便利なことに T_1 を変化させることにより1回の試料充填で多くのデータを得ることが可能である．ポリエチレンに吸着した気体 n －ヘプタンの量は水晶製のバネ C の伸びを記録することにより得られる．この van der Waals の方法は簡単に吸着量を求めることができる便利な方法であるが，予め各温度，各圧力におけるバネ C の伸びを検定しておく必要がある．

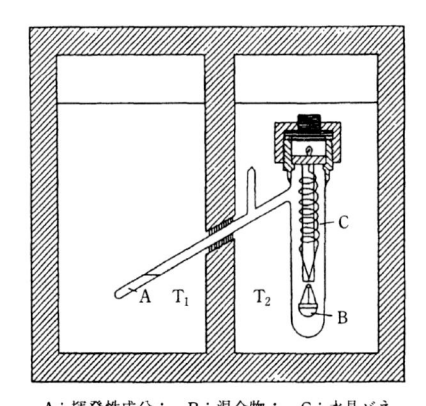

A：揮発性成分； B：混合物； C：水晶バネ

Fig. D-6-4-1 ファンデアワールス法による固気平衡測定装置（van der Waals apparatus for solid gas equilibrium）[1]

（b）低圧気液平衡

ここで低圧とは真空〜3気圧程度の圧力範囲を指す．低圧気液平衡は，純成分の蒸気圧データからラウールの法則を用いて理想溶液について，あるいは，Wilson の方法など活量係数を用いることで非理想溶液の場合について計算することができる．従って，理論的にある程度の気液平衡状態を知ることができる．気相の組成が低沸点成分で支配されるような場合の最も簡単な測定法としては，気相を理想気体と近似して，気液両相の組成を分析する代わりに，各成分物質の仕込量 m_i を予め測定しておき，目標とする温度 T，圧力 P のもとでの気相の容積 V_v から液相組成を求めることができる．この方法で最も注意すべき点は，空気等のガスを完全に除去することである．以上は静置法の一例であるが，このほか連続的に蒸発している気相を凝縮器で液化して，その気相と液相の組成をクロマトグラフ分析から求める方法など多くの流通法，循環法と呼ばれている方法もある．これらの方法の例は次の高圧気液平衡の測定法として以下に紹介する．

（c）高圧気液平衡

超臨界流体を用いた工業的分離技術は，高圧であるが低温で処理できるため，食品，生体化学物質など熱的変性が問題となる物質にも適用できること，高

---

1) van der Waals, J. H. : Thesis, University of Groningen (1950).

揮発性流体を溶剤として使うため製品の残存溶剤量をゼロにできることなどの理由から，近年，研究及び応用が盛んな分野である．ここでは一例としてRadosz[2]の装置を紹介する．この装置はFig. D-6-4-2に示したような強制循環型の気液平衡測定装置であり，試料がよく混合するように気相から液相，液相から気相の2つの循環ラインを設置している．またサンプリング時の僅かな圧力降下を防ぐため，気相循環ラインに変容シリンダーを設けているのも特徴の一つである．

一方，石炭液化プロセスに必要な水＋重質炭化水素系の高温高圧気液平衡の測定においては，高温での試料の熱分解が問題となるため，試料が高温雰囲気中に晒される時間をできるだけ短くするような流通型の測定装置が用いられる．Linら[3]はFig. D-6-4-3に示したような710 K，25 MPaまでの流通型気液平衡測定装置を報告している．両成分をポンプにより実験回路に送り出し，コンプレッサーで加圧する．試料は合成サファイアガラス製窓付き平衡セルに入る前にプリヒータで急速加熱され，混合される．気相成分は平衡セルの上部から，液相成分は平衡セルの下部から取り出され，メタリングバルブで減圧され，さらに冷却されて試料分析系へ導かれる．この装置では試料が高温に晒される時間は18～36秒であると報告されている．

高圧気液平衡を測定する最も基本的な方法の一つに露点沸点法がある．この方法は仕込組成既知の混合試料を等温場において加圧または減圧して液滴の生成または消滅（露点）および気泡の生成または消滅（沸点）を観察する方法である．Meskel-Lesavreら[4]はR13＋R113系混合冷媒の沸点圧力および飽和液体密度を固体ピストン変容シリンダーを用いて測定している．この装置では圧力-密度線図上の等温線の屈折点として沸点圧力および飽和液体密度を決定できる．

本項の執筆には前沢幸繁氏に御協力戴いた．

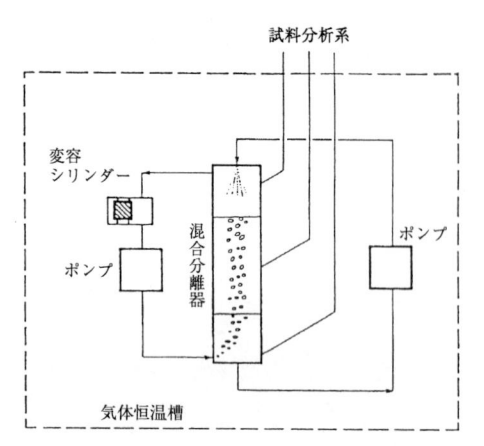

Fig. D-6-4-2 Radoszの高圧気液平衡測定装置
（High pressure apparatus of radosz for gas-liquid equilibrium）[2]

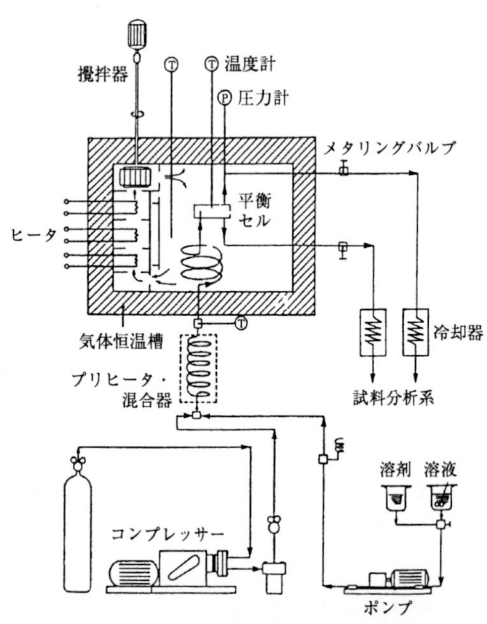

Fig. D-6-4-3 Linらの高温高圧気液平衡測定装置
（High temperature and high pressure apparatus of Lin et al. for gas-liquid equilibrium）[3]

---

2) Radosz, M. : J. Chem. Eng. Data, **31** (1986) 43.　3) Lin, H. M., Kim, H., Leet, W. A. and Chao, K. C. : Ind. Eng. Chem. Fundam., **24** (1985) 260.　4) Meskel-Lesavre, M., Renon, H. and Richon, D. : J. Chem. Eng. Data, **27** (1982) 160.

6.4.2 蒸気圧 (Vapor Pressure)

ここでは純物質の蒸気圧について簡単に述べる。純物質の液体や固体がその蒸気と平衡状態にあるとき，この蒸気の圧力を飽和蒸気圧力あるいは単に蒸気圧と呼ぶ。密閉容器に試料を入れ固気あるいは気液平衡状態になるようにし，この密閉容器を恒温油槽内に置くなどして温度を一定に保ち，その蒸気の圧力を測定することで蒸気圧がもとまる。すなわち，蒸気圧測定は相平衡状態を確認しながらその温度と圧力の組合せを測定することである。測定に際しては，温度の不安定性および不純物の混入は大きな測定誤差となることから十分な注意が必要である。気液平衡は3重点から気液臨界点までの温度・圧力範囲であり，固気平衡は3重点以下の温度・圧力範囲となる。したがって，物質により極低温から高温まで，高真空から高圧力まで広いレンジの温度・圧力範囲が対象になり，目的とする範囲に適した温度計・圧力計を選択する必要がある。簡易測定には，市販されている温度計および圧力計に著しい進歩があり比較的容易に高精度で測定することができる。精密な絶対測定には IUPAC がまとめた詳細な解説[5]が役立つ。

気液平衡の蒸気圧を測る場合には，密閉容器内にある試料全体の平均密度が臨界密度にないと臨界点までの蒸気圧を測れないことに注意する必要がある。この様子を Fig. D-6-4-4 に示す。Fig. D-6-4-4 は，温度を縦軸に，密度を横軸にして一般の流体の気液共存曲線の概要を描いたものである。密閉容器内の気液界面の様子を円内に描いてある。臨界密度よりも試料の平均密度が小さいときには，温度の上昇とともに気液界面の位置は下がって行き，ある温度で全てが蒸気（気体）になってしまう。一方，平均密度が臨界密度より大きいときは気液界面の位置が温度の上昇とともに徐々に上がっていき，ある温度で全てが液体になってしまう。ここで，内容積一定の密閉容器内にある流体が全て液体になったときは，非常に危険であるので十分注意する必要がある。すなわち，全てが液体の時は僅かな温度の上昇で厚肉の金属容器を破壊するほどの高圧になることに十二分に気を付ける必要がある。

固気平衡の蒸気圧等，比較的低温で低圧の場合には，直接蒸気圧力を水銀マノメーターを用いて測定することができる。厳密な測定の場合には水銀密度の温度補正，水銀蒸気圧の補正，標準重力への換算，毛細管のメニスカス位置の補正を行う必要がある。低圧の場合でも水銀柱の測定にレーザー干渉法を用いるなど非常に精密な測定も可能である[5]。水銀マノメーターの代わりに市販されている各種真空計，圧力トランスデューサーあるいは水晶発振圧力計なども使うことができる。

気液平衡の蒸気圧測定等，比較的高温の場合には圧力計を試料と等しい温度場におけないことがしばしば生じる。この場合には，試料容器と圧力計を直接結び付けることができないため差圧計と呼ばれる圧力伝達器を試料容器と等しい温度場に置き，窒素ガス等の圧力伝達媒体を介して室温におかれた圧力計で測定することとなる。差圧計の一例としては，試料と窒素ガスを数十ミクロンのステンレス膜あるいは金属ベローズによって分け，ステンレス膜が電極と離れるあるいは接する瞬間あるいはベローズの変位を検出することで，試料と窒素ガスの圧力差を測定する。このときの圧力差はあらかじめ検定しておく。この方式の差圧計は材料を工夫することでかなり広い温度・圧力範囲に使用することができる。高圧の場合には，圧力伝達媒体として窒素ガスの代わりに油等の液体を用いることもできる。この場合は，ステンレス薄膜等が破れても油等が直接測定装

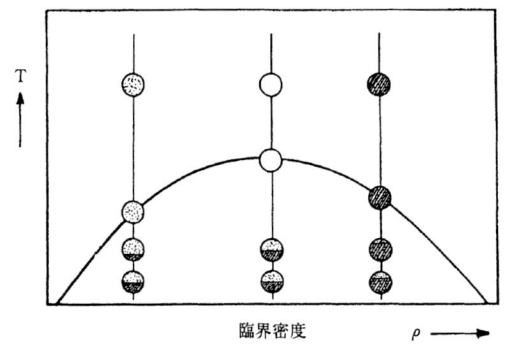

Fig. D-6-4-4　定容積容器を用いた蒸気圧測定の概念
(Vapor-liquid eqilibrium in a constant volume cell)

---

5) Le Neindre, B. and Vodar, B. : IUPAC Experimental Thermodynamics, Vol. II, Experimental Thermodynamics of non-reacting Fluids, Butterworths (1968) 1318.　6) 新実験化学講座2, 基礎技術1, 熱・圧力, 丸善 (1977) 569.

置内に流入しないように十分注意する必要がある．

このほか，簡易測定法として，雰囲気の圧力を変えてその沸点を測る沸点測定法，低圧の蒸気圧を簡易測定する方法として気体流通法，ヌッセン法などもある[6]．

6.4.3 流体の PvT 性質 (PvT Properties of Fluids)

純物質流体の圧力 P，比容積 v，そして温度 T の相互関係すなわち PvT 性質について，その測定法を簡単に紹介する．気相および液相の PvT 性質の測定法には，気体膨張法，バーネット法，変容積法，定容積法，浮子法，振動法などがある．

気体膨張法は，その名のとおり気体の PvT 性質を測定する方法であり，その概略図を Fig. D-6-4-5 に示す．内容積が検定されている試料容器 V_0 に，測定しようとする密度近くまで試料を入れる．温度平衡に達し，圧力を測定したのち，内容積が検定されている膨張容器 $V_1 \sim V_3$ に順次試料を膨張させ圧力を測定する．膨張容器は室温付近の恒温槽内に置かれ，試料を標準大気圧付近まで繰り返し膨張させることにより，気体の状態式あるいは限られた範囲に成立する相関式等を用いて，試料容器内の試料の質量を求める方法である．

バーネット法は，二つの試料容器を用いて気体を等温状態で順次膨張させ，その膨張前後の圧力の比から PvT 性質を測定する方法である．ヘリウムなどの希ガスを，理想気体に近い状態まで膨張させて装置定数を決定し，試料容器の内容積を検定することなく高精度に気体の PvT 性質を測定することが可能である．また，試料容器をひとつだけ用いることにより，等容法による測定も可能であり，充填試料を多くすることで液体域の PvT 性質測定も不可能ではない．このバーネット等容組合せ法の具体的な一例としては文献 7) がある．

気体膨張法およびバーネット法は，試料容器の数が複数であるが，次に紹介する変容積法と定容積法はひとつの試料容器を用いて測定を行うことができる．試料容器の容積を変化させて測定する方法を変容積法，容積を一定に保って測定する方法を定容積法と呼ぶ．そして，定容積法には，試料を試料容器外部に抽出することなくほぼ等容線に沿って，温度と圧力の関係を測定する等容法と，試料を試料容器外部に抽出して等温線に沿って，試料質量と圧力を測定する等温抽出法がある．また，等容法は膨張容器を加えることで充填試料の質量を変える膨張組合せ法，さらに，変容積法と等温抽出法は，内容積を変化させるため，あるいは試料を抽出するために固体ピストン，水銀などの液体ピストン，または金属製ベローズを用いる方法などに大別することができる．

Fig. D-6-4-6 および Fig. D-6-4-7 に Adams のピエゾメータ[8] および Boelhouwer のピエゾメータ[9] を示す．これらは，液体ピストンあるいは金属ベローズをもつ変容積法の PvT 性質測定装置である．Adams のピエゾメータの測定原理を説明すると，圧力伝達媒体および水銀を通して試料が加圧され，高圧下での試料の体積減少分だけ水銀が毛細管の先からピエゾメータ底部にトラップされる．そこで，ピエゾメータを耐圧容器から取り出しトラップされた水銀質量を秤

V_0：試料容器　$V_1 \sim V_3$：膨張容器　B1：恒温槽A　S：試料ガス
B2：恒温槽B　PH：高圧用圧力計　PL：低圧用圧力計

Fig. D-6-4-5　気体膨張法
(Gas Expansion Method)

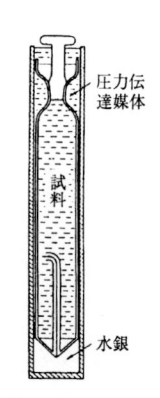

Fig. D-6-4-6　Adams のピエゾメータ
(Adams's Piezometer)[8]

---

7) Watanabe, K., Tanaka, T. and Oguchi, K. : Proc. of the 7 th Symp. on Thermophys. Prop. (1977) 470.　8) Adams, L. H. : J. Am. Chem. Soc., **53** (1931) 3769.

6.4 流体の熱物性値の測定法

Fig. D-6-4-7 Boelhouwer のピエゾメータ
(Boelhouwer's Piezometer)[9]

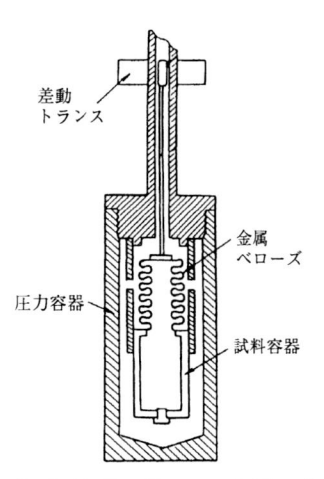

量することで試料の圧縮率を求めることができる。一方、Boelhouwer の方法は、予めベローズの変位量と内容積を検定しておき、ベローズの変位を差動トランスにより測定することで PvT 性質を測定するものである。

次に、広い温度および圧力範囲に高精度な PvT 測定を可能とする定容積型の典型的な一例である等容法について説明する。Fig. D-6-4-8 にその装置の一例[10]を示す。

ここに示す装置は、恒温槽、温度測定系、温度制御系、3つの重錘型圧力計と差圧計からなる圧力測定系により構成されている。温度は白金抵抗測温体と温度測定用ブリッジにより測定され、同時にこの抵抗値は PID 温度制御装置に入力されて、恒温槽の温度を±2 mK 以内に制御するために用いられる。圧力は低圧側では差圧計において試料の圧力が窒素ガスに伝達され空気式重錘型圧力計により測定される。また、高圧側ではこの窒素ガスの圧力が水銀セパレータを介して油に伝達され油式重錘型圧力計により測定される。ここで、精密ブルドン管式圧力計は差圧計の検定に使われる。

実験原理は、予め密度の値が高精度に知られている水などを用いて試料容器の内容積の検定を行う。そして、この試料容器に、目標とする密度になるように試料を充填し、恒温槽油と試料流体が温度平衡に達した後、温度と圧力の測定を行う。温度を変えてこの測定を繰り返すことで、等容線に沿って多くの測定値を得ることができる。この方法では、温度計および圧力計の検定、試料容器の圧力、温度に対する内容積の変化を材料力学的に補正すること、圧力測定の際に各圧力媒体の水頭圧を補正すること、試料充填の際の質量測定における空気の浮力補正など、精密測定をするための多くの計算が必要になる。この方法で密度を±0.1〜0.2 % で決定することができる。

浮子法は、気液共存状態の密度を測定するのに適した方法である。浮子法には磁気密度計などいくつかの方法が存在するが最も簡単な方法の一例として、硝子浮子法について説明する。密閉容器内に予め試料密度に近い密度の硝子製浮子をなるべく多く入れて置く。試料の温度を変えていくことにより浮子と試料の密度がつりあうところを見いだす。この浮子の密度とそのときの温度を測定することから飽和液体密度を求めることができる。

Fig. D-6-4-9 に、高圧流体用に開発された振動密度計の一例[11]を示す。U字管の中に試

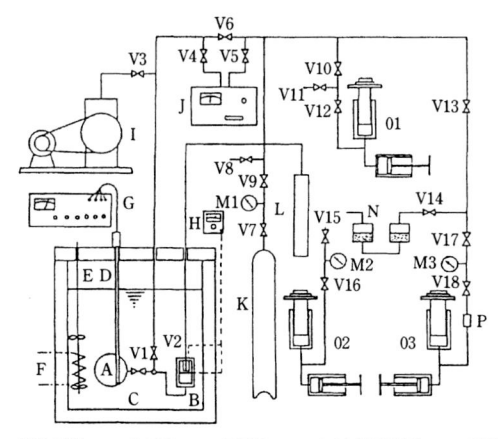

A：試料容器　B：差圧計　C：恒温槽　D：白金抵抗測温体　E：攪拌器
F：ヒータ　G：温度測定用ブリッジ　H：抵抗計　I：真空ポンプ
J：精密ブルドン管式圧力計　K：窒素ボンベ　L：圧力ダンパー
M1〜M3：圧力計　N：水銀セパレータ　01〜03：重錘型圧力計
P：フィルター　V1〜V18：弁

Fig. D-6-4-8　等容法 PvT 性質測定装置
(Constant − volume PvT apparatus)[10]

---

9) Boelhouwer, J. W. M. : Physica, 26 (1960) 1021.　10) 朴春成ほか：平成元年度日本冷凍協会学術講演会講演論文集 (1989).
11) 松尾成信：第26回日本伝熱シンポジウム (1989) 160.

Fig. D-6-4-9 高圧流体用振動密度計 (High Pressure Vibrating Densimeter)[11]

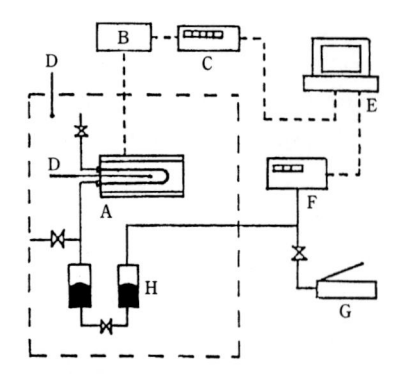

A,B：振動密度計　C：カウンター　D：サーミスタ
E：コンピュータ　F：デジタルブルドン管式圧力計
G：油圧ポンプ　H：水銀セパレータ

料が入っているとき，試料の密度の違いによってこのU字管の振動周期が変化する．このことを利用して気体あるいは液体の密度を測定することができる．ここに示した例では±0.1 kg/m^{3}の測定精度で気体から水銀までの広範囲にわたる密度を測定できるとしている．そして，100 MPaまでベンゼンの密度測定を行っている．

このほか臨界定数などの測定法については文献12)が参考になる．

6.4.4 流体の比熱およびエンタルピー
(Specific Heat and Enthalpy of Fluids)

ここでは，純物質流体の比熱・エンタルピーの測定法について簡単に述べる．流体の比熱・エンタルピーの測定を行うときには，理想気体状態か，常圧あるいは高圧下なのか，そして，液体か気体かを分けて考える必要がある．

理想気体状態の比熱は，分子スペクトルによる分子の構造解析を行うことにより，統計力学的に決定することができる[13]．そして，常圧および高圧下の比熱・エンタルピーは，PvT性質を基礎にして作られる高精度な熱力学状態式から熱力学関係式を用いて誘導することができる．気体の比熱はこの状態式から1%程度あるいはそれ以上の信頼性で求めることも可能である．しかしながら，比熱はPvT状態曲面の温度に関する2階の微分係数に支配的に与えられ，状態式がPvT性質を高精度に算出できたとしても適切な関数形を持つものでない限り比熱を精度良く算出することは難しい．したがって，状態式から導かれる比熱の信頼性には注意する必要がある．水の場合のようにすでに多くの比熱に関する実験値が存在してこれを考慮して開発された状態式を除き，一般的には現在の熱力学状態式からとくに臨界点付近および液体域の比熱を高精度に導くことは困難である．一方，エンタルピーに関しては，PvT性質に関する高精度な実験値が豊富に存在するとき，これらの実験値を十分な精度で表現する状態式から比較的高精度に導くことが可能である．ただし，残念ながら液体域まで有効な状態式が入手できる物質は限られているのが現状である．

比熱には定容比熱と定圧比熱があるが，容積を一定にして物理量を測定することは難しい．そこで，定圧比熱測定の方が一般的となっている．定圧比熱C_pは次式で定義される．

$$C_p = (dh/dT)_p = \lim_{\Delta T \to 0} \{\Delta Q/(m \cdot \Delta T)\}_p \quad (1)$$

ここで，hは比エンタルピー，Tは温度，Pは圧力，ΔQは熱量，mは質量である．したがって，質量mの流体に熱量ΔQを与えたときの温度変化ΔTを測定し，ΔQをΔTおよびmで割れば定圧比熱が，質量mの流体がΔTだけ温度変化するのに必要な熱量ΔQを測定し，ΔQをmで割れば温度上昇前と後との流体の比エンタルピー差がもとまる．また，Eq.(1)から理解されるとおり，比エンタルピーは，定圧比熱を測定して，その温度に関する積分量としても求めることができる．比熱測定においてはΔTを零に近くする必要があるが，臨界点および飽和状態に近くなければ±0.1%程度の測定精度まで，ΔTが1〜5Kであればその影響は十分小さい．以上述べたとおり，流体の比熱・エンタルピーの測定は，状態点の温度および圧力，そして，熱量，質量，温度差の同時測定であるといえる．

比熱の測定法としては，示差走査熱量計(DSC；Differential Scanning Calorimetry)，断熱法(Adiabatic Calorimetry)，投下法(Drop Calorimetry)，周期的加熱法(AC Calorimetry)，混合法(Mixing Method Calorimetry)，熱交換法(Heat-exchanger

---

12) 佐藤春樹ほか：計量管理, **33** (1984) 17.　13) Touloukian, Y. S. & Makita, T. : Thermophysical properties of matter, the TPRC data series, Vol. 6, specific heat, nonmetallic liquids and gases, IFI/Plenum (1970) 312.

Calorimetry），そして，フローカロリメトリー（Flow Calorimetry）などがある[14]．以下に測定法の簡単な説明を記す．

(a) 示差走査熱量計

DSCと呼ばれることが多い．DSCの原理を用いた比熱および融解熱，蒸発熱等を測定できる計測器が市販されている．測定原理は相対測定であり，基準セルと試料セルの熱流の差を測定することから比熱をもとめるものである．高圧測定用も市販品があり，信頼性の向上も期待でき今後簡便でしかも高精度の熱測定用として期待される．

(b) 断熱法

別名ネルンスト法とも呼ばれる．試料と周囲の温度が等しくなるように温度制御しながら，試料をヒータにより加熱して，そのときの温度上昇量を測定するものである[15]．

(c) 投下法

ある温度で熱平衡状態になっている試料を異なる温度で熱平衡状態になっているカロリメータの中に投下し，その間の試料のエンタルピー差を測定する方法である．比熱はこのエンタルピー差を温度で微分することにより求めることができる．エンタルピー差の測定には様々な方法があり，例えば試料が放出した熱を氷の融解熱等として吸収させてそのときに融解した氷の量からエンタルピーの大きさを測るもの，あるいは断熱容器内に等価な熱量計セルを双子型に配置し片方の熱量計セル内で熱量変化を生じさせ，この温度差を熱電対を束ねたサーモパイルにより測定してその時間積分からエンタルピー変化量を求めたりしている[16]．

(d) 周期的加熱法

周期加熱法は加熱してその温度振幅から比熱を求めるものである．レーザフラッシュ法は比熱と密度が既知の場合に温度伝導率（熱拡散率）を測定するのに良く使われている方法であるが，比熱を求める場合は測定試料の温度 T を交流成分 T_{AC} と直流成分 T_{DC} に分け，試料容器と恒温壁との熱コンダクタンス K から，試料および容器の熱容量 C を次式により求める．

$$C = (K/\omega)(T_{DC}/T_{AC}) \quad (2)$$

ここで，ω は角周波数である[17]．実際には K の評価が難しいとされている[14]．

(e) 混合法

温度平衡にある恒温槽内に高温の試料を流し，その時の恒温槽の温度上昇量と試料の温度変化量から試料の比熱を求める方法である[18]．このとき恒温槽の熱容量を予め知っておく必要がある．

(f) 熱交換法

ある基準圧力 P_0 にある試料の比熱 Cp_0 と任意の圧力 P の試料の比熱 Cp の比を測定する方法である．ある一定の温度 T_h に保たれている熱交換器内に圧力 P，温度 T の試料を一定質量流量で温度が熱平衡状態 T_h になるように流す．そして，減圧弁により試料圧力を P_0 まで下げ，適当な試料温度 T_0 を見いだして再び熱交換器内にもどし，熱交換器内の温度が T_h を保つようにする．このような操作から次式により比熱の比を測定することが可能である[19]．

$$\frac{Cp}{Cp_0} = \frac{T - T_h}{T_h - T_0} \quad (3)$$

(g) フローカロリメトリー

気体および液体の比熱を高精度に絶対測定できる方法である．流体の比熱測定の代表的測定法として少し詳しく以下に説明する．一定質量流量で流れる試料をヒータで加熱しその加熱前後の温度差を測定することにより比熱を求める方法である．比熱の定義式(1)の質量 m が質量流量 $\dot{m}$ になり，熱量 $\varDelta Q$ が熱流量 $\varDelta Q$ となる．Fig. D-6-4-10 に佐藤らのカロリメーター本体を示す．カロリメーター本体は，恒温油内に置かれ，予め恒温槽油と熱平衡に達した試料流体がカロリメーター本体内に入る．カロリメーター内に入った試料流体は入口温度計ですぐその温度が測られ，その後，マイクロヒータにより熱量が供給される．そして，加熱後の流体温度は出口温度計により測られる．

カロリメーター本体内は高真空状態となっており，多層真空断熱層により囲まれている．また，出口配管は螺旋に巻かれ厳密に熱損失を防ぐ構造となって

---

14) 物性計測技術の動向に関する調査研究報告書，通産省工業技術院計量研究所 (1985) 377. 15) Ogata, Y. : J. Phys. E., **17** (1984) 1054. 16) 神本正行：第1回日本熱物性シンポジウム論文集 (1980) 113. 17) Imaizumi, S. et al. : Rev. Sci. Instrum., **54** (1983) 1180. 18) Kurbatov, V. Ya. : Zh. Obshch. Khim., **18** (1948) 372. 19) Workman, E. J. : Phys. Rev., **36** (1930) 1183. 20) 佐藤春樹ほか：第26回日本伝熱シンポジウム講演論文集 (1989) 166.

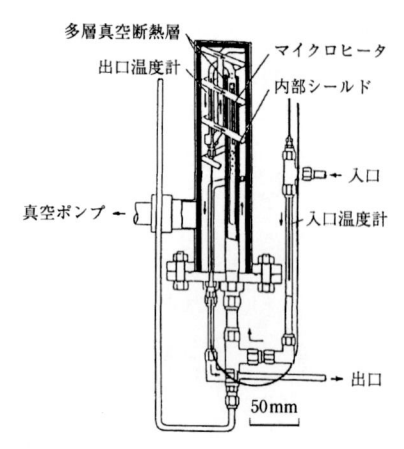

Fig. D-6-4-10 フローカロリメトリーにおける熱量計本体の一例
(An example of Flow-Calorimeter)[20]

いる.一方,試料流体は,カロリメーター本体を含む閉じた流路内を循環する構造となっている.金属ベローズをもつ2つの容器が,ニードル弁の両側に置かれ,それぞれの金属ベローズ内に窒素ガスを入れ,それらの圧力差によって非常に安定した一定質量流量の試料の流れを実現している.そして,一方の金属ベローズに流れ込んだ試料は,ポンプによりもう一方へ送られ,連続的な循環を可能にしている.質量流量 $\dot{m}$ は,三方電磁弁を切り替えることによりデジタル天秤上の容器内に試料が導かれ,ある一定時間試料を収集してその質量差を収集時間で割ることにより自動的に求めている.

熱量測定において熱損失は避けられない.熱流量 ΔQ の一部が熱損失 ΔQ_L で失われたとすると,測定された比熱の値 Cp_{EXP} から熱損失分を差し引くことで真に近いと考えられる Cp を求める必要がある.すなわち,この関係は次式で表せる.

$$Cp = Cp_{\mathrm{EXP}} - \Delta Q_L/(\dot{m}\cdot\Delta T) \quad (4)$$

一般のフローカロリメトリーでは,質量流量 $\dot{m}$ を変えて測定を行い,Cp_{EXP} を $\dot{m}$ の逆数の関数で表し,$\dot{m}$ の逆数が零すなわち $\dot{m}$ を無限大に補外した点の Cp_{EXP} を導くことで熱損失分をキャンセルしている.しかしながら,$\dot{m}$ を無限大に補外することは大きな誤差を伴う危険があるため熱損失をできる限り小さくすることが重要である.Fig. D-6-4-10に示した熱量計では熱損失が十分小さくなるように,すなわち Cp_{EXP} が $\dot{m}$ に依存しなくなるように断熱を行っている[20].

6.4.5 流体の音速 (Speeds of Sound in Fluids)

流体中に励起された超音波(audio sonic wave < 100 kHz ~ 100 MHz < supers sonic wave)は系の密度,圧縮率,熱容量などの熱力学的諸性質(熱物性)の影響を受けて伝播し,その伝播速度(音速)は流体の熱物性値情報を得る手段として有用である.最近,技術の進歩とともに音速測定精度は飛躍的に向上し,低温,高温,高圧などの過酷な条件下においても流体中の音速は精度よく測定できるようになり,さまざまな分野で研究されている.

近年,標準乾燥空気中の音速が従来の値(331.45 m/s, at 273.15 K, 0.1 MPa)より低い 331.29 m/s であること[21],また不確かさが僅か数 mm/s の高精度で argon などの気体中の音速を測定し,結果から気体定数 R の値が従来値より5倍以上精度が高い 8.314471 ± 0.000014 J/(mol・K) であること[22]が見いだされ,話題となった.このように精度よく測定できる流体中の音速は物性値の一つとして,相転移などを探るために,熱伝導度,粘弾性などの理論的解析に,状態方程式,virial 係数などの決定・検証に,種々熱物性値を誘導するために重要である[23].超音波の研究では音速の他に音波の分散や吸収を測定し,化学反応など系の挙動について議論される場合があるが,ここでは音速のみについて記述した.

(a) 音速と熱物性

分散の影響がない低振動数の縦波音波が流体中に励起されたとき,音波長 λ の1/2を周期として粗密波が存在する.温度の拡散時間 $t'[=L^2/D, L:$ 距離, $D:$ 熱拡散率]が音波の周期 $t[=\lambda/u, u:$ 音速]より大であれば流体中での熱伝導による影響は無視でき,音波は断熱的に伝播する.したがって,音速 u は次式で与えられる[22,24].

$$u^2 = \left(\frac{\partial p}{\partial \rho}\right)_S = \gamma\left(\frac{\partial p}{\partial \rho}\right)_T \quad (1)$$

ここで,S は entropy,$\gamma[=C_p/C_v, C_p:$ 定圧比熱,

---

21) Wong, G. S. K. : J. Acoust. Soc. Am., **79**, 5 (1986) 1359. 22) Moldover, H. R., Trusler. J. P. M. et al. : J. Res. Nat. Bure. Stand., **93**. 2 (1988) 85. 23) 高木利治 : 熱物性, **2**, 2 (1988) 101.

C_v：定容比熱］は熱容量比，ρ は密度である．この式から音速 u は断熱圧縮率 $\kappa_S [=(-1/V)(\partial V/\partial p)_S$，$V$：比容積］，または等温圧縮率 $\kappa_T [=(-1/V)(\partial V/\partial p)_T]$ の関数として

$$u^2 = \frac{1}{\rho \kappa_S} = \frac{\gamma}{\rho \kappa_T} \tag{2}$$

で示され，密度 ρ（PVT）の値を併用することにより，音速から断熱圧縮率，熱容量比，さらには熱容量 C_p，C_V などの値が状態式からの計算に比べ容易に決定できる．

今，気体を理想気体［状態方程式：$pV=(RT)/M$，M：分子量］とすると，その音速 u_0 は次式によって与えられる．

$$u_0^2 = \gamma \frac{RT}{M} \tag{3}$$

実在気体の状態方程式を virial 展開の形で書くと，

$$\frac{pV}{RT} = \left(1 + \frac{B}{V} + \frac{C}{V^2} + ---\right) \tag{4}$$

で表され，第二 virial 係数までの近似での音速は

$$u = u_0 \left(1 + \frac{Bp}{RT}\right) \tag{5}$$

となる．零圧力近辺で圧力 p，温度 T を変えて音速を測定すると，B の値が誘導できる．種々の気体の音速を広い温度・圧力範囲で精度よく測定し，virial 係数，van der Waals状態方程式の定数を誘導し，臨界挙動を含む系の性質について詳細に考察されている[25, 26]．

Kortbeekら[27]は主として低温流体中の音速と圧縮率を〜1000MPaの広い圧力範囲で測定し，状態方程式を作成し，式の信頼性を音速から検証することを試みている．状態方程式の信頼性確認に定圧熱容量 C_p がしばしば用いられるが，C_p に比べ精度よく測定できる音速は式の検証に極めて有効であろう．

液体中の音速は気体にも増して熱力学的性質を得るために重要である．特に高圧液体中の音速は密度と密接な関係を有している．Eq.2は等温において次式で与えられる．

$$\left(\frac{\partial \rho}{\partial p}\right)_T = u^{-2} + \frac{T\alpha^2}{Cp} \tag{6}$$

ここで α は体膨張係数である．この式を積分すると高圧下の密度 $\rho_{(p)}$ を推算できる．Kellら[28]は水の膨大な量の $u_{(T,p)}$ 文献値を分析し，273〜373K，〜100MPaの範囲で密度を20ppm以内の不正確さで計算した．この値は今なお最も信頼できる水のPVTの値として推奨されている．また低温における水の密度も 350MPa までの広範囲で精度よく推算できる[29]．この式は有機液体にも適用でき，〜280MPaの範囲で密度を±0.1％以内の不正確さで推算し，圧縮率，熱容量が決定されている[30]．この方法では高圧下の α，C_p の値が必要であり，PVT未知の場合その見積に種々困難を伴う．もう一つの密度推算法として音速圧力勾配法がある．音速の圧力勾配と体積弾性率 $B_T [=1/\kappa_T]$ を組み合わせると

$$C = \frac{2B_T}{u} \left(\frac{\partial u}{\partial p}\right)_T \tag{7}$$

の関係が得られる[23]．この C は Mie の potential 式の"べき"数の和に基づく定数であり，温度，圧力に大きく依存しない．この式から B_T の計算を経て $\rho_{(T,p)}$ が誘導できる．種々の液体について得られた密度の不正確さは〜100MPaの範囲で±0.2％以内である．このように高圧下での測定は音速のみから直接測定に劣らない精度で密度が推算でき，諸熱物性値を誘導できる利便がある．混合液体中の音速から過剰断熱圧縮率を見積り，その濃度・温度・圧力依存性から系の分子間相互作用に関する研究も盛んに行われている．

流体が相転移するとき，その界面での音速は大きく温度または圧力に依存する．この性質を利用して，気液，液固など，また，混合流体の気気（熱拡散），気液（沸点圧力），液液（相互溶解度）平衡などが観測さ

---

24) Matheson. A. J. : Molecuar Aooustics, John Wiley & Sons (1971) 5.　25) Van Itterbeek, A. : Physics of High Pressures and the Condensed Phase. North Holland (1965) 297.　26) Gammon, B. E. : J. Chem. Phys., **64**, 6 (1976) 2556.　27) Kortbeek. P. J.. Trappeniers, N. J. : Int. J. Thermophys., **9**, 1 (1988) 103.　28) Kell, G. S., Whalley, E. : J. Chem. Phys., **62**, 9 (1975) 3498.　29) Petitet, J. P., Tufeu, R. et al. : Int. J. Thermophys., **4**, 1 (1983) 35.　30) Muringer, M. J. P., Trappeniers, N. J. et al. : Phys. Chem. Liq., **14** (1985) 273 ; 18 (1988) 107.　31) Kor. S. K., Pandey, S. K. : J. Chem. Phys., **64**, 4 (1976) 1333.　32) Domb, C., Green, H. S. : Phase Transitions and Critical Phenomena, Academic Press (1976) 343.　33) Mehl, J. B., Moldover, M. R. : J. Chem. Phys., **74**, 7 (1981) 4062.　34) Hozumi, T., Koga, H. et al. : Int. J. Thermophys., **14**, 4 (1993) 739.　35) Niepmann, R.. Esper, G. J. : J. Chem. Thermodyn., **19**, 7 (1987) 741.　36) Kortbeek, P. J.. Muringer, M. J. P. et al. : Rev. Sci. Instrum., **56**, 5 (1985) 1269.　37) 村上幸夫・田村勝利：熱測定の進歩, **3** (1985) 13.　38) Kraft, K. Leipertz, A. : Int. J. Thermophys., **15**, 5 (1994) 791.

れている.また,液晶中の音速は相転移界面(smectic-nematic-isotropic)で鋭い段差を示し,その温度・圧力変化から系の構造解析に関する研究が行われている[31,32].

(b) 音速測定法

熱物性値としての流体中の音速測定は高い精度が要求される.媒質・測定条件によっては流体中に励起された超音波は分散または吸収を伴ない,測定精度の低下を招くので,測定法の選択は重要である.測定法としては超音波干渉計法とパルス法に大別され,一般に気体では0.2〜1 MHzの干渉計法が,液体では1〜5 MHz域の周波数を用いたパルス法またはその改良法によって測定される.過酷な条件下での実験においては試料容器,特に振動子-反射板間距離の温度・圧力による影響を軽減するための対策,さらには電極(高周波)の設計に細心の工夫が必要である.音速の温度・圧力効果は,たとえば液体中常温付近で数 m/(s·K),数 m/(s·MPa)であり,試料の温度・圧力測定も高い精度が要求される.

超音波干渉計法 流体中に励起された超音波の音源と平行に反射板を設け,反射板を平行移動させると,振動子の電気的性質が波長 λ の1/2を周期として変化する.この λ を測定すると周波数 f から,音速 $u\,[=2\lambda f]$ は決定できる.この方法では媒質の密度あるいは周波数を変化させることによっても音速が決定できる.

Gammonら[36]は $0.5\pm(1\times10^{-7})$ MHzの超音波を発生する二振動子超音波干渉計を試作し,一方の振動子を 1.3×10^{-6} m の精度で移動させ,気体中の音速を100〜325 K,〜20 MPaの範囲おいて±0.001%以内の不確かさで測定している.また,気体中の音速測定法として球共鳴法があり,理想気体状態の定圧比熱やビリアル係数を決定するために盛んに研究されている[33,34].

Pulse法 試料中にpulse状超音波を励起させ,距離 l を音波が伝播するに要する時間 t を測定すると音速 $u\,[=l/t]$ は決定できる.この方法は1〜10 MHz帯域の超音波による液体中の音速測定に適している.初期のpulse法では t をoscilloscope上の基準時間信号の目盛り,またはtime interval counterによって観測されていたが,音波吸収に伴う測定誤差が避けられなかった.これを防ぐ方法として,試料中を伝播したecho pulseと遅延回路で遅らせた励起pulseを重畳し,繰り返し周期を観測し,音速を決定するpulse-echo-overlap法,試料内において励起pulseとecho pulseを重ね,その繰り返し時間から音速を決定するpulse-super-position法がある.これらの方法によって測定された有機液体中の音速の不確かさは常圧下で±0.12%以内,60 MPaまでの高圧下で±0.15%以内である[35].

Muringerら[30]は振動子の前後の異なった距離に二個の反射板を設けた溶媒中に,時刻 t_1, t_2 において超音波pulseを励起させ,二つのecho pulseが振動子上で重畳したときの時間差 (t_1-t_2) から音速を決定する phase-comparison-pulse-echo法を考案した.この方法では気・液両相中の音速がさらに高い精度で測定でき,その不正確さは〜1000 MPaの気体中で±0.04%[36],〜280 MPaの液体では±0.012%以内[34]であると報告されている.

液体中の音速が精度よく,比較的容易に測定できる他のpulse法改良型としてsing-around法がある.超音波pulseが媒質中を伝播し,反射板で反射し,同一振動子上にecho-pulseが到達する.多重echoによる測定誤差を避けるためにecho pulseから一定時間経たのち,次の励起pulseを発生させ,繰り返し周期を測定することにより,音波伝播距離とから音速は決定できる.この方法による音速測定の不確かさは液体常圧下で±0.012%以内[37],高圧下では±0.2%以内[23]である.

臨界点付近では,媒質中に励起された音波は大きく吸収され,前述した何れの方法でも音速の測定は困難である.唯一臨界点付近での流体中の音速測定法として光散乱法がある[38].物質中には密度(pressure)および温度(entropy)のゆらぎがある.このうち,密度のゆらぎは物質中を音速で伝播しているから,散乱光はDoppler効果により周波数の変化を受ける.すなわち,光の入射光と等しい成分(Rayleigh散乱)と等しくない成分(Brillouin散乱)が存在する.この両者の差から音速が決定される.

6.4.6 流体の熱伝導率
(Thermal Conductivity of Fluids)

(a) 流体の熱伝導率測定の留意点

流体の熱伝導率は,熱物性値のなかでも正確に測定するのが難しいものの一つであり,また簡易測定装置と呼べるものも現在までのところ市販されていな

い．その最大の理由は，流体の熱伝導率測定では，試料内の温度勾配によって発生する対流の影響を除去しにくいためである．各種の流体について過去の測定データを比較検討してみると，明らかに対流の存在する条件で測定を行なっているために，数十％から大きい場合には数倍も熱伝導率を誤って大きく測定している例もしばしば見受けられる．

対流の影響を無視できるような測定を行なうためには，
（1）対流発生以前あるいは対流の影響が出ないほど短時間に測定を終了させる（非定常法）
（2）対流が発生しにくいように，温度上昇を小さく，流体層の厚みを薄くする
（3）無重力下で測定する

等の方法が考えられ，測定物質や温度・圧力条件によって適切な対策が必要である．このことについては，具体的な測定法のところで説明する．

もう一つ流体特有の問題は，いわゆる温度の"跳び"（temperature jump）である．これは，比較的低圧力の気体の測定時に起きる問題で，熱源の大きさや試料気体層の厚さが気体分子の平均自由行程と同程度になってくると，壁面の温度と気体の温度が不連続になり正しい温度測定が不可能になってくる．実際には，非定常細線法の場合に直径数ミクロンの細線を熱源にすると，通常の気体では数十気圧以下では測定できない．より大きな熱源でも，大気圧以下の気体を測定する際には装置の設計に注意が必要である．

ふく射の影響は流体の熱伝導率測定のみに特別な問題ではない．しかし高温の流体はもちろんであるが，ふく射吸収性のある流体では低温でも測定法によっては誤差要因になることが知られている[39-41]．非定常法でふく射吸収性流体を測定する場合の誤差解析は今後さらに検討が必要である．

（b）流体の熱伝導率の測定方法

流体の熱伝導率を正確に決定するための測定装置の満たすべき条件は以下のようなものである．
（1）小さな温度勾配で平衡に近い状態での測定
（2）対流やふく射の影響が無視できる状態での測定
（3）測定法の基礎式と計算式が明確で，種々の系統的不確かさ要因の補正式が得られていること
（4）重要な測定量を十分な分解能で検知できること

気体や液体の熱伝導率を広い温度・圧力条件下で測定するために，これまでに多様な測定方法が提案され用いられてきているが，大きくは次の二つに分類することができる．

（A）非定常法：時間に依存する加熱によって生じる温度応答を利用する方法
（B）定常法　：時間に依存しない定常温度場を利用する方法

それぞれの方法について，加熱の仕方・測定部の形状・温度の測定方法などによってさらにいくつにも分類されるが，一般的には定常法が測定に長時間を要し対流の影響を除去するのが困難なのに対し，非定常法は測定時間も短く対流の発生を検知できるという特徴を持つ．従って，非定常法のメリットが大きいため，最近では最も高精度の測定から簡易測定にいたるまでほとんどが非定常法になっているのが現状である．以下に流体に適用される代表的な方法について，その原理や具体的な装置について簡単にまとめた．それぞれについてより詳細な記述は，例えば文献[42,43]を参照されたい．

（c）非定常細線法

非定常細線法は，熱伝導率の測定，特に流体を対象とする測定方法としては，近年最も信頼できるものの一つとして確立されてきている．この方法によって，従来にない高い精度の測定データもかなり得られてきており，非定常細線法は流体の熱伝導率測定技術としてすでに成熟している．

（1）非定常細線法の原理

非定常細線法の原理は Fig. D-6-4-11 に示すようなものである．この方法は，試料流体中に鉛直に張った金属細線をステップ関数状に通電加熱し，この時の細線の発熱量とその温度応答から熱伝導率を測定するものである．通常，加熱細線としては直径数ミクロンから数十ミクロンの白金線を使用し，この

---

39) Poltz, H. & Jugel, R. : Int. J. Heat Mass Transfer, **10** (1967) 1075.　40) Li, S. F. Y., Maitland, G. C.et al. : Ber. Bunsenges. Phys. Chem., **88** (1984) 32.　41) Mills, K. C. & Wakeham, W. A. : High Temp.- HighPress., **17** (1985) 343.　42) Kestin, J. & Wakeham, W. A. : Transport Properties of Fluids – Thermal Conductivity, Viscosity, and Diffusion Coefficient, Hemisphere (1988).　43) Measurement of the Transport Properties of Fluids, Ed. by Wakeham, W. A., Nagashima, A. & Sengers, J. V., Experimental Thermodynamics Vol.III, Blackwell (1991).

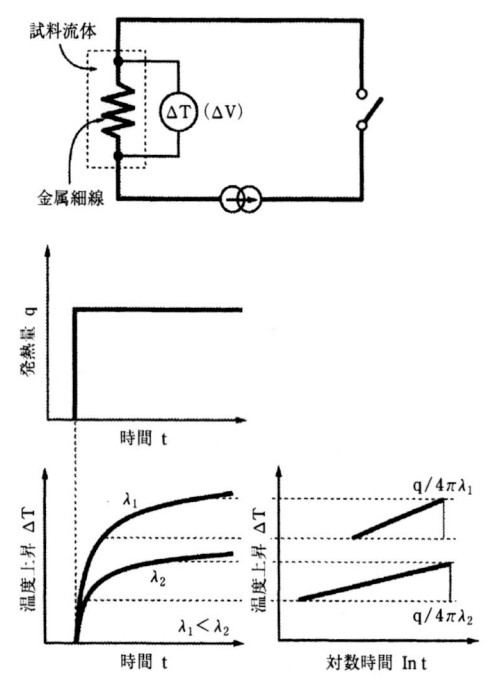

Fig. D-6-4-11 非定常細線法の原理
(Principle of the transient hot-wire method)

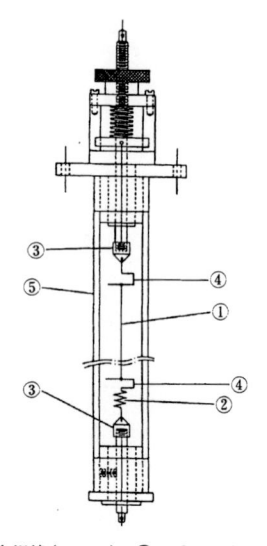

①白金細線($\phi 7\mu m$), ②スプリング,
③真ちゅうコーン, ④金フック, ⑤セル本体

Fig. D-6-4-12 気体用非定常細線法セル
(A transient hot-wire cell for gas phase)[47]

細線は発熱体であると同時に温度センサーの役割もはたしている．この方法の一番大きな特徴は，試料流体中に発生する自然対流の影響を実験的に取り除くことができる点にある．試料中に対流が発生すると Fig. D-6-4-11 の下に示したような細線の温度上昇と時間の対数の関係が直線から上に凸の曲線となり，測定中に対流の発生を検知することができ，熱伝導のみによるそれ以前の温度上昇のデータから，対流の影響のない熱伝導率を算出することができる．

非定常細線法の基本的な理論式は，一次元円柱座標非定常熱伝導問題より次のように与えられる．

$$\Delta T(t) = T(t) - T_0 = (q/4\pi\lambda)\ln(4at/r^2 C) \quad (1)$$

ここで $\Delta T(t)$ は細線の温度上昇，T_0 は測定前の初期平衡温度，λ は試料の熱伝導率，a は温度伝導率，q は単位長さあたりの細線の発熱量，r は細線半径，$C = \exp\gamma = 1.781\cdots$，そして t は加熱を開始してからの時間である．Eq. (1) を $\ln t$ で微分すれば，

$$\lambda = (q/4\pi)/(d\Delta T/d\ln t) \quad (2)$$

となり，この式が非定常細線法で熱伝導率を測定する場合の最も基本となる式である．測定理論の詳細な検討や各種の補正についてはこれまで多くの研究がなされている[44-46]．

(2) 非定常細線法による気体の熱伝導率測定装置

測定試料が気体か液体かによってそれほど大きく測定装置が変わるわけではないが，気体の場合には特に対流が発生しやすいため測定セルの設計にはいくつかの注意が必要である．気体用測定セルの例として Kestin ら[47] のグループのものを Fig. D-6-4-12 に示した．加熱細線①は直径 $7\mu m$ の白金で，④の金フックにロウ付けされており，細線端部の影響を除くために約 150 mm と 80 mm の長・短 2 本が張ってある．②の金のスプリングは細線が緩まないよう一定の張力をかけるためのものである．この装置で重要なことは，気体では対流が発生しやすく測定時間が 1 秒程度しかとれないため，細線の熱容量の影響を小さくするためになるべく細い細線を使う必要があることと，対流が発生しにくくなるように，細線の鉛直度を十分に保つことである．Kestin らはこの装置の絶対的精度を確認するために，理論的に計算できる希ガスの値（正確には粘性係数を含んだ

---

44) Healy, J. J., de Groot, J. J. et al. : Physica, 82 C (1976) 392.　45) 長坂雄次・長島　昭：日本機械学会論文集, **47 B**, 417 (1981) 821.　46) 長坂雄次・長島　昭：日本機械学会論文集, **47** B, 419 (1981) 1323.　47) Kestin, J., Paul, R. et al. : Physica, 100 A (1980) 349.

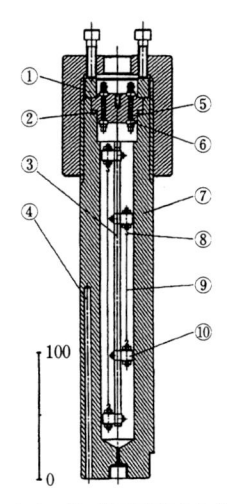

①スラストリング，②PTFE Oリング，
③チタン製フレーム，④測温体用穴，⑤端子，
⑥PTFEパッキン，⑦圧力容器，⑧白金フック，
⑨タンタル細線，⑩セラミックディスク

Fig. D-6-4-13 液体用非定常細線法セル
（A transient hot – wire cell for liquid phase）[48]

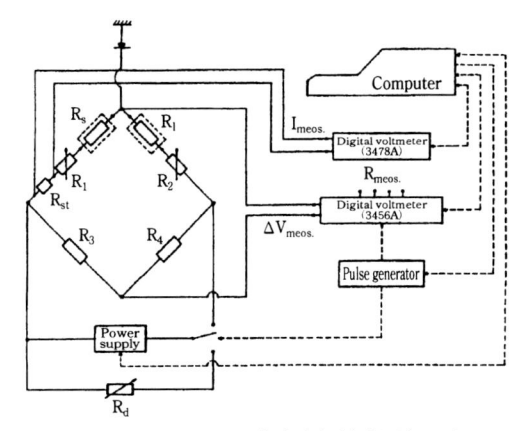

Fig. D-6-4-14 非定常細線法測定回路
（Block diagram of electrical system for transient hot – wire method）[48]

Eucken factor）と比較し，この装置の測定精度を±0.3％としている．

(3) 非定常細線法による液体の熱伝導率測定装置

Fig. D-6-4-13は著者らが各種の液体の測定に用いた測定セルと圧力容器の一例である[48]．この装置は電気伝導性のある電解質水溶液などの液体を高圧で測定することを主目的に設計され，⑦の圧力容器は200℃，50 MPaまで適用可能なようにハステロイC276で製作されている．細線⑨は直径25 μmのタンタルを陽極酸化し五酸化タンタルを表面に生成させて絶縁細線としている．絶縁被覆層が測定される熱伝導率に与える影響は解析されている[49]．線端部の影響を除去するため長・短2本の細線（長さ約200 mmと100 mm）を用いている．⑨のタンタル細線は，③のチタン板の両面に取り付けられたアルミナディスク⑩の間に白金フック⑧を介して張られている．細線からのリード線は，それぞれの端子につき4端子接続され⑥のPTFEでシールされた⑤の合計8本のターミナルで圧力容器外に出されている．測定回路をFig. D-6-4-14に示した．2本の細線はブリッジに組み込まれそれぞれの抵抗を測定した後，R1とR2でブリッジの平衡をとる．測定を開始させると温度上昇により細線の抵抗が増加してブリッジのバランスがくずれ，この電位差をディジタル電圧計によって測定する．細線の発熱量と細線温度の時間変化率より熱伝導率が得られる．測定精度は±0.5％である．

非定常細線法のもう一つの特徴として，測定を自動化させやすいことがあげられる．上に述べた装置は完全に自動化されてはいないが，測定のプロセスを自動化するだけでなく，対流発生時間の検知や最適電流値決定等の"測定のノウハウ"もソフトウエアに組み込んだ簡易測定装置の例もある[50]．

(4) 高温電気伝導性液体の測定装置

さらに高温で電気伝導性のある液体，例えば溶融塩，液体金属，溶融スラグ，溶融半導体等を測定するためには高温・腐食環境に耐える絶縁被覆を細線に施す必要がある．高温溶融塩の測定のために著者らが開発したセラミック絶縁プローブをFig. D-6-4-15に示す[51,52]．細線支持棒④はチタン棒⑥（ϕ3 mm）に高純度アルミナ（99.9％）をプラズマ溶射⑦（膜厚約0.4 mm）したもので，その上に封孔処理としてセラミック塗料⑧を厚さ0.2 mm程度ぬり重ねてある．この細線支持棒はチタン製のネジ①でマシナブルセラミックス（商品名マコール）の円盤③に固

48) Kawamata, K., Nagasaka, Y. et al.: Int. J. Thermophys., **9**, 3 (1988) 317. 49) Nagasaka, Y. & Nagashima, A.: J. Phys. E: Sci. Instrum., **14**, 12 (1981) 1435. 50) Kawaguchi, N., Nagasaka, Y. et al.: Rev. Sci. Instrum., **56**, 9 (1985) 1788. 51) 北出真太郎・小林裕二ほか，第25回日本伝熱シンポジウム講演論文集，(1988) 394. 52) Kitade, S., Kobayashi, Y. et al.: High Temp.-High Press., **21** (1989) 219.

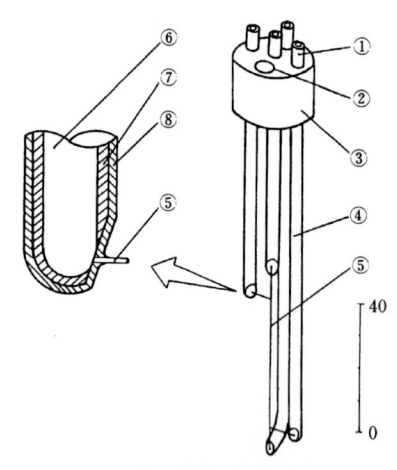

①チタン製ネジ，②熱電対用穴，
③セラミックディスク，④細線支持部，
⑤白金細線($\phi 30\mu m$)，⑥チタン棒($\phi 3mm$)，
⑦プラズマ溶射膜(Al_2O_3)，⑧セラミック塗料

Fig. D-6-4-15 セラミック絶縁プローブ
(Ceramic – coated probe)[51]

定されている．白金細線⑤($\phi 30\mu m$)の絶縁には，アルミナ膜をPVDの一種であるイオンプレーティングを適用して生成した．プローブの製作は，細線支持棒の加工，絶縁処理を行い，プローブを組み立て，細線をスポット溶接した後，最後にイオンプレーティングを行なった．イオンプレーティングはプローブを回転させながら約6時間行い膜厚は約$4\mu m$であった．このプローブを用い，溶融 $NaNO_3$，KNO_3 の熱伝導率を最高440℃まで精度±3％で測定している．

発熱体を絶縁して電気伝導性液体を測定するこの他の装置としては，アルミナ基板上にタングステン細線を形成し，その上にさらにアルミナ絶縁層をつけて溶融半導体を測定する例がある[53]．また，低温ではあるが加熱に交流を用いて試料の分極を避ける方法や[54]，絶縁も交流も使わずに金属細線を太く短くして，試料の電気伝導性の影響を小さくし高温の溶融スラグを測定している例もある[55]．

(d) 定常法

定常法は測定装置の幾何学的形状から，Fig. D-6-4-16 に示したように平行平板法，同心円筒法，同心球法などがある．前にも述べたように，定常法は対流の影響がない状態で測定するのが難しく，また

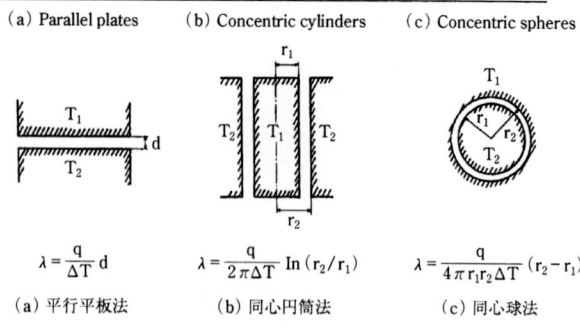

Fig. D-6-4-16 定常法各種 (Steady-state methods)

(a) 平行平板法 $\lambda = \dfrac{q}{\Delta T}d$

(b) 同心円筒法 $\lambda = \dfrac{q}{2\pi\Delta T}\ln(r_2/r_1)$

(c) 同心球法 $\lambda = \dfrac{q}{4\pi r_1 r_2 \Delta T}(r_2-r_1)$

測定部の加工に非常に高い精度が要求され試料厚みの測定が熱伝導率の精度を支配するなどの欠点があるため最近ではそれほど数多く流体の熱伝導率測定に使用されなくなってきている．しかしながら，きわめて注意深く実験して第一級の測定を行なっている例もある．詳細は文献[42,43]等を参考にされたい．

(1) 平行平板法

Fig. D-6-4-17 は Sengers ら[56]が炭酸ガスの臨界点付近の熱伝導率を測定した装置である．装置上部は3つの部分；上部・下部プレート①，②，ガードリング③，PTFE製絶縁キャップ④で構成されている．①，②，③の各プレートは試料温度を均一にするため高純度銅を使用している．上下のプレートおよびガードリングの表面は，±$1\mu m$の精度で加工し研磨された後，さらに銅が酸化しふく射による誤差

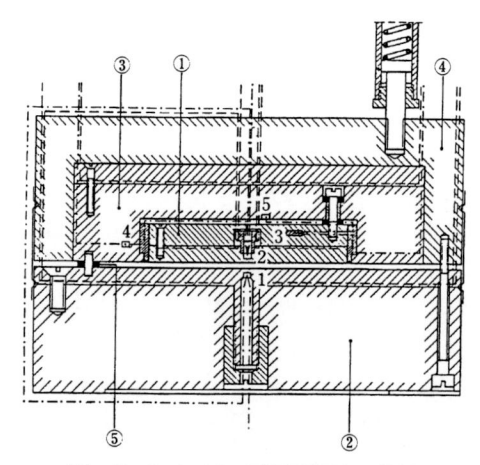

Fig. D-6-4-17 平行平板法の装置
(A parallel – plate apparatus)[56]

---

53) 中村 新・日比谷孟俊ほか：第9回日本熱物性シンポジウム講演論文集，(1988) 99． 54) Dietz, F. J., de Groot, J. J. et al. : Ber. Bunsenges. Phys. Chem., 85 (1981) 1005． 55) 永田和宏・石黒信二ほか：第1回日本熱物性シンポジウム講演論文集，(1981) 29． 56) Michels, A., Sengers, J. V. et al. : Physica, 28 (1962) 1216.

が増加するのを防ぐために表面には0.1μmの厚さにシリコン酸化物がコーティングされている．発熱体は白金製で上下のプレート内に渦巻状に埋め込まれている．1～5に銅・コンスタンタン熱電対が位置し，熱の逃げを小さくするためにその直径は0.33μm以下のものを使用している．また流体層の水平度が対流の発生に大きく影響を与えるので，基準水平面に対して±0.04°に設定できるようになっている．測定においては対流の影響を実験的に検討するために，0.4 mmと1.3 mmの2種類のガラス製スペーサー⑤を用い，また温度差も0.006 Kから0.4 Kまで変えている．Sengersらはこの装置による注意深い実験によって，臨界点で炭酸ガスの熱伝導率が急激に増加することを明かにした．

(2) 同心円筒法

気体用同心円筒法の装置の例としてFig. D-6-4-18にLe Neindre[57]のものを示した．①は銀製のセル外筒で，内径20 mm，外径49 mmで長さは200 mmである．このセル外筒には温度測定のための熱電対用穴が5ケ所にあけられている．セルを銀で製作することによって，試料層の温度不均一を減らすことができ，またふく射率が小さいため高温でのふく射による誤差も小さくすることができる．内筒②も銀製

で外径は19.5 mmである．したがって試料層厚みは0.25 mmとなる．内筒にも熱電対用穴が四カ所あって軸方向の温度分布が測定できるようになっており，また中心部には熱源用ヒーターが挿入されるようになっている．外筒と内筒が正確に同心軸に位置するように配慮がなされており，上部円筒③の中心に④の石英コーンがあり内筒②の中心と合うようになっている．下部円筒⑤の上部はテーパーになっていて4個の石英スペーサー⑥を介して内外筒の中心が一致するように設計されている．この装置での試料層内の温度差は通常1 Kであるが，顕著な対流がないかどうかを確認するため他の何種類かの温度差でも実験している．測定精度は試料流体や温度にもよるが，±1-2%である．

(e) その他の測定方法

(1) 強制レイリー散乱法

溶融塩や液体金属等の高温融体の熱伝導率は，500～600°Cを超える温度になると非定常細線法やその他の方法でも測定が極めて困難になり，特に対流とふく射による系統的誤差が非常に大きくなるため測定者間の相違が数倍にも達することがある．したがって，高温融体の熱伝導率を正確に測定するためには新しい測定方法の開発が必要となっている．高温溶融塩のための新しい測定法の一つの可能性として，光学的非接触測定法である強制レイリー散乱法が研究されている[58-61]．

著者らの装置をFig. D-6-4-19に示した．溶融塩試料は，隙間1 mm程度の石英ガラス製のセルに入れられ，赤外線イメージ炉によって高温に保たれている．この試料を角度θで交差する2本に分割した加熱用高出力Ar+レーザ(1.8 W)で1 ms～2 msの短時間加熱する．この時，試料には加熱用レーザの波長を吸収する染料が微量添加してあるため，交差部に周期数十μmの干渉縞の強度分布ができ，これに従って空間的に周期的な温度分布が形成される．この温度分布に対応して試料内に屈折率分布ができるので，被加熱部は位相型回折格子の作用をし，ここに試料に吸収されない波長の低出力He-Neレーザ(5 mW)を照射するとその回折光が得られる．加熱終了後の一次回折光強度は試料内の熱伝導による温

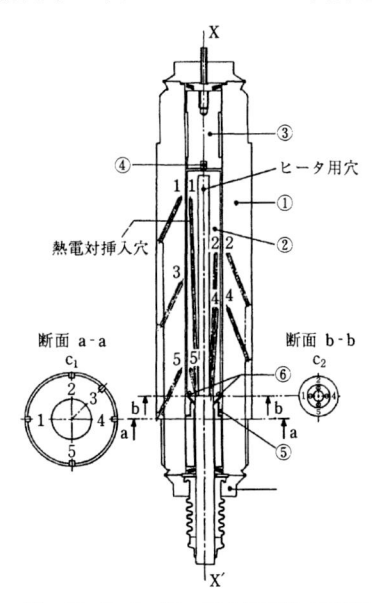

Fig. D-6-4-18 同心円筒法の装置
(A concentric-cylinder apparatus)[57]

---

57) Le Neindre, B. : Physica, **44** (1969) 81.   58) 畠山拓也・角谷核二郎ほか : 日本機械学会論文集, **53 B**, 489 (1987) 1590.
59) 長坂雄次・畠山拓也ほか : 日本機械学会論文集, **53 B**, 492 (1987) 2545.   60) 畠山拓也・宮橋義人ほか : 日本機械学会論文集,
54 B, 501 (1988) 1131.   61) Nagasaka, Y., Hatakeyama, T. et al. : Rev. Sci. Instrum., **59**, 7 (1988) 1156.

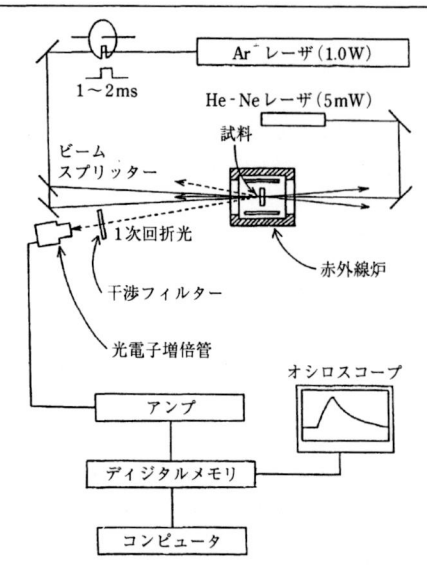

Fig. D-6-4-19 強制レイリー散乱法の装置
(An apparatus of forced Rayleigh scattering method)[60]

度分布の均一化に伴い指数関数的に減衰する．したがって，一次回折光強度の時間変化と干渉縞間隔を測定することによって試料の温度伝導率を測定することができる．強制レイリー散乱法は熱伝導率を直接測定はできないが，微量の試料を非接触で測定時間が1ms以内に0.1K以下の温度上昇で測定できるという，高温溶融塩に非常に有利な特徴を持っているため，1000℃以上での溶融塩化物の測定結果も得られている[62]．

(2) 衝撃波管法

燃焼ガスのように千～数千℃というような超高温の気体の熱伝導率を測定は既存の方法では困難があるので，衝撃波を使って短時間に測定する方法が開発されている[63,64]．この方法は，衝撃波によって瞬間的に高温になった試料気体から管端壁への熱伝導の様子を，壁面に取り付けられた薄膜温度センサーによって検知することにより熱伝導率を測定する．

Fig. D-6-4-20に実験装置を示す．衝撃波管本体は直径3インチのステンレス製で，長さ約3mの高圧室①と約6mの低圧室②および隔壁部③から構成されている．高圧室にヘリウムを1～10気圧，低圧室に試料気体を5～60Torr封入し隔膜を破ると，低圧室末端へ向かって衝撃波が発生する．低圧室側壁には3つの圧力センサー④が取り付けられてある．これらのうちの2つは管の軸方向に約0.5mの間隔で取り付けられており，衝撃波通過に伴う圧力上昇を感知し，その時間間隔をカウンター⑤で測定することにより衝撃波速度を求めることができる．気体の温度はこの衝撃波速度から算出する．管端壁には，パイレックスガラスに白金を蒸着した白金薄膜温度センサー⑥があり，管端表面の温度変化を抵抗変化として検知する．この装置により最高4500Kまでのアルゴンや窒素等の熱伝導率を±8%の精度で測定している．

6.4.7 流体の粘性率（粘度）(Viscosity of Fluid)

粘性率は，流体が層状をなして流れているときの流体層間のずり応力に対する，ずり速度の比として与えられる物理量で，ニュートンの粘性法則により定義されている．

気体および低ずり速度下の多くの液体は，この定義に従う流動をするのでニュートン流体というが，高分子化合物，スラリーなどは，この法則に従う流動をしないので非ニュートン流体と呼ばれる．ニュートン流体の粘性率は温度，圧力が決まれば物質固有の値をもつので，物質の流動の程度を示す物性定数として学術，産業上重視されている．多くの測定研究が行われているが，以下にニュートン流体の粘性率測定の代表的な方法について述べる．

(a) 細管法による粘度測定 (Viscosity Measurement by Capillary Methods)

細管法を用いて流体の粘性率を測定するには，ハーゲン-ポアズイユの法則に運動エネルギー補正および管端補正を加えた，次のEq.(1)を用いる．

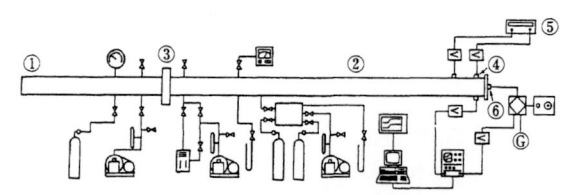

Fig. D-6-4-20 衝撃波管法の装置
(An apparatus of shock-tube method)[63]

---

62) Nagasaka, Y. et al. : Int. J. Thermophys. **13** (1992) 555.　63) Hoshino, T., Mito, K. et al. : Int. J. Thermophys. **7**, 3 (1986) 647.　64) Mito, K., Hisajima, D. et al. : JSME Int. J., **30**, 268 (1987) 1601.

$$\eta = \frac{\pi a^4 (P_1 - P_2)}{8(l+na)q} - \frac{m\rho q}{8\pi(l+na)} \qquad (1)$$

ここで，η は流体の粘性率，a，l はそれぞれ細管の半径および長さ，P_1，P_2 はそれぞれ細管の入口および出口における圧力，q は細管中を流れる流体の流量，ρ は流体の密度，m は運動エネルギー係数，n は管端補正係数，π は円周率である．

Eq.(1)は，①細管断面が真円で，内径が一様，管軸は直線状であること，②流体は非圧縮性であること，③ニュートン流体であること，④流動摩擦による発熱の影響がないこと，⑤細管中の流れは層流で定常流であること，⑥細管壁に接する流体は粘着してすべらないことなどの条件を満足することが前提であるので，実際の測定においては十分な検討が必要である[65-67]．

(1) 液体粘性率の絶対測定

Fig. D-6-4-21は液体用細管式粘性率絶対測定装置の原理的構成図の一例を示したものである．精密定流量ポンプを作動させ，細管中に任意の一定の流量を層流で流し，定常状態になったときの流量を精密定流量ポンプのピストンの移動速度から求め，同時に細管前後の間の圧力差（$P_1 - P_2$）を精密差圧計で測定すれば，Eq.(1)から液体の粘性率を求めることができる．ただし高精度の測定においては使用する細管の内径の一様性の程度，流れの様子（レイノルズ数の値）によって，m，n の値が異なるので，あらかじめ実験によって，m，n の値を求めておく必要がある．

また，実際の測定においては，精密定流量ポンプの校正，細管内径の断面の真円度および一様性の測定，細管平均内径の測定，精密差圧計の校正などを，あらかじめ行っておく必要がある[65, 67]．

1952年，米国立標準局（NBS，現在の米国立標準技術研究所NIST）のSwindellsら[65]が細管法によって得た（細管を鉛直にして測定を行った），蒸留水の20℃，標準大気圧下での粘性率の絶対値，1.0016 mPa·sは現在，ISOをはじめ各国の粘性率測定法の規格における粘性率の比較測定の一次標準として採用されている．

(2) 液体粘性率の比較測定

粘性率の高精度の比較測定には，蒸留水の粘性率を基準にして粘度計定数が正確に決定された細管式比較標準粘度計（細管式マスター粘度計）が用いられる．Fig. D-6-4-22はその代表的な例を示したものであるが，現場用の細管式粘度計に比べて，①細管の長さが長いこと，②測時球が大きく，形状が球形でなく卵形になっていること，③試料だめ部の形状が円筒状になっていることなどの違いがある．これは粘度計の傾きの誤差，残留誤差，測定試料の表面張力の違いによる誤差をそれぞれ小さくすること，測定試料の熱膨張による補正をより正確に行うことなどを考慮しているからである．

計量研究所（現在の産業技術総合研究所計量標準総合センター）が一般に供給している粘度計校正用標準液はこの細管式マスター粘度計を用いて値決めが行

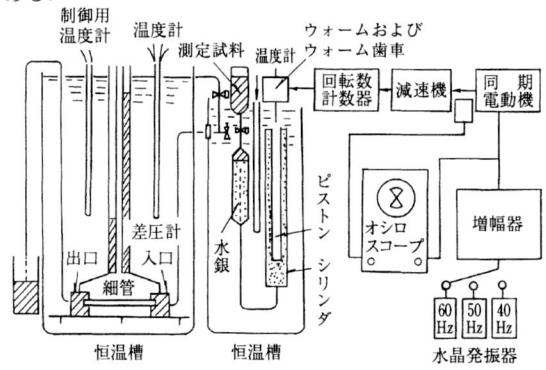

Fig. D-6-4-21 液体用細管式絶対測定装置
(Schematic diagram of the capillary-type absolute viscometer for liquid)

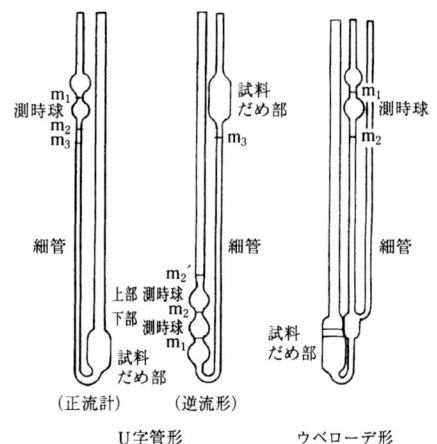

Fig. D-6-4-22 細管式マスター粘度計
(Capillary master viscometer)

---

65) Swindells, J. F., Coe, J. R. & Godfrey, T. B. : J. Res. NBS, **48** (1952) 1.　66) 川田：中央計量検定所報告, **10** (1961) 1.　67) 倉瀬：計量研究所報告, **25** (1976) 99.

われている．Fig. D-6-4-22において粘度計の構造寸法が決まれば，測定試料の動粘性率 ν は次の Eq. (2)のように簡便な式で与えられる．

$$\nu = \frac{\eta}{\rho} = c_1 t - c_2 \frac{1}{t} \tag{2}$$

ここに，ρ は試料の密度，c_1 は粘度計定数，c_2 は粘度計係数で，$c_1 = \pi a^4 g \bar{h}/8(l+na)V$，$c_2 = mV/8\pi(l+na)$ である（ここで，g は重力加速度，$\bar{h}$ は平均有効液柱高さ，V は測時球の体積である）．t は測時球の試料が細管を通して流出するに要する時間（正流形，ウベローデ形）あるいは試料だめ部の試料が細管を通して測時球中に流入するに要する時間（逆流形）である．

実際には第1項に比して第2項が無視できるような設計と使い方をして測定を行う．粘性率の絶対測定によって得られた1次標準としての蒸留水の粘性率を基準にして c_1 を正確に決定しておけば，未知の試料の粘性率は基本的には t を測定するだけで求めることができる．ただし1個の細管式マスター粘度計の測定範囲は数倍程度であるから，**stepping up method**（積上げ方式）によって，広範囲の細管式マスター粘度計の粘度計定数を決定しておくことが必要である[66]．

一般に広く用いられている現場用ガラス製細管粘度計については JIS Z 8803「液体の粘度-測定方法」を参照されたい．最近は t を自動的に測定し，ν の演算，表示，記録を行うとともに，コンピューターの利用により一連の測定操作を自動化したものが実用されている[68,69]．

(3) 気体粘性率の絶対測定

Fig. D-6-4-23は常温高圧気体用細管式粘度絶対測定装置の原理的構成図を示したものである．Fig. D-6-4-23において，2本のピストンをたがいに反対方向に動作させ，シリンダ内の加圧された測定気体（たとえば，窒素ガス）を細管セル内におかれた細管中に流す構造になっている．このとき，細管両端に発生する圧力差の測定を行うとともに体積流量を定流量ポンプのピストンの移動速度から求め，次の Eq.(3)によって粘性率を求める．

$$\eta = \frac{\pi a^4 (P_1 - P_2)}{8(l+na)q_1} - \frac{P_1+P_2}{2}\frac{Z_1}{Z_{am}}\left(1+4\frac{h_s}{a}\right)$$
$$- \frac{\rho_1 q_1}{8\pi(l+na)}\left(m+\ln\frac{P_1}{P_2}\right) \tag{3}$$

ここに，η, a, l, P_1, P_2, m, n は Eq.(3) の量記号と同じである．q_1 は細管入口での気体の体積流量，ρ_1 は細管入口での気体の密度，Z_1 は細管入口での気体の圧縮係数，Z_{am} は細管内の気体の圧縮係数の平均値，h_s はすべりの補正係数である．Eq.(1) と Eq.(3)を比較するとわかるように，気体の場合は圧縮性の影響，すべりの影響を考慮する必要がある．測定上の注意は液体の場合と同様であるが詳細は文献を参照されたい[70]．

(4) 気体粘性率の比較測定

気体の粘性率を比較測定する方法についても，いくつかの試みがあるが，Fig. D-6-4-24はその代表的な例でランキン形細管粘度計と呼ばれているものである．細管部Aと管部Bが球SおよびS′でつながり，一つの閉管流路を構成している．管部Bには適当量の水銀が入っており，試料気体を封入後，管部Bを垂直に保ち，その管中で水銀柱が，ある一定区間を降下する時間を測定すれば試料気体の粘性率 η は運動エネルギーの補正が無視できるとき，次の Eq.(4) によって求めることができる．

$$\eta = \dot{c} M t = c t \tag{4}$$

ここに，$\dot{c}$，c は粘度計定数（$c=\dot{c}M$），M は粘度計

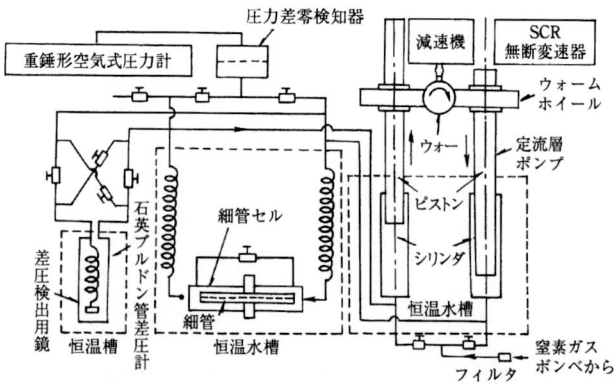

Fig. D-6-4-23 常温高圧気体用細管式粘度絶対測定装置
(Schematic diagram of the capillary-type absolute viscometer for gas)

---

68) Habib, S. & Gmmer, K.: Rev. Sci. Inst., **59** (1988) 2290. 69) 工業技術院計量研究所計量技術ハンドブック編集委員会：新版計量技術ハンドブック，コロナ社 (1987) 1054. 70) 倉瀬：計量研究所報告, **25** (1976) 146.

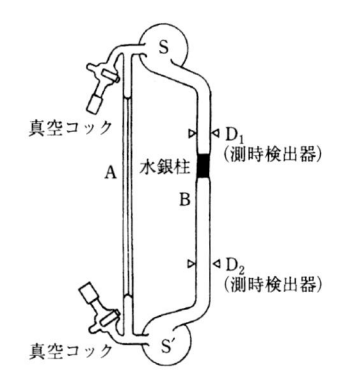

Fig. D-6-4-24 ランキン形細管粘度計
(Rankin-type capillary viscometer)

内に封入した水銀の質量，t は水銀柱が一定区間を落下する時間である．あらかじめ粘性率既知の気体を用いて c を求めておけば，任意の試料気体の粘性率を求めることができる．実際の測定においては，表面張力の影響などいくつかの注意が必要である[71]．この形式の粘度計は常圧付近の測定だけでなく，高圧下の気体の粘性率測定にも利用されている[72]．

(b) 振動法による粘度測定（Viscosity Measurement by Vibration Methods）

液体用の振動粘度計には測定液体中に振動球（円筒）を入れるか，振動球（円筒）中に測定液体を入れ，それぞれ振動球（円筒）を弾性糸でつるし，振動球（円筒）のねじれ振動の周期，減衰率などを測定して粘性率を求める振動粘度計[73-75]，水晶振動子の減衰率から粘性率を求める方式のものもあるが[76]，ここでは気体の粘性率測定によく用いられている円板回転振動粘度計について述べる．

円板回転振動粘度計には2枚の固定円板間に振動円板がおかれているマクスウェル形と振動円板のみからなるクローン形があるが，よく用いられている前者について説明しよう．回転振動円板の減衰と気体の粘性率との関係は，① 振動円板上の上下にある気体が振動円板の軸および半径方向に対して，速度成分をもたないこと，② 振動軸に対して同心の層流をなして運動していること，③ 振動円板と固定円板に接している気体とこれら円板間には，すべりがない

ことなどを満足していれば，気体の粘性率は次の Eq.(5) によって求められる[77]．

$$\eta = \frac{4Ib}{\pi R^4 C_N}\left(\frac{\lambda}{T} - \frac{\lambda_o}{T_o}\right) = K\left(\frac{\lambda}{T} - \frac{\lambda_o}{T_o}\right) \quad (5)$$

ここに，I は振動系の慣性能率，b は上下固定円板と回転振動円板の間隔，R は回転振動円板の半径，λ，λ_o は測定気体および真空中における回転振動円板の対数減衰率，T，T_o は測定気体および真空中における回転振動円板の周期，C_N は円板の端の影響の補正係数，K は装置定数で，$K = 4Ib/\pi R^4 C_N$ である．K については多くの研究があるが，境界層厚さなどの流体力学的性質に影響されるといわれており[74]，実際の測定においては粘性率既知の流体を用いて，K の一定性について検討しておく必要がある．

Fig. D-6-4-25 は，高圧気体用マクスウェル形円板回転振動式粘度測定装置の原理的構成図を示したものである[78]．高圧容器の中に熱膨張係数の小さいスーパインバー製の振動円板が石英糸につるされるようになっている．振動円板の対数減衰率および周期の測定は図示のように光学窓を通して行う．

Fig. D-6-4-26 は，対数減衰率および周期測定装置の原理的構成図を示したものである[78]．Fig. D-6-4-26 に示すように回転振動円板の減衰振動の中心付近の微小角変位 $\varDelta\theta_o$ に相当する位置に2個のスリ

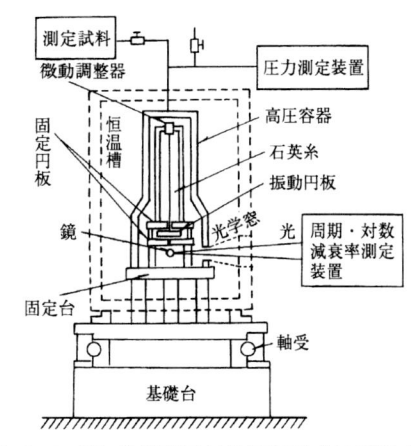

Fig. D-6-4-25 常温高圧気体用振動式粘度測定装置
（Schematic diagram of the oscillation-type viscometer for gas）

---

71) 大岩・倉瀬：応用物理，**48** (1979) 415. 72) 岩崎・川田：実験化学講座，(続1) 基礎物理量の測定，丸善 (1966) 300. 73) Roscoe, R. & Bainbridge, W. : Proc. Phys. Soc., **72** (1971) 585. 74) White, H. S. & Kearsley, E. A. : J. Res. NBS, **75 A** (1971) 541. 75) Berstad, D. A., Knapstad, B. et al. : Physica A, **151** (1988) 246. 76) 吉田：計量管理，**33** (1984) 27. 77) 岩崎・川田：実験化学講座 (続1) 基礎物理量の測定，丸善 (1966) 322. 78) Yoshida, K., Kurano, Y. & Kawata, M. : 7th Int. Confer. on Rheology (1976) 470.

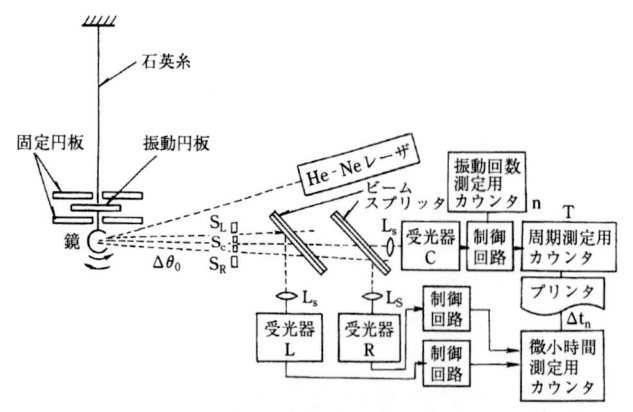

Fig. D-6-4-26 対数減衰率測定装置（Schematic diagram of the measurement apparatus of the logariythmic decrement）

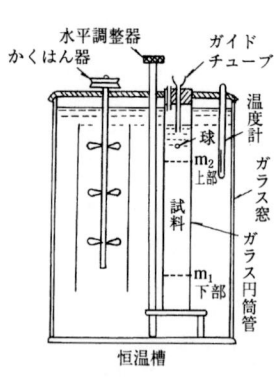

Fig. D-6-4-27 落球粘度計（Falling ball viscometer）

ット S_L, S_R をおき，回転振動円板に取り付けてある鏡からの反射光が，このスリットを通過する時間を光電子増倍管を通して電子カウンタで測定すれば，回転振動円板の対数減衰率 λ は，

$$\lambda = \ln\frac{\theta_n}{\theta_{n+1}} = \ln\frac{\dot{\theta}_n}{\dot{\theta}_{n+1}} \approx \ln\frac{\Delta t_{n+1}}{\Delta t_n} \quad (6)$$

から求めることができる．ここに，θ_n, θ_{n+1}, $\dot{\theta}_n$, $\dot{\theta}_{n+1}$ はそれぞれ回転振動円板の減衰振動の n 番目，$n+1$ 番目の振動角変位および，n 番目，$n+1$ 番目の中心を通過するときの角速度である．Δt_n, Δt_{n+1} は回転振動円板が減衰振動の n 番目，$n+1$ 番目の中心付近の微小区間を通過するに要する時間である．実際の粘性率測定においては，①振動円板の端の影響の補正に関する問題，②振動円板と固定円板間隔の調整，③弾性糸と回転振動円板の接続技術，④減衰振動の等時性の確認などを精密に調べておくことが重要である．振動円板法は窒素，アルゴン，酸素などの多くの気体の広範囲の温度，圧力下での粘性率の精密測定に用いられている[79]．

(c) **落体法による粘度測定**（Viscosity Measurement by Falling Body Methods）

落体法による粘性率測定には落球式，転落球式，円柱落下式，気泡式などがあるが[80]，ここでは比較的容易に粘性率の絶対測定ができる落球式について述べる．

落球式粘度計は，Fig. D-6-4-27 に示すように恒温槽の中央部に測定試料を入れた円筒管をセットし，この円筒管の中心軸上に円筒管の内径の数分の1程度の球を自由落下させ，球が一定区間の距離を自由落下するのに要する時間 t を測定して試料の粘性率 η を求める．η はストークスの粘性抵抗法則を用いて次の Eq.(7) のように表される．

$$\eta = \frac{d^2(\rho_o - \rho)g}{18v}f_w = \frac{d^2(\rho_o - \rho)gt}{18l}f_w \quad (7)$$

ここに，d は球の直径，ρ_o, ρ はそれぞれ球および試料の密度，g は重力加速度，v は球の落下速度，$v = l/t$, f_w は管壁の影響に関する補正係数である．この式が成立するには，①球の速度が小さいこと，②球と流体の間にはすべりがないこと，③球は剛体で，流体はニュートン流体であることなどが必要である．

落体法による粘性率測定は，どちらかといえば高粘度液体の測定に適する方法であるが，気体のように低粘度領域の粘性率測定に適用したいくつかの例がある[81]．また，高圧液体領域の粘度率測定についても古くから用いられている[82]．

(d) **回転法による粘度測定**（Viscosity Measurement by Rotational Methods）

回転法による粘性率測定には，共軸二重円筒回転式，単一円筒回転式，円錐-平板回転式，円板回転式などがある[83]．いずれも流体に同心円状の回転流動

---

79) 岩崎・川田：実験化学講座（続1）基礎物理量の測定, 丸善 (1966) 334. 80) 川田：改訂粘度, コロナ社 (1969) 70. 81) 岩崎・川田：実験化学講座（続1）基礎物理量の測定, 丸善 (1966) 340. 82) 吉田・樋ël・西端・山本・小林・倉野：高圧液体の粘度, 密度の精密測定, 昭和58年度通商産業省工業技術院特別研究報告 (1983). 83) 川田：改訂粘度, コロナ社 (1969) 99. 84) Bearden : Physical Review, **56** (1939) 1023. 85) 川田：改訂粘度, コロナ社 (1969) 126. 86) Riebling : Rev. Sci. Inst., (1963) 568.

をさせたとき回転体に働く粘性によるトルクを測定して粘性率を求める式である．回転体の回転角速度を流体中で連続的にかえることができるので非ニュートン流動などの流体の流動性の測定に広く用いられている．

物性定数としての気体の粘性率測定に利用されてる例は少ない．空気の粘性率を共軸二重円筒回転式で測定を行った例が，文献 84) に記述されている．

(e) その他の方法による粘度測定（Viscosity Measurement by Other Methods）

平行板式，板状式，帯状式などの平行平板粘度計[85]，天びんを利用した粘度計などがあげられるが文献 86) を参照されたい．

(f) 粘度計の校正（Calibration of Viscometer）

通常用いられる粘度計は，比較測定方式の粘度計である．したがって，粘度計の使用に際しては正確な校正が必要である．粘度計の正確な校正には種々の注意が必要であるが，基本的には粘性率既知の標準物質を用いて校正が行われるから，それらに関する知識および取扱い上の注意が肝要である．粘性率標準物質については D-6-5-2-c 項を参照されたい．

6.4.8 流体の拡散係数（Diffusion Coefficient of Fluids）

2 成分 A, B からなる混合流体中に濃度の不均一が存在する場合，その不均一をならすような方向に分子拡散による成分の移動が起こる．このとき，次のFick の法則に示されるように分子の移動速度は濃度勾配に比例する．

$$N_A = -D_{AB}(dC_A/dx)$$

ここで，N_A は成分 A の質量流束（$mol/(m^2 \cdot s)$），dC_A/dx は成分 A の濃度勾配（$(mol/m^3)/m$）である．比例定数 D_{AB} は相互拡散係数と呼ばれ，その単位は m^2/s となる．混合流体が 3 成分以上からなる場合の拡散係数も D_{AB} から求められる．流体が 1 成分 A のみからなる場合にも，特定の分子群を区別できればそれらの分子の濃度勾配や質量流束が定義でき，この場合もやはり Fick の法則が成り立つ．このときの比例定数を自己拡散係数 D_{AA} という．以下には主

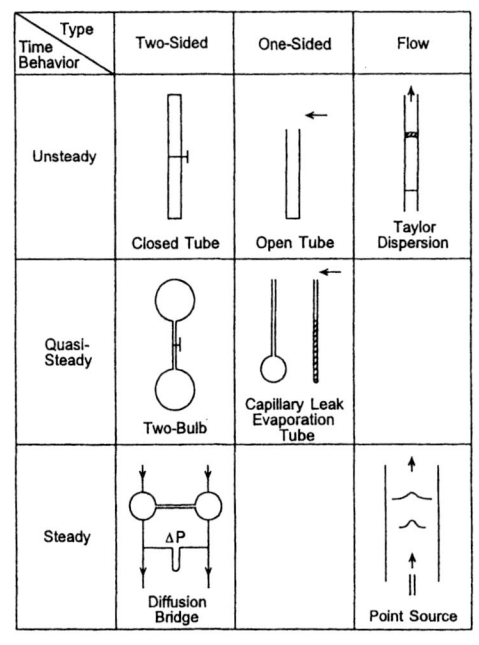

Fig. C-6-4-28 流体の相互拡散係数の主要な測定法
（Principal measurement methods for the mutual diffusion coefficient of fluids）

に相互拡散係数の測定法について述べる．

相互拡散係数の測定法は，装置の形状や濃度差の与え方による分類と濃度（組成）測定法による分類の二つの方法によって整理できるが，ここでは前者の分類に従って代表的な測定法を簡単に紹介する．詳しくはレビュー文献 87〜91) を参照されたい．高密度気体や液体の相互拡散係数は，その値が非常に小さくなることやその濃度依存性が大きいことにより低密度気体の場合に比べて測定の困難さが増すが，測定法の原理自体は共通なものが多い．したがって，以下には気体と液体の相互拡散係数の測定法をまとめて述べることにする．なお，Fig. D-6-4-28 にMarrero と Mason[90] による主要な相互拡散係数の測定法の分類を示す．この図では，時間的挙動については，非定常，準定常または定常，拡散の形態については，二方向，一方向または流れに分類されてい

---

87) 化学工学協会編：物性定数, 1集, 丸善 (1963) 21.　88) 化学工学協会編：物性定数, 9集, 丸善 (1971) 3.　89) 日本化学会編：実験化学講座, 続 1 巻（基礎物性量の測定），丸善 (1966) 351.　90) Marrero, T. R. and Mason, E. A. : J. Phys. Chem. Ref. Data, 1 (1972) 3.　91) Jost, W. : Diffusion in Solids, Liquids, Gases, Academic Press (1960) 436.　92) Ertl, H., Ghal, R. K. et al. : AIChE J., **20** (1974) 1.

る.

濃度測定法には，化学分析法，密度測定法，表面張力測定法，熱伝導率測定法，電気伝導率測定法，放射性トレーサ法，光学法（比色法，光吸収法，光屈折法，…）などがある．

（a）Loschmidt 法（閉管法）・拡散セル法

断面一様な柱状容器に，内容積を同じ容積・形状の2室に分割する隔壁を設ける．2室に組成の異なる試料流体を満たし，隔壁を除いて相互拡散を行わせ，一定時間経過後の濃度分布や物質移動量を測定する．気体試料の場合にはこの方法は Loschmidt 法または閉管（closed tube）法と呼ばれるが[88-90]，液体の場合にはむしろ濃度測定法によって分類された名称で呼ばれている[87,89,90]．液体の場合には光学的濃度測定法が主流なので，容器（拡散セル・diffusion cell）は矩形断面のガラス製が多い．

（b）二室法・隔壁セル法

異なる組成の試料流体を満たした二つの容器（同じ形状や容積でなくてもよい）を細管でつなぎ，細管内で相互拡散を行わせる．この二室（two-bulb）法は気体の場合は現在でも多く用いられている[88-90]．細管を金属，ガラスなどの多孔質製の隔壁で置き換えた隔壁セル（diaphragm cell）法もあり，液体の場合はむしろこちらが主流になっている[87,89,91]．

（c）Stefan 法（蒸発管法）・キャピラリ・リーク法

Stefan 法は，底を閉じた細管（蒸発管・evaporation tube）に試料液体を途中まで満たし，管の上端を横から試料気体で吹き続けてやり，管内の液面上部の空間内で試料液体の蒸気と試料気体の間の相互拡散を行わせる方法である．このときの蒸気の拡散量は液面の低下距離または液体の重量変化から求められる．原理的には二室法に類似し，きわめて簡便な方法であるが，蒸気とガスの間の相互拡散係数の測定にしか適用できない[88-90]．気体同士に応用される場合は，細管の基部に気体だめが設けられ，キャピラリ・リーク（capillary leak）法と呼ばれるが，Stefan 法に比べて使用例は少ない[90]（次に述べるキャピラリ法とは別の方法である）．

（d）キャピラリ法（開管法）

キャピラリ（capillary）法は，底を閉じた細管に試料流体を満たし，組成の異なる試料流体を満たした大容量の容器中に置く方法である．一定時間後の細管中または容器中の試料濃度から相互拡散係数が求められる．主に液体に用いられ[91]，気体の場合[88,90]には開管（open tube）法と呼ばれることもある[87]．装置の面からは Stefan 法に似るが，原理的にはむしろ Loschmidt 法に近い．

（e）Taylor 法（クロマトグラフィ法）

円管内の試料流体の層流流れ中に，微量の組成の異なる試料流体をパルス状に加えると，後者は半径方向の分子拡散と流速分布の相互作用によってかなり速い速度で管軸方向へ分散してゆく．これを利用して相互拡散係数を数分から数十分という他の方法と比較して短い時間で測定することができる．また，測定装置も既製のクロマトグラフ装置を流用することが可能である[88-90]．

（f）点源法

点源（point source）法は Taylor 法と同様に試料を流して測定する方法であり，気体（主に高温）の相互拡散係数の測定に用いられている[89,90]．試料気体の一方を円管中に断面にわたって一様な流速を持つ層流の状態で流しておき，その中心軸に沿って置かれた導入管から組成の異なる試料気体を少量パルス状に加えると，後者は分子拡散によって半径方向へ分散してゆく．下流のある点での半径方向の濃度分布を測定すれば相互拡散係数が求められる．

（g）拡散ブリッジ法

拡散ブリッジ（diffusion bridge）法は，組成の異なる試料流体を流してある二つの管路の間を横に連結する細管中で相互拡散を行わせる方法である．どちらかの管路の下流に流れ去った試料を分析すれば相互拡散係数が求められる．高温気体への適用例が多くみられ，二室法と同様に細管を多孔質隔壁で置き換える場合もある[90]．

（h）自己拡散係数の測定法

自己拡散係数の測定は，一般には測定試料に少量の同位体置換体（同位体トレーサ）を加えて上述の相互拡散係数測定法で行う．しかし，核磁気共鳴（NMR）スピンエコー法による自己拡散係数そのものの測定値も得られている[88,92]．

6.4.9 表面張力および界面張力
(Measuring Methods for Surface and Interfacial Tensions)

(a) 表面張力の定義 (Definition)

液体の表面が曲率半径 r の曲面を保って平衡状態にあるとき，面の接線方向の張力に対して次のつり合いの式が成り立つ．

$$F = 2\sigma/r \qquad (1)$$

ここで定義される σ が表面張力である．もしも接する流体が蒸気でなくて，他の流体であれば σ は界面張力である．

表面張力あるいは界面張力の測定法は，流体の界面条件が明確ならば，力のつり合いから求めればよいので，さまざまな種類の測定法が提案されている．最近まで用いられる代表的な方法を以下に述べるが，限定した条件下ではさらに多くの異なった方法も用いられる[93,94]．

(b) 毛細管法 (The Capillary Method)

静止液体の界面に毛細管を鉛直に接しさせると，Fig. D-6-4-29 のように液体の上昇（毛細管の材質と液体の種類の組み合わせによっては下降）が生じる．上昇の場合には液柱の高さ h が測定しやすい．

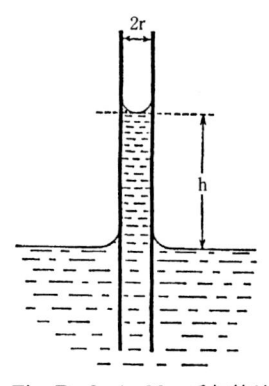

Fig. D-6-4-29 毛細管法
(The capillary method)

表面張力 σ は

$$\sigma = r\rho g h/2 \qquad (2)$$

で与えられ，r は毛細管半径，ρ は液密度（界面張力の場合は2液の密度差），g は重力加速度である．毛細管内の液体表面は曲面（メニスカス）となるので，h を測定するのは簡単ではない．メニスカス底部の高さを採用する場合には，平均のヘッド差を求めるために Rayleigh や Sugden の補正式[95]を用いる．

毛細管法は簡便で信頼性もあるが，実際には管内壁のわずかの汚れが測定値に大きく影響を与える．また透明な管が必要で，ガラス管を水銀に対して用いる場合のように，接触角が逆になると使用が難しい．直径の異なる2本の管を用いて両者の高さの差を測定する方法もある[96]．

(c) 泡圧法 (The Maximum Bubble-Pressure Method)

液中に細管を立てて，管内に気体を僅かずつ圧入すると管の先端に気泡が形成される．この気泡で，表面張力による力と液のヘッド差との和が気体の圧力とつり合っている．気泡の曲率半径が細管径に等しくなった時に，気体の圧力は最大となり，これを超えると気泡は先端を離脱して，曲率半径は大となって圧力は低くなる．他の条件が理想的であれば，この条件から表面張力の絶対測定も可能である．

気体の圧力をマノメーターで測るとすると，表面張力 σ は例えば

$$\sigma = (rg/2)(\rho_1 \Delta h_1 - \rho \Delta h) \qquad (3)$$

で求められる．r は管半径，ρ_1 と Δh_1 はマノメーターにおける液体密度と液柱高さの差，そして ρ と Δh は被測定試料密度と管の液中での深さである．

しかし細管先端を完全な形状にできないなど，不確定要素がはいってくるので，一般には標準流体で検定してその細管の定数を定め，比較測定を行う．気体の圧力を徐々に高くし，気泡離脱時の圧力を用いて表面張力を算出する．比較測定法としては簡便な方法なので高温の融体などにも用いられる

---

93) 関根幸四郎：表面張力測定法，理工図書 (1957). 94) 牛口洋夫：新実験科学講座，18巻，丸善 (1977) 67. 95) Rathjen, W. and Straub. J.: Proc. 7th Symp. Thermophys. Prop., Gaithersburg (1977) 839. 96) Stauffer, C. E.: J. Phys. Chem. 69-6 (1965) 1933. および Misak, M. D.: J. Colloid Interface Sci., **27** (1968) 141. 97) Nicholas, M. E., Joynere, P. A., Tessen, B. M. and Olson, M. D.: J. Phys. Chem., **65** (1961) 1373. 98) Line, M., Suzuki, M. and Ikushima, A.: J. Low Temp. Phys., **61** (1985) 155. 99) 生嶋 明：日本物理学会誌，41-3 (1986) 268. 100) 菅原要介・長坂雄次：第25回日本熱物性シンポジウム講演論文集，(2004) 345.

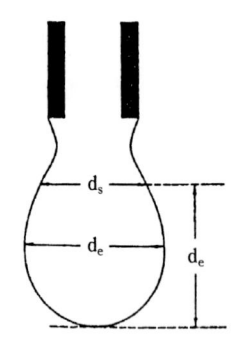

Fig. D-6-4-30 懸滴法
(The pendant drop method)

(d) 懸滴法 (The Pendant Drop Method)

垂直な管の先端に液滴を形成させると,液滴の形状は重力と表面張力のつり合いから定まるので,つり合い式を理論計算で求めることができる.液滴の最大直径を d_e とし,Fig. D-6-4-30 のように,先端から d_e だけ上の位置での液滴直径を d_s とすると,表面張力は

$$\sigma = \rho g d_e^2 / H = \rho g d_e^2 f(d_s/d_e) \qquad (4)$$

で与えられる.関数 $f(d_s/d_e)$ の計算は,すでに過去に計算されて表として与えられている[96].液滴の寸法の測定は,写真またはコンピューター画像に記録し,図形の解析から求める.この方法は,液滴の外側を互いに溶解しない別の液で満たせば2液間の界面張力の測定にも応用できる.

(e) 静滴法 (The Sessile Drop Method)

試料液体に対してぬれにくい材料の平板を水平に置き,その上に大きめの液滴を乗せる.もしも液滴上部がほぼ平面とみなせる程度に液滴が大きければ,表面張力は

$$\sigma = \rho g h^2 / 2 \qquad (5)$$

と表される.ここで h は液滴の高さである.

半径20 mm 以上の液滴には,補正を加えた Worthington の式

$$\sigma = (1/2)\rho g h^2 \cdot 1.641 r / (1.641 r + h) \qquad (6)$$

を用いることができる[93,97]. r は液滴の最大半径,すなわち水平面に平行な最大半径である.

静滴法は溶融金属などの測定や,長時間にわたる表面張力の変化の測定などに用いられる.あまり高い精度は期待できない.

(f) 表面波法 (The Surface Wave Method)

液体の表面に生じる波は,表面張力と重力および粘性力のつり合いによって特定の形状を形成する.したがって,波の解析から表面張力を求めることができる.測定方法としては,波の移動を観測する方法,定常波を観測する方法,ゆらぎによる微小な波(リプロン)を観察する方法の3種類が考えられる.

液体が十分に深い層になって,巨視的に静止状態にあるとする.その表面に生じた波が十分に小さいならば,波面の復元力は表面張力のみによると近似することができて,例えば Kelvin によって導かれた次の式で表現することができる.

$$\omega^2 = (\sigma/\rho)k^3 + gk \qquad (7)$$

ここで ω は角周波数, k は波数で,波長を λ とすると $k = 2\pi/\lambda$ である.

表面波を表現する分散関係式には,粘性や気体層の影響などさまざまな影響を考慮して多くの式が導かれている[98,99].境界条件や波の励起方法,観測方法などの違いにより用いる式が異なるので,個々の場合について検討を要する.実際の測定にはさまざまな方式の装置が用いられる.

表面波法の長所は,接触する壁面の材質や表面条件,接触角などの問題が無いことである.他の方法を用いにくい液体,例えば極低温液体や高温融体[99]などにも用いることができる.

高温融体に提案される方法に,空間に浮遊させた液滴の振動を解析する方法があり,落下や無重力状態,あるいは磁場や音波で浮遊させるなど,さまざまな方法が提案されている.

これらとまったく異なる表面波法として,最近提案されているのが,液体分子のゆらぎによる数 μm の微小な波(リプロン)を検出用レーザー光のドップラーシフトした散乱光によって測定する方法である[100].上記の幾つかの新しい方法は優れた可能性をもつが,一般的な測定法とするためには精度や難しさの点で,改良の余地があるので,現在も研究が続けられている.

6.5 熱物性標準物質 (Reference Materials of Thermophysical Properties)

6.5.1 固体標準物質 (Reference Materials of Solids)

(a) 熱膨張率 (Thermal Expansion Coefficient)

国立標準研究所等の公的機関により頒布されてい

Table D-6-5-1 熱膨張率標準物質の熱膨張率値
(Reference data of thermal expansion coefficients of reference materials)

温度 Temperature /K	熱膨張率 / Thermal Expansion /10^{-6} K^{-1} 物質/Material					
	NIST SRM				AIST NMIJ	
	731 ホウ珪酸ガラス Borosilicate Glass		736 銅 Copper	738 ステンレス鋼 Stainless Steel (AISI 446)	単結晶シリコン Single-crystal Silicon	
20			0.27			
40			2.29			
60			5.48			
80			8.30			
100	2.64		10.46			
120	3.07		12.05			
140	3.43		13.20			
160	3.72		14.01			
180	3.97		14.63			
200	4.17		15.14			
220	4.34		15.57			
240	4.48		15.94			
260	4.6		16.24			
280	4.71		16.50			
293	4.78		16.64	9.76	2.551*	0.028
300	4.82		16.71	9.81	2.612	0.028
320	4.91		16.90			
340	4.99		17.07	10.04		
350					2.978	0.027
360	5.06	uncertainty: ±0.03	17.22			
380	5.11		17.38	10.28		
400	5.15		17.53		3.244	0.026
420	5.19		17.68	10.52		
440	5.21		17.82	standard deviation: ±0.06		
450					3.446	0.026
460	5.23		17.97	10.76		
480	5.25		18.11			
500	5.26		18.25	11.00	3.606	0.025
520	5.26		18.39			
540	5.27		18.53	11.23		
550				precision: ±0.030	3.736	0.025
560	5.27		18.67			
580	5.27		18.81	11.47		
600	5.27		18.95		3.846	0.025
620	5.28		19.09	11.71		
640	5.29		19.24			
650					3.938	0.026
660			19.38	11.95		
680			19.53			
700			19.69	12.19	4.017	0.026
720			19.84			
740			20.00	12.42		
750					4.085	0.026
760			20.16			
780			20.33	12.66		
800			20.51		4.144	0.026
850					4.198	0.026
900					4.248	0.027
950					4.296	0.027
1000					4.335	0.027

Table D-6-5-2 CODATAの推奨する熱膨張率標準物質の熱膨張率値（Data of thermal expansion coefficients of reference materials recommended by CODATA）

温度 Temperature /K	熱膨張率 /（最大推定誤差） Thermal expansion /（Maxmim probable error） /10^{-6}K^{-1} 物質/Material							
	銅 Copper		シリコン Silicon		タングステン Tungsen		α-アルミナ α-alumina	
10	0.030		0.0005		0.006			
12	0.052		0.0008					
14	0.083	(0.001)	0.0013	(0.001)		(0.001)		
16	0.126		0.0011					
18	0.186		-0.0001					
20	0.263		-0.003		0.048		0.004	(0.01)
25	0.56		-0.019		0.102			
30	1.00		-0.053		0.20	(0.01)	0.016	
35	1.58		-0.103					
40	2.27		-0.164		0.53		0.044	
50	3.84		-0.29		0.96		0.095	
60	5.46		-0.40		1.43		0.18	
70	6.98		-0.46		1.88		0.29	
80	8.33		-0.47		2.30		0.44	
90	9.49	(0.02)	-0.43		2.61		0.61	
100	10.49		-0.34		2.88		0.81	
120	12.05		-0.06		3.30	(0.05)	1.28	
140	13.19		0.31	(0.02)	3.59		1.80	(0.03)
160	14.03		0.69		3.81		2.34	
180	14.67		1.06		3.97		2.90	
200	15.19		1.40		4.10		3.42	
250	16.11		2.10		4.30		4.52	
293.15	16.65		2.56		4.42		5.30	
300	16.70		2.62		4.43		5.40	
350	17.12		2.99		4.48		6.08	
400	17.51		3.26		4.55		6.64	
500	18.23	(0.05)	3.61		4.65		7.46	
600	18.93		3.83		4.74		7.99	
700	19.67		4.00		4.82		8.35	
800	20.46		4.11		4.89		8.62	
900	21.32		4.21		4.97		8.86	
1000	22.26	(0.1)	4.30	(0.05)	5.05	(0.01)	9.09	(0.1)
1100	23.31		4.39		5.13		9.34	
1200	24.58		4.47		5.22		9.59	
1300			4.56		5.32		9.85	
1400					5.43		10.09	
1500					5.55		10.31	
1600					5.68		10.51	
1700					5.83		10.67	
1800					5.98		10.84	
2000					6.32		11.37	
2200					6.72			
2400					7.18			
2600					7.71			
2800					8.34	(0.2)		
3000					9.12			
3200					10.09			
3400					11.33			
3500					12.07			

*熱膨張率=$(1/L_{293K})(dL/dT)$

熱膨張率標準物質としては米国NISTのSRMシリーズのものがこれまでよく使われてきた．SRMシリーズ[1]において熱膨張率標準物質には730番台が付されているがすでに頒布中止となったものも多く，現在はSRM731（Bolosilicate Glass），736（Copper），738（Stainless steel（AISI446））の3種類のみが入手可能となっている（2007年1月時点でSRM736が新たに在庫切れとなった）．また国内では，2005年より産業技術総合研究所計量標準総合センター（NMIJ/AIST）において新たに開発された単結晶シリコン他による標準物質（NMIJ RM）[2]の頒布が開始されている．この標準物質の値付けに使われた校正システムは国家計量標準に対するトレーサビリティーが担保されており，付与されている参照値について高い信頼性が確保されている．また，熱膨張率参照値には1993年発行のISO国際文書 Guide to the expression of uncertainty in measurement[3]に記述されている不確かさ（uncertainty）の取り扱いについてのガイドラインに基づいて得られた計測の不確かさ値が付与されている．Table D-6-5-1にこれらの熱膨張率標準物質に添付されている特性値表記載のデータを示す．

熱膨張率の標準データとしては，1985年にCODATA（Committee on Data for Science and Technology）がキーマテリアルについて複数の文献値を評価することによって主要な熱物性量についての推奨値を発表している[4]．これに対して1997年に同じ編者により新規の文献値を追加考慮することによるデータのアップデート[5]が報告されている．Table D-6-5-2に文献5)記載の修正値を示す．

（b） 比熱（Specific Heat Capacity）

比熱容量の標準物質（Reference Material）は，熱量計の校正や不確かさ評価のために用いられる．関連する標準物質としては，相対エンタルピー，融解エンタルピー，蒸発熱，昇華熱，燃焼熱などの

---

1) NIST SRMに関しては以下のURLを参照（URL：https://srmors.nist.gov/）． 2) NMIJ/AIST供給の標準物質に関しては以下のURLを参照（URL：http://www.nmij.jp/index.html）． 3) ISO Guide to the expression of uncertainty in measurement, ISBM 92-67-10188-9, (1998)（邦訳版：ISO国際文書 計測における不確かさ表現のガイド，(1996) 日本規格協会） 4) C. A. Swenson, R. B. Roberts and G. K. White：CODATA Bulletin, **59** (1985) 13-19． 5) G. K. White and M. L. Minges：Int. J. Thermophysics, **18**, 5 (1997) 1269-1327． 6) "Reference materials for calorimetry and differential thermal analysis", R. Sabbah et al., thermochimica acta **331** (1999) 93-204． 7) Products and Services, Standard Reference materials, http://ts.nist.gov/Measurement Services/Reference Materials/232.cfm.

標準物質がIUPACにより定められている[6]．

標準物質の中でも，国家標準または国際標準へのトレーサビリティが確保され不確かさが添付された物を特に認証標準物質（Certified Reference Material, CRM）と呼ぶ．比熱容量や熱量の分野では，米国標準技術研究所（National Institute of Standards and Technology, NIST[7]），ドイツ物理工学研究所（Physikalisch-Technische Bundesanstalt, PTB[8]），英国政府化学者研究所（Laboratory of the Government Chemist, LGC[9]）などから Table D-6-5-3, 4 に示す標準物質が提供されている．また IUPAC の推奨する比熱容量標準物質を Table D-6-5-5 に示す．特に重要な標準物質である α アルミナと白金については Table D-6-5-6, 7 に比熱容量とエンタルピーの温度依存性を，安息香酸については Table D-6-5-8 に比熱容量の温度依存性を示す．

熱分析の分野では，純物質の融解現象を校正手続に用いる行うことが多い．Table D-6-5-9 に代表的な純金属の融点と融解エンタルピーを参考までに示す．これらを用いて温度校正と熱量校正が可能になるが，自ら試料を用意する場合は，純度や取り扱いに充分気をつける必要がある．最後に Table D-6-5-10 に水の比熱容量を示す．

Table D-6-5-3 NISTの比熱容量標準物質

銅（RM5、25〜300K）
ポリスチレン（SRM705a、10〜350K）
合成サファイア（SRM720、10〜2250K）
モリブデン（SRM781、273.15〜2800K）

Table D-6-5-4 融解エネルギー，融点の標準物質

	融解エンタルピーの標準物質	融点の標準物質
NIST	ガリウム（SRM2234）、インジウム（SRM2232）、ビスマス（SRM2235）	
PTB	ガリウム、インジウム、錫、ビスマス	
LGC	ナフタレン、ベンジル、アセトアニリド、安息香酸、ジフェニル酢酸 インジウム、鉛、錫、ビフェニル、亜鉛、アルミニウム	サリチル酸フェニル、4-ニトロトルエン、アニス酸、2-クロロアントラキノン、カーバゾール、アントラキノン

Table D-6-5-5 IUPACの奨励熱容量標準物質

物質	化学式	温度範囲（状態）	classification
αアルミナ（α-aluminum oxide）	Al_2O_3	10-2250K（固体）	primary RM
白金（platinum）	Pt	298.15-1500K（固体）	primary RM
銅（copper）	Cu	1-300K（固体）	secondary RM
安息香酸（benzoic acid）	$C_7H_6O_2$	10-350K（固体）	primary RM
2,2-ジメチルプロパン（2,2-dimethylepropane）	C_5H_{12}	5-139, 143-254K（固体）	tertiary RM
モリブデン（molybdenum）	Mo	273.15-2800K（固体）	tertiary RM
ナフタレン（naphthalene）	C_8H_{10}	10-350K（固体）、360-440K（液体）	secondary RM
ジフェニルエーテル（diphenyl ether）	$C_{12}H_{10}O$	10-300.03K（固体）、300.03-570K（液体）	secondary RM
n-ヘプタン（n-heptane）	C_7H_{16}	10-182.59K（固体）、182.59-400K（液体）	primary RM
ヘキサフルオロベンゼン（hexafluorobenzene）	C_6F_6	10-278.30K（固体） 278.30-350K（液体、飽和蒸気圧） 335.15-527.15K（気体、202.66kPa以下）	secondary RM
ポリスチレン（polystyrene）	$-CH_2CH(C_6H_5)-$	10-360K（固体）、380-460K（液体）	primary RM
ポリビニールクロライド（poly(vinyl chloride)）	$-CH_2CHCl-$	10-350K（固体）、355-380K（液体）	secondary RM
水（water）	H_2O	273.15-373.15K（液体、101.325kPa） 273.15-647.15K（液体、飽和蒸気圧） 361.80-487.20K（気体、101.325kPa以下）	secondary RM
ベンゼン（benzene）	C_6H_6	279-350K（液体、飽和蒸気圧） 333-527K（気体、202.65 KPa以下）	secondary RM
窒素（nitrogen）	N_2	65-110K（液体、飽和蒸気圧） 100-1000K（気体、40MPa以下）	tertiary RM
二酸化炭素（cabon dioxide）	CO_2	250-1000K（気体、50MPa以下）	tertiary RM

---

[8] http://www.ptb.de/en/org/3/_index.htm. [9] Independent UK chemical analysis laboratory, http://www.lgc.co.uk/

Table D-6-5-6　αアルミナの比熱容量とエンタルピー

T/K	Cp /J mol⁻¹K⁻¹	Cp /J·kg⁻¹K⁻¹	Hm(T)−Hm(0K) /J mol⁻¹	Hm(T)−Hm(0K) /J kg⁻¹
10	0.0091	0.089	0.023	0.23
25	0.146	1.43	0.898	8.81
50	1.507	14.78	17.11	167.8
75	5.685	55.76	100.32	983.9
100	12.855	126.08	326.6	3203
150	31.95	313.4	1433.1	14056
200	51.12	501.4	3519.9	34522
250	67.08	657.9	6490.3	63655
298.15	79.01	774.9	10020	98274
300	79.41	778.8	10166	99706
350	88.84	871.3	14383	141065
400	96.08	942.3	19014	186485
450	101.71	997.5	23965	235043
500	106.13	1040.9	29165	286044
550	109.67	1075.6	34563	338986
600	112.55	1103.9	40121	393497
700	116.92	1146.7	51607	506149
800	120.14	1178.3	63468	622479
900	122.66	1203.0	75612	741585
1000	124.77	1223.7	87986	862946
1100	126.61	1241.7	100560	986269
1200	128.25	1257.8	113300	1111220
1400	131.08	1285.6	139240	1365634
1600	133.86	1312.9	165700	1625147
1800	135.13	1325.3	192550	1888486
2000	136.5	1338.7	219720	2154963
2250	138.06	1354.0	254030	2491467

Table D-6-5-8　安息香酸の比熱容量

T/K	Cp /J mol⁻¹K⁻¹	Cp /J·kg⁻¹K⁻¹
10	2.094	17.1
20	11.07	90.6
40	31.7	259.6
60	45.79	374.9
80	55.82	457.1
100	64.01	524.1
120	71.52	585.6
140	79	646.9
160	86.69	709.9
180	94.65	775.0
200	102.89	842.5
220	111.43	912.4
240	120.27	984.8
260	129.33	1059.0
280	138.47	1133.9
300	147.68	1209.3
320	156.92	1284.9
350	170.76	1398.3

Table D-6-5-7　白金の比熱容量とエンタルピー

T/K	Cp /J mol⁻¹K⁻¹	Cp /J·kg⁻¹K⁻¹	Hm(T)−Hm(298.15K) /J mol⁻¹	Hm(T)−Hm(298.15K) /J kg⁻¹
298.15	25.87	132.6	0	0
400	26.47	135.7	2670	13687
500	26.98	138.3	5338	27363
600	27.53	141.1	8066	41347
700	28.04	143.7	10844	55587
800	28.58	146.5	13677	70110
900	29.06	149.0	16557	84873
1000	29.5	151.2	19478	99846
1100	30.11	154.3	22457	115117
1200	30.63	157.0	25491	130669
1300	31.19	159.9	28588	146545
1400	31.72	162.6	31727	162636
1500	32.22	165.2	34923	179019

Table D-6-5-9　純金属の融点と融解エンタルピー

純物質	融点 /K	融点 /℃	融解エンタルピー /Jg⁻¹
ガリウム	302.91	29.78	79.9
インジウム	429.75	156.63	59.7
すず	505.08	231.97	60.4
ビスマス	544.55	271.4	53.8
亜鉛	692.68	419.58	107.4
アルミニウム	933.47	660.3	398.1
銀	1234.93	961.93	107
金	1337.33	1064.18	63.7

Table D-6-5-10　水の比熱容量

T/K	Cp /J mol⁻¹K⁻¹	Cp /J·kg⁻¹K⁻¹
273.15	76.041	4220.9
283.15	75.573	4194.9
293.15	75.377	4184.1
303.15	75.308	4180.2
313.15	75.304	4180.0
323.15	75.339	4181.9
333.15	75.381	4184.3
343.15	75.472	4189.3
353.15	75.59	4195.9
363.15	75.742	4204.3
373.15	75.92	4214.2

(c) 熱伝導率および熱拡散率（Thermal Conductivity and Thermal Diffusivity）

熱伝導率および熱拡散率の標準になるものとして，勧告/認定値（Recommended value / Certified value）と標準物質・標準試料（Reference material / reference sample）の2種類がある．前者は，代表的な純物質や標準物質の候補材料，実用材料などを幾つかの機関で共同測定した結果である．特に，米国国立標準データシステム（National Standard Reference Data System, NSRDS）の後援のもとにパデュー大学の情報数値データ解析合成センタ（Center for Information and Numerical Data Analysis and Synthesis, CINDAS

Table D-6-5-11 標準物質リスト

物質名	物性値	型番	寸法(mm)	温度範囲(K)	供給機関
電解鉄（Electrolytic Iron）	熱伝導率	RM 8420	6.4φ×50	2-1000	NIST
等方性黒鉛（POCO AXM-5Q1）	熱伝導率	RM8424	6.4φ×50	5-2500	NIST
フューズムシリカボード	熱抵抗	SRM 1449	60×60×2.54	297.1	NIST
グラスファイバボード	熱抵抗	SRM 1450c	61×61×2.54	280-340	NIST
グラスファイバブランケット	熱抵抗	SRM 1452	60×60×2.54	297.1	NIST
拡張ポリスチレンボード	熱抵抗	SRM 1453	66×93×1.34	285-310	NIST
フューズドシリカボード	熱抵抗	SRM 1459	30×30×2.54	297.1	NIST
純鉄	熱伝導率	PR. 41. 01 PR. 41. 05.	25mmφ 50mmφ		NPL
インコネル600	熱伝導率	PR. 41.02. PR. 41. 06.	25mmφ 50mmφ		NPL
310 ステンレス鋼	熱伝導率	PR 41.03 PR. 41. 07.	25mmφ 50mmφ		NPL
ニモニック75	熱伝導率	PR. 41. 04. PR. 41. 08	25mmφ 50mmφ		NPL
Resin bonded glass fiber board	熱伝導率／熱抵抗	IRMM-440	□300, 500, 600, 1000×35	263〜323	IRMM
パイレックスガラス	熱伝導率	BCR-039	300×300×20,30,50	143-468	IRMM
ガラスセラミック（パイロセラム9606）	熱伝導率／熱拡散率	BCR-724 A BCR-724 B BCR-724 C BCR-724 D BCR-724 E	13mmφ×18mm 13.9mmφ×21mm 25.9mmφ×22mm 26.9mmφ×22mm 50.7mmφ×25mm	298-1025	IRMM
アルミナ	熱拡散率	PR. 42. 01.	12φ×2mm		NPL
アルミニウム	熱拡散率	PR. 42. 02.	12φ×3mm		NPL
拡張ポリスチレン	熱伝導率／熱抵抗	PR. 44. 02.	305□	253-353	NPL
ナイロン	熱伝導率	PR. 44. 04.	305mm□	253-353	NPL
パースペックス PMMA（ポリメタアクリル樹脂）	熱伝導率／熱抵抗	PR. 44. 06.	305mm□	253-353	NPL
グラスファイバボード	熱伝導率	PR. 44. 08.	610mm□	253-353	NPL
拡張ポリスチレン	熱伝導率	PR. 44. 10.	610mm□	253-353	NPL
泡ガラス	熱伝導率	PR. 45. 02.	305mmφ以下	≧373	NPL
ミクロセラム	熱伝導率	PR. 45. 04.	305mmφ以下	≧373	NPL
特殊高密度グラスウール	熱伝導率	熱伝導率校正板	300×300×25	283-313	JTCCM
リファセラム（アルミナ）	熱拡散率	TD-AL	10φ×2mm, 3mm	室温-1000	JFCC
等方性黒鉛	熱拡散率	NMIJ-RM-1201	10φ×1.4-4.0mm	300-1500	NMIJ

旧名：熱物性研究センタ, Thermophysical Properties Research Laboratory, TPRL）によって行われたものがよく知られている．その勧告値は NSRDS 発行の文献に掲載されている[10]．純金属は，輸送特性を伝導電子の寄与として扱うことができるため，分析的に測定結果を評価することができる材料であり，測定例や文献も多く，勧告値同様の扱いで，標準物質の代用として用いられてきた．

後者では，公的な研究機関によりロットごとに測定・評価された認定値が値付けられて供給されているものを標準物質，試料個体ごとに測定・評価された認定値が値付けられたものを標準試料と言う．固体材料の熱伝導率および熱拡散率の標準物質・標準試料は，測定方法や測定対象に応じて，温度範囲，形状，材質が多様に設定されている．例えば，緻密で比較的熱伝導率が大きい（室温での熱伝導率 10 W/(m·K) 以上）固体材料の場合は，長さ方向に熱流を流して測定する棒状試料，各種断熱材，多孔質材料，高分子材料など熱伝導率が小さい（室温での熱伝導率 10 W/(m·k) 以下）固体材料の場合は，厚さ方向に熱流を流して測定する平板状試料などがある．また，熱拡散率の場合は，レーザフラッシュ法を対象としたものが供給されている．

熱伝導率の標準物質に関する研究は，1930 年代の ingot iron に関する研究に始まり，1960 年代には，米国国立標準局（National Bureau of Standards, NBS, 現：国立標準技術研究所 National Institute of Standard and Technology, NIST），北大西洋条約機構航空宇宙研究開発顧問委員会（AGARD-NATO），科学技術データ委員会（Committee on Data for Science and Technology, CODATA）などのリーダシップにより数種類の熱伝導率標準物質が確立された．そしてそれらは，今日まで長期に渡って，NIST から供給されてきた．しかし，最近では，NIST が所有する標準物質は更新されることなく，在庫も少ない．この危機的現状と近年の測定手法の発展により，ヨーロッパやわが国を中心に，新たな標準物質確立の動きがある．

1) NIST

前述のように，NIST は，1960 年代に幅広く標準物質を開発した．固体の熱伝導率の標準物質（SRM：Standard Reference Material, RM：Research Material）として，ステンレス鋼，タングステン，電解鉄，等方性黒鉛などが供給されてきた．供給当初はサイズも含めて種類が豊富であったが，現在では Table D-6-5-11 に示す RM の 2 種類のみの供給となっている[11]．関連する標準物質として，GHP 法（Guarded Hot Plate method：保護熱板法）による耐火物や断熱材の評価のための熱抵抗標準物質がある．これらは，校正サービスも行われている．

NIST のレポートのよれば，純金属の熱伝導率を伝導電子による熱伝導の寄与として，推奨式を与えている．

$\lambda = (W_O + W_I + W_{IO})^{-1}$
$W_O = \beta/T$
$W_I = P_1 T^{P_2}/[1 + P_1 P_2 T^{(P_2+P_4)} \exp\{-(P_5 T)^{P_6}\}] + W_C$
$W_{IO} = P_7 W_I W_O/(W_I + W_O)$

ここで，$\beta = \rho_O/L_O$，$L_O = 2.443 \times 10^{-8}$ （ρ_O は残留抵抗率（実測値），L_O はローレンツ数のゾンマーフェルト値），W_C は実測データと理論式の系統的な偏差を表す実験式である．電解鉄では，

$P_1 = 274.6 \times 10^{-8}$，$P_2 = 1.757$，$P_3 = 1.5167 \times 10^5$，
$P_4 = -1.22$，$P_5 = 245.4$，$P_6 = 1.375$，$P_7 = 0.0$，
$W_C = -0.004 \cdot \ln(T/440) \exp(-(\ln(T/650)/0.8)^2) - 0.002 \cdot \ln(T/90) \exp(-(\ln(T/90)/0.45)^2)$

となっている．

等方性黒鉛 POCO AXM-5Q1 については，個々の試料の密度と電気抵抗率を独立変数として含んだ実験式が与えられている[12]．密度と電気抵抗率による補正は，室温以下では有効であり，推奨式とのばらつきも ±5% 程度であるが，1000 K まででは ±10%，2000 K まででは ±20% のばらつきがみられ，個体差が原因であると報告されている．また，この黒鉛は，レーザフラッシュ法による熱拡散率の標準物質

---

10) NSRDS 8 : Thermal Conductivity of Selected Materials - Robert W. Powell, Cho Y. Ho, and Peter E. Liley. NSRDS - NBS 8, 68 p. (1966).　11) NIST Standard Reference Materials Catalog 2007.　12) J. G. Hust, A Fine Grained, Isotopic Graphite for Use as NBS Thermophysical Property RM's from 5 to 2500 K (NBS Special Publication 260-89, 1984).　13) http://www.npl.co.uk/thermal/crmservices.html　14) http://www.irmm.jrc.be/html/homepage.htm　15) http://www.evitherm.org/
16) http://www.jtccm.or.jp/shiken/kosei/index.html　17) http://www.jfcc.or.jp/05_material/index.html　18) http://www.nmij.jp/kosei/user/hanpu.html　19) M. Akoshima and T. Baba, Int. J. Thermophys. **27**, (2006), pp. 1189-1203.

6.5 熱物性標準物質

候補材料として，CODATAの主導のもと，幾つかの測定機関で測定が行われた．その結果でも個体間のばらつきを含めた熱拡散率値のばらつきは20％以上であると報告されている．

2）ヨーロッパ

ヨーロッパの各標準研究所では，GHP法による熱抵抗の標準を中心に供給が行われている．英国物理研究所（National Physical Laboratory, NPL）は，熱抵抗の標準供給に加え，独自に熱伝導率と熱拡散率の校正サービスと標準物質の供給を行っており，ホームページにも詳細が掲載されている[13]．仏国立試験所（Laboratoire National d'Essais, LNE）は，GHP法とレーザフラッシュ法による校正サービスを行っている．独国物理工学研究所（Physikalisch Technische Bundesanstalt, PTB）は，主にGHP法と独自に開発したホットスプリット法による校正サービスを行っている．

ヨーロッパにおける標準物質は，欧州標準物質測定研究所（Institute of Reference Materials and Measurements, IRMM）で一括する動向がある．ヨーロッパ各国の研究所が，共同で標準物質候補材料のラウンドロビンテストを行って値付けし，標準物質を開発している．を開始しているこれまで，パイレックスガラスやパイロセラムが頒布されている[14]．特に，パイロセラム9606は，以前は，米国材料規格協会（ASTM）が主導になって，標準物質として確立させるための作業が提案されていた．300～1300Kで熱伝導率，熱拡散率の標準物質候補材料として期待されていた．

また，2005年には，5ヶ国の標準研究所を中心とする40機関でEvitherm（Virtual Institute of Thermal Metrology）が設立され，活動が行われている[15]．

3）日本

日本では，断熱材や保温材などに関する熱伝導率の標準供給は，建材試験センター（JTCCM）が行っている．建材試験センターは，2006年度に国際MRA対応ASNITE校正の認定を取得した．JIS A 1412-2に基づく熱流計法や平板比較法のための校正板として，特殊高密度グラスウールを供給している[16]．また，高密度グラスウールやビーズ法ポリスチレンフォームが，標準物質候補材料として検討されている（建材の熱物性は，C-4章を参照）．

また，熱拡散率標準物質として，日本ファインセラミックスセンター（JFCC）から高純度アルミナTD-ALが[17]，産業技術総合研究所計量標準総合センター（NMIJ）から等方性黒鉛[18]が頒布されている．それぞれの温度範囲は，Table D-6-5-11の通りである．

レーザフラッシュ法による熱拡散率測定では，試料表面をパルス加熱するが，その加熱強度は測定装置に依存する．さらに，パルス加熱によって測定中の試料温度が変化するため，測定時の試料温度の特定が難しい．これらの問題を解決して測定装置を校正するために，一定温度において，パルス加熱強度を変化させて測定し，得られた見かけの熱拡散率とパルス加熱強度（温度上昇幅で表す）のプロットから，パルス加熱強度ゼロに外挿して，熱拡散率を決定する手法が提案されている．さらに，同一ロットの材料による厚さの異なる数枚の試料を，同様の手順で測定し，得られた熱拡散率が，試料厚さに依らず一致することを確認することで，測定条件や試料形状に依存しない，材料固有の熱拡散率が一意に決定される．TD-ALおよび等方性黒鉛は，どちらも上記の手法を用いて，一意な熱拡散率を値付けしたものである．産業技術総合研究所計量標準総合センター（NMIJ）では，レーザフラッシュ法のための熱拡散率標準の開発を進め，実質的に2004年度から校正サー

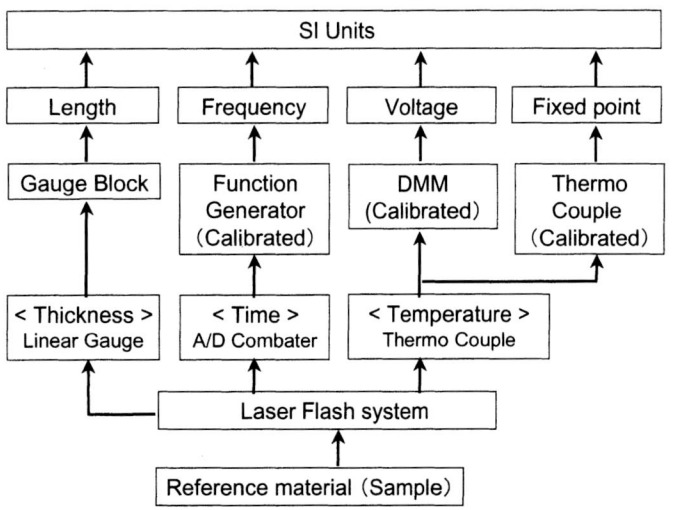

Fig. D-6-5-1 トレーサビリティ体系図の例（NMIJ）

ビスを，2006年度から標準物質の頒布を開始した[19]．この校正サービス用の試験片および標準物質には，等方性黒鉛を採用し，黒化処理を必要としない単体で適用できる標準物質となっている．また，熱拡散率の標準として初めて国際単位系へのトレーサビリティ確保を宣言した標準である．NMIJが供給する熱拡散率標準のトレーサビリティ体系図をFig. D-6-5-1に示す．トレーサビリティ体系図に示されるように，熱拡散率は，温度に依存する物性値であり，レーザフラッシュ法の場合は，試料の厚さと熱拡散時間から算出する．すなわち，温度と長さと時間の組立量であると理解ができる．したがって，測定装置の温度，時間，長さに関する部分を校正し，不確かさ評価を行うことで，熱拡散率をSIトレーサブルにすることができる．

（d）放射率標準物質（Reference Materials of Emissivity）

放射率の標準物質とは，垂直分光放射率，半球全放射率などの値が正確に与えられている物質，あるいは特定の物体をさすが，ここでは，標準物質に加えて信頼性の高い参照データについて述べる．

（1）垂直分光放射率（Normal Spectral Emissivity）

分光放射率の測定における参照放射源としては，殆どの場合，黒体空洞が用いられる．つまり，理想的な放射率（＝1）およびその輝度値については，国際温度目盛（SI単位）にトレーサブルな黒体空洞（黒体炉）を参照する方法が，通常最も信頼性が高い．これに対し，標準物質は主として，垂直分光放射率の測定精度（不確かさ）を確認することに用いられる．

高温域における垂直分光放射率の標準物質は，これまで米国NBS（現NIST）で開発・供給されたものがある[20,21]．低放射率の標準物質は，表面をよく研磨した白金あるいは白金-13％ロジウムであり，表面を十分に清浄に保って1250℃で1時間アニールを行った試料について，800 K，1100 K，1400 Kの3温度点で1〜15 μmまでの波長域の測定が行われている．

Fig. D-6-5-2は，1100 Kにおける白金の垂直分光放射率を示す．上のカーブは18回の測定の平均値であり，下のカーブは平均値の95％信頼度である．白金の垂直分光放射率は，1 μmから5 μmの間でおよそ0.2以下，5 μmから15 μmまでは，0.1以下という低い値を示している．試料の違いによる放射率

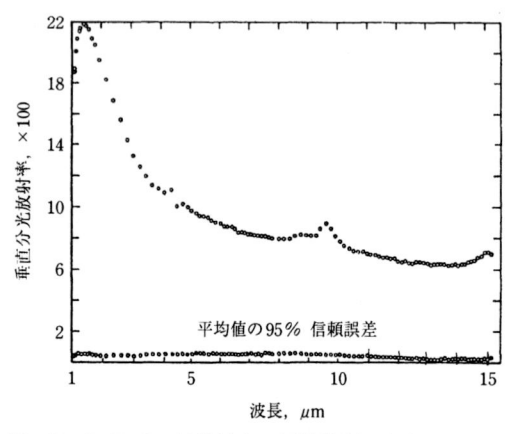

Fig. D-6-5-2 低放射率の標準物質（白金）の1100 Kにおける垂直分光放射率（Normal spectral emissivity of a low emissivity reference material, platinum, at 1100 K）

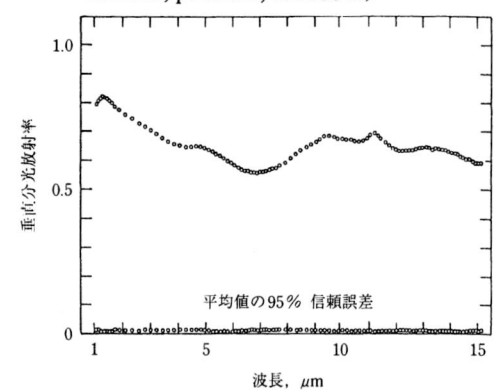

Fig. D-6-5-3 中放射率の標準物質（酸化カンタル）の1100 Kにおける垂直分光放射率（Normal spectral emissivity of a medium emissivity reference material, oxidized Kanthal, at 1100 K）

---

20) Richmond, J. C., DeWitt, D. P. et al. : NBS Technical Note No. 252 (1969). 21) Richmond, J. C., Harrison, W. N. et al. : Measurement of Thermal Radiation Properties of Solids, Ed. Richmond, J. C., NASA SP-31 (1963) 403. 22) Redgrove, J. & Batuuello, M. : High Temp.-High Press., 27/28 (1995/1996) 135. 23) Touloukian, Y. S., DeWitt, D. P., et al. : Thermal Radiative Properties, Coatings, TPRC Data Series 9, IFI/Plenum (1972) 85. 24) Ishii, J. & Hanssen, L. : 第26回日本熱物性シンポジウム論文集 (2005) 96. 25) Lohrengel, J. & Todtenhaupt, R. : PTB-mitteilungen, **106** (1996) 259. 26) Ishii, J. & Ono, A. : Proc. SPIE **4103** (2000) 126. 27) Hong, J. H., Baba, T. et al. : Proc. 2nd Asian Thermophysical Properties Conference (1989) 179. 28) JIRA Report (社) 遠赤外線協会 7/1 (1996) 3. 29) 工藤恵栄：分光学的性質を主とした基礎物性図表，共立出版 (1972). 300) Palik, E. D. : Handbook of Optical Constants of Solids, Academic Press (1985). 31) 松本　毅：放射熱交換と放射測温技術を用いた熱物性計測技術に関する研究，博士論文：筑波大学 (2000).

6.5 熱物性標準物質

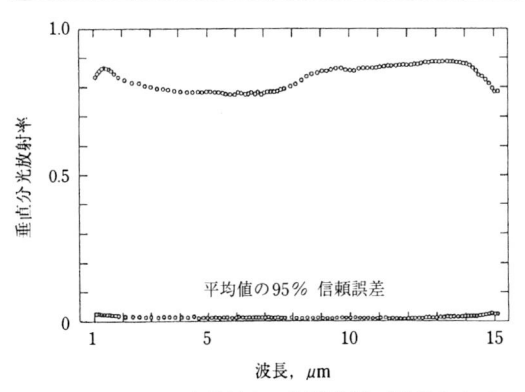

Fig. D-6-5-4 高放射率の標準物質（酸化したインコネル）の1100 Kにおける垂直分光放射率
(Normal spectral emissivity of a high emissivity reference material, oxidized Inconel, at 1100 K)

のばらつきは，全波長域にわたって標準偏差で0.01以下である．白金-13％ロジウムについては，一般に同じ温度と波長で比べると白金よりやや高い放射率を示す．

中程度の放射率の標準物質としては，酸化させたカンタルが用いられた．60メッシュのアルミナでサンドブラストし，表面清浄後，1340 Kで400時間加熱・酸化させた．1100 Kにおける垂直分光放射率をFig. D-6-5-3に示す．垂直分光放射率は1μmから15μmの間でおよそ0.8から0.6の間にある．試料の違いによるばらつきの標準偏差は，放射率の値で0.03以下である．

高放射率の標準物質としては，酸化したインコネルが用いられた．カンタルの場合と同様にブラスト処理を行い，表面清浄後，1340 Kで24時間，その後1100 Kでさらに24時間加熱した．1100 Kにおける垂直分光放射率をFig. D-6-5-4に示す．1μmから15μmの殆どの波長域で0.85以上の高い放射率が得られている．試料ごとのばらつきの標準偏差は，1μmと15μmの近傍で大きくなるものの，他の部分の波長域では，0.05以下であり，標準物質としての適合性は高い．以上の垂直分光放射率の標準物質はある期間 NBSから入手可能であったが，今日では，入手不可能となっている．

垂直分光放射率については，各国の標準研究所などにおいても精密測定技術が開発され，不確かさ評価や国際的な比較測定が行われている．試料のキャラクタリゼーションや不確かさに関する詳細なデータも報告されており，参照データとして利用価値が高い．Fig. D-6-5-5は，英国 NPLとイタリア IMGCとの間で行われた比較測定結果の例を示す[22]．

物体表面の放射率を制御するには，塗料はきわめて便利なものである．黒色塗料については比較的よく放射率が測定されており，黒体空洞よりも信頼性は劣るものの，大面積の試料が簡便に得られることから，放射温度計の簡易校正などにも利用される．有機バインダーの中に炭素（あるいは黒鉛）微粒子を分散させたものは，可視から15μm程度の赤外域まで0.1ないし0.05程度の垂直-半球分光反射率を持ち，従って0.90から0.95程度の垂直分光放射率を持つ[23]．Fig. D-6-5-6は，耐熱黒色塗料（アサヒペン）を銅基板上に塗布した試料について，分離黒体法（産総研）と積分球法（NIST）により，常温付近で分光放射率を測定した結果である[24]．塗料の耐熱性は一般に有機バインダーによって決まるが，600℃以上の高温でも使用可能な黒色塗料としては，金属酸化物の微粒子を塗布するものがある．パイロマークなどが市販されているが垂直分光放射率は，炭素系の塗料に比べてやや低い．塗料の中では，3M社のベルベットコーティングが高い放射率（0.98程度）と耐熱性

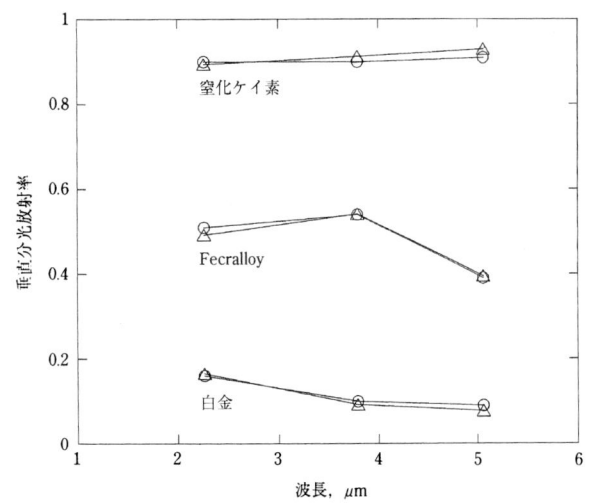

Fig. D-6-5-5 垂直分光放射率の国際比較測定結果（試料温度500℃）(Measured normal spectral emissivity values at 500℃ for silicon nitride, Fecralloy and platinum, △：NPL measurements, ○：IMGC measurements)

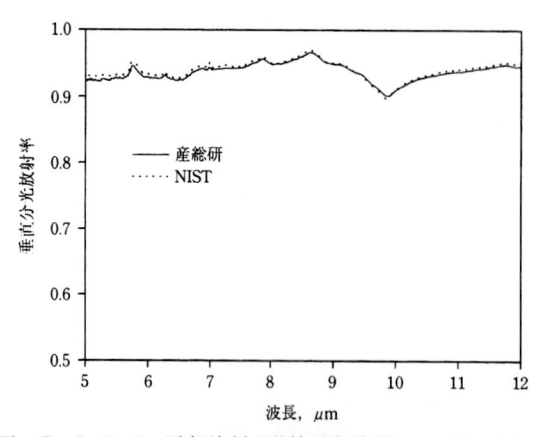

Fig. D-6-5-6 黒色塗料（耐熱黒色塗料：アサヒペイント）の垂直分光放射率（常温付近）（Normal spectral emissivity values near room temperature for a black paint (Heat-resisting black : Asahi paint) on copper substrate measured by NMIJ and NIST.）

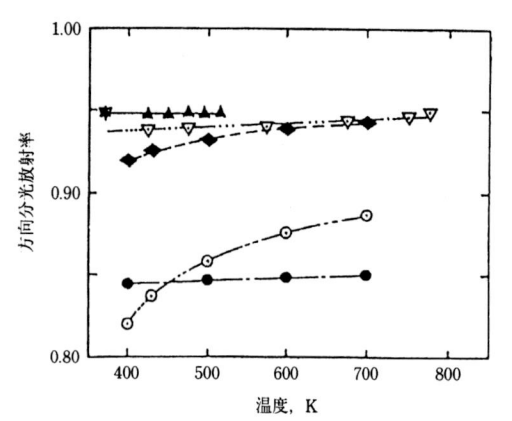

○：耐熱黒色塗料，パイロマーク2500（はけ塗り）
●：耐熱黒色塗料，ドライグラファイトフィルム（スプレイ）
◆：耐熱黒色塗料，オキツモ（スプレイ）
▲：耐熱黒色ポリマー，スタイキャスト
▽：快削性セラミックス，マコール

Fig. D-6-5-7 市販の耐熱黒色塗料の波長4μmにおける方向（垂直から20°）分光放射率（Directional (20° off normal) spectral emissivity of commercial heat resisting black paint）

（400℃程度）を兼ね備えていたが，現在では，製造が中止されており，類似の塗料として，Nextel 社のベルベットコーティングが入手可能であり分光放射率が調べられている[25,26]．

最近入手可能な3種類の耐熱黒色塗料について（参考のために耐熱黒色ポリマーと快削性セラミックスとともに），100℃から500℃まで，波長4μmにおける垂直から20°の方向への分光放射率をFig. D-6-5-7に示す[27]．スプレー式の塗布方法では，放射率のばらつきがおよそ0.1程度に及ぶこともあるので注意が必要である．

国内では，（社）遠赤外線協会より分光放射率の参照データが付加されたセラミックス（SiC）試料が提供されている[28]．この試料は，複数の民間企業・依頼測定機関などにおいて共同実験を実施し，その結果を参照データとして付加したものであるが，標準値や測定の不確かさなどの情報は提供されていない．

(2) 垂直分光反射率（Normal Spectral Reflectivity）

垂直-半球反射率の測定から垂直放射率を得ようとするときには，高反射率の標準物質が必要となる．

鏡面の場合には，アルミニウム，金，銀などの金属のフレッシュな蒸着膜や白金の清浄面などを使用温度に応じて使い分ける．金属の蒸着膜に関しては常温における反射率が，光学の分野で詳しく測定・評価されている[29,30]．

拡散面に関しては，光学や測光の用途のために高反射率の拡散面が開発されており，特に可視・近赤外域では，酸化マグネシウム，硫酸バリウム，テフロン（商品名としてのハロン）などが優れている．一方，3μmより長い波長の赤外では，金コートされた拡散面などが利用可能であるが，可視・近赤外域に比べて信頼性は低い．一般的な問題点として，これらの拡散的反射率標準物質では，常温での利用を目的に作られており，高温での特性は殆ど知られていない．

(3) 半球全放射率（Hemispherical Total Emissivity）

半球全放射率に関する標準物質の供給は，これまで行われていないが，高放射率で安定性高いものとして，3Mのベルベットコーティング（半球全放射率：0.98程度）などの黒色塗料の測定結果が報告されている[23]．また，耐熱材料であるグラファイトやモリブデンなどの高融点金属については，パルス通電加熱法による高温域の半球全放射率が詳細に調べられており，熱伝導率標準物質として米国NISTより供給されている等方性高密黒鉛（POCO AMX-5Q1）試料に関し，2000K付近の温度において，0.8程度の半球全放射率を持つことが報告されている[31]．

6.5.2 流体標準物質 (Reference Materials of Fluids)

(a) 密度 (Density)

(1) 水

水は最も早くから密度標準物質として用いられてきた物質であり，他の物質の密度や体積，内容積を求めるために広く用いられている[32]．その密度は1890年代から1910年にかけて国際度量衡局（BIPM）において最初に絶対測定された[33-36]．この測定では，ガラス製の立方体の形状を光波干渉測定してその体積を求め，この立方体の水中でのひょう量測定から水の密度の絶対値が求められたが，この測定は同位体が発見される以前に行われたため，水の同位体組成の不確かさに起因する問題が残されていた．

このため同位体組成が明らかにされた水の密度の絶対値を 1×10^{-6} よりも小さい相対合成標準不確かさで再測定することが，国際純正応用科学連合（IUPAC）をはじめとするいくつかの国際機関によって勧告され，この勧告をうけて，オーストラリア連邦科学産業研究機構（CSIRO）と日本の産業技術総合研究所 計測標準研究部門（NMIJ，以前の計量研究所）において，標準平均海水（standard mean ocean water : SMOW）[37]に等しい同位体組成を有する化学的に純粋な水の密度の絶対測定が行われた．

1994年，CSIROのPattersonら[38]は，低熱膨張ガラス製の中空球体の形状を光波干渉測定してその体積を求め，この球体を水中でひょう量測定して水の密度を絶対測定した．約4℃，101.325 kPaにおける最大密度は999.9736 (9) kg/m^3 であった（括弧内の

Table D-6-5-12 標準平均海水 (Standard Mean Ocean Water : SMOW) に等しい同位体組成を有する化学的に純粋な水の標準大気圧力下における密度（単位：kg m^{-3}）．上段：密度，下段：包含係数 $k=2$ における拡張不確かさ．温度 t は国際温度目盛 ITS-90 を表す．

温度 t/℃	0	1	2	3	4	5	6	7	8	9
0	999.8428	999.9017	999.9429	999.9672	999.9749	999.9668	999.9431	999.9045	999.8513	999.7839
	0.0008	0.0008	0.0008	0.0008	0.0008	0.0008	0.0008	0.0008	0.0008	0.0008
10	999.7027	999.6081	999.5005	999.3801	999.2474	999.1026	998.9459	998.7778	998.5984	998.4079
	0.0008	0.0008	0.0008	0.0008	0.0008	0.0008	0.0008	0.0008	0.0008	0.0008
20	998.2067	997.9950	997.7730	997.5408	997.2988	997.0470	996.7857	996.5151	996.2353	995.9465
	0.0008	0.0008	0.0008	0.0008	0.0008	0.0008	0.0008	0.0008	0.0008	0.0008
30	995.6488	995.3424	995.0275	994.7041	994.3724	994.0326	993.6847	993.3290	992.9654	992.5941
	0.0008	0.0008	0.0008	0.0008	0.0008	0.0008	0.0008	0.0008	0.0009	0.0009
40	992.2152									
	0.0009									

注）国際度量衡委員会(CIPM)の推奨値[41]を示した．蒸発・凝縮や蒸留の過程で水の同位体組成は変化し，それに応じて密度も変化する．化学的に純粋な降水（蒸留した水道水など）の密度は地域によっても異なる．質量分析によって試料水の同位体組成を測定すれば，この密度表からの偏差を算出することができる[32,41]．

---

32) Fujii K. : "Present state of the solid and liquid density standards," Metrologia, 2004, 41, pp. S1-15. 33) Guillaume Ch.-Éd. : "Détermination du Volume du Kilogramme d'Eau," Trav. Mem. Bur. Int. Poids et Measures, 1910, 14, 1-276.
34) Chappuis P. : "Détermination du Volume du Kilogramme d'Eau," Trav. Mem. Bur. Int. Poids et Measures, 1910, 14, 1-163.
35) Macé de Lépinay J., Buisson J. H., Benoit J. R. : "Détermination du Volume du Kilogramme d'Eau," Trav. Mem. Bur. Int. Poids et Measures, 1910, 14, 1-127. 36) Guillaume C. : "La Creation du B.I.P.M. et Son Oeuvre," Paris, Gauthier-Villars, 1927. 37) Craig H. : "Isotopic Variation in Meteoric Waters," Science, 1961, 133, 1833-1834. 38) Patterson J. B., Morris E. C. : "Measurement of Absolute Water Density, 1 ℃ to 40 ℃ ," Metrologia, 1994, 31, 277-288. 39) Masui R., Fujii K., and Takenaka M. : "Determination of the Absolute Density of Water at 16 ℃ and 0.101325 MPa," Metrologia, 1995/96, 32, 333-362. 40) Fujii K., Masui R., and Seino S. : "Volume determination of Fused Quartz Spheres," Metrologia, 1990, 27, 25-31.
41) Tanaka M., Girarg G., Davis R., Peuto A., and Bignell N. : "Recommended table for the density of water between 0 ℃ and 40 ℃ based on recent experimental reports," Metrologia, 2001, 38, 301-309.

数値は最後の桁の標準不確かさを表す).

1996年，NMIJ の増井ら[39]は，藤井らが開発した光波干渉計[40]を用いて石英ガラス球体の直径を測定して体積を求め，この石英ガラス球体を水中でひょう量測定して水の密度を絶対測定した．約4℃，101.325 kPa における最大密度は999.9757 (8) kg/m^3 であった．

二つの計量標準機関から独立した絶対値が得られたことは意義が大きいが，両者の値には不確かさを上回る 2.1×10^{-6} の相対的な隔たりがある．この問題は，国際度量衡委員会（CIPM）の質量関連量諮問委員会（CCM）で検討された．両者のデータの統計解析から4℃，101.325 kPa における密度 ρ_{SMOW} を999.9749 kg/m^3，その拡張不確かさ（$k=2$）を0.0008 kg/m^3 とする国際密度表[41]が国際度量衡委員会（CIPM）から勧告され，国際標準値として用いられている．この国際密度表を Table D-6-5-12 に示す．この表の値 ρ_{SMOW} は温度 t の関数として以下の式から算出される．

$$\rho_{SMOW}(t) = a_5 \left[1 - \frac{(t+a_1)^2 (t+a_2)}{a_3 (t+a_4)} \right] \quad (1)$$

ここで，

$a_1/℃ = -3.983035 \pm 0.000670$

$a_2/℃ = 301.797$

$a_3/℃ = 522528.9$

$a_4/℃ = 69.34881$

$a_5/(\mathrm{kg\ m^{-3}}) = 999.97495 \pm 0.00084$

である．記号 ± に続く数値は $k=2$ の拡張不確かさを表す．この式が成立する温度範囲は 0 – 40℃である．ただし，水道水などの降水の同位体組成は，一般には SMOW とは異なるので，精密な値が必要な場合には質量分析によって酸素 ^{18}O と重水素 D の存在量を測定し，ρ_{SMOW} からの偏差を計算することが必要である[32,40]．一般に精製した降水（蒸留した水道水など）の密度は同位体組成の違いにより ρ_{SMOW} よりも相対的に約 3×10^{-6} 程度小さい．また，十分に脱気した水であっても空気中に放置すると極短時間で空気が溶解して飽和し水の密度は減少する．空気の溶解度は温度減少とともに増加し，空気が飽和状態で溶解した水の密度は0℃において ρ_{SMOW} よりも相対的に約 4.6×10^{-6} 程度小さい．精密な密度の値が必要な場合には溶解ガスの影響の補正も必要である．この補正式は文献41) に与えられている．

（2）水　銀

水銀の密度は，圧力標準の設定を目的として1957年および1961年に英国物理研究所（NPL）の Cook ら[42,43]によって絶対測定された．この測定では，液中ひょう量法とピクノメーター法が併用された．液中ひょう量法では，タングステンカーバイド製の立方体の形状を光波干渉測定して体積を求め，この立方体を水銀中でひょう量測定して密度が求められた．ピクノメーター法では，ガラス製の平板を貼り合わせて箱型の容器を構成し，向かい合う平行平板の間隔の光波干渉測定から内容積を求め，この容器内に水銀を満たす前後の質量差から水銀の密度が求められた．

両測定の平均値を現在の温度目盛である ITS-90 に換算すると，20.000℃，101.325 kPa における水銀の密度は13545.854 kg/m^3 である[44]．測定の相対合成標準不確かさは 0.2×10^{-6} であると報告されているが，同位体組成の違い等により，原産地の異なる水銀試料の密度は最大で 1.7×10^{-6} の相対偏差がある．このため，値付けされていない水銀の密度の相対合成標準不確かさは 1×10^{-6} よりも大きいと考えられている[45]．水銀の密度については文献46) に詳しい記述がある．

水銀の密度の不確かさは，圧力標準[47]の設定に大

---

42) Cook A. H., Stone N. W. B.: "Precise Measurements of the Density of Mercury at 20℃. I. Absolute Displacement Method," Philos. Trans. Roy. Soc. London, Ser. A, 1957, 250, 279-323.　43) Cook A. H.: "Precise Measurements of the Density of Mercury at 20℃. II. Content Method," Philos. Trans. Roy. Soc. London, Ser. A, 1961, 254, 125-154.　44) Sommer K.-D., Poziemski J.: "Density, Thermal Expansion and Compressibility of Mercury," Metrologia, 1993/94, 30, 665-668.　45) Patterson J. B., Prowse D. W.: "Comparative Measurement of the Density of Mercury," Metrologia, 1985, 21, 107-113.　46) Bettin H. and Hehlauer H.: "Density of mercury-measurements and reference values," Metrologia, 2005, 41, pp. S16-23.　47) Ooiwa A., Ueki M., Kaneda R.: "New Mercury Interferometric Baromanometer as the Primary Pressure Standard of Japan," Metrologia, 1993/94, 30, 565-570.　48) Moldover M. R., Trusler J. P. M., Edwards T. J., Mehl J. B., Davis R. S.: "Measurement of the Universal Gas Constant R Using a Spherical Acoustic Resonator," J. Res. Natl. Bur. Stand., 1988, 93, 85-144.　49) Clothier W. K., Sloggett G. J., Bairnsfather H., Curry M. F., Benjamin D. J.: "A Determination of the Volt," Metrologia, 1989, 26, 9-46.　50) Kuramoto N., Fujii K., and Waseda A.: "Accurate density measurements of reference liquids by a magnetic suspension balance," Metrologia, 2004, 41, S84-94.

Table D-6-5-13 主な密度標準液

物質名	化学式	20 ℃における密度
Isooctane	$(CH_3)_2CHCH_2C(CH_3)_3$	約 690 kg/m^3
n-Nonane	C_9H_{20}	約 718 kg/m^3
n-Tridecane	$C_{13}H_{28}$	約 756 kg/m^3
Water	H_2O	約 998 kg/m^3
2,4-Dichlorotoluene	$Cl_2C_6H_3CH_3$	約 1250 kg/m^3
Bromobenzene	C_6H_5Br	約 1495 kg/m^3
Tetrachloroethylene	C_2Cl_4	約 1620 kg/m^3

きな影響を与えるだけではなく，球形共振器による一般気体定数 R の絶対測定[48]や，液体電位計によるジョセフソン定数 $K_J=2e/h$（ここで e は電気素量を，h はプランク定数を表す）の絶対測定[49]における主な不確かさの要因となっている．

(3) 密度標準液

振動式密度計は極めて感度の高い密度測定装置としてアルコール・石油業界，食品産業，医療検査等の多くの分野で用いられている．通常は水と空気のみを密度標準物質としているため，標準物質の密度と異なる領域で測定に用いた場合の不確かさは大きい．このため，密度が約 0.5 g/cm^3 から 2.0 g/cm^3 までの領域において，密度の異なる幾つかの標準液を供給することにより，振動式密度計の信頼性を確保し，不確かさを小さくすることができる．

Table D-6-5-13 に密度標準液の候補を示した．これらの有機液体の密度は純度に大きく影響されるため，個々の試料について密度を値付けすることが必要である．通常はシリコン単結晶などの密度の一次標準を用いて液中ひょう量法（hydrostatic weighing method）[32]から密度標準液の密度が校正されるが，磁気式密度計[50]による密閉容器内での密度校正も行われている．磁気式密度計を用いると揮発性の高い有機液体や加圧下の液体の密度も高精度計測することができる．

(b) **液体および気体の熱伝導率の標準**
(Reference Data of Thermal Conductivity of Liquids and Gases)

流体の熱伝導率測定では，固体の場合とは異なり，試料内部の対流による熱輸送が大きな系統的誤差要因となる．従って，流体の熱伝導率の絶対測定を行うことは非常に難しく，一般的には複雑な測定装置と熟練が必要である．これに対して，熱伝導率の標準値に対する比あるいは差を求める比較測定（または相対測定）を用いれば，熱伝導率の決定はより容易になる．流体の熱伝導率の標準は，このような比較測定装置の検定（校正）目的，あるいは絶対測定装置を新たに製作した場合のその信頼性を確認する目的のために必要であり，工業計測において極めて重要である．

現在のところ液体の熱伝導率の標準物質として最も精度の高い値が定められているのはトルエンおよび水である．国際純正応用化学連合（International Union of Pure and Applied Chemistry）の輸送物性分

Table D-6-5-14 トルエンの熱伝導率推奨値（Recommended thrermal conductivities for liquid of toluene）

温度 Temperature T (K)	熱伝導率 Thermal conductivity λ (mW/(m·K))	温度 Temperature T (K)	熱伝導率 Thermal conductivity λ (mW/(m·K))
180	158.8	370	110.3
190	157.7	380	107.8
200	156.3	390	105.3
210	154.5	400	103.0
220	152.5	410	100.8
230	150.2	420	98.64
240	147.7	430	96.64
250	145.0	440	94.75
260	142.3	450	92.96
270	139.4	460	91.26
280	136.4	470	89.64
290	133.4	480	88.09
300	130.4	490	86.59
310	127.4	500	85.13
320	124.4	510	83.69
330	121.4	520	82.25
340	118.5	530	80.79
350	115.7	540	79.27
360	113.0	550	77.68

---

51) Nieto de Castro, C. A. et al. : J. Phys. Chem. Ref. Data, **15** (1986) 1073.　52) Ramires, Maria L. V. et al. : J. Phys. Chem. Ref. Data., **29** (2000) 133.　53) Kestin, J. et al. : J. Phys. Chem. Ref. Data, **13** (1984) 229.　54) Measurement of the Transport Properties of Fluids, Ed. by Wakeham, W. A., Nagashima, A. & Sengers, J. V., Experimental Thermodynamics Vol. III, Blackwell (1991).

科会では，1986年にトルエンと水の値を液体の熱伝導率の第1次標準値に推奨した[51]．その後，トルエンについては2000年に，より広い温度範囲における新たな推奨値を発表した[52]．トルエンの飽和液体の熱伝導率推奨値を Table D-6-5-14 に，またその相関式を以下に示した[52]．

$$\lambda^* = 0.420919 + 3.629457\,T^* - 5.348298\,T^{*2}$$
$$+ 2.818947\,T^{*3} - 0.529700\,T^{*4} \quad (2)$$

ここで，

$$T^* = T/298.15\,\text{K} \quad (3)$$
$$\lambda^* = \lambda(T)/\lambda(298.15\,\text{K},\ 0.1\,\text{MPa}) \quad (4)$$
$$\lambda(298.15\,\text{K},\ 0.1\,\text{MPa})$$
$$= 0.13088 \pm 0.00085\,\text{W m}^{-1}\text{K}^{-1} \quad (5)$$

である．Eq.(1) が有効な温度範囲は
$$189\,\text{K} \leq T \leq 553\,\text{K}$$
であり，Table D-6-5-14 中の熱伝導率の不確かさは 1% : 189 K ≤ T ≤ 440 K, 1.5% : 440 K ≤ T ≤ 480 K, 2% : 480 K ≤ T ≤ 553 K, と見積もられている．

水の飽和液体の熱伝導率推奨値を Table D-6-5-15 に，またその相関式を以下に示した[51]．

$$\lambda^* = -1.26523 + 3.70483\,T^* - 1.43955\,T^{*2} \quad (6)$$
$$\lambda(298.15\,\text{K},\ 0.1\,\text{MPa})$$
$$= 0.6067 \pm 0.0061\,\text{W m}^{-1}\text{K}^{-1} \quad (7)$$

温度と熱伝導率の無次元化は，トルエンの場合の Eq.(3)，(4) と同じである．上式の有効温度範囲は
$$274\,\text{K} \leq T \leq 370\,\text{K}$$
であり，熱伝導率の不確かさは 1% と見積もられている．

気体の熱伝導率に関しては，液体の場合のように国際的に取り決められた標準値は存在しない．しかし，希ガスのような単原子気体（2体衝突が支配的な低密度で量子効果が無視できる高温範囲）の熱伝導率は，高い精度の粘性率実測値から理論的に計算可能である[53,54]．Table D-6-5-16 に，このようにして計算した5種類の希ガスの熱伝導率推奨値[55]を示した．表中の熱伝導率の不確かさは.03% : 25℃ ≤ t ≤ 200℃, 0.5% : 200℃ ≤ t ≤ 500℃, 0.7% : 500℃ ≤ t ≤ 700℃ と見積もられている．

(c) 粘性率（Viscosity）

液体の標準物質として，まず，水があげられる．特に 20℃，標準大気圧（0.101325 MPa）における蒸留水の粘性率の絶対値は，粘性率の比較測定の一次標準として国際的に採用されている．1998年に国際標準化機構（ISO）で，21年ぶりに改訂された技術報告（TR）[55] に定められている粘性率の値は，1.0016 mPa·s，および粘性率を同一状態の温度，圧力における密度で除した商の動粘性率の値は，1.0034 mm^2/s であり，双方の値の相対拡張不確かさ（$k=2$）は，0.17% である．また，同 TR では，15～40℃における粘性率比，密度，粘性率と動粘性率の温度係数，および粘性率の圧力係数の値が定められており，これらを Table D-6-5-17 に示す．

なお，広い温度，圧力範囲（0～800℃，0.01～100 MPa）にわたる水および水蒸気の粘性率，動粘性率に関しては，1997年に国際水・蒸気性質協

Table D-6-5-15 水の熱伝導推奨値
(Recommended thremal conductivities for saturated water)

温度 Temperature T (K)	熱伝導率 Thermal conductivity λ (mW/(m·K))
280	573.0
290	592.4
300	609.8
310	625.3
320	638.7
330	650.3
340	659.8
350	667.4
360	673.1
370	676.7

Table D-6-5-16 気体の熱伝導率推奨値（Recommended thermal conductivities for noble gases at 0.1 MPa）

温度 Temperature t (℃)	熱伝導率 Thermal conductivity λ (mW/(m·K))				
	ヘリウム Helium He	ネオン Neon Ne	アルゴン Argon Ar	クリプトン Krypton Kr	キセノン Xenon Xe
25	155.3	49.24	17.67	9.451	5.482
100	181.1	57.84	21.36	11.63	6.852
200	213.9	67.43	25.59	14.18	8.534
300	244.7	76.79	29.60	16.50	10.07
400	274.1	85.34	33.14	18.64	11.49
500	302.0	93.39	36.50	20.64	12.81
600	329.5	101.1	39.60	22.52	13.99
700	356.8	108.4	42.72	24.33	15.18

会（IAPWS）で，30年ぶりに全面的に改訂された水および水蒸気の熱力学性質に関する実用国際状態式（IAPWS-IF97）に準じて定められている値を用いることが望ましい[56]．

蒸留水のように粘性率および動粘性率の値が常に一定のものが得られる訳ではないが，蒸留水よりも実用的な広範囲の粘性率および動粘性率をカバーする標準物質として粘度標準液がある．わが国では，日本工業規格のJIS Z 8809：2000「粘度計校正用標準液」に規定された13種類の粘度標準液があり，Table D-6-5-18にこれらの粘性率，動粘性率の基準値と概略値を示したが，20℃の動粘性率の値を基準値とし，25〜40℃の動粘性率並びに20〜40℃の粘性率の値を概略値としている．これらの粘度標準液は，鉱油系または合成高分子系の透明な炭化水素油で，浮遊物，添加剤，その他有害なものを含まない安定したニュートン液体である．JS2.5〜JS2000の粘度標準液は基準値の±5％以内，JS14000〜JS160000の

Table D-6-5-17 15〜40℃における蒸留水の粘度比，密度，粘性率と動粘性率の温度係数，および粘性率の圧力係数の推奨値（Recommended values for the dynamic viscosity ratio of distilled water at various temperatures; density, temperature coefficients of dynamic and kinematic viscosities, and pressure coefficient of dynamic viscosity）

温度 Temperature T (℃)	粘性率比 Dynamic viscosity ratio V_r	密度 Density ρ (kg/m^3)	粘性率温度係数 Temperature coefficient U_η (K^{-1})	動粘性率温度係数 Temperature coefficient U_ν (K^{-1})	粘性率圧力係数 Pressure coefficient γ (10^{-4} MPa^{-1})
15	1.1360±0.0006	999.10	0.0265	0.0264	-6.14
20	1.00000	998.20	0.0245	0.0243	-4.28
23	0.9306±0.0004	997.54	0.0235	0.0232	-3.28
25	0.8885±0.0003	997.04	0.0228	0.0225	-2.65
30	0.7958±0.0003	995.65	0.0213	0.0210	-1.22
40	0.6514±0.0002	992.21	0.0188	0.0185	1.20

$V_r = \eta(T)/\eta(20\ ℃)$

Table D-6-5-18 JIS Z 8809に規定されてる粘度計校正用標準液（Standard liquids for calibrating viscometers provided by JIS Z 8809：2000）

種類 Designation	動粘性率 Kinematic viscosity ν (mm^2/s)				粘性率 Dynamic viscosity η (mPa·s)			
	基準値 Standard value	概略値 Approximate value			基準値 Standard value	概略値 Approximate value		
	20℃	25℃	30℃	40℃	20℃	25℃	30℃	40℃
JS 2.5	2.5	-	2.1	1.8	2.0	-	1.6	1.4
JS 5	5.0	-	3.9	3.2	4.1	-	3.2	2.5
JS 10	10	-	7.4	5.7	8.4	-	6.1	4.6
JS 20	20	-	14	10	17	-	11	8.2
JS 50	50	-	32	21	43	-	27	18
JS 100	100	-	59	38	86	-	51	32
JS 200	200	-	110	66	170	-	95	56
JS 500	500	-	260	150	440	-	230	130
JS 1000	1000	-	500	270	890	-	430	230
JS 2000	2000	-	940	480	1800	-	820	420
JS 14000	14000	-	5500	2400	12000	-	4800	2100
JS 52000	52000	-	20000	8500	46000	-	18000	7500
JS160000	160000	100000	-	-	140000	90000	-	-

55) ISO：ISO/TR 3666 Viscosity of water 2nd edition, ISO (1998) 1〜4． 56) 日本機械学会編：1999日本機械学会蒸気表第5版，日本機械学会 (1999)． 57) Kurano, Y., Kobayashi, H. et al：Int. J. Thermophys., 13, 4, (1992) 643〜657． 58) http：//www.comar.bam.de/ 59) http：//www.rminfo.nite.go.jp/

粘度標準液は基準値の±10%以内になるようにそれぞれ製造ロット毎（容量500ml瓶のものが，150～400本程度）に日本グリース（株）で責任調製されている．調製された粘度標準液の各測定温度における粘性率，動粘性率の決定値は，JIS Z 8809の規定にしたがい，産業技術総合研究所（AIST）の計量標準総合センター（NMIJ）で校正された値としており，その相対拡張不確かさ（$k=2$）は，0.05～0.17%の範囲内（粘性率および動粘性率の増加とともに大きくなる）にある．校正された粘度標準液は，AIST発行の校正証明書に準じて日本グリース（株）が作成した成績保証書が添付されて，国内の理科学機器メーカ4社から一般に流通・販売されている．また，JISで規定されている以外の任意の温度における粘性係数，動粘性係数の値についても，NMIJの研究成果[57]に準じて計算された表が作成され，用いられている．

なお，諸外国においても，Table D-6-5-19に示すようにそれぞれの国情に合った粘度標準液が，国立の計量標準研究機関などで校正され，一般に流通・販売されている．ISOの標準物質委員会（REMCO）が構築している国際認証標準物質データベースのCOMARでは[58]，わが国の粘度計校正用標準液を含め各国の粘度標準液が登録されており，最新のデータベース検索が可能である．また，わが国の製品評価技術基盤機構（NITE）が構築している標準物質総合情報システムのRMinfoでは[59]，国内の各種標準物質のデータベース検索が可能である．

Table D-6-5-19 各国で供給されている粘度標準液（Certified reference viscosity liquids (CRVL) supplied in each country）

国名 Country	供給機関 Supplier	種類 No. of CRVL	測定温度 Temperature t (°C)	粘性率 Dynamic viscosity η (mPa·s)	相対拡張不確かさ ($k=2$) Relative expanded uncertainty U_r
スロバキア Slovakia	Slovensky Metrogicky Ustav (SMU)	11	20	1.8～1100	0.06～0.09
フランス France	Laboratoire National d'Essais (LNE)	16	20～100	0.7～36000	0.2～0.8
オランダ Netherlands	Nederlands Meetinstituut (NMi)	5groups	20～140	0.4～70000	0.2～1
ドイツ Germany	Physikalisch-Technische Bundesanstalt (PTB)	27	20～100	0.7～700000	0.2～1
中国 China	National Research Center for CRM (NRCCRM)	15	20	2～100000	0.1～0.5
日本 Japan	National Metrology Institute of Japan (NMIJ)	13	20～40	1.4～140000	0.05～0.17
ロシア Russia	D.I. Mendeleyev Institute for Metrology (VNIIM)	4groups	20	0.9～90000	0.2～0.5
ポーランド Poland	Glowny Urzad Miar-Central Office of Measures (GUM)	8	20～80	5000～2500000	0.5～2
	Regional Verification Office No.4 (OUM)	10	20～80	2～2000	0.1～0.2
アメリカ USA	Cannon Instrument Company (CIC)	9	-40～100	0.9～72000	0.2

6.6 熱物性値測定法の規格（JIS and ISO standards for thermophysical property measurements）

熱膨張率

【JIS】

JIS A 1325	建築材料の線膨張率測定方法	1995/01/01制定
	Measuring method of linear thermal expansion for building materials	
JIS R 1618	ファインセラミックスの熱機械分析による熱膨張の測定方法	1994/04/01制定
	Measuring method of thermal expansion of fine ceramics by thermomechanical analysis	2002/03/20改正
JIS R 2207	耐火れんがの熱間線膨張率の試験方法	1950/04/19制定
	Test method for the rate of linear change of refractory brick on heating	1976/03/01改正
JIS Z 2285	金属材料の線膨張係数の測定方法	2003/03/20制定
	Measuring method of coefficient of linear thermal expansion of metallic materials	
JIS R 2555	キャスタブル耐火物の熱間線膨張率の試験方法	1981/02/15制定
	Testing method for the rate of linear change of castable refractories	2005/03/20改正
JIS R 2577	高アルミナ質及び粘土質プラスチック耐火物の熱間線膨張率の試験方法	1981/02/15制定
	Testing method for the rate of linear change of high alumina and fire clay plastic refractories	
JIS R 3102	ガラスの平均線膨張係数の試験方法	1965/06/01制定
	Testing method for average linear thermal expansion of glass	1995/08/01改正
JIS R 3251	低膨張ガラスのレーザ干渉法による線膨張率の測定方法	1990/03/01制定
	Measuring method of the linear thermal expansion coefficient for low expansion glass by laser interferometry	1995/04/01改正
JIS K 7197	プラスチックの熱機械分析による線膨脹率試験方法	1991/11/01制定
	Testing method for linear thermal expansion coefficient of plastics by thermomechanical analysis	
JIS H 7404	繊維強化金属の線膨張係数の試験方法	1993/07/01制定
	Test method for linear thermal expansion coefficient of fiber reinforced metals	

【ISO】

ISO 4897	Cellular plastics -- Determination of the coefficient of linear thermal expansion of rigid materials at sub-ambient temperatures	1985/04/11制定
	気泡性プラスチック－周囲温度以下の温度における固形材料の線形熱膨張係数の測定	
ISO 6801	Rubber or plastics hoses -- Determination of volumetric expansion	1983/11/01制定
	ゴム又はプラスチックホース－体積膨張率の求め方	
ISO 7991	Glass -- Determination of coefficient of mean linear thermal expansion	1987/11/26制定
	ガラス－平均線形熱膨張係数の求め方	
ISO 10545-8	Ceramic tiles -- Part 8: Determination of linear thermal expansion	1994/08/11制定
	陶磁器タイル－第8部：線熱膨張の測定	
ISO 11359-1	Plastics -- Thermomechanical analysis (TMA) -- Part 1: General principles	1999/09/30制定
	プラスチック－熱機械測定(TMA)－第1部：一般原理	
ISO 11359-2	Plastics -- Thermomechanical analysis (TMA) -- Part 2: Determination of coefficient of linear thermal expansion and glass transition temperature	1999/10/07制定
	プラスチック－熱機械測定(TMA)－第2部：線熱膨張係数及びガラス転移温度の測定	
ISO 14420	Carbonaceous products for the production of aluminium -- Baked anodes and shaped carbon products -- Determination of the coefficient of linear thermal expansion	2005/07/06制定
	アルミニウム生産のための炭素製品－乾燥陽極及び成形炭素製品－線熱膨張係数の測定	
ISO 17562	Fine ceramics (advanced ceramics, advanced technical ceramics) - Test method for linear thermal expansion of monolithic ceramics by push-rod technique	2001/10/25制定
	ファインセラミック(先進セラミック，先進技術セラミック)－押し棒法によるモノリシックセラミックの線形熱膨張試験方法	

熱伝導率／熱拡散率／比熱容量

【JIS】

JIS R 1611	ファインセラミックスのレーザフラッシュ法による熱拡散率・比熱容量・熱伝導率試験方法	1991/11/01制定
	Test methods of thermal diffusivity, specific heat capacity, and thermal conductivity for fine ceramics by laser flash method	1997/04/20改正
JIS R 1650-3	ファインセラミックス熱電材料の測定方法―第3部：熱拡散率・比熱容量・熱伝導率	2002/03/20制定
	Method for measurement of fine ceramics thermoelectric materials Part 3 : Thermal diffusivity, specific heat capacity, and thermal conductivity	
JIS R 1667	長繊維強化セラミックス複合材料のレーザフラッシュ法による熱拡散率測定方法	2005/03/20制定
	Determination of thermal diffusivity of continuous fiber-reinforced ceramic matrix composites by the laser flash method	
JIS K 7123	プラスチックの比熱容量測定方法	1987/10/01制定
	Testing Methods for Specific Heat Capacity of Plastics	
JIS H 7801	金属のレーザフラッシュ法による熱拡散率の測定方法	2005/02/20制定
	Method for measuring thermal diffusivity of metals by the laser flash method	

【ISO】

ISO 2582	Cork and cork products -- Determination of thermal conductivity -- Hot plate method	1978/8/1制定
	コルク及びコルク製品―熱伝導率の測定方法―ホップレート法	
ISO 8894-1	Refractory materials -- Determination of thermal conductivity -- Part 1: Hot-wire method (cross-array)	1987/03/26制定
	耐火材料―熱伝導率の測定―第1部：熱線法(直交装着)	
ISO 8894-2	Refractory materials -- Determination of thermal conductivity -- Part 2: Hot-wire method (parallel)	1990/11/15制定
	耐火材料―熱伝導率の測定―第2部：熱線法(平行)	
ISO 11357-4	Plastics -- Differential scanning calorimetry (DSC) -- Part 4: Determination of specific heat capacity	2005/09/20制定
	プラスチック―示差走査熱量測定(DSC)―第4部：比熱容量の測定	
ISO 12987	Carbonaceous materials for the production of aluminium -- Anodes, cathodes blocks, sidewall blocks and baked ramming pastes -- Determination of the thermal conductivity using a comparative method	2004/07/08制定
	アルミニウム製造用炭素質物質―陽極、陰極ブロック、サイドウォールブロック及び焼ラミングペースト―比較法を用いた熱伝導率の測定	
ISO 13787	Thermal insulation products for building equipment and industrial installations -- Determination of declared thermal conductivity	2003/04/30制定
	建築設備及び産業施設の断熱材―公表熱伝導率の測定	
ISO 18755	Fine ceramics : Determination of thermal diffusivity of monolithic ceramics by laser flash method	2005/03/21制定
	ファインセラミック(先進セラミック、先進技術セラミック)―レーザフラッシュ法によるモノリシックセラミックの熱拡散率の測定	
ISO/TR 7882	Road vehicles -- Brake linings -- Determination of thermal conductivity by guarded hot-plate apparatus	1986/11/20制定
	路上走行車―ブレーキライニング―ガード付ホットプレート装置による熱伝導率の測定	
ISO/TTA 4	Measurement of thermal conductivity of thin films on silicon substrates	2002/11/14制定
	シリコン基板上の薄膜の熱伝導率の測定	

6.6 熱物性値測定法の規格

断熱材関連

【JIS】

規格番号	規格名称	制定・改正日
JIS A 1412-1	熱絶縁材の熱抵抗及び熱伝導率の測定方法－第1部：保護熱板法（GHP法） Test method for thermal resistance and related properties of thermalinsulations－Part 1 : Guarded hot plate apparatus	1999/04/20制定
JIS A 1412-2	熱絶縁材の熱抵抗及び熱伝導率の測定方法－第2部：熱流計法（HFM法） Test method for thermal resistance and related properties of thermal insulations－Part 2 : Heat flow meter apparatus	1999/04/20制定
JIS A 1412-3	熱絶縁材の熱抵抗及び熱伝導率の測定方法－第3部：円筒法 Test method for thermal resistance and related properties of thermal insulations－Part 3 : Circular pipe apparatus	1999/04/20制定
JIS A 1420	建築用構成材の断熱性測定方法－校正熱箱法及び保護熱箱法 Determination of steady-state thermal transmission properties－Hot box method	1979/03/01制定 1999/04/20改正
JIS A 2101	建築構成要素及び建築部位－熱抵抗及び熱貫流率－計算方法	2003/03/19制定
JIS R 2616	耐火断熱れんがの熱伝導率の試験方法 Testing method for thermal conductivity of insulating fire bricks	1959/12/1制定 2001/02/20改正
JIS R 2617	耐火断熱れんがの熱間線膨張収縮率試験方法 Testing Method for Thermal Expansion and Shrinkage of Insulating Fire Bricks	1959/12/01制定 1985/03/01改正

【ISO】

規格番号	規格名称	制定日
ISO 7345	Thermal insulation -- Physical quantities and definitions 断熱－物理量及び定義	1987/11/19制定
ISO 8301	Thermal insulation -- Determination of steady-state thermal resistance and related properties -- Heat flow meter apparatus 断熱－定常状態熱抵抗及び関連特性の求め方－熱流計装置	1991/08/08制定
ISO 8302	Thermal insulation -- Determination of steady-state thermal resistance and related properties -- Guarded hot plate apparatus 断熱－定常状態熱抵抗及び関連特性の求め方－ガード付きホットプレート装置	1991/08/15制定
ISO 8497	Thermal insulation -- Determination of steady-state thermal transmission properties of thermal insulation for circular pipes 断熱－円形管の断熱の定常熱貫流率の測定	1994/03/31制定
ISO 9288	Thermal insulation -- Heat transfer by radiation -- Physical quantities and definitions 断熱－放射熱移動－物理量及び定義	1989/12/14制定

D.7 伝熱の初歩（Introduction to Heat Transfer）

伝熱は伝導伝熱・対流伝熱・ふく射伝熱の3種の形態をとる．これは熱工学の基本的な考え方である．一方，微視的な視点に立つ物理学の考え方にあるのは，熱伝導（heat conduction）とふく射輸送（radiation transfer）である．この考え方によれば，対流伝熱は，流体における熱伝導とふく射輸送，流れあるいは分子拡散の複合現象であると説明される．伝導伝熱は，熱伝導による熱のエネルギーの直接的な輸送現象であり，熱エネルギーは，古典論的に言って，質量のある'もの（物質）'を構成する微視的な粒子の運動エネルギーと位置エネルギーあるいは弾性波や電子のエネルギーである．量子論のことばを交えていえば，熱伝導はフォノンや電子の輸送である．それに対して，ふく射伝熱は，ふく射あるいは電磁波の形を経て行われる間接的な熱エネルギーの輸送である．ふく射エネルギーは電磁場のエネルギーであり，ふく射の量子はフォトンである．すなわち，伝熱は熱のエネルギーとふく射のエネルギーの輸送現象であり，物性は熱物性とふく射物性からなるともいえる．一方，実際の工学系における伝熱は複雑であり，とりわけ対流伝熱を上記の微視的な視点のみから説明するのは難しい．

本章では，微視的な機構にも触れつつ，伝導伝熱・対流伝熱・ふく射伝熱を解説し，熱工学における熱物性・流体物性・ふく射物性の意味を述べる．沸騰，凝縮などの相変化を伴うエネルギー輸送も伝熱の重要な分野であるが，ここでは言及しない．

7.1 伝導伝熱と対流伝熱（Conductive Heat Transfer and Convective Heat Transfer）

7.1.1 伝導伝熱（Conductive Heat Transfer）

（a）熱伝導

物質の内部に温度勾配があると，熱伝導により，高温側から低温側に熱のエネルギーが輸送される．これは熱力学の第2法則を述べるものである（Clausius）．その微視的な機構は，古典論的にいってつぎのようである．固体の場合には2種の機構がある．第1に，熱のエネルギーは格子構造に局在化された原子に振動エネルギーの形で担われ，それが弾性波として固体中に輸送される．第2に，熱エネルギーは固体中の自由電子の運動エネルギーの形で担われる．自由電子は固体中を巡りエネルギーを輸送する．これらの2つの機構は並列的にはたらくが，自由電子によるエネルギー輸送は弾性波によるエネルギー輸送に比べてはるかに大きい．そのため，金属液体の場合も含めて，自由電子を多く含む金属での熱伝導は大きく，それをほとんど含まない誘電体での熱伝導は比較的小さい．気体や他の液体の場合には熱エネルギーはおもに分子の運動エネルギーの形で保有される．分子は不規則に運動し，相互作用して，高いエネルギーをもつ分子はより低いエネルギーをもつ分子にエネルギーを伝える．気体では液体の場合に比べて相互作用の程度が小さいため，熱伝導も小さい．

（b）Fourierの法則

熱エネルギーの流れの向きの座標をs，温度をTとすると，単位面積，単位時間あたりの熱エネルギーの輸送量，すなわち熱流束（heat flux，単位：W/m^2）qは，温度勾配（dT/ds）に比例し，

$$q = -\lambda (dT/ds) \qquad (1)$$

と表される．この式は，熱伝導に関するFourierの法則（Fourier's law of heat conduction）と呼ばれる．Eq.(1)で温度勾配はqとは逆の符号をとる．比例係数λは物性値であり，熱伝導率（thermal conductivity，$W/(m \cdot K)$）と呼ばれる．

（c）熱伝導方程式

均質で等方的な物質の内部に，Fig. D-7-1-1に示すような座標系と体積要素（$dx\,dy\,dz$）を考える．単位時間に面積（$dy\,dz$）の面Aを通ってx軸の正の向きにこの要素に流入するエネルギーdQ_x（単位：W）は，

$$dQ_x = -\left(\lambda \frac{\partial T}{\partial x}\right) \cdot dy\,dz \qquad (2)$$

である．一方，対面Bから流出するエネルギーdQ_{x+dx}は，Eq.(2)のTaylor展開の第2項までをとって，

$$dQ_{x+dx} = -\left\{\left(\lambda \frac{\partial T}{\partial x}\right) + \frac{\partial}{\partial x}\left(\lambda \frac{\partial T}{\partial x}\right)dx\right\} \cdot dy\,dz \qquad (3)$$

と表される．y方向，z方向についても同様である．

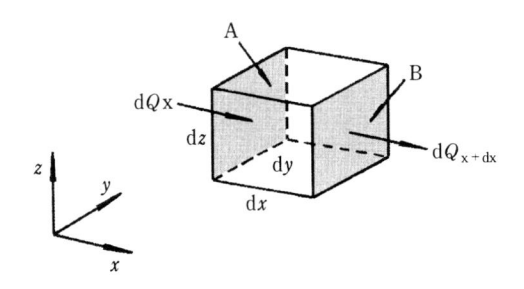

Fig. D-7-1-1　3次元熱伝導の座標系（Coordinate system for three-dimensional heat conduction）

すなわち，要素内には，

$$(dQ_x - dQ_{x+dx}) + (dQ_y - dQ_{y+dy}) + (dQ_z - dQ_{z+dz}) \quad (4)$$

だけのエネルギーが残る．また，要素の内部に単位時間・単位体積あたり q_v（単位：W/m^3）の発熱（$q_v > 0$）や吸熱（$q_v < 0$）があるときには，

$$q_v \cdot dx\,dy\,dz \quad (5)$$

のエネルギーが加わる．物質に相変化や化学反応がなければ，これらのエネルギーの増分は内部エネルギーの増分となり温度の増加 dT に寄与する．物質の定圧比熱容量（specific heat capacity at constant pressure, $J/(kg \cdot K)$）を c_p，質量密度（mass density, kg/m^3）を ρ とすれば，その寄与は，

$$\rho c_p \cdot dT \cdot dx\,dy\,dz \quad (6)$$

である．以上に述べた体積要素におけるエネルギー平衡をまとめると，一般的な3次元熱伝導方程式，

$$\rho c_p \frac{\partial T}{\partial t} = \nabla \cdot (\lambda \nabla T) + q_v \quad (7)$$

が得られる．熱伝導率 λ が物質内で一定であるときには，Eq.(7)は，

$$\frac{\partial T}{\partial t} = a \nabla^2 T + \frac{q_v}{\rho c_p} \quad (8)$$

となる．ここで，

$$a = \frac{\lambda}{\rho c_p} \quad (9)$$

は，熱拡散率（thermal diffusivity, m^2/s）または温度伝導率と呼ばれる物性値である．熱伝導率 λ が J の単位のエネルギーの伝わりやすさ，熱の伝わりやすさの尺度であるのに対して，熱拡散率 a は温まりやすさ，温度の上がりやすさの尺度である．熱伝導率 λ が高く比熱容量 c_p の小さい物質ほど，したがって，a が高いものほどすぐに温まりすぐに冷める．熱伝導の物性値としては，熱伝導率 λ，熱拡散率 a のほか

に，熱浸透率（thermal effusivity），

$$e = \sqrt{\lambda \rho c_p} \quad (10)$$

が有効である局面がある．界面を通じてその物質に熱エネルギーが流入しあるいは流出するとき，その熱エネルギーの流れは熱浸透率 e で特徴づけられる．高温あるいは低温の表面に触れたときの温感は，この値に強く関係する．

(d) 伝導伝熱

均質で等方的な物質中での熱伝導についての物理的あるいは数学的な議論は以上で尽くされている．熱伝導方程式 Eq.(7)は，物体の形状が単純で境界条件と初期条件も単純である場合には，解析的に解くことができる．しかし，一般の伝熱の系では解析解が得られることはまれであり，多くの場合，数値的にとり扱われる．伝導伝熱（conductive heat transfer）は，熱伝導によるエネルギー輸送であり，Eq.(7)の右辺第1項に代表される．しかし，実際の伝熱の問題では，ふく射輸送が関係しない場合にも Eq.(7)だけでは済まない．熱エネルギーを輸送する媒質が流体であり，あるいは流体と接することが多いため，Eq.(7)は後述の対流伝熱の方法と併せて初めて意味をもつことが多いからである．

(e) 平板内の1次元定常伝導伝熱

はじめに，Fourier の Eq.(1)だけで扱える1つの均質な固体平板内部の1次元的な定常伝導伝熱を考える（Fig. D-7-1-2）．この場合，伝熱量 Q（単位：W）は，

$$Q = -\lambda \{(T_2 - T_1)/(s_2 - s_1)\} A \quad (11)$$

であり，平板内の温度差を ΔT，平板の厚さを l として，

$$Q = (\lambda A / l) \Delta T \quad (12)$$

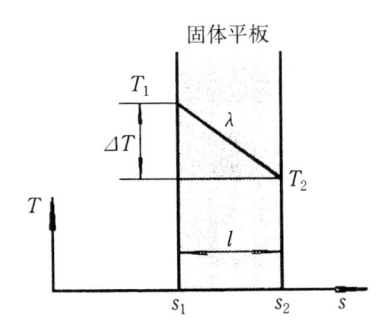

Fig. D-7-1-2　平板内の1次元定常伝導伝熱（One-dimensional conductive heat transfer in a parallel plate）

と書ける．

いま，熱エネルギーの流れ Q（単位：J/s = W）の流れと電荷量の流れ I（単位：C/s = A）との類似性を考える．すなわち，Ohm の法則，

$$I=(1/R)E \tag{13}$$

における電流 I，電気抵抗 R，電位差あるいは電圧 E に対して，Eq. (12) のそれぞれ Q, $(l/(\lambda A))$, ΔT をなぞらえる．温度 T は電位にあたる．$(\lambda A/l)$ を熱コンダクタンス（thermal conductance, W/K），その逆数を熱抵抗（thermal resistance, K/W）という．

(f) 非均質媒質中での有効熱伝導

つぎに，Fig. D-7-1-3 に示すような2つの均質な固体表面が接する系を考える．一般に固体表面はあらく，実際に固体と固体が接触する面積は小さいので，接触面でのエネルギー輸送は制限される．空隙では気体の熱伝導，ふく射輸送あるいは対流伝熱が起こるがそのエネルギー輸送は相対的に小さい．この系における伝熱を巨視的にみて Fourier の Eq. (1) で考えると，固体の熱伝導率 λ が見かけ上減少し熱抵抗が増加することになる．このような固体の接触の状況が原因となる熱抵抗 $(l/(\lambda A))$ をとくに接触熱抵抗（thermal contact resistance）と呼ぶ．ところで，この種の接触の状況は，微視的に見れば，多孔質材料，繊維質材料など多くの非均質材料の内部に存在する．その非均質の程度が巨視的には均質であると見なせる程度に小さい場合には，そこでの伝熱を Fourier 式で記述し，その式の λ を有効熱伝導率（effective thermal conductivity）と呼ぶことにする．ただし，"有効"の語はこれ以外のさまざまの意味にも用いられるので注意を要する．

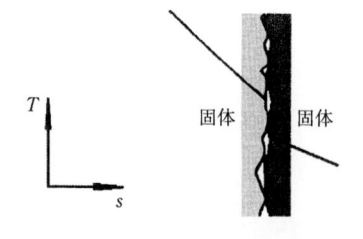

Fig. D-7-1-3 固体・固体接触面における熱抵抗
(Thermal contact resistance at a solid-solid interface)

(g) 熱伝達・熱通過

気体や液体の熱伝導率は固体のそれに比べて小さいので，固体が流体と接するときには Fig. D-7-1-4 に示すような温度分布が実現する．とくに流体側では D.7.1.2 項に述べる対流伝熱（熱伝達）が起こるのがふつうである．固体・流体接触面でのエネルギー輸送を記述するのに，熱伝達率 h（D.7.1.2 (c) 参照）を用いる．実際の伝熱の系では，たとえば Fig. D-7-1-5 のような状況がよく起こる．この状況は，熱交換器，断熱層などに見られるものであるが，熱エネルギーは固体壁を通過して流体1から流体2に輸送される．すなわち，総括的なエネルギー流束 q（単位：W/m^2）が問題となる．このような場合，q を，

$$q = K(T_{f1} - T_{f2}) \tag{14}$$

と記述し，比例係数 K を熱通過率（overall coefficient of heat transmission，W/(m^2・K)）と呼ぶ．Fig. D-7-1-5 の場合には，K は単位面積あたりの総コンダクタンスであり，単位面積についての全熱抵抗の逆数である．

$$K = 1 / \left(\frac{1}{h_1} + \frac{1}{\lambda} + \frac{1}{h_2} \right) \tag{15}$$

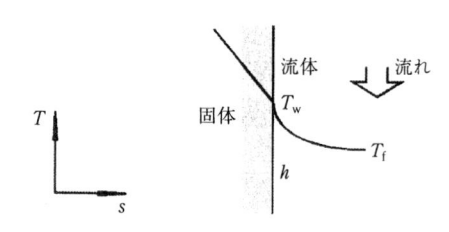

Fig. D-7-1-4 固体壁と流体との間の熱伝達
(Heat transfer between a solid surface and a liquid)

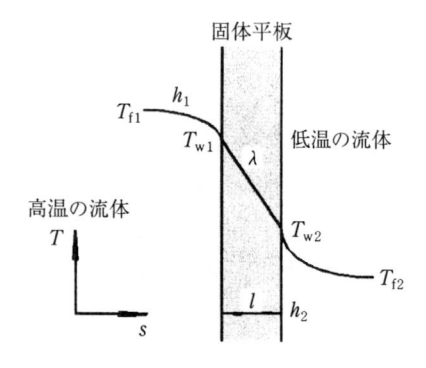

Fig. D-7-1-5 流体から流体へのエネルギー通過
(Energy transmission from a liquid to another liquid)

（h）伝導伝熱の無次元数

伝導伝熱の問題を数学的に扱うときには，伝熱量や温度を無次元化してとり扱うことがある．ここでは，その際に用いる代表的な2つの無次元数について述べる．ひとつは Biot 数（Biot number），

$$\mathrm{Bi} = hl/\lambda \tag{16}$$

である．これは，固体が流体と接するときの固体側と流体側の熱コンダクタンスの比を表し，式（15）についていえば右辺分母の第2項の第1項に対する比，あるいは右辺分母の第3項の第2項に対する比に相当する．Biot 数は D.7.1.2（e）で定義する Nusselt 数と形式的に同形であるが，Eq.（16）の λ は固体の熱伝導率であり，Eq.（37）の場合とは意味が異なる．非定常伝熱の問題では，Fourier 数（Fourier number），

$$F_0 = at/l^2 \tag{17}$$

なる無次元数が用いられる．熱伝導率が物質内で一定で発熱がないとき，考える系の代表寸法を l，位置ベクトル r，温度 T を式，

$$r^* = (x, y, z)/l \tag{18}$$
$$T^* = (T - T_0)/(T_1 - T_0) \tag{19}$$

のように無次元化して表すと，式（8）は，

$$\frac{\partial T^*}{\partial F_0^*} = \nabla^{*2} T^* \tag{20}$$

となる．ただし，式中の $*$ は無次元量 r^* についての演算である．F_0 は，Eq.（9），（17）から，

$$F_0 = \frac{(\lambda \Delta T/l)A}{\rho c_p \Delta T(A \cdot l)/\tau} \tag{21}$$

であり，厚さ l の平板中を輸送される伝導熱流束と，時間 τ あたりにその平板に蓄えられる熱エネルギーの比である．Fourier 数は非定常伝導伝熱の無次元時間とも呼ばれる．

7.1.2 対流伝熱（Convective Heat Transfer）

（a）対流伝熱

気体や液体は運動エネルギーや位置エネルギーをもつ分子からなるが，分子は，他の分子や固体壁などと衝突し，あるいはふく射を放射・吸収して，エネルギーをやりとりする．分子は，一方，mm のオーダの大きさのまとまりをもつ流体として運動し，エネルギーを自ら輸送する．このような流体の巨視的な流れをともなうエネルギーの輸送を対流伝熱（convective heat transfer）という．

いま，Fig. D-7-1-4 に示すように 固体壁に沿って壁面とは温度の異なる流体が流れているとする．簡単のために，ふく射輸送の寄与は考えない．このとき壁面と流体との間の熱輸送量は，流れのない場合に比べてはるかに多い．それは，流れのために壁面近傍の流体内の温度勾配がつねに更新され，流体内での熱伝導が促進されるからである．その促進の程度は流れの状態に依存する．流体に移った熱のエネルギーは流れとともにエンタルピーとして輸送される．対流伝熱の考え方は，このような現象をひとまとめにして扱うものである．その主たる課題は，たがいに温度差のある壁面と流体との間の熱輸送である．対流伝熱は，実際の伝熱の系ではもっともよく起こる伝熱の形態であるため，本来は伝熱と同義語である熱伝達（heat transfer, heat transmission）という用語も，単独で用いられるときには，固体壁面と流体との間のエネルギー輸送についての対流伝熱を指すことが多い．

（b）強制対流と自然対流

対流伝熱を支配する流体の流れの状態は，その要因と様相に応じてそれぞれ2種に分類される．流れの要因については，壁面以前のところで 多くの場合機械的につくられ壁面に達する流れである強制対流（forced convection）があり，一方，壁面近傍の流体内の温度勾配に基づく流体によって生ずる自然対流（natural convection）がある．また，その双方が共存する場合もある．流れの様相については，その速度，壁面の大きさなどに応じて，層流（laminar flow）と乱流（turbulent flow）に分類される．層流は，比較的速度の小さい流れの場合の規則的で安定な流れであり，一方，乱流は，比較的速い流れの場合の，時間的な変動を伴い，不規則な微視構造をもつ流れである．低速の層流域と高速の乱流域の中間の速度域は遷移域と呼ばれる．壁面近傍には流速や温度の勾配が大きい流体の層が生じるが，この領域を境界層（boundary layer）という．そこでの流れの状態は対流伝熱の大きさを支配する．それゆえ，対流伝熱は，強制対流の層流境界層と乱流境界層，自然対流の層流境界層と乱流境界層の4種について，分けて論じられることが多い．

（c）（対流）熱伝達率

対流伝熱をもっとも巨視的にとり扱うには，壁面の温度を T_w，壁面から十分に離れた位置での流体の温度を T_f として，対流伝熱量 Q（単位：W）を式，

$$Q = h(T_w - T_f)A \qquad (22)$$

で表す．この式はNewtonの冷却の法則（Newton's law of cooling）と呼ばれる．ここで，伝熱量Qは壁面と流体との温度差と伝熱面積Aに比例する．その比例係数hを（対流）熱伝達率（(convective) heat transfer coefficient）と呼ぶ．ふく射伝熱が明らかな寄与をする場合には，その寄与を別に考えてEq. (22)と同様の式でふく射熱伝達率（radiative heat transfer coefficient）h_{rad}を定義することがある．そのときEq. (22)のhはh_{conv}と書いて，h_{conv}とh_{rad}の和を総括熱伝達率ということがある．いずれの熱伝達率でもその単位は$W/(m^2 \cdot K)$である．また，Eq. (22)を壁面の各位置で考えるとき，hを局所熱伝達率（local heat transfer coefficient）と呼ぶ．一方，壁の全面について積分平均された伝熱量を考えるときには，hをh_mと書いて平均熱伝達率（average heat transfer coefficient）と呼ぶ．

（d）流れの無次元数

対流伝熱は流れと熱伝導によって特徴づけられるが，流れについては以下に示す3つの無次元数Re，Gr，Prがその状態を代表する．壁面に沿って非圧縮性の流体が流れるとき，壁面の代表寸法と温度をそれぞれlとT_w，流れの代表速さと流体の代表温度をそれぞれu_0とT_0とし，時間t，位置ベクトルr，速度v，温度T，圧力pをそれぞれ式，

$$t^* = t u_0 / l \qquad (23)$$
$$r^* = (x, y, z)/l \qquad (24)$$
$$v^* = (u, v, w)/u_0 \qquad (25)$$
$$T^* = (T - T_0)/(T_w - T_0) \qquad (26)$$
$$p^* = (p + \rho_0 g z)/(\rho_0 u_0^2) \qquad (27)$$

のように無次元化して表すと，連続の式，運動方程式，エネルギー式は，無次元のベクトル形で，それぞれ，

$$\nabla^* \cdot v^* = 0 \qquad (28)$$
$$\frac{\partial v^*}{\partial t^*} + (v^* \cdot \nabla^*) v^* = -\nabla^* p^* + \frac{1}{Re} \nabla^{*2} v^*$$
$$+ \{0, 0, (Gr/Re^2) T^*\} \qquad (29)$$
$$\frac{\partial T^*}{\partial t^*} + v^* \cdot (\nabla^* T^*) = \frac{1}{Re Pr} (\nabla^{*2} T^*) \qquad (30)$$

と表される．ただし，∇^*はベクトルの演算子，∇^{*2}と$(\nabla^* T^*)$はスカラーの演算子である．Eq. (28)～(30)には，強制対流における慣性力と粘性力の寄与の関係を表す無次元数であるReynolds数（Reynolds number），

$$Re = u_0 l / \nu \qquad (31)$$

と，自然対流における浮力と粘性力の寄与の関係を表す無次元数であるGrashof数（Grashof number），

$$Gr = g \beta (T_w - T_0) l^3 / \nu^2 \qquad (32)$$

さらに，流れの運動量輸送と熱輸送の関係を表す無次元数であり物性値であるPrandtl数（Prandtl number），

$$Pr = \nu / a \qquad (33)$$

が含まれる．ρ, β, ν, aは流体の物性値であり，それぞれ質量密度，体膨張係数（volumetric thermal expansion coefficient, K^{-1}），動粘性係数（kinematic viscosity, m^2/s），熱拡散率である．gはz方向にかかる重力加速度である．対流によるエネルギー輸送はEq. (30)で代表されるが，そこでは，熱伝導率λは位置によらないとしている．右辺が流体内の熱伝導を，左辺第2項が流れにともなうエンタルピー輸送を表す．流れの代表速さをu_0として，純粋な強制対流の場合には 壁面から遠いところの（平板に沿う流れでは境界層の外の）流れの速さを選ぶ．Eq. (29)の右辺第3項は0であり，方程式Eq. (28)～(30)はGrを含まない．純粋な自然対流の場合には，

$$u_0 = \{g \beta (T_w - T_0) l\}^{1/2} \qquad (34)$$

が用いられる．このとき，Eq. (31), (32)から$Re^2 = Gr$であり，方程Eq. (28)～(30)からはReが消える．

具体的な系についての流れ場と温度場は，微分方程式Eq. (28)～(30)を境界条件に対して解くことにより記述される．幾何学的に相似な系では，境界条件が同一で無次元数Re, Gr, Prが同一ならば，Eq. (28)～(30)の無次元量としての解は同一である．すなわち，流れ場と温度場はRe, Gr, Prで代表される．

（e）熱伝達の無次元量

D.7.1.2 (d)における流体力学的な記述とD.7.1.2 (c)に述べた巨視的な熱伝達率hのとり扱いを結ぶのが次の議論である．壁面では粘性のために流れの速さは零であり，壁面と流体との間の熱輸送は熱伝導のみによる．したがって，Newtonの熱伝達のEq. (21)とFourierのEq. (1)からhは，

$$h = Q/\{(T_w - T_0)A\} \qquad (35)$$
$$= -\lambda \left(\frac{\partial T}{\partial n}\right)_w / (T_w - T_0) \qquad (36)$$

$$= -\frac{\lambda}{X}\left(\frac{\partial T^*}{\partial n^*}\right)_w \quad (37)$$

と書ける．n は壁面の法線方向の座標，微分係数は壁面での値である．ここで，局所熱伝達率 h に対応させて，無次元数である局所 Nusselt 数（Nusselt number），

$$\mathrm{Nu} = hx/\lambda \quad (38)$$

を定義する．この Nusselt 数は壁面の各位置での流体内の無次元温度勾配を表し，その位置での対流伝熱量を代表する．流れは D.7.1.2 (d) に述べたように Re, Gr, Pr で記述されるので，対流熱伝達は局所 Nusselt 数とこの3つの無次元数に対する関係，

$$\mathrm{Nu} = f(\mathrm{Re}, \mathrm{Gr}, \mathrm{Pr}) \quad (39)$$

で記述される．平均熱伝達率に対応する平均 Nusselt 数も同様に，

$$\mathrm{Nu}_m = f_m(\mathrm{Re}, \mathrm{Gr}, \mathrm{Pr}) \quad (40)$$

と記述される．純粋な強制対流，自然対流では，それぞれ Gr, Re が Eq. (39), (40) から除かれる．物性値は，重複を許して示すと，$\rho, \beta, c_p, \nu, \lambda, a, \mathrm{Pr}$ などである．これらの物性値が関数 f, f_m を通じて対流伝熱を特徴づける．関数の形はいくつかの簡単な系については理論的にも導かれるが，複雑な系についてはもっぱら実験的に求められる．いずれの場合にも，境界条件によって関数形が異なるためさまざまの分類がなされる．平板に沿う流れであるか，管内流れであるか，あるいは温度が壁面上で一様であるか，輸送される熱流束が壁面上で一様であるか，などが分類の因子となる．Eq. (39), (40) は，たとえば，平板に沿う強制対流の層流（$\mathrm{Pr} > 0.5$）で，温度が平板上で一様である場合には，

$$\mathrm{Nu}_x = 0.332 \mathrm{Re}_x^{1/2} \mathrm{Pr}^{1/3} \quad (41)$$
$$\mathrm{Nu}_m = 0.664 \mathrm{Re}_l^{1/2} \mathrm{Pr}^{1/3} \quad (42)$$

と表される．平板から出る熱流束が平板上で一様である場合には，他の式で表される．Eq. (41), (42) において局所 Nusselt 数 Nu_x と平均 Nusselt 数 Nu_m は，それぞれ，

$$\mathrm{Nu}_x = hx/\lambda \quad (43)$$
$$\mathrm{Nu}_m = h_m l/\lambda \quad (44)$$

局所 Reynolds 数 Re_x と平均 Reynolds 数 Re_m はそれぞれ，

$$\mathrm{Re}_x = u_\infty x/\nu \quad (45)$$
$$\mathrm{Re}_m = u_\infty l/\nu \quad (46)$$

と定義されるものである．x は平板の前縁からの距離，l は平板の代表寸法，u_∞ は主流の速さである．対流伝熱とさまざまの物性値との関係を陽に（explicitly に）示すために，たとえば，Eq. (41) を Newton の熱伝達の Eq. (21) に則して書き下すと，対流伝熱量 Q（単位：W）は，

$$Q = 0.664(u_\infty l/\nu)^{1/2}(\nu/a)^{1/3}(\lambda/l)(T_w - T_f)A \quad (47)$$

である．実際の伝熱の系を考えると，$A, l, u_\infty, Q, T_w, T_f$ は設計・制御の対象となる因子であり，ν, λ, a は各流体に固有の物性値である．

7.2 ふく射伝熱（Radiative Heat Transfer）

7.2.1 ふく射伝熱（Radiative Heat Transfer）

（a）ふく射の放射・吸収・ふく射伝熱

古典論的に述べると，ふく射（radiation）は電磁波あるいは光と同義語になる．多くの場合，ふく射伝熱のメカニズムは次のようなものである．ここに高温の物質がある．この物質は電子・イオンなどの質量と電荷をもつ微視的な粒子を含む．これらの粒子は，運動エネルギーすなわち熱のエネルギーをもってその物質を高温にすると同時に，電荷の運動を通じて電磁波を生む．この現象をふく射の放射（emission）と呼ぶ．放射された電磁波は空間を伝搬し他の物質に至ると，その物質内の荷電粒子に作用し，電磁波のエネルギーはその物質の熱のエネルギーに変換されることがある．この現象をふく射の吸収（absorption）と呼ぶ．かくして，ある物質のもつ熱のエネルギーが，ふく射のエネルギーとなって（他の）物質に輸送され，ふたたび熱のエネルギーになる．この《熱→ふく射→熱》の形をとるエネルギーの変換・輸送がふく射伝熱（radiative heat transfer）である．

ところで，通常の高温の物質が放射する電磁波はさまざまの波長のものからなるが，その大部分は赤外（infrared）と呼ばれる $0.7 \sim 100\,\mu\mathrm{m}$ の程度の波長域のものである．また，多くの物質はこの赤外の電磁波とよく相互作用して，ふく射のエネルギーを熱のエネルギーに変換する．一般にふく射が赤外線・熱ふく射（thermal radiation）などとも呼ばれるのはこのためである．赤外ふく射も紫外線・可視光も電磁波である以上，その輸送の様式に差異はない．ふく射は高温の工学系のみならず低温・室温の環境にお

いても伝熱に寄与する．また，ふく射は物質の温度・表面状態などの計測のための有用な手段でもある．

(b) 分光量と波長積分量

ふく射伝熱の系におけるふく射は，さまざまの波長のふく射からなる．また，物質のふく射性質は，一般にその波長に強く依存する．そこで，ふく射伝熱を扱うときに，まず各波長のふく射に注目しその結果を波長積分して伝熱量を評価する分光量の方法と，分光量を考えることなくエネルギーの流れとして伝熱量を扱う波長積分量の方法がある．第2の方法は，簡便であるが，ふく射の波長分布の重みを考慮しないため，大きい評価誤差を生むことがある．この章では，おもに分光量について述べる．波長積分量に言及するときには "全" を冠した語を用いる．

(c) 指向量と半球量

ふく射伝熱の系におけるふく射は，多くの場合，さまざまの方向に進む無指向性のふく射である．そこで，これをとり扱うときに，まず各方向に進むふく射をとり扱い後にこれを方向積分して伝熱量を評価する指向量の方法と，ふく射の方向分布・方向特性を考えることなく注目する前方あるいは後方に進むふく射を一括して扱う半球量の方法がある．この章では，半球量には "半球" を冠した語を用いて区別する．

(d) ふく射強度とふく射流束

単位時間に表面要素 dA を通って，その要素の法線方向から θ だけ傾いた方向の立体角 $d\Omega$ に伝搬するふく射（Fig. D-7-2-1）のうち，真空中での波長が λ と $(\lambda+d\lambda)$ の間にあるふく射エネルギー dQ（単位：W/m）を，

$$dQ = I\,dA\cos\theta\,d\Omega\,d\lambda \tag{48}$$

と書くとき，この式の比例係数 I をふく射強度（intensity of radiation, $\mathrm{W/(m^3 \cdot sr)}$）という．波長積分量については，

$$dQ^t = I^t\,dA\cos\theta\,d\Omega \tag{49}$$

であり，I^t が全ふく射強度（total intensity of radiation, $\mathrm{W/(m^2 \cdot sr)}$）である．面積 dA は，実在の表面上にあってもよいし仮想表面上にあってもよい．また，ふく射は表面に向かって進むものでもよい．これらの定義の強度は，表面からの距離に依存しない．

単位時間に単位面積を通って有限の立体角の方向に進むふく射エネルギーをふく射流束（radiation flux, $\mathrm{W/m^3}$）という．とくに，表面で放射され半球状の方向に向かうふく射流束を放射能（emissive power, $\mathrm{W/m^3}$）E と呼ぶ．全放射能 E^t の単位は $\mathrm{W/m^2}$ である．表面から放射されるふく射の強度が方向に依存しないとき，放射能とふく射強度の間には次の関係がある．

$$E = \pi I \tag{50}$$
$$E^t = \pi I^t \tag{51}$$

(e) 黒体ふく射

黒体（blackbody）は，ふく射強度やふく射流束を目盛づける基準となる理想的な空間あるいは表面である．いま，温度が一様な壁面に囲まれた空洞を想定する．その空洞には壁面から放射されあるいは壁面で反射されたふく射が充満している．そのふく射は黒体ふく射を実現している．この空洞に小孔を設けると，そのふく射は外部に放射される．この小孔は黒体の（仮想）表面として機能する．温度と波長を特定すると，黒体は，いかなる実在の物質よりも大きいエネルギーを放射する最高の放射体である．黒体ふく射の強度は等方的である．黒体（の表面）は，そこに入射するいかなる波長のふく射も，どの方向から入射するふく射もすべて吸収する完全な吸収体である．実用的には，円筒形状の（疑似）黒体が製作され，ふく射強度や温度の標準として用いられる．

黒体ふく射は，Planck による量子論の考察に基づいて次のように記述される．λ を真空中でのふく射の波長，T を黒体の（絶対）温度として，そのふく射強度 I_B と放射能 E_B は，次の Planck の式（Planck's equation）で表される．

$$\begin{aligned}E_B(\lambda, T) &= \pi I_B(\lambda, T) \\ &= n^2(C_1/\lambda^5)/[\exp\{C_2/(\lambda T)\}-1]\end{aligned} \tag{52}$$
$$C_1 = 2\pi h c^2 = 3.7415 \times 10^{-16}\quad \mathrm{W \cdot m^2} \tag{53}$$
$$C_2 = hc/k = 0.014388\quad \mathrm{m \cdot K} \tag{54}$$

ここで，n はふく射がそこに放射される媒質の屈折率であり，真空では厳密に，通常の気体では近似的に

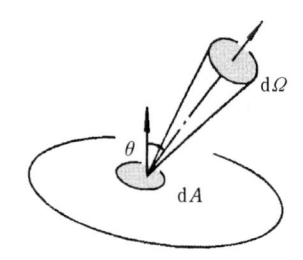

Fig. D-7-2-1　ふく射強度（Intensity of radiation）

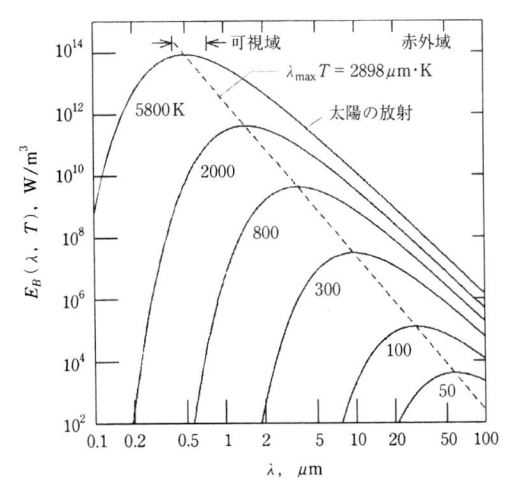

Fig. D-7-2-2　黒体の放射能の波長分布
(Spectral distribution of blackbody emissive power)

1である．c, h, k はそれぞれ真空中でのふく射の速さ，Planck 定数，Boltzmann 定数である．Planck の Eq.(52) は，$n=1$ のとき Fig. D-7-2-2 に示す波長分布をとる．n が波長に依存しないとき，全放射能 E^t は Eq.(55) を波長積分して得られる Stefan-Boltzmann の式（Stefan-Boltzmann's equation），

$$E_B^t(T) = n^2 \sigma T^4 \tag{55}$$
$$\sigma = 5.670 \times 10^{-8} \quad \text{W}/(\text{m}^2 \cdot \text{K}^4) \tag{56}$$

で与えられる．ここで，σ は Stefan-Boltzmann 定数（Stefan-Boltzmann's constant）である．

7.2.2 表面のふく射性質 (Radiation Characteristics of Surfaces)

(a) 実在の物質のふく射性質

0 K より高温のすべての物質はなんらかの波長のふく射を放射する．その概要は Planck 式から推察できる．しかし，実在の物質は黒体とは異なり個性をもっている．この個性を物質のふく射性質と呼ぶ．ふく射性質について，物質は4種に分類される．第1に，ふく射を強く吸収しそのふく射現象が表面近傍のみで起こる強吸収性のふく射の媒質がある．その代表的なものは金属である．第2に，逆に，ふく射をほとんど吸収しない透明の媒質がある．可視域での分光測定に用いられる石英や赤外計測に用いられるアルカリハライド結晶などである．第3種に，ふく射を透過・吸収する半透過吸収性の非散乱性媒質がある．CO_2, H_2O などの多くの赤外活性気体がこの種に属する．そして，第4には，ふく射を透過・吸収すると同時に散乱するふく射の半透過散乱吸収性媒質がある．ふく射の波長のオーダの大きさに非均質さのある物質がこのグループに入る．輝炎，白いセラミックスなどがその代表的なものである．ただし，この分類は便宜的なものである．ある波長域では強吸収体であるものが他の波長域では透明体であることも多い．

(b) 灰色体の仮定と完全拡散の仮定

物質のふく射性質は，一般に，ふく射の波長と方向に強く依存する．しかし，伝熱の評価では，とくに表面の特性について，これらの点を無視する仮定をすることがある．第1には，放射率や反射率が波長に依存しないとする灰色体（graybody）の仮定がある．この仮定を置くと，ふく射性質は全放射率や全反射率などの波長積分量で代表される．第2には，物質はどの方向にも一様な強度のふく射を放射し，さらに，そこに強度の方向分布をもって入射するふく射を一様な強度のふく射と仮定して，それを半球的に一様に反射するとする完全拡散性面（perfect-diffuse surface）の仮定がある．この仮定を置くと，ふく射性質は半球放射率 ε_H や半球等強度入射半球反射率 R_{HH}（D.7.2.2 (d)）で代表される．

(c) 放射率

特定の温度 T と波長 λ に注目すると，実在の物質が放射するふく射の強度 $I(\lambda, T)$ はどの方向についても黒体の場合の強度 $I_B(\lambda, T)$ よりも小さい．この強度の比，

$$\varepsilon(\lambda, T) = I(\lambda, T)/I_B(\lambda, T) \tag{57}$$

を指向放射率（directional emittance）と呼ぶ．波長積分量についての強度の比，

$$\varepsilon^t(T) = I^t(T)/I_B^t(T) \tag{58}$$

を全指向放射率と呼ぶ．これらの放射率は放射されるふく射の方向に依存する．とくに，表面に垂直な方向への値を垂直放射率（normal emittance）ε_N と呼ぶ．半球量については，半球放射率（hemispherical emittance）と全半球放射率をそれぞれ次のように定義する．

$$\varepsilon_H(\lambda, T) = E(\lambda, T)/E_B(\lambda, T) \tag{59}$$
$$\varepsilon_H^t(T) = E^t(T)/E_B^t(T) \tag{60}$$

(d) 反射率・透過率・吸収率

物質に入射するふく射は，多くの場合，物質の表面や内部で非等方的に散乱されるので，反射・透過されたふく射の強度・エネルギーは方向分布をもつ．そ

のため，反射率（reflectance）R，透過率（transmittance）T，吸収率（absorptance）A はさまざまに定義されうるが[2]，伝熱学のエネルギー収支の評価のために重要であるのは次のものである．すなわち，表面に垂直な方向からふく射が入射するときに，半球方向に反射・透過されるエネルギー割合を垂直入射半球反射率 R_{NH}，垂直入射半球透過率 T_{NH}，吸収される割合を垂直入射吸収率 A_N と呼ぶ．半球方向にわたって強度が一様なふく射が入射するときに，半球方向に反射・透過されるエネルギーの割合を半球等強度入射半球反射率 R_{HH}，半球等強度入射半球透過率 T_{HH}，吸収される割合を半球等強度入射吸収率 A_H と呼ぶ．このような定義の反射率・透過率・吸収率については，次の式が成立する．

$$R_{NH}+T_{NH}+A_N=1 \quad (61)$$
$$R_{HH}+T_{HH}+A_H=1 \quad (62)$$

吸収が強く不透明な表面については，$T_{NH}=T_{HH}=0$ と見なせる．（反射率）+（透過率）+（吸収率）=1 という関係は，このように適切に定義された反射率・透過率・吸収率の間でのみ成立する．

(e) **Kirchhoff の法則**

ふく射の放射と吸収の間には Kirchhoff の法則が成立する．この法則は，"熱平衡状態にある媒質ではふく射の放射と吸収のエネルギーがいずれの波長・方向でも平衡すべきであること"を述べる．実用的には，"ある方向への（分光指向）放射率はその方向から入射するふく射に対する（分光指向）吸収率に等しい"と表現される．吸収が強く不透明な表面については，次の式が成立する．

$$\varepsilon_N=A_N=1-R_{NH} \quad (63)$$
$$\varepsilon_H=A_H=1-R_{HH} \quad (64)$$

ここで，この法則が前提とする熱平衡条件は一般に伝熱学の系では成立しないが，実際上，この法則が成立すると見なして支障はない．しかし，この法則が分光量・指向量を対象にすることは重要である．この法則が全放射率や半球放射率について成立するためには，灰色体，完全拡散性表面などの強い仮定[2]が必要である．

(f) **ふく射性質のデータ**

多くの物質のふく射性質の実験値がデータ集[3〜5]に集積されている．しかし，その値を用いるときには注意を要する．第1に，放射率や反射率の定義が，明確ではなく，とくに，反射率については，Eq. (63)，(64) の関係を満たすものではないことが多いことである．第2に，物質が多様であることである．ふく射性質は，物質の内部の物理的・化学的組成のみならず，表面のあらさや被膜の状態に強く依存する．放射率が表面状態に応じて0.1から0.9に変化することもまれではない．

(g) **固体表面間のふく射伝熱**

吸収が強く不透明な完全拡散性表面からなる閉空間におけるふく射伝熱を評価するには，次の方法が有効である．

2つの表面が Fig. D-7-2-3 に示すように対向するとき，表面 i が放射するふく射エネルギーのうち表面 j に達するものの割合は，形態係数（configuration factor）と呼ばれ，次の式で表される．

$$F_{ij}=(1/A_i)\cdot \int_{A_j}\int_{A_i}\{\cos\theta_i\cos\theta_j/(\pi s^2)\}dA_i dA_j \quad (65)$$

A_i, A_j はそれぞれ表面 i, j の面積である．形態係数 F_{ij} は2つの面の幾何関係のみに依存する．Eq. (65) の積分は，工学系で重要な多くの幾何関係について計算され，簡単な式の形で表示されてい

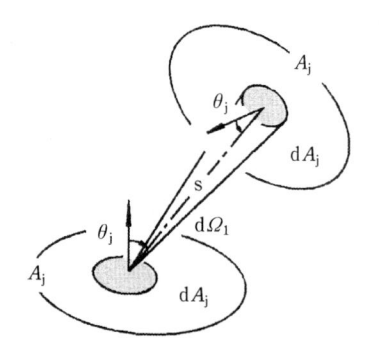

Fig. D-7-2-3　2つの表面間のふく射エネルギー交換
(Radiation energy exchange of two surfaces)

---

1) 牧野俊郎：新編 伝熱工学の進展，第2巻，日本機械学会編，養賢堂，(1996), pp. 169-250.　2) Siegel, R. and Howell, J. R.: Thermal Radiation Heat Transfer, 3 rd ed., Hemisphere, (1992) pp. 47-91.　3) 工藤惠栄：分光学的性質を主とした基礎物性図表，共立出版，(1972).　4) Palik, E.D.: Handbook of Optical Constants of Solids, Academic Press, (1985).　5) Touloukian, Y. S. and DeWitt, D. P.: Thermophysical Properties of Matter, vols. 7-9, IFI/Plenum, (1970-1972).　6) Howell, J. R.: A Catalog of Radiation Configuration Factors, McGraw-Hill, (1982).　7) 日本機械学会編：伝熱工学資料，改訂第4版，日本機械学会，(1986), pp. 156-189.　8) 日本機械学会編：伝熱ハンドブック，丸善，(1993), pp. 233-285.

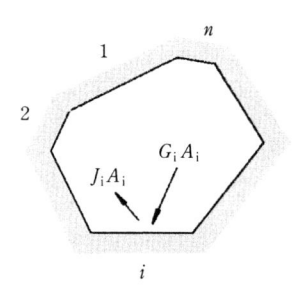

Fig. D-7-2-4 閉空間におけるふく射伝熱
(Radiative transfer in an enclosure)

る$^{2,6 \sim 8)}$.

Fig. D-7-2-4で, n 個の完全拡散性表面 $i=1,2,\cdots,n$ の温度や放射率はたがいに異なる. したがって, 各表面に入射するふく射の強度は方向に依存するが, それにもかかわらず, 表面の反射と放射は半球等強度入射半球反射率 $R_{HH}(=1-\varepsilon_H)$ と半球放射率 ε_H で代表されるとする. このとき, 表面 i にふく射流束 G_i が入射すると, その表面は単位面積あたりに, ふく射流束,

$$J_i = (1-\varepsilon_{Hi})G_i + \varepsilon_i E_B(\lambda, T_i) \tag{66}$$

を放出する. この半球的な{(反射)+(放射)}のふく射流束 J_i を表面 i の射度 (radiosity, W/m^3) と呼ぶ. 表面 i から放出される正味 (net) の (単位波長域あたりの) エネルギー $Q_i(=A_i(J_i-G_i),$ W/m) は, 次の2式で表される.

$$Q_i = \{\varepsilon_{Hi}/(1-\varepsilon_{Hi})\}A_i\{E_B(\lambda, T_i)-J_i\} \tag{67}$$

$$Q_i = \sum_{j=1}^{n} F_{ij}A_i(J_i-J_j) \tag{68}$$

Eq. (67), (68) の組が Fig. D-7-2-4 の系におけるふく射伝熱の基礎方程式になる. 系は n 個の表面からなるので, これらの式は計 $2n$ 式ある. たとえば, すべての表面の温度 T_i と放射率 ε_{Hi} が既知のときには, この $2n$ 個の方程式系を解いて n 個の Q_i と n 個の J_i が求められる.

以上には, 分光量について記したが, すべての表面が灰色体と見なせるときには, 上記の $Q_i, J_i, E_B(\lambda, T_i)$, ε_{Hi} などが対応する波長積分量に置き換えられる.

7.2.3 半透過性媒質の性質 (Characteristics of Semi-transparent Media)

(a) 吸収係数・散乱係数と放射係数

D.7.2.2 (a) で第3, 第4のグループに分類したふく射の半透過性媒質では2種の体積的な現象が起こる. ふく射は, 媒質中の厚さ ds の層を進む間に, 吸収 (absorption) と散乱 (scattering) のために, ふく射強度 I について, それぞれ,

$$dI = -KI\,ds \tag{69}$$
$$dI = -SI\,ds \tag{70}$$

だけ減衰 (extinction) する. Eq. (70) の係数 K を吸収係数 (absorption coefficient, m^{-1}), Eq. (70) の係数 S を散乱係数 (scattering coefficient, m^{-1}) と呼ぶ. 吸収と散乱が同時に起こるときの減衰分は,

$$dI = -Ke\,I\,ds \tag{71}$$
$$Ke = K + S \tag{72}$$

である. この式の Ke を減衰係数 (extinction coefficient, m^{-1}) と呼ぶ. 減衰のうちの散乱によるものの割合,

$$\omega = S/Ke \tag{73}$$

を散乱アルベド (scattering albedo) と呼ぶ. 屈折率が1に近い媒質では, K と S, あるいは Ke と ω が半透過散乱吸収性媒質の性質を代表する. これらの量はふく射の波長に依存する.

媒質は, ふく射を吸収・散乱するのみならず放射する. 媒質が単位時間, 単位体積, 単位立体角あたりに放射するふく射エネルギーを放射係数 (emission coefficient) J と呼ぶ. その単位は, 分光量ではW/(m^4・sr), 波長積分量ではW/(m^3・sr) である. 放射係数 J と吸収係数 K は, 次の式で関係づけられる.

$$J = KI_B \tag{74}$$

(b) 気体の放射率と吸収率

ふく射を吸収・放射する非散乱性の気体塊の (指向) 放射率 $\varepsilon_D(s, L)$ は, 次の式で表される.

$$\varepsilon_D(s, L) = 1 - \exp(-KL) \tag{75}$$

この値は (指向) 吸収率 $A_D(s, L)$ に等しい.

伝熱学で重要で, もっとも強くふく射を吸収・放射する気体は CO_2 と H_2O である. 一般に, 気体は単純な分子構造をとるので, そのふく射性質も固体の場合に比べて単純である. 強い吸収・放射は赤外域のいくつかの狭い波長帯域で起こる.

索　引

A

AAコード ····················· 482
ACカロリメトリ ················ 684
ac法 ························· 675
AGARD-NATO ················ 724
AIST ························ 734
Amagatの法則 ················· 155
Antoine蒸気圧式 ··············· 634
Antoine定数 ·················· 269
APIデータブック ··············· 181
API度 ······················· 177
ARE燃料塩 ··················· 140
Arrheniusの式 ················· 396
ASHRAEのデータブック ········ 620
ASTM ··················· 380, 725
ATPエネルギー ················ 520
Aタイプの評価 ················ 610

B

Berlin型 ····················· 644
Biot数 ······················· 741
BIPM ························ 729
Boltzmann定数 ············ 37, 745
Brillouin散乱 ·················· 704
Bruggemanの式 ················ 324
BWR式 ··················· 646, 648
Bタイプの評価 ················ 610

C

C_{60} ··························· 337
CAS登録番号 ················· 632
CCM ························ 730
CGPM ························ 5
CGS単位系 ····················· 9
Chapman-Enskogの式 ····· 655, 656
Chemistry WebBook ············ 412
CINDAS ················· 619, 723
CIPM ······················· 730
CODATA ················ 720, 724
COMAR ····················· 734
CRCハンドブック ············· 327
CRM ························ 721
CSIRO ······················ 729

D

Daltonの法則 ·················· 155
Darcy法則 ···················· 555
Debyeモデル ···················· 37
DINの表 ····················· 620
Doppler効果 ··················· 704
Drudeの理論 ···················· 27

DSC ····················· 593, 701
Dulong-Petitの経験則 ··········· 37
DVD ························· 333

E

Einsteinの特性温度 ·············· 37
Einsteinモデル ··················· 37
Eucken factor ················· 707
Evitherm ····················· 725

F

Fabrics ······················ 551
FCC構造 ···················· 334
Fickの法則 ··················· 715
Fourier数 ···················· 741
Fourierの法則 ················· 738

G

Gibbs ensemble MC法 ·········· 657
Grashof数 ···················· 742
Grüneisenの式 ················ 279
Guarded Hop plate (GHP) 法 ···· 679

H

HCP構造 ···················· 334
HFC ························ 428
HFC系混合冷媒 ··············· 455
Hillらのデータブック ·········· 620
HOT WET特性 ··············· 343

I

IAPWS ······················ 733
IAPWSの国際状態式 ··········· 76
IEA Annex 18 ················· 428
IEC ···························· 5
IH調理器 ················ 539, 545
IHヒーター ··················· 545
Inrernational Critical Tables ······ 618
IRMM ······················· 725
ISO ··················· 5, 732, 735
ITO ························· 385
IUPAC ············· 620, 721, 729
IUPAC蒸気表 ················· 481
IUPAC推奨式 ·················· 99
IUPACのアルゴン蒸気表 ······· 482
IUPACの窒素蒸気表 ··········· 483
IUPACのメタン蒸気表 ········· 483

J

JANAFの推奨値 ··············· 301
JFCC ························ 725
JIS ··················· 1, 5, 735

JST ························· 632
JTCCM ······················ 725

K

Kernerの式 ··················· 322
Kirchhoffの法則 ··············· 746

L

Lee-Kesler式 ············· 178, 649
Lennard-Jones (LJ) 型2体ポテン
　シャル ···················· 658
LNE ························· 725
Loschmidt法 ·················· 716
Low-k ······················· 332

M

Materials Phases Data System ····· 624
Maxwell-Boltzmann分布 ········· 40
Maxwell-Eucken式 ······· 528, 531
Maxwellの関係式 ··············· 39
Maxwellの式 ············ 323, 568
McBain Balance法 ············· 695
MD法 ······················· 657
MEMS技術 ··················· 686
Metals Handbook ·············· 620
MHD圧損 ···················· 143
Millerらの式 ·················· 484
MSBR燃料塩 ················· 140

N

NBS熱力学表 ················· 629
Neumann-Koppの法則 ····· 38, 649
Newtonの冷却の法則 ·········· 742
NIST ··················· 412, 721
NITE ························ 734
NMIJ ············· 726, 729, 734
NMR ························ 716
Normal過程 ···················· 34
NPL ····················· 725, 730
NSRDS ······················ 723
Nusselt数 ··············· 741, 743

P

PAC蒸気表の式 ················· 83
P-h線図 ····················· 439
Pitzerの偏心因子 ········· 645, 651
Pitzerの偏心係数 ·············· 641
Planck定数 ··················· 745
Planckの式 ··················· 744
Pourbaix線図 ················· 629
Prandtl数 ···················· 742
PR式 ······················· 645

索引

PTB ······················ 721, 725
PVT ······················ 640, 642
PVT (PvT) 性質 ········ 327, 698

R

Raoult の法則 ················ 171
Rayleigh 散乱 ················ 704
Rayleigh の式 ················ 323
Recommended Data ·········· 504
Reference Data ··············· 731
REFPROP ··············· 412, 439
REMCO ······················ 734
Reynolds 数 ··················· 742
Riazi と Daubert の式 ········· 178
RM ·························· 724
Rminfo ······················ 734
Rosseland 近似 ················ 197

S

SI ···························· 5
Si ·························· 255
Sieble 式 ····················· 523
sing-around 法 ················ 704
SI 基本単位 ··················· 6
SI 組立単位 ··················· 6
SI 接頭語 ····················· 7
SI 単位 ······················ 614
SI トレーサブル ··············· 726
SMOW ······················ 729
SRK 式 ······················ 645
SRM ························ 724
Stefan-Boltzmann 定数 ········ 745
Stefan-Boltzmann の式 ········ 745
Stefan 法 ···················· 716
SThM ······················· 684

T

Tait の式 ···················· 643
Taylor 法 ···················· 716
Thornton ゾーンモデル ········· 31
TMA ························ 689
TPRC Data Series ············ 504
TPRL ······················· 724

U

Umklapp 過程 ·················· 34
UNIQAC ···················· 460
U 字管式圧力計 ··············· 671

V

van der Waals 力 ············· 300
van der Waals 型状態式
 ···················· 630, 643, 645
van't Hoff エンタルピー ······· 604
van't Hoff の式 ··············· 603

van't Hoff プロット ············ 604
virial 係数 ··················· 702

W

Watson の K-因子 ············· 177
Wiedemann-Franz 則 ··········· 27
Wien の変位則 ················ 556
Wilson の方法 ················ 695

X

X 線解析 ···················· 615
X 線回折法 ··················· 687
X 線結晶構造解析 ·············· 30
X 線トポグラフィー ············ 616

Z

Z 線図 ······················ 641

Δd マシン ···················· 616

あ

値 ···························· 5
圧縮因子 ···················· 641
圧縮率 ················ 13, 40, 594
圧電式圧力計 ··········· 670, 674
圧力 ························ 669
圧力計 ······················ 670
圧力式温度計 ················· 664
圧力測定 ···················· 669
圧力鍋 ······················ 543
圧力標準 ···················· 730
亜定比組成 ··················· 138
アニオン ···················· 105
アブレーション冷却効果 ······· 357
アブレータ ··················· 395
アボガドロ定数 ··········· 8, 614
アポジェ推進系 ··············· 367
アミノ酸 ···················· 593
アモルファス金属 ············· 216
アモルファス合金 ············· 216
アモルファスシリコン ········· 134
アモルファス相 ··············· 333
アルカリ金属フッ化物 ········· 109
アルカン ···················· 597
アルキメデス法 ··············· 105
アルベド ················ 366, 564
アルミニウム合金 ········ 346, 352
アルミノケイ酸塩ガラス ······· 298
泡 ·························· 280
安定線図 ···················· 629

い

イオン化分析 ················· 614
イオン半径 ···················· 30

医学 ························ 581
異常膨張 ···················· 297
位相画像化法 ················· 592
位相速度 ····················· 13
位置エネルギー ················ 36
一次圧力計 ··················· 670
一次情報 ···················· 631
1次相転移 ···················· 13
一貫性のある SI 単位 ············ 6
一貫性のある組立単位 ··········· 5
1 兆分率 ····················· 12
一般化エンタルピー線図 ······· 647
一般化線図 ··················· 643
一般気体定数 ················· 731
一方向繊維強化複合材料 ·· 322, 323
糸 ·························· 306
移動速度論 ··················· 169
衣服材料 ···················· 554
異方性 ················ 31, 301, 581
衣料 ························ 546
医療診断機器 ················· 581
インヒビター ················· 115
インペラ周速 ················· 364

う

ウィーデマン・フランツ則 ······ 32
ウィック ···················· 389
ウエットスキッド性 ··········· 319
内張り ······················ 354
宇宙環境利用 ················· 111
宇宙機 ······················ 366
宇宙太陽熱発電用蓄熱 ········· 121
宇宙曝露試験 ················· 373
ウベローデ形 ················· 712
運動エネルギー ················ 36
運動流体 ···················· 669

え

英国政府化学者研究所 ········· 721
英国物理研究所 ··········· 725, 730
液化 ························ 185
液晶 ························ 704
液状 ························ 306
液晶相 ······················ 597
液相 ······················ 13, 15
液体 ············ 38, 613, 731, 738
液体核燃料 ··················· 140
液体金属 ·· 38, 103, 117, 138, 218
液体状態 ····················· 38
液体粘性 ···················· 711
液柱形圧力計 ················· 670
液中ひょう量法 ··············· 731
液胞 ························ 606
エッチングハウゼン係数 ······· 131
エネルギーシステム解析 ······· 629

エネルギー等分配則 ……… 36, 37
エラストマ ………………… 357
エリプソメータ …………… 224
エロージョン ……………… 385
塩化物 ……………………… 109
円環引き上げ法 …………… 105
エンジニアリングプラスチック・309
エンジン …………………… 345
延伸加工 …………… 306, 308
遠赤外域 …………………… 288
エンタルピー ……… 13, 36, 38,
181, 184, 700
エンタルピー濃度線図 …… 465
エンタルピー偏倚 …… 648, 649
エンタルピー法 …………… 676
円柱落下式 ………………… 714
エントレーナ ……………… 172
エントロピー ……… 13, 38, 184
円板回転振動粘度計 ……… 713
塩分濃度 …………………… 568
円偏光二色性 ……………… 605
エンボス (凹凸) 加工 …… 385

お

欧州標準物質測定研究所 …… 725
オーステナイト系 ………… 213
オーストラリア連邦科学産業研究
　機構 ……………………… 729
オートクレーブ養生 ……… 232
オーブン …………… 539, 543
オールトランス型 ………… 597
オクタン価 ………………… 349
遅れ ………………………… 662
押し棒式膨張計 …………… 688
汚染層 ……………………… 288
オゾン層破壊問題 ………… 423
オプトエレクトロニクス … 254
オリフィス ………………… 189
温感 ………………………… 739
オングストローム法 ……… 681
温水処理 …………………… 599
音速 ……………… 13, 105, 597, 702
音速圧力勾配法 …………… 703
音速測定法 ………………… 704
温度因子 …………………… 30
温度計 ……………………… 660
温度測定 …………………… 660
温度伝導率 ‥13, 14, 677, 710, 739
温度の"跳び" …………… 705
温度波熱分析法 …………… 681
温度変調DSC …………… 676
温度目盛 …………………… 2
温熱環境 …………………… 229
音波 ………………………… 13

か

カーテン …………………… 558
カーペット ………………… 560
カーボン/カーボン ……… 348
カーボン・カーボン複合材料 … 354
開管法 ……………………… 716
回折計 ……………………… 616
回折格子 …………………… 683
階層構造 …………………… 622
快適性 ……………………… 229
回転 ………………………… 36
回転振動法 ………………… 105
回転蓄熱器 ………………… 118
回転の自由度 ……… 36, 37
回転法 ……………………… 714
回転法球体引き上げ法 …… 105
解凍 ………………… 536, 541
ガイドライン ……………… 380
海氷 ……………… 568, 569, 570
外部緩和時間 ……………… 675
界面 ………………………… 33
界面状態 …………………… 613
界面張力 ……… 13, 14, 717
界面熱抵抗 ………………… 335
カイラリティ ……………… 335
科学技術振興事業団 …… 623, 632
科学技術データ委員会 … 612, 724
科学技術文献速報 ………… 632
化学工学 …………………… 155
化学工学会 ………………… 623
化学工学物性定数 ………… 171
化学シフト ………………… 591
化学繊維 …………………… 546
化学組成 …………………… 613
化学的特性 ………………… 620
化学反応システム ………… 105
化学プロセス ……………… 169
化学分析法 ………………… 716
化学平衡計算プログラム … 629
化学変化 …………………… 14
化学ポテンシャル ………… 129
化学ポテンシャル図 ……… 629
化学用語 …………………… 2
架橋 ……………… 305, 317
架橋処理 …………………… 599
拡散係数 ‥‥13, 259, 583, 656, 715
拡散セル法 ………………… 716
拡散反射 …………………… 690
拡散反射体 ………………… 693
核磁気共鳴 ………………… 716
学術用語 …………………… 1
拡張アンサンブルMD法 …… 658
拡張対応状態原理 ………… 630
拡張不確かさ ……… 610, 611

核燃料 ……………………… 137
核燃料サイクル …………… 145
核燃料被覆管材料 ………… 145
核分裂 ……………………… 137
核分裂生成物 ……………… 145
隔壁セル法 ………………… 716
核変換 ……………………… 142
核融合 ……………… 105, 142
核融合炉 …………………… 142
確率過程 …………………… 657
確率密度関数 ……………… 610
加工食品 …………………… 523
加工性 ……………………… 362
化合物 ……………………… 38
化合物単体 ………………… 113
化合物半導体 ……… 32, 260
かさ比重 …………………… 189
かさ比容 …………………… 189
かさ密度 ……… 189, 515, 552
加算法 ……………………… 640
過剰断熱圧縮率 …………… 703
ガス化 ……………………… 188
ガス放射 …………………… 203
火成岩 ……………………… 574
加成性 …………… 155, 321, 322,
514, 523, 530
加成律 ……………………… 317
可塑剤添加 ………………… 305
硬さ ………………………… 593
偏り ………………………… 609
カチオン …………………… 105
活量係数 ……… 171, 695
価電子数 …………………… 27
荷電粒子による帯電 ……… 385
加糖処理 …………………… 540
金型 ………………………… 317
加熱 ………………………… 537
加熱空洞法 ………………… 693
加熱調理 …………………… 536
可燃性毒物 ………………… 145
カプセル …………………… 672
可変間隙法 ………………… 140
紙 …………………………… 561
ガラス ……………………… 296
ガラス化 …………………… 306
ガラス固化体 ……………… 146
ガラス状態 ………… 306, 318
ガラス製温度計 …………… 664
ガラス繊維 ………………… 238
ガラス体 …………………… 613
ガラス転移 ………… 305, 307
ガラス転移温度 …… 305, 306, 318,
319, 606, 607
ガラス転移点 …… 296, 317, 327
硝子浮子法 ………………… 699

ガラス類 ·················· 217
加硫温度 ·················· 317
カルコパイライト型化合物半導体
　·························· 134
過冷却 ···················· 306
過冷却液体状態（過冷却状態）
　····················· 112, 297
乾き空気 ·················· 102
感温部 ···················· 662
環境問題 ·················· 308
間欠熱源 ·················· 118
勧告値 ···················· 724
寒剤 ······················ 391
換算関係 ··················· 15
換算表 ······················ 1
岩石 ······················ 574
完全拡散 ············· 745, 747
完全流体 ·················· 669
乾燥 ······················ 515
乾燥空気 ·················· 200
乾燥状態 ·················· 231
乾燥処理 ·················· 536
乾燥比熱 ·················· 230
観測値 ···················· 610
カンデラ ··················· 5, 6
感度係数 ·················· 611
乾物量 ···················· 523
緩和時間 ············ 32, 33, 675

き

気液界面 ·················· 697
気液共存曲線 ·············· 697
気液平衡 ······ 169, 465, 634, 695
輝炎 ······················ 203
輝炎の放射率 ·············· 206
機械てこ法 ················ 689
規格 ······················ 735
気化熱 ····················· 13
器官 ······················ 581
気乾状態 ·················· 231
機器分析 ·················· 614
気孔 ················ 237, 280, 617
気孔率 ················ 141, 274
疑似熱物性 ················ 581
基準関数 ·················· 666
基準振動数 ················· 40
基準接点 ·················· 662
気相 ······················· 13
規則合金 ··················· 29
基礎物理定数 ··········· 8, 612
気体 ············ 36, 613, 731, 738
気体元素 ··················· 38
気体定数 ················ 36, 155
気体粘性率 ················ 712
気体の分子間距離 ·········· 155

気体膨張法 ················ 698
気体流通法 ················ 698
北大西洋条約機構航空宇宙研究開発
　顧問委員会 ·············· 724
機能性材料 ················ 381
希薄気体 ·················· 155
希薄混合気体 ·············· 155
ギフォード・マクマホン冷凍機 · 118
ギブスの相律 ········· 131, 694
気泡式 ···················· 714
気泡分散系 ················ 528
基本単位 ···················· 5
基本物性 ··················· 20
基本量 ······················ 5
気密封止法 ················ 264
逆格子ベクトル ············· 35
逆流形 ···················· 712
キャピラリ法 ·············· 716
キャラクタリゼーション
　················· 2, 177, 613
キャリア濃度 ·············· 129
吸音性 ···················· 237
球共鳴法 ·················· 704
吸湿発熱 ·················· 547
吸収 ················· 169, 747
吸収係数 ············ 511, 747
九州大学情報基盤センター ··· 627
吸収率 ··············· 745, 746
吸収冷凍機 ·········· 464, 467
吸着剤 ···················· 470
吸着平衡 ·················· 695
牛乳 ······················ 522
休眠 ······················ 607
急冷ガラス ················ 297
境界 ······················· 33
境界条件 ·················· 739
境界層 ···················· 741
強化材 ···················· 321
強化銅合金 ················ 364
強吸収性 ·················· 745
凝固温度 ·················· 174
凝固点 ············· 13, 15, 614
共軸二重円筒回転式 ········ 714
凝集 ······················ 189
共重合 ···················· 305
共重合体 ·················· 319
凝縮 ······················ 738
凝縮熱 ····················· 13
共晶 ················· 28, 222
共晶温度 ·················· 105
共晶混合物 ·········· 113, 119
共晶点 ··············· 174, 568
強制対流 ·················· 741
強制レイリー（レーリー）散乱法
　····················· 105, 709

共沸混合系 ················ 113
共沸混合物 ················ 171
共沸点 ···················· 171
鏡面反射 ·················· 690
共有結合 ············ 300, 303
共溶媒 ···················· 172
極限状態 ·················· 657
局在欠陥 ··················· 33
局所熱伝達率 ·············· 742
極性基 ···················· 594
極性分子 ·················· 640
距離係数 ·················· 663
距離変化法 ················ 684
キルヒホッフの法則 ········ 692
き裂 ················ 280, 281
記録層 ···················· 333
記録速度 ·················· 333
記録密度 ·················· 333
近似の推定法 ·············· 507
近接場プローブ ············ 685
金属 ·············· 39, 105, 738
金属間化合物 ········· 28, 348
金属系複合材料 ············ 343
金属材料 ·················· 208
金属酸化物単結晶 ·········· 216
金属蒸気 ··················· 36
金属精錬 ·················· 220
金属製錬フラックス ········ 105
金属的なセラミックス ··· 288, 289
金属電子論 ················· 27
金属燃料 ·················· 137
金属の熱伝導 ··············· 27
金属薄膜 ··················· 31
金ナノワイヤー ············ 686

く

空間率 ···················· 189
空気 ······················· 65
空気過剰率 ················ 206
空隙 ······················ 189
空隙比 ···················· 189
空隙率 ··············· 189, 574
空孔 ······················ 613
空格子点 ·················· 613
偶然効果 ·················· 611
偶然誤差 ·················· 611
空調 ······················ 404
空力加熱 ············ 338, 351
クーロン相互作用 ·········· 105
クーロンポテンシャル ······· 30
屈折率 ············· 7, 13, 466
国井・Smithの式 ······ 196, 528
国井の式 ·················· 197
久保公式 ·················· 658
組み込み黒体法 ············ 691

組立単位	5	
組立量	5	
クラスト	539	
グラフェンシート	335	
グリューナイゼンの仮定	40	
グリューナイゼンの関係式	39, 40	
グリューナイゼンの定数	40	
グループ寄与法	171, 652	
グレーズ	540	
黒いセラミックス	288, 289	
クロマトグラフィ法	716	
群速度	32, 34	

け

蛍光分析	614
形状	617
形状係数	326
柱状構造	31
軽水炉	137, 138, 145
計測における不確かさの表現のガイド	609
計測標準研究部門	729
計測用語	2
形態係数	746
系統誤差	611
系統力学	13, 40
経年変化	664
計量標準	609
計量標準総合センター	720, 725, 734
ゲージ圧	669
化粧板	232
血液	581, 583
血液の熱伝導率	582
血液流	582
欠陥	28
結合水	514, 515
結合様式	613
血漿	583
結晶化温度	216
結晶化度	306, 307
結晶化熱	307
結晶格子	39, 687
結晶構造	613, 615
結晶子	141
結晶質	574
結晶性樹脂	307
結晶相	333
結晶体	613
結晶の構造	599
結晶の対称性	615
血流	581
ケミカルヒートポンプ	470
ゲル	528
ゲル・液晶相転移	597

ケルビン	6
原形質	606
建材試験センター	725
検索	609, 618
原子価状態	613
原子形状因子	30
原子散乱因子	30
原子状酸素	379
原子単位系	8
原子団寄与法	640, 647, 649
原子物理	8
原子量	613
原子力材料	137
原子力発電所	121
原子炉	105
減衰	747
減衰係数	747
元素	19
元素分析	615
建築材料	229, 233
懸滴法	718
顕熱蓄熱材料	113

こ

高圧気液平衡	171
高温強度	362
高温断熱材	151
高温電気伝導性液体	707
恒温熱量計	676
恒温壁型熱量計	676
高温融体	103, 709
光学鏡面	288
光学定数	334
光学的厚さ	511
光学的濃度測定法	716
高級脂肪酸	597
高強度材料	364
工業熱力学	198
工業用炉材	151
合金	28, 208
合金鋼	348
合金相	131
航空機	338
交差積層	343
抗酸化処理	541
格子	27
格子間原子	613
格子欠陥	33, 613
格子振動	39, 40, 288
格子振動熱伝導	574
格子定数	33, 616
格子点置換原子	613
格子熱伝導率	129
格子熱容量	37
光子の平均自由行程	148

格子比熱	40, 301
格子ベクトル	615
高純度単結晶シリコン	255
高温蒸気養生	230
降水	730
構成元素	38, 613
合成樹脂	305
合成繊維	546
校正板	725
合成標準不確かさ	12, 610, 611, 612
合成分散	611
合成油	167
合成油系潤滑油	350
剛性率	282, 322
構造	620
構造解析	615
構造緩和	216
構造材	140, 233
構造材料	145
構造変化	141
高速増殖炉	138
高速増殖炉用燃料	138
高速通電加熱法	677
高熱伝導性	337
合板	234
鉱物	574
鉱物繊維	546
高分子	546
高分子材料	305, 321
高分子データベース	309, 623
高分子融体	327
鉱油	166
高融点金属	728
広葉樹	233
交流ブリッジ法	105
交流法	675
高レベル放射性廃棄物	146
高炉スラグ	218
固-液共存領域	222
固液状態図	173
固液平衡	173
ゴーシュ型	597
氷	565
コールド・チェーン	518
固化	481
糊化特性	599
固気平衡	695
呼吸性ガス	583
呼吸速度	520
呼吸熱	518, 519
黒鉛	32, 300
黒鉛化度	300, 301
国際MRA対応ASNTIE校正	725
国際エネルギー機関	142

国際温度目盛 ……………… 5, 664	混和材 ………………………… 232	散乱周波数 …………………… 33
国際学術連合会議 …………… 612		残留電気抵抗 ………………… 29
国際原子力機関 ……………… 142	**さ**	残留歪み ……………………… 296
国際実用温度目盛 …………… 2, 5	差圧 …………………………… 669	
国際純粋応用物理学連合 …… 609	差圧計 ………………………… 697	**し**
国際純正応用化学連合	サーマル・ルーバ …………… 388	時間-温度許容限界 ………… 540
……………………… 609, 729, 731	サーモリフレクタンス法 …… 332	磁気共鳴画像化法 ……… 590, 591
国際水・蒸気性質協会 …… 76, 732	細管式比較標準粘度計 ……… 711	磁気式密度計 ………………… 731
国際推奨式 ……………………… 76	細管式マスター粘度計 ……… 711	試験所及び校正機関の能力に関する
国際推奨状態式 ……………… 423	細管法 ………………………… 710	一般要求事項 ……………… 612
国際単位 ……………………… 726	サイクル計算 ………………… 631	試験所認定 …………………… 609
国際単位系 ……………………… 5	最高流動度 …………………… 184	指向放射率 …………………… 745
国際電気標準会議 ………… 5, 609	再固化温度 …………………… 184	指向量 ………………………… 744
国際度量衡委員会 ……… 609, 730	細骨材 ………………………… 230	自己拡散係数 …… 656, 658, 715
国際度量衡局 ………………… 729	再使用型耐熱システム ……… 397	自己加熱 ……………………… 662
国際度量衡総会 ………………… 5	再生繊維 ……………………… 546	視差 …………………………… 664
国際認証標準物質データベース	細線加熱法 …………………… 682	示差走査熱量計 …… 593, 700, 701
……………………………… 734	最大発電効率 ………………… 129	示差走査熱量法 ……………… 676
国際標準 ……………………… 378	最大泡圧法 …………………… 105	示差方式 ………………… 676, 677
国際標準化機構 …… 5, 609, 732	(財)地球環境産業技術開発機構・455	示差膨張式 …………………… 689
国際法定計量機関 …………… 609	再突入加熱 …………………… 398	脂質 …………………………… 597
国際密度表 …………………… 730	再突入飛翔体 ………………… 395	脂質二重層膜 ………………… 597
国際臨床化学連合 …………… 609	細胞 …………………………… 581	シス型 ………………………… 599
黒色塗料 ……………………… 727	細胞壁 ………………………… 606	次世代省エネルギー基準 …… 229
黒体 ……………………… 14, 744	細胞膜 …………………… 597, 606	自然対流 ……………………… 741
黒体ふく射 …………………… 744	材料 …………………………… 613	湿球温度 ……………………… 102
穀物 …………………………… 515	材料情報 ……………………… 620	実験標準偏差 ………………… 610
国立標準研究所 ……………… 719	材料設計 ……………………… 317	実効放射率 …………………… 663
誤差 ……………………… 2, 609	材料の同定技術 ………………… 2	湿式分析 ……………………… 613
コジェネシステム …………… 121	材料の表面状態 ……………… 288	湿熱処理 ……………………… 599
固相 ……………………… 13, 15	材料プロセス ………………… 620	ジッパーモデル ……………… 602
固体 ……………………… 23, 674	索引 …………………………… 1	実用国際状態式 ……………… 733
固体核燃料 …………………… 137	鎖長分布 ……………………… 599	質量 …………………………… 6, 8
固体増殖材 …………………… 142	作動物質 ……………………… 629	質量関連量諮問委員会 ……… 730
固体モータ …………………… 361	作動流体 ……………………… 467	質量パーセント ………………… 12
国家計量標準 ………………… 720	3ω法 ……………… 332, 681, 684	質量分析計 …………………… 613
骨材 …………………………… 151	酸化物燃料 …………………… 137	質量分率 …………………… 12, 296
古典MD法 …………………… 658	酸化物れんが ………………… 151	質量密度 ……………………… 739
古典的 ………………………… 40	産業技術総合研究所・623, 720, 725,	脂肪酸鎖 ……………………… 597
古典理論 ……………………… 37	729, 734	シミュレーション …………… 621
コポリマー …………………… 327	三元溶融塩 …………………… 116	湿り空気 ……………………… 102
ゴム …………………………… 316	三次元CAD …………………… 402	湿り空気線図 ………………… 469
ゴム状体 ……………………… 613	三次情報 ……………………… 632	霜 ……………………………… 573
ゴム状弾性 …………………… 318	三斜晶 ………………………… 279	遮蔽半径 ……………………… 30
ゴム状弾性体 ………………… 317	三重点 ………………………… 13	斜方晶 ………………………… 279
ゴム分率 ……………………… 317	参照黒体 ……………………… 690	10億分率 ……………………… 12
固溶体 ………………………… 28	参照試料 ……………………… 677	自由回転 ……………………… 319
コロイド ……………………… 613	参照データ ……………… 726, 728	住環境 ………………………… 229
コンクリート ………………… 229	参照物質 ……………………… 689	周期加熱サーモリフレクタンス法
混合塩 …………………… 105, 109	三乗平均沸点 ………………… 177	………………………… 681, 685
混合物 ………………………… 613	酸素適合性 …………………… 362	周期加熱法（周期的加熱法）
混合法 …………… 515, 700, 701	酸素分圧 ……………………… 256	…………… 675, 681, 700, 701
混合流体 ……………………… 155	散乱 …………………………… 747	住居空間 ……………………… 229
混合冷媒 ………………… 426, 439	散乱アルベド ………………… 747	周期律表 ……………………… 19
混合冷媒の状態式 …………… 630	散乱係数 ………… 511, 693, 747	集合状態 ……………………… 613

収支計算	169	
収縮	39	
収縮率	281	
自由水	515, 607	
重錘形圧力てんびん	670, 671	
重水の三重点	76	
修正BWR式	181	
修正レーレー数	197	
集積回路	111	
住宅の省エネルギー基準	229	
住宅品質確保推進法	229	
住宅用断熱材	238	
自由電子	738	
自由電子気体	27	
自由電子密度	27	
充填密度	184	
充填率	189	
自由度	37, 610, 612	
周波数モード	34	
自由表面	14	
重量分析	613	
重力加速度の補正	670	
シュガリング	540	
主鎖のこわさ	319	
種子	606	
樹脂	357	
樹脂含有率	340	
樹脂系複合材料	343	
樹脂固体	305	
樹脂製造条件	305	
樹脂封止	264	
主成分	613	
主成分元素	613	
受託測定機関	2	
主翼前縁部	398	
準安定相	334	
潤滑油	165, 350	
瞬間線膨張率	39	
循環法	695	
純金属	23, 27, 208	
純ゴム	317	
純度	28	
準不燃材料	237, 243	
常圧養正	232	
昇華	271	
昇華熱	720	
蒸気圧	13, 105, 178, 185, 664, 697	
蒸気相	13	
蒸気張力	13	
蒸気表	619	
衝撃波管法	710	
焼結助剤	274	
焼結密度	274	
常磁性共鳴データ	303	
照射欠陥	141, 148	
照射線量	148	
使用済核燃料	145, 146	
焼成過程	524	
小正準集団	658	
焼成れんが	151	
晶析	169	
状態図	628	
状態方程式	640, 642, 654, 702	
状態密度関数	27	
状態量	13, 36	
衝突時間	27	
蒸発管法	716	
蒸発潜熱	113	
蒸発熱	13, 720	
情報数値データ解析合成センタ	723	
消衰係数	511	
生薬	173	
剰余粘性率	655	
蒸留	169	
蒸留水の粘性率の絶対値	732	
ショーケース	540	
初期条件	739	
食肉	521	
食品	173, 514, 536	
食品の凍結・解凍問題	533	
植物	606	
植物工場	518	
植物細胞	606	
植物繊維	546	
徐冷	297	
シリケート	218	
シリコン結晶単結晶	111	
自律型吸放熱デバイス	388	
試料移動法	692	
白いセラミックス	288	
新エネルギー・産業技術総合開発機構	623	
真空多層断熱材	512	
真空の誘電率	15	
真空粉体断熱材	511	
人口心肺	581	
人工臓器	583	
芯材	232	
侵襲的方法	581, 582, 583	
人造鉱物繊維	238	
真値	609	
振動	36	
振動式圧力計	673	
振動式密度計	731	
振動のエネルギー	40	
振動法	698, 713	
侵入型合金	28	
侵入型固溶体	29	
真の値	2	
真密度	515	
針葉樹	233	
信頼の水準	611, 612	

す

水銀の密度	730
水銀マノメーター	697
水硬性セメント	229
推算	609
推算法	527, 640, 654
水蒸気	72
水蒸気移動	524
推奨値	105, 504
推進薬	358, 364
水素吸蔵合金	131
水素吸蔵量	131
水素結合	594
水素自動車	131
水素脆性	362
水素貯蔵材料	131
水素搭載	131
垂直入射吸収率	746
垂直入射半球透過率	746
垂直入射半球反射率	746
垂直分光放射率	726, 728
垂直放射率	745
推定標準偏差	12
水分	102
水分移動	537
水和	594
水和塩	119
数値シミュレーション	111, 332
スート粒子群	207
スカラー	32
スケーリング因子	643
スチームオーブン	545
ステープル	546
ステップ状加熱法	680
ステンレス鋼	213, 352
ストークスの粘性抵抗法則	714
ストレインゲージ	690
スネルの法則	13
スパッタ成膜	334
スパッタリング膜	385
スピンエコー法	716
スプレー	426
スペクトル測定	614
スペクトルデータ	155
スラグ	218
スラリー	710
ずり応力	710
ずり速度	710
スレート	232

せ

静圧 669
正確さ 609
青果物 518
正規分布 610
成形 317
成形加工条件 305
成形物 306
製鋼スラグ 218
生産開発科学研究所 623
正準集団 657
静止流体 669
精製 169
製造履歴 274
生体 581
生体関連物質 173
生体内温度分布 590
生体内熱移動の式 583
生体内の熱移動 581
生体物質 581
生体物理 593
生体膜 597
成長 607
静定圧力 669
静滴法 718
精度 609
正二十面体構造 337
性能指数 129
製品形状 306
製品評価技術基盤機構 734
生分解性 309
正方晶 279
成膜条件 31
精密さ 609
正流形 712
ゼーゲルコーン 151
ゼーベック係数 129
ゼーベック効果 660
セーボルト粘度 178
世界共通の指標 609
赤外吸収スペクトル 303
析出硬化型 213
積層型複合材料 ... 321, 323
積層欠陥 613
石炭 183, 580
積分球法 693
積分鏡法 693
石油 177
石油系潤滑油 350
石油留分 177
セグメントの易動性 319
絶縁材 268
絶縁体 32
設計値 245

石膏 232
せっこうボード 232
接触熱抵抗 367, 740
絶対圧 669
絶対屈折率 13
絶対測定 711
絶対測定法 687
接着・粘着材 306
セパレーションネット ... 385
セメント 229
セラミックス 39, 105
セラミックス・ガラス ... 271
セラミックス複合材料 ... 343
セラミックタイル 399
セラミックファイバー ... 240
セラミックファイバーブランケット
.... 253
セルロースファイバー ... 239
繊維 546, 550, 561, 613
遷移域 741
繊維強化複合材料 321
繊維系材料 229, 238
繊維質材料 740
繊維質断熱材 197
繊維集合体 547, 557
繊維束 547
繊維の太さ 238
全気孔率 233
宣言値 245
先験的分布 610
線図 640
選択配向性 280
潜熱 14
潜熱蓄熱材料 119, 121
全半球放射率 370, 745
全微分 13
全微分形式 13
全ふく射強度 744
全放射能 744
全放射率 14, 677, 690
全放射率測定 690
線膨張係数 14
全膨張式 689
線膨張率 14, 39, 686
線密度 14
全率固溶系 174
全立体角 615

そ

総圧 669
相移転 14
造影物質 590
相関係数 611
相関指数 178
層間絶縁膜 332

相互拡散係数 656, 715
相互溶解性 172
双晶面 613
増殖材 142
相図 300
相対エンタルピー 720
相対湿度 102
相対測定 731
相対不確かさ 12
相対論的電磁気学 9
相転移界面 704
相分離防止 119
相平衡 694
相平衡状態 697
相平衡性質 169
相平衡データ 169, 628
相変化 14, 738
相変化型揮発性メモリ ... 334
相変化材料 333
相変化の潜熱 527
相変化物質 387
相溶性 319
相溶性ブレンド 319
相律 171
層流 741
層流境界層 741
測定誤差 662
測定値 609
測定の信頼性 2
速度自己相関関数 658
束縛エネルギー 615
測微望遠鏡法 688
粗骨材 230
組織 581
疎水基 594
疎水性 594
組成 198, 274, 620
組成分析 615
塑性変形 305
素電荷 614
粗な充填 190
ゾル・ゲル転移 601
ソレー効果 543
損失剛性率 605

た

第2ビリアル係数 644
第3ビリアル係数 644
ダイアフラム 672
第1ブリルアンゾーン ... 34
対応状態原理 180, 181, 640,
                641, 654, 655
耐火断熱材 151
耐火断熱れんが 151, 197
耐火度 151

耐火物 ……………………… 151
耐火れんが ……………………… 151
大気 ……………………… 102
大気圧 ……………………… 14
耐酸化コーティング ……………………… 398
代謝 ……………………… 581
代謝活性 ……………………… 515
大正準集団 ……………………… 657
堆積岩 ……………………… 574
体積パーセント ……………………… 12
体積分率 ……………………… 12, 528
体積膨張率 ……………………… 39
体積密度 ……………………… 14
代替冷媒 ……………………… 423, 428
耐熱合金 ……………………… 346
耐腐食性 ……………………… 362
体膨張係数 ……………………… 322, 703
体膨張率 ……………………… 686
ダイボンディング ……………………… 264
ダイヤモンド構造 ……………………… 303
太陽エネルギー ……………………… 105
太陽光吸収率 ……………………… 370
太陽電池 ……………………… 111
太陽電池用材料 ……………………… 134
太陽熱利用 ……………………… 121
対流伝熱 ……………………… 738, 740, 741
対流発生限界の臨界値 ……………………… 197
対臨界温度 ……………………… 177, 178
対臨界蒸気圧 ……………………… 178
対臨界値 ……………………… 641
対臨界沸点 ……………………… 177
タクティシティ ……………………… 305
多結晶 ……………………… 613
多結晶集合体 ……………………… 279
多元系化合物半導体 ……………………… 260
多原子分子気体 ……………………… 36
多孔質材料 ……………………… 740
多孔質物質 ……………………… 195
多重光路干渉計 ……………………… 687
多層構造 ……………………… 333
多層膜 ……………………… 686
畳 ……………………… 557
タッピング ……………………… 189
縦緩和時間 ……………………… 590
建物 ……………………… 229
多糖 ……………………… 599, 601
単位 ……………………… 1, 3, 5
単位系 ……………………… 5
単位格子 ……………………… 687
単位の換算 ……………………… 15
単位胞 ……………………… 30
単塩 ……………………… 105
炭化水素鎖 ……………………… 597
炭化物燃料 ……………………… 139
短管式圧力計 ……………………… 671

ダングリングボンド ……………………… 134
単結晶 ……………………… 613
単結晶試料 ……………………… 615
単原子気体 ……………………… 36
炭酸塩 ……………………… 105, 109
単斜晶 ……………………… 279
単純塩 ……………………… 105
単純共晶系 ……………………… 174
単色X線 ……………………… 615
弾性圧力計 ……………………… 670, 672
弾性散乱 ……………………… 34
弾性体 ……………………… 39
弾性波 ……………………… 13, 738
弾性率 ……………………… 321
短繊維 ……………………… 238, 546
断層画像技術 ……………………… 590
鍛造材 ……………………… 346
炭素鋼 ……………………… 29, 209
炭素材料 ……………………… 300
炭素繊維複合材料 ……………………… 354
断熱 ……………………… 237
断熱圧縮率 ……………………… 597, 703
断熱火炎温度 ……………………… 198
断熱材 ……………………… 355, 725
断熱材料 ……………………… 325
断熱層 ……………………… 740
断熱法 ……………………… 674, 700, 701
断熱飽和温度 ……………………… 102
タンパク質 ……………………… 593
単味セメント ……………………… 229
単味炭 ……………………… 184

ち

置換型合金 ……………………… 28
置換型固溶合金 ……………………… 29
地球温暖化問題 ……………………… 423
蓄積エネルギー ……………………… 148
蓄熱材 ……………………… 105
蓄熱繊維 ……………………… 547
蓄熱密度 ……………………… 119
地上模擬試験 ……………………… 373
窒化物燃料 ……………………… 139
秩序構造 ……………………… 599
窒素 ……………………… 102
知的基盤 ……………………… 620
着衣 ……………………… 553
中位平均沸点 ……………………… 177
抽出 ……………………… 169
中性子線回折法 ……………………… 688
チューブ ……………………… 672
超音波干渉計法 ……………………… 704
超合金 ……………………… 352
超高純度試料 ……………………… 105
超高速サーモリフレクタンス法
 ……………………… 685, 686

長鎖脂肪酸 ……………………… 597
調湿建材 ……………………… 231
長繊維 ……………………… 238, 546
超低温保存技術 ……………………… 606
超伝導限流器 ……………………… 685
超伝道材料 ……………………… 270
調理器具 ……………………… 542
張力 ……………………… 14
超臨界流体 ……………………… 171
超臨界流体抽出 ……………………… 171
調和項 ……………………… 39, 40
調和振動子 ……………………… 37
調和融点 ……………………… 174
直鎖炭化水素 ……………………… 597
直接通電加熱法 ……………………… 676
直線構造 ……………………… 36
直流通電加熱法 ……………………… 683
直流ブリッヂ法 ……………………… 105
直列伝熱抵抗モデル ……………………… 530
貯蔵 ……………………… 540
貯蔵技術 ……………………… 515
貯蔵剛性率 ……………………… 601, 603, 605

つ

通気孔 ……………………… 386
通気性 ……………………… 554, 557
通気度 ……………………… 555
通商 ……………………… 9
土 ……………………… 578
積上げ方式 ……………………… 712

て

低圧気液平衡 ……………………… 171
定圧気液平衡 ……………………… 171
定圧熱容量 ……………………… 36
定圧比熱容量 ……………………… 13, 14, 674, 739
定圧変化 ……………………… 36
定圧モル熱容量 ……………………… 11
定圧力 ……………………… 669
定温MD法 ……………………… 658
定義定点 ……………………… 13
抵抗温度計 ……………………… 660
抵抗線式圧力計 ……………………… 670
定常絶対法 ……………………… 679
定常比較法 ……………………… 678
定常法 ……………………… 705, 708
定積比熱容量 ……………………… 14, 674
定積モル熱容量 ……………………… 11
低体温法 ……………………… 581
定容積法 ……………………… 698
定容熱容量 ……………………… 36
定容比熱 ……………………… 700
定容比熱容量 ……………………… 14
定容変化 ……………………… 36
定量分析 ……………………… 613

データブック ・・・・・・・・・・・・・・・ 654
データベース ・・ 142, 618, 620, 654
デバイ・ワラー因子 ・・・・・・・・・・・・ 30
デバイ温度 ・・・・・・・・・・・・・・・・・・・ 33
デバイ近似 ・・・・・・・・・・・・・・・・・・・ 30
デバイ-シェラー法 ・・・・・・・・・・・ 687
デバイス設計 ・・・・・・・・・・・・・・・ 333
デバイモデル ・・・・ 32, 35, 39, 40
デューリング式 ・・・・・・・・・・・・・・ 468
デューリング線図 ・・・・・・・・・・・・ 465
デュロン-プティ則 ・・・・・・・・・・・・ 35
転位 ・・・・・・・・・・・・・・・・・・・・・・・ 613
転移温度 ・・・・・・・・・・・・・ 307, 319
転移点 ・・・・・・・・・・・・・・・・・・・・ 614
電解質 ・・・・・・・・・・・・・・・・・・・・ 105
電荷素量 ・・・・・・・・・・・・・・・・・・・ 27
転換炉 ・・・・・・・・・・・・・・・・・・・・ 140
電気素量 ・・・・・・・・・・・・・・・ 8, 731
電気抵抗 ・・・・・・・・・・・・・・・・・ 5, 13
電気抵抗線式圧力計 ・・・・・・・・ 674
電気抵抗率 ・・・・・・・・・・・・・ 27, 677
電気伝導 ・・・・・・・・・・・・・・・・・・・ 27
電気伝導性 ・・・・・・・・・・・・・・・ 288
電気伝導度 ・・・・・・・・・・・・・・・ 614
電気伝導率 ・・・・・・・・・・・・・・・・・ 13
電気伝導率測定法 ・・・・・・・・・・ 716
電気容量法 ・・・・・・・・・・・・・・・ 689
点源法 ・・・・・・・・・・・・・・・・・・・・ 716
電子 ・・・・・・・・・・・・・・・・・・ 27, 738
電子-格子相互作用 ・・・・・・・・・・ 32
電子材料 ・・・・・・・・・・・・・・・・・ 309
電子材料の放熱対策 ・・・・・・・・ 308
電磁調理器 ・・・・・・・・・・・・・・・ 545
電子熱伝導 ・・・・・・・・・・・・・・・ 574
電子熱容量 ・・・・・・・・・・・・・・・・・ 37
電子の質量 ・・・・・・・・・・・・・・・・・・ 8
電子比熱 ・・・・・・・・・・・・・・ 27, 301
電磁浮遊技術 ・・・・・・・・・・・・・ 111
電子分布 ・・・・・・・・・・・・・・・・・ 615
電子レンジ ・・・・・・・・・・・・・・・ 545
電束密度 ・・・・・・・・・・・・・・・・・・・ 15
テンソル ・・・・・・・・・・・・・・・・・・・ 32
電鋳品 ・・・・・・・・・・・・・・・・・・・・ 151
伝動誤差 ・・・・・・・・・・・・・・・・・ 662
伝導電子 ・・・・・・・・・・・・・・ 27, 32
伝導伝熱 ・・・・・・・・・・・・・ 738, 739
伝熱 ・・・・・・・・・・・・・・・・・・・・・ 738
伝熱型 ・・・・・・・・・・・・・・・・・・・・ 674
天然繊維 ・・・・・・・・・・・・・・・・・ 546
天然物 ・・・・・・・・・・・・・・・・・・・・ 173
電場 ・・・・・・・・・・・・・・・・・・・・・・・ 15
澱粉 ・・・・・・・・・・・・・・・・・ 309, 599
転落球式 ・・・・・・・・・・・・・・・・・ 714
電離基 ・・・・・・・・・・・・・・・・・・・ 594
電流熱磁気効果 ・・・・・・・・・・・ 131

電量滴定法 ・・・・・・・・・・・・・・・ 613

と

ドイツ物理工学研究所 ・・・・ 721, 725
動圧 ・・・・・・・・・・・・・・・・・・・・・・ 669
等圧比熱容量 ・・・・・・・・・・・・・・ 14
同位体 ・・・・・・・・・・・・・・・・・・・・・ 34
同位体置換 ・・・・・・・・・・・・・・・ 716
同位体トレーサ ・・・・・・・・・・・ 716
同位体濃度 ・・・・・・・・・・・・・・・・・ 34
同位体の組成 ・・・・・・・・・・・・・ 613
同位体分離 ・・・・・・・・・・・・・・・ 145
等温圧縮率 ・・・・・・・・・ 13, 597, 703
等温抽出法 ・・・・・・・・・・・・・・・ 698
等価輻射率 ・・・・・・・・・・・・・・・ 387
投下法 ・・・・・・・・・・・・ 676, 700, 701
透過率 ・・・・・・・・・・・・・・・ 745, 746
統計効果 ・・・・・・・・・・・・・・・・・ 611
統計熱力学 ・・・・・・・・・・・・・・・・・ 7
凍結 ・・・・・・・・・・・・・・・・・・・・・ 587
凍結・解凍計算 ・・・・・・・・・・・ 533
凍結式 ・・・・・・・・・・・・・・・・・・・・ 523
凍結状態 ・・・・・・・・・・・・・ 514, 529
凍結点 ・・・・・・・・・・・・・・・・・・・・ 514
凍結肉 ・・・・・・・・・・・・・・・・・・・・ 522
凍結保護物質 ・・・・・・・・・・・・・ 588
凍結保存 ・・・・・・・・・・・・・・・・・ 587
統合型熱設計解析ツール ・・・・ 402
糖脂質 ・・・・・・・・・・・・・・・・・・・・ 597
透湿性 ・・・・・・・・・・・・・・・・・・・・ 556
透湿度 ・・・・・・・・・・・・・・・・・・・・ 556
同心円筒法 ・・・・・・・・・・・ 708, 709
同心球法 ・・・・・・・・・・・・・・・・・ 708
同素体 ・・・・・・・・・・・・・・・・・・・・ 300
動的格子緩和法 ・・・・・・・・・・・ 683
動的粘弾性測定 ・・・・・・・・・・・ 601
等電点 ・・・・・・・・・・・・・・・・・・・・ 593
導電率 ・・・・・・・・・・・・・・・・ 13, 105
凍土 ・・・・・・・・・・・・・・・・・・・・・・ 576
動粘性係数 ・・・・・・・・・・・・・・・・ 14
動粘性率 ・・・・・・・・・・・・ 14, 105, 732
動粘度 ・・・・・・・・・・・・・・・・・・・・ 14
動物繊維 ・・・・・・・・・・・・・・・・・ 546
等方性 ・・・・・・・・・・・・・・・・・・・・ 279
等方性黒鉛 ・・・・・・・・・・・・・・・ 300
等方的 ・・・・・・・・・・・・・・・・・・・・・ 39
透明 ・・・・・・・・・・・・・・・・・・・・・・ 745
透明ガラス ・・・・・・・・・・・・・・・ 296
透明導電膜 ・・・・・・・・・・・・ 31, 686
等容法 ・・・・・・・・・・・・・・・・・・・・ 698
当量比 ・・・・・・・・・・・・・・・・・・・・ 200
特性X線 ・・・・・・・・・・・・・・・・・ 615
特性係数 ・・・・・・・・・・・・・ 177, 179
特性数 ・・・・・・・・・・・・・・・・・・・・・ 7
独立気泡 ・・・・・・・・・・・・・・・・・ 319

土壌 ・・・・・・・・・・・・・・・・・・・・・ 578
度数分布 ・・・・・・・・・・・・・・・・・ 610
土中蓄熱 ・・・・・・・・・・・・・・・・・ 118
トムソン係数 ・・・・・・・・・・・・・ 683
トラス構造 ・・・・・・・・・・・・・・・ 367
トランス型 ・・・・・・・・・・・・・・・ 599
トランスバースクラック ・・・・ 354
ドリップ ・・・・・・・・・・・・・・・・・ 541
トルエンの熱伝導率推奨値 ・・ 731
トレーサビリティー ・・ 668, 720, 726
トレーサブル ・・・・・・・・・・・・・ 614
ドロップ法 ・・・・・・・・・・・・・・・ 676

な

内外装下地材 ・・・・・・・・・・・・・ 237
内外装用建材 ・・・・・・・・・・・・・ 231
内装材 ・・・・・・・・・・・・・・・・・・・・ 233
内部エネルギー ・・・・・・・・・ 13, 36
流れ ・・・・・・・・・・・・・・・・・・・・・ 738
ナノマテリアル ・・・・・・・・・・・ 683
鍋 ・・・・・・・・・・・・・・・・・・・・・・・ 542
軟化 ・・・・・・・・・・・・・・・・・・・・・・ 305

に

2階のテンソル ・・・・・・・・・・・ 279
肉繊維 ・・・・・・・・・・・・・・・・・・・・ 522
2原子分子気体 ・・・・・・・・・・・・・ 36
二次圧力計 ・・・・・・・・・・・・・・・ 670
二次推進系 ・・・・・・・・・・・・・・・ 367
2次元正方格子 ・・・・・・・・・・・・・ 34
2次元積層 ・・・・・・・・・・・・・・・ 355
二次情報 ・・・・・・・・・・・・・・・・・ 631
二室法 ・・・・・・・・・・・・・・・・・・・・ 716
二次電池 ・・・・・・・・・・・・・・・・・ 105
二次電池材料 ・・・・・・・・・・・・・ 125
二次冷媒 ・・・・・・・・・・・・・・・・・ 475
日射 ・・・・・・・・・・・・・・・・・・・・・ 558
日射反射率 ・・・・・・・・・・・・・・・ 233
日射量 ・・・・・・・・・・・・・・・・・・・・ 559
日本工業規格 ・・・・・・・・・・・・・・・ 5
日本ファインセラミックスセンター
・・・・・・・・・・・・・・・・・・・・・・・ 725
煮物 ・・・・・・・・・・・・・・・・・・・・・ 539
乳酸菌 ・・・・・・・・・・・・・・・・・・・・ 309
入射角 ・・・・・・・・・・・・・・・・・・・・ 615
乳製品 ・・・・・・・・・・・・・・・・・・・・ 522
ニュートン液体 ・・・・・・・・・・・ 733
ニュートンの粘性法則 ・・・・ 14, 710
ニュートン流体 ・・・・・・・・・・・ 710
入力補償DSC ・・・・・・・・・・・・・ 676
任意加熱法 ・・・・・・・・・・・・・・・ 681
認証標準物質 ・・・・・・・・・・・・・ 721
認定値 ・・・・・・・・・・・・・・・・・・・・ 723

ぬ

ヌッセン法 ……………… 698
布 ………………… 551, 552

ね

熱解離 ………… 198, 200, 203
熱化学計算 ………………… 36
熱化学的性質 ……… 627, 628
熱可逆性ゲル …………… 601
熱架橋 …………………… 305
熱拡散長 ………………… 681
熱拡散率 …… 14, 677, 723, 739
熱拡散率標準物質 ……… 725
熱可塑性樹脂 ……… 305, 309
熱貫流率 ………………… 559
熱緩和法 ………………… 675
熱機械分析装置 ………… 689
熱起電力 ………………… 660
熱硬化 …………………… 305
熱工学 …………………… 738
熱硬化性樹脂 …… 238, 305, 309
熱交換器 ………………… 740
熱交換法 …………… 700, 701
熱コンダクタンス ……… 740
熱重合 …………………… 305
熱処理 …………………… 536
熱浸透率 …………… 681, 739
熱浸透率分布 …………… 685
熱制御材料 ………… 366, 370
熱設計 ………… 332, 340, 366
熱通過 …………………… 740
熱通過率 …………… 559, 740
熱抵抗 ………… 560, 675, 740
熱抵抗標準物質 ………… 724
熱的相転移 ……………… 597
熱伝達 ……………… 536, 740
熱伝達率 …… 14, 554, 740, 742
熱電対 …………………… 660
熱伝導 ………………… 28, 738
熱伝導度 ………………… 362
熱伝導方程式 …………… 738
熱伝導率 … 14, 27, 105, 184, 704,
　　　　　　　 723, 725, 731, 738
熱伝導率測定法 ………… 716
熱媒体 ……………… 105, 113
熱輻射 …………………… 105
熱物性研究センタ ……… 724
熱物性顕微鏡 …………… 685
熱物性値推算ソフトウエアプログラム
　パッケージ …………… 629
熱物性データ …………… 620
熱物性データの信頼性 …… 2
熱物性データベース …… 171
熱物性標準物質 ………… 719

熱分解黒鉛 …… 32, 300, 302
熱平衡 …………………… 13
熱平衡磁化 ……………… 590
熱変形温度 ………… 306, 307
熱変性 …………………… 593
熱変性の中点温度 ……… 593
熱防御 …………………… 395
熱防御法 ………………… 395
熱防護材 ………………… 338
熱放射 …………… 14, 203, 662
熱膨張 …………… 14, 39, 40
熱膨張収縮曲線 ………… 280
熱膨張率 …… 14, 39, 362, 686, 719
熱容量 …………… 11, 14, 36, 674
熱力学温度 ……………… 6
熱力学関係式 …………… 640
熱力学関数 ……………… 629
熱力学状態式 …………… 700
熱力学性質 …………… 83, 629
熱力学データベース … 627, 629
熱力学的状態量 ………… 13
熱力学的非平衡状態 …… 306
熱力学的平衡状態 … 327, 694
熱力学の第1法則 ……… 13
熱力学の第2法則 ……… 14
熱力学の第3法則 ……… 39
熱流計 …………………… 545
熱流計法 …………… 679, 725
熱流束 ……………… 14, 539
熱流束DSC ……………… 676
熱量 ………………… 13, 14, 36
熱量計 ……………… 674, 720
熱量計法 ………………… 515
熱量測定法 ……… 593, 690, 694
熱履歴 …………………… 305
熱レンズ吸光分析 ……… 614
ネルンスト係数 ………… 131
ネルンスト法 ……… 674, 701
燃焼 ……………………… 198
燃焼ガス ………………… 200
燃焼工学 ………………… 198
燃焼度 …………………… 146
燃焼熱 …………………… 720
粘性係数 ………………… 14
粘性度 …………………… 181
粘性率 ………… 14, 105, 710, 732
粘性率標準物質 ………… 715
粘弾性 …………………… 605
粘弾性挙動 ……………… 317
粘度 ……… 7, 14, 350, 599, 710
粘度測定 ………………… 710
粘度の推算方法 ………… 219
粘度比重関数 …………… 178
粘度比重定数 …………… 178
粘度標準液 ……………… 733

燃料 ………………… 142, 349
燃料塩 …………………… 140
燃料電池 ………………… 105
燃料電池材料 …………… 125
燃料電池自動車 ………… 131

の

濃厚溶液相 ……………… 531
農産物 …………………… 514
農産物の保蔵技術 ……… 518
濃度測定法 ……………… 716
伸び特性 ………………… 362
ノモグラフ ……………… 640

は

ハーゲン-ポアズイユの法則 …… 710
パーセント ……………… 12
パーティクルボード …… 236
ハードファイバーボード …… 236
バーネット法 …………… 698
配位数 …………………… 189
灰色体 …………………… 745
灰色体近似 ……………… 288
バイオマス ……………… 308
配向 ……………………… 308
配合ゴム ………………… 317
配合剤 …………………… 318
配向性 …………………… 617
配合組成 ………………… 317
配向度 …………………… 305
媒質 ……………………… 13
焙焼 ……………………… 544
配線用素材 ……………… 263
排熱 ……………………… 118
排熱回収利用 …………… 121
ハイパーサーミヤ ……… 581
ハイブリッドエンジン …… 365
白色X線 ………………… 615
薄膜 ………… 332, 613, 657, 683
橋かけ作用 ……………… 189
波長 ……………………… 33
波長積分量 ……………… 744
波長選択性 ……………… 288
白金測温抵抗体 ………… 660
白金抵抗温度計 …… 664, 666
発電用増殖炉 …………… 140
発電用ランキンサイクル …… 464
発熱量 …………………… 185
発泡系材料 ………… 229, 241
ハニカムパネル ………… 353
パネル構造 ……………… 367
パフォーマンス・ナンバー …… 349
波面分割干渉法 ………… 105
ばらつき ………………… 609
バリスティックな伝導 …… 335

パルスエコー法 105	光ヘテロダイン法 687	標準供給 725
パルス通電加熱法 728	比強度 339, 362	標準試料 723, 724
パルス透過法 105	非共沸混合系 464	標準データ 116, 609, 623
パルス法 704	非均質材料 740	標準板 679
ハロゲン化物 105	非均質媒体 740	標準不確かさ 12, 610
パン 538	非金属 32	標準物質・105, 609, 676, 723, 724
半球全放射率 694, 726, 728	ピクノメーター法 105	標準物質委員会 734
半球等強度入射吸収率 746	飛行経路 398	標準沸点 179, 640
半球等強度入射半球透過率 ... 746	微構造組織 151	標準平均海水 612, 729
半球等強度入射半球反射率	非散乱性媒質 745	標準偏差 610, 611
.... 745, 746	比施光度 614	氷晶 587
半球-方向反射率 692	比重 185	氷蓄熱 119
半球放射率 745	非晶構造 599, 613	表面 613
半球放射率測定 690	非晶質 574	表面エネルギー 14
半球面鏡 692	微小循環系 581	表面張力 14, 105, 717
半球量 744	非晶性 305	表面張力測定法 716
半金属 32	非晶体 613	表面のあらさ 288
半合成繊維 546	微小対流効果 581	表面波法 718
反射鏡法 692	微小中空体 357	ビリアル状態方程式 645
反射光 664	微小変化量 13	ビリアル展開型 645
反射層 333	微小領域 615	微粒子 615, 617
反射測定法 690, 692	比色法 716	微粒子分散型複合材料 321, 322, 323
反射率 745, 746	非侵襲温度計測 590	微量成分 613
はんだ 267	非侵襲的な測定 581	微量成分の分析 614
半透過吸収性 745	比推力 358	微量不純物元素 613
半透過散乱吸収性媒質 ... 288, 745	歪みゲージ法 690	疲労寿命 362
半透過性媒質 288	ひずみテンソル 279	品質保証 609
半透過性媒体 747	微生物発酵 309	品質劣化 515
半導体 32	非相溶性ブレンド 319	
半導体デバイス 332	微組織 617	**ふ**
半導体プロセス 269	非弾性散乱 34	
反応 581	非調和項 39, 40	ファラデー定数 614
反応熱 581	非調和融解 119	ファンデルワールス体積 594
反応媒体 105	非調和融点 174	フィゾー干渉計 687
	非直線構造 37	フィックの拡散法則 13
ひ	非定常細線法 705	フィックの法則 583
	非定常同心円筒法 105	フィラー 306
非圧縮性 669	非定常熱線法 105	フィラメント 546
ヒートパイプ 389	非定常法 705	フィルム 306
ヒートパイプ効果 326	非凍結状態 514	封止処理 264
ヒートポンプ 404, 464, 631	比透磁率 7	封止用プラスチック系素材 ... 264
ピエゾメータ 698	非ニュートン流体 710	フーリエ数 680
皮革 561	比熱 40, 179, 183, 700	フーリエ則 32
比較湿度 102	比熱比 14, 200	フーリエの熱伝導の法則 14
比較測定 711, 731	比熱容量 13, 14, 36,	フーリエ変換赤外分光器 690
比較測定法 687	674, 677, 720	フェライト系 213
光・エレクトロニクス用結晶 ... 254	微粉炭 184	フェルミ気体 27
光音響分析 614	微粉炭燃焼 207	フェルミ速度 27
光音響法 334, 681	非平衡MD 658	フェルミ面 129
光干渉法 687	非平衡状態 305	フォーム 306, 321
光吸収法 716	非平衡データ 327	フォトサーマル赤外検知法 ... 681
光記録材料 333, 686	比誘電率 15	フォトン 738
光屈折法 716	氷結晶 540	フォノン 27, 32, 33, 34, 738
光散乱法 704	氷結率 529	フォノン-欠陥散乱 34
光走査法 688	標準乾燥空気 702	フォノン散乱 32
光てこ法 689		フォノンの占有数 35

索引

フォノンの分散関係 ･･･････････ 303
フォノン-フォノン散乱 ･･･････････34
フォルタン形気圧計 ･･･････････ 671
フガシティー ･･･････････ 145
フガシティー係数 ･･･････････ 171
負荷平準化 ･･･････････ 121
不完全気体補正 ･･･････････ 155
不輝炎 ･･･････････ 203
不均化反応 ･･･････････ 271
不均質誤差 ･･･････････ 662
不均質の混合系 ･･･････････ 514
複合材料 ･･･････････ 321, 340
複合焼結体 ･･･････････ 281
複合体 ･･･････････ 279, 281
ふく射 ･･･････････ 743
ふく射吸収性流体 ･･･････････ 705
ふく射強度 ･･･････････ 744
ふく射性質 ･･･････････ 745
ふく射伝熱 ･･･････････ 738, 743
ふく射透過性 ･･･････････ 288
ふく射熱伝達率 ･･･････････ 742
ふく射の吸収 ･･･････････ 743
ふく射の放射 ･･･････････ 743
ふく射輸送 ･･･････････ 738
ふく射率 ･･･････････ 690
ふく射流束 ･･･････････ 744
複素ヤング率 ･･･････････ 601
浮子法 ･･･････････ 105, 698
不純物 ･･･････････ 28, 33, 274
不純物元素 ･･･････････ 613
腐食性 ･･･････････ 105
不確かさ ･･･････････ 2, 8, 12, 155,
　　　　　　　　　　609, 621, 720
不確かさ評価 ･･･････････ 726
付着 ･･･････････ 189
物質・材料研究機構 ･･･････････ 623
物質拡散 ･･･････････ 581
物質名 ･･･････････ 1
物質量 ･･･････････ 5, 6
物質量パーセント ･･･････････ 12
物性値の定義 ･･･････････ 1, 5
物性定数表 ･･･････････ 647
物性予測機能 ･･･････････ 623
沸点 ･･･････････ 14, 105, 177, 614
沸点測定法 ･･･････････ 698
沸騰 ･･･････････ 14, 738
物理定数 ･･･････････ 614
物理用語 ･･･････････ 1
不定比組成 ･･･････････ 138
不凍水 ･･･････････ 607
部分圧縮率 ･･･････････ 593
部分結晶性 ･･･････････ 305, 307
部分固溶系 ･･･････････ 174
部分比容 ･･･････････ 593
フラーレン ･･･････････ 300, 337

ブライン ･･･････････ 475, 567
ブライン処理 ･･･････････ 541
ブラインド ･･･････････ 558
ブライン溶液 ･･･････････ 568
ブラウン運動 ･･･････････ 590, 591
プラズマ体 ･･･････････ 613
プラズマ対向材料 ･･･････････ 141
ブラッグ条件 ･･･････････ 615
ブラッグスポット ･･･････････ 615
ブラッグの法則 ･･･････････ 687
プランク定数 ･･･････････ 8, 731
プランクの放射則 ･･･････････ 664
プランク分布 ･･･････････ 35
ブランケット ･･･････････ 240
仏国立試験所 ･･･････････ 725
ブランチング処理 ･･･････････ 540
プラントル数 ･･･････････ 14, 105
プリプレグ ･･･････････ 343
プリント配線板 ･･･････････ 266
フルエンス ･･･････････ 140
ブルドン管 ･･･････････ 672
ブルドン管圧力計 ･･･････････ 672
ブレンド ･･･････････ 319
フローカロリメトリー ･･･････････ 701
プローブ ･･･････････ 581
プローブ法 ･･･････････ 682
プロセス ･･･････････ 111
プロセス設計 ･･･････････ 654
ブロック共重合体 ･･･････････ 319
フロック点 ･･･････････ 166
プロパス ･･･････････ 625
分解 ･･･････････ 271
分解温度 ･･･････････ 271
分解融点 ･･･････････ 174
分岐 ･･･････････ 305
文献値 ･･･････････ 105
分光放射率 ･･･････････ 14, 690, 728
分光放射率測定 ･･･････････ 690
分光量 ･･･････････ 744
分散型熱物性データベース ･･･････ 621
分散系 ･･･････････ 281, 528
分散相 ･･･････････ 528, 531
分散分光器 ･･･････････ 690
分散モデル ･･･････････ 530, 531
分子 ･･･････････ 308
分子運動 ･･･････････ 317
分子運動論 ･･･････････ 36
分子間引力 ･･･････････ 643
分子間化合物 ･･･････････ 174
分子間相互作用 ･･･････････ 319, 658
分子間の相互作用 ･･･････････ 155
分子間力模型 ･･･････････ 155
分子構造 ･･･････････ 613
分子サイズの補正 ･･･････････ 643
分子鎖配向 ･･･････････ 305

分子シミュレーション ･･･ 657, 658
分子動力学法 ･･･････････ 657
分子の構造 ･･･････････ 319
分子平均沸点 ･･･････････ 177
分子量 ･･･････････ 185, 305
分子量分布 ･･･････････ 305
分析値 ･･･････････ 614
粉体状 ･･･････････ 306
分布 ･･･････････ 617
分布状態 ･･･････････ 613
分別蒸留分 ･･･････････ 185
粉末法 ･･･････････ 615
粉末冶金材 ･･･････････ 346
分離 ･･･････････ 169
分離黒体法 ･･･････････ 690
分離操作 ･･･････････ 169
分離プロセス ･･･････････ 169
粉粒体 ･･･････････ 189
粉粒体移動型 ･･･････････ 118
分離理論 ･･･････････ 169

へ

閉管法 ･･･････････ 716
平均緩和時間 ･･･････････ 35
平均群速度 ･･･････････ 34
平均自由行程 ･･･ 27, 32, 33, 35
平均線膨張率 ･･･････････ 687
平均疎水度 ･･･････････ 528
平均熱伝達率 ･･･････････ 742
平均沸点 ･･･････････ 177
平均分子量 ･･･････････ 177, 308
平均膨張率 ･･･････････ 39
平均粒子径 ･･･････････ 189
平衡水素圧力 ･･･････････ 132
平行平板粘度計 ･･･････････ 715
平行平板法 ･･･････････ 708
平衡偏析係数 ･･･････････ 112
平衡融解熱 ･･･････････ 307
平衡融点 ･･･････････ 306, 307
米国国立標準データシステム ･･･ 723
米国材料規格協会 ･･･････････ 725
米国標準技術研究所
　(米国商務省標準・技術研究所)
　･･･････････ 68, 412, 721
並進運動 ･･･････････ 36
平板絶対法 ･･･････････ 679
平板直接法 ･･･････････ 679
平板比較法 ･･･････････ 679, 725
並列伝熱抵抗モデル ･･･ 530, 531
ペプチド結合 ･･･････････ 593
ペブルベッド型 ･･･････････ 118
ヘリウム気体温度計 ･･･････････ 664
ヘリックス形成 ･･･････････ 603
ベルヌーイの定理 ･･･････････ 669
ベルベットコーティング ･･･････ 728

ヘルムホルツエネルギー状態式・630
ヘルムホルツの自由エネルギー・・・40
ペレット状 ・・・・・・・・・・・・・・・・・ 306
ベロー ・・・・・・・・・・・・・・・・・・・・ 672
変形点 ・・・・・・・・・・・・・・・・・・・・ 296
偏差関数 ・・・・・・・・・・・・・・・・・・ 666
偏心係数 ・・・・・・ 177, 179, 180, 185
変成岩 ・・・・・・・・・・・・・・・・・・・・ 574
偏析係数 ・・・・・・・・・・・・・・・・・・ 259
変動圧力 ・・・・・・・・・・・・・・・・・・ 669
変容積法 ・・・・・・・・・・・・・・・・・・ 698

ほ

ポアソン比 ・・・・・・・・・・・・・・・・ 321
泡圧法 ・・・・・・・・・・・・・・・・・・・・ 717
方位・・・・・・・・・・・・・・・・・・・・・・・ 615
防火性能 ・・・・・・・・・・・・・・・・・・ 237
泡ガラス ・・・・・・・・・・・・・・・・・・ 243
包含係数 ・・・・・・・・・・12, 610, 612
方向放射率測定 ・・・・・・・・・・・・ 690
放射温度計 ・・・・・・・・・・・ 662, 690
放射輝度 ・・・・・・・・・・・・・ 662, 690
放射計 ・・・・・・・・・・・・・・・・・・・・ 690
放射係数 ・・・・・・・・・・・・・・・・・・ 747
放射性質 ・・・・・・・・・・・・・・・・・・ 690
放射性トレーサ法 ・・・・・・・・・・ 716
放射能 ・・・・・・・・・・・・・・・・・・・・ 744
放射発散度 ・・・・・・・・・・・・14, 694
放射物性 ・・・・・・・・・・・・・・・・・・ 203
放射率 ・・・・・・・・ 14, 690, 745, 747
放射率可変デバイス ・・・・・・・・ 381
放射率測定 ・・・・・・・・・・・・・・・・ 690
放射率標準物質 ・・・・・・・・・・・・ 726
膨張・・・・・・・・・・・・・・・・・・・・・・・39
膨張組合せ法 ・・・・・・・・・・・・・・ 698
膨張係数 ・・・・・・・・・・・・・・・・・・・38
膨張体積測定法 ・・・・・・・・・・・・ 105
膨張率 ・・・・・・・・・・・・ 14, 105, 281
法律・・・・・・・・・・・・・・・・・・・・・・・・9
飽和蒸気圧 ・・・・・・・・ 13, 14, 15, 76
飽和溶液 ・・・・・・・・・・・・・・・・・・・15
ホール係数 ・・・・・・・・・・・・・・・・ 131
保温材 ・・・・・・・・・・・・・・・ 238, 725
保温筒 ・・・・・・・・・・・・・・・・・・・・ 231
保温鍋 ・・・・・・・・・・・・・・・・・・・・ 543
保温板 ・・・・・・・・・・・・・・・・・・・・ 231
保温保冷板 ・・・・・・・・・・・・・・・・ 231
保護加熱板法 ・・・・・・・・・・・・・・ 679
保護層 ・・・・・・・・・・・・・・・・・・・・ 333
ポスト・ハーベスト ・・・・・・・・ 518
補正 ・・・・・・・・・・・・・・・・・ 609, 611
ホットストラクチャ ・・・・・・・・ 398
ポテンシャル ・・・・・・・・・・・40, 658
ポテンシャルエネルギー ・・・・・・40
ホモポリマー ・・・・・・・・・・・・・・ 319

ポリマー ・・・・・・・・・・・・・・・・・・ 319
ポリマーブレンド ・・・・・・・・・・ 317
ボルツマン定数 ・・・・・・・・・13, 35
ボルツマン分布 ・・・・・・・・・・・・ 590
ボルツマン方程式 ・・・・・・・・・・・32
ボンド法 ・・・・・・・・・・・・・・・・・・ 688

ま

マイクロクラック ・・・・・・・・・・ 141
マイクロバルーン ・・・・・・・・・・ 357
マイクロビームアナリシス 614, 615
マイケルソン型干渉計 ・・・・・・ 687
膜脂質 ・・・・・・・・・・・・・・・・・・・・ 597
マクロな構造 ・・・・・・・・・・・・・・ 613
間隙・・・・・・・・・・・・・・・・・・・・・・ 281
マティーセンの法則 ・・・・・・・・・29
マトリックス ・・・・・・・・・ 281, 357
マトリックスクラック ・・・・・・ 354
マランゴニ対流 ・・・・・・・・・・・・ 220
マルテンサイト系 ・・・・・・・・・・ 213

み

見かけの熱伝導率
　・・・・・・・・ 229, 547, 557, 581
見かけの放射率 ・・・・・・・・・・・・ 692
見かけ比重 ・・・・・・・・・・・・・・・・ 189
見かけ比熱 ・・・・・・・・・・・・・・・・ 576
見かけ粒子密度 ・・・・・・・・・・・・ 515
未加硫 ・・・・・・・・・・・・・・・・・・・・ 318
ミクロな構造 ・・・・・・・・・・・・・・ 613
水・・・・・・・・・・・・・・・・・・・・・・・・・72
水の三重点 ・・・・・・・・・・・・・・・・・13
水の熱伝導率推奨値 ・・・・・・・・ 732
水の密度 ・・・・・・・・・・・・・・・・・・ 729
密度・・・・・・・ 7, 14, 105, 179, 183,
　　　185, 238, 301, 597, 614, 640
密度測定法 ・・・・・・・・・・・・・・・・ 716
密度標準液 ・・・・・・・・・・・・・・・・ 731
密な充填 ・・・・・・・・・・・・・・・・・・ 190
未凍結肉 ・・・・・・・・・・・・・・・・・・ 522
脈動圧力 ・・・・・・・・・・・・・・・・・・ 669
未冷凍食品 ・・・・・・・・・・・・・・・・ 529

む

無機繊維 ・・・・・・・・・・・・・・・・・・ 546
無機物質 ・・・・・・・・・・・・・・・・・・・38
無極性分子 ・・・・・・・・・・・・・・・・ 640
無酸素銅 ・・・・・・・・・・・・・・・・・・ 364
蒸し ・・・・・・・・・・・・・・・・・・・・・・ 536
無次元温度上昇 ・・・・・・・・・・・・ 680
無次元化 ・・・・・・・・・・・・・・・・・・ 741
無次元数 ・・・・・・・・・・・・・・・・・・ 741
無次元の分率 ・・・・・・・・・・・・・・・12
無次元量 ・・・・・・・・・・・・・・・・・・・・7
無秩序な構造 ・・・・・・・・・・・・・・ 599

無容器浮遊技術 ・・・・・・・・・・・・ 111

め

メートル条約 ・・・・・・・・・・・・・・・・5
面密度 ・・・・・・・・・・・・・・・・・・・・・14

も

毛管上昇法 ・・・・・・・・・・・・・・・・ 105
毛細管構造 ・・・・・・・・・・・・・・・・ 389
毛細管法 ・・・・・・・・・・・・・・・・・・ 717
毛細管流出法 ・・・・・・・・・・・・・・ 105
木材・・・・・・・・・・・・・・・・・・・・・・ 233
木質系材料 ・・・・・・・・・・・ 229, 233
モノリシック系セラミックス ・・・ 274
モル ・・・・・・・・・・・・・・・・・・・・ 5, 6
モル質量 ・・・・・・・・・・・・・・・・・・ 155
モル体積 ・・・・・・・・・・・・・ 155, 640
モルタル ・・・・・・・・・・・・・・・・・・ 229
モル熱容量 ・・・・・・・・・・ 11, 36, 38
モル分率 ・・・・・・・・・・・・・・・・・・ 155
モル分率平均 ・・・・・・・・・・・・・・ 155
モンテカルロ法 ・・・・・ 402, 657, 691

や

焼物・・・・・・・・・・・・・・・・・・・・・・ 539
冶金・・・・・・・・・・・・・・・・・・・・・・ 208
柔らかさ ・・・・・・・・・・・・・・・・・・ 593

ゆ

融液・・・・・・・・・・・・・・・・・・・・・・ 256
融液中の酸素濃度 ・・・・・・・・・・ 256
融解 ・・・・・・・・・・・・・・・・・ 271, 514
融解エンタルピー ・・・・・・・・・・ 720
融解温度 ・・・・・・・・・・ 174, 307, 607
融解式 ・・・・・・・・・・・・・・・・・・・・ 523
融解時体積変化 ・・・・・・・・・・・・ 105
融解点 ・・・・・・・・・・・・・・・・・・・・・15
融解熱 ・・・・・・・・・・・・・・・・14, 105
融体増殖材 ・・・・・・・・・・・・・・・・ 142
有機熱媒体 ・・・・・・・・・・・・・・・・ 113
有機物の液体 ・・・・・・・・・・・・・・・38
有限要素法 ・・・・・・・・・・・・・・・・ 332
有効厚さ ・・・・・・・・・・・・・・・・・・ 203
有効温度伝導率 ・・・・・・・・・・・・ 588
有効消衰係数 ・・・・・・・・・・・・・・ 197
有効数字 ・・・・・・・・・・・・・・・・・・・・2
有効伝導率 ・・・・・・・・・・・・・・・・ 197
有効熱拡散率 ・・・・・・・・・ 184, 190
有効熱伝導度 ・・・・・・・・・・・・・・ 190
有効熱伝導率 ・・・・・・ 229, 322, 325,
　　　511, 528, 531, 547, 548,
　　　550, 583, 588, 740
融体物性 ・・・・・・・・・・・・・・・・・・ 105
融点・・・・・・・・・・・・・ 13, 14, 15, 105,
　　　271, 307, 327

誘電体 …………… 288, 738
誘電定数 ………………… 15
誘電率 ……………… 15, 333
有用元素 ………………… 145
歪み点 …………………… 297
雪 ………………………… 563
輸送 ……………………… 738
輸送(的)性質 …… 105, 629, 655
輸送物性値 ……………… 655
ユニットセル体積 ………… 34
ゆらぎ …………………… 704
ユングストローム型 ……… 118

よ

溶解度 ……………… 15, 171
溶解度パラメータ ………… 172
窯業系材料 ……………… 229
用語 ……………………… 3
溶質 ………………… 15, 172
溶質濃度 ………………… 530
容積平均沸点 …………… 177
溶接性 …………………… 362
溶鉄 ……………………… 220
揺動散逸定理 …………… 658
溶媒 ………………… 15, 172
溶媒回収 ………………… 171
溶融アルカリシリケート … 224
溶融塩 ……………… 105, 115, 707
溶融塩炉 ………………… 140
溶融酸化物 ……………… 220
溶融シリコン …………… 256
溶融スラグ ……… 218, 220, 707
溶融耐火物 ……………… 151
溶融半導体 …………… 111, 707
容量分析 ………………… 613
葉緑体 …………………… 606
横緩和時間 ……………… 591
4軸回折計 ……………… 615

ら

ライナー ………………… 354
ラウールの法則 ………… 695
ラウエ法 ………………… 615
落体法 …………………… 714
落球式 …………………… 714
ラプラス変換法 ………… 681
ランキン形細管粘度計 … 712

ラングカメラ …………… 616
ランダム共重合体 ……… 319
ランダムコイル状態 …… 603
乱流 ……………………… 741
乱流境界層 ……………… 741

り

リーギ・ルデュック係数 … 131
リードフレーム ………… 264
理想気体 ………………… 36
理想気体の法則 ………… 155
リチウム電池 …………… 125
立体角 …………………… 7
立体規則性 ……………… 305
立体構造 …………… 593, 613
リップル相 ……………… 598
立方晶 …………………… 279
リプロン ………………… 718
粒界分布 ………………… 613
流下式 …………………… 118
粒径 ……………………… 617
粒構造 …………………… 599
硫酸塩 ………… 105, 109, 115
粒子 ……………………… 613
粒子の含有率 …………… 238
粒子の配向状態 ………… 323
粒子分散系 ……………… 528
粒子密度 ………………… 515
流体 ……………………… 694
流体標準物質 …………… 729
流通法 …………………… 695
流動床式 ………………… 118
流動性 …………………… 305
流動点 ……………… 166, 178
量 ………………………… 5
量子液体 ………………… 481
量子化学 ………………… 8
量子効果 ………………… 40
量子論 …………………… 744
量の値 …………………… 5
量の四則演算 …………… 11
量の代数方程式 ………… 11
菱面体晶 ………………… 279
臨界圧縮係数 …………… 185
臨界圧力 ………… 15, 177, 185
臨界異常 ………………… 165
臨界温度 ………… 15, 177, 185

臨界値 …………………… 640
臨界定数 …… 177, 179, 180, 647
臨界点 ……………… 439, 655
臨界密度 ……………… 15, 697
臨界モル体積 …………… 641
臨界領域 ………………… 165
リン酸処理 ……………… 541
リン脂質 ………………… 597
リンデの法則 …………… 30
リンパ液 ………………… 581

れ

冷蔵倉庫 ………………… 540
零点降下 ………………… 664
零点沸点法 ……………… 696
冷凍 ……………… 404, 540
冷凍機 ……………… 392, 631
冷凍サイクル計算 ……… 629
冷凍手術 ………………… 581
冷凍食品 ………………… 529
冷凍保存 ……………… 536, 581
レイトレース …………… 402
レイノルズ数 ………… 7, 14
冷媒 ……………………… 426
冷媒蒸気 ………………… 620
レーザー濃縮 …………… 145
レーザフラッシュ法
　（レーザーフラッシュ法）
　　　…… 105, 677, 679, 686

レオロジー測定 ………… 601
レオロジー特性 ………… 599
劣化 ……………………… 373
劣化評価試験 …………… 378
れんが類 ………………… 243
連続相 ……………… 528, 531

ろ

老化 ……………………… 599
ローレンツ数 ……… 508, 683
ロケット ………………… 351
ロケットエンジン ……… 358
六角網面 ………………… 300
六方晶 …………………… 279

物質名索引

あ

アインスタイニウム･･････････････ 22
亜鉛･････････････････････････ 20, 25
アクチニウム･･････････････････ 22
アクリル･･････････ 343, 344, 509, 546, 550
アクリルゴム･････････････････ 316
アクリル樹脂････････････････ 310
アクリロニトリルスチレン樹脂･･･････ 310
アクリロニトリルブタジエンゴム･･･ 316
アスタチン･････････････････ 22
アスファルト･･････････････････ 118
アセチレン･･･････････････････ 44, 45
アセトアミド･････････････････ 120
アセトアルデヒド････････････ 46, 47, 163
アセトン･･･････････････････････
･････････････ 46, 47, 161, 163, 164, 170, 173
アニリン･･････････････････ 46, 47, 366
アメリシウム･････････････････ 22
アラミド･･･････････････････ 386
アラミド繊維･･････････････････ 550
アルカリホウ酸塩ガラス･･････････ 296
アルキルベンゼン････････････ 114, 166, 167
アルゴン･･･････････････････････
････････････ 20, 42, 43, 53, 481, 482, 489, 490
アルミナ･･･････････････････････
････････ 192, 221, 254, 283, 288, 289, 509
アルミナ繊維･･･････････････････ 357
アルミニウム･････････････ 20, 23, 118,
････････････ 192, 382, 504, 505, 542, 546
アルミニウム合金･･･････････ 214, 339,
････････ 347, 352, 363, 368, 380, 505, 506, 507
アルミノケイ酸塩ガラス･･････････ 296
アルミノシリケート繊維･･･････････ 357
アルミノポリシリケート繊維････････ 357
アンチモン･････････････････ 21, 24
アンモニア･･････････ 44, 45, 161, 163, 404
アンモニア水溶液･･････････････ 464

い

硫黄････････････････････････ 20
イソブタノール･･･････････････ 161
イソブタン･･････････････････ 44, 45, 96
イソプレンゴム･･･････････････ 316
イソペンタン･････････････････ 44, 45
一酸化二窒素････････････････ 42, 43
一酸化炭素･･･････････････ 42, 43, 68
一酸化窒素･････････････････ 42, 43
イッテルビウム･･･････････････ 21
イットリウム･････････････････ 20
イリジウム････････････････ 21, 24
インコネル･････････････ 342, 506, 507
インジウム･････････････････ 21, 504, 505

インバー合金･････････････････ 506

う

ウール･･･････････････････････ 250
ウラニア･････････････････････ 192
ウラン･･････････････ 22, 25, 132, 192
ウレタンゴム････････････････ 316, 344

え

エクスラン････････････････････ 550
エタノール･･･････････････････ 44, 45,
･････････ 161, 162, 163, 164, 165, 169, 170, 475
エタノール水溶液･･･････････････ 460
エタン･･･････････ 44, 45, 89, 481, 484, 502
エチルジフェニル････････････････ 114
エチルベンゼン････････････････ 44, 45
エチレン･･････････ 44, 45, 86, 481, 483, 501
エチレンオキシド･･････････････ 46, 47
エチレングリコール･････････････
･･････ 46, 47, 114, 161, 162, 163, 475, 476, 479
エチレンプロピレンゴム･･･････････ 316
エピクロルヒドリンゴム･････････ 316
エポキシ樹脂･････････････････ 312, 509
エボナイト･･････････････････････ 509
エリスリトール･･･････････････ 122
エルビウム･･･････････････････ 21
塩化カリウム･････････････････････
････････････ 106, 107, 120, 122, 161, 163, 164
塩化カルシウム･･････････････ 106, 107,
･･････････ 161, 162, 163, 164, 475, 476, 477, 478
塩化カルボニル････････････････ 48, 49
塩化水素････････････････････ 42, 43, 164
塩化ナトリウム･････････････ 106, 107, 120,
････････････ 122, 161, 162, 163, 164, 475, 476, 477
塩化ビニル････････････････････ 509
塩化ビニリデン樹脂･････････････ 310
塩化ビニル樹脂････････････････ 310
塩化メチル･･････････････････ 48, 49
塩酸･････････････････････ 161, 162, 163
塩素･･･････････････････････ 20, 42, 43

お

黄銅････････････････････････ 506
大谷石･････････････････････ 230
オクタン･･････････････････ 44, 45, 164, 172
押出法ポリエチレンフォーム･････ 246, 252
オスミウム･････････････････ 21
オゾン･････････････････････ 42, 43

か

カーテン･････････････････････ 558
ガーネット･･････････････････ 279

カーペット･･･････････････････ 560
カーボン・カーボン複合材料･･･････････
･･･････････････････ 339, 354, 363, 398
カーボン繊維･････････････････ 550
カーボンナノチューブ････････････ 336
カーボンフェノール･･･････････････ 363
カーボンフェノリック････････････ 396
海水･････････････････････････ 570
海水･････････････････････････ 568
花崗岩････････････････････ 230
ガソリン････････････････････ 349
カドミウム････････････････ 21, 23
ガドリニウム･････････････････ 21, 145
カプトン････････････････････ 377
紙･･････････････････････････ 561
ガラス･･･････ 118, 150, 193, 254, 296, 357, 550
カリウム････････････････････ 20, 24
ガリウム････････････････････ 20, 24
カリホルニウム･･･････････････ 22
カルシア･･･････････････････ 192
カルシウム･････････････････ 20
瓦･･･････････････････････ 232, 233
岩石････････････････････････ 574
乾燥空気････････････････････ 198
寒天･･･････････････････････ 527

き

ギ酸･････････････････････････ 163
キシレン･･･････････････････ 175
キセノン･･････････････････ 21, 42, 43
絹･･････････････････････････ 550
球状黒鉛鋳鉄･････････････････ 208
牛乳････････････････････････ 522
キュプロニッケル･･････････････ 506
キュリウム･･･････････････････ 22
強靱鋼･････････････････････ 362
金････････････････････ 22, 23, 504, 505
銀･･･････････････････ 21, 23, 504, 505
金属ウラン･････････････････ 137, 145
金属トリウム･････････････････ 137

く

空気･･･････････････････････････
･･･････････ 42, 43, 65, 246, 481, 483, 498, 514, 530
グラスウール･････････････････ 238
グラファイト/エポキシ････････････ 368
グラファイトシート･･････････ 382, 383
グリセリン･･･････････ 46, 47, 161, 162, 163
クリプトン･･････････ 20, 42, 43, 481, 482, 491
クルルホルム･････････････････ 161
クレゾール･････････････････ 175
クロム･･･････････････････ 20, 23
クロム鋼････････････････････ 192

物質名索引

く
- クロルスルフォン化ポリエチレン 316
- クロロフルオロカーボン 167, 168
- クロロプレンゴム 316, 344
- クロロベンゼン 48, 49, 174
- クロロホルム 163, 164

け
- ケイ酸エステル 167
- ケイ酸塩ガラス 297
- ケイ酸塩系レーザガラス 254
- ケイ酸カルシウム 192, 231, 246, 251
- ケイ酸塩 192
- けい砂 193, 194
- ケイ石質レンガ 118
- ケイ素 20, 25, 254
- 血液 586
- ケブラー 368
- ケブラー繊維複合材料 354
- ゲルマニウム 20, 254
- ケロシン 349
- 玄武岩 230

こ
- 高アルミナ質レンガ 118
- 高温断熱材 154
- 合金鋼 214, 339
- 合金粉 194
- 硬質ウレタンフォーム 241, 246, 252
- 構造用鋼 342
- 合板 234, 246
- 高分子量炭化水素油 168
- 鉱油 114
- 高炉スラグ 226
- 氷 514, 530, 565
- 黒鉛(グラファイト) 141, 301, 302, 363
- 黒色塗料 374, 379
- 穀物 515
- コバルト 20, 23
- コバルト基合金 347, 363
- 米 516
- コルク 192, 246, 356
- コンクリート 118, 229, 246, 248

さ
- 砂岩 118, 230
- 酢酸 46, 47, 120, 161, 162, 163
- 酢酸エチル 46, 47
- 酢酸メチル 46, 47
- サファイア 216
- サマリウム 21
- 酸化ケイ素 332
- 酸化銅 392
- 酸化ホウ素 221, 271
- 三酸化硫黄 42, 43
- 酸素
  .... 20, 42, 43, 62, 366, 481, 483, 496, 497
- 三フッ化塩素 366

し
- シアン化水素 44, 45
- ジイソプロピルナフタレン 114
- ジエステル 166, 168
- ジエチルエーテル 46, 47, 161, 163
- ジエチルジフェニル 114
- ジエチルヘキシルセバケート 168
- 四塩化ケイ素 44, 45
- 四塩化炭素 46, 47, 162, 163, 164
- シクロヘキサン
  .... 44, 45, 161, 162, 163, 164, 174
- シクロペンタン 44, 45
- ジクロロメタン 46, 47, 476
- 脂質 527, 537, 597
- ジスプロシウム 21
- ジベンジルトルエン 114
- 脂肪 514, 530, 584
- ジメチルエーテル 46, 47
- ジメチルシリコーン油 114, 168
- 湿り空気 102
- 霜層 573
- 砂利 118
- 臭化カリウム 164
- 臭化水素 42, 43
- 臭化リチウム 164
- 臭化リチウム水溶液 467
- 重水 42, 43, 76
- 重水素 42, 43
- 重水素化水素 42, 43
- 臭素 20, 42, 43
- 純銅 382
- 硝酸 44, 45, 161, 162, 163
- 硝酸アンモニウム 164
- 硝酸カリウム 161, 163, 164
- 硝酸ナトリウム 161, 163, 164
- 食肉 521
- シリカ 192, 512
- シリカガラス 297
- シリカ繊維 357, 401
- シリコーン 167, 168
- シリコーン油 168
- シリコーンゴム 316, 317, 344
- シリコーン樹脂 312
- ジルコニア 192, 288, 289
- ジルコニア繊維 357
- ジルコニウム 21, 25, 192
- 真空多層断熱材 512
- 真空断熱材 192
- 真空粉体断熱材 511
- 人造鉱物繊維 246
- シンタクチックフォーム 357
- 四塩化炭素 162, 163, 164, 175

す
- 水銀 22, 42, 43
- 水酸化カリウム 161, 163
- 水酸化ナトリウム 161, 162, 163
- 水蒸気 72, 198
- 水素 20, 42,
  .... 43, 49, 56, 366, 392, 481, 482, 492
- 水素吸蔵合金 194
- 水分 170, 246, 514
- スカンジウム 20
- スクロース(蔗糖) 161, 162
- すず 21, 25
- スチレン樹脂 310
- スチレンブタジエンゴム 316, 317
- ステンレス鋼 213, 339, 342,
  ...... 352, 362, 386, 389, 395, 506, 542, 546
- ストロンチウム 20
- 砂 118, 192
- スピネル 192

せ
- 石英(結晶) 216, 221, 254, 285, 509
- 石英ガラス 217, 254, 296, 300
- 石炭 183, 580
- 石炭液化油 186
- 石油 168, 177
- セシウム 21, 23
- 石灰岩 230
- 赤血球 589
- せっこう 232, 246, 248
- セメント 229
- セメントクリンカー 192
- ゼラチン 527
- セラミックファイバー 240
- セリウム 21
- セルロースファイバー 239, 249
- セルロース誘導体樹脂 310
- セレン 20, 25
- 繊維 550, 561
- 繊維板 236, 246
- 繊維強化プラスチックス 339
- 繊維強化メタル 339
- 繊維質 530, 537
- 繊維集合体 549

そ
- ソーダガラス 217, 344, 509
- ソーダ石灰ガラス 226
- ソルガム 516

た
- 耐火物 154
- 耐火れんが 152
- 耐熱合金 342
- ダイヤモンド 303, 337
- ダイヤモンド粉 194
- 大理石 118, 230
- 畳 557
- 多糖 599
- 卵 526, 527
- タリウム 22
- 多硫化ゴム 316

物質名索引

た（続き）

炭化ケイ素 ････････････ 192, 288, 289
炭化ケイ素レンガ ･････････････ 118
炭化チタン ･･････････････ 288, 289
タングステン ･･･････････････ 21, 25
炭水化物 ････････････････････ 530
炭素 ････････････ 20, 125, 128, 192, 254
炭素鋼 ･････････････････････ 209
炭素繊維複合材料 ･･････････ 354, 363
タンタル ････････････････････ 21, 25
断熱材 ･･････････････････････ 355
タンパク質 ･･････ 514, 527, 530, 537, 593

ち

チオフェン ･･･････････････････ 175
チタン ･･････････ 20, 25, 368, 389, 504, 505
チタン合金 ･･････ 339, 347, 352, 363, 400, 506
チタン酸カリ繊維 ･･･････････････ 357
窒化ケイ素 ･･･････････････ 288, 289
窒化チタン ･･･････････ 279, 287, 288, 289
窒化ホウ素 ････････････････････ 287
窒素 ･･････ 20, 42, 43, 59, 481, 483, 493, 494
鋳鉄 ････････････････････ 118, 208
超合金 ･･････････････････････ 352

つ

ツリウム ･････････････････････ 21

て

低合金鋼 ････････････････････ 209
テクネチウム ････････････････････ 21
鉄 ･･････････････ 20, 23, 542, 546
鉄基合金 ･･･････････････ 347, 363
テフロン ････････････････････ 509
テルビウム ･････････････････････ 21
テルル ･･･････････････････････ 21
天然ゴム ･･･････････････ 316, 317
澱粉 ･･････････････････ 527, 599

と

銅 ･･････････････････ 20, 23,
　････ 118, 192, 395, 504, 505, 507, 542, 546
陶器 ････････････････････････ 542
銅合金 ･････････････････････ 363
糖質 ･･･････････････････････ 537
凍土 ･･･････････････････････ 576
銅-ベリリウム合金 ････････････ 395, 506
土壌 ･･････････････････ 118, 192, 578
トリウム ･･･････････････････ 22, 25
トリクロロエチレン ･･････････････ 476
トリクロロメタン ････････････････ 46, 47
トリチウム ･･･････････････････ 42, 43
塗料 ･･･････････････････････ 233
トルエン ･･･････ 44, 45, 99, 161, 163, 164, 169

な

ナイロン ･････････････ 509, 546, 550
ナトリウム ･････････････････ 20, 24
ナフテン系油 ･････････････ 166, 167, 168
鉛 ･･････････････ 22, 24, 118, 504, 505

に

ニオブ ･･････････････････ 21, 24
肉 ････････････････････････ 522
二酸化硫黄 ･･･････････････ 42, 43, 78
二酸化ウラン ･･････････････ 137, 272, 285
二酸化炭素 ･････････ 42, 43, 70, 172, 173, 198
二酸化窒素 ･･･････････････････ 42, 43
二酸化トリウム ･････････････ 137, 272, 285
ニッケル ････････････････
　････ 20, 24, 127, 192, 389, 504, 505, 507
ニッケル基合金 ･･････････ 347, 362, 400
ニッケル-コバルト基合金 ･････････ 363
ニトリルゴム ･･･････････････････ 344

ぬ

布 ････････････････････････ 551

ね

ネオジウム ･････････････････････ 21
ネオン ････････ 20, 42, 43, 392, 481, 482, 488
ねずみ鋳鉄 ･･･････････････････ 209
熱可逆性ポリウレタン ･･･････････ 310
熱可塑性プラスチックス ･･･････････ 339
ネプツニウム ･･･････････････････ 22

の

ノーベリウム ･･･････････････････ 22

は

バークリウム ･･･････････････････ 22
パーティクルボード ･･････････ 236, 246
パーフルオロポリエーテル ･･･ 114, 167, 168
パーライト ･････････････ 192, 246, 512
バイコールガラス ･･･････････････ 296
パイレックスガラス ･････････ 509, 542
パイレン ･･････････････････････ 550
鋼 ････････････････････････ 118
白色塗料 ･･･････････････ 374, 378
ハステロイ ･･･････････････････ 342
白金 ･･････････････････ 22, 24, 128
バナジウム ･････････････････････ 20
ハフニウム ･････････････････････ 21
パラジウム ･･･････････････ 21, 145
パラフィン系鉱油 ･･･････････ 166, 167
バリウム ･･･････････････････････ 21
パン製品 ･････････････････････ 537
はんだ ･････････････････ 506, 507

ひ

ビーズ法ポリスチレンフォーム ･･･ 246, 252
皮革 ･･･････････････････ 561, 562
ビスマス ･････････････････････ 22, 23
ヒ素 ･･････････････････････････ 20
ヒドラジン ･･････････････ 44, 45, 366
ビニロン ･････････････････････ 546
非排気多孔質材 ･･････････････ 511
皮膚 ･･･････････････････････ 584
ピリジン ･･････････････ 46, 47, 161

ふ

ファイバガラス ･････････････････ 363
フェノール樹脂 ･･･････････ 312, 542
フェノールフォーム ････ 243, 246, 249, 252
フェルト ････････････････････ 250
フェルミウム ･･･････････････････ 22
ブタジエンゴム ･･･････････ 316, 344
ブタノール ･･･････････････ 46, 47, 161
ブタン ･･････････････････ 44, 45, 95
ブチルゴム ･･･････････ 316, 317, 344
フッ化水素 ･･･････････････ 42, 43
フッ素 ･･････････････ 20, 42, 43, 366
フッ素化シリコーンゴム ･････････ 344
フッ素系ゴム ････････････････ 316
フッ素系樹脂 ･･････････････････ 314
フッ素ゴム ････････････････････ 344
フラーレン ･･･････････････････ 337
プラスチックフォーム ･･･････････ 355
プラセオジム ･･･････････････････ 21
ブランケット ･･････････････ 250, 252
フランシウム ･･･････････････････ 22
フルオロベンゼン ･･････････････ 48, 49
プルトニウム ･･･････････････････ 22
プロトアクチニウム ･･･････････････ 22
プロパノール ･･････････ 46, 47, 161, 165, 170
プロパン ･････････ 44, 45, 93, 481, 484, 503
プロピレン ･･････････････････ 44, 45, 91
プロピレングリコール ･･･････ 475, 476, 480
プロメチウム ･･･････････････････ 21
ブロモベンゼン ････････････････ 174

へ

ペイント ････････････････････ 233
ヘキサン ･･･････ 44, 45, 161, 162, 164, 169
ヘプタン ･･････････････ 44, 45, 164
ヘリウム ･･･････････････
　･･････ 20, 42, 43, 50, 481, 482, 483, 485, 487
ベリリア ････････････････････ 192
ベリリウム ･･･････････ 20, 23, 368
ベンゼン ････････････････ 44, 45,
　･････････ 161, 162, 163, 164, 169, 174, 175
ペンタエリスリトール ･･･････････ 122
ペンタノール ･･････････････ 46, 47
ペンタン ･･････････････ 44, 45, 172

ほ

ホウケイ酸ガラス ･･･････ 217, 300, 509
ホウ酸ガラス ･･･････････････ 296
ホウ素 ･･･････････････････ 20, 368
ホーロー ･･･････････････････ 542

骨	584			
ポリ-4-メチルペンテン-1	310			
ポリアクリルニトリル	546			
ポリアセタール樹脂	314			
ポリアミド樹脂	314			
ポリアリレート	314			
ポリアルキレングリコール	166, 167			
ポリイソシアヌレートフォーム	355			
ポリイミド樹脂	314			
ポリウレタン	509			
ポリウレタンフォーム	355			
ポリエーテルエーテルケトン	314			
ポリエーテルスルホン	314			
ポリエステル	385, 386, 509, 546, 550			
ポリエステル樹脂	312			
ポリエチレン	118, 122, 125, 307, 310, 389, 509, 546			
ポリエチレンテレフタレート	307, 314, 546			
ポリエチレンフォーム	241, 246, 252			
ポリ塩化ビニリデン	546			
ポリ塩化ビニル	546			
ポリ塩化ビニルフォーム	355, 356			
ポリオールエステル	166, 168			
ポリカーボネート	314, 343, 344, 509			
ポリスチレン	308, 509			
ポリスチレンフォーム	241, 246			
ポリスルホン	314			
ポリテトラフロオロエチレン	546			
ポリトリメチレンテレフタレート	310			
ポリ乳酸	310			
ポリビニルアルコール	310			
ポリビニルブチラール樹脂	310			
ポリファニルエーテル	167, 168			
ポリフェニレンオキシド	314			
ポリフェニレンサルファイド	314			
ポリプチレンテレフタレート	314			
ポリブテン	166, 310			
ポリプロピレン	125, 310, 546, 550			
ホルミウム	21			
ポロニウム	22			
ポロブテン	167			

ま

マイラ	394
マグネシア	192
マグネシアレンガ	118
マグネシウム	20, 24, 132, 192, 368
マルエージング鋼	342
マンガニン	395, 506
マンガン	20, 24

み

水	42, 43, 72, 120, 164, 527, 530, 537

む

麦	516

め

メタノール	44, 45, 100, 161, 162, 163, 164, 165, 170, 173, 475
メタノール水溶液	460
メタン	44, 45, 83, 481, 483, 499, 500
メチルイソプロピルベンゼン	114
メチルエチルケトン	46, 47
メチルナフタレン	114
メチルフェニルシリコーン油	114, 168
メチレンクロライド	476
メラミン樹脂	312
綿	550
メンデレビウム	22

も

木材	118, 223, 542
木質セメント	237
籾	516
モリブデン	21, 24
モリブデン合金	363
モルタル	229

ゆ

ユーロピウム	21
雪	193, 563
ユリヤ樹脂	312

よ

ヨウ化カリウム	164
ヨウ化水素	44, 45
ヨウ素	21, 42, 43
溶融石英	226, 509

ら

ラジウム	22
ラドン	22
ランタン	21

り

リチウム	20, 24, 125
リチウムシリケートガラス	296
リネン	550
硫化水素	44, 45
硫酸	44, 45, 161, 162, 163
硫酸アンモニウム	164
硫酸カリウム	161
硫酸ナトリウム	161, 163
硫酸マグネシウム	163
粒子分散ポリエチレン	194
リン	20
リン黄銅	506
リン酸	161, 163
リン酸エステル	167, 168
リン酸塩ガラス	296
リン脂質	598

る

ルチル	221, 254, 216
ルテチウム	21
ルテニウム	21, 128
ルビジウム	20

れ

レーヨン	550
レニウム	21
レンガ	118

ろ

六フッ化硫黄	44, 45, 81
六フッ化ウラン	44, 45, 146
ロジウム	21
ロックウール	238

冷媒番号

R11	46, 47, 406, 476
R112	48, 49
R113	48, 49
R114	48, 49
R114B2	48, 49
R115	48, 49
R116	48, 49
R12	46, 47, 408
R123	48, 49
R124	48, 49
R125	48, 49, 420
R12B1	46, 47
R13	46, 47
R132b	48, 49
R134a	48, 49, 423
R13B1	46, 47, 415
R14	46, 47
R141b	48, 49
R142b	48, 49
R143a	428
R152a	48, 49, 434, 165
R21	46, 47
R216	48, 49
R22	46, 47, 412, 476, 165
R23	46, 47
R31	48, 49
R32	48, 49, 417
R404A	439
R407A	455
R407B	455
R407C	439
R407D	455
R410A	439
R410B	439
R500	48, 49
R502	48, 49
R503	48, 49
R507A	439
RC318	48, 49

熱物性値受託測定機関一覧

機関名
担当部署　　Tel.
住所
連絡先メールアドレス
ホームページアドレス

＜財団法人＞

財団法人日本品質保証機構
計量計測センター 事業推進室
Tel. 03-3416-5554
〒157-85763 東京都世田谷区砧1丁目21番地25号
seta-calib-cstm@jqa.jp

財団法人千葉県産業振興センター東葛テクノプラザ
研究開発グループ　Tel. 04-7133-0139
〒277-0882 千葉県柏市柏の葉5-4-6
reseach@ttp.or.jp
http://www.ttp.or.jp

財団法人建材試験センター 中央試験所
環境グループ　Tel. 048-935-1994
〒340-0003 埼玉県草加市稲荷5-21-20
kankyo@jtccm.or.jp
http://www.jtccm.or.jp

財団法人ファインセラミックスセンター
材料技術研究所 試験評価部　Tel. 052-871-3500
〒456-8587 愛知県名古屋市熱田区六野二丁目4番1号
analysis@fcc.or.jp
http://www.jfcc.or.jp

＜独立行政法人・公設試験研究機関＞

独立行政法人東京都立産業技術研究所
材料技術グループ　Tel. 03-3909-2151
〒115-8586 東京都北区西が丘3-13-10

北海道立工業試験場
技術支援センター 技術支援課　Tel. 011-747-2348
〒060-0819 北海道札幌市北区北19条西11丁目
shien@hokkaido-iri.go.jp
http://www.hokkaido-iri.go.jp

北海道立工業技術センター
研究開発部 工業材料開発科　Tel. 0138-34-2600
〒041-0801 北海道函館市桔梗町379番地
kobayashi@techakodate.jp

北海道立北方建築総合研究所
環境科学部居住環境科　Tel. 0166-66-4211
〒078-8801 北海道旭川市緑が丘東1条3丁目1-20
info@hri.pref.hokkaido.jp
http://www.hri.pref.hokkaido.jp/kiri

岩手県工業技術センター
企画デザイン部　Tel. 019-635-1115
〒020-0852 岩手県盛岡市飯岡新田3-35-2
CD0002@pref.iwate.jp

福島県ハイテクプラザ会津若松技術支援センター
産業工芸グループ　Tel. 0242-39-2100
〒965-0006 福島県会津若松市一箕町鶴賀字下柳原88
nsatake@fukushima-ri.go.jp
http://www.fukushima-ri.go.jp

機関	熱伝導率	熱拡散率	熱容量・比熱容量	エンタルピー	放射率	反射率	透過率	屈折率	密度	熱機械膨張測定	熱膨張測定	体膨張係数	粘性率	表面張力	接触角	電気抵抗率	電気伝導率	磁化率	熱量測定	示差熱量分析	示差走査熱量測定	音速	弾性率	剛性率	内部摩擦	熱応力	熱膨張	熱拡散特性	断熱特性	薄膜関連熱物性	生体関連熱物性	環境関連熱物性
日本品質保証機構							○(1)		○(2)			○(3)																				
千葉県産業振興センター	○(4)	○(4)																														
建材試験センター	○(5)	○(6)	○(6)		○(7)	○(7)	○(7)				○(6)	○(6)																				
ファインセラミックスセンター	○(9)	○(9)	○(9)						○(9)	○(9)	○(9)	○(9)				○(9)	○(9)				○(9)		○(9)	○(9)				○(8)				
東京都立産業技術研究所																					(10)											
北海道立工業試験場	○(9)		○						○(2)	○(2)(12)	○(12)	○(12)	○(3)			○(2)			(12)	○(12)(12)	○(12)(12)											
北海道立工業技術センター																○				○	○											
北方建築総合研究所	○(12)																									○						
岩手県工業技術センター	○(14)														○(15)	○					○								(13)			
福島県ハイテクプラザ	○(16)									○(14)									(14)					○(9)	○(9)							

熱物性受託測定機関一覧

機関名 / 担当部署 / 住所 / Tel. / 連絡先メールアドレス / ホームページアドレス	熱伝導率	熱拡散率	熱容量・比熱容量	エンタルピー・潜熱	放射率	反射率	透過率	屈折率	密度	熱機械測定	線熱膨張係数	体膨張係数	粘度	表面張力	接触角	電気抵抗率	電気伝導率	磁化率	熱重量測定	示差熱分析測定	示差走査熱量測定	音速	弾性率	剛性率	内部摩擦	熱応力	熱収縮	熱貫流率	断熱特性	拡散係数	環境関連熱物性	生体関連熱物性
長野県工業技術総合センター 材料技術部門 製品科学チーム、金属材料チーム 〒380-0928 Tel. 026-226-2812 長野県長野市若里1丁目18番1号 kogyoshiken@pref.nagano.jp	○	○	○		○						○																					
長野県工業技術総合センター 精密・電子技術部門 化学チーム 〒394-0084 Tel. 0266-23-4000 長野県岡谷市長地片間町1-3-1 info@seimitsu-ri.pref.nagano.jp									○(17)							○(18)(19)		○(14)(20)					○(19)	○(19)								
群馬県立産業技術センター 技術開発相談グループ 〒379-2147 Tel. 027-290-3030 群馬県前橋市亀里町884-1 grit@tec-lab.pref.gunma.jp http://www.tec-lab.pref.gunma.jp/	○(21)																															○(22)
茨城県工業技術センター 産業連携室 〒311-3195 Tel. 029-293-7212 茨城県東茨城郡茨城町長岡3781-1 sagawa@kougise.pref.ibaraki.jp http://www.kougise.pref.ibaraki.jp/									○		○					○			○	○	○											
千葉県産業支援技術研究所 食品化学部・化学課 〒264-0017 Tel. 043-231-4365 千葉県千葉市若葉区加曽利町889番地 sanken@ma.pref.chiba.lg.jp http://www.pref.chiba.lg.jp/syozoku/f_sanken/index.html		○(26)(26)	○(26)(26)		○(14)				○(2)(23)	○(2)(27)	○(23)(23)								○(23)	○(23)(24)	○(23)(24)											
千葉県産業支援技術研究所	○	○		○					○	○(27)											○											
神奈川産業技術総合研究所 企画調整室 〒243-01435 Tel. 046-236-1500 神奈川県海老名市下今泉705-1 watanabe@kanagawa-iri.go.jp	○(25)(26)	○(26)	○(26)												○(28)	○(28)					○(27)		○									
名古屋市工業研究所 電子情報部・材料技術部 〒456-0058 Tel. 052-661-3161 愛知県名古屋市熱田区六番三丁目4-41 kikaku@nmri.city.nagoya.jp http://www.nmri.city.nagoya.jp/	○	○																	○(29)	○(29)	○(29)											
静岡県工業技術センター 企画情報課 〒432-1298 Tel. 054-278-3028 静岡県葵区牧ヶ谷2078 kikaku1@s-iri.pref.shizuoka.jp http://www.s-iri.pref.shizuoka.jp/	○			○																○	○							○(30)				
静岡県富士工業技術センター 製紙工業技術スタッフ 〒417-8550 Tel. 0545-35-5190 静岡県富士市大渕2590番の1 senshi@f-iri.pref.shizuoka.jp http://www.f-iri.pref.shizuoka.jp/	○										○										○											
山梨県工業技術センター 資材利用技術部 工業材料科 〒400-0055 Tel. 055-243-6126 山梨県甲府市大津町2094 resource@yitc.go.jp http://www.yitc.go.jp/	○(9)	○(9)	○(9)								○(9)					○(9)		○(9)		○(9)	○(9)								○			
愛知県産業技術研究所 工業技術部 加工技術室 〒448-0003 Tel. 0566-24-1841 愛知県刈谷市一ツ木町西新割 takeo-hikosaka@pref.aichi.lg.jp http://www.aichi-inst.jp/	○(14)	○									○(31)					○		○(33)		○(34)	○(34)		○(35)	○(35)	○(35)							
愛知県産業技術研究所 常滑窯業技術センター 三河窯業試験場 〒447-0861 Tel. 0566-41-0410 愛知県碧南市大浜上町2丁目15番地 mikawayo@estate.ocn.ne.jp http://www1.ocn.ne.jp/~tokoname/	○(36)								○(37)		○(14)(14)								○(38)	○(38)	○(38)											

熱物性受託測定機関一覧

機関名 担当部署 連絡先・Tel.・住所 ホームページアドレス	熱伝導率 熱拡散率	熱容量・比熱容量	エンタルピー	潜熱	放射率	反射率	透過率	屈折率	密度	熱機械測定	熱膨張測定	線熱膨張係数	体膨張係数	粘性率	表面張力	接触角	電気抵抗率	電気伝導率	誘電率	磁化率	熱重量測定	示差熱分析	示差走査熱量測定	音速	弾性率	内部摩擦	熱応力	熱吸収率	熱貫流率	断熱特性	拡散係数	薄膜関連熱物性	生体関連熱物性	環境関連熱物性
愛知県産業技術研究所 常滑窯業技術センター 開発技術室 Tel. 0569-35-5151 〒479-0021 愛知県常滑市大曽根4丁目50番地 aitec-tokonme@pref.aichi.lg.jp http://www1.ocn.ne.jp/~tokoname/	○(14)								○(14)			○(14)										○(14)						○(14)						
愛知県産業技術研究所 三河繊維技術センター Tel. 0533-59-7146 〒443-0013 愛知県蒲郡市大塚町伊賀久保109 mikawasen@blue.ocn.ne.jp http://www13.ocn.ne.jp/~amtri																					○(39)	○(39)												
愛知県産業技術研究所 尾張繊維技術センター 応用技術室 Tel. 0586-45-7871 〒491-0931 愛知県一宮市大和町馬引宮浦35					○							○				○					○(40)	○(40)	○(40)											
岐阜県セラミックス技術研究所 研究開発部 Tel. 0572-22-5381 〒507-0811 岐阜県多治見市星ヶ台3-11 info@ceram.rd.pref.gifu.jp http://www.ceram.rd.pref.gifu.jp/~ceram/	○											○										○												
岐阜県産業技術センター 応用化学研究部 Tel. 058-388-3151 〒501-6064 岐阜県羽島郡笠松町北及47 info@rird.pref.gifu.jp http://www.rd.pref.gifu.jp/~rird/																						○(40)	○(40)											
大阪市立工業研究所 技術相談窓口 Tel. 06-6963-8181 〒536-8553 大阪府大阪市城東区森之宮1丁目6番50号 mail@omtri.city.osaka.jp http://www.omtri.city.osaka.jp/	○(41)	○(41)	○(41)	○(41)		○(42)	○(41)	○(41)	○(41)	○(41)		○(43)		○(44)	○(3)	○(45)			○(39)			○(41)	○(41)		○(46)	○(46)								
大阪府立産業技術総合研究所 技術支援センター 技術支援部 Tel. 0725-51-2525 〒594-1157 大阪府和泉市あゆみ野2-7-1 techconsul@tri.pref.osaka.jp http://tri-osaka.jp						○(47)	○(47)		○(15)	○(15)		○(15)	○(15)		○(3)	○(48)			○(15)			○(49)	○(49)		○(50)									
和歌山県工業技術センター 企画総務部企画課 Tel. 073-477-1271 〒649-6261 和歌山県和歌山市小倉60番地 http://www.wakayama-kg.go.jp																											○(51)	○(51)						
京都府中小企業技術センター 基盤技術室(矢野) Tel. 075-315-8633 〒600-8813 京都府京都市下京区中堂寺南町134 yano@mtc.pref.kyoto.jp http://www.mtc.pref.kyoto.jp/	○(52)																○(31)		○(53)															
石川県工業試験場 企画指導部 Tel. 076-267-8081 〒920-8203 石川県金沢市鞍月2-1 kikaku@irii.go.jp																					○(54)	○(55)	○(55)											
富山県工業技術センター 企画管理部 企画情報課 Tel. 0766-21-2121 〒933-0981 富山県高岡市二上町150 kikaku2@itc.pref.toyama.jp http://www.itc.pref.toyama.jp												○(43)	○(43)																					
福井県工業技術センター Tel. 0776-55-0664 〒910-0102 福井県福井市川合鷲塚町61字北稲田10 kougi@klab.fukui.fukui.jp http://www.fklab.fukui.fukui.jp/kougi/																					○(40)	○(40)												

熱物性受託測定機関一覧

機関名／担当部署／住所／Tel.／連絡先メールアドレス／ホームページアドレス	熱伝導率	熱拡散率	熱容量・比熱容量	エンタルピー	潜熱	放射率	反射率	透過率	屈折率	密度	熱機械測定	線膨張係数	体膨張係数	粘性率	表面張力	接触角	電気抵抗	電気伝導率	誘電率	磁化率	熱量測定	示差熱分析	示差走査熱量測定	音速	弾性率	剛性率	内部摩擦	熱応力	熱収縮	熱貫流率	断熱特性	熱拡散係数	薄膜関連熱物性	生体関連熱物性	環境関連熱物性
広島市工業技術センター 〒730-0052 広島市中区千代田3-8-24 Tel. 082-242-4170 kougi@itc.city.hiroshima.jp http://www.itc.city.hiroshima.jp										○	○(56)	○(56)				○	○(40)	○(40)			○(9)	○(9)	○(9)		○(9)										
広島県立西部工業技術センター 〒737-0004 広島県呉市阿賀南2-10-1 Tel. 0823-74-0050																							○		○										
山口県産業技術センター 材料技術部 〒755-0195 山口県宇部市あすとぴあ4-1-1 Tel. 0836-53-5053 info@iti.pref.yamaguchi.jp http://www.iti.pref.yamaguchi.jp																																			
島根県産業技術センター 技術部 〒690-0816 島根県松江市北陵町1番地 Tel. 0852-60-5140 sangisen@pref.shimane.lg.jp http://www.shimane-iit.jp/	○(57)					○(57)				○(57)	○(57)	○(57)									○(57)	○(57)	○(57)							(57)					
高知工業技術センター 資源環境部 〒781-5101 高知県高知市布師田3992-3 Tel. 088-846-1111 155109@ken.pref.kochi.lg.jp http://www.pref.kochi.lg.jp/~kougi/	○										○	○										○													
大分県産業科学技術センター 材料科学部 〒870-1117 大分県大分市高江西1丁目4361-10 Tel. 097-596-7104 yu-ikebe@oita-ri.go.jp http://www.oita-ri.go.jp											○(9)											○													
長崎県工業技術センター 応用技術部 〒856-0026 長崎県大村市池田2-1303-8 Tel. 0957-52-1133 baba@tc.nagasaki.jp http://www.pref.nagasaki.jp/kogyo/	○(9)										○							○				○		○(58)	○(58)										
鹿児島県工業技術センター 企画情報部 〒899-5105 鹿児島県霧島市隼人町小田1445番地 Tel. 0995-43-5111 info@kagoshima-it.go.jp	○(59)						○(59)	○(59)																											
沖縄県工業技術センター 技術支援部 〒904-2234 沖縄県うるま市字州崎12-2 Tel. 098-929-0114 koush@pref.okinawa.jp http://www.koush.pref.okinawa.jp												○(60)									○(61)	○(61)													

<民間企業>

機関名	熱伝導率	熱拡散率	熱容量・比熱容量	エンタルピー	潜熱	放射率	反射率	透過率	屈折率	密度	熱機械測定	線膨張係数	体膨張係数	粘性率	表面張力	接触角	電気抵抗	電気伝導率	誘電率	磁化率	熱量測定	示差熱分析	示差走査熱量測定	音速	弾性率	剛性率	内部摩擦	熱応力	熱収縮	熱貫流率	断熱特性	熱拡散係数	薄膜関連熱物性	生体関連熱物性	環境関連熱物性
株式会社クレハ分析センター 営業本部 〒974-8232 福島県いわき市錦町落合46番地 Tel. 0246-62-6166 kureha-bunseki.co.jp								(62)								(3)	(15)				(15)	(15)	(15)												
ジェーエーダブリュジャパン株式会社 〒167-0051 東京都杉並区荻窪5-22-9晴ビル2階 Tel. 03-3220-5857 service@jawjapan.com http://www.jawjapan.com																																	○		

熱物性受託測定機関一覧

機関名／住所・担当部署／連絡先・Tel.／E-mail／ホームページアドレス	熱伝導率	熱拡散率	熱容量・比熱容量	エンタルピー	輻射熱	反射率	透過率	屈折率	密度	熱機械測定	線熱膨張係数	体膨張係数	粘性率	表面張力	接触角	電気抵抗率	電気伝導率	磁化率・誘電率	熱重量測定	示差走査熱量測定	音速	弾性率	内部摩擦	熱応力	熱収縮	熱貫流率	断熱特性	拡散係数	薄膜関連熱物性	生体関連熱物性	環境関連熱物性
株式会社東レリサーチセンター 東京営業1部 〒103-0022 東京都中央区日本橋室町3-1-8 Tel. 03-3245-5665 ホームページのお問合せからご連絡ください www.toray-research.co.jp	O	O	O	O	O	O	O	O	O	O	O	O						O	O	O									O		O
株式会社住化分析センター 東京営業所 〒101-0062 東京都千代田区神田駿河台3-4-3龍名館本店ビル8F Tel. 03-3257-7201 kazuo.yamamoto@scas.co.jp			O	O	O	O(63)	O(63)	O(63)								O(2)	O(2)	O(2)	O	O										O	
株式会社アグネ技術センター 受託分析部 〒107-0062 東京都港区南青山5-1-25北村ビル Tel. 03-3409-5329 infoanaly@agne.co.jp www.agne.co.jp	O(35)	O(35)	O(35)	O(64)					O(35)	O(35)	O(35)	O(35)	O(65)			O(35)				O	O(31)	O(31)	O(31)	O	O						
石川島検査計測株式会社 営業統括部 〒140-0014 東京都品川区大井1-22-13 Tel. 03-3778-7907	O(66)	O(66)	O(66)						O(9)	O(66)	O(66)	O(66)								O(9)	O(31)(66)	O(31)(66)	O(31)(66)		O						
JFEテクノリサーチ株式会社 分析・評価事業部 千葉事業所 材料物性グループ 〒260-0835 千葉県千葉市中央区川崎町1番地 Tel. 043-262-2313 chiba-com@jfe-tec.co.jp www.jfe-tec.co.jp	O(67)	O(67)	O(67)		O(67)	O(67)	O(67)		O(67)		O(67)	O(67)	O(3)	O(3)		O(67)	O(67)			O									O		O
株式会社三井化学分析センター 材料物性研究部 物性解析G 〒299-0265 千葉県袖ヶ浦市長浦580-32 Tel. 0438-64-2300 (Ext.4577) Masanori-Motooka@mitsui-chem.co.jp www.mcanac.co.jp	O		O	O															O	O									O		
株式会社日産テクノリサーチ 営業部 〒213-0012 神奈川県川崎市高津区坂戸3-2-1KSP A101 Tel. 044-814-3460 http://www.nstr.co.jp														O																	
古河電工株式会社 横浜研究所 解析技術センター 〒220-0073 神奈川県横浜市西区岡野2-4-3 Tel. 045-311-1212 http://www.furukawa.co.jp	O(68)	O(68)	O(68)								O(69)								O	O								O			
アルバック理工株式会社 営業研究室 〒226-0006 神奈川県横浜市緑区白山1-9-19 Tel. 045-931-2285 naomi-oikawa@ulvac-riko.com www.ulvac-riko.com	O(73)	O(9)	O(74)	O(2)					O(9)	O(9)	O(9)	O(9)		O(46)	O(46)	O	O(70)	O(9)	O(71)	O(9)					O			O	O(72)		
株式会社日産アーク 研究部 物性解析グループ 〒237-0061 神奈川県横須賀市夏島町1番地 Tel. 046-867-5283 info@nissan-arc.co.jp www.nissan-arc.co.jp	O	O							O		O									O		O		O					O		
住友金属テクノロジー株式会社 物性評価部 〒660-0891 兵庫県尼崎市扶桑町1番8号 Tel. 06-6489-5714 bussei@smt-inc.co.jp www.smt-inc.co.jp	O(9)		O(75)	O(2)					O(9)	O(9)	O(9)	O(9)				O(9)	O(9)	O(9)	O(75)	O(2)	O	O(76)	O(76)(31)		O				O		
株式会社日東分析センター 管理部 〒567-8680 大阪府茨木市下穂積1丁目1番2号 Tel. 072-623-3381 http://www.natc.co.jp																				O									O		

熱物性受託測定機関一覧

機関名 担当部署　Tel. 住所 連絡先メールアドレス ホームページアドレス	熱伝導率	熱拡散率	熱容量・比熱容量	エンタルピー	潜熱	放射率	反射率	透過率	屈折率	密度	熱膨張機械測定	線膨張係数	体膨張係数	粘性率	表面張力	接触角	電気抵抗	電気伝導率	誘電率	磁化率	熱重量測定	示差熱分析	示差走査熱量測定	音速	弾性率	剛性率	内部摩擦	熱応力	熱収縮	熱質流率	断熱特性	拡散係数	薄膜関連熱物性	生体関連熱物性	環境関連熱物性
日本板硝子テクノリサーチ株式会社 〒664-8520　Tel. 072-781-7251 兵庫県伊丹市鴻池字街道下1番日本板硝子株式会社技術研究 clientNtr@mail.nsg.co.jp http://www.nsg-ntr.com								○(1)	○(1)		○(1)			○(1)			○(1)																		
京都電子工業株式会社 横津物質室 〒601-8317 abayashi@kem.com http://www.kyoto-kem.com			○							(77)											○														
株式会社島津テクノリサーチ 営業部 〒604-8436 info@shimadzu-techno.co.jp http://www.shimadzu-techno.co.jp	○(9)	○(9)	○(2)	○(2)							○(9)										○(2)	○(2)													
株式会社コベルコ科研 営業総括部 〒651-0073 muramatsuk@kobelcokaken.co.jp http://www.kobelcokaken.co.jp 愛知県神戸市中央区脇浜海岸通1-5-11HDビル6F	○(9)	○(9)	○(2)	○(2)			○	○	○(3)		○(9)	○(9)			○(3)		○(78)	○(9)	○(9)	○(79)	○(2)	○(2)	○(2)	○(80)	○(80)	○(9)	○(9)	○(9)		○(9)		○(81)		
川重テクノサービス株式会社 分析技術部　化学分析課 〒673-8666 techno-smg@corp.khi.co.jp http://www.kawaju.co.jp 兵庫県明石市川崎町1-1	○(9)		○(9)								○(9)										○(9)	○(9)					(46)		○(82)	(83)				
株式会社ニッテクリサーチ 材料事業部　材料技術部 〒671-1123 zairyo@nittech.co.jp http://www.nittech.co.jp 兵庫県姫路市広畑区富士町1 新日鉄株式会社広畑製作所内	○(84)	○(84)					○	○	(3)		○(85)	○(85)	○(85)		○(3)						○(86)	○(86)	△	○	○	(86)					○		
株式会社東ソー分析センター 南陽事業部　開発営業グループ 〒746-0006 analysis@tosoh-arc.co.jp http://www.tosoh-arc.co.jp 山口県周南市開成町4560	○	○									○			○							○	○		○	○	○							
株式会社宇部興産高温材料研究所 技術部 〒755-0001 http://www.utem.co.jp 山口県宇部市大字沖宇部573番地の3	○	○																																
計量標準関連校正・依頼試験																																			
独立行政法人産業技術総合研究所　つくばセンター 計測標準管理センター　標準供給保証室 〒305-8563　Tel. 029-861-4026 茨城県つくば市梅園1-1-1中央第3	○		○								○																							○

(1)ガラス, (2)溶液, (3)固体・液体, (4)セラミックス・金属, (5)断熱材・建材, (6)建材, (7)建材・塗料・建材他, (8)建具・建築等の建築部位, (9)固体, (10)粉体, (11)プラスチック・金属, (12)一般耐熱材, (13)サンプ, (14)セラミックス, (15)プラスチック, (16)木材, (17)金属材料他, (18)低熱金属, (19)金属材料, (20)磁性材料, (21)樹脂, (22)多様品, (23)LT～1500℃, (24)RT～, (25)建材のみ, (26)緻密な金属・プラスチック・セラミックス, (27)有機材料, (28)室温のみ, (29)無機物金属・有機材料, (30)熱梅法, (31)金属, セラミックス, (32)セラミックス, (33)セラミックス, (34)固体・粉体, (35)金属・セラミックス・プラスチック, (36)焼成・樹脂原料, (37)陶磁器, (38)陶磁器原料, (39)高分子材料, (40)高分子材料, (41)高分子, セラミックス, (42)高分子・金属, セラミックス, (43)セラミックス, (44)液体・高分子粘体, (45)液体・高分子, (46)液体材料・金属, (47)ポ-高分子フィルム, (48)高分子フィルム, (49)化学・プラスチック, (50)装置弾性(プラスチック), (51)繊維, (52)レンガ, (53)速弾性, (54)繊維・プラスチック・樹脂他, (55)セラミックス・プラスチック・樹脂, (56)高分子材料・軽金属, (57)無機材料・金属, (58)全金属, (59)速材他, (60)無機材料, (61)溶末原料, (62)液体・プラスチック・薄膜, (63)パルプ・薄膜, (64)金属・プラスチック・塩, (65)ガラス・スラグ, (66)一般鉄鋼材料, (67)金属・セラミックス, 樹脂, (68)その他, (69)金属・プラスチック・樹脂・石炭・フィルム, (70)熱電変材料, (71)有機材料, (72)金属熱化膜・接線膜, (73)固体～1400℃, (74)復素材, (75)固体・液体～1700℃, (76)金属・セラミックス(~1000℃), (77)液体, JCSS, (78)固液界面, (79)磁性体, (80)等方性固体, (81)半導体デバイス, 記録メディア等に関連した薄膜等の熱物性の測定が可能(～1μm), (82)ガラス, (83)複合材料, (84)固体～水, (85)薄膜, (86)粉体, (87)固体・液体・固体・薄膜

773

No.	タイトル	別タイトル	シリーズ	著者名	出版社	出版年	標準番号(ISBN等)	熱物性データ掲載頁(総頁)	価格
	Chemical Properties Handbook : Physical, Thermodynamic, Environmental,Transport, Safety, and Health Related Properties for Organic and Inorganic		McGraw-Hill handbooks	C. L. Yaws	McGraw-Hill	1999	0070734011	(779p)	US$125.00
	Codata Thermodynamic Tables : Selections for Some Compounds of Calcium and Related Mixtures : a Prototype Set of Tables		CODATA series on thermodynamic properties	D. Garvin V. B. Parker H. J. Jr. White (Edt)	Hemisphere Pub	1987	0891167307	(356p)	US$165.00
	Codata Key Values for Thermodynamics		CODATA series on thermodynamic properties	J. D. Cox D. D. Wagman V. A. Medvedev (Edt)	Hemisphere Pub	1989	0891167587	(271p)	US$99.95
	Thermodynamic Databases			Codata (Edt)	Pergamon Pr	1986	0080324878		US$15.00
	Thermodynamic Data, Models, and Phase Diagrams in Multicomponent Oxide Systems	An Assessment for Materials and Planetary Scientists Based on Calorimetric, Volumetric and Phase Equilibrium Data		Fabrichnaya, O.B., Saxena, S.K., Richet, P., Westrum, E.F	Springer-Verlag	2004	3540140182	(198p)	US$129.00
	CRC Handbook of Thermophysical and Thermochemical Data			D. R. Lide H. V. Kehiaian	CRC-Press	1994	0849301971	(528p)	US$319.95
	Gas-phase ion and neutral thermochemistry		Journal of Physical and Chemical Reference Data: Vol. 17 Supplement	S. G. Lias et al.	AIP Press	1988	0883185628	(872p)	$140.00
	Handbook of Thermal Conductivity : Organic compounds C1 to C4 (Vol 1)		Library of Physico-Chemical Property Data	C. L. Yaws	Gulf Professional Publishing	1995	0884153827	(356p)	$125.00
	Handbook of Thermal Conductivity : Organic Compounds C5 to C7 (Vol 2)		Library of Physico-Chemical Property Data	C. L. Yaws	Gulf Professional Publishing	1995	0884153835	(402p)	$125.00
	Handbook of Thermal Conductivity : Organic Compounds C8 to C28(Vol 3)		Library of Physico-Chemical Property Data	C. L. Yaws	Gulf Professional Publishing	1995	0884153843	(398p)	$125.00
	Handbook of Thermal Conductivity : Inorganic Compounds and Elements (Vol		Library of Physico-Chemical Property Data	C. L. Yaws	Gulf Professional Publishing	1997	0884153959	(356p)	$125.00
	Handbook of thermodynamic tables and charts			K. Raznejevic	Hemisphere Pub	1976	0070512701	(392p)	US$85.00
	Heat capacities and entropies of organic compounds in the condensed phase		Journal of Physical and Chemical Reference Data Monograph : No. 6 : Vol.1	E. S. Domalski W. H. Evans E. D. Hearing	AIP Press	1984	0883184478	(286p)	
	Heat Capacity of Liquids : Critical review and recommended values		Journal of Physical and Chemical Reference Data Monograph : No. 6 : Vol.2	M. Zabransky et al.	AIP Press	1996 (2001?)	156396600X 1563966018	(1648p)	US$240.00
	Janaf thermochemical tables 1974 supplement		Journal of physical and chemical reference data 1974//vol. 3, no.2	JANAF	AIP Press	1974		311–480	
	Janaf thermochemical tables 1975 supplement.		Journal of physical and chemical reference data 1975//vol.4, no 1	JANAF	AIP Press	1975		1–175	

ハンドブックリスト

Title	Subtitle	Series	Author	Publisher	Year	ISBN	Pages	Price
JANAF Thermochemical Tables. Part 1: Al–Co		Journal of Physical and Chemical Reference Data. Volume 14 1985 Supplement No.1 (3rd ed.)	Chase Jr. M. W. Davies C. A. Downey Jr. J. R. et al. (ed.)	AIP Press	1986	0883184737	(926p)	¥32,367 (amazon.co.jp)
JANAF Thermochemical Tables. Part 2: Cr–Zr		Journal of Physical and Chemical Reference Data. Volume 14 1985 Supplement No.1 (ed.)	Chase Jr. M. W. Davies C. A. Downey Jr. J. R. et al.		1986		927–1856	
JARef. HFCs and HCFCs, Version 2.0		JASRAE Thermodynamic Tables, Vol. 1	N. Kagawa Y. Higashi M. Okada Y. Kayukawa	Japan Society of Refrigeration and Air Conditioning Engineers	2004	4889670823	(143p)	¥8,800
Journal of Physical and Chemical Reference Data ; No.2 ; Vol.31	The IAPWS Formulation 1995 for the Thermodynamic Properties of Ordinary Water Substance for General and Scientific Use		W. Wagner A. Pruß	AIP Press	2002		387–535	
Nagra/PSI Chemical Thermodynamic Data Base 01/01			W. Hummel E. Curti U. Berner F. J. Pearson T. Thoenen	Universal Publishers	2002	1581126204	(589p)	US$49.95
NBS Tables of Chemical Thermodynamic Properties: Selected Values for inorganic and C1 and C2 Organic Substances in SI Units		Journal of Physical and Chemical Reference Data ; Vol. 11 Supplement No. 2	D.D. Wagman et al.	AIP Press	1982	0883184176	(392p)	
NIST-JANAF Thermochemical Tables (4th ed.)		Journal of Physical and Chemical Reference Data. Monograph, No. 9	M. W. Chase National Institute of Standards and Technology	AIP Press	1998	1563968312	(1951p)	US$195.00
NIST-JANAF Thermochemical Tables. Part 1: Al–Co (4th edition)		Journal of Physical Chemical Reference Data	Chase Jr. M. W.	AIP Press	2004	1563968312		
NIST-JANAF Thermochemical Tables. Part 2: Cr–Zr (4th edition)		Journal of Physical and Chemical Reference Data ; Monograph No. 9	Chase Jr. M. W.	AIP Press	1998	1563968312	(1,952p)	US$195.00
	Phase equilibria, crystallographic and thermodynamic data of binary alloys / Macroscopic and technical properties of Matter / Phase equilibria of binary alloys / Physical chemistry	Landolt-Börnstein Zahlenwerte und Funktionen aus Naturwissenschaften und Technik, Neue Serie / Gesamtherausgabe, K.-H. Hellwege : Neue Serie. Gruppe 4 . Makroskopische und technische Eigenschaften der Materie	B. Predel	Springer	1991	3540551158(Teilbd. a: U.S.) 0387155163(Teilbd. a: U.S.) 3540551158(Teilbd. b: B–Ba...C–Zr) 0387551158(Teilbd. b: U.S.) 3540281118(subvol. c: Ca–Cd...Co–Zr) 0387281118(subvol. c: U.S.) 3540560734(subvol. d: Cr–Cs...Cu–Zr) 0387560734(subvol. d: us) 3540584285(subvol. e: Dy–Er...Fr–Mo) 0387584285(subvol. e: us) 3540603441(subvol. f: Ga–Gd...Hf–Zr)		
Phasengleichgewichte, kristallographische und thermodynamische Daten binärer Legierungen								
Physical and thermodynamic properties of aliphatic alcohols		Journal of Physical and Chemical Reference Data. Vol. 2 Supplement	R. C. Wilhoit B. J. Zwolinski	AIP Press	1973	0883182025(hard) 088318205X(pbk.) 0883182058(?)	(420p)	US$60 (Paperback)
Physical and Thermodynamic Properties of Pure Chemicals : DIPPR : Data Compilation : Supplement 10			T.E. Daubert et al.	Taylor & Francis	2000	1560328967	(608p)	

ハンドブックリスト

Title	Series	Author	Publisher	Year	ISBN	Pages	Price
Physical and Thermodynamic Properties of Pure Chemicals: DIPPR Data Compilation: Core + Supplements 1-11/12		R. L. Rowley W. V. Wilding N. A. Zundel T. L. Marshall T. E. Daubert (eds.)	Taylor & Francis Group	2002	1560329963	(6768p)	US$950.00
Physical properties : a guide to the physical, thermodynamic, and transport property data of industrially important chemical compounds		C. L. Yaws	Chemical engineering	1977	B0006CTB48 (Chemical engineering出版) 0070997128 (McGraw Hill出版のもの)		
Proceedings of the NPL Conference Chemical Thermodynamic Data on Fluids and Fluid Mixtures	Their Estimation, Correlation and Use, [held At] National Physical Laboratory, Teddington, Middlesex, UK, 11-12 September, 1978	National Physical Laboratory (Great Britain)	IPC Science and Technology Press	1979	0861030095	(215p)	¥2,752
Thermal conductivity of the elements	Journal of Physical and Chemical Reference Data : reprint No. 7 (Vol. 1, No. 2)	C. Y. Ho R. W. Powell P. E. Liley	AIP Press	1972		279-422	
Thermal Conductivity of the Elements :A Comprehensive Review	Journal of Physical and Chemical Reference Data; Vol. 3 Supplement	C. Y. Ho R. W. Powell P.E. Liley	AIP Press	1974	0883182157(hard) 0883182165(soft)	(796p)	US$120.00(hard) US$110.00(soft)
Thermochemical Data and Structures of Organic Compounds	TRC Data Series	J. B. Pedley	CRC-Press	1994	1883400015	(571p)	US$379.95
Thermochemical Data of Organic Compounds(2nd edition)		J. B. Pedley R. D. Naylor S. P. Kirby J. B. Pedley	Chapman & Hall	1986	0412271001	(792p)	
Thermochemical data of pure substances (3rd ed.)		I. Barin	VCH	1995	3527287450(1. Ag-Kr) 3527287450(2. La-Zr)	(217p)	US$68.00
Thermodynamic and physical property data		C. L. Yaws	Gulf Pub Co	1992	0884150313	(320p)	US$50.00
Thermodynamic and transport properties for molten salts : correlation equations for critically evaluated density, surface tension, electrical conductance, and viscosity data	Journal of Physical and Chemical Reference Data; Vol. 17 Supplement No. 2	G. J. Janz	AIP Press	1988	0883185873	(198p)	US$129.00
Thermodynamic Data, Models, and Phase Diagrams in Multicomponent Oxide Systems	Thermodynamic Data, Models, and Phase Diagrams in Multicomponent Oxide Systems An Assessment for Materials and Planetary Scientists Based on Calorimetric, Volumetric and Phase Equilibrium Data	O. B. Fabrichnaya S. K. Saxena P. Richet E. F. Westrum	Springer-Verlag	2004	3540140182		
Thermodynamics of organic compounds in the gas state	TRC Data Series	M. Frenkel et al.	CRC-Press	1994	1883400031(v. 1) 188340004X(v. 2)		$379.95 (v. 1) $379.95 (v. 2)
Thermodynamic Properties of Pure and Blended Hydrofluorocarbon(HFC) Refrigerants	HFC系純粋および混合冷媒の熱力学性質	R. Tillner-Roth J. Li A. Yokozeki H. Sato K. Watanabe	Japan Society of Refrigerating and Air Conditioning Engineers (社)日本冷凍空調学会	1998	4889670661	(843p)	¥30,000
Thermophysical Properties of Fluids. 1. Argon, ethylene, parahydrogen, nitrogen, nitrogen trifluoride, and oxygen	Journal of Physical and Chemical Reference Data; Vol. 11 Supplement No. 1	B. A. Younglove	AIP Press	1982	088318415X	(368p)	US$80.00

ハンドブックリスト

書名		編者/著者	発行所	発行年	ISBN	ページ	価格
Transport Properties of Fluids. Their Correlation, Prediction and Estimation(Part VI. Data Banks and Prediction Packages: 17. Data collection and dissemination systems)		(Eds.) Millat J. Dymond J.H Nieto de Castro C.A.	Cambridge University Press	1996	521461782		US$140.00
Yaws' Handbook of Physical Properties for Hydrocarbons and Chemicals : Physical Properties for More Than 41,000 Organic and Inorganic Chemical Compounds : Coverage for C1 to C100 Organics and Ac to Zr Inorganics		C. L. Yaws	Gulf Pub Co	2005	976511371	(812p)	US$175.00
1999日本機械学会蒸気表	1999 JSME Steam Tables, based on IAPWS-IF97	日本機械学会	丸善	1999	4888980934	(201p)	¥15,750
金属便覧 改訂6版		(社)日本金属学会	丸善	2000	4621047450	(1208p)	¥45,150
水熱科学ハンドブック	Hydrothermal Science Handbook	水熱科学ハンドブック編集委員会編	技報堂出版(株)	1997	4765500276	(754p)	¥26,250
ステンレス鋼データブック		ステンレス協会編	日刊工業新聞社	2000	4526045217	(768p)	¥26,250
ステンレス鋼便覧(第3版)		ステンレス協会編	日刊工業新聞社	1995	4526036188	(1585p)	¥54,180
セラミックス基盤材料データ集		柳田博明 菱田俊一	サイエンスフォーラム	1985		(259p)	¥28,000
低温工学ハンドブック		Verein Deutscher Ingenieure/原著 低温工学協会・関西支部海外低温工学研究会/訳 低温工学ハンドブック編	内田老鶴圃新社	1982	K90032201	(636p)	¥21,000
超伝導・低温工学ハンドブック(IV 資料編)		低温工学協会	オーム社	1993	4274022552	(1192p)	¥45,873
プラスチックスハンドブック		村橋俊介 小田良平 井本稔	朝倉書店	1969	425425217X	p. 719-737(版が違う)	
便覧 物質の熱力学的性質		B. A. リャービン 他	(有)日ソ通信社	1979		(387p)	¥12,600
改訂4版 金属データブック		(社)日本金属学会	丸善	2004	4621073672	(624p)	¥21,000
機械工学便覧 A編(基礎編)/A6 熱工学	機械工学便覧		(社)日本機械学会	1985	4888980292	(182p)	¥3,675
機械工学便覧(改訂第6版) 第11編 熱および熱力学		(社)日本機械学会	(社)日本機械学会	1997	4888980160	(547p)	¥38,000
技術資料 流表の熱物性直集		(社)日本機械学会	(社)日本機械学会	1983			¥49,350
代替フロン類の熱物性：HFC-134aおよびHCFC-123	Thermophysical Properties of Environmentally Acceptable Fluorocarbons : HFC-134a and HCFC-123	日本冷凍協会 日本フロンガス協会 日本冷凍調学会	日本冷凍調学会	1991	4889670556	(255p)	¥20,387
伝熱工学資料(改訂第4版)		(社)日本機械学会	(社)日本機械学会	1986	4888980411	(365p)	¥12,600
伝熱ハンドブック(ソフトつき)	JSME Data Book:Heat Transfer	日本機械学会	(社)日本機械学会	1993	4888980632	(429p)	¥26,250
冷凍空調便覧(基礎編) 第1巻 (新版第5版)	JSME Heat Transfer Handbook	日本冷凍協会冷凍空調便覧刊行委員会編	日本冷凍協会	1993	4889670564	(554p)	¥13,762
マテリアル・データベース ―金属材料―	JAR handbook	マテリアル・データベース編集委員会	日刊工業新聞社	1989	4526025364	(1695p)	¥63,000
マテリアル・データベース ―無機材料―		マテリアル・データベース編集委員会	日刊工業新聞社	1989	4526024724	(763p)	
物理データ事典		日本物理学会編	朝倉書店	2006	4254130880	(600p)	¥26,250

新編熱物性ハンドブック	2023

2008年 3月25日　第1版 第1刷 発行
2018年 3月30日　第1版 第2刷 発行（OD）
2023年12月20日　第1版 第4刷 発行（OD）

編 集 者	日本熱物性学会
発 行 者	及 川 雅 司
発 行 所	株式会社 養 賢 堂　〒113-0033 東京都文京区本郷 5 丁目 30 番 15 号 電話 03-3814-0911 e‑mail: info@yokendo.com https://www.yokendo.com/

印刷・製本：株式会社真興社　　　用紙：竹尾
　　　　　　　　　　　　　　　　　本文：クリームキンマリ 46.5 kg
　　　　　　　　　　　　　　　　　表紙：OK エルカード ＋ 4/6T 19.5 kg

PRINTED IN JAPAN　　ISBN 978-4-8425-0426-1 C3053

〈学術著作権協会委託〉
本書の無断複製は著作権法上での例外を除き禁じられています。複製される場合は、
そのつど事前に、学術著作権協会の許諾を得てください。
（電話 03-3475-5618 ／ e‑mail: info@jaacc.jp）